12판

RAVEN 생명과학

하(Ⅴ~Ⅷ)

JN443266

BIOLOGY

Twelfth Edition

12판

RAVEN 생명과학

하(V~VIII)

저자 RAVEN, JOHNSON,
MASON, LOSOS, DUNCAN

대표역자 유시욱

McGraw Hill

교문사

Biology, 12th Edition

Korean Language Edition Copyright © 2021 by McGraw-Hill Education Korea, Ltd. and Gyomoonsa. All rights reserved. No part of this publication may be reproduced or distributed in any form or by any means, or stored in a database or retrieval system, without prior written permission of the publisher.

1 2 3 4 5 6 7 8 9 10 GMS 20 21

Original: Biology, 12th Edition © 2020
By Peter Raven, George Johnson, Kenneth Mason, Jonathan Losos, Tod Duncan
ISBN 978-1-260-16961-4

This authorized Korean translation edition is published by Gyomoonsa. in arrangement with McGraw-Hill Education Korea, Ltd. This edition is authorized for sale in the Republic of Korea.

This book is exclusively distributed by Gyomoonsa.

When ordering this title, please use ISBN 978-89-363-2120-8

Printed in Korea

저자 소개

Peter Raven 박사는 미주리 식물원의 이사이며, 세인트루이스에 있는 워싱턴 대학교의 식물학 교수이다. 국제적으로 인정받는 열대 식물학 정원의 연구 프로그램을 감독하고 있는데, 이는 멸종위기에 처한 열대 서식지의 연구 및 보존에 있어 크게 기여하고 있다. 그는 열대 보존 분야의 식물 연구를 통해 MacArthur Fellowship을 포함하여 수많은 영예와 상을 받았으며, 17권의 교과서와 400편 이상의 논문을 썼고, 미국립과학학술원(NAS)과 국립연구위원회의 회원이다.

George Johnson 박사는 뉴햄프셔의 다트머스 대학교에 진학했고 캘리포니아 주의 스탠포드 대학원을 졸업한 후, 세인트루이스에 있는 워싱턴 대학교의 의과 대학 교수로 인구 유전학과 진화학을 연구하며 50편 이상의 논문을 저술했다. 현재 워싱턴 대학의 명예 교수로서 학부생들에게 생물학과 유전학을 가르치고 있다. Raven과 함께 저술한 생명과학 교과서들은 미국 전 지역에서 인정받는 대학교 교재로 사용되고 있을 뿐만 아니라 30년 동안 그가 저술한 생물학 교과서로 300만 명 이상의 학생들이 배웠다.

Kenneth Mason은 현재 아이오와 대학교의 생물학과에서 교수로 재직하고 있다. 캔자스 대학교에서 전임교원으로서 유전학 연구실을 설계 및 설립한 후 유전학을 가르쳤으며, 양서류의 색소에 관한 책을 출판함으로써 연구자로서의 그의 학문적 위치를 자리매김하였다. 이후 퍼듀 대학교에서 대규모의 생명과학입문 과정을 성공적으로 개발하고 발전시켰으며, 미국립과학재단(NSF)의 지원으로 다른 교수진과 협력 하에 혁신적인 생물학, 화학 및 물리학 과정을 개발하였다. 그의 아내는 아이오와 대학교에서 대학 총장을 역임하였는데, 이 대학에서 그는 생명과학입문과 인간유전학을 가르쳤다. 그는 생명과학 연구에 뛰어난 업적을 이룬 학자들의 모임인 Phi Sigma의 회원이다.

Jonathan Losos는 현재 워싱턴 대학교 생물학과의 교수로 재직하고 있다. William H. Danforth 상을 수상한 저명한 학자로서 세인트루이스 동물원 및 미주리 식물원과 제휴하여 생물다양성 연구를 발전시키는데 헌신하는 학술 센터인 Living Earth Collaborative를 이끌고 있다. 그의 연구는 도마뱀의 적응방산 양상과 진화적 다양성에 중점을 두고 있다. 미국립과학학술원(NAS)과 미국예술과학협회(AAAS)의 회원이며, Daniel Giraud Elliot Medal을 비롯한 여러 상을 수상했다. 그는 또한 John Guggenheim 및 David and Lucile Packard Foundations로부터 연구기금을 받았고, 200편 이상의 과학 논문을 출판했으며, 2권의 책을 저술했다.

Tod Duncan은 현재 콜로라도 덴버 대학의 임상 조교수이다. 일반생물학 및 생명과학실험을 담당하고 있으며, 일반 미생물학, 바이러스학, 암생물학, 의학미생물학 및 세포생물학 등을 가르쳤다. 영국의 East Anglia 대학에서 식물 분자 및 세포생물학에 중점을 둔 세포생물학 학사 학위를 받고, 세포주기 조절에 대한 연구로 박사 학위를 수여했다. 박사 후 연구원으로 초파리 및 체외에서 DNA 알킬화 손상의 분자 및 생화학적 기작에 대한 연구를 하였다. 현재 그는 다양한 인구통계학으로부터 1학년 신입생들의 유지 및 성공에 영향을 미치는 요인에 관심을 두고 있다. 그는 콜로라도 주 볼더에서 에디와 헨리라는 2마리의 그레이트 데인 품종의 반려견과 함께 살고 있다.

창의적이고 비판적인 생각의 개발을 위한 구성

과학적 사고

모든 장의 주요 삽화는 가설과 실험의 조합에 의해 어떻게 이론이 만들어지고 지식이 확장되는지를 잘 나타내고 있다. '과학적 사고'는 가설로 시작하여 어떻게 명시적인 예측을 하고 이를 실험으로 검증한 후 마지막으로 어떤 결론을 도출할 수 있는지, 그리고 이것이 어떤 분야의 연구로 이어지는지 지식의 확장성을 보여준다. 또한 '과학적 사고'는 과학적 탐구의 논리에서 학생을 안내하는 일관된 틀을 제공하며, 개방형 질문을 던짐으로써 학생들의 흥미 유발과 과학적 탐구를 촉진한다.

자료 분석

학생들은 생명과학적 개념을 배우고 사실을 암기하는 것만으로는 충분하지 않다. 미래의 생명과학자로서 자질을 함양하기 위해서는 자료를 분석하고 그 지식을 적용할 수 있어야 한다. 본문 전체에 걸쳐 삽입된 '자료 분석' 질문은 학생들이 자료를 분석하고 실험 결과를 해석하도록 하여 더 깊게 이해할 수 있도록 유도한다.

탐구문제

생명과학을 공부하는 본질 중 하나는 탐구력 향상에 있다. '탐구문제'는 본문에서 설명한 배경지식과 내용을 토대로 학생들이 보다 정교한 수준에서 생각하고 참여할 수 있도록 유도하는 질문으로 구성되어 있다. '탐구문제'에 대한 답을 찾기 위해 고민하는 과정에서 생명과학의 여러 주제에 대해 깊은 통찰력을 갖는 계기가 마련될 것이다.

과학적 사고

가설: 원형질막은 단단하지 않고 유동성이 있다.
예측: 막이 유동적이라면, 막단백질은 옆으로 확산될 것이다.
실험: 생쥐와 사람 세포의 막단백질을 각각 표지한 다음 융합하여 시간이 지남에 따른 막단백질의 분포를 관찰한다.

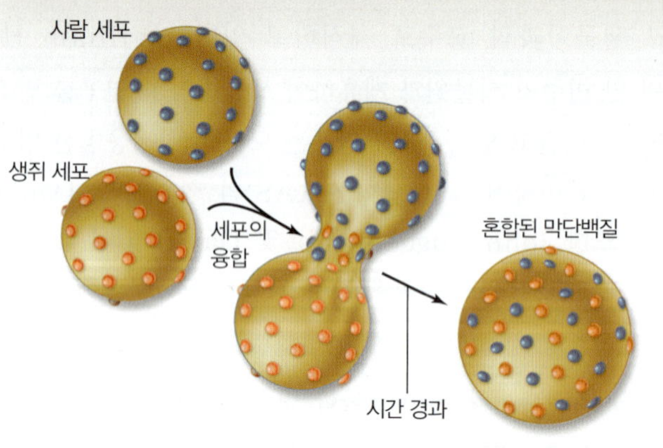

결과: 시간이 지남에 따라 혼합된 막단백질이 증가했다.
결론: 일부 막단백질은 막에서 측면으로 확산된다.
추가 실험: 이 결과에 대해 다른 해석을 할 수 있겠는가? 새로 합성된 단백질이 실험 중간에 막에 삽입되면 어떻게 되겠는가? 어떻게 하면 이 실험으로 다른 해석의 가능성을 배제시킬 수 있겠는가?

그림 4.5 막의 유동성 실험.

그림 49.3 행동적 반응.
푸에르토리코의 도마뱀(*Anolis cristatellus*)은 자주 햇볕에 나가 일광욕을 하는 방법으로 체온을 높인다. 그러나 그늘진 숲에서는 이런 행동이 불가능하기 때문에 체온을 주변 온도와 비슷하게 유지시키는 행동적 반응을 나타낸다.

? **탐구문제** 주어진 조건하에서, 도마뱀은 몸의 생리적 기능을 최적화할 수 있는 온도를 유지하기 위해 그들의 체온을 조절한다. 그렇다면 햇빛에 노출된 서식지에서의 도마뱀과 그늘진 숲에서의 도마뱀의 회피행동은 다르게 나타나겠는가?

자료 분석 그래프 내의 직선의 기울기는 도마뱀 행동에 대해서 무엇을 말해주는가?

핵심 요약

본문은 해당 주제에 대한 배경 설명 및 폭넓은 사례를 들어 학생들이 쉽게 이해할 수 있도록 구성하였고, 각 절의 끝부분마다 '핵심 요약'을 두어 주요 내용을 간략하게 정리하였다. 또한 '핵심 요약'의 마무리는 각 주제에 대한 기본적인 질문을 제시함으로써 학생 스스로 내용 파악을 얼마나 잘하고 있는지 평가할 수 있도록 하였다.

핵심 개념 요약 및 연습문제

각 장의 마무리는 본문에서 다루어진 주제에 대해 학생들이 '핵심 개념 요약'을 통해 정리하고 개념적 틀을 완성할 수 있도록 구성되었으며, 공부한 내용을 복습할 수 있도록 '연습문제'를 제시하였다. 연습문제는 3단계로 구성되어 있는데, 1단계는 생명과학 지식에 대한 이해력을 측정하기 위해 객관식으로 구성하였고, 2단계는 보다 심화된 내용으로, 분석 및 적용 능력을 평가하는데 주안점을 두었다. 3단계에서는 주로 비판적 문제 해결 능력과 탐구력을 함양하는 데 초점을 맞춘 개방형 서술식 문제를 제시하였다. 이 책의 부록에 연습문제 해답을 함께 제시함으로써 학생 스스로 평가할 수 있도록 구성하였다.

웹사이트 활용 방법

본 교과서는 생명과학 전반에 걸친 다양한 주제들을 다루고 있는데, 이를 모두 출판물로 담아내기에는 내용이 너무 방대하기에, 일부 특수 주제들에 대해서는 출판본 대신에 웹사이트(교문사 홈페이지(http://www.gyomoon.com) 자료실)에 제공하고 있다.

역자 서문

현대사회에서 과학기술, 특히 생명과학의 발전 속도는 매우 가파르게 증가하고 있습니다. 생명과학은 작게는 분자 단위로부터 크게는 지구 전체의 생태계를 다루는 학문이기에 그 내용이 워낙 방대한 데다가, 매년 엄청난 양의 새로운 자료들이 추가되기에 학생들이 공부하는 데 어려움을 겪기도 합니다. 이러한 때에 전면적으로 개정 · 보완된 'Raven 생명과학 12판'을 완역하여 출판하게 되었습니다. 'Raven 생명과학'은 미국에서 1986년에 처음 출간된 이후 생명과학 교과서로서 꾸준하게 수많은 독자층을 확보한 스테디셀러입니다. 그간 국내에서는 상대적으로 많이 알려지지 않았는데, 이번에 2년간의 고된 작업 끝에 새롭게 개편된 책을 소개할 수 있어 기쁘게 생각합니다.

이 책은 생명과학의 다양한 주제를 망라하고 있으며, 그 어떤 생명과학 교과서보다 풍부한 배경지식과 사례를 들어 이야기식으로 풀어나가고 있습니다. 따라서 학생 친화적인 철학을 배경으로 만들어졌기에 부담감 없이 접할 수 있으며, 읽는 동안 자연스럽게 기본 원리와 개념이 형성되도록 구성되어 있습니다. 또한 '과학적 사고'를 통해 주요 개념 및 이론에 대한 이해도를 높일 수 있도록 하였고, '자료 분석'과 '탐구문제'에서는 생명과학도에게 필요한 분석력과 종합적 사고력을 배양할 수 있게 하였습니다. 매 장의 말미에는 '핵심 개념 요약'과 '연습문제'를 통해 읽은 내용을 복습하고 스스로 평가할 수 있도록 구성되어 있습니다. 이 책은 전반에 걸쳐 생명과학의 가장 중요한 개념인 진화를 강조하고 있으며, 이는 세포생물학, 유전학, 발생학, 분자생물학, 계통학, 행동학 등의 내용과 유기적으로 연결됨으로써 독자들이 생명과학에 대한 통찰력을 갖는 데 도움을 주고 있습니다.

따라서 이 책은 생명과학 및 생명공학을 전공으로 하는 학생들뿐만 아니라 농학, 식품학, 환경학, 보건학, 의학 등의 생명과학적 지식과 사고력이 필요한 관련학과 학생들에게 좋은 길잡이가 될 것으로 생각합니다. 또한 생명과학을 강의하는 선생님들과 강사님들에게도 훌륭한 텍스트(text)가 되리라 확신합니다. 다만 편집과 출판상의 어려움으로 인해 이 책의 모든 내용을 출판인쇄본으로 묶어내지 못하고 일부 특수 주제는 웹사이트를 통해 독자 여러분께 제공되고 있다는 점에 대해 양해의 말씀을 드립니다. 그러나 웹사이트는 쌍방향 소통이 가능하도록 구성되었기에 본문의 내용뿐만 아니라 이 책 전반에 대한 의견을 주시면 더 좋은 책을 만드는 데 밑거름이 될 것입니다.

이 책에 사용된 용어는 고등학교 교육과정과의 연계성을 고려하여 교육부에서 발행한 '2015 개정 교육과정에 따른 교과용도서 개발을 위한 편수자료'를 우선으로 참조하였으며, 편수자료에 제시되지 않은 용어는 한국생물과학협회에서 편찬한 '생물학용어집'을 참고하였습니다. 그 외 다른 생명과학 교과서와 전공 서적을 참조하여 가급적 많이 사용되는 용어들을 선택하였습니다. 그럼에도 불구하고 일부 새로운 용어에 대해선 최근의 추세에 따라 원어 발음을 기본으로 하여 정하였고, 한자어보다는 우리말로 표현하기 위해 노력하였습니다. 통일된 표기법이 없는 현재의 과도기적 용어들은 관련 전공 학회와 학자들의 노력으로 조만간 정리될 것으로 기대하며, 미력이나마 저도 일조하도록 하겠습니다.

이 책이 출판되기까지 바쁘신 중에도 본인의 요청을 거절하지 못하고 번역하시느라 고생하신 교수님들과 좋은 책을 만들기 위해 같이 고민하고 해결해주신 교문사 영업 · 편집팀 선생님들께도 감사의 말씀을 드립니다. 방대한 내용을 다루다 보니 세세한 부분에 대해선 일일이 번역진께 상의 드리지 못하고 제 임의로 처리한 부분도 많았기에, 이 책의 부족한 부분에 대해선 전적으로 제 능력 탓임을 밝힙니다. 의도치 않게 발생한 오탈자 및 오류 부분에 대해서는 지속적으로 정정해나가도록 하겠습니다.

예기치 않게 COVID-19로 인해 교육 현장의 많은 선생님과 학생들이 어려움을 겪고 있는 시기에 'Raven 생명과학'이 출간하게 되었습니다. 긴 진화의 시각으로 볼 때 인류는 끊임없이 질병과 전쟁을 치러왔으며, 이번 팬데믹도 결국 진화과정에서 극복될 것으로 생각합니다. '위기'는 곧 '기회'이기도 하기에 생명과학은 더욱더 발전할 것으로 기대하며, 모쪼록 이 책이 생명과학을 공부하는 독자들에게 조금이나마 보탬이 되기를 희망합니다.

2020년 12월

역자를 대표하여 유시욱 드림

간략한 차례

I 생명의 분자적 기초

II 세포의 생물학

III 유전과 분자생물학

IV 진화

V 지구상의 생명의 다양성

VI 식물의 형태와 기능

VII 동물의 구조와 기능

VIII 생태학과 행동생물학

교문사 홈페이지(http://www.gyomoon.com) 자료실에 수록

차례

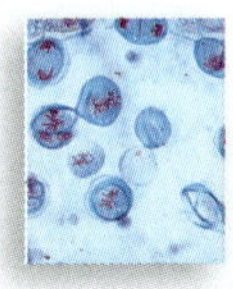

III 유전과 분자생물학

IV 진화

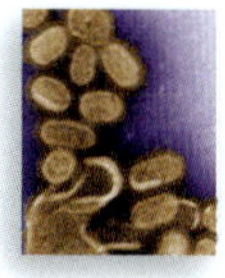

V 지구상의 생명의 다양성

VI 식물의 형태와 기능

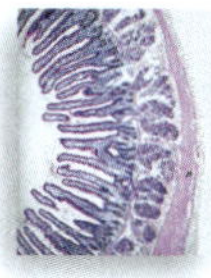

VII 동물의 구조와 기능

VIII 생태학과 행동생물학

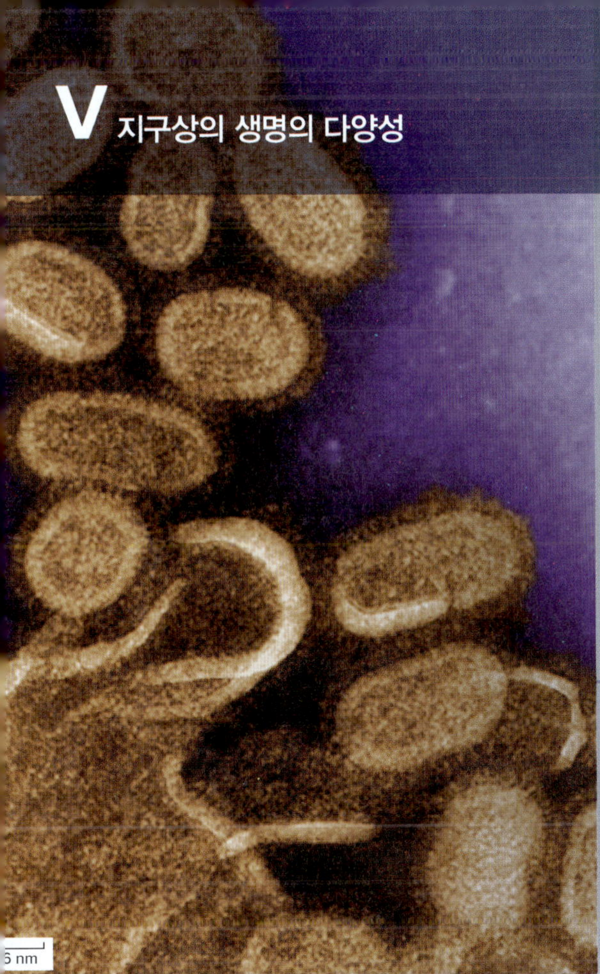

22

바이러스

도입

생명의 다양성에 관한 탐구를 바이러스로부터 시작해 보자. 바이러스는 생명체의 특성이 많이 결여되어 있어 이로부터 시작하는 것은 부적절해 보이기도 한다. 그러나 바이러스와 모든 생물과의 보편적인 관계, 생물에게 주는 영향, 그리고 유전적, 생화학적, 구조적 단순함을 고려하면 생각해 볼 가치가 있다.

모든 바이러스는 단백질 껍질에 싸인 최소한의 유전자만을 갖는다. 상대적인 단순함에도, 질병을 일으키는 능력과 생태계에 미치는 영향으로 바이러스는 중요한 생물학적 존재이다. 위 사진 속 바이러스 입자는 1918년 창궐하여 전 세계적으로 약 5천만~1억 명이 사망했던 세계적 유행병인 독감의 인플루엔자바이러스 유전체로부터 재구성된 것이다. 또 다른 바이러스는 AIDS, 감기 같은 질병을 일으키고, 때로는 암을 유발하기도 한다.

초기 바이러스 학자들은 분자유전학의 중요한 발견을 하였으며, 이 연구로부터 생명공학과 유전공학의 주요 방법들이 개발되었다. 거대바이러스의 발견, 신종 바이러스 질병의 출현, 최신 유전체학에 의한 바이러스 생태학의 발달로, 바이러스학은 어전히 현대 미생물학에서 가장 흥미로운 분야 중 하나이다.

22.1 바이러스의 특성

학습 목표

1. 바이러스의 구조와 유전체 구성에 관해 설명할 수 있다.
2. 바이러스가 세포내 절대기생체인 이유를 설명할 수 있다.

모든 바이러스는 캡시드(capsid)로 불리는 단백질에 의해 싸인 RNA 또는 DNA 유전체를 갖는 동일한 기본구조를 갖는다. 어떤 바이러스는 감염된 세포로부터 유래하는 지질, 단백질, 당단백질로 구성된 외피를 가지고, 다른 바이러스는 좀 더 복잡한 구조를 가진다. 모든 바이러스 입자(virion, 바이리온)는 세포질이 없으며, 일반적으로 대사 활동이 없어 세포 밖에서는 복제할 수 없기 때문에 세포가 아니다. 캡시드가 유전체와 단단히 결합해 있으면 이를 뉴클레오캡시드(nucleocapsid)라 한다. 캡시드와 뉴클레오캡시드는 단지 몇 종류의 단백질 분자가 조립되어 형성되는데, 대개 자발적으로 정20면체 또는 나선형 필라멘트 구조를 형성한다(**그림 22.1**). 바이러스 유전체는 선형 또는 원형이고, 단일가닥 또는 2중가닥이다. 바이러스 유전체는 매우 다양해서 바이러스를 분류하는 데 사용된다(22.2절).

바이러스는 세포내 절대기생체로 사실상 모든 종류의 세포를 감염시킨다

적당한 숙주가 없으면 바이러스는 유전체를 독립적으로 복제하지 못하고, 새로운 바이리온 조합에 필요한 단백질도 만들지 못한다. 또한 진화에는 유전자 전달이 필요하기 때문에 바이러스 집단은 숙주 없이는 진화하지 못한다. 바이러스가 세포를 감염시킬 때 바이러스는 세포 도구를 이용함으로써 그 생물의 특성 일부를 추가하게 된다. 바이러스는 균류, 원핵생물, 원생생물, 식물과 동물의 세포에서 적합한 숙주를 찾는다. 조사된 모든 종류의 생물에서 바이러스는 세포내 절대기생체로 발견되었다.

하나의 바이러스는 특정한 종류의 세포에만 감염한다. 특정 세포만을 인식하며, 다른 세포에서는 효율적으로 복제하지 못한다. 특정 바이러스가 감염시키는 세포 또는 생물을 **숙주범위**(host range)라 한다. 다세포 숙주에서는 많은 바이러스가 **조직친화성**(tissue tropism)을 보여, 특정 종류의 세포만을 표적으로 한다. 예를 들어, 랍도바이러스(rhabdovirus)는 광견병을 일으키는데 신경세포에서만 복제한다. 조직친화성은 바이러스에 의한 감염 특성과 질병 증상을 결정한다.

바이러스는 숙주 세포 기구를 이용하여 복제한다

바이러스의 주요 목표는 자신의 사본을 더 많이 만드는 것이다. 바이러스 유전체에는 이 기능이 암호화되어 있다. 바이러스 유전체에 캡시드 단백질을 만드는 데 필요한 유전자가 있지만, 바이러스는 유전체를 발현하고 복제하는 단백질이 없고, 리보솜을 만드는 유전자도 없다. 따라서 바이러스는 숙주 세포 기구를 이용하여 유전체를 복제하고, 유전자를 발현하며, 새로운 바이리온을 만들 단백질을 생산한다.

어떤 경우에 바이러스는 유전체 복제 또는 발현의 초기에 필요한 단백질을 가지고 다닌다. 바이러스 유전체가 숙주 세포의 유전체와 상당히 다를 때가 그런 경우이다. 예를 들어, HIV는 인체 면역세포를 특이적으로 감염시키는데, RNA로부터 DNA를 만드는 역전사효소를 가지고 다닌다(16장 참조). 역전사효소는 바이러스에 의해 반드시 운반되어야 하는데, 감염 중 HIV의 단일가닥 RNA 유전체가 반드시 2중가닥, 선형 DNA로 전환되어야 하기 때문이다. 같은 기능을 하는 숙주 효소가 없기 때문에 바이러스는 감염 초기에 이 효소를 제공해야만 한다.

세포 안에서 바이러스는 전사와 번역 기구를 탈취하여 **초기유전자**(early gene)로부터 바이러스 단백질을 생산한다. 뒤이어 **중기유전자**(middle gene)와 **후기유전자**(late gene)가 발현된다. 후기유전자는 종종 구조 단백질로, 캡시드 형성과 바이러스 방출에 관여한다. 바이리온 하나에 의한 세포 감염으로 수천 개의 바이러스 유전체가 만들어지고, 수천 개의 바이리온이 생산된다. 어떤 경우에는 바이러스는 T세포를 죽이지 않고 T세포 유전체의 발현을 억제하여 T세포

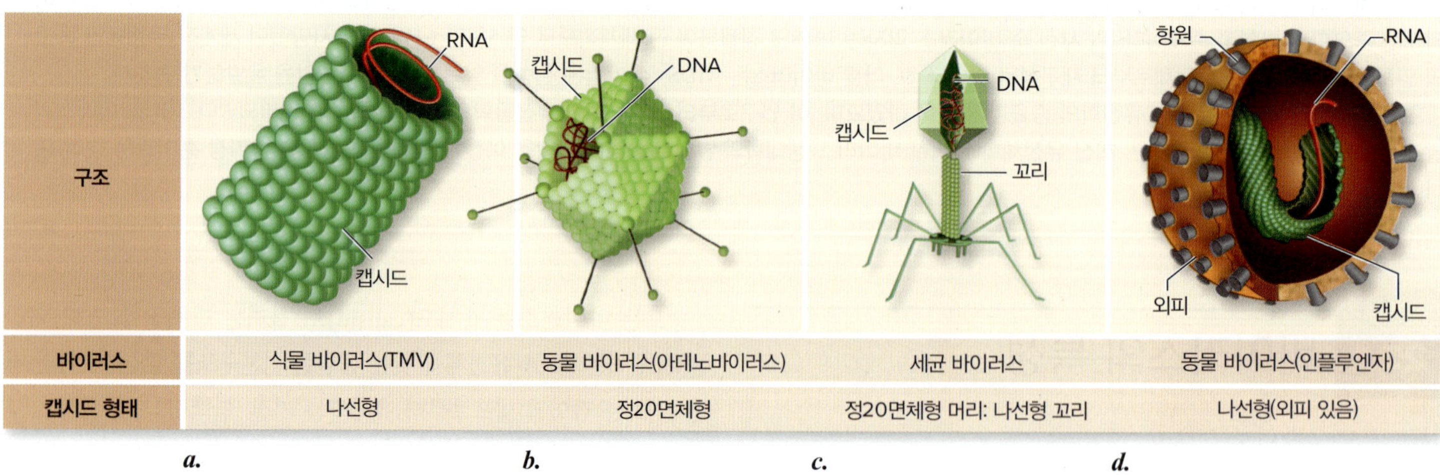

그림 22.1 바이리온의 구조.
바이러스는 나선형, 정20면체형, 2중대칭형, 다형으로 구분된다. ***a.*** 담배모자이크바이러스(TMV)의 캡시드는 나선형 대칭이다. 식물을 감염시키는 TMV는 단일가닥 RNA 유전체(붉은색)를 원통형으로 둘러싼 2130개의 동일한 단백질 분자(초록색)로 구성된다. ***b.*** 아데노바이러스의 정20면체형 캡시드는 20개의 삼각형 면으로 구성된다. ***c.*** 박테리오파지는 구조가 다양하며, 대장균의 T4 파지는 2중대칭형이다. 이 대칭구조는 특징적으로 바이러스 유전체를 포함하는 정20면체형의 머리와 나선형 꼬리를 갖는다. ***d.*** 인플루엔자바이러스 같은 바이러스는 또한 캡시드를 둘러싼 외피를 가진다. 바이러스 외피의 모양은 다형이다. 외피 안에 8개의 RNA 절편이 있고, 각 절편은 나선형 캡시드로 싸여 있다.

를 바이러스 생산 공장으로 만든다.

바이러스 캡시드는 2개의 기본적인 모양으로 구분된다

바이러스 대부분은 **나선형**(helical) 또는 **정20면체형**(icosahedral)의 캡시드를 가지지만, 2개의 기본적인 구조 외에도 다양한 변형이 존재한다. **그림 22.1***a*의 담배모자이크바이러스(tobacco mosaic virus, TMV)에서처럼 나선형 캡시드는 막대 또는 실 모양이다. 아데노바이러스(adenovirus)에서처럼 정20면체형 캡시드는 일반적으로 구형이다. 정20면체형 구조는 전자현미경으로 확인되었다(**그림 22.1***b*와 **22.3***a*).

정20면체(icosahedron)는 20개의 동일한 삼각형 변을 가진 구조이다. 대부분의 동물 바이러스 캡시드는 정20면체형이다(**그림 22.1***b*). 정20면체는 내부 공간이 가장 큰 껍질을 만드는 가장 효율적인 단위체의 대칭 배열이다(**그림 22.2**). 정20면체형 캡시드에 들어갈 수 있는 바이러스 유전체의 크기에는 한계가 있는데, 이것이 바이러스 복잡도의 한계 요인일 수 있다. 어떤 바이러스에서는 더 큰 유전체를 포함하기 위한 전략이 사용되며, 폭스바이러스(poxvirus)는 더 복잡한 구조를 갖는다.

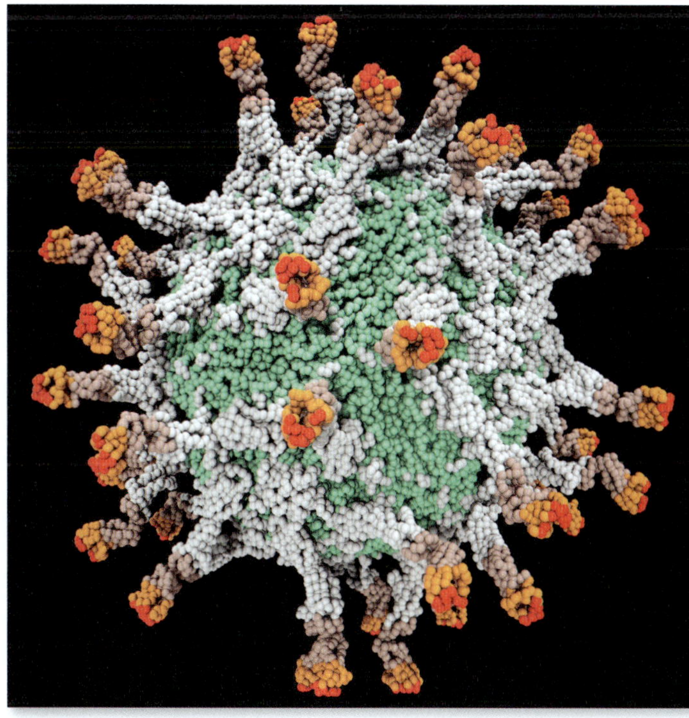

그림 22.2 폴리오바이러스.
폴리오바이러스는 외피가 없는 바이러스로 정20면체형 캡시드를 가진다. 캡시드는 4종류의 단백질로 형성된다. 사진은 합성된 3D 모델이다.

바이러스 형태는 매우 다양하다

캡시드 구조는 상대적으로 잘 밝혀졌지만 전체적인 바이러스의 형태는 매우 다양하다. 외피가 없는 바이러스(naked virus)는 필라멘트형이거나 **그림 22.2**의 폴리오바이러스(poliovirus)처럼 정20면체형이다. **그림 22.3**의 T-짝수 박테리오파지 같은 어떤 박테리아 바이러스의 구조는 복합형(complex)이다. 복합형 바이러스는 **2중대칭형**(binal, twofold) 구조로, 완전한 정20면체형도 완전한 나선형도

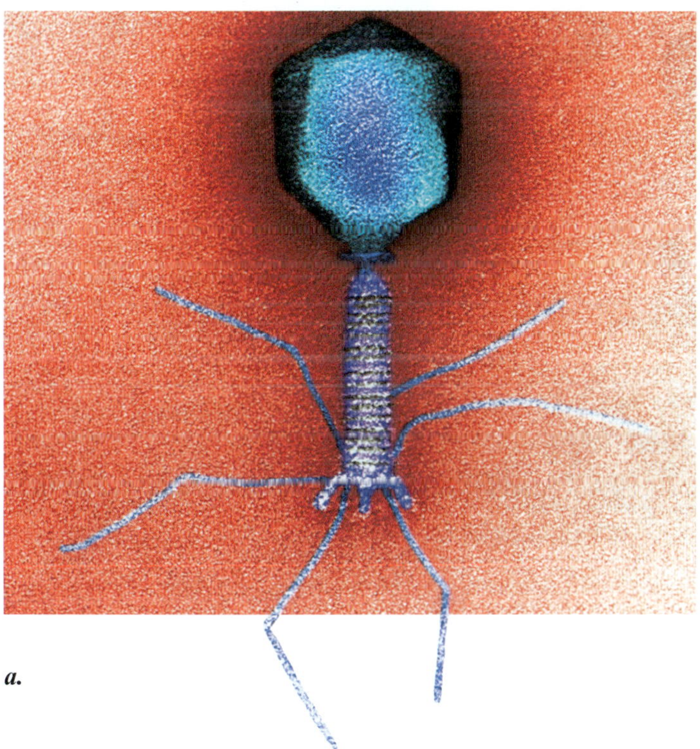

a.

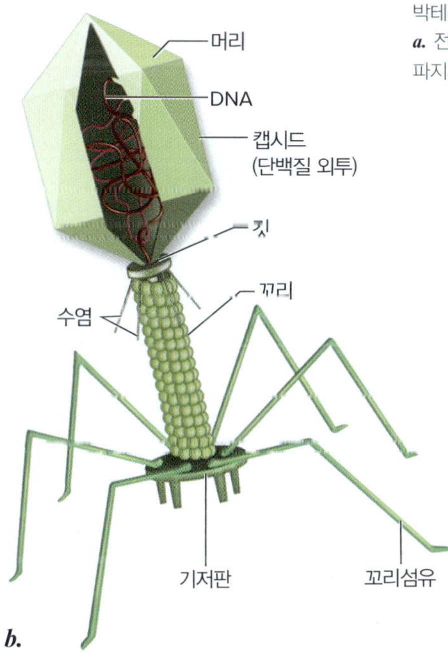

b.

그림 22.3 세균 바이러스.
박테리오파지의 구조는 복합형이다. *a.* 전자현미경 사진. *b.* T4 박테리오파지의 모식도

아니다. **그림 22.3**의 T-짝수 파지에서 길쭉한 정20면체형 머리가 연결된 나선형 대칭의 빈 관은 꼬리섬유(tail fiber)를 가진 기저판(baseplate)과 연결되어 있다.

외피가 없는 바이러스에 비해 외피 바이러스는 외피의 유연한 특성 때문에 형태가 더 다양하다. 인플루엔자바이러스(influenza virus)와 같은 많은 외피 바이러스는 일반적으로 구형이지만, 이번 장의 첫 페이지 사진처럼 모양이 조금 변할 수 있다. 어떤 외피 바이러스는 외피 구조를 결정하는 바이러스 캡시드 때문에 균일하고 일정한 모양의 외피를 갖는데, 광견병바이러스(rabies virus)의 총알모양(bullet-shaped)이 그 예이다.

바이러스 유전체는 매우 다양하다

바이러스 유전체는 DNA 또는 RNA이고, 선형 또는 원형이고, 단일가닥 또는 2중가닥이다(**표 22.1**). 약 70%의 바이러스에서 유전체는 RNA이다. 독감, 홍역, 감기를 일으키는 바이러스가 RNA 바이러스이다. RNA 유전체는 단일가닥 또는 2중가닥이고, 논란이 있는 한 경우만 제외하고 선형이다. 대부분의 숙주 세포는 RNA 주형으로부터 RNA를 만들지 못하기 때문에 바이러스 RNA 유전체 복제에는 바이러스에 암호화된 RNA-의존 RNA 중합효소(RNA-dependent RNA polymerase)가 사용된다. 이 중합효소는 오류유발(error-prone) 정도가 매우 높아서 유전체 돌연변이 비율이 높다. 이런 이유로 숙주 면역체계, 백신 접종, 항바이러스제가 RNA 유전체를 가진 바이러스를 표적화하기 어렵다. 많은 RNA 유전체가 한 분자의 RNA에 유전자를 암호화하지만, 인플루엔자바이러스에서는 절편으로 나뉜 유전체를 갖는다. 이 유전체는 여러 절편의 RNA를 가지고 있어, 각 절편에 유전자가 암호화되어 있다.

HIV를 포함한 **레트로바이러스**(retrovirus)는 단일가닥 RNA 유전체를 가지고 있어 **역전사효소**(reverse transcriptase)에 의해 2중가닥 DNA로 전환된다. HIV에서 2중가닥 DNA는 숙주 세포 염색체 DNA로 통합되고, 여기서 발현되어 바이러스 단백질과 새로운 바이러스 유전체가 만들어진다.

천연두(smallpox)와 단순포진(herpes simplex)을 일으키는 바이러스는 DNA 유전체를 갖는다. 대부분의 DNA 유전체는 2중가닥이고, 대개 DNA 복제가 일어나는 세포 공간에서 복제된다.

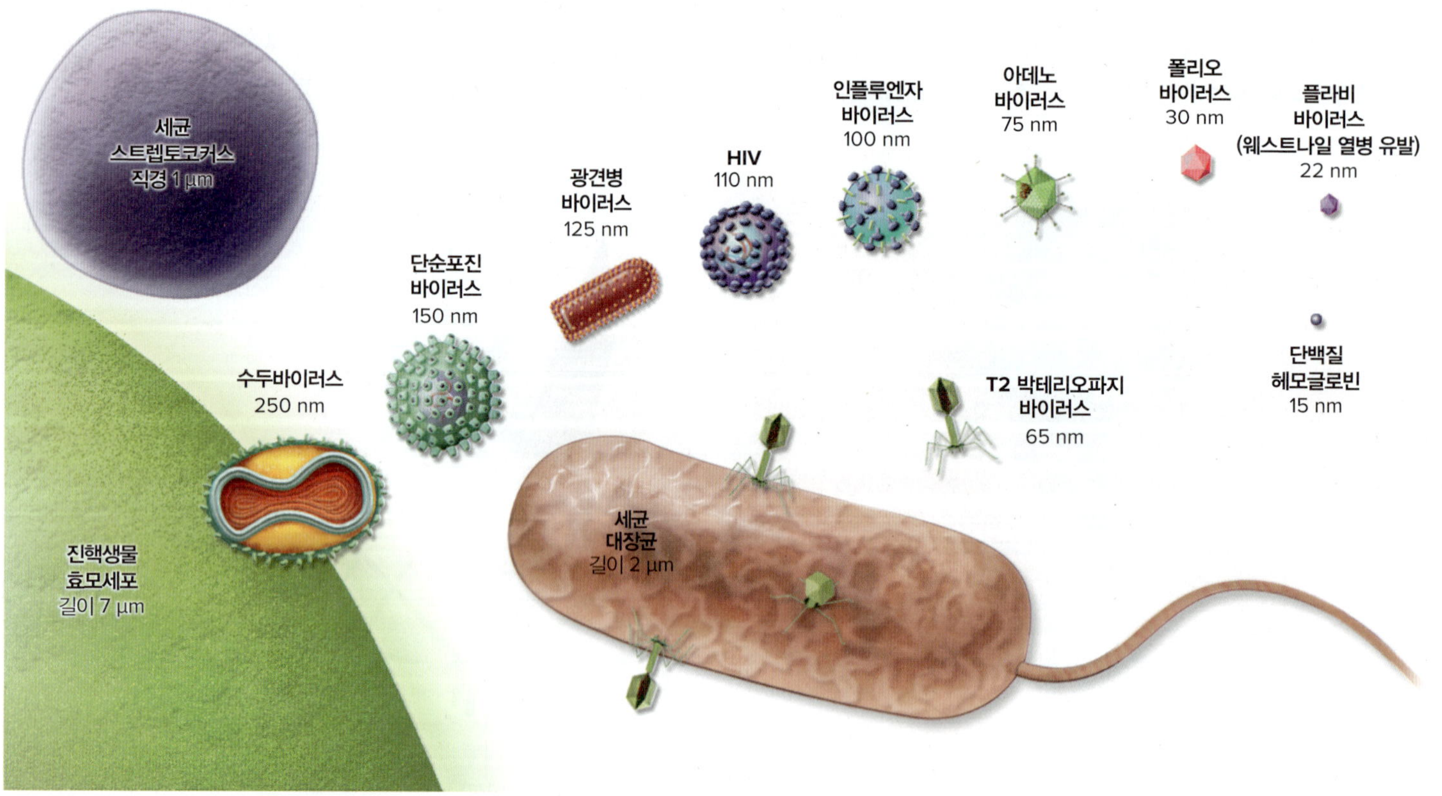

그림 22.4 바이러스는 크기와 모양이 다양하다.
세포와 바이러스의 크기는 다양하고, 바이러스의 형태도 다양하다.

표 22.1	주요 인체 바이러스 질병		
질병	**병원체**	**유전체**	**매개체/역학**
수두	수두대상포진 (varicella-zoster) 바이러스 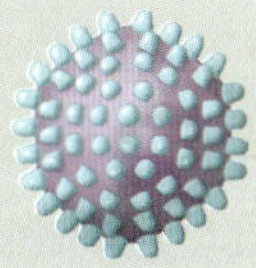	2중가닥 DNA	감염자와 접촉으로 전파됨. 치료제 없음. 치명적인 경우는 드묾. 1995년 초 미국에서 백신이 허가됨. 잠복기를 거쳐 대상포진을 일으킬 수 있음. 고용량으로 구성된 1995년 백신이 대상포진 백신으로 2006년 허가됨.
B형 간염 (바이러스성)	B형 간염바이러스 	2중가닥 DNA	감염자의 체액을 통해 높은 감염성을 보임. 미국 인구 1% 정도가 감염됨. 백신 있음. 치료제 없음. 치명적일 수 있음.
포진(헤르페스)	단순포진 (herpes simplex) 바이러스 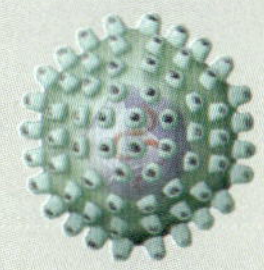	2중가닥 DNA	물집이 생김. 주로 발진/수포를 통한 피부 접촉에 의해 전파됨. 세계적으로 널리 퍼져 있음. 치료제 없음. 잠복기를 보여 수년간 질병이 나타나지 않을 수 있음.
단핵구증	엡스타인바 (Epstein-Barr) 바이러스 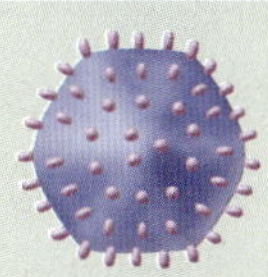	2중가닥 DNA	감염된 타액의 접촉으로 전파됨. 수 주간 지속할 수 있음. 젊은 성인에서 흔함. 치료제 없음. 치명적인 경우는 희귀함.
천연두	베리올라(variola) 바이러스 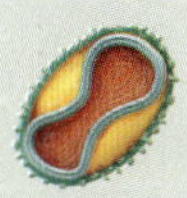	2중가닥 DNA	역사적으로 치명적이었던 질병. 1997년에 마지막으로 환자가 보고됨. 세계적인 백신 접종 운동으로 질병을 박멸함.
AIDS	HIV 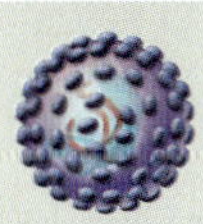	(+) 단일가닥 RNA (2개)	면역 방어를 파괴하여 기회감염 또는 암으로 사망함. 2013년 WHO의 통계에 따르면 3500만 명이 AIDS에 걸린 채로 살고 있으며, 210만 명이 HIV에 새로 감염되었고, 150만 명이 AIDS로 사망함.
소아마비	엔테로(entero) 바이러스 	(+) 단일가닥 RNA	급성 바이러스 감염으로 중추신경계의 마비를 일으키고 종종 치명적임. 1954년 솔크(Salk) 백신의 개발 이전에는 미국에서만 매년 6만 명이 감염됨.
웨스트나일 열병	플라비(flavi) 바이러스 	(+) 단일가닥 RNA	모기에 의해 전파되며 조류(bird) 숙주에서 증식함. 신경병을 일으킬 수 있음. 1999년 이후 미국에서 보고됨.
에볼라 열병	필로(filo) 바이러스 	(−) 단일가닥 RNA	급성으로 출혈과 발열을 보임. 바이러스가 결합조직을 공격하여 대량의 출혈을 일으켜 사망에 이르게 함. 치료하지 않으면 사망률이 50~90%에 이름. 중앙아프리카 지방에서 주로 발병함.
독감	인플루엔자 (influenza) 바이러스 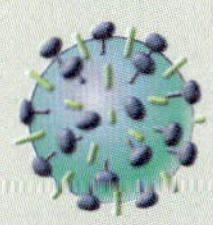	(−) 단일가닥 RNA (8개)	역사적으로 치명적이었던 질병(1918~1919년의 18개월 동안 5천만~1억 명이 사망함). 야생 오리, 닭, 돼지가 주요 보유숙주(reservoir). 독감 바이러스는 오리에 영향을 주지 않지만 증식하는 동안 항원 유전자를 뒤섞어 새로운 균주를 만듦. 백신이 존재함.
홍역	파라믹소 (paramyxo) 바이러스 	(−) 단일가닥 RNA	감염자와 접촉으로 매우 잘 전파됨. 백신 존재함. 보통 유년기에 감염되며 증상은 심각하지 않음. 성인에서 더 위험함.
SARS	코로나(corona) 바이러스 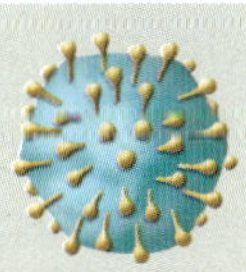	(−) 단일가닥 RNA	급성 호흡기 질염, 신종 질병으로 특히 노인에서 치명적임. 흔히 감염되는 동물은 박쥐, 여우, 스컹크, 미국너구리임. 가축도 감염됨.
광견병	랍도(rhabdo) 바이러스 	(−) 단일가닥 RNA	감염된 동물에 물려 전파되는 급성 바이러스성 뇌척수염. 치료하지 않으면 치명적임. 흔히 감염되는 동물은 박쥐, 여우, 스컹크, 미국너구리임. 가축도 감염됨.

거대바이러스는 바이러스에 대한 통념에 도전한다

바이러스는 세포보다 상당히 작아서 지름이 약 20~250 nm이다(**그림 22.4**). 처음에는 아메바를 감염하는 세균으로 잘못 파악된 미미바이러스(Mimivirus)는 지름이 750 nm인 바이러스로 1.2 Mb(megabase, 100만 염기)의 유전체를 갖는다. 미미바이러스 발견 이후 몇몇 거대바이러스(giant virus)가 발견되었다. 2013년 분리된 판도라바이러스(Pandoravirus)는 바이리온의 크기가 μm(마이크로미터) 단위이고 유전체는 2.5 Mb로 일부 박테리아보다 크다. 현재 알려진 가장 큰 바이러스인 피토바이러스(Pithovirus)는 2014년에 3만 년 된 시베리아의 얼음 조각에서 분리되었다. 바이리온 크기가 1.5 μm인 피토바이러스는 일부 박테리아와 심지어는 일부 진핵세포보다 더 크다. 생물로부터 직접 추출하지 않고 환경으로부터 추출한 유전자를 연구하는 메타유전체학(metagenomics)으로 새로운 종류의 거대바이러스인 클로스뉴바이러스(Klosneuvirus)가 확인되었다. 생태계와 질병에서의 거대바이러스 역할은 현재 알려지지 않았다.

크기만으로 바이러스와 세포의 경계에 대해 도전하는 것이 충분하지 않지만, 일부 거대바이러스의 유전체는 이전에 바이러스 유전체에서 관찰되지 않은 특징을 보여준다. 예를 들어, 거대바이러스 발견 이전에는 어떤 바이러스 유전체도 번역에 관여된 단백질을 암호화하지 않았다. 분리된 거대바이러스 유전체에는 20개의 아미노아실 tRNA 합성효소(aminoacyl-tRNA synthetase) 중 9개가 포함되어 있고, 클로스뉴바이러스 유전체에는 20개 모두가 포함된다. 거대바이러스에서 일부 번역기구의 존재는 거대바이러스가 생명 체계의 3개의 역(domain)과 공통조상을 갖는 4번째 역임을 지지한다. 그러나 아미노아실 tRNA 합성효소 유전자 염기서열의 계통분류학적 분석은 거대바이러스가 세포 공통조상의 후손이 아님을 밝혔다. 오히려 연구 결과는 한때 작은 바이러스였던 것이 숙주로부터 번역 관련 유전자를 획득하였음을 지지한다.

핵심 요약 22.1

바이러스 캡시드는 상대적으로 단순한 구조로 정20면체형, 나선형, 복합형이다. 그러나 바이리온의 형태는 매우 다양하다. 바이러스는 감염된 세포의 기구를 취하여 유전체 복제와 발현을 위한 단백질을 생산하여 증식한다. 바이러스 유전체는 DNA 또는 RNA이지만 대부분은 RNA이고 단일가닥 또는 2중가닥이다. 몇몇 RNA 유전체는 분절되어 있다. 거대바이러스의 크기는 일부 박테리아와 비슷하거나 더 크며, 유전체의 크기 역시 비슷하다.

■ 외피가 없는 바이러스의 캡시드는 몇몇 종류의 단백질로 조립된다. 캡시드는 어떻게 바이러스 유전체를 매우 작은 크기로 제한할까?

22.2 바이러스의 다양성

학습 목표

1. 바이러스 분류체계의 차이를 비교할 수 있다.
2. 바이러스 다양성과 관련하여 메타유전체학의 역할을 설명할 수 있다.

세포내 절대기생체인 바이러스의 공통된 특징에도 불구하고 그들 간에 상당한 다양성이 있음을 보았다. 이런 차이점과 유사점이 바이러스를 분류하는 체계에 활용된다. 바이러스는 흔히 분류체계, 유발하는 질병, 숙주범위, 조직친화성, 유전체 구성과 발현에 근거하여 분류된다. 다양한 분류 방식이 여러 종류의 학문 분야 요구를 충족시킨다. 의학 미생물학자는 질병에 따른 분류에 관심이 많고, 분자유전학자는 유전체 발현에 근거한 분류에 관심이 많다.

클로스뉴바이러스의 경우처럼 새로운 유전체를 확인하기 위한 메타유전체학의 활용으로 바이러스를 분류하고 조회하는 것은 점점 더 중요해졌다. 분류체계를 선택할 때 그룹에 대한 특징을 주면 예상되는 그룹이 제시되는지 고려해야 한다.

바이러스의 분류

바이러스에 대한 분류체계는 국제바이러스분류위원회(International Committee on Taxonomy of Viruses, ICTV)에 의해 제공된다. 분류는 전통적인 분류의 목, 과, 아과, 속을 사용하지만 계, 문, 강은 사용하지 않는다. DNA 바이러스는 대체로 종 수준까지 지정하지만, RNA 바이러스에서는 복잡한 여러 문제가 있다. 숙주범위, 바이리온 형태, 유전체 구성 등 다양한 기준이 바이러스 분류에 고려된다. 서로 다른 바이러스 사이에 보존된 유전자가 존재하면, 계통학적 분석(phylogenetic analysis)으로 바이러스를 분류할 수 있다.

분류체계는 질병 또는 숙주에 근거한다

바이러스를 질병에 따라 분류하는 것은 매력적인데, 독감 또는 에볼라 같은 바이러스 질병에 친숙하기 때문이다. 그러나 이런 분류에는 중요한 약점이 있다. 정의에 따라 질병을 일으키지 않는 바이러스는 배제된다.

더욱이 일부 바이러스는 상황에 따라 다른 질병을 일으키고, 일부 바이러스는 사람에 따라 질병을 일으킨다. 예를 들어, 수두대상포진바이러스(varicella-zoster virus)는 어린아이에서 수두(chickenpox)를 일으키지만, 수두를 겪은 성인에서는 대상포진(shingles)을 일으킨다. 수두를 겪을 때와 대상포진을 겪을 때 사이의 여러 해 동안은, 바이러스는 존재하지만 질병 증상은 없다. 수두대상포진바이러스를 질병에 따라 분류하면 분류의 두 곳에 위치하여 분류의 목적 중 하나를 어기게 된다. 예를 들어, 감기의 경우에는 리노바이러스(rhinovirus), 아데노바이러스(adenovirus), 코로나바이러스(coronavirus) 등 여러 바이러스로 인해 질병이 유발된다. 동일한 질병을 일으키는 그룹에 여러 바이러스를 함께 위치시키는 것은 그들 사이에 공유되는 특징이 있는 것처럼 보이지만 사실은 그렇지 않다.

숙주 기반 분류는 바이러스를 숙주범위에 따라 묶어 질병 기반 분류처럼 매력적이지만 현혹되기 쉬운 특성이 있다. 어떤 바이러스는 여러 종류의 생물에 감염된다. 인플루엔자바이러스를 숙주에 따라 분류할 때의 어려움에 대해 생각해 보자. 4가지 유형의 인플루엔자바이러스(A, B, C, D)가 존재하는데, 유형마다 증상의 정도가 다르며, 숙주는 영장류, 돼지, 가금류, 박쥐, 고양이, 개, 소 등으로 다양하다.

유전체 발현에 따라 분류할 수 있다

덜 직관적이긴 하지만 더 강력한 방식은 바이러스 유전체가 발현되는 방식을 고려하는 것이다. 노벨상 수상자인 볼티모어(David Baltimore)에 의해 개발된 볼티모어 분류법은 질병 기반 또는 숙주 기반 분류의 많은 문제를 해결한다. 이 분류법에서는 바이러스 유전체가 복제되고 발현되는 방식을 7개의 그룹으로 나누는데, 각 바이러스는 오직 하나의 그룹에만 속한다(**그림 22.5**).

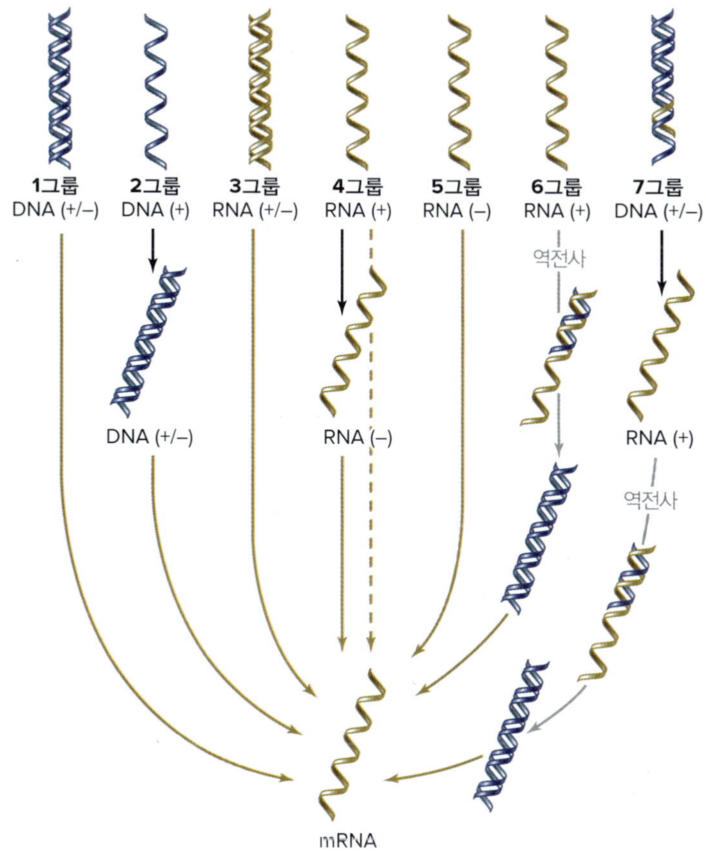

그림 22.5 바이러스의 볼티모어 분류법.
유전체 구성과 유전자 발현을 위한 mRNA 생산 방식에 따라 분류된다. (+)와 (−)는 각각 핵산의 암호화 가닥과 비암호화 가닥을 의미한다. (+) 가닥은 mRNA와 동일한 서열을 가지고, (−) 가닥은 (+) 가닥에 상보적이다.

1그룹의 바이러스는 2중가닥 DNA를 가지며 숙주 기구를 사용하여 유전체를 복제하고 발현한다. 2그룹의 바이러스는 단일가닥 DNA 유전체를 가지며, 숙주 세포에서 복제되고 발현되기 위하여 2중가닥 DNA로 전환되어야 한다. 3그룹의 바이러스는 2중가닥 RNA 유전체를 갖는다. 유전체의 한 가닥에서 전사된 mRNA가 숙주 세포 기구에 의해 번역된다. 많은 숙주 세포가 RNA 주형으로부터 RNA를 만들지 못하기 때문에 이를 수행할 효소는 반드시 바이러스와 함께 운반되어야 한다.

4그룹의 바이러스는 양성(+) 단일가닥 RNA 유전체를, 5그룹의 바이러스는 음성(−) 단일가닥 RNA 유전체를 각각 갖는다. mRNA처럼 양성 RNA는 번역되어 단백질을 만든다. 음성 RNA는 양성 RNA에 상보적이며 번역되지 않는다. 음성 RNA 유전체는 바이러스 단백질에 의해 양성 RNA로 전환되어야만 번역과 새로운 유전체 복제가 가능하다. 바이러스가 양성 유전체를 가질 때도 많은 음성 RNA 사본이 필요하다. 감염 동안 수천 개의 새로운 바이리온을 만들기 위해서는 바이러스 유전체가 숙주 세포를 지휘하여 많은 양의 바이러스 단백질을 만들기 때문이다. 세포로 유입된 하나의 바이러스 유전체는 필요한 모든 단백질을 만들기에는 부족하다. 양성 RNA 유전체로부터 수천 개의 음성 RNA 사본을 만들면 수천 개의 양성 RNA 분자가 만들어지고 새로운 바이리온 조립에 필요한 단백질을 생산해낼 수 있다. 양성 RNA 분자는 바이러스 증식에 필요한 새로운 유전체로 사용된다.

앞서 설명한 대로, RNA 유전체를 갖고 DNA 중간체가 없는 바이러스는 자신의 유전체를 복사하고 발현할 특별한 효소가 필요하다. RNA 유전체를 갖는 바이러스는 RNA-의존 RNA 중합효소를 발현하여 양성 또는 음성 RNA 유전체로부터 상보적인 RNA 가닥을 만들 수 있다. 이로써 바이러스는 번역에 필요한 mRNA를 만들거나 새로운 바이러스 유전체 생산을 위한 주형을 만들 수 있다.

6그룹의 바이러스는 레트로바이러스이다. 이 바이러스는 양성 단일가닥 유전체를 가지며, 발현되기 위해서 또는 새로운 RNA 유전체를 만들기 위해서는 2중가닥 DNA로 전환되어야 한다. 7그룹의 바이러스는 최근 첨가된 것으로 몇 개의 바이러스만 속한다. 이 바이러스는 2중가닥 DNA 유전체를 가지지만 DNA 가닥의 일부가 비어 있어 유전체 일부는 단일가닥이다. 복제와 발현에 필요한 양성 RNA 중간체는 역전사에 의해 2중가닥 DNA로 전환된다.

유전체학은 바이러스 생태학을 발전시키는 원동력이다

바이러스 중 단지 소수만이 동물 또는 식물에서 질병을 일으킨다. 원핵생물과 일부 원생생물에 감염하는 바이러스 대부분이 생태계의 에너지와 물질 전환에 중요한 역할을 한다. 원핵생물과 원생생물 대부분이 실험실에서 배양되지 않는 것을 고려하면, 이들 바이러스를 연구하는 것은 사실상 불가능하다. 다시 말하면 숙주와 생태계에 영향을 주는 바이러스의 대부분은 연구할 수 없다. 메타유전체학은 이런 문제에 부분적인 해결책을 제시하였다.

메타유전체학은 환경으로부터 토양, 물, 공기를 수집하여 시료로부터 DNA를 추출하는 것이다. 추출된 DNA는 PCR로 증폭되어 염기서열을 분석한다(16장과 WEB2장 참조). 환경 시료로부터 찾아낸 염기서열을 DNA 자료의 염기서열과 비교하여 환경에 존재하는 종을 동정하는 것이다. 자료에 없는 염기서열이 나타나면, 실제 생물을 분리하지는 않았지만 새로운 종이 발견되었다고 결론 내릴 수 있다.

바이러스 메타유전체학으로 수천 개의 새로운 종이 동정되었고, ICTV는 이 종들을 분류하는 단계에 착수하였다. 메타유전체학 기법에 따른 추정으로는 지구에 10^{31}개의 바이러스 입자가 존재한다. 해안가 바닷물 1 L에 세균의 10배에 해당하는 바이러스가 있으며, 바이러스는 지구에서 가장 유전적 다양성이 높다. 바이러스는 1초당 10^{24}번의 감염을 일으키고, 모든 감염에는 수평적 유전자전달이 있으며, 이는 빠른 진화를 유도하는 중요한 메커니즘이다. 바이러스 생태학을 알아야만 바이러스 집단과 생태계에 미치는 인류 행동의 영향을 예측할 수 있다.

핵심 요약 22.2

바이러스의 다양성은 분류 기준을 선정하는 데 어려움을 준다. 분류는 몇몇 기준에 따라 유사한 바이러스를 무리 짓고 통일된 명명법을 확립한다. 질병 기반 및 숙주 기반 분류는 제한된 상황에서 유용한 반면, 유전체 복제 및 발현 방식에 따른 기준은 적용 범위가 넓다. 메타유전체학은 바이러스의 다양성과 생태계에서 바이러스 역할에 대한 이해를 증진시켰다.

- 인플루엔자바이러스의 유전체는 8개의 음성 RNA로 구성된다. 볼티모어 분류법에 따르면 인플루엔자바이러스는 어떻게 분류될까?

22.3 박테리오파지: 세균 바이러스

학습 목표

1. 박테리오파지의 용균회로와 용원회로를 구별할 수 있다.
2. 바이러스가 숙주에 어떻게 DNA를 제공하는지 설명할 수 있다.

박테리오파지(bacteriophage), 즉 **파지**(phage)는 구조적, 기능적으로 다양한 바이러스로, 세균(박테리아)만을 감염한다. 박테리오파지 대부분은 특징적인 머리-꼬리(head-tail) 형태를 가지는 세균 바이러스이다(**그림 22.2**). 드물기는 하지만, 정20면체형 또는 나선형 중 하나의 캡시드로 구성된 박테리오파지에는 외피가 있는 것과 외피가 없는 것이 있다.

대장균(*E. coli*) 파지는 처음 발견된 것 중 하나로 가장 잘 연구된 바이러스에 속한다. 이 바이러스의 한 부류가 T 계열(T1, T2 등)이다. T3 파지와 T7 파지는 정20면체형으로 짧은 꼬리를 갖는다. 반면 T-짝수 파지(T-even phage)는 복합형으로 정20면체형 머리, 깃(collar)과 수염(whisker)을 가진 목, 긴 꼬리, 기저판(base plate)을 갖는다(**그림 22.3** 참조).

고세균 바이러스는 형태가 다양하다

고세균 바이러스는 고세균 영역이 설정되기 이전인 1970년 중반에 발견되었다. 일부 고세균 바이러스는 박테리오파지와 같은 형태이지만, 병 모양(bottle-shaped), 꼬인 방추형(twisted like spindle), 2개의 꼬리가 있는 형태 등이 발견되었다. 분리된 모든 고세균 바이러스는 선형 또는 원형의 2중가닥 DNA 유전체를 갖는다. 그러나 고세균의 일반적인 서식지인 온천 시료에 대한 메타유전체학 분석은 RNA 유전체의 존재도 보여준다. 고세균 바이러스에서 새로운 형태와 복제 전략의 발견은 바이러스에 대한 더 많은 연구가 필요함을 의미한다.

세균 바이러스는 2개의 복제 전략을 갖는다

바이러스 감염은 보통 숙주 세포의 죽음으로 방출되는 새로운 바이러스의 증식을 초래한다. 방출된 바이리온은 다른 세포를 감염하여 감염회로는 계속 진행된다. 이런 종류의 감염회로를 용균회로(lytic cycle)라 하는데, 바이러스가 보통 세포를 터트리기 때문이다. 일부 세균 바이러스는 **용원성 바이러스**(temperate virus)라 하는데, 숙주 세포의 유전체에 자신의 유전체를 삽입하는 용원성 복제 상태(lysogenic replicative state)로 들어간다. 삽입된 유전체는 바이리

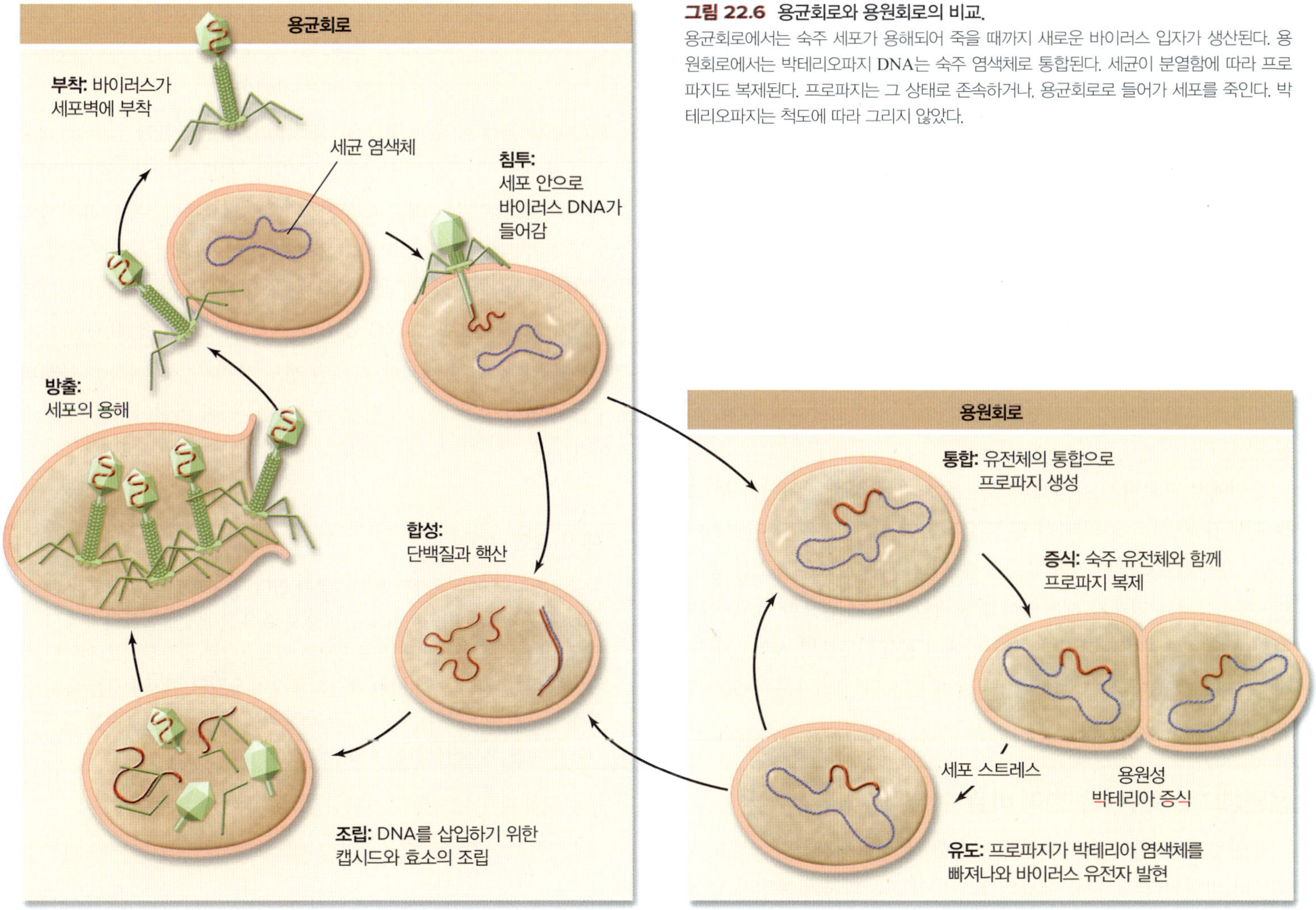

그림 22.6 용균회로와 용원회로의 비교.
용균회로에서는 숙주 세포가 용해되어 죽을 때까지 새로운 바이러스 입자가 생산된다. 용원회로에서는 박테리오파지 DNA는 숙주 염색체로 통합된다. 세균이 분열함에 따라 프로파지도 복제된다. 프로파지는 그 상태로 존속하거나, 용균회로로 들어가 세포를 죽인다. 박테리오파지는 척도에 따라 그리지 않았다.

온을 생산하지도 않고, 숙주 세포를 죽이지도 않으며, 세포가 복제될 때 세포에서 세포로 전달된다. 이 용원성 바이러스(lysogenic virus)는 어떤 자극 때문에 용균회로로 들어간다.

용균회로

바이러스 생산의 용균회로를 **그림 22.6**에 나타내었다. 파지 용균회로의 단계는 외피가 없는 동물 바이러스의 회로와 비슷하다. 감염회로의 기본적인 윤곽은 바이러스 대부분에서 공통적이지만, 바이러스 자신이 다양한 것처럼 감염회로의 세세한 부분은 다양하다.

첫 단계는 **부착**(attachment)으로 바이러스가 세포와 만나 특이적으로 결합한다. 이 단계에서 바이러스의 숙주범위와 조직친화성이 제한되는데, 바이러스 표면의 단백질이 세포 표면의 단백질과 특이적으로 결합하기 때문이다. 다른 파지는 세균 세포의 바깥 표면의 다른 부위를 인식할 수 있다. 다음 단계는 **침투**(penetration)로 바이러스 유전체가 숙주 세포 안으로 들어간다. 박테리오파지 T4와 같이 머리-꼬리 형태를 한 파지에서 자세히 연구되었다. 일단 접촉이 성립하면, 꼬리 껍데기가 수축하여 꼬리관이 기저판의 구멍을 통해 나와 세균 외막을 뚫는다. 꼬리관의 효소가 세포벽을 약화시켜 꼬리관이 세포의 세포질까지 들어간 후 바이러스 유전체가 방출된다.

합성(synthesis) 단계에서 바이러스 유전체는 세포의 복제 및 단백질 합성 기구를 가로채 바이러스 구성 성분을 합성한다. **조립**(assembly) 단계에서 성숙한 바이러스 입자가 생산된다.

방출(release) 단계에서 성숙한 바이러스 입자는 숙주 세포를 녹이는 바이러스 효소의 작용을 통하거나 숙주 세포벽을 통한 출아 방식으로 방출된다. 부착부터 새로운 바이러스 입자 형성까지의 시간을 암흑기(eclipse period)라 하는데, 이 시기에 세포가 용해되면 활성이 있는 바이리온이 거의 방출되지 않기 때문이다.

용원회로

가장 흔한 형태의 용원성은 세균 바이러스가 숙주 세포를 감염하고 용균회로로 들어가는 대신 바이러스 유전체를 숙주 세포의 유전체로 통합시킬 때 일어난다. 이 통합으로 바이러스 유전체는 숙주 세포의 DNA와 함께 복제된다. 통합된 파지 유전체를 **프로파지**(prophage)라 하고, 프로파지를 가진 세포를 **용원**(lysogen)이라 한다.

가장 잘 연구된 용원성 파지는 람다(lambda, λ)로 대장균을 감염한다. 람다파지가 세포로 감염되면 초기유전자 발현으로 바이러스가 용균성인지 용원성인지가 결정된다. 감염 직후 2개의 조절단백질이 바이러스 유전체로부터 생산된다. 이 단백질들은 파지 DNA의 결합부위에 경쟁한다. 어느 단백질이 승리하는가에 따라, 유전체 복제에 필요한 유전자가 발현되면 용균회로가 시작하고, 바이러스 유전체의 통합에 필요한 효소가 발현되면 용원회로가 시작된다(**그림 22.6**, 오른쪽).

용원에서 프로파지 유전체의 발현은 초기 결정에 관여하는 두 조절 단백질 중 하나에 의해 억제된다(15장 참조). 용원은 꽤 안정적이지만, 용균회로로의 진입이 유도될 수 있다. 세포가 스트레스를 받으면, 프로파지는 억제가 해제되어 유전체의 절단에 필요한 효소가 발현되어 용균회로가 시작된다. 용원성에서 용균회로로의 전환을 **유도작용**(induction)이라 하는데 용균회로에 필요한 유전자를 유도하기 때문이다(15장 참조).

용원성으로 숙주 표현형이 바뀔 수 있다

용원성 동안 바이러스 유전자는 숙주 세포 유전자처럼 프로파지로부터 발현된다. 용원성 세균의 표현형이 프로파지의 유전자 발현으로 바뀌면, 이런 변화를 **파지전환**(phage conversion)이라 한다. 파지전환의 한 예가 모든 용원성 감염 동안 나타난다. 즉 숙주 세포는 동일한 종류의 파지에 의한 후속 감염에 저항성을 보이게 된다. 많은 감염이 용균성이기 때문에, 파지전환은 숙주 세포에 유리한 선택압력으로 작용한다. 용원성으로 될 수 있는 세균의 종의 수 때문에 용원성은 세균의 진화에서 중요한 역할을 한다. 때로 파지전환은 온순한 세균을 고병원성 균주로 바꾼다.

콜레라를 일으키는 세균의 파지전환

콜레라균(*Vibrio cholerae*)은 담수에 사는 상대적으로 온순한 세균이다. 그러나 몇몇 질병 유발 균주가 알려져 있다. 섭취하면 이 균주는 콜레라를 일으킨다. 매년 콜레라로 인해 300만 명이 급성 설사를 일으키고, 약 12만 명이 사망한다. 주로 대변으로 오염된 식수를 통해 전파되는데, 콜레라 유발 세균은 깨끗한 물 또는 적절한 위생 시설이 없는 20억 명에게 가장 위험하다.

콜레라 세균의 질병 유발 균주는 온순한 균주가 CTXϕ 바이러스로 용원화되면 나타난다. CTXϕ의 유전체는 CTX(cholera toxin)란 독소를 만드는 2개의 단백질을 암호화한다. CTXϕ가 숙주를 용원화시킬 때 독소 유전자는 숙주 유전자와 함께 발현된다. 파지전환으로 해가 없는 세균은 치명적인 병원체로 바뀌었다.

CTXϕ가 콜레라 세균 표면의 선모(pili)에 결합하여 감염을 개시한다는 발견은 백신 개발에 영향을 주었다. 선모는 또한 소장 상피세포에 설사를 일으키는 세균이 부착할 때도 필요하다. 독소 유전자와 선모 유전자는 항상 함께 발현되어 병원성 콜레라 세균은 동시에 독소와 선모를 만든다. 현재 백신은 선모 유전자와 독소 유전자 모두를 발현하지 않는 콜레라 균주를 죽인 것으로 단기간의 효과만 있으며, 부작용도 있다. 연구 결과에 따르면 선모 유전자를 발현하는 콜레라 균주를 죽여서 만든 백신이 더 효과적이며, 특히 어린이에서 더 효과적이다.

핵심 요약 22.3

세균 바이러스에는 2가지 복제회로가 있다. 용균회로는 세포를 용해하고, 용원회로는 바이러스 유전체를 숙주 유전체에 삽입하여 프로파지를 지닌 용원을 만든다. 프로파지는 세포분열로 수직적으로 전달된다. 용원의 환경 조건에 따라 용균회로가 유도된다. 프로파지는 숙주에 유전자를 제공한다. *V. cholerae*에 의해 생산되어 콜레라를 일으키는 독소는 프로파지에 암호화되어 있다.

- 용원성 파지에게 용원성은 어떤 혜택을 줄까?

22.4 사람의 바이러스성 질병

학습 목표

1. 급성 감염과 지속성 감염의 차이를 설명할 수 있다.
2. 항원연속변이와 항원불연속변이를 계절성 독감 발발과 세계적 유행병과 연관하여 설명할 수 있다.
3. 만성과 잠복성 바이러스 감염의 예를 들 수 있다.

감염을 확립하고 질병을 일으키기 위해 바이러스는 인체의 조직에 반드시 접근하여야 한다. 피부는 노출되어 감염에 가장 취약해 보이지만, 바이러스 침입의 가장 흔한 경로는 호흡기 상피세포이다. 피부는 감염에 대한 보호막으로, 여러 층으로 구성되어 있다. 피부의 가장 바깥쪽은 케라틴으로 싸여 있고, 피부는 약한 산성이다. 바이러스는 피부에 균열이 있을 때 피부 장벽을 통과할 수 있는데, 균열은 외상, 곤충에 물림, 수술 등에 의한 의학적 손상 때문에 발생한다. 호흡기 상피세포는 피부와 같은 보호 기능도 없을 뿐만 아니라 피부의 약 70배에 이르는 표면적을 갖고 있고, 호흡하는 동안 바이러스가 포함될 수도 있는 공기의 끊임없는 흐름에 노출되어 있다. 바이러스는 또한 위장관 점막, 눈, 비뇨생식기 상피세포를 통해 침입할 수 있다.

일단 바이러스가 침입 경로의 세포를 감염하면, 감염 부위 또는 추가로 이동한 다른 부위에서 바이러스는 복제하고 질병을 일으킨다. 바이러스는 혈액 또는 림프를 통하거나 신경조직을 통하는 2가지 경로로 확산한다. 혈액과 림프에서 바이러스는 면역세포와 함께 있거나 바이러스혈증(viremia)에서와 같이 자유롭게 순환한다. 질병을 일으키는 바이러스 감염은 급성 감염과 지속성 감염으로 나뉘는데, 바이러스 복제와 증상 발현의 속도와 빈도에 따라 구분된다. 지속성 감염은 잠복성 또는 만성이다. 그러나 이 분류에는 여러 가지 변형이 있다(**그림 22.7**).

급성 바이러스 감염으로 증상이 빠르게 나타난다

급성 감염은 바이러스의 빠른 복제와 갑작스러운 증상의 시작이다. 급성 감염은 면역체계에 의해 통제되어 해결되거나 숙주의 사망을 초래한다. 예외적으로 급성 감염은 종종 감염 부위에 일어나지만 치명적이지 않다. 생산되는 바이러스의 양, 생산 부위, 전형적인 증상을 고려해 볼 때, 급성 감염을 일으키는 바이러스는 공기로 쉽게 전파되어 질병 발발(outbreak), 유행병(epidemic), 세계적 유행병(pandemic)의 흔한 원인이 된다.

독감은 인플루엔자바이러스에 의해 일어난다

사람의 독감은 A형 또는 B형 인플루엔자바이러스(influenza virus)에 의해 주로 일어나는데, A형이 임상적으로 더 중요하다. 계절성 독감 백신을 접종받을 때 예방되는 것이 인플루엔자바이러스이다. 인플루엔자바이러스는 외피가 있는 5그룹에 속하는 바이러스로 가래(sputum), 기침, 재채기를 통해 에어로졸화된 바이리온(aerosolized virion)의 흡입 또는 바이러스로 오염된 물질과의 접촉으로 직접 전파된다.

독감 바이리온은 외피 단백질인 혈구응집소(hemagglutinin, HA)로 호흡기 상피세포 표면의 탄수화물에 특이적으로 결합한다. 이후 바이러스는 숙주 세포의 세포질로 세포내섭취(endocytosis)가 된다. 8개의 절편으로 구성된 바이러스 유전체는 캡시드에서 방출되어 핵으로 운반된다. 바이러스 유전체가 복제되고 mRNA가 전사되어 바

그림 22.7 **급성 감염과 지속성 감염의 진행.** 감염성 인자는 급성 감염 또는 지속성 감염을 일으킨다. *a.* 급성 감염에서는 질병 시작이 빠르며 바이러스 양과 관계가 있고, *b.* 지속성/만성 감염에서는 초기의 가벼운 증상 이후 감염성 인자가 낮은 농도로 있다가 바이러스 양이 증가한 후에 심각한 질병이 나타난다. *c.* 어떤 바이러스는 잠복성 감염을 일으키는데 높은 바이러스 양에 따른 급성 질병 증상 이후 숙주에 조용히 있다가 다시 나타나 증상을 일으킨다. *d.* 프리온과 암을 유발하는 바이러스는 초기 감염 후 상당한 시간이 흐른 뒤 질병을 일으키는 진행이 느린 인자로 분류된다

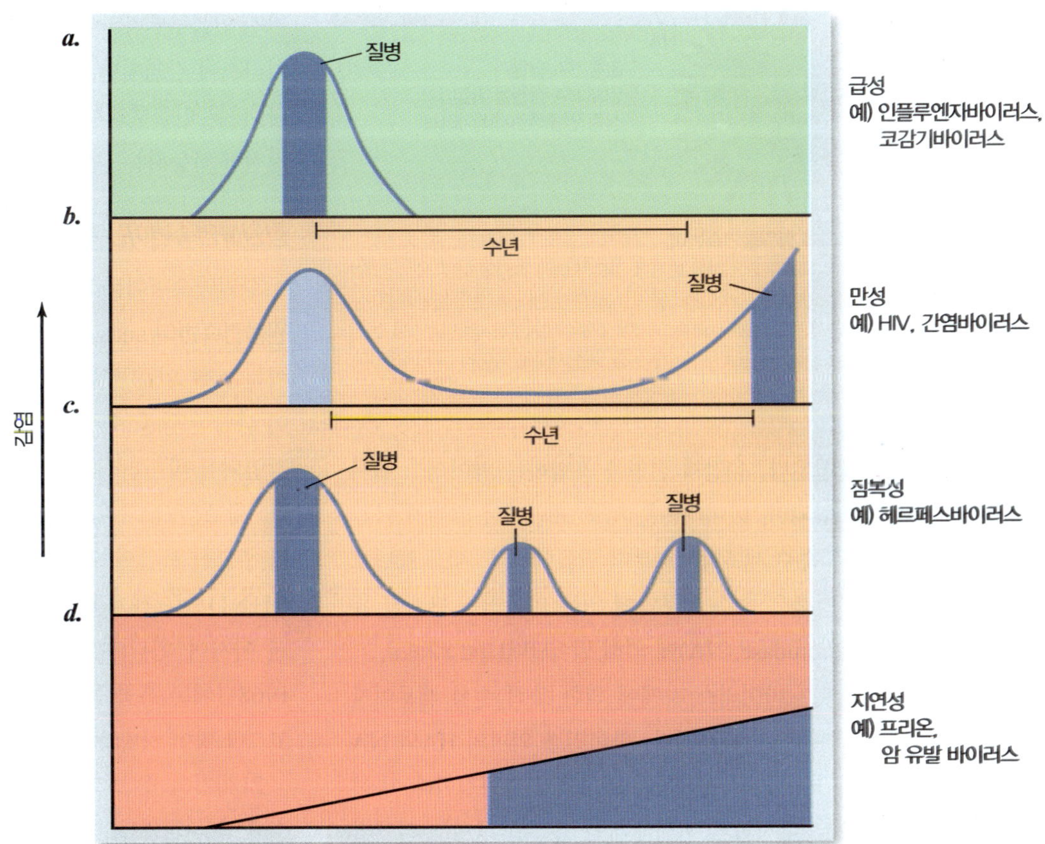

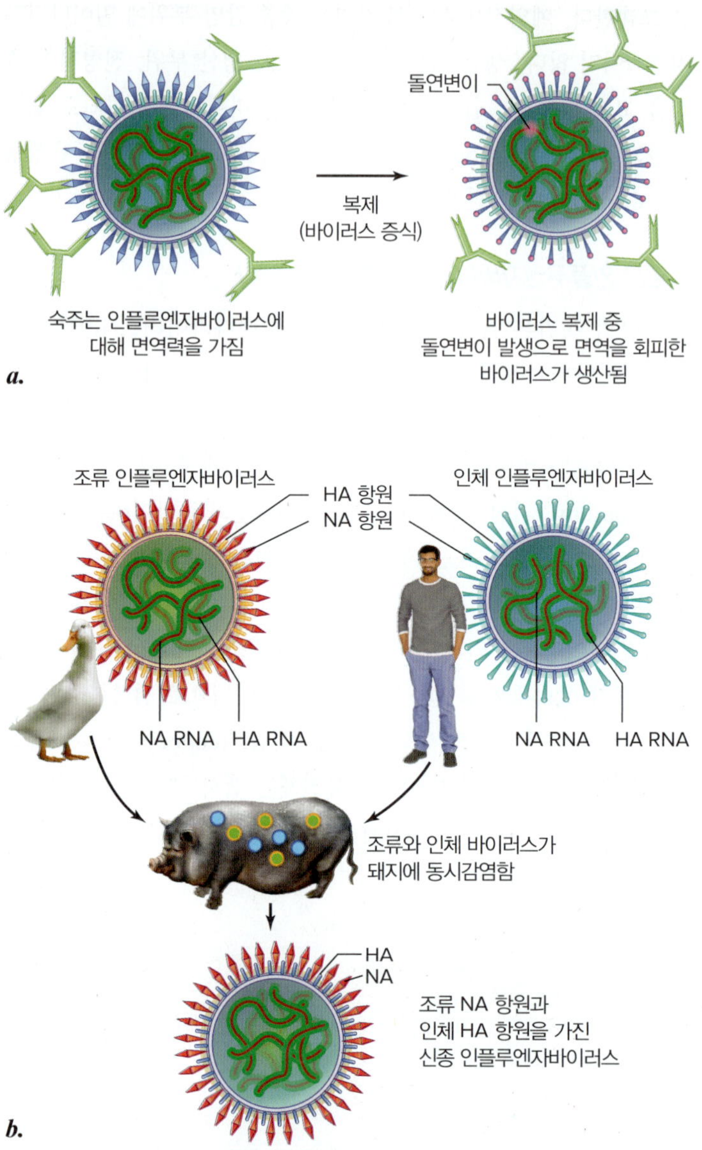

그림 22.8 항원연속변이와 항원불연속변이.
a. 항원연속변이는 HA 또는 NA 구조에 작은 변화를 일으켜 이전 감염에 따른 적응면역반응으로 생긴 항체가 새로운 인플루엔자바이러스를 인식하지 못한다. *b.* 항원불연속변이는 A형 인플루엔자바이러스에서만 발생한다. 숙주 하나에 2개의 인플루엔자바이러스를 동시에 감염하면 유전적 재편성이 일어나 새로운 숙주범위를 갖는 새로운 바이러스가 생산된다.

이러스 단백질이 생산된다. 유전체 절편을 포함하는 바이러스 캡시드가 세포막에서 조립되며, 바이리온은 세포 표면에서 떨어져 나간다. 바이러스 외피는 숙주 세포막으로부터 만들어진다. 세포 표면으로부터의 바이러스 방출은 숙주 세포막에 있는 바이러스 단백질 뉴라미니데이스(neuraminidase, NA)에 의해 일어난다(**그림 22.8***a*).

질병은 부분적으로는 바이러스 자체에 의한 조직 손상 때문이지만, 주로는 숙주의 염증반응 때문이다. 바이러스 외피의 HA와 NA는 면역체계에 의해 가장 흔히 인식되는 바이러스 단백질이다. 바이러스에 대한 반응으로 활성화된 면역체계의 염증성 세포는 감염된 세포를 죽이고, 이로 인해 조직 손상이 일어난다. 불편하기는 하지만 대부분은 치료 없이 회복된다. 그러나 면역체계가 약화된 사람에서 질병은 중증(severe)으로 나타나 호흡 기능이 상실되고 사망한다. 얄궂게도, 매우 강한 면역반응은 약한 면역반응만큼 위험할 수 있다. 1918년 A형 인플루엔자바이러스가 세계적으로 유행하는 동안의 높은 치사율은 강한 면역반응이 원인일 수 있다.

항원연속변이는 백신 효과를 감소시킨다

단일가닥, 절편화된 RNA 독감 유전체의 복제는 바이러스의 RNA-의존 RNA 중합효소를 사용한다. 이 효소는 유전체가 한 번 복제될 때마다 하나의 돌연변이를 일으킨다. 높은 돌연변이 비율로 HA와 NA 유전자의 **항원연속변이**(antigenic drift)가 나타난다. 항원연속변이는 HA와 NA 단백질의 작은 변화로, 백신 접종으로 유도된 면역의 효과가 사라진다(**그림 22.8***a*). 항원연속변이는 무작위적인 돌연변이이기 때문에, 매년 새로 나타날 바이러스를 정확히 예측하는 것은 불가능하다. 미국질병관리본부(Centers for Disease Control and Prevention, CDC)의 면역학자와 전염병학자는 바이러스에 대한 정보와 역학 자료를 이용하여 다음 해 독감 백신 접종에 사용할 최선의 예측을 한다.

독감 백신 접종을 받으면, 몇몇 종류의 인플루엔자바이러스에 대해 보호된다. 백신은 면역체계를 준비시켜 특정 HA와 NA 단백질을 가진 인플루엔자바이러스를 인식한다. 백신 접종받은 것과 유사한 바이러스에 감염되면, 면역체계가 바이러스를 신속히 인식하여 통제한다. 다른 인플루엔자바이러스에 감염되면, 보호되지 않고 면역체계가 천천히 작동하는 동안 질병이 발생한다.

항원불연속변이는 독감의 세계적 유행병을 일으킨다

항원연속변이는 HA와 NA 단백질에 작은 변화를 일으키지만, **항원불연속변이**(antigenic shift)는 큰 변화를 일으킨다. 항원불연속변이는 A형 인플루엔자바이러스에서만 일어나는데, A형 바이러스만이 다양한 동물 숙주를 감염하기 때문이다. 하나 이상의 바이러스에 감염되어 바이러스 유전체가 재편성될 때 항원불연속변이가 나타난다. 새로운 HA-NA 조합을 갖는 항원불연속변이로 20세기에 3차례나 주요한 독감의 세계적 유행병이 발생하였다. 1918년 스페인 독감(H1N1)으로 세계적으로 5000만~1억 명의 사람이 사망했고, 1957년 아시아 독감(H2N2)으로 10만 명 이상의 미국인이 사망했다. 1968년에는 홍콩 독감(H3N2)으로 미국에서 5000만 명이 감염되었고 7만 명이 사망했다.

21세기의 첫 번째 세계적 유행병은 2009년 2월 시작하여 5월 중순 끝났는데, 41개 국가에서 11,000명이 사망했다. 최신 유전체학은 바이러스가 세계적 유행병을 어떻게 일으키는지에 대한 독특한 관점을 제시한다. 1990년대, 전형적인 돼지 독감 바이러스, 북미 조류 인플루엔자 바이러스, 인체 H3N2 바이러스 등 3개의 인플루엔자바이러스가 돼지를 감염시켰다. 3개의 바이러스가 모두 하나의 세포를 감염할 때, 각 바이러스의 8개 유전체 절편 모두 복제되었다. 새로운 바이러스가 조립될 때, 8개의 유전체 절편은 무작위로 선택되어 새로운 조합을 가진 바이러스가 탄생했다. HA와 NA 유전자가 유전체의 다른 절편에 있으므로, HA와 NA 유전자의 새로운 조합을 가진 바이러스가 만들어진다. 이런 재조합된 바이러스가 북미의 돼지 무리에 퍼졌지만, 사람에게 전파되지는 않았다. 얼마 후, 새로운 바이러스를 가진 돼지가 조류 유사 인플루엔자바이러스에 감염되었다. 이로 인해 돼지에서 2번째 재편성이 일어나 새로운 바이러스가 만들어졌다. H1N1/09 또는 돼지 독감으로 알려진 이 바이러스가 사람을 감염했고 질병을 일으켰다. 이 재편성으로 생긴 바이러스의 HA 단백질은 인체 호흡기 상피세포에 더 잘 결합한다(**그림 22.8***b*).

지속성 바이러스 감염은 만성, 잠복성, 또는 지연성이다

지속성 바이러스 감염에서 바이러스 또는 바이러스 유전체는 숙주에서 오랫동안, 대게 수년 동안 검출된다. 많은 경우 지속성은 평생 유지된다. 존재하는 바이러스의 양과 증식하는 시점에 따라 감염은 만성, 잠복성, 지연성으로 구분된다. 증상이 언제, 어떻게 나타나는가에 따라 분류는 더 복잡해진다. 먼저 AIDS를 일으키는 인간면역결핍바이러스(Human Immunodeficiency Virus, HIV)와 헤르페스바이러스 감염으로 인한 잠복 감염과 만성 감염에 대해 알아보자.

HIV 감염은 만성적이다

HIV 전파는 오염된 체액이 점막과 접촉하거나 직접 조직으로 들어올 때 일어난다. 가장 흔한 HIV 전파 경로는 성적 접촉과 정맥 약물 투여자들의 주사기 공유이다.

많은 만성 감염처럼 HIV 감염의 초기 단계는 급성 감염 방식을 따른다. 급성기 동안 혈장 1 mL당 5×10^6개의 바이리온의 높은 바이러스 농도가 특징적이다. 바이러스는 신체에 퍼져 많은 조직에서 감염이 확립된다. 이 시기 동안 적응 면역체계는 감염에 반응하지 않아 항HIV 항체를 측정하는 HIV 검사 결과는 음성이다. 이 시기의 증상은 종종 급성 레트로바이러스 증후군(acute retroviral syndrome)으로 불리는데, 전형적으로 독감 같은 증상이지만 설사와 관절통증이 포함될 수 있다. 감염 후 3개월 무렵 적응 면역체계가 감염을 통제하고 혈중 바이러스 수가 급격히 감소한다.

면역체계는 여러 해 동안 바이러스 복제를 통제한다. 이 시기 낮은 바이러스 농도는 만성 감염의 특징으로 감염자는 일반적으로 무증상(asymptomatic)이다. 그러나 궁극적으로 면역체계는 바이러스를 통제하지 못하여 바이러스 양이 증가하고 AIDS 증상이 나타난다(**그림 22.7***b* 참조).

HIV는 감염은 면역체계를 약화시킨다

HIV는 특정 면역세포를 감염시키고 파괴한다. 면역세포는 세포 표면 단백질로 특징이 결정된다. HIV에 의해 표적이 되는 세포는 항원 CD4를 발현하여 **$CD4^+$ 세포**로 불린다. HIV에 의해 감염되는 가장 중요한 세포는 **보조T세포**(T-helper cell)로 면역반응(45장 참조)과 대식세포(macrophage)를 조절하는데, 대식세포는 병원성 세균과 같은 비자기(nonself) 물질을 섭취한다.

HIV는 $CD4^+$ 세포를 감염시키고 죽여 매우 적은 수의 $CD4^+$ 세포만 살아남는다. 중요한 면역체계 세포가 없기 때문에 인체는 침입하는 병원체에 대해 방어망을 구축할 수 없다. AIDS 환자는 보통은 온순한 감염으로 사망한다. **기회감염**(opportunistic infection)은 HIV 감염으로부터 AIDS가 발현되는 과정 중 일부에서 발병한다. CDC는 AIDS를 혈중 $CD4^+$ 세포 농도로 정의한다. $CD4^+$ T세포 수가 혈중 200개/μL 이하 또는 전체 T세포의 14% 이하이고, HIV 관련 질병 또는 증후군의 적어도 하나를 가진 사람을 AIDS에 걸렸다고 한다.

HIV 복제에서 역전사가 일어난다

HIV는 레트로바이러스(retrovirus)이다. 2개의 동일한 단일가닥, 양성 RNA 유전체가 역전사 과정에 의해 2중가닥 DNA로 전환된 후, 유전체 발현과 복제가 이루어진다. 역전사는 RNA 주형을 이용하여 상보적 DNA를 만드는 것이다. 역전사에는 인체 유전체에 없고 HIV가 운반하는 역전사효소가 필요하다(16장 참조). HIV의 경우, 전환된 DNA는 숙주 세포 유전체로 삽입된다. 이 단계 없이는 바이러스 복제가 일어나지 않는다.

그림 22.9에 HIV의 감염회로를 나타내었다. HIV 외피에 있는 당단백질 gp120은 표적세포의 CD4를 인식하고 결합한다. 성공적인 감염에는 또한 숙주 세포 표면의 CCR5 또는 CXCR4 보조수용체가 필요하다. 일단 CD4와 보조수용체가 gp120과 결합하면, 바이러스 외피와 세포막은 가까이 좁혀지고 융합된다. 유전체를 감싸는 2개의 뉴클레오캡시드가 세포 인으로 들이온다.

세포 안에서 유전체는 뉴클레오캡시드로부터 방출되고 역전사효소에 의해 2중가닥 DNA로 전환된다. 역전사는 부정확하여 바이러스 유전체가 하나 복제될 때마다 적어도 하나의 돌연변이가 발생한다. 일부 추정으로는 지구상의 모든 인플루엔자바이러스에서보다 더

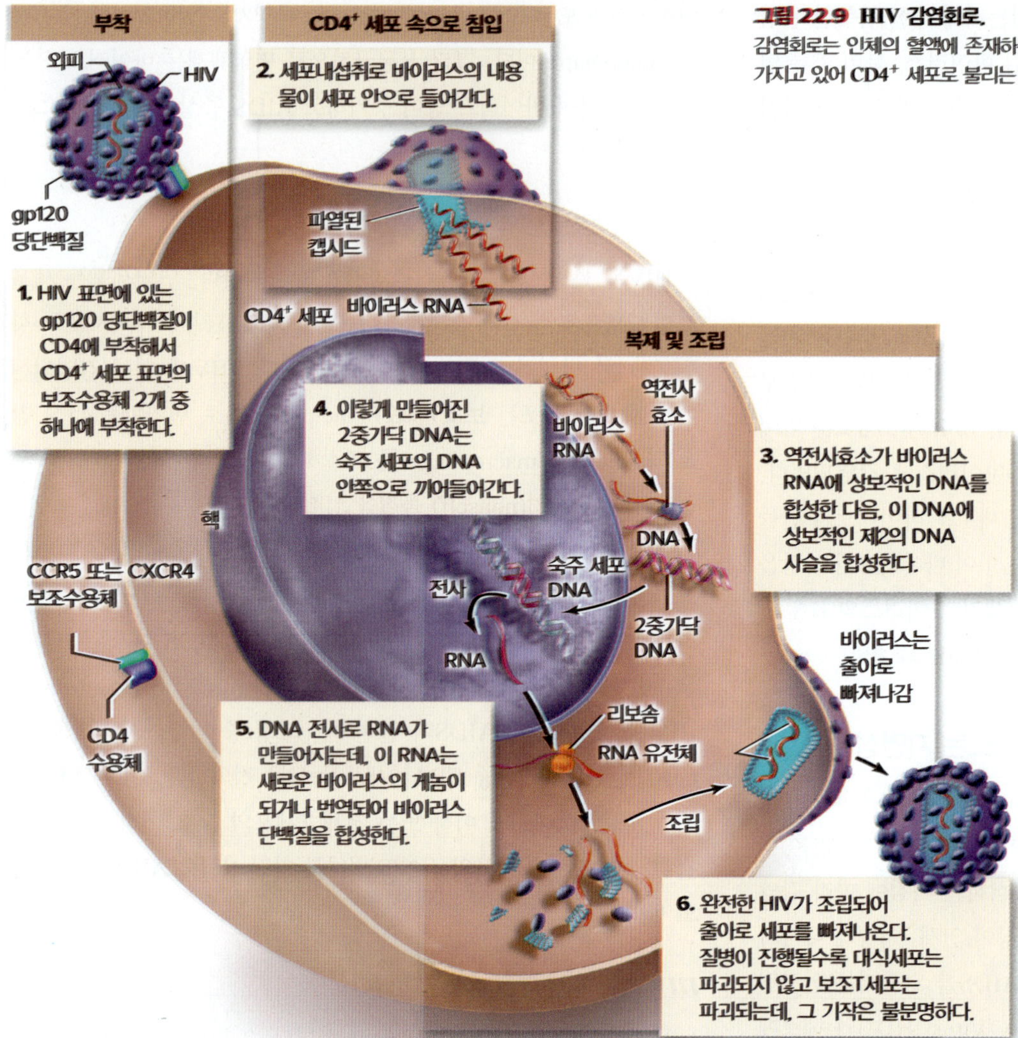

그림 22.9 HIV 감염회로. 감염회로는 인체의 혈액에 존재하는 HIV로 시작하고 끝난다. 바이러스는 CD4 수용체를 가지고 있어 $CD4^+$ 세포로 불리는 백혈구를 감염한다.

많은 유전적 다양성이 HIV 감염자 한 사람의 바이러스에 존재한다. 이런 변이는 HIV 감염을 치료하고 백신을 개발하는 데 중대한 문제를 일으킨다.

숙주 세포의 핵에서 2중가닥 유전체는 바이러스 효소에 의해 숙주 염색체로 무작위로 삽입된다. 바이러스 유전체의 전사와 번역으로 외피, 캡시드, 기타 바이러스 조립에 필요한 단백질이 생산된다. 새로운 RNA 유전체는 통합된 바이러스 DNA로부터 전사되어 세포막 안쪽에서 미성숙한 바이리온 안으로 들어간다. 세포막과 바이러스 단백질의 상호작용으로 바이리온이 출아되어 나온다. 단백질이 포함된 바이러스 외피는 세포 표면으로부터 바이러스가 출아되는 숙주 세포막에서 유래한다.

다른 외피가 있는 바이러스처럼 HIV는 감염된 세포를 용해하지 않는다. 그러나 바이러스 양과 복제율이 높을 때는 감염된 T세포와 대식세포에 미치는 스트레스 때문에 세포가 죽는다. 바이러스로 유도되는 세포예정사(programmed cell death)와 스트레스로 인한 세포 죽음 때문에 면역 기능이 감소함으로써 기회감염이 발생해 종종 AIDS 환자가 죽는다.

HIV 치료는 감염의 여러 단계를 표적으로 한다

HIV 감염 치료의 초기 원칙은 단일 약물 처방이었다. 역전사로 인한 높은 돌연변이 비율로 약물에 대한 저항성이 빠르게 나타나고 HIV 집단을 통해 빠르게 전파되었다. 여러 약물을 동시에 투여하는 HAART(highly active anti-retroviral therapy)의 등장으로 단일 약물에 의한 저항성의 문제는 많이 해결되었다. 치료 시기가 적절하다면 많은 경우에서 감염 후기의 $CD4^+$ 세포 결핍은 HAART 사용 때문에 효과적으로 역전되었고 질병 진행은 늦춰지거나 정지되었다.

항레트로바이러스 약물은 바이러스 복제회로의 여러 단계를 표적으로 한다(**그림 22.10**). 초기 약물은 역전사 과정을 막는 데 집중하였

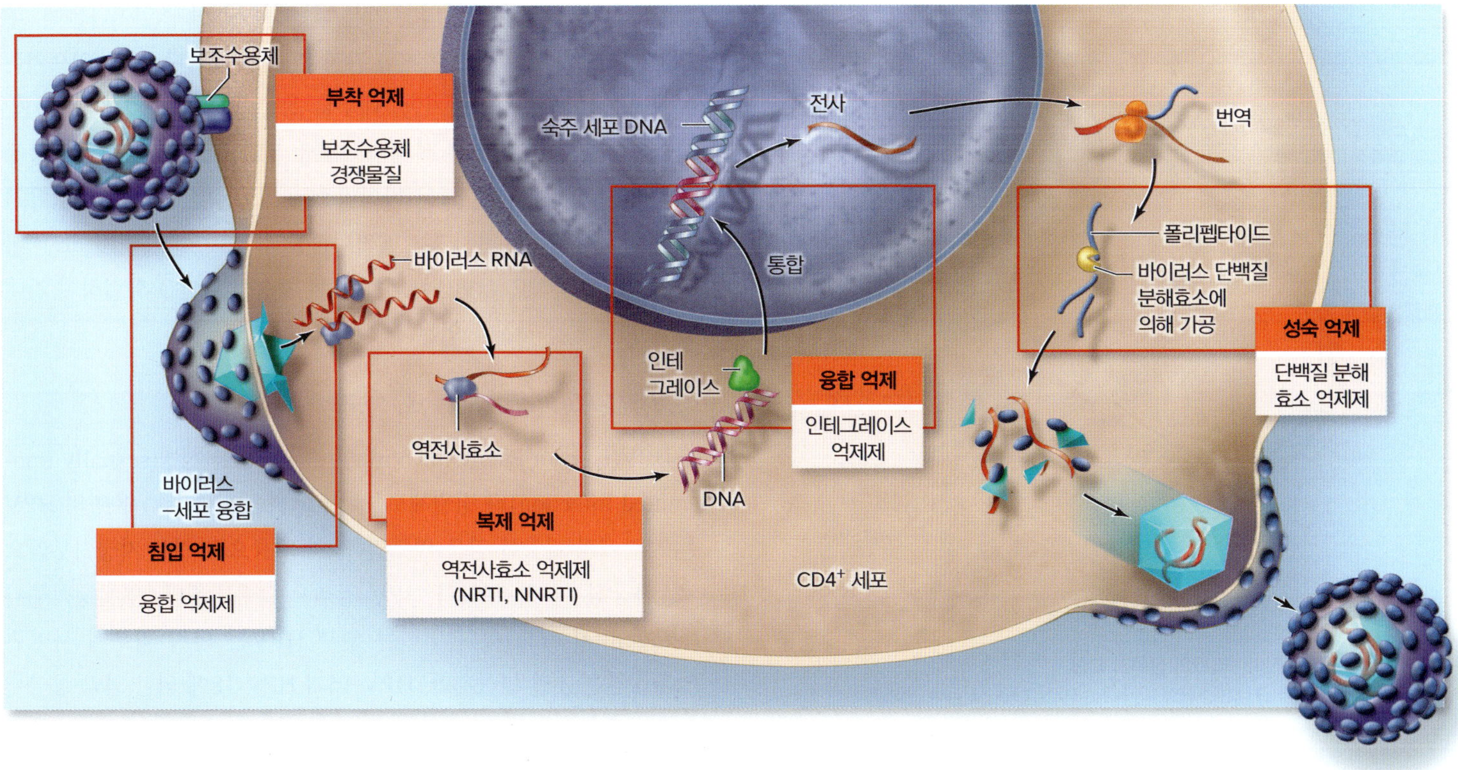

그림 22.10 치료제에 대한 바이러스 표적.
HIV 감염 회로와 치료제의 표적 단계를 단순한 그림으로 표현하였다. 감염 과정의 5개 단계인 바이러스 부착, 바이러스 침입, 바이러스 유전체 복제, 바이러스 유전체의 숙주 유전체 내로의 통합, 바이러스 성숙이 표적이 된다. NRTI: 뉴클레오사이드 역전사효소 억제인자; NNRTI: 비뉴클레오사이드 역전사효소 억제인자

다. 다른 약물은 바이러스 부착, 바이러스 유전체의 숙주 세포 유전체로의 통합, 바이러스 조립, 성숙, 출아 과정을 방해한다.

항레트로바이러스 약물에 대한 저항성은 약물이 바이러스에 강한 선택압력을 주기 때문에 발생한다. 약물의 효과를 줄이는 바이러스 유전체의 돌연변이가 선택되고 바이러스 집단을 통해 확산하여 간다. 약물 마라비록(Maraviroc)은 바이러스를 표적으로 하지 않는 독특한 특성을 가진다. 마라비록은 숙주 세포의 CCR5 수용체에 결합하여 바이러스 외피 단백질 gp120이 부착을 막아 바이러스 부착과 침입을 억제한다. 마라비록에 대한 저항성은 다음의 2가지 이유로 쉽지 않다. 첫째, 숙주 세포의 돌연변이 비율은 바이러스에서보다 매우 낮으므로 마라비록 결합을 방해하는 CCR5의 돌연변이 발생 가능성은 지극히 낮다. 둘째, 마라비록 결합을 방해하는 CCR5 돌연변이를 가진 세포에 어떤 선택적 이득이 없다. 결과적으로 숙주 세포에서 돌연변이에 대한 선택압력이 있다.

잠복성 바이러스 감염은 평생 지속되는 감염이다

지속성 감염을 일으키는 바이러스는 숙주에서 오랫동안 있을 수 있는 장점이 있다. 반면에 급성 감염을 일으키는 바이러스는 새로운 숙주를 찾기 전에 집단에서 제거될 수 있다. 잠복성인 지속성 바이러스 감염은 감염 초기 급성기 이후 바이러스 양이 매우 낮아지고 바이러스 복제와 질병이 간헐적으로 나타난다.

헤르페스바이러스 감염

8종류의 헤르페스바이러스(herpes virus)가 있고 모두 사람에서 잠복성 감염을 일으킨다. 단순포진바이러스(Herpes simplex viruses, HSV) 1형(HSV-1)과 2형(HSV-2)은 세계적으로 널리 퍼져 있으며, 40억 명 이상이 감염되어 있다. HSV-1 또는 HSV-2의 초기 감염에서는 감염 부위의 수포(blister) 형성을 특징으로 하는 급성 증상이 나타난다.

감염 즉시 두 바이러스 모두 감염 부위의 세포에서 빠르게 복제된다. 감염으로 선천면역반응이 나타나 조직 손상이 일어난다. 초기 반응 후 적응면역반응이 작동하여 감염 증상이 해결된다. 면역반응으로 질병이 해결되는 동안 바이러스는 감염 부위로부터 감염 조직에 분포한 감각신경 말단으로 이동한다. 바이러스는 신경세포의 축삭돌기를 따라 세포체로 이동하여 신경세포의 핵에서 잠복성 감염을 확립한다. 주로 구강안면(orofacial)에서 포진을 일으키는 HSV-1은

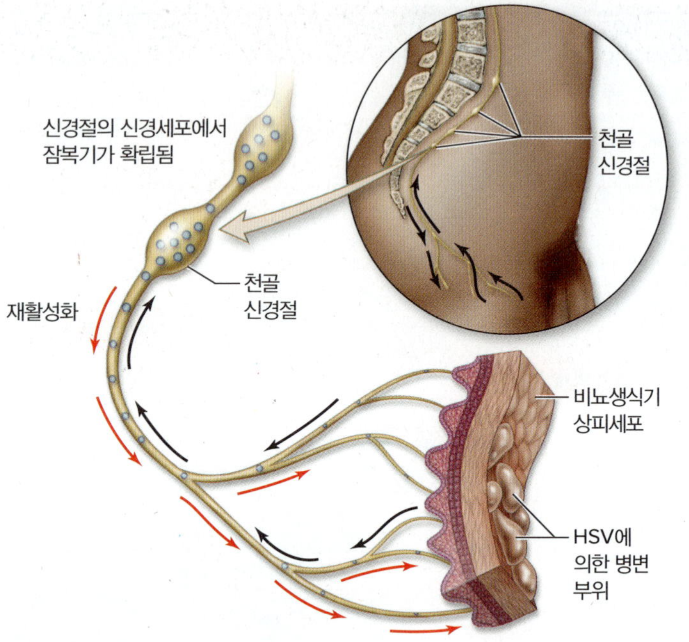

그림 22.11 단순포진바이러스의 잠복기 확립.
초기 감염으로 질병의 급성기 증상이 나타나 수포가 형성되고 강한 면역반응이 나타난다. 바이러스는 뉴런으로 들어가 수상돌기로부터 거슬러 올라가 신경절의 신경세포로 이동한다. 바이러스 잠복기동안 바이러스 유전자가 통제되다가, 알려지지 않은 생리학적 자극으로 바이러스가 재활성화된다. 바이러스는 수상돌기를 향해 내려가 처음 감염된 부위의 상피세포로 이동한 후, 바이러스가 복제되면 질병이 나타난다.

귀 바로 앞쪽에 있는 3차 신경절(trigeminal ganglia)로 이동한다. 주로 생식기 포진을 일으키는 HSV-2는 아래쪽 등에 위치한 척추의 천골신경절(sacral ganglia)로 이동한다(**그림 22.11**).

HSV-1과 HSV-2는 각각의 신경절에서 잠복하는데, 바이러스는 단백질을 많이 생산하지 않아 감염된 신경세포는 강한 면역반응을 촉발하지 않는다. 바이러스 잠복기의 메커니즘은 불분명하다. 그러나 하나의 바이러스 mRNA와 몇 개의 microRNA(miRNA)에 의해 바이러스 유전체 발현이 억제된다.

계속 잠복기로 존재하는 것은 바이러스에 이점이 전혀 없다. HSV-1과 HSV-2는 어떤 환경 요인에 의해 잠복 상태를 벗어난다. 잠복 바이러스 재활성화의 추정 요인으로는 호르몬의 변화, UV에 노출, 면역 억제 등이 있다. 헤르페스바이러스가 재활성화되면 새로운 바이러스가 생산되어 신경세포를 따라 원래의 감염 부위로 이동하여 새로운 용균성 감염이 확립되어(**그림 22.11**), 초기 급성 감염에서 보인 증상과 같거나 약한 질병이 나타난다. 사람 사이의 친밀한 접촉으로 바이러스가 새로운 숙주로 전파되는 것으로 추정된다.

암 유발 바이러스는 드물지만 치명적이다

몇몇 바이러스는 사람에서 암을 유발한다. 이들 중 일부 바이러스는 AIDS 환자처럼 면역력이 심각하게 약화된 사람에게서만 암을 일으킨다. 바이러스로 유발되는 암은 다양한 조직에서 일어나는데, 주로 바이러스가 감염한 곳이거나 감염 후 퍼진 곳이다. 암을 일으키는 바이러스는 매우 다양하지만, 대부분 공통된 특징을 갖는다. 첫째, 사실상 모든 바이러스는 복제회로에서 유전물질로 DNA를 사용하는 시기가 있다. 둘째, 모든 바이러스는 세포분열 동안 자신의 유전체를 안정적으로 유전시키는 메커니즘을 가지고 있다. 셋째, 모든 바이러스는 효과적으로 면역체계를 피해 지속성 감염을 확립하여 암이 발생할 수 있는 시간을 얻는다.

사람유두종바이러스(HPV)와 자궁암

HPV(Human Papilloma Virus)는 가장 흔한 성병(sexually transmitted infection)의 병원체로, 몇몇 고위험(highrisk) 유형의 HPV는 사람에서 다양한 암을 일으킨다. 가장 중요한 것은 자궁경부암으로, 자궁경부암의 70%가 HPV 감염으로 유발된다. 항문생식부위(anogenital area)를 감염하는 일부 HPV는 단지 피부에 사마귀(wart) 같은 것만 만들지만, HPV 16과 HPV 18에 의한 점막 상피세포 감염은 정상 세포를 암세포처럼 행동하도록 변형한다. 이런 전환은 천천히 진행되고, 바이러스 유전체의 숙주 세포 유전체로의 삽입과 연관되어 있다. 2개 유전자를 제외한 모든 바이러스 유전자는 억제되는데, 단지 E6 유전자와 E7 유전자만 종양형성(tumorigenesis)에 필요하다.

E6와 E7은 바이러스 단백질로 세포주기와 세포자살(apoptosis)의 정상적인 조절을 방해한다. 정상 세포주기(9장 참조) 동안 pRb(인산화된 retinoblastoma protein)는 전사인자 E2F의 활성을 조절한다. pRb가 E2F에 결합하면 세포주기의 진행은 멈춘다. 세포 성장과 분열에 적합한 조건일 때 pRb는 E2F를 방출하여 세포주기 진행이 촉진된다(**그림 22.12***a*, 위쪽). 바이러스 E7 단백질이 pRb에 결합하면 세포분열 조건과 관계없이 E2F는 방출된다. 감염된 세포가 분열하지 않도록 하는 신호를 받을 때도 세포분열은 일어난다(**그림 22.12***b*, 위쪽). 다행히 이런 비정상적인 세포분열을 억제하는 안전장치가 있다. E7에 의해 pRb로부터 E2F가 방출되는 경우처럼 E2F 농도가 비정상적으로 높을 때 숙주 세포 단백질 p53는 세포자살을 일으킨다(**그림 22.12***a*, 아래쪽). 그러나 바이러스는 이런 안전장치를 무력화한다. 바이러스 E6 단백질은 p53에 결합하고 불활성화하여 세포자살을 방지한다(**그림 22.12***b*, 아래쪽). 세포 수를 조절하는 세포자살이 없는, 통제가 해제된 세포분열이 종종 종양형성의 초기 단계이다. 암을 유발하는 몇몇 HPV에 대한 효과적인 백신이 있어 HPV 감염에 의한 암 발생의 위험을 상당히 감소시킨다.

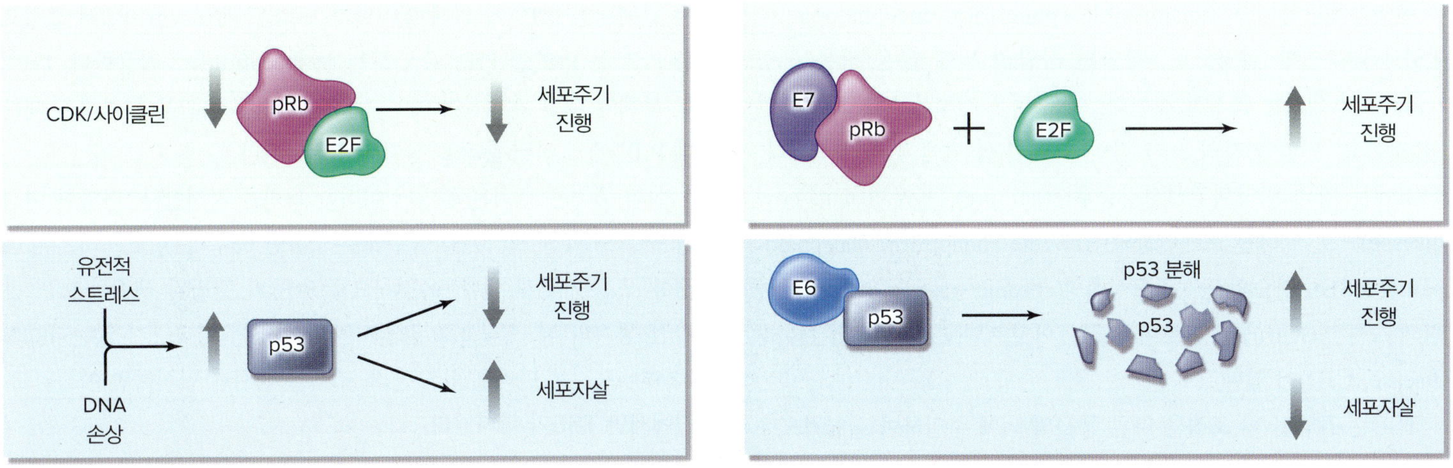

그림 22.12 **발암과정에서 HPV 단백질 E6과 E7.**
a. 위쪽. pRb는 정상적으로 E2F에 결합하여 세포분열을 억제한다. 성장신호에 반응하여 pRb가 E2F와 떨어지면 세포분열이 시작된다. *b.* 위쪽. HPV E7 단백질은 pRb에 결합하여 E2F 결합을 막는다. 이탈된 E2F는 세포분열을 촉진한다. *a.* 아래쪽. DNA 손상과 기타 유전적 스트레스는 p53을 축적하여 세포분열을 막고 세포자살을 촉진한다. *b.* 아래쪽. HPV E6 단백질은 p53에 결합하여 p53 분해를 촉진한다. p53이 없으면, 세포는 세포자살을 촉진하거나 세포분열을 막지 못한다.

신종 바이러스 질병과 재출현 바이러스 질병은 공중보건 위험을 증가시킨다

신종 질병은 집단에 처음 나타나 지리적으로 확산하는, 즉 발병률(incidence)이 증가하는 것이다. 재출현 질병은 과거 심각한 질병 또는 사망을 일으킨 것으로, 발병률이 낮게 유지되었다가 다시 증가하는 것이다.

질병은 사회적, 경제적, 생물학적 요인의 상호작용으로 나타날 수 있다. 예를 들어 성적 행동 또는 약물 사용의 변화는 바이러스 전파를 촉진하고, 국외 여행의 증가는 새로운 바이러스에 노출될 가능성을 증가시킨다. 또는 어떤 인플루엔자바이러스에서 매년 보이는 유전적 변화는 새로운 바이러스를 만들어 면역체계의 공격을 어렵게 한다. 인체에 해로운 바이러스를 지닌 동물이 사는 지역으로 사람의 접근이 확대됨에 따라 동물에서 사람으로 바이러스가 전파될 가능성이 증가한다. 어떤 경우에는 바이러스가 이전에는 지켜졌던 종간 장벽을 뛰어넘는다. 예를 들어, SIV(simian immunodeficiency virus, 원숭이면역결핍바이러스)가 사람을 감염시킴에 따라 HIV가 사람 집단에 출현하였다.

불행히도 신종 질병과 재출현 질병은 종종 보건 전문가, 정부, 전염병학자를 당혹시킨다. 2014~2015년 에볼라바이러스(Ebola virus)에 의한 출혈열병의 발발은 서부 아프리카에 신속히 확산되어 질병을 통제할 수단이 적용되기도 전에 세계적 유행병을 일으켰다. 에볼라바이러스질병은 치사율이 25~70%이고, 세계적으로 약 2만 명을 감염시켜 1만 명 이상이 사망하였다.

핵심 요약 22.4

바이러스 감염은 급성 또는 지속성이다. 사람에서 인플루엔자바이러스는 급성 질병을 일으킨다. 유전체는 항원연속변이와 항원불연속변이에 따라 바뀌어 각각 계절성 질병 발발과 세계적 유행병을 일으킨다. HIV는 만성 감염으로, 면역체계를 파괴하여 치명적인 기회감염에 취약하게 한다. HSV-1과 HSV-2 같은 잠복성 바이러스는 종종 급성 질병을 유발한 후 잠잠해졌다가 간헐적으로 재활성화되어 질병을 일으킨다. HPV 16과 HPV 18은 세포분열과 세포자살에 대한 조절을 해제하여 자궁경부암을 유발한다.

■ 항원불연속변이가 인플루엔자바이러스에서는 일어나지만 HIV에서는 일어나지 않는 이유는 무엇일까?

22.5 프리온과 바이로이드: 바이러스보다 작은 감염성 입자

학습 목표

1. 프리온 복제와 전파가 어떻게 유전의 전통적인 개념을 위반하는지 설명할 수 있다.

전염성해면상뇌증(transmissible spongiform encephalopathy, TSE)은 특이한 질병으로, 감염된 사람의 뇌에 많은 작은 구멍(cavity)이 생기는 특징을 갖는다. 이 구멍은 신경세포의 소실로 인한 것이고, 원인 인자의 초기 감염 이후 수십 년에 걸쳐 형성된다. TSE에는 양의 면양퇴행성신경증후군(scrapie), 광우병(mad cow disease)으로 알려진 소해면상뇌증(bovine spongiform encephalopathy, BSE), 사슴의 만성소모성질병(chronic wasting disease), 사람의 쿠루병(Kuru)과 크로이츠펠트-야코프병(Creutzfeldt-Jakob disease, CJD)이 있다.

TSE는 감염된 뇌 조직을 다른 동물의 뇌에 주입하여 실험적으로 전파될 수 있다. TSE는 또한 조직 이식과 오염된 음식으로 전파된다. 쿠루병은 파푸아뉴기니(Papua New Guinea)의 포(Fore) 종족에서 예전에 흔히 발생했는데, 감염된 사람의 뇌를 먹는 식인 풍습이 있었기 때문이다. 광우병은 1990년대 영국에서 가축에 널리 퍼졌는데, 사료의 단백질 함량을 높이기 위해 소에게 양과 가축의 사체에서 나온 뼛가루(bone meal)를 먹였기 때문이다. 포 종족처럼 영국의 가축도 질병으로 죽은 동물의 조직을 먹었다.

BSE가 발발한 후에 영국에서 CJD 발병률이 많이 증가하였다. 몇몇 사례는 유전적이었다. 그러나 일부 환자는 CJD의 가족력이 없는데도 질병에 걸렸다. 이로 인해 새로운 종류의 CJD인 변종 CJD(vCJD)가 발견되었는데, BSE에 감염된 동물의 고기를 먹어 감염되었다. 혈액을 통한 HIV의 전파처럼 vCJD도 혈액을 통해 전파될 수 있다는 우려가 생겼다.

TSE는 프리온에 의해 발병한다: 감염성 단백질 입자

1960년대, 영국의 연구자 알퍼(Tikvah Alper)와 그리피스(John Stanley Griffith)는 감염성 TSE 시료는 DNA 또는 RNA를 파괴하는 방사선 노출에도 감염성이 유지된다는 점을 밝혔다. 그리피스는 감염성 인자가 단백질이라고 제안하였다. 이는 오직 DNA(또는 일부 바이러스에서 RNA)만이 유전물질로 작용하여 형질을 수평적 또는 수직적으로 전달한다는 분자생물학의 중심원리를 위배하기 때문에 과학자 사회에서 받아들여지지 않았다.

1970년대, 미국 내과의사 푸르시너(Stanley Prusiner)가 TSE에 대한 연구를 시작하였다. 그리피스처럼 푸르시너도 감염성 인자가 단백질이라고 결론 내렸고, 프리온(prion), 즉 감염성 단백질 입자(proteinaceous infectious particle)라고 명명하였다. 푸르시너는 결국 프리온 단백질을 추출하여 TSE의 원인임을 명백히 보였다.

지금까지 실험한 모든 숙주의 세포에서 정상 프리온 단백질(normal prion protein, PrP^{C})이 발견되었다. 질병은 PrP^{C}의 접힘오류 단백질인 PrP^{Sc}에 의해 일어난다. 시험관내(in vitro)에서 접힘오류 PrP^{Sc}는 PrP^{C}를 PrP^{Sc}로 만드는 뼈대(scaffold)로 작용한다. PrP^{Sc}는 분해에 대한 저항성이 매우 강하여 산성 소화관을 통과하기 때문에 PrP^{Sc}에 오염된 음식을 섭취해도 전파된다.

실험 증거는 프리온 질병의 이러한 특성을 지지한다. 다양한 비정상 구조를 가진 프리온을 숙주에 주입하면 숙주의 정상 프리온은 비정상 구조를 갖게 된다. 유전적으로 PrP^{C}가 결핍된 생쥐는 PrP^{Sc}를 가진 생쥐의 뇌 조직으로 감염시켜도 질병이 나타나지 않는다(**그림 22.13**). 프리온 단백질을 가진 뇌 조직을 생쥐에 이식하면 이식된 조직에서만 TSE가 나타난다.

PrP^{C}는 GPI-결합 단백질로 소포체에서 번역되어 세포내막계를 통해 신경세포 표면으로 이동한다. 그러나 그 기능은 잘 알려지지 않았다. PrP^{C}가 세포 표면에서 PrP^{Sc}와 상호작용하면, PrP^{C}는 빠르게 PrP^{Sc}로 전환하는데, 이 단백질이 침전하여 섬유(fibril)와 판

과학적 사고

가설: 스크래피(scrapie)에 감염이 되기 위해서는 정상 세포 PrP^{C} 단백질이 필요하다.

예상: PrP^{C} 단백질이 없는 생쥐는 PrP^{Sc}에 감염되어도 발병하지 않는다.

실험: PrP^{C} 단백질이 없는 생쥐를 만든다. 이 생쥐와 정상 PrP^{C} 단백질을 가진 생쥐에 PrP^{Sc}감염 생쥐로부터 얻은 뇌 분쇄액을 주입한다.

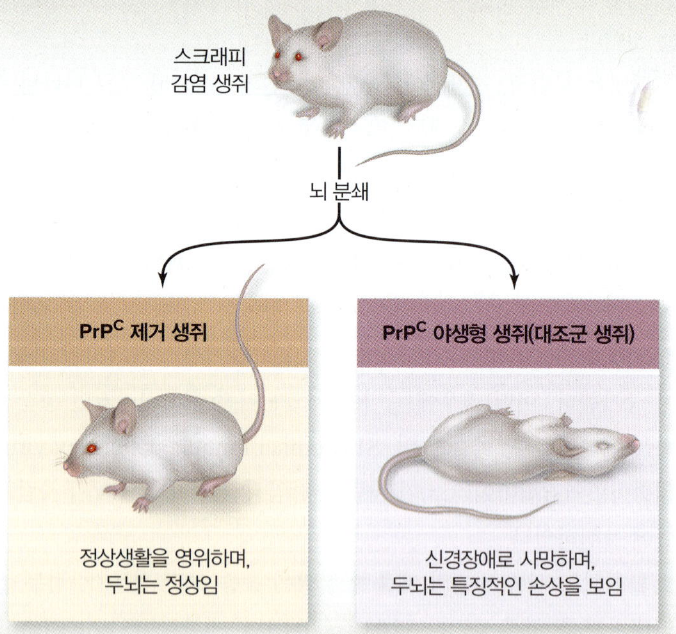

결과: 모든 대조군 생쥐는 스크래피 같은 신경장애로 사망하였고, 조직 검사로 동일한 질병 발병 과정이 확인되었다. PrP^{C}를 제거한 생쥐는 신경장애가 없었다.

결론: 정상 PrP^{C} 단백질이 있어야 스크래피 전염성 입자에 의해 감염된다.

추가 실험: 어떤 실험으로부터 스크래피의 감염성 물질이 잘못 접힌 PrP^{C} 단백질이라는 것을 입증할 수 있을까?

그림 22.13 PrP^{Sc}에 의한 면양퇴행성신경증후군(scrapie) 발병과정의 입증.

(plaque)을 형성한다. 이 단백질 응집체가 세포 기능을 방해하고, 세포 죽음을 촉진하며, 신경퇴행(neurodegeneration)을 일으켜 질병의 증상을 나타낸다.

바이로이드는 감염성의 외피가 없는 RNA 분자이다

바이로이드(viroid)는 외피가 없는 원형의 RNA 분자로 크기는 약 250~400 뉴클레오타이드이고, 일부는 경제적 가치가 높은 작물에서 심각한 질병을 일으킨다. 바이로이드는 표피의 상처를 통해 식물을 감염시키거나, 진딧물과 같이 수액을 빠는 곤충에 의해 세포 안으로 주입된다. 바이로이드는 RNA 주형으로부터 RNA를 만드는 식물세포의 RNA 중합효소를 사용하여 복제한다. 중합효소는 바이로이드 유전체를 반복적으로 갖는 하나의 RNA 분자를 만드는데, RNA 분자에 특이적인 바이로이드 유전체의 RNA 자가 촉매작용으로 각각의 바이로이드 유전체로 절단된다. 성숙한 바이로이드는 원형질연락사를 통해 식물의 세포에서 세포로 이동한다. 바이로이드 복제 동안, 소형 간섭 RNA(small interfering RNA, siRNA)가 생산된다. siRNA는 식물 생장을 방해하고 경증부터 중증 질병을 일으킨다.

핵심 요약 22.5

프리온과 바이로이드는 바이러스보다 작고 단순하다. 프리온은 핵산이 없는 감염성 입자이다. 프리온의 병원성 입자는 정상 세포 단백질의 접힘오류로 인한 것이다. 프리온은 동물에서 다양한 TSE를 일으킨다. 바이로이드는 일부 식물에서 심각한 질병을 일으키는 감염성 RNA 분자이다.

- 병원성 프리온이 한 생물에서 다른 생물로 이동하여 질병을 일으킬 때, 프리온에 의해 운반되는 정보로 표현형의 변화를 초래하는 것은 무엇일까?

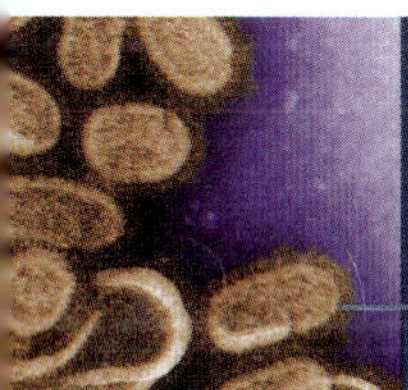

핵심 개념 요약

22.1 바이러스의 특성

■ 바이러스는 세포내 절대기생체로 사실상 모든 종류의 세포를 감염시킨다

바이러스는 유전체로 RNA 또는 DNA 하나만을 갖고, 유전체는 단백질로 된 캡시드로 싸여 있다. 바이러스에는 외피가 있는 것과 외피가 없는 것이 있다.
바이러스는 증식하기 위해 숙주가 필요하다. 일단 숙주 안으로 들어가면, 숙주 세포 기구를 이용하여 복제한다. 바이러스는 특정 숙주범위를 가지며, 조직친화성을 보인다.
바이러스 복제 단계에는 바이러스 유전자 발현, 바이러스 조립, 숙주 세포로부터 바이리온 탈출이 있다. 어떤 바이러스는 복제를 개시하는 특별한 효소가 있다.

■ 바이러스 캡시드는 2개의 기본적인 모양으로 구분된다

바이러스 캡시드는 일반적으로 정20면체형 또는 나선형이지만, 변형된 형태도 존재한다(**그림 22.1, 22.2, 22.3**). 바이리온은 구조적으로 다양한데, 외피 바이러스가 외피가 없는 바이러스보다 더 다양하다. 어떤 박테리아 바이러스는 복합형 구조를 갖는데, 나선형과 정20면체형 구조가 함께 존재한다.

■ 바이러스 유전체는 매우 다양하다

바이러스 유전체는 DNA 또는 RNA이고, 선형 또는 원형이고, 단일가닥 또는 2중가닥이다(**표 22.1**). RNA 바이러스의 유전체는 하나로 이루어져 있거나 절편으로 나누어져 있다. 레트로바이러스는 RNA 유전체를 가지고 있으며 역전사효소에 의해 DNA로 바뀐다.

■ 거대바이러스는 바이러스에 대한 통념에 도전한다

미미바이러스(Mimivirus)와 판도라바이러스(Pandoravirus)는 거대바이러스로, 작은 박테리아의 크기 정도이다. 이들 바이러스와 기타 거대바이러스는 바이러스가 진화하는 동안 획득한 것으로 보이는 번역 기구를 가지고 있다.

22.2 바이러스의 다양성

■ 바이러스의 분류

ICVT는 몇몇 기준으로 바이러스를 분류하고 주기적으로 갱신하는데, 메타유전체학(metagenomics) 연구로 파악된 바이러스도 포함된다.

■ 분류체계는 질병 또는 숙주에 근거한다

바이러스는 감염시키는 숙주 또는 일으키는 질병에 따라 분류된다. 모든 바이러스가 질병을 일으키지 않거나 조건에 따라 또는 감염 시기에 따라 다른 질병을 일으키기 때문에 분류가 제한적이다. 어떤 질병은 많은 종류의 바이러스에 의해 야기된다.
숙주범위에 따른 분류도 또한 제한적이다. 어떤 바이러스는 여러 종류의 생물에 감염된다.

■ **유전체 발현에 따라 분류할 수 있다**

볼티모어 분류법은 유전체 구조와 유전체 발현에 따라 바이러스를 분류한다(**그림 22.5**).

■ **유전체학은 바이러스 생태학을 발전시키는 원동력이다**

메타유전체학으로 실험실에서 바이러스를 분리할 필요 없이 바이러스 유전체를 동정할 수 있다. 메타유전체학의 발전은 생태학과 진화에서 바이러스의 중요성을 밝혔다.

22.3 박테리오파지: 세균 바이러스

■ **고세균 바이러스는 형태가 다양하다**

■ **세균 바이러스는 2개의 복제 전략을 갖는다**

용균회로는 숙주 세포를 죽이지만 용원회로는 바이러스를 숙주 유전체 안에 프로파지 상태로 삽입한다(**그림 22.6**). 프로파지를 갖는 세포를 용원(lysogen)이라 한다.

프로파지는 DNA 손상과 기타 환경 요인으로 유도되어 용균회로로 재진입한다. 대부분의 파지에서 감염 단계는 부착, DNA 주입(침투), 고분자 합성, 새로운 파지 조립, 자손 파지의 방출로 구분된다.

■ **용원성으로 숙주 표현형이 바뀔 수 있다**

파지전환은 용원성 바이러스의 유전자 발현으로 숙주 세포의 표현형이 바뀔 때 일어난다. 세균의 진화를 촉진하는 것 외에도, 파지전환은 때로 해가 없는 세균을 치명적인 병원체로 전환할 수 있다.

22.4 사람의 바이러스성 질병

■ **급성 바이러스 감염으로 증상이 빠르게 나타난다**

감염 부위에서 빠르게 복제되는 바이러스는 질병을 빠르게 나타내고 종종 공기를 통해 전파된다(**그림 22.7***a*)

독감은 인플루엔자바이러스 A형과 B형에 의해 발생한다. 둘 다 RNA 바이러스이고, 절편으로 나뉜 유전체를 갖는다. 항원연속변이는 HA와 NA 단백질에 작은 변화를 일으켜 계절성 독감을 일으킨다(**그림 22.8***a*). 항원불연속변이는 새로운 조합의 HA와 NA 단백질을 가진 바이러스를 생산하여 세계적 유행병을 일으킨다(**그림 22.8***b*).

■ **지속성 바이러스 감염은 만성, 잠복성, 또는 지연성이다**

어떤 바이러스 감염은 초기 감염 후 여러 해가 지난 후 증상이 나타나는 만성, 잠복성, 지연성 진행을 보인다(**그림 22.7***b*, *c*).

■ **HIV 감염은 만성적이다**

바이러스 양의 초기 증가와 경증 증상 이후, HIV는 면역체계에 의해 통제되어 면역 조직에 낮은 농도로 유지된다. HIV가 천천히 면역세포를 파괴함에 따라 바이러스 양은 증가하고, 숙주는 기회감염에 취약해진다.

HIV는 레트로바이러스로, RNA 유전체는 DNA로 역전사된 후 숙주 세포 유전체로 통합된다(**그림 22.9**). HIV 감염은 감염 회로의 여러 단계를 표적으로 하는 복합 약물로 치료한다(**그림 22.10**).

■ **잠복성 바이러스 감염은 평생 지속되는 감염이다**

면역체계를 피해 숙주에 숨은 바이러스는 평생 지속되는 잠복 감염을 일으킨다. HSV-1과 HSV-2는 급성 질병을 일으킨 후 신경세포 안에서 잠복기로 들어간다. 생리학적 자극이 바이러스를 재활성화하고 후속 질병을 초래한다(**그림 22.11**).

■ **암 유발 바이러스는 드물지만 치명적이다**

어떤 바이러스는 암을 유발한다. HPV는 세포자살을 막고 세포분열을 촉진하여 종양형성을 개시한다(**그림 22.12**).

■ **신종 바이러스 질병과 재출현 바이러스 질병은 공중보건 위험을 증가시킨다**

바이러스는 사회경제적 변화, 도시화와 개체군 움직임의 변화, 바이러스 유전체의 진화 때문에 신종 질병 또는 재출현 질병을 일으킨다.

22.5 프리온과 바이로이드: 바이러스보다 작은 감염성 입자

■ **TSE는 프리온에 의해 발병한다: 감염성 단백질 입자**

TSE 질병을 일으키는 프리온(PrP^{Sc})은 정상 입자(PrP^{C})와 같은 단백질이지만, 접힘이 잘못되었다. 접힘오류 형태는 정상 단백질의 접힘오류 연쇄반응을 일으켜 질병을 일으키는 단백질 응집을 일으킨다(**그림 22.13**).

■ **바이로이드는 감염성의 외피가 없는 RNA 분자이다**

바이로이드는 원형(circular)의 외피가 없는 RNA 분자로, 식물을 감염한다. 바이로이드는 복제하기 위해 숙주 단백질을 사용한다.

연습문제

■ **1단계: 이해력 확인하기**

1. 레트로바이러스에 역전사효소가 필요한 이유는 무엇인가?

   a. 숙주 세포는 G2/M기 확인점에서만 RNA로부터 DNA를 만들고, HIV는 세포주기 중 G1/S기 확인점에서만 감염하기 때문이다.

   b. 숙주 세포 유전체는 RNA로부터 DNA를 만드는 효소가 없기 때문이다.

   c. HIV는 감염 시 숙주 세포 유전체의 많은 부분을 제거하여 숙주 세포 역전사효소가 제거되었기 때문이다.

   d. 숙주 세포는 DNA로부터 RNA를 만들지 못하기 때문이다.

2. 대장균을 감염하는 박테리오파지가 인체 호흡기 상피세포를 감염하지 못하는 이유는 무엇인가?
   a. 호흡기 세포의 유전 물질이 대장균의 것과 다르기 때문이다.
   b. 박테리오파지는 대장균에게서만 존재하는 역전사효소 효소가 필요하기 때문이다.
   c. 박테리오파지에 대한 수용체가 대장균에는 있고 호흡기 세포에는 없기 때문이다.
   d. 박테리오파지는 너무 커서 폐의 세기관지에 들어가지 못하기 때문이다.
3. 온순한 세균을 병원체로 바꾸는 바이러스가 자연선택에서 살아남은 이유는 무엇인가?
   a. 병원성 바이러스가 숙주를 죽이기 때문이다.
   b. 병원성 바이러스는 바이러스를 확산시키는 질병 증상을 일으키기 때문이다.
   c. 병원성 바이러스는 항생제에 저항성이 있기 때문이다.
   d. 병원성 바이러스는 환경에서 더 안정적이기 때문이다.
4. 용원성 파지의 용원회로 중 가장 발현될 것 같지 않은 단백질은 무엇인가?
   a. 프로파지를 숙주 유전체에 삽입하는 단백질
   b. 파지의 용균회로를 위한 유전자의 발현을 억제하는 단백질
   c. 숙주의 DNA 복제를 억제하는 단백질
   d. 숙주 세포의 세포벽을 분해하여 세포의 용균을 촉진하는 단백질
5. 세포 표면 수용체에 대한 HIV의 결합을 막는 약물이 독감을 치료하는 데 효과가 없는 이유는 무엇인가?
   a. HIV와 인플루엔자바이러스의 수용체가 서로 다르기 때문이다.
   b. HIV와 인플루엔자바이러스의 유전물질은 서로 다르기 때문이다.
   c. HIV와 인플루엔자바이러스의 유전체 복제 메커니즘이 서로 다르기 때문이다.
   d. HIV는 만성 감염을 일으키고, 인플루엔자바이러스는 급성 감염을 일으키기 때문이다.
6. 감염된 사람에서 HIV 양을 줄이는 데 단일 약물보다 HAART가 더 효과적인 이유는 무엇인가?
   a. 단일 약물보다 여러 개의 약물을 함께 처방하는 것이 바이러스에 더 강한 독성을 보인다.
   b. 저항성을 갖는 돌연변이가 나타날 확률은 하나의 약물에서보다 여러 약물에서가 더 적다.
   c. 여러 약물은 상승 작용으로 면역체계를 더 효과적으로 자극한다.
   d. 여러 약물의 사용은 바이러스 유전체의 항원불연속변이를 감소시킨다.
7. PrP^{Sc}에 대한 정보가 저장된 곳은 어디인가?
   a. PrP^{C} 유전자의 염기서열
   b. PrP^{Sc} 유전자의 염기서열
   c. PrP^{Sc} 폴리펩타이드의 아미노산 서열
   d. PrP^{Sc} 단백질의 3차 구조

■2단계: 적용력 평가하기

1. 매우 드문 경우이긴 하지만 HIV가 T세포에 감염하여 T세포를 기억 상태로 전환할 수 있다. 기억 상태에서는 HIV 유전자는 발현되지 않는다. 이후 T세포에서 HIV 유전자가 발현되면 새로운 바이리온이 합성된다. 이와 같은 현상이 일어나는 HIV 감염은 무엇인가?
   a. 급성 바이러스 감염
   b. 지연성 바이러스 감염
   c. 만성 바이러스 감염
   d. 잠복성 바이러스 감염
2. H2N2 인체 A형 인플루엔자바이러스와 H3N8 조류 A형 인플루엔자바이러스가 돼지에 동시감염(coinfection)되었을 때 나타날 수 있는 바이러스는 무엇인가?
   a. H8N2
   b. H3N2
   c. H2N3
   d. a, b, c 모두 아님
3. 인플루엔자바이러스 유전체를 복제하는 효소와 HIV 유전체를 복제하는 효소의 공통점은 무엇인가?
   a. RNA가 주형이다.
   b. DNA를 합성한다.
   c. 정확도가 낮다.
   d. 바이리온 안에 존재한다.
4. 하나 또는 몇 개의 단백질만으로 바이러스 캡시드를 만드는 것이 어떻게 바이러스 유전체 크기가 작아지는 데 기여하는가?
   a. 유전체에 소수의 유전자를 암호화하면 되기 때문이다.
   b. 캡시드 유전자가 작기 때문이다.
   c. 캡시드 단백질은 조립되어 복잡한 구조를 갖추기 때문이다.
   d. 캡시드 유전자로부터 엑손을 제거할 필요가 없기 때문이다.
5. 하수처리장에서 신종 바이러스를 발견하는 데 적절한 방법은 무엇인가?
   a. 하수에서 시료를 채취한 후 각 바이러스를 다양한 세포에 감염시켜 배양함
   b. 하수 시료에 대한 메타유전체학 분석
   c. 16S rDNA를 PCR로 증폭하여 DNA 염기서열을 분석
   d. 18S rDNA를 PCR로 증폭하여 DNA 염기서열을 분석
6. 어떤 박테리오파지의 꼬리는 수축하여 파지의 DNA 유전체를 숙주 세포에 주입한다. 그러나 꼬리와 기저판(baseplate) 단백질 모두 ATP 또는 다른 에너지원을 사용하지 않는다. 꼬리 수축에 사용되는 에너지는 무엇인가?
   a. 파지가 숙주 세포 표면에 결합할 때 발생하는 열에너지
   b. 파지의 꼬리 섬유에 의해 생성되는 운동에너지
   c. 꼬리 단백질의 접힘 상태에 저장된 위치에너지
   d. 머리속 유전 물질의 뉴클레오타이드에 저장된 운동에너지
7. 파지전환에 해당하는 것은 무엇인가?
   a. 수평적 유전자전달
   b. 수직적 유전자전달
   c. 유전적 부동
   d. 혈연선택

■3단계: 사고력 함양하기

1. 대장균을 감염시킨 람다파지의 용원성은 방사선 에너지에 대한 노출로 인해 자손 바이러스 형성이 유도될 수 있다. 이 유도 현상은 프로파지 유전체가 발현되지 않도록 하는 억제인자 단백질의 파괴로 일어난다. 람다(λ) 억제인자를 인식하고 파괴하는 단백질의 기능은 무엇인가?
2. 인플루엔자바이러스의 항원연속변이와 항원불연속변이 중 어느 것이 인류의 건강을 더 위협하는가?
3. HIV 백신을 만들고자 하는 노력의 성과는 제한적이다. HIV에 대한 백신 개발을 어렵게 하는 바이러스의 특성과 복제 전략은 무엇인가? 비슷한 이유로 백신 개발에 어려움을 겪는 다른 바이러스는 무엇인가? 백신 개발의 어려움과 관련하여 두 바이러스의 공통점과 차이점은 무엇인가?
4. 신경세포를 표적으로 하여 죽이는 바이러스를 이용하여 폐 조직의 낭포성섬유증을 치료하는 유전자를 전달하는 데 필요한 바이러스의 변형은 무엇인가?
5. 바닷물 1 L당 약 10^8개의 바이리온이 있고, 태평양의 부피가 약 7×10^{20} L이고, 바이러스 하나의 분자량이 10,000 g/mol이라면 태평양에 존재하는 바이리온의 총량은 얼마인가?

23

원핵생물

도입

모든 세포는 원핵세포와 진핵세포, 2가지의 기본 세포 유형 중 하나에 속한다. 'prokaryote'라는 용어는 세포의 유형을 나타내기도 하고, 진정세균역과 고세균역에 속하는 생물들을 총칭하기도 한다. 복제하는 모든 세포는 리보솜, 세포질, 원형질막, 유전물질로서 DNA 등의 특성들을 공유하지만, 진핵세포와 원핵세포 사이에는 중요한 차이점이 있다.

원핵세포는 진핵세포보다 훨씬 풍부하다. 생물권에 10^{31}개의 원핵세포가 있는 것으로 추정되고, 이는 진핵세포의 4~5배에 이른다. 사람의 몸에는 진핵세포와 원핵세포가 거의 비슷한 수로 존재하지만, 한 번의 배변만으로도 그 균형이 바뀔 수 있다.

일부 원핵생물들은 치명적인 질병의 원인이지만, 압도적으로 많은 원핵생물은 생태계에서 영양분의 순환과 에너지 전달에 필수적인 역할을 수행한다. 이런 원핵생물이 없다면, 우리가 알고 있는 생명체들은 출현할 수도, 더 확실하게는 지속될 수도 없었을 것이다.

23.1 원핵생물의 다양성

학습 목표

1. 고세균, 세균, 진핵생물의 차이점에 대해 설명할 수 있다.
2. 세균과 고세균의 기본 특징에 대해 서술할 수 있다.
3. 원핵생물의 분류 방법을 서술할 수 있다.

원핵생물 종의 절대 숫자는 확실하지 않지만, 세균과 고세균의 종이 진핵생물 종보다 많다는 건 확실하다. 여전히 '종'을 정의하는 데 따르는 어려움은 제쳐 두고라도, 흥미로운 것은 원핵생물과 진핵생물 종의 수가 아니라, 원핵생물의 다양성이라고 할 수 있다. 원핵생물은 대부분의 진핵생물들에게는 치명적인 환경에 서식한다. 예를 들어, 원핵생물은 유황이 끓어오르는 온천, 산성 광산의 오수, 심해 열수분출구 등에서도 발견된다. 원핵생물의 대사적 다양성과 생리적 다양성은 실질적으로 지구상의 모든 생태적 지위에서 성공적으로 살아갈 수 있게 했다.

짧은 미생물학사

일반적으로 원핵세포는 진핵세포보다 훨씬 작기 때문에, 17세기 중반 네덜란드의 레이벤후크(Anton van Leeuwenhoek)가 손수 만든 현미경을 이용하여 오늘날 세균으로 알려진 것을 관찰했을 때까지 그 존재가 감춰져 있었다. 그러나 1546년 이미 이탈리아의 의사 프라카스토로(Girolamo Fracastoro)가 보이지 않는 생명체에 의해 질병이 생긴다고 제안했다. 미생물학의 역사는 보이지 않는 것을 시각화하고(현미경), 감염병의 특성을 연구하는, 2가지의 기술로 서로 얽혀 있다. 이러한 역사는 또한 생명체가 어떻게 발생했는지에 대한 오래된 논쟁, 자연발생설과 생물속생설까지 포함한다.

자연발생설에 대한 논쟁(**그림 W1.4** 참조)은 19세기까지도 이어졌고, 결국 프랑스의 미생물학자 파스퇴르(Louis Pasteur)에 의해 결론이 지어졌다. 이와 동시에 미생물이 질병을 일으킬 수 있다는 증거 역시 축적되고 있었다. 결국, 독일의 의사 코흐(Robert Koch)는 탄저병을 연구하였고, 실험실에서 그 원인균을 배양하는 데 성공하였다. 그는 미생물과 질병 사이의 인과 관계를 증명하기 위해, 오늘날 코흐의 가설(Koch's postulates)이라고 알려진 4개의 가설을 제안했다.

1. 미생물은 질병에 걸린 모든 개체에 존재해야 하며, 건강한 개체에는 없어야 한다.
2. 질병 원인체로 추정되는 것은 분리되어야 하며, 순수배양할 수 있어야 한다.
3. 배양한 미생물을 건강한 숙주에 감염시키면 동일한 질병이 나타나야 한다.
4. 동일한 질병이 나타난 숙주에서 다시 동일한 미생물이 분리되어야 한다.

그러나 코흐조차 이러한 가설이 원핵생물에 의한 모든 질병에 해당되지는 않는다는 것을 깨달았다. 예를 들어, 콜레라를 유발하는 세균에 감염된 많은 사람들이 무증상인 경우가 있고, 따라서 첫 번째 가설에 위배된다. 오늘날 세균과 같은 감염체와 질병 사이의 인과 관계에 관해서는 보통 일련의 분자적 기준을 이용하여 정립되고 있는데, 이 중 일부는 코흐의 원래 가설과 유사하다.

미생물과 질병에 대한 연구는 또한 면역 체계에 대한 지식의 발달과 미래의 질병을 예방하기 위한 질병 유발 병원체에 대한 대응으로 이어졌다(45장 참조). 생태계에서 원핵생물의 역할에 대한 지식이 증가하고, 그것을 이용하여 유용한 물질을 만드는 데 활용하게 되면서 미생물학은 예전보다 오늘날 더욱 중요해졌다.

메타유전체학(metagenomics)과 같은, 배양하지 않고도 미생물의 다양성을 연구할 수 있는 새로운 기술에 의해 원핵생물의 다양성과 이러한 미생물들이 발견되는 장소에서 적응하는 방법에 대해서 알아야 할 것이 많다는 것이 밝혀졌다. 비록 수천 종의 원핵생물이 알려져 있지만, 1~10%의 원핵생물 종만이 확인되고 특성이 알려져 있는 것으로 추정된다.

원핵생물은 가장 오래되고, 구조적으로 가장 단순하며, 아마도 가장 풍부한 생명체이다. 원핵생물은 진핵생물이 나타나기 전 10억 년 이상 풍부한 상태였다. 초기의 광합성 세균은 산소를 발생시킴으로써 지구의 대기를 바꾸어 놓았고, 이는 원핵생물이 산소가 존재하는 환경으로 확장하는 것을 자극하였고 산소를 이용할 수 있는 진핵생물의 출현을 촉진하였다.

원핵생물은 어디에나 존재하여 진핵생물이 사는 모든 곳에 살고 있으며 진핵생물이 살 수 없는 곳에서도 번성한다. 세균과 고세균은 심해 열수분출구, 화산 가장자리, 빙하 깊은 곳에서도 발견된다. 원핵생물들이 발견되는 극단적인 환경 가운데는 다른 생명체들에게는 치명적일 수 있는 곳도 있다. 많은 고세균은 **극한생물**(extremophiles)이다. 그들은 온천(**그림 23.1**), 다른 세포들을 탈수시키는 고염분 환경, 황화수소와 같이 유독 가스가 풍부한 대기에서도 산다. 이렇게 가혹한 환경들 중 일부는 생명이 처음 탄생한 초기 지구의 조건과 비슷할 수 있다. 원핵생물은 이와 같은 초기의 가혹한 환경에서 살아남기 위해 적응하였고, 나머지 대기가 변화되었을 때도 이런 지역을 이용할 수 있는 능력을 유지해 온 것으로 보인다.

원핵생물은 진핵생물과 근본적으로 다르다

원핵생물은 진핵생물과 여러 가지 점에서 차이가 있다. 이러한 차

그림 23.1 미국 옐로우스톤국립공원(Yellowstone National Park)에 있는 온천에도 고온성 원핵생물이 존재한다.

이는 생물을 여러 그룹으로 구분하는 근본적인 특성들이 포함된다.

단세포성: 몇몇 예외를 제외하곤 모든 원핵생물은 단세포이다. 일부 종에서는 개별 세포들이 서로 부착하여 섬유 형태를 이루기도 하지만, 세포들은 독립성을 유지한다. 그런 경우에도 다세포 생물과는 달리 생물체의 특성은 개별 세포의 특성이 된다. 자연 환경에서 많은 종류의 세균은 **미생물막**(biofilm)이라는 여러 종으로 구성된 복잡한 군체를 형성할 수 있다(**그림 23.2**). 이러한 미생물막은 실험실에서 배양되는 한 가지 종류만의 미생물의 순수 배양체보다 항생제나 건조, 기타 다른 환경 스트레스에 더 잘 견딘다.

세포의 크기: 새로운 종의 원핵생물이 발견되면서 연구자들은 원핵세포의 크기가 서로 5배나 차이가 날 정도로 매우 다양하다는 것을 알아가고 있다. 현재 알려진 가장 큰 세균 세포는 *Thiomargarita namibiensis*(**그림 23.3**)이다. 이 종의 세포는 지름이 최대 0.75 mm로 육안으로도 보일 정도다. 그러나 대부분의 원핵세포는 지름 1 μm 이하이고, 대부분의 진핵세포는 이보다 10배 이상 크다. 하지만 아주 커다란 원핵세포와 아주 작은 진핵세포가 있기 때문에 이를 일반화할 수는 없다.

핵양체: 원핵생물은 막으로 된 핵이 없다. 대신 핵양체(nucleoid) 내에 DNA와 히스톤 유사 단백질로 구성된 단일 원형 염색체를 갖는다. 이에 대한 예외는 2개의 원형 염색체를 갖는 *Vibrio cholerae*와 여러 개의 선형 염색체를 갖는 *Borrelia* 종이다. 또한 원핵세포는 플라스미드라 불리는 작은 원형 DNA 분자를 갖는데, 이는 반드시 필요한 것은 아니지만 세균에 여러 선택적 이점을 제공한다.

세포분열과 유전자 재조합: 진핵생물에서 세포분열은 체세포분열이나 감수분열에 의해 일어나고, 염색체를 분리하기 위해서 미세소관으로 이루어진 방추사를 이용한다. 원핵생물에서는 주로 이분법(9장 참조)에 의해 세포분열이 일어나며, 방추사를 이용하지 않는다. 원핵생물도 유전 물질을 광범위하게 교환하기는 하지만 성 주기(sexual cycle)는 없다. 이러한 유전 물질을 교환하는 메커니즘을 수평적 유전자전달(horizontal gene transfer)이라고 하는데, 이는 생식과는 관련이 없지만 진화적으로는 중요한 역할을 한다.

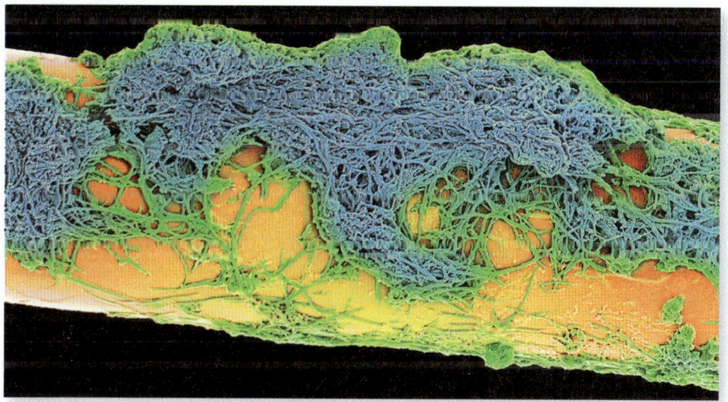

그림 23.2 칫솔 털에 있는 치석에서 발견된 세균의 미생물막.

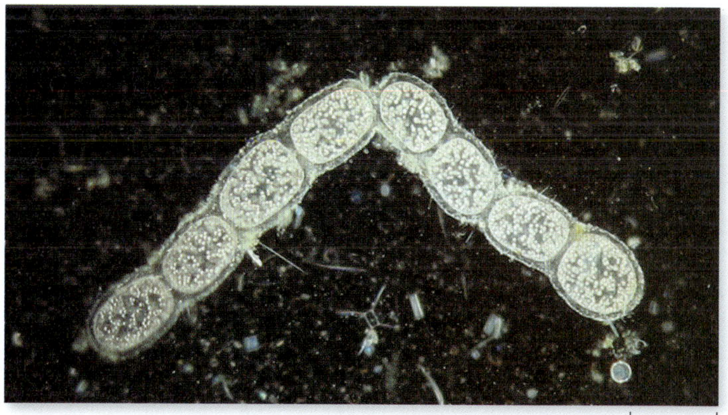

그림 23.3 *Thiomargarita namibiensis*의 세포는 직경 0.75 mm까지 커질 수 있다.

세포내 구획화: 진핵생물과는 달리 원핵생물의 세포질은 내부가 구획화되어 있지도 않고, 막이 있는 세포소기관도 없다(3장 참조). 그러나 원핵세포의 원형질막은 광범위하게 함입될 수도 있고, 원형질막의 구획된 부위에서 세포호흡과 광합성이 일어난다.

편모: 원핵성 편모(flagella)는 진핵세포의 편모에서 발견되는 미세소관의 9+2 배열을 나타내지 않는다. 대신에 **플라젤린**(flagellin) 단백질 중합체가 단일한 섬유질을 이루고 있다. 세균의 편모는 꼬여 있으며, 단단하고, 회전하여 세포가 운동할 수 있도록 한다. 반면에 진핵세포의 편모는 채찍 운동을 한다(23.2절과 **그림 23.9** 참조).

선모: 몇몇 종의 세균은 세포 표면으로부터 나온 선모(pili 또는 fimbriae)라 불리는 수많은 단백질 필라멘트를 갖는다. 이것들은 구조적으로 다양하며 유전 물질의 교환, 병원성 세균의 숙주 조직에의 부착, 때로는 운동성에 관여한다.

대사 다양성: 원핵생물의 대사 다양성은 그들이 살아갈 수 있는 환경의 다양성을 반영한다. 서로 다른 원핵생물이 세포 호흡을 하기 위해 다양한 유기 및 무기 전자 공여체와 수용체를 이용할 수 있고, 다양한 유기 물질을 발효시킬 수 있으며, 다양한 탄소원을 이용할 수도 있다(23.4절 참조). 이런 점에서 대사 다양성과 영양 다양성(때로는 유연성까지)은 진핵생물보다 원핵생물에서 훨씬 크다고 할 수 있다. 어떤 세균은 광합성을 하며, 그 산물로 산소나 다른 산화 부산물을 생성하기도 한다.

세균과 고세균은 비슷하지만 다르다

고세균과 세균은 둘 다 원핵세포의 구조를 가지고 있고, 생명체의 오래된 형태라는 점에서 유사하지만, 생화학 수준과 분자 수준에서 상당히 다르다. 두 역(domain) 사이에는 원형질막, 세포벽 구조, DNA 복제, 유전자 발현이 핵심적인 차이점이며, 그밖에 몇 가지 대사의 차이점도 있다.

원형질막: 모든 원핵생물은 유동성 모자이크 구조의 원형질막(plasma membrane)을 갖는다(4장 참조). 고세균의 원형질막은 세균이나 진핵생물의 것과 다르다. 고세균의 원형질막 지질에 있는 글리세롤은 에테르(ether) 결합을 통해 탄화수소 사슬과 연결되어 있지만, 세균이나 진핵생물은 에스터(ester) 결합에 의해 연결된다(**그림 23.4***a*). 이러한 탄화수소는 가지를 갖기도 하며, 2중층 대신에 단일층을 형성하는 테트라에테르(tetraether)로 조직화되기도 한다(**그림 23.4***b*). 어떤 초고온성균의 경우에는 막의 대부분이 테트라에테르 단일층으로 되어 있기도 하다. 이러한 구조적 특징은 고세균이 높은 온도에서 견딜 수 있는 이유 중 하나이기도 하다.

세포벽: 대부분의 세균과 고세균은 세포의 형태와 견고함을 유지하고, 높은 삼투압으로 인한 세포의 파괴를 막는 세포벽을 갖는다. 세균의 세포벽은 다양한 양의 펩타이도글리칸(peptidoglycan)을 갖는데, 이 펩타이도글리칸은 탄수화물 중합체가 펩타이드 교차 결합에 의해 형성된다. 펩타이드 교차 결합은 또한 D-아미노산을 포함하는데, 이것은 세포에서 번역을 통해 만들어지는 단백질에서는 발견되지 않는 것이다. 고세균의 세포벽에는 펩타이도글리칸이 없다. 대신 펩타이도글리칸과 구조나 기능상으로 유사한 **슈도뮤레인**(pseudomurein)이 있다. 이 슈도뮤레인 역시 펩타이드 교차 결합에 의한 탄수화물 중합체이지만 탄수화물이 다르고, 펩타이드 교차 결합의 구조 역시 다르다. 또 다른 고세균의 세포벽은 다양한 단백질과 탄수화물을 가져서 일반화하기가 어렵다.

DNA 복제: 비록 고세균과 세균이 염색체마다 하나의 단일한 복제원점을 가지고 있긴 하지만, 이 복제원점의 성질과 거기에 작용하는 단백질은 서로 다르다. 고세균에서 DNA 복제 개시는 진핵생물과 더 비슷하다(13장 참조).

유전자 발현: 고세균은 둘 이상의 RNA 중합효소를 가지고 있으며, 이것들은 하나만 존재하는 세균의 RNA 중합효소보다 진핵생물의 RNA 중합효소와 더 닮았다. 고세균의 번역 기구 역시 세균보다 진핵생물과 더 유사하다(14장 참조).

원핵생물의 분류

원핵생물은 모양에 따라 분류하기 쉽지 않아서 최근에야 생화학적 특성과 대사 특성이 알려지며, 다른 생명체들에 대한 분류와 비교될 정도로 만족할 만한 분류 체계를 개발할 수 있었다. 무엇이 원핵생물의 종을 구성하는지에 관한 명확한 정의 없이는 계통분류는 어려운 일이었다.

초기 분류의 특징

초기에 원핵생물을 분류할 때는 쉽게 관찰할 수 있거나 현미경으로 발견할 수 있는 차이점에 의존했다. 처음 원핵생물 분류에 사용했

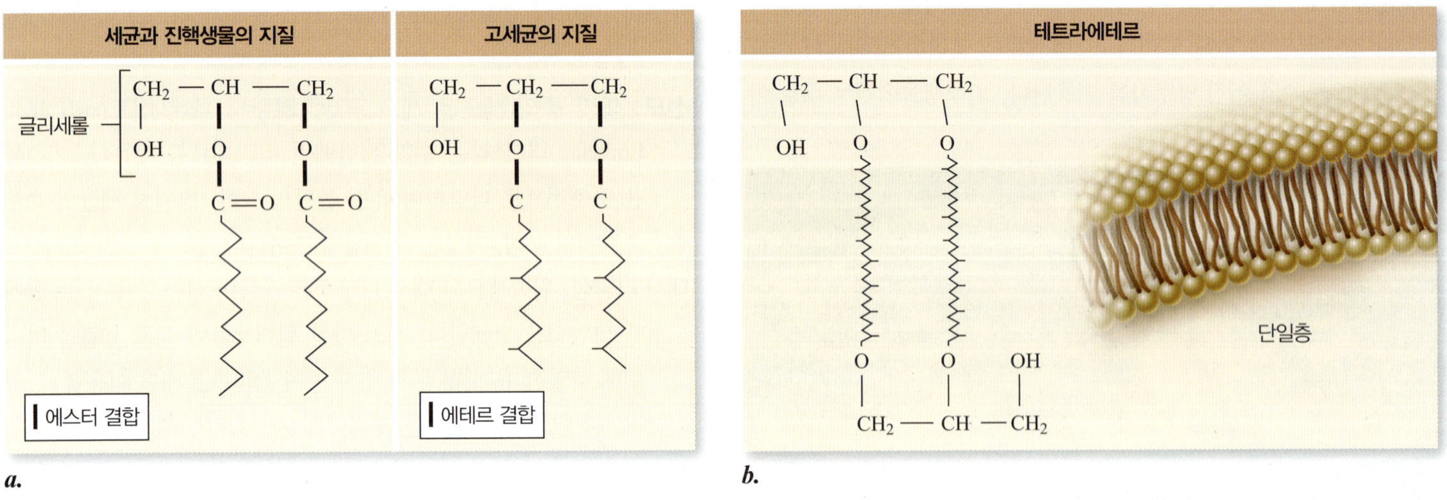

그림 23.4 고세균의 세포막 지질.
a. 고세균의 세포막 지질은 세균이나 진핵생물과 유사한 글리세롤 골격을 갖지만, 탄화수소 사슬은 에스터 결합이 아니라 에테르 결합에 의해 글리세롤과 연결된다. 탄화수소는 또한 분지될 수도 있고, 고리를 가질 수도 있다. *b.* 이와 같은 지질은 다이에테르(diether) 대신 테트라에테르(tetraether)를 형성할 수 있다. 테트라에테르는 소수성 탄화수소로 연결된 양극을 포함하기 때문에 단일층을 형성한다.

던 주요 특징은 다음과 같다.

1. 광합성 여부
2. 세포벽 구조
3. 운동성
4. 단세포, 또는 콜로니(colony) 형성, 사상성(filamentous)
5. 포자 형성 능력
6. 병원성

분류의 분자생물학적 접근법

기술이 발달함에 따라 새로운 분류 체계를 만들기 위해 여러 접근법을 조합하여 사용되어 왔다. 예를 들면, 유전체학으로부터 나온 정보는 표현형과 계통학적 자료와 결합하여 더욱 의미 있는 분류 체계를 만들어 낼 수 있다. 분자생물학적 접근법에는 다음과 같은 것들이 포함된다.

1. 주요 단백질의 아미노산 서열 분석
2. 구아닌과 사이토신의 비율을 알아내기 위한 핵산의 염기서열 분석
3. 서로 다른 두 종의 단일 가닥 DNA를 섞어 염기쌍 형성 정도를 결정하는 핵산 혼성화(nucleic acid hybridization)(유연 관계가 가까운 종일수록 염기쌍을 더 많이 형성)
4. 리보솜 DNA(rDNA)의 염기서열을 알아내기 위한 유전자와 RNA 염기서열 분석
5. 전체 유전체 염기서열 결정

우스(Carl Woese)가 고안해서 나온 3영역 체계(**그림 23.5**, WEB4장)는 이런 분자생물학적 방법 전부에 바탕을 둔 것이지만, 모든 생명체들의 진화적 관련성을 확립하기 위해 특히 rDNA 염기서열 비교에 중점을 둔다. rDNA 염기서열은 진화적으로 잘 보존되어 있기 때문에 생명의 나무에서 가장 오래된 분지에 대해 알아내기 위해 선택되었다.

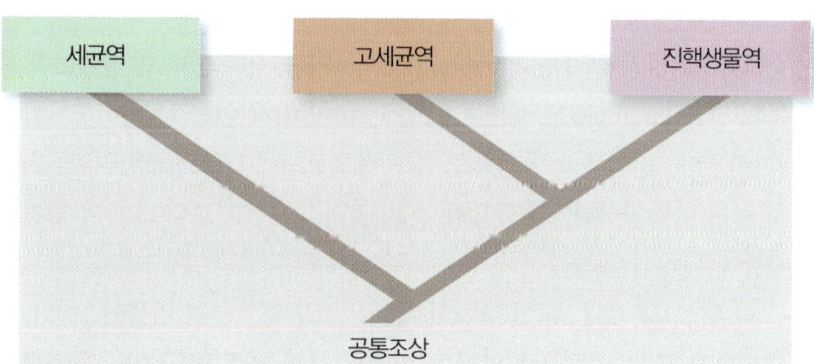

그림 23.5 3역.
세균과 고세균은 모두 원핵생물이지만 가까운 유연관계를 갖지 않는다. 많은 면에서 고세균은 세균보다 진핵생물과 가깝다. 이 계통수는 rRNA 염기서열에 기초한 것이다.

이러한 종류의 분자생물학적 자료에 기초하여 몇 가지 원핵생물 집단이 제안되었다. 가장 널리 받아들여지는 것은 가장 최근인 2012년에 발간된 〈Bergey's Manual of Systematic Bacteriology, 2판〉에서 제시된 것이다(**그림 23.6**). 동시에, 세균들을 무작위로 골라 대규모로 염기서열을 분석하면 엄청난 다양성을 보여주는데, 이러한 새로운 자료는 대부분의 세균이 배양되지도 않고 자세히 연구되지도 않았다는 것을 보여준다.

핵심 요약 23.1

원핵생물에 대한 연구는 현미경 관찰에 의해서 처음 시작되었다. 초기의 미생물학은 질병 원인체에 대한 연구로부터 성장했다. 원핵생물은 진핵생물에서 볼 수 있는 막 구조의 핵과 세포소기관이 없고, 이분법에 의해 생식한다. 세균과 고세균은 여러 면에서 서로 비슷하지만, 구조나 생리적으로 중요한 차이점이 있다. 원핵생물 분류는 구조적 특성에 기초해 왔지만, 현재는 분자생물학과 유전체학으로부터 정보를 얻고 있다. 수많은 원핵생물은 배양에 어려움이 있어 연구되지 않고 있다.

■ 고세균은 세균과 어떻게 다를까?

23.2 원핵생물의 세포 구조

학습 목표

1. 원핵세포에 공통적인 일반적 특징을 서술할 수 있다.
2. 세균이 그람양성과 그람음성으로 염색되는 이유를 설명할 수 있다.
3. 원핵생물을 서로 구분할 수 있는 특성들을 서술할 수 있다.

원핵세포는 상대적으로 단순하지만 형태에 기초해서 구분할 수 있으며, 염색에 의해 구분할 수 있는 구조적 변이가 있다.

원핵생물은 모양과 크기가 다양하다

지나친 단순화이기는 하지만, 세균을 분명한 형태에 기초해서 분류하는 것은 유용하다. 대부분의 원핵생물은 막대형(*bacillus*), 구형 또는 타원형(*coccus*), 긴 나선형(*spirillum*) 중 하나를 보인다. 스피로헤타(spirochetes)는 나선형처럼 보이지만, 더 느슨하게 꼬여 있으면서 좁아지는 경향이 있다. 일부 원핵생물은 특정한 형태를 갖지 않아 다형적(pleiomorphic)이라고 불린다.

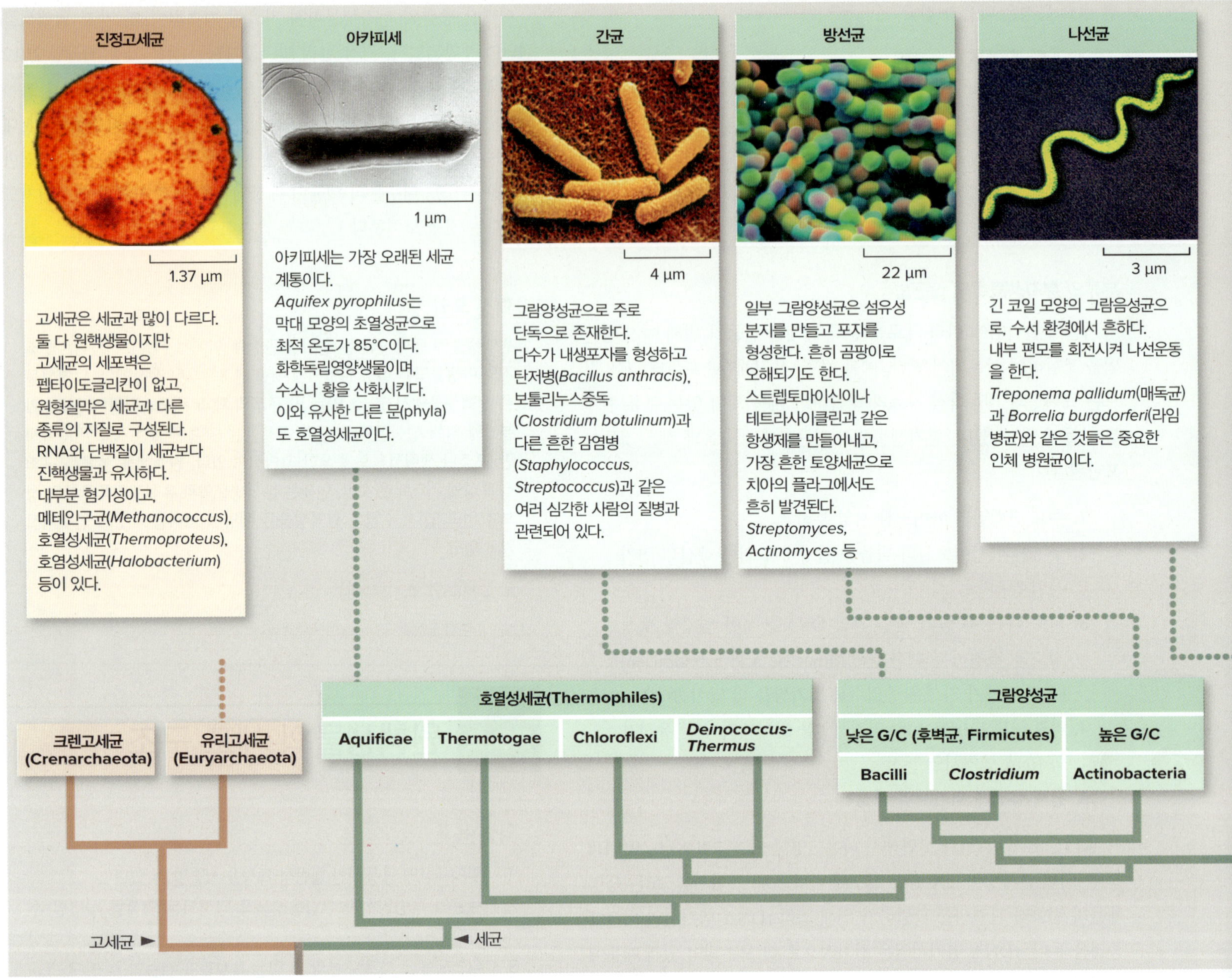

그림 23.6 **원핵생물의 주요 분류군.**
이 분류법은 〈Bergey's Manual of Systematic Bacteriology, 2판(2001)〉의 것이다. G/C는 유전체에서 G/C%를 나타낸다.

세균의 세포벽은 세포의 모양을 결정하는 가장 중요한 요소이다. 마이코플라즈마(mycoplasma)처럼 세포벽이 없는 세균은 정해진 형태가 없다. 일부 막대 모양과 구형의 세균은 콜로니를 형성하고, 분열 후 서로 끝과 끝이 연결되어 사슬을 형성한다. 어떤 세균의 세포는 줄기 모양의 구조로 변하기도 하고, 길고 가지가 있는 필라멘트로 자라기도 한다.

원핵세포는 일반적으로 진핵세포보다 작다

원핵생물의 세포 구조가 다양해서 세포의 크기를 설명하기 힘들지만, 대체적인 크기는 200 nm~0.7 mm이다. 어디서나 존재하는 보통의 간균(bacillus)은 지름이 0.5~3 µm이고, 길이는 15 µm 정도까지 이른다. 진핵세포의 지름도 평균적으로는 20~25 µm이지만, 역시 크기가 다양하다. 더 중요한 것은 절대적인 크기보다 그들이 작기 때문에 나타나는 결과이다.

세포의 지름이 2 µm인 구형의 세균은 표면적 / 부피 비율이 3이다. 세포의 지름이 증가함에 따라 표면적 / 부피 비율은 급격히 감소한다. 지름이 단순히 2배 증가하면 표면적 / 부피 비율은 절반으로 감소한다. 이 비율은 중요한데, 왜냐하면 영양소 섭취가 세포의 표면에서

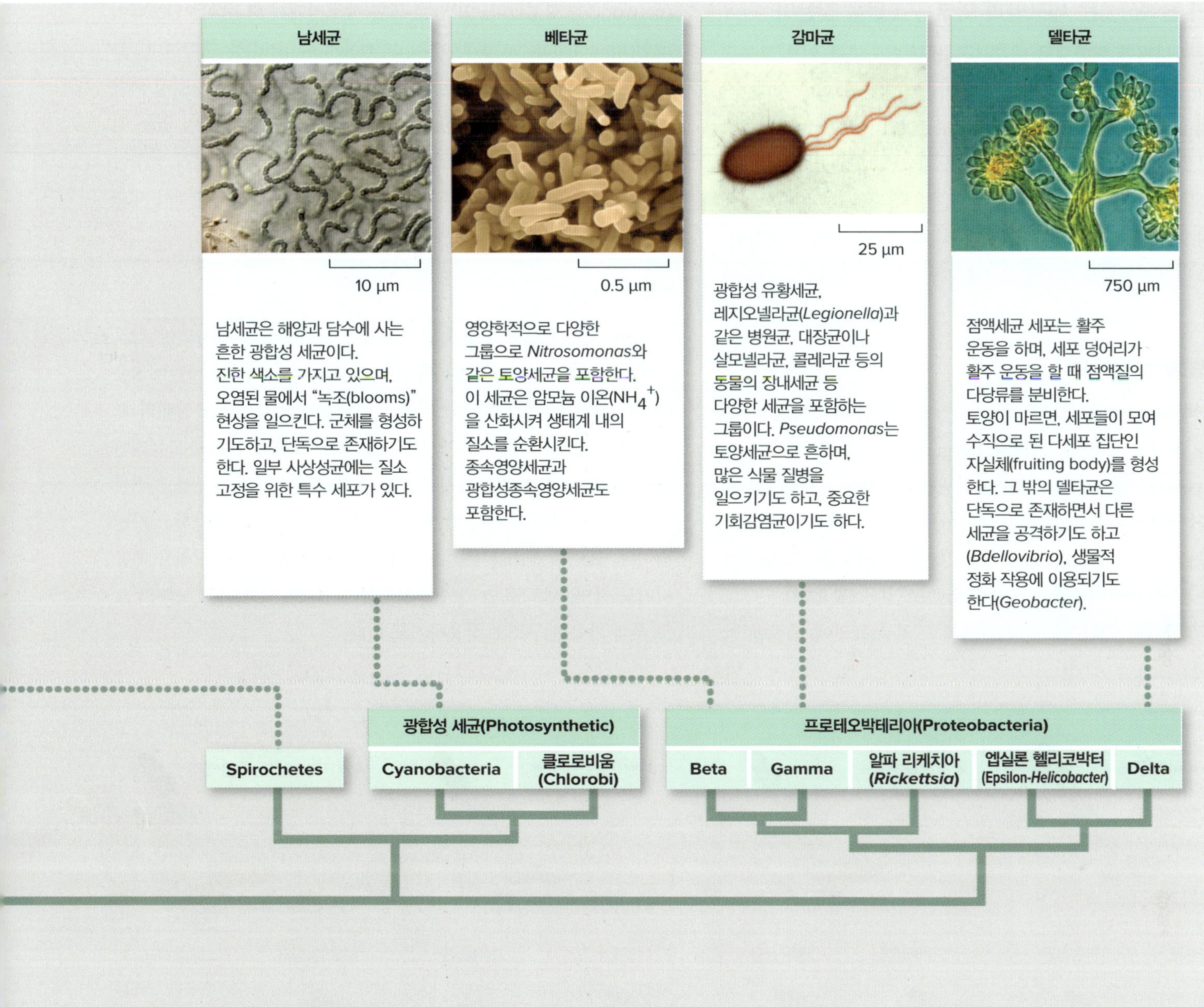

이루어지기 때문이다. 세포의 부피에 비해 표면적이 커질수록 영양분을 빨리 섭취할 수 있다.

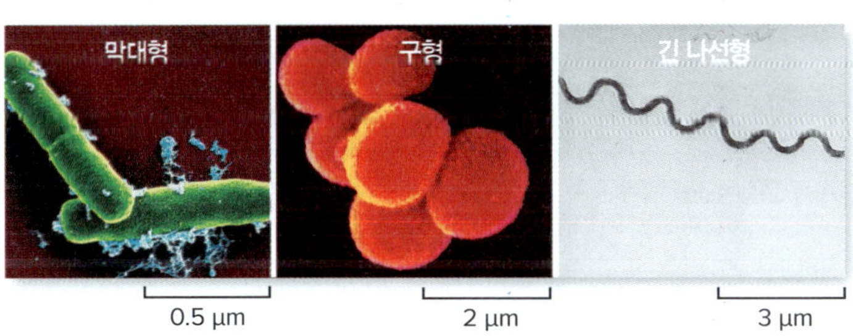

세포가 분열하기 위해서는 일정한 크기로 성장하여 염색체를 복제해야 하는데, 이 과정에서 영양분의 섭취가 필요하다. 진핵세포보다 작은 원핵세포는 영양분을 빨리 흡수할 수 있고, 빨리 성장하고, 염색체를 빨리 복제할 수 있다. 염색체가 복제될 때마다 돌연변이가 생길 가능성이 있다. 빨리 분열하는 원핵생물은 선택적 이익이 될 수 있는지 여부를 환경에서 선택할 수 있는 돌연변이를 축적할 수 있다. 따라서 작은 세포들이 커다란 생물보다 더 빨리 진화하는 것이다. 이는 우리는 개발하고 검증하는 데 몇 년이 걸리는 항생제를 세균은 단 몇 세대 동안 돌연변이로 이를 피하는 시험을 할 수 있다는 점에서 특히 문제가 된다.

대부분의 원핵생물은 세포벽과 외부 구조물을 갖는다

전부는 아니지만 원핵생물 대부분은 세포벽과 몇몇 외부 구조물을 갖는다. 세포벽은 종종 복잡하고 여러 층으로 구성되어 있다. 어떤 세균의 세포벽이든지 최소한 펩티도글리칸이라고 하는 펩타이드 결합으로 교차 연결된 다당류 사슬의 견고한 네트워크로 구성된 중합체로 되어 있다. 세포벽은 세포의 모양을 유지하고, 주변 환경에 흔한 저장성 용액에서 세포가 팽창하거나 파열되는 것을 방지한다. 세포벽의 구조는 세균을 그람양성균과 그람음성균으로 나누는 데 이용된다.

그람양성균과 그람음성균

그람염색(gram stain)이라고 불리는 염색 과정을 통해서 두 종류의 세균을 식별할 수 있다. **그람양성균**(gram-positive)은 더 두꺼운 펩타이도글리칸 벽을 가지고 있고 보라색으로 염색되는 반면, 더 흔한 **그람음성균**((gram-negative)은 펩타이도글리칸의 양이 적으며 보라색 염료를 보유하지 못한다. 이러한 그람음성균은 붉은색 염료로 염색될 수 있고, 나중에 어두운 보라색으로 보인다(**그림 23.7**).

그람양성균에서 펩타이도글리칸은 세포 외부 표면에 복잡한 망(network)을 형성한다. 이 망은 또한 세포벽에서 삐져나온 리포테이코산(lipoteichoic acid)과 테이코산(teichoic acid)을 포함한다. 그람음성균에서는 얇은 펩타이도글리칸 층이 원형질막과 두 번째 외막 사이에 끼어 있다(**그림 23.8**). 외막에는 다당류 사슬이 붙어 있는 지질인 **지질다당류**(lipopolysaccharide)라고 하는 커다란 분자가 포함되어 있다. 이 외막층으로 인해 그람음성균은 그람양성균에서 세포벽 합성을 저해하는 항생제에 내성을 갖는다.

S층

일부 세균과 고세균에서 단백질이나 당단백질이 추가되어 각각 그람양성균과 그람음성균의 펩타이도글리칸이나 외막층 바깥에 **S층**(S-layers)이라 부르는 단단한 파라결정(paracrystalline) 상태의 표면을 형성한다. 고세균 중에서 S층은 거의 보편적이며, 슈도뮤레인(pseudomurein) 바깥에서 발견되거나 세균과는 달리 세포를 둘러싸고 있는 유일한 단단한 층일 때도 있다. S층의 기능은 다양하고 가변적이다. 표면에 세포를 부착시키기도 하고, 세포에 보호 장치를 제공하기도 하며, 세포 표면 가까이 분자를 붙잡아두기도 하고, 선택적으로 투과 가능한 구조로 작용하기도 한다.

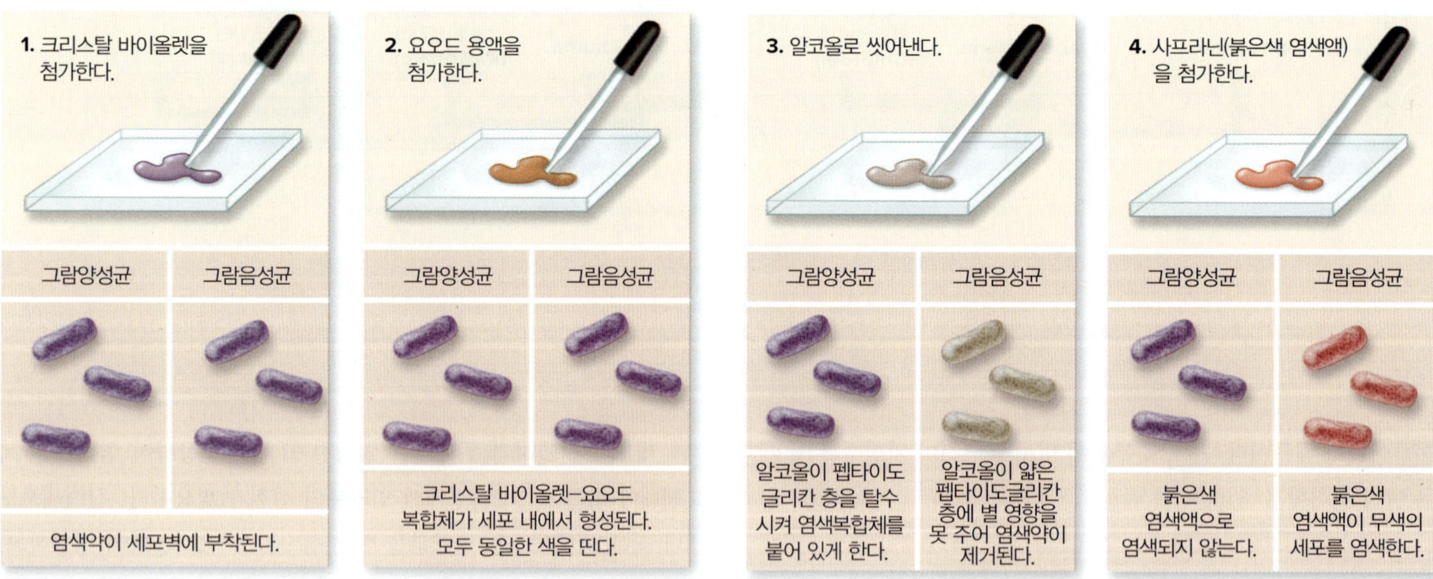

a.

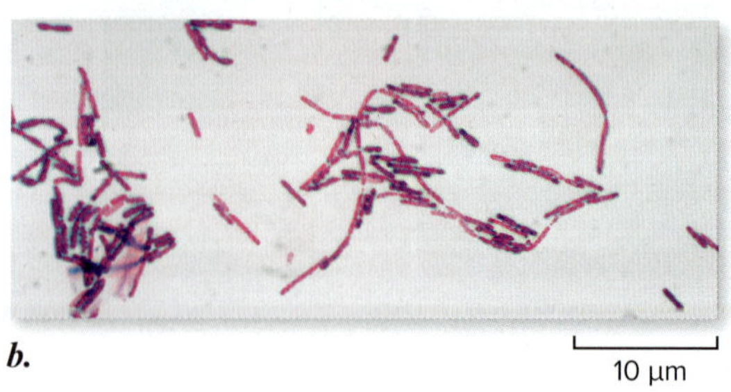

b.

그림 23.7 그람염색.
a. 그람양성균을 둘러싼 두꺼운 펩타이도글리칸(PG)이 그람염색[이 기술을 개발한 덴마크의 세균학자 그람(Hans Christian Gram)의 이름에서 유래]에 쓰이는 크리스탈 바이올렛을 흡착하여 세균이 보라색으로 나타난다. 그람음성균은 펩타이도글리칸이 적기 때문에(원형질막과 외막 사이에 위치) 크리스탈 바이올렛을 흡착하지 못하고 사프라닌 등의 대조 염색액에 의해 붉은색을 나타낸다 *b.* 그람양성균과 그람음성균을 동시에 그람염색한 현미경 사진.

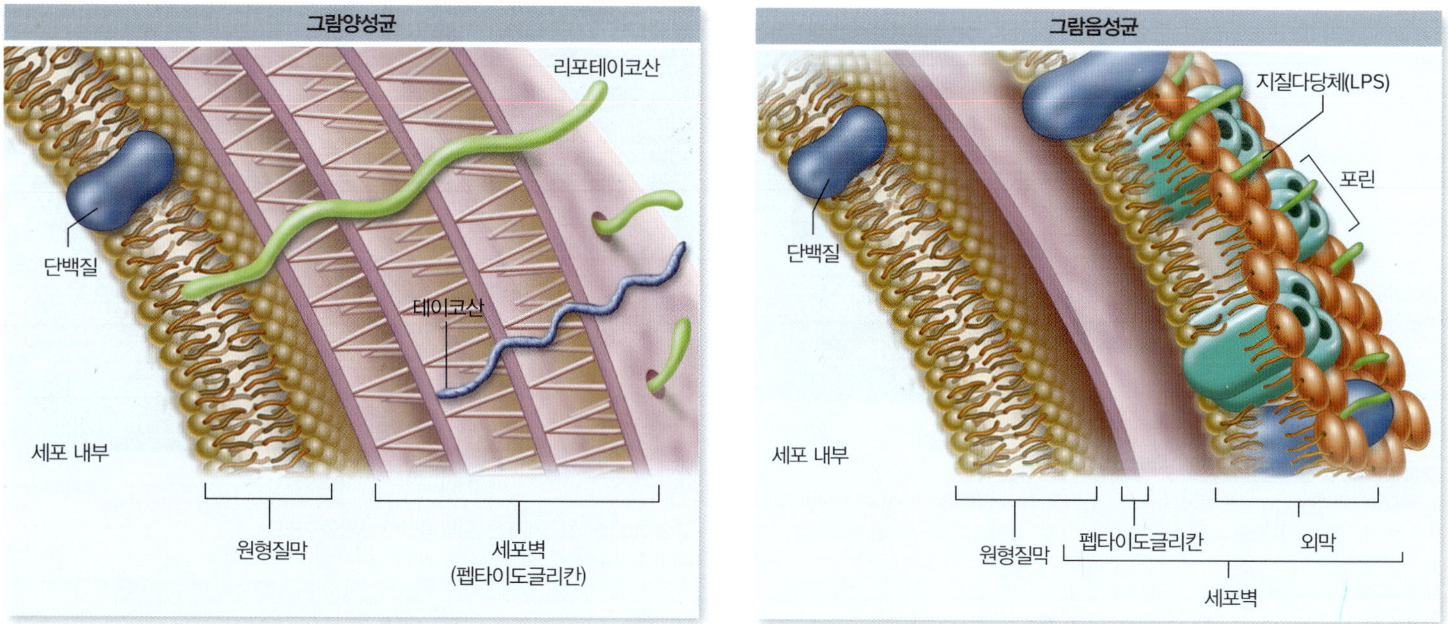

그림 23.8 그람양성균과 그람음성균의 세포벽 구조.
그람양성균의 세포벽(왼쪽)은 그람음성균의 세포벽보다 훨씬 단순하다. 그람양성균의 세포벽은 한 층의 두꺼운 펩타이도글리칸으로 되어 있고, 리포테이코산 및 테이코산 분자가 세포벽에 박혀서 세포 표면에 노출되어 있다. 그람음성균의 세포벽은 여러 층으로 되어 있다. 펩타이도글리칸 층은 그람양성균에서보다 얇고 지질다당체로 구성된 막으로 둘러싸여 있다. 포린(porin) 단백질은 외막에서 구멍을 형성한다. 외막과 펩타이도글리칸 층 사이의 공간을 주변세포질공간(periplasmic space)이라고 한다.

피막과 점액층

어떤 세균에는 **피막**(capsule)이라고 하는 추가적인 젤라틴 층이 세포벽 층을 감싸고 있고 염색 후 현미경으로 상대적으로 쉽게 관찰할 수 있다. 좀 더 느슨하게 조직된 형태는 탐지하기가 어려운데 이를 점액층(slime layer)이라고 한다. 피막은 원핵세포가 표면이나 다른 세포에 부착할 수 있도록 해주며, 가장 중요한 점은 식세포가 인식하는 것을 방해하여 면역 반응을 피할 수 있게 해주는 것이다. 따라서 피막은 종종 세균이 질병을 일으키는 데 기여한다.

편모와 선모

일부 원핵생물은 운동성이 있다. 많은 원핵세포가 한쪽 끝에 하나의 편모를 가지고 있고, 어떤 세포는 세포의 양쪽 끝에 하나씩을 갖기도 하며, 또 어떤 세포는 많은 편모가 무리지어 있거나 세포 주변에 분포되어 있기도 하다. 편모의 중심 필라멘트는 플라젤린(flagellin)이라고 하는 단일 단백질로 되어 있다(**그림 23.9**). 편모의 길이는 0.3~12 μm이지만, 폭은 10~20 nm에 불과하다. 편모는 세포질에서 나와 세포벽을 거쳐 세포 밖으로 돌출되며, 회전 운동을 통해 액체 환경에서 생명체를 추진시켜 움직이도록 한다.

선모(pili)는 일부 그람음성 원핵생물의 세포에 있는 수많은 미세한 구조물이다. 원핵생물의 편모보다 작아서 두께가 7.5~10 nm에 불과하다. 선모는 세포가 표면에 부착되는 데 이용되기도 하며, 병원균이 조직에 정착하는 데도 중요하다. 어떤 선모는 유전정보를 공유하는 데 적응되어 있고, 또 다른 전문화된 선모는 세포가 꿈틀거릴(twitch) 수 있도록 하는데, 이를 통해 일정한 방향으로 이동할 수 있다.

내생포자

일부 원핵생물은 **내생포자**(endospores)를 만들 수 있는데, 환경 스트레스에 노출되었을 때 유전체 주변으로 두꺼운 벽이 발달하고 세포질은 적게 존재한다. 이러한 내생포자는 열과 같은 환경 스트레스에 대해 저항성이 매우 강하고, 환경 조건이 개선되면 수십 년, 심지어 수 세기 동안의 휴면 상태로부터 깨어나 발아하여 정상적으로 세포분열하여 영양 세포를 형성할 수 있다.

파상풍, 보툴리누스 중독증, 탄저병을 일으키는 세균은 모두 포자를 형성할 수 있다. 상처로 피부에 구멍이 나면 파상풍 내생포자는 피부 깊숙이 침투하는데, 이는 세균이 발아하기 좋은 환경이 되어 질병을 일으키고, 심지어 사망할 수도 있다.

원핵생물의 내부 조직

진핵생물과 비교해서 원핵생물은 비교적 간단한 내부 조직을 갖는다. 진핵세포 내에서 보이는 광범위한 기능적 결합은 거의 없지만, 다음과 같은 구조를 갖는다.

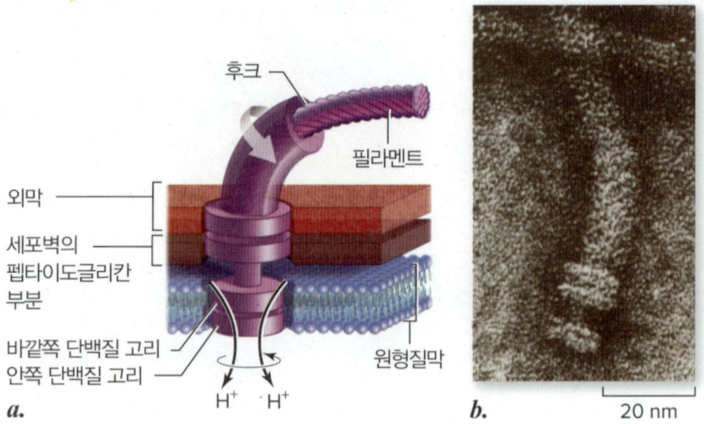

그림 23.9 그람음성균의 편모 모터.
a. 플라젤린이라는 단백질로 된 필라멘트는 단백질 막대에 부착되고, 막대는 외막과 펩타이도글리칸 층의 구멍을 뚫고 지나 세포벽과 원형질막 안에 고착된 베어링처럼 생긴 단백질 고리와 연결된다. 막대에 부착된 안쪽의 단백질 고리가 세포벽에 고정된 바깥쪽 고리에 대해 회전할 때 막대가 회전하게 된다. 안쪽 고리는 수소 이온(H^+) 통로로, 안쪽 고리의 회전력을 얻기 위해 양성자는 바깥고리를 통과하여 세포 안으로 흐르게 하는 양성자 펌프로 작동한다. *b.* 세균 편모의 전자 현미경 사진.

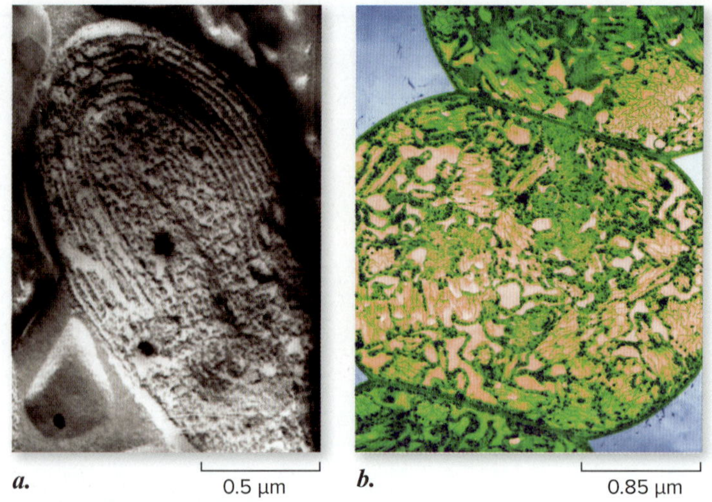

그림 23.10 원핵세포는 종종 복잡한 내막을 가진다.
a. 이 호기성 세균은 세포질 내에 미토콘드리아의 크리스타와 별 다를 바 없는 확장된 호흡막(세포벽을 감싸고 있는 길고 어두운 곡선)을 가지고 있다. *b.* 이 남세균은 광합성이 일어나는 장소인 틸라코이드와 비슷한 막(가운데와 가장자리를 따라 있는 잔물결 같은 모양)을 갖는다.

접힌 막: 많은 원핵생물에서 원형질막이 함입되어 호흡이나 광합성에 이용된다(**그림 23.10**). 접힌 원형질막은 호흡이나 광합성 단백질을 위한 표면적을 증가시키고, 물질대사의 효율을 증가시킨다. 원핵세포에서 볼 수 있는 이러한 접힘 전략은 표면적을 늘리기 위해 막을 추가하거나(엽록체) 막을 접는(미토콘드리아) 진핵생물의 기관에서 볼 수 있는 것과 근본적으로 동일하다.

핵양체 부위: 원핵세포는 막으로 둘러싸인 핵에서 염색체를 포장하지 않는다. 대신에 원형 DNA 염색체가 응축되어 **핵양체**(nucleoid)라고 알려진 세포 부위를 형성한다. 또한 많은 원핵세포는 작고, 염색체 외의 독자적으로 복제할 수 있는 환형 구조인 플라스미드(plasmid)를 가지고 있다. 플라스미드는 몇 개의 유전자만을 가지고 있으며, 이러한 유전자들이 선택적 이점을 제공하기는 하지만 세포의 생존에 필수적인 것은 아니다.

리보솜: 원핵생물의 리보솜은 진핵생물의 것보다 작고 단백질과 RNA 함량이 다르다. 테트라사이클린(tetracycline)이나 클로람페니콜(chloramphenicol)과 같은 항생제 역시 차이를 나타낼 수 있다. 이러한 항생제들은 원핵생물의 리보솜에는 결합하여 단백질 합성을 차단하지만, 진핵생물의 리보솜에는 결합하지 않는다.

봉입체: 많은 원핵생물이 봉입체(inclusion bodies)라고 불리는 세포질 응집물로 물질을 축적한다. 일부 물질은 탄소원으로, 글리코젠과 같은 화학적 잠재 에너지원으로 저장된다. 어떤 봉입체는 인산염이나 유황 원소와 같은 무기물질을 저장하기도 한다. 또 다른 봉입체는 세포 내에서 특별한 역할을 하는 비영양 물질을 포함한다. 예를 들어, 어떤 세균 종은 마그네토솜(magnetosome)이라고 하는 구조에 산화철의 자석 형태인 자철석을 축적한다. 마그네토솜을 가지고 있는 세균은 자기장 내에서 방향을 알 수 있고, 유리한 환경을 찾아서 헤엄치기 위해 그 정보를 사용할 수 있다. 어떤 봉입체는 막 유사 구조로 둘러싸여 있을 수 있다.

핵심 요약 23.2

원핵생물들의 기본 형태는 막대형, 구형, 나선형이다. 세균은 펩타이도글리칸이 있는 세포벽을 가지는데, 이것은 그람염색의 기초가 된다. 그람양성균은 그람음성균에 비해 두꺼운 세포벽을 가지고 있다. 또한 많은 세균들이 외부 피막을 갖는다. 어떤 세균은 편모와 선모를 가지고 있다. 어떤 것들은 열에 강한 내생포자를 형성할 수 있다. 원핵생물에는 막으로 둘러싸인 기관이 없지만 세포의 내부는 조직되어 있으며 원형질이 함입될 수 있다. 원핵생물 DNA는 핵양체 부위에 국소화된다.

- 만약 그람양성균에 대해 그람염색을 수행하는 데 요오드(iodine)를 처리하는 것을 깜빡했다면, 현미경 상에서 어떻게 보일까?

23.3 원핵생물의 유전학

학습 목표

1. 원핵생물에서 DNA 교환 메커니즘을 비교할 수 있다.
2. 대장균에서 유전자 위치를 정하는 방법을 기술할 수 있다.
3. 세균 집단 내 혹은 사이에서 항생제 내성이 어떻게 전파되는지 기술할 수 있다.

유성생식에서 유전적 특징들은 부모에서 자식에게 수직적으로만 전달될 수 있다. 원핵생물은 유성생식을 하지 않는다. 하지만 같은 종의 서로 다른 세포 사이에, 그리고 많은 경우에 서로 다른 종의 세포 사이에도 DNA를 교환할 수 있다. 이러한 수평적 유전자전달은 유전자가 세포와 세포 사이의 직접 접촉에 의해서나(**접합**, conjugation), 바이러스에 의해(**형질도입**, transduction) 세포 사이에 이동한다. 어떤 종의 세균은 환경으로부터 직접 유전물질을 취할 수도 있다(**형질전환**, transformation).

이러한 과정들은 모두 고세균에서도 발견되지만, 고세균 유전학 연구는 배양의 어려움 때문에 지체되고 있다. 여기에서 우리는 가장 광범위하게 연구되어 온 대장균에 주로 초점을 맞추어 알아본다.

형질전환은 환경으로부터 DNA를 흡수하는 것이다

자연형질전환(natural transformation)은 "형질전환능(competent)"이라고 불리는 특성을 갖는 일부 그람양성균과 그람음성균에서 일어난다. 형질전환은 한 세균 세포가 죽어서 파열되어 방출된 염색체 DNA, 또는 플라스미드가 환경으로 유입되면서 발생한다. 이 DNA는 형질전환(transforming)에 의해 다른 세포로 흡수될 수 있고 유전체에 통합될 수 있다(**그림 23.11**). DNA를 흡수한 세포는 새로운 형질을 얻을 수 있어 '형질전환'되었다고 한다. 일부 그람양성균과 그람음성균은 서로 메커니즘이 다를지라도 형질전환능을 가지고 있다.

자연형질전환에 관여하는 모든 단백질은 세균 염색체에 의해 암호화되어 있다. 이는 자연형질전환이 정상적인 세포 기능의 일부로 진화된 DNA 교환 메커니즘의 하나라는 것을 의미한다. 접합이나 형질도입에 의한 DNA 전달은 각각 플라스미드나 파지 생물학에서 벌어지는 일이라고 생각할 수 있다.

형질전환은 또한 대장균에 크게 의존하는 분자 클로닝(molecular cloning)에서도 중요하다. 그러나 대장균은 자연형질전환을 보이시는 않는다. 실험실에서 형질전환이 일어날 때, 이를 인공 형질전환(artificial transformation)이라고 한다. 인공 형질전환은 클로닝과 DNA 조작에 유용하다(16장 참조).

형질도입은 바이러스에 의한 원핵생물 사이의 유전자전달이다

DNA의 수평적 전달은 원핵생물을 감염시키는 바이러스에 의해서도 이뤄질 수 있다. **일반형질도입**(generalized transduction)에서는 거의 모든 유전자가 세포 사이에 전달될 수 있고, **특수형질도입**(specialized transduction)에서는 특정 유전자만 전달될 수 있다.

일반형질도입

일반형질도입(generalized transduction)은 용균성 파지(lytic phage)의 일부 형태에 의해 일어나는 것으로 생각할 수 있다(22장 참조). 이런 바이러스에서는 바이러스의 유전체가 복제되고 파지 머리가 만들어진 후, 파지 포장 기구는 더 이상 들어가지 않을 때까지

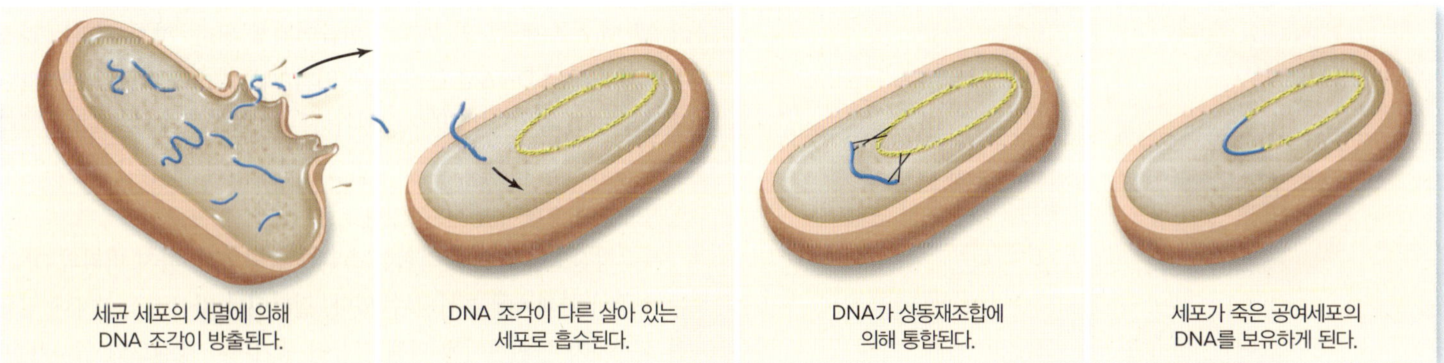

그림 23.11 자연형질전환.
자연형질전환은 세포가 죽어서 그 내용물을 주변 환경으로 방출할 때 일어난다. DNA는 대개 조각나 있고, 작은 조각들은 다른 살아 있는 세포들에 의해 흡수된다. 흡수된 DNA는 접합이나 형질도입에서처럼 상동재조합에 의해 염색체의 DNA를 대체한다. 새로운 DNA가 수용세포의 염색체와는 다른 대립유전자를 가지고 있다면, 세포의 표현형이 바뀌고, 선택적 이점을 제공할 가능성이 생긴다.

그림 23.12 일반형질도입.
어떤 파지는 세포를 감염시킬 때 숙주 DNA를 조각낸다. 위쪽의 그림처럼 그 파지가 DNA를 포장할 때, 자신의 DNA 대신 숙주의 DNA를 포장하여 형질도입 파지를 만든다. 도입된 파지는 숙주를 감염할 때 숙주의 DNA에 주입되고 상동재조합에 의해 숙주의 유전체로 통합될 수 있다. 아래의 그림처럼 DNA 선형 절편이 두 번의 재조합을 통해 염색체 DNA를 형질도입된 DNA로 바꾼다. 새로운 대립유전자가 이전 것과 다르다면 세포의 표현형이 바뀌게 된다.

DNA를 주입한다. 파지가 파지 DNA 대신에 세균의 DNA를 파지 머리 속으로 넣는 경우도 있다(**그림 23.12**). 이 바이러스 입자가 다른 세포에 감염되면 바이러스 DNA 대신 세균 DNA를 감염된 세포에 주입하게 된다. 그런 후에 이 DNA는 상동재조합에 의해 숙주 염색체 속으로 들어간다.

일반형질도입은 또한 대장균의 유전자 지도를 그릴 때도 이용되어 왔다. 일반형질도입에서 2개의 유전자가 더 가까이 있을수록 한 번의 형질도입에 의해 함께 전달될 확률이 높다. 이는 수학적으로 **동시형질도입 빈도**(cotransduction frequency)로 표시할 수 있다. 이 형질도입 빈도를 접합을 통한 정보와 결합하면, 유전자 사이의 거리를 거의 정확하게 알아낼 수 있다.

특수형질도입

특수형질도입(specialized transduction)은 용원회로(lysogenic life cycle; 22장 참조)를 나타내는 파지에서 제한적으로 나타난다. 대장균의 람다(λ)파지가 좋은 예이다. 람다파지가 세포를 감염시키고, 숙주 염색체 속으로 통합되면 세포를 파괴하지 않고 세포분열 시 계속 전달된다.

이러한 용원 상태의 파지를 프로파지(prophage)라고 부르는데, 이 프로파지는 휴면 상태이다. 프로파지는 숙주 염색체에서 스스로를 절단하여 빠져나온 후 용균 성장을 통해 세포를 파괴한다. 만약 이 절단이 부정확하면 숙주의 DNA 일부를 함께 가지고 빠져나오게 된다. 파지 DNA와 염색체 DNA가 함께 바이리온(virion)에 들어가게 될 때 특수형질도입 파지가 만들어지게 된다. 파지 머리는 파지 유전체 정도의 DNA만 운반할 수 있기 때문에 프로파지의 부정확한 절단은 파지 유전자의 일부를 제거하는 결과를 초래하게 된다. 따라서 포장하는 동안 파지 복제에 필요한 유전자가 제거되는 경우 특수형질도입에 결함이 생길 수 있다.

특수형질도입에 의해 적절한 숙주가 감염되면, 파지 머리의 DNA는 숙주의 염색체에 통합될 수 있다. 절단이나 바이러스 복제에 필요한 유전자가 돌연변이에 의해 결함이 생기거나 형질도입 입자가 만들어지는 동안 소실되면, 프로파지에 통합된 DNA를 포함하는 파지 입자는 숙주의 유전체에 갇히게 된다. 대장균의 유전체에는 많은 수의 수수께끼 같은 프로파지(cryptic prophage)가 있으며, 이 중 일부

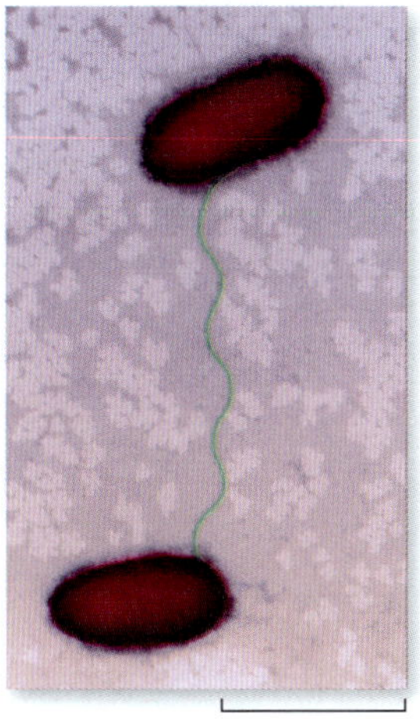

a. 2 μm *b.*

그림 23.13 접합 다리와 F⁺ 세포와 F⁻ 세포 사이의 F 플라스미드 전달.
a. 접합 중인 대장균 세포의 전자 현미경 사진. 뻗어 나온 F 선모로 인해 세포 사이가 연결된다. *b.* F^- 세포는 F 플라스미드 전달에 의해 F^+ 세포가 된다. 이 세포들은 접합 다리에 의해 연결되고, 공여세포 내에서 플라스미드가 복제되면서 원래 가닥 중 한 가닥을 대체하게 된다. 대체되는 가닥은 수용세포로 들어가 복제된다. 성공적으로 전달되면 수용세포는 F 선모 유전자를 발현할 수 있는 F^+ 세포가 되고 공여세포로 작용할 수 있다.

는 세포에서 중요한 기능을 수행하기 때문에 숙주 유전체의 일부로 간주해야만 한다.

접합은 접합 플라스미드가 있어야 한다

플라스미드는 생명체에 필요하지 않지만 특정한 환경에서 선택적 이점을 주는 기능을 암호화한다. 예를 들어, 항생제 내성은 반드시 필요한 것은 아니지만, 항생제가 존재할 때는 명백하게 유리하다. 일부 플라스미드는 접합을 통하여 한 세포에서 다른 세포로 옮겨질 수 있다. 이러한 플라스미드로 가장 잘 알려진 것은 대장균의 F 플라스미드(fertility factor)이다. **F 플라스미드**(F plasmid)를 갖는 세포는 $\mathbf{F^+}$ 또는 공여세포(donor cell)라고 하며, F 플라스미드가 없는 세포를 $\mathbf{F^-}$ 또는 수용세포(recipient cell)라고 한다. F 플라스미드는 세포 복제 기구를 이용하는 염색체 외의 DNA 조각이다. F 플라스미드에 대한 연구는 대장균 염색체의 유전학과 구조를 밝혀내는 데 매우 중요했다.

F 플라스미드 전달

F 플라스미드에는 DNA 복제원점 및 다른 세포로의 DNA 전달을 촉진하는 여러 유전자가 들어 있다. 이 유전자들은 세균 세포 표면에서 조립되는 단백질 단위체들을 암호화하여 전달과정에 필요한 선모(pili)를 만든다(**그림 23.13***a*).

일단 **접합 다리**(conjugation bridge)라 불리는 선모가 세포 사이에 형성되면 F 플라스미드는 접합 다리 바로 아래의 공여세포 내부에 결합한다. 그 후 **회전환복제**(rolling-circle replication)라고 불리는 과정에 의해 F 플라스미드가 자신의 DNA를 복제하기 시작한다. 복제될 때는 플라스미드의 한 가닥이 다른 세포로 들어가며, 상보적인 가닥이 복제되어 새로운 2중가닥 F 플라스미드가 형성된다(**그림 23.13***b*). F^- 플라스미드는 F^+ 플라스미드의 형질을 획득하며, F 플라스미드의 유전자가 집단에서 퍼져나가게 된다.

F 플라스미드와 염색체 사이의 재조합

공여세포에서 수용세포로 전달이 일어난 후, F 플라스미드는 재조합을 통해 수용세포의 유전체에 통합될 수 있다. 이 과정은 진핵생물에서 감수분열 중에 일어나는 상동재조합(homologous recombination)과 유사하다(12장 참조). F 플라스미드의 경우 삽입 염기서열(insertion sequence, IS)이라 불리는 대장균의 염색체와 상동인 부위가 있다. F 플라스미드와 염색체 사이의 재조합은 염색체에 플라스미드를 융합시키게 된다(**그림 23.14**).

F 플라스미드가 삽입된 세포를 **Hfr 세포**(high frequency of recombination cell)라고 하는데, 이는 Hfr 공여세포의 유전자가 수용세포의 유전자와 재조합하는 빈도가 높기 때문에 그렇게 명명되었다. Hfr 세포에서 F^- 세포로의 F 플라스미드 전달은 보통 염색체의 일부만을 전달하며, F 플라스미드 전부가 전달되지는 않는다. 왜냐하면 전달이 시작되는 F 플라스미드 부위는 융합되어 들어간 플라스미드 중간에 위치하고 있어서 융합된 플라스미드 전체가 전달되기 위해서는 염색체 전체가 전달되어야 하기 때문이다. 이러한 전달 과정은 약 100분 정도 소요되며, 전달 과정이 완료되기 전에 접합 다리가 끊어진다. 이에 따라 염색체의 일부가 전달되어 공여된 조각과 염색체 사이에 2번의 교차에 의해 수용세포 염색체의 일부분을 대체하게 된다.

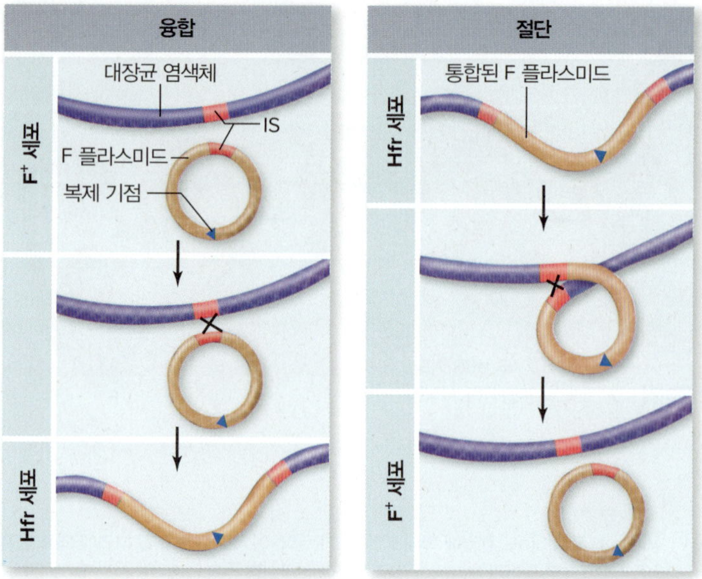

그림 23.14 **F 플라스미드 통합과 절단.**
F 플라스미드는 염색체 내에 존재하는 짧은 삽입 염기서열(IS)을 갖는다. 이러한 플라스미드는 염색체와 결합할 수 있고, 2개의 고리 모양 DNA 사이에 한 번의 유전자 재조합에 의해 크기가 큰 고리 모양 DNA가 만들어진다. 이렇게 하여 플라스미드가 염색체 내로 통합되어 Hfr 세포가 만들어진다(왼쪽 그림). 이 과정은 통합된 플라스미드 내의 삽입 염기서열이 쌍을 형성할 수 있기 때문에 역방향으로도 일어날 수 있으며, 이 경우에는 Hfr 세포가 F^+ 세포로 될 수 있다(오른쪽 그림).

> **자료 분석** F 플라스미드의 절단이 정확하지 않고 대장균의 DNA 일부가 F 플라스미드에 추가된다면, 이 플라스미드가 새로운 세포로 전달될 때 어떤 결과가 나타날 것인가?

유전학자들은 이러한 과정을 이용하여 대장균 염색체 내의 유전자 배열에 관한 지도를 만들었다. 전달이 시작되는 곳에 가까운 유전자가 먼저 전달되고, 멀리 존재하는 유전자는 나중에 전달된다. 실험실에서 접합 과정을 특정 시간에 차단하면 각 유전자가 옮겨진 시간에 따라 유전자의 순서를 파악할 수 있다(**그림 23.15**). 야생형의 대립형질을 가지고 있는 공여세포를 이용하여 수용세포의 돌연변이 대립형질을 대체하도록 하여 유전자를 추적할 수 있다. 이러한 실험은 대장균의 유전자 지도가 원형이라는 것을 보여주었고, 지도의 단위로는 분(minute)을 써서 염색체 전체는 100분이 된다.

통합된 F 플라스미드는 통합 과정을 반대로 하여 자신을 잘라낼 수도 있다(**그림 23.14** 참조). 만약 절단이 부정확하면, F 플라스미드는 그 과정에서 염색체 DNA 일부를 취해 F′ 플라스미드를 만들어낸다. 이러한 F′ 플라스미드의 전달에 의해 2배체(diploid)인 세포가 만들어지는데, 이는 플라스미드에 의해 운반되는 유전자는 수용세포의 염색체에도 있기 때문이다.

과학적 사고

가설: Hfr 가닥을 이용한 접합은 공여세포로부터 수용세포로 유전정보를 선형적으로 전달한다.
예상: 선형적인 유전정보 전달이 이루어지려면, 접합이 일어날 때 서로 다른 표지 유전자가 서로 다른 시간 간격으로 나타나야 한다.
실험: 접합하는 균주들을 특정 시간에 흔들어 접합 다리를 끊고 유전자형을 알아내기 위해 배양한다.

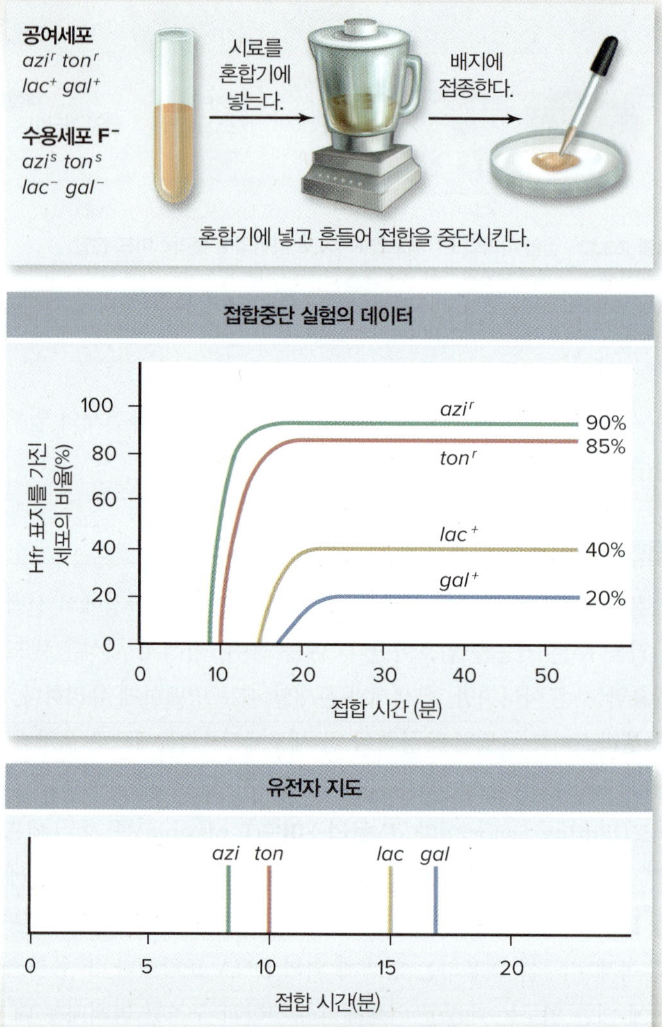

결과: 공여세포로부터 수용세포로 전달된 유전자들은 선형적인 순서로 나타난다.
결론: 유전정보의 전달은 선형적이다. 이러한 순서는 염색체에서 유전자의 상대적인 위치를 지정하여 유전자지도를 작성하는 데 이용될 수 있다.
추가 실험: 유전자지도를 작성하는 데 다른 DNA 교환 방법을 이용할 수 있을까?

그림 23.15 **접합중단 실험(iterrupted mating experiment)을 통해 유전자지도를 작성할 수 있다.**

항생제 내성은 내성 플라스미드에 의해 전달된다

일부 접합 플라스미드는 항생제 저항성 유전자를 획득하여 저항성 플라스미드(resistance plasmid), 즉 **R 플라스미드**(R plasmid)가 된다. 새로운 항생제 내성 유전자가 플라스미드에 의해 빨리 전달되는 것은 병원성 세균에서 내성 균종이 나타나는 데 중요한 요소이다. 어떤 경우에는 한 세균이 여러 항생제에 대해 내성을 가질 수도 있다.

내성 플라스미드는 종종 전이인자(transposable elements)에 의해 항생제 내성 유전자를 획득한다(WEB2장 참조). 이러한 전이인자는 염색체에서 염색체로, 또는 플라스미드에서 염색체로, 혹은 그 반대로 이동할 수 있고, 그 과정에서 항생제 내성 유전자를 전달할 수 있다. 접합 플라스미드가 이러한 유전자를 획득하게 되면 이 플라스미드를 갖는 세균은 그 항생제가 있는 상황에서 선택적 이점을 갖게 된다.

사람의 건강이라는 측면에서 이와 관련하여 중요한 예는 대장균과 같은 세균이 포함되어 있는 *Enterobacteriaceae*(장내세균)이다. 여기에는 이질과 장티푸스, 또 다른 주요한 질병을 일으키는 병원균이 많이 포함되어 있다. 종종 이 병원균의 한 종으로부터 유전자 일부가 전이 플라스미드나 박테리오파지에 의해 대장균에 전달되거나 교환된다. 대장균은 사람의 소화 기관에 매우 풍부하게 존재하기 때문에 해로운 특성을 획득하게 되면 매우 위험해진다. 그에 대한 예로는 식품 매개 O157:H7 대장균 균주를 들 수 있다. O157:H7은 병원성 유전자를 획득함으로써 진화한 대장균 균주이다. 증거에 따르면, O157:H7 균주는 형질도입과 접합에 의한 커다란 병원성 플라스미드의 획득을 통해서 생겼다.

돌연변이는 빠른 유전적 적응을 가능하게 한다

어떤 생명체에서나 마찬가지로 돌연변이는 세균에서도 자연적으로 발생할 수 있다. 특히 방사선, 자외선, 각종 화학물질과 같은 DNA를 손상시키는 요인들은 돌연변이의 가능성을 증가시킨다.

대장균과 같은 대표적인 세균은 약 5000개가량의 유전자를 가지고 있다. 돌연변이가 우연히 일어날 확률은 한 유전자가 100만 번 복제될 때 1번 정도이다. 따라서 확률적으로 5000개의 유전자를 갖는 세균 200개 중 하나는 어느 한 유전자에 돌연변이를 갖는다고 예측할 수 있다. 적절한 조건에서 대장균은 20분마다 2배로 증식하기 때문에, 돌연변이는 집단 내에서 빨리 전파되고 비교적 짧은 시간 안에 집단의 형질을 변화시킬 수도 있다.

원핵생물이 항생제의 존재와 같은 선택 압력에 빨리 적응하는 능력은 인간의 건강에 악영향을 미칠 수 있다. 병원 환경에서는 황색포도상구균(*Staphylococcus aureus*)의 항생제 내성 균종[메티실린 내성 황색포도상구균(methicillin-resistant *Staphylococcus aureus*), MRSA]이 알려져 왔다. 이 중에서도 특히 우려되는 것은 **반코마이신 내성 황색포도상구균**(vancomycin-resistant *Staphylococcus aureus*, VRSA)이다. 이것은 돌연변이에 의해 매우 빨리 발생했으며, 반코마이신의 경우 MRSA를 치료하는 데 최후의 항생제라 알려져 있기 때문에 매우 심각하고, 따라서 이러한 균종들과 감염을 통제하는 데 어려움이 따른다. 포도상구균(*Staphylococcus*) 감염은 강력한 선택 압력이 있을 때 돌연변이가 집단에서 얼마나 급격한 변화를 가져올 수 있는지 매우 잘 보여주는 사례이다.

세균의 성장 속도를 이용하여 발암물질을 탐지할 수 있다

빠른 성장 속도와 실험실 내 인공 배지에서 배양의 용이함 때문에 일부 세균을 이용하여 화합물이 돌연변이원인지를 탐지하는 데 이용할 수 있다. 모든 돌연변이원 화합물은 잠재적으로 발암성이며 돌연변이 유발 화합물, 즉 발암성 화합물을 식별하는 데 에임스 검사(Ames test)라고 하는 스크리닝 절차가 널리 사용되어 왔다.

최소 배지에서 사랄 수 있는 세균을 **원영양주**(prototroph)라고 한다. 돌연변이가 아미노산과 같은 세포에서 필수적인 요소 생산을 저해한다면, 이를 **영양요구주**(auxotroph)라고 한다. 돌연변이 종류에 대한 테스트에는 여러 단계가 필요한데, 에임스 검사에서 핵심적인 내용은 영양요구성 돌연변이로부터 시작하여 돌연변이를 복귀(reversion)시킬 수 있는지를 시험하는 것이라고 할 수 있다. 이것은 복귀된 돌연변이를 갖는 원영양주만 자라는 최소 배지에 세포를 고밀도로 배양함으로써 이뤄질 수 있다. 실제로 아미노산인 히스티딘에 대한 영양요구성 균주인 쥐티푸스균(*Salmonella typhimurium*)을 시험 대상 화합물로 처리한 다음, 최소 배지에 도말하고 원영양주의 성장만 이뤄지도록 한다. 시험 화합물이 원영양주로의 복귀 빈도를 증가시킨다면, 이는 이 화합물이 돌연변이 유발 물질이라는 것을 나타낸다. 물론 동물 실험을 통하여 용량에 대한 실험을 하기 전까지는 그 화합물의 발암성 여부에 관해서는 어떤 주장도 할 수 없다.

CRISPR는 바이러스 감염에 대한 적응 방어이다

원핵생물은 제한-변형 시스템(제한효소의 원천)과 독소-항독소 시스템과 같은 바이러스 감염에 대한 다양한 선천성 방어 체계를 갖고 있다. 유전체학의 출현과 더불어, 많은 원핵생물의 유전체를 분석하면서 **CRISPR**(clustered regularly interspaced short palindromic repeats, 일정한 간격으로 분포하는 짧은 회문 반복서열)이라는 '스페이서 영역(spacer region)'을 갖는 반복 염기서열 구조가 밝혀졌다. 최근 들어서 이것이 바이러스 감염에 대한 적응 방어의 한 형태로 확인되었다. 바이러스 침입에 대한 반응으로, 세균과 고세균은 이런 CRISPR 위치에 바이러스 핵산의 짧은 부분을 융합시킨 다음, 이를 사용하여 바이러스 핵산을 분해하는 복합체를 만드는 데 이용되는 RNA를 생성한다. 제한효소와 매우 비슷하게, CRISPR 시스템은 분자생물학자들이 유전체를 편집하는 데 유용한 것으로 밝혀졌다(16장 참조).

2012년 연구를 통해 세균 유전체의 48%와 고세균 유전체의 95%에서 CRISPR 위치를 찾아냈다. 만약 바이러스가 실질적으로 모든 환경에서 원핵세포의 수를 능가한다는 것을 고려한다면, 이는 미래의 감염으로부터 보호하기 위해 이전의 감염을 '기억'할 수 있는 시스템에 대한 매우 강한 선택 압력을 나타내는 것이라 할 수 있다.

핵심 요약 23.3

원핵생물의 DNA 교환은 공여세포에서 수용세포로 수평적으로 일어난다. DNA는 접합, 바이러스에 의한 형질도입, 환경으로부터 직접 DNA를 흡수하는 형질전환에 의해 교환된다. 이러한 형태의 DNA 교환은 유전자지도를 만드는 데 사용될 수 있다. 원핵생물의 변이 역시 돌연변이에 의해 발생하며, 세균의 빠른 복제 속도는 돌연변이성 화합물을 식별하는 데 이용되기도 한다. 항생제의 과다 사용은 항생제 내성 세균을 선택하도록 한다. 내성 유전자가 전달되어 항생제 저항성이 빠르게 확산될 수 있다. 일부 원핵생물 종들은 이전의 침입자가 미래에 다시 감염시킬 경우를 대비한 적응적 보호 전략을 갖고 있다.

- 원핵생물에서 유전정보의 전달은 유성생식에서의 유전정보 전달과 어떻게 다를까?

23.4 원핵생물의 대사 다양성

학습 목표

1. 탄소, 에너지, 환원물을 얻기 위해 원핵생물이 이용하는 대사 전략을 설명할 수 있다.
2. 에너지, 전자, 환원 탄소를 얻기 위해 원핵생물이 사용하는 방법을 비교할 수 있다.

원핵생물에서 나타나는 다양성은 형태적인 측면보다 생화학적 측면에서 더 두드러진다. 대사적으로 다양할 뿐만 아니라 대사의 유연성은 다른 생물군에서는 볼 수 없을 정도로 매우 크다.

원핵생물은 다양한 영양 전략을 갖는다

성장에 필요한 요구 조건을 맞추기 위해 생명체는 구성 요소를 위한 탄소, 산화 환원에 이용되는 전자의 공급원, 동화작용을 위한 에너지가 필요하다. 생명체의 영양 전략은 탄소, 전자, 에너지를 얻는 방법이라고 할 수 있다. 다행스럽게도 이들을 얻는 방법은 2가지뿐이다.

종속영양생물은 환원된 형태로, 독립영양생물은 산화된 형태(CO_2)로 탄소를 얻는다. 화학영양생물의 경우는 환경으로부터 얻는 환원성 화학 물질을 산화하여 에너지를 얻는다. 반면에, 광합성 생물은 빛을 이용하여 에너지를 얻는다. 무기영양생물(lithotroph)은 환경에서 환원된 무기 원소로부터 전자를 얻는 데 반해, 유기영양생물(organotroph)은 환원된 탄소원으로부터 전자를 얻는다. 원핵생물은 영양 형태에 따라 5가지로 분류할 수 있다. 하지만 영양 요구와 환경에 따라 영양 전략을 바꿀 수 있다는 점을 유의해야 한다. 진핵생물에서는 이러한 일은 거의 일어나지 않는다. 원핵생물의 영양 전략이라고 할 때 탄소, 전자, 에너지를 얻기 위한 접근법에 따라서 다음과 같은 유형으로 묶는다.

화학유기종속영양생물(chemoorganoheterotroph): 탄소, 전자, 에너지를 얻기 위해 생산자가 만들어낸 환원 상태의 탄소를 이용한다. 이들은 탄소의 생물지구화학적 순환에 기여한다. 거의 모든 병원성 세균이 질병을 일으킬 때는 이러한 영양 전략을 이용한다. 이들에게 환경에서 가장 흔한 환원 탄소의 원천은 지질과 탄수화물이다. 모든 동물은 화학유기종속영양생물이다.

화학무기종속영양생물(chemolithoheterotroph): 화학유기종속영양생물처럼 에너지와 전자 공급원으로 환경에 존재하는 환원 상태의 화학 물질을 이용한다. 그러나 여기서 중요한 것은 화학 물질이 유기적인 것이 아니라 **무기적**(inorganic)인 것이란 점이다. 그리스어 *litho*는 '돌(石, stone)'을 의미하며, 따라서 이러한 생명체는 전자와 에너지의 원천이 광물성이라는 점 때문에 "석식동물(stone-eater)"이라고 통칭하여 불리기도 한다. 이러한 전략에 이용되는 탄소원은 환경으로부터 얻어지는 환원된 형태의 것이다. 원핵생물만 이러한 영양 전략을 이용한다. 원핵생물은 많은 영양소의 생화학적 순환에 중요한 역할을 한다.

화학무기독립영양생물(chemolithoautotroph): 산화된 대기 형태인 CO_2를 탄소원으로 이용한다. CO_2는 환원 상태의 무기 화합물로부터 전자를 받아 사용 가능한 유기 형태로 환원된다. 환원 상태의 무기 화합물의 산화 역시 생합성에 필요한 환원 탄소를 생성하는 데 필요한 에너지를 제공한다. 암모니아나 황과 같은 환원 상태의 무기 영양소를 사용하기 때문에, 이러한 영양 전략은 환경에서의 영양소 순환에 커다란 기여를 한다.

광무기독립영양생물(photolithoautotroph): 이 영양 전략 역시 생합성을 위한 분자를 생성하기 위해 대기의 CO_2를 환원시킨다. 그러한 환원을 위한 전자 공급원은 무기물이다. 익숙한 녹색식물의 광합성에서는 물이 전자 공급원이고, 캘빈 회로를 움직이기 위해 NADPH를 만들어낸다. 일부 원핵생물은 물을 전자 공급원으로 사용하지만, 다른 것들은 수소와 여러 형태의 황을 전자 공급원으로 이용한다. 그러므로 원핵생물의 광합성은 녹색식물의 광합성과 크게 다를 수 있다.

광유기종속영양생물(photoorganoheterotroph): 이것은 홍색비황세균(purple nonsulfur bacteria)이나 녹색비황세균(green nonsulfur bacteria)과 같은 원핵생물이 이용하는 특이한 영양 전략이다. 에너지원은 빛이지만 유기 탄소가 탄소와 전자 공급원으로 이용된다.

어떤 영양 전략을 사용하든지 궁극적으로는 화학적 잠재 에너지원은 모든 살아 있는 생명체가 사용할 수 있는 화학적 잠재 에너지인 ATP 형태로 에너지 전환이 이루어져야 한다는 것을 기억하자.

원핵생물의 다양한 호흡과 발효

화학적 잠재 에너지원을 세포가 사용할 수 있도록 하는 에너지로 전환하는 과정에는 광합성, 호흡, 발효가 있다. 원핵생물과 진핵생물에서 이런 과정이 일어나는 방식에는 큰 차이가 있다.

호흡에 있어서 원핵식물과 진핵생물의 차이점

진핵생물에서 세포호흡은 전자전달계를 이용하여 전자 공여체를 전자 수용체(주로 NADH와 $FADH_2$)로 재순환시키고, 산소를 물로 환원시키며 ATP 합성을 유도하는 양성자 동력을 생성한다(6장 참조). 최종 전자 수용체는 산소이므로 이러한 호흡 과정은 호기성이다. 반면, 원핵생물의 호흡은 전자 공여체와 전자 수용체가 매우 다양하다. 산소 이외의 최종 수용체를 사용하는 호흡은 혐기성 호흡이다. 이때의 수용체는 질산염 및 황산염과 같은 산화물이다. 일부 세균은 호흡에서 이산화탄소를 전자 수용체로 사용하여 메테인 가스를 만들어낸다. 어떤 세균은 전자전달계에서 유기 화합물을 환원시키기도 한다는 것이 알려져 있다.

원핵생물의 세포 호흡에 사용하는 전자 공여체 역시 다양하다. 예를 들어, 화학무기영양체인 *Acidithiobacillius ferrooxidans*는 철 이온(Fe^{2+}), 황 원소(S^0), 황화수소를 산화시켜 황산을 만들 수 있다. 이 세균은 제1철(ferrous iron)이 있는 금광에서 발견되기도 하며, 산성 광산 유출수 생성에 관여하여 생태계에 피해를 줄 수도 있다.

발효에 있어서 원핵생물과 진핵생물의 차이점

발효(fermentation)는 최종 전자 수용체가 호흡에 이용될 수 없을 때 세포에서 활용되는 방식이다. 발효는 NADH와 같이 환원된 전자 수용체를 재활용하여 산화된 형태를 만드는데, 이는 소량의 ATP 형성을 촉진하는 산화반응에 이용된다. 진핵생물에서 다양한 발효의 종류를 볼 수 있다. 효모는 당을 발효하여 에탄올을 만들 수 있고, 동물의 근육은 당을 발효하여 젖산을 생산할 수 있다. 특정 조건에서 식물세포는 에탄올을 생산하기 위해 당을 발효할 수 있다. 그러나 원핵생물은 이보다 더 다양한 발효를 보여준다.

원핵생물에서 이용되는 다양한 대사 경로를 통해 해당과정의 산물인 피루브산이 발효되어 다양한 알코올과 산이 만들어질 수 있다. 이들 산물 중 일부는 산업적 또는 상업적으로 사용되기도 하며, 우유 및 치즈 제품의 맛을 내는 데도 이용된다. 많은 사람들이 좋아하는 초콜릿도 코코아의 발효에 의해서만 가능하다.

아마도 원핵생물에서 볼 수 있는 가장 일반적인 발효는 클로스트리듐(*Clostridium*)속에 의한 것일 것이다. 이 속에는 특정 발효 산물을 생산하는 산업적으로 가치 있는 종도 포함되지만, 인체에 위험한 병원균도 포함된다. *C. tetani*는 파상풍의 원인균이며, 피부에 깊이 뚫린 상처를 통해 흔하게 체내로 유입된다. 상처의 깊숙한 부분은 혐기성이며, *C. tetani*는 조직에 있는 아미노산을 발효시켜 생장할 수 있다. *C. botulinum*은 주름 개선에 사용되는 '보톡스(Botox)' 독소를 생산하는 병원성 세균으로 잘 알려져 있다. 이 세균은 통조림 공정 중 식품에 유입될 수 있으며, 캔 내부의 혐기성 상태에서 풍부한 단백질 공급원을 이용하면 세균은 아미노산을 발효하여 생장할 수 있다. 음식과 함께 병원균에 의해 생성된 독소를 섭취하면 심각한 질병이 발병되고 심지어 사망에까지 이어질 수 있다. 이 병원균은 위장관(gastrointestinal tract, GI tract)이 아직 발달하지 않은 어린이에게 특히 위험하다.

핵심 요약 23.4

원핵생물에는 진핵생물에서는 볼 수 없는 대사의 다양성과 유연성이 있다. 영양 전략은 생명체가 탄소, 전자, 에너지원으로 어떤 것을 이용하는지에 따라 나눠진다. 진핵생물의 호흡에서 볼 수 있는 것보다 원핵생물의 호흡에서 전자 공여체와 수용체의 다양성이 더 크다. 원핵생물의 발효는 전자 공여체를 재순환시키기 위해 피루브산뿐만 아니라 다른 화합물을 대사시킬 수 있다. 발효의 일부 부산물은 산업적으로나 상업적으로 가치가 있다. 일부 병원균은 질병을 일으키는 환경에서 자라기 위해 특수한 발효를 이용할 수 있다.

■ 세균의 발효는 근육에서의 발효와 어떻게 다를까?

23.5 미생물 생태학

학습 목표

1. 원소의 생물지구화학적 순환에서 원핵생물의 역할에 대해 설명할 수 있다.
2. 동물과 식물의 조직이 어떻게 미생물 생태계로 간주될 수 있는지 설명할 수 있다.
3. 생물환경정화에서 원핵생물의 역할에 대해 서술할 수 있다.

원핵생물의 활동은 수십억 년 동안 지구가 현재의 대기 및 토양의 특성을 갖는 데 크게 이바지했다. 오늘날에도 원핵생물은 지구와 인간의 삶에 큰 영향을 미친다.

원핵생물은 영양 순환에서 중요한 역할을 한다

지구상의 생명체는 생명체와 그들이 살아가는 물리적인 환경, 즉 생태계의 생물학적 요소와 비생물학적 요소 사이에 일어나는 화학원소의 순환에 크게 의존한다. 원핵생물, 조류, 균류는 이러한 화학적 순환에 매우 핵심적인 역할을 한다(51장 참조).

분해

생물학적 시스템에서 탄소, 질소, 인, 황 및 기타 요소는 모두 물리적 환경으로부터 비롯되었으며, 생명체가 사망하고 부패하면 이 원소들은 모두 원래의 곳으로 되돌아간다. 화학적 순환에서 물질을 분해하고, 죽은 생물의 물질을 환경으로 방출하는 원핵생물과 균류를 **분해자**(decomposer)라고 한다. 균류와 함께 원핵생물은 생물권에서 가장 중요한 분해자이며, 생태계에서 대부분의 영양 순환을 담당한다.

고정

어떤 원핵생물은 화학적 순환의 나머지 절반에 해당하는 고정(fixation) 작용에서 중요한 역할을 하여 무기물 형태의 원소를 종속영양생물이 사용할 수 있는 유기물 형태의 원소로 만든다.

탄소: 탄소를 고정하는 광합성 원핵생물의 역할은 탄소의 생물지구화학적 순환에서 매우 중요하다. 식물, 조류, 광합성 원핵생물이 이산화탄소로부터 만들어내는 유기 화합물은 먹이 사슬을 통해서 생태계의 모든 종속영양생물의 몸체를 구성하게 된다. 메테인생성균(methanogens)이라 불리는 일부 원핵생물은 메테인을 생산하여 환경에서 탄소를 감소시키는 데 기여할 수 있다. 한편, 메테인생성균은 메테인을 CO_2로 산화시킬 수도 있다. 탄소 순환과 산소 생성 사이에는 밀접한 관련이 있다. 고대의 남세균(cyanobacteria)은 광합성을 통해서 환원된 탄소 화합물을 만들어 지구의 대기에 산소를 공급한 것으로 보인다. 현재의 광합성 원핵생물은 물을 산화시켜 산소를 지속적으로 생산하는 데 기여하고, 대기와 토양의 CO_2 수준을 감소시키는 데 부분적인 역할을 한다.

질소: 질소 순환에서 원핵생물의 역할은 분명하지는 않지만 생명체에 중요하다. 지구 대기의 질소는 질소 기체의 형태로 존재한다. 2개의 질소 원자를 결합시키는 3중 공유결합은 깨지기가 쉽지 않다. 지구상의 생명체 중 아주 소수의 원핵생물만이 질소를 암모니아(NH_3)로 환원시켜 아미노산과 여러 형태의 질소를 포함하는 생물학적 분자를 만들 수 있다. 이 분자들을 포함하고 있던 생명체가 죽게 되면 분해자는 질소를 암모니아의 형태로 토양으로 되돌려 놓는다. 이것은 질화세균에 의해 질산염(NO_3^-)으로 전환되어 식물이 질소를 이용할 수 있도록 한다. 질산염은 또한 질소를 대기로 되돌려주는 **탈질소세균**(denitrifiers)에 의해서 질소 분자로 전환되어 순환을 완성한다.

대기 중의 질소를 고정하기 위해서 원핵생물은 질소고정효소(nitrogenase)라고 하는 효소 복합체를 이용한다. 이 질소고정효소는 *nif* (nitrogen fixation)라고 하는 일련의 유전자들에 의해 암호화된다. 질소고정효소는 산소에 매우 민감하며, 넓은 범위의 독립생활을 하는 원핵생물에서 발견된다. 수생 환경에서 질소고정은 세포들이 긴 사슬을 형성하는 아나베나(*Anabaena*)와 같은 남세균에 의해서 주로 이루어진다. 질소고정 과정은 철저하게 혐기적인 과정으로, 개별 남세균의 세포는 산소가 침투할 수 없는 질소고정 세포인 **이질세포**(heterocyst)를 발달시킨다.

동물과 식물은 미생물 생태계가 될 수 있다

모든 생명체와 마찬가지로 원핵생물은 자신의 영양 요구 조건을 만족시키는 장소가 필요하며, 자신을 파괴하는 것을 피할 수 있는 곳이 필요하다. 그런 장소는 환경뿐 아니라, 다른 생물체에서도 발견될 수 있다. 원핵생물은 생명의 모든 계(kingdom)의 생물들과 아주 많은 형태의 관계를 맺으며 존재할 수 있다.

미생물 생태계로서의 식물

세균과 식물 사이의 상호 이익이 되는 관계로서 생태학적으로 중요한 예로 주로 근생균(*Rhizobiaceae*)에 속하는 질소고정 세균과 완두콩이나 대두와 같은 콩과 식물 사이의 관계를 들 수 있다. 이 세균은 콩과 식물의 뿌리를 감염시킬 수 있으며, 뿌리로 하여금 세균이 살아갈 수 있는 결절(nodule)을 만들도록 유도하는 신호 물질을 생산한다(**그림 23.16**). 세균은 질소고정을 수행하여 아미노산과 같은 유기물 형태의 질소로 대사될 수 있는 암모니아를 만들어낸다. 세균은 아미노산 형태로 고정된 질소를 제공하는 반면 식물에서 광합성 대사산물을 얻어낸다. 이러한 관계는 콩과 식물이 환원 상태의 질소가 부족한 토양에서 잘 자랄 수 있도록 하며, 농업적으로는 비료의 양을 줄일 수 있도록 한다. 비료를 많이 사용하는 것은 농업 유출수 내의 질소와 인의 증가로 이어질 수 있다.

그러나 모든 식물과 원핵생물 사이의 상호작용이 서로 이익이 되는 것은 아니다. 근생균과에 속하는 *Agrobacterium tumefaciens*는 중요한 작물 종을 포함하는 많은 식물 종과 기생 관계를 형성하기도 한다. *A. tumefaciens* 감염은 혹(gall)이라고 불리는 종양 같은 종괴를 형성시킨다. 이로 인한 질병은 흔히 근두암종병(crown gall disease)이라고 불린다(**그림 23.17**). 감염은 대체로 식물 표면의 손상으로부터 시작된다. 감염 후 세균은 특수한 선모(pilus)를 이용하여 Ti(tumor-inducing) 플라스미드를 식물세포로 전달한다. 일단 이 플라스미드가 식물세포의 유전체에 통합되면, 플라스미드로부터 유전자 발현이 순차적으로 이루어져 조직 생성을 유도하는 식물 호르몬 생성을 자극하여 종양을 유발한다. 식물세포는 또한 다른 *A. tumefaciens*가 영양물질로 인식하는 분자를 생산하도록 자극받는다. 혹은 식물 조직에 손상을 주며 물이나 체관부의 이동을 파괴하거나 다른 병원균의 침입을 촉진하기도 한다. 다른 감염이나 영양분의 수송이 저해되어 식물 전체 혹은 일부가 죽게 될 수 있다.

미생물 생태계로서의 동물

일부 원핵생물은 질병을 일으킬 수 있는 능력을 가지고 있기 때문에 원핵생물이 포유동물을 이용하는 데 대해 광범위한 연구가 이루어져 왔다. 23.6절에서는 포유동물에게 질병을 일으키는 원핵생물뿐만 아니라 서로 유익한 관계를 이루는 원핵생물도 살펴볼 것이다.

반추동물에서 원핵생물과 소화: 포유류는 다양한 음식물의 소화를 촉진시키기 위해 다양한 구조들을 발전시켜 왔다. 일부 초식동물들은 혐기성 세균이 식물의 주요 구성 성분인 셀룰로스를 소화할 수 있도록 섭취한 음식을 오랫동안 소화관에 보관한다. 이렇게 함으로써 식물로부터 필수 칼로리와 영양분을 추출할 수 있다. 반추동물에서는 반추위(rumen)라고 하는 특수한 소화기관이 셀룰로스가 풍부한 물질이 세균에 의해 분해될 수 있도록 붙잡아 둔다. 반추위에 존재하는 혐기성 세균은 셀룰로스를 포도당으로 가수분해하고, 이 포도당은 다양한 지방산으로 발효된다. 이들은 동물체내로 흡수되어 에너지와 탄소원으로 이용된다. 이러한 유용한 세균에게는 불행하게도, 많은 물질들은 위장관 훨씬 아래쪽에서 소화되어 동물의 또 다른 영양소가 된다.

인간 마이크로바이옴과 건강에서의 역할: 인간은 세균에게 훌륭한 숙주이다. 일부 세균은 해롭지만, 압도적으로 많은 세균이 유익하며 병원균으로부터 우리를 보호하는 역할을 한다. 세균은 인간의 피부와 호흡기, 비뇨생식기, 위장관에 서식한다. 인간의 피부와 내부에 살고 있는 세균들의 총체적 집단을 인간 마이크로바

그림 23.16 식물 뿌리에 존재하는 질소고정 뿌리혹.

그림 23.17 근두암종병.

이옴(human microbiome)이라고 한다. 과학자들은 주로 장내 마이크로바이옴과 그 개인차가 건강이나 특정한 병적인 원인과 관련이 있는지에 관심을 갖고 있다.

장내 미생물은 우리가 다당류 화합물의 풍부한 양분을 소화할 수 있는 능력에 중요한 역할을 한다. 장내 미생물은 또한 일반적으로 섭취해야 하는 필수 아미노산과 같은 필수적인 영양소도 합성할 수 있다. 생쥐를 이용한 실험에서 비만과 장내 미생물의 분포가 관련이 있음이 밝혀졌다. 장내 미생물과 비만 사이의 관련성에 관한 정확한 메커니즘은 밝혀지지 않았지만, 메테인 생성 원핵생물에 의한 수소(H_2)의 제거와 다른 원핵생물에 의한 탄수화물 발효 사이에 관련이 있는 것으로 보인다. 이러한 발효로 인해 체지방 증가에 기여할 수 있는 지방산이 만들어진다.

생물환경정화에 원핵생물을 이용할 수 있다

물과 공기, 토양에서 오염 물질을 제거하기 위해서 생물을 사용하는 것을 **생물환경정화**(bioremediation)라고 한다. 하수 처리장이 정상적으로 작동하는 데는 미생물의 활동에 달려 있다. 하수 처리장에서 고형의 물질은 자연적으로 하수도에 존재하는 세균과 고세균에 의해서 분해된다. 최종 산물인 메테인 가스(CH_4)는 처리 시설에서 에너지로 이용되기도 한다.

생물자극법(biostimulation), 즉 질소나 인과 같은 영양물을 첨가하는 방법은 원유 유출을 저감시킬 수 있는 미생물의 생장을 촉진하기 위해서 사용되어 왔다. 이 방법은 1998년 엑손 발데즈(Exxon Valdez) 호에서 원유가 유출되었을 때 알래스카 해안을 정화하는 데 부분적으로 이용되었다. 이와 비슷하게 생물자극법은 오염된 지하수에서 자연적으로 발생하는 미생물 군집의 생장을 촉진하기 위해 사용되었다. 현재는 냉전 중에 오염된 지하수의 방사성 우라늄을 제거하는 데에 지오박터(*Geobacter*, **그림 23.6** 참조)와 같은 내생 미생물을 이용하는 방법을 연구하고 있다.

다양한 출처로부터 환경으로 유출된 염소 화합물은 또 다른 심각한 오염 물질이다. 일부 세균은 **할로겐호흡**(halorespiration)이라고 불리는 과정인 전자전달과 관련한 환원성 탈할로겐화를 통해 이러한 화합물을 에너지원으로 이용할 수 있다. 여전히 개발 초기 단계이지만, 이러한 세균을 이용하여 독성 폐기물로부터 할로겐 화합물을 제거하는 것은 앞으로 전망이 밝다.

핵심 요약 23.5

원핵생물은 원소의 재활용과 고정작용에 있어 모두 생태계에 필수적이며, 이를 유기적 형태로 이용가능하게 한다. 세균은 탄소와 질소의 고정에 관여하며 질소를 고정시킬 수 있는 유일한 생물이다. 이러한 질소고정 세균은 식물과 공생 관계에 있다. 세균은 폐기물 처리에 있어서도 핵심적이며, 환경으로 유입되는 독성 화합물을 제거하는 생물환경정화에도 이용된다.

■ 질소고정에 관한 정보는 작물의 순환 경작에 어떤 시사점을 줄까?

23.6 사람의 세균성 질병

학습 목표

1. 병원성 세균이 어떻게 질병을 일으키는지 서술할 수 있다.
2. 결핵균과 헬리코박터 파일로리가 어떻게 질병을 일으키는지 설명할 수 있다.
3. 세균에 의한 성매개 질병을 알아낼 수 있다.

20세기 초반 항생제가 발견되고 널리 보급되기 전에는 미국 어린이의 약 20%가 5살이 되기 전에 감염성 질환으로 사망했다. 위생과 항생제가 이 상황을 상당히 개선했다. 그러나 최근 우리는 콜레라, 나병, 파상풍, 세균성 폐렴, 백일해, 디프테리아 및 라임병 등의 많은 세균성 질병의 출현 및 재출현을 보고 있다(**표 23.1**). 연쇄상구균(*Streptococcus*) 속의 세균들은 성홍열, 류마티스열, 폐렴, "살을 파먹는 질병" 및 기타 감염과 관련이 있다. 또 다른 세균성 질병인 결핵(tuberculosis)은 여전히 인간에게 주요 사망 원인이다. 또한 헬리코박터 파일로리(*Helicobacter pylori*)라는 세균이 위의 림프조직과 관련이 있는 위궤양과 위암을 유발할 수 있다는 것을 알고 있다.

세균은 감수성이 있는 개체군에 여러 가지 방법을 통해 퍼져나간다. 결핵 및 기타 여러 가지 세균성 호흡기 질환은 주로 점액이나 타액의 작은 방울 형태로 공기를 통해 전파된다. 장티푸스, 파라티푸스, 세균성 이질과 같은 질병은 음식이나 물이 오염됨으로써 전파된다. 라임병과 로키산 홍반열은 곤충 매개체에 의해 인간에게 전파된다.

표 23.1	사람의 주요 세균성 질병		
질병의 종류	**병원균**	**매개체 및 전염원**	**증상**
탄저병	*Bacillus anthracis*	동물, 가공된 가죽	접촉이나 음식물 섭취에 의해 전염되는 세균성 질병으로, 간헐적인 발생을 제외하면 드물다. 치명적일 수 있다.
보툴리누스 중독	*Clostridium botulinum*	부적절하게 조리된 음식	음식물 섭취나 상처를 통해 감염된다. 급성 독성 중독을 일으키며, 치명적일 수 있다.
클라미디아증	*Chlamydia trachomatis*	사람(성매개)	비뇨생식기에 감염되며 눈과 호흡기로 전파된다. 전 세계적으로 발생하고 지난 30년간 흔한 질병이 되고 있다.
콜레라	*Vibrio cholerae*	사람 배설물, 플랑크톤	탈수로 인해 사망에 이를 수 있는 심한 설사의 원인으로, 치료하지 않으면 치사율이 50%에 이른다. 인구가 많고 위생 상태가 나쁜 시기에 주요 사망 원인이 된다. 2010년 아이티 지진 이후 70일 동안 18만 명이 감염되었다.
충치	*Streptococcus mutans*, *Streptococcus sobrinus*	사람	치아 표면에 이 세균이 밀집하면 산을 분비하여 치아 에나멜층에 있는 무기질을 파괴한다. 당분만으로 충치를 일으키는 것은 아니다.
디프테리아	*Corynebacterium diphtheriae*	사람	점막의 급성 염증과 손상으로, 감염된 사람과의 접촉으로 전염된다.
임질	*Neisseria gonorrhoeae*	사람만 발병	증가 추세에 있는 성병(STD)으로, 보통은 치명적이지 않다.
한센병(나병)	*Mycobacterium leprae*	사람, 야생 아르마딜로	피부의 만성적 감염이다. 세계적으로 1000~1200만 명이 감염되어 있으며, 동남아시아에 특히 많다. 감염된 사람과의 접촉을 통해 전염된다.
라임병	*Borrelia burgdorferi*	진드기, 사슴, 작은 설치류	감염된 진드기에 물려 전염된다. 상처가 생기고 이어 불쾌감, 발열, 피로, 통증, 목 경직, 두통 등이 뒤따른다.
소화성 궤양	*Helicobacter pylori*	사람	이전에는 스트레스나 음식에 의한 것으로 생각했으나, 지금은 세균에 의한 것으로 밝혀졌다. 항생제로 치료할 수 있다.
페스트	*Yersinia pestis*	쥐와 다람쥐 등 야생 설치류의 기생 벼룩	14세기 유럽 인구의 1/4이 페스트로 사망했다. 오늘날 미국 서부 야생 설치류들의 풍토병이다.
폐렴	*Streptococcus*, *Mycoplasma*, *Chlamydia*, *Haemophilus*	사람	폐의 급성 감염으로, 치료하지 않으면 흔히 치명적이다. 백신이 있다.
결핵	*Mycobacterium tuberculosis*	사람	폐, 림프, 뇌척수막의 급성 세균 감염으로, 발병률이 증가 추세이다. 항생제에 내성을 갖는 새로운 균주 발생이 문제이다.
장티푸스	*Salmonella typhi*	사람	전 세계적으로 발병하는 전신성 세균성 질병이다. 미국에서는 연간 500건 이하의 발병 건수가 보고되며, 오염된 물과 음식을 통해 전염된다. 여행객들을 위해 백신이 개발되어 있다.
발진티푸스	*Rickettsia typhi*	이, 쥐벼룩, 사람	역사적으로 인구가 조밀하고 위생 상태가 나빴던 시기의 주요 사망 원인이다. 감염된 이나 벼룩에 물려 사람에서 사람으로 전염된다. 치료하지 않으면 사망률이 70%에 이르기도 한다.

세균은 다양한 방법으로 질병을 일으킨다

인간에게 질병을 일으키려면, 세균은 증식을 위해 면역 체계를 회피한 다음 직접적으로 조직을 손상시키거나, 독소를 방출하여 해를 입히거나, 또는 숙주에게 해가 되는 염증 반응을 일으켜야 한다. 모든 병원성 세균은 그들의 환경적 직소(environmental niche)로서 인간 숙주를 이용할 수 있는 특수 구조나 생리적 과정을 가지고 있다. 이로 인해 인간은 질병을 겪거나 때로 사망까지 이를 수 있다.

정착

감염의 첫 번째 단계는 숙주에 병원체가 구축되는 것이다. 감염이 일어나는 첫 번째 위치는 대개 환경에 노출되는 점막 표면 부위이다. 사람의 비뇨기 시스템이 열린 시스템이라 생물체가 환경에 노출된 점막 상피에 접근할 수 있다는 사실을 명심하는 것이 좋다. 이는 사람의 호흡기나 위장관 시스템도 마찬가지이다. 처음에는 조직에서 병원균의 특정 혹은 비특정 부착(attachment)이 이루어진다. 부착은 병원균의 특정한 유전적 특성인 독성 인자에 의해 촉진된다. 이와 같은 독성 인자로는 선모, 피막, S층 및 지질다당류(LPS), 테이코산과 같은 세포벽 성분이 있다.

일부 병원균은 특정 조직에 특이적이다. 예를 들어, 플라크 형성과 치아 공동 형성에 관여하는 세균 중 하나인 *Streptococcus mutans*는 치아 표면에는 부착할 수 있지만 상피에는 부착할 수 없다. 또 어떤 병원균은 종 특이적이다. 예를 들어, 나병의 원인균인 *Mycobacterium leprae*는 사람 및 몇 종의 영장류, 홍미롭게도 아홉띠아르마딜로, 생쥐의 발바닥에서만 자랄 수 있다. 조직과 생물 종에 대한 병원균의 특이성은 그 병원균이 부착할 수 있는 숙주 조직에 있는 수용체 때문에 정착(colonization) 과정에서 이루어지는 것으로 보인다. 면역 감시 메커니즘은 신체에 병원균이 존재하고 있는 것을 재빨리 감지할 수 있으며, 병원균이 숙주의 면역 방어를 회피할 수 없다면 병원균을 제거할 것이다.

병원균의 면역 회피

숙주는 영양분과 보호의 원천이므로 숙주를 죽이는 것은 병원균에게 이득이 되지 않는다. 따라서 병원균에게는 숙주의 면역계에 의해 제거되지 않고, 숙주를 죽이지도 않으면서 증식할 수 있는 전략이 필요하다. 질병과 죽음은 병원균의 전략이라기보다는 감염의 불행한 부작용이다. 상대적으로 오랫동안 감염이 되어 병원균의 증식이 이루어지기 위해서는 숙주의 면역계를 회피(immune evasion)해야만 한다. 특정 독성 인자가 이러한 회피를 촉진한다.

병원균이 물리쳐야만 하는 첫 번째 숙주 방어는 식균작용(phagocytosis)이다. 식균작용은 병원균을 식세포로 끌어들이는 과정, 식세포가 병원균을 빨아들이는 과정, 식세포 내에서 병원균을 파괴하는 과정을 포함하는 복잡한 과정이다(45장 참조). 세균마다 이 과정에서 회피하는 부분이 다를 수 있다. 일부 병원균은 피부 표면과 같이 식세포가 접근할 수 없는 장소에 서식한다. 어떤 병원균은 숙주 표면 세포처럼 보이는 분자를 만들어낸다. 결핵균(*M. tuberculosis*)과 같은 일부 병원균은 천천히 생장하여 염증 반응을 유도하지 못하게 한다. 또 다른 병원균은 식세포의 끌어당기는 과정을 막는 분자를 만들어낸다. 아마도 면역 회피의 최종 형태는 병원균이 세포, 심지어는 면역세포 그 자체 내에 적응되었을 때라고 할 수 있다. 예를 들어, 리스테리아식중독(listeriosis)을 유발하는 리스테리아균(*Lysteria monocytogenes*)은 숙주의 면역계에 실질적으로 보이지 않아, 숙주 내에서 감염되고 살아갈 수 있다.

침입

모든 병원균이 감염된 지점에서 질병을 일으키는 것은 아니다. 일부는 숙주 조직을 분해하여 병원균이 몸속에 퍼지도록 하는 분비 단백질을 생산할 수 있다. 이 단백질들을 총체적으로 인베이신(invasin)이라고 부르며, 조직 손상을 일으켜 질병의 주요 원인이 될 수 있다. 인베이신은 보통 국부적인 조직 손상을 일으켜 결합조직의 히알루론산(hyaluronic acid)과 콜라겐과 같은 분자를 분해함으로써 병원균이 전파되도록 촉진한다. 이것이 인베이신과 독소(toxin) 사이의 차이점이다.

세균성 독소

세균성 독소(bacterial toxin)는 지질다당류(lipopolysaccharide, LPS)와 단백질로 분류할 수 있다. LPS는 종종 내독소(endotoxin)라 불리며, 그람음성균의 세포벽 구성 성분이다. 이 LPS는 정상적인 세균 생장 중에 조직과 체액으로 흘러 들어갈 수 있고, 세균이 죽어 분해될 때는 더 많은 양이 들어간다. LPS는 발열성(pyrogenic)이며, 이는 염증 반응을 일으켜 열을 발생시킬 수 있다는 걸 의미한다. 인체에서는 체중 1 kg당 약 3 ng 정도가 열을 발생시키며, 1 kg당 3 μg에 해당하는 열이 발생하면 심각한 패혈성 쇼크를 일으킬 수 있다. 더 많은 양의 LPS에 의해 촉발되는 염증 반응은 치명적일 수 있다.

외독소(exotoxin)는 숙주에 손상을 주는 병원균에 의해 분비되는 단백질이다. 일부 독소는 특정 표적이 있지만, 다른 것들은 일반적인 효과로 조직 손상을 일으킨다. 파상풍 독소는 신경근육 접합부에서 특정 신경전달물질의 방출과 관련된 단백질을 공격하는 독소이다. 이는 근육 수축에 대한 통제력 상실로 이어지고, 뼈를 부러뜨릴 정도로 강하며 통제 불가능한 근육 경련을 일으켜, 결국에는 마비와 죽음으로 이어진다.

많은 외독소는 강력한 면역 반응을 이끌어내고 숙주가 만들어내는 항체에 의해 부분적으로, 혹은 완전히 불활성화된다. 톡소이드(toxoid)는 열과 다양한 종류의 화학적 처리를 통해 불활성화되고 정제된 외독소이다. 이것들은 원래의 독소를 생산하는 병원균에 의한 감염으로부터 숙주를 보호할 수 있는 면역 반응을 유도하는 데 이용할 수 있다. 디프테리아나 파상풍 독소로부터 유래한 톡소이드는 각각 *Corynebacterium diphtheriae*와 *Clostridium tetani* 감염으로부터 인체를 보호하는 백신을 만드는 데 기초가 된다.

결핵은 사망의 주요 원인이다

결핵(tuberculosis, TB)은 단일 감염원에 의한 사망자 수로 보았을 때 HIV/에이즈에 이어 전 세계에서 두 번째로 많은 사망자가 발생하는 감염병이다. 세계보건기구(World Health Organization, WHO)의 2016년 발표에 의하면, 1040만 명이 결핵에 걸렸으며, 이 중 170만 명이 사망했다. 다행스럽게도 결핵에 의한 감염과 사망률은 감소하고 있는 추세이다. 결핵균인 *Mycobacterium tuberculosis*는 증상이 있거나 무증상인 상태로 병원균을 보유하고 있는 사람의 기침에 의해 만들어지는 에어로졸 방울로 공기 중에 쉽게 전파된다. 전 세계 인구의 최대 25%가량이 결핵에 감염되었다고 추산된다. 그러나 이들 중 약 5~15%만이 질병 증상을 나타내는 것으로 보인다.

결핵은 어떻게 질병을 일으키는가

*M. tuberculosis*는 상부 호흡기도에서 가장 흔하게 발견된다. 상부 호흡기도에서 *M. tuberculosis*는 다른 세포, 가장 흔하게는 식세포 내에 사는 것으로 밝혀졌다. 다른 세포 내에서 살면서 대식세포의 파괴 능력을 비활성화시켜 면역계를 효과적으로 회피하고 숙주 내에서 버틸 수 있다. 아주 느리게 생장하기 때문에 이 병원균은 거의 면역계에 위험을 알리지 않게 된다.

*M. tuberculosis*에서 독성의 대부분은 세포벽의 특이한 구조에서 온다고 할 수 있다. *M. tuberculosis*의 세포벽에는 펩타이도글리칸이 소량 포함되어 있기는 하지만 그람양성이나 그람음성으로 분류되지는 않는다. 대신, 세포벽에 마이콜산(mycolic acid)이라고 하는 특이한 지질이 많이 포함되어 있다. 이 지질은 세균의 느린 생장과 많은 항생제에 대한 내성과 관련이 있고, 대식세포 내에서 생성되는 많은 독성 분자로부터 손상을 입는 것을 방지한다.

호흡기의 증상은 처음에는 병원균을 통제하기 위한 면역계의 시도로 인해 발생한다. 감염된 세포는 염증을 유발하고 호흡기 상피를 직접 손상시키는 독성 물질을 방출한다. 질병이 진행되면, 폐의 상부에 존재하는 기도를 막을 수 있는 감염조직 내 결절(nodule)이 형성되는데, 이를 결핵결절(tubercle)이라고 한다.

결핵에 대한 치료

대부분의 결핵 환자는 6~12개월 동안 여러 종류의 비싼 항생제를 처방받는다. 미국과 전 세계에서 **다제내성**(multidrug-resistant, MDR) **결핵**에 대한 경고가 나왔다. 이 다제내성 균주는 대부분의 유효한 항결핵 약물에 내성을 가진다. 다제내성 결핵은 치료하는 데 더 많은 시간과 노력이 필요하기 때문에 특히 중요하다. 또한 이는 치명적일 수도 있다. 다제내성 결핵의 확산은 환자들이 긴 기간의 항생제 치료법을 잘 지키지 않은 탓일 가능성이 높다.

결핵 치료 및 통제의 기본 원칙은 모든 환자가 투약을 완료하여 감염을 유발하는 모든 세균이 사멸되고 항생제 내성 균주가 발생하지 않도록 하는 것이다. 감염은 되었지만 아직 증상이 나타나지 않은 고위험 개인이 관찰하에 예방적 치료를 받도록 하기 위해 많은 노력이 기울여지고 있다. 그런 프로그램은 활동성 결핵의 발병 가능성을 줄이고 다른 사람에게 전파되는 것을 방지하는 데 약 90%의 효과가 있다. 2000~2008년에는 매년 4% 정도의 결핵 환자 발생이 감소했고, 2009년에는 11%가 감소했다.

헬리코박터 파일로리는 위궤양과 암을 유발할 수 있다

오랫동안 스트레스가 위궤양을 유발한다고 믿어 왔다. 이런 잘못된 생각은 부분적으로 위궤양이 스트레스가 많은 사람과 좋지 않은 생활습관을 가진 사람에게 흔히 발생하기 때문에 그렇다. 워런(Robin Waren)과 마셜(Barry Marshall)은 구부러진 세균인 헬리코박터 파일로리(*Helicobacter pylori*)가 위궤양과 십이지장궤양을 일으킬 뿐만 아니라 위암과 특정 유형의 림프종을 유발한다는 것을 밝혀냈다. 그들은 이 발견으로 2005년 노벨생리의학상을 공동 수상했다.

자가 접종을 통해 *H. pylori*와 위염 사이의 인과 관계를 입증했다

1979년 워런은 위염과 위궤양을 앓고 있는 많은 환자들의 위에 많은 *H. pylori*가 있다는 것을 발견했다. 마셜이 워런의 연구에 합류했고, 궤양을 앓고 있는 환자의 위로부터 이 세균이 분리되어 반복적으로 배양되었음에도 불구하고 그들의 발견은 받아들여지지 않았다. *H. pylori*는 영장류만 감염시키기 때문에 세균과 질병 사이의 관계를 밝히기 위해 실험동물인 생쥐를 사용할 수가 없었다. 사람을 모집해서 *H. pylori*를 인위적으로 감염시킨 다음 위궤양이 진행되는지 보는 것은 비윤리적인 것이었다.

마셜은 연구를 진전시킬 수 있는 유일한 방법은 자신을 감염시키는 것이라고 결론 내렸다. 그는 위염으로 고통 받는 환자의 위에서 얻은 *H. pylori*를 배양하여 마셨다. 위염과 함께 *H. pylori* 감염과 관련한 몇 가지 증상들이 나타났다. 마셜은 실험실에서 자신의 위를 생검(biopsy)하고 그의 위 조직에서 있는 *H. pylori*를 배양할 수 있었다. 이는 세균이 위염과 소화성 궤양의 원인이라는 첫 입증이었다.

*H. pylori*는 위염을 일으키는 데 여러 병독성 인자를 이용한다

위는 병원균에게 별로 좋은 환경이 아니다. 위산의 pH는 2~3이고, 물질들은 기관으로부터 빨리 빠져나가며, 생물체에 손상을 줄 수도 있는 단백질분해효소(protease)가 있다. *H. pylori*는 위 내용물을 통해 소화효소와 산으로부터 위 상피를 보호하는 점막층으로 이동함으로써 이러한 적대적인 환경을 극복할 수 있다. 병원균이 만들어낸 효소는 점액층의 점도를 감소시키고 위 점막층으로 들어가서 위 점막의 상피와 결합하게 된다. 상피의 점액 내막에 존재하기 때문에 세균이 위를 통과하여 몸 밖으로 대량으로 빠져나가는 것을 방지하게 된다. 또한 세균은 표면 주위로 상대적으로 중성인 pH 구역을 만드는 효소를 생산하여 점액층으로 이동하는 동안 낮은 pH로부터 자신을 보호한다.

일단 상피세포에서 *H. pylori*는 위 상피세포의 세포질로 옮겨가는 단백질을 만든다. CagA라고 불리는 이 단백질은 상피세포의 구조 변화를 유도하는 방식으로 숙주 세포의 신호전달을 방해하고, 궁극적으로 세포 증식과 숙주 면역세포의 보충이 이뤄지도록 한다. VacA라고 불리는 단백질은 세포 증식을 방해하고 염증 반응을 일으킨다. 상피에서의 만성 염증 반응은 위염을 일으킨다. 더 집중적인

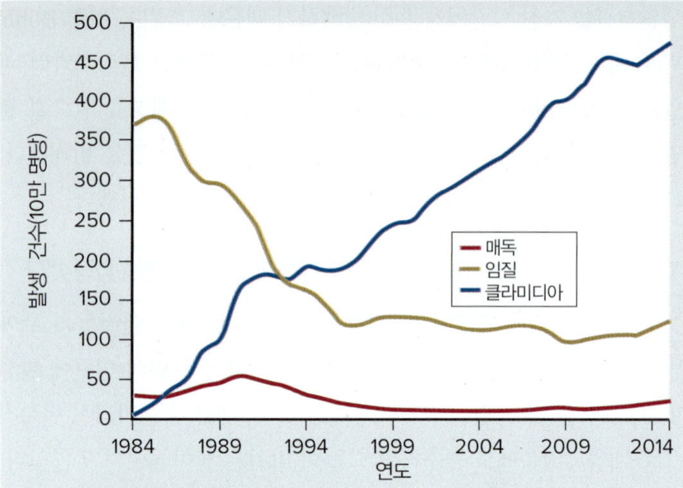

그림 23.18 미국에서 성병(STD)의 추세.

염증 반응은 심한 경우 위에 출혈을 일으키고 생명까지도 위협하는 심각한 궤양을 형성하기도 한다.

궤양에 대한 단기 치료는 위산을 중화시키거나 위산 생성을 감소시키는 약물을 사용하는 것이다. 위염은 병원체를 제거하는 항생제로 치료할 수 있으며 손상된 조직은 천천히 복구된다. 이런 사실은 병원균과 질병 사이의 인과 관계를 더욱 지지하는 것이다.

*H. pylori*와 암

*H. pylori*는 1종 발암물질로 분류되며 전 세계 암 발생 건수의 약 5~6%를 차지하는, 전염병이 원인인 암 중에 가장 큰 비중을 차지한다. 만성 *H. pylori* 감염 환자 중 일부는 위선암(gastric adenocarcinoma)으로 발전하고, 일부는 림프종이 될 수 있다. 이러한 암들은 병원균과 숙주의 생리학, 생활 습관 사이의 복잡한 상호작용에 의한 것일 수 있다. CagA와 VacA는 상피세포에서의 정상적인 세포 신호전달을 방해하기 때문에 위선암 발생에 있어 중요한 독성 인자일 것으로 여겨진다.

많은 성매개 감염이 세균에 의해 발생한다

많은 세균이 성매개 감염(sexually transmitted infections, STIs)을 일으키는데, 이 중에는 임질, 매독, 클라미디아가 있다(**그림 23.18**).

> **?** **탐구문제** 한 종류의 STI(예, 클라미디아)가 증가하면 다른 STI(예, 임질)은 감소하는 것이 어떻게 가능한가?

임질

임질(gonorrhea)은 북아메리카에서 가장 널리 퍼져 있는 전염병 중 하나이다. 세균인 나이세리아(*Neisseria gonorrhoeae*)가 일으키는 임질은 성교 또는 체액이 교환되는 구강이나 항문 성교와 같이 성 접촉을 통해 전염될 수 있다. 출산하는 동안에 산도를 통해 엄마로부터 아기에게 전달될 수도 있다. 임질의 발생률은 미국에서 감소세를 보이고 있지만, 감소율은 정체된 것으로 보인다. 여전히 전 세계적으로 심각한 위협이고, 특히 우려되는 것은 항생제 내성 *N. gonorrhoeae*의 출현이다.

매독

매우 파괴적인 성병인 **매독**(syphilis)은 한때 크게 유행했으며 치명적인 질병이었지만 혈액 검사 절차와 항생제의 출현으로 인해 이제는 덜 흔한 질병이 되었다. 매독은 나선모양의 스피로헤타 세균인 *Treponema pallidum*에 의해 성교나 매독으로 인한 궤양의 열린 상처 부위와 직접 접촉하여 발생하고 전염된다. 또한 엄마로부터 태아에게 전달될 수 있으며, 종종 아기의 심장이나 눈, 신경계에 손상을 준다.

일단 몸속으로 들어가면 질병은 4단계로 진행된다. 첫 번째 단계의 특징은 작고 통증이 없는, **경성하감**(chancre)이라고 부르는 잘 인지되지 않는 통증이다. 경성하감은 물집과 비슷하며, 세균에 노출된 지 약 3주가 지난 후 세균이 침입한 위치에서 발생한다. 세균은 체내에 남아 있지만, 이 상처는 약 4주 후에 치료 없이 치유되고, 질병이 완치된 것처럼 보인다. 이 단계의 질병은 매우 전염성이 높다.

매독의 두 번째 단계 또는 2차 매독은 발진, 인후통, 입 속 염증으로 나타난다. 세균은 입맞춤 또는 열린 상처와의 접촉을 통해 이 단계에서 전염될 수 있다. 보통 이 단계에서 질병은 세 번째 단계, 즉 잠복기로 접어든다. 매독의 잠복기에는 증상이 없으며 몇 년 동안 지속될 수도 있다. 이 시점에서 더 이상 점염성은 없지만 세균은 여전히 신체에 존재하며 내부 기관을 공격한다. 매독의 마지막 단계는 세 번째 단계에서 세균에 의한 피해가 분명해지면서 환자는 쇠약해지는 것이다. 이 단계에서 환자는 심장병, 정신 이상, 신경 손상 등을 경험한다.

클라미디아

클라미디아(chlamydia)는 특이한 세균에 의해 발생한다. *Chlamydia trachomatis*는 유전적으로는 세균이지만 바이러스와 마찬가지로 절대적으로 세포 내에서 기생한다. 항생제에 감수성을 갖지만, 유전물질을 복제하기 위해 숙주에 의존한다. 세균은 감염된 사람으로부터 질, 항문 또는 구강성교를 통해 전염된다.

클라미디아는 감염이 확립되기 전까지는 증상을 나타내지 않기 때문에 "침묵의 성매개 질병"이라고 한다. 부분적으로는 증상이 없기 때문에 클라미디아의 발병률은 1984년 인구 10만 명당 6.5건에서 2013년 479건으로 빠르게 증가했다. 2015년에는 150만 건이 보고되었지만, CDC는 기록된 것보다 약 2배가량 많이 발생하는 것으로 보고 있다. 특히 청소년에서 발생률이 높은데, 15~24세의 발생률은 25~39세의 발생률의 3배에 이른다.

클라미디아 감염이 여성의 신체에 미치는 영향은 매우 심각하다. 클라미디아는 골반염(pelvic inflammatory disease, PID)을 일으킬 수 있는데, 이는 불임과 때로는 사망으로까지 이어질 수 있다. 클라미디아에 의한 남성 또는 여성 생식기관의 감염은 심장병을 일으킬 수도 있다. 클라미디아는 심장 근육에 의해 생성되는 것과 유사한 펩타이드를 생산한다. 우리의 면역계가 감염과 싸울 때 이 펩타이드를 인식하고 반응하는데, 세균과 심장 펩타이드의 유사성은 면역계를 혼란스럽게 하고 T세포는 심장 근육섬유를 공격하여 심장의 염증을 유발한다.

항생제, 특히 세포 내 세균을 공격하기 위해 숙주 세포의 원형질막을 통과할 수 있는 테트라사이클린을 이용하여 치료한다. 이 성매개 질병과 관련한 증상을 경험하거나 발병 위험성이 있는 여성은 클라미디아균의 존재 여부를 확인해봐야 한다. 그렇지 않으면 생식 능력이 위험해질 수도 있다.

핵심 요약 23.6

인간의 많은 질병은 결핵, 연쇄상구균과 포도상구균 감염, 성매개 질병 등의 세균 감염 때문에 발생한다. 세균 병원체는 숙주에 콜로니를 형성하여, 염증 반응이나 조직 손상을 일으키고 면역계를 회피함으로써 질병을 일으킨다. 소화성 궤양은 소화관에 서식하는 *H. pylori*에 의해 생길 수 있다. 이 병원균은 또한 위암과 일종의 림프종을 일으킬 수 있다. 세균은 임질과 매독, 클라미디아 등의 많은 성병을 일으킨다.

■ 왜 대부분의 세균에 의한 감염은 치명적이지 않을까?

핵심 개념 요약

23.1 원핵생물의 다양성

■ 짧은 미생물학사

미생물학은 감염질환에 대한 연구에서 비롯되었으며, 보이지 않는 세계를 보기 위한 기술에 도움을 받았다. 자연발생설은 실험으로 입증되지 않았으며, 코흐의 가설은 질병을 일으키는 원인이 무엇인지 밝혀내는 데 가이드라인을 제공한다.

■ 원핵생물은 진핵생물과 근본적으로 다르다

원핵생물의 특징은 단세포성, 작은 원형 DNA, 이분법에 의한 분열, 세포내 구획화의 부재, 편모의 존재, 대사의 다양성 등이다.

■ 세균과 고세균은 비슷하지만 다르다

세균과 고세균은 원형질막, 세포벽, DNA 복제, 유전자 발현에서 다르다.
고세균의 지질은 에스터 결합 대신 에테르 결합을 하며 테트라에테르 단일층을 형성한다. 세균의 세포벽에는 펩타이도글리칸이 있지만 고세균에는 없다.
세균과 고세균의 DNA는 모두 단일 복제원점을 가지고 있지만, 복제원점과 복제 단백질은 다르다. 고세균에서 DNA 복제 개시 및 RNA 중합효소는 진핵생물과 유사하다.

■ 원핵생물의 분류

원핵생물에는 지금까지 9개의 분기군(clade)이 발견되었으나 많은 세균이 연구되지 않은 상태이다(**그림 23.6**).

23.2 원핵세포의 세포 구조

■ 원핵생물은 모양과 크기가 다양하다

예외가 있긴 하지만 원핵세포는 일반적으로 진핵세포보다 작다. 원핵세포는 막대 모양, 구형, 나선형이다.

■ 대부분의 원핵생물은 세포벽과 외부 구조물을 갖는다

세균은 그람염색에 기초하여 그람양성과 그람음성으로 분류된다(**그림 23.7**).
그람양성균에는 테이코산을 포함하는 세포벽에 두꺼운 펩타이도글리칸 층이 있다(**그림 23.8**). 그람음성균의 세포벽은 펩타이도글리칸 층이 얇고 지질다당류(LPS)를 포함하는 세포막을 갖는다(**그림 23.8**).
일부 세균은 젤라틴 층인 피막을 가지고 있어, 표면에 달라붙을 수 있고, 면역반응을 회피할 수 있다. 다른 세균에는 S층과 점액층이 있다.
많은 세균이 움직일 수 있도록 회전하는 플라젤린으로 구성된 가늘고 단단한 나선형 편모를 가지고 있다(**그림 23.9**). 일부 세균은 부착 및 유전정보 교환 역할을 하는 머리털 모양의 선모를 갖는다.
일부 세균은 환경 스트레스에 반응하여 내성을 갖는 내생포자를 형성한다.

■ 원핵생물의 내부 조직

일부 원핵생물에서 원형질막이 함입된 부위에서 호흡과 광합성이 일어난다.
핵양체 부위에는 막으로 둘러싸이지 않은 채로 압축된 원형 DNA가 있다.
원핵생물의 리보솜은 진핵생물의 것보다 작으며, 일부 항생제는 이러한 리보솜에 결합하여 단백질 합성을 차단함으로써 작용한다.
일부 원핵생물은 봉입체라고 불리는 부위에 중요한 자원을 집중시켜 축적시킨다. 이것은 저장용으로 이용되거나 자기장의 방향 인식과 같은 특수한 목적을 위해 사용될 수 있다.

23.3 원핵생물의 유전학

■ 형질전환은 환경으로부터 DNA를 흡수하는 것이다

형질전환은 세포가 주변으로부터 DNA를 흡수하는 것이다(**그림 23.11**). 이는 실험실에서 인위적으로 유도될 수 있다.

■ 형질도입은 바이러스에 의한 원핵생물 사이의 유전자전달이다

일반형질도입은 바이러스가 숙주 DNA를 포장하고, 감염이 일어날 때 전달함으로써 일어난다(**그림 23.12**). 특수형질도입은 용원성 파지에서만 일어난다(**그림 23.12**).

■ 접합은 접합 플라스미드가 있어야 한다

DNA는 접합에 의해 교환될 수 있는데, 이는 대장균의 F 플라스미드와 같은 접합 플라스미드가 있어야 일어난다. F^+ 공여세포는 F 플라스미드를 F^- 수용세포로 전달한다.
F 플라스미드는 또한 세균의 유전체에 통합될 수 있다. 절단이 정확하게 일어나지 않으면 F 플라스미드는 숙주의 유전정보를 전달하게 된다.

■ 항생제 내성은 내성 플라스미드에 의해 전달된다

R 플라스미드는 *S. aureus* 및 대장균 O157:H7과 같은 항생제 내성이 있는 균주의 출현에 중요한 역할을 해왔다.

■ 돌연변이는 빠른 유전적 적응을 가능하게 한다

세균에서 돌연변이는 방사선, UV, 다양한 화학물질에 의해 자발적으로 발생할 수 있다.
세균은 분열 속도가 빠르기 때문에 많은 DNA 복제가 필요하고, 이는 돌연변이가 집단 내에 빨리 축적될 수 있다는 것을 의미한다.
세균 집단에서의 빠른 유전적 변화를 이용하여 돌연변이 발생률을 높이는 잠재적인 발암 물질을 동정할 수 있다.

■ CRISPR는 바이러스 감염에 대한 적응 방어이다

CRISPR 시스템은 감염시킨 파지의 DNA를 통합시켜 나중에 다시 감염되었을 때 파지 DNA를 분해하는 데 이용한다.

23.4 원핵생물의 대사 다양성

■ 원핵생물은 다양한 영양 전략을 갖는다

영양 전략을 탄소와 전자, 에너지를 얻는 방법에 토대를 두어 분류할 수 있다.
탄소원은 환경의 환원된 탄소 또는 대기 중 이산화탄소 형태가 될 수 있다. 에너지원은 빛이나 환원된 유기 화합물, 환원된 무기 화합물이 될 수 있으며, 전자 공급원은 환원된 유기, 무기 화합물이 될 수 있다.
일부 원핵생물은 환경 조건에 따른 다양한 영양 전략을 가지고 있다.

■ 원핵생물의 다양한 호흡과 발효

원핵생물은 진핵생물에 비해 호흡 능력의 다양성이 매우 크다. 진핵생물에서는 전자 공여체로 유기물질을, 최종 전자 수용체로 산소를 사용하는 제한이 있지만, 원핵생물에서는 다양한 종류의 환원된 전자 공여체와 산화 전자 수용체를 이용할 수 있다.
진핵생물의 발효는 알코올을 생산할 수 있는 균류와 식물을 제외하고는 산을 생산한다. 원핵생물은 훨씬 넓은 범위의 전자 공여체와 수용체를 이용하여 발효를 통해 산, 알코올 또는 이들의 혼합물을 생산한다.

23.5 미생물 생태학

■ 원핵생물은 영양 순환에서 중요한 역할을 한다

원핵생물은 탄소와 질소의 순환에 관여한다. 세균만이 질소를 고정할 수 있다.

■ 동물과 식물은 미생물 생태계가 될 수 있다

반추동물의 장에 존재하는 원핵생물은 셀룰로스에 함유된 탄소와 화학적 에너지를 추출하는 데 중요한 역할을 한다.
인간은 세균의 중요한 숙주이며, 많은 세균이 질병으로부터 보호하는 역할을 한다. 인체 내의 장내 미생물은 소화시킨 음식물로부터 영양분을 얻어내는 데 중요하며, 미생물 분포의 변화는 건강에 영향을 줄 수 있다.

■ 생물환경정화에 원핵생물을 이용할 수 있다

세균은 사람이 만들어낸 환경 오염 물질 분해를 가속화하는 데 이용할 수 있다.

23.6 사람의 세균성 질병

■ 세균은 다양한 방법으로 질병을 일으킨다

질병을 일으키기 위해서 병원성 세균은 몸속으로 들어가서 감염 부위에 정착해야 하며, 면역 체계를 회피한 다음 신체의 다른 부위로 퍼져 독소를 생성하거나 염증 반응을 일으켜 손상을 야기해야 한다.

■ 결핵은 사망의 주요 원인이다

결핵은 여전히 주요한 공중보건상의 문제이다. 치료를 위해서는 항생제가 필요하다.
*M. tuberculosis*는 주로 호흡기 질환을 일으킨다. 호흡기 조직에서 조직 손상 염증 반응을 일으키기 때문에 환자는 효과적으로 이산화탄소와 산소를 교환하는 능력을 잃어버리고 결국에는 질식하게 된다.

■ 헬리코박터 파일로리는 위궤양과 암을 유발할 수 있다

위에서 *H. pylori*에 의해 유발되는 만성 염증 반응은 위염, 위궤양으로 이어지고, 어떤 사람에서는 위암으로까지 진행될 수 있다. 항생제는 이 병원균을 제거할 수 있고 질병의 진행을 멈출 수 있다.

■ 많은 성매개 감염이 세균에 의해 발생한다

잠재적으로 위험한 성매개 질병인 임질, 매독, 클라미디아는 세균에 의해 유발된다.

연습문제

■1단계: 이해력 확인하기

1. 진핵세포가 원핵세포와 다른 점은 무엇인가?
   a. 막으로 된 소기관을 갖는다.
   b. 세포막을 갖는다.
   c. 세포벽을 갖는다.
   d. 리보솜을 갖는다.
2. 대기로부터 탄소를 얻고, 무기 화합물로부터 에너지와 전자를 얻는 세균은 무엇인가?
   a. 화학유기종속영양생물
   b. 화학종속영양생물
   c. 화학무기독립영양생물
   d. 광무기독립영양생물
3. 그람양성균과 그람음성균의 차이는 무엇인가?
   a. 세포벽: 그람양성균에는 펩타이도글리칸이 있고, 그람음성균에는 슈도-펩타이도글리칸이 있다.
   b. 원형질막: 그람양성균의 지질은 에스터 결합을 하고, 그람음성균의 지질은 에테르 결합을 한다.
   c. 세포벽: 그람양성균은 펩타이도글리칸이 두꺼운 반면, 그람음성균은 얇다.
   d. 염색체 구조: 그람양성균의 염색체는 원형이고, 그람음성균의 염색체는 선형이다.
4. 세균과 고세균의 차이는 무엇인가?
   a. 유전물질로 이용되는 핵산의 유형
   b. 세포막의 구조와 화학적 성질
   c. 세포소기관의 존재 여부
   d. 크기
5. 바이러스에 의해 한 세균으로부터 다른 세균으로 특정 유전자가 전달되는 것을 무엇이라고 하는가?
   a. 자연형질전환
   b. 일반형질도입
   c. 특수형질도입
   d. 접합
6. 결핵을 유발하는 것은 무엇인가?
   a. 세균
   b. 고세균
   c. 바이러스
   d. 원생생물
7. 호흡 과정에서 세균은 진핵생물보다 더 다양한 전자 __________와 __________를 이용할 수 있다.
   a. 산화제; 환원제
   b. 환원제; 산화제
   c. 공여체; 환원제
   d. 공여체; 수용체

■2단계: 적용력 평가하기

1. 다음 중 원핵생물의 고유한 구조는 무엇인가?
   a. 선모
   b. 편모
   c. 세포벽
   d. 포자
2. 위에서 발견된 *H. pylori*는 독성 인자인 요소분해효소(urease)를 생성한다. 요소분해효소는 위의 요소를 암모니아와 카르밤산(carbamate)으로 전환시킨다. 카르밤산은 다시 탄산과 다른 암모니아 분자로 전환된다. *H. pylori*가 위산을 견딜 수 있도록 도와주는 데 있어서 요소분해효소를 생성하는 목적은 무엇인가?
   a. 탄산은 위에서 단백질분해효소를 불활성화시킨다.
   b. 암모니아는 pH를 낮출 수 있는 중탄산염을 생산하는 데 있어 염기로 작용할 수 있다.
   c. 암모니아는 위산에 의해 NH_4^+로 전환될 수 있어 위의 pH가 증가한다.
   d. 암모니아는 위에서 양성자 농도를 감소시키는 산으로 작용할 수 있다.
3. 다음 중 *H. pylori*의 병원성을 감소시키는 것은 무엇인가?
   a. 플라젤린 단백질 생산을 방해하는 돌연변이
   b. 요소분해효소 생성을 증가시키는 돌연변이(위의 2번 문제 참조)
   c. CagA의 생산을 증가시키는 돌연변이
   d. 점액 분해를 위한 효소 생산을 촉진하는 돌연변이
4. 성매개 감염(STI)의 경우 보고된 것보다 실제 발생률이 높다고 여기는 이유는 무엇인가?
   a. STI 환자의 경우 의료기관을 방문하는 데 곤란해 하기 때문
   b. STI 환자는 의료 기관에 접근하기가 어렵기 때문
   c. STI 비율은 감염 사실을 보고하기를 꺼리는 집단(예를 들어, 매춘 여성이나 마약 사용자)에서 높기 때문
   d. a, b, c 모두 맞다
5. 숙주를 너무 빨리 죽이는 병원균은 전파될 기회를 잃어버린다. 다음 중 병원체의 전파를 촉진하는 전략은 무엇인가?
   a. 호흡 상피 자극
   b. 병원균을 포함하는 성기에 통증이 없는 상처 유발
   c. 병원균을 포함하는 성기에 통증 유발
   d. a와 b

6. 일부 세균은 콩과 식물의 뿌리혹에서 질소 기체로부터 NH_4^+를 만들 수 있다. 이를 가장 잘 설명하는 것은 무엇인가?
   a. 산화
   b. 환원
   c. 인산화
   d. 카르복실화
7. 일부 광합성 세균의 세포막은 막 함입을 위해서 많이 접혀 있다. 이렇게 형성된 주름은 빛에너지를 포착하고 광합성 반응을 수행하는 데 사용된다. 녹색식물의 엽록체에서 어떤 구조-기능 관계가 막 주름의 구조-기능 관계와 유사한가?
   a. 빛을 포획하기 위한 표면적을 증가시키는 틸라코이드 막
   b. 산화적 인산화에 의한 ATP 생성을 최대화하기 위한 내강의 부피 증가
   c. 막 접힘과 관련한 막의 유동성 감소
   d. 엽록체에서 크리스타의 표면적 증가에 따른 열에너지의 감소

3단계: 사고력 함양하기

1. 위(stomach)에서 *H. pylori*가 생산하는 요소분해효소가 요소를 암모니아로 전환시키고, 궁극적으로 이산화탄소로 전환시킨다는 사실을 감안할 때 *H. pylori* 감염의 진단은 어떻게 할 수 있을까?
2. 그리피스(Frederick Griffith)의 실험(13장 참조)은 DNA가 유전물질임을 보여주는 중요한 역할을 했다. 그리피스는 살아 있지 않은 병원성 세균과 살아 있는 비병원성 세균을 섞었을 때 생쥐에서 폐렴을 유발할 수 있다는 것을 보여주었다. 살아 있는 병원성 세균 역시 감염된 생쥐로부터 배양될 수 있다. 두 균주의 차이점은 병원성 균주에서 발견되는 다당류 피막(capsule)이다. 이번 장에서 배운 내용에 기초하여, 이러한 관찰 결과를 어떻게 설명할 수 있겠는가?
3. 1960년대에는 세균 감염에 대해 여러 가지 항생제를 처방하는 것이 일반적이었다. 또한 환자가 항생제 치료의 전체 과정을 밟지 않는 경우도 종종 있었다. 항생제 내성 유전자는 종종 플라스미드에서 발견된다. 이러한 요인들이 여러 항생제에 대한 내성을 갖는 것과 항생제 내성의 진화에 어떤 영향을 미치겠는가?
4. 토양을 기반으로 하는 질소고정 세균은 자외선에 매우 취약한 것으로 나타났다. 오존 농도가 점점 감소한다고 가정해 보자. 장기적으로 지구에 어떤 영향을 미치겠는가?

24

비종자식물

도입

식물의 육상 정착은 지구의 생물 역사를 바꾸어 놓았다. 육상 환경은 광합성에 필요한 풍부한 이산화탄소와 태양 에너지를 제공한다. 적어도 5억 년 동안 육상에는 물이 부족했고 자외선량이 많아 녹조류의 조상은 수생 환경에서 잘 살도록 적응되었다. 생식, 구조적 지지 및 물 손실의 방지에 대한 진화적 혁신은 식물이 육상에 적응하는 데 중요한 요인들이다. 2배체 세대가 우점인 육상생활로의 진화적 전환은 높은 자외선의 노출로 발생하는 변이를 보호할 수 있고, 그 결과 많은 수의 대립유전자가 유전자 풀에 존재하고, 유전적 다양성이 극대화되었다. 종자와 꽃이 발달하기 전에 종자가 없는 식물이 지구를 지배하였다. 이번 장에서는 종자 없는 식물이 1억 년 동안 어떻게 진화적인 혁신을 겪었는지에 대하여 살펴본다.

24.1 육상식물의 기원

학습 목표

1. 육상식물과 조류 사이의 관계를 설명할 수 있다.
2. 반수체와 배수체의 생활사를 서술할 수 있다.
3. 포자체와 배우체를 구분할 수 있다.
4. 육상식물과 그와 관련된 적응에 대한 두 가지 주요 환경적 도전을 설명할 수 있다.

5억 년 전 대부분의 대륙은 남반구에 있었고, 다양한 동물들이 바다 속의 다량의 조류를 먹었다. 대조적으로 지구의 지상 환경은 불모의 땅이었다. 그러나 바다 생물은 천천히 땅에서의 생존 가능성을 탐구하기 시작했으며, 결국 육상식물로 진화했다. 이로써 오늘날 지구에서 발견되는 풍부하고 다양한 생태계로 전환되기 시작했다.

녹조류와 육상식물은 10억 년 전 공통조상을 공유했으며, 이를 통틀어 녹색식물(green plants)이라고 한다. DNA 염기서열 데이터 역시 하나의 개체로부터 모든 식물이 나왔다는 주장과 일치된다. 녹색식물은 광합성 독립영양생물이지만, 일부 미생물도 빛을 이용한 독립영양생활이 가능하기 때문에 식물만이 독립영양생물인 것은 아니다.

식물계에는 녹조류가 포함되어 있지만, 동물과 더 밀접한 관련이 있는 곰팡이는 포함되어 있지 않다(27장 참조). 그러나 곰팡이는 식물이 토양속의 영양분을 흡수하는 것을 촉진함으로써 식물의 육상생활 적응에 필수적으로 작용했다.

녹색식물의 10억 년 역사에서 가장 중요한 진화적 사건 중 하나는 육상생활에 적응하는 것이다. 따라서 이 장과 25장은 육상식물에 초점을 둔다. 육상식물은 물 손실을 피하고, 태양 복사의 유해한 영향으로부터 보호하고, 생식을 위해 배우자를 효과적으로 전파하기 위한 메커니즘을 개발해야 했다. 또한 모든 육상식물이 반수체와 2배체의 세대를 교대하지만, 더 발달한 그룹에서는 포자체(2배체) 우점 식물이 나타나는 경향이 많다.

육상식물은 담수 조류에서 진화했다

일부 염생조류(saltwater algae)는 담수 환경에 살 수 있도록 진화했다. 하나의 담수 녹조류가 이끼(mosses)부터 속씨식물(피자식물, angiosperm)에 이르는 모든 육상식물계통으로 발생되었다. 원시 조류가 무엇인지는 아직 확실하지 않으나, 이와 밀접한 유연관계를 가진 차축조류(charophytes)는 오늘날에도 담수 호수에 서식하고 있다.

녹조류는 2개의 주요 그룹으로 구분되는데, 육상에 존재한 적이 없는 녹조식물(chlorophytes)과 모든 육상식물의 자매군인 차축조류이다(**그림 24.1**). 육상식물은 다양하지만 공통적인 특징을 가지고 있다. 모든 육상식물은 다세포 반수체와 2배체 시기를 가진다. 2배체 배아(diploid embryo)는 육상식물의 혁신 중 하나로 시간이 경과하면서 배아를 좀 더 보호하는 방향으로, 그리고 생활사에서 반수체 시기를 축소하는 방향으로 진화되었다.

육상식물은 지상 생활에 적응했다

담수산 조상과 달리 대부분의 육상식물은 물에 잠겨 있지 않다. 육상 생활에 적응하기 위해, 대부분의 식물은 공기에 노출되는 부분에 각피(cuticle)라는 왁스(wax) 같은 표면 물질에 의해 건조되는 것을 막는다. 각피는 비교적 불투과성이어서 수분 손실을 방지하기도 하지만 호흡 및 광합성에 필수적인 가스 출입도 차단한다. 식물체 내로 들어오고 나가는 기체 확산은 식물 잎과 줄기의 **기공**(stomata)이라고 하는 작은 구멍을 통하여 일어나며, 이 기공은 수분의 확산도 동시에 가능하게 한다. 31장에서는 물 손실을 제한하기 위해 기공을 닫는 방법에 대해 설명한다.

식물 내에서 물을 운반하는 것은 식물의 크기가 커질수록 어려운 문제가 된다. 선태식물(bryophytes)은 효율적으로 물을 운반할 수

그림 24.1 녹색식물계통.

없기 때문에 키가 커질 수 없다. 반면에 관다발식물(tracheophytes)은 더욱 발전하여 장거리 수송을 위한 특수 관다발조직을 생성한다. 물을 운반하는 조직을 물관(xylem)이라고 하며, 양분을 수송하는 조직을 체관(phloem)이라고 한다(31장 참조).

육상식물은 수생식물보다 자외선에 자주 노출되어 돌연변이 발생 가능성이 높다. 이 육상식물은 모든 2배체를 가짐으로써 돌연변이의 영향을 최소화한다. 즉, 그들의 몸체는 2배체이며, 이는 해로운 열성 돌연변이가 가려진다는 것을 의미한다. 모든 육상식물에는 반수체인 배우체와 2배체인 포자체 세대가 있지만, 더 진화한 그룹에서는 포자체가 우점하는 경향이 있다.

단복상 생활주기로 세대가 교대한다

인간 및 다른 동물들은 **2배체**(diplontic) 생활주기를 가지는데, 이는 2배체 단계만이 다세포라는 것을 의미한다. 동물에서 감수분열은 반수체인 단세포 생식세포(난자와 정자 세포)를 생성한다. 생식세포는 수정 과정에서 융합하여 2배체 배아(embryo)를 생성하는데, 이 배아는 체세포분열을 통하여 다음 세대가 된다. 감수분열의 결과물은 다시 세포분열로 나누어질 수 없으므로, 동물에서는 다세포 반수체를 만들 수 없다. 대조적으로, 육상식물 생활형은 다세포 반수체 및 2배체 단계를 갖는 **단복상**(haplodiplontic) 생활형을 갖는다. 육상식물은 수정(2배체 단계) 및 감수분열(반수체 단계) 후에 체세포분열을 갖는다. 이러한 결과가 다세포성 2배체 개체(포자체)와 다세포성 반수체(배우체)이다. 이러한 단복상(haplodiplontic) 주기는 식물의 기본 특징이며, **그림 24.2**에 요약되어 있다.

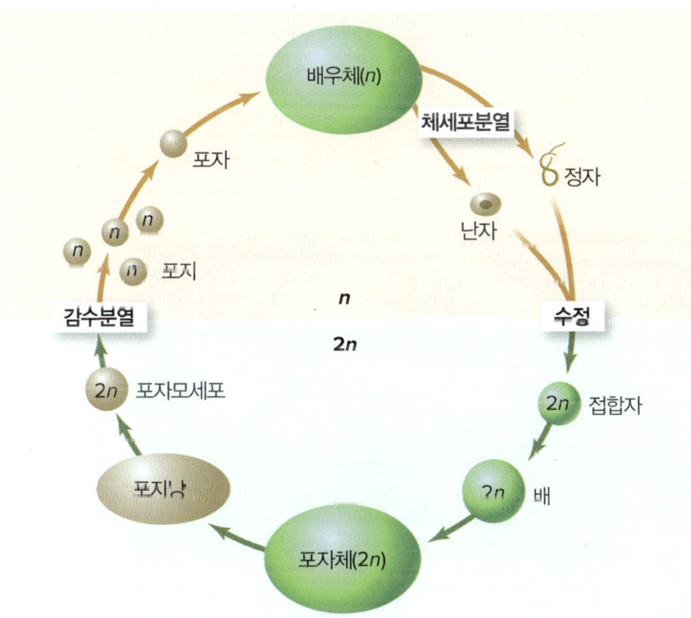

그림 24.2 일반적인 다세포 식물 생활주기.
반수체와 2배체 모두가 다세포라는 것에 주목하자. 포자는 감수분열에 의해 만들어지고, 배우자는 체세포분열에 의해 만들어진다.

많은 갈조류, 홍조류 및 녹조류도 단복상 주기를 갖는다. 인간은 감수분열을 통해 생식세포를 생산하지만, 육상식물은 실제로 다세포 반수체 개체에서 체세포분열에 의해 생식세포를 생성한다. 감수분열로 반수체 포자를 만들고 이들이 체세포분열을 통해 반수체 배우체가 된다.

육상식물은 다세포 2배체 세대 또는 **포자체**(sporophyte)와 다세포 반수체 세대 또는 **배우체**(gametophyte)가 교대한다. 포자체는 포자식물(spore plant)을 뜻하고, 배우체는 배우자식물(gamete plant)을 뜻한다. 이러한 용어는 생식세포의 종류에 의해 개별적인 세대가 만들어진다는 것을 의미한다.

2배체인 포자체는 감수분열을 통해 반수체 포자(배우자가 아님)를 만든다. 감수분열은 **포자낭**(sporangia) 속에서 일어나는데, 여기에서 2배체 **포자모세포**(spore mother cell 또는 sporocyte)가 감수분열을 통해 각각 4개의 반수체 **포자**(spore)를 만든다. 포자는 배우체 세대의 첫 번째 세포들인데, 체세포분열을 통해 다세포성인 반수체 배우체를 만든다.

반수체 배우체는 배우자의 기원이 된다. 배우자(gametes)가 융합하여 2배체인 접합자(zygote)를 만드는데, 이 접합자는 포자체 세대의 첫 번째 세포이다. 접합자는 자라서 2배체 포자체로 되고, 포자체는 포자낭을 만들고 그 속에서 감수분열이 일어난다.

반수체와 2배체의 상대적 크기는 다양하다

모든 육상식물은 단복상이다. 그러나 종자식물보다 이끼와 양치류에서 훨씬 더 긴 반수체 세대를 보낸다. 이끼와 양치류에서 배우체는 광합성과 자유유영을 한다. 이 이끼를 관찰할 때 주로 보이는 것은 배우체이며, 포자체는 일반적으로 작고 갈색 또는 노란색의 구조로 배우체 소식에 부착되어 있다. 양치류는 광합성 배우체를 만들지만 육안으로는 거의 볼 수 없다. 우리가 보는 겉씨식물이나 속씨식물의 대부분은 포자체이다.

포자체 세대는 매우 크게 자랄 수 있는데 비해 배우체의 크기는 모든 식물에서 한정되어 있다. 이끼의 배우체 세대는 그들의 끝 부분에 배우자를 만든다. 난자는 한곳에 정체해 있고 정자가 물방울과 함께 난자에 도달한다. 더 발달한 식물인 관다발식물에서 배우체는 단지 몇 개의 세포로 구성되며, 정자는 더 이상 난자에 도달하기 위해 헤엄칠 필요가 없다.

우리는 종자를 만들지 않는 육상식물의 주요 그룹을 공부할 때 배우체와 배우자낭의 크기가 점점 줄어드는 것을 볼 수 있을 것이다.

핵심 요약 24.1

하나의 담수 녹조류가 성공적으로 육지에 올라와 육상식물을 만들었다. 육상식물은 적응으로 생식 전략, 수송시스템, 기공 및 각피를 발달시켰다. 녹색식물에는 녹조류와 육상식물이 포함되며, 난접합식물에는 육상식물과 그 자매군인 차축조류만 포함된다. 대부분의 식물은 단일 생물체에서 반수체 형태가 2배체 형태와 교대로 나타나는 단복상 생활주기를 갖는다. 2배체 포자체는 감수분열에 의해 반수체 포자를 생성한다. 각 포자는 체세포분열에 의해 반수체 배우체로 발전한다. 배우체는 다시 체세포분열에 의해 반수체 배우자를 만든다. 생식세포가 융합하면 2배체 포자체가 다시 형성된다.

- 작은 수생 관다발식물과 담수 조류를 어떻게 구별할 수 있을까?
- 식물의 생식세포 형성과 인간의 생식세포 형성을 구별하는 것은 무엇일까?

24.2 선태식물: 배우체 세대 우세 식물

학습 목표

1. 선태식물이 육상에서 어떻게 적응하는지에 대해 설명할 수 있다.

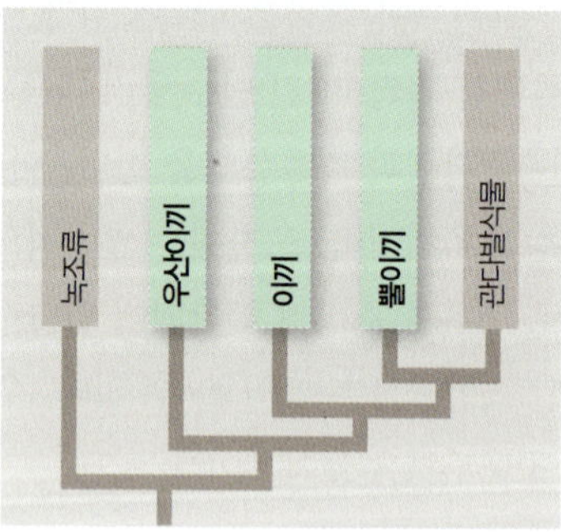

선태식물(bryophyte)은 첫 육상식물과 가장 가까운 살아 있는 후손이다. 이 그룹에 속하는 식물은 **헛물관**(tracheid)이라는 수송세포가 없기 때문에 비관다발식물문(nontracheophytes)이라고 부른다. 선태식물은 우산이끼(우산이끼문; Hepaticophyta), 이끼(이끼문; Bryophyta), 뿔이끼(뿔이끼문; Anthocerotophyta)로 구성되어 있다.

물과 기체의 이용 가능성이 초기 육상식물에게 제한 요소로 작용했다. 이 식물들은 체내의 물의 양을 조절하는 능력과 현재의 대부분의 이끼류가 가지고 있는 건조에 대한 내성이 거의 없었을 것이다.

균류와 초기 육상식물은 함께 생존하였으며, 식물과 밀접한 관계를 맺은 균류가 물의 흡수를 도왔을 것이다. 이러한 균류와 식물과의 강력한 공생관계를 **균근연합**(mycorrhizal association)이라고 하며, 이는 현존하는 많은 선태식물에서 발견된다. 균류에 대한 더 자세한 내용은 26장에서 살펴본다.

선태식물은 광합성 배우체가 있다

선태식물에는 약 16,000종이 있으며, 구조가 단순하지만 사막을 포함한 다양한 육상환경에 잘 적응하였다. 대부분 배우체는 작지만 광합성을 할 수 있는 특수한 구조로 되어 있다. 선태식물은 물과 양분의 수송을 위하여 헛물관이 아닌 다른 수송세포(conducting cell)를 가지고 있다. 배우체에 의해 생성된 난자와 정자세포는 포자체를 생성하기 위해 결합하며, 이는 일반적으로 배우체 표면에서 직립으로 자란다. 포자체는 땅 위에 있기 때문에, 생성하는 포자를 효과적으로 분산시킨다. 이 포자는 기류에 의해 운반되며, 땅에서 새로운 배우체 식물로 발아한다.

오늘날 과학자들은 선태식물이 비교적 분화가 덜 된 세 단계통군인 우산이끼(liverworts), 이끼(mosses) 및 뿔이끼(hornworts)로 구성된다는 것에 동의한다. 양치류와 일부 관다발식물과 마찬가지로 선태식물은 유성생식을 위해 그들이 수생 조상을 두고 있다는 것을 반영하듯 빗물과 같은 물이 필요하다. 따라서 선태식물이 열대나 온대지방의 습지에 서식하는 것은 아주 보편적인 현상이다.

우산이끼는 오래된 식물이다

고대 영어로 "wyrt"는 식물 또는 초본을 의미한다. 일부 우산이끼는 동물 간의 엽(lobe)과 같이 넓적한 배우체를 가지고 있다. 간엽이 이 식물문을 묘사하는 가장 잘 알려진 구조이지만 종의 20%만이 이 구조를 하고 있으며(**그림 24.3**), 나머지 80%는 잎과 같은 구조로 마

그림 24.3 우산이끼(*Marchantia*, 우산이끼문).
현미경적 크기의 포자체는 녹색의 편평한 포복성 배우체 위로 올라온 우산모양 구조의 조직 내에서 수정에 의해 형성된다.

치 이끼와 같다. 배우체는 직립이기보다는 포복성이며, 헛뿌리(rhizoid)는 단세포이다.

일부 우산이끼는 광합성을 하는 세포로 구성된 직립의 가지에 공기주머니를 가지고 있으며, 각각의 공기주머니 출구가 위에 있어 기체 교환을 원활하게 한다. 기공과 달리 이 구멍은 열려져 있고 닫힐 수 없는 구조이다.

우산이끼의 유성생식은 이끼와 매우 흡사하다. 넓적한 우산이끼는 우산과 같은 배우체를 만들며, 포자체는 배우체에 의해 매달려 있고 포자체는 포자를 산포하기 위해 줄기의 형태를 유지한다. 무성생식은 배우체로부터 나온 렌즈 모양의 조각이 새로운 배우체로 성장하면서 일어난다.

이끼는 헛뿌리와 물 수송 조직을 가지고 있다

다른 선태식물들과 달리 이끼류의 배우체는 전형적으로 줄기와 같은 축에 작은 잎(진정한 잎은 아니나 관다발 같은 조직을 가지고 있음)과 같은 광합성 구조를 가지고 있다. 그 축은 헛뿌리에 의해 기질에 고정되어 있다(**그림 24.4**). 각각의 헛뿌리는 관다발식물의 뿌리와 같이 많은 양의 물을 흡수하지는 못하지만 물을 흡수할 수 있는 몇 개의 세포로 이루어져 있다.

이끼의 잎과 같은 구조는 녹색의 편평한 엽신 중앙에 약간 두꺼운 중앙 맥이 있는 겉모습을 제외하고는 관다발식물 잎과 거의 공통점이 없다. 중앙 맥을 제외하고는 한 층의 세포로 되어 있고, 관다발이 나 기공이 없으며 모든 세포가 반수체이다. 그러나 이끼는 포자체의 캡슐 부분 위에 기공이 있으며, 이것 때문에 육상식물의 가장 기저부에 위치하고 있다.

물은 배우체 축 중앙의 특수 세포를 따라 올라간다. 일부 이끼들은 영양분을 운반하는 특수 세포들이 물 운반 세포들에 의해 둘러싸여 있다.

그림 24.4 솔이끼(*Polytrichum*, 이끼문).
잎 모양의 구조는 배우체에 속한다. 황갈색 줄기 끝에 포자낭을 가진 것이 포자체이다.

이끼류의 생식

다세포 배우자낭은 잎 모양의 배우체 끝에서 형성된다(**그림 24.5**). 종에 따라 **장란기**(암배우자낭, archegonia)와 **장정기**(수배우자낭, antheridia)가 같은 배우체에서 발생되거나, 서로 다른 배우체에서 발생된다. 장란기 아래쪽 팽대부에서는 하나의 난자가 만들어지는 반면에, 장정기에서는 많은 수의 정자가 만들어진다. 배우체는 반수

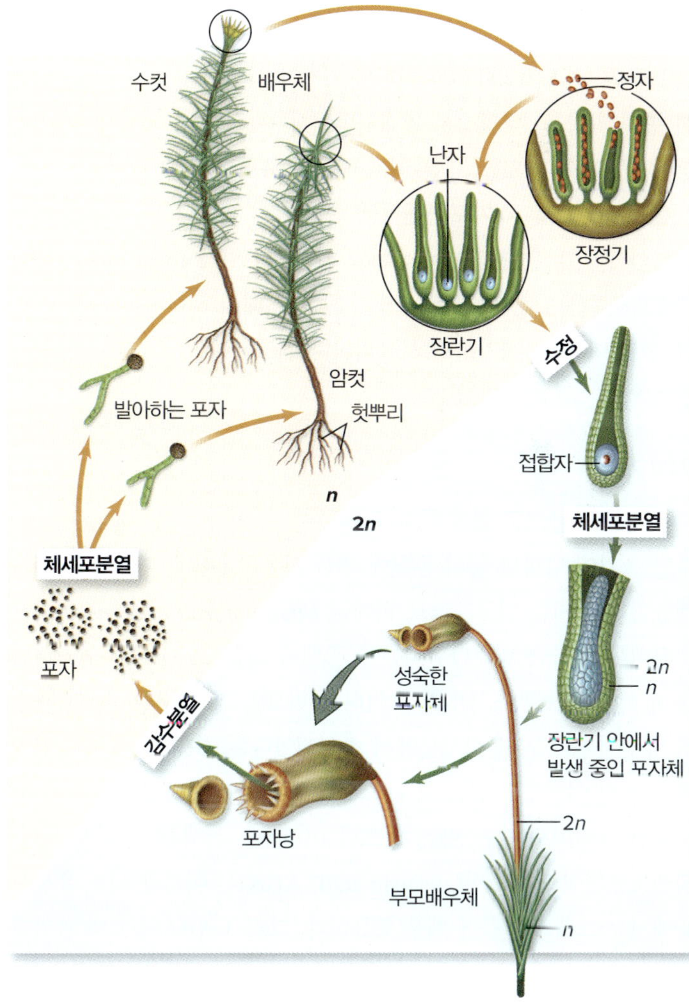

그림 24.5 전형적인 이끼의 생활사.
이끼 생활사의 대부분은 반수체 상태이다. 잎 모양의 배우체(n)는 광합성을 하지만, 보다 작은 포자체($2n$)는 광합성을 하지 않아 영양적으로 배우체에 의존한다. 정자가 난자로 이동하는 데 물이 필요하다.

체이기 때문에 정자와 난자는 배우자낭에서 체세포분열에 의해 생성된다.

장정기에서 방출된 정자는 이슬이나 빗물로 생긴 수막을 따라 편모를 이용하여 헤엄쳐서 장란기에 도달한다. 반수체인 하나의 정자가 반수체인 난자와 결합하여 2배체인 접합자를 만든다. 접합자는 체세포분열에 의해 분열하여 포자체로 발달하는데, 이 포자체는 꼭대기에 **포자낭**(sporangium)을 가진 가는 줄기 모양이다. 포자체의 기저 부분은 영양원인 배우체에게 묻혀 있다.

포자낭은 보통 원통형이거나 곤봉 모양이다. 포자낭 안의 포자모세포는 감수분열을 하여 각각 4개의 반수체 포자 *n*을 만든다. 이끼가 성숙하면 대개 포자낭의 꼭대기가 터져서 포자가 방출된다. 적당한 장소에 내려앉은 포자는 발아하여 섬유 모양의 구조로 자라는데, 이것이 가지를 쳐서 헛뿌리와 위쪽으로 자랄 싹을 만든다. 각 싹은 새로운 배우체 식물로 자란다.

이끼의 분포

북극과 남극 지방에서는 이끼가 가장 풍부한 식물이다. 그러나 이끼 종의 가장 큰 다양성은 열대지방에서 볼 수 있다. 이끼는 사막지방에서 흔하지 않지만, 많은 이끼가 긴 가뭄을 견딜 수 있다.

대부분 이끼는 대기오염에 매우 민감하여 도시나 도시 근교 같은 공기의 질이 나쁜 지역에는 흔하지 않다. 피트모스(peat moss, 물이끼속)와 같은 일부 이끼는 자신 무게의 25배에 해당하는 물을 흡수할 수 있어 토양 첨가물로 사용되거나 건조하여 연료로서 사용되는 등 상업적으로 가치가 있다.

이끼 게놈

이끼류는 극도로 물을 잃어도 생존할 수 있다. 이는 육상으로 이주한 초기에 나타난 물의 손실에 대한 적응형질이다. 건조 저항성과 계통학적 위치는 연구자들로 하여금 *Physcomitrella patens* 이끼를 종자식물이 아닌 비관다발식물문 중에서 처음으로 DNA 염기서열을 분석하도록 했다. DNA 데이터는 편모와 같이 수생생활과 관련된 유전자가 초기 육상식물에서 소실되었다는 것을 보여준다. 기온과 수분의 이용도와 같은 육상 스트레스에 대한 저항성 유전자가 녹조류인 클라미도모나스에는 없으나 이끼에는 존재한다. 예를 들면, 식물호르몬인 앱시스산(abscisic acid, ABA)은 이끼와 여러 육상식물에서 스트레스 반응에 매우 중요하다. 그러나 ABA 신호와 관련된 유전자는 조류에서는 발견되지 않았다.

뿔이끼는 관다발식물의 자매군이다

뿔이끼(hornwort, 뿔이끼문)의 기원은 수수께끼이다. 뿔이끼가 최초의 육상식물일 것으로 추측하고 있으나, 최초의 뿔이끼 화석 포자는 속씨식물이 출현한 백악기(6500만~1억 4500년 전)로 기록된다. 약 200종의 뿔이끼는 전 세계적으로 발견된다. 그러나 뿔이끼의 형태는 식물의 진화 연구에서 중요한 연결고리이다. 왜냐하면 뿔이끼류는 관다발식물의 자매군이기 때문이다. 이 그룹들은 우세한 배우체를 가진 선태식물에서 우세한 포자체를 가진 관다발식물로의 전이에 대한 통찰력을 제공한다.

그림 24.6 뿔이끼(뿔이끼문).
사진에서 뿔이끼 포자체를 볼 수 있다. 다른 선태식물의 포자체와 달리 대부분의 뿔이끼 포자체는 광합성을 한다.

뿔이끼의 포자체는 관다발식물의 포자체와 매우 유사하다. 녹색의 뿔처럼 보이는 포자체는 배우체 위로 올라와 있는데 보통 직경이 2 cm 미만이다(**그림 24.6**). 포자체 기저 부분은 배우체 조직 내에 고정되어 있고, 배우체로부터 일부 영양분을 공급받는다. 그러나 포자체는 기체 교환을 조절할 수 있는 기공을 가지고 있어 광합성을 수행하며, 생장과 생식에 필요한 에너지의 대부분을 제공한다. 감수분열은 뿔(horn) 안에서 발생하고, 포자는 뿔을 따라 방출된다. 뿔이끼 세포들은 보통 하나의 커다란 엽록체를 가지고 있다. 뿔이끼의 배우체는 일반적으로 남세균과 공생적으로 연관되어 그들로부터 질소를 제공받는다(23장 참조).

핵심 요약 24.2

선태식물은 육상 생활에 잘 적응하고 있다. 이끼의 적응은 이끼 몸체를 고정시키고, 물을 흡수하기 위한 헛뿌리 및 물 수송 조직을 포함한다. 이끼는 다양한 서식지에서 발견되며, 일부는 가뭄에서 살아남을 수 있다. 우산이끼는 가장 오래된 선태식물문인 반면 뿔이끼는 관다발식물문과 가장 가까운 친척이다.

■ 북극과 남극의 풍부한 이끼를 어떻게 설명할 수 있을까?

24.3 관다발식물: 포자체 세대 우세 식물

학습 목표

1. 헛물관의 진화적 의미를 설명할 수 있다.
2. 관다발식물문에서 뿌리, 줄기 및 잎의 의미에 대해 설명할 수 있다.

관다발식물이 처음으로 나타난 시기는 약 4억 1천만 년 전이다. 최초의 관다발식물은 리니오식물문(phylum Rhyniophyta)에 속한다는 비교적 완전한 기록이 있다. 최초의 관다발식물의 형태로 확실하지는 않지만, 쿡소니아(*Cooksonia*) 화석은 최초 관다발식물의 특징에 대한 예시를 제공한다(**그림 24.7**).

최초의 관다발 육상식물인 쿡소니아는 약 4억 2천만 년 전인 실루리아(Silurian) 후기에 번성하였으나 지금은 멸종되었다. 이 식물이 번성하였던 이유는 육상의 광대한 영역으로 퍼져 나가는 데 경쟁자가 없었기 때문이다. 이 식물은 키가 수 cm에 불과했고, 뿌리나 잎이 없었으며, 하나의 축에서 가지들이 고르게 갈라져 있고, 끝이 약간 팽창되어 있었다. 이들은 **동형포자**(homosporous, 한 가지 유형의 포자)를 만들었고, 포자낭은 가지의 꼭대기에 형성되었다. 그 뒤 나타난 원시 관다발식물들은 좀 더 복잡한 포자낭을 가지고 있었다. 관다발식물의 주요 특징은 우세한 포자체 세대이다. 우리는 아직 어떻게 선태류의 우세한 배우체에서 관다발식물의 우세한 포자체로 이동했는지 모른다.

그림 24.7 최초의 관다발 육상식물인 쿡소니아.
이 화석은 4억 2천만 년 전에 생존했던 식물을 보여준다. 쿡소니아는 완전히 멸종한 리니오식물문에 속한다. 직립의 분지된 가지는 불과 몇 cm 크기이며, 끝에 포자낭을 가지고 있다. 진흙과 같은 습지환경에 서식하였을 것으로 추측되며, 방수성 각피를 가지고 있고, 관다발식물의 전형적인 포자를 만든다.

관다발조직은 영양분을 운반하는 구조이다

쿡소니아와 다른 초기 식물들은 **관다발조직**(vascular tissue)이라는 물과 양분의 통도 조직을 발달시켜 성공적으로 육상에 정착할 수 있었다. 관다발조직은 특별한 세포로 구성되었고, 식물 전체에 망상 구조를 하고 있으며, 뿌리의 끝부분에서 줄기를 거쳐 잎까지 조직이 존재한다. 관다발의 한 형태는 **물관**(xylem)이라고 하며 물과 물에 녹은 무기염류를 뿌리로부터 위로 수송하고, 다른 형태는 **체관**(phloem)이라고 하며 당과 호르몬을 몸 전체로 수송한다. 초기 관다발조직에서 물관에서 물을 운반하는 유일한 세포를 헛물관(tracheids)이라고 하며, 후에 육상식물이 더욱 발달하면서 효율적으로 물을 운반하게 되었는데, 이를 **물관요소**(vessel element)라고 부른다. 관다발조직은 관다발식물의 높이와 크기를 증가시키는 요인이 되었다. 그러나 포자체에는 관다발조직이 발달되었지만, 일부를 제외하고는 배우체에는 존재하지 않는다(관다발조직의 구조는 31장에서 자세히 다룬다). 각피와 기공(stomata)도 관다발식물의 특징이다. 이러한 각피와 기공의 특징은 육상식물에서 물의 손실을 감소시키는 역할을 하였다.

? **탐구문제** 왜 관다발식물이 진화과정에서 선태식물보다 선택적 이점을 가지고 있는지 설명하시오.

관다발식물은 3개의 분기군으로 분류된다

현존 관다발식물은 (1) 석송류(lycophytes; club moss, 석송), (2) 양치식물류(pterophytes; 고사리와 근연식물), (3) 종자식물(seed plants)의 3가지 분기군(clade)으로 이루어져 있다(**표 24.1**). 분자계통학(molecular systematics)의 발전은 관다발식물의 진화 역사에 대한 우리의 관점을 바꾸어주고 있다. 솔잎란(whisk ferns)과 속새류(horsetails)는 오랫동안 선태식물과 관다발식물 사이를 이어주는 집단으로 간주해 왔다. 그러나 계통발생학적 증거는 이들이 양치류에 가장 가까운 근연식물임을 보여주어 양치식물류로 분류한다.

관다발식물(tracheophytes)은 고산지대와 툰드라 지역을 제외한 모든 육상 환경을 지배하고 있다. 단복상(haplodiplontic) 생활사가 존재하지만, 관다발식물문의 진화과정을 통해 배우체가 포자체에 비해 크기가 크게 줄어들었으며, 다세포 배우자낭도 작아졌다. 배우체 크기의 감소는 육상식물의 진화에 중요한 주제이다.

표 24.1 현존하는 비종자 관다발식물문

문	예	주요 특징	대략적인 현존 종 수
석송문	석송류 	동형포자 또는 이형포자. 운동성 정자. 수정을 위해 외부의 물이 필요함. 약 17속	1,275
양치식물문	양치류 	대부분이 동형포자(일부가 이형포자). 운동성 정자. 수정을 위해 외부의 물이 필요함. 포자체와 모든 배우체가 광합성을 함. 약 365속	11,000
	속새류 	동형포자. 운동성 정자. 수정을 위해 물이 필요함. 맥과 마디가 있는 줄기는 광합성을 하거나 비광합성임. 잎은 비늘 모양이며 윤생임. 성숙 시 비광합성임. 1개속	15
	솔잎란류 	동형포자. 운동성 정자. 수정을 위해 물이 필요함. 뿌리와 슈트가 분화되지 않음. 잎이 없음. 2속 중 1속은 비늘 같은 돌출부가 있으나 다른 속은 잎과 같은 부속물을 가지고 있음.	6

줄기는 뿌리보다 먼저 진화했다

초기 관다발식물의 화석은 줄기는 있으나 뿌리나 잎은 없다. 쿡소니아(Cooksonia)를 포함한 최초의 관다발식물은 줄기에 수송세포를 가지고 있었으나, 뿌리의 부재는 이 식물의 크기를 제한하는 2가지 요인이 되었다. 첫째로 뿌리는 식물을 땅에 고정시켜 넘어지지 않도록 하는데, 키 큰 식물은 강한 뿌리가 필요하고, 둘째로 큰 식물들은 넓은 표면적을 가지고 있어 물의 손실이 크기에, 광범위한 뿌리 시스템은 물을 흡수하는 데 필요하다.

뿌리는 구조적 지지 및 운송 기능을 제공한다

진정한 뿌리는 관다발식물문에서만 볼 수 있다. 비관다발식물에서는 뿌리와 비슷한 구조가 수송 또는 지지 역할 중 하나를 담당하나, 뿌리만 이 두 기능(수송과 지지)을 모두 수행한다. 화석 기록에 의하면, 석송류는 뿌리의 출현 전에 다른 관다발식물문으로부터 분지되었다. 뿌리는 적어도 2회에 걸쳐 진화된 것으로 여겨진다.

잎은 2번 이상 진화했다

잎은 포자체의 표면적을 증가시켜 광합성 능력을 향상시켜 준다. 석송류는 리코필(lycophyll)이라는 비교적 작은 잎을 지지하는 관다발을 가지고 있다. 진정엽(euphyll)이라고 하는 진정한 잎은 양치류와 종자식물에서만 볼 수 있으며, 리코필과는 기원이 다르다(**그림 24.8**). 리코필은 줄기 위의 작은 잎 모양 돌출 부분을 관통하는 관다발조직으로부터 발달한 것으로 여겨지고 있다. 진정엽은 분지된 줄기로부터 유래되었을 것으로 추측된다.

> **자료 분석** 초기 육상식물의 다양성 사이에서 잎의 기원과 관다발식물의 기원이 발생한 진화 시간을 비교해 보시오.

종자는 진화된 관다발식물문의 또 다른 혁신이다

종자(seed)는 고도의 저항성 구조로 건조와 포식자로부터 식물의 배아를 보호하기에 적당하다. 거의 모든 종자는 어린 식물을 위한 영

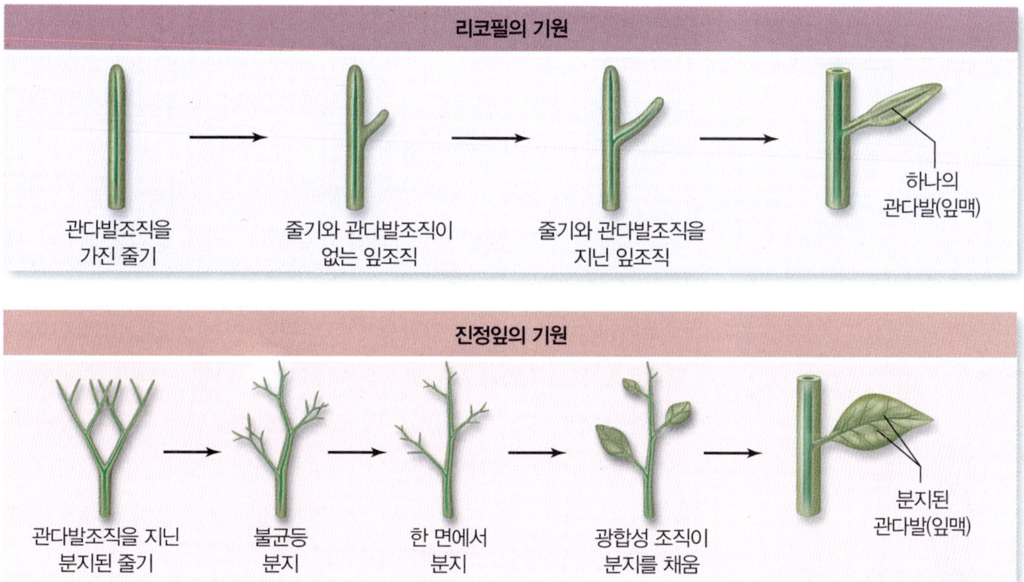

그림 24.8 두 식물 계통에서 독립적인 잎의 진화.

리코필은 작고 단순한 잎이지만, 진정엽은 복잡한 잎맥으로 인해 커질 수 있다.

양분을 가지고 있으나, 석송류와 양치류에는 종자가 없다.

현화식물에 있는 과실은 종자를 보호하는 보호층이 되며, 종자 분산을 높도록 동물을 유인하여 종의 분포 영역을 넓혀준다. 꽃은 유전적 다양성을 증가시키도록 타가수분(cross pollination)의 가능성을 높여준다(25장 참조). 석송류와 양치류로 들어가기 전에 **그림 24.9**에는 육상식물의 혁신을 설명하는 진화역사를 나타냈다.

핵심 요약 24.3

대부분의 관다발식물은 헛물관을 포함한 관다발조직이 잘 발달되어 있어 생물체 전체에 걸쳐 물과 영양분을 효율적으로 전달할 수 있다. 그들은 또한 특별한 뿌리, 줄기, 잎, 표피 및 기공을 가지고 있다. 많은 종자를 생산하여 배아를 보호하고 영양을 공급한다.

- 왜 포자체에서는 관다발조직이 우세하지만 배우체 세대에서는 그렇지 않을까?

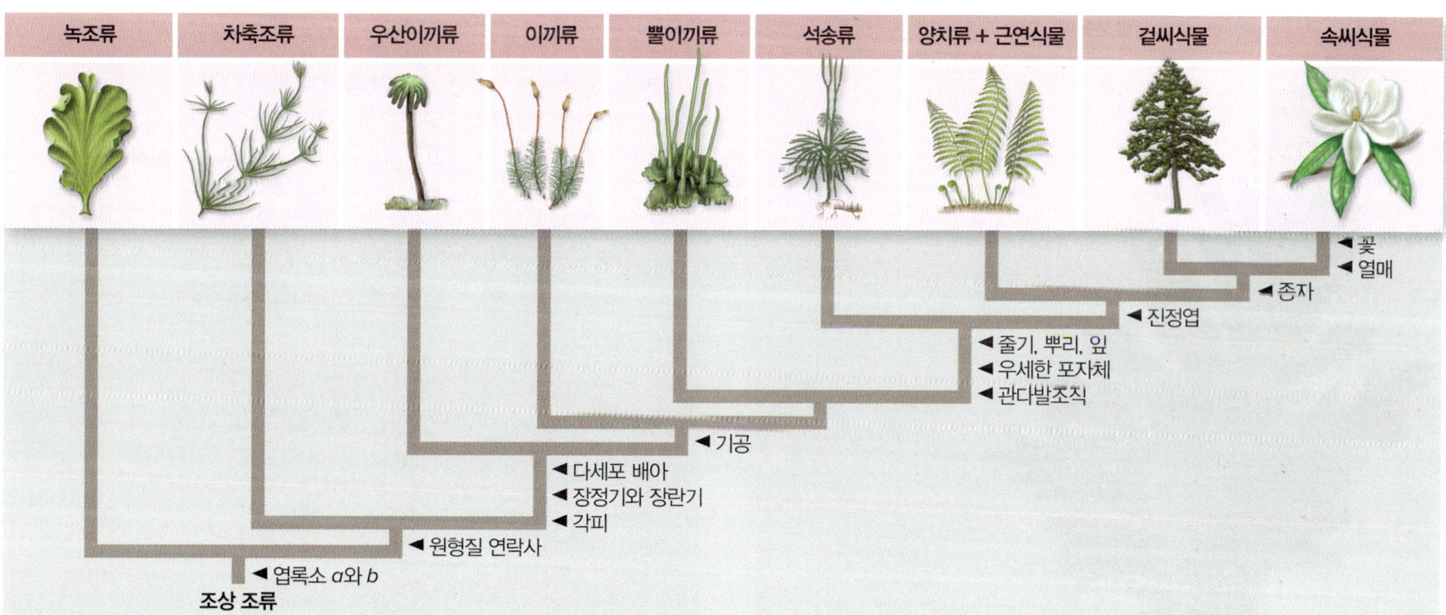

그림 24.9 육상식물의 혁신.

24.4 석송류: 주요 관다발식물로부터 분지

학습 목표

1. 선태식물로부터 석송류의 분화 양상을 설명할 수 있다.
2. 석송류와 관다발식물의 차이를 설명할 수 있다.

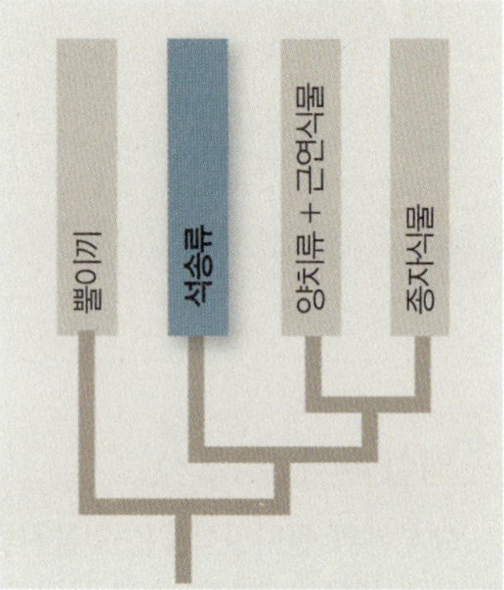

원시적인 관다발식물은 종자를 만들지 못했다. 현존하는 4개의 문에 속하는 관다발식물 중의 일부도 화석 기록으로 남은 3개의 식물문과 마찬가지로 종자를 만들지 못한다. 관다발식물의 적응을 탐구할 때는 생식전략과 함께 점진적인 복잡한 수송계의 발달에 초점을 맞추어야 한다.

석송류(lycophytes)는 관다발식물이 처음 진화하였을 때 존재했던 고대 식물종으로(**그림 24.10**), 석송류와 관다발식물 사이의 초기 분화에도 불구하고 이 그룹 간에는 유사성이 있다. 예를 들면, 석송류와 관다발식물은 독립적인 잎의 발달을 가져왔다. 석송류의 잎은 작고 잎맥이 분지하지 않는다. 반면에 고등 관다발식물은 복잡한 패턴의 맥을 가진 큰 잎을 가지고 있다. 일부 고대 석송류는 오늘날 우리가 보아온 종자식물처럼 나무의 형태도 있다. 나무와 같은 형태는 석송류의 관다발식물의 독립적인 기원의 예이다. 오늘날의 석송은 전 세계적으로 분포하지만 열대지방과 습한 온대지역에 많다. 현존 석송 종들의 겉모습은 진정이끼와 비슷하나, 내부 관다발조직과 생식과정은 이끼와 다르다.

그림 24.10 석송.
부처손속인 *Selaginella moellendorffii*의 포자체 세대는 습한 숲 지면에서 자란다.

석송(club mosses)은 외관상으로 진정한 이끼를 닮았지만 안쪽의 관다발조직의 구조와 생식과정은 다르다. 포자체 단계가 우세하며, 특수화된 잎이 포자를 만들고, 이 포자는 감수분열에 의해 생성된다. 각 반수체 포자는 정자와 난자를 만든다. 어떤 석송류의 배우체는 광합성을 하지만, 다른 종들은 땅 아래에서 자라며 토양의 균류들과 생활하면서(공생관계) 영양분을 얻는다.

부처손속의 *Selaginella moellendorffii*는 게놈의 염기서열이 밝혀진 첫 번째 비종자식물이다. 이 결과는 몇 가지 관다발식물의 진화에 단서를 제공해 준다. 이 종은 육상식물과는 다른 계통을 보여주며, 독립적인 진화 양상을 갖고 있다. 게놈의 차이는 석송류와 현화식물(꽃식물)의 포자체 세대에 있어서 생식적인 성숙의 발달 차이를 반영한다.

클라미도모나스속(녹조류), 표주박이끼과의 *Physcomitrella*속 및 부처손속(*Selaginella*)에서 예측된 단백질을 15개 속씨식물과 비교하여 모든 녹색식물이 공유하는 3814개의 유전자 집단을 발견하였는데, 이 유전자들은 녹색식물체를 만드는 데 필수 역할을 담당한다.

핵심 요약 24.4

석송류는 다른 모든 관다발식물에 기본이다. 그들은 표면적으로는 선태식물과 유사하지만, 우세한 포자체 세대를 가지고 있고, 헛물관에 기반한 관다발조직을 포함하고 있으며, 생식주기는 다른 관다발식물과 같다. 그러나 그들의 잎은 단순하고, 잎맥은 분지되지 않았다.

■ 석송류 및 다른 관다발식물에서 유사한 성장 형태에 대한 독립적 기원을 초래한 요인은 무엇일까?

24.5 양치식물: 고사리와 근연식물

학습 목표

1. 양치식물이 갖는 특징에 대해 설명할 수 있다.
2. 양치류와 이끼의 포자체를 비교하여 설명할 수 있다.

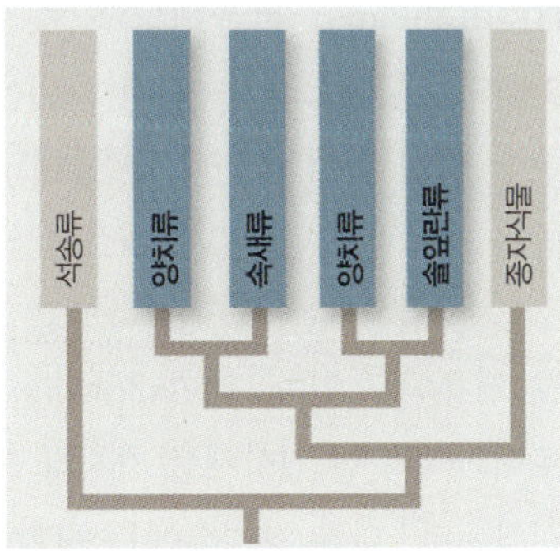

양치류(pteridophytes)와 근연종의 계통발생학적 유연관계는 아직도 규명 중이다. 공통조상으로부터 2개의 분기군이 분지되어 나왔는데, 하나는 양치류와 속새류로 분지되었고, 다른 하나는 또 다른 계통의 양치류와 조상 종으로 보이는 솔잎란류로 분지한 것으로 여겨지고 있다.

솔잎란류(whisk ferns)와 속새류(horsetails)는 양치류의 가까운 근연종들이다. 석송류나 선태식물과 마찬가지로 그들은 모두 상성기와 장란기를 만든다. 수정을 위해 물이 필요하며, 이때 편모를 가지는 정자는 난자로 헤엄쳐가서 융합한다. 그와 대조적으로 대부분 종자식물은 편모가 없는 정자를 가지고 있다.

솔잎란류에는 뿌리와 잎이 없다

솔잎란은 열대 및 아열대 지방에 분포하며, 포자체는 뿌리가 없고, 고르게 가지 친 녹색의 줄기만 가지고 있다(**그림 24.11**). 그러나 솔잎란속(*Psilotum*)의 2~3종은 잎맥과 기공이 결여된 작은 녹색의 나선형으로 배열된 조직을 가지고 있다. 다른 속인 메시프테리스속(genus *Tmesipteris*)은 외관이 잎과 비슷한 것을 가지고 있다. 솔잎란은 양치류 계통(lineage)에서 분지할 때 잎과 뿌리를 상실한 것으로 여겨지고 있다.

그림 24.11 솔잎란류. 솔잎란류는 뿌리와 잎을 가지고 있지 않다. 녹색의 광합성 줄기에 황색 포자낭이 부착되어 있다. 포자낭에서 감수분열이 일어나 반수체 포자를 생산한다. 이 포자는 방출되어 배우체를 만든다.

솔잎란의 간단한 구조를 고려하면, 솔잎란이 양치류와 단계통(monophyletic)이라는 사실은 놀랄 만한 것이다. 솔잎란의 배우체는 무색이고, 매우 작다. 솔잎란은 영양을 공급하는 균류와 공생관계이며, 일부는 관다발조직 요소를 가지고 있으나 배우체에만 존재한다.

속새류에는 브러시 모양의 잎을 가진 마디 줄기가 있다

현존하는 15종의 속새류(horsetails)는 하나의 속인 속새속(genus *Equisetum*)이다. 화석 속새속은 3억 년 전으로 거슬러 올라가며, 그때 일부는 나무와 같은 모양을 하였다. 오늘날 속새류는 전 세계적으로 분포하며, 대부분 습지에 서식한다. 캘리포니아의 해안 적송 사이에 자라는 일부 속새는 키가 3 m에 이르지만, 대부분은 1 m 미만이다(**그림 24.12**).

속새의 포자체는 주엽맥과 마디를 지닌 광합성 줄기를 가지고 있으며, 이 줄기는 땅속의 **지하경**(rhizome)으로부터 분지하여 자란다. 각 마디마다 광합성을 하지 않는 비늘 모양의 잎이 나온다. 중심부가 비어 있는 줄기는 표피세포에 규소가 축적되어 있다. 속새류는 종종 청소용 골풀(scouring rush)이라고도 부르는데, 이는 미국 서부 개척

그림 24.12 속새(*Equisetum telmateia*). 이 종은 두 종류의 직립 줄기를 가지고 있다. 하나는 녹색이며 광합성을 하고, 다른 하나는 끝에 포자를 생산하는 "구과(cone)"를 가지고 연한 갈색이다.

자가 접시를 닦는 데 사용하였기 때문이다. 속새 포자체는 원추형 구조를 가지고 있으며 감수분열을 통해 반수체 포자를 생성한다. 포자는 바람에 의해 멀리 운반되며, 포자가 땅에 떨어졌을 때 광합성을 할 수 있는 배우체로 발아한다. 속새류의 배우체는 작은 엽상의 우산이끼처럼 보인다. 각각의 배우체는 난자와 정자(헤엄칠 수 있는)를 둘 다 생산하며 수정을 통해 결합한다. 어린 포자체는 광합성 조직을 만들때까지 배우체에 의존하여 남아있는다.

양치류는 포자낭군이 있는 엽상체를 가지고 있다

현존하는 양치류(ferns)는 11,000종이나 되며, 비종자 관다발식물 중에서 가장 큰 식물군이다. 최근 양치류가 종자식물과 가장 가까운 근연종으로 밝혀지고 있다.

3억 년 전에 미국 동부와 유럽의 열대우림과 늪에서 자라던 나무 형태의 양치류가 오늘날 탄광에서 채굴하여 사용하는 석탄이 되었다. 양치류는 전 세계적으로 분포하지만 전체 종의 75%가 열대지방에 분포한다.

포자체는 지름이 1 cm 미만인 것(Azolla와 같은 작은 수생 양치류)부터 길이가 24 m에 이르는 것까지 크기가 다양하며, 교목 양치류의 잎은 크기가 5 m 또는 그 이상 되는 것도 있다(**그림 24.13**). 포자체와 드물게는 지름이 6 mm가 되는 작은 배우체 모두 광합성을 한다.

양치류의 생활사는 이끼류와는 달리(**그림 24.14**) 포자체가 크게 자라고, 독립적이며 생활주기에서 더 큰 부분을 차지한다. 양치류의 포자체 구조는 이끼의 포자체보다 더 복잡하며, 관다발조직을 지닌 뿌리, 줄기, 잎이 잘 분화되어 있다. 그러나 배우체에는 관다발조직이 없다.

그림 24.13 말레이시아 숲에 있는 교목양치류(양치식물문).
양치류는 비종자 관다발식물 중 가장 큰 그룹이다.

양치류의 형태

속새류와 마찬가지로 양치류도 지하경(rhizomes)를 가지고 있다. **엽상체**(frond)라고 부르는 잎은 지하경 끝에 단단히 감긴 코일 모양(fiddleheads, 피들헤드)으로 발생하여 펴지면서 팽창한다(**그림 24.15**). 피들헤드의 단단한 코일은 지하경에서부터 밖으로 노출되면 손상 없이 잎이 풀린다. 피들헤드는 요리에서 진미로 쓰이나, 일부 종은 위암과 관련된 2차 대사산물을 가지고 있다.

많은 엽상체는 크게 갈라지고, 모양이 깃털 같아 장식용 정원식물로 이용되고 있다. 네가래(*Marsilea*)와 같은 일부 양치류는 네잎클로버와 비슷한 엽상체를 가지나 꼬인 피들헤드 모양의 엽상체로부터 시작된다. 다른 양치류에는 광합성을 하는 엽상체와 갈색의 비광합성 생식 엽상체가 혼재해 있다.

양치류의 생식

양치류는 엽상체 아랫면에 군집을 이루는 독특한 포자낭을 만드는데, 이를 포자낭군(sori, 단수 sorus)이라고 한다. 포자낭군은 투명한 우산 같은 껍질에 의해 발생 중에 보호를 받는데, 얼핏 보면 식물이 감염된 것으로 오인할 수 있다. 각각의 포자낭에 있는 2배체 포자모세포는 감수분열을 통해 반수체 포자를 생산한다.

성숙하면 포자낭이 터지면서 포자가 방출되어 적당한 습지에 떨어지면 발아하여 배우체가 된다. 이 배우체는 흔히 심장 모양이고, 중심부를 제외하고는 한 층의 세포로 되어 있으며, 헛뿌리(rhizoid)로 토양에 고정된다. 이 헛뿌리에는 관다발조직이 없기 때문에 뿌리는 아니지만, 토양으로부터 물과 양분의 전달을 돕는다. 플라스크 모양의 장란기와 구형의 장정기가 동일 배우체 또는 다른 배우체에서 만들어지며, 다세포로 된 장란기는 발생하는 배아를 보호하는 역할을 한다.

장정기에서 형성된 정자는 편모를 가지고 있고, 흔히 장란기에서 분비되는 화학신호에 반응하여 물이 있을 때 장란기로 헤엄쳐 간다. 하나의 정자가 장란기의 기저 부분에 있는 하나의 난자와 결합하여 접합자(zygote)를 만들고, 접합자는 새로운 포자체로 발생하여 생활주기를 완성한다(**그림 24.14** 참조).

발생 중인 양치류의 배아는 차축조류의 접합자보다 환경으로부터 더 보호되나, 종자식물의 배아처럼 가혹한 겨울에 생존하기 위해 휴면상태로 들어갈 수는 없다.

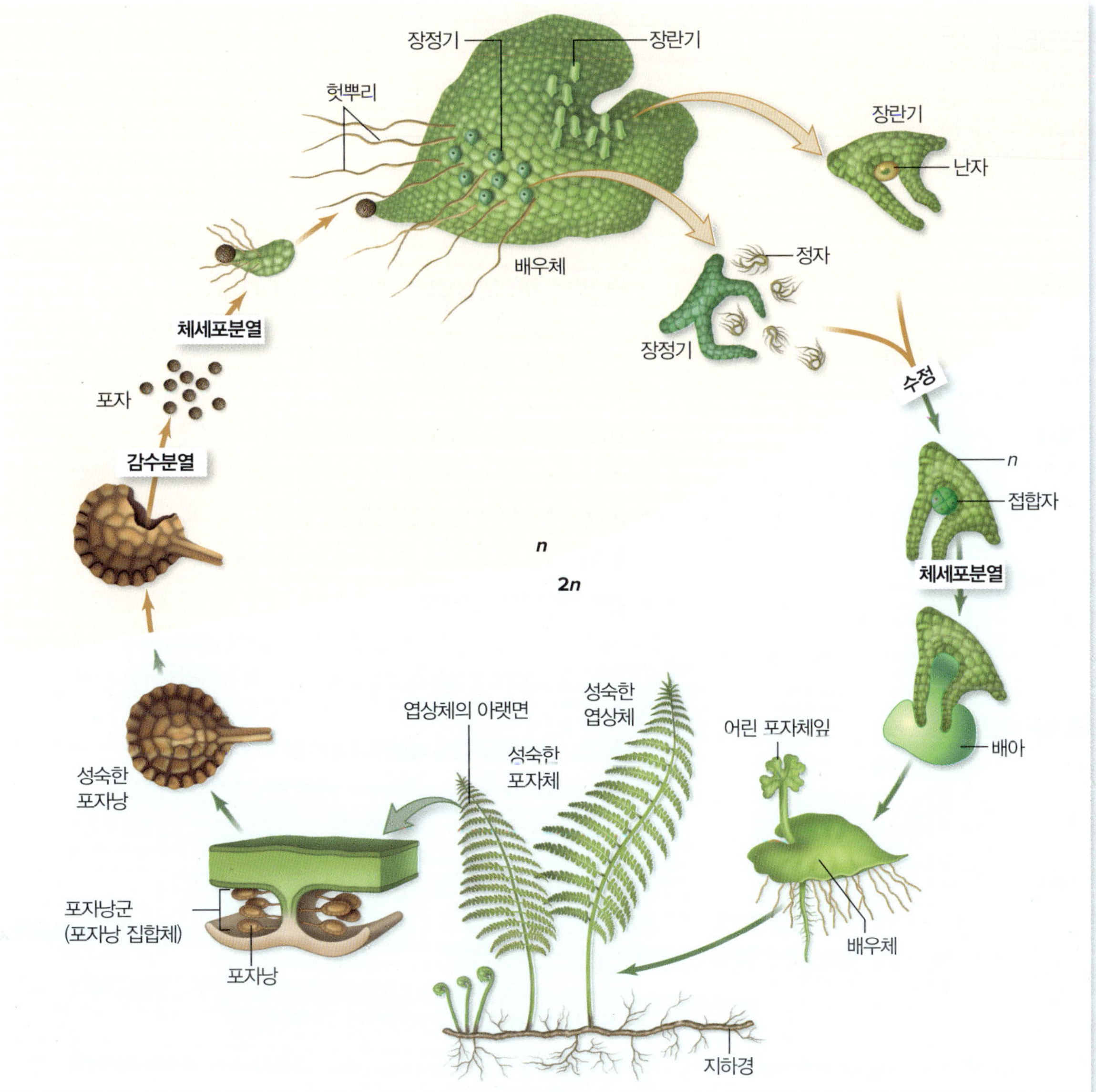

그림 24.14 전형적인 양치류의 생활사.
배우체와 포자체 모두 광합성을 하고, 독립적으로 생활할 수 있다. 수정을 위해 물이 필요하며, 정자는 배우체의 뒷면으로부터 방출되어 습한 토양을 통해 헤엄쳐 이웃 배우체에 도달한다. 포자는 바람에 의해 분산된다.

그림 24.15 양치류의 피들헤드.
엽상체는 코일 모양으로 발생하여 천천히 열린다. 사진은 교목 양치류 엽상체이다.

핵심 요약 24.5

양치류와 근연식물은 관다발조직이 있는 크고 눈에 띄는 포자체를 가지고 있다. 대부분 잘 분화된 뿌리, 줄기 및 잎(엽상체)을 가지고 있다. 배우체 세대는 작고 녹색이지만, 관다발조직이 잘 발달되지 않았다.

- 왜 일부 양치류에서 피들헤드는 독성이 있을까?

핵심 개념 요약

24.1 육상식물의 기원

■ **육상식물은 담수 조류에서 진화했다**

녹조류와 육상식물을 녹색식물이라고 한다.
모든 녹색식물은 단일 담수 녹조류 종에서 발생했다(**그림 24.1**). 차축조류는 육상식물의 자매군이며, 이들 모두를 난접합식물이라고 한다.

■ **육상식물은 지상 생활에 적응했다**

육상식물은 보호된 배아와 다세포인 반수체 및 2배체 시기라는 2가지 주요 특성을 가지고 있다. 밀랍질 각피, 기공 및 물과 미네랄의 수송을 위한 특수 세포는 생존을 향상시킨다.

■ **단복상 생활주기로 세대가 교대한다**

대부분의 다세포 녹색식물은 단복상 생활주기를 가지고 있다.
식물은 다세포 2배체 포자체와 반수체 배우체와 함께 단복상 생활주기를 갖는다(**그림 24.2**).

■ **반수체와 2배체의 상대적인 크기는 다양하다**

일부 식물은 더 복잡해지면서 포자체 단계가 우세하게 된다.

24.2 선태식물: 배우체 세대 우세 식물

■ **선태식물은 광합성 배우체가 있다**

선태식물은 우산이끼, 이끼 및 뿔이끼의 별개의 3계통으로 구성된다. 선태식물은 뿌리 또는 헛물관이 없지만 물과 영양소의 수송을 위한 세포를 가지고 있다.
우산이끼 및 이끼에서 비광합성 포자체는 배우체에 영양적으로 의존한다.

■ **우산이끼는 오래된 식물이다**

일부 우산이끼의 배우체는 평평하고, 간엽과 비슷하다. 그들은 배우자낭을 포함하는 직립 구조를 생성한다.

■ **이끼는 헛뿌리와 물 수송 조직을 가지고 있다**

이끼는 세대교대를 하며, 널리 분포되어 있고, 가뭄을 견딜 수 있는 구조이다.

■ **뿔이끼는 관다발식물의 자매군이다**

포자체의 기공은 가스 교환을 조절하기 위해 열고 닫을 수 있다. 포자체는 또한 광합성을 할 수 있다.

24.3 관다발식물: 포자체 세대 우세 식물(표 24.1)

■ **관다발조직은 영양분을 운반하는 구조이다**

헛물관의 진화는 보다 효율적인 관다발조직 시스템을 개발할 수 있게 해주었다. 이 관다발조직은 포자체에서 발생한다.
관다발식물은 배우체가 훨씬 작아졌다.

■ **관다발식물은 3개의 분기군으로 분류된다**

관다발식물은 석송류, 양치류, 종자식물의 3개의 분기군으로 존재한다.

■ **줄기는 뿌리보다 먼저 진화했다**

■ **뿌리는 구조적 지지 및 운송 기능을 제공한다**

■ **잎은 2번 이상 진화했다**

석송류에는 리코필이라고 불리는 작은 잎이 있는데 관다발이 부족하다.
진정엽은 양치류와 종자식물에서만 발견되며 리코필과는 다른 기원을 가지고 있다.

■ **종자는 진화된 관다발식물문에서의 또 다른 혁신이다**

종자는 배아(embryo)를 건조로부터 보호하고, 포식자로부터 어느 정도 보호하는 저항성 구조이다.

24.4 석송류: 주요 관다발식물로부터 분지

석송류의 조상은 가장 초기의 관다발식물이었으며, 우세한 포자체를 만드는 최초의 식물 중 하나였다.

24.5 양치식물: 고사리와 근연식물

양치식물문의 조상은 양치류와 속새류, 그리고 다른 계통의 양치류와 솔잎란류의 두 계통을 형성한다.
양치식물은 수정을 위해 물이 필요하며 종자는 없다.

■ **솔잎란류에는 뿌리와 잎이 없다**

솔잎란류의 포자체는 뿌리가 없이 고르게 가지 친 녹색줄기로 구성되어 있다.

■ **속새류에는 브러시 모양의 잎을 가진 마디 줄기가 있다**

속새류는 포자체에서 비늘 모양의 잎이 윤생에서 나온다. 줄기의 표피세포에는 규소 침전물이 있다.

■ **양치류는 포자낭군이 있는 엽상체를 가지고 있다**

엽상체라고 하는 양치류의 잎은 팽팽하게 감긴 코일 형태로 되어 있다. 포자체에는 포자낭군이 있다. 배우체는 흔히 심장 모양이며 독립적으로 살 수 있다.

연습문제

■1단계: 이해력 확인하기

1. 식물의 구조와 기능이 일치하지 않는 것은 무엇인가?
   a. 기공–기체수송
   b. 헛물관–물과 미량원소의 이동
   c. 각피–건조 방지
   d. a, b, c 모두 맞다.
2. 다음 중 육상식물로 진화한 것은 무엇인가?
   a. 볼복스(*Volvox*)
   b. 클라미도모나스(*Chlamydomonas*)
   c. 파래(*Ulva*)
   d. 차축조(*Chara*)
3. 선태식물에서 볼 수 없는 것은 무엇인가?
   a. 균근협조
   b. 헛뿌리
   c. 헛물관 세포
   d. 광합성 배우체
4. 선태식물의 설명으로 옳은 것은 무엇인가?
   a. 선태식물은 하나의 단계통군이다.
   b. 모든 선태식물의 포자체 세대는 광합성을 한다.
   c. 장정기와 장란기는 생식세포를 만드는 반수체 구조이다.
   d. 기공은 모든 선태식물에 보편적으로 나타난다.
5. 건조 내성을 증가시키는 진화적인 혁신에 포함되는 것은 무엇인가?
   a. 밀랍질 각피
   b. ABA 신호 경로
   c. 지하경
   d. a, b, c 모두 맞다.
6. 양치류에 관한 다음 설명 중 정확한 것은 무엇인가?
   a. 속새류와 솔잎란류는 단 하나의 계통을 형성한다.
   b. 양치류는 단일 계통을 형성한다.
   c. 솔잎란류에는 진정엽이 있다.
   d. 모든 양치식물은 우세한 포자체 세대를 가지고 있다.

■2단계: 적용력 평가하기

1. 포자모세포가 포자를 만드는 것과 포자가 배우체를 만드는 것에 대한 비교로 맞는 것은 무엇인가?
   a. 포자모세포와 포자 모두 감수분열을 거친다.
   b. 포자모세포와 포자 모두 체세포분열을 거친다.
   c. 포자모세포는 체세포분열을 하고 포자는 감수분열을 한다.
   d. 포자모세포는 감수분열을 하고 포자는 체세포분열을 한다.
2. 뿌리가 없는 식물은 어떻게 토양으로부터 양분을 효과적으로 얻을 수 있는가?
   a. 불가능하다. 그래서 모든 육상식물은 뿌리를 가지고 있다.
   b. 균근 곰팡이가 식물과 관계를 통하여 양분의 흡수를 돕는다.
   c. 차축조류는 식물과 관계를 가져 양분의 흡수를 돕는다.
   d. 뿌리 없이 물관에만 의존한다.
3. 육상식물의 중요한 혁신은 배아의 보호이다. 이끼는 어떻게 건조로부터 배아를 보호하는가?
   a. 종자에 의해　　b. 장정기에 의해
   c. 장란기에 의해　　d. 리코필에 의해
4. 부처손(*Selaginella*)과 표주박이끼(*Physcomitrella*) 게놈을 비교하여 알 수 있는 것은?
   a. 둘 다 편모에 필요한 유전자를 가지고 있다.
   b. *Selaginella*는 *Physcomitrella*에서 발견되지 않은 3000개의 새로운 유전자를 가지고 있다.
   c. *Physcomitrella*가 아닌 *Selaginella*는 ABA 유전자와 다른 비생물적 스트레스 유전자를 가지고 있다.
   d. *Selaginella*의 새로운 유전자 중 일부는 헛물관 발달에 필요한 단백질을 암호화한다.
5. 비종자 육상식물에서 나타나는 진화의 경향성은 무엇인가?
   a. 배우체는 광합성을 한다.
   b. 석송류의 출현과 관련된 주요 혁신은 단복상 생활주기이다.
   c. 배우체 세대가 우세한 세대가 된다.
   d. 초기 발생 단계에서 포자체 생성에 대한 보호가 강화되었다.
6. 다음 설명 중 맞는 것은 무엇인가?
   a. 이끼와 석송류에는 잎이 있다.
   b. 석송류와 양치류의 잎은 다른 기원을 가지고 있다.
   c. 잎은 선태식물의 혁신이다.
   d. 부처손속(*Selaginella*)의 잎 특성 유전자는 모든 육상식물에서 유일한 번 진화되었다는 가설을 지지한다.

■3단계: 사고력 함양하기

1. 여러분은 이끼와 석송류인 부처손속(*Selaginella*)의 게놈 염기서열을 이용할 수 있다. 이 자료를 이용하여 식물의 진화에 대한 중요한 질문에 대한 답을 얻어 획기적인 논문을 쓰는 것이 목적이다. 어떠한 질문을 할 것인가?
2. 이끼 또는 양치류 중에서 어느 것이 포자체 생성에 체세포분열이 더 많이 있을 것으로 기대하는가? 이유는 무엇인가?
3. 각각 높이가 10 m인 가상 이끼와 양치류를 상상해 보자. 둘 중에 어느 것이 유성생식에 있어서 더 큰 장벽에 직면하게 될 것인가?

25

종자식물

도입

육상식물의 역사는 수생 조류의 조상이 가혹한 서식지의 환경에 적응하는 과정에서 만든 진화적 혁신으로 가득하다. 초기의 이러한 변화는 육상에서의 생존을 가능하게 했으며, 이후 식물의 폭발적인 증가는 육지와 대기, 그리고 육상동물의 삶까지도 영향을 끼쳤다. 종자를 만드는 식물은 지난 수억 년 동안 육지를 우점해 왔다. 종자식물의 놀라운 성공은 종자의 진화와 배아(embryo)를 보호하며 영양분을 공급하는 혁신에 대부분 기인한 것이다. 종자는 배아가 발생을 멈추고 혹독한 겨울과 건조한 기후를 견디고 발아하게 하였다. 이후의 혁신인 열매는 더 넓은 환경으로 배아의 분산 능력을 향상시켰다. 종자식물 중 꽃피는 식물은 동물과의 공진화(coevolution)를 통해 종자의 산포뿐 아니라 유성생식 능력을 향상시켰다.

25.1 종자식물의 진화

학습 목표

1. 종자의 진화적 장점을 설명할 수 있다
2. 종자식물의 화분과 정자를 구별하여 설명할 수 있다.

진화적으로 육상에 적응하는 문제를 해결함으로써 오늘날 400,000종 이상의 종자식물이 육상군집을 지배하고 있다. 이러한 종자식물은 환경의 질적 개선에서부터 의약품, 식품, 연료, 건축 자재 및 의류 제공에 이르기까지 우리 삶의 거의 모든 측면에 영향을 미친다. 종자식물은 원겉씨식물(progymnosperms)로 알려진 포자를 생성하는 식물로부터 진화한 것으로 보인다. 원겉씨식물은 현대의 겉씨식물을 포함하여 몇 가지의 특징을 가지고 있다. 일부 원겉씨식물은 잎을 가지고 있었다. 그들의 생식은 매우 간단했으며, 어떤 원겉씨식물 그룹이 종자식물을 만들었는지는 확실하지 않다.

생물학자들은 종자식물의 빠른 성공과 다양성, 특히 현화식물(속씨식물, angiosperms)의 다양화에 오랫동안 흥미를 느꼈다. 아마도 이러한 다양성의 특징은 종자의 진화에 있어서 중요한 사건 중 하나일 것이다. 서열이 확인된 게놈으로 종자 및 비종자식물의 계통발생을 분석한 결과 약 3억 900만년 전에 방대한 수의 유전자 중복이 일어났으며, 이때 초기의 종자식물(겉씨식물과 속씨식물의 조상)이 비종자 식물인 조상으로부터 다양화되기 시작했다. 그리고 초기 속씨식물은 1억 9200만년 전에 출현했다. 그러한 규모의 유전자 중복에 대한 가장 논리적인 설명은 전체 게놈의 중복이 종자식물과 속씨식물 모두의 기원들에서 발생했다는 것이다. WEB3장에서 논의된 바와 같이, 전체 게놈 중복은 추가된 유전자의 사본에서 돌연변이를 통해 진화를 가속화할 수 있다.

종자는 배아를 보호한다

식물에서 종자의 형성은 진화적, 생태적 관점에서 볼 때 매우 중요한 발전이다. 배아는 **주피**(integument)라고 부르는 포자체 조직에 의해 보호 받으면서 **배주**(ovule)를 만든다(**그림 25.1**). 배주 내의 대포자낭(megasporangium)에서는 감수분열을 통해 반수체의 대포자(megaspore)가 형성된다. 대포자는 암배우자인 난자를 형성하는 암배우체를 만들기 위해 체세포분열을 한다. 난자는 수배우자인 정자와 결합하여 접합자(zygote)를 만든다. 1개의 세포인 접합자는 체세포분열을 통해 어린 포자체인 배아(embryo)가 된다. 종자는 발생 중인 배아에 공급할 영양분을 포함한다.

발생 과정에서 주피는 단단해지면서 종자를 보호하는 종피가 되며, 종자들이 쉽게 분산될 수 있도록 해준다. 더 중요한 것은 종자의 출현으로 생활주기 중 휴면기(dormant phase)를 가질 수 있게 되어 생장에 좋은 환경조건이 될 때까지 배아가 생존하며 기다릴 수 있게 된 것이다.

수배우체가 암배우체로 이동하기 위해 물이 필요하지 않다

종자식물은 두 종류의 배우체인 암배우체와 수배우체를 만드는데, 이들은 몇 개의 세포로만 이루어져 있다. 식물의 진화에서 일관된 점은 배우체의 크기가 줄어들면서 포자체 세대가 점점 우세하게 되었다는 것이다.

화분은 다세포 수배우체이며, 수배우자인 정자세포를 운반한다. 다세포 수배우체인 화분은 바람이나 수분매개자에 의해 암배우체 내의 난자로 운반된다. 일부 종자식물에서 정자는 **화분관**(pollen tube)을 통해 난자로 운반되기 때문에 물이 필요 없게 된다. 종자식물에서는 비종자식물(seedless plants)과 대조적으로 수배우체(male gametophyte) 전체가 아닌 정자만이 암배우체(female gametophyte)로 이동하게 된다.

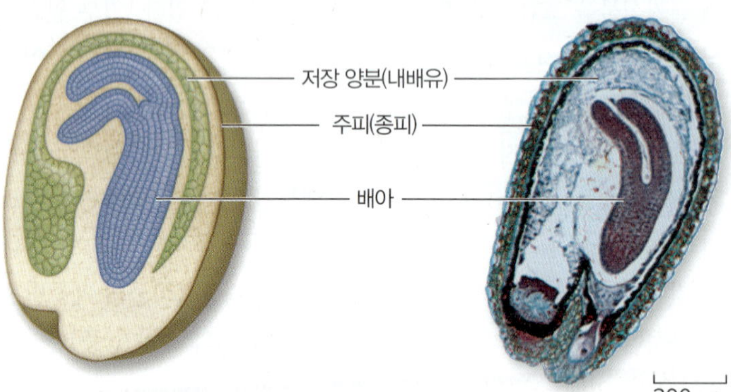

그림 25.1 배주의 단면.

암배우체는 주피에 의해 보호를 받으며 배주를 만든다. 속씨식물에서 배주는 2배체 포자체 조직에 완전히 감싸여 있다. 배주와 그를 둘러싼 조직을 씨방(자방, ovary)이라 부르며, 씨방은 과실로 발달한다.

핵심 요약 25.1

겉씨식물과 속씨식물은 종자를 생성하는 공동조상에서 진화해 왔다. 전체 게놈 중복은 종자식물의 우점에 기여했을 가능성이 높다. 종자는 배아를 보호하고, 분산을 돕고, 수명주기를 연장할 수 있다. 종자식물은 수배우체 및 암배우체를 생산한다. 수배우체는 화분립이며, 바람이나 다른 수단으로 암배우체에 전달된다. 수배우체는 정자세포를 운반하는 반면, 암배우체는 난자세포를 운반한다.

■ 왜 종자식물의 수정에 물이 필요하지 않을까?

25.2 겉씨식물: 노출된 종자를 가진 식물

학습 목표

1. 겉씨식물의 특징에 대해 서술할 수 있다.
2. 현존하는 4그룹의 겉씨식물에 대해 설명할 수 있다.

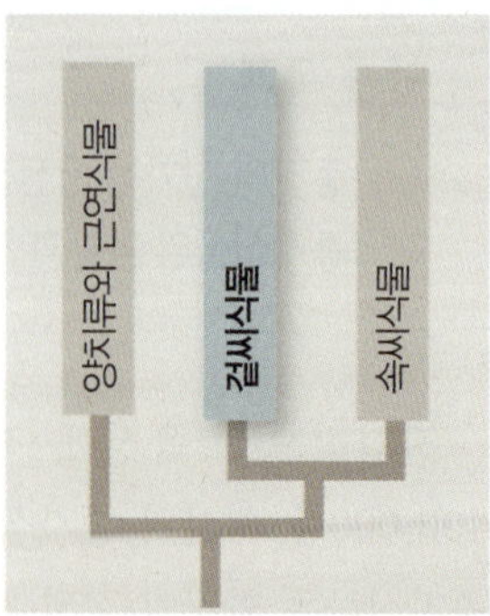

겉씨식물은 종자로 인해 양치식물과 구별된다. **겉씨식물**(나자식물, gymnosperm)은 종자식물의 5가지 계통 중 4개의 계통을 구성하고 있다. 겉씨식물의 4그룹은 침엽수(구과식물류), 소철류, 마황류 및 은행나무류이다. 종자식물의 다섯 번째 계통은 속씨식물이다. 겉씨식물과 속씨식물은 종자를 생산하지만, 속씨식물만이 꽃과 열매를 생산한다(**표 25.1**). 겉

표 25.1 현존하는 종자식물의 5가지 식물문

식물문	예		주요 특징	현존하는 종수
구과식물문	침엽수(소나무, 가문비나무, 전나무, 주목, 미국삼나무 및 기타)		이형포자 종자식물. 비운동성 정자가 화분관을 통하여 난자에 도달한다. 잎은 대부분 바늘 모양이거나 비늘 모양이다. 교목과 관목. 약 68속. 대부분이 구과 내에 종자를 생산한다.	630
소철문	소철		이형포자. 정자는 편모를 가지고 운동하나 난자 주위로 자라는 화분관에 국한된다. 날개 모양의 잎을 가짐. 침엽수에 비해 2기 생장이 느리다. 10속. 구과 내에 종자를 생산한다.	306
마황식물문	마황류		이형포자. 비운동성 정자, 화분관을 통하여 난자에 도달한다. 물관을 가진 유일한 겉씨식물이다. 교목, 관목, 덩굴식물. 3개의 다양한 속 [마황속(*Ephedra*), 그네툼속(*Gnetum*), 웰위치아속(*Welwitschia*)]이 있다.	65
은행나무문	은행나무		이형포자. 정자는 편모를 가지고 운동하나 난자 주위로 자라는 화분관에 국한된다. 일정하게 갈라진 잎맥을 가진 부채 모양의 잎을 지닌 낙엽수. 자웅이주. 종자는 자두 모양이며 육질에서 고약한 냄새가 나는 외피에 싸여 있다. 1속.	1
속씨식물문	현화식물 (속씨식물)		이형포자. 비운동성 정자가 화분관을 통하여 난자에 도달한다. 종자는 과실에 의해 싸여 있다. 잎은 크기와 형태가 다양하다. 초본, 덩굴식물, 관목, 교목. 인간과 동물의 중요한 식량공급원. 약 14,000속.	>300,000

씨식물에서는 종자가 되는 배주가 인편(scale, 변형된 슈트 또는 잎) 위에 노출되어 있으며, 수분 시 포자체의 조직으로 완전히 감싸여 있지 않다. **겉씨식물**(gymnosperm)이라는 명칭은 "노출된 종자(naked seed)"란 의미이다.

겉씨식물들의 생식방법은 식물에 따라 조금씩 다르다. 그 예로 소철류와 은행나무(*Ginkgo*)는 운동성 정자를 가지고 있는데 비해, 침엽수류와 마황식물류는 편모가 없는 정자를 가지고 있다. 모든 정자는 화분이 발아할 때 형성되는 화분관 내에서 이동한다. 수생식물이 일부 존재하지만 대부분의 겉씨식물은 육상식물이다.

침엽수는 가장 큰 겉씨식물문이다

가장 흔한 겉씨식물은 침엽수이며, **침엽수**(conifer, 구과식물문, phylum Coniferophyta)에는 소나무(**그림 25.2**), 전나무, 삼나무, 가문비나무, 주목, 낙엽송, 시프러스 등이 있다. 세계의 숲 약 40%가 침엽수로 구성되어 있다. 미국 북서 캘리포니아와 남서 오리건에 자생하는 침엽수인 미국 삼나무(*Sequoia sempervirens*)는 키가 100 m나 되어 현존하는 관다발식물 중 가장 크다. 캘리포니아 주 화이트 산맥(White Mountains)에 있는 또 다른 침엽수인 강모구과소나무(bristlecone pine, *Pinus longaeva*)는 가장 오래된 수종으로, 4900년 된 것도 있다.

침엽수는 기온이 낮은 온대지방에 살고 있으나 때로는 건조한 지

그림 25.2 침엽수. 테다소나무(*Pinus taeda*)는 미국 남동부에 있는 약 23만 4700 km²의 땅에서 발견된다. 전 세계 연간 목재 공급량의 16%가 이 침엽수에서 비롯된다.

역에서도 발견된다. 침엽수의 많은 종들이 목재, 생물연료 공급원료, 종이, 수지, 택솔(암 치료에 이용) 등 경제적으로 중요한 원료가 된다. 경제적 중요성 때문에 3개의 침엽수-테다소나무, 사탕소나무, 더글러스전나무-의 염기서열이 분석되었는데, 이들의 게놈은 인간보다 약 10배 정도 크다.

소나무는 전형적인 침엽수속이다

대표적 침엽수인 소나무(pine)는 현재 100종 이상이 존재하고 있으며, 한 종만 적도에서 약간 남쪽에 분포하고 모두 북반구가 원산지이다. 같은 과에 속한 소나무와 가문비나무는 방대한 침엽수림을 이루어, 북극 툰드라지역에서 온대 낙엽수 삼림지대 그리고 남쪽 대초원 지대까지 널리 분포하고 있다. 지난 세기 동안에 소나무는 남반구에 주로 많이 식재되었다.

소나무의 형태

소나무는 2~5개씩 모여 난 단단하고 바늘 같은 잎을 가지고 있다. 구과식물(conifers) 중에서 소나무만이 군생하는 잎을 가지고 있다. 잎은 두꺼운 각피(cuticle)로 덮여 있고 함몰된 기공을 가지고 있는데, 이는 수분 손실을 줄이려는 진화적 적응이다. 이들은 주로 연중 한때 토양의 표면이 동결하는 곳에서 살고 있는데, 그 시기에 뿌리는 물을 얻기가 어렵기 때문에 이런 구조는 매우 중요하다.

잎 그리고 다른 포자체 부위들은 수지(resin)를 분비하는 주변 세포로 연결되는 관을 가지고 있다. 수지는 곤충과 균류의 침입을 막아주는 역할을 한다. 일부 소나무 수지는 상업적으로 채취하여 **테레빈유**(turpentine)라 부르는 휘발성 액체와 활을 사용하는 현악기 제작에 이용되는 단단한 **로진**(rosin)을 만드는 데 이용된다. 소나무의 목재는 다른 나무가 지니고 있는 단단한 세포가 없기 때문에 강재(hardwood)라기보다는 연재(softwood)로 취급된다. 두꺼운 수피는 화재나 영하의 기온을 견디기 위한 또 다른 적응이다. 일부 구과는 실제 불에 의존하여 종자를 열고 방출함으로써 불에 탄 지역을 재건해 주기도 한다.

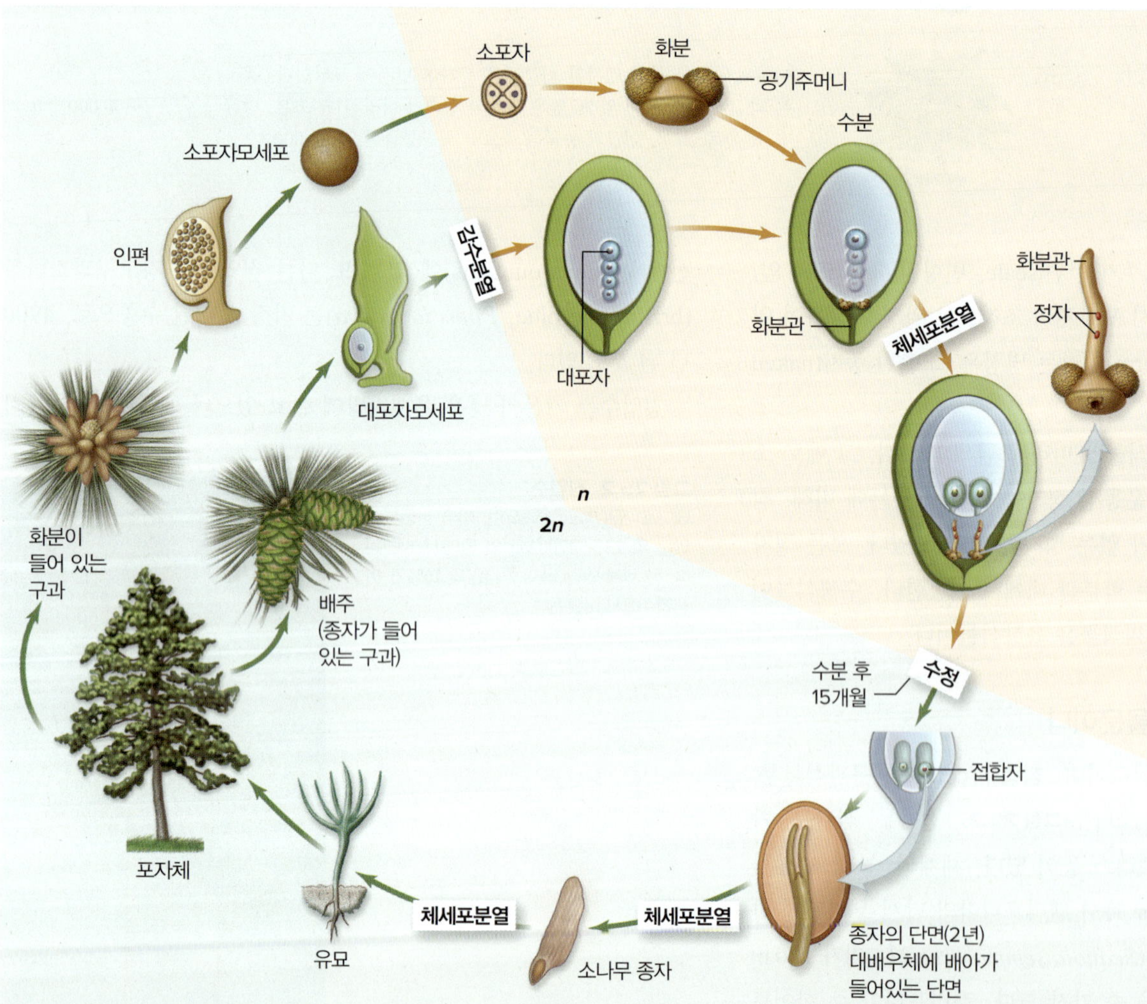

그림 25.3 전형적인 소나무의 생활사.
$2n$은 포자체이고, n은 배우체이다. 바람이 정자를 만드는 수배우체(화분)를 분산시킨다. 화분관이 자라 정자를 암배우체에 있는 난자에 운반한다. 부가적으로 종피로 발달하는 주피가 배아를 보호한다.

소나무의 생식구조

모든 종자식물은 2가지 배우체를 생산하는 2가지 포자를 만든다(그림 25.3). 소나무의 수배우체(male gametophytes; 화분립, pollen grain)는 소포자에서 발생하는데, 소포자는 보통 아래쪽에 위치한 가지 끝에 수구과(male cone)에서 만들어지며, 하나의 나무에 수백 개의 수구과가 있다.

소나무의 수구과 길이는 보통 1~4 cm이며, 종이 같이 얇은 인편(scale)이 나선형이나 윤생으로 배열해 있다. 각 인편 내에는 1쌍의 소포자낭이 주머니 형태를 이루고 있고, 소포자낭 내에 있는 많은 소포자모세포는 감수분열을 하여 각각 4개의 소포자를 생성한다. 소포자는 4개의 세포로 된 화분립으로 발달하고, 화분립은 1쌍의 공기주머니(air sac)를 가지고 있어 방출 시 공기 중을 떠다닐 수 있다. 하나의 수구과에서 수백만 개의 화분립이 만들어진다.

암구과(female cone)는 위쪽 가지 위에 위치하며, 수구과보다 크고 인편은 목질화(woody)되어 있다.

각 인편 기부에서 2개의 배주가 발생하는데, 각 배주는 **주심**(nucellus)이라고 부르는 대포자낭(megasporangium)을 가지고 있다. 주심은 주피(integument)라는 두꺼운 세포층으로 둘러싸여 있는데, 주피 한쪽 끝에 작은 구멍인 **주공**(micropyle)이 있다. 주피층 중 한 층이 후에 종피(seed coat)가 된다. 각 대포자낭 내의 하나의 대포자모세포(megaspore mother cell)는 감수분열을 하여 열을 이루는 4개의 대포자가 된다. 그중 3개는 퇴화하고 나머지 1개는 거의 1년에 걸쳐 천천히 암배우체로 발달한다. 암배우체는 성숙 시 수천 개의 세포로 이루어지게 되며 2~6개의 장란기가 주공 끝에 형성된다. 각 장란기는 맨눈으로도 볼 수 있는 커다란 1개의 난자를 지니고 있다.

수정과 종자형성

암구과는 성숙하는 데 보통 두 계절 이상이 소요된다. 처음에는 붉은색을 띠고, 자주빛을 띠다가 곧 녹색이 되며, 첫 봄이 오면 인편은 벌어지게 된다. 이 벌어진 인편 사이로 바람에 날려 온 화분이 내려 앉고, 주공에서 스며 나온 끈끈한 액체에 붙잡히게 된다. 끈끈한 액체 내에서 화분은 주공을 통해 천천히 이동하여 주심에 도달하고, 인편은 곧 닫히게 된다.

장란기와 암배우체의 나머지 부분은 1년이 더 지나야 성숙하게 된다. 이 암배우체가 발달하는 동안 주공의 바닥에 도착한 화분에서 화분관이 나타나고, 주심을 통과해 장란기까지 자라 나간다. 화분관이 자라는 동안 화분의 4개 세포 중 하나인 **생식세포**(generative cell)는 체세포분열을 하여 2개의 세포를 만들고, 그중 하나는 다시 한 번 분열하여 정자가 만들어진다. 2개의 정자를 가진 발아된 화분이 성숙한 수배우체이며, 양치류의 배우체에 비해 매우 제한된 반수체 단계가 된다.

수분 후 약 15개월이 지나면 화분관은 장란기에 도달하여 정자를 내놓는다. 하나의 정자가 난자와 결합하여 접합자가 만들어지면서 다른 정자와 화분 세포들은 퇴화한다. 접합자는 종자 내에 배아로 발생한다. 종자는 발아하여 다음 세대의 어린 포자체가 되고 성숙한 개체로 자라게 된다.

소철류는 야자와 비슷하지만 현화식물은 아니다

소철류(cycads; 소철문, phylum Cycadophyta)는 열대와 아열대 지방에 서식하는 느리게 자라는 겉씨식물류이다. 250 종류로 알려진 대부분의 포자체는 야자나무를 닮았고(그림 25.4*a*), 15 m 이상 자랄 수 있지만 현화식물인 야자수와 다르게 소철류는 구과를 만들며 소나무와 비슷한 생활주기를 갖는다. 종의 개체들은 화분과 배주를 생성하는 구과를 만들지만 한 개체가 둘 다 만들지는 않는다. 소철은 분리된 암, 수개체를 갖는다.

암구과는 잎의 기부에 직립으로 발생하며, 일부 종에서는 크기가 커서 45 kg이나 된다. 소철류 정자는 화분관 내에서 형성되기는 하지만, 배주 내에 방출되면 장란기까지 헤엄쳐 간다. 이들 정자는 현

그림 25.4 겉씨식물의 세 식물문. *a.* 소철(*Cycas circinalis*). *b.* 마황식물문의 3속 중 하나를 대표하는 웰위치아(*Welwitschia mirabilis*). c. 은행나무문의 유일한 생존 종인 은행나무(*Ginkgo biloba*).

존 생물체 중 가장 큰 정자세포들이다. 소철류의 일부 종은 멸종에 직면하고 있어 오직 식물원에서만 볼 수 있다.

마황류에는 물관이 있다

마황류(gnetophytes; 마황식물문, phylum Gnetophyta)는 3개 속에 65종이 분포하고 있다. 마황류는 물관부(또는 목부, xylem)에 관이 있는 유일한 겉씨식물이다. **물관**(vessel)은 속씨식물의 특징이며, 효과적인 통도세포(conducting cell) 유형이다.

마황류의 3속은 서로 다른 형태를 지니고 있는데, 가장 색다른 것은 남서 아프리카의 나미브(Namib)와 모사메드(Mossamedes) 사막에 서식하는 웰위치아(*Welwitschia*, **그림 25.4***b*)이다. 이 식물에서는 큰 빈 컵 모양 줄기가 점점 가늘어지며 뿌리로 연결되고, 2개의 끈 모양의 가죽같이 질긴 잎은 바람이 불 때 끊어지기 때문에 계속 기부에서 자라 나온다. 구과형 생식구조는 잎의 기부 쪽 줄기 가장자리를 따라서 분포하며, 암수식물이 분리되어 있다.

마황식물문의 반 이상을 차지하는 마황속(*Ephedra*)의 식물종은 미국과 멕시코의 불모지에 흔하게 서식하고 있으며, 호주를 제외한 모든 대륙에 분포하고 있다. 이 식물은 관목으로 마디가 있고 작고 비늘 같은 잎이 각 마디에 달려 있는 외관상 속새류와 비슷한 줄기를 가지고 있다. 암수 생식구조는 같은 식물체에서 만들어지거나 서로 다른 식물에서 만들어진다.

호흡기 질환 치료에 널리 이용되는 에페드린(ephedrine)은 마황속 중국종 *Ephedra*로부터 추출되었으나, 지금은 합성제인 슈도에페드린(pseudoephedrine)으로 대체되었다. 체중 감량을 위해 쓰이던 에페드린은 심장박동 및 심장마비와 관련이 있기 때문에 2004년 4월 시판이 금지되었다. 판매 제한은 2006년 슈도에페드린에도 영향을 미쳤는데, 슈도에페드린이 불법 약품인 메쓰암페타민(methampetamine)을 만드는 데 사용되었기 때문이다.

가장 잘 알려진 세 번째 속은 그네툼(*Gnetum*)속으로 열대지방에서는 교목으로 분포하지만 대부분 종이 덩굴식물이며, 모든 종들이 속씨식물과 유사한 넓은 잎을 가지고 있다. 자바(Java)에서 재배되는 마황속 식물의 연한 슈트(tender shoot)는 채소로 요리에 이용되고 있다.

은행나무문은 한 종만이 현존한다

화석 기록에서 북반구에 널리 분포했던 것으로 알려진 은행나무문(phylum Ginkgophyta)에는 현재 은행나무(*Ginkgo biloba*) 한 종만이 남아 있나(**그림 25.4***c*). 가을에 낙엽이 지는 이 교목은 일본과 중국에서 재배되는 것이 유럽인에 의해 처음 발견되었는데, 다른 지역에서는 야생 상태로 발견되지 않고 있다.

소철류의 정자와 같이 은행의 정자도 편모를 가지고 있다. 은행나무는 **자웅이주**(dioecious) 식물로 암수 생식기관이 서로 다른 나무에서 만들어진다. 은행나무는 모습이 아름답고 공해에 내성이 강해 도시 거리에 많이 심는데, 암나무의 종자를 둘러싸는 육질의 바깥층은 부티르산(butyric acid)과 아이소부티르산(isobutyric acid)이 들어 있어 고약한 냄새가 나기 때문에 식재에는 주로 영양번식을 통해 얻은 수나무가 이용된다.

핵심 요약 25.2

겉씨식물은 주로 원추형 종자식물이다. 겉씨식물에서 배주는 수분 시에 포자체에 의해 완전히 둘러싸이지 않기 때문에 "노출된 종자"를 갖는다. 겉씨식물의 4그룹은 침엽수, 소철류, 마황류, 은행나무류이다.

■ 침엽수는 바람에 의한 화분을 포착하기 위해 어떻게 할까?

25.3 속씨식물: 현화식물

학습 목표

1. 속씨식물의 특징에 대해 설명할 수 있다.
2. 속씨식물 생활사에 대한 동물의 역할에 대해 서술할 수 있다.
3. 중복수정과 그의 산물들에 대해 설명할 수 있다.

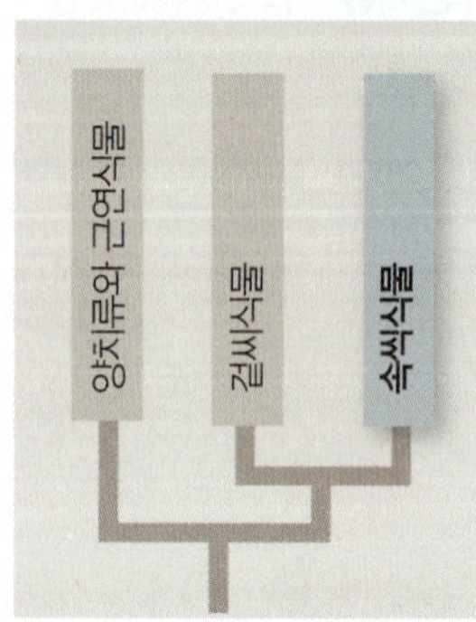

현화식물(꽃식물)로 밝혀진 약 300,000종의 식물들은 **속씨식물**(또는 피자식물, angiosperm)이라고 부르는데, 그 이유는 속씨식물의 배주가 겉씨식물과 달리 수정 시기에 2배체 조직으로 감싸여 있기 때문이다. 종자는 **심피**(carpel)에 싸여 있으며 심피는 나중에 열매로 발달하는데, 이것이 속씨식물의 특징이다(**그림 25.5**). 주목(*Taxus Spp*)을 포함한 일부 겉씨식물이 종자 주위에 과육과 같은 조직을 가지고 있지만, 그들은 기원이 다르며 진정한 열매는 아니다.

그림 25.5 열매의 진화. 겉씨식물과 달리 속씨식물의 배주는 잎으로부터 유래된 포자체 조직에 의해 둘러싸여 있다. 이 조직을 심피라 부르며 열매로 발달한다. 심피가 잎으로부터 기원한 것은 완두콩 꼬투리에서 볼 수 있다.

속씨식물의 기원을 분류하는 것은 복잡하다

속씨식물의 기원은 이를 "대단한 신비(abominable mystery)"라고 언급한 다윈에게도 수수께끼였다. 다윈이 의아해한 것은 속씨식물의 매우 빠른 다양화와 성공적인 정착이다. **표 25.1**에서 보듯이 다른 종자식물은 단지 약 1000종에 불과하지만 속씨식물은 30만 종 이상이다. 속씨식물의 폭발적 다양성은 양치류, 소철, 침엽수에 의해 우점되던 지구의 경관을 오늘날 우리가 보는 좀 더 다양하고 익숙한 생태계로 바꾸었다. 이를 설명하는 흥미로운 가설은 판게아(pangea)의 붕괴가 기후 변화를 일으켜 속씨식물 팽창의 기회가 되었다는 것이다.

중위도 지방이 좀 더 습해지고 온난해졌으며, 온대와 열대 사이의 사막이 작아졌다. 이런 새로운 환경에 있어서 꽃을 만들고, 화분매개자로 곤충을 이용하며, 촘촘한 잎맥의 넓은 잎을 가진 속씨식물의 능력이 중요했을 것이다.

중국의 랴오닝성 외곽에서 1억 2500만 년 전 것으로 여겨지는 완

그림 25.6 가장 오래된 속씨식물의 화석. 여러 개 종자가 들어 있는 심피(열매)와 수술을 지닌 *Archaefructus*속 화석. 1억 2200만~1억 4500만 년 전의 것으로 추정된다.

그림 25.7 고대에 생존했던 속씨식물인 *Amborella trichopoda*. 이 식물은 최초의 속씨식물과 가장 가까운 현존 근연종이다.

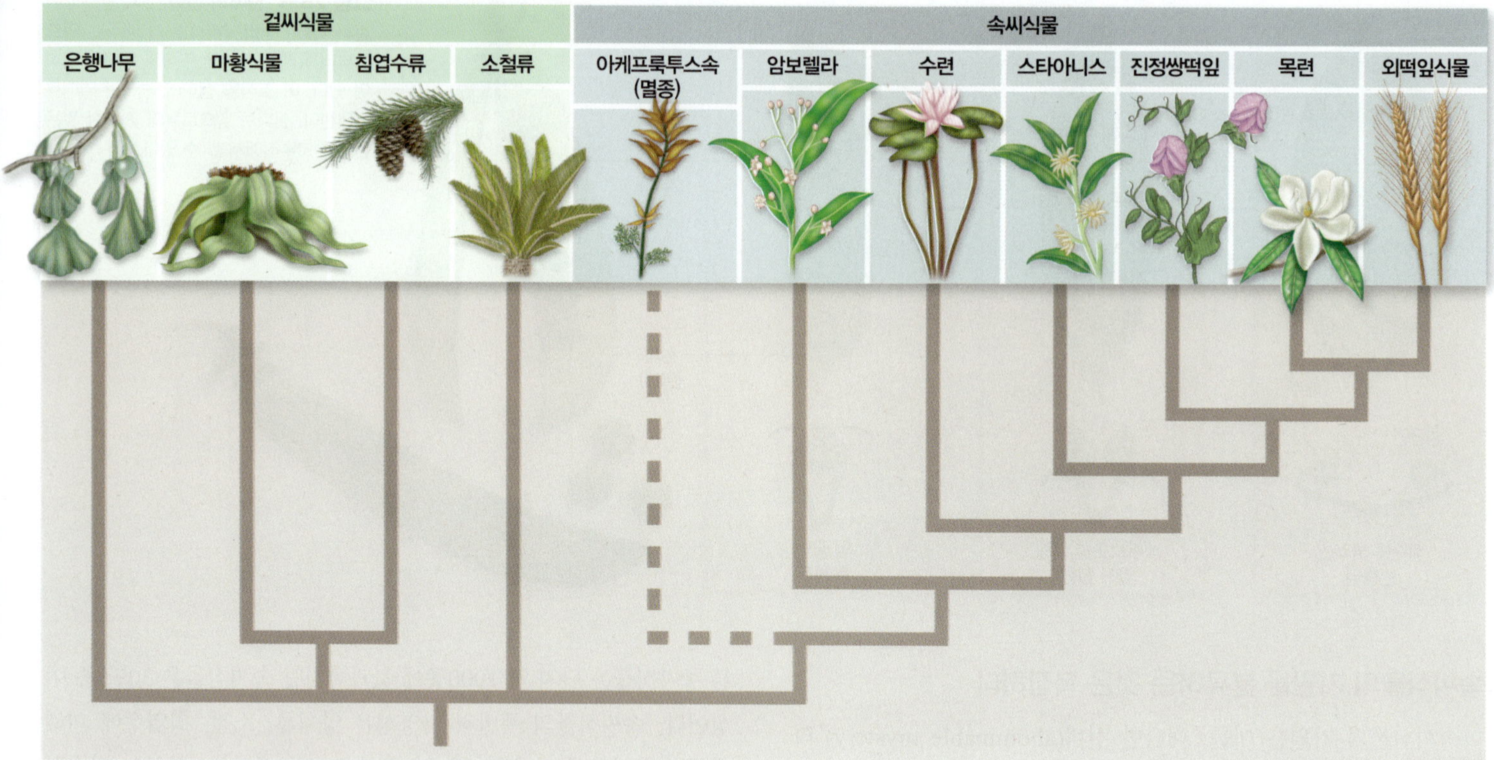

그림 25.8 다른 속씨식물의 자매 분기군으로 여겨지는 아케프룩투스(*Archaefructus*)속 식물.
아케프룩투스 계통의 모든 종들은 멸종하였고, 가장 기본적인 암보렐라만이 현존하는 속씨식물이다.

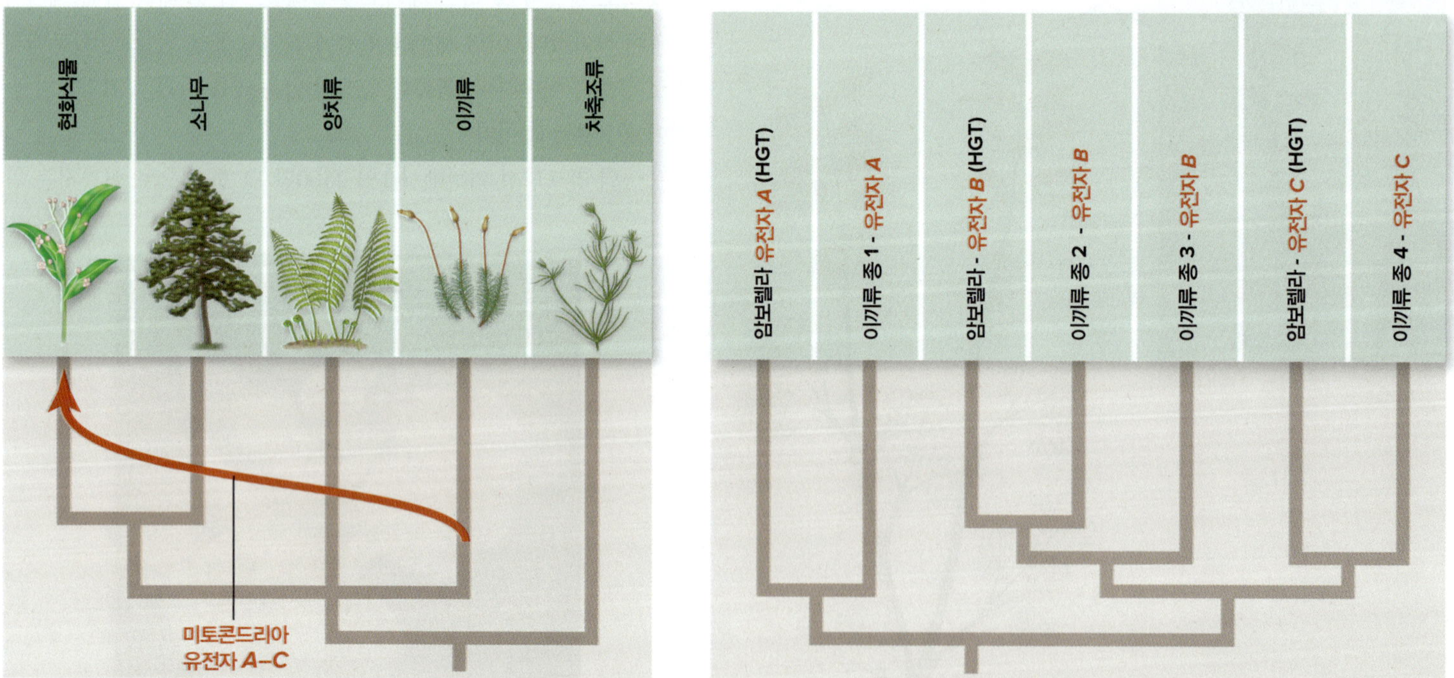

a. *b.*

그림 25.9 현화식물(암보렐라)는 수평적 유전자전달(HGT)을 통해 3개의 이끼 유전자를 획득했다.
a. 다른 육상식물과 암보렐라의 계통학적 관계. 화살표로 표시된 바와 같이, HGT는 암보렐라 내에 있는 이끼 미토콘드리아 유전자의 존재에 대한 설명이다. *b.* 수평으로 전달된 유전자 간의 계통학적 관계

전한 형태의 속씨식물 화석이 발견되었다(**그림 25.6**). 아케프룩투스(*Archaefructus*)속 화석은 암수생식관을 모두 가지고 있었으나, 오늘날 대부분의 속씨식물이 화분 매개 동물을 유인하기 위해 발달시킨 꽃받침과 꽃잎이 없었다. 화석은 너무 잘 보존되어 있어 투사현미경으로 화분을 관찰할 수 있었다. 아케프룩투스속이 조상에 해당되나, 최초의 속씨식물은 아닌 것 같다. 놀랄 만큼 잘 보전된 이 화석식물은 지구상에 공룡이 번성했던 쥐라기(Jurassic) 후기에서 백악기(Cretaceous) 전기에 존재했던 속씨식물에 대한 자세한 구조를 제공해 주고 있다.

가장 기본적인 현존 속씨식물이 암보렐라 트리코포다(*Amborella trichopoda*)(**그림 25.7**)라는데 대해서는 합의가 이루어지고 있다. 작은 크림색 꽃을 지닌 암보렐라속 식물은 수련보다도 더 원시적이다. 이 작은 초본은 남태평양 뉴칼레도니아섬에서만 발견되며, 1억 3500만 년 전 출현한 가장 초기 속씨식물 계통의 마지막 남은 종으로 여겨지고 있다.

암보렐라속 식물이 속씨식물의 기원은 아니지만, 그들에 대한 생식학적 연구는 속씨식물의 초기 방산을 이해하는 데 필요한 많은 자료를 제공해 준다. 속씨식물 계통학은 속씨식물의 기원에 대한 새로운 연구를 견인하는 진화적 가설을 반영하고 있다(**그림 25.8**).

육상식물에서 수평적 유전자전달이 일어났다

암보렐라 트리코포다는 초기의 속씨식물과 가장 가까운 근연종이며, **수평적 유전자전달**(horizontal gene transfer, HGT)을 통해 미토콘드리아 단백질 유전자 31개 중 20개를 다른 육상식물로부터 받았다. 또한 3가지 다른 이끼종의 유전자가 혼합되어 있다(**그림 25.9**).

> **?** **탐구문제** 단일 유전자의 비교를 기반으로 한 계통수에서 왜 부정확한 가설을 초래할 수 있는지 설명하시오.

암보렐라는 현존하는 꽃 피는 식물의 전형적인 형태가 아니다. 이 종은 호주 동쪽의 섬인 뉴칼레도니아의 열대우림에 약 7천만 년 동안 고립되어 그 속 중에서 유일하게 남아 있다. 이 지역에 사는 식물들은 고유종들이 많고 주로 기생식물(다른 식물에서 영양분을 추출하는 식물)이 일반적이다. 이러한 기생식물과의 밀접한 접촉은 HGT의 확률을 증가시킬 수 있다(**그림 25.10**).

그림 25.10 종간의 밀접한 접촉은 HGT를 유발할 수 있다.
이끼는 암보렐라 잎의 아래쪽에서 자라며 지의류가 잎의 나머지 부분에 흩어져 있다.

암보렐라 안에 있는 이끼 유전자에 기능이 있는지 여부는 아직 풀리지 않은 문제이다. 이러한 유전자의 약 절반이 손상되지 않았기에 전사되어 단백질로 번역될 수도 있다. 이러한 단백질은 식물에 남아 있는 단백질과 유사하겠지만, 기능이 있다면 연구해봐야 한다.

> **?** **탐구문제** 암보렐라 안에 있는 이끼 유전자의 기능을 어떻게 알 수 있는가?

꽃은 속씨식물의 배우체 세대를 생성한다

꽃은 변형된 잎을 가진 변형된 줄기로 여겨지며, 크기와 모양에 관계없이 모든 꽃은 일정한 특징을 공유하고 있다(**그림 25.11**). 각각의 꽃은 **원기**(primordium)로부터 발생하여 꽃자루(화병, pedicel)라고 부르는 꽃대(또는 화경, stalk)의 끝에 꽃눈으로 발달한다. 화병은 끝이 조금 팽창하여 꽃턱(또는 화탁, receptacle)을 만들고 이곳에 꽃의 다른 부분이 부착해 있다.

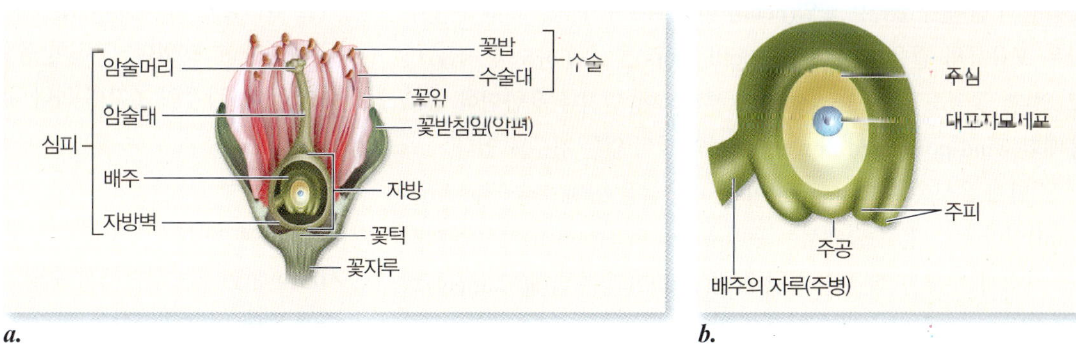

그림 25.11 속씨식물 꽃의 모식도.
a. 꽃의 주요 부분을 표시하였다. *b.* 배주의 자세한 구조. 씨방이 성숙하면 열매가 된다. 배주의 가장 바깥층(주피)이 성숙하면 종피가 된다.

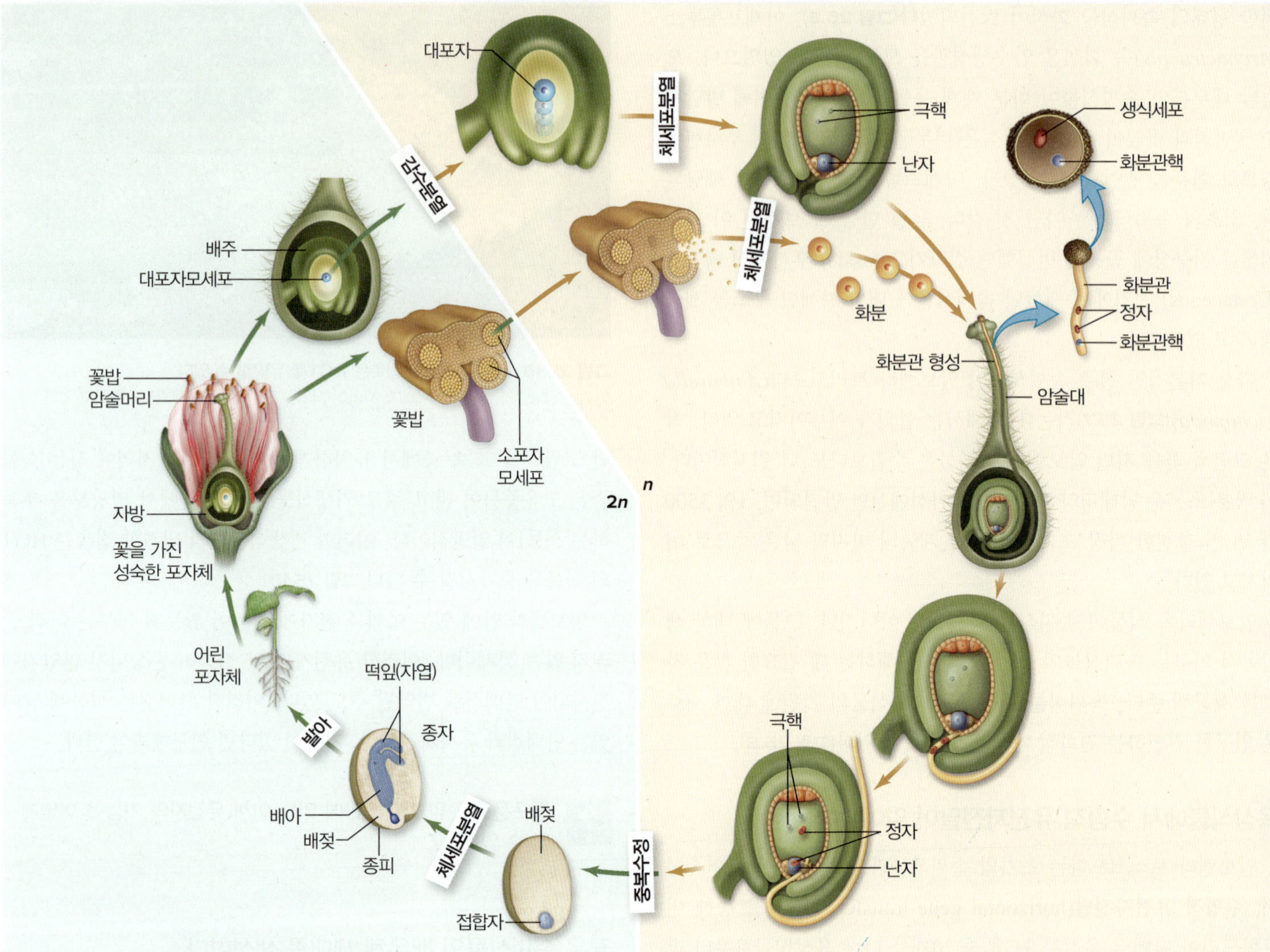

그림 25.12 전형적인 속씨식물의 생활사.
소나무와 마찬가지로 수정을 위해 외부의 물이 요구되지 않는다. 대부분 속씨식물에서 동물이 화분을 심피로 운반한다. 심피의 바깥벽은 열매를 만들어 동물이 종자의 분산을 돕도록 유인한다.

꽃의 형태

꽃을 이루는 요소들은 원형으로 붙어 있는데, 이를 **윤생**(whorls)이라고 한다. 이 윤생체의 가장 바깥 구조물은 **꽃받침**(sepal)이며, 대부분의 꽃은 녹색의 잎 모양을 한 3~5개의 꽃받침을 가지고 있다. 꽃받침의 안쪽 구조물은 **꽃잎**(petal)이라 부르며, 곤충, 조류 및 일부 작은 포유류와 같은 화분매개자(pollinators)를 유인하도록 색을 띠고 있다. 꽃잎도 보통 3~5장이며, 분리되어 있거나 융합되어 있고 풍매화(wind-pollinated flowers)에서와 같이 없는 경우도 있다.

세 번째 윤생은 **수술**(stamen)이며, 수술들을 합쳐 수술군(androecium)이라 부른다. 수술에서는 수배우체인 화분(pollen)이 만들어진다. 각각의 수술은 화분을 지닌 **꽃밥**(anther)과 **수술대**(filament)로 구성되는데, 수술대가 없는 식물도 있다.

꽃의 중앙에 위치하는 네 번째 윤생은 **암술군**(gynoecium)이라 부르며, 작은 암배우체를 지닌다. 암술은 하나 또는 그 이상의 **심피**(carpel)로 구성되어 있다. 첫 번째 심피는 배주를 지닌 잎과 같은 구조로부터 형성되었을 것으로 여겨지고 있다. 원시적인 꽃은 많은 분리된 심피를 가지고 있으나, 대부분의 꽃은 2개 또는 그 이상이 융합된 형태를 하고 있다. 그러한 융합은 오렌지를 반으로 잘랐을 때 볼 수 있는데, 각각의 조각이 하나의 심피이다.

심피의 구조

심피(carpel)는 세 부분으로 구분된다(**그림 25.11***a*). 팽창된 기부인 **자방**(ovary)에는 하나에서 수백 개의 **배주**(ovules)가 들어 있으며 나중에 **열매**(fruit)가 된다. 심피 끝 부위는 **암술머리**(stigma)라 부르며, 대부분의 암술머리는 화분이 떨어지면 잘 붙을 수 있도록 점액질이 있거나 털이 나 있다. **암술대**(style)라고 부르는 목(neck) 또는 대(stalk)가 암술머리와 씨방을 연결해 주는데, 일부 꽃들에서는 암술대가 짧거나 아예 없는 경우도 있다.

많은 꽃들이 자방의 기부 쪽에 화밀(nectar)을 분비하는 **화밀샘**(nectaries)을 가지고 있다. 화밀은 당, 아미노산 및 기타 분자를 함유하고 있어 곤충, 조류 및 여러 동물들을 꽃으로 유인하는 역할을 한다.

중복수정은 속씨식물 생활주기의 독특한 특징이다

꽃눈(화아, flower bud) 발달 동안에 배주 내에 있는 하나의 대포자모세포는 감수분열을 거쳐 4개의 대포자를 만든다(**그림 25.12**). 대부분 현화식물에서 대포자의 3개는 바로 퇴화되고, 나머지 대포자의 핵은 체세포분열을 하고 세포는 원래 크기의 몇 배가 될 때까지 천천히 확장한다.

암배우체

대포자가 확장하는 동안 각 딸핵은 2번 분열하여 8개의 반수체 핵을 만들어 4개씩 두 그룹으로 배열한다. 각 그룹의 1개의 핵은 중심부로 이동하여 극핵으로 작용한다. 2개의 극핵 주위에 세포벽이 형성되어 중심세포를 만든다. 나머지 핵의 주위에도 세포벽이 형성된다. 주공에 가장 가까운 위치에 있는 그룹에서 한 세포는 난자의 기능을 하고 나머지 2개의 세포는 조세포, 반대편의 3개의 세포는 반족세포가 되는데 특별한 기능은 없고 결국 분해 후 사라진다. 동시에 배주에 있는 2층의 주피(integuments)가 분화하여 **종피**(seed coat)로 된다. 이 주피는 발달하면서 한쪽 끝에 작은 구멍인 주공(micropyle)을 만든다(25.2절 참조, **그림 25.11***b*).

이렇게 7개 세포 내에 8개의 핵을 가지고 있는 큰 주머니를 배낭(embryo sac)이라고 하며 암배우체를 이룬다. 암배우체는 포자체에서 양분을 얻는 다세포 반수체 개체의 역할을 한다.

화분 생성

암배우체가 발생하는 동안 유사한 과정이 꽃밥(anther)에서 일어난다(**그림 25.12**). 대부분의 꽃밥은 대개 4개의 방(chamber)이 영양세포로 둘러싸여 있다. 각 방에 있는 조직은 많은 2배체 소포자모세포(microspore mother cell)로 이루어져 있으며, 각 모세포들은 감수분열을 하여 4개의 소포자를 만든다.

4개의 소포자는 4분체(tetrad)로 존재하다가, 각 소포자의 핵이 한 번 분열한 후 각 4분체의 소포자들은 분리된다. 동시에 2층의 세포벽이 소포자 주위에 발달한다. 소포자를 함유한 꽃밥이 성숙하면서

과학적 사고

가설: 빠른 화분관 생장은 속씨식물의 기원과 동반해 일어난다.
예측: 화분관의 생장은 원시 속씨식물의 근연종보다 겉씨식물에서 더 느릴 것이다.
실험: 최초의 속씨식물과 가장 가까운 암보렐라를 포함한 3개의 속씨식물 종을 수분시킨다. 시간 간격을 두고 심피를 절단하여 형광현미경을 이용하여 화분관의 길이를 측정한다. 화분관의 생장속도를 계산하고 이미 측정된 겉씨식물의 결과와 비교한다.

종	화분관 생장속도 (μm/h)
원시 속씨식물과 가장 가까운 근연종	
Amborella trichopoda	80.0
Nuphar polysepala	589.2
Austrobaileya scandens	271.7
겉씨식물	
Gnetum gnemon	6.4
Ginkgo biloba	0.3

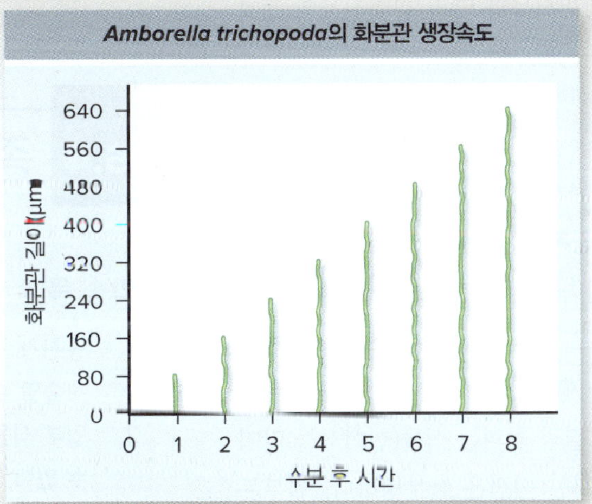

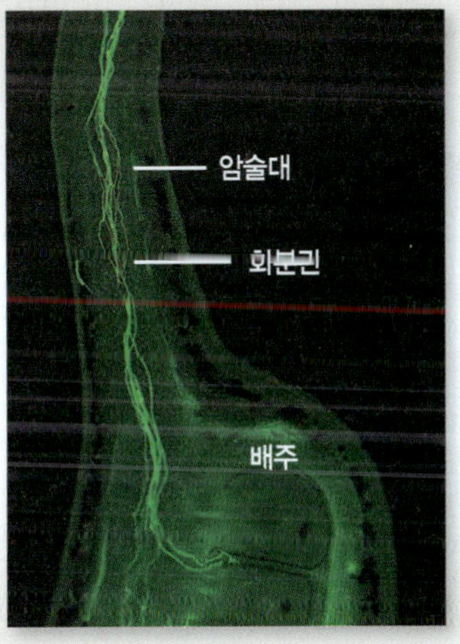

결론: 화분관 생장률의 증가가 원시의 속씨식물 근연종에서 관찰되어 가설을 지지한다.
추가 실험: 실험에 사용한 속씨식물들의 화분관의 생장속도가 다른 것을 설명하는 가설을 설정한다. 수정을 위해 난자까지 도달해야 되는 화분관의 길이와 생장률과는 어떤 상관관계가 있을까? 어떻게 이 가설을 검증할 수 있을까?

그림 25.13 빠른 화분관 생장은 속씨식물의 기원과 일치한다.

이웃한 방들 사이의 세포벽이 분해되어 2개의 비교적 큰 낭이 남게 되며, 이 단계에서 2개의 핵을 가지고 있는 소포자들은 화분립(pollen grains)이 된다.

화분립의 바깥층은 아름다운 모양을 이루며 암술머리의 신호물질에 반응하는 화학물질을 포함하고 있어 수배우체로 발달할지 여부를 결정한다. 화분립은 **발아구**(aperture)를 가지고 이를 통해 화분관이 생장한다.

수분과 수배우체

수분(pollination)은 화분이 꽃밥에서 암술머리로 물리적으로 이동하는 것이다. 대부분 수분은 다른 꽃들 사이에서 일어나며, 곤충, 바람, 물, 중력, 박쥐, 그리고 그 외 동물들에 의해 매개된다. 그러나 속씨식물의 일부는 화분이 같은 꽃의 암술머리에 직접 부착하는 자가수분(self-pollination)을 한다.

화분립이 암술머리에 부착하면 화분립의 세포질이 암술머리로부터 기질을 흡수하여 발아구를 통과해 부풀어 오르는데, 이로부터 화분관(pollen tube)이 생장한다. 이 화분관은 화학적, 물리적 자극에 의해 배낭으로 자라며, 암술대를 따라 내려간 화분관은 주공에 도달한다. 이 과정에는 보통 몇 시간에서 이틀 정도의 시간이 걸리고, 어떤 경우에는 1년이 걸리기도 한다. 화분관 생장은 겉씨식물에서보다 속씨식물에서 빠르게 진행되는데, 빠른 화분관 생장속도는 열매 발달에 중요하고 이는 속씨식물의 기원에 필수적 요인이 된다(**그림 25.13**).

화분립의 2개 세포 중 하나인 **생식세포**(generative cell)의 핵은 천천히 이동하여 화분립이나 화분관에서 분열하여 2개의 정자세포를 만든다. 이끼, 양치류 및 일부 겉씨식물과 달리 현화식물의 정자는 편모를 지니지 않는다.

중복수정과 종자 형성

화분관이 배낭 속으로 들어갈 때 조세포는 파괴되어 없어지고, 그 내용물이 방출된다. 2개의 정자는 **중복수정**(double fertilization)을 하는데, 하나의 정자는 난자와 결합하여 접합자(zygote)가 되어 포자체 식물로 발달하며, 다른 정자는 2개의 극핵과 결합하여 3배체의 1차 배젖 핵(endosperm nucleus)을 형성한다. 중복수정은 속씨식물에서 나타나는 독특한 현상이다. 그 결과 꽃피는 식물(현화식물)만이 배젖을 생성한다. 중복수정의 진화적인 이점은 불분명하다. 일부는 수정할 때까지 영양 조직의 생산을 지연시킨다고 말한다. 또한 다른 사람들은 배젖의 빠른 분열이 장점이라고도 이야기한다. 빠른 종자 형성은 종자가 소비되어 사라질 가능성을 줄여준다.

1차 배젖 핵은 빠르게 분열하여 몇 천 개의 세포로 이루어진 3배체 배젖조직(endosperm tissue)이 된다. 배젖조직은 옥수수 같은 벼과 식물 종자의 대부분을 구성하고 대부분의 현화식물에서 발생 중인 배아에 영양을 공급한다(**그림 35.35** 참조). 배젖은 속씨식물에서 배아에 영양분을 공급해주는 반면에 겉씨식물에서는 암배우체가 그 기능을 대신한다.

탐구문제 배젖이 종자에서 발달하지 못하면 종자 배아의 적응력에 어떤 영향을 줄 것이라고 생각하는가?

자료 분석 **그림 25.13**의 그래프를 사용하여 화분관의 생장률을 계산하여 작업 결과를 확인하시오. **그림 25.13**의 표와 비율을 비교하고 차이점에 대해 설명하시오.

핵심 요약 25.3

매우 성공적으로 번성한 속씨식물의 가장 가까운 친척인 암보렐라는 이 그룹의 기원에 대한 단서를 제공한다. 속씨식물은 하나의 분기군을 형성하지만 수평적 유전자전달(HGT)은 유연관계가 먼 식물종의 유전자를 이동시키는 것에 기여했다. 속씨식물은 배주에 의해 특징 지어지며, 수분은 이 문의 고유한 구조인 심피 기저부의 자방 내에서 일어나고, 자방은 열매로 발달한다. 속씨식물의 진화 혁신은 배아에 영양분을 공급하기 위한 배젖의 발달, 수분매개자 유인, 배아를 보호하기 위한 열매, 확산기작, 빠른 화분관의 성장, 그리고 중복수정이 포함된다.

- 기생식물 이외의 방법으로, 이끼의 유전자는 어떻게 속씨식물로 전달될까?

25.4 종자

학습 목표

1. 종자가 자손의 생존을 보장하는 데 도움이 되는 4가지 방법을 서술할 수 있다.
2. 일부 식물에서 종자 발아를 일으킬 수 있는 환경 조건을 나열할 수 있다.

속씨식물의 중복수정과 겉씨식물의 단일수정으로 배아가 생성된 후 매우 중요한 사건이 발생한다. 즉 배아의 발달이 멈추는 것이다. 이 절에서는 속씨식물의 종자 발달을 살펴본다. 많은 식물에서 배아

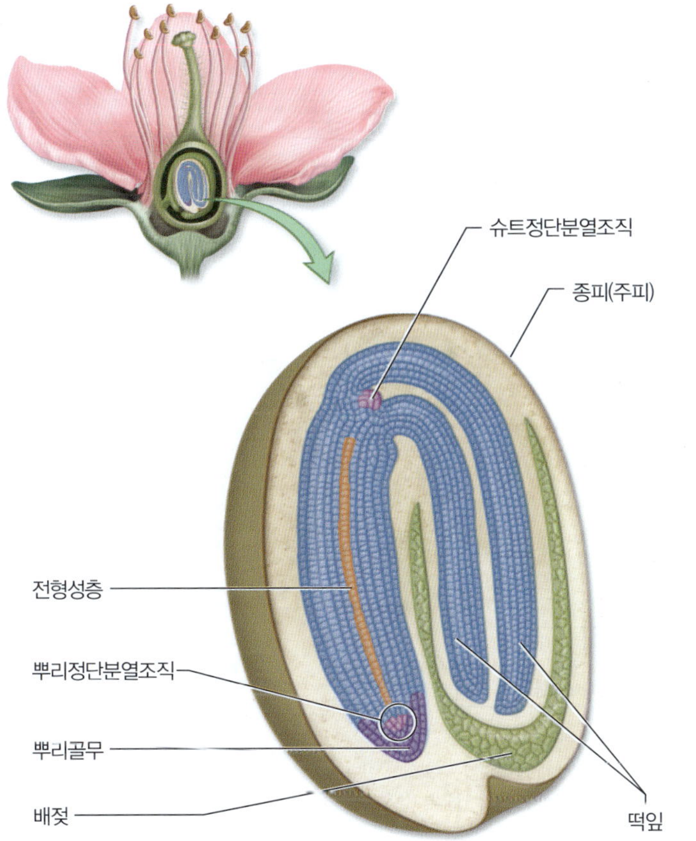

그림 25.14 종자발생.
성숙한 속씨식물 배주의 주피는 종피를 형성한다. 2개의 자엽이 종자내에서 구부러져 자란다.

그림 25.15 산불로 인한 소나무의 종자 방출.
불은 성체 방크스소나무를 태워 파괴시킬 수도 있으나, 다음 세대의 성장을 자극하기도 한다. *a.* 방크스소나무의 구과(솔방울)는 단단히 봉합되어 있어 인편으로 보호된 종자가 방출될 수 없다. *b.* 고온으로 종자의 방출이 유도된다.

의 발달은 분열조직과 떡잎(자엽)이 형성된 직후에 중지된다. 주피(배주의 외부 세포층)는 비교적 불침투성인 **종피**(seed coat)로 발달하는데, 휴면 배아와 저장된 영양분을 갖는 종자를 둘러싼다(**그림 25.14**).

종자는 배아를 보호한다

종자는 배아를 먼 곳에 분산시키는 운반체 역할을 한다. 종자는 보호층으로 둘러싸여 있어, 성숙한 식물이 죽을 수 있는 환경에서도 생존할 수 있다.

종자는 다음과 같은 방법으로 중요한 적응을 하고 있다.

1. 종자는 불리한 조건에서 휴면 상태를 유지하고 더 나은 조건이 될 때까지 발생을 늦춘다.
2. 종자는 가장 취약한 발달 단계에서 어린 식물을 최대한 보호한다.
3. 종자는 광합성 활동이 시작되기 전까지 어린 식물이 자라고 발달할 수 있도록 영양분을 저장한다.
4. 가장 중요한 것은 종자는 식물의 유전자형을 새로운 서식지로 확산시키도록 적응된 것이다.

성숙한 종자는 약 5~20%의 수분을 함유하고 있으며, 이러한 조건에서도 종자와 어린 식물은 매우 안정하게 존재한다. 이와 같이 생장이 정지되어 있는 것은 주로 배아에서 건조가 점진적으로 심하게 일어나고 물질대사 활동이 감소되어 있기 때문에 나타나는 현상이다. 물과 산소가 배아에 도달할 때까지 종자는 발아가 일어날 수 없으며, 일부 식물의 종자는 수백 년, 그리고 드물게 수천 년 동안 생존할 수 있는 것으로 알려져 있다.

특수화된 종자의 적응으로 생존율이 향상되었다

종자가 적절한 조건에서만 발아한다는 사실은 특별한 적응능력이다. 때때로 종자는 불의 열기에 노출될 때까지 열리지 않는 경우도 있다(**그림 25.15**). 이 전략은 산불에 타버린 식물로 인해 영양분이 비교적 풍부하고, 산불로 인해 완전히 개방된 서식지에서 종자를 발아하게 한다.

어떤 식물의 종자는 억제 화학물질이 종자 외피에서 녹아서 나올 때만 발아하는데, 이는 충분한 물이 있을 때만 발아하도록 보장한다. 또 다른 종자는 새나 포유류의 내장을 통과하거나 되새김질하는 과정을 거쳐야 발아하는데, 이는 종자의 껍질(종피)을 약화시킬뿐만 아니라 종자의 산포도 가능하게 한다. 때로는 특정 지역에서 멸종된 것으로 생각되는 식물의 종자가 특수한 또는 보다 나은 환경에서 발아하기도 한다.

핵심 요약 25.4

종피는 주피에서 유래하며 배아와 저장된 영양분을 둘러싼다. 종자가 갖는 4가지 장점은 휴면, 배아 보호, 영양분 및 산포 방법이다. 일부 종에서는 발아를 위해 화재, 폭우 또는 동물의 소화관 통과가 필요할 수 있다.

■ 추운 겨울 날씨에 사는 나무는 어떤 형태의 종자 휴면을 할까?

25.5 열매

학습 목표

1. 열매의 발달 과정과 구조를 설명할 수 있다.
2. 장과, 협과, 핵과 및 시과의 특징을 구분하여 설명할 수 있다.

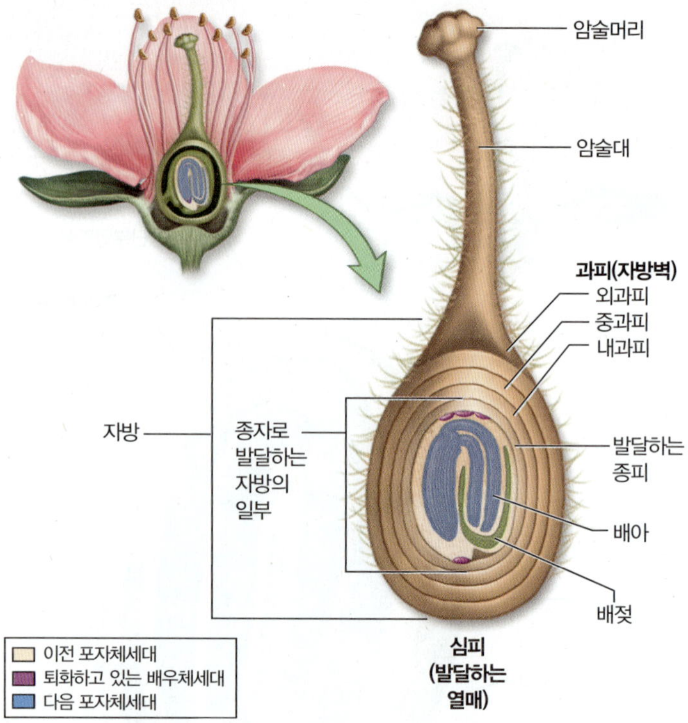

그림 25.16 열매의 발달.
심피(자방) 벽은 3개의 층으로 구성되어 있다. 외과피, 중과피, 내과피, 이 층들 중 하나, 일부 또는 전부는 다른 종에서 열매로 발달한다. 발달하고 있는 열매 안에서 종자가 성숙한다.

? 탐구문제 그림에는 3세대가 나타나 있다. 여기에 보여준 다른 세대의 조직의 핵상을 표시하시오.

속씨식물 배아의 생존은 종자 발달뿐만 아니라 열매의 발달에도 의존한다. 열매는 가장 단순하게는 성숙한 자방으로 정의된다. 종자 형성 동안 꽃의 자방이 열매로 발달하기 시작한다(**그림 25.16**).

열매는 종자 없이 발달하는 것이 가능하다. 예를 들어, 시판되는 바나나의 열매는 종자가 없다. 바나나는 무성생식으로 번식된다.

열매는 산포에 적합하다

열매는 여러 가지 방식으로 형성되며, 산포를 위한 다양한 적응 양상을 보인다. **과피**(pericarp)라고 부르는 3층의 자방벽은 서로 다른 운명을 가지게 되며, 과육이 있고 부드러운 것에서 건조하고 단단한 것까지 다양한 형태의 열매가 되게 한다. **그림 25.17**은 다양한 열매의 유형을 보여준다.

열매에는 3가지 유전자형이 모두 존재한다. 열매와 종피는 이전 포자체 세대에서 생겨나며, 배아는 다음 포자식물체 세대가 된다(**그림 25.16** 참조). 마지막으로 배젖은 일시적이고, 수정으로 인한 3배체의 생성물이다.

열매는 속씨식물이 넓은 지역을 점령할 수 있게 한다

열매는 형성되는 방법도 다양하지만 여러 특수한 산포 방식을 지니고 있다. 과육을 가진 열매는 흔히 윤기 있는 검은색이지만 밝은 청색 혹은 붉은색을 띠며, 새나 다른 척추동물에 의해 산포된다(**그림 25.18***a*). 붉은색 꽃과 같이 붉은색 열매는 먹이가 많이 있음을 나타내는 신호를 준다. 이들 열매를 먹음으로써 새나 다른 동물들은 종자를 한 장소에서 다른 장소로 옮겨주게 되면서 식물이 한 서식처에서 다른 서식처로 옮겨지게 된다. 이러한 종자들에게는 동물의 위산이나 소화효소로부터 보호받기 위해 단단한 종피가 필요하다.

잡초인 인동덩굴에서 볼 수 있는 갈고리 모양의 가시(**그림 25.18***b*)를 가진 열매는 북반구 낙엽수림에 나타나는 여러 식물 속의 전형적인 특징이다. 이러한 열매들은 흔히 사람을 포함한 포유동물의 털이나 옷에 달라붙어 퍼트려진다. 다람쥐류의 포유동물은 도토리와 같은 열매들을 산포시키고 땅에 묻기도 하는데, 이들의 일부는 봄에 얼음이 녹고 환경이 좋아지면 싹을 틔운다.

단풍나무, 느릅나무, 서양물푸레나무의 열매들은 바람에 의한 산

그림 25.17 열매의 종류.

협과와 시과는 건조한 열매를 갖는다. 협과는 종자를 방출하기 위해 열려야 하고 시과는 그렇지 않다. 핵과와 진정 장과는 단순한 다육질의 열매이다. 이들은 하나 혹은 그 이상의 심피로 구성된 단일 암술을 가진 꽃으로부터 발달한다. 취과와 복과는 복합 다육질의 열매이다. 이들은 하나 이상의 암술을 가진 꽃, 또는 하나 이상의 꽃으로부터 발달한다.

그림 25.18 열매 산포의 기작.

a. 인동(*Lonicera hispidula*)의 밝은 붉은색 열매는 새들을 유혹한다. 종자는 새들이 열매를 먹으면 몸속에 있는 채로 이동하거나 열매의 끈적끈적한 성질 때문에 발이나 몸통 부위에 붙어서 아주 멀리 이동한다. ***b.*** 벼과식물의 한 종인 *Cenchrus incertus*의 열매를 밟으면 그 가시들은 지나가는 동물에게 쉽게 달라붙는다. ***c.*** 민들레와 비슷한 텍사스민들레(*Pyrrhopappus carolinianus*)는 "낙하산"을 가지고 있는데 이는 바람에 의해 열매를 널리 산포시킨다. 정원사들이 관리하기 힘들다. ***d.*** 이 야자나무(*Cocos nucifera*)의 열매는 해변의 모래사장에서 발아한다. 열대지역에서 사람에게 가장 유용한 열매 중 하나인 야자열매는 파도에 떠내려가서 다른 섬에서 자라게 된다.

포를 돕는 날개를 가지고 있다. 난과 식물은 바람에 날리는 아주 작고 먼지 같은 종자를 가지고 있다. 민들레는 바람에 의해 산포되는 친숙한 열매형의 한 예를 보여주며(**그림 25.18***c*), 박주가리, 버드나무나 미루나무와 같은 식물들의 종자 산포도 비슷하다. 물에 의해 산포하도록 적응된 것들은 물의 침투를 막는 불투과성 막으로 둘러싸인 공기 주머니를 가진다.

해변 근처에 사는 야자류 식물들은 종자가 물에 떠내려가 다른 지역으로 산포되는데(**그림 25.18***d*), 이러한 종류의 산포는 하와이와 같은 먼 섬에 식물군집이 이루어지는 데 중요한 역할을 한다.

북미 속씨식물 종의 약 1/3에 해당하는 175여 종의 종자가 하와이섬에 도달하여 현재의 약 970종의 식물로 진화한 것으로 추정되고 있다. 이들 종자의 일부는 바람에 의해, 일부는 새의 깃털이나 소화관을 통해 운반되었고, 일부는 태평양을 횡단하여 떠내려갔다. 거리가 하와이와 미국 본토만큼은 되지 않더라도 산꼭대기나 습지, 강, 혹은 북사면 절벽과 같은 불연속적인 서식처를 가진 식물들에게도 산포는 매우 중요하다.

핵심 요약 25.5

자방벽의 과피층은 열매로 발달한다. 장과는 다육질의 과피를 가지며 협과는 종자 산포를 위해 벌어지는 건조한 과피를 갖는다. 핵과는 다육질이며 시과는 날개를 갖는다. 동물은 다육질이나 갈고리 가시를 가진 열매 속의 종자를 산포시킨다. 바람은 가벼운 종자나 시과를 퍼뜨린다.

■ 동물이 더 잘 먹을 수 있는 열매는 어떤 형태일까?

핵심 개념 요약

25.1 종자식물의 진화

■ 종자는 배아를 보호한다

배아를 둘러싸는 포자체 조직의 여분의 층은 배주를 만들어 나중에 딱딱하게 된다(**그림 25.1**). 종자는 배아를 보호하며, 건조를 막고, 환경 조건이 유리해질 때까지 휴면기를 가질 수 있게 한다.

■ 수배우체를 암배우체로 수송하기 위해 물이 필요하지 않다

종자식물의 배우체는 일반적으로 몇 개의 세포로 구성된다. 화분은 수배우체이다. 화분립에는 정자세포가 포함되어 있다. 수정에는 물이 필요하지 않다. 암배우체는 종자를 형성하는 배주 안에서 발생한다.

25.2 겉씨식물: 노출된 종자를 가진 식물(그림 25.3)

겉씨식물은 수분 시 포자체(2배체) 조직으로 완전히 둘러싸이지 않은 배주를 가지고 있다.

겉씨식물의 4그룹은 침엽수, 소철류, 마황류 및 은행류이다. 모두 꽃과 진정한 열매를 가지고 있지 않다.

■ 침엽수는 가장 큰 겉씨식물문이다

침엽수에는 소나무, 가문비나무, 전나무, 삼나무 및 기타 여러 나무들이 포함된다. 가장 키가 크고 오래된 관다발식물은 침엽수이다.

■ 소나무는 전형적인 침엽수속이다

소나무는 2~5개의 거칠고 바늘 같은 잎이 모여 있다. 그들은 암수의 구과(cones)를 생산한다.

수구과에서 소포자낭의 소포자모세포는 소포자를 만든 다음 4세포 화분, 수배우체로 발전한다.

암구과에서 대포자낭(nucellus)은 4개의 대포자가 되는 단일 대포자모세포를 생성한다. 이 중 3개가 분해되고, 나머지 1개는 암배우체로 발전하여 난자를 운반하는 장란기를 생성한다.

수정하면 화분에서 화분관이 나오고 주심을 통해 자란다. 결국 2개의 정자세포가 화분관을 통해 이동하고 하나는 난자와 결합한다. 다른 하나는 붕괴된다.

■ 소철류는 야자와 비슷하지만 현화식물은 아니다

대부분의 소철은 15 m 이상의 높이에 도달할 수 있다. 소철은 야자와 달리 구과를 생성한다. 그들의 생활사는 침엽수와 같다.

■ 마황류에는 물관이 있다

관다발식물의 공통적인 특징인 물관은 매우 효율적인 수송 세포이다. 마황류는 물관을 가진 유일한 겉씨식물이다.

이 그룹에는 아프리카 남서부의 웰위치아속과 전세계의 수많은 마황속의 종이 포함된다.

■ 은행나무문은 한 종만이 현존한다

은행나무는 잎이 넓은 겉씨식물이다. 가을에 낙엽성이며 자웅이주이고 암그루는 악취가 나는 육질이 많은 종자를 갖는다.

25.3 속씨식물: 현화식물(그림 25.8)

속씨식물은 난자가 수정 시 배주라고 불리는 2배체 조직에 둘러싸여 있고, 열매를 형성하기 때문에 겉씨식물 및 다른 식물과 구별된다.

■ 속씨식물의 기원을 분류하는 것은 복잡하다

판게아의 분리로 인해 속씨식물이 확장에 유리한 기후 변화가 생겼을지라도, 속씨식물이 어떻게 발생했는지는 확실하지 않다. 가장 오래된 현생 속씨식물은 뉴칼레도니아 섬에서 발견된 암보렐라 트리코포다인 것으로 보인다.

■ **육상식물에서 수평적 유전자전달이 일어났다**

암보렐라 게놈에서 이끼 유전자가 발견되었으며, 아마도 기생식물에 의해 전이되었겠지만, 암보렐라에서 기능을 갖는지는 알려지지 않았다.

■ **꽃은 속씨식물의 배우체 세대를 생성한다**

꽃은 변형된 잎을 가진 변형된 줄기로 간주된다. 꽃은 꽃받침, 꽃잎, 수술군, 암술군의 4요소가 윤생한다(**그림 25.11***a*).

수술군은 수배우체인 반수체의 화분을 만드는 수술들로 이루어져 있다.

암술군은 암배우체를 갖는 심피들로 이루어져 있다. 심피는 열매가 되는 자방, 끝부분인 암술머리, 암술머리와 자방을 이어주는 암술대로 구성되어 있다.

■ **중복수정은 속씨식물 생활주기의 독특한 특징이다(그림 25.12)**

대포자는 8개의 반수체 핵을 생성한다. 암배우체는 7개의 세포에 8개의 핵이 있는 큰 배낭으로 구성된다. 난자와 2개의 극핵(단일 세포)이 가장 중요하다. 암술머리에 부착한 후, 화분은 배낭쪽으로 자라는 화분관이 발달한다. 결국 2개의 정자가 화분관을 통과한다. 하나는 난자와 융합하여 접합자를 형성하고, 다른 하나는 극핵과 결합하여 3배체의 핵을 형성한 후, 배아에 영양을 공급하는 배젖으로 발달한다.

25.4 종자(그림 25.14)

■ **종자는 배아를 보호한다**

종자는 좋지 않은 환경동안 휴면상태를 유지하고, 배아를 보호하고 양분을 공급하며 산포시킴으로써 다음 세대의 생존을 향상시킨다.

■ **특수화된 종자 적응으로 생존율이 향상되었다**

종자 발아 전에 종피는 투과성이 증가하여 물과 산소를 배아에 공급한다. 적응을 통해 적당한 생존 조건하에서 발아하도록 진화하였다. 어떤 겉씨식물의 종자는 산불이 난 후에 구과에서 방출된다. 동물의 소화관을 통과하거나 땅이 얼고 녹기를 반복하거나 충분한 물이 있을 때 종자가 발아할 수도 있다.

25.5 열매(그림 25.16)

■ **열매는 산포에 적합하다**

속씨식물에서 열매는 성숙한 자방이다. 열매의 발달은 배아, 배젖 및 종피의 발달과 조화를 이룬다.

속씨식물은 많은 유형의 열매를 생산하며, 이는 과피(심피벽)의 운명에 따라 달라진다. 열매는 건조하거나 다육질일 수 있으며, 단과(단일 심피), 취과(여러 심피) 또는 복과(여러 꽃)일 수 있다.

과일은 부모 포자체(종피 및 열매 조직), 배우체(발달 중인 종자의 잔존물) 및 자손 포자체(배아)의 조직을 포함하기 때문에 유전적으로 독특하다.

■ **열매는 속씨식물이 넓은 지역을 점령할 수 있게 한다**

열매는 광범위한 산포 메커니즘을 나타낸다. 그들은 동물에 의해 섭취되어 운송될 수 있고, 초식 동물에 의해 땅 속에 묻히거나, 조류와 포유류에 의해 운반되거나, 바람에 날리거나, 물에 떠다닐 수 있다.

연습문제

■ **1단계: 이해력 확인하기**

1. 종자를 볼 수 없는 식물은 무엇인가?
   a. 선태식물문　　b. 관다발식물문
   c. 침엽수류　　d. 마황식물문

2. 다음 중 식물이 환경조건이 최적이 될 때까지 생활주기를 멈추게 할 수 있는 것은 무엇인가?
   a. 기공　　b. 체관과 물관
   c. 종자　　d. 꽃

3. 속씨식물에서 발견되는 관다발조직의 형태를 가지고 있는 것은 무엇인가?
   a. 소철류　　b. 마황식물문
   c. 은행나무문　　d. 침엽수

4. 소나무에서 소포자와 대포자는 어떤 과정에 의해 만들어지는가?
   a. 수정　　b. 체세포분열
   c. 융합　　d. 감수분열

5. 식물의 수배우체의 부분을 표현하는 것이 아닌 것은 무엇인가?
   a. 대포자　　b. 장정기
   c. 화분립　　d. 소포자

6. 가장 오래된 속씨식물을 대표하는 현생의 식물은 무엇인가?
   a. 쿡소니아(Cooksonia)
   b. 아케프룩투스(Archaefructus)
   c. 클라미도모나스(Chlamydomonas)
   d. 암보렐라(Amborella)

7. 배주의 주피는 나중에 무엇으로 발달하는가?
   a. 배아　　b. 내배유
   c. 열매　　d. 종피

8. 다음 중 핵과에 속하는 것은 무엇인가?
   a. 딸기　　b. 자두
   c. 콩　　d. 파인애플

9. 과피는 어느 부분에 속하는가?

a. 자방벽　　b. 종피
c. 자방　　d. 성숙한 배젖

■2단계: 적용력 평가하기

1. 속씨식물의 생식이 겉씨식물의 생식보다 빨리 일어날 수 있는 이유는 무엇인가?

a. 겉씨식물 정자는 난자까지 유영하기 위해 물을 필요로 하기 때문이다.
b. 꽃은 항상 생식 속도를 증가시켜 주기 때문이다.
c. 속씨식물의 화분관은 겉씨식물 화분관보다 빨리 자라기 때문이다.
d. 속씨식물은 꿀을 가지고 있기 때문이다.

2. 중복수정으로 만들어진 2배체와 3배체는 다음 중 무엇인가?

a 접합자; 배젖　　b. 배젖; 소포자
c. 극핵; 접합자　　d. 극핵; 접합자

3. 어떠한 혁신이 속씨식물의 성공에 크게 기여했는가?

a. 속씨식물의 동형포자
b. 동물 매개자를 유인하는 과일
c. 종자를 만드는 구과(cone)
d. 배우체 세대의 우세

4. 두 식물표본을 현미경으로 관찰하여 한 표본에서 물관이 관찰되었다면 그 표본은 무엇인가?

a. 속씨식물 또는 마황식물이다.
b. 마황식물 또는 소철류이다.
c. 물관이 없는 다른 표본은 양치식물이다.
d. 물관이 없는 다른 표본은 관다발식물이다.

5. 수정 후 꽃에서 2배체인 조직은 무엇인가?

a. 심피, 주피, 대포자모세포
b. 심피, 주피, 대포자
c. 심피, 대포자, 접합자
d. 심피, 대포자모세포, 배젖

6. 열매는 종자의 산포에 특화된 복잡한 기관이다. 다음 중 성숙한 열매를 만드는 데 기여하지 않는 조직은 무엇인가?

a. 이전 세대의 포자체 조직
b. 이전 세대의 배우체 조직
c. 다음 세대 포자체 조직
d. 다음 세대 배우체 조직

■3단계: 사고력 함양하기

1. 속씨식물의 기원, 특히 겉씨식물과 속씨식물을 구분하는 것을 연구한다고 할 때, 새롭게 발견된 화석을 대상으로 어떠한 특징들을 이용하여 겉씨식물 또는 속씨식물 여부를 정확히 판정할 수 있는가?
2. 현화식물에서 자가수분의 유리한 점과 불리한 점을 설명하시오.
3. 현화식물과 수분매개자의 관계는 공진화의 예로 종종 이용된다. 많은 현화식물의 꽃은 하나의 수분매개자에 맞는 구조를 하고 있다. 그러한 특별한 관계의 유리한 점과 불리한 점을 평가하시오.
4. 어느 날 사과를 먹을 때 종자를 저장하고 심기로 했다. 하지만 종자의 발아는 쉽지 않았고 결국 실패했다. 종자가 발아하지 않은 모든 가능한 이유와 성공 가능성을 높이기 위해 시도할 수 있는 전략에 대해 토론하시오.

26

균류

도입

균류는 열대지역에서 툰드라에 이르기까지 육상과 물속 등 지구상 어디에서나 발견되며, 생태와 인간의 건강에 중요한 영향을 미치고 있다. 균류가 식물과 아주 가까운 관계에 있을 것으로 생각하지만, 실제로 균류는 식물보다는 동물과 더 최근의 공통조상을 공유하고 있다. 이는 동물에서 병원성 균류를 치료하는 데 있어서 문제가 발생할 수 있는데, 두 생물군의 생리적 유사성으로 인해서 병원성 균류를 죽이는 약은 인간을 포함한 숙주동물에게도 해로울 수 있다는 것을 의미한다.

균류는 소화효소를 분비한 후 외부에서 소화되어 균사 주변에 분포하는 양분을 흡수한다. 이러한 영양 방법은 균류를 빠르게 생장하고 넓은 범위의 생태적지위에 적응할 수 있게 한다. 균류는 뿌리가 없는 식물의 줄기에 결합하여 식물의 양분 흡수와 수분 흡수를 도움으로써 초기 식물이 육상에 정착하는 것을 가능하게 했다. 일부 균류는 식물에 질병을 일으키지만, 죽었거나 죽어가는 식물 물질을 분해하여 식물이 고정한 탄소를 다른 생물이 사용 가능한 탄소의 형태로 빠르게 순환시키는 데 결정적인 역할을 하고 있다. 또한 인간은 일부 균류를 식품으로 사용하기도 하는데, 효모는 수백만 년 동안 빵과 알코올 음료를 만드는 데 사용되어 왔다.

26.1 균류의 분류

학습 목표

1. 진균계에 속한 문을 나열할 수 있다.
2. 균류를 분류하는 방법이 어떻게 변화했는지 설명할 수 있다.

초기 균류의 분류는 형태의 전체적 특징을 비교하는 데 의존했다. 18세기, 19세기, 20세기에 현미경과 생화학적 연구의 발전은 초기의 분류 방법을 개선하는 데 기여했다. 이후, 1980년대에 분자생물학 분야의 빠른 발전을 통해 균류 분류군 사이의 진화적 관계를 보다 더 잘 반영하는 더 정확한 분류가 가능해졌다. 유전체학을 포함하는 현대의 분자기술은 진균계를 형성해 온 독특한 진화적 여정을 밝히고 있으며, 이러한 기술은 분류와 계통학에 대한 새로운 접근 방법을 지속적으로 알려줄 것이다. DNA와 단백질 서열의 계통적 분석은 균류가 식물보다 동물과 더 가깝다는 것을 보여주고 있다. 화석과 분자 자료에 따르면 동물과 균류가 적어도 4억 6천만 년 전까지 공통 조상을 공유했다는 것을 나타내고 있다. 이 조상은 단세포이며, 그때부터 균류와 동물 모두에서 다세포성에 대한 독특한 해결책이 진화했다.

균류 분류군 사이의 계통학적 관계를 해결하려는 시도는 훨씬 더 많은 논쟁을 불러 일으켰다. 기존의 분자 자료는 대립 가설에 기반한 분류에 사용될 수 있다. 전통적으로 균류는 기본적으로 감수분열을 거치는 세포의 특성을 기반으로 병꼴균문(병꼴균류), 접합균문(접합균류), 자낭균문(자낭균류), 담자균문(담자균류)의 4가지 문으로 구분되어 왔다. 접합균문과 병꼴균문이 측계통이라는 발견을 통해 병꼴균류는 3개의 독립된 문인 병꼴균문(Chytridiomycota), 블라스토클라디아균문(Blastocladiomycota), 네오칼리마스티고균문(Neocallimastigomycota)으로 나누어졌다.

진균계는 6개의 단계통군을 포함한다

현재 균류는 블라스토클라디아균문, 네오칼리마스티고균문, 병꼴균문, 글로메로균문, 담자균문, 자낭균문 등 진균계를 이루는 널리 알려진 6개의 단계통군이 존재한다(**그림 26.1**, **표 26.1**). 측계통으로 알려진 접합균문 내에서의 관계가 아직 해결되지는 않았으나, 대부분의 진균계의 분류는 이 분류군들을 포함하고 있다. 또 다른 균류인 미포자충류(Microsporidia)는 다른 분류군의 일부와의 유사성과 접합균문과의 공통조상 관계 때문에 균류에 포함되기도 하지만, 균학자들이 연구하고 있음에도 "진정한" 균류로 간주되지는 않는다. 상대적으로 새로운 분류군인 크립토균문(Cryptomycota)은 7번째 문으로 제안되었다. 이 분류군은 다양하지만 현재까지는 배양할 수 없고, 토양과 해양을 포함한 수중환경에서 분자기술에 의해서만 검출되고 있는 분류군이다. 균류 사이의 복잡한 진화적 관계를 이해하는 데 있어 혼란스러운 점은 많은 균류에서 수평적 유전적 전달이 일어났다는 증거가 점차 증가하고 있다는 것이다.

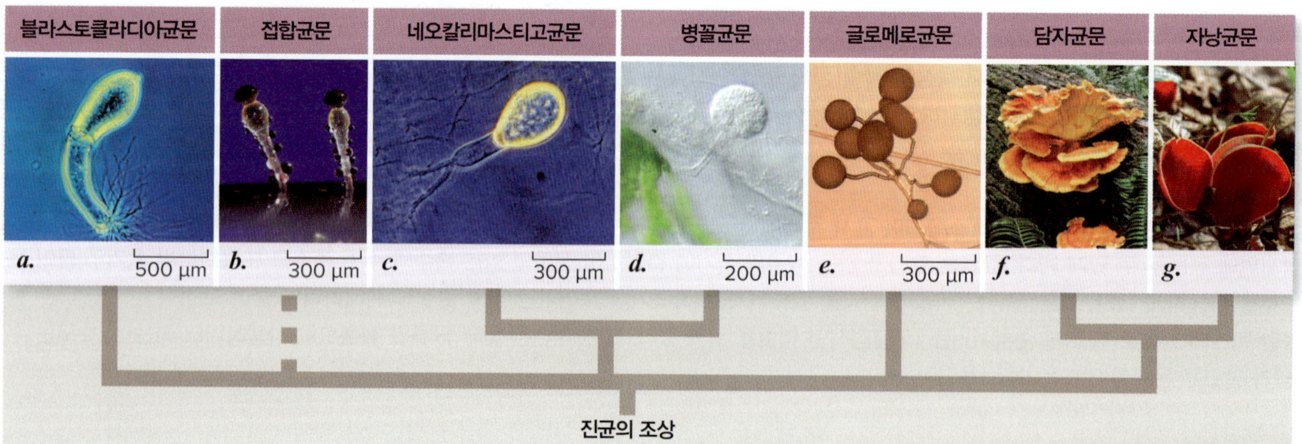

그림 26.1 균류의 주요 문.
접합균문을 제외하고 모든 문은 단계통이다. 미포자충문은 여기에 없으나 일부 분류에서는 포함된다. ***a.*** 물곰팡이(*Allomyces arbuscula*)는 블라스토클라디아균류이다 ***b.*** 접합균류(*Pilobolus*)는 동물의 변과 배지에서 자란다. ***c.*** *Piromyces communis*를 포함하는 네오칼리마스티고균문은 초식동물에서 셀룰로스를 분해한다. ***d.*** *Rhizophydium*속을 포함하는 일부 병꼴균류는 녹조류에 기생한다. ***e.*** 뿌리에 공생하는 글로메로균류 *Glomus intraradices*의 포자. ***f.*** 광대버섯(*Amanita muscaria*)은 독성 담자균류이다. ***g.*** *Peziza*속의 주발버섯은 땅 위, 썩어가는 목재, 똥에서 자라는 자낭균류이다.

표 26.1 균류

그룹	전형적인 예	주요 특징	대략적인 생물 종 수
병꼴균문	*Batrachochytrium*	유성생식에 의한 반수체 배우자를 생성하거나 무성생식에 의해 2배체 유주포자(zoospore)를 생산하는 수생 편모성 진균이다.	1000
접합균문	*Rhizopus, Pilobolus*	다핵균사는 생식 구조를 제외하고 격벽이 없다. 균사가 융합하면 접합포자낭에서 접합자가 형성되며, 감수분열은 발아 직전에 일어난다. 무성생식이 일반적이다.	1050
글로메로균문	*Glomus*	수지상균근을 형성. 다핵성 균사는 격벽이 없다. 무성적으로 생식한다.	150
자낭균문	서양송로버섯, 곰보버섯	유성생식에서 자낭포자는 자낭이라고 하는 주머니에서 형성된다. 무성생식이 일반적이다.	>30,000
담자균문	버섯, 독버섯, 녹병균	유성생식에서 담자포자는 담자기라고 하는 곤봉 모양의 구조에서 발생한다. 무성생식은 가끔 일어난다.	>30,000
네오칼리마스티고균문	*Neocallimastix*	초식동물의 장에서 자라는 혐기성 대사를 사용하는 미토콘드리아가 없는 균류이다. 섬유소를 분해하는 능력이 있다.	20
블라스토클라디아균문	*Allomyces*	식물 생식에서 볼 수 있는 세대교번을 보인다. 막-결합 리보솜으로 이루어진 특징적인 핵모(nuclear cap)를 가진다.	<200

핵심 요약 26.1

현미경, 생화학, 분자생물학의 발전은 균류 분류군 사이의 진화적 관계를 명확히 해주었다. 생리적, 분자적 증거는 균류가 식물보다는 동물에 가깝다는 것을 보여준다. 분자 분석을 통해 진균계를 6개의 단계통분류군과 측계통인 접합균류로 나누었다. 미포자충류는 균학자들이 연구하지만 균류로 간주되지는 않는다. 크립토균문은 잠재적으로 진균계에 속하는 것으로 생각되는 새로운 분류군이다.

- 계통학의 측면에서 접합균류는 균류의 다른 분류군과 어떤 점에서 다를까?
- 새로운 균류가 발견된다면 이 균류를 분류하는 최선의 방법은 무엇일까?

26.2 균류의 형태, 영양, 생식

학습 목표

1. 균류를 다른 진핵생물과 구분할 수 있다.
2. 균류와 고등 진핵생물의 세포분열을 비교할 수 있다.
3. 영양생장 및 생식생장과 관련된 균류의 구조를 설명할 수 있다.
4. 균류의 구조와 영양 전략을 관련 지을 수 있다.

우리는 일반적으로 앞마당이나 정원의 나무, 오래 놓아둔 빵에서 곰팡이가 자랄 때 균류에 대해 인식한다. 그러나 균류를 연구하는 균학자들은 150만 종의 균류가 존재하는 것으로 추정하고 있다. 균류는 단세포의 효모나 다세포의 형태로 존재한다. 균류는 다양한 생태적지위에서 생존하기 위한 생활 전략, 즉 상리공생, 기생, 자유생활 중 하나 또는 이들의 조합을 사용한다. 균류의 생식은 유성적이거나 무성적일 수 있으며, 독특한 형태의 체세포분열을 한다. 균류는 소화효소를 외부로 분비해서 주위 환경에서 양분을 흡수하도록 분화되었다. 또 다른 균류의 특징은 키틴으로 이루어진 세포벽을 가지며 포자로 생식하는 것이다.

균류는 단세포형 또는 사상형이다

병꼴균문과 미포자충류는 고대 균류이며 모두 단세포이다. 고등 균류가 진화하는 동안 사상성의 생장 형태가 발달했다. 균류는 단세포의 효모(yeast)와 실 모양의 다세포 균사체(mycelium)의 2가지 기본 방식으로 생장한다. 균사체는 가늘고 얇은 실 모양의 **균사**(hyphae)의 집합체이다. 균사는 끝이 서로 연결된 단일 세포로 구성되며, 공통의 세포벽으로 둘러싸여 있다. 개별 세포는 격벽이라는 구멍이 뚫린 벽으로 서로 분리될 수 있는데, 이 구멍은 세포질 유동을 허용하여(**그림 26.2**) 사실상 하나의 큰 세포를 형성하게 한다.

균사에서 세포 사이의 세포질 유동은 양분과 수분이 풍부할 때 균류가 빠르게 자랄 수 있도록 적응한 것이다. 세포 구성 성분을 만드는 데 필요한 분자가 활발하게 성장하는 균사의 끝으로 이동하여 매우 빠른 속도로 자랄 수 있게 한다. 여름비가 내린 뒤 잔디밭에서 밤사이에 버섯이 갑자기 나타나는 것을 본 적이 있을 것이다. 일부 균류는 격벽이 없고 균사에 여러 개의 핵이 존재하는 하나의 거대한 세포이며, 다핵(coenocytic) 균사라고 한다.

그림 26.2 세포 사이에 격벽을 보여 주는 균사 구조.
자낭균 균사 절편에 대한 투과전자현미경 사진은 세포질이 유동하는 격벽공을 보여 준다.

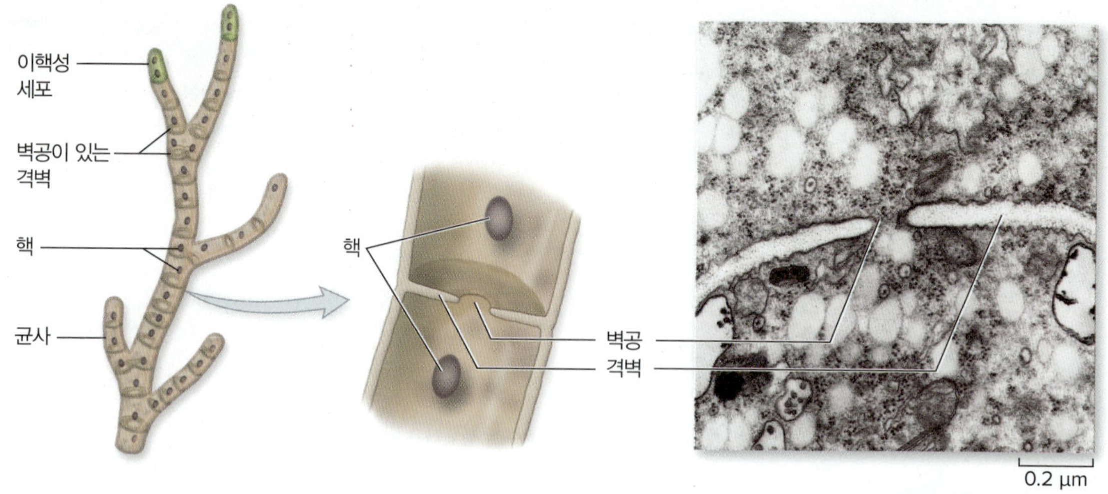

균사체

연결된 균사의 덩어리를 **균사체**(mycelium)라고 한다. 균사체는 토양, 목재 또는 숙주의 조직 내부 또는 표면에서 자라는 다세포 균류의 몸체이다(**그림 26.3**). 전체적으로 길이가 수 m에 달하는 균사로 이루어져, 균사체가 몇 m^2의 땅을 덮을 수도 있다. 균사의 실과 같은 성질로 인해 균사체는 부피에 대한 표면적의 비율이 높다. 이는 양분의 흡수가 매우 효율적이라는 것을 의미하며, 또한 이상적인 조건에서 일부 균류의 높은 성장률에 기여한다. 성장 조건이 최적이 아닌 경우, 고밀도의 균사 덩어리에서 생식 구조가 형성될 수 있다. 이런 구조에서 형성된 포자는 건조와 같은 불리한 조건에 내성이 있으며, 조건이 적합해지면 발아한다. 이러한 생식 구조는 대체로 버섯이나 복균류 등에서 볼 수 있다.

그림 26.3 균류의 균사체.
균사로 이루어진 이 균사체는 미국 메릴랜드주 숲속 바닥의 나뭇잎에서 자란다. 고밀도 균사 매트는 부피에 비해 표면적이 넓으며, 영양분 흡수가 쉽도록 적응하였다.

세포벽은 키틴을 포함한다

식물 및 많은 원생생물의 세포벽과 달리, 균류는 주로 다당류인 키틴(chitin)으로 구성된 세포벽을 갖는다. 식물 세포벽에서 발견되는 셀룰로스와 마찬가지로 키틴은 중합체이다. 그러나 키틴은 N-아세틸글루코사민이라고 하는 질소를 함유하는 변형된 포도당으로부터 만들어지고, N-아세틸글루코사민의 중합체는 단백질과 교차결합으로 연결된다. 키틴은 연체동물, 곤충 및 갑각류의 외골격에서도 발견된다(28장 참조). 동물과 균류 모두에서 키틴으로 이루어진 세포벽이 존재한다는 사실은 균류가 식물보다 동물과 더 밀접히 관련되어 있다는 생각을 뒷받침하는 증거 중 하나이다. 추가적인 증거는 균류와 동물 모두 여분의 포도당을 글리코겐으로 저장하는 반면 식물은 녹말로 저장한다는 사실이다.

일부 세포(또는 균사)에는 여러 개의 핵이 들어 있다

균류는 각 세포(또는 균사)가 하나 이상의 핵을 가질 수 있다는 점에서 대부분의 동물 및 식물과 다르다. 핵이 하나뿐인 균사는 **단핵성**(monokaryotic)이며, 2개의 핵을 가진 세포는 **2핵성**(dikaryotic)이다. 2핵성 세포에서 2개의 반수체 핵이 독립적으로 존재한다. 2핵성 균사는 두 게놈이 전사되기 때문에 일부 2배체의 유전적 특성을 갖는다. 때로는 하나의 균사체 세포질에서 많은 핵이 존재해서 세포를 명확히 구분할 수 없을 수도 있다. 2핵 또는 다핵 균사가 2개의 유전적으로 구별되는 개체에서 유래한 핵을 갖는 경우 **이핵성**(heterokaryotic) 균사라고 하며, 유전적으로 서로 유사한 핵을 가진 균사는 **동핵성**(homokaryotic) 균사라고 한다.

균류의 생식은 특이한 조직 구성을 나타낸다

균류는 균사의 구성과 특이한 조직 구성 방식 모두에 의해 크게 영향을 받는다. 이러한 특징은 일부 종의 경우 유성생식과 무성생식을 모두 할 수 있는 특이한 생식 전략을 갖게 했다. 이러한 전략은 균류의 다양성과 다양한 생태계에서의 성공에 기여했을 것이다. 일부 생식 전략은 균류가 성장하기 어려운 조건에서 생존할 수 있게 한다.

균류의 특이한 체세포분열

대부분의 고등 진핵생물의 세포주기의 특징은 유전물질의 복제 및 분리에 이은 세포질의 분열이다. 이 경우 세포가 분열 단위이다. 그러나 많은 사상성 균류에서는 핵이 분열 단위이며 세포질 분열은 일어나지 않는다. 많은 균류의 체세포분열에서 핵막은 분해되지 않으며, 방추 장치는 핵 내에서 형성된다. 병꼴균류를 제외하고 균류에는 중심립(centrioles)이 없다. 오히려 체세포분열 방추체는 방추극체(sprindle pole body) 또는 **방추 플라크**(spindle plaque)라고 하는 구조를 사용하여 형성된다. 일부 균류에서 식물세포가 분열할 때 새로운 세포벽이 형성되는 방식과 비슷하게 격벽이 형성된다. 때로는 이 격벽 형성이 억제되어 다핵 세포가 되기도 한다.

균류는 유성과 무성으로 생식할 수 있다

많은 균류는 유성 포자와 무성 포자를 모두 생산할 수 있다. 균류의 유성생식의 경우, 2개의 화합성 교배형의 반수체 균사가 융합한다. 생식 기작은 균류의 주요 분류군에서 특이적이고, 이것으로 균류의 특징을 정의하기 때문에, 생식 및 생존 전략에 대한 세부 사항은 균류의 주요 내용을 다루는 부분에서 자세히 설명한다.

2핵체

동물, 식물 및 일부 균류의 생식과정에서는 두 반수체 세포가 융합한 이후 바로 2배체 세포($2n$)가 만들어지지만 담자균류 및 자낭균류에서는 부모의 핵이 융합하여 2배체 핵을 형성하기 전에 2핵체 단계($1n+1n$)가 나타난다. 자낭균에서는 2핵체 단계가 짧고, 유성생식 구조의 일부 세포에서만 발생한다. 그러나 담자균에서 2핵체 단계는 균사체와 유성포자 생성구조를 포함하는 균류 생활사의 대부분 동안 지속된다.

생식 구조

일부 균류는 포자를 만드는 특수한 생식 구조를 생산한다. 예를 들어, 지상에서 볼 수 있는 버섯과 말불버섯류(puffball), 나무줄기에 나타나는 "선반" 버섯류 모두 포자 형성 구조이다. 이 구조는 균사체에서 발생하는 밀집된 균사 덩어리에서 만들어진다. 그러나 균사체와 달리 생식 구조를 형성하는 균사는 벽공이 없는 격벽에 의해 분리된 세포를 가지며, 세포질 유동은 없다. 균류에 의해 형성되는 생식 구조에는 일반적으로 운동성 유주포자(motile zoospores), 접합포자낭(zygosporangia), 담자기(basidia), 자낭(asci) 등 4가지 유형이 있다. 이러한 생식 구조는 역사적으로 분류에 사용되었다. 이러한 분류는 18S rDNA 염기서열에 기반한 분자 데이터를 사용한 분류로 대체되었으나, 일부 균류는 생식 구조에 근거하여 붙인 이름을 갖고 있다.

포자

포자는 균류에서 가장 일반적인 생식 수단이며 건조, 고온 및 저온에 대해 다양한 정도의 내성을 갖고 있다. 포자는 무성생식 또는 유성생식의 결과로 형성될 수 있으며, 바람, 곤충 또는 작은 동물에 의해 산포된다. 일부 포자는 조건이 불리할 때 부모 균류의 유전체를 보다 유리한 지역으로 퍼트리기 위한 매개체로서의 역할을 할 수 있도록 적응했다. 어떤 포자는 부모 유전체를 장기적으로 보호할 수 있는 구조를 갖고 있는데, 포자의 세포벽은 건조에 매우 강하고 영양소가 풍부하다. 이러한 포자는 조건이 유리해지거나 새로운 영양소가 환경에 나타날 때까지 균류를 보호하고 견딜 수 있는 방법을 제공하여, 그러한 환경에서 지속할 수 있도록 진화해 왔다. 포자가 적절한 장소에 떨어지거나 조건이 좋아지면 발아하여 완전히 새로운 균사체로 자랄 수 있는 균사를 발생시킨다.

포자는 직경이 2~75 μm로 매우 작기 때문에(**그림 26.4**) 일부는 공기 중에 오랫동안 떠다닐 수 있다. 불행히도 식물과 동물에 질병을 일으키는 많은 균류는 포자로 빠르게 퍼진다. 균류의 여러 종, 특히 곰팡이는 앨러지 반응을 유발할 수 있는 포자를 생산한다. 이러한 곰팡이 중 일부는 실외에서 자라지만 일부는 욕실이나 부엌과 같이 습한 환경인 실내에서 발견된다. 몇몇 진균 문(phyla)은 조상형 편모를 유지하고 있어 운동성이 있는 유주포자를 생산하며 습한 환경에서 사는 경향이 있다.

균류는 다양한 양분을 흡수하는 종속영양생물이다

동물처럼 균류는 종속영양생물(heterotrophs)이다. 이들은 복잡한 중합체를 소화시켜 환원된 탄소와 에너지를 얻는다. 그러나 체내 소

그림 26.4 균류의 포자. 누룩곰팡이속(*Aspergillus*) 포자의 주사 전자현미경 사진

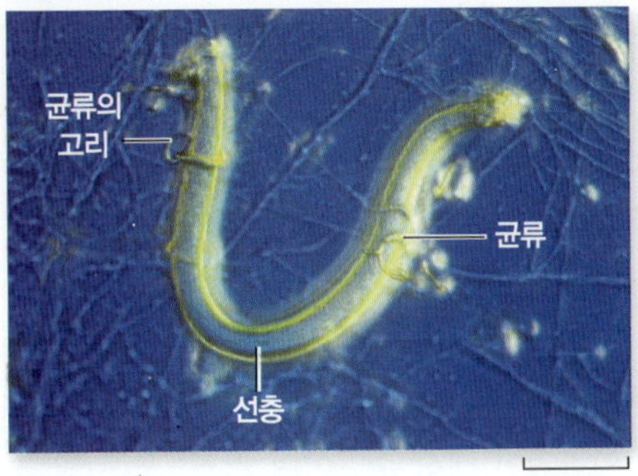

a.

b.

그림 26.5 육식성 균류.
a. 선충으로부터 양분을 얻는 균류. *b.* 느타리버섯은 목재를 분해할 뿐만 아니라 선충을 움직이지 못하도록 해서 질소원으로 사용한다.

화를 사용하는 동물과 달리 균류는 소화효소를 외부로 분비한 다음 소화된 유기분자를 흡수한다. 분해자 역할을 하는 균류에서 분해되는 물질은 일반적으로 죽은 식물과 동물이다. 그러나 기생성 균류는 살아 있는 숙주세포에 침입하여 영양분을 직접 흡수한다.

균류의 구조는 양분 전략을 반영한다. 단세포 균류(효모)는 모든 균류 중 부피당 표면적의 비율이 가장 높은데, 이는 영양소 흡수를 위한 표면적을 최대화한다. 또한 균사체의 광범위한 실 모양 균사 네트워크는 효소 분비 및 영양소 소화를 위한 거대한 표면적을 제공한다. 많은 균류에서 나타나는 빠른 성장은 부분적으로는 양분의 효율적인 분해 및 흡수에 기인하는데, 이는 소화효소가 분비되고 영양소가 흡수될 수 있는 높은 표면적에 의해 촉진된다.

많은 균류는 목재에서 셀룰로스를 분해하여 포도당 분자 간의 결합을 끊고, 포도당 분자를 흡수할 수 있다. 또한 대부분의 균류는 식물 세포벽을 강화하고 목재와 수피에서 흔히 발견되는 불용성 유기화합물인 리그닌(lignin)을 분해한다. 균류는 특수 대사경로를 통해 목본식물과 선충류를 포함한 특별한 공급원으로부터 양분을 얻을 수 있다(**그림 26.5***a*). 죽은 식물과 식물 유체 물질의 대부분은 환경에서 균류에 의해 분해된다. 이 활동이 없다면 생태계는 죽은 식물과 그 물질들로 완전히 뒤덮였을 것이다.

식용 느타리버섯(*Pleurotus ostreatus*)의 균사체(**그림 26.5***b*)는 균류를 먹는 선충을 마비시키는 물질을 분비한다. 선충이 느리고 활동성이 떨어지면 균사는 몸을 감싸고 침투한다. 그런 다음 균류는 소화액을 분비하고 식물에서와 마찬가지로 선충의 영양분을 흡수한다. 이 균류는 보통 살아 있는 나무나 오래된 나무의 그루터기에서 자라며 식물 세포벽의 셀룰로스와 리그닌을 분해하여 대부분의 포도당을 얻는다. 이들이 소비하는 선충은 생물계에서 공급이 부족한 물질인 질소의 공급원으로 작용한다. 다른 균류는 느타리 버섯보다 더 활동적인 포식자인데 올가미로 잡거나, 포획 또는 발사체를 발사하여 먹이인 선충이나 윤충류 및 기타 작은 동물을 잡는다.

균류는 거의 모든 탄소 함유 화합물을 분해할 수 있는 능력이 있기 때문에 생물 정화에 사용될 잠재력을 갖고 있다. 예를 들어, 오염된 산림, 토양 또는 물을 정화할 잠재력이 있다. 이유는 명확하지 않지만, 사상균 형태의 균류는 동일한 균류의 효모 형태보다 소화 효소를 최대 10배까지 분비한다. 이것은 특정 유형의 균류에서 산업적으로 유용한 단백질을 생산하여 상업적으로 사용될 수 있는, 생물학적 활성효소를 생산하는 생명공학에 중요한 영향을 미친다.

핵심 요약 26.2

균류는 단세포형 효모와 사상형 균사의 형태로 존재하며, 모두 키틴으로 구성된 세포벽을 가지고 있다. 균사의 세포질 유동과 높은 부피당 표면적 비율은 빠른 성장을 촉진한다. 균류의 몸체는 균사체라는 밀집된 균사에서 형성되며, 분화하여 생식 구조를 형성할 수 있다. 균류의 세포분열에서 핵은 분열하지만 균사 자체가 항상 분열하는 것은 아니다. 서로 다른 두 교배형의 균사가 융합하면 유성생식이 일어날 수 있다. 포자는 유성생식 또는 무성생식을 하며 바람이나 동물에 의해 산포된다. 균류는 소화 효소를 외부로 분비한 후 소화된 물질을 흡수한다. 높은 부피 당 표면적 비율에 의해 분비 및 흡수가 최대화된다. 균류는 거의 모든 유기 화합물을 분해할 수 있다.

- 종속영양생물인 균류와 동물을 구별하는 것은 무엇일까?
- 균류는 빠른 성장에 어떻게 적응할 수 있을까?

26.3 균류의 생태

학습 목표

1. 균류가 관련된 다양한 종류의 공생 관계를 구별할 수 있다.
2. 지의류의 생태적 역할에 대해 설명할 수 있다.
3. 수지상균근과 외생균근을 비교하고 대조할 수 있다.

균류는 세균과 함께 생물권의 주요 분해자이다. 유기물질을 분해하고 그 분자에 포함된 물질을 생태계 순환으로 돌려놓는다. 균류는 목재의 주요 성분인 셀룰로스와 리그닌과 같은 불용성 유기 화합물을 분해할 수 있다. 이러한 물질을 분해함으로써 균류는 살아 있거나 죽은 생물의 몸에서 탄소, 질소 및 인을 방출하여 다른 생물이 이용할 수 있게 한다.

많은 균류가 실험실에서 배양하기 어렵거나 불가능하며, 이것은 균류의 생리를 직접 연구할 수 없다는 것을 의미한다. 따라서 자연환경에서 채취한 시료 중 실험실에서 배양할 수 있는 균류는 다양한 균류 중 극히 일부에 지나지 않는다. 이 한계를 극복할 유망한 새로운 기술은 환경 DNA에 대한 연구이다. 예를 들어, 토양 또는 물 시료에서 DNA를 추출하고 rRNA를 암호화하는 DNA에 특이적인 프라이머로 PCR하여 DNA를 증폭시킨다. PCR에 의해 생성된 DNA의 분석은 생물 자체가 수집되지 않은 경우에도 시료에 존재하는 생물을 밝혀낼 수 있다. 비교유전체학은 생태계에 존재하는 알려지지 않은 균류의 생리에 대한 통찰력을 제공할 수 있으며, 따라서 양분 순환에서 균류에 대한 단서를 제공할 수 있다.

균류는 분해자로서의 역할 외에도 다양한 생물들과 매력적인 관계를 맺어 왔다. 다른 종들 사이의 상호 작용은 50장 군집생태학에서 설명하기 때문에, 여기서는 균류와의 관계에 대해 간단히 다룬다. 세균과 마찬가지로 균류는 우리의 일상생활에서는 거의 무해하지만, 생태계에서의 역할과 균류가 형성하는 다양한 공생으로 인해 생물권의 기능에 있어 매우 중요하다. 기후변화는 균류의 분포와 다양성에 직접적인 영향을 미치며, 이는 양분 순환, 생물지구화학적 순환 및 생태계 에너지에 영향을 미친다. 더욱이 기후 변화로 인한 동식물 분포와 다양성의 변화는 균류의 공생과 그에 따른 생태계 생물학에 중대한 간접적 영향을 미칠 것으로 보인다.

균류는 다양한 공생관계를 갖고 있다

균류는 분해자로서의 역할 외에도 다양한 생물과 공생(symbiosis) 관계를 형성해 왔다. 어떤 경우에는 그 관계가 균류의 생존에 필수적이므로 절대 공생이며, 균류가 공생 파트너 없이 생존할 수 있는 경우는 조건적 공생 관계이다. 두 종류의 공생은 아주 가까운 균류의 분류군 내에서도 있을 수 있다. 세 종류의 공생 관계가 알려져 있다.

- **병원균**(pathogen)과 **기생균**(parasite)은 숙주로부터 자원을 얻고, 숙주에 부정적인 영향을 미쳐 사망에 이르게 할 수도 있다. 병원균은 항상 질병을 유발하지만, 극단적인 경우를 제외하고는 기생균은 대체로 질병을 일으키지는 않는다.
- **편리**(commensal)공생은 한 쪽에는 이익이 되지만 다른 쪽에

과학적 사고

가설: 내생균은 다년생 라이그래스에서 진딧물의 생식을 감소시킬 수 있다.
예측: 진딧물은 내생균에 감염되지 않은 다년생 호밀풀(*Lolium perenne*)에서보다 감염된 호밀풀에서 더 적다.
실험: 내생균이 감염된 것과 감염되지 않은 2주된 호밀풀이 심어진 화분에 5마리의 진딧물 성체를 놓는다. 구멍이 뚫린 주머니를 화분에 덮고 36일 동안 키운다. 각 화분에서 진딧물의 수를 센다. 실험을 3번 반복한다.

결과: 감염되지 않은 식물에서 의미 있게 더 많은 진딧물이 발견된다. 오차 막대는 3번의 실험 간의 변이를 나타낸다.

결론: 내생균으로 감염된 다년생 호밀풀에서 진딧물의 생식이 더 낮았다.
추가 실험: 균류가 초식동물로부터 식물을 보호할까?
균류가 화학독소를 분비하는 경우, 이 기본 실험 설계를 이용하여 특정 균류의 화합물을 확인할 수 있을까?

그림 26.6 다년생 호밀풀에 서식하는 진딧물 개체군에 대한 내생균 *Neotyphodium*의 효과.

그림 26.7 지의류는 다양한 서식지에서 발견된다.
a. 토양에서 자라는 수지상(fruticose) 지의류 *b.* 나무껍질에서 자라는 엽상(foliose) 지의류 *c.* 바위에서 자라며, 바위를 토양으로 분해하는 고착(crustose) 지의류

는 아무런 영향도 주지 않는다.

- **상리**(mutualistic) 공생은 두 공생자 모두에게 이익이 된다.

내생균은 식물 안에서 살며 기생균으로부터 식물을 보호할 수 있다

일부 균류는 식물의 내부에서 사는데, 세포 사이 및 전세포적(apoplastic) 공간에 서식하면서 식물로부터 양분을 얻는다. 어떤 경우에 균류는 알칼로이드 같은 화합물을 생산하여 초식동물로부터 식물을 보호한다. 또 다른 경우에는 균류가 생산한 물질이 식물의 양분 흡수를 증가시킬 수 있다.

내생균(endophyte)과 식물의 관계는 기생, 편리공생 또는 상리공생일 수 있다. 공생 관계의 본질은 다른 생물과의 상호작용 또는 환경에 대한 반응에 따라 변할 수 있다. 내생균이 숙주 식물의 건강을 증진시키는지 여부를 평가하는 한 가지 방법은 내생균이 있거나 없는 연구지에서 식물을 재배하고 이 내생균이 식물 건강에 미치는 영향 또는 초식에 대한 감수성을 측정하는 것이다. 다년생 초본식물인 호밀풀(*Lolium perenne*)을 이용한 실험에서는 내생균인 *Neotyphodium*이 존재할 때 식물은 진딧물에 더 저항성이 있음을 보여주었다(**그림 26.6**).

지의류는 다른 계 사이의 공생 관계를 보여준다

지의류(lichens, **그림 26.7**)는 균류와 광합성생물 사이의 공생 관계이다. 많은 지의류가 상리공생의 좋은 예이지만, 일부 균류는 광합성 숙주에 기생한다.

지의류의 구성

약 15,000종으로 추정되는 지의류 중 약 20종을 제외한 모든 지의류의 균류 파트너는 자낭균류이다. 지의류는 눈으로 보이는 몸체의 대부분이 균사로 구성되어 있으나 균사 사이에 남세균(cyanobacteria)이나 녹조류 또는 2가지 모두 존재한다(**그림 26.8**). 지의류의 몸체(엽상체)는 수 cm로 자랄 수 있지만, 물을 운반하는 구조가 없으므로 지의류는 수직으로 자랄 수 없어 식물과 빛에 대해 경쟁할 수 없다.

균류의 특수 균사는 광합성 파트너 안에서 세포를 감싸거나 세포벽을 뚫고 들어가 양분을 직접 균류로 전달한다. 균류는 세포벽을 관통하지만 원형질막을 뚫고 들어가지는 않는다. 균류가 보낸 생화학적 신호는 남세균 또는 녹조류가 대사 물질을 생성하도록 지시하는

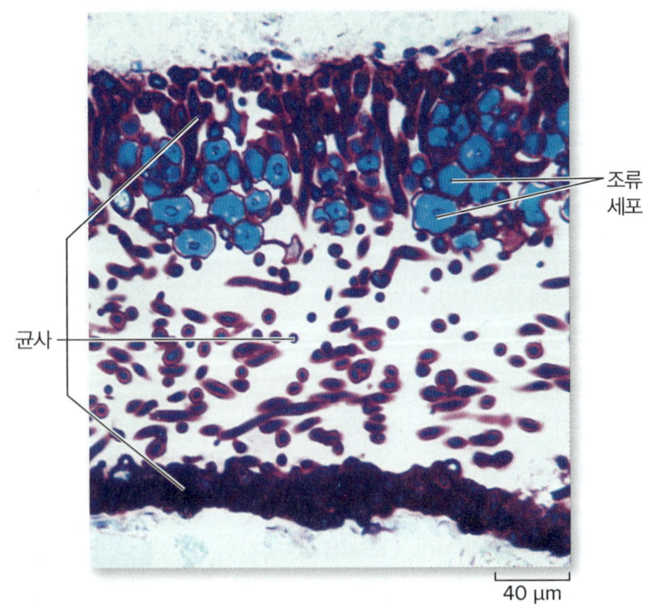

그림 26.8 염색된 지의류의 단면.
이 단면은 지의류의 상부와 특히 하부의 보호층에 밀집된 균사(보라색)를 보여준다. 지의류 상부 주변에 있는 파란색 세포는 녹조류의 세포이다. 이 세포는 균류에게 탄수화물을 공급한다.

것으로 보이는데, 이 물질은 균류 없이 자랄 때는 생성되지 않는다. 지의류에서 균류는 광합성 파트너가 없으면 정상적으로 자랄 수 없으며 균류는 광합성 파트너를 강한 빛과 건조로부터 보호한다. 지의류의 균류는 광합성 파트너와 실험적으로 분리하면 생존할 수는 있으나 매우 느리게 자란다.

지의류의 생태학

균류의 내구성이 강한 구조와 파트너의 광합성 특성이 결합하여 지의류는 안정적인 바닥을 가진 비교적 건조한 곳이면 어디에서나 자랄 수 있다. 지의류는 건조에 탄력적이고 물이 없어도 장기간 생존할 수 있으며, 수분이 공급되면 성장할 수 있다. 생물이 살기에 가혹한 지역에서 지의류는 종종 첫 번째 정착자이며, 암석을 분해하여 새로운 토양을 생성하고 다른 생물이 정착할 수 있게 한다. 극한의 온도와 건조에 대한 저항력을 고려할 때 지의류는 일부 생태계에서 식물보다 더 성공적일 수 있다.

지의류는 태양 광선으로부터 광합성 파트너를 보호할 수 있는 색소를 가지고 있기 때문에 눈에 띄는 색을 가지고 있다. 이러한 염료는 천연 염료로 사용될 수 있다. 스코틀랜드의 유명한 모직물인 해리스 트위드(Harris tweed)를 제조하는 전통적인 방법에 균류의 염료가 사용되었다.

많은 지의류는 표면 전체에서 직접 에어로졸 상태의 화합물을 흡수하기 때문에 종종 환경 오염 물질을 높은 수준으로 축적한다. 이러한 오염 물질은 생물의 성장에 영향을 줄 수 있으므로 일부 지의류는 대기질의 생물 지표(bioindicator)로 사용된다. 지의류는 일반적으로 자동차 및 산업 오염으로 인해 도시 내부와 그 주변에는 없지만 일부는 이러한 조건에 적응해 왔다. 오염이 감소함에 따라 지의류 개체수는 증가하는 추세에 있다.

균근은 식물 뿌리에 공생하는 균류이다

모든 식물 종의 약 90%는 뿌리에 **균근**(mycorrhizae)이라고 하는 균류와 공생 관계를 형성하고 있다. 이러한 공생으로 인해 이 균류는 전 세계 식물 뿌리 무게의 약 15%에 해당한다. 균근 관계에서 균류는 식물 뿌리 체계를 확장하는 역할을 한다. 균사는 토양과 접촉하는 식물 뿌리의 표면적을 증가시켜 질소, 인 및 미량 원소와 같은 양분을 훨씬 더 효과적으로 흡수하게 한다. 반면에 식물은 균류에게 당을 공급하기 때문에 이 관계는 상리공생이다.

균근균은 균근을 형성하는 식물의 건강뿐만 아니라 토양 구조를 유지하는 데 중요한 역할을 한다. 예를 들어, 많은 균근균은 토양 입자의 부착을 촉진하는 당단백질을 분비하여 토양 안정성에 기여한다. 이는 토양에 있는 모든 식물의 건강을 증진시키고 토양 침식을 줄일 수 있다. 다른 토양 균류와 함께 균근균이 지구 탄소 순환에 기여하는 것도 중요하다. 토양 탄소 저장고는 대기(CO_2) 탄소 저장고의 약 3배이고, 토양 저장고의 약 절반은 식물의 광합성으로 고정한 탄소에서 만들어지며, 이는 균근균이 주요 구성원인 토양 균류에 의해 방출된다. 또한 일부 식물 종에서 균근균은 식물의 순 1차 생산성에서 광합성보다 더 많은 부분을 차지한다.

균근은 **수지상균근**(arbuscular mycorrhizae)과 **외생균근**(ectomycorrhizae)의 2가지 유형이 있다(**그림 26.9**). 수지상균근은 식물 뿌리의 외부 세포를 관통하는 균사를 가지고 있다. 이들은 식물 세포벽을 통해 자라며 수지상체(arbuscules)라고 하는 고도로 분기된 구조를 통해 뿌리 세포의 원형질막에 접촉한다. 외생균근은 뿌리 세포의 세포벽 주변에서 성장하고 둘러싸고 있지만, 침투하지는 않는 균사를 가지고 있다. 두 경우 모두, 균사체가 토양으로 확장되어 실과 같은 균사를 통해 뿌리털보다 토양과 더 밀접하게 상호 작용한다. 하나의 뿌리에는 많은 종의 균류가 관계를 맺고 있어, 서로 다른 종과 여러 생물 계 사이의 복잡한 공생 관계를 형성한다.

수지상균근

수지상균근은 외생균근보다 훨씬 흔하며 모든 식물 종의 약 80%에서 형성된다(**그림 26.9***a* 참조). 수지상균근의 균류 파트너는 항상 글로메로균류(glomeromycete)이다. 글로메로균류는 20만 종 이상의 식물과 관련이 있으며 식물이 토양의 무기 양분을 얻는 주요 경로이다.

수지상균근과 일부 선태류 헛뿌리와의 연관성은 양분 획득의 수단으로 균류와 식물의 관계가 식물의 진화 초기에 발생했음을 시사한다. 이러한 관계는 식물이 진정한 뿌리를 가지기 전 육지에 정착하기 시작했을 때 척박한 토양에서 식물이 자라는 데 중요한 역할을 했을 수 있다. 오늘날 살아남은 초기 관다발 식물의 근연종은 균근에 계속 의존해 왔으며, 콩이나 밀과 같은 많은 중요한 농작물은 수지상균근을 형성하고 있다.

일부 비광합성 식물 또한 균근관계를 형성하지만 식물이 세공할 수 있는 광합성 자원이 없기 때문에 공생은 일방적이다. 이들은 둘 사이의 공생 대신에 3자공생을 하고 있다. 균류 균사체는 광합성 식물과 비광합성 식물인 기생식물 사이를 연결한다. 공생의 비광합성 구성원을 하생기생식물(epiparasite)이라고 한다. 이들은 균류로부터 인산염을 얻을 뿐만 아니라 광합성 식물에서 탄수화물을 얻는 데 균류를 이용한다.

외생균근

대부분의 외생균근을 형성하는 균류는 담자균류(basidiomycete)

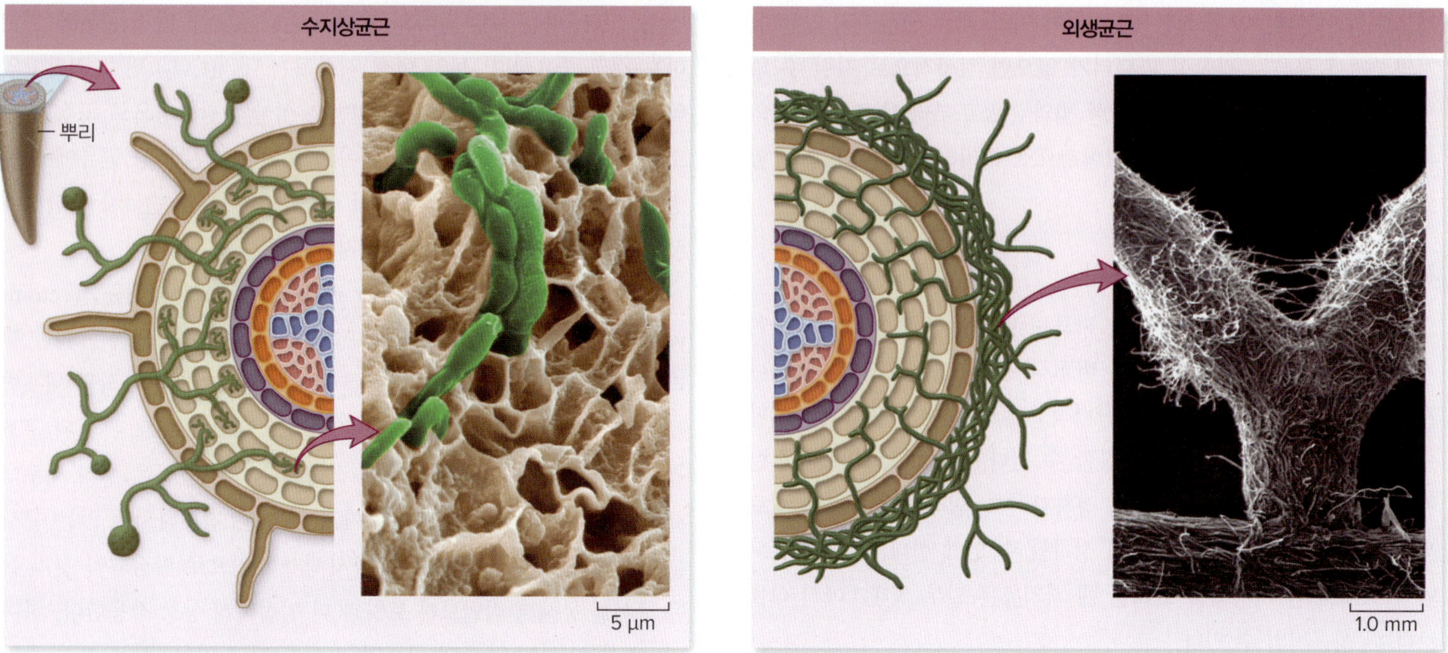

a. *b.*

그림 26.9 수지상균근과 외생균근.
a. 수지상균근에서 균사는 식물의 뿌리세포벽을 뚫고 들어가 식물 원형질막과 접촉하지만, 원형질막을 뚫고 들어가지는 않는다. *b.* 유칼립투스 나무뿌리의 외생균근. 뿌리 세포 주위에서 자라며 뿌리 세포 사이로 확장하지만, 세포벽을 뚫고 들어가지는 않는다.

이며 수지상균근과는 달리 버섯과 같은 생식 구조를 지상부에 형성한다. 외생균근(**그림 26.9***b* 참조)은 수지상균근보다 훨씬 적은 식물종과 관련이 있다. 그러나 이것이 생태계에서 그들의 역할이 수지상균근의 역할보다 덜 중요하다는 것을 의미하지는 않는다. 많은 외생균근을 형성하는 목본식물은 소나무, 참나무 및 자작나무와 같이 대기 중 이산화탄소의 주요 탄소 흡수원이며, 중요한 목재이기도 하다. 임업묘포에 외생균근균의 포자를 접종하는 것이 묘목의 성장에 도움이 될 수 있다는 몇 가지 증거가 있다.

대부분의 외생균근균은 한 종의 식물에 국한하지 않으며, 대부분의 외생균근성 식물은 많은 종의 외생균근균과 공생관계를 형성한다. 다른 종의 균류와의 조합은 식물의 생리적 특성과 다른 환경 조건에서 생존하는 능력에 영향을 미친다. 관련된 균류의 종에 상관없이 외생균근의 주요 기능은 토양에서 질소와 기타 양분을 흡수하여 식물 숙주에게 전달하는 것이다.

균류는 동물과 상리공생을 한다

수많은 균류와 동물 사이의 공생이 확인되었다. 예를 들어, 반추동물은 셀룰로스 및 리그닌 함량이 높은 식물을 분해하여 양분을 방출할 수 있는 특정 균류를 내장에 갖고 있다. 균류는 그 대가로 영양이 풍부한 숙주동물의 반추위에 서식할 수 있다.

가위개미와 일부 담자균류 사이에 주목할 만한 공생관계가 존재한다. 아티니 족(tribe Attini)의 구성원인 이 개미는 특정한 균류와 공생 관계를 가지고 있으며, 지하 정원에서 균류를 재배해왔다. 개미는 균류에게 영양원으로 잎을 제공하고 병원균과 다른 포식자로부터 균류를 보호한다(**그림 26.10**). 균류는 개미의 먹이이다.

개미의 종류에 따라, 개미집은 골프공만큼 작거나 지름이 50 cm 정도이고 깊이가 수 m에 이를 정도로 크다. 일부 개미집에는 균류 정원을 유지하는 수백만 마리의 가위개미가 서식한다. 이 사회성 곤

그림 26.10 개미-균류의 공생관계.
균류의 정원에 잎 조각을 배달하는 개미. 균류는 식물 재료를 분해하고 양분을 성장에 사용한다. 개미는 이 균류를 먹는다.

충은 카스트 제도를 갖고 있으며 이에 따라 각각의 개미들은 특정 역할을 갖고 있다. 가위개미는 균류를 키울 잎을 찾기 위해 200 m 정도의 긴 여행을 한다. 개미 집단은 하루에 나무 전체의 잎을 제거할 수도 있다. 이 개미 농부-균류 공생은 여러 번 진화했으며 5000만 년 전에 발생했을 것으로 추정한다.

핵심 요약 26.3

균류는 생태계의 주요 분해자이다. 균류와 식물 사이의 몇 가지 유형의 공생 관계가 진화했다. 내생균은 식물 조직 안에 살고 기생균과 초식동물로부터 식물을 보호할 수 있다. 지의류는 균류와 남세균 또는 녹조류 사이의 복잡한 공생이다. 균류와 식물뿌리 사이의 균근 관계는 서로 유익하며 탄소 순환에 크게 기여한다. 균류는 상리공생 관계로 동물들과 공진화했다.

■ 왜 일부 사람들은 가위개미가 균류에 기생한다고 주장할 수 있을까?

26.4 기생성 균류와 병원성 균류

학습 목표

1. 동물에서 진균 감염을 치료하기 어려운 이유를 설명할 수 있다.
2. 균류가 어떻게 인간의 건강 문제를 일으킬 수 있는지 설명할 수 있다.

균류는 작물을 파괴하고 인간과 다른 동물의 건강에 심각한 문제를 일으킬 수 있다. 균류에 의한 동물 질병의 치료 및 예방에서 주요 문제는 균류가 진핵생물이며 감염된 동물과 상당한 생리적 유사성을 공유한다는 점이다. 균류가 식물 및 동물과 어떻게 다른지 이해하면 균류 감염을 더 잘 치료할 수 있을 것이다.

균류는 인간과 다른 동물에 해로울 수 있다

균류는 면역 반응을 유발하는 앨러젠(allergen) 역할, 일반적으로 **진균증**(mycoses)으로 불리는 피부 또는 손톱에 직접적인 감염, 독소의 생산 등의 방법으로 인간에게 건강 문제를 일으킬 수 있다. 실외 공기 속의 포자는 꽃가루에 의한 앨러지 반응을 유발할 수 있으며 독특한 "건초열(hay fever)" 증상을 나타낸다. 균류의 포자는 어린이와 성인에게 천식과 같이 심각한 앨러지 반응을 유발할 수 있다. 자연재해 이후 이재민들이 물에 잠겼던 집에서 발견되는 높은 수준의 균류

그림 26.11 옥수수 진균 감염.
a. *Aspergillus flavus* 분생포자의 현미경 사진. *Aspergillus flavus*는 옥수수를 감염시키고 동물에게 해로운 아플라톡신을 생산할 수 있다. ***b.*** *Ustilago maydis*에 감염된 옥수수는 히스패닉 요리에서 진미로 알려져 있다.

포자에 대한 공중 보건 우려가 커지고 있다. 일부 포자는 앨러지 반응만 일으키지만 포자에는 높은 수준의 진균독소가 포함되어 있어, 인간이 많은 수의 포자에 접촉할 경우 질병으로 이어질 수 있는데, 예를 들어 물에 잠겼던 지하실처럼 폐쇄된 환경에서 나타날 수 있다.

일부 균류는 독소를 생성한다

많은 균류가 독소를 생산하며, 세균 감염을 치료하는 데 사용되는 항생제도 균독소 중 하나이다. 수천 종류의 균류가 **균독소**(mycotoxin)라고 하는 인간에게 해로운 독소를 생산한다. 이 독소는 섭취한 사람들에게 만성 또는 급성 질병을 일으킬 수 있다. 균독소는 오염된 음식이나 야생 버섯을 잘못 먹는 것을 통해 섭취하는 것이 가장 일반적이다. 아플라톡신(aflatoxin)은 옥수수, 땅콩 및 면화 종자에서 자라는 *Aspergillus*에 의해 생산된다(**그림 26.11***a*). 아플라톡신은 인간을 포함한 동물에서 심각한 신장 및 신경계 손상을 일으킬 수 있다. 아플라톡신 B1은 알려진 최고의 발암성 화합물 중 하나이며, 담배 연기에 포함된 것보다 거의 100배 더 강한 발암 물질이나. 대부분의 선진국에는 식품에 허용되는 아플라톡신의 농도에 대한 법적 제한이 있다. 인간에게 유익한 식물을 감염시키는 균류도 있다. 옥수수 깜부기병(corn smut)은 담자균류인 *Ustilago maydis*에 의해 유발되는 옥수수진균병이며, 식물에는 유해하나 동물에게는 영향을 미치지 않는다(**그림 26.11***b*).

일부 균류는 인간과 동물을 감염시킬 수 있다

균류는 사람과 동물을 감염시켜 질병을 일으킬 수 있다. 백선(ringworm), 무좀(athlete's foot), 손발톱진균증(onychomycosis), 구강 및 질 칸디다증(candidiasis)과 같은 일반적인 질병은 국소 항진균제

그림 26.12 항아리곰팡이병에 의해 죽은 개구리.
병꼴균류에 의해 형성된 병변은 개구리의 복부에서 볼 수 있다.

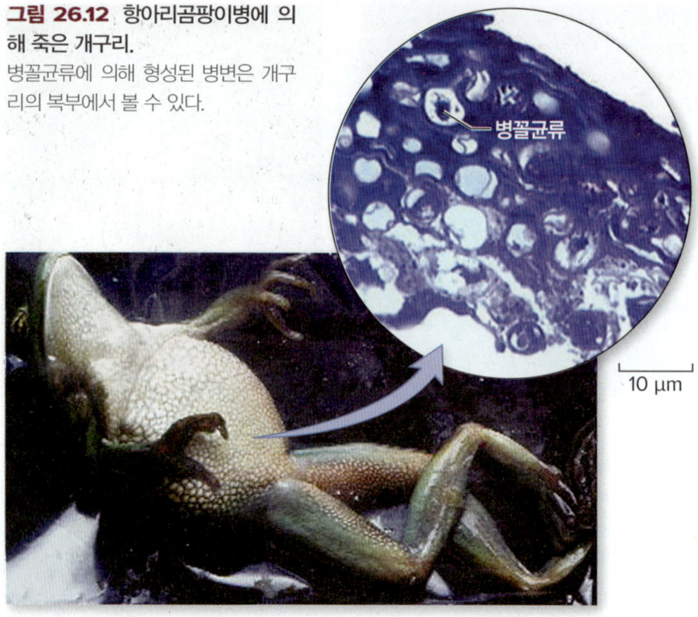

및 일부의 경우 경구 약물로 치료할 수 있다. 그러나 진균감염은 균류와 동물 사이의 밀접한 계통학적 관계 때문에 치료하기 어려울 수 있다. 병원균이 숙주와 밀접한 관련이 있는 경우, 숙주에는 영향을 미치지 않고 병원균만을 표적으로 하는 약물을 찾기 어려울 수 있다. 세균과 동물처럼 두 그룹의 생물체가 계통학적으로 잘 분리되면 두 그룹의 생물학적 특성을 구별하는 약물을 찾기는 더 쉽다. 그러나 치료하기가 매우 어렵고 심각한 질병이나 사망을 유발할 수 있는 전신 진균감염이 있다. 이러한 종류의 감염은 특히 장기 이식 후 면역 억제치료를 받는 환자 및 AIDS 환자와 같은 면역력이 약한 사람에게 특히 위험하다.

인간이 아닌 동물의 건강도 균류에 의해 영향을 받을 수 있다. 예를 들어, **항아리곰팡이병**(chytridiomycosis)은 1998년에 양서류의 신종 전염병으로 처음 확인되었다. 양서류 개체군은 30년 이상 전 세계적으로 감소하고 있다. 이러한 감소는 개구리 사체에 대한 광범위한 연구를 통해 밝혀졌는데, 피부에 감염되는 병꼴균류인 *Batrachochytrium dendrobatidis*와 관련이 있다(**그림 26.12**). 병들고, 죽은 개구리는 건강한 개구리보다 피부에 플라스크 모양의 구조를 가지고 있을 가능성이 높으며, 이는 병꼴균류의 포자 생성과 관련이 있는 것으로 밝혀졌다.

*B. dendrobatidis*의 병원성은 양서류와 양서류의 피부에 사는 다양한 세균 사이의 공생 관계의 변화와 관련이 있을 수 있다. 일부 연구에 따르면 세균은 균류의 성장을 억제하는 항진균제 화합물을 생산한다. 피부의 정상균총의 변화는 제어할 수 없는 균류의 성장으로 이어질 수 있다. 다른 연구는 항아리곰팡이병의 증가를 살충제 사용의 증가와 연결시키고 있는데, 살충제는 양서류의 감염에 대한 면역을 억제한다.

균류의 감염은 식물에 해로울 수 있다

균류는 많은 식물에게 질병을 일으키며 매년 약 5천억 달러 규모의 작물 손실을 일으킨다(**그림 26.13**). 이 중 약 25~30%가 균류 감염에 의한 것이다. 균류는 식물병을 유발할 뿐만 아니라 수확한 작물을 망칠 수 있다. 기존의 균류병과 새로운 균류병에 의한 작물 및 농작물 손실은 식량 안보를 위협할 가능성이 있다. 이러한 위협은 특히 대부분 개발도상국에서 발생하는 전 지구적 인구 증가와 관련이 있으며, 기후 변화에 민감한 국가에게는 가장 우려되는 부분이다.

그림 26.13 식물의 진균 감염.
a. 미국 몬태나에서 3곳의 침엽수림에 감염된 병원균인 아밀라리아(*Armillaria*, 뽕나무버섯속)는 원형의 클론으로 자란다. 사진 아래쪽 원의 크기는 약 8만 m^2이다. *b.* 아밀라리아에 의해 파괴된 나무의 근접사진. *c.* 나무에서 자라는 아밀라리아.

많은 식물 감염은 포자가 식물 표면에 도달하여 발생한다. 이것은 바람에 의한 포자 분산, 동물 운반자에 의한 전염, 식물 표면으로 물이 튀기는 것이나 토양을 통해 발생할 수 있다. 작고 가벼운 균류의 포자가 있는 경우, 균류병은 바람에 실린 포자에 의해 대륙에서 대륙으로 퍼질 수 있다. 포자 발아에 의해 생성된 균사는 양분을 얻기 위해 식물 내부로 들어가야 한다. 이는 기공, 표피 손상 또는 식물 표면의 물리적 파괴로 인해 발생할 수 있다. 증식성 감염이 일어나려면 균류가 특정 식물 방어를 극복하거나 피해야 한다(33장 참조). 식물 병원균은 독소 생산을 포함한 다양한 방법으로 식물에 질병을 일으킬 수 있으며 식물의 전체 또는 일부를 손상시킬 수 있다.

핵심 요약 26.4

균류 감염은 직접 감염 또는 독소 분비에 의해 식물과 동물 모두에서 질병이나 사망을 유발할 수 있다. 균류의 포자는 인간에게 앨러지 반응을 유발할 수 있다. 동물에서 균류의 질병과 기생균의 치료는 균류와 동물의 밀접한 관계로 인해 어렵다. 균류에 손상을 주는 약물도 숙주에 영향을 줄 수 있다. 식물 병원균은 특히 개발도상국에서 식량 안보에 위협이 된다.

- 테트라사이클린은 특정 토양 균류에 의해 만들어지며, 단백질 번역을 억제하는 항생제이다. 균류는 어떻게 세균을 죽이는 번역억제 독소를 생산할 수 있을까?

26.5 담자균문

학습 목표

1. 담자균류의 생활사에서 어떤 세포가 2배체인지 설명할 수 있다.
2. 담자균류의 1차 및 2차 균사체를 구별할 수 있다.
3. 담자균류의 생활사를 설명할 수 있다

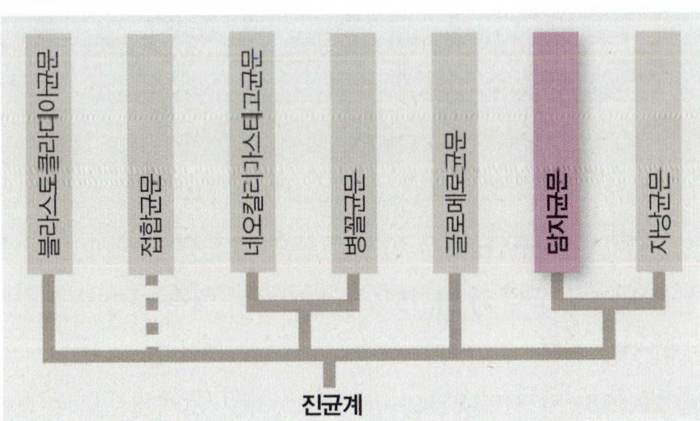

담자균문(Basidiomycota)은 3만 종 이상의 균류가 포함된 분류군이다. 담자균문은 자낭균문과 함께 균계에서 2핵균이라고 불리는 아계(subkingdom)를 구성한다. 포토벨로버섯이나 양송이처럼 친숙한 식용 균류도 담자균이지만, 녹병균이나 깜부기병균을 포함한 많은 주요 식물병원균도 담자균류이다. 녹병균에 의한 감염(rust)은 녹이슨 금속과 유사하며, 깜부기병균에 의한 감염(smut)은 포자로 인해 검은 가루처럼 보인다. 많은 버섯이 식용이지만 일부 버섯은 환각을 일으키거나 치명적인 독을 갖고 있다. 가장 치명적인 독소 중 하나를 생산하는 유명한 버섯인 알광대버섯(*Amanita phalloides*)은 담자균문에 속하는 균류이다(**그림 26.14***a*). 동물에게 질병을 일으키는 담자균류도 있다.

영양생장은 단핵성 균사와 2핵성 균사를 사용한다

담자균류의 생활사에는 상당한 변이가 있으므로 여기서는 전형적인 버섯의 생활사에 대하여 설명한다. 반수체(n)인 담자균류의 포자가 발아한 후 체세포분열하여 단핵균사로 이루어진 균사망을 형성한다. 균사에서 유전적으로 동일한 각각의 반수체 핵은 격벽으로 분리된다. 모든 핵은 유전적으로 동일하기 때문에, 균사체는 동핵성이다. 이 균사가 1차 균사체를 형성한다.

다른 교배형의 단핵균사가 만나 원형질융합(plasmogamy)이라는 과정에 의해 서로 융합할 수 있다. 이 과정에서 2핵 균사체 또는 2차 균사체를 형성한다(**그림 26.14***b*). 이러한 균사체는 2핵성($n+n$)이며, 2개의 핵은 서로 다른 교배형에 의해 제공된 게놈을 가지고 있으며, 각 쌍(2개의 핵)은 격벽에 의해 구분되어 있다. 2핵 단계가 나타나는 생활사는 자낭균류와 담자균류의 특징이다. 이 공통점은 이 2개의 문이 2핵균(Dikarya)이라고 불리는 아계로 분류되는 이유이다.

유성생식은 담자기와 핵융합이 관련된다

담자균류 균사체의 대부분은 포자 분산이 극도로 제한되는 지하에 있다. 포자 분산을 촉진하기 위해 담자과(basidiocarps)라는 생식 구조를 형성하는데 잔디밭이나 썩은 통나무에서 버섯의 형태로 볼 수 있다. 담자과의 형성은 2핵 균사로 이루어진 균사체에서 시작되며, 적절한 조건하에서 담자과로 빠르게 발달할 수 있다. 담자과는 완전히 2차(2핵) 균사체로 형성된다.

버섯의 갓(cap) 아래 표면의 조직인 주름(gill)의 균사 끝에서 담자기(basidia)라는 곤봉형의 구조가 만들어진다. 담자기에서 2핵 균사의 반수체 핵은 핵융합(karyogamy) 과정을 통해 융합하여 2배체 핵을 생성한다. 2배체 핵은 감수분열을 거쳐 최대 4개의 반수체 담자포자를 생성하는데, 담자기의 끝에 있는 가느다란 줄기인 담자뿔

a.

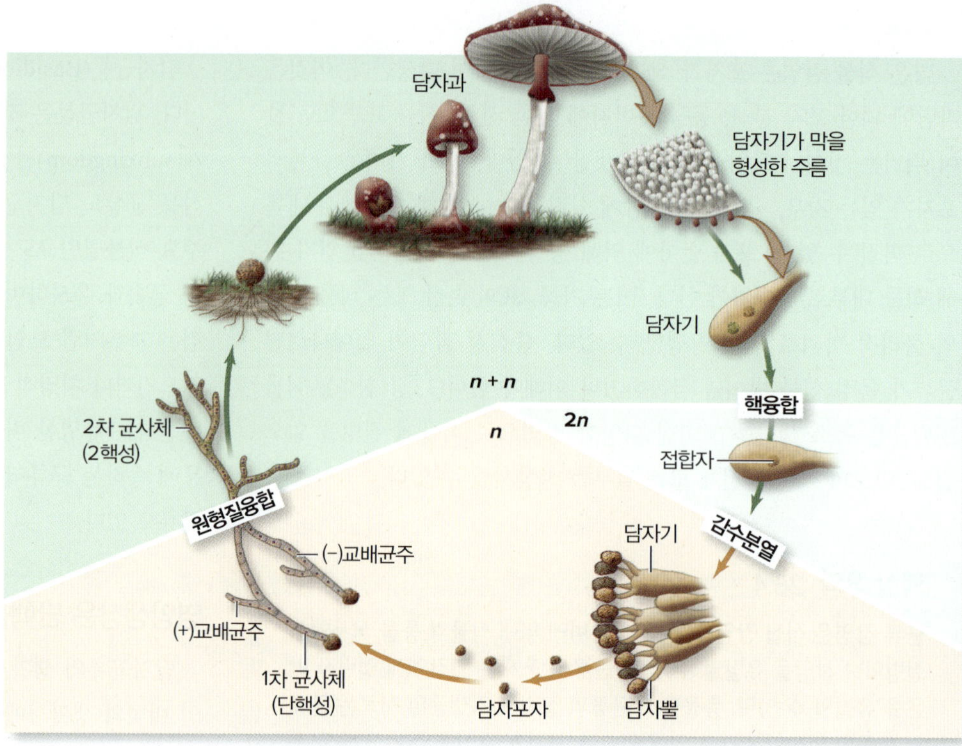

b.

그림 26.14 담자균류와 생활사.
a. 알광대버섯(*Amanita phalloides*). 이 버섯을 먹을 경우 보통 치명적이다. ***b.*** 담자균류의 생활사. 담자기는 생식 구조이며, 이 예에서는 갓 아래쪽 주름에서 발견된다.

(sterigmata)에서 만들어진다. 방출된 담자포자(basidiospores)는 바람에 의해 쉽게 분산되며, 적절한 조건하에서 발아하여 단핵 균사를 형성함으로써 생활사를 다시 시작한다. 담자과 아랫면의 주름은 평평한 표면에서 분산했을 때에 비해 포자가 분산될 수 있는 표면적을 최대 20배까지 증가시킨다. 1개의 버섯이 시간당 1억 개의 포자를 생산할 수 있다고 추정한다.

자료 분석 전나무에서 자라는 버섯인 *Cryptoporous volvatus* 포자의 생산을 비교하기 위해서 버섯 아래에 철판 깔때기를 놓고 6월 1일~9월 1일에 생성된 포자를 수집하여 수를 셌다. 한 시료의 표면적은 $1.10\ cm^2$였고 총 1.31×10^8개의 포자를 생산했다. 표면적이 $8.37\ cm^2$인 또 다른 시료는 6.87×10^9개의 포자를 생성했다. 두 시료에서 $1\ cm^2$당 포자 생산량의 상대적인 양에 대해 정량적으로 서술하시오.

핵심 요약 26.5

1차 균사체는 포자가 발아하여 생성된 단핵의 균사로 이루어진다. 서로 다른 교배형의 균사가 융합하여 2핵 균사체를 생성한다. 자실체(fruiting body)는 특정 조건하에서 형성되며, 담자기에서 핵융합이 일어나 2배체가 만들어진다. 2배체는 감수분열하여 반수체의 담자포자를 생성한다. 담자포자는 분산하고 적절한 조건하에서 발아하여 단핵 균사를 형성한다.

■ 2핵 세포와 2배체 세포를 구별하는 것은 무엇일까?

26.6 자낭균문

학습 목표

1. 자낭균류의 생활사에서 어떤 세포가 2배체인지 설명할 수 있다.
2. 자낭균류에서 1차 균사체와 2차 균사체를 구별할 수 있다.
3. 자낭균류의 생활사를 설명할 수 있다.

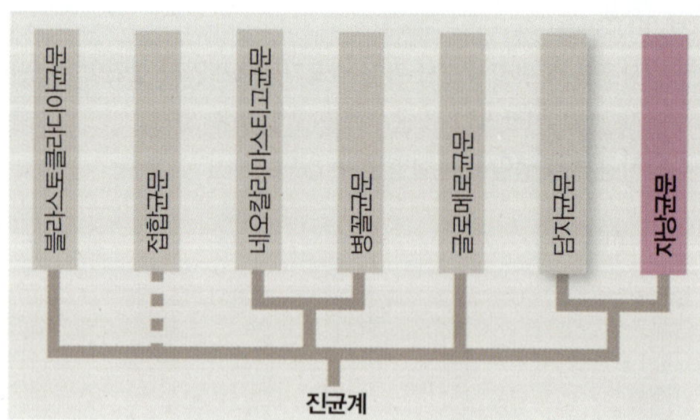

자낭균문(Ascomycota)은 약 3만 종의 균류를 포함하고 있다. 자낭균문은 알려진 균류의 약 75%를 차지하며 매우 다양하다. 자낭균류 중에는 빵 효모, 일반적인 곰팡이, 곰보버섯(**그림 26.15***a*), 주발버섯(**그림 26.15***b*) 및 서양송로와 같이 친숙하고 경제적으로 중요한 균류가 있다. 또한 밤나무역병과 네덜란드느릅나무병을 일으키는 많은 식물 병원균이 이 문에 포함된다. 플레밍(Alexander Fleming)은 가장 유명한 자낭균류인 푸른곰팡이의 일종(*Penicillium chrysogenum*)이 항생제를 생산한다는 것을 발견했다.

무성생식은 분생포자경 안에서 일어난다

담자균문에서처럼 자낭균류의 생활사에는 종에 따라 상당한 변이가 있다.

담자균문의 무성생식에서처럼 자낭포자(ascospores)는 발아하여, 반수체 핵의 분열과 격벽 형성에 의한 세포질 분열을 통해 단핵균사를 생성한다. 균사의 핵은 격벽에 의해 분리되지만 세포질은 균사를 따라 이동한다. 무성생식은 자낭균류에서 흔하게 일어나며, **분생포자**(conidia)를 생산한다. 이들은 분생포자경(conidiophore)이라고 하는 변형된 균사의 끝에서 격벽에 의한 분리를 통해 생성되는 무성포자이다(**그림 26.15**c). 분생포자는 공기의 흐름, 물 또는 동물에 의해 쉽게 분산되며 새로운 먹이원에서 빠르게 생장할 수 있다.

유성생식은 자낭 안에서 일어난다

담자균문과는 달리 자낭균류의 균사에 의해 생성된 균사체는 단핵성과 동핵성을 유지하고 있으며 광범위한 2차 영양균사체는 형성하지 않는다. 두 종류의 화합성 균사가 접촉하면 유성생식이 시작된다. 한 균사는 조정기(antheridium)를 만들고 다른 균사는 조낭기(ascogonium)를 만들며, 이 둘을 통해 원형질융합이 일어난다. 이어서, 한 쌍의 핵을 포함하는 균사가 생성되는데 1차 균사체로 이루어진 자낭과(ascocarp)라고 하는 자실체를 형성할 수 있다(**그림 26.15**c).

자낭과의 특정 균사는 자낭과 내부에서 자낭(ascus, 복수는 asci)이라는 구조로 발달한다. 어린 자낭의 끝에서 핵융합이 일어나 2배체 핵이 만들어진다. 성숙한 자낭에서 2배체 핵은 감수분열을 거쳐 4개의 반수체 세포를 생성하며, 각각의 반수체 세포는 1번의 체세포분열을 거쳐 8개의 반수체 자낭포자를 생성한다. 자낭균류에서 포자

a.

b.

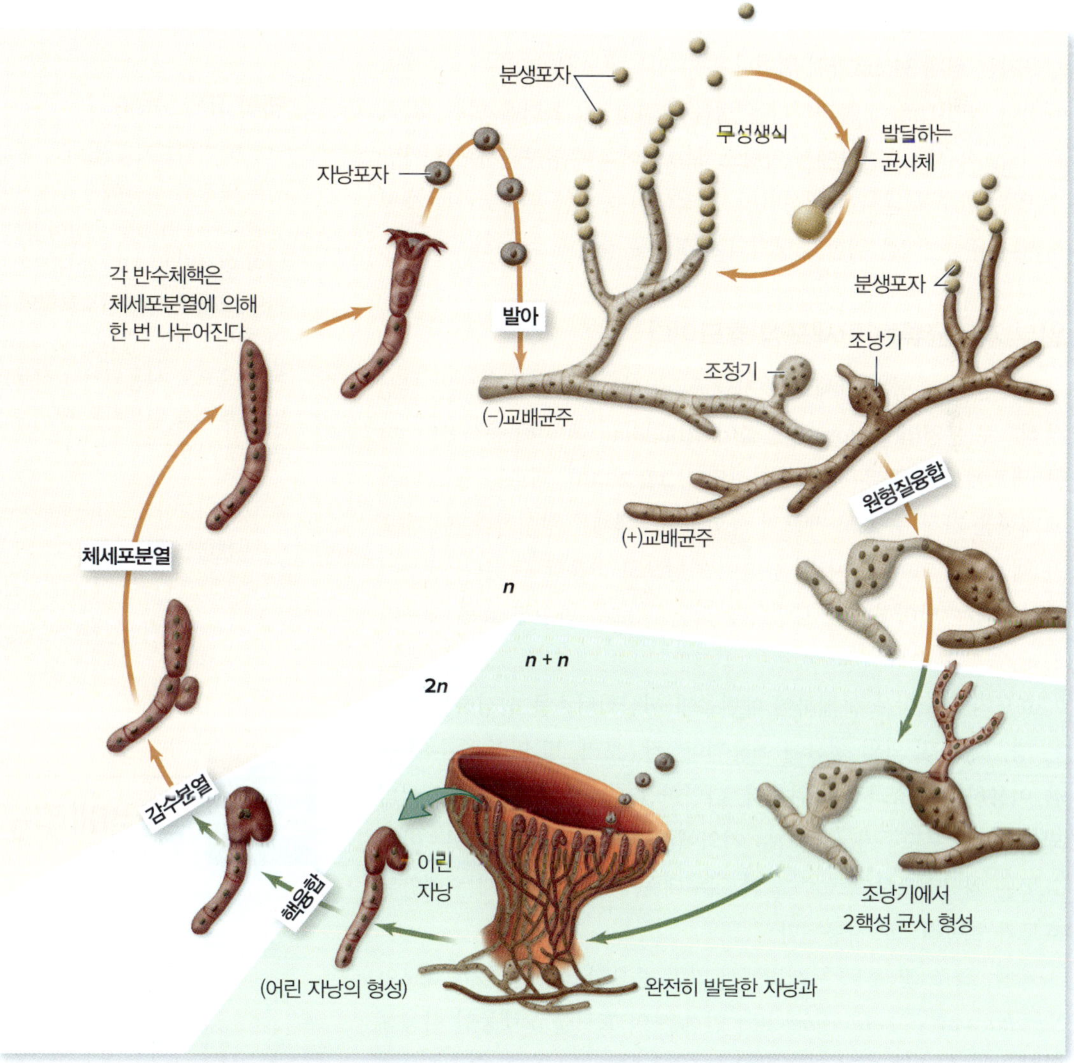

c.

그림 26.15 자낭균류와 생활사.
a. 곰보버섯(*Morchella esculenta*)은 이른 봄에 등장하는 맛있는 식용 자낭균류이다. *b.* 주발버섯. *c.* 자낭균류의 생활사. 반수체 자낭포자는 자낭 내에서 형성된다.

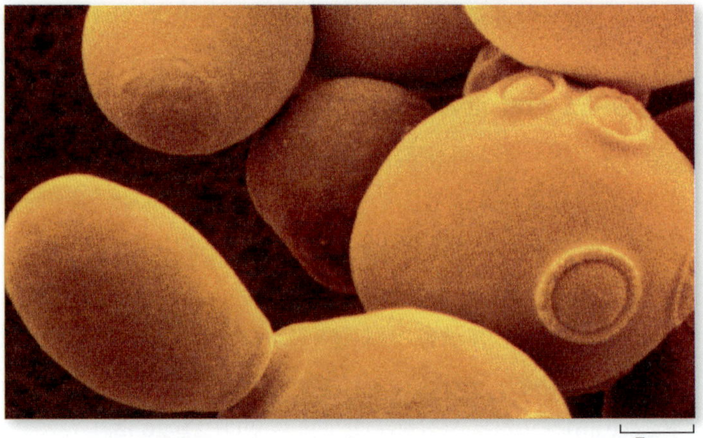

그림 26.16 ***Saccharomyces*의 출아.**
사진 왼쪽 하단에 있는 작은 세포는 더 큰 세포로부터 출아된다. 오른쪽에 있는 큰 세포의 고리는 출아가 있었던 흔적이다.

의 내부 발달은 담자균류의 담자기에서 포자의 외부 형성과는 현저히 다르지만, 포자가 산포되는 메커니즘은 비슷하다.

많은 자낭균류에서 자낭은 성숙하면 팽창하다가 터진다. 이때 자낭포자는 최대 31 cm까지 튀어나올 수 있는데, 대부분의 자낭포자의 직경이 약 10 μm에 불과하다는 점을 고려할 때, 놀라울 만큼 먼 거리이다. 적절한 조건하에서 자낭포자는 발아하여 영양균사체로 자랄 수 있는 반수체 균사를 생성하며, 무성생식을 위한 분생포자를 생성하거나 유성생식을 위한 조낭기와 조정기를 형성할 수 있다.

일부 자낭균류는 단세포성 효모이다

대부분의 효모는 단세포성 자낭균류이다. 대부분의 효모는 무성생식으로 분열법(fission)이나 출아법(budding)에 의해 증식하며, 더 큰 세포에서 더 작은 세포가 형성된다(**그림 26.16**). 때로는 서로 다른 교배형을 가진 두 효모 세포가 융합하여 2핵체를 형성한다. 이 세포는 핵융합에 이어 감수분열을 하여 자낭으로 작용할 수 있다. 생성된 자낭포자는 발아하여 무성생식을 하는 새로운 반수체 효모 세포가 된다.

효모가 포도당을 분해하여 에탄올과 이산화탄소를 생성하는 능력은 빵, 맥주 및 와인 생산에 이용된다. 쌀, 보리, 밀 및 옥수수의 당을 이용하는 발효과정을 위해서, 다양한 효모 균주가 개량되고 선별되어 왔다. 포도주가 생산되는 지역에서 자연적으로 발생하는 야생 효모는 역사적으로 포도주를 만드는 데 중요했으나, 현재는 배양된 효모가 일반적으로 사용된다.

제빵, 양조 및 포도주 제조에서 가장 중요한 효모는 출아 효모인 *Saccharomyces cerevisiae*이다. 인간은 이 효모를 오랫동안 사용해 왔다. 효모는 바이타민 B 함량이 높고 약 50%가 단백질이기 때문에 영양 보충제로 사용되고 있다.

자낭균류의 유전학과 유전체학은 실제로 응용된다

*S. cerevisiae*는 생물학 연구에 오랫동안 사용되어온 유전적으로 다루기 쉬운 모델 생물이다. 유전공학기술에서 광범위하게 사용된 최초의 진핵생물이었으며, 효모는 여전히 고등진핵 생물에서 생물학과 유전학을 더 잘 이해하기 위한 모델로서 중요한 역할을 하고 있다. 1996년에 *S. cerevisiae*의 유전체의 염기서열이 처음으로 완전히 분석되었다.

'1000 균류 유전체 프로젝트'는 800종 이상의 균류의 유전체 염기서열을 분석하는 것을 목표로 한다. 염기서열 분석 대상 종은 인간의 건강과 농업에 미치는 영향에 따라 선택된다. 또한 균류의 진화에 관한 정보를 제공할 수 있는 가능성을 기초로 염기서열의 분석 대상 종이 선택된다. 이 새로운 정보는 다양한 진균계에 대한 이해를 보완하고 확장할 뿐만 아니라 생명공학에서 균류를 사용할 때 적용할 자료를 제공할 것이다.

핵심 요약 26.6

반수체 자낭포자는 발아하여 동핵성 균사를 생산한다. 분생포자경에서는 포자를 생산하여 무성생식을 한다. 서로 다른 교배형의 균사가 융합하여 2핵체를 생성하면서 유성생식을 시작한다. 자낭과에서 자낭이 형성되며, 자낭의 내부에서는 핵융합이 일어나 2배체 핵을 생성한다. 2배체 핵은 감수분열에 이은 체세포분열을 통해 8개의 반수체의 자낭포자를 생성한다. 효모는 단세포의 자낭균류이다. 자낭균류는 식품으로 사용되거나 식품의 생산에 사용되는 유익한 균류 및 질병과 부패를 일으키는 해로운 균류를 포함한다. 일부 자낭균은 과학 연구에 사용된다.

- 콕시디오이데스진균증(*coccidioidomycosis*)은 포자를 흡입하여 발생하는데, 미국 남서부의 농장 노동자들에게서 발생한다. 이 질병을 예방하는 데 도움이 되는 것은 무엇일까?

26.7 글로메로균문: 무성 식물 공생균

학습 목표

1. 글로메로균문의 생태학적 중요성을 설명할 수 있다.
2. 식물의 육상 정착에서 글로메로균문의 역할을 설명할 수 있다.

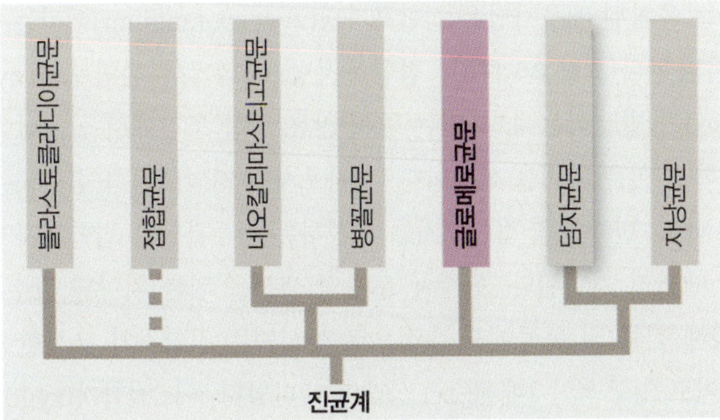

200여 종이 알려진 작은 분류군임에도 불구하고, 글로메로균류(glomeromycetes)는 2가지 이유로 중요하다. 첫째는 이 균류가 식물 뿌리와 절대공생관계를 형성하며, 균류는 수지상균근을 형성하여 식물의 영양소 흡수를 증가시키고 대신 당을 얻는다는 점이다(26.3절 참조). 둘째는 식물 뿌리와 공생함으로써 글로메로균류가 식물의 육상 정착에 도움을 주었다는 점이다.

글로메로균류의 계통은 밝혀내기가 어렵다. 유성생식의 증거가 없고, 식물의 뿌리 없이는 실험실에서 배양할 수 없기 때문이다. 유전적 재조합이 없는 상태에서 유전적 다양성은 유전체 내의 돌연변이 축적에 의해 생성될 수 있다. 이는 일부 종의 포자에서 유전적으로 다양한 유전체가 다수 관찰되므로 알 수 있다.

접합균류와 마찬가지로 글로메로균류는 균사에 격벽이 없어 한때는 접합균으로 분류되었다. 그러나 리보솜 소단위체 rRNA의 DNA 염기서열 비교를 통해 글로메로균류가 접합균류와 계통적으로 분명히 구분되는 단계통군임을 확인하였다. 접합균류와 달리 글로메로균류는 접합포자를 생산하지 않는다. 글로메로균문은 담자균문과 자낭균문이 분리되기 훨씬 전인 적어도 6억~6억 2천만 년 전에 기원했을 것으로 알려져 있다.

핵심 요약 26.7

글로메로균류는 소단위체 rRNA의 염기서열 분석에 근거한 단계통군이다. 많은 식물의 뿌리와의 절대적 공생 관계는 오래전부터 이뤄진 것으로 보이며, 육상 식물이 다양한 생태적 지위에서 서식할 수 있도록 해 주었다. 포자의 유전체에서 돌연변이를 축적하는 전략에 의해 유전적 다양성이 증가될 수 있다.

- 글로메로균류와의 공생 관계가 어떻게 식물의 육상 정착을 촉진할 수 있었을까?

26.8 접합균문: 접합자 생성 균류

학습 목표

1. 접합균류의 특징을 설명할 수 있다.
2. 접합체에서 유성생식이 어떻게 유발되는지 설명할 수 있다.
3. 접합균류의 유성생식과 담자균류와 자낭균류의 유성생식을 비교할 수 있다.

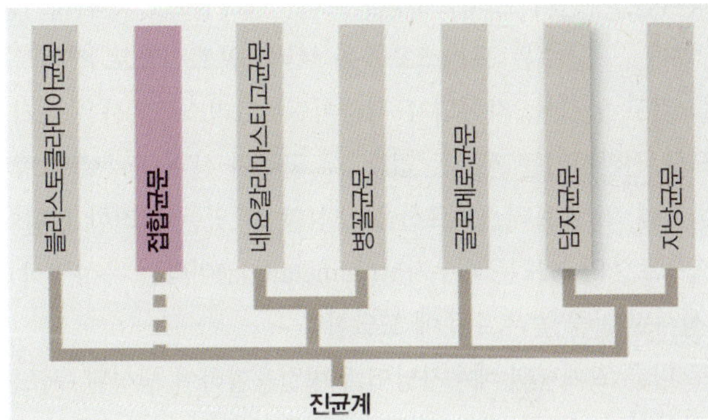

접합균문(zygomycota)은 약 1000종을 포함하지만 엄청나게 다양하며 가장 빠르게 자라는 균류이다. 가장 일반적인 접합균류인 빵곰팡이(**그림 26.17***a*)와 딸기 및 기타 과일 등의 유기 물질을 부패시키는 다양한 종이 있다. 이 균류의 일부는 스테로이드를 생산하거나 변형시킬 수 있어 생명공학에 사용된다. 이 균류는 템페(tempeh)와 같은 발효 식품을 생산할 때 콩의 단백질을 부분적으로 분해하여 소화율을 높이는 데 사용된다. 일부 접합균류는 면역력이 약화된 사람을 포함한 동물과 식물의 병원균이다.

무성생식이 일반적이다

접합균류에서 무성생식은 유성생식보다 훨씬 더 흔하게 일어난다. 무성생식 과정에서 균사는 **포자낭경**(sporangiophore)이라는 직립의 줄기를 형성한다. 포자낭경 끝에 구형의 포자낭(sporangia)을 형성한다. 이러한 구조는 솜털 같은 흰색 "곰팡이"이며 오래된 빵의 표면에서 자라는 것을 볼 수 있다. 얇은 벽을 가진 반수체 포자는 포자낭 안에서 생성되며, 어떤 종은 포자낭에 최대 10,000개의 포자를 생성한다. 포자는 음식 위로 떨어지고, 바람에 날려 새로운 먹이원으로 분산된다. 조건이 좋아지면 포자는 발아하여 반수체 균사로 자란다. 조건이 좋지 않으면 유성생식이 일어날 수 있다.

유성생식은 접합자를 생산한다

무성생식이 균류에 유리하지 않은 조건에서, 서로 다른 교배형의 주화성(chemotropic) 균사는 서로를 끌어당긴다. 두 교배형 사이의 신호는 **배우자낭**(gametangia)이라고 하는 유성생식 구조를 형성하게 한다.

한 교배형(－균주)은 트리스포롤(trisporol)이라는 화학물질을 생성한다. 다른 교배형 균주 (＋균주)는 4-디하이드로트리스포르산(4-dehydrotrisporic acid)이라는 화학물질을 생성한다. －균주는 4-디하이드로트리스포르산을 트리스포르산으로 전환시키는 효소를 발현하지만, 자신의 트리스포롤을 트리스포르산으로 전환시키는 효소는 없다. ＋균주는 트리스포롤을 트리스포르산으로 전환시키는 효소를 갖고 있지만, 자신의 4-디하이드로트리스포르산을 트리스포르산으로 전환시키는 효소는 없다. 두 균주가 상대 균주에서 방출된 화학물질에 의해 트리스포르산을 생성할 수 있는 이러한 상황에서, 트리스포르산의 농도는 배우자낭(gametangia)이라는 유성생식 구조를 형성시킬 만큼 높은 수준에 도달한다.

서로 다른 교배형의 배우자낭이 원형질융합하여 생성된 구조는 격벽이 형성되어 부모 균사로부터 분리된다. 융합된 배우자낭 내부에서 반수체 핵은 핵융합을 수행하여 2배체 핵을 생성한다. 2배체 핵을 포함하는 융합된 배우자낭은 접합포자낭(zygosporangium)이라는 구조로 발달한다(**그림 26.17***b*). 접합포자낭 내부에서 접합포자(zygospores)가 발달하는데, 포자는 좋지 않은 성장 조건에서 살아남을 수 있도록 두꺼운 외벽을 생성한다. 담자포자나 자낭포자가 형성되는 과정과 달리, 반수체의 접합포자를 생성하는 감수분열은 접합포자가 발아할 때까지 지연된다. 반수체 포자의 생성을 위한 지연된 감수분열에 의해 식물 및 동물에서 수정으로 생성되는 접합자와 유사한 불연속적이고 영구적인 2배체(2*n*) 상태가 나타났다. 이 "접합자(zygotic)" 상태로부터 **접합균류**(zygomycetes)라는 이름이 유래하였다.

핵심 요약 26.8

접합균류는 일반적으로 부패하는 빵과 과일과 같은 음식의 표면에서 볼 수 있다. 무성생식은 포자낭에서 반수체 포자를 만들며 유성생식보다 흔하게 나타난다. 서로 반대인 교배형 균주 사이의 복잡한 신호는 배우자낭이라는 유성생식 구조를 형성한다. 유성생식은 접합포자낭을 생성하는데, 접합포자낭 안에는 발아할 때까지 감수분열을 하지 않는 접합포자가 형성된다. 접합균류는 접합포자가 형성되는 동안 2배체의 접합자가 만들어지는 데서 이름이 붙여졌다.

■ 같은 균주의 교배형끼리 만났는데 왜 유성생식이 일어나지 않을까?

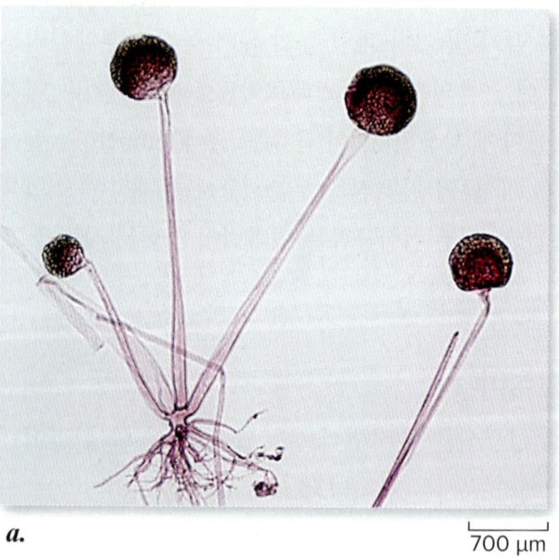

a.

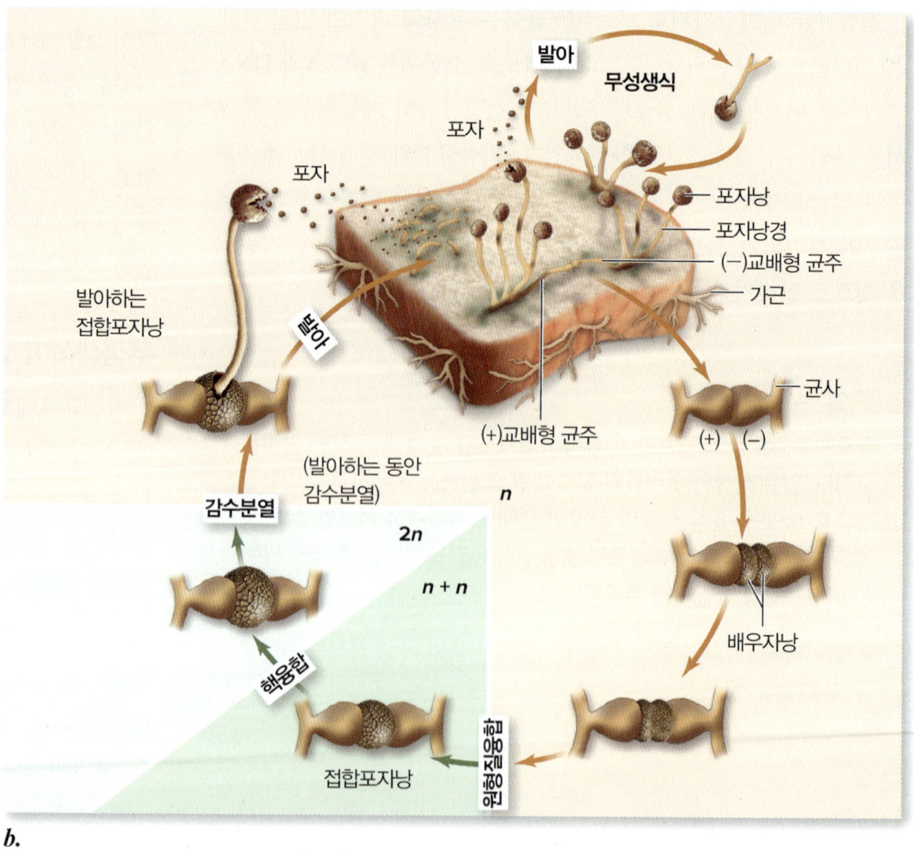

b.

그림 26.17 당에서 자라는 접합균류인 라이조푸스(*Rhizopus*).
이 균류는 축축한 빵이나 과일에서 발견된다. ***a.*** 진한 색의 구형 포자를 생산하는 포자낭은 약 1 cm 높이의 균사 끝에서 형성된다. 뿌리 모양의 균사(가근)는 포자낭을 고정시킨다. ***b.*** 라이조푸스의 생활사. 접합균문은 라이조푸스의 접합포자낭의 특성에서 명명되었다. (＋) 및 (－)는 교배형을 나타내며, 이는 유성생식을 시작하라는 신호를 보낸다.

26.9 병꼴균문과 근연균: 유주포자 생성균류

학습 목표

1. 병꼴균류의 특성을 설명할 수 있다.
2. 블라스토클라디아균류에서 나타나는 세대교번을 단복상 식물의 생활사와 관련 지을 수 있다.
3. 네오칼리마스티고균류의 특성을 설명할 수 있다.

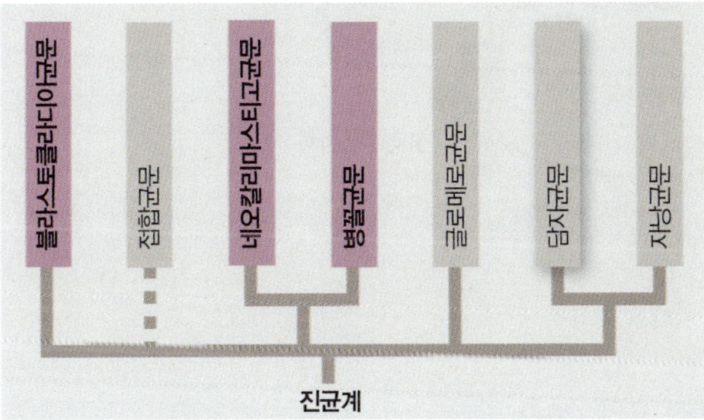

같은 분류군에 포함되었던 측계통인 병꼴균문은 최근 분자 분석에 의해 블라스토클라디아균문(Blastocladiomycota), 병꼴균문(Chytridiomycota) 및 네오칼리마스티고균문(Neocallimastigomycota) 등 3개의 단계통군으로 나누어졌다. 이 문에 속하는 균류는 편모를 가지고 있는데 이는 미포자충류를 제외하고는 진균계의 다른 문에서는 볼 수 없는 특징이다(26.10절 참조). 이 3개 문의 균류가 비공식적으로 병꼴균류라고는 하지만, 병꼴균문(Chytridiomycota)에 속하는 균류만이 "진정한 병꼴균류"로 간주된다.

병꼴균문은 조상 균류와 밀접한 관련이 있다

병꼴균문에 속하는 **병꼴균류**(chytridomyetes 또는 chytrids)는 계통적으로 조상 균류와 가까운 수생의 편모성 균류이다. 이 균류의 두드러진 특징은 편모를 가진 무성포자인 **유주포자**(zoospores)의 생산이다. "병꼴균(Chytrid)"은 그리스어 *chytridion*에서 유래하였으며 "작은 단지(little pot)"라는 의미로 유주포자를 방출하는 구조를 나타낸다(**그림 26.18**). 수생 및 해양 환경에 풍부할 뿐만 아니라 병꼴균류는 토양에서도 흔히 발견된다. 여러 종이 병원성을 갖는데, 식물과 조류, 기타 균류 및 양서류를 감염시킨다. 병꼴균류인 *Batrachochytrium dendrobatidis*는 양서류 죽음의 원인이 되는 것으로 의심하고 있다(26.4절 참조).

블라스토클라디아균류는 세대교번을 한다

블라스토클라디아균류는 수생 환경과 육상 환경 모두에서 발견된다. 이들은 식물, 무척추동물, 조류, 그리고 어떤 경우에는 다른 균류에 기생한다. 아마도 블라스토클라디아균류의 가장 두드러진 특징은 단복상(haplodiplontic)의 생활사인데, 다세포 형태로 반수체세대와 2배체세대가 교대로 나타나는 생활사이다. 일부 블라스토클라디아균류가 쉽게 배양될 수 있다는 점을 이용해서, 일부 식물의 생활사에서 나타나는 세대교번을 보여주는 실험 수업에 사용되어 왔다.

*Allomyces*속에서 반수체포자는 발아하여 배우체(gametophyte)라는 반수체 균락을 형성한다(**그림 26.19***b*). 배우체는 생활사에서 다세포 반수체(n) 단계이다. 배우체 균사의 끝에 자성 또는 웅성 배우자낭이 형성된다. 배우자낭은 편모를 가진 반수체의 자성 또는 웅성 배우자를 방출한다. 웅성 배우자와 자성 배우자는 수정하여 포자체(sporophyte)라는 2배체 균락을 형성한다.

포자체는 생활사의 다세포 2배체($2n$) 단계이다. 특정 영양 조건하에서 포자체는 포자낭이라는 2가지 유형의 포자생산 구조를 생성한다. 유주포자낭(zoosporangia)은 체세포분열하여 2배체인 운동성의 유주포자를 생산하고 감수분열포자낭(meiosporangia)은 감수분열하여 반수체 포자를 생산한다. 2배체 유주포자는 발아하여 무성생식 생활사에서 포자체를 생산한다. 감수분열포자낭에서 방출된 반수체의 운동성 포자가 발아하여 반수체의 배우체를 생산한다. 블라스토클라디아에서 나타나는 세대교번은 식물의 세대교번과 상사적(analogous)이다. 식물의 세대교번에서도 2배체의 포자체 세대는 다세포성 반수체 배우체(화분과 배낭)를 생산하며, 배우체는 결합하여 2배체의 포자체를 생산한다.

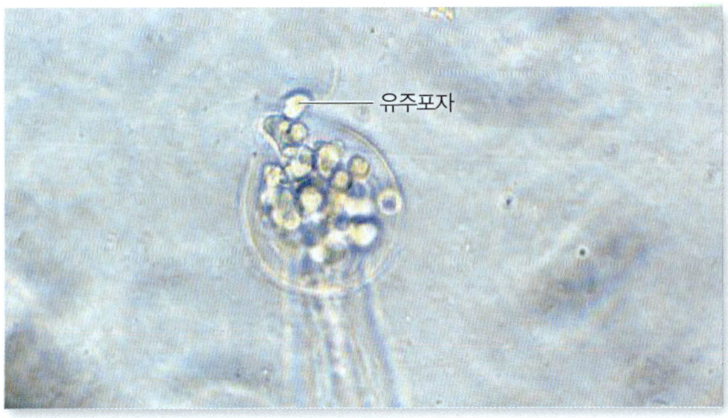

그림 26.18 "작은 단지".
유주포자를 포함하는 단지 모양의 구조는 병꼴균류의 이름을 나타낸다.

그림 26.19 토양에서 자라는 블라스토클라디아균류의 하나인 알로마이세스(*Allomyces*).
a. 구형의 포자낭은 체세포분열에 의한 2배체 유주포자 또는 감수분열에 의한 반수체 포자를 생성할 수 있다. ***b.*** 다세포 식물의 단복상 생활사에서 나타나는 세대교번과 유사한 다세포의 반수체 및 2배체 세대가 교대하는 알로마이세스의 생활사.

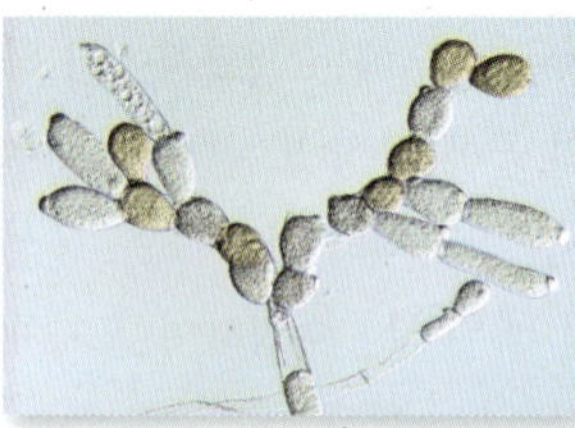

a.

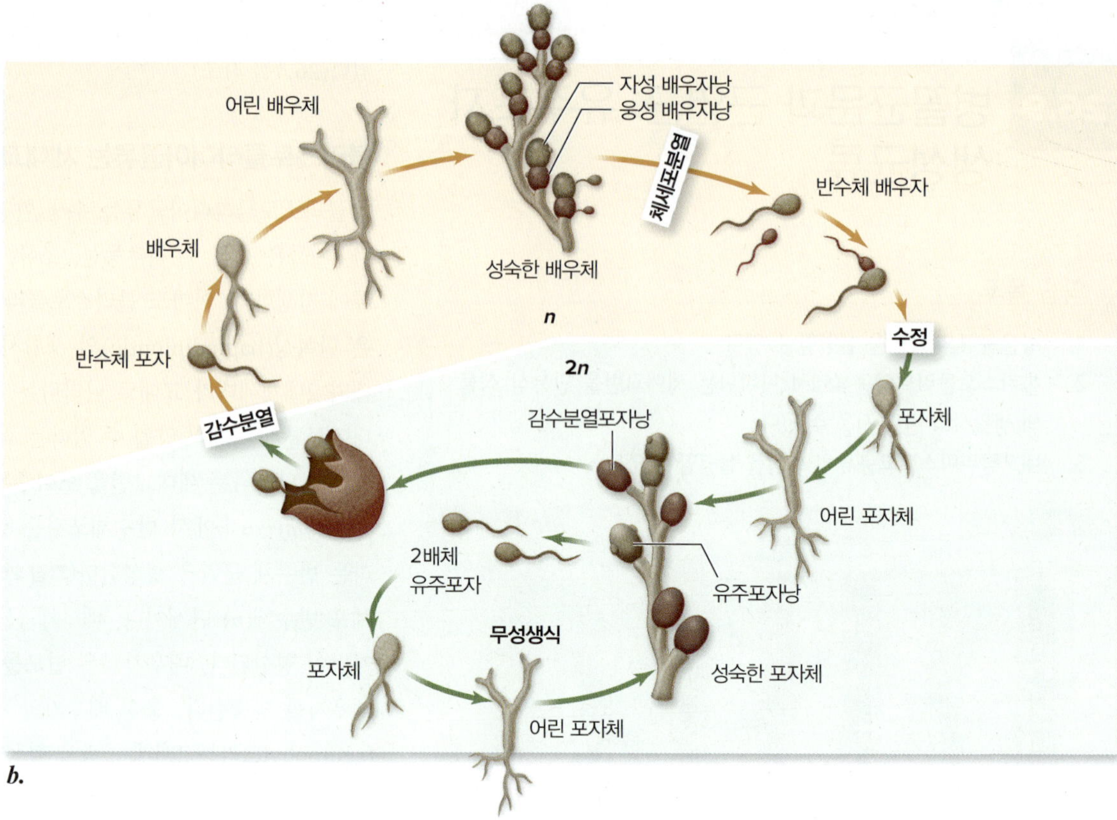

b.

네오칼리마스티고균류는 반추동물에서 셀룰로스를 혐기적으로 분해한다

네오칼리마스티고균류(Neocallimastigomycetes)는 반추동물의 식물성 먹이에서 셀룰로스와 리그닌을 효소적으로 분해할 수 있는 균류이다. 양, 소, 캥거루 및 코끼리는 모두 충분한 양분과 에너지를 얻기 위해 이들 균류에 의존한다. 셀룰로스를 분해하는 네오칼리마스티고균류는 반추동물이 소화하기 매우 어려운 먹이를 먹을 때 중요하다. 이 균류는 진정한 미토콘드리아가 없으며, 대신 미토콘드리아에서 유래한 것으로 생각되는 하이드로게노솜(hydrogenosome)이 ATP를 생산한다.

*Neocallimastix*속은 셀룰로스만으로도 생존할 수 있다. 셀룰레이스와 같은 소화 효소를 암호화하는 유전자가 박테리아로부터 수평적 유전자전달을 통해 *Neocallimastix*의 유전체에 삽입되었다. 이 균류는 혐기적으로 성장할 수 있으며, 상대적으로 높은 온도에서 셀룰로스를 분해할 수 있는 능력을 갖고 있으므로, 생물연료의 생산을 위한 생명공학에 이용될 잠재적 가능성을 갖고 있다.

핵심 요약 26.9

계통적으로 아주 가까운 3개의 문인 병꼴균문, 블라스토클라디아균문, 네오칼리마스티고균문은 편모를 가진 유주포자를 가지고 있다. 병꼴균류는 유주포자를 방출하는 구조의 단지 모양을 나타내며, 병꼴균류 중 한 종은 양서류 개체수의 감소의 원인이다. 블라스토클라디아균류는 세대교번을 하는 생식전략을 가진 유일한 균류이다. 네오칼리마스티고균류는 박테리아로부터 셀룰레이스를 획득했으며, 식물의 셀룰로스를 소화시켜 반추동물을 돕는다.

■ 블라스토클라디아의 어떤 구조가 속씨식물의 꽃과 상사적일까?

26.10 미포자충문: 단세포 기생균류

학습 목표

1. 미포자충류의 특징을 설명할 수 있다.

미포자충류(microsporidians)가 어떻게 분류되어야 하는지는 확실하지 않다. 이들은 균류 내에서 접합균문의 자매군으로 분류될 수도 있고, 균류와 약간의 유사성을 가지고 있지만 진균계에서 제외될 수도 있다. 이렇게 명확성이 부족하지만 다른 균류와 충분히 유사하므로 일반적으로 균류 내의 다른 분류군과 함께 논의된다.

미포자충류는 크기가 작고(지름 1~4 μm), 갑각류, 곤충 및 어류의 세포 내에 기생하며, 일부의 경우 면역력이 저하된 사람에게 심각한 질병을 유발할 수 있다. 말라리아를 유발하는 기생충인 *Plasmodium falciparum*을 가진 모기에 이 균류를 감염시켜 말라리아의 확산을 억제하는 방안이 제안되었다.

미포자충류에는 미토콘드리아가 없지만 모든 진핵생물의 유전체, 심지어 박테리아보다 작은 그들의 유전체에는 미토콘드리아의 기능과 유사한 유전자가 포함되어 있다. 어떤 경우에는 해당과정이 없기 때문에 이 기생성 균은 ATP와 해당과정의 중간산물을 전적으로 숙주에 의존하고 있다.

감염은 일반적으로 포자 섭취 후 위장관을 통해 일어난다. 섭취된 포자는 물을 흡수하여 부풀고 위장관에서 파열한다. 포자의 파열은 극성관(polar tube)이라고 불리는 단단히 감긴 구조의 격렬한 압출로 이어진다(**그림 26.20**). 극성관은 상피 세포를 관통하고 포자의 감염성 내용물이 숙주 세포로 전달된다.

핵심 요약 26.10

미포자충류는 미토콘드리아가 없으므로 숙주에게서 에너지를 얻어야 한다. 미포자충류는 절대 기생균으로 곤충, 갑각류 및 인간을 포함한 동물에 질병을 일으킬 수 있다.

- 기생성 원생생물인 말라리아원충과 미포자충류를 어떻게 구별할까?

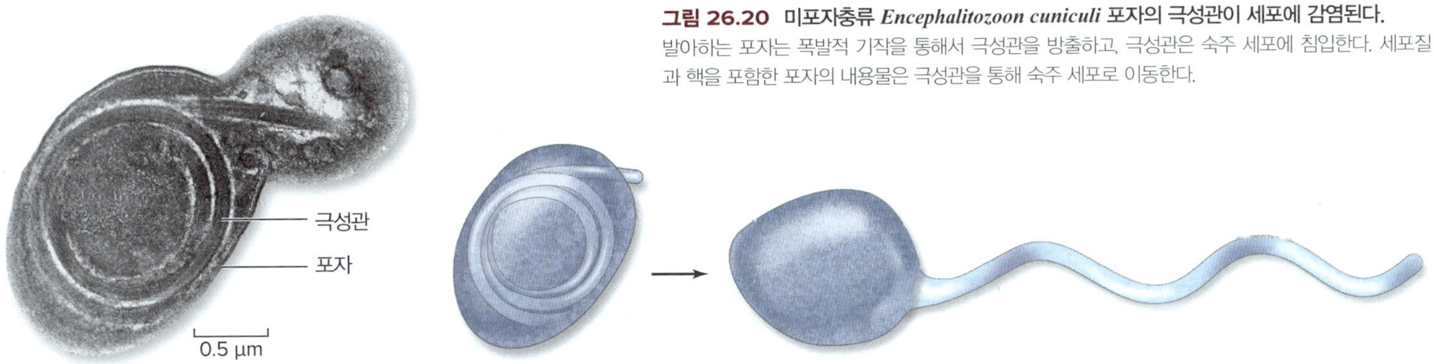

그림 26.20 미포자충류 *Encephalitozoon cuniculi* 포자의 극성관이 세포에 감염된다. 발아하는 포자는 폭발적 기작을 통해서 극성관을 방출하고, 극성관은 숙주 세포에 침입한다. 세포질과 핵을 포함한 포자의 내용물은 극성관을 통해 숙주 세포로 이동한다.

핵심 개념 요약

26.1 균류의 분류

■ 진균계는 6개의 난계통군을 포함한다

진균계는 난세통군인 블라스토클라디아균문, 네오칼리마스티고균문, 병꼴균문, 글로메로균문, 담자균문, 자낭균문으로 이루어진다(**그림 26.1**, **표 26.1**). 접합균류도 균류로 간주되며, 균학자들은 미포자충류도 연구한다.

26.2 균류의 형태, 영양, 생식

■ 균류는 단세포형 또는 사상형이다

병꼴균문과 미포자충류에 속하는 균류는 모두 단세포이다. 단세포성 고등균류는 효모라고 한다. 균사의 덩어리를 균사체라고 한다(**그림 26.3**). 단세포 균류 및 균사는 모두 부피당 표면적 비율이 높기 때문에 영양소 흡수를 극대화한다. 균류의 세포벽은 포도당의 변형된 질소 함유형 중합체인 키틴으로 만들어진다.

■ 일부 세포(또는 균사)에는 여러 개의 핵이 들어 있다

격벽 사이에 하나의 핵이 있는 균사는 단핵성이라고 하고, 2개의 핵을 가진 균사는 2핵성이라고 한다. 핵이 유전적으로 동일하면 동핵성이고, 유전적으로 다양하면 이핵성이다.

■ 균류의 생식은 특이한 조직 구성을 나타낸다

일부 균류의 체세포분열은 다른 고등진핵생물과는 크게 다르다. 일부 균류에서는 핵분열 후 세포질분열이 일어나지 않는다. 일부 균류는 체세포분열 방추사를 구성하는 중심체가 없으며, 때로는 핵막이 분해되지 않은 채로 체세포분열이 일어난다.

■ **균류는 유성과 무성으로 생식할 수 있다**

일부 균류는 유성생식과정에서 2핵단계가 나타나며 균류 생활사의 중요한 부분을 차지한다.

일부 균류는 균사체로 만들어진 포자를 생산하는 구조가 있다. 포자는 불리한 조건에 내성을 갖거나 바람이나 동물에 의해 산포되도록 적응했다. 조건이 유리할 때 포자는 발아하여 생활사를 계속한다.

■ **균류는 다양한 양분을 흡수하는 종속영양생물이다**

균류는 부생성 종속영양생물(saprotrophic heterotrophs)이다. 균류는 효소를 환경으로 분비하여 유기 분자를 분해한 후 흡수하여 양분으로 사용한다. 일부 균류는 숙주에 기생하며 직접 양분을 흡수한다. 다른 균류는 윤충류(rotifer) 같은 작은 동물을 먹이로 삼는다.

많은 균류는 식물에서 발견되는 주요 다당류인 셀룰로스를 분해할 수 있다. 균류가 식물의 셀룰로스를 분해하지 않으면 생태계는 죽은 식물로 뒤덮일 것이다.

26.3 균류의 생태

■ **균류는 다양한 공생관계를 갖고 있다**

균류는 다양한 생물들과 공생관계를 형성할 수 있다. 이들은 병원균, 기생균, 편리공생, 상리공생일 수 있다.

■ **내생균은 식물 안에서 살며 기생균으로부터 식물을 보호할 수 있다**

내생균은 식물 내부에 사는 균류이다. 이 균류는 초식동물로부터 식물을 보호하거나 양분 흡수를 높여 숙주 식물을 도울 수 있다(**그림 26.6**).

■ **지의류는 다른 계 사이의 공생관계를 보여준다**

지의류는 일반적으로 광합성 파트너와 상호 이득이 되는 자낭균류로 구성된다. 지의류는 좋지 않은 조건에 잘 적응하며 대기 오염의 중요한 지표이다.

■ **균근은 식물 뿌리에 공생하는 균류이다**

균근은 대부분의 식물 뿌리에 공생하며 뿌리의 표면적을 증가시켜 양분 흡수를 증가시키고, 대가로 광합성 산물을 얻는다. 균근균은 토양과 결합한 탄소를 방출하여 탄소 순환에 크게 기여한다.

균근에는 수지상균근과 외생균근이 있다. 수지상균근은 더 풍부하며 숙주식물의 뿌리 세포벽을 관통하는 균사를 생산하지만, 외생균근의 균사는 그렇지 않다.

■ **균류는 동물과 상리공생을 한다**

반추동물은 양분이 풍부한 곳에 살면서 셀룰로스의 분해를 돕는 장내 균류를 가지고 있다. 가위개미는 담자균류의 일부 종과 공생관계를 형성한다(**그림 26.10**). 개미는 균류에게 잎을 공급하고 포식자와 병원균으로부터 균류를 보호해 준다. 역설적으로 개미는 그 대가로 이 균류를 먹는다.

26.4 기생성 균류와 병원성 균류

■ **균류는 인간과 다른 동물에 해로울 수 있다**

균류는 앨러지 반응을 유발하거나 감염 동안 조직을 손상시키거나 진균독소를 생성하여 질병을 일으킬 수 있다. 진균독소는 일반적으로 균류에 감염된 음식을 먹거나 잘못 동정된 버섯을 먹을 때 섭취된다.

균류는 인간에게 다양한 질병을 유발한다. 예를 들면, 백선, 칸디다증, 무좀은 모두 균류에 의해 발생한다. 인간과 균류 사이의 밀접한 계통관계는 균류 감염 치료를 어렵게 한다.

균류는 또한 인간이 아닌 동물을 감염시킬 수 있다. 양서류의 균류 감염인 항아리곰팡이병은 개구리 개체군의 감소에 영향을 끼친 것으로 생각된다(**그림 26.12**).

■ **균류의 감염은 식물에 해로울 수 있다**

균류가 식물에 감염되면 작물의 생산량이 감소될 수 있으며(**그림 26.13**), 식품이 오염될 수 있다. 진균성 식물병의 확산을 제어하는 것은 바람으로 인해 많은 포자가 쉽게 퍼질 수 있기 때문에 어렵다.

26.5 담자균문

■ **영양생장은 단핵성 균사와 2핵성 균사를 사용한다**

포자는 발아하여 동핵성 반수체의 균사를 생산한다. 반수체 균사는 원형질융합을 통해 융합하여 2핵성 2배체의 균사를 형성한다.

■ **유성생식은 담자기와 핵융합이 관련된다**

2핵성 균사체는 담자과라는 독특한 지상부의 생식 구조로 발달할 수 있다. 담자과 아랫면의 담자기에서 반수체의 핵이 융합하여 2배체의 핵을 생성하고, 감수분열하여 4개의 반수체 담자포자를 생산한다. 포자는 바람이나 물에 의해 산포되어 적절한 조건에서 발아하고 새로운 생활사를 시작한다.

26.6 자낭균문

■ **무성생식은 분생포자경 안에서 일어난다**

발아한 포자는 체세포분열하여 격벽이 있는 균사로 발달하며, 분생포자경에서 반수체 포자를 생산한다.

■ **유성생식은 자낭 안에서 일어난다**

단핵성 균사의 교배형 사이의 접촉은 조낭기와 조정기 사이의 원형질융합을 유발하여 자낭과를 만든다. 자낭과 내의 구조들이 자낭으로 발달하는데, 반수체 핵 사이의 핵융합을 통해 2배체의 핵이 만들어지며, 감수분열과 체세포분열을 수행하여 8개의 자낭포자가 만들어진다.

■ **일부 자낭균류는 단세포성 효모이다**

자낭균 효모는 당을 발효하여 알코올과 이산화탄소를 생산할 수 있다. 이 균류는 분열이나 출아법으로 증식한다.

■ **자낭균류의 유전학과 유전체학은 실제로 응용된다**

*S. cerevisiae*는 유전자 조작이 용이한 모델 생물이다. 약 800종의 다른 종들과 함께 유전체의 염기서열이 분석되었으며, 이 정보는 생명공학에서 균류의 이용에 대한 통찰력을 제공한다.

26.7 글로메로균문: 무성 식물 공생균

26.8 접합균문: 접합자 생성 균류

■ **무성생식이 일반적이다**

접합균류에서 생식의 1차적 기작은 포자낭경의 생성을 통한 무성생식이다. 포자낭경은 오래된 빵의 표면에서 흰색의 곰팡이로 쉽게 볼 수 있다.

■ **유성생식은 접합자를 생산한다**

무성생식에 좋지 않은 환경에서 서로 반대인 교배형 균사가 융합하여 유성생식 구조를 형성한다. (+)와 (−) 균사 사이의 복잡한 신호전달을 통해 배우자낭이 형성되며, 이들은 융합하여 접합포자를 생산하는 접합포자낭(**그림 26.17***b*)으로 발달한다. 반수체의 포자를 생산하는 감수분열이 지연되어 지속적인 2배체 접합자가 나타나는데 여기에서 이 분류군의 이름이 붙여졌다.

26.9 병꼴균문과 근연균: 유주포자 생성균류

■ **병꼴균문은 조상 균류와 밀접한 관련이 있다**

병꼴균류는 유주포자라는 편모성 무성포자를 생산하고 수생 환경과 토양에 일반적인데, 식물, 조류 및 양서류에 병원성이 있는 종이 있다. 병꼴균류인 *B. dendrobatidis*는 양서류 개체군의 세계적인 감소의 원인으로 간주된다.

■ 블라스토클라디아균류는 세대교번을 한다

블라스토클라디아균류는 단복상의 생활사를 특징으로 하는데, 다세포의 반수체 세대와 2배체 세대가 교대로 나타난다. 이는 고등식물의 생활사와 유사하다.

■ 네오칼리마스티고균류는 반추동물에서 셀룰로스를 혐기적으로 분해한다

네오칼리마스티고균문에 속하는 균류는 반추동물의 내장에서 발견되며, 셀룰로스와 리그닌을 소화하여 동물에게 유용한 양분을 제공한다.

26.10 미포자충문: 단세포 기생균류

연습문제

■ 1단계: 이해력 확인하기

1. 유전적으로 동일한 2개의 핵을 포함하는 균류세포는 무엇인가?
   a. 이핵성
   b. 동핵성
   c. 2배체
   d. 단복상
2. 다음 중 단계통군이 아닌 균류는 무엇인가?
   a. 접합균문
   b. 담자균문
   c. 글로메로균문
   d. 자낭균문
3. 균류에서 나타나는 빠른 성장은 주로 단세포와 균사 구조의 어떤 특성 때문인가?
   a. 세포 사이의 격벽의 존재
   b. 포자 산포를 위한 자실체 형성
   c. 세포벽에 키틴의 존재
   d. 높은 부피당 표면적 비율
4. 다음 중 균류 세포벽과 일부 세균의 세포벽에서 공통적으로 갖고 있는 것은 무엇인가?
   a. 콜레스테롤의 존재
   b. N-아세틸글루코사민의 존재
   c. 외막
   d. 셀룰로스
5. 균류의 생식과 관련하여 2핵체(dikaryon)의 유전적 구성은 무엇인가?
   a. $2n$ b. n
   c. $n+n$ d. $1/2n$
6. 2개의 유전적으로 다른 반수체(n) 균사가 핵융합을 했다면, 결과적으로 나타나는 균사체의 유전적 구성은 무엇인가?
   a. n b. $2n$
   c. 2핵성(dikaryotic) d. 이핵성(heterokaryotic)
7. 다세포 반수체 세대와 다세포 2배체 세대가 교대로 나타나는 생활사는 ________와 ________에서 볼 수 있다.
   a. 네오칼리마스티고균류; 접합균류
   b. 병꼴균류; 동물
   c. 자낭균류; 담자균류
   d. 블라스토클라디아균류; 식물

■ 2단계: 적용력 평가하기

1. 기원이 알려지지 않은 균사의 배양 실험에서 균사는 격벽이 없으며, 균류가 똑바로 선 줄기를 이용해서 무성적으로 생식한다는 것을 알았다. 그러나 유성생식도 관찰할 수 있다. 이 균류는 어느 분류군에 해당되는가?
   a. 병꼴균문 b. 담자균문
   c. 자낭균문 d. 접합균문
2. 리보솜을 표적으로 하는 약물이 인간에게 사용할 항진균제(antifungal)로는 좋지 않은 선택이지만 항생제(antibiotic)로는 더 나은 선택인 이유는 무엇인가?
   a. 세균과 균류는 유사한 리보솜 구조를 갖고 있기 때문에
   b. 세균과 균류 사이에 번역이 보존되기 때문에
   c. 리보솜 구조는 세균과 인간 사이보다 균류와 인간 사이에서 더 유사하기 때문에
   d. 리보솜 구조는 세균과 인간 사이보다 균류와 세균 사이에서 더 유사하기 때문에

3. 전형적인 담자균류의 생활사 중 어떤 부분에서 2핵세포를 발견할 수 있는가?

a. 1차 균사체에서
b. 2차 균사체에서
c. 담자포자에서
d. 접합자에서

4. 효모 *Saccharomyces cerevisiae*와 관련하여 다음 중 올바른 것은 무엇인가?

a. 출아법에 의해 무성생식한다.
b. 자낭과를 생산한다.
c. 접합균문으로 분류된다.
d. a, b, c 모두 맞다.

5. 숲속 나무의 줄기에서 자라는 담자균류와 나무 사이의 관계를 가장 잘 나타낸 것은 무엇인가?

a. 균류는 외생균근이다.
b. 균류는 수지상균근이다.
c. 균류는 지의류로 자란다.
d. 균류는 기생한다.

6. 포유동물의 피부에 서식하면서 유해한 자외선으로부터 동물을 보호하며, 동물의 피부에서 소량의 지방산을 흡수하여 양분으로 사용하는 균류를 발견했다면 이 상호작용은 무엇인가?

a. 상리공생
b. 기생
c. 균류는 병원균이다.
d. 편리공생

■ 3단계: 사고력 함양하기

1. 식물, 균류 및 동물 사이의 진화 관계에 대해 이전에는 균류가 동물보다 식물에 더 가깝다고 믿었었다. 이 생각을 지지하는 균류의 특징은 무엇인가?

2. 균류, 식물 및 동물 사이의 진화 관계에 대한 연구결과는 균류가 식물보다 동물과 더 밀접한 관련이 있음을 보여주고 있다. 어떤 구조적, 생리적 관찰이 이를 지지하는가?

3. 항생제가 진균 감염에 효과가 없는 이유는 무엇인가?

4. 여러분이 농작물 종자를 선택하는 농부라고 생각하자. 항진균제로 처리된 것과, 그렇지 않은 완두콩 종자를 선택한다고 했을 때 각각의 이유를 한 가지씩 제시해 보시오.

27

동물의 다양성과 체제의 진화

도입

동물은 현존하는 생명체 중 가장 풍부하다. 거의 모든 서식지에서 발견되는 동물은 형태, 서식지, 행동 및 생활양식의 다양성에서 우리를 놀라게 한다. 동물은 매우 큰 다양성에도 불구하고, 또한 많은 공통점을 가진다. 한 예로, 비록 모든 동물이 이동할 수 있는 것은 아니지만 이동은 다른 종류의 생물들과 구별되는 특징이다. 초기 자연과학자들은 해면과 산호를 식물로 생각했는데 이들의 성체가 서식지 표면에 부착되어 있기 때문이다. 우리는 27, 28, 29장에서는 오랜 진화적 역사의 결과로 만들어진 현생 동물의 놀라운 다양성을 탐구한다. 이번 장에서는 동물들의 특징과 동물계통의 기본이 되는 문(phylum)을 알아보고, 28장과 29장에서는 동물의 2개 주요 군인 선구동물과 후구동물에 대해 살펴본다.

27.1 동물의 일반적 특징

학습 목표

1. 모든 동물들이 가지고 있는 3가지 특징과 일부 동물에서만 볼 수 있는 3가지 특징에 대해 설명할 수 있다.

동물은 매우 다양하기 때문에 그들 모두에게 딱 맞는 기준은 거의 없다. 그러나 동물이 소비자(consumer)라는 것은 모두에게 적용된다. 다른 한편으로, 동물이 이동한다는 것은 예외가 있다. 동물의 일반적인 특징들과 대부분의 종에서 나타나는 중요한 특징들은 동물이 공통조상으로부터 유래된 단계통(monophyletic) 군이라는 확실한 증거이다. 모든 구성원들은 다른 종류의 생물 구성원들보다 서로 좀 더 가깝게 연관되어 있다.

동물은 일반적인 특징들을 공유한다

종속영양

모든 동물은 종속영양을 한다. 이는 동물이 다른 생물체를 소화시킴으로써 양분과 유기분자들을 얻는다는 것이다. 독립영양을 하는 식물과 조류(algae)와는 다르게, 동물은 무기화합물로부터 유기분자들을 만들 수 없다. 초식동물은 독립영양생물을 먹는다. 육식동물은 초식동물을 먹는다. 잡식동물은 독립영양생물과 종속영양생물 모두를 먹는다. 부식동물은 분해되고 있는 유기물을 먹는다.

다세포성

모든 동물은 다세포성이다. 많은 동물은 복잡한 체제를 가진다. 단세포성 종속영양생물들은 한때 단순한 동물로 간주되기도 했으나, 지금은 원생생물의 크고 다양한 군 안에서의 몇몇 서로 다른 단일계통군의 구성원들로 여겨지고 있다(WEB5장 참조).

세포벽의 부재

동물세포는 다른 다세포성 생물체의 세포들과는 다르다. 동물 세포는 단단한 세포벽이 없어 일반적으로 매우 유연하다. 동물의 많은 세포들은 콜라겐(collagen)과 같은 구조단백질의 세포외 뼈대에 의해 뭉쳐 있다. 다른 단백질들은 동물세포들 사이에서 특유의 세포내 연접을 형성한다.

활동적인 이동성

비록 다른 단세포성 생물도 이리저리 이동을 하지만, 동물은 좀 더 재빠르고 복잡한 방법으로 이동한다. 이러한 능력은 아마도 동물 세포들의 유연성과 신경, 근육조직의 진화와 직접적으로 관련이 있는 동물의 가장 두드러진 특징일 것이다. 동물 이동의 주목할 만한 독특한 형태는 비행으로 이 능력은 **그림 27.1***a*처럼 나비와 같은 절지동물과 척추동물에서 잘 발달했다. 비록 많은 동물들이 몸의 일부분을 이동시킬 수 있는 근육이나 근섬유를 가지지만 이리저리 이동할 수 없거나(고착성) 거의 움직임 없이 또는 천천히 이동(정주성)하기도 한다. 그러나 해면동물은 이동을 위한 능력이 거의 없다.

형태의 다양성

동물은 육안으로 관찰할 수 없을 정도로 작은 생물체부터 고래나 대왕오징어처럼 거대한 것까지 형태와 크기가 매우 다양하다. 거의 모든 동물은 척추가 없다. **그림 27.1***b*의 노래기(절지동물문) 같은 동물을 무척추동물이라고 부른다. 150만 현생종 중 6만 종 미만이 척추를 갖는 척추동물이다. 아직 발견되지 않은 수백만의 동물 종 대부분이 무척추동물이다.

서식지의 다양성

동물들은 35~40개의 문으로 구성되고, 대부분은 바다에서만 발견된다. 담수에서 발견되는 동물문과 육지의 동물문은 적은 편이다. 바다 환경에 성공적으로 적응한 3문(절지동물문, 선형동물문, 척삭동물문)이 또한 육지에서도 우점한다. 오직 하나의 동물문인 유조동물문만이 온전히 육지에 산다.

유성생식

거의 대부분의 동물은 유성생식을 한다. 동물의 알은 이동할 수 없지만 일반적으로 편모를 갖는 작은 정자보다는 크다. 감수분열에서

a.

b.

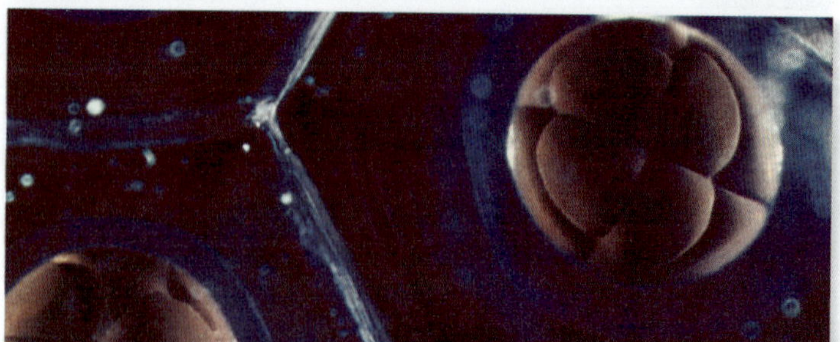

c.

그림 27.1 동물이 공유하는 특성들.
a. 모두는 아니지만 많은 동물은 이리저리 움직일 수 있다. 다른 생물들도 움직일 수 있지만 비행하는 것은 동물이 유일하다. *b.* 동물은 서로 매우 다른 크기와 형태를 갖는다. 대부분의 동물은 지네와 같이 척추가 없는 무척추동물이다. *c.* 동물은 포배라고 하는 다세포 구조를 만들고 난할이라고 하는 세포분열의 연속으로 발생의 과정을 거친다.

형성된 세포는 생식세포로서 기능한다. 이러한 반수체 세포는 식물과 균류에서처럼 세포분열에 의해 더 이상 나누어지지 않지만 접합자를 형성하기 위해 서로 직접적으로 융합한다. 그 결과, 식물의 반수체(배우체)와 2배체(포자체) 세대교번의 특성을 갖는 동물은 없다. 어떤 종의 일부 개체들과 극소수 종의 모든 개체들은 유성생식 능력이 없다.

배아 발생

수정 직후, 동물 접합자는 **그림 27.1***c*에서 개구리의 알이 나뉘는 것과 같은 난할(cleavage)이라고 하는 세포분열의 단계를 거친다. 난할은 포배(blastula)라고 하는 세포덩어리를 만든다. 대부분의 동물에서 포배는 속이 빈 낭을 형성하기 위해 원구(blastopore)라 불리는 입구로부터 안쪽으로 접혀 들어간다. 이 배아 발생 시기를 낭배(gastrula)라고 한다. 낭배 이후의 세포들의 이동과 성장은 동물 군마다 서로 다르고, 이는 이러한 군의 진화적 역사를 반영한다(47장 참조). 대부분 동물의 배아는 성체와는 다르게 생긴 유충으로 발달하고 서로 다른 서식지에서 살며 다른 종류의 먹이를 먹는다. 유충은 성체 체제로의 변형을 위해 변태(metamorphosis)라는 큰 변화를 겪는다.

조직

해면동물을 제외한 모든 동물의 세포는 조직(특수한 임무를 수행하기 위해 전문화된 세포들의 집합체)이라 불리는 구조적, 기능적 단위로 구성된다.

핵심 요약 27.1

모든 동물은 다세포성이고 종속영양을 하며, 세포벽을 갖지 않는다. 대부분의 동물은 이리저리 이동할 수 있고 유성생식을 하며 독특한 조직을 갖는다. 동물은 거의 모든 서식지에서 발견된다.

■ 동물은 왜 진화되는 생명의 첫 번째 유형이 될 수 없었을까?

27.2 동물 체제의 진화

학습 목표

1. 의체강과 체강의 차이를 구분하여 설명할 수 있다.
2. 선구동물과 후구동물의 차이점을 비교하여 설명할 수 있다.
3. 체절화의 장점에 대해 설명할 수 있다.

앞에서 기술한 특징들은 수백만 년에 걸쳐 진화된 것으로 우리는 화석이나 현존하는 동물 몸의 형태와 체제를 조사하여 생명의 역사가 어떻게 진행되었는지를 이해할 수 있다. 동물 진화에서는 다음과 같은 5개의 주요 혁신이 주목할 만하다.

1. 좌우대칭
2. 분화된 구조와 기능을 갖는 조직
3. 체강
4. 다양한 배아 발생 패턴
5. 분절 또는 반복되는 체절들

이번 장에서는 이러한 혁신을 설명하고 있다. 어떤 혁신은 단 한 번의 진화로 나타났고, 일부는 두 번 이상 진화해 온 것으로 여겨지고 있다. 단 한 번 진화한 혁신은 가까운 진화적 유연관계의 증거로 나타날 수 있다. 따라서 단계통군이라 불리는 조상종과 그의 모든 자손들로 구성된 진화적 그룹을 위한 공유파생형질(파생된 형질을 공유)이 사용된다(21장 참조). 반면에 어떤 혁신은 다른 분기군에서 한 번 이상 진화되는데, 이를 수렴진화(convergent evolution, 19장 참조)라고 한다. 가까운 진화적 유연관계를 나타내지는 않더라도 수렴적으로 진화된 혁신은 유연관계가 먼 종이 어떻게 그들이 서식하는 환경에 적응해 왔는가를 설명하는 중요한 요소가 된다.

대부분의 동물은 방사대칭이거나 좌우대칭이다

전형적인 해면(sponge)은 일정한 대칭성(symmetry)이 없고 불규칙한 모양으로 성장한다. 사실상 그 외 모든 동물들은 일정한 형태를 지니며 몸을 따라 가상의 축을 그리면 대칭성을 나타낸다. 대칭의 2가지 주요한 유형은 방사대칭과 좌우대칭이다(많은 동물이 완벽하게 좌우대칭은 아니지만 좌우대칭에 가깝다).

방사대칭

방사대칭(radial symmetry)은 해파리, 말미잘, 산호와 같은 자포동물문(Cnidaria, 28장 참조)에서 볼 수 있다. 그들의 몸은 몸의 중심축을 통과하는 어느 축을 그어도 마치 거울의 상과 같이 그 생물을 반으로 나눌 수 있는 배열을 하고 있다. 예를 들어, 둥근 형태의 파이가 바로 방사대칭이다. 칼로 중심을 지나도록 파이를 자른다면 그 절반은 서로 동일한 모양일 것이다. 이것은 말미잘에서도 동일하다(**그림 27.2***a*).

좌우대칭

해면동물문과 자포동물문을 제외한 모든 동물의 몸은 **좌우대칭**(bilateral symmetry)으로 몸의 왼쪽 절반과 오른쪽 절반은 거울을

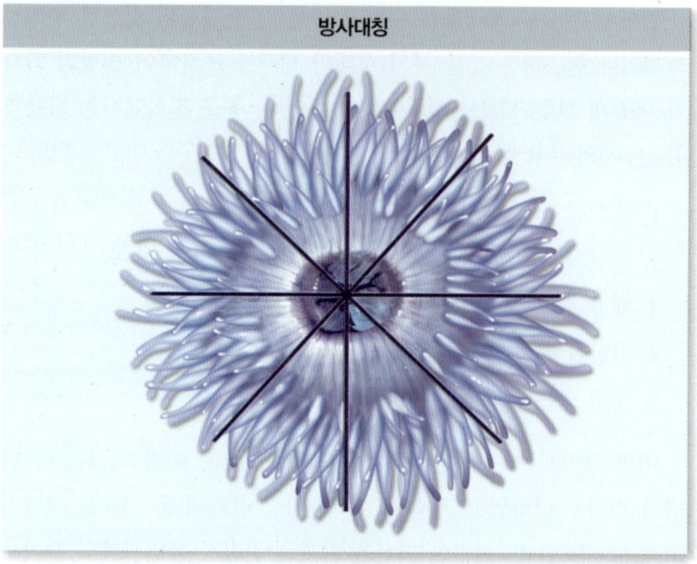

a.

b.

그림 27.2 방사대칭과 좌우대칭의 비교.
a. 말미잘(자포동물문)과 같은 방사대칭동물은 중심축을 통과하는 어떤 면에 의해서도 정확히 반으로 나뉠 수 있다. ***b.*** 거북(척삭동물문)과 같은 좌우로 대칭을 이룬 동물은 오직 하나의 면(시상면)에 의해서만 동일하게 반으로 나뉠 수 있다.

사이에 두고 서로 마주보는 것과 같은 모양이다. 이러한 체제를 지닌 동물을 좌우대칭동물(Bilateria)이라고 부른다. 시상면(sagittal plane)은 이들을 반으로 나누어 준다(**그림 27.2***b*). 왼쪽과 오른쪽 절반 이외에 좌우대칭의 몸은 전두면(frontal plane)에 의해 등(dorsal)쪽과 배(ventral)쪽으로 나뉘고, 횡단면(transverse plane)에 의해 앞쪽과 뒤쪽으로 나뉜다.

종종 좌우대칭과 방사대칭의 결정이 모호할 때도 있다. 예를 들어 극피동물(불가사리 및 유연 종들)의 성체는 방사대칭(실제로는 몸이 다섯 부분으로 나뉘어 있으므로 오방사대칭)이지만, 유생은 좌우대칭이다. 이 경우, 성체의 방사대칭은 진화적으로 조상의 좌우대칭 상태로부터 분화된 것을 나타낸다.

좌우대칭은 동물 체제에서 진화적으로 매우 유리한 구조이다. 좌우대칭동물은 방사대칭동물에게는 어려울 수 있는 일정한 방향으로의 이동이 가능하다(일반적으로 앞쪽으로). 방향성 운동은 몸의 앞쪽에 존재하는 뇌의 신경세포들과 눈과 귀 같은 감각기관과 연관된다. 진화 초기에 발생한 몸의 앞쪽에서의 신경 조직 집중화를 **두화**(cephalization)라 부른다. 좌우대칭동물에서 신경계의 배치는 앞쪽의 감각기관과 뇌로부터 몸의 나머지 부분으로 정보를 전달하는 하나 또는 그 이상의 중요한 종신경삭(longitudinal nerve cord)으로 이루어져 있다. 두화는 종종 좌우대칭의 발생 결과로 여겨지고 있다.

조직의 진화는 분화된 구조와 기능을 가능하게 한다

접합자(zygote; fertilized egg, 수정란)는 동물 몸에 있는 모든 종류의 세포로 분화될 수 있는 **전능성**(totipotent)을 지니고 있다. 배아 발생 동안 세포는 특수한 기능을 할 수 있는 세포로 분화된다. 해면을 제외한 모든 동물은 그 과정이 비가역적으로, 세포가 한 가지 기능을 하는 세포로 분화된 후 다시 다른 세포로 분화되지 않는다.

먹이섭취가 일어나는 강(cavity)의 내벽을 이루는 해면의 세포는 본래의 기능을 상실하고 생식에 관여하는 것과 같은 다른 기능의 세포로 변할 수 있다. 따라서 해면의 세포에서는 탈분화(dedifferentiation)와 재분화(redifferentiation)가 가능하다. 다른 모든 동물의 세포는 조직을 구성하는데, 조직은 특정 형태와 기능을 담당하는 세포들의 모임을 일컫는다. 그러나 가역분화 능력을 가진 해면세포는 분명한 조직으로 명명하기 어렵다. 따라서 조직으로 구성된 기관도 없다.

탈분화 후 재분화할 수 있는 것은 해면이 유일하다. 모든 다른 동물들이 비가역적으로 탈분화한다는 것은 특정 기능을 하는 세포를 가진 몸이 다양한 기능을 할 수 있는 세포를 가진 것보다 장점이 있을 것이라고 짐작할 수 있다. 분화된 조직의 진화는 진화적 다양성을 야기하는 혁신의 열쇠였을 것이다(20장 참조).

체강에 의해 기관계가 발달한다

배아 발생 과정에서, 동물의 거의 모든 종류의 세포는 3개의 층(germ layer, 배엽)을 형성하는데 바깥의 **외배엽**(ectoderm), 안쪽의 **내배엽**(endoderm), 중간의 **중배엽**(mesoderm)이 그것이다. 3개의 배아 세포층을 지닌 동물을 3배엽성(triploblastic)이라고 부른다. 배아의 성숙 과정에서 각각의 배엽은 특정 기관과 기관계로 발달한다. 외배엽은 동물의 표피와 신경계를 만들고, 내배엽은 장을 포함하는 소화계를 만들며, 골격과 근육은 중배엽으로부터 발달한다. 자포동물은 내배엽과 외배엽만 가지고 있어 2배엽성(diploblastic)이라고 부르며 기관이 결여되어 있다. 해면은 모든 배엽이 없어 조직도 없고 기관도 없다. 모든 3배엽성 동물은 좌우대칭동물이다.

일부 좌우대칭 동물 체제의 핵심적인 혁신은 동물이 외부와 분리된 체강(body cavity)을 가진 것이다. 이 체강은 입과 항문을 통해 밖으로 열려 있는 소화강(digestive cavity)과는 다르다. 동물 몸 안에서의 효과적인 기관계의 진화는 체강이 진화된 후 가능했다. 왜냐하면 체강은 심장이나 폐와 같은 기관을 유지하는 공간을 제공하고 지지해 주며 물질을 분배하고 복잡한 발달의 상호작용이 가능하도록 해줄 수 있기 때문이다. 체강은 유체로 차 있는데, 대부분 동물에서 유체는 액체이나 척추동물에서는 기체이다. 그래서 사람의 체강이 액체로 차게 되면 생명을 위협받을 수 있다. 아주 적은 수의 좌우대칭동물은 중배엽과 내배엽으로부터 발달한 조직 사이에 세포와 결합조직으로 가득 찬 공간인 체강이 없다. 이러한 동물을 무체강동물(acoelomate)이라고 부른다(**그림 27.3**).

그림 27.3 좌우대칭동물의 3가지 체제.
편형동물과 같은 무체강동물은 내배엽으로부터 유래된 소화관과 중배엽으로부터 유래된 근육층 사이에 체강이 없다. 의체강동물은 내배엽으로부터 유래된 조직과 중배엽으로부터 유래된 조직 사이에 의체강이란 체강을 가진다. 진체강동물은 중배엽으로부터 유래된 조직 내에 온전히 발달한 체강을 가진다. 따라서 중배엽으로부터 유래된 조직에 의해 양쪽 면이 싸이게 된다.

체강

체강(body cavities)은 좌우대칭동물에서 여러 번 진화한 것으로 여겨지고 있다. **의체강**(pseudocoelom)이라 불리는 체강은 발생학적으로 중배엽과 내배엽 사이에서 발달하기 때문에 성체에서는 중배엽 유래 조직과 내배엽 유래 조직 사이에 존재한다. 의체강을 가지고 있는 동물을 의체강동물(pseudocoelomates)이라고 부른다(**그림 27.3**). **의체강**이란 단어가 가짜 체강(false coelom)을 의미한다 하더라도 그것은 분명한 체내 공간이고 진화에 성공한 많은 동물의 특징이 된다. **진체강**(coelom)은 중배엽 내에 발달한 공간을 일컫는다. 체강은 중배엽 유래 상피세포의 층으로 둘러싸여 있고 그 층을 복막(peritoneum)이라 부른다.

순환계

많은 작은 동물들에서 체강 내의 유체(fluid)에 의해 영양분과 산소가 공급되고 노폐물은 제거된다. 상대적으로 비교적 큰 동물들은 혈관의 네트워크인 **순환계**(circulatory system)를 가지고 있다. 이 순환계는 소화가 일어나는 장과 기체 교환이 일어나는 아가미 또는 폐로부터 멀리 떨어져 있는 곳으로 유체를 운반해 준다. 순환하는 체액과 몸의 다른 세포 사이의 확산에 의해 영양분과 산소를 조직에 제공하고 이산화탄소와 같은 노폐물은 제거한다.

개방순환계(open circulatory system)에서는 혈액이 혈관(vessels)에서 혈동(sinuses)으로 들어가 체액과 혼합된 다음 다른 곳에서 다시 혈관 안으로 들어간다. **폐쇄순환계**(c1osed circulatory system)에서는 혈액이 혈관에 국한되어 체액과 물리적으로 격리되어 있다. 폐쇄순환계를 통한 혈액의 이동은 개방순환계에서보다 빠르고 효과적이다. 개방순환계는 선형적으로 비교적 비활동적이어서 에너지 요구가 많지 않은 동물에게서 나타난다. 작은 동물에서의 혈액은 몸체의 움직임에 의해 폐쇄순환계를 통하여 이동한다. 큰 동물에서의 혈액은 몸체 근육계가 충분한 힘을 내지 못하기 때문에 혈관의 특수화된 근육질로 구성된 하나 또는 그 이상의 심장 수축에 의해 이동한다.

좌우대칭동물은 2가지 발생 유형을 가진다

동물의 배아 발생(embryonic development) 과정은 47장에서 자세히 다룬다. 간단히 설명하자면, 좌우대칭동물의 발생은 난할(cleavage)이라고 부르는 수정란의 세포분열에 의해 속이 빈 공 모양을 만든 후, 2개의 층으로 된 공 모양의 구조를 형성하기 위해 합입하는 것으로 시작된다. 함입에 의해 만들어진 내부 공간을 **원장**(archenteron; 원시적 소화관)이라 부르며 원장은 **원구**(blastopore)에 의해 외부와 연결되어 있다(**그림 47.11**).

선구동물(protostome; 첫 번째 입을 의미하며, 원구가 입으로 발달)에서 성체 동물의 입은 원구나 원구 근처 개구로부터 발생한다. 선구동물은 편형동물(flatworms), 선충류(nematodes), 연체동물(mollusks), 환형동물(annelids) 및 절지동물(arthropods)과 같은 대부분의 좌우대칭동물을 포함한다. 일부 선구동물에서는 입과 항문 모두가 배아의 원구로부터 형성되며 다른 선구동물에서는 항문이 배아의 또 다른 부위로부터 입보다 나중에 형성된다. 외관상으로 다른 두 그룹인 극피동물, 척삭동물과 일부 극소수 동물문은 **후구동물**(deuterostomes; 두 번째 입을 의미)이다. 후구동물에서는 성체의 입은 원구로부터 발생되지 않고 원구는 항문으로 발달하며 입은 발생 후기에 나타나는 두 번째 개구로부터 발달한다. 선구동물과 후구동물은 발생학적으로 몇 가지 다른 특징을 가지고 있고 이 절의 뒷부분에서 다룬다.

난할 패턴

배아의 극축(polar axis)에 대한 난할 패턴은 각 세포가 어떻게 서로의 위치를 잡는가를 결정해 준다. 난할의 2가지 패턴이 주요 동물 계통군을 특징짓는다. 촉수담륜동물과 같은 선구동물군에서 새로 분열한 각 세포는 기존의 세포에 대해 좌측 또는 우측으로 나뉘어져서, 한쪽 또는 반대 방향으로 비틀어진 세포들의 층을 만든다. 이러한 패턴을 **나선형 난할**(spiral cleavage)이라 하는데, 그 이유는 일련의 분열하는 세포를 통해 그려진 선이 극축에서 바깥쪽으로 나선형이기 때문이다(**그림 27.4**, 위). 나선형 난할은 환형동물, 연체동물, 선형동

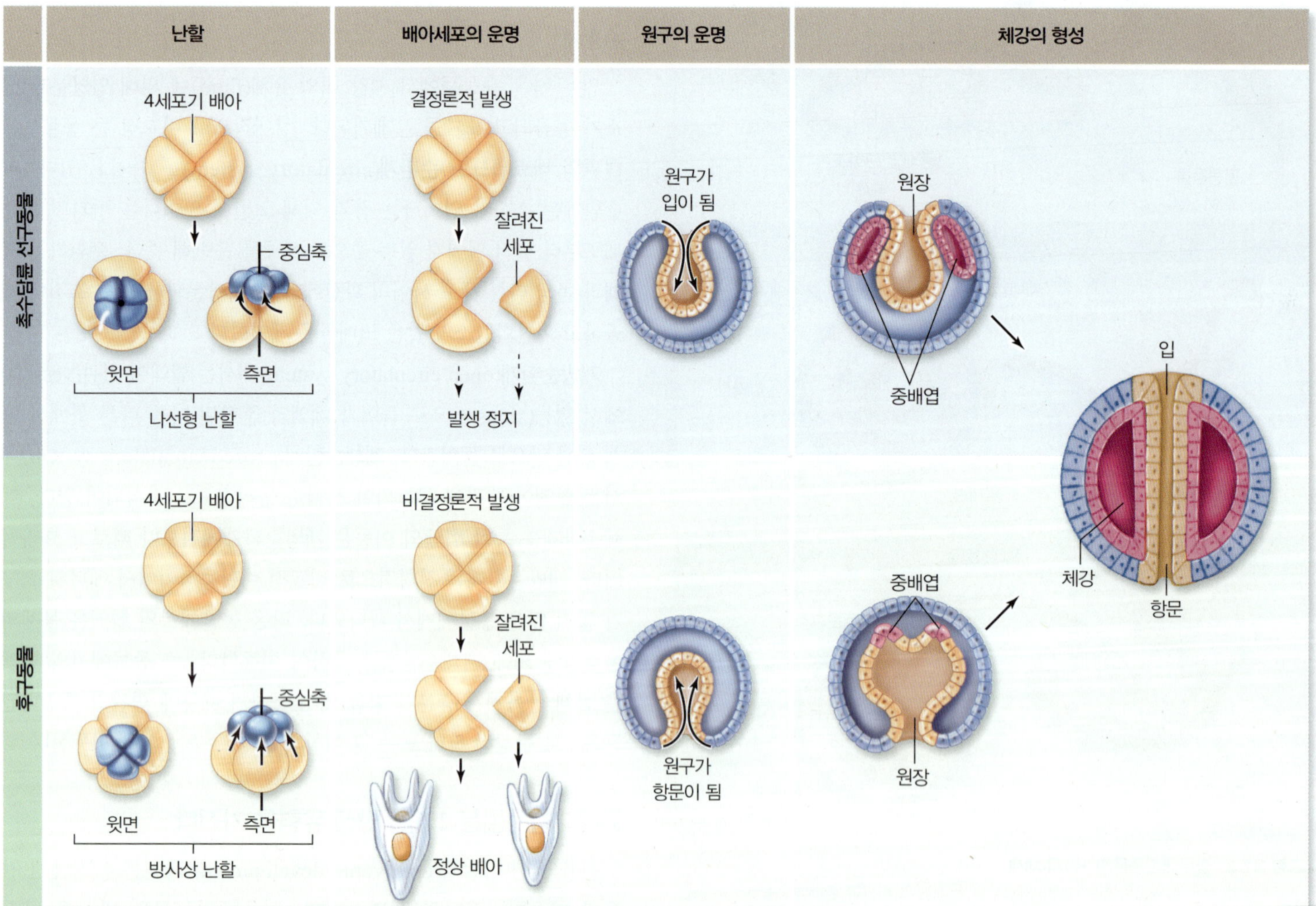

그림 27.4 촉수담륜 선구동물과 후구동물의 배아 발생.
촉수담륜동물에서 배아세포는 나선형 난할과 결정론적 발생을 한다. 원구는 동물의 입이 되고, 체강은 내배엽 세포들 사이에서 형성된다. 후구동물에서 배아세포는 방사상으로 난할을 하고 비결정론적 발생을 보인다. 원구는 동물의 항문이 되고 체강은 원장의 함입으로부터 유래된다.

물 및 이와 관련된 동물들의 특징이다. 그와 대조적으로 모든 후구동물(그리고 완족류 같은 약간의 선구동물)에서는 세포가 극축에 대하여 평행으로 그리고 직각으로 분열한다. 그 결과 만들어진 세포 쌍들은 서로 위와 아래에 위치하게 되고 느슨하게 배열된 공 모양을 이룬다. 이러한 분열 패턴은 **방사상 난할**(radial cleavage)이라 하는데 그 이유는 분열하는 세포의 순서대로 그려진 선이 극축으로부터 방사상으로 나가기 때문이다(**그림 27.4**, 아래).

결정론적 발생 대 비결정론적 발생

많은 선구동물은 **결정론적 발생**(determinate development)을 한다. 결정론적 발생에서는 배아세포(embryonic cell)에서 발달할 성체 조직의 형태는 난할이 일어나기 전의 초기에 결정된다. 이 시기는 발생의 신호로 작용하는 분자가 난자의 여러 다른 지역에 위치하는 시기이다. 결과적으로 각 배아세포는 성체의 특정 부분으로만 발생하도록 운명지어져 있기 때문에 배아세포가 분리되면 발생은 진행되지 않는다.

반면에 후구동물은 **비결정론적 발생**(indeterminate development)을 한다. 접합자의 초기 몇 번의 세포분열은 동일한 딸세포를 만든다. 만약 딸세포들이 따로 분리되더라도 완전한 생물로 발생할 수 있다(이것이 어떻게 일란성 쌍생아가 만들어지는가에 대한 답이 될 수 있다). 따라서 비결정론적 발생에서 각각의 세포는 전능성(totipotent)을 가지고 있고 그들의 운명은 몇 번의 난할 동안에는 결정되지 않는다.

체강의 형성

체강은 중배엽 안에서 형성된다. 선구동물에서는 중배엽 세포 덩어리 내에 있는 확장된 체강을 만들기 위해 세포들이 단지 서로 떨어져 이동한다. 후구동물에서는 무리를 이루는 세포들이 원장의 끝부분에 주머니 모양을 만드는데, 원장은 내배엽으로 둘러싸여 발생하는 배아의 중앙에 위치하는 원시적 소화관이다.

체절화는 중복체제와 향상된 이동을 가능하게 한다

체절동물(segmented animals)은 적어도 발생 초기에 동일하게 보이는(**그림 28.21** 참조) 일렬로 배열된 구획으로 이루어져 있으나, 각 구획은 분화된 기능을 수행한다. 체절화(segmentation)의 발달은 혹스(*Hox*) 유전자에 의한 분자적 수준에서 매개된다(17장 참조). 체절은 초기 발생 과정에서 중배엽에서 처음 나타나지만 후에 외배엽과 내배엽에도 나타난다. 초기 배아의 체절화는 다음과 같은 장점을 가진다.

1. 지렁이(phylum Annelida, 환형동물문)와 같은 고도의 체절성 동물에서 각각의 체절은 어느 정도 완전한 성체 기관계로 발달한다. 이 체절은 반복적이므로, 어느 한 체절이 손상되더라도 치명적이지는 않다. 다른 체절이 손상된 체절의 기능을 대신 해주기 때문이다.

2. 각각의 체절이 반독립적으로 움직일 때 동물의 이동이 훨씬 효율적으로 일어난다. 구획이 체절을 격리하기 때문에 각 체절은 자동적으로 수축과 팽대가 가능해져 긴 몸이 매우 복합적인 방법으로 움직일 수 있게 된다.

체절화(segmentation)는 대부분의 형태적으로 복잡한 동물 체제 구성의 기반을 이룬다. 체절은 일부 절지동물 성체에서 융합되어 있으나 체절화는 배아 발생 동안에 분명하게 나타난다. 척추동물 성체에서는 체절화가 종종 겉으로 드러나 보이지 않아도 척추와 근육은 분절되어 있다.

과거의 동물학자들은 진정한 체절화가 환형동물, 절지동물 그리고 척삭동물에서만 나타난다고 하였으나 최근에는 보다 광범위한 동물들에서 알려져 있다. 벨벳벌레(velvet worms)가 속하는 유조동물(onychophorans), 곰벌레(water bears)가 속하는 완보동물(tardigrades)과 mud dragon이 속하는 동문동물(kinorhynchs)과 같은 동물들도 체절을 가진다.

핵심 요약 27.2

동물은 대칭성, 조직, 체강의 유형, 배아 발생 순서, 체절화에 근거하여 구별된다. 좌우대칭동물은 오른쪽과 왼쪽의 거울상을 갖는다. 좌우대칭 선구동물은 항문이 발생되기 전에 입이 먼저 발생한다. 후구동물은 항문이 만들어진 이후 입이 발생한다. 체절화는 중복체제를 가능하게 하고 이동에 좀 더 효과적이다. 의체강은 중배엽과 내배엽 사이에서 발달된 공간이다. 진체강은 전적으로 중배엽 안에서 발생한다.

■ 두화는 몸의 대칭과 어떤 관계가 있을까?

27.3 동물의 계통발생

학습 목표

1. 주요 동물 문을 구분하기 위한 형질들을 설명할 수 있다.
2. 주요한 형태학적, 발생학적 형질들을 갖는 수렴진화의 양상을 설명할 수 있다.
3. 동물 문 중 사람의 위치를 확인하여 설명할 수 있다.

표 27.1	다수의 종이 포함된 동물 문		
문	전형적인 예	주요 형질	알려진 종수
절지동물문 (절지동물)	딱정벌레, 기타 곤충, 게, 거미, 크릴새우, 전갈, 지네, 노래기 	키틴질 외골격이 체절과 체강을 가진 몸을 감싼다. 쌍을 이루는 분절된 부속지를 가진다. 다양한 종류의 곤충이 날개를 가진다. 바다, 육지, 담수 서식지에 산다. 절지류의 대부분은 곤충이다(대부분의 동물이기도 하다).	1,200,000
연체동물문 (연체동물)	달팽이, 굴, 조개, 문어, 민달팽이 	체강을 갖는 많은 연체동물은 외투막에서 분비된 물질로 만든 하나 또는 그 이상의 패각으로 덮여 있다. 많은 종류가 독특한 구기부 구조인 치설을 가진다. 바다, 육지, 담수 서식지에 산다.	150,000
척삭동물문 (척삭동물)	포유류, 어류, 파충류, 양서류 	체강을 갖는 개체는 생활사의 어느 시기에 척삭, 등쪽신경삭, 인두열, 항문뒤꼬리를 가진다. 척추동물의 척삭은 발생 동안 척추로 대체된다. 바다, 육지, 담수 서식지에 산다.	56,000
편형동물문 (편형동물)	플라나리아, 촌충, 간흡충, 주혈흡충 	무체강이며, 체절이 없는 좌우대칭동물이다. 소화강은 오직 하나이고 촌충은 장이 없다. 많은 종이 의학과 수의학적으로 중요한 기생충이다. 바다, 육지, 담수 서식지에 산다(또한 다른 동물의 몸에도 산다).	55,000
선형동물문 (회충)	회충, 요충 십이지장충, 사상충 	의체강이며, 체절이 없는 좌우대칭동물이다. 입에서 항문까지 연결된 관상의 소화관을 가진다. 바다, 육지, 담수 서식지에 산다. 일부는 사람을 포함하는 동물이나 식물에 중요한 기생성 동물이다.	61,000 (그러나 훨씬 많을 것으로 예상)
환형동물문 (환형동물)	지렁이, 갯지렁이, 관벌레, 거머리 	완전한 소화관, 체강, 체절을 갖는 좌우대칭동물이다. 각 마디는 기거나 마디를 지지하는 강모를 가진다. 바다, 육지, 담수 서식지에 산다.	32,000
해면동물문 (해면)	항아리해면, 천공해면, 바구니해면, 목욕해면 	몸은 비대칭으로 개체를 정의하기 어렵다. 조직이나 기관이 없다. 소공을 통해 밖으로 열린 세포의 망구조로 되어 있고 내강에는 먹이를 여과하는 편모성 세포(동정세포)를 가진다. 대부분의 종이 해양에 산다(150종은 담수에 서식).	26,000
극피동물문 (극피동물)	불가사리, 성게, 연잎성게, 해삼 	성체는 5방사대칭이다. 수관계는 체강공간이다. 탄산칼슘 외골격을 가진다. 소실된 몸의 부분을 재생할 수 있다. 현생종보다 화석종이 더 다양하다. 바다에만 산다.	12,000
자포동물문 (자포동물)	해파리, 히드라, 산호, 말미잘, 부채꼴산호 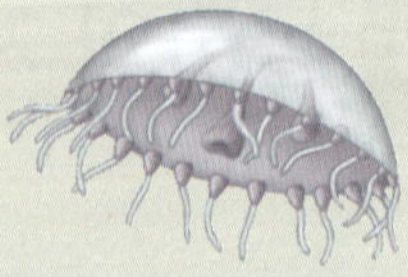	방사대칭이고 무체강인 몸체는 조직은 가지고 있으나 기관은 없다. 입은 단순한 소화낭으로 열려 있고 쏘는 자포를 가지는 촉수로 둘러싸여 있다. 일부 그룹에서 개체들은 군체를 형성하고 일부는 단단한 외골격 물질을 분비할 수 있다. 아주 극소수의 종류가 담수에 서식한다.	10,000
태형동물문 (이끼벌레, 외항동물)	이끼벌레 	군체만을 형성하는 동물 문으로 각각의 군체는 작고 체강을 가진 개체(개충)로 구성된다. 각각의 개체는 외골격(해양종은 석회질, 담수종은 유기질)으로 연결되어 있다. 섬모성 촉수(촉수관)가 각 개충의 입을 둘러싸고 있다. 항문은 촉수관과 떨어져 있다.	10,000

표 27.2 적은 수의 종을 갖지만 중요한 동물 문과 최근에 발견된 3문

문	전형적인 예		주요 형질	알려진 종수
윤형동물문 (물수레벌레)	윤형동물	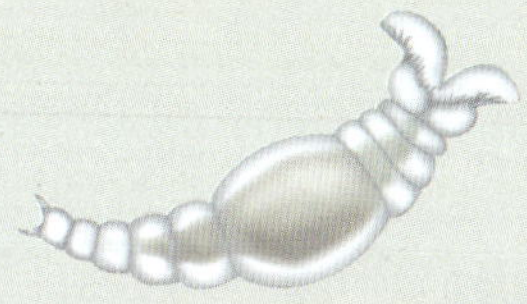	복잡한 턱을 포함한 완전한 소화관을 지닌 작은 의체강동물이다. 앞쪽 끝에 있는 섬모는 회전하는 바퀴처럼 움직인다. 일부는 해양과 담수에서 어류와 같은 포식자의 먹이로 매우 중요하다.	2500
유형동물문 (끈벌레)	*Lineus*		연약한 선구동물로 방해를 받으면 작은 조각으로 분절한다. 길고 늘일 수 있는 구문부가 체강 공간을 차지한다. 일부 구문부는 창과 같은 문침(stylet)을 갖는다. 대부분이 해양에 서식하지만 일부가 담수와 육상에 서식한다.	2400
완보동물문 (물곰)	*Hypsibius*		5개의 체절과 4쌍의 걷는 다리를 가진 미소한 선구동물이다. 개체는 일주일 또는 그 이내로 생존하나, 활동이 중지된 상태(휴면)로 수십 년 생존할 수도 있다. 해양, 담수 및 육상에 서식한다.	1300
완족동물문 (등잔조개)	*Lingula*	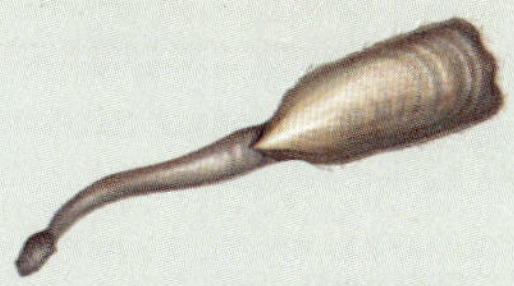	2매패 연체동물과는 다른 배열의 패각 2개로 둘러싸인 선구동물이다. 환형의 섬모성 촉수(총담)가 입을 둘러싸고 있다. 3만 종 이상의 화석종이 알려져 있다.	335
유즐동물문 (감부해파리)	빗해파리, 감두해파리	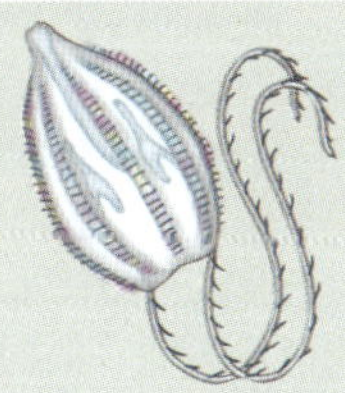	거의 투명한 젤리같은 형태로 생체발광을 하는 해양동물이다. 몸에는 8줄의 섬모띠가 있고 가장 큰 동물은 이동을 위해서 섬모를 이용한다. 항문공(anal pore)을 가진 완전한 소화관을 가지고 있다.	150
모악동물문 (화살벌레)	*Sagitta*		작고, 좌우대칭인 투명한 해양동물로 양쪽으로 지느러미가 있고, 강력한 강모성 턱과 측면 신경삭을 가지고 있다. 일부는 먹이에게 독을 주입하고 일부는 큰 눈을 가지고 있다. 체강을 가지는지 확실하지 않고, 선구동물인지 후구동물인지도 확실하지 않다.	130
유조동물문 (벨벳벌레)	*Peripatus*		체절성 선구벌레로 키틴질의 연한 외골격과 분절되지 않은 부속지를 가진다. 절지동물과 관련이 있다. 오직 육상종만 있으나 캠브리아기 조상은 해양에 서식했다.	110
동갑동물문 (동갑동물)	*Nanaloricus mysticus*		작은 해양 의체강동물로 모래 알갱이 틈에 산다. 입은 유연성이 있는 관의 끝에 있다. 1983년에 발견되었다.	35
구륜동물문 (구륜동물)	*Symbion*		바닷가재의 구기부(입)에 사는 미소동물로 1995년에 발견되었다.	3
판형동물문	*Cycliophora*		세포 유형이 얼마되지 않고 몇 천 개의 세포를 가지는 단순한 동물이다. 납작하고 불규칙한 외형을 가진다. 지름이 1 mm밖에 되지 않는 해양동물이다. 이들의 생활사는 잘 알려져 있지 않다.	2
미악동물문 (미악동물)	*Limnognathia*	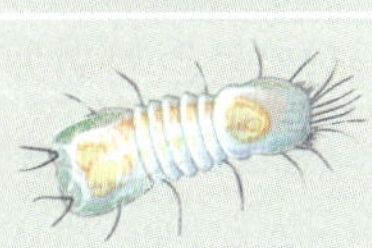	복잡한 턱을 가진 미소동물로 2000년에 그린란드에서 발견되었다.	1

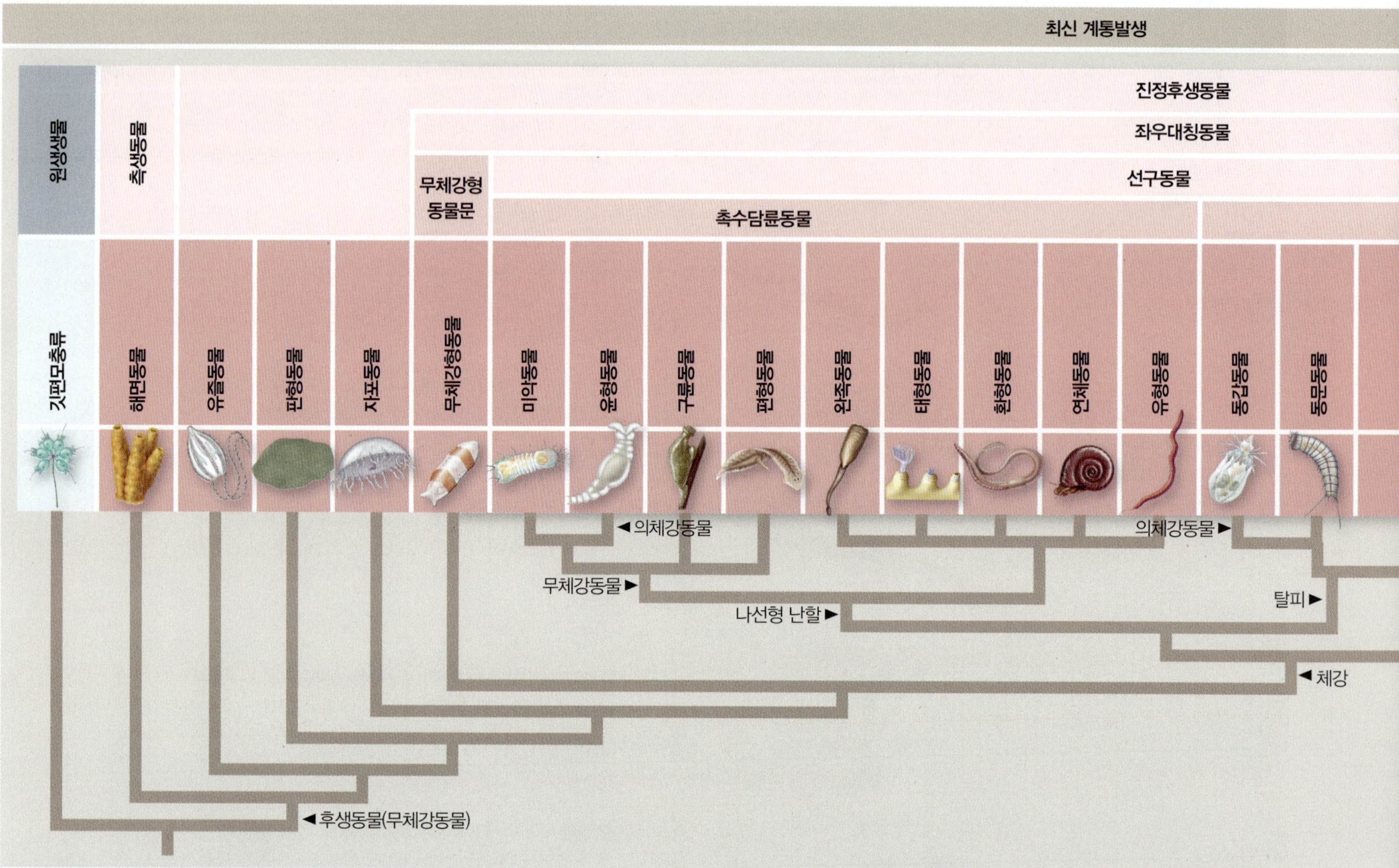

그림 27.5 제안된 동물계통수 개정본.
35~40문의 계통발생은 해부학적 자료와 발생학적 자료의 해석과 분자계통학적 연구의 결과를 토대로 합의된 내용을 반영한다. 유즐동물의 위치와 모악동물이 선구동물인지 후구동물인지는 아직 논쟁 중에 있다.

비록 일부 동물과 최근에 발견된 동물에 대하여 동물학자들 사이에 의견의 일치가 이루어지지 못하는 부분도 있지만 각 동물 문에 있는 대부분 동물의 위치에 대해서는 큰 이견이 없다. 동물의 다양성은 **표 27.1**과 **표 27.2**에 설명된 20개 동물 문의 주요 형질을 통해 알 수 있다.

전통적으로 동물의 계통은 해부학적 특징과 발생학적 발달 양상을 이용하여 구분되었으며 동물 계통수의 주요 분지(main branches)에 관한 한 과거 1세기 동안 일치를 보여 왔다. 지난 30년 동안, 유전자 염기서열 자료가 모든 동물 군에서 빠른 속도로 축적되었다. 그러나 다른 분자를 이용하여 계통발생을 연구하면, 종종 동일한 동물 군 내에서 꽤나 다른 진화적 유연관계가 제시되기도 하였다. 그러나 다수의 유전자로부터 종합된 자료는 대부분 문들의 유연관계를 해결하였다. 지금도 수백 개의 유전자 서열로부터 완전한 동물 계통수를 풀기 위해 노력하고 있다.

현재 계통발생의 이해는 전통적 관점과 다르다

관점에 따라 서로 다르기는 하지만, 분자 정보를 이용하는 계통발생은 전통적인 동물의 계통수와 일부 심층 구조를 공유한다. **그림 27.5**는 형태, 분자, 생활사 및 기타 유형의 관련 정보에서 발생된 동물 계통을 요약한 것이다. 이 계통의 일부는 확고하게 확립되지 않았으며, 종종 다소 다른 결론의 새로운 연구가 지속적으로 나타나고 있다. 분류학자가 되기 위해서는 흥미로운 시간이지만, 어떤 사람들에게는 동물 그룹 간의 관계에 대한 이해의 변화가 실망스러울 수 있다. 모든 과학적 아이디어와 마찬가지로 계통발생은 가설이기에, 추가되는 데이터에 따라 개정될 수 있다.

하나의 일관된 결과는 해면동물이 단계통 그룹을 구성한다는 것이다. 일부 분류학자들은 해면동물이 특히 밀접하게 관련되지 않은 2개(또는 3개) 그룹을 포함하는 것으로 간주했지만, 분자 데이터는 해면동물문이 단계통이라는 대부분의 견해를 뒷받침한다.

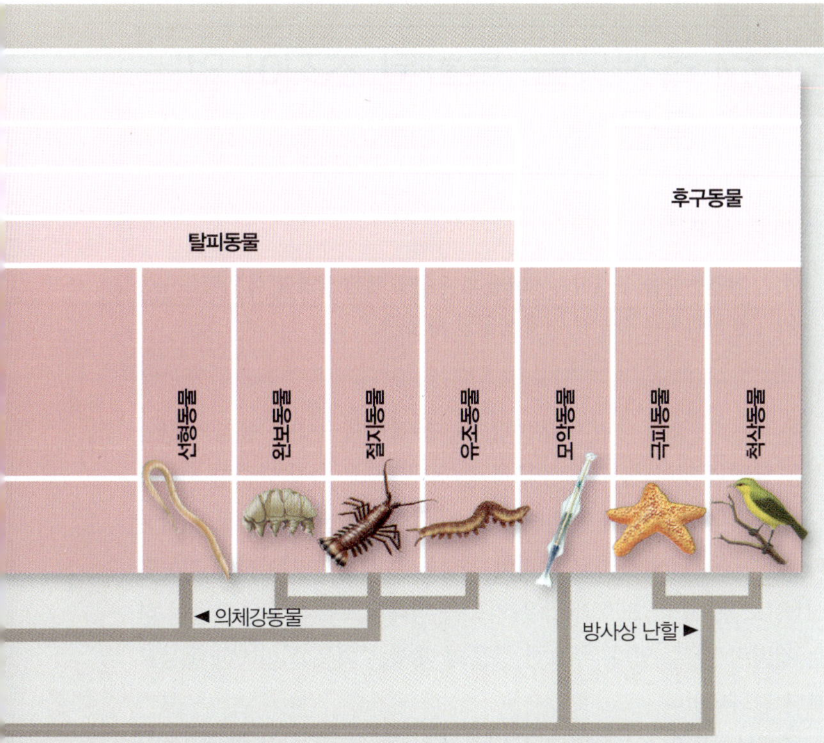

그림 27.6 탈피하고 있는 꽃게.
탈피동물은 외골격이 단단하기 때문에 단계적으로 성장한다.

분자 데이터는 진정후생동물(Eumetazoa)이라고 불리는, 해면을 제외한 나머지 동물들 중에서, 좌우대칭동물(Bilateria)의 기원 이전에 자포동물(히드라, 해파리, 산호)이 계통수에서 분기된다는 전통적인 견해와 일치한다. 좌우대칭동물의 후구동물(deuterostome) 가지(29장에서 논의됨)의 계통 발생에 대한 우리의 이해는 크게 변하지 않았지만, 선구동물(protostome)의 계통 발생에 대한 이해는 분자 데이터에 의해 변화되었다.

가장 혁신적인 사건은 환형동물(annelids)과 절지동물(arthropods)에서 일어났다. 이들은 모두 체절을 갖고 있어 유연관계가 가까운 것으로 보이지만 서로 다른 분기군에 속하여 가까운 관계가 아니다. 현재 절지동물은 그들의 생활사 중 적어도 한 번은 큐티클을 탈피하는 선구동물로 분류되고 있다. 이들을 탈피동물(ecdysozoan)이라 부르는데, 이는 탈피하는 동물(molting animals)을 의미한다(28장 참조). 분자 염기서열 자료는 어떤 형태학적 특징이 진화적인 유연관계를 나타내는 데 가장 좋은지에 대한 우리의 생각을 검증하는 데 도움을 준다. 이 경우 분자생물학적 분석은 가설에 반하여, 체절화가 수렴적으로 진화했으나 탈피는 그렇지 않다는 것을 보여준다.

모든 특징이 원인을 규명하는 데 적용되기 어려운 것과 마찬가지로, 분자 데이터 정보도 모든 불확실성을 해결해주지는 못한다. 수수께끼의 동물인 유즐동물(phylum Ctenophora; comb jellies, 빗해파리)은 2배엽성과 3배엽성 모두로 간주되며 완전한 소화관과 불완전한 소화관 모두를 지녔다고 본다. 또 다른 수수께끼인 모악동물문(phylum Chaetognatha; arrow worms, 화살벌레)은 체강동물과 의체강동물 모두로 간주되며, 체강동물이라면 선구동물과 후구동물 모두로 고려된다. 그들의 계통발생 위치는 계통수를 작성하는 데 사용한 특징과 방법에 따라 다양하게 나타나는데 이러한 불확실성을 해결하기 위해서는 더욱 면밀한 연구가 요구된다.

형태 기반 계통발생은 체강의 상태에 중점을 둔다

최근의 동물 계통발생의 이해는 어떻게 형질들이 진화되었는지 다시 생각하게 한다. 동물학자들은 본래 처음의 동물이 체강이 결여되었을 것(무체강)으로 추론하였다. 이들의 어떤 후손들은 의체강으로 진화되었고 어떤 의체강 후손들은 진정한 체강을 진화시켰다. 이러한 관점은 일반적으로 분류 체계가 체강의 상태에 기초하였다는 것으로 널리 받아들여졌다. 그러나 19장에서 본 것처럼 직선으로 또는 방향성을 갖는 진화는 드물게 발생한다. 동물 계통발생에 대한 우리의 이해는 내부 체강의 상태가 이전에 인식하였던 것보다 훨씬 여러 번에 걸쳐 진화했고 결과적으로 계통발생적 유연관계를 추론할 수 있는 믿음직한 형질이 아니라는 사실이 분명해졌다.

특히 체강은 선구동물과 후구동물을 포함하는 분기군의 조상에서 단 한 번만 진화한 것으로 보인다(**그림 27.5**). 결과적으로, 촉수담륜동물(Lophotrochozoa) 내의 하나의 분기군은 2차적으로 무체강 상태로 되돌아갔으며, 의체강 상태는 선구동물 분기군 내의 무체강동물 또는 2차적으로 무체강동물 조상으로부터 수차례에 걸쳐 발생하였다. 그 결과, 모든 후구동물은 진정한 체강을 갖지만, 선구동물의 상태는 혼합되어 나타난다. 또한 무체강 상태는 동물의 조상 상태이지만, 일부 동물은 몸의 공간을 잃어 2차적으로 무체강동물이 되었다.

선구동물은 촉수담륜동물과 탈피동물로 구성된다

초기에 선구동물은 2개의 분기군인 촉수담륜동물(lophotrochozoans)과 탈피동물(ecdysozoans)로 나뉜다(**그림 27.5**). 촉수담륜동물은 몸에 질량을 점차적으로 첨가함으로써 성장하며, 나선형 난할을 한다(**그림 27.4** 참조).

탈피동물은 탈피하는 동물이며(**그림 27.6**), 동물계에서 단 한 번만 진화한 것으로 보인다. 탈피동물에 포함된 수많은 선구동물 중 절지동물(Arthropoda)은 가장 많은 수의 기재된 종을 포함하고 있다.

후구동물은 척삭동물과 극피동물을 포함한다

후구동물은 선구동물보다 적은 수의 문과 종으로 구성되며, 외형의 큰 차이에도 불구하고 여러 면에서 더 균일하다. 불가사리와 같은 극피동물 및 인간과 같은 척삭동물은 공통조상으로부터의 진화 증거인 발생 방식을 공유하고 다른 동물들과 명확하게 구분된다.

? **탐구문제** 무체강, 의체강 또는 진체강 중 어느 것이 계통발생적 유연관계에서 신뢰할 만한 지표가 되는가?

핵심 요약 27.3

과학자들은 조직, 대칭, 체강 또는 의체강의 존재 유무와 같은 특성, 선구동물 대 후구동물 발생, 성장 패턴 및 유충 단계, 분자 데이터를 기반으로 문을 정의했다. 선구동물 중에서 나선형 난할을 하는 동물은 체형이 단순히 증가하는 성장 패턴을 가지고 있다. 탈피동물은 더 크게 자라려면 탈피를 해야 한다. 체강의 상태와 체절화의 발생은 동물들 사이에서 수렴적으로 진화한 반면, 이와 달리 탈피와 같은 특성은 한 번만 발생했다. 후구동물문은 극피동물문과 척삭동물문이다. 척삭동물문에 인간이 포함된다.

■ 계통분류학자들이 오직 한 번만 진화한 하나 또는 그 이상의 특징으로 각 동물군을 특성화하려고 시도하는 이유는 무엇일까?

27.4 측생동물: 특화된 조직이 없는 동물

학습 목표

1. 해면동물을 구성하는 세포들의 유형에 대해 설명할 수 있다.
2. 동정세포의 기능에 대해 설명할 수 있다.

우리는 이 장의 나머지 부분과 28, 29장에서 놀라운 동물의 다양성을 탐험할 것이다. 먼저 동물계 중 형태적으로 가장 단순한 해면동물, 해파리, 그리고 어떤 벌레와 같은 형태를 갖는 동물들로 시작한다. 단순성에도 불구하고 이러한 동물들은 생명의 기본적인 기능인 섭식, 호흡, 생식, 보호와 같은 기능을 형태적으로 복잡한 동물이 하는 것처럼 할 수 있다. 주요한 동물의 체제는 처음에 이러한 동물로부터 진화되었다.

계통학자들은 전통적으로 동물계(또는 후생동물로 불리는)를 2가지 주요 분지로 나누었다. 측생동물(동물에 가까운)은 조직을 갖지 않고 좌우대칭성이 결여된 동물로 구성되는데, 이 동물이 해면동물이다. 왜냐하면 이 동물은 매우 많은 부분에서 다른 동물과 구별되는데 어떤 과학자들은 해면동물이 다른 동물들과 가깝게 연관되지 않아 동물이 2가지 구별되는 기원을 가진다고 생각하기도 하였다. 진정후생동물(Eumetazoa)은 명확한 형태와 좌우대칭을 갖는 동물이다. 모두가 조직을 갖고 기관이나 기관계를 가진다. 지금은 거의 모든 계통학자가 측생동물과 진정후생동물이 공통조상으로부터의 자손이라는 것에 동의하고 따라서 동물은 하나의 기원을 가진다. 거의 모든 분자생물학적 자료에 의한 계통은 측생동물이 동물계통수의 근간이라고 생각하지만, 어떤 자료는 그렇지 않기도 하다.

해면은 느슨한 체제를 가진다

측생동물(parazoans)의 주요 군은 해면이 속한 **해면동물문**(Porifera)이다. 형태적 단순함에도 불구하고 모든 다른 동물과 같이 해면은 진정한 다세포성을 나타낸다.

26,000종 이상의 해면이 바다에 살고, 150종 정도는 담수에 사는 것 같다. 바다에서 해면은 모든 수심에 서식하고, 깊은 대양에서는 가장 풍부한 동물 중 하나일 것이다. 비록 어떤 해면은 몇 mm로 작지만 어떤 것은 지름이 2 m가 넘는 큰 것도 있다.

해면동물의 거의 대부분은 좌우대칭이 아니다. 어떤 종류는 다양한 형태의 표면을 덮으며 성장하고 어떤 것은 똑바로 선 모양이거나

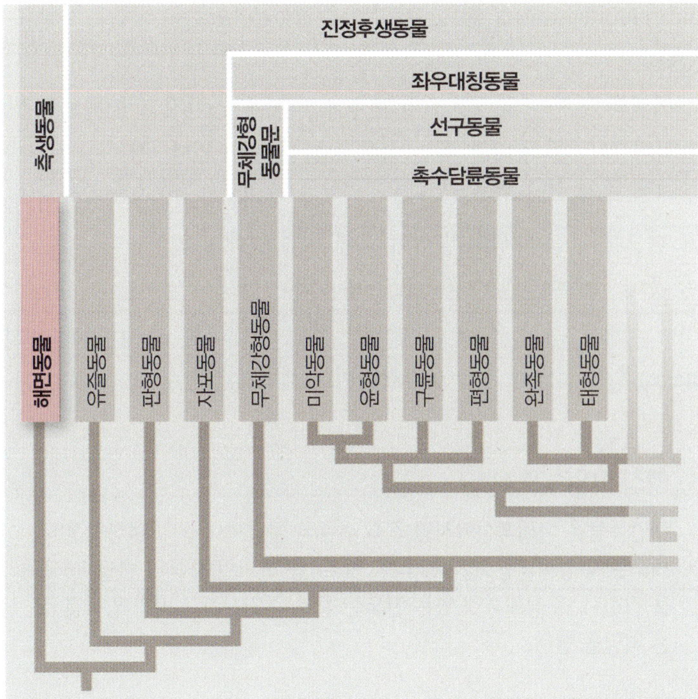

잎 모양이며 어떤 것들은 복잡한 패턴을 가지기도 한다(**그림 27.7***a*).

많은 해양 무척추동물처럼 해면동물의 유생은 자유유영을 하지만 유생이 적당한 표면에 부착하여 성체로 변태한 후에는 남은 일생 동안 고착된 상태로 지낸다. 성체는 고착성(sessile)으로 바위나 다른 수중 물체에 붙어 살며 운동성이 없다. 해면은 잠재적 포식자와 해변을 뒤덮고 자라는 생물을 쫓아내기 위해 화학물질을 만들어 방어한다. 그래서 제약회사들은 이 화학물질들이 인간에게도 적용이 가능할지에 대해 관심을 갖고 있다.

해면의 몸은 여러 유형의 세포로 구성된다

해면에는 머리나 부속지, 입이나 항문 그리고 모든 다른 동물과 같은 조직화된 내부구조가 없어 언뜻 젤라틴 기질(gelatinous matrix)에 묻혀 있는 세포 집단이라고 보일 수도 있다. 그러나 이 세포들은 각각 특수한 기능을 갖는 여러 유형들로 분화되어 있다(**그림 27.7***b*). 진정한 다세포동물로서의 해면은 생식세포를 제외하고는 기능적으로 동일한 작용을 하는 세포들의 집합체인 군체 원생생물과는 구별된다.

해면을 이루는 세포는 하나의 유형에서 다른 유형으로 분화하고 분화된 상태에서 분화되지 않은 상태로 탈분화하는 고유한 특징을 가진다. 해면을 미세한 체나 거친 천으로 걸러 세포들을 분리해도 세포가 서로를 찾아다니며 결국 전체 해면이 재구성되는데, 이러한 현상은 다른 어떤 동물에서도 일어나지 않는다.

크기가 작고 해부학적으로 단순한 해면은 꽃병 모양을 하고 있다.

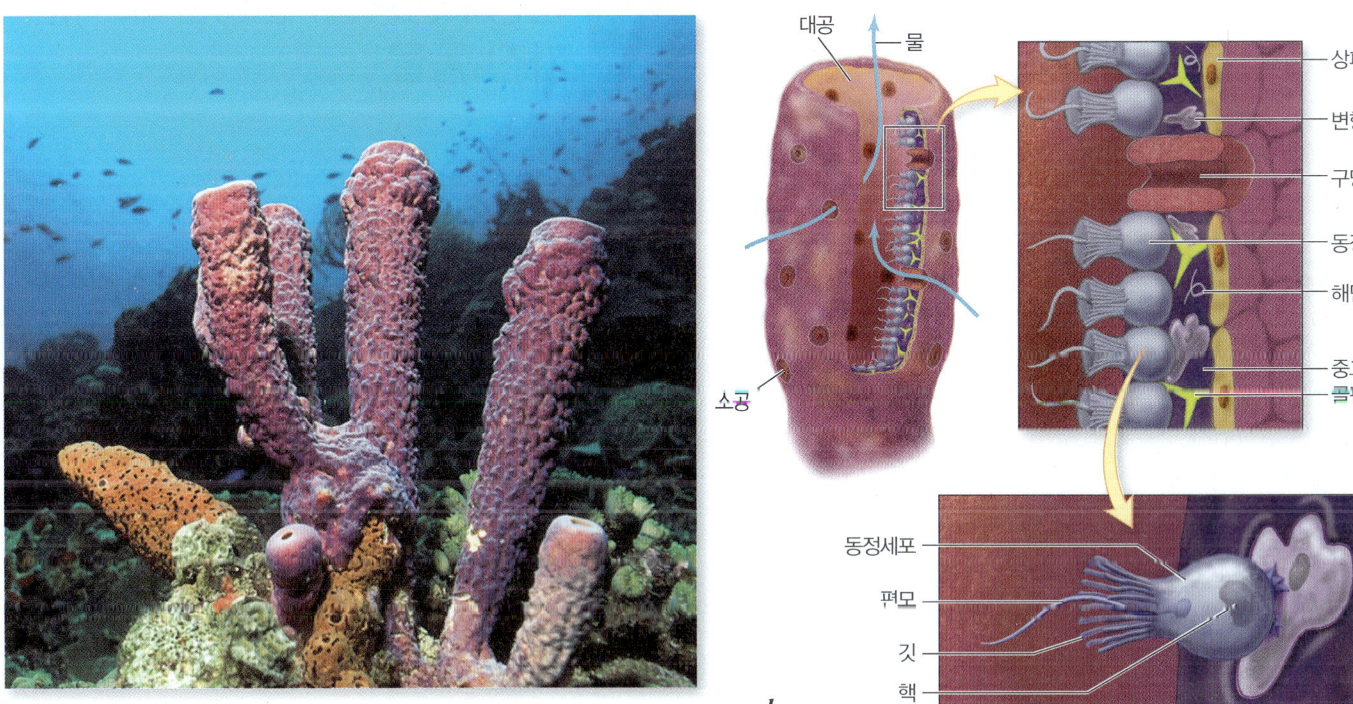

a. *b.*

그림 27.7 해면동물문: 해면.

a. *Aplysina longissima*. 사진 속 밝은 오렌지색과 보라색의 이 아름다운 긴 해면은 산호초 지대에 산다. ***b.*** 가장 단순한 형태의 해면 모식도. 해면은 특징적인 몇몇 세포 유형으로 구성되며, 서로 협동하여 활동한다. 해면은 조직이 없고 대부분 비대칭성이다.

해면의 "몸체" 벽은 3개의 층으로 되어 있는데, 안쪽 벽은 **동정세포**[choanocytes, 깃세포(collar cells)]라는 편모를 가진 독특한 세포들이 덮고 있다(**그림 27.7***b*). 더 크고 복잡한 해면은 관에 의해 연결된 많은 작은 방을 가진다. 물은 편모가 있는 방으로 들어온 후 **대공**(osculum)이라는 커다란 구멍을 통해 다시 밖으로 빠져나간다.

해면은 다른 동물의 상피와 같은 납작한 세포(flattened cell)로 구성된 상피(epithelium)로 외부와 경계 지어진다. 해면에 분포하는 소공(pore)들은 몸체를 관통하는 통로를 통해 물이 편모실로 들어올 수 있게 해준다. 해면동물문(Porifera)이라는 이름은 이 소공(pore)에서 유래되었다. 큰 해면에는 대공들이 많이 있지만 그 수는 소공(ostia라고도 함)들에 비해 아주 매우 적다.

일부 상피세포는 소공 주위에서 특화되어 있다. 이들 세포는 적당한 자극에 노출되거나 접촉되면 소공이 닫혀 모래나 유해한 잠재적 환경물질로부터 섬세한 내부 세포를 보호하기 위해 수축된다. 해면은 신경조직이 없어 먼 거리에서 협동하여 행동할 수는 없기 때문에 각 소공 주위의 세포는 서로 독립적으로 작용한다.

세포의 안쪽과 바깥쪽 사이에는 **중교**(mesohyl)라고 부르는 젤라틴질의 단백질이 풍부한 기질이 함유되어 있다. 중교에는 여러 가지 변형세포(amoeboid cell)가 들어 있다. 많은 종류의 해면에서 이러한 세포들은 기질 내에 **골편**(spicules)이라고 부르는 탄산칼슘 또는 규산질의 미세구조 또는 **해면질**(spongin)이라는 단백질 섬유를 분비한다. 골편이나 해면질은 해면의 몸을 지탱해 준다. 일부 심해 해면의 규산질 골편은 길이가 1 m나 되기도 한다. 목욕용 스펀지는 해양 해면의 해면질 골격이다. 셀룰로스나 플라스틱으로 만든 인조 스펀지는 해면동물의 몸체를 모델로 하여 많은 양의 물을 흡수하기 위해 다공성으로 만든 것이다.

해면의 동정세포는 물의 순환을 돕는다

동정세포(choanocytes)는 단일 **편모**(flagellum)를 가진 원생생물과 유사하다(**그림 27.7***b*). 체강 내 편모의 움직임으로부터 생긴 압력에 의해 물이 순환하면서 양분과 산소를 공급하고 노폐물을 배출한다. 몸체가 큰 해면에서는 몸 내부의 안쪽 벽이 구불구불해져 표면적과 편모의 수를 증가시키게 된다. 이러한 해면에서는 하루에 1 cm^3당 20 L의 물을 배출한다. 동정세포는 흐르는 물에서 먹이 입자를 감싸서 소화시킨다. 이러한 배열은 해면이 동정세포보다 작은 입자만 섭취할 수 있게 제한한다.

해면은 무성생식과 유성생식 모두 가능하다

일부 해면은 단순히 여러 개의 절편으로 분리되는 무성생식(asexual reproduction)을 한다. 분리된 절편들은 새로운 개체로 자랄 수 있다.

해면의 정자는 동정세포의 변형에 의해 만들어지고 물속으로 방출되어 같은 종의 다른 해면 속으로 들어갈 수 있다. 정자는 동정세포에 의해 포획되어 중교 안의 난세포로 보내진다. 많은 해면에서 외부 섬모를 가진 유생의 발생이 모체 해면 안에서 일어난다. 어떤 해면 종에서는 수정란이 물속으로 방출되어 발생이 일어난다. 수정란이나 섬모를 가진 유생이 방출되면 짧은 플랑크톤 단계(planktonic stage) 후에 적당한 기질에 안착하여 성체로 성장한다.

핵심 요약 27.4

해면동물은 다세포성이지만 조직 수준의 발달이나 몸의 대칭이 없다. 세포는 동정세포층, 상피세포층, 이 두 층 사이인 중교의 변형세포층을 가진다. 동정세포에 있는 편모는 물을 순환시키고 먹이 입자를 잡는 역할을 한다.

- 탈분화하는 해면동물 세포의 능력에 대해 다른 동물들과 비교하여 장단점을 설명해 보자.

27.5 진정후생동물: 진정한 조직을 가진 동물

학습 목표

1. 자포동물의 특징에 대해 설명할 수 있다.
2. 자포동물과 유즐동물을 구분할 수 있다.
3. 유즐동물의 대칭성에 대한 의문에 대해 논할 수 있다.

진정후생동물(eumetazoa)은 동물 체제에서의 첫 핵심적인 이행단계인 뚜렷한 조직을 진화시킨 동물이다. 배아 세포층은 성체의 조직으로 분화하여 각 군의 동물에서 볼 수 있는 특성인 체제(body plan)를 만든다.

상피와 신경조직은 외배엽(ectoderm)에서 발생하고 **위층**(gastrodermis)이라고 불리는 소화조직은 내배엽(endoderm)에서 발생한다. 진정후생동물은 3개의 그룹을 포함한다. 처음 2개 그룹은 이 절의 주제인 유즐동물과 자포동물로 전통적으로 2개 층을 갖는 2배엽성 동물이다. 세 번째 그룹은 좌우대칭동물로 3배엽성 동물이다. 이 그룹에서 외배엽과 내배엽 사이의 중배엽은 근육을 형성한다. 진정

후생동물은 또한 방사대칭과 좌우대칭의 2가지 유형으로 대칭을 갖는 체제로 진화하였다.

빗해파리는 섬모를 이용하여 움직인다

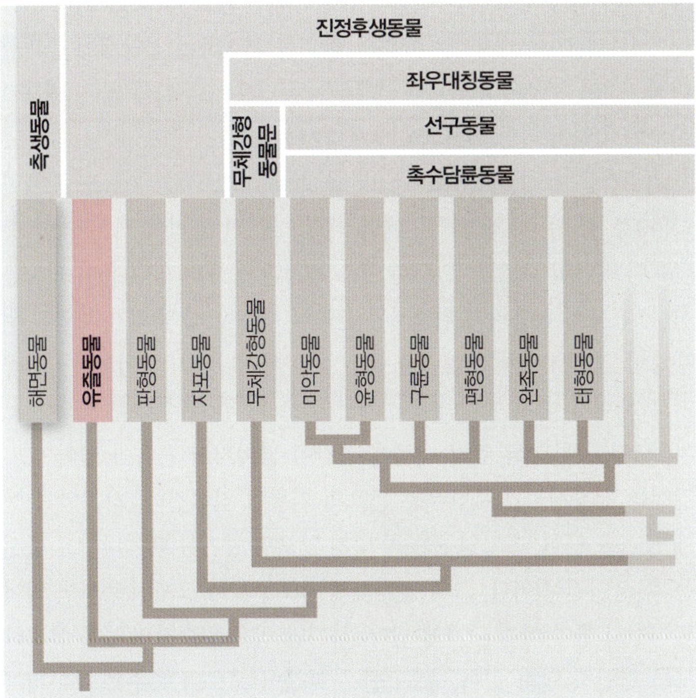

부유성(pelagic) 작은 해양 동물인 **유즐동물문**(Ctenophora)은 구형이나 리본 모양의 빗해파리류(comb jellies), 감투해파리(sea walnuts), 바다구스베리(sea gooseberries) 등을 포함한다. 대양에 풍부하게 분포하고 대부분 투명하며 대개 수 cm 길이로 작지만 드물게 색소를 갖고 길이가 1 m에 달하는 종류도 있다. 이들은 섬모가 융합된 8개의 즐판대(comblike plate)를 움직여 물속에서 스스로 헤엄칠 수 있고, 빛을 분산하여 무지개빛을 낸다(**그림 27.8**). 유즐동물은 섬모로 이동하는 가장 큰 동물이다. 많은 유즐동물이 생체발광을 하여 심해에서나 야간의 바다 표면에서 밝게 반짝거린다. 많은 유즐동물은 먹이를 포획하는 데 2개의 긴 촉수(tentacles)를 사용한다. 촉수의 상피에는 먹이 동물과 접촉하면 터져서 강한 고착 물질을 방출하는 세포인 **점착세포**(colloblasts)가 있다.

그림 27.8 빗해파리(유즐동물문)
각도에 따라 다른 색을 나타내는 융합된 섬모인 즐판대가 있다.

유즐동물문의 계통진화적 위치는 불확실하다. 이전부터 젤라틴으로 된 해파리와 비슷하기 때문에 자포동물과 가까운 것으로 간주되었다. 하지만 유즐동물은 자포가 없으며 구조적으로 자포동물보다 더 복잡하다. 유즐동물은 물과 다른 물질을 체외로 배출할 수 있는 항문을 지니고 있다. 유즐동물은 방사대칭인 2배엽성으로 간주되었지만 최근의 발생학적 연구에서 중배엽으로부터 분화된 근육세포가 있는 것이 밝혀져 이는 유즐동물이 좌우대칭동물처럼 3배엽성으로 간주되어야 한다는 것을 의미한다. 유즐동물의 몸은 반대편에 붙어 있는 두 촉수로 인해 좌우대칭성이 어느 정도 나타난다고 볼 수 있지만 방사대칭성의 변형으로 취급될 수도 있어 불명확하다. 최근의 분자계통진화적 분석은 유즐동물이 동물 계통수의 기저부에 위치하면서 다른 후생동물과 자매군을 이루고 있음을 보여준다. 이것이 옳다면 유즐동물의 조상은 다배엽성이면서 좌우대칭임을 시사해 주는 것이다.

모든 자포동물은 육식성이다

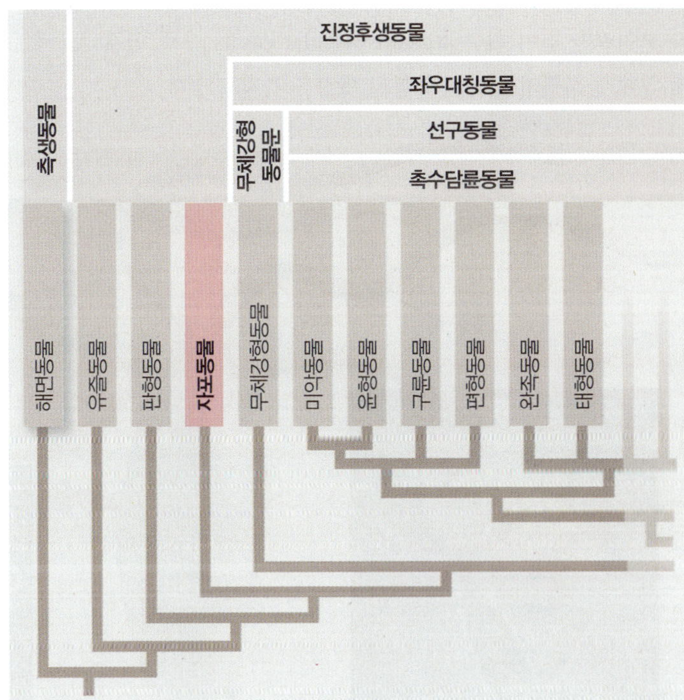

10,000여 종의 자포동물(cnidarians)은 대부분이 해수에 살며 일부만 담수에 산다. 이 단순한 2배엽성 동물은 비록 진정한 의미의 기관들은 가지고 있지 않지만 뚜렷한 조직들로 이루어져 있다. 자포동물은 생식계, 순환계, 소화계, 배설계는 없지만 생식, 기체 교환, 먹

이 포획 및 소화, 그리고 그 결과로 생긴 유기분자를 모든 세포에게 공급하는 과정들을 수행한다. 자포동물은 뇌나 신경절로 간주되는 신경조직이 전혀 없다(가장 작은 신경세포 그룹; 37장 참조). 더 정확히 말하면, 신경계는 좌우대칭동물처럼 접합부를 가진 세포의 격자구조(latticework)이다. 모든 자포동물은 촉각에 민감한 신경수용체를 지니고 있고 일부는 중력이나 빛 수용체도 지니고 있으며 일부 종은 이미지를 형성할 수 있는 눈을 가진 것도 있다.

자포동물은 이 동물의 고유하고 작은 세포간 구조인 자포(nematocysts)를 사용하여 먹이(어류, 갑각류, 그 외 많은 다른 종류)를 잡는다(**그림 27.9**). 먹이는 입을 둘러싸고 있는 촉수에 의해 입으로 옮겨진다.

기본 체제

자포동물의 몸의 형태는 폴립형과 메두사형의 2가지 형태가 있다(**그림 27.10**). 폴립형(polyp)은 원통형으로 보통 단단한 물질에 부착한다. 폴립은 부착된 원통형의 반대편 끝에 촉수로 둘러싸인 입을 가진다. 단독으로 부착한 폴립은 단단한 기층에 붙어 있지만 군체의 일부로 있는 폴립들은 군체덩어리의 공통군체 조직에 붙어 있다. **메두사형**(medusa)은 원반이나 우산 모양으로 한쪽에 촉수로 둘러싸인 입이 있고 대부분 물에서 자유유영한다. 두 유형의 형태가 상당히 달라 보이지만 입이 위수강(gastrovascular cavity)으로 연결되고 촉수에 의해 둘러싸여 있다는 공통된 특징을 가지고 있다.

자포동물 체제는 밖으로 통하는 위수강에서 소화, 기체 교환, 배설물 배출 등이 이루어지고 많은 자포동물에서 생식세포도 형성한다. 몸의 벽은 외부환경과 접촉하고 있는 표면을 덮는 표피(epidermis)와 위수강을 덮는 위층(gastrodermis)의 두 층으로 구성된다. 두 층 사이에는 위층과 표피를 연결하는 결합체인 **중교**(mesoglea)가 있는데, 히드라(*Hydra*)에서는 표피와 위층을 연결하는 접착제에 불과한 비세포적인 구조이지만 해파리에서는 두터운 고무질의 많은 세포로 이루어져 있어 다양하다(**그림 27.9**, **27.10** 참조).

위수강은 유체골격(hydrostatic skeleton)으로서의 기능도 수행한다(40장 참조). 유체골격은 뼈나 패각으로 된 골격이 하는 역할 중 근육이 작용할 수 있는 단단한 구조 제공과 동물의 형태 유지 기능을 한다. 근육이 작용하기 위해서는 근육이 수축할 때 액체가 채워진 위수강이 닫혀서 액체가 압력을 받는 동안 빠져나가지 않아야 한다. 공기로 채워져 길게 늘어난 풍선처럼 물로 꽉 찬 위수강을 생각해 보자. 단단하게 닫혀 있기 때문에 공간이 넓어지면 근육이 짧아지고, 길이를 신장시키기 위해서는 근육의 지름이 작아진다. 하지만 풍선에 공기를 불어 넣고 입구를 꼭 막지 않으면 공기는 빠져나가고 풍선은 축 늘어질 것이다. 그와 유사하게 자포동물이 크게 수축하면 입이 벌어져서 물이 빠져 나가게 된다. 하지만 입은 위수강의 물을 유지하도록 단단히 닫혀 있어 자포동물은 부풀어 오르며 촉수를 구부리거나 펼 수 있다.

모든 폴립의 유체골격에 덧붙여 많은 폴립 종은 키틴질이나 탄산칼슘의 외골격을 형성한다. 우리가 산호라 부르는 많은 군체 형성 종

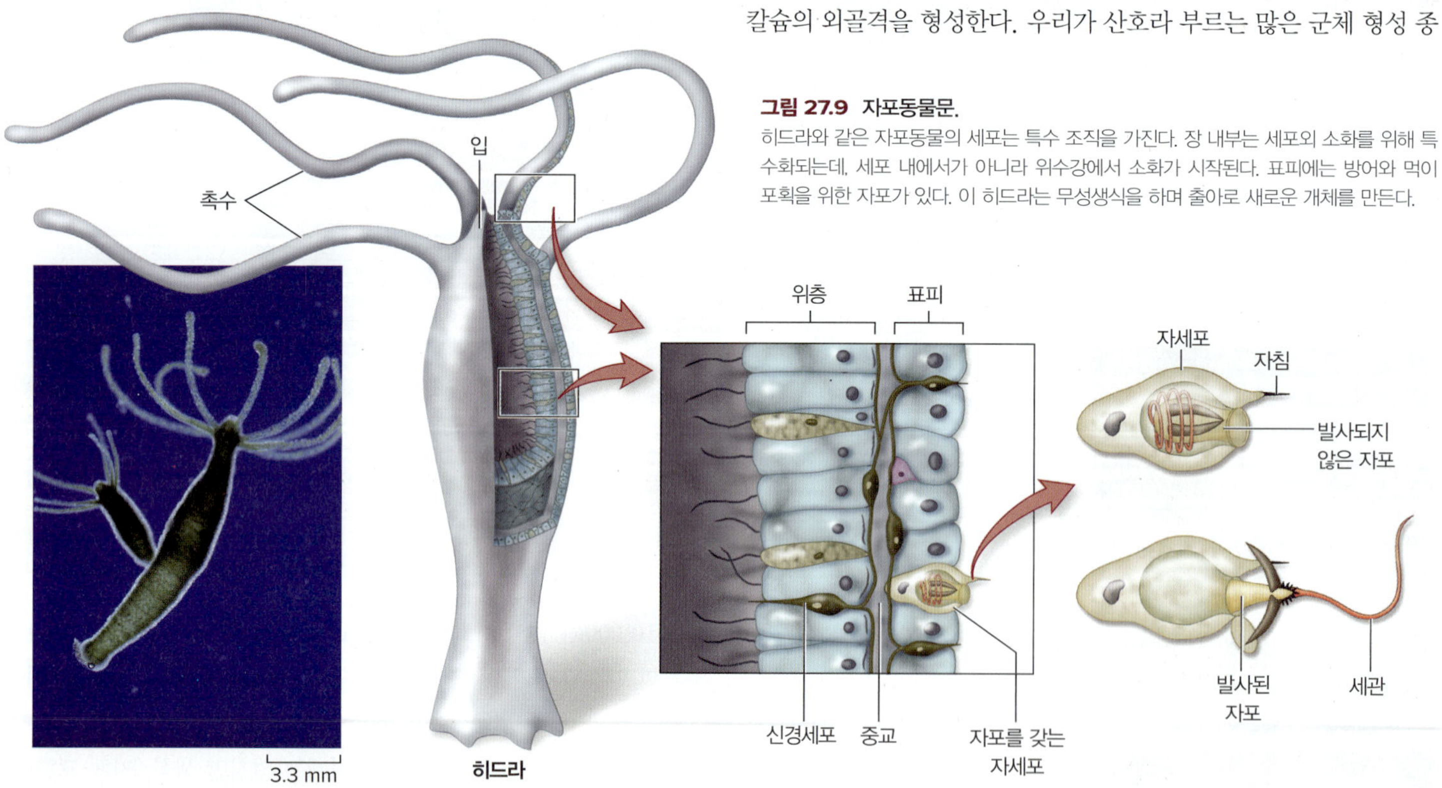

그림 27.9 자포동물문.
히드라와 같은 자포동물의 세포는 특수 조직을 가진다. 장 내부는 세포외 소화를 위해 특수화되는데, 세포 내에서가 아니라 위수강에서 소화가 시작된다. 표피에는 방어와 먹이 포획을 위한 자포가 있다. 이 히드라는 무성생식을 하며 출아로 새로운 개체를 만든다.

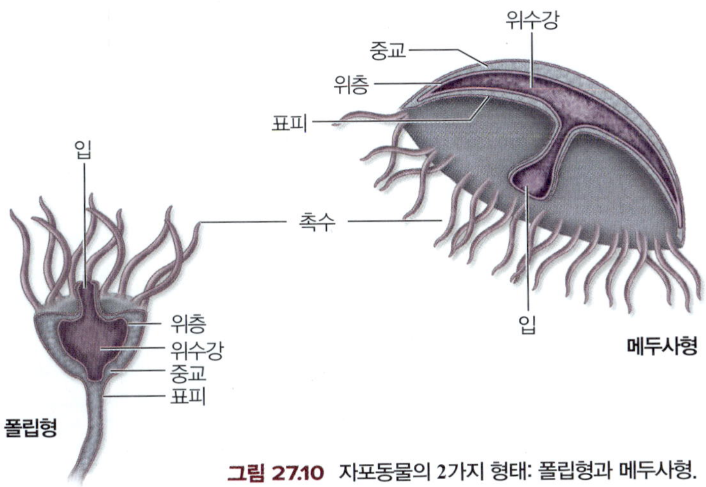

그림 27.10 자포동물의 2가지 형태: 폴립형과 메두사형.

에서 외골격은 군체(colony)를 이루는 개체 사이를 연결해준다. 말미잘 같은 일부 종의 폴립은 외골격이 전혀 없다. 메두사형은 모두 군체를 이루지 않고 홀로 생활하며 외골격이 없다.

자포동물의 생활사

자포동물은 생활사에서 주목할 만한 변화를 겪는다. 어떤 자포동물은 폴립형으로만 존재하고 어떤 종은 메두사형으로만 존재하지만 많은 경우 두 상태를 교대로 가지기도 한다(**그림 27.10**). 이 2가지 상태는 모두 2배체 개체를 구성하지만 생활주기에서 폴립형과 메두사형 모두를 가지는 종은 메두사가 생식세포를 만든다. 성은 분리되어 개체는 수컷 또는 암컷이 된다. 난자와 정자는 결합하여 접합자를 형성하고 플랑크톤성의 섬모를 가진 **플라눌라**(planula) 유생으로 발달한 후, 변태를 거쳐 폴립이 된다. 폴립은 무성생식을 통해 메두사를 만들고 메두사형 및 유생은 모두 수중에서 확산할 수 있다. 그러한 생활사를 가지는 대부분의 종에서 폴립은 무성생식으로 다른 폴립들을 만들 수 있으며, 이렇게 만들어진 폴립들이 서로 계속 붙어 있으면 군체가 형성되는 것이다.

소수 종에서 메두사에 의해 생긴 플라눌라는 폴립 상태를 거치지 않고 직접 또는 간접적으로 다른 메두사로 발달한다. 더 흔한 경우는 폴립은 있으나 메두사가 없는 생활사이다. 이 경우에는 폴립이 생식세포를 형성하며 그 결과 생긴 플라눌라는 다른 폴립으로 발달한다. 이러한 종들의 일부에서는 폴립이 분열, 출아 또는 분절에 의해 다른 폴립을 무성적으로 생산하기도 한다.

소화

자포동물에서 가장 혁신적인 진화는 체내에서 일어나는 음식물의 세포외 소화이다. 해면동물의 소화는 동정세포에서 이루어지므로 음식 입자가 동정세포에 의해 삼켜질 정도로 충분히 작아야 한다. 자포동물의 소화는 위수강에서 일어나는데 소화효소가 위수강의 세포로부터 방출되면 음식을 부분적으로 분해한다. 위수강 내의 다른 세포가 식세포작용(phagocytosis)에 의해 이 분해된 음식을 삼키기 때문에 자포동물은 해면동물보다 더 큰 먹이를 섭취할 수 있다.

자세포

자포동물은 미세한 크기의 찌르는 캡슐인 **자포**(nematocysts)로 먹이를 잡는다. 자포는 이 동물만이 가진 독특한 특징이다(**그림 27.9** 참조). 이는 "쏘는 세포(stinging cells)"라고도 부르지만 실제로는 자세포(nematocyte) 내에서 방출되는 캡슐이다. 자포동물은 형태상으로는 단순하지만 자포는 단일 동물세포에 의해 분비되는 가장 복잡한 구조를 가진다. 적당히 자극되면 캡슐의 아래쪽 끝이 열리고 세관이 방출된다. 자포 방출은 자연계에서 가장 빠른 세포 과정의 하나로 방출 기작은 몇 가지 가설이 제시되었지만 밝혀지지 않았다. 자포는 종종 작살 같은 기능을 가진다. 물체를 투과하거나 감쌀 수 있고 어떤 자포의 세관은 가시가 있으며 어떤 것은 독(venom)을 지니고 있는데 극히 일부 종에서의 독은 사람을 죽일 정도로 강하다.

각 촉수의 표피에는 수천 개의 자세포가 있다. 각 자세포는 한 번만 사용될 수 있다. 어떤 자포동물에서는 자포가 촉수 이외의 부분에도 있으며 위수강에 있는 경우 소화에 도움을 주기도 한다. 자포는 공격적으로 사용되기도 하지만 자포동물의 유일한 방어 수단이 되기도 한다. 해파리나 불산호가 쏘는 이유가 이것이다. 어떤 자포동물은 자포와는 다른 형태의 쏘는 캡슐(cnidae, 쐐기풀에서 유래)을 지니고 있어 자포동물(Cnidaria)이라는 이름이 유래되었다.

자포동물은 5개의 강으로 분류된다

전통적으로 자포동물은 말미잘, 산호, 부채꼴산호 등이 속하는 산호충강(Anthozoa), 히드라와 고깔해파리가 속하는 히드라충강(Hydrozoa), 해파리가 속하는 해파리강(Scyphozoa)의 3개로 구분되었다. 지금은 대부분의 연구자들이 생활사와 형태에 있어 뚜렷이 구분되고 일부는 사람을 죽일 정도로 독성이 강한 종류를 포함하는 해파리류를 입방해파리강(Cubozoa)으로 구분하는 것에 동의하고 있다. 그러나 일부 다른 해파리류를 십자해파리강(Staurozoa)으로 나누는 것은 널리 받아들여지고 있지 않다.

산호충강: 말미잘과 산호

산호충강(Anthozoa)은 자포동물 중에서 약 6200종으로 구성되어 가장 많은 종을 포함하는 강(class)으로 단독생활을 하거나 군체생활을 한다. 부드러운 몸을 갖는 말미잘(anemone, **그림 27.11**), 딱딱한 산호(**그림 27.12**), 그 외 바다조름(sea pens), 바다맨드라미(sea pansies),

그림 27.11 산호충강.
진홍말미잘(*Cribrinopsis fernaldi*)

그림 27.12 돌산호류.
산호초를 형성하지 않는 산호. 말레이시아산 *Tubastraea coccinea*

부채꼴산호(sea fan), 회초리산호(sea whips) 등의 화려한 이름을 가진 그룹이 여기에 속한다. 이 이름들은 대부분 개체의 폴립이나 군체의 모양과 비슷한 식물 이름에서 유래했다.

산호충류의 폴립은 위수강이 격막(mesenteries)이라고 하는 세로 방향으로 여러 겹을 가진 조직의 방사형 배열에 의해 구획화된다는 점에서 다른 강의 폴립과 구별된다. 산호충류의 생식세포는 격막에서 발달한다. 많은 자포동물의 촉수는 속이 차 있지만 산호충류의 촉수는 속이 비어 있다.

말미잘(**그림 27.11** 참조)은 근육이 잘 발달하였으며 비교적 복잡하고 부드러운 몸을 가진 산호충류로서 1000종이 넘게 분포하고 있다. 전 세계의 모든 수심대에 살고 지름은 수 mm의 작은 것부터 1 m를 넘는 것도 있다.

대부분의 산호는 산호충류(anthozoans)이며, 단단한 산호(hard corals, 약 1400종, **그림 27.12** 참조)는 말미잘과 유연관계가 가깝다. 산호의 폴립은 자신의 주위나 바닥에 탄산칼슘의 외골격을 분비한다. 개체나 군체는 위를 향해 자라므로 죽은 골격이 그 아래에 축적되면서 열대의 얕은 바다에서는 산호초(coral reefs)를 형성한다. 산호초가 발달하는 물은 대부분 영양이 풍부하지는 않지만 산호에게 광합성을 통해 에너지를 제공해 줄 수 있는 **황록공생조류**(zooxanthellae)가 산호충 세포 내에 공생하고 있어서 잘 살 수 있다. 따라서 산호초는 빛이 산호에게 도달할 수 있는 얕은 바다(약 100 m 이하)에 국한되지만 산호초를 형성하지 않는 산호의 경우에는 5000 m 깊이에서도 자랄 수 있다. 단단한 산호 중 절반 정도만 산호초를 형성한다.

산호초는 많은 열대 섬의 해변을 보호할 뿐 아니라 인간의 식량원인 갑각류나 어류 유생의 서식처가 되므로 경제적으로도 중요하다. 하지만 지금은 지구 기후 변화에 의해 위협을 받고 있다. 수온이 상승하게 되면 광합성 조류와의 공생이 파괴되고 이 경우 산호의 흰 골격만 보이기 때문에 "산호백화(coral bleaching)"로 알려진 현상이 일어난다. 탈색이 산호를 항상 죽이는 것은 아니지만 이는 큰 스트레스가 된다. 대기 중의 이산화탄소 농도가 증가하면 물에 용해되어 탄산을 만들어 물의 pH를 낮추기 때문에 이용 가능한 탄산칼슘이 줄어들게 된다. 석회화하는 해양식물과 동물들은 pH가 낮아지면 덜 단단한 골격이 형성되며 골격 형성 속도도 느려진다.

일부 "연산호(soft coral)"는 해면의 골편과 유사한 탄산칼슘의 침을 분비한다. 이 골편은 폴립 주변을 둘러싸는 껍질을 만들거나 조직에 묻혀 포식자로부터의 보호를 담당하는 것으로 보인다. 이들 중 일부는 뿔 모양의 막대를 만들어 그 주위에 자라는 군체들을 유연하게 지탱할 수 있게 한다.

입방해파리강: 상자해파리류

입방해파리강(Cubozoa)에 속하는 해파리는 이름 그대로 상자 모양의 해파리로 상자의 모퉁이에 하나 또는 여러 개의 촉수를 가진다(**그림 27.13**). 90여 종의 대부분이 수 cm 길이로 작은 크기이나 어떤 종류는 25 cm나 되는 것도 있다. 상자해파리(box jellies)는 열대 및 아열대 해역에서 활발하게 유영하며 어류를 포식한다. 이러한 사실은 일부 종이 이미지를 형성하는 눈을 가지고 있다는 것과 관련이 있다. 일부 종에 쏘이면 인간에게 치명적일 수 있다. 폴립 단계는 불분명하며 대부분 알려져 있지 않다.

히드라충강: 히드라

약 6000종의 **히드라충강**(Hydrozoa)은 생활사 중 폴립 시기와 메두사 시기를 모두 가지고 있다(**그림 27.10** 참조). 대부분 종의 폴립 시기는 군체성이고 한 군체 내의 폴립들은 기능과 구조가 동일하지 않다. 일부는 먹이 섭취를 위해 분화되어 생식을 할 수 없는 반면 다른 것들은 먹이 섭취 폴립으로부터 군체로 연결된 위수강을 통해 양분을 전달받을 수 있다. 고깔해파리(Portuguese man-of-war, **그림 27.14**)는 해파리가 아니라 폴립형과 메두사형 개체가 통합되어 떠다

그림 27.13 입방해파리강.
상자해파리, *Chironex fleckeri*.

니는 군체이다. 일부 해양 히드라와 메두사는 생체발광(bioluminescent)을 한다.

히드라는 담수 서식종을 가진 유일한 자포동물이다. 잘 알려진 담수 히드라류는 히드라(*Hydra*)인데 담수에 산다는 것뿐 아니라 메두사 시기가 없고 단독 폴립으로 산다는 점에서도 예외적이다(**그림 27.9** 참조). 각 폴립은 기저판(basal disk)에 의해 부착되고 그 위에서 점액을 분비하여 주변을 미끄러지듯 움직일 수 있다. 또한 몸을 구부려 촉수로 기질에 부착한 후 재주를 넘듯이 새로운 장소로 이동할 수도 있다. 폴립이 기질에서 떨어지면 표면에 뜨기도 한다.

해파리강: 해파리

해파리강(Scyphozoa)에는 약 350종이 있으며 메두사형은 폴립형보다 훨씬 특징적이고 복잡하다. 많은 해파리가 무색이지만(**그림 27.15**) 일부는 주황색, 분홍색, 파란색 등의 강렬한 색을 띤다. 폴립은 작고 눈에 띄지 않으며 구조적으로 단순하고 보통 흰색이지만 대양에 사는 몇몇 해파리류에서는 폴립형이 없다.

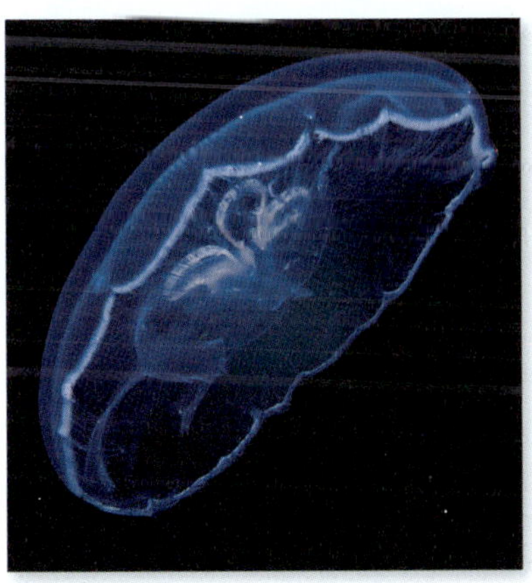

그림 27.15 해파리강.
해파리, *Aurelia aurita*.

그림 27.14 고깔해파리(***Physalia physalis***).
이 종에게 찔리면 통증이 심하다.

해파리 가장자리의 표피는 근육세포들을 가지고 있고 이를 규칙적으로 수축하여 위수강이나 그 아래 공간으로부터 물을 분사하여 해파리가 앞으로 나아가게 한다. 위수강의 한쪽만 수축하면 회전할 수도 있다. 단지해파리(*Cyanea capilata*)는 셜록 홈즈(Sherlock Holmes) 소설 중 〈공포의 사자 갈기(The Adventure of the Lion's Mane)〉에서 살생무기로 표현되었지만 실제로 사람에게 고통을 줄 수 있을 뿐 죽일 수 있을 정도는 아니다.

십자해파리강: 별해파리

100여 종으로 이루어져 있는 이 분류군이 해파리강에서 분리된 이유는 해파리를 닮았지만 입 반대쪽에서 생긴 자루에 의해 기질에 고착되기 때문이다(**그림 27.16**). 또한 십자해파리강(Staurozoa)의 플라눌라 유생은 부유하거나 유영하기보다는 기어서 움직인다.

그림 27.16 별해파리.
자루를 가지는 해파리, *Haliclystus auricula*.

핵심 요약 27.5

자포동물문의 종들은 방사대칭으로 방어와 먹이 포획을 위해 자포를 가진다. 유즐동물문에 속하는 종들은 자포가 없다. 이들은 섬모가 융합된 8열의 즐판대에 의해 앞으로 나아간다. 유즐동물은 먹이를 잡기 위해 점착세포를 가진다. 유즐동물의 대칭성은 논쟁의 대상이다.

■ 유즐동물의 계통발생학적 위치는 왜 불분명할까?

27.6 좌우대칭동물

학습 목표

1. 좌우대칭동물의 두드러진 특징을 설명할 수 있다.
2. 좌우대칭동물의 주요 그룹의 계통을 이해할 수 있다.

좌우대칭동물은 좌우대칭이라는 동물 체제에 의해 특정된다. 좌우대칭은 동물로 하여금 고도로 분화된 몸을 갖추게 해준다. 그 실례로 앞쪽에 감각기관이 집중되어 있는 것을 들 수 있다. 27.5절에서 언급한 것처럼 유즐동물은 좌우대칭이라고 해도 이런 분화가 이루어지지는 않았다. 좌우대칭동물은 2개 분기군으로 나뉜다. 하나는 28장과 29장에서 언급한 것처럼 선구동물과 후구동물을 포함한다. 여기서 우리는 다른 분기군, 무체강 편형동물류에 대해 간단히 살펴본다.

무체강 편형동물은 다른 편형동물과 구별된다

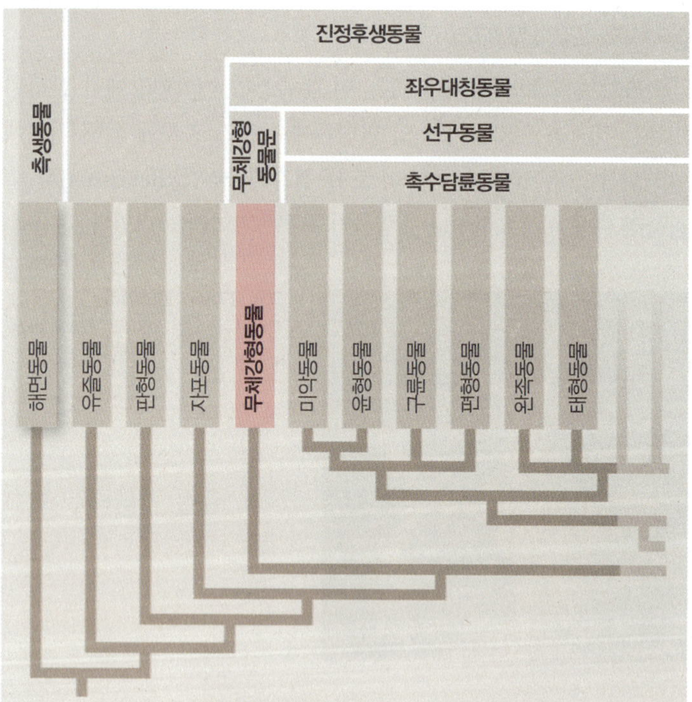

이름에서 보이는 것처럼 무체강 편형동물(**그림 27.17**)은 체강이 없다. 게다가, 신경계는 몸의 앞쪽 끝에 신경이 조금 모인 간단한 신경망으로 구성된다. 영구적인 소화강이 없어 입은 단단한 소화 합포체(syncytium, 세포막으로 나누어지지 않은 세포들의 덩어리)를 가진다.

전통적으로 이러한 특징들은 28장에서 다룬 것처럼 편형동물문에 속하는 편형동물과 무체강 편형동물을 분류하기 위해 설명되었다. 그러나 과학자들은 분자생물학적 증거를 토대로 이 두 그룹 간의 유사성은 수렴된 것으로, 무체강 편형동물이 편형동물문 분류군과 가깝게 연관되지 않는다고 결론지었다. 이들은 그들의 독립된 문인 무체강형동물문(Acoela)에 속한다. 계통수에서 그들의 정확한 위치는 계통수에 사용된 특징들에 따라 다르게 나타난다. 이들은 좌우대칭동물의 이른 시기의 분지로 선구동물과 후구동물로 구성되는 분기군의 자매군으로 여겨진다.

그림 27.17 무체강형동물문.
무체강 편형동물인 *Waminoa*. 오랜 기간 편형동물과 유연관계가 있다고 생각된 이 동물은 원시적인 신경계를 갖고 영구적인 소화강이 없다.

핵심 요약 27.6

좌우대칭동물은 좌우가 대칭을 이루는 형태에 의해 특징 지어지는 분기군이고 무체강 편형동물 및 선구동물과 후구동물을 포함하는 분기군의 2개의 분기군으로 구성된다. 전통적으로 무체강 편형동물은 다른 종류의 편형동물과 연관되어 있다고 생각되었으나 최근 분자계통학적 연구결과는 이들의 유연관계가 가깝지 않음을 보여준다. 결과적으로 이들의 형태학적 유사성은 수렴진화의 결과이다.

- 무체강 편형동물은 체강이 없다. 이들의 자매 분류군 중 유사한 상태를 가지는 분류군이 있을까?

핵심 개념 요약

27.1 동물의 일반적 특징

■ 동물은 일반적인 특징들을 공유한다

다세포성, 종속영양, 세포벽의 부재는 모든 동물의 공통적인 특징이다. 이 외 다른 특징은 분화된 조직, 이동할 수 있는 능력, 유성생식이다.

27.2 동물 체제의 진화

■ 대부분의 동물은 방사대칭이거나 좌우대칭이다

대부분의 해면은 비대칭이지만 다른 동물들은 생활사의 어느 시기 동안 좌우대칭 또는 방사대칭을 나타낸다. 방사상으로 대칭인 동물들의 몸은 중심축을 기준으로 배열된다. 좌우측으로 대칭인 동물의 몸은 왼쪽과 오른쪽을 가진다. 대부분의 좌우대칭 생물은 머리가 있어 방향성을 갖고 움직인다.

■ 조직의 진화는 분화된 구조와 기능을 가능하게 한다

각각의 조직은 특징적인 형태와 기능을 갖는 분화된 세포들로 구성된다.

■ 체강에 의해 기관계가 발달한다

대부분의 좌우대칭동물은 체강을 가진다. 진체강은 중배엽으로부터 유래된 조직 내에 놓인 빈 공간이다. 의체강은 중배엽과 장(내배엽으로부터 분화)으로부터 유래된 조직 사이에 있다. 무체강과 의체강은 한 번 이상의 진화로 나타나지만 체강은 단 한 번에 진화하였다.

순환계는 영양분의 분배와 노폐물의 배출을 돕는 특수화된 기관계이다.

■ 좌우대칭동물은 2가지 발생 유형을 가진다

선구동물의 입은 원구나 원구 가까이에서 발생한다. 선구동물은 결정론적 발생을 하고 대부분 나선형 난할을 한다.

후구동물의 항문은 원구로부터 발생한다. 비결정론적 발생과 방사상 난할을 한다.

■ 체절화는 중복체제와 향상된 이동을 가능하게 한다

체절화는 여러 번에 걸쳐 진화하였고 체절들이 다소 독립적으로 움직일 수 있어 유연하고 효과적인 운동을 가능하게 한다. 체절화의 또 다른 장점은 중복된 기관 체제라는 것이다.

27.3 동물의 계통 발생

동물은 공유된 특징에 따라 35~40문으로 분류된다.

■ 현재 계통발생의 이해는 전통적 관점과 다르다

분자생물학적 데이터를 계통발생학적 분석에 통합함으로써 이러한 문들의 구성원들이 어떻게 연관되어 있는지에 대한 전통적인 견해가 일부 변화되었다 **(그림 27.5)**

해면동물문(해면)은 다른 동물들과 공통조상을 공유하는 단계통군으로 여겨진다. 자포동물(히드라, 해파리, 산호)은 좌우대칭동물의 기원 이전에 진화하였다.

환형동물과 절지동물은 체절화에 의해 가깝게 연관된다고 여겨져 왔지만, 지금은 절지동물이 생활사 동안 적어도 한번은 그들의 외골격을 탈피하는 선구동물에 속한다.

■ 형태 기반 계통발생은 체강의 상태에 중점을 둔다

좌우측으로 대칭인 동물(좌우대칭동물)의 두 그룹인 원구동물과 후구동물은 배아 발생에서 다르다. 체강의 존재는 선구동물과 후구동물을 포함하는 원시적 형질이다. 모든 후구동물은 체강을 갖지만, 어떤 선구동물은 의체강을 갖고 다른 선구동물은 체강을 완전히 잃는다.

■ 선구동물은 촉수담륜동물과 탈피동물로 구성된다

촉수담륜동물은 몸의 부피를 점진적으로 추가하여 성장하고 나선형 난할을 한다.

탈피동물은 외골격의 탈피에 의해 성장한다. 탈피동물은 의체강동물인 선형동물부터 진체강동물인 체절화된 절지동물까지 매우 다양한 종들을 포함한다.

■ 후구동물은 척삭동물과 극피동물을 포함한다

후구동물의 주요 그룹은 불가사리와 성게를 포함하는 극피동물과 척추동물을 포함하는 척삭동물이다.

후구동물의 발생은 극피동물과 척삭동물이 다른 동물들과 다르게 공통조상에서 진화하였다는 것을 보여준다.

27.4 측생동물: 특화된 조직이 없는 동물

측생동물("동물에 가까운")은 일반적으로 비대칭이고 조직을 갖지 않는 동물이다.

■ 해면은 느슨한 체제를 가진다

해면은 조직, 기관, 대칭성이 없지만 복잡한 다세포동물이다. 해면의 유생은 자유유영을 하고 성체는 수중의 물체에 고착한다.

■ 해면의 몸은 여러 유형의 세포로 구성된다

해면은 외부의 보호를 위한 피층, 단백질을 많이 가지는 기질과 변형세포가 있는 중교, 물을 순환시키고 먹이를 잡는 동정세포가 있는 위층(**그림 27.7***b*)을 가진다.

■ 해면의 동정세포는 물의 순환을 돕는다

중교는 골편과 해면질이라 불리는 거친 단백질 섬유를 가져 해면의 몸을 지탱한다.

■ 해면은 무성생식과 유성생식 모두 가능하다

해면의 조각은 완전한 개체로 자랄 수 있다. 정자와 난자는 성체 개체들에 의해 만들어진다. 수정에 의해 만들어진 접합자는 자유유영하는 유생이 되고 결국 고착성 성체가 된다.

27.5 진정후생동물: 진정한 조직을 가진 동물

진정후생동물은 구별된 조직들을 가지는 동물들이다. 배아 세포층은 성체 몸의 조직으로 분화되고 동물 각 그룹의 특징적 체제를 야기한다.

■ 빗해파리는 섬모를 이용하여 움직인다

유즐동물문(빗해파리)은 해파리를 닮은 동물이 속하는 작은 문으로 융합된 섬모 띠를 이용하여 이동한다. 이 동물은 3배엽성일 것이다. 이들은 점착성이 있는 점착세포를 사용하여 먹이를 잡는다.

■ 모든 자포동물은 육식성이다

방사대칭을 이루고 육식성인 자포동물문은 명확한 조직을 갖지만 기관은 없다. 이들은 2배엽성이고 고착성 폴립형과 자유유영하는 메두사형의 2가지 체형을 가진다.

자포동물은 방어와 공격에 사용하는 자포에 의해 구별된다.

자포동물은 순환계, 배설계, 호흡계가 없다. 이들은 격자형의 신경세포를 가져 접촉에 민감하다. 어떤 것들은 중력과 빛에 반응한다.

■ 자포동물은 5개의 강으로 분류된다

자포동물의 5가지 강은 산호충강(말미잘, 산호), 입방해파리강(상자해파리), 히드라충강(히드라), 해파리강(해파리), 십자해파리강(별해파리)이다. 십자해파리강은 모든 과학자들에게 인정된 것은 아니다.

27.6 좌우대칭동물

좌우대칭동물은 좌우가 대칭을 이루는 특징을 가진다. 이러한 구조는 몸의 앞쪽에 신경 수용기들을 갖는 기능적 특수성을 가능하게 한다.

■ 무체강 편형동물은 다른 편형동물과 구별된다

무체강 편형동물이 속한 무체강형동물문은 편형동물문에 속하는 것으로 생각되었다. 그러나 이들은 좌우대칭동물보다 먼저 진화하였고 선구동물과 후구동물을 포함하는 분기군과 자매군이다.

연습문제

■ 1단계: 이해력 확인하기

1. 다음 중 모든 동물들에게만 있는 고유한 특징은 무엇인가?
   - a. 유성생식　　b. 다세포성
   - c. 세포벽 없음　　d. 종속영양
2. 이동을 위해 ____________을(를) 갖고 세포 간 신호를 전달하기 위해 ____________을(를) 갖는 것은 동물이 유일하다.
   - a. 뇌; 근육　　b. 근육조직; 신경조직
   - c. 사지; 척수　　d. 편모; 신경
3. 유성생식을 하는 동물의 접합자는 어떤 과정을 통해 만들어지는가?
   - a. 감수분열　　b. 체세포분열
   - c. 융합　　d. 이분열
4. 좌우대칭으로의 진화는 ____________의 진화가 전제로 필요하였다.
   - a. 조직　　b. 체절화
   - c. 체강　　d. 두화
5. 완전하게 중배엽성 조직 내에서 발달한, 유체로 채워진 체강은 ____________의 특징이다.
   - a. 진체강　　b. 의체강
   - c. 무체강　　d. a, b, c 모두 맞다.
6. 다음의 체절화에 관한 내용 중 사실이 아닌 것은 무엇인가?
   - a. 체절화는 중복 체제의 진화를 가능하게 한다.
   - b. 체절화는 폐쇄혈관계를 위한 필요조건이다.
   - c. 체절화는 이동을 향상시킨다.
   - d. 체절화는 수렴진화의 한 예이다.
7. 다음 중 측생동물과 진정후생동물을 구분하기 위해 사용할 수 있는 특징은 무엇인가?
   - a. 진정한 세강의 존재　　b. 체절화
   - c. 두화　　d. 조직
8. 동물의 분류에서, ____________의 연구는 어떻게 동물들이 조직화되는지에 대한 우리의 이해를 변화시키고 있다.
   - a. 분자계통학　　b. 조직의 기원
   - c. 체절화의 방식　　d. 형태학적 특징의 진화
9. 다음 중 체강의 설명으로 옳은 것은 무엇인가?
   - a. 선구동물과 후구동물을 포함하는 분기군을 위한 공유파생형질이다.
   - b. 여러 번에 걸쳐 수렴적으로 진화하였다.
   - c. 가까운 진화적 관계의 지표이다.
   - d. 내배엽 안에서 형성된다.
10. 다음 중 진체강동물이 가지는 특징은 무엇인가?
    - a. 순환계　　b. 골격계
    - c. 의체강동물보다 큰 크기　　d. a, b, c 모두 맞다.
11. 편모를 가지는 해면의 세포는 무엇인가?
    - a. 동정세포　　b. 변형세포
    - c. 상피세포　　d. 골편
12. 자포동물의 유생시기로 알려진 것은 무엇인가?
    - a. 메두사형　　b. 플라눌라
    - c. 폴립형　　d. 자세포
13. 다음중 무체강 편형동물의 설명으로 옳은 것은 무엇인가?
    - a. 다른 편형동물과 유연관계가 가깝다.
    - b. 무체강을 진화시켰다.
    - c. 측생동물의 구성원이다.
    - d. 선구동물과 후구동물을 포함하는 분기군과 자매군이다.

■ 2단계: 적용력 평가하기

1. 다음의 그림은 배아 발생 시기의 원구이다. 그림의 정보에 기초하여 다음 중 옳은 것은 무엇인가?

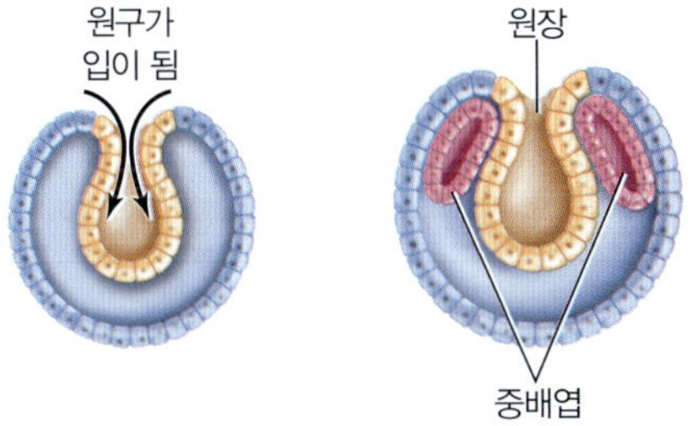

a. 대부분의 동물은 이러한 양상의 발생을 한다.
b. 이것은 나선형 난할에 의해 만들어지는 것이다.
c. 결정론적 발생을 나타내는 것이다.
d. a, b, c 모두 맞다.

2. 다음 중 탈피동물에 속하는 종들의 특징이 아닌 것은 무엇인가?

a. 좌우대칭
b. 비결정론적 난할
c. 생활사에서 적어도 한 번은 탈피
d. 후생동물

3. 열대우림에서 새로운 종을 발견하였다. 이 종은 육지에 살고, 결정론적 발생을 하며, 탈피를 하고 관절이 있는 부속지를 가진다. 이 종은 어떤 문에 속하는가?

4. 다음 중 진정후생동물에서 발견되지 않는 세포층은 무엇인가?

a. 외배엽　　b. 내배엽
c. 중배엽　　d. a, b, c 모두 발견된다

3단계: 사고력 함양하기

1. 벌레(worm)의 진화는 체강의 진화를 이해하기에 매우 좋은 예가 된다. 선형동물, 환형동물, 편형동물, 유형동물을 사용하여 체강의 형태에 기초한 계통수를 구성하시오(**그림 27.3**과 **표 27.1** 참조). 이것은 **그림 27.5**의 계통발생과 어떻게 다른가? 체강은 이들을 분류하기 위한 유일한 특징인가?
2. 대부분의 학생들은 극피동물문과 척삭동물문이 매우 가깝게 연관되어 있다는 것이 믿기 힘들 것이다. 만약 이들이 유사한 발생 양식을 공유하지 않았다면 극피동물을 동물계의 어디에 위치시켜야겠는가?

28 선구동물

도입

거의 모든 좌우대칭동물들은 선구동물 또는 후구동물 중 하나에 속하는데, 두 분기군은 배아 발생 방식이 다르다. 선구동물은 원구로부터 성체의 입이 발생하는 반면, 후구동물에서는 원구로부터 항문이 발생하고 입은 다른 방식으로 발생한다. 대다수 동물들은 선구동물로 곤충류, 연체동물류, 길이가 긴 동물들(worms), 그 외 다른 많은 동물들이 여기에 속한다.

28.1 선구동물의 계통 분기

학습 목표

1. 선구동물의 주요 분기군들과 특징을 나열할 수 있다.

모든 선구동물은 촉수담륜동물(Lophotrochozoa)과 탈피동물(Ecdysozoa)로 나뉜다(**그림 27.5**). 다양한 선구동물들을 살펴보기에 앞서 두 부류의 특징을 먼저 알아보자.

촉수담륜동물

촉수담륜동물은 나선형 난할(spiral cleavage) 방식으로 배아가 발생한다(**그림 27.4** 참조). 대부분 수생이며 섬모를 이용하거나 몸 근육을 수축하여 이동한다.

"촉수담륜동물(Lophotrochozoa)"이란 이름은 여기에 속한 동물들이 갖고 있는 2가지 구조에서 유래하였다. 이들 중 많은 동물들은 **담륜자**(trochophore, **그림 28.1***a*)라고 하는 독립생활형 유충단계를

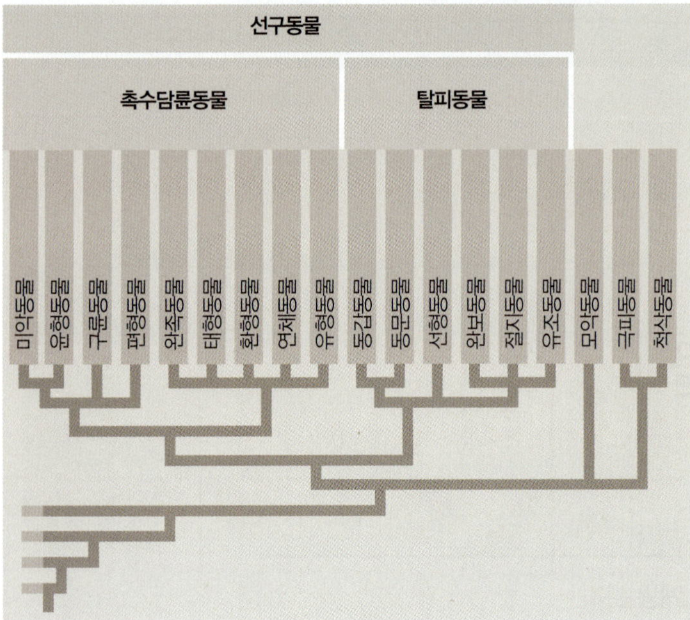

거치며, 또 일부는 **촉수관**(lophophore, **그림 28.1***b*)이라는 섭식 구조를 갖고 있는데, 이 구조는 입 주변을 섬모성 촉수가 말굽모양으로 둘러싸고 있는 것으로 여과섭식에 이용된다. 촉수관을 갖는 동물에는 태형동물(Bryozoa)과 완족동물(Brachiopoda)이 있으며, 고착생활을 한다.

담륜자를 갖는 촉수담륜동물에는 연체동물(Mollusca)과 환형동물(Annelida)이 있다. 연체동물은 체절화되어 있지 않으며, 체강이 혈체강(hemocoel, 개방순환 공간)과 그 외 작은 공간으로 축소되어 있고, 문어, 달팽이, 조개 등과 같은 다양한 동물들을 포함한다. 환형동물은 체절화된 진정체강동물로서, 가장 잘 알려진 것으로는 지렁이가 있으며, 거머리와 갯지렁이도 여기에 속한다.

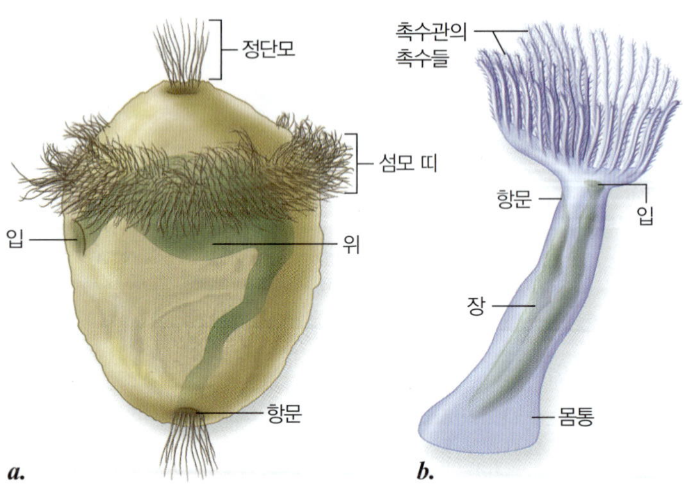

그림 28.1 담륜자(*a*)와 촉수관(*b*).

그림 28.2 곤충의 한 종류인 실잠자리의 탈피.

탈피동물

선구동물의 또 다른 주요 분기군은 탈피현상을 보이는 탈피동물(Ecdysozoa)이다. 동물이 단단한 외골격을 완전히 채울 정도로 충분히 자라면 그 동물은 탈피과정(molting, ecdysis라고도 하기에 Ecdysozoa라고 명명함)을 통해 외골격을 제거해야 한다. 동물이 성장하는 동안에 새로운 외골격이 기존 외골격 아래 형성되는데, 탈피의 첫 단계는 몸을 부풀려 기존의 외골격(exoskeleton)을 찢고 열어젖히는 것이다(**그림 28.2**). 탈피 때 동물은 체액을 이용하여(많은 곤충과 거미는 공기도 이용) 새로 만든 연한 골격을 부풀려 팽창시킨다. 새 골격이 단단해질 때면 이전 탈피한 골격보다 커져서 성장을 위한 공간이 생기게 되는데, 그 결과 연속적으로 성장하는 다른 동물들과 달리 탈피동물은 계단식 성장을 하게 된다.

탈피동물에는 어느 다른 동물문보다도 많은 종을 포함하고 있는 절지동물과 선형동물(선충류)이 포함된다. 각각의 두 동물문에는 현대 유전학과 발생학에 많은 정보를 제공한 모델 실험동물인 초파리(*Drosophila melanogaster*)와 선충류인 예쁜꼬마선충(*Caenorhabditis elegans*)이 포함된다.

이 장에서는 선구동물의 주요 동물문인 촉수담륜동물문의 다양한 동물들을 살펴보고 이어 탈피동물문에 대해 알아본다.

핵심 요약 28.1

선구동물은 발생 중에 원구로부터 입이 형성되는 동물이다. 선구동물은 나선형 난할을 하는 나선형 난할동물(spiralians)과 탈피를 하는 탈피동물(ecdysozoans)로 나뉜다.

- 선구동물의 계통발생(phylogeny)에서 탈피와 난할 패턴의 중요성은 무엇일까?

28.2 편형동물

학습 목표

1. 좌우대칭인 편형동물의 두드러진 특징을 열거할 수 있다.
2. 촌충의 두절이 머리가 아닌 이유를 설명할 수 있다.

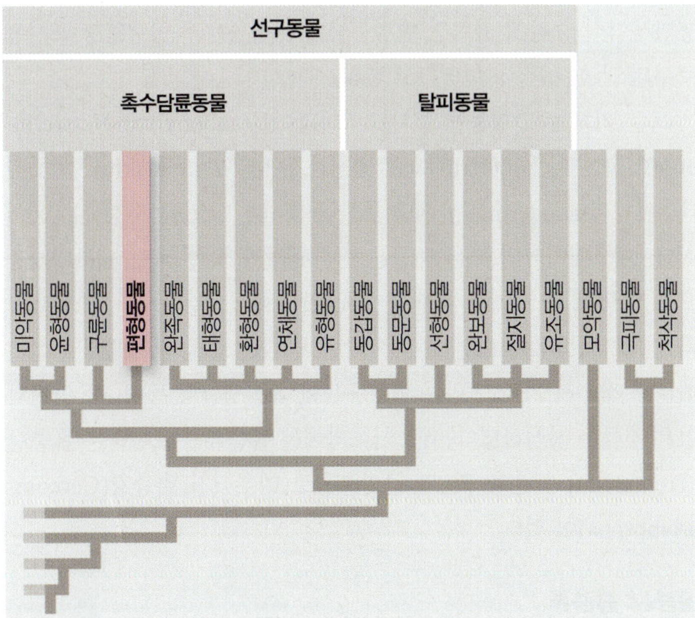

편형동물은 불완전한 장을 가진다

편형동물문(phylum Platyhelminthes)에는 약 55,000종이 있다. 섬모가 나 있는 연질의 몸은 등배축을 따라 납작하기 때문에 편형동물(flatworms)이라 부른다. 불완전한 소화강을 제외하고 편형동물의 몸은 속이 꽉 차 있다(**그림 28.3**). 좌우대칭동물 중에서는 형태적으로 가장 단순하지만 생식기와 같은 복잡한 구조도 갖고 있으며, 생활사는 동물 중에서 가장 복잡하다.

독립생활형인 편형동물은 해양 및 담수뿐만 아니라 축축한 육상 등 다양한 환경에 널리 분포하며, 작은 동물들과 유기물 잔해를 먹어 치우는 포식자이자 청소부이다. 배쪽 표면에 집중되어 있는 섬모를 가진 상피세포를 이용하여 돌아다니지만, 잘 발달된 근육계도 갖고 있다. 하지만 모든 편형동물이 독립생활형은 아니며, 여전히 많은 종은 다른 동물의 체내에 기생하여 살아간다. 편형동물의 크기는 길이가 1 mm인 것부터 수 m(일부 촌충류)에 이르는 것도 있다.

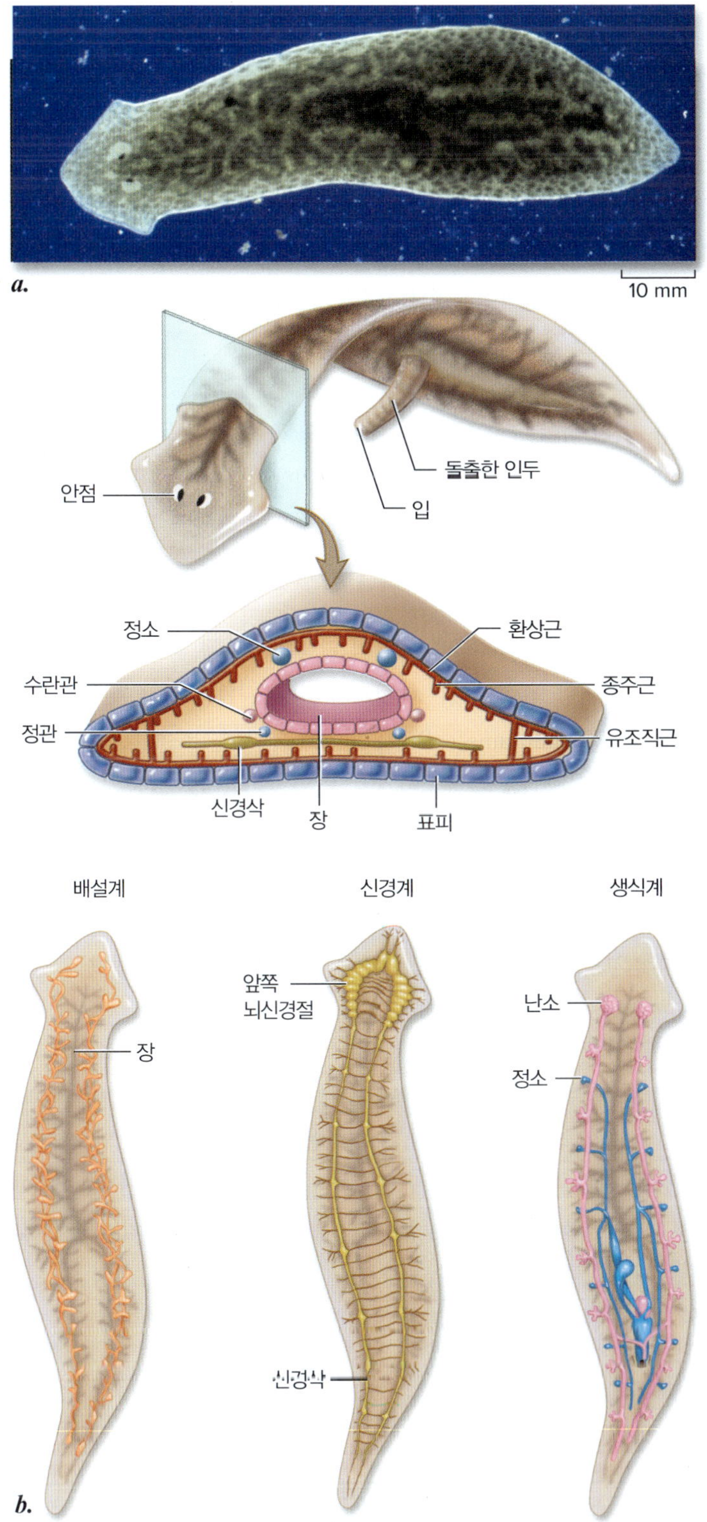

그림 28.3 **편형동물의 체제.** 연못이나 강의 담수성 플라나리아(*Dugesia*속)의 사진(*a*)과 모식도(*b*). 위쪽 그림은 몸 전체와 몸 앞쪽의 횡단면을 보여주며, 아래쪽 그림은 소화계, 중추신경계 및 생식계를 보여준다.

편형동물의 소화

편형동물의 대부분은 소화강의 개구가 하나뿐으로 몸 중앙의 아래쪽으로 나 있다. 편형동물의 장(gut) 위쪽 끝인 인두는 근수축을 통해 먹이를 섭취하여 잘게 부순다.

편형동물은 해면동물, 자포동물 및 유즐동물처럼 산소와 음식 분자를 운반하는 순환계가 없으며, 얇은 몸을 통해 세포와 주위 환경 사이에서 기체를 확산시킨다(산소는 들어오고 이산화탄소는 배출된다). 장은 몸 전체에 가지를 뻗고 있으며 먹이의 소화와 운반을 담당한다. 장 내벽세포들은 식세포작용으로 먹이 조각들을 삼키고 소화한다. 어떤 먹이는 자포동물과 대부분의 좌우대칭동물에서처럼 세포 밖에서 부분적으로 소화되기도 한다. 기생형인 촌충은 몸 앞쪽에 입은 있으나 소화강이 전혀 없어서 체벽을 통해 먹이를 직접 흡수한다.

배설 및 삼투조절

자포동물 및 유즐동물과는 달리 편형동물은 몸 전체에 미세한 관들이 그물처럼 펼쳐져 있는 배설계가 있다. 관들의 가지 쪽에는 전구 모양의 **불꽃세포**(flame cells)가 위치해 있는데, 불꽃세포의 편모들이 불꽃의 깜박임처럼 움직이기에 붙여진 이름이다. 불꽃세포의 편모는 물과 배설물을 관으로 이동시키고, 상피세포들 사이에 위치한 구멍을 통해 액체를 밖으로 배출한다. 불꽃세포의 1차적 역할은 수분 균형 유지이며, 배설은 2차적인 것이다. 편형동물의 대사노폐물 대부분은 장으로 확산되어 들어가서 입을 통하여 배출된다.

신경계와 감각기관

편형동물의 신경계는 하나의 앞쪽 뇌신경절과 몸의 아래쪽으로 뻗은 신경삭으로 구성되는데, 신경삭은 교차 연결되어 있어 사다리 모양을 한다. 독립생활형 편형동물의 머리에는 안점이 있다(**그림 28.3**). 안점은 색소를 가진 뒤집힌 컵 모양이며, 신경계와 연결된 빛 감각세포를 갖고 있어서 어둠과 빛을 구별하는 역할을 한다. 대부분의 편형동물은 강한 빛을 피하는 경향이 있다.

편형동물의 생식

편형동물의 생식계는 복잡하다. 대부분은 한 개체가 암컷과 수컷의 생식기를 모두 갖는 **자웅동체**(hermaphroditic)이지만(**그림 28.3*b***), 많은 경우 두 개체 사이에서 교접이 이루어지며, 몸 안에서 한쪽의 정자가 다른 쪽의 교접낭에 들어가면 정자는 특수화된 관을 따라 난자에 도달하여 수정이 된다.

대부분의 담수 편형동물에서 수정란은 리본 형태로 매달린 고치 안에 들어 있다가 성체 형태의 작은 크기로 부화한다. 이에 반해 일부 해양종은 나선형 난할을 하는 배아가 변태 전까지 유영하거나 부유하는 유생시기를 거쳐 적당한 서식지에 정착한다.

편형동물은 재생능력이 있는 것으로 알려져 있는데, 일부 종에서는 한 개체가 둘 이상으로 나뉘어도 각각의 조각이 소실된 부분을 재생하여 완전히 새로운 개체가 될 수 있다.

기생형 편형동물의 대다수는 독립생활형 조상으로부터 진화하였다

대부분의 편형동물은 기생을 하며, 독립생활형과는 구분된다. 계통발생학적 증거에 따르면 편형동물의 기생형은 독립생활형 조상으로부터 단 한 번 진화하였다고 한다.

모든 기생형 편형동물은 네오더마타아문(subphylum Neodermata)에 속한다. Neodermata란 명칭은 “새 피부(new skin)”란 뜻인데, 여기서 neodermis는 해당 동물들의 외부 표면을 지칭하는 용어이다. 네오더마타의 모든 종들은 다른 동물의 외부 또는 내부기생충으로 일생의 한 시기를 보낸다. neodermis는 숙주 동물의 소화효소와 면역방어작용에 대한 내성을 지닌다. 다른 동물의 체내에서 살기 때문에 적응적 가치가 없는 편형동물의 독립생활형 특성, 즉 안점과 같은 것들은 상실하였다. 네오더마타에는 흡충류를 포함하는 흡충강(Trematoda)과 촌충 및 그 근연종들로 이루어진 촌충강(Cercomeromorpha)이 있다.

흡충강: 흡충류

흡충류(flukes)는 10,000종 이상 알려져 있으며, 길이는 1 mm 미만에서 8 cm 이상 되는 것도 있다. 흡충류는 흡판, 닻, 갈고리 등을 이용하여 숙주의 몸에 고착한다. 흡충류는 독립생활형 친척들처럼 숙주의 세포나 체액을 입을 통해 흡입한다. 어떤 종은 한 숙주(주로 어류)에서 생활사를 완성하나 대개는 둘 이상의 숙주를 거치는데, 첫 중간 숙주는 대부분 달팽이이며, 성체 흡충류의 번식이 이루어지는 최종 숙주는 거의 언제나 척추동물이다. 그 사이에 다른 중간 숙주도 있을 수 있다. 음식과 거처를 제공하는 한, 숙주에서의 기생생활은 안정적이며, 다른 숙주로의 이동은 극도로 위험하기 때문에 대부분의 개체는 이동 중에 죽는다.

인체 질병을 유발하는 흡충류

간흡충(*Clonorchis sinensis*)은 인체에 기생하는(고양이, 개, 돼지에도 기생함) 편형동물의 한 예로써 담관에 살며(**그림 28.4**), 특히 아시아에서 흔하다. 길이는 1~2 cm 정도이며, 복잡한 생활사를 갖는다. 대변으로 배출된 알에는 첫 단계 유생인 **흡충섬모충**(miracidium)이 들어 있는데, 이들이 물환경에 노출되면 먹이가 되어 수생달팽이에게 전달되지만 대개는 물과 접촉하지 못하거나, 달팽이에게 옮겨

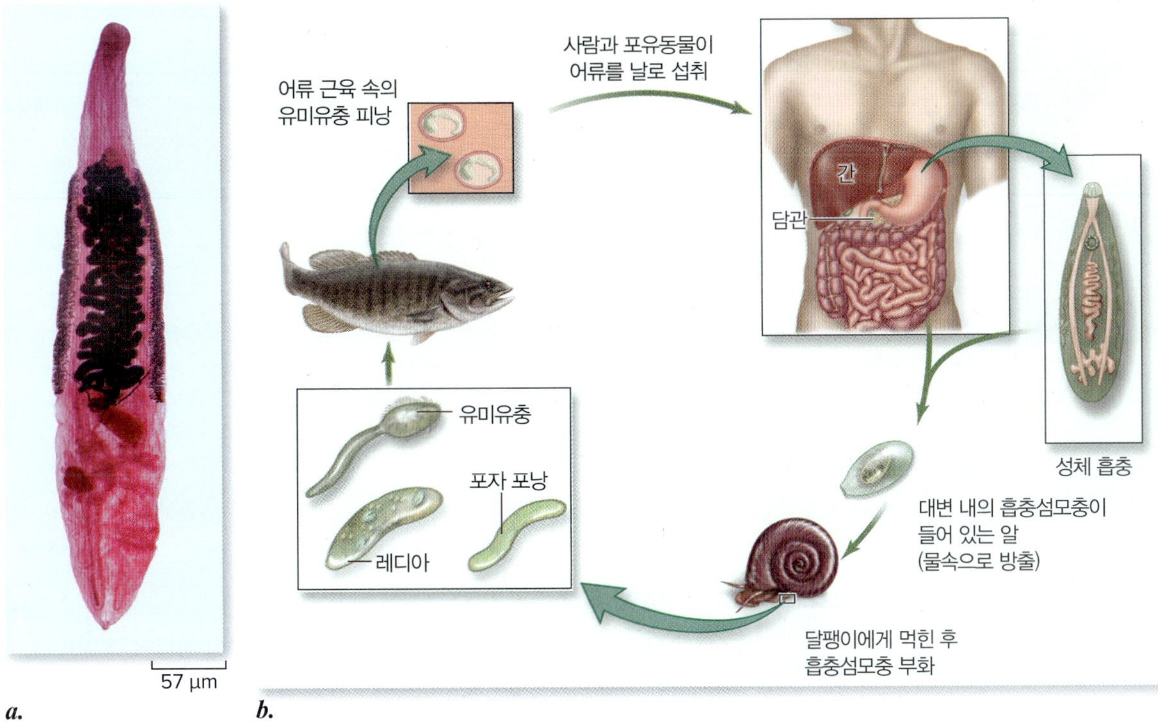

그림 28.4 간흡충의 생활사.
a. 현미경 사진. *b.* 생활사 모식도.

가지 못해 죽는다. 기생성 편형동물은 이런 위험천만한 생활사에 대한 적응으로 엄청난 수의 알을 낳는다. 달팽이로 옮겨간 흡충섬모충은 배아생식세포를 가진 주머니 모양의 **포자포낭**(sporocyst)으로 변형된다. 포자포낭의 배아생식세포는 길고 섬모가 없는 유충인 **레디아**(redia)로 발달하고, 달팽이 체내에서 계속 자라서 다음 단계 유충인 올챙이 모양의 **유미유충**(cercaria)이 된다.

유미유충은 다시 물로 빠져나와서 자유유영하다가 잉어나 금붕어 등의 잉어과 어류를 만나면 근육을 뚫고 들어가서 꼬리를 잃고 피낭에 싸인 **피낭유충**(metacercaria)으로 변형된다. 사람이나 다른 포유동물이 피낭유충을 가진 물고기를 날로 먹었을 때 피낭은 장에서 분해되고 유충은 담관으로 이동하여 성숙함으로써 생활사를 완성한다. 흡충은 간에서 15~30년을 살 수 있는데, 간흡충의 감염이 심한 경우 간경변을 일으켜 사망에 이르기도 한다.

인류 건강에 가장 큰 영향을 끼치는 흡충류는 주혈흡충속(genus *Schistosoma*)의 주혈흡충일 것이다. 주혈흡충은 열대 아시아, 아프리카, 라틴 아메리카 및 중동 지역에서 약 2억 명에게 고통을 주고 있으며, 매년 약 20만 명이 **주혈흡충병**(schistosomiasis), 일명 빌하르치아(bilharzia)로 사망한다.

주혈흡충은 종에 따라 장이나 방광 주변의 혈관 속에서 살아간다(**그림 28.5**). 따라서 수정란이 장이나 방광을 통해 밖으로 배출되기 위해서는 수정란이 먼저 혈관벽을 뚫어야만 한다. 이로 인해 혈관과 장 또는 방광의 벽은 심각한 손상을 입게 되는데, 특히 한 마리의 기생충이 여러 해 생존하며 매일 300~3000개의 알을 낳는다는 사실을 고려하면 그 심각성을 짐작할 수 있다.

주혈흡충병을 관리하려는 많은 노력이 이루어졌다. 흡충은 숙주의 항원으로 자신을 둘러싸서 숙주의 면역계에 노출되지 않게 함으로써 어느 정도 숙주의 면역계로부터 자신을 지킬 수 있다(45장 참조). 따라서 흡충이 자신을 보호하는 능력을 갖게 되기 전 어린 흡충의 항원에 대한 항체를 숙주로 하여금 만들도록 하는 백신연구가 진행되고 있다.

그림 28.5 주혈흡충.
수컷은 암컷 배쪽의 홈에 놓여 있으며 앞뒤 끝이 돌출되어 있다.

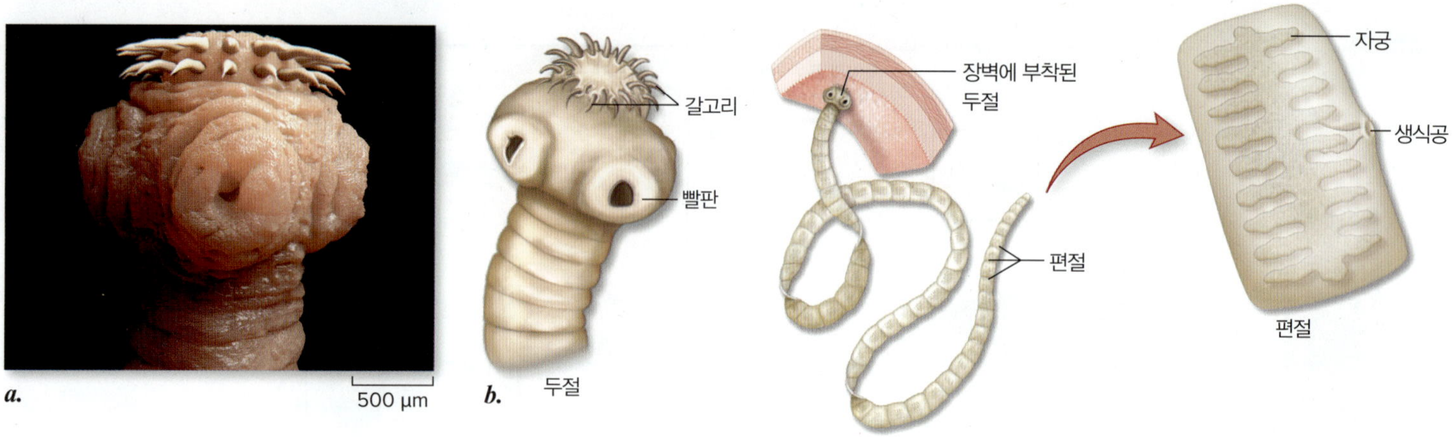

그림 28.6 촌충류.
a. 민촌충류인 *Taenia saginata*와 같은 편형동물은 포유동물의 장에 기생한다. *b.* 모식도.

촌충강: 촌충과 그 근연종들

성체 촌충(tapeworm)은 말단부착기관을 이용하여 숙주의 장벽에 부착한다. 촌충은 소화효소뿐 아니라 소화강이 없어 체표면을 통하여 숙주의 장에 있는 양분을 흡수한다. 대부분의 종은 척추동물의 장에서 발견되는데, 사람에서는 보통 10여 종이 알려져 있다.

몸은 길고 납작하며 세 부분으로 나뉘는데, 부착기관이 있는 **두절**(scolex)과 목, 그리고 일련의 반복구조로 된 **편절**(proglottids)이 있다(**그림 28.6**). 많은 종의 두절에는 4개의 흡반이 있으며, 추가적으로 갈고리가 있는 종도 있다. 각각의 편절은 하나의 완전한 자웅동체기구로서 암수 생식기를 모두 지니고 있다. 편절은 목 기저부의 성장대(growth zone)에서 계속 생겨나기 때문에 새 편절이 나타나면 성숙 중인 편절은 계속 뒤쪽으로 밀려난다. 편절의 생식소는 목에서 멀어지면서 성숙하게 되고 수정을 통해 배아가 형성된다. 따라서 몸의 말단에 가까운 편절이 더 성숙한 것이 된다. 배아가 가득 들어 있는 최종 말단부의 편절은 분리된다. 편절이 파열되어 껍질에 싸인 배아가 숙주의 배설물과 함께 배출되거나, 편절 하나가 통째로 분리된 후 구멍이나 파열된 체벽을 통해 배아가 나오게 된다. 배아들은 나뭇잎이나 물속으로, 또는 다른 동물에 의해 여러 곳으로 흩어지게 된다.

민촌충(*Taenia saginata*)은 소의 근육 속에서 유충상태로 발견되고 성체는 사람의 장에서 살아가는데, 성체의 길이는 10 m 이상이 되기도 한다. 이들은 4개의 흡반이 있는 두절을 이용하여 숙주의 장벽에 부착한다. 떨어져 나온 편절은 사람의 변을 통해 빠져나와서 채소에 붙게 되는데, 이런 상태에서 최대 5개월은 생존 가능하다. 채소와 함께 소에게로 전달된 유충은 장벽을 뚫고 혈관이나 림프관을 통해 마침내 근육조직으로 간다. 사람들이 감염된 소고기를 덜 익혀 먹으면 감염되는데, 따라서 민촌충은 사람들에서 흔한 기생충이다. 특히 위생이 불량한 국가에서 심각하다.

핵심 요약 28.2

편형동물은 소형의 좌우대칭동물이다. 대부분 단 하나의 개구만 있는 막힌 소화강을 가진다. 몸 전체에 펼쳐져 있는 배설관에는 불꽃세포가 있다. 많은 종들이 독립생활을 하며 일부는 인체 질병을 유발한다. 촌충의 두절은 머리가 아니며, 단지 동물의 장에 기생하기 위한 부착도구이다.

■ 촌충의 해부학적 구조와 생활방식은 서로 어떻게 연관되어 있을까?

28.3 윤형동물

학습 목표

1. 윤형동물을 왜 "wheel animals"이라 하는지 설명할 수 있다.

윤형동물은 크기가 아주 작다

윤형동물문(phylum Rotifera)의 동물들은 좌우대칭이고 체절이 없는 의체강을 갖는다(**그림 28.7***a*). 몇몇 특징들은 이들의 조상이 편형동물과 닮았을 것이라 추측하게 한다.

윤형동물은 길이가 50~500 μm로서 일부 섬모성 원생생물보다도 작다. 하지만 몸은 복잡한 구조로 되어 있는데, 매우 발달된 내부 기관들과 완전한 소화관도 있다(**그림 28.7***b*). 확장성 의체강은 유체골격 역할을 하며 세포골격을 견고하게 해준다. 윤형동물은 몸의 뒷부분이 점점 가늘어져 있어서 망원경처럼 안으로 접을 수 있기 때문에 몸 외

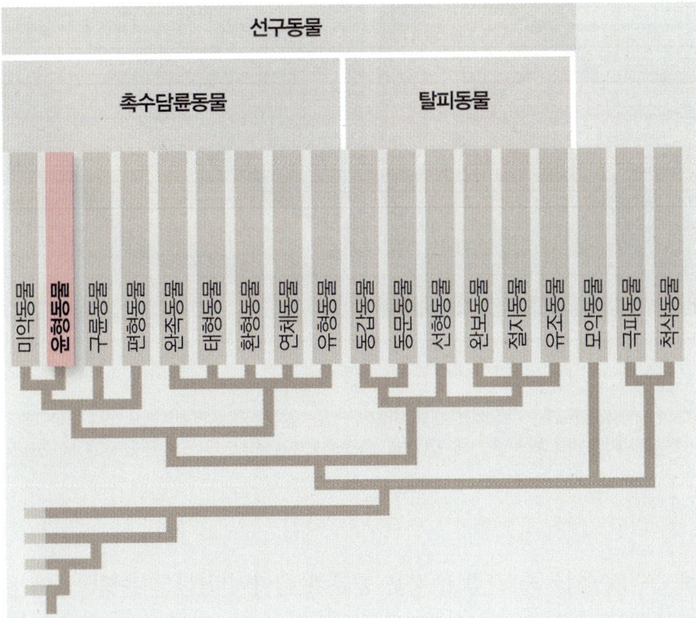

부가 단단함에도 몸을 크게 줄였다 늘였다 할 수 있다. 많은 종에서 식물이나 다른 물체에 붙을 수 있는 부착성 발가락을 볼 수 있다.

다양성과 분포

윤형동물은 약 2500종이 알려져 있으며 대부분 담수성이고, 소수만이 토양이나 이끼, 또는 바다에 산다. 수명은 대부분 1~2주이지만 어떤 종은 건조된 비활동성 상태로 살아 있다가 비가 오면 활동성을 띠고 나뭇잎의 수막에서 먹이를 얻는다.

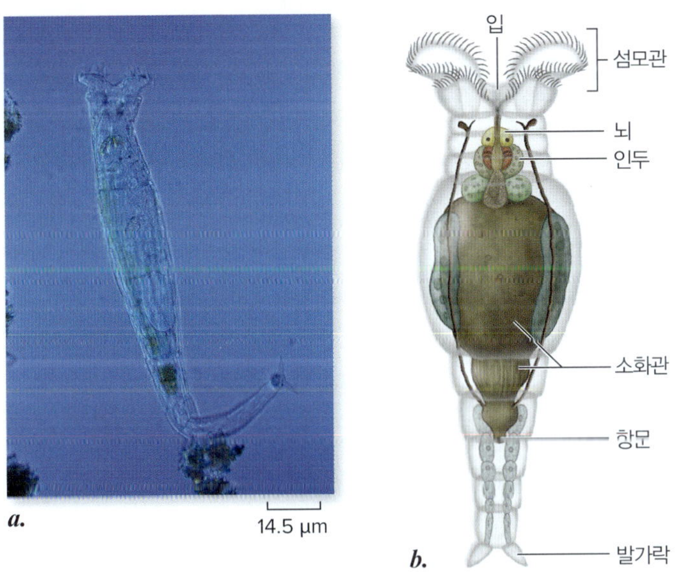

그림 28.7 윤형동물문.
a. 현미경 사진. *b.* 윤형동물은 일부 섬모성 원생생물보다 크기가 작지만 복잡한 내부 기관을 가진다.

먹이포획

윤형동물의 전단부에는 섬모가 원형의 띠를 형성하고 있는데, 그 움직임이 마치 수레바퀴가 머리 주위를 회전하는 것처럼 보여 "윤형동물(wheel animals)"이라는 이름을 갖게 되었다(**그림 28.7***b*). 섬모들은 운동성을 부여하기도 하지만 먹이를 입 속으로 쓸어 넣는데도 쓰인다. 일단 삼킨 먹이는 인두에 있는 복잡한 구조의 턱에 의해 잘게 부서진다.

핵심 요약 28.3

윤형동물은 지극히 작으나 매우 복잡한 몸 구조로 되어 있으며, 그 이름은 섬모들의 두드러진 움직임에서 비롯되었다.

- 윤형동물에 있는 섬모들의 역할은 무엇일까?

28.4 연체동물

학습 목표

1. 연체동물문을 정의하는 특징들을 열거할 수 있다.
2. 연체동물류에 속하는 주요 분류군의 대표 동물들을 서술할 수 있다.
3. 두족류의 특징에 대해 설명할 수 있다.

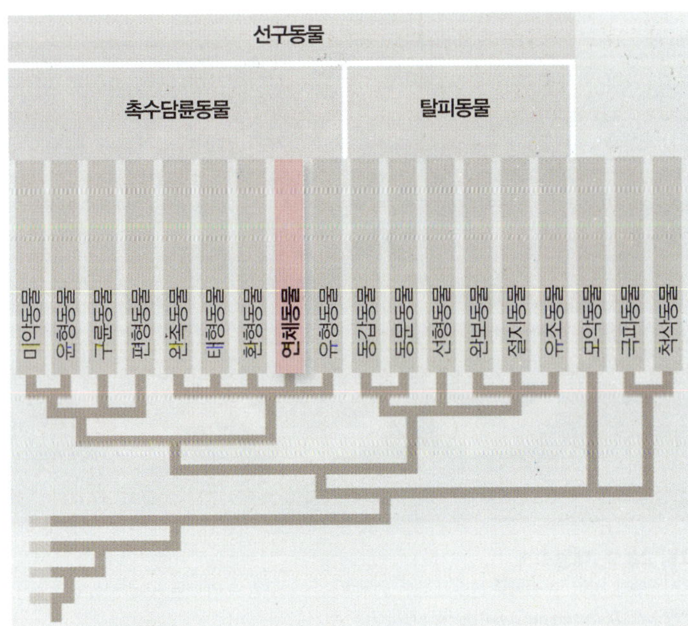

a.

b.

c.

d.

그림 28.8 연체동물의 다양성.
연체동물은 광범위한 다양성을 보인다. ***a.*** 불꽃가리비(*Lima scabra*)는 여과섭식자이다. ***b.*** 왜문어(*Octopus vulgaris*)는 사람에게 해를 끼칠 수 있는 몇 안 되는 연체동물의 일종으로, 매우 아름답게 보이나 물었을 때 독을 전달하는 부리가 있다. ***c.*** 황제앵무조개(*Nautilus pompilius*)는 공룡시대 이전부터 계속 존재해 왔다. ***d.*** 북서태평양이 원산지인 노랑민달팽이(*Ariolimax columbianus*)는 세계에서 두 번째로 큰 민달팽이로 길이가 25 cm나 된다.

연체동물문(phylum Mollusca)은 형태가 다양하며 여러 환경에 서식한다. 연체동물문에는 절지동물문 다음으로 많은 동물종이 속해 있는데, 150,000종 이상 기술되어 있다. 연체동물에는 달팽이, 민달팽이, 조개, 가리비, 굴, 오징어, 문어와 우리에게 친숙한 다른 여러 동물들이 포함된다(**그림 28.8**과 **28.9**). 여러 연체동물은 아름답고 우아한 껍질로 인해 오랫동안 많은 전문가 또는 아마추어 과학자들에 의해 수집, 보존 및 연구되어 왔지만 껍질이 없는 연체동물도 일부 있다.

연체동물은 매우 다양하고 사람들에게 중요하다

연체동물의 크기는 거의 현미경으로 볼 수 있는 것에서부터 거대한 것까지 다양하다. 대부분은 아무리 커도 수 mm에서 수 cm에 불과하지만, 대왕오징어는 15 m 이상 자라고 무게는 250 kg에 이르므로 무척추동물 중 가장 무거운 종류의 하나이다(물론 유형동물에는 길이가 이보다 더 긴 것도 있다; 28.5절 참조). 또 다른 큰 연체동물인 *Tridacna*속의 대왕조개는 길이가 1.5 m, 무게가 270 kg에 달하는 것도 있다(**그림 28.9**).

그림 28.9 대왕조개.
절지동물에 이어 두 번째로 종수가 많은 연체동물은 지구상 거의 모든 곳에 서식하고 있다. 대왕조개(*Tridacna maxima*)는 세상에서 가장 무거운 무척추동물의 일종이다.

모든 주요 동물 무리들처럼 연체동물도 바다에서 진화하였으며, 대부분은 여전히 바다에 살고 있다. 해양 연체동물들은 널리 퍼져 있으며, 다수 종은 개체수도 풍부하다. 달팽이와 민달팽이는 담수와 육지로 이동하였으며, 민물 홍합은 호수와 개울에 살고 있다. (달팽이와 민달팽이는 편평한 발로 기어갈 수 있었지만 조개, 홍합 및 다른 2매패 연체동물들의 발은 바닥을 파는 것에만 적응되어 있어 육상으로 이동할 수 없었다.) 사막 바위의 틈과 같은 장소는 건조해 보이지만 그곳에 연체동물이 살고 있다면 그 서식지는 일시적일지라도 물이 공급되고 있는 것이다.

굴, 조개, 가리비, 홍합, 문어, 오징어 등의 연체동물들은 사람에게 중요한 식량자원이며, 또 다른 경제적 측면에서도 중요하다. 실례로 조개껍데기의 진주층(자개)은 연체동물의 껍질, 특히 전복 껍질로부터 얻을 수 있는데 보석이나 장식에 이용되고 있으며, 이전에는 단추로도 쓰였다. 연체동물은 해로운 경우도 있다. 바다에 노출된 나무에 구멍을 뚫는 좀조개(ship-worms)라는 2매패류는 선박, 부두, 말뚝 등에 손상을 입힌다. 말조개(*Dreissena polymorpha*, **그림 W7.15**)는 최근 북미 담수계에 침투하여 생태계를 파괴하고 있다. 여러 종류의 민달팽이와 달팽이는 꽃과 채소, 작물에 피해를 입힌다. 어떤 연체동물은 28.2절에서 다룬 바와 같이 여러 유해한 기생충 유충의 숙주 역할을 한다.

연체동물의 체제는 복잡하고 다양하다

그림 28.10은 일부 연체동물의 체제(body plan)를 보여준다. 두꺼

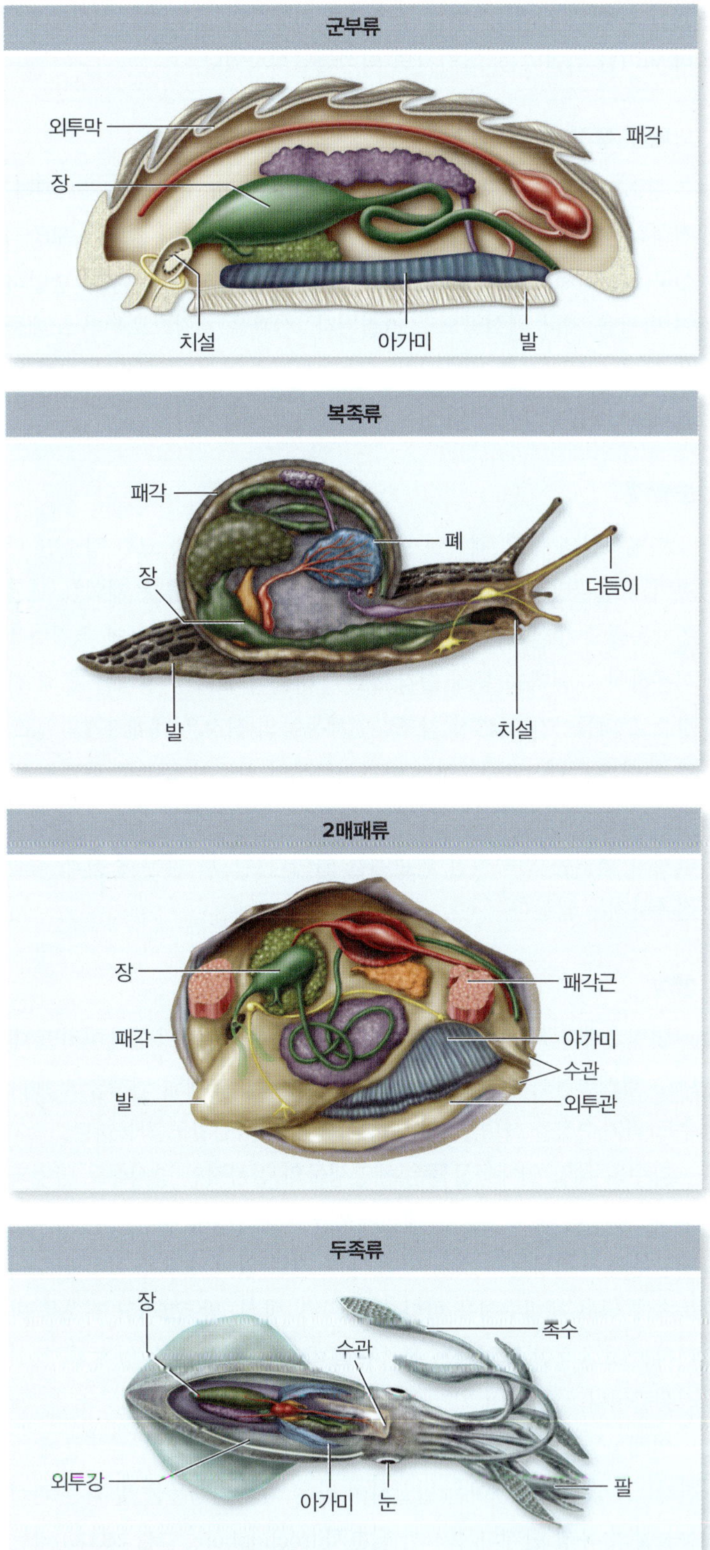

그림 28.10 일부 연체동물의 체제.

운 표피층인 **외투막**(mantle)은 외투강(mantle cavity)을 감싸며 몸의 등쪽을 덮고 있다. 패각이 있는 연체동물에서는 외투막에서 패각을 만드는 탄산칼슘을 분비한다. 근육질의 발은 문어, 오징어, 앵무조개 등의 두족류(cephalopods)를 제외한 연체동물의 주요 이동수단이다. 머리는 발달된 것도, 그렇지 않은 것도 있다. 연체동물은 좌우대칭이지만 이 대칭성은 여러 복족류(달팽이와 그 근연종들)에서는 발생 중에 뒤틀려 변형된다(이 절 후반부에서 자세히 다룬다).

근육질의 발은 이동, 부착, 먹이 포획, 바닥파기 및 그 복합 기능을 위해 다양하게 적응되어 있다. 달팽이와 민달팽이의 발은 이동 경로를 따라 점액을 분비하여 통로를 만든다. 대개 두족류에서는 발이 촉수로 분화되는데, 일부 두족류에서는 팔이 된다. 조개는 도끼 모양의 발을 이용하여 진흙과 모래로 파고든다. 외해에 사는 일부 종들에서 발은 날개 모양 돌기로 변형되어 있어서 날개처럼 움직이거나, 넓은 표면적을 이용하여 가라앉는 속도를 감소시키기도 한다.

내부 기관들

모든 연체동물에서 체강은 심하게 축소되어 있어서 배설기관, 심장 및 일부 창자 주변의 작은 공간으로 제한되어 있다. 몇몇 다른 무척추동물의 체강은 유체골격으로서의 중요한 기능을 수행하지만, 연체동물에서는 패각이 그 기능을 대체한다. 소화, 배설, 생식기관은 함께 모여 **내장 덩어리**(visceral mass)를 이루고 있다.

수생 연체동물의 아가미[전문용어로 빗살아가미(ctenidia)라고 부르는 호흡기]는 외투강 안쪽으로 뻗어 있다(**그림 28.10**). 아가미는 혈관이 발달된 가는 섬유 형태로 되어 있어서 증가된 표면적을 통해 기체 교환 능력을 크게 향상시킨다. 두족류를 제외한 모든 연체동물들은 아가미에 있는 섬모의 추진력으로 물을 끊임없이 외투강 속으로 흘려 보냄으로써 산소를 공급하고 이산화탄소를 배출한다. 연체동물의 빗살아가미는 매우 효율적이어서 외투강을 통과하는 물에 용해된 산소의 50% 이상을 추출할 수 있다. 또한 2매패류의 아가미는 물의 산소를 추출할 뿐만 아니라 먹이를 여과하는 역할도 한다. 배설, 생식, 소화기관의 출구가 외투강으로 열려 있기 때문에 노폐물과 생식세포들은 흐르는 물과 함께 몸에서 배출된다.

패각

연체동물문의 가장 잘 알려진 특성은 패각(shell)이다. 외투막의 바깥표면에 형성된 패각은 포식자나 불리한 환경의 영향을 막아주지만 반드시 필수적인 것은 아니다. 패각의 퇴화, 내재화(internalization) 및 소실은 진화 과정에서 반복적으로 나타났다. 패각이 없는 연체동물의 예로는 복족류인 민달팽이 외에도 두족류인 갑오징어, 오징어, 문어 등이 있다.

연체동물의 일반적인 패각은 세포 바깥쪽에 탄산칼슘이 2층으로 침착된 것이다. 바깥층은 치밀한 결정으로 되어 있다. 일부 종의 안쪽 층은 진주빛을 띠기 때문에 진주층 또는 자개라고도 한다. 진주는 모래 알갱이 같은 이물질이 외투막과 패각의 안쪽 층 사이에 놓였을 때 형성된다. 외투막은 이물질에 의한 자극을 줄이기 위해 이물질에 진주층을 겹겹이 덮는다. 가장 아름답고 값비싼 진주는 굴이 만드는 것이다.

섭식과 먹이 포획: 치설

대다수 연체동물에서 두드러진 특징은 혀 모양의 거친 구조인 **치설**(radula)이다. 치설은 수십에서 수백 개의 미세한 키틴질 이빨이 창자 전단부 안에 있는 막 위에 줄지어 배열된 것이다(**그림 28.11**). 막은 근육질 지지 구조를 감싸고 있으므로 치설은 입을 통해 돌출되고, 물질을 갈 때 쓰는 연마벨트처럼 움직이게 된다. 저서성 연체동물은 치설을 조류와 같은 먹이를 긁어모을 때 사용한다.

구슬우렁이와 같은 일부 포식성 복족류의 치설은 패각에 구멍을 뚫을 수 있게 변형되어 있어 조개를 포식할 수 있다. 뿔고둥속(genus *Conus*) 고둥의 치설은 독샘과 연결된 작살로 변형되어 있다. 뿔고둥은 이 작살로 물고기 같은 먹이를 포획하는데, 어떤 종은 사람에게 해를 입히거나 죽음에 이르게 할 수 있다.

2매패류는 치설이 없는 유일한 연체동물이다. 대다수 2매패류의 아가미는 물에서 먹이 입자를 여과섭식하는 데 적응이 되어 있으나, 원시 2매패류는 입 주위의 부속지를 이용하여 부드러운 침전물로부터 먹이를 집어먹는, 말하자면 퇴적물섭식자였다.

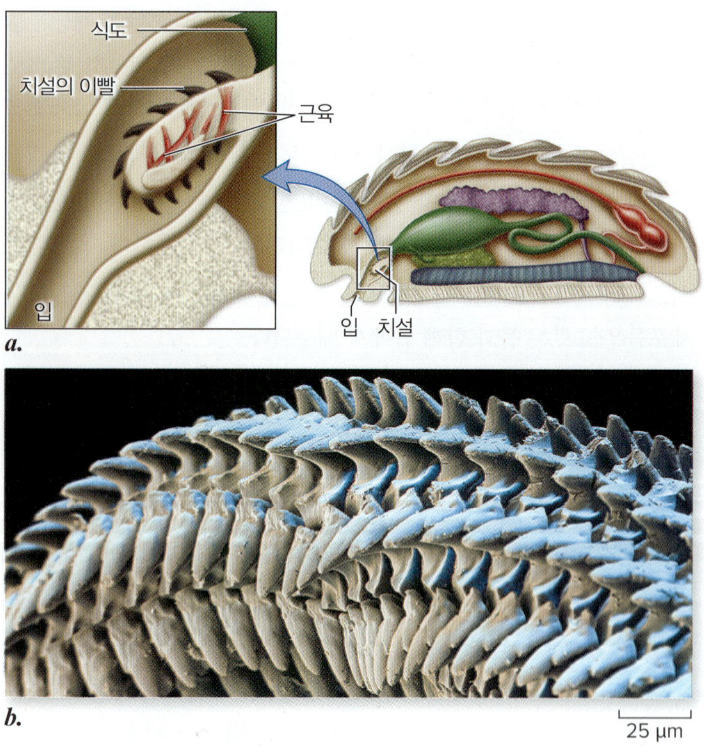

그림 28.11 군부류의 치설 구조.
치설에는 키틴질 이빨이 줄지어 있다. 먹이를 먹을 때는 입을 열고 치설을 내밀어 먹이를 긁어 들인다. ***a.*** 모식도, ***b.*** 주사전자현미경 사진.

노폐물 제거

질소노폐물은 신장의 일종인 **신관**(nephridium)에 의해 제거된다. 전형적인 신관에는 안쪽에 섬모가 줄지어 있는 열린 깔때기 모양의 **신구**(nephrostome)가 있다. 코일 모양의 관은 신구에서부터 출발하여 방광을 지나 배설공으로 연결된다. 신관은 체강으로부터 노폐물을 모아 외투강으로 내보내며, 당, 염분, 물 및 기타 물질을 신관 벽을 통해 재흡수하여 몸의 삼투균형 유지에 이용한다.

순환계

연체동물의 주요 체강인 혈강(hemocoel)은 기체 교환 장소인 아가미의 혈관망과 혈동(sinuses)을 포함한다. 두족류를 제외한 모든 연체동물의 순환계는 개방순환계이며, 혈림프액은 심장의 추진력을 이용하여 대동맥을 통해 혈강으로 흘러들어가 다시 정맥을 통해 심장으로 되돌아간다(43장 참조). 연체동물의 심장은 대개 3개의 방으로 되어 있는데, 그중 2개는 아가미로부터 산소가 풍부한 혈액을 받아들이고, 나머지 1개는 혈액을 혈강으로 내보낸다. 두족류 폐쇄순환계의 혈액은 연속적인 혈관계를 돌아다니므로 다른 조직과 직접 접촉하지는 않는다.

생식

몇몇 2매패류와 다수의 담수 및 육상 복족류는 자웅동체이지만 대다수 연체동물은 암수가 구분되어 있다. 자웅동체인 연체동물 대다수도 타가수정을 하며, 일부 굴 종류에서는 성전환도 가능하다.

다수의 해양 연체동물들은 해양생물의 전형적인 방식대로 암컷과 수컷으로부터 물로 방출된 생식세포들이 물속에서 수정한다. 하지만 대부분의 복족류는 수컷이 어떤 매개 경로 없이 정자를 직접 암컷의 몸속에 넣는 체내수정을 한다. 체내수정 방식, 발, 그리고 건조를 방지하는 효율적인 배설계는 복족류를 육지에 정착할 수 있게 한 핵심 적응들이다.

연체동물 접합자는 나선형 난할을 한다(그래서 촉수담륜동물에 속한다; 27장 참조). 배아는 발달하여 많은 해양 환형동물 및 다른 관련 동물문의 유생 단계와 흡사한 **담륜자**(trochophore, **그림 28.12***a*)라는 자유유영하는 유생이 된다. 담륜자 유생은 몸 가운데를 에워싸는 섬모를 이용하여 헤엄친다. 대부분의 해양 달팽이류와 2매패류의 담륜자는 **벨리저**(veliger)라는 두 번째 자유유영 단계로 발달한다. 벨리저 유생에서는 초기 단계의 발과 패각, 그리고 외투막이 형성된다(**그림 28.12***b*). 담륜자와 벨리저는 해류를 따라 널리 흩어진다.

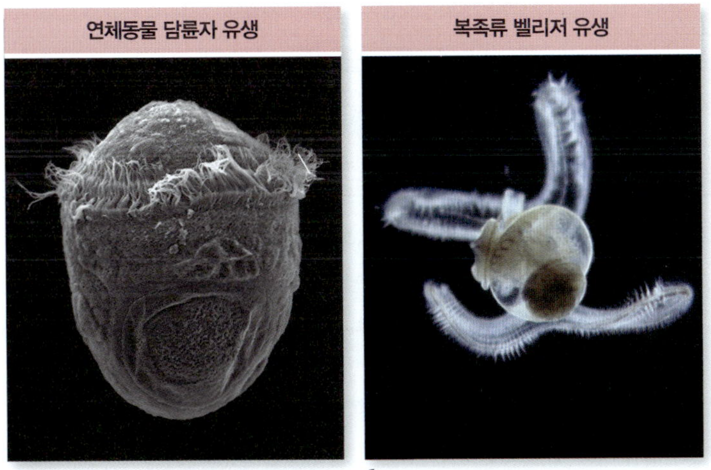

a. *b.*

그림 28.12 연체동물 생활사의 단계.
a. 담륜자 유생. 비슷한 형태의 유생이 일부 환형동물과 몇몇 다른 동물문에서도 특징적으로 나타난다. *b.* 복족류의 벨리저 유생 단계.

연체동물문에 속한 4개의 강은 다양성을 보여준다

연체동물문에 속한 7~8개의 강(class) 중에서 (1) 다판강(Polyplacophora, 군부류), (2) 복족강(Gastropoda, 삿갓조개, 달팽이, 민달팽이, 이들의 근연종들), (3) 2매패강(Bivalvia, 조개, 굴, 가리비, 이들의 근연종들), (4) 두족강(Cephalopoda, 오징어, 문어, 갑오징어, 앵무조개)에 대해 알아본다.

군부류(다판강)

군부류(chitons)는 모두 해양성이며, 1000여 종이 있다. 등에는 8개의 석회질 판이 서로 겹치면서 몸 전체를 덮고 있다(**그림 28.13**). 몸은 체절로 되어 있지는 않으나 등과 배에 걸쳐 수족근(pedal retractor muscles)과 아가미가 각각 짝을 이루며 연속적으로 8번 반복되어 있다. 기어 다니는 데 쓰이는 배쪽의 넓고 편평한 발 주위에는 외투강에 해당하는 홈(groove)이 둘러 있다. 대다수 군부류는 초식성이며, 얕은 바다에 서식하지만 7000 m 이상의 심해에서 발견되는 것도 있다.

달팽이류와 민달팽이류(복족강)

복족강(Gastropoda)에는 삿갓조개, 달팽이, 민달팽이 등 약 60,000종이 있으며, 주로 해양성이지만 담수나 육상에서만 서식하는 종도 다수이다(**그림 28.14**). 대부분은 1개의 패각을 갖지만 민달팽이와 나새류(nudibranchs, 갯민숭달팽이류)처럼 진화과정에서 패각을 소실한 것도 있다. 대부분은 발로 기어 다니지만 일부는 발이 유영을 위한 기구로 변형된 것도 있다.

대다수 복족류의 머리에는 한 쌍의 화학적, 혹은 기계적 자극수용체인 촉수가 있으며, 그 기부에는 눈이 달려 있다. 전형적인 정원달팽

그림 28.13 뉴질랜드의 군부류인 *Eudoxochiton nobilis*.
군부류의 발은 바닥을 강하게 붙들고 있어서 파도나 포식자가 떼어내기 어렵다.

이는 두 쌍의 촉수가 있는데, 둘 중 한쪽 끝에는 눈이 있다(**그림 28.14**).

다른 동물들과는 달리 복족류에서만 특이하게 유생 시기에 **뒤틀림**(torsion)이 발생한다. 뒤틀림 과정에서 외투강과 항문이 몸의 뒤쪽에서 앞쪽으로 이동한다. 뒤틀림에 의해 한쪽에 있는 신관, 생식소, 또 다른 내부 기관들은 축소되거나 소실되기 때문에 대다수 성체 복족류는 좌우대칭이 아니다. 뒤틀림은 나선형 회오리 구조의 패각을 만드는 꼬임(coiling)과는 구별된다. 꼬임은 두족류에서도 나타나는데, 화석 기록에 의하면 최초의 복족류에는 꼬임이 있었으나 뒤틀림은 없었다고 한다.

다수의 복족류처럼 나새류(갯민숭달팽이류)도 강력한 포식자이다. 나새류라는 이름은 아가미가 외투강 속에 갇혀 있지 않고 등 표면을 따라 노출되어 있어서 붙여진 이름이다(**그림28.15**). 그래서 나새류는 쉬운 먹잇감으로 생각되지만, 많은 경우 맛이 고약한 화학물질을 분비한다. 나새류는 다른 포식자들이 회피하는 동물을 먹이로

그림 28.14 복족류 연체동물의 일종.
육상 달팽이 *Allogona townsendiana*.

그림 28.15 나새류(혹은 갯민숭달팽이류).
많은 나새류의 화려한 색은 포식자들에게 고약한 맛임을 경고한다.

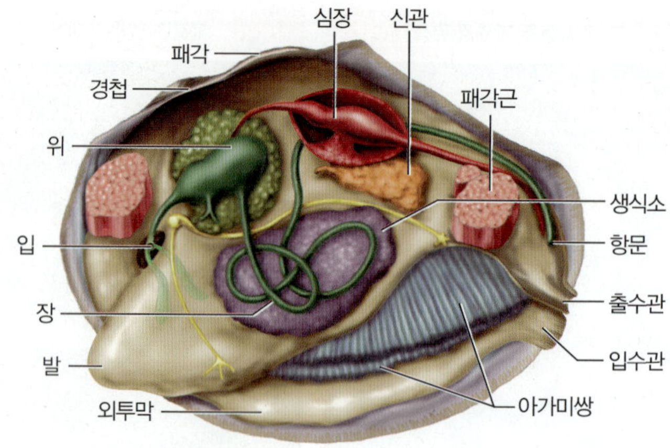

그림 28.16 조개의 모식도.
내부 기관과 발이 보이도록 왼쪽 패각과 외투막을 제거하였다. 조개와 같은 2매패류는 물을 아가미로 통과시키면서 먹이를 걸러먹는다.

삼는데, 어떤 종은 골편과 유해한 화학물질을 만드는 해면류를 전문적으로 섭식한다. 또 다른 나새류는 자포동물(cnidarians)에 대한 특이식성이 있다. 자포동물은 자포(nematocysts)를 이용하여 자신을 포식자로부터 보호하는데, 이런 식성의 나새류 중에는 먹이로 섭취한 자포동물의 자포 중에서 발포되지 않은 자포만을 추출하여 소화관을 통해 몸 표면에 붙여두고 자신을 방어하는 데 이용하는 놀라운 능력을 가진 종도 있다.

육상 복족류의 외투강은 아가미가 들어차 있는 수생 달팽이와는 달리 혈관이 가득하여 허파 기능을 한다. 이런 허파는 아가미보다 공기 중 산소 흡수에는 훨씬 효율적이나, 물이 차면 익사할 수 있기 때문에 허파의 외부 입구를 닫을 수 있게 되어 있다.

조개류, 홍합류, 새조개류(2매패강)

2매패강(Bivalvia)에 속하는 10,000여 종 대부분은 해양성이지만 일부는 담수에 산다. 500종 이상의 진줏빛 담수성 홍합(naiads)은 북아메리카의 강과 호수에서 발견된다.

다른 연체동물과 달리 2매패류에는 치설이나 뚜렷한 두부가 없다(**그림 28.16**). 대다수 종에서 발은 구멍을 파거나, 그곳에 부착하기 위해 쐐기 모양으로 되어 있다. 어떤 조개류는 발의 근육 수축으로 모래나 진흙을 매우 빠르게 파고들 수 있다. 가리비류와 가는줄개가리비의 일부 종은 패각근(adductor muscle)을 이용한 패각 여닫기를 통해 신속하게 움직일 수 있다(이동 방향은 조절할 수 없다). 가리비의 패각근은 사람들이 먹는 부위이다. 가리비의 외투막 가장자리에는 촉수와 비슷한 돌기가 나 있고, 돌기 사이에는 복안(complex eyes)이 있다.

2매패류는 이름에서 알 수 있는 바와 같이 2개의 패각을 가지는데, 두 패각은 등쪽으로 젖혀지는 경첩구조로 연결되어 있어서 좌우 측방향성을 갖는다. 경첩을 따라 길게 놓여 있는 인대는 패각을 벌어지게 할 수 있는 구조로 되어 있다. 그리고 1~2개의 큰 패각근이 내부에서 패각을 서로 연결하고 있어서(**그림 28.16**) 패각근이 수축하면 경첩인대와는 반대로 두 패각을 끌어당긴다. 패각의 안쪽 면에 있는 외투막은 내부의 내장기관들을 감싸면서, 바깥쪽으로 패각 성분을 분비한다. 전형적인 연체동물처럼 복잡하게 접힌 아가미로 되어 있는 호흡기는 외투강 내 내장기관들 양쪽에 각각 자리하고 있다.

2매패류에서 두 패각 아래 외투막의 가장자리는 서로 부분적으로 융합되어 있는데, 융합되지 않은 두 군데에서는 수관(siphons)을 형성하며 튀어나와 있다(**그림 28.16**). 물은 **입수관**(inhalant siphon)을 통해 외투강으로 들어오면서 산소와 양분을 운반하고, **출수관**(exhalant siphon)으로 나가면서 노폐물과 생식세포들을 내보낸다. 진흙에 깊이 묻혀 살거나 바위에 구멍을 뚫고 사는 2매패류는 섭식과 호흡을 수관에 의존한다.

문어류, 오징어류, 앵무조개류(두족강)

두족강에 속하는 700종이 넘는 동물들은 모두 해양성이다. 때로는 빠르게 수영하는 강력한 포식자이며, 연체동물에서 유일하게 폐쇄순환계를 갖는다. 발은 먹이 포획을 위한 흡반, 부착구조, 또는 갈고리를 갖추고 있는 여러 개의 팔로 진화했다. 문어류(octopuses)는 그 이름에서 알 수 있듯이 8개의 팔이 있으며, 오징어류에는 8개의 팔과 2개의 촉완(tentacles)이 있고, 앵무조개류에는 흡반이 없는 80~90개의 촉완이 있다. 두족류는 팔로 먹이를 올가미 씌워 잡고, 부리 모양의 강력한 턱으로 물고, 치설을 이용하여 입으로 끌어들인다. 여러 두족류의 침샘은 독소를 분비하여 먹이에 주입한다. 호주에서 흔한 작은 왜문어(**그림 28.8*b*** 참조)는 사람을 물어 죽일 수도 있다.

두족류는 무척추동물 중에서 뇌가 가장 크고, 고도로 발달된 신경

그림 28.17 문어의 문제 해결 능력.
생후 2달된 왜문어(*Octopus vulgaris*)는 게가 들어 있는 병을 주자 뚜껑을 돌려 게를 꺼내려 한다. 이번에는 실패했지만 성공할 때도 있다.

그림 28.18 대형 문어.
*Octopus dofleini*의 먹물 분사. 위협을 받으면 문어와 오징어는 먹물을 분사한다.

계를 가지며, 다수의 종은 복잡한 행동 양식과 높은 지능을 보여준다(**그림 28.17**). 문어류는 간단한 훈련을 통해 물체를 구분하고, 다른 수조의 게를 잡아먹기 위해 자신의 수조를 기어 넘은 다음 실험실 바닥을 가로질러 다른 수조에 가서 게를 잡아먹고서 나시 자신의 수조로 되돌아옴으로써, 연구원들로 하여금 게의 행방에 대해 의아하게 만드는 것으로 알려져 있다. 두족류의 눈은 독립적으로 진화하긴 했지만 척추동물의 눈과 아주 유사한 구조이다(38장 참조).

앵무조개류를 제외하면 현존하는 두족류에는 외부 패각이 없다. 암모나이트나 벨렘나이트와 같은 많은 화석들이 증명하듯이 예전에는 패각이 있는 두족류가 훨씬 더 다양하게 존재했었다. 이들은 바다의 바닥을 다니는 다른 연체동물과는 달리 자유로이 유영할 수 있었기 때문에 엄청나게 번성할 수 있었다. 하지만 일단 기동성이 뛰어난 물고기가 진화하자 패각 연체동물류는 감소하였는데, 일부는 절멸하고, 또 다른 것들은 진화적 축소과정(reduction)을 거쳐 점차적으로 무거운 패각을 잃게 되었다. 갑오징어류와 오징어류의 뼈(각각 cuttlebone, pen이라 함)는 이들을 지탱하는 내부 패각으로 부양성을 부여하기도 한다. 문어류에서는 이런 내부 패각조차도 소실되었다.

다른 연체동물에서처럼 두족류에서도 물은 외투강을 통과한다. 근육으로 퍼넣은 물을 수관을 통해 배출하는데, 이때 제트 추진 같은 상한 분출을 통해 동물은 빠르고 방향성 있는 운동을 할 수 있다. 누족류의 먹물주머니에는 보통 사줏빛 액체가 들어있는데, 수관을 통해 분무함으로써 자신을 숨기고 포식자를 혼돈에 빠뜨릴 수 있다(**그림 28.18**).

문어류와 오징어류 대다수는 몸의 색과 질감을 변화시킴으로써 주위 배경과 어울리게 하거나 다른 동물과 소통하는데, 이때 색소를 포함하고 있는 상피세포인 색소포(chromatophores)를 이용한다. 일부 심해 오징어류는 발광세균과 공생하는데, 이들이 먹물에 섞여 빛을 발하면 반짝이는 먹물구름이 되고(빛이 통과하지 못하는 심해에서는 먹물이 보이지 않을 것임), 색소포에 기생하게 되면 동물 표면을 밝히게 될 것이다.

두족류와 여러 다른 연체동물들의 또 다른 차이점은 두족류는 유생 단계 없이 직접 작은 성체로 부화한다는 점이다.

핵심 요약 28.4

연체동물의 체강은 축소되어 있고, 대다수는 효율적인 배설계와 호흡을 위한 아가미와 먹이를 긁어모으는 데 쓰는 치설이라는 도구가 있다. 연체동물의 외투막은 방어용 패각 성분을 분비할 뿐만 아니라 신체 기능에 필수적인 구조들을 만든다. 군부류, 복족류, 2매패류, 두족류는 가장 잘 알려진 4개의 연체동물 분류군이다.

■ 연체동물의 체강은 왜 축소되었을까?

28.5 유형동물

학습 목표

1. 유형동물(끈벌레류)이 편형동물과 어떻게 유사한지 또 다른지를 설명할 수 있다.

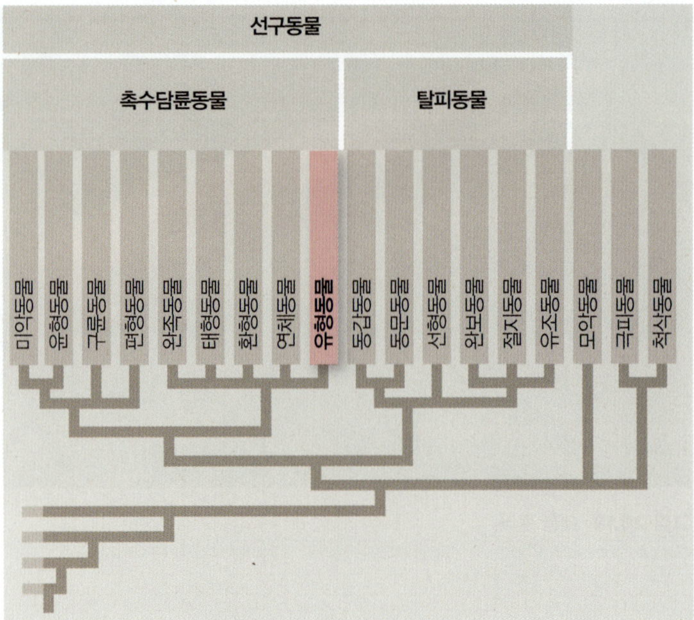

그림 28.19 유형동물문: *Lineus*속 끈벌레의 일종.
어떤 유형동물은 몸을 뻗으면 길이가 수 m에 이른다.

유형동물문(phylum Nemertea)은 약 2400종이 알려져 있으며 원통형 또는 납작한 형태의 매우 긴 동물들이다(**그림 28.19**). 대다수는 해양성이며, 몇몇 종만이 담수와 습한 육지에 산다. 길이는 10~20 cm 정도이며, 몸을 길게 늘일 수 있기에 길이 측정이 쉽지 않고, 다수의 종은 만지거나 괴롭히면 조각들로 끊어진다. *Lineus longissimus*라는 종은 길이가 가장 긴 동물로 알려졌는데, 자그마치 60 m에 이른다고 한다.

유형동물의 체제는 편형동물을 닮았는데 가는 관들로 된 망 형태의 배설계를 가지며, 내부 기관들은 체강이 아닌 곳에 있다. 두화(cephalization)가 약간 진행되어 2개의 측신경삭이 앞신경절로부터 뒤로 뻗어 있고, 어떤 경우에는 머리에 안점이 있다. 한편 편형동물과는 달리 유형동물은 입과 항문이 관을 통해 바로 연결된 완전한 장을 가진다. 또한 유형동물에는 문강(rhynchocoel)이라는 액체로 채워진 공간이 있다. 이 주머니는 긴 근육성 관으로 된 주둥이(proboscis)를 빠르게 내밀 때 필요한 유압을 제공하는 먹이 포획 기관이다.

모든 유형동물들은 유성생식을 하고, 일부는 분절에 의한 무성생식도 할 수 있다. 하지만 대개는 장애로 인해 생긴 분절 조각들이 죽음을 면치 못하기 때문에 유형동물의 재생력은 알려진 것만큼 그리 크지는 않은 것 같다.

유형동물의 혈액은 체강에서 유래한 혈관을 통해서만 흐른다. 체강과 문강은 유형동물이 겉보기와는 달리 실제로는 편형동물과 유연관계가 가깝지 않다는 것을 보여주는 좋은 증거가 된다.

핵심 요약 28.5

유형동물은 하나의 체강과 그로부터 유래한 혈관을 갖는 매우 긴 동물이다. 근육성 주둥이로 먹이를 포획한다. 무체강인 편형동물과는 달리 유형동물은 입과 항문을 포함한 완전한 장을 가진다.

■ 관류성(flow-through) 소화관의 장점은 무엇일까?

28.6 환형동물

학습 목표

1. 체절형 몸의 원활한 움직임을 위한 환상근과 종주근의 역할을 설명할 수 있다.
2. 유영류와 저서류를 구분할 수 있다.
3. 거머리의 흡혈에 필요한 적응을 설명할 수 있다.

동물의 체제에서 한 가지 중요한 혁신은 몸을 여러 개의 반복 단위로 구성하는 체절화 (segmentation, 27장 참조)인데, 체절화는 여러 번 진화하였다. 체절화의 장점 중 하나는 각각의 분절 또는 분절 무리들의 발생과정과 기능이 서로 다를 수 있다는 것이다. 예를 들면 어떤 체절은 생식에 특화되어 있고, 또 어떤 체절은 운동이나 배설에 적합하게 되어 있다.

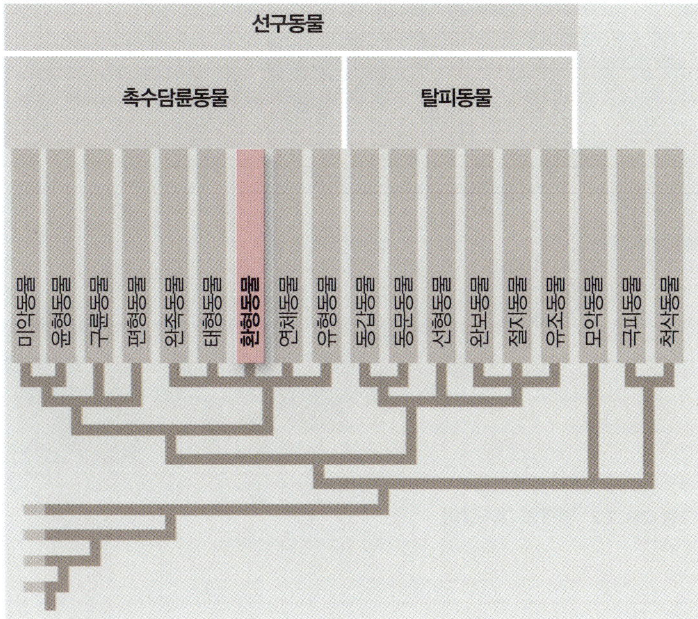

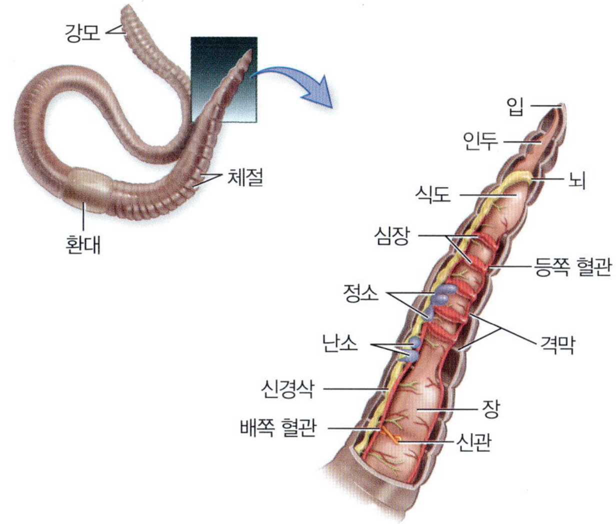

그림 28.21 환형동물문: 빈모류의 일종.
지렁이의 체제는 반복되는 체절에 기초한다. 체절은 안쪽에서 격막에 의해 서로 분리되어 있다.

지금까지 환형동물(Annelida)로 인정된 모든 동물들은 체절로 되어 있기 때문에(**그림 28.20**) 이들이 자연적인 분류군을 형성하고 있다고 여겨졌지만, 일부 체절이 없는 동물들도 이 분기군에 속해 있어서 환형동물의 단계통성은 재론되고 있다.

환형동물의 몸은 고리(환) 모양의 체절로 되어 있다

잘 발달된 뇌신경절(또는 뇌)과 감각기관을 포함하는 머리는 동전을 쌓아둔 것 같은 체절들의 앞쪽 끝에 있다(**그림 28.21**). 눈을 가진 종이 많은데, 어떤 것은 수정체와 망막도 가진다. 엄격히 말해서 머리와 뒤쪽 끝의 항문(pygidium)은 체절이 아니다. 배아 발생에서 머리와 꼬리가 먼저 형성되고 그 사이에 체절이 형성된다. 만약 동물을 조각으로 나누면 대개는 머리나 꼬리를 포함한 부분은 재생을 통해 나머지를 완성할 수 있으나, 가운데 부분들은 재생하지 못하고 죽게 된다.

체절들은 격막에 의해 분리되어 있으나 물질과 신호는 체절들을 통과하여 전달된다. 폐쇄순환계의 등쪽 혈관은 앞쪽으로, 배쪽 혈관은 뒤쪽으로 길다란 몸에 혈액을 공급한다. 등쪽과 배쪽 혈관은 각 체절마다 서로 연결되어 있기 때문에 각각의 세포 근처까지 혈액을 공급할 수 있으며, 산소와 먹이 분자는 혈액에서 체벽세포로 확산되고 이산화탄소와 다른 노폐물은 세포로부터 혈액으로 확산된다. 배쪽 신경삭은 각 체절에 있는 신경절을 서로 연결해 줄 뿐만 아니라, 이러한 신경 연결로 인해 통합된 단일 생명체로 기능할 수 있게 된다.

그림 28.20 다모강 환형동물.
*Nereis virens*는 널리 퍼져 있는 포식성 해양 다모류로 사냥을 위한 턱과 이동 및 호흡을 위한 깃털성 측각이 있으며, 흔히 낚시 미끼로 이용된다.

환형동물은 체절 수축을 통해 이동한다

환형동물은 기본적으로 하나의 관으로 된 체제이다. 관 속에는 입에서 항문까지 격막을 뚫고 뻗어 있는 소화관이 체벽에 둘러싸인 체강에 떠 있는 구조이다. 소화관은 여러 부분으로 이루어져 있으며, 인두, 식도, 모이주머니, 모래주머니, 장 등 소화관의 각 부위는 기능이 특화되어 있다.

체강액은 유체골격(hydrostatic skeleton)이 되어 각 체절을 부분 풍선처럼 단단하게 한다(40장 참조). 환형동물은 유체골격을 기초으로 환상근과 종주근을 수축하여 움직인다. 체절을 둘러싼 환상근이 수축하여 체절 직경이 감소하면 체강액에 의해 체절이 늘어나고, 종주근이 수축하면 체절 길이는 짧아지고 직경은 증가한다. 이런 방식의 수축이 특정 체절 위치에서만 이루어지면 동물은 복잡한 운동을 할 수 있게 된다.

대다수 환형동물의 체절마다 키틴질의 **강모**(chaeta 혹은 setata)가 있다. 어떤 체절의 강모는 뻗고, 다른 체절의 강모는 수축함으로써 동물의 몸은 미끄러짐이 아닌 늘어남으로써 움직이는 것이다(**그림 40.1** 참조).

환형동물은 폐쇄순환계와 분절된 배설계를 가진다

연체동물들(두족류는 제외)과는 달리 환형동물은 폐쇄순환계를 가진다. 일부 수생종은 몸의 옆면이나 앞 끝에 아가미가 있지만 기본적으로 환형동물은 체표면을 통해 산소와 이산화탄소를 주위 환경과 교환한다. 기체(와 음식 분자)는 혈관을 통해 몸 전체에 퍼지는데, 몸 앞끝의 일부 혈관은 확장되어 있고, 근육이 발달되어 있어서 혈액을 펌프질하는 심장 역할을 한다. 지렁이에는 등쪽과 배쪽에 각각 5개의 맥동성 혈관이 있는데, 주 펌프 기능을 하는 등쪽 혈관으로부터 배쪽 혈관으로 혈액을 보낸다.

환형동물의 배설계는 연체동물처럼 섬모성 깔때기형 신관으로 되어 있다. 신관은 각 체절마다 한 쌍이고, 노폐물을 모아 배설관을 통해 밖으로 내보낸다. 일부 다모류(polychaetes)는 플라나리아의 불꽃세포처럼 원신관을 갖는다.

환형동물은 크기와 서식처가 매우 다양하다

약 32,000종이 알려져 있는 환형동물은 다양한 서식처에서 발견된다. 길이도 0.5 mm 정도로 작은 것부터 3 m가 넘는 거대 호주지렁이까지 다양하다. 전통적으로 환형동물은 갯지렁이류가 대부분인 다모강(Polychaeta), 지렁이를 포함한 육지성 빈모강(Oligochaeta), 거머리류를 포함하는 거머리강(Hirudinea)으로 분류되었지만 최근의 계통발생학적 분석에 의해 뒤집히고 있다. 다모류 내에서 빈모류가 발견되어 다모류는 측계통군(paraphyletic group)이 되었으며, 이어 거머리류가 빈모강에서 발견됨으로써 분류학자들은 더 이상 기존 분류군들을 인정하지 않게 되었고, 그 대신 생활사의 차이를 근거로 2개의 대표 분기군, 즉 유영류와 저서류로 나누게 되었다.

유영류

유영류(Errantia)는 갯지렁이, 비늘갯지렁이, 관벌레류, 바다쥐 외 다수를 포함하는 다양한 분류군이다. 이름에서 알 수 있듯이 이들 중 다수는 뛰어난 기동성, 유영, 기어 다니기, 구멍 파기 등 활발한 활동을 한다. 그들 중에는 강한 턱을 가진 포식자도 있다. 유영류는 여러 해양 먹이 사슬에서 중요한 위치를 차지하고 있으며, 특정 서식지에서 개체수가 대단히 풍부하다. 이 중 일부는 독특한 형태와 화려한 색의 아름다움을 보여준다(**그림 28.22**).

그림 28.22 일종의 갯지렁이.
반짝이는 다모류, *Oenone fulgida*. 무지갯빛 측각으로부터 뻗어 나온 강모가 보인다.

많은 유영류의 체절 대부분에는 **측각**(parapodia)이라고 하는 다육질의 노 모양(paddle-like) 돌기가 한 쌍씩 나 있다(**그림 28.20**과 **28.22** 참조). 측각은 유영, 구멍 파기, 기어 다니기 등에 쓰이며, 구멍이나 관 속에 서식하는 종들의 측각에는 갈고리로 된 강모가 있어서 고착할 수 있게 해준다. 측각은 체표면적을 증가시켜 주기 때문에 기체 교환에도 중요한 역할을 한다. 일부 종에서는 측각에 아가미와 같은 구조가 붙어 있거나 옆다리 자체가 그런 구조로 변형된 것도 있다.

유영류의 생식세포는 일반적으로 물속에 방출되어 체외수정이 이루어진다. 많은 경우 생식소는 대부분의 체절에 존재하지만, 어떤 종에서는 생식소가 특정 체절에 제한적으로 존재한다. 팔롤로갯지렁이(*Palola viridis*)와 그 근연종군에서는 생식소가 말단 체절부에 있어서 산란 때는 이 부분이 떨어져 나와 해수면으로 간 다음 해수면에서 터지면서 생식세포를 방출한다. 생식세포로 가득 찬 팔롤로갯지렁이의 말단부를 일부 남태평양 주민들은 별미로 즐기는 것으로 알려져 있다.

수정란은 나선형 난할을 통해 연체동물에서처럼 섬모를 가진 운동성 담륜자 유생이 된다. 담륜자 유생은 변태를 통해 머리와 꼬리가 분화하고, 그 사이의 체절들은 말단 생장대로부터 발생한다.

저서류

이름에서 알 수 있듯이 저서류(Sedentaria)는 많이 돌아다니지 않고 땅이나 해저면을 천천히 파고 다니거나 단단한 진흙, 모래, 점액성 분비물 또는 탄산칼슘으로 된 관이나 굴 속에 산다. 일부 종에서 깃털성 촉수를 뻗어 물속의 먹이를 걸러먹는데, 이 촉수가 기체 교환을 위한 아가미 역할도 한다. 심해 관벌레인 Riftia(**그림 28.23**)의 성체에는 장이 없다. 이들의 몸에 난 돌기들에는 황산화세균들이 살고 있는데 이 세균들이 Riftia가 필요로 하는 유기물을 합성해 준다.

그림 28.23 갈라파고스 근처 심해열수공에 살고 있는 거대 관벌레 *Riftia pachyptila*. 이 관벌레류와 그 옆의 동물들(사진 오른쪽 아래의 작은 게들)은 에너지원으로서 태양이 아닌 황화수소에 의존하는 공동체의 한 예이다(WEB6장 참조).

Riftia는 황이 풍부한 심해열수공 근처에서 모여 살며 1 m 이상의 크기로 자란다.

지렁이류와 거머리류는 환대강(Clitellata)에 속하는데, 서로 상당히 달라 보이는 두 동물군을 하나로 묶는 것은 몸에 환대(clitellum, 지렁이에서는 "saddle"이란 이름으로 친숙한)라고 하는 두터운 띠가 있기 때문이다(**그림 28.21** 참조)

지렁이류(earthworms): 전형적인 지렁이 몸은 100~175개의 서로 비슷한 체절로 되어 있으며, 머리는 제대로 분화되지 않았다. 지렁이는 측각이 없고 강모는 체벽에서 직접 돌출되어 있는데, 그 숫자가 다모류보다 적기에 적은 수의 강모라는 의미로 **빈모류**(oligochaeta)라고 한다.

지렁이는 진행 방향의 흙을 강한 인두의 근육운동으로 흡입하여 흙 속의 유기물들을 모래주머니로 갈아먹는다. 유기물이 포함된 흙은 지렁이를 통과하여 지렁이가 만든 출구 쪽에 쌓이게 되는데, 지렁이는 이와 같은 활동을 통해 토양을 부드럽게 하고, 공기를 공급하여 비옥하게 만든다. 지렁이의 이 같은 지하생활 방식을 이해한다면 지렁이가 눈이 없다는 사실이 놀랄 일은 아닐 것이다. 하지만 지렁이는 눈은 없으나 빛, 화학물질, 그리고 접촉에 감응하는 세포를 갖고 있다. 특히 이 세포들은 빛을 포함한 자극들이 닿기 쉬운 몸의 양 끝 근처의 체절에 집중 분포되어 있다.

지렁이류의 또 다른 특징은 자웅이체인 다모류와는 달리 자웅동체라는 것이다. 하지만 교미를 통해 타가수정을 한다(**그림 28.24**). 교미할 때 환대에서 분비된 점액에 의해 서로가 붙들리며, 지렁이의 앞쪽 끝 부위는 서로 반대 방향으로 향한 상태에서 배 표면이 서로 접촉할 수 있게 된다. 한쪽의 특화된 체절에 있는 구멍으로부터 나온 정자는 상대편의 정자수용기로 들어가는데, 이 과정은 양방향으로 동시에 일어난다. 지렁이들이 서로 분리되고서 며칠 지나면 각각의 환대에서 키틴질 보호막으로 둘러싸인 점액성 고치가 분비된다. 지렁이가 움직일 때 고치는 자신의 난공(female pores)을 지나면서 난자를 받아들여 고치 내에 보관 중인 정자와 수정하게 된다. 고치는 지렁이의 끝으로 이동한 후, 지렁이로부터 벗어난 고치는 봉합되고 수정란은 고치 내에서 성체와 유사한 모습의 어린 지렁이로 발생한다.

거머리류(leeches): 거머리는 주로 담수에 살고 있으나 바다에 사는 것도 있으며, 열대지방에서는 육상에 사는 것도 있다. 거머리류는 대개 등배쪽으로 납작하며, 길이가 2~6 cm이지만 30 cm에 달하는 열대종도 있다. 지렁이처럼 자웅동체이며, 번식기에만 환대가 발달하고 타가수정한다.

그림 28.24 지렁이의 교미.
몸 앞쪽 끝이 서로 반대 방향을 향하고 있다.

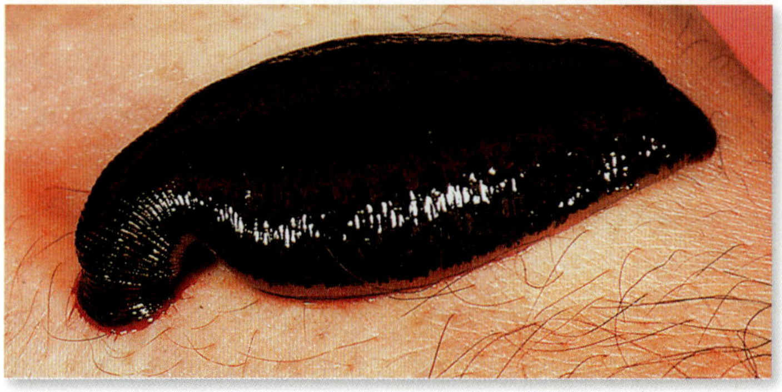

그림 28.25 거머리류.
사람 팔에서 흡혈 중인 의료용 거머리 *Hirudo medicinalis*. 거머리는 흡혈하기 위해 키틴질의 칼날 같은 턱을 이용하여 피부를 절개하고 항응고제를 분비하여 혈액의 응고를 막는다. 항응고제와 거머리, 둘 다 현대의학에 지대한 공헌을 했다.

지렁이류나 다모류와는 달리 거머리류의 체강은 축소되어 있고, 체절로 나뉘어 있지 않다. 거머리는 몸의 양 끝에 있는 흡반을 번갈아 붙이면서 이동한다. 많은 종은 유영도 할 수 있으며, 한 종류를 제외한 나머지 거머리류에는 강모가 없다.

거머리류의 반 정도는 쓰레기나 작은 동물을 먹으며, 나머지는 숙주의 혈액이나 다른 동물의 체액을 흡입한다(**그림 28.25**). 흡혈 거머리는 상처에 항응고물질을 분비하여 혈액 응고를 방지하며, 혈관 확장물질을 분비하여 혈류가 지속되도록 한다. 또한 숙주에 마취 성분을 주입하여 피부가 뚫리는 것을 알아채지 못하게 하기 때문에, 거머리가 떨어진 후 피가 상처에서 흐를 때에야 알아차리게 되는 경우가 많다. 담수성 기생거머리는 오랜 기간 숙주에 남아 있으면서 수시로 숙주의 피를 빨아먹는다. 거머리는 주변의 이산화탄소 농도기울기를 감지함으로써 먹이를 찾아내는데, 열대림의 오솔길에 몇 초만 서 있어도 여기저기서 다가오는 수십 마리의 거머리를 만날 수 있다.

가장 잘 알려진 종은 의료용 거머리 *Hirudo medicinalis*이다(**그림 28.25**). 이 거머리는 길이가 10~12 cm 정도 되며, 칼날 같은 키틴질 턱을 이용하여 동물의 피부를 파고들 수 있다. 거머리는 과거 수백 년 동안 혈액 과다가 원인이라고 오해했던 질병들의 치료에 이용되어 왔다. 하지만 오늘날에는 수술 후 여분의 혈액을 제거하거나 조직 절제 후 혈액응고를 막는 데 이용된다. 혈액이 상처를 덮으면 조직이 괴사하는데, 거머리가 이를 제거하면 1주 안에 새로운 모세혈관이 형성되어 건강한 조직이 유지된다. 거머리의 항응고 및 마취 특성은 제약회사들의 연구 대상이 되고 있다.

핵심 요약 28.6

환형동물은 일반적으로 체절화되어 있다. 각각의 체절은 배설 및 이동 요소를 갖고 있으며, 환상근과 종주근을 이용하여 몸을 수축, 신장시킨다. 다모강에 속한 동물들은 대다수 해양성이며, 체절들에 측각이 있다. 거머리류와 지렁이류는 이전에는 서로 다른 강으로 분리되었으나, 환대라는 형태적 유사구조로 인해 하나의 강, 즉 환대강으로 분류하게 되었다.

- 신경계 및 순환계가 체절 단위가 아닌 몸 전체를 통째로 관장하면 어떤 이점이 있을까?

28.7 태형동물과 완족동물

학습 목표

1. 촉수관과 그 기능에 대해 설명할 수 있다.
2. 태형동물과 완족동물을 구분할 수 있다.

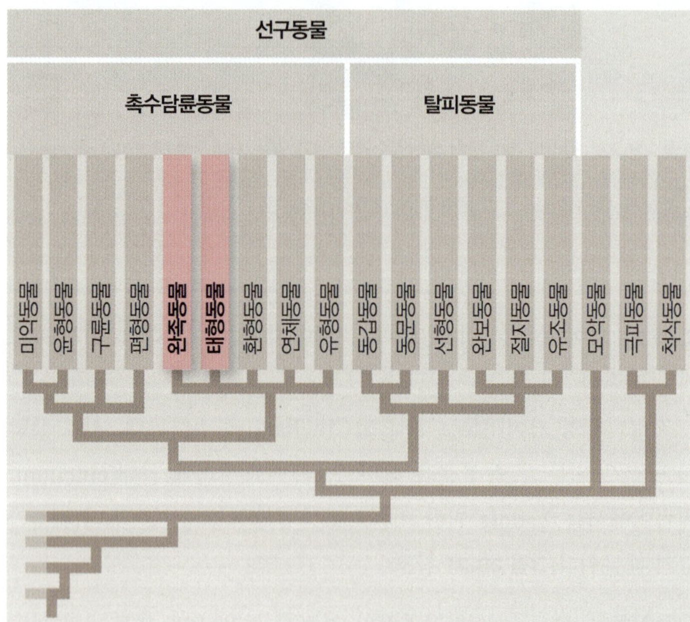

태형동물(Bryozoa)과 완족동물(Brachiopoda), 두 문에 속하는 대다수 동물은 해양성이며, 체강으로 연결되는 입의 주변에는 1~2줄의 섬모성 촉수가 원형 또는 U자형으로 둘러싼 촉수관(lophop-

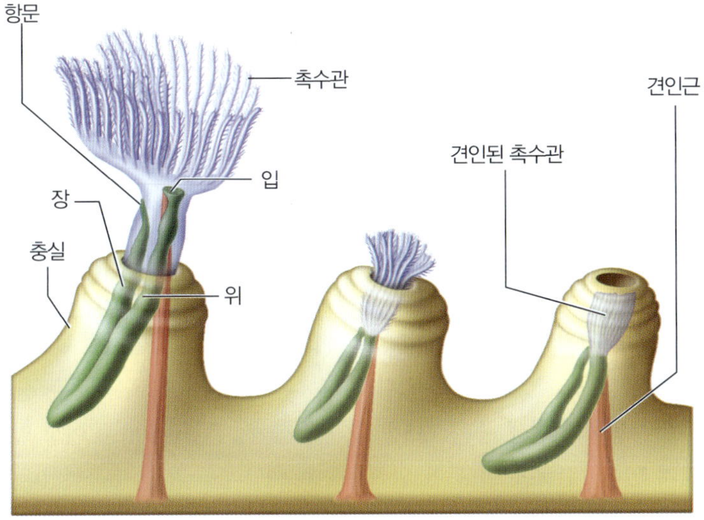

a.

b.

그림 28.26 태형동물.
a. 바위에 붙어 자라는 *Plumatella*속 담수성 태형동물의 군체 일부를 보여주는 그림이다. 왼쪽의 개체는 촉수관을 최대한 펼치고 있고, 작게 보이는 것들은 방해를 받아 촉수관을 충실 속으로 숨긴 것이다. *b.* 또 다른 담수성 태형동물인 *Plumatella repens*.

hore)이 있다. 촉수관은 기체교환을 위한 표면을 제공하고, 촉수관의 섬모를 이용하여 먹이인 유기 부유물질이나 플랑크톤을 입 주위로 유도한다. 촉수관의 존재로 인해 태형동물과 완족동물이 서로 관련되어 있으리라 생각되었으나, 최근 연구에 의하면 두 동물의 촉수관은 수렴진화의 결과인 것으로 드러나고 있다.

완족동물은 선구동물 및 다른 후구동물과 일부 특징을 공유하고 있다. 대다수 완족동물 및 태형동물은 후구동물과 같이 방사상 난할을 한다. 체강 형태는 다양한데, 한때는 독립된 문으로 간주되었으나, 지금은 완족동물의 일부로 분류되는 추형동물(phoronids)은 선구동물처럼 입이 원구에서 발생하고, 나머지 완족동물과 태형동물은 후구동물처럼 입이 원구의 반대쪽 끝에서 발생된다. 분자생물학적 증거에 의하면 촉수동물(lophophorates)들은 선구동물이지만 해부학, 발생학 및 분자생물학적 특징들이 서로 일치하지 않기 때문에 이 동물들의 계통발생은 여전히 흥미로운 주제이다.

모든 태형동물은 유일한 군체성 동물이다

태형동물은 보통 길이가 0.5 mm 미만으로, 물에 잠긴 물체 표면의 이끼들처럼 군체를 형성한다(**그림 28.26**). 일반 명칭인 "이끼벌레류"는 라틴어 *bryozoa*를 직역한 것이다. 여러 부착성 동물에서처럼 항문이 입 가까이에 있는 U자형 소화계를 가진다.

태형동물은 해양성, 담수성을 모두 포함하여 10,000종이 있다. 태형동물 개별 개체를 이르는 개충(zooid)은 충실(zoecium)이라 부르

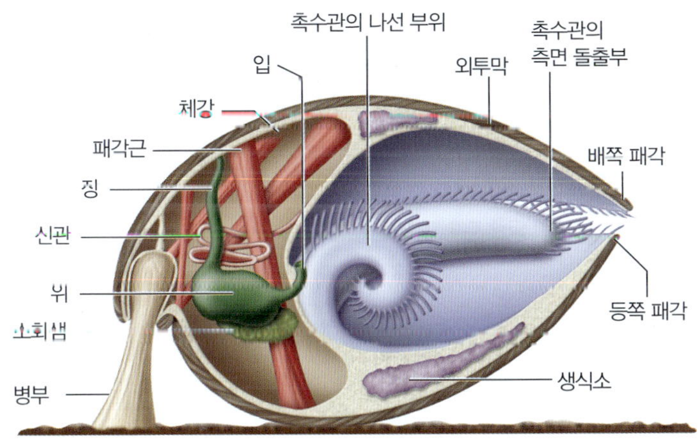

a.

b.

그림 28.27 완족동물.
a. 병부를 제외한 모든 몸의 구조가 두 석회질 껍질(패각) 안에 들어 있다. *b.* 완족동물인 *Terebratulina septentrionalis*의 조금 열린 패각 사이로 촉수관이 보인다.

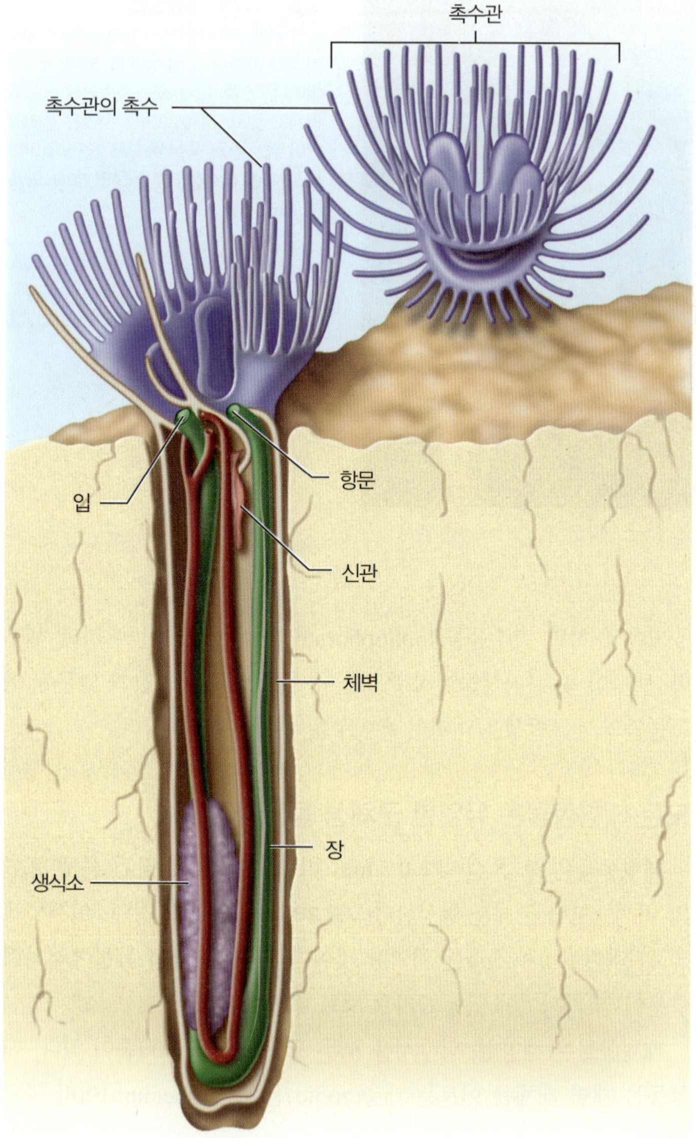

그림 28.28 추형동물.
추형동물은 자신이 분비하여 만든 키틴질 관 속에 산다. 촉수관은 2줄의 촉수가 말굽 편자 모양을 하고 있는데, 무언가에 닿으면 관 속으로 움츠린다.

는 작은 키틴질 방(chamber)을 만들어 바위나 해양식물 또는 조류에 부착한다. 많은 해양 태형동물에서 충실의 벽에는 탄산칼슘이 침착되어 있으며, 초기 지질시대에는 오늘날의 산호초와 같은 큰 집단을 형성하였다. 분열이나 출아에 의해 무성생식으로 생겨난 새 개충의 충실은 기존 개체의 충실과 한쪽 벽을 공유하게 되는데, 이런 방식으로 개체수가 늘어나면 군체(colony)가 형성된다. 군체의 각 개체는 공유하는 충실 벽의 구멍을 통해 화학적으로 소통한다. 한 군체의 모든 충실은 동일하지 않고 일부는 섭식, 생식, 방어 기능에 각각 특화되어 있다.

완족동물과 추형동물은 단독생활하는 촉수동물이다

완족동물, 일명 개맛류(lamp shells)는 외형적으로는 2개의 석회성 껍질(패각, **그림 28.27**)이 있어 조개류와 비슷하다. 하지만 2매패류의 패각이 좌우 배치인 것과는 달리 완족동물의 것은 등배 배열을 하고 있다. 다수의 종에서는 한쪽 껍질의 구멍을 통해 돌출한 병부(pedicle)를 이용하여 바위나 모래에 부착하고, 다른 종들에서는 병부 없이 한쪽 껍질이 직접 부착하기도 한다. 촉수관은 두 껍질 사이 체표면에 위치한다. 일부 완족동물의 소화관은 태형동물처럼 U자형이지만 항문조차 없는 것도 있다.

완족동물의 현생 종은 335종이지만, 화석종은 30,000종 이상 알려져 있다. 수백만 년 동안 완족동물은 해양에서 흔한 동물이었다. 완족동물의 껍질은 쉽게 화석화되었는데, 그 결과 완족동물의 많은 화석들은 특정 지질시대나 퇴적 형태를 밝히는 표준화석(index fossils)으로 이용된다.

추형동물(phoronids, **그림 28.28**)은 주위에 키틴질을 분비하여 관을 만들어 살며, 먹이포획을 위해 촉수관을 뻗었다가 무언가 닿으면 일부 다모류처럼 재빨리 촉수관을 움츠린다. 기록된 종은 18종뿐이며, 길이는 수 mm로부터 30 cm에 이르는 것도 있다. 어떤 종은 모래 속에 묻혀 살고, 어떤 종은 단일 개체나 느슨한 군체로 암석에 부착하여 산다.

핵심 요약 28.7

촉수동물에 속한 2개의 문은 아마도 공동조상에서 유래하였을 것이다. 선구 및 후구동물의 특징들이 함께 나타나고 있으며, 섬모성 촉수로 된 촉수관은 섭식과 기체 교환을 위한 특징적인 구조이다. 태형동물은 군체성 동물로만 되어 있으나, 완족동물과 추형동물은 개별 생활형이다. 완족동물은 2개의 껍질이 있는데 좌우 배열이 아닌 등배 배열을 하고 있다.

■ U자형 소화관은 태형동물과 완족동물에 어떤 이점이 있을까?

28.8 선형동물

학습 목표

1. 매우 독특하게 꿈틀거리는 선형동물의 근육체계를 기술할 수 있다.
2. 선형동물의 생활사와 인체 질병유발 원리를 설명할 수 있다.

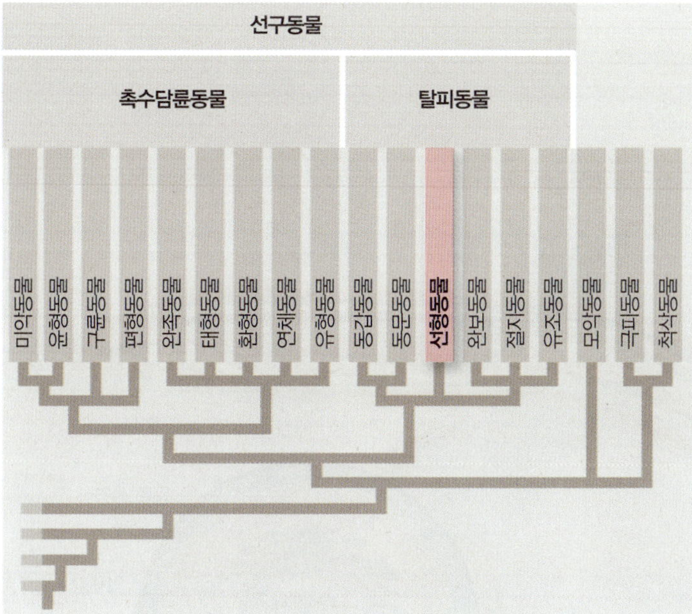

선형동물문(phylum Nematoda)은 초선충(vinegar eels), 선충(eelworms) 및 다른 선충류(roundworms) 등 61,000여 종을 포함하는 큰 동물문이다. 연구자들은 현재 알려진 종보다 100배 정도 더 많은 종이 존재할 것으로 추산하고 있다. 선형동물은 해양과 담수에 다양한 종이 풍부하게 서식하고 있으며, 식물과 동물에 기생하는 종들도 많다(**그림 28.29**). 다수는 현미경으로 관찰 가능한 크기이며, 토양에 서식한다. 비옥한 토양 한 삽에는 평균 100만 마리의 선형동물이 들어 있다.

선형동물의 구조

선형동물은 좌우대칭이고, 체절이 없으며, 신축성이 있고, 두터운 각피(큐티클)로 덮여 있어서 성장하면서 탈피하는데, 기생성 선형동물은 4번 탈피한다. 특별한 호흡기가 없고, 각피를 통하여 산소와 이산화탄소를 교환한다. 근육은 큐티클 아래의 표피 밑에 있으며, 앞뒤로 길게 늘어날 수 있다. 선형동물은 환상근이 없어서 길이는 줄어드나 직경은 변하지 않는다는 점에서 다른 동물들과는 구별된다. 종주근을 큐티클 쪽과 의체강 쪽으로 서로 반대되게 끌어당기면 선형동물의 특징적인 운동방식인 꿈틀거림이 가능하게 된다.

선형동물은 잘 발달된 소화계를 갖고 다양한 먹이를 섭취한다. 몸의 앞끝 입 부근에는 털 모양의 감각기관이 있다. 입에는 **문침**(stylets)이라는 찌르는 기관이 있다. 근육성 인두의 율동성 수축에 의해 입으로 흡입된 먹이는 장을 통과하게 되고 노폐물은 항문을 통해 배출된다(**그림 28.30**).

생식과 발생

선형동물은 암수 형태가 다른 **성적이형성**(sexual dimorphism)을 나타낸다. 작은 수컷의 꼬리 끝은 갈고리 모양이며(**그림 28.30**), 암컷은 곧게 뻗어 있다. 체내 수정하는데, 수컷은 갈고리형 말단부와 부속 기구를 이용하여 암컷 몸에 정자를 주입한다. 알은 유생으로 부화한 후 바로 성체로 자라지 않고 여러 번의 탈피를 거치는 간접 발생을 하는데, 기생성 종에서는 그 과정에서 한 숙주에서 다른 숙주로 옮겨가기도 한다.

어떤 종의 성체는 세포 수가 정해진 숫자로 고정되는데 이런 이유로 선형동물은 유전 및 발생 연구에 매우 중요한 재료가 되었다(17장 참조). 1mm 길이의 예쁜꼬마선충(*Caenorhabditis elegans*)은 3일 만에 성숙하며, 몸은 투명하고 정확히 959개의 세포로 이루어져 있다. 따라서 이 동물의 발생세포해부학은 완벽하게 알려져 있다.

선형동물의 생활사

선형동물은 원생생물이나 다른 작은 동물들을 먹이로 하는 활동적인 사냥꾼이거나 식물 또는 큰 동물에 기생한다. 거의 모든 식물과 동물은 적어도 1종의 기생성 선형동물을 갖고 있음이 알려졌다. 가장 큰 선형동물은 9 m까지 자랄 수 있는 것으로서 향유고래의 태반에 기생한다.

선형동물에 의한 인체 질병들

약 50종의 선형동물은 인간에게서 빈번하게 발견되는 기생충인데, 그중 몇몇은 미국에서 흔하다. 구충속(genus *Necator*)이 대다수를 차지하는 십이지장충(hookworms)은 미국 남부지방에서 자주 발견되는데, 장벽을 통해 흡혈하여 빈혈을 일으킨다.

온대 지역에서 가장 심각하고 흔한 질병은 선모충병(trichinosis)인데, 선모충(*Trichinella*, **그림 28.29**)은 포유동물, 특히 돼지나 곰

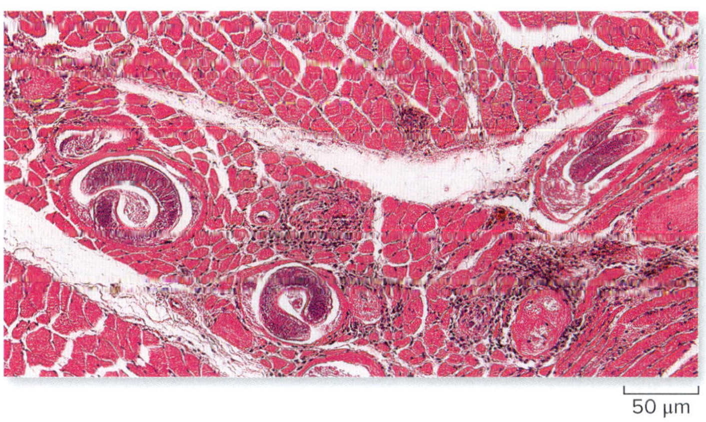

그림 28.29 돼지 조직 내 피낭에 싸여 있는 선형동물인 선모충(*Trichinella*).
선모충병은 피낭이 있는 돼지나 곰 고기를 덜 익힌 채 먹을 때 걸리는 심각한 질병이다.

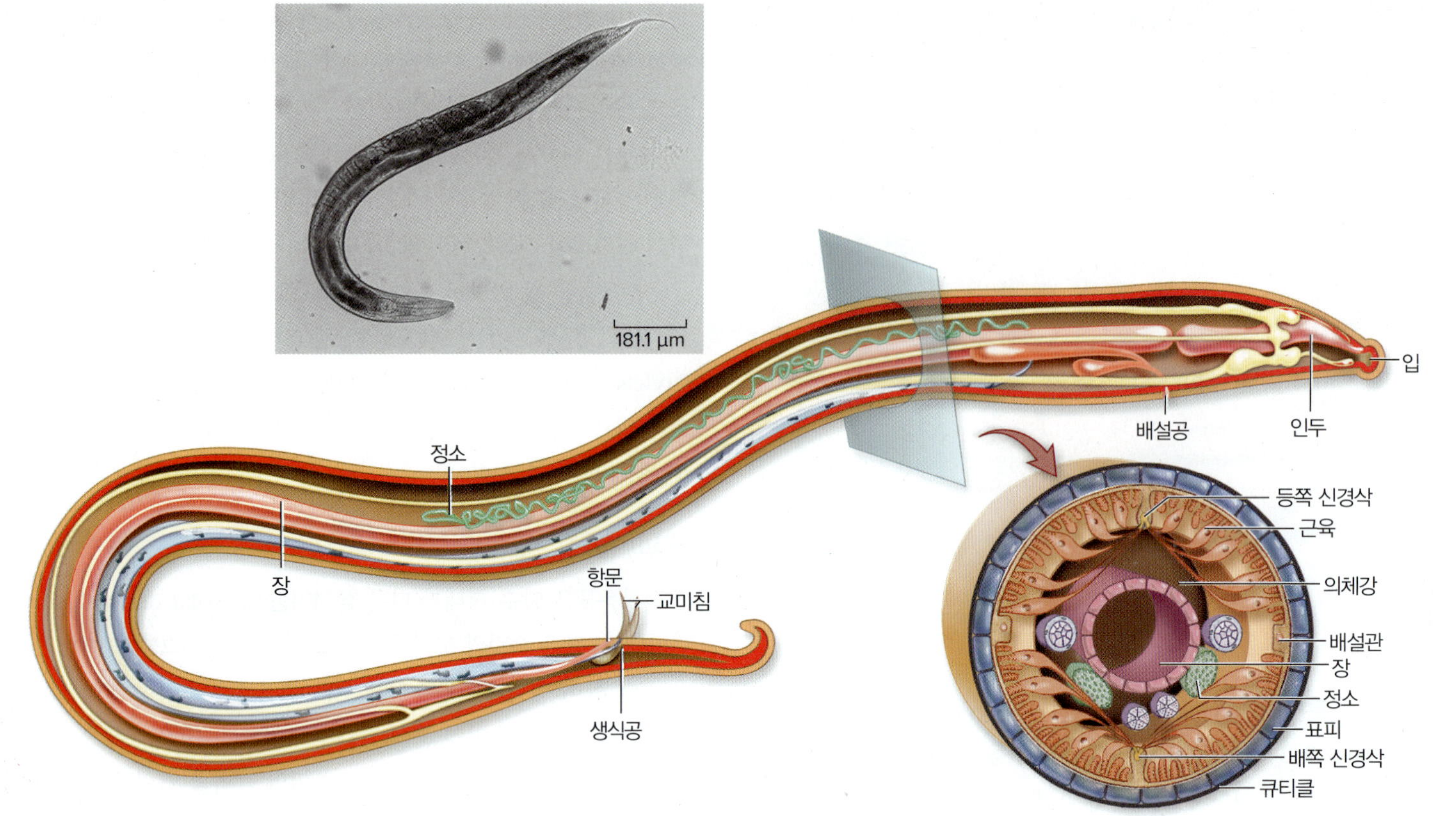

그림 28.30 선형동물문: 선충류(roundworms).
그림의 수컷 선충류는 장과 체벽 사이에 있는 의체강을 통해 영양분을 몸 전체에 순환시키고, 근육 운동으로 인한 기관들의 변형을 방지한다.

의 소장에 살면서 암컷은 장벽에 굴을 파고 1마리당 1500개체나 되는 많은 새끼를 낳는다. 새끼들은 림프관을 통해 몸 전체의 근육조직으로 전달되고, 그곳에서 성숙하여 튼튼한 석회질 피낭(cysts)을 형성한다. 피낭이 있는 돼지 또는 곰 고기를 덜 익히거나 날 것으로 먹으면 감염되는데, 감염개체가 많으면 치명적이지만 그런 경우는 드물다. 미국에서는 매년 평균 11건 보고되나 다른 나라에서는 이보다 더 흔하다. 실례로 중국에서는 매년 10,000건 보고된다.

요충(pinworms, *Enterobius vermicularis*)은 미국인의 11%에 감염되어 있으며, 특히 어린이들에 만연해 있다. 성체 요충은 사람의 직장에 기생하며 기껏해야 항문 가려움증을 일으킬 정도이다. 하지만 수가 많으면 탈장을 일으킬 수도 있다. 요충은 약에 의해 쉽게 죽는다.

장에 기생하는 회충(roundworm, *Ascaris lumbricoides*)은 전 세계에서 대략 인구 6명당 1명꼴로 감염되어 있지만 현대적인 상수도 시설을 갖춘 지역에서는 드물게 나타난다. 암컷 성체 길이는 30 cm 정도이며, 매일 숙주의 장에 20,000개의 수정란을 방출한다. 수정란은 숙주의 배변을 통해 몸 밖으로 나와 토양에서 수년간 생존하면서 먼지와 함께 음식물, 식기, 또는 입술을 통해 전달된다. 유충은 체내에서 생활사를 보내고 성체로 변태해서는 소장에 머무른다.

일부의 선형동물 질병은 열대지역에서 매우 심각하다. 사상충증(필라리아증, filariasis)을 일으키는 몇몇 선형동물 종은 전 세계에서 적어도 2억 5천만 명에게 감염되어 있으며, 어떤 것은 순환계에 살고 있다. 그중 반크로프트사상충(*Wuchereria bancrofti*)에 의한 감염은 상피증(elephantiasis)을 일으키는데, 하지가 부어 흉한 모습이 될 수 있다. 이는 기생충이 림프절을 막아 심한 염증이 유발되고, 림프액 순환이 막혀 붓게 되는 것이다. 필라리아 기생충의 유생은 중간숙주인 흡혈모기에 의해 전파된다.

핵심 요약 28.8

선형동물은 종주근은 있으나 환상근은 없는 좌우대칭, 비체절성 동물이다. 다수 종은 독립생활형이지만 일부는 동식물에 기생한다. 어떤 기생성 종의 암컷은 일부 포유동물의 장벽에 굴을 파서 번식하는데, 그 새끼들은 후에 근육에 자리하게 된다. 이런 동물의 고기를 덜 익힌 채 먹으면 사람에게 전파되는데, 때론 치명적인 감염을 유발하기도 한다.

■ 선형동물 유래 질병은 어떻게 피할 수 있을까?

28.9 절지동물

학습 목표

1. 절지동물의 핵심적인 특징을 말할 수 있다.
2. 절지동물의 현존하는 4개의 강(classes)과 그들을 구별하는 특성을 열거할 수 있다.
3. 외골격의 장단점을 설명할 수 있다.

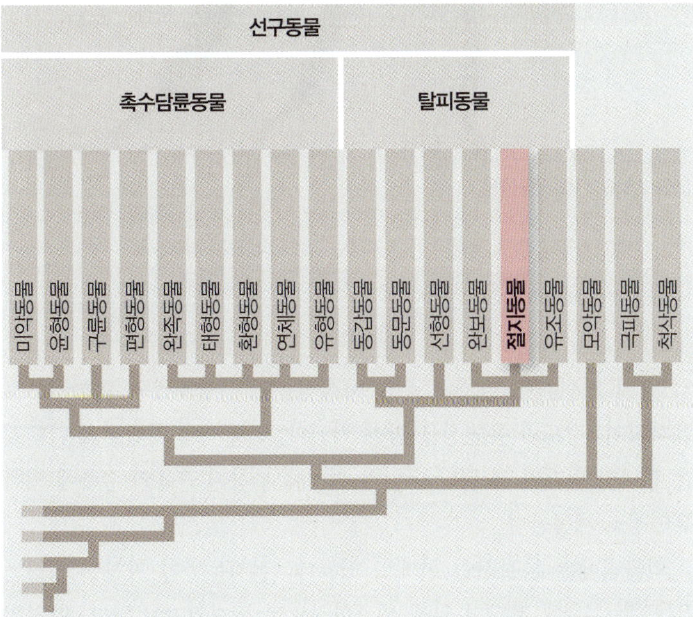

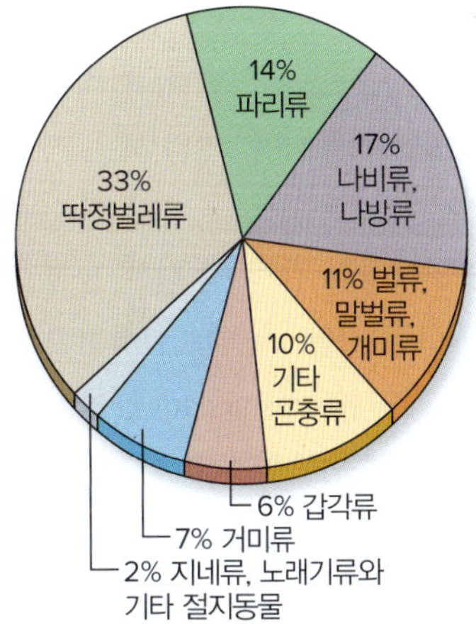

그림 28.31 절지동물은 성공적인 동물군이다.
현재까지 알려진 동물종의 약 2/3가 절지동물에 속한다. 절지동물의 약 85%는 곤충류이며, 기록된 곤충류의 1/3 이상이 딱정벌레류이다.

절지동물(Arthropoda)은 모든 동물 중에서 현재까지는 가장 성공한 동물문으로서(**표 28.1**), 지구 생물종의 약 2/3에 해당하는 120만 종을 포함하고 있다(**그림 28.31**). 최근 한 과학자는 곤충 한 부류만 하더라도 3천만 종에 달할 것이라고 추정하였는데, 현생하는 곤충의 숫자는 현재 인구의 약 2억 배가 된다. 곤충(**그림 28.31**)과 여타 다른 절지동물은 지구상 어느 곳에서나 풍부하지만 해양에는 몇 안 된다. 크기는 대개 수 mm 정도로 작지만 성체는 약 80 μm(일부 기생성 응애류)부터 3 m에 이르는 것(일본 거미게, Japanese spider crabs)도 있다.

절지동물은 경제적으로도 매우 중요하며, 모든 면에서 인류의 생활에 영향을 끼친다. 곤충은 농작물의 수분에 관여하고 인류와 다른 동물들의 중요한 식량 자원이기도 하다. 하지만 사람들과 식량 경쟁

표 28.1 절지동물문의 주요 무리들

강	특징	구성원
협각강 	앞쪽 부속지(협각)는 집게발 또는 날카로운 이빨로 특화되어 있다.	거미류, 응애류, 진드기류, 전갈류, 장님거미류, 투구게류
갑각강 	구기부에는 턱이 있다. 부속지는 두 갈래로 되어 있다. 머리에는 2쌍의 더듬이가 있다.	바닷가재류, 게류, 새우류, 등각류, 따개비류
육각강 	구기부에는 턱이 있다. 몸은 한 쌍의 더듬이가 있는 두부, 그리고 흉부 및 복부로 구성된다. 부속지는 단일 가지형이다.	곤충류(딱정벌레류, 벌류, 파리류, 벼룩류, 노린재류, 메뚜기류, 나비류, 흰개미류), 톡토기류
다지강 	구기부에는 턱이 있다. 몸은 한 쌍의 더듬이가 있는 두부와 단일 가지형 부속지가 쌍으로 있는 체절이 여러 개 있다.	지네류, 노래기류

도 하고, 때론 농작물에 피해를 입히기도 한다. 곤충과 진드기류가 퍼뜨리는 질병은 인류를 포함한 모든 동식물을 위협한다. 아직까지 곤충은 육상 생태계에서 가장 중요한 초식동물이며, 거의 모든 식물이 1종 이상의 곤충에게 먹이로 이용된다.

절지동물의 분류군들 사이의 계통발생학적 관계 및 다른 동물들과의 관계는 새로운 발견으로 수정되고 있지만, 오늘날 분류학자들은 절지동물을 협각류(chelicerates), 갑각류(crustaceans), 육각류(hexapods) 및 다지류(myriapods)의 4개의 현존하는 강으로 구분한다(5번째인 삼엽충은 멸종). 협각류의 구기부(mouthparts)는 협각(집게발)이며, 다른 3강은 **턱**(mandibles)을 가진다. 턱은 갑각류, 육각류 및 다지류의 공동조상(아마도 한 쌍의 팔다리로부터)으로부터 분화된 것으로 여겨지는데, 이는 이들 세 집단을 각각 협각류와 비교했을 때보다 서로간의 유연관계가 더 높다는 것을 의미한다.

절지동물의 주요 특징과 기관계

절지동물의 성공은 체절화된 몸, 즉 **외골격**(exoskeleton)의 모듈 방식과 관절성 부속지(appendages)로 일부분 설명될 수 있다. 체절화의 이점은 28.6절에서 살펴보았다. 단단한 외골격은 포식자로부터 보호하는 기능이 있지만, 구속복(straitjacket)처럼 움직임을 제한한다. 부속지의 관절은 유연성을 부여하면서도 안전을 유지할 수 있게 한다. 이런 체계로 인해 절지동물은 자신들이 발원한 해양뿐만 아니라 4억 년 이전 데본기에 정착한 육상에서도 여러 효율적인 운동방식을 발전시켰다.

체절화

어떤 강(classes)의 일부 절지동물들은 여러 체절들이 서로 비슷해 보이지만, 곤충의 경우에는 체절들이 두부, 흉부, 복부 같은 **합체절**(tagmata)이라고 부르는 기능적 집단으로 특화되어 있다(**그림 28.32**). 합체절화(tagmatization)라고 하는 체절의 융합과정은 절지동물 진화의 핵심이다. 일반적으로 유충 시기에는 체절이 서로 구분되지만 발생 중에 융합되어 흔적이 사라진다. 모든 절지동물은 뚜렷이 구분되는 두부를 가지고 있는데, 다수의 갑각류와 협각류에서는 두부와 흉부가 **두흉부**(prosoma)로 융합되어 있다.

외골격

단단한 외골격(exoskeleton)은 키틴질과 단백질로 구성되어 있다. 대다수 동물에서 골격은 근육의 부착점을 제공하고 몸을 지지하며 물리적인 충격으로부터 보호해주는 역할을 한다. 절지동물의 외골격은 수분 손실을 막아주는 구실을 하는데, 이는 곤충류가 육상에 정착하는 데 있어서 강력한 장점으로 작용했다. 2장에서 살펴본 바

그림 28.32 절지동물문.
그림의 벌처럼 곤충류를 포함한 절지동물은 체절화된 몸과 관절성 부속지가 있다. 곤충의 몸은 합체절인 두부, 흉부, 복부의 세 부분으로 구성된다. 모든 절지동물은 키틴질 외골격을 가진다. 일부 곤충에서는 비행용 날개가 진화하였다.

와 같이 키틴질은 식물의 주요 구성성분인 셀룰로스와 화학적으로 유사하여, 강도와 유연성을 함께 지닌다. 외골격의 키틴질과 단백질은 견고한 덮개가 될 뿐만 아니라 여기에 부착된 근육의 수축에 의한 유연성도 제공한다.

외골격에는 본질적인 한계도 있는데, 절지동물이 커지면 외골격은 근육 수축에 견디기 위해 불균형적으로 두꺼워져야 한다. 딱정벌레가 독수리만큼 커지거나 게가 소처럼 커지면 동물이 그 무게로 인해 움직이지 못할 만큼 외골격이 두꺼워져야 한다. 대다수의 육상 절지동물은 몇 그램밖에 되지 않지만 수생 절지동물은 더 무거운데, 이는 물이 공기보다 밀도가 커서 몸체를 더 잘 지지해 주기 때문이다. 또 다른 한계는 몸이 단단한 골격에 싸여 있어서 주기적으로 **탈피**(ecdysis)를 해야 한다는 것이다. 탈피 호르몬(39장 참조)에 의한 탈피는 27장에서 다루었다. **겹눈**(compound eye)뿐만 아니라 소화관의 앞뒤 영역도 큐티클로 덮여 있기 때문에 탈피 시기에 같이 떨어진다. 탈피하는 동안에는 외골격이 연하기 때문에 절지동물은 매우 취약한 상태가 되며, 새로운 골격이 단단해질 때까지 포식자로부터 피해 있어야 한다.

관절성 부속지

절지동물의 명칭 arthropod는 "관절이 있는 발"이란 뜻인데, 모든 절지동물은 관절성 부속지를 가진다. 부속지들은 더듬이나 여러 종류의 구기부, 또는 다리로 변형된 경우도 있다.

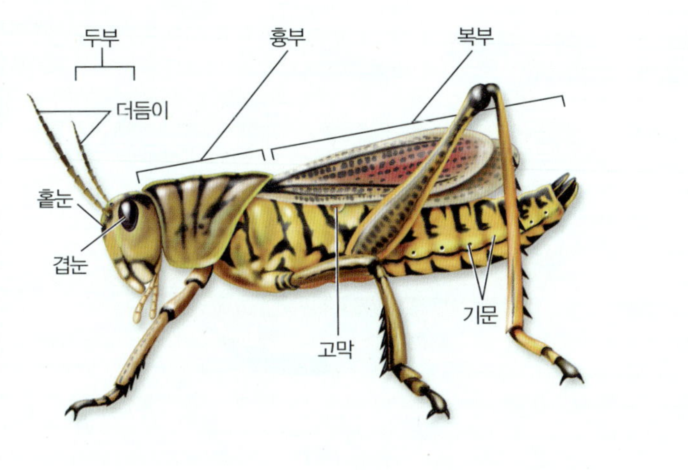

a.

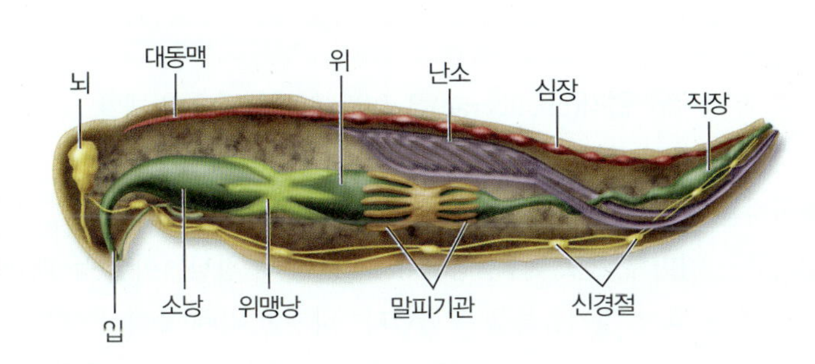

b.

그림 28.33 메뚜기목의 메뚜기.
절지동물 중 가장 종수가 많은 곤충류의 주요 구조를 보여주고 있다. ***a.*** 외부 구조, ***b.*** 내부 구조.

관절성 부속지의 장점 중 하나는 굽힘으로써 늘였다 줄였다 할 수 있다는 것이다. 팔다리가 접히지 않는다면 얼마나 불편할지 상상해 보자. 또한 관절은 부속지의 움직임을 위한 지렛대의 받침점으로 작용한다. 지렛대 한쪽 근육의 작은 힘을 이용하여 큰 움직임을 유도할 수 있는데, 한 예로서 아래팔을 뻗을 때 팔꿈치를 지렛대의 받침점으로 이용한다. 또한 근육을 조금만 수축시켜도 손으로 큰 원을 그릴 수 있는 것도 마찬가지이다.

순환계

절지동물은 개방순환계를 가진다. 곤충 순환계의 주요 구성요소는 심장이라 부르는 종주 근육성 혈관(longitudinal muscular vessel)으로 흉부와 복부의 등쪽면 가까이 있다(**그림 28.33**). 심장이 수축하면 혈액은 몸의 앞쪽으로 뿜어지고 심장이 이완하면 혈액은 심장의 뒤쪽에 있는 단방향성 판막을 통하여 들어온다.

신경계

절지동물 신경계의 핵심은 배쪽면을 따라 뻗어 있는 두 가닥의 체절성 신경절 사슬이다(**그림 28.33**). 몸의 앞쪽 끝에는 3쌍의 등쪽 신경절이 융합하여 뇌를 형성하고 있지만, 동물의 활동 대부분은 체절당 한 쌍씩 있는 배쪽 신경절에 의해 통제되기 때문에 설령 뇌가 제거된다고 해도 섭식, 운동, 교미 등을 수행할 수 있다. 따라서 절지동물의 뇌는 여러 활동을 촉진하는 척추동물의 뇌와는 달리 억제하는 조절 지점으로 보인다.

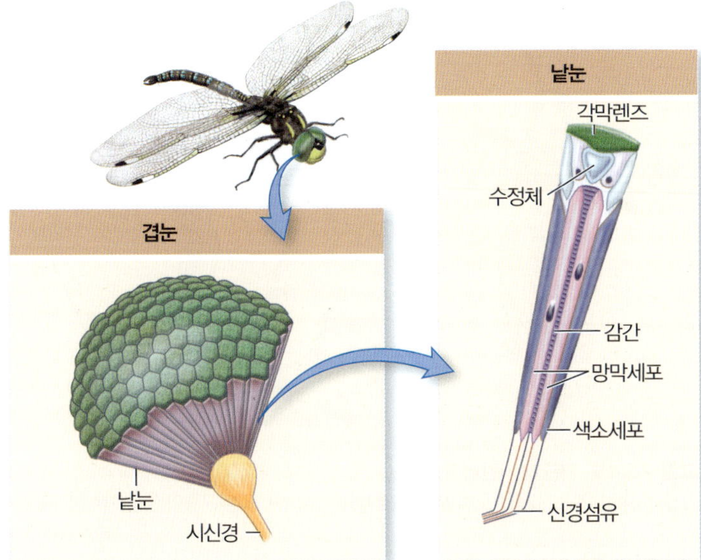

그림 28.34 겹눈.
곤충의 겹눈은 독립된 시각단위인 많은 낱눈으로 된 복잡한 구조이다.

겹눈(**그림 28.34**)은 다수의 곤충류, 갑각류, 지네류와 멸종된 삼엽충류에서 발견되는데, 수백 개 또는 그 이상의 독립된 시각 단위인 **낱눈**(ommatidia)으로 이루어져 있으며, 각각은 수정체로 덮여 있고 8개 망막세포로 된 하나의 복합체와 빛 감지의 핵심인 감간(rhabdom)으로 되어 있다. 하나의 수정체를 갖는 **홑눈**(ocelli)도 일부 절지동물에서 발견되는데, 이 중에는 겹눈을 함께 갖는 것도 있다. 홑눈은 빛과 어둠을 구별한다. 메뚜기와 잠자리의 홑눈은 수평을 감지함으로써 안정된 비행이 가능하다.

호흡계

갑각류 같은 해양 절지동물들은 아가미가 있고, 투구게류와 같은 해양 협각류는 다리로부터 진화한 것으로 보이는 책아가미(서새, book gill)가 두흉부 아래에서 나풀거린다. 일부 작은 절지동물은 산소 교환 구조가 없고 표피조직이나 장이 호흡 기능을 담당한다.

대다수 육상 절지동물의 호흡계는 탈피 시 탈락되는 큐티클로 둘러싼 작고 가지 많은 **기관**(trachea, **그림 28.35**)으로 되어 있으며, 기관은 각 세포에 직접 닿아 있는 아주 작은 **기관세지**(tracheole)로 갈라져 있어서 산소와 이산화탄소는 세포막을 통해 확산된다. 곤충은

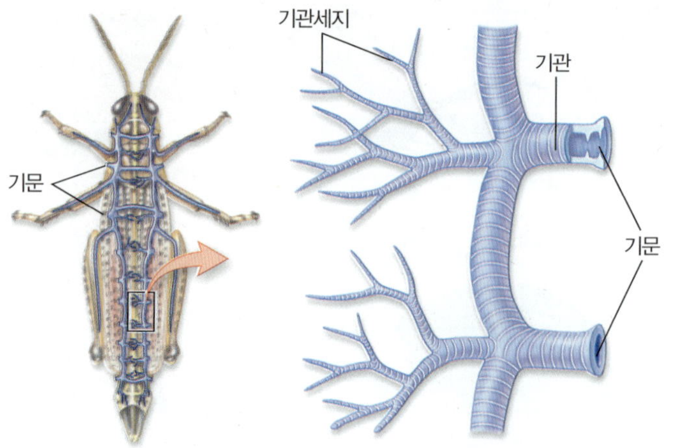

그림 28.35 기관과 기관세지.
기관과 기관세지는 기문을 통해 외부와 연결되어 있으며, 육상 곤충의 온몸으로 산소를 운반한다.

산소를 조직에 운반하는 데 순환계가 아닌 호흡계를 이용하기 때문에 몸의 모든 부분이 호흡통로 가까이 있어야 한다. 이는 외골격의 무게와 더불어 곤충의 크기를 제한하는 중요한 요소가 된다.

공기는 **기문**(spiracles)이라고 하는 외골격의 구멍을 통해 기관 속으로 들어가는데, 기문은 대다수 곤충에서 판막에 의해 개폐된다(**그림 28.32**, **28.33**, **28.35**). 기문을 닫아 수분 손실을 막을 수 있는 능력은 절지동물의 육상 진출을 촉진한 중요한 적응이었다.

많은 거미류는 기관과 더불어 또는 기관 대신 **책허파**(서폐, book lung)를 가진다. 책허파는 하나의 방 안에 나뭇잎 모양의 판이 여러 개 들어 있는 구조로 근육의 수축에 의해 공기가 드나든다.

배설계

절지동물에는 여러 종류의 배설계가 있다. 수생 절지동물에서 대부분의 노폐물은 아가미에 있는 혈액으로부터 확산된다.

말피기관(Malpighian tubules)은 육상 곤충류, 다지류, 협각류에서 관찰되며, 중장(midgut)과 후장(hindgut)의 연접부에 부착되어 있는 소화관으로부터 돌출되어 있다(**그림 28.32**, **28.33**). 말피기관이 혈액에 잠겨 있기 때문에 혈액은 말피기관의 벽을 통과하여 드나든다. 질소 노폐물은 요산이나 구아닌 침전물 형태로 후장을 통해 배출된다. 체액에 있는 대부분의 수분이나 염류는 후장과 직장에서 재흡수된다. 말피기관에 의한 효율적인 수분 보존 방식은 절지동물의 육상 진출을 촉진하는 또 하나의 중요한 적응이었다.

협각류(거미류, 응애류, 진드기류, 투구게류)는 특수한 앞쪽 부속지를 가진다

약 70,000종을 포함하는 협각강(class chelicerata) 동물의 가장

그림 28.36 투구게.
투구게는 수생 협각류이다. 투구게의 일종인 *Limulus polyphemus*는 북아메리카 동부 해안을 따라 발견된다.

앞쪽 부속지인 **협각**(chelicerae)은 이빨(fangs)이나 집게발 역할을 한다. 협각류의 몸은 모든 부속지가 있는 앞쪽의 두흉부와 생식기를 포함하는 후방의 **후체구**(opisthosoma), 2개의 합체절로 되어 있다. 협각류는 거미류, 진드기류, 응애류, 전갈류 및 장님거미류 등 대체로 친숙한 육상 절지동물을 포함한다. 하지만 4000종의 응애류와 1종의 거미는 담수성이며, 몇몇 응애류는 해양성이다. 바다에서만 사는 협각류에는 투구게류와 바다거미류가 있다.

협각류의 두흉부에는 1쌍의 협각 이외에 1쌍의 **각수**(pedipalps)와 4쌍의 보각(walking legs)이 있다. 각수는 다리와 비슷하게 생겼지만 다리보다 한 마디 적으며 운동에 이용되지 않는다. 수컷 거미에서 각수는 교미기관이며, 전갈에서는 큰 집게발이고, 다른 대다수 협각류에서는 감각기로서 다른 절지동물의 더듬이처럼 기능한다.

대부분의 협각류는 육식성이지만, 응애류는 대부분 초식성이다. 작은 알갱이를 먹을 수 있는 장님거미를 제외하고 대다수는 단단한 먹이를 먹지 못하고 액체에 의존하는데, 고형의 음식은 소화효소를 주입하여 액체화시킨 후 근육질의 인두로 흡입한다.

투구게류(**그림 28.36**) 4종은 북미 대서양 연안과 동남아시아에 서식한다. 또 다른 협각류인 바다거미류는 연구자에 따라 협각류에서 제외되기도 하는 특이한 해양성 동물인데, 대부분 그 크기가 작지만 어떤 것은 150 mm 정도 되는 것도 있고, 히드라와 같은 다른 해양 동물과 함께 사는 것도 많다.

35,000종의 거미목(order Araneae)은 거의 모든 육상 생태계에서 중요한 역할을 담당하고 있다. 특히 곤충과 다른 작은 동물의 포식자로서 중요하다. 거미는 놀랍도록 다양한 형태의 거미줄을 이용하여 먹이를 사냥한다. 거미줄은 배 뒤쪽의 **방적돌기**(spinnerets)에서 사출되는 액체성 단백질을 이용하여 만든다. 문짝거미(trap-door

a.

b.

그림 28.37 흔한 2종의 독거미.
a. 검은과부거미 *Latrodectus mactans*. ***b.*** 갈색은둔거미 *Loxosceles reclusa*. 두 종은 북아메리카의 온대와 아열대 지역에 걸쳐 흔하게 발견된다.

그림 28.38 담수성 갑각류.
알을 붙이고 있는 요각류. 해양 및 담수성 요각류는 플랑크톤의 중요한 구성원이며, 대부분 길이는 몇 mm 정도이다.

spiders)는 거미줄로 덮개가 있는 굴을 만들고 먹이가 지날 때 가두어 잡는다. 늑대거미류와 타란툴라류는 거미집을 짓지 않고 돌아다니면서 사냥한다.

모든 거미류는 협각과 연결된 독샘(poison gland)을 이용하여 잡은 먹이를 마비시킨다. 검은과부거미(*Latrodectus hesperus*, **그림 28.37***a*)와 갈색은둔거미(*Loxosceles reclusa*, **그림 28.37***b*)와 같은 일부 종은 사람이나 다른 큰 포유류에게 치명적일 수 있다.

진드기목(order Acari)은 가장 다양한 종을 포함하는 협각류이다. 약 50,000종의 응애류 및 진드기류가 기록되어 있으나, 학자들은 100만 종 이상일 것으로 추산하고 있다. 진드기목 동물은 실제로 거의 모든 장소에서 발견되며 포식자와 기생충으로서 다양한 생물들을 먹이로 한다.

대부분의 응애류는 길이가 1 mm 미만이고, 성체는 100 μm~2 cm 크기이다. 대다수는 두흉부가 복부와 융합하여 체절이 없는 난형(ovoid)의 몸을 하고 있다. 호흡은 기관을 통하거나 체표면을 통해 직접 이루어진다. 다수의 응애류는 생활사에서 여러 단계를 거치는데, 대개의 경우 다리가 8개인 비활동성 전유생(prelarva)은 다리가 6개인 활동성 유생이 되고, 다시 다리가 8개인 단계를 세 번 더 거쳐 성체가 된다.

진드기류는 사람이나 다른 동물의 바깥 표면에 붙어서 피를 빨아 불쾌하게 하는 기생충이다. 진드기류는 진드기목에서 가장 많은 종을 포함하고 있으며, 질병 유발인자를 매개한다. 실례로 세균성 질병인 로키산 홍반열, 스피로헤타에 의해 유발되는 라임병, 원생동물에 의해 소, 말, 양 및 개에서 발생하는 혈뇨열(텍사스 진드기염) 등은 진드기 매개에 의한 것이다.

갑각류(게류, 새우류, 바닷가재류 및 따개비류)는 대개 해양성 생물이다

게, 새우, 바닷가재, 따개비 등을 포함하여 65,000종이 기록되어 있는 갑각강(class Crustacea)은 주로 해양성 생물이다. 하지만 가재와 같은 일부 십난은 담수에 서식하며, 일부 게류와 요각류(copepods, **그림 28.38**)는 지구상에서 가장 흔한 다세포 동물이다. 10,000여종으로 추정되는 등각목(order Isopoda, 쥐며느리류)에 속한 동물의 약 반 정도는 육상에 서식하며, 단각목(order Amphipoda)의 모래벼룩(갯벼룩)은 반육지성이다.

일부 갑각류(바닷가재류와 가재류 등)는 인류 식량자원으로서 가치가 높으며, 크릴새우와 같은 부유성 갑각류와 갑각류 유생들은 플랑크톤으로 수염고래와 여러 작은 해양 동물의 주요 먹이가 된다.

갑각류의 체제

갑각류는 보통 3개의 합체절로 되어 있는데, 앞쪽의 두부와 흉부는 융합되어 두흉부를 형성하기도 한다(**그림 28.39**). 대다수 갑각류는 2쌍의 더듬이와 먹이를 씹고 다루는 3쌍의 부속지, 그리고 종에 따라 숫자가 다른 다리를 쌍으로 가진다. 제1더듬이쌍을 제외한 갑각류의 부속지는 두 갈래로 된 2지형이다. 갑각류는 육각류와 다르고, 다지류와 유사하게 흉부와 복부에 부속지가 있다. 갑각류는 2쌍의 더듬이가 있는 유일한 절지동물이다.

대형 갑각류는 다리의 기부 근처에 깃털 모양의 아가미가 있다(**그림 28.39**). 아가미에서 받아들인 산소는 순환계를 통해 퍼진다. 소형 갑각류의 기체 교환은 얇은 큐티클 부위 또는 몸 전체를 통하여 이루어진다.

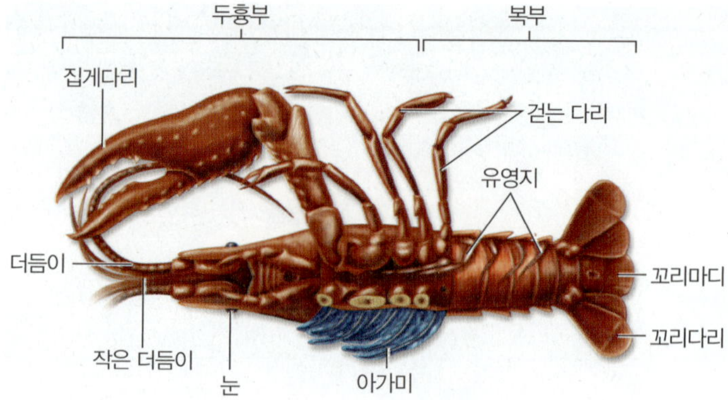

그림 28.39 십각목의 갑각류.
바닷가재류의 일종인 *Homarus americanus*의 복부 쪽 주요 특징들.

그림 28.41 두흉부.
은행게 *Callinectes sapidus*의 두흉부.

갑각류의 생식

갑각류는 여러 방식으로 교미하고, 알은 부화할 때까지 알주머니에 함께 넣어 다니거나 아니면 하나씩 따로 지니고 다니는 종류도 있다. 갑각류는 발생 도중 **노플리우스**(nauplius) 유생단계를 지나는데(**그림 28.40**), 노플리우스 유생에는 3쌍의 부속지가 있고, 몇 단계의 변태를 거쳐 성체가 된다. 많은 갑각류 무리는 노플리우스 유생시기를 알 속에서 보내고, 작은 성체 모양으로 부화한다.

노플리우스 유생은 갑각류에 특징적인 것으로, 모든 종류의 갑각류가 노플리우스 유생시기를 갖는 공동조상으로부터 유래했다는 증거가 된다. 패각과 같은 외골격을 갖는 고착성 따개비류는 노플리우스 유생이 발견되기까지는 연체동물과 유연관계가 있는 것으로 생각했었다.

새우, 바닷가재, 게, 가재(십각목)

새우, 바닷가재, 게(crabs) 등 대표적인 해양성 갑각류와 이들의 담수성 친척인 가재는 십각목(order Decapoda)에 속하는데(**그림 28.39** 참조), 5쌍의 흉부다리, 즉 10개의 다리가 있어서 붙여진 이름이다. 대다수 십각류의 외골격은 탄산칼슘으로 강화되어 있다. 두흉부는 두부로부터 나온 등판(dorsal shield)으로 덮여 있다. 또 많은 십각류는 집게발이 있어 연체동물의 패각을 부수는 등 먹이를 얻는 데 이용한다.

바닷가재나 가재의 복부의 배쪽면을 따라 생식과 유영에 이용하는 **유영각**(swimmerets, 헤엄다리)이라고 하는 부속지가 줄지어 있고, 복부의 뒤끝에는 **미각**(uropods, 꼬리다리)이라고 하는 납작한 부속지가 쌍으로 있다. 꼬리다리는 일종의 노(paddle)와 같으며, 꼬리다리 사이에는 **미절**(telson, 꼬리마디)이 있다(**그림 28.39** 참조). 바닷가재나 가재가 복부 근육을 수축하면, 꼬리다리와 꼬리마디가 물을 앞쪽으로 밀어서 강하고 빠르게 뒤로 움직이는 추진력을 얻게

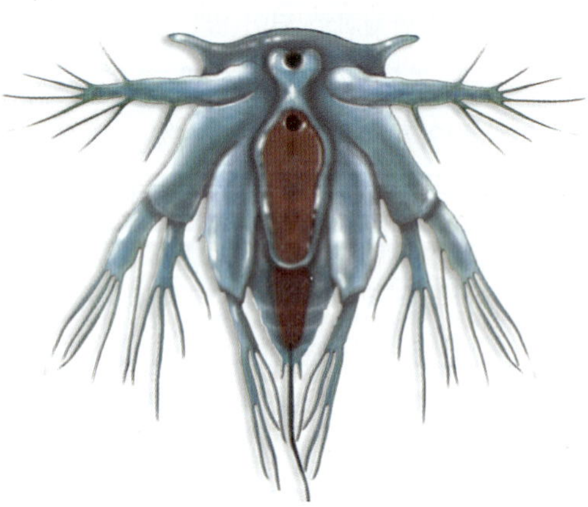

그림 28.40 갑각류의 노플리우스 유생.
노플리우스 유생은 모든 종류의 갑각류에서 확인되는 공통된 특성이다.

그림 28.42 거위목따개비인 *Lepas anatifera*.
따개비들은 물속에서 다리를 휘저어 작은 먹이를 걸러 먹는 여과섭식자이다. 사진은 자루가 달린 따개비인데, 자루가 없는 것도 있다.

되는데, 바로 이 바닷가재 꼬리의 큰 근육을 사람들이 맛있어 하는 것이다.

게와 바닷가재의 다른 점 하나는 게의 갑각이 상대적으로 훨씬 더 넓고, 복부는 퇴화되어 두흉부 아래에 흔적으로 남아 있다는 것이다(**그림 28.41**). 암게의 복부는 수게보다 훨씬 더 넓다. 암게는 복부 부속지에 알을 붙이고 다닌다.

고착성 갑각류: 따개비류(만각목)

따개비류(order Cirripedia, 만각목; **그림 28.42**)의 성체는 고착생활을 한다. 따개비의 노플리우스 유생은 유생 시기 끝에 머리를 말뚝이나 바위, 또는 다른 수중 물체에 붙이고 주위를 석회질 판으로 감싸는 변태를 하며, 관절성 깃털 모양 다리로 먹이를 잡으며 여생을 보낸다. 따개비의 자웅동체성은 고착성과 관련 있는 것으로 보인다. 따개비는 동물계에서 자신의 크기에 비해 가장 긴 성기를 갖고 있는데, 그래서 고착성임에도 불구하고 다소 떨어져 있는 다른 따개비와 교미할 수 있다.

곤충류(육각강)는 지구상에서 가장 풍부한 동물이다

곤충류는 육각강(class Hexapoda)에 속하며, 종수나 개체 수로 볼 때 현재 지구상에서 가장 큰 동물군이다. 이들은 육상과 담수의 모든 서식지에 살고 있으나, 해양에 사는 종은 몇 안 된다. 알려진 모든 동물 종의 반 이상이 곤충이며, 아직도 수백만 종이 확인, 분류, 명명되기를 기다리고 있으므로 실제 그 비율은 더 높을 것이다.

곤충은 미국과 캐나다에서만 90,000종이 알려져 있는데, 실제로는 125,000종에 이를 것으로 추정하고 있다. 저지대 열대림 1헥타르에는 약 41,000종의 곤충이 살고 있을 것으로 추산되며, 도시 근교 정원에는 1500종 이상이 살고 있을 것이다. 지구상에는 대략 10^{18}개체의 곤충이 동시에 생존하고 있을 것으로 추정된다. **그림 28.43**과 **표 28.2**는 곤충의 엄청난 다양성의 일면을 보여준다.

그림 28.43 곤충류의 다양성.
a. 나비목 산누에나방류인 *Actias luna*. 산누에나방과 그 근연종은 가장 화려한 곤충류에 속한다. ***b.*** 뿔매미류인 *Platycotis vittata*. ***c.*** 장수풍뎅이류인 *Oryctes nasicornis*. ***d.*** 파리매류인 *Efferia*류. ***e.*** 대형 메뚜기종인 *Romalea guttata*. ***f.*** 큰 머리의 흰개미류(*Macrotermes*)에는 개미처럼 하는 일이 특화된 몇 종류의 계급이 있다(48장 참조). 왼쪽 개미는 큰 턱이 있는 병정개미로서 군집을 방어한다.

표 28.2 곤충강의 주요 목

목	예	주요 특징들	기록종 수
딱정벌레목	딱정벌레류 	2쌍의 날개, 견고한 앞날개로 뒷날개를 보호. 중무장한 외골격. 물거나 씹을 수 있는 구기. 완전 변태. 가장 다양한 동물목	350,000
나비목	나비류, 나방류 	2쌍의 넓고 비늘이 있는 비행용 날개, 밝은색을 띠는 경우가 많음. 털이 많은 몸. 관 모양의 빠는 구기. 완전 변태	180,000
파리목	파리류 	투명한 비행용 앞날개. 평형곤이라는 평형기관으로 축소된 뒷날개. 빨거나 찌르거나 핥는 구기. 완전 변태	150,000
벌목	벌류, 말벌류, 개미류 	2쌍의 투명한 비행용 날개. 기동성 있는 머리와 잘 발달된 겹눈. 쏘는 침을 가진 경우가 많음. 씹고 빠는 구기. 대다수 사회성 동물. 완전 변태	115,000
매미목	노린재류, 빈대류, 매미충류, 진딧물류, 매미류 	날개가 없거나 2쌍. 흡혈성 또는 초식성의 찌르고 빠는 구기. 단순 변태	60,000
메뚜기목	메뚜기류, 귀뚜라미류 	날개가 없거나 2쌍. 가장 큰 곤충류에 속함. 물거나 씹는 구기를 가진 성체. 도약할 수 있게 변형된 세 번째 다리. 단순 변태	20,000
잠자리목	잠자리류 	뒤로 접을 수 없는 2쌍의 투명한 비행용 날개. 크고 길고 가느다란 몸. 씹는 구기. 단순 변태	5000
흰개미목	흰개미류 	2쌍의 날개, 날개 없는 생활사의 일부 단계. 씹는 구기. 사회적 조직, 체형에 따른 역할 분담. 나무를 소화할 수 있는 종류도 있음. 불완전 변태	2600
벼룩목	벼룩류 	날개 없음. 도약용 다리를 가진 납작한 몸. 찌르고 빠는 구기. 작은 몸. 물면 가려움. 완전 변태	2000

a. *b.* *c.*

그림 28.44 세 종류 곤충의 구기부. 구기부는 (*a*) 집모기류(*Culex*속)의 모기에서는 찌르는 구조로, (*b*) 노랑나비류(*Colias*속)의 알팔파나비에서는 꽃의 꿀을 빠는 구조로, (*c*) 집파리류인 *Musca domestica*에서는 액체를 핥아먹는 구조로 변형되었다.

그림 28.45 빨간집모기(*Culex pipiens*)의 유충.
모기의 수생 유충은 매우 활동적이다. 사진처럼 물 표면으로 내놓은 관을 통해 호흡하기 때문에 얇은 기름막으로 물을 덮으면 질식사한다.

그림 28.46 중국산 붉은점모시나비 *Parnassius imperator*의 날개 비늘.
나비나 나방의 날개에 있는 색깔 무늬는 사진과 같은 비늘에 의한 것이다.

외형적 특징

곤충은 대부분 육상동물이며, 수생 곤충도 육상의 조상으로부터 진화하였을 것이다. 대다수 곤충은 크기가 작아 길이 또는 날개폭이 0.1 mm~약 30 cm 범위이다. 구기(mouthpart)의 구조는 기본적으로 같으나, 섭식습관에 따라 변형되어 있다(**그림 28.44**). 대다수 곤충의 눈은 겹눈이지만 홑눈인 경우도 적지 않다.

곤충의 몸은 두부, 흉부, 복부의 세 부분으로 되어 있으며(**그림 28.32**, **28.33** 참조), 흉부를 구성하는 3개의 체절에는 각각 한 쌍의 다리가 있어서 이들을 **hexa**(6), **poda**(다리)라 부른다. 어떤 무리, 예를 들어 대다수 파리(파리목, order Diptera)와 모기(**그림 28.45**)의 유충에는 다리가 없다. 또한 곤충은 다른 부속지와는 상동성이 없는 날개를 흉부의 중후반부 체절에 하나 또는 2쌍 부착하고 있다(**그림 28.32** 참조). 날개는 키틴질과 단백질로 되어 있으며, 체벽이 주머니 모양을 하며 바깥쪽으로 자라서 만들어진다. 나방과 나비의 날개는 대개 밝은색을 띠는 발락성 비늘로 덮여 있다(**그림 28.46**). 시맥(veins)은 날개를 강하게 하고, 흉부는 다리와 날개를 움직이는 근육으로 거의 채워져 있다. 벼룩과 이는 날개를 가진 조상의 후손이지만 후에 2차적으로 날개를 소실한 것으로 보인다. 하지만 톡토기류와 좀벌레류의 조상은 날개가 진화하기 이전 동물이기 때문에 이들은 애초에 날개가 없었던 것으로 보인다.

내부 기관

곤충의 내부 특징은 다른 절지동물과 여러 면에서 비슷하다. 어떤 무리에서는 소화관의 길이가 몸길이와 거의 비슷하지만 매미충류(leafhoppers), 매미류(cicadas), 그리고 다양한 파리류 같이 즙을 섭취하기 위한 흡입 구기부를 가지는 곤충류에서는 소화관이 심하게 휘감겨 있어서 몸길이의 몇 배가 된다. 소화는 1차적으로 위 혹은 중장(midgut)에서 이루어지고, 배설은 말피기관을 통해 이루어진다.

날개가 있는 곤충류의 여러 종은 기관(tracheae)이 몸의 여러 위치에서 부풀어 기낭을 형성하고 있다. 기낭은 근육에 둘러싸인 일종의 풀무로서 몸속 깊이 공기를 밀어 넣는 역할을 한다. 기관계(tracheal system)로 공기를 넣어주는 기문(spiracles)은 흉부와 복부의 측면을 따라 체절상에 또는 체절 사이에 위치하고 있으며, 대다수 곤충류에서 근육 운동으로 여닫는다. 일부 기생종이나 수생 곤충류에서 기문은 영구히 닫혀 있는데, 이런 무리에서는 기관이 곤충의 표피 바로 아래에 있어서 확산으로 기체 교환을 한다.

감각 수용기

곤충에는 눈 이외에 몇 종류의 특수 감각 수용기(sensory receptor)가 있다. **감각 강모**(sensory setae)는 곤충의 몸 전체에 분포하는 털

a.

b.

그림 28.47 다지류.

a. 지네류(*Scolopendra*속)는 강력한 포식자이다. ***b.*** 노래기류(*Sigmoria*속)는 중요한 초식동물이며, 주로 사체나 부식질을 먹이로 하는 잔사식자(detritivores)이다. 지네는 체절당 1쌍의 다리가 있으며, 노래기류는 체절당 2쌍의 다리가 있다.

같은 구조로서, 기계적, 화학적 자극을 감지하고 신경세포에 연결되어 있으며, 곤충이 다른 물체와 쉽게 접촉하게 되는 더듬이와 다리에 특히 많이 분포한다.

메뚜기, 귀뚜라미, 매미, 그리고 일부의 나방과 같은 곤충에서 소리는 생명유지에 필수적인 것으로 **고막**(tympanum)이라 하는 얇은 막을 통해 감지되는데, 고막은 기관의 기낭과 연결되어 있다(**그림 28.33** 참조). 다른 곤충 무리는 감각모(sensory hairs)를 이용하여 음파를 감지하는데, 수컷 모기는 더듬이에 나 있는 수천 개의 감각모를 이용하여 암컷 날개의 진동음을 감지한다.

곤충은 소리 이외에 페로몬이라는 화학물질을 이용하여 교신한다. 극도로 다양한 화합물인 페로몬은 분비되었을 때 짝짓기 신호나 이동로 표시와 같은 다양한 정보를 전달하게 된다.

곤충의 생활사

다수의 곤충들은 발생과정 동안 변태를 한다. 메뚜기와 같이 미성숙 개체와 성체가 형태적으로 아주 비슷한 종에서는 일련의 탈피를 통하여 몸이 점점 커지면서 발생하게 되는데, 이런 경우를 단순변태(simple metamorphosis)라 한다. 이와는 달리 나방이나 나비와 같이 생활사에서 유생 단계와 휴지기인 **번데기**(pupa 또는 chrysalis)를 거쳐 마지막 탈피 후에 성충(imago)이 되는 경우를 완전변태(complete metamorphosis)라 한다.

[역자 주: 메뚜기나 바퀴벌레와 같은 일부 곤충은 불완전변태(incomplete metamorphosis)를 한다. 유충은 성체와 유사한 형태를 지니지만 탈피를 거듭하면서 점진적으로 성체의 모습을 갖추게 된다.]

지네류와 노래기류를 포함하는 다지류는 다리가 많다

지네류(centipedes)와 노래기류(millipedes)의 몸은 두부와 그 뒤를 이은 비슷한 구조의 많은 체절로 이루어졌다. 지네류는 거의 모든 체절에 각각 1쌍의 부속지(**그림 28.47***a*)가 있으나, 노래기류의 체절에는 각각 2쌍의 부속지가 있다(**그림 28.47***b*). 노래기류의 체절은 합체절으로서 진화과정에서 2개의 조상 체절이 융합한 것이기 때문에 체절당 다리 수가 지네류보다 두 배가 많은 것이다. 지네류의 명칭 centipedes는 100개의 다리, 노래기류의 명칭 millipedes는 1000개의 다리라는 의미이지만, 지네 성체의 다리는 보통 100개보다 적고(대개는 15, 21, 23쌍의 다리를 갖는다), 노래기 성체의 다리는 1000개는 커녕 대부분 100개 이하를 가진다.

지네류와 노래기류는 모두 체내 수정하며 알을 낳는 동물이다. 어린 노래기류는 부화할 때 보통 3쌍의 다리를 갖고 있는데, 성장 단계를 지나면서 체절과 다리는 추가되지만 전반적인 형태는 변하지 않는다. 지네류는 몇 가지 다른 형태의 발생을 하는데, 최종적인 다리 수를 모두 갖고 부화하는 경우도 있고, 부화 후에 다리 수를 늘리는 경우도 있다. 그런데 성장하면서 다리 수를 늘리지 않는 지네류는 자신들의 어린 새끼들을 돌보는 경향이 있는데, 이는 무척추동물에서는 매우 드문 행동 양식이다.

지네류는 5000종 이상 알려져 있으며, 모두 육식성이고 주로 곤충을 먹이로 한다. 몸통의 첫째 마디 부속지는 1쌍의 독니(poison fangs)로 변형되어 있다. 독은 사람에게 극심한 고통을 주지만 치명적인 경우는 매우 드문 것으로 알려져 있다. 이와는 달리 노래기류는 대부분 초식성으로, 주로 자신들의 서식처인 낙엽이나 썩은 통나무 같은 부패하는 식물체를 먹고 산다. 많은 노래기들은 종에 따라 몸을 말아서 평판 코일이나 공 모양을 만든다. 노래기류는 12,000종 이상 기록되어 있지만, 실제는 이보다 6배 이상 많은 종이 존재할 것으로 추정하고 있다.

많은 노래기류는 몸의 각 체절에 악취가 나는 액체를 만드는 1쌍의 샘을 가지는데, 몸의 측면을 따라 열린 구멍을 통해 분출함으로써 자신을 방어하게 된다. 생물학자들이 이 물질의 화학적 특성에 관심을 갖는 것은 화합물의 다양성과 방어효과 때문이다. 어떤 종은 머리 근처 체절로부터 시안가스를 방출한다.

핵심 요약 28.9

절지동물은 체절성 동물로서 외골격과 관절성 부속지를 가진다. 절지동물에는 현존하는 4개의 강이 있는데, 협각강 동물에는 이빨이나 집게발 역할을 하는 구기부가 있으며, 모든 갑각강 동물은 발생 동안 노플리우스 유생단계를 거치고, 육각강인 곤충류는 흉부의 융합 체절에 3쌍의 다리가 붙어 있으며, 다지강 동물의 모든 체절에는 1쌍 또는 2쌍의 부속지가 있다. 외골격은 동물을 보호하고 근육이 부착하는 자리가 되지만 성장함에 따라 반드시 탈피를 해야 한다. 어떤 경우에는 유생이 변태를 거쳐 전혀 다른 형태의 성체가 되기도 한다.

■ 가장 큰 절지동물이 해양환경에서 발견되는 이유는 무엇일까?

핵심 개념 요약

28.1 선구동물의 계통 분기

촉수담륜동물은 나선형 난할방식으로 배아 발생한다. 대부분 수생이며 섬모를 이용하거나 몸 근육을 수축하여 이동한다.

탈피동물은 탈피할 수 있는 동물이다.

28.2 편형동물

■ 편형동물은 불완전한 장을 가진다

독립생활형 편형동물은 근육과 섬모성 상피세포를 이용하여 이동한다. 머리가 있고 불완전한 장을 갖는다.

편형동물의 배설계는 불꽃세포가 있는 관으로 된 미세한 망상 구조이다. 배설계의 주요 기능은 수분평형이다.

편형동물은 유성생식하며, 자웅동체이다. 재생과 같은 무성생식도 할 수 있다.

■ 기생형 편형동물의 대다수는 독립생활형 조상으로부터 진화하였다

기생형 편형동물은 단 한 번 진화하였으며, 그 조상은 독립생활형이었다.

기생형 편형동물은 네오더마타 무리에 속하며, 여기에는 흡충강(Trematoda)과 촌충 및 그 근연종을 포함하는 촌충강(Cercomeromorpha)의 두 무리가 있다. 흡충류와 촌충류는 사람에게 질병을 유발한다.

28.3 윤형동물

■ 윤형동물은 크기가 아주 작다

윤형동물은 추진력이 있으며, 섬모를 이용하여 먹이를 끌어 모으고, 인두에 있는 복잡한 구조의 턱을 이용하여 부순다. 자유유영형이거나 고착성이다.

28.4 연체동물

■ 연체동물은 매우 다양하고 사람들에게 중요하다

연체동물의 크기는 현미경으로 볼 수 있는 것부터 거대한 것까지 다양하며, 형태도 여러 가지이다. 모두 심장을 둘러싸는 체강이 있다.

■ 연체동물의 체제는 복잡하고 다양하다

연체동물은 최소한 일생 중 어느 한때는 좌우대칭이다(**그림 28.10**). 근육질의 발(podium)은 이동, 부착, 먹이 포획 및 그 복합 기능을 수행한다.

두꺼운 상피성 막인 외투막은 외투강을 형성하고, 그 안에 호흡기구인 빗살아가미 또는 아가미가 들어 있으며, 소화기, 배설기, 생식기의 산물들이 그 안에 방출된다.

외투막의 바깥층은 탄산칼슘을 분비하여 방어용 패각을 만든다. 어떤 연체동물은 내부 패각 또는 축소 패각을 가지거나 전혀 갖고 있지 않은 것도 있다.

2매패류를 제외한 모든 연체동물은 섭식을 위해 강판과 같은 구조인 치설을 가진다(**그림 28.11**). 대다수 개방순환계이지만 복족류는 폐쇄순환계이다.

많은 연체동물에서 배아는 자유유영하는 담륜자 유생으로 발달한다(**그림 28.12***a*). 일부 2매패류와 복족류에서는 배아가 자유유영하는 벨리저 유생으로 발달한다(**그림 28.12***b*).

■ 연체동물문에 속한 4개의 강은 다양성을 보여준다

연체동물의 대표적인 4개의 강은 다판강(군부류), 복족강(달팽이와 민달팽이류), 2매패강(조개류, 홍합류, 새조개류), 두족강(문어류, 오징어류, 앵무조개류)이다.

28.5 유형동물

유형동물은 무체강의 편형동물과 겉보기는 닮았으나 폐쇄순환계이며 완전한 소화관을 가진다.

28.6 환형동물

■ 환형동물의 몸은 고리(환) 모양의 체절로 되어 있다

체절들은 격막에 의해 분리되어 있고, 각 체절은 한 쌍의 배설기관, 하나의 신경절, 그리고 한 벌의 생식기(대다수는 해양성 환형동물임)가 있다. 앞과 뒤쪽 체절에는 빛, 화학물질, 접촉 수용기가 있다.
체절들은 앞쪽 뇌영역을 포함한 배쪽 신경삭과 폐쇄순환계를 통해 연결된다.

■ **환형동물은 체절 수축을 통해 이동한다**

액체로 가득한 체강은 유체골격 역할을 한다. 각 체절에는 일반적으로 고착 기능을 가진 키틴질의 강모가 있다.

■ **환형동물은 폐쇄순환계와 분절된 배설계를 가진다**

환형동물은 등쪽 혈관이 체벽에 있는 가는 혈관을 통해 배쪽 혈관에 연결된 폐쇄순환계를 가진다.
각 체절에는 1쌍의 신관이 있으며, 신관은 체강과 배설관을 통해 체외로 노폐물을 배출한다.

■ **환형동물은 크기와 서식처가 매우 다양하다**

갯지렁이류를 하나의 분기군으로 생각해 왔으나, 현재는 측계통군으로 받아들이고 있다. 환형동물은 2개의 대표 분기군, 즉 유영류와 저서류로 나눈다. 저서류에 속하는 환대류는 지렁이류와 거머리류를 포함한다.

28.7 태형동물과 완족동물

태형동물과 완족동물에는 섬모성 촉수가 입 주변을 U자형으로 둘러싼 촉수관이 있다.

■ **모든 태형동물은 유일한 군체성 동물이다**

각각의 개별 개충은 충실이라 부르는 키틴질 방을 만들어 기질이나 군체의 다른 개체와 부착한다. 후구동물형 발생을 한다.

■ **완족동물과 추형동물은 단독생활하는 촉수동물이다**

완족동물의 몸은 2개의 석회성 껍질에 싸여 있으며, 두 껍질은 2매패류의 좌우 배열이 아닌 등배 배열을 하고 있다(**그림 28.27**). 어떤 종은 후구동물의 특성을, 또 어떤 것은 선구동물의 특성을 나타낸다.
추형동물은 독립형 촉수동물이기 때문에 태형동물에 포함시키지만 선구동물이다.

28.8 선형동물

선형동물은 유성생식을 하고, 성적이형성을 보인다. 선형동물의 종수가 절지동물의 종수보다 많을 수도 있다.
구충, 요충, 선모충, 회충, 사상충과 같은 선형동물은 사람이나 가축, 또는 작물에 질병을 일으킨다.

28.9 절지동물

■ **절지동물의 주요 특징과 기관계**

절지동물은 체절화되었으며, 내부에 근육이 부착된 외골격을 갖고 있다. 동물이 성장함에 따라 외골격은 탈피된다. 일부에서는 몇몇 체절이 하나로 융합하여 합체절이 된다.
절지동물의 관절성 부속지는 구기, 더듬이, 또는 다리로 변형되기도 한다.
다수의 절지동물은 낱눈들이 모여 형성된 겹눈을 가지며(**그림 28.34**), 일부는 단순한 형태의 눈, 홑눈을 가진다.
순환계는 근육성 심장을 갖는 개방순환계이다. 육상 절지동물의 호흡계는 기문, 기관, 기관세지로 구성된다(**그림 28.35**). 신경계의 주요 성분은 억제성 뇌와 배쪽 신경삭이다.
육상 육각류, 다지류, 협각류의 배설계는 요산 또는 구아닌을 배출하는 말피기관으로 되어 있다.

■ **협각류(거미류, 응애류, 진드기류, 투구게류)는 특수한 앞쪽 부속지를 가진다**

협각류의 앞쪽에는 특수한 부속지인 협각이 있어 이빨이나 집게발 역할을 한다.

■ **갑각류(게류, 새우류, 바닷가재류 및 따개비류)는 대개 해양성 생물이다**

갑각류의 특징은 노플리우스 유생 시기가 있다는 것이다(**그림 28.40**).
갑각류는 3개의 합체절이 있는데, 앞쪽의 두 합체절은 융합하여 하나의 두흉부가 되었다(**그림 28.41**).

■ **곤충류(육각강)는 지구상에서 가장 풍부한 동물이다**

육각류는 놀랍도록 다양하다. 곤충류는 흉부에 3쌍의 다리가 있으며, 날개를 가진 것도 있다. 매우 발달된 감각계도 있다.

■ **지네류와 노래기류를 포함하는 다지류는 다리가 많다**

하나의 체절에 지네류는 1쌍의 부속지, 노래기류는 2쌍의 부속지가 있다.

연습문제

1단계: 이해력 확인하기

1. 편형동물에서 불꽃세포는 어떤 대사과정에 관여하는가?
   a. 생식　　b. 소화
   c. 운동　　d. 삼투조절
2. 다음 중 연체동물의 대단히 효율적인 호흡기관은 무엇인가?
   a. 신관　　b. 치설
   c. 빗살아가미　　d. 벨리저 유생
3. 뒤틀림(torsion)은 다음 중 어느 무리의 특징인가?
   a. 2매패류　　b. 복족류
   c. 군부류　　d. 두족류
4. 지능과 복잡한 행동은 다음 중 어느 무리의 특징인가?
   a. 두족류　　b. 다모류
   c. 완족류　　d. 극피동물

5. 연속된 체절(serial segmentation)은 다음 중 어느 동물문의 특징인가?

a. 연체동물　　b. 완족동물
c. 태형동물　　d. 환형동물

6. 태형동물과 완족동물의 두드러진 특징은 무엇인가?

a. 체강　　b. 체절
c. 강모(chaeta)　　d. 촉수관

7. 다음 선형동물 중 질병을 일으키는 것은 무엇인가?

a. 사상충　　b. 요충
c. 선모충　　d. a, b, c 모두

8. 종의 수에서 지구상에서 가장 성공한 동물문은 무엇인가?

a. 연체동물　　b. 절지동물
c. 극피동물　　d. 환형동물

9. 다음 중 절지동물의 특징이 아닌 것은 무엇인가?

a. 관절성 부속지　　b. 체절
c. 폐쇄순환계　　d. 체절성 신경절

10. 절지동물 중 협각을 가지고 있는 강은 무엇인가?

a. 순각강　　b. 갑각강
c. 육각강　　d. 협각강

11. 다음 중 십각류에 속하는 동물은 무엇인가?

a. 지네류와 노래기류　　b. 따개비류
c. 신느기류와 응애류　　d. 바닷가재류와 가재류

■ 2단계: 적용력 평가하기

1. 탈피하지 않고, 체강을 가지며, 담륜자 유생을 갖는 종이 속하는 분류군은 다음 중 어느 것인가?

a. 탈피동물　　b. 측생동물
c. 편형동물　　d. 촉수담륜동물

2. 다음 중 바닷가재와 가장 밀접한 관련이 있는 것은 무엇인가? 그리고 이런 관계를 결정하는 데 중요한 특징은 무엇인가?

a. 2매패류　　b. 지네류
c. 지렁이류　　d. 선형동물

3. 선형동물은 의체강을 갖고 있어서 한때 윤형동물과 밀접한 관계가 있는 것으로 생각되었지만 현재는 절지동물에 더 가까운 것으로 보고 있다. 무엇 때문인가?

a. 탈피　　b. 관절성 부속지
c. 날개　　d. 체강

■ 3단계: 사고력 함양하기

1. 미국의 체서피크만(Chesapeake Bay)을 연구하던 과학자들은 조개와 가리비의 개체군이 감소함에 따라 오염수준이 급격히 증가했음을 발견했다. 조개와 가리비의 어떤 특성이 이러한 결과를 초래하였는가?

2. 키틴은 균류뿐만 아니라 다수의 무척추동물에도 존재한다. 이를 통해 우리는 이 물질의 기원과 중요성에 대하여 무엇을 알 수 있는가?

3. 지응동체라는 것이 기생충에게 주는 이점은 무엇인가?

4. 촌충류에 소화계가 없다는 사실이 촌충류가 편형동물의 원시적 조상형이라는 것을 의미한다고 말할 수 있는가? 이를 설명하시오.

29

후구동물

도입

얼핏 보면 불가사리와 해삼 같은 극피동물과 매와 코끼리 같은 척삭동물은 공통점이 거의 없어 보인다. 하지만 둘은 동일한 발생 양상을 보이는데, 항문은 배아의 원구에서 유래하고 입은 그 반대편에서 생긴다. 이런 공동파생형질로 인해 두 분기군은 모두 후구동물에 속하게 된다.

29.1 극피동물

학습 목표

1. 극피동물의 특징을 열거할 수 있다.
2. 5방사대칭의 의미를 설명할 수 있다.
3. 현존하는 극피동물의 5개의 강(class)을 설명할 수 있다.

해양에서만 서식하는 극피동물문(phylum Echinodermata)의 특징은 후구동물형 발생 방식을 따르고(27장 참조), 내골격을 가진다는 것이다. 내골격은 단단한 탄산칼슘 판으로 되어 있으며, 피부 바로 밑에 위치한다. **극피동물**(echinoderm)이라는 명칭은 가시가 난 피부라(spiny skin)는 의미로 다수의 종에서 내골격의 판 위에 가시가 있기 때문에 붙여진 것이다. 불가사리류(**그림 29.1**), 거미불가사리류, 성게류, 연잎성게류, 해삼류 등의 극피동물은 해변에서 쉽게 볼 수 있다. 이들 모두는 5개의 대칭축(몸을 가로 질러 거울상을 만드는 선을 서로 다른 다섯 곳에서 그릴 수 있다)을 지니고 있어 **5방사대칭**(pentaradially symmetrical)이라 한다.

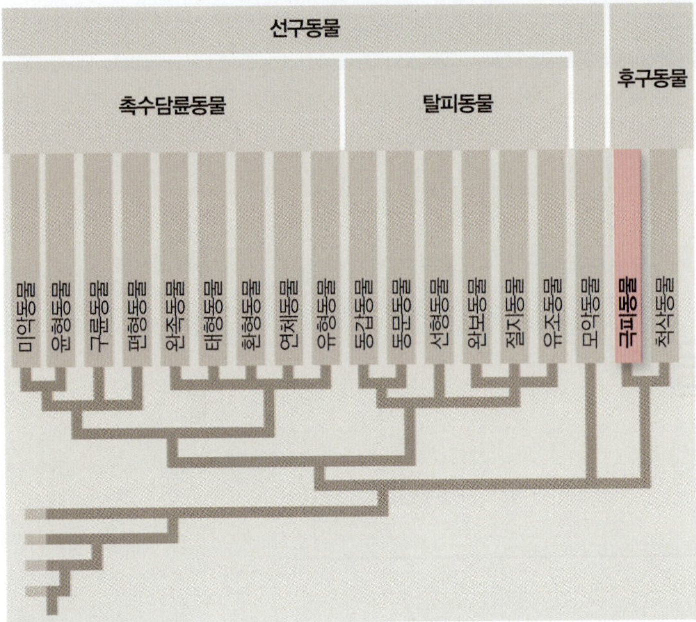

극피동물은 틀림없는 고대 생물이다

극피동물은 거의 6억 년 전에 나타난 고대의 해양 동물군으로 현재 약 12,000종이 있다. 극피동물에는 살아 있는 조직으로 덮여 있는 내골격이 있다. 극피동물의 독특한 특징은 이동과 섭식을 위한 유압장치(hydraulic system), 즉 액체로 채워진 **수관계**(water-vascular system)가 있다는 것이다. 이것은 여러 체강 중의 하나가 변형된 것으로, 중앙의 환상수관(ring canal)과 이로부터 뻗어 나온 **방사수관**(radial canals)으로 구성된다.

극피동물의 화석 자료들은 캄브리아기까지 거슬러 나타나지만 극피동물의 기원은 여전히 불분명하다. 계통발생학적 가설은 극피동물이 좌우대칭형 조상으로부터 진화하였다는 것인데, 이는 극피동물의 유생이 좌우대칭이라는 사실에 기초하고 있다(**그림 29.2**).

극피동물의 유생은 좌우대칭, 성체는 5방사대칭이다

극피동물의 몸은 발생 중 좌우대칭형 유생(**그림 29.2**)에서 5방사대칭형 성체(**그림 29.1** 참조)로 근본적인 변화를 겪는다. 등배, 앞뒤의 방향성은 머리나 꼬리가 없으면 의미가 없다. 성체 극피동물 몸의 방향성은 입을 기준으로 한다. 성체 극피동물의 모든 체제는 중앙으로부터 방사형으로 뻗는 가지로 이루어진다. 예로써 신경계는 중심 신경환과 이로부터 나온 가지로 구성된다. 그래서 기능의 집중화(centralization) 없이도 복잡한 행동 반응을 나타낼 수 있다.

해삼은 몸의 축이 수평 방향이므로 입이 가장 앞쪽에 위치한다. 바다나리와 깃별나리와 같은 바다나리류(crinoids)는 입이 수직 방향에서 바닥면의 반대쪽에 위치하지만, 그 외 많은 극피동물에서 입은 바닥 쪽을 향해 있다.

내골격

탄산칼슘 판, 일명 **골편**(ossicles)으로 이루어진 극피동물의 내골격은 여린 표피가 덮고 있다. 불가사리류에서는 개별 골격 요소들이 서로 느슨하게 연결되어 있으나, 성게류에서는 골편이 융합하여 일명 외각(test)이라고 하는 단단한 껍질을 형성한다. 이와는 대조적으

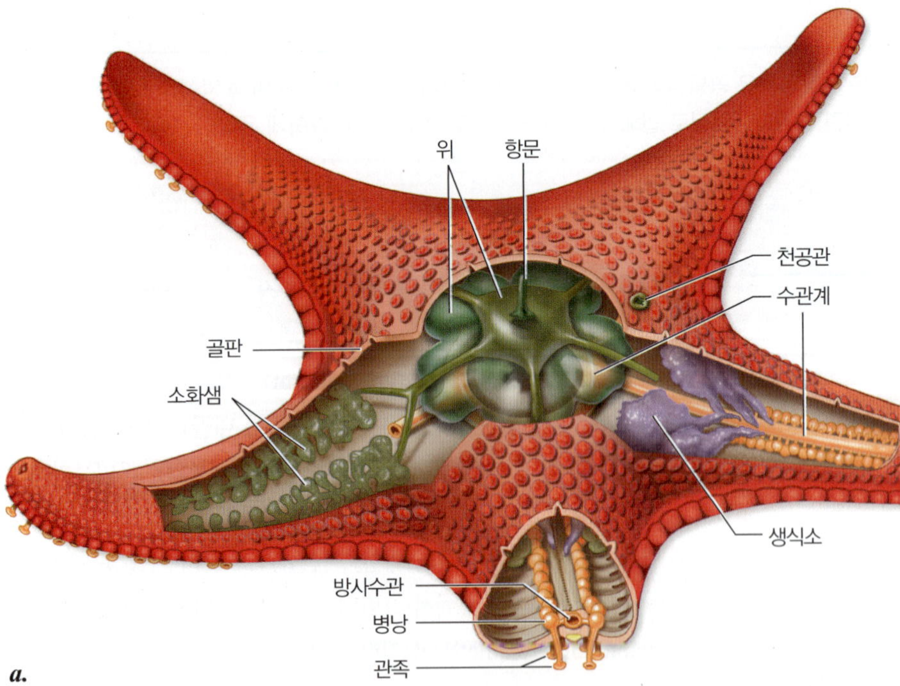

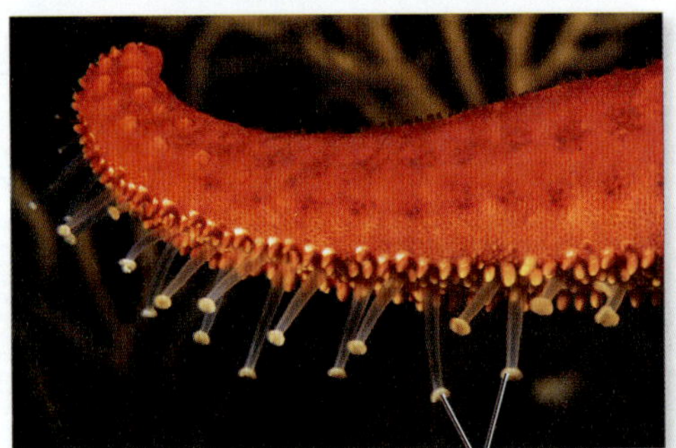

그림 29.1 극피동물문.
a. 불가사리류(불가사리강)와 같은 극피동물은 후구동물의 발생방식을 따르는 체강동물이며, 탄산칼슘 판으로 이루어진 내골격이 있다. 극피동물의 수관계가 자세히 나타나 있다. 방사수관은 액체를 관족에 보낸다. 관족에 있는 병낭이 수축할 때, 관족은 늘어나서 바닥기질에 부착할 수 있다. 관족의 근육이 수축하면 관족이 구부러지면서 몸이 앞으로 나아가게 된다. ***b.*** 불가사리(*Luidia magnifica*)의 확장된 관족.

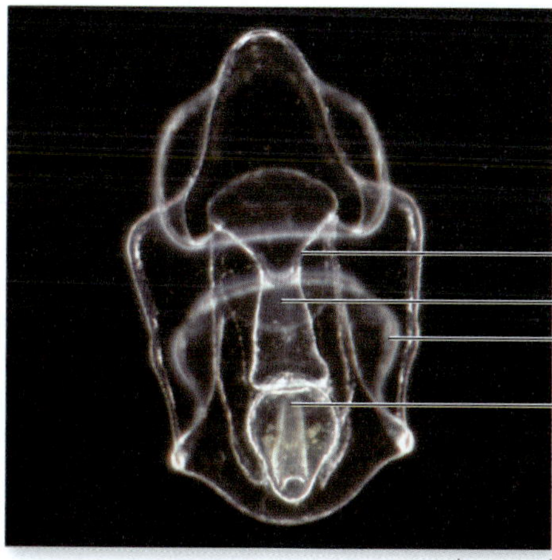

그림 29.2 **흔히 볼 수 있는 불가사리(*Asterias rubens*)의 자유유영 유생.** 좌우대칭인 유생을 통해 극피동물의 조상은 방사대칭이 아닐 수 있음을 알 수 있다.

로 해삼에서는 골편이 흩어져 있어서 체벽은 유연성을 지닌다. 일부 극피동물의 골편은 몸의 위치에 따라 구멍이 뚫린 것도 있는데, 이 구멍을 통해 수관계의 일부인 **관족**(tube feet)이 뻗어 있다.

극피동물에는 콜라겐성 조직이 있어서 질긴 고무 같은 조직을 부드러운 액체상으로 바꿀 수 있다. 이 놀라운 성질의 조직으로 인해 극피동물은 스스로 몸을 분절할 수 있을 뿐만 아니라 해삼에서처럼 거의 굳은 상태의 몸을 몇 초만에 축 늘어진 상태로 바꿀 수도 있다.

수관계

극피동물의 수관계는 방사상 구조를 하고 있는데, 식도를 둘러싸고 있는 환상수관에서 몸의 각 부위로 방사수관을 뻗고 있다(**그림 29.1** 참조). 대개의 경우 물은 몸 표면에 있는 체판처럼 생긴 **천공판**(madreporite)을 통해 수관계로 들어오며, 석관(stone canal)을 통과해 환상수관으로 흐른다. 석관이라 부른 것은 탄산칼슘에 의해 단단하게 보강되어 있기 때문이다. 방사수관은 다시 짧은 곁가지를 통해 속이 빈 관족으로 뻗어 있다(**그림 29.1***b* 참조). 대다수 극피동물에서 관족의 기부에는 근육질 주머니인 병낭(ampulla)이 있다. 병낭이 수축하면 액체는 단방향성 판막에 의해 방사수관으로 되돌아가지 않고 관족으로 밀려들어감으로써 관족이 확장된다. 관족은 벽의 한쪽 종주근이 수축하면 구부러지며, 병낭 근육의 이완과 모든 관족 종주근의 동시 수축은 액체를 병낭으로 되돌려 보낸다.

불가사리류와 성게류는 작고 약한 수많은 관족들의 일치된 움직임으로 해저 바닥을 기어다닌다. 해삼의 입 주변 관족들은 섭식용이다. 바다나리류에서 팔은 위쪽으로 향한 컵의 가장자리에서 뻗어 나오고, 관족은 팔의 가지에서 나오는데, 주변의 먹이를 포획할 때 이용한다. 거미불가사리류의 관족은 뾰족하며 섭식용으로 특화되어 있다.

대다수 극피동물에서 기체 교환은 몸 표면과 관족을 통해 이루어진다. 해삼류에서는 부가적으로 후장에서 가지쳐 나온 호흡수(respiratory tree)가 쌍을 이루고 있다. 물은 호흡수로 유입되고 항문을 통해 빠져나간다. 불가사리류에서는 수관계가 아닌 체강 중의 하나가 가지를 쳐서 유두(papulae)라는 표피 돌기를 만드는데, 이것도 기체 교환에 이용된다.

재생과 생식

많은 극피동물은 몸의 소실 부위를 재생할 수 있는데, 일부는 팔을 떼어 낸 다음 재생하기도 한다. 어떤 해삼류는 자극을 받으면 소화계 전체를 꺼내버리고서 수개월에 걸쳐 재생한다.

일부 극피동물은 분할방식의 무성생식을 할 수 있으나, 대다수는 유성생식을 한다. 일반적으로 배우자는 물속으로 방출되어 수정되며, 수정란은 자유유영하는 좌우대칭형 유생으로 발달한다(**그림 29.2**). 극피동물 각각의 강(class)은 특징적인 유생 형태가 있는데, 이 유생들은 정주성 성체로 변태할 때까지 바다의 플랑크톤으로 떠다닌다.

현존하는 극피동물에는 5강이 있다

극피동물에는 5개의 강(class)이 현존하고 있으나, 이미 20개가 넘는 강이 절멸하였다. 현존하는 것에는 (1) 불가사리류와 바다데이지류가 속한 불가사리강(Asteroidea), (2) 해삼류인 해삼강(Holothuroidea), (3) 성게류와 연잎성게류를 포함하는 성게강(Echinoidea), (4) 바다나리류와 깃별나리류를 포함하는 바다나리강(Crinoidea), (5) 거미불가사리류인 거미불가사리강(Ophiuroidea)이 있다(**그림 29.3**).

모든 강의 성체는 체제가 5부분으로 되어 있는데, 열매 모양에서 이름을 따온 해삼류(sea cucumbers)조차도 몸의 길이 방향으로 길게 5개의 홈이 나있다. 이 장에서는 가장 특징적인 3개의 강을 살펴볼 것이다.

불가사리류

불가사리류는 가장 쉽게 관찰할 수 있는 극피동물이며, 여러 해양 생태계에서 중요한 포식자이다. 크기가 1 cm부터 1 m가 넘는 것도 있다. 조간대에 흔하게 분포하지만 수심 10,000 m의 해저 가장 깊은 곳에서도 발견된다. 현재 약 1500종이 기록되어 있다.

불가사리는 중심반(central disk)에서 합쳐지는 끝이 뾰족한 팔로 되어 있다(**그림 29.1**). 대다수 불가사리류의 팔은 5개지만 그 수가 더 많은 종도 있는데, 대개는 5의 배수이다. 소화강과 생식소는 팔 안으로 뻗어 있다. 몸은 다소 납작하고 유연하며, 색소가 있는 표피로 덮

그림 29.3 극피동물의 다양성.
a. 멕시코 캘리포니아만의 불가사리(*Oreaster occidentalis*). ***b.*** 필리핀의 돌기 많은 해삼(*Parastichopus parvimensis*). ***c.*** 캘리포니아 카멜만의 *Echinometra*속 성게. ***d.*** 인도네시아의 *Comatheria*속 갯고사리(feather star). ***e.*** 카리브해 그랜드터크 섬 거미불가사리류의 일종(*Ophioderma ensiferum*).

여 있다. 바다데이지는 1986년에 발견되었으며, 한때 독립된 강으로 분류하였으나 지금은 불가사리강에 편입되었다.

거미불가사리류

거미불가사리류는 약 2000종으로 극피동물 중 종 수가 가장 많을 뿐만 아니라 개체 수에서도 아마 가장 풍부할 것이다. 불가사리류와 형태적으로 닮았으나, 차이점도 몇 가지 있다. 팔은 기부에서 말단쪽으로 가면서 약간 가늘어질 뿐 어느 부분에서나 직경이 비슷하기 때문에 이들이 합쳐지는 중심반 부분이 불룩해진다. 거미불가사리류는 상당히 단단하지만 쉽게 부러지기 때문에 영어명칭 brittle stars는 여기서 기원한다. 관족에는 병낭도 흡반도 없어서, 이동용이 아닌 섭식용으로 이용된다. 항문이 없어서 배설물은 입을 통해 배출한다.

극피동물 중에서 가장 기동성이 좋은 거미불가사리류는 노젓기 하듯 팔을 좌우로 흔들어서 해저 위를 미끄러져 간다. 일부 거미불가사리는 극피동물에서는 드물게 팔을 이용하여 유영한다. 대개는 팔이 5개이지만 일부 큰 동물(삼천발이, basket stars)에서는 각각의 팔이 여러 번 두 갈래로 나뉜다. 빛을 싫어하기에 밤에 활동성이 커진다.

성게류와 연잎성게류

연잎성게류와 성게류는 팔이 없고, 관족이 5개의 겹줄형태로 석회질 골판을 통해 돌출되어 있다. 근육이나 연결 조직에 의해 골격에 부착되어 있는 가시도 5개씩 배열되어 있으며, 보호기능을 하고 운동성도 있다.

성게류에는 약 950종의 현생종이 기록되어 있으며, 석회질 판의 보존성으로 인해 5000종 이상의 멸종된 성게류와 연잎성게류가 화석 기록으로 남아 있다. 본질적으로 연잎성게류는 성게류가 납작해진 형태이며, 그 중간형으로 심장형 성게류(heart urchins)가 있다.

성게류도 해삼류처럼 식용으로 이용되는데, 특히 일본에서는 우니(*uni*)라고 하는 생식소가 별미로 알려져 있다.

핵심 요약 29.1

극피동물은 내골격을 가진 해양성 후구동물이다. 이들의 특징은 성체가 5방사대칭성을 가지는 것인데, 이는 거울상을 만드는 선을 5 방향에서 그릴 수 있다는 것이다. 수관계와 관족은 운동과 섭식을 위한 흡반으로 작용한다. 현존하는 5개의 강에는 불가사리강(불가사리류), 바다나리강(바다나리류), 성게강(성게류와 연잎성게류), 해삼강(해삼류), 거미불가사리강(거미불가사리류)이 있다.

- 극피동물이 좌우대칭이라는 결론으로 이끈 계통발생학적 이유는 무엇일까?

29.2 척삭동물

학습 목표

1. 척삭동물을 정의하는 특징들을 열거할 수 있다
2. 척삭동물과 다른 분류군과의 진화적 관계를 설명할 수 있다.

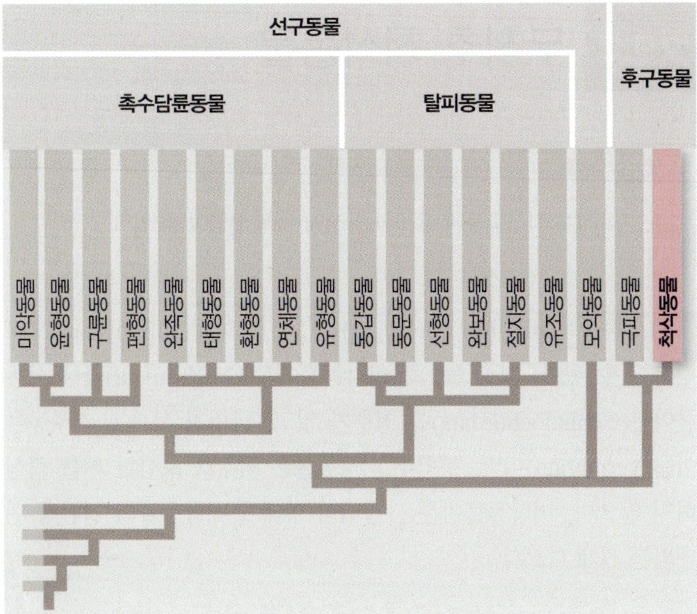

척삭동물문(phylum Chordata)에 속한 동물들의 내골격은 극피동물의 내골격보다 훨씬 크게 변형되어 있다. 극피동물의 내골격은 단단한 껍질의 안쪽에 근육을 부착시키는 절지동물의 외골격과 기능적으로 유사하다. 하지만 척삭동물은 진정한 의미에서 내부에 있는 선혀 다른 종류의 내골격을 갖고 있다. 척삭동물의 배아에는 등쪽에서 길이 방향으로 발달하는 신축성 막대 구조가 있고, 이 막대에 부착한 근육을 통해 발생 초기 척삭동물은 몸을 좌우로 흔들어 물속에서 헤엄칠 수 있다. 이처럼 내부 구조에 근육을 부착시키는 진화적 진보는 척삭동물을 척추동물로 이끄는 진화적 경로의 출발점이 되었고 마침내 최초의 진정한 대형동물의 출현을 낳았다.

다음 척삭동물의 특성은 어류, 양서류, 파충류, 조류 및 포유류를 포함하는 동물문의 진화에 중요한 역할을 해왔다(**그림 29.4**).

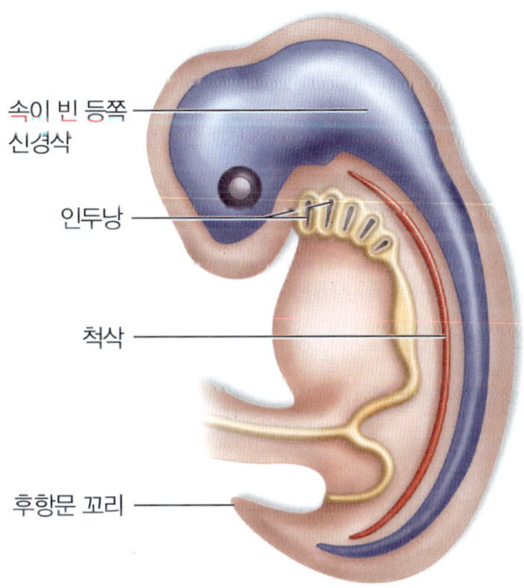

그림 29.4 일반화한 척삭동물 배아를 통해 살펴본 4가지 주요 특징.

1. 속이 빈 하나의 **신경삭**(nerve cord)이 동물의 등쪽 표피 아래에 뻗어 있다. 등쪽 신경삭은 척추동물에서는 뇌와 척수로 분화한다.
2. 신축성 막대 모양인 **척삭**(notochord)은 초기 배아의 원장 등쪽에 형성되는데, 모든 척삭동물은 발생과정의 어느 단계에서는 반드시 척삭을 가진다. 척삭은 신경삭 바로 아래에 위치하는데, 어떤 척삭동물에서는 일생 동안 척삭이 존재하지만 또 다른 경우에는 배아 발생 중에 신경삭 주위를 감싸는 척추로 대체되기도 한다.
3. **인두열**(pharyngeal slit)은 구강과 식도를 연결하는 근육성 관, 즉 **인두**(pharynx)를 외부 환경과 연결하고 있다. 육상 척추동물에서 인두열은 실제로 외부와 연결되어 있지 않기 때문에 인두열을 **인두낭**(pharyngeal pouches)이라 부르는 것이 더 적절하다. 인두낭은 모든 척추동물의 배아에 존재하는데, 아가미를 가진 동물에서는 인두열이 되어 외부로 열리고, 아가미가 없는 동물에서는 외부에서 보이지 않는다. 모든 척추동물의 배아에 이런 구조가 있다는 것은 그들의 조상이 수중생활을 했다는 증거이다.
4. 척삭동물은 적어도 배아 발생 동안에는 항문 뒤로 뻗어 있는 **후항문 꼬리**(postanal tail)가 있다. 그렇지 않은 척삭동물은 거의 모두 항문으로 끝난다.

모든 척삭동물은 일생 중 한때는 위의 특징을 모두 나타낸다. 예를 들어 사람은 배아 시기에 인두낭, 신경삭, 후항문 꼬리와 척삭을

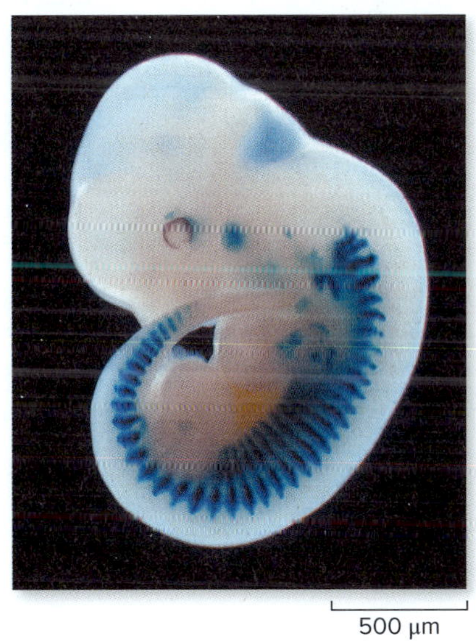

그림 29.5 생쥐의 배아.
발생 11.5일째, 중배엽은 이미 체절(somite)이라는 마디로 나뉘어 있는데(짙게 염색된 부위), 이는 모든 척삭동물의 체절화된 특성을 나타낸다.

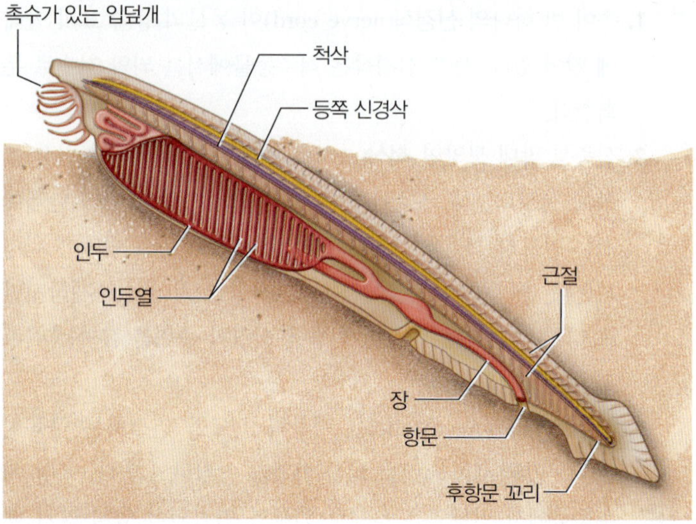

그림 29.6 척삭동물의 특징.
척추동물, 피낭류, 창고기류는 척삭동물문에 속하는 진체강동물로서, 탄력 있는 막대 모양의 척삭이 있어서 근수축에 견디며, 빠른 측면 이동을 가능케 한다. 척삭동물은 또한 그림의 창고기처럼 인두낭 혹은 인두열(조상이 수생이었음을 반영하고 있으며, 일부는 현재도 수중생활형이다)과 속이 빈 등쪽 신경삭도 가지고 있다. 거의 모든 척추동물에서 척삭은 배아 발생 중에 척추로 대체된다.

가진다. 성인이 되면 신경삭은 남아 있으나 척삭은 척추로 대체되고, 1쌍을 제외한 나머지 인두낭은 소실되는데, 남은 1쌍은 목과 가운데 귀(중이)를 연결하는 유스타키오관을 형성한다. 그리고 후항문 꼬리는 퇴화하여 꼬리뼈(coccyx)가 된다. 사람 배아의 이 같은 특성들은 19장에서 살펴본 바와 같이 발생방식이 어떻게 진화적 변화에 영향을 끼치는지를 보여주는 본보기가 된다.

이 외에도 척삭동물은 다른 동물들과 구별되는 많은 특징들을 가진다. 척삭동물의 근육은 배아 시기에 뚜렷이 관찰되는 체절성 덩어리 배열을 하고 있는데, 이는 척삭동물의 기본 체제에 영향을 주게 된다(**그림 29.5**). 대다수 척삭동물에는 근육에 의해 움직이는 내골격이 있다. 내골격 또는 척삭은 이 동물군의 놀라운 기동력을 설명해주는 요소이다(**그림 29.6**).

핵심 요약 29.2

척삭동물의 특징은 발생과정의 한 시기에 속이 빈 등쪽 신경삭, 척삭, 인두낭, 후항문 꼬리를 가진다는 것이다. 유연한 척삭은 내부 근육을 부착시킴으로써 빠르고 다양한 운동을 할 수 있게 된다. 척삭동물은 후구동물로서, 가장 가까운 친척은 극피동물이다.

- 척삭동물이 극피동물과 구별되는 특징은 무엇일까?

29.3 무척추 척삭동물

학습 목표

1. 무척추 척삭동물과 그들의 특징에 대해 설명할 수 있다.

척삭동물문(phylum Chordata)은 3개의 아문(subphylum)으로 구분할 수 있다. 그중 둘, 즉 미삭동물아문(Urochordata)과 두삭동물아문(Cephalochordata)은 척추가 없고, 나머지 하나는 척추동물아문(Vertebrata)이다. 무척추 척삭동물은 척추를 포함한 뼈를 형성하지 않으며, 미삭동물아문은 성체의 형태가 척삭동물의 일반적 형태와는 크게 다르다.

피낭류는 유생시기에 척삭이 있다

피낭류(tunicates)와 살파류(salps)를 포함하는 미삭동물아문(Subphylum Urochordata)에는 약 2000종의 해양동물이 있다. 이들 대다수의 성체는 이동성이 없으며, 유생만 척삭과 신경삭을 가진다. 성체에서는 주요 체강도, 체절화도 눈에 띄지 않는다(**그림 29.7***a*, *b*). 대부분 얕은 물에 살지만 일부는 깊은 곳에서 발견되기도 한다. 일부 피낭류의 성체는 군체를 이루어 해저 바닥에서 집단생활을 한다. 인두에는 섬모가 줄지어 있으며, 섬모 운동으로 물을 인두로 끌어들일 때 함께 들어온 현미경 크기의 먹이 입자들은 **내주**(endostyle)라고 하는 기관에서 분비된 점막에 달라붙게 된다.

올챙이 모양의 유생은 척삭동물의 기본적인 특징을 모두 보여주고 있다(**그림 29.7***c*). 유생은 먹이를 섭취하지 않으며, 장이 잘 발달되어 있지 않고, 단 며칠간 떠다니다가 바닥에 가라앉으면 적당한 장소에 흡반을 이용하여 부착한다.

피낭류는 성체로 발달하는 과정에 고착성 및 여과 섭식에 적합하도록 큰 변화를 겪기에 성체를 분석하는 것만으로는 진화적 관계를 밝히기는 어렵다. 피낭류 성체는 분비물을 통해 주위에 피낭(tunic)이라는 질긴 주머니를 만들어 자신을 둘러싸는데, 피낭의 주성분은 셀룰로스로서 동물에서는 찾아보기 어렵고 조류(algae)와 식물의 세포벽에서 흔히 발견되는 성분이다. 피낭류라는 이름은 이 피낭에서 유래한 명칭이다. 군체성 피낭류는 공동 피낭과 외부로 통하는 공동 입구가 있다.

미삭동물문의 한 무리에 속하는 유형류(Larvacea)는 꼬리와 척삭을 가진 채 성체로 발달한다. 척추동물의 기원에 관한 이론 중의 하나는 유생 형태가 생식 능력을 획득하였다는 것인데, 어쩌면 피낭류

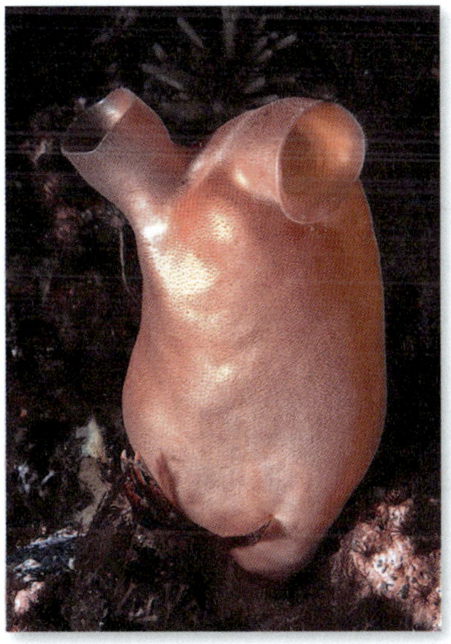

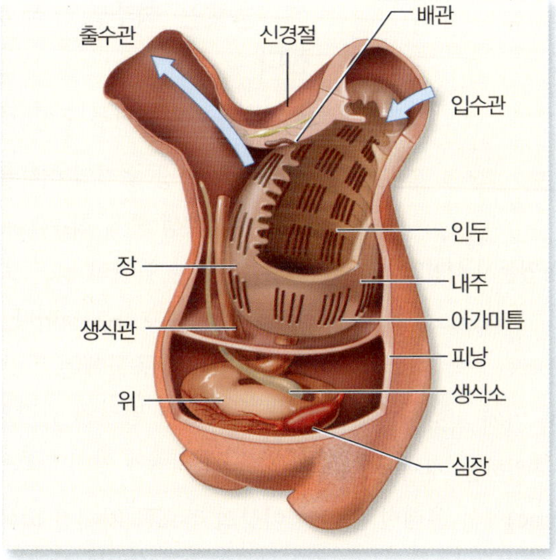

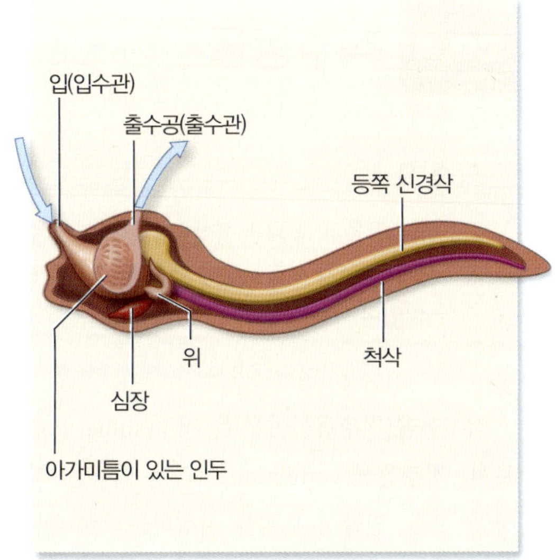

그림 29.7 피낭류.
a. 붉은 멍게인 *Halocynthia auranthium*은 다른 피낭류처럼 성체가 되면 이동하지 않고 바닥에 단단히 붙어 있다. *b.* 피낭류 성체 구조의 모식도. c 올챙이와 같은 형태적 특징을 보이는 피낭류 유생 구조의 모식도. 피낭류 유생은 추정하고 있는 척삭동물 공동조상의 모습과 유사하다.

의 유생이 그 기원일 수 있을 것이다.

창고기류는 작은 해양성 척삭동물이다

두삭동물아문(Subphylum Cephalochordata), 일명 창고기류(lancelets)의 영어 명칭은 양날의 외과용 수술 칼인 란셋(lancet)을 닮아서 붙여진 이름이다. 비늘이 없고 길이가 수 cm인 이 척삭동물은 전 세계의 얕은 바다에서 흔히 발견된다. 이 아문에는 약 30종의 동물이 있으며, 대부분 *Brancbiostoma*(이전에는 *Amphioxus*라고 함)속에 포함된다. 창고기류의 척삭은 등쪽 신경삭을 따라 길게 뻗어 있으며 일생 동안 계속 남아 있게 된다.

창고기류는 모래나 뻘 속에 몸을 묻고, 앞부분만 밖으로 내민 채 대부분의 시간을 보낸다(**그림 29.8**), 드물기는 하지만 헤엄칠 때도 있다. 근육은 얇고 부넝한 피부를 통해 쉽게 관찰할 수 있는데, 근절(myomeres)이라는 뚜렷이 구분되는 구획이 연속적으로 존재하는 구조이다. 창고기류는 어류보다 더 많은 인두새열(pharyngeal gill slits)을 가진다. 피부에는 색소가 없고, 여러 층으로 된 척추동물의 피부와는 달리 단 하나의 세포층으로 이루어져 있다. 몸은 앞뒤 모두 뾰족하다. 색소가 있는 광수용기를 제외하고는 구분 가능한 머리나 감각기가 없다.

창고기류는 입덮개(oral hood), 인두, 아가미틈(새열)에 줄지어 나 있는 섬모로 물의 흐름을 일으켜 현미경으로 볼 수 있는 크기의 플랑크톤을 먹고 산다. 이때 아가미틈은 물이 빠져나가는 통로가 되는데, 이는 여과섭식을 위한 적응이다. 입덮개는 입보다 앞쪽으로 돌출해 있으며 감각 촉수를 가지고 있는데, 감각 촉수는 입 주위에도 둥글게 나 있다.

그림 29.8 창고기류.
두 마리의 창고기(*Branchiostoma lanceolatum*)가 패각쇄설퇴적물에 묻힌 채 전단부만 밖으로 내밀고 있다. 체절성 근육이 뚜렷이 보인다.

핵심 요약 29.3

무척추 척삭동물은 척삭은 있으나 척추나 뼈는 없다. 피낭류와 같은 미삭동물류는 유생시기에는 척삭이 뚜렷하나 성체에서는 완전히 다른 형태를 취한다. 창고기류와 같은 두삭동물은 성체가 되어도 몸 형태가 바뀌지 않는다.

■ 창고기류와 피낭류는 서로 어떻게 다를까? 또 척추동물과는 어떻게 다를까?

29.4 척추동물

학습 목표

1. 척추동물과 그 외의 척삭동물을 구분할 수 있다.
2. 연골과 뼈가 척추동물의 대형화에 어떻게 기여하였는지 설명할 수 있다.

척추동물(척추동물아문)은 척주(spinal column)를 가진 척삭동물로서, **척추동물**(vertebrate)이라는 이름은 척주를 구성하는 개개의 경골, 또는 연골성 분절을 지칭하는 척추뼈(vertebrae)에서 유래한 것이다.

척추동물은 척추뼈와 뚜렷한 머리, 그 외 다른 특징들을 가진다

척추동물은 피낭류나 창고기류와는 2가지 중요한 차이점이 있다.

척주: 가장 초기의 어류를 제외한 모든 척추동물에서 척삭은 배아 발생 중에 척주(vertebral column)로 대체된다(**그림 29.9**). 척주는 일련의 경골 또는 연골성 척추뼈가 등쪽 신경삭을 감싸서 보호하는 것이다.

머리: 척추동물에는 뚜렷이 구분되고 잘 분화된 머리가 있으며, 3쌍의 발달된 감각기관이 있다. 뇌는 경골이나 연골로 된 두개골에 싸여 보호된다.

이상의 주요한 차이점 외에도 척추동물은 다음과 같은 점에서 다른 척삭동물들과는 구분된다(**그림 29.10**).

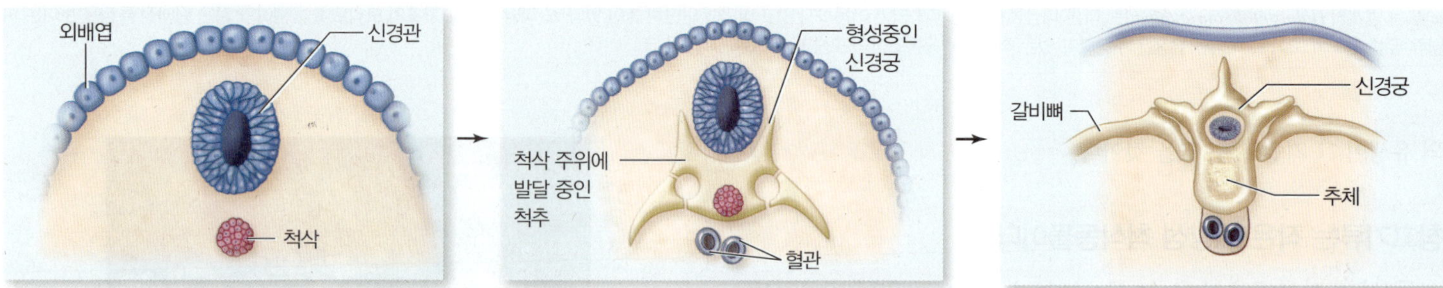

그림 29.9 배아시기 척추뼈의 발생.
배아 발생 동안에 탄력 있는 척삭은 추체(centrum)라고 하는 연골성 또는 경골성 덮개로 둘러싸여 대체된다. 신경관은 추체에 붙은 신경궁에 의해 보호된다. 척주는 강하면서 탄력 있는 막대로 작용하여 동물이 헤엄치거나 움직일 때 근육의 수축력을 전달한다.

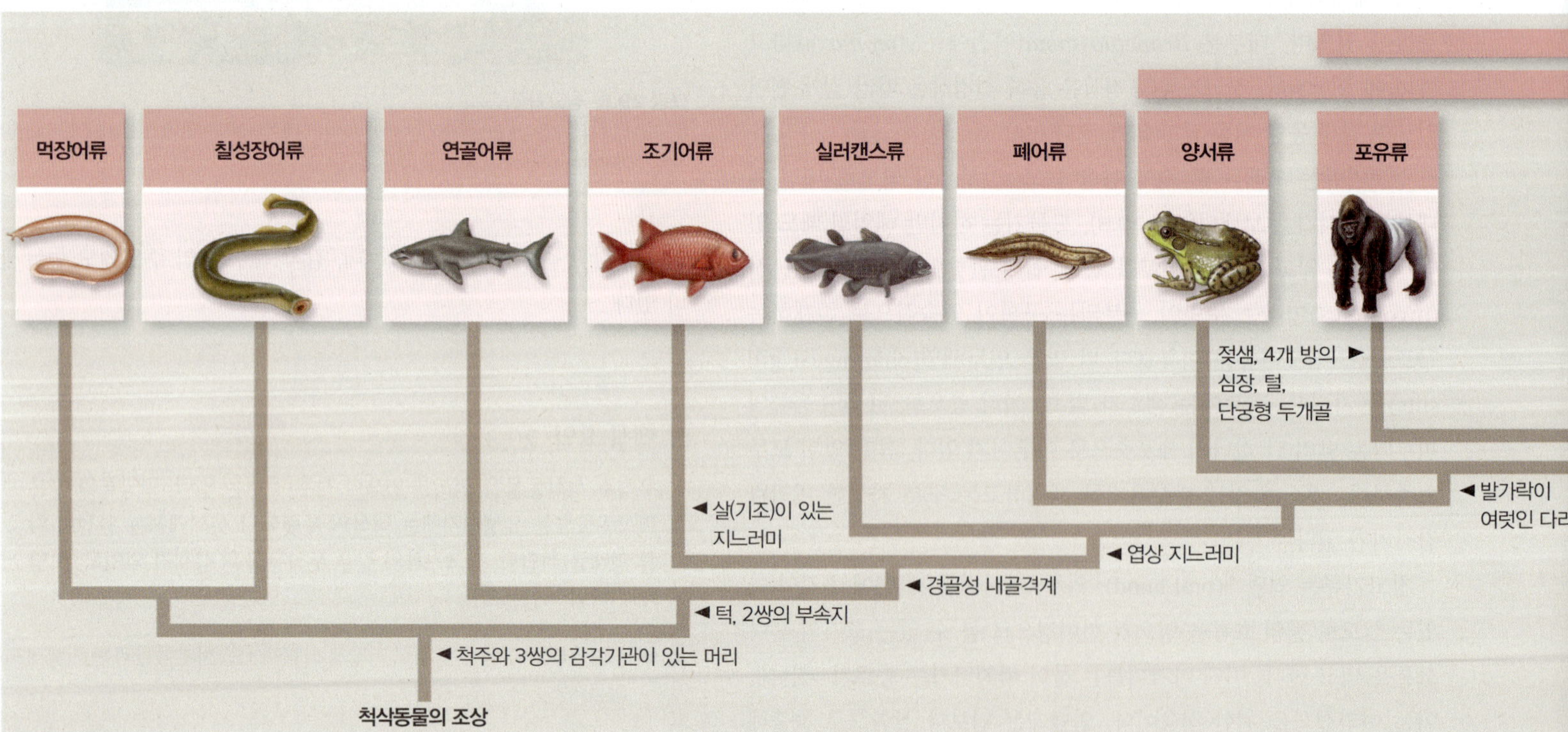

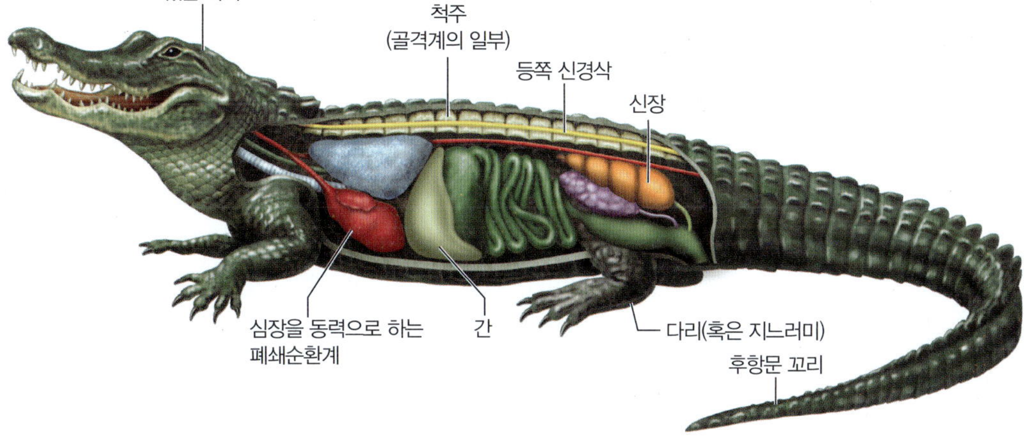

그림 29.10 척추동물의 주요 특징. 성체 척추동물은 척주와 두개골을 포함한 연골 또는 경골성 내골격으로 특징지어진다. 그 외 몇 가지 내부와 외부의 특징들도 함께 가지고 있다.

신경능선: **신경능선**(neural crest)이라는 독특한 배아세포 집단이 척추동물의 여러 구조의 발생에 기여한다. 이 세포들은 신경판이 함입되고 잘록해져 만들어지는 신경관의 능선에서 생겨난다(47장 참조). 이후에 신경능선 세포들은 발생 중인 배아의 여러 위치로 이동하여 여러 구조의 발달에 관여한다.

내부기관: 척추동물의 특징적인 내부기관에는 간, 신장, 내분비샘이 포함된다. 관이 없는 내분비샘은 몸의 여러 기능을 돕는 호르몬을 분비한다. 모든 척추동물은 하나의 심장과 폐쇄순환계를 가진다. 순환 기능과 배설 기능은 척추동물이 다른 동물과 크게 차이나는 영역이다.

내골격: 대다수 척추동물의 내골격은 연골이나 경골로 이루어져 있다. 연골이나 경골은 단백질인 콜라겐 섬유들이 치밀하게 결합된 특수 조직이며(40장 참조), 경골은 부가적으로 인산칼슘염 결정을 함유한다.

5억 년 전에 진화한 척추동물: 개요

최초의 척추동물은 캄브리아기인 5억 3천만 년 전 바다에서 진화하였다. 다수는 한쪽 끝에는 입, 다른 쪽 끝에는 지느러미를 가진 납작한 핫도그 모양이었다. 여닫을 수 있는 턱의 출현은 큰 진화적 진보로서, 새로운 방식의 섭식을 가능케 하였다. 턱이 있는 어류는 바다를 지배하는 생명체가 되었으며, 그 자손들인 4지동물은 육지로 진출하였다. 4지동물의 한 분기군인 양막류는 약 3억 년 전에 출현하였고, 양막류의 주요 두 분기군인 단궁류와 쌍궁류는 물을 떠나 살기에 더 적합하게 진화함으로써, 5천만 년 전에는 무양막 4지동물을 대체하고 육지의 대표적인 척추동물이 되었다.

양막류의 성공으로 인해 척추동물이 실질적으로 지상을 지배하게 되었는데, 많은 파충류들이 진화하여 크기가 닭보다 작은 것부터 버스보다 큰 것까지, 날아다니는 것에서 헤엄치는 것까지 다양하게 출현하였다. 뿐만 아니라 양막류로부터 육상 척추동물의 나머지 두 놀라운 계통도 진화하게 되는데, 양막 단궁류로부터 진화한 포유동물,

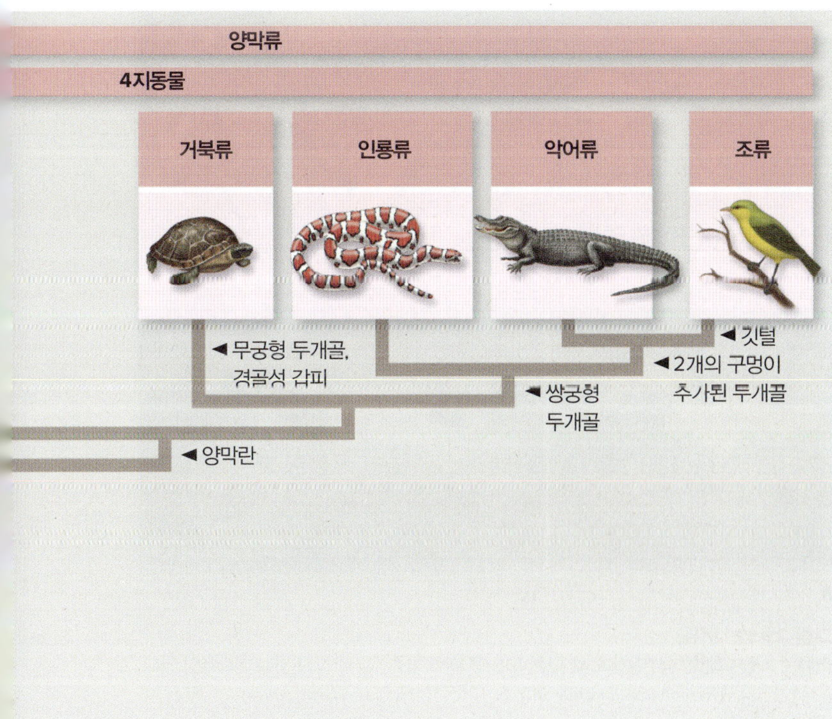

그림 29.11 현생 척추동물들의 계통발생. 척추동물 무리에서 진화한 주요 특징의 일부를 계통발생 그림에 나타내었다.

탐구문제 척추동물에 속한 강(class) 중에서 측계통성인 강은 어느 것이며, 그 이유는 무엇인가?

파충류의 한 부류로부터 진화한 조류가 바로 그것이다.

화석기록에 따르면 공룡과 포유류는 2억 2천만 년 전에 거의 동시에 출현하였으며, 그 후 1억 5천만 년이 넘는 동안 지상은 공룡이 지배하였다. 공룡이 지배하던 1억 5천만 년 동안 내내 포유류는 아무리 커도 중간 크기의 개 정도였다. 그러다 약 6500만 년 전 백악기 대멸종기에 공룡을 포함한 여러 종류의 파충류들이 갑자기 사라지고, 포유류와 조류가 빠르게 그 자리를 차지하면서 그 수도 늘어나고 다양해졌다.

척추동물의 역사는 처음에는 바다에서 육지로, 다음에는 공중으로 진출하는 진화적 진보의 연속이었다. 이 장에서는 척추동물의 성공적인 육상 진출을 가능케 한 진화적 진보에 대해 살펴볼 것이다. 이 과정은 동물 체제의 여러 근본적인 변화를 수반하는 놀라운 진화적 성취 과정이었다.

척추동물의 진화를 살펴볼 때 두 척추동물 무리인 어류와 파충류는 측계통군임을 염두에 두어야 한다(**그림 29.11**). 어떤 어류는 다른 어류보다 오히려 척추동물과 더 가깝고, 마찬가지로 어떤 파충류는 다른 파충류보다 오히려 조류에 더 가깝다. 21장에서(**그림 21.6** 참조)에서 논의한 바와 같이 생물학자들은 이 같은 상황을 다루는 방식에 대하여 이견이 있다. 따라서 여기에서는 어류와 파충류의 측계통성이 가지는 진화적 함의를 염두에 두고, 기존의 전통적인 분류 방식을 그대로 척추동물에 적용하였다.

핵심 요약 29.4

척추동물은 척추와 뚜렷한 머리로 특징 지어진다. 그 외에 신경능선의 발달, 폐쇄순환계, 특화된 기관들, 그리고 큰 신체와 강력한 동작을 위한 힘을 제공하는 경골 또는 연골성 내골격계를 갖는 특징이 있다.

■ 외골격계는 어떻게 생물체의 크기를 제한할까?

29.5 어류

학습 목표

1. 어류의 주요 분류군에 대해 설명할 수 있다.
2. 어류의 진화적 혁신의 중요성을 설명할 수 있다.

척추동물의 절반 이상이 어류이다. 어류는 가장 다양한 척추동물군으로 육상진출에 대한 진화적 기초를 제공하였다. 여러 관점에서 초기 4지동물은 과도기적인 "물 밖으로 나온 물고기"로 볼 수 있다.

척추동물의 진화는 캄브리아기(5억 4500만 년~4억 9천만 년 전)의 원시 바다에서 시작되었는데, **그림 29.11**은 이후에 나타난 척추동물의 진화적 특징들을 보여준다. 턱도, 이빨도 없었던 최초의 어류는 물속에서 몸을 꿈틀거리며 전진하고, 작은 진공청소기처럼 해저 바닥의 작은 먹이입자를 흡입하였다. 대부분은 크기가 30 cm 이하이고, 아가미호흡을 하며, 쌍을 이룬 지느러미나 척추뼈는 없었다(일부는 원시적인 척추뼈가 있었음), 머리가 있었으며 원시적인 꼬리로 물을 가르며 나아갔다.

오르도비스기(4억 9천만 년~4억 3800만 년 전)의 약 5000만 년 동안에는 최초의 단순한 어류가 유일한 척추동물이었다. 오르도비스기가 끝날 무렵, 헤엄치는 것을 도와줄 원시 지느러미와 몸을 보호할 거대한 골갑(shields of bone)이 발달하였다. 턱 있는 어류는 실루리아기(4억 3800만 년~4억 800만 년 전)에 처음으로 나타났으며, 이들의 출현으로 새로운 먹이섭식 방식이 도입되었다.

어류는 5가지 주요 특징들을 보인다

길이가 18 m나 되는 고래상어로부터 손톱만한 크기의 소형 망둥

a. *b.* *c.*

그림 29.12 어류.
어류는 가장 다양한 척추동물로서, 다른 모든 종류의 척추동물을 합친 것보다 종수가 많다. ***a.*** 색댕기곰치(*Rhinomuraena quaesita*), ***b.*** 나뭇잎해룡(*Phycodurus eques*), ***c.*** 황다랑어(*Thunnus albacares*).

어류(gobies)에 이르기까지 어류는 크기, 모양, 색깔과 외형이 매우 다양하다(**그림 29.12**). 어떤 것은 극한의 북극해에 살고 또 어떤 것은 따뜻한 담수호에 살거나, 심지어 완전히 물 밖으로 나와 오랜 시간을 지내는 것들도 있다. 그러나 아무리 다양해도 어류는 다음의 중요한 특징들을 공유한다.

1. **척주**: 어류는 등쪽 신경삭을 둘러싸는 경골성 또는 연골성 척추뼈로 이루어진 내골격과 뇌를 담아두는 경골성 또는 연골성 두개골을 가진다. 예외적으로 무악류인 먹장어류는 연골성 두개골은 있으나, 척추뼈는 유생시기에만 나타났다가(일부 종에서만) 사라지고, 척삭이 남아서 지지작용을 한다. 칠성장어류에는 연골성 골격과 척삭이 있는데, 이 원시 연골성 척추뼈가 척삭을 둘러싸고 있다.
2. **턱 그리고 쌍을 이루는 부속지**: 먹장어류와 칠성장어류를 제외한 어류는 모두 쌍을 이룬 부속지와 턱을 가지는데, 이는 4지동물에서도 나타나는 특징이다(**그림 29.11**). 이 어류들은 턱으로 인해 더 크고 더 빠른 먹이를 포획할 수 있었다. 대부분의 어류는 2쌍의 지느러미, 즉 1쌍의 가슴지느러미와 1쌍의 배지느러미를 가진다. 총기어류(lobe-finned fishes)에서는 쌍을 이룬 지느러미들이 서로 이어져 있다.
3. **내부 아가미**: 어류는 수생 생물이므로 물에 녹아 있는 산소를 흡수할 수 있어야 한다. 그래서 입을 통해 들어온 물을 아가미를 가로질러 통과시킨다(42장 참조). 아가미는 혈관이 풍부한 가느다란 필라멘트성 조직으로 되어 있다.
4. **단일고리형 혈액 순환**: 혈액은 심장에서 분출하여 아가미로 간다. 산소가 풍부한 혈액은 아가미로부터 온 몸을 통과하여 다시 심장으로 되돌아온다. 심장은 순차적으로 수축하는 2개의 방으로 이루어진 근육질의 관-펌프 기관이다.
5. **영양 결핍성**: 어류는 방향족(aromatic) 아미노산(페닐알라닌, 트립토판, 타이로신; 2장 참조)을 합성하지 못하기 때문에 먹이로부터 섭취해야 한다. 이러한 합성능력 결여는 이들의 모든 척추동물 후손들에게 유전되었다.

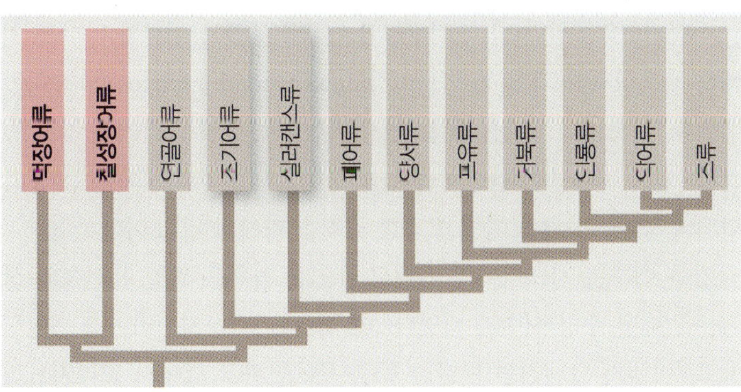

최초의 어류들

최초의 어류들은 턱이 없고, 몸의 앞쪽 끝에 입만 있어서 입을 벌려 먹이를 섭취하였는데, 현생하는 두 무리, 먹장어류(class Myxini; **표 29.1**)와 칠성장어류(class Petrozontida)가 이에 해당한다.

또 다른 무리로는 **갑주어류**(ostracoderms, 골성 피부라는 의미)가 있는데, 이들은 머리만 경골로 덮여 있고, 정교한 내골격은 연골로 이루어져 있다. 많은 갑주어류는 저서생활을 하며, 납작한 머리 아래에는 턱 없는 입이 있고 윗면에는 눈이 있다. 갑주어류는 오르도비스기와 실루리아기(4억 9천만 년~4억 800만 년 전)에 번성하다가 데본기(4억 800만 년~3억 6천만 년 전) 말에 이르러 거의 멸종하게 된다.

턱의 진화

실루리아기 후기의 중요한 진화적 진보는 턱의 발달이다. 턱은 아가미궁(새궁, gill arches)이 진화한 것인데, 아가미궁은 아가미틈 사이에서 틈이 열려있도록 조직을 지탱하는 연골성 버팀구조이다(**그림 29.13**). 이것은 매우 놀랍고 근본적인 변화였다.

각각의 아가미궁은 몇 개의 연골(후에 경골로 진화함)이 연속적으로 배열하여 꼭지점이 바깥쪽으로 향하는 V자 형태를 한쪽에 취한다. 맨 앞쪽 좌우 1쌍의 V자 형 아가미궁이 위와 아래에서 융합하고, V자의 꼭짓점이 경첩이 되면 원시 척추동물의 턱이 생겨나는 것이다. 턱의 위쪽 반은 뒷부분을 제외하고는 두개골에 직접 부착되어 있지 않다. 이빨은 입 안쪽 피부의 비늘이 변형되어 턱 위에 생겨났다(**그림 29.13**).

판피류(placoderms)라 불리는 갑주어류(armored fishes)와 극어류(acanthodians)라 불리는 가시어류(spiny fishes)는 턱이 있었다. 데본기 초기에 번성했던 가시어류는 갑주어류를 대체하였으나, 페름기 말기에는 자신들도 멸종하게 된다. 가시어류는 갑주어류와 마찬가지로 내골격이 연골로 되어 있었으나 비늘에는 작은 경골성 골판이 들어 있었다. 가시어류는 턱을 가진 포식자였으며, 갑주어보다 훨씬 헤엄을 잘 쳤는데, 7개나 되는 지느러미를 가지고 있었고, 모든 지느러미는 단단한 가시로 강화되어 있어서 이름이 여기서 유래하게 되었다.

데본기 중반 즈음에 중무장한 판피류가 번성하여 데본기 후기에는 7개 목(order)을 가지는 매우 다양하고 성공적인 무리가 되지만 데본기 말에 멸종하고 만다. 판피류의 턱은 가시어류보다 훨씬 진보한 것으로, 윗턱이 두개골에 융합되었고, 두개골은 경첩으로 어깨와 연결되었다. 많은 판피류는 거대한 크기로 자랐는데, 어떤 것은 60 cm에 이르는 거대한 입이 있는 두개골을 포함하여 길이가 9 m 이상 되었다.

표 29.1	어류의 주요 강(class)		
강	**대표적인 예**	**주요 특징**	**대략적인 현생종 수**
실러캔스강	실러캔스 	현생 총기어류 2종류 중 하나(다른 하나는 폐어), 실러캔스는 중생대 이후 형태적 변화가 없다. 실러캔스강과 폐어강이 이전에는 육기어강의 아강으로 분류되었으나 4지동물(다리 있는 척추동물)이 총기어류에서 분리되어 나왔으므로 육기어강은 측계통군으로 판명됨	2
폐어강	폐어 	공기호흡하는 총기어류, 물밖에서 오래 살 수 있음	6
조기어강	조기어류 	척추동물 중에서 가장 다양한 무리. 부레, 경골성 골격, 경골성 지느러미살이 지지하는 쌍으로 된 지느러미	30,000
연골어강	상어, 홍어, 가오리 	연골성 골격, 부레 없음, 체내수정	1000
칠성장어강	칠성장어 	턱이 없고 대부분 멸종, 쌍으로 된 부속지 없음, 기생성이거나 아님. 모두 민물에서 산란	38
먹장어강	먹장어 	턱 없음, 쌍으로 된 부속지가 없음. 청소동물. 대부분 시각은 없으나 잘 발달된 후각이 있음	60
판피어강	판피어류 	턱이 있으며, 중무장한 머리, 몸집이 아주 컸음	멸종
극어류와 갑주어류	가시어류 	턱이 있거나(극어류) 없으며(갑주어류), 날카로운 가시로 지지되는 쌍으로 된 지느러미, 경골성 머리보호대, 나머지 골격은 연골	멸종

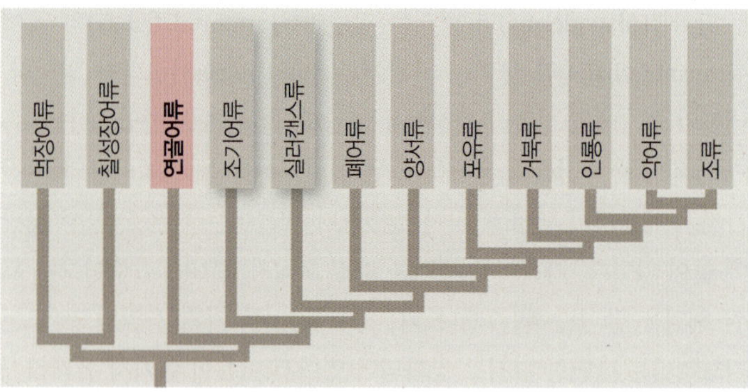

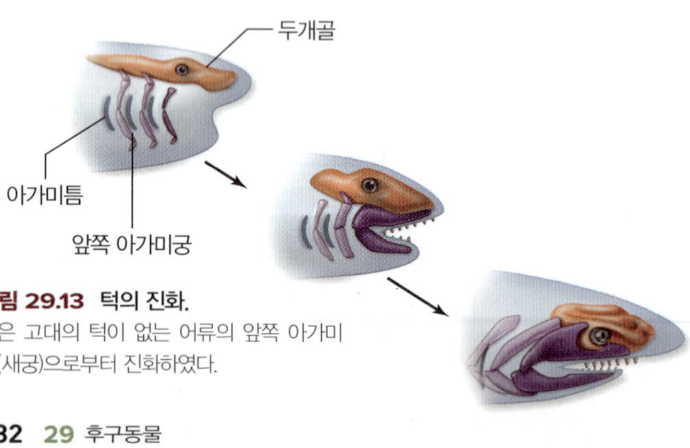

그림 29.13 턱의 진화.
턱은 고대의 턱이 없는 어류의 앞쪽 아가미궁(새궁)으로부터 진화하였다.

연골성 골격을 갖는 상어가 최상위 포식자가 되다

데본기 말, 지구 역사에서 일어난 몇 차례의 대멸종 사건 중 하나로 인해 지금까지의 초기 척추동물들이 사라지고 상어류와 경골어류로 대체되었다(20장 참조). 상어류와 경골어류들은 4억 년 전 초기 데본기에 처음 출현하였다. 이들의 턱은 더욱 진보하여 턱 바로 뒤에 있는 아가미궁의 윗부분이 지지대로 변형되어 아래턱의 뒷부분을 두개골의 뒷부분과 연결해 줌으로써 입을 이전보다 훨씬 더 크게 벌릴 수 있게 되었다.

석탄기(3억 6천만 년~2억 8천만 년 전) 동안 상어류가 바다를 지배하는 포식자가 되었다. 연골어강(class Chondrichthyes)에 속하는 홍어류, 가오리류 및 상어류는 원시 어류처럼 연골성 골격을 갖고 있으나, 연골 바깥층은 탄산칼슘 입자가 침착되는 석회질화를 통해 강화되어 있다. 그 결과 가볍고 강한 골격을 가지게 된 것이다.

쌍을 이루는 지느러미와 가볍고 유연한 골격을 가진 유선형의 상어는 위대한 수영 선수가 되었다(**그림 29.14**). 가슴지느러미가 특별히 크고, 비행기 날개처럼 단단한 돌출구조를 하고 있어서 꼬리지느러

그림 29.14 연골어류(연골어강).
사진 속 뱀상어(*Galeocerdo cuvier*)와 같은 연골어강에 속한 어류는 주로 포식자 또는 청소동물이다.

미의 아래로 향하는 추진력을 상쇄하는 양력을 더해 주는 역할을 한다. 상어류는 매우 공격성이 강한 포식자이며, 일부 초기 상어류는 거대한 크기였다.

이빨의 진화

상어는 이빨이 발달한 최초의 척추동물에 속한다. 피부의 거친 비늘에서 진화한 이빨은 사람 치아처럼 턱에 고정되어 있지 않고 턱 위에 얹혀 있어서 쉽게 빠진다. 상어의 입속을 보면 이빨이 최대 20열 정도로 줄 지어 있는데, 앞쪽 이빨은 물고 자르는 기능을 한다. 만약 앞쪽 이빨이 부러지거나 닳아 없어지면 바로 다음 열의 이빨이 앞쪽으로 옮겨가게 된다. 한 마리의 상어는 일생 동안 20,000개 이상의 이빨을 사용하게 된다.

상어의 피부에는 작은 이빨과 같은 비늘이 덮여 있어서 사포처럼 거친데, 이 비늘도 이빨처럼 일생 동안 계속 교체된다.

측선계

경골어류와 마찬가지로 상어도 완전히 발달한 **측선계**(lateral line system)를 가지고 있다. 측선계는 피부 표면 아래의 관 속으로 돌출된 감각기관이 연속 배열되어 있는 구조이다. 그 관은 물고기의 몸체를 따라 길게 뻗어 있으며, 연속 배열된 움푹한 구멍(벽공)을 통해 외부로 열려 있다. 물고기가 지나가면 물은 관을 통과하게 된다. 벽공은 물이 어느 방향으로 흐르든지 일부는 자극이 되도록 배열되어 있다. 측선계의 기능은 38장에 자세히 기술되어 있다. 실제로 측선계는 물고기의 청각기관에 해당하며, 기계적 자극수용(mechanoreception)의 역할을 한다.

연골어류의 생식

연골어강(class Chondrichthyes)의 생식 방식은 대다수 다른 어류의 생식 방식과는 다르다. 상어 알은 체내에서 수정된다. 교미하는 동안 수컷은 지느러미다리(clasper)라고 하는 변형된 지느러미로 암컷을 붙잡고 지느러미다리의 홈을 통해 정자를 암컷에게 보낸다. 어떤 종은 수정란을 산란하기도 하지만, 대다수 연골어류의 수정란은 암컷 체내에서 발달하여 새끼 상태로 출생한다(**그림 46.4** 참조).

이런 생식 방식은 상어에게 불리하게 작용할 수 있다. 긴 임신기간과 상대적으로 적은 자손 수는 감소하는 상어 개체수의 빠른 회복을 어렵게 하기 때문이다. 불행하게도 최근에는 아시아 지역을 중심으로 한 상어지느러미 요리의 유행으로 상어 포획이 매우 심각한 수준이고, 그 결과 상어 개체수가 급격히 감소하고 있어서 머잖아 많은 종들의 멸종을 직면하게 될까봐 우려된다.

상어의 진화

상어류의 초기 진화계통들 중 다수는 페름기 말(2억 4800만 년 전)의 대멸종기에 사라졌다. 살아남은 것들은 번성하여 중생대(2억 4800만 년~6500만 년 전) 동안에 폭발적으로 다양성이 증가함으로써, 대다수 현생 무리들이 이 시기에 출현하게 되었다. 홍어와 가오리류는 상어가 등배 쪽으로 납작해진 근연종들로서, 상어가 처음 출현한 지 2억 년 후인 중생대 시기에 진화하게 된다.

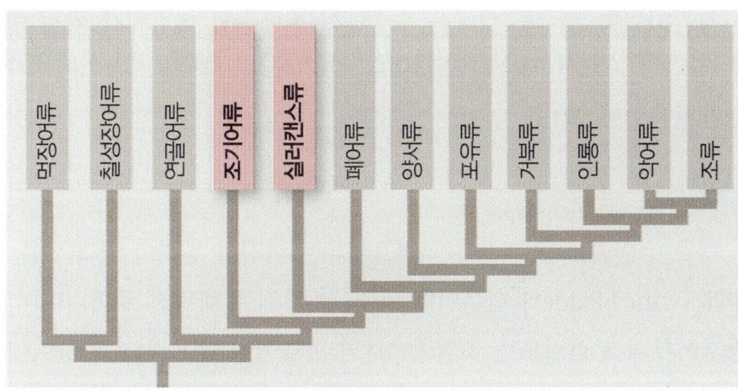

경골어류는 물에서 우점종이다

경골어류는 상어와 동시대인 약 4억 년 전에 진화하였지만, 진화경로는 매우 달랐다. 무게를 줄여 속도를 향상시킨 상어류와는 달리 완전히 경골로 된 무거운 내골격을 발달시켰다.

견고한 경골은 매우 강한 근육으로 견인할 수 있는 기반이 된다. 내골격만이 아니라 외부를 덮는 판과 비늘 또한 경골화되었다. 대부분의 경골어류는 기동성이 매우 뛰어난 지느러미, 아주 얇은 비늘, 그리고 수중에서 직진을 가능케 하는 완전히 대칭인 꼬리가 있다. 경골어류는 어류뿐만 아니라 모든 척추동물 중에서도 가장 종이 풍부한 무리이다. 30,000종의 현생종을 포함하는 경골어류에는 수십 개의 목(order)이 있다.

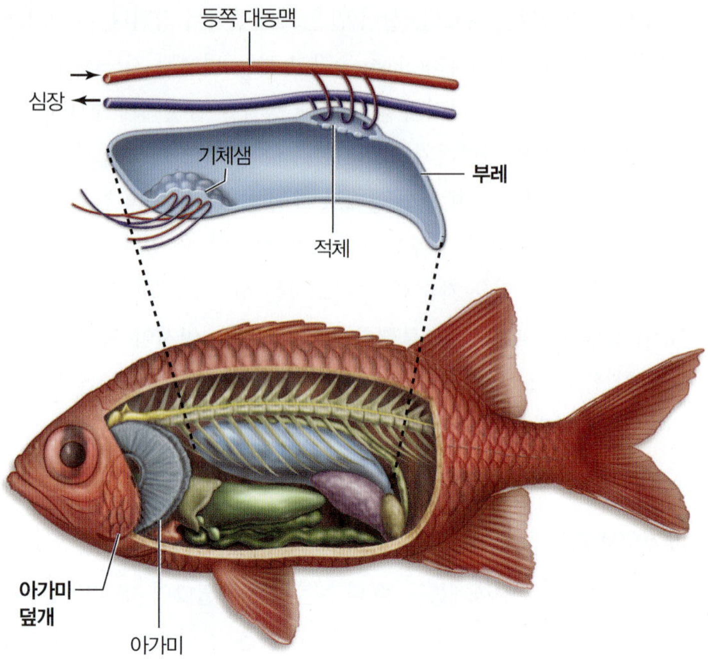

그림 29.15 부레의 모식도.
경골어류의 부레는 인두의 등 쪽 팽출을 통해 진화한 구조로서 물속에서 부력을 조절한다. 물고기는 부레에 기체를 채우거나 배출함으로써 부력을 조절한다. 기체샘은 혈액에서 기체를 추출하여 부레로 보낸다. 부레의 기체는 근육성 판막인 적체에 의해 배출된다.

경골어류의 놀라운 성공은 수중에서 지배적인 생명체가 되게 해 준 일련의 중요한 적응의 결과이다. 여기에는 부레와 아가미덮개가 포함된다(**그림 29.15**).

부레

경골이 연골보다 무겁지만 경골어류는 여전히 부력이 있다. 이는 **부레**(swim bladder) 덕분인데, 부레는 기체로 채워진 주머니이며, 경골어류의 부력밀도를 조절함으로써 힘들이지 않고 원하는 깊이에 머무를 수 있게 해 준다. 한편 상어류는 부레가 없고 몸의 밀도가 물보다 크기 때문에 물속에서 계속 움직이지 않으면 가라앉게 된다.

원시 경골어류에서 부레는 목구멍 뒤의 인두가 등쪽으로 팽출(outpocketing)된 것으로 수면에서 공기를 들이마셔 부레를 채워야만 했다. 오늘날 대다수 경골어류에서 부레는 주로 질소와 산소로 된 기체의 양을 조절할 수 있는 독립기관이 되었다.

경골어류는 어떻게 이 놀라운 기교를 구사할까? 경골어류는 더 강한 부력이 요구될 때는 독특한 샘(기체샘)을 통해 혈액에서 기체를 수집하여 부레 속으로 방출하며, 부력을 줄일 때는 적체(oval body)라는 구조를 통해 부레 속의 기체를 혈액으로 재흡수한다. 혈액과 부레 사이의 기체 교환은 여러 생리적 요소에 의해 조절된다.

그림 29.16 조기어류와 총기어류.
a. 사진 속 비단잉어(*Cyprinus carpio*)와 같은 조기어류의 특징은 평행한 경골성 지느러미살(기조)이 있는 지느러미를 갖는 것이다. ***b.*** 반면에 총기어류의 지느러미는 지느러미살뿐만 아니라 경골성 중심핵을 가진다. 총기어류인 실러캔스(*Latimeria chalumnae;* class Sarcopterygii, subclass Actinistia)는 1938년 서인도양에서 발견되었다. 사진 속 실러캔스는 약 7000만 년 동안 멸종된 상태인 것으로 알려져 왔던 어류의 한 무리를 대표한다. 수심 100~200 m의 자연서식지에서 살아 있는 개체들을 연구한 과학자들은 이들이 조류를 따라 이동하면서 밤에 다른 물고기를 사냥하는 것을 관찰하였다. 어떤 개체는 길이가 거의 3 m에 이르며, 지방이 들어찬 가느다란 부레를 갖고 있다.

아가미덮개

대다수 경골어류에는 머리 양옆의 아가미를 덮는 단단한 판 형태의 **아가미덮개**(operculum)가 있다. 경골어류는 아가미덮개를 움직여 물을 아가미에 뿜어준다. 아가미는 인두를 외부로 연결하는 통로인 인두열(pharyngeal slits)에 매달려 있다. 아가미덮개가 닫히면 출구는 봉쇄된다.

입이 열리고 아가미덮개가 닫히면 구강 용적이 증가하여 물은 입 안으로 밀려들어오고, 입이 닫히고 아가미덮개가 열리면 구강 용적이 감소하여 물은 아가미를 지나 몸 밖으로 밀려나간다. 이처럼 풀무와 유사한 매우 효율적인 장치를 이용하여 경골어류는 물속에서 정지해 있는 동안에도 아가미로 물을 통과시킬 수 있다. 이것이 어항 속 금붕어가 뻐끔거릴 때 일어나는 일이다.

총기어류는 육상으로 진출했다

경골어류의 주요 세 무리는 조기어류(class Actinopterygii, **그림 29.16*a***), 폐어류(class Dipnoi), 그리고 실러캔스류(class Actinistia **그림 29.16*b***)인데, 이들은 지느러미 구조가 다르다(**그림 29.16**). 조기어류(ray-finned fishes)는 지느러미 내골격이 지느러미를 지지하고 뻣뻣하게 해주는 평행한 경골성 지느러미살(기조, rayed fins)로 구성된다. 지느러미에는 근육이 없고, 몸에 있는 근육으로 움직인다.

반면에 실러캔스류와 폐어류는 지느러미가 쌍을 이루고 있는데, 지느러미는 긴 근육성 엽[lobe, 그래서 lobe-finned fishes(총기어류, 엽상 지느러미를 가진 어류)라 명명함]과 이 엽을 지지하는 서로 연결된 관절 형태의 중심부 경골로 구성되며, 경골성 지느러미살은 각 엽상 지느러미의 끝단에만 존재한다. 각각의 엽에 있는 근육에 의해 지느러미살은 독립적으로 움직일 수 있게 되었는데, 이는 조기어류가 따라올 수 없는 성공적인 변화였다.

총기어류는 최초의 경골어류가 나타난 직후인 3억 9천만 년 전에 진화하였다. 오늘날 8종만 생존하는데, 2종은 실러캔스류이고 6종은 폐어류이다. 현재 총기어류는 얼마 남지 않았지만 척추동물의 진화 역사에서 중요한 역할을 하였다. 총기어류는 뭍으로 기어나가 정착한 최초의 4지동물인 것이다. 폐어류는 실러캔스류와의 관계보다 4지동물과의 관계가 더 가깝다. 그래서 총기어류는 측계통군이 된다 (**그림 29.11** 참조).

핵심 요약 29.5

어류의 일반적인 특징은 척추, 턱, 쌍을 이룬 부속지, 측선계, 내부 아가미, 단일 고리형 순환계의 존재이다. 연골어류는 가벼운 골격을 가지며, 이빨이 발달한 최초의 척추동물에 속한다. 진화적 성공을 거둔 경골어류는 골화된 골격을 포함하여 부레, 아가미덮개와 같은 고유한 특징이 있다. 경골어류의 한 형태인 총기어류는 4지동물의 조상이 되었다.

■ 엽상 지느러미(lobed fins)는 기조형 지느러미(ray fins)에 비해 어떤 장점이 있을까?

29.6 양서류

학습 목표

1. 양서류의 특징과 주요 분류군을 설명할 수 있다.
2. 수생 환경에서 육상 환경으로 이동할 때 수반되는 위험을 설명할 수 있다.

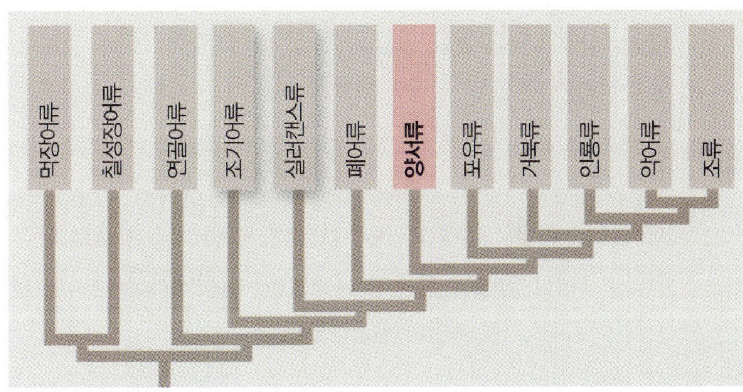

물을 떠나 육상에서 걸을 수 있는 네 발을 가진 종이 총기어류로부터 진화하였다. 우리는 이런 동물을 4지동물(tetrapods)이라 하는데, 현생하는 4지동물에는 양서류, 파충류, 조류, 포유류와 뱀처럼 4지의 한 짝 또는 두 짝 모두를 2차적으로 잃어버린 일부의 무리도 포함한다.

끈적끈적한 피부를 가진 척추동물인 개구리류, 도롱뇽류, 무족영원류는 사지상강(Tetrapoda)의 한 분기군인 양서류(class Amphibia)에 속한다. 오늘날 대부분의 양서류는 크기가 작고 대개는 사람들 눈에 띄지 않게 살아간다. 양서류는 전 세계적으로 육상 먹이사슬에서 핵심 역할을 하고 있다.

현생 양서류는 5가지 특징을 가진다

생물학자들은 현존하는 양서류를 3개의 목(order)으로 분류하였다(**표 29.2**). 잘 알려진 개구리류와 도롱뇽류, 그리고 이들보다 잘 알려져 있지 않고 지렁이처럼 시력이 거의 없으며 열대지역에 서식하는 무족목(order Apoda)에 속하는 무족영원류가 그들이다. 양서류는 다음과 같은 몇몇 주요 특징들을 공유한다.

1. **다리**: 개구리류와 대다수 도롱뇽류는 다리가 4개이며, 육상에서 비교적 능숙하게 돌아다닐 수 있다. 다리는 육상 생활을 위한 중요한 적응 중 하나이다. 무족류는 굴속생활에 적응하는 과정에서 다리가 소실되었다.
2. **폐**: 대다수 양서류는 1쌍의 폐를 가지고 있으나 내부 표면적은 파충류나 포유류의 폐 표면적에 비해 훨씬 작다. 양서류는 입의 바닥을 낮추어 공기를 흡입하고 다시 들어 올림으로써 폐 속으로 공기를 내려 보낸다(42장 참조).
3. **피부호흡**: 개구리류, 도롱뇽류 및 무족류는 모두 피부를 통해 직접 호흡함으로써 폐의 능력을 보완한다. 피부는 기체 교환을 위해 축축한 상태를 유지하며, 넓은 표면적을 제공한다.
4. **폐정맥**: 심장에서 분출하여 폐를 지난 산소가 풍부한 혈액은 폐정맥이라는 2개의 큰 정맥을 통해 심장으로 되돌려 보내 다시 분출한다. 이런 방식을 통해 산소가 공급된 혈액은 폐에서 나올 때보다 훨씬 높은 혈압으로 조직으로 가게 된다.
5. **불완전하게 분할된 심장**: 심장의 분리벽은 폐에서 심장으로 들어오는 산소가 풍부한 혈액과 몸의 다른 부위에서 심장으로 돌아오는 산소가 결핍된 혈액을 섞이지 않도록 한다. 그래서 혈액순환은 폐순환과 체순환, 2가지 분리된 경로로 구분된다. 그러나 심장에 있는 방의 하나인 심실에는 분리벽이 없어서 이 구분은 불완전하다(43장 참조).

표 29.2 양서류의 목(order)

목	대표적인 예	주요 특징	대략적인 현생종 수
무미목	개구리류, 두꺼비류 	작고, 꼬리가 없음. 머리는 크고 몸통과 융합됨, 도약에 특화된 뒷다리	6500
유미목	도롱뇽류, 영원류 	가느다란 몸, 긴 꼬리, 몸에서 직각으로 나 있는 다리	665
무족목	무족영원류 	열대성, 뱀 모양의 몸, 다리 없음, 꼬리 없거나 작음	200

4지동물은 육상생활의 도전을 극복했다

양서류(amphibia)라는 말은 "2개의 서식지"를 의미하는데, 현대의 양서류가 가진 능력, 즉 그들의 조상인 어류가 살았던 수중 세계와 그들이 처음 진출한 육상 세계, 두 세상 모두에서 살 수 있는 능력을 잘 반영하는 말이다. 여기서는 양서류의 역사를 먼저 살펴보고 다음에는 몇 안 되는 현존하는 양서류 종류에 대해 자세히 알아본다.

척추동물이 성공적으로 육상에 진출하기 위해서 극복해야 했던 주요 도전 내용은 다음과 같다.

- 조상 4지동물은 상대적으로 몸집이 커서 육상에서 체중을 지탱하면서 이곳저곳 이동하는 것은 도전이었을 것이다(**그림 29.17**), 이를 위해 다리가 진화하게 된다.
- 아가미가 사용할 수 있는 산소는 수중보다 공기 중에 훨씬 많으나, 물고기 아가미는 연약한 구조라서 제 기능을 위해서는 물의 부력이 있어야 한다. 따라서 아가미는 공기 중에서는 제대로 작용할 수 없기 때문에 공기 중 산소를 획득하는 다른 방법이 필요했다.
- 육상 이동에는 큰 근육이 필요했고, 커진 근육에 엄청난 양의 산소를 운반하기 위해서는 심장과 순환계의 변형이 필요했다.
- 알이 건조해지지 않도록 번식은 여전히 수중에서 이루어져야만 했다.
- 가장 중요한 것으로, 몸이 스스로 자신의 건조를 막을 수 있어야 했다.

최초의 4지동물

최초의 4지동물은 이런 문제들을 부분적으로 해결했을 뿐이었지만 그것만으로도 그 자손들이 3억 4천만 년 동안 살아남는 데 충분하였다. 고생물학자들은 4지동물이 총기어류에서 진화했음에 동의한다. 최초의 4지동물 화석 중 하나인 익티오스테가(*Ichthyostega*, **그림 29.18**)는 그린란드의 3억 7천만 년 된 암석에서 발견되었다. 당시 그린란드는 지금의 북아메리카 대륙 일부였고, 적도 근처에 위치하고 있었다. 그 후 1억 년 동안 생성된 모든 4지동물의 화석은 북아메리카에서 발견되었다. 이후 아시아와 남쪽 대륙이 북아메리카 대륙과 합쳐져 거대한 판게아(pangea) 대륙을 형성했을 때, 비로소 4지동물이 전 세계로 퍼져 나가게 되었다.

익티오스테가는 어깨뼈에 의해 지지되는 튼튼한 앞다리가 있는 강한 동물이었으며, 어류의 골격과는 달리 어깨뼈는 더 이상 두개골에 붙어 있지 않아서 다리는 체중을 지탱할 수 있었을 뿐만 아니라 머리와 독립적으로 움직일 수 있었다. 익티오스테가의 뒷다리는 물갈퀴 모양이었기 때문에 아마도 물개처럼 앞다리는 이동에 필요한 추진력을

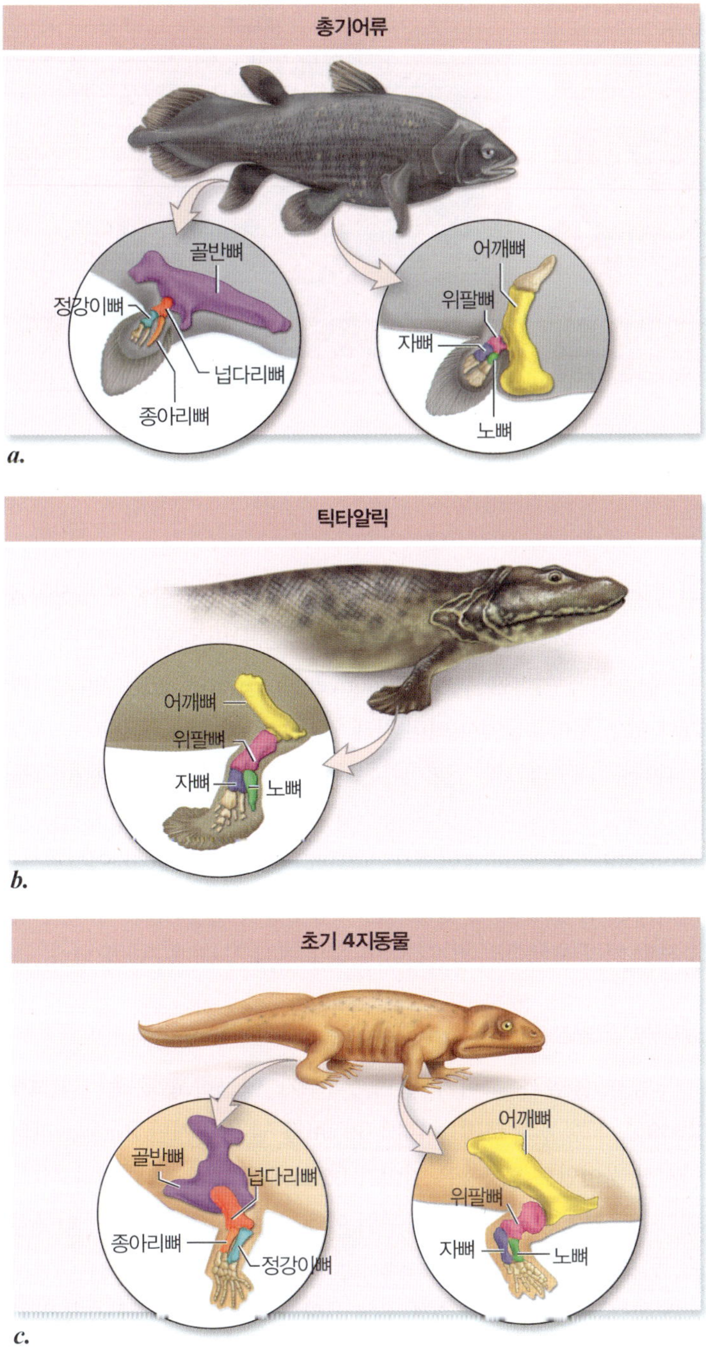

그림 29.17 총기어류, 틱타알릭과 초기 4지동물의 다리 비교.
a. 총기어류. 이들 중 일부가 아마 육상으로 올라왔을 것이다. *b.* 틱타알릭. 어깨뼈와 다리뼈는 양서류와 같지만 지느러미는 총기어류와 같다. 틱타알릭의 화석은 뒷다리가 없다. *c.* 초기 4지동물. 골격구조 모식도처럼 이 동물의 다리는 그들 조상의 다리에 비해 육지에서 이동하기에 더 적합했다.

제공하고 뒷다리는 몸과 함께 끌고 가는 방식으로 움직였을 것이다. 등뼈를 더욱 강화하기 위해 갈비뼈는 길고 넓적하게 진화하였는데, 이들은 서로 겹쳐서 심장과 폐를 감싸는 단단한 흉곽을 형성했다. 이 흉곽은 너무 단단해서 호흡하기 위한 수축과 팽창을 할 수 없었을 것이다. 그 대신 익티오스테가는 오늘날의 여러 양서류처럼 입안 바닥을

그림 29.18 4지동물은 육상에서 걸어다닌 최초의 척추동물이었다.
익티오스테가는 최초 4지동물 중의 한 종류로서 육상에서 기어 다니기 적합한 다리와 길어진 코와 함께 향상된 후각 및 공기 중의 소리를 알아듣기 위한 비교적 발달된 귀 구조를 가졌다. 이런 특징에도 불구하고 3억 5천만 년 전에 살았던 익티오스테가는 전체적인 외모는 상당히 어류와 비슷했고, 많은 시간을 물속에서 보냈다.

내려 공기를 끌어들이고, 입안 바닥을 올려 공기를 폐로 불어넣음으로써 산소를 획득하였을 것이다.

2006년에 어류와 익티오스테가 사이의 중요한 전이형태 화석이 북캐나다에서 발견되었다. 3억 7500만 년 전에 살았던 틱타알릭(*Tiktaalik*)은 물고기처럼 아가미와 비늘이 있었고, 양서류처럼 목도 있었다. 하지만 특별히 주목할 것은 앞다리의 형태였다(**그림 29.17***b*). 어깨뼈, 아래팔, 손목뼈는 4지동물의 것과 닮았지만, 다리 끝에는 4지동물의 발가락이 아닌 엽상 지느러미(lobed fin)가 있었다. 생태학적으로도 3 m 길이의 틱타알릭은 어류와 4지동물의 중간형이었을 것이며, 물에서 대부분의 시간을 보내다가 먹이를 잡거나 포식자로부터 도망갈 때에는 육지로 몸을 끌고 갔을 것이다.

4지동물의 다양화

4지동물은 육지로 진출함으로써 더 많은 자원을 이용할 수 있었고, 많은 서식지에 접근할 수 있었다. 4지동물이 처음 번성한 시기는 석탄기(3억 6천만 년~2억 8천만 년 전)이었는데, 석탄기 초기에는 14과(family)의 4지동물이 있었으며, 그들은 거의 모두 익티오스테가처럼 수생이거나 반수생이었다(**그림 29.18** 참조). 석탄기 후기에는 북아메리카의 낮은 지역이 일대 거대 습지였는데, 이런 육상습지에서 매우 다양한 4지동물들이 번성하였다.

페름기(2억 8천만 년~2억 4800만 년 전) 초기에 놀라운 사건이 일어났는데, 4지동물들이 초원을 떠나 건조한 고지대로 향한 것이다. 이들 육상 4지동물들의 몸은 경골판과 갑주로 덮여 있었고, 크게 자라서 어떤 것은 조랑말만큼 컸다. 큰 몸집과 완전히 감싸인 몸으로

a.

b.

c.

그림 29.19 양서류.
a. 빨간눈청개구리(*Agalychnis callidryas*). ***b.*** 범도롱뇽(*Ambystoma tigrinum*). ***c.*** 무족영원류(*Caecilia tentaculata*).

인해 이들 4지동물들은 오늘날의 양서류처럼 피부호흡계를 이용하지 못하고 오히려 수분 손실을 막기 위해 방수성 가죽 피부를 갖게 되었다. 결과적으로 호흡을 위해서는 완전히 폐에만 의존하게 되었던 것이다. 페름기 중반에 이르러 대다수 4지동물들은 육상 또는 반육상생활을 하게 된다.

4지동물의 한 분기군인 양막류(amniotes)가 석탄기에 출현하였으며, 페름기 말에는 양막류의 한 무리인 수궁류(therapsids)가 자신들의 육상 서식지로부터 무양막 4지동물을 몰아내고 번성하였다.

현대 양서류는 3종류의 무리로 나뉜다

수생 4지동물의 한 분기군이 공룡시대 말기의 대멸종에서 살아남았다. 이들은 축축한 피부를 가진 양서류로서 제3기(6500만 년~200만 년 전) 동안에 전 세계의 습지에 매우 성공적으로 진출하여, 무미목(개구리목, Anura), 유미목(도롱뇽목, Caudata), 무족목(Apoda)에 속하는 7000종 이상의 양서류가 현재까지 살고 있다.

무미목(개구리목): 개구리류와 두꺼비류

꼬리가 없는 양서류인 개구리류와 두꺼비류는 사막과 산지에서부터 연못과 물웅덩이까지 다양한 환경에 서식하고 있다(**그림 29.19***a*). 개구리류는 부드럽고 축축한 피부, 넓적한 체형, 그리고 도약을 위한 긴 뒷다리를 가진다. 대다수 개구리류는 물가 또는 물속에 살며, 성체 개구리로 변태하기 전에 수생 올챙이 시기를 지난다. 하지만 일부 열대 종은 물가에 살지 않아서 올챙이 단계를 건너뛰고 작은 새끼 개구리로 부화한다.

개구리류와는 달리 두꺼비류는 건조하고 울퉁불퉁한 피부에 짧은 다리를 가지며, 건조한 환경에 잘 적응되어 있다. 두꺼비류는 단계통군이 아니어서 어떤 두꺼비는 다른 두꺼비와의 관계보다 개구리와의 관계가 더 가깝다. **두꺼비**(toad)라는 말은 몇 가지 적응적 특징들을 진화시킴으로써 건조한 환경에서 살아남은 무미목 양서류들을 일컫는 용어이다. 이러한 수렴진화(convergent evolution)는 먼 친척관계에 있는 무미류들에서 여러 차례 일어났다.

대다수 개구리류와 두꺼비류는 번식을 위해 물로 되돌아가서 물속에 직접 알을 낳는다. 알은 방수성 외막이 없으므로 육상에서는 금방 말라버린다. 알은 체외에서 수정되며, 부화하여 올챙이라 부르는 헤엄치는 유생이 된다. 올챙이는 수중생활하며, 조류를 먹고 산다. 충분히 자란 올챙이는 점진적인 변태를 거쳐 성체 개구리가 된다.

유미목: 도롱뇽류

도롱뇽은 몸과 꼬리가 길며, 피부가 매끈하고 축축하다(**그림 29.19***b*). 도롱뇽의 크기는 대개 30 cm를 넘지 않지만 *Andrias*과의 아시아 자이언트 도롱뇽은 길이가 1.5 m에, 무게는 33 kg이나 된다. 대다수 도롱뇽은 돌이나 통나무의 아래, 또는 열대 식물들의 나뭇잎 속 등 습한 곳에 사는데, 물속에서만 사는 종류도 있다.

도롱뇽은 물속이나 축축한 곳에 산란하며, 대다수는 한 가지 방식의 체내수정을 한다. 수컷이 정자가 든 주머니를 연못이나 개울 바닥에 두면 암컷은 그 주머니에 올라타고서 자신의 총배설강으로 끌어넣게 되는데, 거기서 알과 수정이 이루어지게 된다. 무미류처럼 많은 도롱뇽은 성체로 변태하기 전에 유생시기를 거친다. 하지만 무미류의 올챙이 유생은 성체 개구리와 현저히 다르지만 도롱뇽 유생은 성체와 상당히 유사하다. 도롱뇽 유생은 대다수가 물에 살고 외부 아가미를 가지며, 아가미틈은 변태할 때 사라지게 된다.

무족목: 무족영원류

무족목(무족영원목이라고도 함)에 속하는 무족영원류(caecilians)

는 열대지방에서 굴을 파고 사는 매우 특이한 무리이다(**그림 29.19***c*). 다리가 없고 지렁이처럼 생겼는데, 길이는 평균 30 cm 정도이지만 1.3 m나 되는 것도 있다. 눈이 매우 작고 대개는 시력이 없다. 지렁이를 닮았지만 턱과 이빨이 있다. 지렁이나 토양 무척추동물들을 먹으며, 체내수정을 한다.

핵심 요약 29.6

개구리류, 두꺼비류, 도롱뇽류, 무족영원류를 포함하는 양서류의 일반적인 특징은 다리, 폐, 피부호흡 및 더 복잡하지만 불완전하게 구획된 심장 등이다. 모두 육상 생활에 적응하도록 진화하였다. 대다수 종은 물에서 번식한다. 일부 초기 형태는 조랑말 크기로 자라기도 하였지만 오늘날의 양서류는 일반적으로 상당히 작다.

- 양서류가 육상 생활로 옮겨가기 위해서 극복해야 하는 도전은 무엇일까?
- 만약 파충류가 양서류로부터 진화했다면 **그림 29.11**에서 양서류를 왜 측계통군이라고 묘사하지 않았을까?

29.7 파충류

학습 목표

1. 파충류의 특징과 주요 분류군에 대해 설명할 수 있다.
2. 단궁류와 이궁류를 구별할 수 있다.
3. 양막란 진화의 중요성을 설명할 수 있다.

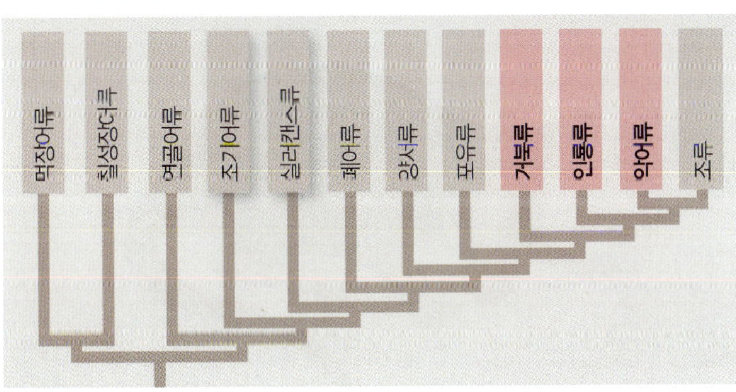

만약 우리가 육지에서의 생존에 관한 책을 쓴다고 하면 양서류는 원고의 초고에 해당되고, 파충류, 포유류, 조류를 포함하는 **양막류** (amniotes)는 최종 발행본이 될 것이다. 양막류(모두 양막성 알을 낳기 때문에 붙여진 이름)는 육상 생활에 수반되는 5가지 주요 도전 과제를 극복한 양서류의 혁신을 더욱 개선하였다. 다리는 체중을 더욱 효과적으로 지탱하도록 배열됨으로써 몸이 커지고 난 후에도 달릴 수 있게 되었다. 폐와 심장의 효율성도 높아졌으며, 피부는 비늘이나 건조한 판으로 덮여 수분 손실을 최소화하였고(후에 포유류에서는 털, 조류에서는 깃털로 진화함), 알은 방수성 막으로 싸이게 되었다.

양막류는 3가지 주요 특징을 가진다

모든 현생 양막류는 기본적 특징들을 공유하는데, 이 특징들은 과거 무양막 4지동물들을 대체하고 육지를 지배하는 척추동물이 되었을 때부터 가지고 있던 것들이다. 가장 중요한 특징들은 다음과 같다.

1. **양막란:** 양서류는 알이 건조해지는 것을 방지하기 위해 물속이나 축축한 곳에 산란해야 했다. 양막류의 조상은 영양분(난황) 및 연속된 4개의 막을 포함하는 방수성 알을 낳았다(**그림 29.20**). 4개의 막은 난황막, 양막, 요막, 장막으로 각각의 막은 알이 독립된 생명을 유지할 수 있도록 지원하는 역할을 한다. 조류, 포유류와 마찬가지로, 현대의 모든 파충류의 알에서도 막의 양상은 완전히 같다. 이 사실은 알을 석회질 껍질로 싼 채 낳는 조류 모두와, 다수의 파충류, 그리고 소수의 포유류에서뿐만 아니라, 알을 몸에 지니고 있다가 새끼를 낳는 일부의 파충류와 거의 모든 포유류에서도 명백하다.

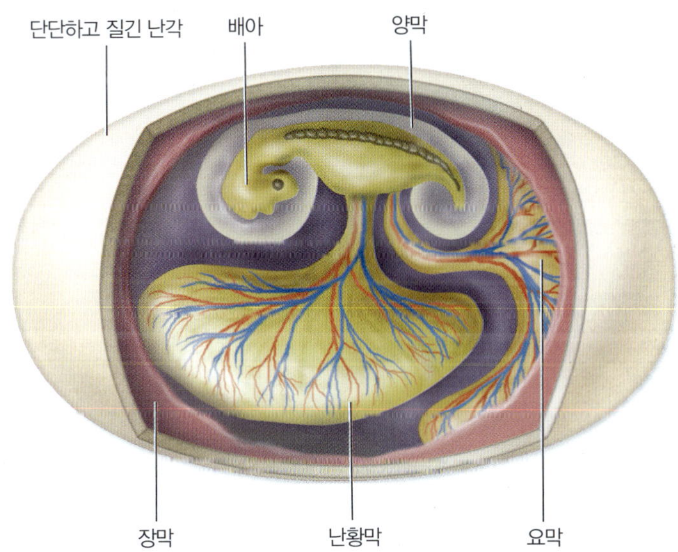

그림 29.20 방수성 알. 양막성 알은 양막류 동물들이 육상의 다양한 서식지에서 살아갈 수 있게 한 가장 중요한 특징이다.

그림 29.21 양막류의 두개골.
파충류는 안와 뒤, 두개골 측면에 있는 구멍의 수에 따라 구분되는데, 0개는 무궁류, 1개는 단궁류, 2개는 쌍궁류이다. 멸종한 무궁류가 몇 있으나, 현생 무궁류는 거북류가 유일하다.

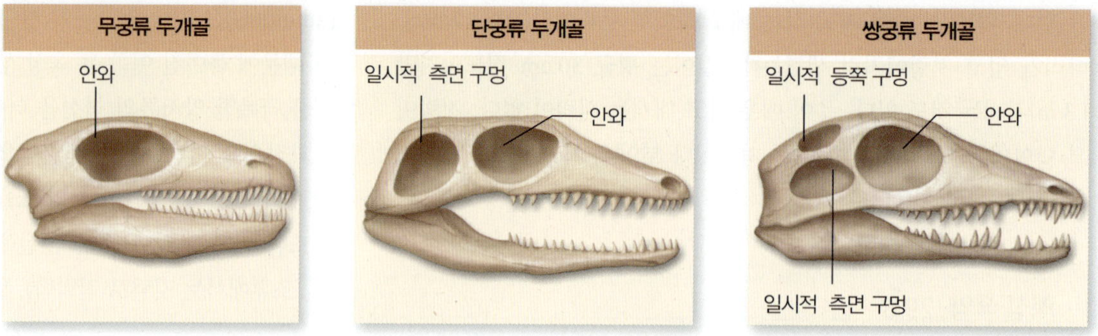

맨 바깥쪽 막인 **장막**(chorion)은 기공이 있는 난각 바로 아래에 있으며, 호흡 기체는 통과시키지만 수분 손실은 방지한다. **양막**(amnion) 내부는 액체로 채워져 있고 발생 중인 배아를 감싼다. **난황낭**(yolk sac)은 배아의 장에 연결된 혈관을 통하여 난황의 영양분을 배아에게 공급한다. **요막**(allantois)은 배아가 배설하는 노폐물을 담아주는 주머니가 된다.

2. 건조한 피부: 대다수 현존 양서류는 피부가 축축하고, 건조해지지 않도록 습한 곳에 머물러 있어야 한다. 파충류는 건조한 방수성 피부를 가진다. 몸은 한 층의 비늘로 싸여 있어서 수분 손실을 크게 감소시킨다. 비늘은 케라틴 단백질이 채워져 있는 표피세포에서 발달하는데, 케라틴은 발톱, 손톱, 털, 그리고 새 깃털을 형성하는 것과 같은 단백질이다.

3. 가슴호흡: 양서류는 입안 바닥을 들어 올려 입안의 공기를 폐로 밀어 넣는다. 따라서 입안의 용적에 따라 호흡량이 제한된다. 파충류는 폐호흡을 발전시켜 흉곽과 횡격막의 팽창과 수축으로 공기를 폐 속으로 흡입하였다가 밖으로 방출한다. 이 경우 호흡능력은 폐의 용적에 의해서만 제한된다.

양막류에는 단궁류와 쌍궁류가 있다

양막류 분기군에는 대표적으로 두 무리가 포함된다. 하나는 포유류가 되는 단궁류이고, 다른 하나는 쌍궁류로 조류와 파충류를 포함한다.

단궁류

양막류의 분류에서 중요한 특징은 눈 뒤에 난 구멍의 존재 유무와 그 숫자이다(**그림 29.21**). 양막류의 턱 근육은 이 구멍에 고정되어 있어 더욱 강력하게 깨물 수 있다. 지배적 위치에 먼저 오른 것은 두개골 안와 뒤에 하나의 구멍이 있는 **단궁류**(synapsids)였다.

초기 단궁류의 주요 무리인 반룡류(pelycosaurs)는 5000만 년 동안 지배적 위치에 있었으며, 육상 척추동물의 70%를 차지하였다. 어떤 종은 무게가 200 kg에 달하였다. 길고 날카로운 "스테이크 칼" 같은 이빨을 가진 반룡류는 자기 몸 크기만한 동물을 죽일 수 있는 최초의 육상 척추동물이었다(**그림 29.22**).

그림 29.22 반룡류.
4 m 길이의 육식 반룡류인 *Dimetrodon*은 햇볕을 쬐거나 열을 식힘으로써 체온을 조절하는 데 이용되었을 것으로 생각되는 등쪽 돛(dorsal sail)이 있다.

그림 29.23 수궁류.
작고 땃쥐 같은 키노돈트 수궁류 *Megazostrodon*은 털이 있었다. 이 수궁류는 트라이아스기 후기에 살았으며, 현대 포유류와 매우 유사하여 이를 최초의 포유동물로 간주하는 고생물학자도 있다.

그림 29.24 초기 조룡류.
*Euparkeria*는 현대의 크로커다일과 앨리게이터처럼 등뼈를 따라 경골성 판이 줄지어 있다.

그림 29.25 아프로베나토르(*Afrovenator*)의 골격.
두 발로 걷는 이 육식동물은 크기가 9 m에 이르며, 1억 3천만 년 전에 아프리카에서 살았다.

약 2억 5천만 년 전, 반룡류는 또 다른 단궁류인 수궁류(therapsids)에 의해 대체되었다(**그림 29.23**). 몇몇 증거에 의하면, 이들은 온혈동물로 내부 열을 생산할 수 있었으며, 털도 가졌을 것이라고 한다. 이로 인해 수궁류는 당시의 춥고 긴 겨울에도 다른 척추동물보다 훨씬 활동적이었을 것이다.

수궁류('포유류형 파충류'라고도 불림)는 2000만 년 동안 지배적인 육상 척추동물이었으나, 2억 3천만 년 전 또 다른 양막류인 쌍궁류(diapsids, 파충류와 조류를 포함함)가 그 자리를 대체하였다. 대다수 수궁류는 1억 7천만 년 전에 멸종되고 한 무리만 살아남았는데, 그 자손이 오늘날의 포유류이다.

조룡류

쌍궁류(diapsids)는 두개골 한쪽에 2개의 구멍이 있다. 다양한 쌍궁류가 트라이아스기(2억 4800만 년~2억 1300만 년 전)에 출현하였으나 그중 한 무리인 조룡류(archosaurs)가 특별한 진화적 중요성을 가지는 이유는 이들로부터 악어류, 익룡류, 공룡류, 그리고 조류가 진화하였기 때문이다(**그림 29.24**).

초기 조룡류에는 그때까지 지구상에 나타난 동물 중 가장 크고, 두 발로 서서 걸을 수 있는 최초의 2족보행 육상 척추동물들이 속해 있었다. 그런데 트라이아스기 말에 이르러 조룡류의 한 무리가 두각을 나타냈는데, 바로 공룡류였다.

공룡류는 2억 2천만 년 전에 출현하였다. 이전의 2족보행 쌍궁류와 다르게 공룡류의 다리는 몸통 아래에 똑바로 위치하였다(**그림 29.25**). 이런 구조는 체중을 다리에 직접 실어줌으로써 공룡은 빠르고 민첩하게 달릴 수 있었다. 뒤이어 몇 종류의 공룡류는 거대한 크기로 진화하였으며, 엄청난 무게를 지탱하기 위해 다시 4족보행으로 되돌아갔다. 또 다른 종류인 수각류(theropods)는 지구상에 존재했던 가장 위협적인 육상 포식자가 되었으며, 수각류의 한 계통이 진화하여 조류가 되었다. 공룡은 모든 육상 척추동물 중에서 가장 성공적인 동물로서 1억 5천만 년 동안 지배자로 군림하였다. 모든 공룡류는 그들의 조류 후손을 제외하고 6500만 년 전 다소 급작스럽게 멸종하였는데, 소행성의 충돌이 그 원인으로 보인다.

현대 파충류의 중요한 특징들

양막성 알의 구조에서 예상할 수 있듯이 파충류와 그 밖의 양막류는 대다수 양서류처럼 체외에서 수정하지 않는다. 정자는 알을 보호하는 막성 장애물들을 관통할 수 없었기 때문이다. 그 대신에 수컷이 암컷 몸속에 정자를 넣어 두면 정자는 난자의 보호막이 형성되기 전에 난자와 그 곳에서 수정하게 되는데, 이를 체내수정이라고 한다.

파충류의 순환계는 어류와 양서류의 순환계를 개선하여 산소를 더욱 효율적으로 몸에 공급하였다(**그림 29.26**; 43장 참조). 이는 심장 내부의 격막(septum)을 심방에서 심실 쪽으로 부분 확장함으로써 가능했다. 이 격막은 부분벽이 되어 심실내에서 산소가 결핍된 혈액이 산소가 풍부한 혈액과 섞이는 것을 감소시켰다. 악어류에서는 격막이 심실을 완전히 분리시켜 바로 조류와 포유류(어쩌면 공룡에서도)의 심장처럼 4개의 방으로 나뉘게 되었다.

모든 살아 있는 파충류는 **외온성**(ectothermic)으로 열을 외부로부터 얻는다. 반면 **내온성**(endothermic) 동물은 내부에서 열을 생성한다(36장 참조). 파충류가 외온성이라고 해서 체온을 조절할 수 없다는 의미는 아니다. 많은 종들이 햇볕을 쪼였다 피했다 하면서 체온을 정밀하게 조절하는데, 어떤 사막 도마뱀들은 이런 방법으로 하루 온종일 체온을 일정하게 유지한다. 물론 흐린 날이나 그늘진 곳에 사는

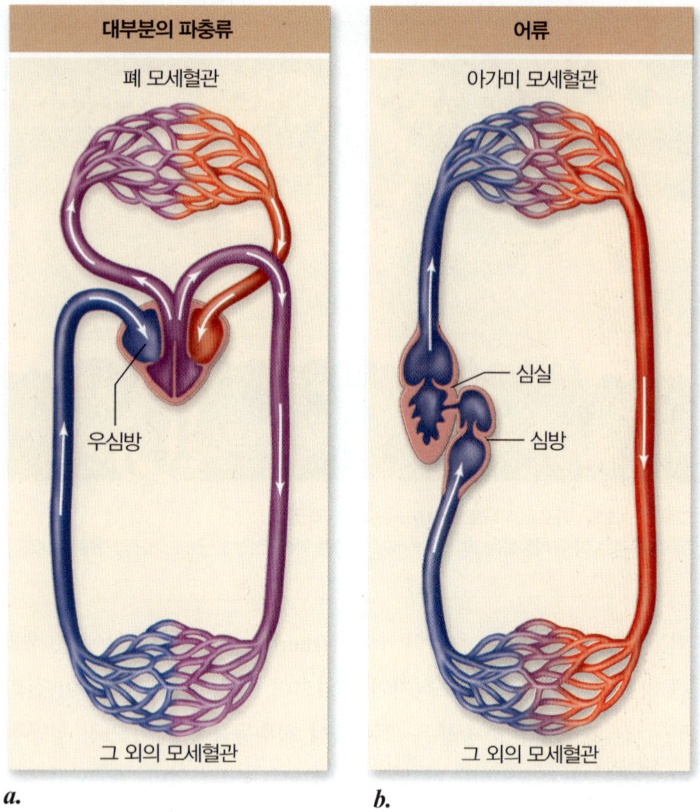

그림 29.26 파충류와 어류의 순환계 비교.
a. 대부분의 파충류에서는 폐를 지나면서 산소가 공급된 혈액(붉은색)은 다시 심장에 의해 펌프됨으로써 몸의 나머지 부분에서 여전히 활발하게 순환한다. *b.* 어류에서 혈액은 아가미에서 몸의 나머지 부분으로 바로 흐르므로 더 느리게 순환한다.

종들은 그런 체온 조절이 불가능하기 때문에 그럴 경우 체온은 주변 환경의 온도와 같게 된다.

현존하는 파충류에는 4목이 있다

지구상에 현생하는 파충류(class Reptilia)는 10,000종이 넘는다(**표 29.3**). 오늘날 파충류는 상당히 성공한 무리로서, 뱀과 도마뱀류의 종수가 포유동물의 종수보다 더 많다. 파충류는 외온성 동물이 생존하기 어려운 아주 추운 지역을 제외하고는 세계 전역에서 발견된다. 파충류는 가장 수가 많고 다양한 육상 척추동물에 속한다.

거북목: 수생거북류와 육지거북류

거북목(order Chelonia) 동물에는 약 340종의 수생거북류(turtles)와 육지거북류(tortoises)가 있다(**그림 29.27***a*). 수생거북류와 육지거북류는 이빨이 없는 대신 날카로운 부리가 있다. 이들은 보호용 갑피(껍데기)에 싸여 있기 때문에 다른 모든 파충류와는 구별되며, 그 중 다수는 머리와 다리도 갑피 속으로 집어넣어 포식자로부터 완벽하게 자신을 보호할 수 있다.

갑피는 기본적으로 두 부분으로 이루어져 있는데, 등쪽을 덮는 것이 등껍질(carapace), 배쪽이 배껍질(plastron)이다. 대다수 거북류의 척추뼈와 갈비뼈는 등껍질 안쪽에 융합된 채 존재하며, 몸을 지탱해 주는 모든 근육은 갑피에 부착되어 있다.

대다수 육지거북류는 갑피가 돔형이고, 그 속에 머리와 다리를 움츠려 넣을 수 있지만, 수생거북류의 갑피는 납작한 유선형이라서 그렇지 못한 대신 방향을 빠르게 바꿀 수 있다. 담수거북류는 발가락에 물갈퀴가 있으며, 바다거북류의 앞다리는 지느러미발(flippers)로 진화하였다. 두꺼비류가 단계통군이 아니고 단지 몇몇 개구리 무리들이 건조한 환경에 독립적으로 적응 진화한 결과이듯이, 육지거북류도 단계통군이 아니고 몇몇 수생거북류 무리들이 육상생활에 적응하는 과정에서 독립적인 진화를 통해 돔형 등껍질과 튼튼한 다리를 갖게 된 것뿐이다.

바다거북류는 평생 바다에서 살지만 산란은 육지에 올라와서 한다. 이를 위해 많은 거북종들은 먼 거리를 이동한다. 대서양 푸른바다거북(*Chelonia mydas*)은 산란을 위해 먹이활동하는 브라질 해안으로부터 2000 km 이상 떨어진, 자신들이 태어난 남대서양 중부의 아센션섬(Ascension Island)까지 헤엄쳐 이동한다.

훼두목: 투아타라류

현재 훼두목(order Rhynchocephalia)에는 길이가 50 cm 정도인 도마뱀 같은 투아타라(tuatara) 한 종뿐이다(**그림 29.27***b*). 멸종 위기종으로 전 세계에서 뉴질랜드 한 곳에서만 발견된다. 현존하는 훼두목은 그 수가 너무 적어 과거에 다양성이 풍부했었다는 사실이 믿기지 않는다. 그러나 트라이아스기에 훼두목은 놀라운 적응방산을 통해 크기와 서식지가 다른 많은 종들이 출현했었다.

투아타라(일부의 도마뱀도)는 특이하게도 머리 위에 두정안(parietal eye)이라는 눈에 잘 띄지 않는 "제3의 눈"이 있다. 얇은 비늘층 아래 감추어진 이 눈은 수정체와 망막이 있고, 신경을 통해 뇌와 연결된다. 왜 눈이, 그것도 가려진 채 있을까? 이 두정안은 햇볕에 너무 많이 노출되었을 때 경고를 보냄으로써 과열로부터 몸을 보호하는 기능을 하였을 것이다. 다른 파충류와는 달리 투아타라는 낮은 온도일 때 가장 활발하게 활동한다. 낮에는 굴을 파서 지내고 밤에 곤충이나 지렁이, 그 외 작은 동물들을 사냥한다.

훼두목은 뱀류와 도마뱀류와 가장 가까운 근연종인데, 이들을 모두 합쳐 **인룡류**(Lepidosauria)라고 한다.

유린목: 도마뱀류와 뱀류

유린목(order Squamata)에는 약 6200종의 도마뱀류와 약 3500종의 뱀류가 포함된다(**그림 29.27***c*). 유린목의 독특한 특징은 수컷이

표 29.3 파충류의 주요 목(order)

목	대표적인 예		주요 특징	대략적인 현생종 수
유린목, 도마뱀아목	도마뱀류	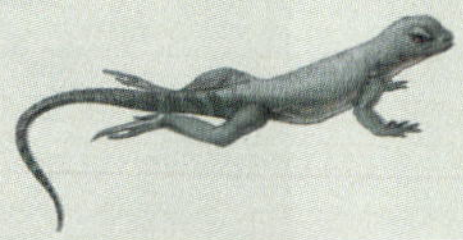	몸에서 직각으로 난 다리, 횡으로 갈라진 항문, 대부분 육상생활	6200
유린목, 뱀아목	뱀류	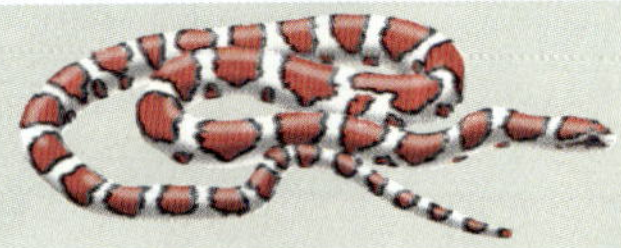	다리 없음, 미끄러지며 이동, 비늘성 피부는 하나의 막 형태로 주기적으로 벗겨짐, 대부분 육상생활, 도마뱀으로부터 진화했으므로 도마뱀류는 측계통군이 됨	3500
훼두목	투아타라		공룡 출현 이전에 대부분 사라진 한때 성공적이었던 무리의 유일한 생존자, 융합된 쐐기모양의 치조가 없는 이빨, 앞머리 피부 아래 원시적인 제3의 눈	1
거북목	수생거북류, 육지거북류, 바다거북류		경골성 골판으로 된 갑피, 척추뼈와 갈비뼈는 갑피와 융합, 날카로운 뿔 모양의 부리, 이빨은 없음	340
악어목	크로커다일, 앨리게이터		4개의 방으로 된 심장, 치조가 있는 이빨, 길이방향으로 갈라진 항문, 조류와 가장 가까운 현생 동물	25
조반목	스테고사우루스		새의 골반처럼 뒤쪽을 바라보는 2개의 골반뼈가 있는 공룡, 초식동물, 몸 아래에 있는 다리	멸종
용반목	티라노사우루스		도마뱀처럼 각각 앞, 뒤 서로 반대로 향하는 2개의 골반뼈를 가진 공룡, 초식성이면서 육식성임. 몸 아래에 있는 다리. 조류의 진화적 기원	멸종 (후손인 조류만 예외)
익룡목	익룡		비행성 파충류, 넷째 손가락과 몸 사이의 늘어난 피부에서 유래한 날개, 진화 초기 60 cm에서 후기 8 m까지 확대된 날개폭	멸종
장경룡목	장경룡		큰 통 모양의 해양 파충류, 날카로운 이빨, 큰 노(paddle) 모양의 지느러미, 몸통 2배 길이의 긴 목이 있는 경우도 있음	멸종
어룡목	어룡		유선형 해양 파충류로서 오늘날의 상어류 및 현대 어류와 닮은 점이 많은 체형	멸종

2개의 교미기를 가지며, 머리와 턱이 더 강한 힘과 기동성을 가지도록 변형되어 있다는 것이다. 대다수 도마뱀류와 뱀류는 육식성으로 곤충이나 작은 동물을 먹이로 하는데, 턱 구조의 개선은 진화적 성공에 크게 기여하였다.

조상형 도마뱀으로부터 진화한 뱀류의 특징은 척추뼈가 대단히 많다는 것(어떤 경우에는 300개 이상)과 다리, 움직이는 눈꺼풀 그리고 외이가 없다는 것이다. 다리의 부재는 도마뱀류에서 실제로 수십 회 일어난 진화적 사건으로 뱀류는 이런 진화적 경향의 가장 극단적인 경우일 뿐이다.

흔한 도마뱀류에는 이구아나류, 카멜레온류, 도마뱀붙이류와 에

a.

b.

그림 29.27 파충류의 현생 목(orders).
a. **거북목**(chelonia). 인도천막거북(*Pangshura tentoria*, 왼쪽)이 햇볕을 쬐고 있다. 이는 많은 외온성 동물들이 체온을 조절하는 효과적인 수단이다. 스리랑카 별거북(*Geochelone elegans*, 오른쪽)과 같은 돔형 갑피는 이들과 같은 완전 육상거북류를 포식자로부터 보호하는 역할을 한다. *b.* **투아타라류**(*Sphenodon punctatus*)는 고대 훼두목(Rhynchocephalia, 또는 옛도마뱀목)의 유일한 현생 종이다. 도마뱀처럼 보이지만, 훼두목(옛도마뱀류)과 도마뱀류는 2억 5천만 년 전의 공동조상으로부터 갈라져 나왔다. *c.* **유린목**(Squamata). 왼쪽은 목도리도마뱀(*Crotaphytus collaris*), 오른쪽은 민무늬녹색뱀(*Liochlorophis vernalis*). *d.* **악어목**(Crocodylia). 아메리카악어(*Crocodylus acutus*, 왼쪽)와 가비알악어(*Gavialis gangeticus*, 오른쪽) 같은 대부분의 악어는 조류와 포유류처럼 4개의 방을 가진 심장이 있다. 현존하는 다른 파충류는 모두 3개의 방으로 된 심장을 가진다. 악어는 조류와 마찬가지로 다른 현생 파충류보다 공룡과 더 가까운 관계이다.

놀도마뱀류가 포함되며, 대부분은 길이가 30 cm 이하로 작다. 가장 큰 도마뱀은 왕도마뱀과에 속하는데, 왕도마뱀 중에서도 가장 큰 것은 인도네시아의 코모도왕도마뱀으로 길이가 3 m에 체중은 100 kg이 넘는다. 뱀류도 길이가 몇 cm부터 10 m 이상 되는 것까지 다양하다.

다수의 도마뱀류와 뱀류는 빠르고 민첩하게 먹이 사냥을 하고, 포식자를 따돌린다. 도마뱀류 중 단지 2종만 독을 갖고 있는데, 남서부 아메리카의 미국독도마뱀(Gila monster)과 멕시코독도마뱀(beaded lizard)만 독이 있다. 마찬가지로 대다수 뱀류도 독이 없는데, 다만 일부 살모사류와 코브라류는 치명적인 독이 있다.

에놀도마뱀류(anoles), 사막도마뱀류(skinks), 도마뱀붙이류(geckos)를 포함한 많은 도마뱀들은 꼬리를 끊었다가 다시 새롭게 재생하는 능력이 있어서 포식자로부터 도망칠 수 있다.

악어목: 크로커다일과 앨리게이터

악어목(order Crocodylia)에는 27종의 몸집이 크고 주로 수생인 파충류가 포함된다(**그림 29.27***d*). 악어목에는 크로커다일과 앨리게이터 외에 많이 알려지지 않은 카이만(caimans)과 가비알(gavials 또는 gharials)도 포함된다. 오늘날 모든 악어류의 겉모습은 상당히 비슷하지만 과거에는 훨씬 다양했는데, 완전히 육상종이었던 것도 있었고, 길이가 15 m를 넘는 것도 있었다.

크로커다일악어류는 대체로 야행성으로 아프리카, 아시아, 아메리카의 열대, 또는 아열대의 물속이나 물가에 산다. 아메리카악어(*Crocodylus acutus*)는 플로리다 남부, 쿠바, 열대 중앙아메리카 전역에서 발견된다. 나일악어(*Crocodylus niloticus*)와 하구악어(*Crocodylus porosus*)는 거대한 몸집으로 자라는데, 매년 많은 사람들이 이들로부터 치명적인 공격을 받는다.

앨리게이터악어류는 2종뿐인데, 그중 하나(*Alligator mississippiensis*)는 미국 남부에, 다른 하나(*Alligator sinensis*)는 중국에 살고 있는 멸종위기종이다. 앨리게이터악어를 닮은 카이만악어류는 중앙아메리카와 남아메리카가 고향이고, 가비알악어는 인도와 네팔에만 분포하는데, 가늘고 긴 주둥이로 물고기를 잡아먹는 무리이다.

모든 악어류는 육식성으로, 대개는 가만히 매복하여 먹이를 기다리다가 빠르게 달려드는 방식으로 사냥을 한다. 몸은 이런 방식의 사냥에 적합하도록 잘 적응되어 있는데, 눈은 머리의 꼭대기에 있고, 콧구멍도 주둥이 꼭대기에 있어서 물속에 가만히 잠겨 있으면서도 관찰하고 숨 쉴 수 있도록 되어 있다. 입은 거대하고 날카로운 이빨이 나 있으며, 목도 매우 강하다. 입의 뒤쪽에는 판막이 있어 물속에서 먹이를 먹을 때 물이 기도로 들어가는 것을 막아준다.

여러 면에서 악어류는 다른 파충류보다는 조류와 훨씬 더 닮았다. 예로써, 크로커다일악어는 둥지를 짓고 새끼를 돌본다(최소한 일부 공룡류도 공유하는 속성). 크로커다일악어류와 조류는 공룡류와의 근연관계가 도마뱀류나 뱀류와의 근연관계에 비해 훨씬 가깝다.

c.

d.

핵심 요약 29.7

파충류는 수분 손실을 최소화하는 단단한 비늘성 피부가 있고, 가슴 호흡을 하며, 알이 양막에 둘러싸여 있어서 물속에 산란할 필요가 없었다. 단궁류는 두개골 안와 뒤에 1개의 구멍이 있는데, 포유류의 조상이 되었다. 쌍궁류는 2개의 구멍이 있고 오늘날의 파충류, 조류의 조상이 되었다. 현존하는 파충류 4목에는 수생거북류와 육상거북류, 투아타라류, 도마뱀류와 뱀류, 그리고 악어류가 포함된다.

■ 파충류의 알은 양서류의 알과 어떻게 다를까?

29.8 조류

학습 목표

1. 조류의 주요 특징을 설명할 수 있다.
2. 왜 일부 연구자들이 조류를 파충류의 한 종류로 보는지 설명할 수 있다.

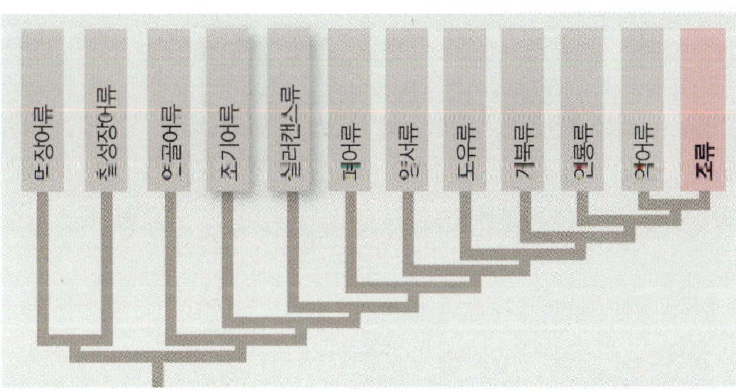

조류가 진화적으로 성공한 것은 동물의 세계에서 유일한 구조인 깃털을 발달시켰기 때문이다. 파충류의 비늘에서 발달된 깃털은 비행을 위한 이상적인 적응으로, 손상되면 쉽게 대체되는 가벼운 비행기의 날개(박쥐와 멸종된 익룡의 손상되기 쉬운 피부 날개와는 달리)와 같은 역할을 하였다. 오늘날 **조류**(class Aves)는 파충류만큼이나 다양하여 10,000종이 넘는데, 그중 반 이상은 참새목(order Passeriformes)에 속한다(**그림 29.32**, **표 29.4** 참조).

조류의 주요 특징은 깃털과 가벼운 골격이다

현존하는 조류는 이빨이 없고, 꼬리는 흔적으로만 존재하지만 여전히 파충류의 특징을 많이 가지고 있다. 예를 들어, 조류는 양막성 알을 낳을 뿐만 아니라 파충류의 비늘이 새의 발과 아래다리에 존재한다. 조류를 현생 파충류로부터 구분하는 주요한 특징은 다음과 같다.

1. **깃털:** 깃털은 변형된 파충류의 비늘로서 털이나 비늘처럼 케라틴으로 되어 있다. 깃털은 비행을 위한 양력을 제공하고 체온을 보존하는 기능을 한다. 깃털의 구조는 최소 무게하에서 최대 유연성과 강도를 갖도록 고안되었다(**그림 29.28**).

   깃털은 모낭(follicles)이라 불리는 피부의 작은 구멍에서 자란다. 전형적인 날개깃에서 깃축(shaft)은 모낭에서 나오고 깃판(vanes)이 그 양쪽에서 발달한다. 성숙하면서 각각의 깃판에는 많은 깃가지(barbs)가 생기고, 다시 깃가지는 많은 작은 깃가지(barbules)를 형성하는데, 작은 깃가지에 있는 미세한 갈고리들이 깃가지들을 서로 연결시켜 줌으로써 깃털은 표면이 연속적으로 매끄럽고, 형태는 튼튼하지만 유연성이 있게 된다.

   비늘처럼 깃털도 교체될 수 있다. 현존하는 동물 중에서 깃털을 갖는 것은 조류가 유일하지만, 최근 화석 기록에 따르면 일부

표 29.4	조류의 주요 목(order)		
목	대표적인 예	주요 특징	대략적인 현생종 수
참새목	까마귀, 앵무새, 울새, 참새, 찌르레기, 휘파람새 	잘 발달된 발성 기관, 나뭇가지에 앉기 알맞은 발, 의존적인 새끼	5300
칼새목	벌새, 칼새 	빠른 비행술, 짧은 다리, 작은 몸, 빠른 날갯짓	450
딱따구리목	꿀잡이새, 큰부리새, 딱따구리 	움켜잡는 발, 나무 쪼기에 적합한 정(chisel)모양의 날카로운 부리	400
앵무새목	유황앵무, 앵무새 	씨앗을 부수기에 알맞은 크고 강한 부리, 잘 발달된 발성기관	375
도요목	바다쇠오리, 갈매기, 물떼새, 깝작도요, 제비갈매기 	물가 생활, 긴 기둥 모양 다리, 가늘고 예리한 부리	350
비둘기목	비둘기(doves, pigeons) 	나뭇가지에 앉기 알맞은 발, 둥글고 통통한 몸매	310
매목	독수리, 매(falcons, hawks) 	육식성, 예리한 시각, 고기를 찢는 데 알맞은 날카롭고 뾰족한 부리, 주행성	290
닭목	닭, 뇌조, 꿩, 메추리 	대개 제한된 비행 능력, 둥근 몸매	290
두루미목	해오라기, 물닭, 두루미, 흰눈썹뜸부기 	습지 생활, 긴 기둥 모양 다리, 다양한 체형	209
기러기목	오리, 거위, 고니 	물새, 물갈퀴가 있는 발가락, 여과섭식에 알맞은 넓적부리	150
올빼미목	올빼미, 부엉이 	야행성 맹금류, 강한 부리와 발가락	146
황새목	왜가리, 따오기, 황새 	물속 고기를 잡는 섭금류, 긴 다리, 큰 몸집	114
슴새목	알바트로스, 슴새 	바닷새, 관 모양 부리, 장시간 비행 능력	104
펭귄새목	황제펭귄, 눈썹펭귄 	해양성, 헤엄치기에 알맞게 변형된 날개, 남반구에만 분포, 단열용 깃털로 된 두꺼운 외피	18
모아새목	키위 	날지 못함, 작은 몸, 뉴질랜드에만 분포	5
타조목	타조 	달리기에 알맞은 강한 다리, 날지 못함, 발가락이 2개, 매우 큰 몸	1

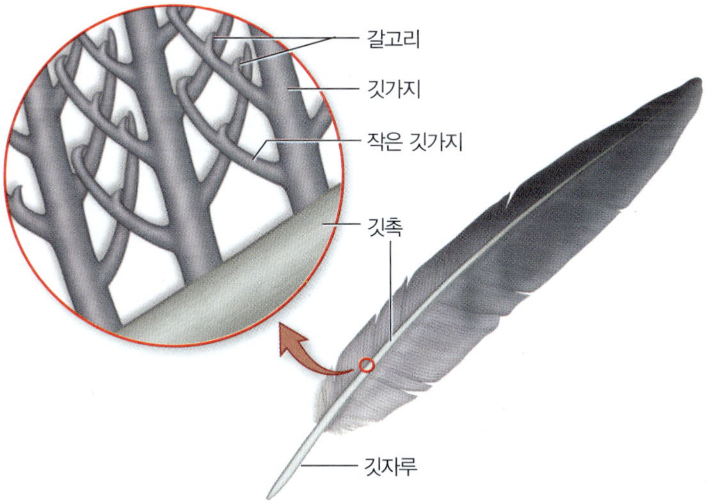

그림 29.28 깃털.
확대한 그림을 보면 미세한 작은 깃가지들이 어떻게 깃판의 깃가지와 2차 가지를 서로 연결하는지를 알 수 있다.

그림 29.29 시조새(*Archaeopteryx*).
까마귀만 한 크기의 시조새의 조상은 두 다리로 걷는 공룡류와 가까운 관계이며, 1억 5천만 년 전 중부 유럽의 삼림에서 살았다.

공룡도 깃털이 있었을 것으로 추정된다.

2. **비행 골격:** 조류의 골격은 가늘고 속이 비어 있다. 다수의 뼈들이 융합하여 형성된 조류 골격은 파충류의 골격보다 더 단단하다. 등뼈, 어깨뼈, 골반뼈의 융합 부위는 비행할 때 근육을 고정시키는 튼튼한 틀이 된다. 역동적인 비행에 필요한 힘은 체중의 30%나 되는 커다란 가슴근육에서 나온다. 가슴근육은 날개로부터 뻗어 내려와서 가슴뼈에 붙어 있는데, 가슴뼈는 크게 확장되어 있으며, 근육 부착을 위한 돌출된 용골이 있다. 가슴근육은 융합된 빗장뼈에도 부착한다. 조류 이외에 융합된 빗장뼈나 용골 있는 가슴뼈를 갖는 척추동물을 현재는 찾아볼 수 없다.

조류는 1억 5천만 년 전에 출현하였다

최초로 알려진 1억 5천만 년 된 시조새(*Archaeopteryx*)의 화석은 1862년 독일 바바리아의 한 석회암 채석장에서 발견되었는데, 깃털 자국이 바위에 선명히 찍혀 있었다(**그림 29.29**; **그림 19.10** 참조). 시조새의 골격은 작은 수각류 공룡과 여러 가지 특징을 공유하고 있었다. 크기는 까마귀만 했고 두개골에는 이빨이 나 있었으며, 뼈들은 거의 서로 융합되어 있지 않았다. 속이 비어 있는 새의 뼈와는 달리 채워져 있는 견고한 뼈로 추정되었다. 또한 파충류의 긴 꼬리도 있었으며, 새들의 비행근육을 부착하는 확장된 가슴뼈는 존재하지 않았다. 마지막으로 앞다리의 골격구조가 수각류의 것과 거의 동일했다.

시조새 화석들은 공룡에서 관찰할 수 있는 여러 특징들을 갖고 있었기 때문에, 깃털 형태가 보존된 화석이 발견되기 전까지는 비슷한 크기의 소형 공룡인 콤프소그나투스(*Compsognathus*)로 잘못 분류했었다. 시조새를 조류로 인정하게 된 것은 날개와 꼬리에 깃털이 존재하는 화석이 발견되었기 때문이다.

시조새와 콤프소그나투스가 너무도 비슷했기 때문에 고생물학자들은 시조새를 공룡의 직계 후손으로 결론지었다. 그런 까닭에 지금도 오늘날의 새들을 "깃털 달린 공룡"이라고도 한다. 심지어 어떤 사람들은 추수감사절 칠면조 요리를 공룡 요리라고 농담삼아 말한다. 최근 중국에서 발견된 깃털 달린 공룡 화석들은 이 추론을 강하게 지지해 주고 있다. 예를 들어, 카우딥테릭스(*Caudipteryx*)라는 공룡은 시조새와 공룡의 명백한 중간형인데, 꼬리와 팔에 큰 깃털이 있을 뿐만 아니라 벨로키랍토르(*Velociraptor*) 와 같은 공룡의 여러 특징들도 함께 가지고 있다(**그림 29.30**; **그림 21.12** 참조). 카우딥테릭스의 팔은 너무 짧아서 날개로 사용할 수 없었을 것이므로 아마도 꼬리와 팔의 깃털은 비행을 위한 것이 아니라 포유류의 털처럼 단열재 또는 성적 과시용 장신구 역할을 했을 것이다. 이는 21장에서 살펴본 바와 같이, 어떤 이유로 진화하고 있는 초기 단계의 특징이 뒤이은 다른 목적의 자연선택을 통하여 더욱 정교하게 진화하게 되는 현상을 잘 보여주는 예이다.

비행은 어떤 종류의 공룡의 팔이 길어짐에 따라 획득하게 된 능력이다. 우리는 이런 공룡을 조류라 한다. 비록 공룡과 가까운 관계이지만 조류는 3가지 고유한 진화적 특징을 나타내는데, 깃털, 속이 빈 뼈, 그리고 지속적이고 힘찬 비행을 가능케 하는 극도로 효율적인 폐와 같은 생리적 특성이 그것들이다.

백악기 초 시조새가 출현하고 수백만 년밖에 지나지 않았음에도 다양한 무리의 조류로 진화하였는데, 그중에는 현존하는 조류의 특

그림 29.30 조류의 진화경로.
이제 거의 모든 고생물학자들은 조류가 수각류 공룡의 직계 후손임을 인정하고 있다.

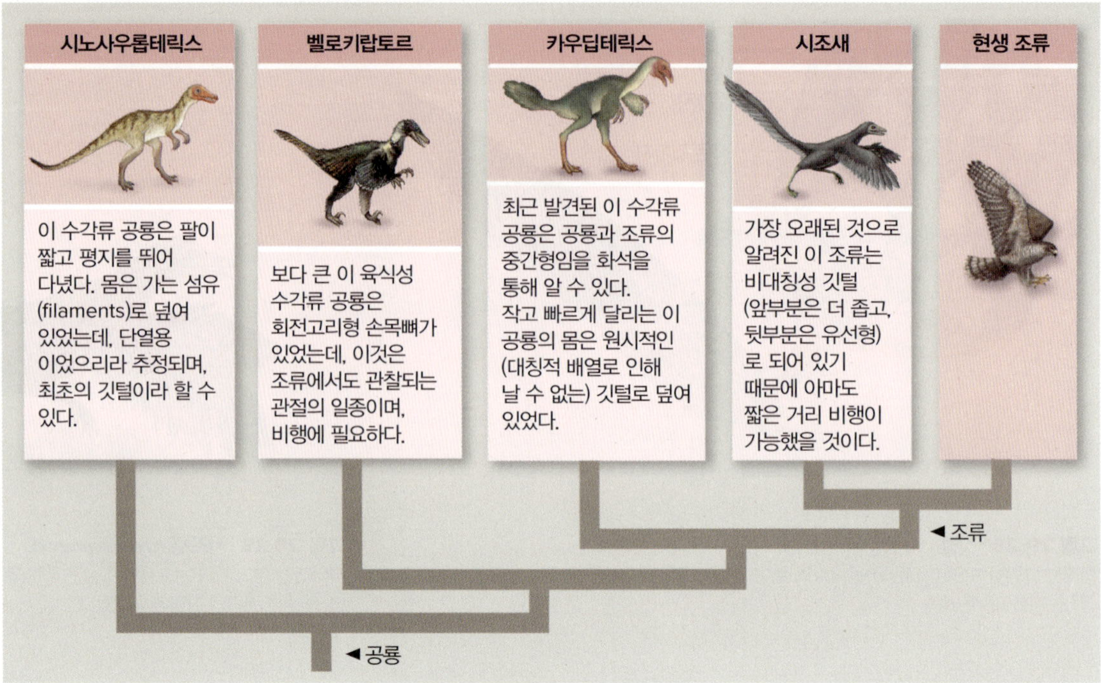

성을 가진 것도 많았다. 최근 몽골, 스페인, 중국에서 수집된 화석들에는 속이 빈 뼈와 지속적 비행에 필요한 가슴뼈가 있는 이빨이 있는 새들의 화석이 즐비하다(**그림 29.31**). 뿐만 아니라 날지는 못하고 다이빙하는 조류들의 화석도 발견된다. 이들 다양한 조류들은 익룡이 멸종한 백악기 말기까지 7000만 년 동안 그들과 함께 하늘을 날아다녔다.

깃털 자국은 화석화되기 어렵고, 현존하는 조류들은 속이 빈 연약한 뼈를 갖고 있어서 조류의 화석 기록은 불완전하다. 따라서 현존하는 조류의 여러 과(families)들 사이의 계통관계는 대부분 해부학 및 그들의 DNA 유사도를 바탕으로 추정하였다.

현생 조류는 다양하지만 몇 가지 공통적인 특징이 있다

우리는 새의 부리와 발을 분석함으로써 새의 습성과 먹이에 대해 많은 것을 알 수 있다. 예를 들어, 올빼미와 같은 육식성 조류는 먹이를 붙잡는 구부러진 갈고리 발톱과 고기를 찢는 데 필요한 날카로운 부리를 가지고 있으며, 오리는 진흙 속을 뒤지기에 알맞도록 납작한 부리를, 핀치새류(finches)는 씨앗을 부수는 짧고 두꺼운 부리를 가지고 있다.

조류는 호흡 및 순환계의 적응과 내온성 등 여러 적응적 특징을 통해 비행에 따른 엄청난 에너지 요구에 대처하고 있다.

효율적인 호흡

새가 활발하게 날아다닐 때 비행근육은 엄청난 양의 산소를 소모

그림 29.31 초기 백악기의 조류 화석.
*Confuciornis*는 긴 꼬리 깃털을 갖고 있다. 이 종의 어떤 화석 표본은 긴 꼬리 깃털이 없는데, 이는 일부 현대 조류들처럼 한쪽 성에서만 존재하는 특성일 가능성이 있다.

그림 29.32 가장 큰 조류목인 참새류의 다양성.
a. 노랑배태양조(*Cinnyris venustus*). ***b.*** 유리멧새(*Passerina cyanea*). ***c.*** 파랑어치(*Cyanocitta cristata*). ***d.*** 푸른날개팔색조(*Pitta moluccensis*).

한다. 파충류의 폐는 제한된 내부 표면적을 가지므로 필요한 산소를 충분히 흡수할 수 없다. 이를 해결하기 위해 더 넓은 표면적을 가지는 방향으로 진화한 포유류의 폐와는 달리 조류는 기본 구조 자체를 재설계하는 방향으로 진화하였다.

새가 숨을 들이쉴 때 공기는 폐를 지나 폐 뒤에 있는 뼛속, 또는 근처의 여러 기낭(공기주머니)으로 들어간 다음 내쉴 때 이들 기낭에서 다시 폐를 통과하여 앞쪽의 기낭을 거쳐서 배출된다. 들숨이든 날숨이든 공기가 항상 한 방향으로 폐를 지나면서 산소를 전달하므로 기체 교환은 매우 효율적으로 이루어진다. 조류의 호흡은 42장에서 더 자세하게 다룬다.

효율적인 순환

비행에 필요한 에너지를 공급하기 위해 대사량을 늘리려면 혈액도 폐에서 포집한 산소를 빠르게 비행근육으로 전달하는 등 매우 효율적으로 순환하여야 한다. 현존하는 대다수 파충류의 심장은 심실을 2개의 방으로 완전히 나누지 못하기 때문에 폐에서 온 산소가 풍부한 혈액은 온몸을 돌아 온 산소가 부족한 혈액과 섞이게 된다. 하지만 조류에서는 완전한 심실벽으로 인해 폐순환 혈액과 체순환 혈액이 섞이지 않기 때문에 비행근육은 산소가 포화된 혈액을 공급받게 된다(43장 참조).

파충류를 포함한 다른 척추동물과 비교했을 때 조류는 심장박동이 매우 빠르다. 벌새의 심장은 분당 600번, 활동적인 박새의 심장은 분당 1000번 박동한다. 이에 반해 날지 못하는 큰 타조의 심장 박동수는 분당 70번으로 사람과 유사하다.

내온성

조류는 포유동물처럼 내온성(endothermy) 동물이다(수렴진화의 일례). 많은 고생물학자는 조류의 조상인 공룡류 또한 내온성이었으리라 생각한다. 조류는 체온을 대다수 포유동물보다 상당히 높게 40~42°C로 유지한다(사람의 체온은 37°C). 깃털은 훌륭한 절연체로서 체온 유지에 크게 기여한다.

내온성 조절로 체온이 높게 유지되면 새의 비행근육의 대사가 빨라지고, 그 결과 빠른 근수축에 요구되는 ATP를 공급할 수 있게 된다.

핵심 요약 29.8

조류는 모든 육상 척추동물 중에서 종다양성이 가장 크다. 가장 오래된 화석 조류인 시조새는 수각류 공룡들과 여러 특징들을 공유한다. 조류의 주요 특징으로는 깃털과 가볍고 속이 빈 골격 외에 보조 기낭들과 4개의 방으로 된 심장이 있다.

■ 조류의 특징 중에서 파충류와 공유하는 것은 어떤 것일까?

29.9 포유류

학습 목표

1. 포유류의 특징에 대해 설명할 수 있다.
2. 현존하는 포유류의 세 무리를 비교하여 설명할 수 있다.

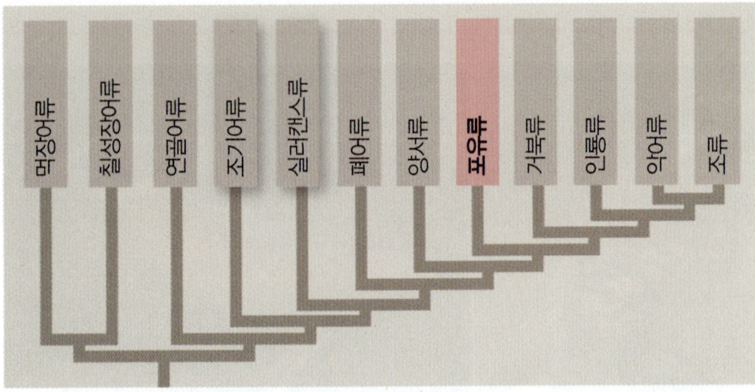

포유동물강(class Mammalia)은 약 5000종의 동물을 포함하고 있는데, 이는 어류, 양서류, 파충류, 조류의 종수보다 적다. 몸집이 큰 육상 척추동물의 대부분은 포유류이다. 우리가 아프리카 초원을 둘러본다면 사자, 얼룩말, 가젤과 영양 등 큰 포유동물이 눈에 띌 것이다. 그러나 일반적인 포유동물은 그다지 크지 않아서 5000종의 포유동물 중에서 거의 4000종은 설치류, 박쥐류, 땃쥐류(shrews) 및 두더지류이다.

포유류에는 털, 젖샘 및 그 외 다른 특징이 있다

포유류가 다른 모든 척추동물 무리와 구별되는 기본적인 특징은 털과 젖샘이며, 그 외에도 몇 가지 중요한 특징들이 있다.

1. **털**: 모든 포유동물은 털이 있다. 분명 털이 없는 고래류나 돌고래류조차도 주둥이에 감각 강모가 있다. 털이 진화함에 따라 포유동물은 체온 조절이 가능해졌고 외온성 파충류가 서식할 수 없는 추운 지역에도 진출할 수 있었다. 포유류는 내온성 동물로서 대개는 주위 환경보다 더 높은 체온을 유지한다. 다수의 포유동물은 빽빽한 속털로 체온 손실을 줄인다.

   털의 또 다른 기능은 위장(camouflage) 기능이다. 털의 색깔과 무늬는 보통 그들을 둘러싼 환경과 비슷하다. 작은 갈색 쥐는 숲의 갈색 낙엽 더미에서는 보이지 않으며, 벵갈호랑이의 오렌지색과 검은색 줄무늬는 그들이 먹이사냥을 하는 오렌지색과 갈색의 키 큰 풀숲에서는 눈에 띄지 않는다. 털은 감각 장치의 기능도 한다. 고양이와 개의 수염은 뻣뻣해서 접촉에 매우 민감하고, 밤에 활동하거나 땅속에 사는 포유류는 수염으로 먹이를 찾거나 물체와의 충돌을 피한다. 마지막으로 털은 방어무기로도 쓰인다. 고슴도치류와 산미치광이류(porcupines)는 자신을 보호하기 위해 길고 뾰족한 가시(quills)와 같은 뻣뻣한 털을 가지고 있다.

   변형된 파충류의 비늘로부터 진화한 깃털과는 달리 포유류의 털은 완전히 다른 피부 구조이다. 각각의 털은 전구 모양의 피하 모낭에서 뻣뻣한 실처럼 뻗어 나온 단백질이 풍부한 긴 필라멘트로서, 주로 섬유상 단백질인 케라틴으로 채워진 죽은 세포로 이루어져 있다.
2. **젖샘**: 모든 포유류 암컷은 젖을 분비하는 젖샘(mammary glands)이 있다. 이빨 없이 태어나는 새끼는 젖이 1차적인 먹이이다. 심지어 새끼 고래도 모체의 젖으로부터 영양을 공급받는다. 젖은 고에너지 식품이며, 많은 에너지를 필요로 하는 포유류 새끼의 빠른 성장에 중요한 에너지원이다. 젖의 에너지 중 50%는 유지방이 제공한다.
3. **내온성**: 앞서 언급한 바와 같이 포유류의 내온성은 중요한 적응의 결과로서, 밤낮을 가리지 않고 활동할 수 있게 해 줄 뿐만 아니라, 사막에서부터 빙원까지 그 어떤 극한 환경에도 정착할 수 있게 해 주었다. 또한 4개의 방으로 구획된 심장(43장 참조)에 의한 혈액순환 효율의 향상과 **횡격막**(diaphragm, 흉곽 아래의 특별한 근육성 막으로서 호흡을 돕는다. 42장 참조)에 의한 호흡 효율의 향상으로 말미암아 대사율이 증가하고 그에 따라 내온성도 유지되었다.
4. **태반**: 대다수 포유류 종에서 태아는 어미의 자궁(uterus) 속에서 태반을 통해 영양을 공급받고 자라서 새끼로 태어난다. **태반**(placenta)은 태아의 혈류와 모체의 혈류가 밀접하게 맞

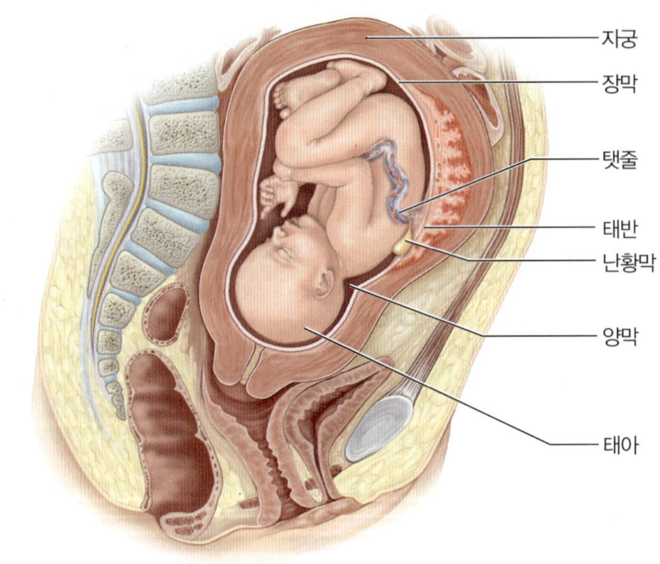

그림 29.33 태반.
태반은 포유류 중에서 가장 큰 무리인 태반포유류의 특징이다. 태반은 양막란의 막으로부터, 탯줄은 요막으로부터 진화한 것이다. 양막란의 가장 바깥쪽인 장막은 태반의 대부분을 형성한다. 태반은 모체와 태아의 혈액을 결코 섞이지 않도록 하면서 배아의 일시적인 폐, 장, 신장의 기능을 한다.

? **탐구문제** 태반은 파충류나 조류의 알과 얼마나 비슷한가? 그 유사성을 어떻게 설명할 수 있는가?

닿아 있는 특별한 기관이다(**그림 29.33**). 영양분과 물, 산소는 모체에서 태아에게로 전달되고, 노폐물은 모체의 혈액으로 전해져서 배출된다.

이상의 주요 특징들 외에, 어떤 포유동물 무리는 몇 가지 다른 적응적 특징도 함께 나타내는데, 특화된 이빨, 초식동물의 식물 소화 능력, 케라틴으로 만들어진 발굽과 뿔, 그리고 비행을 위한 박쥐의 적응이 그것이다.

특화된 이빨

포유류는 식습관에 따라 다른 형태의 특화된 이빨을 가진다(**그림 29.34**). 이빨을 분석해보면 포유동물의 식습관을 알아낼 수 있다. 예를 들어, 개의 긴 송곳니는 먹이를 물어 잡고 있는 데 적합하고, 삼각형의 날카로운 작은 어금니와 어금니는 고기 덩어리를 찢는 데 적합하다.

반면에 사슴 같은 커다란 초식동물은 송곳니가 없는 대신 아래턱에 있는 납작한 끌 모양의 앞니로 풀을 한입 가득 잘라내어, 크고 울퉁불퉁한 어금니로 질긴 식물조직을 갈아서 잘게 부순다.

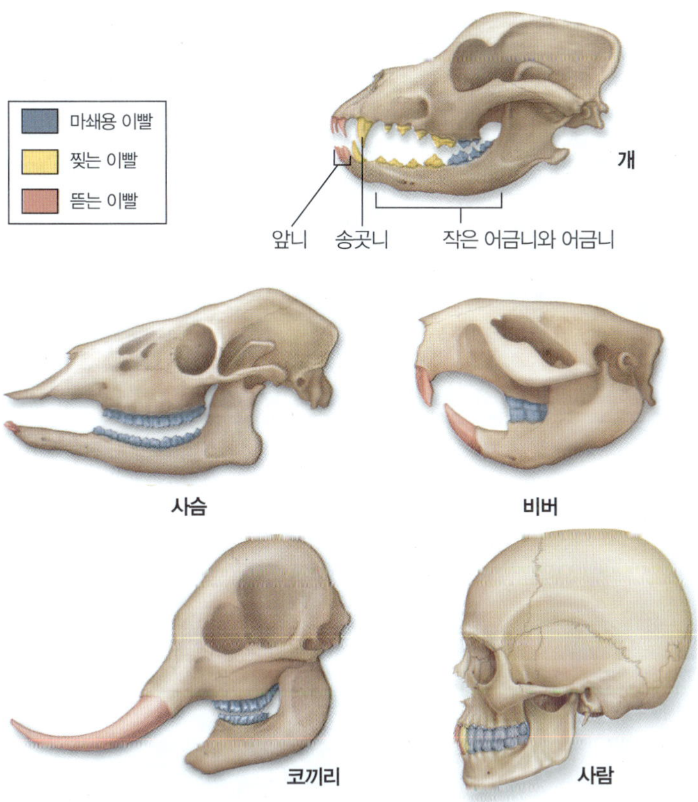

그림 29.34 **포유류는 다른 종류의 특화된 이빨을 가진다.**
개와 같은 육식동물은 송곳니가 있어 먹이를 찢을 수 있는데, 개의 작은 어금니와 어금니 일부도 같은 기능을 한다. 사슴과 같은 초식동물은 풀을 뜯는 앞니와 식물체를 갈아 부수는 어금니를 갖고 있다. 비버는 갉아 자르는 앞니가 잘 발달되어 있다. 코끼리의 앞니는 특별한 무기가 되었고, 어금니는 식물을 갈아 부순다. 사람은 잡식성으로 갈고, 찢고, 뜯는 세 종류의 이빨이 모두 있다.

식물의 소화

대다수 포유류는 오직 식물만 또는 식물을 주로 먹는 초식성이다. 셀룰로스는 식물체의 주성분이며 초식성 포유동물의 주 먹이원이다. 그러나 포유동물은 셀룰로스의 포도당 분사 사이의 연결을 끊을 수 있는 효소를 갖고 있지 않다. 따라서 초식성 포유류는 소화관 내 세균과의 상리공생관계를 통해 이 문제를 해결하는데, 이들 세균은 셀룰로스 분해효소를 갖고 있다(41장 참조).

소, 물소, 영양, 염소, 사슴, 기린 등의 포유동물은 식도와 위에서 분화한 4개의 방으로 된 대형 발효통을 가지고 있다. 첫 번째 방은 가장 크고, 셀룰로스 분해세균이 가득 차 있다. 입에서 잘게 부서진 식물체가 첫 번째 방에 들어오면 세균이 셀룰로스를 분해하게 되고, 이후 나머지 3개의 방을 거치면서 추가로 분해, 소화된다.

한편 설치류, 말, 토끼 및 코끼리는 상대적으로 위가 작아서 흰개미처럼 대장에서 식물을 소화한다. 실제 셀룰로스의 소화를 담당하는 세균은 소장의 끝에서 갈라져 나온 맹장(cecum)이라는 주머니 속에 살고 있다.

셀룰로스 소화를 위한 복잡한 적응에도 불구하고 식물체는 같은 양의 고기에 비해 영양가가 낮아서 초식동물은 충분한 영양분을 얻기 위해서 많은 양의 식물체를 소비해야 한다. 코끼리는 매일 135~150 kg의 식물체를 먹는다.

발굽과 뿔의 발달

털의 단백질 성분인 케라틴은 발톱, 손톱, 그리고 발굽 등의 구조를 만드는 물질이기도 하다. 발굽은 말이나 소, 양, 영양 등의 발가락에 붙어 있는 특화된 케라틴성 발바닥으로, 충격을 흡수하여 발가락을 보호할 수 있도록 뿔처럼 단단하다.

그림 29.35 감비아견장과일박쥐(*Epomophorus gambianus*).
박쥐는 진정한 의미의 비행이 가능한 유일한 포유류이다.

소, 양, 영양의 뿔은 중심의 뼈를 케라틴이 껍질처럼 싸고 있는 구조로서, 중심의 뼈는 두개골에 붙어 있으므로 떨어지지 않는다.

사슴의 뿔, 즉 녹용은 케라틴이 아닌 뼈이며, 수컷의 뿔은 매년 자라고 1쌍 모두 떨어져 나간다. 뿔이 자라는 여름에는 벨벳이라는 얇은 피부조직층으로 덮인다.

비행하는 포유류: 박쥐

박쥐는 동력 비행을 할 수 있는 유일한 포유류이다(**그림 29.35**). 새나 익룡의 날개와 마찬가지로 박쥐의 날개도 수렴진화를 통해 앞다리가 날개로 변형된 것인데, 하지만 변형 방식은 서로 다르다. 박쥐의 날개는 4개의 손가락뼈에 펼쳐져 있는 근육과 피부에서 유래한 가죽 같은 막으로 되어 있는데, 막의 가장자리는 몸의 옆구리와 뒷다리에도 부착되어 있다. 쉬는 동안에 대다수 박쥐류는 발톱으로 거꾸로 매달려 있다.

박쥐류가 설치류 다음으로 가장 큰 포유류 목(order)으로 특별히 성공한 무리가 될 수 있었던 것은 대다수 새들이 이용할 수 없는 먹이인 야행성 곤충들을 먹이원으로 이용할 수 있었기 때문이다.

박쥐는 어떻게 어둠 속에서 비행할까? 18세기 후반, 이탈리아 생물학자 스팔란자니(Lazzaro Spallanzani)는 눈먼 박쥐가 물체와 충돌하지 않고 곤충을 잡을 수 있음을 보여주었는데, 이것은 분명 시각 외의 다른 감각이 박쥐의 야간비행에 이용된 것이다. 그 후 스팔란자니가 박쥐의 귀를 막자 박쥐는 길을 잃고 물체와 충돌하였다. 그래서 스팔란자니는 박쥐가 청각을 통해 밤의 세계에서 길을 찾는 것으로 결론지었다.

포유류는 약 2억 2천만 년 전에 갈라져 나왔다

포유류는 공룡시대 이후 약 2억 2천만 년 동안 존재했다. 공룡이 지배하던 육상에서 최초의 포유류는 땃쥐류와 같이 작고 숲에서 곤충을 잡아먹는 보잘 것 없는 존재였다. 화석자료에 의하면 초기 포유류는 큰 안와를 갖고 있었는데, 이는 초기 포유류가 야행성이었으리라는 증거이다. 또한 초기 포유류는 아래턱뼈가 1개이다. 화석을 통해 여러 개의 뼈로 된 파충류의 아래턱이 수궁류(포유류의 조상)에서 포유류의 형태에 가까운 하나의 뼈로 변화되었음을 알 수 있다. 수궁류에서 턱 관절을 형성하는 2개의 뼈는 포유동물의 가운데 귀(중이)로 이동한 뒤, 원래 중이에 있던 뼈 1개와 함께 3개의 뼈로 연결되어 파충류의 귀보다 소리를 더 잘 증폭할 수 있게 되었다(**그림 38.7** 참조).

포유류의 시대

6500만 년 전, 백악기 말에 공룡들과 함께 수많은 육상 및 해양 동물들이 멸종하였다. 하지만 포유류는 살아남았는데, 아마도 털의 절연성 때문인 것으로 여겨진다. 신생대 제3기(Tertiary period, 6500만 년~200만 년 전)에 이르러 포유류는 빠르게 다양화되어 한때 공룡이 점유하였던 생태적 역할을 대체하게 되었다.

약 1500만 년 전 제3기 후반기에 포유류의 다양성은 최고조에 달하였는데, 당시의 지구 대부분은 열대 기후 조건이었다. 지난 1500만 년 동안 기후는 변하여 열대 서식지는 감소하였으며, 이에 따라

그림 29.36 오늘날의 포유류.
a. 단공류, 짧은코가시두더지(*Tachyglossus aculeatus*, 왼쪽)와 오리너구리(*Ornithorhynchus anatinus*, 오른쪽). ***b.*** 유대류, 붉은캥거루(*Macropus rufus*, 왼쪽)와 주머니쥐(*Didelphis virginiana*, 오른쪽). ***c.*** 태반포유류, 사자(*Panthera leo*, 왼쪽)와 큰돌고래(*Tursiops truncatus*, 오른쪽).

전체 포유류의 종수도 줄어들게 되었다.

현생 포유류는 세 무리로 나뉜다

공룡이 번성하던 1억 5500만 년 동안, 포유류는 작은 몸집의 식충성(insectivores) 또는 초식성 군소 집단이었다. 그중 가장 원시적 포유류는 원수아강(subclass Prototheria)에 속하는 것들이었다. 대부분의 원수류는 작고 오늘날의 땃쥐류와 비슷했다. 오늘날까지 살아남은 유일한 원수류는 유일한 난생 포유류인 단공류(monotremes)이다.

또 다른 주요 포유류는 **수아강**(subclass Theria)에 속하는 것들인

표 29.5 태반포유류의 주요 목(order)

목	대표적인 예	주요 특징	대략적인 현생종 수
설치목	비버, 생쥐, 산미치광이, 쥐 	작은 몸, 초식성, 끌 모양의 앞니	2277
박쥐목	박쥐 	비행하는 포유류, 주로 열매 또는 곤충을 먹음, 긴 손가락, 얇은 날개막, 대부분 야행성, 음파 탐지 비행	1240
땃쥐목	두더지, 땃쥐 	작은 몸, 굴파는 포유류, 먹이는 곤충, 대부분의 시간은 땅속 생활	420
식육목	곰, 고양이, 너구리, 족제비, 개 	육식성 포식자, 고기 찢는 데 알맞은 이빨, 근연종은 호주에 없음	280
영장목	유인원, 사람, 여우원숭이, 원숭이 	주로 나무 위 생활, 큰 뇌, 쌍안 시각, 마주 보는 엄지손가락	270
소목	소, 사슴, 기린, 돼지 	2개 또는 4개의 발가락을 가진 발굽포유류, 대다수 초식성 반추동물	220
고래목	돌고래, 쇠돌고래, 고래 	완전 해양성 포유류, 유선형 몸, 노 모양으로 변형된 앞다리, 뒷다리 없음, 머리 위 숨구멍, 주둥이에만 털 있음	90
토끼목	토끼, 산토끼, 우는토끼 	4개의 위쪽 앞니(설치류는 2개), 앞다리보다 긴 뒷다리, 도약에 적응	80
빈치목	개미핥기, 아르마딜로, 나무늘보 	곤충 섭식, 대다수가 이빨이 없으며, 일부만 작은 쐐기형 이빨	30
말목	말, 코뿔소, 테이퍼 	홀수의 발가락을 가진 발굽 포유류, 초식성, 씹는 데 알맞은 이빨	17
코끼리목	코끼리 	긴 몸통, 초식성, 2개의 앞니가 길게 변형된 상아, 가장 큰 육지 현생종	2

데, 이들은 새끼를 낳는 태생으로서, 현존하는 무리에는 유대류(캥거루, 주머니쥐, 코알라 등)와 태반류(개, 고양이, 말과 나머지 대부분의 포유류)가 있다

단공류: 난생포유류

오리너구리(duck-billed platypus) 및 2종의 가시두더지(echidna)가 오늘날 살아 있는 유일한 **단공류**(monotremes)이다(**그림 29.36***a*). 현존하는 포유류 중에서 유일하게 단공류만 난각이 있는 알을 낳는다. 이들의 어깨와 골반 구조는 다른 포유류보다는 초기 파충류를 더 닮았으며, 또 파충류처럼 총배설강을 가지고 있어서 대소변과 배우자들이 하나의 구멍을 통해 배출된다.

단공류는 몇몇 파충류의 특징과 포유류의 형태형질도 갖고 있는데, 양쪽에 하나씩만 있는 아래턱뼈, 털, 그리고 젖샘이 그것들이다. 새끼 단공류는 알에서 부화한 후 어미의 젖을 먹는다. 암컷은 발달된 젖꼭지가 없지만, 그 대신 젖이 모체의 털을 타고 흘러나오면 새끼는 혀로 핥아 먹게 된다.

호주에서만 발견되는 오리너구리는 주로 물에서 생활하며 헤엄을 잘 친다. 오리가 부리를 사용하는 방식처럼 부리로 진흙을 뒤적여서 지렁이나 부드러운 조직을 가진 동물들을 잡아먹는다. 하지만 오리와는 달리 부리에 전기감지기(electroreceptors)가 있는데, 이것은 먹이의 근수축 시 방전되는 전기 신호를 감지하여 표적 먹이를 찾는 데 도움을 준다. 호주와 뉴기니에서 발견되는 가시두더지류도 부리에 전기감지기가 있으며, 매우 강하고 날카로운 발톱으로 구멍을 뚫거나 흙을 파고, 주둥이로 곤충류, 특히 개미나 흰개미류를 잡아먹는다.

유대류: 주머니가 있는 포유류

유대류(marsupials, **그림 29.36***b*)와 다른 포유류의 주요한 차이는 배아 발생 방식이다. 유대류의 수정란은 장막과 양막으로 둘러싸여 있으나 단공류처럼 난각이 없다. 유대류 배아는 초기 발생기간 대부분을 알에 있는 풍부한 난황으로부터 영양분을 얻는다. 태어나기 직전 태반이 장막으로부터 형성되지만, 수정 후 8일 이내에 배아 상태로 태어나면서 태반은 곧 사라진다. 작고 털도 없는 상태의 배아는 기어서 육아낭 속으로 들어가 젖꼭지를 붙들고 계속 자라게 된다.

유대류는 태반포유류가 출현하기 직전인 약 1억 2500만 년 전에 진화되었다. 오늘날 대다수 유대류는 오랫동안 지리적으로 고립되어 있었던 호주와 남아메리카에 살고 있다. 호주와 뉴기니의 유대류는 다양화를 통하여 태반포유류가 지구의 다른 지역에서 점하고 있는 생태적 지위를 자신들의 서식지에서 차지하고 있다(**그림 19.18** 참조). 현재 호주와 뉴기니에 사는 태반포유류는 상대적으로 최근에 그 지역에 상륙한 것인데, 일부는 인간에 의해 이주된 것이다. 북아메리카에서 발견된 유일한 유대류인 버지니아주머니쥐(Virginia opossum)는 과거 300만 년 이내에 중앙아메리카로부터 이주한 것이다.

태반포유류

배아 발생 전 기간을 통해 배아에 영양을 공급하는 태반은 태반포유류의 자궁에 형성된다(**그림 29.36***c*). 인간을 포함한 포유류 현생종은 2목(order), 즉 단공류, 유대류를 제외하고(어떤 과학자는 유대류가 4개 이상의 목으로 구성되었다고도 한다) 모두 태반포유류에 속한다. **표 29.5**에 일부 태반포유류 목(order)들을 나타내었다. 이들은 1.5 g의 피그미땃쥐(pygmy shrews)부터 100톤의 고래까지 매우 다양하다.

배아 발생 초기에 형성된 태반에는 태아와 모체 양쪽의 혈관이 풍부하여 상호간 물질교환이 효율적으로 일어난다(**그림 29.33** 참조). 태아 쪽 태반은 장막과 요막으로부터 만들어진다. 유대류와 달리 태반포유류에서는 상당히 긴 시간의 발생과정을 거쳐 새끼로 태어난다.

핵심 요약 29.9

포유류는 털과 젖샘이 있는 유일한 동물이다. 포유류의 또 다른 특징으로는 내온성, 태반, 먹이에 따른 이빨의 특이 구조, 그리고 특별한 감각계가 있다. 현존하는 포유류에는 난생의 단공류, 육아낭에서 배아를 기르는 유대류, 발생기간 내내 태반을 통해 배아에게 영양을 공급하는 태반포유류 등 3종류의 무리가 있다.

■ 포유류와 조류가 공유하는 특징 중에서 수렴진화한 것은 무엇일까?

29.10 영장류

학습 목표

1. 영장류의 특징과 주요 분류군들에 대해 설명할 수 있다.
2. 인원류를 구분하는 특징을 나열할 수 있다
3. 인종의 근간이 되는 변이들과 인종을 진화적 독립 단위로 보지 않는 이유를 설명할 수 있다.

영장류(primates)는 우리 자신, 즉 인류라는 종을 낳은 포유류이다. 영장류는 다음의 특성으로 인해 나무에 사는 식충류로 성공하였다.

1. **움켜잡는 손가락과 발가락**: 나무두더지나 다람쥐의 발톱이 있는 발과는 달리 영장류는 움켜잡는 손발가락이 있어서 나뭇가지

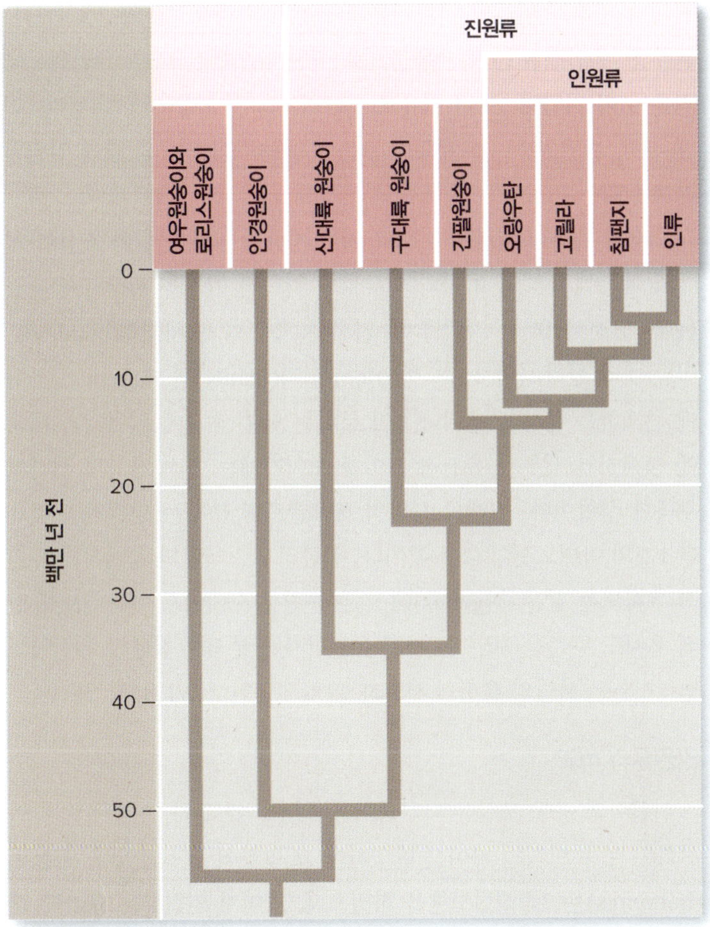

그림 29.37 영장류의 진화 계통수.
여우원숭이류, 로리스원숭이류, 안경원숭이류가 하나의 무리로 원원류에 속한다고 생각해 왔으나, 현재는 측계통군으로 밝혀졌다. 마찬가지로 유인원류도 측계통군으로서 어떤 유인원류는 유인원류에 속한 다른 동물들보다 인류와 같은 비유인원류에 더 가깝다.

를 잡거나, 가지에 매달리거나, 먹이를 붙잡을 수 있으며, 어떤 영장류는 도구를 이용할 수도 있다. 여러 영장류의 첫 번째 손발가락인 엄지는 나머지 손발가락과 마주 볼 수 있으며, 전부는 아니어도 최소한 일부의 손발가락에는 손발톱이 있었다.

그림 29.38 안경원숭이.
필리핀 안경원숭이(*Tarsius syrichta*)는 열대아시아 태생이다. 영장류의 특징인 움켜잡는 손발가락과 쌍안 시각을 가지고 있다.

2. 쌍안 시각: 머리의 좌우에 위치한 땃쥐나 다람쥐의 눈과는 달리 영장류의 눈은 얼굴 앞쪽으로 치우쳐 있어서 상이 중복되는 쌍안 시각(binocular vision)이 생겨 뇌가 거리를 정확하게 판단할 수 있게 되었는데, 이는 나무를 타고 이동하며 먹이를 잡거나 줍는 동물에게는 중요한 특징이다. 다른 포유동물들, 예를 들어 육식성 포식자들도 쌍안 시각을 갖고 있으나, 오직 영장류만 쌍안 시각과 움켜잡는 손을 함께 갖고 있어서 숲 환경에 특히 잘 적응하게 되었다.

진원류 계통은 최초의 인류를 이끌었다

안경원숭이류(tarsiers), 여우원숭이류(lemurs), 로리스원숭이류(lorises)는 원원류(prosimians)로 분류해 왔으나, 이제는 원원류가 측계통군임이 밝혀졌다. 즉, 안경원숭이류가 여우원숭이류, 로리스원숭이류보다 원숭이류나 유인원류와 더 가까운 친척관계인 것이다(**그림 29.37**). 안경원숭이류, 로리스원숭이류 및 일부 여우원숭이류는 크기가 작고 야행성인 반면(**그림 29.38**), 나머지 여우원숭이류는 크고 **주행성**(diurnal)이다. 여우원숭이류는 마다가스카르 섬에서만 발견

그림 29.39 진원류.
a. 신대륙원숭이, 다람쥐원숭이(*Saimiri oerstedii*), ***b.*** 구대륙원숭이인 맨드릴개코원숭이(*Mandrillus sphinx*), ***c.*** 인원류인 사람(*Homo sapiens*, 왼쪽)과 고릴라(*Gorilla gorilla*, 오른쪽).

되는데, 그곳에서는 경쟁자인 원숭이류가 없어서 적응방산하였다.

진원류

진원류(anthropoids)에는 원숭이류(monkeys), 유인원류(apes), 그리고 인류(humans)가 포함된다. 진원류는 거의 모두 주행성으로, 주로 낮에 열매와 잎을 먹는 먹이활동을 한다. 자연선택을 통해 색시각을 포함한 눈의 설계가 많이 변화하였는데, 이는 주간 먹이활동에 대한 적응현상이다. 뇌는 커져서 감각이 발달하고, 머리에서 뇌가 차지하는 공간 비율도 증가하였다.

진원류는 일부 주행성 안경원숭이류처럼 복잡한 사회적 상호작용을 하는 무리생활을 한다. 어린 새끼들을 오랫동안 돌보는 경향이 있어서 긴 어린 시절을 보내며 학습하고 뇌를 발달시킬 수 있게 되었다.

약 3000만 년 전, 진원류 일부가 남아메리카로 이동하였는데, 그 후손들을 신대륙원숭이류(New World monkeys, **그림 29.39***a*)라 한다. 이들은 모두 나무에서 살고, 납작하게 퍼진 코와 물체를 움켜잡을 수 있는 긴 꼬리를 갖고 있어서 쉽게 구별된다.

아프리카에 남아 있던 진원류는 두 계통으로 갈라져 하나는 구대륙원숭이류(Old World monkeys, **그림 29.39***b*)가 되고, 다른 하나는 유인원과 인류를 포함하는 분기군이 되었다(**그림 29.39***c*). 구대륙원숭이류에는 나무에 사는 종뿐만 아니라 땅에 사는 종도 있다. 구대륙원숭이류는 움켜잡을 수 있는 꼬리가 없고, 콧구멍은 서로 가까이 있고 코끝은 아래쪽을 향하며 일부는 오래 앉아 있기에 알맞게 엉덩이에 질긴 피부 보호대가 있다.

인원류

인원류(hominids)에는 유인원류(apes)와 인류(humans), 그리고 이들의 직계 조상이 포함된다. 현존하는 유인원류에는 긴팔원숭이류(*Hylobates*속), 오랑우탄류(*Pongo*속), 고릴라류(*Gorilla*속), 침팬지류(*Pan*속)가 있다. 유인원류는 원숭이류보다 커다란 뇌를 가지며 꼬리는 없다. 몸집이 작은 긴팔원숭이를 제외하고 현존하는 모든 유인원류는 원숭이류보다 몸이 크다. 유인원류는 인류를 제외하고 포유동물 중에서 가장 뛰어난 적응력을 보인다. 한때 아프리카와 아시아에 넓게 분포하던 유인원류는 현재 좁은 지역에 소수 분포하며, 남북아메리카 대륙에서는 발견된 적이 없다.

유인원류의 DNA 연구를 통해 현존하는 유인원류의 진화경로에 대해 많은 것을 알게 되었다. 아시아 유인원류가 가장 먼저 진화하였고, 1500만 년 전 다른 유인원류로부터 긴팔원숭이류가, 그리고 1000만 년 전에는 오랑우탄류가 갈라져 나왔다(**그림 29.37**). 아프리카 유인원류는 훨씬 최근에 진화하였는데, 이 유인원류가 인류와 가장 가깝다. 과학자들은 유전적 차이를 근거로, 고릴라는 약 800만 년 전에 침팬지와 인류의 진화계통에서 갈라져 나온 것으로 추정한다. 분류군 '유인원류'는 측계통군으로 어떤 유인원은 다른 유인원보다 인류에 더 가깝다. 이런 이유로 분류학자들은 오랑우탄, 고릴라, 침팬지(즉, 긴팔원숭이를 제외한 모든 유인원류)를 인류와 함께 인원류라고 한다.

고릴라 계통이 갈라져 나오고 얼마 지나지 않아 인류의 조상이 침팬지 계통에서 갈라져 나와 인류로의 진화적 여정을 시작하게 되었는데, 침팬지보다는 사람에 더 가까운 모든 종을 **사람족**(hominins, 인류)이라 한다. [역자 주: 족(tribe)은 과(family)와 속(genus) 사이에 존재하는 분류 단계이다.] 이 분기는 아주 최근에 일어났기 때문에 침팬지와 인류가 유전적 차이를 보이기에는 아직 진화적 시간이 부족한 상황이다. 실례로 사람의 헤모글로빈 분자는 침팬지의 것과 단 1개의 아미노산이 다를 뿐이다. 일반적으로 사람과 침팬지의 유전적 유사도는 같은 속(genus)에 있는 근친종 사이에서 나타나는 유전적 유사도 수준을 보인다. 사실 유전학자가 분석한 침팬지 유전체의 염기서열은 사람의 유전체 서열과 99% 일치한다(WEB3장 참조).

인원류의 비교

인원류의 공동 조상은 나무타기 선수였던 것 같다. 이후 인원류의 진화는 이동 방식의 차이를 반영하여 그 방향이 결정되었다. 사람족(hominins)은 2족직립보행을 하였으나, 나머지 인원류는 손가락 관절보행(knuckle walking) 방식으로 진화하여 체중을 손가락 관절의 등쪽으로 지탱하게 되었다(원숭이류는 손바닥을 이용한다).

2족보행과 관련된 해부학적 관점에서 사람은 다른 인원류와는 다른 점이 몇 가지 있다. 사람은 두 다리로 걷기 때문에 척추가 유인원류에 비해 더 휘어져 있고, 척수는 두개골의 뒤쪽이 아니라 두개골 아래쪽에서 뻗어 나온다. 사람의 골반은 우묵한 그릇 모양에 더 가깝고 체중의 중심이 다리 앞에 있도록 골반뼈는 앞쪽으로 휘어져 있다. 엉덩이, 무릎, 발은 모두 그 비율이 변화하였다.

2족보행을 하게 되자 사람들은 대부분의 체중을 다리에 싣게 되었고, 그 결과 다리는 체중의 32~38%를 담당하게 되고 팔보다도 길어졌다. 반면 사람의 팔은 체중을 지탱하지 않아서 단지 체중의 7~9%만을 담당하게 되었다. 아프리카 유인원들은 네 다리로 걸으며, 앞뒷다리 모두 체중을 분산 담당한다. 고릴라의 긴 앞다리는 체중의 14~16%를 담당하고, 조금 짧은 뒷다리는 약 18%를 담당한다.

오스트랄로피테쿠스는 초기 사람족이었다

500만 년~1000만 년 전에 지구는 더욱 추워지기 시작했고, 아프리카의 울창한 삼림은 대부분 사바나와 개방된 삼림으로 대체되었다. 이에 따른 영향으로 2족보행하는 새로운 종류의 인원류가 진화

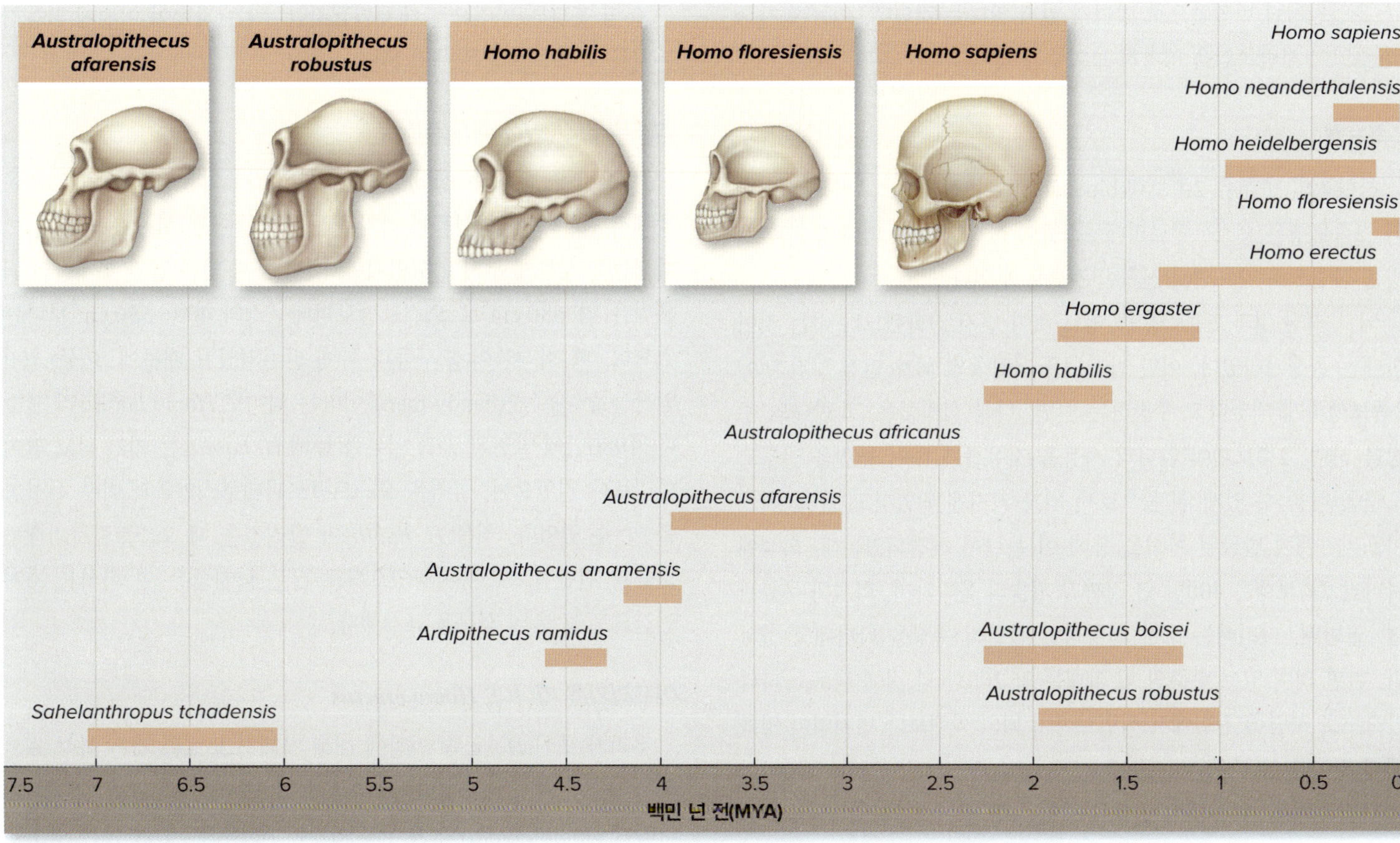

그림 29.40 인류의 화석 역사.
대부분 인류 화석이 여기에 나타나 있다. 새로운 종이 꾸준히 발견되고 있어서 때로는 특정 표본의 신종 여부에 대해 논란이 크다. 최근 일부 학자들은 너무도 많은 종들이 알려지면서 실제는 별개의 종이 아닌 경우도 있다고 주장한다. 예를 들어, 최근 *H. ergaster*와 *H. habilis*는 *H. erectus* 집단에 포함시켜야 한다는 주장이 제기되고 있다.

되었는데, 이들이 바로 사람 계통인 사람족이다.

사람족의 주요 무리에는 *Homo*속 3~7종(분석 방식에 따라 다름)과, 이보다 더 오래되고 뇌가 작은 오스트랄로피테쿠스(*Australopithecus*)속 7종 및 훨씬 더 오래된 몇몇 계통이 포함된다(**그림 29.40**). 화석을 근거로 밝혀진 모든 경우에서 사람족은 진화적 특징인 2족보행의 특성을 갖고 있었다.

최근 인류학자들은 6~700만 년전의 주목할 만한 조기 사람속 화석을 여럿 발견했는데, 원시적 특징과 현대적 특징이 섞여 있는 경우가 많아서 초기 사람족에 대한 연구를 혼란스럽게 했다. 이 화석들이 사람족에 속하는 것은 당연해 보이지만, 표본의 수가 많지 않을 뿐더러, 오스트랄로피테쿠스나 사람과의 관계를 확실히 결정해 줄 수 있는 충분한 정보를 갖고 있지 않았다. 새로운 화석이 추가되면서 초기 사람족에 대한 연구는 지금도 계속되고 있다.

초기 오스트랄로피테쿠스

오스트랄로피테쿠스에 대한 우리들의 지식은 수백 개의 화석에 기초하고 있는데, 이 화석들은 서아프리카 차드에서 발견된 표본 1개만 제외하고 모두 남부와 동부 아프리카에서만 발견되었다. 실제 오스트랄로피테쿠스는 훨씬 더 넓은 아프리카 지역에 걸쳐 살았을 가능성이 크지만, 그 밖의 지역에서는 그 당시의 암석 자체를 찾을 수 없기 때문에 오스트랄로피테쿠스의 존재는 알 길이 없다. 사람족의 진화는 처음부터 여러 종으로 방산하면서 시작된 것 같다. 지금까지 확인된 7종으로도 오스트랄로피테쿠스들이 다양했음을 증명하는 것은 어렵지 않다.

초기 사람족은 체중이 18 kg, 키는 1 m 정도였다. 이들의 치아 구조는 분명히 사람족의 것이었지만, 뇌는 유인원의 것보다 크지 않고 대개는 500 cm^3 또는 그 이하였다. 하지만 *Homo*속의 뇌는 보통 600 cm^3 이상이며, 현대인(*Homo sapiens*)의 뇌는 평균 1350 cm^3이다.

화석들을 보면 오스트랄로피테쿠스들은 직립보행을 했음이 분명하다. 2족보행의 증거 가운데 하나는 약 69개의 사람족 발자국이 집단적으로 발견된 동아프리카의 래톨리(Laetoli) 화석이다. 크기가 다른 두 개체가 나란히 27 m를 직립보행한 발자국이 370만 년 된 화산재 지층에 보존되어 있다. 중요한 점은 이들의 엄지발가락이 원숭이나 유인원처럼 바깥쪽으로 벌어져 있지 않다는 것인데, 이는 발자국의 주인이 사람족임을 명확히 보여주는 것이다.

2족보행

사람족의 출현은 2족보행(bipedalism)이 진화함으로써 이루어졌다. 2족보행은 오스트랄로피테쿠스들이 울창한 숲을 떠나 초원과 개방형 삼림으로 나오면서 진화한 것으로 보인다.

뇌가 커진 것과 2족보행 중 어느 것이 먼저 진화했느냐 하는 것이 한때는 논쟁거리였다. 어떤 학자들은 사람족의 뇌가 먼저 커진 뒤에 2족보행하게 되었다고 주장하는 반면, 다른 학자들은 그 반대의 주장을 하며, 2족보행이 앞다리 사용을 자유롭게 하여 물건을 만들고 도구를 다룰 수 있게 해 줌으로써 뇌가 커지게 되었다고 한다. 최근 아프리카에서 발굴된 화석을 통해 이 논란이 해결되었는데, 화석에 나타난 2족보행은 400만 년 전까지 거슬러 올라가며, 화석의 무릎관절, 골반뼈, 다리뼈는 모두 전형적인 직립의 특징을 나타내고 있었다. 한편 의미 있는 수준의 뇌 확대는 약 200만 년 전에 비로소 나타났으므로 사람족 진화에서 직립보행이 뇌의 확대보다 먼저임이 명확해진 것이다.

사람족에서 2족보행이 진화한 원인은 아직 논쟁거리로 남아 있다. 250만 년 전까지는 도구 사용이 확인되지 않으므로 도구 제작이 원인은 아닌 것 같다. 그 외 제기된 다른 주장들로는 '직립보행이 네 다리로 걷는 것보다 빠르고 에너지 소모도 적다', '직립자세는 나무에서 열매를 딸 수 있게 하고, 키가 큰 풀 너머를 볼 수 있게 해준다', '직립은 햇볕에 노출되는 신체 면적을 줄여 준다', '직립자세는 물가에 사는 사람족의 물을 헤치며 걷는 것을 편하게 해준다', '2족보행은 수컷이 자유롭게 된 앞다리로 암컷에게 음식을 더 많이 가져다줌으로써 짝짓기를 촉진한다'는 등 여러 가지가 있는데, 각각의 주장에 지지자들이 있으나 어느 주장도 보편적으로 인정되지는 않고 있다. 그래서 사람족 진화의 핵심 사건인 2족보행의 기원은 아직 미스터리로 남아 있다.

*Homo*속은 약 200만 년 전에 출현했다

최초의 인간, 즉 *Homo*속 인류는 약 200만 년 전 오스트랄로피테쿠스로부터 진화했다. 그 조상은 아직 명확히 확인되지 않았으나 대체적으로 *Australopithecus afarensis*(유명한 화석 "Lucy"가 속한 종)라고 생각하고 있다. 지난 30년 사이에 초기 *Homo*속 화석들이 상당수 발견되었고 최근에는 집중적인 야외탐사에 관심이 폭발하면서 새로운 발견이 정기적으로 보고되고 있으며, 인간의 진화적 계통수 그림이 점점 더 명확해지고 있다. 따라서 이어지는 역사적 설명들은 분명 훗날의 발견으로 대체되겠지만, 이는 과학이 어떻게 작동하는지를 보여주는 좋은 예가 된다.

최초의 인간: *Homo habilis*

1960년대 초, *Australopithecus boisei*가 발굴된 장소와 가까운 곳에서 인류의 뼈 화석들이 석기들과 함께 흩어진 채 발견되었다. 이 화석들은 심하게 부서져 있었지만, 어렵게 짜 맞춘 결과 두개골의 뇌 용적은 약 680 cm^3로 오스트랄로피테쿠스의 400~550 cm^3보다는 컸으며, 뼈 화석들이 도구들과 함께 발견되었기 때문에, 이들 초기 인간들을 "재주꾼(handy man)"이라는 의미로 *Homo habilis*라 불렀다. 1986년에 발견된 골격 일부를 통해 *H. habilis*는 키가 작고 팔이 다리보다 길었으며, 골격은 오스트랄로피테쿠스인들과 아주 유사함을 알 수 있었다. 처음 *H. habilis*가 알려졌을 때 오스트랄로피테쿠스들과 전반적으로 유사하였으므로 많은 학자들은 이 화석을 초기 인간으로 보는 데 의문을 표시했다.

아프리카를 떠나다: *Homo erectus*

우리가 초기 *Homo*속 인간에 대해 자세히 모르는 것은 화석 표본 수가 몇 안 되기 때문이다. 그러나 초기 *Homo*속의 종을 대체하여 나타난 *Homo erectus*와 *H. ergaster*에 대해서는 훨씬 많은 정보를 갖고 있는데, 이 둘은 때로는 변이가 큰 단일종으로 간주되기도 한다(변이가 너무 심해서 어떤 연구자는 *H. habilis*도 여기에 포함시켜야 한다고 주장한다).

이들은 *Homo habilis*보다 훨씬 큰 약 1.5 m의 키에, 약 1000 cm^3의 큰 뇌를 가지며, 직립보행을 했다. 두개골에는 이마가 돌출되어 있으며, 현대인 같이 둥근 턱을 가지고 있었다. 가장 흥미로운 점은 두개골 내부 형태로 미루어 짐작하건데 *H. erectus*는 말을 할 수 있었던 것 같다.

*H. habilis*보다 훨씬 성공적이었던 *H. erectus*는 아프리카에서 빠르게 확산되어 수가 많아졌으며, 100만 년도 되지 않아 아시아와 유럽으로 퍼져 나갔다. *H. erectus*는 사회생활하는 무리로, 20~50명이 부족을 형성하여 주로 동굴에서 생활하였다. 그들은 큰 짐승을 사냥하여 돌과 뼈로 만든 도구로 처리하고 고기를 불에 구워 먹었는데, 중국에서 발견된 부족 주거지에서는 말, 곰, 코끼리 및 코뿔소의 뼈가 나왔다.

*H. erectus*는 100만 년 이상 생존했는데, 이는 어느 인류 종보다도 오랜 기간인 셈이다. 매우 적응력이 강했던 이들이 아프리카에서 사라진 것은 약 50만 년 전인데, 그때 현대인이 출현하게 된다. 흥미롭게도 아시아에서는 이보다 더 오랜 시간인 약 25만 년 전까지 생존했다.

인간종으로 새로 추가된 *Homo floresiensis*와 *Homo naledi*

2004년 인도네시아의 작은 섬 플로레스(Flores)에서 새로운 인간종 화석들이 발견되었다는 소식은 온 세상을 놀라게 했다(**그림 29.41**). *Homo floresiensis*의 특이한 점은 아주 작은 몸집이었는데, 겨우 1 m 정도의 키에 380 cm^3의 뇌 크기를 가진 이 종에게는 곧 톨킨(J. R. R. Tolkien)의 책에 나오는 등장인물을 따서 "호빗"이라는 별명이 붙게 되었다. 세상을 그렇게 놀라게 한 이유는 바로 화석의 추정 나이 때문인데, 당시 추정으로는 그 화석들 중 가장 젊은 화석의 나이가 겨우 15,000년밖에 안 되었던 것이다. 하지만 최근 연구를 통해 *H. floresiensis* 화석은 6만 년~10만 년 전의 것으로 되돌리게 되었다.

근래의 인간종임에도 불구하고 여러 골격적 특징들은 *H. floresiensis*가 *H. sapiens*보다 *H. erectus*에 더 가깝다는 결론을 내리게 했다. 이것이 사실이라면(모든 과학자가 동의하는 것은 아님) *H. erectrus* 계통은 이전에 생각했던 것보다 훨씬 더 오랫동안 생존하였다는 말이 된다.

*H. floresiensis*가 그렇게 작은 크기로 진화한 이유는 모른다. 다만 여러 전문가들은 "섬왜소화(island dwarfism)" 현상을 지직하고 있는데, 이는 섬에서는 포유류 종들이 훨씬 더 작게 진화하는 현상을 말한다. 실제로 *H. floresiensis*는 플로레스 섬에서 코끼리 소형종과 공존하며 그들을 잡아먹고 살았는데, 코끼리 소형종도 *H. floresiensis*와 함께 멸종하였다. 이런 발견은 다시 섬왜소화가 일어나는 원인에 대한 흥미를 불러일으킨다.

그림 29.41 ***Homo floresiensis.***
이 키 작은 종(오른쪽 현대 여성과 왼쪽의 여성 *Homo floresiensis*를 비교해보자)은 인도네시아의 작은 섬 플로레스에서 발견되었다. *H. floresiensis*는 같은 섬에 살고 있던 난쟁이 코끼리종[*Stegodon sondaari*, 그림 속 회색으로 나타낸 큰 아프리카 코끼리(*Loxodonta africana*)와 비교]을 먹고 살았다.

최근에 알려진 또 한 종은 *Homo naledi*인데, 남아프리카의 한 동굴에서 발견되었다. 이 새로운 종은 놀랍게도 여러 특징들이 섞여 나타나는데, 발과 이빨의 모양 같은 것은 전형적인 *Homo*속의 특징이지만, 많이 기어오르는 동물종의 특징인 휘어진 손가락과 다리의 모양, 그리고 뇌가 상당히 작은 것은 *Homo*속보다는 오스트랄로피테쿠스에 더 가까운 특징으로 보인다. 다시 말해서 인류가 오스트랄로피테쿠스에서 *H. erectus*로, 이어 현대인으로 끊임없이 진보하였다는 이야기와는 맞지 않는 것이다. 하지만 어떤 면에서 이것은 그리 놀랄 만한 일은 아니다. 어떤 진화적 경향, 즉 말의 몸집이나 이빨이 대체로 커지는 경우에도 보통 예외는 존재하기 마련인 것이다. 진화는 직선을 따라가는 진보라기보다는 덤불을 헤치며 나아가는 것과 같은 것이다.

*H. naledi*는 또 다른 혼란을 일으켰다. 그것은 2017년, 추가 연구를 통해 *H. naledi* 화석이 겨우 30만 년밖에 안 되었다는 사실이 밝혀졌기 때문이다. 이는 *H. naledi*가 현대인과 공존했음을 의미하는 것이 되는 것이다. 이 두 종이 어떻게 상호작용하였는지, 또 *H. naledi*의 멸종에 우리 현생인류의 조상이 어떤 역할을 하였는지와 같은 질문에 대한 답을 우리는 단지 추측할 수 있을 뿐이다.

현대인

약 70만 년 전 아프리카에서 처음으로 현대인(modern humans)이 출현함에 따라 진화 여행은 비로소 마지막 단계로 접어들었다. 인류의 다양성에 초점을 맞추어 연구하는 학자들은 현대인은 *H. heidelbergensis*, *H. neanderthalensis*, 그리고 *H. sapiens*("현명한 사람") 등 3종이라고 한다.

가장 오래된 현대인 *H. heidelbergensis*는 에티오피아에서 발견된 70만 년 된 화석을 통해 알려졌다. *H. heidelbergensis*는 아프리카에서 *H. erectus*와 공존하였으나 더 진보된 특징을 갖고 있는데, 두개골의 정중선을 따라 나 있는 용골, 안와 위쪽의 두툼한 융기, 그리고 큰 뇌가 있다. 또한 이마와 비골은 *H. sapiens*의 것과 매우 유사하다.

약 13만 년 전에 *H. erectus*가 점점 사라지면서 새로운 인간종이 아프리카로부터 유럽에 도착했다. *H. neanderthalensis*는 50만 년보다 더 이전에 현대인의 조상계통에서 갈라져 나온 것 같다. 오늘날의 사람과 비교해 볼 때 *H. neanderthalensis*는 다부지고 강한 체격이었다. 두개골은 엄청 크고, 얼굴은 튀어나와 있으며, 눈썹 위에 두툼한 뼈가 융기되어 있고, 뇌 용적도 커졌다.

크로마뇽인과 네안데르탈인

네안데르탈인(Neanderthals, 많은 고생물학자들은 이들을 *H. neanderthalensis*라는 별개의 종으로 분류한다)이라는 이름은 1856년 이들의 화석이 처음으로 발견된 독일의 네안데르 계곡(Neander-Valley)에서 따온 것이다. 초기 네안데르탈인은 주로 아프리카에서만 살았으나, 점차 유럽과 아시아로 퍼져나갔는데, 7만 년 전에는 유럽과 아시아에서 흔한 존재가 되었다.

네안데르탈인은 긁개, 창촉, 손도끼 등, 다양한 도구를 만들었으며 굴이나 오두막에서 살았다. 그들은 부상자나 환자를 돌보았고, 시체를 매장했으며, 매장할 때 음식, 무기, 심지어 꽃도 함께 묻어주었다. 죽은 자에 대한 이러한 배려는 그들이 사후 세계를 믿었다는 것을 암시한다. 이것은 현대인의 특징인 상징적 사고의 첫 사례인데, 최근 네안데르탈인이 그린 간단한 동물벽화가 발견됨으로써 그런 능력이 확인되었다.

약 34,000년 전 *H. neanderthalensis*의 화석기록은 갑자기 사라지고 크로마뇽인(Cro-Magnons, 프랑스의 크로마뇽 계곡에서 화석이 처음 발견되었음)이라고 부르는 *H. sapiens* 화석으로 대체된다. 과학자들은 크로마뇽인이 네안데르탈인보다 우월했던 것인지, 아니면 두 종간 교배를 통해 서로의 유전자풀이 섞인 것인지를 오랫동안 논쟁해 왔는데, 최근 여러 네안데르탈인의 유전체 염기서열이 결정됨으로써 마침내 해결되었다. 현대 인류의 DNA로 오염되는 것을 방지하는 정확한 실험법을 통해서 차가운 동굴에 보존되어 있던 화석뼈로부터 네안데르탈인의 DNA를 추출하는 데 성공하였으며, 유전체 염기서열 분석을 통해 네안데르탈인의 유전체는 오늘날의 현대인의 것과는 매우 다르다는 사실이 드러난 것이다. 이는 네안데르탈인이 현대인의 조상 크로마뇽인과는 뚜렷이 구분되는 유전자풀을 가졌음을 의미한다. 그럼에도 불구하고 자세히 비교해보면, 오늘날 현대 인류의 일부 집단에서는 약 4% 정도의 DNA가 네안데르탈인으로부터 유래했음을 알 수 있는데, 이는 과거에 어느 정도의 상호교배가 있었음을 보여주는 증거가 된다.

유전체 분석을 통해 얻은 놀라운 사실: 데니소바인

2009년 네안데르탈인 유전체 분석연구를 하던 과학자들이 시베리아의 한 동굴에서 발견한 41,000년 된 손가락뼈 화석에서 추출한 DNA를 분석하였을 때 놀라운 일이 벌어졌다. 이 동굴에는 네안데르탈인과 오늘날 현대인들의 유해들이 섞여 있어서 연구자들은 이 뼈가 그들 중 어느 한쪽의 것이라고 예상하였으나, 놀랍게도 그 DNA는 어느 쪽에도 속한 것이 아니었다. 유사도를 비교했을 때는 현대인들보다는 네안데르탈인과 더 비슷하였는데, 약 60만 년 전 네안데르탈인에서 갈라져 나온, 이전에는 알려진 적이 없는 새로운 인간종으로 알려지게 되었다.

화석이 발견된 동굴의 이름을 따서 데니소바인(Denisovans)이라 부르는 이 종은 미스테리이다. 손가락뼈와 두 어금니를 연구한 모든 과학자들이 데니소바인 유전체를 현대인들의 것과 비교하였을 때 예상치 못한 혼란이 또 하나 발생했다. 대다수 현대인 집단에서 데니소바인 DNA의 흔적을 발견할 수 없었지만, 남태평양 일부 집단에서는 DNA의 4% 정도가 데니소바인에게서 유래한 것이었는데, 이는 과거 언젠가 이 수수께끼 같은 인류종이 일부 현대인 집단의 조상과 상호교배했음을 의미하는 것이다. 물론 시베리아의 동굴에 살던 무리의 유전자가 남태평양에까지 전달된 경로와 같은 설명할 수 없는 의문은 많이 남아 있다. 분명, 데니소바인에 대해서는 연구해야 할 것들이 너무 많지만 이런 발견들은 **원시유전체학**(paleogenomics)이라는 완전히 새로운 학문 영역을 개척하게 해 주었는데, 이런 학문을 통해 화석기록으로는 알 수 없는 고대 종을 발견할 수 있다는 희망을 갖게 된 것이다.

우리 자신의 종: *Homo sapiens*

현대인의 특징을 분명히 보여주면서도 10만 년이나 된 화석들이 아프리카에서 발견되는 등 여러 다양한 증거들이 크로마뇽인은 아프리카에서 유래하였다고 말하고 있다. 4만 년 전에 이르러서는 크로마뇽인이 중동의 네안데르탈인을 완전히 대체하고, 유럽 전역으로 확산하면서 수천 년 동안 네안데르탈인과 공존했던 것 같다. 네안데르탈인을 대체한 크로마뇽인은 복잡한 사회 조직을 갖추고 완전한 언어를 구사했을 것으로 추정된다. 크로마뇽인들이 동굴 벽에 그린 정교하고 아름답기까지한 그림은 유럽 전역에서 발견된다(**그림 29.42**).

그림 29.42 크로마뇽인의 그림.
사진 속 코뿔소는 1995년 프랑스 발롱퐁다르크(Vallon-Pont d'Arc) 근처에서 발견된 동굴 벽화에 그려진 동물의 일부이다.

이들 현대인들은 점차 확산되어 시베리아를 가로질러 최소 13,000년 전에는 북아메리카로 건너갔다. 당시 북아메리카는 빙하기가 퇴조하고 시베리아와 알래스카는 여전히 육지로 연결되어 있었다. 1만 년 전 지구에는 약 500만 명의 사람이 살고 있었다(현재 인구는 60억 명 이상이다).

*Homo sapiens*는 *Homo*속에서 유일하게 살아남은 종이고, 유일하게 살아 있는 사람족(hominin)이다. 최고의 *H. sapiens* 화석은 두개골을 포함한 골격이 잘 보존된 20개의 화석인데, 이스라엘의 나사렛(Nazareth) 근처 동굴에서 발견되었다. 이 화석들은 현대적인 연대측정기법을 통해 9만~10만 년 전의 것으로 추정되었다. 두개골은 현대인의 모습과 크기를 보이고 있는데, 높고 짧은 뇌머리뼈(braincases), 약간 돌출한 눈두덩이의 앞이마와 약 1550 cm^3의 뇌 용적을 가지고 있다. 인간은 뇌 크기가 점차 커지는 방향으로 진화하였지만, 그 방식은 다른 동물들과는 구별된다. 첫째, 인간은 어떤 다른 동물들보다 도구를 효율적으로 만들고 사용할 수 있다. 이 능력은 다른 어떤 요소보다도 우리를 세상의 지배자 위치에 서게 만든 요소이다. 둘째, 유일하지는 않지만 인간은 개념적 사고를 할 수 있는 동물인데, 이 능력은 인간을 통해 개선되고 확장되어 인간종의 핵심적인 특징이 되었다. 마지막으로, 인간은 상징적 언어를 사용하고, 단어를 이용하여 경험으로부터 얻은 개념을 형상화하며, 축적된 경험을 후속 세대로 전달할 수 있다.

그래서 인간은 다른 동물이 전혀 경험하지 못한 문화적 진화를 이룩할 수 있었다. 사람은 환경의 요구에 따라 진화적으로 변화하는 것이 아니라 문화를 통하여 주변 환경을 변화시키고 개조하는 방법을 발견했다. 사람들은 이전에는 가능하지 않던 방법으로 우리의 생물학적 미래를 통제할 수 있으며, 놀라운 잠재력과 커다란 책임감을 동시에 지니고 있다.

인종

인간은 모든 다른 종처럼 세계 전역에 퍼져나가면서 그 특성이 지역에 따라 특화되었다. 한 지역의 집단은 종종 다른 지역에 사는 집단과 완전히 달라 보인다. 그 실례로 북유럽인은 금발에 흰색 피부와 파란색 눈이지만 아프리카인은 검은색 머리에 검은색 피부와 갈색 눈이다. 이러한 특성들은 특정 집단을 그들의 환경에 적응시키는 역할을 할 수 있다. 혈액형도 어떤 지역에서 흔한 질병과 관련이 있을 수 있으며, 검은색 피부는 자외선에 의한 손상으로부터 몸을 보호해 주기 때문에 온대지방보다 열대지방 사람들이 훨씬 더 피부가 검다.

모든 인간은 짝짓기하고, 생식력 있는 자손을 낳을 수 있다. 서로 결합하거나 혹은 아니하거나 하는 이유는 전적으로 심리적이며 습성에 관한(문화적) 문제이다.

인간종을 논리적으로 몇 개의 무리로 구분할 수 있느냐 하는 것은 오랫동안 논쟁거리였다. 어떤 인류학자는 인간을 30개의 많은 인종(human races)으로 구분하지만, 백인, 흑인, 동양인의 3가지로 구분하는 학자도 있다. 아메리카 인디언, 부시맨, 그리고 호주 원주민은 때로는 별개의 무리로 취급하는 특별한 예이다.

이런 방식으로 사람들이나 다른 생물들의 종족을 나누는 것의 문제점은 종족을 정의하는 데 이용되는 특징들이 대개는 서로 연관성이 없고, 그래서 결정된 종족의 구분이 항상 어느 정도는 임의적이라는

a.

b.

그림 29.43 인간 집단의 유전적 변이 양상은 피부색의 변이 양상과 다르다.
a. *Homo sapiens* 사이의 유전적 변이. 여러 효소와 혈액형 좌위를 분석하여 유전적 유사성 정도를 색의 유사성으로 표시하였다. ***b.*** *Homo sapiens* 사이의 피부색에 기초한 유사성. 지도에 표시된 색은 그 지역 원주민들의 피부색을 표시한다.

것이다. 인간은 시각적인 것을 지향하는 경향이 있다. 그래서 우리는 인종을 시각적인 단서, 주로 피부색에 따라 구분하였다. 하지만 혈액형과 같은 다른 형태의 특징들을 활용했을 때, 변이 양상은 시각적으로 결정된 인종 구분과는 잘 맞지 않는다. 만약 사람들을 전반적인 유전적 유사도에 따라 종을 세분화한다면, 이는 피부색이나 다른 시각적 특징에 기초한 분류와는 매우 다르게 나타날 것이다(**그림 29.43**).

인간을 생물학적 차이를 반영하여 명확히 구분된 종족으로 나누는 것은 한마디로 말해서 가능하지 않다. 그 이유는 간단한데, 인류 역사의 전체 기간 동안 서로 다른 인간 무리들이 끊임없이 서로 섞이고 짝을 지어 왔기 때문이다. 끊임없는 유전자 이동은 인간 종을 확실히 구분되는 **아종**(subspecies) 단위로 나눌 수 없게 하고 있다. 집단들 사이에서 다르게 나타나는 특징, 즉 피부색과 같은 특징은 유전자 이동과 자연선택 사이의 모순을 드러내는 전형적인 예이다. 18장에서 살펴본 바와 같이 열대 지역에서 어두운 색채가 선택되는 것처럼 자연선택이 충분히 강하면 유전자 이동이 있더라도 집단은 분화될 수 있다. 하지만 이 같은 경우에도 유전자 이동에 의해 다른 좌위에서의 유전적 변이는 집단 사이에 상대적으로 균일하게 나타난다.

이런 이유로 인종 사이에 차이를 보이는 변이는 상대적으로 드물다. 실제 한 연구조사에 따르면 모든 유전적 변이의 단지 8%만이 인종 사이에 존재하는 차이를 설명할 수 있다고 하는데, 이를 다른 말로 하면 인종 간의 차이는 인간에 존재하는 광범위한 유전적 변이를 대변하기 어렵다는 것이다. 이런 이유로 모든 현대 생물학자들은 인종 구분을 인간의 생물학적 분화양상을 반영하는 수단으로 인정하지 않는다. 이것이 인간을 특정 "인종"의 구성원으로서가 아닌 각 개인으로서 그 가치를 존중해야 하는 생물학적 이유이다.

핵심 요약 29.10

영장류에는 원원류, 원숭이류, 유인원류, 그리고 인류가 포함된다. 영장류는 움켜잡는 손가락과 발가락이 있으며 쌍안 시각을 갖는다. 인류는 2족보행을 발달시킴으로써 영장류로부터 갈라져 나왔는데, 2족보행은 척추, 골반, 팔다리의 변형을 통한 추가적인 적응을 이끌었다. *Homo*속의 몇 인간종이 아프리카에서 출현하였으며, 이 중 일부는 유럽과 아시아로 이주하였다. 우리 인간종 *Homo sapiens*는 개념적 사고와 도구 이용에서 뛰어나며, 상징적인 언어를 구사하는 유일한 동물이다. 인간 집단 사이에 상당한 변이들이 존재하나 피부색에 따른 인종 구분은 의미 있는 생물학적 차이를 반영하지 못한다.

- 원원류, 원숭이류, 유인원류, 인류 중에서 단계통성을 보이는 무리는 어느 것일까?

핵심 개념 요약

29.1 극피동물

■ 극피동물은 틀림없는 고대 생물이다

극피동물의 특징은 후구동물형 배아 발생, 5방사대칭, 연약한 표피로 덮인 내골격, 그리고 수관계이다.

■ 극피동물의 유생은 좌우대칭, 성체는 5방사대칭이다

극피동물의 유생은 좌우대칭이지만 성체는 5방사대칭이다.
몇몇 체강 중의 하나인 수관계는 이동, 섭식, 순환, 호흡 및 배설을 돕는다.

■ 현존하는 극피동물에는 5강이 있다

극피동물의 5강은 불가사리강(불가사리류), 바다나리강(바다나리류), 성게강(성게류와 연잎성게류), 해삼강(해삼류), 거미불가사리강(거미불가사리류)이다.

29.2 척삭동물

척삭동물은 발생 중 어떤 단계에 4가지 특성을 공유하는데, 속이 빈 하나의 신경삭, 신축성 막대 모양인 척삭, 인두열 또는 인두낭, 후항문 꼬리가 있다(**그림 29.4**).

29.3 무척추 척삭동물

■ 피낭류는 유생시기에 척삭이 있다

피낭류의 유영형 유생은 완전한 척삭을 갖고 있으나 성체에서는 주머니 같은 흔적만 남아 있다.

■ 창고기류는 작은 해양성 척삭동물이다

창고기류는 일생 동안 척삭을 유지하지만, 성체에서는 뼈가 없고 머리가 구분되지 않는다(**그림 29.6**).

29.4 척추동물

■ **척추동물은 척추뼈와 뚜렷한 머리, 그 외 다른 특징들을 가진다**

척추동물에서 척주는 등쪽 신경삭을 감싸서 보호한다. 머리는 뚜렷하게 구별되며, 잘 분화되어 감각기관을 가지고 있다. 또한 척추동물은 특화된 내부기관들과 경골 혹은 연골성 내골격도 가진다.

■ **5억 년 전에 진화한 척추동물: 개요**

어류에서 접히는 턱이 진화한 것은 대단한 진보이다. 육상 진출을 가능케 한 여러 변화들로 인해 양서류, 파충류, 조류 및 포유류가 출현하였다.

29.5 어류

■ **어류는 5가지 주요 특징들을 보인다**

어류의 주요 특징은 경골 또는 연골성 척주, 턱, 쌍을 이루는 부속지들, 내부 아가미, 그리고 폐쇄순환계이다.

■ **연골성 골격을 갖는 상어가 최상위 포식자가 되다**

상어, 가오리, 홍어는 연골성 어류이다. 상어는 유선형으로 빠른 유영에 적합하고, 먹이를 물어 죽이고 삼키기에 적합한 이빨이 발달하였다. 상어와 경골성 어류의 측선계는 압력 파동의 변화를 검출하는 감각기관이다.

■ **경골어류는 물에서 우점종이다**

경골어류는 조기어류(Actinopterygii)이거나 총기어류(Sarcopterygii)이다. 조기어류의 지느러미는 경골성 지느러미살이 나란히 배열되어 있어 빳빳하다.

■ **총기어류는 육상으로 진출했다**

총기어류에는 관절로 연결된 뼈가 있는 근육성 지느러미가 있다(**그림 29.16**). 이 구조가 팔다리로 진화함으로써 육상으로 진출할 수 있었다.

29.6 양서류

■ **현생 양서류는 5가지 특징을 가진다**

양서류에 나타난 적응 현상은 다리, 폐, 피부호흡, 폐정맥, 부분 분할된 심장이다.

■ **4지동물은 육상생활의 도전을 극복했다**

육상생활에 적응하기 위해서는 큰 몸집에 미치는 중력을 견뎌야 하고, 물 밖에서 호흡할 수 있어야 하며, 건조를 피할 수 있어야 한다.

■ **현대 양서류는 3종류의 무리로 나뉜다**

무미목(개구리류와 두꺼비류)은 성체시기에 꼬리가 없으며, 다수는 올챙이 유생시기가 있다. 유미목(도롱뇽류)은 성체 때도 꼬리가 있으며, 유생도 성체와 형태가 비슷하다. 무족목(무족영원류)은 다리가 없다.

29.7 파충류

■ **양막류는 3가지 주요 특징을 가진다**

양막류는 방수성 양막란을 낳고, 건조한 방수성 피부를 가지며, 가슴호흡을 한다(**그림 29.20**).

현존 파충류는 체내수정을 하며 외온성이다.

■ **양막류에는 단궁류와 쌍궁류가 있다**

단궁류로부터 수궁류가 진화해 나왔는데, 이 수궁류가 포유류 계통을 이끈다. 쌍궁류로부터는 현존 파충류와 조류가 진화하였다.

■ **현존 파충류에는 4목이 있다**

파충류의 4목에는 거북목(수생거북류와 육지거북류), 훼두목(투아타라류), 유린목(도마뱀류와 뱀류), 악어목(크로커다일과 앨리게이터)이 있다.

29.8 조류

■ **조류의 주요 특징은 깃털과 가벼운 골격이다**

깃털은 파충류 비늘이 변형된 것이다. 깃털은 글라이딩이나 비행 시 양력을 제공하고 체온을 보존한다(**그림 29.28**).

조류의 가벼운 골격은 비행을 위한 적응이다.

■ **조류는 1억 5천만 년 전에 출현하였다**

조류는 수각류 공룡으로부터 진화하였다. 깃털은 처음에는 단열기능을 하다가 후에 비로소 비행용으로 변형되었으리라 추정된다.

■ **현생 조류는 다양하지만 몇 가지 공통적인 특징이 있다**

주요 특징들과 더불어 조류는 효율적인 호흡과 순환 및 내온성의 특성을 가진다.

29.9 포유류

■ **포유류에는 털, 젖샘 및 그 외 다른 특징이 있다**

포유류는 털과 새끼들을 먹이는 젖을 공급하는 젖샘의 특징을 가진다. 포유동물 또한 내온성이다.

■ **포유류는 약 2억 2천만 년 전에 갈라져 나왔다**

포유류는 수궁류(단궁류)로부터 진화하였으며, 약 1500만 년 전 다양성이 최고에 이르렀다.

■ **현생 포유류는 세 무리로 나뉜다**

단공류는 난각이 있는 알을 낳는다. 유대류의 배아는 육아낭에서 발생을 완성한다. 태반포유류는 자궁에 태반을 만들어 배아에게 영양을 공급한다.

29.10 영장류(그림 29.37)

영장류의 동물들은 2가지 혁신, 즉 움켜잡는 손발가락과 쌍안 시각을 공유한다.

■ **진원류 계통은 최초의 인류를 이끌었다**

진원류에는 원숭이류, 유인원류, 그리고 인류가 포함된다. 인원류(사람과)에는 인류, 침팬지, 고릴라와 오랑우탄이 포함된다. 침팬지보다 인류에 더 가까운 모든 종들을 사람족이라 한다.

■ **오스트랄로피테쿠스는 초기 사람족이었다**

인류를 구분하는 특징은 직립 자세와 2족보행이다.

■ ***Homo*속은 약 200만 년 전에 출현했다**

초기 *Homo*속 종들이 공통된 특징은 커진 몸집과 뇌용량이다. *Homo sapiens*는 유일한 현생종으로 개념적 사고, 도구 사용, 상징적 언어구사 능력이 있다.

연습문제

■1단계: 이해력 확인하기

1. 다음 구조들 중에서 극피동물 수관계의 구성요소가 아닌 것은 무엇인가?
   a. 골편 b. 병낭
   c. 방사수관 d. 천공판
2. 다음 중 모든 척삭동물에 해당되는 설명이 아닌 것은 무엇인가?
   a. 척삭동물은 후구동물이다.
   b. 척삭은 배아 시기에 존재한다.
   c. 척삭은 경골이나 연골로 둘러싸여 있다.
   d. 모든 종이 배아 발생 중 후항문 꼬리를 갖는다.
3. 다음 그림에서 A는 ____________ 이고, B는 ____________ 이다.
   a. 완전한 소화계; 척삭 b. 척수; 신경삭
   c. 척삭; 신경삭 d. 인두열; 척삭

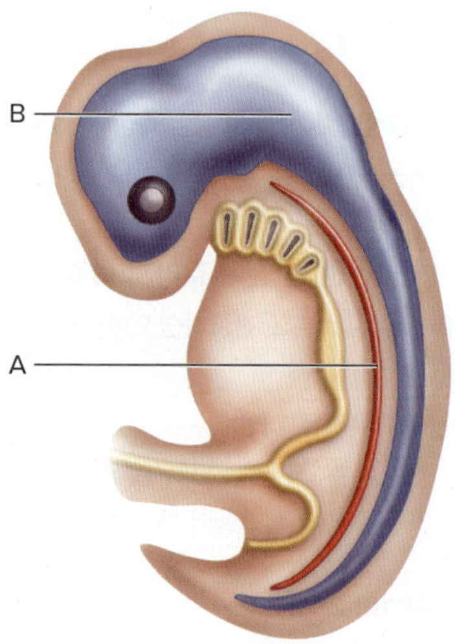

4. 배아 발생 동안에 신경능선이 나타나지 않는 척삭동물은 무엇인가?
   a. 두삭동물 b. 파충류
   c. 조류 d. 포유류
5. 경골어류에서 골밀도 증가 영향을 상쇄하려고 진화한 구조는 무엇인가?
   a. 아가미 b. 턱
   c. 부레 d. 이빨
6. 양서류에서 폐정맥의 진화가 중요한 이유는 무엇인가?
   a. 폐로, 또 폐로부터 산소를 운반하기 위하여
   b. 대사율을 증가시키기 위하여
   c. 뇌로 보내는 혈액순환을 증가시키기 위하여
   d. 답이 없음
7. 다음 중 4개의 방으로 된 심장을 가지지 않는 무리는 무엇인가?
   a. 조류 b. 악어류
   c. 포유류 d. 양서류
8. 다음 중 파충류의 특징이 아닌 것은 무엇인가?
   a. 피부호흡 b. 양막란
   c. 가슴호흡 d. 건조한 방수성 피부
9. 다음 중 조류의 효율적 비행을 위한 진화적 적응은 무엇인가?
   a. 깃털의 구조 b. 높은 대사 온도
   c. 증가한 호흡 효율 d. a, b, c 모두

■2단계: 적용력 평가하기

1. 조류와 악어가 둥지를 짓는 특성을 공유하는 까닭은 무엇인가?
   a. 둘 다 온혈동물이기 때문이다.
   b. 둘 다 물고기를 먹기 때문이다.
   c. 둘 다 공동조상으로부터 그 특성을 물려받았기 때문이다.
   d. 둘 다 외온성 동물이기 때문이다.
2. 다음 중 폐어와 가장 가까운 친척은 무엇인가?
   a. 먹장어 b. 상어
   c. 조기어류 d. 포유류
3. 단공류가 알을 낳는다는 사실이 의미하는 것은 무엇인가?
   a. 어떤 포유류보다 어떤 파충류와 더 가깝다는 것을 나타낸다.
   b. 원시형질이다.
   c. 양막란이 여러 차례 진화되었다는 것을 입증한다.
   d. 외온성의 결과이다.

■3단계: 사고력 함양하기

1. 일부 과학자들은 처음에는 깃털이 비행을 위한 것이 아니라 단열을 위해 진화했다고 생각한다. 초기의 날지 못하는 새들은 이를 통해 어떤 이득을 얻었는가?
2. 어떤 사람들은 공룡은 "멸종되지" 않고 오늘날 우리와 함께 하고 있다고 말한다. 이 말을 지지하는 증거는 무엇인가?
3. 인류의 진화적 다양성과 19장에서 논의한 말의 진화적 다양성은 어떤 면에서 유사한가?

VI 식물의 형태와 기능

30

식물의 형태

도입

얼핏 보기에 선인장과 난 그리고 떡갈나무 사이에는 유사성이 없어 보이지만 대부분의 식물은 기본적인 공통구조를 가지고 있다. 이러한 통일성은 식물이 어떻게 구성되고 자라는지, 어떻게 양분을 만들고 수송하는지, 그리고 식물의 발달이 어떻게 조절되는지 잘 반영해 주고 있다. 이번 장에서는 관다발식물이 어떻게 만들어지는지에 대한 의문을 풀어 본다. 또한 성숙한 식물체를 구성하는 세포, 조직 그리고 기관에 대해 자세히 살펴볼 것이다. 식물체에서 뚜렷이 구분되는 지상부 구조인 슈트와 지하부 구조인 뿌리는 배아 발생 동안 최초로 설계된 기본적인 체제의 최종 산물인데, 이 과정에 대해서도 자세하게 다룬다.

30.1 식물의 구조: 개요

학습 목표

1. 식물체에서 3종류의 조직의 기능을 설명할 수 있다.
2. 발아 후 분열조직이 꼭 필요한 이유를 설명할 수 있다.
3. 1기 생장과 2기 생장의 기원을 비교할 수 있다.

24장과 25장에서 본 것과 같이 식물계에는 문(phylum) 사이에서뿐만 아니라 종(species) 내에서도 다양한 변이가 존재한다. 멸종되어 현존하지 않는 초기의 관다발식물(vascular plant)에서는 뿌리 및 잎 등의 기관이 뚜렷하게 분화되지 않았다.

현재의 관다발식물 중 특히 육상에 존재하는 식물 종에서 이렇게 뚜렷한 기관이 존재한다는 것은 급격한 특수화가 진행되었음을 의미한다. 실례로 식물에게는 수분을 확보하는 것이 중요한 과제였으며 뿌리는 토양에서 수분을 흡수하기 좋은 형태로 적응하였다. 잎, 뿌리, 가지 그리고 꽃은 식물에 따라 크기와 수에서 큰 변이를 보인다. 이러한 기관들의 형태와 구조의 발달은 정확하게 조절되지만 잎, 줄기와 뿌리의 발달은 상당 부분 유연성을 보여준다. 이번 장에서는 현화식물(flowering plant)을 모델로 식물체의 형태에 있어서 통일성을 살펴보고자 한다.

관다발식물은 뿌리와 줄기를 지닌다

관다발식물은 근계와 슈트계를 가지고 있다. 뿌리와 슈트는 각각 그 끝부분이 신장되는데 이 부위를 **정단부**(apex)라 한다(**그림 30.1**).

근계(root system)는 식물체를 고정시키고 토양으로 뿌리를 내려 수분과 식물 영양에 필수적인 이온을 흡수한다. 근계는 종종 넓게 퍼진 뿌리가 자라고 확장함에 따라 큰 힘을 발휘하여 토양내의 물질을 움직이도록 한다. 식물이 토양에 적응하기 위해 뿌리가 슈트계보다 나중에 진화된 것으로 보인다.

그림 30.1 식물체의 모식도.
분지하는 뿌리와 슈트 체계가 식물체의 구조를 결정한다. 뿌리와 슈트는 신장을 하는 정단을 가지고 있다. 잎은 슈트의 마디에서 생기며, 마디에는 곁눈이 있는데, 이는 휴면하거나 자라서 곁가지를 형성하거나 꽃을 만든다. 잎은 단엽 또는 그림에서와 같이 여러 부분으로 구성된다. 뿌리, 슈트 그리고 잎은 관다발(수송)조직에 의해 연결되어 있다.

슈트계(shoot system)는 줄기와 잎으로 이루어져 있다. 줄기는 광합성을 수행하는 주 기관인 잎이 부착하는 뼈대 역할을 한다. 잎의 배열, 크기, 그리고 여러 특성은 식물체의 양분 생산에 매우 중요한 역할을 한다. 꽃과 다른 생식기관, 최종적으로 열매와 종자는 슈트에서 형성된다(꽃의 형태학과 식물의 생식은 35장에서 다룬다).

영양지(vegetative shoot)를 구성하는 반복 단위는 마디사이, 마디, 잎, 곁눈 등이며, 생식구조는 제외된다. 곁눈(axillary bud)은 줄기의 측면에 형성된 슈트 끝눈으로서 주 슈트(main shoot)가 초식동물에 먹혔을 경우 이를 대체하거나 가지를 낼 수 있도록 한다. 영양 곁눈은 1차 슈트(primary shoot)를 대체할 능력을 지니고 있다. 식물체가 생식단계로 전환되면 곁눈은 꽃 혹은 화기 슈트를 형성한다.

뿌리와 슈트는 세 유형의 조직으로 구성된다

식물세포의 유형은 성숙기에 살아 있는 세포인지 죽은 세포인지에 상관없이 액포의 크기와 식물세포의 뚜렷한 특징인 세포벽의 두께에 의해 구별될 수 있다(3장 세포구조 참조). 일부 세포는 셀룰로스(cellulose)로 구성된 1차 세포벽만 지니는데, 셀룰로스는 세포막 근처의 원형질체(protoplast)에서 합성된다. 미세소관(microtubule)은 세포막 바로 아래에 배열되어 있으며 셀룰로스 섬유(fiber)의 방향을 결정한다(**그림 30.2*a***). 식물체를 지탱해 주는 세포는 여러 겹의 셀룰로스로 되어 있고, 리그닌(lignin)과 펙틴(pectin)을 포함한 강화분자가 있어서 더욱더 견고한 세포벽을 지닌다. 셀룰로스 층은 합판과 같이 인접한 층이 직각으로 쌓여 있는데 이러한 구조가 세포벽의 견고성을 높여준다(**그림 30.2*b***).

뿌리, 줄기, 그리고 잎 모두 기본적인 3가지 조직인 표피조직, 기본조직, 그리고 관다발조직을 지닌다. 이들 각각의 조직이 뿌리와 줄기를 통해 신장하기 때문에 이들을 합쳐서 **조직계**(tissue system)라 부른다. 1차적으로 표피를 구성하는 **표피조직**(dermal tissue)은 대부분의 식물에서 두꺼운 한 층으로 되어 있고 가장 바깥에서 식물체를 보호하는 역할을 한다. **기본조직**(ground tissue)의 세포는 식물체를 지탱하고 보호하는 섬유를 형성하는 기능 외에도 저장, 광합성 그리고 분비의 기능을 수행한다. **관다발조직**(vascular tissue)은 물과 물에 녹은 물질을 식물체 각 부위로 전달하는 역할을 한다. 이들 조직의 구조와 기능은 다음에서 자세히 다룬다.

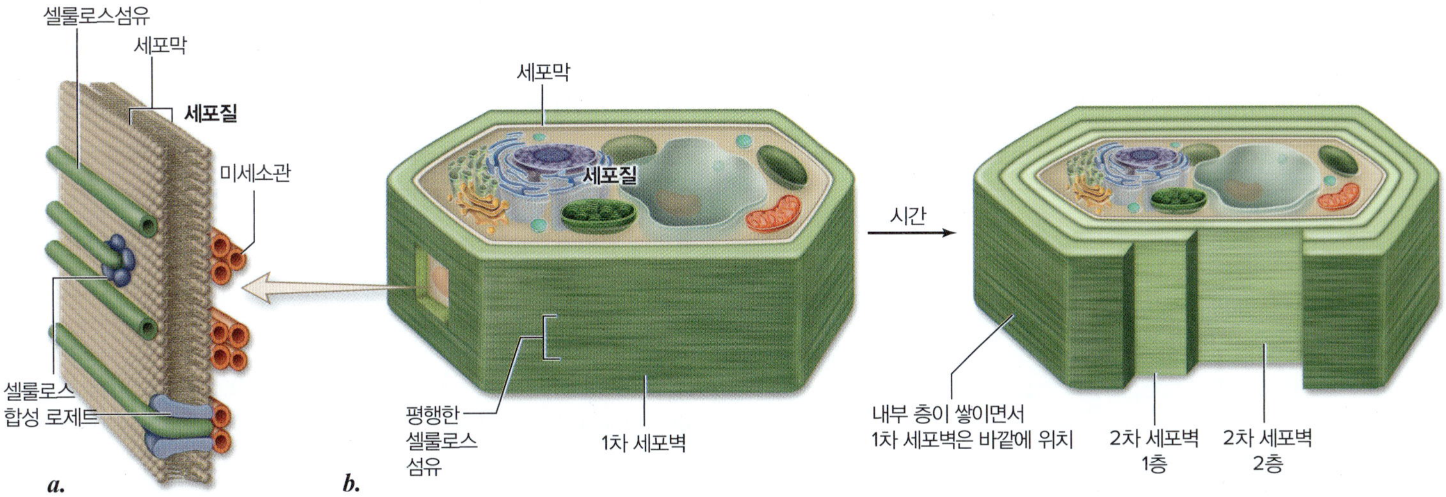

그림 30.2 식물 세포벽의 합성.
a. 셀룰로스(섬유소)는 세포벽을 형성하는 세포막의 셀룰로스 합성 로제트(rosette)에서 생산되는 다당류이다. 셀룰로스 섬유는 세포막 안쪽의 미세소관들과 평행하게 놓여있다. 같은 세포 유형에서 세포벽을 강화하고 방수 기능을 하는 추가적인 물질들이 세포벽에 더해진다. ***b.*** 어떤 세포들은 몇 겹의 셀룰로스 층으로 세포벽의 기계적 강도를 증가시킨다. 새로운 셀룰로스는 세포막에서 생산되기 때문에 오래된 셀룰로스 층은 세포벽의 바깥쪽에 있게 된다. 모든 세포는 1차 세포벽을 가지고, 추가적인 셀룰로스 층이 2차 세포벽에 첨가된다.

새로운 생장은 분열조직에서 일어난다

종자가 발아하면 성숙한 식물체의 아주 작은 부분만 존재한다. 배아(embryo)의 세포가 분열과 분화를 통해 여러 형태의 세포를 만들기는 하지만 대부분 성체 세포의 운명은 이미 정해져 있다. 이후의 식물체 발달은 슈트와 뿌리의 정단부 및 다른 부위에 분포해 있는 **분열조직**(meristem)의 활동에 달려 있다. 정단분열세포는 미분화된 세포로서 무한히 분열할 수 있고 다양한 유형의 분화된 세포를 만들 수 있다.

분열조직의 개요

분열조직은 조밀한 세포질과 비교적 큰 핵을 지닌 작은 세포 덩어리인데, 이는 동물의 줄기세포와 유사하다. 즉, 한 세포가 분열하여 2개의 세포가 되는데, 이 중 하나는 분열을 계속하고 다른 하나는 분화를 거듭하여 식물체를 구성하게 된다(**그림 30.3**). 이러한 방식으로 분열조직의 세포 집단은 지속적으로 새롭게 유지된다. 분자유전학적 증거는 동물의 줄기세포와 식물의 분열조직 세포가 유전자 발현과정에서 일부 경로를 공유한다는 가설을 지지한다. 예를 들어, 동물의 줄기세포의 분열은 망막모세포종(Retinoblastoma) 단백질에 의해 일부 조절되며, 이의 상동인 망막모세포종-유사(RETINOBL-ASTOMA-RELATED) 단백질은 분열조직 세포의 증식 조절에 유사한 기능을 한다. 뿌리와 슈트의 신장은 **정단분열조직**(apical meristem)의 지속적인 세포분열과, 뒤이은 세포 신장의 결과로서 나타난다. 목본식물에서는 **측생분열조직**(lateral meristem)이 뿌리와 슈트의 지름을 증가시킨다.

정단분열조직

정단분열조직은 줄기와 뿌리의 끝에 위치한다(**그림 30.4**). 생장기 동안 정단분열조직의 세포들은 끊임없이 분열하여 정단부에 더 많은

그림 30.3 분열조직의 세포분열.
식물의 분열조직은 분열하여, 분화되는 딸세포를 만드는 세포와 분열세포로 남아 있는 세포로 구성된다.

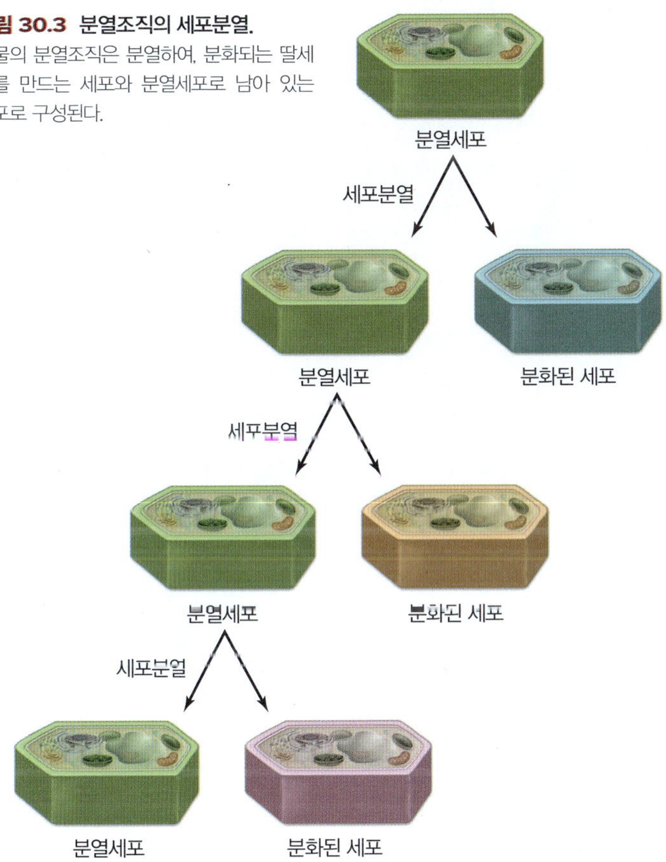

세포들을 첨가한다. 정단분열조직으로부터 유래된 조직을 **1기 조직**(primary tissues)이라 하며 뿌리와 줄기로 연장되어 소위 **1기 식물체**(primary plant body)를 만든다. 1기 식물체는 교목이나 관목에서 어린 연약한 슈트나 뿌리로 되어 있거나 어떤 식물에서는 전체 식물체로 된다.

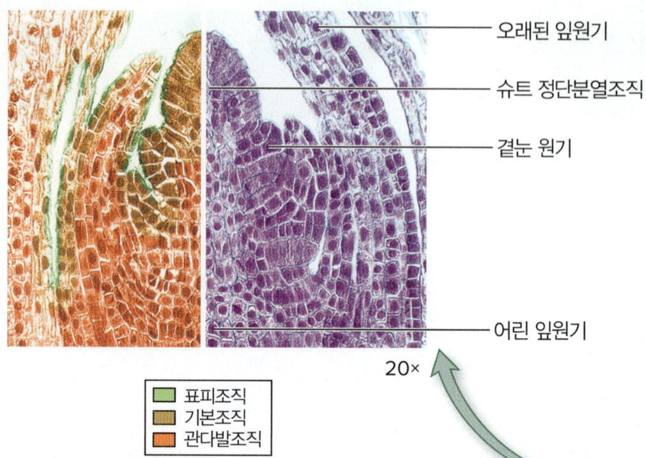

그림 30.4 정단분열조직.
슈트와 뿌리의 정단분열조직은 지상 및 지하로 식물체를 신장시킨다. 잎원기는 연약한 슈트 분열조직을 보호해 주며, 뿌리 분열조직은 새로운 뿌리조직을 더 만들고, 보호 기능을 하는 뿌리골무를 형성한다.

뿌리와 슈트 정단분열조직은 보호가 필요한 연약한 세포로 구성되어 있다(**그림 30.4**). 뿌리 정단분열조직은 뿌리골무에 의해 보호되며, 이 구조는 30.3절에서 살펴본다. 뿌리골무 세포는 뿌리 분열조직에 의해 생기며 뿌리가 토양에서 움직일 때 벗겨지고 보충된다. 대조적으로 **잎원기**(leaf primordia)는 자라는 슈트 정단분열조직을 보호하는데, 이 분열조직은 대기와 태양에 노출되면 쉽게 탈수가 되기 때문이다.

정단분열조직은 먼저 **1기 분열조직**(primary meristem)을 만들고 이에 의해 3가지 조직계가 생겨난다. 3가지의 1기 분열조직은 표피를 형성하는 **전표피**(protoderm), 1기 관다발조직(물의 수송을 담당하는 1기 물관부와 양분 수송을 담당하는 1기 체관부)을 생성하는 **전형성층**(procambium), 기본조직으로 분화되는 **기본분열조직**(ground meristem)이다. 속새나 옥수수와 같은 식물은 줄기 마디사이(절간; 잎 부착점 사이의 구역)에 **절간분열조직**(intercalary meristem)이 생겨서 마디사이의 길이를 증가시킨다. 조용한 여름밤에 옥수수 밭을 거닐면 무릎 높이의 키를 지닌 옥수수에서 약한 터지는 소리를 들을 수 있다. 이 소리는 절간분열조직의 빠른 생장 때문에 생긴다. 아주 짧은 시간에 일어나는 줄기의 신장은 매우 놀랍다.

측생분열조직

많은 초본식물(나무가 아닌 다육질의 줄기를 지닌 식물)은 1기 생장만 하지만 다른 식물은 **2기 생장**(secondary growth)을 해서 상당히 굵어진다. 2기 생장은 측생분열조직에 의해 수행되는데, 이는 겉씨식물과 대부분의 속씨식물에서 줄기와 뿌리의 둘레(지름)를 증가시키는 주변부의 원통형 분열조직이다. 측생분열조직은 정단분열조직에서 유래한 기본조직으로부터 형성된다. **외떡잎식물**(monocot)은 특이하게 예외적이다(**그림 30.5**).

2기 생장이 일부 나무가 아닌 식물의 둘레를 크게 하지만 이의 효과는 목본식물에서 가장 뚜렷하며, 목본은 2가지 측생분열조직을 지닌다. 목본 줄기의 수피(bark)에는 **코르크형성층**(cork cambium)이 있는데, 이것은 나무의 외수피를 만드는 측생분열조직이다. 수피 바로 밑에는 **관다발형성층**(vascular cambium)이 있는데, 2기 관다발조직을 형성하는 측생분열조직이다. 관다발형성층은 관다

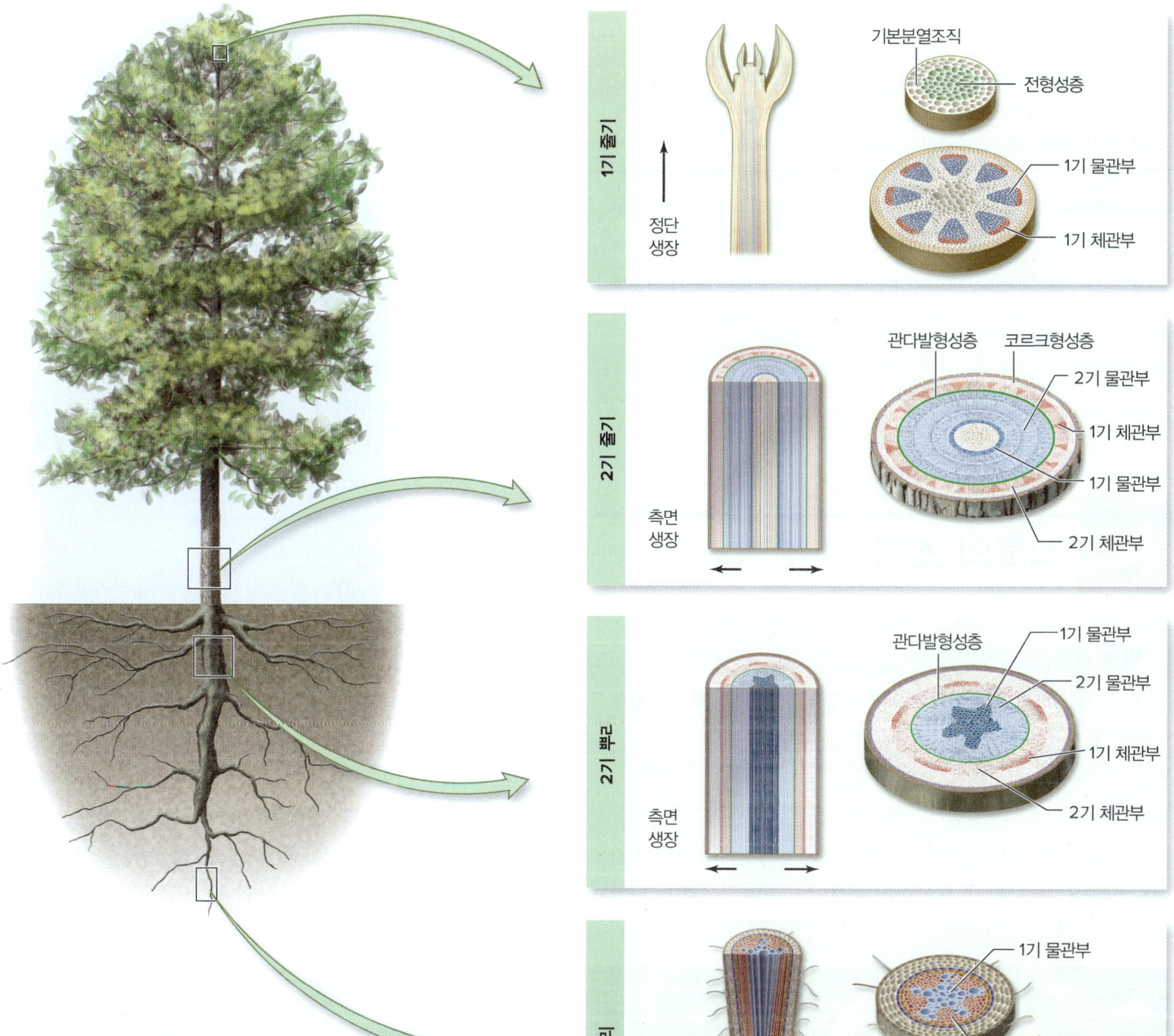

그림 30.5 정단분열조직과 측생분열조직. 정단분열조직은 1기 식물체를 만든다. 일부 식물에서 측생분열조직은 식물체의 굵기를 증가시킨다. 이러한 유형의 생장은 측생분열조직이 정단분열조직에서 바로 만들어지지 않았기 때문에 2기 생장이라 한다. 목본식물에는 2가지 형태의 측생분열조직이 있는데, 하나는 물관부와 체관부를 만드는 관다발형성층이고 다른 하나는 목본식물의 수피를 형성하는 코르크형성층이다.

빌내 물관부와 체관부 사이에 형성되며, 이들 옆에 2기 관다발조직을 첨가한다. 물관부는 관다발형성층의 내부에, 체관부는 외부에 첨가된다.

2기 물관부는 목재(wood)의 주 구성원이다. 2기 체관부는 목본 줄기의 외표면과 아주 가까이 있다. 교목의 수피를 제거하면 체관부가 손상되어 결국 그 나무는 죽는다. 측생분열조직으로부터 형성된 조직은 교목과 관목에서 줄기, 가지, 늙은 뿌리의 대부분을 차지하며, 이 조직을 **2기 조직**(secondary tissue)이라 하고, 전체를 **2기 식물체**(secondary plant body)라 부른다.

핵심 요약 30.1

근계는 식물을 고착시키며 물과 양분을 흡수하는 반면, 줄기, 잎, 꽃 등으로 구성된 슈트계는 광합성과 유성생식을 한다. 뿌리와 슈트는 표피조직, 기본조직, 관다발조직을 공통적으로 지니고 있다. 1기 생장은 뿌리와 슈트의 끝에 있는 정단분열조직에 의해 이루어지고, 2기 생장은 주변부와 둘레를 증가시키는 측생분열조직에 의해 만들어진다.

- 목본식물의 슈트에 있는 상이한 분열조직의 위치와 기능을 비교하고 대조해 보자.

30.2 식물의 조직

학습 목표

1. 기본조직을 이루는 3가지 세포 유형과 이들의 기능에 대해 설명할 수 있다.
2. 물관부와 체관부의 구조와 기능을 구별하여 설명할 수 있다.

고도로 분화된 세포 유형은 3가지 조직계를 구별하며 조직의 기능과도 상관이 있다. 각 조직은 여러 유형의 세포로 구성된다. 여기서는 식물세포의 구조와 기능에 대해 살펴본다.

표피조직은 환경과 접하는 보호층을 형성한다

배아와 정단분열조직에서 유래한 표피조직은 **표피**(epidermis)를 형성한다. 이 조직은 대부분의 식물에서 한 층의 두께로 구성되며, 식물체 외부를 감싸는 보호층의 역할을 한다. 어린 식물체의 노출된 표피는 **각피**(cuticle)를 형성하는 밀랍같은 **각피질**(cutin) 층으로 덮여 있다. 사막의 다육식물은 여러 겹의 밀랍(wax) 층이 각피에 덮여 있는데, 이는 수분 소실과 자외선으로부터 식물체를 보호하는 기능을 한다. 표피조직은 나무의 수피를 형성하기도 한다.

전표피(protoderm)에서 유래한 **표피세포**(epidermal cells)는 1기 식물체의 모든 부위를 감싸고 있다. 표피조직에는 **공변세포**, **세포모**, **뿌리털** 등과 같은 여러 가지 유형의 특수화된 세포들이 포함된다.

공변세포

공변세포(guard cell)는 입 모양의 기공을 둘러싸고 있는 한 쌍의 소시지 모양의 세포로서 다른 표피세포와는 달리 엽록체가 있다.

기공은 잎의 표피세포에서 발생하는데(**그림 30.6***a*), 줄기나 열매 등의 다른 조직에서도 발생하기도 하며, 2가지 기능을 한다. 기공을 통한 산소와 이산화탄소의 이동은 광합성에 필수적이다. 또한 기체 상태로의 수분의 확산은 거의 기공을 통해 이루어져서 뿌리에서 잎까지 수분과 무기염류의 이동을 가능하게 한다. 잎 표면 1 cm^2당 기공의 수는 0~6만 개의 분포를 보인다. 많은 식물에서 기공은 잎의 상표피보다 하표피에 많이 분포하는데, 이는 수분의 소실을 줄이기

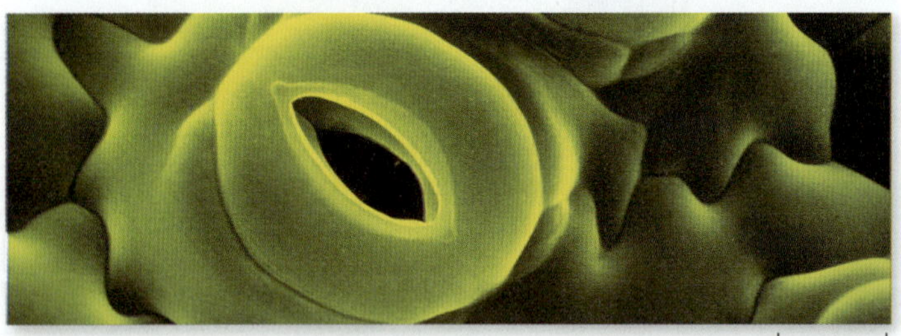

a.

b.

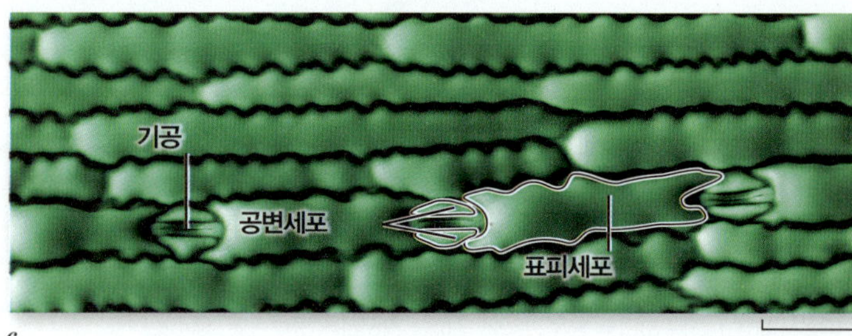

c.

그림 30.6 기공.
a. 기공은 구멍의 크기를 조절하는 2개의 공변세포 사이에 있는 공간이다. 기공은 외떡잎식물과 진정쌍떡잎식물의 표피에 고르게 분포하고 있으나 그 양상은 매우 다르다. ***b.*** 완두(진정쌍떡잎식물)의 잎에는 기공이 무작위로 분포한다 ***c.*** 옥수수(외떡잎식물)의 잎에는 기공이 줄지어 균일한 간격으로 분포한다. 이 사진들은 기공의 다양한 모양을 보여주는데, 어떤 세포는 옥수수에서와 같이 상자 모양이고(***c***). 다른 식물에서는 퍼즐조각 모양을 한 완두 표피세포처럼 불규칙적으로 배열되어 있다(***b***).

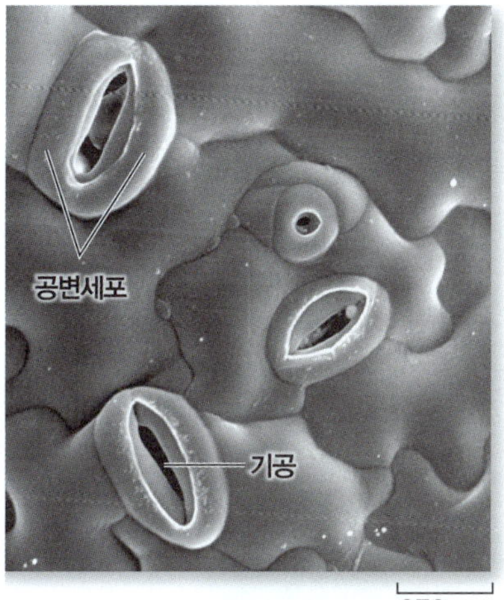

그림 30.7 너무 많은 기공을 지닌 돌연변이체.
이 애기장대 돌연변이 식물체는 기공을 공간 배열하는 데 필수적인 신호가 결핍되었다. 일반적으로 분화되는 한 쌍의 공변세포는 인접한 세포가 공변세포로 분화되는 것을 방해한다.

그림 30.8 세포모의 일종인 분비모.
이 토마토 식물에서 끝부분이 갈색이며 둥근 형태의 세포모는 분비모로서, 식물의 표면에서 곤충이 들러붙는 끈적끈적한 풀과 같은 물질을 분비한다.

위해서이다. 일부 식물은 기공이 잎의 하표피에만 존재하고, 수련 등 몇몇 식물에서는 기공이 잎의 상표피에만 존재하는데, 이는 기체 교환을 극대화기 위한 것이다.

공변세포의 형성은 공변세포와 기공의 개폐에 도움을 주는 부세포(subsidiary cell)를 만드는 과정에서 세포분열이 비대칭적으로 일어난 결과이다. 기공의 분포 결과로 나타난 이러한 비대칭 분열의 양상은 발생생물학자의 흥미를 끌기도 했다(**그림 30.6***b*, *c*).

기공의 위치에 대해 "혼란한" 돌연변이체 연구는 기공 발생의 시기와 공변세포 형성을 촉발하는 세포간 소통의 종류에 대한 정보를 제공하고 있다. 예를 들어, 애기장대(*Arabidopsis*)에서 *too many mouth*(*tmm*) 돌연변이는 공간적으로 기공을 분리하는 정상적인 세포분열의 양상을 깨뜨린다(**그림 30.7**). 이 유전자 및 다른 기공 패턴 관련 유전자에 대한 연구로 한 세포가 다른 세포와의 상대적인 위치에 따라 위치정보를 받고 운명을 결정한다는 세포-세포 소통(8장 참조)의 협업 네트워크를 알게 되었다. *TMM* 유전자는 비대칭 세포분열을 조절하는 신호전달경로의 일부인 막결합 수용체를 암호화한다.

세포모

세포모(trichome)는 표피가 외부로 돌출된 단세포 또는 다세포의 털과 같은 모양의 구조를 일컫는다(**그림 30.8**). 이들은 줄기, 잎 그리고 생식기관에 발생한다. '솜털'이나 '양털' 같은 것을 지닌 잎은 세포모들로 덮혀 있는데 현미경으로 저배율에서도 뚜렷이 볼 수 있다. 세포모는 기공의 입구를 덮어 수분의 증발량을 줄여주기도 한다. 또한 고강도의 빛과 자외선으로부터 잎을 보호하며 잎의 급격한 온도 변화에 대해 완충작용을 할 수 있다. 세포모는 다양한 형태로 나타나는데 단세포 세포모와 다세포 세포모로 구분된다. 일부는 선상(glandular) 분비모로, 초식동물로부터 자신을 보호하기 위해 끈적끈적한 물질이나 독성 물질을 분비하기도 한다.

세포모 발생을 조절해주는 *GLABROUS3*(*GL3*)를 포함한 유전자들이 동정되었다(**그림 30.9**). 세포모억제단백질에 비해 GL3와 같은 세포모개시단백질이 역치 수준에 이르면 표피세포가 세포모로 전환된다. 세포모 세포로부터 오는 이러한 신호는 인접 세포들의 세포모 촉신유전자의 발현을 억제한다(**그림 30.9**).

뿌리털

뿌리털(root hair)은 각각의 표피세포가 관 모양으로 뻗어 나온 것으로 어리고 생장 중인 뿌리 끝 바로 아래 부위에서 나타난다(**그림 30.10**). 뿌리털은 단순히 표피세포에서 돌출한 것으로 별개의 세포가 아니며 털과 세포를 격리하는 격벽이 존재하지 않는다. 뿌리털은 뿌리를 주위 토양 입자와 접촉하게 하고 표면적을 증가시켜 양분의 흡수를 효율적으로 높인다.

뿌리가 자라지만 뿌리털 구역의 크기는 거의 일정한 수준으로 유지되는데, 이는 정단부에서 새로운 뿌리털이 발생하고 오래된 뿌리털은 없어지기 때문이다. 초본식물의 경우 수분과 양분의 흡수는 거의 뿌리털을 통해 이루어진다. 뿌리털은 뿌리 내부에서 유래하는 다세포로 이루어진 곁뿌리(lateral root)와는 혼동하지 말아야 한다.

최초의 육상식물은 뿌리가 없었고, 나중에 슈트로부터 뿌리가 진화되었다. 슈트의 표피세포에서 세포모와 기공의 분화에 필요한 일부 유전자들은 진화기간 동안 뿌리털의 발생을 깊이 선택하였다.

? **탐구문제** 육상생활에서 적응된 표피조직의 3가지 특성을 기술하고, 이들 특성의 장점을 설명하시오.

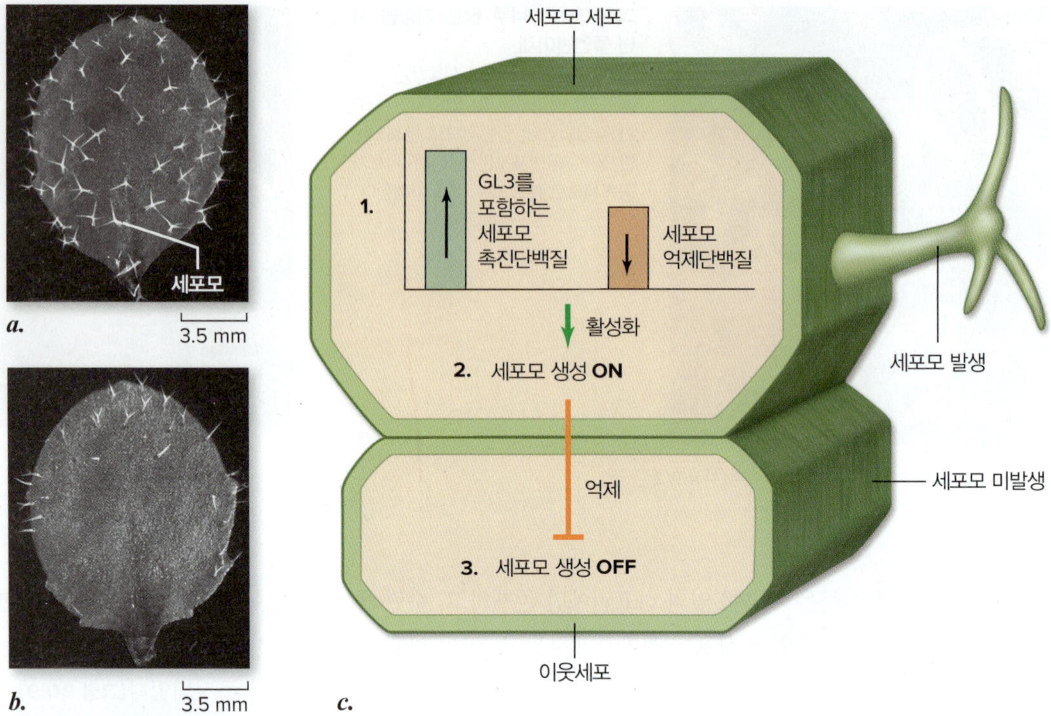

그림 30.9 세포모의 양상.
돌연변이체 연구를 통해 애기장대에서 세포모의 공간적 배열과 발달에 관여하는 유전자를 밝혀냈다. ***a.*** 야생형. ***b.*** 세포모 발달이 유도되지 않는 *glabrous3* 돌연변이체. ***c.*** 세포에 충분한 GL3가 있고 세포모억제단백질의 수준이 낮을 때, 세포모는 발생한다. 일단 세포가 세포모 분화를 개시하면 인접 세포에 신호를 보내 세포모를 만들지 못하게 한다.

그림 30.10 뿌리털.
뿌리털은 물과 영양분의 흡수를 증대시키기 위해 뿌리의 표면적을 증가시키는 표피세포의 일종이다.

기본조직의 세포는 저장, 광합성, 지지 등의 다양한 기능을 한다

기본조직은 주로 저장, 광합성, 분비의 기능을 수행하는 얇은 세포벽을 지닌 **유조직세포**로 구성된다. 그 외 기본조직은 **후각조직세포**와 **후벽조직세포**로 구성되는데 지지와 보호 기능을 한다.

유조직

유조직세포(parenchyma cell)는 식물에서 가장 흔한 세포이다. 큰 액포와 얇은 세포벽을 가지며, 처음에는 다소 둥근형태를 보이지만, 곧 각 세포의 원형질들이 서로를 밀쳐서 다른 형태가 되는데, 보통 11~17면체가 된다.

유조직세포는 수년간 사는데 일부 식물(선인장의 경우)은 100년을 넘게 살기도 한다. 이들은 양분과 물의 저장, 광합성, 분비의 기능을 한다. 1기 조직에서 가장 풍부한 세포이며, 훨씬 적은 양이지만 2기 조직에도 존재한다(**그림 30.11***a*).

대부분의 유조직세포는 1차벽만 지니는데, 1차벽은 세포가 성숙하는 동안 축적되는 세포벽이다. 비록 화밀(nectar)과 수지(resin)의 분비, 유액(latex), 단백질, 대사노폐물의 저장 등의 특수한 기능을 지닌 변이체가 많다고 해도, 유조직은 다른 식물세포보다 덜 특수화되어 있다. 일부 유조직은 특히 잎과 초본 줄기의 바깥 부위에서 엽록체를 지닌다. 이러한 광합성 유조직을 **엽록조직**(chlorenchyma)이라 한다.

후각조직

샐러리를 먹다가 치아 사이에 실 같은 것이 낀 적이 있을 것이다. 이것이 바로 유연한 **후각조직세포**(collenchyma cell)이다. 유세포와 마찬가지로 후각세포는 살아 있는 원형질체를 지니며, 2차벽이 없고

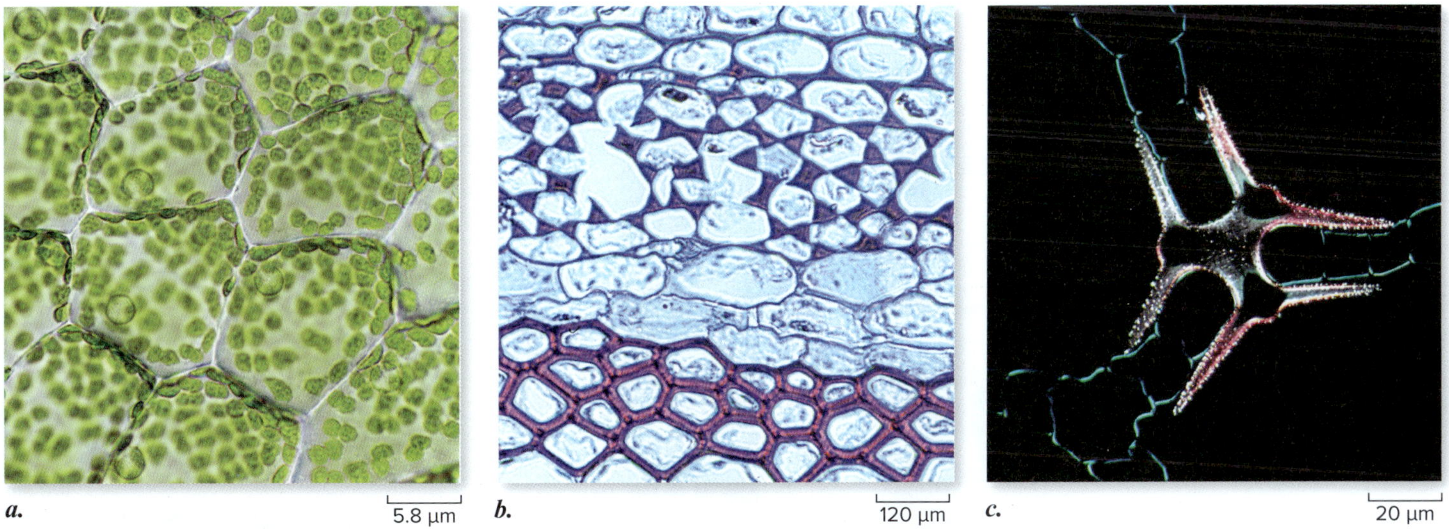

그림 30.11 3가지 유형의 기본조직 횡단면.
a. 유조직세포. 화본과식물의 유조직세포에서는 1차 세포벽만 관찰된다. *b.* 후각조직세포. 딱총나무(*Sambucus*)의 어린 가지에 분포하는 후각조직세포를 관찰하면 두꺼워진 세포벽이 보인다. 다른 종류의 후각조직에서 두꺼워진 부분은 세포의 모퉁이에서 나타난다. *c.* 붉은색으로 염색된 부분이 후벽세포(돌세포) 집단이고, 녹색으로 염색된 주위의 얇은 세포벽이 유조직이다. 후벽세포는 후벽조직의 한 유형인데, 또 다른 유형은 섬유이다.

오랫동안 살 수 있다. 이들 세포는 길이가 폭보다 약간 길며, 세포벽의 두께가 균일하지 않다(**그림 30.11***b*).

유연한 후각세포는 식물 기관을 지탱하여 이들이 부러지지 않고 휘게 한다. 이들은 종종 줄기나 잎자루(엽병)의 표피 아래, 잎의 잎맥을 따라서 줄 모양 또는 연속적인 원통으로 형성된다. 줄 모양의 후각조직은 1기 식물체의 줄기를 지탱하는 주된 역할을 한다.

후벽조직

후벽조직세포(sclerenchyma cell)는 질기고 두꺼운 벽을 지닌다. 유조직이나 후각조직과는 달리 성숙한 후벽조직세포는 전형적으로 죽은 상태다. 이들의 2차벽은 **리그닌**(lignin)을 많이 함유하는데, 고도로 분지된 구조의 중합체로서 세포벽을 더욱 단단히 한다. 예를 들어, 리그닌은 목재의 중요한 구성성분이다. 리그닌을 가진 세포벽을 **목질화되었다**(lignified)고 한다. 리그닌은 구조적 및 기계적인 기능을 하는 세포벽에 공통적으로 존재한다.

후벽조직은 일반적으로 섬유(fiber)와 후벽세포(sclereid)의 형태로 존재한다. **섬유**는 길고 가는 세포로 함께 모여 띠를 이룬다. 실례로 리넨(linen)은 후벽조직의 섬유들이 엮인 것인데, 아마(flax)의 체관부에서 발견된다. **후벽세포**는 형태가 다양하며 종종 분기되어 있다. 후벽세포는 단독 또는 집단으로 존재하고 길지는 않지만 별 모양 등 다양한 모양이다. 배의 과육조직은 푸석푸석한 모래 같은 질감인데, 이는 과일의 과육에 퍼져 있는 후벽세포 집단 때문이다(**그림 30.11***c*). 후벽세포는 딱딱한 종피에도 존재한다. 이 거칠고 세포벽이 비후된 종류의 세포는 조직의 구조를 강화해 주는 역할을 한다.

관다발조직은 식물체 전체에 물과 양분을 운반한다

30.1절에서 언급한 바와 같이 관다발조직은 2가지 수송조직을 포함한다. (1) **물관부(목부)**는 물과 용해된 무기물을 수송하고 (2) **체관부(사부)**는 식물의 양분으로 사용되는 탄수화물 용액, 주로 수크로스를 수송한다. 체관부는 또한 식물호르몬, 아미노산, 그리고 식물 생장에 필요한 물질도 수송한다. 물관부와 체관부는 구조와 기능에서 차이가 있다.

물관부

식물체에서 물의 주 수송조직인 **물관부**(xylem)는 대개 **물관**(도관, vessel)과 **헛물관**(가도관, tracheid)으로 되어 있는데, 물관은 속이 빈 원통 모양의 죽은 세포들이 서로 끝과 끝이 연결되어 형성된 연속된 관이며, 헛물관은 끝이 가늘어지면서 서로 중첩된 죽은 세포이다(**그림 30.12**). 1기 물관부는 정단분열조직에서 만들어진 전형성층에서 유래하고, 2기 물관부는 측생분열조직인 관다발형성층으로부터 형성된다. 목재는 2기 물관부로 구성된다.

겉씨식물(현화식물이 아니라) 같은 일부 식물은 헛물관이 유일한 물의 통로가 되는데 물이 뿌리로부터 위쪽으로 슈트를 통해 잎으로 끊기지 않고 전달된다. 물이 잎에 도달하면 대부분은 수증기의 형태로 세포간극으로 확산되고 기공을 통해 잎 밖의 대기로 방출된다. 이러한 식물에서의 수증기의 확산을 **증산**(transpiration)이라고 한다(31장 참조). 물관부는 수분 이외에도 용해된 무기물과 질산염(nitrate)과 인산염(phosphate) 같은 무기 이온의 이동과 식물체를 지탱하는 역할을 한다.

그림 30.12 헛물관과 물관요소의 비교.
헛물관에서는 물이 벽공을 통해 세포에서 세포로 이동한다. 물관요소에서는 물이 천공판을 통해 이동한다. 겉씨식물은 헛물관을 지닌 반면, 속씨식물에는 헛물관 외에 물관도 존재한다. 이 두 유형의 세포가 물을 이동시키고, 섬유는 부가적인 지지역할을 한다. 이 단풍나무(*Acer rubrum*)는 헛물관과 물관을 같이 갖고 있다.

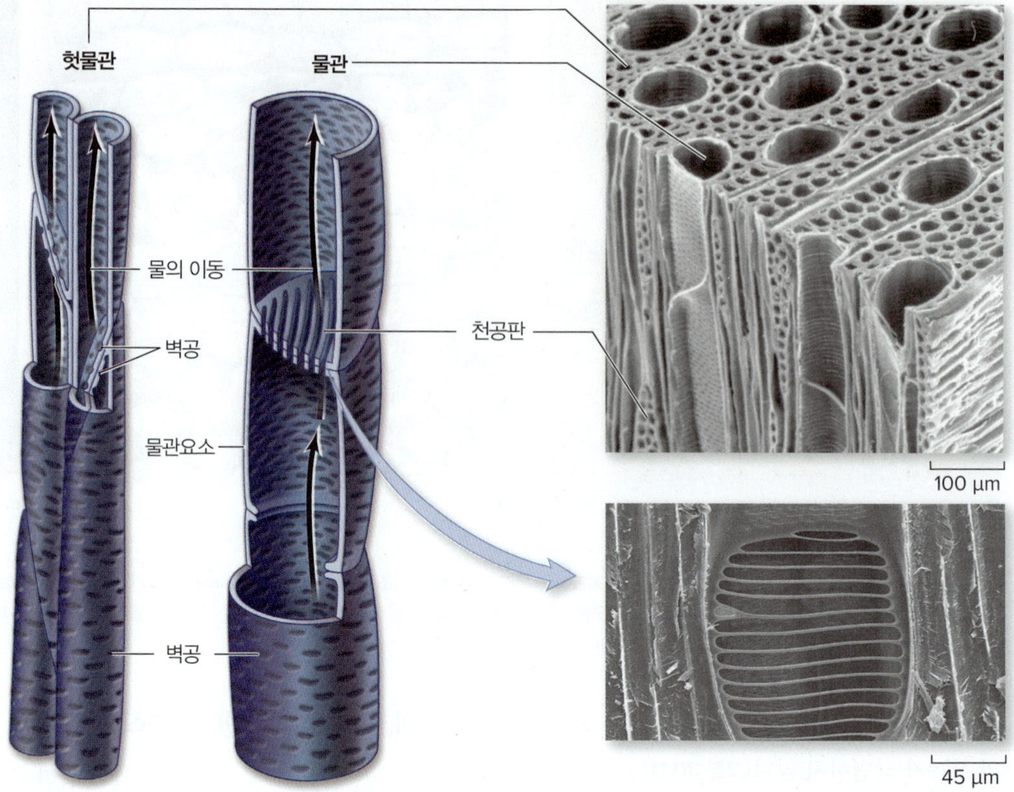

물관요소(vessel member)는 헛물관보다 더욱 짧고 폭이 넓은 편이다. 물관은 물관요소가 연결된 것으로 현미경으로 보면 물관은 양쪽 끝이 잘려나간 음료수 캔과 비슷한 모양이다. 물관과 헛물관 모두 두껍고 목질화된 2차 세포벽을 가지고 있으나 성숙기에 살아 있는 원형질체는 없다. 리그닌은 세포에서 만들어지고 분비되어 원형질체가 죽기 전에 섬유소 세포벽을 강화해 주고 세포벽만을 남기게 된다.

헛물관은 **벽공**(pit)을 지니는데, 이는 2차 세포벽물질이 침적되지 않은 작은 부위이다. 벽공에는 1차벽이 존재하여 물에 투과성이다. 이웃하는 세포의 벽공은 서로 마주 보는데, 물줄기는 이러한 벽공을 통해 헛물관에서 다른 헛물관으로 끊임없이 이동한다. 그에 비해 물관요소는 끝과 끝이 연결되어 있는데 양 끝이 완전히 열려 있거나 열린 끝부분에 벽물질이 가로지른 막대기 혹은 줄 형태로 나타난다(**그림 30.12**). 물의 이동에는 중첩된 헛물관보다 물관이 더 효율적이다. 이러한 이유 중에는 여러 식물군에서 독립적으로 물관요소가 헛물관으로부터 진화되었으며, 이는 자연선택에서 보다 유리하기 때문이다.

물관은 특이하게 통도세포 외에 섬유와 유조직세포(기본조직세포)를 가지고 있다. 몇몇 섬유조직은 헛물관에서 진화된 것으로 보이며 수송보다는 조직을 단단하게 하는 역할을 하도록 특수화되었다. 유조직세포들은 관다발형성층의 특별한 **방사시원**(ray initial)**세포**에 의해서 **방사조직**(ray)이라는 수평적인 방사열로 형성되는데 측면으로의 수송과 양분 저장의 역할을 한다. [시원세포(initial)는 분열조직세포의 또 다른 이름으로, 분열을 통하여 다른 시원세포와 분화하는 세포를 만든다.]

나무의 줄기와 뿌리의 횡단면을 관찰해 보면 방사조직이 바퀴의 살처럼 물관의 중앙부에서 외부로 뻗어 나오는 것을 볼 수 있다. 참나무(*Quercus* sp.)와 같은 목재는 섬유를 풍부하게 간직하고 있는데, 이로 인해 목재가 무겁고 조직이 치밀해진다. 물관부에서 이런 세포와 또 다른 세포들의 배열로 인해 목재의 구조만으로도 대부분의 속(genus)과 많은 종들의 동정이 가능하다.

약 2000년 전에 종이가 중국에서 만들어졌는데, 그 방법은 초본식물을 물에 갈고 체로 걸러서 얇은 체관부 섬유를 분리하는 것이었다. 3세기까지 이 종이 제작기술의 비밀은 중국 외부로 유출되지 않았다. 오늘날은 참나무류보다 방사조직 섬유가 적어서 상대적으로 부드러운 가문비나무 등 나무의 물관부 섬유를 추출하여 꾸준히 증가하는 종이에 대한 수요에 대처하고 있다. 리그닌이 풍부한 세포벽은 종종 표백처리하여 갈색종이를 만드는데 쓴다. 케나프(kenaf)와 대마 등 여러 다른 식물들도 종이의 원료로 개발되었다. 미국 화폐는 75%의 목화와 25%의 아마로 되어 있다.

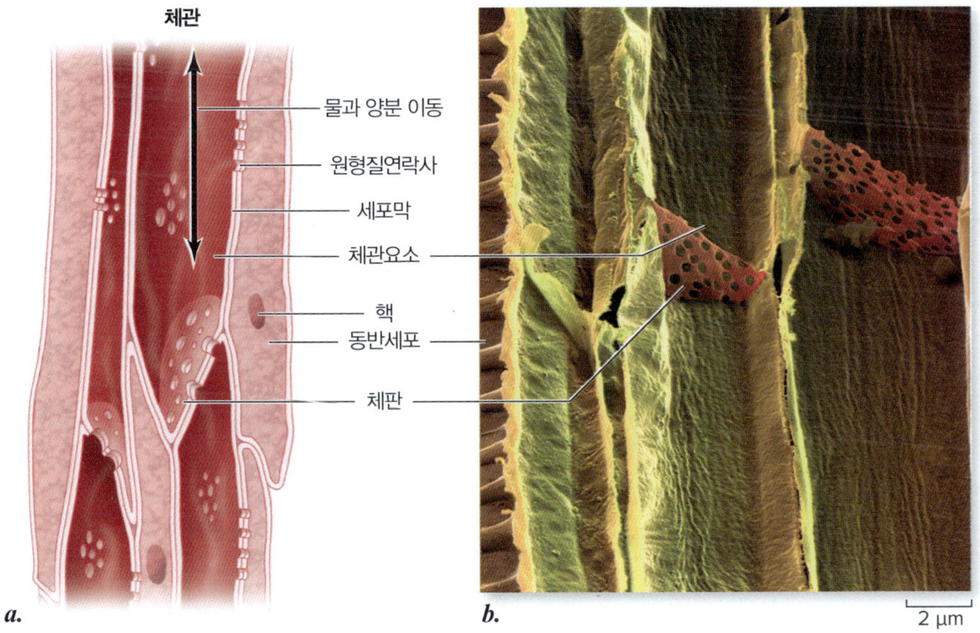

그림 30.13 체관요소.
a. 체관요소 세포는 겹쳐 있으며, 체판이 연결 통로가 된다. 체관요소의 오른 쪽에 핵을 가진 좁은 세포는 동반세포이다. 이 세포는 원형질막은 가지고 있으나 핵이 없는 체관요소에 양분을 공급한다. *b.* 호박의 체관부의 체판을 들여다보면 수크로스와 호르몬의 이동통로인 천공(perforation)들이 보인다.

체관부

체관부(phloem)는 뿌리와 줄기의 바깥쪽에 위치하며 관다발식물의 주된 양분수송조직이다. 식물체를 **환상박피**(girdle, 수피를 관다발형성층까지 둥글게 띠 모양으로 제거)하면 뿌리의 영양결핍으로 결국 죽게 된다. 이는 또한 수피를 먹는 동물이 교목을 죽게 하는 이유이다.

체관부에서의 양분 수송은 두 종류의 긴 세포를 통해 이루어지는데 **체세포**(sieve cell)와 체관요소(sieve-tube member)이다. 겉씨식물, 양치식물, 속새류는 체세포만 지니고, 대부분의 속씨식물은 체관요소를 지닌다. 두 종류의 세포는 체역(sieve area)이라 알려진 밀집된 구멍을 지니는데 이는 세포벽이 체(sieve)와 닮았기 때문이다. 1차 세포벽을 지닌 물관부의 벽공과는 달리, 체공은 완전히 뚫려 있다. 체역은 세포의 중첩된 끝부분에 더욱 많고 이웃하는 체세포와 체관요소의 원형질체를 연결한다. 두 종류의 세포는 살아 있지만 대부분의 체세포와 체관요소는 성숙 시 핵이 소실된다.

체관요소에서 일부 체역은 더욱 큰 구멍을 지니며, 이를 체판(sieve plate)이라고 한다(**그림 30.13**). 체관부에서 체관요소는 끝과 끝이 서로 쌓여서 세로로 연속된 체관을 이룬다. 체세포는 체관요소보다 특수화가 덜 되어 체역에서의 구멍의 크기는 거의 차이가 없다. 체관요소는 더욱 특수화되어 체세포보다 더욱 효율적이다.

각 체관요소는 이웃하는 특별한 유세포인 **동반세포**(companion cell)와 연결되어 있다. 동반세포는 이웃한 체관요소를 유지하는 데 필요한 일부 대사기능을 수행하는 것으로 보이는데, 이러한 이유는 체관요소는 핵이 없기 때문이다. 속씨식물에서 공통의 시원세포가 비균등분열하여 체관요소와 동반세포를 생성한다. 동반세포는 핵을 비롯하여 정상적인 유조직세포의 모든 구성성분을 지닌다. 많은 원형질연락사(인접하는 세포의 세포질 통로)가 동반세포의 세포질과 이웃하는 체관요소의 세포질을 연결한다.

꽃을 피우지 않는 식물의 체세포는 동반세포와 같은 기능을 하는 알부민 세포(albuminous cell)를 지닌다. 동반세포와는 달리 알부민 세포는 이웃한 체세포와 같은 모세포로부터 항상 유래하지는 않는다. 섬유와 유세포가 종종 체관부에 풍부하다.

핵심 요약 30.2

표피조직은 환경으로부터 식물체를 보호하고 공변세포, 세포모, 뿌리털과 같은 특별한 세포를 지닌다. 기본조직은 저장(유세포), 광합성(엽록조직이라 부르는 특수화된 유조직), 구조적인 지지(후각조직과 후벽조직) 등의 여러 기능을 한다. 관다발조직은 물관부(1차적으로 물관)를 통해 물을, 체관부(1차적으로 체관요소)를 통해 양분을 운반한다.

■ 성숙한 물관과 체관요소의 구조와 기능을 비교해 보자.

30.3 뿌리: 고착과 흡수

학습 목표

1. 전형적인 뿌리의 4개 구역에서 일어나는 주요 변화를 기술할 수 있다.
2. 뿌리털의 기능을 설명할 수 있다.
3. 변형된 뿌리의 기능을 기술할 수 있다.

뿌리는 줄기보다 더욱 간단한 체제와 발달 양상을 나타내는데 이에 대해 먼저 살펴본다. 그러나 뿌리는 슈트 이후에 진화되었고 육상생활을 위한 주된 혁신이란 것을 염두에 두어야 한다.

뿌리는 지하부로의 생장 및 물과 용질을 흡수할 수 있도록 적응되었다

발달하는 뿌리는 **뿌리골무**, **세포분열대**, **신장대** 및 **성숙대**의 4개의 구역으로 구분되는데, 뿌리골무를 제외한 나머지 세 구역은 그 경계가 명확하지 않다(**그림 30.14**).

정단시원세포가 분열하면 뿌리의 말단부분에 있는 딸세포가 뿌리골무세포가 된다. 뿌리골무와 반대 방향으로 형성되는 세포들은 분화가 끝나기 전에 다른 세 구역을 통과하게 된다. 뿌리가 왕성히 자람에 따라 뿌리 끝이 토양 내로 더욱 깊이 움직이는 것을 볼 수 있다. 이는 그림이나 사진이 보여주는 뿌리의 정적인 이미지와 정반대이다.

뿌리골무

줄기에는 **뿌리골무**(root cap)와 유사한 조직이 없다. 뿌리골무는 두 종류의 세포로 구성되는데, 안쪽의 **주축세포**(collumella cell, 이들은 기둥처럼 보인다)와 바깥쪽 측면의 **뿌리골무세포**인데, 이는 뿌리의 정단분열조직에 의해 끊임없이 보충된다. 큰 뿌리를 지닌 일부 식물에서 뿌리골무가 분명하게 관찰되는데, 뿌리골무의 주된 기능은 뿌리가 자라서 연마재와 같은 거친 토양입자를 지나칠 때 뒤쪽에 위치한 연약한 조직을 보호하는 것이다.

바깥의 뿌리골무세포의 골지체에서 **뮤씨겔**(mucigel)이란 끈적한 물질을 분비하여 세포벽을 통하여 외부로 방출한다. 이는 뿌리가 땅속으로 쉽게 침투하도록 해주며 평균수명이 7일 미만인 뿌리골무세포는 안쪽의 세포로 지속적으로 교체된다. 이 끈적한 물질은 콩과식물의 뿌리 주변에 서식하는 유익한 질소고정세균의 생육에 필요한 영양분이 된다. 기존의 뿌리골무가 인위적이거나 우연히 뿌리로부터 떨어져 나가면 새로운 뿌리골무가 발생된다.

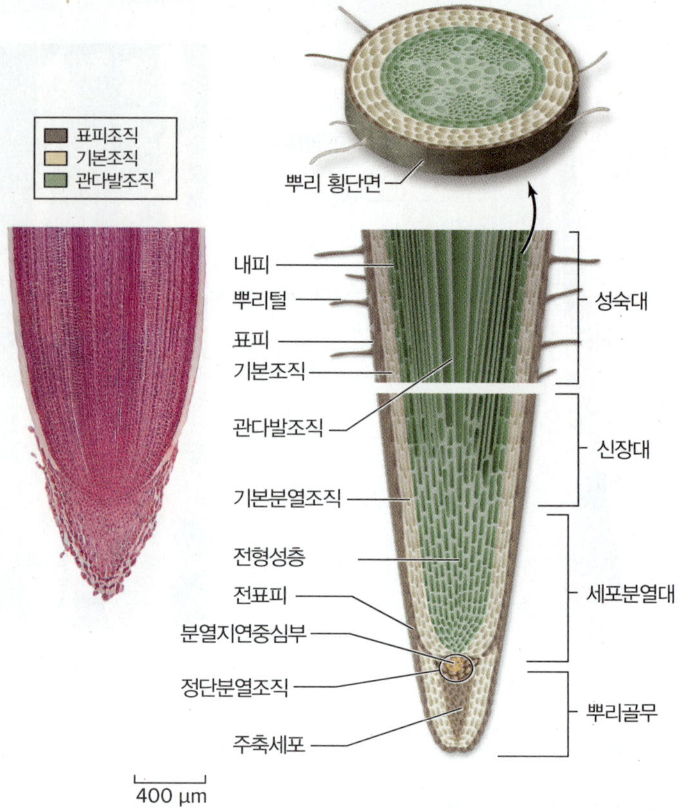

그림 30.14 뿌리의 구조.
옥수수(*Zea mays*)의 근단.

뿌리골무는 또한 중력을 감지하는 기능을 가진다. 주축세포는 고도로 특수화되어 있으며, 소포체가 세포의 주변부에 핵은 중심 혹은 위쪽에 위치한다. 뿌리골무의 액포는 크지 않고, 주축세포는 **전분체**(amyloplast, 전분립을 지닌 색소체)를 가지는데 전분체는 세포에서 중력이 당기는 쪽에 축적된다. 화분의 식물을 옆으로 눕히면 전분체는 중력의 근원지에 가장 근접한 쪽으로 쏠리게 되며, 뿌리는 그쪽으로 휘게 된다.

레이저를 이용하여 애기장대에서 개개의 주축세포들을 제거했는데, 그 결과 2개 이상의 주축세포만 있어도 중력을 감지하는데 충분한 것으로 나타났다. 중력을 감지하는 정확한 기작은 알려져 있지 않으나 전분체에 있는 칼슘 이온이 생장호르몬(이 경우는 옥신)의 분포에 영향을 미쳐 일어나는 것으로 여겨지는 증거가 있다. 옥신이 없어도 뿌리가 휘어지는 것을 볼 때 여러 신호전달 기작이 존재하는 것으로 보인다. 현재의 가설은 전기신호가 주축세포에서 신장대의 세포로 이동한다는 것이다.

자료 분석 만약 뿌리 정단분열조직의 가장자리에 10개의 세포가 있고, 이들이 끊임없이 100개의 뿌리골무세포를 보충한다면 각각의 분열조직세포가 몇 번 분열하여야 100개의 세포를 만들 수 있는가?

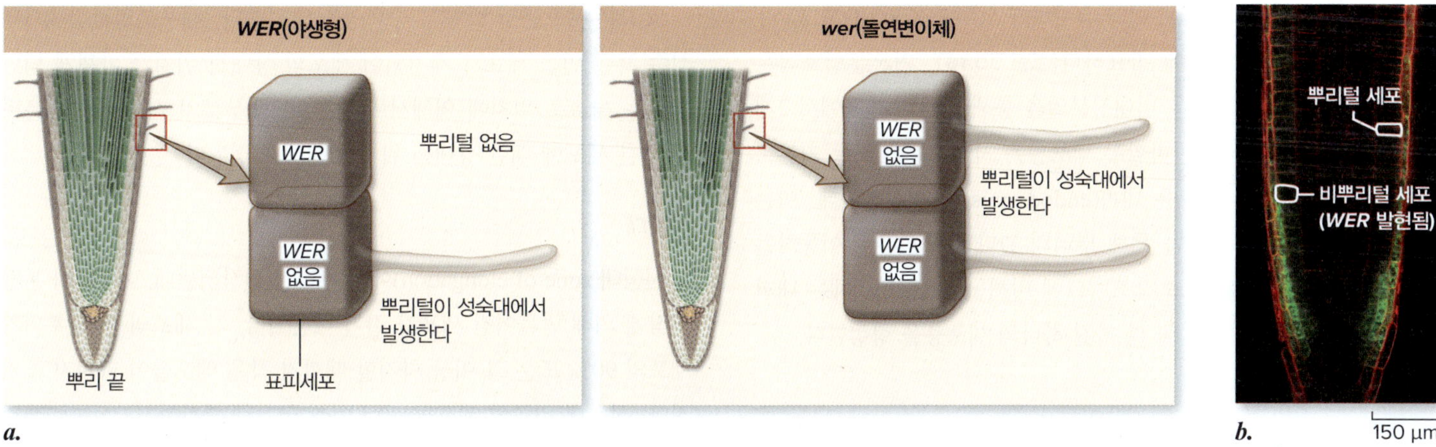

그림 30.15 조직 특이적 유전자 발현.
a. 애기장대의 *WEREWOLF* 유전자는 전체는 아니지만 일부 표피세포에서 발현되며 뿌리털의 발달을 억제한다. *wer* 돌연변이체는 뿌리털로 덮여 있다. ***b.*** *WER* 유전자의 프로모터를 녹색 형광단백질을 만드는 유전자에 부착한 형질전환체를 제작했다. 녹색 형광은 유전자가 발현되는 뿌리털이 없는 표피세포에서 탐지된다. 붉은색으로 보이는 부분은 세포 경계인데 이는 세포벽이 스스로 형광을 발하기 때문이다.

세포분열대

정단분열조직은 뿌리골무에 의해 보호받는 뿌리 끝의 중앙에 위치한다. 이 **세포분열대**(zone of cell division)에서의 대부분의 활동은 분열조직의 가장자리 쪽으로 일어나고, 이곳에서 세포는 매 12~37시간마다 분열하는데, 가끔은 위치에 따라 최고조에 이르면 하루에 한 번 또는 두 번씩 분열한다.

대부분의 세포는 주로 입방체이며 액포가 작고 핵은 상대적으로 크고 중앙에 위치한다. 이렇게 빠르게 분열하는 세포는 정단분열조직의 딸세포이다. 뿌리의 정단분열조직의 중앙에 있는 일군의 세포는 **분열지연중심부**(quiescent center)라 하는데, 매우 드물게 분열한다. 분열지연중심부의 존재는 단단한 공의 팽창 시 바깥 표면적이 중심부보다 더욱더 빠르게 증가하여야 한다는 것을 생각하면 쉽게 이해할 수 있다.

정단분열조직의 딸세포는 30.1절에서 논의된 바와 같이 전표피, 전형성층, 및 기본분열조직 등 3종류의 1기 조직으로 다시 나눌 수 있다. 이러한 조직계의 양상을 조절하는 유전자들이 애기장대의 비교적 단순한 뿌리에서 동정되었다. 이러한 세포들의 양상은 이 세포분열대에서 시작하며, 이 양상의 해부학적, 형태학적 표현은 세포가 성숙대에 이르기까지는 완전하게 드러나지 않는다.

예를 들어, *WEREWOLF*(*WER*) 유전자는 2가지 형의 표피세포, 즉 뿌리털을 가진 것과 가지지 않는 표피를 패턴화하는 데 요구된다(**그림 30.15**). *wer* 돌연변이 식물체는 뿌리털이 과다하게 발생하는데, 이러한 이유는 *WER*가 비뿌리털 표피세포에서 뿌리털 발생을 억제

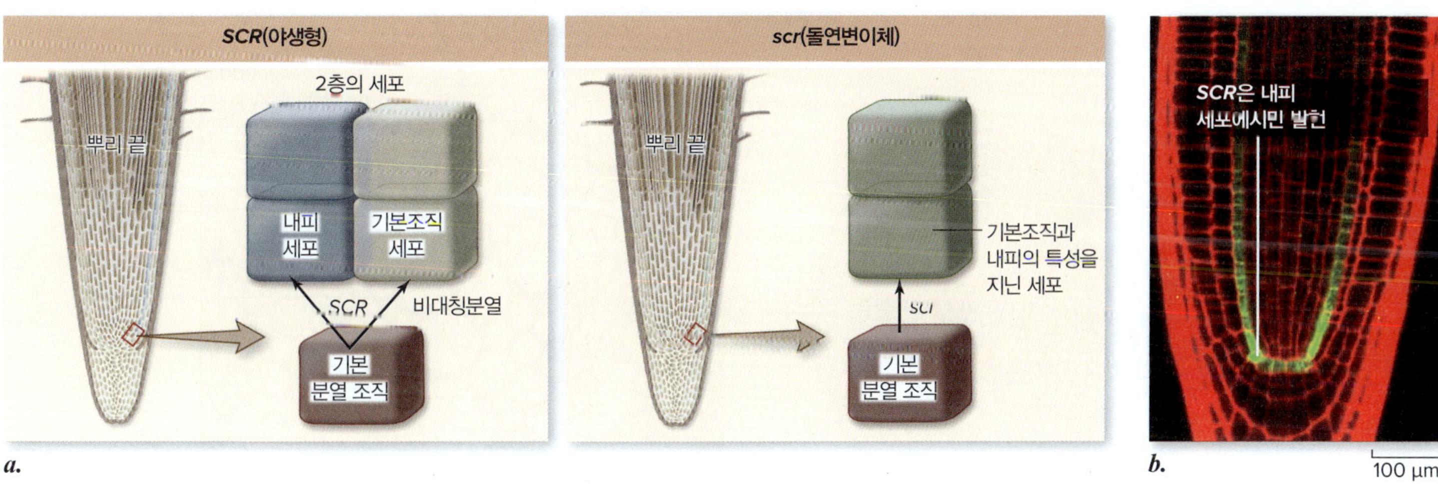

그림 30.16 Scarecrow 유전자가 비대칭 세포분열을 조절한다.
a. *SCR*은 딸세포가 내피세포와 기본조직 세포로 분화하는 데 필요한 비대칭 세포분열에 필요하다. ***b.*** *SCR* 유전자의 프로모터를 녹색 형광단백질을 만드는 유전자에 부착하여 *SCR* 유전자가 야생형 뿌리의 어느 조직에서 발현되는지 실험한 결과, *SCR*은 기본조직 세포가 아닌 내피세포에서만 발현되었다.

하는 데 필요하기 때문이다. 이와 유사하게 *SCARECROW*(*SCR*) 유전자는 기본조직의 분화에 필요하다(**그림 30.16**). 기본분열조직은 *SCR* 유전자가 존재할 경우 비대칭분열을 통해 하나의 세포에서 2개의 원통형 세포를 만든다. 바깥쪽 세포층은 저장기능을 하는 기본조직이 되고, 안쪽의 세포층은 내피(endodermis)를 형성하는데, 이는 물과 용질이 세포간 이동을 통해 뿌리의 관다발 핵심부로 이동하는 것을 조절해 준다(**그림 30.5** 참조). 그에 비해 *scr* 돌연변이체는 내피와 기본조직 세포의 특성, 둘 다 가진 하나의 세포층을 형성한다.

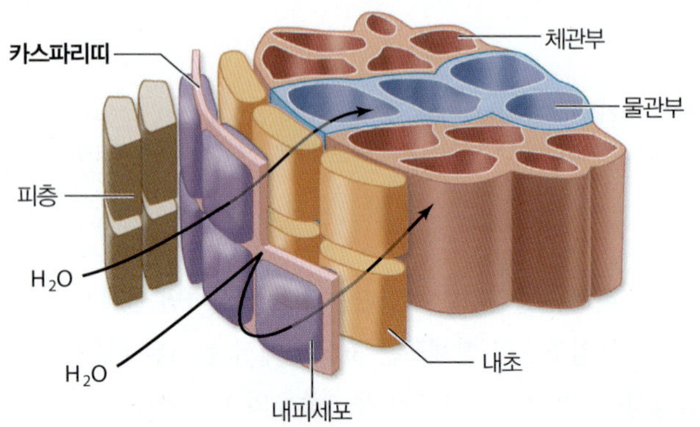

*SCR*은 세포분열 방향의 중요성을 알려준다. 세포분열과정에서의 실수 혹은 인접 세포가 제거되어 세포의 상대적 위치가 바뀌게 되면 세포는 새로운 위치에 의해서 발달한다. 대부분의 식물세포의 운명은 다른 세포에 대한 상대적 위치에 의해 결정된다.

신장대

신장대(zone of elongation)에서 뿌리는 신장되는데, 이는 1기 분열조직에 의해 만들어진 세포가 길기 때문이다. 각 세포의 액포 부피가 세포의 90% 또는 그 이상 차지할 때까지 작은 액포들이 합쳐지고 커진다. 신장대 위쪽의 세포들은 더 이상 크기가 증가하지 않는다. 뿌리의 성숙 부위는 둘레가 커지는 것 외에는 일생동안 그대로 유지된다.

그림 30.17 성숙대의 횡단면.
외떡잎식물인 청미래덩굴(*Smilax*)과 진정쌍떡잎식물인 미나리아재비(*Ranunculus*)는 횡단면에서 보는 바와 같이 둘 다 카스파리띠를 가지고 있다. 카스파리띠는 방수 띠로써 물과 무기물이 세포벽의 공간이 아니라 원형질막을 통해 지나가도록 해준다.

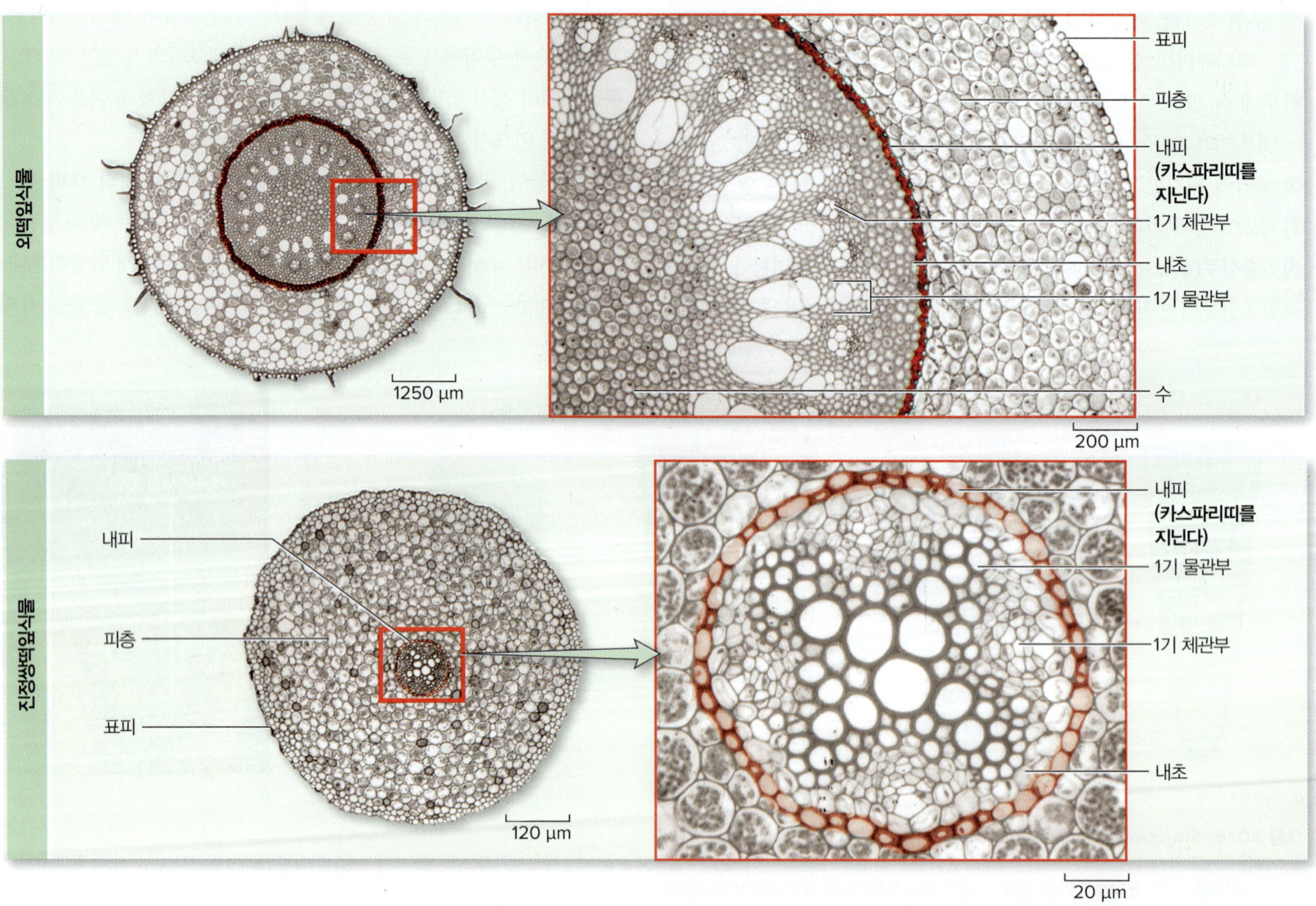

성숙대

신장대에서 신장한 세포는 **성숙대**(zone of maturation)에서 특정한 세포 형태로 분화된다(**그림 30.17**; **그림 30.14** 참조). 뿌리 표면의 원통형 세포는 성숙하여 **표피세포**(epidermal cell)로 되는데, 이 세포는 각피가 매우 얇으며 뿌리털이 있거나 또는 없는 세포를 포함한다. 비록 이 발달 단계에 이르기까지 뿌리털은 보이지 않지만, *WER* 유전자의 발현양상에서 본 것처럼 이들의 운명은 초기에 이미 결정되어 있다(**그림 30.15** 참조).

한 식물체당 뿌리털은 수십억 개이며, 뿌리 표면에서 뿌리털의 표면적은 37,000 cm^3 이상이다. 이들은 표면적을 증가시키고 따라서 뿌리의 흡수능력을 증가시킨다. 콩과식물에서 대기 중의 질소를 사용할 수 있는 형태로 고정시키는 공생세균은 뿌리털을 통해 식물체로 들어가서 식물체가 그 주변에 질소고정 뿌리혹을 만들도록 지시한다(32장 참조).

표피 바로 안쪽에는 기본분열조직에 의해 유조직세포가 생성된다. **피층**(cortex)이라 불리는 이 조직은 넓게 많은 세포층으로 되어 있고 양분 저장의 역할을 한다. 앞서 설명한 바와 같이 피층의 안쪽 경계는 *SCR*에 의해 조절되는 비대칭 세포분열을 한 후 한 층의 원통형인 **내피**(endodermis)로 분화한다(**그림 30.17**; **그림 30.16** 참조). 내피의 1차벽은 물에 대해 불투과성의 지방산 물질인 **수베린**(suberin)으로 침적되어 있다. 수베린은 띠 모양으로 생성되는데, 이를 **카스파리띠**(Casparian strips)라 하며, 이 띠는 뿌리 표면과 수직인 개개의 인접 내피세포벽을 감싸고 있다(**그림 30.17**). 이 띠는 세포 간의 물질 이동을 차단한다. 뿌리 표면과 평행인 두 표면만이 뿌리의 관다발조직으로 가는 길이 되고, 원형질막이 물질의 통과 여부를 결정한다. *scr* 돌연변이체는 방수인 카스파리띠가 나타나지 않는다.

내피 안쪽의 모든 조직을 집합적으로 **중심주**(stele)라 부른다. 내피 바로 안쪽의 인접하고 있는 세포는 **내초**(pericycle)라는 원통형의 유세포들로 이루어져 있다. 내초세포는 성숙된 후에도 분열하는데 곁뿌리(또는 곁가지)를 만들거나 진정쌍떡잎식물에서는 두 측생분열조직인 관다발형성층 및 코르크형성층을 만든다.

1기 물관부의 물 수송세포는 어린 진정쌍떡잎식물 뿌리의 중심에서 단단한 핵심부로 분화한다. 진정쌍떡잎식물 뿌리의 횡단면을 보면 1기 물관부의 중심 핵심부는 종종 내초를 향해 뻗어 있는 2개 또는 여러 개의 팔을 지닌 별 모양이다(**그림 30.17**). 외떡잎식물의 뿌리에서 1기 물관부는 비연속적인 관다발조직이 고리 모양으로 배열되어 있는데 이 고리는 **수**(pith)라고 부르는 뿌리 중앙의 유조직세포를 둘러싸고 있다(**그림 30.17**). 1기 체관부는 양분 수송을 담당하는 세포로 구성되어 있는데, 진정쌍떡잎식물 및 외떡잎식물 둘 다에서 물관부에 인접한 별개의 세포군으로 분화된다.

진정쌍떡잎식물과 2차 생장을 하는 식물에서 체관부와 물관부 사이에 있는 유조직세포와 내초 일부는 뿌리의 관다발형성층이 되는데, 이는 안쪽에 2기 물관부, 바깥쪽에 2기 체관부를 생산해 결국 2차 조직은 동심원의 원통형 모양을 지니게 된다. 2차 조직이 계속 추가되면서 1기 체관부, 피층 그리고 표피는 붕괴되어 벗겨진다.

목본식물의 내초에서 코르크형성층은 바깥의 수피(bark)를 만드는 데 기여하는데, 이에 관한 상세한 내용은 줄기에서 다룰 것이다. 진정쌍떡잎식물 뿌리의 2차 생장에서 중심주 바깥의 모든 것은 없어

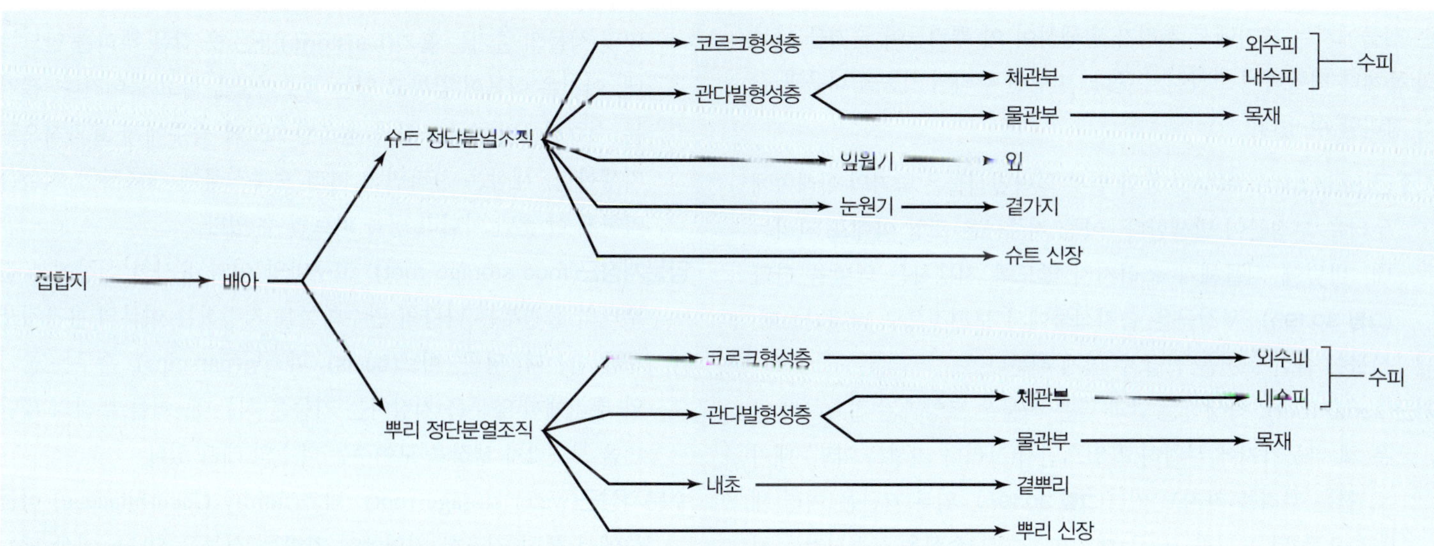

그림 30.18 식물조직의 분화 단계.

그림 30.19 5가지 유형의 변형된 뿌리.
a. 옥수수의 지주근은 줄기에서 발달하며 식물체를 위로 곧게 서 있도록 한다. *b.* 기생난은 열대 토양 위의 나무에 부착한다. 뿌리는 토양보다는 대기에서 수분을 흡수하도록 적응되었다. *c.* 호흡근은 땅속의 뿌리로부터 돌출한 해면체 모양을 하고 있다. *d.* 무게가 25 kg 이상 되는 수분 저장뿌리. *e.* 열대 무화과나무의 판근.

a.

b.

지고 주피로 대체된다. **그림 30.18**은 식물조직에 일어나는 분화과정을 요약한 것이다.

변형된 뿌리는 특수한 기능을 수행한다

대부분의 식물은 작은 곁뿌리들을 지닌 하나의 커다란 뿌리가 특징인 직근계(taproot system)나 비슷한 굵기의 많은 작은 뿌리들로 이루어진 수근계(fibrous root system)를 생성한다. 그러나 일부 식물은 고정과 흡수 이외의 기능을 지닌 흥미로운 뿌리의 변형을 지닌다.

모든 뿌리가 기존의 뿌리로부터 발생하지는 않는데, 줄기를 따라 생긴 뿌리나 뿌리 이외에 조직으로부터 발생하는 뿌리를 **부정근**(adventitious root)이라 부른다. 그 실례로 담쟁이덩굴과 같은 덩굴손 식물에서는 줄기에서 뿌리가 발생하여 이 뿌리들이 줄기를 나무의 몸체나 벽돌벽에 고착시켜 준다. 변형된 뿌리의 기능을 다음과 같이 정리할 수 있다.

지주근(prop root): 옥수수 등의 일부 외떡잎식물은 줄기의 아래쪽에 두터운 부정근이 발생한다. 이들 지주근은 토양 아래로 자라는데, 바람에 식물체가 쓰러지지 않도록 지탱하는 역할을 한다(**그림 30.19***a*). 부정근은 습지식물에서 보편적으로 나타나는데, 식물이 습한 조건을 견딜 수 있게 해준다.

기근(aerial root): 착생하는 난과 같은 식물은 토양과는 접촉하지 않은 채 나뭇가지에 부착하고 있으면서(그러나 기생은 아닌) 대기로 뻗은 뿌리를 가지고 있다(**그림 30.19***b*). 일부 기근은 여러 세포층으로 된 표피를 가지는데, 이는 수분 손실을 감소시키는 적응이다. 바닐라난(*Vanilla planifolia*)과 같은 식물에서 이러한 기근은 녹색이며 광합성을 한다.

호흡근(pneumatophore): 늪이나 습한 지역에 서식하는 일부 식물은 물속에 있는 뿌리에서 **호흡근**이라 부르는 스펀지 형태의 돌출물을 만든다(**그림 30.19***c*). 호흡근은 보통 수면 위 수십 cm로 약간 자라는데, 이는 아래에 있는 뿌리가 쉽게 산소를 흡수하도록 한다.

수축근(contractile root): 백합과 민들레와 같은 식물의 구근에서 나온 뿌리는 나선형으로 수축하여 식물체를 해마다 조금씩 땅속으로 당겨서 비교적 안정된 온도 지역에 도달하도록 한다. 세포가 두꺼워지고 압축됨으로써 나선형으로 수축하여 원래 길이의 약 1/3까지 줄어든다.

기생근(parasitic root): 새삼(*Cuscuta sp.*)과 같이 엽록소가 결핍된 몇몇 식물의 줄기는 **흡기**(haustoria)라는 못 같은 뿌리를 만드는데, 이것은 이들이 감싸고 있는 숙주식물을 파고 들어간다. 흡기는 숙주식물의 수송조직과 접촉함으로써 숙주에게 효과적으로 기생한다. 새삼은 자라면서 여러 숙주식물에 접촉하여 이들을 약하게 할 뿐만 아니라 병을 퍼트릴 수 있다.

양분저장근(food storage root): 고구마와 이와 유사한 식물에서 곁뿌리의 물관부는 다량의 탄수화물을 저장하는 여분의 유조직세포를 만든다. 당근, 비트(beets), 파스닙(parsnips), 순무는 줄기와 뿌리에서 양분을 저장하는 기능을 하는데, 이들 뿌리의 횡단면을 보면 2차 생장을 보여주는 다수의 테가 있다.

수분저장근(water storage root): 박과(family Cucurbitaceae) 식물 중에서 특히 건조한 지역에서 자라는 식물은 50 kg 이상 되는 수분 저장뿌리를 만든다(**그림 30.19***d*).

c. *d.* *e.*

판근(buttress root): 무화과와 다수 열대 나무들은 동체의 기부에 거대한 판근을 만드는데 이는 식물에게 상당한 안정성을 부여한다(**그림 30.19***e*).

핵심 요약 30.3

뿌리골무는 뿌리의 정단분열조직을 보호하고 중력 감지를 도와준다. 세포분열대에서 새로운 세포가 생성되고, 신장대에서 세포가 길게 자란다. 세포는 성숙대에서 분화하고 뿌리털은 이곳에서 나타난다. 변형된 뿌리는 식물로 하여금 지지, 통기, 양분과 물의 저장을 포함하여 다양한 추가적인 기능을 갖게 한다.

- 뿌리털 형성이 감소되는 돌연변이 대립형질은 어떠한 환경에서 지속 가능할까?

30.4 줄기: 지상부의 지지

학습 목표

1. 곁눈이 식물 형태에 어떠한 기여를 하는지 설명할 수 있다.
2. 외떡잎식물의 줄기와 진정쌍떡잎식물의 줄기의 차이를 설명할 수 있다.
3. 변형된 줄기의 3가지 기능을 설명할 수 있다.

관다발식물의 슈트계를 지탱해 주는 구조는 지하부 뿌리계로부터 대기로 높게 뻗은 커다란 줄기다. 중력을 거슬러 위로 자라는 뻣뻣한 줄기는 식물이 오래 전에 육상생태계로 옮겨져 적응한 결과이다.

줄기는 잎과 꽃을 달고 식물체의 무게를 지탱한다

뿌리와 마찬가지로 줄기는 3가지 유형의 조직을 가지고 있다. 줄기는 또한 정단 및 측생분열조직에서 세포분열을 통해 생장한다. 줄기는 축으로써 이로부터 다른 줄기나 기관이 자란다고 생각할 수 있다. 슈트 정단분열조직은 새로운 줄기와 기관을 생성할 수 있다.

줄기의 외부 구조

슈트의 정단분열조직은 줄기조직을 만들고 잎, 다른 줄기, 또는 꽃으로 발달할 수 있는 원기(primordia)를 생성한다(**그림 30.20**). 잎은

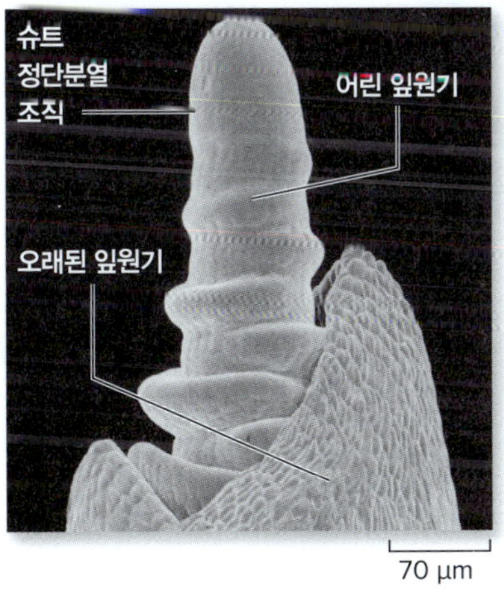

그림 30.20 슈트 정단. 밀(*Triticum*) 정단분열조직의 주사전자현미경 사진.

그림 30.21 잎의 배열 유형.
가장 널리 분포하는 3종류의 잎 배열은 호생, 대생, 윤생이다.

줄기 둘레로 나선형으로 배열하거나 서로 쌍으로 마주보거나(대생, opposite), 혹은 교대로(호생, alternate)으로 발생하거나 또는 3개 이상의 잎들이 둥글게(윤생, whorl) 발생하기도 한다(**그림 30.21**). 나선형 배열이 가장 보편적인 유형이며, 이유는 아직 잘 모르지만 순차적으로 발생하는 잎은 137.5°로 떨어져 위치한다. 이 각도는 자연계에서 발견되는 수학적인 비율인 황금비율과 관계 있다. 이 각도는 달팽이 껍질이 감기는 각도와 동일하다. 황금비율은 고대 건축물(그리스 파르테논 신전 벽의 치수)과 현대미술(예, 몬드리안의 회화)에서도 이용되고 있다. 식물에서 **잎차례**(엽서, phyllotaxy)라 부르는 잎의 이러한 배열 양상은 태양에 대한 잎의 노출을 최적화한다.

줄기에 잎이 붙어 있는 지점을 **마디**(node)라 하며, 두 마디 사이의 부위를 **마디사이**(internode)라고 한다. 잎은 일반적으로 납작한 잎새(엽신)와 잎자루(엽병)로 구성되어 있다. 잎자루와 줄기 사이의 각도를 **잎겨드랑이**(엽액, axil)라고 한다. **곁눈**(측아, axillary bud)은 잎겨드랑이마다 생기는데 이는 1기 슈트 분열조직의 산물이고, 그 자체가 슈트 정단분열조직이다. 곁눈은 보통 잎을 지닌 가지로 발달하고 꽃을 형성하기도 한다.

외떡잎식물과 초본성 진정쌍떡잎식물은 모두 코르크형성층을 만들지 못한다. 이들 식물의 줄기는 대개 녹색으로 엽록체를 지닌 피층의 바깥쪽 세포에서 광합성을 한다. 초본식물의 줄기는 기공을 갖고 있으며 세포모를 지닌다.

목본 줄기는 여러 해 동안 생존할 수 있으며 더 이상 부착되지 못하는 눈이나 잎의 흔적을 포함한 뚜렷한 표식을 보여준다(**그림 30.22**). 끝눈(정아, terminal bud)은 보통 생장 기간 동안 슈트계의 길이를 신장시킨다. 제라늄과 같은 일부 식물의 눈에는 보호층이 없지만 대부분의 목본의 눈은 보호 역할을 하는 동아린(winter bud scale)을 가져서, 눈이 신장할 때 떨어지는 것과 마찬가지로 이 아린이 떨어지면 작은 아린흔(bud scale scar)을 남긴다.

일부 작은 가지에는 작은 흔적들이 존재하는데 이들의 유래는 다르다. **턱잎**(탁엽, stipule)이라고 하는 한 쌍의 나비 모양의 돌기물이 일부 잎의 기부에 발달한다. 턱잎은 떨어지면 턱잎흔을 남기게 되며,

그림 30.22 목본의 잔가지.
a. 여름철. *b.* 겨울철.

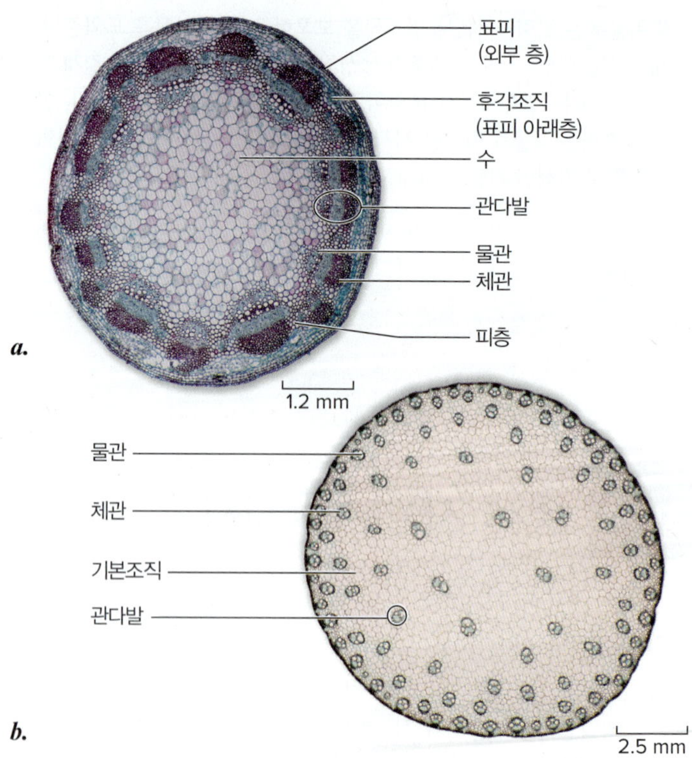

그림 30.23 줄기.
어린 줄기의 횡단면. *a.* 관다발이 줄기의 바깥쪽에 둥글게 배열된 진정쌍떡잎식물인 해바라기(*Helianthus annuus*). *b.* 산재된 관다발 배열이 특징인 외떡잎식물인 옥수수(*Zea mays*).

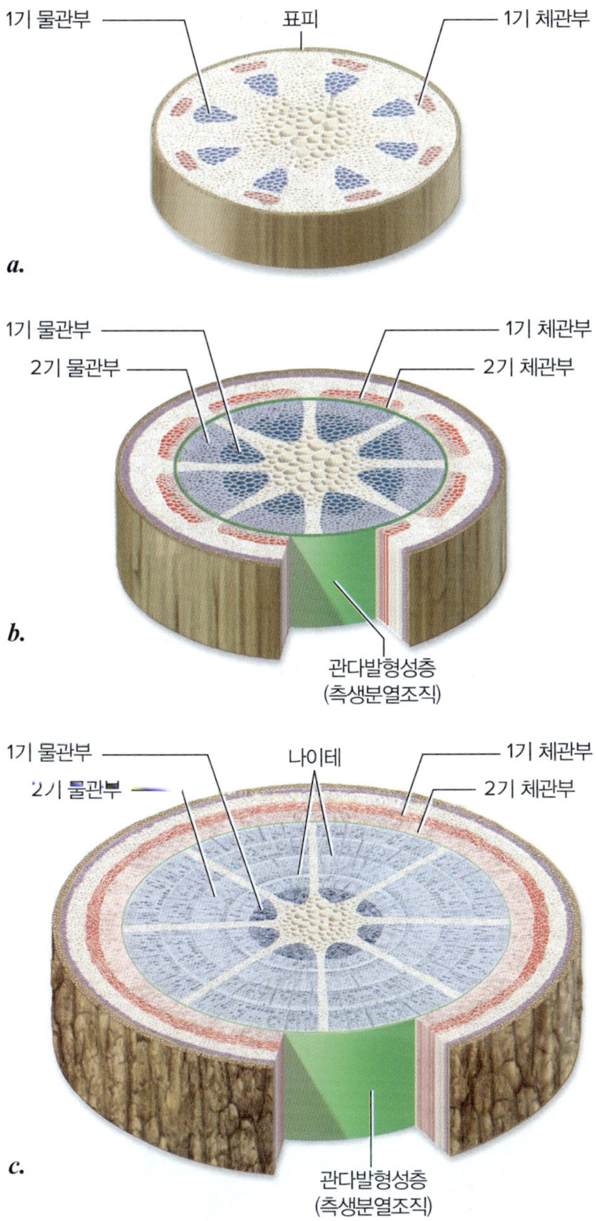

그림 30.24 2기 생장.
a. 진정쌍떡잎식물에서 2기 생장이 시작되기 전에 1기 조직은 정단분열조직이 1기 생장을 하면서 계속 신장한다. *b.* 2기 생장이 시작되면서 관다발형성층이 2기 조직을 만들고 줄기의 직경이 증가한다. *c.* 이 4년생 줄기에서 2기 조직은 계속 넓어지고 몸체는 두꺼워지며 복잡화된다. 주목할 점은 관다발형성층은 원통형을 형성하는데 이 원통형은 뿌리와 줄기에서 주축(위아래)으로 이어진다.

가을에 낙엽성 목본 잎이 떨어질 때 작은 관속흔(bundle scar)을 지닌 엽흔(leaf scar)을 남기는데, 이는 이것에서 관다발이 연결되었었다고 알려주는 표식이다. 엽흔은 형태나 크기, 그 외의 특성이 매우 독특하기 때문에 잎이 없는 겨울철에 이들 낙엽성 식물들을 동정하는 데 충분히 이용될 수 있다(**그림 30.22**).

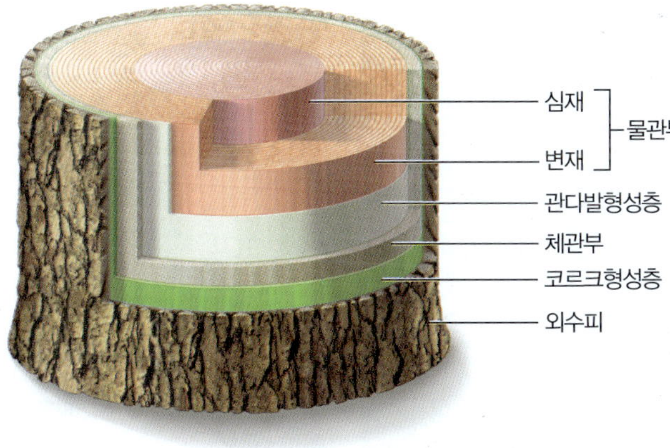

그림 30.25 나무 그루터기.
관다발형성층은 원형의 물관부(변재와 수송기능이 없는 심재)와 체관부를 형성하고 코르크형성층은 코르크층을 형성한다.

줄기의 내부 구조

외떡잎식물과 진정쌍떡잎식물의 주 차이점은 관다발조직의 체제이다(**그림 30.23**). 대부분의 외떡잎식물의 관다발은 기본조직계 전체에 산재되어 있는 반면, 진정쌍떡잎식물의 관다발은 링(ring)으로 되어 있으며 내부의 기본조직(**수**, pith)과 외부의 기본조직(**피층**, cortex)을 가진다. 관다발의 배열은 줄기가 2기 생장을 할 수 있는지의 여부와 직결된다. 진정쌍떡잎식물에서 관다발형성층은 1기 물관부와 1기 체관부 사이에 발달하는데(**그림 30.24**), 많은 경우에 있어서, 각 점들을 이어나가는 놀이처럼 관다발형성층이 링 모양의 1기 관다발에 연결된다. 외떡잎식물에서는 1기 관다발조직이 서로 연결되지 않으므로 둘레가 일정하게 증가하지 않는다. 따라서 관다발형성층이 없는 외떡잎식물에서는 2기 생장을 하지 못한다.

나무 그루터기의 나이테는 매년 관다발형성층의 생장 양상을 보여주는데, 생장조건에 따라 세포의 크기가 다르다(**그림 30.25**). 풍부

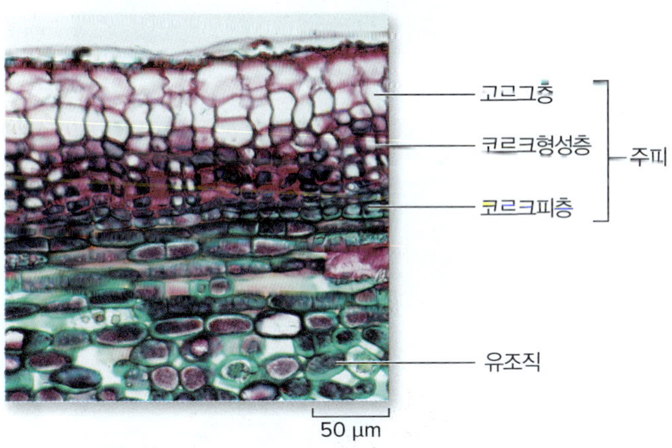

그림 30.26 주피의 박편.
미루나무(*Populus* sp.) 주피의 발달 초기단계.

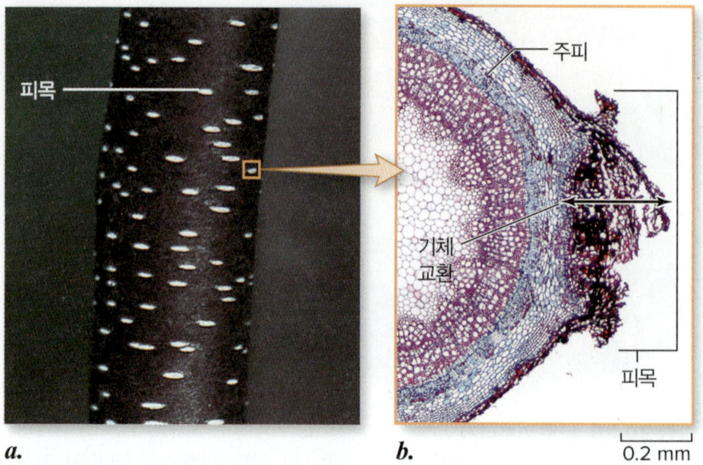

그림 30.27 피목.
a. 사진에서 보는 것처럼 체리(*Prunus cerasifera*) 수피 위에 있는 옅은 회색의 작고 부푼 부위인 피목을 통해 외부대기와 생체조직 간의 기체 교환이 이루어진다. *b.* 엘더베리(*Sambucus canadensis*) 줄기 피목의 횡단면.

한 강우량 등 좋은 환경에서는 큰 세포가 형성되지만 환경이 좋지 않은 해에는 작은 세포의 나이테가 형성된다. 목본 진정쌍떡잎식물과 겉씨식물에서 두 번째 형성층인 코르크형성층은 바깥쪽 피층(때로는 표피나 체관부)에서 생겨나서, 바깥쪽으로 상자 형태의 코르크세포를 만들고 안쪽으로 유조직 같은 코르크피층을 만든다(**그림 30.26**).

코르크형성층(cork cambium), 코르크층(cork) 그리고 코르크피층(phelloderm)을 합쳐 **주피**(periderm)라 부른다(**그림 30.26**). 코르크조직은 형성 후에 얼마 안 가서 방수성인 수베린이 침적되고, 이후 죽으면 **외수피**(outer bark)를 형성한다. 코르크조직에 의해 물과 양분의 이동이 차단된 표피는 죽어 탈락된다. 어린 줄기에서는 줄기조직과 대기 간의 기체 교환은 기공을 통해 일어나지만, 코르크형성층이 코르크층을 형성함에 따라 기공 밑에 비목전화된 세포군(unsuberized cells)들이 형성된다. 이러한 비목전화된 세포를 통해 기체 교환이 계속되는데, 이를 **피목**(lenticel)이라고 한다(**그림 30.27**).

변형된 줄기는 영양번식과 양분저장을 한다

대부분의 줄기는 곧게 자라지만 일부는 영양생장 등의 특수한 기능을 위해 줄기가 변형된다. 실제로 널리 퍼진 인공적인 식물의 영양번식법은 상업적으로든 개인적으로든 변형된 줄기를 절편으로 잘라 심어서 새로운 식물이 생겨나게 하는 것이다. 변형된 줄기라 해도 각 줄기는 마디에 잎을 지니며, 마디사이가 있고, 엽액에는 곁눈 등이 있지만 뿌리에는 잎, 마디, 곁눈 등이 없다는 사실을 명심하자.

인경(비늘줄기): 양파, 백합, 튤립 등은 둥근 땅속 줄기를 지니는데, 이는 실제로 커다란 눈(bud)들이고, 그 기부에는 부정근이 있다

그림 30.28 변형된 줄기의 유형.
a. 인경. *b.* 지하경. *c.* 포복경. *d.* 괴경. *e.* 덩굴손. *f.* 엽상경.

(**그림 30.28**a). 대부분의 인경(bulbs)은 작은 혹같은 줄기에 붙어 있는 두툼한 잎으로 구성되어 있다. 대부분의 인경에서 다음해 잎이 슈트 정단의 끝에서 나오고, 이들은 이전 해의 저장엽에 의해 보호된다.

구경: 크로커스, 글라디올러스와 대중적인 정원식물은 인경과 외견상 비슷한 구경(corms)을 생성한다. 그러나 구경을 반으로 자르면 두툼한 잎을 볼 수 없다. 그 대신 거의 모든 구경은 바깥에 종이처럼 생긴 기능을 하지 않는 갈색 잎을 몇 장 지닌 줄기로 구성되며, 이 아래에는 부정근이 달려 있다.

지하경: 다년생 초본류, 양치류, 독일붓꽃 등의 식물은 지하경(rhizomes)을 지니는데, 이들은 전형적으로 땅속에서 수평으로 자라는 줄기이며, 종종 토양 표면과 가까이 있다(**그림 30.28**b). 각 마디는 곁눈이 있는 뚜렷하지 않은 비늘 같은 잎을 가진다. 훨씬 큰 광합성 잎은 지하경의 끝에 달린다. 부정근은 지하경의 전체 길이에 걸쳐서 밑부분에 생긴다.

포복경: 딸기류 식물은 긴 마디사이를 지닌 수평 줄기를 만드는데, 지하경과는 달리 땅 표면으로 자란다. 한 식물에서 여러 개의 포복경들이 뻗는다(**그림 30.28**c). 일부 생물학자들은 포복경(runner)의 동의어로 기는줄기(stolon)란 용어를 사용하고, 다른 이들은 감자에서 보는 것과 같이 땅속에서 자라는 긴 마디사이(뿌리가 아닌) 줄기에 대해서 기는줄기란 용어를 고집한다. 그러나 감자 자체는 변형된 줄기의 또 다른 유형인 괴경(tuber)이다.

괴경: 감자식물에서 탄수화물은 지하경의 끝에 축적되는데, 이 부위가 부풀어 괴경(tubers)이 되고 괴경이 성숙한 후에는 지하경은 죽는다(**그림 30.28**d). 감자의 "눈(eye)"은 비늘 같은 잎의 엽액에서 생성되는 곁눈이다. 이들 잎은 감자가 형성되기 시작할 때 존재하지만 곧 떨어진다. 성숙한 감자의 각 "눈"에 인접하여 있는 매우 작은 융기는 엽흔이다.

작물인 감자는 감자꽃에서 생산된 씨앗이 아니라 "씨감자(seed potato)"로 영양번식한다. 감자는 괴경을 몇 조각으로 잘라서 만드는데, 각 조각은 적어도 1개의 눈을 지녀야 한다. 이 조각을 심으면 자라서 새로운 감자 식물이 된다.

덩굴손: 포도와 양담쟁이 같은 많은 덩굴성 식물은 지지대를 감아서 기어오르는데 도움이 되는 덩굴손(tendrils)이라 알려신 변형된 줄기를 만든다(**그림 30.28**e). 완두나 호박 같은 일부 다른 덩굴손은 실제로 변형된 잎이나 작은 잎(leaflet)이다.

엽상경: 선인장과 일부 식물들은 잎과 유사한 엽상경(cladophylls)이라는 광합성을 하는 납작한 줄기를 지닌다(**그림 30.28**f). 선인장에서 진짜 잎은 가시로 변형되었다(30.5절 참조)

핵심 요약 30.4

슈트는 정단분열조직과 측생분열조직으로부터 자란다. 곁눈은 가지, 꽃, 잎 등으로 발달한다. 외떡잎식물에서 관다발조직은 줄기의 기본조직 내에 고르게 분포하고, 진정쌍떡잎식물에서 관다발조직은 링 모양으로 배열되어 링의 안과 밖에는 기본조직이 있다. 일부 식물은 지지, 영양생식, 양분저장 등을 위해 변형된 줄기를 만든다.

- 만약 초식동물이 슈트의 끝부분을 먹었다면 이 식물체는 어떻게 꽃을 피워서 생식을 할 수 있는지를 설명해 보자.

30.5 잎: 광합성 기관

학습 목표

1. 잎의 구조와 광합성에서의 기능을 연결할 수 있다.
2. 잎의 구조가 어떻게 기체 교환과 수분 손실에 영향을 미치는지를 설명할 수 있다.

잎(leaf)은 정단분열조직에 의해 원기로 발생하는데(**그림 30.20** 참조) 알다시피 생명에 매우 중요하다. 잎은 육상에서 광합성을 수행하는 주된 장소로서 먹이사슬(food chain)에서 기저부를 제공하며, 세포확장과 세포분열에 의해 커진다. 인간의 팔과 다리처럼 잎은 결정된 구조인데, 이 뜻은 성숙기에는 생장을 멈춘다는 의미이다. 잎이 식물에게 매우 중요하기 때문에 잎의 배열, 형태, 크기 그리고 내부 구조 등의 특성은 큰 의미가 있고, 식물 간에 많이 다를 수 있다. 환경에 적응하기 위해 잎은 서로 다른 형태로 발달한다.

잎은 슈트 정단분열조직이 신상한 것이다. 잎이 처음 원기로 출현하였을 때 이들이 잎이 될 것으로 예정된 것은 아니라는 실험결과가 보고되었다. 양치류와 콜레우스(coleus) 식물체로부터 분리한 매우 어린 잎원기를 배양하였을 때 잎이 아닌 슈트를 형성하였다. 이는 이들 잎원기 세포가 잎 발생 경로에 들어가기 전에 원기가 먼저 자리를 잡고 최초 세포분열이 일어나기 때문에 나타나는 현상으로 여겨진다.

잎의 외부 구조는 관다발의 형태를 반영한다

잎은 형태적으로 서로 다른 2가지로 구분되는데, 이는 진화적인 기원의 차이를 반영하는 것이다. **소엽**(microphyll)은 줄기의 관다발

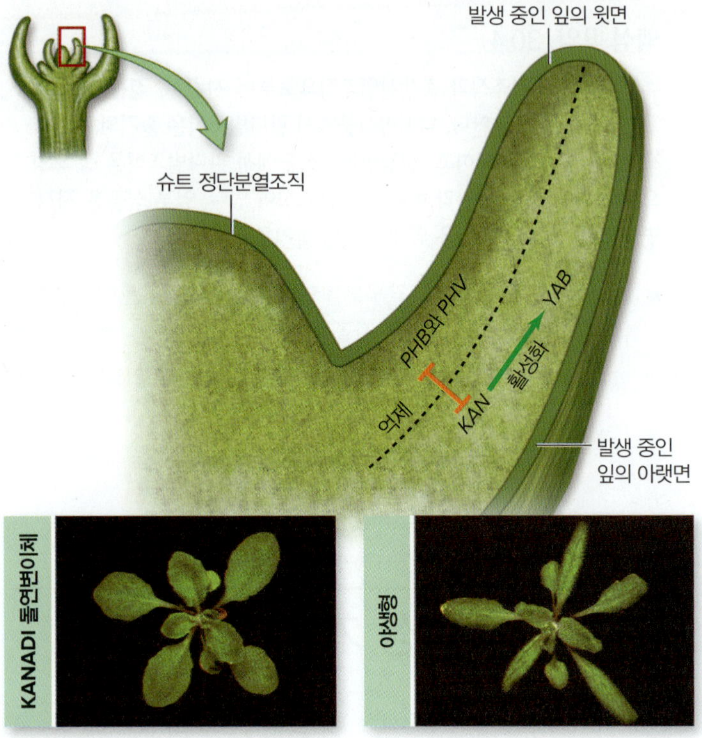

그림 30.29 잎의 위와 아래의 확립.
a. *PHABULOSA*(*PHB*), *PHAVOLUTA*(*PHV*), *KANADI*(*KAN*) 그리고 *YABBY*(*YAB*) 등 여러 유전자들이 편평한 애기장대 잎의 윗면과 아랫면을 뚜렷하게 구분하게 해준다. *PHB*과 *PHV RNA*는 윗면 세포에 제한되어 있고, *KAN*과 *YAB RNA*는 잎의 아랫면 세포에서 발현된다. *PHB*와 *KAN*은 각각 잎의 서로 다른 부위에서 발현되도록 제한하는 길항관계를 지닌다. *KAN*은 *YABBY*의 발현을 유도하여 잎의 아래 부분 발달을 유도한다. *KAN*이 없으면 잎의 양면은 윗면처럼 발달한다.

에서부터 갈라진 하나의 잎맥을 가진 잎인데, 잎맥은 잎의 전체 길이로 뻗어 있지 않다. 소엽은 대부분 작고, 주로 석송문(phylum Lycophyta) 식물들과 관련이 있다(24장 참조). 대부분의 식물은 잎맥이 여러 개인 **대엽**(megaphyll)을 가지고 있다.

대부분의 진정쌍떡잎식물의 잎은 납작한 **잎새**(엽신, blade)와 가느다란 **잎자루**(엽병, petiole)를 지닌다. 잎새가 납작한 것은 방사대칭(radial symmetry)에서 등배대칭(dorsal-ventral symmetry)으로의 전환을 반영한 것이다. 잎이 편평해짐으로써 광합성 면적이 증가한다. 식물학자들은 뚜렷한 등배성이 결핍된 돌연변이체를 분석하여 이러한 전환이 어떻게 일어났는지에 대해 이해하기 시작했다(**그림 30.29**).

잎은 한 쌍의 **턱잎**(탁엽, stipule)을 갖고 있는데 이는 잎자루의 기부가 신장한 것이다. 턱잎은 잎 모양과 유사하거나 가시(아카시나무, *Robinia pseudo-acacia*)나 분비샘(자엽나무, *Prunus cerasifera*)과 같이 변형된 형태도 있고, 크기도 매우 다양하여 현미경으로 볼 수 있는 것부터 잎새의 절반에 이르는 것도 있다.

잎맥(엽맥, veins, 잎에서 관다발을 지칭하는 용어)은 물관부와 체

a. *b.*

그림 30.30 진정쌍떡잎식물과 외떡잎식물의 잎.
a. 스리랑카에서 유래한 진정쌍떡잎식물인 잎맥리카제비꽃의 잎은 망상형 잎맥을 갖고 있다. *b.* 캐비지야자나무와 같은 외떡잎식물의 잎은 평행맥을 지닌다. 진정쌍떡잎식물의 잎은 화학약품으로 탈색한 후 적색염료로 염색하여 잎맥이 더욱 뚜렷하게 관찰된다.

관부로 구성되며 잎새 전체에 분포한다. 주맥은 대부분의 외떡잎식물에서는 평행맥이지만, 진정쌍떡잎식물의 잎맥은 복잡하게 그물 모양으로 얽혀 있다(**그림 30.30**).

잎새는 형태가 매우 다양하게 나타나는데 타원형으로부터 깊숙이 갈라져서 서로 분리된 작은 잎으로 보이는 것도 있다. 라일락, 자작나무 등의 **단엽**(simple leaf, **그림 30.31***a*)은 잎새가 갈라지지 않지만 거치(teeth), 톱니를 지니고, 단풍나무나 참나무류의 잎처럼 다양한 크기의 열편을 지닌다.

서양물푸레나무, 네군도단풍, 호두나무 등의 **복엽**(compound leaf)은 잎새가 **작은 잎**(leaflet)으로 나누어져 있다(**그림 30.31***b*). 단

a. *b.*

그림 30.31 단엽과 복엽.
a. 로브르참나무(*Quercus robur*)의 단엽은 가장자리가 깊게 갈라져 있다. *b.* 흑호두나무(*Juglans nigra*)의 날개 모양의 복엽. 복엽은 잎자루가 줄기에 붙어 있는 지점에 있는 하나의 곁눈으로부터 발생한다.

과학적 사고

가설: 유전자 *UNIFOLIATA(UNI)*는 완두의 복엽 발달에 필요하다.
예측: 야생형 완두의 잎원기 발달 과정에서 *UNI* 유전자가 발현되나, *uni* 돌연변이체는 유전자를 발현시키지 못한다.

실험: 야생형과 돌연변이 완두 슈트의 얇은 절편을 잘라 슬라이드에 올려놓는다. *UNI* RNA에만 결합하는 색으로 표지된 단일 가닥 DNA 탐침을 이용하여 *UNI* RNA의 존재 여부를 확인한다. 현미경으로 표지된 절편을 관찰한다.

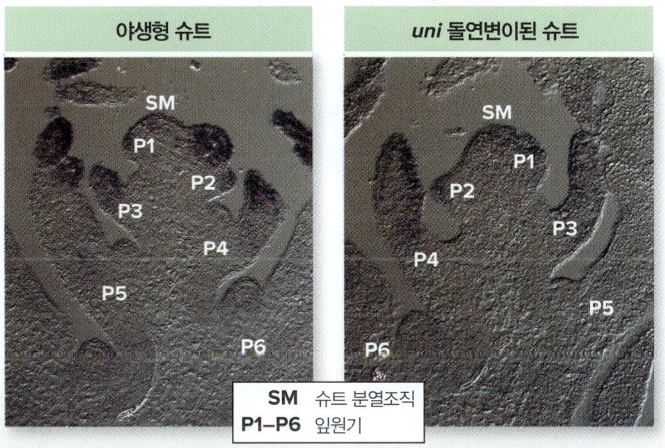

결과: *UNI* RNA가 야생형과 돌연변이체 둘 다에서 보였는데, 돌연변이체의 RNA 발현 수준은 야생형보다 낮았다.
결론: 돌연변이체의 *uni* 유전자는 야생형 유전자보다 낮은 수준으로 전사되므로 예측이 틀렸다고 결론을 내린다.
추가 실험: *uni* 유전자가 발현되지만, 복엽은 발생하지 않았다. 가설을 재설정하고 이 가설을 검정하기 위한 실험을 설계한다.

그림 30.32 잎 발달의 유전적 조절.

엽과 복엽의 발생 관계에 대해서는 아직 밝혀지지 않았는데, (1) 복엽은 고도로 갈라진 단엽이거나, (2) 복엽은 슈트 발생 프로그램을 이용하고, 각각의 작은 잎도 한때는 잎이었다는 2가지 설명이 논쟁 중이다. 이러한 의문을 풀기 위해서 연구자들은 복엽이 단엽으로 변환되는 단일돌연변이를 사용하고 있다(**그림 30.32**).

잎의 내부 구조는 기체 교환과 증산작용을 조절한다

잎의 전 표면은 투명한 표피로 덮혀 있으며, 대부분의 표피세포는 엽록체가 없다. 표피에는 밀납질의 각피층(cuticle layer)이 있고, 서로 다른 형태의 분비샘과 세포모들이 분포해 있다(30.2절 참조). 또한 대부분 잎의 하표피(가끔은 상표피)에는 좁은 틈(slit) 또는 입 모양의 많은 기공들이 분포하며, 이들은 공변세포로 둘러싸여 있다(**그림 30.33**).

상표피와 하표피 사이의 조직을 **엽육조직**(mesophyll)이라고 한다. 엽육조직에는 다양한 크기의 잎맥이 퍼져 있다.

대부분의 진정쌍떡잎식물 잎에는 2가지 뚜렷한 유형의 엽육조직이 있다. 상표피에 인접한 엽육조직은 촘촘히 쌓인 맥주통 또는 원통형의 엽록조직(chlorenchyma, 엽록체를 지닌 유조직) 세포들이 한 층 또는 여러(대개는 2개) 층으로 배열된 책상엽육조직(palisade mesophyll)으로 구성되어 있다(**그림 30.34**). 유칼립투스속 종을 포함한 일부 식물들은 수평으로 신장하기보다는 아래로 늘어진 잎을 가지고 있는데, 이들은 잎의 양면에 책상엽육조직을 지니고 있다.

거의 모든 진정쌍떡잎식물 잎은 하표피와 책상엽육조직 사이의 전 조직에 걸쳐 공극이 퍼져 있고 드문드문 분포한 해면엽육조직(spongy mesophyll)을 가지고 있다. 기공을 따라 서로 연결된 세포간극(intercellular space)은 기체 교환과 잎에서 수증기의 이동의 작용을 한다.

외떡잎식물 잎의 엽육조직은 종종 책상조직과 해면조직층으로 분화가 일어나지 않은 경우도 있고, 상표피와 하표피의 구분도 거의 없다. 대신 관다발을 감싸고 있는 세포가 뚜렷이 구별되며, 여기에서 이산화탄소 고정이 일어난다. 이러한 해부학적 차이는 종종 변형된 광합성경로인 **C_4 광합성**(C_4 photosynthesis)과 관련되어서, 이 경로는 산소에 대한 이산화탄소의 양을 최대로 하여 광호흡을 통한 에너지 손실을 감소시킨다(7장 참조). 잎의 해부학은 수분 소실, 기체 교환, 광합성 산물의 다른 기관으로의 이동 등에 대하여 균형을 맞추려는 요구와 직접적으로 관련이 있다.

변형된 잎은 매우 다양한 기능을 하는 기관이다

식물은 사막, 호수, 열대우림 등 매우 다양한 환경에서 모여살기

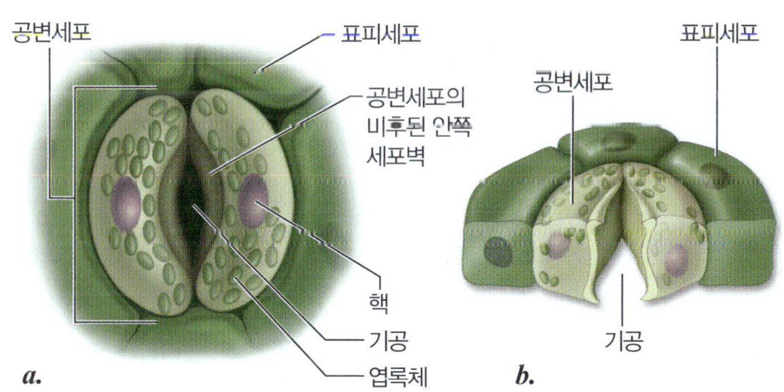

그림 30.33 기공.
a. 표면. b. 횡단면.

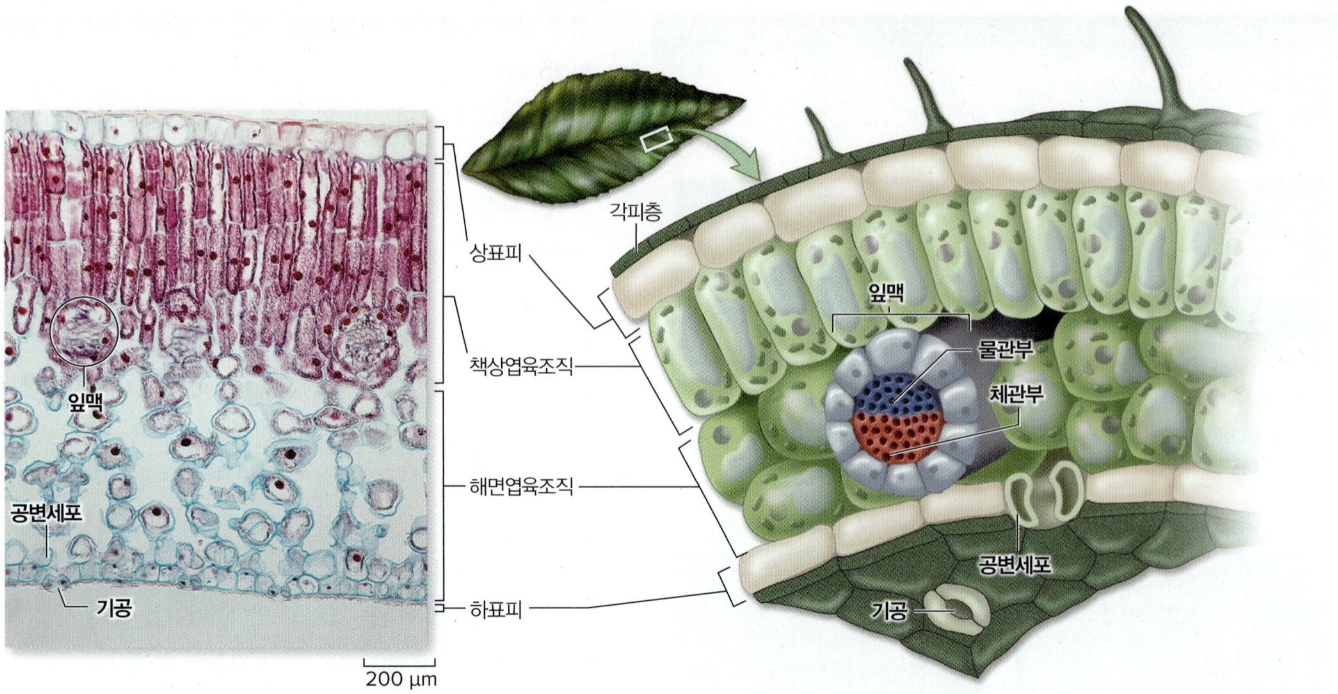

그림 30.34 진정쌍떡잎식물의 횡단면.
책상엽육조직과 해면엽육조직, 관다발 또는 잎맥의 배열과 기공을 감싼 한 쌍의 공변세포를 지닌 표피를 보여주는 진정쌍떡잎식물 잎의 횡단면.

때문에 독특한 서식지에 적응하기 위한 식물기관의 변형이 이루어진다. 특히 잎은 놀랄 만한 적응으로 진화되어 왔는데, 이들 변형된 잎들의 유형은 다음과 같다.

포엽: 포인세티아와 층층나무는 비교적 뚜렷하지 않고 작은 황록색의 꽃을 지닌다. 그러나 두 식물은 **포엽**(floral leaf, bract; 대개 포인세티아에서는 적색, 층층나무에서는 흰색 또는 분홍)이라 부르는 큰 변형된 잎을 지닌다. 이러한 포엽은 진정한 꽃을 둘러싸고 있으며 눈에 잘 띄는 꽃잎과 같은 기능을 한다. 그러나 다른 식물에서 포엽은 눈에 띄지 않을 정도로 아주 작다.

엽침: 많은 선인장과 다른 식물의 잎은 **엽침**(spines)으로 변형되어 있다(**그림 30.28***f* 참조), 선인장의 날카로운 엽침은 포식자를 저지할 수 있다. 엽침의 가시와 아카시나무의 변형된 가지의 일종인 **경침**(thorns), 그리고 표피 또는 표피 바로 밑의 피층이 밖으로 돌출 생장한 라즈베리의 피침(prickles)과는 혼동하지 말아야 한다.

생식엽: 칼란코에(kalanchoë) 같은 일부 식물은 잎 가장자리를 따라 작지만 완전한 소식물체(plantlets)를 만든다(생식엽, reproductive leaf). 각 소식물체는 잎에서 분리되면 독립적으로 완전한 크기의 식물체로 성장할 수 있다. 걷는 고사리(*Asplenium rhizophyllum*)는 엽상체 끝에 새로운 소식물체를 생성한다. 비록 많은 종에서 분리한 잎 조직으로부터 완전한 식물체를 재생할 수 있지만, 이러한 생체내(in vivo) 재생은 소수의 식물 종에서만 발견된다.

창문엽: 건조한 지역에서 자라는 몇몇 식물 속(genera)은 다즙의 비후된 원추형 모양이며, 끝부분이 투명한 잎을 지닌다(창문엽, window leaf). 잎들은 종종 바람에 의해 밀려온 모래에 묻히는데, 두꺼운 표피와 각피를 지닌 투명한 끝을 통해 속이 빈 내부로 빛이 전달된다. 이러한 전략으로 땅 표면 아래에서 광합성이 일어난다.

음엽: 빛이 잘 들지 않는 음지에서 만들어진 잎(음엽, shadow leaf)은 같은 나무에서 직접 광을 받은 잎보다는 표면적이 크고 얇으며 엽육조직이 적다. 이렇게 식물이 발달 과정에서 보여주는 가소성은 매우 놀랄 만한 일로 환경 신호가 잎의 발달에 크게 영향을 준다고 할 수 있다.

포충엽: 개화식물 중 약 200종이 곤충을 포획하는 잎을 가지고 있는데, 일부 식물 잎은 곤충의 연약한 부분을 소화한다. 포충엽(insectivorous leaf)을 가진 식물은 종종 특정 원소가 부족하거나 식물이 직접 이용하기 어려운 형태로 원소가 존재하는 산성의 늪지대에서 서식하는데, 이러한 환경은 식물이 생장과 번식을 하는 데 필요한 대사과정이 억제된다. 그러나 식물은 동물계로부터 영양분을 보충 흡수함으로써 이러한 요구가 충족된다.

낭상엽 식물(pitcher plant, 실례로 사라세니아속, 코브라백합

속, 벌레잡이통풀속)은 빗물이 모일 수 있는 원추형의 잎을 가지고 있다. 잎의 안쪽에는 아래로 향한 연약하지만 뻣뻣한 털이 잎 둘레로 배열되어 있다. 이러한 잎에 떨어진 곤충은 밖으로 탈출하는 것이 어려우며 결국에는 익사하게 된다. 박테리아나 식물의 소화효소가 곤충을 분해하면 잎은 배출된 영양분을 흡수한다. 끈끈이주걱속(*Drosera*) 같은 식물은 곤충을 잡는 끈끈한 점액을 분비하는 샘(gland)을 가지고 있고 곤충은 소화효소에 의해 분해된다.

파리지옥풀(*Dionaea muscipula*)은 주맥에 경첩같이 보이는 잎을 만든다. 만일 움직이는 곤충이 잎새의 미세한 털을 자극하면 잎의 양 반쪽이 마주보며 닫혀 버리고, 식물의 소화효소가 잡힌 곤충의 연약한 부분을 영양분으로 분해하고, 이는 잎 표면을 통해 흡수된다. 보통 질소가 가장 요구되는 성분이다. 신기하게도 파리지옥풀은 질소가 풍부한 환경에서는 살아남을 수 없는데, 이는 파리지옥풀이 정밀한 진화과정에서 곤충을 잡고 분해하는 능력을 획득한 대가로 다른 생화학적 특성을 잃어버린 것으로 판단된다.

핵심 요약 30.5

잎은 다양한 형태로 나타난다. 단엽은 분리되지 않지만, 복엽은 많은 분리된 작은 잎을 지닌다. 외떡잎식물은 전형적으로 평형맥을, 진정쌍떡잎식물은 그물맥의 잎을 지닌다. 엽육세포는 광합성을 수행한다. 외떡잎식물의 엽육조직은 구분되어 있지 않지만, 진정쌍떡잎식물에서는 책상엽육조직과 해면엽육조직으로 분리되어 있다. 잎은 생식, 방어, 수분 보전, 양분 섭취, 심지어 곤충의 포획을 위해 변형되기도 한다.

- 광합성과 관련하여 외떡잎식물과 진정쌍떡잎식물의 잎의 구조를 대조해 보자.

핵심 개념 요약

30.1 식물의 구조: 개요

■ 관다발식물은 뿌리와 줄기를 지닌다

근계는 기본적으로 땅속에 있으며, 뿌리는 식물을 고착하며, 물과 무기물을 흡수한다. 슈트계는 땅 위에 있으며, 잎과 꽃을 지탱한다(**그림 30.1**).

■ 뿌리와 슈트는 세 유형의 조직으로 구성된다

조직의 3가지 유형은 표피조직, 기본조직, 그리고 관다발조직이다.

■ 새로운 생장은 분열조직에서 일어난다

분열조직 세포는 미분화된 세포로서 무한으로 분열할 수 있고 다양한 유형의 분화된 세포를 만들 수 있다(**그림 30.3**). 정단분열조직은 줄기의 정단부와 뿌리의 끝 부근에 위치한다. 측생분열조직은 2기 생장을 하는 식물에서 발견되며, 줄기나 뿌리의 지름을 크게 한다.

30.2 식물의 조직

■ 표피조직은 환경과 접하는 보호층을 형성한다

표피조직은 1차적으로 표피이고, 표피는 대개 한 층의 세포 두께이며, 수분 소실을 저지하도록 지방산이나 밀납으로 된 각피로 덮혀 있다. 표피의 공변세포는 기공을 통한 물의 소실을 제어하고 세포모는 초식동물과 수분 소실로부터 식물을 보호한다. 뿌리털은 뿌리의 흡수면적을 증가시키는 데 도움이 되는 표피세포의 구조물이다.

■ 기본조직의 세포는 저장, 광합성, 지지 등의 다양한 기능을 한다

기본조직은 주로 유조직세포로 구성되며, 이 세포는 저장, 광합성, 분비의 기능을 한다. 후각조직세포는 유연한 지지, 후벽조직세포는 견고한 지지 기능을 한다.

■ 관다발조직은 식물체 전체에 물과 양분을 운반한다

물관부 조직은 헛물관과 물관요소라 불리는 죽은 세포를 통해 물을 수송한다. 물관은 헛물관으로부터 진화되었으며, 지름이 더 커서 더 많은 물을 더욱 빨리 수송한다.

체관부 조직은 체관요소와 체세포라 불리는 살아 있는 세포를 통해 용해된 수크로스 같은 탄수화물을 수송한다. 이들 세포는 핵이 없어서 일부 대사과정을 이웃하는 세포에 의존한다.

30.3 뿌리: 고착과 흡수

뿌리는 슈트 이후에 진화되었고 육상생활에서의 주요 발명품이란 것을 염두에 두어야 한다.

■ 뿌리는 지하부로의 생장 및 물과 용질을 흡수할 수 있도록 적응되었다

발달하는 뿌리는 4구역으로 구분된다. (1) 뿌리골무는 뿌리를 보호한다. (2) 세포분열대는 정단분열조직을 지닌다. (3) 신장대는 토양 속에 뿌리를 신장시킨다. (4) 성숙대의 세포는 분화가 되어 있다(**그림 30.14**). 성숙대는 관다발 중심주가 중앙에 있고, 내초가 이를 감싸는 방사체제를 지니는데, 내초는 곁뿌리와 관다발형성층을 생성할 수 있다. 내피는 내초와 기본조직 사이에 있는데, 관다발 중심주로의 이입을 제어한다. 뿌리 표면의 표피는 기본조직으로 들어가는 것을 조절한다.

■ 변형된 뿌리는 특수한 기능을 수행한다

대부분의 식물은 작은 곁뿌리들을 지닌 하나의 커다란 뿌리를 형성하는 직근계나 비슷한 굵기의 많은 작은 뿌리들로 이루어진 수근계를 생성한다. 부정근은 지지, 안정성, 산소 획득, 물과 양분 저장, 숙주식물에 기생 등을 하기 위해 변형되기도 한다.

30.4 줄기: 지상부의 지지

■ 줄기는 잎과 꽃을 달고 식물체의 무게를 지탱한다

잎은 줄기의 마디에 붙어 있다. 엽액은 줄기와 잎 사이의 부위이며, 곁눈은 진정쌍떡잎식물의 엽액에서 발생한다.

외떡잎식물 줄기의 관다발은 무작위적으로 흩어져 있는 반면, 진정쌍떡잎식물에서는 관다발이 환상으로 배열되어 있다.

관다발형성층은 안쪽의 물관부와 바깥쪽의 체관부 사이에서 발달하는데 2기 생장을 하도록 한다(**그림 30.24**).

■ 변형된 줄기는 영양번식과 양분저장을 한다

인경, 구경, 지하경, 포복경, 괴경, 덩굴손 그리고 엽상경 등은 변형된 줄기의 예이다. 감자 괴경은 식량의 공급원인 동시에 새로운 식물체를 번식시키는 수단이다.

30.5 잎: 광합성 기관

잎은 광합성을 수행하는 주된 부위이다. 잎의 배열, 형태, 크기, 내부 구조와 같은 잎의 특징은 환경에 의해 엄청나게 변할 수 있다.

■ 잎의 외부 구조는 관다발의 형태를 반영한다

관다발은 외떡잎식물에서는 평행하나 진정쌍떡잎식물에서는 분지된 그물망을 형성한다. 대부분의 진정쌍떡잎식물의 잎은 납작한 잎새와 가느다란 잎자루로 구성되지만, 외떡잎식물에서는 대부분 잎자루가 없다.

잎새는 단엽이거나 복엽(작은 잎으로 갈라짐)이다.

■ 잎의 내부 구조는 기체 교환과 증산작용을 조절한다

잎의 조직은 공변세포를 지닌 표피, 관다발조직, 그리고 광합성이 일어나는 엽육조직을 포함한다.

수평 방향으로 배치된 진정쌍떡잎식물의 잎에서 엽육조직은 상표면 가까이에 책상조직세포, 하표면 근처에는 해면조직 세포로 구분되어 있다.

외떡잎식물 잎의 엽육조직은 종종 구분되어 있지 않다.

■ 변형된 잎은 매우 다양한 기능을 하는 기관이다

잎은 형태가 매우 다양하고, 많은 상이한 기능을 하기 위해 적응되었다. 잎은 생식, 방어, 저장, 무기물 흡수, 심지어 곤충으로부터 질소를 얻기 위한 곤충 포집 등을 위해 변형되었다.

연습문제

■ 1단계: 이해력 확인하기

1. 다음 중 성숙기에 살아 있는 원형질체가 없는 세포는 무엇인가?

   a. 유조직 b. 동반세포
   c. 후각조직 d. 후벽조직

2. 떡갈나무에서 양분의 이동통로가 되는 세포는 무엇인가?

   a. 헛물관 b. 물관
   c. 동반세포 d. 체관요소

3. 뿌리털은 다음 중 어느 부위에서 생성되는가?

   a. 세포분열대 b. 신장대
   c. 성숙대 d. a, b, c 중 2개 이상

4. 줄기에는 있지만 뿌리에는 없는 것은 무엇인가?

   a. 물관요소 b. 마디
   c. 표피 d. 기본조직

5. 분열조직 세포의 설명 중 옳지 않은 것은 무엇인가?

   a. 분열 중의 분열조직 세포 중 하나는 분열조직으로 남고, 다른 하나는 분화를 한다.
   b. 분열조직 세포는 보호를 위해 2차 세포벽을 지닌다.
   c. 엽원기는 슈트 정단분열조직을 보호한다.
   d. 뿌리 정단분열조직은 뿌리골무로 보호를 받는다.

6. 진정쌍떡잎식물과는 달리 외떡잎식물의 줄기에서 없는 것은 무엇인가?

   a. 관다발 b. 유조직
   c. 수(pith) d. 표피

7. 다음 중 공변세포의 기능은 무엇인가?

   a. 이산화탄소의 흡수
   b. 곤충과 초식동물의 퇴치
   c. 잎 조직의 지지
   d. 물의 흡수

8. 책상유조직과 해면유조직은 전형적으로 어느 식물의 엽육에서 발견되는가?

   a. 외떡잎식물
   b. 진정쌍떡잎식물
   c. 외떡잎식물과 진정쌍떡잎식물
   d. 외떡잎, 진정쌍떡잎 모두 아님

9. 관다발식물에서 뿌리와 줄기 체제의 차이점은 무엇인가?

   a. 근계는 2차 생장을 할 수 없다.
   b. 근계는 2차 생장을 하지만 수피를 만들지 않는다.
   c. 근계는 뚜렷한 세포 신장대를 갖고 있으나 슈트계는 그렇지 않다.
   d. 근계는 양분을 저장할 수 있으나 줄기는 그렇지 못하다.

10. 관다발식물의 줄기에 대한 설명 중 옳지 않은 것은 무엇인가?

   a. 줄기는 마디와 마디 사이를 포함하는 반복되는 단편으로 구성되어 있다.
   b. 1기 생장은 슈트 정단분열조직에서만 일어난다.
   c. 관다발조직은 줄기의 외부 쪽으로 배열되거나 또는 줄기 전체에 흩어져 있다.
   d. 줄기가 기공을 가질 수 있다.

11. 다음 중 식물세포의 유형과 그 기능이 잘못 연결된 것은 무엇인가?

   a. 물관부-무기물 양분 이동
   b. 체관부-수피의 일부분 차지
   c. 세포모-증산을 감소시킴
   d. 후각조직-광합성 수행

■ 2단계: 적용력 평가하기

1. 15년 전 당신의 부모님은 정원에서 자라는 큰 나무의 낮은 가지에 그네를 매달았다. 오늘 밖으로 나가서 그네에 앉았더니 그네의 높이가 15년 전 처음 앉았던 때의 그네 높이와 같았다. 나무가 자람에도 불구하고 땅에서부터 그네의 높이가 높아지지 않은 이유는 무엇인가?

   a. 나무의 몸체는 2기 생장을 할 수 없다.
   b. 나무의 몸체는 식물체의 1기 생장계의 일부이나 그 부위에서는 더 이상의 신장이 일어나지 않는다.
   c. 나무는 정단분열조직이 없어서 더 이상 키가 크지 않는다.
   d. 나무가 자라면서 그네가 높아지지 않는 것은 불가능하기 때문에 착각한 것이다.

2. 식물의 독특한 특성은 무한생장이다. 무한생장이 가능한 이유에 대한 설명 중 맞는 것은 무엇인가?

   a. 1기 생장을 하기 위한 분열조직 세포 부위가 식물체의 전체에 있기 때문이다.
   b. 모든 종류의 세포들이 종종 분열소시을 만든다
   c. 분열조직 세포가 지속적으로 스스로를 대체한다.
   d. 모든 세포가 무한 분열을 한다.

3. 식물 뿌리의 내초를 표피층에 이식하면 뿌리의 생장에 어떠한 영향을 미치겠는가?

   a. 뿌리의 성숙대에서 2기 생장이 일어나지 않는다.
   b. 뿌리의 정단분열조직이 표피조직 대신 관다발조직을 만든다.
   c. 내초는 정상적으로 뿌리의 표피층 가까이에 위치하기 때문에 아무런 변화가 없다.
   d. 곁뿌리가 뿌리 바깥지역에서 자라고 이는 관다발과 연결되지 않는다.

4. 최근 많은 채소들이 수경재배로 자라기 때문에 뿌리가 주로 용액 속에 있다. 다음의 뿌리 구조 중 더 이상 수경재배에서 이점이 없는 부위는 무엇인가?

   a. 표피
   b. 물관부
   c. 뿌리골무
   d. 수피

5. 감자의 껍질을 벗길 때 대부분 제거되는 조직은 무엇인가?

   a. 표피조직
   b. 관다발조직
   c. 기본조직
   d. a, b 둘 다 맞다.
   e. a, b, c 모두 맞다.

6. 떡갈나무의 나이는 ____________에 의해 형성된 ____________인 나이테의 수를 세면 알 수 있다.

   a. 정단분열조직; 1기 물관부
   b. 관다발형성층; 2기 체관부
   c. 코르크 형성층; 표피조직
   d. 관다발형성층; 2기 물관부

7. 뿌리골무와 곁뿌리가 지닌 서로 비슷한 측면은 무엇인가?

   a. 둘 다 근계의 흡수면적을 증가시킨다.
   b. 둘 다 대개 수명이 길다.
   c. 둘 다 다세포이다.
   d. b, c 둘 다 맞다.

8. 다음 중 식물의 기관이 형성되는 기작은 무엇인가?

   a. 분열조직의 세포분열
   b. 조직에서 세포가 적절한 위치로 이동
   c. 전구세포(precursor cell)의 염색체 제거
   d. a, b 둘 다 맞다.

9. 떡갈나무에서 중심부로부터 가장자리로 갈 때 존재하는 세포 유형의 순서로 맞는 것은 무엇인가?

   a. 수, 2기 물관부, 1기 물관부, 관다발형성층, 1기 체관부, 2기 체관부, 코르크형성층, 코르크층
   b. 수, 1기 물관부, 2기 물관부, 관다발형성층, 2기 체관부, 1기 체관부, 코르크형성층, 코르크층
   c. 수, 1기 물관부, 2기 물관부, 관다발형성층, 2기 체관부, 1기 체관부, 코르크층, 코르크형성층
   d. 수, 1기 체관부, 2기 체관부, 관다발형성층, 2기 물관부, 1기 물관부, 코르크형성층, 코르크층

10. 여러분은 최근 산의 경치가 멋진 집을 샀지만 이웃이 시야를 가리는 나무를 심었다. 직접 나무를 제거하지는 않고 여러 마리의 호저를 훈련시켜 어두워질 때 이들이 정원에 들어가서 은밀하게 행동하도록 하였다.

나무를 효과적으로 죽이기 위해 호저를 훈련시킬 때 어느 부위를 완전히 제거하도록 해야 하는가?

a. 관다발형성층 b. 코르크층
c. 코르크형성층 d. 1기 체관부

■3단계: 사고력 함양하기

1. 평소에 보지 못했던 채소를 받았을 때 외부 특징과 현미경을 통해 횡단면을 관찰하여 그것이 뿌리인지 혹은 줄기인지 어떻게 구별할 수 있는가?
2. 습기가 많은 토양에서 수확한 감자의 괴경에 간혹 많은 피목(lenticel)들이 발견된다. 이 피목의 환경에 대한 적응력은 무엇인가?
3. 식물의 기관은 많은 변화를 통해 환경의 변화에 적응한다. 상상력을 동원하여 변형된 뿌리, 줄기 또는 잎을 설계해 보고 이 변형된 기관이 왜 최적의 선택이었는지 예를 들어 설명하시오.
4. 물관세포가 분화되지 않은 옥수수 돌연변이체를 발견하였다. 이 돌연변이가 식물체의 기능에 미치는 영향에 대해 설명하시오.
5. 지구상의 인류가 증가함에 따라 이들을 먹여 살릴 식량 생산을 위한 노력이 절대적으로 요구된다. 이를 위해 완전한 맞춤작물을 육성할 경우, 이 식물이 지니게 되는 특성은 무엇이겠는가?

31

식물의 수송

도입

육상식물은 2가지 중요한 도전에 직면한다. 물과 양분의 균형을 유지하는 것과 위로 생장하는 데 있어서 몸체를 충분히 구조적으로 지탱을 해주는 것이다. 관다발계는 물, 무기물, 유기분자 등을 식물체 전체, 때로는 장거리로 운반한다. 관다발조직의 2기 생장이 교목들을 높게 자라게 하는 반면, 초본식물들에서는 물의 균형이 이들을 위로 뻗게 한다. 이번 장에서는 물, 무기물, 유기분자들이 키가 작거나 큰 식물의 슈트와 뿌리 사이에서 어떻게 이동하는지를 설명한다.

31.1 수송 기작

학습 목표

1. 수분퍼텐셜에 근거하여 물의 이동 방향을 예측한다.
2. 세포의 수분퍼텐셜을 계산한다.

교목에서 물은 뿌리에서부터 10층 높이의 나무 꼭대기까지 어떻게 올라갈까? 식물은 근육조직이 없어서 순환계를 통해 수액을 퍼올릴 수가 없다. 그럼에도 불구하고 물은 세포의 원형질체 사이의 세포간극을 통해, 원형질연락사(세포간 통로)를 통해, 식물체 전체에 뻗어있는 상호연결된 통수요소를 통해 이동한다(**그림 31.1**). 물은 처음에 뿌리로 들어가서 식물체의 가장 안쪽에 있는 관다발조직인 물관부로 이동한다. 물은 여러 요인의 조합에 의해서 물관부를 통해 위로 올라가고, 대부분은 잎의 기공을 통해 나간다(**그림 31.2**).

국지적 변화가 장거리 물실 수송을 야기한다

물 분자와 용해된 무기염류의 가장 긴 장거리 여행은 물관부에서 일어난다. 물은 뿌리 세포의 세포막을 가로질러 중심주의 물관부 내로 이동한다. 예를 들어 미국삼나무의 경우, 일단 물이 물관부 내로 들어가면 물은 위로 100 m나 올라갈 수 있다(**그림 31.2**). 이 힘의 대부분은 **증산작용**(transpiration, 기공에서의 물의 증발)에 의한 장력이다. 이 장력은 물 분자끼리 서로 붙으려는 경향(응집)과 물 분자가 헛물관이나 물관의 벽에 붙기(부착) 때문에 생겨난다. 이 결과, 위로 뻗는 기다란, 안정된 물기둥이 생긴다.

장거리 수송은 체관부에서도 일어나는데 이 내용은 31.6절에서 다룬다. 물관부 수송과는 달리 체관부 수송은 양방향이다(**그림 31.2**).

삼투압은 아쿠아포린에 의해 증가된다

만약 물속에 하나의 식물세포가 놓여 있다면 세포 내의 용질 농도는 외부 용액의 용질 농도보다 높아서, 물은 **삼투**(osmosis)에 의해 세포 내로 들어간다(4장 참조). 그러나 막을 가로지른 삼투 속도는 제한적이다.

오랫동안 과학자들은 물이 삼투압으로 예측한 속도보다 더 빨리 이동되는 것을 알고 고민해왔다. 오늘날 우리는 물의 세포 내외로의 이동 속도가 4장에서 처음 배운 아쿠아포린(aquaporin)이라는 막의 수분 통로에 의해 빨라진다는 것을 알고 있다(**그림 31.3**). 이 수송통로는 식물과 동물에 모두 있다. 식물에서 아쿠아포린은 액포막과 원형질막에 모두 존재하여 막을 가로지른 대량 수송을 가능하게 한다.

애기장대에서는 적어도 30여 종의 상이한 유전자가 아쿠아포린 유사 단백질을 암호화한다. 아쿠아포린은 물의 이동 속도를 빨리할 뿐 이동 방향은 바꾸지 않는다. 이들은 세포 내 수분 균형을 유지하고 물관부로 물을 이동시키는 데 중요하다.

수분퍼텐셜과 삼투압 기울기는 식물에서 국지적인 이동이나 장거리 이동을 이해하는 데 기본이 된다. 다음으로는 식물의 조직과 기관 내 혹은 이들 간의 수송을 알아본다.

수분퍼텐셜은 식물체를 통해 물의 이동을 조절한다

식물학자들은 식물체 내 물의 행동에 관한 힘을 설명하는 데 퍼텐셜이란 용어를 쓴다. **퍼텐셜**(potential)은 자유에너지(일을 할 수 있는 능력)를 표현하는 한 가지 방법이다. **수분퍼텐셜**(water potential)은 그리스어 대문자 Ψ(psi, 싸이)와 아래 첨자 W로 약술(Ψ_w)하며, 물이 흐르는 방향을 예측하는 데 사용된다. 중요한 점은 물이 높은 수분퍼텐셜을 지닌 세포나 용액에서 낮은 수분퍼텐셜을 지닌 세포나 용액으로 이동한다는 것을 기억하는 것이다. 수분퍼텐셜은 **메가파스칼**(megapascal, MPa)이라 부르는 압력 단위로 측정된다. 부엌이나 욕실의 수도꼭지가 최대로 틀어져 있는 경우 수분퍼텐셜은 0.2~0.3 MPa(30~45 psi)이 된다.

수분퍼텐셜과 세포의 팽압

주변의 용액보다 더욱 낮은 Ψ_w을 지닌 세포로 물이 들어올 때, 식물세포벽은 세포의 팽창을 제한한다. 세포는 삼투현상에 의해 물이 세포 안으로 들어옴에 따라 팽창되어 세포벽을 압박하여 세포의 팽압(tugor pressure)이 증가하기 때문에 세포는 부풀게 된다. 반대로, 세포를 매우 높은 농도의 수크로스액에 넣어 둔다면 세포로부터 물이 빠져나와 팽압은 떨어진다. 세포가 쭈그러지며 세포막이 세포벽으로부터 떨어지게 되는데, 이런 현상을 **원형질분리**(plasmolysis)라 부르며, 세포가 너무 많은 물을 잃어버리면 이 세포는 죽는다. 세포의 부피가 조금만 변해도 팽압에는 큰 변화가 생기며, 팽압이 0(zero)

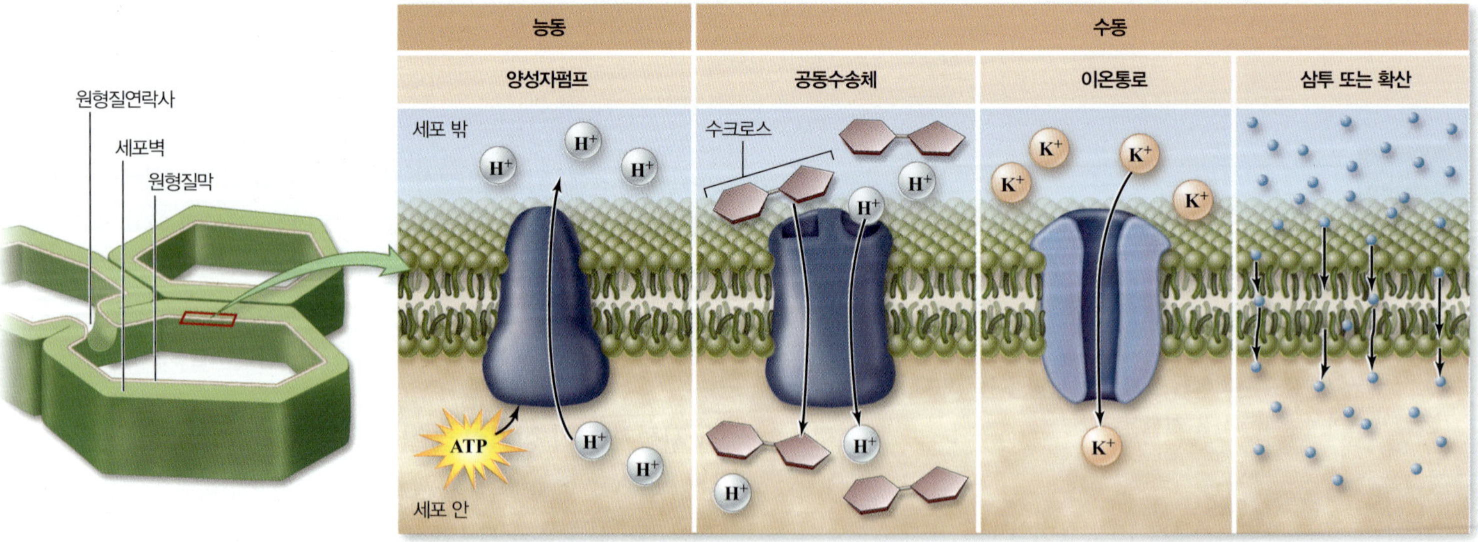

그림 31.1 세포간 수송.
물, 무기물, 유기분자는 막을 횡단하여 확산되거나 막결합 수송단백질에 의해 수동적 또는 능동적으로 수송되기도 하고, 원형질연락사를 통해 이동하기도 한다. 막 수송에 관한 자세한 내용은 4장을 참조한다.

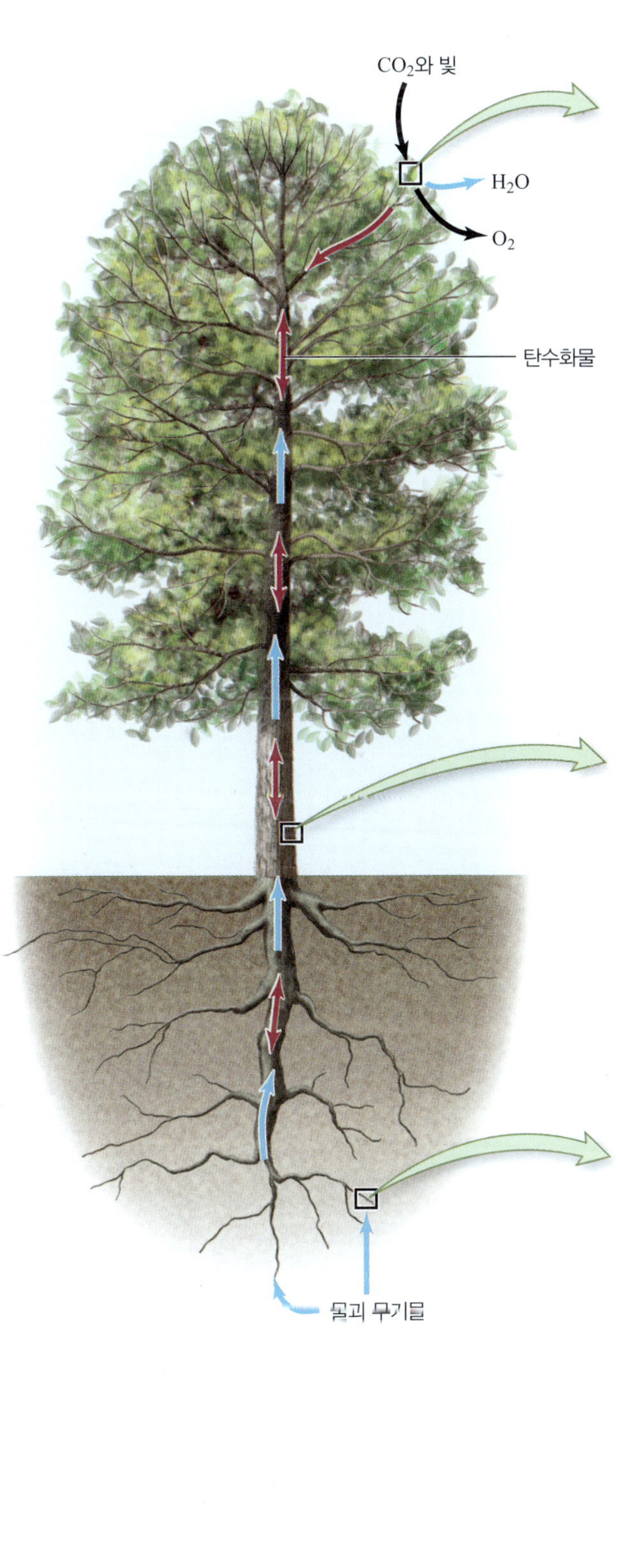

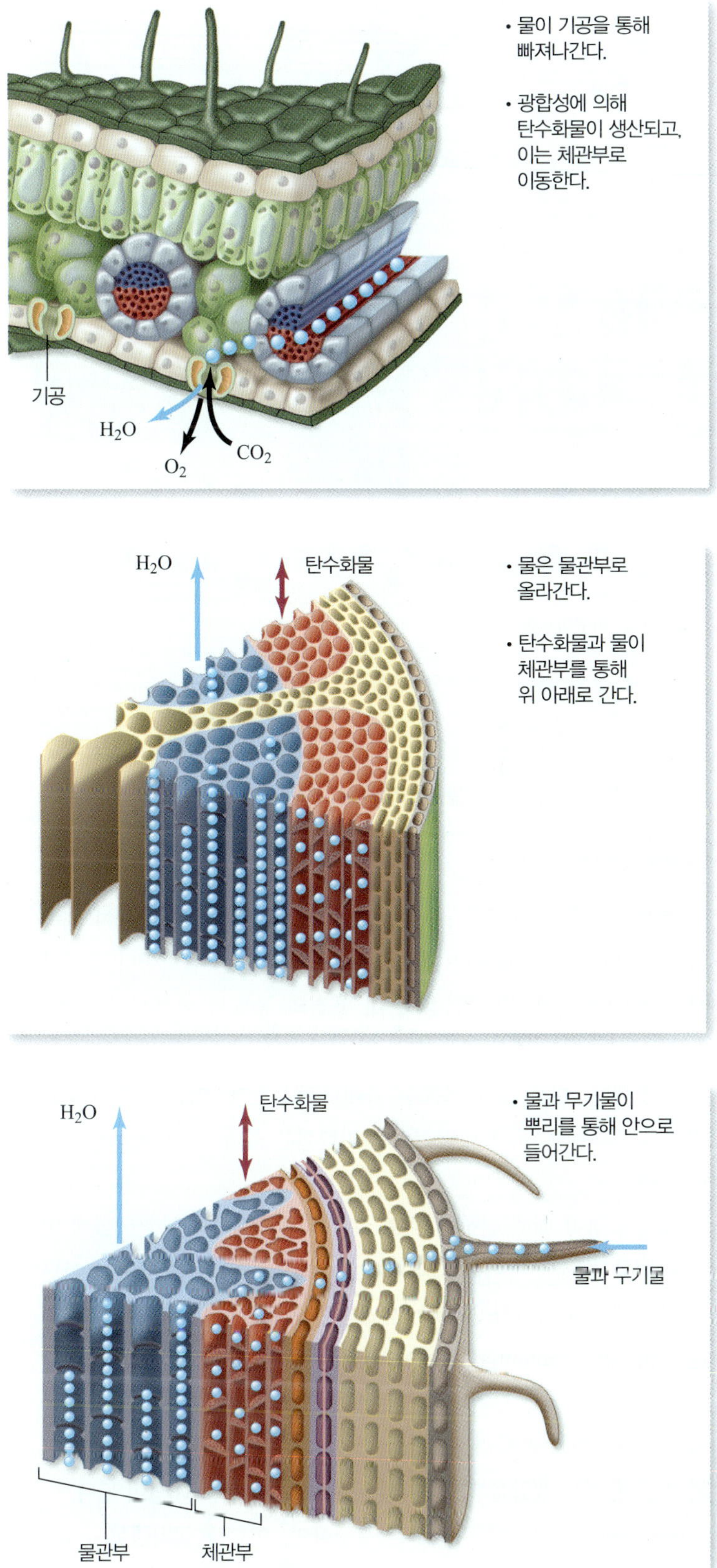

그림 31.2 식물체에서 물과 무기물의 이동은 한쪽 방향인데 반해, 탄수화물은 양방향으로 이동한다.

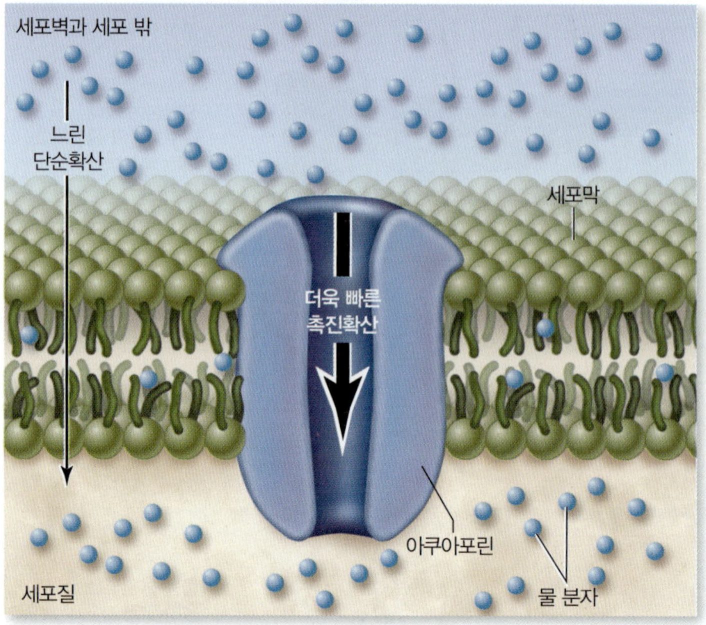

그림 31.3 아쿠아포린.
아쿠아포린은 원형질막에 있는 물-선택적 통로로서 막을 가로질러 물을 촉진확산하므로 삼투 속도를 높인다. 그러나 이들은 물의 이동 방향을 바꾸진 않는다.

으로 떨어지면 식물은 시들게 된다.

수분퍼텐셜의 계산

팽압의 변화는 세포와 주변 용액의 수분퍼텐셜을 계산하여 예측할 수 있다. 수분퍼텐셜은 (1) 식물세포벽이 받는 압력이나 중력과 같은 물리적 힘과 (2) 각 용액 내 용질의 농도로 이루어진다(**그림 31.4***a*). 삼투에 의해서 물은 항상 더 낮은 수분퍼텐셜의 방향으로 움직일 것이다. 예를 들어, 폭포는 아래로 흐르는데, 이는 중력이 주요인이기 때문이고, 폭포 바닥의 수분퍼텐셜은 꼭대기의 수분퍼텐셜보다 낮다.

물리적 힘에 대해 말하면 세포 수준에서 중력이 수분퍼텐셜에 미치는 영향은 매우 미미하기 때문에 일반적으로 아주 큰 나무가 아닌 한 계산에 포함시키지 않는다. 세포벽이 받는 압력인 팽압은 **압력퍼텐셜**(pressure potential, Ψ_p)이라고 부르는데, 팽압이 증가함에 따라 Ψ_p가 증가한다. 그러나 수크로스 용액이 들어 있는 비커는 세포막이나 세포벽으로 둘러싸여 있는 것이 아니다. 막 내에 포함되어 있지 않은 용액은 팽압을 가질 수 없으며, Ψ_p는 항상 0 MPa이 된다.

용질 농도 또한 수분퍼텐셜을 결정하며, 이를 **용질퍼텐셜**(solute potential, Ψ_s)이라 한다. 순수한 물은 용질퍼텐셜이 0이다. 용액 내 용질 농도가 증가하면 Ψ_s는 감소한다(<0 MPa, **그림 31.4***b*). 용질을 더 첨가하면 물 분자는 용질 분자와 상호작용한다. 이용 가능한 자유로운 물 분자가 적어지면 수분퍼텐셜이 감소한다. 용질의 농도가 더

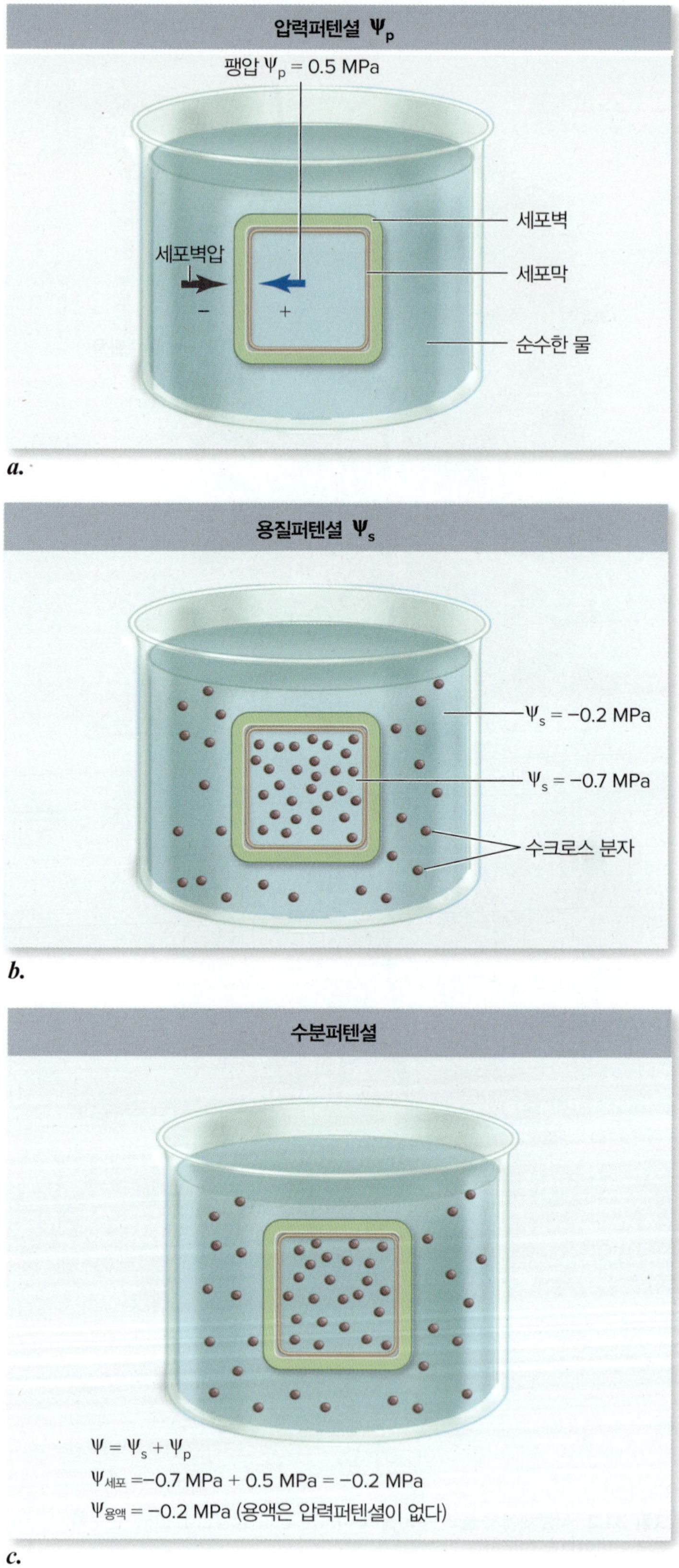

그림 31.4 수분퍼텐셜 측정.
a. 세포벽이 세포 팽압과 반대 방향으로 압력을 가한다. ***b.*** 주어진 용질퍼텐셜을 이용하여 용질퍼텐셜에만 근거한 물의 이동을 예측한다. ***c.*** 전체 수분퍼텐셜은 Ψ_s와 Ψ_p의 합이다. 세포 내의 수분퍼텐셜은 용액의 수분퍼텐셜과 같으므로 물의 순이동은 없다.

a.

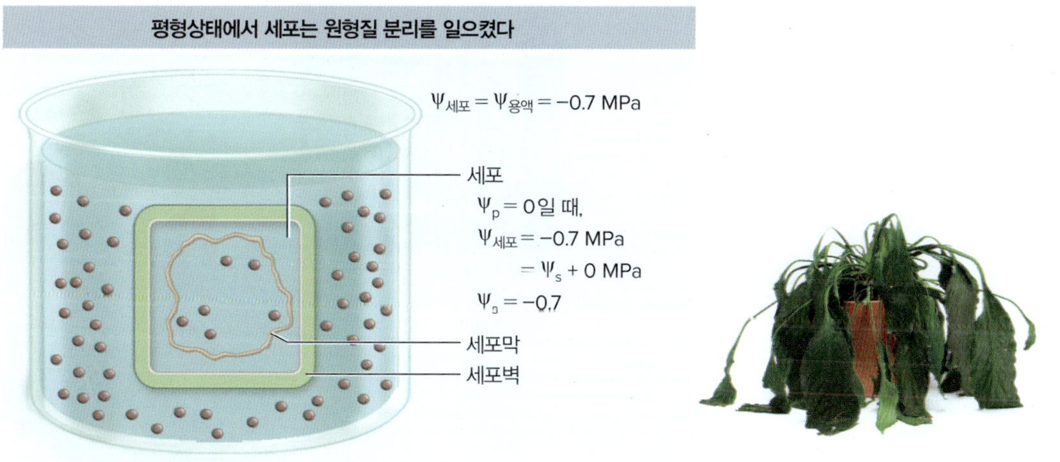

b.

그림 31.5 평형상태의 수분퍼텐셜. ***a.*** 처음에 이 세포는 용액보다 Ψ_w이 더 컸다. ***b.*** 삼투적 평형에서 세포와 용액의 Ψ_w는 같아야 한다. 세포를 일정한 농도를 가진 큰 부피의 용액이라고 가정하면 세포의 최종 Ψ_w는 용액의 초기 Ψ_w와 같아야 한다. 세포가 원형질분리를 일으키면 $\Psi_p = 0$이다. 세포가 물을 잃음에 따라 세포의 용액은 농축된다.

높은 용액은 Ψ_s가 더 낮은 음의 값을 가진다.

식물세포의 전체 수분퍼텐셜(Ψ_w)은 압력퍼텐셜(Ψ_p)과 용질퍼텐셜(Ψ_s)의 합으로 나타내며, 이는 세포내 수분의 전체 퍼텐셜에너지를 보여준다.

$$\Psi_w = \Psi_p + \Psi_s$$

세포내 Ψ_w가 용액의 Ψ_w와 같을 때 물의 순이동은 없다(**그림 31.4*c***).

세포를 다른 Ψ_w의 용액에 두면 물이 이동하여 결국은 평형에 도달하게 된다(세포와 용액 둘 다 같은 Ψ_w을 지닌다; **그림 31.5**). Ψ_p와 Ψ_s의 값은 세포와 용액에서 다를 수 있으나 합(Ψ_w)은 같아야 한다.

자료 분석 만약 **그림 31.5*a***에서 –0.5 MPa의 Ψ_s를 지닌 용액에서 세포가 평형에 이른다면 이 세포의 Ψ_w, Ψ_p, Ψ_s는 어떻게 되겠는가?

핵심 요약 31.1

식물세포의 팽창은 삼투의 방향에 의해 결정되는데, 이는 세포와 주변 용액의 수분퍼텐셜에 근거하여 예측이 가능하다. 수분퍼텐셜은 압력퍼텐셜과 용질퍼텐셜의 합이며, 물은 수분퍼텐셜이 높은 곳에서 낮은 곳으로 이동한다.

- 물리적 압력과 용질 농도가 수분퍼텐셜에 어떻게 기여할까?

31.2 물과 무기물의 흡수

학습 목표

1. 식물에서 3가지 수분 이동의 경로를 비교할 수 있다.
2. 카스파리띠의 기능을 설명할 수 있다.

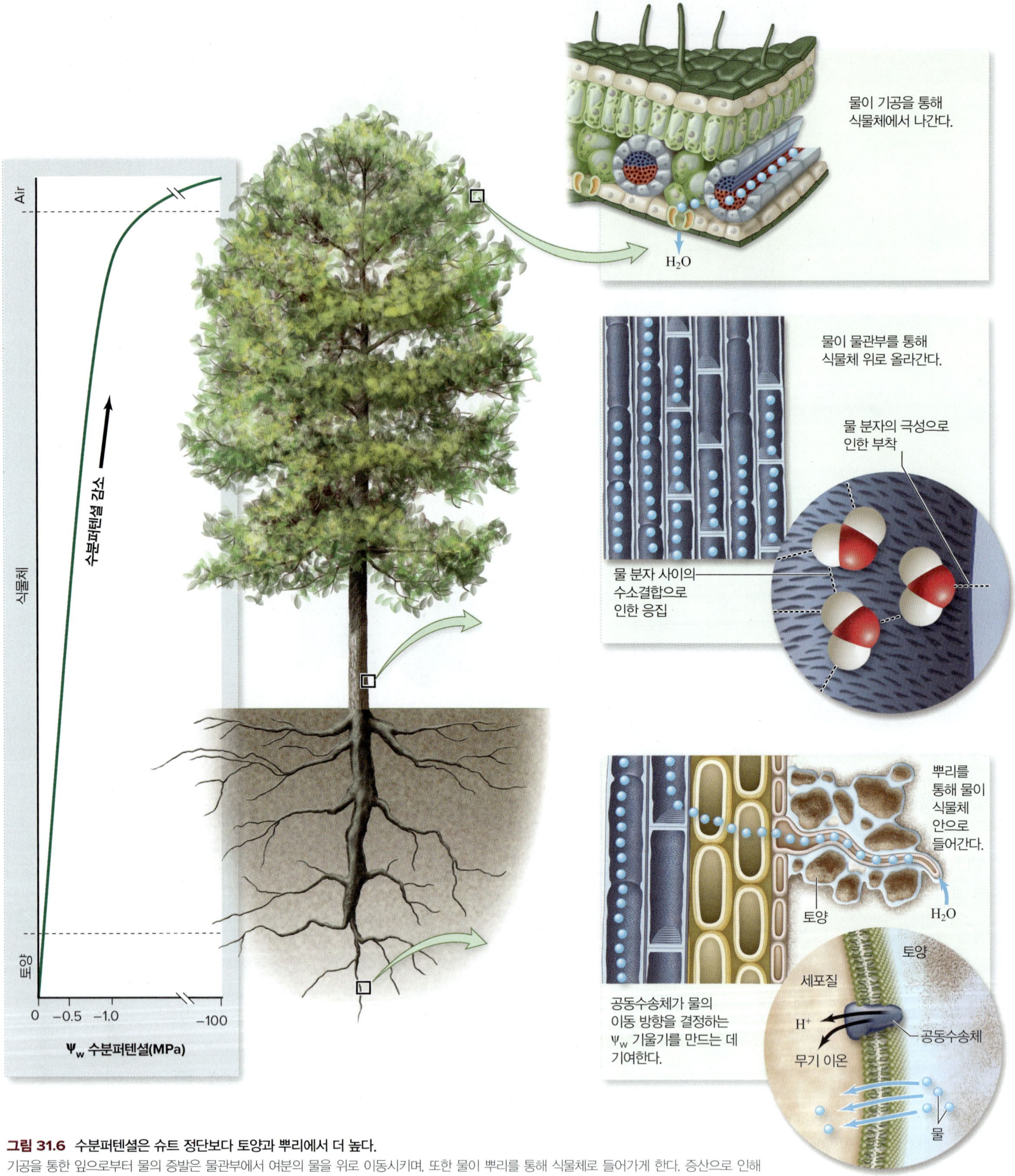

그림 31.6 수분퍼텐셜은 슈트 정단보다 토양과 뿌리에서 더 높다.
기공을 통한 잎으로부터 물의 증발은 물관부에서 여분의 물을 위로 이동시키며, 또한 물이 뿌리를 통해 식물체로 들어가게 한다. 증산으로 인해 잎의 수분퍼텐셜은 상당량 떨어진다.

그림 31.7 물과 무기물은 뿌리털이 풍부한 부위로 들어간다.

식물에 의해 흡수되는 물의 대부분은 뿌리의 뿌리털을 통해 들어온다(**그림 31.6, 31.7**). 30장에서 살펴본 것처럼 뿌리털은 생장하고 있는 뿌리 끝 바로 위쪽에 있는 뿌리의 표피세포가 신상하여 만들어진다.

많은 식물 종에서 물과 무기물의 흡수를 위한 표면적은 균근의 곰팡이류(mycorrhizal fungi)와 상호작용함으로써 더욱 증가된다. 이 곰팡이류는 뿌리털보다 흡수 망을 훨씬 더 확장시키며, 특히 토양의 인(phosphorus)을 흡수하는 데 도움이 된다. 균근 관계에 대해서는 26장을 참조한다.

일단 뿌리털을 통해 흡수된 물과 무기물은 관다발조직에 도달할 때까지 여러 세포층을 횡단해서 이동해야 하는데, 물과 용해된 이온은 물관부로 들어가 식물 전체로 이동한다.

세포를 통한 3가지 수송 경로가 있다

물과 무기물은 뿌리의 관다발조직에 도달하는데 다음과 같은 3가지 경로를 이용한다(**그림 31.8**). **아포플라스트 경로**(apoplast route)는 세포벽과 세포 사이의 공간을 통해 이동하는 수단으로 막을 통한 수송은 이루어지지 않는다. **심플라스트 경로**(symplast route)는 물이 원형질연락사로 연결되는 세포 간에 연속된 세포질로 이동하는 것인데, 일단 물 분자가 세포 안에 있으면 이들은 원형질막을 횡단할 필요가 없이 원형질연락사를 통해 세포 사이를 이동할 수 있다. **막횡단 경로**(transmembrane route)는 세포 사이와 세포 내 액포막을 횡단하는 막 수송으로, 이 경로에서는 세포들이 어떤 물질이 들어가고 나가는지를 가장 잘 조절할 수 있다. 이들 3가지 경로는 서로 배타적이지 않으며, 물 분자들은 뿌리의 내피에 도달할 때까지 어느 때라도 경로를 바꿀 수 있다.

? **탐구문제** 물이 이동할 때는 어떤 경로가 가장 빠를 것인가? 이 경로가 무기물이 식물체 내로 이동하는데 항상 최선의 경로인가?

내피를 통한 수송은 선택적이다

분자들이 내부로 이동하면 결국 내피에 도달하게 되고, 카스파리 띠에 의해 세포벽을 통한 수송은 차단된다. 30장에서 살펴본 것처럼 원통형 내피의 모든 세포는 방수성 물질인 수베린(suberin)으로 덮인 연결된 세포벽을 가진다(**그림 31.9**). 물관부에 도달하기 위해 분자들은 내피세포의 원형질막과 원형질체를 통과해야만 한다. 내피는 독특한 구조를 가지고 피층, 표피와 함께 물과 영양분의 이동을 조절

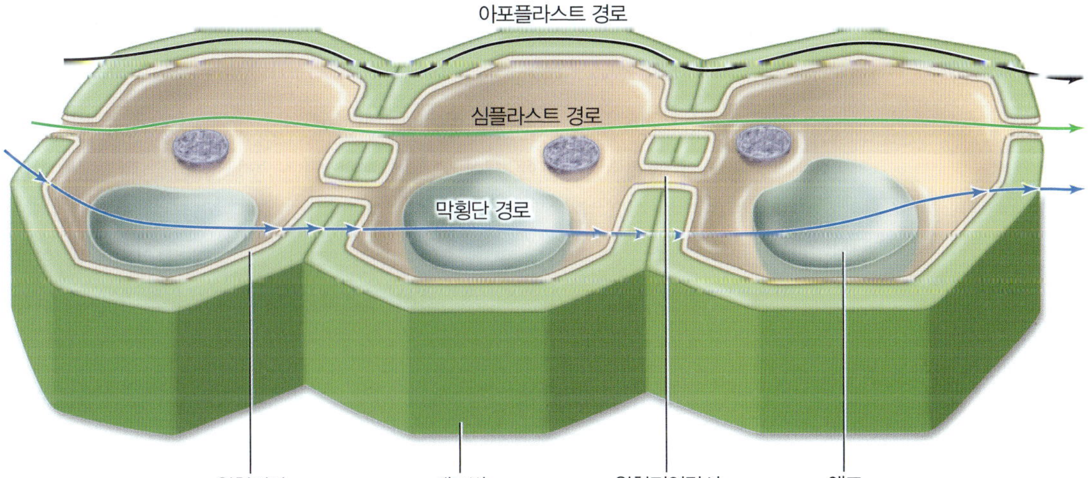

그림 31.8 세포 사이의 수송 경로.

함으로써 수분퍼텐셜을 조절하여 뿌리 밖으로 물이 새어 나가지 않도록 돕는다.

토양수의 무기이온 농도는 식물체의 그것보다 대체로 훨씬 낮기 때문에 중심주의 용질 농도를 증가시키기 위해 뿌리세포가 능동수송을 통해 이들 무기이온을 흡수하여 내피를 가로지른다. 내피세포의 원형질막은 다양한 단백질 수송통로를 가지고 있으며, 이들 통로를 통해 양성자펌프는 더 큰 농도 기울기라 할지라도 이 기울기에 역행하여 특정 이온을 수송할 수 있다(**그림 31.1** 참조). 일단 관다발 중심주에 들어가면 식물 영양분인 이온은 물관부를 통해 식물체 전체로 이동한다.

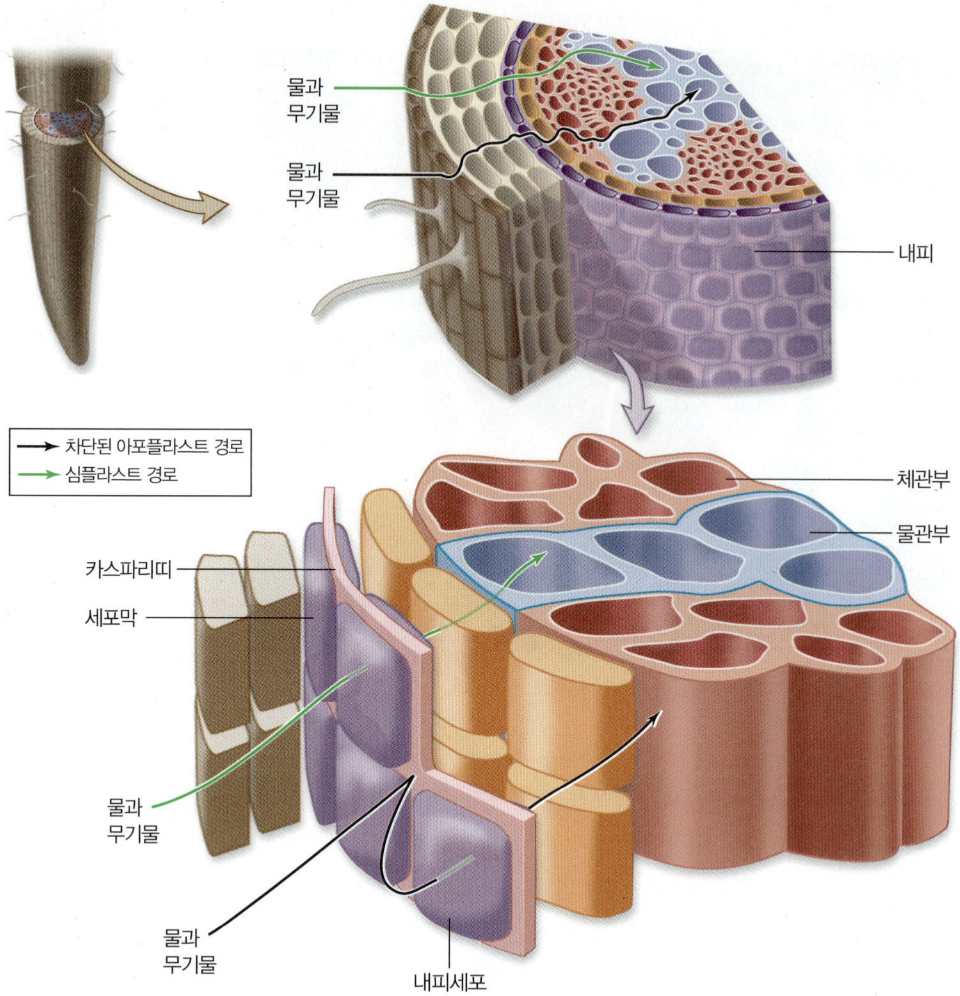

그림 31.9 뿌리에서 무기물의 수송경로. 무기물은 뿌리의 표면에서 흡수된다. 피층을 통과할 때는 세포벽이나 세포간 공간을 따라 가기도 하고, 직접 원형질막이나 원형질체를 통해 가는데, 한 세포에서 이웃 세포로 원형질연락사를 거쳐 이동한다. 그러나 내피에 도달하게 되면 세포벽을 통한 흐름은 카스파리띠에 의해 차단되기 때문에 물관부에 도달하기 전에 내피세포의 원형질막과 원형질체를 통과해야 한다.

핵심 요약 31.2

물과 무기물은 토양으로부터 식물체로 들어가는데, 특히 뿌리털이 풍부한 부분을 통한다. 수분의 3가지 수송 경로는 세포벽을 통한 아포플라스트 경로, 원형질연락사를 통한 심플라스트 경로, 세포막과 액포막을 통한 막횡단 경로이다. 카스파리띠는 물과 영양분을 내피 세포막을 통해 이동하도록 하여 선택적 조절을 하게 한다.

- 3가지 물의 수송 경로에서 어느 경로가 카스파리띠에 의해 내피를 통과하지 못할까?

31.3 물관부 수송

학습 목표

1. 물관부에서 물의 수송에 대한 수분퍼텐셜의 영향을 분석할 수 있다.
2. 물의 특성이 어떻게 증산작용을 촉진시키는지를 설명할 수 있다.

내피 세포막을 횡단한 수용액은 식물의 관다발조직에 들어가 물관부의 헛물관(tracheids)과 물관(vessels)으로 이동한다. 이온이 능동적으로 또는 촉진확산을 통해 뿌리 내로 들어감에 따라 이온의 존재로 인해 뿌리의 수분퍼텐셜이 감소한다. 그러면 물이 삼투압에 의해 식물체 내로 이동하여 팽압이 증가하게 된다.

뿌리압은 증산이 낮거나 일어나지 않을 때라도 존재한다

뿌리압(root pressure)은 흔히 밤에 나타나는데, 이는 잎의 증산작용이 매우 저조하거나 없을 때 뿌리에 계속해서 이온이 축적됨으로써 생긴다. 이러한 축적은 세포 내에 이온 농도를 점점 더 높여 이로 인한 삼투현상에 의해 뿌리털세포로 더 많은 물이 들어가게 된다. 이온 수송은 뿌리의 Ψ_s를 더욱 감소시킨다. 그 결과 증산작용에 의해 물을 위로 당기지 않고도 물이 식물체로 들어가 물관부 기둥을 통해 올라가게 된다.

특정 조건에서는 뿌리압이 너무 강해 식물 줄기의 절단면으로부터 물이 수 시간 혹은 수일 동안 흘러나오기도 한다. 뿌리압이 매우 높을 때 뿌리압은 물이 잎으로까지 올라가도록 해주는데, 이곳에서

일액현상(guttation)이라 부르는 과정을 통해 물이 액체 상태로 빠져 나온다. 일액현상은 물을 아주 높이 또는 빠른 속도로는 이동시키지 못하며, 기공을 통하지 않고 이 과정에서만 쓰이는 가느다란 잎맥의 말단 가까이 있는 특정한 세포 집단(배수조직, hydathode)을 통해 일어난다. 아침에 식물 잎에서 이슬(dew)이라 불리는 작은 물방울을 보게 되면 이는 주로 응집에 의한 것인데, 어떤 물방울은 일액현상에 의한 결과이다.

그러나 뿌리압만으로는 물관부 수송을 설명하기에 불충분하며, 증산작용이 뿌리에서 잎으로 물과 이온을 수송하는 주된 동력이 된다.

뿌리에서 슈트까지의 수분퍼텐셜 기울기가 수송을 가능하게 한다

수분퍼텐셜은 물의 세포막 횡단뿐만 아니라 식물 전체를 통한 이동을 조절해 준다. 뿌리는 물이 들어가는 지점으로, 물은 토양의 수분퍼텐셜이 뿌리보다 더 클 때만 토양으로부터 식물체로 이동한다. 비료를 너무 많이 주거나 가뭄 상태일 때 토양의 Ψ_w는 낮아지고 물이 식물체로 들어가는 것이 제한된다. 식물체에서 물은 Ψ_w 기울기를 따라 토양(습한 상태에서 Ψ_w는 0에 가까움)에서 수분퍼텐셜이 점점 더 큰 음(negative)의 값을 가지는 순서대로 뿌리, 줄기, 잎, 대기 순으로 이동한다(**그림 31.6** 참조).

잎에서 물이 증발하게 되면 물관부에서 음의 압력, 즉 장력이 생기고, 이는 실제로 뿌리로부터 줄기로 물을 위로 끌어올린다. 증산작용의 원동력은 잎 내부의 100% 상대습도와 기공 밖의 100% 상대습도보다 훨씬 낮은 습도 사이의 습도 기울기(humidity gradient)이다. 물관부에서 위로 확산하는 분자가 증발하는 물 분자를 대체한다.

물관과 헛물관으로 인해 대량 수송이 가능하다

물은 분자 간의 수소결합을 형성하려는 경향인 응집력(cohesion force)으로부터 생기는 고유의 **인장 강도**(tensile strength)를 가진다(1장 참조). 이들 두 요소는 물관부에서 다량의 물의 흐름을 설명하는 응집력-장력 이론(cohesion-tension theory)의 기본이 된다. 물기둥의 인장 강도는 기둥의 직경과 반비례하는데, 물기둥의 직경이 작을수록 인장 강도는 더 커진다. 식물의 헛물관과 물관은 직경이 매우 작기 때문에 물의 응집력은 중력에 의한 끌어당김보다 더 크게 된다. 또한 물 분자는 헛물관이나 물관벽에 부착하여 긴 물기둥을 더욱더 안정시킨다.

더 좁은 물기둥이 더 큰 인장 강도를 가진다면 많은 식물에서 헛물관보다 더 큰 지름을 지닌 물관이 발견되는 것은 흥미로운 일이다. 직경의 차이는 물기둥의 장력보다는 물기둥에 있는 물의 양에 더 큰 영향을 미친다. 초당 물기둥 내에서 이동하는 액체의 양은 일정한 압력에서 r^4에 비례하는데, r은 물기둥의 반경이다. 반지름이 2배 증가하면 물기둥을 통해 이동하는 물의 양은 16배로 증가한다. 물관부의 횡단면적이 같다면 직경이 더 큰 물관을 가진 식물이 좁은 헛물관을 가진 식물에 비해 더 많은 물을 줄기로 끌어올릴 수 있게 된다.

자료 분석 만약 돌연변이로 물관부 내 물관의 반경이 3배 증가하였다면, 이 식물에서 물의 이동에 어떻게 영향을 미치겠는가?

자료 분석 화석과 현존하는 관다발식물을 비교 분석하면 헛물관의 최대 지름은 80 μm로 나타난다. 그러나 물관의 지름은 500 μm까지 이른다. 최대 지름의 물관은 가장 큰 헛물관에 비해 같은 시간 동안 얼마나 많은 물을 이동시킬 수 있는가? 이상적인 조건에서 계산하시오. 자라고 있는 식물에서는 어떤 다른 요인이 헛물관과 물관을 통한 수송에 영향을 미치겠는가?

공동현상의 효과

인장 강도는 물기둥의 연속성에 의존하는데, 물관이 파괴되거나 잘려 물기둥에 기포가 유입되면 연속성과 응집력이 깨지게 된다. 이때 기체가 들어 있는 방울은 팽창하여 헛물관이나 물관을 막게 되는데, 이러한 현상을 **공동현상**(cavitation)이라고 한다. 공동현상은 물의 이동을 정지시켜 탈수로 인해 식물의 일부 혹은 전체가 죽게 된다(**그림 31.10**).

한 통로가 막히면 또 다른 경로를 이용할 수 있는 것과 같은 해부학적 적응으로 공동현상의 문제점을 보완할 수 있다. 각각의 헛물관과 물관요소들은 벽공에 의해 다른 헛물관 혹은 물관과 연결되어 있으며 일반적으로 기포는 이 구멍들보다 크기가 더 크기 때문에 기포는 벽공을 통과하지 못하고 결국 수송을 더 이상 막을 수 없다. 동결

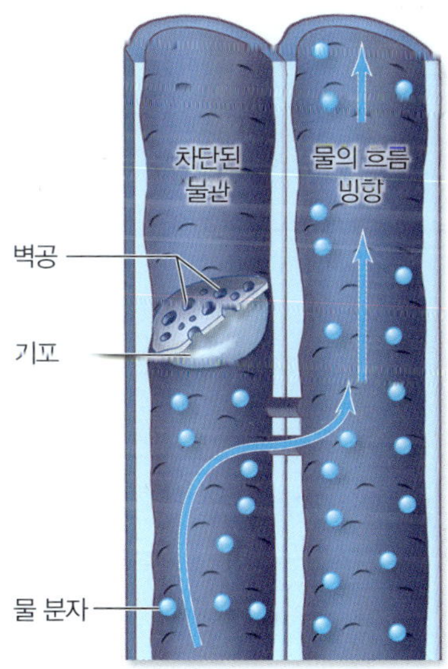

그림 31.10 공동현상. 기포는 물기둥의 인장 강도를 깨뜨린다. 기포는 벽공보다 더 커서 바로 위쪽의 헛물관이나 물관으로의 수송을 차단한다. 그러면 물은 주변의 헛물관이나 물관으로 흐른다.

이나 가뭄 조건 또는 세포의 변형, 특히 계절별 온도 변화도 물관부 세포에 작은 기포를 만들 수 있다. 공동현상은 더욱 오래된 물관부에서 종종 물의 흐름이 멈추는 원인 중의 하나이다.

무기물 수송

무기물을 대량 수송하기 위해서는 헛물관과 물관의 존재가 필수적이다. 능동수송에 의해 뿌리로 들어온 무기물은 결국 물관부를 통해 식물의 대사가 활발한 다른 장소로 이동한다. 어떤 계절에는 물관부 내에 인, 포타슘, 질소 그리고 간혹 철이 풍부하다. 많은 식물에서 이러한 양상의 이온 농도는 이들 필수영양소를 보존하게 한다. 이들 영양소는 잎이나 잔가지와 같은 성숙한 낙엽성 부위로부터 분열조직 부위와 같은 활발히 생장하는 부위로 이동한다.

물관부를 통해 재배치된 무기물은 물관부에서 일반적으로 위로 이동하여야 함을 기억하자. 일단 물관부를 떠나면 모든 무기물이 물관으로 다시 들어가지는 않는데, 필수영양소인 칼슘은 식물의 특정 부위에 축적되면 다른 곳으로 수송되지 않는다. 일부 다른 영양소들은 체관부를 통해 수송될 수 있다.

핵심 요약 31.3

일액현상은 뿌리압이 높고 증산작용이 낮을 때 일어난다. 공통적으로 이 현상은 온대에서 대기가 서늘하고 습도가 높은 밤에 일어난다. 물이 지닌 높은 인장 강도는 물 분자 상호간의 응집과 물과 물관부 세포벽과의 부착으로부터 생겨나는데, 둘 다 수소결합의 효과이다. 수분퍼텐셜의 기울기는 물관부에서 물이 위쪽으로 올라가는 원인이 된다. 물의 이동을 멈추게 하는 공동현상은 물 수송계의 응집을 깨뜨리는 기포로부터 생겨난다.

■ 일액현상에서 증산작용이 있을 때와 전반적인 물관부 수송에 관해서 토양과 뿌리세포 사이의 수분퍼텐셜의 차이가 어떤 역할을 하는지 비교해 보자.

31.4 증산율

학습 목표

1. 상이한 환경조건에서의 기공 상태를 비교할 수 있다.
2. 어떠한 기작들이 내부 및 외부 조건에 반응하여 기공 열림을 조절하는지를 설명할 수 있다.

식물의 뿌리에서 흡수된 물의 90% 이상은 최종적으로 대기로 소실된다. 물은 잎맥의 끝부분에서 엽육세포로 이동하여 결국 이들 세포의 표면에서 잎의 공기주머니로 들어가 증발한다. 30장에서 살펴본 것처럼 이 세포간극들은 기공을 통해 잎 바깥의 대기와 접하고 있다.

기공은 물과 이산화탄소의 수요에 대한 균형을 맞추기 위해 열리거나 닫힌다

물은 식물 대사에서 필수적이지만 계속해서 식물체에서 대기로 소실된다. 동시에 광합성을 위해서는 대기로부터 CO_2가 엽록조직 세포로 들어와야 한다. 따라서 식물은 2가지 다소 상충되는 요구, 즉 대기로 물의 소실을 최소화하는 요구와 이산화탄소를 받아들여야 하는 요구에 직면하게 되는데, 이러한 요구를 충족시키기 위해 기공이나 표피와 같은 특수한 구조가 진화되었다.

증산율은 습도나 낮 시간을 포함하는 일기 조건에 따라 달라진다. 다른 부분에서 언급한 것처럼 잎에서의 증산작용은 밤에 감소하는데, 이때 기공은 닫히고 잎과 대기 사이의 증기압 기울기(vapor pressure gradient)는 작아진다. 낮 동안 태양은 잎의 온도를 올리는 반면, 증산작용은 증발 효과로 잎을 서늘하게 해준다.

단기적으로는 기공을 닫으면 물의 손실을 막을 수 있는데, 많은 식물에서 수분 스트레스를 받을 때 이러한 현상이 나타난다. 그러나 CO_2가 들어올 수 있도록 기공은 최소한의 시간 동안은 열려야 한다. CO_2가 세포간극에 들어오면 식물세포에 들어가기 전에 물에 녹아서 광합성에 사용된다. 기체는 주로 기공 아래의 세포간극의 벽에서 물에 녹게 되는데, 뿌리로부터 잎에 도달하는 연속적인 물의 흐름으로 이 벽은 습한 상태를 유지한다.

공변세포의 팽압이 기공 개폐의 원인이다

기공의 양쪽에 있는 2개의 소시지 모양의 공변세포는 모양에서뿐만 아니라 엽록체를 가진 표피세포라는 점에서 다른 표피세포와는 다른 특징을 지닌다. 공변세포는 안쪽이 두텁고 그 외의 부분은 더 얇은 독특한 세포벽 구성으로 인해서 팽창할 때는 불룩해져 휘어진다.

한쪽 끝이 함께 묶여 있는 약간 부풀려져 있는 2개의 길쭉한 풍선으로 이러한 모델을 만들어 보자. 2개의 열린 끝을 함께 잡으면 두 풍선 사이에는 공간이 거의 생기지 않는다. **그림 31.11**에서 보는 것처럼 공기가 빠지지 않은 상태에서 접착테이프로 두 풍선 주위를 감은 채 각각을 약간 더 부풀린 다음, 열린 끝부분을 다시 잡으면 가운데에 "공간"이 있는 도넛 모양의 "공변세포" 쌍을 잡고 있는 것처럼 된다. 실제로 공변세포는 공기가 아니라 물의 유입과 유출에 의하여 열리고 닫힌다.

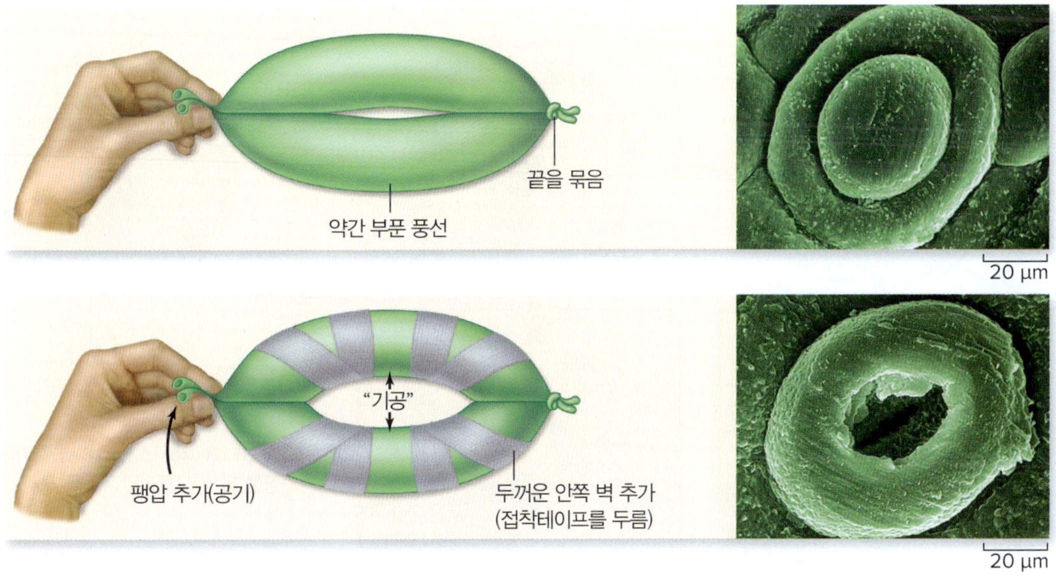

그림 31.11 불균등한 세포벽 두께로 인해 공변세포가 팽창할 때 기공이 열린다.

공변세포에서 팽압은 포타슘(K^+), 염소(Cl^-), 말산(malate)을 능동수송에 의하여 유입시킴으로써 만들어진다. 용질의 농도가 증가함에 따라 공변세포의 수분퍼텐셜이 감소하게 되고 삼투현상에 의해 물이 들어오게 되어, 이들 세포는 물이 많이져 팽창되고 기공은 열리게 된다(**그림 31.12**). 공변세포막을 횡단하여 이온을 수송하는 데 필요한 에너지는 **그림 31.1**에서 보여준 ATP-구동 양성자 펌프(ATP-driven H^+ pump)에서 온다.

많은 식물 종들에서 공변세포는 물의 이용에 상관없이 규칙적으로 광합성을 시작하는 아침에는 팽창되고 저녁에는 수축된다. 낮 동안에는 광합성을 하는 공변세포에 수크로스가 축적되고 저녁에는 공변세포가 수크로스를 능동수송으로 퍼냄으로써 공변세포는 팽압을 잃고 닫히게 되는 것이다.

몬의 한 종류인 **앱시스산**(abscisic acid, ABA)은 1차적인 역할로써 공변세포 밖으로 K^+가 빠르게 이동하도록 하는데, 이로 인해 가뭄에 반응하여 기공이 닫히게 된다. ABA는 공변세포의 원형질막에 있는 수용체 부위에 결합해 K^+, Cl^-, 말산 이온통로를 여는 신호전달경로를 촉발하고, 이어지는 물의 소실로 팽압은 감소하고 공변세포는 닫힌다(**그림 31.13**).

CO_2 농도, 빛, 온도 등도 기공의 개폐에 영향을 준다. 많은 식물 종에서 CO_2 농도가 높으면 공변세포는 기공을 닫는다. 그럴 때는 CO_2 추가가 필요하지 않으며, 공변세포가 닫힐 때 물은 보존된다. 정확한 기작은 아직도 규명 중이지만 ABA에 의한 기공 닫힘에 사용된 신호전달경로와 일부 유사점이 있는 것으로 보인다.

청색광은 기공 열림을 조절해준다. 이 빛은 태양광으로 인해 생긴

환경요인이 증산율에 영향을 미친다

기온과 풍속이 높아지면 물 분자가 더 빠르게 증발하기 때문에 증산율이 증가한다. 습도가 증가하면 잎과 대기 사이의 수분퍼텐셜 차이가 감소하지만, 대기의 상대습도 95%에서도 증기압 기울기로 인해 완전한 증산을 유지할 수 있다. 재앙 수준으로 물 공급이 충분치 않아 식물체가 전체적으로 시들 때 공변세포는 팽압을 잃게 되고, 결과적으로 기공은 닫히게 된다. 증산율의 변동은 기공을 열고 닫음으로써 조절된다.

실험 결과 여러 가지 경로로 기공의 개폐가 조절된다는 사실이 밝혀졌다. 34장에서 다룰 식물호르

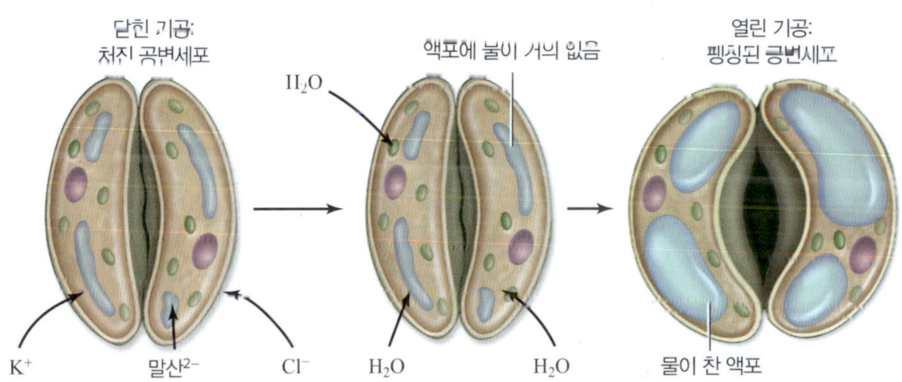

그림 31.12 기공은 어떻게 열릴까?
공변세포에서 능동수송으로 양성자 이온이 빠져나가면, K^+, Cl^-가 안으로 들어오고 삼투현상에 의해 물이 들어와 공변세포의 팽압이 증가한다. 증가된 팽압으로 공변세포가 부풀고 안쪽의 두꺼운 세포벽으로 인해 각 공변세포가 바깥으로 휘어져 기공이 열린다.

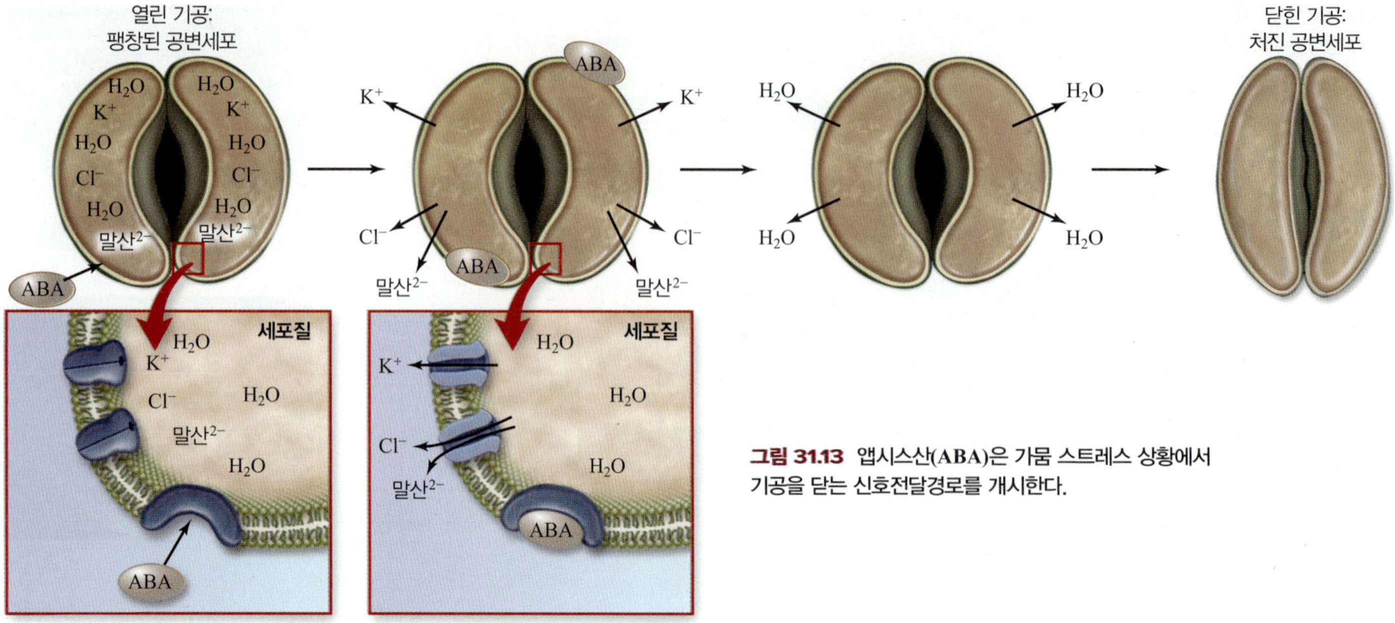

그림 31.13 앱시스산(ABA)은 가뭄 스트레스 상황에서 기공을 닫는 신호전달경로를 개시한다.

증발로 열을 식힐 필요성이 클 때 팽압을 증가시켜 기공이 열리게 해준다. 농도 기울기를 거스르는 K^+ 수송은 빛에 의해 촉진되며, 특히 청색광은 양성자(H^+) 수송을 촉진시켜 K^+(포타슘 이온) 통로가 열리도록 하는 양성자 기울기를 형성해 준다.

온도가 34°C를 넘게 되면 물 부족을 막기 위해 기공이 닫힌다. 충분한 기체 교환을 위해 이들 기공은 어두워지고 기온이 떨어질 때 열린다. 일부 식물은 밤에 CO_2를 모아 낮 시간 동안 광합성에 이용되는 변형된 형태로 전환되기도 한다. 7장에서 다룬 선인장과 같은 다육식물에서 일어나는 크레슐산 대사(Crassulacean acid metabolism, CAM)에서는 밤에 기공이 열려 CO_2를 받아들여서 유기화합물로 저장한다. 이 화합물은 낮에 탈탄산 반응을 통해 기공이 닫혀 있을 때도 고정할 수 있는 CO_2 공급원을 제공한다. 따라서 CAM 식물은 건조한 환경에서도 물을 보존할 수 있다.

핵심 요약 31.4

기공의 공변세포가 능동수송으로 이온을 받아들일 때, 수분퍼텐셜은 감소하고, 삼투현상에 의해 물을 흡수한다. 공변세포가 부풀면 모양이 변해 기공이 열린다. 식물이 수분 스트레스에 놓이게 되면 기공이 닫히고, 이산화탄소가 필요하거나 증산량이 수분 손실량을 초과하지 않을 때 기공이 열린다. 증산율은 높은 풍속, 고온, 낮은 습도에서 증가한다.

■ 28°C인 낮에 청색광에 의해 공변세포에서 일어나는 사건의 배열을 보여주는 모식도를 그려보자. 그 외 어떤 요인들이 이 결과물을 바꿀 수가 있을까?

31.5 수분 스트레스 반응

학습 목표

1. 식물 생존을 높이는 가뭄, 홍수, 그리고 염에 대한 내성의 적응에 대해 평가할 수 있다.

식물은 다른 장소로 이동이 불가능하므로 수분 이용 능력이 변하거나 염도가 바뀔 때 이러한 외부 환경의 변화에 대처할 수 있도록 적응되어 왔다.

가뭄에 대한 식물의 적응은 수분 손실을 제한하는 전략을 포함한다

식물에서 수분 손실률을 제어하는 많은 기작들이 진화하였다. 기공의 개폐를 조절하는 것은 물 이용도에 대한 즉각적인 반응이며, 형태적 적응은 가뭄 기간에 대한 장기적인 해법이 된다. 그 실례로 일부 식물에서는 휴면이 그해의 건기 때에 진행된다. 또 다른 기작은 잎을 탈락시킴으로써 증산을 줄이게 된다. 이런 이유로 낙엽성 식물은 주기적으로 극심한 가뭄이 있는 지역에 흔하게 존재한다.

비교적 기공의 수가 적고, 흔히 잎의 아랫면에만 기공이 존재하는 두텁고 딱딱한 잎에서는 기공이 많은 크고 유연한 잎에서보다 수분 손실이 훨씬 천천히 일어난다. 양털같은 세포모(털)로 가득 덮인 잎은 태양광을 더 많이 반사하여, 잎이 받는 열을 식히는 증산작용의

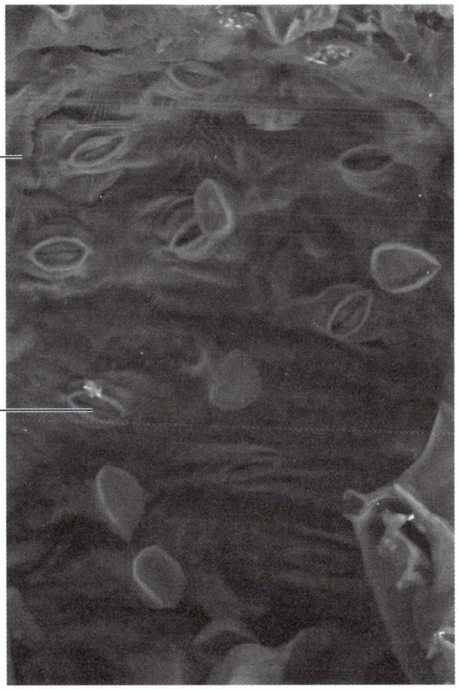

그림 31.14 가뭄으로부터의 잎의 해부학적 보호.
잎의 횡단면에서 보는 것처럼 깊이 함몰된 기공, 풍부한 세포모, 다층표피는 이 잎에서 물의 손실을 최소화한다.

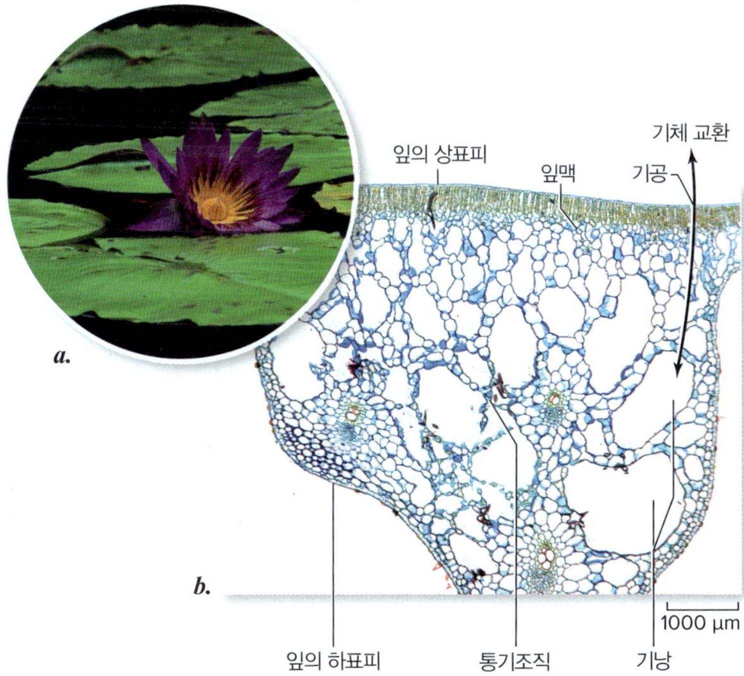

그림 31.15 통기조직.
통기조직은 수생식물의 기체 교환을 용이하게 해준다. ***a.*** 수련은 연못 표면에 떠 있어 산소를 모아서 물속의 식물체 부위로 수송한다. ***b.*** 수련 잎에 있는 큰 기낭(air space)이 부유를 돕는다. 이러한 비어 있는 공간을 형성하는 특수화된 유조직을 통기조직이라 한다. 잎의 상표피에만 존재하는 기공을 통해 기체 교환이 이루어진다.

필요성이 감소한다.

건조 혹은 반건조 지역의 식물에서는 흔히 기공이 잎 표면에서 틈이나 구멍으로 깊이 파묻혀 있다(**그림 31.14**). 이런 함몰로 인해 물의 표면장력이 달라지고 수분 손실률이 줄어든다.

현재 가뭄 내성에 관련된 유전자에 관한 연구가 진행 중이다. 애기장대에서 *enhanced drought tolerance*(*edt1*) 유전자는 뿌리 길이를 증가시키고, 기공 밀도를 감소시키며 가뭄 조건에서 ABA 수준을 증가시켜 기공을 닫게 한다. 실험에서 *edt1*을 지닌 식물체는 대조군 식물을 죽이는 가뭄 조건에서 회복되었다.

선사인사인 *edt1*은 뿌리에서 세포벽을 느슨하게 하는 많은 유전자를 발현하도록 한다. 이들 단백질의 작용은 1기 뿌리의 길이 신장을 촉진하고 또한 곁뿌리 생산을 자극한다. 뿌리 구조에서의 이러한 변화는 물의 흡수를 위한 표면적을 넓힐 것이다.

홍수에 대한 식물의 반응은 단기적 식물호르몬 변화와 장기적 적응을 포함한다

식물이 너무 많은 물을 받아들일 수도 있는데, 이 경우 결국은 "익사(drown)"하게 된다. 홍수는 토양의 가용 산소를 빠르게 고갈시켜 뿌리로 무기물과 탄수화물이 이동되는 것을 방해하여 종종 비정상적인 생장을 초래한다. 홍수에 처한 식물에서는 호르몬 수준이 변하는데, 뿌리의 신장 억제에 관여하는 호르몬인 에틸렌(ethylene)은 증가하는 반면, 새로운 뿌리 생장을 촉진시키는 지베렐린(gibberellin)과 사이토키닌(cytokinin)은 감소하게 된다(34장 참조). 이러한 호르몬의 변화로 비정상적인 생장 양상이 나타난다.

산소 고갈은 세포호흡을 감소시키기 때문에 가장 심각한 문제이다. 정지된 물은 흐르는 물보다 훨씬 적은 양의 산소를 포함하고 있는데, 일반적으로 홍수 때 정지된 물은 식물에게 더욱 해롭다. 식물이 휴면일 때 일어나는 홍수는 활발히 생장할 때의 홍수보다 훨씬 덜 해롭다.

산소 고갈로 나타나는 뿌리의 물리적 변화는 식물체 내 물의 흐름을 정지시키는 것이다. 뿌리 내로 물을 흡수하기 위한 농도 기울기를 유지하기 위하여 능동수송이 필요함을 기억해 보자. 저산소 조건은 능동수송을 수행하기 위한 ATP 생산을 제한한다. 역설적으로 식물의 뿌리가 물속에 있더라도 그 잎은 마르게 되는 현상이 나타난다. 식물은 더 큰 피목(lenticel, 기체 교환을 용이하게 함; **그림 30.27** 참조)을 형성하거나 기체 교환을 위해 홍수 수위보다 위쪽으로 부정근(adventitious root)을 뻗어서 홍수에 반응하기도 한다.

어떤 식물들은 간헐적인 홍수에 살아남을 수 있는 데 비해 다른 식물들은 담수에서 살아가도록 적응되어왔다. 물에서 자라는 식물 중에 가장 흔한 적응 형태 중의 하나는 내부에 큰 기낭(air space)을 가진

그림 31.16 맹그로브나무는 어떻게 침수된 부위에 산소를 보낼 수 있을까? 흑맹그로브(*Avicennia germinans*)는 주로 물에 잠겨 있는 지역에서 자라 식물체의 많은 부위가 물속에 있다. 그러나 호흡근이라고 부르는 변형된 뿌리가 물 위로 뻗어 있고 큰 피목을 가지기 때문에 물에 잠긴 식물체 부위에 산소가 공급된다. 산소는 피목을 통해 뿌리로 확산해 들어가 풍부한 통기조직을 통해 식물의 나머지 부분으로 이동한다.

성긴 유조직인 **통기조직**(aerenchyma)을 만드는 것이다(**그림 31.15**). 통기조직은 수련이나 많은 다른 수생 식물에서 매우 뚜렷하게 나타나는데, 이들 식물에서 산소는 물 위의 식물 부위로부터 통기조직에 있는 통로를 경유하여 아래쪽으로 수송된다. 이러한 산소 공급은 물속에 잠긴 식물 부위에서도 세포호흡이 일어날 수 있게 해준다.

일부 식물은 정상적으로 통기조직을 형성하나 주기적으로 홍수를 맞는 일부 다른 식물들은 필요할 때 그것을 만들 수 있다. 옥수수에서는 홍수로 인해 증가된 에틸렌이 통기조직 형성을 유도한다.

고농도 염에 대한 식물의 적응은 염의 제거법을 포함한다

식물의 조상인 조류(algae)는 육지로 이동하기 전의 해수 환경에서 담수 환경으로 적응했다. 이러한 적응에는 염분의 균형을 조절하는 데 있어서 주요한 변화가 포함되었다.

해수에서의 생장

해수로 침수되는 지역에서 자라는 맹그로브(mangroves)와 같은 식물은 물에 잠긴 부분에 산소를 공급해야 할 뿐 아니라 염분의 균형도 조절해야 한다. 염분이 식물체 내로 들어오면 이는 배제되거나, 능동적으로 분비되거나, 또는 희석되어야 한다. 흑맹그로브(*Avicennia germinans*)는 진흙 위에 공기로 채워진 긴 스펀지 같은 뿌리를 낸다. **호흡근**(pneumatophores, 30장 참조)이라 불리는 이들 뿌리는 물 위 부위에 커다란 피목을 가지는데, 이를 통해 산소가 들어온 다음 물에 잠긴 뿌리로 수송된다(**그림 31.16**). 더욱이 일부 맹그로브 종들에서는 다육성의 잎에 많은 양의 물이 함유되어 있어서 들어온 염을 희석시킨다. 이러한 상황에서 자라는 많은 식물들은 다량의 염분을 분비하거나 뿌리 수준에서 염분 유입을 차단하기도 한다.

염분 토양에서의 생장

흔히 관개(irrigation)에 의해 염분이 축적되면 토양 염도가 증가한다. 현재 전 세계 경작면적의 23%는 높은 수준의 염도를 나타내고 있으며, 작물 수확량을 감소시킨다. 염분 토양의 낮은 수분퍼텐셜로 인해 작물은 수분 스트레스를 받게 되는데, **염생식물**(halophyte)이라고 부르는 일부 식물들은 고농도의 염분을 가진 토양에서도 잘 견뎌낸다. 염분 내성이 더욱 큰 식물의 육종을 목표로 내염성 기작이 연구되고 있다. 실제로 전체 유전체의 염기서열 분석과 비교유전체학(comparative genomics)은 어느 야생 콩 품종에서 G*mCHX1*라 불리는 내염성 유전자를 밝혀냈다. 일부 염생식물은 뿌리 내에 유기분자를 고농도로 생산하여 토양과 뿌리 사이의 수분퍼텐셜 기울기를 변화시킴으로써 물이 뿌리 내로 유입되도록 한다.

핵심 요약 31.5

가뭄에 대한 적응은 휴면, 잎의 탈락, 수분 소실을 최소화하는 잎, 함몰된 기공 등을 포함한다. 식물체가 홍수에 노출되면 산소 고갈로 인해 세포호흡률이 낮아져서 무기물과 탄수화물 수송이 저해되고, 호르몬 농도가 바뀌게 된다. 식물체가 염분 환경에 노출되면 염분 흡수를 막거나 염분을 흡수한 후 이를 분비하거나 희석하게 된다.

- 가뭄, 홍수, 염분 내성에서 각각 한 가지 적응을 선택하여, 각각의 적응이 어떻게 식물의 생존을 높이는지를 설명해 보자.

31.6 체관부 수송

학습 목표

1. 압류설을 설명할 수 있다.
2. 체관부 수송과 물관부 수송을 비교할 수 있다.

식물의 잎이나 다른 녹색 부분에서 만들어진 탄수화물의 대부분은 체관부를 통해 식물의 여러 부위로 이동된다. **전류**(translocation)로 알려진 이러한 과정은 뿌리와 왕성하게 생장하고 있는 식물의 다른 부위에서 필요한 탄수화물의 단위체를 공급한다. 탄수화물은 괴경(tuber) 등의 저장기관에는 녹말(starch)과 같은 형태로 농축되거나, 수크로스와 같은 수송 가능한 분자로 전환되어 체관부를 통해 수송된다. 여기에서는 탄수화물과 영양분이 풍부한 **수액**(sap)이 식물체를 통해 이동하는 경로에 대해 알아본다.

과학적 사고

가설: 완두의 꼬투리에서 배아가 발생할 때 당이 체관을 통해 발생 중인 배아로 수송될 것이다.

예측: 방사성 표지된 당이 완두의 발생 중인 배아에 축적될 것이다.

실험: 건강한 완두 잎에 방사성 이산화탄소($^{14}CO_2$)를 처리한다. 처리 후 1시간과 12시간이 지났을 때 식물체 위에 사진필름을 놓고 필름을 현상한다.

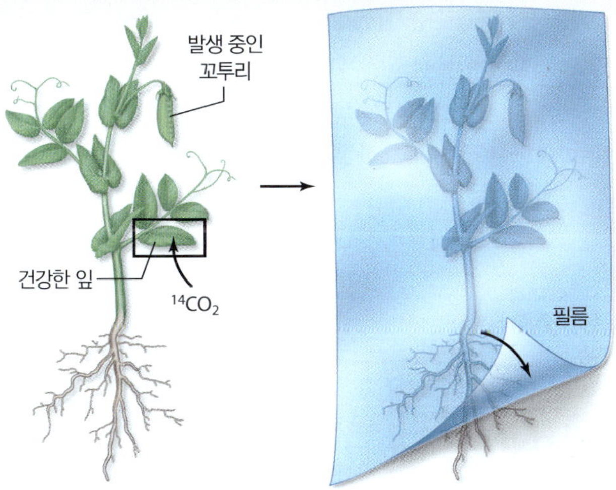

결과: 1시간 후 방사성은 처리 부위 근처에 집중되어 있으나 12시간 후에는 방사성이 발생 중인 배아에 집중되어 있다.

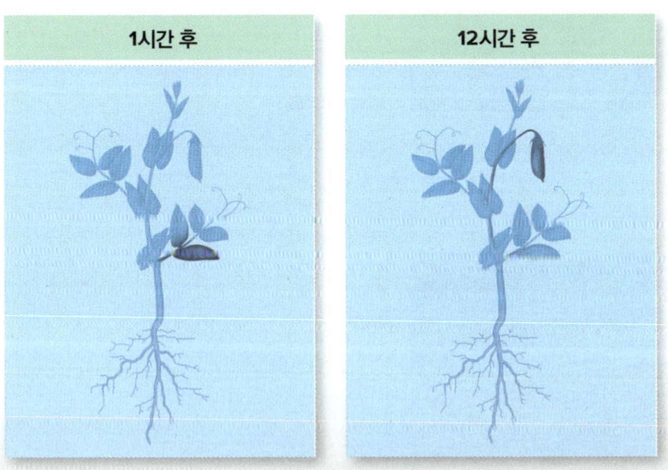

결론: 광합성 동안 $^{14}CO_2$는 당에 끼어들어가 꼬투리 안에 있는 발생 중인 배아로 전달되었다.

추가 실험: 당근은 개화까지 2년이 걸린다. 첫해에는 지하근인 당근이 발달하고 다음해 생식에 사용될 당이 저장된다. 당근식물의 첫해에는 당이 발달 중인 저장근으로 전달된다는 가설은 어떻게 조사할 수 있을까?

그림 31.17 열매 발생 동안 체관부에서 수크로스의 흐름.

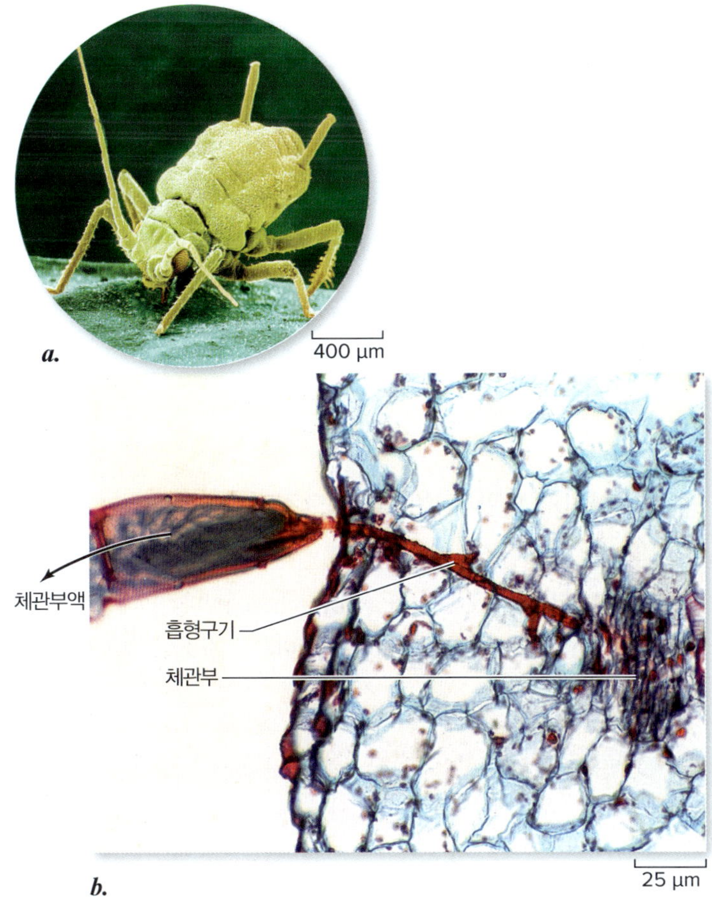

그림 31.18 체관부에서 먹이 섭식.
a. 잎의 가장자리에 보이는 진딧물들은 체관부에서 영양이 풍부한 내용물을 흡침(stylet)이라 부르는 흡형구기로 찔러 양분을 뽑아낸다. ***b.*** 흡침을 자르고 진딧물을 떼어내면 식물체에 남아 있는 흡침을 통해 수액이 흘러나오는데 이 수액을 모아서 분석할 수 있다.

유기분자는 식물의 위와 아래로 이동된다

방사성 표지를 이용하여 체관부에서 당과 여타 물질들의 이동을 추적할 수 있다(**그림 31.17**). 방사성 이산화탄소($^{14}CO_2$)는 광합성에 의해 포도당으로 고정되고, 이 포도당 분자들은 2당류인 수크로스를 만들고 수크로스는 체관부를 통해 수송된다. 이러한 연구는 수크로스가 체관부에서 위아래 모두로 이동됨을 보여주고 있다.

먹이로 식물 수액을 빨아먹는 곤충의 한 종류인 진딧물은 체관부 수송을 이해하는 데 유용한 도구로 이용되어 왔다. 진딧물은 흡형구기(piercing mouthpart)를 잎과 줄기의 체관부 세포 안으로 찔러 넣어 풍부한 당을 얻는다. 먹이를 섭취하고 있는 진딧물의 구기를 자르고 진딧물을 제거하면 잘린 입 부위를 통해 체관부로부터 액이 계속 흘러나와 분석을 위한 순수한 액을 얻을 수 있게 된다(**그림 31.18**). 수크로스는 체관부의 주된 용질이다. 식물학자들은 진딧물을 이용하여 결정적인 시료를 얻고 방사성 추적자로 이를 표지하여 체관부 내 물질이 50~100 cm/h의 속도로 빠르게 이동함을 알게 되었다.

체관부는 식물호르몬도 수송하는데, 환경 신호는 호르몬을 식물체에서 빠르게 전류할 수 있다(34장 참조). 덧붙여 mRNA도 체관부를 통해 이동한다는 사실이 밝혀졌고, 이 사실로부터 세포들 사이에 장거리 통신 기작이 있음을 인식하게 되었다. 또한 체관부를 통해 당류, 아미노산, 유기산, 단백질, 이온 등 다른 분자들도 수송된다.

자료 분석 어느 해바라기 잎에서부터 그 위 25 cm에 있는 발달 중인 꽃눈까지 한 분자의 수크로스가 이동하는 데 얼마나 많은 시간이 걸리는지를 계산하시오.

팽압의 차이가 체관부 수송을 일으킨다

체관부를 통한 탄수화물의 이동에 대해 가장 널리 받아들여지고 있는 이론은 **압류설**(pressure-flow hypothesis)이다. 용해된 탄수화물은 공급처(source)로부터 흘러나와 소비되는 장소인 수용처(sink)로 이동되어 이곳에서 하적되어 사용된다. 탄수화물의 공급처는 잎의 엽육조직 같은 광합성 조직이다. 뿌리의 피층 같은 영양 저장조직은 공급처가 되기도 하고 수용처가 되기도 한다. 뿌리와 줄기의 생장점과 발달 중인 열매도 수용처가 된다. 공급처와 수용처는 식물의 일생에 걸쳐 바뀔 수 있다. 수요가 변하면 체관부에서 흐름의 방향도 바뀔 수 있다.

탄수화물(대부분이 수크로스)은 **체관부 적재**(phloem loading)라고 부르는 과정에 의해 공급처에 있는 가느다란 잎맥의 체관으로 들어간다. 일부 수크로스는 심플라스트 경로를 통해 엽육세포로부터 동반세포(companion cell)와 체세포로 들어간다(**그림 31.8** 참조). 상당량의 수크로스는 아포플라스트 수송으로 체세포에 도달한 다음 수크로스-양성자 공동수송체(sucrose-H^+ symporter)를 통해 막을 횡단하여 이동한다(4장 참조). 이 에너지 요구단계는 양성자펌프에 의해 이루어지는데(**그림 31.1** 참조), 체관에 인접한 동반세포와 유조직 세포는 이러한 수송에 필요한 ATP 에너지를 제공한다. 물관이나 헛

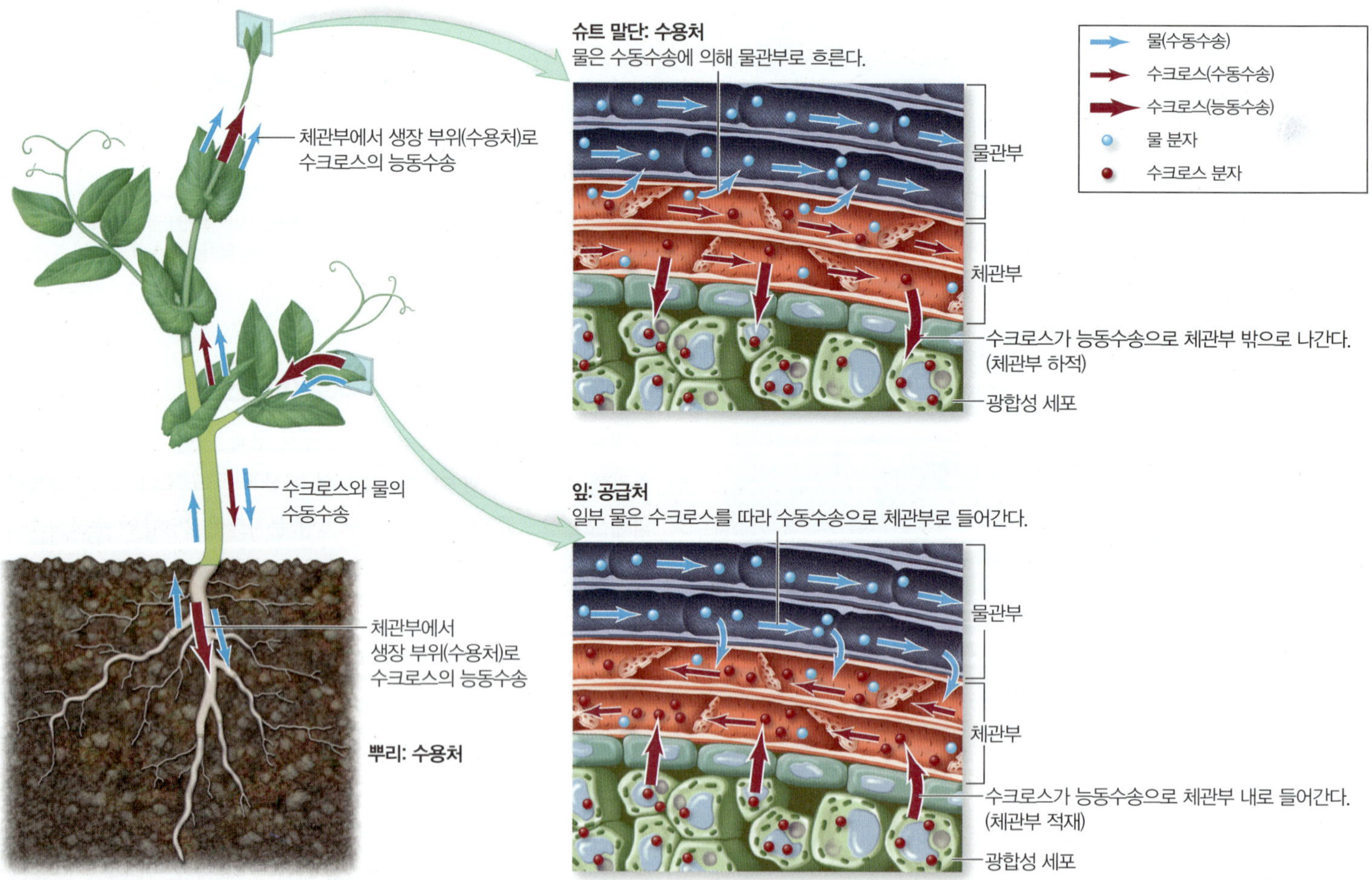

그림 31.19 대량 수송의 모식도.
이 모식도에서 붉은색 점은 수크로스 분자를 나타내고, 파란색 점은 물 분자를 표시한다. 수크로스 분자는 식물의 잎이나 기타 조직의 엽육세포로부터 빠져나와 체관부의 통도 세포로 들어간 후에 대량 수송을 통해 다른 부위로 이동하여 필요한 곳에서 하적된다.

물관과는 달리 체세포는 능동수송에 참여하는 살아 있는 세포이다.

추가적인 에너지 요구없이 체관에서 대량 수송이 이루어진다. 체관과 이웃한 물관부세포가 지닌 수분퍼텐셜의 차이로 인해 삼투현상으로 체관에 물이 유입된다. 결과적으로 체관의 팽압이 증가하고 이 압력으로 식물 체관계의 흐름이 이루어진다. 수용처에서는 체관으로부터 수크로스와 호르몬이 능동수송으로 빠져나가고 삼투현상에 의해 물도 따라 나간다. 결국 수용처에서는 팽압이 떨어져 공급처의 더 큰 압력으로부터 수용처의 더 약한 압력으로 대량 수송이 진행된다(**그림 31.19**). 수용처에서 물의 대부분은 확산에 의해 물관부로 되돌아가고 여기서 물은 다시 재순환되거나 증산작용에 의해 소실된다.

체관 내에서는 수크로스와 다른 탄수화물의 수송에 에너지가 요구되지 않는다. 그러나 수송을 유도하는 데 필요한 압력은 에너지 의존적인 적재와 체관으로부터 이들 물질의 하적에 의해 생겨난다.

핵심 요약 31.6

전류란 체관부를 통하여 용해된 탄수화물과 여타 물질이 식물체의 한 부위에서 다른 부위로 이동하는 것이다. 체관부의 수액에는 수크로스와 다른 당류, 호르몬, mRNA, 아미노산, 유기산, 단백질, 이온 등이 들어 있다. 압류설에 의하면 탄수화물은 체관에 적재되어 수분퍼텐셜의 차이를 만든다. 이 결과 물이 체관으로 들어가고, 압력이 생겨서 체관부를 통하여 수액이 이동한다.

- 물관부 수송과 체관부 수송을 이끄는 기작의 2가지 차이점은 무엇일까?

핵심 개념 요약

31.1 수송 기작(그림 31.2)

■ 국지적 변화가 장거리 물질 수송을 야기한다

물의 특성, 삼투현상, 그리고 세포 활성으로 물의 이동 방향을 예측할 수 있다.

■ 삼투압은 아쿠아포린에 의해 증가된다(그림 31.3)

아쿠아포린은 원형질막에 존재하는 수분 통로이며 막을 가로지른 물의 이동을 단순확산보다 더욱 빠르게 한다.

■ 수분퍼텐셜은 식물체를 통해 물의 이동을 조절한다

식물체에서 물을 수송하는 주요 힘은 증산작용에 의해 물을 당기는 것이다. 응집, 부착, 삼투현상 모두 물의 이동에 기여한다.

수분퍼텐셜은 압력퍼텐셜과 용질퍼텐셜의 합이다. 물은 수분퍼텐셜이 높은 부분에서 수분퍼텐셜이 낮은 부분으로 흐른다.

31.2 물과 무기물의 흡수

뿌리털과 균근의 곰팡이는 물과 무기물의 흡수를 위해 표면적을 넓힌다.

■ 세포를 통한 3가지 수송 경로가 있다

아포플라스트 경로는 세포벽과 세포 사이의 공간을 통한 통로이고, 심플라스트 경로는 원형질연락사로 연결되는 세포와 세포질을 통한 통로이다. 막횡단 경로는 역시 세포질을 통하지만 막을 횡단하여 막에서 물질의 출입이 조절된다.

■ 내피를 통한 수송은 선택적이다

내피에 있는 카스파리띠는 물과 영양분이 세포막을 가로질러 이동하게 해서 물과 영양분이 물관부로 선택적으로 흐르도록 한다.

31.3 물관부 수송

■ 뿌리압은 증산이 낮거나 일어나지 않을 때라도 존재한다

뿌리압은 이온이 능동수송으로 뿌리 세포 내로 들어가서 생기는데, 이로 인한 삼투현상에 의해 뿌리 세포 안으로 물이 들어가게 된다. 일액현상은 높은 뿌리압의 결과로써 물이 어쩔 수 없이 식물체 밖으로 나올 때 일어난다.

물은 수소결합으로 인한 응집력과 부착력이라는 특성에 의해서 높은 인장 강도를 지닌다.

■ 뿌리에서 슈트까지의 수분퍼텐셜 기울기가 수송을 가능하게 한다

물은 토양의 수분퍼텐셜이 뿌리의 수분퍼텐셜보다 더 클 때 식물체 내로 이동한다. 잎에서 물이 증발하면 물관부에서 음의 압력이 생기고, 이로 인해 물을 위로 끌어올린다.

■ 물관과 헛물관으로 인해 대량 수송이 가능하다

물관부의 물관이나 헛물관에 의해 수송되는 물의 부피는 직경에 대한 함수이다. 직경이 작을수록 인장 강도는 커진다. 그러나 더 큰 지름의 물관을 통해 더 많은 양의 물이 수송될 수 있다.

공동현상은 물기둥 안에 기포가 생길 때 일어나고, 이 때문에 물의 이동이 멈춘다.

31.4 증산율

■ 기공은 물과 이산화탄소의 수요에 대한 균형을 맞추기 위해 열리거나 닫힌다

뿌리에서 흡수되는 물의 90% 이상은 기공을 통해 대기로 소실된다. 기공은 광합성을 위해 이산화탄소를 받아들여야 하므로 열려야 하는데, 이를 통해 증산작용으로 인한 증발이 일어나며 잎의 온도가 떨어진다(**그림 31.12**).

■ **공변세포의 팽압이 기공 개폐의 원인이다**

공변세포가 이온을 흡수하여 팽압이 증가할 때 기공이 열린다. 팽창한 공변세포는 모양이 변해 두 세포 사이에 구멍이 생긴다. 공변세포가 팽압을 잃어 수축될 때 기공은 닫힌다.

■ **환경요인이 증산율에 영향을 미친다**

온도와 풍속이 올라가고 습도가 낮아짐에 따라 증산율은 증가한다. 고온이거나 이산화탄소의 농도가 증가할 때는 기공이 닫힌다.

31.5 수분 스트레스 반응

■ **가뭄에 대한 식물의 적응은 수분 손실을 제한하는 전략을 포함한다**

식물에서 수분 손실을 최소화하는 적응들은 기공 닫힘, 휴면 시작, 수분 손실을 막기 위한 잎의 특성 변화, 잎의 탈락 등을 포함한다.

■ **홍수에 대한 식물의 반응은 단기적 식물호르몬 변화와 장기적 적응을 포함한다**

홍수는 세포호흡에 필요한 산소 이용도를 감소시켜 비정상적인 생장을 초래하고 수송 기작의 효율을 감소시킨다.

다습한 환경에 적응된 식물은 다양한 전략을 보여주는데, 피목, 호흡근과 같은 부정근, 침수된 부위의 산소 공급을 위한 통기조직 등이 포함된다.

■ **고농도 염에 대한 식물의 적응은 염의 제거법을 포함한다**

해수에서 발견되는 식물은 이들이 흡수한 염분을 배제하거나 분비하거나 또는 희석할 것이다.

염생식물은 뿌리에 고농도의 유기분자를 가지고 있어서, 이를 통해 뿌리의 수분퍼텐셜을 낮추어 염분 토양에서 물을 흡수한다.

31.6 체관부 수송

■ **유기분자는 식물의 위와 아래로 이동된다**

유기 영양분이 체관부를 통하여 식물의 잎에서 다른 부위로 이동하는 것을 전류라고 한다. 체관부를 통해 이동하는 수액에는 당류, 식물호르몬, mRNA, 및 기타 물질이 들어 있다. 탄수화물은 능동수송으로 체관 내로 수송되어야 한다.

■ **팽압의 차이가 체관부 수송을 일으킨다**

광합성 잎과 같은 탄수화물 공급처에서 체관부 내로 당의 능동수송은 수분퍼텐셜의 감소를 야기한다.

물이 체관부 내로 이동함에 따라 생긴 팽압이 내용물을 비광합성 조직인 수용처로 이동하게 하고, 이곳에서 내용물이 하적되어 사용되거나 저장된다.

연습문제

■1단계: 이해력 확인하기

1. 다음 중 능동수송의 기작은 무엇인가?
   a. 양성자펌프　　b. 이온통로
   c. 공동수송　　d. 삼투현상
2. 식물세포의 수분퍼텐셜은 무엇인가?
   a. 막전위와 중력의 합
   b. 막전위와 중력의 차이
   c. 압력퍼텐셜과 용질퍼텐셜의 합
   d. 압력퍼텐셜과 용질퍼텐셜의 차
3. 물 분자 사이의 수소결합으로 생기는 것은 무엇인가?
   a. 침수　　b. 부착
   c. 증발　　d. 응집
4. 세포벽을 통한 물의 이동은 무엇인가?
   a. 아포플라스트　　b. 심플라스트
   c. a, b 모두 맞다.　　d. a, b 둘 다 아니다.
5. 카스파리띠는 뿌리의 어느 부위에서 발견되는가?
   a. 피층　　b. 표피조직
   c. 내피　　d. 물관부
6. 물관부에서 기포의 형성을 무엇이라 부르는가?
   a. 교반　　b. 응집
   c. 부착　　d. 공동현상
7. 일액현상이 가장 잘 나타날 것 같은 날은 언제인가?
   a. 추운 겨울 날　　b. 시원한 여름 밤
   c. 따뜻하고 맑은 날　　d. 따뜻하고 흐린 날
8. 공변세포가 어떠할 때 기공이 열리겠는가?
   a. 포타슘을 받을 때　　b. 포타슘을 잃을 때
   c. ABA를 받을 때　　d. 염소를 잃을 때
9. 다음 중 염분이 많은 환경에 적응한 것이 아닌 것은 무엇인가?
   a. 염분의 분비
   b. 뿌리의 수분퍼텐셜 저하
   c. 염분의 배제
   d. 호흡근 형성
10. 다음 중 식물이 에너지를 사용해야 하는 경우는 무엇인가?
   a. 증산
   b. 체관부 수송
   c. 증산과 체관부 수송 둘 다
   d. 증산과 체관부 수송 둘 다 아님

■2단계: 적용력 평가하기

1. 다음 중 잘못된 내용은 무엇인가?
   a. 물은 수분퍼텐셜이 낮은 부위로 이동한다.
   b. 물관부는 물질을 식물체 위쪽으로 수송하는 데 비해 체관부는 식물체 아래쪽으로 수송한다.
   c. 물관부에서 물의 이동은 부분적으로 물의 응집력과 부착력 때문이다.
   d. 막을 횡단하는 물의 이동은 흔히 용질의 농도 차이에 의한다.
2. 기공을 여는 조절기작을 없애서 기공이 계속 닫히도록 하면 그 식물체에는 어떤 일이 일어날 것으로 예상할 수 있는가?
   a. 당 합성이 서서히 줄어들 것이다.
   b. 물의 수송이 서서히 줄어들 것이다.
   c. 식물체가 뜨거워질 것이다.
   d. 위의 모든 일이 기공이 계속 닫힌 결과일 것이다.
3. 용질 퍼텐셜이 −0.4 MPa이고, 압력 퍼텐셜이 0.2 MPa인 세포를 0.5 MPa의 압력을 가한 순수한 물로 채운 통에 둔다면 어떻게 되겠는가?
   a. 물이 세포 밖으로 빠져나간다.
   b. 물이 세포 안으로 들어온다.
   c. 세포가 쭈그러진다.
   d. 세포가 터진다.
4. 세포막에서 아쿠아포린을 제거할 수 있다면 다음 중 어떤 결과가 나타나겠는가?
   a. 물이 더 이상 막을 횡단하지 못한다.
   b. 식물은 더 이상 막을 횡단하는 물의 이동 방향을 조절할 수 없다.
   c. 포타슘의 공동수송이 더 이상 일어날 수 없다.
   d. 팽압이 증가한다.
5. 다음 중 카스파리띠를 제거한 결과는 무엇인가?
   a. 물과 무기물 영양분이 물관부에 도달하지 못할 것이다.
   b. 물관부로 들어가는 물질에 대한 선택성이 낮아질 것이다.
   c. 물과 무기물 영양분이 물관부에서 빠져나와 다시 토양으로 들어갈 것이다.
   d. 물과 무기물 영양분이 내피 세포벽을 더 이상 통과할 수 없을 것이다.

■3단계: 사고력 함양하기

1. 실내 화초에 너무 자주 비료를 주면, 토양에 수분이 있어도 식물이 시드는 것을 보게 된다. 수분퍼텐셜의 관점에서 어떤 일이 일어난 것인지 설명하시오.
2. 중요한 아쿠아포린 단백질 유전자가 돌연변이된 식물체는 어떻게 알아낼 수 있는가?
3. 식물의 물 수송 기작을 동물에서의 기작과 비교하여 설명하시오.
4. 교목 수간(나무줄기)의 지름을 측정해 보면 낮 동안 줄어드는 것을 알 수 있는데, 아랫부분보다 윗부분이 먼저 줄어드는 것을 볼 수 있다. 이러한 관찰이 증산작용으로 수간을 통해 물을 위로 끌어올린다는 가설을 어떻게 지지하는지 설명하시오.
5. 당근은 2년생 식물로 생장 첫해에는 씨앗이 발아하여 굵은 저장근을 가진 식물을 만든다. 둘째 해는 저장근으로부터 슈트가 나오고 꽃자루를 생성하며, 수정 후 종자를 형성함으로써 생활사를 다시 시작한다. 당근의 2년 생활사 동안의 봄, 여름, 가을의 당근 식물을 그리고 각 계절의 탄수화물 공급과 수용에 대해 설명하시오.

32

식물영양과 토양

도입

식물의 생장과 발달에는 방대한 에너지가 요구되는데 이번 장에서는 식물이 살아가는 데 태양에너지 외에 무엇이 더 필요한지를 알아본다. 동물과 마찬가지로 식물도 건강하게 성장하기 위해서는 다양한 영양분을 필요로 하며, 주요 영양분이 결핍되면 식물의 생장이 지연되고, 병에 더 잘 걸리거나 심지어 죽을 수도 있다. 식물은 영양분을 주로 광합성과 토양으로부터 얻는다. 토양은 영양분의 공급원인 동시에 식물이 사용 가능한 형태의 영양분을 얻는 데 도움을 주는 박테리아와 곰팡이의 서식처이기도 하다. 식물은 대기 중의 질소를 직접 아미노산으로 전환시킬 수 없기 때문에 충분한 양의 질소를 획득하기 어렵다. 어떤 식물은 동물을 잡아 소화액을 분비하여 필요한 질소를 직접 획득하기도 한다.

32.1 토양: 식물이 의존하는 기질

학습 목표

1. 토양이 음전하, 양전하 이온과 상호작용하는 방식을 설명할 수 있다.
2. 토양의 특성이 뿌리에 의한 영양분 흡수에 어떻게 영향을 미치는지 설명할 수 있다.
3. 토양 침식을 감소시킬 수 있는 경작 방식에 대하여 서술할 수 있다.

식물을 지탱하는 많은 활동은 표층의 풍화된 바깥층인 토양에 의존한다. **토양**(soil)은 모래, 다양한 크기의 암석, 진흙, 토사, **부식토**(humus, 주로 분해된 유기물), 다양한 형태의 무기물과 유기물 같은 구성요소로 이루어져 있으며, 토양 입자 사이의 공간에는 물과 공기가 들어 있다.

토양은 무기물, 유기물, 물, 공기 그리고 생물체로 구성된다

토양에 포함된 무기물은 암석의 조성에 따라 달라지며, 지구의 표층에는 약 92종의 원소가 존재한다(1장 참조). 대부분의 원소는 **무기물**(minerals)이라 불리는 무기 화합물의 형태로 발견되며, 대부분의 암석은 여러 종류의 무기물로 이루어져 있다.

토양에는 유기물 잔해를 분해하여 재사용하는 많은 미생물들이 살고 있는데, 박테리아만을 고려하면 한 숟가락의 토양에 대략 10^8~10^9개가 존재한다. 예를 들면, 1만 m^2의 밀밭 토양 속에 존재하는 생명체의 양은 양(sheep) 100마리 무게에 버금가는 양의 탄소(약 5톤)에 해당한다.

식물 뿌리는 다양한 크기의 무기물 입자(대부분 직경 2 mm 이하), 살아 있는 생명체, 그리고 부식토가 섞여 있는 **표토**(topsoil)에 뻗어 있다(**그림 32.1**). 표토의 특징은 모래, 실트(silt), 점토의 상대적인 양에 따라 결정된다. 토양의 성분은 생명체가 사용할 수 있는 토양 속의 물과 영양분의 정도를 결정한다. 점토는 물과 영양분에 강하게 결합하지만, 모래는 잘 결합하지 못한다. 점토 입자는 모래와 같은 큰 입자보다 훨씬 높은 부피당 표면적 비를 가지기 때문에, 점토가 많은 토양은 식물에게 적은 영양분과 낮은 물 가용성을 제공한다.

토양의 특성에 따라 물과 무기물의 가용성이 다르다

토양 입자 사이의 공간이나 틈에 있는 물에 녹아 있는 무기물만이 뿌리로 흡수될 수 있다. 일반적으로 무기물과 유기토양은 음전하를 띠므로 양전하를 가진 분자나 이온을 끌어당기며, 남아 있는 음이온은 토양수와 뿌리세포 사이에 전하 기울기를 유발하기 때문에 양이온들은 일반적으로 세포 밖으로 나오는 경향을 보인다. 양성자 이온펌프는 뿌리 밖으로 수소 이온을 내보내 강한 막전위를 형성하게 하며, 이러한 강한 전기화학적 기울기는 포타슘 이온과 다른 이온들이 이온통로를 통해 뿌리 내로 들어가게 해준다. 일부 이온, 특히 음이온은 공동수송체(cotransporter)를 이용한다(**그림 32.2**). 뿌리에서 유지되는 막전위와 뿌리 안팎의 수분퍼텐셜(water potential)의 차이는 무기물의 뿌리 수송에 영향을 준다(31장 참조).

토양 부피의 절반 정도는 공기와 물로 채워진 공간으로 수분조건에 따라 달라진다(**그림 32.3**). 토양수의 일부는 식물이 이용할 수 없는데, 예를 들어 모래흙에 있는 대부분의 물은 중력 때문에 즉시 흘러내려간다. 섬세한 입자를 포함하는 토양에서는 물이 입자에 단단히 결합하기 때문에 식물이 사용할 수 있는 나머지 물의 일부는 지름이 50 μm보다 작은 토양의 틈에 들어가게 되는데, 이 물은 식물이 쉽게 이용할 수 있다. 이러한 물이 증발되거나 뿌리로 흡수되어 고갈되고 토양에 더 이상의 물이 첨가되지 않는다면 식물은 결국 시들어 죽는다. 식물의 뿌리는 주변의 물을 고갈시키기 때문에 토양의 수분퍼텐셜이 감소하게 되는데, 결국 멀리 있는 토양수가 더 높은 수분퍼텐셜을 가지기 때문에 더 많은 물이 뿌리 쪽으로 이동하게 된다.

토양은 매우 다양한 조성을 가지며, 토양이 식물체에 제공하는 영양분의 양은 토양에 따라 다르다. 토양의 산성도와 염도 식물의 영양분과 물의 이용에 영향을 줄 수 있다.

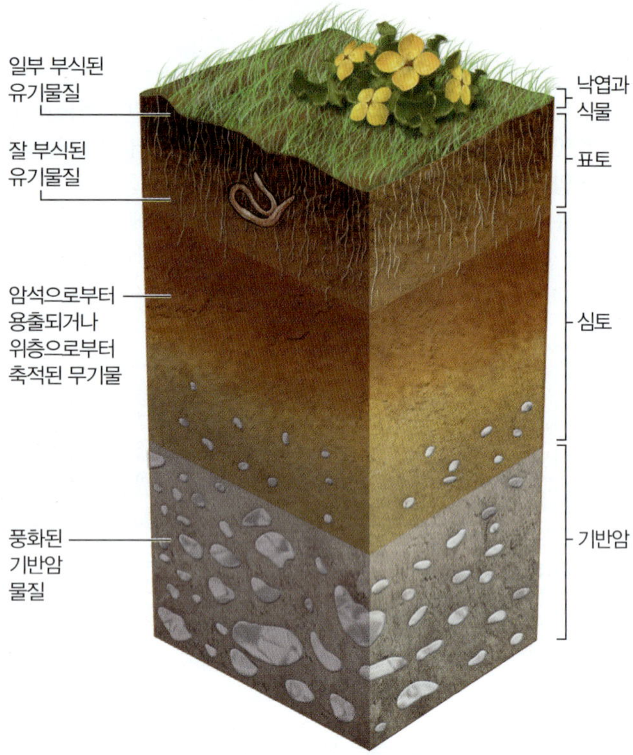

그림 32.1 표토에서 자라는 뿌리.
낙엽과 동물사체는 표토라고 부르는 토양의 가장 위층을 덮는다. 표토는 뿌리, 작은 동물, 부식토와 같은 유기물과 다양한 크기의 무기물 입자를 포함한다. 심토는 표토의 아래층이며 큰 무기물 입자를 포함하지만, 유기물질은 거의 없다. 심토의 아래층은 오랜 시간과 풍화를 거쳐 토양으로 형성되는 기반암으로 이루어져 있다.

그림 32.2 물질 수송에서 토양 전하의 기능.
양으로 하전된 이온이 뿌리털로 들어가기 위해서는 능동수송이 필요하다.

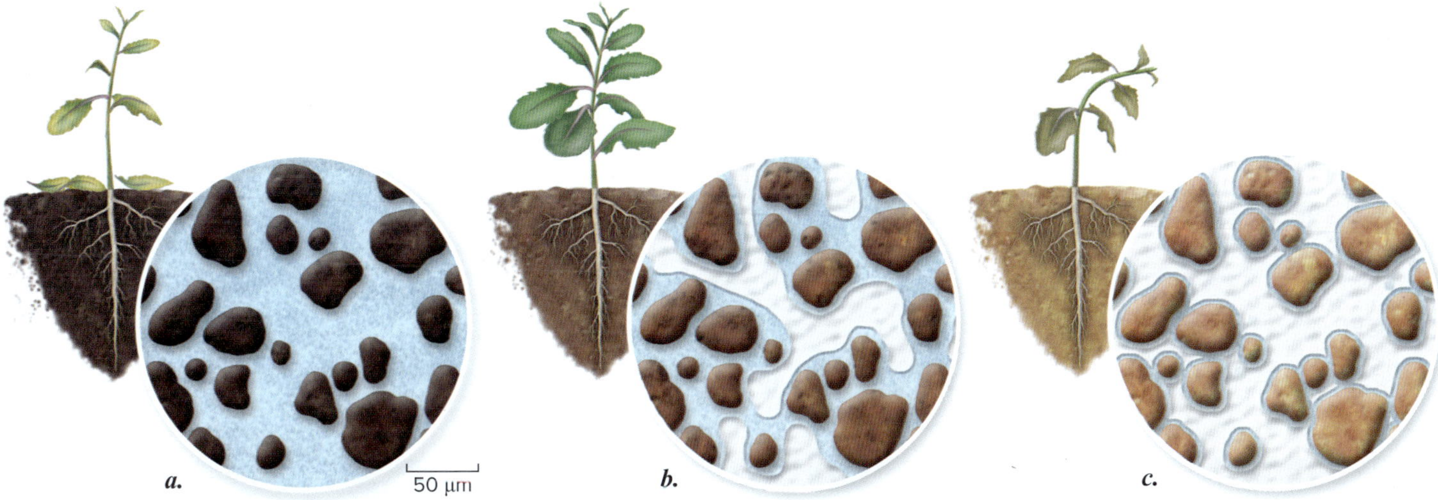

그림 32.3 토양 입자 사이의 공간을 채우는 물과 공기.
a. 토양에 공기 순환을 위한 공간이 없으면 뿌리는 호흡을 할 수 없다. *b.* 토양에 있는 공기와 물 사이의 균형이 뿌리 생장에 필수적이다. *c.* 물이 없으면 토양의 수분퍼텐셜은 감소되고, 식물의 증산작용이 억제된다.

경작으로 인해 토양이 감소되고 영양분이 고갈된다

침식이나 잘못된 조경으로 표토가 유실되면 토양의 보습력과 보유한 영양분에 나쁜 영향을 미친다. 미국의 경우 1년에 500억 톤의 표토가 사라지는 것으로 보고되고 있다.

1930년대 미국의 대초원지대의 예에서 볼 수 있듯이 작물의 수확 등으로 식생 피복(vegetative cover)이 제거되면 물과 바람에 의한 토양 침식이 급격히 진행되기도 한다. 이 지역은 잘못된 경작과 몇 년간의 가뭄의 결과로 토양이 바람에 의한 침식에 극히 민감해져 건조지대로 변하게 되었다(**그림 32.4***a*).

토양의 보존을 위하여 간작(intercropping), 보전 경작(conservation tillage), 무경간 농법(밭을 갈지 않고 도랑에 씨를 심어 농사를 짓는 방법) 등의 새로운 경작 방식들이 도입되고 있다.

농장, 잔디밭 또는 정원에서 비료를 과다하게 사용하면 심각한 수질 오염과 호수의 조류 부영양화와 같은 부작용을 야기할 수 있다 (51장 참조). 생태계의 파괴를 최소화하면서 작물 생장을 개선하기 위해서는 토양의 영양분 수준을 유지하고, 호수나 시내 그리고 강으로 흘러 들어가는 영양분의 양을 줄여나가야 한다.

한 가지 방법인 위치특이 농경법(site-specific farming)에서는 컴퓨터와 GPS로 조절되는 비료 측정기(variable-rate fertilizer applicator)를 도입하여 토양 시료를 분석해 국지 토양의 영양분 수준을 파악하여 적절한 양의 비료를 투여하는 것이다. 또 다른 방법인 통합 영양관리법(integrated nutrient management)은 풋거름, 동물 비료, 무기물 비료를 이용하여 영양분 투입을 최대화하는 방법이다. 풋거름과 동물의 분뇨는 미생물들에 의해 분해되면서 영양분이 서서히 방출되기 때문에 영양분들이 침출되기 전에 이용될 수 있다는 장점을 지니고 있다. 지속농업(sustainable agriculture)은 2가지 보전 방식을 접목한 것이다.

a.

b.

그림 32.4 토양 파괴.
a. 가뭄과 잘못된 경작법으로 인해 1930년대 미국 남서부의 대초원지대에 있는 농장에서 풍화 침식이 발생하였다. *b.* 이라크의 습지는 염도가 높은 사막으로 변하였다.

토양의 pH와 염도는 토양의 물과 무기물 가용성에 영향을 미친다

토양과 뿌리 사이의 수분퍼텐셜 차이 혹은 이온 기울기의 균형이 바뀌면 식물이 물과 무기물을 흡수하는 능력이 바뀌게 된다. 산성 토양과 염토는 식물의 생장을 방해할 수 있다.

산성 토양

토양의 pH는 풍화된 암석으로부터 무기물이 빠져나오는 것에 영향을 준다. 예를 들면 많은 식물에 독성이 있는 알루미늄은 낮은 pH에서 암석으로부터 녹아 나오는데, 알루미늄은 다른 영양분들과 결합하여 식물이 흡수할 수 없도록 만들기도 한다.

대부분의 식물은 거의 중성 pH에서 가장 잘 자라지만, 전 세계 경작지의 약 26%는 산성이다. 아메리카 대륙의 열대지방의 경우 토양의 68%가 산성이다. 콜롬비아의 산성 토양에서 알루미늄 독성은 옥수수 수확량을 4배나 감소시킨다(**그림 32.5**).

콜롬비아에서는 육종을 통해 알루미늄 내성 식물을 개발하여 작

과학적 사고

배경 정보: 산성 토양에서는 Al^{3+}이 알루미늄의 일반적 형태이며, 식물에 강한 독성을 띤다. 석회를 뿌리면 토양의 pH는 증가하고, Al^{3+}은 독성이 덜한 알루미늄의 형태로 전환되고 뿌리 생장은 촉진된다.

가설: 알루미늄 내성 밀은 뿌리 주변의 pH를 증가시켜 식물 생장을 촉진할 수 있다.

예상: 밀의 유묘(seedling)가 있는 배양액에 알루미늄을 첨가하면, 내성 식물이 있는 배양액의 pH가 민감성 식물이 있는 배양액보다 더 높게 증가할 것이다.

실험: 생장–민감형 밀(S)과 생장–내성형 밀(T)을 pH 4.5인 배지에 각각 준비한다. 0, 25, 50, 100 μM Al^{3+}을 배양액에 각각 첨가한 후, 24시간 후에 배양액의 pH를 측정한다.

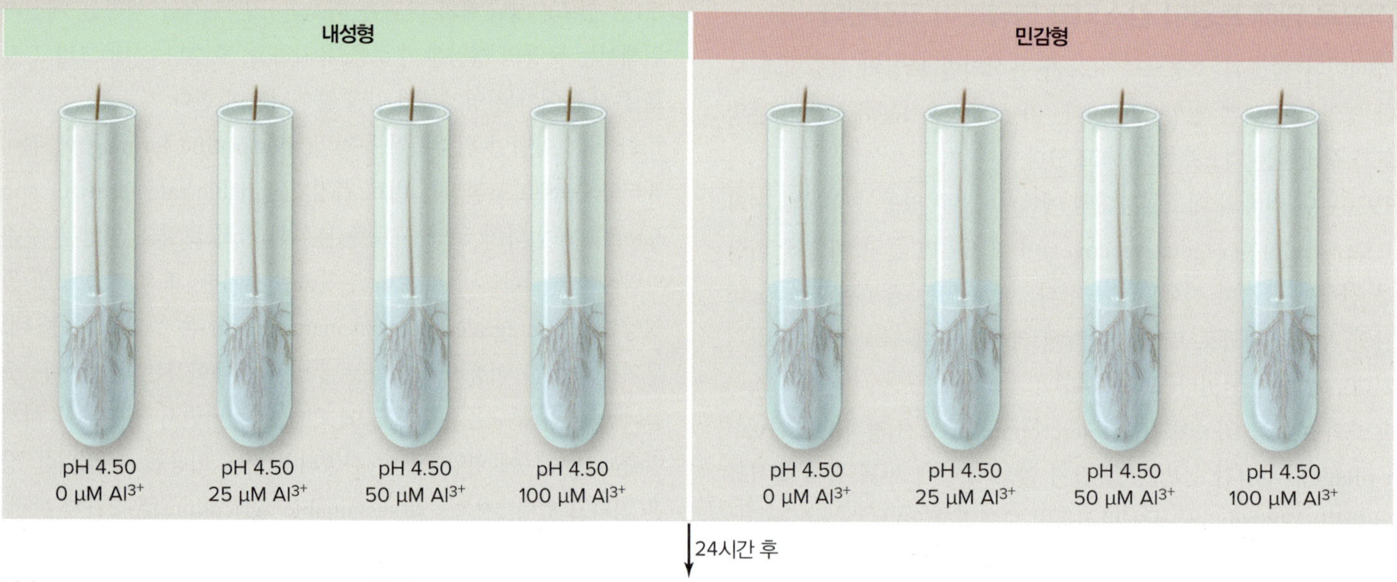

결과:

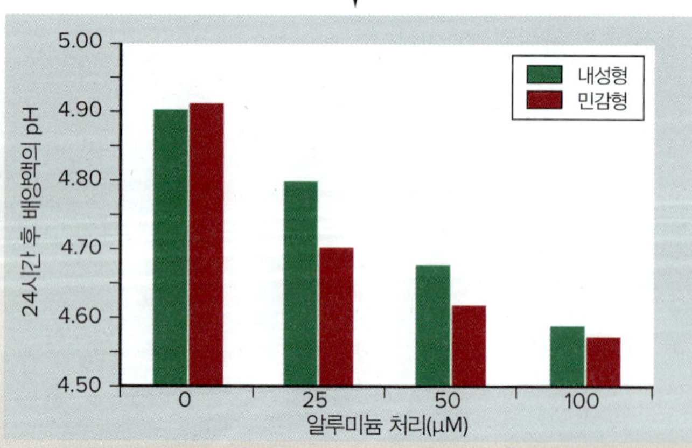

결론 : Al^{3+}가 없을 때에는 민감형 식물과 내성형 식물 모두 뿌리 주변의 pH를 증가시킨다. 25와 50 μM Al^{3+} 조건에서는 내성형 식물이 민감형 식물보다 높은 pH를 유지한다.

추가 실험: 배양액의 pH와 식물 생장 사이의 연관성을 증명하기 위하여, 다른 pH 배양액에서의 뿌리 생장 속도를 측정한다. pH가 뿌리 생장에 긍정적 영향을 준다고 가정하면서, 배양 24시간 후에 pH에 따른 뿌리 신장 속도를 보여주는 그래프를 그려본다. 위의 막대 그래프에 있는 pH 값을 사용한다.

그림 32.5 알루미늄 독성을 낮추기 위해 뿌리는 pH를 변하게 한다.

물 수확량의 33%를 증가시켰으며, 일부 시험장(test field)에서는 민감성 식물 수확량에 비해 70% 정도까지 증가시킨 바 있다. 독성 금속을 흡수하는 식물의 능력은 오염된 토양을 정화하는 데 활용할 수 있다(32.5절 참조).

염도

토양에 Na^+ 또는 Cl^-와 같은 염분 이온이 축적되면 수분퍼텐셜이 변하여 식물이 팽압(turgor pressure)을 잃어버리게 된다. 경작지의 약 23%는 식물 생장을 제한할 정도의 염도를 가지고 있다. 염토는 관개로 인해 염분이 축적된 건조한 지역에서 흔히 나타나며, 이런 지역에서는 강수량이 염분을 제거할 만큼 충분하지 못해 토양에 염분이 점차 축적된다.

토양 염화의 가장 두드러진 예는 메소포타미아의 "문명의 요람(cradle of civilization)"을 들 수 있는데, 한때 비옥했던 시절에는 비옥한 초승달지대(Fertile Crescent, 나일강, 티그리스강과 페르시아만을 연결하는 고대 농업 지대)로 불렸으나, 현재는 대부분 사막으로 변해 있다. 사막화는 이라크 남부에서 가속화되었는데, 1990년대에 댐 건설로 수로가 변하여 20,000 km^2의 습지대 대부분이 염도가 높은 사막으로 변하였다(**그림 32.4***b*). 댐들은 나중에 제거되어 물이 다시 습지대로 들어오게 되었으며, 습지대로의 회복은 아니더라도 물의 유입이 염도를 낮추게 될 것을 희망하고 있다.

핵심 요약 32.1

표토는 무기물 입자, 살아 있는 생물체, 부식토로 구성되어 있다. 뿌리는 양성자(H^+)를 뿌리 밖과 토양으로 이동시키기 위해 양성자 이온 펌프를 사용한다. 그 결과 전기화학적 기울기가 형성되어 양전하를 띠는 무기물 이온은 이온통로를 통해 뿌리 내로 들어간다. 침식에 의한 표토의 소실은 간작, 혼합 작물 심기, 보전 경작, 무경간 농법에 의해 감소될 수 있다.

■ 수분퍼텐셜에 대한 지식을 적용하여, 뿌리에 가까이 있는 물이 고갈되면 무엇이 일어날지 설명해 보자.

32.2 식물영양

학습 목표

1. 다량영양소와 미량영양소를 구분할 수 있다.
2. 과학자들이 식물에게 필요한 영양분을 어떻게 결정하는지 설명할 수 있다.
3. 강화식품 연구의 목적을 설명할 수 있다.

표 32.1 식물의 필수 영양분

원소	기본 흡수형태	건중량의 % 근사치	주요 기능의 예
		다량영양소	
탄소	CO_2	44	유기물의 주요 성분
산소	O_2, H_2O	44	유기물의 주요 성분
수소	H_2O	6	유기물의 주요 성분
질소	NO_3^-, NH_4^+	1~4	아미노산, 단백질, 뉴클레오타이드, 핵산, 엽록소, 조효소, 효소의 성분
포타슘	K^+	0.5~6	단백질 합성, 기공 개폐
칼슘	Ca^{2+}	0.2~3.5	세포벽 성분, 막구조와 투과성 유지, 일부 효소의 활성화
마그네슘	Mg^{2+}	0.1~0.8	엽록소 성분, 많은 효소의 활성화
인	$H_2PO_4^-$, HPO_4^-	0.1~0.8	ADP, ATP, 핵산, 인지질, 일부 조효소의 성분
황	SO_4^{2-}	0.05~1	일부 아미노산, 단백질, 조효소 A(CoA)의 성분
		미량영양소(농도는 ppm)	
염소	Cl^-	100~10,000	삼투압과 이온 균형
철	Fe^{2+}, Fe^{3+}	25~300	엽록소 합성, 사이토크롬, 질소고정효소
망간	Mn^{2+}	15~800	일부 효소의 활성제
아연	Zn^{2+}	15~100	많은 효소의 활성제, 엽록소 형성
붕소	BO_3^-, $B_4O_7^-$, $H_2BO_3^-$	5~75	탄수화물 수송, 핵산 합성
구리	Cu^{2+}, Cu^+	4~30	일부 효소의 활성제 혹은 구성요소
몰리브덴	MoO_4^-	0.1~5	질소고정, 질산염의 환원

그림 32.6 식물의 무기물 결핍.
a. 건강한 토마토 식물, *b.* 망간이 결핍된 토마토 잎, *c.* 구리가 결핍된 토마토 잎, *d.* 인이 결핍된 토마토 잎

식물영양의 주요 공급원은 태양에너지를 이용해 대기 중의 이산화탄소를 단순당(simple sugar)으로 고정하는 광합성 과정이다. 이산화탄소는 기공을 통해 들어온다.

하지만 이산화탄소와 빛에너지는 식물이 필요로 하는 모든 분자들을 합성하기에 충분하지 못하다. 식물이 상대적으로 많은 양을 필요로 하는 영양분은 **다량영양소**(macronutrient), 적은 양을 필요로 하는 영양분을 **미량영양소**(micronutrient)라 한다(**표 32.1**).

> **?** **탐구문제** 나무 줄기를 구성하는 대부분 물질의 근원은 무엇인가?

식물은 9종의 다량영양소와 7종의 미량영양소를 필요로 한다

9종의 다량영양소는 모든 유기물에서 발견되는 3가지 원소인 탄소, 산소, 수소에 더하여 질소(아미노산의 주성분), 포타슘, 칼슘, 마그네슘(엽록소 성분), 인산과 황으로, 이들 영양분들은 각각 식물체 건중량의 1% 정도 되는데, 탄소의 경우에는 월등히 더 높다.

7종의 미량영양소는 염소, 철, 망간, 아연, 붕소, 구리 및 몰리브덴으로 식물체에 1 ppm에서 수백 ppm 정도 포함되어 있다. **그림 32.6**에서 보는 것처럼 미량영양소들 중 어느 하나라도 결핍될 경우 식물 생장에 심각한 영향을 줄 수 있다. 대부분의 다량영양소는 지난 세기에 발견되었으나, 미량영양소는 미량의 물질을 분석할 수 있는 기술 발달로 인해 최근에 발견되었다.

식물의 영양요구량은 식물의 뿌리를 영양분이 함유된 물에 담가 재배하는 수경재배(hydroponics)를 통해 측정할 수 있다. 조사를 위해 배양액에 모든 필수 영양분을 적절한 비율로 포함시키고, 확인하고자 하는 영양분은 제외시킨 다음 식물의 생장 패턴과 잎의 색깔 변화를 조사함으로써 배제된 영양분의 필수 영양분 여부를 검증한다(**그림 32.7**). 미량영양소가 얼마나 적은 양이 필요한지를 몰리브덴을

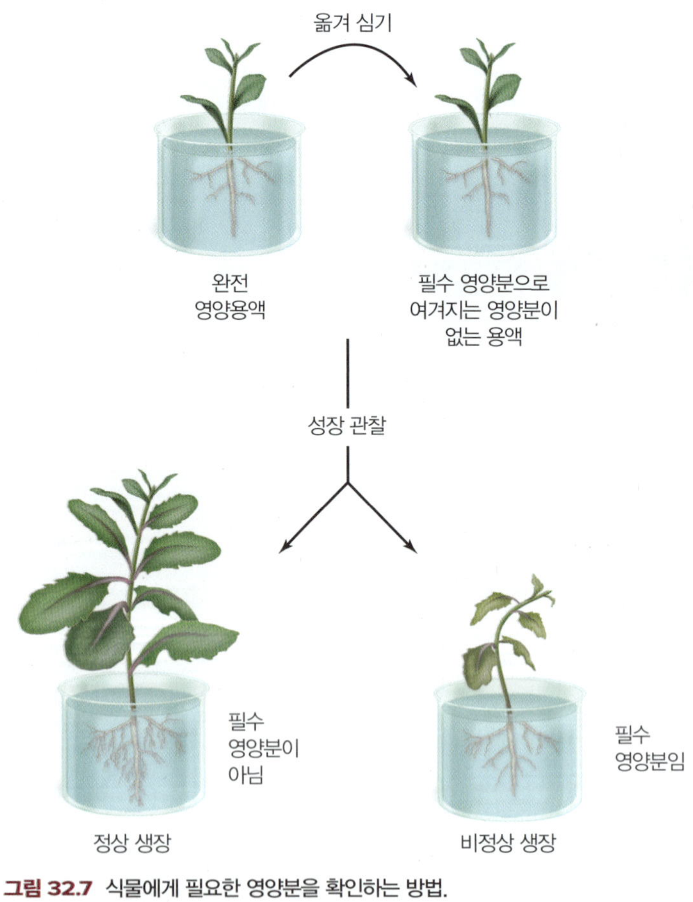

그림 32.7 식물에게 필요한 영양분을 확인하는 방법.
유묘를 완전 영양용액에서 키운 다음 필수 영양분이 없는 용액으로 유묘를 옮긴다. 잎의 탈색이나 생장저해와 같은 비정상적인 생장을 보여주는 증상이 있는지를 확인한다. 만약 유묘가 정상이라면 빠진 영양분은 필수 영양분이 아니지만, 유묘의 생장이 비정상이라면 결핍된 영양분은 생장에 필수적이다.

그림 32.8 수경재배.
토양은 영양분을 제공하고 식물의 지지층으로 작용하지만, 이 두 기능은 수경재배 시에 바뀔 수 있다. 사진에서 보는 것처럼 토마토 식물은 공중에 매달려 있고 뿌리는 영양용액에 담겨 있다.

예로 들어 보면, 호주에서 몰리브덴이 심각하게 결핍된 토양에는 10년에 한 번 1만 m^2에 약 34 g의 몰리브덴만 첨가해주면 된다.

대부분의 식물은 수경재배를 통해 잘 재배할 수 있으며, 비용이 많이 들어도 효율적인 생산과 식품 안전성 때문에 상업적 목적으로 이용되기도 한다(**그림 32.8**).

작물의 생산량과 영양분은 식량안보에 영향을 미친다

영양분 수준과 작물 생산량은 인류의 주요 과제이며, 기아를 피하려는 **식량안보**(food security)는 전 세계적인 문제로 대두되고 있다. 특히 개발도상국에서 작물의 영양가 증가는 인류 건강에 큰 도움을 주게 될 것이다.

강화식품(food fortification)은 사람의 식생활 소비에 이용할 목적으로 식물의 뿌리와 줄기에 무기물의 흡수와 저장을 증가시키는 방법에 관해 연구하는 것이다. 그 실례로 인산이 토양에 더 잘 용해된다면 인산의 흡수를 증가시킬 수 있는데 인산을 용해하는 유기산인 구연산(citrate)을 분비하는 식물이 유전적으로 조작되어 만들어졌다. 구연산염은 알루미늄에 결합하여 알루미늄이 식물로 흡수되는 것을 막아주기도 한다.

철, 망간, 아연과 같은 영양분의 경우는 세포막 수송의 제한인자로 작용한다. 이들의 세포막 수송단백질을 암호화하는 유전자를 다른 종에서 분리하여 작물로 도입하는 연구가 진행되고 있다. 이러한 연구가 성공적으로 이루어지면 아침에 먹는 시리얼을 공장에서 가공하면서 추가 영양분을 넣는 것이 아니라, 시리얼을 만드는 작물이 농장에서 재배되는 동안 추가 영양분으로 강화될 수 있을 것이다.

핵심 요약 32.2

식물은 9개의 다량영양소와 7개의 미량영양소를 필요로 한다. 어떤 영양분이 생장에 필요한지 알아보기 위해 식물을 수경재배한다. 과학자들은 영양분 흡수와 저장을 높여 식량 작물의 영양 구성을 향상시키는 연구를 진행 중이다. 이러한 식품강화 방법들은 인간이 굶어 죽지 않도록 식량안보를 향상시킬 수 있다.

- 토양에 마그네슘이 부족하면 왜 식량 생산이 제한될까?

32.3 특수 영양 전략

학습 목표

1. 식물영양을 위한 질소고정 박테리아의 중요성을 설명할 수 있다.
2. 균근 곰팡이가 식물에게 어떻게 도움을 주는지 설명할 수 있다.
3. 식충식물이 곤충으로부터 어떻게 영양분을 흡수하는지 서술할 수 있다.

일부 식물들은 부족한 영양분을 다른 개체와의 상호작용, 기생 또는 포식을 통해 얻는 방향으로 진화하였다. 대표적인 예로는 질소를 들 수 있다. 식물이 아미노산을 만들기 위해서는 암모니아(NH_3)나 질산염(NO_3^-)이 필요하지만, 대기 중 대부분의 질소는 질소가스(N_2)의 형태로 존재한다. 식물은 질소가스를 암모니아로 전환하는 생합성 경로를 가지고 있지 않지만, 일부의 박테리아는 이러한 능력을 가지고 있다.

어떤 박테리아는 식물의 뿌리에 질소를 공급해 준다

공생관계는 일부 식물들과 질소가스를 전환할 수 있는 박테리아 사이에서 이루어졌다. 이러한 박테리아의 일부는 식물의 뿌리와 서로 도와가며 살고 있으며, 어떤 박테리아들은 **뿌리혹**(nodule)이라 불리는 식물의 조직에서 서식한다(**그림 32.9**). 콩과식물(legume)과 몇몇 다른 식물들은 뿌리혹을 만드는데, 이러한 박테리아들과 공생하기 위해 식물이 에너지를 소비하지만 토양에 질소가 결핍된 경우에는 식물에게 커다란 도움이 된다. 질소 수준이 높을 때는 콩과식물의 뿌리털은 에너지 보존을 위해 박테리아의 신호에 반응하지 않는다.

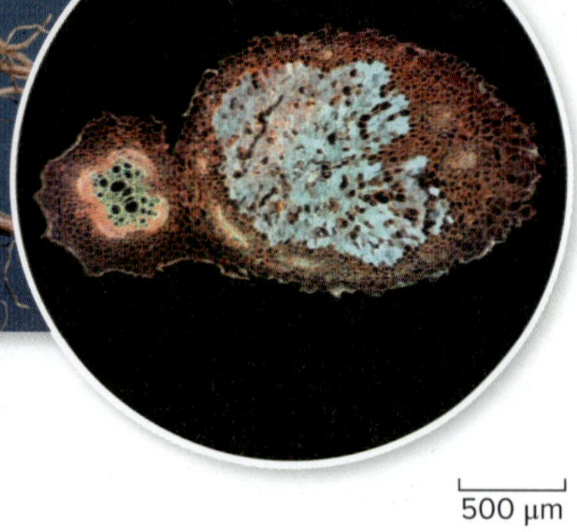

그림 32.9 질소고정 뿌리혹. 알팔파의 뿌리털은 질소를 고정하는 뿌리혹박테리아를 가지고 있다.

질소고정은 세포에서 일어나는 반응들 중에서 에너지를 가장 많이 소비하는 과정이다. 질소가스에 있는 3중결합의 강도 때문에 질소가스(N_2)에 수소가스(H_2)가 결합되는 것은 쉽지 않다. 질소고정효소(nitrogenase)는 암모니아 2분자를 만들기 위해 16개의 ATP를 필요로 한다. 질소고정효소가 없다면 450°C 500기압에서 암모니아를 만드는 것이 가능하지만, 이는 식물이 살 수 있는 조건과는 거리가 멀다.

뿌리혹박테리아(*Rhizobium* bacteria)는 질소고정자로서 많은 에너지를 소비하는 생활방식 때문에 산소와 탄수화물을 필요로 한다. 탄수화물은 식물의 관다발 조직을 통해 공급되고 동물의 헤모글로빈과 구조적으로 유사한 뿌리혹헤모글로빈(leghemoglobin)이 식물에서 만들어져 박테리아의 산소 가용성을 조절한다. 산소가 없으면 박테리아는 죽지만, 산소는 질소고정효소의 활성을 방해하므로 박테리아 내에서 질소고정효소는 산소로부터 격리되어 있다. 뿌리혹헤모글로빈은 산소와 결합할 뿐만 아니라, 질소고정효소의 활성과 세포내 호흡 모두를 최적화하기 위해 뿌리혹 내 산소의 가용성을 조절해 준다.

콩과식물과 질소고정 박테리아는 어떻게 공생하는 것일까(**그림 32.10**)? 박테리아와 식물 사이에 이루어지는 많은 신호교환은 각 개체가 상대방의 존재를 알 수 있게 할 뿐만 아니라, 박테리아가 특정 콩과식물에게 맞는 종인지를 확인할 수 있게 해준다. 이렇게 고도로 진화된 공생 관계는 정확한 종 간의 일치에 의존하며, 대두와 완두는 모두 콩과식물이지만, 각각은 다른 질소고정 박테리아를 필요로 한다.

균근 곰팡이는 육상식물의 영양분 흡수를 도와준다

질소는 식물이 다른 생물의 도움 없이 얻기 힘든 유일한 영양분은 아니다. 질소고정 박테리아와의 공생관계는 콩과식물에 제한되어 있지만, 26장에서 언급한 균근 곰팡이와의 공생은 관다발식물의 90%에서 발견된다. 균근 곰팡이는 식물로 인산이 전달되는 것을 강화해 주며 일부 미량영양소들의 흡수를 촉진시켜 준다. 그리고 균근 곰팡

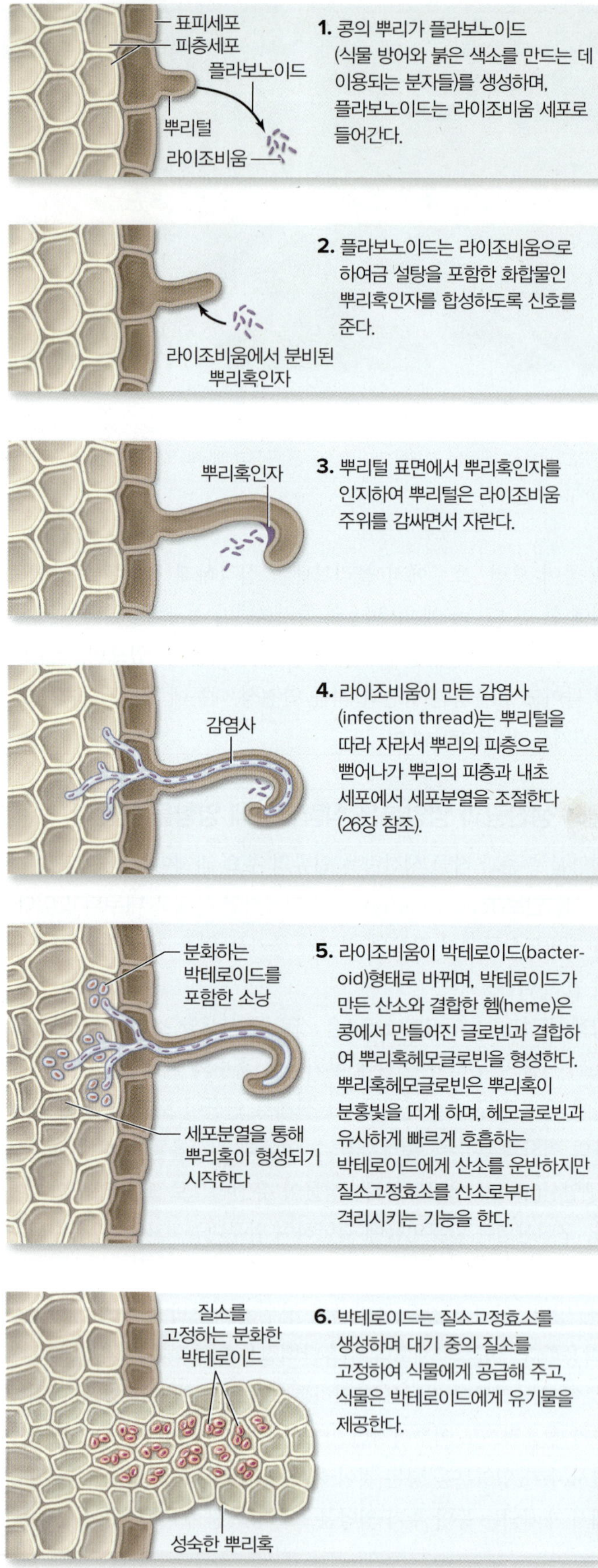

그림 32.10 뿌리혹 형성을 유도하는 뿌리혹박테리아 라이조비움.

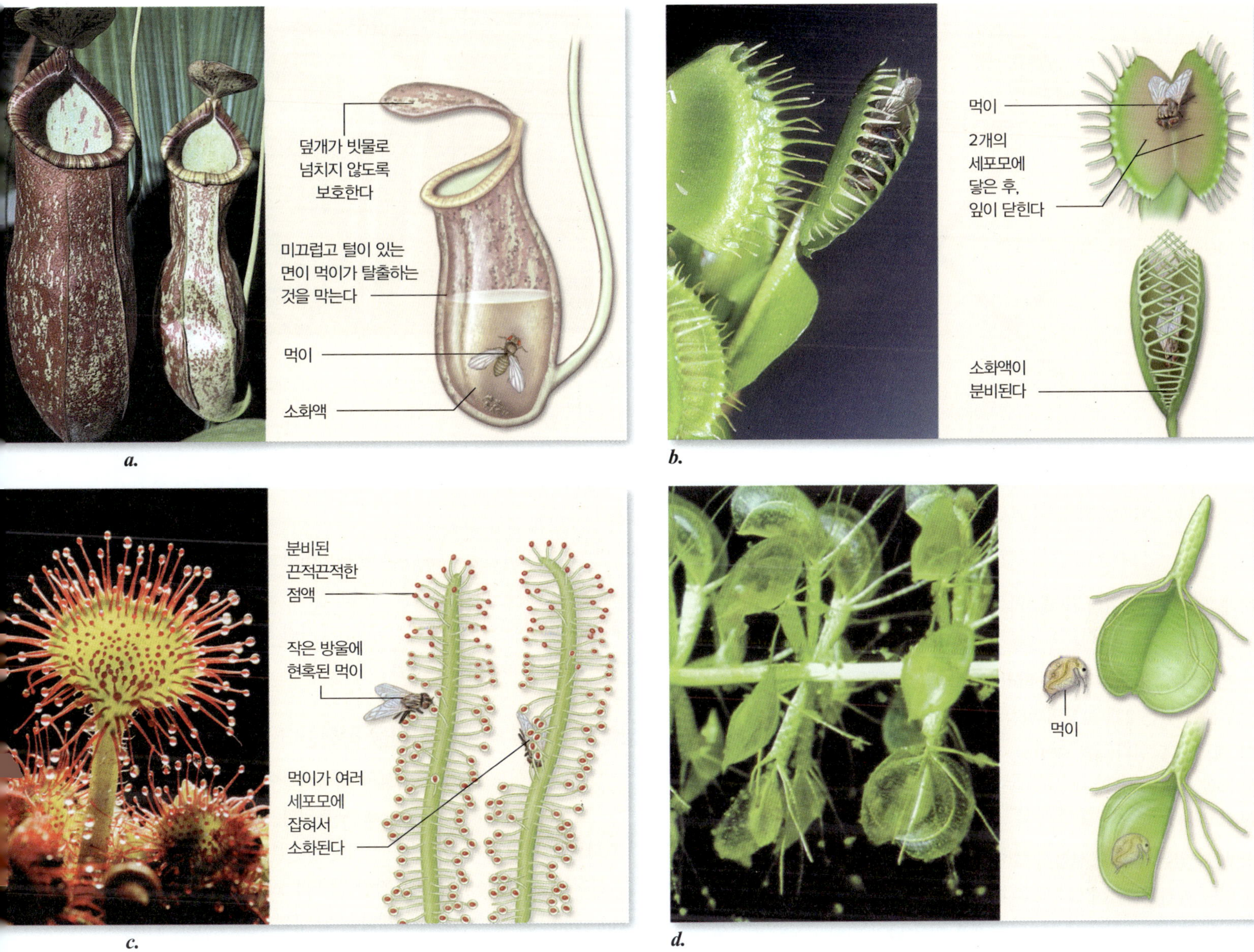

그림 32.11 영양 적응.
a. 나방인 무척추동물과 원생생물로부터 양분을 얻는 벌레잡이통풀(*Nepenthes*) 안으로 들어온 벌레는 갇혀서 소화된다. ***b.*** 파리지옥풀(*Dionaea*)에서는 파리가 변형된 잎의 2개 이상의 세포모와 접촉하면 짧은 시간 내에 덫이 닫힌다. 식물은 소화효소를 분비하여 파리로부터 질소 함유 화합물을 추출하여 흡수한다. ***c.*** 끈끈이주걱(*Drosera*)은 끈적끈적한 분비물로 벌레를 잡아 벌레로부터 영양분을 얻기 위해 소화효소를 분비한다. ***d.*** 파리지옥풀과 가까운 벌레먹이말(*Aldrovanda*)은 수생동물을 잡아 소화한다. 이 수생식물의 조상은 육상식물이다.

이는 영양분 흡수를 가능케 하는 표면적을 늘려주기도 한다.

곰팡이는 뿌리가 없이 육지로 처음 올라온 초기의 식물을 도왔을 것으로 여겨지고 있으며, 식물과 균근 곰팡이 사이의 공생에 관련된 신호전달 과정이 뿌리혹박테리아와 콩과식물의 공생으로 이어졌음을 암시하는 증거들이 있다.

식충식물은 동물로부터 영양분을 얻는다

일부 식물들은 동물에서처럼 다른 개체로부터 직접 질소를 얻을 수 있다. 보통 유기질소가 부족한 산성 토양에서 자라는 식충식물은 주로 곤충과 같은 작은 동물을 직접 잡아 소화함으로써 질소를 공급받으면서 열악한 환경에서 생존할 수 있다. 식충식물은 먹이를 유인하고 잡기 위해 변형된 잎을 가지고 있으며, 특별한 샘에서 분비된 효소로 먹이를 소화한다.

벌레잡이통풀(*Nepenthes* spp.)은 밝고 꽃 같은 항아리 모양의 잎, 향기 그리고 당분이 많은 분비물로 곤충을 유인한다(**그림 32.11***a*). 곤충이 항아리 안으로 들어오면 곤충은 물과 소화효소로 가득 차 있는

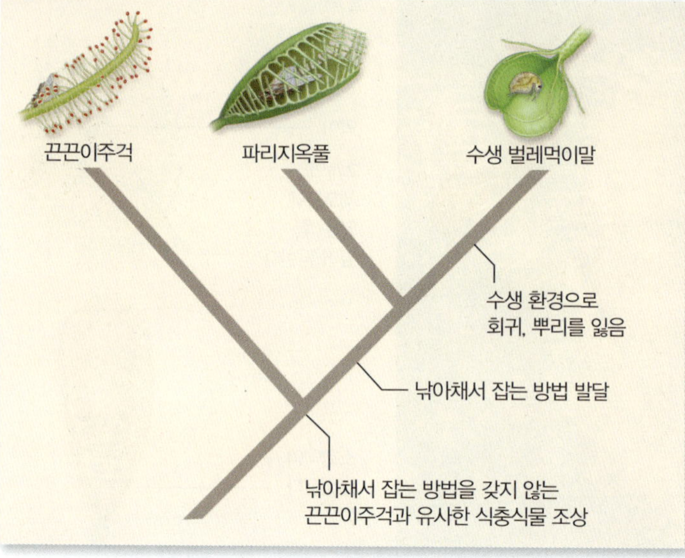

그림 32.12 식충식물들의 계통학적 유연관계.
낚아채서 잡는 방법은 파리지옥풀과 수생 벌레먹이말의 공통조상에 의해 획득되었다. 벌레잡이통풀은 이 계통의 분기와 관련이 없다.

그림 32.13 수정난풀.
미국 북동부 산림에서 발견되는 수정난풀은 엽록소가 없어 다른 식물의 뿌리와 결합한 균근 곰팡이의 침투를 통해 영양분을 획득한다.

아래쪽으로 미끄러져 내려간다. 이러한 수동적인 기작을 통해 벌레잡이통풀은 지속적으로 질소를 제공받게 된다.

해변의 습지에서 자라는 **파리지옥풀**(*Dionaea muscipula*)은 잎의 윗부분에 있는 2개 이상의 민감한 털에 무언가가 닿으면 잎의 두 쪽이 빠르게 닫힌다(**그림 32.11***b*). 이때 매우 빨리 닫히는 속도에 대해 다윈을 비롯한 많은 생물학자들이 궁금해 하였는데, 팽압의 변화로 잎이 닫히게 되지만 속도는 볼록한 부분과 오목한 부분 사이에서 낚아챌 수 있는 잎의 곡선형 구조에서 기인한다.

일단 파리지옥풀이 잎 안쪽으로 먹이를 감싸면, 잎 표면에서 분비된 효소가 먹이를 소화한다. 파리지옥풀은 잎을 닫기 위해 단순히 팽압을 낮추는 것뿐만 아니라 생장의 변화를 필요로 하는데, 잎의 바깥 표면의 세포들은 잎이 닫힐 때마다 비가역적으로 크기가 증가하게 된다. 결과적으로 파리지옥풀이 잎을 열고 닫을 수 있는 횟수에는 제한이 있다.

다른 식충식물인 끈끈이주걱(*Drosera* spp.)의 세포모(glandular trichome)는 작은 동물을 잡기 위해 끈적끈적한 점액과 함께 소화효소를 분비하지만 잎이 빨리 닫히지는 않는다(**그림 32.11***c*). 파리지옥풀과 끈끈이주걱은 파리잡이 계통의 특징인 낚아채서 잡는 기작(snap-trap mechanism)을 갖지 않는 공통조상을 가진다(**그림 32.12**).

수생 벌레먹이말(*Aldrovanda vesicular*)은 파리잡이의 가까운 친척이며, 파리지옥풀처럼 감각모와 낚아채서 잡는 기작을 사용하여 작은 동물을 잡아 소화하는, 뿌리가 없는 식물이다(**그림 32.11***d*). 분자계통 연구에 따르면 파리지옥풀은 끈끈이주걱과 자매 종이다. 낚아채서 잡는 기작은 끈끈이주걱 조상의 자손들에서 한 번만 진화한 것처럼 보이며, 따라서 벌레먹이말의 공통조상은 물로 돌아간 육상식물이었을 것임에 틀림없다.

수생식물인 통발(*Utricularia*)은 벌레먹이말과는 다른 기원을 가지며, 생명체를 잡는 다른 기작을 가지고 있다. 스프링 같은 작은 문의 재빠른 움직임에 의해 작은 동물은 방광처럼 생긴 잎으로 쓸려 들어가며, 잎은 이런 동물을 소화한다.

기생식물은 다른 식물의 자원을 착취한다

지구상에는 적어도 3000종 이상의 기생식물이 분포하고 있으며, 그들은 광합성 종과 비광합성 종으로 구분된다. 기생식물은 숙주식물의 관다발에 침입하여 영양분을 섭취할 수 있는 구조를 지니고 있다. 그 실례로 숙주식물의 주변을 감싼 갈색의 노끈처럼 보이는 새삼(*Cuscuta* spp.)을 들 수 있는데, 새삼은 엽록소가 없기 때문에 필요한 모든 영양분을 숙주식물에 의존한다.

기생식물인 수정난풀(*Hypopitys uniflora*)도 엽록소가 없는데, 이 식물은 숙주에 있는 균근 곰팡이의 균사를 통해 숙주식물에 달라붙는다(**그림 32.13**). 수정난풀의 지상 부위는 꽃이 피는 줄기 부분이다.

핵심 요약 32.3

콩과식물과 같은 어떤 식물은 질소고정 박테리아가 자라는 뿌리혹을 만든다. 질소고정 박테리아는 식물이 생장에 사용할 수 있는 질소 화합물을 공급한다. 균근 곰팡이는 식물의 뿌리와 연계하여 살며, 인산 흡수에 중요하다. 식충식물은 주로 질소 함량이 낮은 토양에 살고, 잡아서 소화시키는 곤충으로부터 질소를 얻는다.

- 균근 곰팡이와 라이조비움이 어떻게 그들의 동반자 식물에게 영양분을 제공하는지 비교, 대조해 보자.

32.4 탄소-질소 균형과 지구의 변화

학습 목표

1. 대기 중의 이산화탄소의 증가가 C_3 식물의 광합성 효율에 미치게 될 효과에 대해 예측할 수 있다.
2. 식물의 높은 탄소-질소 비율이 초식동물에 미치는 영향을 설명할 수 있다.
3. 온도가 높아지면 호흡률이 증가하는 이유를 설명할 수 있다.

유엔 기후변화에 관한 정부간 협의체(Intergovernmental Panel on Climate Change, IPCC)는 현재 대기 중의 이산화탄소 농도가 지난 2천만 년 중 가장 높은 것으로 보고하였다. 지난 250년 동안 화석연료의 시용 증가에 비례하여 대기 중의 이산화탄소는 46%나 증가하였다.

이산화탄소 증가의 장기적 효과는 매우 복잡하여 완전히 밝히기 어렵지만 지구 기온의 상승과 관련이 높다. IPCC는 2100년까지 지표면의 평균온도가 1990년에 비해 1.4~5.8℃까지 상승할 것이라 예상하고 있다. 이산화탄소 증가와 지구온난화 사이의 연관성은 WEB6장에서 다루며, 여기서는 이산화탄소의 증가가 식물 내에서 탄소와 질소의 균형과 같은 영양분의 균형에 어떤 영향을 미치는지 알아보고자 한다.

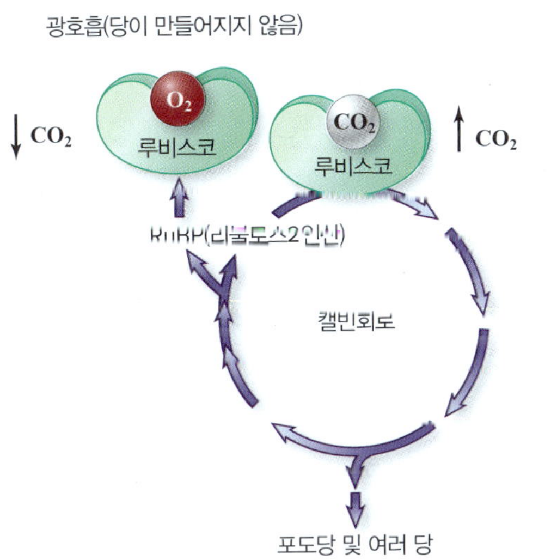

그림 32.14 광호흡.
이산화탄소와 산소는 캘빈회로의 첫 단계를 차지하는 효소의 동일한 부위에서 경쟁한다. 만약 이산화탄소가 결합하면, 포도당과 수크로스를 만들 수 있는 3탄당이 생성된다. 산소가 결합하면, 광호흡이 일어나 유용한 산물의 생성 없이 5탄당을 분해하기 위해 에너지를 소모한다. 산소에 대한 이산화탄소 비가 증가하면 캘빈회로는 더 많은 당을 생산한다.

식물에서 탄소-질소 비율은 식물의 생장뿐만 아니라 초식동물에게도 중요하다. 이 비율이 변화되면 인간의 영양과 함께 식물-해충 상호작용이 변화될 수 있다.

대기 중 이산화탄소의 증가는 식물의 광합성과 탄소 수준을 변화시킨다

광합성과 대기 중의 이산화탄소의 상대적 농도의 관계에 대해 알아보기 위해 다음과 같은 2가지 질문에 대해 알아보자. (1) 이산화탄소가 증가하면 광합성 속도가 증가하는가? (2) 이산화탄소가 증가하면 식물에서 탄수화물과 단백질의 비가 변화하는가?

광합성 속도

광합성 과정에서 대기의 이산화탄소는 캘빈회로를 거쳐 당으로 고정된다(7장 참조). 캘빈회로의 첫 단계는 지구상에서 가장 많은 단백질인 루비스코(rubisco, ribulose 1,5-bisphosphate carboxylase/

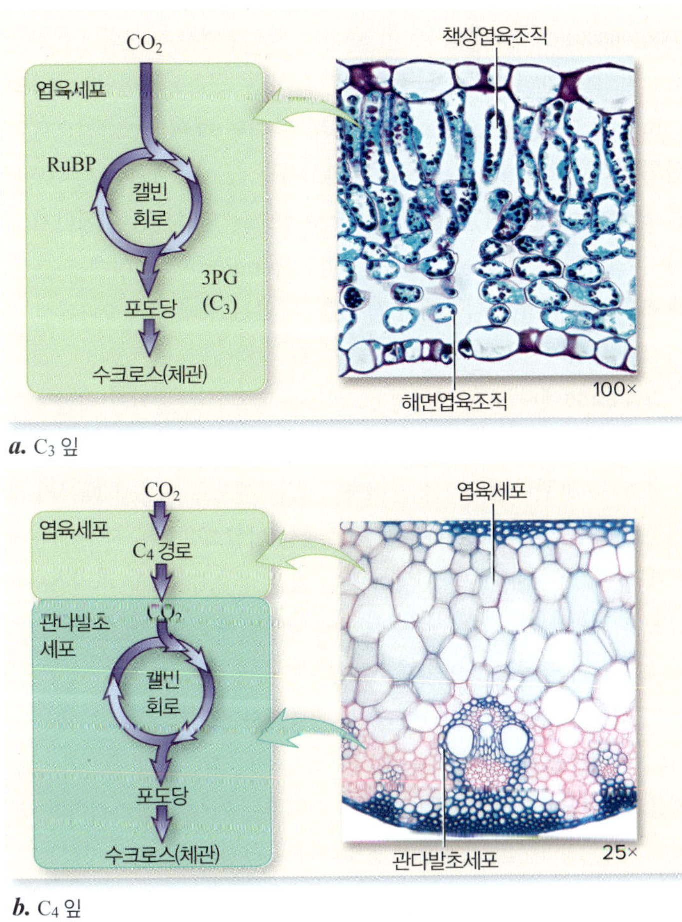

그림 32.15 광호흡 줄이기.
C_4 식물은 산소가 적은 관다발조직을 둘러싼 세포에게만 캘빈회로를 제한함으로써 광호흡을 줄인다. *a.* C_3 광합성은 엽육세포에서 일어난다. *b.* C_4 광합성은 잎의 깊은 내부로 탄소를 이동시키는 추가적인 생화학 경로를 이용한다.

a.

b.

그림 32.16 이산화탄소를 증가시키는 실험.
듀크의 실험용 숲의 FACE에 있는 이산화탄소 고리는 일반 환경과 이산화탄소가 증가된 환경에서 자란 식물에 대한 생태계 수준의 비교를 가능케 한다. ***a.*** 각 원형의 직경은 30 m이다. ***b.*** 면밀하게 관찰되는 환경하에서 원형으로 배치된 탑들은 이산화탄소를 안쪽으로 배출한다.

oxygenase)에서 시작한다. 이 효소의 활성부위는 이산화탄소 또는 산소와 결합할 수 있으며, 이산화탄소 또는 산소는 5탄당인 RuBP (ribulose 1,5-bisphosphate)에 결합한다(**그림 32.14**). 결과적으로 이산화탄소는 포도당과 수크로스를 합성하는 데 이용될 수 있는 3탄당을 생성하는 데 이용된다. 대조적으로 산소는 영양분이나 에너지 저장이 이루어지지 않는 광호흡(photorespiration)에 쓰이게 되는데, 광호흡을 통해서는 식물에서 사용할 수 있는 형태의 화학퍼텐셜 에너지가 생성되지 않는다.

그림 32.15에서 보는 것처럼 C_4 식물은 광호흡을 줄이기 위한 해부학적, 생화학적 전략을 진화시켰다. C_4 식물에서 이산화탄소는 다른 경로를 통해 관다발조직을 둘러싸고 있는 세포로 이동할 때까지 캘빈회로에 들어가지 않는다. 이 세포에서 이산화탄소는 산소에 비해 상대적으로 증가하게 되고, 산소보다 많은 이산화탄소는 루비스코의 결합 부위와 상호작용하게 된다. 결과적으로 탄소고정이 광호흡보다 더 선호되며 당이 만들어질 수 있다.

이산화탄소의 양이 증가하면 C_3 식물에서 캘빈회로는 좀 더 효율적으로 운영될 수 있기 때문에 지구상의 이산화탄소의 증가가 광합성을 증가시켜 식물 생장이 증가할 것이라는 가설은 합리적이다. 토양에 있는 영양분의 가용성이 동일하다고 가정하면, 빨리 자라는 식물은 질소를 포함한 화합물(예, 단백질)과 토양으로부터 얻는 무기물을 상대적으로 적게 포함하게 되어 질소에 대한 탄소의 비율이 증가하게 되는데, 이산화탄소가 증가한 환경에서 자란 식물에 대한 장기적인 연구가 이러한 예측을 증명하게 될 것이다.

식물영양에 미치는 이산화탄소 농도의 영향을 알아보는 최선의 방법은 이산화탄소 수준을 정확하게 조절해 주면서 식물을 기르는 것이다. 식물 생장실의 화분에 심은 식물을 이용한 실험도 하나의 접근 방식이지만, FACE(Free Air CO_2 Enrichment) 연구로 불리는 이산화탄소가 풍부한 자연지역에서 더 많은 정보를 얻을 수 있다. 그 실례로 **그림 32.16**에서 보는 것처럼 듀크의 실험용 숲에는 중심 쪽으로 이산화탄소를 방출하는 탑들이 원형으로 배치되어 있다. 이 원형의 직경은 30 m이며 생태계 수준에서 연구를 가능하게 해줄 수 있는데, 이런 시설로 생태계에서 변화된 대기 조건의 효과에 대한 장기 연구가 가능하다.

여러 연구들로부터 복합적인 결과가 얻어지고 있는데, 유럽의 시설에서 자란 감자는 이산화탄소의 농도가 2배가 되었을 때 광합성 효율이 40%나 높아진 것으로 보고되었다. 화분에서 자란 식물은 종종 초기에 광합성률의 증가를 보이다가 루비스코 생성의 감소로 인해 장기적으로는 광합성률의 감소를 보인다. 듀크의 실험용 숲에서 3년 이상 관찰한 결과 플로리다의 오크 관목은 이산화탄소의 증가에 대한 다른 반응을 보였는데, 토양이 생장의 증가를 지원할 만큼의 충분한 질소를 가지고 있으면 식물은 이산화탄소가 많을 때 생체량이 증가하는 것으로 나타났다. C_3 식물은 C_4 식물에 비해 생체량이 더 많이 증가하고 질소를 고정하는 콩과식물(특히 대두)은 토양의 질소에 의존하는 식물보다 더 많은 생체량의 증가를 보였다. 일반적으로 이산화탄소가 증가하면 생체량은 증가하지만 탄소-질소 비율도 증가한다.

단백질-탄수화물 비율

앞에서 질소의 가용성이 식물 생장을 제한한다는 것을 살펴보았다. 이산화탄소의 양이 증가하면 잎에서 질소와 다른 다량영양소는 상대적으로 적은 양으로 나타난다. 이런 상황에서 초식동물들은 적절한 영양분, 특히 단백질을 얻기 위해 더 많이 먹어야 한다. 이산화탄소가 증가하는 상황은 농업에서 중요한 문제일 수 있고, 인류의 건강에 영향을 줄 수 있다. 초식동물이 더 많은 먹이를 섭취한다면, 곤충이 많아지는 것은 인간에게 심각한 손해를 야기할 수 있다. 작물에서 질소가 감소하면 인류의 식단에서 단백질 결핍이 발생할 수도 있다.

일부 식물에서는 상대적인 질소의 감소가 이산화탄소 고정의 증가로 예상되는 감소량보다 훨씬 더 크게 나타나는데, 단백질로 만들어지는 질소의 추가적인 감소는 질산염을 1차적인 질소원으로 이용하는 식물에서 광호흡의 감소에 의한 것이다. 질소원으로 암모니아를 이용하는 식물에서는 이러한 감소가 나타나지 않는다. 일부 식물에서 에너지를 낭비하는 광호흡은 질소를 단백질로 전환시키기 위해 실제로 필요할 수도 있다.

이러한 예는 탄소와 질소의 수준을 조절하는 생화학적 경로들이 얼마나 상호의존적인지를 보여준다. 지구의 변화가 생태계 수준의 문제이기는 하지만, 장기적인 효과를 예상하기 위해서는 식물영양의 생리학적 복잡성을 이해하는 것이 필요하다.

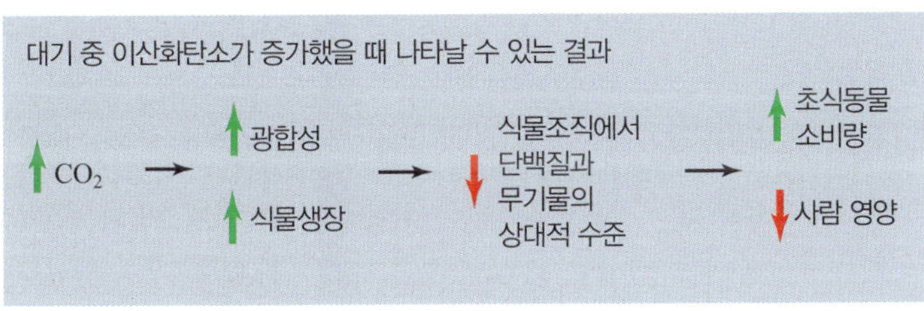

기온 상승은 식물의 호흡과 탄소 수준에 영향을 미친다

하루에 광합성에 의해 만들어지는 탄수화물의 절반 정도는 같은 날 식물 호흡에 의해 소비된다. 앞서 알아본 바와 같이 호흡에 사용할 수 있는 탄수화물의 양은 대기 중 이산화탄소와 광합성의 영향을 받을 수 있다. 게다가 향후 100년 동안의 기온 상승은 다른 방식으로 호흡률에 영향을 줄 수 있으며, 호흡률이 변하면 전체적인 영양분 균형과 식물 생장에 영향을 줄 수 있다.

? 탐구문제 왜 식물의 호흡은 기온 변화에 의해 영향을 받는가?

오래전부터 생물학자들은 다양한 식물 종에서 호흡률이 온도에 민감하다는 사실을 알았다. 왜 호흡률은 온도에 따라 변할까? 중요한 요인은 효소 활성에 미치는 온도의 효과(2장 참조)인데, 이 효과는 매우 낮은 온도와 단백질 변성을 야기하는 매우 높은 온도에서 특히 중요하다.

온도 변화에 따른 호흡률의 반응은 장기적이기보다는 단기적이다. 특히 온도 변화 이후에 발달한 잎과 뿌리에서 시간이 흐를수록 호흡률이 온도 상승에 순응한다는 연구 결과가 늘어나고 있다. 장기간에 걸쳐 상승한 온도에서 식물은 이전의 낮은 온도에서의 호흡률과 같은 정도로 호흡을 할 것이다.

핵심 요약 32.4

대기의 이산화탄소가 증가하면, 사용할 수 있는 토양 영양분이 변하지 않는 한 식물에서 광합성 속도와 질소에 대한 탄소의 비율은 증가할 것으로 기대된다. 식물에서 질소에 대한 탄소의 비율이 높아지면 초식동물은 단백질 요구를 충족시키기 위해 더 많이 먹어야 하고, 이는 인류의 건강에 영향을 줄 수 있다. 기온이 상승하면, 효소 활성이 증가하여 호흡률과 탄수화물 분해를 가속화시킨다.

- 질소에 대한 탄소의 비율은 식물과 초식동물(인간 포함)에 어떻게 영향을 줄까?
- 작물에서 질소에 대한 탄소의 비율을 낮게 유지하기 위해 어떤 전략이 유용할까?

32.5 식물환경정화

학습 목표

1. 식물환경정화의 개념을 서술할 수 있다.
2. 포플러 나무가 식물환경정화에 어떻게 사용되는지 설명할 수 있다.
3. 식물환경정화의 장점과 단점을 비교하여 설명할 수 있다.

일부 식물의 뿌리는 세포막에 분포하는 통로(channel)와 수송단백질(transporter)이 특이성을 지니지 않아 알루미늄과 같은 중금속이나 다른 독성물질을 받아들일 수 있다. 대부분의 경우 독성물질의 흡수는 식물에 치명적이거나 생장을 저해하지만, 일부 식물은 이러한 물질을 식물체 내에 격리하거나 대기 중으로 방출하는 능력을 지니는 방향으로 진화해 왔다. 이러한 식물들은 오염물질을 농축하거

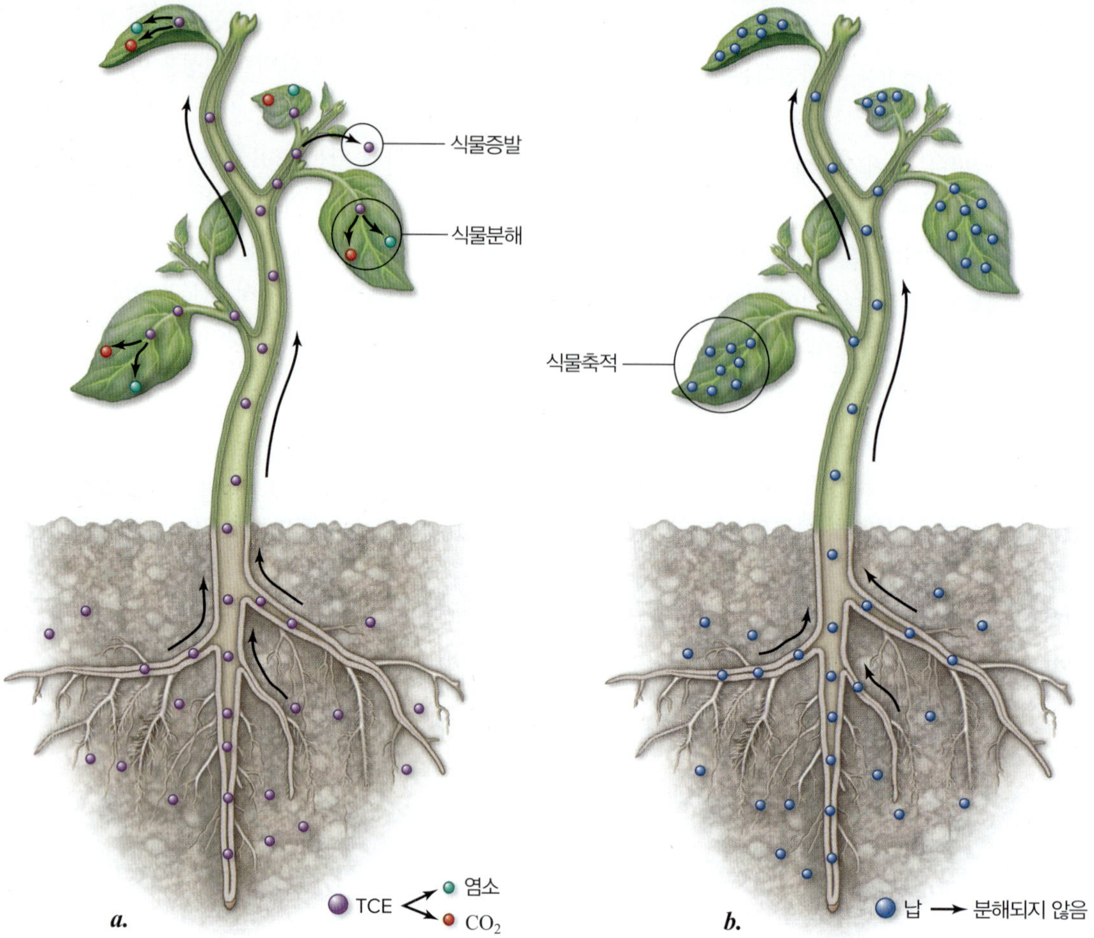

그림 32.17 식물환경정화.
식물은 토양으로부터 영양분과 독성물질을 흡수하는 데 동일한 기작을 사용한다. ***a.*** 식물은 TCE를 흡수하여 이산화탄소와 염소로 분해한 후 대기 중으로 방출한다. 이러한 과정을 **식물분해**(phytodegradation)라 한다. TCE의 일부는 물관을 타고 재빠르게 이동함으로써 기체의 형태로 기공을 통해 방출되는 **식물증발**(phytovolatilization) 전에 분해되지 않는다. ***b.*** 납과 같은 중금속을 포함한 다른 독성물질은 식물로 흡수되지만 분해되지 않는다. 이러한 **식물축적**(phytoaccumulation)은 독성물질을 쉽게 수확할 수 있는 줄기에 저장한다면 효과적으로 이용될 수 있다.

나 분해시켜주는 **식물환경정화**(phytoremediation)에 이용될 수 있다. 식물환경정화 과정에서는 살아 있는 생명체를 환경의 오염물질을 제거하거나 독성을 없애는 데 사용한다(**그림 32.17**).

식물환경정화는 해양과 토양 오염물질의 방제에 다양한 방법으로 적용할 수 있다. 어떤 식물은 뿌리에서 오염물질을 분해하는 물질을 분비할 수 있다. 그리고 종종 식물에 유해한 화학물질이 뿌리로 들어가 줄기로 전달되어 저장되기도 하는데, 이렇게 저장된 물질은 식물을 수확한 후 말려서 처리할 수 있어 유해물질의 제거에 이용될 수 있다.

예를 들어 우크라이나 체르노빌에서 원자로 참사 이후, 해바라기를 이용하여 호수에서 방사성 세슘(Cs)을 효과적으로 제거한 바 있다. 해바라기는 세슘을 흡수하여 저장할 수 있는데, 호수 표면에 띄워졌던 해바라기는 중량의 85%까지는 물이 차지하기 때문에 이를 회수하여 말리면 방사성 세슘과 같은 독극물을 좁은 지역으로 제한하여 처리할 수 있는 것이다.

이 절에서는 다양한 토양 식물환경정화의 예를 살펴볼 것이다.

포플러를 이용하여 TCE를 제거할 수 있다

TCE(trichloroethylene)는 얼룩 제거제, 엔진의 기름 제거제, 페인트와 화장품의 성분, 심지어 사람과 동물의 마취제로 널리 사용되는 휘발성 용매인데, 불행히도 TCE는 발암물질이며 만성적으로 TCE에 노출되면 간이 손상된다.

1980년 미국 환경보호국(Environmental Protection Agency, EPA)은 미국 내의 오염방지사업을 위한 대형 기금(Superfund)을 조성한 바 있는데, 슈퍼펀드가 적용된 오염지역의 40%가 TCE 오염을 포함하고 있었다. 그렇다면 전투기 청소를 위해 TCE를 사용하고 있던 캘리포니아주의 오렌지카운티(Orange County, California)에 있는 19 km^2에 달하는 해군 비행장의 토양은 어떻게 정화할 수 있을까? 휘발성의 TCE는 쓰레기 매립지에 모아둘 수는 있지만 제거할 수는 없다. 그렇다고 오염물질을 태우면 대기 중으로 해로운 물질들이 퍼져나갈 것이다. 그래서 토양의 TCE를 제거하기 위해 식물을 이용하는 방법이 제안되었다.

일부 식물은 토양으로부터 독극물을 흡수하여 식물체 내에 농축하여 저장할 수 있기는 하지만, 식물이 오염물질을 흡수하여 독성이 없는 물질로 분해할 수 있다면 더욱 효과적일 수 있다(**그림 32.18**). 포플러 나무가 토양으로부터 TCE를 흡수하여 이산화탄소와 염소로 분해함으로써 그러한 해결 방안을 제공하였다.

다른 식물들도 TCE를 분해할 수 있지만, 포플러는 식물이 크고 빠른 증산작용을 하는 장점을 지니고 있다. 5년생 포플러는 하루에 100~200 L의 물을 뿌리로부터 흡수하여 잎으로 이동시킬 수 있는데, 증산작용을 적게 하는 식물은 하루에 그 정도의 TCE를 제거할 수 없다.

포플러를 이용한 TCE 제거가 성공적인 해결책처럼 보이지만, 이 방법에도 일부 한계점이 있다. 포플러에서 모든 TCE가 분해되는 것은 아니며, 포플러의 빠른 증산작용 과정에서 일부 TCE는 잎을 통해 대기로 빠져나간다. 공기 중에서 TCE는 9시간의 반감기를 가지기 때문에 포플러를 모든 TCE로 오염된 지역에 심기 전에 더 많은 위험성 평가가 이루어져야 한다.

식물에 남아 있는 TCE는 빠르게 분해되며 나무는 정화가 끝난 후에 사용이 가능하며, 이 나무를 종이로 가공한다면 남아 있는 TCE를 모두 제거할 수 있다. 일반 포플러에 비해 4배 정도 많은 TCE를 분해할 수 있도록 유전적으로 변형된 포플러가 개발되기도 했다.

식물환경정화 계획에 의해 얼마나 많은 오염물질이 제거될 수 있는지 추산되어야 하지만, 그 효과를 예측하는 것은 쉽지 않다. 유전자 변형이 내포하고 있는 위험성과 오염물질에 의한 위험성을 비교하여 따져볼 필요가 있다.

식물을 이용하여 TNT를 제거할 수 있다

식물환경정화는 TCE와 같은 휘발성 화학물질뿐만 아니라 폭발성을 지닌 TNT(trinitrotoluene)나 중금속을 포함한 다른 환경 오염물질 제거에도 이용될 수 있다. 1980년대까지 수류탄이나 폭탄 제조에 널리 사용되어 온 TNT는 노란색 고체로 TNT 제조공장 주변에서 TNT 오염이 발견되었다.

일부 지역의 토양에서 폭발할 수 있을 만큼 많은 TNT가 발견되었기에, 이를 소각하여 제거할 수 없는 상황이 생겨났다. 또 다른 문제로는 TNT가 지하수로 침투할 수 있다는 것인데, TNT는 발암물질

그림 32.18 TCE의 식물환경정화.
미공군은 텍사스주의 포트워스에 있는 공군기지로 사용되던 장소에서 TCE를 제거하기 위해 식물환경정화 기술을 시험하고 있다.

이며 간질환과 관련이 있기 때문에, 이는 우려해야 하는 문제이다.

TNT는 토양의 표층 가까이 있어 빨리 씻겨나가는 경향이 있는데, 강낭콩(*Phaseolus vulgaris*), 포플러, 이삭물수세미(*Myriophyllum spicatum*)는 소량의 TNT를 흡수하여 분해할 수 있지만, 고농도의 TNT는 이들 식물에게 유독하게 작용하기 때문에 문제가 되고 있다.

식물을 이용하여 중금속 제거 비용을 절감할 수 있다

비소, 카드뮴, 납을 포함한 **중금속**(heavy metals)은 토양에 계속 남아 있어 적은 양도 동물에게 유독하다. 많은 식물들도 중금속의 독성에 민감하지만, 탄광 근처에 서식하는 식물 종들은 일부 중금속을 식물 내에 격리하여 저장하는 방향으로 진화되었다(**그림 32.17***b*).

현재까지 400여 종의 식물들이 토양으로부터 독성 금속을 받아들여 축적할 수 있음이 밝혀졌다. 그 실례로 브로콜리와 겨자의 합성종인 갓(*Brassica juncea*)은 줄기에 많은 양의 납을 효과적으로 축적할 수 있으나, 식물체가 작고 천천히 자라기 때문에 흡수한 납이 포화되어 버린다는 단점이 있다.

납이나 카드뮴은 어떻게 토양으로부터 식물의 잎으로 이동하는 것일까? 뿌리세포의 세포막에는 토양으로부터 물관으로 금속을 탑재하는 금속 수송단백질이 분포하고 있다. 앞에서 언급한 바와 같이 구연산(citrate)은 물관에서 금속 수송단백질의 효율을 증가시킬 수 있으며, 식물체 내로 들어온 금속들은 잎에서 액포 안으로 격리된다. 잎의 표피세포가 변형된 세포모(trichome)는 납과 카드뮴을 격리할 수 있다.

이러한 식물들의 중금속 축적은 토양 오염의 제거에 유용하지만, 동물들이 오염지로 이동하여 납이나 카드뮴이 축적된 식물을 뜯어먹

a.

b.

c.

그림 32.19 아즈날콜라르 탄광사고.
a. 탄광 슬러지를 보관하던 인공 호수의 제방이 무너져 중금속을 포함한 500만 m^3의 슬러지가 주변 국립공원과 강으로 유출되었다. *b.* 많은 양의 슬러지는 기계적으로 제거되었다. *c.* 식물환경정화는 남아 있는 중금속을 제거하기 위한 좋은 해결책으로 여겨진다.

을 수 있으므로 금속으로 오염된 토양에 대한 완전한 해결책이 될 수 없다. 중금속을 축적한 건조 식물을 수확하여 중금속을 제거하는 것은 쉬운 일이 아니지만, 여전히 식물환경정화의 유망한 기술로 대두되고 있다. 식물환경정화 기술을 이용할 경우 드는 비용은 오염된 토양을 파내어 다른 곳에 버리는 정화법보다 50~80% 정도 낮은 것으로 알려져 있다.

식물환경정화는 1998년 스페인 아즈날콜라르(Aznalcóllar) 탄광사고로 인한 오염에 대한 해결책이 될 수 있다. 탄광에서 나온 비소, 카드뮴, 납과 아연을 포함한 슬러지를 보관하던 댐이 무너져 500만 m^3의 슬러지(침전물, sludge)가 43 km^2의 땅으로 유출되었다(**그림 32.19**). 대부분의 슬러지는 수거하여 노천 탄광에 버려졌다. 식물환경정화법으로 남아 있는 오염된 토양을 정화하고 있다.

슬러지 유출 이후로, 일부 금속을 과축적하는 능력을 가진 3종의 식물을 해당 지역에서 재배하고 있다. 이들 식물은 상당히 크고 많은 양의 금속을 축적할 수 있다. 토착종을 이용하면 토양정화를 위해 외래종을 도입함으로써 발생되는 문제를 줄일 수 있다.

핵심 요약 32.5

식물환경정화는 식물을 사용하여 오염물질을 식물 내에 농축하거나 분해한다. 포플러는 토양에 오염된 TCE를 흡수하여 독성이 없는 부산물로 분해할 수 있다. 오염된 토양을 제거하는 다른 방법들과 비교할 때 식물환경정화는 비용이 덜 든다. 식물환경정화의 불리한 점은 식물이 많은 양의 독성화합물을 흡수한 지역에서 동물이 그 식물을 먹는다면 해를 입을 수 있다는 것이다.

- 어린 포플러 유묘를 TCE가 오염된 지역에 심어왔다. 잠재적인 안전상의 우려와 유해한 영향을 최소화할 수 있는 전략을 알아보자.

핵심 개념 요약

32.1 토양: 식물이 의존하는 기질

■ 토양은 무기물, 유기물, 물, 공기 그리고 생물체로 구성된다

표토는 무기물 입자, 살아 있는 생명체, 부분적으로 분해된 유기물인 부식토의 혼합물이다. 토양에서 미생물은 영양분 재순환을 위해서 중요하다.

■ 토양의 특성에 따라 물과 무기물의 가용성이 다르다

무기물과 유기 토양 입자는 전형적으로 음전하를 띠어서 양전하 이온을 뿌리로부터 끌어낸다. 따라서 양전하 이온은 뿌리로 능동수송에 의해 이동한다. 뿌리에서 양성자 이온펌프는 H^+를 내보내 무기물 이온을 뿌리로 당길 수 있는 전기화학적 기울기를 만든다.

대략적으로 토양 부피의 반은 공기와 물로 채워진 구멍으로 되어 있다. 토양에 붙어 있는 물은 구멍을 통해 빠져나가거나 구멍에 잡혀 있어 뿌리가 흡수할 수 있다.

■ 경작으로 인해 토양이 감소되고 영양분이 고갈된다

토양 침식을 통한 표토의 소실은 물을 잡고 있는 능력과 영양분 가용성을 감소시킨다. 토양 침식을 감소시키기 위해 간작, 보전 경작, 무경간 농법 등의 경작 방식이 개발되어 왔다.

비료, 살충제, 제초제의 과다한 사용은 토양 오염을 일으킨다.

■ 토양의 pH와 염도는 토양의 물과 무기물 가용성에 영향을 미친다

산성 토양에서는 알루미늄과 같은 무기물이 식물에 독성을 보이는 수준으로 방출된다.

염분성 토양은 수분퍼텐셜을 변화시켜 식물에서 물과 팽압의 소실을 유발한다. 염분성 토양은 관개를 하는 지역에서 일반적이다.

32.2 식물영양

■ 식물은 9종의 다량영양소와 7종의 미량영양소를 필요로 한다

식물이 필요로 하는 9종의 다량영양소는 탄소, 산소, 수소, 질소, 포타슘, 칼슘, 마그네슘, 인, 황이다. 7종의 미량영양소는 염소, 철, 망간, 아연, 붕소, 구리, 몰리브덴이다.

■ 식물의 생산량과 영양분은 식량안보에 영향을 미친다

식량 작물에서 영양분 수준을 높이기 위한 식물 교배 노력의 목적은 건강상의 이점을 제공하고 식량안보를 개선하는 것이다.

32.3 특수 영양 전략

■ 어떤 박테리아는 식물의 뿌리에 질소를 공급해 준다

콩과식물과 같은 일부 식물은 단백질 합성을 위해 필요한 질소를 얻기 위해 질소고정 박테리아와 공생관계를 가진다. 그 대신 식물은 박테리아에게 탄수화물을 공급한다.

■ 균근 곰팡이는 육상식물의 영양분 흡수를 도와준다

90% 이상의 식물이 균근 곰팡이와 공생하여 살아간다. 균근 곰팡이는 뿌리계의 표면적을 증가시켜 인과 미량영양소의 흡수를 촉진한다.

■ 식충식물은 동물로부터 영양분을 얻는다(그림 32.11)

산성 환경과 질소가 빈약한 환경에서 사는 식물은 곤충과 같은 작은 동물을 잡아서 소화함으로써 무기물 영양분을 얻는다.

■ 기생식물은 다른 식물의 자원을 착취한다

일부 기생식물은 엽록소를 생성하지만, 다른 기생식물은 생성하지 않는다. 기생식물은 숙주식물로부터 탄수화물을 포함한 영양분을 얻는다.

32.4 탄소-질소 균형과 지구의 변화

■ 대기 중 이산화탄소의 증가는 식물의 광합성과 탄소 수준을 변화시킨다

이산화탄소 농도가 증가하면 광합성 속도는 증가하고, 결과적으로 생체량이 증가한다. 하지만 생성되는 식물 조직은 더 많은 탄수화물과 더 적은 단백질을 가지는 쪽으로 변하면서 질소에 비해 상대적으로 높은 탄소를 가지게 된다.

식물의 영양적 가치가 감소하면, 동물은 동일한 양의 영양분을 얻기 위해 더 많은 식물을 먹게 된다. 그 결과 더 많은 식물이 초식동물에 의해 소비된다.

■ 기온 상승은 식물의 호흡과 탄소 수준에 영향을 미친다

대기의 온도가 높아지면 효소의 반응 속도는 증가하며, 호흡도 증가한다. 호흡 과정에서 탄수화물이 분해되기 때문에, 높은 온도는 식물 영양분 균형을 추가적으로 변화시킬 수 있다.

32.5 식물환경정화

식물환경정화는 토양이나 물에서 독성 오염물질을 제거하기 위해 식물을 사용한다(**그림 32.17**).

■ 포플러를 이용하여 TCE를 제거할 수 있다

토양에서 TCE를 제거하고, TCE를 비독성인 이산화탄소와 염소 화합물로 전환시키기 위해 포플러가 사용되어 왔다.

■ 식물을 이용하여 TNT를 제거할 수 있다

일부 식물은 토양에서 낮은 수준의 TNT를 흡수하여 분해할 수 있다. 하지만 높은 수준의 TNT는 식물에게도 유독하다.

■ 식물을 이용하여 중금속 제거 비용을 절감할 수 있다

식물은 높은 수준의 오염물질을 지상부에 축적하고 저장할 수 있으며, 이들 식물을 수확하여 제거할 수 있다. 하지만 동물이 이 식물을 먹는다면, 동물은 고농도의 독성 화합물에 노출될 수 있다.

식물환경정화는 오염된 토양을 제거하는 것보다 비용이 적게 든다.

연습문제

▪1단계: 이해력 확인하기

1. 다음 중 표토에서 발견되지 않는 것은 무엇인가?
   - a. 부식토
   - b. 기반암
   - c. 박테리아
   - d. 공기
2. 무기물 토양 입자는 일반적으로 어떠한 전기적 성질을 띠고 있는가?
   - a. 음으로 하전되어 있다.
   - b. 양으로 하전되어 있다
   - c. 전하를 띠지 않는다.
3. 토양 부피를 차지하는 공기와 물의 양은 얼마인가?
   - a. 10%
   - b. 25%
   - c. 50%
   - d. 75%
   - e. 90%
4. 다음 중 미량영양소는 무엇인가?
   - a. 질소
   - b. 칼슘
   - c. 인
   - d. 철
5. 콩과식물 뿌리의 뿌리혹이 가지고 있는 것은 무엇인가?
   - a. 박테리아
   - b. 곰팡이
   - c. 조류
   - d. 식물세포
6. 광호흡은 어떤 상황에서 일어나는가?
   - a. 포도당이 이산화탄소와 결합할 때
   - b. 루비스코가 산소와 결합할 때
   - c. RuBP가 당으로 바뀔 때
   - d. 태양이 당을 분해할 수 있는 에너지를 공급할 때
7. C_4 식물에서 캘빈회로가 일어나는 곳은 어디인가?
   - a. 표피세포
   - b. 관다발조직
   - c. 관다발초세포
   - d. 엽육세포
8. 포플러로 토양의 TCE를 제거할 때 발생할 수 있는 문제점은 무엇인가?
   - a. 일부 TCE는 증산작용을 통해 대기 중으로 방출된다.
   - b. 포플러 나무는 천천히 자란다.
   - c. 대부분의 TCE는 제거되기 전에 토양에서 씻겨나간다.
   - d. TCE는 엽록소 생성을 저해한다.

▪2단계: 적용력 평가하기

1. 식물에게 필요한 영양분을 결정하는 실험에서 배양액에 붕소가 없으면 식물이 죽어버리지만 5 ppm 정도 있으면 잘 사는 것이 관찰되었다. 이것은 붕소가 무엇임을 의미하는가?
   - a. 필수 다량영양소
   - b. 비필수 미량영양소
   - c. 필수 미량영양소
   - d. 비필수 다량영양소
2. 다양한 농도의 다량영양소가 식물 생장에 미치는 영향을 결정하는 실험에서 다음 다량영양소 중 가장 조절하기 어려운 것은 무엇인가?
   - a. 탄소
   - b. 질소
   - c. 포타슘
   - d. 인
3. 다음 중 콩의 질소 가용성을 감소시킬 수 있는 것은 무엇인가?
   - a. 식물이 플라보노이드를 만들 수 없을 때
   - b. 뿌리혹 인자가 형성되었을 때
   - c. 토양에 산소가 존재할 때
   - d. 뿌리혹헤모글로빈이 만들어졌을 때
4. 식물의 영양분 흡수를 증가시키기 위해 다음 중 어떤 방법이 가장 효과적인가?
   - a. 영양분의 용해도를 감소시킨다.
   - b. 양이온 형태의 영양분을 만든다.
   - c. 토양을 자주 갈아준다.
   - d. 뿌리세포의 세포막 수송단백질의 밀도가 증가한 유전자 변형 식물을 심는다.
5. 감자에 들어 있는 무기물의 농도가 아래와 같을 때, 감자 1톤을 먹는다면 다음의 무기물을 얼마나 섭취할 수 있는지 계산하시오.
   - a. 4~30 ppm의 구리
   - b. 15~100 ppm의 아연
   - c. 0.5~6%의 포타슘
   - d. 25~300 ppm의 철

▪3단계: 사고력 함양하기

1. 일반적인 경작 방식에서는 해로운 곰팡이를 죽이기 위해 토양을 훈증한다. 그러나 훈증제는 선택적이지 못해 토양에 있는 대부분의 미생물을 죽일 수 있다. 훈증법이 토양에 미치는 단기적인 영향과 장기적인 영향은 무엇인가?
2. 토마토 유묘(seedling)의 정상적인 생장에 필요한 붕소의 양을 결정하는 실험방법에 대하여 설명하시오.
3. 온실에서 물과 영양분을 뿌리에 지속적으로 공급하는 수경재배를 통해 상추를 생산하는 사업을 준비 중이다. 온실에 사용할 장비를 디자인할 때, 공기와 물에서 어떤 요인을 모니터하고 조절할 필요가 있는가? 그 이유는 무엇인가?

33

식물의 방어반응

도입

식물은 바이러스, 박테리아, 곰팡이, 동물, 원생생물, 그리고 심지어 다른 식물의 공격을 지속적으로 받으며 산다. 감염을 막거나 제한하도록 다양한 방어 기작이 진화되어왔다. 식물과 해충의 관계는 가끔 식물이 승리하고 또 다른 시기에는 새로운 공격 방법을 통해 해충이 승리하는 공진화 과정으로 진행된다. 식물방어의 제일선은 강한 각피(cuticle)로 덮여있는 두터운 세포벽으로, 나무껍질, 가시, 세포모 등은 굶주린 벌레를 막을 수 있다. 방어의 제일선이 무너지면 독성을 지닌 화학무기로 대응을 하게 되는데, 이런 물질들의 대부분은 식물에는 별다른 영향을 주지 않는다. 독성 물질의 일부는 초식동물의 장에 있는 미생물에 의해 독성 물질로 변형된다. 독소 무기의 유지를 위해서는 많은 에너지를 소모해야 하기 때문에 식물은 방어의 대안으로 자신의 보호와 미래의 공격을 막기 위한 유도반응 체제를 이용하기도 한다.

33.1 물리적 방어

학습 목표

1. 외부 침입으로부터의 보호를 위해 표피에서 만들어지는 화합물에 대하여 설명할 수 있다.
2. 곰팡이가 식물 잎을 침입하는 과정을 서술할 수 있다.
3. 식물과 미생물에게 서로 유익한 상생 관계 2가지에 대해 설명할 수 있다.

기상변화와 화재 같은 비생물적 요인들이 식물에 대한 실제적인 위험요인으로 작용하지만, 식물에게는 바이러스, 박테리아, 곰팡이, 동물, 원생생물, 다른 식물 등과 같은 더 많은 일상의 위협이 가해진다. 이들은 식물의 영양자원을 이용하거나 자기복제를 위해 식물의 DNA 복제기작을 이용한다. 어떤 침입자들은 식물세포를 즉시 죽여서 괴사(necrosis)를 유발하기도 하며, 어떤 곤충은 식물로부터 탄수화물을 섭취하기 위해 식물의 체관에 구멍을 뚫으면서 바이러스나 박테리아를 남기기도 한다.

이러한 침입자들의 위협은 자연천적이 있으면 감소하는데, 호리비단벌레(emerald ash borer)와 같은 외래 침입생물의 가장 큰 문제점

그림 33.1 호리비단벌레.
호리비단벌레는 2002년에 미국 디트로이트로 들어왔으며, 이후 미국 전역으로 빠르게 퍼져나갔다. 호리비단벌레는 수피(bark)를 뚫고 체관을 씹음으로써 수백만 톤의 물푸레나무를 죽였다.

그림 33.2 작물의 뿌리를 공격하는 선충.
a. 선충이 뿌리의 표피를 공격하고 있다. *b.* 뿌리혹 선충은 뿌리에 혹을 형성한다.

중의 하나는 새로운 환경에는 자연천적이 없다는 것이다(**그림 33.1**).

식물의 제1 방어선은 표피조직이다

모든 식물이 가지고 있는 제1 방어선은 표피조직계(30장 참조)이다. 표피세포는 소수성 지방의 혼합물인 왁스를 분비하며, 지방층은 물의 증발이나 공격으로부터 노출된 식물 표면을 보호한다. 또한 식물의 지상부는 긴 지방산이 서로 얽혀 있는 고분자인 큐틴으로 덮여 있다. 긴 지방산 사슬이 얽혀 형성되는 **수베린**(suberin)은 식물 지하부의 세포벽에서 발견되는데, 수베린은 물을 통과시키지 않는 뿌리의 카스파리띠(Casparian strip)를 형성한다. 실리카(silica inclusion), 세포모, 나무껍질(수피), 가시 등은 영양분을 풍부하게 간직하고 있는 식물 내부를 보호할 수 있다.

침입자들은 표피방어를 통과할 수 있다

식물의 외부 방어선은 여러 가지 방법으로 뚫릴 수 있는데 그 실례로 물리적 상처는 미생물이 들어갈 수 있는 열린 통로로 이용될 수 있다. 기생 선충은 식물의 세포벽으로 들어가기 위해 뾰족한 입을 사용하며, 이는 식물의 세포분열을 유발하여 혹을 형성하게 하거나 한 식물세포에 달라붙어 세포가 커지게 하여 식물로부터 탄수화물을 얻는다(**그림 33.2**). 상처는 간혹 곰팡이와 같은 다른 병원균이 식물을 감염시키는 것을 용이하게 해 준다(**그림 33.3**). 어떤 경우에는 잎 표면에 박테리아가 존재하는 것만으로 서리 피해의 위험이 커질 수 있는데, 박테리아가 얼음을 얼리는 핵으로 작용하여 얼음 결정이 잎을 손상시키게 된다.

곰팡이는 식물 내부로 들어가기 위해 표피조직의 약한 부분(특히 기공)을 전략적으로 공략하는데, 일부 곰팡이는 기공이 일정 간격으로 배열되어 있는 외떡잎식물과 공진화(coevolution)한 것으로 알려져 있다. 이들 곰팡이는 일정 간격으로 배열된 기공의 위치를 파악하여 그 거리를 측정하여 식물로 침투하는 것으로 보인다. **그림 33.4**는 곰팡이 침입의 단계를 보여주는데 그 단계는 다음과 같다.

1. 바람에 날려 온 포자가 잎 표면에 내려앉는다. 포자로부터 발아관(germ tube)이 나온다. 포자의 발아에는 숙주 인식과정이 필수적이다.
2. 포자가 발아하여 잎에 달라붙을 수 있는 부착받침(adhesion pad)을 형성한다.
3. 균사가 세포벽을 통과하여 자라면서 세포막을 압박한다.
4. 균사는 기생근(haustoria)이라는 특별한 구조로 분화한다. 기생근이 세포막을 에워싸며 확장하여 양분 이동이 시작된다.

어떤 박테리아와 곰팡이는 식물에게 이롭다

생물 사이의 상리공생 관계나 기생적 관계는 진화과정에서 동전의 양면과 같아 기생관계가 상리공생 관계로 진화할 수도 있고, 상리공생 관계도 기생관계로 바뀔 수 있다. 26장과 32장에서 균근 곰팡이가 어떻게 식물과 곰팡이 모두에게 이익이 되는 기작을 가지는가에 대해 알아보았다. 콩과식물과 질소고정 박테리아 사이의 관계에서는 라이조비움(*Rhizobium*)이 뿌리털을 찾아 감염시킨 후 뿌리혹을 형성한다. 다른 토양 박테리아는 식물 성장을 증진시킬 수 있어 식물성장촉진 뿌리박테리아(plant growth-promoting rhizobacteria, PGPR)라

과학적 사고

가설: 선충은 뿌리에 상처를 내어 곰팡이가 뿌리로 들어갈 수 있게 함으로써 곰팡이에 의한 감자시듦병의 증세를 심화시킨다.

예상: 잎의 시듦은 뿌리가 선충과 곰팡이 중 하나에 노출되었거나 전혀 노출되지 않았을 때보다 2가지 모두에 노출되었을 때 더 심하게 나타날 것이다.

실험: 4개의 식물에 4종류의 다른 처리를 한다. 그룹 1: 식물이 있는 토양에 선충과 곰팡이를 처리. 그룹 2: 곰팡이만 처리. 그룹 3: 선충만 처리. 그룹 4: 아무 것도 처리하지 않음. 42일간 생장 후 각 식물에서 잎의 시든 정도를 측정한다.

결과: 선충과 곰팡이를 동시에 감염시킨 식물은 선충이나 곰팡이만 처리한 식물보다 더 심하게 시들었다. 대조군 식물은 시들지 않았다.

결론: 선충은 시듦병의 증세를 심화시킨다.

추가 실험: 곰팡이시듦병의 증세가 심해진 것은 선충에 의한 뿌리의 손상이 곰팡이가 식물로 침입하는 것을 용이하게 하였기 때문이라는 가설을 확인할 수 있는 실험을 계획한다.

그림 33.3 곰팡이 감염에 대한 식물의 민감성을 증가시키는 선충.

고 한다. **뿌리박테리아**(rhizobacteria)는 뿌리 주변에 살면서 뿌리 삼출액을 이용하는 박테리아라는 의미로 사용된다. 그 대가로 뿌리박테리아는 식물 성장을 지원하는 물질을 제공한다. 그 실례로 나선균(*Azospirillum* spp.)은 뿌리의 가까운 곳에 서식하면서 식물호르몬인 지베렐린(gibberellin)을 벼에게 제공한다. PGPR은 병원성 토양 박테리아의 성장을 제한할 수도 있다.

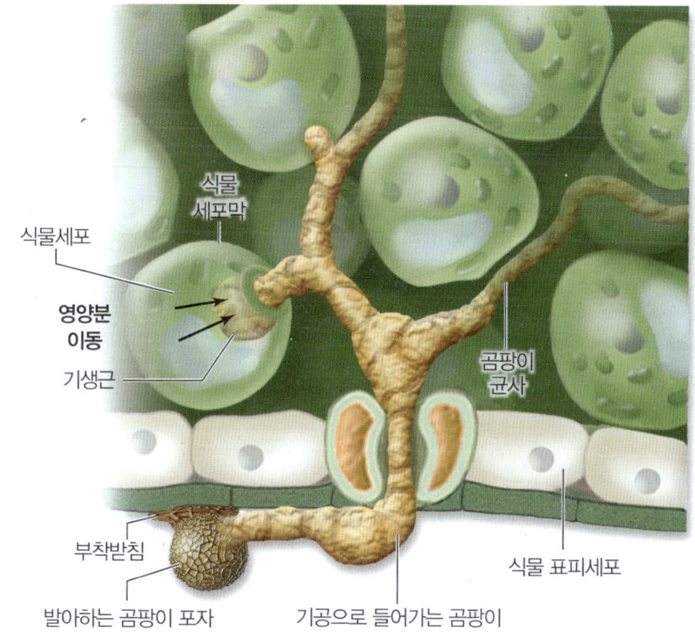

그림 33.4 기공을 통해 침입하는 곰팡이.
곰팡이 균사는 세포벽을 뚫지만 세포막은 통과할 수 없다. 균사와 식물의 세포막 사이의 접촉에 의해 식물영양분의 이동이 시작된다.

핵심 요약 33.1

표피 세포는 왁스, 큐틴, 수베린과 같은 보호 물질을 분비한다. 곰팡이 포자는 식물 잎 표면에서 발아하여 잎에 부착할 수 있다. 균사는 기공을 통해 잎 내부로 들어가며, 식물 영양분을 섭취할 수 있는 기생근을 만든다. 식물과 상리공생하는 파트너 중에서는 영양분 흡수를 돕는 균근 곰팡이와 영양분을 공급하는 질소고정 박테리아가 있다.

- 잎에 있는 보호 물질에 지질 기반 화합물이 포함되는 이유는 무엇일까?

33.2 화학적 방어

학습 목표

1. 식물의 방어에서 2차대사물질의 기능을 설명할 수 있다.
2. 타감작용의 개념을 정의할 수 있다.
3. 약효를 지닌 2차대사물질의 예를 3가지 이상 들어 설명할 수 있다.

많은 식물들이 초식동물을 죽게 하거나 아프게 만들 수 있는 독성물질을 간직하고 있다. 시안화물(cyanide, HCN)의 생산이 대표적인 예이다. 3000종 이상의 식물이 **시아노글리코시드**(cyanogenic glycoside)라는 시안화물의 복합체를 생성하는데, 시아노글리코시드는 세포가 상처를 입을 경우 시안화물로 분해되면서 전자 전달을 멈추게 하여 세포호흡을 차단한다.

아프리카인들의 주식인 카사바(Cassava, *Manihot*속)는 식용뿌리의 바깥층에 시아노글리코시드[특히 마니호톡신(manihotoxin)]를 포함하고 있으며, 이 바깥 껍질을 벗겨내지 않고 카사바를 먹는 사람들에게는 치명적일 수 있다.

일부 독성물질은 식물에서만 발견되지만, 식물, 척추동물 또는 무척추동물에서 발견되는 또 다른 독소는 **디펜신**(defensin)이라 부른다. 디펜신은 항미생물 효과를 지닌 시스테인(cysteine)을 많이 함유한 작은 펩타이드로, 동물과 식물에서 발견되는 디펜신의 존재는 선천면역(innate immunity)의 기원을 말해준다. 디펜신의 정확한 작용기작은 아직 잘 밝혀져 있지 않지만 일부 식물에서는 단백질 합성을 저해하는 것으로 알려져 있다. 식물에서 디펜신 유전자의 발현이 억제되면, 식물은 박테리아나 곰팡이의 감염에 더 취약해진다. 식물은 초식동물을 죽이는 독성물질에 더하여 초식동물을 아프게 하거나 강한 향과 냄새로 초식동물을 쫓아버릴 수 있는 화합물을 생산할 수도 있다.

식물은 화학 무기고를 가진다

식물이 지니고 있는 독성물질의 생합성 경로는 어떻게 진화한 것일까? 이는 식물의 생명을 유지하기 위해 필요한 대사경로가 진화과정에서 부가적인 경로로 발전하여 **2차대사물질**(secondary metabolites)로 알려진 화학물질들을 생산하게 되어 발달한 것으로 여겨진다. 식물의 많은 2차대사물질은 동물뿐만 아니라 사람에게도 영향을 준다(**표 33.1**).

카페인(caffeine), 니코틴(nicotine), 코카인(cocaine), 모르핀(morphine) 등을 포함하는 알칼로이드는 다양한 세포내 경로에 영향을 줄 수 있다. 식물이 공격자를 죽일 수 없을 경우에는 카페인으로 과도하게 자극하거나 모르핀으로 진정시킬 수 있다. 예를 들어, 박각시나방 유충(*Manduca sexta*)은 담배 식물을 공격할 수 있지만(**그림 33.5**), 야생담배는 박각시나방 유충에 치명적인 수준의 니코틴 함량을 지닌 것으로 알려져 있다.

탄닌(tannin)은 단백질에 결합하여 단백질을 불활성화시킨다. 예를 들면, 어떤 탄닌은 단백질을 소화하는 효소를 차단하여 식물조직의 영양 가치를 감소시킨다. 많은 양의 탄닌을 섭취한 다음 고통을

그림 33.5 식물을 죽일 수 있는 초식동물.
박각시나방 유충은 많은 양의 담배 잎과 토마토 잎을 먹는다.

받은 벌레는 탄닌의 향과 아픔을 기억하여 다음에는 동일한 식물을 섭취하는 것을 피하게 된다. 적은 양의 탄닌과 대부분의 2차대사물질은 사람을 포함한 대형동물에게는 소화문제를 일으키지 않으며, 동물들은 다양한 음식을 먹음으로써 2차대사물질이 축적되어 나타나는 독성효과를 피할 수 있다.

페퍼민트, 샐비어, 페니로얄을 포함한 박하류의 식물에서 발견되는 식물성 오일은 강한 냄새로 벌레들을 물리친다. 이들 오일의 일부는 높은 농도로 섭취하였을 때 독성을 나타낼 수 있다.

식물이 지닌 독성물질은 왜 식물 자신은 죽이지 않을까? 그에 대한 한 전략은 식물이 막에 결합된 구조에 독소를 격리시켜 세포의 대사과정에 영향을 주지 않게 하는 것이고, 다른 전략은 식물이 동물의 장에서 미생물에 의해 대사되어야 독성을 나타내는 화합물을 생산하는 것이다. 시아노글리코시드는 후자의 좋은 예가 된다. 식물은 전자전달계에 영향을 주지 않는 당에 결합된 시안화물을 생산하지만 동물이 시아노글리코시드를 섭취하면 효소에 의해 분해되어 독성이 있는 시안화물(HCN)을 방출하게 된다.

공진화는 일부 식물독소에 대한 방어 기작을 유도하기도 한다. 열대 지방에 사는 나비인 *Heliconius sara*는 덩굴식물로부터 섭취한 시아노글리코시드를 격리시켜 저장할 수 있다. 더욱 흥미로운 사실은 이 나비가 시아노글리코시드를 분해할 때 발생하는 질소를 자신의 단백질대사에 사용하는 생화학 경로를 지니고 있다는 것이다.

일부 식물독소는 다른 식물에 피해를 준다

일부 화학 독소(chemical toxin)는 다른 식물로부터 식물을 보호해 주는데, 한 식물의 뿌리에서 분비된 화학물질이 주변에 있는 씨앗의 발아를 차단하거나 주변 식물의 성장을 차단하는 것을 **타감작용**

표 33.1 2차대사물질

화합물	공급원	구조	사람에 미치는 영향
마니호톡신 (시아노글리코시드)	카사바(*Manihot esculenta*) 	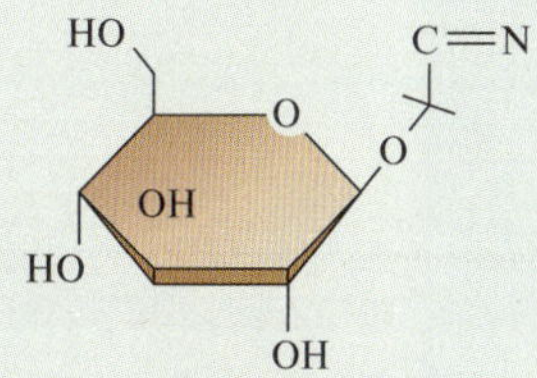 	치명적인 시안화물 방출
제니스테인 (식물성에스트로겐)	대두(*Glycine max*) 	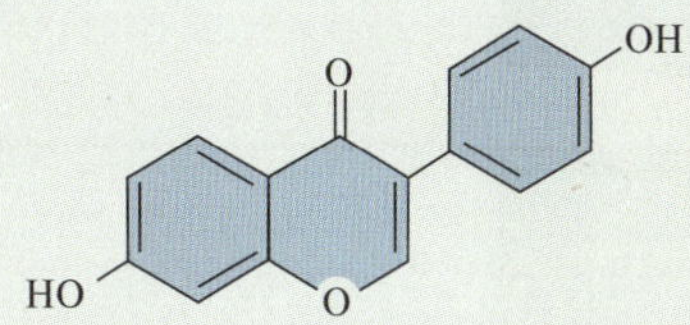 	에스트로젠 유사물질
택솔 (테르페노이드)	주목나무(*Taxus brevifolia*) 	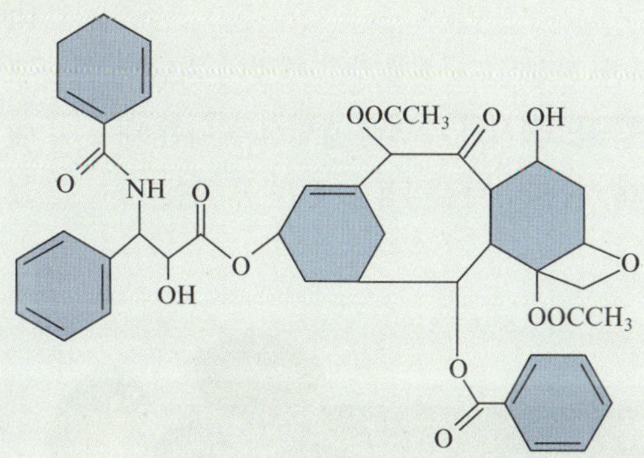 	항암제
퀴닌 (알칼로이드)	기나나무(*Cinchona officinalis*)의 퀴닌 수피 	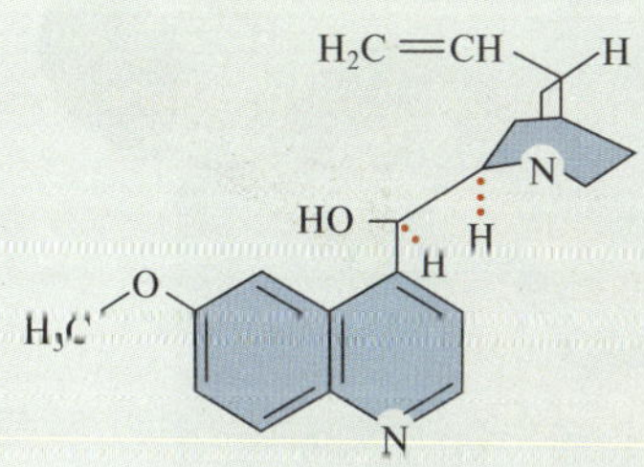 	항말라리아제
모르핀 (알칼로이드)	양귀비(*Papaver somniferum*) 	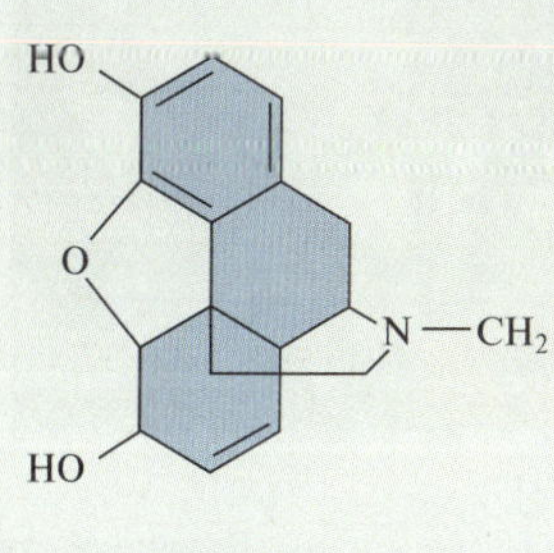 	마약진통제

그림 33.6 흑호두나무는 타감작용을 하는 식물이다.
초본의 유묘 뿌리는 흑호두나무의 뿌리 분비물과 닿으면 죽게 된다.

(allelopathy)이라 한다. 이러한 전략은 그 식물에게 햇빛이 차단되는 것과 영양분에 대한 경쟁을 최소화시켜 주면서 광합성을 위한 태양광을 최대로 사용할 수 있게 해준다. 타감작용은 같은 종 혹은 다른 종의 식물에 모두 적용되는데, 그 실례로 흑호두나무(*Juglans nigra*)의 타감작용 때문에 흑호두나무 아래에서는 초목이 거의 자라지 못한다(**그림 33.6**).

인간은 어떤 식물독소에 민감하다

인류 역사에서 사람들은 우연히 식물독소에 의해 죽기도 했지만 이를 의도적으로 이용하여 다른 사람을 독살하기도 하였다. 그리스의 철학자 소크라테스는 아테네에서 사형을 선고 받았으며, 알칼로이드인 코닌(coniine)이 든 독미나리 추출물을 마시고 죽었다. 코닌은 니코틴과 구조가 비슷하며, 니코틴과 니코틴 수용체에 영향을 미친다. 코닌은 신경근접합부에 있는 니코틴 수용체를 차단하여 다리부터 근육 마비를 일으키고, 최종적으로 호흡 마비를 일으켜 죽음에 이르게 한다.

피마자(*Ricinus communis*)에서 발견되는 알칼로이드인 리신(ricin)은 시안화물보다 6배, 코브라독보다 2배 더 치명적이다. 정원에서 자라는 피마자의 씨앗 하나로 어린 아이를 죽일 수 있다. 리신은 리신 A와 리신 B가 하나의 2황화결합으로 연결된 이형2량체(heterodimer)로 씨앗의 배젖에서 발견된다. 이 이형2량체(리신 전구체, proricin)는 독성이 없으나 사람이나 다른 동물에서 2황화결합이 깨지면, 리신 A가 리보솜의 28S rRNA에 결합한다. 리신 A는 28S rRNA의 4324번째 뉴클레오타이드에서 아데닌이 잘려진 리보

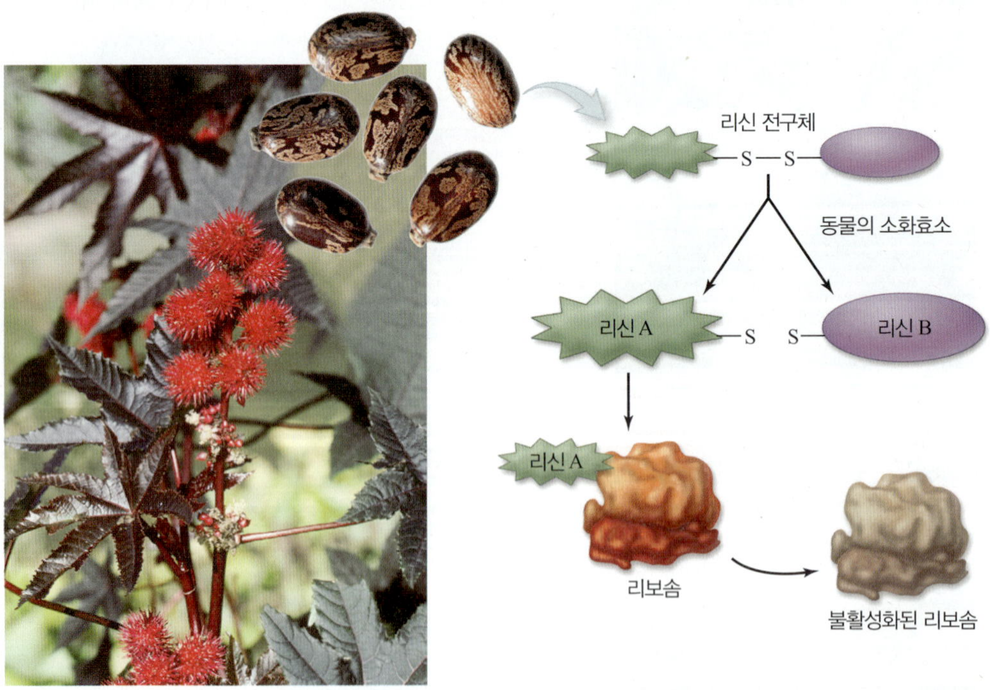

그림 33.7 번역과정을 차단하는 피마자의 리신.
리신 전구체에서 리신 A 소단위체가 떨어져 나온 후, 리보솜의 rRNA에 결합하여 rRNA의 구조를 바꿈으로써 mRNA가 단백질로 번역되는 것을 막는다.

스를 만들고, 이를 통해 rRNA의 구조가 변화되어 번역(translation)이 억제된다(**그림 33.7**). 한 분자의 리신 A는 1분당 1500개 리보솜을 불활성화시켜 단백질 번역을 차단할 수 있다.

1978년 불가리아의 망명 반체제 인사인 마르코프(Georgi Markov)는 런던에서 BBC로 출근하기 위해 버스에 올라타려는 순간 허벅지를 찌르는 아픔을 느꼈다. 주변에 있던 한 남성이 바닥에 떨어진 우산을 주워들고 황급히 떠났다. 그 남성은 0.2 mg의 리신이 들어 있는 우산 끝으로 마르코프를 찔렀는데 마르코프는 4일 뒤 사망했다. 그리고 소비에트연방이 붕괴된 후에 전 KGB 요원이 불가리아 공산당의 요청으로 KGB가 그 암살을 계획했다고 밝혔다.

? **탐구문제** 리신이 어떻게 마르코프를 죽음에 이르게 했는지 설명하시오.

식물의 2차대사물질은 약물 효능을 가지기도 한다

인류의 건강에 대한 위험성과 함께 이로움을 줄 수 있는 가능성 때문에 식물의 2차대사물질에 대한 많은 연구가 이루어지고 있다(**표 33.1**).

대두와 식물에스트로젠

대두는 사람의 에스트로젠과 매우 유사한 화합물인 **식물에스트로젠**(phytoestrogen)을 생산하며, 대두의 제니스테인(genistein)은 식물에스트로젠의 하나이다.

콩을 많이 먹는 아시아인과 적게 먹는 아시아인들 사이의 비교 연구를 통해 흥미로운 의문과 함께 상충되는 결과가 보고되었다. 아시아 남성들에서 전립선암의 비율이 낮은 것은 식물에스트로젠에 의해 안드로젠과 에스트로젠 수용체의 수가 감소한 결과로 여겨진다. 콩은 중년 여성들의 에스트로젠 수치가 낮아지면서 발생하는 갱년기 증상을 완화하는 수단으로 판매되고 있다.

임산부가 섭취한 식물에스트로젠은 태반을 통과해 임신 4~6개월에 양수에서 발견될 수 있다. 발달 중인 태아와 대두 분유를 섭취하는 신생아에게 미치는 식물에스트로젠의 영향에 대한 의문들이 생겨나고 있다. 호르몬의 신호전달은 매우 복잡하기 때문에 식물에스트로젠이 어떻게 사람의 생리와 발달에 영향을 주는지 완전히 이해하기 위해서는 많은 연구가 수행되어야 한다.

택솔과 유방암

주목나무(*Taxus brevifolia*)에서 발견된 2차대사물질인 **택솔**(Taxol)은 항암제, 특히 유방암에 효과가 높은 것으로 밝혀져 있다. 택솔의 약학적 가치의 발견은 택솔을 추출하기 위해 주목나무가 생존의 위협을 받는 환경문제를 유발하기도 하였으나, 다행스럽게도 현재는 실험실에서 택솔의 합성이 가능해졌다.

택솔이 식물에서 약학적 가치가 발견된 유일한 예는 아니며, 숨겨진 약학적 가치 때문에 인류의 건강에 기여할 수 있는 가능성을 가진 많은 식물의 보호를 위한 노력이 기울여지고 있다. 식물 제약산업이 성장하고 있지만 새로운 분야는 아니다. 최근까지 사람들이 사용해 온 대부분의 약품은 식물로부터 유래된 것이다.

퀴닌과 말라리아

1600년대 페루의 잉카제국에서는 기나나무(*Cinchona* tree)의 수피(bark)에서 추출한 음료로 말라리아를 치료하였다. 말라리아는 암컷 학질모기(*Anopheles*)가 가지고 있는 말라리아원충(*Plasmodium*)에 속하는 4종류의 사람 말라리아 기생충에 의해 발병한다. 그중 *Plasmodium falciparum*이 가장 치명적인 종이다. 말라리아는 심한 열과 구토 증세를 동반하며, 기생충이 적혈구를 감염시켜서 빈혈이나 뇌로 전달되는 혈류가 막혀 죽게 된다.

1820년에 기나나무의 활성성분인 **퀴닌**(키니네, quinine)이 발견되었으며(**표 33.1** 참조), 19세기에 인도의 영국군은 말라리아를 물리치기 위해 퀴닌을 함유한 탄산음료를 마셨다. 그들은 퀴닌의 쓴 맛을 독주인 진(gin)으로 희석하였다. 1944년에 미국의 화학자인 우드워드(Robert Woodward)와 데링(William Doering)은 퀴닌을 합성하였으며, 현재는 몇몇 다른 합성약제로 말라리아를 치료하고 있다.

퀴닌과 합성 퀴닌이 정확히 어떻게 말라리아를 치료하는지에 대한 질문이 오랫동안 제기되어 왔는데, 퀴닌은 DNA 복제에 영향을 준다. 또한 *P. falciparum*이 자신의 소화액포에서 적혈구의 헤모글로빈을 파괴할 때 중간 독성 형태의 헴(heme)이 방출되는데, 퀴닌은 이들 헴의 중합반응을 방해하여 기생충을 죽일 수 있는 독성을 가진 헴의 축적을 일으키는 것으로 생각된다.

불행히도 지금도 말라리아는 연간 50만 명 이상의 사망을 야기하는 인류 건강의 주된 위협 요인으로, 사망자의 90%는 사하라 남쪽 아프리카에서 발생하며, 매년 약 1억 9800만 명의 사람들이 감염되는 것으로 보고되고 있다. *P. falciparum*이 합성약제에 대한 저항성을 획득하고 있어, 퀴닌이 다시 약제로 사용되고 있다.

약초요법은 수세기 동안 사용되어 왔으며 식물기반치료에 대한 관심이 다시 생겨나면서 성장 산업으로 대두되고 있다. 약초요법에서 많은 가능성을 찾을 수 있기는 하지만 식물은 많은 2차대사물질을 포함하고 있고, 이들 중 많은 것들은 사람을 포함한 초식동물을 해칠 수 있게 진화해 왔다는 사실도 명심해야 한다.

핵심 요약 33.2

식물은 초식동물에 독이 되거나 해가 되는 2차대사물질을 축적한다. 식물은 또한 이웃하는 다른 식물의 성장을 억제할 수 있는 화학물질을 분비하는데, 이를 타감작용이라 한다. 2차대사물질은 유익한 목적으로도 사용되는데, 대두의 식물에스트로젠은 여성의 갱년기 증상을 줄일 수 있다. 주목나무에서 분리한 택솔은 항암제로 작용한다. 그리고 기나나무의 퀴닌은 말라리아 치료에 사용된다.

■ 식물로 만든 약제는 분리된 화학 성분으로 만든 약제와 어떤 면에서 다를까?

그림 33.8 아카시아를 보호하기 위해 여치를 공격하는 개미. 공진화를 통해 개미는 아카시아 나무로부터 보호받으면서 해로운 초식동물을 공격한다.

33.3 식물을 보호하는 동물

학습 목표

1. 아카시아나무가 함께 살고 있는 개미로부터 얻는 이득을 서술할 수 있다.
2. 일부 식물이 애벌레를 죽이기 위해 어떻게 기생말벌을 이용하는지 설명할 수 있다.

생물 종이 가진 특성뿐만 아니라 종 간의 관계도 시간이 흐르면서 진화한다. 예를 들어, 초식동물에게 영향을 주는 식물이 지닌 화학물질의 변화에 따라 초식동물은 그러한 화학물질에 견딜 수 있는 적응력을 가지게 된다. 이러한 진화 방식을 공진화(coevolution)라 부르는데, 여기에서는 동물과 식물이 공진화한 상리공생(mutualism)의 2가지 실례를 알아보기로 한다.

아카시아와 개미: 어떤 개미들은 아카시아의 커다란 가시에 서식하면서 다른 곤충, 작은 포유류와 기생식물을 공격하여 아카시아를 보호해 준다(**그림 33.8**). 이때 아카시아는 개미들에게 꽃의 꿀샘에 있는 당을 제공하며, 잎 끝의 지방체를 제공하기도 한다.

다른 곤충을 쫓아내는 개미로 인해 발생하는 유일한 문제점은 아카시아의 수분을 돕는 벌이다. 그렇다면 개미가 수분을 위해 필요한 벌을 공격하는 것을 어떻게 막을 수 있을까? 아카시아는 꽃이 피면 개미가 벌을 방해할 수 없도록 하는 화학물질을 분비하는 것으로 생각되고 있지만, 아직 그 화학물질의 정체는 밝혀지지 않았다. 하지만 여러 증거에 따르면 이 화학물질은 꽃밥의 꽃가루에서 생성되는 휘발성 유기 화학물질로 추정된다.

기생말벌, 애벌레 그리고 잎의 상호관계: 애벌레들은 나방이나 나비로 변태하기 전에 잎을 먹어치우지만 일부 식물의 경우 잎 손상에 반응하여 잎에서 생성된 단백질분해효소 억제제를 분비하여 배고픈 애벌레를 퇴치하기도 한다(33.4절 참조). 그러나 일부 식물은 다음과 같은 다른 전략으로 진화해왔다. 애벌레가 잎을 씹어 먹으면 식물의 상처반응으로 휘발성 화합물이 방출되며, 이 화합물은 공기 중으로 퍼져 주변에 있던 암컷 기생말벌을 유인한다. 기생말벌은 애벌레에 기생하기 때문에 붙여진 이름이다. 말벌은 식물의 잎을 먹던 애벌레의 몸 안에 수정된 알을 낳고, 알들은 부화하여 애벌레를 먹어치운다(**그림 33.9**).

핵심 요약 33.3

상리공생은 서로에게 이익이 되는 종간의 상호작용이다. 개미는 초식동물의 공격으로부터 아카시아를 보호한다. 애벌레에 의한 손상에 반응하여 식물 조직에서 방출되는 화합물은 기생말벌을 유인한다. 기생말벌은 애벌레의 몸 안에 알을 낳으며, 부화한 유충은 애벌레를 먹어치운다.

■ 기생말벌이 모든 애벌레를 죽일까? 이에 대해 설명해 보자.

그림 33.9 초식동물로부터 식물을 보호하는 기생말벌.

33.4 침입자에 대한 전신반응

학습 목표

1. 상처반응을 유발하는 과정을 요약하여 설명할 수 있다.
2. 유전자 대 유전자 가설을 서술할 수 있다.
3. 전신획득 저항성의 개념을 설명할 수 있다.

지금까지는 해충의 공격에 대응하는 식물의 정적인 반응에 주로 초점을 맞추어 살펴보았다. 독소와 같은 공격 저지용 화학물질은 항상 일정한 수준으로 유지되며, 그에 더하여 가시나 세포모와 같은 형태적 구조도 정상적인 발달 과정을 통해 생겨난다. 이러한 방어기작은 초식동물이나 다른 침입자의 존재 여부에 관계없이 유지되어야 하기 때문에 에너지 측면에서 식물에게 불리하다. 만약 해충의 공격이 있을 때만 방어반응이 유도된다면 에너지를 보존할 수 있는데, 여기에서는 식물의 유도 방어기작에 대해 살펴보기로 한다.

식물의 상처반응은 초식동물로부터 식물을 보호해 준다

기생말벌의 예에서처럼 **상처반응**(wound response)은 잎이 씹히거나 상처를 입었을 때 일어난다. 상처반응으로 단백질분해효소의 억제제가 빠르게 만들어지며, 이러한 화학적 독성물질은 이미 만들어져 있는 것이 아니라 방어의 목적으로 상처반응 때문에 생성된다.

단백질분해효소 억제제는 초식동물의 장에 있는 소화효소에 결합한다. 이 단백질분해효소 억제제는 식물에서 상처를 입은 부분뿐만 아니라 식물 전체에서 만들어진다. 그렇다면 식물의 다른 부분에 있는 세포들은 어떻게 단백질분해효소 억제제를 생산하는 신호를 받을 수 있을까? 다음과 같은 일련의 과정이 토마토에서 전신반응을 유발하는 것으로 알려져 있다(**그림 33.10**).

1. 상처가 난 잎에서 전구단백질로부터 18개의 아미노산으로 이루어진 **시스테민**(systemin)이 생성된다.
2. 시스테민이 상처를 입은 조직의 세포벽 사이의 공간(apoplast)을 통해 주변의 체관으로 이동한다. 시스테민은 체관을 따라 식물 전체로 이동한다.
3. 시스테민 수용체를 가진 세포에 시스테민이 결합하여 **재스몬산**(jasmonic acid)이 만들어진다.
4. 재스몬산은 단백질분해효소 억제제를 비롯한 방어유전자의 전사를 촉진한다.

상처반응에 재스몬산이 관여하는 신호전달 과정이 많이 밝혀져 있지만, 다른 분자들도 상처반응에 관여한다. 흰버드나무(*Salix alba*)와 같은 식물의 수피(bark)에서 발견되는 **살리실산**(salicylic acid)이 한 예이다. 세포의 파편 또한 유도반응을 일으키는 중요한 신호물질로 여겨진다.

초식동물의 공격과 구분되는 기계적 상처도 상처반응을 일으키는데, 이는 조직을 자르거나 기계적으로 상처를 주는 과정이 포함된 식물 실험의 계획에 문제가 될 수 있다. 이러한 실험에서 관찰된 변화가 상처반응에 의한 것이 아니라는 것을 확실하게 증명하기 위해서는 실험군과 동일한 방식으로 자르거나 처리한 대조군의 설정이 중요하다.

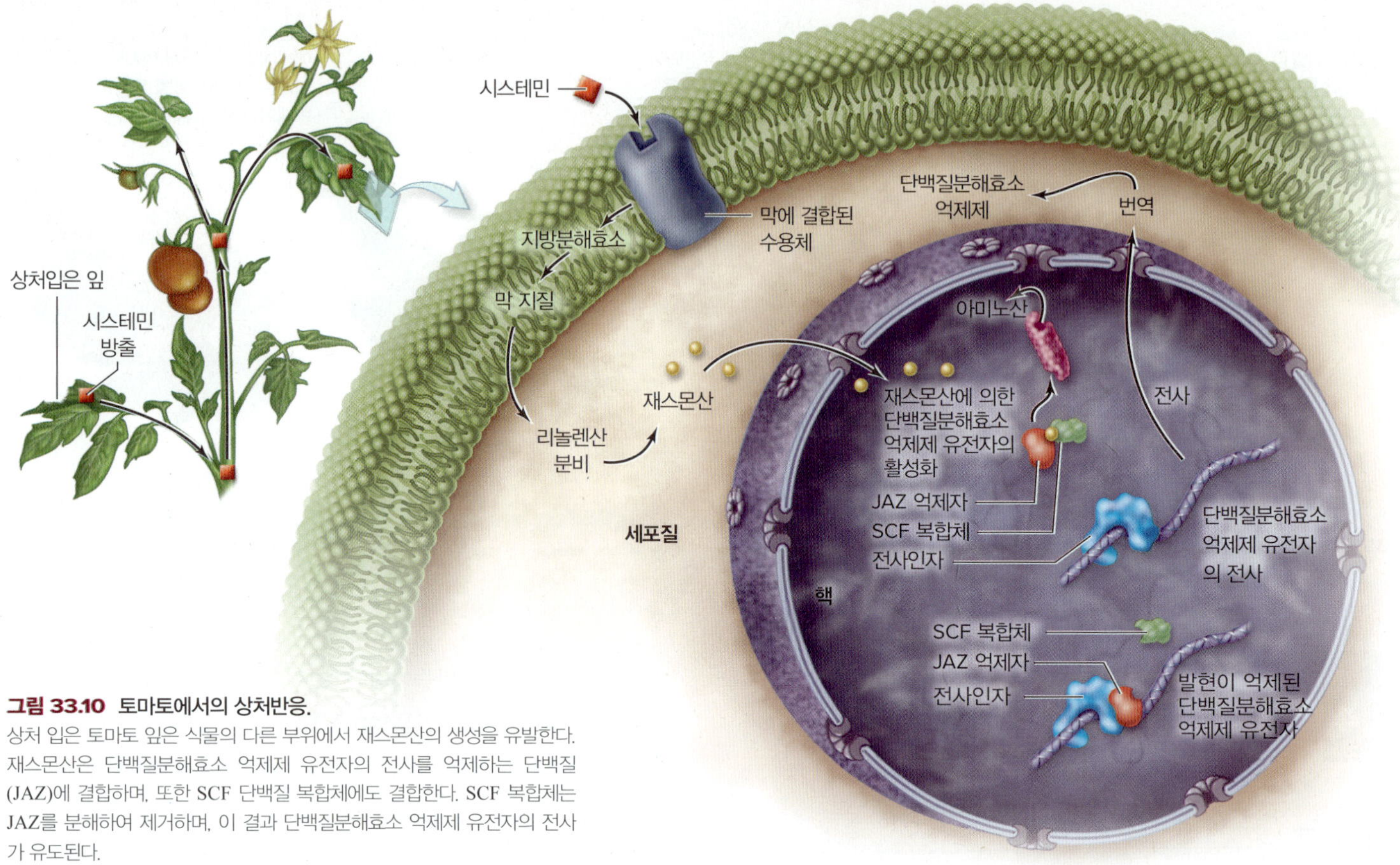

그림 33.10 토마토에서의 상처반응. 상처 입은 토마토 잎은 식물의 다른 부위에서 재스몬산의 생성을 유발한다. 재스몬산은 단백질분해효소 억제제 유전자의 전사를 억제하는 단백질(JAZ)에 결합하며, 또한 SCF 단백질 복합체에도 결합한다. SCF 복합체는 JAZ를 분해하여 제거하며, 이 결과 단백질분해효소 억제제 유전자의 전사가 유도된다.

식물은 병원균에 특이적인 방어반응을 보인다

상처반응은 식물에 상처를 일으키는 초식동물의 종류에 상관없이 일어나지만, 다른 반응은 특정 병원균에 의해 일어난다.

병원균의 인식

식물과 동물은 모두 패턴인식수용체(pattern recognition receptors, PRRs)를 사용하여 병원균의 표면에 있는 공통된 패턴을 인식할 수 있으며, 이런 인식은 45장에서 논의될 선천면역의 한 형태인 일반적 방어기작을 유발한다.

식물의 선천면역의 또 다른 요소는 보다 특이적으로 병원균을 인식하는 것이지만, 이 또한 일반적 방어 기작을 수반한다. 50여 년 전 유전학자 플로(H. H. Flor)는 식물 저항성유전자(*R*)의 존재를 제안하였다. *R* 유전자 단백질은 병원균이 가지고 있는 비독성 유전자(*avr*) 단백질과 상호작용하는데, **비독성**(avirulent)은 독성이 없어 병을 일으키지 않음을 의미한다. 비독성 병원균은 자신의 생존 및 생식을 위해 숙주에게 심각한 상해를 입히거나 죽음에 이르지 않게 하면서 숙주의 자원을 이용한다. 비독성 병원균의 avr 단백질은 식물의 R 단백질과 상호작용하여 병원균의 존재를 알려주며, 이러한 과정을 통해 식물은 방어를 시작하고 병원균은 비독성인 상태로 남아 있게 된다. 이때 병원균의 avr 단백질을 식물이 인식하지 못하면 병증이 나타난다(**그림 33.11**). 미생물, 곰팡이, 벌레에 감염된 여러 식물 종에서 몇 쌍의 *avr*과 *R* 유전자가 밝혀졌다. 이러한 연구는 유전자 조작 기술을 이용해 분리한 유전자를 농작물에 도입하여 침입자로부터 작물을 보호할 수 있다는 이점 때문에 폭넓게 이루어지고 있다.

avr/*R* 유전자 상호작용은 현재 진행 중인 공진화의 한 예이다. 식물은 비독성 침입자를 인식할 수 있지만, 비독성 병원균은 돌연변이에 의해 식물방어를 극복하여 식물을 죽이는 독성 병원균으로 변할 수도 있는데, 이러한 과정을 통해, 식물과 마찬가지로 종종 병원균이 죽기도 한다.

특이적 방어와 과민 반응

R 단백질이 병원균을 인식한 이후 일어나는 신호전달경로는 많이 밝혀졌다. 이러한 경로는 침입 부위 주변에 있는 세포들의 신속한 세포사멸을 유발하고 장기적으로 식물 전체의 저항성을 가져오는 **과민반응**(hypersensitive response, HR)을 일으킨다(**그림 33.11**과 **33.12**). **유전자 대 유전자 반응**(gene-for-gene response)은 항상 일어나는 것은 아니지만, 일반적으로 식물은 기계적 상처의 경우처럼 병원균에 대한 방어반응을 보인다. 어떤 반응 경로들은 유사하며, 세포벽의

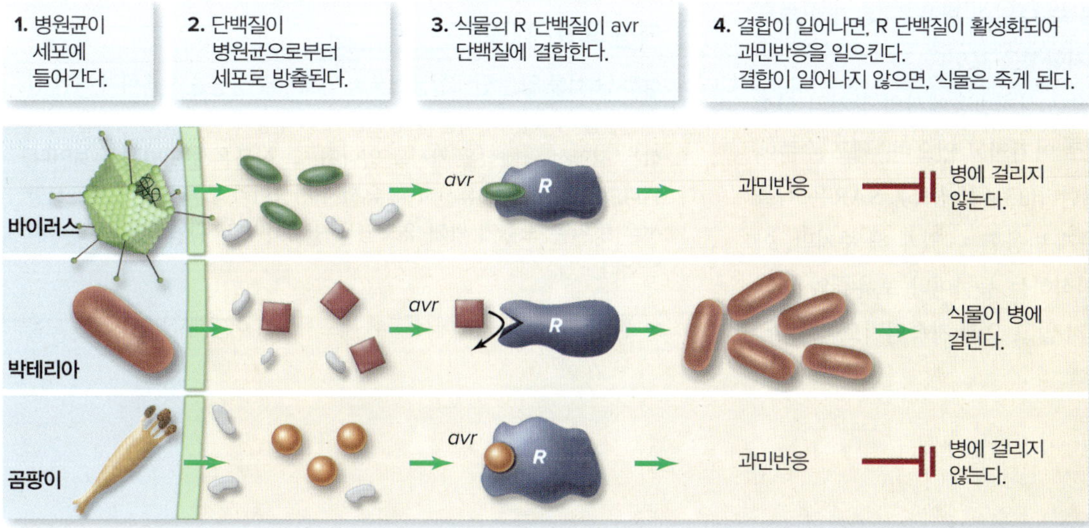

그림 33.11 유전자 대 유전자 가설. 플로(H. H. Flor)는 병원균이 식물저항성 단백질(R)에 의해 인식되는 단백질을 암호화하는 비독성 유전자(*avr*)를 가지고 있다고 제안하였다. 바이러스, 박테리아, 곰팡이 또는 곤충이 R 단백질과 상호작용하는 avr 단백질을 가지고 있으면 방어반응이 일어난다.

탄수화물 파편이 인지와 신호전달 물질로 사용되기도 한다.

식물이 해충으로부터 공격을 받아 유전자 대 유전자 인식이 일어나면, 과민반응으로 인해 공격 부위 주변의 세포들이 매우 신속하게 죽는다. 그 결과 상처 입은 조직이 봉인되어 병원균이나 해충이 식물의 다른 부위로 이동하는 것을 막는다. 상처 부위에서는 과산화수소와 산화질소가 생성되어 숙주세포의 국부적인 사멸을 일으키는 일련의 생화학 반응이 유도된다. 일부 병원균에서 보호 메커니즘이 공진화한 경우에도 이러한 화학물질은 병원균에게 부정적인 효과를 나타낼 수 있다.

다른 항미생물제로는 **파이토알렉신**(phytoalexin)이 있으며, 이는 항미생물 화학방어물질이다. 또한 감염특이적 유전자(pathogenesis-related genes, *PR* genes)가 발현되어 합성된 PR 단백질은 항미생물 물질이나 식물을 보호하는 다른 경로의 신호전달 물질로 작용할 수 있다.

R 인식이 일어나지 않는 병원성 침입자의 경우 국부적인 세포벽의 변화가 부분적으로 병원균이나 해충이 식물의 다른 부분으로 이동하는 것을 막아준다. 이 경우 과민반응은 일어나지 않으며, 국부적인 세포사멸도 나타나지 않는다.

장기적인 보호

과민반응이나 다른 국부 반응 이외에도, 식물은 병원균이나 해충의 공격에 대해 **전신획득저항성**(systemic acquired resistance, SAR)

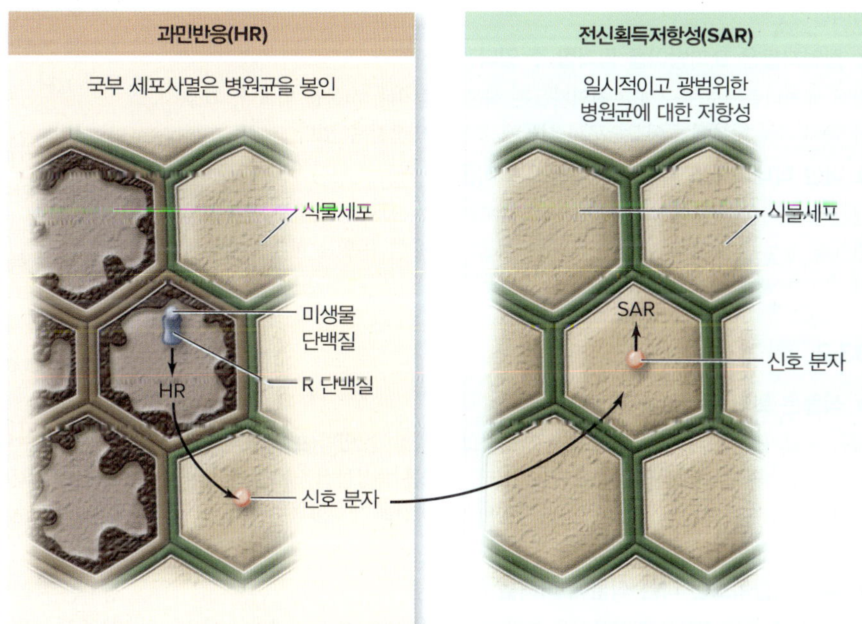

그림 33.12 식물의 방어반응. 유전자 대 유전자 반응은 국부 세포사멸(HR)을 유발하고, 또한 이동성 신호물질의 생성을 유발하여 식물의 나머지 부위에 장기간 저항성(SAR)을 유도한다.

이라는 전신 반응을 할 수 있다(**그림 33.12**). 이 반응은 몇 가지 경로에 의해 며칠간 지속되는 광범위한 저항성을 보인다.

SAR을 유도하는 장거리 신호물질은 상처반응에서의 장거리 신호물질인 시스테민보다는 살리실산으로 여겨지고 있으며, 세포 수준에서는 재스몬산이 SAR 신호에 관여한다(33.4절 참조). SAR은 식물이 다시 공격을 받았을 때 더욱 빠르게 반응할 수 있게 해 주지만, 이러한 반응은 항체가 특정 항원을 인식하는 동물이나 포유류의 면역반응과는 다르다. SAR은 특이적이지 않고 오래 지속되지도 않는다.

핵심 요약 33.4

상처 난 식물 잎은 단백질분해효소 억제제의 생성을 자극하기 위한 신호전달을 개시한다. 식물이 병원균의 비독성 유전자의 단백질을 인식하는 저항성 단백질을 가지고 있다면, 그 식물은 방어반응을 보인다. 이러한 인식 기작을 유전자 대 유전자 가설이라 부른다. 전신획득저항성은 병원균 노출에 의해 유도되는 일시적이고, 광범위한 형태의 저항이다.

■ 병원균에 의한 공격에서 국부 세포사멸이 어떻게 식물 보호를 도울 수 있을까?

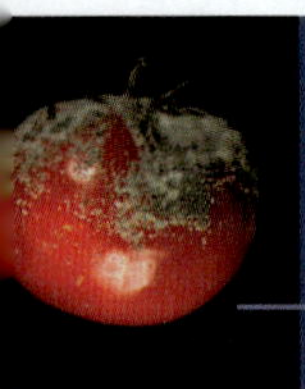

핵심 개념 요약

33.1 물리적 방어

병원균은 식물의 영양자원을 이용하거나 DNA 복제 장치를 탈취하는 등 다양한 방식으로 식물에 해를 끼칠 수 있다.

■ 식물의 제1 방어선은 표피조직이다

표피조직은 큐틴과 수베린과 같은 지질로 덮여 있어, 수분 소실을 감소시키고 공격을 막는다. 세포모, 수피, 가시 같은 형태적 특징은 식물을 보호하는 데 기여한다.

■ 침입자들은 표피방어를 통과할 수 있다

방어 메커니즘에도 불구하고 침입자들은 식물을 뚫거나, 식물을 먹거나, 기공을 통해 식물 내부에 들어감으로써 식물에 손상을 일으킬 수 있다.

■ 어떤 박테리아와 곰팡이는 식물에게 이롭다

균근 곰팡이는 식물의 수분과 무기질 흡수를 도와줌으로써 식물과 상리공생 관계를 형성한다. 질소고정 박테리아는 식물이 이용할 수 있는 형태로 식물에게 질소를 공급한다.

33.2 화학적 방어

■ 식물은 화학 무기고를 가진다

식물은 알카로이드, 탄닌, 오일 등을 생성하고 저장할 수 있다(**표 33.1**). 이런 물질은 침입자로부터 식물을 보호할 수 있다. 식물은 독성물질을 소낭에 잡아두거나 침입자가 섭취하기 전까지는 무해한 독성물질을 생성함으로써 자신의 독성물질로부터 스스로를 보호한다.

■ 일부 식물독소는 다른 식물에 피해를 준다

타감작용을 하는 식물은 화학물질을 분비하여 종자의 발아를 억제하거나 이웃하는 식물의 성장을 억제한다. 이런 전략은 빛과 영양분에 대한 경쟁을 최소화시킨다.

■ 인간은 식물독소에 민감하다

리신은 강력한 식물 독성물질의 한 예이다. 리신은 피마자의 배젖에서 발견된다(**그림 33.7**). 리신은 시안화물보다 6배 더 치명적이다.

■ 식물의 2차대사물질은 약물 효능을 가지기도 한다

식물에스트로젠, 택솔, 퀴닌과 같은 식물의 2차대사물질은 인간에게 약학적 가치를 가진다. 많은 다른 식물기반치료법이 인류 문명에서 수세기 동안 사용되어 왔다.

33.3 식물을 보호하는 동물

상리공생 관계는 식물과 동물 모두에게 이익이 된다. 하나의 예는 아카시아와 개미의 관계로, 개미는 초식동물로부터 아카시아를 보호한다.

다른 예는 특정 식물, 애벌레, 기생말벌 사이의 관계이다. 애벌레가 식물의 잎을 씹거나 손상을 입히면, 식물 잎은 기생말벌을 유인하는 화합물을 방출한다. 기생말벌은 애벌레에 알을 낳으며, 알에서 부화된 유충은 애벌레를 먹고 자란다(**그림 33.9**).

33.4 침입자에 대한 전신반응

식물은 필요할 때만 방어 기작을 생성함으로써 불필요한 에너지 소비를 피한다.

■ 식물의 상처반응은 초식동물로부터 식물을 보호해 준다

상처반응은 손상의 원인과는 상관없이 일어나는 일반화된 반응이다.

상처반응에서 신호물질은 식물의 체관을 통해 퍼져나가 단백질분해효소 억제제의 발현을 유도하는데, 단백질분해효소 억제제는 식물을 먹은 동물의 장에서 소화효소에 결합하여 기능을 억제한다(**그림 33.10**).

■ **식물은 병원균에 특이적인 방어반응을 보인다**

많은 식물의 유전자 대 유전자 반응에서, 식물의 *R* 유전자 산물은 병원균의 비독성 유전자 산물과 상호작용하여 방어반응을 유도한다.

또한 식물은 방어 화합물로 파이토알렉신과 같은 항미생물 물질을 생성할 수 있다.

병원균에 노출될 때, 식물은 전신획득저항성이라 불리는 메커니즘을 통해 머지 않은 미래에 병원균의 공격으로부터 자신을 보호할 수 있다.

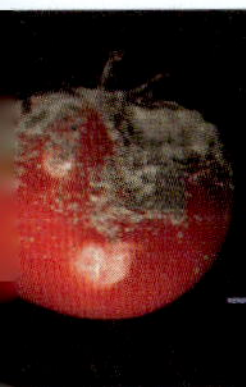

연습문제

1단계: 이해력 확인하기

1. 외래 침입생물이 종종 토착종을 위협하는 이유는 무엇인가?
   a. 일반적으로 다른 식물보다 크게 자라기 때문에
   b. 외래 침입생물은 다른 질병에 민감하지 않기 때문에
   c. 기생하기 때문에
   d. 새로운 장소에는 자연천적이 없기 때문에

2. 곰팡이 병원균이 식물세포막을 통해 영양분을 이동시키기 위해 직접 이용하는 것은 무엇인가?
   a. 부착받침 b. 기생근
   c. 공변세포 d. 종양

3. 뿌리에 있는 카스파리띠에서 침입자를 물리치는 것을 돕는 것은 무엇인가?
   a. 왁스 b. 수베린
   c. 큐틴 d. 큐티클

4. 다음 중 2차대사물질이 아닌 것은 무엇인가?
   a. 카페인 b. 모르핀
   c. 택솔 d. 포도당

5. 기생말벌은 애벌레로부터 식물을 어떻게 보호하는가?
   a. 애벌레에 침을 쏘아서
   b. 애벌레를 몰아내서
   c. 애벌레를 먹는 유충이 태어나는 알을 낳아서
   d. 애벌레를 캡슐에 넣어서

6. 상처에 대한 반응에서 토마토 식물이 처음 만드는 펩타이드는 무엇인가?
   a. 시스테민 b. 재스몬산
   c. 리신 d. 살리실산

7. 세포에서 과민반응이 일어난 후 다음 단계로 일어나는 것은 무엇인가?
   a. 세포는 재빨리 세포벽을 만든다.
   b. 세포는 액포에서 방어반응 물질을 방출한다.
   c. 세포는 신속하게 죽는다.
   d. avr 단백질이 파괴된다.

8. 초식동물의 소화효소에 결합하는 상처반응 물질은 무엇인가?
   a. 단백질분해효소 억제제
   b. 단백질분해효소 촉진제
   c. 지방분해효소 억제제
   d. 지방분해효소 촉진제

9. 만약 식물이 어떤 병원균에 의해 침입을 당했는데, 다음 번 침입 시 식물이 보다 빠르게 반응할 수 있게 해주는 기작은 무엇인가?
   a. 기본 방어 b. 과민반응 유도
   c. 항미생물 병원균 저항 d. 전신획득저항성

2단계: 적용력 평가하기

1. 일부 식물은 기생말벌과 상리공생 관계를 발전시켰다. 다음 중 이러한 상리공생 관계가 발생하지 않는 경우는 무엇인가?
   a. 식물이 말벌을 위한 꿀 생산을 멈추었을 때
   b. 말벌이 식물을 먹고 사는 것을 중단하였을 때
   c. 식물이 말벌을 유인하는 휘발성 화합물의 생산을 멈추었을 때
   d. 식물이 너무 많은 애벌레를 유인하였을 때

2. 식물과 동물의 면역체계의 설명으로 맞는 것은 무엇인가?
   a. 한 번 접했던 병원균에 대한 기억으로 차후의 감염에 대해 더욱 효과적으로 반응한다.
   b. 감염과 싸워 이기기 위해 단백질의 발현을 시작한다.
   c. 감염의 전파를 막기 위해 자신의 세포를 죽인다.
   d. a, b, c 모두 맞다.

3. 정원에 있는 모든 식물들이 어떤 곰팡이나 박테리아에 감염된 것 같다는 얘기는 들었지만 식물들은 모두 건강해 보일 때 가장 우선해야 할 일은 무엇인가?
   a. 죽을 것이기 때문에 모든 식물을 버린다.
   b. 모든 박테리아와 곰팡이를 제거할 수 있는 화학물질을 식물에 뿌린다.
   c. 식물을 모두 제거하고 토양을 교체한다.
   d. 많은 박테리아와 곰팡이는 이롭기 때문에 아무것도 하지 않는다.

4. 곰팡이 병원균은 식물의 기공을 기반으로 일부 식물을 인지한다. 곰팡이 감염으로부터 이들 식물에게 면역을 제공할 수 있는 방법은 무엇인가?
   a. 식물의 모든 기공을 제거한다.
   b. 이들 식물의 기공 사이의 간격을 바꾼다.
   c. 기공 주변에 있는 공변세포의 세포벽을 강화한다.
   d. 표면에 세포모의 수를 늘린다.
5. 정원의 한끝에는 아름다운 흑호두나무를 심고 다른 끝에는 웅장한 떡갈나무를 심기로 결정하였다. 그러나 호두나무 주변에 심은 씨앗은 하나도 발아하지 않았다. 그 이유는 무엇인가?
   a. 호두나무가 너무 많은 빛을 차단하여 씨앗이 발아를 하지 못했다.
   b. 호두나무 뿌리가 토양의 모든 영양분을 고갈시켜 새로운 유묘는 영양분이 부족하여 죽었다.
   c. 호두나무가 씨앗의 발아를 막는 화학독소를 만들었다.
6. 식물이 인식하지 못하는 *avr* 유전자를 가진 병원균이 있다면, 식물은 어떻게 되겠는가?
   a. 병이 생긴다.
   b. 인식하지 못하기 때문에 병원균을 없앤다.
   c. 단백질분해효소 억제제를 생산한다.
   d. 다른 *R* 유전자를 개발한다.

■3단계: 사고력 함양하기

1. 작물을 재배하는 과정에서 인간은 의도적으로 또는 우연히 독소가 적은 식물을 선택해왔다. 왜 이러한 두 종류의 선택이 일어났는지에 대해 설명하시오.
2. 기생말벌은 애벌레를 효과적으로 조절하는 것으로 보이는데, 이러한 전략의 한계를 식물이 말벌에 의해 효과적으로 보호받지 못할 상황을 중심으로 설명하시오.
3. 초식동물에 대한 상처반응을 유도하기 위하여 시스테민은 토마토의 체관을 따라 이동한다. 그러나 체관에서의 이동 방향은 항상 공급처(source)에서 수용처(sink)로 진행된다. 상처신호를 받는 부위가 식물의 생활사 단계마다 어떻게 다르게 나타나는지 설명하시오.

34

식물의 감각 체계

도입

모든 생물은 환경을 인식하고 상호작용한다. 식물의 생존과 생장은 물, 바람, 빛과 같은 비생물적 요인들로부터 크게 영향을 받는다. 이는 식물의 생장에 영향을 미치는 특정 환경에서 종 내에서 일어나는 성체 변이의 많은 부분을 설명할 수 있다. 이번 장에서는 식물이 어떻게 이런 환경 요인들을 인식하고, 이런 신호에 대해 적절히 반응하여 최적의 생리적 생장 또는 발생 반응을 유도하는지에 대해 알아본다. 이들 반응은 눈으로 관찰할 수 있다 하더라도 반응 기작은 세포 수준에서 일어난다. 신호는 수용체 분자의 구조적 변화를 일으켜 이후의 신호분자들과 상호작용할 수 있도록 한다. 호르몬은 환경 반응에 대한 내부 신호에서 중요한 역할을 하며, 환경 변화에 대해 여러 호르몬이 반응한다.

34.1 빛에 대한 반응

학습 목표

1. 피토크롬과 엽록소를 비교할 수 있다.
2. 피토크롬에 의한 생장 반응들을 열거할 수 있다.
3. 굴광성을 정의할 수 있다.

7장에서 식물이 빛에너지를 화학적 결합 에너지로 전환하는 과정인 광합성(photosynthesis)에 대하여 자세하게 살펴보았다. 빛에너지를 흡수할 수 있는 분자인 색소 중에서 엽록소(chlorophyll)가 광합성의 주요 색소이다. 식물들은 다른 색소들도 함유하고 있는데, 이런 색소들의 기능 중 하나는 빛을 감지하고 정보를 전달해줌으로써 빛에 대한 식물의 반응을 매개하는 것이다.

빛을 포함한 여러 환경 요인들이 식물에서 개화 및 중요한 발생을 시작하게 한다. **광형태형성**(photomorphogenesis)은 빛에 의해 촉발되는 방향성이 없는 발생으로, 꽃의 형성과 같이 복잡한 형태 변화를 초래한다.

그에 비해 굴광성(phototropism)은 빛에 대한 방향성이 있는 생장 반응이다. 이 2가지 작용은 식물이 불리한 환경 조건에서 유리한 환경 조건으로 이동할 수 없는 것에 대한 보상 작용이다.

P_{fr}는 광반응 유전자의 발현을 촉진한다

색소를 함유하고 있는 단백질인 **피토크롬**(phytochrome, P)은 모든 식물과 일부 녹조류에 존재하지만 원생생물, 세균, 균류에는 없다. 피토크롬 시스템은 녹조류에서 유래한 것으로 보이며, 식물의 공통 조상에도 존재한 것으로 보인다.

피토크롬 분자는 2개의 상호 전환 가능한 형태로 존재한다. 첫 번째 형태인 $\mathbf{P_r}$은 660 nm의 파장의 적색광(red light)을 흡수하고, 두 번째 형태인 $\mathbf{P_{fr}}$은 730 nm의 근적외선(far-red light)을 흡수한다. 햇빛은 근적외선보다 적색광이 더 많다. P_r은 생물학적으로 비활성인데 적색 광자가 존재할 때 활성 형태인 P_{fr}로 전환된다. 근적외선 광자가 존재할 경우 P_{fr}은 다시 P_r로 변환된다. 즉, P_{fr}이 존재할 때 피토크롬의 영향을 받는 생물학적 반응이 일어난다. 대부분의 P_{fr}이 P_r로 대체되면 반응은 일어날 수 없다(**그림 34.1**).

P_{fr}의 양은 또한 분해를 통해 조절된다. 유비퀴틴(ubiquitin)은 단백질을 분해하는 큰 복합체인 **프로테아좀**(단백질분해효소복합체, proteasome)으로 운반하기 위해 P_{fr}을 표지하는 단백질이다(15장 참조). 프로테아좀은 중앙에 채널을 가지고 있어 단백질이 통과할 때 아미노산으로 분해되고 이는 다른 단백질을 만들 때 사용된다(15장 참조). P_{fr}을 표지하고 재순환시키는 과정은 세포에서 피토크롬 양을 유지하기 위하여 정교하게 조절된다.

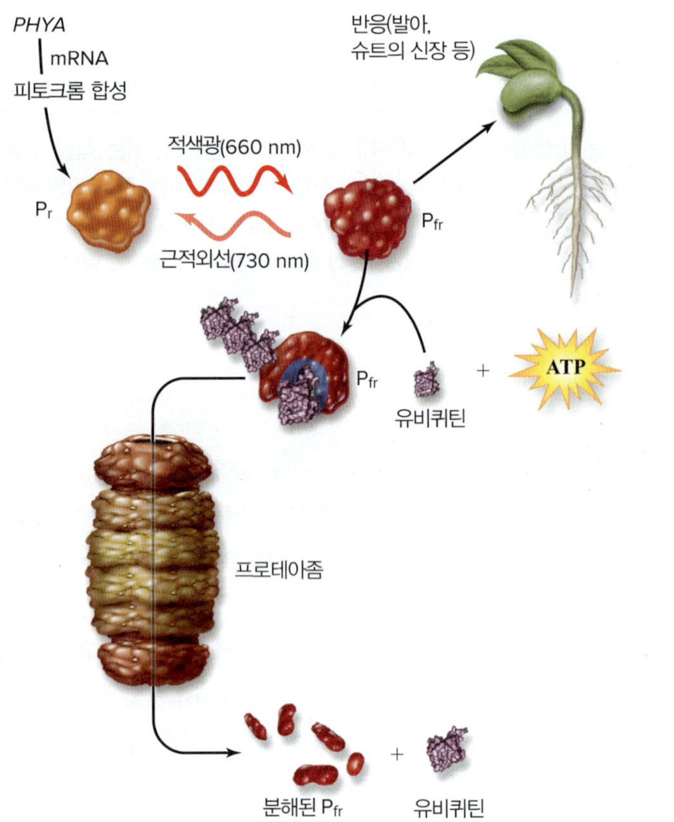

그림 34.1 피토크롬의 작용.
*PHYA*는 애기장대의 5개 피토크롬 유전자 중 하나이다. P_r이 적색광에 노출될 때 활성 형태인 P_{fr}로 전환되며, 근적외선에 노출될 때 P_{fr}은 P_r로 전환된다. P_{fr}의 양은 프로테아좀에서 단백질의 분해로 조절되는데, 이때 유비퀴틴 단백질이 관여한다.

피토크롬은 크기가 작고 빛에 민감한 **색소포**(chromophore)와 이보다 더 큰 **아포단백질**(apoprotein)의 2부분으로 구성되어 있다. 아포단백질은 빛에 반응하는 유전자의 발현을 촉진한다(**그림 34.2**). 애기장대(*Arabidopsis*) 게놈의 7%에 이르는 2500개 이상의 유전자가 피토크롬 중 하나가 적색광에 반응하여 입체 구조 변화가 일어나면서 시작되는 생물학적 반응에 관여한다. 피토크롬은 유전자 발현으로 이어지는 수많은 신호전달경로에도 관여한다. 일부 경로는 단백질 카이네이스(protein kinase)나 G 단백질을 포함한다(8장 참조).

피토크롬은 세포질에서 발견되나 빛에 반응하는 유전자를 전사하기 위해 핵으로 들어간다. P_r은 P_{fr} 형태로 전환되어 핵에 들어갈 수 있으며, 핵에서 이 P_{fr}이 다른 단백질과 결합하여 전사 복합체를 형성한 후 빛에 의해 조절되는 유전자가 발현되도록 한다(**그림 34.3**). 피토크롬의 단백질 결합 부위(**그림 34.2**)는 전사인자와 상호작용을 위해서 필수적인 부위이다.

피토크롬은 단백질 카이네이스 신호경로에도 관여한다. 피토크롬이 P_{fr}로 전환될 때, 아포단백질의 단백질 카이네이스 영역은 N-말단에서 세린을 인산화하며(자기인산화), 빛 신호과정 내의 다른 단백질이 세린을 인산화하기도 한다(**그림 34.4**). 인산화는 연속적인 신호 반응을 시작하며 전사인자를 활성화시켜 빛에 의해 조절되는 유전자의 전사가 일어난다.

피토크롬은 여러 신호전달경로에도 관여하지만 애기장대의 경우처럼 7%나 되는 게놈 유전자 발현에 직접 관여하지는 않는다. 오히려 피토크롬은 광형태형성과 굴광성을 유도할 수 있는, 복잡한 형태의 상호작용을 조절하는 핵심 조절 유전자의 발현을 개시하도록 한다. 이 과정에서 유전자 발현은 첫 단계일 뿐이며, 호르몬도 중요한 역할을 한다.

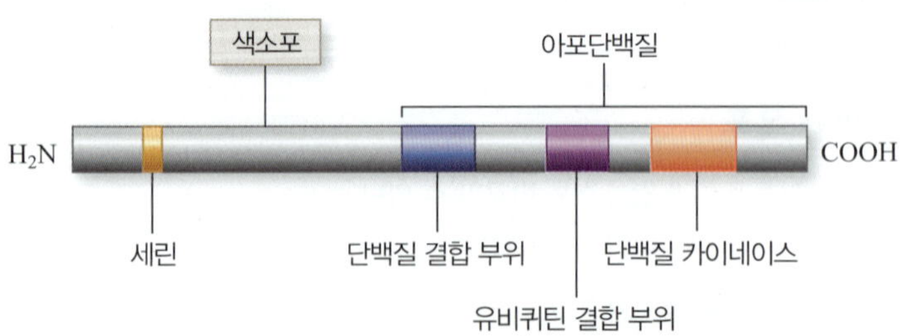

그림 34.2 피토크롬.
피토크롬 분자는 각각 역할이 다르다. 색소포가 적색광과 근적외선의 상대적 양에 따라 반응할 때 피토크롬의 입체적 구조 변화가 일어난다. 이런 구조 변화는 피토크롬이 신호전달 과정에 관여하는 다른 단백질과 결합하는 것에 영향을 준다. 유비퀴틴 결합부위는 분해를 위해, 단백질 카이네이스 부위는 인산화를 통한 또 다른 신호전달을 위해 필요하다.

그림 34.3 핵으로 들어간 P_{fr}에 의한 유전자 발현 조절.

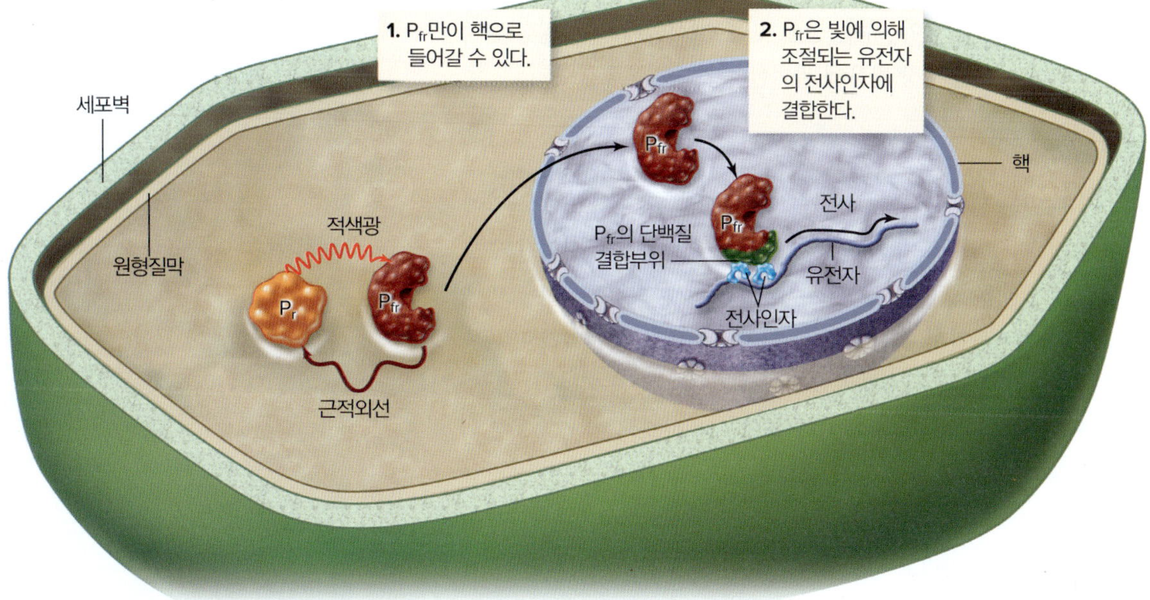

> **?** **탐구문제** 피토크롬의 단백질 카이네이스 영역에 돌연변이가 있는 식물의 종자가 발견되었다. 이 종자가 발아할 때 적색광 매개 반응이 나타날 것으로 기대할 수 있겠는가? 설명하시오.

피토크롬은 하나의 분자로 알려져 있으나 기능이 다른 여러 개가 확인되었다. 애기장대에서는 PHYA에서 PHYE까지의 5가지 유형이 규명되었으며, 각각은 빛에 의한 생장과 발생의 조절에서 서로 중복되긴 하지만 뚜렷한 역할을 한다.

피토크롬과 엽록소는 여러 형태를 가지며 적색광을 흡수할 수 있는 색소이다. 두 색소는 매우 특이적이고 좁은 범위의 빛을 흡수한다. 중요한 차이점은 색소가 빛을 정보원으로 사용하는지 아니면 에너지원으로 사용하는지 여부이다. 7장에서 엽록소가 에너지를 전환하는 데 사용되는 전자전달연쇄(electron transport chain)의 첫 번째 단계라는 것을 배웠다. 그러나 피토크롬은 유전자 발현과 궁극적으로 발생학적 변화를 초래하는 신호전달경로에서 적색광과 근적외선의 상대적인 양에 대한 정보를 전달하는 첫 번째 단계이다(**그림 34.4**). 피토크롬은 정보를 전환하고 엽록소는 에너지를 전환한다.

그림 34.4 직간접적으로 빛에 의해 조절되는 유전자 발현을 유도하는 P_{fr} 카이네이스 도메인에 의한 P_{fr} 인산화. 이 예에서 신호가 단백질 복합체로부터 전사인자의 방출을 유도한다.

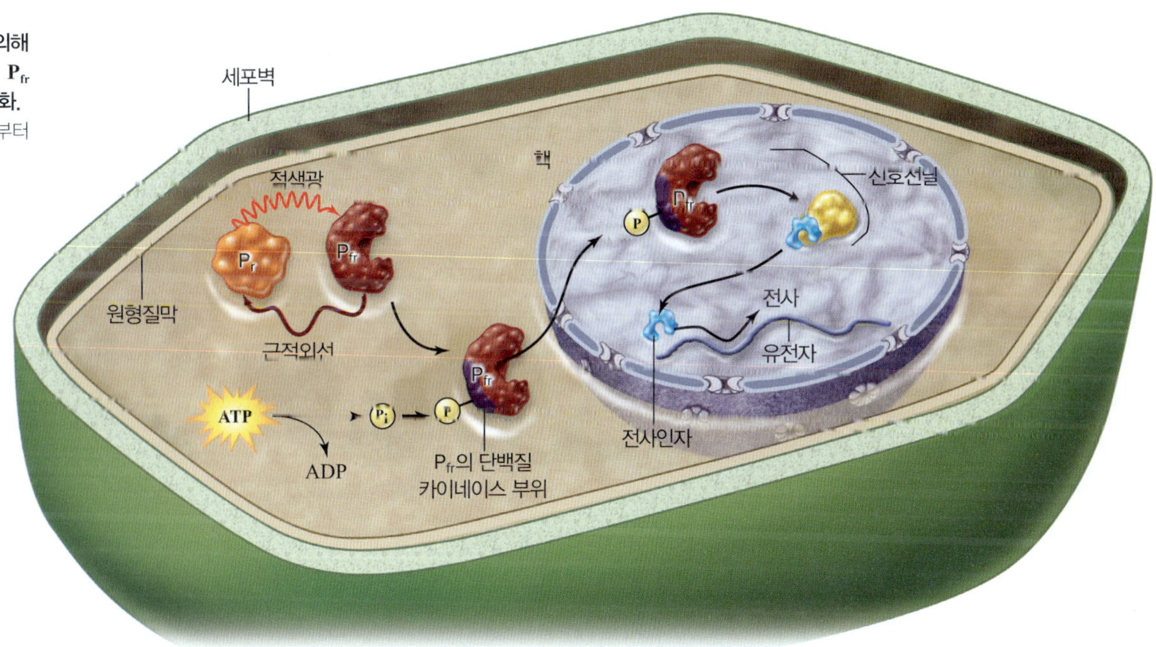

식물의 생장 반응은 피토크롬의 활동과 연관되어 있다

피토크롬은 종자 발아, 슈트 생장 및 주변 식물에 의한 밀집 감지 등을 포함하는 식물 생장 반응에 관여한다.

종자 발아

종자 발아는 많은 식물에서 근적외선에 의해 억제되고, 적색광에 의해 촉진된다. 엽록소가 적색광은 강하게 흡수하고 근적외선은 흡수하지 않기 때문에, 지붕 모양으로 우거진 녹색 잎을 통과하는 빛에는 소량의 적색광만이 포함된다. 근적외선은 P_{fr}을 생물학적으로 불활성 형태인 P_r로 전환함으로써 종자 발아를 억제하게 된다.

결과적으로 겨울에 잎이 떨어진 낙엽식물 아래에 있는 종자들은 잎이 분해된 후 봄에 발아가 더 잘되게 되는데, 이때 종자가 햇빛과 다량의 적색광에 직접 노출되기 때문이다. 이런 적응이 더 큰 나무의 잎이 어린 식물을 가리고 광합성에 필요한 빛을 감소시키기 전에 어린 식물이 생길 기회를 크게 향상시킨다.

자료 분석 햇빛은 근적외선에 대한 적색광의 비율이 1.2인 반면, 우거진 잎 아래의 빛은 0.13이다. 근적외선에 대한 적색광의 비율 차이가 어떻게 발생하고, 서로 다른 환경에서 식물 생장에 어떻게 영향을 미치는지 설명하시오.

그림 34.5 빛과 *det2* 유전자에 의해 조절되는 애기장대의 황백화 현상. *det2*는 암실에서 자라는 식물의 황백화에 필요하다.

슈트의 신장

황백화 현상(etiolation)은 어두운 조건에서 생장하기 시작하는 어린 식물의 슈트 신장반응이다. 이는 식물이 죽기 전에 빛에 도달하도록 돕는 에너지 보존 전략이다. 이러한 어린 식물은 적색광이 없기 때문에 연한 색을 띠고 가늘다. 어두운 조건에서는 에너지를 마디사이 신장에 사용하고, 빛을 받으면 잎을 녹색으로 변화시킨다. 이들은 적색광에 노출될 때 정상적인 형태를 띠며 P_{fr}의 양을 증가시킨다. 이 전략은 어린 식물이 땅속이나 나뭇잎 밑에서 싹이 나올 때 유리하다.

탈황백화(de-etiolated, *det2*) 돌연변이 애기장대 식물은 황백화 반응을 거의 보이지 않고, 어두운 조건에서 어린 식물이 신장되지 않는다(**그림 34.5**). 이 *det2* 돌연변이체는 브라시노스테로이드(brassinosteroid) 호르몬 합성에 필요한 효소에 결함이 있다. 그래서 연구자들은 식물이 피토크롬을 통해 빛에 반응할 때 브라시노스테로이드가 중요한 역할을 할 것이라고 제안하였다(34.5장 참조).

식물 밀집 탐지

적색광과 근적외선은 식물의 생장 공간에 대한 신호도 보내는데, 잎에 의한 그늘은 적색광에 대한 근적외선의 양을 증가시킨다. 식물은 어떻게든 이웃 식물로부터 반사되어 오는 근적외선 양을 감지하게 된다. 식물들은 더 가까이 모여 있을 때 적색광보다 근적외선을 더 많이 감지하여 더 빨리 키가 클 수도 있는데, 이런 전략은 햇빛에 대한 경쟁에서 우위를 점하게 해준다. 그러나 줄기 둘레에 햇빛 차단 가리개를 두르면 줄기 신장이 더 이상 일어나지 않는다.

빛은 방향성 생장에 영향을 준다

굴광성(phototropism)은 슈트가 빛을 향해 자라게 함으로써 한 종 내에서도 다양한 식물 형태를 만들게 한다. 굴성은 환경 신호와 세포의 감지, 생화학적 경로 전달 및 식물 생장과 관계를 연결하려는 시도이기 때문에 흥미롭다.

줄기의 양성 굴광성

굴광성 반응은 성장하는 식물의 줄기나 그 밖의 부위가 청색광(460 nm 범위)을 향해 휘어지는 현상을 말한다(**그림 34.6**). 줄기는 일반적으로 양성 굴광성으로 광원을 향해 자라며, 뿌리는 대부분 빛에 반응하지 않거나 아주 예외적인 경우에 약한 음성 굴광성 반응을 보인다.

줄기의 굴광성은 식물이 빛에 더 많이 노출되도록 해주는 유리한 적응으로 식물의 기관 발달에도 중요하며 결과적으로 식물의 외적 형

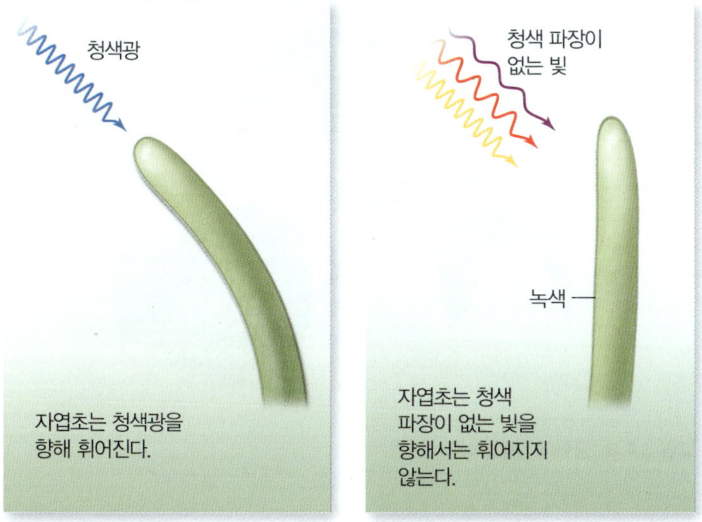

그림 34.6 굴광성.
청색광을 향해 자라는 귀리의 자엽초. 그림의 색은 자엽초에 비치는 빛의 색깔을 보여주며, 화살표는 빛의 방향을 보여준다.

태를 결정한다. 식물의 잎도 굴광성 반응을 보이는데 잎의 위치는 광합성 효율에 있어 중요하다. 다음 절에서 논의될 **옥신**(auxin)이라는 식물 호르몬은 전부는 아니라도 대부분의 굴광성 반응에 관여한다.

청색광 수용체

최근에 확인된 식물의 청색광 수용체에 대한 연구는 빛 신호가 어떻게 굴광성 반응과 연결되는지에 관한 흥미로운 발견들을 선도하고 있다. 청색광 수용체인 **포토트로핀 1**(phototropin 1; PHOT1)은 비굴광성 돌연변이체 분석을 통하여 확인되었다.

PHOT1 단백질은 2개의 빛 감지 영역을 가지며, 청색광에 반응하여 입체구조의 변화가 일어난다. 이러한 변화는 카이네이스 계통의 단백질을 활성화시킨다. PHOT1과 이와 유사한 PHOT2는 식물에서 독특한 수용체 카이네이스이다. PHOT1의 한 부분은 카이네이스로 자기인산화 반응을 한다(**그림 34.7**). PHOT1은 옥신 수송에 관여된 두 단백질에 영향을 미쳐 슈트에서 옥신의 흐름을 조절하는 것처럼 보인다. 이렇게 함으로써 PHOT1은 옥신의 분포를 조절하고 활발하게 신장하는 슈트의 부위를 변경시킬 수 있다. 슈트는 모든 부위가 아닌 한쪽 부위로만 신장하게 되면 휘어지는데, 이러한 휘어짐은 빛을 향해서이다.

일주기성 생체시계는 광독립적이지만 빛에 의해 변화된다

자연계에 짧거나 훨씬 더 긴 리듬이 존재하지만 **활동일주기**(circadian rhythm)는 진핵생물에서는 특히 일반적인 현상이다. 이것은 정확히 24시간은 아닐지라도 지구에서의 낮/밤 주기와 관련된다.

프랑스의 천문학자인 메랑(Jean de Mairan)이 1729년 처음으로 생체리듬을 발견하였다. 그는 밤이 되면 잎을 닫는 민감한 식물인 미모사(*Mimosa pudica*)를 완전 암 상태에 두었을 때도 마치 밤/낮에 노출되었을 때와 같이 "수면"과 "기상" 상태를 계속한다는 것을 발견하였다. 이것은 생체리듬의 4가지 특징 중 하나로, 활동일주기는 외부의 자극이 없이도 계속된다는 것이다. 생체리듬을 가진 식물은 이를 계속하기 위해서 실제로 밤/낮 주기를 경험할 필요가 없다는 것이다.

활동일주기는 대략 24시간 동안이며, 주기는 다시 설정되거나 바뀔 수 있다. 암 상태로 유지된 식물은 주기가 계속된다고 하더라도 점차 실제 밤/낮과는 멀어지는 탈동조화(desynchronized)가 일어난다. 이 주기는 자연환경에서 피토크롬과 청색광 수용체의 작용으로

그림 34.7 청색광 수용체.
청색광은 PHOT1의 빛 감지 영역을 자극하고, 이 영역이 PHOT1의 카이네이스 부위를 자극하여 자기인산화 반응을 일으킨다. 이것은 굴광성을 유도하는 신호전달경로의 첫 단계이다.

하루 주기로 바뀔 수 있다.

사람을 포함한 다른 진핵생물도 활동일주기를 가진다. 여러분도 비행기로 여러 국가를 가로질러 날아갈 때 시차(jet lag)로 인해 생체리듬이 중단되는 경험한 적이 있을 것이다. 시차는 새로운 시간대에 적응하면 다시 회복된다.

활동일주기의 또 다른 특징은 "시계"가 온도 차이에도 불구하고 이를 상쇄할 수 있어 지속 시간이 변하지 않는다는 것이다. 대부분의 반응속도는 온도에 따라 변화가 심하기 때문에 생화학 반응의 측면에서 이런 특징은 독특한 것이다. 생체시계는 많은 생물에 존재하며, 여러 번에 걸쳐 독립적으로 진화되어 나온 것으로 보인다.

이번 장의 앞부분에서 논의된 잎 운동의 가역적인 활동일주기 변화는 전형적인 세포의 팽압(turgor pressure) 변화에 의해 일어난다(34.3절 참조)

핵심 요약 34.1

환경 신호에 따라 식물은 생장하고 발생한다. 적색광 수용체인 피토크롬은 정보를 전환하는 반면 엽록소는 에너지를 전환한다. 피토크롬은 종자발아, 슈트 신장 및 기타 생장패턴에 영향을 미친다. 굴광성은 빛에 대한 방향성 생장이며 청색광 수용체에 의해 조절된다. 활동일주기는 24시간 주기로 낮/밤 주기를 동반한다.

- 색소로써 피토크롬과 엽록소를 둘 다 가진 것에는 어떤 이점이 있을까?

34.2 중력에 대한 반응

학습 목표

1. 중력을 수용하는 세포의 구조를 설명할 수 있다.
2. 줄기와 뿌리가 어떻게 중력에 반응하여 휘어지는지에 대해 설명할 수 있다.

화분의 식물을 넘어진 채로 두면 슈트는 휘어져 위쪽을 향해 자라는데, 이는 들판에서 자라던 식물이 폭풍에 의해 넘어져도 마찬가지이다. 이것이 **굴중성**(gravitropism), 즉 지구 중력장에 대한 식물의 반응에 대한 일례이다(**그림 34.8**). 식물은 또한 빛에 반응하여 자라기 때문에 굴광성과 분리하여 굴중성을 연구하는 것이 중요하다.

그림 34.8 중력에 대한 식물의 반응.
이 식물은 수평으로 놓아 7일 동안 자라도록 하였는데, 슈트는 음성 굴중성 반응을 보였다.

식물은 중력장에 맞추어 자란다

굴중성 반응(gravitropic response)은 종자 발아 시에 일어나며 뿌리는 아래로, 슈트는 위로 자란다. 왜 슈트는 음성 굴중성 반응(중력 반대 방향으로의 생장)을, 뿌리는 양성 굴중성 반응을 보일까? 옥신은 굴중성 반응에서 중요한 역할을 하지만 중력 정보를 식물 전체를 통해 전달하는 유일한 방법이 아닐 수 있다.

우주 왕복선과 국제 우주 정거장의 무중력 환경에서 실험을 수행할 기회가 생긴 것이 이 분야의 연구를 촉진하였다. 굴중성 돌연변이체에 대한 분석도 또한 굴중성에 대한 우리의 이해를 증진시켰다. 연구자들은 굴중성 반응을 일으키는 4가지 일반적인 단계를 제안하였다.

1. 중력이 세포에 의해 감지된다.
2. 중력을 감지한 세포에서 기계적 신호가 생리적 신호로 전달된다.
3. 생리적 신호는 세포 내부와 외부의 다른 세포로 전달된다.
4. 뿌리나 슈트의 "위(up)"와 "아래(down)" 방향에 있는 세포에 영향을 미쳐 차등적인 세포 신장이 일어난다.

현재 중력 감지와 관련한 단계에 대해서 연구자들 사이에 이견이 있다. 슈트에서 중력은 관다발조직을 싸고 있는 내피세포에서 줄기의 길이 방향을 따라 감지되고(**그림 34.9***a*), 바깥쪽 외피 세포로 신호가 전달된다. 뿌리에서는 뿌리골무가 중력을 감지하며, 이 신호가 신장대에서 차등적인 세포 신장과 분열을 촉발한다(**그림 34.9***b*).

슈트와 뿌리에서 녹말을 함유한 색소체인 전분체(amyloplast)가 중력장 중심으로 가라앉고, 이것이 중력을 감지하는 것으로 보인다. 전분체는 세포골격인 액틴 필라멘트와 상호작용한다. 옥신은 전분체를 갖는 중력 감지 세포에서 생장이 일어나는 부위로 신호를 전달하는 역할을 한다. 그러나 전분체와 옥신의 관계는 완전히 규명되지 않았다.

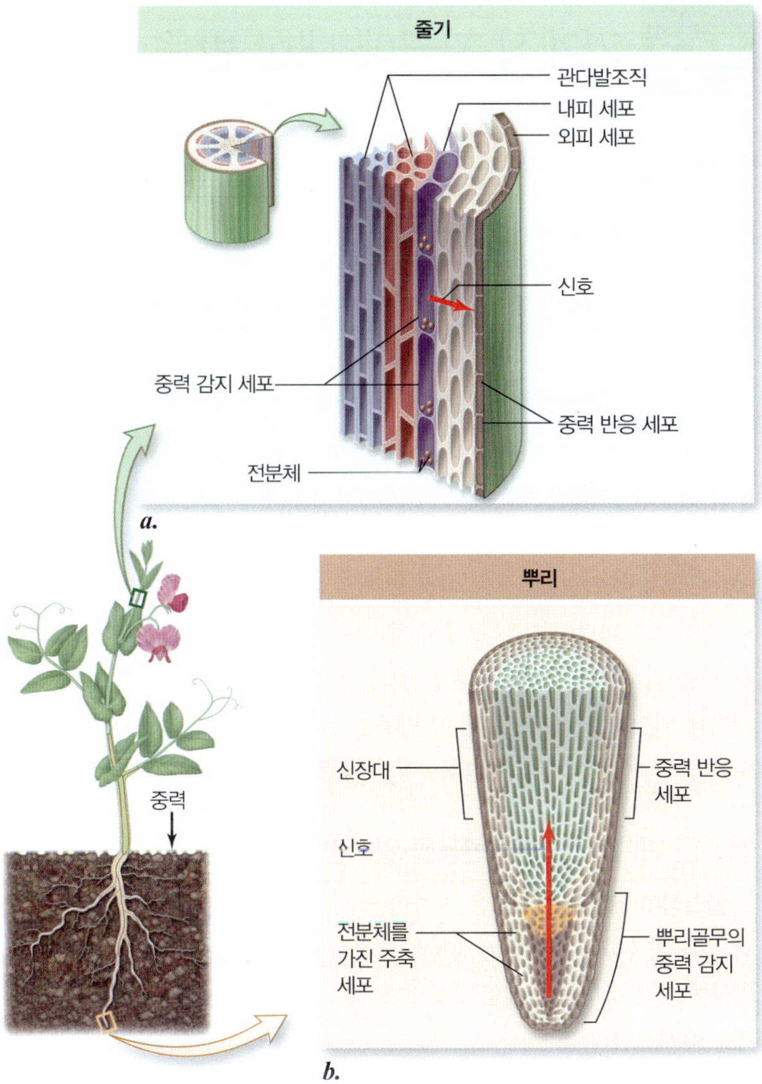

그림 34.9 뿌리와 슈트에서 중력 감지 부위와 반응 부위.

? 탐구문제 식물에서 가장 높은 농도의 옥신은 어디에서 찾을 수 있는가?

줄기는 중력 중심의 반대방향으로 자란다

줄기 하부에서는 옥신 농도의 증가로 상부보다 더 많은 세포의 생장이 유발된다. 이 결과로 중력의 힘에 대항하여, 다시 말해 **음성 굴중성 반응**(negative gravitropic response)으로 줄기가 위로 휘어지게 된다. 뿌리에서는 이러한 호르몬 농도 차이에 대한 반면 증거가 많지 않다. 그럼에도 불구하고 수평으로 놓여진 뿌리의 상부는 하부보다 더 빨리 성장하여 뿌리가 궁극적으로는 아래로 자라도록 하는데, 이를 **양성 굴중성 반응**(positive gravitropic response)이라 한다.

애기장대 돌연변이체인 *scarecrow*(*scr*)와 *short root*(*shr*)는 비정

그림 34.10 굴중성에 요구되는 줄기 내피층의 전분체.
a. 애기장대 *scr*, *shr* 돌연변이체들은 내피가 충분히 분화되지 않아 뿌리가 비정상적으로 발달한다. ***b.*** 내피의 결함은 줄기로 확장되어 야생형 줄기의 양성 굴중성 반응이 일어나지 못하게 된다.

상적 뿌리 표현형으로 처음 확인되었으나, 슈트의 굴중성과도 관련이 있다(**그림 34.10**). 이 유전자들은 정상적인 내피의 발생을 위해 필요하다(**그림 30.16** 참조). 완전한 기능을 갖춘 내피가 없으면 줄기의 정상적인 굴중성 반응이 결여된다. 이 내피 세포는 줄기에 전분체를 가지고 있으나, 돌연변이체의 줄기 내피는 중력을 감지하는 전분체를 만들지 못한다.

뿌리는 중력 중심 방향으로 자란다

뿌리의 중력 감지 세포들은 뿌리골무에 있으며, 실제 비대칭 생장을 하는 세포들은 뿌리골무와 가장 가까운 신장대 말단에 있다. 이 거리에서 정보가 어떻게 전달되는지는 흥미로운 질문이다. 옥신이 관여하는 것으로 보이나 옥신의 수송이 억제되어도 굴중성 반응이 신장대 말단에서 여전히 일어난다. 또 세포막의 극성에 관여하는 일종의 전기적 신호전달에 대한 가설도 있는데, 이것은 우주왕복선에서 실험한 바 있으나 아직 정확한 기작은 밝혀져 있지 않다.

뿌리골무와 신장대 사이가 비록 먼 거리 신호는 아니지만 옥신이 뿌리의 굴중성에 필수적인 역할을 한다는 사실이 옥신 돌연변이체에서 확인되었다. 옥신의 유입과 유출에 영향을 주는 돌연변이는 이 호르몬의 방향성 수송을 변경시킴으로써 굴중성 반응을 없앨 수 있다.

열대우림에서 어떤 식물의 뿌리는 정상적인 굴중성 반응을 보이는 대신 이웃 식물 줄기 위로 자란다. 이는 잎이 무성한 숲의 상부를 빗물이 통과하면서 나무 줄기를 타고 흘러내리는 동안 영양분을 녹이게 되는데, 이 물은 식물이 뿌리를 내린 열대우림 토양보다 더 영양분이 풍부하기 때문이다. 이러한 관찰을 현재의 가설로 설명하는 것은 어려운 일이다. 뿌리는 슈트보다 옥신에 더 민감하고, 실제로 옥신은 뿌리 하부의 생장을 억제하여 결과적으로 양성 굴중성 반응을 초래한다고 생각되기 때문이다. 아마도 이러한 열대식물에서는 뿌리의 옥신에 대한 민감도가 감소된 것으로 보인다.

핵심 요약 34.2

굴중성은 식물의 중력에 대한 반응이다. 슈트의 내피 세포와 뿌리의 뿌리골무 세포에서 전분체는 바닥에 가라앉아 식물이 중력의 방향을 감지할 수 있게 한다. 이에 따라 줄기의 아래쪽과 뿌리의 위쪽에 있는 세포가 다른 세포보다 빨리 생장하여 줄기는 위쪽으로, 뿌리는 아래쪽으로 생장한다.

- 궤도를 도는 우주선과 같은 무중력 조건에서 자라는 식물의 형태는 어떻게 될까?

34.3 기계적 자극에 대한 반응

학습 목표

1. 접촉형태형성을 정의할 수 있다.
2. 굴촉성을 접촉 반응과 비교할 수 있다.
3. 민감한 식물의 잎 운동이 굴성의 예가 아닌 이유에 대해 설명할 수 있다.

식물이 접촉이나 기계적 자극에 반응하는 것은 식물 종과 자극에 따라 다르다. 식물은 어떤 경우에 기계적 스트레스에 반응하여 영구적으로 형태가 변화되는데, 이런 과정을 **접촉형태형성**(thigmomorphogenesis)이라고 부른다. 이런 변화는 이번 장 첫 사진처럼 항상 한 방향으로 바람이 부는 곳에서 자라는 나무에서 볼 수 있다. 미모사 잎을 접촉하면 아래로 처지는 것과 같이 반응이 가역적이면서 단기간에 일어나는 것도 있다. 이 반응은 굴성이 아니며 세포 내부의 수분 압력 변화에 의해 발생되는 팽압 때문에 일어나는 현상이다.

접촉은 비가역적 생장 반응을 일으킨다

굴촉성(thigmotropism)은 식물이 물체, 동물, 다른 식물 또는 바람 등과 접촉하여 반응하는 방향성 생장을 말한다. 접촉 반응은 생장 방향이 자극 방향과 관계없이 동일하다는 것을 제외하고는 굴촉성과 매우 유사하다.

키가 크고 가는 식물은 짧고 넓은 마디사이(절간, internode)를 가진 식물에 비하여 바람이나 폭풍이 불 때 부러지기 쉽다. 규칙적으로 부는 바람이나 식물 사이 마찰과 같은 환경 신호가 형태 변화를 유도하여 더 굵고 더 짧은 마디사이가 만들어지도록 한다. 어떤 경우에는 손가락으로 반복적으로 접촉해도 식물의 생장을 변화시킬 수 있다.

덩굴손(tendril)은 변형된 줄기로, 식물이 스스로 지지하는 데 사용한다(**그림 34.11**). 덩굴손이 물체와 접촉하면 특수한 표피세포가 이를 감지하고 불균등한 생장을 촉진하여 그 물체를 돌돌 감게 되는데, 어떤 경우에는 이 과정이 3~10분밖에 걸리지 않는다. 옥신과 에틸렌 호르몬이 이 덩굴손 운동과 관련이 있는 것으로 보이며, 접촉 없이도 이를 유도할 수 있다. 흥미롭게도 일부 종에서는 덩굴손이 자극 부위를 향해 감겨 있지만(굴촉성 생장), 다른 종에서는 물체와 접촉하는 덩굴손의 측면에 상관없이 덩굴손이 항상 시계 방향으로 감긴다. 으아리, 메꽃, 실새삼과 같은 식물에서는 잎자루나 변형되지 않은 줄기가 다른 줄기나 물체를 휘감는다.

가장 극적인 접촉반응은 파리지옥풀(Venus f1ytrap)에서 볼 수 있

그림 34.11 굴촉성.
덩굴식물은 굴촉성 반응으로 줄기가 물체와 접촉할 때 이것을 감게 된다.

다. 32장에서 설명한 것처럼 이 식물의 변형된 잎은 접촉 자극에 반응하여 닫히면서 곤충이나 다른 단백질원을 포획한다. 이 식물의 잎은 0.5초 이내에 닫힐 수 있고, 이 과정에는 확장된 표피세포나 엽육세포가 작용하게 된다. 잎의 모양이 볼록한 상태에서 오목한 상태로 바뀌는 형태이기 때문에 닫히는 속도가 빨라지게 된다.

이 반응에서 특히 놀라운 것은 바깥쪽 세포들이 생장한다는 것이다. 촉발 세포모(trigger hair)와 접촉하면 잎을 통하여 이동하는 전기신호에 반응하여 세포벽이 부드러워지고, 세포 내부의 고압(팽압)이 부드러워진 세포벽을 밀어 세포를 확장시킨다. 이런 생장 기작은 다른 팽압운동과 구별되는데, 그 이유는 전기 신호로 인해 새로 유입된 물이 아닌 이미 세포 내부에 존재하는 물로 인한 것이기 때문이다.

파리지옥풀의 덫에 먹이가 잡히면 24시간 후에 내부의 세포 생장을 통하여 다시 열리게 된다. 이 생장 반응은 잎이 죽기 전에 4번 정도 촉발될 수 있는데, 이것은 덫을 만드는 데 많은 에너지가 필요하기 때문인 것으로 보인다.

애기장대가 식물의 접촉 반응을 연구하는 모델로 중요하게 이용되는데 접촉 후 10~30분 사이에 100배 이상 발현되는 유전자가 확인되었다. 이 유전자는 많은 식물의 생리적 과정에 관여하는 Ca^{2+}과 결합하는 칼모듈린 유사단백질을 생성한다. 환경신호에서 생장반응으로 이어지는 경로를 이해하는데 있어 분자유전학적 접근법의 중요성을 고려할 때, 접촉유전자는 식물의 접촉에 대한 반응을 이해하는 첫 단계의 의미를 갖는다.

접촉과 기타 자극에 의한 가역적 반응은 팽압에 의한 것이다

굴성과 달리 접촉에 의한 식물의 운동은 생장 반응이 아닌 특정 세포의 가역적 팽압 변화에 의해 일어난다. 31장에서 설명된 팽압은

그림 34.12 민감한 식물 미모사(신경초).
a. 미모사의 잎은 여러 개의 작은 잎으로 나뉘며, 각 작은 잎의 기저부는 엽침이라는 부풀어 오른 구조를 이루고 있다. *b.* 팽압의 변화로 작은 잎이 자극에 반응하여 접하게 된다. 잎이 접촉되면(가운데 두 잎) 이온이 엽침 바깥쪽 부위로 이동하여 삼투압이 유발되며, 안쪽의 팽압 감소로 잎이 접히게 된다.

물이 세포로 들어가면서 발생되는, 살아 있는 세포 내의 압력이다. 물이 이 팽창된 세포를 빠져나가면 세포가 찌그러지면서 식물 운동이 일어나며, 반대로 물이 다시 유입되어 세포가 팽창되면 운동이 또한 일어날 수 있다.

콩과식물(Fabaceae)을 포함한 많은 식물의 잎은 접촉이나 자극에 반응하는 운동성을 보인다. 자극 후 잎의 방향 변화는 잎의 기저부에 있는 양쪽으로 부풀어 오른 모양의 엽침(pulvinus)에서 빠른 팽압 변화와 연관이 있다. 미모사(*Mimosa pudica*)와 같이 엽침을 가진 잎이 바람, 열, 접촉 또는 강한 빛에 자극을 받으면 전기신호가 일어난다. 이 전기신호는 화학신호로 전환되는데, 이때 포타슘 이온은 한쪽 면의 엽침 세포에서 빠져나와 다른 쪽의 세포 사이 공간으로 이동하여, 엽침 한쪽 면의 삼투압을 빠르게 유발되도록 한다.

한쪽 면의 엽침에서 팽압이 상실되면 잎이 접힌다. 민감한 식물의 경우 접촉 후 1~2초 이내로 매우 빠르게 접힌다(**그림 34.12**). 잎이 접힌 지 15~30분이 지나면 물이 다시 세포로 들어와 잎이 원래 상태로 돌아간다.

어떤 팽압 운동은 빛에 의해 촉발된다. 예를 들어, 일부 식물의 잎은 태양을 따라가는데 잎새(leaflet blade)는 태양에 직각 방향으로 향한다. 그러나 어떻게 방향을 파악하는지는 거의 알려진 것이 없다. 이런 잎은 한 시간에 15° 정도로 매우 빠르게 움직일 수 있다. 이런 움직임이 광합성을 최대로 하게 해주며, 이는 태양을 추적하기 위해 고안된 태양 전지판과 유사하다(**그림 34.13**).

가장 잘 알려진 팽압에 의한 가역적 변화 중 일부는 낮에는 열리고 밤에 닫히는 또는 그 반대인 잎과 꽃에서 볼 수 있는 활동일주기이다. 예를 들면, 분꽃은 오후에 피고 달맞이꽃은 밤에 핀다. 앞서 설명했듯이 민감한 식물 잎도 또한 밤에 닫힌다. 콩잎은 낮에는 엽침이 팽창하여 수평을 유지하고, 밤에는 엽침이 팽압을 상실하여 아래로 처진다(**그림 34.14**). 이런 수면 운동은 밤에는 증산작용에 의한 수분 손실을 감소시켜 주고, 낮에는 잎 표면을 최대로 하여 광합성에 유리하게 해준다.

그림 34.13 향일성.
해바라기는 매일 태양의 움직임을 따라 움직인다.

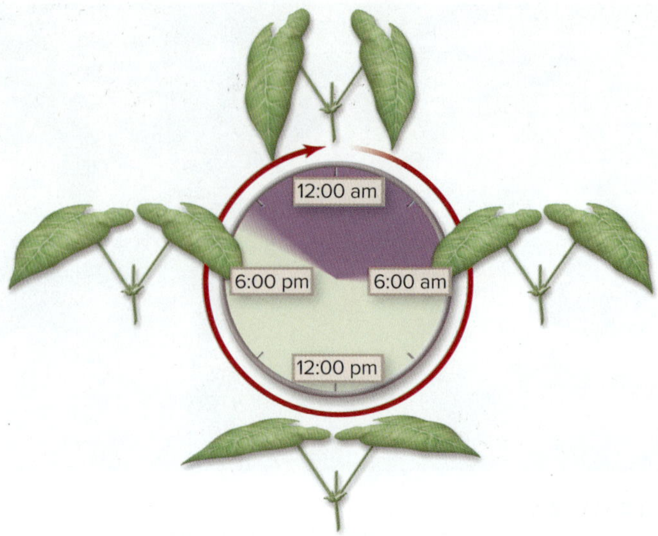

그림 34.14 콩잎의 수면 운동.
콩잎의 잎새는 낮에는 수평 방향으로, 밤에는 수직 방향으로 향한다.

핵심 요약 34.3

접촉형태형성은 기계적 스트레스(바람 등의 물리적 접촉)에 대한 생장형태의 변화이다. 굴촉성은 방향성 생장이지만 접촉 반응은 방향성이 없다. 굴성은 비가역적 생장반응이지만 미모사처럼 접촉유도식물의 운동은 가역적이며 팽압의 변화에 의한다.

- 자극 받은 잎이 접히는 것은 어떤 이점이 있을까?

34.4 물과 온도에 대한 반응

학습 목표

1. 휴면을 유도하는 환경적 요인들을 열거할 수 있다.
2. 종자의 휴면이 왜 중요한 진화적 혁신인지를 설명할 수 있다.
3. 낮은 온도와 높은 온도에 의해 가장 직접적인 영향을 받는 생물 분자들의 유형에 대해 설명할 수 있다.

때때로 식물이 생장의 방향을 변형시킨다고 해도 혹독한 환경으로부터 충분히 보호받지 못하는 경우가 있다. 온대기후에서 계절적 변화와 같은 부적합한 환경 조건이 되면 식물은 생장을 멈추고 휴면(dormancy)에 들어가는데, 이것이 생존에 유리하기 때문이다. 가장 극단적 예가 종자의 휴면이지만, 이런 역경이 지나가기를 기다리는 중간 단계도 있다.

식물은 또한 일시적인 고온과 한파 기간에 발생할 수도 있는 단기간의 온도 변화에도 적응해 왔다. 이런 전략에는 세포막 구성의 변화와 열충격 단백질(heat shock protein) 생성이 포함된다.

휴면은 물, 온도, 빛에 대한 반응이다

온대지역에서 휴면은 겨울과 관련이 있으며, 이 시기에는 결빙 온도로 인해 물을 이용할 수 없어 식물 생장이 불가능하게 된다. 겨울 동안 낙엽수와 관목 식물의 눈(buds)은 휴면 상태를 유지하며, 정단분열조직은 접힌 비늘 내부에 잘 보호되어 있다. 다년생 초본은 영양분을 저장한 통통한 줄기나 뿌리를 가지고 땅속에서 겨울을 보낸다. 대부분의 1년생 식물들은 종자로 겨울을 난다. 휴면은 보통 가을에 낙엽수에서 낙엽이 떨어지면서 시작된다.

기관 탈리

낙엽은 보통 식물이 휴면에 들어갈 때 떨어진다. 잎이나 꽃잎이 떨어지는 과정을 **탈리**(abscission)라고 한다.

탈리는 휴면 이전에도 유용할 수 있다. 예를 들어, 더 이상 광합성을 하지 않는 그늘진 곳의 잎이 떨어질 수 있다. 잎이 변화된 꽃잎은 한번 수분이 일어나면 노화가 시작된다. 난꽃은 꽃가게에서 오랫동안 신선하게 유지된다. 그러나 일단 수분이 일어나면 호르몬 변화가 유발되어 꽃잎이 노화된다. 이러한 전략은 꽃잎이 수분 매개자를 더 이상 유혹할 필요가 없으므로 에너지 자원의 배분 측면에서 합리적이다. 그러므로 기관 탈리의 이점은 바로 영양 저장소를 버리고 자원을 보존하는 것이다.

온대지역의 낙엽수는 봄에 새로운 잎을 만들고 가을에 떨어뜨린다. 그러나 열대지역의 일부 식물에서 잎을 만들고 떨어뜨리는 것은 건기와 우기와 관련이 있다. 대부분의 침엽수와 같은 상록수는 보통 2~7년 주기로 잎의 일부를 새 잎으로 바꾼다.

탈리는 잎자루 기저부에 있는 **탈리대**(abscission zone)에서 일어나는 변화이다(**그림 34.15**). 어린 잎은 탈리대의 특수 세포층 발달을 억제하는 호르몬(특히 사이토키닌)을 생산한다. 잎이 노화됨에 따라 호르몬 변화가 일어나고, 두 층의 세포가 분화하게 된다. 세포 여러 개 정도의 너비를 가지는 **보호층**(protective layer)은 잎자루 기저부의 줄기 쪽에서 발생한다. 이 세포들은 수분이 침투할 수 없는 지방성 물질인 수베린(suberin)을 가지고 있다. **분리층**(separation layer)의 세포들은 잎새 쪽에서 발생한다. 분리층 세포들은 분열하고 팽창하여 젤리처럼 된다.

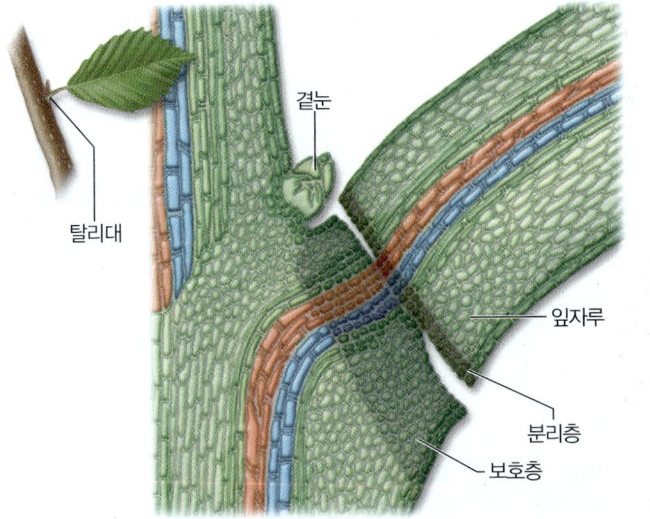

그림 34.15 잎의 탈리.
식물 잎 탈리대에서의 호르몬 변화가 탈리를 유발한다. 탈리대의 두 층의 세포가 보호층과 분리층으로 분화된다. 분리층의 펙틴이 분해되면 바람이나 비에 의해 잎이 줄기에서 쉽게 분리된다.

온도가 내려가며 일조량이 감소하는 등 여러 환경 변화가 일어나면, 효소가 분리층 세포의 중엽에 있는 펙틴을 분해한다. 이렇게 되면 바람과 비에 의해 줄기로부터 잎이 쉽게 분리된다. 이때 줄기에는 세균이나 기타 유해균의 침입으로부터 보호할 수 있는 밀봉된 엽흔(leaf scar)이 남게 된다.

탈리대가 발달함에 따라 잎에 존재하던 녹색의 엽록소는 파괴되어, 그동안 강한 녹색에 가려졌던 노랗고 주황색의 카로티노이드와 같은 다른 색소들이 나타난다. 동시에 수용성인 적색 또는 청색 색소인 **안토시아닌**(anthocyanin)과 **베타시아닌**(betacyanin)이 잎의 액포에 집적되어 가을의 단풍 색깔을 나타내게 된다(**그림 34.16**).

종자 휴면

종자식물의 혁신적인 진화는 발아 조건이 최적일 때까지 기다릴 수 있는 종자의 휴면이다. 호르몬인 앱시스산(abscisic acid, ABA)의 양이 증가하면서 일어나는 복잡한 과정을 거쳐서 종자는 휴면 상태가 된다(**그림 34.17**). 종자가 탈수되면서 RNA와 단백질 합성이 감소하고, 종피(seed coat)가 경화되어 배아를 타임캡슐로 포장하게 된다.

종자는 때로는 수백 년을 기다릴 수도 있다. 계절적으로 건조한 기후에서 종자의 휴면은 보통 건조기, 주로 여름에 일어난다. 생존 조건이 좀 더 좋아질 경우 강우가 발아를 촉발한다.

종자는 1년생 식물이 계절적으로 건조한 지역에서 생장에 필요한

그림 34.16 탈리 동안 식물 잎 색깔의 변화.

물이 충분하지 않은 건조기를 지나는 이상적 방법이다. 비가 오면 종자가 발아하여 식물이 빠른 속도로 자라는데, 이는 물이 있는 상대적으로 짧은 기간에 적응한 형태이다.

적당한 시간이 지난 후 유리한 환경 조건에서 새싹, 땅속 줄기와 뿌리는 휴면 상태에서 벗어날 수 있으나 요구 조건은 종에 따라 다르다. 예를 들어, 일부 잡초 종자는 1년 중 서늘한 시기에 발아하고 좀 더 따뜻한 시기에는 발아가 억제된다. 낮의 길이도 휴면에 크게 영향을 미친다. 예를 들어, 온대지역의 나무는 낮의 길이가 짧을 때 휴면하는 것이 일반적이나, 낮의 길이가 계절에 상관없이 일정한 열대지역의 나무에서는 드물다.

식물은 극한 온도에서 생존할 수 있다

온도가 급격히 변하면 휴면이 불가능해진다. 그렇다면 식물은 어떻게 극한 온도를 극복할 수 있을까? 몇 가지 신속한 대응 전략을 포함한 여러 가지 적응을 통해서 식물은 갑작스런 추위나 극심한 열을 극복할 수 있다.

추위

식물의 막 지질 조성을 알면 식물이 추위에 민감한지, 견딜 수 있는지 알 수 있다. 포화 지방산은 좀 더 서로 가까이 밀착할 수 있기 때문에 불포화 지방산보다 더 높은 온도에서도 고체로 존재할 수 있다(4장 참조). 따라서 막 지질이 더 불포화될수록 식물은 추위에 더 잘 견딘다. 더 높은 함량의 포화 지방산을 가지도록 형질전환된 애기장대는 추위에 더 민감한 것으로 증명되었다.

추위가 오면 불포화효소(desaturase)가 포화 지질의 단일결합을

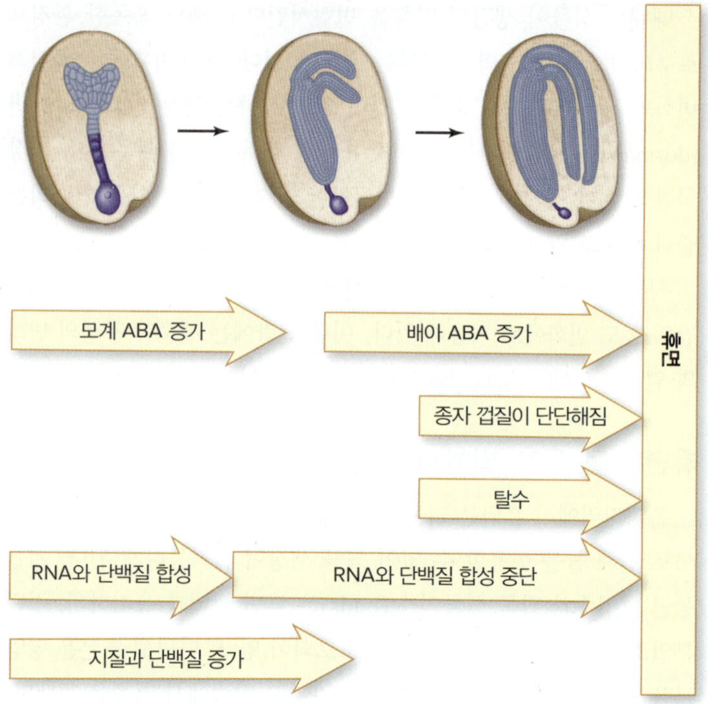

그림 34.17 종자의 휴면.
영양분의 집적, 종자 껍질 형성 및 탈수가 휴면 유도의 필수 단계이다. 또한 모계(maternal)와 배아 조직으로부터의 ABA가 휴면에 필요하다.

2중결합으로 전환시킨다. 이 과정을 통해서 막이 단단해지면서 기능을 수행할 수 없게 되는 온도를 더 낮출 수 있다.

불포화가 많이 된 세포막도 식물을 결빙 온도에서 보호하는 데는 충분하지 못하다. 결빙 시에는 얼음 결정(ice crystal)이 형성되고 세포는 물질대사에 필요한 물이 충분하지 않아 탈수로 죽게 된다. 그러나 일부 식물은 과냉각(supercooling)할 수 있는 능력이 있어 −40℃에서도 생존할 수 있다. 과냉각은 얼음 결정이 만들어지는 것이 제한되었을 때에 일어나며, 얼음 결정은 세포외 공간에서 만들어지기 때문에 세포소기관에는 영향을 미치지 않는다. 또한, 이런 식물의 세포는 점진적인 탈수에도 견딜 수 있다.

온도가 내려감에 따라 냉각 또는 결빙에 대한 내성을 얻는 것은 용질의 농도 증가로 설명할 수 있다. 부동 단백질(antifreeze proteins)은 얼음 결정이 만들어지는 것을 막는다. 얼음 결정은 식물 잎에서 자연적으로 발견되는 세균을 핵으로 하여 형성될 수 있기 때문에 유전자 변형으로 얼음 결정을 만들지 못하게 할 수 있다. 이런 변형된 세균을 잎에 살포하면 일부 작물들의 서리 피해를 방지할 수 있다.

고온

단백질은 고온에서 변성되고 기능을 상실하기 때문에 식물에 해

가 될 수 있다. 온도가 갑자기 5~10℃ 상승하면 열충격 단백질(heat shock proteins, HSPs)이 생성된다. 이 단백질들은 다른 단백질을 안정화시켜 고온에서도 변성되거나 잘못 접히지 않게 해준다. 어떤 경우에는 온도 상승에 의해서 만들어지는 열충격 단백질이 추위와 같은 다른 스트레스로부터도 식물을 방어할 수 있다.

식물은 온도를 점진적으로 올릴 경우, 치명적인 온도에서도 생존할 수 있다. 이런 식물은 내열성을 가지게 된다. 애기장대의 *HOT* 돌연변이체와 같이 내열성을 가지지 못한 돌연변이체를 분리하여 온도 적응에 대하여 더 많이 알 수 있게 되었다. *HOT* 유전자 중 하나가 열충격 단백질을 만든다. 다른 *HOT* 유전자 연구를 통하여 내열성은 열충격 단백질 합성 외에도 막을 안정화시키거나 단백질 활성과도 관련이 있음이 밝혀졌다.

핵심 요약 34.4

온도 저하 및 빛과 물의 유용성 감소 등의 계절적 변화는 식물의 휴면을 유도한다. 낙엽수에서 잎이 떨어지는 것은 휴면의 시작이다. 종자의 휴면은 최적조건이 될 때까지 발아를 막는다. 저온에서는 막 지질이 단단해지기 시작하며 얼음 결정은 조직 내에 형성된다. 고온에서 단백질은 변성된다.

■ 활엽수가 가을에 잎을 떨어뜨리는 것은 어떤 이점이 있을까?

34.5 호르몬과 감각 체계

학습 목표

1. 호르몬의 특성에 관해 설명할 수 있다.
2. 옥신과 사이토키닌을 비교하여 설명할 수 있다.
3. 호르몬이 어떻게 유전자 전사에 영향을 미칠 수 있는지 설명할 수 있다.

형태를 변화시키는 감각 반응은 복잡한 생리적 네트워크에 의존한다. 이 절에서는 많은 내부의 신호전달경로에 관여하는 식물 호르몬에 대해 알아본다. 호르몬은 내부적으로 조절되는 발생뿐만 아니라 환경에 대한 반응에도 관여한다(35장 참조).

생장 조절 호르몬은 환경 변화에 반응한다

호르몬은 생물의 어느 한 부위에서 소량, 종종 미세한 양으로 생산된 다음 생리 및 발생 반응이 일어나는 다른 부위로 운반되는 화학물질이다. 호르몬 작용은 호르몬과 정보를 받는 조직 모두로부터 영향을 받는다.

동물에서 호르몬은 샘(gland)이라고 부르는 일정한 기관에서 생성된다. 식물의 경우에는 특화된 조직에서 생성되지는 않는다. 옥신(auxin), 사이토키닌(cytokinin), 스트리고락톤(strigolactone), 지베렐린(gibberellin), 브라시노스테로이드(brassinosteroid), 올리고사카린(oligosaccharin), 에틸렌(ethylene), 앱시스산(abscisic acid, ABA)과 같은 8종류의 주요 식물 호르몬이 확인되었다(**표 34.1**). 최근의 연구는 호르몬의 생합성과 신호전달 과정과 관련된 호르몬 수용체의 특성을 분석하는 데 집중하고 있는데, 호르몬의 기능에 대한 분자적 기초의 많은 부분은 아직 밝혀지지 않았다.

호르몬은 매우 많은 측면에서 식물의 기능과 발생에 관여하기 때문에 이 책에서는 호르몬 활성과 식물 생리의 구체적인 측면을 통합하고자 하였다. 여기에서는 이러한 호르몬들에 대한 간략한 개요를 알아본다.

옥신은 줄기의 신장과 체제를 형성한다

백여 년 전에 최초로 발견된 식물 호르몬인 **옥신**(Auxin)은 식물 세포벽의 유연성을 증가시키며, 줄기 신장에 관여한다. 세포가 팽압으로 커지게 되면 세포벽도 더 유동성이 있어야 하는데, 이때 옥신이 세포벽을 유연하게 해준다. 옥신과 옥신의 식물 생장에서의 역할에 대한 발견은 정교한 실험 설계의 좋은 예이다.

옥신의 발견

위대한 진화학자인 다윈(Chales Darwin)은 인생의 후반기에 식물 연구에 몰두하였다. 1881년에 찰스 다윈과 그의 아들 프랜시스 다윈(Francis Darwin)은 〈식물 운동의 힘(The Power of Movement of Plants)〉에서 생장하는 식물의 빛에 대한 반응인 굴광성에 대해 체계적인 실험 결과를 보고하였다. 그들은 발아하는 귀리와 카나리길풀(canary grass)의 어린 식물을 실험 재료로 이용하여 관찰하였다.

찰스 다윈과 프랜시스 다윈은 빛이 주로 한 방향에서 비칠 경우 어린 식물이 그쪽으로 강하게 휘어지는 것을 발견하였다. 슈트의 끝을 가는 유리관으로 덮으면 슈트는 마치 덮지 않은 것처럼 구부러졌다. 그러나 빛을 차단시킬 수 있는 금속 포일 캡을 사용한다면 슈트는 구부러지지 않았다(**그림 34.18**). 또한 슈트 끝부분의 바로 아래 줄기에 차광 깃(collar)을 사용하여 빛을 차단하더라도 깃 윗부분이 구

표 34.1 주요 식물 호르몬의 기능

호르몬		주요 기능	식물 내 생산 및 발견 부위
옥신	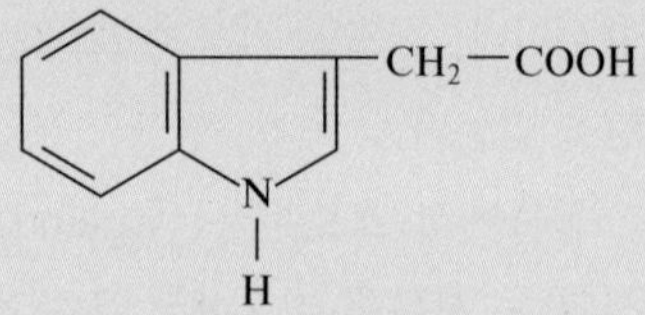	줄기의 신장과 생장 촉진, 부정근 형성, 잎의 탈리 억제, 세포분열 촉진(사이토키닌과 함께), 에틸렌 생산 유도, 곁눈 휴면 촉진	정단분열조직, 미성숙 부위
사이토키닌	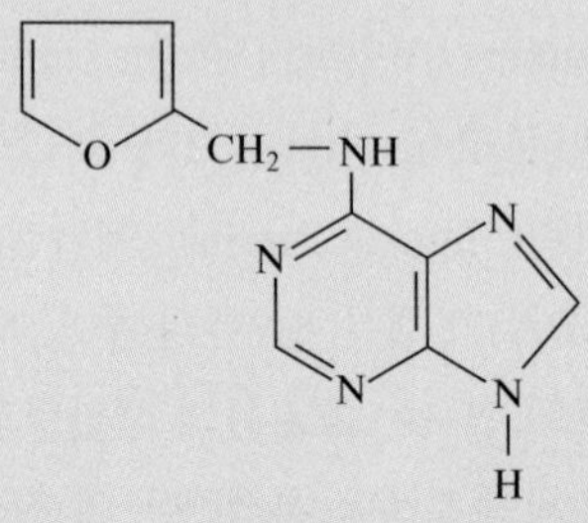	옥신 존재 시 세포분열 자극, 엽록체 발달 촉진, 잎의 노화 지연, 눈 형성 촉진	뿌리의 정단분열조직, 미성숙 과실
스트리고락톤	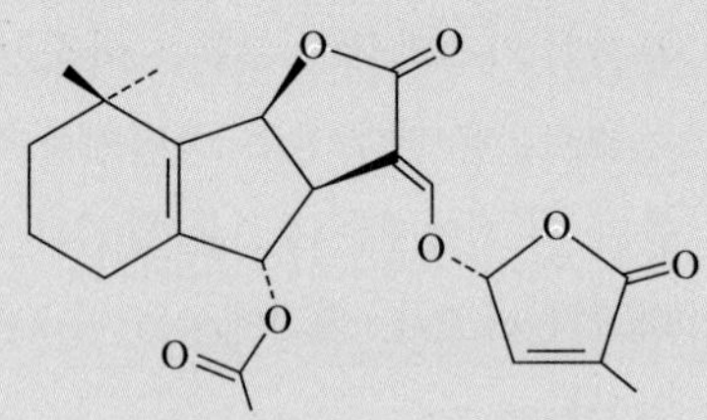	곁눈 생장 억제, 2차 생장의 양성 조절, 옥신에 의해 수위 조절	뿌리, 형성층
지베렐린	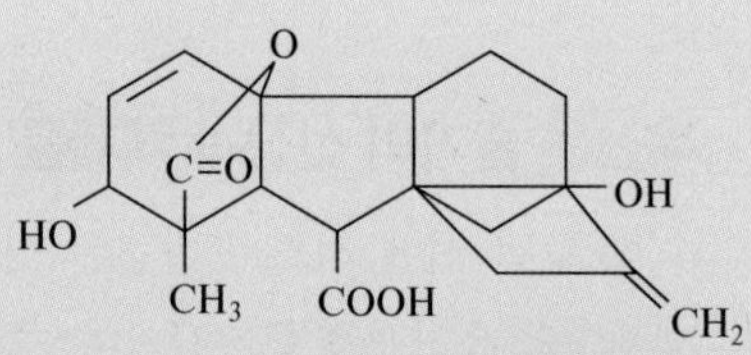	줄기 신장 촉진, 종자 발아 시 효소 생산 자극	뿌리와 슈트의 말단, 어린 잎, 종자
브라시노 스테로이드	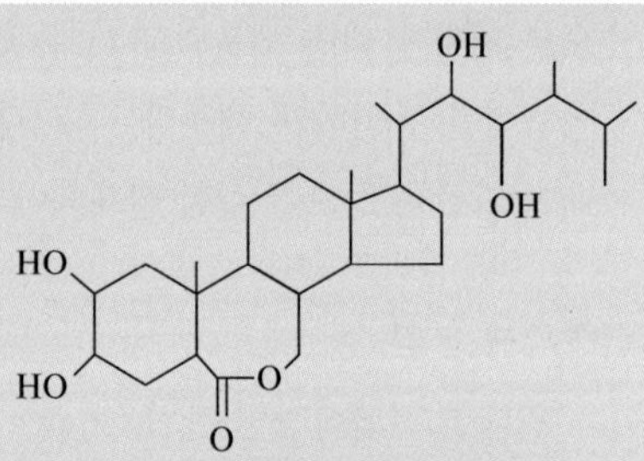	옥신과 지베렐린의 기능과 중복	화분, 미성숙 종자, 슈트, 잎
올리고사카린	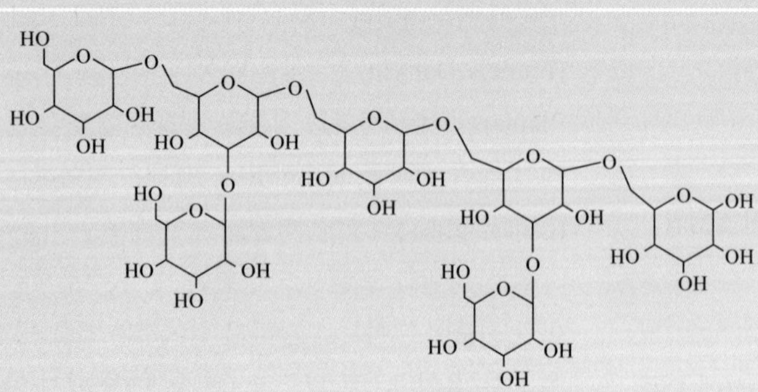	병원균 방어, 생식기관 발달	세포벽
에틸렌	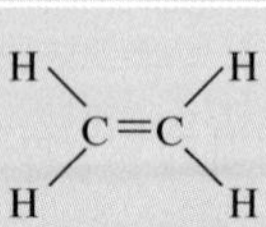	잎, 꽃, 과실의 탈리 조절, 과실 성숙 촉진	뿌리, 슈트 정단분열조직, 잎마디, 노화된 꽃, 익은 과실

표 34.1	주요 식물 호르몬의 기능(계속)		
호르몬		주요 기능	식물 내 생산 및 발견 부위
앱시스산	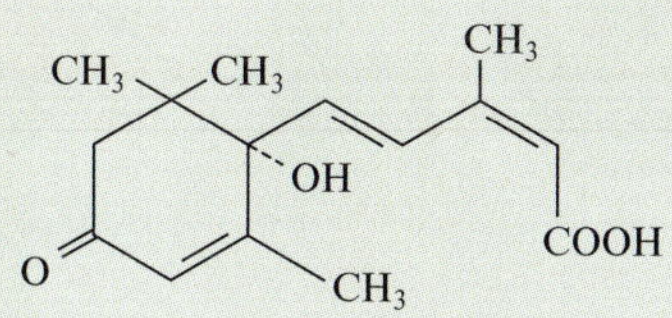	눈 생장 억제, 기공 개폐 조절, 종자 휴면 조절, 다른 호르몬 영향 억제	잎, 과실, 뿌리, 뿌리골무, 종자

부러지는 것을 막지 못한다는 것도 발견하였다.

다윈은 이에 대하여 슈트가 한 방향에서 빛을 받았을 때, 슈트 끝의 어떤 원인 물질로부터 아래쪽으로 전달되는 "영향(influence)"에 반응하여 빛을 향해 휘어진다는 가설로 설명하였다.

약 30년 후에 식물생리학자인 덴마크의 보이센-옌센(Peter Boysen-Jensen)과 헝가리의 팔(Arpad Paal)은 독자적으로 슈트를 휘어지게 하는 물질이 화학물질이라고 설명하였다. 그들은 발아하는 어린 식물의 끝을 절단한 후 나머지 어린 식물과 분리되도록 작은 한천 조각을 끼워 넣고 그 위에 놓으면 어린 식물이 변함없이 생장하는 것을 보여주었다. 이것은 어린 식물의 끝에서 한천을 통해 휘어지는 부위까지 어떤 물질이 이동했다는 증거이다.

? **탐구문제** 팔이 발견한 것을 이용하여 어린 식물이 어떻게 빛을 향해 구부러질 수 있는지 설명하는 기작을 제안하시오.

1926년 네덜란드의 식물생리학자인 벤트(Frits Went)는 팔의 실험을 더 진전시켰다. 그는 정상적으로 빛이 조사된 귀리 어린 식물의 끝부분을 절단하여 한천 위에 놓았다. 또 암실에서 자란 다른 귀리 어린 식물의 끝을 유사한 방법으로 절단하였다. 벤트는 이 한천을 한 토막 잘라내어 암실에서 자란 어린 식물의 절단된 부위 가장자리에 올려놓았다(**그림 34.19**). 이 어린 식물은 빛에 노출된 적이 없지만, 한천 토막이 놓인 위치와는 반대 방향으로 구부러졌다.

벤트는 실험 대조군으로 절단된 어린 식물 줄기 위에 순수한 한천 토막을 올려 놓았으나, 어떤 효과나 한천이 놓인 방향으로의 약간의 구부러짐도 관찰하지 못했다. 마지막으로 그는 빛을 보고 자란 어린 식물의 아래쪽 부위를 일부 절단하여 이것을 암실에서 자란 끝부분이 절단된 귀리 어린 식물의 절단된 부위 위에 올려놓았으나 역시 아무런 변화를 관찰하지 못했다.

이러한 실험 결과를 통해 벤트는 빛에 노출된 귀리의 어린 식물로

과학적 사고

가설: 식물의 슈트 끝(shoot tip)은 빛이 오는 방향을 감지한다.

예측: 어린 식물의 슈트 끝은 차단하지 않을 경우 한 방향으로부터 오는 빛을 향해 자랄 것이다.

실험: 아무 것도 처리하지 않은 어린 식물(*a*), 차광 캡으로 끝을 싼 어린 식물(*b*), 투명 캡으로 끝을 싼 어린 식물(*c*), 아랫부분을 차광 깃으로 싼 어린 식물(*d*) 등 4개의 처리군을 준비한다.

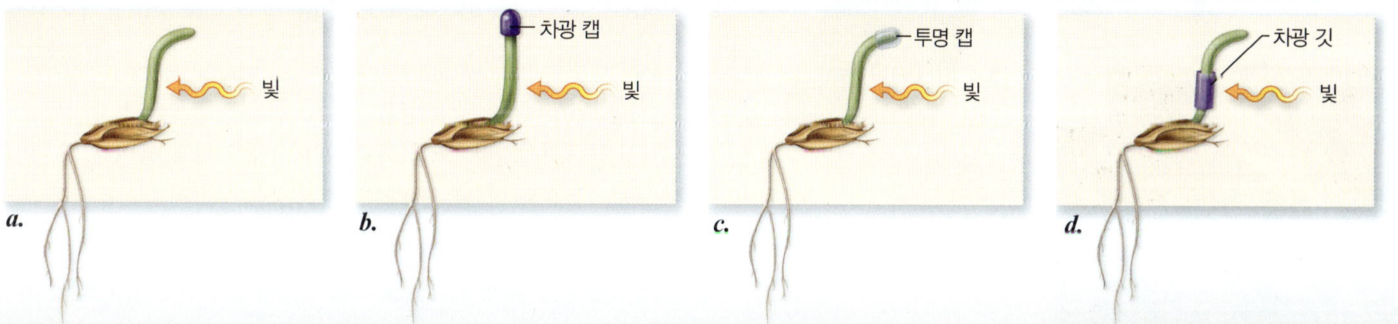

결과: ***a.*** 어린 식물은 빛을 향하여 정상적으로 휘어진다. ***b.*** 어린 식물 끝을 차광 캡으로 감쌀 경우 휘어지지 않는다. ***c.*** 투명 캡으로 감싼 경우에는 휘어진다. ***d.*** 차광 깃을 어린 식물 아래쪽에 설치하면 어린 식물은 빛을 향해 휘어진다.

결론: 빛에 반응하여 휘어지게 한 어떤 '영향'이 어린 식물의 끝에서 아래쪽으로 전달되었다.

추가 실험: 만약 슈트 끝에서 빛에 대한 반응이 슈트의 한쪽에서 다른 쪽으로 신호가 이동한다면 이를 어떻게 알 수 있는가? (힌트: **그림 34.19**)

그림 34.18 슈트 끝의 단일 방향 빛 감지.

그림 34.19 벤트의 실험.
벤트는 옥신이라고 명명한 물질이 세포의 신장을 증진하며, 이 물질이 귀리의 어린 식물에서 빛 방향의 반대쪽에 축적된다고 결론을 내렸다.

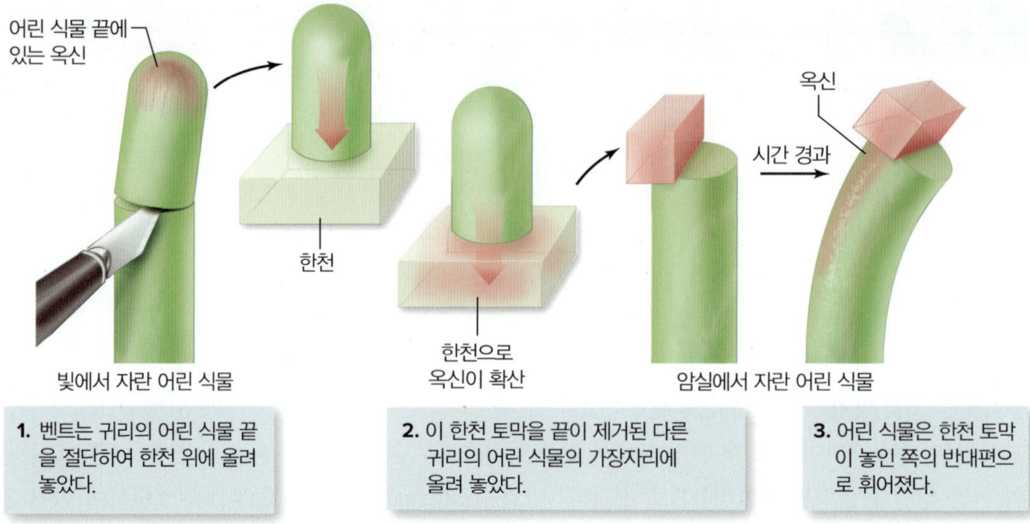

부터 한천으로 확산된 물질이 어린 식물을 구부러지게 했다는 것을 알 수 있었다. 또한 이 화학물질이 반대쪽보다 이것이 흘러내린 쪽의 세포들을 더 생장시켰음을 보여주었다(**그림 34.20**). 다시 말해 이 화학물질이 세포 신장을 증진했다는 것이다. 그는 이 물질을 **옥신**(auxin)이라고 명명하였다.

자료 분석 벤트의 실험은 구부러진 줄기와 구부러지지 않은 줄기를 구별할 수 있는 실험자의 능력에 달려 있다. 줄기가 구부러진 정도를 어떻게 정량화시킬 수 있는지 설명하시오.

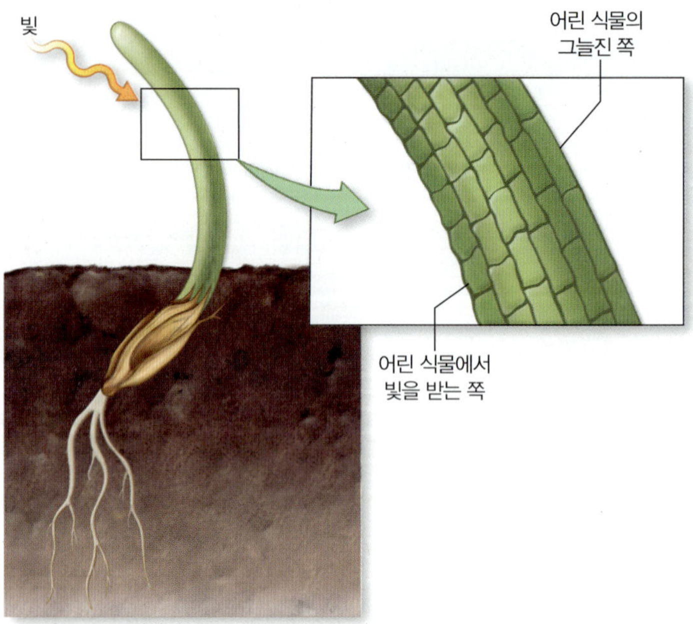

그림 34.20 빛의 반대쪽 세포를 신장시키는 옥신.
어두운 쪽의 세포들에 옥신이 더 많고, 생장이 빨라 빛을 향해 식물이 휘어지게 한다. 추가 실험을 통해 왜 빛이 조사되지 않은 쪽에서 옥신이 더 많은지 정확히 보여주었다.

옥신의 효과

옥신은 식물의 생장과 신장을 촉진하여 식물이 환경에 유리하도록 적응시키는 작용을 한다. 환경적인 신호는 식물체의 옥신 분포에 직접 영향을 미친다. 그렇다면 환경, 특히 빛은 어떻게 영향을 주는 것일까? 이론적으로 빛은 옥신을 파괴할 수도, 옥신에 대한 세포의 민감도를 감소시킬 수도 있으며, 옥신 분자를 빛으로부터 먼 슈트의 그늘진 부분으로 이동시킬 수도 있는데, 이 마지막 가능성은 사실로 판명되었다.

미국 식물생물학자인 브릭스(Winslow Briggs)는 슈트의 빛이 조사되는 쪽과 그 반대쪽 사이 중간에 수직으로 얇고 투명한 운모판을 삽입하였다(**그림 34.21**). 그는 한 방향에서 비치는 빛이 운모판이 삽입된 슈트을 휘어지게 하지는 못한다는 것과 또한 운모판을 중심으로 빛을 비춘 부위와 비추지 않은 부위 모두 옥신의 양이 같음을 알게 되었다. 그는 한 방향에서 비치는 빛에 반응하는 정상적인 식물은 빛의 반대쪽으로 옥신을 이동시키며, 운모판이 결국 옥신 이동을 막았다는 결론을 얻었다.

옥신의 효과는 다양하다. 옥신은 관다발형성층과 관다발조직의 활성을 증진시킨다. 또한 화분(pollen)에도 다량 들어 있어 과실 발생에도 중요한 역할을 한다. 합성 옥신도 상업적으로 동일한 목적으로 사용된다. 수정이 되지 않아 씨앗이 없으면 과실은 정상적으로 자라지 않지만, 때때로 옥신을 처리하면 과실이 자란다. 어떤 종에서는 수분(pollination)이 옥신 분비를 촉발하여 수정이 일어나기 전이라도 과실이 자라도록 한다.

옥신의 작용

오랜 연구에도 불구하고 옥신의 작용에 대한 분자적 기초는 아직

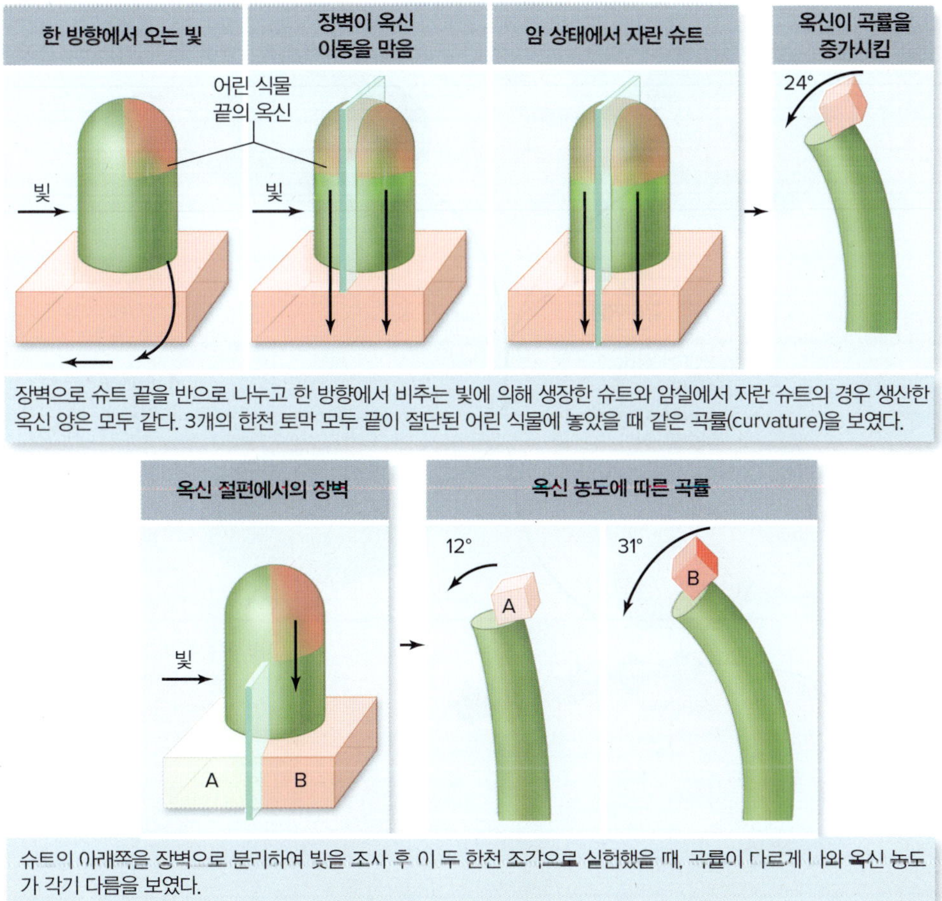

그림 34.21 굴광성과 옥신: 브릭스의 실험.
한 방향으로부터 오는 빛이 슈트 끝의 어두운 쪽에 옥신이 축적되게 한다. 슈트 끝에 삽입한 장벽을 통해 빛이 옥신의 생산률보다 이것의 전이에 영향을 준다는 것이 밝혀졌다.

완전히 규명되지 않았다. 가장 흔한 옥신은 **인돌아세트산**(indoleacetic acid, IAA)으로 아미노산인 트립토판(tryptophan)을 닮았으며, 식물에서 인돌아세트산이 이 아미노산으로부터 합성되는 것으로 보인다(**그림 34.22**). 다른 종류의 옥신도 있으나 IAA가 가장 흔한 자연계 옥신이다.

옥신 결합 단백질(auxin-binding protein, ABP1)이 막수용체에 결합하면 세포의 세포주기 진입을 조절하는 신호전달 과정을 시작한다. ABP1 경로는 세포분열에서 옥신의 역할에 필수적이다.

최근 유전자 발현 과정에서 옥신에 의해 유도되는 빠른 변화를 중재하는 두 종류의 단백질인 옥신 반응 인자(auxin response factors, ARFs)와 Aux/IAA 단백질이 확인되었다. ARFs는 DNA에 결합하여 전사를 증진하거나 억제할 수 있다. Aux/IAA 단백질은 옥신 반응 경로에서 약간 초기에 작용하며, *ARF* 유전자 발현을 활성화시키는 단백질에 결합하여 이를 억제한다.

ARF 유전자는 Aux/IAA 단백질이 유비퀴틴과 결합하여 프로테아좀(proteasome)에서 분해될 때 활성화된다. ARF 단백질에 결합한 옥신은 Aux/IAA가 ARF 활성을 억제하기 때문에 옥신 신호전달에 반응하여 유전자 발현을 시작하기에는 충분하지 않다. 그렇다면 식

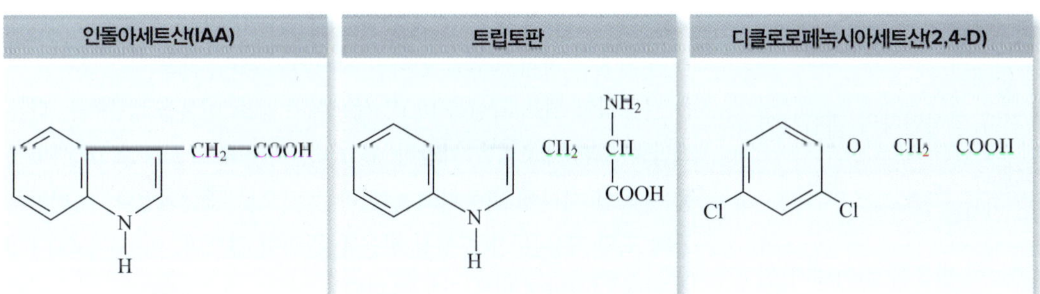

a. *b.* *c.*

그림 34.22 옥신의 종류.
a. 인돌아세트산은 자연계에서 생산되는 주요 옥신이다. *b.* 식물은 트립토판으로부터 IAA를 생산한다. *c.* 2,4-디클로로페녹시아세트산(2,4-dichlorophenoxyacetic acid)은 합성 옥신이며 제초제로 널리 이용된다.

그림 34.23 옥신이 조절하는 유전자 발현.
옥신은 유비퀴틴 경로를 활성화하여 Aux/IAA에 의해 억제된 ARF 전사인자를 방출하도록 한다. 이 결과로 옥신에 의해 유전자 발현이 유도된다.

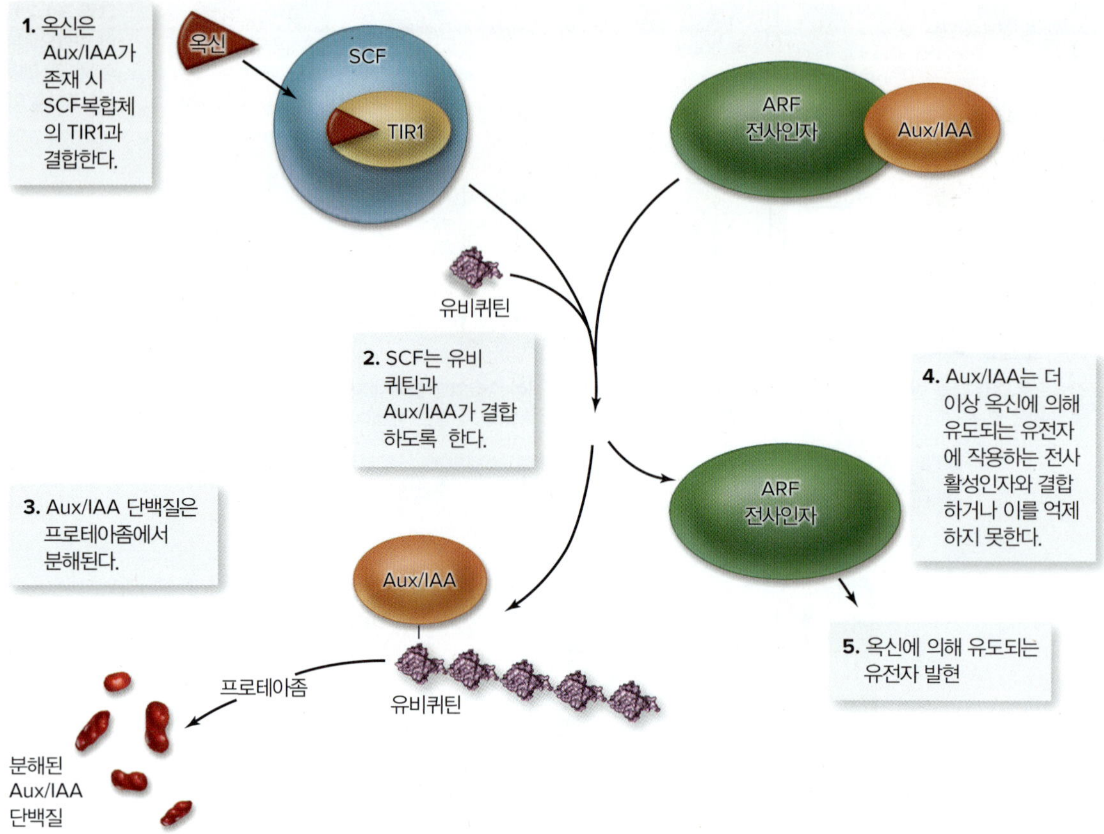

물이 어떻게 옥신을 감지하고, Aux/IAA 단백질을 분해하는 것일까?

옥신 수용체를 어렵게 찾아내 식물이 어떻게 옥신을 감지하고 반응하는지를 알 수 있게 되었다. 옥신은 수송억제자 반응단백질 1(transport inhibitor response protein 1, TIR1)이라 불리는 단백질에 직접 결합한다. 이 TIR1은 옥신 수용체로 진핵생물에서 발견되는 SCF라 불리는 단백질 복합체의 일부분인데, SCF는 *Skp*, *Cullin*, *F-box*의 3개 소단위를 말한다. 옥신은 Aux/IAA 단백질이 존재할 때 SCF 복합체의 TIR1에 결합한다. 옥신이 일단 결합하면 SCF 복합체는 유비퀴틴 경로를 통하여 Aux/IAA 단백질을 분해한다.

옥신을 인지하고 옥신에 의해 유도된 유전자 발현에는 다음과 같은 5단계가 있다(**그림 34.23**).

1. 옥신이 SCF 복합체의 TIR1과 결합한다.
2. 활성화된 SCF가 Aux/IAA 단백질에 유비퀴틴을 결합시킨다.
3. Aux/IAA 단백질이 프로테아좀에서 분해된다.
4. Aux/IAA 단백질은 더 이상 ARF 전사 활성인자와 결합하여 이를 억제하지 못한다.
5. ARF 전사인자는 옥신 반응 유전자의 전사를 촉진한다.

동물 호르몬과 달리 식물에서는 예측 가능한 반응을 끌어내기 위해 신호가 특정 세포로 보내지는 것이 아니다. 이는 다수의 옥신 감지 부위가 존재하기 때문일 것이다. 옥신도 식물의 독특한 호르몬으로 식물의 기저부로 수송된다. 애기장대(*Arabidopsis*)에서 옥신 수송과 관련된 두 집단의 유전자가 확인되었다. 34.2절에 설명된 것과 같이 한 종류의 단백질(*PIN*)은 옥신의 정단-기저(top-to-bottom) 수송과 관련되고, 다른 2개의 단백질은 뿌리골무에서 중력에 반응하는 생장 조절에 관여한다.

옥신의 직접적인 효과 1가지는 세포벽의 유연성을 증가시킨다는 것인데, 2차 세포벽이 없는 어린 세포에서만 작용한다. 이 효과가 유전자 발현과 관련되는지는 확실하지 않다. **산성생장설**(acid growth hypothesis)은 옥신을 세포벽 확장과 연관시킨 모델이다(**그림 34.24**). 이 가설에 따르면 옥신이 세포질에서 세포벽 공간으로 수소 이온(H^+)을 활발하게 수송하게 한다. 따라서 pH가 낮아지고 세포벽 섬유 사이 결합을 끊을 수 있는 효소가 활성화된다.

이 가설은 여러 실험을 통하여 지지되어 왔다. 세포벽 산성화를 막는 완충액이 세포 확장을 막고, 세포에서 수소 이온을 방출하는 다른 화합물 또한 세포벽을 확장할 수 있다. 마지막으로, 수소 이온의 이동은 옥신 처리에 반응하여 일어나는 것으로 관찰되었다. 파리지옥풀의 포획 작용은 산성 생장 반응과 관련이 있으며, 이는 세포가 0.5초 만에 성장하여 덫을 닫도록 한다.

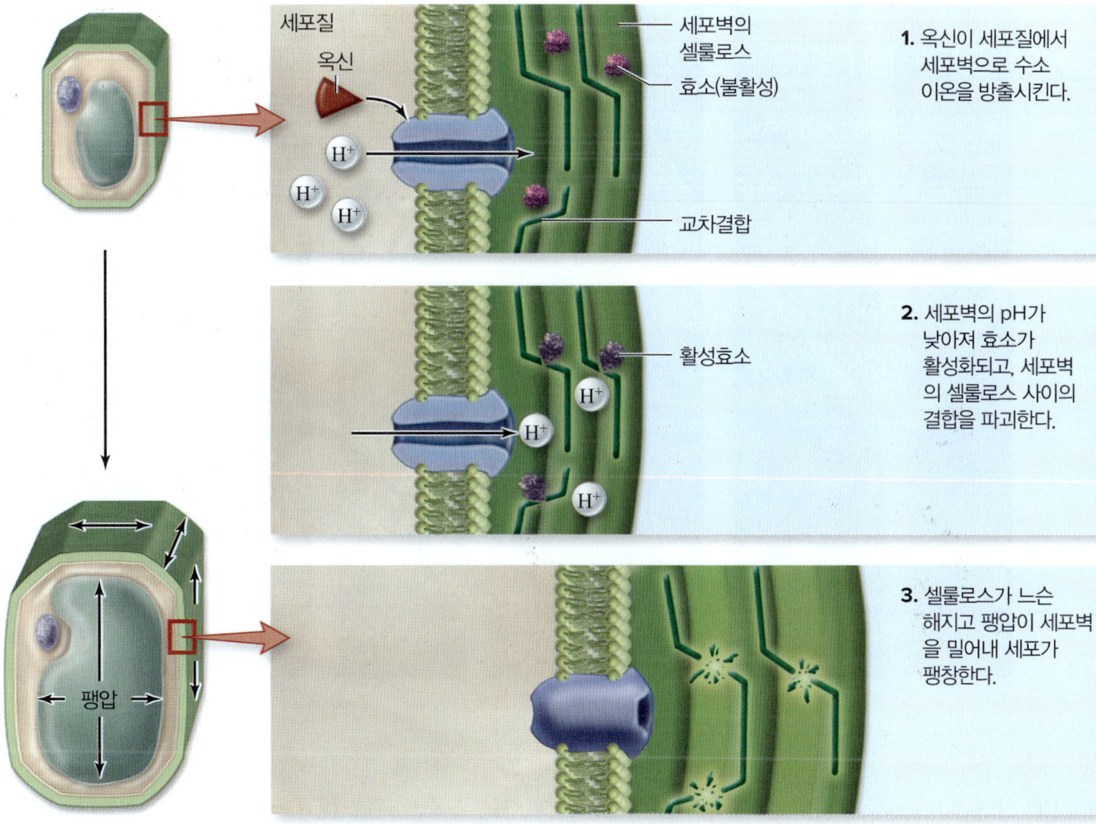

그림 34.24 산성생장설. 옥신이 세포로부터 수소 이온을 방출하도록 자극하여 세포벽의 pH 농도가 달라지게 한다. 이로 인해 효소의 활성이 최적화되고, 세포벽의 결합을 파괴하여 세포벽이 팽창하게 된다.

합성 옥신

나프탈렌 아세트산(naphthalene acetic acid, NAA), **인돌 부틸산**(indolebutyric acid, IBA)과 같은 합성 옥신은 농업 및 원예 작물에서 탈리(abscission) 방지를 위해 많이 사용되고 있다. 합성 옥신은 사과가 익기 전에 떨어지는 것을 막고, 크리스마스 트리로 판매되는 호랑가시나무의 빨간 열매가 운송 중에 떨어지지 않도록 한다. 또한 파인애플의 개화 및 결실을 촉진하고, 꺾꽂이용 식물의 발근을 유도하는 데도 사용된다.

합성 옥신은 일상적으로 잡초 방제에도 이용되는데, 제초제로 사용할 때에는 식물에 자연적으로 존재하는 천연 IAA보다 더 높은 농도로 사용한다. 가장 중요한 합성 옥신 제초제의 하나는 **2,4-디클로로페녹시아세트산**(2,4-dichlorophenoxy acetic acid)이라고 부르는 **2,4-D**이다(**그림 34.22***c* 참조). 2,4-D를 이용하면 잔디밭에서 잎이 넓은 쌍떡잎식물을 선택적으로 제거할 수 있는데, 쌍떡잎 잡초의 줄기는 축성장(axial growth)을 못하게 된다.

2,4,5-T라고 알려진 제초제 2,4,5-트리클로로페녹시아세트산(2,4,5-trichlorophenoxy acetic acid)은 2,4-D와 가깝다. 이 제초제로는 잡초와 함께 목본식물의 어린 식물을 광범위하게 제거할 수 있다. 2,4,5-T는 베트남 전쟁 동안 'Agent Orange'로 알려진 고엽제로서 악명이 높았다. 2,4,5-T가 제조될 때 미량의 다이옥신이 발생되

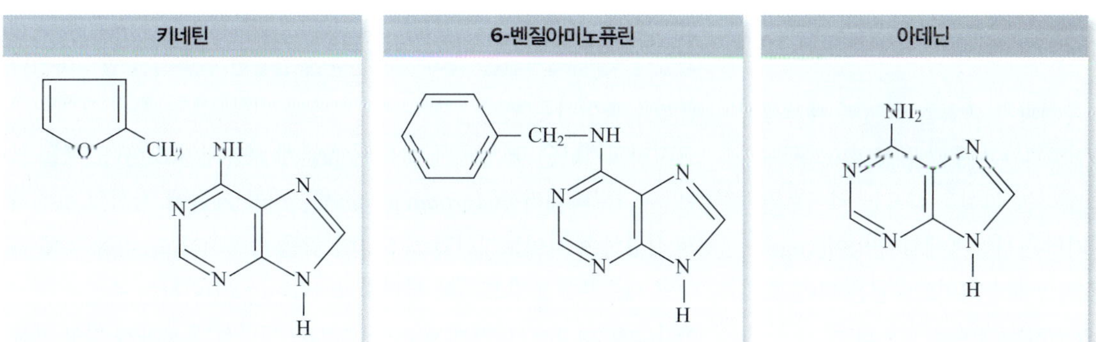

그림 34.25 사이토키닌. 흔히 사용되는 합성 사이토키닌인 키네틴(kinetin)과 6-벤질아미노퓨린(6-benzylamino purine, BAP). 이들은 모두 구조적으로 퓨린의 아데닌 염기와 유사하다.

그림 34.26 곁눈 생장을 자극하는 사이토키닌. ***a.*** 정단분열조직이 온전할 경우 끝눈(apical bud)에서 생성되는 옥신이 곁눈 생장을 억제할 것이다. ***b.*** 끝눈이 제거될 경우 사이토키닌이 곁눈을 생장시켜 가지를 만든다. ***c.*** 끝눈을 제거하고 절단면에 옥신을 처리하면 곁눈의 생장이 억제된다.

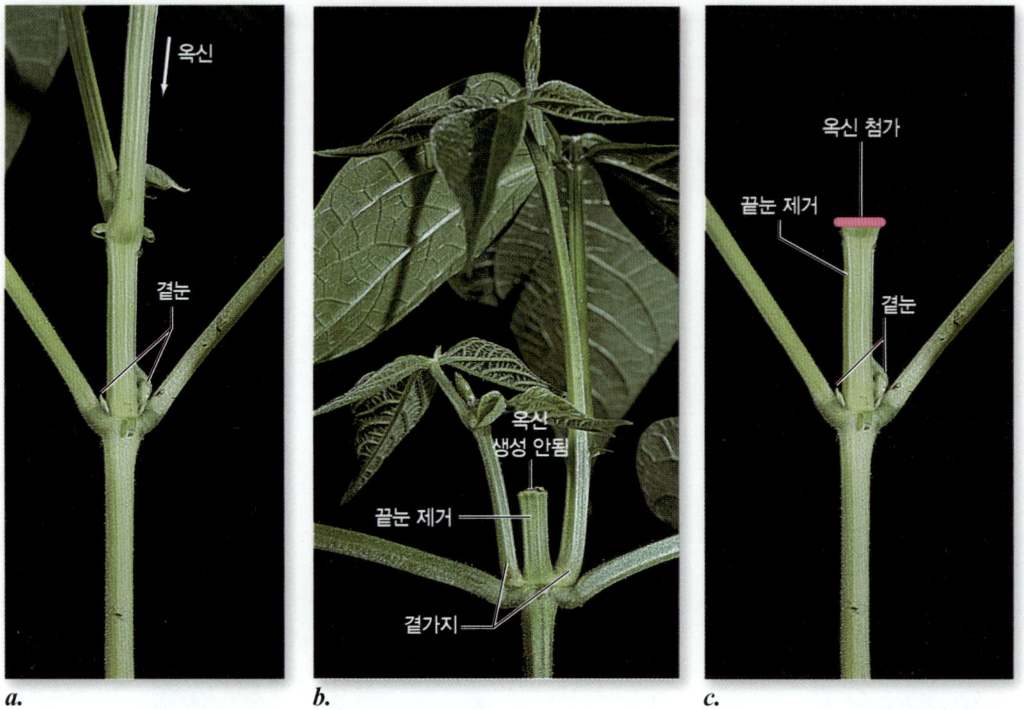

어 불가피하게 오염되는데, 이 다이옥신은 몇 ppb(parts per billion)에 해당하는 양으로도 간과 폐 질환, 백혈병, 유산, 기형아 출산, 심지어는 실험실 동물의 사망까지도 초래하였다. 2,4,5-T는 1979년에 미국 내 사용이 거의 금지되었다.

사이토키닌은 세포분열과 분화를 자극한다

사이토키닌(cytokinin)은 식물에서 자연적으로 만들어지는 생장 호르몬이다. 1913년경 오스트리아의 식물학자인 하버란트(Gottlieb Haberlandt)는 관다발식물의 다양한 조직으로부터 미지의 화학물질이 존재한다는 것을 입증하였는데, 이를 절단된 감자의 괴경(tuber)에 사용하면 어린 세포를 분열조직으로 만들며, 코르크형성층의 분화를 유도할 수 있었다. 다른 연구에서는 조직배양하는 식물 조직 덩어리에서 기관 분화를 촉진하는 데 사용하는 코코넛 밀크에도 사이토키닌이 함유된 것으로 이후에 밝혀졌다. 캘러스(callus)로부터 조직을 분화시키는 데 중요한 역할을 하는 사이토키닌이 후속 연구의 초점이 되었다.

사이토키닌은 식물 호르몬으로, 옥신과의 조합을 통하여 세포분열과 분화를 촉진한다. 대부분의 사이토키닌은 뿌리끝 분열조직에서 만들어져 식물 전체로 수송된다. 발생하는 과실은 중요한 사이토키닌 합성 장소이다. 이끼에서 사이토키닌은 배우체에서 영양아(vegetative bud) 형성을 유발한다. 모든 식물에서 사이토키닌은 다른 호르몬과 함께 작용하여 생장 양상을 조절하는 것으로 보인다.

사이토키닌은 아데닌 유도체로 보이는 퓨린이며(**그림 34.25**), 다른 합성된 물질들도 사이토키닌과 유사한 효과를 보인다. 사이토키닌은 곁눈이 가지로 생장하는 것을 촉진한다(**그림 34.26**). 반대로 사이토키닌은 곁뿌리 형성을 억제하고, 옥신은 이들 형성을 촉진한다.

이런 관계로 사이토키닌과 옥신의 균형은 다른 요인들과 함께 식물의 형태를 결정하게 된다. 식물 잎을 따서 사이토키닌을 처리하면 잎의 황백화 현상이 지연되는데, 이는 사이토키닌이 노화 방지 호르몬으로 기능하는 것이다.

제한된 배지에서 자라는 식물 조직의 생장과 분화에 대한 사이토키닌의 작용 효과에 대한 연구가 많이 이루어져 왔다. 식물 조직은 옥신과 사이토키닌의 상대적 양에 따라 슈트, 뿌리 또는 미분화 조직을 형성할 수 있게 된다(**그림 34.27**).

초기 조직 배양실험에서 코코넛 밀크는 필수 요소였는데, 후에 이 코코넛 밀크에는 식물의 성장에 필요한 아미노산과 다른 환원된 질소 화합물이 풍부할 뿐 아니라 사이토키닌도 함유되어 있음을 알게 되었다. 사이토키닌은 특히 세포분열에 필요한 단백질을 합성하거나 활성을 촉진시킨다.

사이토키닌은 또 병원균에 의해 식물에 사용되기도 한다. 예를 들어, 아그로박테리움(*Agrobacterium*)은 식물 게놈에 자신의 유전자를 삽입하여 사이토키닌과 옥신 생산량을 증가시키고, 이를 통해 대량의 세포분열을 유도하여 **뿌리혹병**(crown gall)이라는 종양을 형성한다(**그림 34.28**). 어떻게 이러한 호르몬-생합성 유전자가 결국 세균

그림 34.27 조직 배양에서 기관 재분화에 영향을 주는 사이토키닌과 옥신의 상대적인 양.

담배 식물에서 ***a.*** 옥신의 비율이 높으면 뿌리가 발달된다. ***b.*** 사이토키닌 비율이 높으면 슈트가 발달된다. ***c.*** 중간 농도에서는 미분화 세포가 형성된다. 사이토키닌과 옥신 비율에 대한 배양 조직의 반응은 종 특이적이다.

그림 34.28 근두암종(crown gall tumor, 뿌리혹병).

사이토키닌은 병원균이 식물에 대응하는 데 이용될 수 있다. 이 경우, 세균인 아그로박테리움은 자신의 DNA 조각을 식물 게놈에 삽입한다. 이 DNA는 사이토키닌과 옥신 합성에 필요한 효소의 유전자를 포함하고 있다. 식물에서 이 호르몬의 양이 증가되면 엄청난 세포분열이 일어나 종양을 형성하게 된다.

에서 활용되었는지는 진화적인 측면에서 매우 흥미로운 질문이며, 공동 진화가 식물에 항상 유리하게 작용하지는 않는다.

스트리고락톤은 곁눈의 생장을 억제한다

식물 형태는 부분적으로 곁눈의 생장에 의해서 결정되며, 수십 년 동안 분지가 자라는 것은 옥신과 사이토키닌의 길항작용에 기인한다. 완두콩(*Pisum sativum*), 페튜니아(*Petunia hybrida*)와 애기장대(*Arabidopsis*)에서 분지 돌연변이체가 연구되면서 뿌리에서 위로 이동하는 신호가 곁눈 생장을 억제하는 것으로 밝혀졌다(옥신은 슈트 끝에서 아래로 이동한다). 이 신호는 새로운 식물 호르몬인 스트리고락톤(strigolactones)으로 확인되었다. 스트리고락톤은 청색광을 흡수하고 광합성에서 중요한 역할을 하는 색소인 카로티노이드(carotenoid)에서 유래된다(**그림 34.29**).

옥신은 분지에 관련된 2개의 스트리고락톤 유전자인 *MAX3*과 *MAX4*의 전사를 직접 조절할 수 있다. 두 유전자는 프로모터에 옥신 반응 요소를 가지고 있다. 식물을 옥신으로 처리하면 *MAX3*과

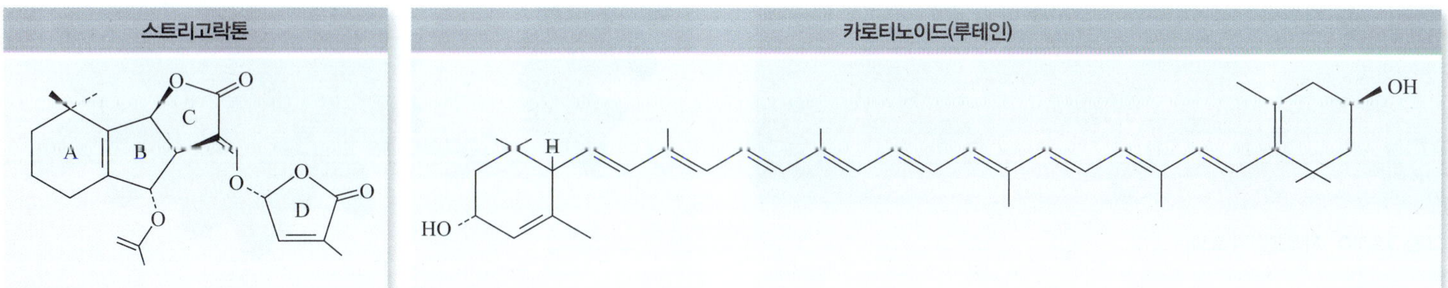

그림 34.29 카로티노이드에서 유래된 식물 호르몬인 스트리고락톤.

*MAX4*의 발현이 증가한다.

식물에서 스트리고락톤의 새로운 역할은 계속 규명되고 있으며, 가장 최근에는 스트리고락톤이 옥신과 협력하여 관다발형성층을 조절하는 것으로 나타났다.

지베렐린은 생장과 양분 이용을 촉진한다

지베렐린(gibberellins)이란 이름은 곰팡이 종류인 *Gibberella fujikuroi*에서 유래되었으며, 이 곰팡이는 벼의 키를 비정상적으로 크게 한다. 1920년대에 일본의 식물병리학자인 구로사와(Eiichi Kurosawa)가 이 "키다리병(bakanae, foolish seedling)" 질병에 관해서 연구하였다. 그는 *Gibberella*를 배양하여 얻은 물질을 벼에 처리하여 키다리병 식물을 생산하였다. 1939년에 일본 화학자에 의해 이 물질의 화학 구조식이 밝혀졌고, 1954년에 영국 화학자가 이를 재확인하였다.

이러한 물질이 처음에는 신기하게 생각되었으나, 결국 100여 종 이상이나 되는 집단으로 식물 호르몬에 포함되었다. 이들은 모두 산성이며 약자인 GA(gibberellic acid의 경우)로 쓰고, GA_1, GA_2 등으로 구분한다.

지베렐린은 줄기와 뿌리의 정단 부위에서 합성되며, 줄기의 신장에 중요한 역할을 한다. 신장 효과는 옥신이 있을 때 증진된다. 난쟁이(dwarf) 돌연변이 식물에 이 호르몬을 처리하면 많은 식물에서 정상적인 생장과 발생이 회복되는 것으로 알려져 있다(**그림 34.30**). 일부 난쟁이 돌연변이체는 충분하지 않은 양의 지베렐린을 생산하며, 어떤 돌연변이체는 지베렐린에 반응하지 못한다.

지베렐린이 결핍된 옥수수 돌연변이체를 통하여 많은 종류의 지베렐린이 복잡한 합성 경로의 중간 산물이라는 것이 밝혀졌다. 많은 지베렐린이 GA_1 생산 과정의 중간체 형태이나, 일부는 특정한 생물학적 역할을 가진 것으로 보인다.

지베렐린은 또한 식물 생장과 발생의 다른 많은 측면에도 영향을 미친다. 어떤 경우에는 GA가 저온이나 빛에 대한 요구를 대체함으로써 종자 발아를 서두른다. 지베렐린은 상업적으로 마디사이 길이를 신장시켜 포도의 꽃 사이의 공간을 더 늘리는 데 사용되는데, 이로써 과실은 자랄 수 있는 공간을 더 갖게 된다. 그 결과 포도알과 포도송이도 더 커지게 된다(**그림 34.31**).

지베렐린은 신호전달 과정을 거쳐 세포 반응을 유도하여 유전자의 전사가 일어나도록 한다. GA 수용체는 이미 밝혀졌는데 GA가 수용체에 결합하면 GA 의존적 전사인자에서 억제인자가 제거된다. 이 전사인자는 유전자 발현에 직접적으로 영향을 미칠 수 있다.

지베렐린은 식물체 내에서 호르몬으로 기능을 하지만, 양치류(ferns)에서는 페로몬으로도 작용한다. 양치식물에서는 한 배우체로부터 방출되는 지베렐린과 유사한 화합물이 이웃한 배우체의 수컷 생식기관 발달을 촉발시킬 수 있다.

브라시노스테로이드는 동물 호르몬과 구조적으로 유사하다

식물학자들은 **브라시노스테로이드**(brassinosteriods) 호르몬에 대하여 40년 동안 알고 있었으나 최근에 와서야 식물 호르몬으로 받아

그림 34.30 지베렐린의 효과.
돌연변이 완두콩 식물(왼쪽)은 지베렐린 생합성에 결함이 있다. 이런 유형의 돌연변이체는 슈트 끝에 지베렐린을 처리하면 회복될 수 있다(오른쪽). 지베렐린을 감지하는 데 결함이 있는 것으로 확인된 다른 돌연변이체는 지베렐린을 처리해도 반응하지 않는다.

그림 34.31 포도송이 내 공간을 넓게 해주는 지베렐린 처리.
포도알 사이의 공간이 더 넓어져서 포도가 더 커지게 된다(오른쪽).

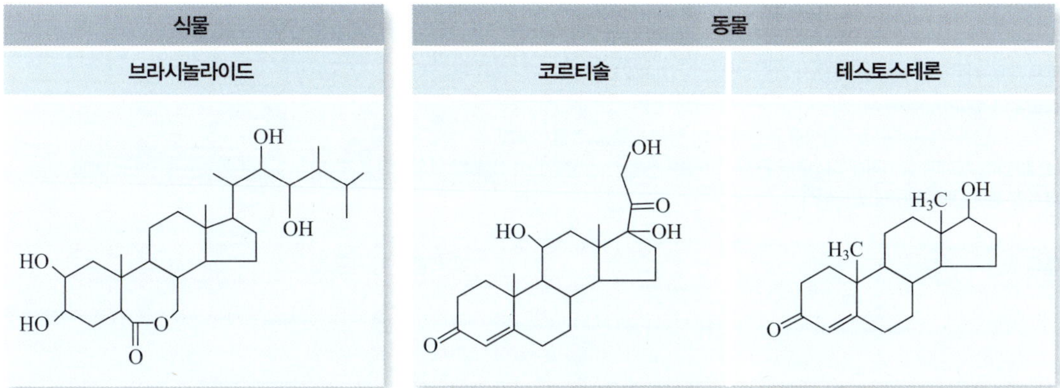

그림 34.32 브라시노스테로이드. 브라시놀라이드와 브라시노스테로이드는 동물의 스테로이드 호르몬과 구조적으로 유사하다. 코르티솔, 테스토스테론, 에스트라디올은 동물의 스테로이드 호르몬이다.

들였다. 이 물질은 배추속(*Brassica*) 화분에서 처음 발견되어 이렇게 이름 지어졌다. 과거에는 옥신 및 지베렐린과 같은 식물 호르몬들과 기능적으로 중복되어 중요하게 다루어지지 않은 것으로 보인다. 이들 세 종류의 호르몬 사이에 부가적인 효과가 보고되었다.

분자유전학적 연구를 통해 이 호르몬이 어떻게 만들어지고, 신호전달 과정에서 어떻게 기능하는가를 더 잘 이해할 수 있게 되었다. 이 호르몬이 특히 흥미로운 것은 동물의 스테로이드 호르몬과 유사하다는 것이다(**그림 34.32**). 이 호르몬의 합성경로에 관여하는 효소의 유전자 중 하나가 테스토스테론과 이와 관련된 스테로이드의 합성에 사용되는 효소와 매우 유사하다. 조류(algae)에서도 이 호르몬이 확인되었으며, 식물에서는 흔하게 발견된다. 따라서 이 호르몬의 기원이 진화 측면에서 식물과 동물이 분리되기 이전이라고 보는 것이 타당하게 받아들여질 수 있다.

브라시노스테로이드는 신장, 세포분열, 줄기의 구부러짐, 관다발 조직 발달, 노화 지연, 막의 극성, 생식적 발육과 같은 광범위한 생리적 효과를 보여준다. 환경 신호가 이 호르몬의 작용을 촉발한다. 예를 들면, 청색광이 줄어들면 브라시노스테로이드 농도가 증가되어 **배축**(hypocotyl)이 신장되지만, 또 다른 그늘 내성 기작(shade tolerance mechanism)을 초래한다(**그림 34.33**).

브라시노스테로이드에 대한 반응이 변화된 돌연변이체가 확인되었지만 신호전달경로는 밝혀지지 않았다. 진화적 관점에서 볼 때 이 호르몬의 신호전달경로를 동물의 스테로이드 신호전달경로와 비교하는 것은 매우 흥미로울 것이다.

올리고사카린은 방어 신호 분자로 작용한다

식물의 세포벽은 셀룰로스뿐만 아니라 **올리고당**(oligosaccharides)이라 부르는 많은 복잡한 탄수화물로 구성되어 있다. 세포벽 구성 물질은 벽의 구조 물질로서뿐만 아니라 병균이 침입하여 벽을 분해할 때 신호전달 분자로도 작용한다는 일부 증거가 있다. 호르몬과 같은 역할을 할 것으로 여겨지는 올리고당을 **올리고사카린**(oligosaccharins)이라고 부른다.

올리고사카린은 병원균이 분비하는 효소에 의하여 세포벽에서 방출될 수 있는데, 이런 탄수화물이 과민반응(hypersensitive response, HR; 33장 참조)과 같은 방어 반응 신호라고 여겨지고 있다.

또 다른 올리고사카린은 옥신 자극에 의한 완두 줄기의 신장을 억제한다. 이 분자들은 기존의 식물 호르몬보다 10~100배 더 낮은 농도에서 활성이 나타났으며, 옥신과 사이토키닌 비율이 어떻게 배양에서 기관 형성에 영향을 줄 수 있는지를 보여주었다(**그림 34.27** 참조).

올리고사카린은 재분화된 담배 조직의 표현형에도 영향을 주어 꽃을 재발생시킬 수 있는 조직에서 뿌리 형성을 억제하고 꽃 생성을 자극한다. 배양 결과가 어떻게 생체내 시스템으로 전환되는지는 여전히 질문으로 남아 있다.

에틸렌은 과실의 성숙을 유도하고 방어를 돕는다

식물 호르몬으로의 역할이 인정되기 오래전에 가스 상태의 탄화수소 **에틸렌**(ethylene, H_2C-CH_2)은 19세기의 가로등이었던 가스등에서 새어 나와 식물을 고사시키는 것으로 알려져 있었다. 그러나 에틸렌은 식물 대사의 자연스러운 산물로, 소량으로 다른 식물 호르몬과 작용한다.

옥신이 줄기의 정단분열조직에서 아래로 수송될 때 곁눈 주위 조직에서 에틸렌 생성을 자극하여 생장을 지연시킨다. 에틸렌은 아마도 유사한 방법으로 줄기와 뿌리의 신장을 억제할 것이다. 에틸렌 수용체가 확인되었는데, 이것은 광합성 생물의 진화 초기에 진화한 것으로 보이며, 세균에서 확인된 환경감지(environmental sensing) 단백질과 같은 특징을 지닌다.

에틸렌은 과실 발생에 중요한 역할을 한다. 첫째, 수분된 꽃과 과실 발생 시에 많은 양이 생성되는 옥신은 에틸렌 생성을 자극하고, 이렇게 생성된 에틸렌은 과실 성숙을 촉진시킨다. 복잡한 탄수화물

과학적 사고

질문: 브라시노스테로이드(BRs)가 청색광이 매개된 그늘 회피를 조절하는가?

가설: 낮은 청색광 조건에서 배축 신장에 BR 신호전달이 필요하다.

예상: BR 신호전달이 감소된 식물은 일반적인 청색광 조건의 식물보다 낮은 청색광 조건에서 더 짧은 배축을 가질 것이다.

실험: BR 억제인자인 브라시나졸(brassinazole, Brz)이 처리된 애기장대 야생형뿐만 아니라 BR 신호전달 장애(bri1-1)를 갖거나 생합성 장애(rot3-1)를 가지는 돌연변이체를 모든 영역대의 빛 조건과 낮은 청색광 조건에서 키워서 5일 후에 배축 길이를 측정한다.

결과: 낮은 청색광 조건에서는 야생형(WT)에 비해 BR 신호전달을 감소시키는 3가지 처리 모두에서 배축 신장 정도가 감소하였지만, 일반적인 수준의 청색광 아래서는 배축의 길이에 영향을 미치지 않았다.

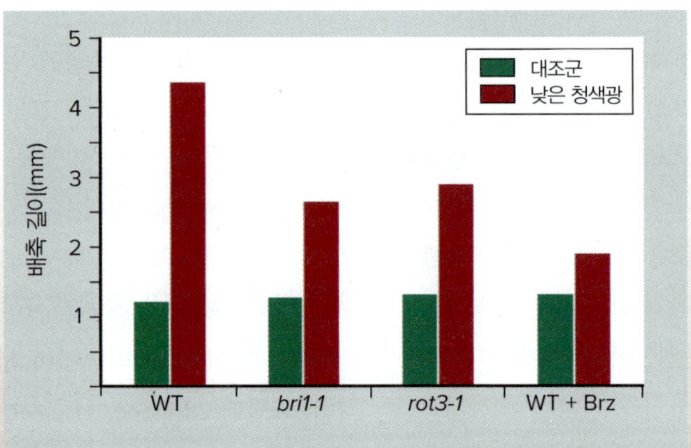

추가 질문: 야생형과 *bri1-1*의 배축 길이 증가 백분율을 비교해 보자. BR 신호전달을 억제해도 낮은 청색광 아래에서는 배축 신장을 완전히 억제하지 못하는 이유는 무엇일까?

그림 34.33 브라시노스테로이드 조절을 통해 배축 신장에 영향을 미치는 청색광.

이 단순당으로 분해되고, 엽록소가 분해되며, 세포벽은 연해지고, 성숙한 과실에서 나는 풍미와 향과 관련된 휘발성 화합물이 생성된다.

에틸렌을 식물 호르몬으로 인식하게 한 첫 번째 관찰 중 하나는 오렌지에서 나오는 가스로 바나나를 조기 숙성시킨 것이다. 이런 관계는 에틸렌이 상업적으로 중요하게 사용되도록 하였다. 예를 들어, 토마토는 녹색일 때 수확하여 에틸렌을 사용하여 나중에 인공적으로 숙성시키며, 레몬과 오렌지도 같은 방법으로 빨리 숙성시킬 수 있다.

이산화탄소는 숙성을 정지시키는 반대 효과를 나타내는데, 시장에 도달할 때까지 숙성을 지연시키기 위해 과일 상자에 이산화탄소 가스를 주입하여 운송하기도 한다.

또한 생물공학적 방법으로 에틸렌 합성 유전자 중 하나가 클로닝되었으며, 이것의 안티센스 서열이 토마토 유전체로 삽입되었다(**그림 34.34**). 안티센스 서열은 센스 서열과 상보적이기 때문에 이 형질전환 식물에서 에틸렌 합성 유전자의 센스와 안티센스 서열이 전

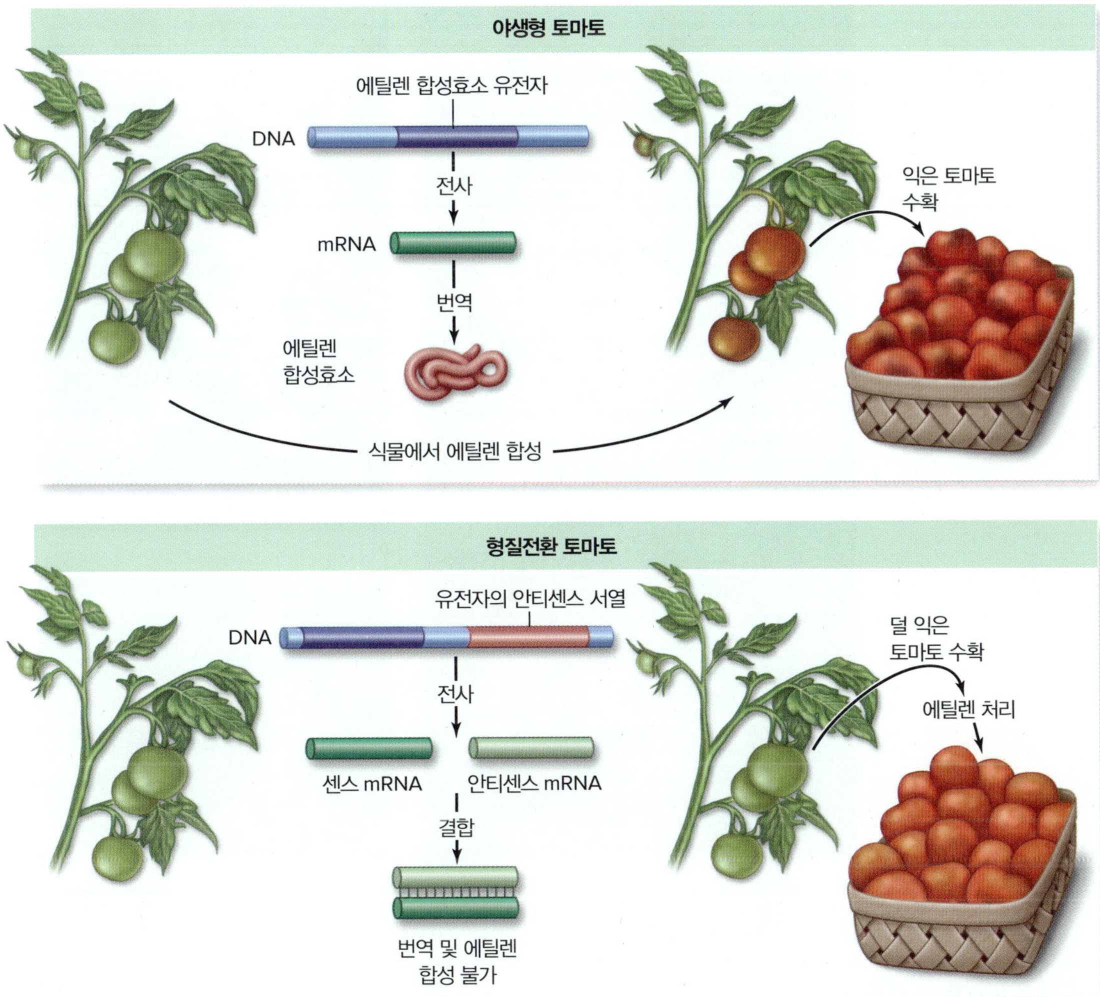

그림 34.34 **과실 성숙의 유전적 조절.** 에틸렌 합성 유전자의 안티센스 서열은 에틸렌 생성과 형질전환 과실이 익는 것을 막는다. 이 안티센스 서열은 에틸렌 합성 유전자에 대하여 상보적이다. 전사가 일어난 후 안티센스 mRNA는 센스 mRNA와 짝을 이루게 되고, 이 2중가닥은 정상적인 단백질로 번역이 되지 못한다. 따라서 에틸렌이 생성되지 못해 과실은 익지 않는다. 과실은 익지 않은 상태여서 운송 중에도 단단하며, 나중에 에틸렌에 노출시켜 익게 할 수 있다. 즉, 일반 토마토는 시장에 도착하면 벌써 썩거나 손상되어 있으나, 형질전환 토마토는 신선도가 더 오래간다.

사되고, 이들의 mRNA 가닥은 서로 쌍으로 결합한다. 이 결합이 단일가닥의 RNA를 필요로 하는 번역과정을 차단한다. 그 결과 에틸렌이 합성되지 못하여 형질전환된 토마토는 숙성되지 못한다. 이런 방법으로 숙성되지 않아 썩지 않는 녹색의 토마토가 운송될 수 있으며, 후에 에틸렌을 처리하여 토마토를 숙성시킬 수 있다.

에틸렌은 생태적인 측면에서도 중요한 역할을 한다. 식물이 오존, 독성 화학물질, 극한 기온, 건조, 병원균이나 초식동물의 공격 및 여타 스트레스에 노출될 때 에틸렌 생산이 급격히 증가된다. 식물은 에틸렌 생성을 증가시켜 상처를 받은 잎이나 과실을 떨어뜨린다. 오존 노출과 연관된 손상 중 일부는 식물에서 생성되는 에틸렌 때문이다.

초식동물이나 병원균이 공격으로 식물이 에틸렌을 생성하는 것은 식물 방어 기작을 활성하시키기 위한 신호가 될 수도 있고, 또한 해충에 유독한 분자를 생성하는 것일 수도 있다.

앱시스산은 생장을 억제하고 휴면을 유도한다

앱시스산(abscisic acid, ABA)은 주로 성숙한 녹색 잎, 과실과 뿌리골무에서 합성되는 것으로 보인다. 이 호르몬의 이름은 목화에 처리했을 때 과실 탈리를 촉진시켰기 때문에 붙여졌다. 그러나 이 과정에서 ABA가 중요한 역할을 했다는 증거는 거의 없었다. 실제로 에틸렌이 노화와 탈리를 촉진하는 화학물질이다.

ABA는 겨울을 나는 휴면아인 겨울 눈(winter bud) 형성을 유도하는 것으로 여겨진다. 이때 잎원기(leaf primordia)가 아린(bud scale)으로 전환된다(**그림 34.35**). 에틸렌과 같이 ABA도 휴면 곁눈 생장을 억제한다. ABA는 눈(bud)의 생장과 신장을 억제하여 지베렐린 효과를 방해할 수 있으며, 옥신에 대응하여 노화를 촉진할 수도 있다.

ABA는 종자 휴면에 중요한 역할을 하며, 발아하는 동안은 지베렐린에 대하여 길항적(antagonistic)으로 작용한다. 옥수수 자루 내에서 배아 발생이 일어나면서 ABA의 양이 증가하는데 이는 휴면을 유도하고 이삭발아(vivipary)라 불리는 조기 발아를 억제한다(**그림 34.35**). ABA는 또한 기공의 개폐 조절 작용에서도 중요하다(**그림 34.35**).

그림 34.35 앱시스산의 효과.
a. 앱시스산(ABA)은 미국 참피나무의 겨울 눈 형성에 중요한 역할을 한다. 이 눈은 겨울 동안 휴면 상태로 남아 있게 되고, 잎이 변형된 아린이 눈을 보호하여 건조하지 않게 한다. ***b.*** ABA는 종자의 휴면에도 필요하다. 옥수수 이삭발아 종자 돌연변이체는 ABA가 결여되어 옥수수 자루에 붙은 채 발아된다. ***c.*** ABA는 또 공변세포(guard cell) 외부로 K^+의 이동에 관여하여 기공 개폐에 영향을 미친다.

a. *b.* *c.*

모든 식물에서 발견되는 이 ABA는 식물계의 진화 초기부터 생장 조절 물질로서 작용해 왔다. ABA의 생리적, 생화학적 효과에 대해서는 알려진 바가 거의 없지만, 이러한 효과는 매우 빨라서 불과 1~2분 안에 일어나기 때문에 유전자 발현과는 적어도 일부는 관련이 없어야만 한다.

애기장대의 모든 유전자의 염기서열이 밝혀짐에 따라 어떤 유전자가 ABA에 반응하여 전사되는지 쉽게 확인할 수 있다. ABA는 식물이 스트레스, 특히 건조 스트레스를 받으면 그 수치가 크게 증가하는데, 다른 호르몬과 마찬가지로 ABA도 그 작용 양상이 더 잘 이해될 때 상업적으로 더 중요하게 사용될 수 있을 것이다.

핵심 요약 34.5

호르몬은 식물의 한 부위에서 소량 생산되어 다른 부위로 이동한 후 그곳에서 생리적 또는 발생학적 반응을 일으키는 화학물질이다. 옥신과 사이토키닌은 분열조직에서 만들어져서 생장을 촉진한다. 그러나 옥신은 세포를 신장시켜 생장을 자극시키는 반면 사이토키닌은 세포분열을 자극한다. 이와는 반대로, 앱시스산은 생장을 억제하고 휴면을 촉진한다.

- 높은 조도와 낮은 조도에서도 정확하게 동일한 키를 가지는 새로운 돌연변이 식물을 확인하였다. 영향을 받을 수 있는 호르몬을 나열하고, 어떤 호르몬 생합성경로 또는 신호전달경로가 새로운 돌연변이 식물에서 변경되었는지를 확인할 수 있는 실험을 설계해 보자.

핵심 개념 요약

34.1 빛에 대한 반응

■ P_{fr}은 광반응 유전자의 발현을 촉진한다

피토크롬 분자는 2개의 상호 전환 가능한 형태로 존재한다. 비활성 형태인 P_r은 적색광을 흡수하여 활성 형태인 P_{fr}로 변환된다. P_{fr}은 근적외선을 흡수하여 비활성 형태인 P_r로 변환된다. P_{fr}은 핵으로 들어가서 다른 단백질과 결합하여 전사 복합체를 형성한 후 빛에 의해 조절되는 유전자를 발현하도록 해준다. P_{fr}은 또한 전사인자들의 연쇄반응을 활성화시킬 수 있다.

■ 식물의 생장 반응은 피토크롬의 활동과 연관되어 있다

P_{fr}은 종자 발아, 슈트 생장 및 주변 식물에 의한 밀집 감지 등에 관여한다. 근적외선은 P_{fr}을 비활성화시켜 종자 발아를 억제하고, 적색광은 P_r을 활성화시켜 종자 발아를 촉진한다.

밀집된 식물은 이웃 식물로부터 반사되어 오는 상당량의 근적외선을 받게 된다. 이러한 식물은 키가 더 커져서 햇빛에 대한 경쟁에서 우위를 점한다.

■ 빛은 방향성 생장에 영향을 준다

굴광성은 청색광에 대한 줄기의 방향성 생장이다. 포토트로핀은 청색광 수용체이다.

■ 일주기성 생체시계는 광독립적이지만 빛에 의해 변화된다

활동일주기는 피토크롬과 청색광 수용체들의 작용을 통하여 대략 24시간 주기로 작동된다. 빛이 없는 경우, 주기가 탈동조화될 수 있지만, 빛이 있으면 다시 작동된다.

34.2 중력에 대한 반응

■ 식물은 중력장에 맞추어 자란다

굴중성은 중력장에 대한 생장 반응이다.

특정 식물세포는 전분체가 아래 방향으로 가라앉을 때 중력을 감지한다. 중력 감지 이후에 생리적 신호가 다른 세포에서의 세포 신장을 초래한다.

■ 줄기는 중력 중심의 반대방향으로 자란다

슈트는 중력의 반대로 휘어져서 음성 굴중성을 나타낸다. 옥신이 누워 있는 줄기의 밑면에 누적되면 줄기 밑면의 세포가 신장하여 줄기가 위로 휘어지게 된다.

■ 뿌리는 중력 중심 방향으로 자란다

뿌리는 중력 방향으로 휘어져서 양성 굴중성을 나타낸다. 뿌리골무가 수평으로 놓이면 뿌리 윗면의 세포가 신장하여 뿌리가 아래로 휘어지게 된다.

34.3 기계적 자극에 대한 반응

■ 접촉은 비가역적 생장반응을 일으킨다

굴촉성은 식물이 물리적 자극 방향이나 또는 그 반대 방향으로 자라는 비가역적인 방향성 생장으로 생장 형태가 변화하는 접촉형태형성을 초래한다.

접촉 반응은 자극 방향과 관계없고 일반적으로 팽압 변화에 의해서 생성된다.

■ 접촉과 기타 자극에 의한 가역적 반응은 팽압에 의한 것이다

접촉에 의한 반응은 팽압 변화에 의해 일어난다. 자극을 받으면 전기신호가 일어나고 이는 엽침 세포에서 포타슘 이온과 물이 빠져나오게 한다. 팽압이 상실되면 잎이 움직인다.

빛도 팽압 변화를 유도하여 잎이 태양을 추적하고, 꽃이 피며, 잎이 수면 운동을 하도록 해준다.

34.4 물과 온도에 대한 반응

■ 휴면은 물, 온도, 빛에 의한 반응이다

휴면 반응은 식물이 환경 스트레스에 노출될 때 일어나는 생장 중지 과정이다. 낙엽수는 가을에 계절적인 잎의 탈리가 일어난다. 종자 휴면은 환경 조건이 최적일 때까지 발아를 연기한다.

■ 식물은 극한 온도에서 생존할 수 있다

식물은 추위에 반응하여 세포막의 불포화 지질을 증가시키고, 얼음 결정이 세포외 공간에만 만들어지도록 제한하며, 부동 단백질을 생성한다.

식물은 온도가 갑자기 상승하면 열충격 단백질을 생성하여 다른 단백질을 안정화시킨다.

34.5 호르몬과 감각 체계

■ 생장 조절 호르몬은 환경 변화에 반응한다

호르몬은 식물의 어느 한 부위에서 소량 합성된 다음 생리 또는 발생 반응이 일어나는 다른 부위로 운반된다.

■ 옥신은 줄기의 신장과 체제를 형성한다

옥신은 식물의 미성숙한 부위와 정단분열조직에서 합성된다. 옥신은 단백질에 결합하여 DNA 전사에 영향을 미친다. 옥신은 줄기 신장, 부정근 형성, 세포분열과 곁눈 휴면을 촉진한다. 또한 잎의 탈리를 억제하고 에틸렌 생성을 유도한다.

■ 사이토키닌은 세포분열과 분화를 자극한다

사이토키닌은 뿌리정단분열조직과 미성숙된 과일에서 합성되는 퓨린으로, 세포분열, 엽록체 발생과 싹이 만들어지는 것을 촉진한다. 사이토키닌은 또한 잎의 노화를 억제한다.

■ 스트리고락톤은 곁눈의 생장을 억제한다

스트리고락톤은 뿌리에서 합성되어 위로 이동한 후 곁눈 생장과 형성층 발생을 조절한다.

■ 지베렐린은 생장과 양분 이용을 촉진한다

지베렐린은 뿌리와 슈트의 정단 부위, 어린 잎과 종자에서 합성되며 줄기의 신장과 발아 종자에서 효소 생성을 촉진한다. 지베렐린은 양치류에서 페로몬으로 작용한다.

■ 브라시노스테로이드는 동물호르몬과 구조적으로 유사하다

브라시노스테로이드는 꽃가루, 미성숙 종자, 슈트과 잎에서 합성되는 스테로이드로, 생장과 노화 및 생식적 발육과 연관된 광범위한 효과를 보여준다.

■ 올리고사카린은 방어 신호 분자로 작용한다

병원균이 분비하는 효소에 의하여 세포벽에서 올리고사카린이 방출될 수 있는

데, 이런 탄수화물은 병원균 방어 반응을 유도한다. 올리고사카린은 또한 옥신 자극에 의한 줄기의 신장을 억제하고, 뿌리 형성을 억제하며, 꽃 생성을 자극한다.

■ 에틸렌은 과실의 성숙을 유도하고 방어를 돕는다

뿌리, 슈트의 분열조직, 노화된 꽃, 그리고 숙성된 과실에서는 에틸렌이 생성되는데, 이 기체는 잎, 꽃, 그리고 과실의 탈리를 조절하고, 과실 성숙을 촉진하며, 줄기와 뿌리의 신장을 억제한다. 에틸렌은 초식 동물이나 병원균의 공격에 대한 방어 반응을 활성화한다.

■ 앱시스산은 생장을 억제하고 휴면을 유도한다

성숙한 녹색 잎, 과실, 뿌리골무와 종자에서 ABA를 합성한다. ABA는 눈(bud) 생장과 다른 호르몬의 영향을 억제하고, 종자 휴면을 유도하며, 기공 개폐를 조절한다.

연습문제

■ 1단계: 이해력 확인하기

1. 다음 중 청색광에 의해 자극을 받는 것은 무엇인가?
   a. 종자의 발아
   b. 식물의 밀집 탐지
   c. 굴광성
   d. 슈트의 신장
2. 줄기와 뿌리는 각각 어떤 반응을 보여주는가?
   a. 양성 굴광성 반응과 무굴광성 반응
   b. 음성 굴광성 반응과 무굴광성 반응
   c. 무굴광성 반응과 양성 굴광성 반응
   d. 무굴광성 반응과 음성 굴광성 반응
3. 줄기에서 중력을 감지하는 세포는 어느 것인가?
   a. 외피(epidermis)
   b. 피층(cortex)
   c. 주피(periderm)
   d. 내피(endodermis)
4. 추위는 식물의 어느 부위에 가장 직접적인 영향을 주는가?
   a. 핵 단백질
   b. 액포 봉입체(inclusion)
   c. 세포골격
   d. 막 지질
5. 다음 중 종자가 휴면 상태로 갈 때 일어나지 않는 일은 무엇인가?
   a. 종자의 물이 소실된다.
   b. 배아의 앱시스산 양이 감소한다.
   c. 종피가 단단해진다.
   d. 단백질 합성이 중단된다.
6. 난쟁이 돌연변이는 다음 중 어떤 호르몬에 의해 때때로 정상적인 성장이 유도되는가?
   a. 올리고사카린　　b. 앱시스산
   c. 에틸렌　　d. 지베렐린

■ 2단계: 적용력 평가하기

1. 종자를 연속으로 적색광/근적외선에 노출시킨다면 다음의 어떤 처리 방법이 종자를 발아시키는가?
   a. 적색광, 근적외선
   b. 근적외선, 적색광
   c. 적색광, 근적외선, 적색광, 근적외선, 적색광, 근적외선, 적색광, 근적외선
   d. a와 c 모두 맞다.
2. 탈황백화 돌연변이(de-etiolated mutant, *det2*) 애기장대 종자를 파종하여 암실에 둘 경우 어떤 일이 일어나는가?
   a. 종자는 정상적으로 발아하나, 식물체는 빛을 찾는 동안 키가 크지 않고 웃자라지 않는다.
   b. 종자는 빛이 없기 때문에 발아에 실패한다.
   c. 종자는 발아하고, 식물체는 빛을 찾는 동안 키가 크고 웃자란다.
   d. 종자는 발아하고, 식물체는 암실에서 탄수화물을 생산하지 못하므로 즉시 죽게 된다.
3. 찰스 다윈과 프랜시스 다윈이 식물의 굴광성 연구에서 발견한 것은 무엇인가?
   a. 빛에 의존하는 생장에는 옥신이 역할을 한다.
   b. 식물 슈트 끝에서 빛이 탐지된다.
   c. 식물 슈트 끝 아래에서 빛이 탐지된다.
   d. 적색광만 굴광성을 자극하였다.

4. 다음 중에서 옥신에 의해 유도되는 유전자 발현을 억제할 수 있는 결함은 무엇인가?
   a. ARF 전사인자가 Aux/IAA 단백질에 결합할 수 없다.
   b. TIR1의 옥신 결합 부위에 결함이 있다.
   c. Aux/IAA 단백질에 결함이 생겨 유비퀴틴과 결합하는 것이 억제되지만, ARF 전사인자와는 결합할 수 있다.
   d. b와 c가 모두 맞다.
5. 익지 않은 과일을 대량 구매한 후 풍선처럼 부풀어 오른 자루에 이 과일을 저장함으로써 식료품 예산을 줄이기 위한 기발한 아이디어가 있다고 하자. 다음 중 이 아이디어는 어떤 것인가?
   a. 자루가 빛을 차단하여 과일이 익지 않을 것이다.
   b. 자루가 과일을 차갑게 하여 익지 않을 것이다.
   c. 자루 안의 높은 CO_2 농도가 과일이 익는 것을 방해한다.
   d. 자루 안의 높은 O_2 농도가 과일이 익는 것을 방해한다.
6. 다음 중 우주 공간의 우주선(Space Shuttle)에서 생장한 식물에서 관찰되지 않는 것은?
   a. 굴광성　　　b. 광형태형성
   c. 생체리듬　　　d. 굴중성

3단계: 사고력 함양하기

1. 감자를 한 봉지 사서 어두운 찬장에 오랫동안 두면, 감자에서 길고 하얀 싹이 나오고 작은 잎도 달려 있을 것이다. 이 과정을 무엇이라고 하며, 왜 감자가 이렇게 되는지에 대해 설명하시오.
2. 이 책에서 주성(taxis)을 찾아보고, 굴성(tropism)과 비교하여 차이점을 설명하라.
3. 굴중성에 대한 현재의 모델은 세포의 하부에 전분체가 가라앉는 것을 통해 세포가 중력을 감지하는 것으로 설명하고 있다. 이런 입자의 침전을 수반하지 않는 중력 감지에 대한 기작을 제안해 보시오.
4. 어린 식물(seedling)을 심어 작물을 키우는 농부가 밭에 이식하기 위해 온실에서 몇 주 동안 매일 어린 식물을 부드럽게 솔질한다고 했을 때, 이것의 이점은 무엇인가?

35

식물의 생식

도입

현화(속씨)식물의 놀라운 진화적 성공은 이들의 새로운 생식 전략과 관련이 있다. 이번 장에서는 속씨식물의 생식 전략에 대해 학습하고, 이들의 독특한 특징인 꽃과 과실이 진화적 성공에 어떻게 기여하였는지에 대해 알아본다. 이는 부분적으로 식물의 배우자를 광범위하게 퍼뜨려 유전적 다양성을 높이는 식물과 동물 사이의 공동 진화에 관한 이야기이다. 일단 수정이 되면 일련의 발생 과정이 환경적 요인과 조화를 이루어 유예기간을 거쳐 다음 세대의 발아와 성숙으로 이어진다. 그러나 어떤 안정적인 환경에서는 유전적으로 현재의 상태를 유지하는 것이 유리한 경우가 있는데, 그 예로 클론 개체를 번식시키는 무성생식 방법을 들 수 있다. 어떤 속씨식물에서는 유성생식으로의 비정상적인 전환이 즉시 모식물의 노화와 죽음을 유발하기도 한다.

35.1 생식과 발생

학습 목표

1. 속씨식물의 일반적인 생활주기에 대해 설명할 수 있다.
2. 생장상 변화를 정의할 수 있다.
3. 생장상 변화를 연구하는 데 사용된 2개의 애기장대 돌연변이를 식별할 수 있다.

25장의 속씨식물의 진화에서 매우 획기적인 사건이 꽃과 과실을 발달시킨 것임을 살펴보았다. 이번 장에서는 영양생장 시문과 개화와 관련된 매우 정교한 구조의 생성 과정에 대해 알아본다(**그림 35.1**). 고등식물은 감수분열에 의한 반수체(x) 포자를 생성하는 포자체($2n$) 세대와 수정에 의한 2배체($2x$) 배아를 생성하는 배우체(n) 세대를 번갈아 보여준다.

식물은 동물과 마찬가지로 생식적으로 성숙하게 하는 발생 과정에서의 변화를 겪는다. 예를 들어 동물에서 생식적으로 성숙하지 못한 유년기에서 성숙한 개체로의 전환은 올챙이에서 개구리로 전환되

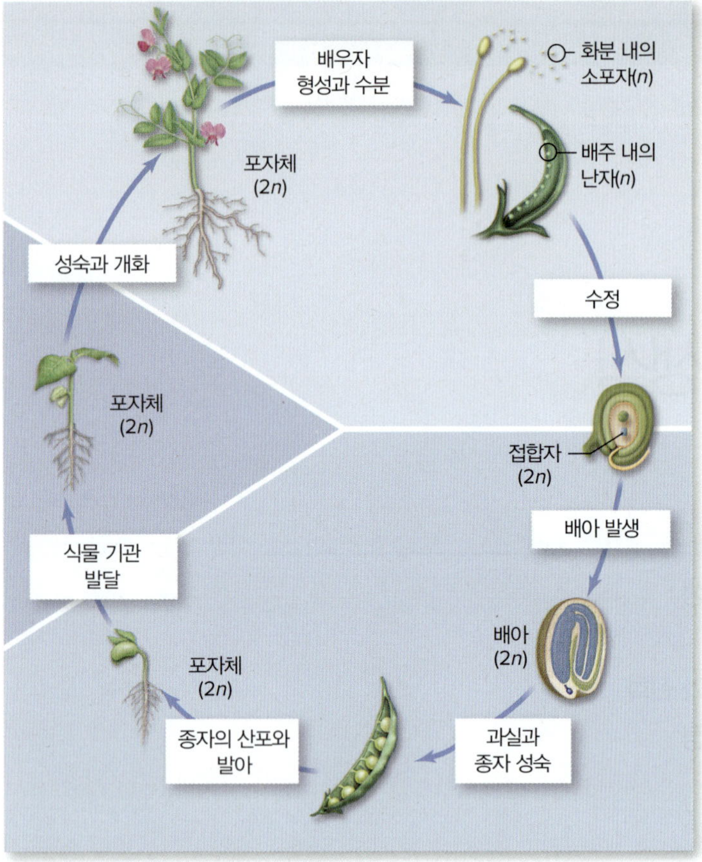

그림 35.1 현화식물(속씨식물)의 생활주기.

거나, 나비의 유충이 성숙하여 나비가 되는 것처럼 변태(metamorphosis)의 과정을 거치는데, 식물에서도 이와 유사한 과정을 거치면서 생식기관인 꽃을 생성한다. 그러나 올챙이가 꼬리를 잃고 어린 개구리가 되는 것과는 다르게 식물은 자기가 가지고 있는 분열조직(meristem)에서 꽃이라는 새로운 기관을 만들게 된다.

식물에서는 매우 세밀하게 조절되는 과정에 의해 언제 어느 곳에 꽃이 만들어질지가 결정된다. 또한 식물은 종종 개화(flowering)를 조절하는 내부 또는 외부 신호에 대응할 수 있는 능력을 가지고 있어야 한다. 식물이 번식할 수 있는 능력을 갖추면, 빛, 온도, 내부의 촉진 또는 억제 신호 등의 복합적인 요인들이 꽃의 개화 시기를 결정한다(**그림 35.2**). 이러한 신호들은 꽃받침, 꽃잎, 수술 및 심피 등의 꽃 기관 형성을 지정하는 유전자들을 발현시킨다. 세포들은 일단 특정한 꽃의 기관으로 발달되도록 명령을 받으면, 또 다른 일련의 발생과정들이 일어나 꽃의 3차원적인 구조를 결정하게 된다. 다음 절에서 이러한 과정들에 대해 알아본다.

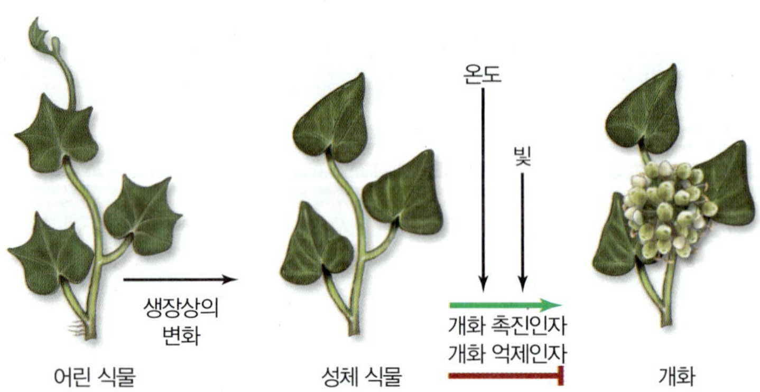

그림 35.2 개화 유도 관련 인자들.
정단분열조직에서 꽃이 피기 시작하도록 하는 환경적 신호와 내부적으로 일어나는 과정들을 보여준다. 생장상이 변화되는 동안 식물은 개화 신호에 감응하는 능력을 갖추게 된다.

개화 능력으로의 전이는 생장상 변화를 뜻한다

대부분의 어린 식물은 모든 환경적인 요건들이 최적이라 하더라도 개화할 수 없다. 내부의 발생적 변화를 통해 식물이 외부 또는 내부의 요인들에 반응할 수 있도록 하여 개화를 촉발하는데, 이러한 전이를 **생장상 변화**(phase change)라고 한다.

생장상 변화는 형태적으로 뚜렷할 수도 있고, 아주 미묘할 수도 있다. 겨울철에 상수리나무를 보면, 낮은 줄기에 있는 잎은 봄에 새싹이 밀어낼 때까지 붙어 있지만, 위쪽 줄기에 있는 잎은 더 일찍 떨어진다(**그림 35.3***a*). 이러한 낮은 줄기는 어린 분열조직에서 비롯되었다. 이들은 환경적 신호에 반응하지 않으며, 나중에 낙엽으로 지는 것은 이들이 어린 줄기로서 생장상 변화를 일으키지 않았다는 것을 보여주는 것이다. 비록 아래쪽 줄기들이 오래된 것들이기는 하지만, 이들의 유조직 상태는 처음 시작될 때 확립되어 변하지 않는다.

담쟁이덩굴(ivy)은 뚜렷한 어린 식물과 성체 식물의 생장상을 지니고 있다(**그림 35.3***b*). 어린 분열조직에 의해 생성된 줄기 조직은 부정근(adventitious roots)을 생성하여 벽에 붙어 있을 수 있다. 담쟁이덩굴로 뒤덮인 아주 오래된 벽돌 건물을 보면 가장 윗부분의 줄기들은 벽에서 떨어져 있는 것을 볼 수 있는데, 이것은 생장상이 성체 식물로 변하여 부정근을 생성할 수 있는 능력을 상실하였기 때문이다.

식물이 성숙된 상태로 발달하였더라도 이들 생식기관은 생성될 수도 있고 그렇지 않을 수도 있다는 점에 유의해야 한다. 개화 유도에는 다른 요인들이 필요하다.

돌연변이를 통해 생장상의 조절에 관해 알 수 있다

일반적으로 식물을 성체에서 어린 식물로 전환시키는 것이 실험적으로 생장상을 변화시키는 것보다 더 수월하다. 식물 호르몬인 지베렐린(gibberellin)을 처리하거나 아주 심하게 가지치기를 하면 생장상을 전환시킬 수 있다. 후자의 경우, 진달래와 같은 특정 관목의 경우에는 줄기를 자르면 성장이 촉진되면서 새로운 영양생장이 일어난다.

a.

b.

그림 35.3 생장상 변화.
a. 상수리나무의 낮은 줄기들은 발달과정상의 어린 식물 상태를 유지하며, 겨울에도 잎이 줄기에 붙어 있는 것을 볼 수 있다. 낮은 줄기에 있는 잎들은 탈리층(abscission layer)을 만들 수 없어 가을에 줄기로부터 떨어지지 않는다. 이러한 가시적 변화는 생장상 변화의 흔적이지만 실제 검증은 식물이 개화할 수 있는지 여부이다. *b.* 어린 식물 담쟁이(오른쪽)는 부정근을 만들고 잎차례가 호생(어긋나기)이다. 성숙한 담쟁이(왼쪽)는 부정근이 없고, 잎차례가 나선상이며 개화할 수 있다.

애기장대(*Arabidopsis*)의 ***emf***(*embryonic flower*) 돌연변이체에서는 개화가 바로 개시되는데(**그림 35.4**), 이는 야생형 대립인자(wild-type allele)가 개화를 억제하고 있다는 가설을 증명해 주는 것이다. 야생형 식물이 성숙하면 *EMF* 발현이 줄어들게 되는데, 이러한 사실은 개화는 항상 대기 상태에 있으며, 개화를 지연하는 기작이 진화적으로 만들어졌음을 보여주는 것이다. 개화의 지연은 식물이 생식에 할당된 에너지를 더욱 많이 저장하는 것이라고 여겨진다.

어린 식물에서 성체 식물로의 전이를 유도하는 실례 중 하나는 많은 식물 종에서 발견된 개화에 필요한 유전자를 과다발현(overexpression)시킨 것에서 비롯된다. 이런 유전자 중 하나인 *LEAFY*(*LFY*)를 애기장대에서 클로닝하고, 그 프로모터를 바이러스 프로모터로 바꾸어서 항상 높은 수준의 전사가 일어나도록 하였다. 이를 식물을 재발생시키는 데 사용되는 배양된 버드나무 세포에 형질전환시킨 결과, *LFY* 유전자가 과다발현된 버드나무는 수 주 내에 꽃을 피웠다. 버드나무는 통상 꽃을 피우려면 몇 년이 걸리는 식물이다(**그림 35.5**).

생장상 변화에는 충분히 강한 촉진 신호와 이러한 신호를 수용할 수 있는 능력이 요구된다. 생장상 변화는 정단조직에서 수용체를 생성하도록 하여 특정 강도의 신호를 인지하도록 한다. 그렇지 않으면, 촉진 신호의 증가나 억제 신호의 감소가 생장상 변화를 촉발할 수 있다.

그림 35.4 ***EMF*에 의한 조기 개화 억제.**
EMF 단백질이 결핍된 돌연변이 식물은 발아하자마자 바로 개화한다. 이때 꽃은 기형적인 심피와 뿌리 쪽에 가까운 결임 있는 꽃의 구조를 가진다.

앞에서 언급된 것과 같이 생장상 변화는 어린 식물을 성체 식물로 전이시키지만, 개화에 반드시 요구되는 것은 아니다. 생식 능력은 실제적인 생식기관의 발생과는 구별되며, 개화는 다음 절에서 논의하는 여러 가지 요인들에 의해 일어날 수 있다.

핵심 요약 35.1

속씨식물의 생활주기에서 수정되면 종자에서 배아가 생성되고, 배아는 궁극적으로 꽃을 피우는 식물로 발전하며, 꽃은 다시 한 번 배우자를 생성한다. 생장상 변화는 영양생장에서 생식생장으로의 전환이다. 애기장대에서 배아 개화 돌연변이체(*emf*)를 발현시키거나 또는 *LEAFY* 유전자(*LFY*)를 과다발현시키면 조기에 개화된다.

■ 진화론적으로, 식물에서 왜 꽃의 형성이 기본 상태인가?

a.

b.

그림 35.5 개화 유전자의 과다발현에 의한 생장상 변화.
a. 일반적으로 버드나무는 몇 년을 자라야 꽃을 피운다. 성숙한 버드나무 숲이 보인다. *b.* 위 사진은 성숙한 버드나무의 정상적인 개화이다. 아래 사진은 애기장대의 개화 유전자인 *LFY*를 과다발현시킨 형질전환된 버드나무의 조기 개화이다.

35.2 꽃의 생성

학습 목표

1. 유전적으로 조절되는 개화 경로 4가지를 열거하여 설명할 수 있다.
2. 개화 결정에 대해 설명할 수 있다.
3. 꽃 분열조직 결정 유전자와 꽃 기관 결정 유전자 사이의 관계를 설명할 수 있다.

개화에 대해 유전적으로 조절되는 4가지 경로가 밝혀졌는데, (1) 광 의존형(light-dependent) 경로, (2) 온도 의존형(temperature-dependent) 경로, (3) 지베렐린 의존형(gibberellin-dependent) 경로, (4) 자율적(autonomous) 경로이다. 식물은 주로 1가지 경로에 의존하지만, 4가지 경로가 모두 존재한다.

개화가 환경적 인자에 의해 영향을 받는 방식에는 상당한 차이가 있다. 일부 식물은 빛의 지속 시간에 반응하여 더 길거나 또는 더 짧은 낮 시간대에 개화하고, 일부는 빛의 양에 둔감하다. 온도도 또한 중요한 신호가 될 수 있다. 개화를 위해 일정 기간 동안 종자나 어린 싹을 저온으로 처리해야 하는데, 이를 **춘화처리**(vernalization)라고 한다. 춘화처리가 필요한 식물은 추운 겨울보다는 추운 겨울이 지난 후에 개화하는데, 이는 생식적 성공률을 향상시킨다. 개화에 대해 중복된 경로가 존재한다는 것은 새로운 세대를 보장하는 데 도움이 된다.

빛 의존적 경로는 광주기에 의해 조절된다

개화는 광합성을 통해 축적된 많은 에너지를 요구하기 때문에 모든 식물은 개화하기 위해 빛을 필요로 한다. 하지만 이것은 **광주기**(photoperiod) 또는 빛 의존형 개화 경로와는 구별된다. 대부분 식물의 생장과 발달에서 나타나는 여러 가지 현상들은 24시간의 하루 중 밤과 낮의 길이의 차이에 의해 좌우된다.

광주기에 대한 민감성은 식물이 밤과 낮의 길이가 상대적으로 차이가 나는 계절적인 변화에 감응하도록 한다. 낮의 길이는 계절에 따라서 변한다. 겨울과 여름 사이의 낮 길이의 변화가 가장 심한 곳은 적도로부터 멀리 떨어진 극지방이다. 빛을 신호로 사용하면 식물들은 비생물적 환경 조건이 최적이고, 수분 매개자가 존재하며, 다른 식물과 자원에 대한 경쟁이 감소할 때 개화할 수 있다. 예를 들어, 숲에 있는 수명이 짧은 봄 초본 식물은 하늘을 가리는 나뭇잎이 나와서 광합성에 필요한 햇빛을 차단하기 전에 개화한다.

단일식물과 장일식물: 낮의 길이에 대한 식물의 개화 반응은 여러 가지의 기본적 범주로 나누어 볼 수 있다. **단일식물**(short-day

그림 35.6 낮의 길이에 따른 개화.
a. 클로버는 봄에 밤의 길이가 짧아지는 것에 감응하여 개화하는 장일식물이다. 도꼬마리는 가을에 밤의 길이가 길어지는 것에 감응하여 개화하는 단일식물로 북반구에 널리 분포한다. ***b.*** 늦은 가을의 긴 밤에 잠깐 불을 켜서 인위적으로 방해를 받으면, 도꼬마리는 개화하지 못하지만 클로버는 개화한다. 각 경우에 장일과 단일이라는 용어는 낮의 길이를 나타내는 용어이지만, 사실상 개화의 시기를 결정하는 빛에 의해서 방해받지 않는 어둠의 길이를 의미한다.

plants)에서는 낮의 길이가 어떤 임계 기간(critical length)보다 짧아지면 개화하는 데 비해(**그림 35.6**), **장일식물**(long-day plants)은 낮의 길이가 길어지면 개화한다. 금어초, 장미와 많은 열대식물과 같은 **중일식물**(day-neutral plants)은 낮의 길이와 관계없이 정상적인 성장에 필요한 빛을 받으면 개화한다. 담쟁이덩굴을 포함한 어떤 식물들은 2가지의 한정적인 광주기를 갖는데, 이들은 낮의 길이가 너무 길거나 짧아도 개화하지 않는다.

우리는 장일과 단일이라는 용어를 사용하지만 실제로 식물의 개화를 결정하는 것은 밤의 길이이다. 따라서 완전한 장일식물은 실제로 짧은 밤에 반응하고, 단일식물은 긴 밤에 반응한다. 완전한 장일식물들은 자신들에게 요구되는 최대한의 밤의 지속 시간보다 밤의 길이가 짧아지면 개화하는 데 비해, 완전한 단일식물들의 개화를 위해서는 밤의 지속 시간이 자신들에게 요구되는 밤의 길이보다 길어야 한다.

일부 장일 또는 단일식물들은 절대적으로 낮의 지속 시간에 의존하지는 않지만, 낮의 길이에 따라 매우 신속히 또는 천천히 개화한다. 이러한 식물들은 광주기 이외의 다른 개화 경로에도 또한 의존적인 것들로서 **조건적**(facultative) **장일** 또는 **단일식물**이라고 부른다. 조건적 장일식물의 예로는 완두를 들 수 있다.

중위도 지방에서는 대부분의 장일식물들이 봄이나 초여름에 개화하는데, 클로버, 붓꽃, 상추, 시금치, 접시꽃 등을 들 수 있다. 단일식물들은 보통 늦은 여름이나 가을에 개화하는데, 국화, 미역취, 포인세티아, 콩, 돼지풀과 같은 잡초류 등을 들 수 있다. 상업적으로 식물을 재배하는 사람들은 특정한 시기에 개화시키기 위해 식물들의 이러한 낮 길이에 대한 반응(일장 감응)을 이용한다. 그 실례로 광주기를 온실에서 인위적으로 조절하여 포인세티아(poinsettias)를 한겨울 크리스마스 시기에 맞추어 개화시키는 것을 들 수 있다(**그림 35.7**). 어떤 식물들의 지리적 분포는 이들의 낮 길이에 대한 개화 반응에 따라 결정된다.

광신호 기작: 광주기(photoperiod)는 여러 가지 형태의 피토크롬(phytochrome)이나 청색광 감응(blue light-sensitive) 분자인 크립토크롬(cryptochrome)에 의해 감지된다. 피토크롬이나 크립토크롬 등의 광수용체 물질들의 입체구조 변화는 개화로 이르게 하는 일련의 과정을 촉발시킨다. 빛과 활동일주기(circadian rhythm) 간의 관계는 개화를 촉진하거나 억제하는 식물의 내부적인 시계에 의해 조절된다. 분자적인 수준에서 어떻게 빛에 감응하여 개화하는지에 대한 모든 단계를 알 수는 없지만, 이러한 조절 기작은 매우 복잡한 것으로 알려져 있다.

적색광 수용체와 청색광 수용체인 피토크롬과 크립토크롬은 각각 *CONSTANS*(*CO*)라고 부르는 유전자를 통해 개화를 조절하는데, *CO* 유전자는 개화에 필요한 유전자들을 발현시키는 데 필요한 전사인자를 암호화한다. 이러한 일련의 신호전달 과정은 앞서 설명한 것 같이 *LFY* 유전자를 발현시킨다. *LFY*는 분열조직이 개화할 수 있도록 전환되는 과정에 관여하는 주요 유전자 중의 하나이다.

CO 단백질의 양적 수준은 활동일주기에 따라 유지되며, 전사 단계와 번역후 조절 단계에서의 2단계로 조절된다. 밤에 *CO* mRNA의 양적 수준이 낮으면, 새벽에 피토크롬이 전사를 증가시킨다. CO 단백질의 양은 크립토크롬에 의해서도 영향을 받는데 낮 동안에 유비퀴틴에 의한 CO 단백질의 분해를 억제한다. 이러한 CO 단백질의 중복 제어는 흥미로운데, 이는 *CO* 유전자가 항상 발현되는 형질전환 식물을 분석해서 발견하였다. 형질전환 식물에서 단백질 수준은 여전히 활동일주기에 따르는데 CO 단백질은 낮의 길이를 감지하여 잎으로부터 줄기로 신호를 전달하여 개화에 필요한 유전자들을 전사하도록 하는 중요한 단백질이다.

개화를 조절하는 어떤 유전자도 클로닝되기 훨씬 이전에 개화 호르몬인 플로리젠(florigen)이 개화를 촉진한다고 제안되면서, 개화를 촉진하거나 억제하는 물질들에 대한 많은 증거들이 제시

그림 35.7 개화 시기 조절.
온실에서 광주기를 조절하여 단일식물인 포인세티아를 크리스마스 시기에 맞추어 개화시킨다. 개화가 유도된 후에도 꽃을 생성하기 위해서는 여러 가지의 발생 과정들이 반드시 일어나야만 한다.

되었다. 최근 증거에 따르면 FT(flowering locus T) 단백질이 오랫동안 찾기 어려웠던 플로리젠인 것으로 보인다. *CO*는 잎에서의 FT 양을 조절하고, FT는 체관부를 통해 정단분열조직으로 이동하여 개화를 발생시키는 *LFY*를 포함하는 부가적인 유전자 발현을 시작하게 한다.

온도 의존형 개화경로는 저온과 관련된다

저온은 여러 식물에서 개화를 가속화하거나 개시해 준다. 빛과 마찬가지로 저온은 식물이 최적의 시간에 개화하도록 한다. 일부 식물은 개화하려면 일정 기간의 저온 기간을 거쳐야만 하는데, 이러한 현상을 춘화처리(vernalization)라고 부른다. 춘화 현상은 1930년대에 우크라이나 과학자인 리센코(Trofim. D. Lysenko)가 겨울밀(winter wheat)이 들판에서 썩는 문제를 해결하는 연구를 통해 발견하였다. 겨울밀은 일정 기간 저온을 거치지 않으면 개화하지 않기 때문에 리센코는 종자를 저온에서 처리한 후 봄에 파종하였다. 이러한 종자들은 성공적으로 발아하고 성장하여 곡물을 생산하였다.

리센코의 이러한 발견은 과학적인 측면에서 매우 중요한 발견이었지만, 그는 겨울밀이라는 한 종(species)을 단순히 환경을 변화시켜서 봄밀(spring wheat)이라는 새로운 종으로 전환시켰다는 잘못된 결론을 내렸다. 리센코의 생각은 쉽게 자연을 조절하여 생산성을 높일 수 있다는 그 당시 공산주의의 사상에 의해 지지받았지만, 이러한 공산주의 사상은 구소련 연방에서 많은 합법적인 유전학자 박해를 포함한 불행한 정치적 파급 효과를 가져왔다. 더욱이, 1960년대 중반까지 구소련에서는 유전학과 다윈의 진화론은 의심받았다.

지베렐린 의존형 경로는 높은 호르몬 농도를 요구한다

일부 식물에서 지베렐린(gibberellin) 농도를 낮추면 개화가 지연된다. 이것은 지베렐린 신호전달경로가 개화를 촉진하는 것을 의미한다. 지베렐린은 *LFY* 유전자 프로모터에 결합하는데, 이것은 지베렐린이 *LFY* 유전자 발현 증가를 유도한다는 모델을 지지한다. 증가된 지베렐린은 *LFY* 수준을 증가시켜 개화에 직접적인 영향을 미친다.

자율적 개화 경로는 환경적 요인에 비의존적이다

개화에 이르는 자율적(autonomous) 경로는 모든 경로에 필요한 기본적인 영양 조건 이외에는 다른 외부적 요인을 필요로 하지 않는다. 개화 촉진과 억제 신호 사이의 균형은 개화가 자율적 경로와 또한 다른 경로로 일어날 때 조절할 수 있다.

개화의 결정은 환경을 바꾸어주어 발생적 운명이 바뀌었는지를 확인함으로써 기관이나 전체 식물체 수준에서 검증할 수 있다. 애기장대에서 개화 결정은 *LFY* 유전자 발현의 증가와 관련이 있으며, 이것은 이미 두 번째 개화 유전자인 *APETALA1*(*AP1*)이 발현되는 시기에 일어난다. 4가지의 모든 개화 경로가 *LFY* 유전자 발현의 증가

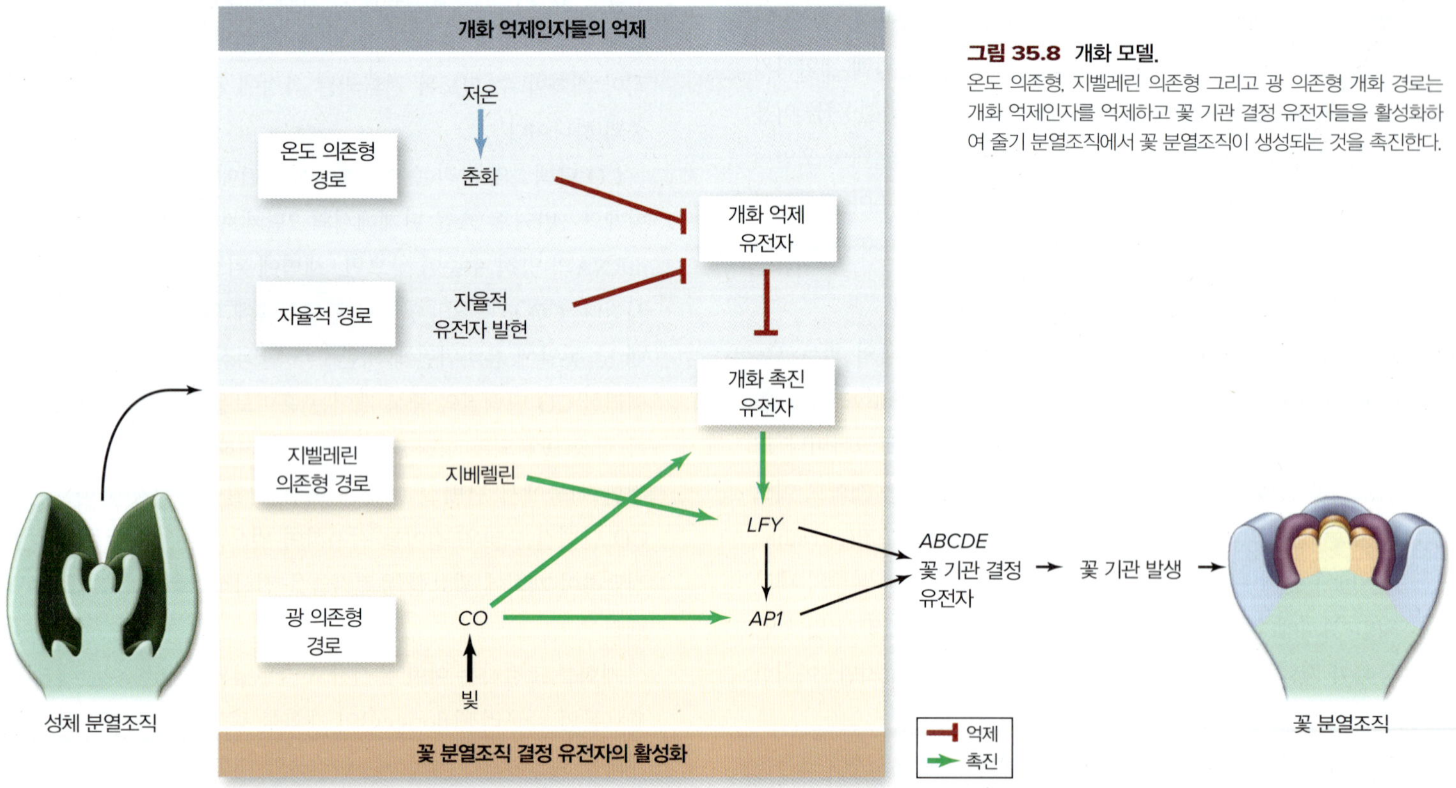

그림 35.8 개화 모델.
온도 의존형, 지벨레린 의존형 그리고 광 의존형 개화 경로는 개화 억제인자를 억제하고 꽃 기관 결정 유전자들을 활성화하여 줄기 분열조직에서 꽃 분열조직이 생성되는 것을 촉진한다.

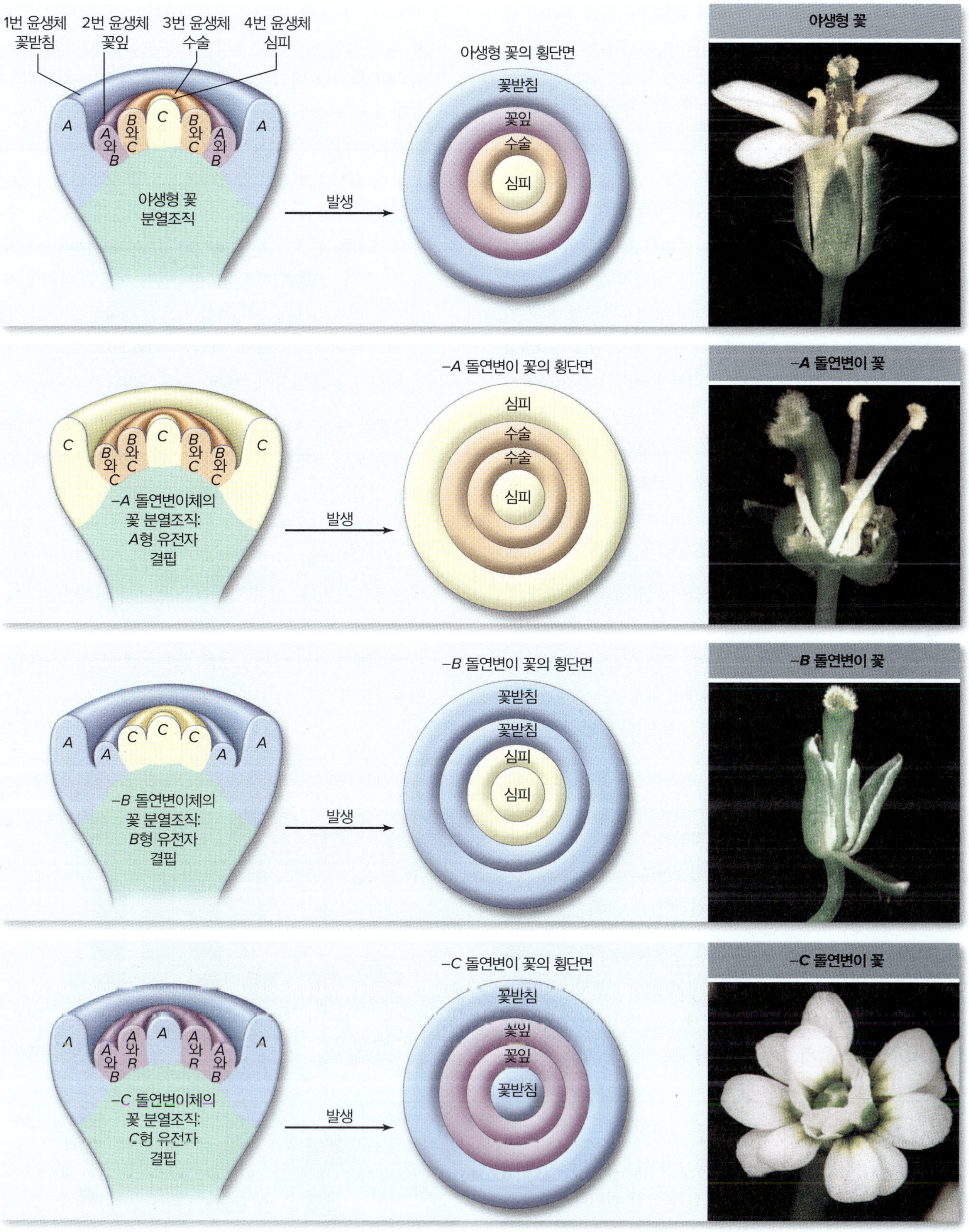

그림 35.9 꽃의 기관을 지정하는 ABC 모델.
윤생체를 지정한 문자들은 어떤 형의 유전자가 활성화되어 있는지를 보여준다. *A* 기능을 잃으면(−*A*), *C*는 첫 번째와 두 번째 윤생체로 확장한다. *B* 기능이 소실되면(−*B*), 바깥 2개의 윤생체들이 *A* 기능을 갖고, 내부에 있는 2개의 윤생체들은 *C* 기능만을 가지며, 윤생체의 어느 것도 2개의 유전자 기능을 갖지 못한다. *C* 기능이 소실되면(−*C*), *A*는 내부의 2개 윤생체로 확장된다. 이러한 새로운 유전자 발현 조합은 각 윤생체의 꽃 기관 형성을 변경시킨다.

로 초점이 모여지는 것처럼 보이므로 개화 결정은 이러한 경로들 사이의 다양한 균형을 가지는 식물에서 일어나야만 한다(**그림 35.8**).

> **?** **탐구문제** 식물이 *LFY*의 발현에 모두 영향을 미치는 4가지 뚜렷한 경로를 갖는 것이 왜 유리하겠는가?

꽃 분열조직 결정 유전자는 꽃 기관 결정 유전자를 활성화시킨다

애기장대와 금어초는 개화 유전자들을 분리하고, 이들의 상호작용을 연구하는 데 아주 좋은 모델 식물들이다. 앞에서 설명한 개화에 이르는 4가지 경로를 통해 꽃 분열조직 결정 유전자들의 발현을 억제하거나 촉진하여 성숙한 줄기의 분열조직을 꽃 분열조직(floral meristem)으로 전환시킨다(**그림 35.8**). 이러한 유전자는 줄기 분열조직을 꽃 분열조직으로 전환시키고, 꽃 기관 결정 유전자들을 발현시킨다. 꽃 기관 결정 유전자들은 중심이 같은 4개의 윤생체(whorls)를 결정하기 위하여 윤생체의 중심으로 꽃 분열조직을 이동시켜 꽃받침(sepal), 꽃잎(petal), 수술(stamen), 심피(carpel) 등이 형성될 수 있도록 유도해 준다.

ABC 모델: 3종류의 꽃 기관 결정 유전자들이 어떻게 4가지 별개 형태의 꽃의 기관을 결정하는지를 설명하기 위해 ABC 모델(ABC model)이 제안되었다(**그림 35.9**). ABC 모델은 3종류(*A*, *B*, *C*)의 유전자들이 꽃의 기관을 이루는 4개의 윤생체를 결정한다는 것을 보여준다. 돌연변이체들의 분석을 통해 다음과 같은 사실이 밝혀졌다.

1. *A*형 유전자는 독자적으로 꽃받침을 결정한다.
2. *A*형과 *B*형 유전자는 함께 꽃잎을 결정한다.
3. *B*형과 *C*형 유전자는 함께 수술을 결정한다.
4. *C*형 유전자는 독자적으로 심피를 결정한다.

ABC 모델의 장점은 꽃 기관 결정 유전자 돌연변이를 서로 다른 조합으로 만들어 이들을 완전히 시험할 수 있다는 것이다. 각 부류(class)에 속한 유전자들은 2개의 윤생체에서 발현되어 4가지 서로 다른 조합의 단백질을 만든다. 이들 중 어느 하나라도 결핍되면 예상되는 위치에 기형적인 꽃 기관이 형성된다.

ABC 유전자 결정: 꽃 기관 결정에 관여하는 유전자들은 대부분 확인되지 않았다. 이들 유전자 목록이 중요하지는 않지만, 이들 대다수가 *MADS*-박스 전사인자라는 점은 중요한 점이다. 이 유전자는 다른 꽃 기관을 만드는 데 필요한 유전자를 활성화시키는 작용을 한다.

이 유전자들 중에 *AP2*와 *PI*라는 2가지 유전자는 진화적 관점에서 흥미로운데, 이들은 중복과 다양화에 의해서 생성된 것으로 보인다. 속씨식물이 생겨나기 전에 *MADS*-박스 유전자가 중복되어 *PI*와 고대 *AP3*(*paleoAP3*)라 불리는 유전자가 생겼다. 고대 속씨식물에서 이런 유전자는 수술(stamen) 발생에 영향을 미쳤고, 이 기능은 지금도 유지되고 있다.

고대 *AP3* 유전자는 양귀비과의 일원들이 마지막으로 진정쌍떡잎식물(eudicots; 사과, 토마토, 애기장대와 같은 식물)과 공통된 조상을 공유한 후에 *AP3*와 *AP3* 복제물을 생산하기 위해 중복되었다. 이러한 진정쌍떡잎식물은 이들의 마지막 공통된 조상에서 고대 *AP3*의 중복 꽃잎 발생의 정확한 형태의 기원 둘 다에 의해 유전체 수준에서 구별된다(**그림 35.10**). 계통발생적 추론은 *AP3*가 꽃잎 발생에 역할을 하게 되었다는 것이다.

ABC 모델의 수정: ABC 모델만으로는 꽃 분열조직에서 꽃의 기관 결정을 모두 설명하기 어렵다. 심피 결정에 필수적인 *D*형 유전자가 발견되었다. 하지만 이러한 발견도 왜 *A*, *B*, *C* 유전자 기능이 결핍된 식물들이 잎으로만 이루어진 4개의 윤생체를 만들지 않고, 꽃받침으로만 이루어진 4개의 윤생체를 만드는지를 설명해주지 못한다. 꽃의 기관들은 잎에서 진화한 것으로 생각되기 때문에 꽃 기관 결정 유전자들이 제거된다면 꽃받침으로만 된 윤생체가 아닌 잎으로 이루어진 윤생체들이 만들어질 것으로 예측된다.

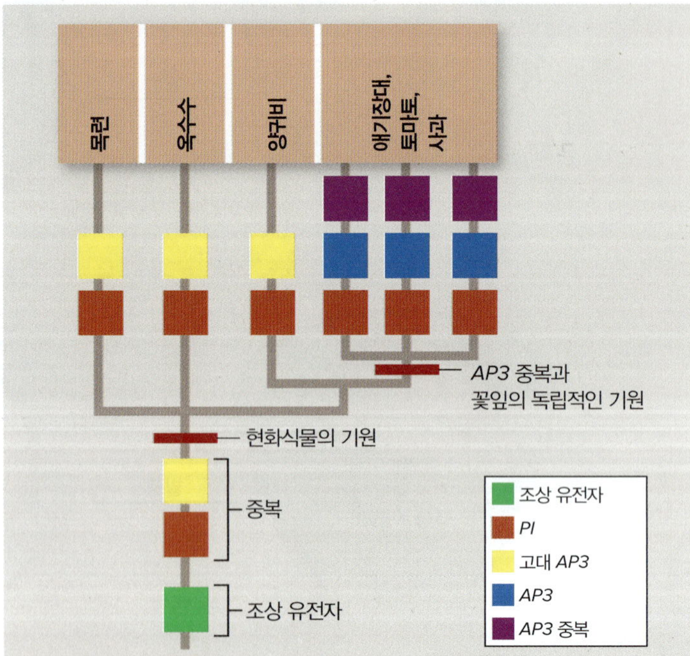

그림 35.10 유전자 중복을 통한 꽃잎 진화.
2개 유전자의 중복을 통해 진정쌍떡잎식물에서 *AP3* 유전자가 생성되어 꽃잎 발생에 역할을 하게 되었다.

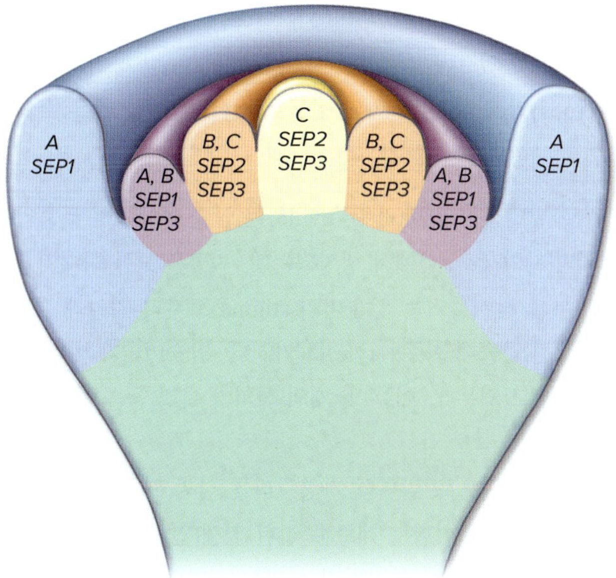

그림 35.11 꽃 기관 결정에 필요한 *E*형 유전자.
3개의 *SEP* 유전자들이 모두 돌연변이 되면, 잎으로만 구성된 4개의 윤생체가 만들어진다.

이에 대한 답은 최근에 발견된 *SEPALATA1*(*SEP1*) 유전자부터 *SEPALATA4*(*SEP4*) 유전자로 이루어진 *E*형 유전자에 의해 설명된다. 3중 돌연변이체(*sep1 sep2 sep3*)와 *sep4* 돌언변이체는 모두 잎으로만 된 4개의 윤생체를 만든다. *SEP* 유전자에 의해 암호화된 단백질들은 *A*, *B*, *C* 유전자에 의해 암호화된 단백질과 상호작용할 수 있어 꽃 기관 발생에 필요한 유전자의 전사에 영향을 미칠 수 있다. *SEP* 유전자의 발견은 이러한 *E*형 유전자를 포함하는 새로운 꽃 기관 결정 모델을 제시하였다(**그림 35.11**).

? **탐구문제** 개화 억제 유전자가 없고, 춘화처리와 자율적 개화 유전자가 개화를 촉진하는 유전자 발현을 유도한다면 식물이 다른 시간대에 꽃을 피울 것으로 예상하는가?

ABCDE 유전자들이 실제로는 꽃의 형성 초기에 작용한다는 것을 인식하는 것이 중요하다. 이러한 꽃 기관 결정 유전자들은 꽃의 3차원 구조를 실세로 결정하는 많은 유전자들을 작동시키는 전사인자이다. 즉, 꽃잎에 색깔을 입히는 유전자들은 꽃잎 세포의 액포에 안토시아닌 색소를 집적시키도록 하는 복잡한 화학적 경로에 관련된 유전자들이다. 이러한 색소들은 오렌지색, 빨간색, 또는 분홍색으로 실제 색상은 pH에 의해서도 영향을 받는다.

핵심 요약 35.2

개화를 유도하는 4가지 경로인 광 의존형 경로, 온도 의존형 경로, 지베렐린 의존형 경로, 자율적 경로가 밝혀졌다. 개화 결정은 슈트가 꽃을 만들려는 시점인데, 꽃 분열조직 결정 유전자는 꽃 발생을 조절하는 꽃 기관 결정 유전자를 작동시킨다.

■ 빛 의존적 개화 경로를 가지는 식물에서 낮의 길이 또는 밤의 길이가 개화를 결정하는지 여부를 어떻게 시험할 수 있을까?

35.3 꽃의 구조와 진화

학습 목표

1. 전형적인 속씨식물 꽃의 부위를 열거할 수 있다.
2. 좌우대칭과 방사상대칭을 구별할 수 있다.
3. 소배우체와 대배우체를 구별하여 설명할 수 있다.

꽃이라는 생식 구조를 만드는 복잡하고 정교한 과정은 종종 동물의 변태와 비교된다. 그것은 실제로는 변태이지만, 반수체의 배우자를 생성할 수 있는 배우체가 발생하도록 하는 대포자 모세포가 체세포분열에서 감수분열로 이동하는 미묘한 변화가 아마도 더 중요할 것이다. 수술의 꽃밥에서 꽃가루 형성에 대해서도 마찬가지이다.

꽃은 배우자를 생산할 반수체 세대를 수용할 뿐만 아니라, 다른(또는 때로는 같은) 식물에서 나온 수컷과 암컷 배우자가 서로 만날 가능성을 높이는 기능도 한다.

속씨식물은 꽃을 진화시켰다

속씨식물(또는 피자식물, angiosperm)의 진화에 대해서는 25장에서 자세하게 다루었다. 속씨식물의 다양성은 부분적으로 수분(pollination)의 효율성을 향상시키는 매우 다양한 꽃의 표현형의 진화에 기인한다. 35.2절에서 설명한 것과 같이 꽃의 기관은 잎으로부터 진화되었다. 일부 초기 속씨식물에서는 꽃이 기관들이 잎에서와 같은 나선상의 발생 패턴을 유지하고 있다. 이러한 경향은 4개의 특징적인 윤생체로 발달을 유도하였다. 완전화(또는 갖춘꽃, complete flowers)는 4개의 윤생체(꽃받침, 화관, 수술군 및 암술군)로 이루어져 있으며(**그림 35.12**), 불완전화(또는 불완전꽃, incomplete floweres)는 4개의 윤생체 중 하나 혹은 그 이상이 결핍되어 있다.

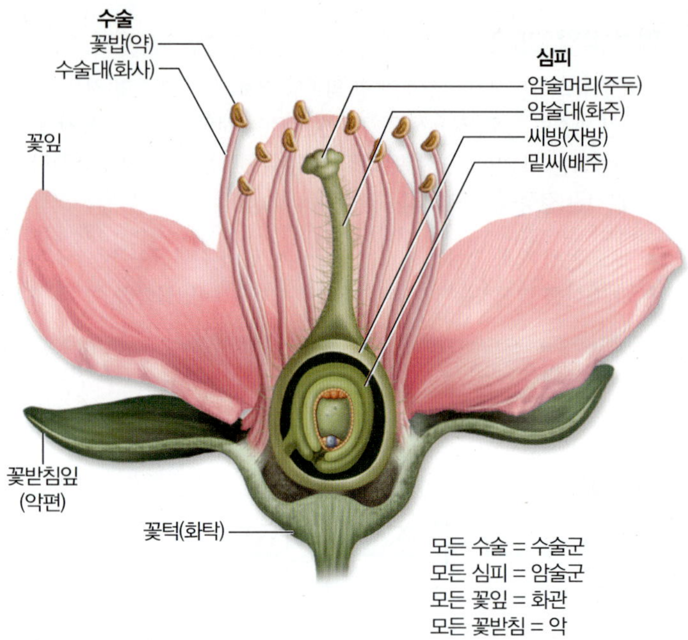

그림 35.12 완전한 속씨식물 꽃.

꽃의 형태

완전화와 불완전화 모두에서 꽃받침은 일반적으로 가장 바깥의 윤생체에 형성된다. **악**(calyx, 모든 꽃받침)은 편평한 꽃받침잎(sepal)으로 구성되어 있는데, 꽃받침잎은 꽃봉오리 내에 있는 꽃을 보호한다. 꽃잎(petal)은 합쳐져서 **화관**(corolla)을 이룬다. 많은 꽃잎은 꽃가루 매개자들을 유인하는 기능을 가진다. 비록 꽃 기관의 이들 2개의 외부 윤생체들은 배우자 생성이나 수정에 직접 관여하지는 않지만, 이들은 성공적인 생식에서 중요한 역할을 한다.

웅성 구조(male structures): 수술군(androecium)은 꽃의 웅성기관인 **수술**(stamen)을 통칭하는 용어이다. 수술은 속씨식물의 소포자낭(microsporangium)을 가지고 있는 특화된 구조이며, 겉씨식물(또는 나자식물)에는 화분 구과(pollen cone) 안에 소포자낭을 가지고 있는 유사한 구조가 있다. 현존하는 대부분의 속씨식물은 가느다란 실 같이 생긴 화사(filament)가 있는 수술을 가지고 있는데, 4개의 소포자낭이 수술의 정단에 위치한 **꽃밥**(anther)에 들어 있다. 일부 원시 속씨식물은 납작하고 잎과 같은 수술을 가지고 있는데, 이들은 소포자낭이 상단부 또는 하단부에 달려 있다.

자성 구조(female structure): 암술군(gynoecium)은 꽃의 모든 자성기관을 통칭하여 부르는 용어이다. 대부분 꽃에서 속씨식물에 특이한 암술군은 1개의 심피(carpel) 혹은 2개 이상이 융합된 심피를 가지고 있다. 1개의 심피나 융합된 심피는 각각 홑암술(simple pistil)이나 겹암술(compound pistil)이라고 부른다. 토마토나 오렌지와 같이 우리에게 익숙한 식물들의 꽃들은 겹암술을 지니고 있으며, 미나리아재비(buttercup)나 바위채송화(stonecrops)와 같이 덜 특화된 꽃들은 서너 개 이상 많은 수의 홑암술로 구성된 심피를 갖는다.

종자로 발달하는 **밑씨**(배주, ovule)는 암술 아래쪽의 부풀려진 부위인 **씨방**(자방, ovary)에서 생성되는데, 씨방은 보통 꼭대기 정상에서 꽃가루를 받아들이는 암술머리(stigma)로부터 가늘게 내려오는 목같이 생긴 암술대(화주, style)를 가진다. 암술머리가 여러 개로 분리되는 경우도 있는데, 이는 몇 개의 심피가 특정 암술을 구성하는지를 보여준다.

심피는 본질적으로 밑씨의 가장자리를 감싸고 있는 둘둘 말려진 꽃잎이다. 첫 번째 심피는 세로로 접힌 잎새(엽신, leaf blade)일 수 있다. 털이 나 있는 잎 가장자리는 과실이 발달할 때까지는 실제로 융합되지 않지만 털들은 서로 맞물려 있어서 화분을 받아들인다. 진화과정 동안 털들이 암술머리 부위에 국한되었고, 암술대가 만들어졌으며, 심피의 가장자리 부위들이 융합되어 최종적으로 암술이 되었다. 현대의 많은 속씨식물에서 심피는 상당히 변형되어 있으며, **암술**(pistil)을 잘라 열어보기 전까지는 시각적으로 서로 구별이 되지 않는다.

꽃의 특화 경향

현대 속씨식물의 다양성은 2가지 주요한 진화적 경향에 의해 이루어졌는데, 첫째, 꽃 부위가 서로 뭉치거나 융합되고, 둘째, 꽃 부위가 소실되거나 작아진 것이다(**그림 35.13**).

더욱 진화된 속씨식물에서 각 윤생체의 부위 수는 다수에서 소수로 감소하였다. 원시 속씨식물들에서 모든 꽃 부위들이 붙어 있는 나선상의 패턴은 진화과정 중에 각 수준에서 하나의 윤생체로 되었다. 많은 꽃들에서 중앙 축이 짧아지고, 윤생체들은 서로 가깝게 위치한다. 일부 진화적인 계통에서 하나 이상의 윤생체들이 융합되어 때때로 관에 연결되었다. 속씨식물의 어떤 종들에서는 다른 윤생체들이

그림 35.13 꽃의 특화 경향. 전형적인 진정쌍떡잎식물인 야생 제라늄(*Geranium maculatum*). 초기 속씨식물에 비해 꽃잎은 5개로, 수술은 10개로 축소되었다.

그림 35.14 난꽃의 대칭적 구조.
꽃은 기본적으로 방사대칭이지만, 난과식물은 좌우대칭인 꽃을 가진다.

서로 융합된 경우도 있다.

윤생체 전체가 꽃에서 소실될 수도 있는데 꽃받침, 꽃잎, 수술, 심피, 또는 이들 중 몇 가지가 소실될 수도 있다. 이러한 변형은 종종 수분(pollination) 기작과 관련이 있는데, 초본류와 같은 식물들의 화분 산포(pollen dispersal)는 동물에 의존하기보다 바람에 의해 이루어진다.

꽃의 대칭적 경향

꽃의 다른 진화 경향으로 꽃의 대칭(symmetry)을 들 수 있다. 미나리아재비와 같이 원시적인 식물의 꽃은 방사대칭으로 꽃의 중앙 한 점을 중심으로 모든 면이 같은 길이와 모습을 가진다. 이에 비해 많이 진화된 꽃들은 좌우대칭으로 하나의 평면을 따라 동등한 2개의 부분으로 나눌 수 있다. 그 예로 금어초, 민트, 난을 들 수가 있다(**그림 35.14**). 좌우대칭의 꽃들은 제비꽃과 완두 등에서도 볼 수가 있다. 이러한 부류의 꽃은 보통 고도로 정밀한 수분 체계를 가지고 있다.

좌우대칭은 독립적으로 여러 번 일어났다. 금어초에서는 *CYCLOIDEA* 유전자가 꽃의 대칭을 조절하며, 이 유전자가 결핍되면 꽃이 방사대칭이 된다(**그림 35.15**). 이렇게 하나의 유전자를 실험적으로 변형시키는 것만으로도 꽃의 형태를 극적으로 변형시킬 수 있다. 동일한 유전자나 또는 기능적으로 유사한 유전자들이 다른 식물 종에서도 자연적으로 동시에 발생하였는지 여부는 아직 확실하게 밝히지 못하고 있다.

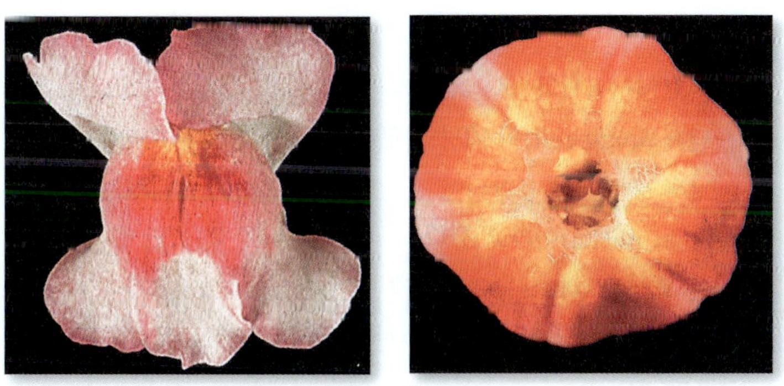

a. ***b.***

그림 35.15 꽃의 좌우대칭의 유전적 조절.
a. 금어초(*Antirrhinum*종)의 꽃은 일반적으로 좌우 대칭이다. ***b.*** *CYCLOIDEA* 유전자가 꽃의 좌우대칭을 조절하는데, 이 유전자의 돌연변이 *cycloidea* 유전자를 가진 금어초의 꽃은 방사대칭이다.

꽃의 형태에 대한 인간의 영향

꽃의 다양성은 대부분 수분과 관련된 자연선택(natural selection)의 결과이지만, 인위선택(artificial selection)에 의한 육종도 꽃의 형태 변이에 많은 영향을 끼쳤다. 사람들은 실용적이거나 예쁜 형질을 가진 꽃을 선택해 왔는데, 이러한 형질들은 야생에서 식물이 적응하는 데에는 크게 도움이 되지 않을 수도 있다. 그 실례로 옥수수는 사람의 미각을 만족시키기 위해 교배되었다. 사람의 개입에 의해 각 세대마다 생식이 확실하게 성공하지만, 현대 옥수수 품종들은 자연 환경에서 초식동물로부터 그 조상과 같은 보호를 받지 못하고, 종자를 퍼뜨리는 기작도 많이 달라졌다.

꽃의 배우체에서 배우자가 형성된다

생식의 성공은 꽃의 배낭과 화분립에서 발견되는 배우자인 난자와 정자의 성공적인 융합에 달려 있다. 24장과 25장에서 설명한 것처럼 식물의 생식주기(sexual life cycle)는 2배체의 포자체 세대에서 반수체의 배우체로 이어지는 **세대교번**(alteration of generations)에 의해 특징지어진다. 속씨식물에서 배우체 세대는 매우 작고 모식물의 포자체 조직 내에 완전히 둘러싸여 있다. 수(웅성)배우체 또는 소배우체들이 **화분립**(pollen grain)이며, 암(자성)배우체 또는 대배우체들이 **배낭**(embryo sac)이다. 화분립과 배낭은 속씨식물의 꽃에 있는 특이한 조직에서 별도로 생성된다.

동물과 같이 속씨식물들은 수배우체와 암배우체를 생성하는 기관이 분리되어 있지만(**그림 35.16**), 속씨식물의 생식기관은 다음과 같은 2가지 점에서 동물과는 다르다. 첫째, 암, 수 생식기관이 통상 같은 꽃 내에 존재하며, 둘째, 속씨식물의 생식기관은 성숙한 개체의 영구적인 조직이 아니라는 것이다. 속씨식물의 꽃과 생식기관은 계절적으로 수분(pollination)에 가장 유리한 시기에 생성된다. 어떤 경우에는 생식기관이 단 한 번만 생성되어도 부모식물이 죽게 된다. 35.1절에서 설명한 것과 같이 속씨식물의 생식세포(germ line)는 발달 초기에 따로 만들어지지 않고 생육 후기에 생장상 변화에 의해 형성된다.

화분 형성

꽃밥(약, anther)에는 4개의 소포자낭이 있는데, 이들은 소포자 모세포(또는 화분 모세포, $2x$)를 만든다. 소포자 모세포는 감수분열을 통하여 소포자(x)를 생성한다. 소포자는 체세포분열과 세포벽 분화

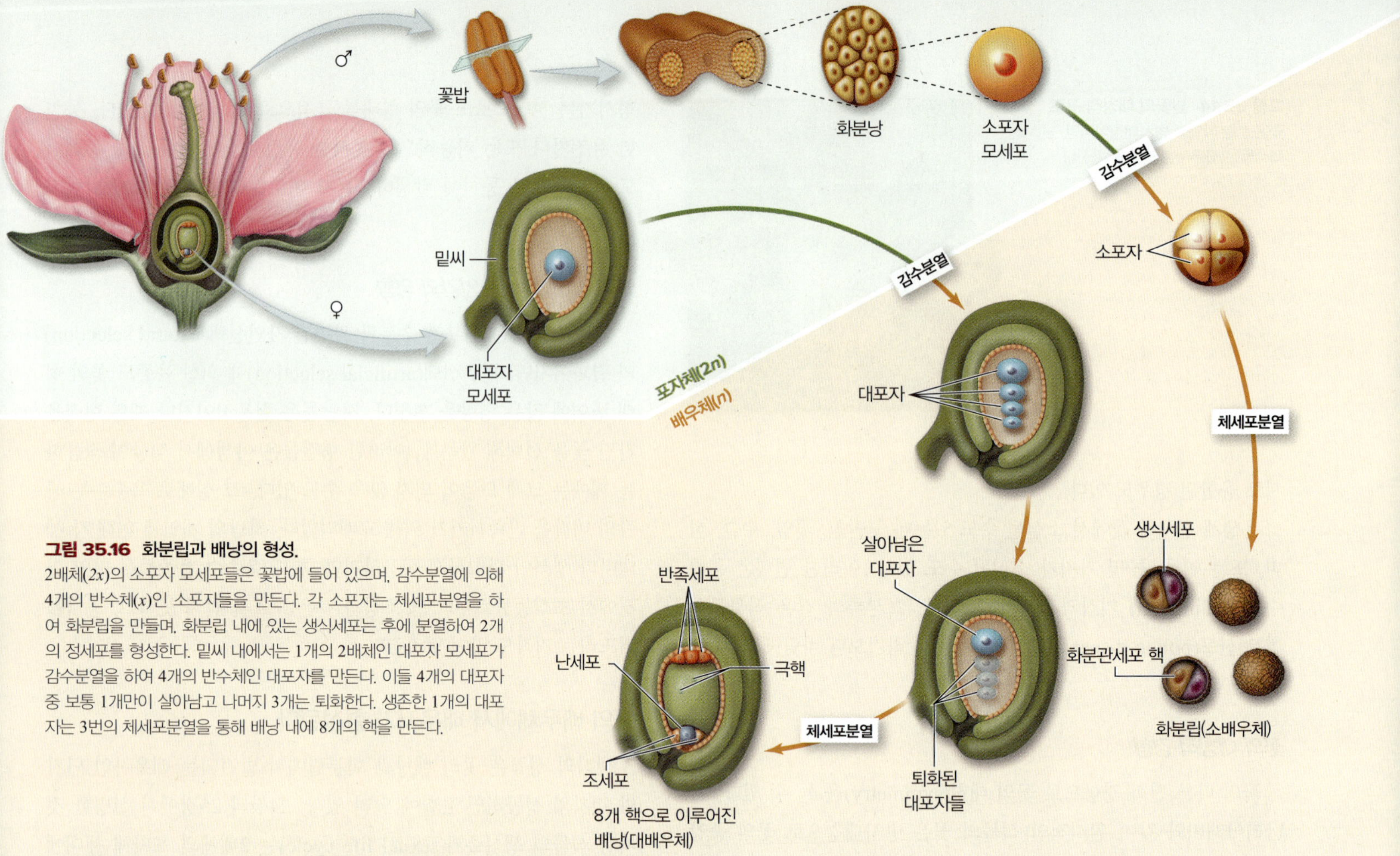

그림 35.16 화분립과 배낭의 형성.
2배체($2x$)의 소포자 모세포들은 꽃밥에 들어 있으며, 감수분열에 의해 4개의 반수체(x)인 소포자들을 만든다. 각 소포자는 체세포분열을 하여 화분립을 만들며, 화분립 내에 있는 생식세포는 후에 분열하여 2개의 정세포를 형성한다. 밑씨 내에서는 1개의 2배체인 대포자 모세포가 감수분열을 하여 4개의 반수체인 대포자를 만든다. 이들 4개의 대포자 중 보통 1개만이 살아남고 나머지 3개는 퇴화한다. 생존한 1개의 대포자는 3번의 체세포분열을 통해 배낭 내에 8개의 핵을 만든다.

를 통하여 화분이 된다. 각 화분립의 내부에는 생식세포가 있는데, 생식세포는 후에 분열하여 2개의 정세포(sperm cell)가 된다.

화분립은 식물마다 특이한 형태를 가진다. 35.5절에서 더 자세하게 설명하겠지만, 수정을 위해서는 화분관이 신장하여 암술대를 관통하여 씨방에 도달해야 한다. 대부분의 화분립에는 1개의 주름이나 구멍이 나 있는데 이곳을 통하여 화분관이 신장한다. 3개의 주름이 난 화분립도 있다(**그림 35.17**).

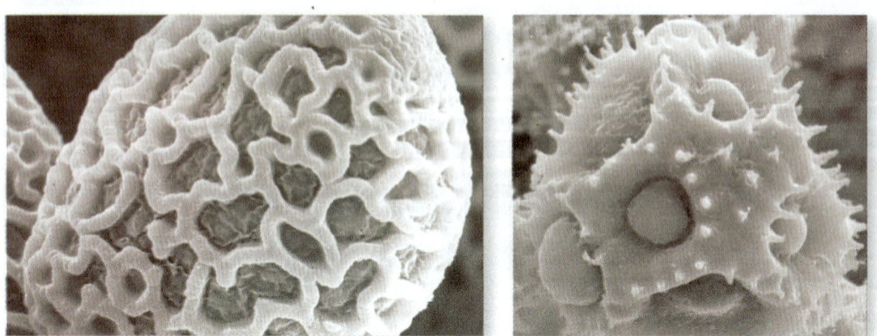

그림 35.17 화분립.
a. 나팔백합(*Lilium candidum*)은 화분관이 화분립의 한쪽 면에 나타나는 홈이나 주름으로부터 나온다. ***b.*** 해바라기(*Hyoseris longiloba*)에서는 3개의 구멍이 화분립의 화려한 모습에 감추어져 있다. 화분관은 이 구멍 중 어느 한 곳을 통해서도 자랄 수 있다.

배낭 형성

난자는 속씨식물 꽃의 밑씨에서 발생된다. 밑씨 안에는 대포자 모세포가 있고, 화분 생성처럼 대포자 모세포는 감수분열을 통하여 4개의 반수체인 대포자들을 만든다. 그러나 대부분의 식물에서는 4개의 대포자 중 1개만 생존하고, 나머지는 밑씨에 의해 흡수된다. 살아남은 1개의 대포자는 커지면서 반복적인 체세포분열을 거쳐 8개의 반수체 핵을 가지게 되는데, 이들은 7개의 세포로 된 배낭 내에 둘러싸이게 된다.

배낭 안에서 8개의 핵은 매우 정확한 위치에 각기 존재한다. 1개의 핵은 난세포(egg cell)의 배낭 입구 근처에 위치한다. 2개의 다른 핵은 배낭의 중앙에서 융합되어 결국 하나의 핵으로 존재하는데, 이는 **극핵**(polar nuclei)이라고 한다. 또 다른 2개의 핵은 난세포의 측면에 있는 조세포(synergids)에 각각 들어 있다. 나머지 3개의 핵은 난세포의 반대편 낭의 끝쪽에 위치한 반족세포(antipodal cells)에 있다(**그림 35.18**).

화분립에 있는 2개의 정세포와 난자와 극핵을 융합하는 첫 단계는 암술머리 위에 도달한 화분이 발아하여 배낭을 향하여 신장하는 것이다.

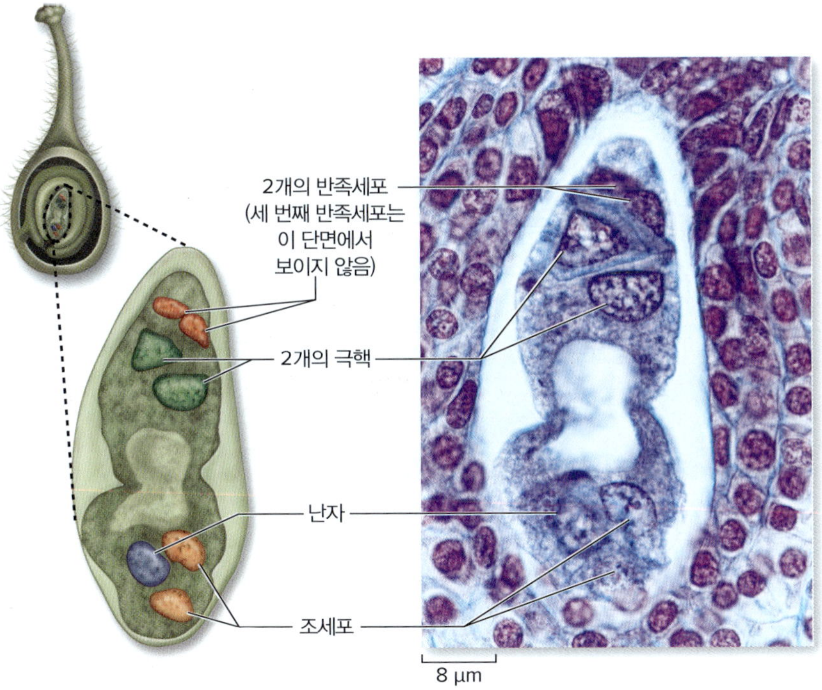

그림 35.18 백합의 성숙한 배낭.
반수체인 대포자가 체세포분열을 통해 8개의 핵을 만든다. 이 핵 중에서 1개는 난자에 있으며, 2개는 극핵이 되고, 2개는 조세포에, 그리고 나머지 3개는 반족세포에 있다. 현미경 사진은 인위적으로 색을 표시한 것이다.

핵심 요약 35.3

속씨식물의 꽃은 중심이 같은 4개의 윤생체인 꽃받침, 화관, 수술군 및 암술군으로 이루어져 있다. 좌우대칭인 꽃은 하나의 평면을 따라 동등한 2개의 부분으로 나눌 수 있고, 방사대칭 꽃은 모든 평면에서 균등하게 나눠질 수 있다. 꽃의 소포자 모세포는 감수분열을 통해 소포자를 생성하고, 소포자는 체세포분열을 통해서 소배우체(화분립)가 된다. 대포자 모세포도 유사한 과정을 거쳐 대포자를 생성하고, 그 결과 대배우체(배낭)를 생성한다.

■ 꽃이 진화적으로 유리한 점은 무엇일까?

35.4 수분과 수정

학습 목표

1. 자가수분이 유리한 조건에 대해 설명할 수 있다.
2. 타가수분을 촉진하는 3가지 진화 전략에 대해 설명할 수 있다.
3. 중복수정의 산물들을 나열할 수 있다.

수분(pollination)은 화분이 암술머리에 도달하는 것을 지칭하는 말인데, 바람이나 동물에 의해 꽃으로 이동되거나 꽃 자체 내에서 유래할 수도 있다. 자기 꽃의 꽃밥에서 유래한 화분이 같은 꽃의 암술머리에 도달할 때 이를 **자가수분**(self-pollination)이라 하며, 이는 **동계교배**(inbreeding) 형태이다. 이에 비해 다른 꽃의 꽃밥으로부터 유래한 화분에 의해 수분이 일어나면 **타가수분**(cross-pollination) 또는 **이계교배**(outcrossing)라고 한다.

이와 같이 속씨식물의 수분에서는 화분립과 밑씨 사이에 직접적인 접촉은 일어나지 않는다. 화분이 암술머리에 도달하면 발아하여 화분관이 아래쪽으로 신장하며, 정핵을 배낭으로 전달한다. 중복수정(double fertilization)이 일어난 후, 배아(embryo)와 배젖(또는 배유, endosperm)의 발생이 시작되며, 과실 내에서 종자가 성숙하고 발아하여 또 다른 생활주기가 시작된다.

속씨식물에서 성공적인 수분은 곤충, 새 또는 동물과 같은 **수분매개자**(pollinator)들을 어떻게 잘 유인하여 이들이 같은 종 내로 자신의 화분을 전달해 주는가에 달려 있다. 동물들이 화분을 퍼뜨릴 때, 동물들은 자신의 짝짓기 상대자를 활발하게 찾는 것처럼 속씨식물들의 짝짓기를 시키는 것이다.

식물과 수분매개자들과의 관계는 매우 복잡하다. 둘 중 하나에 돌연변이가 생기면 생식에 문제가 되는데, 식물이 잘못된 시기에 개화하면 수분매개자들은 방문하지 않게 된다. 또한 꽃이나 수분매개자의 형태가 바뀌면, 그 결과 수분의 물리적 장벽이 생길 수 있다. 꽃의 형태는 수분매개자들과 함께 공동으로 진화한 것이 확실한데, 그 결과 4가지의 뚜렷한 윤생체가 그냥 시작되어 발생한 것을 넘어 매우 복잡하고 다양한 표현형들이 만들어지게 된 것이다.

초기 속씨식물은 풍매식물이다

초기 속씨식물들은 바람에 의해 수동적으로 수분이 되는 풍매식물이었다. 겉씨식물인 요즘의 침엽수처럼 많은 양의 화분들이 바람에 날려 인접한 곳에 있는 같은 종의 밑씨 근처에 도달했다.

풍매수분(wind pollinated)을 하는 식물들은 서로 인접하여 생장하면서 수분의 성공률을 높이는 시스템을 갖게 되는데, 그렇지 않으면 적절한 거리에 도달하는 화분의 비율이 매우 낮게 된다. 대부분의 풍매수분 식물들의 화분은 대개 100 m 이내의 거리를 이동한다. 이는 곤충이나 새 또는 다른 동물들에 의해 화분이 이동하는 거리보다는 상대적으로 짧은 거리이다.

꽃과 수분매개 동물은 공동 진화하였다

수분매개자들이 속씨식물의 꽃을 방문하여 식물에서 식물로 화분

그림 35.19 호박벌에 의한 수분.
호박벌(*Bombus*종)이 꿀을 수집하는 동안 화분이 벌의 몸통에 들러붙는다. 화분은 벌이 다른 꽃을 방문할 때 효과적으로 이동된다.

그림 35.20 벌새와 꽃.
넓은 꼬리 벌새(*Selasphorus platycercus*)가 미국 콜로라도주 록키마운틴 국립공원의 붉은 샐비어(*Salvia*종)에서 꿀을 취한다. 새의 부리에 붙은 화분을 주목해 보자. 이런 종류의 벌새들은 자신의 부리 길이와 비슷한 길고 구부러진 꽃에서 꿀을 취한다.

을 옮겨주는 것은 이들의 진화적인 성공에 중요한 역할을 하였다. 초기의 속씨식물과 아마 이들의 조상들도 충매수분(insect-pollinated)을 했다는 것이 분명해 보이며, 곤충과 식물의 공동 진화는 이들의 1억 년이 넘는 진화 과정에서 매우 중요한 일이었다. 이러한 상호작용은 꽃의 특화 정도를 높이는 데 중요하게 작용하였으며, 꽃이 더 특화될수록 꽃과 곤충이나 다른 동물들과의 관계도 좀 더 특화되었다.

꿀벌

충매수분을 하는 속씨식물 중 가장 많은 종류가 벌에 의해 수분된다(**그림 35.19**). 대부분의 곤충과 마찬가지로 벌은 처음에는 냄새로 음식을 찾고, 다음에는 꽃의 모양, 색깔, 질감으로 꽃을 향하게 된다.

벌들이 특징적으로 찾는 꽃들은 흔히 푸른색이나 노란색이다. 이러한 꽃들은 화밀(nectar)이 있는 쪽으로 점이나 줄무늬 등이 있는데, 화밀은 흔히 꽃의 특수화된 부위에 존재한다. 어떤 벌들은 화밀을 수집하여 성숙한 벌이나 유충의 먹이로 이용한다. 대략 20,000여 종의 벌들이 꽃을 방문하여 화분을 얻는데, 화분은 발생 중인 유충에서 양분으로 이용된다.

사회적(social) 또는 어느 정도 사회적(semisocial) 생활을 하는 벌들과 다른 벌들의 둥지에서 기생하는 약 1000여 종의 벌들을 제외하고, 대부분의 벌 종들은(약 18,000종) 독립적으로 생활한다. 온대지방에서 독립적으로 생활하는 벌들은 1년에 한 세대만을 생산한다. 그리고 이들이 성숙한 벌로서 활동하는 시기는 1년 중 몇 주밖에 되지 않는다.

독립적 벌들은 종종 그들의 유충 시기의 먹이로 특정 식물류의 꽃만을 이용한다. 이러한 꽃과 벌 사이의 고도의 지속적 관계는 시간이 흐르면서 꽃과 벌 모두에게 약간의 변형이 일어나게 해준다. 예를 들어, 하루 중 꽃이 개화하는 시간은 벌이 나타나는 시간과 관련이 있고, 벌의 입 부분은 관으로 된 꽃에 적합하도록 변형되었으며, 벌의 화분 수집 장비는 자신들이 방문하는 식물의 꽃밥에 적합하도록 적응되었다. 이러한 관계가 정립되고 나면 꽃에게는 수분 그리고 벌에게는 지속적인 먹이 제공이라는 두 생물체 간의 "특수한" 효율적인 기작이 제공된다.

벌 이외의 수분 매개 곤충

벌 이외에 꽃을 방문하는 곤충 중에 일부 곤충은 특별히 주목할 만하다. 나비가 주기적으로 방문하는 패랭이꽃은 나비가 편히 앉게 하기 위한 평평한 "착륙 플랫폼(landing platform)"을 가지고 있다. 이들은 꿀로 채워진 가늘고 긴 튜브를 지니고 있는데, 이것은 나비류와 나방류들이 속한 인시류(Lepidoptera) 곤충들의 긴 나선상의 주둥이에 적합한 구조이다.

흰독말풀(*Dotura stramonium*), 달맞이꽃(*Oenothera biennis*) 등과 같이 나방(moth)들이 방문하는 꽃들은 대개 흰색, 노란색 등 연한 색이며, 향이 진하고, 밤에도 쉽게 꽃을 찾을 수 있다.

새

몇 가지 흥미로운 식물군은 새들에 의해 수분이 되는데, 이러한 새들에는 북미와 남미의 벌새(humming birds)와 아프리카의 태양조(sunbirds)가 있다(**그림 35.20**). 이러한 식물은 새들이 자신들이 충족할 만큼의 먹이를 찾지 못하면 방문을 중단하기 때문에 많은 양의 화분을 만들어야만 한다. 그러나 곤충에 의해 수분되는 꽃들은 많은 양의 꿀을 생산할 필요가 없는데, 그 이유는 한 마리의 곤충이 자신이 필요한 만큼의 에너지를 1개의 꽃에서 충분히 얻을 수 있으면 다른

a. *b.*

그림 35.21 벌이 꽃을 보는 방식.
a. 페루산 달맞이꽃(*Ludwigia peruviana*)은 정상의 빛에서는 꽃이 노랗게 보이지만, ***b.*** 자외선만을 선택적으로 투과시켜서 보면 다르게 보인다. 꽃잎의 바깥 부위는 노란색과 자외선을 모두 반사하여 소위 '벌의 보라색(bee's purple)'으로 보인다. 꽃의 중앙 부위는 노란색만을 반사하므로 어두운 색으로 나타난다. 벌에게 이 꽃은 중앙이 뚜렷한 과녁 모양을 가진 꽃으로 보인다.

꽃을 방문하지 않으므로 효과적으로 타가수분(cross-pollination)을 할 수 없기 때문이다. 이러한 차별적 선택압들이 어떻게 벌새와 태양소에 특화된 꽃에서 균형을 이루게 되는 것일까?

이에 대한 대답은 꽃 색깔의 진화에 있다. 자외선은 곤충에게 잘 보인다. 7장의 광합성에서 설명한 노란 오렌지색의 카로티노이드(carotenoid)는 해바라기와 겨자 등을 포함한 많은 꽃들의 색깔에 관여한다. 카로티노이드는 노란색과 자외선을 모두 반사하는데, 이러한 결합은 소위 '벌의 보라색(bee's purple)'이라는 특이한 색이 된다. 이러한 노란색 꽃의 특이한 생김새는 일반적으로 사람에게는 잘 보이지 않지만 벌이나 다른 곤충들에게는 잘 보이는데(**그림 35.21**), 이는 과녁(bull's eye)이나 활주로(landing stripe) 모양으로 보이는 것 같다.

이와는 대조적으로 붉은색은 대부분의 곤충에게 특이한 색으로 보이지 않지만, 새에게는 매우 잘 보이는 색이다. 대부분의 곤충에게 포인세티아(poinsettias) 위쪽의 붉은색 잎은 다른 초록색 잎과 마찬가지로 보인다. 결과적으로 꽃이 많은 양의 꿀을 생산하여 벌새는 유인하지만, 곤충은 이 식물을 그냥 지나쳐 간다. 따라서 붉은색은 벌새들에게 많은 양의 꿀이 있는 것을 알리고, 곤충에게는 눈에 띄지 않게 만든다. 과실의 붉은색도 새에게 잘 보이므로 종자의 이동에 기여한다(25장 참조).

다른 매개 동물

박쥐나 작은 설치류 동물들도 수분을 매개한다. 이러한 수분을 위한 신호들도 종특이적이다. 예를 들면, 소노란(Sonoran) 사막의 사

그림 35.22 자작나무(*Betula*종)의 수꽃과 암꽃.
자작나무는 자웅동주 식물이다. 수꽃은 밑으로 길게 늘어진 노란 수꽃대(tassel)를 가지고 있으며, 암꽃은 작고 노란 솔방울과 같은 것들이 송이 형태로 있다.

그림 35.23 풍매수분 식물.
매우 가느다란 수술대(화사)에 달려서 흔들거리는 큰 노란 꽃밥들은 바람에 의해 화분을 산포시킨다. 후에 이 꽃들은 바람에 의해 날리는 화분을 잘 받을 수 있도록 긴 털 같은 암술머리를 가진 암꽃이 된다. 많은 초본류들은 이와 같이 자웅이숙이다.

와로 선인장(*Carnegeia gigantea*)은 새와 곤충뿐만 아니라 밤에 꿀을 찾아 방문하는 박쥐, 새, 곤충 등에 의해서도 수분이 된다.

이러한 동물들은 또한 수분으로 생성되는 종자나 과실이 확산되는 것을 돕기도 한다. 원숭이들은 오렌지색이나 노란색에 끌리므로 이들의 습성은 이런 색의 과실을 가진 식물을 퍼뜨리는 데 효과적이다.

어떤 현화식물은 풍매수분을 이용한다

속씨식물 중 많은 그룹이 풍매수분을 하는데, 이들은 대부분 초기 속씨식물의 특징을 지니고 있다. 이러한 식물들로는 떡갈나무류, 자작나무류, 미루나무류, 초본류, 사초과 식물들, 쐐기풀류 등이 있다. 이러한 식물들의 특징은 꽃이 작고 초록색을 띠며, 향기가 없고, 화관(corolla)이 작거나 없다는 것이다(**그림 35.22, 35.23**). 이러한 식물에서는 많은 꽃들이 뭉친 수꽃대(tassel)가 늘어져 있으면서 바람에 흔들리며 화분을 자유롭게 흩날린다.

풍매수분 식물은 수꽃(웅화)을 지닌 개체들과 암꽃(자화)을 지닌 개체들이 서로 떨어져 있거나, 한 개체에 있어도 수꽃과 암꽃이 물리적으로 떨어져 있는 것들이 많다. 옥수수가 좋은 예로, 화분을 생산하는 수꽃대는 꼭대기 끝에 위치하며, 암술을 가진 암꽃은 곁가지 밑에 위치한다. 화분을 생성하는 꽃과 밑씨를 가진 꽃이 위치적으로 떨어져 있는 것은 한 꽃의 화분이 다른 꽃에 도달하여 수정이 이루어지게 되어 발생하는 타가수분의 기회를 증가시키려는 전략이다. 일부 풍매수분 식물, 특히 나무나 관목과 같은 식물들은 잎이 나오기 전인 봄에 개화하는데, 이는 잎에 의해 풍매수분이 방해받는 것을 피하기 위한 전략이다. 풍매수분 식물은 자신들의 생존을 위해 수분매개자를 필요로 하지 않는데, 이것은 식물의 또 다른 생존 전략이다.

자가수분은 안정된 환경에서 유리하다

지금까지 타가수분의 예들을 설명하였는데, 이러한 타가수분은 식물과 일부 진핵생물에게 유리한 기작이다. 그럼에도 불구하고 속씨식물 중에서 자가수분을 하는 식물이 있는데, 특히 온대지방에는 이러한 식물이 많이 있다. 대부분의 자가수분 식물은 작고, 상대적으로 눈에 안 띄는 꽃을 가지고 있으며, 때때로 꽃봉오리가 펴지기 전에도 화분을 직접 자신의 암술머리에 뿌린다.

타가수분이 식물과 동물의 생존에 중요한 유전적 기작이라면, 왜 많은 식물들이 자가수분을 하는 것일까 하는 의문이 생긴다. 생물학자들은 자가수분을 하는 속씨식물들이 많은 데 대하여 다음과 같은 2가지 이유를 들고 있다.

1. 자가수분은 특정 상황에서 생태적인 이점이 있는데, 이는 자가수분에서는 종자를 생산하기 위해 동물이 방문할 필요가 없다는 것이다. 결과적으로, 자가수분 식물은 수분매개자를 유인하는 데 드는 에너지를 절약할 수 있으며, 극지방이나 고도가 매우 높은 지방과 같이 곤충 등의 동물이 없거나 매우 적은 지역에서도 자랄 수 있다.

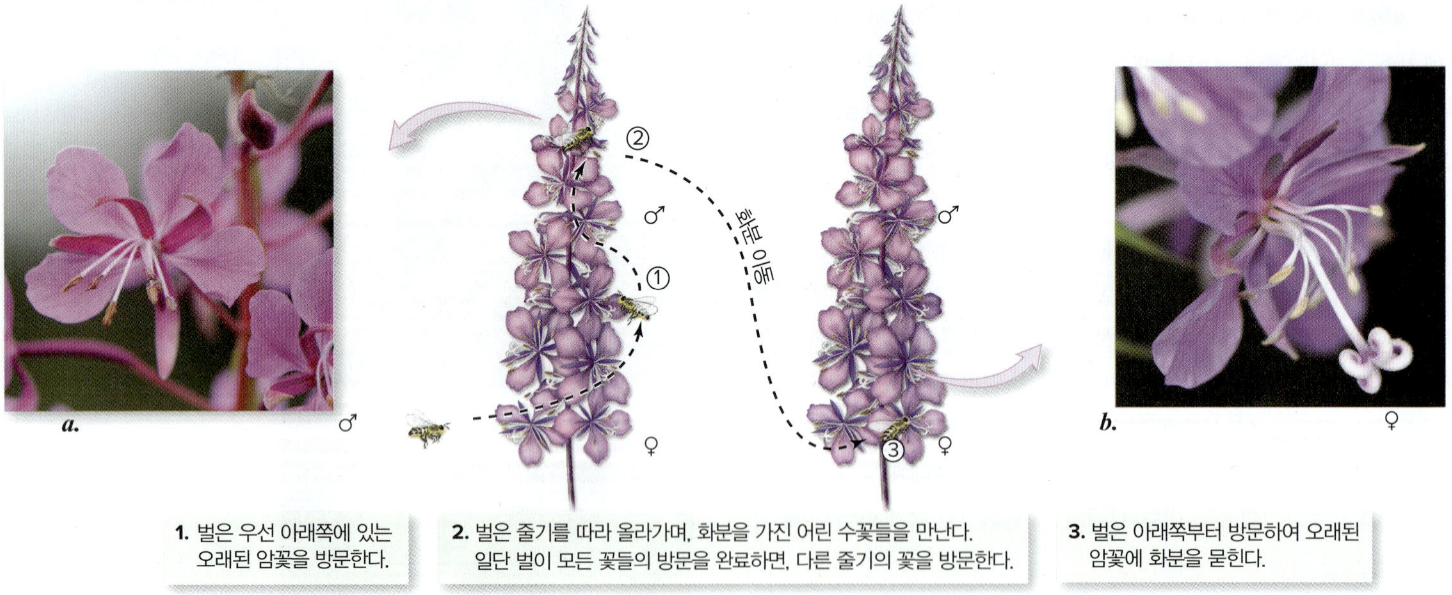

그림 35.24 분홍바늘꽃(*Epilobium angustifolium*)의 자웅이숙.

타가수분 식물인 분홍바늘꽃은 약 200여 년 전인 1790년대에 수분 과정이 밝혀진 첫 번째 식물이었다. 첫째, 꽃밥에서 화분이 떨어져 나오면 암술대가 수술 위로 신장하고, 4개의 암술머리 열편(lobes)이 구부러지면서 화분을 받을 수 있도록 한다. 결과적으로 꽃은 처음에는 기능적으로는 수꽃이고, 2일 뒤에는 암꽃이 된다. 꽃은 연속적으로 줄기를 따라서 피는데, 맨 아래부터 먼저 피고 먼저 화분을 받음으로써 타가수분이 조장된다. 줄기를 따라 위로 올라가며 벌은 화분을 분리하는 수꽃의 꽃밥을 만나 몸에 화분이 묻게 되며, 그들이 방문하게 되는 아래쪽에 있는 암꽃에 수분을 시킨다. ***a***는 수꽃이며, ***b***는 암꽃이다.

2. 유전적인 조건을 살펴볼 때 자가수분 식물은 타가수분 식물에 비해 유전적으로 더 균일한 자손을 생산할 수 있다. 10장에서 설명한 것 같이, 감수분열에서 재조합(recombination)이 일어나기 때문에 자손들은 부모와 유전적으로 동일하지 않다는 것을 생각해 보면, 자가수분 자손들은 특정 서식지(habitat)에 잘 적응한 개체들로 이루어져 있는 셈이다.

타가수분 식물이 자가수분을 하면 많은 수의 잘못 적응된(ill-adapted) 개체들이 만들어질 수 있는데, 그 이유는 자가수분에 의한 열성 대립유전자(recessive allele)들의 조합을 가지기 때문이다. 그러나 이러한 조합 중 어떤 것들은 특정 서식지에서는 오히려 이점이 되는 경우도 있는데, 이런 서식지에서는 식물이 계속해서 자가수분을 하는 것이 유리하다.

몇가지 진화적 전략은 타가수분을 촉진한다

앞에서 살펴본 것처럼 타가수분은 일부 예외적인 경우를 제외하면 모든 진핵생물의 적응과 진화에 매우 중요하다. 보통 꽃들은 수술과 암술을 같이 가지고 있어서 자가수분의 기회가 많다. 따라서 타가수분의 효율을 높이는 일반적인 전략은 암술과 수술을 서로 분리하는 것이나, 다른 전략으로는 자가불화합성(self-incompatibility)으로 자가수분을 억제하는 것이다.

시간 또는 공간적으로 분리되는 암 · 수 구조

버드나무나 뽕나무와 같은 많은 식물에서 암꽃과 수꽃은 다른 개체에서 핀다. 이렇게 암꽃과 수꽃이 서로 다른 식물에 있는 경우를 **자웅이주**(dioecious)라고 하는데, 이는 "두 집(two houses)"을 의미한다. 자웅이주 식물은 절대로 자가수분을 할 수 없어서 전적으로 타가수분에만 의지해야 한다. 이와는 달리 떡갈나무, 자작나무, 옥수수, 호박 등과 같은 식물은 한 식물체 내에서 암꽃과 수꽃이 따로 피는데, 이러한 식물들을 **자웅동주**(monoecious)라고 하며, 이는 "한 집(one house)"을 의미한다(**그림 35.22**). 자웅동주 식물에서 수꽃과 암꽃이 다른 시간대에 피기도 하는데, 이와 같은 시간의 격리는 타가수분의 가능성을 높여준다.

보통의 경우와 같이, 기능성 암술과 수술이 모두 특정 식물 종의 꽃에 존재하지만 이들이 성숙 시기를 달리하기도 하는데, 이런 식물들을 **자웅이숙**(dichogamous)이라고 한다. 암술의 암술머리가 성숙하여 화분을 받아들일 수 있기 전에 수술이 먼저 성숙하여 화분을 뿌리면 이 꽃은 이때 수꽃으로 작용한다. 수술이 화분 뿌리기를 완료하고, 암술머리가 성숙하여 화분을 받아들이면 이 꽃은 암꽃으로 작용하게 된다(**그림 35.24**; **그림 35.23** 참조). 이렇게 암술과 수술의 성숙 시기가 다르게 되면 자웅이주와 같은 효과를 가지게 되어 타가수분율이 높아진다.

많은 꽃들은 구조적으로 암술머리와 수술이 서로 접촉되지 않도록 만들어져 있다. 이러한 구조적 배열을 가진 꽃들은 암술머리에 자신의 화분을 받기보다는 다른 꽃의 화분을 받게 되는 경향이 있어 타가수분 확률이 높아지게 된다.

자가불화합성

꽃의 암술머리와 수술이 동시에 성숙할 경우, 속씨식물에 널리 퍼

그림 35.25 유전적 조절에 의한 자가수분 차단.
a. 배우체 자가불화합성은 반수체인 화분의 유전자형에 의해 결정된다. ***b.*** 포자체 자가불화합성은 반수체인 화분의 유전자형이 아니라 화분을 생산한 2배체인 화분친(pollen parent)의 유전자형에 의해 조절된다. 화분은 S_1S_2 화분친에 의해 생산된 단백질을 가지고 있다. 두 경우 모두 화분과 암술머리의 인식은 많은 대립유전자를 가진 *S* 유전자 자리에 달려 있다. *S* 유전자에 아래 첨자로 나타낸 숫자는 *S* 대립유전자형을 나타낸다. 배우체 자가불화합성에서는 화분관이 신장된 후 멈추게 되며, 포자체 자가불화합성에서는 화분관이 발아되지 않는다.

그림 35.26 화분관의 형성과 중복수정.
화분이 암술머리에 도달하면 화분관세포가 화분관을 형성하면서 배낭을 향하여 신장한다. 화분관이 신장하는 동안 생식세포는 분열하여 2개의 정세포를 만든다. 화분관이 배낭에 도달하면, 화분관은 조세포 중 하나로 들어가서 정세포가 방출된다. 중복수정이라고 부르는 과정에서 정세포 중 하나는 난세포와 결합하여 배아($2n$)를 형성하고, 다른 하나의 정세포는 2개의 극핵들과 결합하여 3배체($3n$)의 배젖을 형성한다.

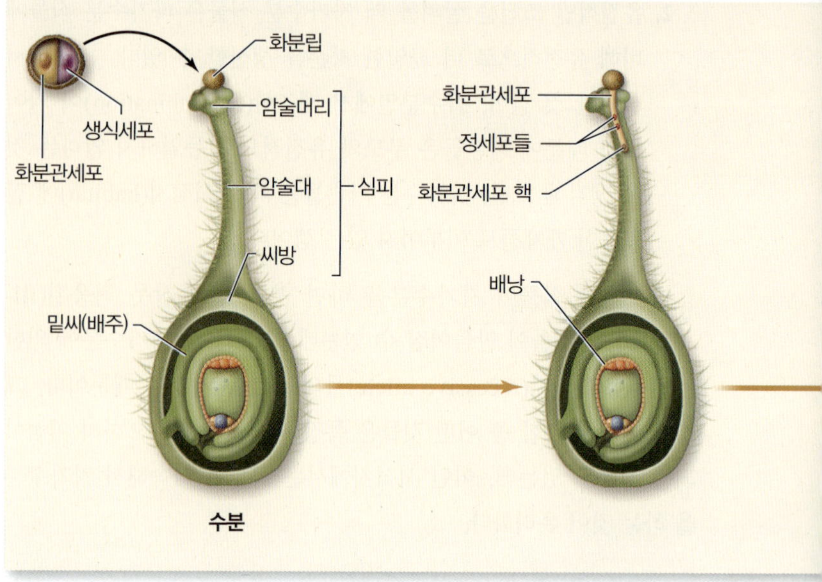

져 있는 유전적 **자가불화합성**(self-incompatibility)은 타가수분을 높인다. 자가불화합성은 유전적으로 관련이 있는 화분이 암술머리에 도달하여 수분이 되었을 때 화분관의 신장을 중단시키는 것이다(**그림 35.25**).

자가불화합성은 *S*(self-incompatibility) 유전자 자리에 의해 조절되는데, *S* 유전자 자리의 많은 대립유전자들이 화분과 암술머리 사이의 인식 반응의 조절에 관여한다. 자가불화합성에는 배우체 자가불화합성과 포자체 자가불화합성의 2가지 유형이 있다. **배우체 자가불화합성**(gametophytic self-incompatibility)은 반수체인 화분의 *S* 유전자 자리와 2배체인 암술머리의 *S* 유전자 자리의 관계에 의해 결정된다. 암술머리에 있는 *S* 유전자의 두 대립유전자 중 하나라도 화분의 *S* 유전자의 대립유전자와 일치하면, 화분관 신장이 배낭에 도달하기 전에 정지하게 되다. 페튜니아(petunias)는 배우체 자가불화합성을 나타낸다.

포자체 자가불화합성(sporophytic self-incompatibility)은 브로콜리에서 볼 수 있는데, 화분의 *S* 대립유전자가 아니라 화분친(pollen parent)의 2개의 *S* 대립유전자들이 중요하게 작용한다. 암술머리의 대립유전자들이 화분친의 대립유전자 2개 중 어느 하나라도 일치하면, 반수체의 화분은 발아하지 않게 된다.

화분 인식(pollen-recognition) 기작은 겉씨식물의 한 공통 조상으로부터 유래하였을 가능성이 있는데, 석탄기의 화분 화석은 겉씨식물의 화분 인식 시스템이 고도로 진화된 것이라는 가설을 뒷받침해 준다.

속씨식물은 중복수정을 한다

속씨식물의 수정은 복잡하고 어느 정도 비정상적인 과정으로 25장에서 설명한 것과 같이 2개의 정세포가 중복수정(double fertilization)이라고 부르는 특이한 과정에 필요하다. 중복수정은 2가지 중요한 발생을 유발하는데, (1) 난자의 수정과 (2) 배아에 영양분을 공급하는 영양물질로 구성된 배젖(endosperm)의 형성이 그것이다.

하나의 화분립이 바람이나 동물 등에 의해 수분되거나 또는 자가수분되어 암술머리를 둘러싸고 있는 끈적끈적한 당분 물질에 닿으면, 암술대를 통하여 화분관(pollen tube)이 신장하게 된다(**그림 35.26**). 화분관은 당분 물질에 의해 영양분을 공급받으면서 씨방의 밑씨(ovule)에 도달할 때까지 신장한다. 화분관이 신장하는 동안 화분립 내의 생식세포는 분열하여 2개의 정세포를 만든다.

화분관이 신장하여 밑씨의 배낭에 도달하여 들어가면 난세포 옆에 있는 핵 중 하나는 퇴화하고 화분관이 그 세포로 들어간다. 화분관의 끝이 터지면서 2개의 정세포가 방출되는데, 그중 하나는 난세포와 수정을 하여 접합자(zygote)를 생성하며, 다른 정세포는 배낭의 중앙에 위치한 2개의 극핵과 결합하여 3배체($3x$)의 배젖핵을 형성한다. 이러한 1차적 배젖핵은 배젖으로 발전하여 양분 공급원이 된다.

수정이 끝나고 배아는 여러 번의 세포분열을 거치며 발달하면서 보호조직이 배아를 둘러싸 종자(seed)가 형성된다. 종자는 또 다른 조직에 싸여서 과실이 만들어지는데, 이러한 속씨식물의 전형적인 구조는 유전적 다양성의 유지를 위해 장거리로 종자를 퍼뜨리기 위한 수단으로 진화된 것이다.

핵심 요약 35.4

자가수분은 수분매개자가 없거나 식물이 안정적인 환경에 적응했을 때 이점이 있으며, 균일한 자손 생산에 유리하다. 타가수분을 촉진하는 기작에는 분리된 수꽃과 암꽃의 생성, 암꽃과 다른 시간대에 성숙하는 수꽃, 그리고 유전적으로 조절되는 자가불화합성이 있다. 중복수정은 2배체인 배아와 3배체인 영양을 공급하는 배젖을 생성한다.

■ 자가수분 식물의 자손이 왜 모두 동일하지 않은지 설명해 보자.

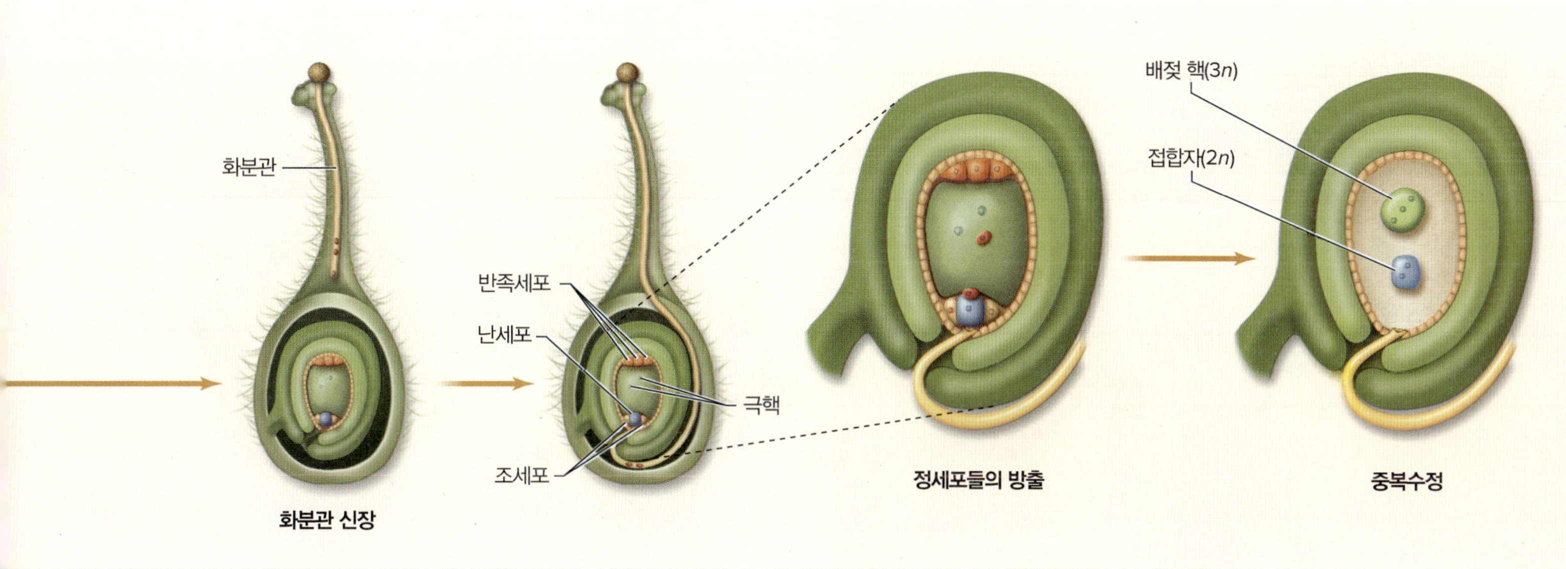

35.5 배아 발생

학습 목표

1. 배아 발생 과정에서 확립된 식물체의 2개의 축에 대해 설명할 수 있다.
2. 배아에서 발생하는 3가지 조직 시스템에 대해 설명할 수 있다.
3. 종자 발생에 필요한 3가지 중요한 사건에 대해 서술할 수 있다.

배아 발생은 난세포가 수정되면 시작된다. 25장에서 설명한 것과 같이, 화분립에서 성장하는 화분관은 1개의 조세포를 통하여 속씨식물 배낭에 들어가서 2개의 정세포를 방출한다(**그림 35.26**). 1개의 정세포는 극핵을 가지는 중앙 세포와 수정하고, 그 결과로 세포분열을 통해 배아를 위한 양분 공급원인 **배젖**(endosperm)을 생성한다. 다른 1개의 정세포는 난자와 수정하여 접합자를 생성하고, 이어서 세포분열이 일어나서 **배아**(embryo)를 만든다.

접합자의 분열을 통해 3차원적 체제가 형성된다

속씨식물에서 접합자(수정란)는 첫 번째 분열을 해서 비대칭적인 2개의 다른 운명을 가질 세포를 생성한다(**그림 35.27**). 한 딸세포는 작고 조밀한 세포질을 가지며 배아가 될 운명으로, 서로 다른 면에서 반복적으로 분열을 시작하여 구형 세포 덩어리를 형성한다. 좀 더 큰 또 다른 딸세포는 분열을 반복해서 **배병**(suspensor)이라는 긴 구조체를 형성하는데, 이는 배아와 종자의 영양 조직을 연결한다. 배병은 또한 발달하고 있는 배아에 영양분이 도달할 수 있는 경로를 제공한다. 이때 뿌리-슈트 축도 생성되는데, 배병 주변 세포는 뿌리를 형성하고 축의 다른 끝에 위치한 세포는 궁극적으로 슈트가 된다.

식물 배아 발달에서 비대칭성을 확립하는 기작을 연구하는 것은 어렵다. 그 이유는 접합자가 포자체 조직(밑씨와 심피 조직)에 둘러싸인 암컷 접합체 내에 박혀 있기 때문이다. 첫 번째 접합자의 비대칭적 분열을 세포 생물학적으로 이해하기 위하여 생물학자들은 갈조류인 푸쿠스(*Fucus*)를 연구하였다. 하지만 갈조류와 속씨식물의 마지막 공통 조상은 단세포 생물체였기 때문에 갈조류로부터 속씨식물의 비대칭적 분열에 대해 너무 많이 추론하는 것은 주의해야 한다. 그럼에도 불구하고, 비대칭적 분열은 훨씬 이전으로 확장할 수 있는데, 원핵생물조차도 비대칭적 분열을 할 수 있었다.

푸쿠스에서의 접합자 발생

갈조류인 푸쿠스에서 난자는 수정 전에 방출되어 접합자를 둘러싸는 여분의 조직이 없으므로 발생 과정을 관찰하기가 용이하다. 접합자의 한쪽 측면에서 발생하는 돌출부는 수직축을 형성하는데 세포분열이 일어나면서 원래의 돌출 부위는 좀 더 작은 2개의 딸세포가 된다. 좀 더 작은 세포는 조류를 고정시키는 헛뿌리(rhizoid)로 발달하고, 좀 더 큰 세포는 포자체의 주요 몸체 또는 엽상체(thallus)로 발달한다(**그림 35.28**).

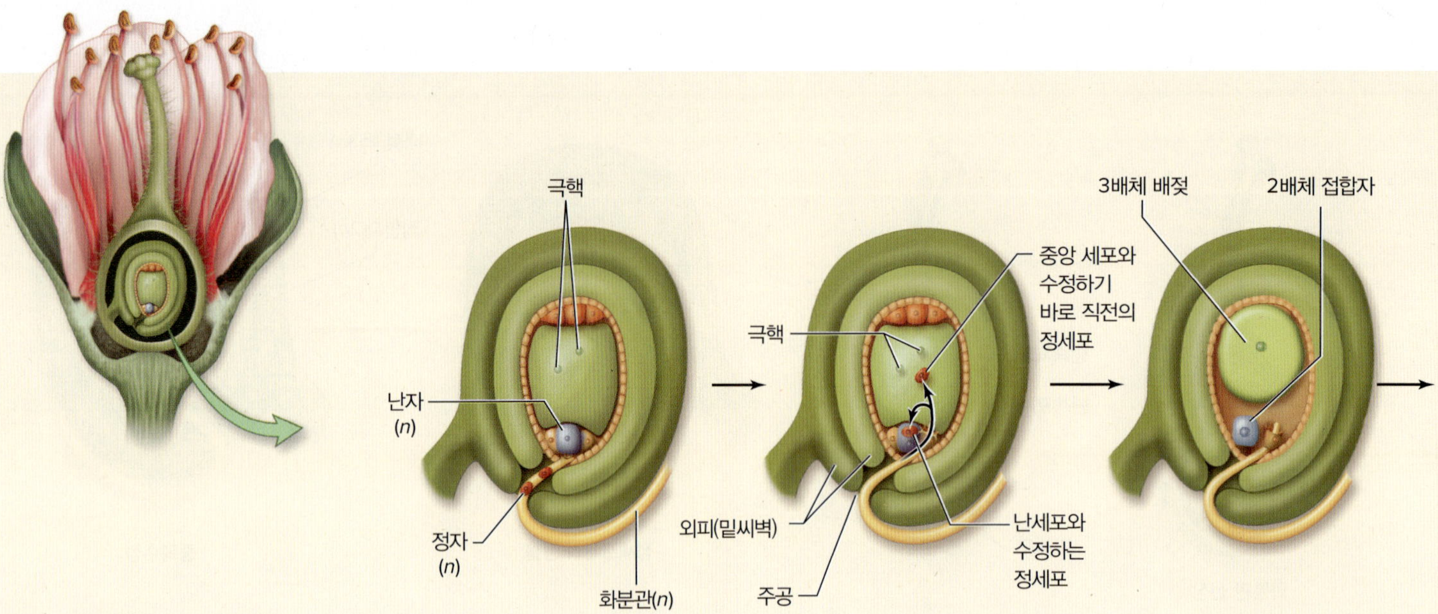

그림 35.27 속씨식물 배아의 발생 단계.
첫 번째 세포분열이 비대칭적이다. 분화는 수정 후 거의 즉시 시작한다.

속씨식물에서의 비대칭성 확립

유전적 접근을 통해 속씨식물에서의 비대칭적 발생을 연구하는 것이 가능하다. 돌연변이체에 대한 연구를 통해 발생 과정에서 무엇이 잘못되었는지를 알게 되어 종종 정상적인 발생 기작을 유추할 수 있게 한다. 예를 들어, 애기장대(*Arabidopsis thaliana*)의 배병 돌연변이체는 배아가 비정상적으로 발달하여 배병에서 배아와 유사한 발생이 일어난다(**그림 35.29**). 이런 돌연변이체를 분석하여 배아가 존재함으로써 배병이 2차적인 배아로 발달하는 것을 억제한다는 결론에 도달하였다.

간단한 체제가 배아 발생 동안 나타난다

식물에서 3차원적인 모양과 형태는 세포분열의 양과 패턴을 조절해서 만든다. 앞에서 어떻게 수직축(뿌리-슈트 축)이 아주 초기 단계에서 확립되는지에 대해서 설명하였는데, 방사상 축(내부-외부 축) 확립도 동일하다. 첫 번째 세포분열에서 한 줄의 세포가 생성되지만, 곧 세포들은 다른 방향으로 분열하여 세포로 속이 꽉 찬 3차원적인 구형을 만든다. 뿌리-슈트 축은 세포가 분열하면서 길어지고, 새로운 세포벽은 뿌리-슈트 축에 수직으로 형성되며, 뿌리-슈트 축을 따라서 새로운 세포가 쌓인다.

그림 35.28 푸쿠스 접합자의 비대칭적 세포분열.
접합자에서 물질이 균등하지 않게 분포되면 첫 번째 세포분열이 일어날 곳이 돌출하게 된다. 그 결과 작은 세포는 분열하여 조류를 고정시키는 헛뿌리를 생성하고, 큰 세포는 분열하여 조류의 몸체 또는 엽상체를 형성한다. 정자가 진입하는 지점이 작은 헛뿌리 세포가 형성될 위치를 결정하지만, 빛과 중력은 이를 수정하여 갈조류를 고정시킬 수 있는 곳에서 헛뿌리가 아래쪽을 향하도록 한다. 칼슘이 매개된 전류를 통해 전하를 띤 분자들의 내부 기울기가 설정되면 이는 헛뿌리가 형성될 세포벽을 약화시킨다. 이렇게 생성된 2개 세포의 운명은 세포벽 성분에 의해서 "기억 속에" 유지된다.

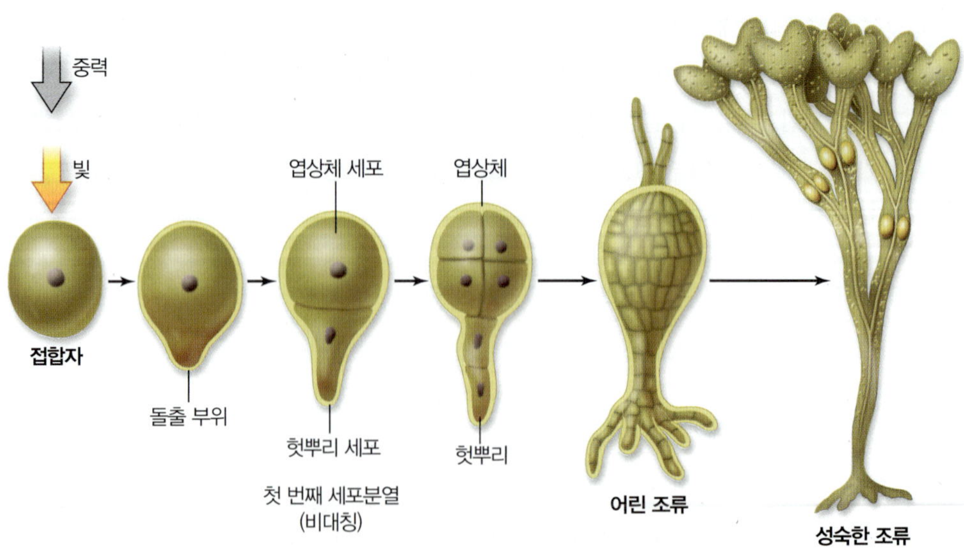

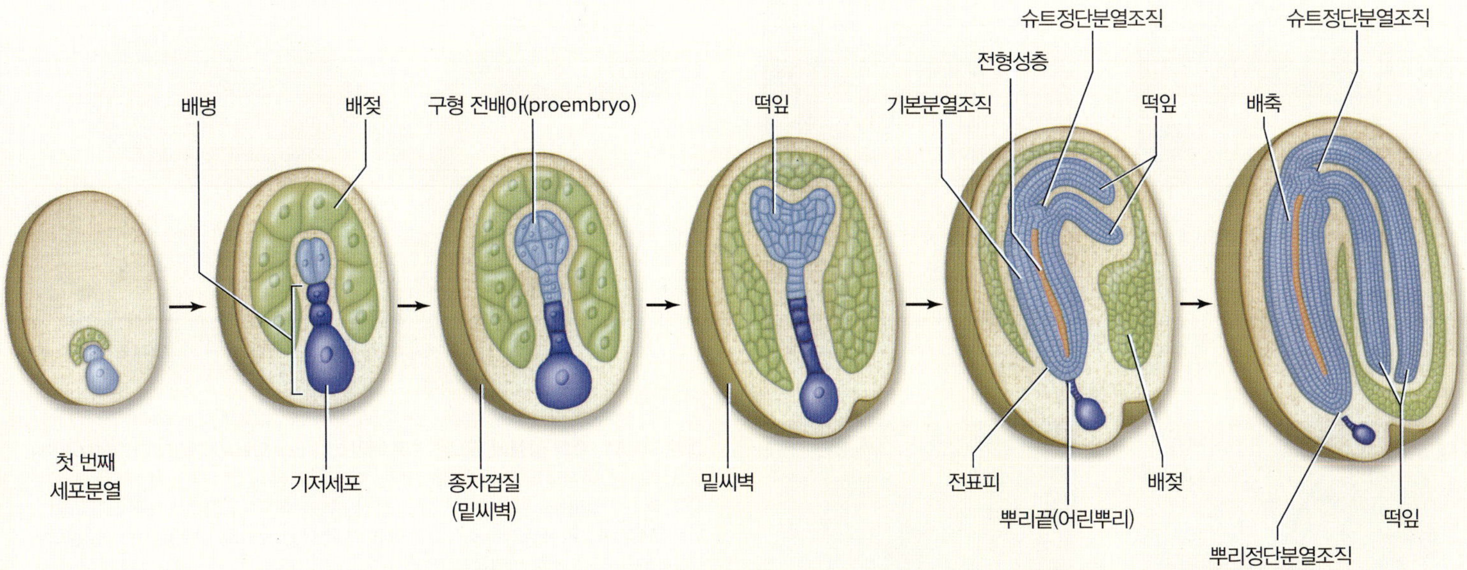

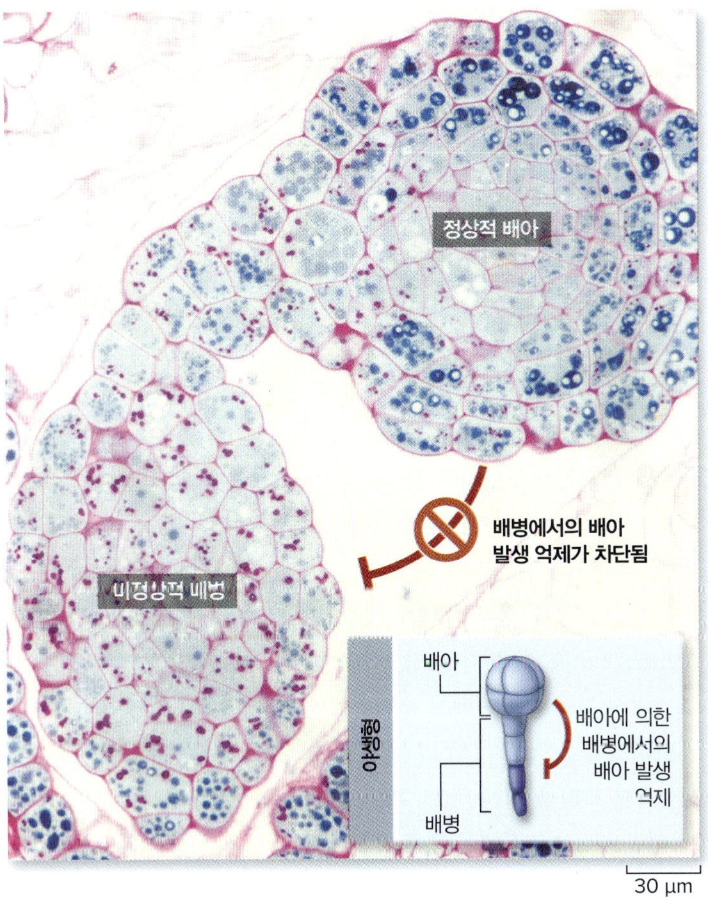

그림 35.29 배아에 의한 배병의 2차적 배아로의 발달 억제. 이 애기장대의 배병 돌연변이체(*sus*)는 배아 발생에 결함이 있다. 배아 발생이 중단되어 배병에서 배아와 유사한 발생이 일어난다. *SUS* 단백질이 배병세포에서의 배아 발생을 억제하는 데 필요하다.

적절한 3차원적인 모양을 유지하기 위해서는 초기 발달에서 세포가 방사상 평면의 2방향으로 분열해야만 한다. **그림 35.30**은 생겨나고 있는 식물의 체제(body plan)이다. 뿌리와 슈트의 끝에 있으며 세포가 왕성하게 분열하는 정단분열조직은 구형 단계에서 뿌리-슈트 축을 만들고, 이로부터 3개의 기본적 조직인 **표피**(dermal) **조직**, **기본**(ground) **조직**, **관다발**(vascular) **조직**이 만들어진다(30장 참조). 이러한 조직은 뿌리-줄기 축을 중심으로 방사 형태로 구성된다.

자료 분석 애기장대의 배병이 아닌 배아만을 여러 다른 평면으로 나누고 광학현미경으로 보았더니, 128개의 세포가 있는 것이 관찰되었다. 첫 번째 세포분열을 통해 배아와 배병이 확립된 후에 만약 배아 세포가 동일한 속도로 분열한다면 세포분열은 동시에 몇 번이나 일어났겠는가?

뿌리와 슈트 형성

슈트와 뿌리는 모두 정단분열조직이지만 이들이 형성되는 것은 독립적으로 조절된다. 애기장대에서 줄기가 형성되기 위해서는 슈트메리스템레스(*SHOOTMERISTEMLESS*, *STM*) 유전자가 필요하다. STM 단백질을 만들지 못하는 식물은 생존 가능한 슈트를 생성할 수 없지만 뿌리는 생성할 수 있다(**그림 35.31**).

STM 유전자는 호미오박스(homeobox) 영역을 가진 전사인자를 암호화한다. 이 유전자는 동물의 체제를 확립하는 데 중요한 혹스(*Hox*) 유전자와 공통적인 진화적 기원을 갖는다(17장과 WEB4장 참조). 그러나 동물과 비교해서 혹스(*Hox*) 유사 유전자는 식물 체제를

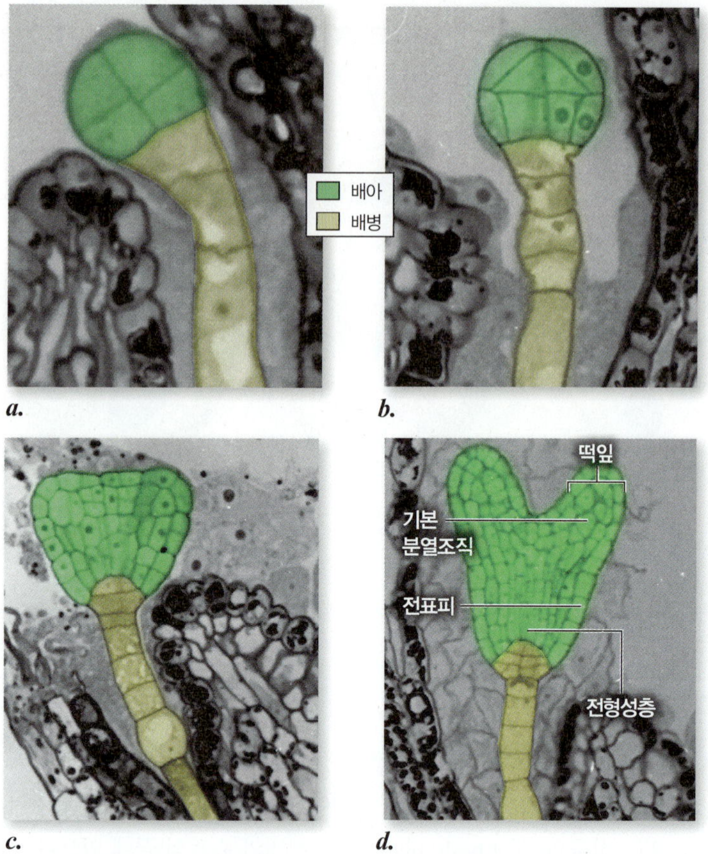

그림 35.30 애기장대의 초기 발생 단계.
a. 초기 세포분열이 배아와 배병을 생성한다. ***b.*** 구형 단계는 뿌리-슈트 축과 방사상 축 모두를 따라 일어나는 세포분열 결과이다. 뿌리와 슈트의 정단분열조직 확립을 포함하는 세포 분화가 이 단계에서 일어난다. ***c, d.*** 심장 모양 단계. 떡잎(종자잎)이 보이기 시작하고, 3가지 조직이 계속 분화한다.

조절하는 데 좀 더 제한적인 역할을 한다. 또 다른 전사인자를 암호화하는 다른 유전자들도 또한 식물의 패턴 형성에 중요한 역할을 한다.

애기장대에서 뿌리가 형성되기 위해서는 호빗(*HOBBIT*) 유전자가 필요하다(**그림 35.32**). 호빗(*hobbit*) 돌연변이체는 슈트분열조직은 만들지만, 뿌리 분열조직은 만들지 않는다. 호빗 뿌리에서 세포분열은 잘못된 방향으로 일어난다. 호빗 돌연변이를 가진 식물에는 식물 호르몬인 옥신(auxin)에 의해서 유도되는 유전자의 생화학적 억제인자가 누적된다. 돌연변이체의 표현형에 근거하면, 호빗 유전자는 옥신 유도 유전자에 대한 억제인자가 생성되는 것을 억제하는 것으로 보인다. 좀 더 간단하게 설명하면, 호빗 단백질은 옥신으로 하여금 뿌리 분열조직을 만들기 위한 정확한 세포분열에 필요한 하나 이상의 유전자 발현을 유도할 수 있게 한다. 옥신은 34장에서 설명한 식물 발생과 기능을 조절하는 8종류의 호르몬 중 하나이다.

? **탐구문제** **그림 35.32*e*에서 돌연변이체가 왜 배아 뿌리를 발생시킬 수 없었는지에 대해 설명하시오.**

그림 35.31 슈트 형성에 필요한 슈트메리스템레스(*SHOOTMERISTEMLESS*). 슈트 특이적 유전자가 뿌리정단분열조직 형성을 지정하지만, 뿌리 발생에는 필요하지 않다. 애기장대의 *stm* 돌연변이체(위쪽 그림)는 정상적인 뿌리 분열조직을 가지고 있지만, 2개의 떡잎 사이의 슈트 분열조직을 생성하는 데는 실패하였다. 비교를 위해 *stm* 돌연변이체 아래에 *STM* 야생형 그림을 넣었다.

옥신이 유전자 발현을 유도하는 한 가지 방법은 전자인사를 활성화시키는 것이다. 모노테로스(*MONOPTEROS*, *MP*) 유전자는 옥신 유도 전사인자(**그림 35.32** 참조)를 암호화하는데, 애기장대의 호빗과 마찬가지로 뿌리 형성에는 필요하지만 줄기 형성에는 필요하지 않다. MP 단백질은 일단 활성화되면 다른 유전자의 프로모터에 결합하여 뿌리 분열조직 형성에 필요한 하나 이상의 유전자의 전사를 유도한다.

? **탐구문제** **MP 단백질이 더 이상 억제인자에 결합할 수 없는 *MP* 유전자 돌연변이를 가진 식물의 표현형을 예측하시오.**

3종류의 조직 형성

1차 분열조직(primary meristem)이라 불리는 3종류의 기본적 조직은 식물 배아가 아직도 구형(구형 단계로 불리며, **그림 35.30** 참조)일 때 분화한다. 식물 배아 발생에는 세포 이동이 없다. **전표피**(protoderm)는 식물 배아의 가장 바깥쪽에 세로로 구성되며 **표피조직**(dermal tissue)이 된다(30장 참조). 이런 세포들은 거의 항상 몸체 표면에 수직인 세포판에서 분열하여 세포의 단일 바깥층을 계속 유지한다. 표피조직은 탈수와 병원균의 공격으로부터 식물을 보호한다. 기체 교환을 쉽게 하고, 수분 상실을 최소화하기 위해서 개폐되는 기공은 표피조직에서 유래한다.

기본분열조직은 궁극적으로 영양분과 수분을 저장하는 **기본조직**(ground tissue) 세포로 구성된 배아 내부의 대부분을 생성한다.

마지막으로 배아 중심의 전형성층은 수분과 영양분 수송을 책임질 미래의 **관다발조직**(vascular tissue)을 생성한다.

그림 35.32 애기장대 배아 뿌리 발생의 유전적 조절.
a. 호빗 단백질은 옥신 반응의 억제인자를 제한하여 옥신 유도 뿌리 발생이 일어나도록 한다. *b.* 모노테로스 단백질은 억제인자가 결합된 상태에서는 전사인자로 작용할 수 없다. 옥신이 모노테로스에서 억제인자를 떼어 내면, 모노테로스가 뿌리 발생 유전자 전사를 활성화시킨다. *c.* 야생형 어린 식물은 배아 발생 중에 정상적인 뿌리 발생이 시작되기 위해서 옥신 유도 유전자가 필요하다. *d.* 호빗(*hobbit*) 돌연변이 어린 식물은 뿌리라기보다는 몽당한 토막을 가지고 있는데, 그 이유는 비정상적인 세포분열이 뿌리 분열조직이 생성되지 못하게 하기 때문이다. *e.* 모노테로스 돌연변이 어린 식물도 또한 뿌리 발생을 할 수 없다.

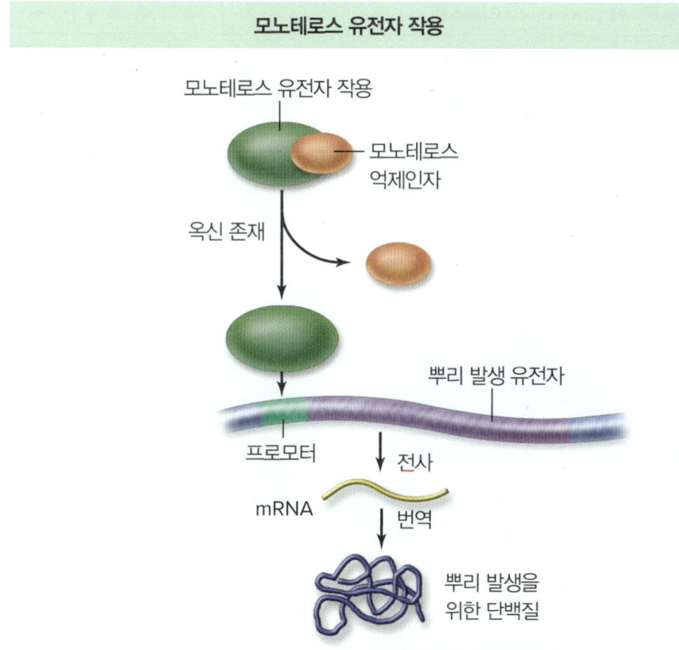

b.

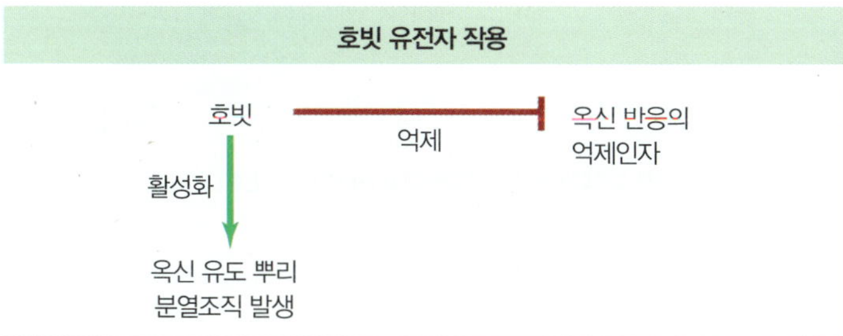

a.

c. *d.* *e.*

그러나 일반적으로 세포의 운명은 배아 특이적 유전자가 발현되지 않는 배아 발생 이후에 좀 더 제한된다. 예를 들면, 애기장대의 리피 코틸리돈(*LEAFY COTYLEDON*) 유전자는 배아 발생 초기와 후기에 활성을 띠고, 배아의 환경을 유지하는 역할을 한다. 16장에서 설명한 DNA 재조합 기술을 사용하여 발생 후기에 이 유전자를 켤 수 있는데, 이 유전자가 켜지면 배아가 잎을 형성할 수 있다.

형태형성

구형 단계에서 한 속씨식물군(**그림 35.30***c*, *d*의 애기장대와 같은 진정쌍떡잎식물)에서는 2개의 돌출 부위를 가진 심장 모양의 배아를 발생하고, 또 다른 속씨식물군(외떡잎식물)에서는 한쪽 측면에 1개의 돌출 부위를 가진 하나의 구형 배아를 발생시킨다. 이러한 돌출 부위는 **떡잎**(cotyledons, "첫 번째 잎")으로 배아 세포에 의해 생성되며, 구형 단계 동안 생성되기 시작하는 뿌리정단분열조직에서는 생성되지 않는다. 이런 과정을 형태형성(형태 발생)이라 부르며, 이는 세포분열의 방향(면)과 속도 변화에서 비롯된 것이다(**그림 35.34** 참조).

식물 몸체의 형태는 주로 세포가 분열하는 평면에 의해서 결정된다. 또한 세포가 형성된 후에는 팽압이 세포를 팽창시키는 것과 같이 세포 모양의 변화에 의해서도 조절된다(**그림 35.33**). 세포판의 위치가 세포분열 방향을 결정하고, 미세소관과 액틴 모두가 세포판의 위치를 정하는 역할을 한다. 식물 호르몬과 다른 요인들이 원형질막 내부의 미세소관 다발의 방향성에 영향을 미친다. 또 이러한 미세소관은 새로운 세포의 바깥쪽에 세포벽이 형성됨에 따라 세포벽에 셀룰

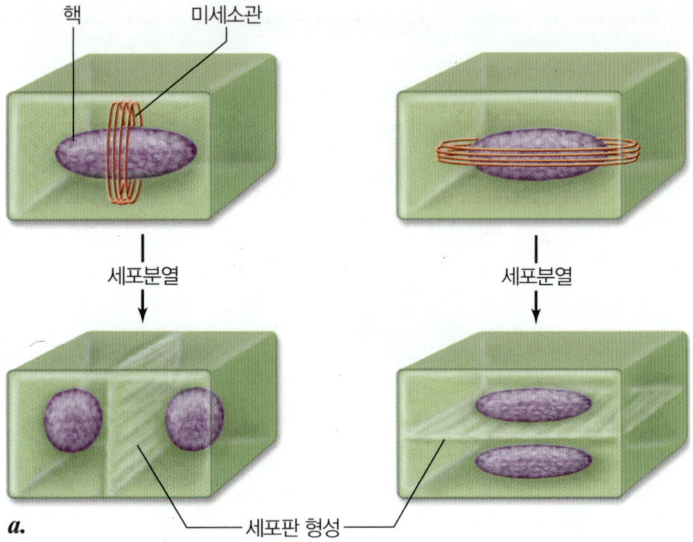

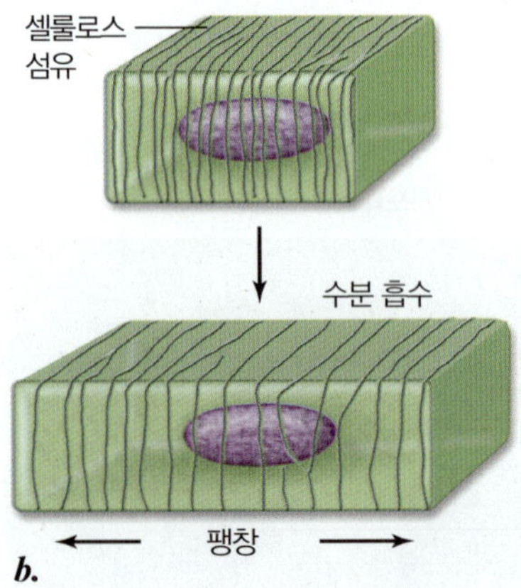

그림 35.33 **세포분열과 팽창.**
a. 미세소관의 방향성이 세포판 형성의 방향성을 결정하고, 새로운 세포벽의 방향성을 결정한다. ***b.*** 식물세포의 모든 측면이 동일한 양의 셀룰로스로 강화되지는 않았다. 물이 흡수되면서 세포는 세포벽이 덜 강화된 방향으로 팽창한다.

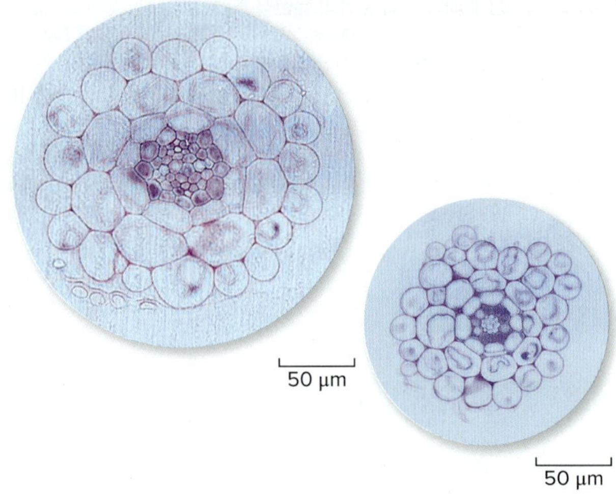

그림 35.34 **체관부 발생에 필요한 우든렉(*WOODEN LEG*).**
야생형 애기장대(왼쪽)보다 *wol* 돌연변이체(오른쪽)는 관다발조직이 적고, 모두 물관부이다.

로스가 쌓이도록 한다(**그림 30.2** 참조). 세포의 6개의 측면 중 4면이 셀룰로스로 더 두껍게 강화되면, 세포는 덜 강화된 나머지 2면 방향으로 팽창하고 성장하는 경향이 있다(**그림 35.33***b*).

분열을 할 수 있지만, 세포분열 평면이나 세포 팽창 방향을 조절할 수 없는 돌연변이체로부터 세포 수준에서의 형태형성에 관한 많은 것을 알게 되었다. 호빗 돌연변이체의 뿌리 분열조직 발생이 결여된 것은 그러한 예 중 하나일 뿐이다. 전형성층이 뿌리에서 분화되기 시작하면서 뿌리 표면과 평행한 중요한 세포분열은 우든렉(*WOODEN LEG*, *WOL*) 유전자에 의해 조절된다(**그림 35.34**). 이러한 분열이 없다면 세포들이 모여 원통형을 이룬 체관부가 만들어지지 않을 것이다. 관다발조직에서 물관부만 형성되면, 이는 뿌리에 "목질화 다리(wooden leg)"가 생기는 셈이다.

배아 발생 초기에 대부분의 세포는 잎을 포함하여 다양한 범위의 세포와 기관을 만들 수 있다. 발생이 진행되면서 다양한 잠재력을 가진 세포는 주로 분열조직에 국한된다. 많은 분열조직은 배아 발생이 끝날즈음 형성되고 종자는 휴면 상태가 된다. 발아 후 정단분열조직은 계속 분열하여 뿌리와 슈트 끝이 자라도록 한다. 예를 들어, 옥수수의 정단분열조직 세포는 매 12시간마다 분열하여, 왕성하게 성장하는 옥수수 식물은 하루에 50만 개의 세포를 생성한다. 측생분열조직(lateral meristem)은 일부 식물의 둘레를 증가시킬 수 있는 반면, 잔디 줄기의 절간분열조직(intercalary meristem)은 식물이 길게 자라도록 한다.

영양분 저장소는 배아 발생 동안 형성된다

속씨식물에서는 배아가 발달하는 동안 (1) 영양분 공급의 발달, (2) 종자 껍질의 발달, (3) 종자를 감싸는 과실의 발달 등 3가지 중요한 사건이 일어난다. 저장된 양분은 발아하는 동안 배아를 지원하면서 광합성을 수행할 수 있게 한다. 속씨식물은 중복수정을 하여 영양분을 공급하기 위한 배젖을 만들고, 겉씨식물의 경우에는 대배우체가 영양원이 된다(25장 참조). 종자 껍질은 (부모 포자체로부터) 밑씨 조직의 분화 결과인데 배아 주변에 딱딱한 보호 외피를 형성한다. 그 후에 종자는 휴면 상태에 들어가고, 이는 배아 발생이 끝났음을 알리는 것이다. 속씨식물에서 과실은 밑씨를 둘러싸는 심피의 벽에서 발생한다. 과실의 발생뿐만 아니라 종자의 발생과 발아는 35.6절에서 다루고, 여기에서는 영양분 저장에 중점을 둔다.

배아 발생 전반에 걸쳐 녹말, 지질 및 단백질이 합성된다. 종자 저장 단백질은 매우 풍부해서 이들을 암호화하는 유전자들은 식물분자생물학자들의 첫 번째 클로닝 표적이었다. 영양원을 공급하는 것은 배아의 생존을 향상시키려는 진화적 경향의 한 부분이다.

속씨식물에서 포자체는 배병을 통해서 영양분을 전달한다. (겉씨

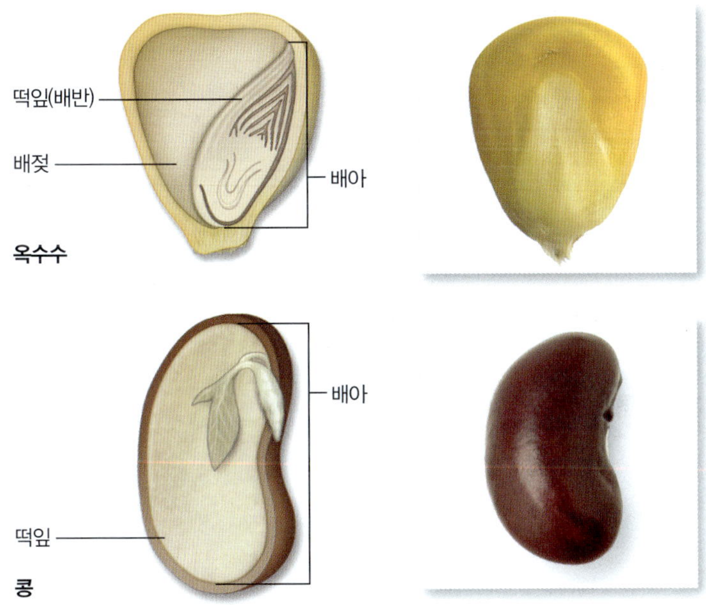

그림 35.35 옥수수와 콩의 배젖.
옥수수 알맹이는 성숙한 후에도 배젖을 가지고 있는 반면, 콩의 배젖은 사라진다. 콩 배아의 떡잎은 영양소 저장 기능을 대신한다.

식물에서 배병은 단지 배아가 대배우체 영양원에 더 가까이 갈 수 있도록 밀어주는 역할을 한다.) 이것은 속씨식물에만 존재하는 배젖의 발생과 동시에 일어난다[중복수정이 겉씨식물인 **마황**(*Ephedra*)에서 관찰되었지만]. 배젖 형성은 광범위하거나 또는 최소일 수 있다.

코코넛의 배젖에는 액체인 "젖(milk)"이 함유되어 있으며, 옥수수의 배젖은 단단하다. 옥수수의 배젖은 열로 팽창하여 터져서 팝콘에서 먹을 수 있는 하얀 부위를 이룬다. 완두콩과 콩에서 배젖은 배아가 발생하는 동안 모두 소진되고, 영양분은 두껍고 다육질인 떡잎에 저장된다(**그림 35.35**).

광합성 기구가 빛에 반응하여 만들어지기 때문에 포자체가 광합성을 할 수 있을 때까지 발아를 도와줄 수 있는 영양분을 종자에 저장하는 것은 매우 중요하다. 흙에 너무 깊이 묻힌 종자는 표면이 햇빛에 도달하기 전에 세포호흡으로 저장된 영양소를 모두 소진하게 된다.

핵심 요약 35.5

식물은 배아 발생 동안에 뿌리-슈트 축과 방사상 축이 형성된다. 배아에서 형성된 3종류의 조직은 진표피, 기본분열조직, 그리고 전형성층인데, 이들은 3종류의 성숙된 조직을 만든다. 배아가 형성되는 동안 배아를 위한 영양소 공급이 배젖 형태로 만들어지고, 종자 껍질이 밑씨조직에서 형성되며, 과실이 심피 벽에서 발생한다.

- 겉씨식물 종자의 영양 조직과 속씨식물 종자의 영양 조직은 어떻게 다를까?

35.6 발아

학습 목표

1. 종자 발아 과정을 설명할 수 있다.
2. 콩(진정쌍떡잎식물)과 옥수수(외떡잎식물)의 슈트 출현 형태를 비교하여 설명할 수 있다.

조건이 만족스러우면 배아는 이전의 건조된 상태를 벗어나, 영양소 저장소를 활용하여 생장을 재개한다. **발아**(germination)는 여러 단계로 된 과정이지만, 보통 종자 껍질을 뚫고 **어린뿌리**(radicle, 첫 번째 뿌리)가 나타나는 것으로 정의된다.

외부 신호 및 조건이 발아를 유발한다

종자가 수분을 흡수하고 그 대사가 재개되면 발아가 시작된다. 종자가 흡수할 수 있는 물의 양은 경이롭고, 삼투압은 종자 껍질을 깨뜨리기에 충분한 힘을 만들 수 있다. 이 시점에서, 발달하는 배아에 산소가 공급 가능한지가 중요하다. 왜냐하면 동물과 마찬가지로 식물도 세포호흡에 산소가 필요하기 때문이다. 벼와 같은 일부 식물은 혐기성 조건에 대해 내성이 생겼지만, 물속에서 성공적으로 발아하는 종자를 생산하는 식물은 거의 없다.

휴면 종자가 충분한 수분 공급을 받아 호흡하고, 단백질과 RNA를 합성하며, 정상적인 대사를 한다고 해도 환경으로부터의 추가적인 신호 없이는 발아하지 못할 수도 있다. 이런 신호는 정확한 빛의 파장과 강도, 일련의 추운 날들, 또는 단순히 발아에 적합한 온도에서의 시간 경과일 수 있다. 많은 식물의 종자는 저온처리(stratified), 즉 저온에서 일정한 기간 동안 보관하지 않으면 발아하지 않는다. 이 현상은 계절적으로 추운 지역에서 자라는 식물의 종자가 겨울이 지나갈 때까지는 발아하는 것을 억제하여, 가혹하게 추운 조건에서 연약한 어린 식물을 보호한다.

특정 종은 상대적으로 좁은 최적 조건의 범위를 가질 수도 있지만, 발아는 넓은 온도 범위(5~30°C)에서 일어날 수 있다. 일부 종자는 가장 좋은 조건에서도 발아하지 않는다. 일부 종에서 계절 종자의 상당한 부분이 긴 기간 동안 휴면 상태를 유지하여 미래의 식물 개체군에게 진화적으로 큰 중요성을 가지는 유전자 풀(gene pool)을 제공한다. 지역의 토양에 발아되지 않은 종자가 존재할 때 이를 **종자은행**(seed bank)이라고 한다.

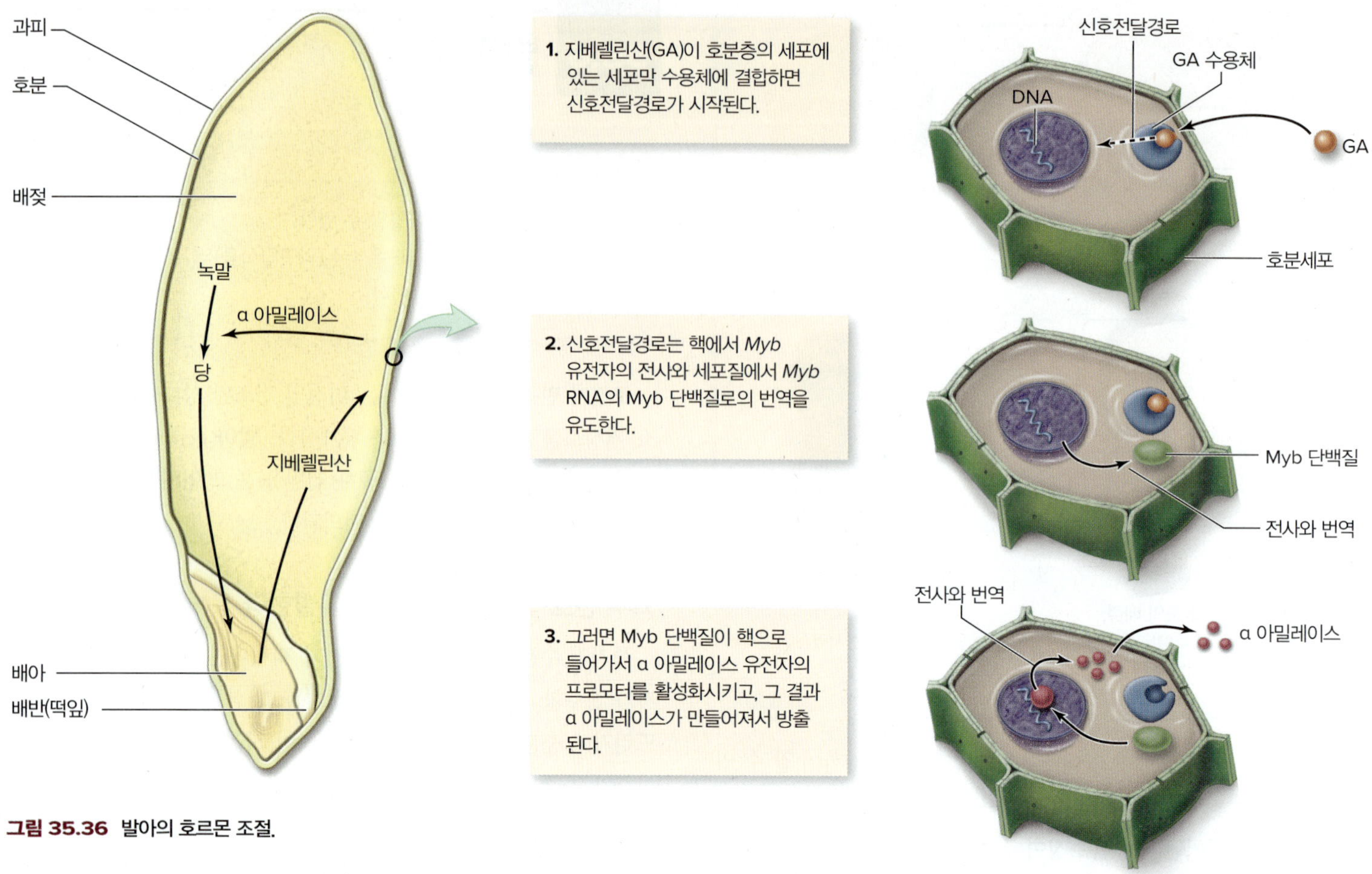

그림 35.36 발아의 호르몬 조절.

영양분 저장소는 성장하는 어린 식물을 지탱한다

내부와 외부의 요구조건이 모두 충족될 때 발아가 일어난다. 발아와 초기 어린 식물 성장에는 전분체(무색 색소체)에 녹말로 저장된 대사 영양분과 단백질체를 활용할 필요가 있다. 저장된 고체 지방과 오일도 세포호흡을 통해 에너지를 생성하는 글리세롤과 지방산을 만들기 위해 발아 중에 쉽게 분해될 수 있다. 이들은 또한 포도당으로도 전환될 수 있는데, 식물의 종류에 따라 일부 영양분은 배아 또는 배젖에 저장될 수 있다.

시리얼 곡물의 알갱이에서 외떡잎은 **배반**(scutellum)이라고 부르는 상대적으로 거대한 구조로 변형된다(**그림 35.36**). 배반에 저장된 풍부한 영양분은 발아 중 우선 사용되고, 나중에 어린 식물이 성장하는 동안 배반은 배젖에서 배아의 나머지 부분까지 영양분 도관 역할을 한다.

발아하는 식물이 저장된 녹말을 이용하는 것은 호르몬이 식물 발달을 어떻게 조절하는지에 대한 가장 좋은 예 중 하나이다(**그림 35.36**). 종자가 수분을 흡수하는 것에 대해 반응하여 배아는 지베렐린산을 생성한다. 이 호르몬은 배젖의 **호분**(aleurone)이라 불리는 바깥층에 신호를 전달하여 α 아밀레이스를 생성한다. 이 효소는 배젖의 녹말, 주로 아밀로스를 배반을 통해 배아로 전달되는 당으로 분해한다. 휴면을 유도하는 데 중요한 또 다른 식물 호르몬인 앱시스산은 녹말 분해를 억제할 수 있다. 발아하기 시작하는 종자가 수분을 흡수할 때 앱시스산 수준이 감소할 수 있다. (식물 호르몬의 작용은 34장을 참조한다.)

어린 식물은 성장하는 방향을 잡으면서 광합성을 개시한다

포자체가 종자 껍질을 뚫고 나오면서 환경에 따라 뿌리는 아래로, 슈트는 위로 자란다. 새로운 생장은 가혹한 환경으로부터 보호된 연약한 분열조직에서 비롯된다. 슈트는 광합성을 하게 되고, 생장과 발달의 후배아 단계(postembryonic phase)가 진행된다. **그림 35.37**은 진정쌍떡잎식물과 외떡잎식물에서 식물 몸체의 발아 과정과 그 후의 발달 과정을 보여준다.

새로운 슈트와 뿌리 끝은 외떡잎식물에서 추가적인 조직층인 슈트를 감싸는 **자엽초**(coleoptile)와 어린뿌리(radicle)를 감싸는 **유근초**(coleorhiza)에 의해서 보호된다. 다른 보호 전략으로는 구부러진 슈트가 나와서 좀 더 강한 세포벽을 가지는 조직이 토양을 통과하는

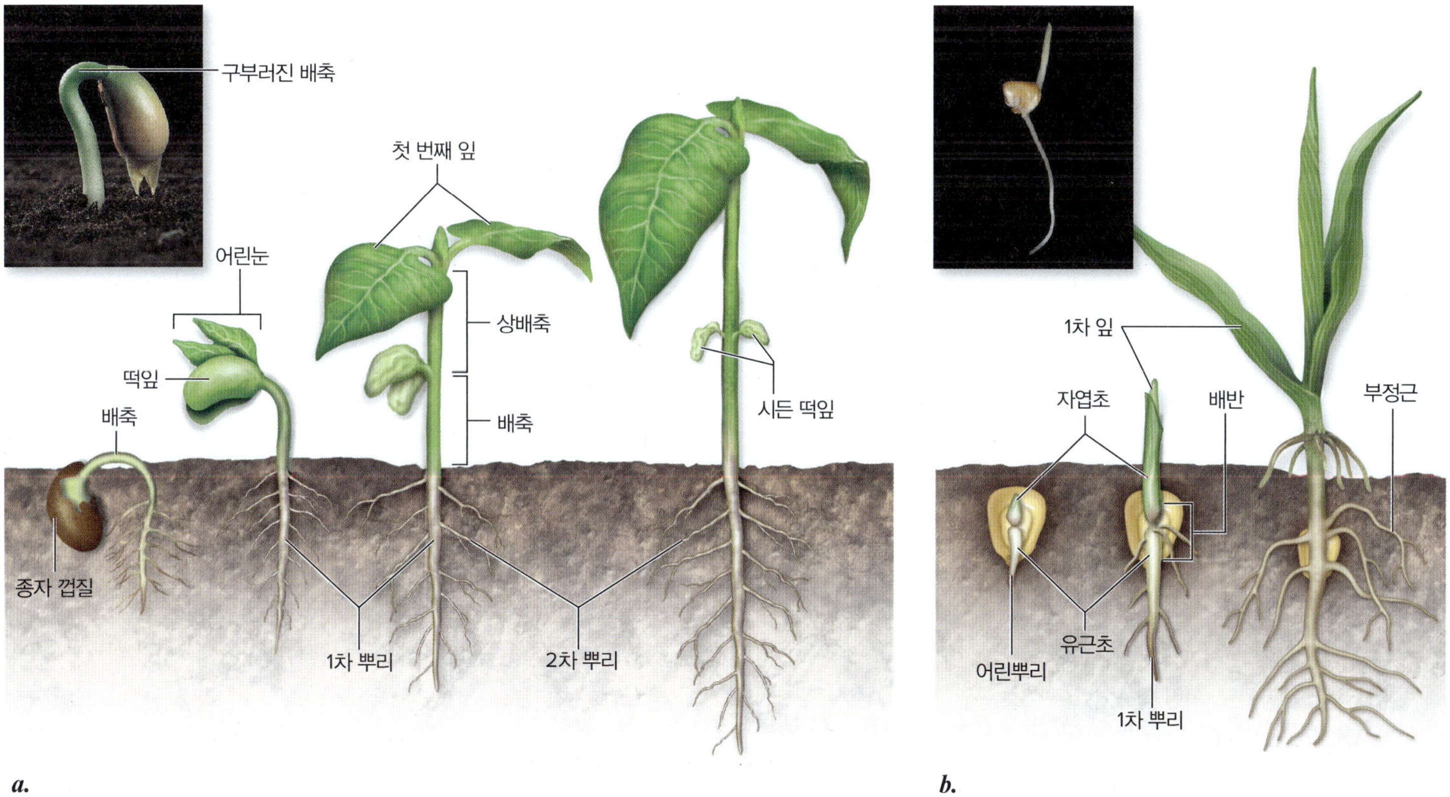

그림 35.37 발아.

a. 진정쌍떡잎식물인 일반 콩(*Phaseolus vulgaris*)과 ***b.*** 외떡잎식물인 옥수수(*Zea mays*). 배축(떡잎 아랫부분)이 구부러져서 토양에서 나오면서 섬세한 콩 슈트끝을 보호한다. 옥수수의 어린 뿌리는 콩과 옥수수 모두에서 발견되는 뿌리골무 외에도 유근초라는 보호층 조직에 의해서 보호된다. 자엽초라고 불리는 세포의 외피는 배축 조직보다는 새롭게 싹트는 옥수수 슈트끝을 보호한다.

과학적 사고

가설: 선형 세포모(trichome, 세포 표면의 작은 털)는 매미충(leafhopper)이 알팔파 식물에서 먹고 번식하는 것을 억제한다.

예상: 선형 세포모가 없는 식물보다 있는 식물에서 매미충 생존율과 번식률이 낮을 것이다.

실험: 상자에 선형 세포모가 있는 알팔파 품종을 배치한다. 두 번째 상자에는 동일한 품종이지만 세포모가 제거된 식물을 배치한다. 각 상자에 동일한 수의 매미충을 놓는다. 일정한 시간이 경과한 후에 돌아와서 각 상자에서 생존한 매미충의 수를 센다.

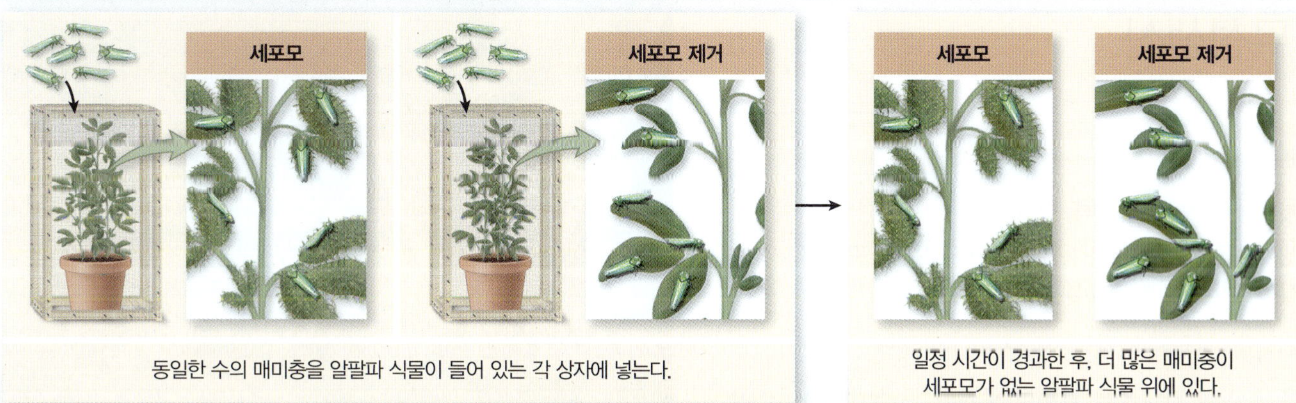

결과: 세포모가 있는 식물이 들어 있는 상자에는 살아 있는 매미충이 더 적었다.

결론: 가설은 지지되었다. 세포모가 있는 식물에서 매미충의 생존율 및 번식률은 세포모가 없는 식물에서보다 더 낮다.

추가 실험: 일반적인 세포모 또는 선형 세포모가 매미충을 저지할 수 있는지 여부를 결정하는 실험을 설계한다.

그림 35.38 선형 세포모가 식물을 곤충으로부터 보호할 수 있다.

것이다.

발아하는 동안 종자에서 배아 뿌리와 슈트가 나오는 것은 종에 따라 크게 다르다. 대부분의 식물은 슈트가 나오기 전에 뿌리가 나와서 어린 식물을 토양에 고정시킨다(**그림 35.37**). 완두콩과 같은 식물에서는 떡잎이 토양 아래에 있을 수도 있고, 콩, 무와 양파와 같은 식물은 떡잎이 땅 위에 있다. 떡잎은 초록색이 되어 어린 식물이 확립되면서 어린 식물의 영양에 기여하거나 또는 상대적으로 빠르게 시들 수 있다. 종자의 발아부터 어린 식물이 확립되는 기간은 식물의 생존에 대단히 중요하다. 어린 식물은 이 기간 동안 질병과 곤충 손상 및 가뭄에 취약하다(**그림 35.38**). 토양 조성과 pH도 또한 새롭게 발아된 식물의 생존에 영향을 미칠 수 있다.

핵심 요약 35.6

발아하는 동안 종자와 배아는 수분을 흡수하고, 호흡을 증가시키며, 단백질과 RNA를 합성한다. 종자의 대사 영양분에는 녹말, 고체 지방과 오일이 포함된다. 어린 식물이 발아하는 동안 콩과 같은 진정쌍떡잎식물에서는 떡잎과 종자 껍질이 지면으로 나와서 광합성을 할 수 있게 된다. 옥수수와 같은 외떡잎식물에서는 떡잎과 종자 껍질이 땅 속에 남아 있을 수도 있다.

■ 어린 식물이 발아하는 동안 종자가 땅 속에 있으면 어떤 이점이 있을까?

35.7 무성생식

학습 목표

1. 무수정생식을 정의할 수 있다.
2. 영양생식에 관련된 식물의 기관을 열거하여 설명할 수 있다.
3. 원형질체 재생 과정에 대해 설명할 수 있다.

자가수분은 유전적 다양성을 낮추어 주지만, 무성생식(asexual reproduction) 과정 중에는 체세포분열만 일어나기 때문에 유전적으로 동일한 개체들만 생산할 수 있다. 이들은 비교적 변하지 않는 환경에 적응한 개체들에서 자가수분이 유리한 것과 같은 이유로 감수분열 과정이 없어도 잘 유지된다. 조건이 급격하게 변한다면, 자연선택에 따른 개체변이가 적어 이러한 종들의 생존 가능성이 낮아질 수 있다.

무성생식은 농업과 원예에서 특정한 형질을 가진 개체들을 번식시키는 데 사용되는데, 이러한 형질은 유성생식을 하거나 심지어 자가수분을 하는 동안에도 변형될 수 있기 때문이다. 그 실례로 장미와 감자 등은 대부분 영양(무성)생식에 의해 번식된다.

아포믹시스는 2배체 배아의 발생을 포함한다

일부 감귤류, 왕포아풀(kentucky bluegrass)과 같은 특정 초본류, 민들레와 같은 식물들은 종자 내의 배아가 부모 식물로부터 무성생식에 의해 생성될 수 있다. 이러한 종류의 무성생식은 **아포믹시스**(apomixis, 무수정생식)로 알려져 있다. 이러한 방법으로 생성된 종자는 부모와 유전적으로 동일한 개체들을 만들어 낸다.

이러한 식물들은 밑씨에 있는 2배체 세포들을 복제하여 번식하지만, 이들도 일반적으로 유성생식과 관련된 적응처럼 종자를 퍼뜨리는 장점을 갖고 있다. 식물의 무성생식은 변이에 대한 여지가 거의 없는 척박하거나 극한적인 환경에서 더욱 흔하게 나타난다. 그 예로, 온대지방보다 극지방에 무성생식에 의해 번식하는 식물들이 훨씬 많이 분포하고 있다.

영양생식은 비생식조직을 통해 이루어진다

영양생식(vegetative reproduction)이라 불리는 무성생식의 가장 일반적인 형태에서, 새로운 식물 개체는 성숙한 식물의 조직으로부터 단순히 복제(클론, clone)된다(**그림 35.39**). 식물의 영양생식은 여러 가지 유형으로 나타난다.

그림 35.39 영양생식.
원예식물인 칼란코에 잎의 갈라진 틈을 따라 작은 식물들이 달려 있다. 이러한 작은 식물들은 땅으로 떨어져서 새로운 식물로 자라는데, 이것은 영양생식에서 흔치 않은 방법이다.

포복경(runner) 또는 **기는줄기**(stolon): 어떤 식물들은 포복경(기는 줄기라고도 함)으로 번식한다. 포복경은 가늘고 긴 줄기로서 토양의 표면을 따라 생장한다. 예를 들면, 재배 딸기는 잎, 꽃, 뿌리 포복경의 매 마디마다 생성된다. 각각의 두 번째 마디를 지나자마자 포복경의 위쪽이 도드라지고 두껍게 된다. 이렇게 두꺼워진 부분으로부터 부정근이 생성되고, 새로운 줄기가 나타나며, 포복경은 계속하여 신장한다.

근경(rhizomes): 지하의 수평적 줄기 또는 **땅속줄기**(rhizome)도 초본류(grasses)나 사초류(sedges) 식물들에서는 중요한 생식기구이다. 땅속줄기는 부모 식물의 근처 부위에서 자라는데 각 마디에서 새로운 슈트가 나타나서 개화할 수 있다. 많은 잡초들의 유해한 특징들은 이러한 생장 유형에서 유래하며, 붓꽃과 같은 정원식물들 중 많은 수가 거의 땅속줄기를 통해서 번식한다. 구경(corm)과 인경(bulb)은 지하의 수직적 줄기이다. 괴경(tuber)은 또한 저장과 번식을 위한 특화된 줄기로 땅속줄기의 말단 저장 부위이다. 감자(*Solanum* 종)는 1개 이상의 "눈(eye)"을 가진 괴경 조각에서 인위적으로 번식시킬 수 있는데, 감자의 눈 또는 "종자 조각(seed piece)"은 성장하여 새로운 식물체를 이룬다.

흡반(suckers): 벚나무, 사과나무, 산딸기, 나무딸기 등과 같은 일부 식물의 뿌리는 **흡반** 또는 싹을 만들어서 번식한다. 시중에서 판매되는 바나나는 종자로부터 번식하는 것이 아니라 지하의 줄기에서 나온 싹으로부터 발생된 흡반을 이용하여 번식한다. 민들레의 뿌리는 뽑을 때 끊어지면 각 뿌리 조각에서 새로운 식물이 만들어진다.

부정 소식물체(adventitious plantlets): 일부 식물에서 잎은 생식기구이다. 그 예로 원예식물인 칼란코에 (*Kalanchoë daigremontiana*, **그림 35.39**)를 들 수 있다. 이는 많은 사람들에게 "모 식물(maternity plant)" 또는 "천손초(mother of thousands)"로 잘 알려져 있는데, 이러한 이름은 이 식물의 잎을 따라 있는 틈(notch)에 위치한 분열조직에서 수없이 많은 작은 식물체가 생

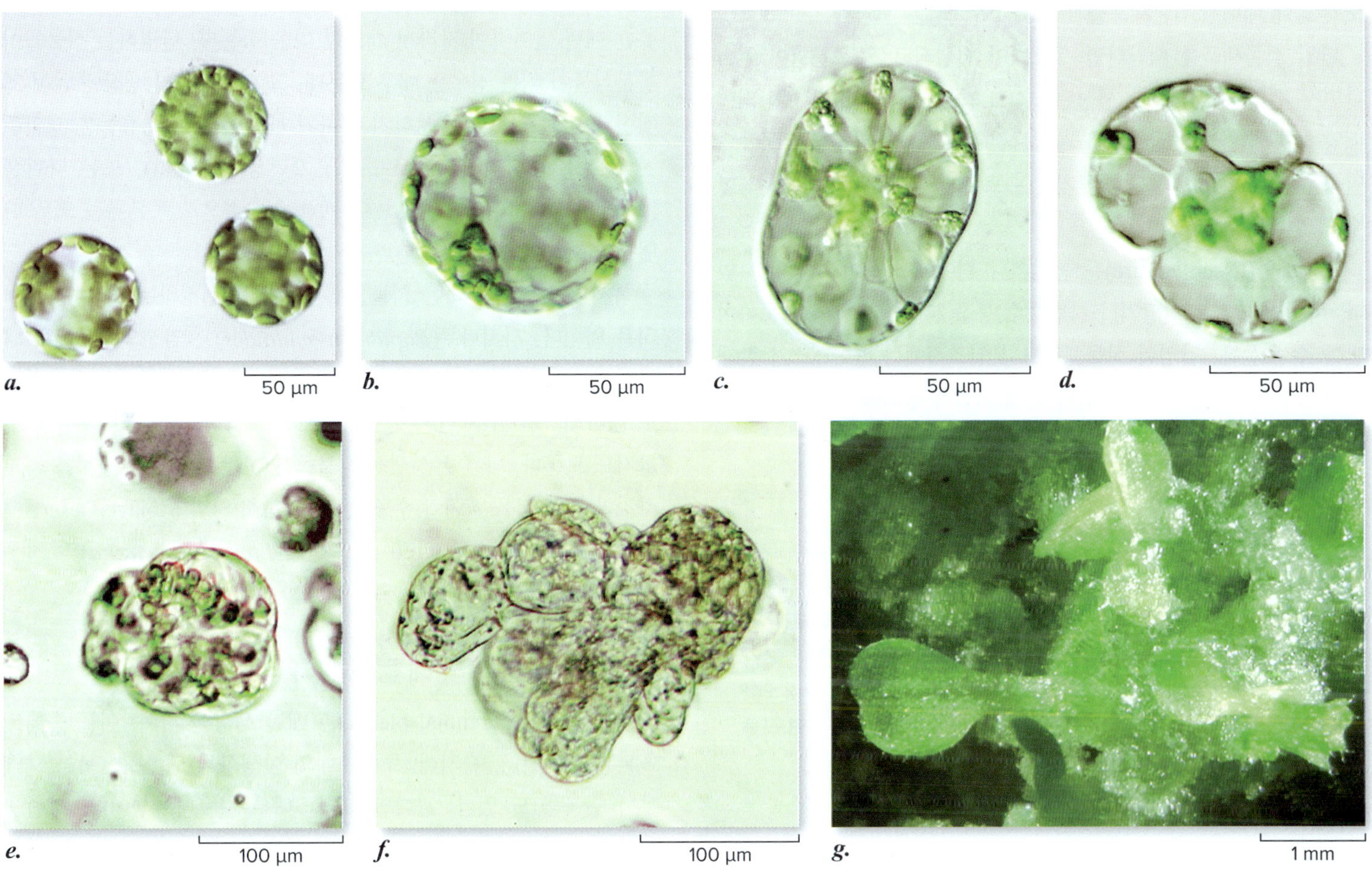

그림 35.40 원형질체 재생.
담배 세포 콜로니와 캘러스를 통한 원형질체로부터 소식물체 재생의 주요 단계. ***a.*** 하바나산 담배(*Nicotiana tabacum*) 잎에서 신선하게 분리된 원형질체. ***b.*** 세포벽 형성(2일차). ***c.*** 첫 번째 세포분열 준비(2~3일). ***d.*** 첫 번째 세포분열 완료(2~3일). ***e.*** 작은 콜로니 형성(7일차). ***f.*** 약 50개 세포의 콜로니(9일차). ***g.*** 슈트 재발생(20일차). 전체 식물을 만들기 위해서 재발생된 슈트에서 뿌리를 내리게 하는 것은 쉽다.

성되기 때문이다. 모 식물체는 일반적으로 이러한 작은 식물체에 의해 번식되는데, 이들은 성숙하면 땅에 떨어져서 뿌리를 내리게 된다.

식물은 실험실에서 분리된 세포로부터 만들어질 수 있다

생장 호르몬을 첨가한 영양배지에서 식물세포나 조직으로부터 완전한 식물체를 복제할 수 있는데, 이러한 방법도 무성생식의 일종이라 할 수 있다. 잎, 줄기 및 뿌리의 조직들은 배양을 통해 기관 분화를 거쳐 뿌리와 슈트를 생성한다. 각 세포로부터도 배양을 통하여 완전한 식물을 만들어 낼 수 있다.

조직에서 분리된 각 세포를 효소를 이용하여 세포벽을 분해하면 원형질막으로만 둘러싸인 **원형질체**(protoplast)를 분리할 수 있다. 식물세포는 동물세포에 비해 매우 높은 발생적 유연성을 가지고 있으며, 모든 식물세포들은 아니지만 많은 종류의 식물세포들은 배양에 의해 완전한 생물체 또는 기관으로 분화될 수 있다. 17장에서 다룬 척추동물의 제한된 성체줄기세포들과 복제에 관련된 여러 가지 도전 등에 대해서 식물세포들과 비교하여 고려해 보자.

단일 식물세포를 배양하면 세포벽이 재생되고, 세포분열이 일어나면서 **캘러스**(callus)가 생성된다(**그림 35.40**). 캘러스가 형성되면 배양을 통해 완전한 식물체를 재생시킬 수 있는데, 완전한 식물체의 발생은 배아 발생 단계를 거치거나 슈트나 뿌리 형성을 바로 시작할 수도 있다.

조직배양(tissue culture)은 농업이나 원예에서 많이 이용되고 있다. 바이러스 없는 산딸기나 사탕수수 등을 분열조직 배양을 통하여 만들 수 있는데, 감염된 식물체라도 분열조직에는 바이러스가 존재하지 않는다. 다른 무성생식법과 함께 이러한 방법을 통해서도 유전적으로 동일한 개체들을 만들어 낼 수 있다.

핵심 요약 35.7

아포믹시스에서 배아는 수정 대신 체세포분열로 만들어진다. 무성적인 영양생식은 식물의 영양기관의 일부에서 이루어진다. 포복경, 기는 줄기, 근경, 흡반과 부정 소식물체 등이 그 예이다. 실험적으로 각 세포의 세포벽을 제거하여 원형질체를 만든 후 체세포분열을 유도하면 캘러스라는 미분화된 세포들을 얻을 수 있다. 이를 자극하여 식물로 분화시킬 수 있다.

■ 어떤 조건하에서 영양생식이 생존에 이점이 있을까?

35.8 식물의 수명

학습 목표

1. 초본류와 목본류 다년생의 차이에 대해 설명할 수 있다.
2. 다년생 식물과 1년생 식물을 정의할 수 있다.
3. 2년생 식물의 생활주기에 대해 서술할 수 있다.

식물들은 종에 따라 매우 다양한 수명을 가진다. 식물의 수명은 생식 전략과 관련이 있을 수도 있으며, 그렇지 않을 수도 있다. 목본식물(woody plant)들은 아주 오랜 기간 동안 2기 생장을 하는데, 이들은 제한적이거나 2기 생장을 전혀 하지 않는 초본류들보다는 수명이 길다. 그 예로 브리슬콘 소나무(Bristlecone pine)는 4000년 이상 살 수 있다.

초본류 중에는 매년 새로운 줄기가 땅 위로 나오는 것들도 있는데, 이들의 지하 부위는 목본 구조를 가지고 있다. 이외의 다른 초본류는 매년 발아하여 자라서 개화한 다음 죽는다. 단명하는 식물들이 목본식물이 되는 경우는 매우 드문데, 그 이유는 2기 생장에 의해 조직이 축적될 시간이 충분하지 못하기 때문이다. 초본류들은 생활주기의 길이에 따라 1년생(annual), 2년생(biennial), 또는 다년생(perennial)으로 나눌 수 있는데 비해 일반적으로 목본류는 모두 다년생이다(**그림 35.41**).

복제되어 번식을 하는 식물들에서 수명을 결정하는 일은 매우 어려운 일이다. 사시나무(*Populus tremuloides*)는 자신의 뿌리로부터 무성생식에 의해 나온 거대한 클론(clone)을 형성하는데, 총체적으로 하나의 사시나무 클론은 지구상에서 가장 거대한 생물체를 형성할지도 모른다. 다른 무성생식 식물들은 이것보다 적은 면적을 차지하지만 수천 년을 살아갈 수도 있다. 모하비 사막(Mojave Desert)에 생존하는 크레오소트(Creosote) 관목(*Larrea tridentata*)의 경우 12,000년이 넘었다는 사실이 확인되었다.

다년생 식물은 여러 해 동안 산다

다년생 식물(perennial plants)은 매년 생장을 하며, 이들 중에는 초본류(삼림지대, 습지대, 초원지대의 야생화들)도 있고, 목본류(나무나 관목들)도 있다. 관다발식물들 대부분은 다년생이다. 다년생 식물들은 일반적으로 여러 해 동안 개화하면서 종자와 과실을 생산한다.

다년생 초본류는 줄기들이 2기 생장을 하는 경우가 매우 드물며, 줄기는 매년 일정 기간 동안 급속히 성장하여 영양분을 축적한 후 죽

a.

b.

그림 35.41 1년생 식물과 다년생 식물.
식물들의 수명은 매우 다양하다. ***a.*** 사막의 1년생 식물들은 대개 한 세대를 불과 몇 주만에 마감하며, 한번 개화한다. ***b.*** 사진에서 보는 캘리포니아의 시에라네바다산맥(Sierra Nevada)에서 자라고 있는 거대한 주목(*Sequoiadendron giganteneum*)은 2000년 이상 되었으며, 매년 꽃을 피운다.

는다. 영양분은 식물의 뿌리나 땅속줄기에 저장되는데, 이러한 땅속줄기는 땅위줄기(above-ground stem)들에 비해 매우 비대해진다.

수목(tree)과 관목(shrub)들은 일반적으로 반복하여 개화하지만, 여기에도 예외는 있다. 대나무는 여러 해 동안 생식하지 않은 채로 살지만, 개화하고 나면 노화되어 죽는다. 열대식물 중 *Tachigali versicolor*라는 나무는 개화하여 노화하기 전까지는 매우 높게 자라지만 일단 개화하고 나면 죽게 된다. 이 나무가 생장하는 데 막대한 에너지가 소모되는 것을 고려하면 이러한 생식 전략은 매우 특이하다고 할 수 있다.

수목들과 관목들은 **낙엽성**(deciduous)이거나 **상록성**(evergreen)이다. 낙엽성 수목(또는 관목)들은 한 해 중 특정한 시기에 모든 잎을 떨어뜨리고 일정 기간 잎이 없는 상태를 유지한다. 반면 상록성 수목(또는 관목)들은 잎이 1년 중 항상 떨어지지만, 이들은 잎이 없는 나목 상태로 있는 기간이 없다. 북반구의 온대지방에서 소나무가 매우 친숙한 상록수이지만, 열대 또는 아열대지방에서는 일부 계절적 가뭄이 심한 지역을 제외하고는 대부분의 속씨식물들이 상록성 식물이다. 건조지역에서는 많은 속씨식물들이 낙엽성으로 가뭄이 심한 기간 동안에는 잎을 떨어뜨려 물을 보존한다.

1년생 식물은 1년 동안 자라고, 생식하고, 죽는다

1년생 식물들은 한 생육 기간 내에 자라서 꽃을 피우고, 과실과 종자를 맺으며, 이러한 과정이 완료되면 죽는다. 옥수수, 밀, 콩과 같은 많은 작물이 1년생이다. 1년생은 좋은 조건에서, 그리고 물이나 양분의 유용성에 비례해서 빨리 성장한다. 해바라기나 거대 돼지풀(ragweed)과 같은 일부 1년생 식물의 측생분열조직(lateral meristem)은 식물체 지지를 위한 2기 조직을 생산하지만, 대부분의 1년생은 전적으로 낙엽성이다.

전형적인 1년생 식물들은 일단 개화하고 나면 죽게 되는데, 이는 호르몬 신호에 의해 꽃이나 배아가 발생하기 위해 양분을 재할당하여 부모식물이 굶어 죽기 때문에 나타나는 현상이다. 이러한 사실은 강낭콩 집단에서 강낭콩을 계속해 따주는 집단과 강낭콩을 따지 않고 내버려 둔 두 집단을 비교함으로써 입증할 수 있다. 강낭콩을 계속 따준 식물체들은 내버려 둔 집단에 비해 성장을 계속하여 훨씬 긴 기간 동안 강낭콩을 생산한다. 식물을 죽음으로 이르게 하는 과정을 **노화**(senescence)라고 부른다.

2년생 식물은 2년의 생활주기를 갖는다

2년생 식물(biennial plants)은 1년생 식물보다 훨씬 흔하지 않지만, 이들은 생활주기를 완성하는 데 2년이 걸린다. 2년생 식물들은 첫해에는 광합성에 의해 생산된 산물을 땅속의 저장기관에 저장하며, 둘째 해에는 땅속 기관에 저장된 에너지를 이용하여 꽃대를 형성한다. 당근, 양배추, 사탕무와 같은 작물들은 2년생들이지만, 이들을 식재료로 이용하기 위해서는 꽃이 피기 전인 첫해에 수확하는데, 이는 이들이 과실이나 종자보다는 잎이나 뿌리를 이용하는 작물들이기 때문이다.

2년생 야생 식물로는 달맞이꽃, 야생당근(*Daucus carota*), 버바스컴(*Verbascum thapsis*)과 같은 식물을 들 수 있다. 2년생으로 여겨지는 많은 식물들이 실제로 3년 이상까지 개화하지 않는 경우도 있지만, 모든 2년생 식물들은 죽기 전에 단 한번 꽃을 피운다.

핵심 요약 35.8

다년생 목본식물은 2기 생장을 하지만, 다년생 초본식물은 일반적으로는 2기 생장을 하지 않는다. 다년생 식물은 해마다 계속 자라는 반면, 1년생 식물은 생장한 계절 이후에는 죽게 된다. 2년 생활주기를 갖는 식물은 첫해에는 양분이 만들어져서 땅속의 저장기관에 저장하고 둘째 해에는 저장된 에너지를 이용하여 꽃대를 형성한다.

- 1년생 주기와 비교하여 2년생 생활주기의 장단점은 무엇인지 설명해 보자.

핵심 개념 요약

35.1 생식과 발생

식물 생활주기는 세대교체에 특징이 있다(**그림 35.1**)

■ 개화 능력으로의 전이는 생장상 변화를 뜻한다

생장상 변화는 식물이 외부와 내부 신호에 반응하여 개화를 시작하도록 준비시킨다. 외부 요인에는 빛, 온도가 있고, 내부 요인에는 호르몬 생성이 있다.

■ 돌연변이를 통해 생장상의 조절에 관해 알 수 있다

애기장대를 이용한 실험에서 생장상 변화 유전자에 돌연변이가 생기면 식물이 정상보다 일찍 개화한다. 이는 개화를 지연하는 기작이 진화되어 온 것을 암시한다.

35.2 꽃의 생성

개화에 대해 유전적으로 조절되는 4가지 경로가 밝혀졌다. 개화 촉진 신호와 개화 억제 신호 사이의 균형이 개화를 조절한다.

■ 빛 의존적 경로는 광주기에 의해 조절된다(그림 35.6)

빛 의존적 경로는 24시간 중 식물이 경험하는 밤의 길이에 따라 개화한다. 식물은 개화 반응에 따라 단일, 장일, 또는 중일식물이 될 수 있다.

■ 온도 의존형 개화경로는 저온과 관련된다

일부 식물은 개화를 유도하기 위해 춘화처리, 즉 종자나 식물을 저온에 노출시켜야 한다.

■ 지베렐린 의존형 경로는 높은 호르몬 농도를 요구한다

지베렐린 농도가 낮아지면 이런 경로를 따르는 식물에서 개화가 지연된다. 지베렐린은 생장상 변화와 관련된 유전자 발현에 영향을 미치는 것으로 보인다.

■ 자율적 개화 경로는 환경적 요인에 비의존적이다

자율적 개화 경로는 중일식물의 전형이다. 개화 촉진 신호와 개화 억제 신호 사이의 균형이 꽃 발달을 조절한다.

■ 꽃 분열조직 결정 유전자는 꽃 기관 결정 유전자를 활성화시킨다

ABC 모델에 따르면 꽃 기관 결정 유전자들이 활성화되면 4개의 꽃 기관이 발달한다. *A*형 유전자는 독자적으로 꽃받침을 결정하고, *A*형과 *B*형 유전자는 함께 꽃잎을 결정하며, *B*형과 *C*형 유전자는 수술을 결정한다. 그리고 *C*형 유전자는 독자적으로 심피를 결정한다.

35.3 꽃의 구조와 진화

■ 속씨식물은 꽃을 진화시켰다

꽃의 기관은 잎으로부터 진화되었다.

완전화는 4개의 꽃기관에 해당하는 4개의 윤생체인 꽃받침, 화관, 수술군 및 암술군을 가진다(**그림 35.12**).

불완전꽃은 1개 이상의 윤생체가 결핍되어 있다.

속씨식물은 방사대칭형 또는 좌우대칭형 꽃을 가진다.

■ 꽃의 배우체에서 배우자가 형성된다(그림 35.16)

꽃밥에서 감수분열을 통해 소포자가 생성되고, 이는 체세포분열을 거쳐 수배우체 또는 소배우체인 화분립을 생성한다.

각 화분립은 생식세포를 가지고 있는데, 이는 나중에 분열하여 2개의 정세포와 화분관세포를 생성한다.

밑씨에서 감수분열을 통해 대포자가 생성되고, 이는 체세포분열을 거쳐 암배우체 또는 대배우체인 배낭을 생성한다.

배낭에는 7개의 세포가 존재한다. 한 세포는 난세포이고, 또 다른 한 세포는 2개의 극핵을 가지고 있는데 이는 수정된 후에 3배체 배젖으로 발달한다.

35.4 수분과 수정

■ 초기 속씨식물은 풍매식물이다

바람에 의한 수분은 수동적인 과정으로 화분이 멀리 날아갈 수 없었다. 결과적으로 수분이 일어나기 위해서 식물들은 상대적으로 가까이 있어야만 했다.

■ 꽃과 수분매개 동물은 공동 진화하였다

동물 수분매개자는 화분을 먼 거리까지 전달할 수 있는 효과적인 수단을 제공한다. 동물에 의해 수분되는 꽃은 수분매개자를 유도할 수 있는 냄새와 시각적 신호를 생성한다.

■ 어떤 현화식물은 풍매수분을 이용한다

많은 풍매수분 식물은 독립된 개체 또는 각 개체의 독립된 부위에 수꽃과 암꽃을 가지고 있다. 꽃들은 많은 수가 무리를 지어 있으며 바람에 노출된다.

■ 자가수분은 안정된 환경에서 유리하다

안정된 환경에 적응한 식물은 타가수분보다는 자가수분으로 더 성공적인 균일한 자손을 가질 수 있는 이점이 있다. 그러나 자가수분으로 생성된 자손이 유전적으로 동일한 것은 아니다.

자가수분은 동물 수분매개자가 거의 없는 지역에서 선호된다.

■ 몇 가지 진화적 전략은 타가수분을 촉진한다

타가수분은 수꽃과 암꽃이 다른 식물에 있거나 같은 식물에서 있어도 물리적으로 분리되어 있는 식물 또는 두 꽃이 서로 다른 일정에 따라 성숙하는 식물에서 촉진된다.

자가불화합성은 화분관의 신장을 억제하여 자가수정을 중단시킨다(**그림 35.25**).

■ 속씨식물은 중복수정을 한다(그림 35.26)

중복수정은 2배체 접합자와 접합자에 영양을 공급하는 3배체 배젖을 생성한다.

35.5 배아 발생

■ 접합자의 분열을 통해 3차원적 체제가 형성된다

개화식물에서 접합자는 분열하여 배젖으로 둘러싸인 배아를 생성한다(**그림 35.27**). 초기 분열에서 뿌리-슈트 축과 방사상 축이 확립된다.

모델 식물의 발생 돌연변이체를 통해서 무엇이 잘못될 수 있는지를 밝혀내면, 정상적인 조건에서는 발생이 어떻게 진행되는지를 유추할 수 있다.

■ 간단한 체제가 배아 발생 동안 나타난다(그림 35.30)

슈트와 뿌리의 정단분열조직이 발달하여 표피, 기본분열조직, 및 전형성층으로 분화하고, 이들은 성체 식물에서 3종류의 조직이 된다.

형태형성은 1개 또는 2개의 떡잎을 포함하는 3차원적 배아를 생성한다.

■ **영양분 저장소는 배아 발생 동안 형성된다**

배아가 형성되는 동안 배아를 위한 영양분 공급이 확립된다. 속씨식물에서는 중복수정을 하여 배젖을 만들고, 겉씨식물에서는 대배우체가 영양원이 된다. 그리고 종자 껍질이 형성되고 과실이 발달한다.

35.6 발아

종자 발아는 종자 껍질을 뚫고 어린뿌리가 나타나는 것으로 정의된다.

■ **외부 신호 및 조건이 발아를 유발한다**

종자는 발아하기 위해 수분을 흡수해야 한다. 발아하는 종자의 높은 대사율을 지원하기 위해서는 풍부한 산소가 필요하다.

특정 파장의 빛, 적절한 온도와 저온처리와 같은 환경적 신호가 종종 발아에 필요하다.

■ **영양분 저장소는 성장하는 어린 식물을 지탱한다**

발아는 녹말, 고체 지방 및 오일과 같은 저장된 영양분을 필요로 하는 고에너지 과정이다.

배젖은 녹말 저장소로 작용한다. 저장된 녹말을 사용하기 시작하면 배아에서는 식물 호르몬인 지베렐린산을 생성한다. 이 호르몬은 아밀레이스를 생성하여 아밀로스를 분해한다(**그림 35.36**). 녹말 대사는 휴면을 유도하는 식물 호르몬인 앱시스산에 의해 억제될 수 있다.

■ **어린 식물은 성장하는 방향을 잡으면서 광합성을 개시한다**

대부분의 식물에서 뿌리는 슈트가 나타나기 전에 나와서 어린 식물을 고정시킨다.

많은 진성쌍떡잎식물에서 줄기는 토양을 뚫고 나오면서 휘어져서 생장하는 줄기 끝을 보호한다(**그림 35.37**). 외떡잎식물에서는 새로운 슈트와 뿌리를 보호하기 위한 추가적인 조직을 생성한다.

콩과 같은 진정쌍떡잎식물의 경우, 어린 식물이 나올 때 떡잎은 종종 생장하는 슈트와 함께 토양 위로 나오고, 옥수수와 같은 외떡잎식물의 경우, 떡잎은 토양 아래에 머무르게 된다.

슈트가 광합성을 시작하면, 어린 식물은 생장과 발달의 배아 이후 단계로 진입한다.

35.7 무성생식

무성생식은 후손이 체세포분열로만 생성되기 때문에 유전적으로 동일한 개체들을 생산할 수 있다.

■ **아포믹시스는 2배체 배아의 발생을 포함한다**

아포믹시스는 밑씨에서 수정보다는 체세포분열로 배아를 생성하는데, 이 배아는 종자로 발달한다.

■ **영양생식은 비생식조직을 통해 이루어진다**

포복경, 근경, 흡반과 부정 소식물체와 같은 영양체에서 새로운 개체의 클론이 생성될 수 있다(**그림 35.39**).

■ **식물은 실험실에서 분리된 세포로부터 만들어질 수 있다**

세포벽을 제거하면 원형질체가 생성되는데, 이 원형질체를 체세포분열을 일으키도록 유도하여 캘러스를 생성할 수 있다. 캘러스를 적절히 처리하면 완전한 세포로 분화할 수 있다.

35.8 식물의 수명

■ **다년생 식물은 여러 해 동안 산다**

다년생 식물은 휴면을 겪을 수는 있지만 여러 해 동안 살 수 있다.

■ **1년생 식물은 1년 동안 자라고, 생식하고, 죽는다**

옥수수, 밀, 콩과 같은 많은 작물은 1년생 식물로 매년 다시 심어야 한다.

■ **2년생 식물은 2년의 생활주기를 갖는다**

2년생 식물은 첫해에 성장하여 양분을 저장한다. 둘째 해에는 꽃을 피우고 종자를 생산한다. 당근과 같은 2년생 작물은 보통 첫해에 수확한다.

연습문제

■ **1단계: 이해력 확인하기**

1. 형태형성은 다음 중 어떤 발생인가?
   a. 생장 형태　　b. 생식 구조
   c. 생장상 변화　　d. 분열조직

2. 춘화처리는 다음의 어느 조건에 따른 것인가?
   a. 수분　　b. 가뭄
   c. 저온　　d. 고온

3. 광주기는 무엇에 의해 감지되는가?
   a. 피토크롬과 크립토크롬
   b. 피토크롬과 엽록소
   c. 크립토크롬과 엽록소
   d. 피토크롬, 크립토크롬, 엽록소

4. 다음 중 꽃의 기관이 아닌 것은 무엇인가?
   a. 꽃받침　　b. 수술
   c. 심피　　d. 포엽

5. 대포자들이 생성되는 곳과 생성 방법은 무엇인가?
   a. 꽃밥에서 체세포분열에 의해
   b. 꽃밥에서 감수분열에 의해
   c. 밑씨에서 체세포분열에 의해
   d. 밑씨에서 감수분열에 의해

6. 수술이 가지고 있는 것은 무엇인가?

a. 암술대　　b. 암술머리
c. 화사　　d. 심피

7. 벌에 의해 수분되는 꽃과는 달리 새에 의해 수분되는 꽃들의 특징은 무엇인가?

a. 강한 향을 뿜는다.
b. 착륙지를 갖는다.
c. 꽃 중심에 과녁 모양을 갖는다.
d. 붉은색이다.

8. 속씨식물 접합자의 첫 번째 체세포분열 후에 생성되는 2개의 세포 중에서 더 큰 세포는 무엇이 되는가?

a. 배아　　b. 배젖
c. 배병　　d. 주공

9. 배젖은 무엇이 합쳐져서 생성되는가?

a. 중앙세포와 정세포　　b. 정세포와 조세포
c. 난세포와 정세포　　d. 배병과 난세포

10. 배아 발생의 구형 단계에서 정단분열조직은 무엇을 확립하는가?

a. 배아-배병 축　　b. 내부-외부 축
c. 배아-배젖 축　　d. 뿌리-슈트 축

11. 1차 분열조직이 아닌 것은 무엇인가?

a. 코르크 형성층　　b. 기본분열조직
c. 전형성층　　d. 전표피

12. 종자 발아 중에 호분에서 녹말 분해를 시작하는 신호를 생성하는 호르몬은 무엇인가?

a. 앱시스산　　b. 에틸렌
c. 지베렐린산　　d. 옥신

13. 생장하는 옥수수 어린 식물의 슈트 끝을 보호하는 것은 무엇인가?

a. 배축　　b. 상배축
c. 자엽초　　d. 어린눈

14. 무성생식이 가장 일반적일 것 같은 생태계는 무엇인가?

a. 북극 툰드라　　b. 온대 초원
c. 열대 우림　　d. 낙엽 숲

15. 원형질체는 무엇이 결실된 식물세포인가?

a. 핵　　b. 세포벽
c. 원형질막　　d. 원형질

16. 다음 중 다년생 식물에 해당하는 것은?

a. 항상 초본류　　b. 항상 목본류
c. 초본류 또는 목본류　　d. 초본류도 목본류도 아님

17. 노화(senescence)란 무엇을 말하는가?

a. 식물의 나이듦　　b. 생식 생장
c. 수분　　d. 저장 영양소 축적

2단계: 적용력 평가하기

1. S_2S_5 유전자형을 가진 식물의 화분이 S_1S_5 유전자형을 가진 꽃에서 성공적으로 수분이 일어나는 조건은 무엇인가?

a. 암꽃으로부터 생성된 화분을 수꽃에 수정시키면 성공한다.
b. 식물이 배우체 자가불화합성을 가진다면, 생성되는 화분의 절반은 성공적으로 수정이 된다.
c. 식물이 포자체 자가불화합성이면, 생성되는 화분의 절반은 성공적으로 수정이 된다.
d. S_2S_5 식물의 화분은 S_1S_5 식물체에 절대로 성공적으로 수정될 수 없다.

2. 이번 학기에 친구가 생물학을 같이 수강하고 있는데, 단일식물과 장일식물에 대해 알고 있다. 그는 각 식물형을 하나씩 구매하여 자신이 직접 장일식물의 개화를 유도하며 차이를 보기로 하였다. 우선 두 식물을 같은 조건에 놓고 광 조건을 10시간으로 하여 단일식물을 개화시키고, 장일식물은 개화를 시키지 않기로 하였다. 친구의 실험에서 반대의 결과가 나타나게 하려면 어떻게 해야 하겠는가?

a. 광 조건을 늘려서 빛에 노출되는 시간을 늘려준다.
b. 광 조건을 줄여서 빛에 노출되는 시간을 줄여준다.
c. 밤중에 잠깐 동안 두 식물체를 빛에 노출시킨다.
d. a, b, c 모두 맞지 않다.

3. 아이오와 주에 있는 Team Corn이라는 곡물회사는 옥수수 종자를 생산하는데, 자신들이 생산하는 종자들이 모두 잡종강세(hybrid vigor)를 보이게 하기 위해 채종포(fields of seed corn)의 식물들을 모두 타가수정시키기로 하였다. 이를 위해 그들은 옥수수 식물들의 수술대를 모두 제거하였다. Team Corn 회사를 망하게 하기 위해 유전자 변형 식물체를 생성하려고 한다면 어떤 식물체를 만들면 되는가?

a. 암술머리 표면에서 화분이 성장하지 못하도록 *Z* 유전자를 가진 식물체를 만든다.
b. *S* 유전자를 가진 식물체를 만들어 화분관 신장이 일어나지 못하도록 한다.
c. *B*형의 호미오틱 유전자들을 식물 꽃에서 발현하도록 한다.
d. *A*형의 호미오틱 유전자들을 식물 꽃에서 발현하도록 한다.

4. 옥수수와 같은 자웅동주 식물은 암꽃과 수꽃을 지니고 있다. 꽃 발달에 대한 분자생물학적 기작을 알고 있을 때, 다음의 어느 방법이 단일 성(single-sex)의 꽃을 생성하게 하는가?

a. *B*형 유전자들이 암술을 형성하는 윤생체에서 발현되어 수꽃을 만든다.
b. *A*형 유전자들을 꽃잎이 되는 윤생체에서 소실시킴으로써 *C*형과 *B*형 유전자들이 꽃잎 윤생체에서 꽃잎 대신 수술을 만들도록 한다.
c. *B*형 유전자들이 꽃잎이 되는 윤생체에서 발현하여 암꽃을 만든다.
d. a, b, c 모두 맞다.

5. 식물과 동물의 배우자 형성의 가장 근본적인 차이점은 무엇인가?

a. 식물은 배우자를 체세포조직에서 만드는 데 비해 동물은 생식조직에서만 배우자를 생성할 수 있다.
b. 식물은 체세포분열에 의해 배우자를 만들지만 동물은 감수분열에 의해 배우자를 만든다.
c. 식물은 오직 1개의 배우자를 생성하지만 동물은 배우자를 많이 생성한다.

d. 식물은 2배체의 배우자를 만들지만 동물은 반수체의 배우자를 생성한다.

6. 다음 중 우든렉(*WOODEN LEG*) 유전자가 결핍된 식물일 것 같은 것은 무엇인가?

   a. 수분을 잎으로 운반할 수 없는 식물
   b. 물관부와 체관부가 결핍된 식물
   c. 광합성 산물을 운반할 수 없는 식물
   d. a, b, c 모두 맞다.

7. 슈트메리스템레스(*STM*) 유전자와 모노프테로스(*MP*) 유전자의 기능이 뒤바뀐다면 식물 발달에 어떤 변화가 생기겠는가?

   a. 배아-배병 축이 역전될 것이다.
   b. 배아-배병 축이 중복될 것이다.
   c. 뿌리-슈트 축이 역전될 것이다.
   d. 뿌리-슈트 축이 중복될 것이다.

8. α 아밀레이스 유전자의 기능이 상실되는 돌연변이는 종자 발아에 어떤 영향을 미치는가?

   a. 종자가 수분을 흡수할 수 없을 것이다.
   b. 배아가 굶어 죽을 것이다.
   c. 종자 껍질이 깨지지 않을 것이다.
   d. 종자가 조기에 발아할 것이다.

9. 애기장대 배병 유전자의 기능이 상실되는 돌연변이는 종자 내 2개의 배아 발달을 초래한다. 이 유전자의 발현을 초기 야생형 배아에서 분석한 결과, 발달하고 있는 배병 세포에서 배병 유전자로부터 전사되는 mRNA 수준이 높다는 것을 발견하였다. 배병 단백질의 기능은 무엇인가?

   a. 배병 단백질은 배아 조직의 발달을 촉진할 것 같다.
   b. 배병 단백질은 배병 조직의 발달을 촉진할 것 같다.
   c. 배병 단백질은 배병에서의 배아 발달을 억제할 것 같다.
   d. 배병 단백질은 배아에서의 배병 발달을 억제할 것 같다.

▪3단계: 사고력 함양하기

1. 외떨어진 곳에 온실을 지어 포인세티아를 재배하고자 한다. 그러나 온실 근처에 고속도로가 생겨 포인세티아가 꽃을 피우지 못하였다. 그 이유에 대해 설명하시오.

2. 여러분이 북반구의 온대 지방에 산다면, 시금치 샐러드를 초봄에 수확하는 것이 여름에 수확하는 것보다 더 유리할까?

3. 야생 매발톱꽃은 꽃의 형태가 타가수분의 구조를 지니고 있다. 그러나 암술머리에 화분을 받아들이는 기간 중에 식물이 수정되어 있지 않으면 자가수분이 일어날 수 있다. 자가수분 후에 타가수분이 일어나면 자가수분의 화분이 밑씨에 도달하기 전에 타가수분의 화분이 먼저 도달한다. 이러한 생식 전략의 적응적 중요성을 설명하시오.

4. 지구의 대부분 지역에서 상업적인 감자 품종들은 식물의 괴경으로부터 무성생식으로 유래한 씨감자를 이용한다. 그러나 동남아시아나 안데스 지방에서는 감자를 종자로부터 재배한다. 감자를 종자로부터 재배하는 것과 괴경으로부터 유래한 씨감자를 이용하는 것을 비교하여 설명하시오.

5. 푸쿠스(*Fucus*)에서 접합자가 발생하는 동안 헛뿌리(rhizoid)의 방향성을 결정하는 데 빛과 중력 중에서 어떤 것이 더 중요한지를 결정하는 실험을 고안하시오.

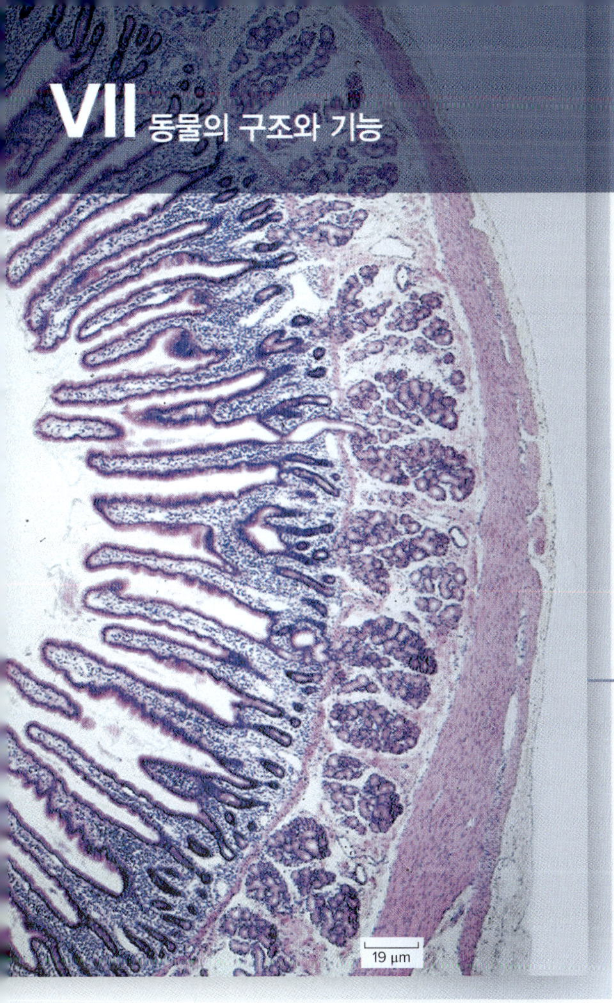

36

동물의 몸과 조절의 원리

도입

사람들은 동물을 생각할 때 집에서 키우는 개나 고양이 그리고 동물원, 농장, 수족관에 있는 동물이나 야생동물을 생각한다. 동물의 다양성에 대하여 생각할 때 사람들은 포식자인 사자와 호랑이, 초식동물인 사슴과 영양, 또는 위험한 상어와 장난치기 좋아하는 돌고래 간의 차이점을 떠올린다. 이러한 차이점에도 불구하고 이들은 모두 척추동물이다. 하지만 지렁이, 곤충, 거미류, 갑각류와 같은 그룹을 포함하는 동물계에는 더 큰 다양성이 존재한다. 척추동물뿐만 아니라 이 그룹의 동물들 또한 모두 동일한 기본조직으로 만들어져 있다. 이번 장에서는 먼저 모든 동물에 존재하는 조직에 대하여 알아본다. 그 다음으로는 인간을 포함하는 척추동물의 생물학과 신체의 흥미로운 구조에 대하여 자세히 다룬다. 나아가 복잡한 기능계를 조절하고 제어하는 원리에 대하여 알아본다.

36.1 동물의 몸 구조

학습 목표

1. 동물의 몸을 이루는 조직 단계를 열거하여 설명할 수 있다.
2. 척추동물의 조직 유형을 설명할 수 있다.

동물의 몸은 (1) 세포, (2) 조직, (3) 기관, (4) 기관계의 네 단계로 조직화되어 있다. 동물 그룹에 따라 해면동물처럼 몇 가지의 세포 유형으로 구성되어 있는 경우도 있으며, 포유류처럼 200가지 이상의 서로 다른 유형의 세포들로 구성되어 있는 경우도 있다.

조직은 단일 유형 및 기능의 세포군이다

해면동물을 제외한 모든 동물에서 세포들은 조직(tissue)으로 구성되어 있다. 조직은 하나의 공통 배아에서 기원한 유사한 세포들로 이루어지며 특수한 기능을 수행한다. 세포외물질의 성질과 양에 따라 4가지 기본 조직 유형인 **상피**(epithelial), **결합**(connective), **근육**(muscle), **신경**(nervous)조직으로 이루어져 있다. 진정한 조직은 자포동물과 좌우대칭동물(**그림 36.1**)에서 발견된다. 해파리를 포함하는 자포동물은 2개의 배엽층인 **내배엽**(endoderm)과 **외배엽**(ectoderm)으로부터 발생하므로 **2배엽성**(diploblastic)으로 알려져 있다. 그 외 다른 모든 동물 그룹은 세 번째의 배엽층인 **중배엽**(mesoderm)을 가진 **3배엽성**(triploblastic)이다. 중배엽이 있으므로 더 많은 유형의 조직이 발달할 수 있으며, 좌우대칭동물들이 2배엽성인 자포동물보다 더 다양하고 복잡한 구조를 형성하는 이유이기도 하다(**그림 36.1**). 자포동물은 내배엽과 외배엽 사이에 중교(mesoglea)을 가지고 있다(**그림 36.3**). 중교는 골격 역할을 담당하며 근육과 신경 다발을 포함하고 있다. 중교는 완전한 비세포성에서부터 세포와 다른 물질의 복합체에 이르기까지 다양하며 중배엽에서 유래한 것으로 볼 수도 있다(27장 참조). 이러한 점은 3배엽성 동물의 계통발생학적 위치에 의문을 제기한다.

기관과 기관계는 특수화된 기능을 수행한다

기관(organ)은 경계가 뚜렷한 독립된 구조이다. 기관은 여러 가지 유형의 조직들로 구성되며 기능적 단위를 이룬다(**그림 36.2**). 예를 들어 심장은 심장근육조직, 결합조직 및 상피조직으로 이루어져 있다. 또한 신경조직은 뇌와 척수를 심장과 연결하여 심장 박동수를 조절하는 데 관여한다.

기관계(organ system)는 몸의 주요 활동을 수행하기 위하여 협력

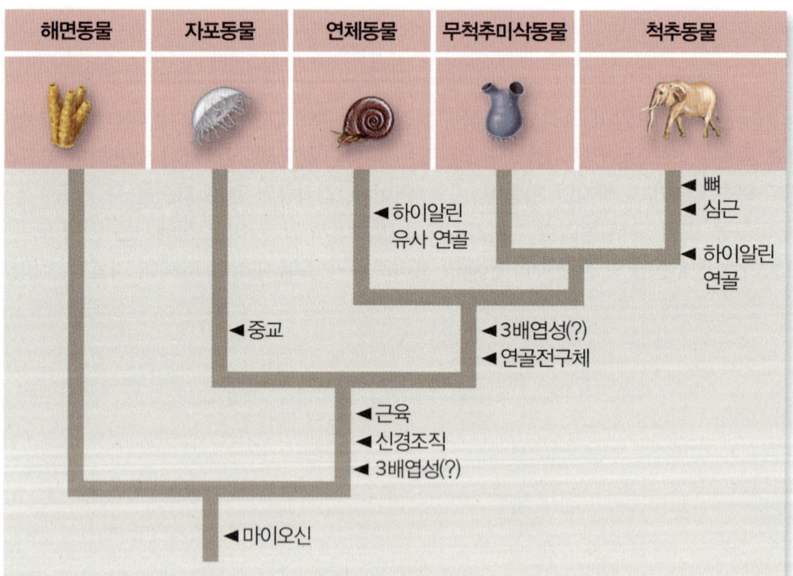

그림 36.1 자포동물 조직.
이 계통발생도는 주요 동물 그룹에서 조직의 가설적 진화에 대하여 설명해 주고 있으며, 이는 분자생물학적, 해부학적 자료에 기반하고 있다. 진정한 수축용 근육조직은 해면동물에서는 발견되지 않지만 자포동물과 좌우대칭동물에서 발견된다. 하지만 중요한 수축 단백질인 마이오신은 해면동물에서 발견된다. 따라서 근육조직은 해면동물 이전에 발생하여 자포동물과 좌우대칭동물로 분화한 것으로 생각된다. 신경조직 또한 자포동물과 좌우대칭동물이 분화하기 전에 발생하였다. 3배엽성이 어디에서 발생하였는지는 다소 불분명하다. 몇 가지의 증거에 의하면 3배엽성은 자포동물과 좌우대칭동물이 분화하기 전에 발생하였으며, 이후 자포동물에서는 소실된 것으로 보인다. 자포동물의 내배엽과 외배엽 사이에 있는 층인 중교가 있다는 것은 이 주장을 지지해 준다. 반면, 3배엽성은 좌우대칭동물을 규정하는 특징이라는 것을 지지하는 다른 종류의 증거들도 있다. 좌우대칭동물을 구성하는 조직의 복잡성과 다양성은 이 주장을 지지해 준다. 하이알린 연골(hyaline cartilage), 뼈(bone), 심근(cardiac muscle)은 척추동물을 규정하는 데 도움이 된다.

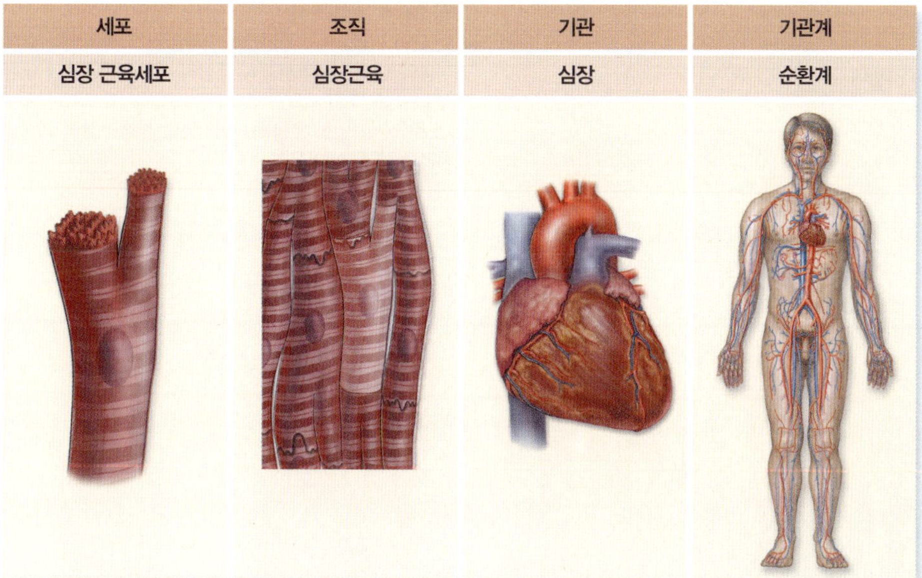

그림 36.2 신체의 구성 단계.
유사한 유형의 세포들이 모여 조직을 형성한다. 함께 작용하는 조직들이 모여 심장과 같은 기관을 형성한다. 심장은 1차적으로 상피조직으로 둘러싸인 심장근육으로 구성된다. 기관계는 유기적으로 함께 작동하는 여러 개의 기관으로 되어 있으며, 신체에서 필요한 하나의 기능을 수행한다. 기관계의 한 예로 순환계는 심장, 혈관, 혈액으로 구성된다.

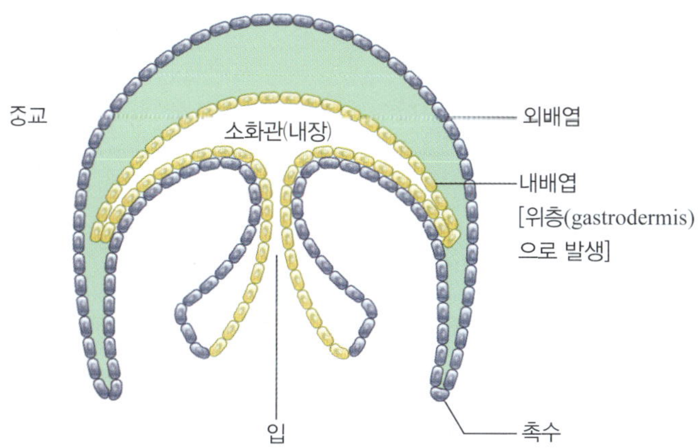

그림 36.3 자포동물의 구조.

하는 기관들의 모임이다. 예를 들어, 순환계는 심장과 혈관(동맥, 모세혈관 및 정맥)으로 구성된다(43장 참조). 이 기관들은 협력하여 혈액을 수송하고 물질들을 온몸에 전달해 준다.

핵심 요약 36.1

신체를 구성하는 세포는 조직, 그리고 기관과 기관계로 조직화되어 있다. 동물을 구성하는 주요 조직 유형은 상피조직, 결합조직, 근육조직, 신경조직이다.

■ 기관은 하나 이상의 조직으로 만들어질 수 있을까?

36.2 상피조직

학습 목표

1. 상피조직의 구조와 기능에 대하여 서술할 수 있다.
2. 상피조직에 있는 세포 유형을 구분하여 설명할 수 있다.
3. 다양한 상피조직의 구조와 기능을 비교할 수 있다.

상피조직은 수많은 기능을 수행한다. 기관과 신체 공간의 표면을 감싸고 있고, 몸의 바깥 표면(피부)을 구성하며, 또한 샘(glands)을 구성하는 주요 조직이다. 결합조직과 더불어 상피조직은 막을 형성한다. 상피조직은 3가지의 배엽층인 내배엽, 중배엽, 외배엽으로부터 유래할 수 있다. 예를 들어, 해파리의 체벽(**그림 36.3**)은 양분을 흡수하는 내배엽으로부터 유래한 상피조직이다. 척추동물의 피부를 이루는 표피(epidermis)는 외배엽에서 유래하였으며, 혈관을 이루는 상피조직은 중배엽에서 유래하였다.

상피 구조는 기능을 결정한다

상피조직은 세포층으로 구성되어 있다. 세포들은 피부에서처럼 외부 바깥쪽으로 노출되어 있거나 소화관이나 혈관과 같은 관의 빈 공간 쪽으로 노출되는 면을 가지고 있다. 상피조직의 다른 쪽 표면은 기저막(basement membrane)에 부착해 있다(**그림 36.4***a*). 기저막은

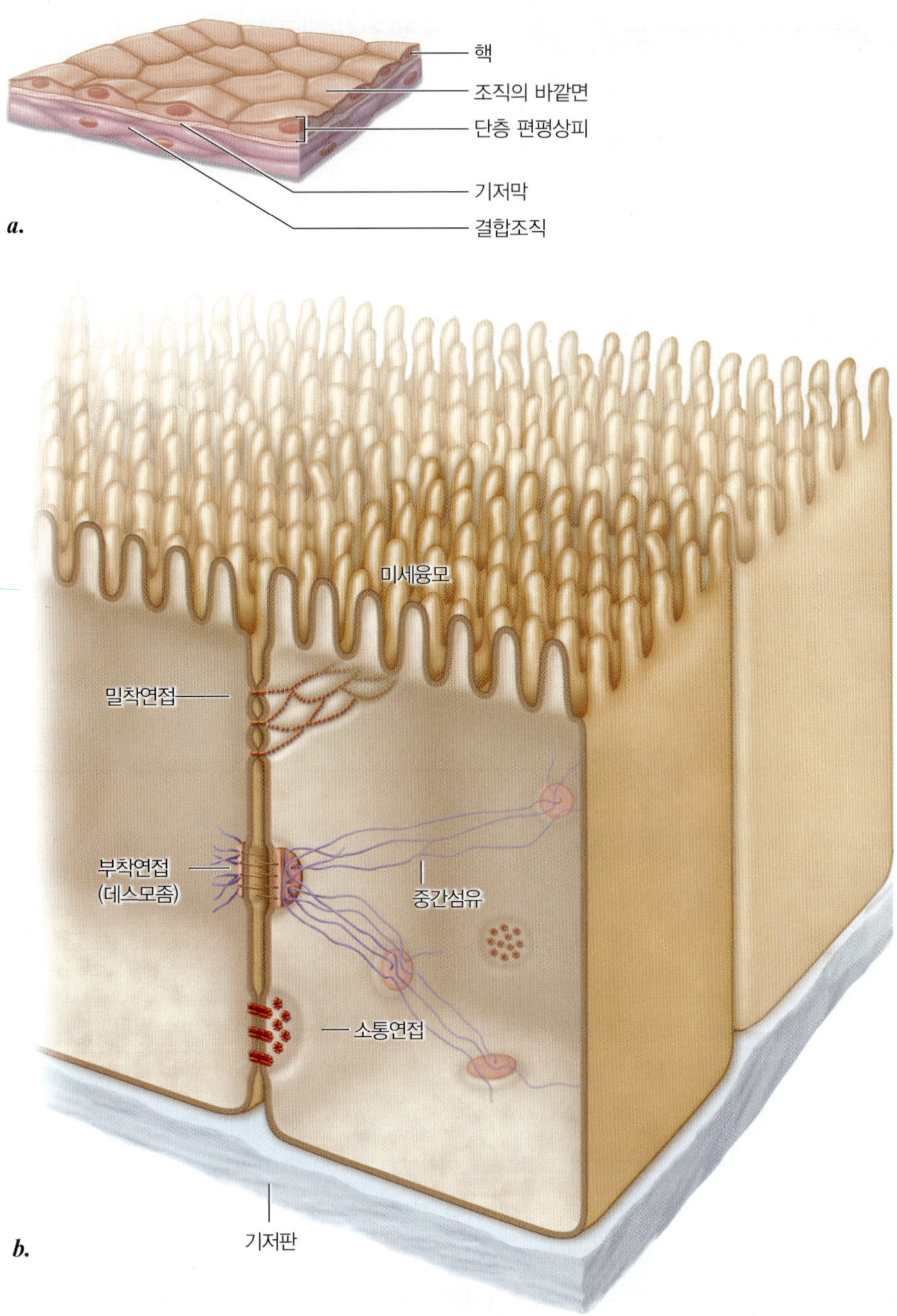

그림 36.4 상피조직.
a. 이 단층 편평상피는 바깥면과 기저막 및 그 밑에 있는 결합조직과의 관계를 나타낸다. ***b.*** 내장의 상피조직 세포에 대한 모식도는 일반적인 세포연접들의 구조와 위치를 비교 설명해 준다. 주요 세포연접 유형에는 밀착연접, 부착연접(데스모좀), 소통연접(간극연접)이 있다.

매우 얇고 미세한 층으로 상피조직의 세포들에 의해 만들어진 조그마한 단백질 섬유와 당단백질들로 이루어져 있으며, 상피조직을 밑에 있는 결합조직에 연결하는 역할을 한다.

상피조직은 세포외물질이 거의 없으며, 세포들은 **밀착연접**(tight junction)과 **데스모좀**(desmosome, 부착연접)(**그림 36.4***b*)이라는 2가지 부착 구조물에 의해 단단하게 연결되어 있다. 이러한 구조적 특징에 의해 상피조직은 보호, 분비, 흡수, 샘 등의 기능을 수행할 수 있으나 혈관이 상피조직으로 침투하지는 못한다. 혈관은 기저막의 바로 아래에 있는 결합조직에서 발견된다(**그림 36.4**). 산소, 이산화탄소, 양분은 확산으로 기저막을 통과하여 상피조직의 세포들에게 전달된다. 이러한 확산은 상피조직 세포들 사이에 있는 **간극연접**(gap junction)이라는 작은 구멍에 의해 촉진된다. 간극연접이 있음에도 불구하고 확산은 단지 몇 개의 세포층에서만 일어날 수 있으므로 대부분 상피조직의 두께를 제한하는 요인으로 작용한다. 상피조직은 외부 환경(피부)과 내부 환경(혈관과 소화관)이 물리적으로 접촉하고 있기 때문에 손상된 세포들을 빠른 속도로 대체할 수 있는 매우 뛰어난 분열 능력을 가지고 있다.

표 36.1 상피조직

단층상피

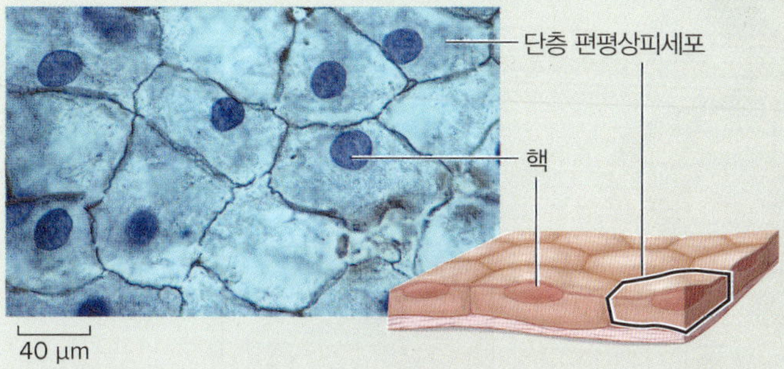

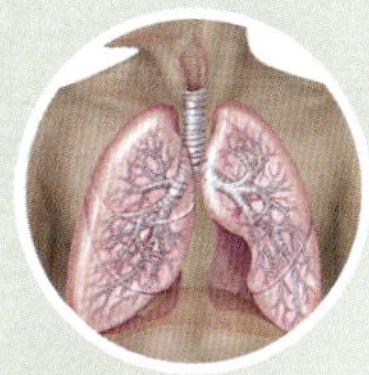

편평상피
주요 위치: 폐의 내벽, 모세혈관과 혈관 내벽
기능: 확산이 쉽게 일어날 수 있는 얇은 세포층을 형성
특징적 세포 유형: 상피세포

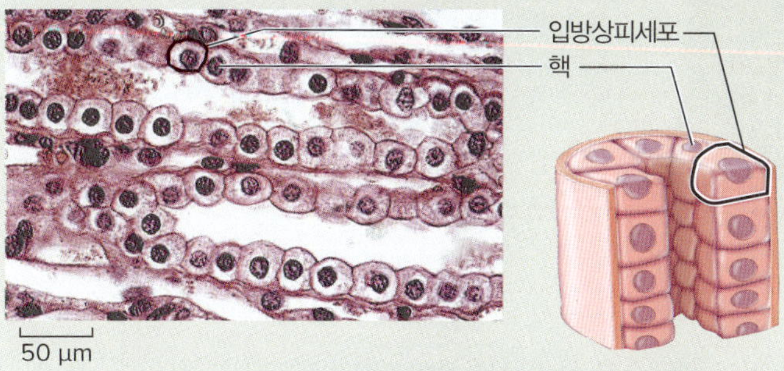

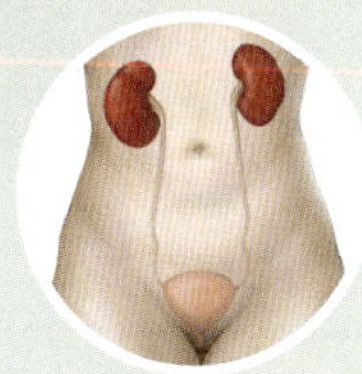

입방상피
주요 위치: 일부 샘과 신장 세관의 내벽, 난소의 외벽
기능: 특수한 수송 통로에 많고, 분비와 흡수 기능
특징적 세포 유형: 샘세포

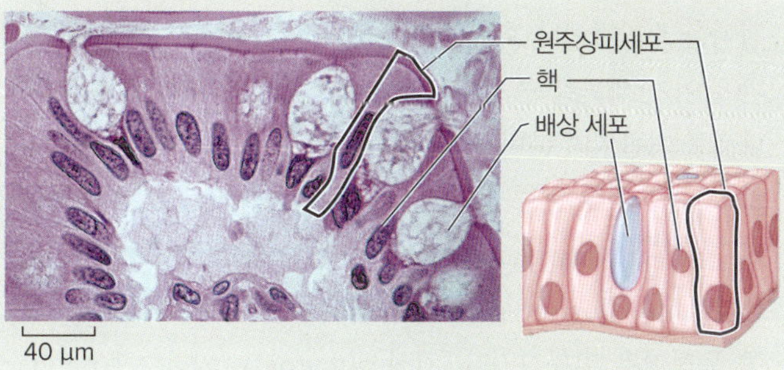

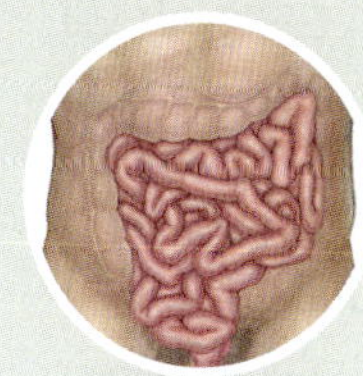

원주상피
주요 위치: 위, 장 및 호흡관 일부 내벽
기능: 두꺼운 세포층을 이루어 보호, 분비 및 흡수 기능
특징적 세포 유형: 상피세포

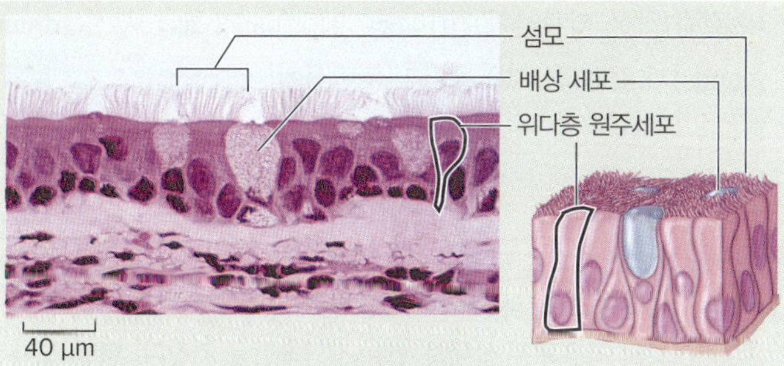

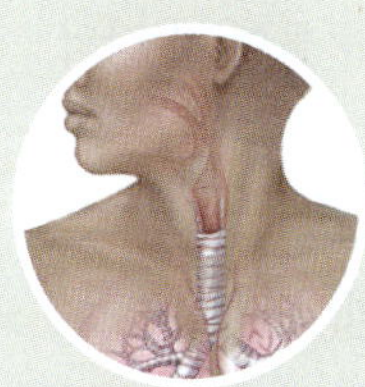

위다층 원주상피
주요 위치: 호흡기관의 일부 내벽
기능: 점액 분비, 점액 이동을 일으키는 섬모들이 조밀하게 있으며 보호 기능
특징적 세포 유형: 샘세포, 섬모상피세포

다층상피

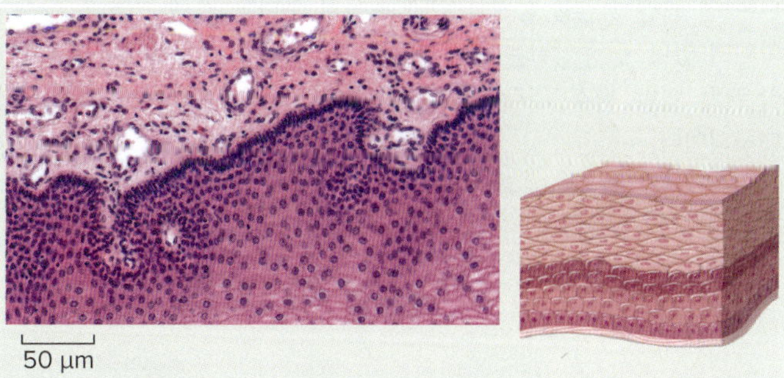

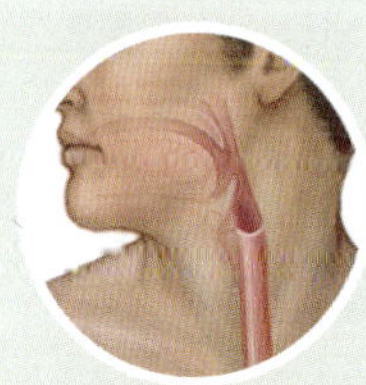

편평상피
주요 위치: 피부 표면, 입의 내면
기능: 단단한 세포층을 이루어 보호 기능
특징적 세포 유형: 상피세포

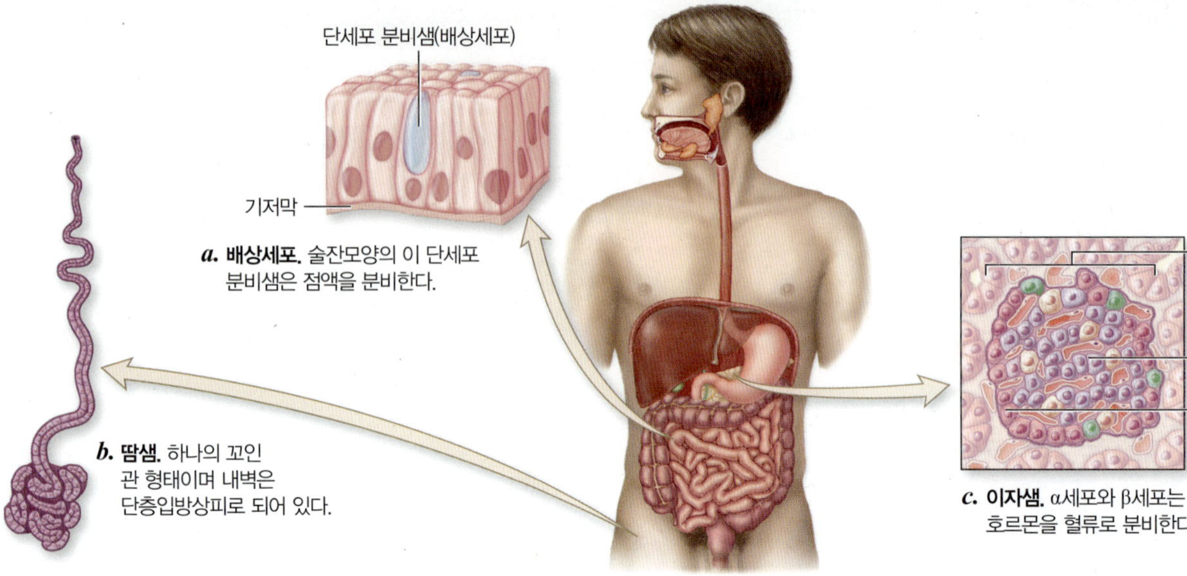

그림 36.5 분비선 유형.
a. 단세포 외분비샘, *b.* 다세포 외분비샘, *c.* 내분비샘

세포층과 모양: 상피조직은 조직학적으로 세포층의 수와 세포 모양으로 분류된다. **표 36.1**은 척추동물의 다양한 상피조직을 나타낸다. **단층상피**(simple epithelium)는 하나의 세포층으로 되어 있다. 모든 세포는 기저막에 부착되어 있으며 정단표면(apical end)을 가지고 있다. **다층상피**(stratified epithelium)는 2개 이상의 세포층으로 구성되어 있으며, 한 층은 기저막에 부착되어 있지만 다른 한 층은 바깥이나 빈 공간 쪽으로 열려 있으며, 그 사이에 하나 이상의 세포층이 존재한다.

입방(cuboidal) 세포는 높이가 너비만큼 크다. 예를 들어, 신장의 세관에 있는 세포들이 단층입방(simple cuboidal) 세포이다. **단층원주상피**(simple columnar epithelium)는 너비보다 높이가 긴 세포들로 구성되어 있으며 내장에서 발견된다. **단층편평상피**(simple squamous epithelium) 조직은 어떤 기하학적 모양을 갖추지 못한 편평한 세포들로 구성되어 있다. 이러한 세포들은 폐의 폐포나 모세혈관 표면에서 발견된다. 단층상피는 모두 기체, 양분 및 물의 빠르고 효율적인 확산을 위해 만들어졌다. 다층편평상피(staratified squamous epithelium)는 많은 척추동물 피부의 표피에서 발견된다. 바깥층은 케라틴(keratin)이라는 단백질로 채워져 있어서 보호기능을 수행한다. **위다층상피**(pseudostratified epithelium)는 척추동물의 호흡계의 일부에서 발견되며 여러층으로 되어 있는 것 같지만 그렇지 않다. 모든 세포들은 기저막에 부착해 있으며 세포의 일부분만 바깥면에 드러나 있다.

분비샘: 분비샘(glands)은 대사산물을 생성하여 그것을 관이나 혈액 등의 체액으로 분비하는 상피조직으로 구성되어 있다. 분비샘은 점액을 소화관이나 호흡관으로 분비하는 배상 세포(goblet cell)와 같이 단세포일 수 있다(**그림 36.5**). 그러나 대부분의 분비샘은 다세포 기관이며 분비 방식에 따라 분류된다. **외분비샘**(exocrine glands)은 직접 관을 통해 분비물을 목적지에 분비한다. 예를 들어, 침샘(salivary glands), 땀샘(sweat glands)이 외분비선이다. 내분비샘(endocrine glands)은 분비물을 혈액으로 분비하여 최종 목적지로 이동시킨다. 갑상샘(thyroid), 뇌하수체(pituitary)와 같은 작은 기관들과 간(liver), 췌장(pancreas), 부신(adrenal glands)과 같은 큰 기관들이 내분비선이다.

핵심 요약 36.2

상피조직은 일반적으로 장벽을 형성하며 모든 몸의 표면을 감싸는 막과 분비샘을 포함한다. 상피는 조직을 밑에 있는 결합조직에 부착시키는 기저막과 자유로운 상태로 있는 정단표면을 가진다. 어떤 상피는 보호 방어를 할 수 있도록 특수화되어 있으며, 어떤 상피조직은 기관의 빈 공간 표면을 감싸고 있어 수송과 분비를 할 수 있도록 특수화되어 있다. 단층상피는 하나의 세포층으로 되어 있으며 모양에 따라 편평, 입방, 원주, 위다층으로 분류될 수 있다. 다층상피는 주로 편평상피이다.

- 분비샘에 있는 상피는 소화관에 배열해 있는 상피와 어떻게 다른 기능을 할까?

36.3 결합조직

학습 목표

1. 결합조직의 구조와 기능에 대하여 서술할 수 있다.
2. 결합조직의 유형을 구분할 수 있다.
3. 결합조직을 구성하는 세포들을 나열하여 설명할 수 있다.

결합조직은 동물의 몸에서 가장 다양하고 풍부한 조직이다(**표 36.2**). 이름에서 알 수 있듯이 결합조직은 다른 모든 조직들을 연결하고 지지하는 역할을 한다. 결합조직은 3배엽성 동물의 중배엽에서 유래하며, 상피조직과는 어느 정도 정반대의 특징을 가진다. 대부분의 결합조직 세포는 서로 연결되어 있지 않으며 **기질**(matrix)이라는 다량의 세포외물질에 의해 지지되어 있다. 기질은 단백질성 섬유와 다양한 분자의 **기본물질**(ground substance)을 포함하며 종종 유동적인 상태로 되어 있다. 2배엽성으로 알려진 동물들은 내배엽과 외배엽 사이에 **중교**(mesoglea)라는 젤라틴성 물질을 가지고 있으며, 이 물질들은 구조와 기능적인 면에서 결합조직과 매우 유사하다(**그림 36.3** 참조).

척추동물의 결합조직은 보통 2가지 이상의 독특한 세포 유형을 가지며 혈관이 고도로 발달되어 있다. 주요 결합조직은 **일반결합조직**(connective tissue proper)과 **특수결합조직**(special connective tissue)으로 구분된다.

일반결합조직은 성글거나 조밀한 상태로 존재한다

성긴결합조직과 조밀결합조직이 발생하는 동안 섬유아세포(fibroblast)라 불리는 세포들은 세포외물질을 만들고 분비한다. 성긴결합조직에는 비만세포(mast cell)와 면역 활동을 하는 대식세포(macrophage) 등과 같은 다른 종류의 세포들도 존재한다.

성긴결합조직

성긴결합조직(loose connective tissue)은 많은 양의 기본물질을 함유하고 있는 기질과 기질 내부에 흩어져 있는 세포들로 구성되어 있다. 젤라틴성의 물질은 성글게 흩어져 있는 단백질 섬유에 의해 강화되는데, 이러한 단백질 섬유에는 그물망과 같은 구조를 형성함으로써 조직을 지지하는 콜라겐(collagen), 조직에 탄력을 주는 엘라스틴(elastin), 콜라겐 망을 지지하는 데 기여하는 레티쿨린(reticulin)이 있다. 간식으로 먹는 젤리에 쓰이기도 하는 젤라틴은 1차적으로 동물의 성긴결합조직에서 추출한 세포외물질이다.

지방세포(adipose cells)는 양분 저장에 중요한 기능을 수행하며 성긴결합조직에서 발견된다. 피부 밑이나, 골수, 신장 주변과 같은 몸의 일부에서 지방세포들이 모여 **지방조직**(adipose tissue)을 형성한다(**그림 36.6**).

각 지방세포는 세포 내에 있는 저장 소포(storage vesicle)에 트라이글리세라이드(triglycerides) 덩어리를 저장한다. 에너지가 필요할 때 지방세포는 저장되어 있는 트라이글리세라이드를 가수분해하여 지방산을 만들어 혈액으로 내보내며, 이는 근육, 간 및 다른 기관들에 있는 세포들에 의해 산화되어 에너지를 얻는 데 사용된다. 지방세포는 분열하지 못하며 성인에서 지방세포의 수는 일반적으로 고정되어 있다. 체중이 늘면 지방세포는 커지며, 반대로 체중이 줄면 이 세포의 크기가 줄어든다.

조밀결합조직

조밀결합조직(dense connective tissue)에는 기본물질이 적게 들어 있으며, 콜라겐 섬유들이 조밀하게 얽혀 있어 성긴결합조직에 비해 강하다. 조밀결합조직은 규칙적 조밀결합조직과 불규칙적 조밀결합조직으로 나뉜다. **규칙적 조밀결합조직**(dense regular connective tissue)에 있는 콜라겐 섬유는 밧줄 가닥처럼 평행하게 배열되어 있다. 이러한 구조는 근육과 뼈를 연결하는 힘줄(tendon)과 뼈와 뼈를 연결하는 인대(ligament)에서 볼 수 있다.

그에 비해 **불규칙적 조밀결합조직**(dense irregular connective tissue)에 있는 콜라겐 섬유는 여러 방향으로 불규칙하게 배열해 있다. 이러한 결합조직은 신장과 부신의 피막과 같은 기관의 단단한 외피를 만들며, 또한 근육, 신경, 뼈를 감싸기도 한다.

특수결합조직은 독특한 특징을 가진다

특수 결합조직에는 연골, 뼈, 혈액이 포함되며, 각 조직은 특수한

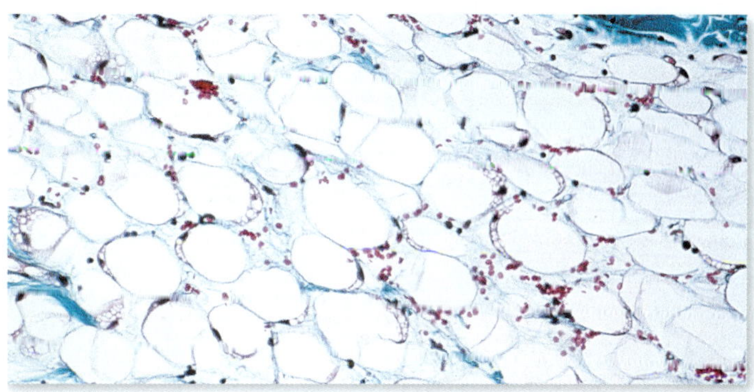

그림 36.6 지방조직.
지방은 성긴결합조직의 한 종류인 지방조직의 소구체(globules) 안에 저장된다. 몸무게가 늘거나 줄 때 지방 소구체의 크기가 커지거나 작아진다. 체중의 감소에 의해 지방세포의 수가 줄지는 않는다.

표 36.2 결합조직

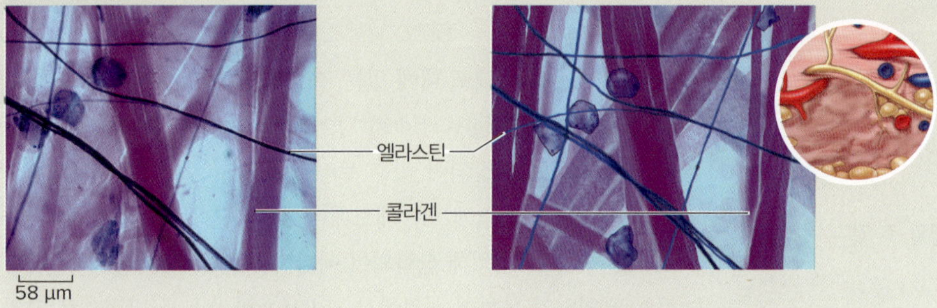

성긴결합조직
주요 위치: 피부 밑, 기관들 사이
기능: 지지, 절연, 양분 저장, 상피에 양분 공급
특징적 세포 유형: 섬유아세포, 대식세포, 비만세포, 지방세포

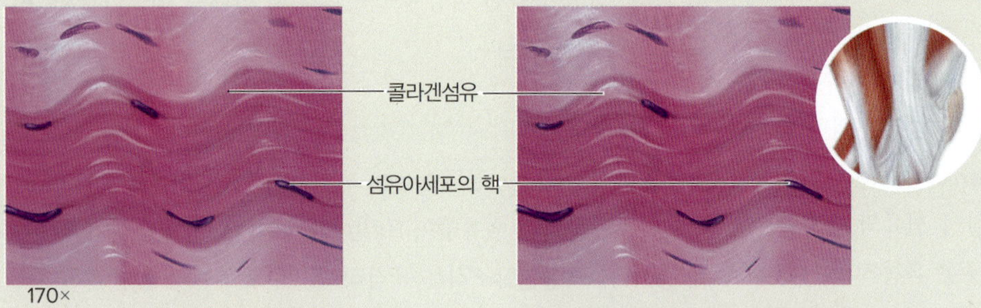

조밀결합조직
주요 위치: 힘줄, 신장, 간, 근육의 외막, 피부의 진피
기능: 강하고 유연한 연결부를 제공
특징적 세포 유형: 섬유아세포

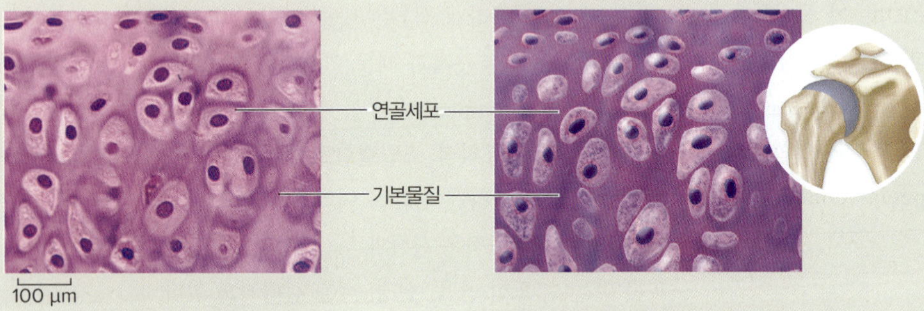

연골
주요 위치: 추간판, 무릎과 기타 관절, 귀, 코, 기관지 고리
기능: 유연한 지지, 충격 흡수, 마찰 감소
특징적 세포 유형: 연골세포

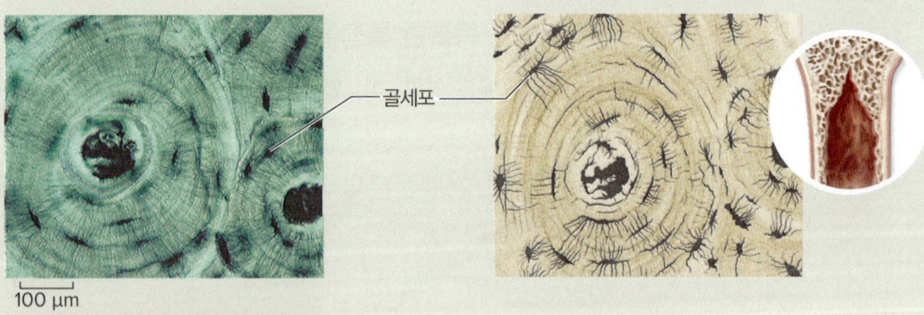

뼈
주요 위치: 대부분의 골격
기능: 내부 기관 보호, 근육이 부착하는 지지대 제공
특징적 세포 유형: 골세포

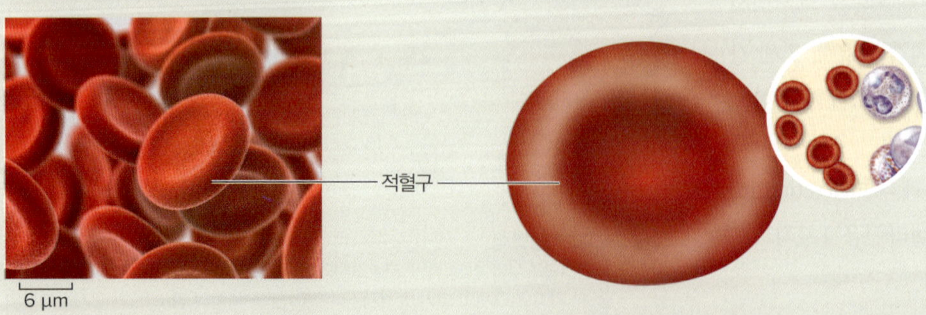

혈액
주요 위치: 순환계
기능: 면역계 통로, 양분과 노폐물의 운반, 기관들 사이의 1차적 소통 수단
특징적 세포 유형: 적혈구, 백혈구

기능을 수행할 수 있도록 독특한 세포와 세포외기질을 가진다.

연골

연골(cartilage)은 **콘드로이틴**(chondroitin)이라는 당단백질이 기본물질을 형성하는 특수화된 결합조직이다(**표 36.2**). 콘드로이틴은 척추동물에만 있는 것은 아니다. 이 물질은 자포동물(cnidarians)과 좌우대칭동물(bilaterates)이 분기하기 전에 발생한 것으로 보인다. 더욱이 연골은 콜라겐과 같은 다양한 단백질 섬유의 유무에 따라 미성숙(immature) 혹은 성숙(mature, 하이알린) 연골 형태로 좌우대칭동물 전체에 걸쳐 존재한다(**그림 36.1**). 척추동물의 하이알린 연골에서는 콜라겐이 평행한 형태로 조밀하게 있다. 연체동물의 두족류(cephalopod molluscs)는 하이알린 연골과 조직학적으로 매우 유사한 연골을 가지고 있다. 연골은 늘어나지 않지만 단단하고 유연한 조직으로, 성긴 혹은 조밀결합조직보다 훨씬 질기며 강한 장력을 가진다.

연골은 현대의 무악류(agnathans)와 연골어류(cartilaginous fishes)의 골격구조를 구성한다(29장 참조). 그러나 대부분의 척추동물에서 연골은 자유로운 움직임을 가능하게 해주는 관절에 있는 뼈의 표면이나 다른 곳에 한정적으로 분포한다. 예를 들어 사람의 경우, 코의 끝, 외이, 척추의 추간원판(intervertebral disks), 후두(larynx) 등 여러 구조물들이 연골로 되어 있다.

연골세포(chondrocytes)는 연골의 기본물질 내에 있는 **골소강**(lacunae)이라는 공간 속에 있다. 이 세포들은 혈관이 없는 연골 기질 내에서도 생명 활동을 수행하는데, 이는 산소와 양분이 주변 혈관으로부터 연골을 구성하는 기본물질을 통해 확산되어 들어오기 때문이다. 확산이 가능한 이유는 연골조직의 기질은 뼈처럼 석회질화되어 있지 않고 수화되어 있기 때문이다.

뼈

뼈(bone)는 척추동물에만 있으며, 뼈 기질은 인산칼슘(calcium phosphate) 결정으로 되어 있다. 다른 동물 그룹은 탄산칼슘(calcium carbonate)이 단단한 구조를 형성한다. **골세포**(osteocytes)는 세포외기질이 인산칼슘 결정으로 인해 단단하게 되었지만 살아 있는 상태로 있다. 혈관은 중심관을 따라 뼈 속으로 분포하여 양분을 세공하고 노폐물을 제거해 준다. 골세포의 세포질 돌기는 **골소관**(canaliculi)이라는 작은 관을 통해 인접한 골세포와 연결된다. 골세포는 이 세포질 연결망을 통해 중심관 내에 있는 혈관과 소통하게 된다. 뼈에 대한 자세한 내용은 근육과 함께 40장에서 다룬다.

태아 발생과정에서 척추동물의 여러 부속지 중에서 지느러미, 팔, 다리의 뼈들은 연골로 먼저 모형이 만들어진다. 연골 기질은 이후 특정한 부위에서 석회질화되며, 연골세포는 더 이상 기질을 통한 확산에 의해 산소와 양분을 얻을 수 없다. 죽어가고 퇴화하는 연골은 살아 있는 뼈에 의해 대체된다.

혈액

혈액(blood)은 세포외물질인 혈장(fluid plasma)이 풍부하기 때문에 결합조직으로 분류된다. 많은 혈장 단백질이 혈구세포에 의해 만들어진다는 점에서 다른 결합조직과 구별된다. 혈액을 구성하는 세포로는 **적혈구**(erythrocyte, red blood cell)와 **백혈구**(leukocyte, white blood cell)가 있다. 혈액에는 골수세포의 조각들인 **혈소판**(platelet, thrombocyte)도 들어 있다. 혈액에 대한 자세한 내용은 43장에서 다룬다.

핵심 요약 36.3

결합조직은 성글게 분포하는 세포들 사이에 기질을 형성하는 세포외물질이 풍부하게 존재한다는 것이 특징이다. 일반결합조직은 성글거나 조밀한 형태로 분류된다. 특수결합조직은 세포들 사이에 독특한 세포외기질을 가진다. 연골의 기질은 유기물질로 되어 있는 반면 뼈의 기질은 칼슘 결정으로 되어 있다. 혈액의 기질은 액상의 혈장으로 되어 있다.

■ 혈액은 왜 결합조직으로 분류될까?

36.4 근육조직

학습 목표

1. 근육세포의 독특한 특징에 대하여 설명할 수 있다.
2. 2가지 유형의 근육세포를 구분할 수 있다.

근육조직은 화학적 에너지를 기계적 에너지로 전환함으로써 힘을 발생시킬 수 있다는 특징을 가지고 있다. 근육조직의 존재는 후생동물(metazoans)의 가장 뚜렷한 특징 중 하나이다. 근육조직은 내부적으로 유발되는 움직임과 행동을 할 수 있게 해준다는 점에서 식물과 균류와 같은 다른 다세포 개체들과 구별된다. 근육조직에 있는 수축 단백질들 중의 하나인 마이오신(myosin)은 해면동물에서 처음 발생하였으며, 아마도 물 흐름을 조절하는 데 어떤 역할을 한 것으로 보인다(**그림 36.1**).

대부분의 동물 근육은 평활근과 가로무늬근으로 나누어지는데, 이 이름은 현미경 상에서의 모습에서 유래하였다. **평활근**(smooth muscle)은 진화적으로 가장 먼저 발생한 유형으로, 균일하고 "매끈한(smooth)" 모습이다(**표 36.3**). **가로무늬근**(횡문근, striated muscle)은 단백질 섬유가 매우 규칙적으로 배열되어 있기 때문에 "줄무늬(striped)"가 나 있는 것처럼 보인다. 이러한 구조는 신경계의 조절이 필요한 복잡한 움직임이 가능하도록 하며 평활근보다 빠른 움직임과 강한 힘을 발생할 수 있도록 해 준다. 심근(cardiac muscle)은 가장 나중에 발생한 유형으로, 척추동물의 심장에서만 관찰되며 줄무늬 형태를 보인다.

평활근은 대부분의 기관에서 발견된다

척추동물에 있는 평활근은 내장기관에서 볼 수 있으며 **내장근**(visceral muscle)이라고도 불린다. 평활근 조직에서는 1개의 핵을 가진 긴 방추형의 세포들이 판을 이루고 있다. 일부 조직에서 세포들은 신경 자극에 의해서만 수축하며, 이후 그 판에 있는 모든 세포들이 한 단위로 수축한다.

척추동물에서 이러한 유형의 근육은 혈관벽에 배열해 있으며 밝은 빛에 수축하는 눈의 홍채를 이루고 있다. 소화관 벽을 이루는 평활근과 같은 다른 평활근 조직에서는 세포 자체가 자발적인 전기적 파동을 만들어 느리지만 일정한 수축운동을 유발한다. 이때 신경은 활동을 유발시키기보다는 조절만 해준다.

골격근은 몸을 움직인다

척추동물에 있는 **골격근**(skeletal muscle)은 다른 동물들에 있는 가로무늬근과 유사하다. 골격근은 의지에 따라 조절할 수 있으며 운동하는 데 작용한다. 골격근을 구성하는 세포들은 길고 관 모양이어

표 36.3 근육조직

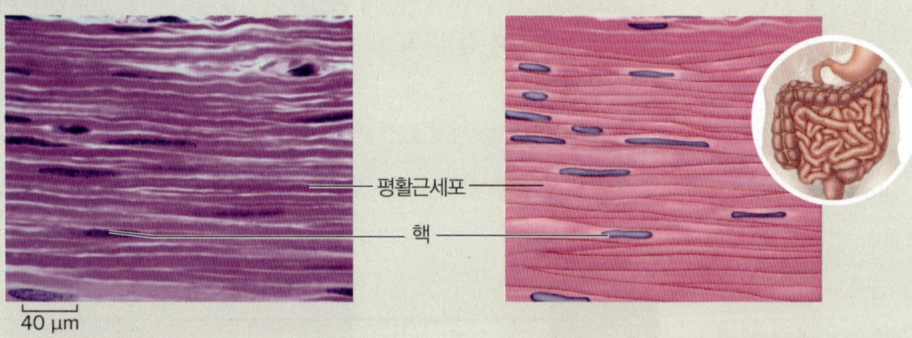

평활근
주요 위치: 혈관벽, 위벽, 내장벽
기능: 중추신경계의 지시에 의한 주기적이고 불수의적인 수축
특징적 세포 유형: 평활근세포

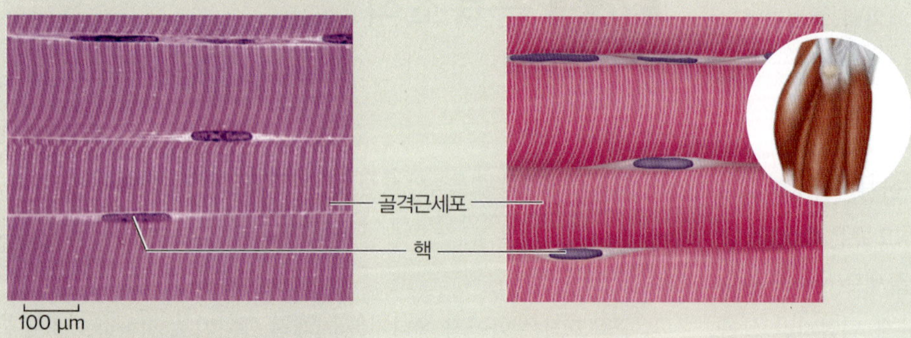

골격근
주요 위치: 수의근
기능: 걷기, 들어 올리기, 말하기 등 수의적 운동
특징적 세포 유형: 골격근세포

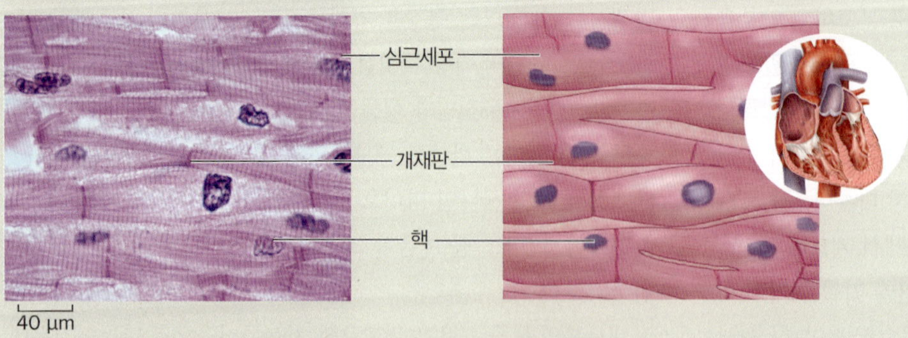

심근
주요 위치: 심장벽
기능: 세포들이 고도로 상호연관되어 있어 수축을 일으키는 신호를 신속하게 전파시킴
특징적 세포 유형: 심근세포

서 **근섬유**(muscle fiber)라고 한다.

골격근의 근섬유는 발생 도중에 여러 세포들의 끝과 끝이 서로 융합하여 만들어진다. 이러한 발생학적 과정 때문에 성숙한 근섬유는 다핵을 가진다. 골격근의 구조와 기능에 대한 자세한 내용은 40장에서 다룬다.

심장은 심근으로 구성되어 있다

척추동물의 심장은 골격근을 구성하는 섬유와는 매우 다르게 배열된 가로무늬근세포로 이루어져 있다. 근육의 길이에 따라 매우 길고 다핵인 세포를 가지는 골격근과는 달리, **심근**(cardiac muscle)은 짧고 단핵인 세포가 서로 연결되어 있다. 이렇게 연결된 모습이 현미경 상에서 어두운 선으로 나타나는데, 이 선을 **개재판**(intercalated disk)이라고 부른다. 실제로 이 선들은 인접한 세포들을 연결하는 간극연접(gap junctions) 부분이다. 3장에서 언급한 바와 같이, 간극연접은 작은 물질이나 이온들을 세포에서 다른 세포로 이동시킬 수 있는 구멍을 가지고 있다. 이와 같은 세포 간 연결로 인해 심근세포들은 하나의 기능적 단위를 이룰 수 있다.

일부 특수화된 심근세포는 전기적 파동을 자발적으로 발생시킬 수 있지만, 주로 신경계가 파동률을 조절한다(**그림 36.7**). 이 파동은 간극연접을 통해 세포에서 세포로 전파되어 심근을 구성하는 모든 세포들이 동시에 작용하여 심장의 수축을 유발시킨다. 43장에서 이 과정에 대하여 자세하게 다룬다.

과학적 사고

질문: 심장 박동은 신경계에 의한 것인가, 아니면 심장 자체로부터 비롯된 것인가?

가설: 심장의 세포는 신경계에 의한 자극 없이 활동전위를 발생시킬 수 있다.

예측: 심장 박동이 심장의 세포들에 의한 것이라면, 분리된 심장에서도 박동이 지속되어야 한다.

실험: 떼어 낸 개구리 심장에 양분과 산소를 공급해 준다.

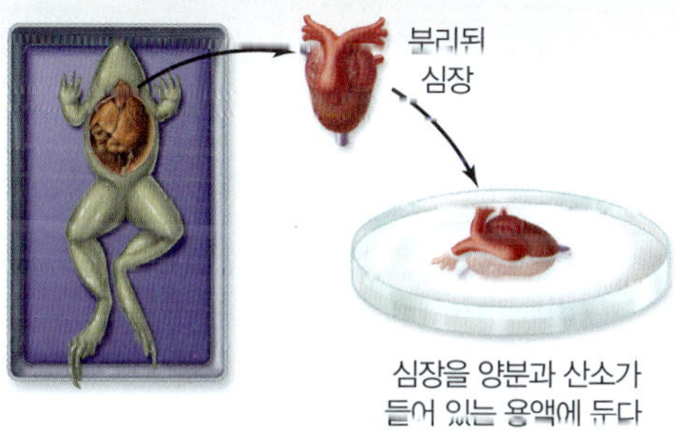

결과: 심장은 신경계와의 연결 없이 지속적으로 수축한다.

결론: 심장 박동은 본질적으로 심장 자체에 의한 것이다.

추가 실험: 이 실험에서 얻은 결론을 **그림 37.11**에서 설명한 내용과 연관시켜 생각할 수 있을까?

그림 36.7 심장 박동의 근원.

핵심 요약 36.4

근육은 몸을 움직이게 하는 모터이다. 근육은 수축하여 길이를 변화시킬 수 있다. 근육조직에는 평활근, 골격근, 심근이 있다. 평활근은 다양한 내장 기능을 수행한다. 골격근은 척추동물의 몸을 움직일 수 있게 해준다. 심근은 근육질의 펌프인 심장을 형성한다.

■ 심근세포가 간극연접을 가지고 있는 것이 왜 중요할까?

36.5 신경조직

학습 목표

1. 뉴런의 기본 구조에 대하여 설명할 수 있다.
2. 신경교세포의 기능에 대하여 설명할 수 있다.

신경조직은 뉴런과 이를 지지하는 세포들로 구성되어 있다. 뉴런은 전기화학적 충격을 만들고 전도할 수 있도록 특수화되어 있다. 신경조직은 조절의 수단으로 근육과 기관계와 함께 진화적으로 같이 발생하였다(**그림 36.1** 참조).

뉴런은 전기 자극을 전도하는 길쭉한 세포이다

대부분의 **뉴런**(neuron)은 세포체, 수상돌기, 축삭의 세 부위로 구성되어 있다(**그림 36.8**). **세포체**(cell body)에는 핵이 있고, **수상돌기**(가지돌기, dendrite)는 가늘고 여러 갈래로 갈라져 있으며 들어오는 자극을 받아 세포체로 전기적 자극을 전달한다. **축삭**(axon)은 한 가닥의 세포질 연장부로서 세포체로부터 생산된 자극을 외부로 전달한다. 대부분의 축삭과 수상돌기는 몇 mm 길이이지만, 어떤 것은 매우 긴 경우도 있다. 예를 들어, 발의 근육을 조절하는 뉴런의 세포체

그림 36.8 수상돌기, 세포체, 축삭을 가진 전형적인 뉴런.

는 척수(spinal cord)에 있기 때문에 축삭의 길이는 발까지 약 1 m에 이른다.

신경교세포는 뉴런을 지지해 준다

신경교세포(neuroglia) 또는 교세포(glial cell)는 전기적 자극을 전도하지는 않는다. 대신 뉴런을 지지하고 보호하며 양분 공급을 도와주는 역할을 한다. 신경교세포는 또한 신경전달을 조절해 주는 역할을 수행한다. 이 세포에 대한 자세한 내용은 37장에서 다룬다.

핵심 요약 36.5

신경조직은 뉴런과 신경교세포로 구성되어 있다. 뉴런은 전기적 신호를 받아서 전달하도록 특화되어 있다. 일반적으로 뉴런은 핵을 가지고 있는 세포체, 들어오는 신호를 받는 수상돌기, 세포체로부터 전기적 자극을 전도하는 축삭으로 구성된다. 신경교세포는 뉴런을 지지하고 보호하는 역할을 한다.

- 부피에 대한 표면적 비율은 세포의 크기를 제한한다고 3장에서 배웠다. 뉴런은 어떻게 이를 극복하고 1 m 길이에 이를 수 있을까?

36.6 척추동물 기관계의 개요

학습 목표

1. 척추동물의 다양한 기관계에 대하여 설명할 수 있다.
2. 기관계들의 기능적 구성에 대하여 설명할 수 있다.

척추동물의 주요 기관계에 대해서는 37~46장에서 자세하게 알아본다(**그림 36.9**). 각 장에서 구조와 기능의 밀접한 관계를 볼 수 있으며, 다음과 같이 기능적 측면에서 그룹으로 나누어 기관계들을 알아본다.

- 소통과 통합
- 지지와 운동
- 조절과 유지
- 방어
- 생식과 발생

소통과 통합은 주변 환경을 인지하고 반응한다

2가지 기관계가 외부와 내부의 자극을 탐지하고 신체의 반응을 조율하는 데 관여한다. **신경계**(nervous system)는 뇌, 척수, 신경, 감각기관 등으로 구성되어 있으며, 내부 감각의 상호작용과 빛, 소리, 접촉과 같은 외부 자극을 탐지한다. 그리고 이러한 정보들은 수집, 통합되어 적절한 반응으로 나타나게 된다.

감각계(sensory system)는 신경계의 한 부분으로 38장에서 자세하게 다룬다. 감각계는 시각, 청각, 후각 등과 같은 외부 자극을 감지하는 조직과 기관들을 포함한다.

내분비계(endocrine system)는 신경계와 병행해서 작용하며 모든 기관계에서 일어나는 수많은 화학적 과정을 조절하고 미세 조정하는 화학적 신호를 보낸다(39장 참조).

골격의 지지와 운동은 모든 동물에 필수적이다

근골격계(musculoskeletal system)는 밀접하게 연관되어 있는 2개의 기관계로 이루어져 있다. 근육(muscle)은 운동하는 데 가장 중요한 역할을 하고 있다는 것은 분명하지만, 이것을 끌어당기는 기반 같은 것이 없으면 작용할 수 없다. 골격계(skeletal system)는 대부분의 근육이 끌어당기는 단단한 뼈대 역할을 한다. 척추동물은 내골격(internal skeleton)을 가지고, 곤충과 같은 다른 많은 동물들은 외골격(external skeleton)을 가지며, 지렁이의 경우는 유체골격(hydrostatic skeleton)을 가진다. 이러한 근육과 골격의 두 기관계를 통해 동물은 섬세하게 조절할 수 있는 다양한 운동을 할 수 있다.

신체의 화학적 조절과 유지는 지속적 생명 활동을 가능하게 한다

조절과 유지에 관련된 기관계는 양분 획득, 노폐물 처리, 물질 분배 및 내부 환경의 유지에 관여한다. **소화계**(digestive system)에 관한 41장에서는 어떻게 음식을 섭취하고 양분을 흡수하는지와 고형의 노폐물을 제거하는 방법에 대하여 설명한다. **순환계**(circulatory system)의 심장과 혈관은 혈액을 내보내고 분배함으로써 양분과 여러 물질을 신체 전반에 제공한다. 신체는 **호흡계**(respiratory system)를 통해 산소와 이산화탄소를 교환한다.

마지막으로 척추동물은 체액의 농도를 아주 정밀하게 조절하는데, 이런 기능은 **비뇨계**(urinary system)에 의해 수행된다. 이에 대한 자세한 내용은 44장에서 다룬다.

신체는 공격자와 침입자로부터 자신을 방어할 수 있다

모든 동물은 박테리아, 바이러스, 곰팡이, 원생생물 등 다른 동물들에 의해 공격을 받는다. 첫 번째 방어기작은 **피부계**(integumentary system)이다. 첫 번째 방어기작을 뚫고 들어온 병원체는 **면역계**

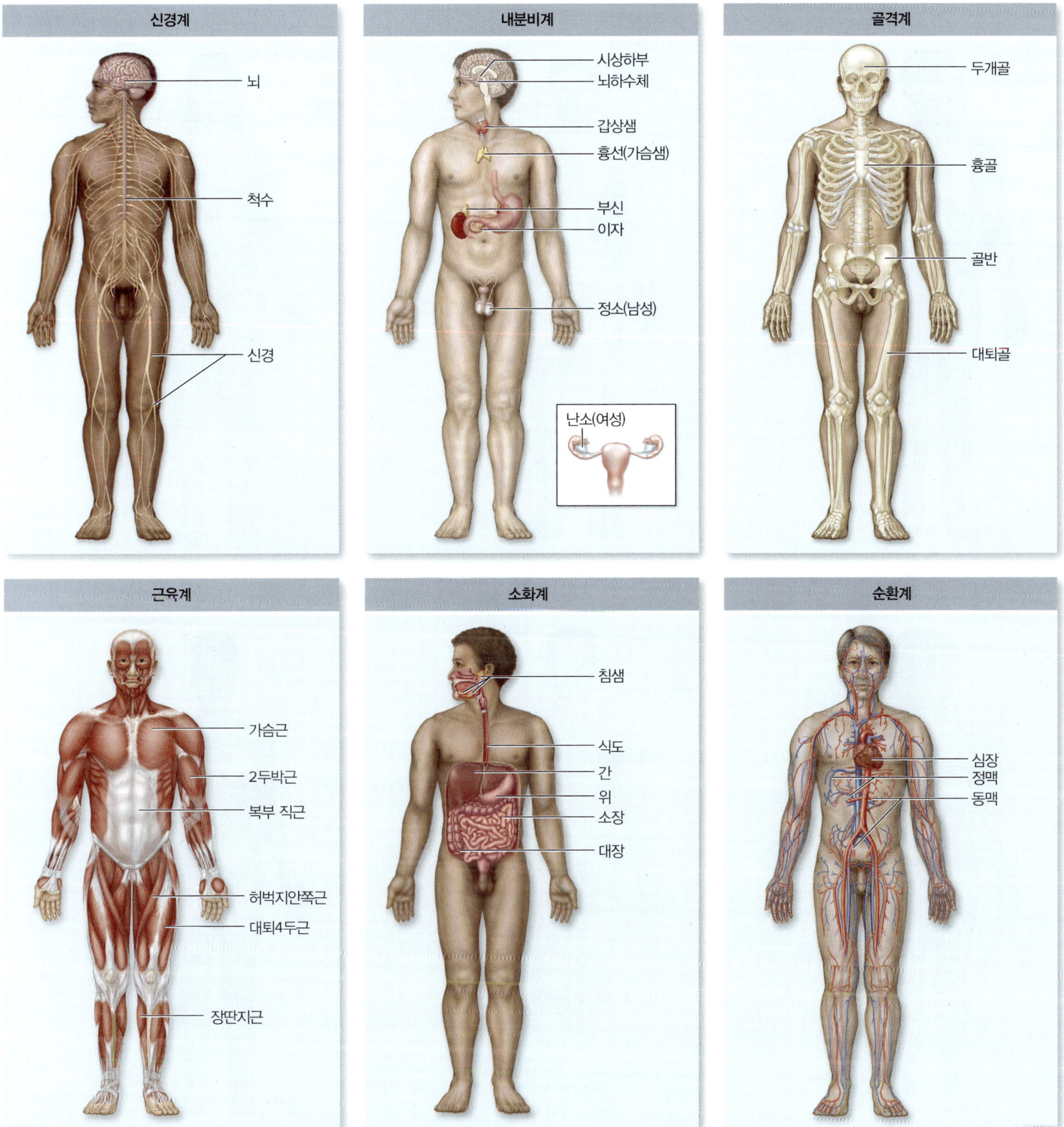

그림 36.9 척추동물 기관계.
남성과 여성의 생식계를 포함하여 인체의 기본적인 11개의 기관계를 나타냈다.

(immune system)와 직면하게 되는데, 면역계는 항체와 병원체를 공격할 수 있는 특수화된 세포를 만들어 몸을 보호한다.

생식과 발생은 종족 보존을 가능하게 한다

척추동물의 생물학적 연속성은 **생식계**(reproductive system)로

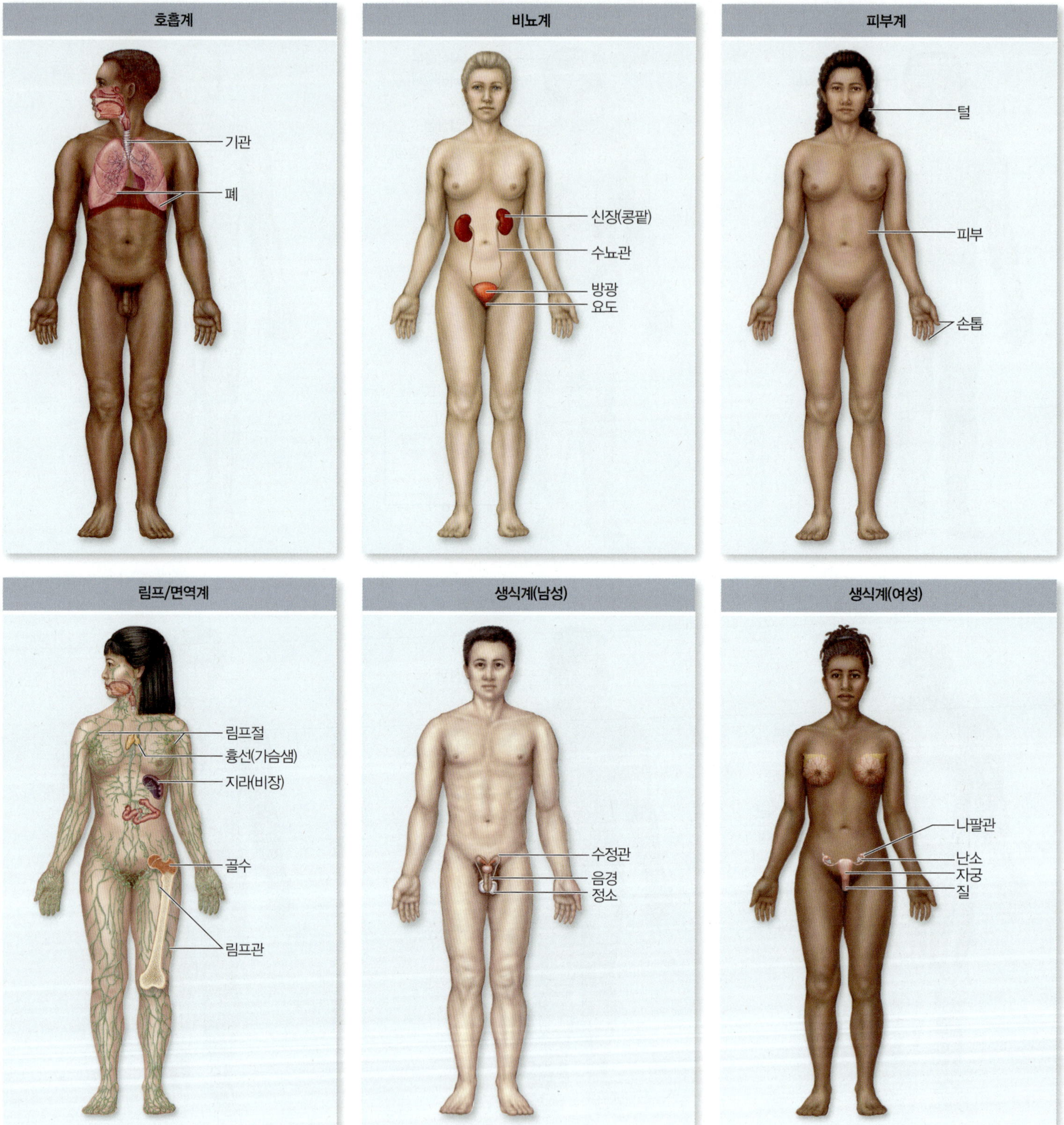

그림 36.9 척추동물 기관계(계속).

인해 가능하다. 수컷과 암컷의 생식계는 암수 배우자를 생성하는 기관과 배우자들이 성장하여 배우자들끼리 접합하는 데 관여하는 분비샘(glands) 및 관(tubes)들로 이루어져 있다. 많은 척추동물의 암컷 생식계에는 배아와 태아의 발달에 관여하는 기관들 또한 포함된다.

두 배우자(gametes)가 융합하여 **접합체**(zygote)가 된 후, 일련의 세포분열과 발생 과정이 일어나 초기의 2배체 세포는 다세포인 성체로 발달한다. 이 과정은 동물 발생을 다루는 47장에서 자세하게 알아본다.

핵심 요약 36.6

척추동물 기관계는 신경계, 내분비계, 골격계, 근육계, 소화계, 순환계, 호흡계, 비뇨계, 피부계, 림프/면역계, 생식계로 이루어져 있다. 이 기관계는 기능적으로 소통과 통합, 지지와 운동, 조절과 유지, 방어, 생식과 발생으로 나누어진다.

■ 서로 다른 기관계들 사이에 겹치는 부분이 있을까?

36.7 항상성

학습 목표

1. 항상성에 대하여 설명할 수 있다.
2. 음성피드백이 어떻게 반응을 제한하는지에 대하여 설명할 수 있다.
3. 길항작동기가 어떻게 조절점에서 체계를 유지할 수 있는지에 대하여 설명할 수 있다.

동물이 진화하면서 몸 구조도 점점 분화(특수화)되었다. 각 세포는 신체 내에서 정확한 기능을 수행할 수 있도록 세밀하게 조정된 정교한 기계라고 볼 수 있다. 그러한 세포 기능의 분화는 외부 상태가 아주 작은 범위 내에서 안정화되어 있을 때만 가능하다. 온도, pH, 포도당과 산소의 농도 등 여러 요소들이 상대적으로 일정하게 유지되어야 세포들이 효과적으로 작용하고 서로 간에 적절하게 상호작용할 수 있다. 내부 상태의 동적인 불변성을 **항상성**(homeostasis)이라고 한다. **동적**(dynamic)이라는 용어는 상태가 항상 변함이 없다는 것이 아니라 좁은 범위 내에서 변동을 거듭한다는 것을 의미한다. 항상성은 생명 현상에 필수적이며, 척추동물 신체의 거의 모든 조절 기작은 항상성 유지와 연관되어 있다.

음성피드백 기작은 범위 내로 값을 유지시킨다

생물들이 내부 항상성을 유지하는 하나의 방법은 음성피드백에 의해 제한되는 조절 시스템을 사용하는 것이다. **음성피드백**(negative feedback)은 어떤 과정의 최종 산물이 그 과정을 제한하는 생화학적 기작이다. 이 기작이 생리학적으로 작용하기 위해서는 세포나 막수용체 같은 감지기(sensor)를 이용하여 내부와 외부 상태 모두를 감지할 수 있어야 한다. 만약 주변 상태가 설정점(set point)에서 너무 멀어지게 되면 생화학적 반응이 시작되어 상태를 변화시켜 설정점에 이르도록 해준다.

이 과정은 실내 난방기의 온도조절계의 작동과 유사하다. 온도조절계의 온도를 설정하면, 온도가 하강할 때 그 변화는 온도 감지 기계에 의해 감지되고 온도조절계에 있는 통합시스템이 이 값을 설정값과 비교하게 된다. 감지된 정보가 설정점보다 낮게 내려갈 때, 통합시스템이 전기 회로를 연결하면 난방기에 전류가 흘러 열이 더 발생하게 된다. 방의 온도가 설정점보다 올라갔을 때는 전기 회로가 차단되어, 더 이상 열을 생산하지 못하게 된다. **그림 36.10**에 음성피드백 순환을 요약하였다.

이와 비슷하게 사람은 체온, 혈당량, 전해질(이온) 농도, 힘줄의 긴장도 등에 대한 설정점을 가지고 있다. 통합중추는 보통 뇌의 특정

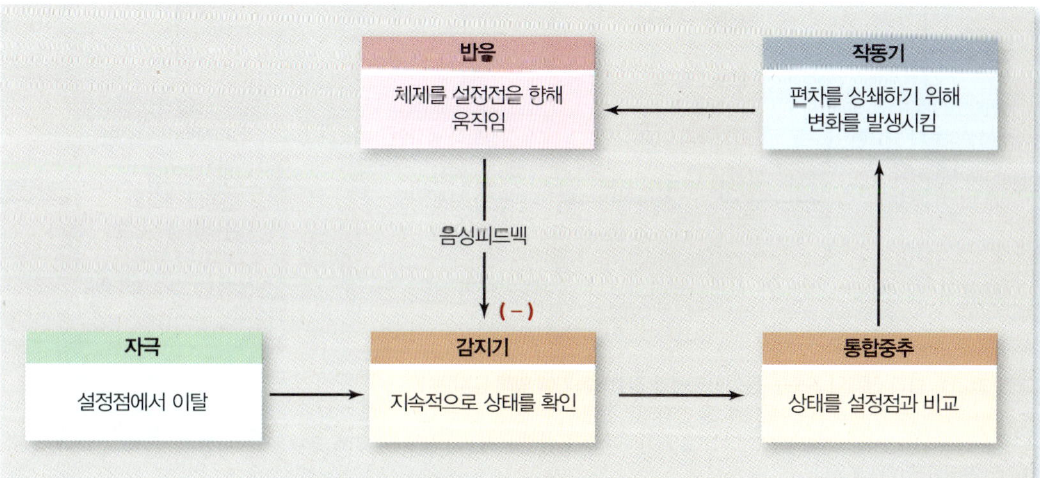

그림 36.10 음성피드백 기작에 대한 일반화된 도식.
음성피드백 기작은 내부 환경의 동적 불변성인 항상성을 유지한다. 환경의 변화는 감지기에 의해 탐지되어 통합 중추로 보내져 설정점과 비교된다. 설정점과의 차이는 내부 조건들을 설정점에 다시 도달하게 하는 반응들을 유도한다. 감지기에 대한 음성피드백은 반응을 종결시킨다.

부분이나 척수이지만, 어떤 경우에는 내분비선에 있는 세포들일 수 있다. 몸의 상태가 변할 때 **작동기**(effector)라고 하는 특정 표적 기관의 활성을 증가 혹은 감소시키는 신호를 보낸다. 작동기는 일반적으로 근육이나 분비샘이며, 이것들의 활동에 의해 상태가 설정점으로 되돌아가게 된다.

포유류와 조류는 **내온성**(endothermic)으로 외부 온도와 상관없이 체온을 일정하게 유지할 수 있다. 사람의 경우 체온이 37°C가 넘는 경우, **시상하부**(hypothalamus)의 뉴런이 체온의 변화를 감지한다. 시상하부는 운동뉴런의 조절을 통해 땀, 혈관의 확장 및 다른 기작을 작동시켜 열의 손실을 촉진한다. 이 반응은 체온 증가를 막아주는 역할을 한다.

길항작동기는 반대로 작용한다

항상성을 유지하는 음성피드백 기작들은 종종 서로 반대로 작용하여 미세한 조절을 할 수 있도록 해준다. 대부분의 내부 환경 요소들은 길항(반대)작용을 하는 여러 작동기들에 의해 조절되는 경우가 많다. 길항적 작동기에 의한 조절은 때때로 밀고 당기는 방법으로 설명될 수 있다. 어떤 한 작동기의 활성이 증가할 때, 그에 반대로 작용하는 길항작동기의 활성은 감소하게 된다. 이러한 방식은 하나의 작동기를 활성 혹은 불활성시켜 조절하는 것보다 더 세밀하게 조절할 수 있게 해준다.

난방의 예에서, 방 온도는 난방기를 켜거나 끔으로써 혹은 에어컨을 켜거나 끔으로써 유지될 수 있다. 하지만 만약 온도조절계가 에어컨과 난방기 모두를 조절한다면 훨씬 안정적으로 온도를 조절하는 것이 가능하다. 난방기는 에어컨이 꺼질 때 켜지게 되며 에어컨은 난방기가 꺼질 때 켜지게 된다(**그림 36.11***a*).

체온을 조절해 주는 길항작동기도 이와 마찬가지이다. 체온이 떨어졌을 때, 시상하부는 피부의 혈관을 수축시키고 열을 생성하는 데 도움이 되는 몸의 떨림과 같은 여러 반응들을 통합 조절한다. 이러한 반응은 체온을 높이게 되어 초기에 발생한 변화로부터 항상성을 유지하게 해준다(**그림 36.11***b*).

양성피드백 기작은 변화를 촉진한다

일부 상황에서 동일한 방향으로 더 큰 변화를 촉진시키는 **양성피드백**(positive feedback) 기작이 사용된다. 양성피드백 순환에서 작동기는 조절되는 변수를 설정점으로부터 훨씬 더 멀어지게 한다. 그

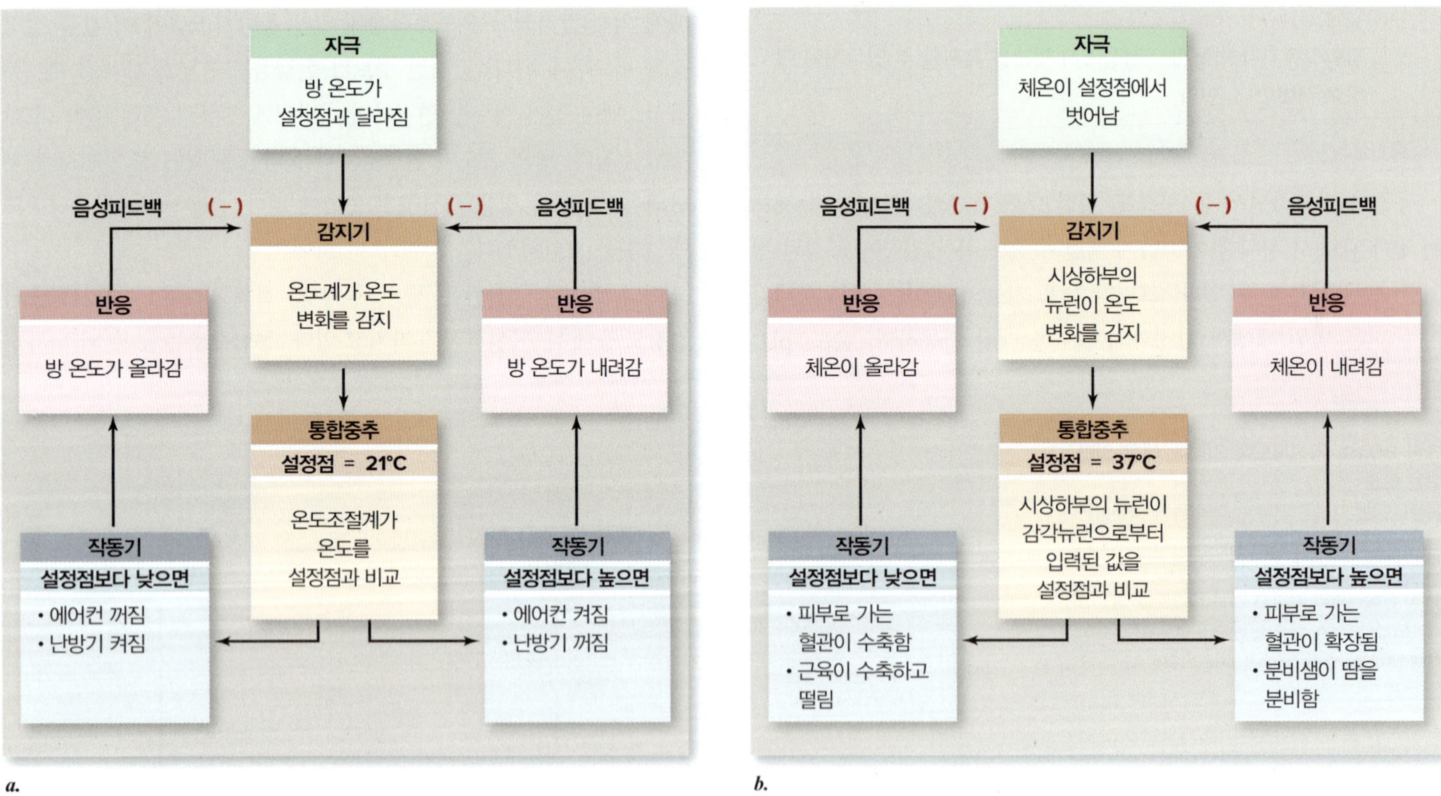

그림 36.11 방과 신체의 온도는 음성피드백과 길항작동기에 의해 유지된다.
a. 온도계가 설정점과 비교하여 낮은 온도를 감지하면, 난방기는 켜지고 에어컨은 꺼진다. 만약 온도가 너무 높으면, 에어컨은 켜지고 난방기는 꺼진다. ***b.*** 뇌의 시상하부는 체온의 변화를 감지한다. 비교측정기(시상하부에 있음)는 정보를 처리하며 혈관, 땀샘, 골격근과 같은 작동기를 활성화시킨다. 음성피드백은 체온과 설정점의 차이를 줄인다. 최종적으로 비교측정기에 의한 작동기의 자극도 줄어들게 된다.

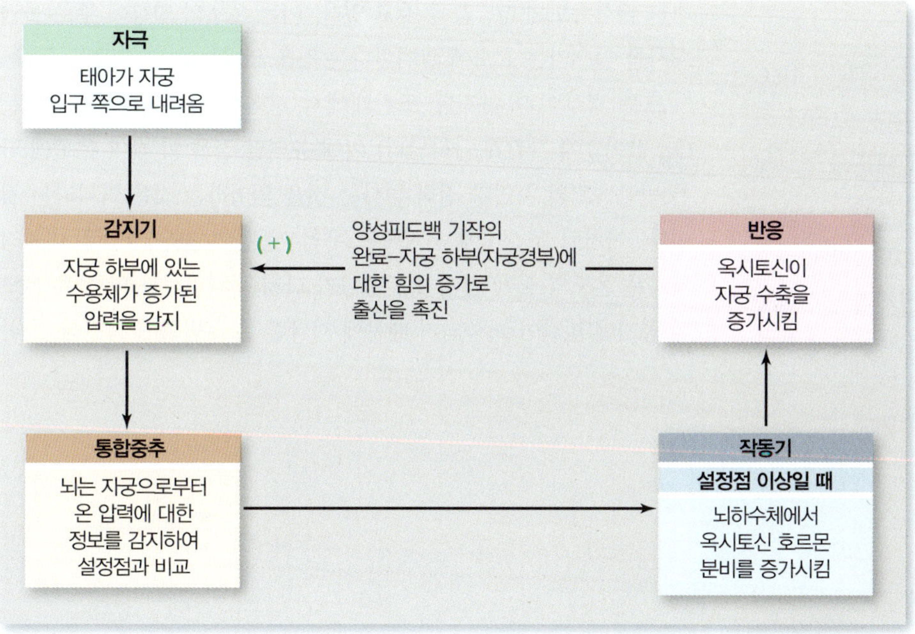

그림 36.12 분만 시의 양성피드백.
자궁수축은 척추동물 신체에서 양성피드백의 몇 가지 예 중 하나이다.

결과, 양성피드백이 있는 체계는 매우 불안정적이며 폭발을 유발하는 불꽃과 유사하다. 이러한 체계는 항상성을 유지하기 어렵다.

그럼에도 불구하고 그런 체계는 어떤 생리학적 기작에 중요한 요소로 작용한다. 예를 들어, 양성피드백은 혈액 응고 과정에 일어난다. 하나의 응고 요소가 다른 요소를 연쇄적으로 활성화시켜 혈전 형성이 매우 빠르게 일어날 수 있게 해준다. 양성피드백은 분만 시에 자궁의 수축에도 중요한 역할을 한다(**그림 36.12**). 태아에 의해서 유도된 자궁의 확장이 수축을 자극하게 되고 그 수축은 더욱 자궁의 확장을 유발한다. 이러한 순환 사이클은 자궁에서 태아가 나올 때까지 계속된다.

신체 내에서 대부분의 양성피드백 체계는 항상성을 유지하는 데 더 큰 기작의 일부로 작용한다. 앞에서 설명한 예에서, 혈전의 형성은 출혈을 멈추게 함으로써 혈액 양을 일정하게 유지시켜 주며, 태아의 방출은 자궁의 수축을 줄여주게 되고 순환과정을 멈추게 된다.

핵심 요약 36.7

항상성이란 생물의 내적 상태의 동적인 안정성을 의미한다. 음성피드백 기작은 온도, pH와 같은 다양한 내부 요소들의 변화를 설정점으로 조정해 줌으로써 신체 상태가 정상적 범위 내에서 유지되도록 해준다. 서로 길항적으로 작용하는 작동기들은 개별적으로 작용하는 것보다 효과적이다. 변화를 더욱 촉진시키는 양성피드백 기작은 그렇게 일반적이지는 않지만 혈액 응고, 출산과 같은 특별한 기능을 하는 데 중요한 역할을 한다.

■ 길항작동기와 음성피드백은 함께 작용할까?

36.8 체온의 조절

학습 목표

1. Q_{10}과 그의 중요성에 대하여 설명할 수 있다.
2. 체온 조절에 근거한 생물들의 분류 방법에 대하여 설명할 수 있다.
3. 체온의 항상성 기작에 대하여 서술할 수 있다.

온도는 모든 개체들이 대처해야만 하는 환경의 가장 중요한 요소 중 하나이다. 이는 36.7절에서 다룬 항상성 조절의 원칙이 적용되는 좋은 예이기도 하다. 어떤 생물들은 환경의 온도와 일치하는 체온을 갖고 있는 데 비해 다른 생물들은 자신의 체온을 조절한다. 먼저 온도의 중요성에 대하여 알아보자.

Q_{10}은 온도 민감도의 척도이다

모든 화학반응의 속도는 온도의 영향을 받는다. 온도가 올라가면 반응속도가 빨라지고, 온도가 내려가면 느려진다. 효소에 의해 촉매되는 반응도 같은 역학적 효과를 나타내지만, 효소 자체도 온도의 영향을 받는다.

2가지 다른 온도에서 반응의 속도를 조사하여 이러한 온도 의존성을 수치화할 수 있다. 온도가 10°C 차이 나는 두 반응에서 측정한 반응속도의 비율을 효소의 Q_{10}이라고 한다.

$$Q_{10} = R_{T+10}/R_T$$

대부분 효소의 Q_{10} 값은 2 정도로 나타나는데, 이는 온도가 10℃ 증가할 때마다 반응속도가 2배가 된다는 것을 의미한다. 그러나 이러한 현상은 고온에서는 효소의 구조가 영향을 받기 때문에 영구적으로 계속될 수 없다.

Q_{10}의 개념은 일반적인 대사과정에도 적용될 수 있다. 이때 동일한 방정식을 사용하지만 단일 반응의 속도 대신에 전체적 대사반응 속도가 사용된다. 이를 적용해 보면 대부분의 개체들은 2~3에 해당하는 대사속도의 Q_{10} 값을 갖고 있다. 이는 온도의 영향이 주로 물질대사를 일으키는 효소에 관여한다는 것을 의미한다.

드문 경우이긴 하지만 조간대에서 서식하는 무척추동물에서는 Q_{10} 값이 1에 가깝게 나타난다. 이에 유의할 점은 이 값이 온도에 따른 반응속도의 차이가 전혀 없다는 것을 의미하는 것은 아니라는 것이다. 이처럼 조간대에 서식하는 무척추동물의 경우 그들은 비교적 차가운 온도의 물에 잠기기도 했다가 다시 직사광선과 더 높은 온도의 공기에 번갈아 노출되기 때문에 커다란 온도 변화에 직면해 있다.

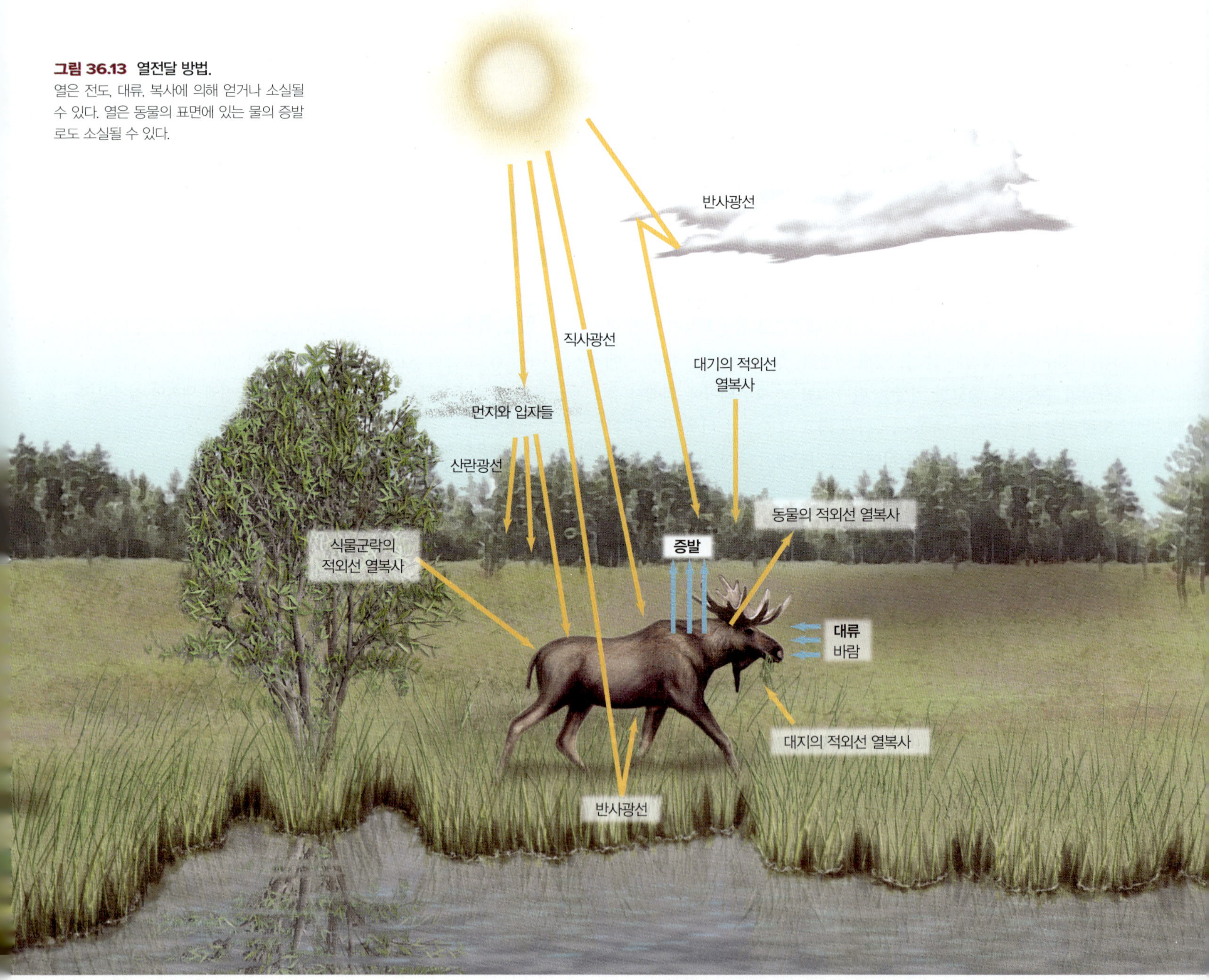

그림 36.13 열전달 방법. 열은 전도, 대류, 복사에 의해 얻거나 소실될 수 있다. 열은 동물의 표면에 있는 물의 증발로도 소실될 수 있다.

이 개체들은 아마도 단일 대사과정에서 최적 온도가 다른 다양한 효소의 진화를 통해 이러한 큰 온도 변화에 대응하도록 적응하였을 것이다. 이것은 특정 온도에서 한 효소가 활성이 저하된 다른 효소를 대신할 수 있도록 해준다.

온도는 내외적인 요인에 의해 결정된다

체온은 단순해 보이지만 많은 요인에 의해 영향을 받는다. 이러한 요인들에는 행동뿐만 아니라 내부 및 외부 요인이 모두 포함된다. 5장에서 살펴본 바와 같이 열역학 제2법칙에 의하면 100% 효율적인 에너지 전달은 없다. 따라서 대사과정을 구성하는 반응들은 이처럼 비효율적이기 때문에 열을 지속적으로 생산하게 된다. 이 열은 소멸되거나 체온을 올리는 데 사용될 수 있다.

전반적인 물질대사의 반응속도와 체온은 서로 연관되어 있다. 체온이 낮으면 효소의 온도 의존성 때문에 높은 대사 속도를 보일 수 없다. 반대로 높은 대사 속도는 냉각이 요구될 정도로 몸을 가열할 수 있다.

따라서 생물들은 체온, 물질대사 및 환경과 관련된 내외적 요인들을 처리해야 한다. 체온에 대한 가장 간단한 모델은 다음과 같다.

$$\text{체온} = \text{생산된 열} + (\text{얻은 열} - \text{잃은 열})$$

이를 더 간소화하면 다음과 같다.

$$\text{체온} = \text{생산된 열} + \text{전달된 열}$$

여기에서 주목할 점은 전달된 열은 양의 값일 수도 음의 값일 수도 있으며, 이는 가열 또는 냉각에 사용될 수 있다는 것이다. 생물학적 시스템과 관련된 열 전달은 다음과 같이 복사, 전도, 대류, 증발의 4가지 기작으로 구분된다(**그림 36.13**).

- **복사**(radiation): 태양과 같은 전자기 복사에 의한 열전달에는 직접적인 접촉이 필요하지 않다. 열은 복사에 의해 뜨거운 몸체에서 더 차가운 몸체로 전달된다.
- **전도**(conduction): 두 물체 간의 직접적인 열전달을 전도라고 한다. 글자 그대로 접촉해 있는 두 물체의 분자들 사이에 운동에너지(kinetic energy)가 직접 전달되는 것을 의미한다. 에너지는 뜨거운 물체에서 더 차가운 물체로 전달된다.
- **대류**(convection): 대류는 발생한 열이 기체나 액체의 이동에 의해 전달되는 것이다. 이러한 이동은 외부에서 발생하거나(바람), 가열 및 냉각과 관련된 밀도의 차이 때문에 생길 수도 있다. 예를 들어, 가열된 대기는 밀도가 작아져 상승한다. 이는 물에서도 마찬가지이다.
- **증발**(evaporation): 모든 물질은 기화열, 즉 액체에서 기체로 상(phase)이 변하는 데 필요한 에너지의 양을 가진다. 1장에서 살펴본 것처럼 물은 높은 기화열을 가지고 있으며, 많은 동물들은 이러한 물의 특성을 다른 물질의 온도를 낮추는 데 사용한다.

다른 요인들

앞에 나열된 방법들에 의한 전체 열전달률은 이러한 물리적 과정들에 영향을 미치는 여러 가지 요인들에 따라 달라질 수 있다. 이러한 요인에는 표면적, 온도차, 특이적인 열전도율 등을 들 수 있다. 차례대로 알아보면, 전체 질량에 비해 표면적이 클수록 열전도는 커진다. 따라서 작은 생물들은 체중에 비해 큰 표면적을 가지며 주변 환경에서 더 쉽게 열을 얻거나 잃는다. 표면적의 비는 팔다리를 뻗거나 움츠리는 것과 같은 자세의 변화를 통해 어느 정도 영향을 받을 수 있다.

온도 차이도 중요하다. 주위와 체온의 차이가 클수록 열전달이 많아지며, 주위와 체온의 차이가 적으면 적을수록 적은 양의 열이 손실되거나 얻어지게 된다.

마지막으로 열전도율(heat conductance)이 높은 동물은 주변 온도와 비슷한 체온을 가지려는 경향이 있다. 온도를 조절하는 동물의 경우 열전도율이 낮은 물질로 몸을 감싸고 있어 체온 조절에 이점을 가진다. 이는 단열재로 작용한다. 단열 물질로는 깃털, 모피, 지방층 등을 들 수 있다. 행동을 통해 체온을 조절하는 동물의 경우 열전도율이 높으면 열전달이 극대화될 수 있다.

생물들은 열의 원천에 따라 분류된다

생리학자들은 오랫동안 동물들이 체온을 일정하게 유지하는지 아니면 체온이 환경에 의해 변하는지에 따라 동물을 분류하였다. 체온을 특정 설정점에 근접하게 유지하는 동물들을 **항온동물**(homeotherms)이라 부르고, 환경에 따라 체온이 변하는 동물을 **변온동물**(poikilotherms)이라고 부른다.

항온동물은 그들의 체온을 주변 온도보다 높게 유지하려는 경향이 있기 때문에 온혈(warm-blooded) 동물이라 하고, 변온동물은 냉혈(cold-blooded)동물이라 한다. 이 용어의 문제점은 온도가 안정적인 환경에서 변온동물은(예를 들어, 심해의 많은 어류들) 항온동물보다 더 일정한 체온을 갖는다는 것에 있다.

체온 조절에 의한 이분법적 분류의 한계점들로 인해 체열이 어떻게 생성되는가에 근거한 다른 관점이 대두되었다. 체열을 생산하고 그 온도를 주변 온도보다 높게 유지하기 위해 물질대사를 이용하는 동물을 **내온동물**(endotherms)이라고 부른다. 그에 비해 체열을 생

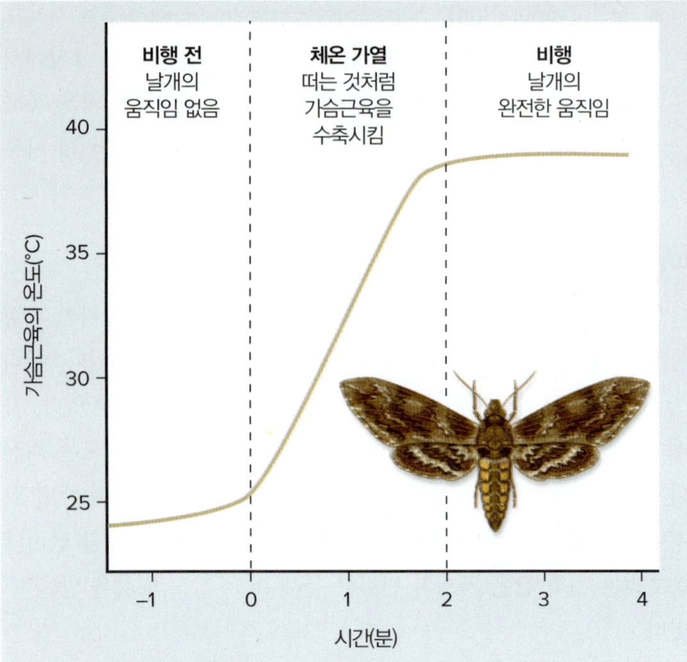

그림 36.14 곤충의 체온 조절.
박각시나방과 같은 어떤 곤충들은 비행을 위한 준비 운동으로 가슴근육을 수축시킨다.

? 탐구문제 근육 온도는 왜 2분 후에 더이상 높아지지 않는가?

산하기 위해 물질대사를 사용하지 않고 주변 온도에 맞추어 체온을 조절하는 동물을 **외온동물**(ectotherms)이라고 부른다. 내온동물들은 절연 기작으로 인해 낮은 열전도율을 가지는 경향이 있고, 외온동물은 열전도율이 높고 절연성이 없는 경향이 있다.

이 두 용어는 생리와 적응의 이상적인 종점을 나타낸다. 많은 동물들은 이 극단 사이에 있으며 **이온동물**(heterotherms)이라고 간주될 수 있다. 특정 동물이 각 그룹의 특징을 나타내는 경우 어떻게 분류할지는 판단의 문제이다.

외온동물은 행동을 통해서 체온을 조절한다

낮은 대사율에도 불구하고 외온동물은 행동을 통해 체온을 조절할 수 있다. 대부분의 무척추동물들은 체온을 조절하기 위하여 행동을 이용한다. 예를 들어, 대부분의 나비들은 날기 전에 특정 체온에 도달해야 하기 때문에 서늘한 아침에 몸의 방향을 햇빛 흡수가 극대화되도록 맞춘다. 나방과 다른 많은 곤충들은 떨림 반사(shivering reflex)를 사용하여 가슴비행근육을 따뜻하게 하여 비행을 할 수 있도록 한다(**그림 36.14**).

포유류와 조류 이외의 다른 척추동물들은 외온성(ectothermic)이며, 이들의 체온은 주변 환경의 온도에 다소 의존적이다. 그렇다고 해서 이 동물들이 비교적 일정하고 높은 체온을 유지할 수 없다는 것을 의미하지는 않는다. 하지만 이를 위해 이 동물들은 행동을 이용해야 한다. 많은 외온성 척추동물들은 항온형 외온동물(homeothermic ectotherms)로서 온도 항상성을 유지할 수 있다.

예를 들어, 참치, 황새치 및 일부 상어와 같은 특정 대형 어류는 신체의 일부를 수온보다 상당히 높은 온도로 유지할 수 있다. 이들은 **역류 열 교환**(countercurrent heat exchange)을 통해 이를 가능하게 한다. 이 순환 적응은 정맥의 차가운 혈액이 근처에 위치해 있는 동맥의 따뜻한 혈액으로부터 유래된 열의 발산을 통해 따뜻해질 수 있도록 한다. 그 동맥들은 몸 중앙에서 따뜻한 혈액을 운반한다(**그림 36.15**).

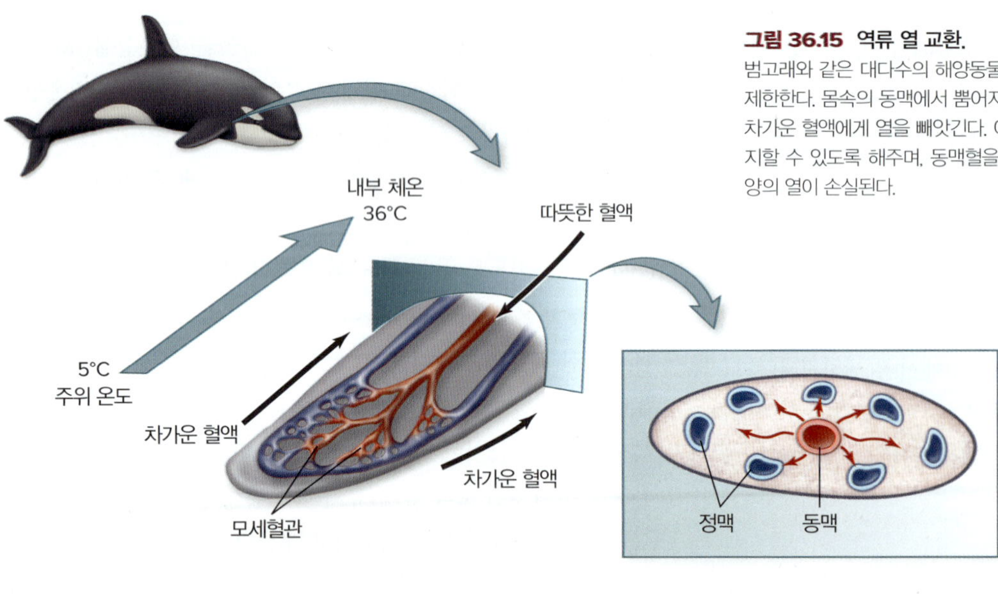

그림 36.15 역류 열 교환.
범고래와 같은 대다수의 해양동물들은 역류 열 교환을 이용하여 차가운 물에서 열 손실을 제한한다. 몸속의 동맥에서 뿜어져 나오는 따뜻한 혈액은 피부의 정맥으로부터 되돌아오는 차가운 혈액에게 열을 빼앗긴다. 이 현상은 정맥혈을 데워 찬물 속에서 체온을 일정하게 유지할 수 있도록 해주며, 동맥혈을 냉각시켜 동맥혈이 신체의 말단에 도달할 때 보다 적은 양의 열이 손실된다.

파충류들은 햇빛이 있거나 그늘이 있는 다양한 장소로 이동하는 행동을 통해 체온을 일정하게 유지하려고 한다. 이것이 바로 종종 햇볕을 쬐고 있는 도마뱀을 볼 수 있는 이유이다. 일부 파충류들은 혈류의 흐름을 조절함으로써 행동에 의한 조절의 효과를 극대화할 수 있다. 해양성 이구아나는 심장 박동을 높이고 낮출 수 있을 뿐만 아니라 혈관의 이완이나 수축의 정도를 조절하여 열전도에 의한 열전달을 할 수 있는 혈액의 양을 조절할 수 있다. 이들은 육지에 있을 때 심장 박동을 증가시키고 혈관을 확장시켜서 가열을 최대화할 수 있는 반면, 먹이를 위해 물속으로 들어갈 때 심장 박동을 낮추고 혈관을 수축시켜서 냉각을 최소화할 수 있다.

일반적으로 외온동물은 낮은 대사율을 갖고 있는데, 이는 적은 양의 에너지(음식)를 섭취할 수 있다는 이점을 가진다. 도마뱀(외온동물)은 비슷한 크기의 쥐(내온동물)가 섭취하는 에너지의 10% 정도를 필요로 하는 것으로 추정된다. 이러한 상충 관계로 인해 외온동물은 장시간의 고에너지 활동을 할 수 없다.

내온동물은 보존하거나 발산할 내부 대사열을 생성한다

내온동물은 높은 대사율을 통해 생성된 내부 열을 추울 때 체온을 올리는 데 사용하는 반면, 높은 온도에서는 발산(dissipation)시켜야 한다.

열전달에 영향을 미치는 가장 간단한 반응은 동물의 표면으로 가는 혈류의 양을 조절하는 것이다. 혈관의 확장은 표면으로 흐르는 혈액의 양을 증가시켜 열의 교환과 발산을 증가시킨다. 그에 반해 혈관의 수축은 표면으로 가는 혈액의 양을 줄이고 열 교환을 감소시켜 전도로 인해 손실되는 열의 양을 제한한다.

주변 온도가 상승할 때 많은 내온동물들은 땀을 흘리거나 숨을 헐떡이는 형태로 증발시켜 온도를 낮추는 증발 냉각(evaporative cooling)을 이용한다. 사람을 포함한 일부 포유류는 땀을 흘리는데, 이때 몸 표면에 있는 땀샘으로부터 능동적인 수분의 배출이 일어난다. 물이 증발할 때 피부는 냉각되며 이러한 냉각 효과는 피부 표면 주위에 있는 모세혈관을 통해 내부로 전달될 수 있다. 숨을 헐떡이는 것은 증발 냉각을 하기 위해 호흡기 표면을 이용하는 일부 포유류와 조류의 적응 현상과 유사하다. 동물은 증발 냉각의 효과를 위해 수분의 손실을 견뎌야 한다.

내온성의 이점은 지속적인 고에너지 활동이 가능하다는 데 있다. 내온동물은 높은 대사율로 인해 상대적으로 지속적이고 많은 양의 에너지(음식)를 섭취해야 한다.

몸 크기와 절연

몸의 크기는 동물의 생리에 영향을 미치는 하나의 중요한 특성이

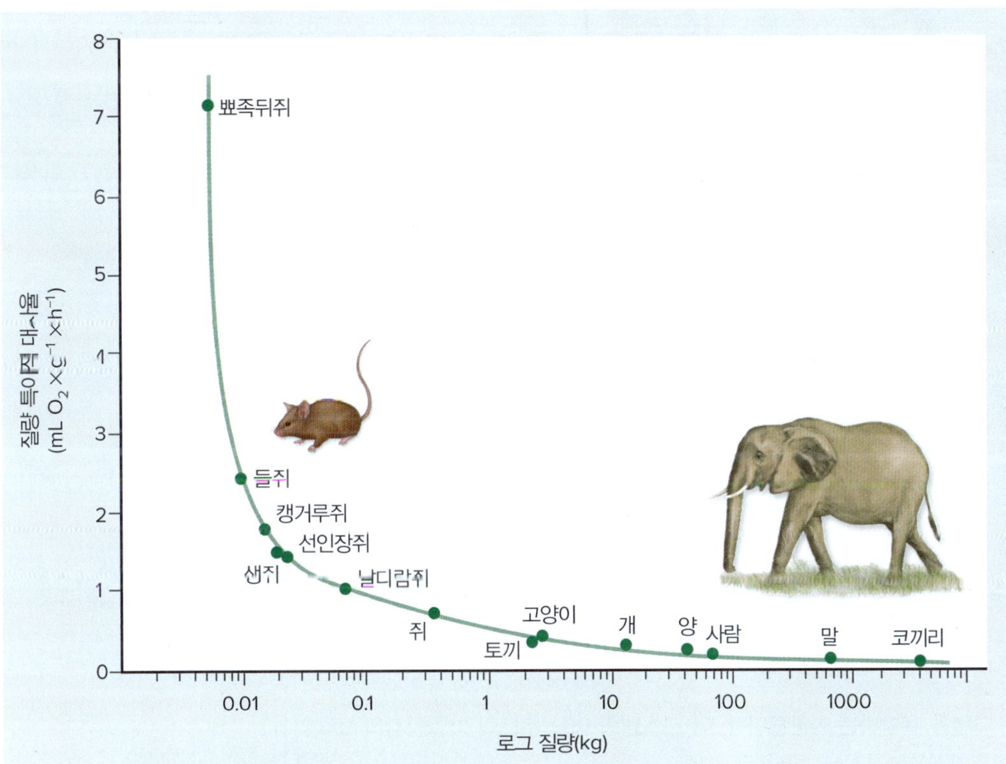

그림 36.16 포유류의 체중과 대사율의 관계. 작은 동물은 큰 동물에 비해 단위 체중당 훨씬 높은 대사율을 갖는다. 그림에서 질량 특이적 대사율(단위 질량당 O_2 소비량)을 체중에 대해 나타냈다. 체중을 나타내는 축은 로그 단위임을 유의하자.

자료 분석 이 그래프는 덥거나 추운 환경에서 더 작거나 큰 포유류가 직면한 여러 가지 문제 중 무엇을 예측하는가?

다. 또한 체중의 변화는 대사율에 큰 영향을 미친다. 작은 동물들은 거대한 동물들보다 단위 체중당 훨씬 많은 에너지를 소비한다. 이러한 관계는 포유동물의 크기 대 물질대사 비율의 불균형(nonproportionality)을 보여주는 그래프에 잘 나타나 있다(**그림 36.16**).

높은 대사율을 갖는 작은 동물들의 경우 표면적이 부피에 비해 상대적으로 크다. 그들은 추운 환경에서 넓은 표면적으로 인한 열전도성 손실을 감당할 수 있는 충분한 내부 열을 생산할 수 없기 때문에 큰 문제가 될 수 있다. 따라서 추운 환경에 있는 작은 내온동물들은 체온을 유지하기 위해 상당한 양의 단열재가 필요하다. 단열재의 양은 계절과 지역에 따라 다양할 수 있으며 북쪽 지방과 겨울철에는 더욱 두꺼운 털을 가진다.

반대로 더운 환경에 사는 큰 동물들은 그와 반대되는 문제를 가진다. 이들의 대사율은 상대적으로 낮더라도 훨씬 적은 표면적을 갖고 있으므로, 열전도를 통해 발산시키기에는 많은 양의 열을 생산한다. 따라서 코끼리가 대류에 의한 열 손실을 늘리기 위해 귀를 펄럭이는 것과 같이, 더운 환경에 사는 내온동물들은 보통 단열재를 거의 갖고 있지 않으며 열을 발산할 수 있는 행동을 이용한다.

열발생

온도가 치명적인 한계점까지 내려갈 때, 보통의 내온성 반응으로는 동물을 따뜻하게 할 수 있을 만큼 충분하지 않다. 이런 경우 동물은 일반적인 에너지 대사를 사용한 **열발생**(thermogenesis)에 의존한다. 열발생에는 떨림 열발생과 비떨림 열발생이 있다.

비떨림(nonshivering) 열발생에서는 ATP 대신 열을 생산하는 데 지방대사를 이용한다. 비떨림 열발생은 몸 전체에서 일어나는데, 어떤 포유류들은 이를 위해 특별한 지방 형태인 갈색 지방을 사용한다. 이 갈색 지방은 목 또는 어깨 사이에 소량으로 축적된다. 이 지방은 주변에 혈관이 잘 발달되어 있어서 열이 생성되는 곳에서 먼 곳으로 효율적으로 전달될 수 있다.

떨림(shivering) 열발생은 근육을 사용하여 유용한 일을 하지 않고 열을 발생시킨다. 이는 앞에서 언급한 바와 같이 나비가 비행근육을 따뜻하게 하는 예처럼 일부 곤충과 내온성 척추동물에서 일어난다. 떨림 열발생은 길항근(antagonistic muscle)을 사용하여 이동을 거의 하지 않은 채 열을 생산할 수 있는 ATP 가수분해를 이용한다.

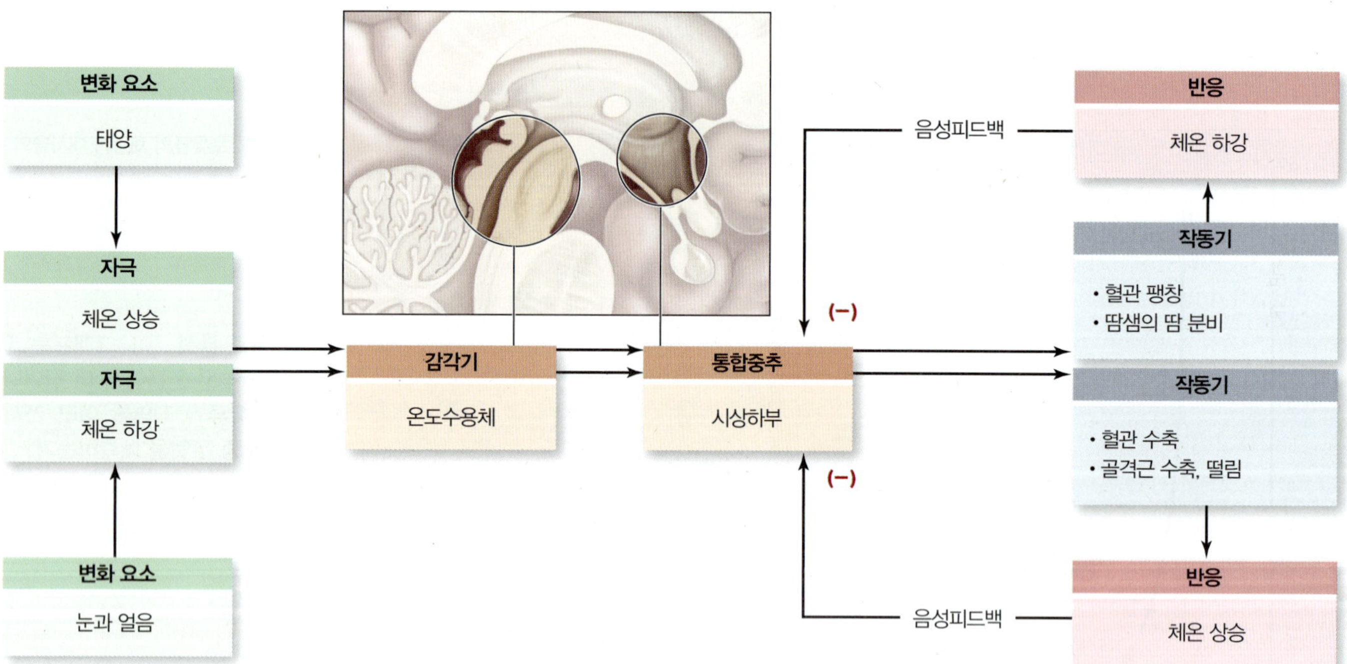

그림 36.17 시상하부에 의한 체온 조절.
뇌와 복부의 안쪽에 있는 중추 온도수용체가 내부 체온의 변화를 감지한다. 이러한 온도수용체들은 시상하부에 있는 뉴런과 시냅스를 형성하여 통합중추로서 작동한다. 그 후 시상하부는 교감신경을 통해 혈관과 땀샘과 같은 반응 기관을 제어한다. 시상하부는 또한 갑상샘을 자극하는 호르몬 분비를 유도하여 티록신을 생산하게 함으로써 물질대사를 조절한다.

자료 분석 발열인자는 온도 상승 또는 고열을 유발하는 화합물이다. 이 시스템의 어느 부분이 발열인자의 표적인가?

포유류의 체온은 시상하부에 의해 조절된다

비교적 일정한 체온을 유지하는 포유류는 전반적인 통제 체계가 필요하다(**그림 36.17**에 요약). 이 체계는 열을 생산하는 난로와 열을 제거하는 냉방 장치와 연결된 온도조절 장치를 갖고 있는 가정식 냉난방 시스템과 비슷한 기능을 한다. 이 시스템은 필요에 따라 냉방과 난방을 교대로 사용하여 설정된 특정 온도로 체내 온도를 유지한다.

혈액의 온도가 37°C를 초과하면 시상하부의 뉴런들이 온도 변화를 감지하며(37, 38장 참조), 시상하부의 **열손실 센터**(heat-losing center)를 자극하게 된다. 이곳의 신경들은 말초혈관의 팽창을 통해 더 많은 혈액이 표면으로 흘러가게 하여 열을 소실시킨다. 또한 다른 신경들은 땀 형성을 촉진하여 증발성 냉각을 유도하며, 물질대사를 촉진하는 호르몬의 생성 또한 억제한다.

체온이 37°C 이하로 떨어지면 시상하부가 일련의 길항 효과를 야기한다. 이 과정은 **열생성 센터**(heat-promoting center)에 의해 통제되는데, 이 센터는 열전달을 줄이기 위해 혈관을 수축하고 증발성 냉각을 방지하기 위해 땀을 흘리는 것을 방지하는 신경들로 구성되어 있다. 자극을 받으면 부신수질은 에피네프린을 생성하고 뇌하수체 전엽은 갑상샘자극호르몬(TSH)을 생성함으로써 물질대사를 촉진한다. TSH는 갑상샘을 자극하여 물질대사를 촉진시키는 티록신을 생성하게 하여 간접적으로 이 일에 가담한다(39장 참조). 에피네프린과 자율신경은 지방조직을 자극하여 열발생을 유발함으로써 내부 열을 생성한다. 다시 체온이 상승하면, 시상하부에 대한 음성피드백 작용으로 열생성 반응이 감소된다.

고열

온도를 높이는 물질들을 **발열인자**(pyrogens)라고 부르는데, 이것들이 우리가 **고열**(fever)이라고 부르는 상태를 만든다. 고열은 신체의 정상 설정치보다 더 높게 온도를 재설정한 결과이다. 많은 수의 그람음성 박테리아들은 발열인자로 작동하는 내독소(endotoxin)라 불리는 세포벽의 구성 성분을 가지고 있다. 순환하고 있는 백혈구에 의해 만들어지는 물질도 발열인자로 작용한다. 발열인자들은 시상하부에 작용하여 설정온도를 높여준다.

고열의 중요한 의미는 증가된 온도가 박테리아의 성장을 억제하는 것에 있는 것으로 보인다. 일부 외온동물이 발열인자에 반응한다는 관찰이 이에 대한 증거이기도 하다. 사막 이구아나에게 발열성 박테리아(pyrogen-producing bacteria)를 주입했을 때 햇빛에서 더 오랜 시간을 보냄으로써 온도를 상승시켰다. 이들은 행동을 통해서 고열을 유도한 것이다.

이러한 관찰은 의학적인 치료의 대상이었던 고열을 재평가하는 계기가 되었다. 고열은 감염에 대한 정상적인 반응이며, 고열을 낮추고자 하는 의학적 치료는 이러한 자연적 방어체계에 대항하는 것일 수 있다. 그러나 극단적으로 높은 고열은 발작에서부터 망상에 이르는 증상을 유발하기 때문에 위험할 수 있다.

휴면

내온동물은 대사율과 체온을 동시에 낮추어 **휴면**(torpor)이라 불리는 수면 상태를 만들 수 있다. 휴면은 동물이 물질대사를 낮춤으로써 음식물 섭취의 필요성을 줄인다. 벌새와 같은 조류는 야간에 체온을 25°C까지 낮출 수 있다. 이러한 방법은 작은 내온동물에서 찾아볼 수 있으나, 큰 포유류들은 질량이 너무 커서 급속한 냉각이 불가능하다.

동면(hibernation)은 깊은 휴면 상태가 몇 주, 심지어는 몇 달까지 지속되는 극단적인 경우를 일컫는 말이다. 이 경우 동물의 체온은 상당 기간 동안 정상적인 설정온도보다 20°C 이상 낮게 떨어질 수 있다. 실질적으로 동면하는 동물들의 크기는 중간 정도인 것 같다. 작은 내온동물은 물질대사율을 낮추더라도 저장할 수 있는 것보다 더 많은 에너지를 빠르게 소비한다.

매우 큰 포유류들은 동면을 하지 않는 것으로 여겨진다. 오랜 기간 동안 곰이 동면을 한다고 생각해 왔지만, 실제로는 체온이 몇 도 정도 내려갈 뿐이다. 대신 곰들은 장기적인 겨울잠(prolonged winter sleep)을 잔다. 곰은 많은 열량이 저장되어 있고 열 손실률이 낮기 때문에 동면과 같은 추가적인 에너지 절약이 필요하지 않은 것으로 보인다.

핵심 요약 36.8

효소의 Q_{10} 값은 온도가 10°C 상승할 때 효소의 활성이 어떻게 변하는지를 나타내준다. Q_{10}의 개념은 생물의 전반적인 물질대사에도 적용될 수 있다. 체온은 생성되는 열과 전달된 열의 합과 같다. 열은 전도, 대류, 복사, 증발에 의해 전달될 수 있다. 열을 생성하여 주위보다 체온을 높게 유지할 수 있는 동물을 내온동물(endotherms)이라고 한다. 주변 온도에 체온을 맞추는 동물을 외온동물이라고 한다. 두 유형 모두 체온을 조절할 수 있지만, 외온동물은 주로 행동으로 체온을 조절한다. 포유류는 시상하부에 의해 물질대사율을 조절함으로써 일정한 체온을 유지한다. 음성피드백 조절이 필요에 따라 온도를 높이거나 낮추는 작용을 한다.

- 냉혈과 온혈이라는 용어는 시대에 맞지도 않으며 정확하지도 않다. 그 이유는 무엇일까?

핵심 개념 요약

36.1 동물의 몸 구조

■ **조직은 단일 유형 및 기능의 세포군이다**

성체 척추동물의 주요 조직으로 상피조직, 결합조직, 근육조직, 신경조직이 있다.

■ **기관과 기관계는 특수화된 기능을 수행한다**

기관은 여러 조직들의 그룹으로 이루어진 구조적, 기능적 단위이다. 기관계는 기관들의 그룹으로 이루어지며 집합적으로 하나의 기능을 수행한다.

36.2 상피조직

■ **상피 구조는 기능을 결정한다**

상피조직 세포들은 서로 단단하게 결합되어 있으며 선택적 보호막을 형성한다. 상피조직 세포들은 끊임없이 대체되며 상처 치유 과정에서 재생될 수 있다. 상피는 밑에 있는 결합조직에 부착된 기저 표면과 자유 정단 표면을 가지고 있다. 상피는 일반적으로 하나의 세포층으로 되어 있는 단층과 여러 세포층으로 되어 있는 다층으로 나누어진다. 이것은 다시 세포의 모양에 따라 추가적으로 편평상피, 입방상피, 원주상피로 나누어진다(**표 36.1**). 척추동물의 분비샘은 함입된 상피에서 형성된다.

36.3 결합조직

■ **일반결합조직은 성글거나 조밀한 상태로 존재한다**

결합조직은 단백질과 기본물질로 구성된 세포외기질에 있는 다양한 세포를 포함하고 있다. 일반결합조직은 성긴결합조직과 조밀결합조직으로 나누어진다.

■ **특수결합조직은 독특한 특징을 가진다**

연골, 단단한 뼈, 혈액과 같은 특수결합조직은 독특한 세포와 기질을 가진다(**표 36.2**). 연골은 연골세포에 의해 형성되며, 뼈는 골세포에 의해 만들어진다. 모든 결합조직은 중배엽에서 유래하며 세포외기질 내에 여러 종류의 세포들을 포함한다.

36.4 근육조직(표 36.3)

■ **평활근은 대부분의 기관에서 발견된다**

불수의적 평활근은 내장에서 발견되는데, 단핵이고 방추사 모양의 긴 세포들로 구성되어 있다.

■ **골격근은 몸을 움직인다**

수의적 골격근 혹은 가로무늬근은 보통 힘줄에 의해 뼈에 붙어 있으며, 세포(섬유)는 다핵을 가지고 있고 수축성 근원섬유를 포함한다.

■ **심장은 심근으로 구성되어 있다**

심근은 상호협동적으로 작용하게 해주는 간극연접에 의해 서로 연결되어 있는 가로무늬 근육세포로 구성되어 있다.

36.5 신경조직

■ **뉴런은 전기 자극을 전도하는 길쭉한 세포이다**

뉴런은 핵을 가진 세포체, 전기 자극을 받는 수상돌기, 자극을 멀리 전달하는 축삭으로 되어 있다.

■ **신경교세포는 뉴런을 지지해 준다**

신경교세포는 뉴런의 환경을 조절하는 데 도움을 준다.

36.6 척추동물 기관계의 개요(그림 36.9)

■ **소통과 통합은 주변 환경을 인지하고 반응한다**

소통과 통합에 관련된 기관계는 신경계, 감각계, 내분비계이다.

■ **골격의 지지와 운동은 모든 동물에 필수적이다**

근골격계는 근육과 그들이 작용하는 골격으로 구성되어 있다.

■ **신체의 화학적 조절과 유지는 지속적 생명 활동을 가능하게 한다**

소화계, 순환계, 호흡계, 비뇨계는 영양분 섭취와 노폐물 제거를 수행한다.

■ **신체는 공격자와 침입자로부터 자신을 방어할 수 있다**

피부계는 공격에 대한 장벽을 형성하고, 면역계는 외부 병원체에 역습을 일으킨다.

■ **생식과 발생은 종족 보존을 가능하게 한다**

모든 척추동물은 성적인 번식이 가능하다.

36.7 항상성

항상성이란 내부 환경의 동적인 불변성을 말하며 생명에 필수적이다.

■ **음성피드백 기작은 범위 내로 값을 유지시킨다**

음성피드백 기작은 감지기, 통합센터 및 설정점으로부터의 편차에 반응하는 작동기가 포함된다.

■ **길항작동기는 반대로 작용한다**

음성피드백 기작은 대개 서로 밀고 당기는 길항적 쌍으로 일어난다.

■ **양성피드백 기작은 변화를 촉진한다**

양성피드백 기작에서 한 방향의 변화는 같은 방향으로 더 많은 변화를 가져온다.

36.8 체온의 조절

■ **Q_{10}은 온도 민감도의 척도이다**

Q_{10}은 10℃ 차이 나는 두 반응에서 반응 속도의 비율이다. 화학반응의 경우, Q_{10}은 약 2이다. 대부분의 생물은 약 2~3의 Q_{10} 값을 가지며, 이것은 온도가 주로 효소 반응에 영향을 미친다는 것을 나타낸다.

■ **온도는 내외적인 요인에 의해 결정된다**

내부 요인에는 물질대사율이 포함되며, 외부 요인은 열전달에 영향을 미친다. 열은 전도, 대류, 복사, 증발을 통해 전달된다(**그림 36.13**).

■ **생물들은 열의 원천에 따라 분류된다**

내온동물은 높은 대사율을 가지고 내부적으로 열을 발생시킨다. 외온동물은 낮은 대사율을 가지며 체온을 주변 온도에 맞춘다.

■ **외온동물은 행동을 통해서 온도를 조절한다**

외온동물은 체온을 변화시키기 위해 주위 환경으로 이동한다(**그림 36.14**와 **36.15**).

■ **내온동물은 보존하거나 발산할 내부 대사열을 생성한다**

내온동물은 대사율, 혈류, 발한 또는 헐떡임에 변화를 주어 온도를 조절한다. 열발생은 온도가 임계 수준 아래로 떨어지면 일어난다.

■ **포유류의 체온은 시상하부에 의해 조절된다(그림 36.17)**

시상하부는 열손실 및 열촉진 센터를 통해 작동하여 혈액 온도를 설정점 근처로 유지한다. 고열은 체온이 상승하는 것이다. 휴면은 수면 상태와 관련이 있으며 대사율이 낮아진 상태이다.

연습문제

■1단계: 이해력 확인하기

1. 다음 중 상피조직의 기능이 아닌 것은 무엇인가?
   - a. 장벽, 경계선을 형성한다.
   - b. 소화관에서 영양분을 흡수한다.
   - c. 중추신경계에서 정보를 전송한다.
   - d. 폐에서 기체 교환을 한다.
2. 다음 중 외온동물에 대한 설명으로 옳은 것은 무엇인가?
   - a. 체온을 조절할 수 없다.
   - b. 물질대사 에너지를 이용하여 내부 온도를 조절한다.
   - c. 행동을 이용하여 체온을 조절할 수 있다.
   - d. 열을 발생시키는 것이 아니라 소멸시킴으로써 체온을 조절한다.
3. 결합조직은 다양한 그룹의 세포를 가진다. 이들의 공통점은 무엇인가?
   - a. 입방형
   - b. 호르몬을 생산하는 능력
   - c. 수축능력
   - d. 세포외기질의 존재
4. 다음 중 골격근 세포가 전형적인 포유동물 세포와 다른 점은 무엇인가?
   - a. 다핵이다.
   - b. 미토콘드리아를 가진다.
   - c. 원형질막이 없다.
   - d. 배아 조직으로부터 유래되지 않았다.
5. 다음 중 평활근이 있는 부위는 무엇인가?
   - a. 혈관 내벽
   - b. 홍채
   - c. 소화관의 벽
   - d. a, b, c 모두
6. 다음 중 신경교세포의 기능으로 옳은 것은 무엇인가?
   - a. 말초신경에서 중추신경으로 신호를 전달한다.
   - b. 뉴런을 지지 보호한다.
   - c. 근수축을 자극한다.
   - d. 기억을 저장한다.
7. 다음 중 골격근 세포의 설명으로 옳은 것은 무엇인가?
   - a. 성장으로 인한 다핵성의 거대 세포
   - b. 작은 세포들의 융합에 의한 다핵성의 거대 세포
   - c. 다수의 간극연접으로 연결된 작은 세포
   - d. 단핵을 가진 거대 세포
8. 결합조직은 구조와 분포가 다양하지만 다른 종류의 조직을 연결하는 공통적인 특징을 지니고 있다. 다음 중 결합조직에 속하지 않는 것은 무엇인가?
   - a. 혈액
   - b. 근육
   - c. 지방
   - d. 연골

■2단계: 적용력 평가하기

1. 신체의 모든 기관들의 공통점은 무엇인가?
   - a. 동일한 종류의 세포를 가진다.
   - b. 다양한 종류의 조직으로 구성되어 있다.
   - c. 외배엽에서 유래되었다.
   - d. 순환계의 일부로 분류될 수 있다.
2. 류마티스 관절염은 자가면역질환의 일종으로 몸에 있는 자신의 관절을 공격하는 질병이다. 관절 주변에 존재하며 관절염의 증상을 유발하는 세포는 무엇인가?
   - a. 골세포
   - b. 적혈구
   - c. 연골세포
   - d. 혈소판
3. 지구에 외계 바이러스가 침입했다고 가정해 보자. 이 바이러스가 뉴런 구조를 공격하여 신경계를 손상시킬 때, 어떤 구조가 공격에 영향을 받지 않을까?
   - a. 축삭
   - b. 수상돌기
   - c. 신경교세포
   - d. a, b, c 모두 바이러스의 공격을 받는다.

4. 항상성에 대한 설명으로 옳은 것은 무엇인가?

   a. 동적인 과정이다.
   b. 신체의 내부 환경을 유지한다.
   c. 생명에 필수적이다.
   d. a, b, c 모두

5. 다음 중 양성피드백에 대하여 정확하게 설명하는 시나리오는 어느 것인가?

   a. 방 온도가 상승하면, 난방기는 따뜻한 공기 방출을 증가시킨다.
   b. 물을 많이 섭취하면, 소변을 많이 만들어 낸다.
   c. 휘발유 값이 오르면, 운전자는 여행 기간을 줄인다.
   d. 추울 때 몸을 떤다.

6. 3가지 유형의 근육이 가지는 공통점은 무엇인가?

   a. 가로무늬를 가진 구조
   b. 전기적인 자극에 반응하는 막
   c. 수축하는 능력
   d. 자가 흥분

■3단계: 사고력 함양하기

1. 내장에서 양분 흡수에 영향을 주면서, 또한 피부에 문제를 일으키는 새로운 질병을 발견했다고 가정하자. 하나의 질병이 같은 조직을 포함하는 것이 가능한가? 어떻게 가능할 수 있는가?

2. 어떤 기관계가 조절과 유지에 관여하는가? 왜 그들이 연관되어 있다고 생각하는가?

3. 우리 모두는 굶주린 경험이 있다. 굶주림은 양성피드백 자극인가 아니면 음성피드백 자극인가? 이 자극에 대한 반응과 관련된 단계를 설명하시오.

4. 항상성이 동적 과정으로 설명되는 이유는 무엇인가? 이 과정에서 음성피드백은 어떻게 작동하는가? 길항적 작동기들은 어떻게 일정한 수준을 유지할 수 있는가? 그리고 이것은 동적 과정의 개념과 어떤 관련이 있는가?

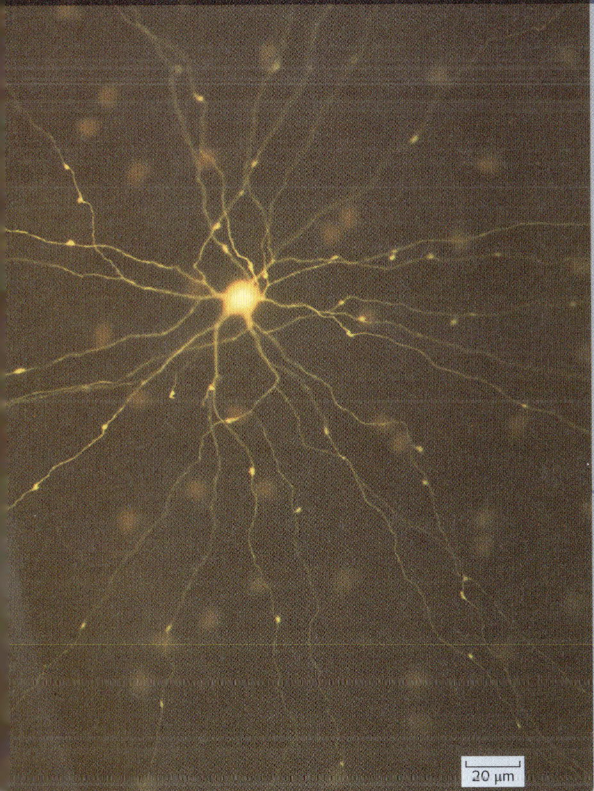

37

신경계

도입

해면동물을 제외한 모든 동물은 몸의 상태와 외부의 환경에 대한 정보를 수집하고 종합하고 처리하여 몸의 근육과 분비샘에 명령을 내리기 위해 신경망을 이용한다. 36장에서 살펴본 것처럼 동물 몸의 항상성은 작은 범위 내로 한정하여 상태를 유지시켜 주는 음성피드백 기작에 의해 이루어진다. 음성피드백은 적절한 자극의 감지뿐 아니라 반응을 시작하기 위한 정보의 소통을 의미하기도 한다. 신경계는 빠른 의사소통 방법을 가지고 있다. 36장에서 설명했듯이, 신경조직에는 의사소통을 수행하기 위한 감각 및 운동 기능을 하는 뉴런이라고 불리는 매우 특수화된 세포가 들어 있다.

37.1 신경계의 구성

학습 목표

1. 척추동물의 신경계가 어떻게 구성되어 있는지 설명할 수 있다.
2. 뉴런의 구조가 어떻게 기능에 영향을 미치는지 서술할 수 있다.
3. 신경계를 구성하는 다양한 세포 유형에 대해 설명할 수 있다.

동물은 환경의 자극에 대해 반응할 수 있어야 한다. 파리는 파리채를 피하고 가재는 촉각으로 먹이를 감지하고 그 먹이를 향해 움직인다. 이를 위해 동물들은 자극을 감지하는 **감각수용기**(sensory receptors)와 그 자극에 반응하는 **운동실행기**(motor effectors)를 가져야 한다. 대부분의 무척추동물과 모든 척추동물에서 감각수용기와 운동실행기는 신경계에 의해 연결되어 있다.

중추신경계는 명령 센터이다

36장에서 살펴본 것처럼 신경계는 뉴런(neuron)과 지지세포(supporting cell)로 이루어져 있다. **그림 37.1**은 3가지 종류의 뉴런을 보여준다. 척추동물에서 **감각뉴런**[sensory neuron 또는 afferent neuron(구심성 뉴런)]은 자극을 감각수용기로부터 뇌와 척수로 이루어진 **중추신경계**(central nervous system, CNS)로 전달한다. **운동**

뉴런[motor neuron 또는 efferent neuron(원심성 뉴런)]은 자극을 중추신경계로부터 근육이나 분비샘과 같은 실행기로 전달한다. 세 번째 종류의 뉴런은 대부분의 무척추동물과 모든 척추동물의 신경계에 존재하는 **연합뉴런**(interneuron 또는 association neuron)이다. 연합뉴런은 척추동물의 뇌와 척수에 있으며, 복잡한 반사작용이나 학습 및 기억과 같은 고도의 연합적 기능을 수행하도록 돕는다.

말초신경계는 정보를 수집하고 반응을 수행한다

척추동물의 감각뉴런과 운동뉴런은 함께 **말초신경계**(peripheral nervous system, PNS)를 구성한다. 골격근이 수축하도록 자극하는 운동뉴런은 **체성신경계**(somatic nervous system)이고, 평활근, 심근, 분비샘의 활동을 조절하는 운동뉴런은 **자율신경계**(autonomic nervous system)이다.

자율신경계는 **교감신경계**(sympathetic)와 **부교감신경계**(parasympathetic)로 구분된다. 이 두 신경계들이 많은 기관계의 조절에서 서로 균형을 잡아준다. **그림 37.2**는 척추동물 신경계의 구성 요소들 간의 관계를 보여준다.

뉴런의 구조는 그 기능을 뒷받침한다

뉴런은 모양이 여러 가지이지만 통일된 기능적 구조를 가진다(**그림 37.3**). **세포체**(cell body)는 핵을 포함하고 있는 확장된 부분이다. 세포체에서 뻗어 나간 하나 또는 그 이상의 세포질 돌기가 **수상돌기**(dendrite)이다. 운동뉴런과 연합뉴런은 고도로 복잡하게 갈라진 수상돌기를 지니고 있어 여러 뉴런으로부터 동시에 정보를 받을 수 있다. 어떤 뉴런은 수상돌기로부터 가시처럼 뻗은 **수상돌기 가시**(dendritic spine)를 지녀 자극을 받는 면적을 넓힌다.

세포체의 표면은 수상돌기에 도달하는 정보들을 통합한다. 막의 흥분이 충분하면 충격파(impulse)가 일어나 세포체에서 **축삭**(axon)을 따라 자극이 전도된다. 각 뉴런은 세포체에서 뻗어나간 1개의 축삭만 가지지만 축삭의 말단은 갈라져서 여러 개의 세포들을 자극하

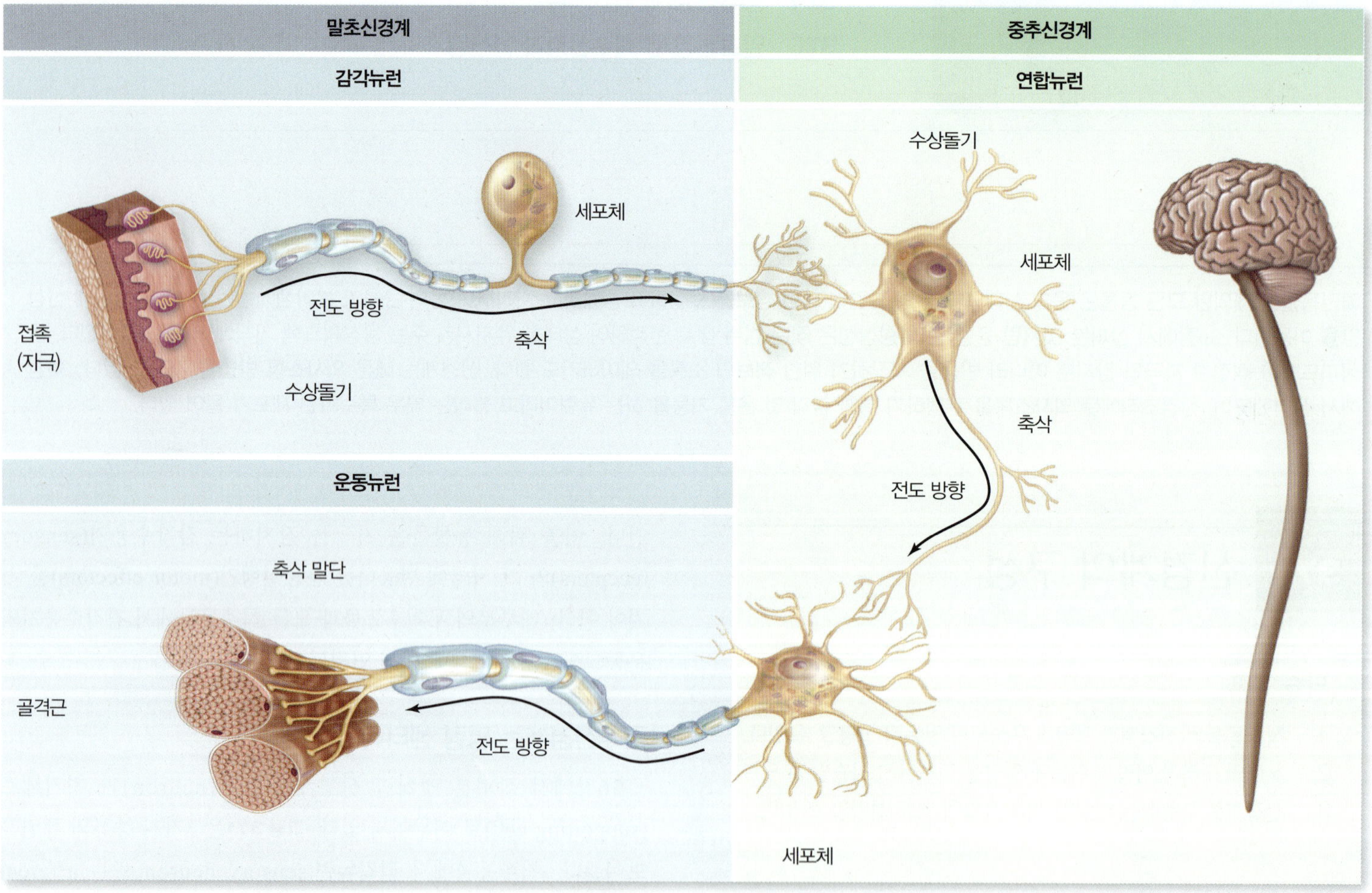

그림 37.1 뉴런의 3종류.
뇌와 척수는 척추동물의 중추신경계(CNS)를 형성하고, 감각뉴런과 운동뉴런은 말초신경계(PNS)를 형성한다. 말초신경계의 감각뉴런은 환경의 정보를 중추신경계로 전달한다. 중추신경계의 연합뉴런은 감각뉴런과 운동뉴런을 연결해 준다. 말초신경계의 운동뉴런은 근육과 분비샘(실행기)으로 자극을 전달하거나 명령을 내린다.

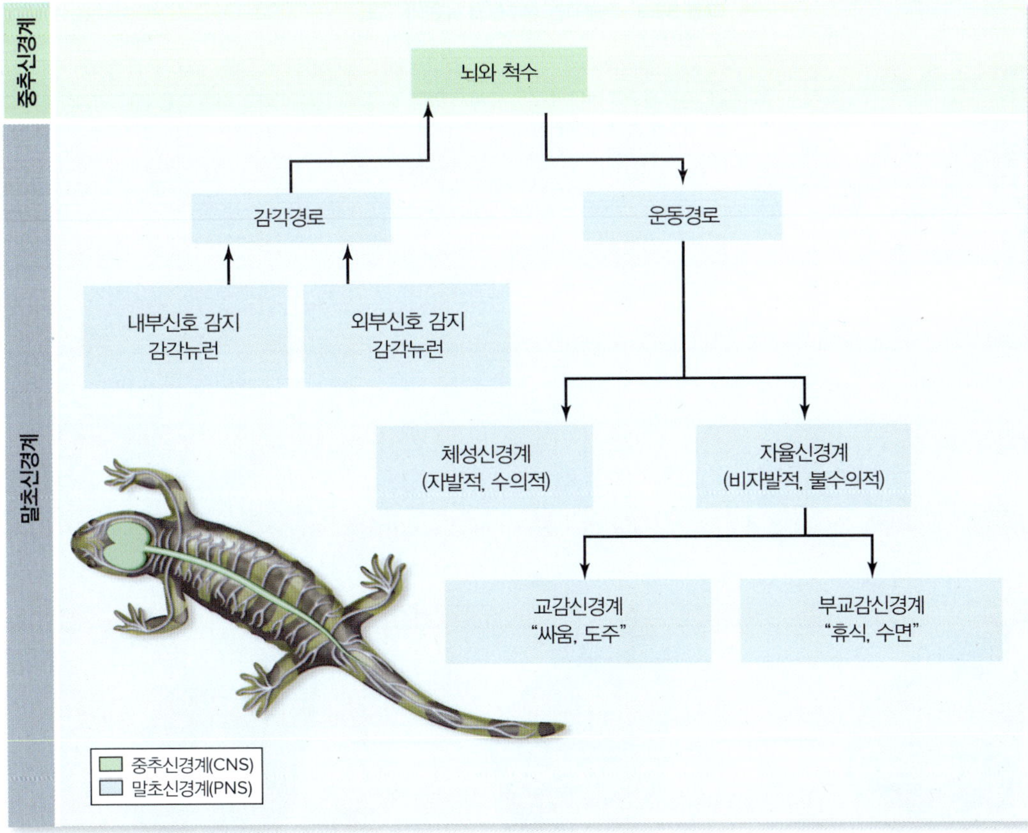

그림 37.2 척추동물 신경계의 구성. 주요 구성은 중추신경계와 말초신경계이다. 뇌와 척수는 중추신경계(CNS)를 구성한다. 말초신경계(PNS)는 중추신경계 이외 모든 것을 포함하고 감각경로와 운동경로로 구분된 다. 감각경로는 외부나 내부의 자극을 감지한다. 운동경로는 수의근을 활성화시키는 체성신경계와 불수의근을 활성화시키는 자율신경계로 구분된다. 교감신경계와 부교감신경계는 반대 작용을 일으키는 자율신경계의 하위 단위이다.

게 된다. 축삭은 매우 길 수도 있는데, 우리의 발 근육을 조절하는 축삭은 길이가 1 m가 넘고, 기린의 두개골부터 골반까지 연결된 축삭은 약 3 m나 된다.

신경교세포는 뉴런을 지지한다

뉴런은 신경교(neuroglia)세포라고 불리는 세포들에 의해 구조적, 기능적으로 지지된다(**그림 37.4**). 이런 지지세포들은 뉴런보다 크기는 1/10 정도이고, 수는 10배 이상 많으며, 뉴런에 영양 공급, 노폐물 제거, 축삭 내 자극이동 유도, 면역 기능의 제공 등 여러 가지 기능을 한다(**그림 37.4**).

척추동물에서 가장 중요한 2가지 종류의 신경교세포는 **슈반세포**(Schwann cell)와 **희돌기교세포**(oligodendrocyte)로, 이 세포들은 많은 뉴런들의 축삭을 감싸는 **미엘린초**(수초, myelin sheath)를 만든다. 슈반세포는 PNS의 미엘린초를 만들고, 희돌기교세포는 CNS의 미엘린초를 만든다. 발생 도중에 이 세포들은 축삭을 여러 겹으로 둘러싸서 여러 층의 막으로 된 절연 피복체인 수초를 만든다(**그림 37.3**).

수초를 가진 축삭은 미엘린화되었다고 한다. CNS에서 미엘린화된 축삭은 **백질**(white matter)을 이루고 미엘린화되지 않은 수상돌기와 세포체는 **회백질**(gray matter)을 이룬다. PNS에서 미엘린화된 축삭들이 함께 다발로 묶여서 신경을 형성한다.

수초는 1~2 μm의 간격으로 떨어져 있는데, 이 부분을 **랑비에결절**(nodes of Ranvier)이라고 부른다(**그림 37.3**). 37.2절에서는 자극 전도에서 수초의 역할을 설명한다. 다른 신경교세포 종류로는 성상세포, 뇌실막세포, 미세아교세포가 있다.

성상세포(astrocyte, 별 모양 세포): **혈뇌 장벽**(blood-brain barrier) 형성에서 뇌의 모세혈관을 도와 화합물이 혈액에서 CNS로 이동되는 것을 선택적으로 제한해 준다. 또한 여분의 포타슘 이온을 세포외액에서 제거하도록 돕는다. 37.3절에서는 신경의 흥분과 관련된 포타슘 균형의 중요성을 알아본다.

뇌실막세포(ependymal cell): 뇌와 척수의 중심관을 줄지어 둘러싼 섬모세포들이다. 이곳에서는 CNS에 영양분을 공급하는 뇌척수액을 생산한다.

미세아교세포(microglia, 소교세포): 면역 반응을 돕고 세포 파편이나 죽은 세포, 바이러스 및 박테리아와 같은 외래 침입자를 제거하는 대식세포 역할을 한다. 이들의 역할은 혈액에서 발견되는 다양한 대식세포의 역할과 비슷하다.

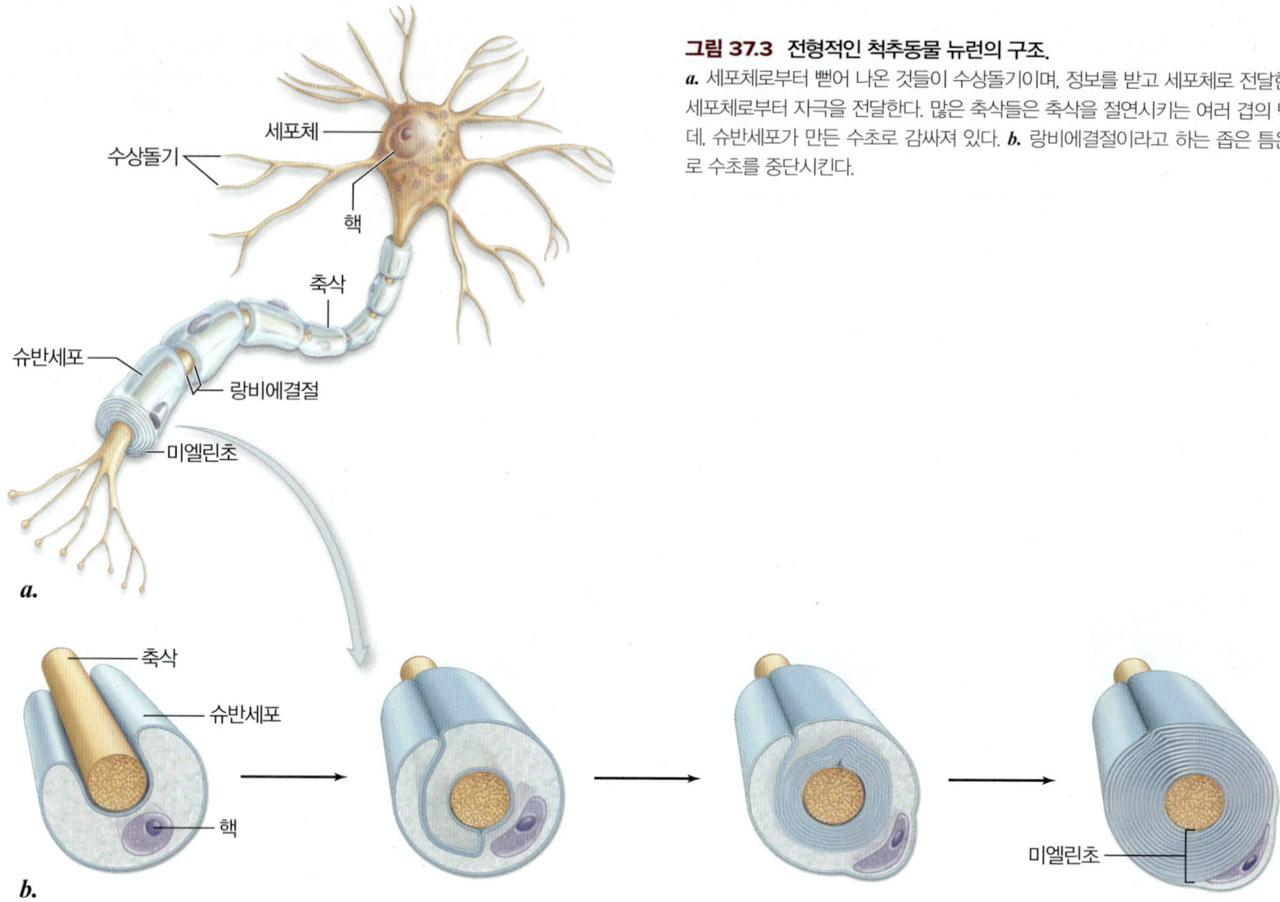

그림 37.3 전형적인 척추동물 뉴런의 구조.
a. 세포체로부터 뻗어 나온 것들이 수상돌기이며, 정보를 받고 세포체로 전달한다. 단일 축삭은 세포체로부터 자극을 전달한다. 많은 축삭들은 축삭을 절연시키는 여러 겹의 막을 지니고 있는데, 슈반세포가 만든 수초로 감싸져 있다. ***b.*** 랑비에결절이라고 하는 좁은 틈은 일정한 간격으로 수초를 중단시킨다.

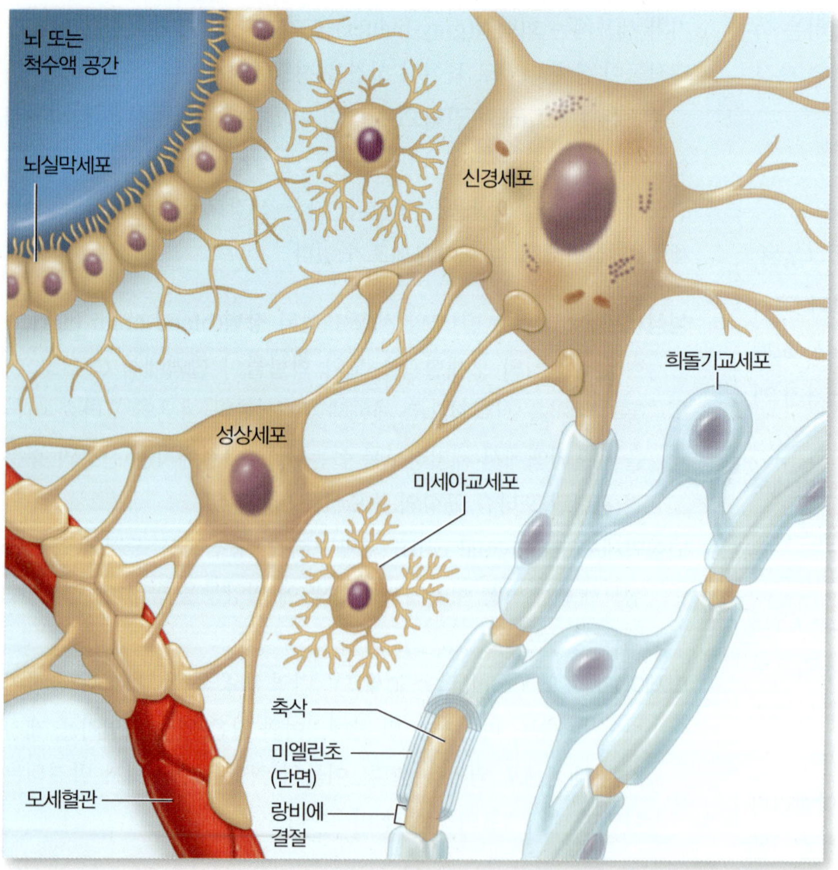

그림 37.4 중추 신경계의 신경교세포.
PNS에서 발견된 슈반세포 외에도 여러 다른 유형의 신경교세포가 CNS에 존재한다. 여기에는 희돌기교세포, 성상세포, 뇌실막세포 및 미세아교세포가 포함된다.

핵심 요약 37.1

척추동물의 신경계는 중추신경계(CNS)와 말초신경계(PNS)로 구성된다. PNS는 체성신경계와 자율신경계로 구성되는데, 자율신경계는 또다시 교감신경과 부교감신경으로 구분된다. 뉴런은 세포체와 정보를 받는 수상돌기 및 신호를 보내는 단일 축삭으로 구성된다. 뉴런은 다양한 신경교세포의 지원을 받아 신경계 기능을 수행한다.

■ PNS의 어느 부분이 의식적(자발적)으로 통제되고 있을까?

37.2 신경자극의 전달 기작

학습 목표

1. 뉴런 안팎에서 중요한 이온들과 이들의 상대적 농도를 비교할 수 있다.
2. 휴지전위의 생성에 대해 설명할 수 있다.
3. 전압개폐성 이온통로의 작용이 어떻게 활동전위를 생성하는지 설명할 수 있다.

뉴런의 기능은 세포막을 가로질러 전위를 만들어내고 이 전위를 변화시켜 신호를 전파하는 능력에 달려 있다. 세포는 수용액에 있기 때문에 전하가 이온에 의해 전달되고, 세포는 원형질막을 통과하는 중요한 이온의 농도를 조절한다.

뉴런이 자극을 받으면 원형질막의 전기적 변화가 한 세포에서 다른 세포로 전파된다. 이 신호는 다양하고 특수한 막 수송 단백질의 특성에 의존한다. 먼저 우리는 막전위를 생성하는 대부분의 동물세포 원형질막에서 공통된 몇 가지 기본적인 전기적 특성에 대해 살펴본 후, 뉴런이 축삭을 따라 전위의 변화를 통해 신호(활동전위)를 보내는 기작에 대해 알아본다.

원형질막을 가로지르는 전기적 차이가 존재한다

이온이 이온통로(ion channel)라는 특수한 막 단백질을 통해 세포막을 통과할 수 있음을 4장에서 살펴보았다. 이 이온통로는 K^+나 Na^+ 등과 같은 특정 이온을 통과시키며, 이때 통로는 누출통로(항상 열려 있음)이거나 개폐(관문)통로(자극에 반응하여 열림)이다.

반대 부호로 분리된 전하는 작업을 수행할 수 있는 전위차를 나타낸다. 이는 손전등 배터리의 양극 사이에 존재하는 전기적 전위차와 유사하여 한쪽은 양극이고, 다른 한쪽은 음극이다. 이와 마찬가지로 세포의 전위차도 원형질막을 가로질러 존재한다. 세포에서 세포질과 접해 있는 안쪽 막은 음극이고, 바깥쪽 막은 양극이다. 세포는 크기가 매우 작기 때문에 그의 막전위도 매우 작다. 많은 척추동물에서 뉴런의 휴지막전위는 $-40 \sim -90$ mV(또는 0.04~0.09 V)이다. 이 장에 있는 예와 그림들의 경우 평균 휴지막전위 값을 -70 mV로 사용하였다. 음의 부호를 쓰는 것은 세포 안쪽이 바깥쪽에 대해 음극이기 때문이다.

막전위의 원인 인자

세포의 안쪽은 3가지 이유 때문에 바깥쪽에 비하여 음의 전하를 띤다.

1. 4장에서 살펴본 것처럼 **소듐-포타슘 펌프**(sodium-potassium pump)는 2개의 K^+ 이온을 세포 내부로 운반할 때마다 3개의 Na^+를 세포 외부로 퍼낸다(**그림 4.13**). 이 과정은 세포 안이 고농도의 K^+와 저농도의 Na^+, 세포 밖은 반대의 농도 차이를 만들어내고 유지시켜 준다.
2. 세포막에는 K^+ 이온통로가 Na^+ 이온통로보다 더 많아서 K^+의 투과성이 더 높다. **이온통로**(ion channel)는 막 단백질로서 막에 구멍을 형성하여 특정 이온이 지속적으로 확산을 통해 막을 통과하게 한다. K^+ 이온통로가 더 많기 때문에 K^+의 투과성이 더 높고, 세포 외부로 확산되어 나가게 된다.
3. 막을 중심으로 여러 종류의 이온 및 분자의 분포가 다르다. 특히 음으로 하전된 단백질은 세포 내부에서 훨씬 더 높은 농도로 존재한다.

휴지전위: 두 힘 사이의 균형

휴지전위(resting potential)는 가장 먼저 Na^+-K^+ 펌프와 K^+의 높은 막투과성 때문에 발생한다. 펌프는 K^+ 2개가 안으로 들어올 때마다 Na^+ 3개를 막 밖으로 내보내 세포 밖에서 소량의 양이온 불균형을 형성한다. 그러나 이 과정은 작은 효과를 불러일으킬 뿐이고, 펌프에 의해 형성된 농도 기울기가 중요한 역할을 한다. K^+의 농도는 세포 바깥보다 안쪽이 훨씬 높아서 열려 있는 K^+ 이온통로를 통하여 K^+가 세포 밖으로 확산된다. 원형질막은 전기적 균형을 맞추어 줄 수 있는 음이온(주로 유기 인산, 아미노산, 단백질)에 대한 투과성이 없기 때문에 K^+의 확산이 막 바깥쪽은 양전하를, 막 안쪽은 음전하를 띠게 한다. 이러한 전기적 차이는 K^+ 이온을 세포 안으로 다시 당기는 인력으로 작용한다. 확산력과 이 전기력 사이의 균형은 **평형전위**(equilibrium potential)를 생성한다(**표 37.1**). 각 힘에 대한 결과는 네른스트 방정식(Nernst equation)으로 도출해낼 수 있는데, 이는

표 37.1	세포질과 세포외액의 이온 조성			
이온	세포외액의 농도(mM)	세포질 농도(mM)	비율(세포외액: 세포질)	평형전위(mV)
Na^+	150	15	10 : 1	+60
K^+	5	150	1 : 30	−90
Cl^-	110	7	15 : 1	−70

평형전위를 위한 양적 표현이다. 이 방정식은 단일 이온의 반응을 가정하였으며, 양전하를 띤 이온은 +1로 나타낸다. K^+ 이온에 대한 네른스트 방정식은 다음과 같다.

$$E_K = 58\ \text{mV}\ \log([K^+]_{out}/[K^+]_{in})$$

계산된 K^+의 평형전위는 측정값인 −70 mV와 유사한 −90 mV이다(**표 37.1** 참조). Na^+의 계산값은 측정값과 매우 큰 차이가 있는 +60 mV이지만, 세포로 되돌아간 소량의 Na^+ 누출량은 K^+의 평형전위 값을 측정된 −70 mV로 낮추어 준다. 뉴런의 휴지막전위는 전압계나 한 쌍의 전극으로 측정, 관찰 또는 그래프화할 수 있는데, 이때 전극의 하나는 세포 안에, 나머지 하나는 세포 밖에 위치시킨다(**그림 37.5**).

다른 세포들과 비교할 때 뉴런이 가지는 독특한 특징은 휴지막전위를 만들고 유지하는 것이 아니라 자극에 반응하여 휴지막전위가 갑작스럽고 일시적으로 교란되는 것이다. 2가지 유형의 변화가 관찰될 수 있는데, 그것은 **차등전위**(graded potential)와 **활동전위**(action potential)이다. 차등전위는 막전위에 대한 작은 연속적 변화이며, 활동전위는 역치값 변화에 의해 유발된 막전위의 일시적인 붕괴이다. 활동전위는 축삭을 따라 전파되는 실제적 신호가 된다.

막전위의 변화는 막 투과성의 변화 때문이다

휴지막전위는 누출통로(leakage channel)를 통한 K^+의 막 투과성으로 인해 나타난다. 전위의 변화는 개폐통로라는 다른 통로들의 작용 때문인데, 이런 개폐통로들은 문처럼 작동하여 자극에 반응하여 열리거나 닫힐 수 있다. 우리가 볼 수 있는 2가지 유형의 개폐성 통로는 화학 신호에 반응하는 **화학개폐성 이온통로**(chemically gated channel) 또는 **리간드개폐성 이온통로**(ligand-gated channel)와 막전위의 변화에 응답하는 **전압개폐성 이온통로**(voltage-gated

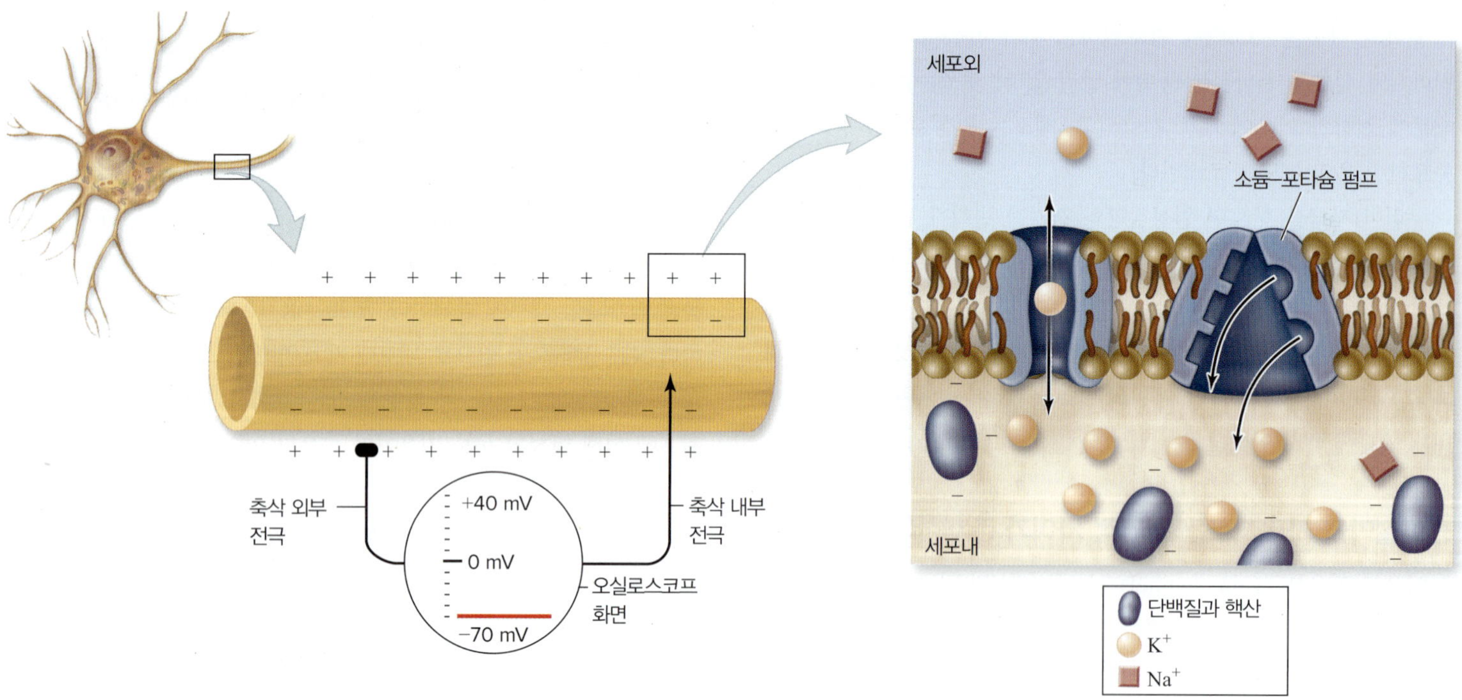

그림 37.5 휴지막전위의 형성.
한 전극은 축삭 내에, 다른 한 극은 막 외부에 위치한 전압계. 막 외부에 대한 내부의 상대적 전위차는 −70 mV이다. K^+는 막 안쪽의 농도가 바깥쪽의 농도보다 높기 때문에 이온통로를 통해 세포로부터 확산되어 나온다. 세포 내의 음전하를 띤 단백질과 핵은 세포외로 나가지 못하고 K^+ 같은 양이온을 세포 바깥으로부터 끌어당긴다. 이러한 세포의 전기적 평형과 확산력이 휴지막전위를 생성한다. Na^+-K^+ 펌프는 Na^+의 세포 안으로의 누출에 대한 반대 작용으로 세포 평형을 유지하고, 2개의 K^+가 들어올 때마다 3개의 Na^+를 내보냄으로써 휴지막전위에 기여한다.

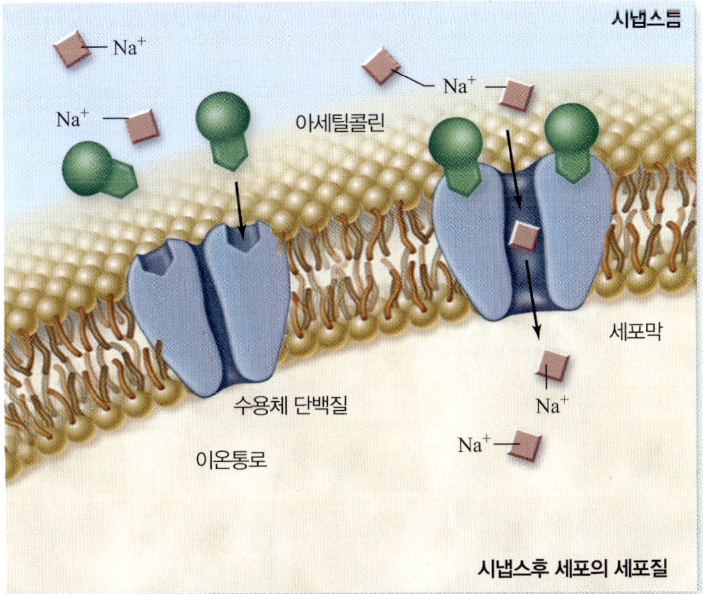

그림 37.6 화학개폐성 이온통로.
아세틸콜린(ACh) 수용체는 신경전달물질에 결합할 수 있는 화학개폐성 이온통로이다. ACh의 결합은 통로를 열고 Na^+ 이온이 세포 안으로 확산되어 들어가도록 한다.

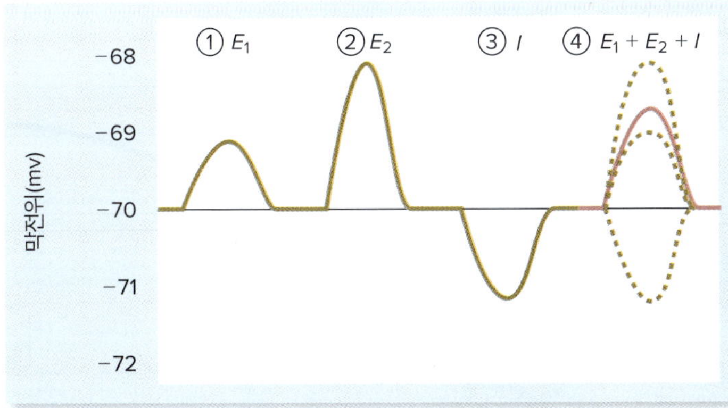

그림 37.7 차등전위.
차등전위는 화학개폐성 통로의 열림에 의해 생성된 역치 이하 전위들을 합친 것이다. (1) 약한 흥분 자극 E_1은 (2) 강한 자극인 E_2보다 작은 탈분극을 일으킨다. (3) 억제 자극 I는 과분극을 만든다. (4) 차등전위는 합해질 수 있으므로 이 3개의 자극이 가까이 일어날 경우 차등전위가 합해져 극성 변화는 3개의 변화가 합해진 것과 같게 된다.

자료 분석 E_1, E_2 그리고 I를 조합하여 만들 수 있는 모든 전위값을 그려보시오.

channel)가 있다. 리간드개폐성 이온통로는 차등전위를 발생시켜 축삭에서 활동전위의 개시 여부를 결정하고, 전압개폐성 이온통로는 활동전위를 유지한다.

차등전위: 탈분극과 과분극

대부분의 뉴런에서 수상돌기의 개폐성 이온통로는 신호전달 분자의 결합에 반응한다(**그림 37.6**, **그림 8.4*a*** 참조). 막의 리간드개폐성 통로는 호르몬, 신경전달물질과 같은 화학물질에 의해 활성화되거나 열려 세포막의 투과성을 변화시키고 막 전압의 변화를 초래한다.

투과성 변화는 막전위의 탈분극이나 과분극으로 측정될 수 있다. **탈분극**(depolarization)은 막전위를 덜 음성이나 더 양성으로 만들고, **과분극**(hyperpolarization)은 막전위를 더 음성으로 만든다. 예를 들면, 막전위가 −70 mV에서 −65 mV로 되게 만든 투과성 변화는 탈분극이고, −75 mV에서 −80 mV로 변화시킨다면 과분극이다.

이러한 막전위의 작은 변화는 자극의 강도나 수용체에 결합하는 리간드의 양에 따라 달라지기 때문에 차등전위라고 한다. 이 막전위는 그들의 발생 지점으로부터 퍼져나가면서 진폭이 줄어든다. 탈분극 전위나 과분극 전위는 두 파동이 간섭에 의해 중첩되어 더 큰 파동을 형성하거나 서로를 상쇄하는 것처럼, 함께 작용하여 그 효과를 증폭시키거나 감소시킬 수 있다. 이러한 차등전위가 합쳐질 수 있는 능력을 **가중**(summation)이라고 한다(**그림 37.7**). 이 주제는 활동전위의 특성에 대해 논의한 다음에 알아본다.

소듐 이온과 포타슘 이온이 세포막을 가로질러 이동할 때 활동전위가 발생한다

일정 수준의 탈분극에 도달하면(포유동물의 일부 축삭의 경우 −55 mV) 세포체로부터 축삭이 뻗어 나오는 부위(축삭둔덕)에서 신경 충격, 즉 활동전위가 생긴다. 활동전위의 그래프 표현은 **상승기**(rising phase), **하강기**(falling phase), **과도하강기**(undershoot phase)의 세 단계로 구분된다(**그림 37.8**). 뉴런의 휴지막전위는 −70 mV임을 기억하자. 종종 **역치 자극**(threshold stimulus)이라고 불리는 충분한 강도의 탈분극 자극이 신경세포에 주어지면 화학개폐성 Na^+ 통로가 열린다. **역치 전위**(threshold potential)가 −55 mV에 도달하면 전압개폐성 통로가 열려 Na^+이 빠르게 세포 안으로 유입된다. 이것을 탈분극이라 하며, 그래프상에서 상승기로 나타난다. Na^+의 유입이 지속됨에 따라 막전위는 +35 mV와 +40 mV 사이에 도달하는데, 이것이 **활동전위**(action potential)로서 뉴런이 축삭을 따라 신호를 전파시키는 힘으로 작용한다. 그런 후 Na^+ 통로는 빠르게 닫히고, 동시에 K^+ 통로가 열리면서 K^+가 세포 밖으로 확산되어 나감으로써 막을 **재분극**(repolarizing)시키며 하강기를 맞게 된다. K^+ 통로는 휴지막전위를 복원하는 데 필요한 것보다 더 오랫동안 열려 있어, 과분극(hypolarization) 상태가 된다. 이 단일 활동전위에 의한 전체적인 일련의 단계에는 1/1000초가 소요된다.

활동전위의 특성

활동전위(**그림 37.8**)는 독립적이고, 실무(all-or-none)적인 사건이

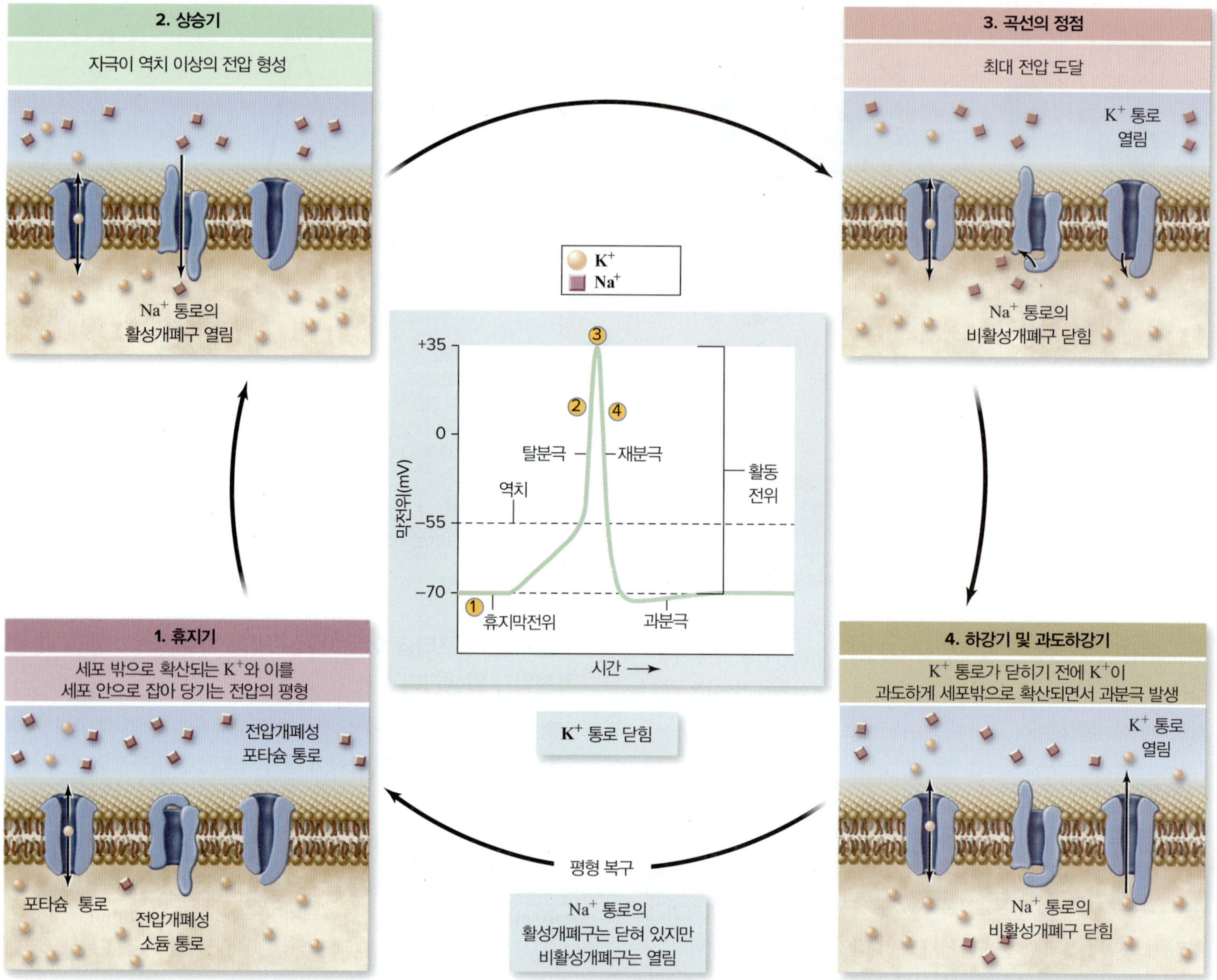

그림 37.8 활동전위.
(1) 휴지막전위에서 전압개폐성 이온통로는 닫혀 있지만 자극에 대해 약간의 K^+ 누출이 일어나고, 세포는 탈분극되기 시작하며, 역치 수준에 도달하면 활동전위가 생성된다. (2) 전압개폐성 소듐 통로가 열리므로 Na^+ 이온이 축삭 안으로 확산되고 신속한 탈분극이 일어나게 된다(곡선의 상승기). (3) 곡선의 정점에서 Na^+ 통로는 닫히고, 닫혀 있던 전압개폐성 K^+ 통로가 열리기 시작한다. (4) K^+ 통로가 열린 상태에서 K^+가 축삭 밖으로 확산되므로 재분극이 일어난다. 막이 원래의 휴지막전위로 되돌아가기 전에 과도 하강이 나타난다.

다. 활동전위는 역치 전압에 도달하면 발생하지만, 막전위가 역치 이하이면 발생하지 않는다. 활동전위는 차등전위처럼 서로 누적되거나 간섭하지 않는다. Na^+ 통로는 닫힌 다음 다시 열릴 때까지 불활성화 상태로 유지되면서 어떠한 가중에도 기여하지 못한다. 이렇게 막이 자극되지 못할 때를 절대불응기(absolute refractory)라고 한다. 자극이 감소된 진폭의 활동전위를 생성하는 동안 상대불응기(relative refractory)도 존재한다.

활동전위의 생성은 전체적으로 이온의 수동수송으로부터 기인한다. 그러나 각 활동전위 생성의 끝부분에서는 세포질이 휴지기 때보다 Na^+를 조금 더 많이 포함하고, K^+를 조금 더 적게 포함한다. 비록 단일 활동전위에 의해 이동한 이온의 수가 Na^+와 K^+ 농도에 비해 상대적으로 아주 적지만, 결국에는 이들이 효과를 만들어낸다. 소듐-포타슘 펌프의 지속적인 활동이 이러한 변화들을 정상으로 바꾸어 놓는다. 따라서 활동전위 생성에 능동수송이 필요하지는 않지만, 이온 농도 기울기의 유지에 필요하게 된다.

활동전위는 축삭을 따라 전파된다

축삭을 통한 활동전위의 움직임은 축삭의 시작부터 끝까지 흐르는

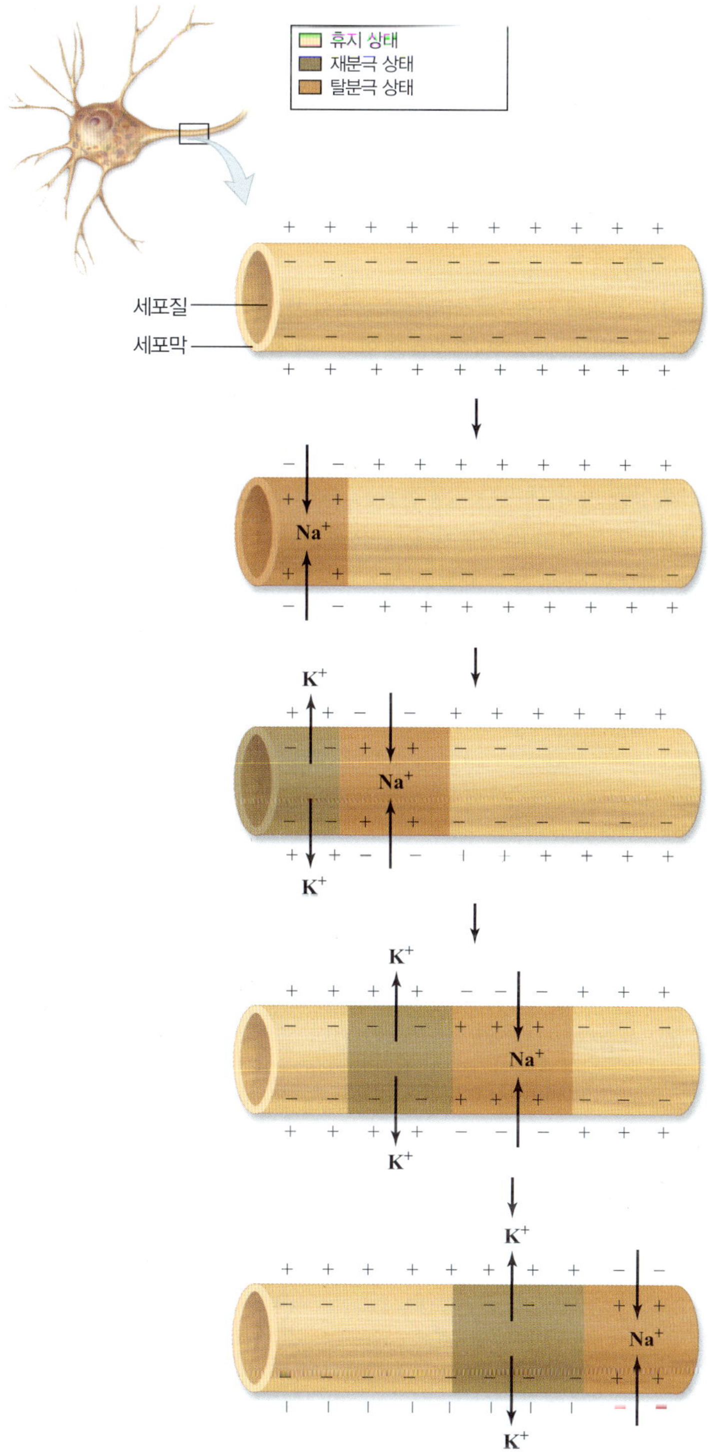

그림 37.9 미엘린화되지 않은 축삭에서 활동전위의 전파.
축삭의 한 부분에서 활동전위가 발생하고 막의 극성이 바뀌게 되면, 이것은 다음 부위의 탈분극 자극으로 작용하게 된다. 이런 식으로 활동전위가 축삭 막을 따라 생겨나게 된다.

이온에 의해 생성되는 것이 아니라, 활동전위가 축삭의 시작 부위에서 발생하여 축삭 막을 따라 이웃한 지점에서 다시 발생하는 것이다.

상승기 동안 막은 활동전위의 반대 극성을 띠게 된다. Na^+의 유입에 의한 양전하는 막의 다음 인접 부위를 역치까지 탈분극시켜 자신의 활동전위를 생성한다(**그림 37.9**). 한편 막의 이전 부위는 휴지막 전위로 재분극된다. 직전에 활성화된 Na^+ 통로는 여전히 불활성 상태이고 자극에 반응할 수 없기 때문에 그 신호는 반대 방향으로 전파되지 않는다.

활동전위의 전파는 경기장에서 파도타기 응원을 하는 것과 같다. 관객이 자리를 지키면서 자리에서 일어나는 것(탈분극), 손을 드는 것(활동전위의 절정), 다시 앉는 것(재분극)을 통해 물결은 경기장을 타고 움직이지만 사람들은 그 자리에 있다.

신경자극의 전도 속도를 증가시키는 2가지 방법이 있다

활동전위는 감소되지 않고 전도되기 때문에 축삭 말단에 도달한 마지막 활동전위는 처음 시작할 때의 활동전위와 크기가 같다. 동물은 신경자극의 속도를 증가시키는 2가지 방법을 발달시켜 왔다. 전도의 속도는 축삭의 직경이 크거나 축삭이 미엘린화되어 있으면 훨씬 빨라진다(**표 37.2**).

축삭 지름의 증가는 저항의 전기적 특성 때문에 신경자극의 속도를 증가시켜 준다. 전기적 저항은 지름의 역할을 하는 횡단면의 면적과 반비례하기 때문에 더 큰 지름의 축삭은 전류의 흐름에 더 작은 저항을 갖게 된다. Na^+에 의해 운반된 양전하는 큰 지름의 축삭에서 더 멀리 흘러서, 역치보다 높은 전압을 Na^+ 유입의 근원지로부터 더 멀리 이동하게 한다.

큰 지름의 축삭은 무척추동물에서 처음 발견되었다. 예를 들어 오징어의 탈출 반응은 소위 거대 축삭(giant axon)에 의해 조절된다. 이 큰 축삭은 오징어의 다른 작은 축삭들보다 신경자극을 빨리 전달하여서 빠른 탈출 반응을 가능하게 한다. 오징어의 거대 축삭은 호지킨(Alan Lloyd Hodgkin)과 헉슬리(Andrew Huxley)가 수행했던 신경전달의 선구적 연구에서 사용되었다.

미엘린화된 축삭은 미엘린화되지 않은 축삭보다 자극을 더 빨리 전도하는데, 이는 미엘린화된 축삭에서는 활동전위가 랑비에결절에서만 생기기 때문이다. 하나의 활동전위는 다음 부위의 탈분극 자극

표 37.2 여러 축삭의 전도 속도

	축삭 지름 (μm)	미엘린	전도 속도 (m/s)
오징어의 거대 축삭	500	없음	25
사람 다리 근육의 큰 운동신경 축삭	20	있음	120
사람 피부의 압각수용기의 축삭	10	있음	50
사람 피부의 온도수용기 축삭	5	있음	20
사람 내장 기관의 운동 축삭	1	없음	2

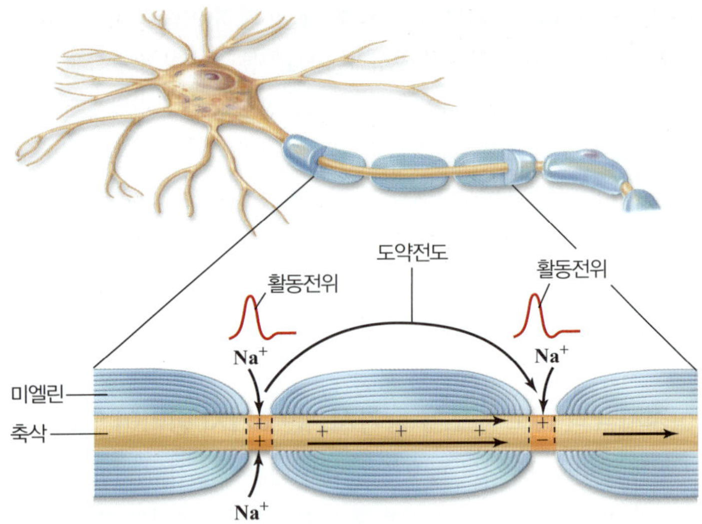

그림 37.10 미엘린화된 축삭에서의 도약전도.
미엘린화된 축삭에서 활동전위는 랑비에결절에서만 만들어진다. 한 결절은 다음 결절을 탈분극시키므로 활동전위는 한 결절에서 생긴 후 건너뛰어 다음 결절에서 생기게 된다. 이런 식으로 미엘린화된 축삭에서의 도약전도는 미엘린화되지 않은 축삭에서보다 빠르게 일어난다.

으로 작용하지만, 한 결절에서의 탈분극은 다음 결절로 신속히 퍼져 전압개폐성 통로를 열게 한다. 이처럼 한 결절에서 다음 결절로 도약하는 전도를 **도약전도**(saltatory conduction)라고 한다(**그림 37.10**).

도약전도가 어떻게 신경전달을 빠르게 하는지 알아보기 위하여 파도타기 응원의 모습을 다시 연상해 보자. 파도는 좌석에 앉아 있는 한 무리의 사람들이 일어서고, 이 행동은 다음 부분의 사람들이 일어나도록 자극한다. 파도는 관중석의 빈 구역을 건너뛰기 때문에 비어 있는 구역이 많을수록 빨리 지나간다. 파도는 빈 구역의 사람들이 일어나길 기다릴 필요가 없기 때문에 다음 집단의 구역으로 쉽게 이동한다. 활동전위가 노출된 결절들 사이의 비전도 구역을 뛰어넘는 것도 이와 마찬가지다.

핵심 요약 37.2

뉴런은 세포 내부에서 K^+ 농도가 높고, 세포 외부에서는 Na^+ 농도가 높은 상태를 유지한다. 세포 외부로의 K^+의 확산은 약 −70 mV의 휴지막전위를 발생시킨다. 리간드개폐성 이온통로가 열리게 되면 세포막을 탈분극시키거나 과분극시켜 차등전위를 발생시킬 수 있다. 활동전위는 막전위가 역치값을 초과할 때 발생한다. 전압개폐성 Na^+ 통로가 열리면 탈분극이 발생하고, 뒤따라 K^+ 통로가 열리면 재분극이 유도된다.

- 어떻게 양이온만이 활동전위 동안 막의 탈분극과 재분극을 일으킬까?

37.3 시냅스: 뉴런과 다른 세포 사이의 소통

학습 목표

1. 전기적 시냅스와 화학적 시냅스의 차이를 구별할 수 있다.
2. 다양한 신경전달물질들을 열거하여 설명할 수 있다.
3. 중독성 약물이 신경계에 미치는 영향에 대해 설명할 수 있다.

축삭을 따라 내려간 활동전위는 축삭 가지의 말단에 도달한다. 이 가지들은 뉴런의 수상돌기나, 근육세포, 또는 분비샘 세포와 연접부를 이룬다. 이와 같은 세포간 연접부를 **시냅스**(synapse)라고 부른다. 시냅스까지 활동전위를 전달하는 축삭을 가지는 뉴런을 **시냅스전 세포**(presynaptic cell)라고 하고, 시냅스 반대쪽에서 신호를 받는 세포를 **시냅스후 세포**(postsynaptic cell)라고 한다.

과학적 사고

질문: 뉴런들 사이 또는 뉴런과 근육 사이의 의사소통은 화학적 전달일까? 아니면 전기적 전달일까?
가설: 뉴런과 심장근육 사이의 신호전달은 화학적이다.
예상: 한 심장에서 나온 화학물질이 나머지 심장의 활성에 영향을 미칠 것이다.
실험: 두 마리의 개구리 심장을 하나는 미주신경이 붙은 채로, 나머지 하나는 제거된 채로 각각 식염수에 넣었다. 미주신경을 자극하여 흘러나온 액체를 다른 쪽 심장으로 옮겼다.

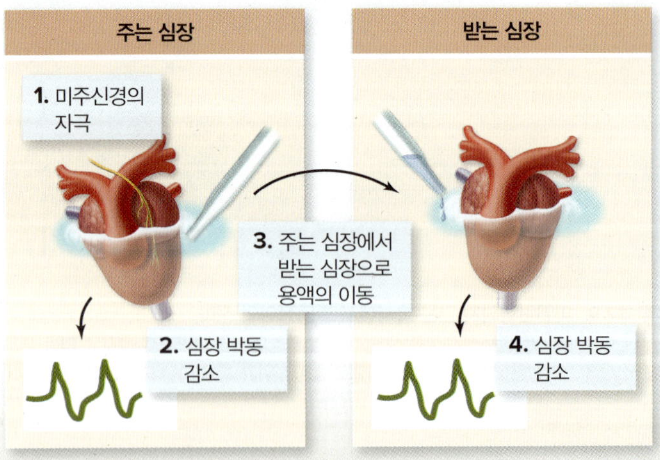

결과: 미주신경에 의해 자극받지 않은 심장도 자극받은 것처럼 심박수가 감소하였다.
결론: 신경은 심박수를 낮추는 화학 신호를 분비한다.
추가 실험: 이 결론은 **그림 36.7**의 실험에 어떻게 적용될 수 있을까?

그림 37.11 시냅스 신호전달.

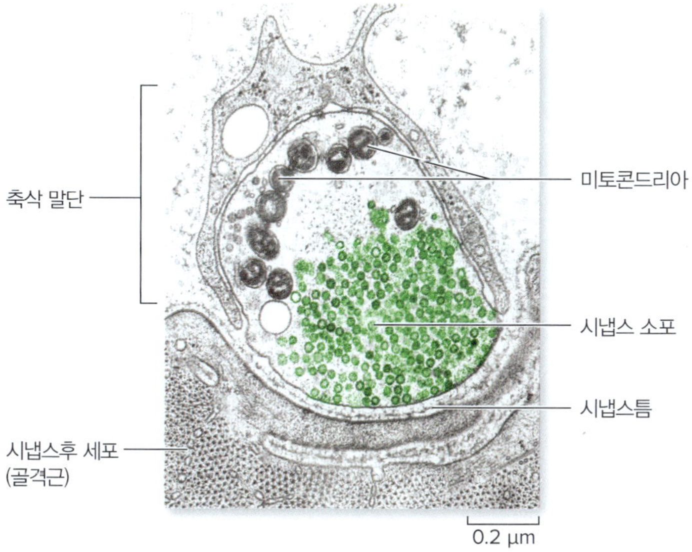

그림 37.12 시냅스틈.
신경근시냅스를 보여주는 전자현미경 사진. 사진상 초록색은 시냅스 소포이다.

전기적 시냅스와 화학적 시냅스가 있다

동물의 신경계는 전기적 시냅스와 화학적 시냅스라는 2가지 유형의 기본적 시냅스가 있다. **전기적 시냅스**(electrical synapses)는 시냅스전 뉴런과 시냅스후 뉴런 사이에 생긴 간극연접(gap junction)에 의해 직접적으로 세포질이 연결되어 있는 경우이다(3장 참조, **그림 3.28**). 활동전위를 포함하여 막전위의 변화가 한 세포에서 다른 세포로 직접 빠르게 간극연접을 통해 전달된다. 전기적 시냅스는 무척추동물 신경계의 특징으로 척추동물에서는 드물다.

척추동물의 시냅스는 대부분 **화학적 시냅스**(chemical synapses)이다(**그림 37.11**). 광학현미경으로 시냅스를 보면 시냅스전 세포와 시냅스후 세포가 서로 닿아 있는 것처럼 보이지만, 전자현미경으로 보면 이 두 세포들은 대부분 **시냅스틈**(synaptic cleft)이라고 부르는 좁은 공간을 가지고 있다(**그림 37.12**).

시냅스전 축삭의 말단은 부풀어 있으며 많은 **시냅스 소포**(synaptic vesicle)를 지니고 있는데, 이 소포 안에는 화학물질인 **신경전달물질**(neurotransmitter)이 들어 있다. 활동전위는 축삭의 말단에 도달하면 전압개폐성 Ca^{2+} 통로가 열리도록 자극하고, Ca^{2+}이 급속하게 축삭 안으로 확산해 들어가게 한다. 이와 같은 Ca^{2+}의 유입은 시냅스 소포의 막이 축삭의 원형질막에 융합하게 만들고, 그 결과 세포외배출(exocytosis)에 의해 시냅스 소포의 내용물이 방출된다(4장 참조; **그림 37.13**).

시냅스전 축삭의 활동전위 빈도가 높을수록 더 많은 소포들이 신경전달물질을 방출하게 된다. 방출된 신경전달물질은 시냅스틈의 반대쪽으로 신속하게 확산하여 시냅스후 세포의 원형질막에 있는 화학개폐성 또는 리간드개폐성 수용체 단백질에 결합하게 된다. 이 수용체들의 활동은 시냅스후 세포막에 차등전위를 만든다.

신경전달물질들은 전기적 시스템에서와는 다르게 그 활동의 지속성에 대한 엄격한 조절이 필요한 화학적 신호이다. 신경전달물질들은 새롭게 전달되는 신호들을 받아들이기 위해 시냅스틈에서 빠르게 제거되어야 하는데, 이것은 시냅스틈에서의 효소 분해, 뉴런에 의한 신경전달물질 분자들의 재흡수 그리고 신경교세포(glial cell)에 의한 흡수 등을 포함하는 다양한 기작들에 의해 이루어진다.

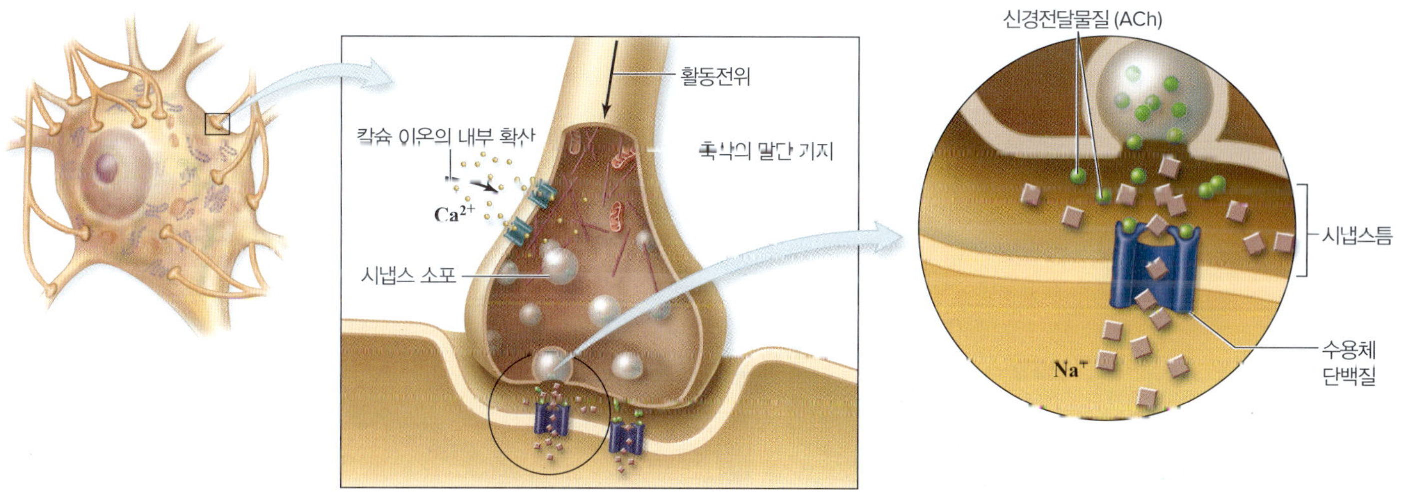

그림 37.13 신경전달물질 방출.
축삭의 말단에 도달한 활동전위는 Ca^{2+}의 유입을 촉진하고, 이는 시냅스 소포가 세포막에 융합하도록 만들면서 신경전달물질(이 그림의 경우 아세틸콜린)의 방출을 일으킨다. 이 신경전달물질은 시냅스틈을 지나 확산하여 시냅스후 막의 화학개폐성 수용체나 리간드개폐성 수용체에 결합한다.

표 37.3	신경전달물질의 유형	
신경전달물질 종류	**예**	**구조**
아세틸콜린		
	아세틸콜린	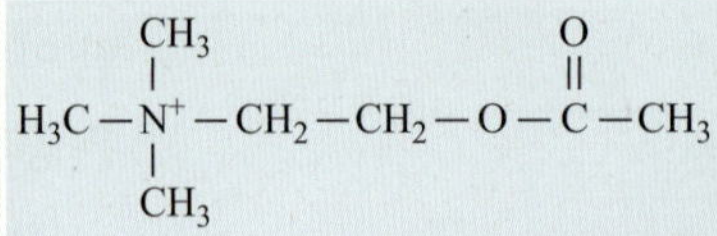
아미노산		
	글루탐산	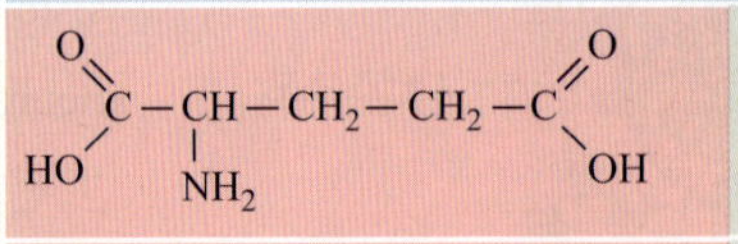
	글리신	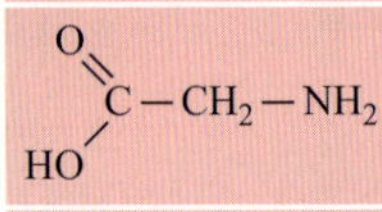
	가바(GABA)	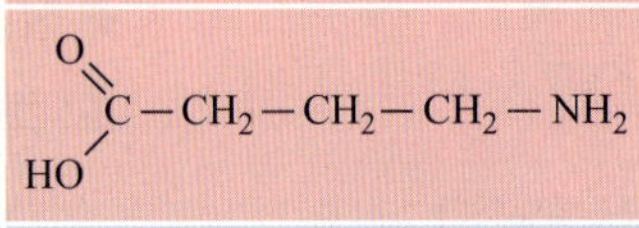
생체 아민		
카테콜아민	에피네프린	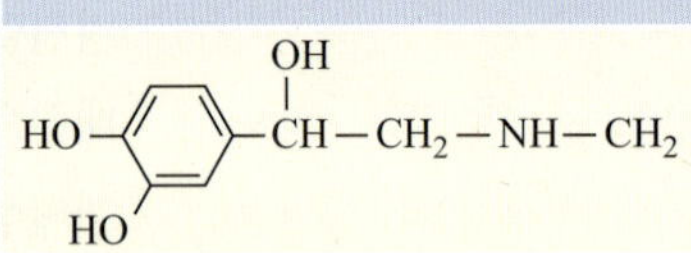
	노르에피네프린	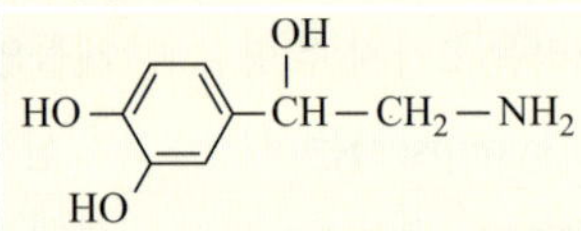
	도파민	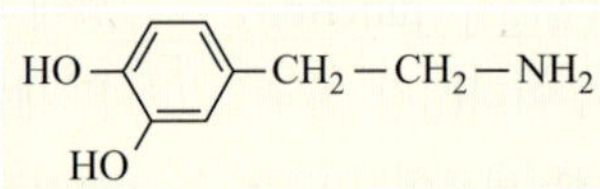
	세로토닌	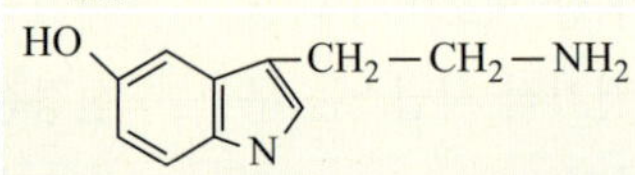
신경펩타이드		
	물질 P	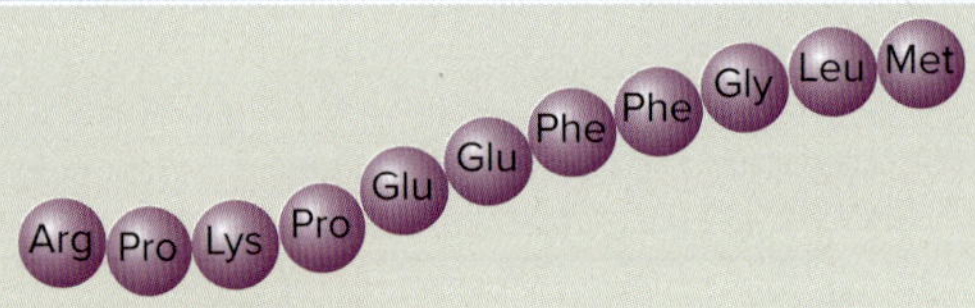
	엔케팔린	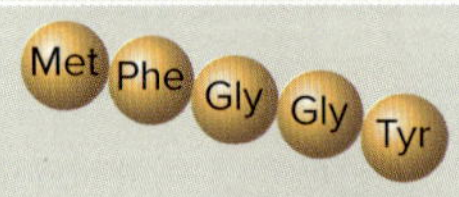
	엔돌핀	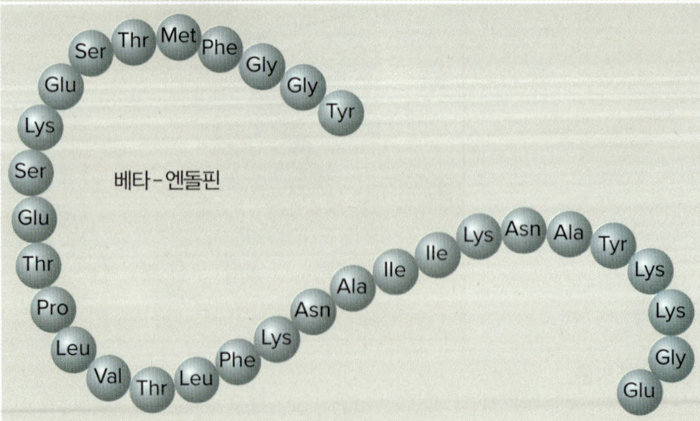

몇몇 종류의 신경전달물질들이 밝혀져 있는데, 이들은 서로 다른 방법으로 작용한다. 다음에서 몇 가지 중요한 신경전달물질들의 작용에 대해 알아본다.

여러 종류의 화학물질이 신경전달물질로 작용한다

한 가지의 화학적 성질로 신경전달물질을 규정할 수는 없지만, 화학적 유사성에 따라 그들을 구분할 수 있다(**표 37.3**). 아세틸콜린과 같은 몇몇 화합물들은 신경계에서 쓰임새가 넓은데, 특히 근육과 연결되는 신경에서 많이 이용된다. 다른 신경전달물질들은 중추신경계와 같이 매우 특이적인 연결부에서만 발견된다. 여기에서는 신경전달물질이 흥분성인지 억제성인지, 즉 활동전위에 기여하는지 또는 저해하는지 여부를 알아본다. 그리고 같은 신경전달물질이 다른 수용체와 결합할 때 어떤 다른 결과를 얻을 수 있는지를 알아본다.

아세틸콜린

아세틸콜린(acetylcholine, ACh)은 운동뉴런과 근섬유 사이의 시냅스를 통과하는 신경전달물질이다. 이런 시냅스를 **신경근접합부**(neuromuscular junction)라고 한다(**그림 37.14**; **그림 37.13**도 참조). 아세틸콜린은 시냅스후 막의 수용체 단백질에 결합하여 이 단백질의 이온통로가 열리게 한다(**그림 37.6**). 그 결과 시냅스후 막의 해당 부위가 탈분극을 일으키는데(**그림 37.15**), 이 탈분극을 **흥분성 시냅스후 전위**(excitatory postsynaptic potential, EPSP)라고 한다. 흥분성 전위가 충분히 커지면 Na^+와 K^+의 전압개폐성 통로를 개방시켜 활동전위를 일으킨다. 이 경우 시냅스후 세포는 골격근섬유인데, 이 세포가 만드는 활동전위는 40장에서 논의되는 기작을 통해 근육 수축을 자극하게 된다.

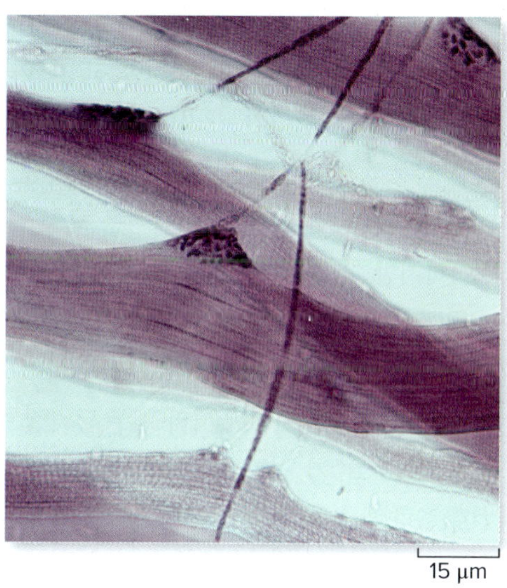

그림 37.14 신경근접합부.
축삭들과 근섬유들 사이의 접촉 부위를 광학현미경으로 관찰한 사진.

근육이 이완되기 위해 ACh는 시냅스틈에서 제거되어야 한다. 시냅스후 막에 존재하는 **아세틸콜린 가수분해효소**(acetylcholinesterase, AChE)는 아세틸콜린을 제거한다. 가장 빠르게 작용하는 효소 중 하나인 이 효소는 ACh를 불활성 단편으로 자른다. 신경가스나 살충제 파라티온은 AChE의 억제물질이기 때문에 인체 내에서 이 물질들은 심한 경련성 마비를 일으키거나 호흡 근육이 마비될 경우에는 사망하게 만든다. ACh가 운동뉴런과 골격근세포 사이의 신경전달물질로 작용하지만, 여러 뉴런들은 아세틸콜린을 다른 뉴런들의 수상돌기나 세포체 시냅스에서의 신경전달물질로 이용하기도 한다.

아미노산

글루탐산(glutamate)은 척추동물의 CNS에서 주요 흥분성 신경전달물질이다. 흥분성 신경전달물질들은 EPSP를 만들어 활동전위를 자극하도록 작용한다. 헌팅턴병(Huntington disease)으로 고통받는 사람들의 뇌에 존재하는 몇 가지 뉴런들을 보면 글루탐산에 과민반응하여 신경 퇴행을 일으키게 변하고 있다.

글리신(glycine)과 GABA(γ-aminobutyric acid)는 억제성 신경전달물질이다. 이런 신경전달물질들은 Cl^-가 농도 기울기에 따라 뉴런 내로 확산되어 들어가도록 Cl^-에 대한 리간드개폐성 통로를 개방시킨다. Cl^-는 음전하를 띠므로 막 안쪽을 휴지기보다 더 음성으로 만든다(예를 들면 −70 mV에서 −85 mV로, **그림 37.15**). 이러한 과분극을 **억제성 시냅스후 전위**(inhibitory postsynaptic potential, IPSP)라고 하며, 이는 신체 운동의 신경 조절이나 뇌의 기능에 매우 중요하다. 약제인 디아제팜[diasepam 또는 Valium(발륨)]은 GABA가 수용체에 결합하는 것을 촉진하여 시냅스에 있는 GABA의 효율성을 증가시켜 진정 효과 및 기타 다른 효과들을 일으킨다.

생체 아민류

생체 아민류(biogenic amines)에는 호르몬인 에피네프린(아드레날린)과 신경전달물질인 도파민, 노르에피네프린, 세로토닌이 있다. 에피네프린, 노르에피네프린 및 도파민은 아미노산인 타이로신으로부터 만들어지며, **카테콜아민**(catecholamine)으로 분류된다. 세로토닌은 다른 아미노산인 트립토판으로부터 생긴다.

에피네프린(epinephrine)은 호르몬으로 혈액으로 방출되는 데 비해 **노르에피네프린**(norepinephrine)은 자율신경계 뉴런이 시냅스에서 방출된다. 이러한 신경전달물질들의 표적 수용체에 대한 효과는 빠르고 강한 심장박동, 혈당 농도의 증가, 근육과 심장으로 혈류 전환 등으로 나타난다.

도파민(dopamine)은 뇌의 특정 구역에서 몸의 운동이나 다른 기능을 조절하는 중요한 신경전달물질이다. 도파민을 방출하는 특정

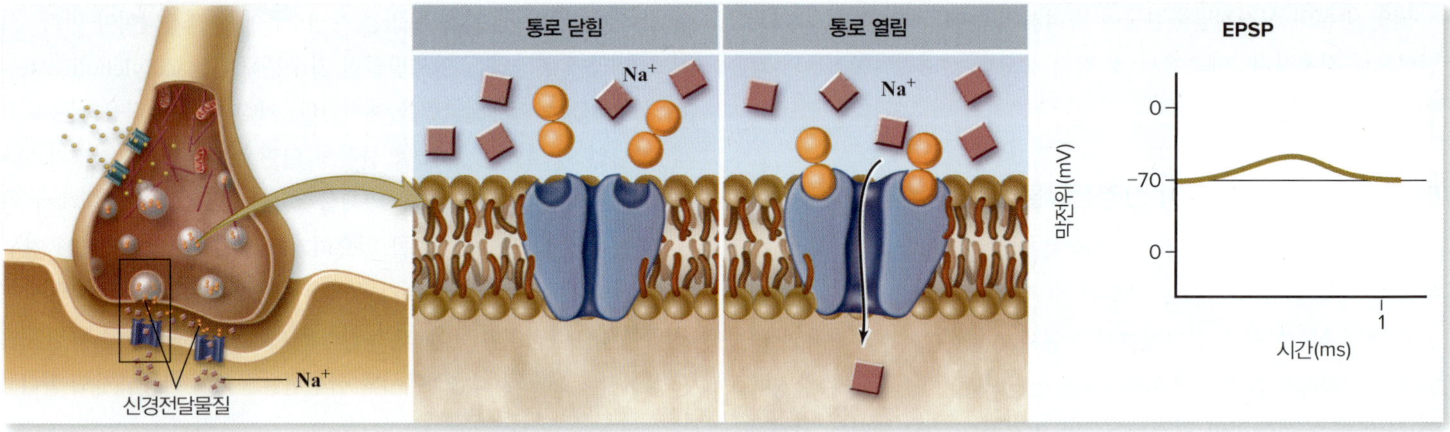

a.

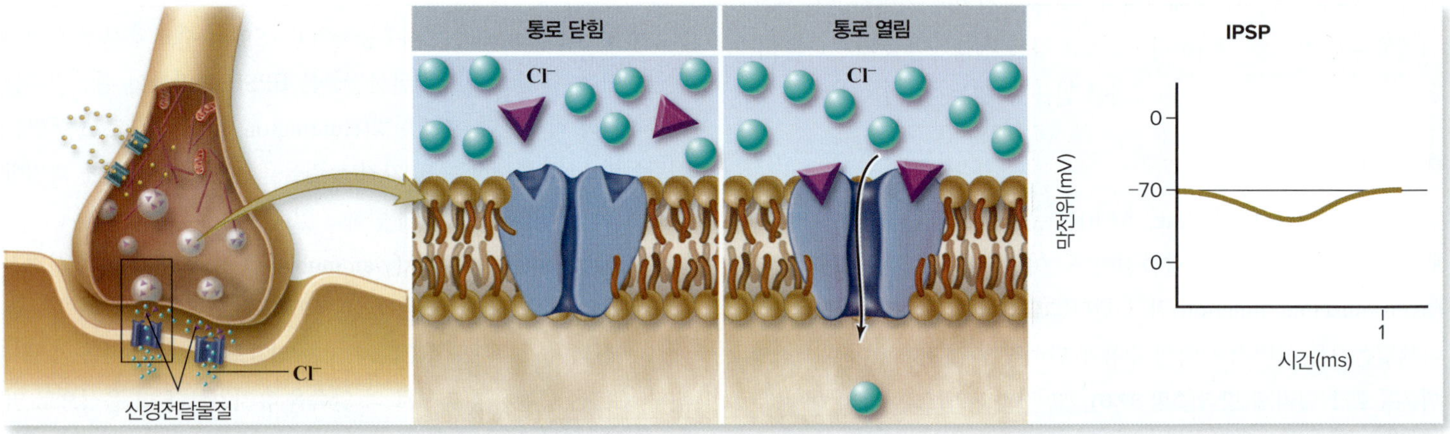

b.

그림 37.15 서로 다른 효과를 갖는 신경전달물질.

a. 흥분성 신경전달물질은 탈분극이나 흥분성 시냅스후 전위(EPSP)를 일으킨다. ***b.*** 억제성 신경전달물질은 과분극이나 억제성 시냅스후 전위(IPSP)를 일으킨다.

자료 분석 만약 세포체가 2개의 뉴런으로부터 **그림 37.15**의 오른쪽에 보이는 자극을 동시에 받는다면 막전위의 종합적 결과는 어떻겠는가?

뉴런의 퇴화가 일어나면 파킨슨병의 근육 떨림이 일어나는데, 이러한 사람들은 도파민 전구체인 L-도파(L-dopa, L-3,4-dihydroxyphenylalanine의 약어)로 치료한다. 추가적인 연구들로 뇌에서 도파민 방출 뉴런의 과다 활동이 정신분열증(schizophrenia)과 관계 있다는 것이 밝혀졌다. 그 결과 항도파민 클로르프로마진(chlorpromazine, 상품명 Thorazine)과 같이 도파민 생산을 억제하는 약물들이 조현병 환자들을 돕기도 한다.

세로토닌(serotonin)은 수면이나 여러 가지 정서 상태 조절과 관련된 신경전달물질이다. 세로토닌을 방출하는 뉴런의 활동 부족은 우울증의 한 원인이 된다. 플루옥세틴(fluoxetine, 상품명 Prozac) 등의 항우울증 약품은 시냅스틈에서 세로토닌의 제거를 막는다. 이러한 약품들은 **선택적 세로토닌 재흡수 억제제**(selective serotonin reuptake inhibitors, SSRIs)라고 부른다.

기타 신경전달물질

축삭은 시냅스에서 **신경펩타이드**(neuropeptide)라는 여러 가지 폴리펩타이드도 방출한다. 이러한 신경펩타이드들은 전형적인 신경전달물질의 기능을 나타내거나 시냅스후 뉴런에 좀 더 미세하게 장시간 작용하기도 한다. 후자의 경우에는 **신경조절물질**(neuromodulator)이라고도 한다. 하나의 축삭은 보통 한 종류의 신경전달물질만 방출하지만, 신경조절물질을 함께 방출하는 것도 많이 있다.

물질 P(substance P)는 통증 자극에 의해 활성화되는 감각뉴런에 의해 CNS 시냅스에서 방출되는 중요한 신경펩타이드이다. 그러나 통증 인지는 주변 여건에 따라 매우 달라질 수 있다. 예를 들면, 몸을 다친 축구 선수가 경기가 끝나기 전까지는 통증을 전혀 느끼지 못할 수도 있다.

통증 인지 정도는 **엔케팔린**과 **엔돌핀**이라는 신경펩타이드의 영향에 따라 달라진다. **엔케팔린**(enkephalin)은 뇌에서 척수로 내려오는 축삭에서 방출되며, 통증 정보가 뇌로 가는 것을 억제한다. **엔돌핀**(endorphin)은 뇌간의 뉴런에서 방출되며, 역시 통증 인지를 억제한다. 아편(opium)이나 이의 유도체인 모르핀(morphine)이나 헤로인(heroin)은 엔케팔린이나 엔돌핀 수용체에 결합할 수 있는 유사한 화학적 구조를 가지므로 진통 효과를 나타낸다. 이러한 이유로 엔케팔린과 엔돌핀은 **내재적 아편**(endogenous opiates)이라고도 한다.

일산화질소(NO)는 최초로 알려진 신체 조절작용을 하는 가스이다. 일산화질소는 기체이기 때문에 막을 통과해 확산하므로 소포에 저장될 수 없다. 일산화질소는 필요할 때마다 아미노산인 아르기닌으로부터 만들어지며, 시냅스전 축삭에서 확산되어 나와 인접 세포의 지질막을 통과해 들어간다. 말초신경계에서 일산화질소는 위장관, 음경, 호흡기 통로, 뇌혈관에 분포된 뉴런에서 방출된다. 이러한 자율성 뉴런들은 표적기관에서 평활근의 이완을 일으킨다. 이 때문에 음경의 해면조직이 혈액으로 채워져 발기를 일으킬 수 있다. 실데나필[sildenafil, 상품명 비아그라(Viagra)]이라는 약품은 음경에서 일산화질소의 방출을 촉진시켜 발기 시간을 늘려준다. 일산화질소는 뇌에서도 신경전달물질로 방출되며, 학습과 기억의 과정에도 관여한다.

시냅스후 뉴런은 다양한 시냅스로부터 온 정보를 통합한다

많은 시냅스전 뉴런으로부터 오는 서로 다른 종류의 정보(input)는 척추동물의 뇌와 척수에 있는 시냅스후 뉴런의 활동에 영향을 미친다. 그 실례로 척수의 한 운동뉴런은 시냅스전 축삭에서 오는 5만 개의 시냅스와 접촉하기도 한다.

각 시냅스후 뉴런은 흥분 시냅스와 억제 시냅스를 함께 받아들이게 된다(**그림 37.16**). 이 시냅스들로부터 오는 EPSP(탈분극)와 IPSP(과분극)는 뉴런의 세포체에 도달할 때 상호작용을 한다. 작은 EPSP들은 합쳐져 막전위를 역치에 가깝게 상승시키고, IPSP들은 EPSP의 탈분극 효과를 상쇄시키는데, 이러한 과정을 **시냅스 통합**(synaptic integration)이라고 한다.

활동전위의 실무율 특성 때문에, 시냅스후 뉴런은 켜지고 꺼지는 스위치와 같다. 정보는 시간의 흐름에 따라 항상 켜 있는 상태로 암호화되지만, 각 뉴런은 신호를 받을 때 켜지거나 꺼질 수밖에 없다.

뉴런의 점등 상태를 결정하는 것은 매우 복잡하며, 많은 시냅스전 뉴런들과 연관되어 있다. 막이 역치 전위에 도달하는 두 가지 방법이 있는데, 그 하나는 서로 다른 수상돌기들이 EPSP를 만들어 시냅스후 세포에서 역치 전위가 되도록 합하는 방법이고, 다른 하나는 하나의 수상돌기가 반복적인 EPSP를 만들어 역치 전위가 되도록 하는 방법이다. 전자는 **공간적 가중**(spatial summation)이라고 부르며, 후자는 **시간적 가중**(temporal summation)이라고 부른다.

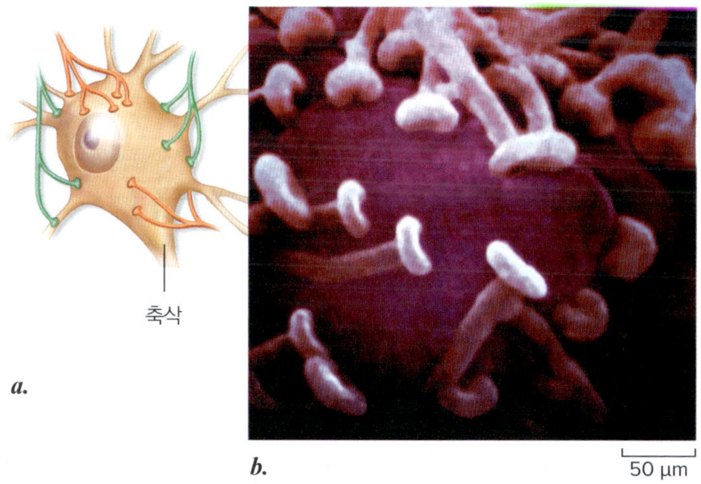

그림 37.16 뉴런의 세포체에서 EPSP와 IPSP의 통합.
a. 일부 축삭에 의해 만들어지는 시냅스는 흥분성이고(초록색), 다른 축삭에 의해 형성된 시냅스는 억제성(붉은색)이다. 입력되어 들어온 모든 정보가 합쳐진 결과가 시냅스후 세포의 축삭 막이 활동전위를 만들기에 충분한 탈분극의 형성 여부를 결정한다. *b.* 많은 시냅스를 가지는 신경세포체 사진

공간적 가중에서 같은 시간에 서로 다른 시냅스전 뉴런에서 발생하여 수상돌기로 향하게 되는 차등전위들은 합쳐져 역치 이상의 전위를 형성한다. 이 입력은 모두 EPSP 형태로 되어야 할 필요는 없다. EPSP나 IPSP의 합으로 생성된 전위는 역치 전위보다 크기만 하면 된다. 축삭의 기부에 있는 막이 역치 이상으로 탈분극화될 때, 활동전위를 만들어내고 신경자극이 축삭 아래로 전도된다. 시간적 총합에서 하나의 수상돌기는 역치 이상이 되도록 EPSP를 만들어 합쳐질 수 있는 여유의 시간이 주어지면 활동전위를 생성할 수 있는 탈분극이 생길 수 있다. 전형적인 EPSP는 15 ms 동안 지속될 수 있고, 시간적 가중이 발생하기 위해 다음 자극이 더 짧은 시간 안에 도착해야 한다. 이때 축삭의 기부막이 역치 이상으로 되기 충분한 EPSP가 생성되면 자극이 전도된다.

이 2가지의 가중 방법의 차이점은 땅의 구멍을 흙으로 메우는 것과 같다. 여러 개의 삽을 가지고 구멍이 채워질 때까지 흙을 넣을 것인가, 아니면 하나의 삽으로 더 빠른 속도로 구멍을 채울 것인가 하는 것이다. 구멍이 채워지고 나면, 축삭은 켜지게 될 것이다.

신경전달물질은 약물 중독에 영향을 준다

신경계의 일부 세포들은 화학적으로 전달되는 신호를 생산하는 자극에 장시간 노출되면 그 자극에 반응하는 능력을 잃게 되는데, 이 과정을 **습관성**(habituation)이라고 부른다. 사람은 이렇게 감각을 잃는 것에 익숙해지는데, 그 실례로 의자에 오래 앉아 있으면 나중에는 이 사실을 인지하지 못하게 된다.

몇몇 신경세포들은 이런 감수성을 잃어버리기 쉽다. 시냅스 안의

수용체 단백질이 높은 농도의 신경전달물질 분자에 장시간 노출되면, 이 신경세포는 막의 수용체 단백질의 수를 감소시킨다. 이러한 피드백은 세포 활동을 효율적으로 만드는 모든 뉴런의 정상적인 기능이다. 이 경우 세포는 자극을 위한 신경전달물질이 충분하기 때문에 수용체의 수가 감소되도록 조절한다. 약물에 의해 만들어진 인공적인 신경전달물질 효과의 경우, 오랜 시간의 약물 사용은 같은 효과를 얻기 위해 점점 더 많은 약물을 필요로 하게 되는 중독을 의미한다.

코카인

코카인(cocaine)은 비정상적으로 많은 양의 신경전달물질이 시냅스에 장시간 머무르게 해준다. 코카인은 **변연계**(limbic system)인 뇌의 쾌감 경로에 있는 신경세포들에 영향을 준다(37.4절 참조). 이 세포들은 도파민을 신경전달물질로 이용하는데, 코카인은 보통 시냅스틈에서 도파민 제거 역할을 하는 시냅스전 막의 운반 단백질에 단단히 결합한다. 결국 도파민은 시냅스틈에 잔류하면서 수용체를 계속 자극하게 된다. 새로운 신호가 도달할 때마다 도파민이 계속 추가되어 쾌감 경로가 더욱 자주 작동된다(**그림 37.17**).

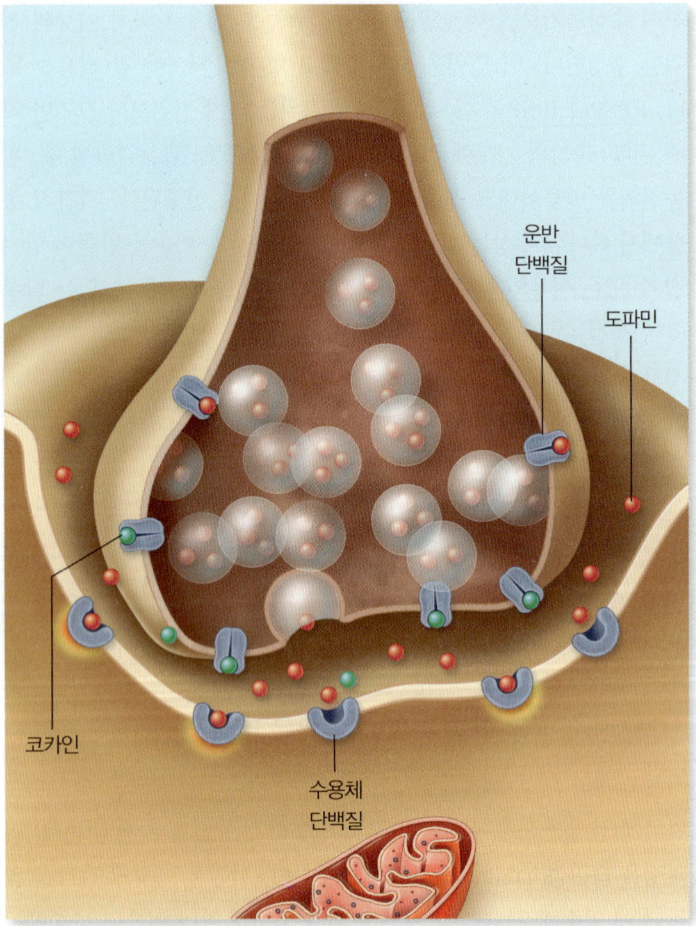

그림 37.17 시냅스에서 코카인의 작용.
코카인이 도파민 운반체에 결합하면 신경전달물질은 시냅스에 오래 머물면서 계속 시냅스후 세포를 자극한다. 이를 통해 코카인이 쾌감을 증진시킨다.

니코틴

니코틴(nicotine)은 코카인과 반대로 시냅스전 막의 단백질과는 결합하지 않는 것으로 알려져 왔다. 대신 니코틴은 뇌의 시냅스후 뉴런에 있는 특정 수용체와 직접 결합한다. 정상적으로는 뇌에 니코틴이 존재하지 않기 때문에 그곳에 왜 수용체가 있는지는 의문이다.

연구자들은 니코틴 수용체가 신경전달물질인 아세틸콜린과 결합하는 수용체의 한 종류라는 것을 알아냈다. 니코틴은 초식 곤충의 중추신경계에 영향을 주어 식물을 보호하는 데 도움을 주는 담배의 2차 화합물로 진화된 물질이다. 니코틴이 사람의 일부 아세틸콜린 수용체에 결합할 수 있게 된 것은 자연계에서 하나의 우연에 불과하다. 신경생물학자들은 흡연자와 비흡연자의 뇌에 있는 신경세포들을 비교하였을 때, 그들에게서 니코틴 수용체의 수와 수용체를 만드는 RNA 농도에 변화가 있다는 사실을 발견했다. 뇌는 2가지 방식의 "볼륨 낮추기(turning down the volume)"에 의해 니코틴에 대한 장기간 노출에 적응하는데, 그것은 (1) 니코틴이 결합할 수 있는 수용체 단백질의 수를 줄이는 것과 (2) 니코틴 수용체의 활성화 양상을 변화시켜 주는 것이다.

다음 절에서 뉴런과 시냅스의 생리 화학적 성질들을 종합해 보고, CNS로 시작해서 PNS로 넘어가는 척추동물 신경계의 구조를 알아본다.

핵심 요약 37.3

전기적 시냅스는 두 뉴런 사이의 세포질을 직접적으로 연결한 것과 같다. 화학적 시냅스는 뉴런 사이의 시냅스틈을 가로지르는 화학물질들을 가진다. 신경전달물질에는 아세틸콜린, 에피네프린, 글리신, GABA, 생체 아민, 물질 P 및 일산화질소가 포함된다. 많은 중독성 약물들은 일반적으로 신경전달물질이 시냅스에서 막 수송 단백질과 결합하는 곳에 결합한다.

■ 담배를 피우는 것은 왜 그렇게 끊기 어려울까?

37.4 중추신경계: 뇌와 척수

학습 목표

1. 척추동물 뇌의 구조에 대해 서술할 수 있다.
2. 사람 대뇌의 특징에 대해 서술할 수 있다.
3. 단순 반사의 작동 방식에 대해 설명할 수 있다.

척추동물의 복잡한 신경계는 오랜 진화적 역사를 가지고 있다. 여기에서는 척추동물의 중추신경계를 다루기에 앞서 무척추동물들에 대해 간략히 알아본다.

동물이 복잡해질수록 신경 시스템도 복잡해졌다

무체강 무척추동물들 중에서(27장 참조) 해면동물은 유일하게 신경이 없다. 가장 간단한 신경계는 자포동물(cnidarians)에서 볼 수 있는데(**그림 37.18**), 모든 뉴런이 유사하고 서로 연결되어 그물 모양의 **신경망**(nerve net)을 이룬다. 이 신경에는 연합 활동도 없고, 조절 작용도 없다.

가장 간단한 연합작용이 나타나는 신경계는 편형동물(flatworms)의 신경계이다. 편형동물에서는 몸을 따라 2개의 신경삭(nerve cords)이 있고, 이 신경삭에서 말초신경이 근육으로 뻗어나간다. 두 신경삭은 몸의 앞쪽에서 수렴하여 확대된 신경 조직체를 이루는데, 여기에 뉴런들을 연결시키는 연합뉴런(interneurons)이 있다. 이 신경 조직체는 원시적인 뇌로, 이 때문에 자포동물보다 복잡한 근육 반응의 조절이 가능해진다.

추후에 일어난 신경계에서 모든 진화적 변화들은 편형동물에서부터 존재한 특징들이 정교화되어 나타난 것으로 여겨진다. 예를 들면, 체강 무척추동물(28장 참조) 중에서 지렁이는 중추신경계가 말초신경에 의해 몸의 모든 부위와 연결되어 있는 신경계를 보여준다. 절지

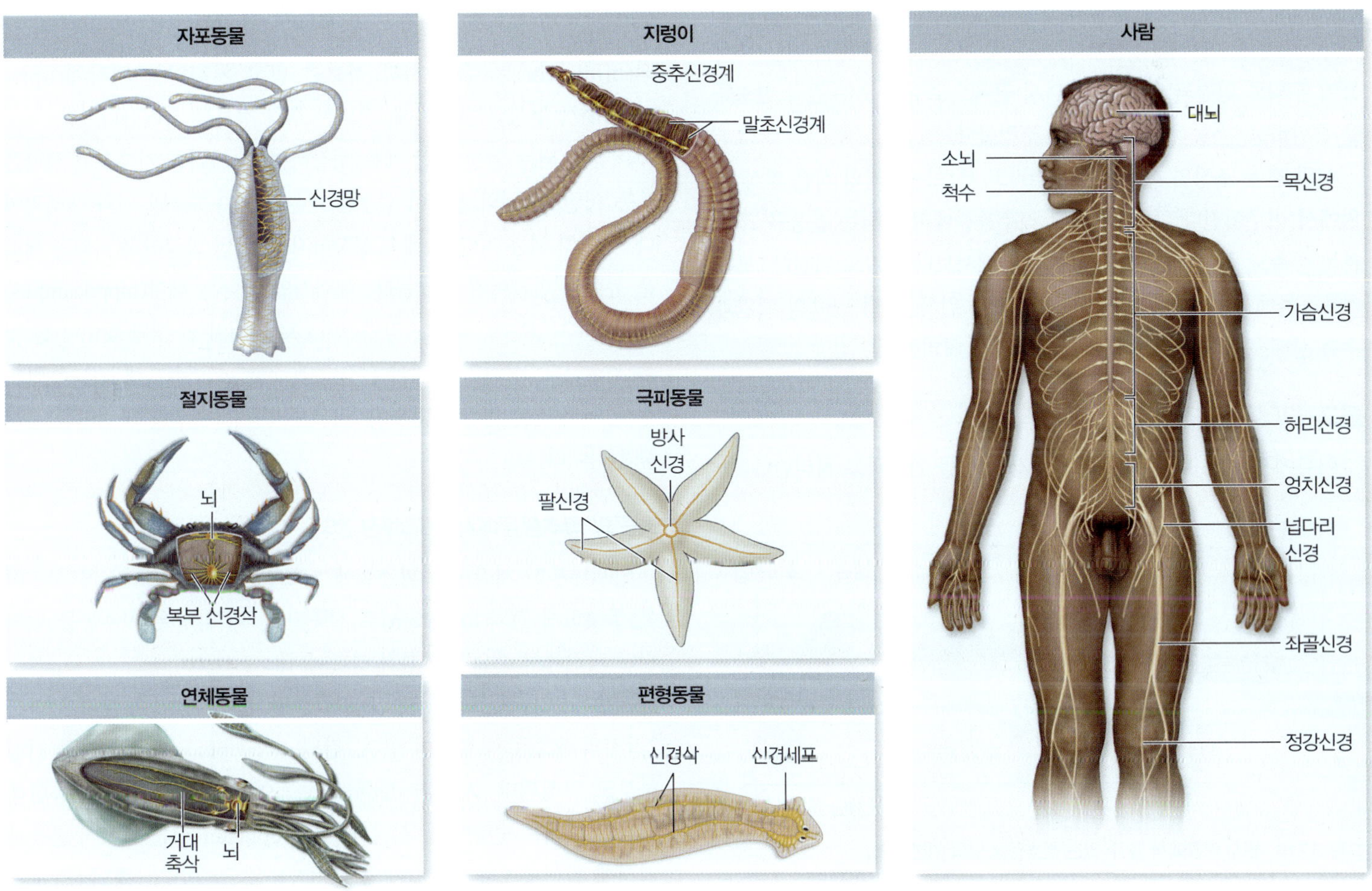

그림 37.18 신경계의 다양성.
동물의 신경계는 간단한 신경망에서 1차적인 뇌를 갖는 한 쌍의 신경삭으로부터 정교한 뇌와 감각기관까지 다양하다. 좌우대칭동물은 신경조직과 감각기관들이 신경삭 전단부에 집중된 것과 관련이 있다. 이 진화 과정을 두부 형성(두화, cephalization)이라 한다.

동물에서는 복잡한 반응에 대한 중앙 통제가 신경삭의 전단부에서 주로 이루어진다. 이 부위는 진화에 따라 점차 많은 연합뉴런을 가지게 되었고, 뇌의 주요 정보 고속도로로 발달하게 되었다.

척추동물의 뇌는 기본적인 세 부위로 나뉜다

5억 년 전에 살았던 무악어류(agnathans, 29장 참조) 뇌는 척추동물 뇌의 초기 진화 단계를 보여준다. 이 뇌는 크기는 작지만, 오늘날의 척추동물 뇌의 특징인 3가지 부위로 이루어져 있었다(**그림 37.19**, **표 37.4** 참조).

1. **후뇌**(hindbrain 또는 rhombencephalon)
2. **중뇌**(midbrain 또는 mesencephalon)
3. **전뇌**(forebrain 또는 prosencephalon)

물고기의 후뇌

후뇌(hindbrain)는 오늘날의 어류와 마찬가지로 초기 어류의 뇌에서도 주요 부위였다. **소뇌**(cerebellum), **뇌교**(pons) 그리고 **연수**(medulla oblongata)로 구성된 후뇌는 척수의 연장부로 볼 수 있으며, 주로 운동 반사를 조절한다. 척수의 위와 아래에 있는 많은 축삭들이 후뇌로 연결되며, 후뇌는 다시 근육으로부터 오는 감각 신호들을 통합하고, 운동 반응의 양상을 조정한다.

이와 같은 조정의 대부분은 소뇌라고 부르는 후뇌의 작은 연장 부위에서 이루어진다. 보다 발달된 척추동물에서 소뇌는 운동을 조절하는 중추로 중요한 역할을 하며, 어류에서보다 크기도 커진다. 모든 척추동물에서 소뇌는 팔다리의 움직임과 위치, 해당 근육의 이완과 수축 상태, 몸의 자세 등에 대한 자료들을 처리한다.

물고기의 중뇌와 전뇌

어류에서 뇌의 나머지 부분은 감각 정보를 인지하고 처리한다. 중뇌(midbrain)는 주로 시각 정보를 받고 처리하는 **시각개**(optic tectum)로 구성되는데 비해, 전뇌는 후각 정보를 처리한다.

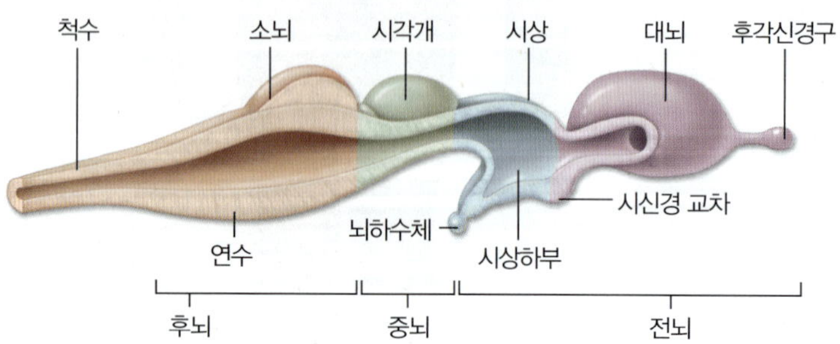

그림 37.19 원시 어류에서 볼 수 있는 척추동물 뇌의 기본 구조. 비율은 다르지만 척추동물처럼 원시 어류의 뇌 또한 세 부분으로 나누어져 있다. 후뇌는 어류 뇌의 가장 큰 부위를 차지하고 있다. 중뇌는 어류에서 주로 시각 정보 처리에 관여하고, 전뇌는 후각 정보를 처리한다. 육상 척추동물에서 전뇌는 신경 정보 처리에서 훨씬 중심적 역할을 하게 된다.

표 37.4 중추신경계의 하부 단위

주요 부위	기능
척수	척수 반사, 감각 정보와 운동 정보의 중계
뇌	
후뇌	
연수	감각핵, 망상활성화계, 자율기능
뇌교	망상체 활성화계, 자율기능
소뇌	운동의 조화, 균형
중뇌	눈과 귀의 반사
전뇌	
간뇌	
시상	상행 감각신경과 하행 운동신경의 중계, 자율기능
시상하부	자율기능, 신경 내분비 조절
종뇌(대뇌)	
대뇌 기저핵	운동 조절
뇌량	두 대뇌 반구의 연결 및 정보 중계
해마(변연계)	기억, 감정
대뇌피질	고도의 인지 기능, 감각 정보의 통합 및 해석, 운동 명령의 체계화

어류의 뇌는 일생 동안 계속 성장하는데, 이러한 지속적인 성장은 보통 어릴 때 뇌의 성장이 멈추는 다른 척추동물들의 뇌와 대조적이다. 사람의 뇌는 어릴 때 계속 성장하지만, 한번 발생이 정지되면 새로운 뉴런이 만들어지지 않는다. 예외적인 하나는 해마(hippocampus)에서 볼 수 있는데, 해마는 장기기억으로 남겨야 할 것과 잊어야 할 것을 조절한다. 성인의 뇌에서 신경발생(neurogenesis, 새로운 뉴런의 생산)의 정도는 논란이 많으며, 앞으로 연구가 활발하게 진행될 분야 중 하나이다.

최근의 척추동물에서 중요해진 전뇌

양서류부터 시작하여 파충류에 이르면서 감각 정보의 처리는 더욱 뚜렷하게 전뇌(forebrain)로 집중된다. 이 양상은 척추동물 뇌의 발달 과정에서 주요한 진화적 경향이다(**그림 37.20**).

파충류, 양서류, 조류 및 포유류의 전뇌는 기능이 뚜렷하게 다른 2가지의 요소로 구성되어 있다. **간뇌**(diencephalon)는 시상과 시상하부로 구성된다. **시상**(thalamus)은 들어오는 감각 정보를 통합해 대뇌로 보내는 중추이고, 시상하부(hypothalamus)는 기본적 본능과 정서에 관여하면서 뇌하수체의 분비작용을 조절한다. **종뇌**(telencephalon 또는 "end brain")는 전뇌의 앞쪽에 위치하며, 주로 연합 활동을 관장한다. 포유동물에서는 종뇌를 대뇌라고 부른다. 종뇌의 구

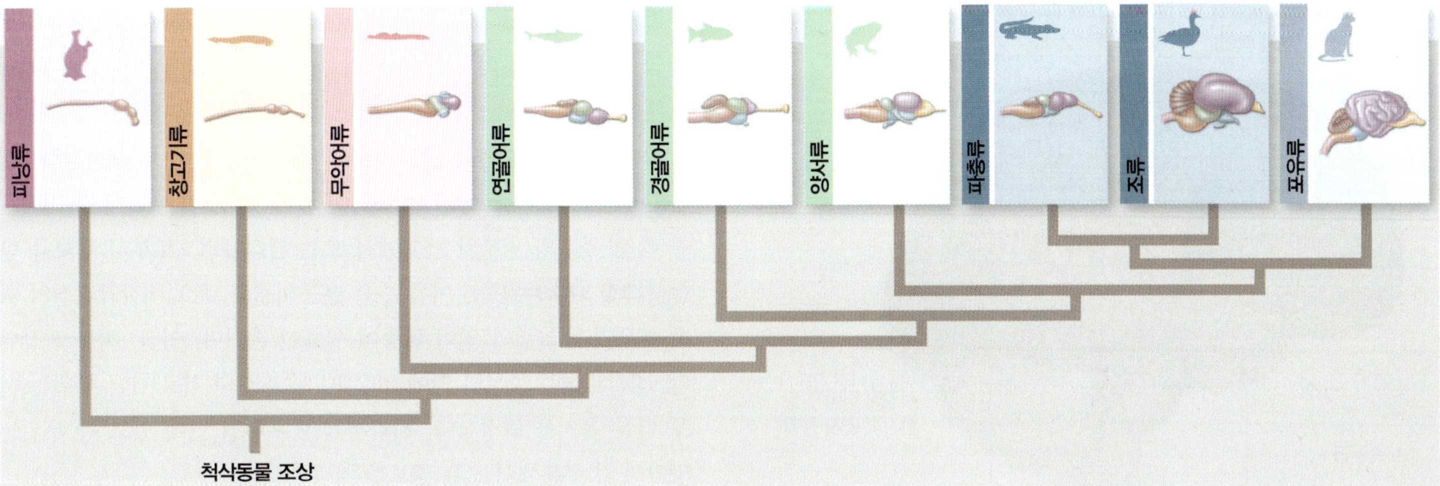

그림 37.20 척추동물 뇌의 진화.
척추동물의 진화에 따라 뇌의 각 부위의 상대적 크기가 변화해 왔다. 상어와 그 외 어류에서는 후뇌가 우세하며, 뇌의 나머지 부위는 주로 감각 정보의 처리에 관여한다. 양서류와 파충류에서는 전뇌가 훨씬 크게 발달해 있으며, 연합 행동을 관장하는 대뇌도 크기가 더 크다. 파충류에서 진화한 조류에서 대뇌 발달은 더욱 뚜렷하다. 포유류에서 대뇌는 시각개(optic tectum)를 덮고 있고, 뇌의 가장 큰 부위를 차지한다. 대뇌 발달은 사람에게서 가장 두드러지며, 나머지 뇌의 대부분을 둘러싸고 있다.

조는 나중에 사람 뇌에서 다루게 될 것이다.

대뇌의 확대

여러 척추동물에서 뇌와 몸의 질량 사이의 관계를 조사해 보면, 어류와 파충류 사이에서 큰 차이가 나타나고, 조류와 포유류 사이에서 큰 차이가 보인다. 포유류는 몸의 크기에 비해 상대적으로 매우 큰 뇌를 가지고 있는데, 이는 돌고래와 인간에서 더 확실하다.

포유류에서 뇌 크기의 증가는 뇌의 중요 부위인 대뇌의 확대를 반영하고 있다. 포유류의 **대뇌**(cerebrum)는 연관, 연합 및 학습의 중추이다. 대뇌는 시상에서 감각 자료를 받아 축삭을 통해 척수에 운동 명령을 전달한다.

척추동물에서 중추신경계는 뇌와 척수로 구성되는데(**표 37.4**), 이 두 부위는 대부분의 정보 처리가 이루어지는 곳으로서 주로 연합뉴런과 신경교세포로 이루어져 있다. 상행 신경이 감각 정보를 뇌로 전달하고, 하행 신경에 의해 뇌로부터 신경 자극이 척수의 운동뉴런과 연합뉴런에 전달되어 몸의 근육 운동을 조절한다.

인간의 전뇌는 뛰어난 정보 처리 능력을 나타낸다

사람의 대뇌는 매우 커서 뇌의 나머지 부분을 덮고 있는 것처럼 보인다. **대뇌 반구**(cerebral hemispheres)는 좌우로 나누어져 있으며, 이 두 반구는 **뇌량**(corpus callosum)으로 연결되어 있다(**그림 37.21**). 반구는 **전두엽**(frontal lobes), **두정엽**(parietal lobes), **측두엽**(temporal lobes), **후두엽**(occipital lobes)으로 구분된다.

각 대뇌 반구는 몸의 반대쪽으로부터 감각 입력을 받고 그쪽의 운동을 조절한다. 그 실례로 오른쪽 손을 만지면 왼쪽 대뇌 반구가 이를 인지하고, 오른쪽 손의 움직임을 지시한다. 뇌졸중(stroke)으로 한쪽 대뇌 반구가 손상되면 그 반대쪽에서 반신 마비가 일어난다.

대뇌피질

대뇌 활동의 대부분은 표면에서 불과 수 mm 두께 층인 회백질(gray matter)에서 일어나는데, 이 얇은 회백질 층을 **대뇌피질**(cerebral cortex)이라고 부른다. 대뇌피질에는 신경세포가 조밀하게 들어

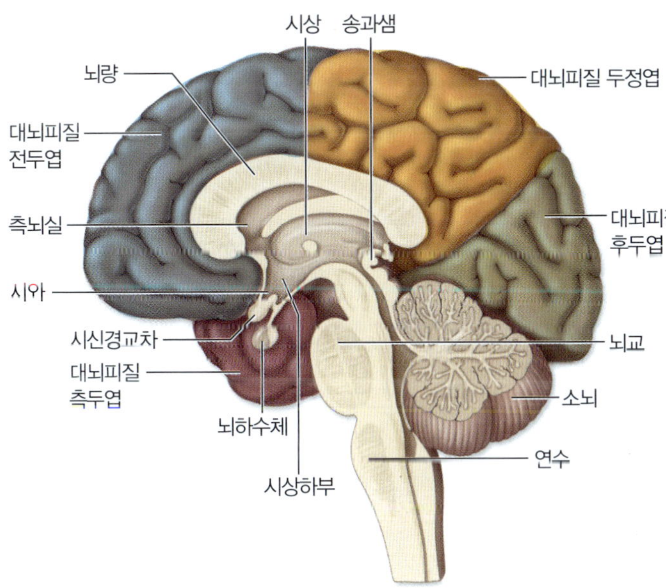

그림 37.21 사람 뇌의 단면.
이 시상 절단면(sagittal section)에서 대뇌 반구와 2개의 대뇌 반구를 연결하는 섬유 다발인 뇌량을 볼 수 있다.

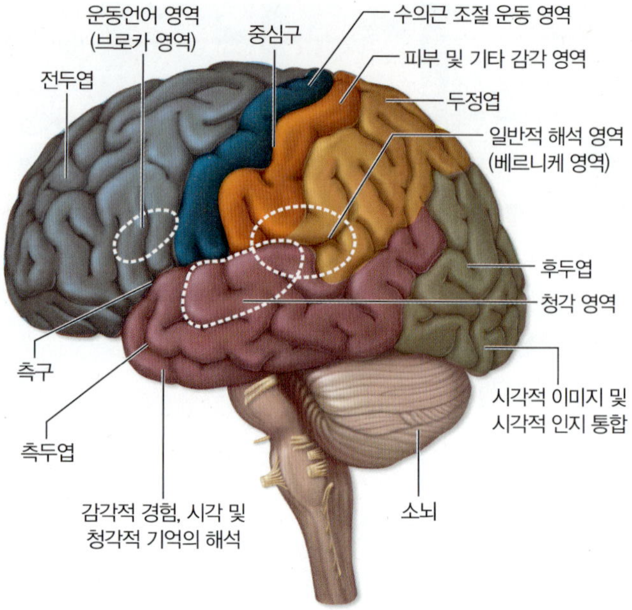

그림 37.22 대뇌.
대뇌에 있는 대뇌엽의 위치와 특수화된 기능을 보여준다.

차 있다. 사람의 대뇌피질에는 100억 개 이상의 신경세포가 있으며, 이는 뇌 전체 뉴런의 약 10%에 해당된다. 대뇌피질 표면은 고도로 주름져 있는데, 사람에게서 특히 심하며, 이러한 주름은 피질의 표면적을 3배로 증가시켜 준다.

대뇌피질의 활동은 운동, 감각 및 연합 활동 중의 하나로, 각 부위는 특정 기능을 담당한다(**그림 37.22**). **1차 운동피질**(primary motor cortex)은 중심구(central sulcus) 바로 앞에 위치하는 전두엽의 뒤쪽 부위의 **뇌회**(gyrus 또는 convolution)를 따라 분포해 있으며, 이 표면의 각 지점은 몸의 특정 부위의 운동과 연관되어 있다(**그림 37.23** 오른쪽).

중심구 바로 뒤쪽에 있는 두정엽의 앞쪽 끝에는 **1차 체성감각피질**(primary somatosensory cortex)이 놓여 있다. 이 부위의 각 지점은 몸 특정 부위의 피부와 근육에서 오는 감각뉴런으로부터 정보를 받는다(**그림 37.23** 왼쪽). 이들 주요 운동피질과 주요 체감각피질의 넓은 부위가 손놀림과 언어 활동에 필요한 손가락, 입술, 혀를 관장한다. 청각피질은 측두엽 안에 있으며, 이 피질의 서로 다른 부위는 서로 다른 음역을 관장한다. 시각피질은 후두엽 안에 있고 각 부위는 망막의 각 부분에서 오는 정보를 처리한다.

이들 운동피질이나 감각피질이 있지 않은 대뇌피질 부위는 **연합피질**(association cortex)인데, 고도의 정신적 활동을 담당하며, 사람의 경우 매우 커서 대뇌피질 표면의 95%를 차지한다.

기저핵

대뇌의 백질부(white matter) 안에 회백질의 섬이 깊이 묻혀있는데, 이는 일부 세포들과 이들의 수상돌기들이 몇 개의 집단을 이루어 모여 있는 곳이다. 이 뉴런 세포체 집단들을 모두 합해 **기저핵**(basal nuclei)이라고 부르는데, 상행 신경에서 오는 감각 정보와 대뇌피질이나 소뇌로부터 나가는 운동 명령을 받는 곳이다.

기저핵에서 나온 명령은 척수로 보내진 다음, 이곳에서 몸의 운동 조절에 관여한다. 기저핵의 특정 부위가 손상되면 파킨슨병(Parkinson disease)의 특징인 근육 떨림이 생긴다.

그림 37.23 1차 체성감각피질(왼쪽)과 1차 운동피질(오른쪽).
대뇌피질의 각 부위가 신체 각 부위와 연관되어 있다. 감각과 조절에 관여하는 대뇌피질 부위의 크기에 비례해 신체 부위가 그려져 있다. 예를 들어, 손의 감각과 운동 조절 부위, 인후의 운동 조절 부위는 넓은 부분을 차지하고 있으나, 인후의 감각에 관여하는 부위는 미미하다.

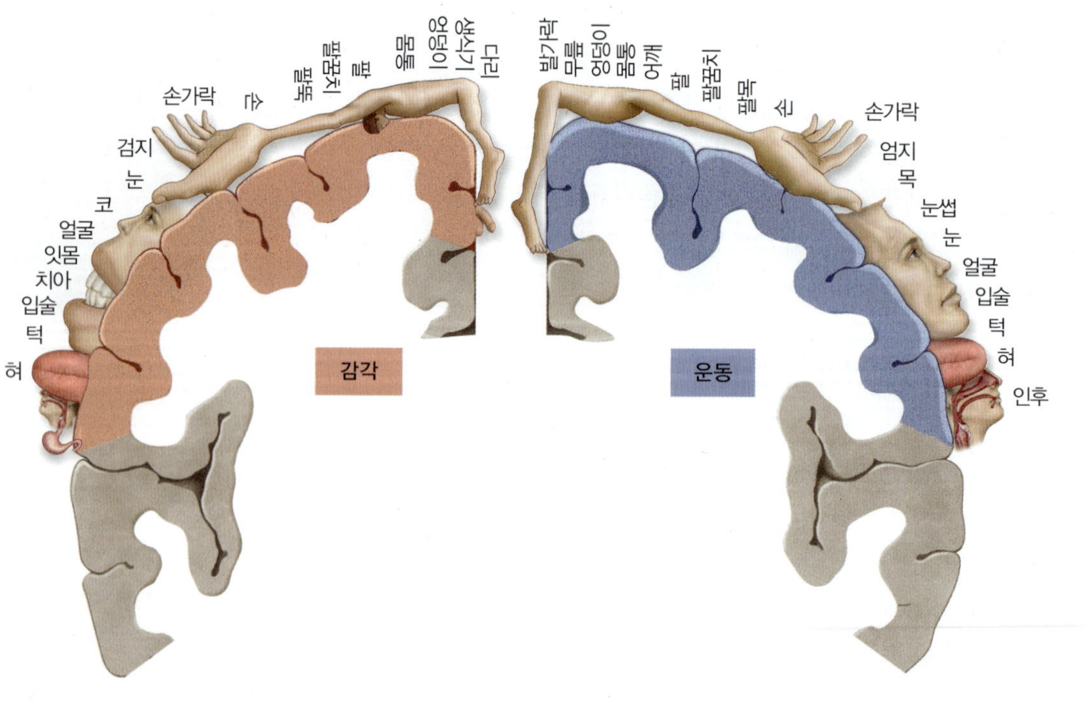

시상과 시상하부

시상(thalamus)은 뇌의 1차적 감각 통합 부위이다. 시각, 청각, 신체 감각 정보는 시상으로 보내지고, 시상에서 감각신경은 연합뉴런과 시냅스를 이룬다. 감각 정보는 시상을 경유하여 대뇌피질의 후두엽, 측두엽, 두정엽으로 각각 중계된다. 이들 감각 정보들은 시상 안의 서로 다른 뉴런 세포체 집단에 의해 다루어진다.

시상하부(hypothalamus)는 내장 활동을 통합하고, 체온, 배고픔과 포만감, 갈증 그리고 대뇌변연계와 함께 여러 가지 정서 상태를 조절하는 데 도움을 준다. 또한, 시상하부는 뇌하수체를 조절하고, 뇌하수체는 여러 내분비선을 조절한다. 대뇌피질 및 **뇌간**(brain stem)의 여러 조절 중추들과도 연결되어 있는 뇌하수체는 여러 가지 체내 자극과 감정에 대하여 신경적, 내분비적 반응을 조정하는 데 도움을 준다.

해마(hippocampus)와 **편도체**(amygdala)는 시상하부와 함께 **대뇌변연계**(limbic system)의 주요 구성 부분으로서, 정서적 반응에 관여하는 부위이다. 해마는 기억의 형성에도 중요한 부위로 여겨지고 있다.

인간 두뇌의 복잡한 기능은 특정 영역에서 조절될 수 있다

사람의 뇌에 대한 연구는 어렵지만, 많은 과학자에게 매력적인 연구 분야가 되어 왔다. 수면(sleep)과 각성(waking) 사이의 구분, 언어의 학습과 사용, 공간 인지, 기억들에 대한 연구가 활발하게 이루어지고 있다. 이들에 대한 완전한 이해는 매우 어렵지만, 한 가지 일반화할 수 있는 것은 기능의 영역화(regionalization)이다.

각성과 수면

뇌간에는 **망상체**(reticular formation)라고 부르는 뉴런 집단이 있다. 망상체의 한 부분인 **망상활성화계**(reticular-activating system)는 의식(consciousness)과 경계경보(alertness)를 조절한다. 모든 감각 경로는 이 계로 들어가서 뇌로 가는 정보가 조사되고, 중요한 자극이 구별된다. 망상활성화계가 자극을 받아 각성되면, 뇌의 여러 부위의 활동 수준이 증가된다. 망상체로부터 피질이나 뇌의 다른 부위로 가는 신경 경로는 마취제에 의해 억제될 수 있다.

망상활성화계는 수면과 깨어 있는 상태 모두를 조절한다. 밝은 곳보다 어두운 곳에서 잠들기 쉬운 것은 망상활성화계를 자극하는 시각 자극이 거의 없기 때문이다. 이 계의 활동성은 세로토닌(serotonin)에 의해 감소된다. 세로토닌은 뇌의 활동성을 떨어뜨려 잠들게 한다.

뇌의 상태는 전기 활동을 기록하는 뇌전도(electroencephalogram, EEG)를 통해 알 수 있다. 눈을 감은 채 쉬고 있으나 깨어 있는 사람은 **알파파**(alpha waves)라고 부르는 크고 느린 파장을 나타낸다. 눈을 뜨고 경계하고 있을 때는 EEG 파장은 더 빠르고(**베타파**, beta waves) 동시화되지 않은 여러 파장으로 나타나는데, 이는 여러 가지 감각이 입력되기 때문이다. **세타파**(theta waves)와 **델타파**(delta waves)는 여러 가지 수면 단계에 나타난다. 사람이 눈을 감은 채 빠르게 눈동자를 움직이는 REM 수면기에 있을 때 측정된 EEG는 각성 상태에서 휴식하고 있는 사람의 것과 유사하다.

언어

두 대뇌 반구는 구조적으로 비슷하지만 서로 다른 활동을 담당한다. 가장 잘 연구된 기능의 측면화의 예는 언어이다.

좌측 대뇌 반구는 오른손잡이 사람 중 90%, 그리고 왼손잡이 사람 중 2/3에서 "우세한" 반구이다. [여기에서 **우세**(dominant)라는 말은 대부분의 언어에 관련된 신경 활동이 수행되는 대뇌 반구를 의미한다.] 그중 여러 다른 부위가 언어 조절을 하는데(**그림 37.22**), 두정엽에 있는 베르니케 영역(Wernicke's area, **그림 37.22**)은 언어 이해 및 생각을 말로 표현하는 데 있어서 중요하나, 얼굴 운동 조절 피질 근처의 브로카 영역(Broca's area)은 언어 소통에 필요한 운동 명령을 만드는 데 관여한다.

이 부위가 손상되면 **실어증**(aphasias)을 일으킨다. 베르니케 영역이 손상된 사람은 말은 빠르고 잘하지만, 의미 없이 단어들을 마구 쏟아내는데, 말을 할 때 단어들이 "모래알"처럼 흩어진다.

공간 인지

언어를 맡고 있는 우세적 대뇌 반구가 순차적인 논리로 문장을 만드는 작업을 담당하고 있는데 비해, 비우세적 대뇌 반구는(대부분의 사람에서 우측 대뇌 반구) 그림을 그리거나 퍼즐을 맞출 때 필요한 지각과 같은 공간적 논리를 담당하며, 음악적 능력과도 1차적으로 연관되어 있다. 좌측 대뇌 반구의 브로카 언어영역(Broca's speech area)이 손상된 사람의 경우, 말할 수는 없지만 노래하는 능력은 남아 있을 수도 있다.

비우세적 대뇌 반구의 손상은 공간을 제대로 인식하지 못하게 되고 노래와 같은 음악 활동에 지장을 준다. 더 특별한 경우 하측두 피질(inferior temporal cortex)의 손상은 안면인식 장애를 야기하여 얼굴을 떠올리는 능력을 잃게 한다. 그러나 읽기, 쓰기, 말하기 이해력은 정상으로 남아 있으며, 환자들은 목소리를 인식하는 방법으로 여전히 지인들을 인식할 수 있다. 비우세적 대뇌 반구들은 비언어적 경험에 의한 기억의 통합에도 중요하다.

기억과 학습

뇌와 관련된 가장 큰 미스테리는 기억과 학습의 본질이다. 기억은 뇌를 가로질러 여러 곳에서 나타난다. 특정한 피질 부위가 특정한 기억을 갖는다고 볼 수 없는데, 이는 피질이 비교적 광범위하게 손상되어도 선택적인 기억이 제거되지 않기 때문이다. 측두엽과 같은 뇌의 한 부분이 제거되어 기억이 손상되더라도 기억 전체를 잃어버리지는 않는다. 많은 기억들은 손상에도 불구하고 남아 있어 그에 대한 능력은 시간이 지남에 따라 점차 회복된다.

기억 중에서 단기기억과 장기기억은 근본적으로 차이를 보인다. 짧은 시간 동안만 지속되는 단기기억(short-term memory)은 전기 쇼크를 가하면 쉽게 지워지지만, 이때 장기기억(long-term memory)은 그대로 남는다. 이 결과는 단기기억이 일시적 신경 흥분의 형태로 저장된다는 것을 알려준다. 이와는 달리 장기기억은 뇌의 일부 신경 연결이 구조적으로 변화하여 형성된다.

측두엽의 두 부위인 해마와 편도체는 단기기억과 이를 장기기억으로 통합하는 데 관여한다. 이 부위들이 손상되면 최근의 사건을 장기 기억으로 저장하지 못한다.

시냅스 가소성

학습과 기억의 기본 바탕에는 시간에 따른 시냅스 기능의 변화가 있다. 이 시냅스 가소성(synaptic plasyicity)의 2가지 예로 장기강화(long-term potentiation, LTP)와 장기억압(long-term depression, LTD)을 들 수 있다. LTP의 기작은 복잡해서 완전히 이해하지 못하고 있다. 한 가지 잘 연구된 형태는 글루탐산을 신경전달물질로 방출하고, *N*-메틸-D-아스파르트산(*N*-methyl-D-aspartate, NMDA) 형태의 수용체를 갖는 시냅스와 관련이 있다는 것이다. 같은 시냅스가 반복적으로 자극되거나, 이웃한 시냅스가 자극될 때, 시냅스후 막은 과도하게 탈분극된다. 이로 인해 Mg^{2+}에 의해서 NMDA 수용체의 억제가 풀리면, 글루탐산과 결합하여 Ca^{2+}의 유입을 야기하여, 칼슘/칼모듈린 의존성 단백질 인산화 효소 II(CaMK II)를 포함하는 신호전달경로를 자극한다. 이 경로는 다른 형태의 수용체인 α-아미

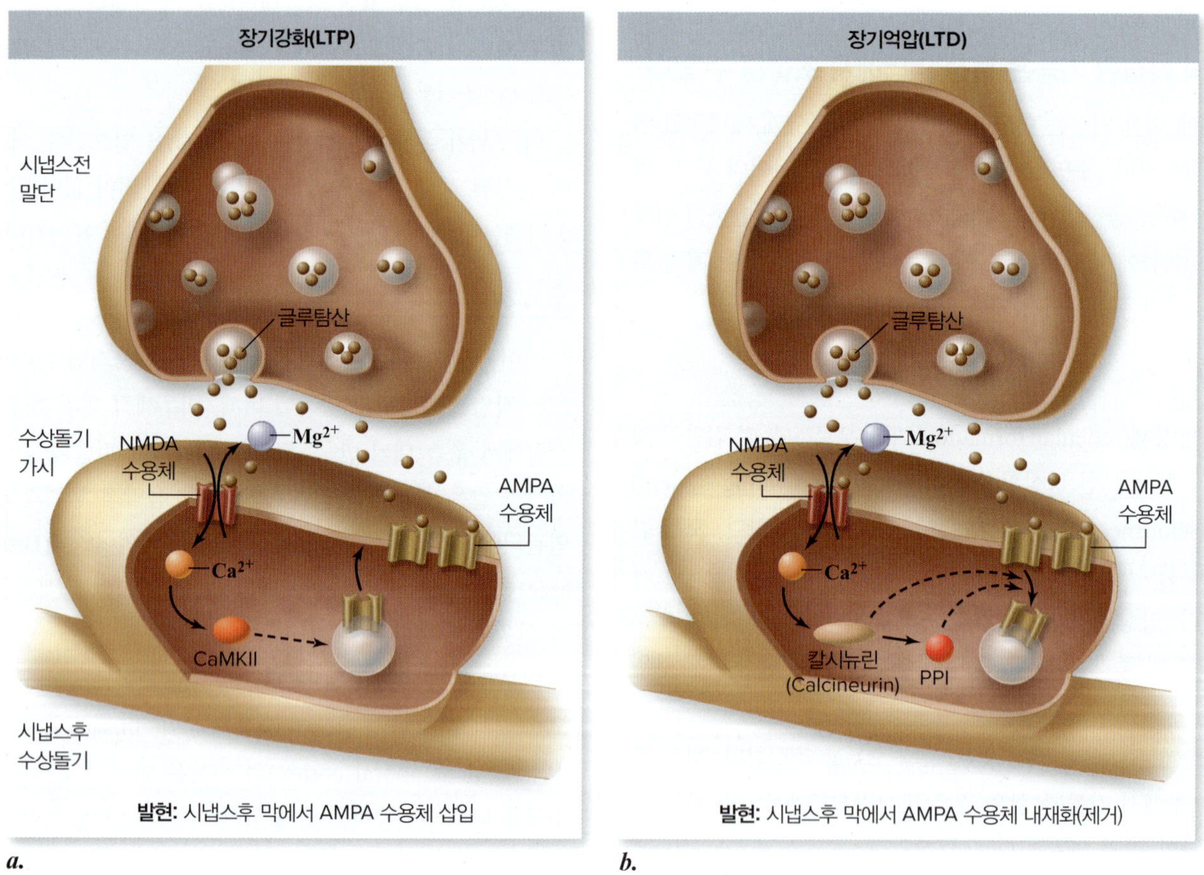

그림 37.24 LTP와 LTD에 의한 시냅스 기능 조절.
a. 글루탐산이 NMDA 수용체에 결합하여 시냅스후 막이 과도하게 탈분극되면, 유입된 Ca^{2+}가 AMPA 수용체의 삽입을 야기한다. 이는 추후 자극에 대해 시냅스가 더 강하게 반응하도록 한다. ***b.*** 시냅스후 막이 크게 탈분극되지 않거나 글루탐산이 적으면, NMDA수용체와 결합한 글루탐산은 AMPA 수용체를 제거하는 경로를 작동시킨다. 이것은 추후 자극에 대해 시냅스의 민감성을 떨어뜨린다. CaMKII: 칼모듈린-의존성 단백질 인산화효소2.

노-3-하이드록실-5-메틸-4-이소옥사졸-프로피온산(α-amino-3-hydroxyl-5-methyl-4-isoxazole-propionate, AMPA) 수용체가 시냅스후 막에 삽입되고, 시냅스를 추후 자극에 더 민감하도록 만든다(**그림 37.24**).

만약 NMDA 수용체의 자극이 약하고 시냅스후 막이 덜 탈분극된다면, LTD가 발생할 수 있다. 이 경우 서로 다른 Ca^{2+} 의존성 신호전달경로는 AMPA 수용체를 막으로부터 잃게 된다. 이를 종합해 볼 때 이 두 기작은 미래의 자극에 대해 시냅스를 더 민감하거나 덜 민감하게 만들 수 있다는 것을 알 수 있다.

알츠하이머병: 뇌 뉴런의 퇴화

과거에는 뇌의 기억과 사고 과정의 기능을 잃는 **알츠하이머병**(alzheimer disease)에 대해서 거의 알려지지 않았다. 과학자들 사이에 그 병과 원인의 생물학적 본질에 대해 의견이 일치하지 않았으며, 2가지 가설이 제시되어 왔다. 하나는 뇌에 있는 신경세포들이 외부의 영향으로 죽는다는 것이고, 다른 하나는 내부의 영향으로 죽는다는 것이다.

첫 번째 가설에서 베타-아밀로이드(ß-amyloid)라고 하는 외부 단백질들이 비정상적인 형태로 존재하고 덩어리나 플라크(plaques)를 형성한다. 플라크는 뇌를 채우고 신경세포들을 손상시켜 죽게 한다. 그러나 이러한 아밀로이드 플라크들은 알츠하이머병을 앓지 않은 사람들의 부검에서도 나타난다.

두 번째 가설은 신경세포가 비정상적인 형태의 타우(tau)라는 내부 단백질에 의해 죽는다는 주장이다. 타우 단백질은 정상적인 상태에서 단백질을 운반하는 미세소관을 유지하는 기능을 한다. 비정상적인 형태의 타우 단백질은 정상적인 신경세포의 기능을 방해하는 얽힌 형태의 나선형 구조물을 형성한다. 현재는 신경의 실질적인 죽음과 타우 단백질의 얽힘 사이의 관계가 명확해지고 있다.

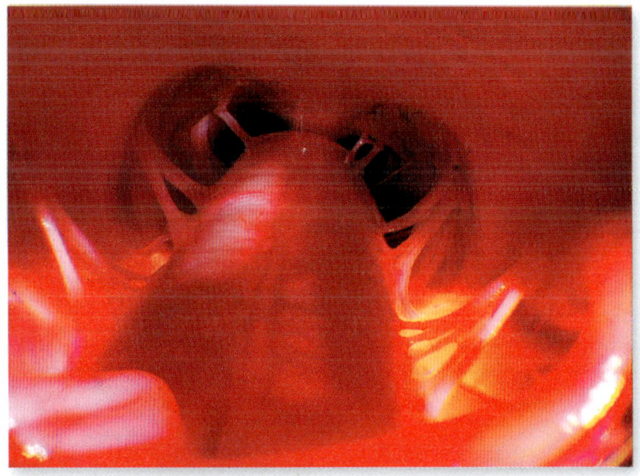

그림 37.25 사람의 척수.
척수로부터 쌍으로 된 척수신경이 뻗어나가는 것을 볼 수 있다. 척수신경과 뇌신경을 통해 중추신경계는 신체 나머지 부위와 소통을 하게 된다.

척수는 메시지를 전달하고 일부 반응을 직접 제어한다

척수(spinal cords)는 뇌에서 척추를 따라 내려가는 일종의 신경 케이블이다(**그림 37.25**). 척수는 **뇌척수막**(meninges)으로 싸여 있고, 다

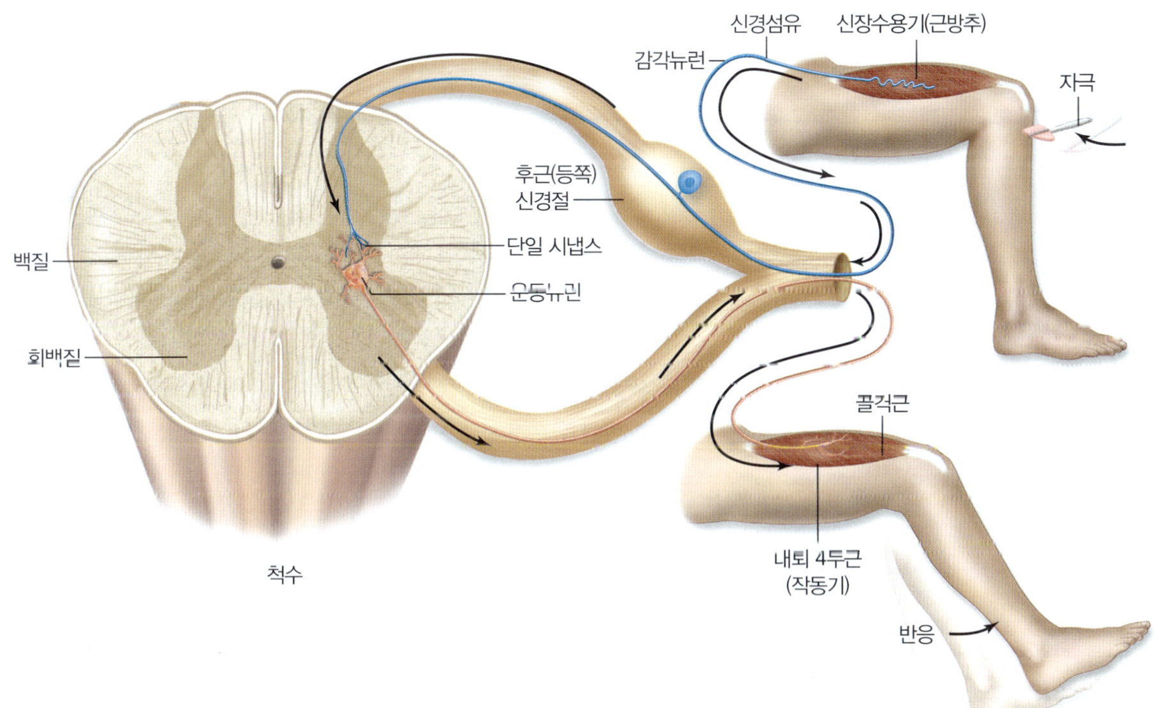

그림 37.26 무릎반사 작용.
무릎반사는 가장 간단한 반사작용으로 감각뉴런과 운동뉴런만 관여한다.

그림 37.27 피부척수반사. 이 반사는 무릎반사에 비해 더 복잡하다. 감각뉴런과 운동뉴런에 첨가하여 연합뉴런도 필요하기 때문이다. 연합뉴런은 근수축을 위해 감각뉴런과 운동뉴런을 연결한다. 다른 연합뉴런들은 반대 작용을 하는 길항근이 이완하도록 운동뉴런들을 억제한다.

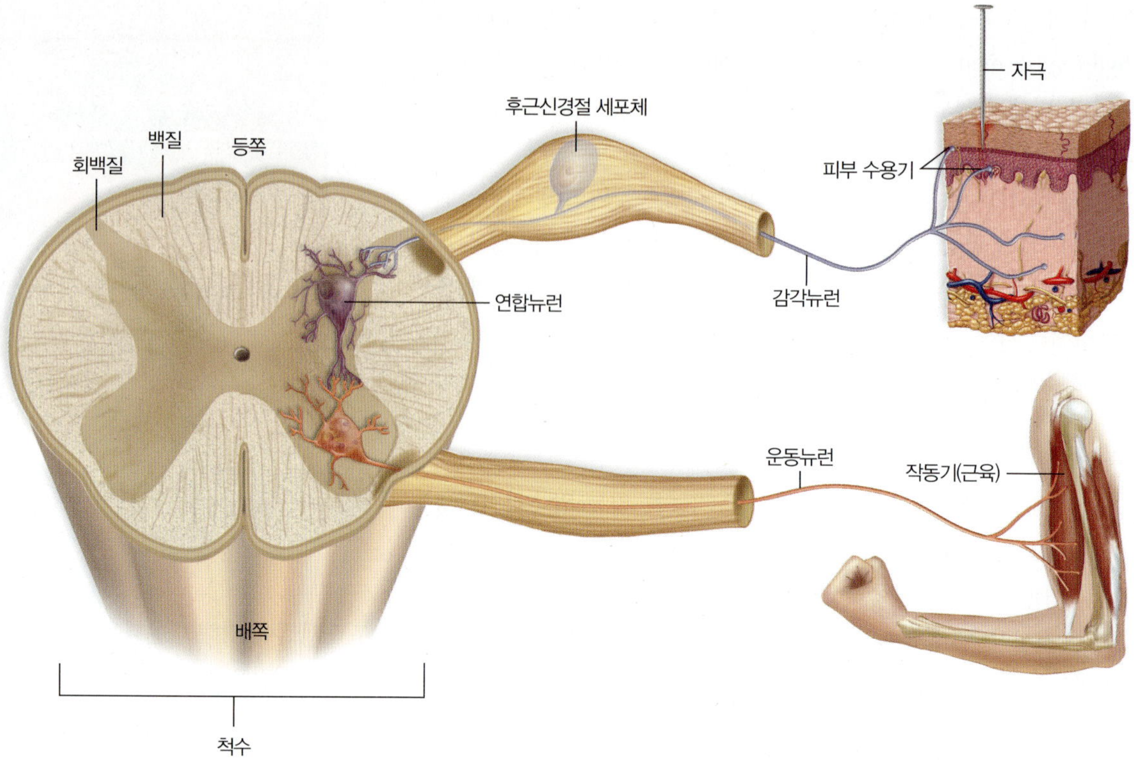

시 척주에 의해 둘러싸여 보호된다. 척수의 안쪽에는 두 구역이 있다.

안쪽 구역은 회백질로 주로 연합뉴런, 운동뉴런, 신경교세포의 세포체로 이루어져 있다. 바깥쪽 구역은 백질(white matter)로 축삭의 케이블이 분포되어 있는데 등쪽 척수에는 감각 축삭이, 그리고 배쪽 척수에는 운동 축삭이 달리고 있다. 여기에는 다른 신경세포의 수상돌기들도 들어있다. 몸과 뇌로부터 오는 정보는 척수의 위아래로 달리기 때문에 척수는 몸의 "정보 고속도로"라고 할 수 있다.

척수는 정보를 중계하는 일 외에 근육의 갑작스런 불수의적 운동인 **반사**(reflex)를 수행한다. 반사란 자극에 대한 신속한 운동 반응으로 감각뉴런이 정보를 척수에서 운동뉴런에 직접 전달하면서 발생한다. 몸에서 흔한 반사 중 하나는 눈을 감는 것인데, 이 반사는 눈을 보호한다. 벌레나 먼지가 눈에 접근하면, 눈꺼풀은 무슨 일이 일어났는지도 모르는 사이에 감긴다. 이러한 반사는 대뇌가 눈이 위험하다는 것을 인식하기 전에 일어난다.

반사는 몇 개의 뉴런만을 통해서만 정보를 보내기 때문에 매우 빠르게 진행된다. 무릎반사(knee-jerk reflex, **그림 37.26**)와 같은 몇 가지 반사들은 단일 시냅스 반사궁(reflex arcs)이다. 이 경우 감각뉴런은 척수에서 운동뉴런과 직접 시냅스를 이루고, 운동뉴런의 축삭은 바로 근육으로 뻗어 있다.

그러나 척추동물에서 대부분의 반사들은 감각뉴런과 운동뉴런 사이에 연결된 하나의 연합뉴런이 관여한다(**그림 37.27**). 뜨거운 난로에서 손을 떼거나 바람에 눈을 감는 행동들은 정보가 감각뉴런으로부터 1개 이상의 연합뉴런을 거쳐 운동뉴런으로 전달되는 것과 연관되어 있으며, 운동뉴런은 적합한 근육이 수축하도록 자극한다. 감각뉴런도 신호를 뇌로 보내기 위해 다른 연합뉴런들과 연결되어 있다. 그래서 뜨거운 난로에서 손을 치우더라도 여전히 고통을 느끼게 된다.

척수의 재생

과거에 과학자들은 끊어진 척수를 치료하기 위해 몸의 다른 부위의 신경을 연결하여 척수가 재생될 수 있는 안내자 역할을 하도록 시도했었다. 그러나 대부분의 실험들은 실패로 돌아갔다. 이는 이식된 신경을 따라 축삭이 재생되었지만 척수 조직을 뚫고 들어가지 못했고, 신경의 성장을 방해하는 요인이 척수에 존재했기 때문이었다.

섬유아세포생장인자(FGF)가 신경의 성장을 자극한다는 것이 발견된 이후, 쥐를 이용하던 신경생물학자들은 섬유아세포생장인자가 섞인 피브린을 이용하여 척수에 이식한 신경을 붙이는 것을 시도했다. 3개월 후 연결된 신경을 가진 쥐가 하반신을 움직이기 시작했으며, 염색법을 통해 확인 결과 척수신경이 끊어진 양쪽 끝에서부터 자라난 것을 볼 수 있었다.

많은 과학자들은 사람에 있어서도 비슷한 치료가 이용될 수 있는 가능성에 고무되었다. 그러나 사람의 경우 대부분의 척수 부상은 완전히 절단된 척수와는 관련이 없으며, 보통 다른 조직의 손상으로 인해 신경이 상처를 입은 경우이다. 그리고 쥐들이 신경 연결을 통해 다시 움직일 수 있는 능력을 얻었다 하더라도 실험 결과는 가까스로 걷거나 서 있을 정도였다.

핵심 요약 37.4

척추동물의 뇌는 3개의 주요 영역인 후뇌, 중뇌, 전뇌로 나뉜다. 전뇌의 일부인 대뇌는 2개의 반구로 구성되어 있는데, 대뇌피질의 회백질이 백질과 기저핵이라고 하는 회백질 부분을 덮고 있다. 척수는 뇌로 가는 또는 뇌에서 오는 정보를 전달한다. 반사는 척수가 직접 감각 정보를 처리하여 운동 반응을 일으킨다.

■ 반사작용의 이점은 무엇일까?

37.5 말초신경계: 척수신경과 뇌신경

학습 목표

1. 말초신경계의 구조에 대해 설명할 수 있다.
2. 감각뉴런과 체성뉴런의 작용에 대해 설명할 수 있다.
3. 체성신경계와 자율신경계를 구별하여 설명할 수 있다.
4. 자율신경계의 교감신경 및 부교감신경 차이에 대해 설명할 수 있다.

말초신경계(PNS)는 신경과 **신경절**(ganglia)로 이루어져 있다. 신경은 케이블 모양의 축삭 집단으로(**그림 37.28**), 그 속에는 보통 감각뉴런과 운동뉴런이 들어있다. 신경절은 중추신경계(CNS) 밖의 뉴런의 세포체들이 모인 부위이다. 말초신경계의 기능은 환경으로부터 정보를 받아들여 중추신경계로 전달하며, 근육세포와 같은 작동기에 반응을 전달하는 것이다.

PNS에는 체성신경계와 자율신경계가 있다

척수에서 척수신경은 감각신경과 운동신경으로 갈라져 구분된다. 감각뉴런의 축삭들은 척수의 등쪽 표면으로 들어가서 척수신경의 **후근**(dorsal root)을 이루고, 운동신경은 척수의 배쪽 표면에서 나와 척수신경의 **전근**(ventral root)을 이룬다. 감각뉴런들의 세포체는 각 단계의 척수 밖에서 함께 모여 **후근신경절**(dorsal root ganglia)을 구성한다. 그에 비해 체성 운동뉴런들의 세포체는 척수 안에 들어 있어

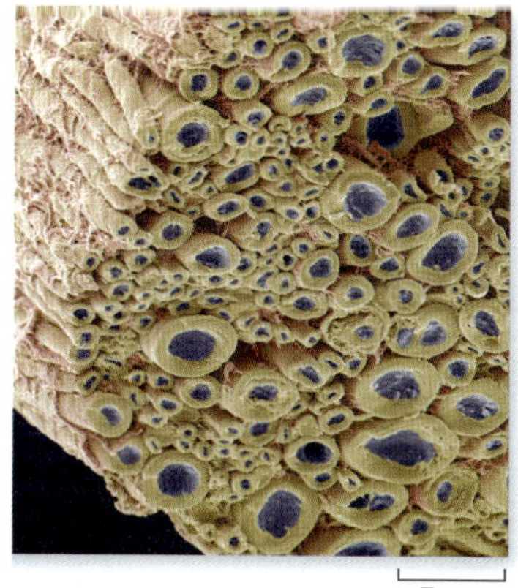

그림 37.28 말초신경계의 신경. 미엘린화된 축삭을 포함하는 신경섬유의 단면을 보여주는 전자현미경 사진. 신경은 축삭 다발로 결합조직으로 묶여 있다. 미엘린초(노란색)가 축삭(파란색)을 둘러싸고 있다.

신경절을 이루지 않는다.

37.1절에서 살펴본 것처럼 체성 운동뉴런은 골격근을 자극하여 수축시키고, 자율 운동뉴런은 평활근, 심근, 샘과 같은 불수의적 작동기에 뻗어 있다. 체성신경계와 자율신경계의 비교는 **표 37.5**에 나와 있다. 각 신경계에 대해 알아보자.

체성신경계는 움직임을 제어한다

골격 근육은 아세틸콜린(ACh)의 방출을 통해 체성 운동신경에 의해 흥분된다. 골격근세포의 니코틴성 수용체는 ACh과 결합하는데, 이 수용체들은 근육 섬유의 빠른 탈분극을 위한 소듐 이온통로가 된다(**그림 37.6** 참조). 빠르고 연속적인 자극은 골격 근육이 빠르게 움직일 수 있게 해준다.

그러나 특정 근육이 자극되어 수축할 때, 이의 길항근(antagonist)은 억제되어야 한다. 그 실례로 팔을 구부리기 위해 굴근(flexor muscle)이 자극을 받는 동안 길항적인 신근(extensor muscle)은 억제되어야 한다(40장 참조). 하행 운동 축삭은 길항근에 뻗어 있는 척수 운동뉴런의 과분극(IPSPs)을 일으켜 억제 작용을 한다.

표 37.5 체성신경계와 자율신경계의 비교

특징	체성신경계	자율신경계
작동기	골격근	심근 평활근 위장관 혈관 기도 외분비선
운동신경에 대한 효과	흥분	흥분 또는 억제
작동기 세포의 신경 분포	항상 1개	일반적으로 2개
작동기까지의 뉴런의 수	1개	2개
신경전달물질	아세틸콜린	아세틸콜린, 노르에피네프린

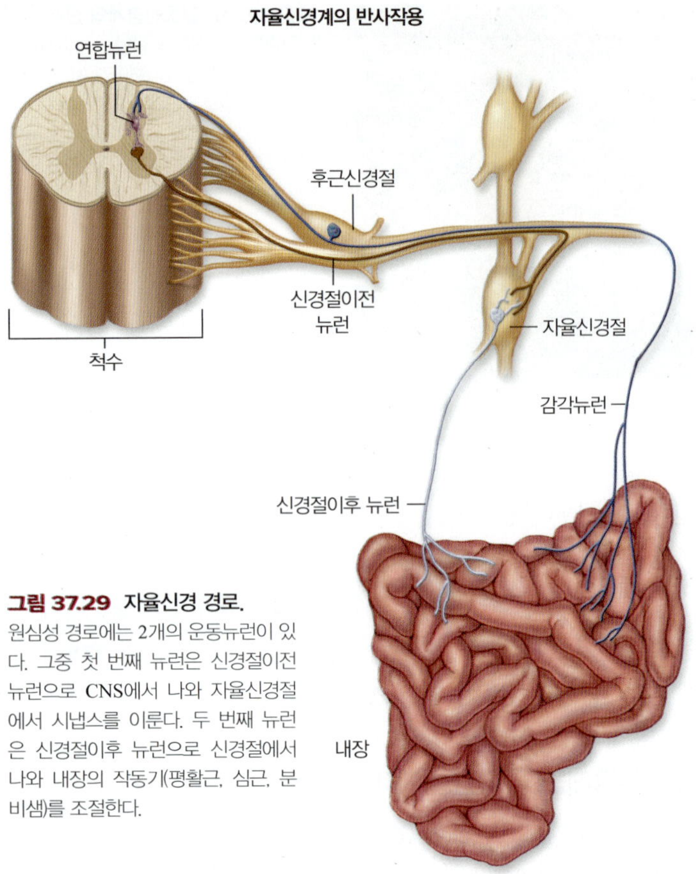

그림 37.29 자율신경 경로.
원심성 경로에는 2개의 운동뉴런이 있다. 그중 첫 번째 뉴런은 신경절이전 뉴런으로 CNS에서 나와 자율신경절에서 시냅스를 이룬다. 두 번째 뉴런은 신경절이후 뉴런으로 신경절에서 나와 내장의 작동기(평활근, 심근, 분비샘)를 조절한다.

자율신경계는 2가지 방식으로 불수의근 기능을 조절한다

자율신경계는 **교감신경**(sympathetic nerve)과 **부교감신경**(parasympathetic nerve) 그리고 이 신경계들을 조절하는 후뇌의 연수(medulla oblongata)로 구성된다. 교감신경과 부교감신경은 서로 다르지만 몇 가지 특징을 공유한다. 이 두 종류의 신경에서 원심성(efferent) 운동 경로는 2개의 뉴런으로 이루어져 있다. 첫 번째 뉴런의 세포체는 CNS에 있고, 자율신경절로 축삭을 뻗는다. 이 뉴런을 **신경절이전 뉴런**(preganglionic neuron)이라고 하는데, 이 뉴런들은 시냅스에서 아세틸콜린을 방출한다.

두 번째 뉴런의 세포체는 자율신경절에 있고, 축삭은 평활근, 심근 또는 샘세포와 시냅스를 이룬다(**그림 37.29**). 이 두 번째 뉴런은 **신경절이후 뉴런**(postganglionic neuron)이라고 한다. 부교감신경의 신경절이후 뉴런은 시냅스에서 아세틸콜린을 방출하고, 교감신경의 신경절이후 뉴런은 노르에피네프린을 방출한다.

교감신경

교감신경에서 신경절이전 뉴런은 척수의 흉부(thoracic region)와 요추부(lumbar region)에서 나온다(**그림 37.30** 왼쪽). 이 뉴런들의 축삭들 대부분은 척수 바로 밖에 두 줄로 평행으로 있는 신경절에서

그림 37.30 자율신경계의 교감신경과 부교감신경.
교감신경의 신경절이전 뉴런은 척수의 흉부와 요추부에서 나오고, 부교감신경의 신경절이전 뉴런은 뇌와 척수의 천골 부위에서 나온다. 교감신경의 신경절은 척수 가까이 위치하고 있는 반면, 부교감신경의 신경절은 작용하는 기관 가까이 위치하고 있다. 대부분의 내부 기관들은 두 신경 모두의 지배를 받는다.

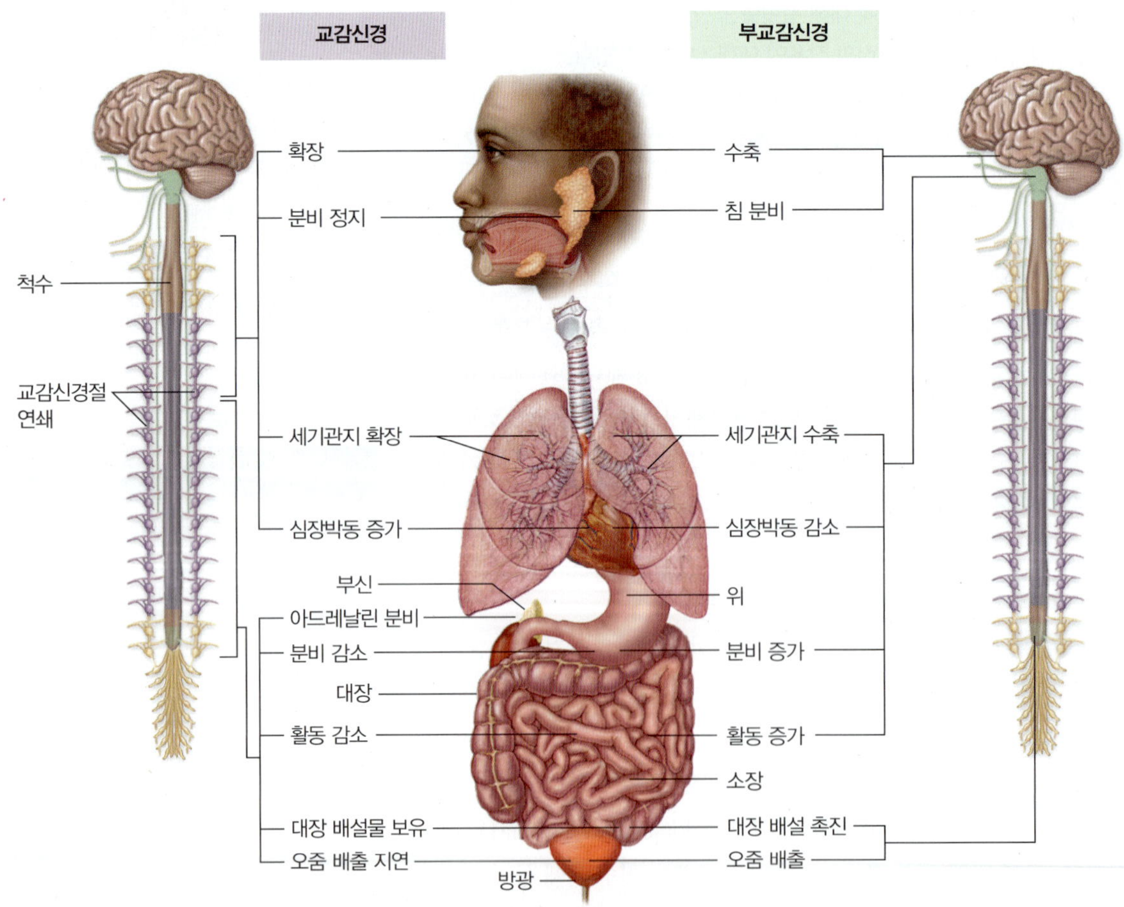

표 37.6	표적 조직의 자율신경 지배	
표적 조직	**교감신경의 자극**	**부교감신경의 자극**
눈의 동공	확장	수축
샘		
침샘	혈관 수축, 분비 감소	혈관 확장, 분비 증가
위샘	분비 억제	위 활동 자극
간	포도당 분비 자극	포도당 분비 억제
땀샘	땀 분비	없음
위장관		
괄약근	강해짐	약해짐
소화관벽	운동성 감소	운동성 증가
쓸개	이완	수축
방광		
근육	이완	수축
괄약근	수축	이완
심근	박동 및 강도 증가	박동 감소
폐	세기관지 확장	세기관지 수축
혈관		
근육	확장	없음
피부	수축	없음
내장	수축	확장

시냅스를 이룬다. 이 구조는 보통 **교감신경절연쇄**(sympathetic chain of ganglia)라고 부르는데, 교감신경절연쇄에는 신경절이후 뉴런들의 세포체들이 있고, 여기에서 나오는 축삭들은 여러 내장기관으로 뻗는다. 그러나 이런 일반적 양상에서 벗어나는 예외들이 있다. 일부 신경절이전 교감뉴런의 축삭은 교감신경절에서 시냅스를 이루지 않고 교감신경절을 지나쳐 부신에서 끝난다(39장 참조). 활동전위에 반응하여 부신수질 세포는 에피네프린(아드레날린) 호르몬을 분비한다. 동시에 노르에피네프린이 신경절이후 뉴런의 시냅스에서 방출된다. 37.3절에서 살펴본 것처럼 2가지 신경전달물질들은 모두 내사량과 혈류량을 증가시켜 몸이 활동하도록 준비시킨다.

부교감신경

교감신경의 활동은 부교감신경과는 길항적이다. 부교감신경의 신경절이전 뉴런은 뇌 및 척수의 천골 부위(엉치뼈, sacral region)에서 나온다(**그림 37.30** 오른쪽). 따라서 부교감신경은 교감신경절연쇄 같은 구조를 이루지 않는다. 그 대신 신경절이전 축삭(이 중 다수는 미주신경 안에 있음)이 내부 기관 부근이나 그 안에 있는 신경절에서 끝난다. 그런 다음, 신경절이후 뉴런이 시냅스에서 아세틸콜린을 방출하여 내부 기관을 조절한다. 부교감신경은 심장박동을 느리게 하고, 소화기관의 분비작용과 활동을 증가시킨다. **표 37.6**은 교감신경과 부교감신경을 비교해 나타내었다.

G 단백질은 자율신경 신호에 대한 세포 반응을 중재한다

아세틸콜린(ACh)은 어떻게 다른 곳에서 흥분 효과를 나타낼 때 심장에서는 심장박동 속도 완화라는 억제 효과를 나타낼 수 있는 것일까? 그에 대한 답은 간단하다. 이는 각각의 경우에 관련된 세포들이 서로 다른 효과를 만들어내는 서로 다른 ACh 수용체를 가지고 있기 때문이다. 신경근접합부에서 ACh 수용체는 막을 탈분극화시키는 Na^+의 유입을 가능하게 하는 리간드개폐성 Na^+ 통로이다. 심장의 경우 심장 박동원 세포에서의 억제 효과는 ACh가 **무스카린성 수용체**(muscarinic receptor)에 결합함으로써 K^+ 통로를 열리게 하여 K^+이 밖으로 빠져나가고 세포가 과분극되기 때문에 일어난다(**그림 37.31**). 무스카린성 수용체는 **G 단백질**(G protein)의 도움으로 2차전달자를 이용하는 특별한 수용체 그룹에 속한다. 이 수용체는 리간드(이 경우 ACh)가 결합함으로써 활성화되고, G 단백질을 활성화시킨 후, 반응 단백질(effector protein)을 차례로 활성화시키는데, 이 경우는 K^+ 통로가 된다.

이런 유형의 시스템은 다른 기관에서 G 단백질이 다른 반응 단백질에 작용할 때 흥분 효과가 일어날 수 있도록 한다. 그 실례로 위(stomach)로 뻗은 부교감신경은 위액 분비와 위 수축을 증진시킨다.

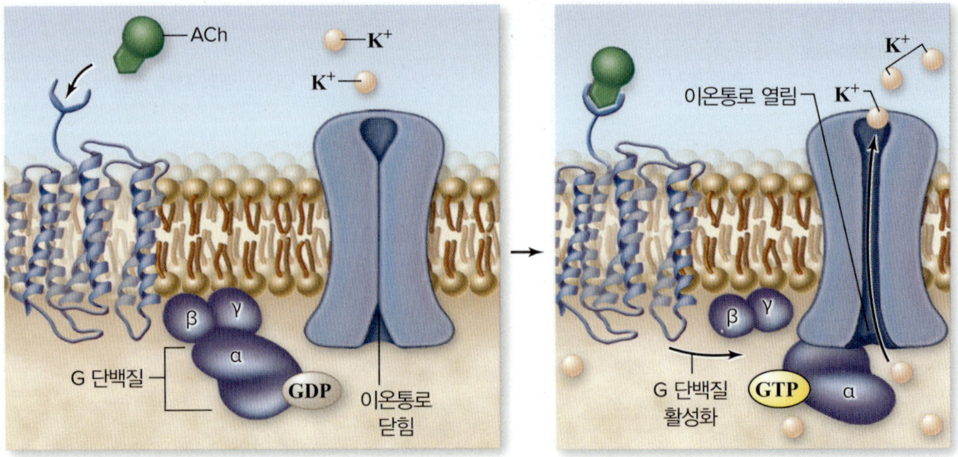

그림 37.31 부교감신경의 ACh 작용에 필요한 G 단백질의 활동.
ACh가 그의 수용체에 결합하면 G 단백질 복합체의 분리가 일어나고, 일부 인자가 방출된 다음, 막 안에서 이동하여 이온통로를 이루는 다른 단백질에 결합한다. 그림은 심장에서의 ACh의 영향을 보여주는 것으로, 심장에서 G 단백질 인자들은 K^+ 통로를 열리게 하여 포타슘이 밖으로 확산되고 과분극이 일어나게 함으로써 심장박동이 느려진다.

교감신경의 영향에도 G 단백질연결수용체(G protein-coupled receptors)가 관여한다. 교감신경 말단에서 나오는 노르에피네프린이나 부신수질에서 나오는 에피네프린은 표적세포를 활성화하는 데 G 단백질이 필요하다. 이러한 상호작용들은 호르몬의 작용과 함께 39장에서 상세히 다룬다.

뇌신경은 감각뉴런과 운동뉴런을 가진다

지금까지는 척수신경과 관련하여 논의하였다. 하지만 두뇌의 아래에는 12쌍의 뇌신경(cranial nerve)이 존재한다(**그림 37.32**). 이것들은 이름과 로마 숫자(I~XII)를 함께 사용하여 나타낸다. 그들 중 일부는 감각 입력(sensory input)과 운동 명령(motor output)을 모두 가지는 혼합 신경이지만, 다른 것들은 순수하게 냄새 및 후각 신경(I), 시각 및 시신경(II)과 같은 특별한 감각과 연관되어 있다. **표 37.7**은 모든 뇌신경의 이름 및 번호, 기능을 보여준다. 다른 신경과 달리 미주신경(X)은 머리와 목을 훨씬 넘어 가슴과 복부에 있는 장기를 자극한다(**그림 37.33**). 또한 미주신경은 주로 항상성 유지에 도움이 되는 자율신경섬유를 가지는 뇌간에 위치함으로써 심장박동, 호흡, 소화 및 호르몬 방출 조절에 도움을 준다.

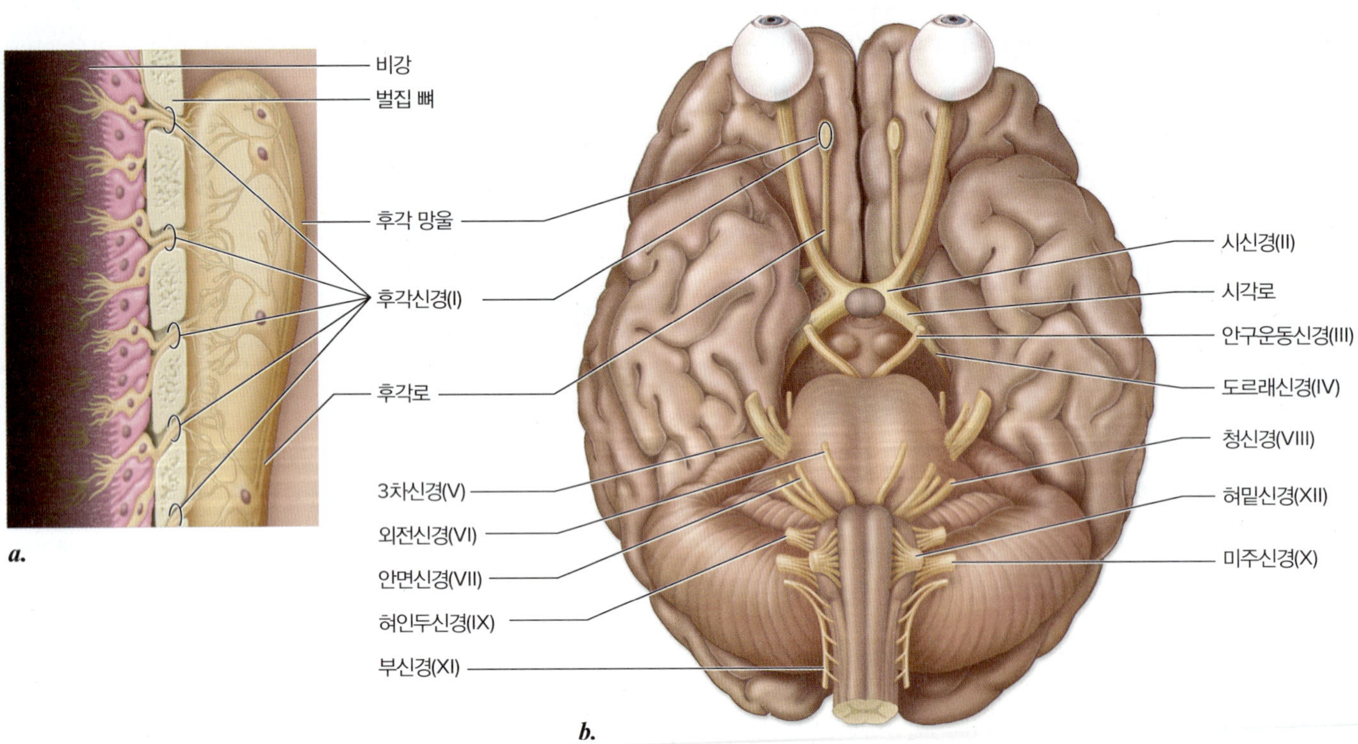

그림 37.32 뇌의 기저부에서 나타낸 뇌신경 12쌍의 이름 및 번호.

표 37.7	뇌신경 기능	
번호	이름	기능
I	후각신경	냄새 감각
II	시신경	시각
III	안구운동신경	일부 눈 근육 및 눈꺼풀 움직임
IV	도르래신경	일부 눈 근육 조절
V	3차신경	씹는 운동 및 얼굴 감각
VI	외전신경	일부 눈 근육 조절
VII	안면신경	얼굴 근육 조절, 침 분비, 피부 감각
VIII	청신경	청각과 평형 감각
IX	혀인두신경	침 분비, 맛과 내장 및 피부 감각
X	미주신경	심장 및 내장의 운동 조절, 가슴과 인후두 및 복부 내장의 감각
XI	부신경	인후두 및 어깨로 운동뉴런을 통한 자극 전달
XII	혀밑신경	혀, 골격근, 내장의 운동 조절 및 피부와 내장의 감각

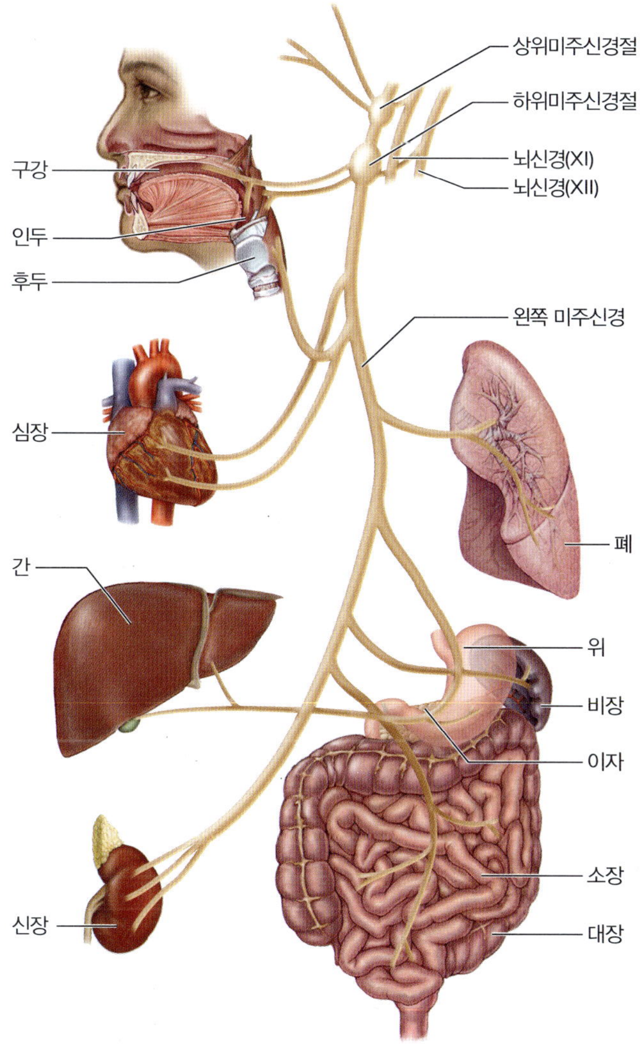

그림 37.33 뇌신경(X)인 미주신경은 내장기관을 관장한다.

핵심 요약 37.5

PNS는 체성신경계(수의적) 및 자율신경계(불수의적)로 구성된다. 척수 및 뇌 신경은 감각 기관에서 CNS로 정보를 전달하는 감각뉴런과 CNS에서 근육세포와 같은 표적기관까지 명령을 전달하는 운동뉴런을 포함한다. 자율신경계에서 교감신경은 싸움 또는 도망(fight-or-flight)을 위한 신체 반응을 활성화시키고, 부교감신경은 주로 휴식과 소화를 촉진시킨다.

- 교감신경 및 부교감신경의 분업이 단일 시스템을 갖는 것보다 유리한 이유는 무엇일까?

핵심 개념 요약

37.1 신경계의 구성

■ 중추신경계는 명령 센터이다

CNS는 뇌와 척수로 구성되며, 이곳에서 입력된 감각이 통합되고 반응이 생성된다.

■ 말초신경계는 정보를 수집하고 반응을 수행한다

PNS는 자극을 CNS로 전달하는 감각뉴런과 CNS로부터 작동기로 자극을 전달하는 운동뉴런으로 구성되어 있다.

체성신경계는 주로 골격근에 작용하는데, 자율신경계는 불수의적이며, 서로 길항적인 교감신경계와 부교감신경계로 구성된다.

■ 뉴런의 구조는 그 기능을 뒷받침한다

뉴런은 세포체, 정보를 받는 수상돌기 및 세포로부터 신경 자극을 전달하는 긴 축삭을 가진다.

■ **신경교세포는 뉴런을 지지한다**

신경교세포는 신경계의 세포를 보조한다. 슈반세포(PNS)와 희돌기세포(CNS)는 축삭을 둘러싸고 있는 미엘린초를 생산한다(**그림 37.3**).

37.2 신경자극의 전달 기작

■ **원형질막을 가로지르는 전기적 차이가 존재한다**

소듐–포타슘 펌프는 Na^+를 세포 외부로, K^+를 세포 안으로 이동시킨다. 또한 K^+의 누출은 세포 외부로 양전하를 이동시키는데, 세포 밖으로 확산되는 K^+와 음전하에 의해 끌어당겨지는 K^+ 사이의 균형으로 휴지막전위가 형성된다.

■ **막전위의 변화는 막 투과성의 변화 때문이다**

막전위는 이온통로의 작용에 의해 달라질 수 있다. 이온통로는 화학적 또는 전기적 자극에 반응한다. 차등전위는 가중(summation)으로 인해 정해진다.

■ **소듐 이온과 포타슘 이온이 세포막을 가로질러 이동할 때 활동전위가 발생한다**

활동전위는 실무율(all-or-nothing)을 따르는데, 전압개폐성 이온통로의 신속하고 순차적인 개방으로 인해 발생된다(**그림 37.8**).

■ **활동전위는 축삭을 따라 전파된다**

활동전위 동안 Na^+가 유입되면 인접한 막 부분이 탈분극되어 또다시 그곳의 활동전위가 발생된다(**그림 37.9**).

■ **신경자극의 전도 속도를 증가시키는 2가지 방법이 있다**

신경자극의 속도는 축삭의 지름이 증가함에 따라 빨라지고, 결절에서 결절로 뛰어넘는 도약전도가 일어날 때 빨라진다(**그림 37.10**).

37.3 시냅스: 뉴런과 다른 세포 사이의 소통

활동전위는 축삭돌기 끝부분인 시냅스에서 끝나는데, 시냅스는 축삭돌기와 다른 세포 사이의 틈새를 말한다.

■ **전기적 시냅스와 화학적 시냅스가 있다**

전기적 시냅스는 간극연접으로 이루어지고, 화학적 시냅스는 신경전달물질을 방출하여 시냅스를 가로지른다(**그림 37.13**).

■ **여러 종류의 화학물질이 신경전달물질로 작용한다**

신경전달물질 분자에는 아세틸콜린, 아미노산, 생체 아민, 신경 펩타이드 및 NO와 같은 가스가 포함된다.

■ **시냅스후 뉴런은 다양한 시냅스로부터 온 정보를 통합한다**

흥분성 시냅스후 전위(EPSPs)는 막을 탈분극시키고, 억제성 시냅스후 전위(IPSPs)는 막을 과분극시킨다. 합산된 효과는 활동전위를 생성할 수도 생성하지 않을 수도 있다.

■ **신경전달물질은 약물 중독에 영향을 준다**

중독성 약물은 종종 신경전달물질을 모방하거나 신경전달물질의 재흡수를 방해한다.

37.4 중추신경계: 뇌와 척수

■ **동물이 복잡해질수록 신경 시스템도 복잡해졌다**

신경계는 연결된 신경망, 신경이 뭉쳐진 신경다발로부터 조절 중추 형태로 발전되었다(**그림 37.18**).

■ **척추동물의 뇌는 기본적인 세 부위로 나뉜다**

척추동물의 뇌는 후뇌, 중뇌, 전뇌로 이루어져 있다(**그림 37.19**). 전뇌는 간뇌와 종뇌로 또다시 나뉜다. 포유류에서 대뇌라고 부르는 종뇌는 연상과 학습의 중추이다.

■ **인간의 전뇌는 뛰어난 정보 처리 능력을 나타낸다**

대뇌는 우반구와 좌반구로 나누어지며(**그림 37.21**), 이는 또다시 전두엽, 두정엽, 측두엽, 후두엽으로 세분화된다(**그림 37.22**). 대뇌는 기저핵뿐만 아니라 1차 운동 및 체성 감각의 피질을 포함한다.

변연계는 시상하부, 해마 및 편도체로 구성되며 감정적인 상태를 조정한다.

■ **인간 두뇌의 복잡한 기능은 특정 영역에서 조절될 수 있다**

뇌간에 있는 망상활성화계는 의식과 각성을 제어한다. 단기기억은 일시적인 신경자극으로 저장될 수 있는 반면, 장기기억은 신경 연결의 변화를 요구한다.

■ **척수는 메시지를 전달하고 일부 반응을 직접 제어한다**

반사는 자극에 대한 갑작스럽고 비자발적인 근육 운동 반응이다(**그림 37.26, 그림 37.27**).

37.5 말초신경계: 척수신경과 뇌신경

■ **PNS에는 체성신경계와 자율신경계가 있다**

감각축삭(들어가는)은 척수신경의 후근을 형성한다. 세포체는 후근신경절에 존재한다.

운동축삭(나가는)은 척수신경의 전근을 형성한다. 세포체는 척수에 위치한다.

■ **체성신경계는 움직임을 제어한다**

체성 운동뉴런은 자발적(수의적) 명령과 불수의적 반사에 반응하여 골격 근육을 자극한다.

■ **자율신경계는 2가지 방식으로 불수의근 기능을 조절한다**

교감신경은 척수의 흉부 및 요추 부위에서 시작되며, 척수의 바깥쪽에 위치한 신경절에서 시냅스를 이룬다(**그림 37.29**). 부교감신경은 뇌 및 척수의 천골 부위에서 시작하고 내부 기관 근처 또는 내부 기관의 신경절에서 종결된다(**그림 37.30, 표 37.6**).

■ **G 단백질은 자율신경 신호에 대한 세포 반응을 중재한다**

아세틸콜린(ACh)의 결합은 G 단백질을 활성화시킴으로써 K^+ 통로를 열어서 K^+를 유출시키고, 막의 과분극 및 심박수 감소를 일으킨다.

■ **뇌신경은 감각뉴런과 운동뉴런을 가진다**

12쌍의 뇌신경이 뇌의 아래쪽에서 나온다. 뇌신경은 체성 및 자율신경의 운동뉴런뿐만 아니라 특별하거나 일반적인 감각뉴런을 가진다.

연습문제

■1단계: 이해력 확인하기

1. 휴지기 신경세포의 상태를 가장 적합하게 기술한 것은 무엇인가?

   a. 신경세포의 내부가 외부보다 더 음이온화되어 있다.
   b. 신경세포의 외부가 내부보다 더 음이온화되어 있다.
   c. 신경세포의 내부와 외부는 동일하게 이온화되어 있다.
   d. 포타슘 이온은 휴지기에 신경세포 안으로 새어 들어간다.

2. 다음 중 의식적으로 조절되지 않는 것은 무엇인가?

   a. 운동신경세포 b. 체성신경계
   c. 자율신경계 d. 골격근

3. 싸움-도주 반응은 무엇에 의해서 조절되는가?

   a. 교감신경계
   b. 부교감신경계
   c. 신경절이후 세포에서 분비되는 아세틸콜린
   d. 체성신경계

4. 억제성 신경전달물질의 특성은 무엇인가?

   a. 시냅스후 세포막을 과분극시킨다.
   b. 시냅스전 세포막을 과분극시킨다.
   c. 시냅스후 세포막을 탈분극시킨다.
   d. 시냅스전 세포막을 탈분극시킨다.

5. 백질은 ________________, 회백질은 ________________

   a. 축삭을 구성하고, / 세포체와 수상돌기를 구성한다.
   b. 미엘린화되어 있고, / 미엘린화되어 있지 않다.
   c. CNS에서 발견되며, / 역시 CNS에서 발견된다.
   d. a, b, c의 모두 맞다.

6. 활동전위가 일어나는 동안에 대한 설명으로 옳은 것은 무엇인가?

   a. 상승기는 Na^+의 유입에 기인한다.
   b. 하강기는 K^+의 유입에 기인한다.
   c. 하강기는 K^+의 유출에 기인한다.
   d. a와 c 모두 맞다.

7. 기능적인 반사작용에 필요한 것은 무엇인가?

   a. 감각신경세포와 운동신경세포만이 필요하다.
   b. 감각신경세포, 시상 및 운동신경세포가 필요하다.
   c. 대뇌피질과 운동신경세포가 필요하다.
   d. 대뇌피질과 시상만이 필요하다.

■2단계: 적용력 평가하기

1. 신경세포막을 통과하는 이온의 이동에 관한 실험을 할 때, 신경 세포막을 통과하는 이온 농도의 평형을 결정하는 데 기여하는 요소는 다음 중 무엇인가?

   a. 이온 농도 기울기 b. 이온 pH 기울기
   c. 이온 전기 기울기 d. a와 c 모두 맞다.

2. Na^+/K^+ATP 가수분해 펌프에 대한 설명 중 옳은 것은 무엇인가?

   a. 활동전위 시작에 필요하지 않다.
   b. 휴지막전위의 장기간 유지에 중요하다.
   c. 시냅스에서만 중요하다.
   d. 기울기 전위차를 자극하는 데 사용된다.

3. 식중독을 야기하는 보툴리눔(botulinum) 독소의 유도체인 보톡스(botox)는 신경근접합부에서 아세틸콜린의 방출을 억제한다. 이와 같은 처리가 어떻게 원하는 성형 효과를 낼 수 있을까?

   a. 자율신경계의 부교감신경을 억제함으로써
   b. 자율신경계의 교감신경을 억제함으로써
   c. 안면근육을 마비시켜 얼굴의 주름을 감소시킴으로써
   d. 안면근육을 수축시키고 피부를 당겨 주름을 감소시킴으로써

4. 화학적 시냅스를 구성하는 단백질 중 어떤 단백질이 돌연변이될 때 분비 혹은 반응 없이 신호를 받는 것에만 영향을 미치겠는가?

   a. 시냅스후 세포의 막단백질
   b. 시냅스전 세포의 단백질들
   c. 시냅스후 세포의 세포질 단백질
   d. a와 b 모두 맞다.

5. 손가락에 날카로운 가시가 박혔을 때, 가시가 박힌 작은 부위에서 통증 수용체가 신호를 내보낸다. 그러나 이 부위는 신호를 반복적으로 빠르게 내보낸다(아프게 느껴진다). 이러한 예는 무엇을 의미하는가?

   a. 시간적 가중 b. 공간적 가중
   c. 습관화 d. 재분극

6. 당신이 지금 이 문장을 읽고 있을 때, 신경계에서 가장 활성화되는 부위는 어디인가?

   a. 체성신경계 b. 교감신경계
   c. 부교감신경계 d. 정답 없음

7. 단백질 결합 수용체는 어떤 작용으로 신경계에 관여하는가?

   a. 신경전달물질의 방출을 조절하여
   b. 활동전위 기간 중 Na^+ 통로의 개폐를 조절하여
   c. 활동전위 기간 중 K^+ 통로의 개폐를 조절하여
   d. 신경절이후 세포의 신경전달물질 수용체로 작용하여

■3단계: 사고력 함양하기

1. TEA(tetraethylammonuim)는 전압개폐성 K^+ 통로의 기능을 방해하는 약물이다. 신경세포에 의해 야기된 활동전위에 TEA가 미치는 영향은 무엇인가? 만일 TEA가 흥분성 신경전달물질을 방출하는 시냅스전 세

포에 특이적으로 작용할 수 있다면, TEA는 해당 신경전달물질이 시냅스후 세포에 미치는 효과를 어떻게 바꾸겠는가?

2. 탈분극, 재분극, 과분극 상태에서 Na^+통로와 K^+통로의 상태를 기술하시오.
3. 흥분성 시냅스후 세포막전위(EPSP)를 일으키는데 요구되는 과정을 기술하시오. 억제성 시냅스와는 어떻게 다른가?
4. 여러분의 친구가 카페인을 매우 좋아한다. 나중에 그 친구가 과거에 느꼈던 카페인 효과를 얻기 위해서는 카페인이 함유된 음료수를 더 많이 마셔야 된다는 불평을 늘어놓았다. 여러분이 생물학 성적이 우수한 학생이라면 짐작하고 있었던 결과라고 이야기할 수 있다. 그 이유는 무엇인가?

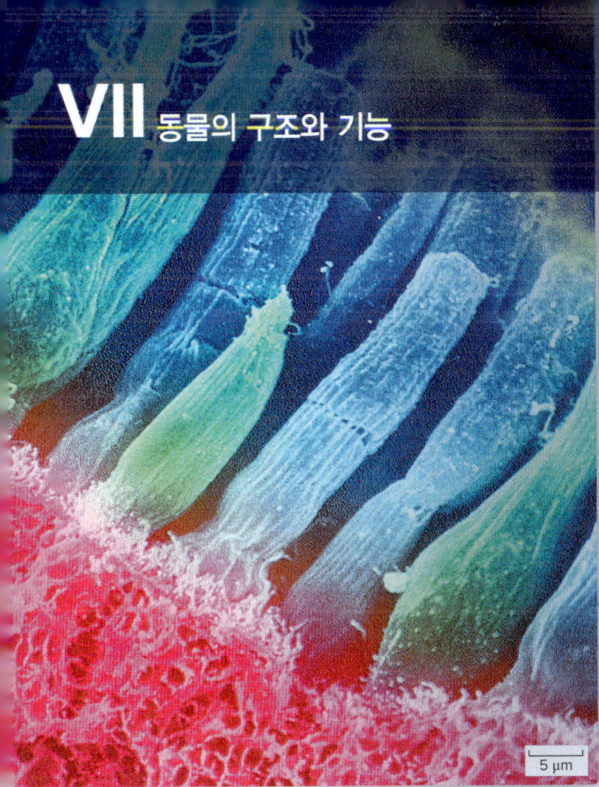

38

감각계

도입

동물은 몸과 외부 환경의 변화에 대한 정보 또는 자극을 받는다. 이는 감각기관에서 관찰되는 자유신경말단 및 보다 전문화된 뉴런과 같은 다양한 수용기세포를 사용함으로써 이루어진다. 먼저 접촉, 압력, 온도 및 통증과 같은 일반적인 감각에 대해 알아본 후 특수 감각(청각, 미각, 후각, 시각)과 중추신경계와의 연관성을 알아본다. 이러한 감각들이 좋아하는 음악을 듣고, 음식을 즐길 수 있도록 해주며, 무지개나 일몰과 같은 장관을 감상할 수 있게 함으로써 이루어지는 우리 삶의 풍요로움을 생각해 보자.

이번 장에서는 척추동물로 초점을 확대하여 몇몇 동물종의 감각계를 살펴본 후 눈의 진화에 대한 내용으로 마무리한다.

38.1 감각수용기의 개요

학습 목표

1. 감각수용기의 2개 범주를 설명할 수 있다.
2. 감각 정보가 감각뉴런에서 중추신경계로 전달되는 방법을 설명할 수 있다.
3. 이온통로의 작동에 대해 서술할 수 있다.

감각수용기(sensory receptors)에 대해 생각할 때 주변 환경에 대해 정보를 제공하는 시각, 청각, 미각, 후각, 촉각들의 감각을 떠올리게 된다. 확실히 이러한 외부 정보는 동물의 생존 및 번성에 결정적인 요인이 되지만, 감각수용기는 근육의 움직임, 몸의 위치, 혈압과 같은 내적인 상황에 대한 정보도 제공해 준다. 여기에서는 감각정보가 전달되는 방법을 알아보기 전에 먼저 두 종류의 수용기를 살펴본다.

감각수용기는 내 · 외부 자극을 감지한다

감각수용기는 동물의 생존 및 번성에 결정적인 요인이 된다. 이러한 수용기는 **외부수용기**(exteroceptor)와 **내부수용기**(interceptor)로 나뉜다. 외부수용기는 일반적이고 특별한 자극에 관여하는 외부 환경에서 시각, 청각, 미각, 후각, 촉각을 감지하는 수용기이다. 체내 환경을 감지하는 것 또한 중요하다. 내부수용기는 체내에서 발생하는 자극을 인지하여 신체의 위치와 생리적인 변화를 감지한다. 또한 실제적 또는 잠재적 조직 손상과 관련된 신호를 통증의 형태로 전송한다.

감각 정보는 4단계로 전달된다

감각뉴런에 의해 접하게 되는 감각 정보는 4단계에 걸쳐 중추신경계(CNS)로 전달된다(**그림 38.1**).

1. **자극**(stimulation): 물리적 자극은 감각뉴런 또는 관련된 감각수용기에 영향을 준다.
2. **변환**(transduction): 자극 에너지는 감각뉴런의 수상돌기에서 차등전위로 변환된다.
3. **전송**(transmission): 활동전위는 감각뉴런의 축삭돌기에서 발생하여 구심성 신경 경로를 따라 중추신경계로 전달된다.
4. **해석**(interpretation): 뇌는 구심성 자극에 의해 생성된 전기화학적 작용들로부터 감각 인식을 만든다. 실제로 5가지 감각은 감각기관에서 인지되는 것이 아니라 뇌에서 인지되는 것이다.

감각변환은 이온통로를 통해 일어난다

감각세포는 세포막에 자극에 의해 열리는 **자극개폐성 이온통로**(stimulus-gated ion channel)를 가지고 있기 때문에 자극에 반응할 수 있다. 감각 자극은 감각 시스템에 의존하여 이온통로를 열고 닫을 수 있다. 대부분의 경우에 감각 자극은 수용기세포의 탈분극화(depolarization)를 유도하며, 이것은 신경전달물질에 반응하여 시냅스후 세포에서 생성되는 흥분성 시냅스후 전위(excitatory postsynaptic potential, EPSP, 37장 참조)와 유사하다. 자극에 대해 감각수용기에서 발생하는 탈분극은 **수용기 전위**(receptor potential)라고 한다(**그림 38.1**).

EPSP와 같이 수용기 전위는 차등전위로 감각 자극이 크면 클수록 탈분극의 정도도 커진다. 수용기 전위는 자극의 근원으로부터 멀수록 크기가 감소한다. 이것은 감각뉴런의 세포체로 도달하는 작고 무시할 만한 자극들을 막아주게 된다. 수용기 전위나 총체적인 수용체 전위가 탈분극의 임계점을 발생시킬 만큼 충분히 크다면 활동전위가 감각 축삭돌기 따라 중추신경계로 전파된다(**그림 38.1**).

감각 자극이 크면 클수록 수용기 전위의 탈분극은 더욱 커지고, 활동전위의 빈도도 높아진다. (활동전위의 빈도는 자극의 합이 아니라, 자극의 강도에 있음을 기억하자.)

일반적으로 자극 강도와 활동전위 빈도는 로그(log) 관계를 나타낸다. 예를 들면, 다른 자극보다 10배 더 큰 감각 자극은 다른 자극의 2배 정도의 활동전위를 생성한다. 이러한 관계는 중추신경계가 들어오는 신호의 빈도에 근거하여 감각 자극의 강도를 이해하게 한다.

수용기는 6가지로 분류될 수 있다

다음 절에서 우리는 6가지 종류의 수용기인 온도수용기, 통증수용기, 전자기수용기 기계수용기, 화학수용기, 광수용기의 구조와 기능 및 일반 감각과 특수 감각에서의 역할을 알아본다.

핵심 요약 38.1

모든 감각수용기는 내부수용기 또는 외부수용기로 분류할 수 있다. 감각정보가 중추신경계에 전달되는 4단계는 자극, 변환, 전송 및 중추신경계에서의 해석이다. 이온통로는 자극에 반응하여 열리거나 닫혀 막 전위를 변경한다. 막 전위가 임계값을 초과하면 활동전위가 생성된다.

■ 왜 자극의 강도와 활동전위의 빈도 사이의 관계를 로그로 나타낼까?

38.2 온도수용기, 통증수용기, 전자기수용기: 온도, 통증, 자기장

학습 목표

1. 수용기의 6가지 종류 중 처음 3가지를 나열할 수 있다.
2. 3가지 수용기의 기능을 설명할 수 있다.
3. 온도수용기와 통증수용기와의 관계를 서술할 수 있다.

온도수용기는 열에너지 변화를 감지한다

온도수용기(thermoreceptors)는 온도 변화에 민감하게 반응하는 비특이적 감각수용기(자유신경말단)로 간주된다. 2가지 종류가 있는데, 온수용기와 냉수용기이다. 벼룩이나 모기와 같은 무척추동물은 내온성(온혈) 사냥감과 숙주인 조류와 포유류를 찾기 위해 온도감각을 이용한다. 잠재적인 먹이 또는 숙주가 가까울 때 그들은 몸의 열을 감지한다. 일부 온도수용기는 1 ℃ 미만의 변화를 감지할 수 있다.

척추동물은 피부의 진피에 대부분의 온도수용기를 가지고 있다. 자극을 받았을 때 Na^+와 Ca^{2+} 통로가 서로 다른 수준으로 개방되어 앞에서 설명한 것처럼 변환을 시작한다. 냉수용기는 표피 바로 아래에 위치하여 있고 표면이 더 넓으며 온수용기보다 훨씬 많이 분포하고 있다. 온수용기는 좀 더 깊은 진피에 위치한다.

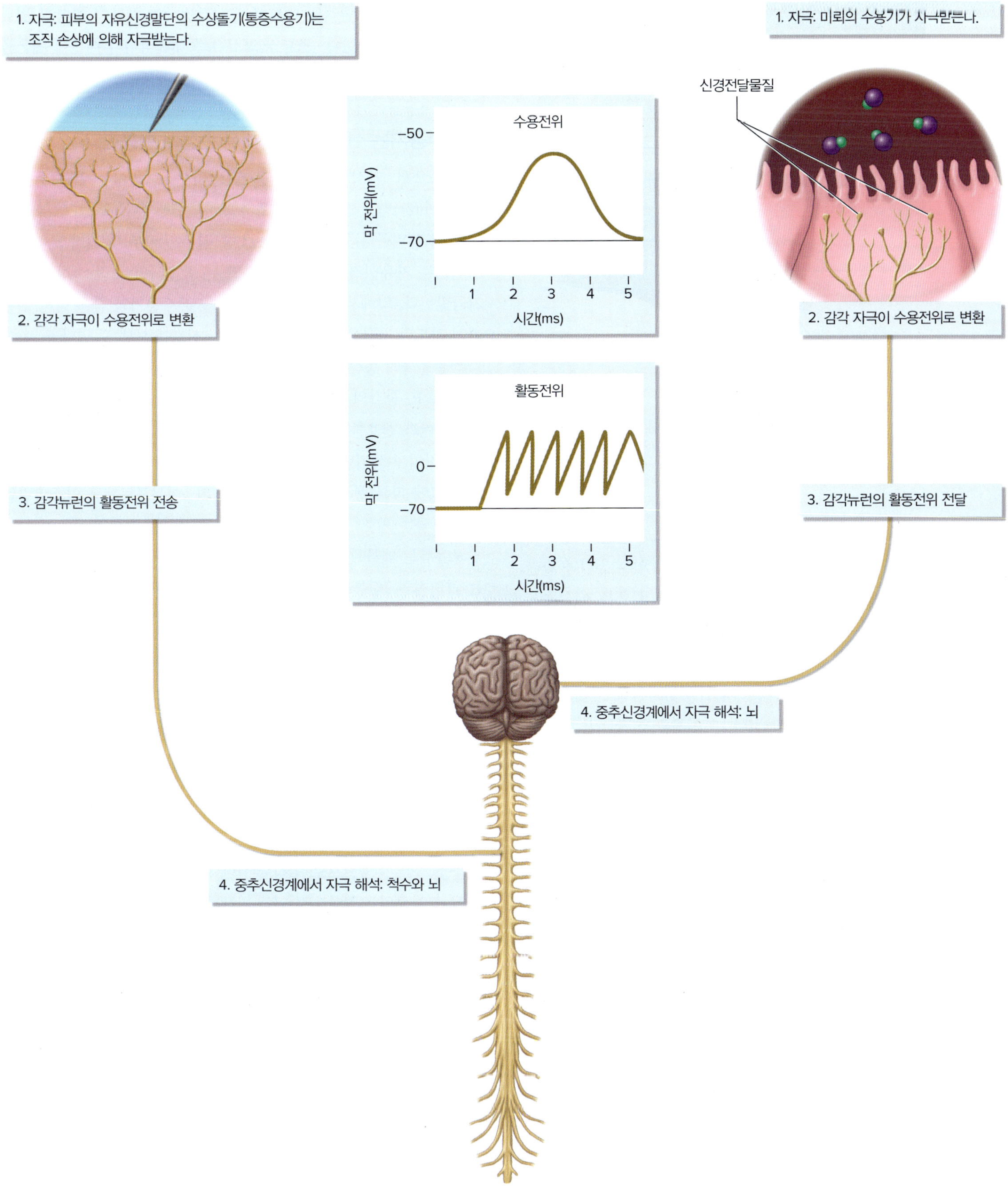

그림 38.1 감각 정보의 경로.
감각 자극은 수용기 전위로 변환되어, 해석을 위해 뇌로 이동되는 감각신경 활동전위를 발생할 수 있다.

그림 38.2 보이는 열.
방울뱀의 콧구멍과 눈 사이의 오목한 부분에 소공 기관이 열려 있다. 외부의 일부를 잘라낸 그림에서 그 기관이 막에 의해 구별되는 2개의 소실로 구성되어 있음을 볼 수 있다. 살모사는 적외선(열)을 감지하는 능력을 가지고 있다.

포유류에서 냉수용기와 온수용기는 구조적으로 구별된다. 냉수용기는 전도 속도를 증가시키는 얇은 미엘린 수초가 있는 뉴런과 관련이 있는 반면 온수용기는 수초가 없고 느린 속도로 신호를 전달한다. 온도수용기는 무해한 온도 변화를 감지하기 위한 것이다. 사람에서는 냉수용기가 10~25 ℃에서 가장 활동적이고 온수용기는 25~45 ℃에서 가장 활동적이다. 만약 온도가 이 범위를 넘어서면, 잠재적으로 손상을 입어 통증경로가 열리게 된다. 연구결과에 따르면 Na^+와 Ca^{2+}의 흐름을 위한 일시적 수용기 전위(transient receptor potential, TRP) 이온통로가 열리기 때문이다. 할라피뇨나 하바네로스 같은 매운 고추는 화학물질인 캡사이신이 온도를 상승시키는 동일한 수용기를 활성화시키기 때문에 열을 감지한다. 만약 캡사이신 농축액의 농도가 충분히 높다면 통증이 유발된다. 반대로 냉수용기를 활성화시키는 화학물질인 멘톨은 차가움을 인식하는 수용기에 반응하며, 이러한 멘톨을 함유한 진통약의 반응은 왜 멘톨이 기침 진정에 이용될 수 있는가를 알려준다.

어떤 뱀들은 먹이를 발견하기 위해 온수용기를 이용한다. 살모사(방울뱀을 포함한)는 눈과 콧구멍 사이에 소공 기관(pit organ, 뱀의 입 근처에 있는 작은 열 감지기관)이 있다(**그림 38.2**). 이 기관들은 뇌의 시각 처리 센터로 연결되어 있다. 이 뱀들은 온도 변화를 감지할 뿐만 아니라 적외선을 통해 열 화상을 형성할 수 있는 것으로 보인다. 즉, 그들은 "열"을 볼 수 있다. 이것은 어둠 속에서 사냥하는 능력을 제공하는 감각 통합의 놀라운 예이다.

온도수용기는 또한 조류와 포유류 뇌의 시상하부에서 발견된다. 이것은 순환하는 혈액의 온도를 모니터링하여 체온이 항상성 범위 내에 유지되도록 한다. 조류와 포유류는 내온성이기 때문에 체온을 일정하게 유지하는 것이 필수적이다.

통증수용기는 실제 또는 잠재적 손상에 반응한다

통증으로 인식되는 자극을 전달하는 수용기는 **통증수용기**(nociceptor)라고 한다(라틴어로 *nocere*는 "해치다" 또는 "상처를 입히다"를 의미한다). 이러한 수용기 중 일부는 피부 및 기타 조직에서 발견되는 자유신경말단이며 실제 또는 잠재적인 조직 손상에 의해 자극받는다. 앞에서 설명한 냉수용기 및 온수용기와 같은 다른 수용기의 과도한 자극은 통증으로 인식되는 신호를 보낼 수 있다.

척추동물의 통증수용기는 2가지 주요 신경전달물질인 물질 P(substance P, 통각의 전달물질)와 글루탐산을 이용해 다른 통증경로의 감각뉴런과 신호를 주고받는다. 이들은 척수를 통해 신호를 전달한다. 조직이 손상되면 프로스타글란딘이 분비되어 통증수용기의 민감도와 그에 따른 통증의 강도가 증가한다. 이부프로펜과 아스피린의 진통 효과는 프로스타글란딘의 생성을 억제하는 능력의 기능이다.

포유류는 엔돌핀(endorphins)과 엔케팔린(enkephalins)이라고 하는 자연적인 "진통제"를 생성한다. 이들 신경전달물질은 척수의 아편 유사 수용기와 결합하여 물질 P의 방출을 억제한다. 이 같은 기작은 모르핀 및 헤로인과 같은 마약의 강력한 진통 효과를 야기한다. 글루탐산의 약리학적인 조작은 학습, 기억 및 불안장애에서의 기능 때문에 잠재적 통증 억제제로서의 역할은 더욱 어려운 것으로 입증되었다.

진화론적인 관점에서 보면 고통은 위험을 나타내는 것이므로 좋다고 할 수 있다. 선천성 무통각증(congenital insensitivity to pain, CIP)으로 알려진 질병이 있으며, 이로 인해 영향을 받는 사람들은 통증을 느낄 수 없으므로 조직 손상에 반응하지 않는다. 대부분의 경우 Na^+ 통로의 오작동으로 인해 발생한다. 그러나 어떤 경우에는 엔돌핀의 과잉생산과도 관련이 있다.

전자기수용기는 전류와 자기장을 감지한다

전류를 감지할 수 있는 척추동물들

공기는 전기를 쉽게 전달하지 않지만, 물은 좋은 전도체이다. 모든 수중동물은 근육수축을 통해 전류를 발생시킨다. 어류의 많은 무리들이 이러한 전류를 감지할 수 있다. 심지어 전기 물고기는 특화된 전기 기관으로부터 전기 방전을 생성할 수 있는 능력을 가지고 있다. 전기물고기는 먹잇감이나 배우자의 위치 확인이나 물이 탁한 환경에서 3차원적 상을 그리기 위해 약한 방전을 사용한다.

연골어류(상어, 가오리, 홍어)는 **로렌치니 기관**(ampullae of Lorenzini)이라고 하는 전기수용기(electroreceptors)를 가지고 있다. 수용기세포는 젤리가 가득 찬 도관을 통해 몸 표면에 있는 구멍으로 열리는 낭(sacs)에 위치하고 있다. 젤리는 매우 좋은 전도체이며 도관이 열릴 때 음전하는 바닥쪽의 수용기를 탈분극시키며, 신경전달물질의 방출 및 감각신경의 활성을 증가시킨다. 그 실례로 이것은 상어가 먹잇감의 근육수축에 의해 발생되는 전기장을 감지하도록 해준다. 로렌치니 기관이 경골어류의 진화과정에서 사라졌음에도 불구하고 전기수용기는 유사한 감각 구조로 발달된 경골어류의 일부에서 나타나고 있다. 전기수용기는 알을 낳는 포유동물인 오리너구리의 주둥이에서 독립적으로 다른 시간대에 진화되었다, 주둥이의 수용기는 새우나 어류가 근육을 수축함으로써 생성하는 전류를 감지할 수 있기 때문에 오리너구리는 밤이나 탁한 물에서 먹잇감을 감지할 수 있다.

자기장을 감지할 수 있는 동물들

뱀장어, 상어, 꿀벌과 많은 새들은 지구의 자기력선을 따라 항해한다. 일부 박테리아도 방향을 잡기 위해 그러한 힘을 사용한다.

아무것도 보이지 않는 어두운 새장에 새들을 가두어 두더라도 1년 중 적절한 시기에 정상적으로 이주하기 위한 방향으로 꼬리를 세우고 움직임을 시도한다. 그러나 새장이 강철에 둘러싸여 자기장이 감추어지면 새들은 이러한 행동을 하지 않는다. 더욱이 어두운 새장의 자기장이 인위적인 자석에 의해 시계 방향으로 120° 빗겨나게 되면 북쪽으로 향하던 새들은 동남동쪽으로 향하게 된다. 이러한 척추동물에서의 자기수용기(magnetic receptors)의 성질은 주요 연구 대상이 되고 있다. 조류에는 2가지 시스템이 있는데 하나는 시각계의 특수 색소를 사용하고 다른 하나는 신경계에 관련된 요소를 포함한다. 이 2가지 시스템은 모두 자성에 민감하며 자기장에 의한 항해를 가능하게 하기 위해 함께 작용한다.

핵심 요약 38.2

수용기의 종류는 온도수용기, 통증수용기, 전자기수용기가 포함되지만 이외에 다른 종류도 존재한다. 온도수용기는 몸 내부와 외부의 온도 변화를 감지한다. 온도의 급격한 변화로 온도수용기가 과도하게 자극되면 통증수용기가 작용하여 통증을 유발할 수 있다. 열을 감지하는 것은 포식자가 먹이를 찾는 데 도움이 될 수 있다. 통증수용기는 통증으로 인식된 신호를 전달한다. 전자기수용기는 일부 동물에게 전류를 감지하고 자기장을 감지할 수 있게 해준다.

■ 열 감지기관이 외온성 동물 먹이를 사냥하는 데 유용할까?

38.3 기계수용기 I: 접촉, 압력, 몸의 자세

학습 목표

1. 기계수용기가 어떻게 접촉을 감지하는지에 대해 설명할 수 있다.
2. 자기수용기 및 압력수용기를 구별하여 설명할 수 있다.

기계수용기(mechanoreceptors)는 "밀어내기"나 "끌어오기"에서 오는 압력이나 물이나 공기를 통한 진동에서 오는 압력 등 물리적 또는 기계적 힘에 의해 자극을 받는다. 이러한 수용기는 접촉 및 청각 감각을 발생시키고 균형 및 신체 위치에 대한 압력을 감지한다. 여기에서는 접촉, 몸의 자세, 압력 및 장력에 관련된 수용기를 알아본다.

다양한 수용기들이 세기에 따른 접촉을 감지한다

피부에는 여러 유형의 기계수용기가 존재하는데, 일부는 진피에 존재하며 일부는 피하조직 아래에 존재한다(**그림 38.3**). 이러한 수용기들은 세포막의 기계적인 변형에 반응하여 열리는 이온통로가 있는 감각세포를 포함하며, 그들은 다양한 형태의 물리적인 접촉을 감지한다.

미세한 접촉에 반응하는 형태적으로 특수화된 수용기들은 대부분 손가락 끝과 얼굴 같은 부위에 밀집되어 있다. 그들은 피부 자극을 매우 정확하게 감지할 수 있는 곳에 위치한다. 이러한 수용기는 간헐적 또는 지속적으로 활성화될 수 있는데, 간헐적으로 활성화되는 수용기는 모낭수용기와 마이스너소체(Meissner corpuscle)를 포함하며, 손가락, 손바닥, 젖꼭지와 같은 털이 없는 표면에 존재한다.

장력수용기(tonic receptor)는 진피에 위치하는 루피니소체(Ruffini's corpuscle)와 피부 표면 근처에 위치하는 메르켈판(Merkel's disk)을 포함한다. 이러한 수용기들은 접촉의 정도와 접촉 기간을 감지한다.

피부 깊은 곳에 있는 피하조직에는 파치니소체(Pacinian corpuscle)라고 하는 간헐적으로 활성화되며, 압력에 민감한 수용기가 존재한다. 이러한 수용기들은 결합조직 세포층의 피막과 세포외액에 의해 둘러싸인 구심성 축삭의 말단을 구성하고 있다. 지속적인 압력이 이늘 소체에 전해지면 탄력성을 지닌 피막은 그 압력을 대부분 흡수하고, 축삭돌기는 자극 생성을 멈춘다. 파치니소체는 피부에 진동하는 물체가 놓였을 때 반복적으로 발생할 수 있는 압력의 개시와 마감을 감지한다.

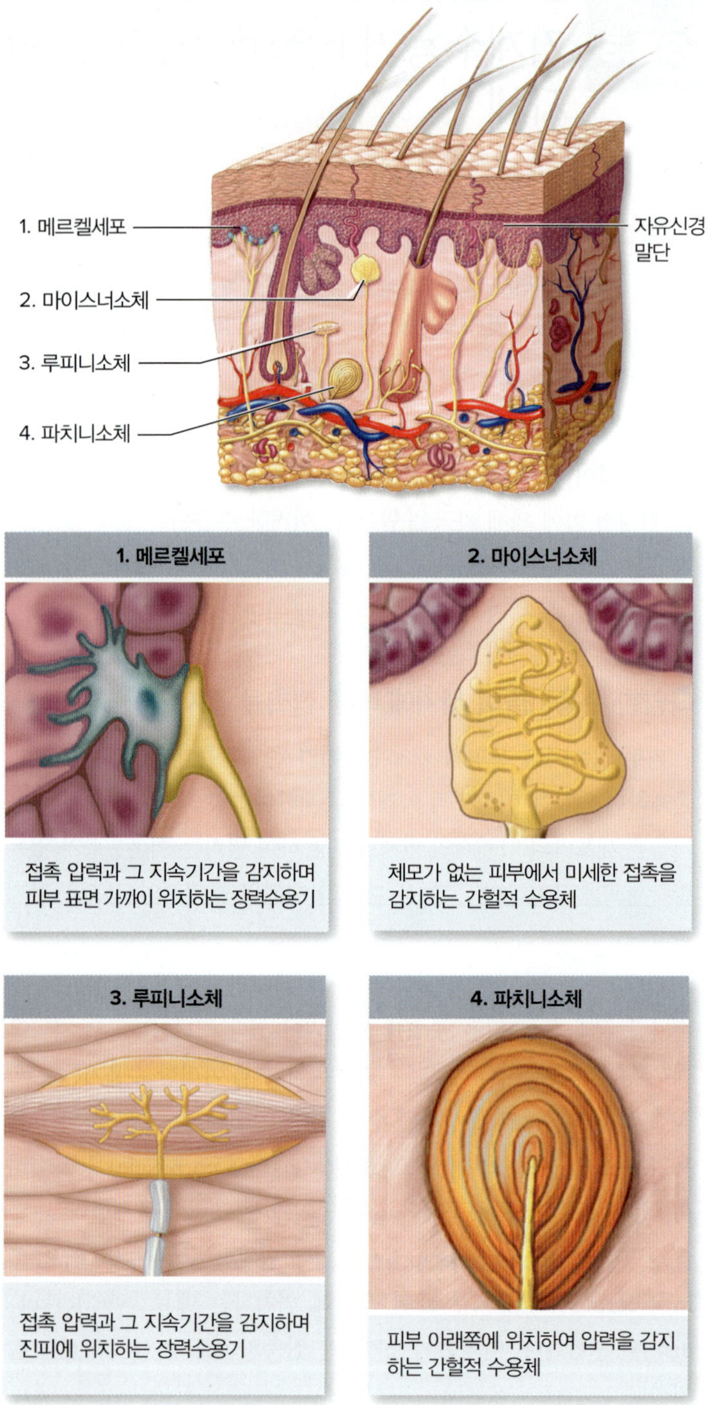

그림 38.3 사람 피부의 감각수용기.
피부수용기는 여러 지지 구조와 관련된 자유신경말단이나 감각 수상돌기일 수 있다.

촉각과 관련된 무척추동물의 기계수용기는 넓은 다양성을 나타낸다. 귀뚜라미와 바퀴벌레의 섬유상 감각모는 기류를 감지하여 경보 동작에 사용된다. 일부 거미는 먹이 탐지를 위해 기류를 감지한다. 직접 접촉이 아닌 기류를 사용하면 "먼 거리"를 감지할 수 있다. 이 기작은 나중에 설명하게 되는 물고기의 측선계와 유사하다. 어떤 종의 파리와 벌들은 잠재적인 먹이원에 접근할 때만 자극받는 촉각수용기가 있다. 이것은 38.5절에서 다룬다.

근육의 길이와 신장력은 고유수용기에 의해 감지된다

모든 동물은 시간과 장소에 대한 지속적인 "감각"이 필요하다. 이것은 **고유감각**(proprioception) 또는 제6감이라고 알려져 있다. 척추동물의 대부분 고유수용기(proprioceptors)는 골격근과 연관되어 있으며 신체 위치에 대한 정보를 제공한다. **근방추**(muscle spindle)는 감각신경에 의해 둘러싸여 자극이 되는 여러 개의 얇은 근섬유로 이루어져 있으며, 근육이 신장될 때 활성화된다(**그림 38.4**). 근육이 수축하면 방추체도 수축하여 감각뉴런이 뇌와 척수에 정보를 지속적으로 공급한다. 37장에서 설명한 무릎반사(knee-jerk reflex)는 슬개건이 방추를 늘린 결과이다. 이에 대한 대응반응은 신근(extensor muscle)의 수축으로 다리가 갑자기 홱 "들려지게" 된다.

근육이 수축할 때 근육에 붙어 있는 힘줄에 긴장이 가해지며, 다른 종류의 고유수용기인 **골지힘줄기관**(Golgi tendon organ)은 이러한 긴장을 감지한다. 긴장이 너무 높아지면 근육을 자극시키는 운동신경

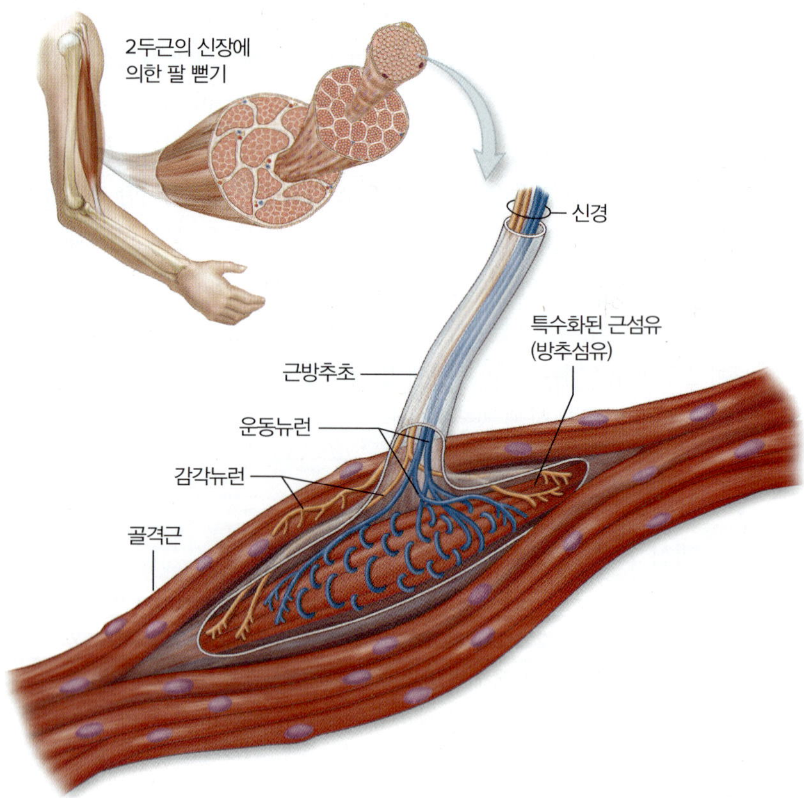

그림 38.4 근방추의 작용.
근방추는 골격근 내에 묻혀 있는 신장수용기(stretch receptor)이다. 근육의 신장은 방추 섬유를 길게 하고 그들을 둘러싸고 있는 감각 수상돌기 말단을 자극한다. 이것은 감각뉴런을 연합뉴런 또는 때때로 운동뉴런과 시냅스되어 있는 중추신경계로 자극을 전달하게 해준다.

을 억제하여 반사작용을 유도한다. 이러한 반사작용은 근육에 붙어있는 힘줄이 손상을 받을 정도로 강하게 수축하지 않도록 해준다.

걷는 것과 같이 간단해 보이는 움직임조차도 고도로 통합되고 조정된 노력을 필요로 한다. 이를 위해 어떤 근육들은 이완될 것이고 다른 근육들은 적절한 양의 힘을 생성해야 한다. 따라서 방추체와 골지 힘줄기관은 모든 움직임을 조절하기 위해 뇌 및 척수와 함께 작동해야 한다.

*PIEZO2*라고 불리는 유전자는 고유수용기와 일부 촉각과 관련된 기계수용기의 기능에 중요한 역할을 하는 것으로 확인되었다. 이 유전자의 돌연변이는 쥐와 사람에게서 처음 발견되었다. 이러한 피험자들은 기어다니고 걷는 것과 관련된 운동능력의 발달이 지연되었고 고유수용기로부터 필요한 정확한 입력이 불가능해 달리거나 점프할 수 없었다.

또한 심장 및 혈관은 운동과 관련된 신체 위치의 변화에 관한 정보를 뇌로부터 받을 것이다. 이것은 심박수와 혈류에서 필요한 변화를 수용하기 위한 것이다.

대부분의 무척추동물에는 척수동물에서 발견되는 근방추 및 골지 힘줄기관과 동일한 기능을 하는 수용기 기관이 있다. 무척추동물의 고유수용기의 예로는 갑각류, 환형동물, 거미에서 발견되는 운동수용기 기관(motor receptor organs, MROs)이 있다. 그러나 정확한 기능과 신체에서의 위치는 다양하다.

압력수용기는 혈압을 감지한다

압력수용기(baroreceptor) 또는 신장수용기는 혈액의 대동맥과 경동맥의 벽에 가하는 힘의 양에 반응한다. 혈압이 높아질수록 이러한 혈관이 늘어난다. 이것은 압력수용기가 척수에 신호를 보내는 속도를 증가시킨다. 그리고 나서 척수의 운동뉴런들은 심장과 상호작용한다. 심박수가 혈압에 비례하기 때문에 압력반사(baroreflex) 기작은 혈압을 변화시키는 가장 즉각적인 방법이다. 혈압이 증가하면 부교감신경이 심박수를 늦출 수 있다. 반대로 압력수용기가 혈압의 저하를 감시하면 교감신경이 심박수를 증가시킨다.

핵심 요약 38.3

기계수용기의 막이 변형되면 신경자극이 발생한다. 고유수용기는 근육의 길이와 신장을 감지하고, 압력수용기는 동맥의 혈압을 감지한다.

■ 왜 근육의 신장을 감지하는 것이 중요할까?

38.4 기계수용기 II: 청각, 진동, 균형

학습 목표

1. 주변의 음파가 어떻게 내이에서 활동전위의 생성을 유도하는지 설명할 수 있다.
2. 수중동물과 육상동물의 청각을 비교하여 설명할 수 있다.
3. 몸의 균형과 움직임이 청각과 연계된 구조에서 어떻게 감지되는지 서술할 수 있다.

음파를 감지하는 듣기는 실제로 공기 중에서보다 물속에서 더 잘 작용한다. 왜냐하면 물이 압력 파장(pressure waves)을 더 효율적으로 전달하기 때문이다. 이러한 제한점에도 불구하고 듣기는 환경을 모니터하거나, 다른 구성원과 연락을 위해서 또는 위험의 근원을 감지하기 위해서 육상 척추동물에 의해 널리 사용되고 있다.

소리는 물이나 공기와 같은 매질을 통해서 전달되는 진동이나 파장의 결과이다. 음파의 감지는 수중동물에서 처음 진화된 특수화된 기계수용기의 작용을 통해 가능하다. 소리의 감지에 관여하는 세포들은 신화적으로 중력감지 시스템과 관련이 있다.

어류의 측선계는 낮은 빈도의 진동을 감지한다

듣기에 더하여 어류의 측선계(lateral line system)는 압력 파장과 낮은 빈도의 진동을 반사하는 물체를 통해 원거리 접촉을 감지할 수 있게 해준다. 이것은 어류가 먹이를 감지할 수 있게 해줄 뿐만 아니라 떼를 지어 헤엄을 칠 수 있게 한다. 눈먼동굴물고기는 측선수용기를 따라 흐르는 물 흐름의 패턴 변화를 모니터함으로써 환경을 감지할 수 있다.

측선계는 양서류 유생에서도 발견되지만 변태 과정에서 소실되며, 육상 척추동물에는 존재하지 않는다. 측선계와 더불어 어류의 듣는 감각이 귀에 있는 감각 구조에 의해 이루어진다.

측선계는 어류 몸체의 양 옆면을 따라 피부 안쪽에 배열된 관 및 머리의 여러 관 내에 위치하는 모세포(hair cell)로 이루어져 있다(**그림 38.5***a*). 모세포의 표면 돌기들은 젤라틴으로 된 막으로 돌출되어 있는데, 이를 팽대미루(cupula)라고 한다. 모세포는 뇌로 자극을 전달하는 감각신경의 지배를 받는다.

모세포는 부동섬모(stereocilia)라고 하는 여러 개의 털같이 가는 돌기와 **운동섬모**(kinocilium)라는 더 긴 돌기를 가지고 있다(**그림 38.5***b*). 부동섬모는 액틴 섬유를 포함한 미세융모로 이루어져 있으며, 운동섬모는 미세소관을 포함하는 섬모이다. 어류 주변의 환경을

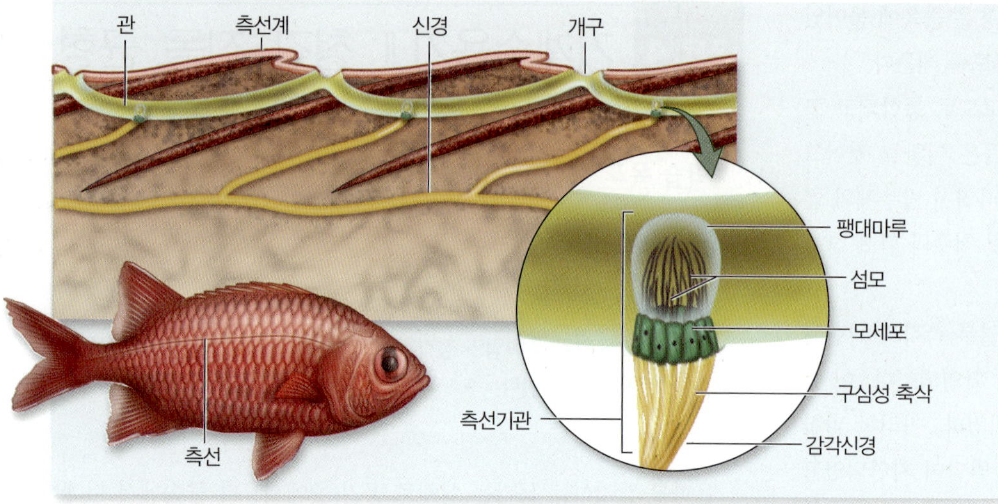

a.

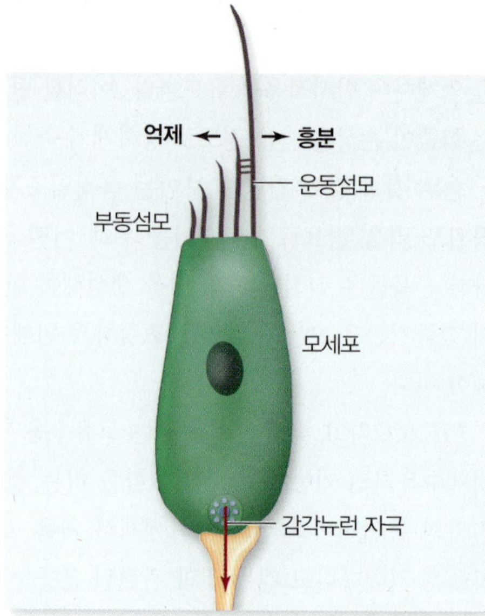

b.

그림 38.5 측선계.
a. 측선계는 어류의 피부 표면 아래에 몸을 따라 이어져 있는 관으로 구성되어 있으며, 이러한 관 내부는 젤라틴 팽대마루로 돌출되어 있는 섬모를 가진 모세포를 포함하는 감각 구조이다. 관에서 물을 통해 전해진 압력파는 섬모를 휘게 하고, 모세포와 연결된 감각뉴런을 탈분극시킨다. *b.* 모세포는 젤라틴 막으로 돌출된 머리카락 모양의 섬모를 가진 기계수용기이다. 측선계와 척추동물 내이의 막성 미로의 모세포는 부동섬모라고 부르는 여러 개의 작은 섬모와 하나의 긴 운동섬모를 가지고 있다. 부동섬모가 운동섬모의 방향으로 휘어질 때 모세포는 연결된 감각뉴런을 탈분극시키는 화학전달물질을 분비한다. 섬모가 반대로 휘면 억제 효과를 나타낸다.

? 탐구문제 어떻게 상어의 측선은 다쳤거나 허우적거리는 물고기를 감지하는가?

통해 전달된 진동은 팽대마루의 운동을 유도하여 돌기가 휘어지게 된다. 부동섬모가 운동섬모의 방향으로 휘어지면 그에 연결된 감각신경은 자극되어 수용기 전위가 발생된다. 그 결과 감각신경에 의해 생성된 활동전위의 빈도가 증가하게 된다. 그에 비해 부동섬모가 반대 방향으로 휘어지게 되면 감각신경의 활성이 억제된다.

귀의 구조는 진동 감지를 위해 특수화되어 있다

귀의 구조는 측선계에서와 같이 기계적 감각세포를 기반으로 하

그림 38.6 사람 귀의 구조와 기능.
사람 귀의 구조는 기능적인 부분을 연계하여 확대한 그림으로 나타냈다(*a~d*). 외이도를 통해 지나온 음파는 고막의 진동을 생성하고 내막(난원창)을 거슬러 중이의 이소골(추골, 침골, 등골)의 움직임을 유발한다. 이러한 진동은 달팽이기관의 전정관과 고실관 안의 유체를 따라 압력파를 생성한다. 이러한 압력파는 모세포의 섬모를 휘어지게 하고 감각뉴런으로부터 신호를 생성한다.

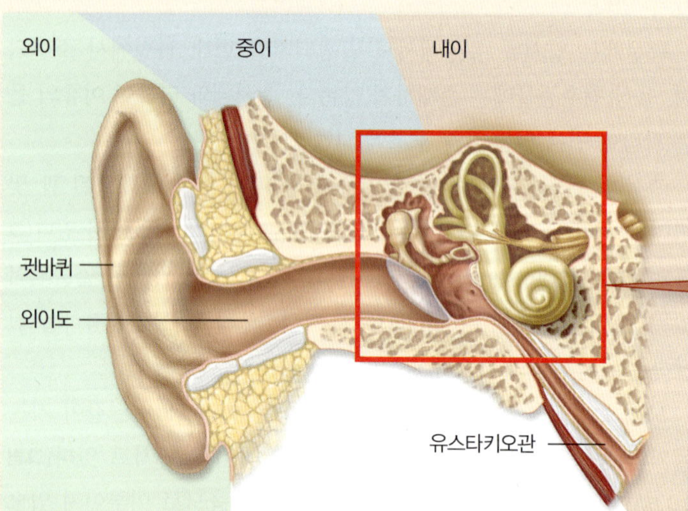

a.

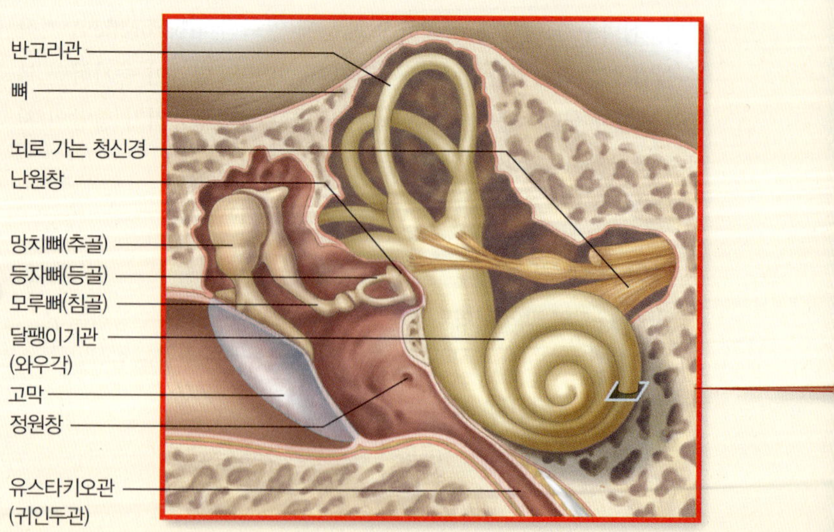

b.

여 압력 파장을 신경자극으로 전달되도록 한다. 우선 물에서 압력 파장을 감지하는 측선(lateral line)과 관련이 있는 어류의 귀의 구조를 살펴본 다음, 육상 척추동물의 귀의 구조가 어떻게 공기중의 압력 파장을 감지할 수 있는지에 대해 알아본다.

어류의 청각 구조

어류의 몸은 주로 물로 구성되어 있기 때문에 음파는 물을 통해 쉽게 어류의 몸체로 전달될 수 있는데, 소리를 감지하기 위해서는 다른 밀도를 가진 물체가 필요하다. 많은 어류에서 이러한 기능은 **이석**(otoliths 또는 ear rocks)이라고 하는 탄산칼슘 결정으로 이루어진 평형석에 의해 이루어진다. 이석은 막으로 된 관에 액체로 채워진 **미로**(labyrinth)의 이석 기관에 포함되어 있다. 이러한 관상 기관은 다른 척추동물에도 존재한다. 어류에서 이석이 이석기관 안에 있는 모세포를 진동시킬 때 활동 전위가 생성된다. 표면에 돌출된 부동섬모 때문에 모세포라고 부른다.

육상 척추동물의 청각 구조

육상 척추동물의 귀에서 공기 중의 진동은 **외이**(outer ear)의 한 부분인 외이도를 통해 고막(eardrum 또는 tympanic membrane)으로 이동한다. 고막의 진동은 **중이**(middle ear)라고 부르는 골질강(bony cavity)에 위치하는 1개 또는 그 이상의 작은 뼈의 움직임을 유발한다.

양서류와 파충류는 **등골**[stapes, 등자뼈(stirrup)]이라는 하나의 중이 뼈를 가지고 있다. 이 뼈는 포유동물의 등골과 상동성을 갖고 있다. 포유동물은 **추골**[malleus, 망치뼈(hammer)]과 **침골**[incus, 모루뼈(anvil)]을 더 가지고 있다(**그림 38.6***a*, *b*). 이 2개의 뼈는 척추동물 진화에서 가장 매력적인 이야기이다.

화석기록은 근대의 포유동물이 가지고 있는 추골과 침골이 단궁형 파충류의 아래턱에서 유래되었음을 보여주고 있다(**그림 38.7**). 진화가 진행되면서 이러한 뼈들은 점진적으로 작아지고, 등골 근처에 놓이게 되었다. 근대 포유동물에서 그들은 완전하게 아래턱 뼈로부터 분리되었고 중이 안으로 이동되었다.

중이는 유스타키오관(Eustachian tube)을 통해 목구멍과 연결되어 있고, 이는 중이와 외부 환경 사이의 기압을 균일하게 한다. 비행기를 타거나 산을 오를 때 귀가 먹먹해지다가 펑 뚫리는 것은 고막 양면 사이의 압력을 같게 하면서 나타나는 현상이다.

등골은 **내이**(inner ear)로 뻗어 있으며 유동성 있는 막인 난원창(oval window)에 진동을 일으킨다. 난원창은 고막보다 지름이 더 작기 때문에 진동이 단위 면적당 더 강하게 생성되어 내이로 전달된다. 내이는 달팽이관(cochlear duct)이라고 부르는 막으로 이루어진 미로를 포함하는 뼈 구조의 **와우각**(달팽이기관, cochlea)으로 이루어져 있다. 달팽이관은 와우각 구조의 한가운데 위치하고 있으며, 상부는 전정관(vestibular canal), 하부는 고실관(tympanic canal)으로 이루어져 있다(**그림 38.6***c*). 달팽이관, 전정관 그리고 고실관은 모두 액체로 채워져 있다. 난원창은 상단의 전정관으로 열려 있는데, 등골이 진동을 발생시킬 때 액체의 압력파가 생성된다. 이러한 압력파는 아래의 고실관으로 이동하며, 정원창(round window)이라는 다른 유동성 있는 막을 밀어냄으로써 다시 중이강으로 압력을 전달한다.

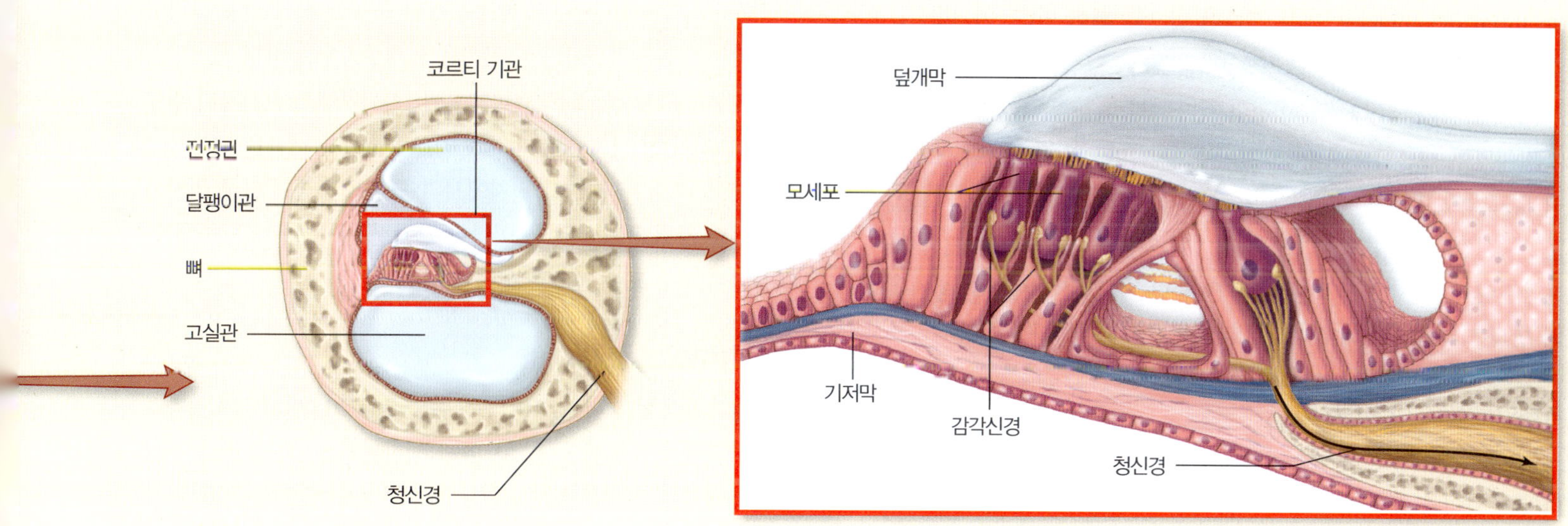

c. *d.*

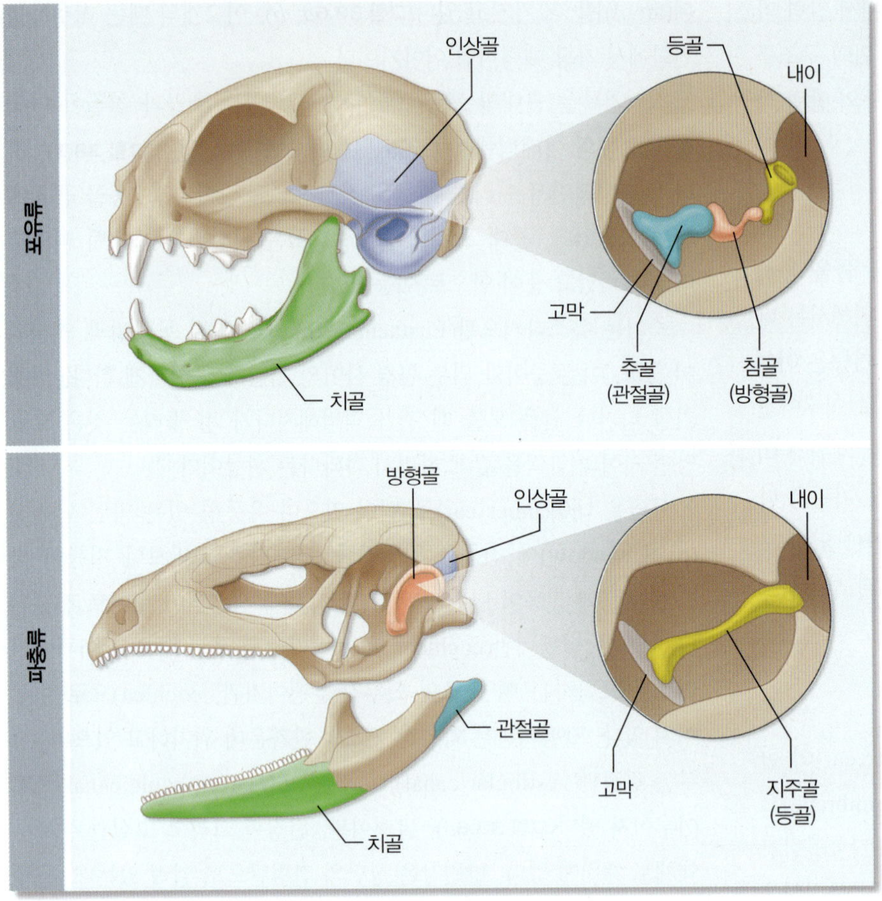

그림 38.7 포유동물 내이의 진화.
포유동물의 내이의 뼈인 등골은 파충류 선조로부터 유래되었다. 포유류의 등골은 파충류의 유일한 내이 뼈인 지주골(columella)과 상동성이다. 또 다른 포유류의 내이 뼈인 추골과 침골은 각각 파충류의 관절골과 방형골에서 유래되었다. 관절골과 방형골은 파충류 턱의 후부 영역이다. 포유류에서 뼈는 더 작아지고 귀로 이동하였다.

달팽이관에서 변환이 일어난다

압력파가 달팽이관에서 정원창을 통해 이동할 때, 이는 달팽이관으로의 진동을 유발한다. 달팽이관 아래쪽의 유연한 기저막(basilar membrane)은 이 압력파에 반응하여 진동한다. 기저막의 표면에는 감각 모세포(sensory hair cell)가 있고, 모세포의 부동섬모는 덮개막(tectorial membrane)이라는 젤라틴 막으로 뻗어 있다. 기저막, 감각신경과 연결된 모세포, 그리고 덮개막으로 구성된 감각장치를 코르티 기관(organs of Corti)이라고 한다(**그림 38.6***d*).

기저막이 진동할 때 모세포의 섬모는 기저막의 움직임에 반응하여 덮개막에 대해서 휘어지게 된다. 부동섬모의 휘어짐은 모세포를 탈분극시킨다. 반대 방향으로의 휘어질 때는 막이 재분극되거나 과분극된다. 이어서 모세포는 뇌로 뻗어 있는 감각신경에서 활동전위의 생성을 자극하고 뇌에서 소리로 해석되어 감지된다.

달팽이관에서의 진동 위치

젤라틴 성분에 묻혀 있는 달팽이관의 기저막은 악기의 줄과 같이 다양한 길이와 강도의 탄력성 있는 섬유로 구성되어 있다. 달팽이관의 난원창 근처에 있는 기저막의 섬유는 짧고 견고하며, 달팽이관의 먼 끝쪽에 있는 섬유는 5배 더 길고 100배 더 유동성이 있다. 따라서 기저막의 공명주파수는 달팽이관의 끝쪽(정단부)보다 난원창 쪽(기부)에서 더 높게 나타나기에, 난원창 쪽은 더 높은 음조이고 끝쪽은 더 낮은 음조이다.

소리 에너지 파동이 난원창으로부터 달팽이관으로 들어갈 때 음파는 기저막의 길이를 따라 움직이며 상하 운동을 시작한다. 그러나 이러한 파동은 음파의 주파수와 가까운 공명주파수를 가진 기저막의 일부에 대부분 에너지를 나누어줌으로써 그 위치에서 기저막의 최대 편향(deflection)이 나타난다(**그림 38.8**). 그 결과 모세포의 탈분극은 그 위치에서 최대가 되며, 그 위치에서의 구심성 축삭이 다른 위치의 축삭보다 더 강하게 자극된다. 이러한 활동전위가 뇌에 도달하게 되면 특정한 주파수 또는 음조로 해석된다.

육상 척추동물의 청력 범위

기저막의 유동성은 어린 아이의 경우 약 20~20,000 Hz의 주파수 범위에 해당하는 소리를 들을 수 있게 제한된다. 높은 음조를 듣기 위한 우리의 능력은 중년을 지나면서 점차 쇠퇴하게 된다. 다른 척추동물은 20 Hz보다 낮거나 20,000 Hz보다 높은 주파수의 소리를 감

그림 38.8 달팽이관에서의 주파수 위치.

펼쳐진 달팽이관을 그림에 나타냈기에 기저막의 전체 길이를 볼 수 있다. 기저막의 섬유는 음높이와 관련하여 서로 다른 음역대에 반응하여 진동한다. 따라서 최대 진동을 발생하는 기저막 부분은 음역대에 따라 달라진다. ***a.*** 고주파음은 기부의 기저막을 진동시키는 반면, 중간주파수(***b***)와 낮은 주파수(***c***)는 정단부 쪽으로 진동을 유발한다.

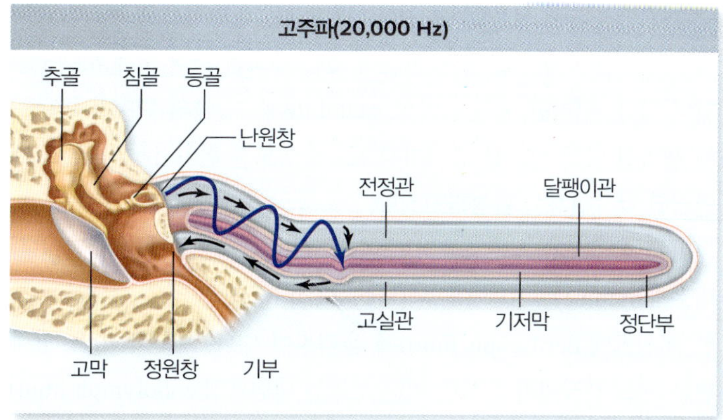

a.

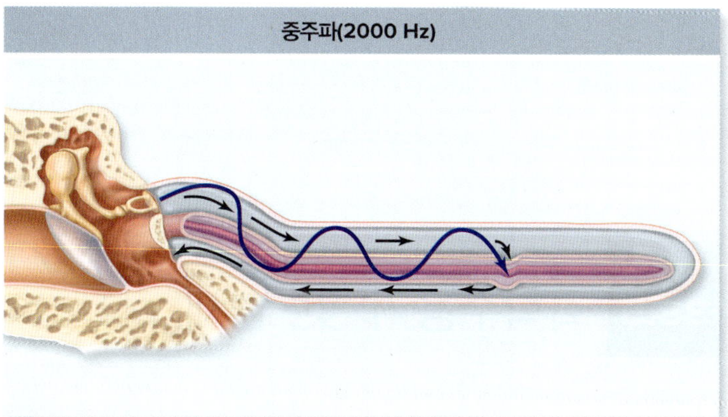

b.

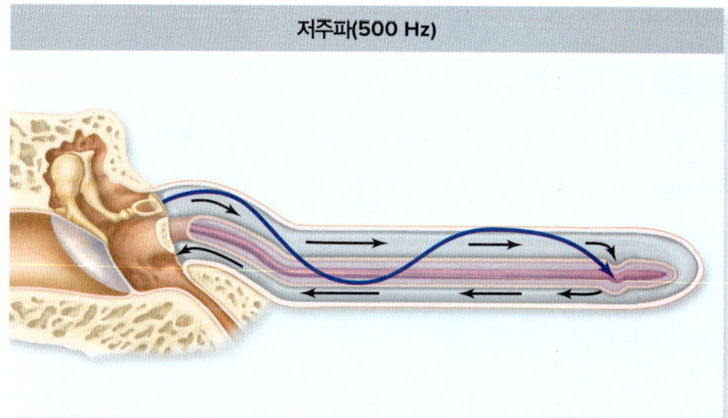

c.

지할 수 있다. 예를 들어, 개는 사람에게는 들리지 않는 40,000 Hz의 개 호출용 호루라기 소리를 감지할 수 있다.

모세포는 뇌의 원심성 축삭에 의해 자극될 수 있으며, 이러한 자극은 모세포를 덜 민감하게 만들 수 있다. 뇌에서의 수용기 민감성에 대한 조절은 배경 잡음 가운데에서 특정한 청각신호(예를 들어, 한 사람의 목소리)에 집중할 수 있도록 개인의 능력을 증가시킬 수 있는데, 이것은 원심성 축삭이 효과적으로 잡음을 "끄기" 때문이다.

일부 척추동물들은 소리로 탐색할 수 있다

육상의 척추동물은 머리의 양옆에 위치한 2개의 귀를 가지고 있기 때문에 청각에 의해 제공된 정보는 소리가 발생된 지점의 방향을 결정하는 데 사용될 수 있다. 그러나 소리의 근원은 다양한 강도를 가지고 있으며, 주변에 있는 물체에 의해 다양한 정도로 약해지거나 반사된다. 이러한 이유로 청각만으로는 정확한 거리의 측정이 어렵다.

어두운 환경에서 먹이를 획득하며 살아가는 몇몇 포유동물은 어둠의 한계를 피해갈 수 있다. 완전히 어두운 곳에서 날아다니는 박쥐는 날아가는 길에 놓여 있는 물체를 쉽게 피할 수 있으며, 지름이 1 mm보다 작은 선을 피해갈 수 있다. 땅속에 사는 두더지는 바다 속에 사는 고래와 돌고래들이 하는 것처럼 빛이 없는 곳에 적응되어 소리로 물체의 존재와 거리를 정확하게 알 수 있다.

이런 포유동물은 소리를 내고 그것이 물체까지에 도달하여 다시 돌아오는 데까지 걸린 시간을 측정하는데, 이러한 과정을 **반향정위**(echolocation)라고 한다. 예를 들어, 박쥐는 2~3 ms 간격으로 1초에 수백 번의 소리를 반복해서 생성한다. 각 소리가 물체에 부딪히고 돌아오는 시간을 측정함으로써 박쥐는 놓여 있는 물체의 위치, 움직임의 방향, 빠르기를 계산할 수 있다. 인간의 발명품인 음파탐지기(sonar)와 전파탐지기(radar)는 반향정위와 동일한 원리로 만들어졌다.

청각 음파탐지기와 같이 구현된 3차원 이미지 기술은 매우 복잡하다. 박쥐는 벅잇삼을 추적하여 공중에서 낚아챌 수 있으며, 서로 다른 곤충들을 구별할 수도 있다.

중력과 균형은 청각과 연관된 체계를 통해 감지된다

진동을 감지하기 위한 방법으로 내부 탄산칼슘 결정을 사용하는 진화적인 전략은 공간과 가속되는 움직임에서 몸의 위치를 감지하는 감각기관의 발달을 가능하게 해왔다.

대부분의 무척추동물은 **평형낭**(statocyst)이라는 감각구조에 의해 중력에 반응하여 적응할 수 있다. 평형낭은 일반적으로 탄산칼슘의 결정이 포함된 젤라틴 막에 파묻혀 있는 섬모를 가진 모세포로 구성되어 있다. 이러한 평형석(이석, statoliths)은 동물의 위치가 변화할 때 젤라틴 막의 무게를 증가시킴으로써 섬모를 휘어지게 하고, 그에 연결된 감각신경을 활성화시킨다.

유사한 구조가 척추동물의 내이에 있는 막성 미로에서 발견된다. 미로(labyinth)는 뼈와 간질액(interstitial fluid)의 이온 성분과 유사한 외림프액(perilymph fluid)에 둘러싸여 있다. 내부의 작은 방과 관은 세포 간질액과 유사한 이온 성분인 내림프액(endolymph fluid)으로 채워져 있다. 이러한 구조의 복잡성에도 불구하고 전체적인 구조는 매우 작으며, 인간에서는 그 크기가 완두콩만 하다.

미로와 반고리관의 구조

대부분의 척추동물에서 중력에 대한 수용기는 **난형낭**(utricle)과 **구형낭**(saccule)이라고 부르는 막성 미로를 지닌 2개의 소실로 이루어져 있다(**그림 38.9**). 이들 구조 안에는 어류의 측선계에서와 유사한 부동섬모와 운동섬모를 가진 모세포가 있다. 머리카락 모양의 돌기는 탄산칼슘 결정을 포함한 이석 막인 젤라틴 막에 박혀 있다. 이 기관은 난형낭과 구형낭 안에 다르게 위치하고 있기 때문에 난형낭은 달리는 차 안에서와 같은 수평적인 가속에 더 민감하고, 구형낭은 엘리베이터 안에서와 같은 수직적인 가속에 더 민감하다. 두 경우 모두 가속은 난형낭을 휘어지게 하고, 결과적으로 그에 연결된 감각신경에 활동전위를 발생시킨다.

난형낭과 구형낭의 막성 미로에는 3개의 **반고리관**(semicircular canal)이 연결되어 있으며, 3개의 고리는 어떠한 방향에서의 가속도 감지할 수 있도록 서로 다른 방향으로 자리잡고 있다(**그림 38.10**). 도관의 끝에 팽대부(ampullae)라고 부르는 부풀어 있는 방으로 모세포의 섬모가 튀어나와 있다. 섬모의 끝은 각 반고리관의 내림프액 속으로 돌출된 팽대마루(어류의 측선계에 있는 것과 유사함)라고 하는 젤라틴 성분의 돛대 모양을 한 쐐기에 박혀 있다.

전정기관의 작용

머리가 회전할 때 반고리관 안의 유체는 팽대마루를 밀고 섬모를 휘어지게 한다. 이러한 휘어짐은 모세포의 탈분극화와 과분극화를 일으키고 섬모가 휘어지는 방향에 의존한다. 이것은 어류에서 측선계가 작용하는 것과 유사하다. 부동섬모가 운동섬모 방향으로 휘어지게 되면 수용기 전위가 생성되면서 그에 연결된 감각신경에서 활동전위의 생성을 자극한다.

구형낭과 난형낭 그리고 반고리관은 통합적으로 **전정기관**(vestibular apparatus)이라고 한다. 구형낭과 난형낭은 선형 가속의 인지를 제공하고, 반고리관은 각도가 있는 가속의 감지에 관여한다. 뇌는 몸의 균형과 평형을 유지하기 위해 전정기관으로부터 오는 정보를 이용한다.

핵심 요약 38.4

음파는 중이의 이소골을 진동시킨다. 내이의 액체가 차례로 진동하여 모세포가 휘어지고 활동전위가 발생한다. 육상동물은 공기중의 음파가 내이의 액체로 전달되어야 한다. 육상 척추동물의 전정기관 모세포는 가속과 균형감각을 제공한다.

■ 측선계는 왜 양서류 성체에게는 유용하지 않을까?

38.5 화학수용기: 맛, 냄새, pH

학습 목표

1. 5가지 미각 범주를 설명할 수 있다.
2. 미뢰와 후각뉴런의 기능에 대해 설명할 수 있다.

화학수용기(chemoreceptors)라고 하는 감각세포들은 세포외액에서 특별한 화학물질 또는 리간드(ligands)가 붙을 수 있는 막 단백질을 지니고 있다. 이러한 화학적 상호작용에 의해 감각신경 세포막은 탈분극되고 활동전위를 생성한다. 화학수용기들은 맛과 냄새를 구별하고, 혈액과 뇌척수액(cerebrospinal fluid)의 화학적 성분을 감지하는 데 중요하게 작용한다.

미각은 잠재적인 음식을 감지하고 분석한다

색을 인지하는 것처럼 맛을 인지하는 것은 신체적, 정신적 요인의 조합으로 나타난다. 맛은 일반적으로 단맛, 신맛, 짠맛, 쓴맛, 감칠맛의 5개의 범주로 구분되는데, 여기에서 감칠맛(우마미, umami)은 고기, 치즈 그리고 걸쭉한 죽과 같은 단백질이 풍부한 음식에서 풍성한 맛을 제공하는 글루탐산염 및 기타 아미노산에서 느껴지는 맛을 의미한다. 구심성 신경과 연결된 화학 민감성 상피세포들의 집합체인 미뢰(맛봉오리, taste buds)는 척추동물에서 맛에 대한 감각을 매개한다. 어류의 미뢰는 몸 표면 전체에 산발적으로 분포해 있으며,

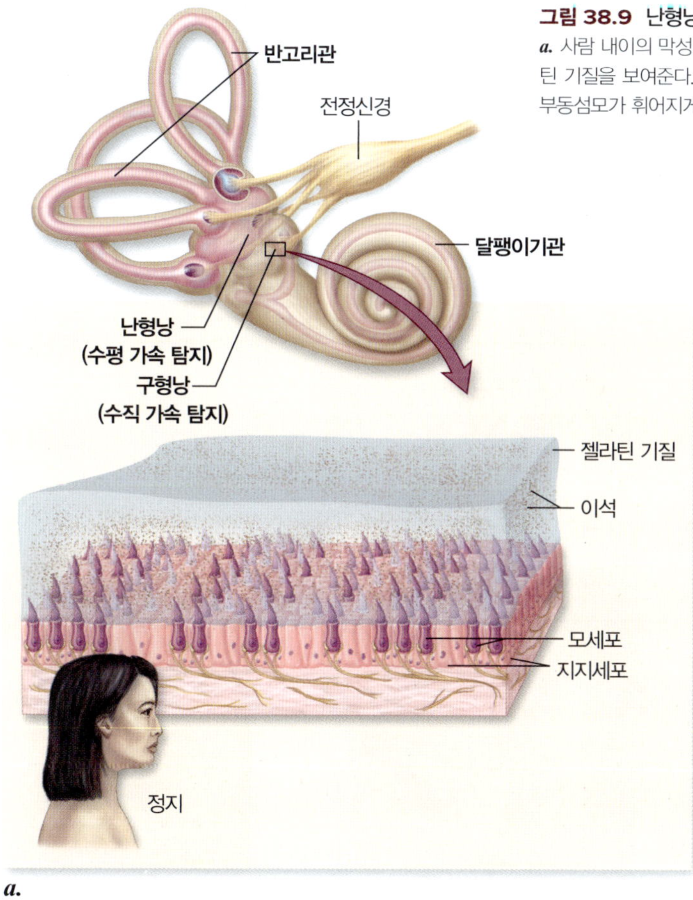

그림 38.9 난형낭과 구형낭의 구조와 기능.
a. 사람 내이의 막성 미로 내의 난형낭과 구형낭의 상대적인 위치. 확대 그림은 모세포를 덮고 있는 이석을 포함한 젤라틴 기질을 보여준다. *b.* 머리를 앞쪽으로 숙일 때, 중력은 움직임의 방향에 대해 기질을 비틀기 때문에 모세포에 있는 부동섬모가 휘어지게 됨으로써 감각뉴런을 자극한다.

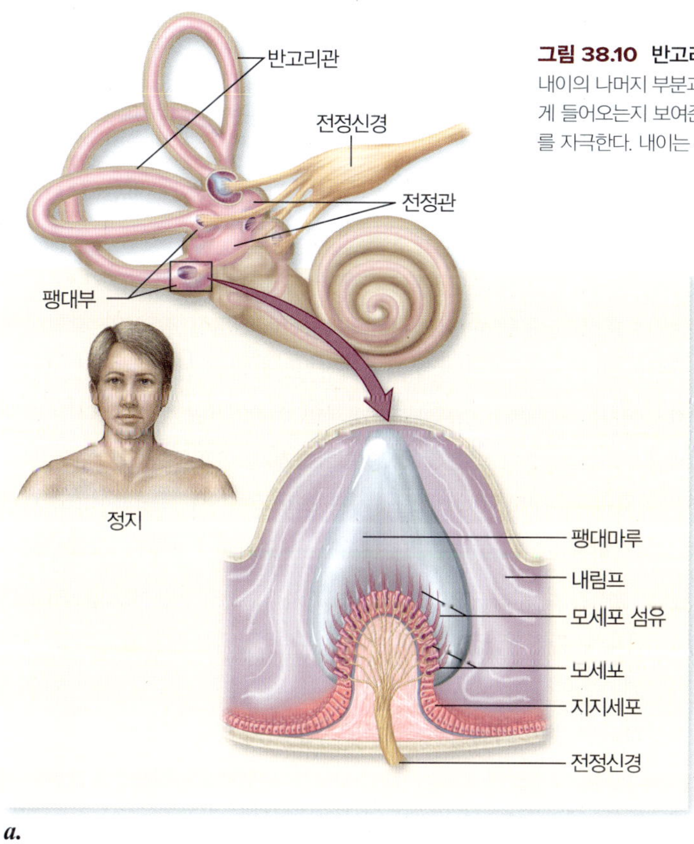

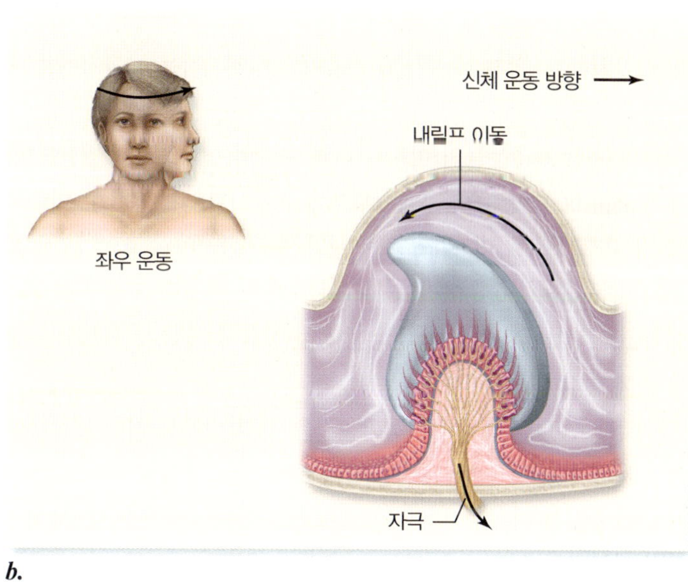

그림 38.10 반고리관의 구조.
내이의 나머지 부분과 관련된 반고리관의 위치. *a.* 하나의 팽대부의 절단면의 확대는 팽대마루로 모세포의 섬모가 어떻게 들어오는지 보여준다. *b.* 하나의 반고리관에 대해 그 방향으로의 가속은 팽대마루의 휘어짐을 야기함으로써 모세포를 자극한다. 내이는 세 개의 반고리관을 가지고 있으며, 회전에 대한 각 축을 담당하고 있다.

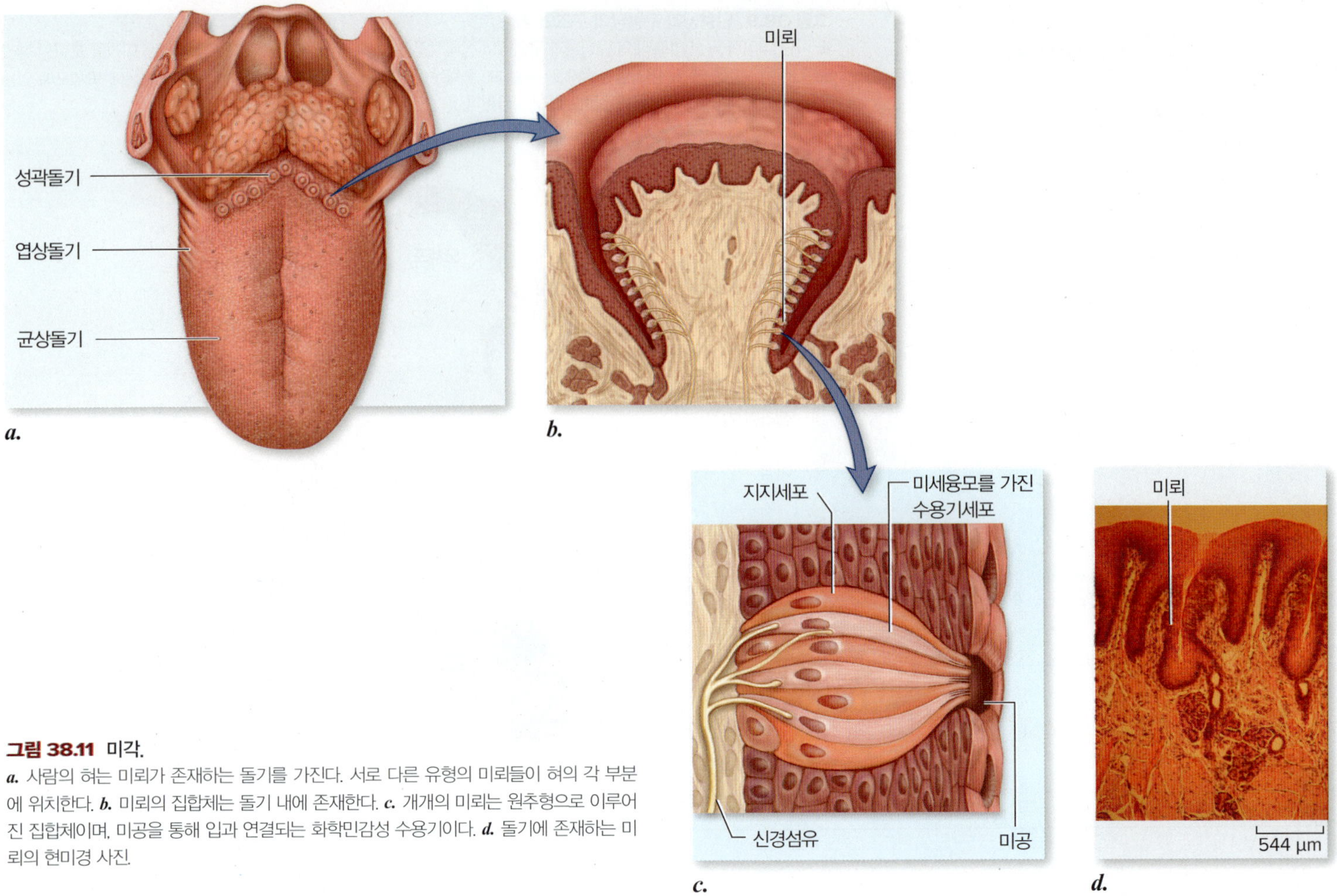

그림 38.11 미각.
a. 사람의 혀는 미뢰가 존재하는 돌기를 가진다. 서로 다른 유형의 미뢰들이 혀의 각 부분에 위치한다. ***b.*** 미뢰의 집합체는 돌기 내에 존재한다. ***c.*** 개개의 미뢰는 원추형으로 이루어진 집합체이며, 미공을 통해 입과 연결되는 화학민감성 수용기이다. ***d.*** 돌기에 존재하는 미뢰의 현미경 사진.

이들은 척추동물 중에서 가장 민감한 화학수용기를 가지는 것으로 알려져 있다. 그들은 특히 아미노산에 민감하게 반응하는데, 그 실례로 메기는 10억 개당 100개의 비율(10,000 L의 물에서 1 g에 해당)보다 적은 농도에서 2개의 서로 다른 아미노산을 구별할 수 있다. 수생 환경에서 맛을 감지하는 능력은 종종 탁한 환경 내에서 먹이의 존재를 감지할 수 있게 해주기 때문에 바닥에 서식하는 물고기에게 매우 중요하다.

모든 육상 척추동물의 미뢰는 혀와 구강의 상피조직에 발달하며, 돌기(papillae)라는 솟아 있는 부분에 존재한다(**그림 38.11**). 미뢰는 50~100개 정도의 미각세포로 구성된 양파 모양의 구조이다. 각 세포는 미공(taste pore)이라고 부르는 구멍이 돌출된 손가락 모양의 미세융모를 가진다(**그림 38.11*c***). 음식물은 침에 의해 분해되고, 미공을 통해 미각세포와 접촉한다.

짠맛과 신맛을 생성하는 화학물질은 미뢰 내에서 직접 이온통로에 작용한다. 짠맛은 Na^+로부터 기인하며, Na^+는 Na^+ 통로를 통해 미뢰 내의 수용기세포에서 다른 세포들로 확산된다. Na^+의 유입은 막을 탈분극시키고, 뇌로 자극을 보내는 감각뉴런을 활성화시켜 주며, 신경전달물질을 방출하도록 유도한다. 신맛을 인지하는 세포들도 인지하는 이온이 H^+인 것만 제외하면 짠맛과 비슷한 방식으로 작용한다. 신맛은 H^+가 이온통로를 통해 확산될 때 막을 탈분극시킬 수 있는 양성자의 증가와 관련이 있다.

단맛, 쓴맛, 감칠맛의 인지 기작은 각 물질들에 특이적인 G 단백질연결수용체(G protein-coupled receptor, 8장 참조)와 결합하여 이루어진다. 이들 수용기의 특징과 분포에 대한 연구는 많이 이루어져 있으며, 최근에는 미뢰 내의 개개의 수용기세포가 단 하나의 수용체만을 발현한다고 발표된 바 있다. 이것은 세포들이 각각 단맛, 쓴맛, 감칠맛에 대한 수용기라는 것을 의미한다. G 단백질연결수용체의 활성화는 감각뉴런을 활성화하는 수용기세포로부터 신호전달물질을 방출시켜 뇌로 자극을 보내는 하나의 신호전달 체계를 자극한다. 냄새에 관련된 정보를 운반하는 다른 감각뉴런과의 상호작용은 다음에 다룬다. 이 모델에서 다른 맛을 인지하는 것은 수용기세포가 활성화되는 것에 기반하여 뇌에 암호화 되어 있다.

척추동물과 같이 절지동물도 미각 화학수용기를 가진다. 예를 들어, 파리는 먹이를 찾는 방식 때문에 다리에 위치한 감각모(sensory

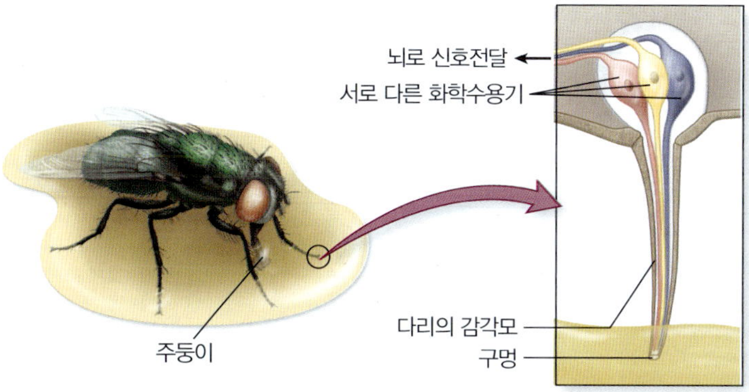

그림 38.12 다리를 이용해 맛을 인지하는 곤충.
검정파리류에서 화학수용기는 다리의 감각모로 뻗어 있다. 서로 다른 화학수용기는 다른 음식물 분자를 감지한다. 파리가 음식물과 만났을 때 다리를 통해 음식물 분자를 맛보고, 음식물을 향해 자신의 주둥이(구기)를 뻗는다.

hair)에 미각수용기를 가진다. 감각모는 이러한 화학수용기로부터의 자극을 통합하여 설탕, 소금 그리고 다른 맛을 감지할 수 있는 다양한 화학수용기를 가진다(**그림 38.12**). 먹이가 되는 음식을 만나면 관상의 구기를 음식을 향해 뻗는다.

후각은 엄청난 종류의 복합분자들을 구별할 수 있다

육상 척추동물에서 냄새의 감각(후각, olfaction)에는 비강의 윗부분에 위치한 화학수용기가 관여한다(**그림 38.13**). 이러한 수용기들은 수상돌기 끝 부분에 있는 섬모가 코의 점막으로 돌출해 있고, 축삭은 대뇌피질로 직접 뻗어 있다. 육상 척추동물은 어류가 맛을 인지할 때와 매우 유사한 방식으로 냄새를 지각한다.

육상 척추동물은 공기에 둘러싸여 있기 때문에 후각은 공기로 운반되는 입자들을 감지하기 위해 특수화되어 있다. 그러나 이러한 입자들은 후각신경인 수용기를 활성화시키기 전에 먼저 세포외액에서 용해되어야 한다. 후각은 여러 포유류에서 극도로 예민해 단 하나의 후각 자극 분자로도 주어진 수용기를 흥분시키기에 충분할 수도 있다.

사람은 5개 맛의 범주만을 감별하지만 이와 다르게 냄새는 수천 가지를 식별할 수 있다. 최근에는 수천 개의 유전자들이 서로 다른 냄새에 대한 수용기 단백질을 암호화하고 있을 가능성이 제기되었다. 주어진 냄새에 반응하는 특정 후각신경 단위는 지문처럼 제공되고, 뇌는 그 냄새를 식별할 수 있다.

내부 화학수용기는 pH 및 다른 특성들을 감지한다

몸 내부의 감각수용기는 혈액, 뇌척수액과 같은 체액으로부터 파생된 다양한 화학물질을 감지한다. 이들 수용기에는 대동맥소체와 경동맥소체의 **말단 화학수용기**(peripheral chemoreceptor), 연수 내의 **중추 화학수용기**(central chemoreceptor)가 있다. 말단 화학수용기는 1차적으로 혈장의 pH를 감지하고, 중추 화학수용기는 뇌척수액의 pH에 민감하게 반응한다. 호흡률이 너무 낮아 혈장 CO_2 농도가 증가할 때 더 많은 탄산이 생성되고 혈액의 pH는 떨어진다. CO_2는 뇌척수액으로 들어갈 수 있고, 낮은 pH는 중추 화학수용기를 자극한다. 이 자극은 간접적으로 뇌간의 호흡조절 센터에 영향을 미쳐 호흡률을 증가시킨다. 대동맥소체는 혈액의 낮은 산소 농도에 반응한다. 그러나 사람이 산소 분압이 낮아지는 높은 고도의 지역으로 가지 않는 한 이 효과는 그리 중요하게 작용하지 않는다.

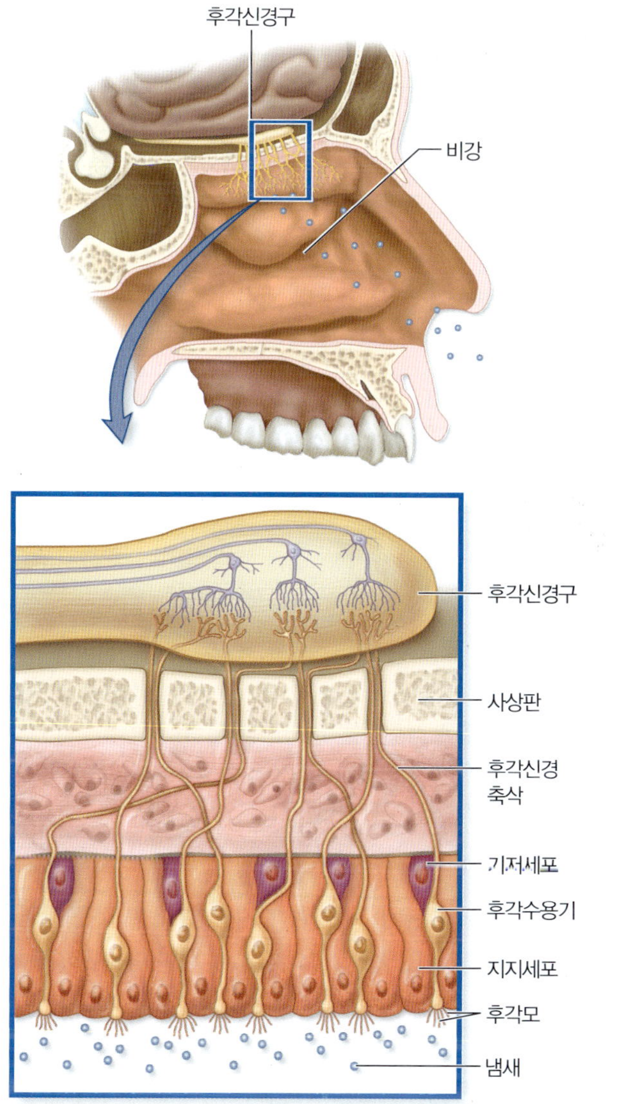

그림 38.13 후각.
인간은 비강 통로에 존재하는 후각뉴런(수용기세포)을 이용해 냄새를 감지한다. 이 뉴런의 축삭은 직접 뇌로 자극을 전달한다. 기저세포는 죽거나 상처 입은 세포를 대체할 새 후각뉴런을 재생시킨다. 후각뉴런의 수명은 약 1달 정도이다.

탐구문제 미각과 후각은 어떤 면에서 유사한가? 또 어떤 면이 다른가?

핵심 요약 38.5

사람이 감별할 수 있는 5가지 맛은 단맛, 신맛, 짠맛, 쓴맛 및 감칠맛(아미노산)이다. 맛과 냄새 화학수용기는 신체 외부의 화학물질을 감지한다. 후각수용기는 수천 가지의 다른 냄새를 식별할 수 있다. 몸 내부의 화학수용기는 체내 산-염기의 균형을 모니터링하고 호흡의 조절을 돕는다.

- 발에 미각수용기가 있는 곤충의 장점은 무엇일까?

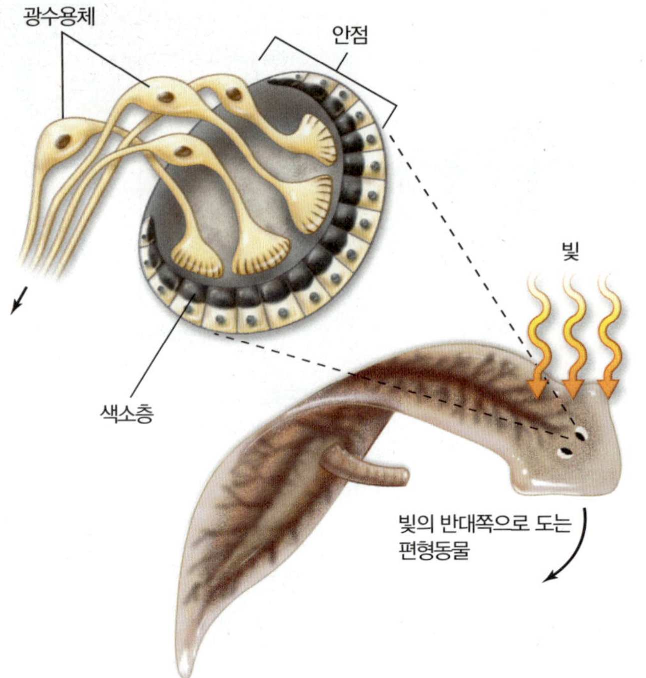

그림 38.14 편형동물의 안점.
안점의 한쪽에 있는 색소층이 동물 뒤쪽에서 오는 빛을 가림으로써 안점은 빛의 방향을 탐지할 수 있다. 따라서 앞쪽으로 오는 빛이 더 빨리 인지되며, 편형동물은 빛의 반대쪽으로 도는 반응을 한다.

38.6 시각

학습 목표

1. 무척추동물과 척추동물의 눈을 비교할 수 있다.
2. 척추동물이 어떻게 상에 초점을 맞추는지에 대해 설명할 수 있다.
3. 광수용기의 기능에 대해 설명할 수 있다.

거의 모든 동물들은 광수용기를 가지고 있다. 이것은 자연선택이 우주의 가장 근본적인 특성인 빛의 유무에 대한 탐지를 강하게 선호했음을 시사한다.

광수용기는 다양한 구조를 가진다

빛은 **광수용기**(photoreceptor)에 의해 포착된다. 모든 광수용기는 빛의 수준과 파장의 변화를 감지하기 위해 시각색소인 **옵신**(opsin)을 사용한다. 이러한 옵신의 보존은 동물의 진화 초기에 발생했으며, 다른 분자에서는 볼 수 없는 독특한 특성을 가지고 있다(**그림 38.26**). 광파는 멀리 이동할 때 흩어진다. 따라서 광수용기가 있는 기관은 빛을 감지할 수 있을 뿐만 아니라 광원으로부터의 거리를 감지하는 능력을 발전시켰다.

무척추동물의 눈

많은 무척추동물들은 광수용기가 안점(eyespot)에 모여 이루어진 단순한 시각 체계를 가진다. 단순한 안점은 눈의 색소층이 눈의 한쪽 면에 있게 함으로써 빛 자극 방향에 민감해지게 한다. 편형동물은 안점의 안쪽과 뒤쪽에 색소로 된 차단막을 가지고 있기에 앞쪽으로 오는 빛에 의해서만 광수용기가 자극되어 반응한다(**그림 38.14**). 편형동물은 가장 적은 빛의 자극을 받은 광수용기세포 방향으로 회전하고 유영한다. 안점이 빛의 방향을 인지할 수 있지만, 시각 이미지를 구성하는 데 사용하지는 못한다.

환형동물, 연체동물, 절지동물, 척삭동물은 잘 발달되어 이미지의 형성이 가능한 눈을 가지도록 진화되어 왔다. 이미지 형성이 가능한 이들의 눈은 구조적으로 매우 비슷하지만, 이것은 수렴진화(convergent evolution)의 한 예로 독자적으로 진화해왔다고 여겨지고 있다(**그림 38.15**). 흥미롭게도 이들 모두의 광수용기는 같은 빛 포획 분자를 사용하며, 이는 이러한 역할을 하는 대체 분자가 많지 않음을 시사한다. 더욱 중요한 것은, 이제 동일한 유전자가 모든 그룹에서 눈의 발달을 개시한다는 것을 알게 되었다는 것이다.

이것은 그들의 공통된 조상은 기초적인 시각 체계를 가지고 있었다는 것을 암시하며, 38.7절에서 더 자세히 설명할 복잡한 이미지를 형성하는 눈으로 독립적 진화가 일어난 것을 의미한다.

척추동물의 눈의 구조

인간의 눈은 척추동물 눈의 전형적인 구조이다(**그림 38.16**). 눈의 흰 부분은 **공막**(sclera)으로, 질긴 결합조직으로 이루어져 있다. 빛은 투명한 **각막**(cornea)을 통해 눈으로 들어오면서 집중되기 시작한다. 초점 조절은 빛이 밀도가 다른 매질로 이동할 때 굴절되기 때문에 일어난다. 눈의 색깔이 있는 부분은 **홍채**(iris)라고 부르며, 밝은

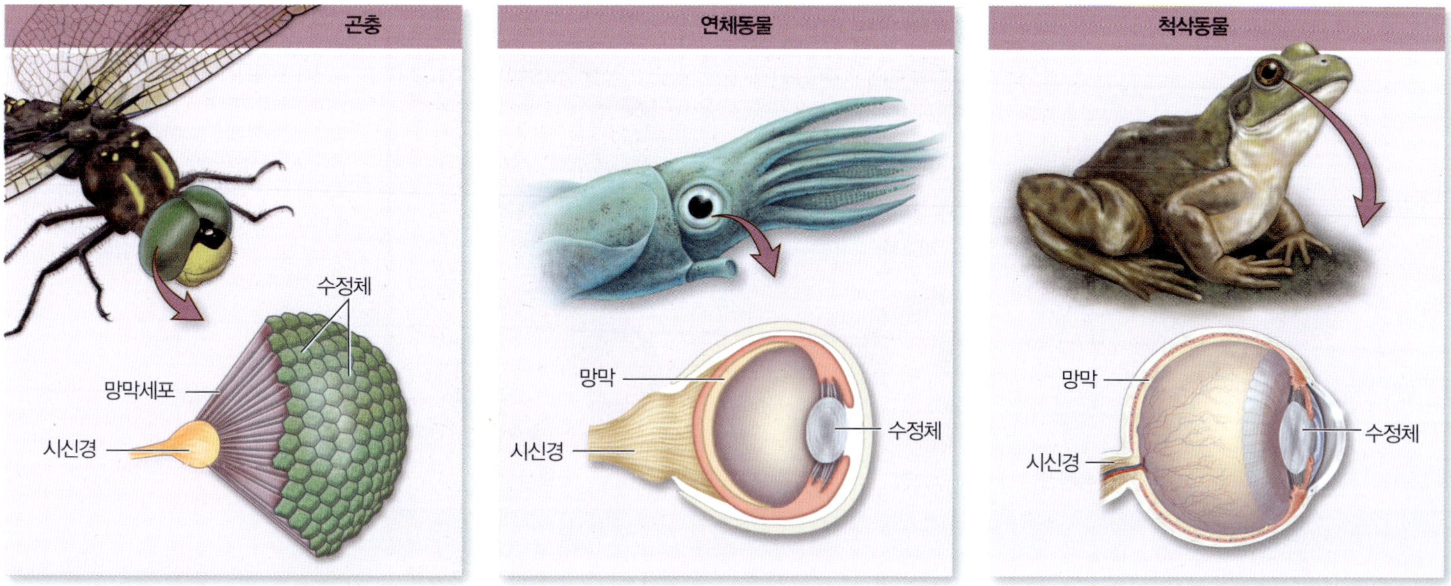

그림 38.15 3종류 동물문의 눈의 구조.
겉보기에는 비슷하지만 각 눈의 구조는 매우 다르다(연체동물과 척삭동물 눈의 자세한 비교는 **그림 38.26** 참조). 각 눈은 개별적으로 진화되었으며, 겉보기에 복잡한 구조이지만 더 단순한 구조로부터 진화되어 왔다.

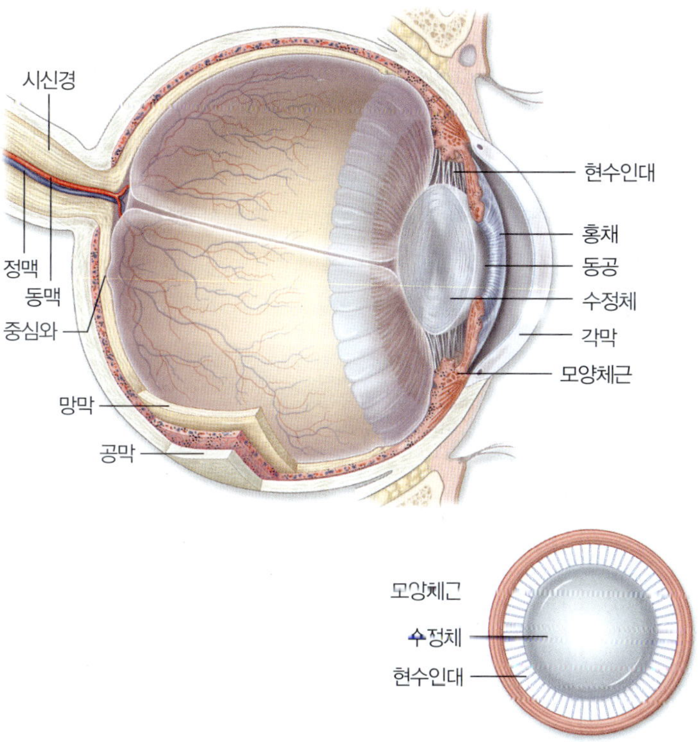

그림 38.16 사람 눈의 구조.
투명한 각막을 통해 들어온 빛은 수정체를 통해 눈 뒤쪽 표면의 망막에 모인다. 망막은 광수용기(간상세포와 원추세포)를 가진다. 각 눈에서 시야의 중심은 중심와에 초점을 맞춘다. 원근 조절은 모양체근의 수축과 이완에 의해 이루어지고, 모양체근은 수정체의 굴절률을 조절해 준다.

빛에서 홍채 근육의 수축은 동공의 크기를 감소시킨다. 빛은 동공(pupil)을 통해 수정체(lens)를 통과하는데, 수정체는 눈의 뒤쪽에 있는 망막으로 빛의 초점이 형성되도록 조절하는 투명한 구조이다. 수정체는 진대에 의해 모양체근(ciliary muscle)에 부착되어 있다.

수정체의 형태는 현수인대(suspensory ligament)의 수축 정도에 의해 많은 영향을 받는다. 현수인대는 수정체를 둘러싸고 그것을 모양체근에 부착시킨다. 모양체근이 수축했을 때 현수인대는 이완하고 수정체는 더 둥글어지며 빛을 더 강하게 굴절시켜 주는데, 이 작용에 의해 가까운 곳의 물체를 볼 수 있게 된다. 원거리를 볼 때 모양체근은 이완하고 현수인대는 수축한다. 수정체는 더 얇아지고 빛을 덜 굴절시키며 망막에 상이 맺힌다. 근시 또는 원시인 사람들은 망막에 상을 맺을 때 원근 조절을 적절히 하지 못한다(**그림 38.17**). 흥미롭게도 양서류 또는 어류에서는 수정체의 모양이 바뀌지 않는데, 이러한 동물들은 카메라의 렌즈 초점을 손으로 조절하듯이 그들의 수정체를 안과 밖으로 이동시켜 원근 조절을 한다.

척추동물의 광수용기는 간상세포와 원추세포이다

척추동물의 망막은 두 종류의 광수용기세포를 포함하는데, 이들을 간상세포와 원추세포라고 한다(**그림 38.18**). 시각세포의 끝부분을 구성하는 가늘고 긴 모양에서 그 이름을 따온 **간상세포**(rods)는 조명이 흐릿할 때 명암을 인식한다. 그에 비해 **원추세포**(cones)는 원뿔 모양의 생김새를 가지며 빛의 선명도와 색깔을 인지한다. 사람의 망막에는 약 1억 개의 간상세포와 300만 개의 원추세포가 분포하고 있다. 대부분의 원추세포는 **중심와**(fovea)로 알려진 망막의 중심부에 위치하며, 중심와는 눈이 선명한 이미지를 형성하는 곳이다. 중심와

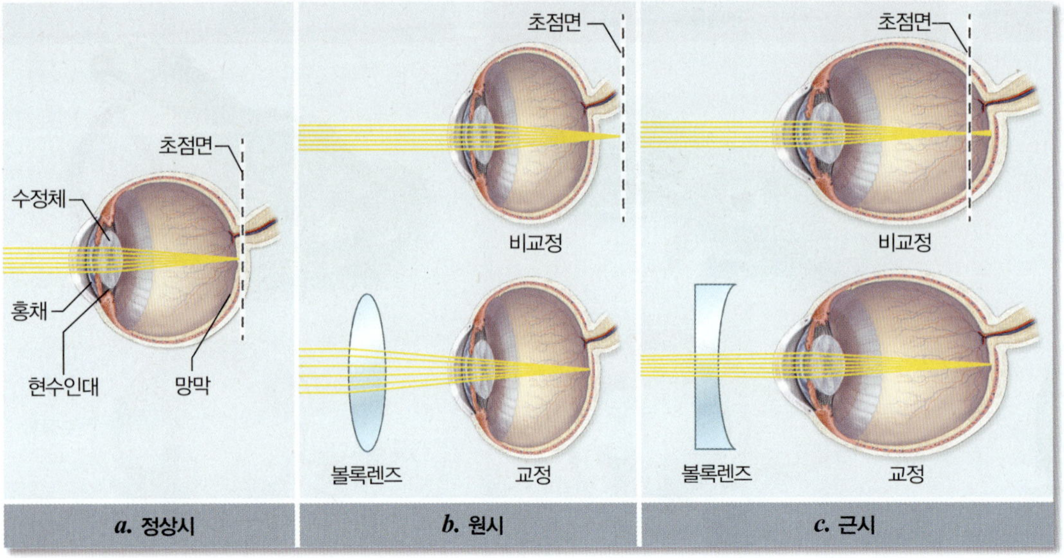

그림 38.17 사람 눈의 원근 조절.
a. 정상인의 경우 수정체의 굴절을 통해 근거리상과 원거리상이 모두 망막에 맺힌다. 정상인이 물체로부터 6 m 또는 그 이상 떨어져 서 있을 때 수정체는 볼록해지고 상은 망막에 맺힌다. *b.* 원시인 경우 수정체로부터 망막까지 거리가 너무 가깝기 때문에 상이 망막 뒤쪽에 맺힌다. 교정 렌즈는 빛의 각도를 조절해준다. *c.* 근시인 경우 상은 망막의 앞쪽에 맺히고 흐릿하게 나타난다.

에는 간상세포가 거의 존재하지 않는다.

간상세포와 원추세포의 구조

간상세포와 원추세포는 같은 기본 구조를 가진다. 미토콘드리아가 풍부한 안쪽 분절(inner segment)은 신경전달물질로 가득찬 많은 소낭을 가지며, 좁은 관을 통해 바깥쪽 분절(outer segment)로 이어진다. 바깥쪽 분절은 많은 평평한 디스크가 쌓인 구조로, 빛을 포획하는 분자 또는 광색소(photopigments)는 이 디스크들의 막에 존재한다(**그림 38.18**).

간상세포에서 광색소는 **로돕신**(rhodopsin)이라고 부른다. 로돕신은 시스-레티날(cis-retinal) 분자와 결합된 옵신(opsin) 단백질로 이루어져 있는데, 시스-레티날은 식물의 광합성 색소인 카로틴으로부터 유래된 바이타민 A로부터 생성된다.

원추세포의 광색소는 **포톱신**(photopsin)이라고 부르는데, 구조적으로 로돕신과 매우 유사하다. 인간은 3종류의 원추세포를 가지는데, 그들의 포톱신은 근소하게 다른 아미노산 서열로 이루어진 단백질과 이에 결합된 시스-레티날로 구성되어 있다. 이러한 차이점은 색소에 의해 최대로 흡수될 수 있는 전자기 스펙트럼의 범위와 최대 흡수 파장에 따라 나타난다(**그림 38.19**). 로돕신에서 시스-레티날의 최대 흡수 파장은 500 nm이다. 그에 비해 세 종류의 원추세포의

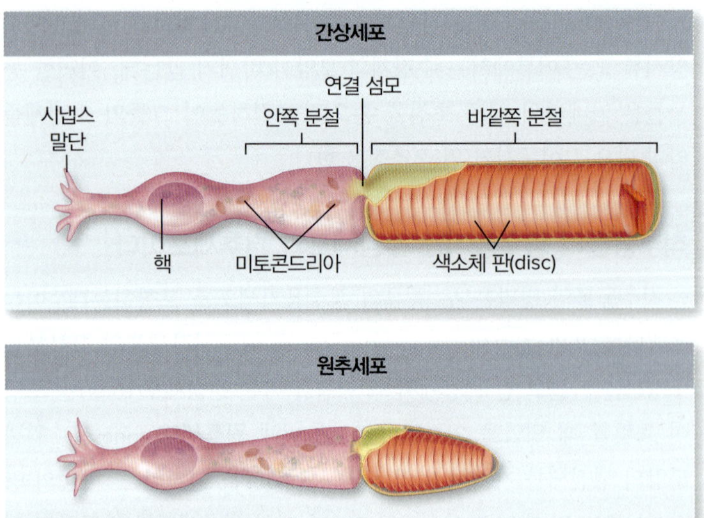

그림 38.18 간상세포와 원추세포.
이 세포에서 색소를 포함하는 바깥쪽 분절은 좁은 관인 나머지 부분과 구획되어 있다.

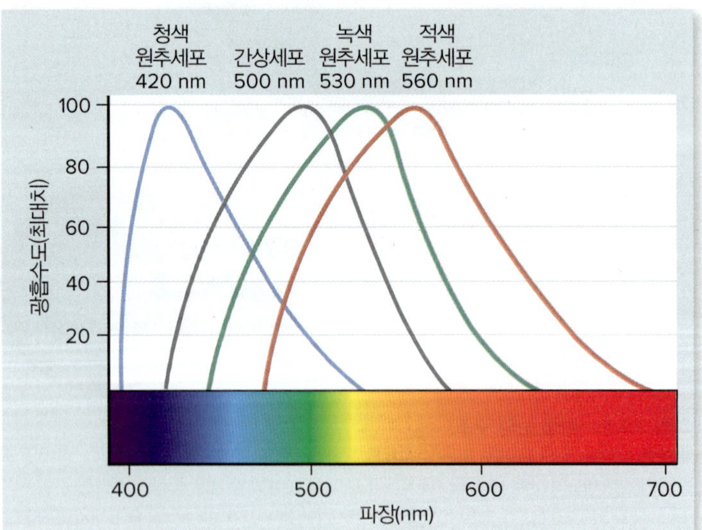

그림 38.19 색 시각.
간상세포의 로돕신에서 시스-레티날의 흡수 스펙트럼은 500 nm이다. 그러나 청색 원추세포는 420 nm에서, 녹색 원추세포는 530 nm에서, 적색 원추세포는 560 nm에서 최대 흡수 스펙트럼을 가진다. 뇌는 이 3가지 원추세포의 복합적 활성화에 의해 모든 다른 색을 인지한다.

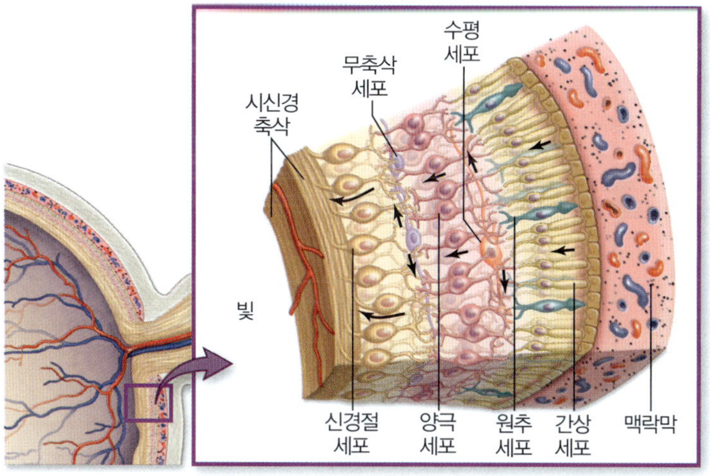

그림 38.20 망막의 구조.
간상세포와 원추세포는 망막의 앞쪽이 아닌 뒤쪽에 있다. 빛이 간상세포와 원추세포에 도달하기 전에 빛은 망막의 신경절세포, 무축삭세포, 양극세포, 수평세포를 통과한다. 광수용기가 활성화되면 그들은 양극세포를 활성화시키고, 그것은 신경절세포를 활성화시킨다. 망막에서 감각기 정보의 흐름은 빛의 흐름과 반대이다.

포톱신의 최대 흡수 파장은 420 nm(청색), 530 nm(녹색) 그리고 560 nm(적색)이다. 포톱신의 빛을 흡수해서 나타내는 이러한 차이점은 각 원추세포가 서로 다른 색을 감지하도록 한다. 그래서 그들은 단순하게 청색, 녹색 그리고 적색 원추세포로 언급되기도 한다.

눈의 안쪽 표면인 **망막**(retina)은 3층의 세포들로 이루어져 있다. 안구의 바깥 표면에 가장 가까운 층은 간상세포와 원추세포로 이루어져 있으며(**그림 38.20**), 다음 층은 **양극세포**(bipolar cells)로 이루어져 있다. 그리고 눈의 공동(cavity)에 가장 가까운 층은 **신경절세포**(ganglion cells)로 이루어져 있다. 따라서 빛이 광수용기에 도달하기 위해서는 신경절세포와 양극세포를 통과해야만 한다. 양극세포와 연결된 간상세포와 원추세포, 그리고 신경절세포와 연결된 양극세포는 시신경을 경유해 뇌로 자극을 전달한다. 신경절세포가 뇌로 활동전위를 보낼 수 있는 망막의 신경 단위이기 때문에 망막에서 감각기 정보의 흐름은 망막을 통한 빛의 통로와 반대가 된다.

신경절세포는 눈의 안쪽에 위치하고 있기 때문에 시신경은 망막을 통해 안으로 들어와야 하므로 맹점이 형성된다(**그림 38.16** 참조). 이러한 맹점은 얼굴 앞에서 손가락을 좌우로 흔들어 보면서 확인할 수 있다. 손가락 끝에 색깔 있는 물체를 씌우고 왼쪽 눈을 감은 채로 손가락 끝 아래의 멀리 떨어진 지점에 초점을 맞추어 보자. 천천히 손가락을 오른쪽으로 움직이는 동안 눈은 먼 곳에 위치한 지점에 초점을 맞춘 상태로 유지한다. 그러면 한 지점에서 손가락 위에 있는 색깔 있는 점이 더 이상 보이지 않는 것을 알 수 있게 된다. 연체동물의 눈의 구조는 망막 앞쪽이 아닌 뒤쪽에 결합한 감각신경을 가짐으로써 이러한 문제를 피할 수 있다(**그림 19.15** 참조).

과학적 사고

가설: 새는 자외선 범위의 빛을 볼 수 있다.
예상: 새는 깃털에서 얼마나 많은 자외선이 감지되는지에 따라 다르게 반응할 것이다.
실험: 붉은날개앵무새의 깃털은 자외선 빛을 적절이 발산한다. 붉은날개앵무새를 각각 다른 수컷에 노출시켰다. 이때 수컷 중 몇몇은 UV 빛을 차단하는 필터 뒤에 두었고, 다른 몇몇은 UV빛을 그대로 발산하게 두었다.

결과 및 결론: 암컷들은 UV를 발산하는 수컷 근처에서 많은 시간을 보냈다. 암컷들은 UV 범위의 빛을 볼 수 있을 뿐만 아니라 깃털에서 UV를 발산하는 수컷을 선호했다.
추가 실험: 왜 암컷이 UV를 발산하는 수컷을 선호하는지에 관한 2가지 가설은 무엇일까? 이러한 가설을 검증하기 위해 어떤 실험을 할 수 있을까?

그림 38.21 새의 자외선 감지.
사람은 근자외선 범위의 색을 구별할 수 없는 반면, 많은 동물들은 그것이 가능하다. 이 사진은 사람에 의해 감지될 수 없는 수컷 붉은날개앵무새(*Aprosmictus erythropterus*)이 근자외선 형태를 보여주는 사진이다.

자료 분석 근자외선을 감지할 수 있는 동물의 경우, 이 수용체의 최대 흡광치는 **그림 38.19**의 여러 광수용기들과 관련이 있는가? (전체 전자기 스팩트럼은 **그림 7.4** 참조)

망막은 2가지의 부가적인 유형의 뉴런을 가지는데 수평세포(horizontal cells)와 무축삭세포(amacrine cell)이다. 망막 중심부에서 광수용기에 의한 수평세포의 자극은 주변부의 광수용기의 반응을 억제한다. 이러한 측면 억제(lateral inhibition)는 대조적이며 선명한 이미지를 나타나게 해준다.

대부분의 척추동물들은 많은 곤충과 무척추동물처럼 낮에 색을 인지할 수 있다. 실제로 꿀벌은 일부 조류, 파충류 그리고 다른 척추동물들처럼 사람의 눈으로 볼 수 없는 근자외선(near-ultraviolet) 범위의 빛을 볼 수 있다(**그림 38.21**). 색을 인지하려면 둘 이상의 광색소가 서로 다른 수용기세포에 존재해야 한다. 그러나 색을 인지하는 모든 동물들이 인간이나 영장류처럼 3가지 원추세포를 가지는 것은 아니다. 예를 들면 어류, 바다거북, 조류는 4종류 또는 5종류의 원추세포를 가진다. 여분의 원추세포는 이러한 동물들이 근자외선을 보고 색의 음영을 구별할 수 있게 한다. 그에 비해 다람쥐나 개와 같은 많은 포유류들은 2종류의 원추세포를 가지는데, 이들은 여러 색을 구별하는 데 더 많은 한계를 가지고 있다.

그림 38.22 **척추동물 눈에서의 신호 변환.**
빛이 없을 때 cGMP는 Na^+ 통로를 열고, Na^+의 유입은 억제성 신호전달물질의 분비를 유도한다. 빛은 로돕신에 있는 레티날에 의해 흡수되고, 그의 구조를 변화시켜 로돕신이 G 단백질과 결합하도록 한다. 활성화된 G 단백질은 cGMP를 GMP로 바꾸어주는 포스포디에스터레이스를 자극한다. cGMP의 손실은 Na^+ 통로를 닫게 하고, 억제성 신경전달물질의 방출을 막아주면서 양극세포가 신경절세포를 자극하도록 유도한다.

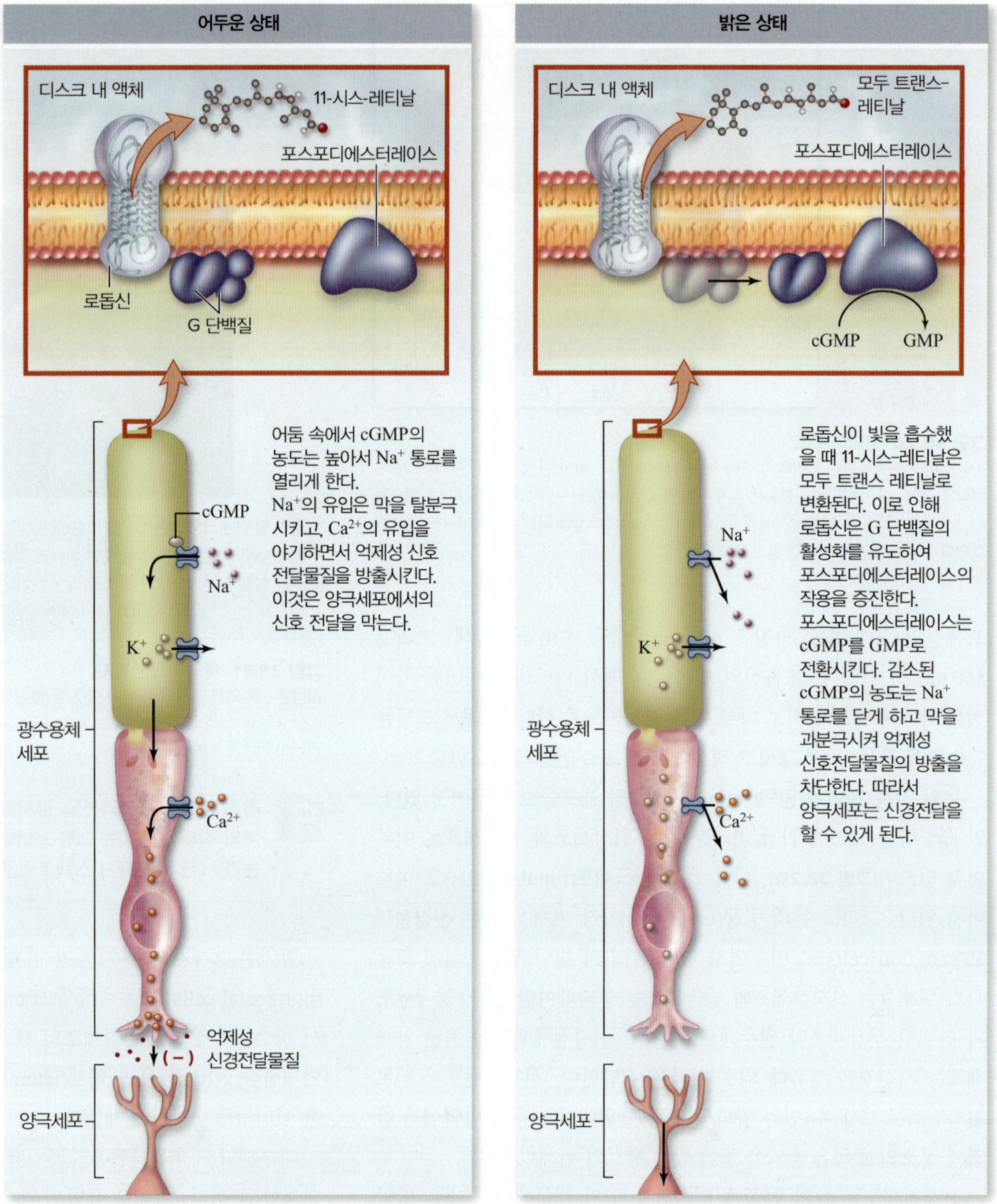

? **탐구문제** 추가적인 종류의 원추세포는 색을 구별하는 데 어떤 영향을 주는가?

광수용기에서의 감각 변환

빛 에너지로부터 신경자극으로의 변환은 감각자극이 인지되는 것과 반대의 순서를 따른다. 어둠 속에서 광수용기세포는 억제성 신경전달물질(inhibitory neurotransmitter)을 방출한다. 억제성 신경전달물질은 양극신경세포를 과분극시켜주며, 이는 양극세포가 신경절세포로 흥분성 신경전달물질을 방출하는 것을 막게 된다.

광수용기세포에 의한 억제성 신경전달물질의 생성은 리간드개폐성 Na^+ 통로에 의해 일어난다. 어둠 속에서 Na^+ 유입을 허용하는 이러한 많은 통로들을 열려 있다. 암 전류(dark current)라고 부르는 빛의 부재 시 Na^+의 흐름은 광수용기세포의 막을 탈분극시킨다. 이 상태에서 억제성 신경전달물질을 생성하는 세포는 양극세포의 막을 과분극시킨다.

암 전류의 조절은 광수용기세포에 존재하는 Na^+ 통로에 대한 리간드인 cGMP(cyclic guanosine monophosphate)에 의존한다. 어둠 속에서는 cGMP의 농도가 높고 통로는 열린다. 이 체계는 광색소의 특징과 구조에 의해 빛에 민감하게 만든다. 눈에 존재하는 광색소는 사실상 빛의 흡수에 의해 활성화되는 G 단백질연결수용체(G protein-coupled receptor) 단백질이다.

빛이 있을 때 이 과정은 반대로 작용한다. 광색소가 빛을 흡수할 때 시스-레티날은 이성질화되어 수용기 단백질(옵신)로부터 분리되는 표백반응(bleaching reaction)이 일어난다. 그 결과 수용체 단백질인 옵신은 형태가 변하고 연결된 G 단백질이 활성화된다. 활성화된 G 단백질은 그들이 반응 단백질인 포스포디에스터레이스(phosphodiesterase)를 활성화시키고, cGMP를 GMP로 잘라준다. cGMP의 손실은 cGMP 개폐성 Na^+ 통로를 닫게 하고 암 전류를 감소시킨다(**그림 38.22**). 옵신은 100개 이상의 조절성 G 단백질과 결합하고 있으며, 이것이 활성화될 때 G 단백질의 소단위체(subunits)를 방출하고, 이 소단위체는 수백 개의 포스포디에스터레이스 효소를 활성화시킨다. 효소는 수천 개의 cGMP를 GMP로 전환시키고 1초당 약 1000개의 비율로 Na^+ 통로를 닫고 암 전류를 억제한다.

하나의 빛 광자 흡수는 K^+ 투과도의 변화 없이 100만 개 이상의 Na^+ 유입을 막기에, 광수용기세포는 과분극되어 억제성 신경전달물질을 덜 방출하게 된다. 억제 상태에서 벗어나면 양극세포가 흥분성 신경전달물질을 방출하여 신경절세포를 활성화시키고 뇌로 자극을 전달한다(**그림 38.23**).

시각화 과정은 대뇌피질에서 일어난다

신경절세포의 축삭을 따라 이동하는 활동전위는 시상의 **외측슬상핵**(lateral geniculate nuclei)을 통해 대뇌 후두엽의 시각피질로 전달된다(**그림 38.23**). 뇌는 이러한 정보를 눈의 수용장(receptive field)이라는 특이한 영역에서 빛으로써 해석한다. 망막을 가로지른 신경절세포 사이에서 흥분화의 패턴은 수용장의 지도에 차례로 기록되면서 망막과 뇌가 시각적 공간에 물체의 상을 갖게 한다.

각 신경절세포에서 자극의 빈도는 각 지점에서의 빛의 세기에 대한 정보를 제공한다. 동시에 3가지 유형의 원추세포와 연관된 신경절세포의 상대적인 활성은 색에 대한 정보를 제공해 준다.

시력

수용기, 양극세포 및 신경절세포 사이의 관계는 망막의 여러 부위에서 다르게 나타난다. 중심와(fovea)에서 각 원추세포는 양극세포와 일대일의 관계를 만드는데, 각 양극세포는 1개의 신경절세포와 연접되어 있다. 이러한 순서 관계는 중심와에서 시각의 높은 예민성을 야기한다.

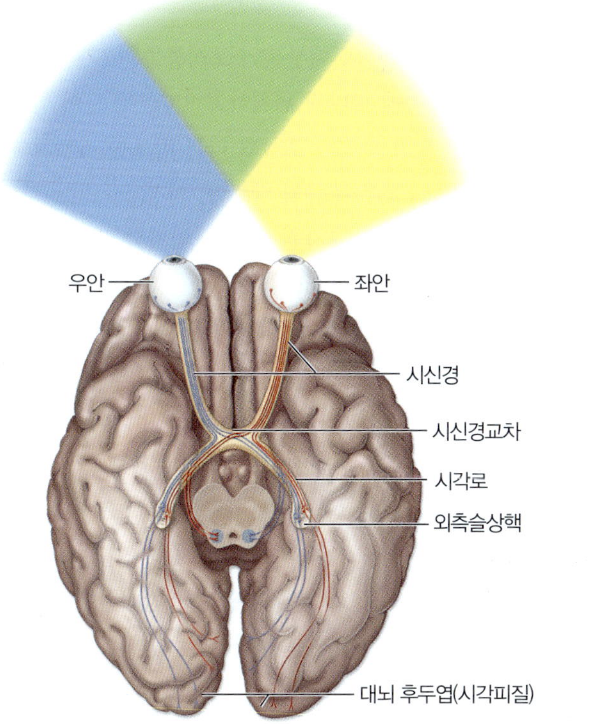

그림 38.23 시각 성보의 경로.
시신경에서 활동전위는 망막에서 외측슬상핵으로 그리고 그곳에서 후두엽의 시각피질로 전달된다. 시신경의 절반(망막의 안쪽 부위에서 생기는 내측섬유)은 시신경교차에서 다른 쪽으로 가로질러 가기 때문에 각 대뇌 반구는 두 눈으로부터 정보를 받는다.

중심와의 바깥에서 많은 간상세포는 하나의 양극세포에 연접할 수 있다. 이러한 수렴성은 신경 활성의 가중(summation)을 가능하게 하기에, 시력과 색감을 포기하는 대신에 중심와 외부의 망막 영역이 중심와보다 희미한 빛에 더욱 민감하게 한다. 이것이 밤에 희미한 별과 같은 물체들을 똑바로 보지 않을 때 더 잘 볼 수 있는 이유가 된다. 사람은 눈의 주변부를 탐지기로 사용하고, 중심와를 조사관으로 이용한다.

색맹(color blindness)은 유전적으로 하나 이상의 원추세포 유형이 결실되어 생긴다. 정상적인 색각을 가지고 있는 사람들은 3색형 색각자(trichromats)로, 3가지 원추세포를 모두 가지고 있다. 2가지의 원추세포만을 가진 사람은 2색형 색각자(dichromats)이다. 예를 들어, 적록색맹(red-green color blindness)인 사람들은 적색 원추세포가 없어서 녹색과 적색을 구별하기 어렵다. 한 가지 유형의 원추세포 부족으로 나타나는 색맹은 반성 열성형질(12장 참조)이며, 남성에게서 더 많이 나타난다. 적록색맹은 원추세포의 1가지 유형에 대한 흡수 스펙트럼의 민감도 곡선이 이동되어 동일한 전자기파에 의해 다른 원추세포가 자극되기에 적색과 녹색 사이의 구분이 불가능해져 나타나는 것이다.

양안시각

사람을 포함한 영장류와 대부분의 포식동물은 2개의 눈을 가지고 있으며, 얼굴의 양쪽에 하나씩 위치하고 있다. 두 눈이 한 물체에 초점을 맞출 때 두 눈의 시선이 조금씩 다른 각도를 가지기 때문에 각각의 눈에 보여지는 상은 조금씩 다르다. 시차(parallax)라고 부르는 상에 대한 약간의 차이는 3차원적 상을 인지하고 깊이를 감지하기 위한 능력인 **양안시각**(binocular vision)을 가능하게 해준다. 눈이 앞으로 향하고 겹치는 부분을 극대화할 때 입체시(stereoscopic vision)가 발생한다.

그와 대조적으로 피식동물은 일반적으로 머리의 양옆에 눈이 위치하므로 양안시각이 없는 대신 전체적인 수용장은 커진다. 자연선택에서 많은 피식 종들은 입체시보다도 잠재적 포식동물의 탐지를 선호하는 쪽으로 진화되어 나온 것으로 여겨진다. 미국 멧도요새(*Scolopax minor*)의 눈은 두개골의 완전한 반대편에 위치하고 있기 때문에 머리의 회전 없이 360°를 관찰할 수 있다.

대부분의 새들은 측면에 눈을 가지고 있으며, 각 망막에 2개의 중심와를 가지고 있다. 하나의 중심와는 포유동물의 망막에서 단일 중심와 같이 선명한 정면 시각을 제공하고, 다른 중심와는 더 선명한 측면 시각을 제공한다.

핵심 요약 38.6

많은 무척추동물들은 이미지를 형성하지 않고 빛을 감지하는 안점을 가지고 있다. 환형동물, 연체동물, 절지동물, 척삭동물은 이미지를 형성하는 눈을 독립적으로 진화시켜 왔다. 척추동물의 눈은 동공을 통해 빛을 인식한 다음 광수용기가 있는 망막에 조절이 가능한 수정체로 초점을 맞춘다. 광수용기의 간상세포와 원추세포는 시스-레티날이 있는데 이 시스-레티날은 양극세포와 신경절세포를 간접적으로 활성화시킨다. 신경절세포는 궁극적으로 뇌의 후두엽에 활동전위를 보낸다.

- 적록색맹인 사람은 이 두 색을 구별하는 방법을 배울 수 있을까? 그렇게 생각한 이유는 무엇인가?

38.7 눈의 진화와 발달

학습 목표

1. 파리의 겹눈, 사람의 눈 및 유형동물의 안점이 어떻게 진화론적 공통점을 가지는지 설명할 수 있다.

눈은 가장 복잡한 기관 중 하나이다. 생물학자들은 수세기 동안 눈을 연구해 왔다. 실제로 그러한 복잡한 구조가 어떻게 진화할 수 있는지 설명하는 것은 다윈에게 큰 도전 과제 중 하나였다. 적절한 기능을 위해 눈과 같은 구조의 모든 부분이 요구된다면, 자연선택은 어떻게 그런 구조를 만들 수 있을까?

다윈은 예를 들어 빛과 어둠을 구별하는 능력을 제공하는 중간 구조조차도 시각적 능력이 없던 조상의 상태와 비교하였을 때 유리할 것이고, 따라서 이러한 구조들은 자연선택에 의해 정해질 것이라고 하였다. 이런 방식으로 기능의 점진적인 개선에 의해 자연선택은 복잡한 구조를 만들 수 있었을 것이다.

형태학적 및 분자적 증거가 눈의 진화를 뒷받침한다

역사적으로 형태학적 증거는 다양한 동물 계통의 눈이 수렴진화의 예임을 제안하고 있다. 그러나 1990년대 초, 생물학자들은 척추동물과 곤충에서 눈의 발달에 대해 연구했는데, 각각의 경우에서 수정체 형성에 중요한 전사인자를 암호화하는 유전자가 발견되었다. 쥐의 유전자에는 ***Pax6***이라는 이름이 붙여졌고, 파리의 유전자에는 *eyeless*라는 이름이 붙여졌다. *eyeless* 유전자의 돌연변이는 전사인자의 생산이 결핍되었고, 따라서 눈의 발달이 이루어지지 않아 그러한 이름을 갖게 되었다.

이들 유전자의 서열이 분석 되었을 때 서로 매우 유사하다는 것이 밝혀졌다. 본질적으로, 상동성인 *Pax6* 유전자의 역할은 곤충과 척추동물 모두에서 수정체 형성을 유발하는 것이다. 스위스의 생물학자 게링(Walter Gehring)이 이 상동성 실험을 하였는데, 그는 척추동물의 *Pax6* 유전자를 이식한 초파리를 만들었다. 이 초파리에서 *Pax6* 유전자는 초파리의 다리 조절인자에 의해 발현되었기에 다리에 눈의 구조를 형성하였다(**그림 38.24**).

이러한 결과는 진화생물학계에 충격을 가져다주었다. 곤충과 척추동물은 500만 년 이상 전에 공통조상으로부터 분리되었다. 게다가 척추동물과 곤충에서 눈의 구조 차이가 큰 점을 감안할 때, 눈은 독립적으로 진화하여 완전히 다른 유전자에 의해 발달 과정이 조절될 것이라고 생각하였다. 그러나 눈의 발달은 같은 상동 유전자에 의해 영향을 받았고, 이 유전자들은 유사하여 척추동물 유전자가 곤충에서 정상적으로 기능하는 것처럼 보였기에, 이것은 완전히 예상하지 못한 것이었다.

*Pax6*에 관해서는 동굴에서 발견되는 눈이 없는 어류에까지 이어진다. 어두운 동굴에 사는 어류들은 시각 이외의 감각에 의존할 필요가 있다. 동굴어류들은 *Pax6* 유전자의 발현이 크게 줄어들어 눈이 발달하기는 하지만 금방 퇴화된다.

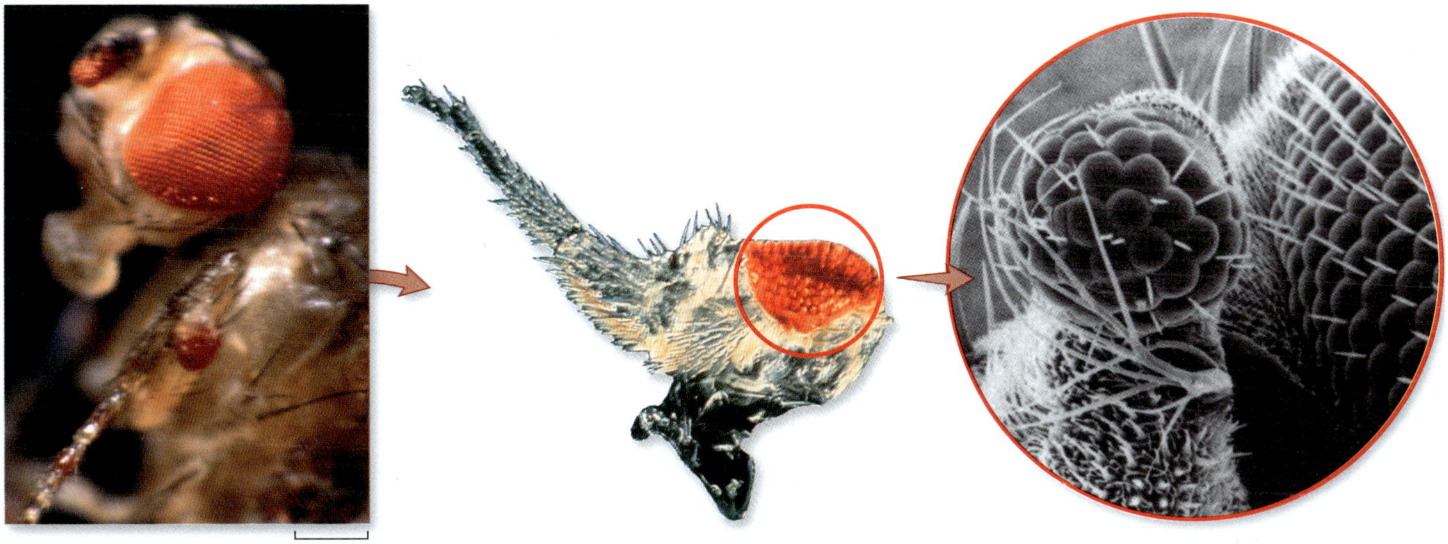

그림 38.24 쥐의 *Pax6* 유전자로 인한 파리의 다리에서 눈의 형성.
*Pax6*와 *eyeless*는 기능적으로 상동성이다. *Pax6* 핵심조절 유전자는 초파리에서 겹눈의 발달이나 쥐에서 간단한 눈을 발달시킬 수 있다.

유형동물은 눈의 발생을 위해 *Pax6* 유전자를 이용한다

좌우대칭동물(거울 이미지 대칭을 가진 동물)에 대한 연구는 *Pax6* 유전자에 대한 놀라운 결과를 가져왔다. 아주 간단한 유형동물인 *Lineus sanguineus*도 눈의 발달을 위해 *Pax6* 유전자를 이용한다. *Pax6*의 상동유전자가 클로닝되었고, 이 유전자는 안점이 발달하는 부위에서 발현되었다.

유형동물은 머리 부분이 제거되어도 재생이 가능하다. 실험을 통해 머리 부분을 제거하였고, 생물학자들은 안점의 재생을 관찰하였다. 동시에 제자리혼성화(in situ hybridization)를 통해 *Pax6* 상동유전자의 발현이 관찰되었다. *Pax6* 유전자 발현을 관찰하기 위해, *Pax6* RNA와 상보적인 염기서열을 갖는 안티센스 RNA 서열을 만들고 표지하였다. 재생하는 유형동물에 안티센스 *Pax6* 탐침을 처리하였을 때, 안티센스 RNA는 *Pax6* RNA 전사체와 결합하여 현미경하에서 유색반점으로 볼 수 있었다(**그림 38.25**).

좌우대칭동물의 눈 발달에 대한 *Pax6*의 역할을 뒷받침하는 증거는 계속 늘어나고 있지만 예외도 있다. 편형동물인 플라나리아는 반으로 절단될 때 눈을 재생할 수 있지만, 재생과 관련하여 *Pax6* 유전자의 발현은 없다. 그러나 이러한 *Pax6* 관련 유전자는 중추신경계에서 발현된다. *Pax6*에 반응하는 요소인 P3 인핸서도 확인되었고, 플라나리아에서 활성인 것으로 나타났다(**그림 38.26**).

자포동물은 눈의 발생을 위해 다른 *Pax* 유전자를 이용한다

Pax 유전자는 상상했던 것보다 훨씬 일찍 진화역사에서 눈 발생에 관여했다. 해파리를 포함하는 방사대칭의 자포동물에서 해파리의

과학적 사고

가설: *Pax6*는 유형동물 안점의 재생에 필요하다.
예상: 안점은 *Pax6*가 발현되는 곳에서 재생될 것이다.
실험:

1. 머리를 잘라 제거한다.

2. *Pax6* RNA와 상보적인 안티센스 RNA와의 제자리혼성화를 통해 *Pax6* 전사체(RNA)의 위치를 확인하였다.

결과: *Pax6*의 전사체는 안점이 재생되는 곳에서만 발견되었다.

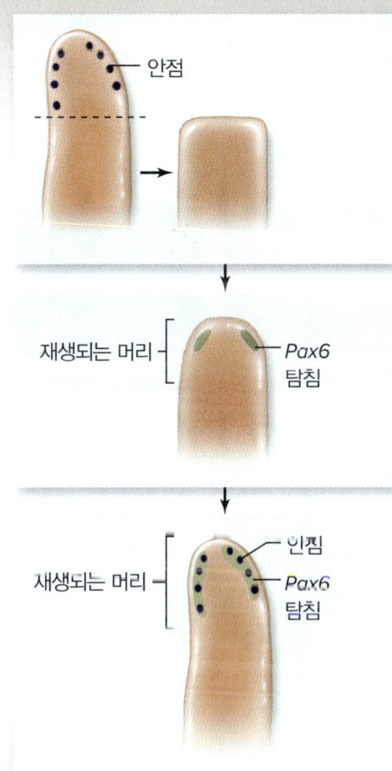

결론: *Pax6*는 안점이 재생되는 곳에서 발현되며 아마도 안점의 재생에 필요할 것이다.
추가 실험: 안점의 재생에 *Pax6*의 발현이 필요하다는 확신을 주는 추가적인 증거는 무엇일까?

그림 38.25 유형동물 안점의 재생과 *Pax6* 발현의 상관관계.

2가지 다른 집단인 히드라충강과 입방해파리강은 눈 발생을 위하여 *PaxA*와 *PaxB* 유전자에 의존한다. 게링은 해파리의 *PaxA* 유전자를 초파리에서 오발현(misexpressing)시키는 유전자 변형 초파리 실험을 반복했는데(**그림 38.24** 참조), 이것 역시 초파리의 다리에 겹눈을 만들었다.

더 많은 *Pax* 그룹 유전자가 분석됨에 따라 흥미로운 계통발생이 나타났다(**그림 38.26**). 초기의 유전자가 중복된 후 눈 발생을 위해 서로 다른 동물 계통에서 서로 다른 *Pax* 유전자의 구성원이 사용되었다. 가장 단순한 동물인 해면동물에서 발현하는 *Pax* 유전자에 대한 자세한 내용은 *Pax* 유전자의 미스터리와 눈의 기원을 해결하는데 도움이 될 것이다.

눈 발생은 단 한번의 시작으로 진화했을지도 모른다

이러한 발견에 대해 몇 가지 설명이 가능하다. 하나는 원래 믿었던 것처럼, 다른 종류의 동물들의 눈은 정말 독립적으로 진화했다는 것이다. 그러나 만약 이것이 사실이라면 왜 *Pax* 유전자는 구조적으로 비슷하고 그렇게 많은 다른 집단에서 비슷한 역할을 할 수 있을까? 눈의 독립적인 진화에 대한 반대론자들은 *Pax6* 유전자가 눈의 발생뿐만 아니라 많은 생물의 이마(forehead) 전체의 발생에도 관여한다고 말한다. 결과적으로 좌우대칭동물의 이마에서 조절하는 역할을 했다면, 아마도 눈 발생에 역할을 하기 위해 독립적으로 몇 번이고 반복적으로 추천되었을 것이다. 이것은 플라나리아에 대한 데이터와 해파리의 눈 발생에 관여하는 *PaxA*와 *PaxB*의 역할과 일치한다.

많은 생물학자들은 이 해석이 가능성이 낮다고 생각한다. 너무나 많은 생물에서 *Pax6*를 눈의 발생에 일관성 있게 사용하는 것, 그리고 각각의 경우에 같은 역할을 한다는 사실, DNA 서열과 기능적 대체성이 뛰어나다는 점은 초기의 공통조상이 단 한번 *Pax6*를 눈 발생에 사용했다는 것을 시사한다. 초파리 눈의 발생에서 *Pax6*를 해파리의 *PaxA*로 대체할 수 있다는 점은 이 생각을 뒷받침하는 강력한 증거가 되고 있다.

눈의 발달을 위해 다른 *Pax* 유전자군을 사용하는 것도 단일 기원과 일치한다. 초기 중복 후, 모든 *Pax* 유전자는 안점이나 빛 인식 기능과 같은 기능을 제공하였고, 그 후 각 유전자는 특정 기능에 특화되었다고 주장할 수 있다. 서로 다른 계열에서 이 보조기능은 다르게 진화했지만 공통점이 있다. 이 결론에 대한 지지는 눈의 발생에 있어 다른 유전자들도 보존된다는 발견에서 비롯된다.

서로 다른 집단의 눈 사이에 큰 차이가 있는 것을 볼 때 어떻게 이런 일이 있을 수 있을까? 한 가지 가설은 이러한 집단의 공통된 조상이 완전히 눈이 멀지 않았다는 것이다. 오히려 일종의 기초적인 시각 시스템을 가지고 있었을지도 모른다. 그것은 단지 색소화된 광수용

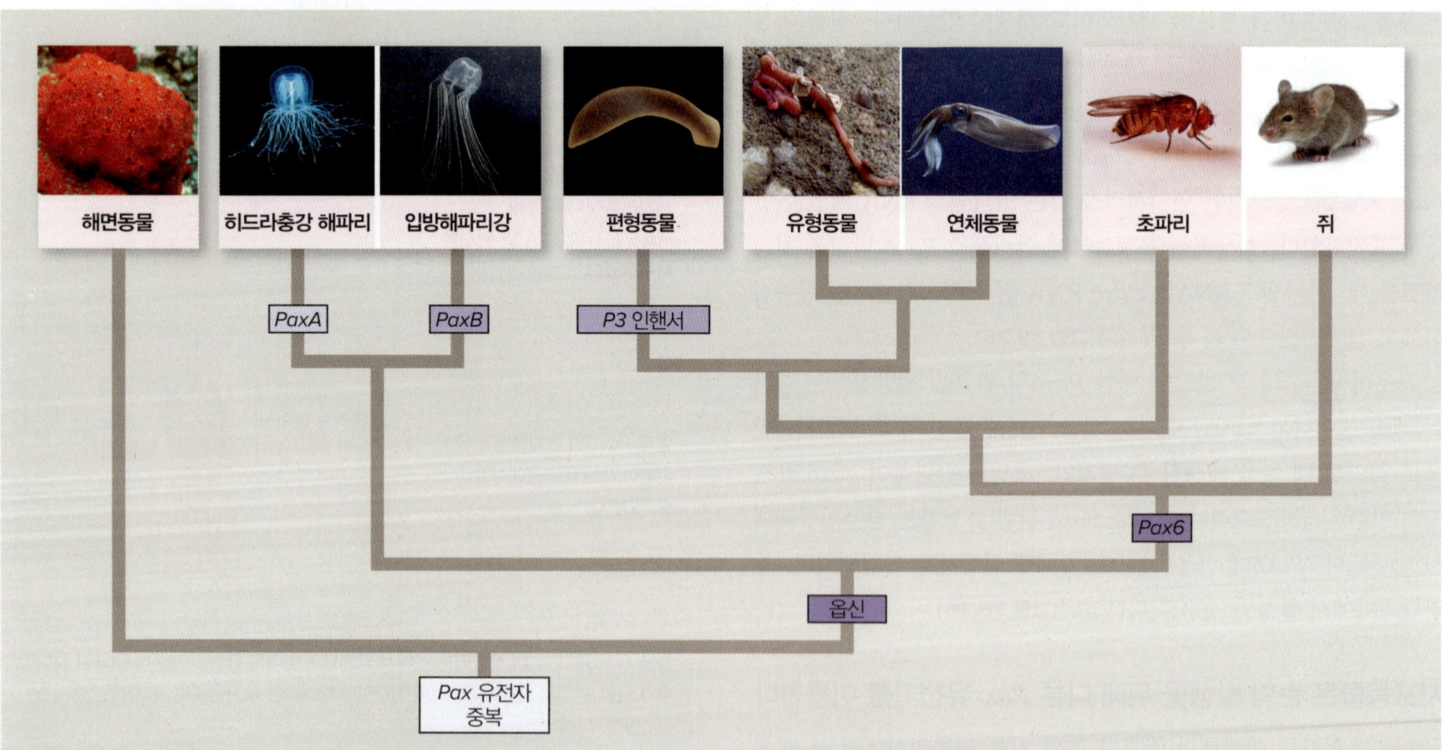

그림 38.26 눈 발생을 위해 서로 다른 동물 계통에서 사용된 3개의 다른 *Pax* 유전자.

기세포에 불과할 수도 있고, 어쩌면 빛과 어둠을 구별할 수 있는 조금 더 정교한 기관일 수도 있다. 정확한 표현형이 무엇이든 중요한 것은 *Pax* 유전자나 관련 유전자들을 눈 발생에 사용한, 일종의 기본적인 시각 시스템이 존재했다는 것이다. 그 후 이 조상의 후손들은 독립적으로 다양해졌고, 오늘날 다른 생물의 집단들이 보여주는 정교하고 복잡한 영상을 형상화하는 눈을 진화시켰다.

부드러운 구조는 화석이 되지 않는다. 그러므로 생물의 진화 역사에서 광수용기가 어디에서 처음 발생했는지는 논란의 여지가 있다. 분자 및 계통학적 증거를 바탕으로 한 지배적인 가설은 그것이 자포동물(방사대칭동물)과 좌우대칭동물의 분리 이전인 500만 년보다 더 오래 전이었다는 것이다(**그림 38.26**).

핵심 요약 38.7

다양한 분야의 접근 방식을 통해 전세계 생물의 다양성에 대한 진화적 역사를 명확하게 설명할 수 있다. *Pax6* 유전자와 많은 상동유전자는 결과는 매우 다양하지만 눈의 발생이 단일 진화적 기원을 가질 수 있음을 나타낸다.

- 결함이 있는 *Pax6* 돌연변이가 왜 동굴어류에서 남아있을까? 이 물고기들이 빛이 있는 서식지에 들어간다면, 어떤 일이 일어날까?

핵심 개념 요약

38.1 감각수용기의 개요

■ 감각수용기는 내 · 외부 자극을 감지한다

외부 수용기는 외부 환경으로부터의 자극을 감지하는 반면, 내부 수용기는 내부 환경으로부터의 자극을 감지한다.

■ 감각 정보는 4단계로 전달된다

감지된 감각 정보는 자극, 변환, 전송 및 해석의 4단계로 전달된다.

■ 감각 변환은 이온통로를 통해 일어난다

감각 변환은 수용기에서 차등전위를 생성한다. 단일 전위 또는 전위의 합은 역치값을 초과하여 활동전위를 생성할 수 있다. 자극 강도와 활동전위 빈도는 로그 관계에 있다.

■ 수용기는 6가지로 분류될 수 있다

38.2 온도수용기, 통증수용기, 전자기수용기: 온도, 통증, 자기장

■ 온도수용기는 열에너지 변화를 감지한다

온도수용기는 감각뉴런의 노출된 수상돌기 말단으로 TRP 이온통로를 포함하며, 추위 또는 열에 반응한다.
일부 뱀은 온도수용기를 사용하여 먹이를 감지하다, 살모사의 소공 기관은 사용되는 열을 감지하여 열 이미지를 형성한다.

■ 통증수용기는 실제 또는 잠재적 손상에 반응한다

통증수용기는 피부에 위치한 자유신경말단으로, 손상으로 인한 자극에 반응하며 통증으로 인식된다. 척추의 통증수용기는 신경전달물질, 물질 P 및 글루탐산을 사용한다. 엔돌핀과 엔케팔린이라고 불리는 자연 진통제는 물질 P의 방출을 차단한다.

■ 전자기수용기는 전류와 자기장을 감지한다

연골어류 및 오리너구리의 전기수용기는 전류를 감지할 수 있다. 많은 동물들은 시각 및 신경계에서 자기적으로 민감한 요소를 사용하여 자기력선을 따라 이동하는 것으로 보인다.

38.3 기계수용기 I: 접촉, 압력, 몸의 자세

■ 다양한 수용기들이 세기에 따른 접촉을 감지한다

피부의 다양한 수용기는 막의 기계적 뒤틀림에 반응하여 접촉을 전달한다(**그림 38.3**).

■ 근육의 길이와 신장력은 고유수용기에 의해 감지된다

고유수용기는 신체 부위의 상대적 위치 또는 움직임과 근육의 신장 정도에 대한 정보를 제공한다.

■ 압력수용기는 혈압을 감지한다

38.4 기계수용기 II: 청각, 진동, 균형

청각의 음파 또는 압력파 감지는 물에서 가장 잘 작동하며 방향에 대한 정보를 제공한다.

■ 어류의 측선계는 낮은 빈도의 진동을 감지한다(그림 38.5)

■ 귀의 구조는 진동 감지를 위해 특수화되어 있다

육상 척추동물의 외이는 고막으로 소리를 보낸다(**그림 38.6**). 진동은 중이뼈를 통해 난원창과 달팽이관으로 옮겨져, 코르티 기관이 이를 변환한다.

■ 달팽이관에서 변환이 일어난다

달팽이관의 기저막은 다른 주파수의 소리에 반응하는 섬유로 구성되어 있다(**그림 38.8**).

■ **일부 척추동물들은 소리로 탐색할 수 있다**

반향정위는 박쥐, 고래 및 다른 종들이 소리로 탐색할 수 있게 한다.

■ **중력과 균형은 청각과 연관된 체계를 통해 감지된다**

균형과 운동은 평형석을 포함하는 젤라틴 막에 파묻힌 모세포의 섬모에 의해 감지된다(**그림 38.9**). 구형낭과 난형낭은 신체 위치와 일정한 움직임을 감지하며, 반고리관은 가속도를 감지한다(**그림 38.10**).

38.5 화학수용기: 맛, 냄새, pH

■ **미각은 잠재적인 음식을 감지하고 분석한다**

미뢰는 돌기에 위치한 화학민감성 상피세포들의 집합체이다(**그림 38.11**). 맛은 단맛, 신맛, 짠맛, 쓴맛, 감칠맛의 5가지 범주로 분류된다.

■ **후각은 엄청난 종류의 복합분자들을 구별할 수 있다**

냄새 또는 후각은 비강의 상부에 위치한 화학수용기가 관여한다(**그림 38.13**). 그들의 축삭은 대뇌 피질에 직접 연결된다.

■ **내부 화학수용기는 pH 및 다른 특성들을 감지한다**

대동맥의 내부 화학수용기는 혈액 pH의 변화를 감지하고, 연수의 중추 화학수용기는 뇌척수액의 pH에 민감하다.

38.6 시각

■ **광수용기는 다양한 구조를 가진다**

4개의 문(환형동물, 연체동물, 절지동물, 척삭동물)은 독립적으로 진화된 이미지 형성이 가능한 눈을 가지고 있다(**그림 38.15**).

척추동물의 눈에서, 빛의 양은 홍채에 의해 조절되어 동공을 통해 들어간다. 모양체근에 의해 조절되는 수정체는 망막에 초점을 맞춘다(**그림 38.16**).

■ **척추동물의 광수용기는 간상세포와 원추세포이다**

간상세포는 명암을 인식한다. 원추세포는 시력과 색깔 인지에 관여한다(**그림 38.18**).

망막에서 광수용기는 양극세포와 시냅스를 이루고, 이는 다시 신경절세포와 시냅스로 연결된다. 신경절세포는 활동전위를 뇌로 보낸다(**그림 38.20**).

■ **시각화 과정은 대뇌피질에서 일어난다(그림 38.23)**

높은 시력을 담당하는 망막 영역인 중심와에서 각 원추세포는 중심와 바깥 영역과는 달리 단일 양극세포/신경절세포로 연결된다.

영장류와 대부분의 포식자들은 양안시로 각 눈의 이미지를 겹쳐 3차원 이미지를 만든다.

38.7 눈의 진화와 발달

■ **형태학적 및 분자적 증거가 눈의 진화를 뒷받침한다**

생쥐의 유전자를 초파리 유전체에 삽입한 형질전환 실험에서 *Pax6*가 눈을 발생시킬 수 있음을 보여 주었다(**그림 38.24**).

■ **유형동물은 눈의 발생을 위해 *Pax6* 유전자를 이용한다**

좌우대칭동물에서 눈 발생에 대한 *Pax6* 유전자의 추가적인 증거는 유형동물에서 비롯되지만, 플라나리아를 포함하여 예외가 존재한다(**그림 38.25**).

■ **자포동물은 눈의 발생을 위해 다른 *Pax6* 유전자를 이용한다**

해파리는 눈 발생에 *Pax6*이 아닌 *PaxA* 및 *PaxB* 유전자에 의존하고, 눈 발생에 또 다른 보존된 유전자를 사용한다(**그림 38.26**).

■ **눈 발생은 단 한번의 시작으로 진화했을지도 모른다**

어느 먼 시점 *Pax* 유전자는 시각 체계의 일부였으며, 그 후 특정 *Pax* 유전자군이 기능적 측면에서 갈라지면서 여러 차례 분화되었다.

연습문제

1단계: 이해력 확인하기

1. 감각수용기에 의해 내외적 환경에 대한 정보를 받는 방법이 아닌 것은 무엇인가?

   a. 압력의 변화　　b. 빛과 열의 변화
   c. 분자적 농도의 변화　　d. a, b, c 모두 받는다.

2. 다음 중 인식의 단계를 옳게 나타낸 것은 무엇인가?

   a. 해석, 자극, 변환, 전송　　b. 자극, 변환, 전송, 해석
   c. 해석, 변환, 자극, 전송　　d. 변환, 해석, 자극, 전송

3. 모든 감각수용기에서 열림과 닫힘에 의해 신경자극을 개시할 수 있는 것은 무엇인가?

   a. 전류에 의해 열리는 이온통로　　b. 외부수용기
   c. 내부수용기　　d. 자극에 의해 열리는 이온통로

4. 동화에서 잠자는 공주는 손가락에 따끔한 통증을 느낀 후 잠에 빠졌다. 통증에 반응한 수용기는 무엇인가?

   a. 기계수용기　　b. 통증수용기
   c. 열수용기　　d. 접촉수용기

5. 귀에서 움직임에 의해 소리를 감지하는 것은 무엇인가?

   a. 기저막　　b. 덮개막
   c. 유스타키오관　　d. 반고리관의 유체

6. 육상 척추동물의 전정기관의 모세포가 하는 일은 무엇인가?

   a. 몸 안의 온도변화를 측정한다.
   b. 매우 낮은 범위에서 소리를 감지한다.
   c. 가속이나 균형의 감각을 감지한다.
   d. 혈압의 변화를 감지한다.

7. 눈의 간상세포와 원추세포 내에 포함된 광색소는 다음 중 무엇인가?

a. 카로틴　　b. 시스-레티날
c. 광색소　　d. 클로로필

8. 다음 중 환경에 대한 정보를 얻기 위해 척추동물에 의해 사용되는 방법이 아닌 것은 무엇인가?

a. 적외선
b. 자기장
c. 전류
d. a, b, c 모두가 각각의 수용기를 위해 사용되는 방법이다.

9. 시각 정보를 인지하고 해석하는 뇌엽은 다음 중 무엇인가?

a. 후두엽
b. 전두엽
c. 두정엽
d. 측두엽

10. *Pax6*에 대한 설명 중 틀린 것은 무엇인가?

a. *Pax6*는 쥐와 파리에서 비슷한 기능을 한다.
b. *Pax6*는 유형동물에서 안점 형성에 관여한다.
c. *Pax6*는 초파리의 눈 형성에 필요하다.
d. *Pax6*는 플라나리아에서 안점 형성에 필요하다.

▪2단계: 적용력 평가하기

1. 환형동물, 연체동물, 절지동물과 척삭동물의 감각계가 공통적으로 가지고 있는 것은 무엇인가?

a. 미각에 대한 동일한 자극을 사용한다.
b. 진동을 감지하기 위한 신경을 사용한다.
c. 독립적으로 진화된 이미지 형성 눈을 가지고 있다.
d. 먹이를 감지하기 위해 피부에 화학수용기를 사용한다.

2. 동물들은 청각 신호의 방향보다 시각 신호의 방향을 더욱 쉽게 구별한다. 그 이유는 무엇인가?

a. 빛은 직선으로 이동하기 때문이다.
b. 바람은 너무 심한 배경 잡음을 생성하기 때문이다.
c. 소리는 물속에서 더 빠르게 이동하기 때문이다.
d. 눈은 귀보다 더 민감하기 때문이다.

3. 일부 조류들은 3가지 색을 인지할 수 있는 사람보다 더 많은 색을 인지할 수 있다. 5종류의 색을 인지할 수 있는 새는 사람과 어떻게 다른가?

a. 전혀 다른 광수용기세포를 가지고 있다.
b. 새들은 4가지의 다른 색상을 볼 수 있다.
c. 5가지 파장의 빛을 감지하는 광수용기가 있다.
d. 새들은 어둠 속에서는 볼 수 없지만, 사람과 같이 주간에 색을 인지할 수 있다.

4. 일부 곤충, 새, 파충류에서 자외선을 볼 수 있는 능력에 대한 설명으로 옳은 것은?

a. 그들 종에 의한 공통적인 식습관을 나타낸다.
b. 원추세포의 민감성에서 수렴진화의 예이다.
c. 편형동물로부터 유래된 조상의 상태이다.
d. 야간활동을 위한 적응이다.

▪3단계: 사고력 함양하기

1. 혈액의 pH가 너무 낮아질 때 과산증이라 알려진 잠재적으로 치명적인 상황이 나타난다. 이러한 상황에 대한 반응에서 몸은 호흡률을 변화시킨다. 몸은 이러한 변화를 어떻게 감지하는가? 호흡률은 어떻게 변화시키는가? 이것은 pH를 어떻게 증가시키는가?

2. 척추동물의 눈의 기능은 몸 안에서 빌견되는 다른 과정들과 비교해서 평범하지 않다. 예를 들어, 감각정보의 흐름 방향은 망막을 통해서 받아들이는 빛의 통로와 실제로는 반대이다. 눈의 구조를 통해 빛과 정보의 이동을 포함하는 일련의 과정들을 설명하고, 왜 그들이 반대 방향을 움직이는지 설명하시오. 또한 이러한 일련의 사건들을 연체동물의 눈의 기능과 관련하여 비교하시오.

3. 우주 비행사의 이석 기관이 어떻게 무중력을 감지하는가? 우주 비행사는 움직임에 대한 주관적인 판단을 가지는가? 반고리관이 무중력에서 각 가속을 동일하게 잘 인지하는가?

4. 주요 생물 구성원 사이의 표현형에 대한 다양성은 여러 가지 방법으로 설명할 수 있다. 그런 다양성의 원인 중 하나는 발생을 조절하는 유전자의 차이로 인해 생긴다는 것이고, 다른 하나는 유전체의 여러 부분에서 발현을 조절하는 유전자의 작은 집단에 의해 생긴다는 것이다. 이러한 관점에서 우리가 현재 이해하고 있는 견해를 평가하시오.

39

내분비계

도입

당뇨병은 잘 먹는 사람들이 말라가며 죽어가는 질병이다. 이 질병은 로마와 그리스 철학자들에 의해 수로가 열리는 것처럼 과도한 소변이 생성되어 살이 녹아내리는 것으로 묘사되었다. 1922년까지 어린이들에게 당뇨병 진단은 죽음을 의미했다. 그 해에 밴팅(Frederick Banting)과 베스트(Charles Best)는 췌장으로부터 인슐린 분자를 추출하였으며, 이 인슐린을 혈류를 통해 주입하자 이 질병의 증상이 확연하게 호전되었다. 이것은 내부 기관들이 혈액을 통해 분비되는 효과적인 조절 화학물질을 생성한다는 새로운 발견이었다.

척추동물의 조직과 기관들은 많은 조절 기작을 통해 항상성을 유지하는 데 협력한다. 신경계와 내분비계의 두 시스템은 인체 기관을 조절하는 데 오로지 헌신적으로 작용한다. 두 체계 모두 기관의 세포 또는 세포내 수용체 단백질에 결합함으로써 인체 기관을 조절하는 조절 분자들을 분비한다. 이번 장에서는 내분비계의 조절 분자와 그들을 생산하는 세포와 분비샘에 대해 살펴보고 어떻게 인체 활동을 조절하는지 알아본다.

39.1 화학적 전령에 의한 인체 반응 조절

학습 목표

1. 인체 반응 조절에서 호르몬의 역할에 대해 서술할 수 있다.
2. 다양한 호르몬의 유형에 대해 설명할 수 있다.
3. 지용성 호르몬과 수용성 호르몬을 구분할 수 있다.

세포의 신호전달에는 직접 접촉(direct contact), 시냅스 신호(synaptic signaling), 내분비 신호(endocrine signaling), 국소분비 신호(paracrine signaling)가 관여한다. 앞서 8장에서 세포 신호에 대한 세포적, 분자적 세부사항들을 알아보았다. 여기서는 먼저 신호전달 방법에 관여하는 3가지 기작에 대해 알아본다.

37장에서 살펴본 것처럼 신경의 축삭돌기는 신경전달물질(neurotransmitters)이라고 부르는 화학적 전령(chemical messenger)을 시냅스의 틈으로 분비한다. 이 화학물질들은 시냅스후 세포막까지 짧은 거리만 분비되기 때문에 시냅스 전달은 일반적으로 신경전달물질을 받는 시냅스후 세포에만 영향을 끼친다.

그에 비해 **호르몬**(hormones)은 세포외액으로 분비되어 혈액을 통해 이동함으로써 먼 거리까지 역할을 수행할 수 있다. 호르몬을 분비할 수 있도록 특화된 기관을 **내분비샘**(endocrine glands)이라고 한다. 간, 신장과 같은 몇몇 기관들은 호르몬을 생산하면서 다른 기능들도 수행한다. 호르몬을 생산하는 기관들과 조직들을 통칭하여 **내분비계**(endocrine system)라고 한다.

혈액은 인체 내 모든 세포로 호르몬을 운반하지만, 주어진 호르몬에 정확하게 부합하는 수용체(receptor)를 가진 표적세포만이 그에 반응할 수 있다. 호르몬 수용체 단백질은 신경전달물질 수용체와 유사한 방식으로 작용한다. 수용체 단백질은 호르몬에 특이적으로 결합하고 호르몬에 대한 반응을 생성하는 신호전달경로(signal transduction pathway)를 활성화시킨다. 호르몬과 그들의 수용체 간의 특이적인 상호작용은 호르몬이 낮은 농도에도 활성화될 수 있도록 해준다. 10^{-10}~10^{-8} M 사이의 농도로 혈액을 순환하는 호르몬을 찾는 것은 어렵지 않다. 신경전달물질과 호르몬처럼 분비되는 화학적 전령과 함께 어떤 분자들은 국소적인 조절자로 기관 내 근접세포에 분비되어 역할을 한다. 이러한 화학물질들을 **국소분비 조절자**(paracrine regulator)라고 한다. 내분비호르몬과 유사한 방식으로 작동하지만, 표적에 도달하기까지 혈액을 통해 이동하지 않으며, 그 결과 기관 내 세포가 다른 세포를 조절하게 된다.

세포는 **자가분비**(autocrine signaling)라고 하는 자기 자신의 행동에 영향을 미치는 신호전달분자를 분비할 수도 있다. 이는 면역계에서 매우 흔하게 나타나며, 생장인자를 분비하여 자신의 성장을 자극하는 암세포에서도 발견된다.

화학적 전달은 생물체 내의 세포에만 국한되지 않는다. **페로몬**(pheromone)은 환경으로 분비되어 종 내 개체 사이에 전달되는 화학물질이다. 이들은 동물 간의 소통을 돕고, 행동이나 전달자의 생리를 변화시킬 수 있지만, 한 동물의 정상적인 대사조절에는 관여하지 않는다.

그림 39.1은 내부 조절에 이용되는 화학적 전령의 다양한 유형을 비교해 보여준다.

어떤 분자들은 순환하는 호르몬과 신경전달물질로 작용한다

내분비샘에서 생산된 호르몬은 혈액으로 운반되어 인체 내 멀리 떨어진 많은 표적세포의 활성을 조절할 수 있게 하지만, 이 분자들의 역할은 이것이 전부가 아니다. 내분비샘에서 생성되어 호르몬으로 사용되는 분자는 신경세포에 의해서도 생성되어 신경전달물질로도 이용된다. 예를 들어, 호르몬 노르에피네프린(norepinephrine)은 부신에 의해 혈액 내로 분비되지만, 교감신경의 끝에서 신경전달물질로도 분비된다. 노르에피네프린은 호르몬으로 작용하여 스트레스에 대한 반응으로 심장, 간, 혈관의 활성을 도와준다.

신경도 혈액을 통해 운반되는 일종의 **신경호르몬**(neurohormones)을 분비할 수 있는데, 그 실례로 신경호르몬인 항이뇨호르몬(antidiuretic hormone)은 뇌의 신경세포에서 분비된다. 뇌의 몇몇 특정 부위는 신경전달물질을 분비하는 뉴런뿐 아니라, 신경호르몬을 생성하는 뉴런을 포함하고 있기 때문에, 신경세포는 신경계 너머로 화학적 전령을 운반할 수 있다.

많은 내분비샘의 분비 활동은 신경계에 의해 조절되는데, 시상하부는 뇌하수체 전엽 분비샘의 호르몬 분비를 조절하고, 뇌하수체 후엽의 호르몬을 생성한다.

하지만 많은 종류의 호르몬 분비는 신경조절로부터 독립적이다. 예를 들어, 췌장에서 분비되는 인슐린과 부신 피질에서 분비되는 알도스테론은 혈중 당과 포타슘 이온의 농도가 증가하면 자극되어 분비된다.

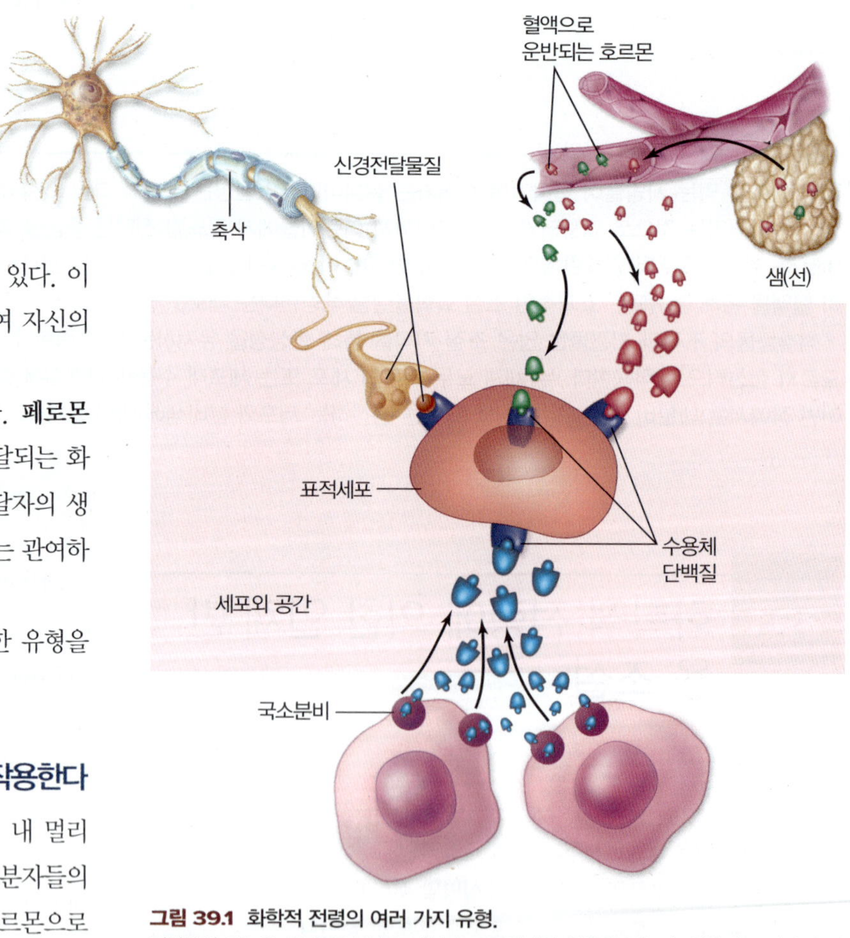

그림 39.1 화학적 전령의 여러 가지 유형.
기관들의 기능은 신경, 국소분비, 내분비 조절인자의 영향을 받는다. 화학적 조절자의 각 유형은 표적기관의 세포 표면이나 세포내 특이적 수용체 단백질에 결합한다.

내분비샘은 3가지 유형의 호르몬을 생성한다

내분비계(**그림 39.2**)는 갑상샘, 뇌하수체, 부신 등과 같은 호르몬을 분비하는 모든 기관을 포함한다(**표 39.1**). 이러한 기관들 내 세포들은 세포외 체액으로 호르몬을 분비하고 이를 모세혈관과 주변으로 확산시키는데, 이러한 이유로 호르몬은 내분비라고 부른다. 반면 외분비샘(exocrine gland)은 상피 표면으로 물질을 분비한다. 예를 들어, 침샘은 녹말 분해 효소인 아밀레이스가 포함된 타액을 구강으로 분비한다.

호르몬으로 작용하는 분자들은 2가지 기본적인 특징을 나타내야 한다. 먼저 표적까지 조절 정보를 전달하기 위해 구조가 복잡하다. 이산화탄소나 Ca^{2+} 같은 이온 등의 간단한 분자는 호르몬으로 작용하지 않는다. 두 번째로는 표적세포에 도달하기까지 파괴되지 않기 위해 충분한 안정성을 가져야 한다. 다음 3가지 부류의 화학적 분자들은 이러한 요구에 충족된다.

1. **펩타이드와 단백질**: 아미노산 사슬로 이루어져 있는 중요한 펩타이드 호르몬의 예로는 항이뇨호르몬(antidiuretic hormone, 9개 아미노산), 인슐린(insulin, 51개 아미노산), 생장호르몬(growth hormone, 191개 아미노산) 등을 들 수 있다. 이 호르몬들은 DNA에 암호화되어 있어, 다른 펩타이드 분자들의 전사와 번역 기작과 같은 방식으로 생성된다. 가장 복잡한 구조는 탄수화물이 부착된 2개의 펩타이드 사슬로 구성된 당단백질(glycoprotein)로, 그 예로는 갑상샘자극호르몬(thyroid-stimuslating hormone)과 황체형성호르몬(luteinizing hormone)이 있다.
2. **아미노산 유도체**: 특정 아미노산의 효소적 변형에 의해 만들어진 호르몬으로, 이 그룹은 37장에서 살펴본 생체 아민(biogenic amines)을 포함하며, 부신 수질(adrenal medulla), 갑상샘(thyroid), 송과샘(pineal glands)에서 분비되는 호르몬이 이에 해당된다. 부신 수질에서 분비된 호르몬은 타이로신(tyrosine)에서 유래된다. **카테콜아민**(catecholamines)으로 알려진 것들로는 에피네프린(아드레날린)과 노르에피네프린(노르아드레날린)이 포함된다. 타이로신에서 유래된 다른 호르몬으로는 갑상샘에서 분비되는 **갑상샘호르몬**(thyroid hormones)이 있다. 송과샘은 트립토판에서 유래된 **멜라토닌**(melatonin)이라는 다른 아민계 호르몬을 분비한다.
3. **스테로이드**: 콜레스테롤이 효소적 변형에 의해 만들어진 지질로, 여기에는 테스토스테론(testosterone), 에스트라디올(estradiol), 프로게스테론(progesterone), 알도스테론(aldosterone), 코르티솔(cortisol) 등이 포함된다. 스테로이드 호르몬은 정소(testes), 난소(ovaries), 태반(placenta), 부신 피질(adrenal cortex)에서 분비되는 성스테로이드와 부신 피질에서만 분비되는 코르티코스테로이드(corticosteroid; mineralocorticoid와 cortisol)로 세분된다.

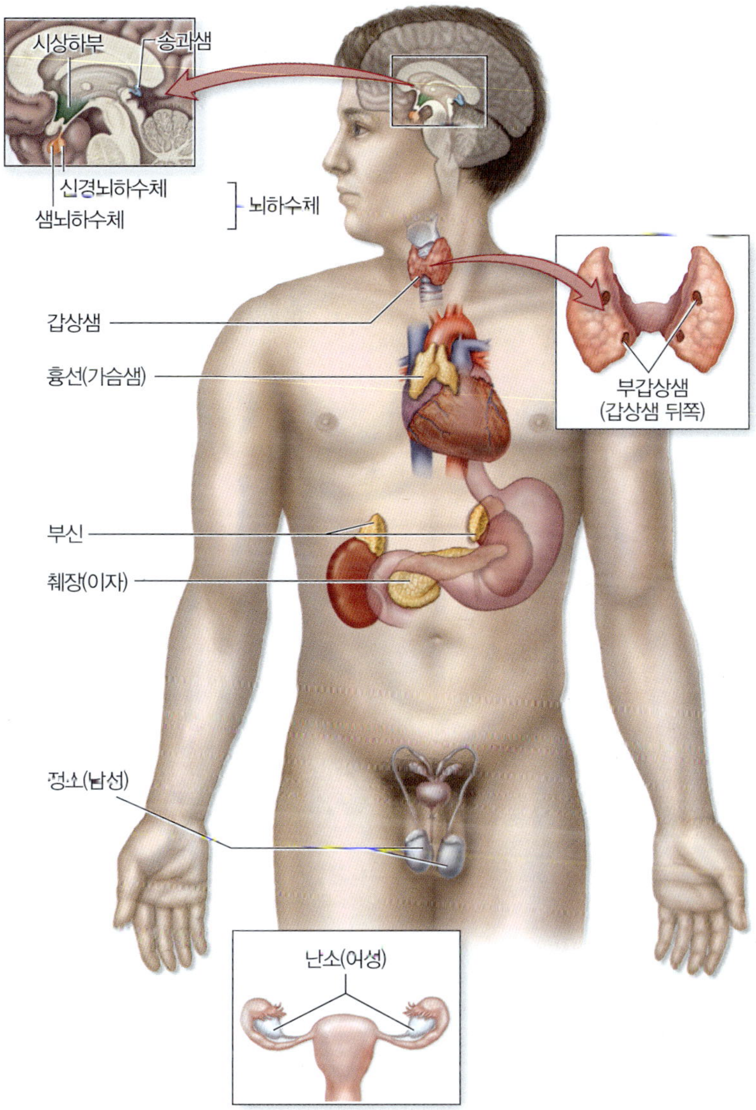

그림 39.2 사람의 내분비계.
주요 내분비샘을 나타내었다. 많은 기관들이 1차적 기능과 함께 호르몬을 분비한다.

호르몬은 지용성 호르몬과 수용성 호르몬으로 나눌 수 있다

호르몬이 표적세포까지 수송되고 결합하는 방식은 그들의 화학적 성질에 따라 다르다. 호르몬은 지질에 용해되는 지용성(liphophilic, 비극성)과 물에 용해되는 수용성(hydrophilic, 극성)으로 구분된다. 지용성 호르몬에는 스테로이드호르몬과 갑상샘호르몬이 있으며, 대부분의 다른 호르몬은 수용성이다.

이러한 구분은 호르몬이 어떻게 표적세포를 조절하는지를 이해하

표 39.1	포유동물의 주요 내분비샘과 호르몬*		
내분비샘과 호르몬	**표적 조직**	**주요 작용**	**화학적 특성**
시상하부			
방출호르몬	샘뇌하수체 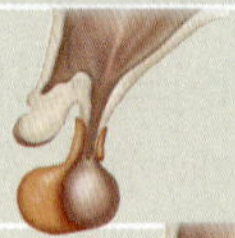	샘뇌하수체 호르몬 방출 촉진	펩타이드
억제호르몬	샘뇌하수체 	샘뇌하수체 호르몬 방출 억제	펩타이드 (프로락틴 억제인자인 도파민 제외)
신경뇌하수체(뇌하수체 후엽)			
항이뇨호르몬 (ADH, 바소프레신이라고도 함)	신장 	오줌으로부터 물의 재흡수로 수분 보유	펩타이드(9개 아미노산)
옥시토신(OT)	자궁 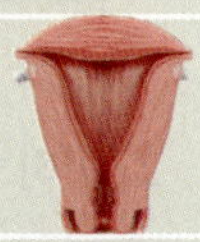	수축 자극	펩타이드(9개 아미노산)
	젖샘(유선) 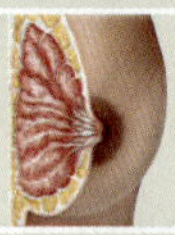	젖 분비 촉진	
샘뇌하수체(뇌하수체 전엽)			
부신피질호르몬 (ACTH)	부신 피질 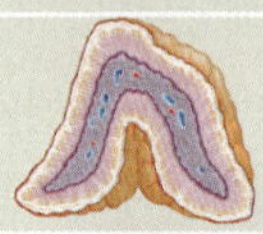	코르티솔과 같은 부신피질호르몬 분비 자극	펩타이드(39개 아미노산)
멜라닌자극호르몬(MSH)	피부 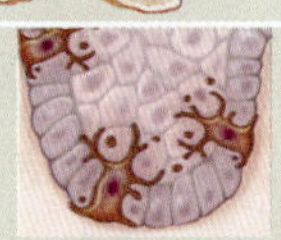	파충류와 양서류의 색 변화 및 포유류의 여러가지 기능 자극	펩타이드(13개와 22개 아미노산의 2가지 유형)
생장호르몬(GH)	여러 기관들 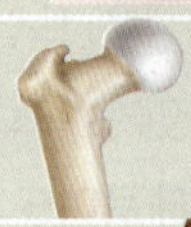	뼈 성장, 단백질 합성, 지방 분해를 통한 생장 촉진	단백질
프로락틴(PRL)	젖샘 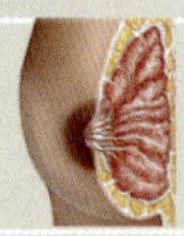	젖 생산 자극	단백질
갑상샘자극호르몬(TSH)	갑상샘 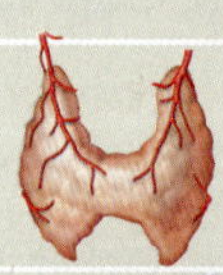	티록신 분비 자극	당단백질
황체형성호르몬(LH)	생식샘 	여성의 배란과 황체형성 자극, 남성의 테스토스테론 분비 자극	당단백질
난포자극호르몬(FSH)	생식샘	남성의 정자형성 자극, 여성의 난포 발달 자극	당단백질
갑상샘			
갑상샘호르몬 (티록신과 3요오드티로닌)	대부분의 세포 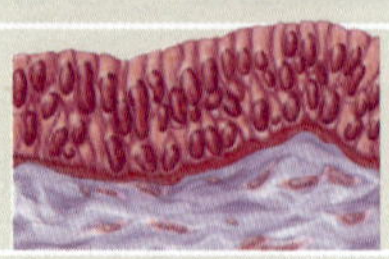	대사율 자극, 정상적인 생장과 발달에 중요	아미노산 유도체(요오드화)
칼시토닌	뼈 	뼈로부터 칼슘 소실 방지	펩타이드(32개 아미노산)

*이들은 내분비샘에서 방출되는 호르몬이다. 호르몬은 또한 간, 신장, 소장과 같은 내분비샘이 아닌 기관에서도 분비될 수 있다.

표 39.1	포유동물의 주요 내분비샘과 호르몬(계속)		
내분비샘과 호르몬	**표적 조직**	**주요 작용**	**화학적 특성**
부갑상샘			
부갑상샘호르몬(PTH)	뼈, 신장, 소화관 	뼈의 분해를 자극하여 혈중 칼슘 농도 증가, 신장에서 칼슘 재흡수 자극, 바이타민 D 활성	펩타이드(34개 아미노산)
부신 수질			
에피네프린(아드레날린), 노르에피네프린(노르아드레날린)	평활근, 심장근, 혈관 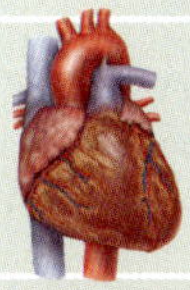	스트레스 반응 개시; 심장박동률, 혈압 및 대사율 증가; 혈관 확장, 지방 사용, 혈당 증가	아미노산 유도체
부신 피질			
당질코르티코이드 (예, 코르티솔)	여러 기관들 	장기간 스트레스에 적응, 혈당 증가, 지방 사용	스테로이드
무기질코르티코이드 (예, 알도스테론)	신관 	혈액 내 Na^{+}와 K^{+} 평형 유지	스테로이드
췌장(이자)			
인슐린	간, 골격근, 지방조직 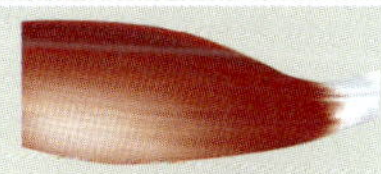	혈당 저하, 글리코젠, 지방 및 단백질 합성 자극	펩타이드(51개 아미노산)
글루카곤	간, 지방조직 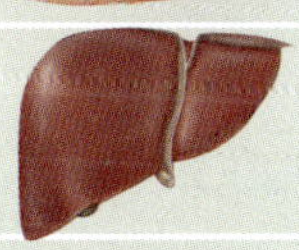	혈당 상승, 간에서 글리코젠 분해 자극	펩타이드(29개 아미노산)
난소			
에스트라디올	일반적 	여성의 2차 성징 발달 자극	스테로이드
	여성 생식 구조물	사춘기 생식기관 발달 자극, 매달 임신을 위한 자궁 준비	
프로게스테론	자궁 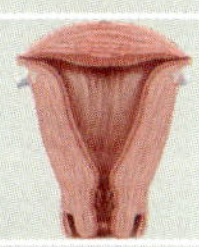	임신을 위한 준비	스테로이드
	젖샘(유선) 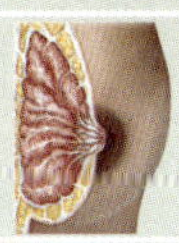	발달 자극	
정소			
테스토스테론	다양한 기관 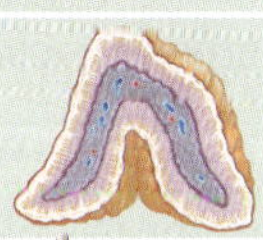	남성의 2차 성징 발달 자극, 사춘기에 급성장	스테로이드
	남성의 생식 구조물 	생식기관 발달 자극, 정자형성 과정 자극	
송과샘			
멜라토닌	생식샘, 뇌, 색소세포 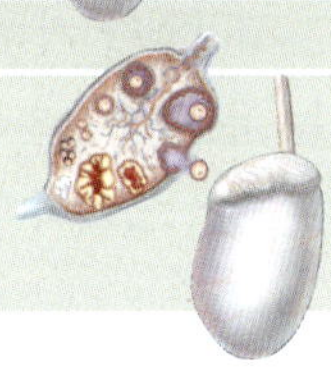	생체리듬 조절	아미노산 유도체

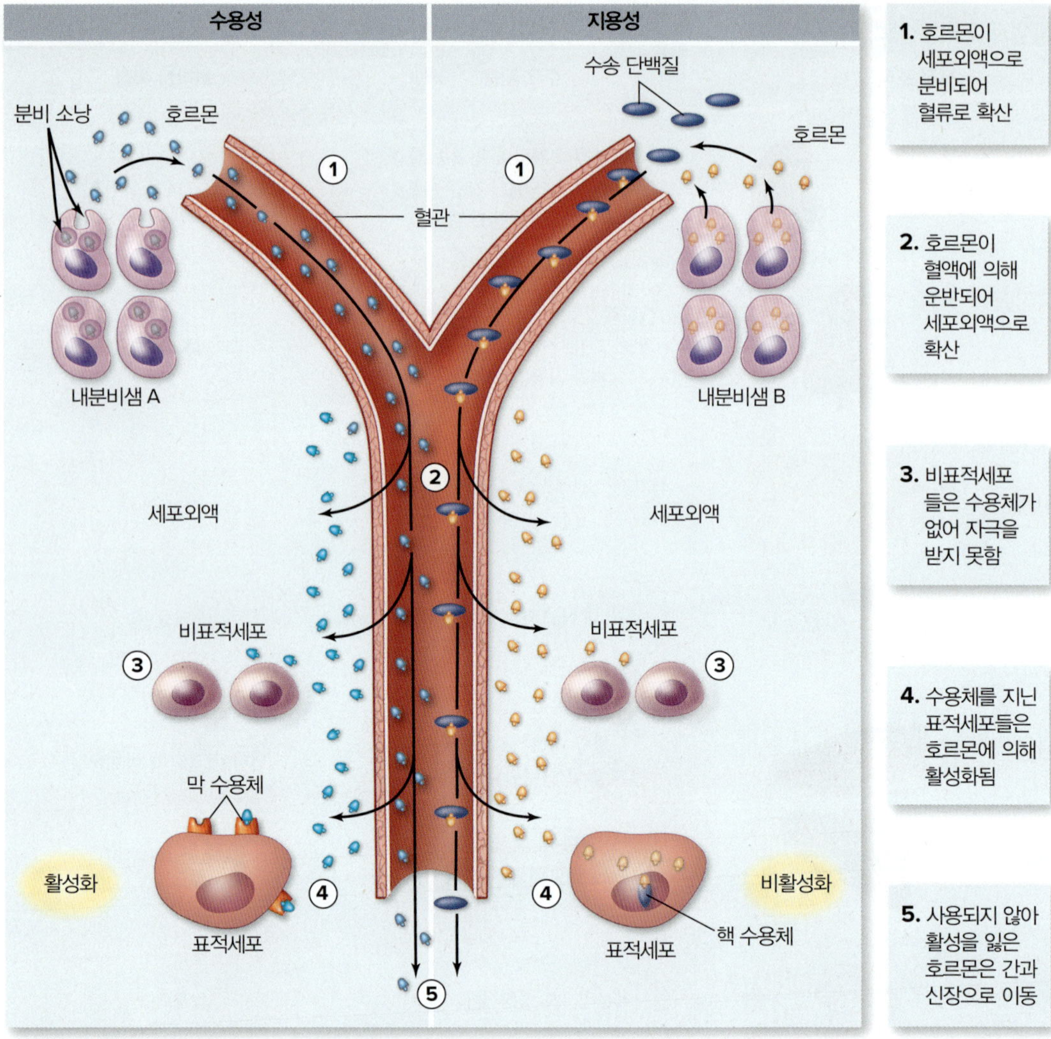

그림 39.3 호르몬의 생애. 내분비샘은 혈액을 통해 수송되는 수용성과 지용성 호르몬을 모두 생성한다. 지용성 호르몬은 혈액 내에 녹아 들어가기 위해 수송 단백질과 결합한다. 표적세포들은 수용성 호르몬을 위해 막 수용체를, 지용성 호르몬을 위해 세포내 수용체를 가진다. 호르몬은 표적세포에서 파괴되거나, 간이나 신장의 혈액에서 제거된다.

는 데 중요하다. 수용성 호르몬은 혈액에 자유로이 녹을 수 있지만, 표적세포의 막을 통과할 수는 없기 때문에 그들은 세포막 바깥의 수용체들을 활성화시켜야 한다. 그에 비해 지용성 호르몬은 수송 단백질(transport protein)에 붙어 혈액을 돌아다니는데(**그림 39.3**), 그들이 지닌 지용성은 세포막을 통과해 세포내 수용체에 결합할 수 있게 해준다.

2가지 유형의 호르몬 모두 사용되고 나면, 보통 파괴되거나 불활성화되어 담즙이나 소변으로 배출된다. 수용성 호르몬이 지용성 호르몬보다 더 빨리 불활성화되는데, 지용성 호르몬이 대체로 며칠이나 몇 주 동안 활성화되는 데 비해 수용성 호르몬은 상대적으로 짧은 시간(수 분~수 시간) 동안 작용하는 경향이 있다.

국소분비 조절인자는 조직 내에서 강력한 효과를 발휘한다

국소분비 조절(paracrine regulation)은 대부분의 기관과 면역계 세포들 사이에서 일어난다. 특정 기관에서 성장과 세포분열을 촉진하는 **생장인자**(growth factors) 단백질은 국소분비 조절인자들 중에서 가장 중요하다. 생장인자는 일생동안 체세포분열을 조절하는 데 중요한 역할을 수행한다(9장 참조). 예를 들어, **신경생장인자**(nerve growth factor)가 뉴런의 생장과 생존을 자극하는 데 비해, **표피생장인자**(epidermal growth factor)는 피부의 체세포분열과 인접한 조직 세포의 발달을 촉진시킨다. **인슐린 유사 생장인자**(insulin-like growth factor)는 발달 중의 뼈에서 세포분열을 자극할 뿐 아니라, 많은 다른 조직의 단백질 합성도 촉진시켜 준다. **뉴로트로핀**(neurotropin)은 신경계를 조절하는 생장인자이며, **사이토카인**(cytokine; 45장 참조)은 면역계에서 세포분열과 분화를 조절하는 특수화된 생장인자이다.

생장인자 기능의 중요성은 생장인자나 그들의 수용체를 암호화하는 유전자에 손상이 생기면 비정상적 세포분열이나 암으로 유도될 수 있는 것에서 알 수 있다.

혈관의 국소분비 조절

신경전달물질로 기능하는 일산화질소(NO) 가스(37장 참조)는 혈관의 내피세포에서 생성된다. 일산화질소는 혈관의 평활근층으로 분비되어 혈관 확장을 촉진시켜주기 때문에 국소분비 조절인자이다. 일산화질소의 주요 역할 중 하나는 동맥을 확장하여 혈압을 조절해 주는 것이다. 혈관의 내피세포에는 혈관수축(vasoconstriction)을 자극하는 **엔도셀린**(endothelin)과 혈관확장(vasodilation)을 촉진하는 **브래디키닌**(bradykinin)을 포함하여 많은 국소분비 조절인자가 존재한다. 국소분비 조절은 자율신경에 의한 혈관의 조절을 도와주어 압력의 증가 및 산소의 감소와 같은 국소적 조건에 혈관이 반응하도록 해준다.

프로스타글란딘

특별한 국소분비 조절인자의 다양한 그룹은 **프로스타글란딘**(prostaglandins)이다. 프로스타글란딘은 5개의 탄소 고리를 포함하는 20개의 탄소로 이루어진 긴 지방산이다. 이 분자는 호르몬이나 다른 자극으로 인해 세포막의 인지질에서 분비된, 전구체인 **아라키돈산**(arachidonic acid)에서 유래된다. 프로스타글란딘은 지용성 분자이지만, 스테로이드 호르몬과는 달리 운반 단백질(carrier protein)이 없다. 이것은 세포외액에서 이동하는 거리를 제한하고, 그들의 활동을 인접한 세포에 국한시킨다.

프로스타글란딘은 대부분의 기관에서 생성되고, 다양한 조절 기능에 관여한다. 몇몇 프로스타글란딘은 평활근 수축을 촉진시킨다. 이러한 작용은 배우자 수송(gamete transport), 출산, 배란과 같은 생식 기능을 조절해 준다. 프로스타글란딘의 과잉 생산은 조산, 자궁내막증, 생리불순을 유도할 수도 있다. 또한 이들은 평활근에 영향을 미쳐 폐와 신장 조절에도 관여한다.

어류에서 프로스타글란딘은 호르몬과 국소분비 조절인자 모두로 기능하는 것으로 알려져 왔다. 배란기 동안 어류의 난소에서 생성된 프로스타글란딘은 뇌로 전달되어 산란 행동에 관여할 수 있다.

프로스타글란딘은 조직의 손상된 부위에서 생성되어 붓고, 아프고, 열이 나는 등의 염증반응을 촉진한다. 이러한 프로스타글란딘의 효과는 잘 연구되어 왔으며, 아스피린(aspirin)과 같이 프로스타글란딘의 합성을 저해하는 약물은 이러한 증상들을 완화시키는 데 도움을 준다.

아스피린은 세계적으로 가장 널리 사용되는 **비스테로이드성 항염증약**(nonsteroidal anti-inflammatory drugs, NSAIDs)로, 이러한 종류의 약에는 인도메타신(indomethacin)과 이부프로펜(ibuprofen)이 있다. 이 약들은 사이클로옥시제네이스 1과 2(cyclooxygenase 1 and 2; COX-1과 COX-2)를 저해함으로써 작용한다. 항염증 효과는 아라키돈산이 프로스타글란딘으로 전환되는데 필수적인 COX-2를 방해함으로써 나타나는데, 이를 통해 프로스타글란딘의 작용으로 인한 염증과 이와 관련된 통증이 줄어든다. 불행하게도 COX-1의 저해는 위장관 출혈과 응고 시간 연장 등 원치 않는 부작용 등을 초래한다.

최근 개발된 진통제는 **COX-2 저해제**(COX-2 inhibitors)라 불리는 것으로, COX-1이 아닌 COX-2만 선택적으로 억제한다. COX-2 저해제는 관절염 환자와 진통제를 정기적으로 사용해야 하는 사람들에게는 잠정적으로 큰 이점을 제공할지 모르지만, 심혈관계에서 프로스타글란딘이 다른 측면에서 영향을 끼칠 수 있을지도 모른다는 우려가 제기되고 있다. 몇몇 COX-2 저해제들은 심장발작과 심장마비의 위험성이 확인되어 시장에서 퇴출되었다. 그러나 일부 저해제들은 아직도 사용되고 있으며, 다른 것들은 FDA 승인을 바탕으로 다시 도입되었다. 위장관 부작용들을 감소시킬 수 있는 것을 제외하고는, COX-2 저해제가 이전의 비스테로이드성 항염증약보다 통증에 더 효과적인 것은 아니다.

핵심 요약 39.1

호르몬은 특정 표적세포의 활동을 조정한다. 내분비호르몬의 3가지 화학적 부류는 펩타이드 및 단백질, 아미노산 유도체, 스테로이드이다. 스테로이드와 같은 지용성 호르몬은 막을 통과할 수 있지만 혈액내 운반체가 필요하고, 친수성 호르몬은 혈액에서 쉽게 이동하지만 막을 통과할 수는 없다. 국소분비 조절자들은 생산되는 기관 내에서 활동한다.

- 호르몬과 신경전달물질은 어떻게 다를까?

39.2 호르몬의 작용

학습 목표

1. 스테로이드 호르몬의 기능을 설명할 수 있다.
2. 펩타이드 호르몬에 의해 전달되는 신호가 어떻게 세포막을 통과하는지 설명할 수 있다.
3. 수용체의 다양한 유형들에 대해 서술할 수 있다.

39.1절에서 언급한 바와 같이, 호르몬은 지용성(친유성)과 수용성(친수성)으로 구분되며, 이러한 성질은 호르몬의 기능을 제한한다. 수용성 호르몬은 막을 통과할 수 없으므로 막 수용체를 통해 작용해

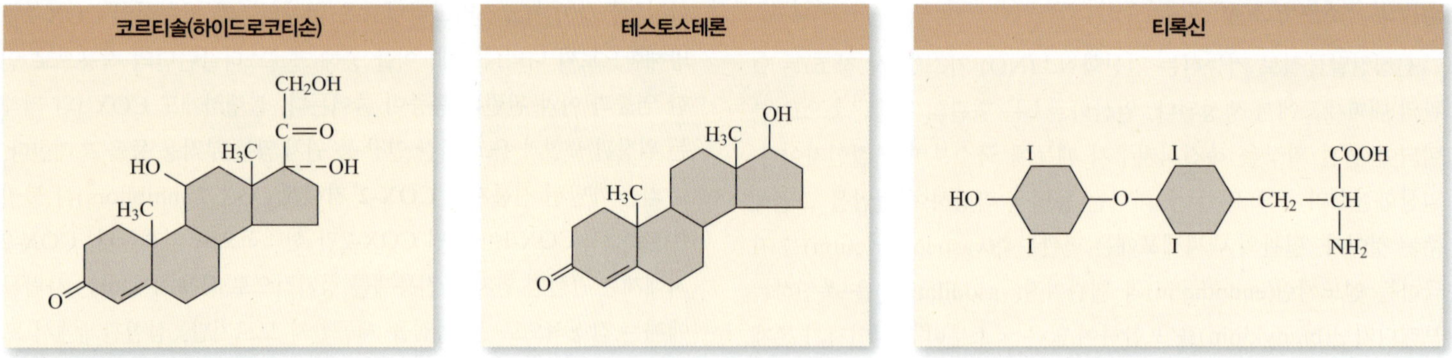

그림 39.4 지용성 호르몬의 화학적 구조.
스테로이드 호르몬은 콜레스테롤로부터 만들어진다. 스테로이드 호르몬인 코르티솔과 테스토스테론의 화학적으로 약간 다른 구조는 인체에 다른 효과를 나타낸다. 갑상샘호르몬인 티록신은 타이로신 아미노산에 요오드가 결합된 구조이다.

야 하고, 지용성 호르몬은 막을 통과하여 세포내 수용체에 결합하여 유전자 발현에 영향을 줄 수 있다. 수용성 호르몬은 짧은 기간 동안 빠르게 작용하는 반면, 지용성 호르몬은 더 느리지만 더 긴 기간 동안 작용한다. 이것은 지나치게 단순화시켜 나누어 놓았지만, 설명하기에 좋은 기준이 된다.

지용성 호르몬은 긴 시간, 빠르게 작용한다

지용성 호르몬은 모든 스테로이드(steroid) 호르몬과 갑상샘(thyroid)호르몬을 포함하며(**그림 39.4**), 레티노이드(retinoid)나 바이타민 A와 같은 다른 지용성 조절 분자들을 포함한다. 지용성 호르몬은 원형질막의 지질 부분이 장벽이 되지 않기 때문에 세포내로 들어갈 수 있다. 한 번 세포내로 들어가면, 지용성 조절 분자는 유전자 발현을 조절할 수 있다. 그들은 유전자 발현의 변화를 일으키기 때문에 상대적으로 느리게 반응하지만 수 시간에서 수일 정도의 지속시간을 갖는다.

빠른, 비유전적 효과

세포내 수용체를 통해 유전자 발현을 변화시키는 스테로이드 호르몬의 작용에도 불구하고, 이 호르몬은 또한 빠른 효과를 나타낼 수 있다. 이러한 효과는 몇 초에서 몇 분의 시간 단위로 발생하며, 전사 또는 번역의 영향을 받지 않는다.

이처럼 급속한 반응은 실제 분명히 일어나지만, 정확한 메커니즘과 수용체의 특성은 잘 모른다. 이것은 고전적인 세포내 수용체의 원형질막으로의 이동과 비표준적인 막 수용체에 대한 결합, 두 가지 메커니즘을 포함하는 것으로 보인다. 각각의 경우에, 호르몬 수용체와 결합은 G 단백질 및 수용체타이로신카이네이스(receptor tyrosine kinases, RTK)를 매개로 한 신호전달경로를 활성화할 수 있다. 스테로이드 호르몬에 대한 이들 막 수용체의 특성은 활발히 연구되고 있는 분야이다.

지용성 호르몬은 유전자 발현에 직접적으로 영향을 미친다

긴 지속시간 및 유전자 발현 효과에 대한 지용성 호르몬의 고전적인 작용 방식은 잘 알려져 있다. 이 호르몬들은 혈액 내에서 녹기 쉽게 하고, 잔존 시간을 늘려 주는 수송 단백질에 결합하여 순환한다(**그림 39.3** 참조). 호르몬들이 그들의 표적세포에 도달하면, 수송 단백질로부터 분리되어 세포의 원형질막을 통과하여 세포내로 들어가(**그림 39.5**) 세포내 수용체 단백질과 결합한다.

어떤 스테로이드 호르몬은 세포질에서 그들의 수용체와 결합하여 호르몬-수용체 복합체(hormone-receptor complex) 상태로 핵으로 들어간다. 또 다른 스테로이드와 갑상샘호르몬은 그들의 수용체 호르몬과 만나기 전에 핵으로 바로 들어간다. 이들이 수용체를 핵 내에서 찾든가 수용체와 함께 세포질에서 핵으로 이동해 들어오게 되든가 간에 그 이후의 과정은 유사하다.

호르몬-수용체 복합체는 DNA의 특별한 위치에도 결합할 수 있다. **호르몬 반응요소**(hormone response element, HRE)로 알려져 있는 DNA 부위는 호르몬에 반응하는 유전자의 프로모터에 위치해 있다. 호르몬-수용체 복합체의 결합은 그 자리를 활성화시켜 전사에 직접적인 영향을 미치거나 어떤 경우에는 전사를 억제시킨다. 따라서 수용체는 호르몬-활성화 전사인자(hormone activated transcription factors)의 기능을 하게 된다(8장과 15장 참조).

지용성 호르몬 자극에 대한 세포의 반응은 호르몬-활성화 전사인자에 반응하여 생성된 단백질에 의해 발생한다. 예를 들어, 닭의 간 세포내에서 에스트로젠이 수용체에 결합하면 비텔로제닌(vitellogenin)단백질을 생산하고, 이것은 난소로 이동하여 달걀의 노른자를 형성한다. 그에 비해 사람의 뇌하수체에서, 갑상샘호르몬이 수용체에 결합하면 갑상샘자극호르몬(thyrotropin) 유전자의 발현을 억제

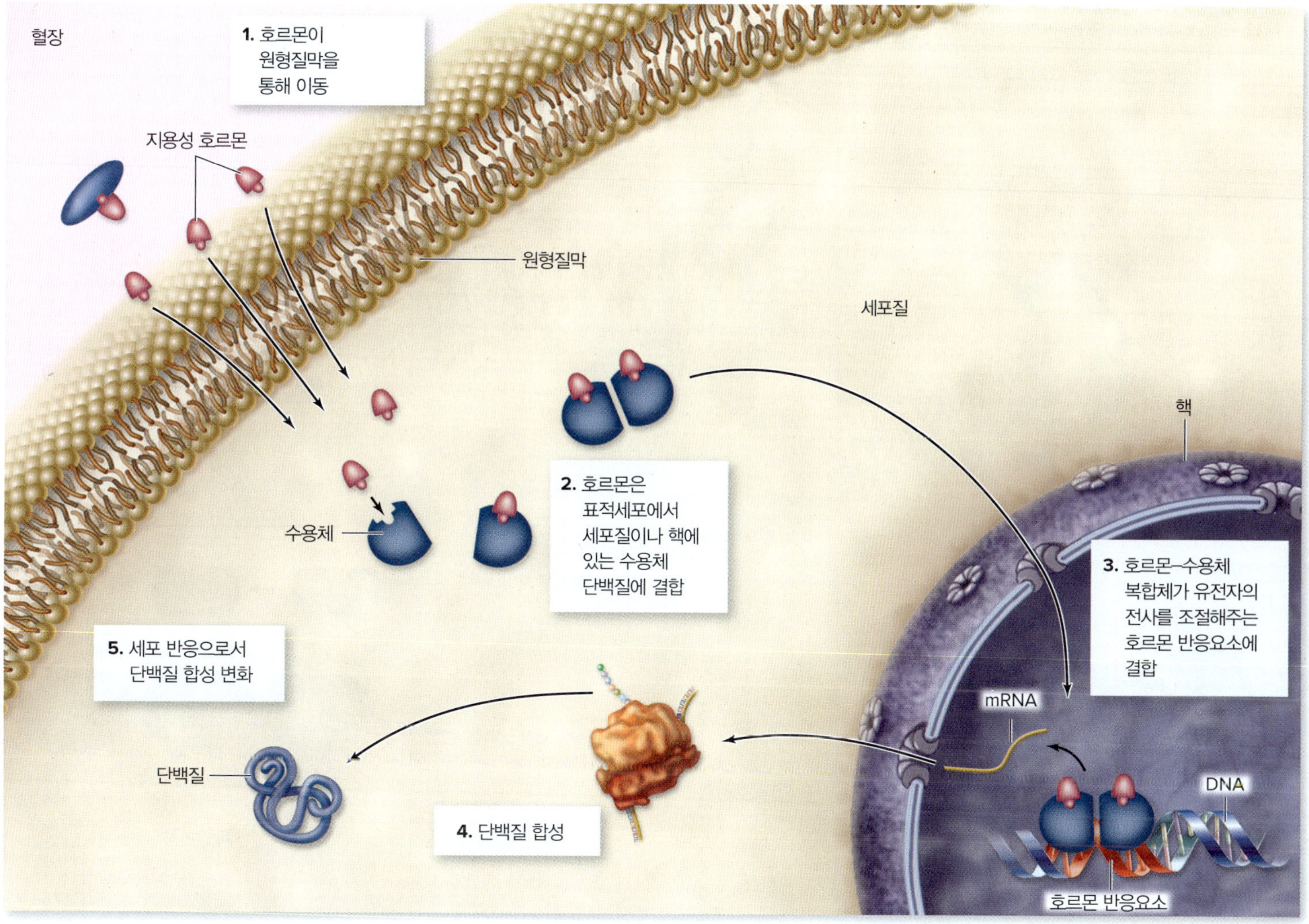

그림 39.5 지용성 호르몬의 작용 메커니즘.
지용성 호르몬은 세포의 원형질막으로 확산되어 들어가 세포내 수용체 단백질과 결합한다. 호르몬-수용체 복합체는 DNA의 특정 부분(호르몬 반응요소)에 안착하여 mRNA 생산을 조절한다. 이런 호르몬에 대한 수용체는 대부분 핵 안에 존재하는데, 만약 세포질 내에서 수용체와 결합했다면, 이러한 호르몬-수용체 복합체는 함께 핵 안으로 들어간다.

하는 음성피드백의 메커니즘이 일어난다(39.3절 참조).

수용성 호르몬은 수용체타이로신카이네이스를 활성화시킬 수 있다

너무 크거나 극성을 가져 표적세포의 원형질막을 통과할 수 없는 호르몬은 모든 종류의 펩타이드, 단백질, 당단백질 호르몬 그리고 카테콜아민(catecholamine) 호르몬을 포함한다. 이 호르몬들은 원형질막의 외부 표면에 위치한 수용체에 결합하고, 세포질 단백질과 상호작용할 수 있는 세포내 수용체를 통해 작용한다(8장). 수용체타이로신카이네이스(RTK)는 중요한 호르몬 수용체 종류이다. RTK를 통한 신호는 종종 인산화에 의해 단백질 기능을 조절하는 세포내 인산화효소(kinase, 카이네이스)의 활성화를 초래한다. 이것은 세포 기능에 광범위한 영향을 줄 수 있다.

RTK에 결합하는 호르몬에 대한 첫 번째 반응은 일반적으로 2량체를 형성함으로써 활성화된 수용체가 스스로를 인산화시킨다. 이 같은 자가인산화(autophosphorylation)는 인산화된 타이로신 부위에 결합하는 세포내 단백질을 통해 신호전달경로를 시작한다(**그림 39.6**). 예를 들어, 펩타이드 호르몬인 인슐린이 수용체에 결합할 때 뒤따르는 반응은 원형질막에 배치되어 있는 포도당 수송 단백질로 하여금 포도당 수송을 용이하게 한다. 생장호르몬은 인산화된 타이로신 결합 단백질(phosphotyrosine binding protein)이 인산화 연쇄 반응을 시작한다는 점을 제외하고는 유사한 메커니즘으로 작동된다(9장 참조).

수용성 호르몬은 G 단백질연결수용체를 활성화시킬 수 있다

호르몬 막 수용체의 중요한 또 다른 큰 부류는 G 단백질연결수용

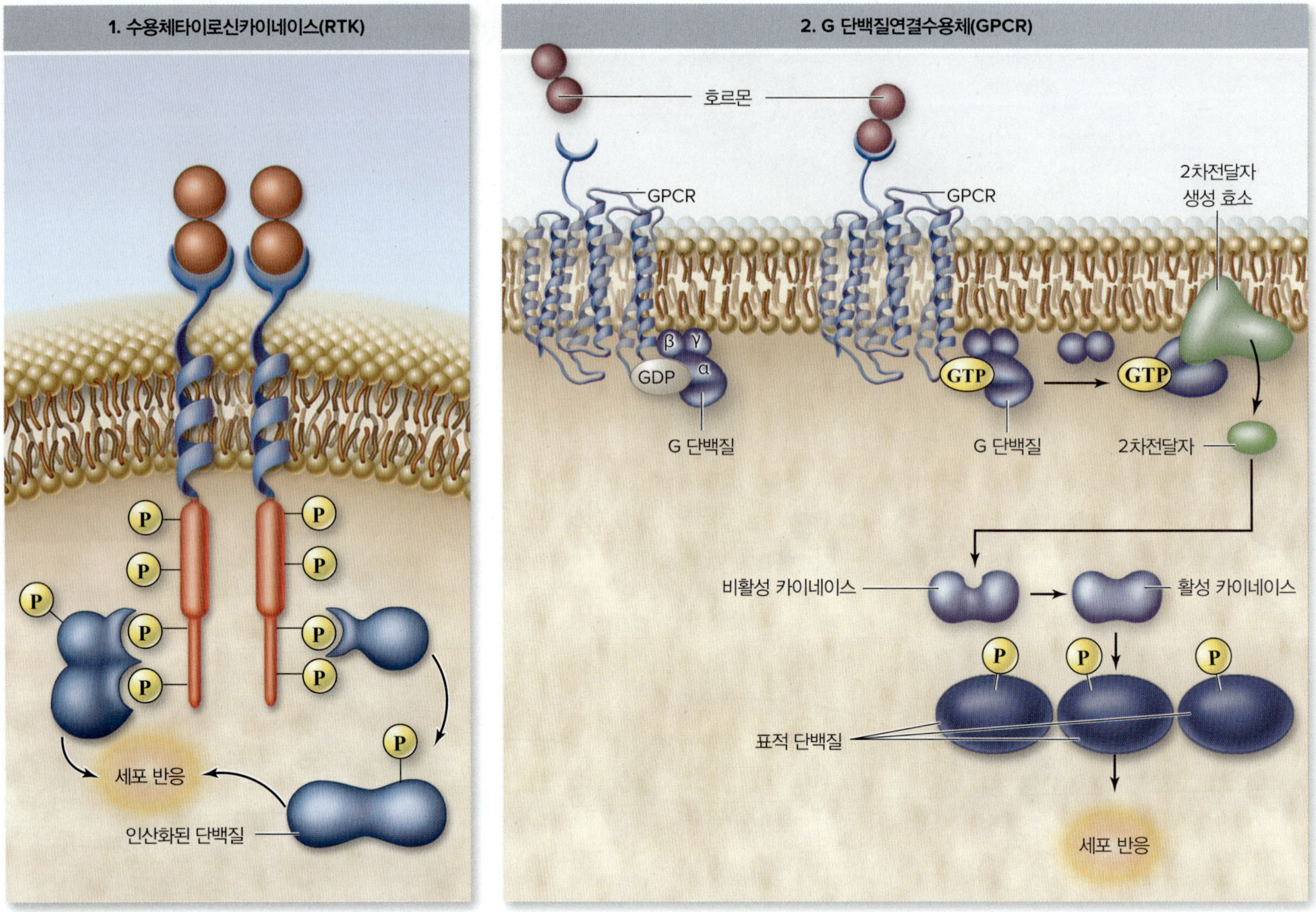

그림 39.6 수용성 호르몬의 작용.
수용성 호르몬은 세포내로 들어갈 수 없기 때문에 막을 관통하는 수용체 단백질을 통해 작용해야 한다. (1) 수용체타이로신카이네이스(RTK)는 리간드와 결합한 후 자가인산화되며, 세포내 단백질이 인산화된 타이로신 부위와 상호작용하여 세포내 신호전달을 발생시킨다. (2) G 단백질연결수용체는 G 단백질을 매개로 반응 단백질을 활성화시키며, 2차전달자를 생성한다. 2차전달자는 단백질 카이네이스를 활성화시켜 다른 단백질들을 인산화시키고, 그들의 활성을 조절한다.

체(G protein-coupled receptor, GPCR)이다. 8장에서 보았듯이 GPCR은 표적세포내에서 2차전달자(second messengers)의 활성을 증가시키는 기작을 통해 종종 작동한다. 세포내 여러 종류의 다양한 분자가 2차전달자로 작용할 수 있다.

1960년대 초반 서덜랜드(Earl Sutherland)는 간세포(liver cells)에서 에피네프린 수용체의 활성이 세포내 2차전달자로 작용하는 **cAMP**(cyclic adenosine monophosphate)를 증가시킴을 밝혔다. 또 다른 중요한 호르몬 조절 2차전달자로는 **이노시톨 3인산**(inositol triphosphate, IP3)과 DAG(diacylglycerol)가 있다(8장 참조).

G 단백질의 작용

GPCR의 기능은 막 단백질인 G 단백질의 활성을 통해 2차전달자를 생성하는 효소인 반응 단백질(effector)을 자극하는 것이다. 호르몬이 GPCR에 결합하면 GDP를 GTP와 교환하여 G 단백질을 활성화시킨다. 활성화된 G 단백질은 수용체로부터 2차전달자 생성 효소로 이동한다(**그림 39.6**). 그 후, 활성화된 효소는 세포 내로 신호를 전파할 수 있는 2차전달자를 생성한다.

에피네프린의 경우 G 단백질은 ATP로부터 2차전달자인 cAMP를 만드는 촉매제인 아데닐사이클레이스(adenylyl cyclase)를 활성화시킨다. 2차전달자가 원형질막의 안쪽 표면에 형성되면, 세포질로 확산되어 단백질 카이네이스에 결합하여 이를 활성화시킨다.

단백질 카이네이스에 의해 인산화되는 단백질의 종류는 세포 유형, 효소, 막 수송 단백질과 전사인자에 달렸다. 이런 다양성은 호르몬이 서로 다른 조직에서 다른 반응을 할 수 있게 해준다. 예를 들어, 간세포에서는 cAMP 의존적 단백질 카이네이스(cAMP-dependent protein kinases)는 글리코젠을 포도당으로 전환하는 효소를 활성화시킨다. 그에 비해 심근세포는 cAMP의 증가가 심근세포의 수축력과 수축 빈도를 증가시키는 다른 종류의 세포내 단백질을 발현시킨다.

활성과 억제

호르몬에 대한 세포 반응은 호르몬 수용체에 의해 활성화되는 G 단백질의 종류에 따라 다르게 나타난다. 어떤 수용체들은 2차 전달자 생성 효소를 활성화시키는 G 단백질과 연결되어 있고, 다른 수용체는 2차전달자 생성을 억제하는 G 단백질과 연결되어 있다. 결과적으로 어떤 호르몬은 자신의 표적세포의 단백질 카이네이스를 자극하고, 다른 것은 표적세포를 억제한다. 단일 호르몬이라도 수용체가 다른 세포 유형에 존재하는 다른 종류의 G 단백질과 결합되어 있다면 서로 다른 활성을 나타낼 수 있다.

예를 들어, 간에 있는 에피네프린 수용체는 앞에서 언급한 바와 같이 아데닐사이클레이스를 통해 cAMP를 생성한다. cAMP는 글리코젠으로부터 포도당의 생성을 촉진하는 단백질 카이네이스를 활성화시킨다. 그에 비해 평활근에서 에피네프린 수용체는 다른 G 단백질을 자극시켜 IP3 생성 효소인 포스포리페이스 C(phopholipase C)를 활성화시킨다. 결과적으로 에피네프린은 평활근에서 IP3에 의해 세포내 칼슘 이온의 분비를 조절하여 근수축을 일으킨다.

수용성 호르몬은 단기적 효과를 낸다

수용성 호르몬의 수용체 결합은 가역적이고 일반적으로 매우 짧게 일어난다. 호르몬은 수용체로부터 바로 분리되거나 표적세포에 결합한 후 빠르게 비활성화된다. 이에 부가하여 표적세포들은 2차 전달자와 단백질 카이네이스를 빠르게 비활성화시키는 특수한 효소들을 포함하고 있다. 결과적으로 수용성 호르몬들은 세포 내에서 즉각적인 반응을 일으킬 수 있지만, 그 활성의 지속시간은 짧다. 수용성 호르몬의 이러한 단기적인 효과는 지용성 호르몬의 더 느리지만 오래 지속되는 효과를 보완하여 동물에게 유연한 조절 메커니즘을 제공한다.

핵심 요약 39.2

지용성 호르몬은 표적세포막을 통과하여 세포내 수용체 단백질에 결합할 수 있다. 호르몬-수용체 복합체는 표적 유전자의 프로모터에 있는 호르몬 반응요소에 결합하여 느리지만 장기적인 효과를 낸다. 이 호르몬은 또한 빠르면서 단기적인 효과를 가질 수도 있다. 수용성 호르몬은 RTK 또는 GPCR과 같은 막 수용체에 결합한다. 이로 인해 신속하지만 단기적인 효과가 발생한다.

■ 왜 펩타이드 호르몬은 스테로이드 호르몬과 같이 유전자 발현에 직접 영향을 미치지 않을까?

39.3 뇌하수체와 시상하부: 인체 조절 중추

학습 목표

1. 뇌하수체의 구조에 대해 설명할 수 있다.
2. 시상하부와 뇌하수체 후엽, 전엽 사이의 관계에 대해 서술할 수 있다.
3. 분비호르몬과 억제호르몬의 역할을 비교하여 설명할 수 있다.

뇌하수체(pituitary gland 또는 hypophysis)는 시상하부로부터 후뇌부의 아래쪽에 위치한 시신경교차(optic chiasm)까지 자루 모양으로 달려 있다. 시상하부(hypothalamus)는 인체의 기능 조절에서 중요한 역할을 수행하는 중추신경계(CNS)의 일부로 그 구조는 37장에서 다뤘다. 여기에서는 인체 작용에서 항상성과 변화를 가져오기 위해 어떻게 함께 작용하는지를 자세히 알아본다.

뇌하수체는 복합 내분비샘이다

현미경 관찰을 통해 내분비샘이 두 부분으로 나눠져 있음을 알 수 있다. 그중 하나는 선상(glandular)인 **뇌하수체 전엽**(anterior pituitary 또는 adenohypophysis)이며, 다른 부분은 섬유상(fibrous) **뇌하수체 후엽**(posterior pituitary 또는 neurohypophysis)이다. 뇌하수체의 두 부분은 배아 발생 기원을 달리하며, 서로 다른 호르몬을 분비하고, 서로 다른 조절계에 의해 조절된다. 모든 척추동물에 두 영역이 보존되어 있다는 것은 각각의 기능이 오래되었고 중요하다는 것을 의미한다.

뇌하수체 후엽은 2가지 신경호르몬을 저장하고 분비한다

뇌하수체 후엽은 시상하부 안의 세포체에서 뻗어 나오는 섬유상관으로 뇌하수체의 줄기를 따라 신장되어 있는 축삭을 포함하기 때문에 섬유 모양을 나타낸다. 이러한 해부학적인 관계는 뇌하수체 후엽이 배아 발달 과정에서 형성된 결과로 나타나는 것이다. 시상하부를 형성하는 제3뇌실(third ventricle)의 바닥은 뇌하수체 후엽을 생성하기 위해 아래쪽으로 자라며, 시상하부와 뇌하수체 후엽은 축삭관에 의해 직접 연결되어 있다.

항이뇨호르몬

뇌하수체 후엽의 내분비 역할은 주목할 만한 의학적 사건이 보고된 1912년에 처음으로 밝혀졌다. 머리에 총을 맞은 남자가 하루 24

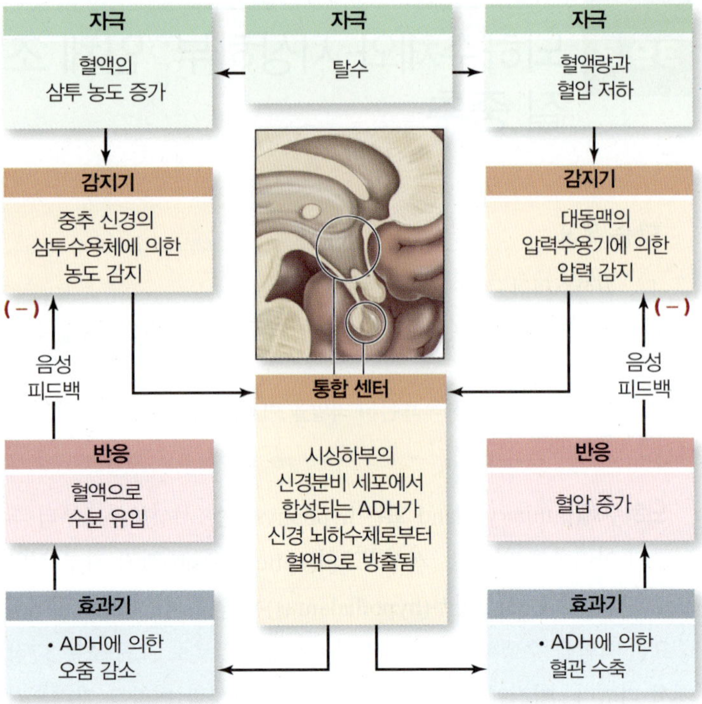

그림 39.7 항이뇨호르몬의 효과.
탈수는 혈액의 삼투 농도를 증가시켜 혈압을 낮추기 때문에 ADH를 분비하기 위한 뇌하수체 후엽을 자극하여 ADH를 분비한다. ADH는 신장에 의한 물의 재흡수를 증가시키고, 혈관 수축을 유발하여 혈압을 증가시킨다. 감소된 혈액 삼투압과 증가된 혈압은 항상성 유지를 위한 완벽한 음성피드백 고리를 만든다.

시간 동안 대략 30분마다 소변을 누었는데, 총알은 뇌하수체 후엽에 박혀 있었다. 후속 연구를 통해 뇌하수체의 이 부분을 제거할 경우 동일한 증상이 나타나는 것이 증명되었다.

1950년대 초반에 연구자들은 뇌하수체 후엽에서 **항이뇨호르몬**(antidiuretic hormone, ADH) 펩타이드를 분리하였다. 항이뇨호르몬은 신장에 의한 물의 재흡수를 자극함으로써(**그림 39.7**) 이뇨를 억제해준다. ADH가 소실되면 총에 맞았던 남자처럼 신장은 많은 물을 재흡수하지 못하여 과도한 양의 오줌이 생성된다. 알코올은 항이뇨호르몬을 억제하기 때문에 알코올의 섭취는 소변을 자주 보게 만든다. 신장 기능에서 항이뇨호르몬의 역할은 44장에서 다룬다.

옥시토신

뇌하수체 후엽은 항이뇨호르몬과 함께 두 번째 신경호르몬으로 9개의 아미노산으로 구성된 **옥시토신**(oxytocin)을 분비한다. 포유동물에서 옥시토신은 젖 분비 반사를 자극한다. 젖을 빠는 동안 젖꼭지에 있는 감각수용기는 시상하부로 자극을 보내고, 옥시토신의 방출을 자극한다. 옥시토신은 분만하는 동안 여성의 자궁 수축의 자극에 필요하고, 임신을 유지하는 동안에도 분비된다.

옥시토신 분비는 분만 후에도 젖을 먹이는 여성에게 지속적으로 일어난다. 그 결과 젖을 먹이는 엄마의 자궁은 젖을 먹이지 않은 엄마의 자궁보다 더 빨리 수축되면서 정상적인 크기로 되돌아간다.

뇌하수체 후엽 신경호르몬과 관련된 **아르지닌 바소토신**(arginine vasotocin)은 포유동물이 아닌 종에서 유사한 효과를 나타낸다. 예를 들면, 닭과 바다거북에서 아르지닌 바소토신은 알을 낳는 동안 수란관 수축을 활성화시킨다.

최근 옥시토신은 생식 행동의 주요한 조절인자로서 알려졌는데, 남녀 모두에서 암수 한 쌍의 결합을 촉진시켜 줄 뿐만 아니라(cuddle hormone이라고 불림) 흥분과 오르가즘을 포함한 성적 반응을 조절하는 데 관여하는 것으로 여겨지고 있다. 옥시토신의 이러한 효과는 신경전달물질이 중추신경계 안에서 국소분비 방법으로 작용하는 것과 매우 유사하다.

시상하부의 신경호르몬 생성

항이뇨호르몬과 옥시토신은 실제로 시상하부에 위치한 신경세포체에서 생성된다. 이 2가지 신경호르몬은 시상하부에서 뇌하수체 후엽으로 축삭을 따라 이동하여 그곳에 저장된다. 항이뇨호르몬의 경우 혈장의 삼투압 증가로, 옥시토신의 경우 아기의 수유와 같은 적절한 자극에 반응하여 신경호르몬은 뇌하수체 후엽에서 혈액으로 분비된다.

이러한 반사 조절은 신경과 내분비계를 모두 포함하기 때문에 항이뇨호르몬과 옥시토신은 **신경내분비 반사**(neuroendocrine reflex)에 의해 분비되는 것으로 볼 수 있다.

뇌하수체 전엽에서는 7가지 호르몬을 생성한다

뇌하수체 후엽과는 달리 뇌하수체 전엽은 뇌의 발달로부터 생성되지 않는다. 대신 배아의 입천장에 있는 상피조직 주머니로부터 발달한다. 뇌하수체 전엽은 뇌와의 근접성에도 불구하고 신경계의 일부가 아니다.

뇌하수체 전엽이 상피조직으로부터 형성되었기 때문에 뇌하수체 전엽은 독립적인 내분비샘이다. 뇌하수체 전엽은 최소 7개의 필수적인 호르몬을 생성하며, 이 호르몬들은 대부분 표적기관의 성장을 자극할 뿐만 아니라 추가적인 내분비샘으로부터 다른 호르몬의 생성과 분비에 관여한다. 따라서 뇌하수체 전엽의 여러 호르몬은 총체적으로 **자극호르몬**(tropic hormone) 또는 **트로핀**(tropin)이라고 한다. 자극호르몬은 표적 샘(gland)에서 생성되는 호르몬 분비를 자극하기 위해 또 다른 내분비샘에 작용한다.

뇌하수체 전엽에서 다른 세포 유형에 의해 생성되고 분비되는 호르몬은 구조적으로 유사한 **펩타이드 호르몬, 단백질 호르몬, 당단백질 호르몬**으로 분류할 수 있다.

펩타이드 호르몬

뇌하수체 전엽의 **펩타이드 호르몬**(peptide hormones)들은 단일 전구체 단백질로부터 나뉘며, 공통적인 서열을 공유하고, 크기는 40개의 아미노산 이하이다.

1. **부신피질자극호르몬**(adrenocorticotropic hormone, ACTH 또는 corticotropin): 부신 피질(adrenal cortex)을 자극하여 사람의 코르티솔(cortisol)과 다른 척추동물의 코르티코스테론(corticosterone)을 포함하는 부신피질호르몬(corticosteroid hormones)을 생성한다. 이 호르몬들은 포도당의 항상성을 조절해 주며, 스트레스에 대한 반응에 중요하다.
2. **멜라닌세포자극호르몬**(melanocyte-stimulating hormone, MSH): 멜라닌 색소의 합성과 확산을 자극한다. 멜라닌 색소는 일부 어류, 양서류와 파충류의 어두운 표피 색깔과 포유류에서 머리카락의 색을 조절해 준다.

단백질 호르몬

단백질 호르몬(protein hormone)은 단일 사슬의 약 200여 개의 아미노산으로 구성되어 있으며, 유의미한 구조적 유사성을 공유한다.

1. **생장호르몬**(growth hormone, GH): 근육, 뼈 및 다른 조직의 생장을 자극하며, 적절한 대사조절을 위해 필수적이다.
2. **프로락틴**(prolactin, PRL): 포유동물에서 젖을 생성하기 위해 젖샘(mammary gland)을 자극하는 것으로 가장 잘 알려져 있다. 뿐만 아니라 이 호르몬은 상피세포를 가로지르는 이온과 물의 수송 조절, 아기를 키우는 데 필요한 여러 기관의 자극 및 부모의 양육 행동 활성화를 포함한 많은 다른 표적기관에 다양한 효과를 가지고 있다.

당단백질 호르몬

가장 크고 복잡한 호르몬으로 알려진 당단백질(glycoprotein)은 100여 개의 아미노산으로 이루어져 있으며, 당이 잔기가 공유결합되어 있는 알파 소단위와 베타 소단위를 포함한 2량체이다. 알파 소단위(α subunit)는 3가지의 호르몬 모두에 공통적이고, 베타 소단위(β subunit)는 호르몬에 따라 서로 다르며, 다른 표적 특이성을 지닌 각각의 호르몬에 존재한다.

1. **갑상샘자극호르몬**(thyroid-stimulating hormone, TSH 또는 thyrotropin): 티록신 호르몬을 생성하기 위해 갑상샘을 자극한 후, 핵 수용체에 작용함으로써 발달과 대사 작용을 조절한다.
2. **황체형성호르몬**(luteinizing hormone, LH): 난소에서 에스트로젠과 프로게스테론의 생성을 자극하며, 여성의 생식주기에서 배란을 위해 필요하다(46장 참조). 남성에서는 테스토스테론을 생성하기 위해 정소를 자극하고, 정자의 생성과 남성의 2차 성징 발달을 위해 필요하다.
3. **난포자극호르몬**(follicle-stimulating hormone, FSH): 여성에서 난포의 발달을 위해 필요하며, 남성에서는 정자의 발달을 위해 필요하다. FSH는 여성에서는 테스토스테론을 에스트로젠으로, 남성에서는 테스토스테론을 디히드록시테스토스테론으로의 전환을 유도한다. FSH와 LH는 총체적으로 **성선자극호르몬**(gonadotropin)으로 언급된다.

시상하부 신경호르몬은 뇌하수체 전엽을 조절한다

뇌하수체 후엽과 달리 뇌하수체 전엽은 뇌로부터 유래되지 않으며, 시상하부로부터 축삭을 받지도 않는다. 그럼에도 불구하고 시상하부는 뇌하수체 전엽 호르몬의 생성 및 분비를 조절한다. 이러한 조절은 신경 축삭을 사용하는 것보다는 자체적으로 호르몬을 분비하는 것이다.

시상하부 안의 신경세포는 신경호르몬인 **방출호르몬**(releasing hormone)과 **억제호르몬**(inhibiting hormone)을 분비하며, 이 호르몬들은 시상하부의 비닥에 있는 모세혈관으로 확산된다(**그림 39.8**). 이러한 모세혈관은 뇌하수체의 줄기 내로 이어져 있는 세정맥으로 흘러나가 뇌하수체 전엽의 두 번째 모세혈관으로 간다. 이러한 혈관계는 **시상하부-뇌하수체 문맥계**(hypothalamohypophyseal portal system)로 알려져 있다. 문맥계에서 2개의 모세혈관이 정맥으로 이어져 있는데, 호르몬은 첫 번째 모세혈관으로 들어가고, 정맥은 이 호르몬을 두 번째 모세혈관으로 운반한다. 여기에서 호르몬은 뇌하수체 전엽으로 들어가게 된다.

방출호르몬

시상하부에 의해 문맥계로 분비되는 각 신경호르몬은 뇌하수체 전엽에서 특정한 호르몬의 분비를 조절한다. 분비호르몬은 다른 호르몬의 분비를 자극하는 펩타이드 신경호르몬들이다. 특별히 **갑상샘자극호르몬 방출호르몬**(thyrotropin-releasing hormone, TRH)은 TSH의 분비를 자극하고, **부신피질자극호르몬 방출호르몬**(corticotrophin-releasing hormone, CRH)은 ACTH의 분비를 자극한다. **생식샘자극호르몬 방출호르몬**(gonadotropin-releasing hormone, GnRH)은 FSH와 LH의 분비를 자극한다. 생장호르몬에 대한 분비호르몬인 **생장호르몬 방출호르몬**(groth hormone-relasing hormone, GHRH)이 발견되었고, TRH, 옥시토신, 혈관활성 장내펩타이드(vasoactive intestinal peptide) 모두가 프로락틴에 대한 방출호르몬으로 작용함이 밝혀졌다.

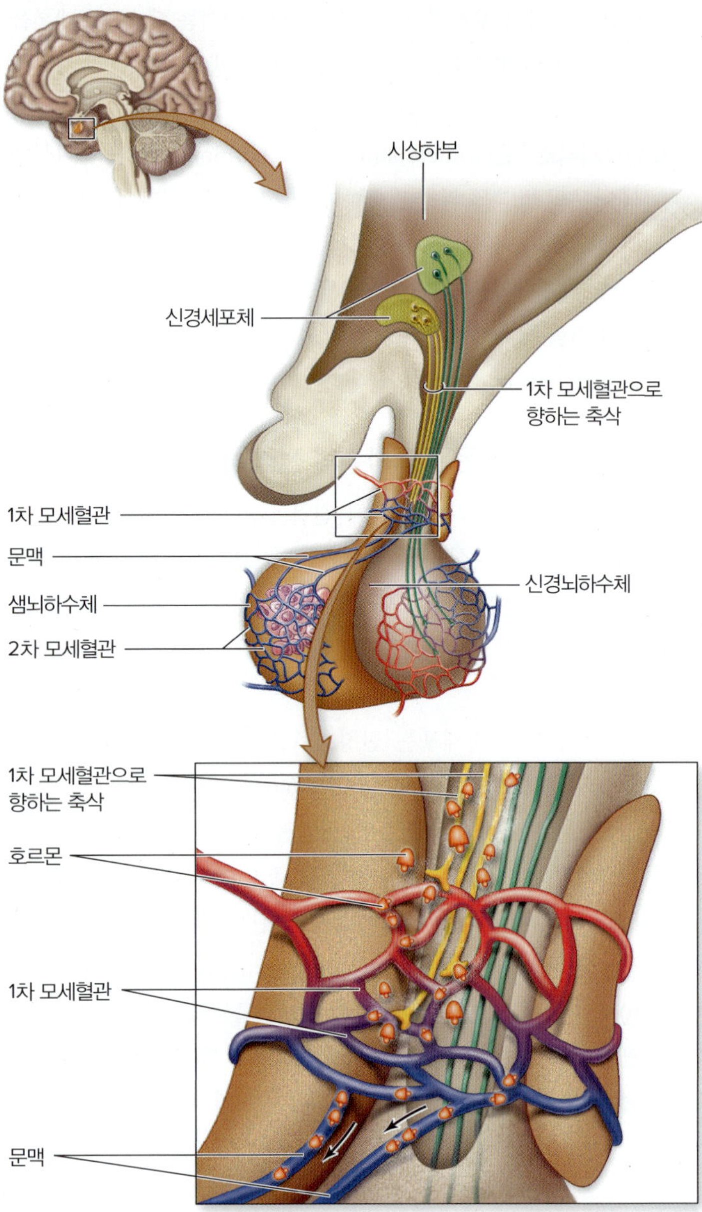

그림 39.8 시상하부에 의한 뇌하수체 호르몬 조절.
시상하부에서 신경세포는 문맥 혈관에 의해 뇌하수체로 직접 운반되는 호르몬을 분비한다. 그곳에서 호르몬들은 샘뇌하수체에서 호르몬의 분비를 자극하거나 억제한다.

억제호르몬

시상하부는 특정한 뇌하수체 전엽 호르몬의 분비를 억제하는 신경호르몬을 분비한다. 현재까지 3가지 호르몬이 발견되었는데, 이들은 생장호르몬의 분비를 억제하는 **소마토스타틴**(somatostatin) 혹은 **생장호르몬 억제호르몬**(growth hormone-inhibiting hormone, GHIH)과 프로락틴의 분비를 억제하는 **프로락틴 억제인자**(prolactin-inhibiting factor, PIF)와 신경전달물질 도파민, 그리고 MSH의 분비를 억제하는 **MSH 억제호르몬**(MSH-inhibiting hormone, MIH)이다.

말초 내분비샘에서의 피드백은 뇌하수체 전엽 호르몬을 조절한다

시상하부 호르몬은 뇌하수체 전엽에서의 분비를 조절하고, 이어서 뇌하수체 전엽 호르몬은 다른 내분비샘의 분비를 조절하기 때문에 시상하부는 몸 전체에 대한 호르몬 분비에 영향을 주는 것으로 여겨진다. 그러나 이것은 내분비 조절의 결정적인 양상을 간과한 것으로, 시상하부와 뇌하수체 전엽은 스스로 분비하도록 자극하는 다양한 호르몬에 의해 부분적으로 조절된다. 대부분의 경우 이러한 조절은 억제성이다(**그림 39.9**). 이러한 유형의 조절시스템을 음성피드백(negative feedback)이라고 부르며, 표적세포 호르몬을 상대적으로 일정한 수준으로 유지하게 해준다.

음성피드백의 예: 갑상샘 조절

음성피드백 기작의 중요성에 대해 살펴보기 위해 갑상샘의 호르몬 조절에 대해 알아본다. 시상하부는 시상하부-뇌하수체 문맥계로 TRH를 분비하여 뇌하수체 전엽을 자극함으로써 TSH가 분비되도록 한다. TSH는 **티록신**(thyroxine) 분비를 위해 갑상샘을 자극한다. 대사율에 대한 티록신과 다른 갑상샘호르몬의 영향은 40.4절에서 다룬다.

티록신의 많은 표적기관 중에 시상하부와 뇌하수체 전엽 자신들이 있다. 티록신은 그들이 분비하는 TRH와 TSH의 분비를 억제하기 위해서 작용하는데, 이러한 음성피드백 억제는 티록신의 수준을

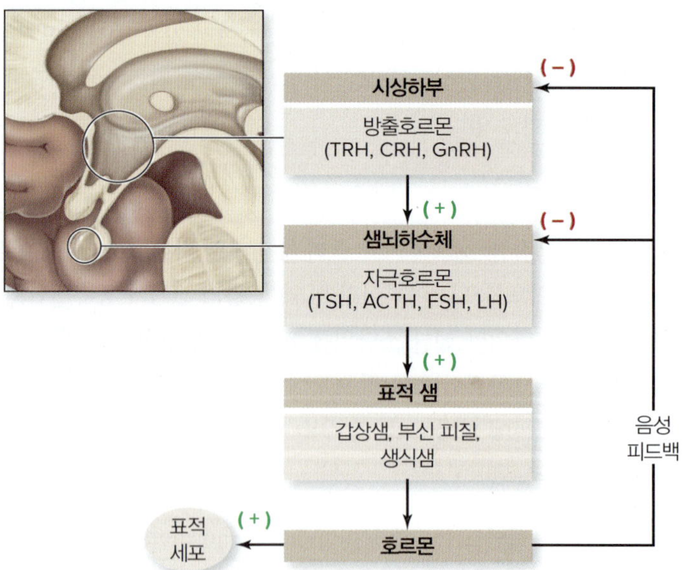

그림 39.9 음성피드백 억제.
일부 내분비샘에 의해 분비된 호르몬은 시상하부 방출호르몬과 뇌하수체 자극호르몬의 분비를 억제하기 위해 피드백된다. 모식도에 부신피질자극호르몬(ACTH), 부신피질자극호르몬 방출호르몬(CRH), 난포자극호르몬(FSH), 생식샘자극호르몬 방출호르몬(GnRH), 황체형성호르몬(LH), 갑상샘자극호르몬 방출호르몬(TRH), 갑상샘자극호르몬(TSH)을 나타냈다.

유지하는 항상성을 위해 필수적이다.

티록신은 요오드를 포함하고 있으며, 요오드가 없으면 갑상샘은 티록신을 생성하지 못한다. 요오드의 원천이 되는 물고기가 없는 중앙 초원과 같은 지역에 사는 사람들은 티록신을 만들기 위한 요오드가 부족하다. 그래서 시상하부와 뇌하수체 전엽은 정상인보다 음성피드백 억제가 덜 일어나게 되는데, 이렇게 축소된 억제 현상은 TRH와 TSH가 많이 분비되는 결과를 초래한다.

TSH의 양이 많아지면 더 많은 티록신을 만들기 위해 갑상샘 세포를 확대시킨다. 요오드가 없기 때문에 갑상샘이 점점 커지면서 갑상샘종(goiter)이 발생하게 된다(**그림 39.10**). 갑상샘종의 크기는 음식물에서 요요드를 섭취함으로써 줄어들 수 있기 때문에 대부분의 나라에서는 식용 소금에 요오드를 추가함으로써 갑상샘종을 예방하고 있다.

양성피드백의 예: 배란

양성피드백(positive feedback)은 항상성으로부터 일탈을 유발하기 때문에 표적 샘에 의한 시상하부와 뇌하수체 전엽의 조절에서 양성피드백은 흔하게 나타나지 않는다. 양성피드백은 동일 방향으로 변화를 유도하는데, 그 예로 난소로부터 성숙된 난자가 배출되는 **배란**(ovulation)의 조절을 들 수 있다.

난모세포가 성장할 때 주변의 난포세포(follicle cell)는 스테로이드 호르몬인 에스트로젠의 생성을 증가시키지 혈액에 에스트로젠의 양이 점점 많아진다. 에스트로젠의 수준이 최고에 이르면 난모세포가 배란을 하도록 시상하부에 신호를 보낸다. 에스트로젠은 시상하부와 뇌하수체에 양성피드백을 나타냄으로써 뇌하수체 전엽으로부터 LH 파동이 일어난다. 이러한 LH 파동은 난포세포를 터지게 하여 수정이 일어나는 곳인 수란관으로 난모세포를 방출한다. 양성피드백 주기는 난소에서 난포세포의 남은 조직이 황체로 되어 FSH와 LH의 분비를 억제하는 프로게스테론과 에스트로젠을 분비하기 때문에 끝나게 된다. 이 과정은 46장에서 자세히 다룬다.

그림 39.10 갑상샘종을 가진 여성.
이 질병은 음식에 요오드가 부족해서 발생된다. 그 결과 티록신 분비가 낮아지고, TSH의 음성피드백 억제가 덜 일어난다. 증가된 TSH의 분비는 추가적인 티록신을 생성하기 위해 갑상샘을 확대하도록 자극한다.

뇌하수체 전엽의 호르몬들은 직 · 간접적으로 작용한다

20세기 초반에 실험적 기술들이 발달하여 **뇌하수체 적출술**(hypophysectomy)에 의해 뇌하수체의 수술적 적출이 가능해졌다. 뇌하수체가 적출된 동물에서는 성장과 발달의 저하, 대사작용 저하, 불임 등을 포함하는 많은 결함이 나타났다. 이러한 강력하고도 다양한 효과들은 뇌하수체가 주된 분비샘이라는 것을 인식시켜 주었다. 실제로 이들 중 대부분은 **직접적인 효과**(direct effects)로, 뇌하수체 전엽 호르몬은 간, 근육 그리고 뼈와 같은 비내분비(nonendocrine) 표적기관의 수용체를 직접활성화시킨다. 그러나 뇌하수체 전엽에서 생성되는 자극호르몬은 갑상샘, 부신, 생식샘과 같은 다른 내분비샘을 활성화시키는 능력을 통한 **간접적인 효과**(indirect effects)도 가지고 있다. 7가지의 뇌하수체 전엽 호르몬 중에서 생장호르몬, 프로락틴, MSH는 직접적인 효과를 통해 작용하는 데 반해 ACTH, TSH, LH, FSH와 같은 자극호르몬들은 독립적 표적기관으로써 내분비샘을 가지고 있다.

생장호르몬의 효과

뇌하수체 전엽의 중요성은 몸 전체나 일부가 과도하게 성장하는 특성을 지닌 **거인증**(gigantism)으로 설명할 수 있다. 키가 가장 큰 사람으로 기록된 와들로(Robert Wadlow)는 거인증을 보였다(**그림 39.11**). 1928년에 태어난 그는 키가 약 3 m, 몸무게는 약 220 kg이었으며, 22세에 감염으로 죽기 전까지 계속 성장했다.

거인증은 성장기 어린이에서 과도한 생장호르몬(GH)의 분비에 의해 일어나는 것으로 알려져 있으며, 반대로 GH의 분비 결핍은 정상적인 신장에 도달하지 못하는 **뇌하수체 왜소증**(pituitary dwarfism)을 나타낸다.

GH는 단백질 합성과 근육 및 결합조직의 성장을 자극하며, 연골 말단 성장판에서 세포분열을 자극함으로써 뼈의 신장을 간접적으로 촉진시켜 준다(40장 참조). 연구자들은 이러한 자극이 혈장 없이 일어날 수 없음을 확인하였으며, 이러한 사실은 GH가 뼈에서 그 효과

그림 39.11 거인증.
일리노이주 알톤의 와들로가 온타리오주 윈저 공항에서 찍은 사진. 19세 때 모습으로 그는 2 m 62 cm이며, 옆에 서 있는 아버지는 1 m 80 cm이다. 정상으로 태어난 그는 어릴 때 생장호르몬 분비 뇌하수체 암에 걸려 22년 동안 계속 성장하여 그의 키는 2 m 72 cm에 달했다.

를 발휘하기 위해서는 다른 호르몬과 공동으로 작용해야 함을 의미한다. GH는 **인슐린 유사 생장호르몬**(insulin-like growth hormone)의 생산을 자극하는데, 이 호르몬은 GH의 자극에 반응하여 간과 뼈에서 생성된다. 또한 골단 성장판(epiphyseal growth plate)에서 세포분열을 자극하여 뼈를 신장시켜 준다.

GH는 청소년 성장에서 가장 극적인 효과를 나타내지만, 성인에서도 단백질, 지방, 탄수화물 대사를 조절하는 기능을 한다. 최근에 식사하는 동안 위에서 생성되는 **그렐린**(ghrelin)이라고 부르는 펩타이드 호르몬이 GH의 강력한 자극제로 알려짐으로써 음식 섭취와 GH 생성 간의 중요한 연관성이 확인되었다.

사춘기 시절에 골격 성장판은 연골을 뼈로 전환시키기 때문에, GH는 성인의 키를 더 자라게 하지는 못한다. 성인에서 과도한 GH 분비는 튀어나온 턱, 길어진 손가락, 두꺼운 피부와 얼굴 모양이 기형으로 나타나는 **말단비대증**(acromegaly)이라는 거인증으로 나타난다. GH 조절에 대한 지식은 소마토스타틴(somatostatin)의 활성이나 그렐린의 유사체를 통해 그의 분비를 조절할 수 있는 약의 개발에 이용되어, 거인증은 오늘날 흔하게 나타나지 않고 있다.

유전적으로 GH 유전자를 추가적으로 복제하여 발현되도록 변형된 동물은 정상보다 더 크게 자란다. GH의 유전자 조작을 통한 농업적 적용이 활발하게 이루어지고 있으며, GH가 젖소의 우유 생산, 돼지에서 무게 증가 촉진, 물고기의 길이 증가에 관여한다는 사실이 밝혀졌다. GH의 성장 촉진 작용은 척추동물들에 보존되어 있는 것으로 여겨진다.

뇌하수체 전엽의 다른 호르몬들

생장호르몬과 같이 프로락틴(prolactin)은 내분비샘이 아닌 기관에 작용한다. 그러나 GH와는 다르게 프로락틴의 작용은 매우 다양하다. 포유동물에서 우유의 생성을 자극하는 것 외에도 프로락틴은 조류(birds)에서는 새끼의 영양 공급과 보육을 위한 중요한 조직(새끼에게 먹이는 소낭유와 새끼를 품는 포란반)을 조절한다.

양서류에서 프로락틴은 도롱뇽을 육상 형태에서 수중 번식이 가능한 성체로의 변태를 촉진시켜 준다. 이러한 생식 작용과 더불어 프로락틴은 포유동물에서 육아, 조류에서 알 품기 그리고 양서류에서 물속에서의 헤엄과 같은 행위를 가능하게 해준다.

프로락틴은 포유동물의 신장(kidneys), 어류의 아가미, 해양 조류의 염류샘에 작용하여 전해질 균형에 다양한 영향을 미친다. 이러한 다양성은 프로락틴이 막을 가로지르는 염분과 물의 움직임을 조절하는 고전적 기능을 가지고 있지만, 새로운 척추동물 종의 출현으로 다양해졌음을 의미한다. 비교내분비학(comparative endocrinology)에서 호르몬 진화 기작을 확실하게 밝히기 위해 다양한 종에 걸친 호르몬 작용에 대한 연구가 진행되고 있다.

생장호르몬이나 프로락틴과는 다르게 다른 뇌하수체 호르몬들은 상대적으로 적은 표적기관에 작용한다. TSH는 갑상샘을 자극하고, ACTH는 부신 피질을 자극한다. 생식샘자극호르몬인 FSH, LH는 생식샘(gonads)에 작용한다. FSH와 LH 모두 생식샘에 작용하지만, 남성과 여성의 생식샘에서 서로 다른 표적세포에 작용한다(46장 참조). 이러한 호르몬들은 표적 내분비샘을 활성화시키기 위한 공통적인 특성을 공유하고 있다.

마지막으로 뇌하수체 호르몬인 MSH는 흑색 색소인 **멜라닌**(melanin)을 포함한 멜라닌보유세포(melanophores)의 활성을 조절한다. MSH에 반응하여 멜라닌은 파충류, 양서류, 어류의 피부를 검게 하는 세포들을 통해 퍼져나간다. 멜라닌 보유세포가 없는 포유동물은 멜라닌세포(melanocytes)라고 부르는 유사한 세포를 가지고 있다. MSH는 검은색 머리카락을 가진 사람의 머리카락을 어둡게 할 수 있지만 빨간색 머리카락의 경우에는 그렇게 하지 못한다. MSH는 피부를 어둡게 하지만, 피부 색소 침착에는 개인차가 있다.

핵심 요약 39.3

뇌하수체 후엽은 신경 조직으로부터 발생하고, 뇌하수체 전엽은 상피 조직에서 발생한다. 시상하부의 축삭은 뇌하수체 후엽으로 연장되어 있으며, 신경호르몬을 생성한다. 시상하부의 신경세포들은 또한 뇌하수체 호르몬을 분비하거나 억제하는 인자를 분비한다. 방출호르몬은 호르몬의 분비를 자극하는데, TRH는 TSH 방출을 유도한다. 억제호르몬은 분비를 억제하는데, GHIH는 GH 방출을 억제한다.

■ 뇌하수체 종양으로 거인증인 사람이 GHIH로 치료받을 수 있을까? 어떤 결과를 예측할 수 있을까?

39.4 주요 말초 내분비샘

학습 목표

1. 주요 말초 내분비샘에 대해 설명할 수 있다.
2. Ca^{2+} 항상성의 구성 요소에 대해 설명할 수 있다.
3. 혈당에서 췌장호르몬의 작용에 대해 설명할 수 있다.

뇌하수체에서 주요 호르몬들이 많이 만들어지지만, 내분비샘은 다른 곳에도 많이 존재한다. 어떤 것은 뇌하수체의 자극호르몬에 의해 조절되지만, 부신 수질 및 췌장과 같은 기관들은 뇌하수체와 관계없이 독립적으로 작용한다. 일부 내분비샘들은 소화관의 제일 앞 분절인 원시 인두(primitive pharynx)로부터 유래하여 발달하였다(46장 참조). **갑상샘**(thyroid gland)과 **부갑상샘**(parathyroid gland)을 포함한 내분비샘은 탄수화물, 지방, 단백질 및 미네랄 대사와 같은 음식물 섭취와 관련된 과정을 조절하는 호르몬을 생성한다.

갑상샘은 기초대사와 발달을 조절한다

갑상샘은 척추동물 종들에서 형태적으로 다르게 나타나지만, 항상 목 근처 심장 앞쪽에서 발견된다. 사람의 경우 나비넥타이와 같은 모양으로, 목 앞쪽 후두융기(Adam's apple) 아래에 존재한다.

갑상샘은 1차적으로 티록신(thyroxine)과 더 적은 양의 3요오드티로닌(triiodothyronine), (이 둘을 총괄하여 갑상샘호르몬이라고 부름) 그리고 칼시토닌(calcitonin)을 분비한다. 앞에서 살펴본 것처럼, 갑상샘호르몬은 몸에서 유일하게 요오드를 포함하고 있는 분자로 티록신은 4개의 요오드 원자를 포함하고, 3요오드티로닌은 3개의 요오드를 포함하고 있다.

갑상샘과 관련된 질환

갑상샘호르몬은 몸의 대부분의 세포에 존재하며 많은 세포내 단백질의 생성과 활성에 영향을 주는 핵 수용체에 결합함으로써 작용한다. 갑상샘호르몬의 중요성은 사람의 갑상샘 질환에 대한 연구에서 명백하게 나타났다. 갑상샘기능저하증(hypothyroidism)을 가진 성인은 티록신의 생산 부족으로 인해 탄수화물과 지방을 이용하는 능력이 감소하여 낮은 대사작용을 한다. 그 결과 종종 피로를 느끼고, 과체중에 추위를 탄다. 갑상샘기능저하증은 성장과 뇌 발달 및 성적 성숙에 영향을 주기 때문에 유아와 아이들에 특히 관련되어 있다. 다행스럽게도 갑상샘호르몬은 작고 단순한 분자이기 때문에 갑상샘기능저하증을 가진 사람들은 알약을 통해 티록신을 섭취할 수 있다.

그에 비해 갑상샘기능항진증(hyperthyroidism)을 가진 사람들은 티록신의 과다 생성으로 인한 몸무게 저하, 신경과민, 높은 대사량 및 흥분 등 상반되는 증상을 나타낸다. 약으로 갑상샘에서 갑상샘호르몬 합성을 막는 것이 가능하지만, 어떤 경우에는 갑상샘의 일부를 수술이나 방사선 치료로 제거해야만 한다.

갑상샘호르몬의 작용

갑상샘호르몬은 대부분의 세포에서 탄수화물과 지방 대사에 관여하는 효소를 조절하며, 몸의 기초대사율을 유지하기 위해 이들을 연료로 사용하도록 촉진한다. 갑상샘호르몬은 종종 다른 호르몬과 공동 작용하거나 **상승작용**(synergistically)하여 생장호르몬, 에피네프린 및 성스테로이드의 활성을 촉진시켜 준다. 이러한 작용을 통하여 갑상샘호르몬은 대사적으로 요구되는 활성을 충족시키는 데 세포 에너지가 적절하게 사용될 수 있도록 해준다.

상대적으로 높은 대사율을 나타내는 사람의 경우 갑상샘호르몬이 혈액에서 항상 높은 수준을 유지한다. 한편, 활동에서 계절적 주기를 겪는 파충류, 양서류 및 어류에서는 혈액의 갑상샘호르몬 수준이 성장, 생식 박달, 이주 및 번식과 같은 대사 활성기간 동안 증가하고, 추운 계절의 비활성 기간에는 감소한다.

갑상샘호르몬의 가장 극적인 효과는 성장과 발달의 조절에서 관찰된다. 그 실례로 발달 중인 사람에서 갑상샘호르몬은 신경세포의 성장을 촉진하고, 중추신경계의 성숙을 자극한다. 갑상샘기능저하증을 가지고 태어난 아이들은 성장이 부진하며, **크레틴병**(cretinism)이라는 심각한 정신장애를 겪는다. 이러한 질병은 초기에 갑상샘호르몬 수준을 측정하여, 필요 시 갑상샘호르몬을 처방함으로써 치료가 가능하다.

발생 과정에서 갑상샘호르몬의 중요성은 양서류에서 밝혀졌다. 갑상샘호르몬은 수중에 살며 초식성인 올챙이가 육지에 살며 육식성

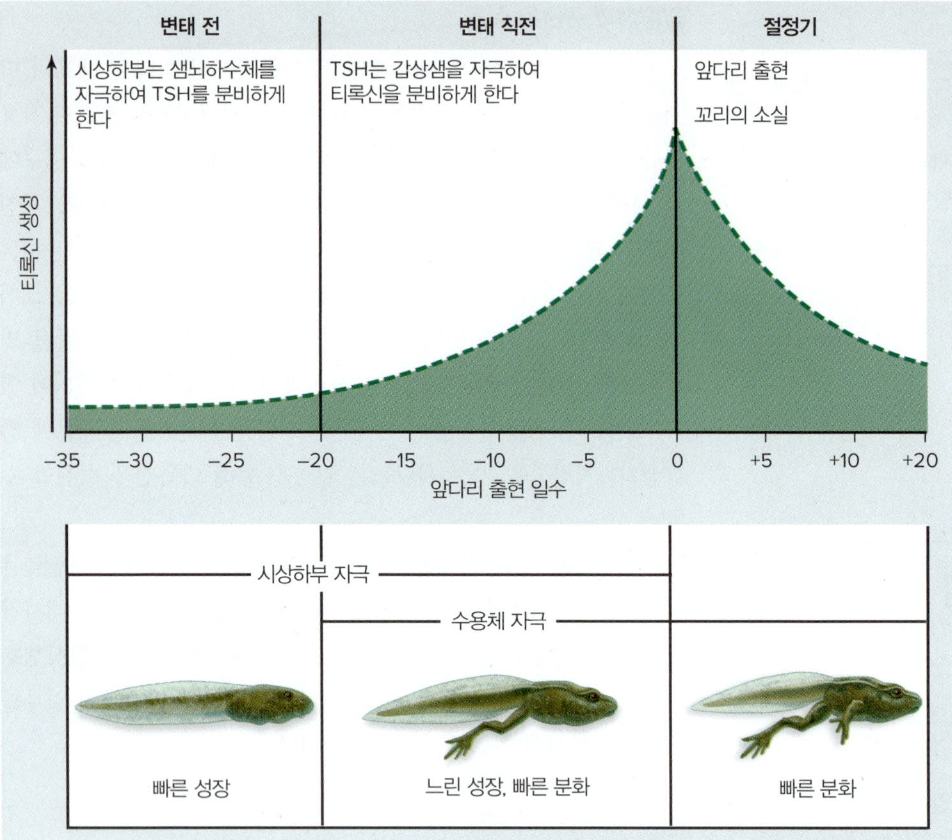

그림 39.12 티록신에 의한 양서류의 변태. 변태 단계 전에 있는 올챙이에서 시상하부는 샘뇌하수체를 자극하여 TSH를 분비하도록 한다. TSH는 갑상샘을 자극하여 티록신을 분비하게 한다. 티록신은 수용체에 결합하고 변태에 필요한 유전자를 발현시키기 시작한다. 변태가 진행되면서 티록신은 최고 수준에 도달하며, 그 후에 앞발이 생기고 꼬리는 사라진다.

자료 분석
뇌하수체를 외과적으로 제거하는 뇌하수체 절제술(hypophysectomy)을 올챙이 초기에 시행한다면, 이것이 티록신 수치와 변태에 어떠한 영향을 미치겠는가? 한편 올챙이 후기에 시행한다면 어떠한 영향이 있겠는가?

인 개구리로 변화되는 과정인 변태(metamorphosis)에 작용한다(**그림 39.12**). 올챙이로부터 갑상샘호르몬이 제거되면 개구리로 변하지 못한다. 반대로 미성숙한 올챙이에게 갑상샘의 조각을 먹이면 빠른 시기에 변태를 겪으면서 작은 개구리가 된다. 이것은 변태가 갑상샘호르몬의 강력한 작용에 의해 다양한 유전자의 발현이 조절됨으로써 유도될 수 있음을 보여준다.

칼슘의 항상성은 여러 호르몬에 의해 조절된다

칼슘은 뼈의 구조적 성분이면서, 근육 수축과 같은 이온 매개성 작용을 하는 척추동물 몸의 주요한 구성 성분이다. 갑상샘과 부갑상샘은 칼슘의 항상성을 조절하기 위해 바이타민 D와 함께 작용한다.

갑상샘에 의한 칼시토닌 분비

갑상샘은 갑상샘호르몬 외에 혈액에서 칼슘의 적절한 농도를 유지하는 데 필요한 펩타이드 호르몬인 **칼시토닌**(calcitonin)을 분비한다. 혈액의 칼슘(Ca^{2+}) 농도가 너무 높을 때, 칼시토닌은 뼈로 칼슘의 유입을 자극하여 혈액내 칼슘 이온 농도를 낮춘다. 칼시토닌은 일부 척추동물의 생리에 중요하지만, 성인의 경우에는 칼시토닌에 의한 칼슘 이온 농도의 조절이 덜 중요하다. 그러나 칼시토닌은 빠르게 성장하는 아이들의 뼈의 재구성에 중요한 역할을 한다.

부갑상샘호르몬(PTH)

부갑상샘은 갑상샘에 붙어 있는 4개의 작은 샘이다. 부갑상샘은 크기가 작기 때문에 20세기가 될 때까지 연구자들은 부갑상샘을 중요하게 생각하지 않았다. 이 기관은 개를 대상으로 한 실험으로부터 내분비 기능을 가진다는 것을 처음 알게 되었다. 개에서 부갑상샘을 제거하면, 개의 혈액 내 Ca^{2+} 농도는 정상 수치의 반 이하로 떨어지며, 부갑상샘 추출물을 투여하면 Ca^{2+} 농도는 정상으로 되돌아온다. 그러나 너무 많은 추출물이 투여되면, 개의 Ca^{2+} 농도는 정상보다 훨씬 더 높아지고 뼈에서 인산칼슘 결정이 용해된다. 부갑상샘이 뼈의 칼슘 분비를 자극하는 호르몬을 생성하는 것이 명백하게 밝혀졌다.

부갑상샘에서 생성되는 호르몬은 **부갑상샘호르몬**(parathyroid hormone, PTH)이라는 펩타이드이다. PTH는 혈액에서 Ca^{2+} 농도 감소에 반응하여 합성되고 분비된다. 혈액 내의 Ca^{2+} 농도가 현저하게 감소되면 심각한 근육 경련을 유발하기 때문에, 이러한 감소가 일어나지 않게 한다. 정상적인 혈액의 Ca^{2+} 농도는 심장을 포함한 근육의 기능과 신경 및 내분비계의 적절한 기능에도 중요하다.

PTH는 뼈 기질의 인산칼슘 결정을 용해하기 위해 뼈에 있는 파골세포(osteoclast)를 자극하여 혈액으로 Ca^{2+}을 분비한다(**그림 39.13**). PTH는 오줌에서 Ca^{2+}의 재흡수를 위해 신장을 자극하고, 장에서 음식물로부터 칼슘 흡수를 위해 필요한 바이타민 D의 활성을 유도한다.

바이타민 D

바이타민 D는 자외선에 반응하여, 콜레스테롤 유도체로부터 피부에서 생성된다. 열대지방 사람들은 바이타민 D를 생성하기에 충분한 햇빛에 노출되지만, 온대지역에서는 피부에서 생성되는 것만으로는 부족하여 음식물을 통한 섭취가 필수적이기 때문에 바이타민 D를 필수 바이타민이라고 부른다. 피부로부터 혈액으로 확산된 바이타민 D는 실제로 비활성 호르몬 형태이다. 활성화된 형태로 되기 위해서는 2개의 수산기(−OH)를 얻어야 하는데, 그중 하나는 간의 효소에 의해 추가되고, 다른 하나는 신장의 효소에 의해 얻는다.

마지막 단계에 필요한 효소는 PTH에 의해 자극되며, 1,25-디하이드록시바이타민 D(1,25-dihydroxyvitamin D)라고 알려진 활성화된 바이타민 D를 생성한다. 이 호르몬은 Ca^{2+}의 소장 흡수를 자극하고, 혈중 Ca^{2+} 농도를 증가시켜 줌으로써 뼈에서 적절한 정도의 무기화(mineralization)가 일어나게 해준다. 바이타민 D의 결핍은 구루병(rickets)이라고 부르는 부실한 뼈 형성을 유도한다.

이런 필수 호르몬의 적절한 양을 유지하게 하기 위하여 미국과 일부 다른 나라에서는 바이타민 D를 상업적으로 생산되는 우유에 첨가하고 있다. 이는 대구 간유(cod liver oil)의 복용을 통해 바이타민 D를 섭취하는 것보다 훨씬 더 좋은 방법이다.

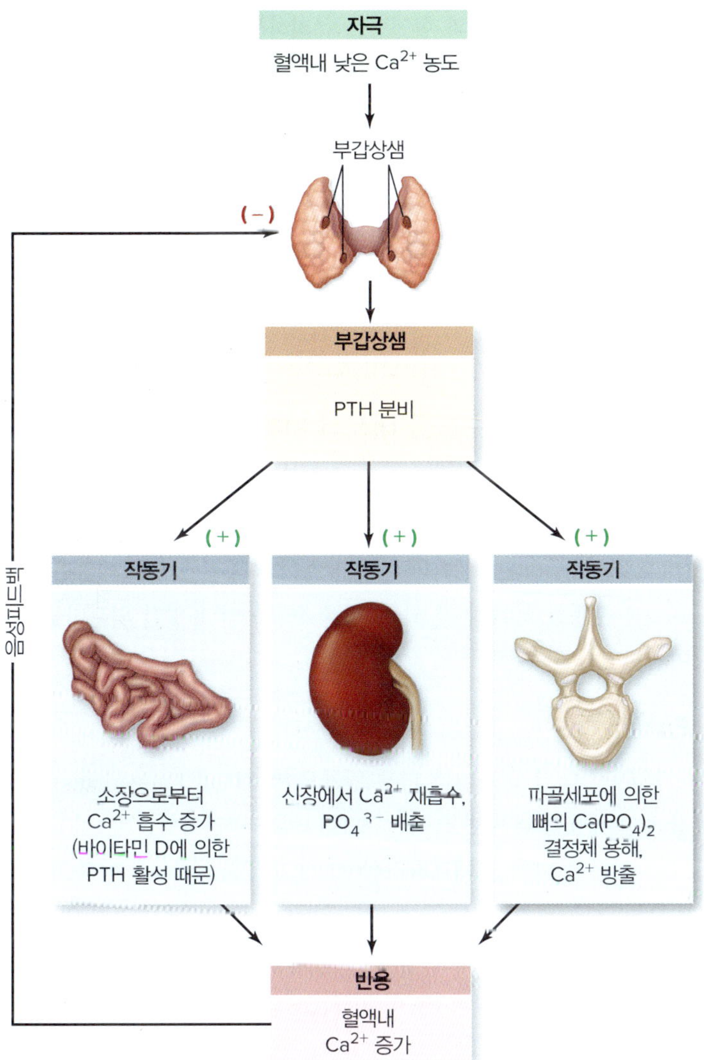

그림 39.13 부갑상샘호르몬(PTH)에 의한 혈액 내의 Ca^{2+} 농도 조절. 혈액 내의 Ca^{2+} 농도가 낮을 때 부갑상샘으로부터 PTH가 분비된다. PTH는 뼈의 직접적인 용해와 신장에서 Ca^{2+}의 재흡수를 자극한다. PTH는 활성 형태의 바이타민 D의 생성을 자극함으로써 Ca^{2+}의 장 흡수를 간접적으로 촉진한다.

부신은 카테콜아민과 스테로이드 호르몬을 분비한다

두 신장 위쪽에 위치하는 부신(**그림 39.14**)은 각각 내부의 **부신 수질**(adrenal medulla)과 외부의 **부신 피질**(adrenal cortex)로 이루어져 있다.

부신 수질

부신 수질은 자율신경계의 교감신경절의 축삭돌기로부터 받은 신경 신호에 대한 반응으로, 카테콜아민 에피네프린(catecholamine epinephrine)과 노르에피네프린(norepinephrine)을 분비한다. 이들 호르몬의 역할은 교감신경절에 의해 유도된 반응과 비슷한 "경고" 반응을 유발하여 인체가 극단적인 작용에 대비하도록 돕는다. 이 호르몬의 효과에는 심장박동수의 증가, 혈압 상승, 기관지 확장, 혈당 상승, 피부와 소화기로 가는 혈류량 감소, 심장과 근육의 혈류량 증가 등이 있다. 분비된 에피네프린의 역할은 호르몬처럼 교감신경계에 의해 분비된 신경전달물질을 보충해주는 것이다.

부신 피질

부신 피질로부터 유래된 호르몬은 모두 스테로이드이며 총괄적으로 **코르티코스테로이드**(corticosteroid)라고 부른다. 부신 피질에서 분비되는 **코르티솔**[cortisol 또는 하이드로코르티손(hydrocortisone)]과 관련된 스테로이드들은 인체 내의 다양한 세포에서 포도당의 항상성을 유지시켜 준다. 포유류에서 이 호르몬들은 당질코르티코이드(glucocorticoids)라고 부르며, 뇌하수체 전엽의 ACTH에 의해 우선적으로 분비가 조절된다.

당질코르티코이드는 근육 단백질을 아미노산으로 분해시켜, 혈액을 통해 간으로 이동하게 한다. 이들은 간을 자극하여 아미노산을 포도당으로 변환시키는 포도당 신생과정(gluconeogenesis)에 필요한 효소들을 생성하게 한다. 단백질로부터의 포도당 합성은 매우 긴 시

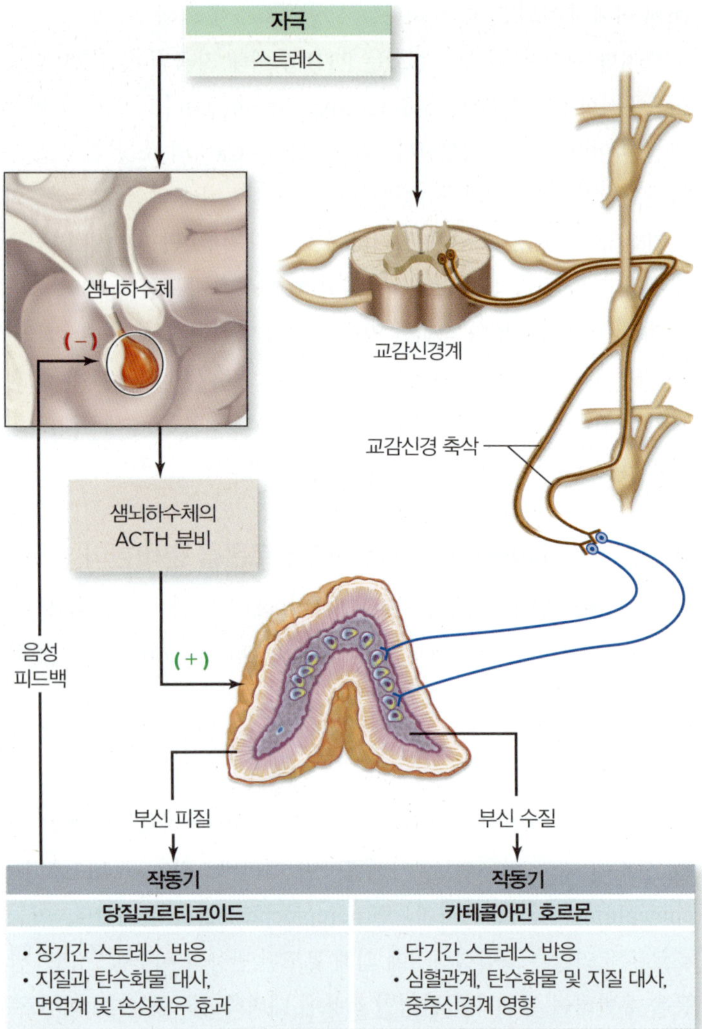

그림 39.14 부신.
부신 수질은 스트레스에 대한 반응을 시작하는 카테콜아민 에피네프린과 노르에피네프린을 생산한다. 부신 피질은 당질코르티코이드, 코르티솔을 포함한 스테로이드 호르몬을 생산한다. 스트레스 반응에서 코르티솔 분비는 포도당의 생산을 증가시키고, 면역 반응을 활성화한다.

간의 단식 또는 운동으로 혈당 수치가 매우 위험한 정도까지 내려갔을 때 특히 중요하다.

당질코르티코이드는 일상의 포도당과 단백질 조절에 중요하지만, 이들은 부신수질호르몬과 비슷하게 스트레스에 대한 반응으로 다량 분비된다. 스트레스를 받는 동안 이들은 단백질과 지방 합성 대신 포도당의 생성을 활성화한다.

포도당 대사조절 외에도 당질코르티코이드는 면역 반응의 일부 양상을 조절한다. 이러한 활성의 생리학적 의미는 아직 명확하진 않은데, 이것은 당질코르티코이드가 장기 스트레스처럼 장기간 높은 농도로 유지되었을 때만 나타나기 때문인 것으로 여겨진다. 당질코르티코이드는 류마티스성 관절염(rheumatoid arthritis) 같은 면역기능장애를 가진 사람에게서 면역시스템을 억제시키기도 하며, 장기와 조직 이식거부로부터 면역시스템을 보호해주기도 한다. 프레드니손(prednisone) 같은 코르티솔 유도체는 항염증 약품으로 광범위하게 사용되고 있다.

다른 주요 코르티코스테로이드인 **알도스테론**(aldosterone)은 미네랄 균형의 조절을 돕기 때문에 무기질코르티코이드(mineralocorticoid)로 분류된다. 부신 피질로부터 알도스테론의 분비는 44장에서 설명한 레닌-안지오텐신 시스템의 산물인 안지오텐신 II와 혈액 내의 높은 K^+ 농도에 의해 활성화된다. 안지오텐신 II는 혈압이 떨어졌을 때 알도스테론의 분비를 활성화시켜 준다.

원뇨로부터 Na^+의 재흡수가 일어나지 않으면 혈중 Na^+의 농도가 감소되는데, 알도스테론의 1차적인 역할은 신장을 자극하여 오줌으로부터 Na^+을 재흡수시키는 것이다. Na^+은 세포외액의 주요 성분으로 정상적인 혈압과 혈액량을 유지하는 데 필요하며, 신경과 근육에서 활동전위를 생성하는 데도 필요하다. 알도스테론이 없으면 신장은 소변으로 다량의 Na^+을 잃게 된다.

소변으로부터 Na^+의 알도스테론 유도성 재흡수는 소변으로 K^+의 분비를 유도하여, 신경과 근육의 전기적 신호의 이상을 가져다주는 K^+의 혈액내 축적을 막아준다. 이러한 알도스테론의 필수적인 기능 때문에, 부신을 제거하거나 알도스테론의 분비에 이상이 생겼을 때 이를 치료하지 않으면 치명적일 수 있다.

췌장 호르몬은 탄수화물 대사의 1차 조절인자이다

췌장(이자, pancreas)은 위와 인접해 있고, 췌장관에 의해 소장의 십이지장(duodenum)과 연결되어 있다. 췌장은 중탄산이온(bicarbonate ion)을 분비하고, 췌장관을 통해 소장으로 다양한 소화효소를 분비한다(41장 참조). 췌장은 오랫동안 유일한 외분비샘으로 여겨졌었다.

인슐린

1869년 독일 의과대학 학생 랑게르한스(Paul Langerhans)는 췌장에 흩어져 있는 몇몇 특이한 세포 다발을 발견하였는데, 이 다발은 그의 이름을 따서 **랑게르한스섬**(islets of Langerhans)이라 명명되었으며, 지금은 이자섬(pancreatic islets)으로 더 잘 알려져 있다. 그 후 연구자들은 외과적으로 췌장이 제거되면 소변에서 당이 발견되는 것을 관찰하였다. 이는 당뇨병(diabetes mellitus)을 검증하는 데 이용되었으며 결국 췌장, 특히 랑게르한스섬에서 생성되는 호르몬이 당뇨병을 막아주는 것을 발견하게 되었다.

그 호르몬인 **인슐린**(insulin)은 랑게르한스섬의 베타세포(ß-cell)에서 분비된다. 인슐린은 1992년에 밴팅(Frederick G. Banting)과

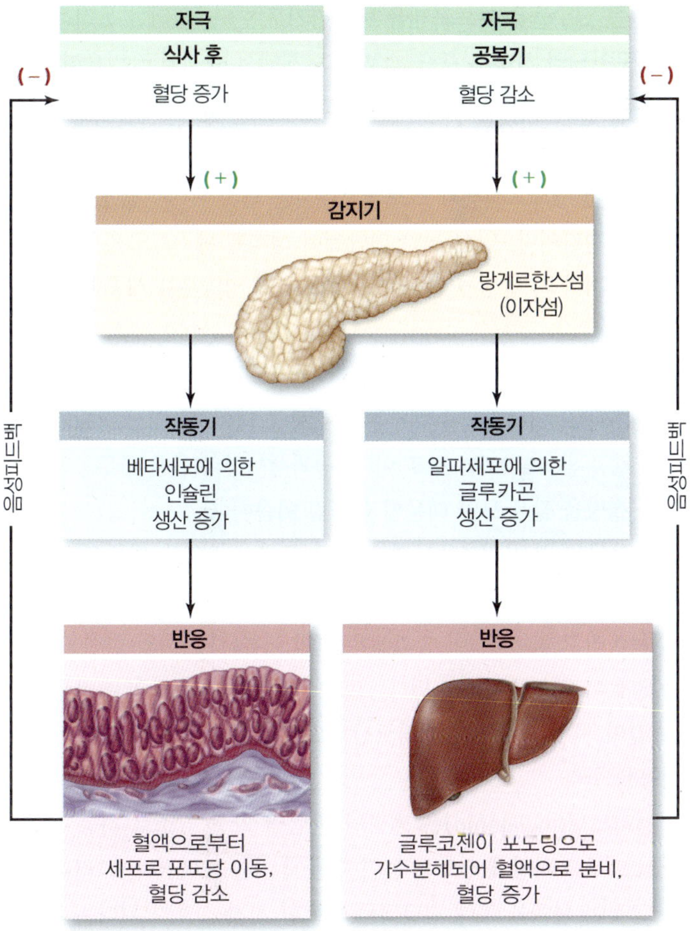

그림 39.15 혈당에 대한 인슐린과 글루카곤의 길항적 작용.
인슐린은 식사 후 혈당을 골격근, 지방세포, 간의 세포에 제공한다. 공복시에는 글루카곤이 간에서 글리코젠의 가수분해를 촉진시켜, 당이 혈액으로 분비될 수 있게 한다. 이러한 길항적 작용을 통해 혈당 농도의 항상성이 유지된다.

베스트(Charles H. Best)에 의해 성공적으로 분리되었다. 1922년 1월 11일 그들은 소의 이자에서 정제하여 순수 분리한 추출물을 체중이 25 kg까지 감소하여 생존 가능성이 없는 13세 당뇨병 소년에게 주사하였다. 한 번의 주사로 소년의 혈당 수치가 25% 감소하였다. 더 강한 추출물을 주사했을 때 소년의 혈당은 곧 정상에 가까운 수치로 떨어졌다. 이는 성공적인 인슐린 치료의 첫 번째 사례였다.

글루카곤

랑게르한스섬은 다른 호르몬도 생성하는데, 랑게르한스섬의 알파세포(α cell)는 인슐린과 길항적으로 작용하는 **글루카곤**(glucagon)을 분비한다(**그림 39.15**). 사람이 탄수화물을 섭취하면 혈당 농도가 증가한다. 혈당은 직접적으로 베타세포에 의한 인슐린 분비를 촉진시키고, 알파세포에 의한 글루카곤의 분비를 저해한다. 인슐린은 간, 근육, 지방세포로 당 공급을 촉진시키며, 간과 근육은 글리코젠 형태로, 지방세포는 지방의 형태로 당을 저장한다. 공복기에 혈당 농도가 떨어질 때 인슐린 분비는 감소하고 글루카곤 분비는 증가한다. 글루카곤은 간에 저장된 글리코젠과 지방조직에서 지방의 가수분해를 증진시키는데, 그렇게 생성된 당과 지방산은 혈액으로 분비되고, 세포에 공급되어 에너지로 이용된다.

당뇨병의 치료

많은 호르몬들이 세포로의 당(glucose) 이동에 관여하지만, 인슐린이 혈액에서 세포로 당 이동을 촉진하는 유일한 호르몬이다. 이러한 이유로 인슐린 신호전달이 저해되면 심각한 결과가 초래될 수 있다. 인슐린을 분비하는 베타세포가 결핍된 **제1형 당뇨병**(type I diabetes) 또는 인슐린 의존성(insulin-dependent) 당뇨병을 가진 사람은 결과적으로 인슐린을 생성하지 못한다. 이러한 환자들의 치료를 위해서는 인슐린을 주사해 주어야 하는데, 인슐린은 펩타이드 호르몬이라 구강섭취 시 분해될 수 있기 때문에 피하주사를 해야만 한다.

과거에는 돼지나 소의 췌장에서 추출한 인슐린만 사용 가능했지만, 오늘날에는 인슐린 의존성 당뇨병을 지닌 사람은 유전적으로 설계된 박테리아에서 생성된 인간의 인슐린을 주입할 수 있다. 랑게르한스섬의 이식 가능성에 내한 연구가 활발히 이루어지고 있는데, 이는 지속적인 치료를 가능하게 한다.

대부분의 당뇨병 환자들은 **제2형 당뇨병**(type II diabetes) 또는 인슐린 비의존성(non-insulin-dependent) 당뇨병을 가지고 있다. 그들은 보통 혈중 인슐린 수치가 정상이거나 심지어 정상보다 높다. 이러한 사람들은 인슐린 주입을 필요로 하지 않고, 식이요법이나 운동을 통해 당뇨병을 제어할 수 있다. 제2형 당뇨병은 특히 선진국에서 흔하게 나타나며, 제2형 당뇨병과 비만 사이에는 연관성이 있는 것으로 보여진다.

18세 이상 성인에서 당뇨병의 전 세계 유병률은 9%로 추정된다. 세계보건기구(WHO)는 2015년 당뇨병으로 인해 160만 명이 사망했으며, 2030년에는 당뇨병이 일곱 번째 주요 사망 원인이 될 것으로 추정하고 있다. 미국 질병관리본부(CDC)는 당뇨병 진단을 받은 성인(18~79세)의 수가 지난 20년 동안 3배가 되었다고 추산하고 있다.

핵심 요약 39.4

주요 말초 내분비샘은 갑상샘, 부갑상샘, 부신 및 췌장이다. 칼슘 항상성은 칼시토닌, 부갑상샘호르몬 및 바이타민 D의 작용으로 이루어진다. 부신은 스트레스 호르몬을 생성한다. 췌장에서 인슐린과 글루카곤은 길항적으로 작용하여 혈당을 정상 수준으로 유지시킨다.

■ 혈당을 일정하게 유지하기 위해 신체에 2가지 호르몬이 필요한 이유는 무엇일까?

39.5 다른 호르몬들의 효과

학습 목표

1. 발생에서 성스테로이드의 역할에 대해 설명할 수 있다.
2. 내분비계가 근원이 아닌 호르몬들을 나열할 수 있다.
3. 탈피와 변태에 관여하는 곤충 호르몬에 대해 설명할 수 있다.

다양한 척추동물과 무척추동물 몸에서 일어나는 과정들은 호르몬이나 다른 화학적 전달자들에 의해 조절되며, 여기에서는 그중 중요한 것들에 대해 알아본다.

성스테로이드는 생식과 발생을 조절한다

척추동물에서 난소(ovaries)와 정소(testes)는 에스트로젠, 프로게스테론 그리고 테스토스테론을 포함한 성스테로이드 호르몬(sex steroid hormone)을 생성하는 중요한 내분비샘이다(46장 참조). 에스트로젠과 프로게스테론은 1차적인 여성스테로이드이고, 테스토스테론과 그의 유도물은 1차적인 남성스테로이드 또는 안드로젠(androgens)이다. 두 호르몬 타입은 남녀 모두에서 발견된다.

배아 발생 동안 남성 배아에서 테스토스테론의 생성은 남성 생식기 발달에 중요하며, 포유동물에서 성스테로이드는 사춘기에 2차 성징 발달에 필수적이다. 이러한 특징들은 여성에서는 유방, 체모 그리고 남성에서는 근육량의 증가를 포함한다. 근육량의 증가 효과 때문에 운동 선수들은 안드로젠을 남용하기도 한다. 이러한 목적을 위한 스테로이드의 사용은 주요 스포츠 단체에서 규제되고 있으며, 이는 다른 많은 심각한 부작용뿐만 아니라 간 이상의 원인이 될 수 있다.

여성에서 성스테로이드는 성주기 유지에 특히 중요하다. 난자에서 생성된 에스트로젠과 프로게스테론은 난소주기와 월경주기의 중요한 조절자이다. 임신 동안 태반에서 생성된 에스트로젠은 자궁 내벽을 유지하고, 발생 중인 배아를 보호하며 영양분을 제공해 준다.

멜라토닌은 생체주기 조절에 매우 중요하다

다른 주요 내분비샘은 대부분 척추동물 뇌의 제3뇌실 꼭대기에 위치한 송과샘(**그림 37.21** 참조)이다. 송과샘이란 이름은 완두콩만한 크기에 솔방울 같은 모양 때문에 붙여진 이름이다.

송과샘은 원시 척추동물의 두개골 꼭대기에 있는 빛에 민감한 눈 안쪽에서 발달되었는데, 이미지를 형성하지는 않지만 때때로 세 번째 눈이라고 불린다. 이 송과샘은 원시 어류(원구류)와 현대 몇몇 파충류에 아직도 존재하고 있다. 그러나 다른 척추동물의 송과샘은 뇌 속 깊이 묻혀 있으면서 멜라토닌 호르몬 분비에 의해 내분비샘으로 기능을 한다.

멜라토닌(melatonin)은 멜라닌 과립의 확산 감소로 하등 척추동물의 피부를 하얗게 만드는 능력 때문에 이름 붙여졌다. 그러나 지금은 그것이 혈액을 통해 전달되는 중요한 시간 신호가 된다는 사실이 밝혀져 있다. 어둠 속에서는 혈액 내 멜라토닌 수준이 증가하고, 낮 동안에는 감소한다.

멜라토닌의 분비는 시상하부의 **시교차상핵**(suprachiasmatic

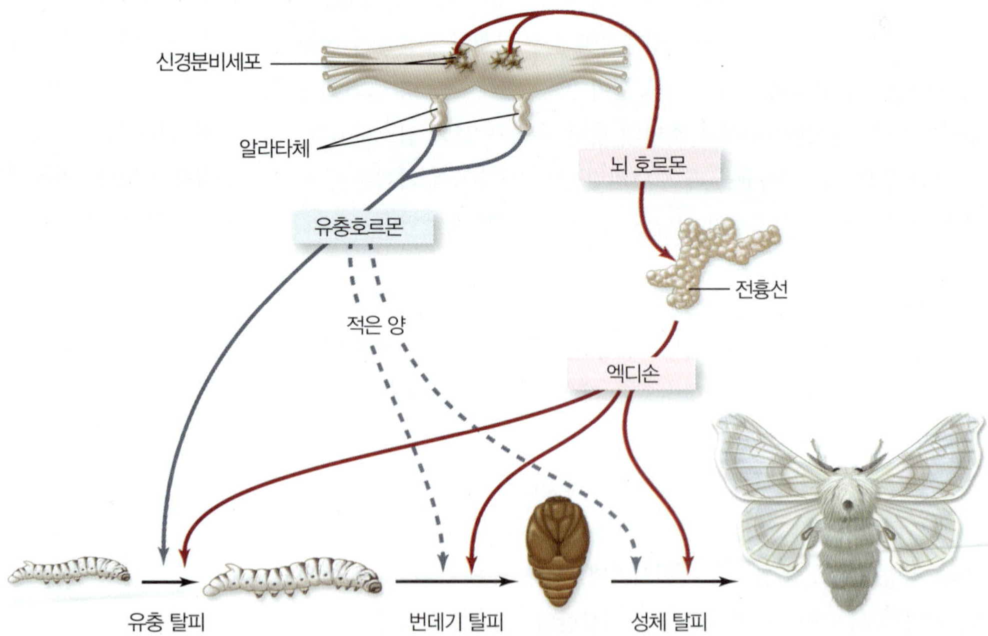

그림 39.16 호르몬에 의한 누에나방(***Bombyx mori***)의 변태 조절.
탈피호르몬인 엑디손은 탈피가 일어나는 시기를 조절해 준다. 뇌 호르몬은 전흉선의 엑디손 생성을 자극한다. 유충호르몬에 의해 탈피가 결정되는데, 유충호르몬은 뇌에 가까운 가슴 부위에 위치한 알라타체에서 생성된다. 높은 수준의 유충호르몬은 번데기의 형성을 저해하며, 낮은 수준의 유충호르몬은 번데기의 탈피와 변태를 유도한다.

? **탐구문제** 유충호르몬은 살충제로 사용되었다. 이것은 곤충의 수명주기에 어떤 영향을 미치는가? 이것은 치명적이겠는가?

nucleus, SCN)의 활성에 의해 조절된다. SCN은 척추동물에서 주요한 생물학적 시계로 작용한다. SCN의 조절을 통해 송과샘에서 멜라토닌의 분비는 어둠 속에서 활성화된다.

이 멜라토닌 분비의 일주기는 수면(sleep)과 각성(wake), 온도 순환을 조절한다. 시차나 야간 근무로 인한 일주기의 혼란은 때때로 멜라토닌 투여로 최소화할 수 있다. 멜라토닌은 특정 짝짓기 시기를 가지는 몇몇 척추동물 종에서 생식주기를 조절하는 데 도움이 된다.

어떤 호르몬들은 내분비샘에서 생성되지 않는다

다양한 호르몬들이 내분비샘이 아닌 기관에서 분비된다. 흉선(가슴샘, thymus)은 많은 척추동물에서 T 세포를 생성하고, 포유류에서는 T 세포를 성숙시키는 곳으로 면역계를 조절하는 많은 호르몬들을 분비한다.

심장의 우심방은 **심방나트륨이뇨호르몬**(atrial natriuretic hormone)을 분비하는데, 이는 신장이 소변으로 염분과 물을 배출하는 것을 조절한다. 이 호르몬은 염분과 물이 유지되는 것을 촉진하는 알도스테론과 반대로 작용한다.

신장은 골수가 적혈구를 생성하는 것을 조절하는 호르몬인 **적혈구생성촉진인자**(erythropoietin)를 분비한다. 간, 위 그리고 소장과 같은 다른 기관들도 호르몬을 분비하며, 앞에서 언급한 것처럼 피부는 바이타민 D를 분비한다.

곤충 호르몬은 탈피와 변태를 조절한다

대부분 무척추동물들도 호르몬을 생성하여 생식, 성장과 체색 변화를 조절한다. 곤충에서 효과적인 호르몬의 작용은 양서류 변태에서 갑상샘호르몬의 역할과 비슷하다.

곤충은 배아 발생 이후 동안 성체로 되기까지 굳어진 외골격은 팽창되지 않는다. 이 문제를 극복하기 위해 곤충은 연속적인 탈피(molting)를 통해 그들의 오래된 외골격을 탈각시키면서 더 큰 새 외골격을 만든다(**그림 39.16**). 곤충들은 유충 상태에서 탈피를 하면서 성체로 변화하는데, 이 과정을 변태(metamorphosis)라고 한다.

호르몬 분비는 곤충에서 탈피와 변태 모두에 영향을 미친다. 탈피에 앞서 뇌 표면에 있는 신경분비세포에서는 작은 펩타이드인 **전흉선자극호르몬**(prothoracicotropic hormone, PTTH)을 분비하고, 이것은 흉선에 있는 **탈피호르몬**[molting hormone 또는 **엑디손**(ecdysone)]을 생성하는 전흉선을 자극한다(**그림 39.16**). 높은 수준의 엑디손은 탈피를 일으키는 원인이 되는 생화학적, 행동적 변화를 유발한다.

뇌 가까이에 위치하는 **알라타체**(corpora allata)라는 다른 내분비샘 한 쌍은 **유충호르몬**(juvenile hormone)을 생성한다. 높은 수준의 유충호르몬은 성체로의 변화를 막고, 애벌레에서 애벌레로의 탈피를 일으킨다. 그러나 유충호르몬의 농도가 낮으면 탈피는 변태를 유도한다(**그림 39.17**).

암세포는 호르몬 생성을 변화시키거나 변화된 호르몬 반응을 보인다

호르몬과 국소분비인자는 세포분열과 성장을 조절해 준다. 정상적으로 호르몬 생성은 정밀하게 조절되지만, 신호전달 체계에서 기능 이상이 일어기도 하는데, 조절되지 않은 호르몬 자극은 심각한 물

과학적 사고

가설: 유충호르몬이 엑디손에 의한 유전자 발현을 저해한다.
예측: 유충으로부터 분리한 성충판(imaginal disc)에 엑디손과 함께 유충호르몬의 양을 증가시키면서 처리하면 엑디손의 자극으로 인한 전사가 감소되어 나타난다
실험: 3령 후기 초파리 유충으로부터 분리한 성충판을 엑디손이 있는 상태에서, 한 곳은 유충호르몬을 첨가하고 다른 곳은 첨가하지 않은 채 배양하였다. ^{3}H-UTP로 표지된 RNA를 이용하여 유전자 발현량을 측정하였다.

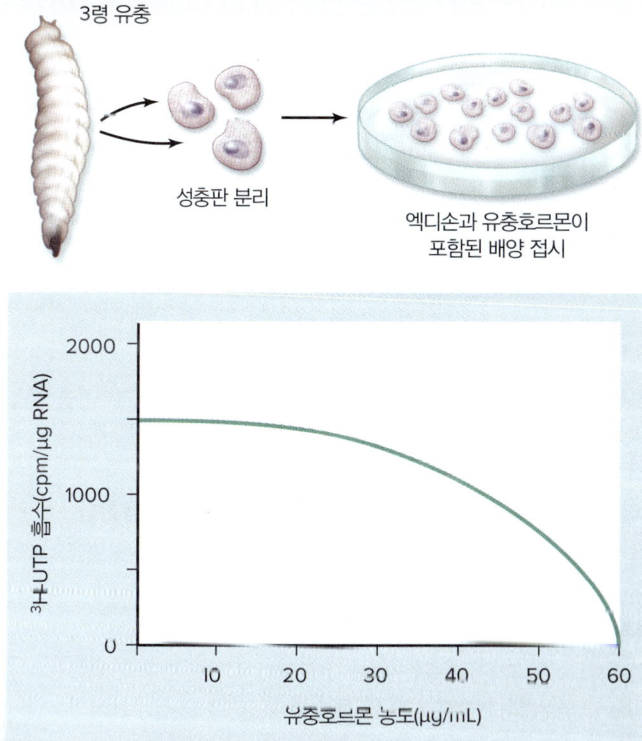

결과: 그래프는 엑디손이 단독으로 존재할 경우 ^{3}H-UTP가 비교적 높게 나타남을 보여준다. 유충호르몬의 양이 증가함에 따라 RNA 합성이 감소하였다.
결론: 유충호르몬은 성충판에서 엑디손이 조절하는 RNA 합성을 저해한다.
추가 실험: 분리된 성충판을 이용한 이 시스템을 어떻게 변태 과정을 분석하는 데 이용할 수 있을까?

그림 39.17 초파리(***Drosophila***)의 성충판에서 **RNA** 합성에 대한 엑디손과 유충호르몬의 영향.

리적 결과를 초래할 수 있다.

뇌하수체 전엽이나 갑상샘과 같은 내분비샘에서 발달한 종양은 지나치게 많은 양의 호르몬을 생성할 수 있고, 거대증이나 갑상샘기능항진증의 원인이 된다. 자연발생적인 돌연변이는 호르몬 자극이 없음에도 불구하고 표적세포 반응의 활성화와 함께 세포 간 신호전달 단백질이나 수용체에 손상을 줄 수 있다. 그 예로 생장인자 수용체(growth factor receptors)의 돌연변이는 종양 발생을 일으키는 과도한 세포분열을 야기할 수 있다. 유방이나 전립샘과 같은 스테로이드성 반응 조직에서 발생하는 일부 종양은 호르몬 자극에 민감할 수 있기 때문에, 스테로이드 호르몬 생성을 중단하면 종양의 성장을 감소시킬 수 있다.

발생과 분화에서 호르몬의 중요한 영향은 디에틸스틸베스트롤(diethylstibestrol, DES)의 경우에서 볼 수 있다. DES는 유산을 방지하기 위해 1940~1970년에 임산부들에게 공급된 합성 에스트로젠이다. 태아 시기에 DES에 노출된 딸들에게서 나중에 자궁경부암(cervical cancer) 발생 가능성이 높아진다는 사실이 밝혀졌다. 따라서 호르몬 처리로 인한 발생에서의 변화를 밝히는 데는 많은 시간이 요구된다.

핵심 요약 39.5

테스토스테론은 배아가 남성으로 발달하게 한다. 사춘기 때 생산된 테스토스테론과 에스트로젠은 2차 성징을 나타나게 한다. 여성의 월경주기는 성호르몬 균형에 의해 조절된다. 흉선, 심장의 우심방 및 신장은 주요 기능은 아니지만 호르몬을 분비한다. 곤충에서 탈피 호르몬은 탈피를 유도하며, 낮은 수준의 유충호르몬은 변태를 유발한다.

■ 심방나트륨이뇨호르몬은 혈액량을 줄인다. 이것이 혈압에 영향을 줄까?

핵심 개념 요약

39.1 화학적 전령에 의한 인체 반응 조절

호르몬은 혈액에 의해 운반되는 신호 분자이며, 먼 곳에 표적기관을 갖는다. 국소분비 조절자는 국소적으로 작용하며, 환경으로 방출되는 페로몬은 같은 종의 개체들 간에 의사소통을 한다.

■ 어떤 분자들은 순환하는 호르몬과 신경전달물질로 작용한다

노르에피네프린은 교감신경의 신경전달물질이며, 부신에 의해 혈액으로 방출되는 호르몬이기도 하다.

■ 내분비샘은 3가지 유형의 호르몬을 생성한다

내분비호르몬의 3가지 부류는 TSH 같은 펩타이드 및 단백질, 티록신과 같은 아미노산 유도체, 에스트로젠 및 테스토스테론과 같은 스테로이드이다(**표 39.1**).

■ 호르몬은 지용성 호르몬과 수용성 호르몬으로 나눌 수 있다

지용성 호르몬은 지질에 용해되어 세포막을 통과할 수 있고, 수용성 호르몬은 물에 용해되어 세포막을 통과할 수 없다.

■ 국소분비 조절인자는 조직 내에서 강력한 효과를 발휘한다

국소분비 조절은 대부분의 기관과 면역계의 세포들 사이에서 일어난다. 프로스타글란딘은 염증반응과 관련되어 있어, 비스테로이드성 염증약(NSAIDs)의 타겟이 된다.

39.2 호르몬의 작용

■ 지용성 호르몬은 긴 시간, 빠르게 작용한다

지용성 호르몬은 세포내 수용체를 통해 긴 시간 작용할 수 있다. 또한 세포막 수용체를 통해 빠른 효과를 낼 수도 있다.

■ 지용성 호르몬은 유전자 발현에 직접적으로 영향을 미친다

지용성 호르몬은 혈액 내에서 운반 단백질과 결합하여 이동한다(**그림 39.3**). 그들은 세포 속으로 들어가 세포내 수용체를 활성화시킨다. 호르몬-수용체 복합체는 프로모터상에 있는 호르몬 반응요소에 결합하여 전사를 조절한다.

■ 수용성 호르몬은 수용체타이로신카이네이스를 활성화시킬 수 있다

수용성 호르몬은 세포막 수용체와 결합한다(**그림 39.6**). 수용체의 타이로신 부위가 자가인산화되면, 세포내 단백질들이 인산화된 타이로신 잔기에 결합함으로써 세포내 신호전달이 이루어진다.

■ 수용성 호르몬은 G 단백질연결수용체를 활성화시킬 수 있다

G 단백질연결수용체는 반응 단백질을 활성화시켜 2차 신호전달자들을 생성한다. 수용성 호르몬들은 지용성 호르몬들보다 빠르고 짧게 작용한다.

■ 수용성 호르몬은 단기적 효과를 낸다

호르몬의 결합은 가역적이며 주로 잠시 동안 일어난다. 호르몬과 2차 신호전달자들은 빠르게 불활성화된다.

39.3 뇌하수체와 시상하부: 인체 조절 중추

■ **뇌하수체는 복합 내분비샘이다**

뇌하수체 전엽은 상피조직으로부터 유래하며 선상(glandular)조직으로 이루어져 있고, 뇌하수체 후엽은 신경 조직으로부터 유래하며 섬유상(fibrous) 형태를 지닌다.

■ **뇌하수체 후엽은 2가지 신경호르몬을 저장하고 분비한다**

뇌하수체 후엽은 시상하부로부터 시작된 축삭을 포함하며, 이곳에서 신경호르몬들이 분비된다. 물의 재흡수에 관여하는 ADH와 옥시토신이 있다.

■ **뇌하수체 전엽에서는 7가지 호르몬을 생성한다**

뇌하수체 전엽에서 만들어지는 호르몬에는 펩타이드, 단백질 그리고 당단백질 호르몬들이 존재한다. 이 호르몬들은 성장을 촉진하고, 다른 내분비샘을 자극하는 자극(tropic)호르몬들이다(**표 39.1**).

■ **시상하부 신경호르몬은 뇌하수체 전엽을 조절한다**

시상하부에서 생성되는 방출, 억제호르몬들은 문맥을 통해 뇌하수체 전엽으로 들어와 뇌하수체 전엽 호르몬을 생산해낸다(**그림 39.8**).

■ **말초 내분비샘에서의 피드백은 뇌하수체 전엽 호르몬을 조절한다**

뇌하수체 전엽의 활성은 음성피드백으로 조절된다. 예를 들어, TSH가 갑상샘을 자극하여 분비된 티록신이 TSH의 생산을 억제시킨다(**그림 39.9**).

■ **뇌하수체 전엽의 호르몬들은 직 · 간접적으로 작용한다**

GH, 프로락틴, MSH는 비내분비 조직에 직접적으로 작용하고, 나머지 호르몬인 ACTH, TSH, LH, FSH는 자극호르몬으로서 표적기관인 내분비샘을 갖는다.

39.4 주요 말초 내분비샘

일부 내분비샘은 뇌하수체의 자극호르몬에 의해 조절받고, 다른 일부는 뇌하수체와 상관없이 독립적으로 작용한다.

■ **갑상샘은 기초대사와 발달을 조절한다**

갑상샘호르몬인 티록신과 3요오드티로닌은 척추동물에서 기초대사를 조절하고, 양서류에서 변태를 촉발한다(**그림 39.12**).

■ **칼슘의 항상성은 여러 호르몬에 의해 조절된다**

칼시토닌은 혈중 칼슘 농도를 낮추고, 부갑상샘호르몬은 혈중 칼슘 농도를 높인다(**그림 39.13**).

■ **부신은 카테콜아민과 스테로이드 호르몬을 분비한다**

카테콜아민인 에피네프린과 노르에피네프린은 "경고" 반응을 촉발시킨다(**그림 39.14**). 코르티코스테로이드는 포도당의 항상성을 유지시키고, 일부 면역 반응을 조절한다.

■ **췌장 호르몬은 탄수화물 대사의 1차 조절인자이다**

혈당은 길항작용을 하는 호르몬에 의해 조절된다. 췌장은 혈당을 낮추는 인슐린과 혈당을 높이는 글루카곤을 분비한다(**그림 39.15**). 제1형 당뇨병은 인슐린 생성 세포의 소실 때문이고, 제2형 당뇨병은 인슐린 저항성 때문에 발생한다.

39.5 다른 호르몬들의 효과

■ **성스테로이드는 생식과 발생을 조절한다**

성스테로이드는 성적 성숙과 생식을 조절한다. 난자에서 생성되는 에스트로겐과 프로게스테론은 성주기를 조절하고, 정소는 테스토스테론을 생산한다.

■ **멜라토닌은 생체주기 조절에 매우 중요하다**

송과샘은 멜라토닌을 분비하여 색소 과립의 확산과 수면-각성의 일주기를 조절한다.

■ **어떤 호르몬들은 내분비샘에서 생성되지 않는다**

흉선에서 분비된 호르몬들은 면역시스템을 조절한다. 우심방에서는 심방나트륨이뇨호르몬을 분비하여 알도스테론과 길항작용을 한다. 피부에서는 바이타민 D가 생성된다.

■ **곤충 호르몬은 탈피와 변태를 조절한다**

곤충에서 엑디손은 탈피를 자극하고, 유충호르몬 탈피의 양상을 조절한다. 엑디손 농도가 높고 유충호르몬 농도가 낮을 때 변태가 일어난다.

■ **암세포는 호르몬 생성을 변화시키거나 변화된 호르몬 반응을 보인다**

유방 및 전립선에서와 같이 호르몬에 의해 표적화된 세포로부터 발생하는 암은 여전히 그 호르몬에 의해 자극될 수 있다.

연습문제

■ 1단계: 이해력 확인하기

1. 다음 중 호르몬에 대해 가장 잘 설명한 것은 무엇인가?
   a. 호르몬은 상대적으로 불안정하고, 생성되는 분비샘에 인접한 지역에서만 작용한다.
   b. 호르몬은 분비샘에서 분비되고, 오래 지속되는 화학물질이다.
   c. 모든 호르몬은 지질 용해성이다.
   d. 호르몬은 환경으로 분비되는 화학적 전령이다.

2. 스테로이드 호르몬에 대한 설명 중 옳은 것은 무엇인가?
   a. 운반체 없이 막을 통해 확산될 수 있다.
   b. 유전자 발현에 직접적인 영향을 미친다.
   c. 막 수용체와 결합한다.
   d. a와 b 모두 맞다.

3. 2차전달자를 활성화시키는 것은 무엇인가?
   a. 스테로이드 호르몬　　　b. 티록신

c. 수용성 호르몬 d. a, b, c 모두 맞다.

4. 지용성 호르몬에 대해 바르게 설명한 것은 무엇인가?

a. 혈액 내에서 자유롭게 녹을 수 있다.
b. 혈류 내에서 수송 단백질을 필요로 한다.
c. 표적세포내로 들어갈 수 없다.
d. 수용체에 결합 후 빠르게 불활성화된다.

5. 기관이 내분비계로 분류되는 조건은 무엇인가?

a. 콜레스테롤을 생산한다.
b. 아미노산을 호르몬으로 전환할 수 있다
c. 호르몬이 결합하는 세포내 수용체가 있다.
d. 순환계로 호르몬을 분비한다.

6. 뇌하수체에서 분비되는 호르몬은 2가지 서로 다른 근원을 가진다. 시상하부의 신경에 의해 생성된 것은 ____________ 을(를) 통해 분비되고, 뇌하수체 내에서 생성된 것은 ____________ 을(를) 통해 분비된다.

a. 시상; 해마
b. 신경뇌하수체; 샘뇌하수체
c. 우측 뇌하수체; 좌측 뇌하수체
d. 피질; 수질

7. 다음 중 생장호르몬 생성과 관련 없는 것은 무엇인가?

a. 혈액내 칼슘 조절 b. 뇌하수체 위축
c. 젖소의 우유 생산량 증가 d. 말단비대증

■2단계: 적용력 평가하기

1. 친구가 근육을 만들기 위해 아나볼릭 스테로이드(anabolic steroid)를 사용하고 있다. 여러분은 스테로이드의 지속적인 사용은 세포 기능에서 심각한 변화를 유발할 수 있음을 알고 있다. 이것은 부분적으로 이러한 호르몬들이 어떠한 작용을 한다는 사실에 바탕을 둔 것인가?

a. 유전자 발현을 조절하는 작용
b. 2차전달자를 활성화시키는 작용
c. 단백질 카이네이스로 작용
d. G 단백질연결수용체를 통해 작용

2. 파티를 좋아하는 사람이 술을 마실 때, 자주 소변이 마렵다고 불평한다. 여러분은 그에게 알코올이 어떤 호르몬의 분비를 억제하기 때문이라고 설명해 줄 수 있는가?

a. 신장에서 물의 재흡수를 증가시키는 티록신
b. 신장에서 물의 재흡수를 감소시키는 티록신
c. 신장에서 물의 재흡수를 증가시키는 ADH
d. 신장에서 물의 재흡수를 감소시키는 ADH

3. 사람과 다른 포유동물에 해가 없이 절지동물의 내분비계를 손상시킬 수 있는 약을 제조하려고 할 때, 표적이 될 수 있는 물질은 무엇인가?

a. 인슐린 b. ADH
c. 유충호르몬 d. 코르티솔

4. 포유동물에서 털 색깔은 멜라노코르틴(melanocortin) 수용체라고 부르는 호르몬 수용체에 의해 조절된다. 이 수용체가 MSH 호르몬과 결합할 때 색소세포는 어두운 진정멜라닌(eumelanin)을 생성한다. 그 수용체가 MSH의 결합을 방해하는 MSH 길항제와 결합할 때, 색소세포는 노랑/빨강 페오멜라닌(pheomelanin)을 만든다. 적갈색의 사냥개에서 전반적으로 붉은 털 색깔을 가진 개체는 어떤 돌연변이 때문인가?

a. 길항제의 결합을 막는 수용체
b. MSH와의 결합을 막는 수용체
c. 수용체와 더욱 효율적으로 결합하는 MSH 단백질
d. 수용체와 더 이상 결합을 하지 못하는 길항제

5. 뇌하수체에 영향을 주는 종양은 모든 경우는 아니지만, 일부 뇌하수체에서 분비되는 호르몬의 감소를 유발한다. 그러한 종양을 가진 환자는 피로, 체중 감소 및 저혈당 증세를 나타낸다. 이것은 무엇의 생성이 부족하기 때문인가?

a. GH가 부족하여 근육 양을 감소시킨다.
b. ACTH가 부족하여 당질코르티코이드의 생성을 감소시킨다.
c. TSH가 부족하여 티록신의 생성을 감소시킨다.
d. ADH가 부족하여 과다한 오줌을 생성한다.

6. 식사 사이의 공복기가 길어질 때, 인체는 무엇을 생성할 것인가?

a. 혈당 증가를 위한 인슐린
b. 혈당 증가를 위한 글루카곤
c. 혈당 감소를 위한 인슐린
d. 혈당 감소를 위한 글루카곤

7. 가벼운 바이타민 D 결핍은 골다공증 및 뼈의 미네랄 밀도의 감소를 유발한다. 이것은 무엇의 증가된 농도와 관련되어 발생하는 것 같은가?

a. 혈청 Ca^{2+} 증가 및 뼈 손실을 유발하는 칼시토닌
b. 혈청 Ca^{2+} 증가 및 뼈 손실을 유발하는 PTH
c. 혈압을 낮추고 뼈 손실을 일으키는 ADH
d. 혈당과 뼈 손실을 감소시키는 인슐린

■3단계: 사고력 함양하기

1. 호르몬 생성의 억제가 암의 성장을 어떻게 막을 수 있는가?

2. 간이나 심장과 같은 2개의 다른 기관이 에피네프린과 같은 특정 호르몬에 민감하다고 가정하자. 두 기관의 세포들은 호르몬에 대한 동일한 수용체를 가지고 있고, 호르몬과 수용체의 결합은 두 기관에서 동일한 2차전달자를 생성한다. 그러나 이 호르몬은 두 기관에서 다른 효과를 가진다. 어떻게 이러한 현상이 일어날 수 있는지 설명하시오.

3. 혈액 Ca^{2+} 농도와 혈당 수준과 같은 많은 생리적 요소들은 반대 효과를 나타내는 2개의 호르몬에 의해 조절된다. 한 방향으로 생리적 요소들을 변화시키는 단일 호르몬을 사용하는 대신 이러한 방식으로 조절할 때 얻을 수 있는 이점은 무엇인가?

40

근골격계

도입

운동 능력은 인간의 일상생활에서 매우 큰 부분을 차지하고 있지만 사람들은 이를 당연한 일로 여기는 경향이 있다. 이런 운동 능력은 경첩 역할을 하는 반경직성 골격계인 관절과 이 골격을 당길 수 있는 근육계의 조합에 의해 가능해진다. 동물의 이동은 몸의 모양에 변화를 가져오는 근육 활동으로 여겨지며, 그 결과 외부 환경으로 힘이 전달된다. 말이 경주에서 달릴 때 말의 다리는 앞뒤로 움직여 발이 땅에 닿을 때 그 힘으로 몸을 앞으로 빠르게 움직이게 한다. 비슷한 방식으로 새나 나비가 날아올라 비행할 때, 새의 날개는 공기에 힘을 발휘하며, 헤엄치는 물고기의 움직임은 물을 밀어낸다. 이번 장에서는 동물의 움직임을 가능하게 하는 근육계와 골격계의 특성에 대해 알아본다.

40.1 골격계의 유형

학습 목표

1. 유체골격, 외골격 및 내골격을 비교할 수 있다.
2. 유체골격을 가진 동물들의 이동 방식에 대하여 설명할 수 있다.

근육은 움직임을 일으키는 변화를 생성하기 위해 무언가를 끌어당겨야 한다. 이러한 움직임에 필요한 지지 구조 형태를 골격계(skeletal system)라고 한다. 동물학자들은 동물의 골격계를 **유체골격**(hydrostatic skeleton), **외골격**(exoskeleton) 및 **내골격**(endoskeleton)의 3가지 유형으로 구분한다.

유체골격은 체벽 내의 수압을 이용한다

유체골격(hydrostatic skeleton)은 지렁이와 달팽이와 같은 연체 육상 무척추동물과 해파리와 오징어 같은 연체 수중 무척추동물에서 주로 발견된다.

지렁이의 근골격계 활동

이 동물들에서 체액으로 채워진 체강은 체벽 내에서 두 종류의 근육으로 둘러싸여 있다. 환상근(circular muscles)은 체절 내에 반복적으로 존재하며 몸의 길이를 늘일 수 있고, 종주근(longitudinal muscles)은 환상근과 반대로 작용한다.

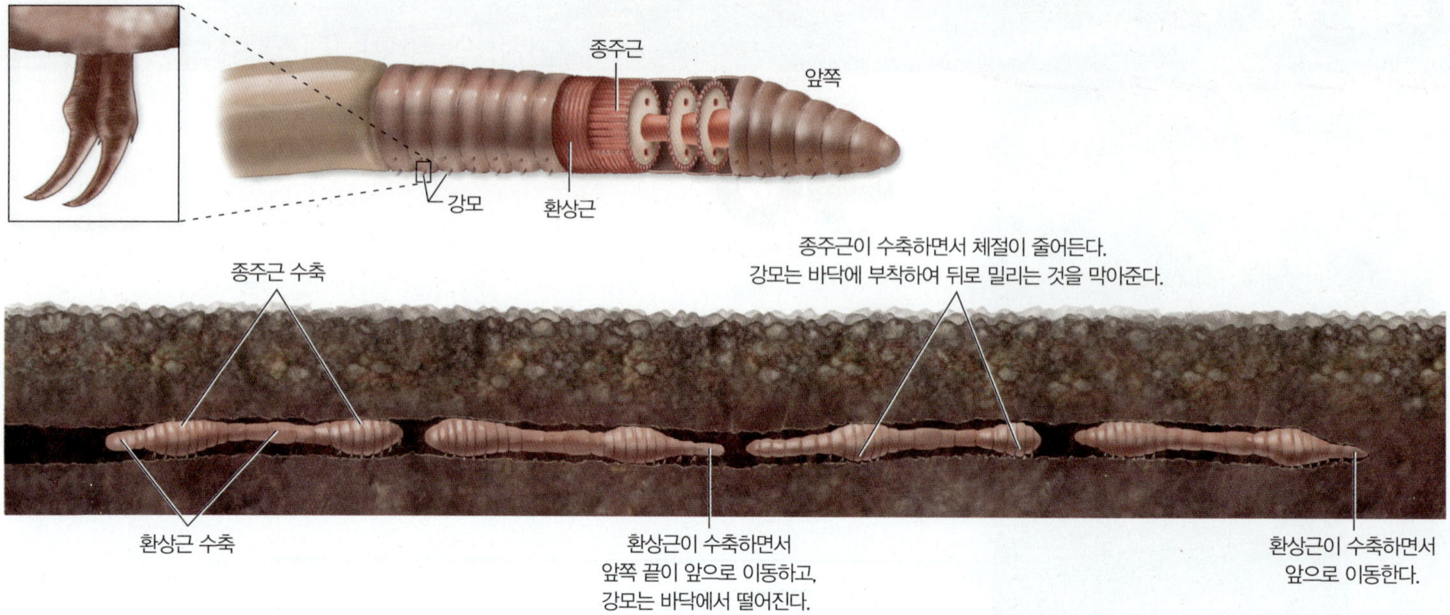

그림 40.1 지렁이의 이동.
지렁이의 유체골격은 근육을 사용하여 체절화된 체강 내 체액을 움직임으로써 동물의 모양을 변화시킨다. 환상근이 수축하면 액체의 압력이 올라간다. 동시에 종주근은 이완되어 몸은 더 길고 얇아진다. 종주근이 수축하고 환상근이 이완하면 지렁이의 아래 표면에 있는 강모는 쭉 뻗어 뒤로 밀리는 것을 방지한다. 환상근과 종주근의 수축 파동으로 지렁이는 앞으로 이동하게 된다.

몸의 중심 공간에서 체액에 작용하는 근육을 유체골격이라고 부른다. 이동이 시작되면(**그림 40.1**) 앞쪽의 환상근이 수축하면서 체액을 누르고, 몸의 앞부분이 가늘어지면서 체벽이 앞쪽으로 뻗어나가게 된다.

지렁이 몸체 아래쪽에는 짧은 털 모양의 강모(chaetae)가 있다. 환상근이 움직일 때 강모는 몸 가까이 끌어올려져서 땅과의 접촉이 느슨해진다. 환상근의 운동은 체절에서 체절로 뒤로 전달되면서, 뒤쪽으로의 수축성 파동을 만들어낸다.

이러한 파동이 지속되면 앞쪽의 환상근은 이완하게 되며, 종주근이 수축하면서 지렁이의 앞쪽은 두껍고 짧아지고 강모가 돌출하며 바닥과 다시 접촉하게 된다. 이때 강모는 몸이 뒤로 미끄러지는 것을 방지한다. 이러한 이동은 환상근과 종주근이 교대로 수축함으로써 진행된다.

외골격은 단단한 외부 덮개로 이루어진다

외골격(exoskeleton)은 몸을 싸고 있는 단단하고 굳은 껍질이다. 갑각류나 곤충과 같은 절지동물은 다당류인 **키틴**(chitin)으로 이루어진 외골격을 가진다(**그림 40.2**). 3장에서 살펴본 것처럼 키틴은 균류나 몇몇 원생생물의 세포벽에서뿐만 아니라 절지동물의 외골격에서도 발견된다.

키틴성 외골격은 구부러짐을 방지하므로 몸의 골격틀로서 작용한다. 또한 내부 기관을 보호하고 외골격 껍질 내에 존재하는 근육이

그림 40.2 외골격.
메뚜기 같은 절지동물의 단단하고 굳은 외피가 외골격이며 키틴으로 구성되어 있다.

붙는 자리도 제공한다. 그러나 성장을 위해서는 주기적으로 외골격을 벗어내고 탈피를 해야 한다(29장 참조). 이 시기에 새로운 외골격이 생성되기 전에는 포식자들에게 공격받기 쉽다. 탈피 중인 게와 바닷가재는 종종 이 과정이 완료될 때까지 숨어 지낸다.

외골격은 또 다른 한계를 가진다. 키틴성 틀은 내부에 존재하는 뼈만큼 강하지 않다. 이 자체도 곤충의 크기에 제한을 주지만 더 중요한 사실이 있다. 곤충은 작은 관으로 연결되어 있는 몸의 구멍을 통해 호흡하는데(28장 참조), 크기가 커지면 동물의 증가한 체중에 맞게 충분한 산소 공급을 할 수 없게 된다. 세 번째 한계는 근육이 외골격 내에만 있는 경우 내골격을 가진 동물에서처럼 더 큰 움직임을 만들기 위해 근육의 크기가 커지거나 힘을 증가시킬 수 없다는 것이다.

내골격은 단단한 내부 구조로 이루어진다

척추동물과 극피동물에서 발견되는 **내골격**(endoskeleton)은 몸의

틀을 형성하고 근육이 부착되는 표면을 제공하는 단단한 내부 골격이다. 바다성게와 말똥성게 등의 극피동물은 탄산칼슘염의 결정 형태인 방해석(calcite) 성분으로 만들어진 골격을 가진다. 이러한 칼슘 성분은 칼슘인산염에 기초한 뼈와는 다르다.

척추동물의 골격조직

척추동물의 내골격은 좀 더 단단하고 특수화된 결합조직인 연골이나 뼈를 따라 분포하는 섬유성 조밀 결합조직을 포함한다(36장 참조). 연골은 관절에서 뼈의 끝부분을 연결하는 중요한 기능을 지닌 강하면서도 유연한 조직이다. 상어와 같은 몇몇 크고 활동적인 농눌들은 연골로만 구성된 골격을 가지고 있기도 하지만, 척추동물 골격계의 주요 구성 요소는 뼈이다. 뼈는 연골에 비해 매우 강하지만 유연하지는 않다. 키틴과는 다르게 연골과 뼈는 비세포성 기질뿐만 아니라 살아 있는 세포를 가지고 있다. 그러므로 뼈 조직은 대사활동과 신체적 스트레스에 따른 재구성 능력을 가진다.

척추동물의 골격 비교

고양이와 사람 모두 기본적인 척추동물 골격 상태를 나타낸다(**그림**

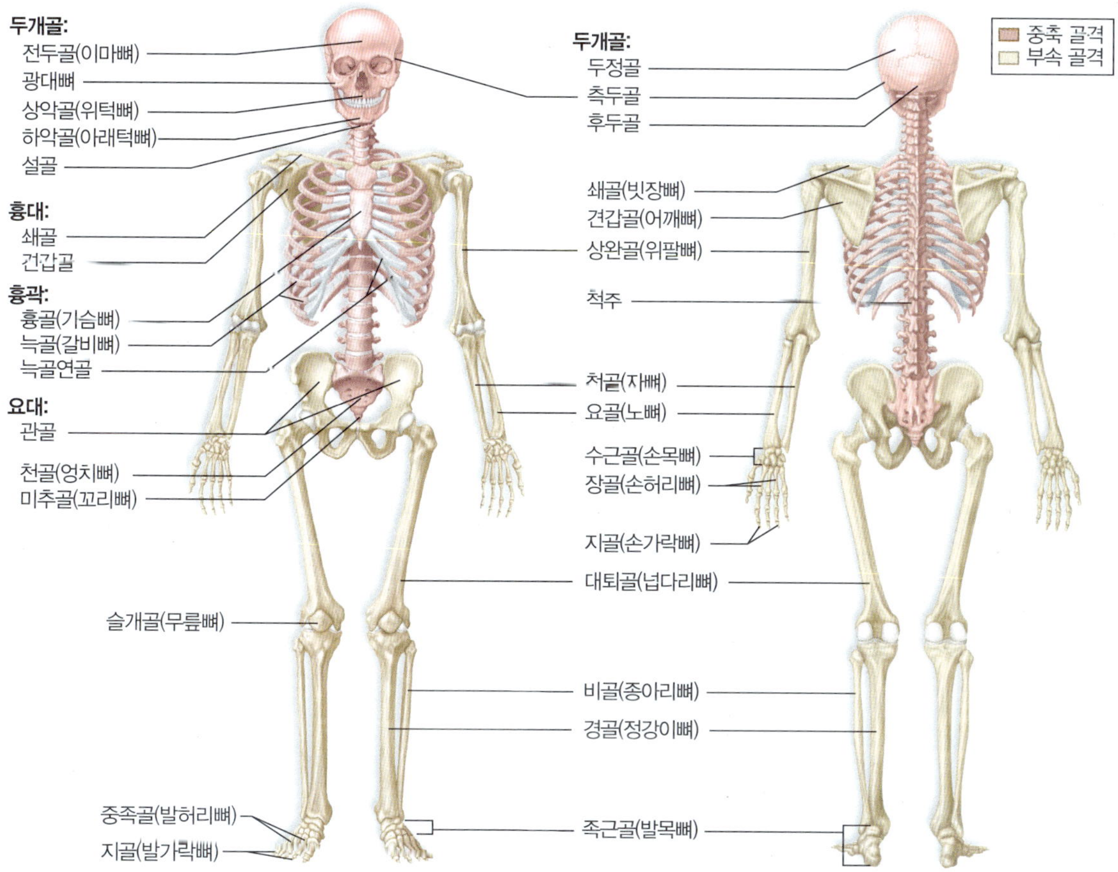

a.

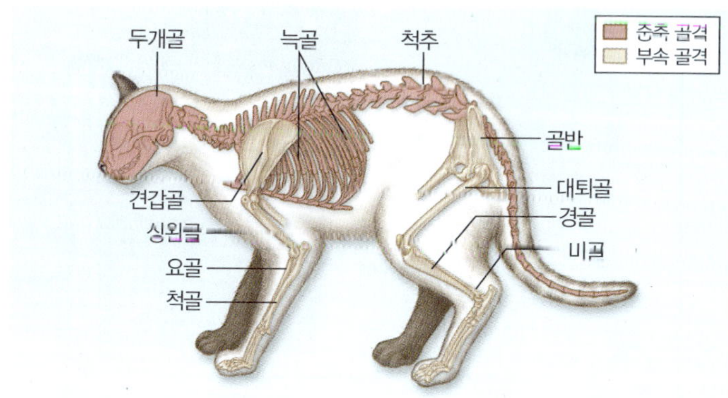

b.

그림 40.3 내골격.
척추동물의 골격은 모두 공통된 구조에서 변형된 것이다. 고양이와 인간 모두 다리나 뒷다리에 대퇴골, 경골 및 비골을 가지고 있다. 크기와 모양의 차이는 운동 유형을 결정하는 요인이다. 고양이는 4개의 다리(2개의 앞다리와 2개의 뒷다리)로 걷고 사람은 2개의 다리로 걷는다. ***a.*** 인간 골격. ***b.*** 고양이 골격.

40.3*a*와 *b*). 이 둘을 비교하면, 공통적으로 어떻게 변형이 일어났는지 알 수 있다. 성인의 골격은 206개의 뼈와 연골, 힘줄, 인대, 관절로 구성되어 있다. 이것은 중축골격(axial skeleton)과 부속골격(appendicular skeleton)으로 나누어진다. 중축골격은 두개골, 척추, 흉곽을 포함한다. 부속골격은 팔과 다리를 나타내는 부속지(appendages)에서 그 이름이 유래하였다. 부속골격은 어깨, 엉덩이, 손, 발 등의 뼈를 포함한다. 중축골격은 초기 수생 척추동물에서 처음 발생하였다. 부속지는 지느러미에서 시작하여 육상과 하늘에서 움직이는데 필요한 팔다리와 날개로 진화하였다.

핵심 요약 40.1

유체골격을 가진 경우, 환상근 수축으로 체내의 체액에 압력이 가해져 몸이 길어지게 된다. 종주근은 몸을 짧게 하여 그 동물을 앞으로 끌어당긴다. 무척추동물의 외골격은 단단한 키틴으로 되어 있다. 이들은 성장하기 위해서 탈피를 해야만 한다. 내골격은 연골이나 무기질화된 뼈를 따라 있는 조밀한 섬유성 결합조직으로 구성되어 있다.

■ 외골격이 육상 무척추동물에게 어떤 제한을 부여할까?

40.2 뼈

학습 목표

1. 막내 발달과 연골내 발달을 비교 설명할 수 있다.
2. 긴뼈의 성장 방식에 대하여 설명할 수 있다.
3. 뼈의 재구성 방식에 대하여 설명할 수 있다.

뼈는 단단하지만 탄력 있는 조직으로, 척추동물의 독특한 특징이다. 이 결합조직은 5억 2천만 년 전에 처음으로 나타났는데, 현재 연골어류를 제외한 모든 척추동물에서 발견된다(29장 참조).

뼈 조직은 고도로 구조화되어 있다

긴뼈의 구조

전형적인 긴뼈인 상완골을 **그림 40.4**에 나타냈다. 뼈는 조밀섬유성결합조직인 **골막**(periosteum)으로 둘러싸여 있다. 긴뼈의 양쪽 끝은 관절 연골로 싸여 있는 **골단**(epiphysis)을 가진다. 뼈의 축은 **골간**

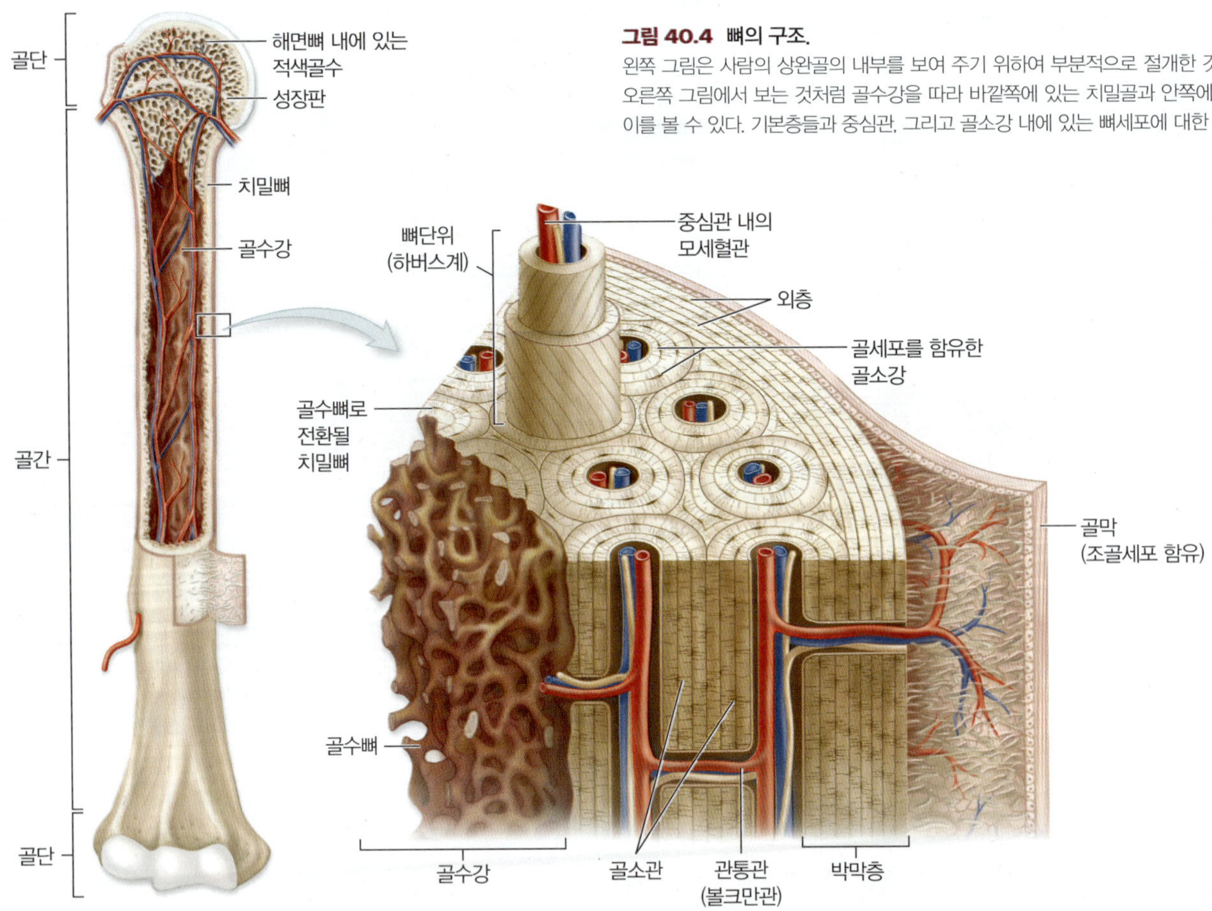

그림 40.4 뼈의 구조.
왼쪽 그림은 사람의 상완골의 내부를 보여 주기 위하여 부분적으로 절개한 것이다. 잘라낸 부분을 확대하면, 오른쪽 그림에서 보는 것처럼 골수강을 따라 바깥쪽에 있는 치밀골과 안쪽에 있는 해면골 사이의 구조적 차이를 볼 수 있다. 기본층들과 중심관, 그리고 골소강 내에 있는 뼈세포에 대한 자세한 것을 볼 수 있다.

(diaphysis)이라고 서로 불린다. 골단과 골간은 성장판이라고도 불리는 **골단판**(epiphyseal plates)에서 서로 붙어 있다. 이것은 성장 과정 동안 새로운 뼈가 침착되는 연골을 포함하고 있기 때문에 그렇게 명명되었으며, 뼈의 길이 성장이 일어나는 곳이다. 사람은 보통 18~20세 정도에 이 연골성 판이 완전한 뼈가 되고 성장을 멈춘다.

뼈의 종단면을 보면 바깥쪽에는 **치밀뼈**(compact bone)가 있으며 안쪽에는 **해면뼈**(spongy bone)가 있다는 것을 알 수 있다. 치밀뼈는 칼슘인산염으로 되어 있는 세포외기질과 콜라겐이 빈 공간 없이 조밀하게 밀집되어 있다. 이것은 골격에 힘과 지지력을 가지게 해준다. 해면뼈는 무게를 줄이면서 압축력에 대한 저항력을 제공하는 **뼈잔기둥**(trabeculae)이 그물망 모양으로 배열해 있으며, 다공성 혹은 스폰지 모양을 하고 있다. 골수강은 혈액 세포를 생산하기 위해 골수를 담고 있다. 모든 척추동물의 뼈는 운동과 신진대사 요구에 따라 다양한 비율로 치밀뼈, 해면뼈 및 골수를 가진다. 예를 들어, 조류는 얇은 층의 치밀뼈를 가지며 골수가 거의 없다. 이러한 진화적 변화는 체중을 줄여 보다 적은 에너지를 사용하게 함으로써 효과적으로 날 수 있게 해 준다.

미세구조

뼈는 결합조직의 한 구성 요소로, 36장에서 간단하게 살펴보았다. 성숙한 뼈를 이루는 세포는 **골세포**(osteocytes)라고 한다. 치밀뼈에서 골세포는 세포외기질에 박혀 있는 **골소강**(lacunae)에서 발견되며, 혈관과 신경이 있는 중심관 주변에 동심원 형태로 배열되어 있다. 골세포는 **골소관**(canaliculi)이라고 하는 작은 관들의 네트워크를 통해 양분과 노폐물을 교환한다.

이 기능적 단위, 즉 **뼈단위**[osteon, 하버스계(Haversian system)]는 뼈의 전체 길이에 따라 뻗어 있다. 중심관들은 이와 수직으로 배열되어 있는 관통관(볼크만관, Volkmann's canals)에 의해 연결되어 있다. 해면뼈에서 골세포는 뼈단위로 배열되어 있지는 않지만 소통과 교환을 할 수 있도록 골소관을 가지고 있다.

뼈는 2가지 발달 방식에 의해 분류할 수 있다

뼈 조직 자체는 몇 가지 다른 방식에 의해 여러 유형으로 분류될 수 있다. 가장 일반적인 체계는 뼈의 발날 방식에 기초하는 것이다.

막내 발달

막내 발달(intramembranous development)에서는 뼈가 결합조직층 내에 형성된다. 두개골과 턱의 외부를 만드는 많은 편평한 뼈들이 막내성이다(**그림 40.5**).

전형적으로 막내 뼈는 피부의 진피에 있는 특정 구역에서 발생한다. 배아 발생 과정 중 진피는 콜라겐 섬유를 따라 미분화된 간충직 세포들과 그들로부터 유래한 다른 세포들로 이루어진 느슨한 조직인 **간충조직**(mesenchyme)으로 형성된다. 미분화된 간충직 세포들의 일부는 **조골세포**(osteoblast)라고 하는 특수화된 세포로 분화한다. 이 조골세포는 콜라겐성 섬유를 따라 배열하고 알칼리성 인산가수분해요소(alkaline phosphatase)를 분비하여 **수산화인회석**(hydroxyapatite)이라고 불리는 결정질 형태의 인산칼슘염이 형성된다. 이 결정들은 섬유를 따라 합쳐져서 섬유들을 감싸게 된다.

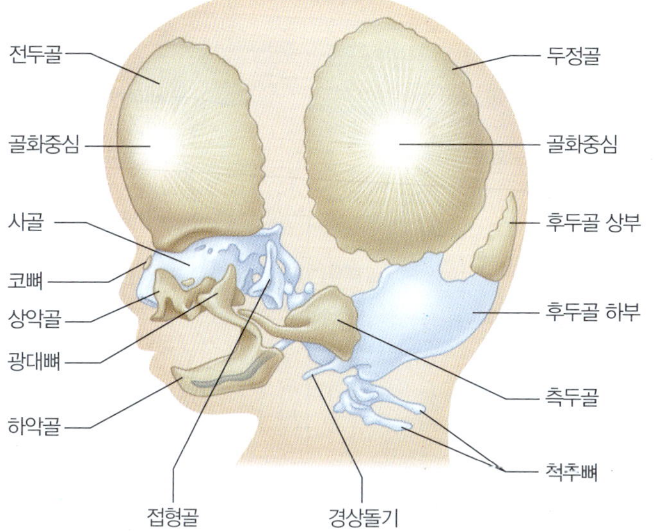

그림 40.5 두개골의 막내 발달.
대부분의 두개골은 막내 골화 방식으로 발생한다. 성장하는 뼈들은 결국 만나 봉합선(suture)이라는 섬유질 관절을 만든다.

결정들은 뼈를 단단하게 해주지만, 콜라겐의 늘어나는 능력에 의한 탄성이 없다면 뼈는 단단하지만 위험할 정도로 부서지기 쉽다. 전형적인 뼈에서 수산화인회석은 콜라겐과 거의 같은 부피지만 뼈 무게의 약 65%를 차지한다.

막내 뼈는 자라면서 모양의 변화가 필요하다. 진흙으로 작은 그릇을 만든 다음 그 크기를 키운다고 생각해 볼 때, 간단히 진흙을 바깥에 덧붙여서는 되지 않는다. 그릇의 공간을 넓히기 위해서는 내부의 진흙을 세거해야 한다. 이와 마찬가지로, 뼈도 성장할 때 어느 부위에는 기질을 더하고, 어느 부위에서는 제거하는 재구성 과정이 필요하다. 이 부분이 파골세포(osteoclast)들이 들어가는 곳이다. 이 특이한 세포는 백혈구의 한 종류인 **단핵구**(monocyte)들이 융합하여 만들어진 거대 다핵세포로 뼈 기실을 파괴하는 일을 한다.

연골내 발달

연골내 발달(endochondral development)에 의해 형성된 뼈는 신체 깊은 곳에 위치하여 신체의 구조적 틀을 형성하는 전형적인 뼈이

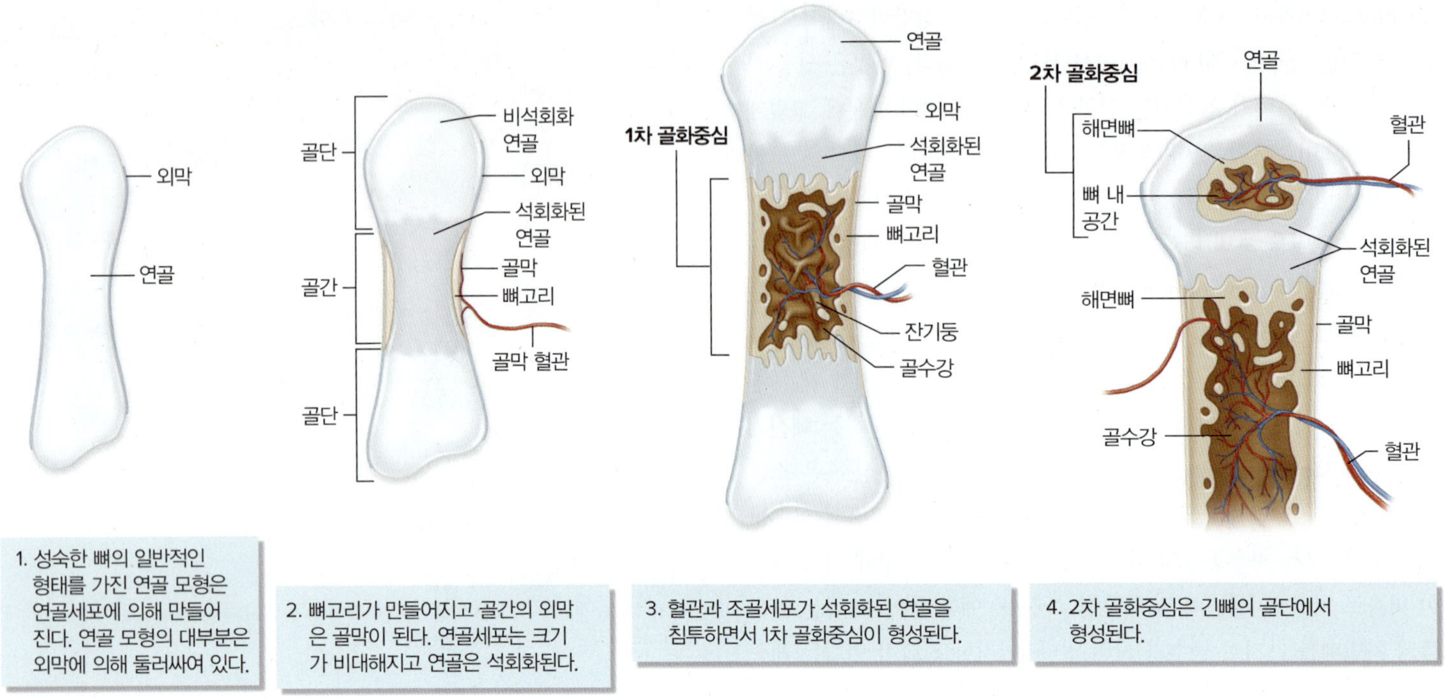

그림 40.6 긴뼈의 연골내 발달.

다. 척추뼈, 갈비뼈, 어깨뼈, 골반뼈, 팔다리의 긴뼈 및 두개골의 가장 안쪽 부위가 이에 해당한다. 연골내 뼈(endochondral bone)는 최종적으로 형성될 뼈의 대체적인 모양을 한 아주 작은 연골성 모형에서 시작된다(**그림 40.6**). 이러한 종류의 뼈 발달은 연골성 모형의 외부에 뼈를 더하고, 내부의 연골은 뼈로 대체하면서 이루어진다. 이러한 단계는 **그림 40.6**에 자세하게 설명되어 있다.

모형의 외부에 만들어진 뼈는 연골을 싸고 있는 섬유성 외막(sheath)에서 생성된다. 이 외막은 단단하고, 콜라겐 섬유로 만들어지며, 또한 미분화된 간충직 세포들을 포함한다. 조골세포들은 외막의 가장 깊숙한 부분에서 섬유를 따라 나온다. 그 후 뼈는 외막과 연골성 기질 사이에 형성된다.

바깥쪽의 뼈가 형성될 때, 안쪽의 연골은 석회화되기 시작한다. 이 과정에서 칼슘 공급원은 연골세포인 것으로 보인다. 석회화가 지속되면 내부의 연골성 조직은 파편 조각으로 부서진다. 현재 골막(periosteum)이라고 불리는 껍질로부터 나온 혈관은 바깥쪽의 뼈 외피를 통과하여 연골 모형의 내부로 들어가고 파편을 제거하는 통로가 된다. 갇힌 조골세포는 골세포로 변형되고, 뼈 재구성을 위한 파골세포는 막내 발생 뼈와 마찬가지 방식으로 세포 융합에 의해 생성된다. 뼈의 두께 성장은 골막 바로 아래에 뼈 층을 추가하면서 일어난다. 부러진 뼈는 연골내 골화와 매우 유사한 과정으로 치유된다.

뼈 재구성은 스트레스나 질병에 대한 반응이다

죽은 동물의 골격을 제외하고는 골격을 거의 볼 수 없기 때문에 뼈는 바뀔 수 없는 것으로 생각하기 쉽다. 그러나 근육, 피부, 및 기

과학적 사고

가설: 뼈 재구성은 외부 압력에 반응하여 뼈를 강하게 한다.
예상: 더 격렬한 운동에 사용된 뼈는 더 많은 뼈를 침착하여 더 강해질 것이다.
실험: 실험용 생쥐에게 쳇바퀴를 제공하여 하루에 몇 시간씩 달리게 하였다. 쳇바퀴를 주지 않은 생쥐를 대조군으로 사용하였다.

결과: 10주 후, 운동한 생쥐는 4지 뼈가 두껍게 발달하였다.
추가 실험: 현대의 마이크로 전자기학으로는 쥐의 4지 뼈에 이식할 수 있을 정도로 작은 스트레스 센서를 만들 수 있다. 이러한 센서를 이용한 실험은 얼마만큼의 스트레스가 뼈로 대체되는지를 수치화할 수 있고, 힘의 방향과 크기 사이의 상관관계가 어떻게 뼈로 대체되어 어느 정도 뼈 재형성이 진행되는지 정확히 조사할 수 있다.

그림 40.7 뼈 재구성에 대한 운동의 효과.

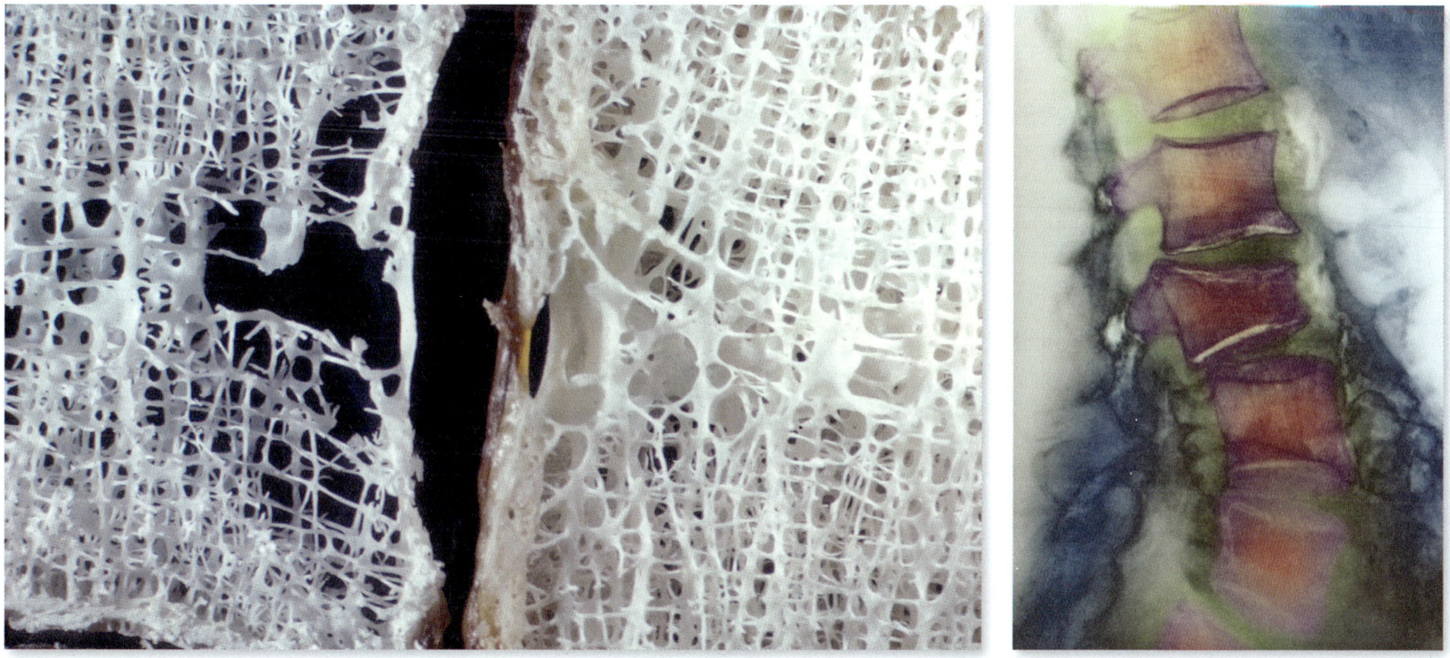

a. *b.*

그림 40.8 골다공증.
a. 정상 뼈 사진(오른쪽)과 골다공증 뼈 사진(왼쪽). *b.* 골다공증이 척주에 미치는 영향에 대한 사진. 건강한 척주에서 척추뼈가 서로 고르게 겹쳐 쌓여 있는 것과 대비된다.

타 신체 조직들이 환경의 스트레스에 따라 바뀔 수 있는 것처럼, 뼈 또한 필요에 따라 바뀔 수 있는 역동적인 조직이다.

뼈 재구성의 효과는 운동시킨 설치류의 뼈 두께를 조사함으로써 알아볼 수 있다. 팔다리뼈에 지속적으로 가해지는 스트레스는 뼈가 추가적으로 침착되어 더 두껍고 강한 뼈가 되도록 한다(**그림 40.7**).

이와 같은 현상은 더 강하고 두꺼운 팔뼈를 가진 역도 선수와 승마 선수에서 보여진다. 승마 선수의 대퇴부는 받고 있는 힘 때문에 내측에서 훨씬 두꺼워진다.

이러한 현상은 의학적으로 중요한 의미를 가진다. 뼈의 무기질 밀도가 감소하는 골다공증(osteoporosis, **그림 40.8**)은 심신을 쇠약하게 하고 잠재적으로 생명을 위협하는 질병으로 미국에서 1000만 명 이상의 사람들이 피해를 입고 있으며 3400만 명의 사람들이 추가적으로 고위험 상태에 처해 있다. 이 질병은 1차적으로 폐경기를 지난 여성들에게 영향을 미치지만 또한 영양부족과 질병을 앓고 있는 사람들에게도 영향을 미친다. 한 가지 치료법으로 골 침착을 자극하여 골다공증의 영향을 막기 위한 역도요법(weight lifting)이 있다.

핵심 요약 40.2

막내성 뼈는 결합조직 층 내에서 형성된다. 연골내 발생 뼈는 나중에 뼈 조직으로 대체되는 연골성 모형에서 발생한다. 골단은 연골내 발생 뼈의 연골성 성장판이다. 골단의 연골이 석회화되면 뼈 성장은 멈춘다. 뼈 재구성은 체중이나 근육 사용에 따라 뼈에 가해지는 반복적인 스트레스에 반응하여 일어나며, 뼈가 그 스트레스에 적응할 수 있게 한다.

- 의사가 골다공증 진행을 늦추는 방법으로 가벼운 역도를 권장할 수 있는 이유는 무엇일까?

40.3 관절

학습 목표

1. 관절의 다양한 유형을 정의할 수 있다.

동물 골격의 움직임은 근육에 의해 이루어진다. 척추동물에서 움직임은 연접부나 2개의 뼈가 만나는 부분의 관절과 연관되어 있다.

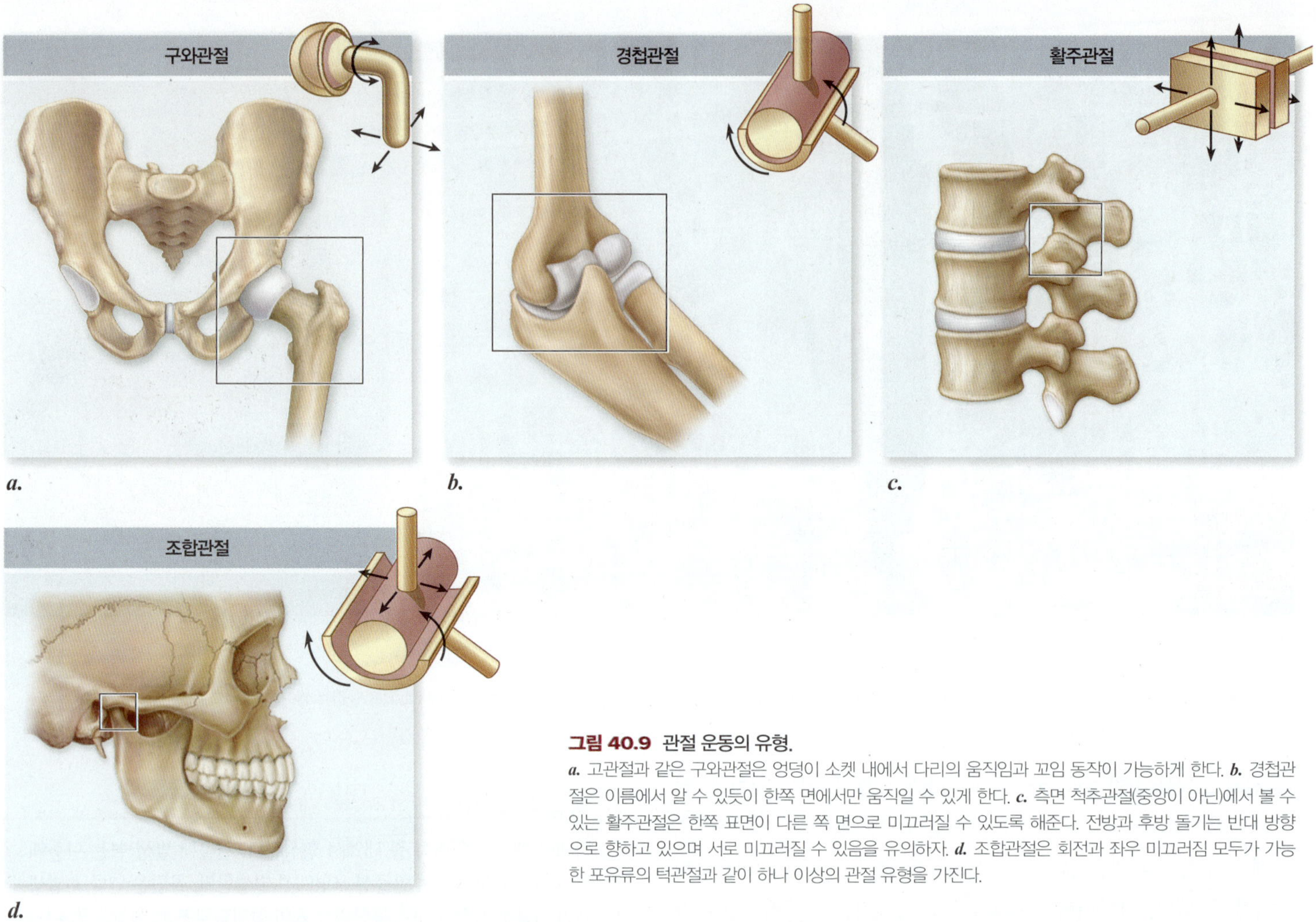

그림 40.9 관절 운동의 유형.
a. 고관절과 같은 구와관절은 엉덩이 소켓 내에서 다리의 움직임과 꼬임 동작이 가능하게 한다. *b.* 경첩관절은 이름에서 알 수 있듯이 한쪽 면에서만 움직일 수 있게 한다. *c.* 측면 척추관절(중앙이 아닌)에서 볼 수 있는 활주관절은 한쪽 표면이 다른 쪽 면으로 미끄러질 수 있도록 해준다. 전방과 후방 돌기는 반대 방향으로 향하고 있으며 서로 미끄러질 수 있음을 유의하자. *d.* 조합관절은 회전과 좌우 미끄러짐 모두가 가능한 포유류의 턱관절과 같이 하나 이상의 관절 유형을 가진다.

움직일 수 있는 관절은 유형에 따라 동작 범위가 다르다

골격 내에 있는 움직일 수 있는 관절은 각각 특징적인 동작 범위를 가진다. 기본적인 관절의 운동 유형은 **구와**(ball-and-socket), **경첩**(hinge), **활주**(gliding), **조합**(combination)과 같이 4가지로 구분된다.

구와관절(ball-and-socket joints)은 고관절과 같은 것으로 다리 위쪽 뼈는 골반 내에 있는 소켓에 맞는 구형을 형성한다. 이 유형의 관절은 모든 방향으로 움직일 수 있다(**그림 40.9***a*).

가장 간단한 유형의 관절은 **경첩관절**(hinge joints)로, 팔꿈치처럼 앞 팔이 좌우로는 움직일 수 없고 앞뒤로만 움직일 수 있도록 제한된다(**그림 40.9***b*).

활주관절(gliding joints)은 많은 비포유류성 척추동물의 두개골에서 발견되며, 또한 포유류를 포함하는 많은 척추동물의 측면 척추돌기들 사이에도 존재한다(**그림 40.9***c*). 척추돌기는 짝을 이루고 각 척추의 정면과 배후에서 반대 방향으로 뻗어 있다. 앞쪽에 있는 돌기는 약간 아래쪽에 있고, 각각 뒤쪽 돌기의 아래 표면을 따라 미끄러질 수 있다. 이 활주관절은 척추뼈 사이에 일정한 유연성을 허용하면서 척추에 안정성을 부여한다.

조합관절(combination joints)은 2가지 이상의 관절 운동 특성을 가진다. 전형적인 포유류의 턱관절이 좋은 예이다. 대부분의 포유류는 음식을 씹어서 작은 조각으로 만든다. 음식을 잘 씹기 위해서는 위아래 치아가 가장 잘 접촉할 수 있도록 아래턱이 좌우로 잘 움직여야 한다. 아래턱은 앞뒤로도 어느 정도 움직일 수 있다. 동시에 턱관절은 입을 열고 닫는 것과 같은 경첩 기능도 가져야만 한다. 따라서 포유동물의 관절 구조는 활주를 위한 상부와 회전을 위한 하부의 경첩관절이라는 2개의 구획을 이용한다(**그림 40.9***d*).

핵심 요약 40.3

관절 유형으로 구와관절, 경첩관절, 활주관절, 조합관절이 있다.

- 사람의 골격에 있는 다양한 관절 유형을 설명해 보자.

40.4 근육 수축

학습 목표

1. 구부리기와 펴기의 동작과 반대 근육 그룹 간의 관계를 서술할 수 있다.
2. 근수축의 활주 기작을 설명할 수 있다.
3. 느린-연축섬유와 빠른-연축섬유를 구분할 수 있다.

척추동물뿐만 아니라 무척추동물은 환경 내에서 움직이거나(가로무늬근 또는 골격근) 몸 내부의 물질을 이동시키는 근육조직(민무늬근 또는 평활근)을 가지고 있다. 메뚜기와 같은 절지동물은 척추동물처럼 배열된 부속지와 골격근을 가지고 있다(**그림 40.10**). 여기서는 척추동물의 골격근의 구조와 기능에 중점을 두고 설명한다.

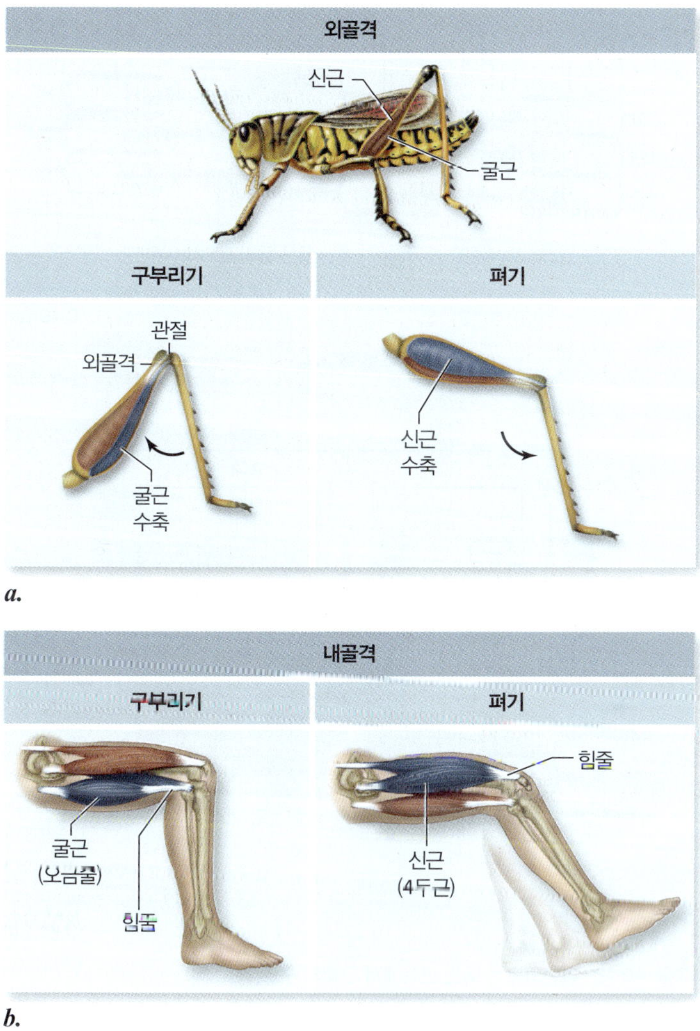

그림 40.10 다리의 굴근과 신근.
길항근은 반대로 작용하며 절지동물과 인간에 있다. 인간에서 허벅지의 오금줄(굴근)은 3개의 근육으로 구성되어 있으며 아래쪽 다리가 윗다리에 비해 뒤로 움직이게 하는 반면, 대퇴부의 4두근(신근)은 4개의 근육으로 구성되어 있으며 아래쪽 다리를 앞으로 당긴다.

근육 수축은 몸을 움직인다

근육 움직임

외골격과 내골격 모두에서 근육은 수축할 때 관절을 교차하는 골격의 움직임을 만들어 낸다. 근육은 일반적으로 서로 반대되는 그룹으로 배열된다. 예를 들어, 인간에서 오금줄(hamstrings)의 수축은 관절에서 각도를 줄이는 **구부리기**(flexion) 운동을 일으킨다(**그림 40.10**). **신근**(extensors)이라고 하는 대퇴부에 있는 4두근(quadriceps)의 수축은 관절의 각도를 넓힌다. 오금줄이 굴곡을 위해 수축하는 동안, 4두근은 이완해야 한다. **펴기**(extension)를 위해서는 반대로 되어야 한다. 이러한 길항적 관계는 걷기와 같은 복잡하고 조화로운 움직임을 일으키기 위해서 신경계에 의해 정밀하게 통제되어야 한다.

척추동물 근육은 종종 힘줄(tendons)로 뼈에 붙어 있다. **이는곳**(origin)은 움직일 때 고정된 상태로 있는 뼈에 부착한 힘줄 부위이다(**그림 40.11**). **닿는곳**(insertion)은 수축하는 동안 실제로 움직이는 뼈에 붙어 있다.

골격근이 힘을 발생시키는 것에는 2가지 방식이 있다. 실제로 근육 수축이 일어나는 유형을 **등장성 수축**(isotonic contraction)이라고 한다. ("iso"는 같다는 의미이며 "tonic"은 긴장을 의미한다.) 근육

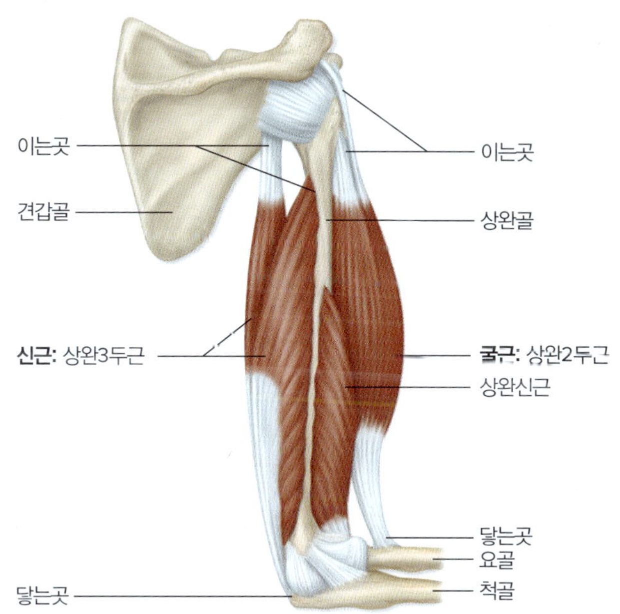

그림 40.11 근육의 이는곳과 닿는곳.
2두근과 3두근의 이는곳과 닿는곳을 보여주는 사람 팔.

이 짧아지고 힘을 발생시킬 때, 움직임 전체의 긴장감은 동일하게 유지된다. 예를 들어, 여러분이 체육관에 가서 2두근(bicep) 강화법으로 5 kg짜리 아령을 어깨 쪽으로 들어 올릴 때 2두근이 짧아지고 쪼그라드는 것을 보고 느낄 수 있다. **등척성 수축**(isometric contraction)에서는 근육이 짧아지지 않고 힘을 발생시킨다. ("metric"은 측정을 의미한다.) 이것은 무게가 있는 것을 들고 있을 때 발생한다. 근육은 과도하게 늘어나는 것에 저항하고 무게의 중력을 견딜 수 있는 힘을 발생시켜야 한다. 근육은 짧아지지 않지만 시간이 지남에 따라 긴장이 증가하고 무게가 점점 무거워지는 것처럼 느낀다. 대부분의 움직임은 실제로 등장성 수축과 등척성 수축의 조합으로 일어난다.

골격근은 조직화된 구조를 가진다

36장에서 살펴본 바와 같이, 각 골격근은 수많은 근섬유(muscle fibers)로 이루어져 있다. 각 근섬유는 가늘고 긴 구조의 **근원섬유**(myofibrils) 4~20개를 다발로 둘러싸고 있다. 각 근원섬유는 굵고 가는 **근필라멘트**(myofilaments)로 구성되어 있다(**그림 40.12**).

현미경상에서 근원섬유는 어둡고 밝은 띠가 번갈아 나타나 골격근 섬유가 가로무늬를 가진 것으로 보이게 한다. 굵은 근필라멘트는 겹으로 쌓여 **A대**(A band)라고 불리는 어두운 띠를 형성한다. 가는 필라멘트는 **I대**(I band)라는 밝은 띠로 나타난다.

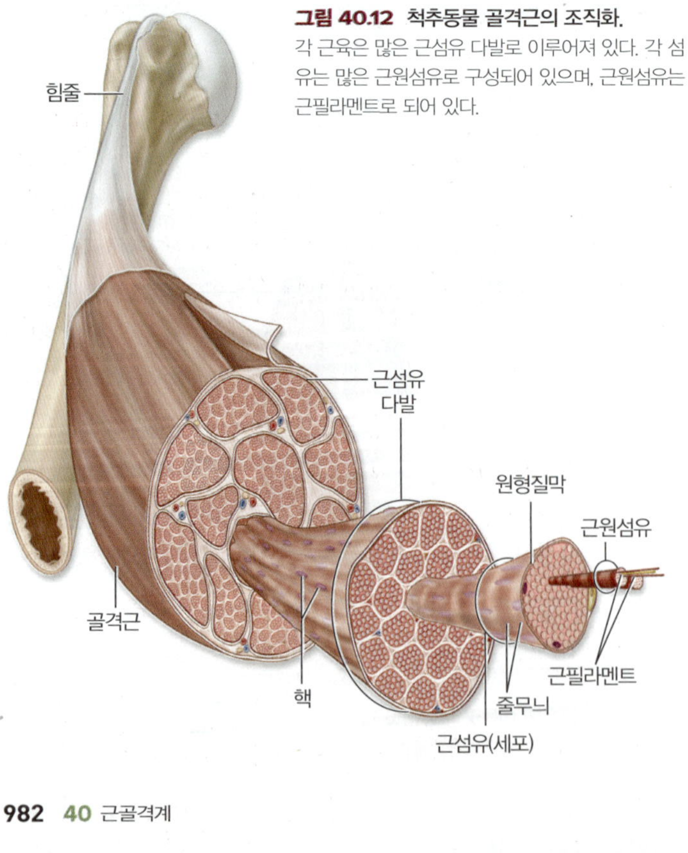

그림 40.12 척추동물 골격근의 조직화.
각 근육은 많은 근섬유 다발로 이루어져 있다. 각 섬유는 많은 근원섬유로 구성되어 있으며, 근원섬유는 근필라멘트로 되어 있다.

근원섬유 내에 있는 각 I대는 전자현미경상에 나타나는 모양에 따라 **Z선**(Z line)이라고 하는 단백질 판에 의해 반으로 나누어진다. 가는 필라멘트는 이 판에 고정되어 있다. 근원섬유의 전자현미경 사진(**그림 40.13**)에서, 근원섬유의 구조는 Z선에서 Z선까지 반복적으로 보인다. 이러한 반복구조는 **근절**(sarcomere)이라고 하며, 근수축의 최소 단위이다.

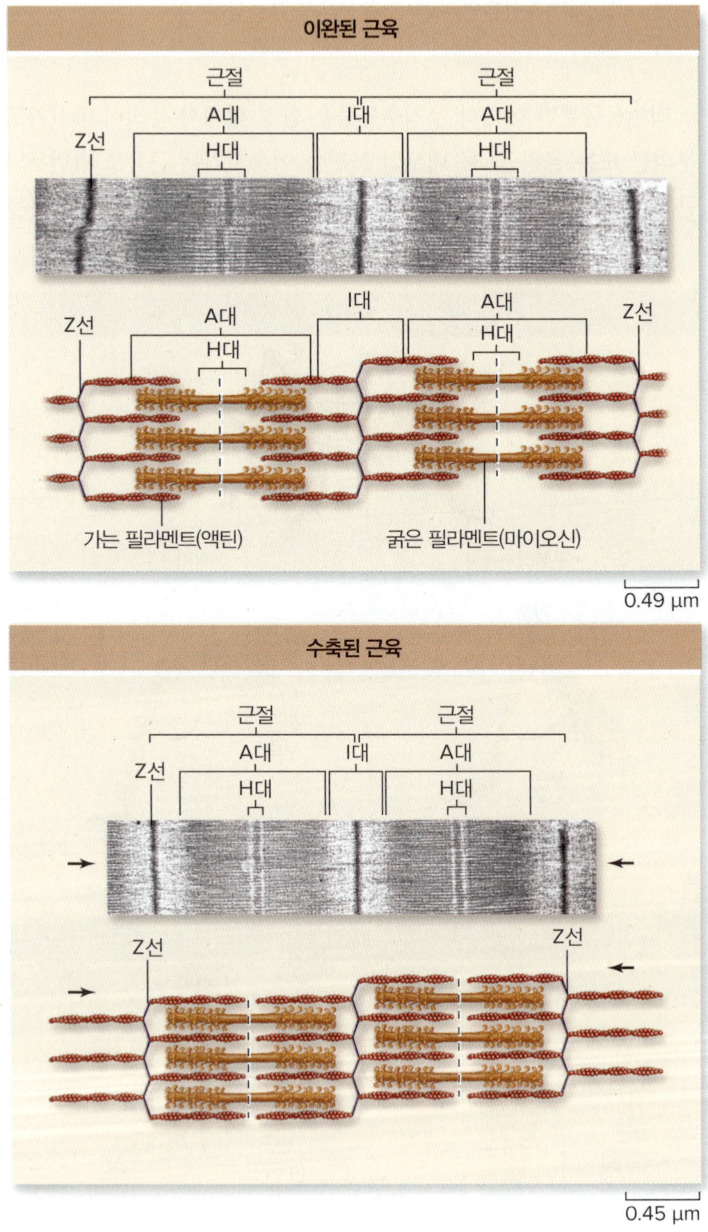

그림 40.13 이완되고 수축된 근육에서 근절의 구조.
근절 2개의 현미경 사진 및 굵은 필라멘트와 가는 필라멘트로 도식화한 그림이다. Z선은 각 근절의 경계선을 형성하고, A대는 굵은 필라멘트를 나타낸다. 가는 필라멘트는 I대 내에 있으며 굵은 필라멘트와 얽혀 있는 A대로 확장되어 있다. H대는 A대의 중앙 부위로 더 밝게 보이며 굵은 필라멘트만 포함된다. 위쪽 그림은 근육이 이완된 것을 보여준다. 아래쪽 그림의 수축된 근육에서는 I대와 H대가 더 짧아짐으로써 Z선이 서로 더 가깝게 이동하였다. A대는 길이가 변하지 않는 굵은 필라멘트를 포함하므로 길이가 변하지 않는다.

근섬유는 겹쳐 있는 필라멘트가 함께 활주하며 수축한다

가는 필라멘트는 A대의 굵은 필라멘트와 겹치지만, 휴식 상태에 있는 근육에서는 A대의 중심까지 완전히 돌출하지 않는다. 결과적으로 H대(H band)라고 하는 A대의 중앙 부분은 굵은 필라멘트와 가는 필라멘트가 겹쳐 있는 양쪽 부분보다 밝게 보인다. 이러한 근절의 모습은 근육이 수축할 때 변한다.

근원섬유가 수축하고 짧아짐으로 인해 결국 근육은 수축하고 짧아진다. 이 현상이 일어날 때 근필라멘트는 짧아지지 않으며 대신 굵은 필라멘트와 가는 필라멘트는 서로에 대해 상대적으로 미끄러진다(**그림 40.13**). 가는 필라멘트는 A대 깊숙이 활주하여 근절이 최대로 짧아지면서 H대는 좁아지고 거의 사라진다. 이것은 또한 Z선이 서로 더 가까워짐에 따라 I대를 더 좁게 만든다. 이것이 수축에 대한 필라멘트 활주 기작이다.

활주 필라멘트 기작

전자현미경 사진을 통해 굵은 필라멘트에서 가는 필라멘트로 확장해 가는 교차다리(cross-bridges)가 밝혀졌고, 이를 통해 필라멘트가 미끄러질 수 있다는 기작이 제안되었다. 이것이 어떻게 이루어지는지를 이해하기 위해서는 굵은 필라멘트와 가는 필라멘트를 분자 수준에서 확인할 필요가 있다. 생화학적 연구를 통해 각각의 굵은 필라멘트는 많은 수의 마이오신(myosin)이라는 단백질로 구성되어 있다는 것이 밝혀졌다. 마이오신 단백질은 2개의 소단위로 구성되어 있는데, 각각은 긴 필라멘트에서 튀어 나온 머리를 가진 골프채 모양이며 서로 꼬여 있다. 굵은 필라멘트는 많은 수의 마이오신이 섬유 길이를 따라 튀어나온 머리들로 정렬된 구조를 보인다(**그림 40.14**). 마이오신 머리는 전자현미경상에서 보이는 교차다리를 형성한다.

각각의 가는 필라멘트는 주로 2중나선 모양으로 꼬인 많은 수의 구형 액틴 단백질로 이루어진 2개의 섬유로 구성되어 있다(**그림 40.15**). 근절을 분자적 수준에서 살펴본다면 **그림 40.16**과 같은 구조로 나타낼 수 있다.

마이오신은 ATP 형태로 있는 화학에너지를 기계적 에너지로 바꿀 수 있는 **모터 단백질**(motor protein)의 한 종류이다(3장 참조). 이것은 교차다리 주기라고 하는 일련의 사건들에 의해 발생한다(**그림 40.17**). 마이오신 머리가 ATP를 ADP와 P_i로 가수분해한 때, 마이오

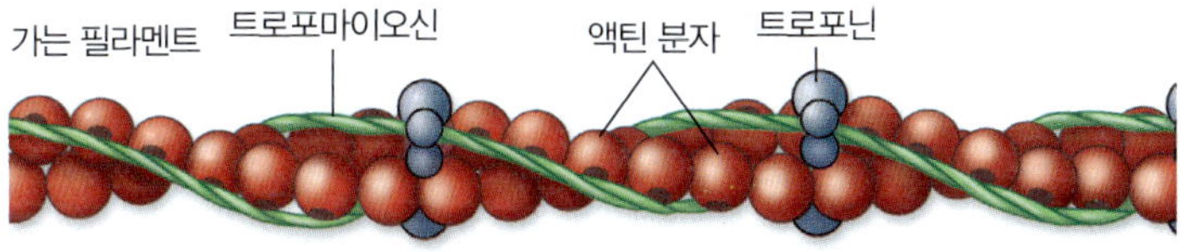

그림 40.15 가는 필라멘트는 구형의 액틴 단백질로 이루어진다.
두 줄의 액틴 단백질들은 함께 꼬여 나선 모양의 가는 필라멘트를 형성한다. 트로포마이오신과 트로포닌 단백질은 액틴 가닥과 연결되어 있으며 근육 수축에 관여한다. 이 단백질들은 뒷부분에서 설명한다.

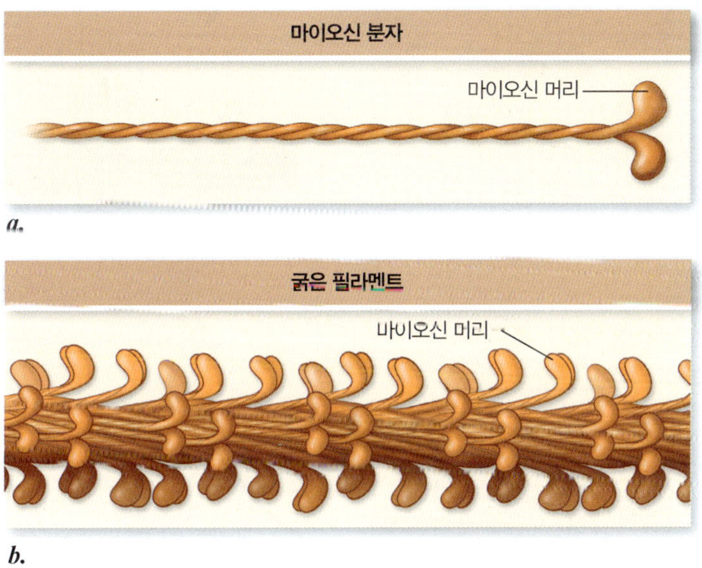

그림 40.14 굵은 필라멘트는 마이오신으로 구성되어 있다.
a. 각 마이오신 분자는 골프채 모양을 하면서 서로를 감싸는 2개의 폴리펩타이드 사슬로 이루어져 있다. 각 사슬의 끝에는 "머리"라고 불리는 구형 부위가 있다. ***b.*** 굵은 필라멘트는 일정한 간격으로 머리가 튀어나온 마이오신 분자들의 다발로 이루어져 있다.

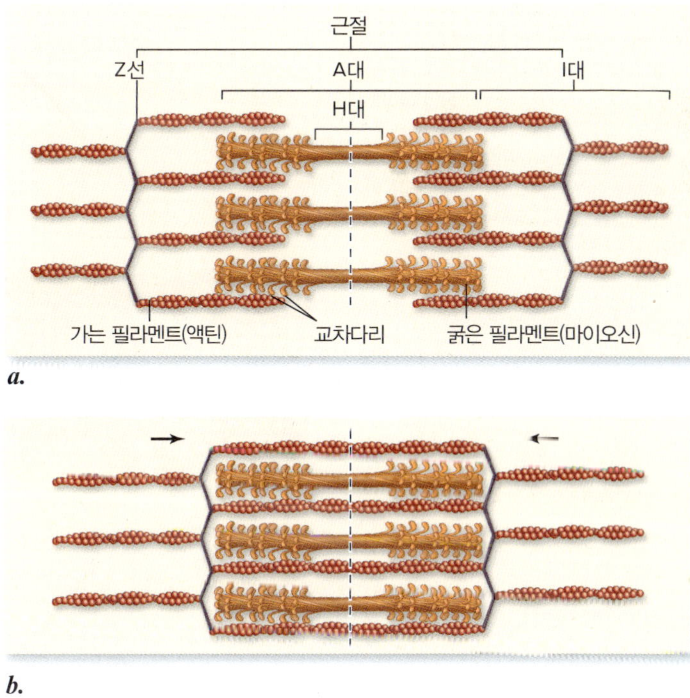

그림 40.16 가로무늬근의 근절에서 굵은 필라멘트와 가는 필라멘트의 결합.
a. 굵은 필라멘트의 양 끝에 있는 머리는 반대 방향으로 향하므로 교차다리는 가는 필라멘트와 근절의 양쪽에 있는 Z선을 중심 쪽으로 당긴다. ***b.*** 이러한 필라멘트의 활주가 근육의 수축을 일으킨다.

신의 구조가 변하면서 나중에 힘을 제공하기 위해 활성화된다. ADP와 P_i 모두 마이오신 머리에 부착되어 있어 이러한 활성화된 구조를 유지하게 한다. 이 작용은 스프링으로 된 쥐덫과 유사하게 설명하기도 한다. 이러한 위치에서 마이오신 머리는 액틴과 결합하여 교차다리를 형성할 수 있다. 마이오신 머리가 액틴에 결합할 때, P_i를 떨어뜨리고 또 다른 구조적 변화를 일으킨다. **파워스트로크**(power stroke) 과정에서 가는 필라멘트가 근절의 중앙 쪽으로 당겨지며, 이때 ADP를 잃는다(**그림 40.17**). 파워스트로크의 마지막 단계에서 마이오신 머리는 새로운 ATP 분자와 결합한다. 이러한 교차다리 주기는 근육이 수축되도록 자극하는 한 반복한다. 이러한 일련의 사건들은 로프를 두 손으로 번갈아 가며 당기는 것과 같이 생각될 수 있다. 마이오신 머리는 손이고 액틴 섬유는 로프이다.

사망 시 세포는 더 이상 ATP를 생성할 수 없으므로 교차다리 주기가 끊어지지 않아서 **사후강직**(rigor mortis)이라고 불리는 근육의 강직 현상을 유발한다. 그러나 살아 있는 세포는 항상 마이오신 머리가 액틴으로부터 떨어져 나오는 데 필요한 충분한 ATP를 가지고 있다. 그렇다면 어떻게 교차다리 주기가 중지되어 근육이 이완될까? 이제 수축과 이완의 조절에 대하여 알아보자.

수축은 신경 자극 이후 칼슘 이온의 방출에 달려 있다

근육이 이완될 때 마이오신 머리는 ADP와 P_i가 결합해 있는 활성화된 상태로 존재하지만 마이오신 머리는 액틴과는 결합할 수 없다. 이완된 상태에서 액틴에 있는 마이오신 머리의 부착 부분은 가는 필라멘트에서 **트로포마이오신**(tropomyosin)으로 알려진 단백질에 의해 물리적으로 차단되어 있다. 따라서 교차다리는 형성되지 못하고 필라멘트는 활주하지 못한다.

수축이 일어나기 위해서 트로포마이오신은 마이오신 머리가 액틴 결합 부위에 결합할 수 있도록 이동해야만 한다. 이를 위해서는 트로포마이오신과 액틴을 함께 잡아주는 조절 단백질 복합체인 **트로포닌**(troponin)의 작용이 필요하다. 트로포닌과 트로포마이오신 사이의 조절 작용은 근섬유 세포질의 칼슘 이온(Ca^{2+}) 농도에 의해 조절된다.

세포질의 Ca^{2+} 농도가 낮을 때는 트로포마이오신이 교차다리 형성을 방해한다(**그림 40.18*a***). Ca^{2+} 농도가 올라가면 Ca^{2+}이 트로포

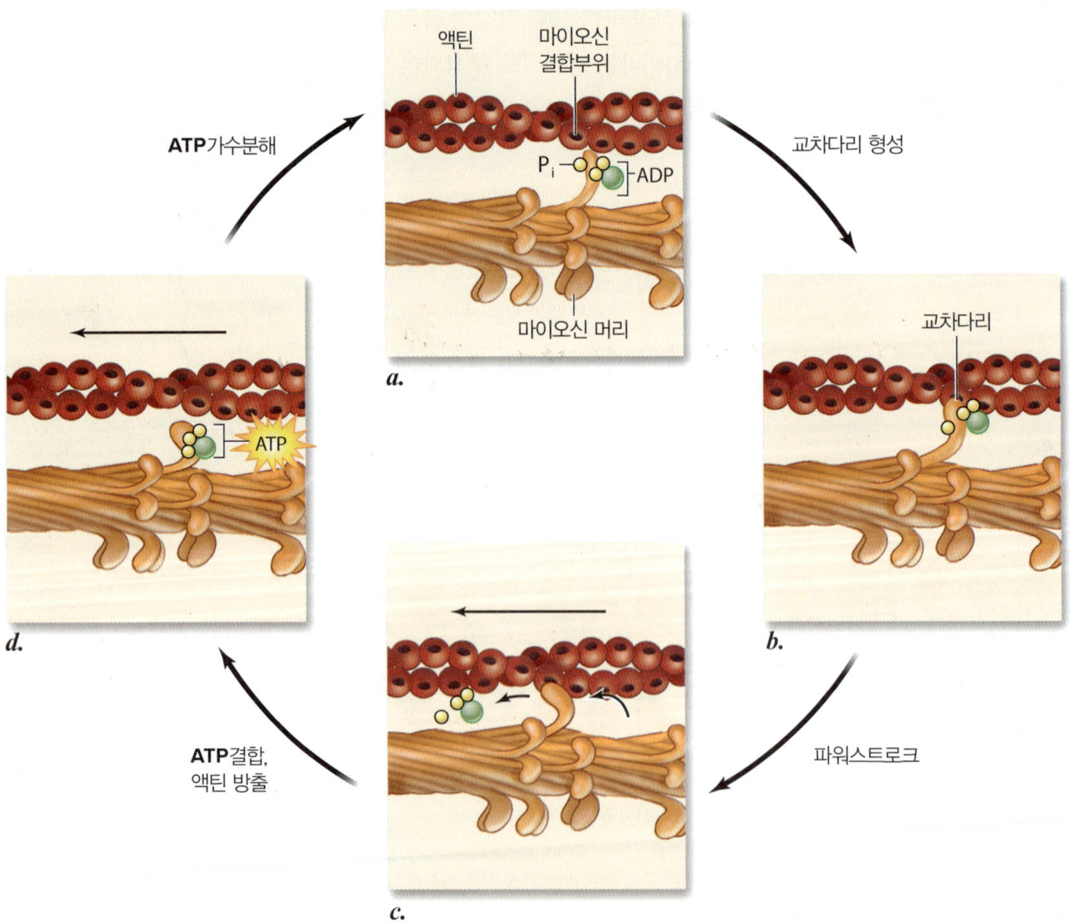

그림 40.17 근수축에서 교차다리 주기. ***a.*** 마이오신에 의한 ATP 가수분해는 마이오신 머리를 활동적 상태가 되도록 구조적 변화를 일으킨다. ADP와 P_i는 마이오신 머리에 결합된 채로 있으며 액틴에 결합할 수 있다. ***b.*** 마이오신은 액틴과 결합하여 교차다리를 형성한다. ***c.*** 파워스트로크 동안 마이오신은 ADP와 P_i를 방출하여 원래의 형태로 되돌아간다. ***d.*** ATP는 마이오신 머리에 결합하여 교차다리를 끊는다. ATP 가수분해는 마이오신 머리를 활동적 상태로 되돌려 주어 교차다리 주기를 다시 시작할 수 있게 한다.

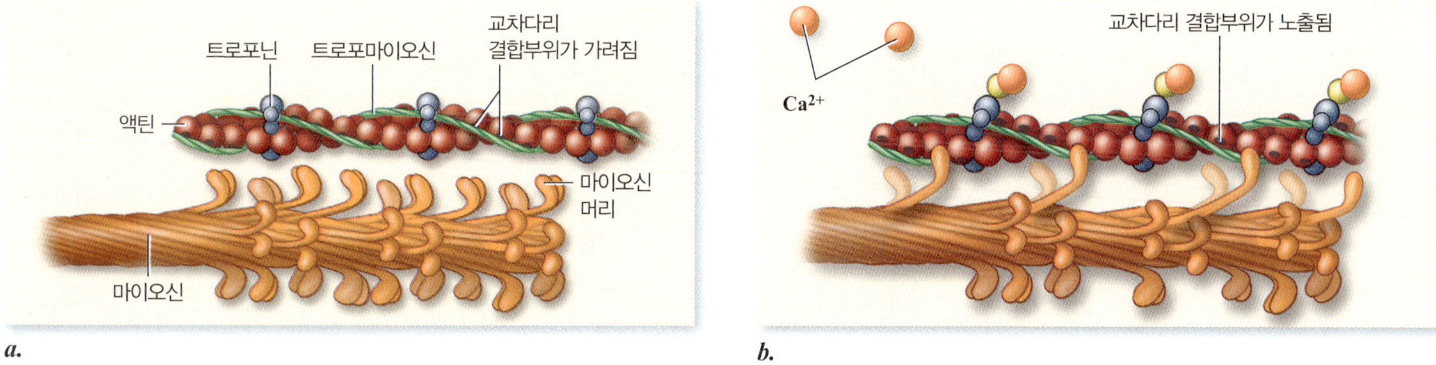

a. *b.*

그림 40.18 칼슘에 의한 가로무늬근의 수축 조절.

a. 근육이 휴식 상태에 있을 때, 트로포마이오신 단백질의 긴 필라멘트는 액틴 분자에 있는 마이오신 결합 부위를 차단한다. 마이오신은 이 부위에서 액틴과 교차다리를 형성할 수 없기 때문에 근육 수축은 일어날 수 없다. *b.* Ca^{2+}이 트로포닌 단백질에 결합하면, Ca^{2+}-트로포닌 복합체는 트로포마이오신을 옮김으로써 액틴에 있는 마이오신 결합 부위를 노출하여 교차다리가 형성되므로 근육 수축이 일어난다.

닌과 결합하여 구조를 변화시켜 트로포닌-트로포마이오신 복합체를 이동시킨다. 이러한 형태의 변화는 액틴의 마이오신 결합 부위를 노출시켜 준다. 따라서 교차다리가 형성되어 파워스트로크를 할 수 있기에 근육 수축이 일어난다(**그림 40.18***b*).

근육은 Ca^{2+}의 안정적인 공급이 필요하다. 근섬유는 **근소포체**(sarcoplasmic reticulum, SR)라는 변형된 소포체에 Ca^{2+}을 저장한다(**그림 40.19**). 근섬유가 수축되도록 자극하면 근섬유막이 탈분극된다. 이것은 세포막의 함입에 의해 생긴 **가로세관**(transverse tubules, T tubules)을 통해 근섬유로 깊이 전송된다. 가로세관의 탈분극은 근소포체에 있는 Ca^{2+} 채널을 열리게 하여 Ca^{2+}이 세포질로 방출되게 한다. Ca^{2+}은 근원섬유로 확산되어 트로포닌과 결합하여 구조를 변화시켜 수축이 일어나게 된다. 근육 수축에 Ca^{2+}이 관련된 기작은 **흥분-수축 연결**(excitation-contraction coupling)이라고 불리는데, 이는 Ca^{2+}의 방출이 운동뉴런에 의한 근섬유의 흥분과 근육의 수축을 연결하기 때문이다.

운동뉴런으로부터의 신경 자극

근육은 운동뉴런에 의해 수축되도록 자극된다. 골격근을 자극하는 운동뉴런은 **체성운동뉴런**(somatic motor neurons)이라고 한다. 체성운동뉴런의 축삭돌기는 뉴런의 세포체에서 뻗어 나와 분지를 이루어 여러 개의 근섬유와 시냅스를 형성한다. 이러한 뉴런과 근육세포 사이의 시냅스들을 **신경근접합부**(neuromuscular junctions)라고 한다(**그림 40.19**). 하나의 축삭돌기는 많은 근섬유를 자극할 수 있다. 몇몇 동물에서 근섬유는 하나 이상의 운동뉴런에 의해 흥분이 될 수 있다. 그러나 사람의 경우 각 근섬유는 하나의 축삭돌기 분지를 가진 하나의 시냅스를 형성한다.

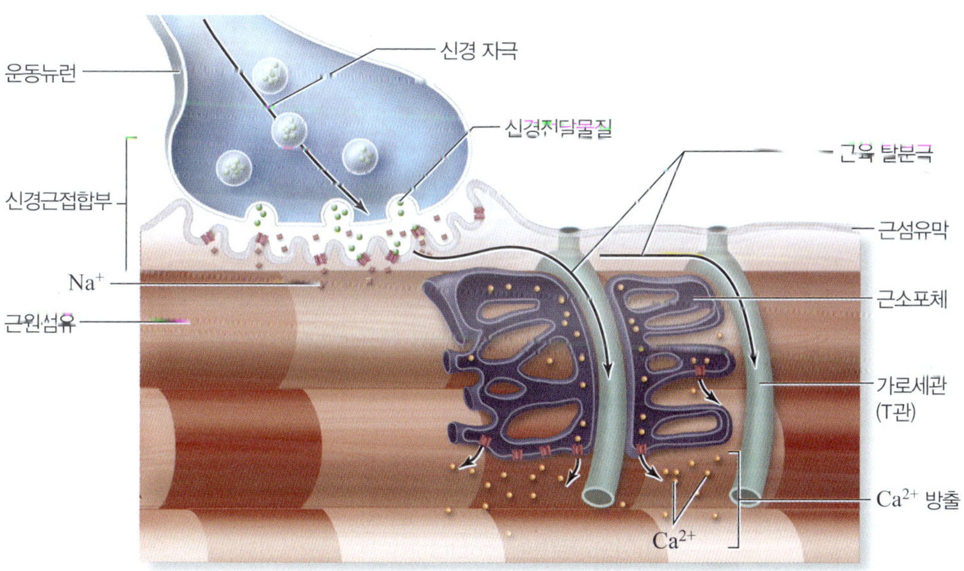

그림 40.19 근원섬유, 가로세관, 근소포체 사이의 관계.

신경근접합부에서 방출된 신경전달물질이 화학개폐성 Na^+ 채널에 결합하여 근육세포막이 탈분극하게 된다. 이 탈분극은 근육세포막과 가로세관을 따라 전달되어 근소포체에서 Ca^{2+}이 방출되도록 자극한다. Ca^{2+}은 세포질을 통해 근원섬유로 확산되어 수축을 일으킨다.

체성운동뉴런이 전기화학적 자극을 전달할 때, 다음과 같은 순서로 시냅스를 만들어 신경을 통하게 하여 근섬유의 수축을 자극한다.

1. 신경근접합부에서 운동뉴런은 신경전달물질인 아세틸콜린(acetylcholine, Ach)을 방출한다. 아세틸콜린은 근세포막에 있는 수용체와 결합하여 Na^+ 채널을 연다. Na^+의 유입은 근세포막을 탈분극시킨다.
2. 자극은 근섬유막을 따라 퍼지고 가로세관을 통해 근섬유 안으로 이동한다.
3. 가로세관은 자극을 근소포체 쪽으로 전달하고, Ca^{2+} 채널을 열어 Ca^{2+}을 방출한다. Ca^{2+}은 트로포닌과 결합하여 액틴 필라멘트상에 있는 마이오신 결합 부위를 노출시켜 근육 수축을 자극한다.

운동뉴런으로부터의 자극이 중단되면 아세틸콜린 방출이 중단되면서 근섬유에서 자극 생성이 멈춘다. 이후 근소포체에 있는 또 다른 막 단백질은 ATP 가수분해 에너지를 이용하는 능동수송을 통해 Ca^{2+}을 근소포체 안으로 다시 퍼 들인다. 트로포닌은 더 이상 Ca^{2+}과 결합해 있지 않으며, 트로포마이오신은 억제 위치로 돌아가게 되고 근육은 이완하게 된다.

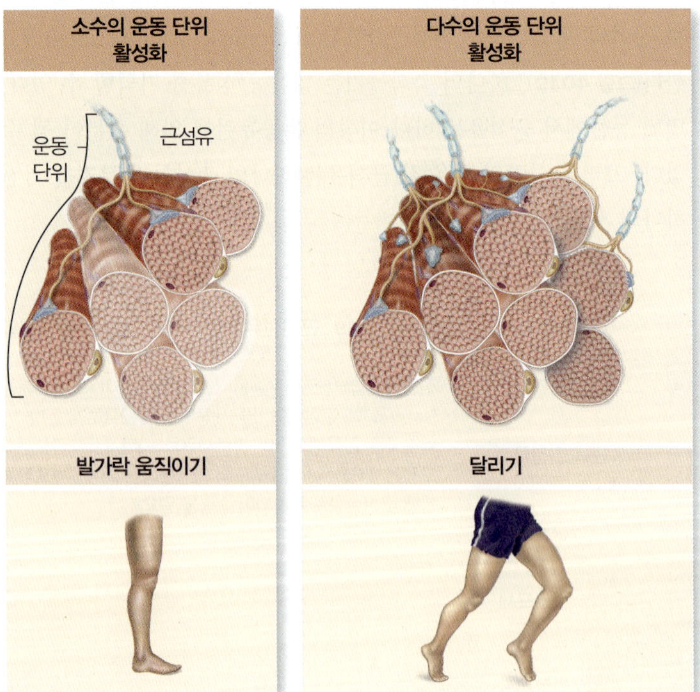

a. *b.*

그림 40.20 운동뉴런의 수와 크기.
운동 단위는 운동뉴런과 그것이 연결되어 있는 모든 근섬유들로 구성된다. ***a.*** 정확한 근육 수축은 더 작은 운동 단위를 필요로 한다. ***b.*** 큰 근육 운동은 더 큰 운동 단위를 필요로 한다. 더 많은 운동뉴런이 활성화 될수록 더 강한 수축이 일어난다.

운동 단위와 동원

하나의 근섬유는 자극의 빈도에 따라 다양한 장력을 발생시킬 수 있다. 전체 근육의 반응은 관여하는 개개 섬유 수와 그들의 장력 정도에 따라 달라진다. 운동뉴런 그 자체와 운동뉴런의 모든 축삭 가지에 의해 연결되어 있는 근섬유 집합을 **운동 단위**(motor unit)라고 정의한다(**그림 40.20**).

운동뉴런이 자극을 생성할 때마다 운동 단위에 있는 모든 근섬유들은 함께 수축한다. 근육은 운동 단위로 나누어짐으로써 근육의 수축 강도가 미세하게 조절될 수 있으며, 이것은 협동적인 움직임을 가능하게 해준다. 눈을 움직이는 것과 같이 섬세한 조절이 필요한 근육은 더 작은 운동 단위들을 가진다(뉴런당 적은 수의 근섬유). 다리의 큰 근육에서처럼 정확한 조절은 덜 필요하지만 대신 더 많은 힘이 필요한 근육은 운동뉴런당 더 많은 섬유들을 가진다.

주어진 근육에서 힘을 증가시키기 위해 신경계는 더 많은 운동 단위를 이용할 것이다. 이러한 현상은 **동원**(recruitment)이라고 알려져 있다.

근섬유의 2가지 주요 유형은 느린-연축섬유와 빠른-연축섬유이다

분리된 골격근은 인위적인 전기적 충격으로 자극하며 연구할 수 있다. 한 번의 전기 충격으로 자극 받은 근육은 연축(twitch)이라는 반응으로 빠르게 수축하고 이완한다. 자극 전압을 높이면 연축의 강도는 최고까지 증가한다. 두 번째 전기 충격이 첫 번째 충격 바로 직후에 주어지면, 첫 번째 반응에 부분적으로 첨가되어 두 번째 연축이 만들어지게 된다. 이러한 누적된 반응을 가중(summation)이라고 한다(**그림 40.21**).

전기 충격의 빈도가 증가하면 수축의 강도가 증가함에 따라 연속적인 연축 사이의 이완 시간이 짧아진다. 결국에는 특정 자극 빈도에서 눈에 보이는 이완은 연속적인 경련들 사이에 발생하지 않는다. 수축은 신체의 정상적인 근육 수축에서처럼 완만하고 지속적으로 이어진다. 이러한 지속된 수축을 **강축**(tetanus)이라고 부른다(파상풍으로 알려진 이 질병은 파상풍 환자들의 근육이 수 분간 경직되는 고통스러운 상태로 되기 때문에 붙여진 이름이다).

골격근섬유는 수축 속도를 기준으로 **느린-연축섬유**(slow-twitch fiber)와 **빠른-연축섬유**(fast-twitch fiber)로 나눌 수 있다.

느린-연축섬유

느린-연축섬유(slow-twitch fibers, 지근섬유, 느린 산화)는 모세혈관이 풍부하고, 수많은 미토콘드리아와 산소호흡 효소 및 고농도의 **마이오글로빈**(myoglobin) 색소를 가진다. 마이오글로빈은 적혈

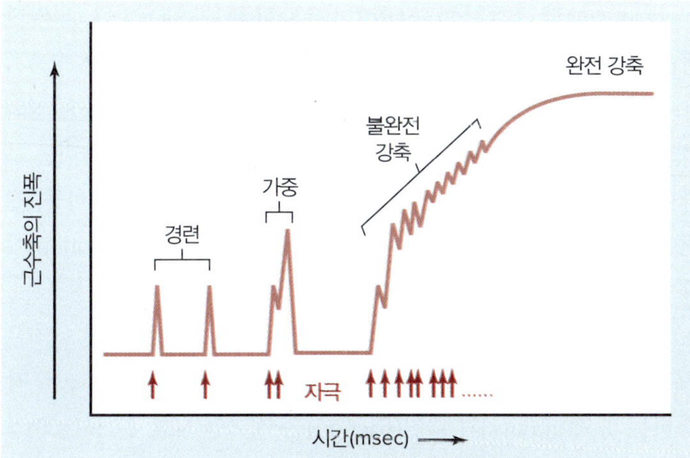

그림 40.21 가중.
근육 연축은 가중되어 지속적인 강직성 수축을 일으킨다. 이러한 유형은 근육이 전기적으로 혹은 자연적으로 뉴런에 의해 자극될 때 만들어진다. 완만하고 지속적인 수축인 강축은 몸에서 일어나는 정상적인 근육 수축 유형이다.

? **탐구문제** 가중된 근육 수축의 최대 강도를 결정하는 것은 무엇인가?

구 세포에 있는 헤모글로빈과 비슷한 붉은 색소이지만, 마이오글로빈의 높은 산소 친화도는 느린-연축섬유로의 산소 전달을 증가시켜 준다. 느린-연축섬유는 높은 마이오글로빈 함유량 때문에 **적색섬유**(red fiber)라고도 부른다. 이들 섬유는 피로감 없이 오랜 기간 동안 계속해서 작동할 수 있다.

빠른-연축섬유

두꺼운 **빠른-연축섬유**(fast-twitch fibers, 속근섬유, 빠른 당분해)는 느린-연축섬유보다 미토콘드리아와 모세혈관이 적으며 마이오글로빈도 많이 가지고 있지 않다. 그래서 이들 섬유는 **백색섬유**(white fibers)라고도 부른다. 빠른-연축섬유는 저장되어 있는 많은 양의 글리코젠과 고농도의 해당 효소들을 이용하여 무산소성으로 호흡할 수 있다. 닭과 칠면조에서 볼 수 있는 어두운 색 고기와 흰색 고기는 1차적으로 각각 적색섬유와 백색섬유를 가진 근육으로 구성되어 있다. 빠른-연축섬유는 빠른 힘의 발생에 적합하며 근력 운동에 의해 더 두껍고 강하게 성장할 수 있다. 그러나 빠른-연축섬유는 느린-연축섬유의 특성인 지구력이 부족하다.

느린-연축섬유와 빠른-연축섬유 외에도 사람의 근육에는 중간 형태가 있는데, 이들 섬유는 빠른 수축 속도를 가지지만 산화능력이 높고 피로에 더 강하다. 지구력 훈련은 근육에서 이러한 섬유의 비율을 증가시킨다.

일반적으로 단거리 선수들은 빠른-연축섬유를 더 많이 가지는 경향이 있는 반면, 장거리 선수는 느린-연축섬유를 더 많이 가진다. 이러한 차이는 동물 세계에서도 비슷하다. 생활 방식이 다른 관련 종들을 비교해 보면, 먹이를 잡거나 포식자를 피하기 위해 짧고 빠른 속도로 움직이는 종들은 더 많은 빠른-연축섬유를 가지는 경향이 있는 반면, 느리지만 오랫동안 이동하는 종들은 느린-연축섬유를 더 많이 가진다.

근육의 물질대사는 부과되는 요구에 따라 달라진다.

휴식 상태에 있는 골격근은 대부분의 에너지를 지방산의 산소호흡으로부터 얻는다(6장 참조). 운동으로 근육이 사용되는 동안 근육에 저장되어 있는 글리코젠과 혈액에 의해 전달된 포도당이 에너지원으로 사용된다. 세포호흡에 의해 얻은 에너지는 ATP를 만드는 데 사용되고, ATP는 근육 수축 동안 교차다리의 움직임과 근육 이완 동안 근소포체 안으로 Ca^{2+}을 퍼 들이는 데 이용된다.

심폐계(cardiopulmonary system)가 근육에 산소 공급을 증가시키는 데 시간이 필요하기 때문에 골격은 보통 힘든 운동까지의 초기 45~90초 동안 무산소호흡을 한다. 운동이 지나치게 격렬하지 않으면, 처음 2분 운동 후에 골격근이 필요한 에너지 요구량 대부분을 산소호흡이 제공할 것이다. 그러나 더 격렬한 운동을 하게 되면 산소호흡에 의해 제공될 수 있는 것보다 더 많은 ATP가 필요하게 되며, 이 경우 무산소호흡에 의해 ATP가 지속적으로 제공된다.

신체 훈련은 유산소호흡 능력과 근력을 증가시킨다

근육 피로(muscle fatigue)는 사용 정도에 따라 근육이 힘을 발생시키는 능력이 감소하는 것을 나타낸다. 피로는 매우 다양하며 여러 가지 원인으로 발생할 수 있다. 수축의 강도와 수축의 기간이 관련된다. 또한 피로는 유산소 혹은 무산소호흡으로 일어나는 세포의 물질대사에 영향을 받는다. 짧은 기간 동안 격렬한 활동을 한 경우 피로는 오래 지속되는데, 이는 무산소호흡에 의한 젖산(lactic acid)의 축적 때문으로 여겨진다. 최근의 자료에 의하면 크레아틴 인산(creatine phosphate)이 분해에 의해 생긴 무기인산(P_i)의 축적도 무산소 물질대사 동안에 일어날 수 있다고 보고되고 있다. 장기간 낮은 강도의 활동에서 오는 피로는 글리코젠의 고갈에 의해 나타나는 것으로 보인다.

근육 글리코젠이 고갈되면 운동이 제한되기 때문에 여분의 근육 글리코젠을 저장하도록 작용하면 신체의 지구력이 향상될 것이다. 숙련된 운동선수들은 지방산의 유산소호흡에 의해 얻은 에너지의 비율이 증가하여 축적된 근육 글리코젠의 고갈이 느려진다. 운동선수들은 또한 근육에 더 많은 혈관화(vascularization)가 되어 있어 산소 운반과 젖산 제거 모두를 쉽게 한다. 지구력 훈련을 받은 운동선수의 유산소 능력은 훈련 받지 않은 사람들보다 매우 높기 때문에 운동선수들은 근육 피로가 일어나기 전에 더 오랜 시간 동안 더 많은 운동을 수행할 수 있다.

지구력 훈련은 근육의 크기를 증가시키지는 않는다. 근육의 증가는 역기 운동과 같이 근육이 높은 저항에 대항하여 작동하는 고강도의 운동을 지속할 때에만 일어난다. 저항성 훈련은 빠른-연축섬유의 두께를 증가시키며, 이는 골격근이 세포분열과 세포 수의 증가가 아닌 세포의 크기가 증가되는 비대(hypertrophy)로 인해 성장하도록 해준다.

핵심 요약 40.4

길항근은 서로 반대로 작용하며, 근육이 수축할 수는 있지만 밀어낼 수 없기 때문에 나타나는 근육의 중요한 특징이다. 근육의 근원섬유 내에 있는 필라멘트의 활주에 의해 수축이 일어난다. 이 과정에는 모터 단백질인 마이오신이 포함되며, 마이오신은 액틴 섬유에 교차다리를 형성한다. 수축 과정은 근소포체에서 방출된 Ca^{2+}에 의해 조절된다. Ca^{2+}는 트로포닌에 결합하여 액틴에서 마이오신 결합 부위를 노출시켜 이용할 수 있게 한다. 느린-연축섬유는 더 오랜 기간 동안 활동을 지속할 수 있다. 빠른-연축섬유는 글리코젠을 사용하여 신속하게 힘을 생성한다.

- 마이오글로빈과 미토콘드리아의 증가는 느린-연축섬유에 어떤 이점을 부여할까?

40.5 척추동물 골격의 진화와 이동 방법

학습 목표

1. 이동에 사용되는 구조의 형태가 어떻게 진화되었는지에 대하여 설명할 수 있다.
2. 마찰과 중력이 이동에 미치는 영향에 대하여 서술할 수 있다.
3. 날개로 어떻게 날아오를 수 있는지에 대하여 설명할 수 있다.

동물들은 다세포 생물 중 한 장소에서 다른 장소로 이동할 수 있는 능력을 가진 유일한 생물이다. 이동에는 추진기작(propulsive mechanism)과 조절기작(control mechanism)이 필요하다. 다양한 추진기작이 있으며, 대개 필요한 힘을 생성하기 위해 근육을 수축시키는 것이 대부분이다. 궁극적으로 이동에 사용되는 근육을 활성화하고 조정하는 것은 신경계이다. 큰 동물의 이동 활동은 흔들리는 부속지를 이용한 **부속지 운동**(appendicular locomotion)이나 파동, 진동 또는 연동과 같이 몸체를 움직이는 **축 운동**(axial locomotion)에 의해 이루어진다.

동물의 이동은 여러 가지 형태로 이루어지지만, 일반적인 원칙은 모든 그룹에서 동일하게 유지된다. 이동하는데 물리적 제약으로 작용하는 중력(gravity)과 마찰(friction)은 정도만 다를 뿐 모든 환경에서 동일하다.

4지동물에서 본 골격 진화

육지와 하늘에서 번창하기 위해 척추동물의 골격에는 큰 다양성이 요구되었다. 이것은 동물들이 공간과 시간을 통해 그들의 신체를 움직이는 방식뿐만 아니라 다양한 신체 부위가 서로 어떻게 움직이는지를 나타내준다. 예를 들어, 4지동물에 있는 머리는 흉대(pectoral girdle)와의 연결이 끊어졌다. 이것은 먹이, 감각 입력, 복잡한 의사소통을 위한 머리의 독립적인 움직임을 제공한다. **그림 40.22**는 육상 척추동물의 계통발생에 따른 척추동물의 골격 특성들을 보여준다.

유영 동물들은 물을 거슬러 이동할 때 마찰에 맞서야 한다

헤엄치는 동물들에서는 물의 부력이 중력의 효과를 줄여준다. 결과적으로 이동을 저지하는 주요 힘은 마찰 항력(frictional drag)이기 때문에 물을 뚫고 가기 위한 힘을 줄이기 위해서는 몸의 모양이 중요하다.

어떤 해양 무척추동물은 수압 추진력(hydraulic propulsion)을 이용하여 이동한다. 예를 들어, 가리비는 껍데기의 양면을 함께 힘차게 파닥이고, 오징어와 문어들은 28장에서 설명한 것처럼 배의 추진기와 같이 물을 분출한다.

그에 비해 많은 무척추동물과 모든 수생 척추동물은 헤엄을 친다. 유영은 몸의 일부를 사용하여 물을 밀어내는 것과 관련이 있다. 극단적 예로 뱀장어와 바다뱀은 온몸을 사용하여 물결 모양으로 파동치며 헤엄친다(**그림 40.23***a*). 뱀장어같이 유영할 때 생기는 물결 모양의 신체 파동은 왼쪽과 오른쪽 축 근육 조직 사이에서 번갈아 가며 일어나는 근육 수축의 파동에 의해 만들어진다. 각 체절이 순차적으로 물을 밀 때, 이동하는 파동이 뱀장어를 앞으로 나아가게 한다.

다른 유형의 물고기는 뱀장어와 비슷한 기작을 사용하지만 꼬리 지느러미를 사용하는 몸의 뒷부분에서 거의 모든 추진력이 만들어진

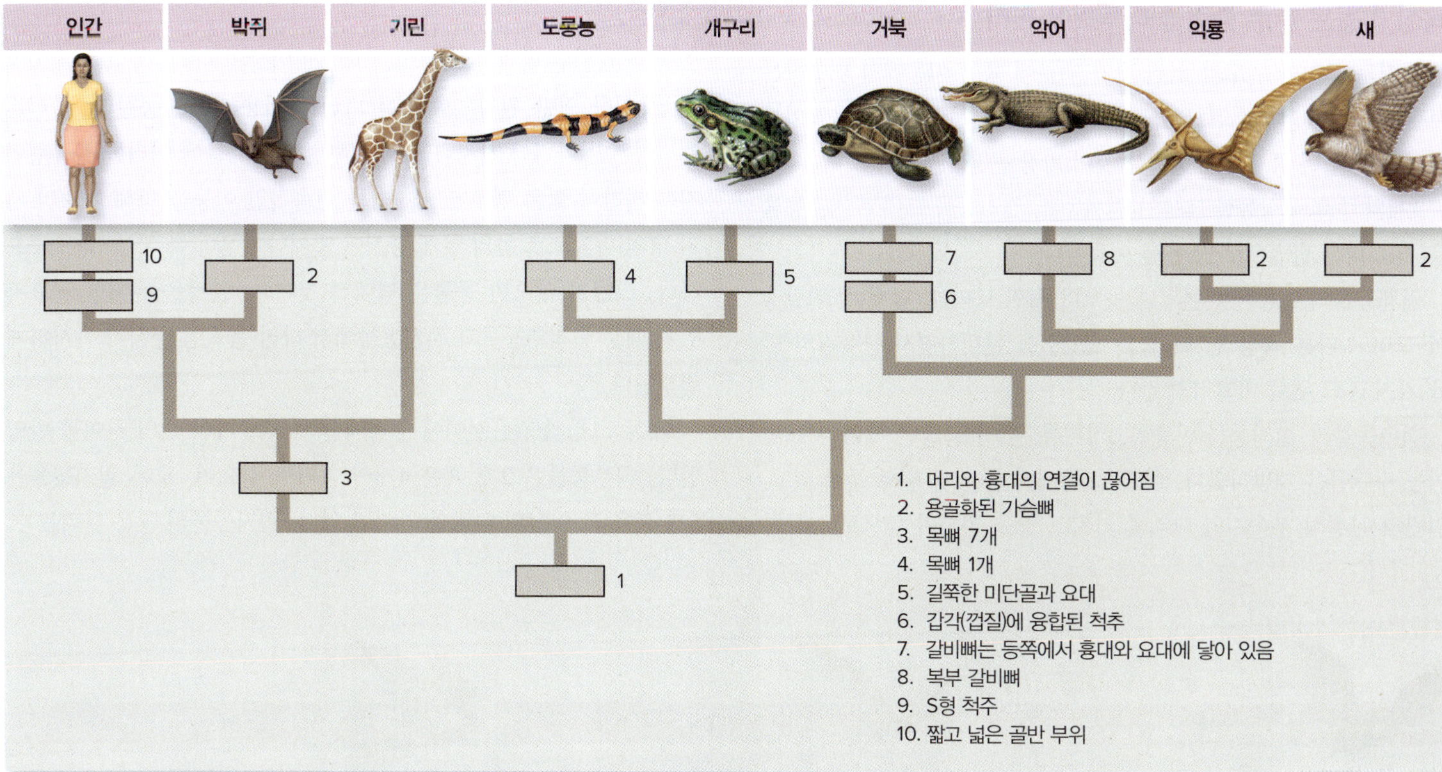

그림 40.22 척추동물의 주요 그룹을 정의하는 데 도움이 되는 몇 가지 주요 골격 혁신.
개구리는 점프를 하기 위해 긴 요대를 가지고 있다. 조류, 익룡, 박쥐는 비행 근육의 부착을 위한 용골형의 가슴뼈를 가지고 있다. 인간은 직립보행을 위해 짧은 요대와 S형의 척주를 가진다.

다(**그림 40.23*b***). 이것은 또한 추진력의 손실은 없으면서 신체의 앞 부분이 특화될 수 있게 해준다. 악어와 같은 파충류들은 같은 방법으로 꼬리의 파동을 사용하여 헤엄친다.

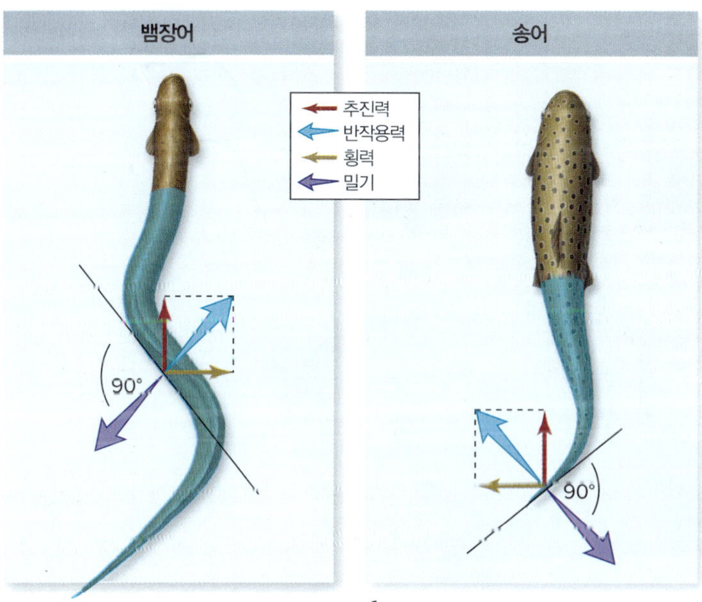

a. ***b.***

그림 40.23 유영하는 물고기의 운동.
a. 뱀장어는 전신으로 물을 밀어낸다. ***b.*** 송어는 몸의 뒤쪽 절반만으로 물을 밀어낸다.

고래와 바다사자와 같은 다른 해양 포유류들은 진화적으로 수생 생활 양식으로 되돌아갔으며(**그림 19.11** 참조) 유사한 이동 방식으로 수렴진화하였다. 해양 포유류들은 물고기와 같이 몸의 파동을 이용하여 유영한다. 하지만 다른 물고기들과는 달리 파동은 상하로 일어나며 좌우로 일어나지 않는다. 이런 차이는 과거 진화의 역사가 어떻게 후속 진화론적 변화를 형성할 수 있는지를 보여준다. 포유동물의 척주(vertebral column)는 딱딱하지만 좌우로 약간의 유연성을 가진 척추로 이루어져 물고기와 구조적인 차이를 보인다. 이런 이유에서 고래의 조상은 수생 서식지로 되돌아와 등배(top-to-bottom)의 유연성을 사용하는 헤엄에 적응하도록 진화되었다.

많은 육상 척추동물은 대개 그들의 가지의 움직임을 통해 수영을 할 수 있다. 오리와 거위같이 유영하는 대부분의 새들은 일반적으로 물갈퀴가 달린 뒷다리를 가지고 물을 밀어내어 스스로 추진해 나간다. 개구리와 대부분의 수생 포유류 또한 그들의 뒷다리와 물갈퀴가 달린 발로 수영을 한다. 4지를 가진 척추동물은 앞다리를 가지고 수영하는데, 지느러미 모양의 발(flipper)을 가지고 공중에서 나는 것과 매우 유사한 움직임으로 물속을 이동한다. 그 예로 바다거북, 펭귄, 물개 등을 들 수 있다.

육상 이동은 주로 중력을 다루어야 한다

공기는 물보다 밀도가 훨씬 낮기 때문에 육상 이동에서 대항하는 마찰력도 매우 적다. 그보다도 비수중생물에게는 땅 위를 움직이든 공기 중을 날든 중력에 대항하는 것이 가장 큰 과제이다.

3개의 주요 육상동물 그룹인 연체동물, 절지동물 그리고 척추동물은 서로 다른 방법으로 땅 위를 이동한다.

연체동물의 이동은 다른 그룹들보다 훨씬 느리다. 달팽이, 민달팽이 그리고 다른 육상 연체동물은 점액질을 분비하면서 근육질의 발을 가지고 그 위를 미끄러져 간다.

척추동물과 절지동물(곤충류, 거미류, 갑각류)들만 재빠른 표면 이동 수단들을 개발하였다. 이 두 그룹에서 몸은 땅 위로 들려 있고, 일련의 관절성 부속지인 다리를 가지고 땅을 밀치며 앞으로 이동하게 된다.

동물들은 두 다리만으로 또는 100개 이상의 다리로 걸을 수 있지만, 동일한 일반 원칙으로 모든 다리를 이용하여 이동한다. 다리는 추진력뿐만 아니라 지지력을 제공해야 하기 때문에 이러한 불균형의 지속 시간이 짧은 경우가 아니라면 연속적인 이동을 통해 다리의 지지 영역 바깥으로 몸의 무게 중심이 벗어나지 않도록 하는 것이 중요하다. 그렇지 않으면 동물은 넘어질 것이다. 안정을 유지할 필요가 있기 때문에 척추동물과 절지동물에서 다리 움직임 순서가 유사하게 결정된다.

이 두 그룹의 걸음걸이에서 명백한 차이는 다리 수의 차이를 반영한다. 척추동물은 2개 혹은 4개의 다리로 걸으며, 모든 절지동물은 6개 혹은 그 이상의 다리를 가지고 있다. 절지동물의 많은 다리는 이

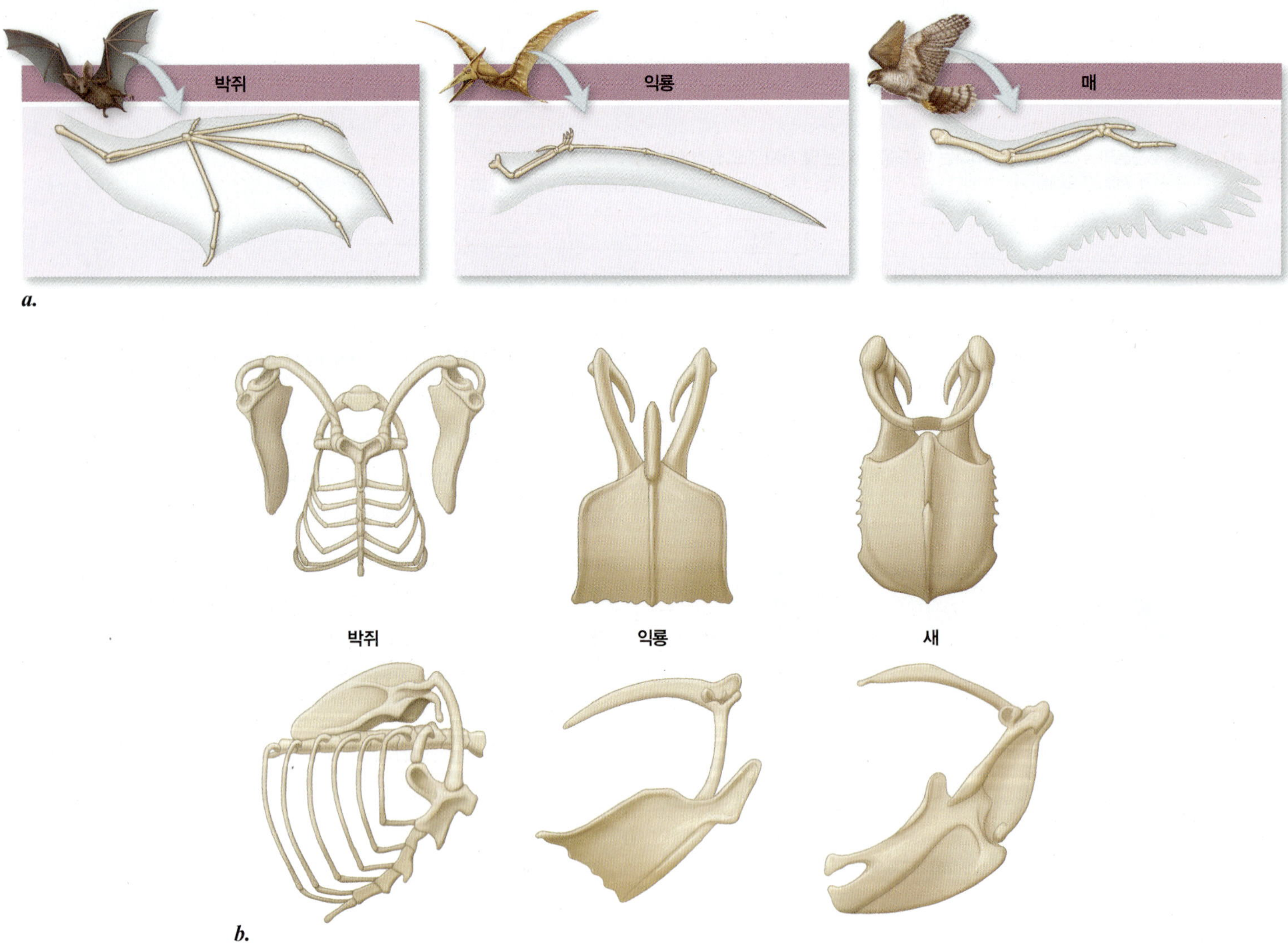

그림 40.24 척추동물 날개의 수렴진화.
a. 박쥐, 익룡 및 새에서 날개의 수렴진화는 서로 다른 뼈의 적응을 포함한다. *b.* 박쥐, 새 및 익룡 흉골(가슴뼈의 확장)의 비교해부학.

동 중에 안정성을 증가시키지만 얻을 수 있는 최대 속도는 줄어드는 것으로 보인다.

도롱뇽에서 대부분의 포유동물에 이르기까지 네발짐승의 기본 걷기 패턴은 왼쪽 뒷다리, 오른쪽 앞다리, 오른쪽 뒷다리, 왼쪽 앞다리가 앞으로 가는 것이다. 말이 질주하는 것과 같이 네 발 포유동물이 최고로 달리는 속도는 동물이 어떤 시점에 단 하나의 다리에 몸을 지탱하거나 다른 시점에는 전혀 그렇지 않을 경우도 포함한다. 이것은 포유류가 4지와 척추의 구조 변화를 진화시켜 일련의 도약을 가능하게 했기 때문이다. 인간의 두발직립보행(bipedalism)은 골격의 여러 가지 변형으로 가능하게 되었다. 짧고 넓은 골반 부위와 S자 모양의 척추가 이 변화에 포함된다(**그림 40.22**).

캥거루, 토끼, 개구리와 같은 척추동물들은 효율적으로 도약한다. 개구리는 길쭉한 미단골(urostyle)과 요대(pelvic girdle)를 사용한다(**그림 40.22**). 그러나 높이뛰기 세계에서 진정한 챔피언은 곤충이다. 메뚜기와 같은 많은 곤충은 엄청난 다리 근육을 가지고 있으며, 몇몇 작은 곤충들은 자신의 몸길이의 100배 이상 높이로 뛰어오를 수 있다.

비행은 공기를 사용해 몸을 지탱한다

비행의 진화는 **수렴진화**(convergent evolution)의 전형적인 예로 곤충에서 한 번, 척추동물들 사이에서 세 번, 총 네 번이 진화가 독립적으로 일어났다. 척추동물의 3가지 비행 동물들은 앞다리를 날개 구조로 변형시켰다. 그러나 그들은 자연선택이 서로 다른 진화 과정을 통해 어떻게 비슷한 구조를 만들어 내는지를 설명해 주는 다른 방식으로 이루어졌다(**그림 40.24***a*). 새와 익룡(공룡과 함께 번성했던 멸종된 파충류) 모두에서 날개는 단일 지지대에서 만들어졌지만, 새에서는 요골, 척골 및 손목뼈가 늘어난 것인 반면, 익룡에서는 네 번째 손가락뼈가 연장되어 날개가 되었다. 대조적으로 박쥐에서 날개는 손가락뼈에서 연장된 여러 개의 뼈에 의해 지지된다. 두 번째 차이점은 익룡과 박쥐의 날개는 피부에서 형성된 막으로 구성되는 반면, 조류는 파충류 비늘에서 변형된 깃털을 사용한다는 점이다. 그러나 이 세 그룹 모두는 비행 근육의 부착을 위해 용골형의 흉골을 가지고 있다(**그림 40.24***b*).

모든 그룹에서 비행은 거의 동일한 방식으로 이루어진다. 추진력은 공기에 대항하여 날개를 아래로 밀어내면서 얻어진다. 이것만으로도 곤충은 공기 중에 떠 있기에 충분하다. 더 큰 척추동물은 더 큰 양력이 필요하며, 이는 날개 표면 위쪽이 아래쪽보다 더 높출됨으로써 가능하다. 이는 공기가 표면 꼭대기 위를 지나갈 때 더 빨리 움직이기 때문이다. 공기와 같은 유체는 움직이는 것이 더 빠르면 내부 압력은 감소한다. 따라서 날개 위에서는 낮은 압력이, 날개 아래에서는 높은 압력이 존재한다. 이것은 비행기의 날개에 이용되는 것과 같은 원리이다.

새와 대부분의 곤충들에서 날개를 올리거나 내리는 것은 신근(extensor muscles)과 굴근(flexor muscles)의 교대 수축에 의해 이루어진다. 파리, 모기, 말벌, 꿀벌, 딱정벌레들을 포함하는 4가지 곤충강에 속하는 동물들은 초당 100~1000번 이상의 빈도로 날갯짓을 한다. 이는 신경이 자극을 전달하는 것보다 빠른 것이다.

이러한 곤충들에서 비행 근육은 날개에 전혀 붙어 있지 않고 오히려 흉부의 딱딱한 벽에 붙어 있으며 이것은 수축할 때 안팎으로 비틀어진다. 이 근육들이 그렇게 빠르게 수축할 수 있는 이유는 한 근육 세트의 수축이 다른 세트로 이어져 신경 자극이 도달하는 것을 기다리지 않고 바로 수축을 촉진하기 때문이다.

비행성이 아닌 많은 종에서 1차적으로 피부의 날개짓으로 표면적을 늘리고 하강률을 늦춤으로써 먼 거리를 활공할 수 있는 능력을 증진시키는 적응이 일어났다. 활주동물(gliders)은 여러 방식으로 이러한 활동을 할 수 있도록 진화되어 왔다. 그 실례로 날다람쥐와 뱀 그리고 도마뱀이 몸을 따라 피부가 퍼덕이는 것, 개구리 발가락 사이 물갈퀴 그리고 몇몇 도마뱀들 체벽 아래 넓혀진 갈비뼈들의 진화 등을 들 수 있으며, 이들은 날아갈 수 있는 커다란 표면이 연결된 피부를 가지고 있다.

핵심 요약 40.5

척추동물의 골격은 육상에서 살아가는 데 적응하였다. 운동은 보통 부속지인 신체 부위로 인해 물, 공기 또는 땅에 대해 생성되는 마찰 및 압력과 관련되어 있다. 걷고 달리거나 날기 위해서는 몸을 중력으로부터 지탱해야 한다. 날개의 상단과 하단에 흐르는 공기 사이의 압력 차로 인해 몸을 들어 올릴 때 비행이 이루어진다. 상동구조와 비상동구조 모두에서 운동을 위한 극복 방법들이 여러 차례 수렴진화하였다.

- 일련의 도약에 의한 이동이 다리를 교대로 움직여 이동하는 것보다 어떤 방식에서 유리할까?

핵심 개념 요약

40.1 골격계의 유형

■ 유체골격은 체벽 내의 수압을 이용한다

근육 수축으로 지렁이는 체액을 다른 부위로 밀어 넣어 움직이도록 한다(**그림 40.1**).

■ 외골격은 단단한 외부 덮개로 이루어진다

단단한 키틴으로 구성된 외골격은 생물이 성장할 수 있도록 탈피해야 한다(**그림 40.2**).

■ 내골격은 단단한 내부 구조로 이루어진다

척추동물의 내골격은 인산칼슘으로 무기질화될 수 있는 살아 있는 결합조직이다(**그림 40.3**).

40.2 뼈

■ 뼈 조직은 고도로 구조화되어 있다

긴뼈는 골막으로 덮여 있다. 뼈의 축은 골간이며 뼈의 끝 부분은 골단이라고 한다.

뼈는 골간과 골단이 접하는 부위인 성장판에서 길어진다.

뼈는 치밀뼈와 해면뼈라는 2가지 유형으로 구분된다. 치밀뼈에 있는 골세포는 뼈단위(하버스계)로 조직화된다. 뼈의 안쪽은 골수강으로 혈구세포 생성을 위한 골수를 담고 있다.

■ 뼈는 2가지 발달 방식에 의해 분류할 수 있다

막내 발달에서 뼈는 결합조직 층 내에서 형성된다(**그림 40.5**). 연골내 발달에서 뼈는 연골성 모형 안에 채워진다.

조골세포는 뼈 발달을 시작하며, 골세포는 조골세포로부터 형성된다. 파골세포는 뼈를 파괴하고 흡수한다.

뼈는 길어지고 넓어지며 자란다. 골단이 발달한 이후 남아 있는 연골은 뼈 표면 사이에서 완충대 역할을 한다.

■ 뼈 재구성은 스트레스나 질병에 대한 반응이다

뼈 구조는 사용 정도와 뼈에 가해지는 힘에 따라 두껍거나 얇아질 수 있다(**그림 40.7**).

40.3 관절

■ 움직일 수 있는 관절은 유형에 따라 동작 범위가 다르다

구와관절은 모든 방향으로 움직일 수 있다. 경첩관절은 제한된 움직임을 할 수 있다. 활주관절은 미끄러질 수 있으며 안정성과 유연성을 제공한다. 조합관절은 회전과 활주를 할 수 있게 해준다(**그림 40.9**).

40.4 근육 수축

■ 근육 수축은 몸을 움직인다

근육은 일반적으로 반대 그룹과 함께 발견된다. 굴근은 관절에서 각도를 줄이고 신근은 각도를 넓힌다.

대부분의 운동은 원하는 행동을 위해 근육을 켜고 끄는 데 필요한 고도로 조율된 신경 조절이 필요하다. 등장성 수축은 2두박근 운동을 할 때처럼 근육이 짧아지며 움직임을 유발한다. 등척성 수축은 옆에 있는 물건을 들 때처럼 근육이 짧아지지는 않지만 장력이 증가할 때 일어난다. 대부분의 운동은 등장성과 등척성 수축의 조합에 의해 이루어진다.

■ 골격근은 조직화된 구조를 가진다

■ 근섬유는 겹쳐 있는 필라멘트가 함께 미끄러지며 수축한다

액틴과 마이오신 필라멘트의 겹치는 정도에 따라 현미경상에서 근원섬유의 여러 가지 다른 띠가 보인다(**그림 40.13**). 근육 수축은 액틴과 마이오신 필라멘트가 교차다리를 형성하고 서로 상대적으로 활주할 때 일어난다.

ATP가 ADP와 P_i로 가수분해될 때, 마이오신의 구형 머리는 액틴과 교차다리를 형성한다. 연결될 때, 마이오신 머리는 가는 필라멘트를 근절의 중앙으로 당긴다. 그런 다음 머리는 새로운 ATP와 결합하여 액틴과의 연결이 끊어진다(**그림 40.17**).

■ 수축은 신경 자극 이후 칼슘 이온의 방출에 달려 있다

트로포닌에 의해 액틴에 부착되어 있는 트로포마이오신은 교차다리 형성을 차단한다. 신경 자극은 근소포체에서 세포질로 칼슘을 방출시키고, 트로포닌-칼슘 복합체가 형성되며 이 복합체는 트로포마이오신의 위치를 바꾸어 줌으로써 교차다리가 형성될 수 있도록 해준다(**그림 40.18**과 **그림 40.19**).

운동 단위는 하나의 운동뉴런과 그 가지에 의해 신경이 작용하는 모든 근섬유들로 구성된다(**그림 40.20**).

■ 근섬유의 2가지 주요 유형은 느린-연축섬유와 빠른-연축섬유이다

연축은 단일 근육 자극에서 수축과 이완 사이의 간격이다. 두 번째 연축이 첫 번째 연축에 부분적으로 첨가될 때 가중이 일어난다. 강축은 연축 사이에 이완이 없는 상태이다(**그림 40.21**).

골격근 섬유의 주요 2가지 유형은 느린-연축섬유(지구력)와 빠른-연축섬유(순발력)이다.

■ 근육의 물질대사는 부과되는 요구에 따라 달라진다

휴식할 때 골격근은 지방산 분해를 통해 에너지를 얻는다. 활성 상태에서는 포도당과 글리코젠으로부터 에너지를 얻는다.

근육 피로는 사용함에 비례해서 힘을 발생시키는 근육의 능력이 점점 감소하는 것이다.

지구력 훈련은 근육 크기를 증가시키지 않는다. 높은 저항에 대항하는 고강도 운동은 근육의 크기를 증가시킨다(비대).

40.5 척추동물 골격의 진화와 이동 방법

■ 4지동물에서 본 골격 진화

척추동물 골격은 육상 생활에 적응하기 위해 큰 변화를 겪었다(**그림 40.22**).

■ 유영 동물들은 물을 거슬러 이동할 때 마찰에 맞서야 한다

척추동물은 물에서 몸의 일부나 전부를 밀어냄으로써 수중 운동을 한다. 많은 척추동물은 추진을 위해 몸통이나 꼬리를 물결 모양으로 흔들지만, 어떤 동물은 팔다리를 사용한다(**그림 40.23**).

■ 육상 이동은 주로 중력을 다루어야 한다

대부분의 육상 동물들은 몸통을 바닥에서 들어 올리고 부속지로 바닥을 밀면서 움직인다. 걷거나 달리는 육상 동물들은 움직이는 데 근본적으로 동일한 기작을 사용한다.

■ 비행은 공기를 사용해 몸을 지탱한다

추진력은 날개가 공기를 밀어 낼 때 발생한다. 더 큰 생명체에 필요한 양력은 공기가 볼록한 날개의 위아래로 흘러가면서 생기는 압력 차에 의해 발생한다. 비행과 활공 모두에서 수렴진화는 서로 다른 진화 경로를 거쳤지만 동일한 결과를 가져왔다.

연습문제

■1단계: 이해력 확인하기

1. 외골격과 내골격의 차이점은 무엇인가?
   a. 외골격은 단단하고 내골격은 유연하다.
   b. 내골격은 척추동물에서만 발견된다.
   c. 외골격은 칼슘으로 구성되어 있고, 내골격은 키틴으로 구성되어 있다.
   d. 외골격은 부드러운 조직의 외부에 있고, 내골격은 내부에 있다.

2. 지렁이는 유체골격을 사용하여 어떻게 이동하는가?
   a. 이들의 뼈는 물로 채워져 있으며 골격의 무게를 제공한다.
   b. 신체 구조의 변화는 물로 채워진 체액을 압박하는 근육 수축으로 인해 발생한다.
   c. 근육에는 수액포(water vacuole)가 들어 있으며, 수액포가 채워지면 단단한 내부 구조가 형성된다.
   d. 유체라는 용어는 단순히 수분이 많은 환경을 의미한다. 그들은 절지동물처럼 운동을 일으킨다.

3. 뼈는 기본 뼈대에 따라 2개의 기작 중 하나에 의해 발달한다. 두 기작이 맞게 짝지어진 것은 무엇인가?
   a. 막내 발달과 막외 발달
   b. 연골내 발달과 연골외 발달
   c. 막외 발달과 연골외 발달
   d. 연골내 발달과 막내 발달

4. 근수축의 근활주 기작을 가장 잘 설명한 것은 무엇인가?
   a. 액틴과 마이오신 필라멘트는 짧아지지 않으면서 서로를 활주하여 지나간다.
   b. 액틴과 마이오신 필라멘트는 짧아지면서 서로를 활주하여 지나간다.
   c. 서로를 활주하여 지나갈 때, 액틴 필라멘트는 짧아지지만 마이오신 필라멘트는 짧아지지 않는다.
   d. 서로를 활주하여 지나갈 때, 마이오신 필라멘트는 짧아지지만 액틴 필라멘트는 짧아지지 않는다.

5. 운동 뉴런은 무엇을 분비하여 근수축을 자극하는가?
   a. Ca^{2+}
   b. ATP
   c. 아세틸콜린
   d. 호르몬

6. 근육 대사 작용에 대해 잘못 설명한 것은 무엇인가?
   a. 휴식 상태에 있는 골격근은 대부분의 에너지를 근육에 저장된 글리코겐과 혈액의 포도당으로부터 얻는다.
   b. ATP는 크레아틴 인산으로부터 분리된 인산과 ADP의 결합으로 빠르게 얻을 수 있다.
   c. 운동 강도는 산소 소비의 최대 비율과 연관되어 있다.
   d. 근소포체로 Ca^{2+}을 다시 퍼 들이기 위해서는 ATP가 필요하다.

7. 하나의 근육세포 내에서 한 번의 수축 주기 동안 ATP 사용에 대하여 알아보려고 할 때, 어떠한 과정을 이용하는 것이 좋은가?
   a. 가중(summation)
   b. 연축(twitch)
   c. 계단현상(treppe)
   d. 강축(tetanus)

8. 다음을 순서대로 배열한 것은 무엇인가?
   1. 근소포체에서 Ca^{2+}를 방출한다.
   2. 마이오신은 액틴과 결합한다.
   3. 뉴런으로부터 활동전위가 도달한다.
   4. Ca^{2+}는 트로포닌에 결합한다.

   a. 1, 2, 3, 4
   b. 3, 1, 2, 4
   c. 2, 4, 3, 1
   d. 3, 1, 4, 2

■2단계: 적용력 평가하기

1. 두 사람의 X선 사진을 찍었다. 한 사람은 30년 동안 무거운 것을 들어 올리면서 보디빌더를 해왔고, 다른 사람은 대부분의 시간을 앉아서 생활하며 지내왔다. 이 두 사람의 X선 사진은 어떻게 다를 것이라고 예상되는가?

   a. 차이가 없을 것이다. 그들 모두 나이에 비례하여 자연적으로 뼈가 두꺼워져 젊은 사람보다 뼈가 두꺼울 것이다.
   b. 차이가 없을 것이다. 생활 방식은 뼈 밀도에 영향을 주지 않는다.
   c. 물리적 스트레스의 영향으로 앞 사람의 뼈가 더 두꺼울 것이다.
   d. 앉아서 생활하는 습관 때문에 뼈에 지방조직이 축적되어 두 번째 사람의 뼈가 더 두꺼울 것이다.

2. 쥐에서 Ca^{2+} 저장에 문제가 있는 질병을 찾았다고 할 때, 이러한 Ca^{2+} 저장의 불능이 근수축에 미칠 영향은 무엇인가?

   a. Ca^{2+}는 트로포마이오신에 결합할 수 없으며, 이를 통해 트로포닌이 이동하여 교차다리를 위한 결합 부위를 드러낼 수 없게 한다.
   b. Ca^{2+}는 이온은 트로포닌에 결합할 수 없으며, 이를 통해 트로포마이오신이 이동하여 교차다리를 위한 결합 부위를 드러낼 수 없게 한다.
   c. Ca^{2+}는 이온은 트로포마이오신에 결합할 수 없으며, 이를 통해 트로포닌이 ATP를 방출할 수 있게 한다.
   d. Ca^{2+}는 이온은 트로포닌에 결합할 수 없으며, 이를 통해 트로포마이오신이 ATP를 방출할 수 있게 한다.

3. 공간에서 손을 움직일 때 근육은 어떻게 작용하는가?

   a. 수축에 의해
   b. 관절을 가로질러 두 뼈에 부착됨으로써
   c. 길이가 늘어나서
   d. a, b 둘 다 맞다.

4. 골세포는 뼈 속에서 어떻게 살아남을 수 있는가?

   a. 뼈는 죽었거나 휴면 상태에 있는 세포들로만 구성되어 있다.
   b. 하버스관은 골세포에게 영양분을 제공하는 혈관을 가진 뼈 구조이다.
   c. 골세포는 뼈에서 튀어 나와 주변 체액과 물질을 교환할 수 있는 막 연장 부위를 가지고 있다.
   d. 뼈는 중앙이 비어 있고 압력이 낮으므로 혈액으로부터 체액을 끌어들여 골세포에 영양분을 공급한다.

5. 추진력을 얻기 위해 네 발을 이용하여 수중에서 헤엄치는 것은 공기를 뚫고 비행하는 것과 유사하다. 그 이유는 무엇인가?

   a. 조류는 2가지 모두를 할 수 있는 척추동물의 유일한 부류이다.
   b. 둘 다 앞다리와 뒷다리의 협동적 이동이 관여한다.
   c. 둘 다 마찰력에 의해 유발되는 강한 힘에 대응해야 한다.
   d. 둘 다 중력을 거슬러 공기나 물을 밀어냄으로써 양력을 발생시키는 것이 관여한다.

6. 아세틸콜린(Ach) 분비가 저해되면 어떤 일이 일어나겠는가?

   a. 체성운동뉴런이 활성화되지 않는다.
   b. 체성운동뉴런 자극이 근섬유 수축으로 이어지지 않는다.
   c. 마이오신 분자가 ADP를 방출하지 못한다.
   d. 소듐 이온의 유입이 근육세포막의 탈분극을 유도할 것이다.

■3단계: 사고력 함양하기

1. 지구보다 중력이 큰 행성에서 이용할 우주 탐험선을 설계하고자 할 때, 유체골격과 외골격 중 어느 것을 선택할 것인가? 그 이유는 무엇인가?

2. 있는 힘껏 달리기 시작한 다음, 이어서 가벼운 달리기를 했다. 이렇게 운동이 바뀌는 동안 골격근이 이용하는 에너지원은 어떻게 바뀌는가? 그 이유는 무엇인가?

3. 신경가스 사린(methylphosphonofluoridic acid, sarin)은 아세틸콜린을 분해하는 데 필요한 아세틸콜린에스터레이스(acetylcholinesterase)의 작용을 억제한다. 이러한 사실에 근거하면, 이 신경가스가 근육의 기능에 미치는 영향은 무엇인가?

4. 자연선택이 여러 유형의 척추동물에서 날개의 진화를 선호한다면, 같은 방식으로 구축된 구조를 만들지 않는 이유는 무엇인가?

41

소화계

도입

식물과 광합성 생물은 무기물로부터 필요한 유기물을 만들 수 있는 독립영양생물이다. 사진에서 보는 원숭이와 같은 동물은 종속영양생물로 다른 생물체로부터 유기물을 섭취해야 한다. 종속영양생물이 섭취한 분자들이 체내로 흡수되기 위해서는 작은 분자로 소화되어야 한다. 소화 산물은 세포호흡을 통해 필요한 에너지를 만드는 데 이용되거나 조직을 구성하는 거대분자를 만드는 데 이용된다. 이번 장에서는 동물의 소화과정을 살펴본다.

41.1 소화계의 종류

학습 목표

1. 특수화된 소화계의 특성에 대해서 설명할 수 있다.
2. 척추동물의 소화관의 구성 요소를 나열할 수 있다.
3. 위장관의 조직층에 대해 설명할 수 있다.

종속영양생물(heterotroph)은 먹이원에 따라 3가지로 구분된다. 식물만 먹는 동물을 **초식동물**(herbivore)이라고 하며, 풀을 먹는 달팽이와 수액을 빨아먹는 곤충 외에 소, 말, 토끼, 참새 같은 척추동물들을 들 수 있다. 다른 동물을 먹는 오징어, 게, 곤충, 고양이, 독수리, 송어, 개구리 등은 **육식동물**(carnivores)이라 하고, 식물과 다른 동물을 모두 먹는 동물을 **잡식동물**(omnivores)이라 한다.

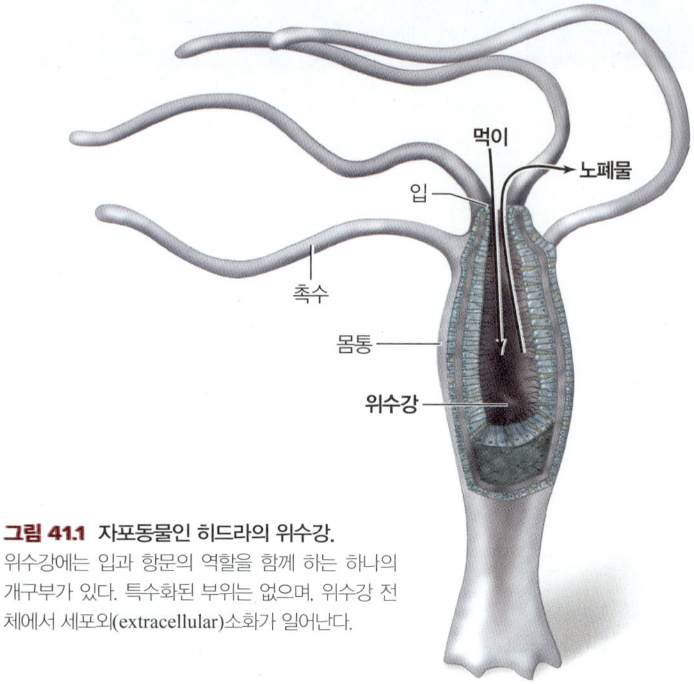

그림 41.1 자포동물인 히드라의 위수강.
위수강에는 입과 항문의 역할을 함께 하는 하나의 개구부가 있다. 특수화된 부위는 없으며, 위수강 전체에서 세포외(extracellular)소화가 일어난다.

무척추동물의 소화계는 자루 혹은 관 모양이다

단세포생물이나 해면동물(sponges)은 먹이를 세포 내에서 소화한다. 다세포생물은 먹이를 소화강(digestive cavity)내의 세포 밖에서 소화하는데, 이 경우 소화 효소가 외부와 이어진 소화강으로 분비된다. 자포동물(cnidarians)과 플라나리아 같은 편형동물은 입과 항문의 역할을 함께하는 하나의 개구부를 지닌 소화강을 가진다(27, 28장 참조). **위수강**(gastrovascular cavity)이라 부르는 이 소화계는 특수화되어 있지 않으며 모든 세포가 전체 소화 과정에 관여한다(**그림 41.1**).

특수화는 소화관이 입과 항문으로 구분될 때 나타나는데, 이때 먹이는 한쪽 방향으로만 이동한다. 특수화된 소화관 중 가장 원시적인 소화관은 선형동물(선형동물문)에서 볼 수 있는데 단순히 상피 막으로 둘러싸인 관 모양의 **장**(gut)을 가진다. 지렁이(환형동물문)는 섭취, 저장, 분쇄, 소화, 흡수를 담당하는 각기 다른 부위의 특수화된 소화관을 가진다. 모든 척추동물을 비롯한 많은 고등동물에서 이와 유사한 특수화를 보인다(**그림 41.2**).

섭취된 먹이는 소화관의 특정 부위에 저장되거나 물리적 분쇄가 일어난다. 물리적 분쇄는 척추동물의 입에 위치한 치아의 저작 작용(chewing action), 또는 지렁이나 새의 모래주머니의 마쇄 작용(grinding action)을 통해 일어난다. 그런 다음 화학적 소화가 일어나서 다당류와 2당류, 지방과 단백질 등의 거대분자가 가장 작은 구성단위로 분해된다.

화학적 소화는 가수분해 작용(hydrolysis reaction)을 통해 음식물을 단당류, 아미노산, 지방산으로 분해한다. 이러한 화학적 소화의 산물은 장의 상피를 통해 **흡수**(absorption)되어 혈액으로 들어간다. 그리고 흡수되지 않은 분자들은 동물에 의해 사용되지 못하므로 항문을 통해 배출된다.

척추동물의 소화계는 식습관에 의해 형성된 고도의 특수 구조를 가진다

사람 및 다른 척추동물의 소화계는 관 모양의 위장관(tubular gastrointestinal tract)과 부속기관으로 구성된다(**그림 41.3**).

소화관

위장관의 시작 부위는 입(mouth)과 인두(pharynx)이며, 인두는 구강과 비강에 모두 연결된 공통의 통로이다. 인두는 근육성 관인 식도(esophagus)로 연결되고 식도는 1차적 소화가 일어나는 위(stomach)와 연결된다.

음식물은 위에 연결된 소장(small intestine)으로 넘어가며 여러 가지 소화 효소에 의해 소화가 일어나고, 소화 산물은 섭취된 물, 무기질과 함께 소장벽에서 흡수되어 혈관으로 들어간다. 흡수되지 않

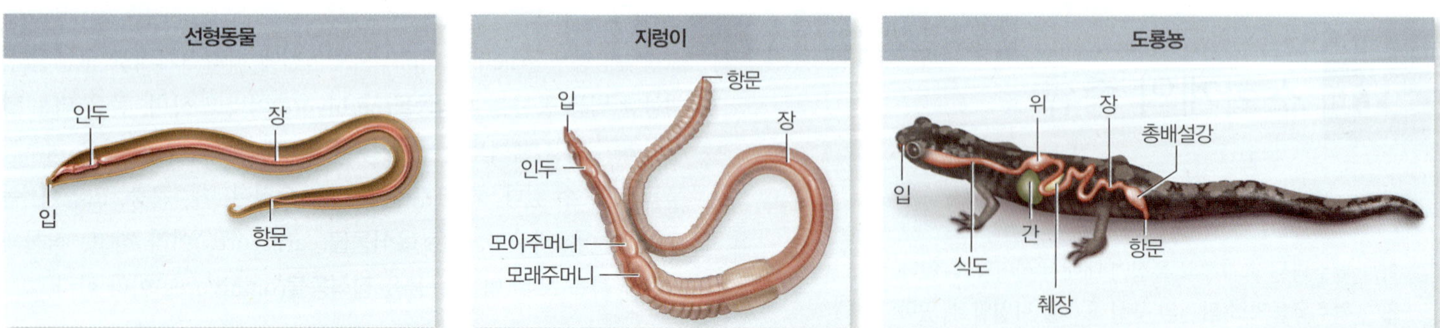

그림 41.2 선형동물, 지렁이, 척추동물의 소화관.
먹이가 소화관을 따라 한쪽 방향으로 이동하며, 각 부위마다 다른 기능을 하도록 특수화되어 있다.

고 남은 물질은 대장(large intestine)으로 내려가는데 그곳에서 잔여 수분과 무기질이 흡수된다.

포유동물 외에 대부분의 척추동물에서는 대장에서 나가는 배설물이 총배설강(cloaca)으로 들어가며(**그림 41.2**), 비뇨계와 생식계의 산물도 여기에 모인다. 포유동물에서 비뇨생식계 산물은 대장에서 나오는 배설물과는 분리되며, 대장 배설물은 직장으로 들어가서 항문을 통해 배출된다.

부속 소화 기관으로 **담즙**(bile, 지방을 유화시키는 녹색의 액체)을 생성하는 간(liver)과 담즙을 저장하고 농축하는 담낭(쓸개, gallbladder), 그리고 췌장(이자, pancreas)이 있다. 췌장은 **췌장액**(pancreatic juice)을 만드는데, 소화 효소와 중탄산염 완충액을 포함하고 있다. 담즙과 췌장액은 소장의 첫 번째 영역인 십이지장(duodenum)으로 분비된다.

소화관의 조직

척추동물의 관 모양 위장관은 층상 구조를 가진다(**그림 41.4**). 가장 안쪽 층은 **점막**(mucosa)으로 내강과 직접 접하는 상피이다. 그 다음은 결합 조직으로 이루어진 **점막하층**(submucosa)이다.

점막하층 바로 바깥 부분은 2중의 평활근으로 이루어진 **평활근층**(muscularis)이다. 안쪽의 평활근은 환형으로 배열되어 장의 내경을 수축시키는 역할을 하고 바깥쪽의 평활근은 세로로 배열되어 장을 종방향으로 수축하여 길이를 짧게 한다. 소화관의 가장 바깥쪽에는 관의 외부 표면을 덮는 상피조직층인 **장막**(serosa)이 있다. 근육층 사이에 서로 얽힌 신경망은 **신경총**(plexuses)이라 하며 점막하층에 위치하여 위장관 활동을 조절하는 데 도움을 준다.

이번 장에서는 척추동물 소화계의 구조 및 기능에 대해 좀 더 자세히 알아보고, 마지막으로 척추동물 소화계의 다양성에 대해 논의하며 마친다.

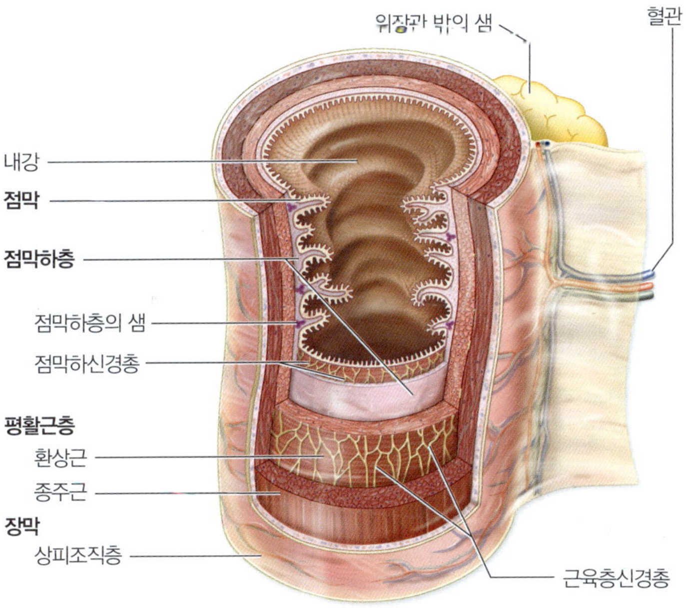

그림 41.4 위장관의 층상 구조.
점막은 내강을 둘러싸는 상피로 되어 있고, 점막하층은 결합조직으로, 평활근층은 평활근으로 이루어져 있다. 샘에서는 물질의 분비가 일어나 관을 통해 위장관의 특정 부위로 배출한다.

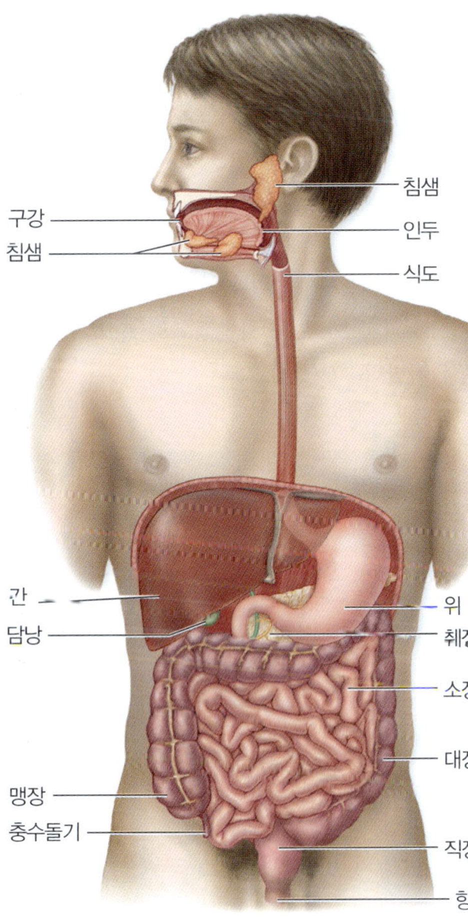

그림 41.3 사람의 소화계.
사람의 소화계는 구강, 식도, 위, 소장, 대장, 직장, 항문으로 이루어지고 부속기관의 도움을 받는다.

핵심 요약 41.1

소화계가 특수화됨에 따라 음식물이 출입구와 배출구를 통해 한쪽 방향으로 흘러가며, 각 영역은 다른 특수한 역할을 하도록 분화되었다. 척추동물의 소화계는 입, 인두, 식도, 위, 소장, 대장, 총배설강 혹은 직장, 항문 그리고 부속기관을 포함한다. 관 모양의 위장관 조직층은 점막, 점막하층, 평활근층, 그리고 장막으로 구성된다.

■ 한쪽 방향의 소화계의 장점은 무엇일까?

그림 41.5 조류의 소화관.
조류는 이가 없지만 모래주머니라 부르는 근육 주머니를 가지고 있어 먹이를 부수는 역할을 한다. 조류는 모래나 조약돌을 삼켜 모래주머니에 저장하여 장에 들어가기 전의 먹이를 분쇄한다. 먹이는 모이주머니에 저장된다.

41.2 입과 치아: 먹이 포획과 처리

학습 목표

1. 적응에 따른 척추동물의 치아 형태의 변이를 설명할 수 있다.
2. 소화 과정에서 입의 역할을 설명할 수 있다.

척추동물에서 소화계의 특수화는 이들이 살아가는 방식을 반영한다. 조류는 이가 없지만 음식을 부수는 2개의 방으로 구분된 위를 가지고 있다(**그림 41.5**). 이중에 하나인 **모래주머니**(gizzard)는 삼킨 모래와 근육 운동으로 씨앗이나 딱딱한 식물조직을 소화하기 쉬운 작은 덩어리로 마쇄(grinding)한다.

척추동물의 치아는 먹이 종류에 따라 적응되었다

많은 척추동물은 먹이를 잘게 부수고 액상의 분비물과 혼합하는 **저작**(mastication 또는 chewing) 기능을 하는 치아를 가진다(**그림 41.6**). 육식 포유동물의 이는 갈기에 알맞은 편평한 표면이 아니라 자르고 찢기에 적합한 구조를 지니고 있다. 소화효소가 먹이인 동물세포에 직접 작용하므로, 육식동물은 종종 먹이를 뜯어먹지만 씹지는 않는다. 그에 비해 풀을 먹는 초식동물은 혹위(rumens)나 맹장(cecum)에 있는 세균들이 분해하기 전에 먼저 식물 조직의 셀룰로스 세포벽을 분쇄해야 한다. 이런 동물은 갈기에 적합한 많은 융기를 가진 크고 편평한 치아를 가진다.

사람의 치아는 식물성 및 동물성 음식을 모두 먹을 수 있도록 특수화되어 있다. 사람의 앞쪽 치아는 육식동물과 유사하고 뒤쪽에 있는 치아는 초식동물과 유사하다(**그림 41.6**). 위턱과 아래턱에 있는 앞니 4개는 날카로워서 물어뜯는 데 사용되고, 앞니 양 옆에 있는 송곳니는 음식을 찢는 데 이용된다. 송곳니 뒤쪽에 있는 2개의 작은어금니와 3개의 어금니는 표면이 납작하고 융기가 있어 음식을 갈고 부수는 역할을 한다.

입은 음식 섭취 및 초기 과정을 담당한다

입안의 혀는 음식물과 침(saliva)을 섞어준다. 사람은 3쌍의 침샘(salivary glands)이 있고 점막층에 있는 관을 통해 침이 입안으로 분비된다. 침은 음식을 축축하고 매끄럽게 하여 쉽게 삼킬 수 있게 하고 식도의 조직에 걸리지 않고 잘 지나가도록 해준다.

침에는 가수분해효소인 아밀레이스(amylase)가 있어 다당류(polysaccharide)인 녹말을 2당류(disaccharide)인 엿당(맥아당, maltose)으로 분해한다. 그러나 사람은 음식을 오래 씹지는 않기 때문에 입에서의 소화는 매우 미미하다.

침샘의 자극

침샘의 분비 작용은 신경계에 의해 조절되며, 사람의 침은 입안이 비어 있을 때 분당 약 0.5 mL씩 지속적으로 분비되어 입안을 항상 축축한 상태로 유지한다.

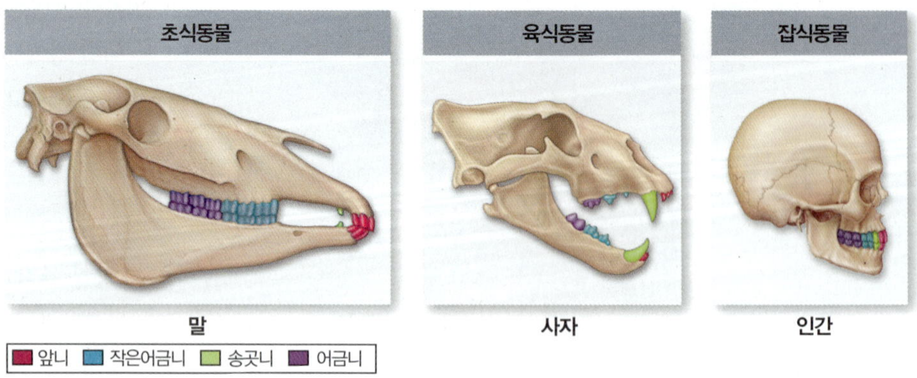

그림 41.6 식습관에 따른 치아.
초식동물, 육식동물 및 잡식동물의 치아는 그들의 식습관에 적합하도록 진화하였다.

? **탐구문제** 왜 모든 동물이 아무것이나 먹을 수 있는 잡식성 동물의 치아를 갖지 않는지 설명해 보시오.

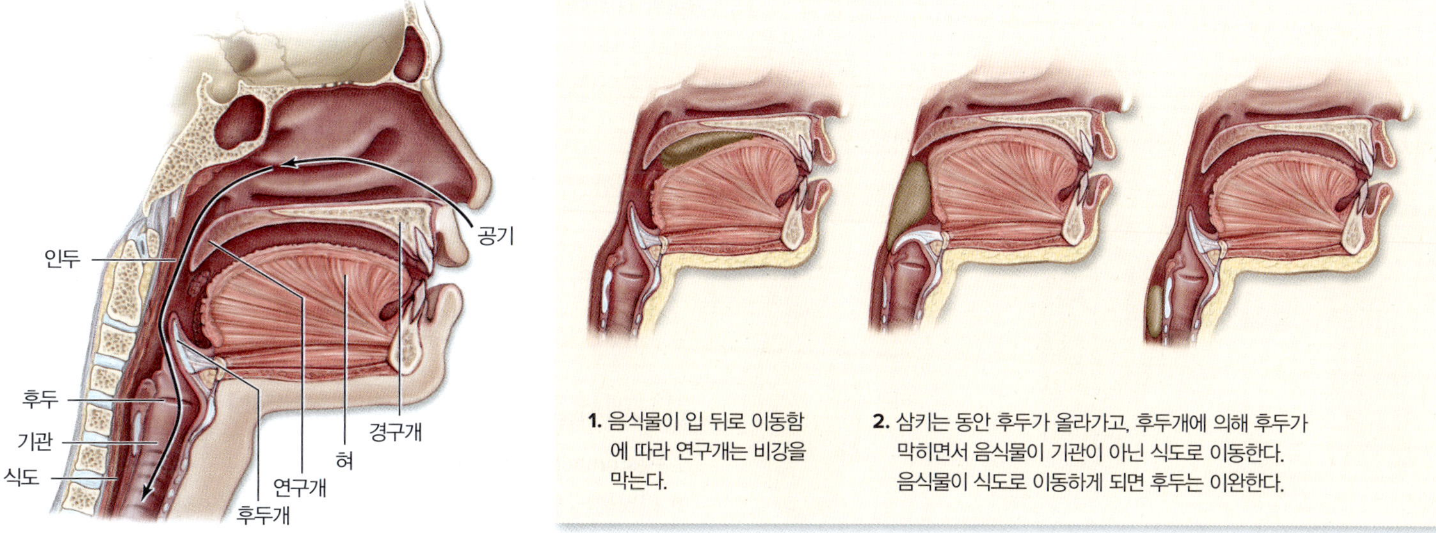

그림 41.7 삼킴 작용.
머리부터 인후까지의 횡단면(왼쪽). 음식물을 삼키는 동안(오른쪽) 혀가 입천장을 밀어 올리고 연구개는 비강을 막는다. 후두가 올라감으로써 후두개는 기관을 막아 음식이 기도로 들어가는 것을 방지한다.

? **탐구문제** 사레가 걸리게 되면 어떤 문제가 생기겠는가?

입 속으로 음식이 들어오면 침의 분비가 촉진되는데, 이는 후각 뉴런(olfactory neuron)뿐만 아니라 입안의 미뢰가 뇌에 자극을 전달하고, 뇌는 다시 침샘을 자극하기 때문이다(38장 참조). 가장 강력한 자극은 산성 용액으로, 예를 들어 레몬주스는 침의 분비 속도를 8배 증가시킨다. 많은 동물의 경우 음식을 보고, 듣고, 냄새 맡는 것으로 침의 분비가 크게 증가하지만, 사람은 음식에 대하여 생각하거나 말하는 것만으로도 이런 효과가 나타난다.

삼키기

삼킴 과정(연하, swallowing)은 자발적(voluntary)인 행동으로 시작되지만 불수의적(involuntary) 조절을 받으며 지속된다. 음식을 삼킬 때, 혀는 입 뒤로 음식을 보낸다. 포유동물의 경우 삼킴 과정은 연구개(soft palate)가 올라가며 인두(pharynx)의 후벽을 밀면서 시작된다(**그림 41.7**). 연구개가 들어 올려지면서 비강을 막아 음식이 비강 쪽으로 들어가지 않는다. 인두에 대한 압박이 가해지면 자율적이고 불수의적인 반응, 즉 삼킴 반사(swallowing reflex)가 유도되고, 이 반사작용은 한 번 시작되면 멈추지 않는다.

인두 벽에 있는 뉴런은 뇌의 삼킴 중추에 자극을 전달하고, 자극을 받은 뇌에서 나오는 전기 자극은 운동뉴런을 따라 전달된다. 이 자극은 근육을 수축시켜 **후두**(larynx)를 들어 올리고 기관으로 연결되는 입구인 성문(glottis)을 **후두개**(epiglottis) 쪽으로 밀게 된다. 이러한 작용이 음식물을 기도로 들어가지 않고 식도로 내려가게 한다.

핵심 요약 41.2

치아가 있는 척추동물에서 치아의 모양은 먹이에 따라 적응한다. 초식동물은 음식을 갈기 위해서 크고 평평한 이를 가지고 있는 반면, 육식동물은 찢기 위해서 뾰족한 이를 가진다. 입은 섭취한 음식의 맛을 느끼고, 분해하며, 삼키기 전에 침을 분비하여 소화를 시작하는 초기 과정을 담당한다.

- 소화 과정에서 치아의 유형에 따른 입의 역할을 설명해 보자.

41.3 식도와 위: 소화의 시작

학습 목표

1. 식도를 통한 음식물의 이동에 대해 설명할 수 있다.
2. 위에서 일어나는 소화 과정을 설명할 수 있다.

삼킨 음식은 인두와 위를 연결하는 식도(esophagus)라고 부르는 근육으로 된 관으로 들어간다. 식도는 처리된 음식 **덩어리**(bolus)를 근육의 작용으로 잘 이동시켜 소화의 초기 단계를 수행하는 위로 운반한다.

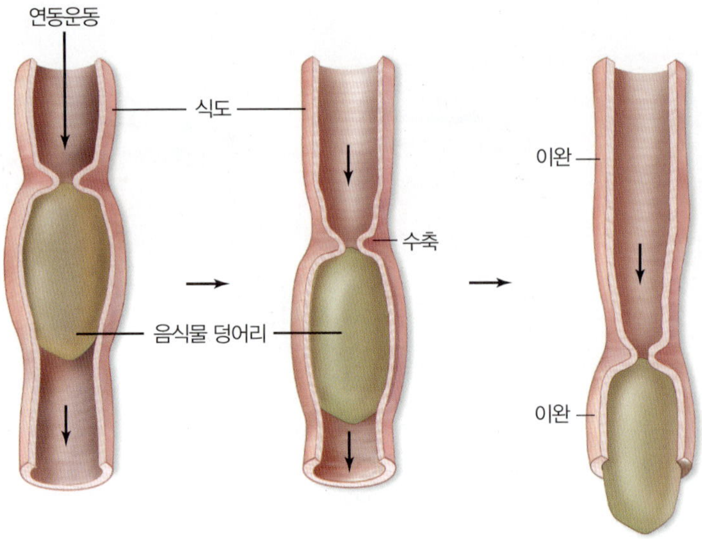

그림 41.8 식도와 연동운동.
음식물이 식도로 들어간 후, 연동운동이라고 부르는 율동적인 근육 수축에 의해 음식물이 위로 내려간다.

식도는 근육을 수축시켜 음식물을 이동시킨다

성인 식도의 길이는 약 25 cm이다. 식도의 위쪽 1/3은 삼킬 때 수의적 조절이 이루어지는 골격근으로 싸여 있고, 아래쪽 2/3은 불수의적인 평활근으로 싸여 있다. 삼킴(연하) 중추는 이러한 근육을 자극하여 한쪽 방향으로 연속적인 수축 파동을 일으켜 음식을 식도에서 위로 이동시킨다. 이러한 율동적인 근수축 파동을 **연동운동**(peristalsis)이라고 하며(**그림 41.8**), 이는 사람이나 다른 척추동물이 거꾸로 매달려도 음식을 삼키는 것을 가능하게 한다.

많은 척추동물에서 식도에서 위까지 음식의 이동은 환상의 평활근인 **괄약근**(조임근, sphincter)에 의해 조절되는데, 괄약근은 음식으로 인한 압력에 반응하여 열리게 되고, 괄약근의 수축은 위 속의 음식이 식도로 역류하는 것을 막아준다. 설치류와 말은 이 부분에 진정 괄약근이 있기 때문에 먹이를 토할 수 없으며, 사람은 진정 괄약근이 없다. 음식을 삼킬 때를 제외하고 식도는 보통 닫혀 있다.

위 내에서 음식물은 산에 의해 분해된다

위(stomach)는 소화관 중 주머니 모양의 부분이다(**그림 41.9**). 위의 내벽에는 많은 주름이 있어서 비어 있을 때는 접혀 있고 음식으로 채워져 있을 때는 풍선처럼 확장된다. 사람의 위는 비어 있을 때 약 50 mL의 용량이지만 음식으로 가득 채우면 2~4 L까지 담을 수 있다. 팽창 능력이 큰 위를 가지는 것은 한꺼번에 많은 먹이를 산발적으로 먹는 육식동물에게 중요한 생존 전략이다.

위의 분비 시스템

위는 3중으로 된 평활근층을 가지며, 이는 점막의 위분비샘(gastric gland)에서 분비되는 산성의 **위액**(gastric juice)과 음식물을 혼합한다. 외분비샘에는 **점액분비세포**(mucus-secreting cell), 염산(HCl)을 분비하는 **벽세포**(parietal cell), **펩시노겐**(pepsinogen)을 분비하는

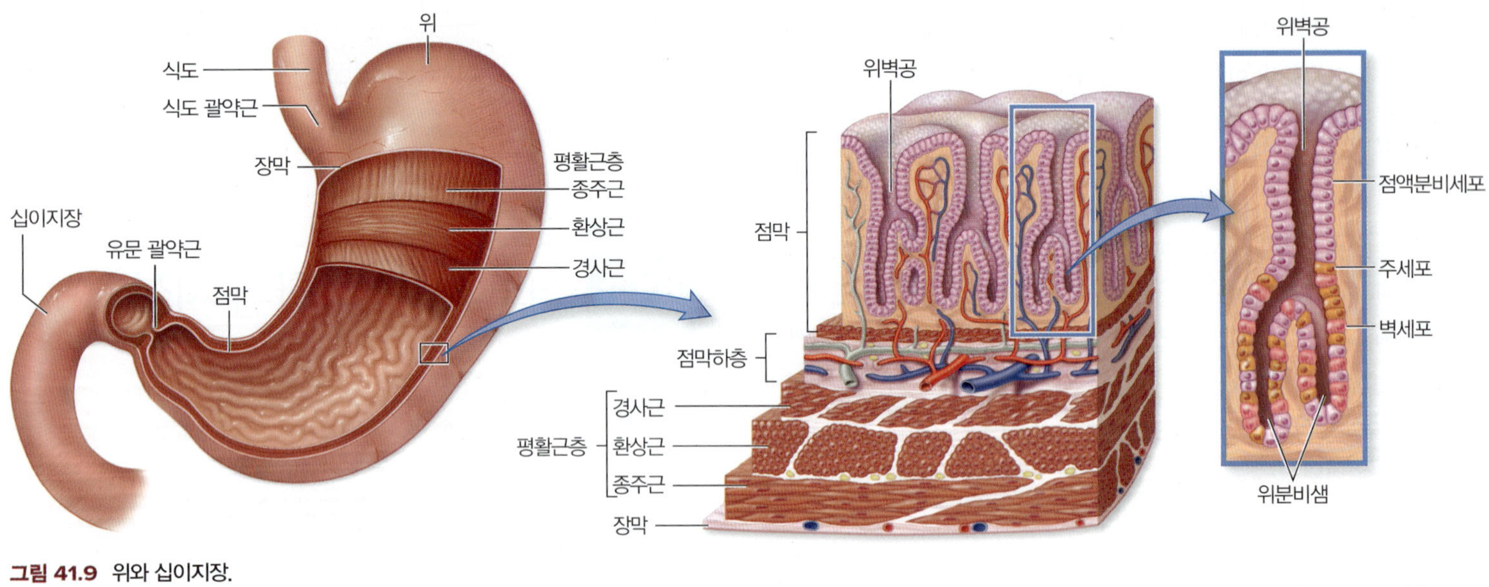

그림 41.9 위와 십이지장.
음식물은 식도에서 위로 들어가고, 유문 괄약근이라는 고리 모양의 평활근은 소장의 윗부분인 십이지장으로 음식이 내려가는 것을 조절한다. 위의 상피벽에는 위분비샘을 포함하는 깊은 주름인 위벽공(gastric pit)이 산재해 있다. 위분비샘은 점액분비세포와 펩시노겐을 분비하는 주세포, 염산을 분비하는 벽세포로 이루어져 있다. 위벽공은 위분비샘의 입구 부분이다.

? **탐구문제** 소화계는 스스로 분비한 강산의 위액으로부터 어떻게 손상 받지 않을 수 있는가?

주세포(chief cell) 등 3종류의 분비 세포가 있다. 펩시노겐은 단백질분해효소(protease)의 일종인 **펩신**(pepsin)의 불활성화 형태이다.

펩시노겐은 활성 부위를 막고 있는 44개의 아미노산이 추가적으로 있다. 염산은 펩시노겐의 44개 아미노산을 제거하고, 아미노산이 제거된 펩시노겐은 활성 부위가 노출된 단백질분해효소인 펩신을 생성한다. 펩시노겐은 주세포 밖에서 펩신으로 전환되므로, 이를 분비하는 주세포는 펩신에 의해 소화되지 않는다. 위의 점액은 점액분비세포에서 생산되고 내벽을 둘러싸 위벽이 소화되는 것을 막아준다.

벽세포는 염산 외에도 장에서 바이타민 B_{12} 흡수에 필요한 폴리펩타이드(polypeptide)인 **내인인자**(intrinsic factor)를 분비한다. 바이타민 B_{12}는 적혈구 생산에 필요하므로 충분한 내인인자가 없는 사람은 **악성 빈혈**(pernicious anemia)이 발생할 수 있다.

산의 작용

사람의 위는 매일 2 L의 염산과 다른 물질들을 분비하여 강한 산성의 위액을 생성한다. 위액의 염산 농도는 약 10 mM이며 pH 2 정도로, 정상 pH가 7.4인 혈액보다 약 25만 배 높은 산성을 띠게 된다.

높은 산도 때문에 음식물 속의 단백질이 소화되기 쉽게 변성되고, 펩신이 최대로 활성화된다. 활성화된 펩신은 음식물이 소장으로 이동하기 전까지 단백질을 중간 분해산물인 짧은 폴리펩타이드 사슬로 분해한다. 이렇게 부분적으로 소화된 음식과 위액의 혼합물을 **유미즙**(chyme)이라 한다. 사람의 위에서 단백질은 부분적으로 소화되고, 탄수화물이나 지방은 거의 소화되지 않는다.

위 안의 산성 용액은 음식과 함께 들어온 대부분의 세균을 죽이지만, 살아남은 일부 세균은 장, 특히 대장으로 들어가서 자라고 증식한다. 실제로 척추동물은 장내에 세균 군집(colony)을 유지하고 있으며, 이 세균은 배설물의 주요 구성 성분이다. 또한 세균은 반추동물의 소화관에 서식하면서 셀룰로스를 소화하는 데 중요한 역할을 한다(41.8절 참조).

궤양

위산이 과다하게 분비되면 위와 십이지장의 벽이 손상되고 궤양(ulcer)을 일으킨다. 한때 매운 음식이 궤양의 가장 흔한 원인으로 알려졌으나, 현재는 헬리코박터균(*Helicobacter pylori*)의 감염에 의한 것으로 알려져 있다.

*H. pylori*는 산을 중화할 수 있는 완충액을 분비함으로써 높은 산성 환경인 사람의 위 속에서 살아남을 수 있다. 미국의 경우 이 균에 감염된 사람이 40세 이하에서 약 20%, 60세 이상에서는 50%로 매우 흔하게 나타나지만, 대부분의 사람은 궤양이 발생하지 않는다. 하지만 *H.pylori*는 위나 십이지장의 점액층을 감소시키거나 약화시켜 산성 분비물에 의한 상피층의 손상을 유발한다. 항생제 치료로 이런 감염에 대한 증상을 완화시키고 궤양을 낫게 할 수 있다.

위에서 소장으로의 이동

유미즙은 **유문 괄약근**(pyloric sphincter)을 통과하여 위를 떠나 소장으로 들어간다(**그림 41.9**). 소장에서는 탄수화물, 지방, 단백질의 최종 소화가 일어나며, 소화 산물인 아미노산과 포도당 등은 혈액으로 흡수된다. 유미즙 내 물 일부와 아스피린이나 술 같은 소량의 물질만이 위 벽을 통해 흡수된다.

핵심 요약 41.3

평활근의 수축과 이완으로 인한 연동 파동은 음식물을 식도에서 위로 이동시킨다. 위액에는 강한 위산과 펩신이라는 단백질분해효소가 있어 단백질을 짧은 폴리펩타이드로 분해한다. 이후 산성의 유미즙은 유문 괄약근을 통과하여 소장으로 진입한다.

- 치킨 샌드위치(닭가슴살, 마요네즈, 빵)를 먹었다고 가정할 때, 이 음식 중 어느 것이 위에서 소화가 시작될까?

41.4 장: 분해, 흡수, 배출

학습 목표

1. 소장과 대장의 구조를 비교할 수 있다.
2. 흡수된 영양분이 혈액이나 림프로 이동하는 방법에 대해 설명할 수 있다.

소장의 용량은 제한적이기 때문에 소화 과정에는 많은 시간이 소요된다. 따라서 효율적인 소화를 위해서는 위에서 소장으로 한 번에 비교적 소량의 유미즙만 이동해야 한다. 신경과 호르몬에 의해 조절되는 위와 장의 활동은 **41.6**절에서 다룬다.

소장의 구조는 소화와 흡수를 위하여 특수화되었다

소장(small intestine)의 길이는 사람의 경우 약 4.5 m 정도이며, 부검 시에는 근육이 이완되어 6 m에 이른다. 소장의 앞쪽 25 cm 부위를 **십이지장**(duodenum)이라 하며, 나머지 부분은 **공장**(jejunum)과 **회장**(ileum)으로 구분한다.

십이지장은 위로부터 산성의 유미즙을 받고, 췌장으로부터 소화

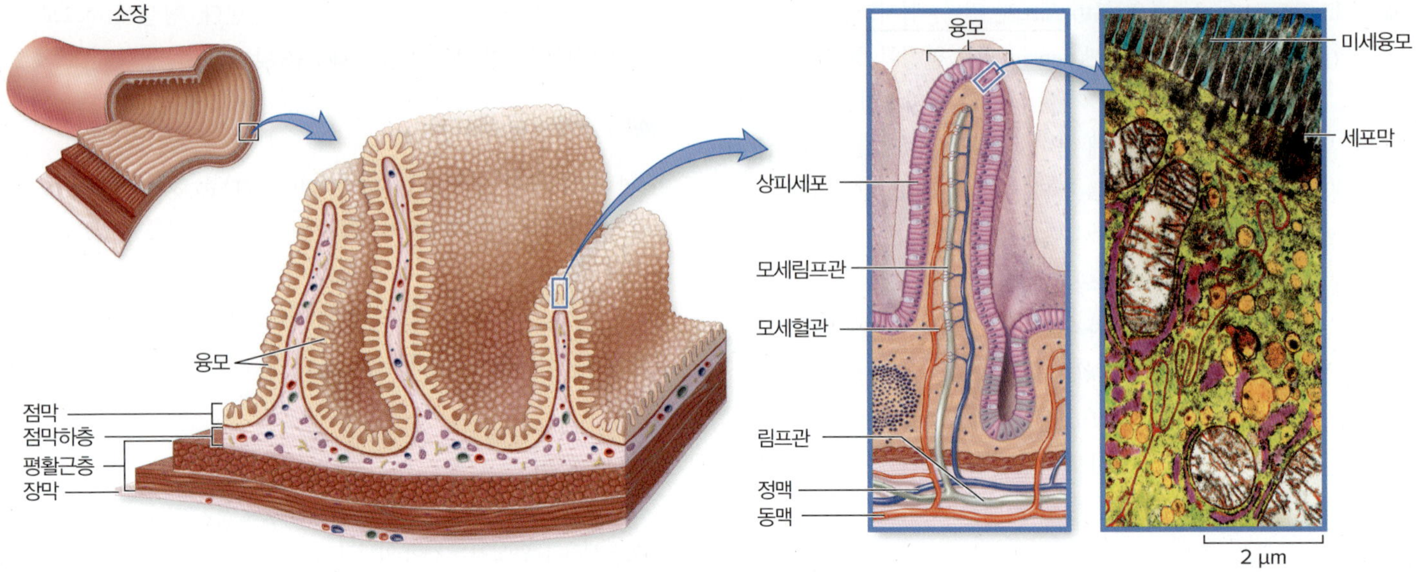

그림 41.10 소장.
융모가 많은 주름진 상피는 표면적을 증가시킨다. 현미경 사진은 많은 미세융모를 가진 상피세포를 보여준다.

효소와 중탄산염을, 그리고 간과 담낭으로부터 담즙을 받는다. 췌장액 속의 소화 효소들은 큰 분자를 작은 분자로 분해시키는데, 이러한 소화는 주로 십이지장과 공장에서 일어난다.

소장의 상피벽에는 **융모**(villi)라는 작은 손가락 모양의 돌기들이 있다(**그림 41.10**). 융모를 구성하고 있는 상피세포의 정단면(apical surface)은 원형질막이 접혀 형성된 **미세융모**(microvilli)로 덮여 있다. 미세융모는 매우 작아 전자현미경으로만 관찰이 가능한데, 현미경으로 보면 솔(brush)처럼 보이므로 소장의 내측 표면을 **브러시 보더**(brush border)라고 부른다.

융모나 미세융모는 소장의 표면적을 넓게 하는데 사람의 경우 300 m^2 정도로, 이는 테니스장의 면적보다 크다. 이러한 넓은 표면적을 통해 소화 산물의 흡수가 효과적으로 일어난다.

많은 소화 효소는 상피세포의 원형질막 안에 들어 있으므로 미세융모도 소화에 참여한다. 이 브러시 보더 효소 중에는 2당류인 젖당이나 설탕을 가수분해하는 효소가 있다. 많은 사람들이 성인이 된 후 젖당분해효소를 생산하는 능력을 소실하여 젖당을 소화할 수 없게 되는데, 이를 **젖당불내성**(lactose intolerance)이라 한다. 입안의 침샘 아밀레이스의 활동으로 시작된 소화는 브러시 보더 효소에 의해 완성된다.

흡수된 영양소는 혈관이나 림프관으로 이동한다

단백질과 탄수화물은 효소의 작용으로 각각 아미노산과 단당류로 분해되어 흡수되는데, 능동수송(active transport) 및 촉진확산(facilitated diffusion)을 통해 소장의 브러시 보더를 통과한 후 상피세포 내로 들어간다(**그림 41.11***a*). 포도당은 소듐 이온(Na^+)과 함께 공동수송(2차 능동수송이라고도 함)된다. 대부분의 과일에 존재하는 과당은 촉진확산에 의해 수송되고, 대부분의 아미노산은 다양한 운반체를 통하여 능동수송되는데, 일부 운반체 단백질은 소듐 이온과 함께 공동수송(cotransport)되고, 일부는 아미노산만을 운반한다. 상피세포의 꼭대기면을 통과하여 들어온 단당류와 아미노산은 세포질을 거쳐 기저측막(basolateral membrane)을 거쳐 융모 내 모세혈관으로 이동한다.

소화 산물은 혈액을 통해 운반되는데, 장에서 간문맥(hepatic portal vein)을 통해 간으로 이동한다. 소장은 간문맥에 의해 간과 연결되어 있고, 간은 지방을 제외한 대부분의 소화 산물이 거치는 1차 기관이다.

지방의 소화 산물은 다른 방식으로 흡수된다(**그림 41.11***b*). 트라이글리세라이드(triglycerides)는 지방산(fatty acids)과 모노글리세라이드(monoglycerides)로 분해되는데, 이들은 극성을 띠지 않으며 단순 확산을 통해 상피세포로 이동된다. 이들은 소장의 상피세포 안에서 다시 트라이글리세라이드로 재조립되어 단백질과 결합해 **킬로마이크론**(chylomicron)이라는 작은 입자를 형성한다. 킬로마이크론은 부피가 커서 소장의 모세혈관으로 들어가지 못하기 때문에, 간문맥으로 들어가는 대신 모세림프관으로 흡수되어 목 근처의 정맥을 통해 혈액으로 들어간다(42장 참조). 지방이 많은 식사를 한 다음 혈액을 채취해 보면 이러한 킬로마이크론 때문에 혈액이 뿌옇게 보인다.

하루에 소장을 통과하는 액체는 대단히 많은 양으로 약 9 L에 이른다. 이 액체의 대부분은 흡수되는데, 이 중 약 8.5 L가 소장에서 흡

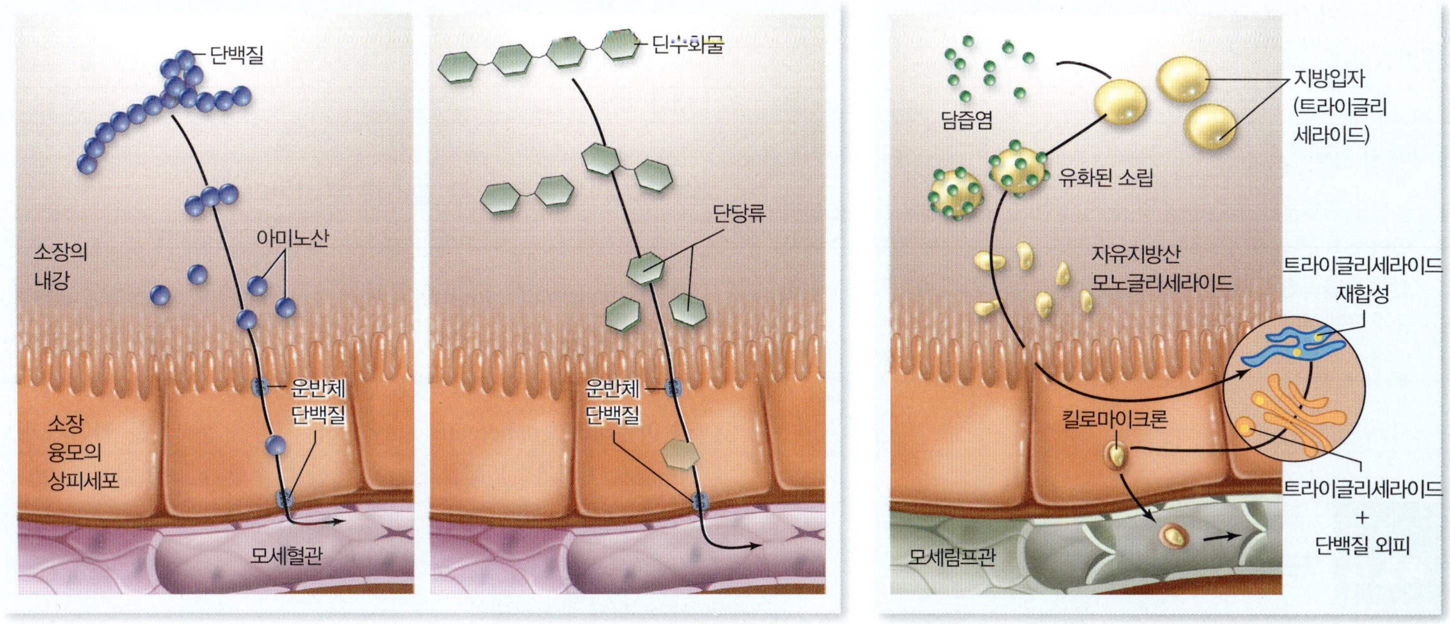

그림 41.11 소화 산물의 흡수.
a. 단당류와 아미노산은 모세혈관으로 흡수된다. *b.* 지방산과 모노글리세라이드는 장 상피세포에서 흡수된 후 다시 트라이글리세라이드로 전환되어 단백질로 싸인다. 그후 킬로마이크론을 형성하여 모세림프관으로 들어간다.

수되고 350 mL는 대장에서 흡수되며, 약 50 g의 고형물과 100 mL의 액체만이 배설물로 배출된다. 사람 소화관의 액체 흡수율은 99%로 매우 높은 수준이다.

대장은 노폐물을 제거한다

대장(large intestine 또는 colon)은 소장보다 훨씬 짧으며 소화관의 마지막 약 1 m 부위를 차지한다. 대장은 길이 때문이 아니라 지름이 커서 대장이라는 이름이 붙여졌다. 소장과 대장이 만나는 부위에는 **맹장**(cecum)과 **충수돌기**(appendix)가 있는데, 이들은 흔적 구조로 남아 있다(**그림 41.12**). 대장에서는 소화가 일어나지 않으며 소장에서 온 액체의 4% 정도만 흡수한다.

대장은 소장만큼 감겨 있지 않고 내면에 융모도 없어 흡수 표면적이 소장의 1/30에 불과하다. 대장의 기능은 수분과 남은 전해질, 그리고 바이타민 K와 같은 세균 대사산물을 흡수하는 것이다. 또한 대장은 노폐물이 체외로 배출되도록 준비한다.

많은 세균들이 대장에서 살고 있는데, 과잉의 세균들은 **배설물**(feces)로 배출된다. 대장 내에서는 세균에 의한 발효로 가스가 만들어지는데, 그 양은 하루 약 500 mL 정도이다. 이 비율은 콩이나 다른 채소를 섭취하는 경우 증가하게 되는데, 소화되지 않는 식물의 섬유질은 대장 내 세균의 발효에 좋은 기질로 작용하기 때문이다.

사람의 대장은 비교적 섬유질이 많은 음식을 처리하도록 진화되어 왔으며, 섬유질이 적은 음식의 섭취는 대장 내에서 음식의 이동 속도를 저하시켜 대장암의 발병과 관련이 있을 것으로 생각되고 있다.

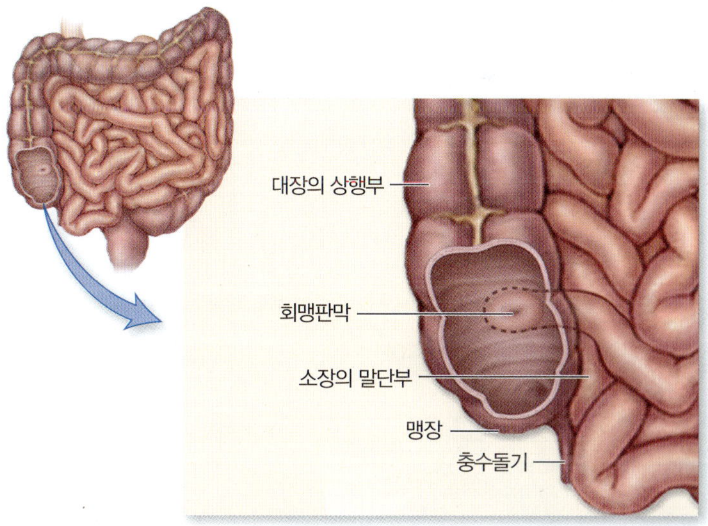

그림 41.12 사람의 대장과 소장의 연결 부위.
대장은 맹장에서 시작한다. 인간의 맹장은 다른 포유동물에 비해 작다. 흔적 구조인 충수돌기가 맹장에서 돌출해 있다. 일반적으로 충수돌기 내부의 물질로 인해 염증이 생기면 맹장염이 유발된다.

대변은 대장의 연동수축(peristaltic contraction)을 통해 직장(rectum)으로 이동하여 항문(anus)을 통해 배출된다. 항문에는 2개의 괄약근이 있는데, 하나는 평활근으로 이루어져 있으며 직장 내면의 압력에 반응하여 불수의적으로 열린다. 다른 괄약근은 가로무늬근으로 되어 있고 대뇌에 의해 수의적으로 조절되므로 의식적으로 배변을 지연시킬 수 있다.

핵심 요약 41.4

소장은 대부분의 소화가 일어나는 장소이며, 내부표면은 융모로 덮여 있어 넓은 흡수 표면적을 가진다. 대장은 물, 전해질 및 박테리아 대사산물을 흡수한다. 포도당과 아미노산은 능동수송 및 촉진확산에 의해 흡수되며, 지방은 단순확산에 의해 흡수된다.

■ 왜 지방은 소장 상피세포를 통과하는 수송이 필요하지 않을까?

41.5 부속기관의 기능

학습 목표

1. 부속기관의 명칭과 역할을 설명할 수 있다.
2. 항상성을 유지하기 위한 간의 역할을 설명할 수 있다.
3. 췌장의 혈당 농도 조절 기작을 설명할 수 있다.

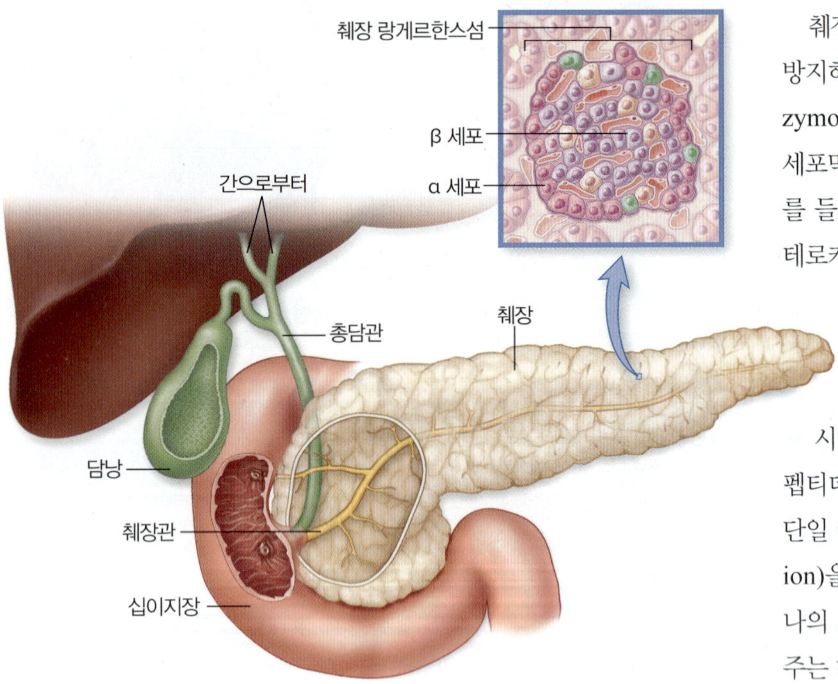

그림 41.13 췌장.
췌장관과 담관은 십이지장으로 연결되어 있다. 췌장은 췌장관을 통해 췌장액을 분비하고 췌장의 랑게르한스섬은 혈중으로 호르몬(α세포는 글루카곤, β세포는 인슐린)을 분비한다. 간은 담즙 색소(간에서 나온 노폐물)와 담즙염을 포함한 담즙을 분비한다. 담즙염은 지방을 분해하는 역할을 한다. 담즙은 농축되어 담낭에 저장되어 있다가 십이지장에 지방성 음식이 들어오면 분비된다.

소화 활동을 지원하는 중요한 기관으로 췌장, 간, 담낭이 있다. 이들은 여러 가지 효소를 포함한 분비물을 관을 통해 직접 소장으로 보낸다.

부속기관은 소장으로 효소를 분비한다

췌장(**그림 41.13**)은 위와 소장의 경계부에 위치한 큰 샘(gland)으로 **췌장관**(pancreatic duct)을 통하여 십이지장으로 췌장액을 보낸다. 따라서 췌장은 외분비샘의 기능을 한다. 췌장액은 단백질을 분해하는 **트립신**(trypsin), **키모트립신**(chymotrypsin), 녹말을 분해하는 **췌장 아밀레이스**(pancreatic amylase), 지방을 분해하는 **라이페이스**(lipase, 지질가수분해효소)를 포함한 다수의 효소를 가지고 있다. 위의 펩신처럼, 이들 효소는 주로 비활성 형태로 십이지장으로 분비된 후 트립신(트립신은 장의 브러시 보더 효소에 의해 먼저 활성화됨)에 의해 활성화된다.

췌장의 효소는 단백질을 폴리펩타이드로, 다당류를 작은 당류로, 지방을 지방산과 모노글리세라이드로 분해한다. 단백질과 탄수화물의 소화는 미세융모 효소에 의해 완료된다. 췌장액은 중탄산염($NaHCO_3$)을 가지고 있는데, 이 중탄산염은 위로부터 온 염산을 중화하여 유미즙이 십이지장에서 약알칼리성을 띄도록 한다. 소화 효소와 중탄산염을 합성하는 분비 세포의 무리를 **샘꽈리**(acini)라 한다.

췌장의 샘꽈리에서 분비되는 효소는 췌장 자체가 소화되는 것을 방지하고 효소가 적절한 환경에서 활성화되도록 비활성형(효소원, zymogen)으로 방출된다. 이러한 효소의 대부분은 장의 상피세포의 세포막에 박혀 있는 효소(브러시 보더 효소)에 의해 활성화된다. 예를 들어, 췌장에서 분비된 트립시노겐(trypsinogen, 비활성형)은 엔테로카이네이스(enterokinase, 브러시 보더 효소)에 의해 절단되어 활성을 띤 트립신이 된다. 트립신은 특정 아미노산 잔기에서 폴리펩타이드 사슬을 절단함으로써, 단백질을 큰 단편 조각으로 자르는 단백질분해효소이다. 폴리펩타이드는 브러시 보더 효소인 카복시펩티데이스(carboxypeptidase) 및 아미노펩티데이스(aminopeptidase)에 의해 추가로 분해된다. 최종적으로 단일 아미노산과 짧은 사슬 아미노산은 촉진확산(facilitated diffusion)을 통하여 상피조직으로 흡수되어 순환계로 들어간다. 이는 하나의 거대분자에 일련의 효소가 협동적으로 작용하는 것을 잘 보여주는 하나의 예시이다. 이를 통해 전체 소화 과정이 얼마나 복잡한지 상상할 수 있다.

췌장은 외분비 역할 외에도 내분비샘으로 작용하여 포도당과 다른 영양소의 혈중 농도를 조절하는 여러 호르몬을 혈관으로 분비한다. 이 호르몬은 췌장 전반에 분포하는 내분비 세포 무리인 **랑게르한**

소섬(islets of Langerhans)에서 생산된다. 가장 중요한 2가지 췌장 호르몬인 인슐린과 글루카곤은 39장에 설명되어 있으며, 이 절의 뒷부분에서 자세히 설명한다.

간(liver)은 신체에서 가장 큰 장기이며, 축구공 크기에 무게는 약 1.5 kg이다(**그림 41.3** 참조). 간은 해로운 물질의 해독, 단백질 합성 및 글리코겐 저장 등 많은 역할을 한다. 만성적인 알코올 남용은 간의 해독 능력에 무리를 주어 간경화를 유발하고 결국 간 기능 저하를 야기한다.

간의 주요 분비액은 담즙인데, 담즙은 **담즙 색소**(bile pigments)와 **담즙염**(bile salts)으로 구성된 액체 혼합물로, 음식을 소화시킬 때 십이지장으로 분비된다. 담즙 색소는 간에서 파괴된 적혈구로 인한 노폐물로서, 소화에 관여하지 않고 궁극적으로 대변으로 제거된다. 간에서 생성된 담즙 색소의 배설이 억제되면, 색소는 혈액에 축적되고 조직이 노랗게 보이는 **황달**(jaundice)을 유발한다.

반대로 담즙염은 지방이 효소에 의해 소화가 잘 될 수 있도록 매우 중요한 역할을 한다. 지방은 물에 녹지 않기 때문에, 물기가 많은 유미즙 내에서 지방 방울 형태로 소장에 들어간다. 담즙염은 부분적으로 지용성이자 수용성으로 세제처럼 작용할 수 있어서, 큰 방울의 지방을 분산시켜 미세한 작은 방울의 현탁액으로 만든다. 이런 유화 작용은 라이페이스가 작용하는데 더 큰 표면적을 만들어주어 지방의 소화가 빠르게 일어난다.

담즙은 간에서 만들어진 후 담낭(gallbladder)에 저장되고 농축된다. 지방질이 많은 음식물이 십이지장에 도달하면 신경 및 내분비 반사 작용을 일으켜 담낭이 수축되고 담즙이 총담관(common bile duct)을 통해 십이지장으로 분비된다(반사 작용은 41.6절 참조). 담석(gallstone)이란 콜레스테롤이 경화된 침전물로, 담석이 담관을 막게 되면 담낭 수축 시 심한 통증이 종종 등 쪽에서 느껴지고 심각하게 폐쇄되었을 경우는 외과적으로 담낭을 제거해야 한다.

간은 항상성을 유지하기 위해 물질을 변형시킨다

간과 췌장은 소화 효소의 생산 외에 중요한 기능을 담당하고 있는데, 간은 독소를 분해하는 주요 기관이며 췌장은 혈당 수치를 조절하는 호르몬을 분비한다. 이 호르몬은 부분적으로 간세포에 작용한다.

간문맥을 통해 혈액은 위와 소장으로부터 직접 간으로 운반되며, 소장에서 흡수된 물질은 간에서 화학적으로 변형된 후 신체의 나머지 부분에 도달한다. 예를 들어, 섭취한 알코올 및 기타 약물은 간세포로 흡수되어 대사되기 때문에 알코올 및 약물 남용은 흔히 간을 손상시킨다.

간은 또한 독성 물질, 살충제, 발암 물질 및 기타 독극물을 덜 유독한 형태로 전환한다. 예를 들어, 간은 장내 세균에 의해 생성된 독성 암모니아가 혈액에 고농도로 녹아 있어도 안전한 요소(urea)로 전환한다.

또한 간은 체내에서 생성되는 많은 화합물의 농도를 조절하는데, 예를 들어 스테로이드 호르몬은 간에서 활성이 낮고 수용성인 형태로 바뀐 후, 담즙에 포함되어 대변을 통해 제거되거나 혈액에 의해 신장으로 운반되어 소변으로 배설된다.

간은 혈장에서 발견되는 대부분의 단백질을 생산한다. 혈장 단백질의 총 농도는 혈액과 조직액(interstitial fluid) 사이의 삼투 균형을 유지하기 위해 일정한 농도로 유지되어야 한다. 혈장 단백질의 농도가 너무 낮아지면 간경변(cirrhosis)과 같은 간질환이 발생할 수 있으며, 이때 체액은 조직에 축적되어 **부종**(edema)을 일으킨다.

혈당은 인슐린과 글루카곤에 의해 유지된다

뇌의 뉴런은 혈장에서 얻은 포도당의 호기성 호흡을 통해 생산되는 에너지를 주로 사용한다. 따라서 금식이나 오랜 운동 중에 혈당이 너무 떨어지지 않도록 유지하는 것이 매우 중요하다. 치료받지 않은 당뇨병 환자의 경우처럼 지나치게 높은 혈당 농도는 조직 손상을 일으키므로, 혈당 농도가 너무 높지 않도록 유지하는 것 역시 중요하다.

탄수화물이 풍부한 식사 후에 간과 골격근은 과도한 포도당을 혈액으로부터 제거하고, 이를 다당류 글리코젠으로 저장한다. 이 과정은 췌장의 랑게르한스섬에 있는 β세포에서 분비된 인슐린 호르몬에 의해 촉진된다(**그림 41.14**).

식사 사이 또는 금식이나 운동 중에 혈당치가 낮아지면 간은 혈액으로 포도당을 분비한다. 이 포도당은 부분적으로 간의 글리코젠이 포도당 6-인산으로 분해되어 얻어지는 것이며, 이 과정을 **글리코젠 분해**(glycogenolysis)라 한다. 이어서 포도당 6-인산에서 인산기가 제거된 포도당은 혈액으로 분비된다. 골격근은 인산기 제거에 필요한 효소가 없어 글리코젠을 저장하고 있어도 혈액으로 포도당을 분비할 수 없지만, 포도당 6-인산은 해당과정(glycolysis)의 첫 번째 반응 산물이므로 골격근은 포도당을 직접적으로 에너지 대사에 사용할 수 있다. 간의 글리코젠 분해는 랑게르한스섬의 α세포에서 분비되는 글루카곤에 의해 촉진된다(**그림 41.14**).

금식이나 운동이 계속되면 간은 아미노산이나 젖산과 같은 다른 분자를 포도당으로 전환하기 시작하는데, 이를 **포도당신생과정**(gluconeogenesis, "포도당의 새로운 형성"이라는 의미)이라 한다. 포도당신생과정에 이용되는 아미노산은 근육 단백질로부터 나오므로 장기간의 금식은 심각한 근육 소모를 유발한다.

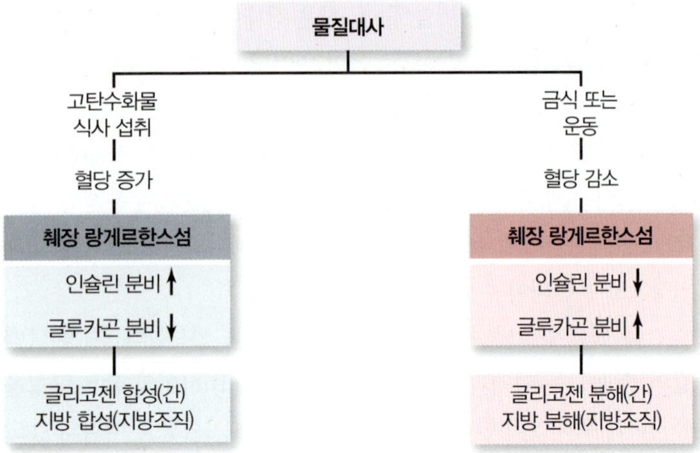

그림 41.14 인슐린과 글루카곤의 작용.
식사 후 췌장의 β 세포에서 인슐린의 분비는 글리코젠 및 지방의 저장을 촉진한다. 단식 또는 운동을 할 때에는 췌장의 α 세포에서 글루카곤 분비가 증가하고 인슐린 분비는 감소되어, 글리코젠과 지방의 분해(가수 분해 반응을 통한)가 촉진된다.

핵심 요약 41.5

소화는 췌장의 효소와 간에서 분비된 담즙염의 협동으로 이루어진다. 간은 잠재적으로 해로운 독소를 중화시키고 스테로이드 호르몬을 변형시키며, 중요한 혈장 단백질을 생성한다. 췌장 호르몬과 간은 혈당 농도를 조절하는데, 인슐린은 간에서 글리코젠과 지방의 형성을 촉진하며, 글루카곤은 간의 글리코젠 분해를 자극하여 포도당을 혈액으로 방출한다.

■ 간문맥의 가장 중요한 이점은 무엇일까?

41.6 신경 및 호르몬의 소화관 조절

학습 목표

1. 신경계가 소화 활동을 자극하는 방법에 대해 설명할 수 있다.
2. 주요 엔테로가스트론에 대하여 설명할 수 있다.

위장관의 활동은 신경계와 내분비계에 의해 조절된다. 예를 들어 신경계는 시각, 후각, 음식의 섭취에 반응하여 침과 위액 분비를 자극한다. 음식이 위에 도달하면 음식 내 단백질이 위에서 분비되는 **가스트린**(gastrin)이라는 호르몬의 분비를 자극하고, 이어서 가스트린은 위샘으로부터 펩시노겐과 염산의 분비를 자극한다(**그림 41.15**). 분비된 염산은 위액의 pH를 낮추고, 낮아진 pH는 음성피드백 순환(negative feedback loop)에 따라 가스트린이 더 이상 분비되지 않도록 억제한다. 이러한 방식으로 위액의 분비는 긴밀하게 조절된다.

유미즙이 위에서 십이지장으로 넘어가면 위의 수축이 억제되어, 넘어간 유미즙이 처리되기 전까지 추가적인 유미즙이 십이지장으로 유입되지 못한다. 이와 같은 위 활동의 억제는 신경 반사 및 혈액으로 분비된 십이지장 호르몬에 의해 매개된다. 이러한 호르몬들을 통칭 **엔테로가스트론**(enterogastrones)이라 한다.

주요 엔테로가스트론으로 **콜레시스토키닌**(cholecystokinin, CCK), **세크레틴**(secretin), **위억제펩타이드**(gastric inhibitory peptide, GIP)가 있다. 지방 함량이 많은 유미즙은 CCK와 GIP 분비를 강하게 자극하고 산도가 높은 유미즙은 주로 세크레틴 분비에 영향을 미친다. 3가지 엔테로가스트론은 모두 위 운동성(gastric motility; churning action, 교반 작용)과 위액 분비를 억제하므로, 지방을 함유한 음식은 지방이 없는 음식에 비해 오랫동안 위에 머물 수 있도록 하여 소장에서 거대한 지방 분자의 소화에 좀 더 많은 시간을 할애하도록 한다.

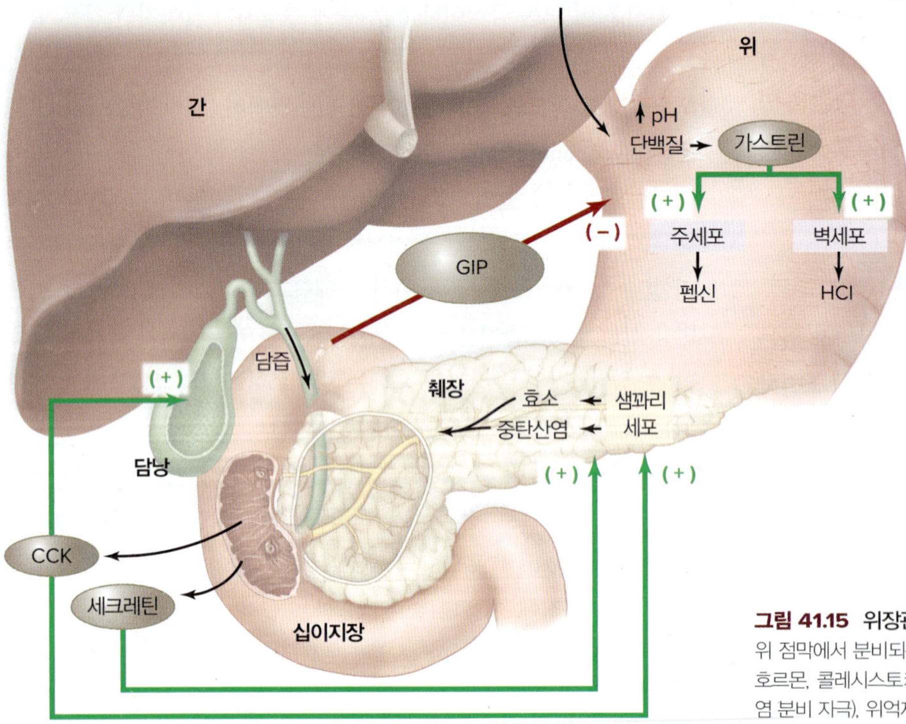

그림 41.15 위장관에 대한 호르몬 조절.
위 점막에서 분비되는 가스트린은 펩시노겐과 염산의 분비를 자극한다. 십이지장은 3가지 호르몬, 콜레시스토키닌(CCK, 담낭 수축과 췌장효소 분비 자극), 세크레틴(췌장의 중탄산염 분비 자극), 위억제펩타이드(GIP, 위액 분비 억제)를 분비한다.

표 41.1 호르몬과 소화효소

호르몬들					
호르몬	종류	분비장소	자극원	작용	비고
가스트린	폴리펩타이드	위의 유문부	위 내로 음식물 유입	위에서 염산과 펩시노겐의 분비를 자극	분비기관과 작용기관이 동일함
CCK	폴리펩타이드	십이지장	십이지장 내 지방성 유미즙	담낭의 수축 및 췌장의 소화 효소 분비 자극	가스트린과 구조적으로 유사함
GIP	폴리펩타이드	십이지장	십이지장 내 지방성 유미즙	위의 음식물 배출 억제	인슐린 분비도 자극함
세크레틴	폴리펩타이드	십이지장	십이지장 내 산성 유미즙	췌장의 중탄산염 분비 자극	최초로 발견된 호르몬(1902년)

효소들			
분비 장소	효소	기질	소화 산물
침샘	아밀레이스	녹말, 글리코겐	2당류
위	펩신	단백질	짧은 펩타이드
췌장	라이페이스	트라이글리세라이드	지방산, 모노글리세라이드
	트립신, 키모트립신	단백질	펩타이드
	DNA 분해효소	DNA	뉴클레오타이드
	RNA 분해효소	RNA	뉴클레오타이드
소장(브러시 보더)	펩티데이스	짧은 펩타이드	아미노산
	핵산내부가수분해효소	DNA, RNA	당, 핵산 염기
	락테이스, 말테이스, 수크레이스	2당류(젖당, 엿당, 설탕)	단당류

CCK와 세크레틴은 위 활동을 억제할 뿐 아니라 소화에 중요한 조절 기능을 한다. CCK는 췌장의 소화 효소 분비를 자극하고 담낭 수축을 촉진한다. 담낭이 수축하면 많은 담즙이 십이지장으로 흘러 나와 지방의 유화 작용을 촉진하여 지방의 소화를 돕는다. 세크레틴의 다른 중요한 기능은 췌장으로부터 중탄산염을 방출하게 하여 유미즙의 산도를 떨어뜨린다. 세크레틴은 첫 번째로 발견된 호르몬이기도 하다. **표 41.1**에 호르몬과 소화 효소의 작용을 요약하여 나타냈다.

핵심 요약 41.6

시각, 후각, 미각과 같은 감각 정보는 침샘과 위의 활동을 자극하며, 위 내로의 음식물 유입 역시 위 활동을 촉진한다. 주요한 엔테로가스트론은 콜레시스토키닌(CCK), 세크레틴, 위억제펩타이드(GIP)가 있으며, 이들은 유미즙이 십이지장에 전달되는 속도를 소설하고, 췌장의 효소와 담즙의 분비를 촉진한다.

■ 후각 상실은 소화에 어떤 영향을 미칠까?

41.7 음식 에너지, 에너지 소비, 필수 영양소

학습 목표

1. 기초대사율과 운동의 효과에 대하여 설명할 수 있다.
2. 식욕과 몸무게를 조절하는 호르몬을 나열할 수 있다.
3. 필수 영양소를 열거할 수 있다.

음식 섭취의 기본적인 역할은 에너지를 제공하는 것과 동물이 필요하지만 스스로 합성할 수 없는 물질을 제공하는 것이다.

동물은 휴식을 취할 때에도 대사를 위한 에너지가 필요한데, 이를 최소한의 에너지 소모율, 즉 **기초대사율**(basal metabolic rate, BMR)이라 한다. 기초대사율은 한 개체에서 비교적 일정하게 나타나며, 나이, 성별, 체격에 따라 다르다.

운동은 대사율을 높인다

격렬한 신체 활동은 대사율을 기초 수준 이상으로 높인다. 따라서 인체가 하루에 소비하는 에너지양은 BMR뿐 아니라 신체 활동 정도에 따라 결정된다. 만약 하루에 섭취한 에너지가 소모한 에너지보다 많으면 여분의 에너지는 글리코젠이나 지방으로 저장된다(**그림 41.14**). 글리코젠으로 저장될 수 있는 에너지는 한계가 있어 계속적으로 섭취되는 과잉의 음식 에너지는 주로 지방으로 축적된다.

섭취한 음식의 에너지는 **킬로칼로리**(kilocalories, 1 kilocalorie = 1000 calories; 영양학자들은 주로 kilocalorie 대신에 대문자 C로 표기하는 Calorie를 주로 사용함)로 측정된다. 음식물이 지닌 에너지는 음식을 연소시켰을 때(태웠을 때) 발생하는 열로 측정할 수 있다. "탄다(burned)"는 것은 말 그대로 시험 장치인 칼로리미터(calorimeter) 내부 또는 몸속에서 음식물이 소화되고 세포호흡을 통해 산화되는 것을 의미한다. 칼로리 섭취는 생활 방식에 따라 어떤 음식을 먹는지, 얼마만큼 에너지를 소비하는지에 따라 변화할 수 있다.

사람의 하루 에너지 소비량은 1300~5000 kcal인데, 이는 개인의 BMR과 신체 활동의 정도에 따라 다르다. 섭취한 에너지가 필요한 대사율을 초과하게 되면 지방이 축적되어 비만(obesity)을 일으키고 건강을 해친다. 미국에서는 40~59세 성인 중 약 39%가 비만으로 분류되고, 20~40세 성인까지 포함시키면 비만인구의 비율은 다소 줄어들지만, 여전히 35% 수준에 이른다.

신경 내분비계는 음식 섭취를 조절한다

쥐에게 금식(fasting)과 과식(overfeeding)을 시킨 실험에서 금식 후 음식의 섭취량이 증가하였다. 증가한 섭취량은 줄어들었던 체중을 다시 기준치로 회복시켰으며, 그 후 음식 섭취량은 다시 감소하였다. 이 실험을 통해 음식 섭취량과 에너지 균형 사이에 조절 기작이 있을 것으로 생각하였고, 이러한 현상을 설명하기 위해 지방 조직에서 생산되는 호르몬인 **포만인자**(satiety factor)의 존재가 제안되었다. 또한 시상하부(hypothalamus)와 섭식 행동(feeding behavior)의 관련성이 제기되었다.

설치류를 이용한 또 다른 연구들을 통해 비만을 유도하는 많은 유전자가 밝혀졌으며, 현대 분자유전학을 이용하여 이러한 유전자를 복제하였고, 섭식과 에너지 균형 간의 대략적인 모델이 드러났다. 이 모델은 지방 조직과 섭식 행동으로부터 나오는 구심성 신호(afferent signaling)가 중추신경계(central nervous system, CNS)로 가고, 중추신경계로부터 나온 원심성 신호(efferent signaling)는 에너지 소비, 저장, 생식, 섭식 등을 하나로 통합한다. 앞으로 이 모델과 관련한 호르몬과 이들이 전체 조절 회로에 어떻게 기여하는지 알아보도록 한다.

렙틴

비만 관련 동물 모델 중 하나인 비만 생쥐는 *ob*(obese에서 기원)라는 단일 유전자의 돌연변이에 의해 생겨났다. 이 돌연변이 유전자에 대하여 열성 동형접합을 지니고 있는 동물은 야생형에 비해 비만이 된다(**그림 41.16**). 이 극적인 표현형에 관여하는 유전자는 렙틴(leptin)이라는 펩타이드 호르몬을 암호화하고 있음이 밝혀졌고, 돌연변이 개체의 비만은 부족한 렙틴 생산에 그 원인이 있는 것으로 생각되었다. 역시나 *ob*/*ob* 동물에게 렙틴을 주사하면 과식하지 않고 체중도 줄었다(**그림 41.16**). 이 실험을 통해 렙틴은 주요한 포만인자이며, 식욕 조절의 열쇠라는 것이 밝혀졌다. 렙틴 수용체(*db*) 유전자 역시 발견되었으며, 섭식을 조절하는 시상하부의 뇌신경에서 발현된다.

과학적 사고

질문: 왜 *ob*/*ob* 생쥐는 비만일까?
가설: 렙틴의 생산 부족은 식욕을 자극하고, 그 결과 과식을 하게 되었다.
실험: 돌연변이 쥐에게 렙틴을 주사한다.
결과: 렙틴을 주사한 쥐는 단 2주 만에 특별한 부작용 없이 체중의 30%가 감소하였다.

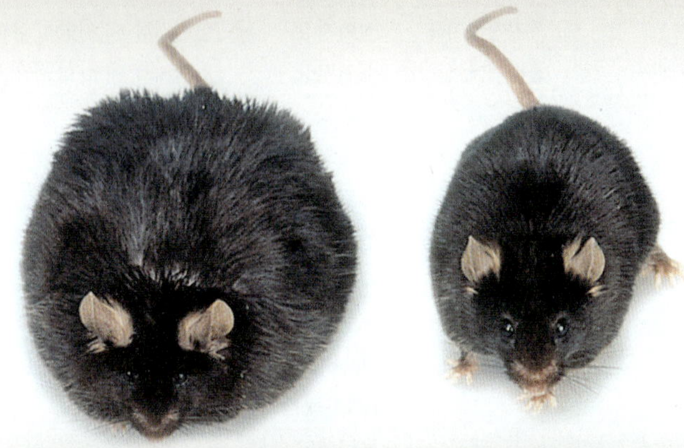

추가 질문: 렙틴 효과의 분자적 기작은 무엇인가? 다른 유전자의 돌연변이도 같은 작용을 할 수 있을까?

그림 41.16 렙틴 호르몬의 영향.

렙틴은 에너지 감지, 음식 섭취 및 에너지 소비를 조절하는 회로의 구심성 신호에서 주요 분자로 여겨진다. 음식을 먹게 되면 지방 조직에서 렙틴을 만든다. 렙틴 수치는 섭식 행동 및 체지방량과 상관성이 있다. 식이 제한은 렙틴 수치를 낮추어 음식 섭취가 필요하다는 신호를 뇌에 전달하고, 반대로 금식 후 식사를 다시 하게 되면 렙틴 수치가 급격하게 증가하고 식욕이 감퇴된다. 이 조절 회로의 원심성 부분은 복잡하며, 중추신경계에 의한 에너지 소비, 에너지 저장 및 섭식 행동을 제어한다. 생식 역시 이러한 체제의 조절을 받고 있어 기아 상태에서는 생식 기능이 억제된다.

사람의 렙틴 유전자도 밝혀졌으며 쥐의 렙틴과 동일한 기능을 한다. 하지만 인간에 대한 최근의 연구에 따르면 *ob* 유전자의 활성과 렙틴의 혈중 농도가 마른 사람에 비해 비만인 사람에게서 높았으며, 비만인 사람에게서 생산된 렙틴 역시 정상이었다. 돌연변이 쥐와 달리 대부분의 사람 비만은 지방 세포에서 렙틴의 생산이 감소해서라기보다는 뇌에서 렙틴 작용에 대한 민감성 감소(저항성)로 인해 발생할 것으로 생각된다. 사람의 렙틴에 대한 연구는 진행 중이며 학계의 과학자와 제약업계의 깊은 관심을 받고 있다.

인슐린

ob 유전자의 기능상실 돌연변이와 관련된 고도의 비만은 다른 호르몬 신호가 렙틴 신호를 대체할 수 없다는 것을 보여주지만, 관련된 다른 호르몬들도 있다. 인슐린 역시 포만 신호를 나타내는데, 인슐린 수치는 금식 시 떨어지고, 비만으로 인해 올라간다. 39.4절에서 설명한 바와 같이 인슐린의 주된 역할은 혈당의 항상성 유지이고, 에너지 균형 조절 회로에서의 그 역할은 매우 복잡하다.

장 호르몬(엔테로가스트론)

장에서 생성되는 많은 호르몬은 섭식에 즉각적으로 반응하고 소화를 조절하며, 그중 일부 호르몬은 음식 섭취 조절과 관련이 있다.

호르몬 GIP와 CCK는 시상하부에 수용체가 있으며, 렙틴 또는 인슐린과 유사한 억제 신호를 뇌로 보낸다. 이러한 장 호르몬의 수치는 렙틴 및 인슐린과 같은 양상으로, 섭식 행동에 따라 달라진다.

장 호르몬 그렐린(ghrelin)은 식욕 억제 호르몬과는 반대 효과를 나타낸다. 그렐린은 시상하부에 그 수용체가 발현되고, 음식 섭취를 촉진하는 것으로 보인다. 쥐를 이용한 연구에서 그렐린 투여로 비만이 유발되고, 섭식 직전 그렐린 수치가 올라가 이것이 섭식 행동을 시작하는 것과 관련한 것으로 보인다. 심각한 비만의 치료법 중 하나인 위장 접합술(gastric bypass surgery)은 그렐린의 농도를 감소시키며, 이것이 수술 후 식욕이 억제되는 원인 중 하나로 생각된다.

신경펩타이드

섭식과 에너지의 균형에 대한 원심성 조절 기작(efferent control, 중추신경계로부터 나오는 신호)은 구심성 조절 기작(afferent control, 말초의 신호가 중추신경계로 들어감)에 비해 명확하지 않다. 중심 조절 기관은 시상하부이고 2개의 뇌 신경펩타이드, 신경펩타이드 Y(neuropeptide Y, NPY)와 알파 멜라닌세포 자극호르몬(α-melanocyte-stimulating hormone, α-MSH)이 관련한다. 두 펩

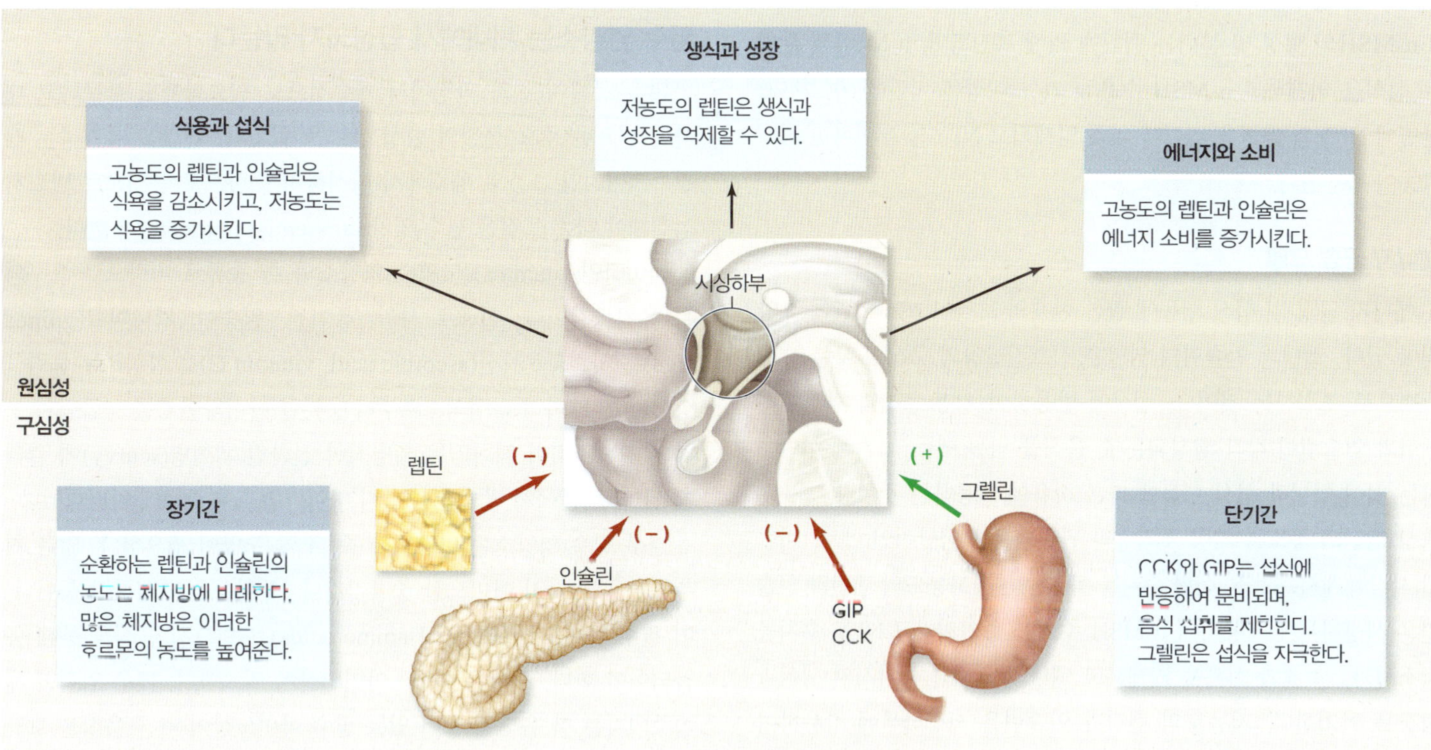

그림 41.17 섭식 행동을 조절하는 호르몬.
섭식 행동은 지방 조직량과 관련한 장기 조절 및 섭식 행동과 관련한 단기 조절을 받고 있다. 이러한 소설은 중추신경계를 통해 이루어지며, 뇌의 시상하부가 중요한 역할을 한다.

? 탐구문제 시상하부의 GIP와 CCK 센서가 작동하지 않는다고 가정하자. 이것은 렙틴 생산량에 어떤 영향을 미칠까?

표 41.2 사람에게 필요한 주요 바이타민

바이타민	기능	주요 함유식품	결핍 증상
바이타민 A(레티놀)	시각색소를 만들고 상피조직 유지에 이용됨	녹색채소, 유제품, 간	야맹증, 거친 피부
바이타민 B 복합체			
B_1	세포호흡 시 CO_2 제거에 필요한 조효소	육류, 곡류, 콩류	각기병, 심장 쇠약, 부종
B_2(리보플라빈)	대사에 필요한 조효소 FAD, FMN의 일부분	여러 가지 식품	피부 약화 및 감염, 눈의 염증
B_3(나이아신)	조효소 NAD^+와 $NADP^+$의 일부분	간, 저지방 육류, 곡류	펠라그라(홍반병), 신경 염증, 정신질환
B_5(펜토텐산)	탄수화물 대사와 지방 대사를 연결해주는 조효소 A의 일부분	여러 가지 식품	드물게 피로, 신체 조정 소실
B_6(피리독신)	아미노산 대사 여러 과정의 조효소	곡류, 야채, 육류	빈혈, 경련, 신경과민
B_{12}(시아노코발라민)	핵산 합성의 조효소	적색육류, 유제품	악성 빈혈
바이오틴	아미노산 및 지방 대사의 조효소	육류, 야채	드물게 우울증 및 구역질
엽산	아미노산 및 핵산 대사의 조효소	녹색채소	빈혈, 설사
바이타민 C	콜라겐, 뼈 및 치아의 시멘트질, 혈관의 결합조직 합성에 중요하며, 감염에 대한 저항력 유지	과일, 녹색잎 채소	괴혈병, 피부 및 혈관 약화
바이타민 D(칼시페롤)	칼슘 흡수 및 뼈 형성 촉진	유제품, 대구간유	구루병, 골격 기형
바이타민 E(토코페롤)	지방산과 세포막의 산화 방지	마가린, 씨앗, 녹색잎 채소	드묾
바이타민 K	혈액 응고	녹색잎 채소	심한 출혈

타이드는 서로 길항적으로 작용하는데, NPY는 섭식 활동을 유도하고 α-MSH는 이를 억제한다.

α-MSH의 형성 및 분비는 렙틴에 의해 촉진되며, α-MSH의 투여는 섭식을 억제하고 α-MSH 수용체 기능 이상은 비만을 야기한다. 반면에 NPY의 발현은 렙틴에 의해 억제되고 NPY를 투여하면 섭식 활동이 촉진된다.

에너지 균형 모델

에너지 균형 및 섭식 행동에 관한 현재의 모델이 **그림 41.17**에 요약되어 있다. 렙틴과 인슐린의 역할은 신호전달망의 구심성 부분을 장기적으로 조절하는 것이다. 섭식에 반응하여 지방 조직과 췌장에서 렙틴과 인슐린이 각각 생성되는데, 음식을 먹는 행동 그 자체에 반응하는 것이 아니라 섭식 행동에 따른 작용에 반응하는 것이다. 즉, 순환성 렙틴의 농도는 지방 조직량과 관련되는데 극단적인 예로, 비만인 사람에게서는 높은 렙틴 수치를 볼 수 있다. 고농도의 렙틴과 인슐린은 시상하부에 작용하여 α-MSH 수치를 증가시키고 NPY 수치를 감소시켜, 그 결과 식욕을 억제하고 에너지 소비를 증가시켜 생식과 성장을 야기한다. 저농도의 렙틴과 인슐린은 시상하부에 작용하여 α-MSH 수치를 감소시키고 NPY 수치를 증가시킨다. 만약 렙틴의 농도가 매우 낮은 상태가 지속된다면 성장과 생식이 저해될 수 있다.

장 호르몬 CCK 및 GIP는 섭식에 반응하여 생성되며, 에너지 균형 조절 회로의 구심성 부분을 단기적으로 조절한다. 이들의 작용은 렙틴과 인슐린과 유사하다. 장 호르몬 그렐린 역시 섭식을 자극하는 단기적 조절자이다.

필수 영양소는 체내에서 합성되지 않는다

많은 동물이 진화 과정에서 계속적으로 필요함에도 불구하고 대사에 필요한 주요 물질의 합성 능력을 잃었다. 건강을 유지하는 데 필수적이지만 스스로 체내에서 합성하지 못하므로 음식으로 반드시 섭취해야 하는 물질을 필수 영양소(essential nutrients)라 한다.

바이타민(vitamins)은 필수 영양소의 한 종류로 미량으로 요구되는 유기물질이다. 실례로 사람, 유인원, 원숭이, 기니피그(guinea pigs)는 아스코르브산(ascorbic acid, vitamin C)을 합성하는 능력을 상실하였다. 따라서 섭식으로부터 충분한 바이타민 C를 공급받지 못하면 결합조직이 퇴화되는 치명적인 질환인 괴혈병(scurvy)에 걸리게 된다. 사람에게 필요한 13가지 바이타민을 **표 41.2**에 나타내었다.

일부 필수 영양소는 미량보다 좀 더 많은 양이 필요하다. 많은 척추동물은 20가지 아미노산 중 1가지나 그 이상을 합성하지 못한다. 이 **필수 아미노산**(essential amino acids)은 반드시 음식을 통해 공급되어야 한다. 사람은 9개의 아미노산이 필요하다. 매우 엄격한 채식주의자는 한 음식에 들어 있는 필수 아미노산이 다른 음식을 보완할 수 있도록 식단을 선택해야 한다. 또한 채식주의자는 바이타민 B와 같이 식물에 많은 양이 들어 있지 않은 특정 바이타민을 공급받기 위하여 보충제가 필요할 것이다.

모든 척추동물은 일부 긴사슬 불포화 지방산의 합성 능력을 소실하여, 음식을 통해 이들을 섭취해야 한다. 반대로 척추동물은 합성할 수 있으나 다른 동물은 합성하지 못하는 필수 영양소도 있는데, 예를 들어 척추동물은 스테로이드 호르몬의 주재료인 콜레스테롤을 합성할 수 있지만, 일부 육식성 곤충류는 합성하지 못한다.

또한 음식물을 통해 칼슘, 마그네슘, 인과 같은 필수 미네랄과 아연, 몰리브덴과 같이 아주 소량만 요구되는 **미량원소**(trace elements)를 섭취할 수 있다. 동물은 식물에서 직접, 또는 식물을 섭취한 동물로부터 미량원소를 얻을 수 있다.

핵심 요약 41.7

기초 대사율은 휴식 상태에서 최소로 필요한 에너지 소비량이다. 운동은 기초대사율을 높이지 않지만 신체의 총 에너지 소비량을 증가시킨다. 비만은 섭취한 음식의 에너지량이 소비한 에너지량을 지속적으로 초과하여 발생한다. 식욕을 조절하는 호르몬으로 렙틴, 인슐린, CCK 및 GIP를 포함한 엔테로가스트론, 그렐린, 시상하부와 관련한 신경펩타이드가 있다. 사람의 필수 영양소는 13가지 바이타민, 필수 미네랄, 필수 아미노산, 필수 지방산이다.

■ 비만인이 정상 렙틴 수치를 가질 수 있는 이유는 무엇일까?

41.8 척추동물 소화계의 다양성

학습 목표

1. 척추동물이 셀룰로스를 소화하는 방법을 설명할 수 있다.
2. 되새김질이 어떻게 작용하는지 서술할 수 있다.
3. 분자 수준에서 초식동물의 수렴진화에 대해 설명할 수 있다.

대부분의 동물은 셀룰로스 소화에 필요한 효소가 없지만, 일부 동물은 소화관에 셀룰로스를 숙주동물이 흡수할 수 있는 물질로 전환시키는 세균이나 원생생물을 가지고 있다. 인간의 위장관에 사는 미생물은 영양적으로 큰 역할을 하지 못하지만, 흰개미나 바퀴벌레와 같은 곤충과 일부 초식동물에서는 위장관 내 미생물이 영양에 필수적이며, 숙주와 미생물 사이에 이익을 주고받는 공생의 대표적인 예를 보여준다(50장 참조).

식물성 셀룰로스는 특히 소화시키기 어려워 초식동물은 육식동물에 비해 훨씬 긴 소화관으로 오랫동안 소화할 시간을 갖는다(**그림**

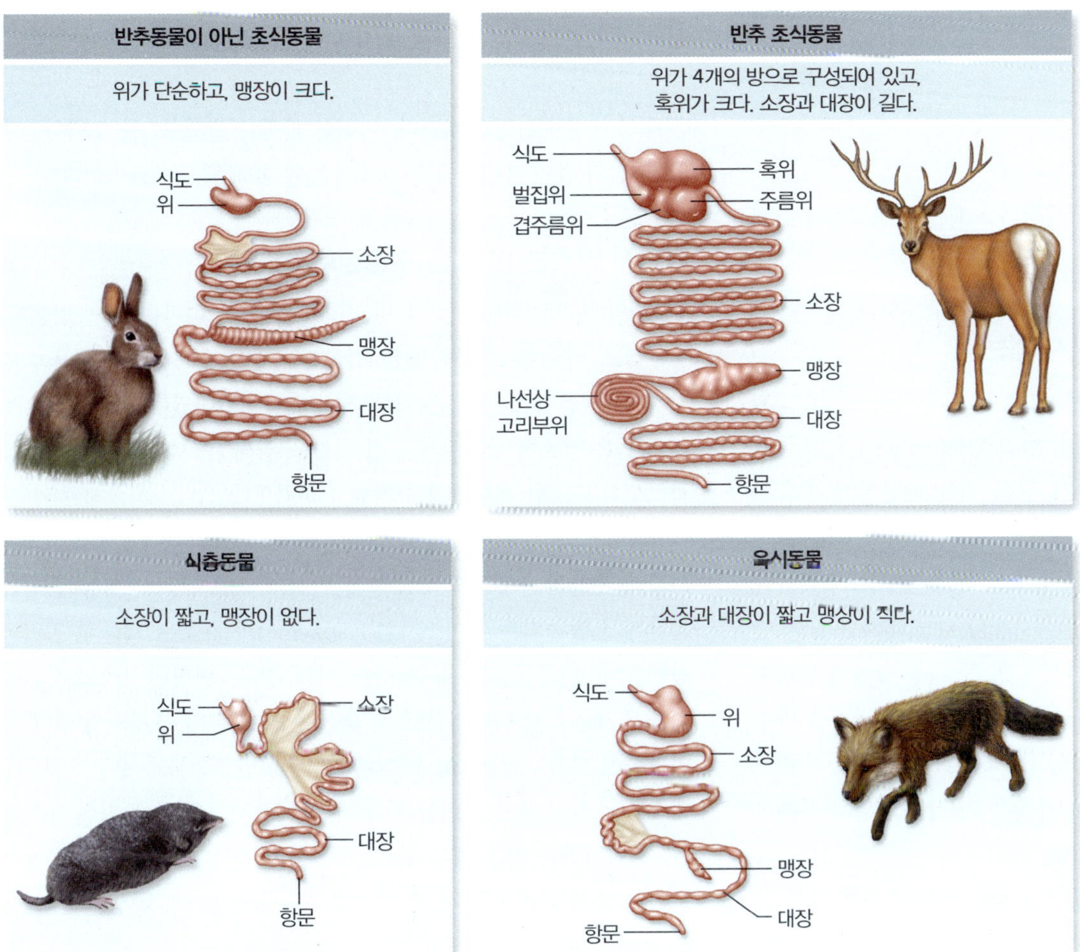

그림 41.18 포유류의 소화계 및 이에 따른 먹이.
토끼와 사슴 같은 초식동물은 식물을 분해하기에 특화된 구획을 포함한 긴 소화관을 갖는다. 셀룰로스가 없는 동물성 물질은 상대적으로 소화되기 쉬워서 곤충을 먹는 들쥐나 여우 같은 육식동물은 특화된 주머니가 많지 않은 짧은 소화관을 갖는다.

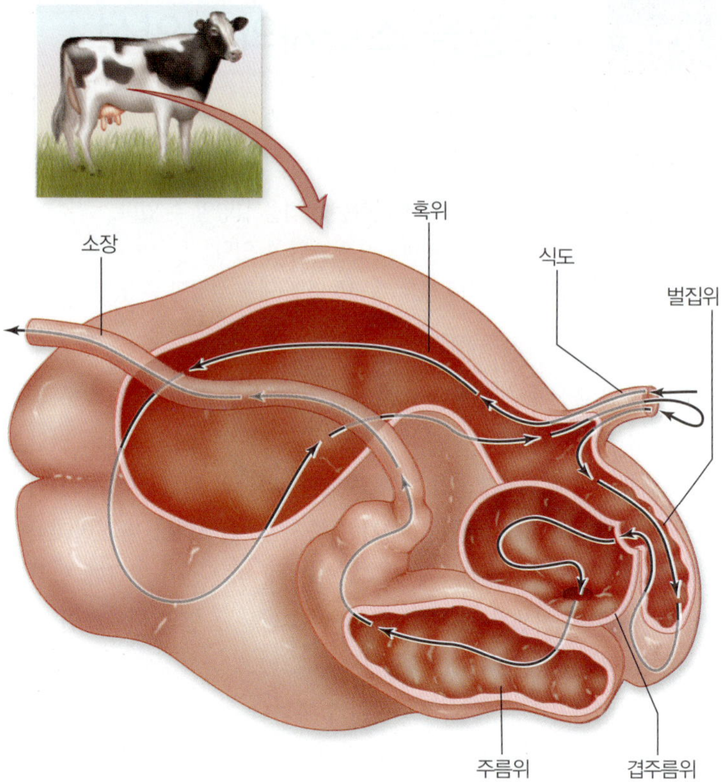

그림 41.19 4개의 방으로 이루어진 반추동물의 위.
반추동물이 먹은 식물은 혹위로 들어가 부분적으로 소화된다. 혹위는 세균을 포함하고 있어 셀룰로스를 분해한다. 두 번째 방인 벌집위로 이동하기 전에 음식물은 역류되어 되새김되고, 그 후 뒤쪽 방인 겹주름위와 주름위로 이동된다. 주름위만 사람의 위처럼 위액을 분비한다.

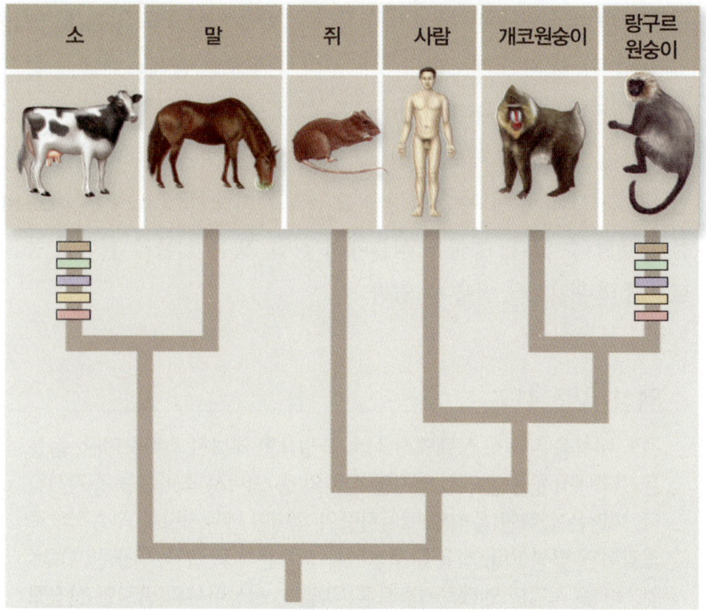

그림 41.20 반추동물(소)과 랑구르원숭이(*Presbytis entellus*)에서 볼 수 있는 라이소자임의 수렴진화.
두 그룹에서 독립적으로 5개의 아미노산이 변화하는 진화가 일어났다.

자료 분석 만약 라이소자임의 분자생물학적 자료를 이용하여 계통발생을 구성해 본다면 어떠한 모양이겠는가?

41.18). 초식동물의 소화관은 식물성 물질의 소화를 향상시키기 위해 변해왔다.

반추동물은 역류된 음식물을 다시 씹는다

소나 사슴 같은 반추동물은 4개의 방으로 된 위를 가지고 있다(**그림 41.19**). 처음 3개의 방은 혹위(rumen), 벌집위(reticulum), 겹주름위(omasum)로 구성되어 있고, 이어서 진짜 위에 해당하는 주름위(abomasum)가 있다.

혹위(rumen)는 약 190 L의 먹이를 담을 수 있고 발효가 일어나는 장소로서, 장내 세균과 원생생물이 셀룰로스나 다른 분자를 보다 단순한 화합물로 전환시킨다. 혹위는 4개의 방 중 가장 앞쪽에 위치하여 혹위 내 음식을 역류시키고 다시 씹도록 하는데, 이 과정을 **반추**(rumination) 또는 "되새김질(chewing the cud)"이라 한다. 이러한 과정을 통해 음식물에 함유된 억센 섬유질을 더 작은 입자로 분해하고 미생물이 접촉할 표면적을 넓혀준다.

되새김질한 음식물은 추가적인 세균에 의한 소화를 위해 다시 삼켜져 벌집위로 이동하고, 다시 겹주름위, 주름위로 이동한다. 음식물은 주름위에서 위액과 섞인다. 이러한 과정은 셀룰로스를 소화하는데 있어, 말과 같이 혹위가 없는 초식동물에 비해 훨씬 효과적이다.

앞창자 발효는 여러 번 수렴진화하였다

4개의 방으로 된 위는 한 번 진화하였지만, 하마, 랑구르원숭이, 나무늘보, 캥거루, 호아친새(hoatzins)와 같은 초식동물은 세균에 의한 발효를 높이기 위해 큰 위를 가지도록 진화하였다. 많은 경우 이런 종들은 발효에 필요한 충분한 시간을 위해 음식이 위를 천천히 통과하도록 다양한 해부학적 구조로 진화하였다.

반추동물과 주로 나뭇잎을 먹고 사는 랑구르원숭이에서 발견되는 분자적 수준의 수렴진화에 주목할 만하다. 대부분의 포유동물 침과 눈물에서 발견되는 라이소자임(lysozyme)과 효소는 세균의 침입을 방어한다. 반추동물과 랑구르원숭이의 경우, 변형된 라이소자임이 위에서 세균을 소화하는 새로운 역할을 맡게 된다. 5개의 동일한 아미노산이 변화되었고(**그림 41.20**), 그 결과 반추동물과 랑구르원숭이의 라이소자임 분자는 이들과 가까운 종보다 서로 간에 훨씬 유사하다. 수렴진화의 많은 경우와는 달리, 이와 같은 예는 동일한 유전적 변화를 통해 멀리 떨어진 종 사이에서도 수렴진화가 발생할 수 있음을 보여준다.

일부 초식동물은 소화를 위한 대체 전략을 가지고 있다

설치류나 말, 사슴이나 토끼 등의 동물에서는 셀룰로스의 소화가 커다란 맹장에 있는 미생물에 의해 이루어진다(**그림 41.18**). 맹장은 위(stomach) 뒤에 위치하기 때문에 내용물의 역류는 불가능하다.

설치류와 토끼류 포유동물은 반추동물의 소화 정도와 비슷한 효율을 가지기 위해 셀룰로스 소화를 위한 다른 방법을 진화시켰다. 식분(coprophagy)이라 부르는 대변을 먹는 방법을 이용하여 음식물이 다시 소화관을 통과할 수 있도록 하고, 이는 맹장 내 세균에 의해 생산된 영양분을 흡수하도록 한다. 따라서 식분 동물이 대변을 먹는 것을 막으면 건강을 해치게 된다.

곤충을 먹거나 육식을 하는 동물은 셀룰로스가 없는 먹이를 섭취하므로, 맹장이 없거나 매우 작다.

바이타민 K

동물의 대사작용에서 장내 세균이 하는 또 다른 역할은 바이타민 K를 합성하는 것이다. 모든 포유동물은 혈액응고에 필수적인 바이타민 K의 합성을 장내 세균에 의존하고 있다. 이런 세균이 부족한 조류는 필요한 적정량의 바이타민 K를 음식물을 통해 섭취해야 한다.

사람의 경우 항생제를 장기간 복용하면 장내 세균총이 크게 감소하므로 추가적인 바이타민 K의 공급이 필요할 수 있다. 유익한 균을 가지는 장내 세균총이 정상으로 회복되면 바이타민 K를 다시 합성할 것이다.

> **핵심 요약 41.8**
>
> 많은 초식동물의 소화관은 셀룰로스를 소화시킬 수 있는 미생물들을 가지고 있다. 소화계는 여러 개의 발효 공간을 가지도록 진화하였다. 반추동물은 부분적으로 소화시킨 음식물을 혹위에서 다시 역류시켜 입에서 추가적인 소화를 하도록 한다. 독립적으로 발생한 동일한 변화로 인해 멀리 떨어져 있는 종간에 소화 효소가 비슷하게 진화하였다.
>
> ■ 서로 다른 종에서 동일한 돌연변이를 기대할 수 있을까? 그 이유는 무엇이며, 만약 기대할 수 없다면 그 이유는 무엇일까?

핵심 개념 요약

41.1 소화계의 종류

■ 무척추동물의 소화계는 자루 혹은 관 모양이다

자포동물과 편형동물에서는 하나의 입구만 지닌 불완전한 소화계인 위수강을 볼 수 있다(**그림 41.1**). 반대로 완전한 소화계에서는 입으로부터 항문까지 한쪽 방향성을 지닌 특화된 소화기관을 볼 수 있다

■ 척추동물의 소화계는 식습관에 의해 형성된 고도의 특수 구조를 가진다

위장관은 입, 인두, 식도, 위, 소장 및 대장, 총배설강 또는 직장, 그리고 항문으로 구성되어 있다(**그림 41.3**). 위장관의 4개의 층상 구조는 점막, 점막하층, 평활근층, 그리고 장막으로 되어 있다(**그림 41.4**).

41.2 입과 치아: 먹이 포획과 처리

■ 척추동물의 치아는 먹이 종류에 따라 적응되었다

치아가 없는 조류는 모래주머니가 있어 주머니 내 작은 돌멩이가 음식을 분쇄한다. 포유동물의 치아는 식습관을 반영하여 진화되었다(**그림 41.6**).

■ 입은 음식 섭취 및 초기 과정을 담당한다

침샘은 아밀레이스를 포함한 침을 분비하여 섭취한 음식물을 촉촉하게 하고 소화가 시작되도록 한다. 삼킴 작용은 한번 시작되면 불수의적이다(**그림 41.7**).

41.3 식도와 위: 소화의 시작

■ 식도는 근육을 수축시켜 음식물을 이동시킨다

규칙적인 근육의 수축과 이완을 연동운동이라고 하고, 이는 음식물 덩어리가 위에 도달하도록 한다.

■ 위 내에서 음식물은 산에 의해 분해된다

위에서 염산은 음식을 분해하고 펩시노겐을 활성형 단백질분해효소 펩신으로 전환시킨다. 음식과 위액의 혼합물은 유미즙이라 하며, 이는 유문 괄약근을 통과하여 소장으로 이동한다.

41.4 장: 분해, 흡수, 배출

■ 소장의 구조는 소화와 흡수를 위하여 특수화되었다

손가락처럼 뻗어 나와 있는 융모는 소장의 표면적을 넓게 해준다(**그림 41.10**). 십이지장은 췌장과 간으로부터 소화를 돕는 분비액을 받는다.

■ 흡수된 영양소는 혈관이나 림프관으로 이동한다

아미노산과 단당류는 능동수송 및 촉진확산을 통해 상피세포로 들어간 후(**그림 41.11**), 혈관으로 유입된다. 지방산과 모노글리세라이드는 단순확산으로 상피세포 내로 들어가 킬로마이크론 형태로 다시 조립되어 림프순환계로 유입된다.

혈관으로 유입된 흡수된 분자들은 간문맥을 통해 간으로 이동한다.

■ **대장은 노폐물을 제거한다**

대장은 물을 흡수하고 노폐물을 농축하여 배출하기 전까지 직장에 보관한다.

41.5 부속기관의 기능

■ **부속기관은 소장으로 효소를 분비한다**

소화 부속기관으로 침샘, 췌장, 간, 그리고 담낭이 있다(**그림 41.13**). 췌장은 소화 효소 및 중탄산염을 분비하고, 간은 담즙(담낭에 저장되어 있음)을 분비한다. 담즙은 지방을 소립 형태로 분산시킨다.

■ **간은 항상성을 유지하기 위해 물질을 변형시킨다**

간은 해독, 스테로이드 호르몬 수치 조절, 혈장 단백질 생산에 관여한다.

■ **혈당은 인슐린과 글루카곤에 의해 유지된다**

인슐린은 혈당을 낮추고, 글리코젠의 저장을 증가시킨다. 글루카곤은 혈당을 높이고 글리코젠의 분해를 촉진한다.

41.6 신경 및 호르몬의 소화관 조절

위장관의 활동은 신경 및 내분비계에 의해 조절된다.

십이지장 호르몬은 유미즙이 십이지장으로 이동하는 것을 조절한다. 지방이 많이 함유된 유미즙은 CCK와 GIP의 분비를 자극하고, 유미즙의 낮은 pH는 세크레틴의 분비를 촉진한다. 이어서 CCK는 췌장 소화 효소 및 담즙의 분비를 자극하고 세크레틴은 중탄산염의 분비를 촉진한다.

41.7 음식 에너지, 에너지 소비, 필수 영양소

■ **운동은 대사율을 높인다**

기초대사율은 휴식기의 최소 에너지 소비량이다. 신체 활동은 대사율을 증가시킨다.

■ **신경 내분비계는 음식 섭취를 조절한다**

렙틴과 인슐린 호르몬, 엔테로가스트론, 신경펩타이드는 음식 섭취를 조절한다(**그림 41.17**).

■ **필수 영양소는 체내에서 합성되지 않는다**

필수 영양소는 동물이 합성할 수 없는 영양소를 말한다. 사람은 13개의 바이타민(**표 41.2**), 필수 아미노산, 필수 미네랄, 필수 지방산이 필요하다.

41.8 척추동물 소화계의 다양성

■ **반추동물은 역류된 음식물을 다시 씹는다**

4개의 방으로 된 반추동물의 위는 혹위, 벌집위, 겹주름위, 주름위로 구성되어 있다. 음식물은 혹위에서 먼저 가공된 후 다시 씹기 위해 역류된다.

■ **앞창자 발효는 여러 번 수렴진화하였다**

많은 종에서 볼 수 있는 거대한 앞창자는 장내 세균의 발효를 위한 충분한 공간을 제공한다. 일부 초식동물들 간에 라이소자임의 동일한 변화가 독립적으로 발생한 수렴진화를 볼 수 있다.

■ **일부 초식동물은 소화를 위한 대체 전략을 가지고 있다**

일부 초식동물에서는 맹장에서 세균에 의한 셀룰로스의 소화가 일어난다.

연습문제

■1단계: 이해력 확인하기

1. 단백질 및 탄수화물의 소화와 지방의 소화의 차이점은 무엇인가?
   a. 지방의 소화는 소장에서, 단백질과 탄수화물의 소화는 위에서 일어난다.
   b. 지방은 지방산과 모노글리세라이드의 상태로 세포로 들어가 흡수를 위해 변형되지만, 아미노산과 포도당은 더 이상 변형되지 않는다.
   c. 지방은 간문맥으로, 소화된 단백질과 탄수화물은 림프계로 들어간다.
   d. 소화된 지방은 대장에서 흡수되고 소화된 단백질과 탄수화물은 소장에서 흡수된다.

2. 주된 소화가 위에서 이루어진다고 생각하지만 실제로 대부분의 화학적 소화가 일어나는 부위는 무엇인가?
   a. 입　　b. 충수돌기
   c. 십이지장　　d. 대장

3. 소장의 점막을 통해서 흡수된 포도당과 아미노산은 어떻게 되는가?
   a. 순환계로 직접 흡수된다.
   b. 체내 세포로 이동하기 전에 글리코젠과 펩타이드로 바뀐다.
   c. 간문맥을 통해 간으로 직접 수송된다.
   d. 담즙에 의한 추가적인 소화가 일어난 후 순환계로 간다.

4. 다음의 짝지음 중 옳지 않은 것은?
   a. 지방 수송/림프계
   b. 포도당 수송/림프계
   c. 아미노산 수송/순환계
   d. a, b, c 모두 맞다.

5. 장내 미생물은 무엇의 흡수와 소화를 도와주는가?
   a. 셀룰로스의 소화　　b. 포도당 생산
   c. 바이타민 K의 합성　　d. a와 c 모두 맞다.

6. ______________ 와(과) ______________ 은(는) 단백질, 지방, 탄수화물을 소화시키기 위해 필요한 화학물질을 분비하는 중요한 소화기관이다.

a. 간; 췌장
b. 간; 담낭
c. 신장; 충수돌기
d. 췌장; 담낭

7. 다음 중 인슐린의 대표적인 역할은 무엇인가?

a. 글리코젠의 분해를 통해 혈당을 증가시킨다.
b. 글루카곤의 생산을 자극하여 혈당을 증가시킨다.
c. 글리코젠을 형성하여 혈당을 감소시킨다.
d. 세포 내로 포도당의 흡수를 촉진하여 혈당을 증가시킨다.

■2단계: 적용력 평가하기

1. 소장은 흡수를 위해 특수화되어 있다. 그 이유는 무엇인가?

a. 소화계의 마지막 부분으로 음식물이 가장 오래 머물러 있다.
b. 길이에 따라 주머니 모양으로 확장될 수 있어 음식물을 모을 수 있다.
c. 배출구가 없어 음식이 오랜 시간 남아 있다.
d. 표면적이 매우 넓어서 음식물과 접촉을 많이 할 수 있다.

2. 대장은 배설물을 고형 상태로 농축시켜 몸 밖으로 배출시키는 기능을 하는데, 어떻게 이러한 기능을 할 수 있는가?

a. 점액층의 세포를 추가적으로 더한다.
b. 물을 흡수한다.
c. 염분을 분비한다.
d. a, b, c 모두 맞다.

3. 어떤 분자는 불활성 상태로 분비되는데, 이와 관련하여 맞는 것은 무엇인가?

a. 에너지 및 물질의 소모가 덜하다.
b. 활성화되기 위하여 물과 결합해야 한다.
c. 분자의 활성을 조절하기 위함이다.
d. 분자가 분비되는 샘이 막히지 않도록 하기 위함이다.

4. 비만인 사람에서 렙틴의 농도가 높은 이유는 무엇인가?

a. 렙틴은 섭식을 자극하기 때문
b. 뇌에 있는 렙틴 수용체에 어떤 문제가 발생하고, 이로 인한 렙틴 작용이 줄어드는 것을 보상하기 위해
c. 체중의 증가로 인해
d. 렙틴은 부신 피질에서 기계적 자극에 반응하기 때문

■3단계: 사고력 함양하기

1. 다른 포유동물과 달리 조류는 모이주머니를 가지는데, 이러한 차이를 가지는 이유는 무엇인가?

2. 렙틴을 가지고 새로운 비만 치료법을 개발한다고 가정해 보자. 렙틴을 생산하는 신체의 부위는 어디이며, 렙틴의 기능은 무엇인가? 이 치료법이 혈중 렙틴의 농도를 증가시키는가 또는 감소시키는가? 이 치료법이 신체의 다른 기관계에도 영향을 미치겠는가?

3. 혈장 단백질과 담즙 생산의 감소는 알코올 및 약물 남용과 어떤 관련성이 있는가?

4. 유사한 위장 구조를 갖게 되는 많은 수렴진화의 경우와는 달리(41.8절 참조), 반추동물과 랑구르원숭이는 같은 결과를 얻기 위해 같은 방법으로 효소 라이소자임을 변형시켰다. 이 경우와 다른 수렴진화와 차이점은 무엇인가?

5. 조류는 치아를 가지고 있지 않다. 포유동물에서 볼 수 있는 치아의 다양성과 견줄 만한 다른 종류의 음식 처리에 대한 적응을 가지고 있다고 생각하는가? 그렇다면 적응의 차이점은 무엇인가?

42

호흡계

도입

동물의 몸을 이루는 모든 세포는 주위 환경과 물질교환을 해야 한다. 이러한 교환은 단세포생물의 경우 외부 환경과 세포막을 통해 직접적으로 일어나게 되지만, 다세포생물은 외부 환경과 직접 접촉이 아닌 수송과 교환을 위한 특별한 체계를 지니게 된다. 이러한 특별한 체계는 대량수송을 가능하게 하지만 원형질막을 통한 수송이라는 속성에는 변함이 없다. 물질 수송이 일어나는 표면적의 증가는 동물계에서 볼 수 있는 구조적 적응으로 볼 수 있다. 포유동물의 폐에서 일어나는 외부 공기와 혈액 사이의 접촉은 표면적의 증가와 관련된 효율성을 보여주는 대표적인 예이다. 숨을 들이마시는 순간 많은 산소 분자가 80 m^2에 이르는 폐포의 막을 지나 모세혈관 속으로 수송된다. 이번 장과 43장에서 몸속의 여러 기관계와 조직에 산소와 영양분을 공급하는 호흡계와 순환계에 대해 알아본다.

42.1 호흡 표면을 통한 기체 교환

학습 목표

1. 막을 통한 기체 교환을 서술할 수 있다.
2. 피크의 확산법칙을 설명할 수 있다.
3. 기체 확산을 최대화하는 진화적 선택들을 비교할 수 있다.

모든 다세포동물이 직면하는 주요한 생리적인 과제 중 하나는 충분한 산소 획득과 과잉의 이산화탄소를 처리하는 것이다.

무척추동물은 상피(epithelium), 기관(tracheae)과 아가미(gills)를 포함해 여러 종류의 호흡기관을 가진다. 어류나 양서류 유생과 같은 일부 척추동물은 아가미를 사용하지만, 성숙한 양서류는 보조 호흡기관이나 주된 외호흡기관으로 피부나 다른 상피를 이용한다.

많은 양서류, 파충류, 조류, 포유류는 폐로 외호흡을 한다. 수생동물이나 육상동물 모두에서 혈관을 가진 호흡기관의 역할은 산소를 혈액으로 확산시키고 이산화탄소를 혈액 밖으로 배출하는 것이다. 몸속 조직에서는 기체 확산의 방향이 호흡기관과 반대로 일어난다.

이번 장에서는 혈액과 조직 사이에 기체 확산의 원리에 따른 호흡계의 기작, 구조 그리고 진화를 다룬다.

호흡은 3단계에 걸쳐 일어난다

가장 넓은 의미에서 호흡이라는 단어는 생물체가 대사과정을 위해 고에너지 분자(주로 ATP)를 만드는 것을 말한다. 동물에서 이것은 산소를 필요로 하고 3개의 뚜렷한 단계가 있다. **외호흡**(external respiration)은 **환기**(ventilation)라고도 불리며, 기체를 교환하기 위해 산소를 운반하는 매개체(공기 또는 물)가 호흡막을 통과하는 과정이다. 즉 동물과 환경 사이의 기체 교환이다. 호흡막은 동물의 다양한 구조를 포함한다(**그림 42.1**).

척추동물에서 **내호흡**(internal respiration)은 호흡 기관과 모든 조직 사이의 혈액 내 산소와 이산화탄소의 수송이다. 산소는 궁극적으로 **세포호흡**(cellular respiration)에 사용된다(6장 참조).

기체 교환은 막을 통한 확산과 관련된다

원형질막(plasma membrane)은 안정화를 위해 수분으로 둘러싸여 있기 때문에 기체 교환의 외부 환경은 항상 물이다. 이는 육상 척추동물에게도 적용되어 공기 중의 산소는 호흡 표면(respiratory surface)을 덮는 체액의 얇은 막에 용해된다.

척추동물의 경우 기체는 호흡 표면을 막처럼 덮은 수분층으로 확산한다. 확산 과정은 수동적으로 산소와 이산화탄소의 농도차에 의해서만 일어난다. 용해되는 기체의 농도는 압력으로 나타낼 수 있다.

일반적으로 두 부위의 확산 속도는 **피크의 확산법칙**(Fick's Low of Diffusion)에 의해 결정된다. 기체의 확산 속도(R)는 막 내외의 압력 차이(Δp)와 확산이 일어나는 부위의 면적(A)에 정비례하며, 확산 거리와는 반비례한다. 특정 분자의 확산 상수 D(diffusion constant)는 분자의 크기, 막 삼투성(membrane permeability), 온도와 관련이 있다. 피크 법칙의 공식은 다음과 같다.

$$R = \frac{DA\,\Delta p}{d}$$

진화 과정에서 일어난 호흡기작의 주요 변화는 확산 속도(R)를 최대화하는 것이었다(**그림 42.1**). 확산속도는 (1) 표면적(A)의 증가, (2)

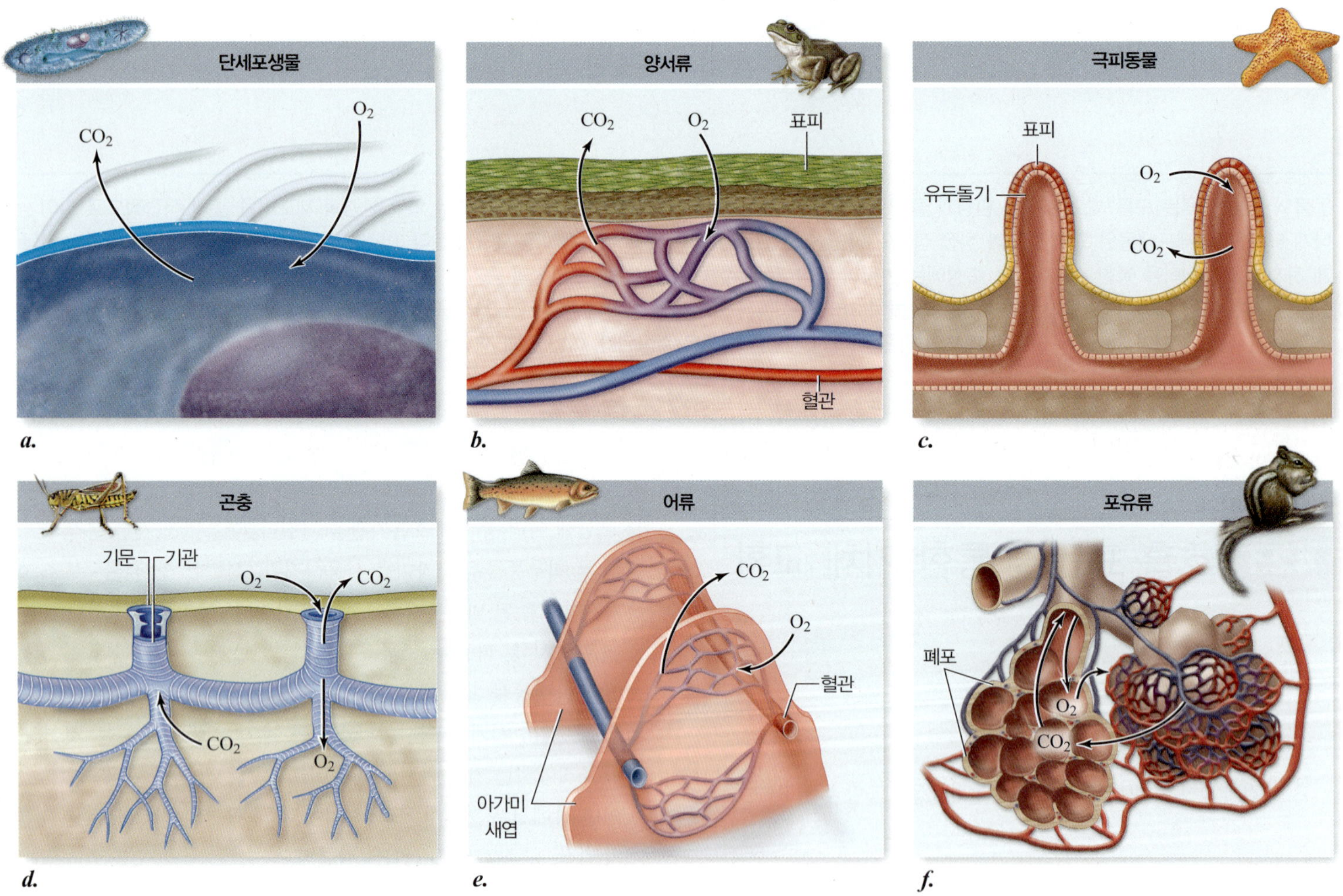

그림 42.1 동물에서 볼 수 있는 여러 가지 기체 교환 체계.
a. 기체는 단세포생물에서 직접 확산된다. *b.* 양서류 등 여러 동물에서 볼 수 있는 피부호흡. 양서류는 폐를 통한 호흡도 한다. *c.* 극피동물은 유두돌기를 통해 호흡 표면적을 증가시킨다. *d.* 곤충의 기관계. *e.* 어류의 아가미에서 볼 수 있는 표면적 증대와 역류 교환. *f.* 포유동물 폐의 폐포는 표면적 증대는 있으나 역류 교환은 없다. 들이마신 공기는 약간의 CO_2를 함유하지만 폐에서의 농도가 더 높기에 내쉴 때 더 많은 CO_2가 배출된다. O_2는 들이마시는 공기에서 농도가 높아 산소의 유입으로 이어진다.

거리(d)의 감소, (3) 농도차(Δp)의 증가로 최적화될 수 있고 호흡계의 진화는 이러한 모든 요인의 변화에 의해 발생하였다.

자료 분석 막의 면적 증가와 막 내외의 압력차 증가, 이 둘 중에 어느 것이 확산 속도를 높이는가?

진화적 전략으로 기체 확산을 최대화시킨다

약 0.5 mm 이상 떨어진 거리에서는 세포호흡에 필요한 산소를 단순확산(simple diffusion)만으로 얻을 수 없다. 이러한 제약 때문에 주변 환경에서 단순확산으로만 산소를 얻는 생물은 몸이 일정 크기 이상으로 커질 수 없다. 세균, 고세균, 원생생물 그리고 군집성 단세포생물은 크기가 작기 때문에 단순확산만으로도 필요한 산소를 얻을 수 있으나(**그림 42.1***a*), 대부분의 다세포동물에서는 기체 교환을 원활하게 할 수 있는 구조적 적응이 필요하다.

산소 농도차의 증가

대부분의 무척추동물은 특별한 호흡기관이 결여되어 있지만 확산을 향상시키는 방법을 발전시켜 왔다. 이들 중 다수는 섬모를 이용해 수류(water current)를 만들고, 호흡기 표면이 지속적으로 새로운 물에 접촉하도록 함으로써 외부 산소 농도가 감소되지 않도록 한다. 이는 피크의 확산법칙에서 농도차(Δp)를 최대화하여 확산 속도를 증가시키는 방법이다.

표면적의 증가와 확산 거리 감소

연체동물, 절지동물, 극피동물과 같은 일부 무척추동물과 척추동물은 확산이 용이하도록 표면적을 증가시키는 아가미나 기관, 폐와 같은 호흡기관을 가진다(**그림 42.1**). 이런 적응 또한 물이나 공기 같은 외부 환경이 혈액이나 혈림프처럼 항상 몸속 구석구석을 순환하는 내부 체액에 가깝도록 하는 것이다. 따라서 호흡기관은 표면적(A)을 최대하하고 확산 거리(d)를 감소시켜 확산 속도를 증가시킨다.

핵심 요약 42.1

기체는 반드시 용해되어야만 막을 가로질러 확산된다. 확산 방향은 막 사이의 농도차(기울기)에 의해 결정된다. 피크의 확산법칙에 따르면 확산 속도는 막 내외의 압력 사이와 확산이 일어나는 부위의 면적이 클수록 증가하고, 확산 거리가 증가할수록 감소한다. 따라서 진화 전략은 압력 차이와 면적을 늘리고 기체의 이동거리를 줄이는 것을 목표로 한다.

■ 섬모를 지속적으로 이용하게 되면 어떤 요인이 영향을 받게 될까?

42.2 아가미, 피부호흡, 기관계

학습 목표

1. 아가미의 작용에 대해 설명할 수 있다.
2. 역류 교환의 장점에 대해 설명할 수 있다.

아가미(gills)는 물에 사는 동물이 지닌 특별한 구조이다. 아가미는 극피동물의 유두돌기(papulae)처럼 단순하거나(**그림 42.1***c*), 어류의 아가미처럼 대단히 복잡하기도 하다(**그림 42.1***e*). 아가미는 물속에서 보다 많은 산소를 얻을 수 있도록 표면적을 넓혀 확산 속도를 증가시킨다. 척추동물에서 볼 수 있는 아가미에 대해 알아보자.

일부 척추동물과 무척추동물에서는 수분을 가진 몸체 표면에서 기체 교환이 이루어진다. 그 실례로 피부를 통한 기체 교환은 많은 양서류에서 흔히 볼 수 있다. 곤충 같은 딱딱한 외골격을 갖는 육상 절지동물은 기관호흡을 한다(**그림 42.1***d*).

어류와 양서류 유생은 외부 아가미가 있다

외부 아가미(external gills)는 몸 표면에 노출된 구조로 척추동물의 경우 여러 종류의 어류, 양서류의 유생, 일생 동안 유생의 특성을 갖는 액솔로틀(axolotl) 같은 양서류에서 볼 수 있다(**그림 42.2**).

외부 아가미의 단점은 산소가 풍부한 맑은 물과 접촉하기 위해 끊임없이 움직여야 하며, 많이 갈라진 아가미는 움직일 때 거센 저항을 받게 된다는 것이다. 작은 동물을 제외하고는 이런 형태의 호흡은 효

그림 42.2 외부 아가미를 가진 양서류.
이 액솔로틀(*Ambystoma mexicanum*)과 같이 평생을 물 속에서 사는 수생 양서류는 산소를 얻기 위해 외부 아가미를 사용한다.

그림 42.3 경골어류의 호흡 방법.
아가미는 구강과 덮개방 사이에 위치하며, 호흡은 두 단계로 일어난다. 입안의 구강 판막을 열고 턱을 아래로 낮추어 물이 구강 안으로 들어오게 한다. 구강 판막을 닫고 아가미 덮개를 열면서 물이 아가미를 통과하여 밖으로 나가게 한다.

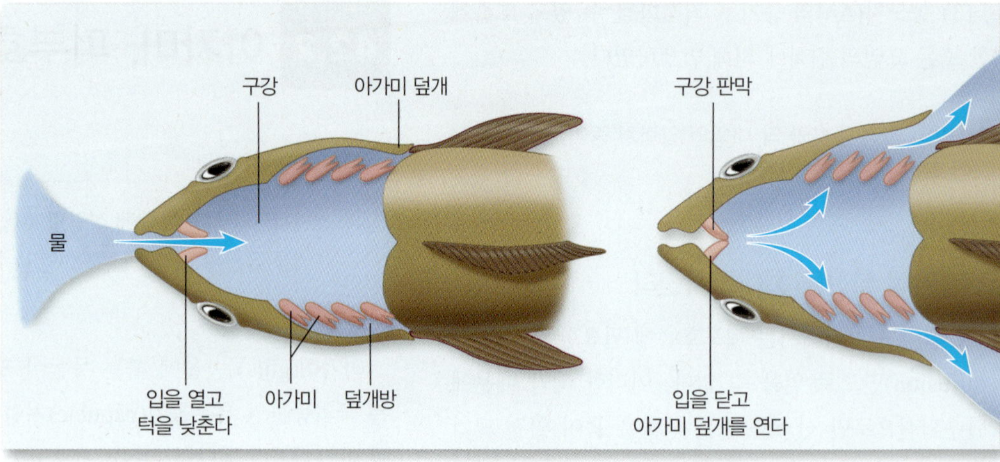

과적이지 못하다. 또 다른 단점은 기체 교환을 위한 얇은 상피가 쉽게 손상될 수 있다는 점이다. 이러한 이유로 아가미가 있는 대부분의 생물은 몸 안의 보호구역에 아가미를 보유한다.

아가미방은 무척추동물의 아가미를 보호한다

어떤 수생동물은 움직일 수 없는 아가미에 물을 펌프질하기 위한 수단으로 **아가미방**(branchial chamber)을 특별하게 진화시켰다. 연체동물의 **내부 외투강**(mantle cavity)은 밖으로 열리며, 그 안에 아가미를 가지고 있다. 외투강 근육 벽의 수축은 입수관을 통해 물을 빨아들이고 출수관을 통해 물을 내보낸다(28장 참조).

갑각류(crustaceans)의 경우 아가미방은 대부분 몸통과 딱딱한 외골격 사이에 위치하며, 그 속에 아가미가 있고 다리 아래 표면으로 열려 있다. 다리를 움직이면 물이 아가미방으로 들어오면서 아가미 위로 물 흐름이 생긴다.

경골어류의 아가미는 아가미 덮개로 덮여 있다

경골어류(bony fishes)의 아가미는 구강(oral cavity)과 **덮개방**(opercular cavity) 사이에 위치한다(**그림 42.3**). 이 2개의 방이 펌프처럼 작용하여 물을 입속으로, 그리고 아가미 덮개를 통해 밖으로 이동시킨다.

참치와 같이 쉬지 않고 헤엄치는 일부 경골어류는 움직이지 못하는 아가미 덮개를 가진다. 이런 어류는 입을 부분적으로 열고 헤엄쳐 물이 계속 아가미를 지나가게 한다. 이를 **파상환기**(ram ventilation)라고 한다. 그러나 대부분의 경골어류는 움직일 수 있는 유연한 아가미 덮개를 가진다. 상어에 업혀 다니는 빨판상어의 경우 헤엄치는 동안은 파상환기를 사용하지만 헤엄치지 않을 때에는 아가미 덮개의 펌프작용을 이용한다.

어류의 두부 양쪽에는 3~7개의 아가미궁(gill arch)이 있다. 각 아가미궁은 두 줄의 **아가미사**(gill filament)로 구성되고, 각 아가미사는 얇은 막상의 **판**(새엽, lamellae)을 가진다(**그림 42.4**). 물은 새엽

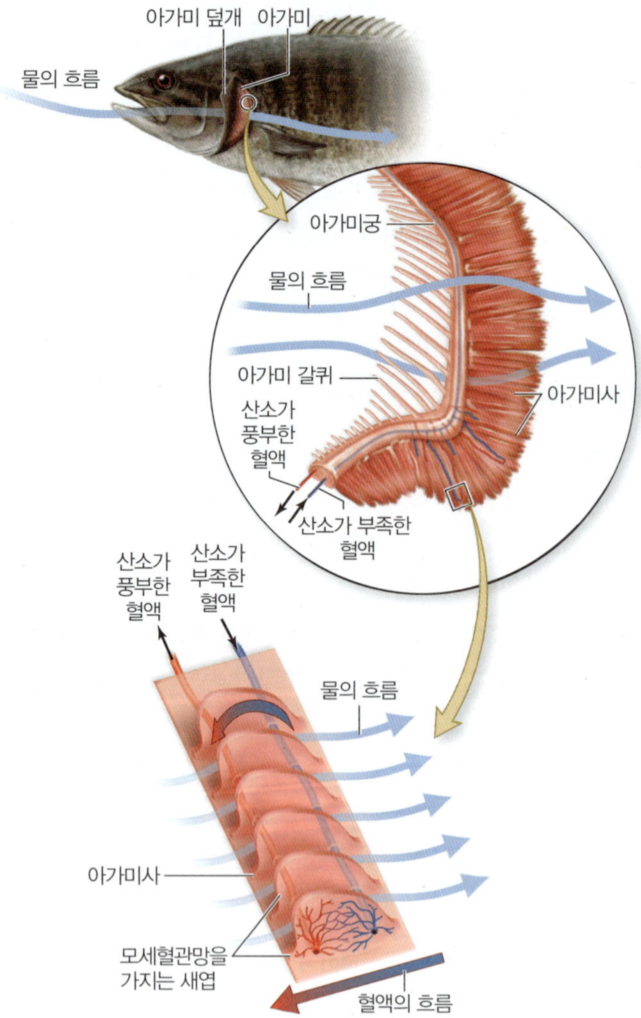

그림 42.4 어류 아가미의 구조.
물은 아가미궁에서 아가미사를 지나간다(그림에서 왼쪽에서 오른쪽으로). 물은 항상 새엽을 통과하는 혈액의 방향과 반대로 흐른다. 물과 혈액의 역류에 의해 아가미의 작용이 성공적으로 이루어졌다.

을 지나 한쪽 방향으로만 흐른다.

각 새엽 안에서 혈액은 물과 반대 방향으로 이동하는데, 이러한 움직임을 **역류**(countercurrent flow)라 한다. 이는 전체 확산 경로를 따라서 산소 농도 차이를 유지시켜 줌으로써, 결국 Δp를 증가시켜 혈액의 산소화를 극대화시켜 준다. 반대 방향 흐름의 장점은 **그림 42.5***a*에서 보는 것처럼 아가미 새엽 전체에 걸쳐 산소 농도기울기를 혈액과 물 사이에 유지시켜 준다는 것이다. 이를 통해 산소는 새엽 전체 부위에서 계속 확산해 들어가며 아가미를 떠나는 혈액과 아가미로 들어오는 물이 가진 산소 농도가 거의 비슷하게 된다.

같은 방향으로 혈액과 물이 흐르는 것을 **동류**(concurrent)라 한다(**그림 42.5***b*). 이 경우 물속의 산소가 혈액으로 이동함에 따라 아가미 새엽을 지난 후의 농도차는 급격히 떨어지게 되고 물속과 혈액 속의 산소 농도가 같아지게 될 때 산소 확산은 중단된다.

기체의 역류 교환으로 어류의 아가미는 호흡기관 중에서 가장 효율적이라고 할 수 있다.

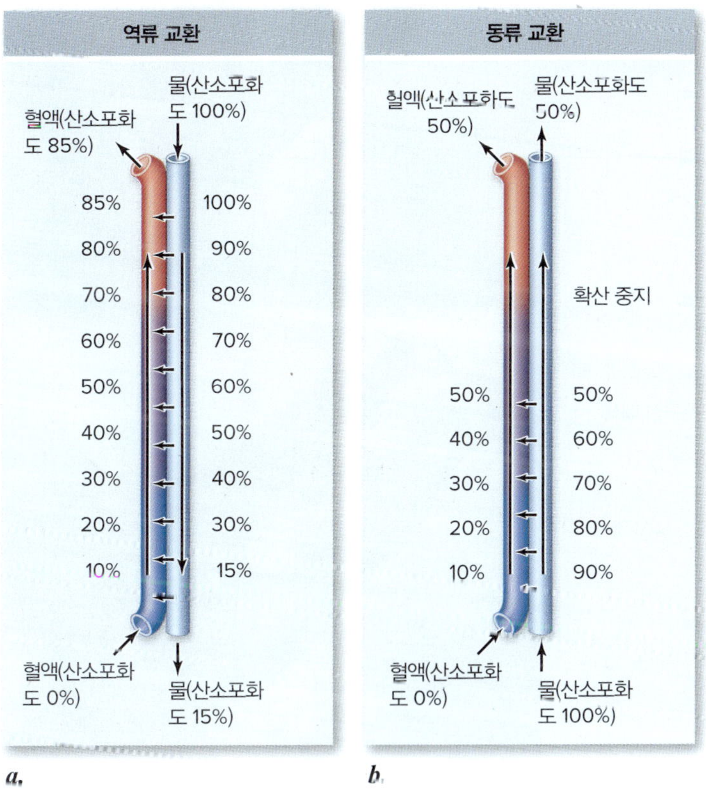

그림 42.5 역류 교환.
이 과정은 혈액에 산소를 공급하는 데 가장 효율적이다. ***a.*** 혈액과 물의 흐름이 반대 방향일 때, 물과 혈액 사이의 초기 산소 농도 차는 크지 않지만 물에서 혈액으로 산소를 확산시키기에 충분하다. 혈액 속으로 산소가 확산되어 혈액의 산소 농도가 증가할 때도 혈액은 더 높은 산소 농도를 가진 물과 만난다. 항상 물속의 산소 농도가 더 높기 때문에 확산은 계속된다. 이 예에서 혈액은 85%의 산소 농도를 획득한다. ***b.*** 혈액이 물과 같은 방향으로 흐르면 산소는 처음에는 빠르게 물에서 혈액 내로 확산되지만 확산율은 확산이 진행될수록 점점 느려지게 되고 결국 물과 혈액의 산소 농도는 같아지게 된다. 이 예에서 혈액의 산소 농도는 50%를 넘을 수 없다.

자료 분석 역류 교환에서 혈관을 따라 가장 많은 산소가 물에서 혈액으로 확산되는 곳은 어디인가? 동류 교환에서 이러한 현상이 발생할 수 있는 곳은 어디인가?

산소는 어류의 제한적인 혈액 기체이다

대부분의 어류는 아가미에 신경상피세포를 가지고 있어 물속의 산소 농도를 감지한다. 이것은 물의 산소 농도가 깊이, 온도 및 유량에 따라 다르기 때문에 중요하다. 이러한 화학수용체들은 뇌에 신호를 보낼 수 있으며, 이는 행동 변화, 호흡률 증가, 산소 농도가 떨어질 때 기체 교환을 위해 더 많은 모세혈관망을 보충하는 것을 자극할 것이다. 이러한 이유로 산소가 물고기의 "제한적인 혈액 기체"로 알려져 있다고 할 수 있다. 즉, 산소 농도는 호흡계를 움직인다.

피부호흡에는 항상 수분이 필요하다

일부 척추동물은 산소와 이산화탄소를 피부 표면을 통해 확산시킬 수 있다(**그림 42.1***b* 참조). 양서류와 일부 거북류 같은 수생동물의 경우 많은 혈관으로 이루어진 얇은 상피를 가진다. 피부를 통한 산소와 이산화탄소의 교환 과정을 **피부호흡**(cutaneous respiration)이라고 한다. 양서류에서는 폐 이외에 피부호흡으로 호흡을 보충하거나 대체하기도 한다.

육상 파충류는 건조하고 질기며 비늘로 덮인 피부를 가진다. 이는 건조는 막지만 양서류와 같은 피부호흡은 불가능하다. 그러나 일부 수생 파충류는 피부호흡을 하기도 한다. 예를 들어, 자라는 폐를 사용하지 않은 상태로 여러 시간 강바닥에 움직이지 않고 잠수할 수 있다. 움직일 때는 피부호흡으로 조직에 충분한 산소를 제공한다. 보통 담수거북도 잠수할 때 피부호흡을 한다. 겨울철에 이들은 공기 없이 며칠 동안 잠수한 상태로 있을 수 있다. 호주거북은 한 단계 더 발전시켜 배설강에 물을 보내고, 그곳에서 특별한 진피 유두를 거쳐 피부호흡이 일어난다.

절지동물은 기관계가 존재한다

절지동물은 단일 호흡기관을 가지지 않는다. 대부분의 육상 절지동물의 기관계는 작고, 가지가 많은 큐티클 막으로 덮힌, 공기 통로인 **기관**(trachea)으로 이루어져 있다(**그림 42.1***d* 참조). 이 기관은 몸 구석구석으로 기체를 운반하기 위해 더 작은 기관지(tracheole)로 세분되며, 기관지는 각 세포와 직접 접촉하고 산소는 원형질막을 통해 직접 확산된다.

공기는 **기문**(spiracle)이라고 부르는 외골격(exoskeleton) 내에 특화된 개구부를 통해 기관으로 들어가고 대부분의 육상 절지동물에서 기문은 밸브로 개폐가 가능하다. 이 기문을 닫음으로써 수분 손실을 막는 능력은 절지동물이 육상에서 번성하는 데 중요한 적응이라 볼 수 있다.

핵심 요약 42.2

아가미는 기체 교환을 위한 넓은 표면적을 제공하는 매우 세분화된 구조물이다. 역류에서 아가미 속의 혈액은 물과 반대 방향으로 흘러 농도 차를 유도하고 기체 교환을 극대화한다. 일부 양서류들은 피부호흡에 의존한다. 고도로 세분화된 기관계는 절지동물에서 진화했으며, 이들은 육상 생활에 적응하기 위하여 밸브를 통해 기문 개폐를 조절한다.

■ 역류 시스템에 대한 해부학적 요구 사항은 무엇일까?

42.3 폐

학습 목표

1. 공기 중에서 폐가 아가미보다 좋은 점에 대해 설명할 수 있다.
2. 양서류와 파충류의 호흡기작을 비교할 수 있다.
3. 조류의 호흡에 대해 서술할 수 있다.

수생 환경에서의 호흡기인 아가미는 높은 효율성에도 불구하고 다음과 같은 이유로 육상동물에게는 유용하지 못하다.

1. **공기는 물보다 부력이 작다.** 아가미의 섬세한 막 모양의 새엽은 구조적인 강도가 약하여 물속에서만 지탱될 수 있다. 어류가 물 밖으로 나오게 되면 산소는 넘쳐나지만 아가미 조직은 붕괴되어 곧 질식사하게 된다. 아가미와 달리 기관이나 폐와 같은 내부에 있는 공기 통로는 몸이 구조적 지지 역할을 하게 된다.
2. **수분은 증발한다.** 대기는 호우 직후를 제외하고는 수증기로 포화되는 일은 없다. 따라서 육상생물은 끊임없이 공기 중으로 수분을 잃게 된다. 아가미가 공기에 노출되면 엄청난 수분 손실 면적을 가지게 된다.

폐는 가지 쳐진 관상 통로를 따라 공기를 이동시킴으로써 수분 증발을 최소화한다. 절지동물의 기관계는 또한 수분 증발을 최소화하기 위해 내부의 관을 사용한다.

공기는 폐에 도달하기 전에 수증기로 포화되어 있는 얇은 젖은 막에서 기체 교환이 일어난다. 물이 한쪽 방향으로만 흘러가는 아가미와는 달리 폐에서는 공기가 동일한 통로를 따라 들어가고 나가는 쌍방향통행이다. 이어 살펴볼 조류는 매우 우수한 호흡계를 가지고 있다.

공기 호흡은 기체의 분압을 이용한다

건조한 공기는 질소 78.09%, 산소 20.95%, 아르곤 0.93%와 불활성 기체 그리고 이산화탄소 0.03%를 포함하고 있다. 고도가 높아지면 공기량은 감소하지만, 이 조성은 대류로 인해 100 km의 고도 이하에서는 일정하다.

해수면의 기압은 760 mmHg이고 이 압력을 1기압이라 한다. 전체 기압은 대기 중에 존재하는 각 기체의 **분압**(partial pressure)을

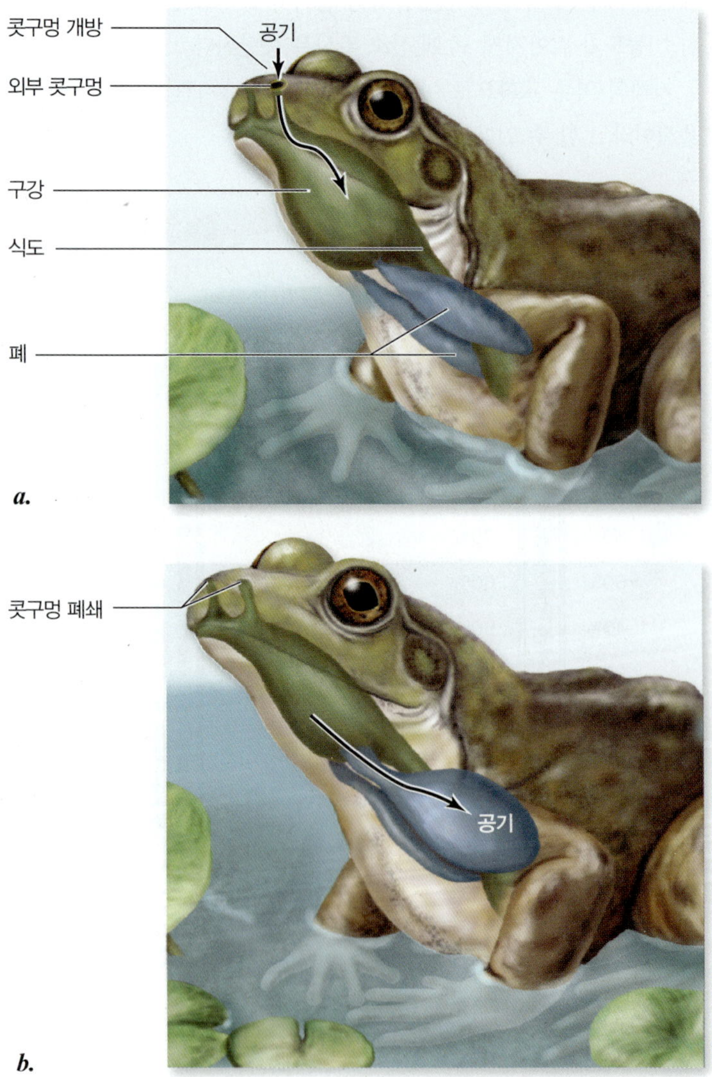

그림 42.6 양서류의 폐.
개구리의 폐는 장에서 나온 주머니 모양이고 구강의 양압에 의해 공기로 채워진다. ***a.*** 구강이 확장되고 콧구멍을 통해 공기가 들어간다. ***b.*** 콧구멍을 닫고 구강이 압축되면서 양압을 형성해 폐를 채운다. 양서류는 다른 척추동물과 비교하여 기체 교환을 위해 넓은 표면적을 제공하는 구조물이 폐 안에 존재하지 않는다. 그래서 다른 척추동물의 폐만큼 효율적이지 못하다.

합한 것과 같다. 해수면에서 N_2, O_2, CO_2의 분압은 P_{N_2}, P_{O_2}, P_{CO_2}로 나타내며 다음과 같다.

$$P_{N_2} = 760 \times 78.09\% = 593.5 \text{ mmHg}$$
$$P_{O_2} = 760 \times 20.95\% = 159.2 \text{ mmHg}$$
$$P_{CO_2} = 760 \times 0.03\% = 0.2 \text{ mmHg}$$

사람은 6000 m 이상 고도에서는 오래 생존할 수 없다. 이런 고도에서도 20.95%의 산소가 존재하지만 대기압이 약 380 mmHg이고 P_{O_2}는 80 mmHg(380 × 20.95%)이므로 해수면에서의 산소 양의 절반에 해당한다.

다음에는 양서류와 파충류를 시작으로 폐를 가진 척추동물에 대해 알아본다. 그 다음 포유동물의 폐와 아주 특별한 폐를 가진 조류에 대해 알아본다.

양서류와 파충류는 다른 방식으로 호흡한다

양서류의 폐는 장에서 팽창되어 나온 주머니 모양이다(**그림 42.6**). 주름에 의해 이 주머니의 내부 표면적이 증대되어 있지만, 양서류의 폐는 다른 육상 척추동물에 비해 기체 교환을 위한 표면적이 훨씬 작다. 양서류의 폐는 구강(oral cavity)이나 인두(pharynx) 뒤쪽과 연결되어 있고 각 폐의 입구는 성문(glottis)이라는 밸브에 의해 조절된다.

양서류는 다른 육상 척추동물과는 다른 방식으로 호흡한다. 양서류는 공기를 폐로 밀어넣는데, 구강을 공기로 채우고(**그림 42.6***a*), 입과 콧구멍을 닫아 풍선을 채우는 압력탱크와 같은 원리로 폐 속으로 공기를 밀어넣는다(**그림 42.6***b*). 이를 **양압식 호흡**(positive pressure breathing)이라고 한다. 사람의 경우 인공호흡이 이에 해당된다.

대부분의 파충류는 근육을 수축하여 흉곽을 확장시키는 방법으로 호흡한다. 이렇게 함으로써 폐 속의 압력이 대기압보다 낮아져 폐 속으로 더 많은 공기가 이동된다. 이를 **음압식 호흡**(negative pressure breathing)이라 한다. 이는 빨대로 물을 빨아들이는 것처럼 밀어넣는 공기보다 끌어당겨진 공기 때문에 발생하게 된다.

포유동물의 폐는 크게 증가된 표면적을 가진다

조류나 포유류 같은 항온동물은 높은 대사율(metabolic rate)을 가지기 때문에 더 많은 산소를 필요로 한다(6장 참조). 이러한 척추동물은 양서류나 파충류 같은 외온성 척추동물에 비해 호흡계가 좀 더 복잡하고 효율적이며, 체온 유지를 위한 세포호흡의 증가를 위해 더 효율적인 호흡계의 진화가 일어났다.

포유류의 폐는 수백만 개의 포도 모양을 한 작은 주머니 형태의

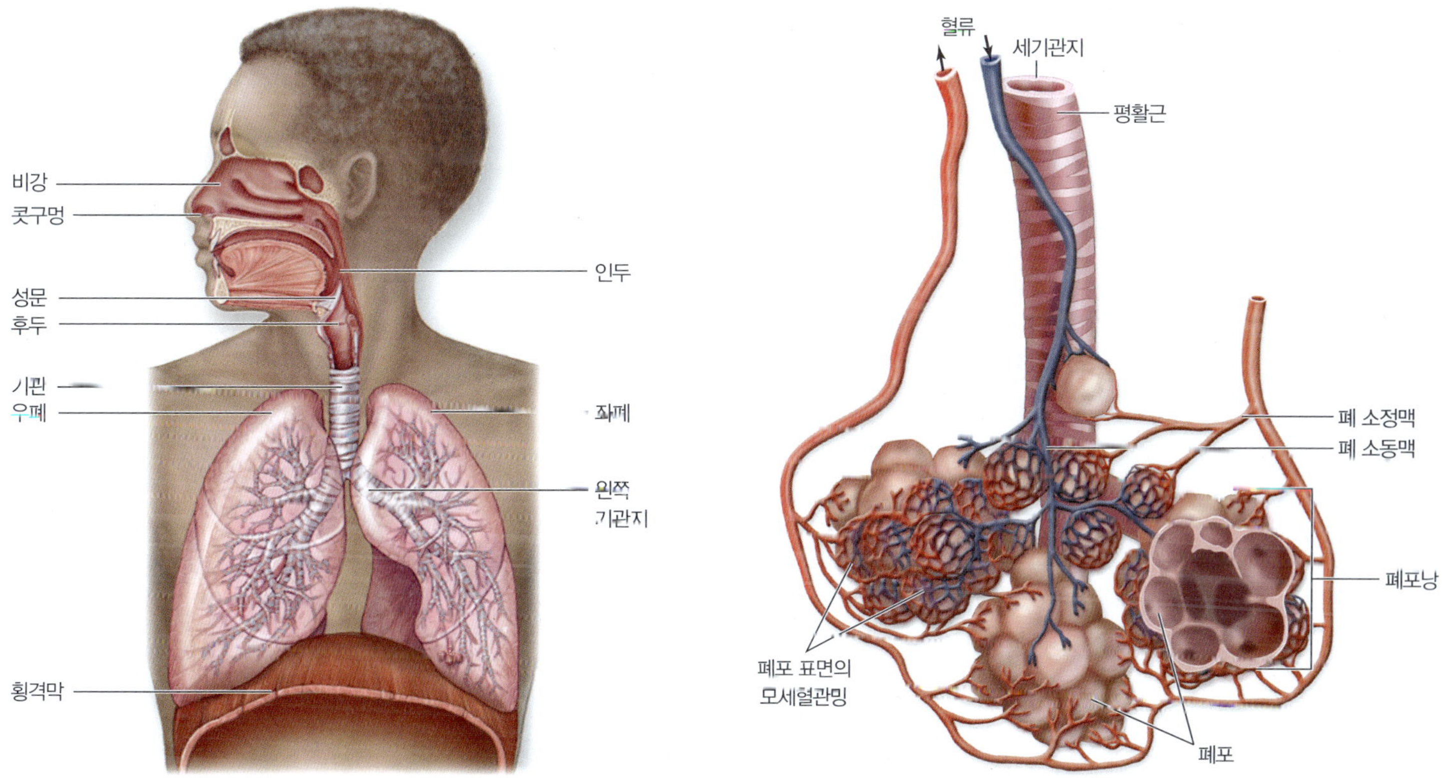

그림 42.7 사람의 호흡계와 포유동물 폐의 구조.
포유동물의 폐는 수백만 개의 폐포가 세기관지 끝에 모여 있기 때문에 커다란 표면적을 가져 혈액과의 기체 교환이 효율적으로 일어나게 된다.

a.

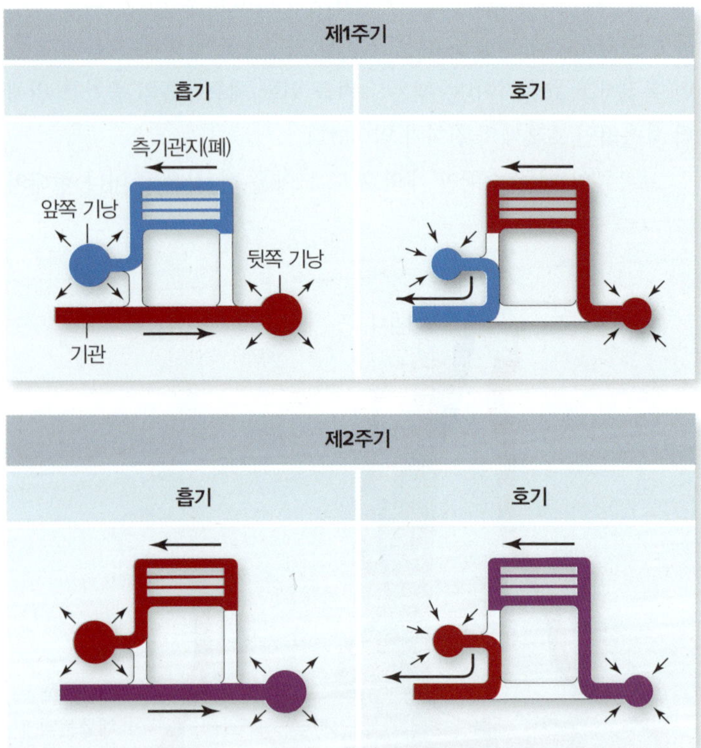

b.

그림 42.8 조류의 호흡.
a. 조류는 앞쪽과 뒤쪽으로 나누어진 기낭을 가진다. 이 기낭은 내부 기관들 사이의 뼈 안으로 뻗어 있다. ***b.*** 호흡은 2가지 주기로 이루어진다. 제1주기: 들어마신 공기(붉은색으로 표시)는 기관으로부터 뒤쪽 기낭으로 들어간 다음(뒤쪽 기낭이 공기로 확장된다) 폐로 들어간다(뒤쪽 기낭이 공기가 빠져 오므라든다). 제2주기: 폐로부터 공기가 앞쪽 기낭으로 들어간 다음 기관을 통해 밖으로 나간다. 폐를 통과하는 공기는 항상 뒤쪽에서 앞쪽으로(그림에서는 오른쪽에서 왼쪽으로) 이동한다. 이러한 주기는 항상 동시에 일어난다. 들어마시는 공기가 뒤쪽 기낭으로 들어가고 동시에 이전에 호흡했던 폐 안의 공기가 앞쪽 기낭으로 들어간다. 숨을 내쉴 때는 뒤쪽 기낭에 있던 새로운 공기가 폐로 이동하고 동시에 앞쪽 기낭에 있던 공기가 몸 밖으로 배출된다. 동시에 또 다른 들이마신 공기(보라색)가 제1주기를 통해 이동한다.

폐포(alveoli)로 차 있어 기체 교환을 위한 표면적을 크게 넓히고 있다(**그림 42.7**). 각 폐포는 세포 하나 두께의 상피로 구성되어 있고 세포 하나 두께의 벽을 가지는 모세혈관으로 둘러싸여 있다. 따라서 기체 확산 거리(d)는 0.5~1.5 μm 정도로 매우 작다.

입과 코로 들어온 공기는 인두(pharynx)를 거쳐 후두(larynx)로 가서 **성문**(glottis)을 통과한 다음, C자 모양의 연골로 지탱되는 기관으로 간다. **기관**(trachea)이라는 용어는 구조가 전혀 상동이지 않은 척추동물과 곤충 모두에 사용된다. 포유동물의 기관은 오른쪽과 왼쪽의 두 갈래로 나뉘어 기관지(bronchi)가 되고 이는 더 갈라져 세기관지(bronchiole)가 되어 공기를 폐포로 전달하게 된다.

폐포는 모세혈관망(capillary network)으로 둘러싸여 있으며, 모든 공기와 혈액 사이의 기체 교환은 폐포의 벽을 가로질러 일어난다. 많은 세기관지와 엄청난 양의 폐포가 양서류, 파충류보다 호흡 표면적을 훨씬 더 증가시켜 준다. 사람은 각 폐에 약 3억 개의 폐포를 가지고 있으며 확산이 일어나는 전체 면적은 80 m^2이고 이는 몸 표면적의 42배에 해당한다. 폐포와 모세혈관 사이에서 일어나는 기체 교환의 상세한 내용은 42.4절에서 다룬다.

조류의 호흡계는 매우 효율적이다

조류의 호흡계는 모든 육상 척추동물의 호흡계 중 가장 효율적인 독특한 구조이다. 포유동물의 끝이 막힌 폐포와는 달리 새의 폐는 측기관지(parabronchi)라는 작은 기체 통로에서 기체 교환이 일어난다. 공기는 측기관지를 통해 한쪽 방향으로 지나가고 이런 흐름은 어류의 아가미를 통한 물의 단일 방향 흐름과 같다.

양서류, 파충류, 포유류의 폐는 완전히 비어 있는 경우가 없기 때문에 육상 척추동물에서는 신선한 공기가 산소가 없는 공기와 섞이게 된다. 그러나 조류에서는 신선한 공기만 폐의 측기관지로 들어가고 산소가 없는 공기는 다른 통로를 통해 폐에서 빠져나간다. 공기가 부기관지를 일방통행으로 통과하는 것은 기낭의 작용 때문이다(**그림 42.8***a*). 기낭은 앞쪽과 뒤쪽의 2가지가 있는데, 팽창할 때 공기를 흡입하고 수축할 때 공기를 폐 안으로 밀어넣는다.

조류의 호흡은 2주기로 이루어진다(**그림 42.8***b*). 각 주기는 흡기 시기와 호기 시기를 가지지만, 한 주기에서 흡입된 공기는 밖으로 나가지 않고 제2주기로 간다. 들이쉴 때 앞쪽 기낭과 뒤쪽 기낭이 확장되면서 공기를 안으로 넣는다. 그러나 흡입된 공기는 뒤쪽 기낭으로만 들어가고, 앞쪽 기낭은 폐에서 나온 공기로 채워진다. 내쉴 때 앞쪽 기낭에 있던 공기는 몸 밖으로 밀려 나가며 뒤쪽 기낭에 있던 공기는 폐로 밀려 들어간다. 이 과정은 제2주기에서도 반복된다.

이와 같은 공기의 일방통행은 호흡 효율성을 증가시켜 주는데, 폐를 통한 혈액의 흐름은 공기의 흐름에 대하여 90°의 각도를 이룬다.

이 횡류(crosscurrent flow)는 어류 아가미에서 180°를 이루는 역류만큼 효율이 높지는 않지만 포유류의 폐보다는 공기로부터 산소를 얻을 수 있는 능력이 훨씬 더 크다.

이와 같은 호흡 적응 덕분에 참새가 6000 m의 고도에서도 활동할 수 있는 반면, 비슷한 크기와 대사율을 가지는 생쥐는 이와 같은 고도에서 아주 짧은 시간 내에 산소 부족으로 죽게 된다.

핵심 요약 42.3

폐는 증발을 최소화하면서 기체 교환을 위한 넓은 표면적을 제공하며, 아가미와는 달리 붕괴를 막는 구조적인 지지대가 있다. 양서류는 공기를 폐로 밀어넣는다. 대부분의 파충류와 모든 조류, 포유류는 흉곽을 확장시켜 폐로 공기를 끌어들인다. 조류의 호흡기 시스템은 폐를 통한 공기의 효율적인 일방통행 흐름 및 혈액의 횡류를 가지고 있다.

■ 조류의 고효율적인 폐의 진화를 가져오는 것은 어떤 선택압일까?

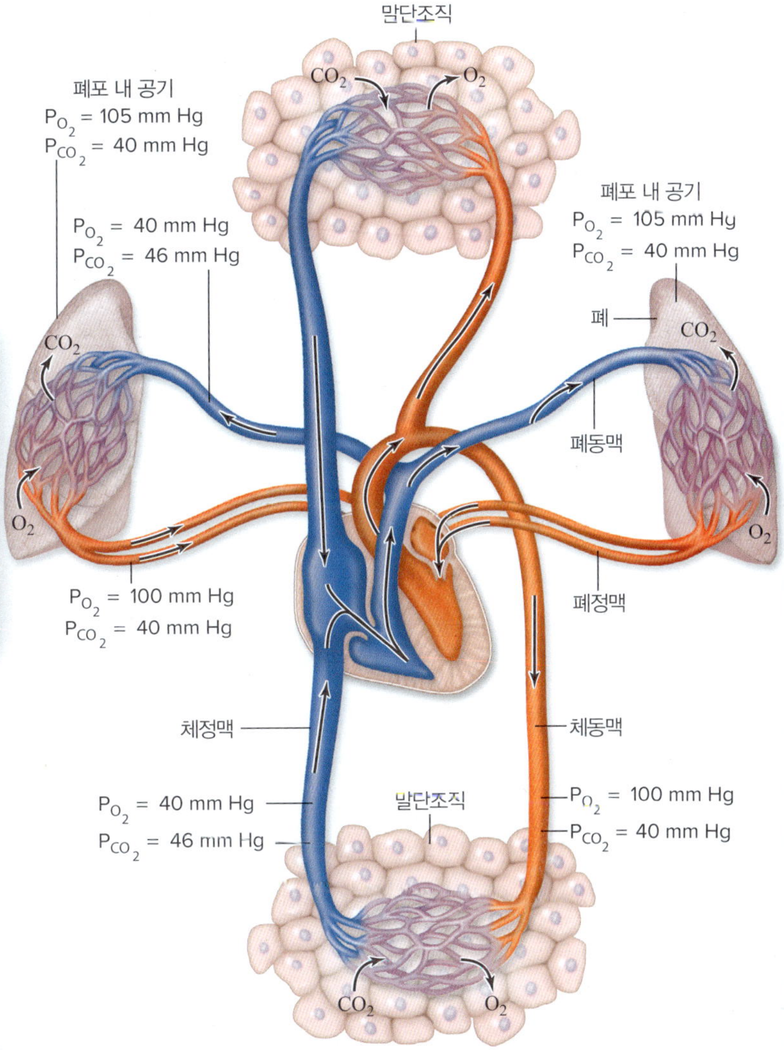

그림 42.9 폐와 순환계의 모세혈관에서의 기체 교환.
폐에서의 기체 교환으로 산소를 공급받은 혈액이 체동맥에 의해 운반된다(이때 CO_2의 농도는 낮다). 조직에 산소를 공급하고 정맥으로 들어온 혈액은 산소 농도가 낮고 CO_2 농도가 높다. 폐포 내의 O_2 및 CO_2는 대기 중의 O_2 및 CO_2와 상당히 다르다. 이러한 차이는 해부학적 사강과 각 호흡과 교환되는 비교적 적은 양의 신선한 공기 때문이다(1회 호흡 공기량과 폐활량을 비교하여).

42.4 포유류 호흡기관의 구조, 기작, 조절

학습 목표

1. 횡격막과 늑간근의 수축과 이완이 어떻게 호흡에 작용하는지 설명할 수 있다.
2. 호흡 조절과 관련된 신경계에 대해 설명할 수 있다.
3. 주요 호흡 질병들의 특징에 대해 설명할 수 있다.

폐에는 수십억 개의 모세혈관이 존재하고, 이는 폐포당 100개에 해당된다. 그래서 하나의 폐포는 전체 표면이 혈액으로 둘러싸인 미세한 공기방울의 모습이다. 기체 교환은 이 접점에서 빠르게 일어난다.

순환계를 돌고 온 혈액은 산소를 소모하고 약 40 mmHg의 분압을 갖는다. 반대로 폐포의 산소분압(P_{O_2})은 약 105 mmHg로 피크 법칙의 Δp에 해당하는 농도차는 65 mmHg가 되어 산소를 혈액 쪽으로 이동하게 한다. 기체 교환 결과 폐를 떠나는 혈액의 P_{O_2}는 약 100 mmHg가 된다. 이렇게 폐는 완전하지는 않지만 혈액으로 산소를 공급하는 일을 매우 효율적으로 수행한다. 원형질에서 P_{CO_2}의 변화와 혈액 내에서의 P_{O_2}의 변화는 **그림 42.9**와 같다.

폐의 구조는 호흡 순환을 도와준다

사람 및 다른 포유동물의 경우 폐의 바깥쪽은 **장측 흉막**(visceral pleural membrane, 흉막강의 안쪽 막)이라는 얇은 막으로 덮여 있고(**그림 42.10**), 흉강 내벽은 **체측 흉막**(parietal pleural membrane, 흉막강의 바깥쪽 막)으로 싸여 있으며, 두 막 사이의 공간은 **흉막강**(pleural cavity)이라 부른다. 흉막강은 정상적일 경우 매우 작고 체액으로 채워져 있다. 체액은 두 막 사이에서 폐와 흉강을 효과적으로 연결하게 된다. 흉막은 각 폐를 따로 싸고 있어 하나의 폐의 막에 구멍이 생겨 손상되더라도 다른 폐는 여전히 기능할 수 있다. 흡기(inhalation) 동안 **외늑간근**(external intercostal muscle)과 **횡격막**

그림 42.10 흉막강.
흉막 사이의 공간을 흉막강이라고 한다. 왼쪽과 오른쪽에 각각 하나씩 존재한다.

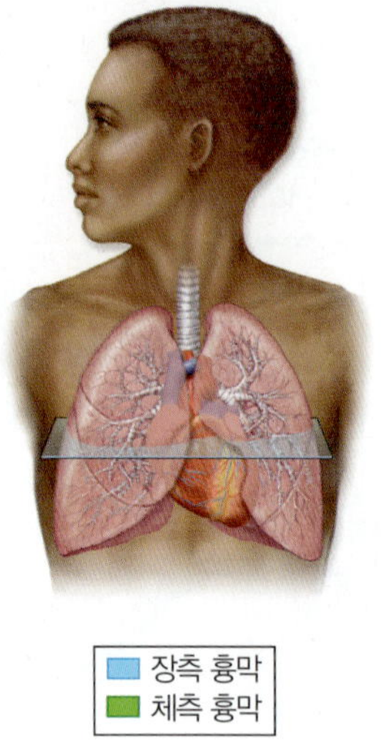

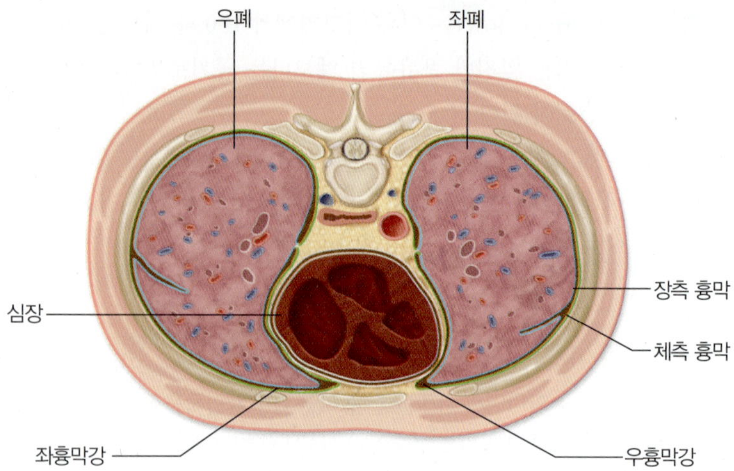

(diaphragm)의 근육수축으로 가슴 내의 용적이 증가된다. 늑골 사이의 외늑간근의 수축은 늑골을 들어 올리고 흉곽을 확장시킨다. 복강과 흉강을 구분하는 가로무늬근인 횡격막의 수축으로 횡격막은 내려가고 더 편평한 모양이 된다. 이는 흉곽과 폐의 용적을 크게 하여 음압식 호흡을 가능하게 하고 복부기관에는 압력을 가하게 된다(**그림 42.11**).

흉곽과 폐는 탄성을 지녀 외늑간근과 횡격막이 이완하면 이들이 제자리로 돌아가면서 숨을 내쉬게 된다. 그러나 풍선을 불 때와 같이 숨을 크게 내쉴 때는 복부 근육을 수축시켜 많은 양의 숨을 내쉴 수 있다(**그림 42.11**).

환기 효율성은 폐의 용량과 호흡률에 달려 있다

호흡하는 동안 폐의 용적 변화를 나타내는 용어는 여러 가지이다. 휴식 중인 사람의 경우, 각 호흡 동안 폐로 들어오고 나가는 공기의 양을 **1회 호흡량**(tidal volume)이라고 한다(**그림 42.12**). 건강한 성인의 평균 1회 호흡량은 약 500 mL이다. 1회 호흡량 중 약 150 mL는 관상통로(기관, 기관지 및 기관세지)에 들어 있기 때문에 그만큼은 기체 교환을 하지 못한다. 이렇게 **해부학적 사강**(anatomical dead space)에 있는 공기는 흡기 때 신선한 공기와 섞인다. 이 점이 포유동물의 호흡이 일방통행의 공기 흐름을 가지는 조류의 호흡보다 효율성이 떨어지는 이유가 된다.

다른 폐의 부피와 용량은 임상적으로 관련이 있기 때문에 고려할 필요가 있다. **흡기예비량**(inspiratory reserve volume, IRV)은 1회 호흡량 이상으로 흡입할 수 있는 공기의 양이다. **호기예비량**(expiratory reserve volume, ERV)은 1회 호흡량을 초과하여 내쉴 수 있는 공기의 양이다. IRV와 ERV가 함께 **폐활량**(vital capacity), 즉 폐에 들어갔다가 다시 나올 수 있는 최대 공기의 양을 구성한다. 폐활량은 젊은 남성에서 평균 4.6 L이고 젊은 여성에게서는 평균 3.1 L이다. **그림 42.12**는 폐의 총 평균 용량이 폐활량보다 더 큰 것을 나타낸다. 이는 폐의 붕괴를 방지하기 위해 항상 배출되지 않는 공기, 즉 **잔류량**(residual volume)을 유지해야 하기 때문이다.

호흡의 속도와 깊이는 일반적으로 혈액 P_{O_2}와 P_{CO_2}를 정상 범위 내로 유지한다. 만일 호흡이 충분치 않아 정상적인 혈액 내 산소분압을 유지하지 못하면(혈액 P_{CO_2}의 상승이 가장 좋은 지표임) 호흡 저하가 발생하고, 과도한 호흡으로 이산화탄소의 분압이 비정상적으로 낮아지게 되면 **과호흡**(hyperventilating)이 나타난다.

적당한 운동을 할 때 증가되는 호흡은 과호흡이라 할 수 없다. 왜냐하면 빠르고 힘찬 호흡은 높은 물질대사율과 잘 맞고, 혈액 기체량도 정상이기 때문이다.

환기는 중추신경의 지배를 받는다

호흡은 연수(medulla oblongata)에 위치한 **호흡 조절중추**(respiratory control center)의 뉴런에서 시작된다. 이 뉴런은 횡격막과 외늑간근에 신호를 보내 수축하도록 자극함으로써 숨을 들이쉬게 한다. 이 뉴런의 자극을 중지하면 근육은 이완되고 숨을 내쉬게 된다. 호흡근육은 골격근이지만 이 근육들은 보통 자율신경의 지배를 받는다. 그러나 수의적으로 이 근육들을 멈추거나 움직여서 호흡을 정지시키거나 빠르게 할 수도 있다.

연수의 뉴런은 혈액 내 산소와 이산화탄소의 농도를 항상 일정하게 유지시키도록 반응해야 한다. 숨을 한참 동안 참은 뒤에는 숨을 가쁘게 쉬게 되는데, 이는 혈액 내 기체의 변화에 의해 유도되며, 이는 산소 농도의 하락보다는 이산화탄소 농도의 증가 때문에 일어난다. 혈액과 체액 안의 이산화탄소의 양은 산소 양에 비해 더 빈틈없이 탐지되어 호흡에 더 큰 영향을 미친다.

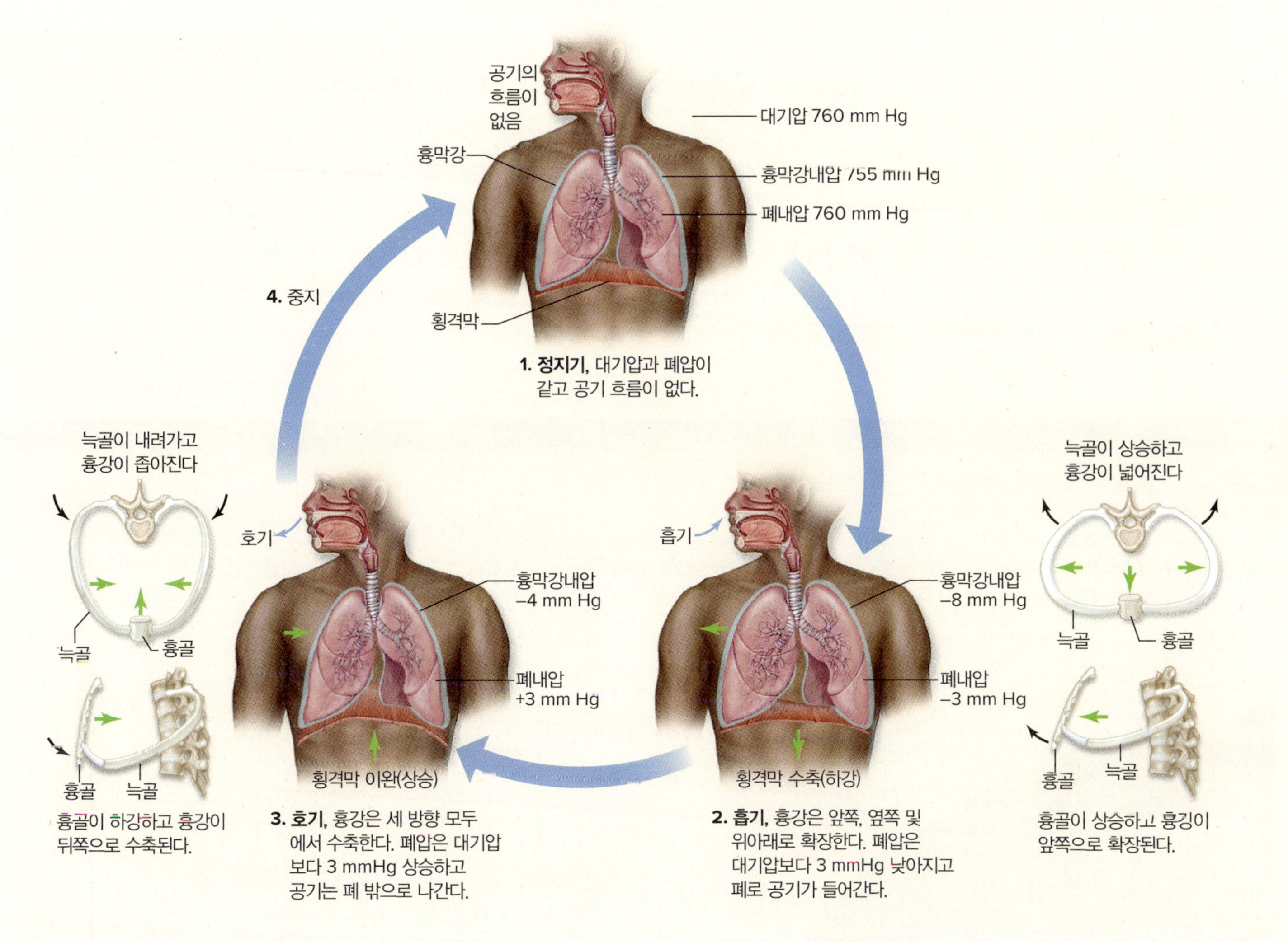

그림 42.11 호흡주기.
호흡주기는 흡기(들숨)와 호기(날숨)를 포함한다. 각각 호흡기 근육과 공기 압력차이를 이용하여 일어난다. 횡격막이 수축되면 흡기가 발생한다. 이것은 폐의 팽창을 유발하여 대기압 이하로 압력이 떨어지면서 공기가 유입된다. 반대의 경우 호기가 발생한다.

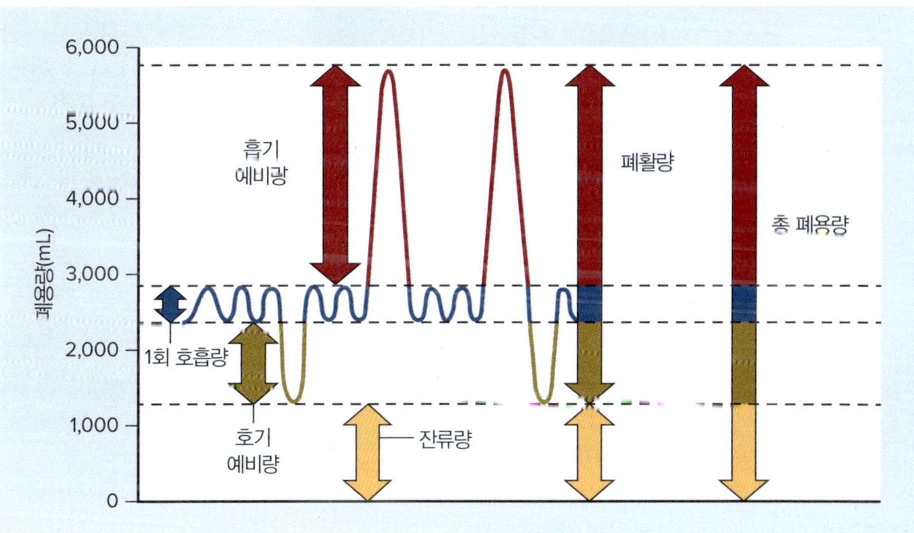

그림 42.12 호흡용적 및 호흡량.
폐용량(lung volume)에는 1회 호흡량, 흡기예비량, 호기예비량, 잔류량이 포함된다. 폐활량은 1회 호흡량, 흡기예비량, 호기예비량의 합이다. 총 폐용량(lung capacity)은 폐활량과 잔류량의 합이다.

포유류의 혈액 내에서 이산화탄소는 제한적 기체로 작용한다

대부분의 육상 포유류에게 공기중의 산소 함량은 상당히 일정하다. 따라서 산소의 감소로 인해 호흡이 시작되는 어류와 달리, 포유류의 호흡 개시는 P_{CO_2}의 증가로 표시되는 혈액 내 이산화탄소의 증가가 주요 원인이다. P_{CO_2}의 상승은 탄산(H_2CO_3)의 증가를 야기하는데 탄산은 혈액의 pH를 낮추는 작용을 한다. 혈액의 pH 하락은 **대동맥소체**(aortic body)와 **경동맥소체**(carotid body)의 화학감지뉴런을 자극한다(**그림 42.13***b*). 이 말초 수용기는 호흡조절중추에 신호를 보내 호흡하도록 한다. 뇌 또한 뇌척수액(cerebrospinal fluid, CSF)의 pH 하락으로 인해 자극 받는 중추 화학수용기(central chemoreceptor)를 가지고 있다(**그림 42.13***a*). 따라서 이산화탄소가 포유류에서 혈액 내 "제한적인" 기체라는 것은 분명하다.

사람은 수의적으로 계속 숨을 몰아쉬는 과호흡 상태를 오랫동안 지속할 수 없다. 과호흡으로 인한 혈장 내 이산화탄소 분압의 감소와 혈장과 뇌척수액 내의 pH 증가는 호흡을 일으키는 반사를 소멸시킨다. 과호흡을 한 사람은 숨을 오래 참을 수 있는데, 이는 혈액 내 산소 농도의 증가 때문이 아니라 감소된 이산화탄소 농도가 복귀되는

과학적 사고

질문: 뇌척수액(CSF)의 pH, 호흡률, 혈액의 P_{CO_2} 사이의 관계는 무엇인가?
가설: 뇌척수액의 pH는 호흡률의 영향을 받는다.
예상: 뇌척수액의 낮은 pH(HCO_3^- 증가로 인함)는 호흡 증가를 자극하고 이로 인해 P_{CO_2}는 감소할 것이다.
실험: 만성폐쇄성 폐질환 환자의 뇌척수액의 HCO_3^- 농도는 정상보다 높다. 이러한 환자의 뇌척수액을 정상 농도의 HCO_3^-와 바꾸어 주면서 P_{CO_2}를 측정한다.

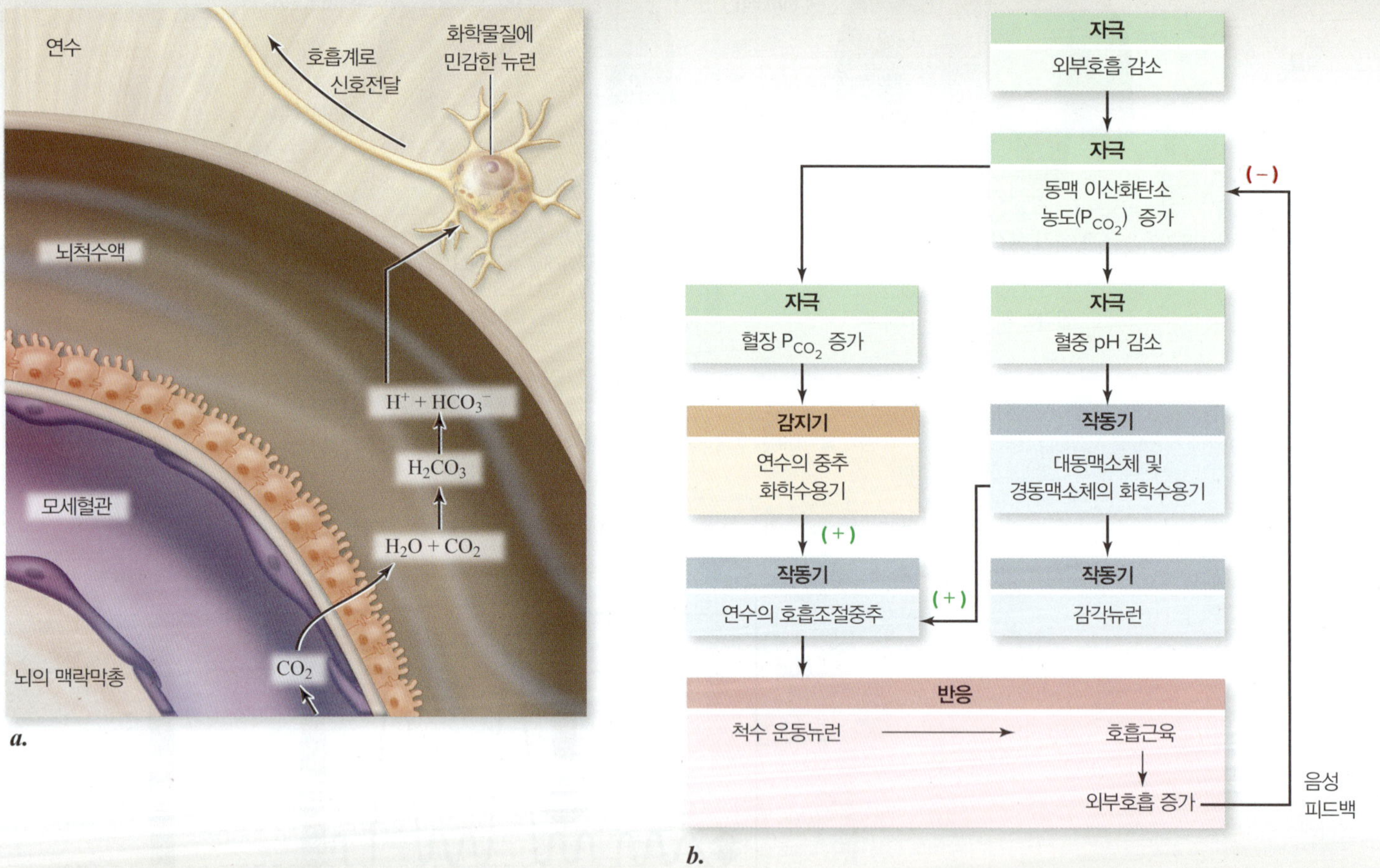

결과: HCO_3^-의 농도를 낮춘 결과, 호흡이 증가했으며 P_{CO_2}가 낮아졌다.
결론: 낮은 pH(HCO_3^- 농도의 변화에 의한)는 뇌에 있는 H^+ 화학수용기에 의해 감지된다. 뇌는 연수에 있는 호흡조절중추에 자극을 주어 호흡이 증가하도록 한다. 마찬가지로, 부적절한 호흡이나 증가된 조직 대사로 혈액 내의 CO_2의 농도가 증가할 때도 혈액과 뇌척수액의 pH가 낮아진다. 이는 뇌에 있는 중추 화학수용기와 대동맥소체와 경동맥소체에 있는 말초 화학수용기를 자극한다. 수용기는 뇌간에 신호를 보내어 호흡을 증가시키고 P_{CO_2}를 정상 농도로 낮춘다.

그림 42.13 pH에 민감한 화학수용기에 의한 호흡 조절.

데 오래 걸리기 때문이다.

실제로 정상적인 폐를 가진 사람의 경우 P_{O_2}는 높은 산에 올라갔을 때만 중요한 호흡 자극 요인이 된다. 고산병 징후는 힘 없음, 두통, 메스꺼움, 구토, 뇌 기능 감소 등으로 나타난다. 이러한 징후들은 산소 부족과 관련되어 있고 산소를 공급해주면 이러한 증상은 사라지게 된다.

호흡기 질병은 기체 교환을 제한한다

만성폐쇄성 폐질환(chronic obstructive pulmonary disease, COPD)은 장기적으로 공기의 흐름을 방해하는 질병이다. 주요 COPD로는 **천식**(asthma), 기관지염(chronic bronchitis), 폐기종 등을 들 수 있다. 천식은 히스타민과 다른 염증성 화학물질의 방출로 유발되는 알레르기성 질환으로, 심한 기관지 협착을 유발하고 때로는 질식하게 한다. 다른 COPD는 보통 담배 연기나 공기오염, 공기 중의 자극물에 대한 직업적 노출이 원인이 되어 발생한다.

폐기종

폐기종(emphysema)에서는 폐포 벽이 파괴되어 폐는 커져 보이나 폐포의 수는 더 줄어든 상태로 폐에 섬유가 형성되고 탄력성은 감소하게 된다. 흡입하는 동안 공기 통로는 적당히 열리지만 공기가 나갈 때는 방해를 받게 된다. 폐기종을 가진 사람은 호흡하는 데 보통 사람의 3~4배의 에너지를 써야 하므로 쉽게 지치게 된다. 폐기종 원인의 80~90%가 흡연이다.

? **탐구문제** 피크의 확산법칙에 근거하여 폐기종은 폐 안팎으로의 기체 확산에 어떤 영향을 미치는가?

폐암

폐암(lung cancer)은 다른 어떤 종류의 암보다 위험하다. 폐암의 가장 중요한 원인은 흡연이고, 공기오염이 그 뒤를 잇는다. 폐암은 COPD를 동반한다.

폐종양의 90% 이상이 기관지의 점막에서 시작되며, 종양이 기관지 벽을 침범하여 그 주변에서 자라게 되어 기도를 누르게 되고 폐에서 먼 부위부터 파괴가 시작된다. 종양이 자라남에 따라 종종 기침이 나게 되지만, 기침은 흡연자에게는 흔한 현상이라 무시하게 된다. 따라서 이 심각한 문제의 첫 번째 신호는 피를 토하는 것이 되기도 한다.

폐암은 매우 빨리 전이되어 보통 진단될 때쯤에는 다른 기관에 전이되어 있다. 전이된 폐암이 회복될 가능성은 진단 후 5년 이상 생존하는 환자의 비율이 3%일 정도로 매우 희박하다.

핵심 요약 42.4

사람의 경우, 각 호흡 동안 폐로 들어오고 나가는 공기의 양인 1회 호흡량은 약 500 mL이다. 150 mL는 기체가 교환되지 않는 관상통로(해부학적 사강)에 남아 있다. 호흡의 길이와 속도는 주로 이산화탄소 농도를 조절하는 연수에 위치한 호흡 조절중추의 뉴런에 의해 조절된다. COPD와 같은 질병은 공기 흐름을 방해하여 기체 교환을 제한한다. 폐암은 흡연과 관련이 있고 생존율이 낮다.

■ 포유류와 조류의 호흡은 어떤 점에서 다를까?

42.5 체액의 기체 운반

학습 목표

1. 헤모글로빈의 구조에 대해 서술할 수 있다.
2. 다양한 환경조건에 대한 헤모글로빈의 산소 친화력에 대해 예측할 수 있다.
3. 혈액 내에서의 이산화탄소 수송에 대해 설명할 수 있다.

혈장 내에서 용해되는 산소의 양은 42.4절에서 설명한 것처럼 폐포에 있는 공기의 P_{O_2}에 직접적으로 의존한다. 포유동물의 폐가 정상적으로 작동할 때 폐를 떠나는 혈장은 이론적으로 볼 때 거의 공기의 P_{O_2}만큼 용존산소를 가진다. 산소는 물에 잘 녹지 않기 때문에 혈장은 1 L당 최대 3 mL의 산소만 함유할 수 있다. 그러나 혈액은 1 L당 200 mL의 산소를 함유한다. 이는 산소가 혈장이 아니라 적혈구 안의 헤모글로빈 분자에 결합되어 운반되기 때문이다.

호흡색소는 산소와 결합하여 운반된다

헤모글로빈(hemoglobin)은 4개의 폴리펩타이드와 **헴 그룹**(heme group)이라는 4개의 유기화합물로 구성된 단백질이다. 각 헴 그룹의 중심에는 1개의 철(iron) 원자가 있으며, 철 원자는 산소 한 분자와 결합할 수 있다(**그림 42.14**). 따라서 각 헤모글로빈 분자는 4개의 산소 분자를 운반할 수 있다.

폐에서 산소와 결합한 헤모글로빈은 산소헤모글로빈(oxyhemoglobin)으로 밝은 적색을 띤다. 몸의 다른 부위에서 혈액이 모세혈관을 통과할 때 산소헤모글로빈의 일부는 산소를 방출하면서 **디옥시헤모글로빈**(deoxyhemoglobin)으로 된다. 디옥시헤모글로빈은 암적색을 띠며, 조직과 섞여 있을 때는 연한 푸른빛을 띤다. 심혈관계 모식

그림 42.14 헤모글로빈 단백질의 구조.
헤모글로빈은 2개의 α사슬(파란색)과 2개의 β사슬(노란색)로 구성된 4개의 폴리펩타이드를 가지고 있다. 각 사슬에는 헴 그룹(흰색)이 연결되어 있고, 각 헴 그룹은 중앙에 철 원자(붉은색 원)를 갖는데 이곳에 산소 분자가 결합하게 된다.

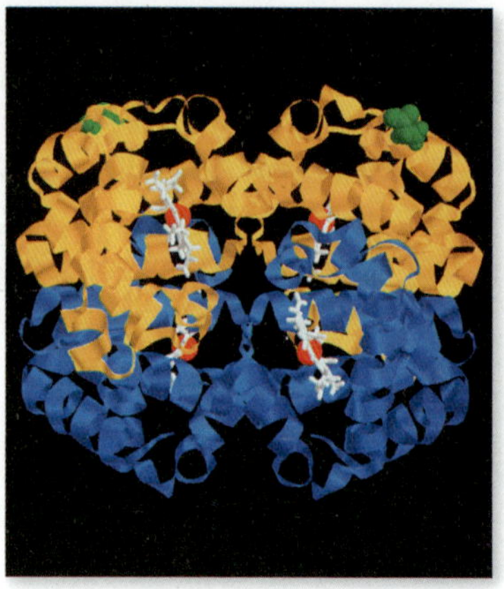

도에서 산소를 운반하는 붉은색의 혈관과 산소가 소모된 푸른색의 혈관을 볼 수 있다.

일반적으로 헤모글로빈 및 글로빈 단백질은 모든 생명체에서 볼 수 있다. **헤모사이아닌**(hemocyanin)과 **헤메리트린**(hemerythrin)이라는 두 종류의 산소 운반체가 있으며, 보다 제한적인 계통 발생이 있다. 헤모사이아닌은 절지동물문 및 연체동물문에서 발견되며, 산소 결합 원자가 철이 아니라 구리(copper)이다. 이 두 그룹의 헤모사이아닌은 관련된 산화효소에서 진화한 것으로 보이지만, 상동성은 없다. 헤메리트린은 주로 여러 종류의 벌레들에서 발견되는 철-결합 단백질이다.

이러한 모든 산소 운반 단백질은 고대의 것으로 캄브리아기 이전의 시기이다. 그들의 진화는 광합성으로 인한 산소 농도의 상승에 대한 반응으로 생각된다. 활성산소가 증가함에 따라, 매우 반응성이 높은 이 분자를 분리할 수 있는 생물에 강한 진화압력이 있었다. 에너지 대사가 산소를 최종 전자 수용체로 사용할 수 있도록 진화함에 따라, 다세포 생물에서 산소를 운반하기 위한 추가적인 진화압력이 더해졌다.

우리는 헤모글로빈의 기능을 더 자세히 알아보겠지만, 헤모사이아닌도 간단히 알아볼 필요가 있다. 헤모사이아닌은 세포와 관련이 없지만, 순환하는 혈액에서 알려진 가장 큰 단백질과 복합체를 형성할 수 있다. 연체동물의 헤모사이아닌은 최대 100개의 산소 결합 부위를 가질 수 있다. 이 큰 크기로 인해 상대적으로 낮은 몰 농도로 산소 분자를 운반할 수 있게 되어 삼투압에 큰 영향을 미치지 않는다. 이러한 복합체들은 또한 어떤 단백질에서나 볼 수 있는 가장 높은 수준의 협동성을 보여준다. 이 모든 것들이 그들을 낮은 산소환경에서 매우 효율적인 산소 운반체로 만든다.

헤모글로빈과 마이오글로빈은 산소를 저장한다

폐포(alveoli)를 떠난 혈액 내의 P_{O_2}는 100 mmHg로, 이때의 적혈구 안의 약 97%의 헤모글로빈은 산소헤모글로빈 상태이다(산소헤모글로빈 포화도 97%).

휴식 상태에서 정맥에 있는 산소분압은 약 40 mmHg로, 이와 같이 낮은 P_{O_2}에서 헤모글로빈의 포화도는 75%가 된다. 따라서 쉬고 있는 사람은 산소헤모글로빈 중 22%는 조직으로 산소를 방출한 셈이 된다(97－75%). 다시 말해 1/5의 산소가 조직으로 넘겨지고 나머지 4/5는 혈액에 남아 있다. 이러한 변화를 그래프로 나타낸 것을 산소헤모글로빈 해리곡선(oxyhemoglobin dissociation curve)이라 한다(**그림 42.15**).

이와 같이 많은 잔여량의 산소 저장은 중요한 기능을 한다. 이렇게 운동할 때나 쉬고 있는 동안 혈액은 몸이 산소가 필요할 때 사용될 수 있다. 운동할 때 근육의 가속화된 대사는 더 많은 산소가 필요하기 때문에 정맥혈의 P_{O_2}는 감소한다. 예를 들어 정맥혈의 P_{O_2}가 20 mmHg로 감소할 경우 헤모글로빈 포화도는 35%가 된다(**그림 42.16**). 동맥혈은 항상 97%의 산소헤모글로빈을 포함하므로 조직으로 넘겨지는 산소의 양은 쉬고 있을 때의 22%보다 많은 62%가 된다(97－35%).

이와 같은 기능과 함께 산소 저장은 호흡이 억제되거나 심장이 멎을 때 4~5분 동안 생명 유지에 필요한 산소를 공급할 수 있도록 해준다.

두 번째 산소 저장고는 근육에 존재하는 산소 결합 분자인 마이오글로빈이다. 마이오글로빈은 산소와 결합하는 철 원자를 가진 하나의 폴리펩타이드 사슬로 이루어져 있다. 마이오글로빈은 산소를 방출하는 낮은 산소 분압에서도 오히려 산소를 취하여 보유할 수 있다. 깊은 바다에서 잠수하는 포유동물인 코끼리물범은 근육에 높은 농도로 산소를 저장해 둔 마이오글로빈을 가지고 있어 오랫동안 물속에 머물 수가 있다.

자료 분석 위의 정보를 바탕으로, 건강한 사람이 400 m 달리기와 같은 격렬한 운동을 마친 후 100% 산소를 호흡하면 큰 이익을 볼 수 있는가?

헤모글로빈의 산소 친화력은 pH와 온도의 영향을 받는다

혈액 내 산소 수송은 온도와 pH를 포함하여 여러 조건에 의해 영향을 받는다. 조직에서 생긴 CO_2는 물(H_2O)과 결합하여 탄산(H_2CO_3)으로 되고, 탄산은 해리되어 탄산수소 이온(HCO_3^-)과 H^+로 되면서 혈액의 pH를 낮추어준다. 이 반응은 주로 적혈구 안에서 일어나며 적혈구 안에서 하락된 pH는 헤모글로빈의 산소 친화력을 감소시켜서 산소가 쉽게 떨어져 나가게 한다.

보어효과(Bohr effect 또는 Bohr shift)라고 부르는 헤모글로빈의

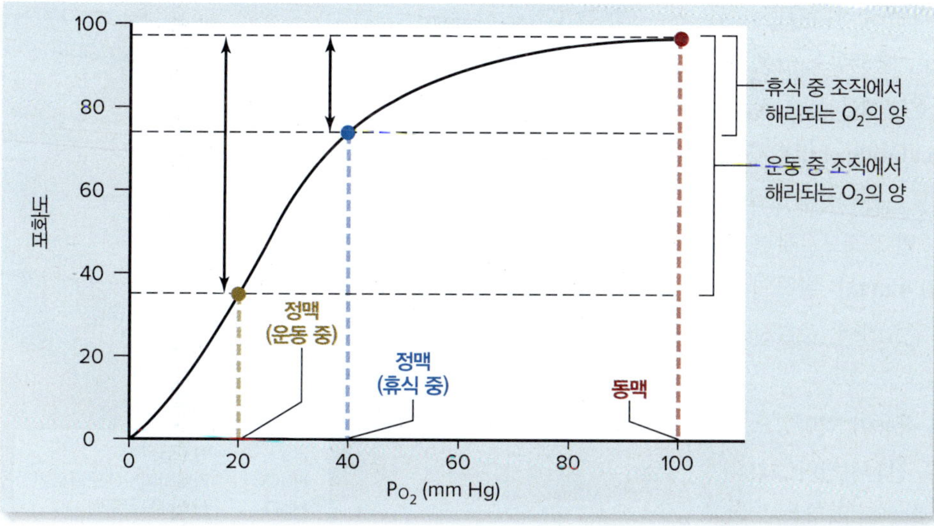

그림 42.15 산소헤모글로빈 해리곡선.
폐에서 헤모글로빈은 산소와 결합하고, 산소를 공급받은 혈액은 동맥에 의해 몸의 세포로 운반된다. 세포호흡으로 인해 혈액으로부터 산소가 소모된 뒤, 정맥으로 들어가는 혈액은 적은 양의 산소를 함유하게 된다.

자료 분석 얼마나 많은 산소가 조직에서 소모되었는지 어떻게 알 수 있는가?

산소 친화력에 대한 pH의 효과는 헤모글로빈에 대한 H^+와 CO_2의 결합 때문에 생기며, 산소헤모글로빈 해리곡선이 오른쪽으로 밀려가는 양상으로 나타난다(**그림 42.16***a*).

온도 상승도 헤모글로빈의 산소 친화력에 대해 비슷한 영향을 끼친다(**그림 42.16***b*). 골격근은 운동할 때 이산화탄소를 빨리 만들어내고 활발하게 활동하는 근육은 열을 내므로 운동할 때 혈액은 헤모글로빈에서 분리되는 산소의 비율을 더 높여준다.

이산화탄소는 주로 탄산수소 이온의 형태로 수송된다

혈액 내 CO_2의 약 8%는 단순히 혈장에 녹아 있고, 20%는 헤모글로빈에 결합되어 있다. CO_2는 헤모글로빈의 단백질 부위에 결합하고 헴 그룹의 철에는 결합하지 않으므로 산소와 경쟁하지는 않지만 헤모글로빈의 모양을 변화시켜서 산소 친화력을 낮추어준다.

나머지 72%의 CO_2는 적혈구 안으로 확산해 들어가며, 여기에서 탄산무수화효소(carbonic anhydrase)가 CO_2와 물을 결합시켜 탄산

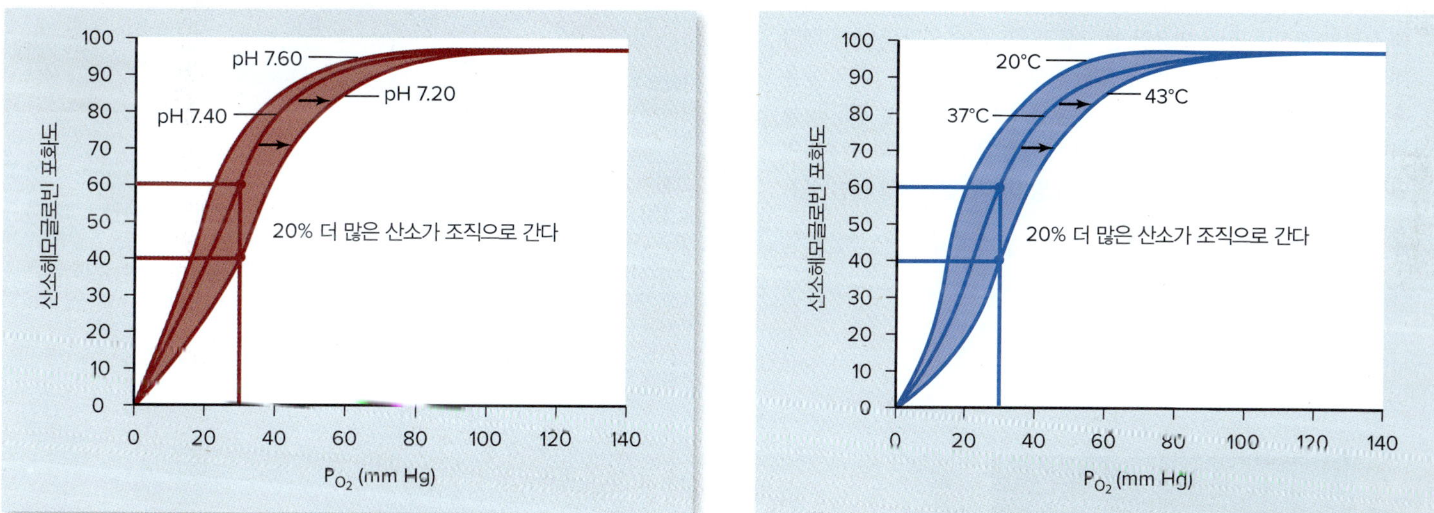

a. pH 영향

b. 온도 영향

그림 42.16 산소헤모글로빈 해리곡선에 끼치는 pH와 온도의 영향.
혈액의 낮은 pH(*a*)와 높은 온도(*b*)는 산소헤모글로빈 해리곡선을 오른쪽으로 이동시키며 산소의 해리를 촉진한다. 위의 예에서 산소헤모글로빈의 포화도는 60%에서 40%로 낮아지면서 20% 더 많은 산소가 조직으로 운반된다.

자료 분석 주어진 P_{O_2}에 대하여 산소헤모글로빈 포화 백분율은 온도 변화에 따라 어떻게 달라지는가?

탐구문제 고혈압이 운동 중 조직에서 산소를 해리하는 데 어떤 영향을 미치는가?

(H_2CO_3)을 만든다. 탄산은 탄산수소 이온(HCO_3^-)과 수소 이온(H^+)으로 해리된다. H^+는 디옥시헤모글로빈에 결합하고, 탄산수소 이온은 HCO_3^- 1분자와 Cl^- 1분자의 교환을 일으키는 운반체를 통해 적혈구를 빠져나와 혈장으로 간다. (이를 "염소 이동(chloride shift)"이라고 부른다.)

이 반응으로 혈장에서 다량의 CO_2가 제거되어 주변 조직으로부터 CO_2가 추가적으로 혈장 안으로 들어오게 된다(**그림 42.17***a*). 탄산의 형성은 혈액 내 산-염기 균형을 유지하는 데 매우 중요하며, 중탄산염은 혈장 내 주요한 완충제로서 역할을 한다.

폐포 내 공기의 낮은 P_{CO_2}은 탄산무수화 효소의 작용이 역방향으로 진행되도록 만들어서 H_2CO_3를 H_2O와 CO_2로 전환시킨다(**그림 42.17***b*). CO_2는 적혈구에서 빠져나와 폐포 속으로 확산되고 다음 호기 때 몸 밖으로 배출된다.

헤모글로빈은 다른 용존 기체도 운반하는데, 그중 일산화질소(NO)는 혈관을 확장시키는 기능을 하고, 일산화탄소(CO)는 산소보다 헤모글로빈에 훨씬 강하게 결합하여 일산화탄소 중독으로 죽을 수도 있다. 일산화탄소 중독의 희생자에게서는 헤모글로빈이 일산화탄소와 결합하기 때문에 종종 선홍빛 피부를 볼 수 있다.

핵심 요약 42.5

헤모글로빈은 4개의 폴리펩타이드 사슬로 구성되어 있으며, 각각 산소에 결합할 수 있는 철을 함유한 헴 그룹과 결합되어 있다. 산소에 대한 헤모글로빈의 친화도는 pH와 온도의 영향을 받는다. 낮은 pH와 높은 온도에서 더 많은 산소가 조직으로 방출된다. 이산화탄소는 혈장에 녹거나, 헤모글로빈에 결합되며, 적혈구 내 탄산무수화효소와 반응하여 혈장 내 탄산수소 이온으로 되는 3가지 방법으로 혈액에서 운반된다.

■ 산소와 이산화탄소가 혈액에서 운반되는 방법의 차이점은 무엇일까?

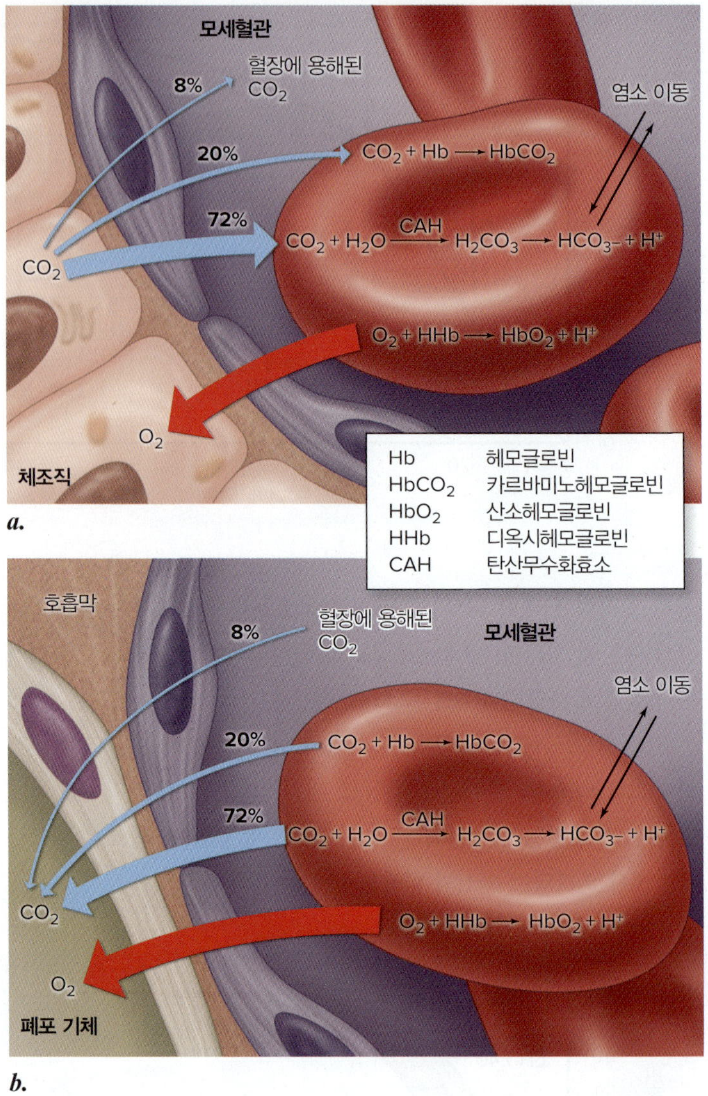

그림 42.17 혈액에 의한 이산화탄소의 운반.
a. 혈류 내로 들어감. 이산화탄소는 혈장에 녹아서, 헤모글로빈의 단백질 부위에 결합하여, 적혈구 내에서 생성하는 탄산수소 이온의 형태(이 반응은 적혈구 내에서 탄산무수화효소가 CO_2와 H_2O의 결합을 촉진하여 탄산을 형성한다)로 운반된다. ***b.*** 혈류로부터의 제거. 혈액이 폐의 모세혈관을 통과할 때 이 반응은 가역적으로 일어나며, 이산화탄소가 형성된 다음 몸 밖으로 나간다.

핵심 개념 요약

42.1 호흡 표면을 통한 기체교환

■ **호흡은 3단계에 걸쳐 일어난다**

호흡은 생물체가 에너지를 만드는 방법을 나타낸다. 호흡의 3단계는 외호흡, 내호흡, 세포호흡이다.

■ **기체 교환은 막을 통한 확산과 관련된다**

확산은 수동적 과정이다. 확산 속도(R)는 농도 기울기와 표면적이 클수록 증가하지만, 거리에 따라 감소한다(피크의 확산법칙).

- 진화적 전략으로 기체 확산을 최대화시킨다

대부분의 무척추 동물문에는 특화된 호흡 기관이 없지만 산소 농도 차이를 증가시키는 방법으로 진화됐다. 그외 대부분의 다른 동물들은 호흡기를 가지고 있다.

42.2 아가미, 피부호흡, 기관계

- 어류와 양서류 유생은 외부 아가미가 있다

아가미는 기체 교환을 위해 호흡 표면적을 증가시킨다. 이를 위해 수생 환경이 필요하다.

- 아가미방은 무척추동물의 아가미를 보호한다

일부 수생 무척추동물에는 산소가 포함된 물이 정지된 아가미를 지나도록 아가미방이 있다. 연체동물에는 물이 유입되고 방출되는 외투강이 있다.

- 경골어류의 아가미는 아가미 덮개로 덮여 있다

경골어류에서는 아가미의 혈액이 물의 흐름과 반대 방향으로 흐르는 역류 교환에 의해 기체의 확산이 극대화된다(**그림 42.3** 및 **그림 42.4**).

- 산소는 어류의 제한적인 혈액 기체이다

수중의 다양한 산소 농도로 인해 어류의 호흡이 유발된다.

- 피부호흡에는 항상 수분이 필요하다

많은 양서류와 몇몇 파충류는 기체 교환을 위해 피부호흡을 한다.

- 절지동물은 기관계가 존재한다

기관과 기관지는 공기를 세포로 직접 운반하는 호흡으로, 외부 환경과 연결된 일련의 작은 관이다. 기문을 열고 닫는 능력은 절지동물이 육상에서 번성할 수 있게 해준다.

42.3 폐

폐는 증발을 최소화하고 교환 막의 붕괴를 방지하기 위한 지지 조직을 포함함으로써 육상 생활에 잘 적응하도록 해준다.

- 공기 호흡은 기체의 분압을 이용한다

기체 분압은 각 기체에 대한 대기압의 비율을 나타낸다. 기체 교환을 일으키는 압력 차이를 제공한다.

- 양서류와 파충류는 다른 방식으로 호흡한다

양서류는 양압에 의해 공기를 폐로 밀어 넣고, 파충류는 음압을 이용하여 공기를 흡입한다(**그림 42.6**).

- 포유동물이 폐는 크게 증가된 표면적을 가진다

포유류 폐의 표면적은 방대한 모세관 망으로 둘러싸인 수많은 폐포로 인해 매우 넓다(**그림 42.7**).

- 조류의 호흡계는 매우 효율적이다

조류의 호흡기 시스템은 공기가 한 방향으로 흐르도록 한다. 공기는 2주기 과정으로 호흡기 시스템을 통과하므로 신선한 공기와 사용된 공기가 혼합되지 않는다(**그림 42.8**).

42.4 포유류 호흡기관의 구조, 기작, 조절

- 폐의 구조는 호흡 순환을 도와준다

기체 교환은 부분 압력의 차이에 의해 일어난다. 폐는 횡격막과 외부 늑간 근육의 수축으로 음압을 생성한다(**그림 42.11**).

- 환기 효율성은 폐의 용량과 호흡률에 달려 있다

정상적인 호흡률은 산소 및 이산화탄소의 분압을 일정한 범위 값으로 유지시킨다. 이산화탄소 수준은 호흡저하시 높아지고, 과호흡시 낮아진다.

- 환기는 중추신경계의 지배를 받는다

사람은 자발적으로 과소 또는 과다 호흡을 할 수 있지만 제한된 시간 동안만 가능하다.

- 포유류의 혈액 내에서 이산화탄소는 제한적 기체로 작용한다

산소의 농도는 공기 중에 상당히 일정하다. 호흡은 호흡조절중추의 뉴런, 주로 이산화탄소 농도를 감지하는 뉴런에 의해 시작된다.

- 호흡기 질병은 기체 교환을 제한한다

폐기종은 폐포벽이 망가질 때 발생하고, 호흡을 위해 많은 에너지가 소모된다. 폐암은 치명적이며 주로 흡연으로 인해 발생한다.

42.5 체액의 기체 운반

- 호흡색소는 산소와 결합하여 운반된다

헤모글로빈은 2개의 알파사슬과 2개의 베타사슬로 구성된 4개의 폴리펩타이드 사슬로 이루어져 있으며, 이들 각각은 산소에 결합할 수 있는 철이 함유된 헴 그룹이 존재한다(**그림 42.14**).

헤모글로빈은 혈장에 용해될 수 있는 것 이상으로 산소를 운반하는 혈액의 능력을 증가시킨다(**그림 42.15**).

- 헤모글로빈과 마이오글로빈은 산소를 저장한다

헤모글로빈에 의해 운반되는 대부분의 산소는 혈액에 남아 있으며 필요할 때 이용된다. 또한 근육세포의 마이오글로빈 분자는 헤모글로빈보다 더 낮은 분압에서도 산소를 간직하므로 여분의 산소 보유고가 된다.

- 헤모글로빈의 산소 친화력은 pH와 온도의 영향을 받는다

산소에 대한 헤모글로빈의 친화도는 pH가 감소하고 온도가 증가함에 따라 감소한다(**그림 42.16**). 따라서 더 낮은 pH와 더 높은 온도에서 더 많은 산소가 방출된다.

- 이산화탄소는 주로 탄산수소 이온의 형태로 수송된다

대부분의 이산화탄소는 적혈구로 확산되어 들어가고, 탄산무수화효소의 촉매로 물과 결합하여 탄산수소 이온을 형성한다.

연습문제

■1단계: 이해력 확인하기

1. 숨을 오랫동안 참는다면 몸 안의 CO_2 농도는 ______________, 체액의 pH는 ______________.
   a. 증가하고; 증가한다　　b. 감소하고; 증가한다
   c. 증가하고; 감소한다　　d. 감소하고; 감소한다
2. 척추동물에서 기체 교환의 효율성이 증가되는 원인이 아닌 것은 무엇인가?
   a. 피부호흡　　b. 단일 방향으로의 공기 흐름
   c. 혈액의 횡류　　d. 기관계의 연골로 된 고리
3. 이산화탄소가 폐로 수송되는 주요한 방법은 무엇인가?
   a. 혈장 내에서의 용해되어　　b. 헤모글로빈과 결합하여
   c. 일산화탄소로서　　d. 중탄산염으로서
4. 아가미는 어떤 동물에서 발견되는가?
   a. 어류　　b.양서류
   c. 수생 무척추동물　　d. a, b, c 모두
5. 피크의 법칙은 확산 속도가 무엇에 정비례한다고 나타내고 있는가?
   a. 혈관과 조직의 단면 사이의 면적차
   b. 막 안팎의 압력차 및 확산이 일어나는 면적
   c. 생물체의 내부와 외부 간의 압력차
   d. 기체 분자의 온도
6. 피부호흡에서 필요한 조건은 무엇인가?
   a. 수분과 혈관이 발달된 피부　　b. 아가미와 폐의 부재
   c. 산소가 풍부한 환경　　d. 낮은 온도
7. 다음 중 과호흡이 발생할 때는 언제인가?
   a. 급하게 호흡한 결과
   b. 산소 농도가 낮을 경우
   c. 1회 호흡량이 낮을 경우
   d. 이산화탄소의 분압의 낮을 경우
8. 대부분의 이산화탄소에 대한 설명으로 옳은 것은 무엇인가?
   a. 혈장에 용해된다.
   b. 헤모글로빈에 결합한다.
   c. 적혈구 내에서 물과 결합하여 탄산을 만든다.
   d. 호기 전에 폐에 저장된다.

■2단계: 적용력 평가하기

1. 심호흡을 할 때 위가 이동하는 이유는 무엇인가?
   a. 공기를 삼키는 것은 흉곽의 용적을 증가시킨다.
   b. 복강의 용적이 아니라 흉강의 용적이 필요하므로 위는 심호흡할 때 이동하지 않아야 한다.
   c. 복부근육의 수축으로 위가 밀려 올라가고 폐에 음압이 형성된다.
   d. 횡격막이 수축하여 아래로 이동하면서 복강에 압력이 가해지게 된다.
2. 바다 포유류는 물속에서 오랫동안 숨을 참을 수 있다. 그 이유는 무엇인가?
   a. 인간과는 달리 호흡이 저하되지 않는다.
   b. 이산화탄소의 분압이 물속에서 증가하지 않는다.
   c. 근육 조직 속의 마이오글로빈이 산소 저장을 한다
   d. 바다 포유류의 뇌는 대동맥소체와 목동맥소체에서 시작하는 자극에 반응하는 수용체를 가지고 있지 않다.
3. 역류 시스템이 폐에서는 발생하지 않는 이유는 역류의 어떤 점 때문인가?
   a. 흐르는 물에 있는 산소가 필요하기 때문에
   b. 어류에 제한되어 있기 때문에
   c. 움직이는 생물체에만 작동하기 때문에
   d. 이산화탄소가 있을 때는 작동하지 않기 때문에
4. 무척추동물과 척추동물의 호흡기관은 어떤 점에서 유사하다고 볼 수 있는가?
   a. 음압식 호흡을 사용한다.
   b. 역류계를 이용한다.
   c. 확산을 위해 표면적을 증가시킨다.
   d. 단일 방향으로 기관을 통한 공기의 흐름
5. 산을 오르는 사람이 높은 고도에서 어려움을 느끼는 이유는 무엇인가?
   a. 높은 고도에서는 산소 분압이 낮아지기 때문이다.
   b. 높은 고도에서는 이산화탄소가 많이 발생하기 때문이다.
   c. 높은 고도에서는 공기의 조성 성분의 비율이 달라지기 때문이다.
   d. 높은 고도에서는 낮은 온도로 인해 산소의 물질대사 활동을 제한하기 때문이다.
6. 운동 중에 더 많은 산소가 근육으로 운반되는 이유는 무엇인가?
   a. 활동하는 근육은 더 많은 이산화탄소를 생성하여 혈액의 pH를 낮춘다.
   b. 활동하는 근육은 열을 생성한다.
   c. a와 b 모두 맞다.
   d. a와 b 모두 아니다.

■3단계: 사고력 함양하기

1. 어류 아가미와 양서류, 조류, 포유류 폐의 작동과 효율성을 비교하여 설명하시오.
2. 운동을 할 때 주변 조직의 산소 요구가 급격하게 증가한다면 무슨 일이 발생하는가?
3. 세균, 고세균, 원생생물 그리고 많은 무척추동물이 어떻게 호흡기관 없이 생존할 수 있는지 설명하시오.

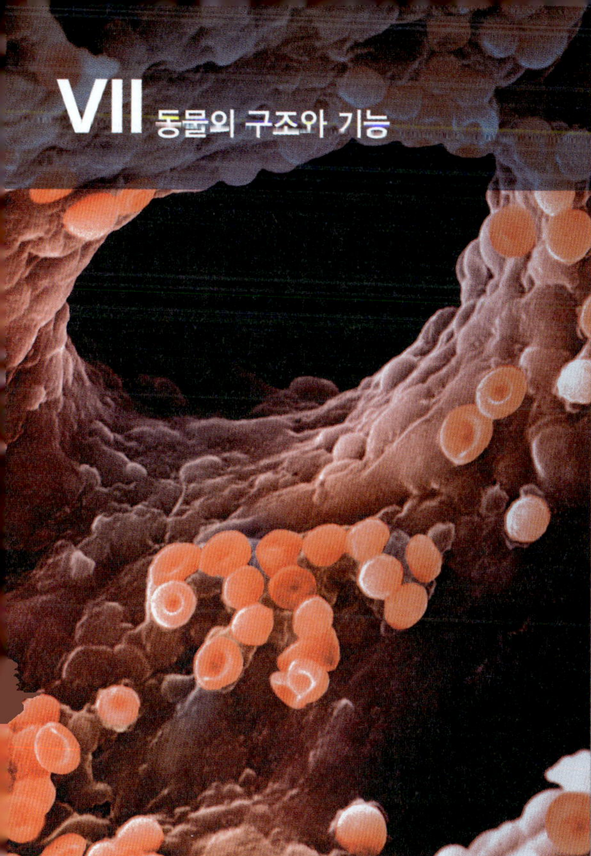

43

순환계

도입

다세포 생물체에서 호흡계에 의해 얻어진 산소와 소화계에 의해 처리된 영양분은 몸 전체의 세포로 운반된다. 동시에, 세포 내에서 생성된 이산화탄소 및 기타 폐기물은 신체로부터 제거하기 위해 호흡기, 소화기 및 비뇨기 계통으로 보내져야 한다. 이러한 작업은 순환계가 담당한다. 모든 다세포 생물체는 체액을 신체로 순환시키는 기관으로 심장을 가지고 있다. 많은 무척추동물은 체액이 체강을 통해 이동하는 열린 시스템인 개방순환계를 가진다. 척추동물도 이러한 순환계로 림프를 순환시키고 있으나, 1차적인 순환 체액은 혈액으로, 혈액은 혈관에 의한 폐쇄순환계를 통해 이동한다.

43.1 무척추동물의 순환계

학습 목표

1. 개방순환계와 폐쇄순환계를 구별하여 설명할 수 있다.
2. 혈림프를 정의할 수 있다.

다세포 무척추동물의 순환계의 특성은 개체의 크기, 복잡성 및 생활 습성에 따라 다르게 나타난다. 해면동물(sponges)과 대부분의 자포동물(cnidarians)은 주위에 있는 물을 순환액으로 사용한다. 해면동물에서는 물이 몸 안에 있는 일련의 통로를 통해 이동하며, 히드라(*Hydra*)속 및 다른 자포동물들에서는 물이 **위수강**(gastrovascular cavity)을 통해 순환한다(**그림 43.1***a*). 히드라속의 체벽은 2개의 세포층으로 되어 있고, 각 세포층이 외부 환경 또는 위수강에 직접 접해 있다.

회충이나 윤충 같은 의체강(pseudocoelom) 무척추동물은 의체강액을 순환액으로 사용한다(28장 참조). 이러한 무척추동물의 대부분은 아주 작거나 길고 가늘기 때문에 몸을 체액과 반대로 움직여 충분한 순환을 유지할 수 있으며, 체액은 몸 안의 조직과 장기에 직접 접촉한다. 그러나 더 큰 동물들은 여러 층으로 된 조직이 있어 많은 세포가 체표면 혹은 소화강과 너무 멀리 떨어져 있기에, 물질을 주위

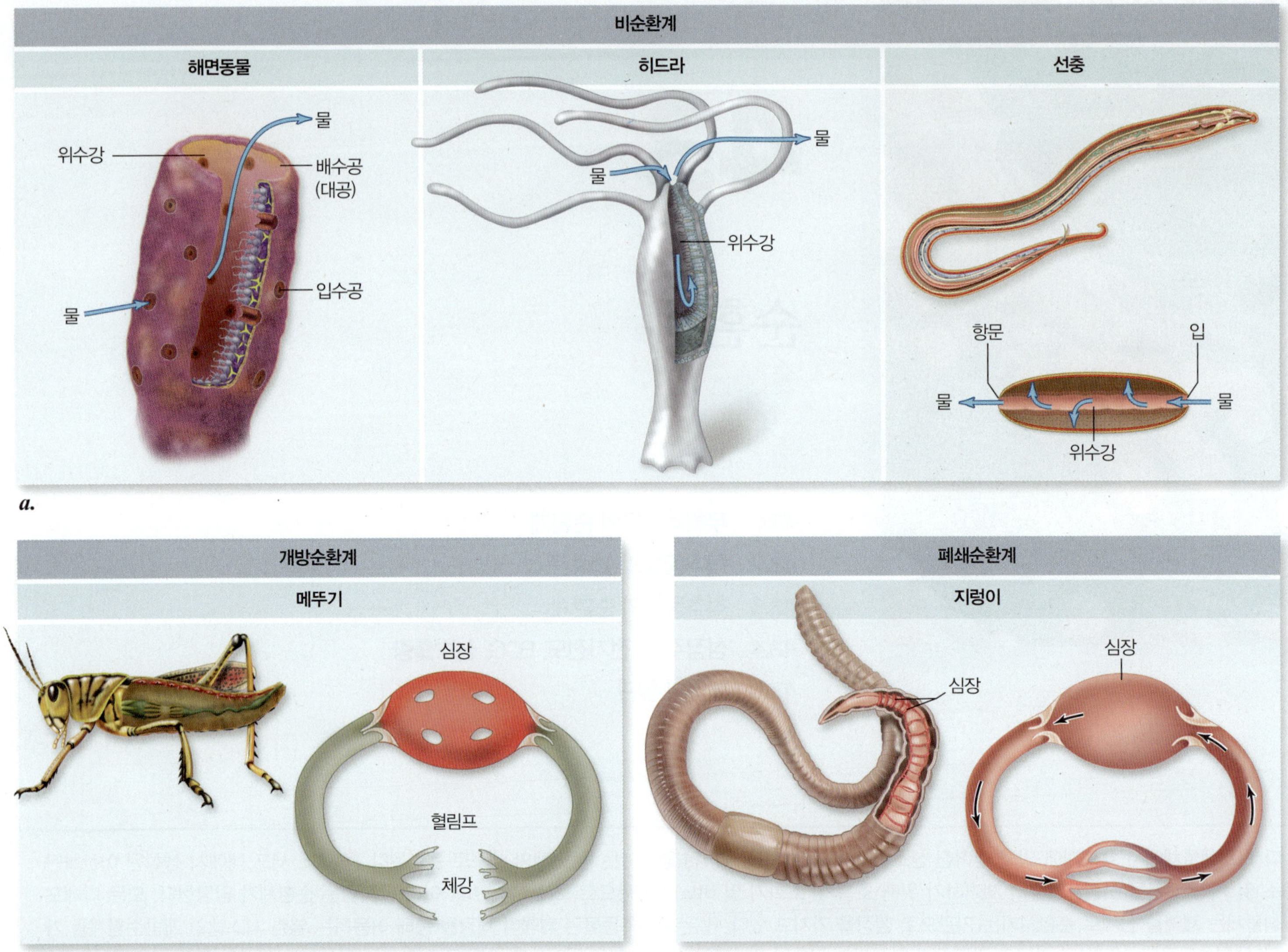

그림 43.1 동물계의 순환계.
a. 해면동물(왼쪽)은 분리된 순환계를 갖고 있지 않고, 많은 입수공과 하나의 배수공을 통해서 물을 순환시킨다. 히드라(가운데)의 위수강은 소화강에서 확산에 의해 조직세포에 직접 영양분을 보내는 소화계 및 순환계의 두 기능을 한다. 선충류(오른쪽)는 아주 가늘어 소화관이 순환계로도 이용될 수 있다. 동물의 크기가 커지면서 영양분을 조직으로 보내고 조직에서 노폐물을 받아들이는 분리된 순환계가 필요해진다. *b.* 곤충의 개방순환계에서 혈림프는 관형 심장에서 체강으로 밀려가고, 혈관으로 돌아오는 재순환을 한다. *c.* 지렁이의 폐쇄순환계에서 심장에서 밀려나온 혈액은 혈관계에 머무르다가 심장으로 가게 된다. 모든 척추동물은 폐쇄순환계를 갖는다.

환경과 직접 교환하기 어렵다. 그래서 산소 및 영양소가 순환계에 있는 내액(internal fluid)에 의하여 주위 환경과 소화강에서 몸의 세포로 운반된다.

개방순환계는 단일 방향으로 유체가 이동한다

순환계는 개방순환계(open circulatory system)와 폐쇄순환계(closed circulatory system)로 구분된다. **그림 43.1***b*에서처럼 대부분의 연체동물(molllusks)과 절지동물(arthropods)의 개방순환계에는 순환액과 체조직의 세포외액 사이에 구분이 없다. 따라서 이러한 액체를 **혈림프**(hemolymph)라고 부른다.

곤충에서는 근육질의 관 혹은 **심장**(heart)이 혈림프를 체강이나 체강 내의 망상구조의 관들로 보낸다. 이후 이들은 다시 몸 중앙의 체강으로 흘러간다.

폐쇄순환계는 폐쇄된 관 속에서 유체가 이동한다

폐쇄순환계에서는 순환액을 심장에서 멀리 보냈다가 다시 심장으로 되돌아오게 해주는 혈액이 혈관 내에 분포하고 있다(**그림 43.1***c*). 문어 같은 두족류(cephalopods) 연체동물 및 환형동물(annelids) 등의 몇몇 무척추동물 그리고 모든 척추동물은 폐쇄순환계를 갖고 있다(28장 참조). 지렁이 같은 환형동물에서는 등쪽 혈관이 규칙적으로 수축하여 펌프의 역할을 한다. 혈액은 또한 펄스 역할을 하는 5개의 작은 동맥을 통해 배쪽 혈관으로 들어간 후, 뒤쪽으로 이동하여 등쪽 혈관을 다시 만나 심장으로 되돌아온다. 각 동맥에서 모세혈관이 가지를 뻗어 지렁이의 조직에 산소와 영양소를 공급하고 노폐물을 제거해 준다.

핵심 요약 43.1

대부분의 무척추동물에서 개방순환계는 혈림프를 조직으로 내보내고 이들은 다시 중앙의 체강으로 들어간다. 폐쇄순환계는 심장과 같은 근육성 기관을 통해 액체를 순환시킨다. 무척추동물의 혈림프는 순환계와 세포외액 모두에 존재한다.

■ 곤충의 개방순환계에서 어떻게 혈림프가 심장으로 되돌아올까?

43.2 척추동물의 혈액 구성

학습 목표

1. 순환하는 혈액의 기능에 대하여 서술할 수 있다.
2. 혈구세포의 형태를 구분할 수 있다.
3. 혈액응고 과정에 대해 설명할 수 있다.

혈액은 척추동물의 결합조직으로, **혈장**(plasma)이라고 불리는 액상 기질과 **혈소판**(platelets) 및 그 밖의 다양한 형태의 세포를 포함하고 있다. **그림 43.2***a*와 **43.2***b*는 포유류와 어류의 혈액 조성 차이를 보여준다.

순환하는 혈액은 다음과 같은 여러 가지 기능을 지니고 있다.

1. **수송**: 세포의 대사에 필수적인 모든 물질은 혈액을 통하여 운반된다. 적혈구는 헤모글로빈에 결합되어 있는 산소를 운반하고, 영양분은 혈장에 의해 때로는 운반체와 결합하여 운반된다. 대사작용에서 만들어진 노폐물은 혈액이 간과 신장을 통과할 때 제거된다.
2. **조절**: 순환계는 내분비샘에서 만들어진 조절호르몬을 운반하고, 체온 조절에도 관여한다. 상피 아래 체표면 근처에 있는 혈관이 필요에 따라 수축하거나 이완되면 열이 보존되거나 방출된다.

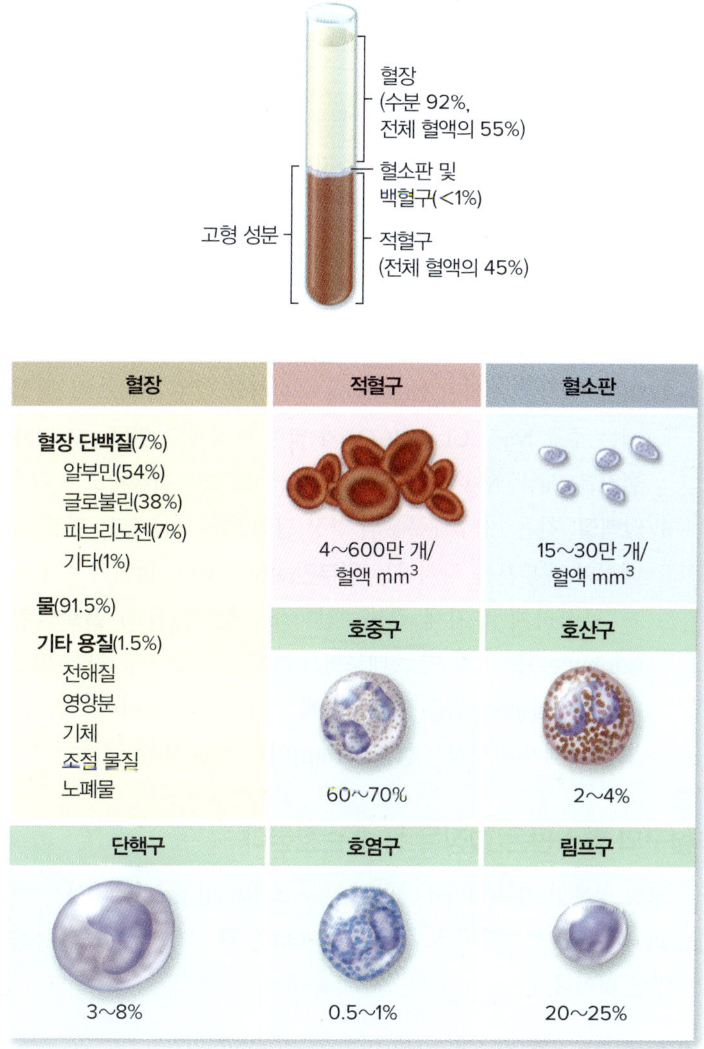

a.

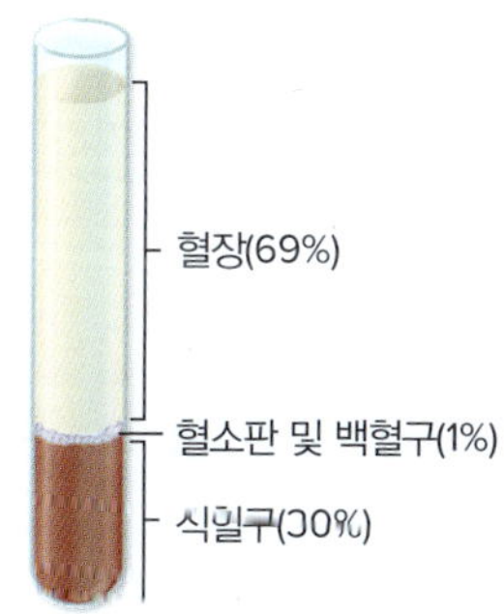

b.

그림 43.2 혈액의 구성.
a. 포유류의 혈액. *b.* 어류의 혈액.

3. **방어**: 순환계는 외상 및 몸 안으로 들어오는 미생물 또는 독소에 대항하여 신체를 방어한다. 혈액 응고는 혈관이 파손되었을 때 혈액의 손실을 막아 준다. 백혈구는 바이러스 및 세균과 같은 침입자를 무력화시킨다(45장 참조).

혈장은 액상 기질이다

혈장(blood plasma)은 혈액 속의 고형 성분인 혈구와 혈소판이 현탁되어 있는 액상 기질이다. 혈장은 92%가 물로 구성되지만, 다음과 같은 용질들을 함유하고 있다.

1. **영양소, 노폐물, 호르몬**: 혈장에는 섭취한 음식물의 소화에 의해 만들어진 포도당, 아미노산 및 지방산 그리고 바이타민 등 세포가 사용할 영양소들이 녹아 있다. 또한 세포의 대사작용 결과로 만들어진 질소화합물 및 이산화탄소 같은 노폐물도 혈액에 녹아 있다. 내분비샘에서 분비되는 호르몬도 혈류를 통해 표적 세포로 운반된다.
2. **이온**: 혈장은 희석된 염(salts)을 포함하고 있는 용액으로, 혈장에는 주로 Na^+, Cl^-, HCO_3^-가 많이 분포하고 있다. 그 외에 혈장은 Ca^{2+}, Mg^{2+}, Cu^{2+}, K^+, Zn^{2+}도 소량 함유하고 있다.
3. **단백질**: 간은 거의 대부분의 혈장 단백질을 생산한다. 혈장 단백질의 대부분을 차지하는 **알부민**(albumin)은 혈액의 삼투압을 일정하게 유지해 주며, 알파(α) 및 베타(ß) **글로불린**(globulins)은 지방 및 스테로이드 호르몬을 운반해 준다. **피브리노젠**(fibrinogen)은 혈액응고에 필요한 단백질이며, 피브리노젠이 제거된 혈장은 **혈청**(serum)이라고 부른다.

혈구와 혈소판은 혈장을 통해 순환한다

고형 성분인 혈구(blood cell)와 세포 조각(cell fragment)에는 적혈구, 백혈구, 혈소판이 포함된다. **표 43.1**은 각 고형 성분의 기능을 나열한 것이다.

적혈구

혈액 1 μL에는 약 500만 개의 **적혈구**(red blood cells 또는 erythrocytes)가 들어 있다. 혈액의 전체 부피에서 적혈구가 차지하는 부분을 **헤마토크리트**(hematocrit)라고 하는데, 사람의 헤마토크리트는 약 45%이다.

적혈구는 가운데가 움푹 파인 도넛 모양이다. 성숙한 포유동물의 적혈구는 핵을 지니지 않는다. 척추동물의 적혈구는 산소와 결합하여 이를 운반하는 단백질인 헤모글로빈(hemoglobin)을 함유하고 있으며, 그에 대해서는 앞 장의 호흡에 자세하게 기술되어 있다. 척추동물에서 헤모글로빈은 적혈구에서만 볼 수 있으며, 무척추동물은 적혈구와 헤모글로빈은 갖고 있지 않으나 헤모사이아닌(hemocyanin)이라는 단백질이 산소를 운반한다.

백혈구

백혈구(white blood cells 또는 leukocytes)는 사람의 혈액 세포 중 1% 미만이며, 적혈구 1000개당 1개 또는 2개의 백혈구가 있다. 백혈구는 적혈구보다 크며 핵을 가지고 있다.

적혈구처럼 혈액 내에 한정되어 있는 것이 아니라, 모세혈관에서 나와 세포 간 공간을 통해 주위의 조직액으로 이동할 수 있다.

백혈구의 형태는 다양하며, 45장에 설명한 것처럼 몸 안에 침입한 미생물 및 이물질에 대항하는 역할을 한다. **과립형 백혈구**(granular leukocyte)에는 **호중구**(neutrophil), **호산구**(eosinophil), **호염구**(basophil)가 있다. 이들의 이름은 세포질 내에 있는 과립의 염색 특성에 따라 붙여진 것이다. **무과립형 백혈구**(nongranular leukocyte)에는 단핵구(monocyte)와 **림프구**(lymphocyte)가 있다. 사람 백혈구의 경우 호중구가 가장 많고 이어서 림프구, 단핵구, 호산구 및 호염구의 순으로 존재한다.

혈소판

혈소판(platelet)의 지름은 약 3 μm이며, 골수(bone marrow)에 있는 큰 세포가 핵을 잃어버리면서 만들어진 세포 조각을 일컫는다. 액틴과 마이오신을 함유하고 있는 혈소판은 상처에 대한 반응으로 방출되며 혈액 응고 과정에 필수적이다. 피브린과 함께 작용하여 혈소판 마개를 형성하고, 상처의 가장자리를 수축하여 당긴다.

표 43.1 혈액의 고형 성분

성분	기능
적혈구	산소와 이산화탄소의 운반
백혈구	
과립형 백혈구	
호중구	식세포작용
호산구	앨러지 반응과 기생충 감염에 중요
호염구	염증 반응시 혈관 확장을 위해 히스타민 방출
무과립형 백혈구	
림프구	항체를 만들어 외부 침입자를 죽이거나 파괴
단핵구	혈액을 떠나 다른 조직으로 이동이 가능한 크기가 큰 대식세포
혈소판	혈액 응고에 관여

혈액 응고는 효소 연쇄반응의 한 예이다

혈관이 터지거나 상처가 나면, 혈관벽에 있는 평활근이 수축하여 혈관이 수축하게 되면서 혈소판이 상처 부위에 축적되고 서로 결합하여 주위 조직에 붙으면서 마개(plug)를 형성한다(**그림 43.3**). 효소 연쇄반응(cascade of enzyme reaction)은 혈소판, 혈장에 있는 응고 인자 그리고 손상된 조직에서 방출되는 물질에 의하여 시작된다.

혈관에 상처가 생기면 간에서 **프로트롬빈**(prothrombin)이 혈액으로 방출된다. 프로트롬빈이 트롬빈(trombin)으로 활성화되면, 피브

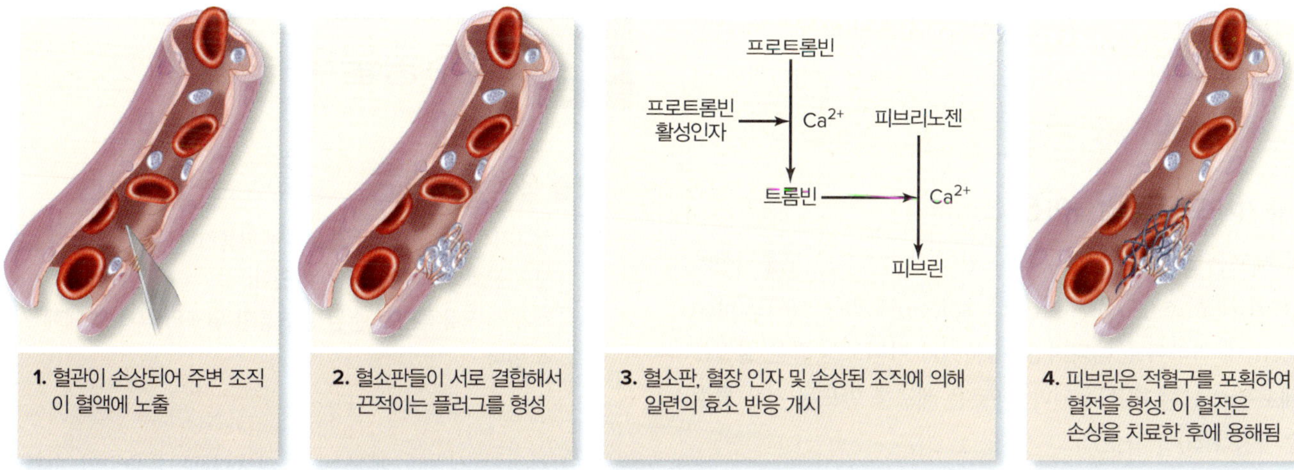

그림 43.3 혈액 응고.
피브린은 혈장에서 수용성 단백질인 피브리노젠으로부터 형성된다. 이 반응은 효소인 트롬빈에 의해 촉매되며, 트롬빈은 혈소판, 혈장 인자 및 손상된 조직에서 방출된 분자의 존재하에 프로트롬빈이라는 비활성 효소로부터 전환된다. 트롬빈의 활성화는 혈관이 손상될 때 혈전을 생성하는 일련의 효소 반응의 마지막 단계이다.

리노젠(fibrinogen)이 트롬빈에 의해 불용성의 **피브린**(fibrin)으로 전환되면서 응집되어 혈액 응고가 일어난다. 혈소판 마개(platelet plug)는 피브린 섬유에 의하여 더 강해지면서 단단한 덩어리를 형성한다. 혈소판 마개 및 피브린망에 갇힌 적혈구에 의해 혈전(blood clot)이 형성된다.

일단 조직 손상이 치유되면 혈액 응고 덩어리의 용해과정이 일어

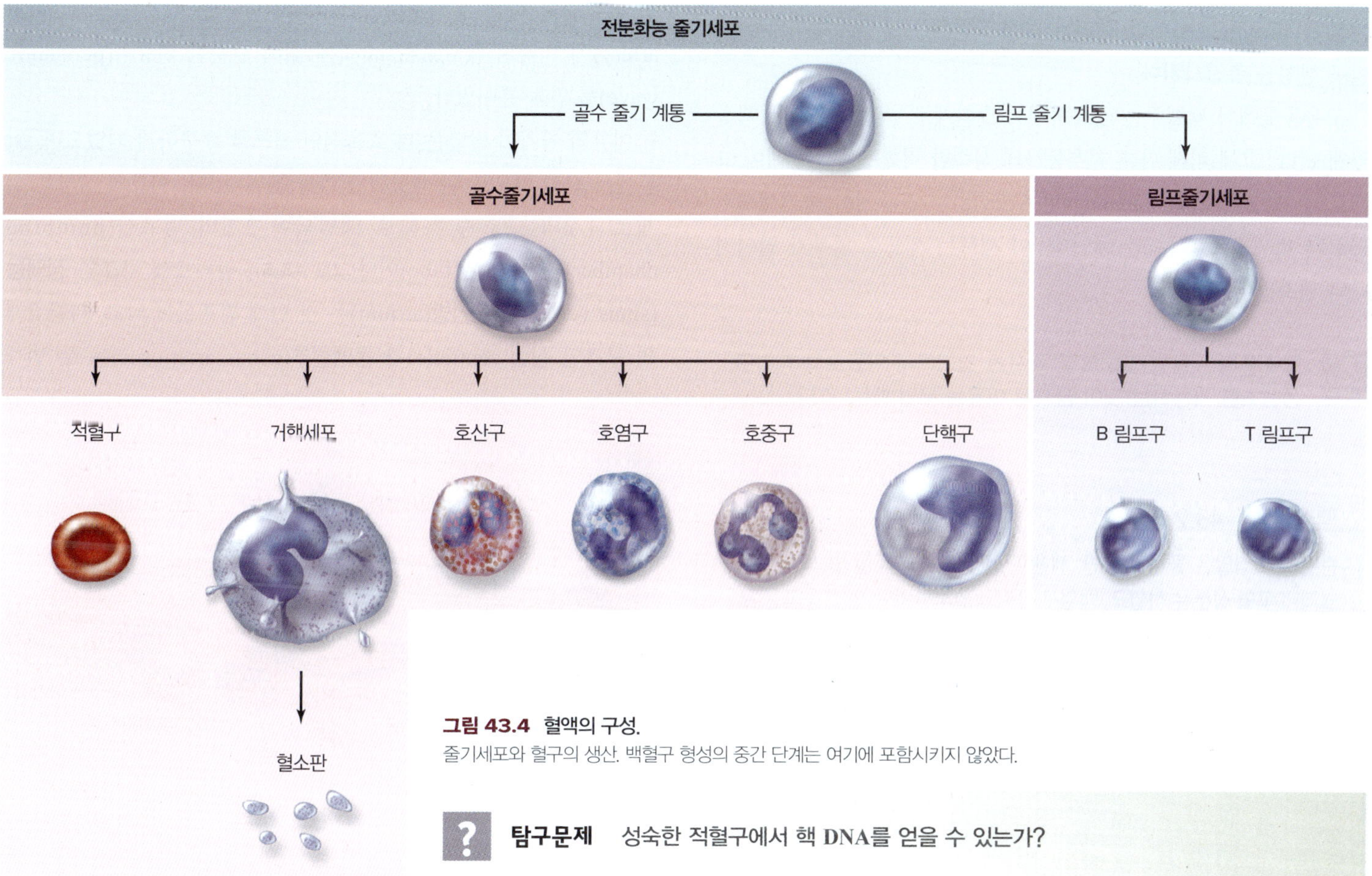

그림 43.4 혈액의 구성.
줄기세포와 혈구의 생산. 백혈구 형성의 중간 단계는 여기에 포함시키지 않았다.

탐구문제 성숙한 적혈구에서 핵 DNA를 얻을 수 있는가?

나는데, 이 과정에서 응고 덩어리가 떨어져 혈류를 따라 흐르게 되면 뇌혈관을 막을 수 있어 뇌졸중(stroke)이나 심장에서 심장마비를 일으킬 수도 있다.

혈구는 줄기세포에서 만들어진다

혈액의 세포는 모두 일정한 수명이 있어 계속적으로 보충되어야 한다. 노화된 세포 조각들은 지라(비장, spleen)에 있는 식세포(phagocytic cell)에 의하여 분해되지만, 철분이나 아미노산 같은 물질은 새로운 세포를 만드는 데 이용된다. 새로운 세포를 만드는 것은 골수에서 이루어진다(40장 참조).

모든 세포는 **전분화능 줄기세포**(pluripotent stem cell)에서 발생한다(17장 참조). 골수(bone marrow)에서 혈구가 만들어지는 과정은 **혈구생성**(hematopoiesis)이라고 부르는데, 이 과정에서 제한적 운명을 갖는 2가지 줄기세포(stem cell)가 만들어진다. 림프줄기세포(lymphoid stem cell)에서는 림프구(lymphocytes)가 만들어지고, 골수줄기세포(myeloid stem cell)에서는 림프구 이외의 다른 혈구가 만들어진다(**그림 43.4**).

혈액 내에 이용 가능한 산소의 양이 감소하면, 신장에서 당단백질(glycoprotein)인 **적혈구생성소**(erythropoietin)가 분비되어 **적혈구 생성**(erythropoiesis)이라 불리는 과정을 통해 골수줄기세포에서 적혈구 생성을 촉진시킨다.

포유동물에서 적혈구는 성숙하면서 순환계로 방출되기 전에 핵을 잃게 된다. 그에 비해 다른 척추동물의 성숙한 적혈구에서는 핵이 그대로 존재한다. **거핵세포**(megakaryocyte)는 골수에서 줄기세포가 혈소판 모세포로 되는 한 예인데, 이 세포는 세포질 일부가 떨어져 나와 혈소판이 된다.

? **탐구문제** 올림픽과 몇몇 스포츠 경기에서 약물로서 적혈구 생성소를 사용하는 것이 금지된 이유는 무엇 때문인가?

핵심 요약 43.2

순환계의 역할은 물질의 운반, 체온과 신체 기능의 조절 및 보호이다. 혈액내 고형 성분은 적혈구, 백혈구 그리고 혈소판이다. 혈액 응고는 피브리노젠으로부터 불용성 피브린을 형성하기 위해 혈장 인자들과 혈소판에 의해 개시되는 효소의 연쇄반응을 포함한다.

- 혈전은 어떻게 만들어질까?

43.3 척추동물의 순환계

학습 목표

1. 창고기류에서 조류 및 포유류에 이르기까지 심방으로 구성된 심장의 진화에 대해 설명할 수 있다.
2. 조류와 포유류에서 순환계를 통한 혈액의 흐름에 대해 기술할 수 있다.

크고 복잡한 심장과 폐쇄순환계의 진화로 효율적인 순환이 이루어지게 되었다. 척추동물은 순환기와 호흡기를 연결하는 일련의 순환과정으로 진화해왔고, 이에 따라 물에 사는 동물과 육지에 사는 동물들의 다양화와 몸 크기의 진화가 일어났다.

어류는 아가미를 통해 더 효율적으로 순환계를 발전시켰다

척추동물의 조상인 척삭동물(chordates)은 현재 창고기류(lancelets)에서 볼 수 있는 관형 심장(tubular heart)과 유사한 단순한 관형 심장을 갖고 있었던 것으로 여겨지고 있다(29장 참조). 이들에게서 심장은 단지 다른 동맥보다 근육이 더 발달한 배쪽 동맥(ventral artery)에 지나지 않았으며, 수축에 의해 단순한 연동파(peristaltic wave)를 만들 뿐이었다.

어류의 아가미 발달은 더 효율적인 펌프를 요구하게 되었으며, 어류에서 진짜 방으로 된 심장의 진화를 볼 수 있다. 어류의 심장은 실제로 4개의 구조가 차례로 배열되어 2개의 펌프실(pumping chamber)을 가진 관(tube)이다(**그림 43.5**). 앞의 2개 구조인 **정맥동**(sinus venosus)과 **심방**(atrium)은 첫 번째 펌프실이 되고, 다른 2개의 구조인 **심실**(ventricle)과 **동맥원추**(conus arteriosus)는 두 번째

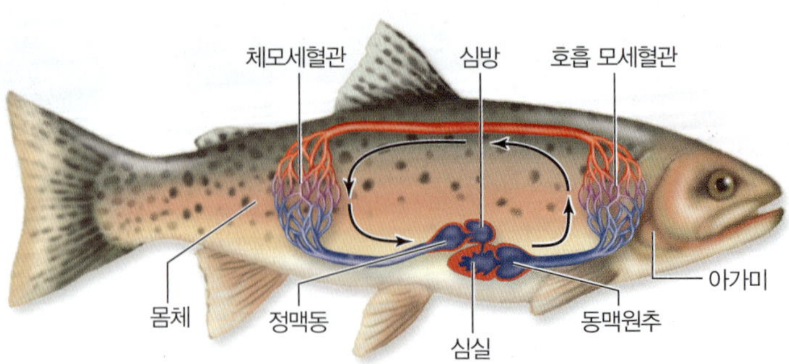

그림 43.5 어류의 심장과 순환.
정맥동, 심방, 심실 및 동맥원추의 순으로 되어 있는 어류의 심장은 심방 및 심실의 두 곳에서 혈액을 펌프한다. 혈액은 심장을 떠나 아가미를 지나서 전신으로 간다. 산소가 풍부한 혈액은 붉은색으로, 산소가 부족한 혈액은 푸른색으로 표시하였다.

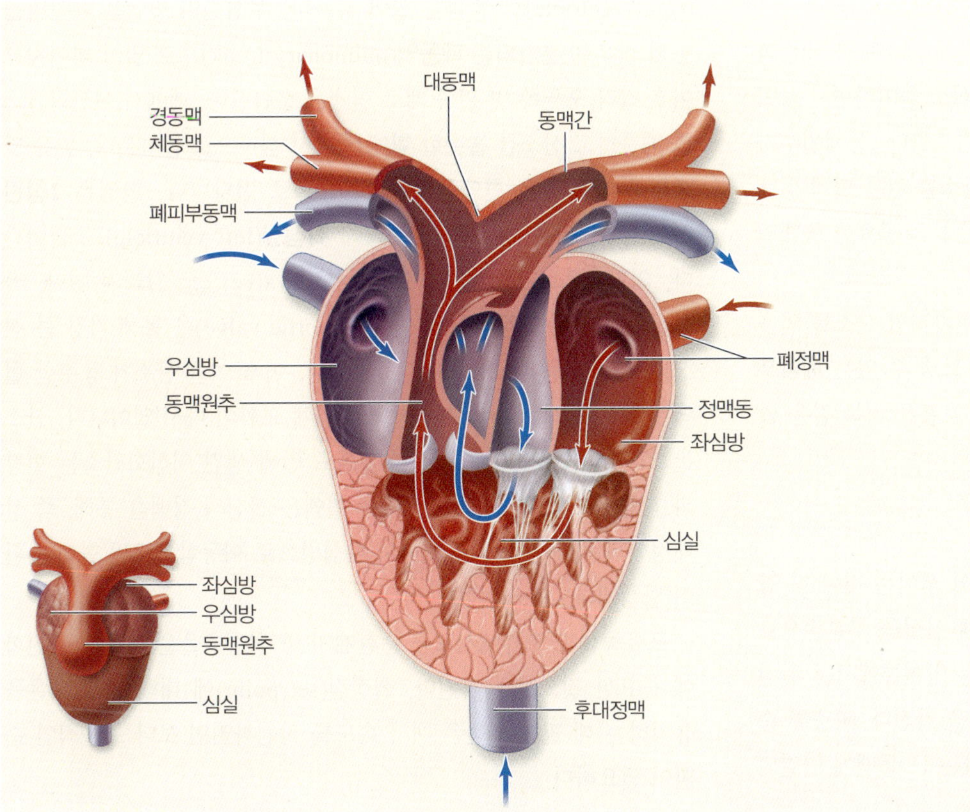

a.

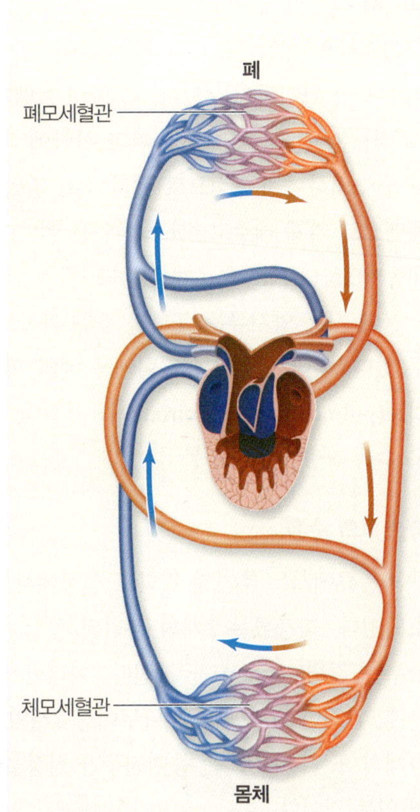

b.

그림 43.6 양서류의 심장과 순환.
a. 개구리는 2개의 심방과 하나의 심실로 된 3방 심장으로 혈액을 폐와 전신으로 보낸다. *b.* 서로 섞일 가능성이 있으나, 산소를 얻은 혈액(붉은색 선)과 산소를 잃은 혈액(푸른색 선)은 온몸을 돌아 폐로 갈 때 거의 섞이지 않는다. 또한 피부를 통한 기체 교환으로 혈액은 산소를 얻게 된다.

펌프실을 이룬다. 정맥동이 먼저 수축하면, 이어서 심방, 심실, 그리고 동맥원추의 순으로 수축한다.

모든 척추동물에서 이러한 구조를 비교해 보면 위치적인 차이에도 불구하고, 이 심박동의 순서는 그대로 유지되고 있다. 어류에서 수축을 일으키는 전기 자극은 정맥동에서 시작되고 다른 척추동물에서 전기 자극은 정맥동과 유사한 구조인 **동방결절**(sinoatrial node, SA node)에 의하여 시작된다(**그림 43.8** 참조).

정맥동에서 나온 혈액은 아가미를 지나면서 산소를 흡수한다. 아가미를 지난 혈액은 동맥의 네트워크를 통해서 몸의 다른 부위로 흐르고, 최종적으로 정맥동으로 돌아온다. 이 단순한 순환에는 심각한 문제가 있는데, 혈액이 아가미에 있는 모세혈관을 지나면서 혈압이 급격히 떨어진다는 것이다. 혈압이 떨어지면 아가미에서 몸의 다른 곳으로 가는 순환이 지연되어 조직으로의 산소공급이 제한될 수 있다.

양서류와 대부분의 파충류는 분리된 순환계인 폐를 가진다

양서류에 폐(lung)가 생긴 것은 두 번째의 펌핑 회로의 형성으로 혈액순환 형태에 큰 변화를 가져 왔다(42장 참조). 혈액이 심장에 의해 **폐동맥**(pulmonary arteries)을 통해 폐로 들어가면 혈액은 몸의 다른 조직으로 가지 않고 **폐정맥**(pulmonary veins)을 통하여 심장으로 다시 돌아온다. 혈액은 다시 심장을 떠나 다른 조직을 순환하게 된다. 이것을 **2중순환**(double circulation)이라고 한다. **폐순환**(pulmonary circulation)에 의해 혈액은 심장과 폐 사이를 순환하고, **체순환**(systemic circulation)을 통해 혈액은 심장을 통해 온몸을 순환한다. 이 부분은 이 장의 마지막에서 자세히 알아본다.

양서류의 순환

폐에서 산소를 얻은 혈구는 다른 조직에서 돌아오는 산소를 잃은 혈구와 심장에서 섞이지 않고 직접 조직으로 간다. 양서류의 심장은 현저하게 이러한 혼합을 줄일 수 있는 2가지의 구조적 특성을 지니고 있다(**그림 43.6**). 첫째, 심방이 2개의 소실로 나뉘어져 있어 우심방은 체순환에서 산소를 잃은 혈액을 받아들이고, 좌심방은 폐에서 오는 산소를 얻은 혈액을 받아들인다. 따라서 이 두 종의 혈액은 심방에서 섞이지 않는다.

양서류의 심장에는 하나의 심실이 있기 때문에 폐순환과 체순환의 분리가 완전하지는 않다. 각 방의 혈액이 심실로 들어가면서 섞이는 정도는 심실 벽에 있는 판과 판막에 의해 감소한다. 동맥원추가 판막에 의하여 부분적으로 분리되고, 판막이 산소를 잃은 혈액이 폐동맥으로 가게 해주고, 산소를 얻은 혈액이 체순환의 중요한 동맥인 **대동맥**(aorta)으로 흐르게 해준다.

물에 사는 양서류는 표피를 통한 확산으로 추가적인 산소를 얻을 수 있다. 따라서 양서류는 혈액을 폐와 피부로 보낼 수 있는 **폐피부회로**(pulmocutaneous circuit)를 가진다. 피부 호흡은 거북 같은 많은 수생 파충류에서도 볼 수 있다.

파충류의 순환

파충류에서는 추가적 진화로 심장에서 혈액이 섞이는 것이 더 감소되었다. 파충류는 2개의 분리된 심실 이외에 심실을 부분적으로 나누는 격벽(septum)을 가진다. 이러한 분리는 악어류에서는 완전한데, 완전한 격벽에 의해 나누어진 2개의 심실을 가진다. 파충류 순환계의 또 다른 진화는 동맥원추가 심장을 떠나는 큰 동맥에 연결되어 있는 것이다.

포유류, 조류 및 악어류는 4개의 방이 왼쪽과 오른쪽으로 나눠져 있다

포유류, 조류(birds) 및 악어류는 2개의 분리된 심방과 2개의 분리된 심실로 구성된 4개의 방으로 이루어진 심장을 갖고 있다(**그림 43.7**). 조류와 악어류의 심장은 약간의 차이를 보이지만, 전반적으로는 아주 비슷하다. 이는 조류와 악어류의 가까운 진화과정을 생각하면 놀라운 일이 아니다(**그림 43.8**).

4방체계를 통한 순환

척추동물에서 혈액은 단일 방향의 연속적인 전도 시스템에서 흐른다. 4개의 심방은 "2중 펌프"에 의해 혈액의 역류가 방지된다(**그림 43.7**). 3개의 방이 있는 심장(양서류와 대부분의 파충류)을 가진 척추동물과 마찬가지로 기체 교환과 관련하여 **폐순환**(pulmonary)과 **체순환**(systemic)을 생각해 보자. 폐순환은 심장과 폐 사이의 혈액 흐름인데 반해, 체순환은 심장과 다른 모든 신체 조직 사이의 혈액 흐름이다. "순환"계이기 때문에 진정한 시작이나 끝이 없다. 그러나 시작해야 할 논리적인 장소는 바로 심방이다. 심방은 2개의 큰 정맥인 **상대정맥**(superior vena cavae)과 **하대정맥**(inferior vena cavae)에서 산소가 부족한 혈액을 공급받는다. 그런 다음 **3첨판**[tricuspid valve 또는 right atrioventricular(AV), 우측 방실판]을 통해 **우심실**(right ventricle)로 혈액을 밀어 넣는다. 우심실의 혈액은 폐판막을 통해 좌우로 분기되는 **폐동맥**(pulmonary trunk)으로 밀어 넣어지고 이후 각각 오른쪽 및 왼쪽 폐로 혈액을 운반한다. 폐에서 이산화탄소를 배출하고 산소를 흡수한 혈액은 다시 심장으로 돌아온다. 왼쪽 및 오른쪽 폐정맥은 혈액을 왼쪽 심방으로 전달한다. 혈액은 **2첨판**(bicuspid, 좌측 방실판)을 통과해 **좌심실**(left ventricle)로 들어간다. 의학적으로 2첨판은 **승모판**(mitral valve)으로 알려져 있다. 좌심실의 혈액은 **대동맥 판막**(반월판, aortic valve)을 통해 가장 큰 전신 동맥인 **대동맥**(aorta)으로 들어간다. 이후 이들 산소가 풍부한 혈액은 모든 신체 조직으로 전달되고 기체 교환이 다시 일어난다. 산소는 조직에서 해리되고 세포 호흡으로 인해 생긴 이산화탄소는 혈장과 적혈구로 들어간다. 그런 다음 혈액은 전신의 정맥을 통해, 즉 상대정맥과 하대정맥을 통해 다시 우심방으로 이동함으로써 혈액 순환이 완성된다.

포유동물과 조류에서 **2**중 순환계의 증가된 효율은 내온성의 진화에 중요한 것으로 생각된다. 설정점(set point)에 대해 내부 체온을 유지하는 데 필요한 높은 대사 속도를 지원하려면 보다 효율적인 순환이 필요하다.

척추동물 심장의 진화역사에서 정맥동은 심장박동 신호가 개시되는 위치인 박동원(pacemaker)으로 사용되었다. 정맥동은 어류 심장의 주요 방을 구성하지만, 양서류에서는 그 크기는 줄어들었고 파충류에서는 더 줄어들었다(**그림 43.8**). 포유류와 조류에서 정맥동은 더 이상 별도의 방으로 존재하지 않지만, 일부 조직은 우심방의 벽에 남아 있다. 이 조직을 동방결절[sinoatrial(SA) node]이라고 하는데, 43.4절에서 설명된 대로 심장박동이 시작되는 부위이다.

> **핵심 요약 43.3**
>
> 심장은 척삭동물의 혈관 근육 부위에서 시작하여 어류의 2방 심장, 양서류와 파충류의 3방 심장, 그리고 악어, 조류 및 포유류의 4방 심장으로 진화했다. 산소가 부족한 혈액은 우심방에서 우심실로 그리고 폐로 폐순환한 후 좌심방으로 이동한다. 산소가 공급된 혈액은 좌심방에서 좌심실로 그리고 전신으로 체순환한 후 우심방으로 이동한다.
>
> ■ 생리학적으로 심실의 분리는 어떤 장점이 있을까?

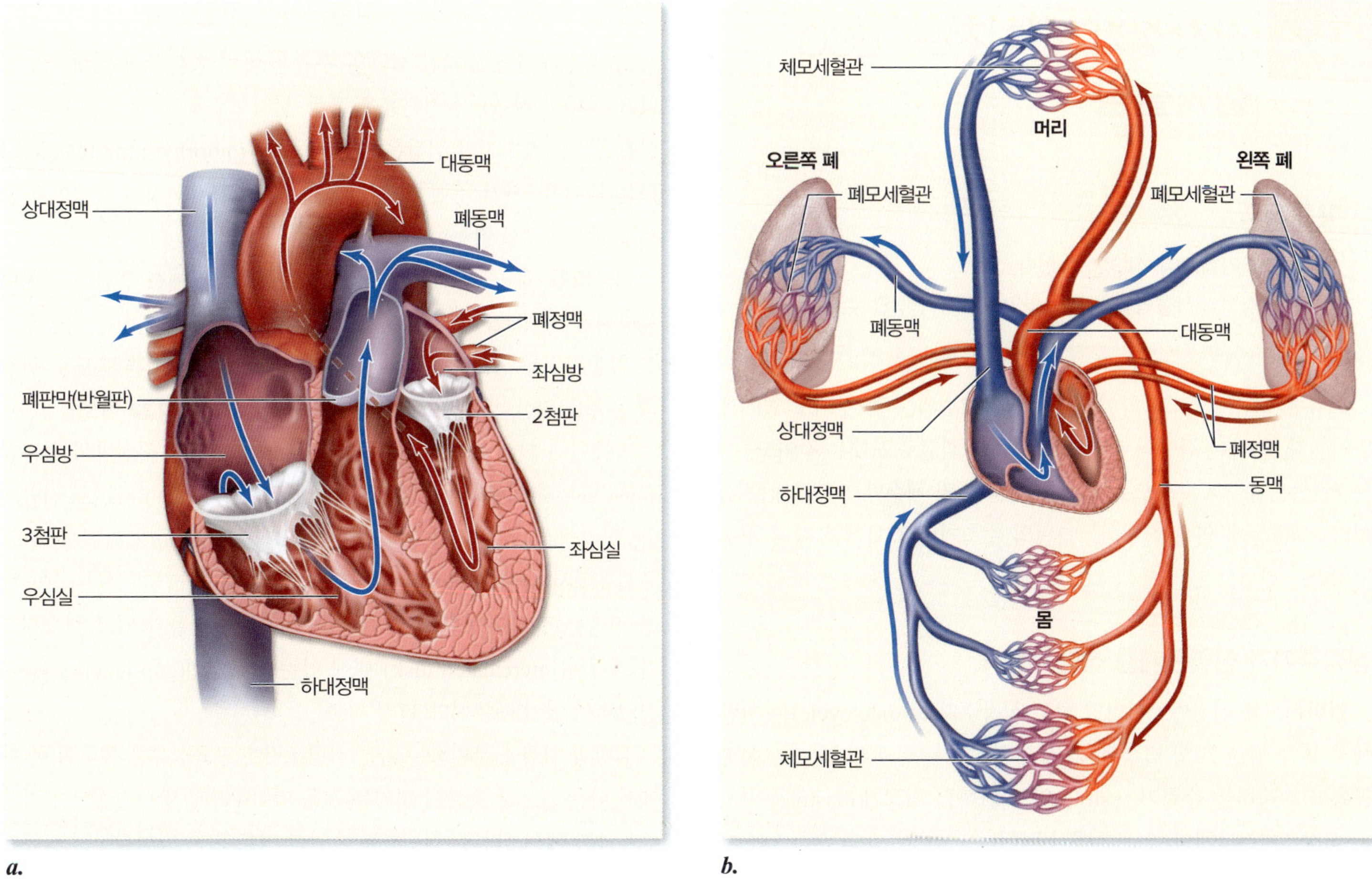

그림 43.7 포유류와 조류의 심장과 순환.
a. 4방체계 심장을 흐르는 혈액의 경로. *b.* 우측 심장은 산소를 잃은 혈액을 받아 폐로 보낸다. 좌측 심장은 산소를 얻은 혈액을 받아서 온몸으로 보낸다. 이 과정에서 폐순환과 체순환은 완전히 분리되어 있다.

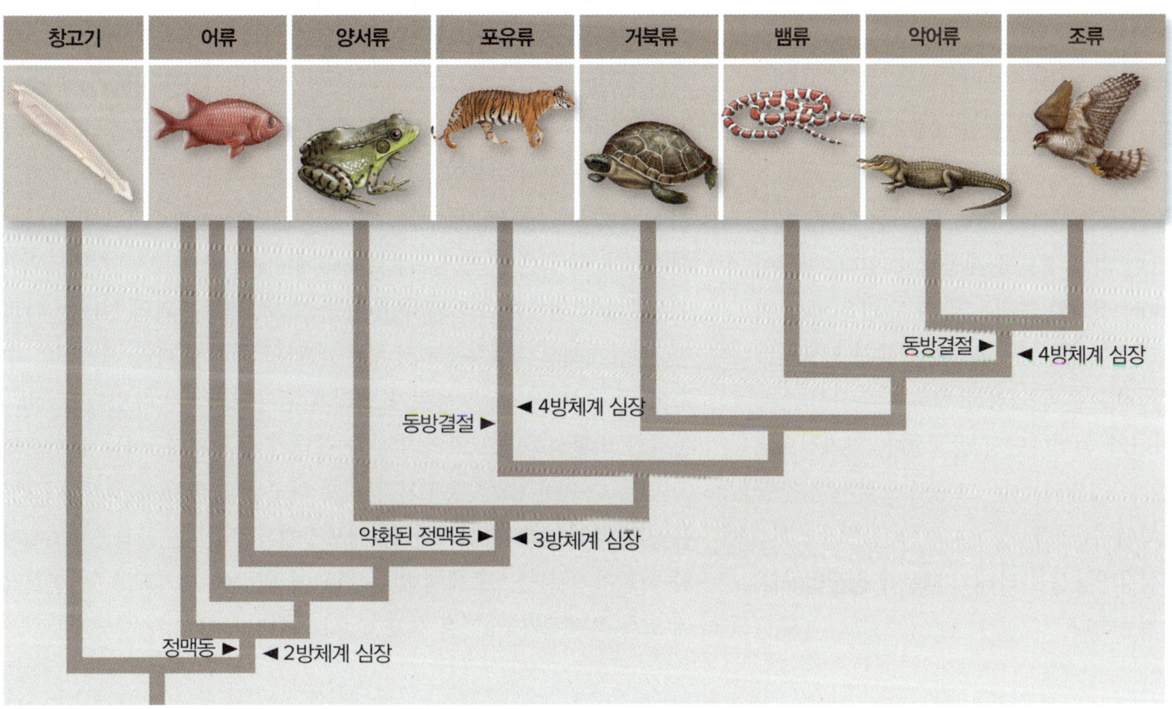

그림 43.8 척추동물의 심장의 진화.
포유류와 조류의 4방체계 심장은 유사하지만 각각 따로 진화하였다.

43.4 심장주기, 전기전도, ECG, 심박출량

학습 목표

1. 심장주기에 대해 설명할 수 있다.
2. 동방결절의 자율박동 세포의 역할에 대해 설명할 수 있다.

포유류, 조류 그리고 악어류의 심장은 2번의 수축 주기로 혈액을 밀어낸다. 하나는 심방의 수축으로 혈액을 심실로 보내는 것이고, 다른 하나는 심실의 수축으로 혈액을 폐순환 및 체순환으로 보내는 것이다. 심박동에 의해 진행되는 2번의 수축기와 휴식기를 합쳐 심장주기라고 한다.

심장주기가 심혈관계를 작동시킨다

일반적으로 심장박동이라고 하는 심장주기(cardiac cycle)는 사람에서 분당 평균 70회 발생한다. 심장주기는 두 단계가 있는데, 심장근육이 수축하는 **수축기**(systole)와 이완하는 **확장기**(diastole)이다. 즉 심장주기는 4개의 방 모두에서 일어나는 심장근육의 수축기와 확장기로 정의할 수 있다.

또한, "룹-둡"이라고 하는 2가지 주요 소리가 심장박동과 관련되어 있는데, 이들 소리는 밸브를 닫는 동안 발생되는 혈액의 난기류때문이다. 첫 번째 소리인 "룹"은 AV(방실판, 즉 2첨판 및 3첨판) 밸브가 닫혔음을 나타낸다. 이 소리는 두 소리 중 더 깊고 부드러운데, 심실 비우기의 시작과 일치한다(**그림 43.9**). 그 다음에는 더 크고 짧은 "둡" 소리는 폐 및 대동맥 판막의 닫힘 및 심실 채우기의 시작과 관련이 있다.

이들 심장 소리는 흉골 부위에 청진기를 대면 들을 수 있다. 이것은 의사에게 잠재적으로 중요한 의료 정보를 제공할 수 있다. 이상이 있는 경우 **웅얼거리는**(murmur) 것처럼 들리는데, 그 원인은 종종 판막이 빨리 닫히거나 단단히 닫히지 않는 등 혈액의 역류를 일으키는 판막 결함과 관련되어 있다. 예를 들어, 2첨판 탈출증은 심실 수축 중에 2첨판의 양 끝단 중 하나가 늘어나면서 발생한다. 결과적으로 좌심방으로 혈액이 간헐적으로 역류되는데, 그 증상으로는 심장떨림, 통증, 불안 및 피로가 포함될 수 있다.

각 "룹-둡" 소리가 1회의 심장박동을 나타내기 때문에 **청진법**(auscultation) 심박수의 측정이 가능하다.

심장을 통한 전기전도는 심장근육을 조절한다

다른 형태의 근육처럼 심근의 수축은 막의 탈분극에 의해 촉진된다(37, 40장 참조). 골격근육은 운동 신경세포에서 온 신경자극만이 탈분극을 시작하지만 심장은 자율박동섬유(autorhythmic fiber)라고 하는 특이한 "자기-흥분" 근육세포를 갖고 있어 신경의 활성화가 없이도 주기적으로 작동한다.

자율박동 세포 중에 가장 중요한 것은 43.3절에서 언급한 것처럼 동방결절이다(**그림 43.10**). 우심방의 벽에 있는 동방결절은 자동적으로 활동전위를 만들어 다른 자율박동 세포보다 더 빠른 속도로 심장의 운동을 위한 박동원으로서의 역할을 한다(**그림 37.33** 참조).

박동원에 의해 시작된 탈분극(depolarization)은 좌심방의 심근섬유로, 또는 우심방과 방실결절[AV(atrioventricular) node]로 전달된다. 탈분극은 우측과 좌측의 심방을 거의 동시에 둘러 싸면서 한 근육섬유에서 다른 근육섬유로 아주 빠르게 퍼져나간다. 탈분극이 빨리 퍼지는 것이 가능한 것은 특별한 전도성의 섬유가 있고 심장세포가 개재판(intercalated disk) 내에 있는 간극연접(gap junction)들과 결합되어 있기 때문이다(37장 참조).

심방과 심실을 분리하는 얇은 결합조직은 근육섬유를 통하여 한 방에서 다른 방으로 흥분이 퍼지는 것을 막아주므로 방실결절이 신경자극을 심방에서 심실로 전도하는 유일한 경로이다. 방실결절의 섬유가 탈분극의 전도 속도를 낮추어, 심실의 수축을 약 0.1초 지연시키는데, 이러한 지연에 의해 심방이 수축을 마치고, 심실이 수축하기 전에 심실로 혈액을 보내게 된다.

방실결절에서 탈분극은 방실다발(atrioventricular bundle), 또는 히스다발(bundle of His)이라는 섬유를 따라 두 심실로 빠르게 전도되는데, 방실다발은 탈분극을 퍼킨지 섬유(Purkinje fibers)로 중계하고, 퍼킨지 섬유는 좌우측 심실에 있는 심장근육 세포를 직접 자극하여 거의 동시에 수축이 일어나게 한다.

심근세포가 자극되어 만들어진 활동전위가 심장수축을 일어나게 해주는데, 수축은 골격근육과 비슷하게 Ca^{2+} 및 트로포닌/트로포마이오신계에 의하여 조절되지만(40장 참조), 활동전위의 형태는 다르다. 전압개폐성 소듐통로에서 Na^+ 유입의 증가에 따라 지속적인 수축이 일어나면서 Ca^{2+} 통로가 열리게 된다. Ca^{2+}가 유입되면, Na^+ 통로가 비활성화되고 막의 탈분극 상태가 유지된다. 이는 근소포체에 있는 더 많은 Ca^{2+} 통로가 열리게 하고 세포질 내에 추가된 Ca^{2+}는 지속적인 수축을 야기한다. 세포질에서 Ca^{2+}는 골격근세포에서와 마찬가지로 근소포체에 있는 펌프에 의하여 제거되고, 원형질막에 있는 운반체가 Ca^{2+}을 세포 밖으로 퍼낸다.

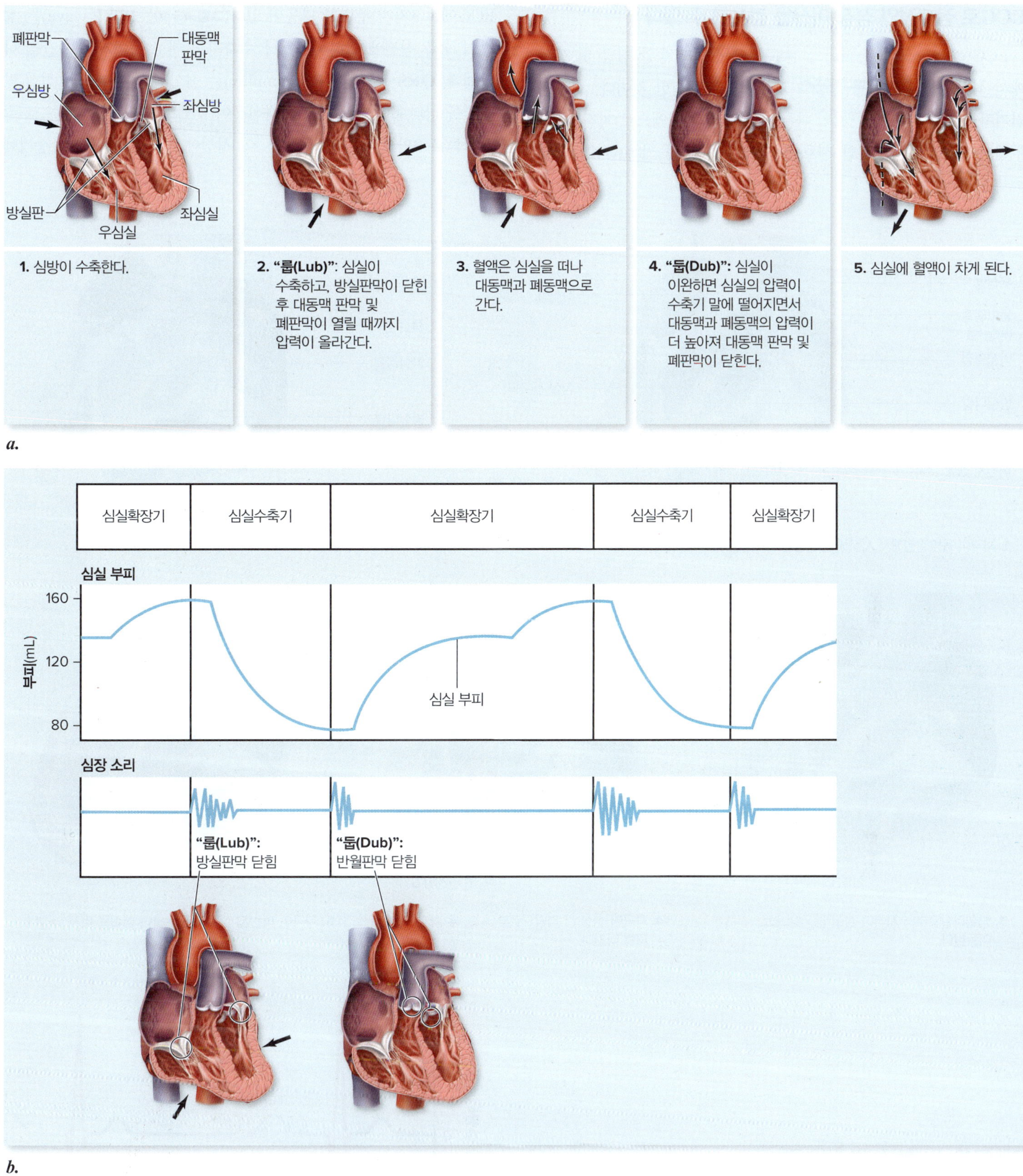

그림 43.9 심장주기.
a. 심방 및 심실의 수축과 이완에 의해 심장을 통해 혈액이 흐른다. *b.* 좌심실의 심장주기 동안의 혈압 및 혈류량의 변화.

ECG로 잠재적인 심장 이상을 검사할 수 있다

ECG(electrocardiogram, 심전도)는 심장주기 동안 심방 및 심실에서 심장근육의 전기적 활동을 그래픽으로 표현한 것이다. 심장의 전기자극은 피부 표면 근처의 다른 신체 조직과 체액으로 퍼진다. 피부에 놓인 전극은 이러한 신호를 잡아서 증폭 및 기록할 수 있다.

ECG에는 3가지 뚜렷한 파동이 있다(**그림 43.10**). **P파**(P wave)는 심방이 수축 직전에 탈분극되거나 수축기 상태로 들어가는 시간을 나타낸다. **QRS 복합체**(QRS complex)는 심실 수축기 이전의 심실 탈분극을 나타낸다. 심실, 특히 좌심실이 두껍고 훨씬 더 큰 힘으로 수축하므로 P파보다 상당히 크다. 이 시점에서 심방은 현재 확장기에

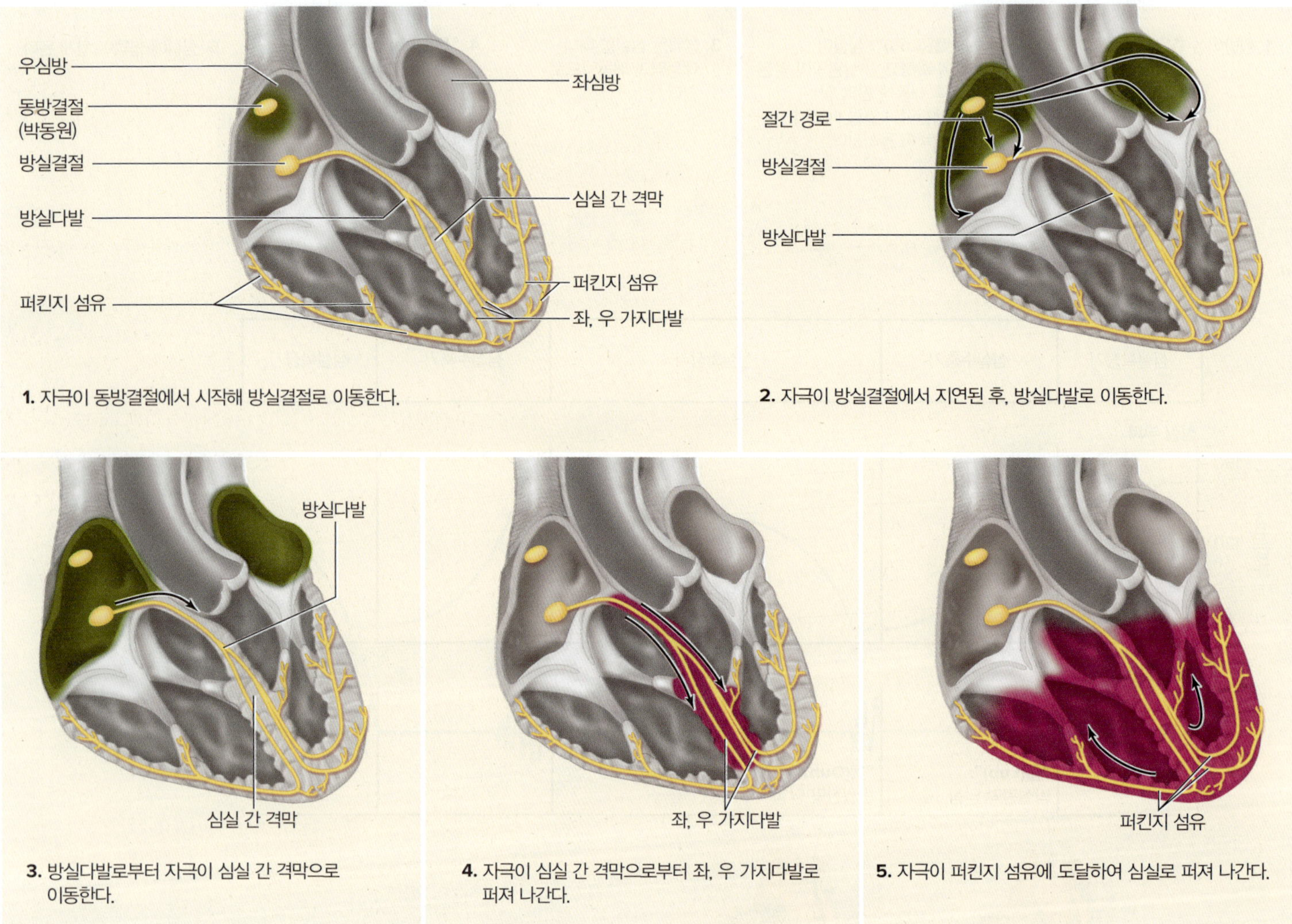

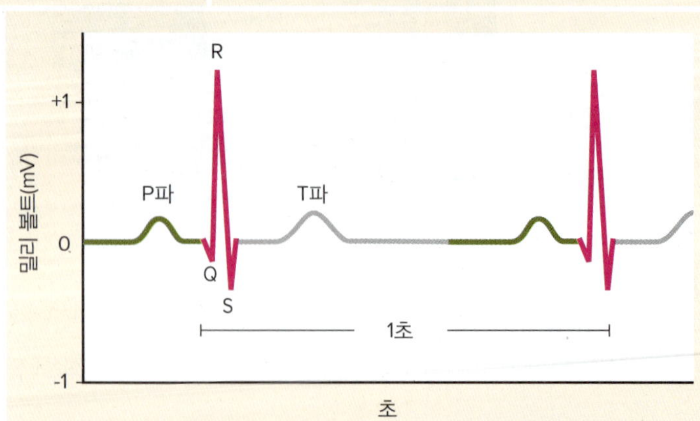

그림 43.10 심장에서 전기적 흥분의 경로.
심장이 수축하고 있는 동안 일어나는 반응들은 심전도(ECG 또는 EKG라고도 함)로 전기적 활동을 측정하는 것과 상관관계가 있다. 심방의 탈분극/수축은 초록색으로 표시했고, 심전도(역시 초록색)는 P 파형에 해당한다. 심실의 탈분극/수축은 붉은색으로 표시했고, 심전도(역시 붉은색)는 QRS 파형에 해당한다. 심전도의 T 파형은 심실의 재분극에 해당한다. 심방이 재분극되어 생기는 파형은 QRS 파형에 가려진다.

표 43.2 운동에 따른 심박출량의 변화

기관/기관계	휴식기의 혈액량	일반적인 운동에서의 혈액량	휴식기의 심박출량(%)	일반적인 운동에서의 심박출량(%)
뇌	700 mL/min	750 mL/min	14.0%	4.3%
심장(관상동맥)	200 mL/min	750 mL/min	4.0%	4.3%
피부	300 mL/min	1900 mL/min	6.0%	10.9%
신장	1100 mL/min	600 mL/min	22.0%	3.4%
근육	1000 mL/min	12,500 mL/min	20.0%	71.4%
소화	1350 mL/min	600 mL/min	27.0%	3.4%
기타	350 mL/min	400 mL/min	7.0%	2.3%

있지만 재분극은 QRS 복합체에 의해 가려져 있다. **T파**(T wave)는 심실의 재분극의 결과이며, 또한 4개의 방 모두가 이완 상태(확장기)인 시간이다. 흥미롭게도, 심실로 들어오고 나가는 혈액의 대부분은 T파 도중에 발생한다. ECG는 매우 유용한 진단 도구이다. 파동의 크기, 모양 또는 시기의 이상은 전도 시스템(동방 및 방실결절 또는 퍼킨지 섬유) 또는 심장근육의 잠재적인 문제를 나타낸다.

심박출량은 에너지 수요에 따라 다양하다

심박출량(cardiac output, CO)은 분당 각 심실에서 방출되는 혈액의 양으로, **박출량**(stroke volume, SV)에 심박수(heart rate, HR)를 곱하여 계산한다. 박출량은 각 심실에서 1회당 방출되는 혈액의 양이다. 휴식 시 분당 70회의 심박수와 1회당 70 mL의 박출량을 가정할 때 계산된 심박출량은 다음과 같다.

$$CO = SV \times HR$$
$$CO = 4{,}900\ mL/min = 4.9\ L/min$$

흥미롭게도 이것은 평균적인 성인이 가지는 총 혈액량과 거의 일치한다. 따라서 거의 모든 혈액이 매 1분마다 심장을 통과한다.

심박출량은 신체의 혈류 요구량에 따라 달라지며 박출량, 심박수 또는 이 둘의 변화에 따라 달라진다. 운동은 박출량과 심박수 모두를 증가시켜, 결국 심박출량을 증가시킨다. 이는 또한 운동 시 몸의 여러 부위로 보내지는 혈액량과 심박출량 비율이 달라지는 것을 의미한다. 휴식이나 운동 중에 뇌는 거의 같은 양의 혈액을 공급받지만, 심장은 항상 심박출량에 비례해서 혈액을 받는다(**표 43.2**). 즉, 뇌의 에너지 요구는 거의 일정하지만 심장의 요구는 운동에 따라 변한다.

핵심 요약 43.4

심장주기는 수축기 및 확장기로 구성된다. 심실은 수축기에서 수축하고 확장기에서 이완한다. 우심방의 동방결절은 먼저 심방을 자극한 다음 방실결절로 이동하여 심실을 자극하는 탈분극 파동을 시작한다. ECG는 심장 근육의 전기적 활동을 측정한다. 심박출량은 심박수와 박출량을 곱해서 구한다. 운동을 많이 할수록 신체의 요구를 충족시키기 위해 심박출량이 증가한다.

■ 심방의 수축과 심실의 수축 사이에 지연이 없으면 어떻게 될까?

43.5 혈압과 혈관

학습 목표

1. 혈압을 정의하고 어떻게 측정하는지를 서술할 수 있다.
2. 혈관의 4가지 조직 층을 설명할 수 있다.
3. 동맥, 모세혈관, 그리고 정맥의 차이를 설명할 수 있다.
4. 림프계가 어떻게 작동하는지를 서술할 수 있다.

우리는 이미 혈액이 **동맥**(arteries)을 통해 심장을 떠나는 것을 알고 있다. 심장에 가까운 동맥의 압력은 의학적 검사를 위해 측정될 수 있다. 이들은 지속적으로 분기되어 신체의 각 기관에 들어가는 속이 빈 "나무"를 형성한다. 동맥이라는 나무의 가장 가느다란 가지는 **세동맥**(arterioles)이다. 동맥에서 나온 혈액은 **모세혈관**(capillaries)으로 들어간다. 모세혈관은 매우 좁고 얇은 관으로 이루어진 격자 모양의 망을 이룬다. 모세혈관을 통과한 후, 혈액은 **세정맥**(venules)으

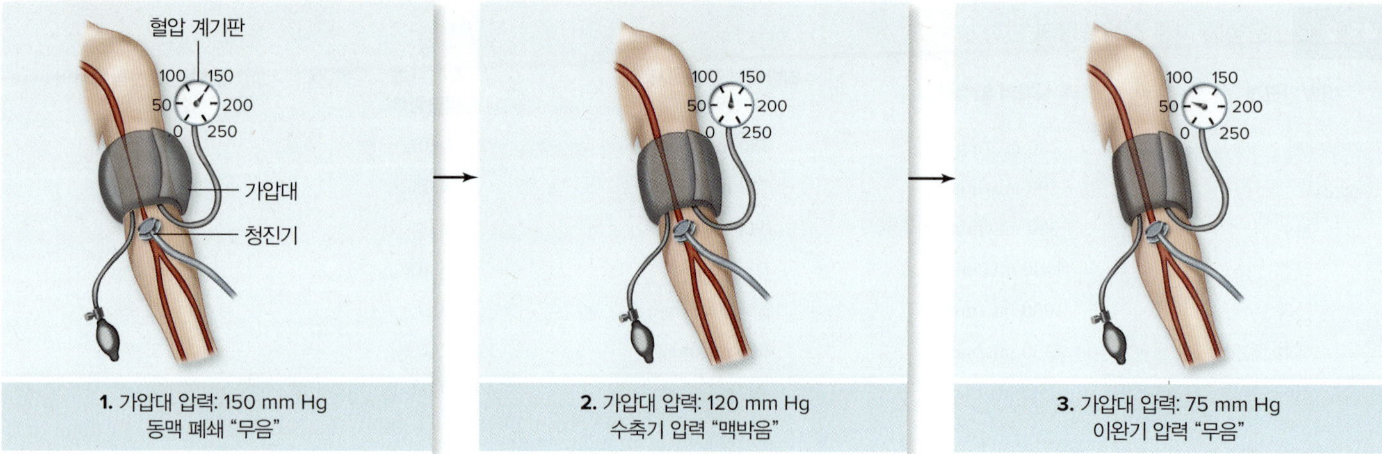

a.

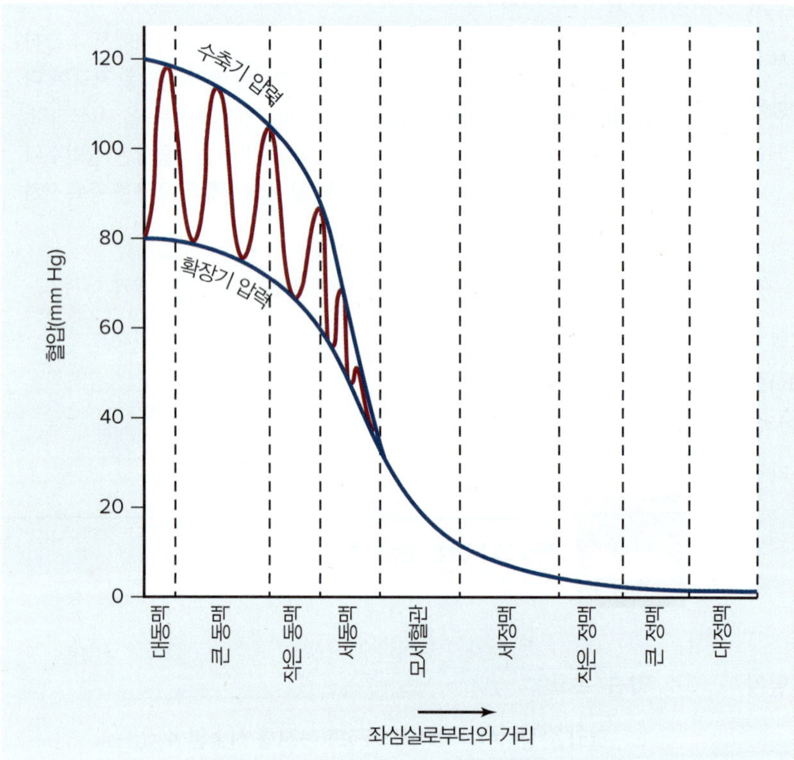

b.

그림 43.11 혈압의 측정.
가압대를 단단히 묶어 위쪽 팔의 동맥에 흐르는 혈류를 멈추게 한다. 가압대를 서서히 풀면, 최고혈압(수축기)은 가압대 압력보다 크게 되고 혈액은 순간적으로 통과하여 청진기로 들을 수 있는 맥박음이 발생한다. 이때의 압력이 수축기 압력으로, 최고혈압으로 기록된다. 가압대 압력은 계속 떨어지지만 혈압은 한동안 가압대 압력보다 더 크게 나타난다. 결국 가압대 압력보다 조금 더 높은 혈압에서 마지막 맥박 소리를 듣게 되고, 그 이후엔 소리가 사라지게 된다. 소리가 들리지 않을 때의 압력이 확장기 압력으로 최저혈압으로 기록된다.

로 수집되어 **정맥**(veins)이라고 불리는 더 큰 혈관으로 이어지고, 그 혈액은 심장으로 되돌아간다.

동맥의 혈압은 측정할 수 있다.

혈액이 혈관을 통과함에 따라 혈관 벽에 힘이 가해진다. 이것을 **혈압**(blood pressure)이라고 하며 이론적으로 모든 혈관에서 측정할 수 있다. 그러나 임상에서의 혈압은 좌심실이 수축하고 이완될 때 대동맥 벽에 가해지는 힘을 나타낸다. 손목이나 목에서 감지할 수 있는 맥박은 혈류의 압력 변화로 인해 탄력적인 동맥이 주기적으로 수축하고 확장함으로써 발생한다. 다양한 조건에 따라 압력이 증가 또는 감소할 수 있기 때문에 의사는 심혈관 건강의 일반적인 지표로 혈압을 이용한다.

대동맥에 쉽게 접근할 수 없으므로 혈압은 청진 방법을 통해 간접적으로 측정할 수 있다. **혈압계**(sphygmomanometer)는 팔꿈치 위의 팔 안쪽에 있는 상완 동맥의 혈압을 측정한다(**그림 43.11**). 팔 윗부분을 감싸는 가압대(cuff)는 팔의 아래쪽 부분으로의 혈액 흐름을 막

그림 43.12 압력수용기 반사.
a. 일반적인 반사궁의 모식도. *b.* 자율감각 자극(파란색)이 곧바로 수용체에서 중추신경계로 보내진다. 자율운동 신호(초록색)는 방실결절 및 동방결절과 심장근육으로 전달된다. 부교감 신경자극은 심박수를 감소시켜 혈압을 감소시킨다. 심박수와 혈압의 증가는 교감자극(빨간색)에서 비롯된다.

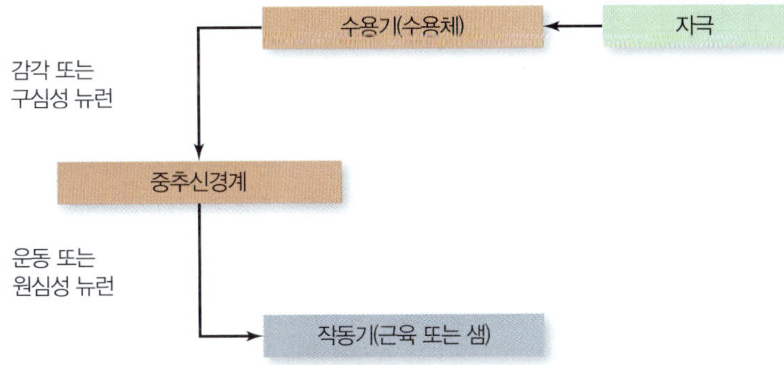

a.

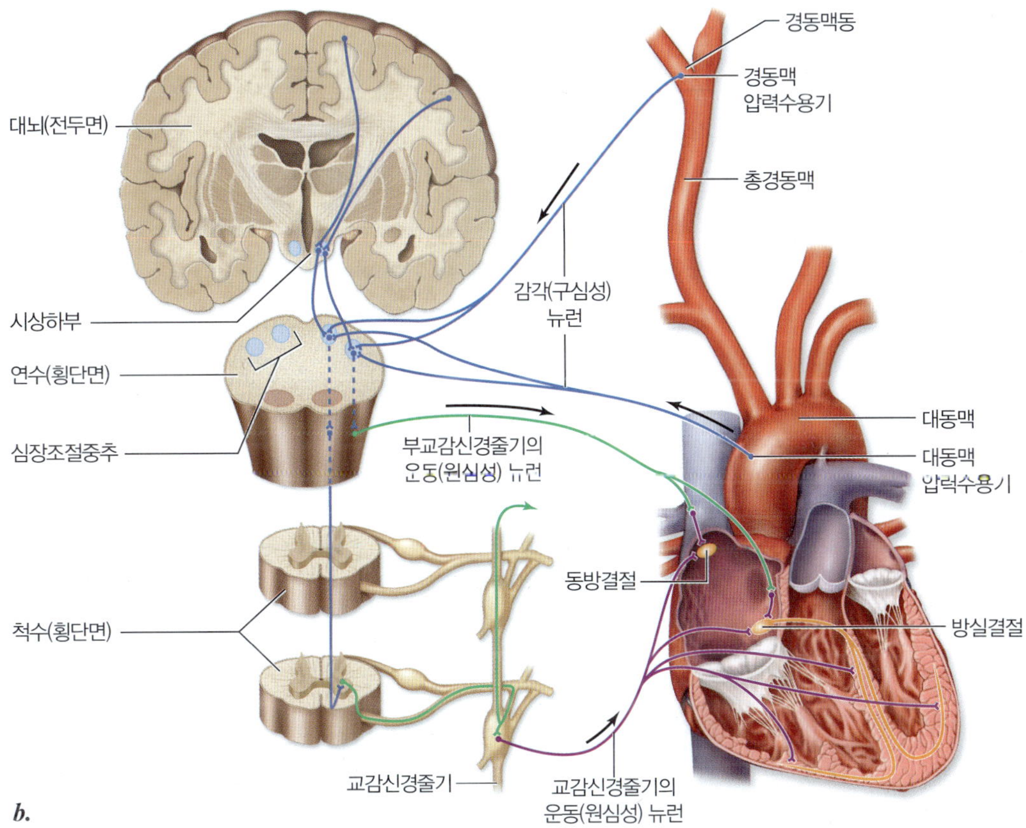

b.

기 위해 조일 수 있다. 가압대가 천천히 풀리면 결국 심장에 의해 생성된 혈압이 가압대의 수축 압력보다 커지고 동맥은 통해 혈액이 흐르기 시작하여 청진기를 사용하여 감지할 수 있는 소리가 발생한다. 이 맥박 소리가 시작되는 지점은 심실이 수축하는 최고 압력 또는 **수축기 혈압**(systolic pressure)을 나타낸다. 가압대가 더 풀리면 가압대의 압력이 심장수기 내 혈압보다 낮아지는 시점에 도달한다. 이 시점에서 맥박 소리가 더 이상 들리지 않는데, 이때가 심장 박동 사이의 최소 압력 또는 심실이 이완되는 **확장기 혈압**(diastolic pressure)을 나타내는 시점이다.

혈압은 수축기 혈압 대 확장기 혈압의 비율로 기록되며, 건강한 20대의 평균 혈압은 120/80(mmHg)이며, 정상 범위는 110~140/70~80 mmHg이다. **고혈압**(hypertension)은 수축기 혈압이 140 mmHg보다 크거나 확장기 혈압이 90 mmHg보다 클 때로 정의한다.

압력수용기 반사는 혈압의 항상성을 유지한다

동맥 혈압(BP)은 2가지 요인, 즉 혈관계의 심박출량(CO)과 혈류에 대한 저항(R)에 따라 달라진다. 이 관계는 다음과 같이 표현될 수 있다.

$$\text{BP} = \text{CO} \times \text{R}$$

그러므로 심박수나 혈액량의 증가로 인한 심박출량 증가 또는 혈관 수축에 의한 혈류의 저항성 증가로 혈압이 상승할 수 있다. 반대로, 심박수가 느려지거나 혈액량이 감소하면(예, 탈수 또는 과도한 출혈) 혈압이 떨어진다.

동맥 혈압의 변화는 대동맥궁과 경동맥에 위치한 **압력수용기**(baroreceptors)에 의해 감지된다(38장 참조). 이 센서는 동맥의 팽창 및 수축에 민감한 신장수용기이다. 압력수용기가 혈압 강하를 감지하면 심장조절중추에 대한 자극이 감소하여, 심장 및 기타 표적기관에 대해 교감 신경자극이 증가하고, 부교감 신경자극이 감소한다. 이것은 심박출량을 증가시키기 위해 심박수와 박출량을 증가시키며, 또한 피부와 내장에서 혈관 수축을 일으켜 저항을 증가시킨다. 이러한 기작들은 합동하여 혈압을 높이는데, 그 결과 혈압 증가 방향으로 작동하는 피드백 고리가 완성된다(**그림 43.12**).

압력수용기가 혈압 상승을 감지하면 심장조절중추에 대한 자극이 증가한다. 이것은 심장의 교감 자극을 줄이고 부교감 신경자극을 증가시킴으로써 심장 박동수와 박출량을 낮추어 심박출량을 줄인다. 또한 심장조절중추는 피부와 내장에서 혈관의 확장을 유발하는 신호를 보내 저항을 낮추기도 한다. 이들은 합동하여 혈압을 낮추고, 이 방향으로 작동하는 피드백 고리를 완성한다. 따라서 압력수용기 반사(reflex)는 혈압 변화에 반응하는 음성피드백 고리를 형성한다(**그림 43.12**).

혈액의 양과 압력은 호르몬에 의해 조절된다

혈압은 심박출량에 영향을 줄 수 있기 때문에 전체 혈액량에 부분적으로 의존한다. 다른 모든 것이 동일하게 유지될 때, 혈액량이 줄면 혈압이 감소한다. 혈액량 조절에는 (1) 항이뇨호르몬, (2) 알도스테론, (3) 심방나트륨이뇨호르몬 및 (4) 일산화질소 등이 영향을 끼친다.

바소프레신(vasopressin)이라고 하는 **항이뇨호르몬**(antidiuretic hormone, ADH)은 혈장의 삼투압 증가에 대한 반응으로 뇌하수체 후엽에 의해 분비된다(39장 참조). 예를 들어, 탈수는 혈액량을 감소시킨다. 시상하부의 삼투압 수용체는 갈증을 촉진하고 뇌하수체 후엽에서 ADH 분비를 자극한다. ADH는 차례로 신장을 자극하여 혈액에 더 많은 물을 유지시키고 소변을 더 적게 배설하게 한다. 따라서 탈수된 사람은 물을 더 많이 마시게 되고 소변을 더 적게 배출시켜 혈액량을 늘려 항상성을 회복시킨다.

신장에서 혈류가 감소할 때마다 신장세포가 혈액으로 레닌(renin)이라는 효소를 방출한다. 레닌은 혈액 단백질인 안지오텐신을 활성화시켜 몸 전체의 혈관 수축을 자극해서 부신피질에서 **알도스테론**

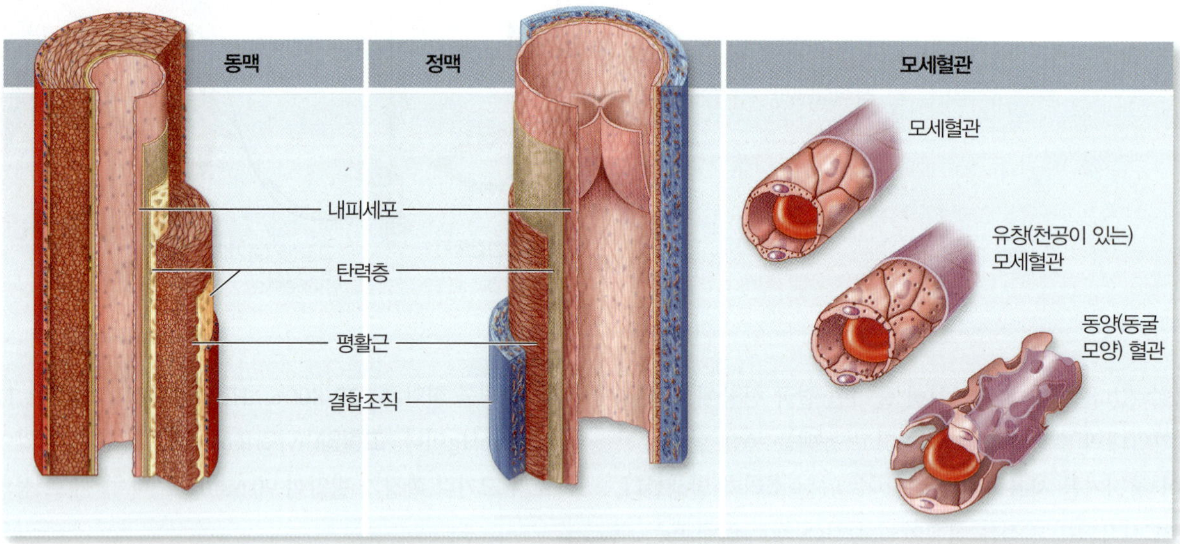

그림 43.13 혈관의 구조.
동맥(***a***)과 정맥(***b***)은 같은 조직층을 지니고 있으나, 동맥의 평활근층이 더 두껍고, 2개의 탄력층이 있다. 모세혈관(***c***)은 내피세포로 된 1개의 층만 갖는다(그림은 실제의 크기가 아니다).

자료 분석 혈관의 지름이 60 μm이고 같은 시스템의 모세관의 지름이 4 μm일 때, 이 둘의 혈류에 대한 저항의 차이는 얼마인가?

(aldosterone)을 분비시킨다. 이 스테로이드 호르몬은 신장에 작용하여 혈액에서 Na^+과 물의 보유를 촉진시킨다(39장 참조).

과량의 Na^+이 존재하면 부신에서 알도스테론 분비가 감소되고 신장에 의해 더 적은 양의 Na^+이 유지된다. 소변으로 Na^+의 배출은 다른 호르몬인 **심방나트륨이뇨호르몬**(atrial natriuretic hormone)에 의해 촉진된다. 이 호르몬은 증가된 혈액량으로 인한 신장수용기에 반응하여 심장의 우심방에서 분비된다. 심방나트륨이뇨호르몬의 작용은 음성피드백을 통해 혈액량과 혈압을 낮춘다.

일산화질소(NO)는 혈관의 내피세포에 의해 생성되는 기체이다. 39장에서 설명했듯이, 이것은 혈관의 여러 국소분비(paracrine) 조절인자 중 하나이다. 용액에서 NO는 혈관의 세포층을 통해 바깥쪽으로 통과하여 평활근을 이완시키고 혈관을 확장시킨다. 1세기 이상 심장병 환자들은 흉통을 완화하기 위해 니트로글리세린을 처방받아 왔는데 최근에서야 이 니트로글리세린이 일산화질소를 방출하여 작용한다는 것이 밝혀졌다.

더 큰 혈관들은 4개의 조직층으로 구성된다

동맥, 세동맥, 정맥 및 세정맥은 동일한 기본 구조를 지니고 있다(**그림 43.13**). 가장 안쪽에는 **내피**(endothelium)가 있으며, 이 내피를 얇은 탄력 섬유층, 평활근육층 그리고 결합조직층이 둘러싸고 있다. 이와 같이 혈관벽은 혈액과 조직 사이에 물질의 교환을 최소화할 수 있을 만큼 충분히 두터운 구조를 이루고 있다.

그에 비해 모세혈관벽은 내피세포로만 되어 있어 혈장의 분자들과 이온은 확산하여 모세혈관벽의 세포 사이에 있는 구멍을 통해 여과된 후, 내피를 통해 혈관 밖으로 나갈 수 있다. 따라서 혈액 및 조직액 사이의 기체와 대사산물의 교환은 모세혈관을 통해 일어날 수 있다.

동맥과 세동맥은 압력을 견딜 수 있게 진화했다

큰 동맥은 일반벽에 다른 혈관보다 더 탄력이 있는 섬유를 지녀 심박동에 의하여 밀려나오는 혈액이 있을 때마다 이완되었다가 수축한다. 작은 동맥과 세동맥은 큰 동맥에 비해 탄력성이 낮지만 비교적 두꺼운 평활 근육층을 지녀 혈관이 터지는 것을 막아준다. 혈관이 좁으면 좁을수록 혈액의 흐름에 대한 마찰 저항은 더 커진다. 실제로 한 혈관의 지름이 다른 혈관의 1/2이면, 이 혈관은 다른 혈관보다 16배나 높은 마찰저항을 갖게 된다. 혈류 저항은 혈관의 반지름의 4제곱에 반비례한다. 따라서 작은 동맥과 세동맥은 혈류에 대하여 큰 저항을 갖게 된다.

세동맥의 평활근층이 수축하면 **혈관수축**(vasoconstiriction)이 일어나고, 혈관수축은 마찰 저항을 크게 증가시켜 혈류량을 감소시킨다. 세동맥의 평활근층이 이완하면 **혈관이완**(vasodilation)이 일어나, 마찰 저항이 감소되면서 조직으로 가는 혈류량이 증가된다. 세동맥이 만성적 혈관수축은 고혈압의 원인이 된다.

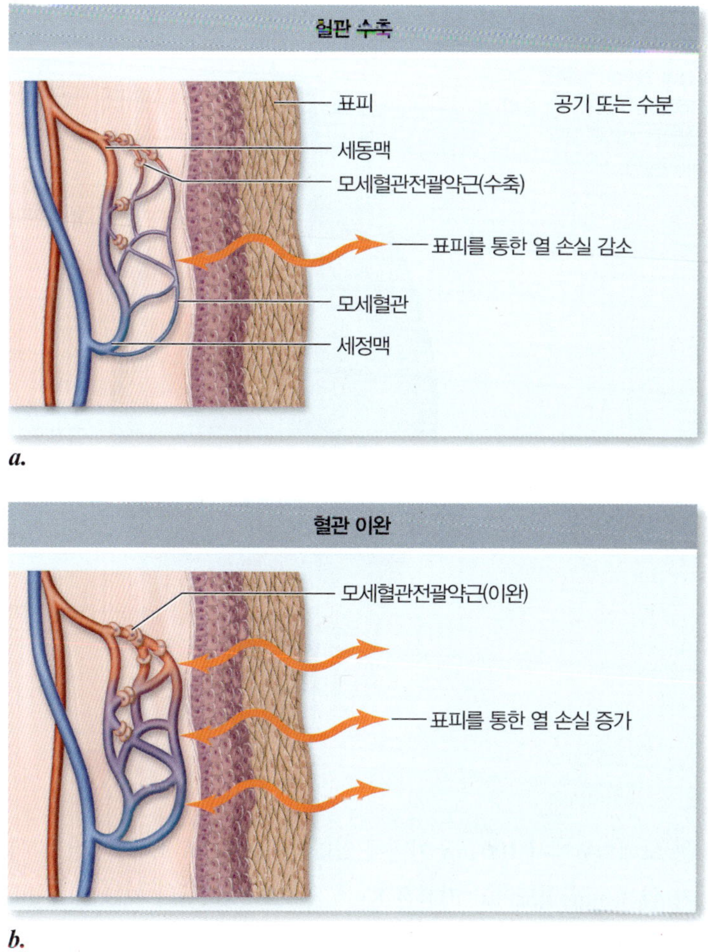

그림 43.14 열 교환 조절.
체표면에서 열을 획득하거나 발산하는 양은 체표면을 흐르는 혈류량에 의해 조절된다. ***a.*** 동물의 체온이 주위 온도보다 낮으면 체표면의 혈관을 수축함으로써 혈류량을 제한하여 열손실을 최소화한다. ***b.*** 동물의 체온이 주위 온도보다 높으면 체표면의 혈관이 이완되어 혈류량과 열 교환이 증가한다.

혈관수축과 혈관이완은 외온동물 및 내온동물에서 체온을 조절하는 중요한 수단이 된다(**그림 43.14**). 동물은 피부의 혈류량을 증가시켜 열 교환 속도를 증가시키는데, 열 교환 속도가 증가하면 열을 방출하고 획득하는 데 유리하게 된다. 반대로 동물이 열 교환을 최소화할 필요가 있으면, 추운 날씨에 일어나는 것처럼 피부로 혈액을 적게 보내게 된다.

모세혈관은 물질 교환을 위해 광대한 망을 형성한다

모세혈관은 수적으로 많고 광범위하게 분지되어 몸 안의 각 세포

그림 43.15 한 방향으로 흐르는 정맥혈. 정맥 판막이 혈액을 정맥을 통해 한쪽 방향으로 흘러 심장으로 가도록 한다.

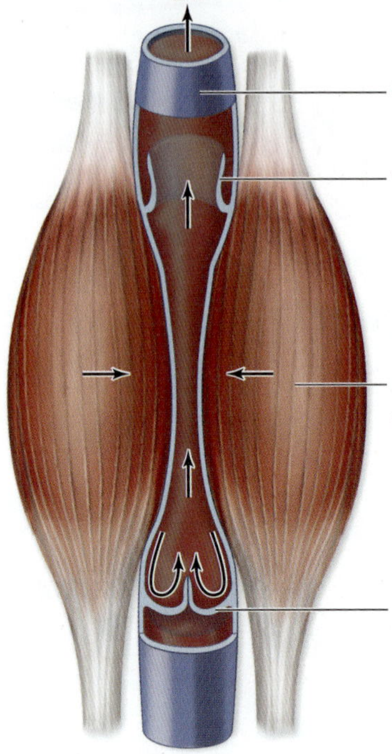

는 모세혈관에서 100 μm 이내에 있다. 평균적으로 모세혈관은 길이가 약 1 mm 정도이고 지름은 8 μm 정도로 적혈구의 지름 5~7 μm보다 약간 크다. 이렇게 지름이 비슷하지만 정상적인 적혈구는 아무 어려움 없이 모세혈관을 흐를 수 있을 만큼의 충분한 유연성이 있다.

각 모세혈관은 매우 좁지만 아주 많은 모세혈관들이 있어 모세혈관이 다른 어떤 혈관보다 총 단면적이 가장 크다. 따라서 모세혈관을 흐르는 혈액은 서서히 흘러 주위에 있는 세포외액과 물질을 교환하는 시간을 더 많이 갖게 된다. 혈액이 모세혈관의 끝에 도달하면 혈액에서 산소와 영양소가 방출되고 이산화탄소와 다른 노폐물을 얻게 된다. 혈액이 소동맥과 모세혈관을 지날 때 압력과 속도를 잃지만 정맥에서는 단면적이 감소하면서 혈류 속도가 증가하게 된다.

세정맥과 정맥은 근육이 적은 혈관벽을 가진다

세정맥과 정맥은 동맥과 같은 조직층을 가지지만, 더 얇은 평활근을 지니고 있다. 정맥의 압력은 동맥 압력의 약 1/10밖에 되지 않기 때문에 근육이 많이 요구되지 않는다. 심혈관계에서 혈액의 대부분은 정맥에 있다. 정맥은 확장되어 추가적으로 혈액을 더 가지고 있을 수 있는데, 우리가 오랫동안 서 있으면 다리에 있는 정맥이 확장되어 있는 것을 볼 수 있다.

정맥의 압력만으로는 혈액을 팔과 다리에서 심장까지 보내기에 충분하지 않기 때문에 압력을 도와주는 다른 요인들이 있다. 그 실례로 정맥 주위에 있는 골격근이 수축하여 정맥을 눌러 혈액 이동을 도와주는데, 이를 **정맥 펌프**(venous pump)라고 부른다. **정맥 판막**(venous valves)의 도움으로 혈액은 정맥을 한 방향으로 이동시켜 심장으로 되돌아가게 해준다(**그림 43.15**). 정맥이 혈액으로 너무 심하게 확장되면 정맥 판막은 더 이상 작동하지 못하여 혈액이 정맥에 몰리게 되는데, 이 상태를 하지정맥류(varicose veins)라고 한다.

림프계는 심혈관계를 떠나는 체액을 다룬다

심혈관계는 모든 혈관이 서로 연결되어 있기 때문에 폐쇄계라고 부른다. 그러나 혈장에 있는 많은 양의 물과 용질은 모세혈관 벽을 통해 여과되어 조직(간질)액이 된다. 대부분의 조직액은 혈압이 높은 세동맥 말단 근처에 있는 모세혈관에서 분비되는데, 그 모세혈관은 세정맥 말단에 있는 모세혈관과 연결되어 있다(**그림 43.16**).

유동액은 삼투에 의해 돌아오지만(4장 참조) 대부분의 혈장 단백질들은 크기가 커서 모세혈관의 구멍을 통하여 빠져나갈 수 없다. 따라서 혈장의 단백질 농도는 조직액의 단백질 농도보다 높게 되어 물이 조직액에서 모세혈관으로 이동하게 하는 삼투압 기울기를 만들어 준다.

모세혈관의 혈압이 높으면 많은 조직액이 축적되는데, 그 예로 임신부는 태아를 갖고 있는 자궁이 복강에 있는 정맥을 누르게 되고 임신부의 하지에 있는 모세혈관의 혈압을 증가시켜 조직이 부어오르게 되는데, 이를 **부종**(edema)이라고 한다.

부종은 혈장 단백질의 농도가 너무 낮을 때도 생긴다. 그 결과 유동액이 삼투압에 의해 모세혈관으로 돌아가지 못하고 조직액으로 남아 있게 된다. 혈장 단백질 농도가 낮은 것은 간 질환(liver disease) 때문일 수 있는데, 이는 혈장 단백질의 대부분이 간에서 생산되기 때문이다. 또한 부종은 굶주림처럼 단백질을 충분히 섭취하지 않는 경우에도 발생할 수 있다.

정상적인 상태에서도 모세혈관에서 여과된 유동액 양이 삼투압에 의해 모세혈관으로 돌아오는 유동액의 양보다 더 많은데, 나머지 양은 **림프계**(lymphatic system)라고 하는 개방순환계에 의해 최종적으로 심혈관계로 되돌아간다.

림프계는 모세림프관, 림프관, 림프절 및 지라(비장)와 갑상샘을 포함하는 림프기관으로 이루어져 있다. 조직에 있는 과량의 유동액은 투과성이 높은 모세림프관으로 흘러 들어가는데, 이를 **림프**(lymph)라고 부르며, 점차 커지는 림프관으로 이동한다. 림프관은 정맥과 유사하여 한쪽 방향으로 향한 판막을 갖고 있다(**그림 43.15**와 유사). 림프는 최종적으로 2개의 림프관으로 들어가고, 쇄골 밑에 있는 좌측 및 우측 쇄골하정맥으로 가게 된다.

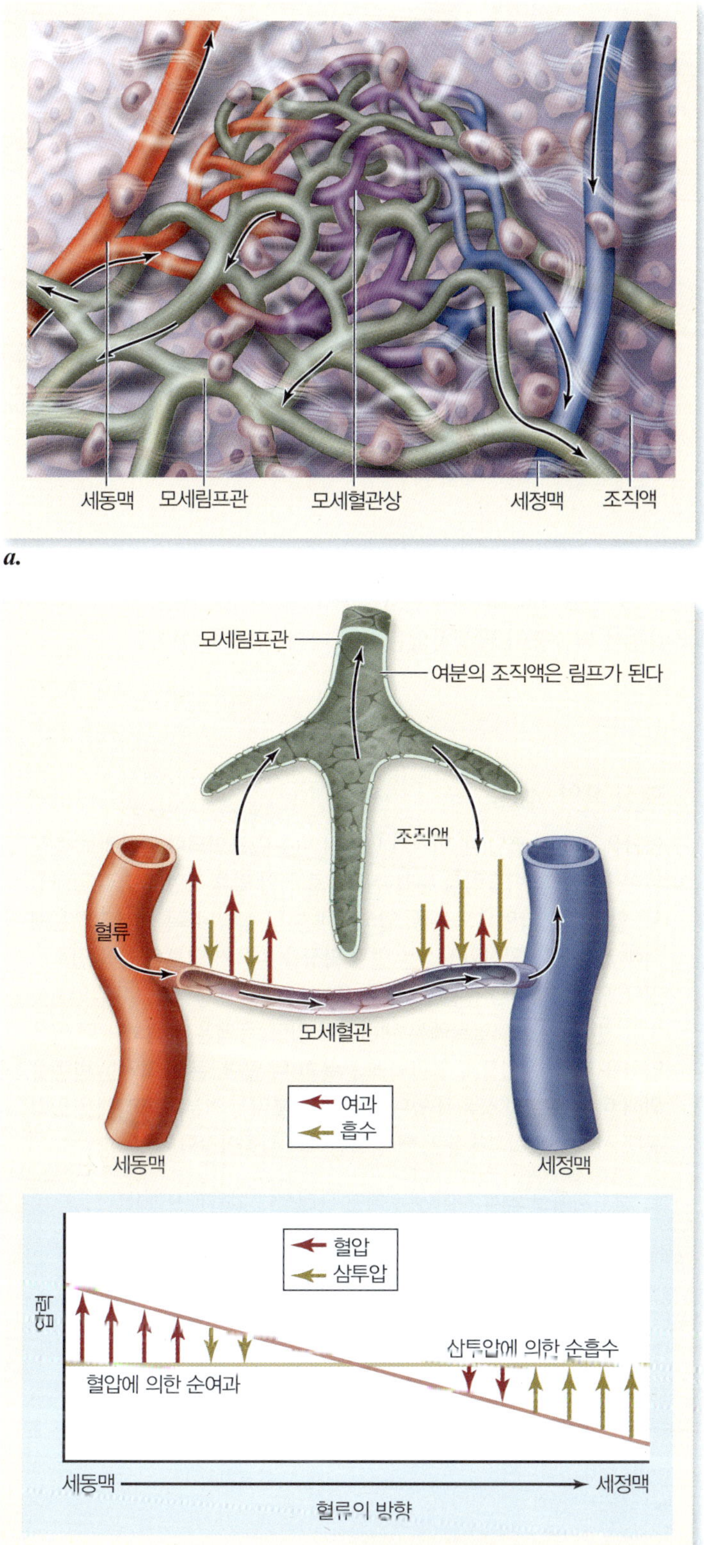

그림 43.16 혈액, 림프 및 조직액의 관계.
a. 순환계 및 림프계의 혈관. 화살표는 혈관 속 혈액이 흐르는 방향을 가리킨다. *b.* 단백질이 없는 혈장이 여과되어 모세혈관 밖으로 나가 조직을 감싸는 조직액이 된다. 조직액의 상당량은 더 높은 단백질 농도를 갖는 혈장의 삼투압에 의해 모세혈관으로 돌아간다. 여분의 조직액은 개방된 모세림프관으로 가서 최종적으로는 순환계로 간다.

포유류에서 림프는 골격근이 림프관을 누를 때 이동하는데, 이는 정맥에서 혈액이 흐르게 하는 정맥 펌프와 유사한 기작이다. 림프관이 율동적으로 수축하는 경우도 있는데, 많은 어류, 모든 양서류 및 파충류, 조류의 배아 및 일부 성숙한 조류에서 림프는 **림프심장**(lymph heart)에 의하여 이동한다.

림프가 림프절과 림프기관을 통과할 때 이 기관의 통로에 있는 식세포에 의하여 변하게 되며(3장 참조), 림프절과 림프기관은 **림프구 분열중심**(germinal center)을 지니고 있어 여기서 림프구의 활성화와 증식이 일어난다.

심혈관 질환은 혈류 흐름에 영향을 끼친다

심혈관 질환은 미국에서 사망률이 가장 높은 질환이다. 약 8000만 명 이상이 심혈관 질환을 갖고 있으며, 매년 60만 명 이상이 사망하고 있다. 심혈관 질환은 동맥이 막히거나 터져서 발생한다.

죽상경화증(atherosclerosis)은 동맥에 지방, 콜레스테롤 또는 섬유나 세포의 잔해가 축적되어 동맥혈관이 굳어져 발생하는 질환으로, 이러한 축적물들은 혈관의 마찰저항을 증가시켜 혈액의 흐름을 막게 된다(**그림 43.17**). 동맥의 내면은 동맥경화증 결과로 생긴 혈전으로 더 좁아질 수 있으며, 심한 경우에는 동맥이 완전히 막히게 된다.

혈청 내의 총 콜레스테롤 및 여러 콜레스테롤 운반 단백질의 농도 등 많은 요인들에 의해 콜레스테롤이 혈관에 축적될 수 있다. 콜레스테롤은 물에 잘 녹지 않기 때문에 혈액 내에서 콜레스테롤은 지질단백질 복합체의 형태로 운반된다. 지질단백질은 밀도의 차이에 따라 "나쁜 콜레스테롤"이라고 부르는 저밀도지질단백질(low-density lipoprotein, LDL)과 "좋은 콜레스테롤"이라고 부르는 고밀도지질단백질(high-density lipoprotein, HDL)로 구분된다. 이렇게 구분하는 이유는 HDL은 콜레스테롤 순환에서 콜레스테롤을 제거하기 위해 간으로 운반하고, LDL은 콜레스테롤을 온몸의 세포로 가져가는 운반체이기 때문이다. 세포가 충분한 양의 콜레스테롤을 가질 때 문제가 발생하는데, 이 경우 LDL 수용체의 양이 감소하고, 따라서 순환하는 LDL의 농도가 높아져 결국 혈관에 쌓이게 되기 때문이다.

죽상경화증은 유전적 요인, 흡연, 고혈압 및 콜레스테롤의 영향으로 촉진된다. 담배를 피우는 사람의 경우 금연을 하는 것이 동맥경화증의 위험을 감소시키는 가장 효과적인 방법이다.

칼슘이 동맥의 벽에 축적될 때 **동맥경화증**(arteriosclerosis)이 발생하기도 한다. 이 경우 동맥의 혈류량이 제한될 뿐만 아니라 정상 동맥처럼 확장할 수가 없게 되는데, 혈관의 유연성이 감소하면 심장은 혈류량을 유지하기 위해 더 힘차게 혈액을 밀어내고 이에 따라 혈압이 올라가기 때문이다.

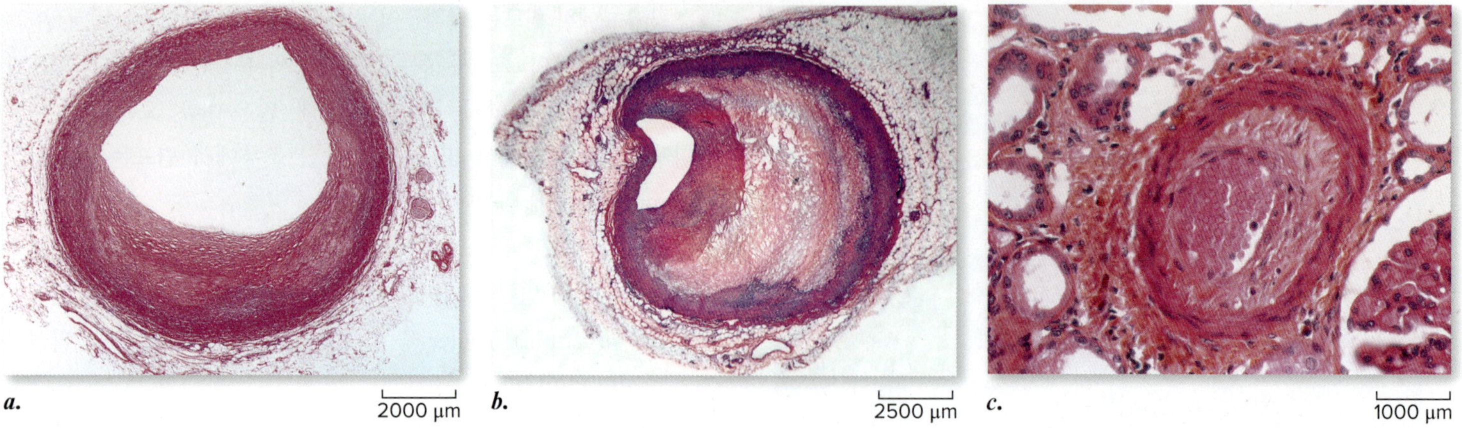

그림 43.17 동맥경화증.
a. 관상동맥이 약간 막혀 있다. *b.* 동맥이 심한 동맥경화증을 보인다. 동맥의 내측 벽이 심하게 막혀 있다. *c.* 관상동맥이 완전히 막혀 있다.

심장마비(heart attack 또는 myocardial infarction, 심근경색증)는 미국에서 전체 사망의 약 1/5에 달하는 심혈관계 질병의 주원인이다. 심장마비는 심근의 한 곳 또는 여러 곳에 혈액이 충분히 공급되지 않아 그 부위의 심근세포가 죽게 되어 발생한다. 심장마비는 관상동맥에서 혈액응고로 인해 생길 수 있고 동맥경화증으로 혈관이 막히면서 생길 수 있다. 심장마비의 회복은 손상을 입은 심장의 부위가 아주 적어 심장이 수축할 수 있을 경우에 가능하다.

협심증(angina pectoris)은 단어 자체가 "흉통(chest pain)"을 의미하는 말이다. 협심증의 원인은 심장마비에서와 유사하나, 심장마비처럼 심하지는 않다. 통증이 심장뿐만 아니라 가끔 좌측 팔과 어깨에서 나타날 수도 있다. 협심증은 심장에 혈액 공급이 불충분하지만, 아직 심근세포가 죽을 정도는 아니라는 위험을 알리는 신호이다.

뇌졸중(stroke)은 뇌의 혈액 공급에 문제가 생기면서 발생한다. 출혈성(hemorrhagic) 뇌졸중은 뇌에 있는 혈관이 파열되어 발병하며, 허혈성(ischemic) 뇌졸중은 혈전이나 동맥경화증으로 뇌동맥의 혈류가 막혀 발병한다. 뇌졸중의 정도는 손상의 심각성 및 뇌의 어느 부위에서 뇌졸중이 발생하였는가에 따라 차이가 있다.

핵심 요약 43.5

혈압은 수축기 혈압 대 이완기 혈압의 비율로 표현되며 혈압계로 측정된다. 혈압은 심박출량과 동맥 수축으로 인한 혈류 저항에 따라 달라진다. 혈액량은 항이뇨호르몬, 알도스테론 및 심방나트륨이뇨호르몬에 의해 조절된다. 일산화질소는 혈관 확장을 일으켜 혈류 저항을 감소시킨다. 혈관의 4개의 층은 (1) 내피, (2) 탄성층, (3) 평활근, (4) 결합조직이다. 반대로, 모세혈관에는 내피만이 있다. 동맥은 정맥보다 더 많은 압력을 견딜 수 있도록 혈관벽에 근육이 더 많다. 큰 동맥에는 반동을 위해 더 많은 탄성 섬유가 있다. 림프라고 불리는 여분의 조직액은 일방통행 시스템인 림프계를 통해 심혈관계로 되돌아간다.

- 림프계와 순환계 사이에는 어떤 관련성이 있을까?

핵심 개념 요약

43.1 무척추동물의 순환계

■ 개방순환계는 단일 방향으로 유체가 이동한다

해면동물은 통로를 통해 물을 통과시키고 자포동물은 위수강을 통해 물을 순환시킨다. 작은 동물은 체액을 순환에 사용할 수 있다.

■ 폐쇄순환계는 폐쇄된 관 속에서 유체가 이동한다

폐쇄순환계는 혈액과 같은 순환액이 있으며, 혈관에 싸여 운반된다.

43.2 척추동물의 혈액 구성

■ 혈장은 액상 기질이다

혈장은 92%의 물과 영양소, 호르몬, 이온, 혈장 단백질 및 노폐물로 구성된다(**그림 43.2**).

■ 혈구와 혈소판은 혈장을 통해 순환한다

혈액세포는 적혈구, 백혈구 및 혈소판을 포함한다. 적혈구는 산소 수송을 위한 헤모글로빈이 포함되어 있으며, 백혈구는 면역계의 일부이다. 혈소판은 혈액 응고를 시작하는 데 도움을 준다(**그림 43.3**).

■ 혈액 응고는 효소 연쇄반응의 한 예이다

혈액 응고가 시작되면, 혈장에 용해된 피브리노젠이 효소 연쇄반응을 통해 불용성 단백질인 피브린으로 바뀐다. 상처가 치유되면서 응고된 혈전이 용해된다.

■ 혈구는 줄기세포에서 만들어진다

혈구는 혈액생성 작용에 의해 골수의 전분화능 줄기세포에서 유래한다(**그림 43.4**).

43.3 척추동물의 순환계

■ 어류는 아가미를 통해 더 효율적으로 순환계를 발전시켰다

어류는 아가미를 통한 혈류 효율을 높이기 위해 2개의 방으로 구성된 선형 심장을 가지고 있다. 혈액은 아가미로부터 신체의 나머지 부분으로 순환한다(**그림 43.5**).

■ 양서류와 대부분의 파충류는 분리된 순환계인 폐를 가진다

폐순환은 혈액을 폐로 내보내고 체순환은 혈액을 신체로 내보낸다.
양서류의 심장에는 폐와 신체로의 혈류를 분리하는 2개의 심방과 1개의 심실이 있다(**그림 43.6**). 대부분의 파충류 심장에는 심실을 부분적으로 분리하여 심방에서 나온 혈액의 혼합을 감소시키는 격막이 있다.

■ 포유류, 조류 및 악어류는 4개의 방이 왼쪽과 오른쪽으로 나눠져 있다

4방체계의 심장에는 2개의 심실이 있다(**그림 43.7**). 포유류의 심장과 조류의 심장 사이의 극단적인 유사성은 수렴진화의 예이다.

43.4 심장주기, 전기전도, ECG, 심박출량

■ 심장주기가 심혈관계를 작동시킨다

심장을 통한 단일 방향 혈액의 흐름은 2개의 방실판에 의해 유지된다(**그림 43.9**). 확장기 동안 심실은 이완되고 심방은 수축되며, 수축기 동안 심실은 수축된다.

■ 심장을 통한 전기전도는 심장근육을 조절한다

수축은 박동원인 동방결절에 의해 시작되고, 그 자극은 방실결절로 이동한다(**그림 43.10**).

■ ECG로 잠재적인 심장 이상을 검사할 수 있다

ECG는 P, QRS, T 등 3가지 파동으로 구성되어 심장의 전기적 활동을 측정한다. 파동의 이상은 건강에 이상이 있음을 의미한다.

■ 심박출량은 에너지 수요에 따라 다양하다

심박출량은 매 심박동마다 좌심실에서 내보내는 혈액의 양을 나타낸다. 심박출량은 체내 혈류 요구의 정도에 따라 변한다.

43.5 혈압과 혈관

■ 동맥의 혈압은 측정할 수 있다

혈압계는 수축기와 이완기의 혈압을 측정한다. 혈압은 수축기 대 이완기의 비율로 표시된다

■ 압력수용기 반사는 혈압의 항상성을 유지한다

■ 혈액의 양과 압력은 호르몬에 의해 조절된다

■ 더 큰 혈관들은 4개의 조직층으로 구성된다

동맥과 정맥은 내피, 탄성섬유, 평활근, 결합조직으로 구성된다(**그림 43.13**). 모세혈관에는 한 층의 내피층만 있다.

■ 동맥과 세동맥은 압력을 견딜 수 있게 진화했다

동맥과 세동맥은 혈액 흐름을 제어하고 혈압 변화를 조절하기 위해 두꺼운 근육층과 탄성섬유를 가지고 있다.

■ 모세혈관은 물질 교환을 위해 광대한 망을 형성한다

모세혈관은 신체 조직과의 물질 교환이 이루어지는 순환계의 한 영역이다(**그림 43.14**).

■ 세정맥과 정맥은 근육이 적은 혈관벽을 가진다

혈액이 정맥을 통해 심장으로 되돌아오는 것은 골격근 수축과 단일 방향 판막에 의해 촉진된다(**그림 43.15**).

■ 림프계는 심혈관계를 떠나는 체액을 다룬다

모세혈관에서 여과된 혈장액은 별도의 단일 방향 림프계를 통해 되돌아온다(**그림 43.16**). 림프계는 쇄골하정맥의 혈액 순환과 연계된다.

■ 심혈관 질환은 혈류 흐름에 영향을 끼친다

죽상경화증은 동맥에 지방이 축적되어 나타나는 질환이다. 심장마비는 심장근육에 혈액의 공급이 부족하기 때문에 발생한다. 뇌졸중은 뇌로의 혈액 공급이 차단되어 발생한다.

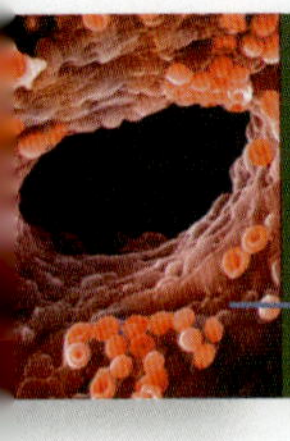

연습문제

1단계: 이해력 확인하기

1. ECG가 측정하는 것은 무엇인가?
   a. 심장주기 동안에 전기적 포텐셜 변화
   b. 이완기에서 심실의 칼슘 이온 농도
   c. 수축기 동안에 심방의 수축
   d. 수축 주기 동안에 펌핑되는 혈액량
2. 심장 수축기는 심장 기능에 매우 중요한데, 이것은 무엇으로부터 시작되는가?
   a. 방실결절의 활성화
   b. 동방결정의 활성화
   c. 전압개폐성포타슘통로의 개방
   d. 반월판의 개방
3. 다음 중 혈액 순환에 대한 일련의 순서로 옳은 것은 무엇인가?
   a. 심장 → 동맥 → 세동맥 → 모세혈관 → 세정맥 → 림프 → 심장
   b. 심장 → 동맥 → 세동맥 → 모세혈관 → 정맥 → 세정맥 → 심장
   c. 심장 → 동맥 → 세동맥 → 모세혈관 → 세정맥 → 정맥 → 심장
   d. 심장 → 세동맥 → 동맥 → 모세혈관 → 세정맥 → 정맥 → 심장
4. 다음 중 옳지 않은 것은 무엇인가?
   a. 동맥만이 산소를 함유한 혈액을 운반한다.
   b. 동맥과 정맥에는 평활근이 있다.
   c. 동맥과 정맥 모두 모세혈관으로 분지된다.
   d. 모세혈관전괄약근은 모세혈관을 통한 혈류를 조절한다.
5. 림프계가 순환계와 같은 점은 무엇인가?
   a. 감염균을 걸러내는 결절을 가지기 때문에
   b. 동맥 네트워크를 가지기 때문에
   c. 모세혈관을 가지기 때문에
   d. 폐쇄계이기 때문에
6. 다음 중 구조와 기능이 틀리게 짝지어진 것은 무엇인가?
   a. 적혈구/산소 수송 b. 혈소판/혈액응고
   c. 혈장/노폐물 수송 d. a, b, c 모두 맞다.
7. 혈압은 언제 측정되는가?
   a. 수축기 혈압이 가압대에 의한 압력보다 높아 동맥을 통해 맥박이 뛸 때
   b. 혈압이 수축기 혈압 아래로 떨어져 맥박이 멈출 때
   c. 가압대 압력이 최고 혈압보다 높아 동맥을 통해 혈액이 이동하지 않을 때
   d. 수축기 압력과 같아 가압대의 압력 감소가 멈출 때
8. 혈전(피딱지)의 구성성분은 무엇인가?
   a. 피브린 b. 피브리노젠
   c. 프로트롬빈 d. a, b, c 모두 맞다.

2단계: 적용력 평가하기

1. 척추동물의 심장에서는 심방이 상부 쪽에서 수축하고 심실은 하부 쪽에서 수축하는데 이것이 어떻게 이루어지는가?
   a. 동방결절로부터의 탈분극은 위에서부터 심방을 가로질러 진행되고, 방실결절로부터의 탈분극은 심실 조직 위로 방출되기 전에 심실의 바닥으로 전달된다.
   b. 동방결절의 탈분극은 뇌에서 내려오는 운동 뉴런에서 시작되고, 방실결절에서 탈분극은 척수에서 나오는 운동뉴런에서 시작된다.
   c. 중력은 동방결절로부터의 탈분극을 심장의 꼭대기에서 아래로 전달하고, 횡격막의 수축은 방실결절에서 아래에서 위로 탈분극을 전달한다.
   d. 이 문제는 옳지 않다. 동방결절과 방실결절 모두 아래로부터 수축된다.
2. 좌심실의 심장 근육에서 생성되는 CO_2 분자는 몸을 떠나기 전에 다음 구조 중 어느 것을 통과하지 못하는가?
   a. 우심방 b. 좌심방
   c. 우심실 d. 좌심실
3. 양서류와 포유동물의 심장의 차이점은 무엇인가?
   a. 양서류의 심장에서는 산소화 및 탈산소화 혈액이 단일 심실에서 완전하게 혼합된다는 점
   b. 양서류의 심장에서는 2개의 결절이 있어서 심장 전체에서 수축이 일어난다는 점
   c. 양서류 심장의 심실에서는 내부 채널이 혈액의 혼합을 감소시킨다는 점
   d. 양서류의 심장에서는 대동맥이 피부를 통과해 확산에 의해 얻어진 산소를 펌핑한다는 점
4. 세동맥의 평활근육 층의 수축에 대해 옳게 설명한 것은 무엇인가?
   a. 혈류의 마찰 저항을 증가시킨다.
   b. 피부를 통한 열교환을 증가시키기 위한 하나의 방법이다.
   c. 기관에 혈류를 증가시킬 수 있다.
   d. a, b, c 모두 맞다.

3단계: 사고력 함양하기

1. 사람은 특히 혈압이 너무 낮아지면 혈압을 유지하기 위한 여러 가지 기작을 가지고 있다. 신장과 내분비계가 어떻게 혈압을 유지하는 데 도움이 되는지 설명하시오.
2. 혈액, 림프 및 혈림프의 차이점은 무엇인가?
3. 4개의 방을 가진 심장의 진화는 내온성의 진화와 어떤 관련성이 있는가?
4. 누군가에게 인공심장박동기를 외과적으로 이식해야 할 정도의 임상적 증상이 있다면 이 증상에 대해 어떻게 생각하는가?

44

삼투조절과 비뇨계

도입

우리 체중의 대부분을 차지하고 있는 것은 물이지만, 우리는 매우 건조한 환경에서 살아가고 있다. 사진에 보이는 건조한 사막에 서식하는 캥거루쥐는 물을 마실 필요가 거의 없는 것으로 알려져 있으며, 음식물을 산화시켜서 생기는 부산물로부터 충분한 물을 얻는다. 어류는 담수와 해수에서 모두 살 수 있지만, 물을 얻거나 잃어버리는 상황에 직면하여 살고 있다. 생물이 이런 서로 다른 환경에서 생존하는 것이 가능한 이유는 혈액과 세포외액 사이의 삼투압을 정교하게 조절하기 때문이다. 체액과 그 성분을 조절하는 것은 항상성(체내의 상태를 적절한 범위 안에서 유지하도록 하는 생명체의 능력)의 한 예이다. 이번 장에서는 포유류의 비뇨계를 포함해서 동물들의 삼투조절계에 대해 알아본다. 비뇨계는 체액의 물과 이온의 양을 유지하는 역할을 한다.

44.1 삼투농도와 삼투평형

학습 목표

1. 삼투평형의 중요성에 대해 설명할 수 있다.
2. 삼투조절 방법에 따라 생물을 분류할 수 있다.

다세포동물의 체내에서의 물은 세포의 안쪽과 바깥쪽에 분포하고 있다(**그림 44.1**). 삼투평형을 유지하기 위해, 동물의 혈장을 포함한 세포외액은 환경으로부터 물을 흡수하고, 환경으로 여분의 물을 배출할 수 있어야 한다. 항상성(homeostasis)을 유지하기 위해 세포외액과 외부 환경 사이에서 무기 이온들이 교환되어야 한다. 신체와 외부 환경 사이에서 물과 전해질(electrolytes)의 교환은 특수한 상피세포에서 일어나는데, 대부분의 척추동물에서는 신장의 여과과정을 통해 일어난다.

대부분의 척추동물은 세포외액의 총 용질 농도와 특정 무기 이온의 농도에 대해 항상성을 유지한다. 세포외액에서 소듐 이온(Na^+)은 주요 양이온이고, 염소 이온(Cl^-)은 주요 음이온이다. 2가 양이온인 칼슘 이온(Ca^{2+})과 마그네슘 이온(Mg^{2+}) 및 1가 양이온인 포타슘(K^+) 등의 다른 이온들도 중요한 작용을 하며, 일정한 농도로 유지된다.

삼투압은 농도 차이의 척도이다

4장에서 삼투(osmosis)는 반투막을 통한 물의 확산이라고 공부했다. 삼투 현상에서 물은 항상 더 묽은(용질의 농도가 더 낮은) 용액에서 덜 묽은(용질의 농도가 더 높은) 용액 쪽으로 이동한다. 용액의 삼투압은 삼투에 의해 물을 흡수하고자 하는 경향의 척도로, 이는 물의 이동으로 인해 생기는 압력에 균형을 맞추기 위해서 필요한 압력의 크기이다.

용질(solute)의 농도가 더 높은 용액은 더 높은 삼투압(osmotic pressure)을 나타내며, 삼투압은 용액 1 L당 삼투 활성을 가진 용질의 몰(mole) 수인 **삼투농도**(osmolarity)로 나타낸다. 용액에서 물질이 2개 이상의 삼투 활성을 가진 입자로 나누어진다면 삼투농도는 몰농도(M)와 다르다는 것에 유의해야 한다. 예를 들면, 1 M의 설탕(sucrose) 용액은 1 Osm(오스몰)이지만 1 M의 소금(NaCl) 용액은 소금이 삼투 활성을 갖는 2개의 이온(Na^+, Cl^-)으로 나누어지기 때문에 2 Osm이 된다.

용액의 **긴장성**(tonicity)은 삼투에 의해 세포의 부피를 변화시킬 수 있는 용액의 척도이다. 동물 세포가 **고장액**(hypertonic solution)에 놓이면 주위 용액으로 물이 빠져나가 세포가 쭈그러진다. 반면 **저장액**(hypotonic solution)에 놓이면 주위로부터 물을 흡수해 팽창한다. 세포가 등장액(isotonic solution)에 있을 때는 물의 순이동이 일어나지 않는다. 의학적 치료에서 생리식염수(0.9% NaCl)와 5% 포도당 수액과 같은 등장액이 상처 난 조직을 세척하는 데 사용되고, 혈관 주사액으로도 이용된다.

삼투순응자는 해양 환경에 서식한다

대부분의 해양 무척추동물에서 체액의 삼투농도는 해수와 같다(마그네슘과 같은 특별한 이온의 농도는 같지 않다). 세포외액이 해수와 등장액이기 때문에 삼투농도 기울기가 없으며, 물이 신체를 나가거나 흡수되는 경우가 없다. 이러한 생물을 **삼투순응자**(osmoconformers)이라고 부르며, 이러한 동물들은 주변의 환경과 삼투평형을 이루고 있다.

척추동물 중에서는 원시 먹장어만이 엄밀하게 삼투순응형 동물이라 할 수 있다. 상어와 연골어류(Chondrichthyes)에 속하는 동물들은 혈중 NaCl의 농도가 바닷물보다 더 낮지만 바닷물과 이들의 체

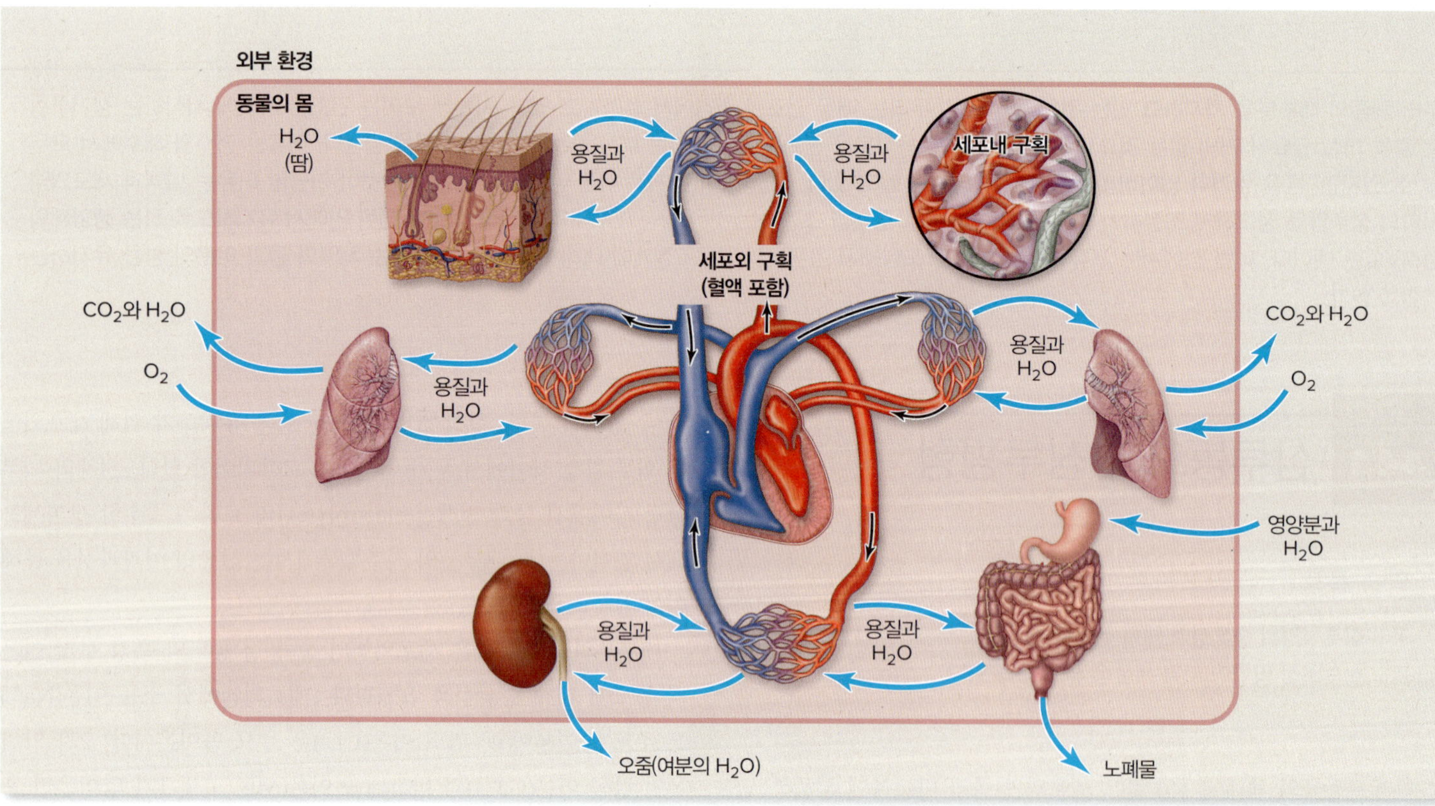

그림 44.1 몸의 세포내 · 외 구획 및 외부 환경과의 상호작용.
물은 환경으로부터 들어오기도 하고 환경으로 손실되기도 한다. 상피조직을 통해 몸의 세포외액과 환경 사이에 물과 용질의 교환이 일어나고, 신장에서 물과 용질이 혈액 밖으로 여과될 수 있다. 항상성을 유지하기 위해 몸 전체에 들어오고 나가는 물과 용질의 양이 균형을 이루어야 한다.

액은 등장액이다. 44.4절에서 설명하겠지만 전체 삼투농도의 차이는 요소(urea)의 유지를 통해 이루어진다.

삼투조절자는 체내 삼투압을 조절한다

다른 모든 척추동물은 주변 환경과 농도 차이가 나도 상대적으로 일정한 혈중 삼투농도를 유지하는 **삼투조절자**(osmoregulator)이다. 체액의 삼투농도를 일정하게 유지함으로써 척추동물들은 다양한 서식지에서 생존할 수 있지만, 이런 불변성을 가지기 위해서는 지속적인 조절이 필요하다.

담수에 사는 척추동물은 주변의 물보다 체액의 용질 농도가 더 높다. 다시 말해 주변 환경에 비해 고장액이다. 세포의 삼투압이 높기 때문에 물이 신체로 들어가려는 경향을 보인다. 따라서 이들은 가능한 한 물이 생체로 들어오는 것을 막고, 들어온 여분의 물은 제거하는 방향으로 적응되어 왔다. 반대로 무기 이온은 주변 환경으로 나가려는 경향이 있어, 담수에 사는 척추동물은 이온들을 생체 내로 능동적으로 이동시켜야 한다.

그에 비해, 대부분의 해양에 사는 척추동물들은 주변 환경에 비해 저장액으로, 체액이 주위 바닷물의 삼투농도의 1/3 정도이다. 따라서 이러한 동물들은 삼투에 의해 물을 잃어버릴 위험이 있기 때문에 탈수를 막기 위해 수분의 보전이 용이하도록 적응되어 왔다. 이들은 해수를 마시고, 여분의 이온은 신장과 아가미를 통해 방출하여 수분을 보전한다.

육상 척추동물의 체액은 주위의 공기보다 물의 농도가 더 높기 때문에 피부와 폐에서의 증발로 인해 물을 잃어버리는 경향이 있다. 양서류뿐만 아니라 파충류, 조류, 포유류들은 모두 생존 기간 내내 이 문제에 직면하게 된다. 비뇨계/삼투조절계는 이러한 척추동물들이 물을 보전할 수 있도록 진화되어 왔다.

핵심 요약 44.1

조직이 대사기능을 하기 위해서는 삼투 평형이 유지되어야 한다. 생리학적인 대사들은 대부분의 척추동물이 혈중 삼투농도와 이온의 농도를 비교적 일정하게 유지하도록 해준다. 해양 무척추동물은 삼투순응자이며, 체액은 주변 환경과 등장액이다. 대부분의 척추동물은 삼투조절자이며, 체액은 주변 환경과 비교했을 때 고장액이거나 저장액이다.

- 삼투가 일어나는 동안 물은 삼투농도가 높은 곳으로 이동할까? 아니면 낮은 곳으로 이동할까?

44.2 질소 노폐물: 암모니아, 요소, 요산

학습 목표

1. 질소 노폐물의 종류에 따른 상대적인 독성과 용해도를 설명할 수 있다.

삼투농도를 조절하는 문제는 대사 노폐물에 의해 복잡해진다. 아미노산과 핵산은 분해 과정에서 질소 노폐물(nitrogenous wastes)이라고 불리는 질소를 함유하는 부산물을 생성하는데, 이는 몸 밖으로 배출해야만 한다. 척추동물에서 질소 노폐물은 다양한 형태로 생성된다(**그림 44.2**).

암모니아는 독성이 있기에 빠르게 제거되어야 한다

아미노산과 핵산 대사의 첫 단계는 탈아미노화(deamination)로, 간에서 아미노기($-NH_2$)를 제거한 후 H^+와 결합시켜 **암모니아**(ammonia, NH_3)로 만드는 것이다. 암모니아는 세포에 상당한 독성을 나타내기 때문에 매우 낮은 농도로 존재해야 안전하다. 경골어류나 양서류의 올챙이 등은 암모니아의 배출이 큰 문제가 되지 않는데, 이는 암모니아의 대부분을 아가미를 통해 확산으로 배출하고, 일부는 매우 묽은 오줌으로 배출하기 때문이다.

요소와 요산은 독성이 적지만, 용해도에 차이가 있다

연골어류, 양서류, 포유류에서 질소 노폐물은 훨씬 독성이 적은 **요소**(urea)의 형태로 배출된다. 요소는 물에 잘 녹기 때문에 오줌으로 다량이 배출될 수 있다. 요소는 간에서 생성되어 혈류를 따라 신장에 모여 배출된다.

파충류, 조류, 곤충류는 물에 소량만 녹는 **요산**(uric acid)의 형태로 질소 노폐물을 배설한다. 요산은 용해도가 매우 낮기 때문에 침전되어 물이 거의 없는 형태로 배출된다. 요산은 **구아노**(guano)라는 새의 배설물 속의 흰색 물질을 형성한다. 요산을 만들기 위해서는 에너지가 필요하지만 물을 보전하는 것으로 벌충할 수 있다.

이런 동물들은 요산을 만드는 능력이 중요한데, 그 이유는 알이 껍질로 싸여 있고, 알 속에서 배아가 자라면서 질소 노폐물이 쌓이기 때문이다. 요산의 생성은 에너지를 필요로 하는 긴 과정이지만 결정화되어 침전되는 물질이 만들어진다. 고체 침전물 형태의 요산은 알 속에 있더라도 배아의 발생에 아무런 영향을 주지 않는다.

그림 44.2 **질소 노폐물.** 아미노산과 핵산이 대사될 때 부산물로 암모니아가 만들어지며, 이는 독성이 매우 강하지만 경골어류는 아가미를 통해 제거할 수 있다. 포유류는 암모니아를 독성이 약한 요소로 전환시킨다. 조류와 육상 파충류는 암모니아를 물에 녹지 않는 요산으로 전환시킨다. 요산을 생성하는 과정은 3가지 과정 중 가장 많은 에너지를 소모하지만 대부분의 물이 보전된다.

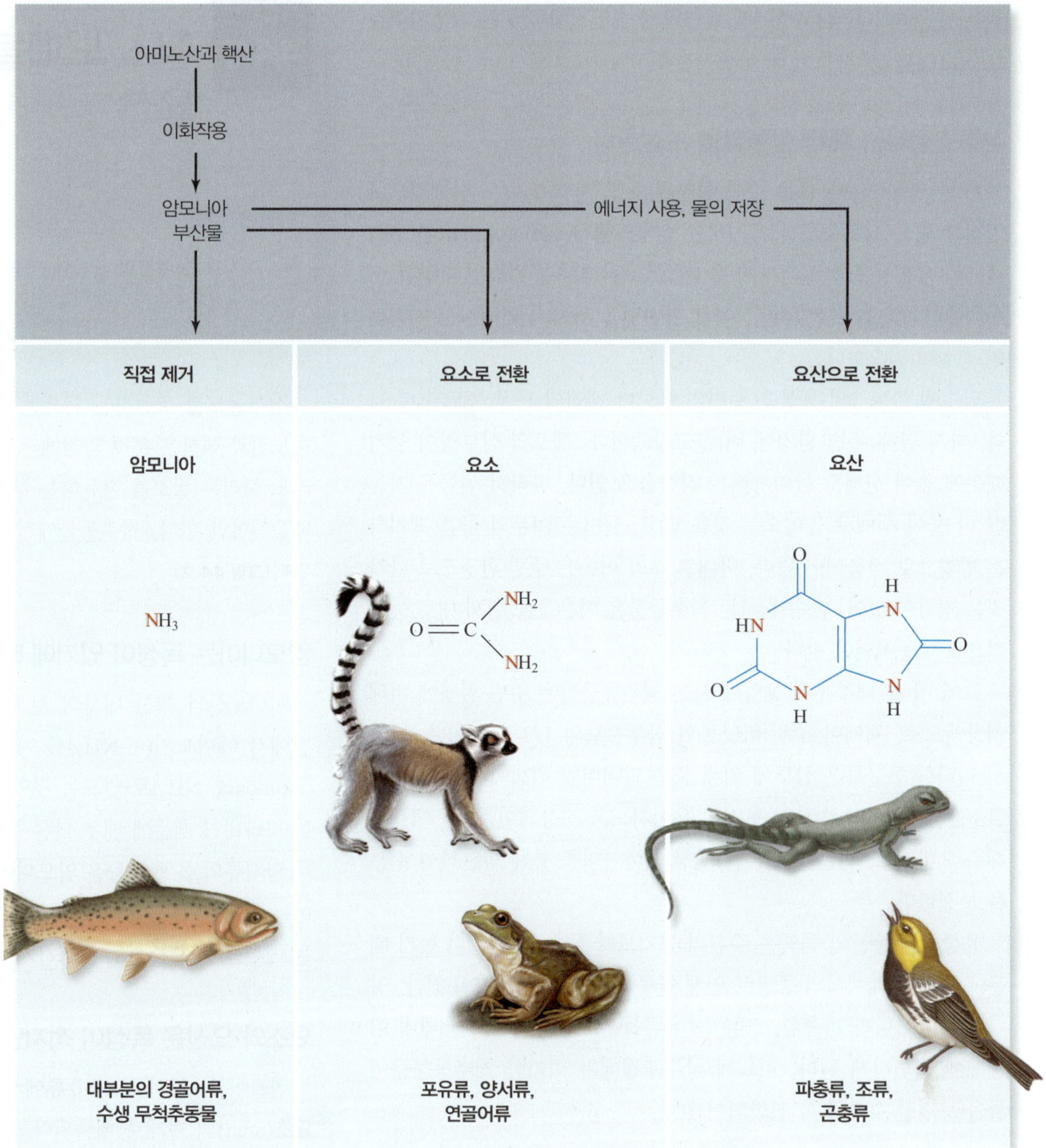

포유류도 약간의 요산을 생성하지만, 이는 아미노산이 아닌 퓨린 뉴클레오타이드가 분해되어 생기는 노폐물이다. 대부분의 포유동물은 **요산분해효소**(uricase)를 가지고 있는데, 이것은 요산을 물에 더 잘 녹는 물질인 **알란토인**(allantoin)으로 바꾸어준다. 사람, 유인원, 달마시안(개) 등은 이 효소가 결핍되어 있기 때문에 요산을 배설해야 한다. 사람은 관절에 요산이 과다하게 축적되면 **통풍**(gout)이 생긴다.

핵심 요약 44.2

아미노산과 핵산의 대사 과정으로 인한 부산물로 암모니아가 생성된다. 경골어류와 아가미가 있는 양서류 등은 암모니아를 배출하고, 다른 척추동물은 요산(파충류와 조류) 및 요소(포유류와 양서류 성체)와 같은 독성이 적은 형태로 질소 노폐물을 전환시킨다. 대부분의 포유류(사람, 유인원, 달마시안 제외)는 요산분해효소에 의해 요산이 분해되어 소량의 요산만을 생산한다.

- 질소 노폐물이 문제인 이유는 무엇일까?

44.3 삼투조절 기관

학습 목표

1. 무척추동물의 삼투조절 기관에 대해 설명할 수 있다.
2. 재흡수와 분비를 정의할 수 있다.

동물에서 질소 노폐물과 수분 균형의 문제에 대처하기 위한 다양한 기작들이 진화되어 왔다. 여러 동물에서 체내의 수분이나 염분의 배출은 배설계(excretory system)를 통한 대사 노폐물의 제거와 관련되어 있다. 단세포 원생생물은 이 목적을 위해 스펀지처럼 수축할 수 있는 수축포(contractile vacuole)를 이용한다. 다른 다세포 동물들은 배설 세뇨관계를 이용하여 체액과 노폐물을 배출한다. 무척추동물에서는 더 정교한 시스템이 발견되며, 척추동물의 배설계는 훨씬 더 복잡하다.

무척추동물은 특수한 세포와 세관들을 이용한다

편형동물(flatworms)에서는 **원신관**(protonephridia)이라는 세관이 전구같이 생긴 불꽃세포(flame cell)로 온 몸에 걸쳐 뻗어 있다(**그림 44.3**). 이런 단순한 배설구조는 생체의 바깥으로 열려 있지만 안쪽으로는 열려 있지 않다. 불꽃세포 안의 섬모의 움직임은 몸으로부터 체액을 끌어들이면서 물과 대사물질은 다시 재흡수되고, 배출될 물질은 배설공을 통해 바깥으로 나간다.

다른 무척추동물들은 몸의 안과 밖으로 다 열려 있는 세관(tubule)을 가지고 있다. 지렁이에서는 이 세관들을 신관(nephridia)이라고 한다(**그림 44.4**). 신관은 깔때기 모양의 **신구**(nephrostomes)를 통해 체강으로부터 체액을 여과한다. **여과**(filtration)라는 용어가 사용되는 이유는 압력하에서 체액이 형성되고, 이 체액이 작은 구멍을 통과하므로 구멍의 크기보다 더 큰 물질은 체액에 남게 되기 때문이다. 이렇게 여과된 액체는 체강에 있는 액체와 등장액이지만 신관의 세관을 통과하면서 NaCl이 능동수송으로 재흡수된다.

세관으로부터 체액으로 물질이 이동되는 것을 **재흡수**(reabsorption)라고 한다. 여과액으로부터 염이 재흡수되기 때문에 배출되는 오줌은 체액보다 더 묽은 저장액이다. **촉각선**(antennal gland)이라고 부르는 연체동물의 신장이나 갑각류의 배설기관도 여과에 의해 오줌을 만들고 이온을 재흡수한다.

곤충은 독특한 삼투조절 기관을 가지고 있다

곤충의 배설기관은 말피기관(Malphighian tubules; **그림 44.5**)으

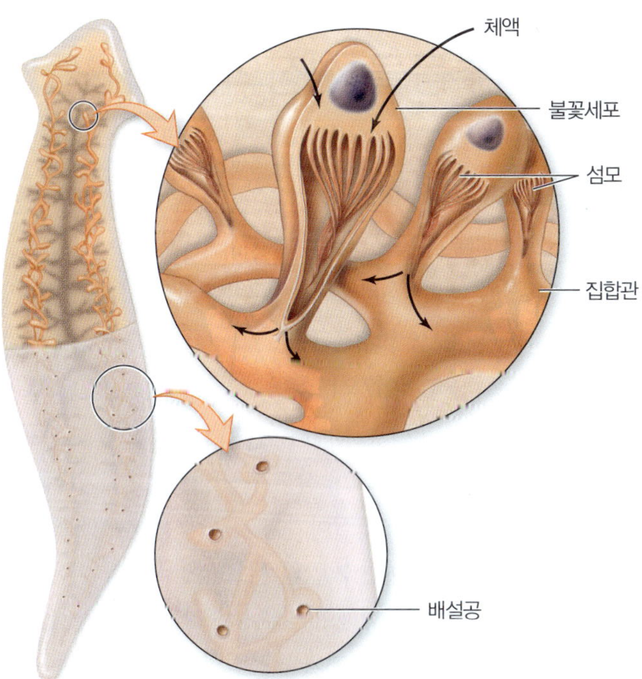

그림 44.3 편형동물의 원신관. 그물처럼 뻗은 세뇨관, 전구 모양의 불꽃세포, 배설공이 원신관을 구성한다. 불꽃세포 내부의 섬모가 움직여 몸으로부터 체액을 흡수한다. 배설물은 몸 밖으로 나 있는 구멍을 통해 배출된다.

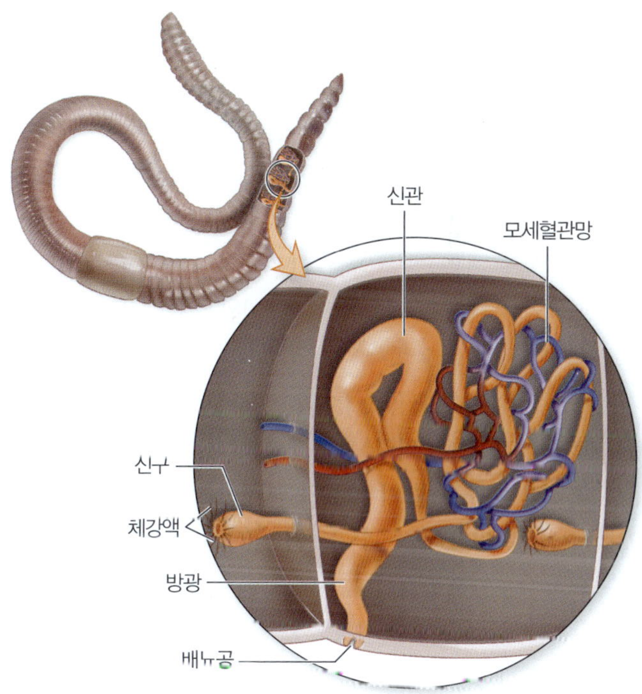

그림 44.4 환형동물의 신관. 환형동물과 같은 대부분의 무척추동물은 신관(주황색)을 가지고 있다. 체강액에서 걸러진 여과액은 깔때기 모양의 신구를 통해 관으로 구성되어 있는 신관으로 들어간다. 염분은 신관에서 재흡수될 수 있으며, 남겨진 체액인 오줌은 배뇨공을 통해 밖으로 배출된다.

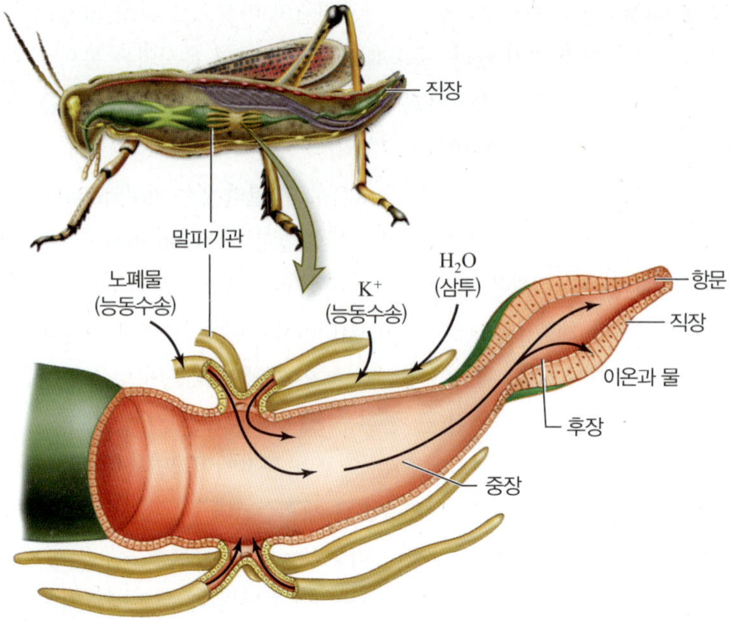

그림 44.5 곤충의 말피기관.
곤충의 말피기관은 소화관의 돌출부위로, 순환계로부터 물과 노폐물을 모은다. K^+가 말피기관으로 분비되고 물은 삼투 작용에 의해 관 안으로 들어온다. 이 물(화살표)의 상당량이 후장벽을 통해 재흡수된다.

로, 이는 후장(hindgut)의 앞쪽에서 갈라져 나온 소화관의 돌출부이다. 체강의 혈액과 말피기관 사이에는 압력차가 없기 때문에 말피기관에서는 오줌이 여과에 의해 만들어지지 않는다. 대신 노폐물과 K^+가 능동수송에 의해 관속으로 분비된다.

분비(secretion)는 재흡수와 반대 방향으로 발생하는데, 이온이나 분자들이 체액에서 관속으로 이동한다. K^+의 분비는 삼투농도 기울기를 만들고, 이로 인해 물이 삼투에 의해 체내의 개방순환계로부터 말피기관 안으로 들어가게 된다. 대부분의 물과 K^+는 후장의 상피를 통해 순환계로 재흡수되고, 작은 분자들과 노폐물만 변과 함께 직장에서 배출되기 때문에 곤충에서 말피기관은 매우 효율적인 수분 보전 수단이다.

척추동물의 신장은 여과와 재흡수를 한다

곤충의 말피기관과는 달리 척추동물의 **신장**(콩팥, kidney)은 압력으로 혈액을 여과하여 세뇨관액을 만든다. 여과액은 모두 단백질 분자보다 작은 수용성 물질들이며, 여과액에는 포도당, 아미노산, 바이타민과 같은 작은 분자들이나 Na^+, K^+, Cl^-와 같은 중요한 이온들이 포함되어 있다. 이 분자나 이온들과 대부분의 물은 세뇨관에서 혈액으로 재흡수되고 노폐물만 남게 되며, 추가적인 노폐물이 세뇨관의 여과액에 더해지고 최종적으로 만들어진 오줌이 몸에서 배출된다.

척추동물의 신장에서 너무 커서 여과되지 않는 혈장의 단백질을 제외한 거의 모든 물질을 여과하고 난 다음, 에너지를 사용하여 몸이 필요로 하는 물질들을 다시 재흡수하는 것이 불합리해 보일지도 모른다. 그러나 이러한 시스템은 특별히 의식하지 않아도 중요한 분자들은 남아 있게 하고, 노폐물만 배출할 수 있게 해준다. 우리 몸에 필요한 물질의 선택적인 재흡수는 커다란 유연성을 가져다준다. 다양한 척추동물들이 서식지에 따라 제각기 다른 물질들을 재흡수할 수 있도록 진화되어 왔다. 이러한 유연성은 척추동물들이 다양한 환경에서 살아갈 수 있도록 해준 요인이다. 다음 절에서는 척추동물의 신장의 기능에 대해서 알아본다.

핵심 요약 44.3

많은 무척추동물들이 세뇨관계를 이용하여 액체를 여과하여 이온이나 물은 재흡수하고, 노폐물은 배출한다. 곤충은 세뇨관으로 K^+와 노폐물을 분비하여 배설액을 만드는데, 이때 삼투로 인해 물도 나간다. 척추동물의 신장은 여과액을 생성하여 세뇨관으로 보내고, 오줌으로 전환한다.

■ 말피기관과 신장의 기능에서 유사한 점은 무엇일까?

44.4 척추동물 신장의 진화

학습 목표

1. 담수어류와 해수어류의 삼투 적응을 비교할 수 있다.
2. 척추동물의 신장의 진화에서 헨레고리의 역할에 대해서 설명할 수 있다.

척추동물은 삼투 평형의 관점에서 여러 가지 위험에 노출되어 있는 다양한 환경에서 살고 있지만, 삼투 항상성을 유지하기 위한 시스템의 진화는 다양한 환경에서 살아가는 것을 가능하게 만들었다. 가장 기초적인 것으로는 특별한 기관의 세포막에서 물과 이온의 움직임을 조절하는 간단한 화학작용이 있다. 신장은 복잡한 기관으로서 **네프론**(nephrons)이라는 수천 개의 반복적인 단위들로 이루어져 있으며, 각 네프론은 신장의 수질을 관통하는 굽어진 관 구조를 이룬다(**그림 44.6**). 혈압은 혈액을 사구체(glomerulus)라는 모세혈관 덩어리의 바깥으로 밀어내어 관 구조가 시작되는 보먼주머니(Bowman's

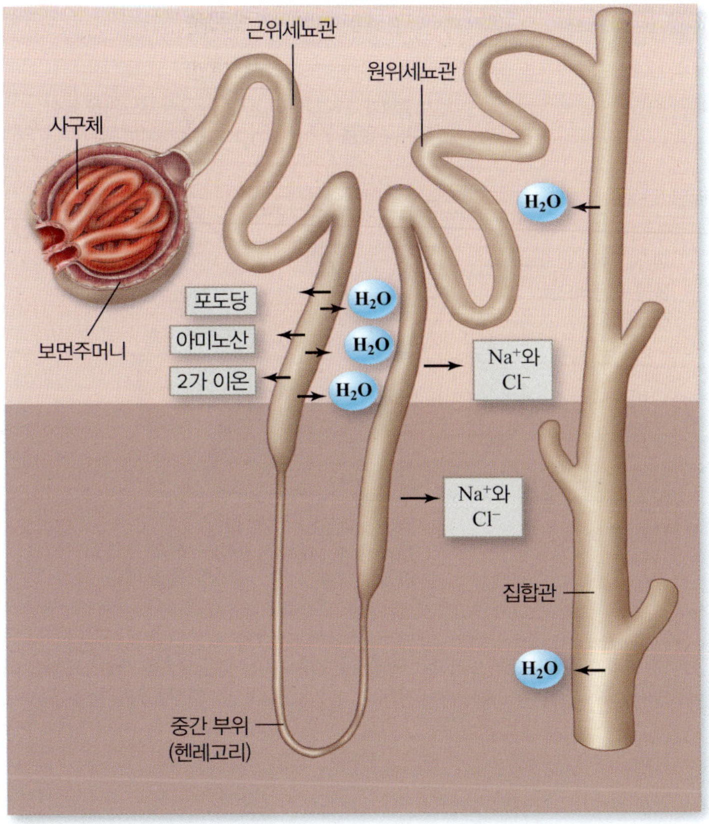

그림 44.6 척추동물의 네프론 구조.
네프론 세뇨관은 척추동물 신장의 기본 구조이다. 당, 아미노산, 물, 주요 1가 이온과 2가 이온은 근위세뇨관에서 재흡수되고, 물과 Na^+, Cl^-와 같은 1가 이온들은 헨레고리에서 재흡수된다. 원위세뇨관과 집합관에서도 호르몬의 영향을 받아 물과 1가 이온(Na^+, Cl^-)들이 재흡수될 수 있다.

자료 분석 당뇨병은 신장에서 재흡수될 수 있는 것보다 더 높은 혈당 농도를 유지하고 있다. 이것이 물을 얻거나 잃게 하는가?

capsule) 속으로 들어가게 한다. 이런 과정을 통해 혈액이 여과되어 물이나 작은 분자, 이온 등은 세뇨관으로 들어가고, 세포와 큰 분자들은 혈액 속에 남게 된다. 여과액이 네프론을 따라 이동하는 동안 유용한 영양물질과 이온 등은 혈액 속으로 재흡수되고, 물과 대사 노폐물들은 오줌으로 남는다. 이 과정의 자세한 내용은 44.5절에서 설명한다.

모든 척추동물의 신장은 기본적인 구조는 동일하지만 다른 환경 요인들에 의해 일부 차이가 생기도록 진화되었다. 원래 **사구체 여과액**(glomerular filtrate)은 혈액과 등장액이기 때문에, 모든 척추동물은 이온과 물을 동일한 비율로 재흡수하여 오줌을 등장성으로 만들 수 있다. 또는 상대적으로 물을 적게 재흡수하여 혈액보다 저장액의 오줌을 만들 수도 있다. 조류와 포유류만이 사구체 여과액에서 상대적으로 많은 물을 재흡수하여 혈액보다 고장성인 오줌을 만들 수 있다. 신장은 다양한 삼투환경에서 척추동물이 살아갈 수 있게 해주는 놀라운 삼투 기계이다.

담수어류는 전해질은 보전하고 물은 배출해야 한다

신장은 담수 경골어류(bony fishes)에서 진화한 것으로 추정되고 있다. 담수어류의 체액은 주변의 물보다 고장액이기 때문에 2가지 심각한 문제를 안고 있다. (1) 주변 환경으로부터 물이 체내로 들어오려는 경향과 (2) 전해질이 몸 바깥으로 빠져나가려는 경향을 보인다는 것이다.

담수 경골어류는 첫 번째 문제의 해결을 위해 물을 마시지 않고 체액보다 저장성의 묽은 오줌을 다량 배설한다. 두 번째 문제는 네프론의 세뇨관을 통해 이온을 재흡수함으로써 해결한다. 또한 아가미 표면을 통해 주변의 물에서 이온들을 혈액으로 능동수송한다(**그림 44.7**, 왼쪽).

해수 경골어류는 전해질은 배출하고 물은 보전해야 한다

대부분의 동물이 바다에서 처음 진화해온 것으로 보이지만, 해수 경골어류는 담수어류 조상으로부터 진화한 것으로 추정된다. 담수에서 바다로 서식처를 옮기면서 몸의 체액이 해수보다 저장액이기 때문에 심각한 문제에 직면하게 되었다. 결국 물은 삼투에 의해 아가미를 통해 빠져나가고, 오줌으로 소실되었다. 물이 계속 손실되는 것을 보상하기 위해 해수어류는 다량의 바닷물을 마신다(**그림 44.7**, 오른쪽)

해수어류가 마시는 바닷물 속의 2가 양이온(주로 Ca^{2+}, Mg^{2+})은 소화관 속에 잔류하다 항문을 통해 배출된다. 그러나 일부는 1가 이온(K^+, Na^+, Cl^-)들처럼 혈액 안으로 흡수된다. 대부분의 1가 이온들은 아가미 표면을 통해 혈액 밖으로 능동수송되며, 혈액 안으로 들어온 2가 이온들은 네프론의 세뇨관으로 분비되어 오줌으로 배출된다. 이런 2가지 방식으로 해수 경골어류가 마신 바닷물로부터 얻은 이온들이 배출된다. 해수어류가 배출하는 오줌은 체액과 등장성으로 담수어류의 오줌보다 고장성이지만, 조류나 포유류의 오줌보다는 저장성이다.

연골어류는 전해질은 배출하고 요소는 보전해야 한다

상어나 가오리 등의 판새류(elasmobranchs)는 연골어류(cartilaginous fish)의 아강에 속한다. 판새류는 해수 환경에 살면서 생기는 삼투문제를 다른 방식으로 해결한다. 판새류는 해수에 비해 저장성의 체액을 가지고 있어 계속적으로 해수를 마시거나 이온들을 능동적으로 배출하는 것 대신에 네프론 세뇨관에서 요소를 재흡수하여 포유류보다 100배나 높은 혈중 요소 농도를 유지한다.

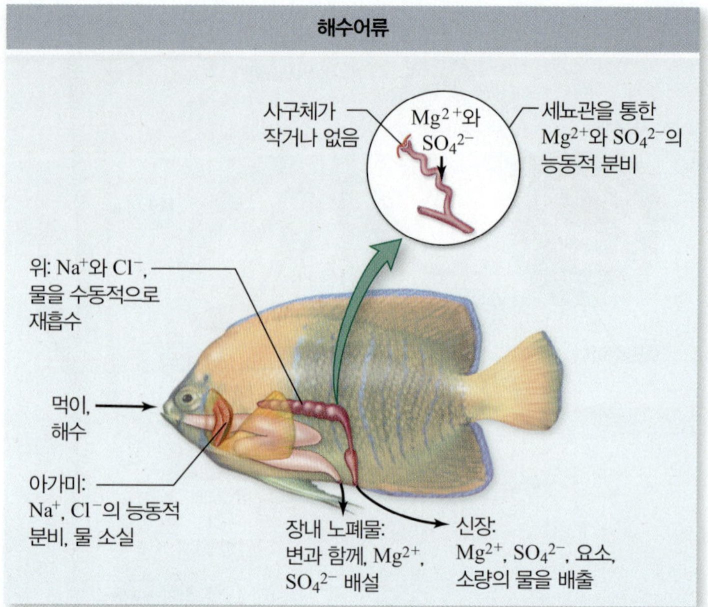

그림 44.7 담수와 해수 경골어류의 삼투 조절.
담수 경골어류의 체액은 주변에 비해 고장성인 반면 해수 경골어류는 바닷물에 비해 저장성이다. 물의 유입과 이온의 손실을 보상하기 위해 담수 경골어류는 묽은 오줌을 배설하고 물을 마시지 않으며, 네프론 세뇨관을 통해 이온들을 재흡수한다. 삼투현상으로 물이 손실되는 것을 보상하기 위해 해수 경골어류는 해수를 마시고, 아가미와 신장의 상피조직을 통해 능동수송으로 과다한 이온들을 배출한다.

이 고농도의 요소는 혈액을 주변 해수와 거의 등장액으로 만들어 준다. 등장액 사이에서는 물의 순이동이 일어나지 않기 때문에 물이 소실되지 않는다. 따라서 연골어류는 삼투 평형을 맞추기 위해 해수를 마시거나 아가미나 신장을 통해 다량의 이온들을 배출할 필요가 없다. 연골 어류의 효소와 조직은 높은 요소 농도에 견딜 수 있도록 진화되어 왔다

양서류와 파충류는 주변 환경에 삼투적응을 한다

최초의 육상 척추동물은 양서류이며, 양서류의 신장은 담수어류의 신장과 같다. 양서류는 대부분의 시간을 담수에서 보내고, 뭍에서는 주로 습지에 머물기 때문에 이런 현상은 놀라운 것이 아니다. 양서류는 매우 묽은 오줌을 만들고 피부를 통해 주위의 물에서 Na^+를 능동수송으로 흡수하여 보충한다.

파충류는 다양한 환경에서 서식하는데, 주로 담수에서 사는 것들은 담수어류나 양서류와 비슷한 서식처에 살기 때문에 비슷한 신장을 가지고 있다. 악어, 바다거북, 바다뱀, 바다도마뱀 등의 해양 파충류는 담수에 사는 파충류와 비슷한 신장을 가지고 있지만 이들과는 반대의 문제에 직면하고 있다. 즉, 물이 빠져나가고 염분이 들어오는 문제이다. 해양 파충류는 해수 경골어류처럼 바닷물을 마시고 등장성의 오줌을 배설한다. 해양 파충류는 코나 눈 주위에 있는 염류샘을 통해 여분의 염분을 배출한다.

육상 파충류의 신장은 네프론 세뇨관을 통해 많은 물과 염분을 재흡수하여 건조한 환경에서 혈액량을 유지한다. 어류나 양서류와 마찬가지로 이들도 혈장보다 진한 오줌을 만들지는 않는다. 그러나 실제로는 오줌을 배설하지 않고 소화관과 배설관의 공통 출구인 총배설강(cloaca)으로 보낸 다음, 그곳에서 추가적으로 물을 재흡수하고 노폐물을 변과 함께 배출한다.

포유류와 조류는 농축된 오줌을 배출하고 수분을 보전할 수 있다

포유류와 조류는 체액보다 높은 삼투농도를 가진 오줌을 만들 수 있는 유일한 척추동물이다. 따라서 체내에 더 많은 물을 보유하기 위해 소량의 물과 노폐물을 배출한다.

사람의 신장은 혈장보다 4.2배나 더 높은 농도의 오줌을 만들 수 있지만, 일부 다른 포유동물의 신장은 훨씬 더 효율적으로 물을 보전할 수 있다. 예를 들어, 낙타, 모래쥐, 주머니쥐는 혈장보다 각각 8배, 14배, 22배 높은 오줌을 만들 수 있다. 캥거루쥐의 신장은 매우 효율이 높아 물을 전혀 마시지 않아도 되며, 음식과 세포의 산소호흡에서 나오는 물만으로 필요한 양을 충분히 공급 받는다.

고장성 오줌의 생산은 포유류와 조류에만 있는 네프론의 **헨레고리**(loop of Henle) 부위에서 이루어진다(**그림 44.6**과 **44.11**). 농도의 정도는 헨레고리의 길이에 따라 달라지는데, 대부분의 포유동물은

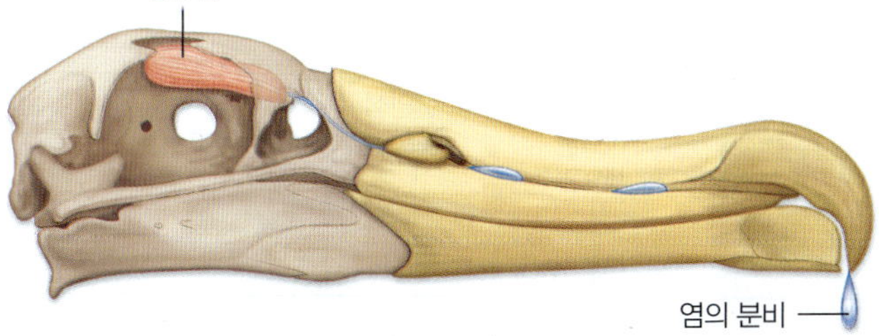

그림 44.8 **해양 조류에서 과다한 염의 배출.**
해양 조류는 해수를 마시고 과다한 염분은 염류샘을 통해 배출한다. 이 염류샘에서 분비된 매우 짠 용액은 부리 아래로 떨어진다.

짧은 고리를 가진 네프론과 긴 고리를 가진 네프론을 모두 가지고 있다. 그러나 조류는 긴 고리를 가진 네프론이 거의 없기 때문에 포유류만큼 농축된 오줌을 만들지 못하고 기껏해야 혈장보다 2배 정도 농도가 높은 오줌을 만들 수 있다. 해양 조류는 물의 손실을 막기 위해 바닷물을 마시고, 눈 주위에 있는 염류샘을 통해 여분의 염분을 배출한다(**그림 44.8**).

약간 고장성인 조류의 오줌은 소화관에서 온 변과 함께 총배설강에 모이게 되며, 필요시 총배설강의 벽을 따라 여분의 물이 더 흡수되어 반고체의 흰색 배설물의 형태로 배출된다.

핵심 요약 44.4

담수어류의 신장은 많은 양의 매우 묽은 오줌을 배설해야 한다. 해수 경골어류는 바닷물을 마시고 등장성의 오줌을 배설하며, 연골 어류는 요소를 보유하여 물의 손실을 막는다. 포유류와 조류에서는 헨레고리에서 오줌의 물을 재흡수하여 체액보다 고장성의 오줌을 만든다.

■ 포유류와 조류는 헨레고리가 있는 네프론을 가지고 있지만 파충류는 가지고 있지 않다. 이러한 차이점은 진화학적 관점으로 어떻게 설명할 수 있을까?

44.5 포유류의 신장

학습 목표

1. 여과, 재흡수 및 분비 과정에 대해 설명할 수 있다.
2. 신장의 주요 구성 요소의 명칭에 대하여 설명할 수 있다.
3. 네프론의 주요 부분에 대해 설명할 수 있다.

사람의 신장은 몸의 뒤쪽 아래에 위치한 주먹만한 크기의 기관으로 신동맥(renal artery)으로부터 혈액을 공급받고, 이 혈액을 이용하여 오줌을 만든다. 오줌은 **요관**(ureter)을 통해 각각의 신장으로부터 흘러나와 **방광**(urinary bladder)으로 전달되며, 방광에서 **요도**(urethra)를 거쳐 몸 밖으로 배출된다(**그림 44.9**).

신장에서 요관의 입구는 깔때기 형태의 구조를 가지는 **신우**(콩팥깔대기, renal pelvis)에 연결되어 있다. 신우는 컵 모양의 공간을 가지고 있어 신장 조직에서 나온 오줌을 받는다. 신장조직은 바깥쪽인 **신피질**(콩팥겉질, renal cortex)과 안쪽인 **신수질**(콩팥속질, renal medu- llar)로 구분된다.

신장은 **그림 44.10**에 요약된 것처럼 3가지 기본적인 기능을 한다.

1. **여과**: 혈액 속의 유체는 세뇨관 시스템(tubule system) 안으로 여과되어 세포와 큰 단백질들만 혈액에 남고, 여과액은 물과 혈액 속 용질들로 구성된다. 이 여과액은 신장의 나머지 부분에 의해 오줌으로 배출된다.
2. **재흡수**: 재흡수는 세뇨관 내에 있는 여과액으로부터 포도당, 아미노산 및 다양한 종류의 무기염류와 같은 중요한 용질을 세포외액으로 보내는 선택적인 이동으로, 이 용질들은 세뇨관주위 모세혈관을 통해 혈류로 다시 돌아간다. 재흡수는 용질에 따라 능동수송이나 수동수송을 이용할 수 있다. 물도 재흡수되며, 물의 재흡수는 물의 손실 정도를 조절해 준다.
3. **분비**: 분비는 혈액에서 세포외액으로의 용질의 이동으로, 분비된 물질은 세뇨관 시스템 내의 여과액으로 들어가게 된다. 체내 물질을 유지하는 재흡수와는 달리 분비는 체외로 배출되는 것으로, 이를 통해 독성 물질을 제거할 수 있다.

네프론은 신장의 여과 단위이다

현미경적 수준에서 볼 때, 각각의 신장은 기능을 하는 **네프론**(nephrons)을 약 100만 개 정도 가진다. 포유류의 신장은 수질 내부로 깊게 들어간 긴 고리를 가지는 **수질인접 네프론**(juxtamedullary nephron)과 짧은 고리를 가지는 **피질 네프론**(cortical nephron)이 있으며, 고리의 길이가 가지는 중요성은 뒤에서 알아본다.

여과액의 생성

각 네프론은 긴 세뇨관과 작은 혈관들로 구성되어 있다(**그림 44.11**). 혈액은 **구심성 세동맥**(afferent arteriole)을 따라 흘러서 피질에 있는 모세혈관 다발인 **사구체**(glomerulus)로 들어간다. 여기에서

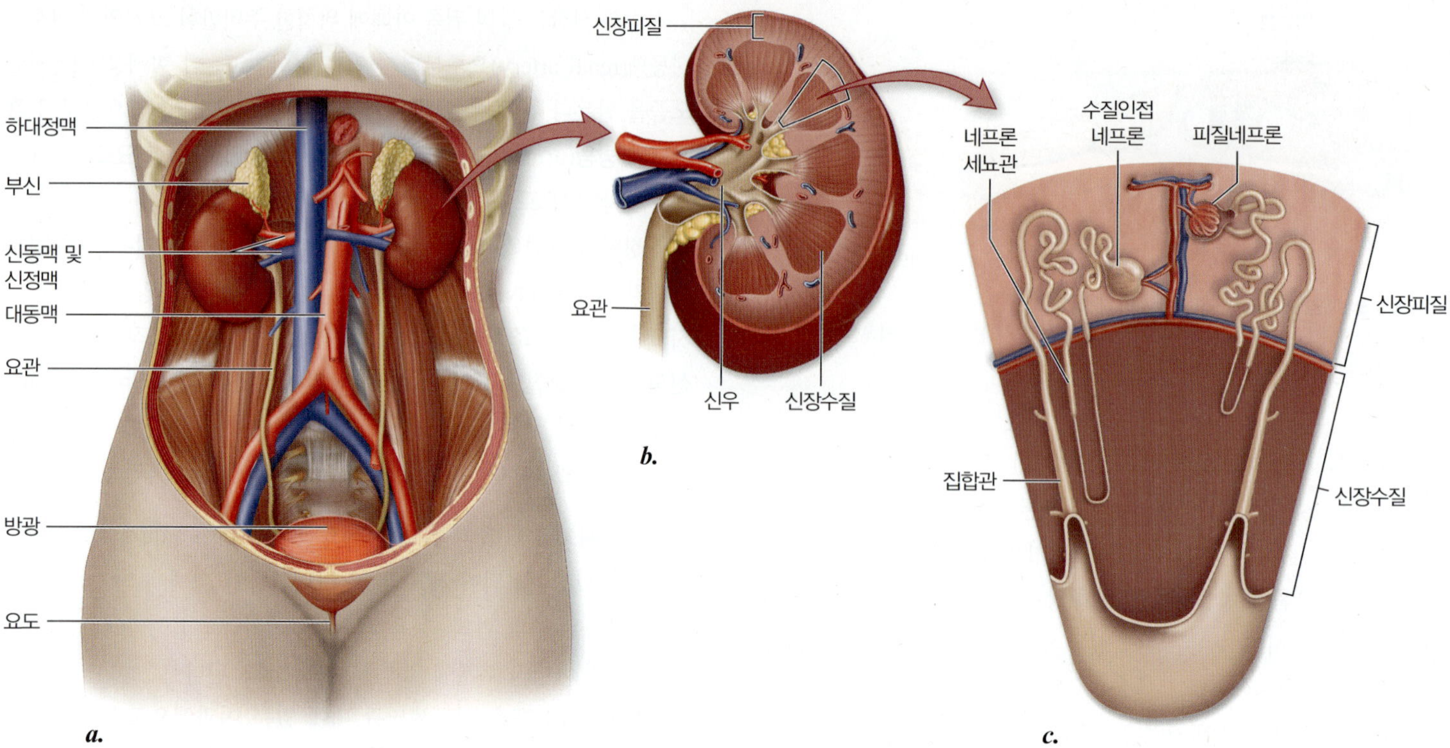

그림 44.9 사람의 신장.
a. 비뇨계의 각 기관의 위치. *b.* 내부 구조를 보여주는 신장의 단면. *c.* 포유류 신장에서 네프론의 위치. 피질 네프론은 주로 신장의 피질에 위치하며, 수질인접 네프론은 신장 수질 안으로 깊게 뻗어 있는 긴 고리를 가지고 있다.

혈압에 의해 혈액이 다공성 모세혈관 벽을 통과하여 여과된다. 혈구 세포와 혈장 단백질들은 크기가 너무 커서 이 사구체 여과액으로 들

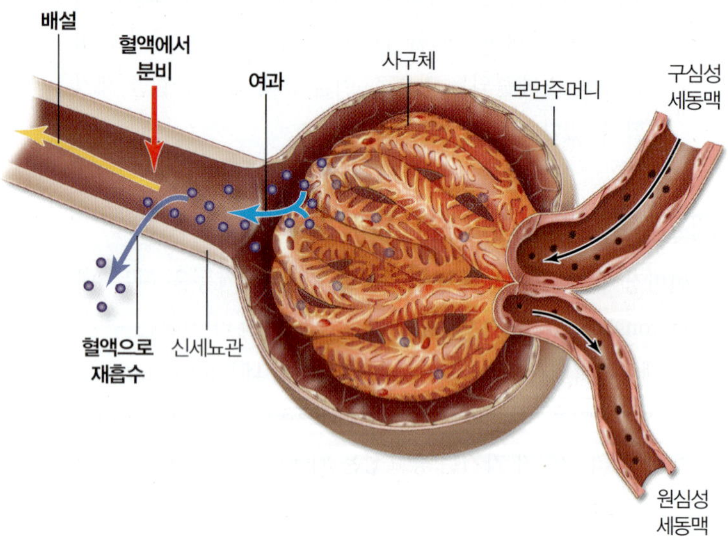

그림 44.10 신장의 3가지 기능.
분자들은 사구체로부터 여과되거나 세뇨관주위 모세혈관에서 세뇨관으로 분비되어 오줌으로 들어간다. 여과액으로 들어간 분자들은 세뇨관주위 모세혈관으로 재흡수되어 다시 혈액으로 되돌아갈 수 있다. 신장을 나간 오줌은 요관을 통해 방광으로 가서 우리 몸에서 배출된다.

어갈 수 없지만, 물과 용존 분자들로 구성된 혈장의 대부분은 이 단계에서 혈관계를 떠나게 된다. 이 여과액은 바로 네프론 세뇨관의 가장 앞부분인 **보먼주머니**(Bowman's capsule)로 들어간다. 보먼주머니는 마치 손을 감싸고 있는 크고 부드러운 풍선처럼 사구체를 감싸고 있으며, 좁은 구멍을 가지고 있어 사구체 여과액이 네프론 세뇨관 시스템으로 들어갈 수 있다.

사구체 바깥으로, 여과되지 않은 혈액 구성 성분들은 **원심성 세동맥**(efferent arteriole)을 따라 흘러 세뇨관을 둘러싸고 있는 **세뇨관주위 모세혈관**(peritubular capillaries)으로 들어가게 된다. 이것은 2개의 모세혈관이 연속적으로 있는 신체 내의 여러 장소들 중 하나일 뿐이다. 수질인접 네프론에서 원심성 세동맥과 세뇨관주위 모세혈관은 헨레고리를 둘러싸는 모세혈관인 **수질모세혈관**(vasa recta capillaries)으로 흘러 들어간다. 뒤에서 설명하겠지만 세뇨관주위 모세혈관은 재흡수와 분비작용을 위해 필요하다.

여과액은 보먼주머니로 들어간 후 피질에 존재하는 네프론의 일부인 **근위세뇨관**(proximal convoluted tubule)으로 들어간다. 피질 네프론에서 유체는 **헨레고리**(loop of Henle)를 따라 흐르는데, 헨레고리는 수질 안으로 조금 내려갔다가(하행) 피질 쪽으로 올라온다(상행). 수질인접 네프론에서는 헨레고리가 수질 안으로 더 깊게 들

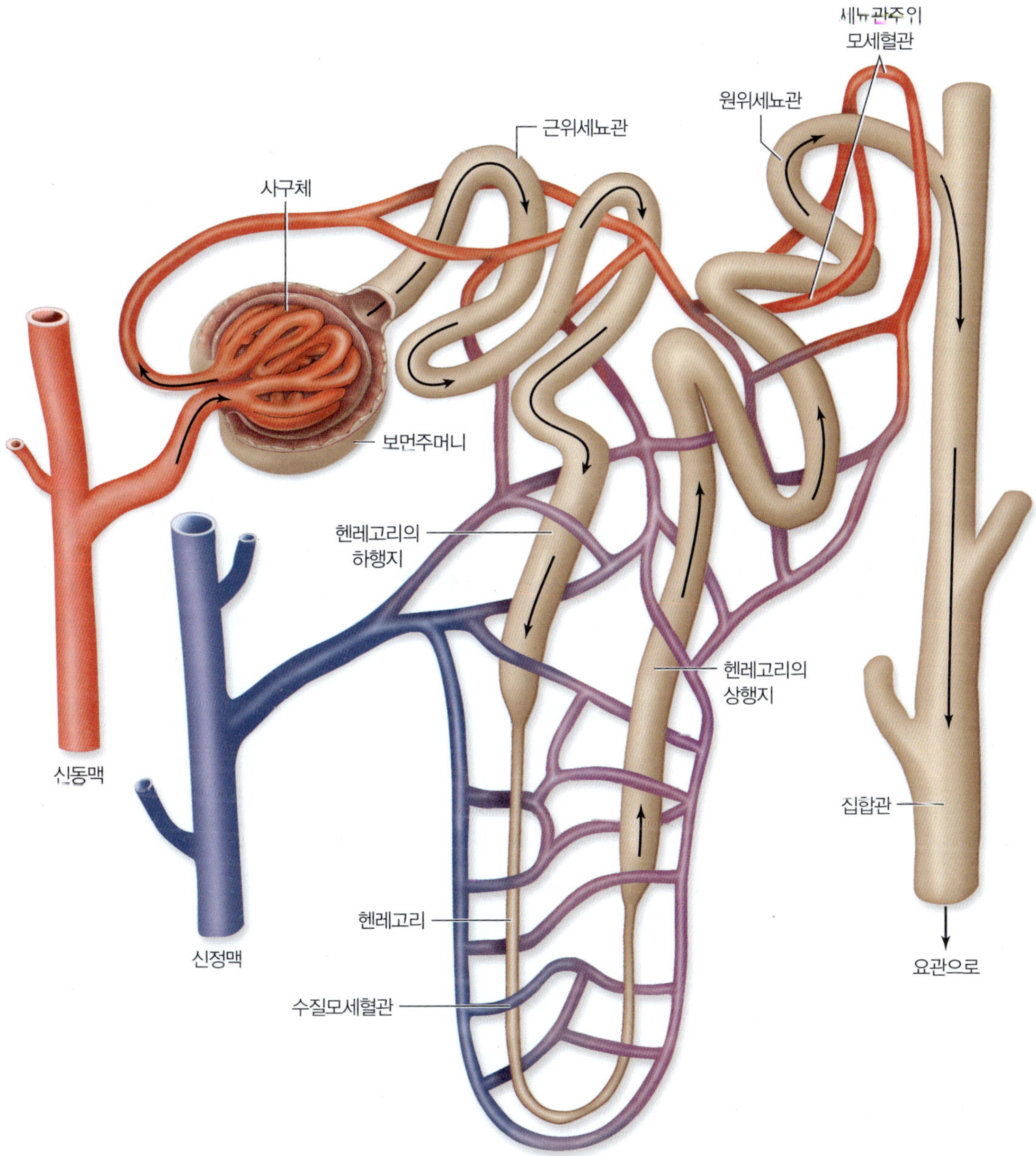

그림 44.11 포유류 신장의 네프론. 네프론 세뇨관은 피질에서 세뇨관주위 모세혈관에 의해 둘러싸여 있으며, 수질모세혈관은 수질에서 헨레고리를 둘러싸고 있다. 이 모세혈관계는 여과액으로부터 재흡수된 분자와 이온을 운반한다.

어갔다가 피질쪽으로 다시 올라온다. 피질 네프론에서보다 수질인접 네프론에서 더 많은 물이 재흡수될 수 있다. 유체는 헨레고리를 통해 수질 깊은 곳까지 이동하며, 다시 피질로 상행한다. 앞서 설명한 것처럼 포유류와 조류의 신장만 헨레고리를 가지고 있기 때문에 조류와 포유류에서만 오줌이 농축될 수 있다.

오줌의 집적

헨레고리를 지난 여과액은 피질에 있는 **원위세뇨관**(distal convoluted tubule)으로 들어가고, 이어서 **집합관**(collecting duct)으로 흘러 들어간다. 집합관은 다시 수질로 내려가고, 여기서 다른 집합관들과 합쳐져 오줌을 신우로 보내게 된다.

물, 일부 영양분 및 이온은 재흡수되며 다른 분자는 분비된다

사구체로 들어가 여과된 물과 용질의 대부분은 재흡수를 통해 다시 혈액으로 돌아가야 한다. 그렇지 않으면 동물이 오줌을 배출하는 것은 말 그대로 죽음으로 향하는 길이 될 것이다. 그 실례로 사람에서는 매일 약 2000 L의 혈액이 신장을 통과하는데, 180 L의 물이 혈액을 떠나 사구체 여과액으로 들어간다.

물

사람은 약 5 L 정도의 혈액을 가지고 있으며, 하루에 약 1~2 L의 오줌을 생산하기 때문에 혈액은 하루에도 몇 번씩 여과되고, 여과액의 대부분은 재흡수되어야 한다. 물은 근위세뇨관에서 여과액으로부터 재흡수되며, 헨레고리의 하행 부분과 집합관을 통과하면서 재흡수된다. 집합관에서의 선택적인 재흡수는 헨레고리에 의해 만들어진 삼투농도차에 의해 일어난다.

포도당과 기타 영양분

체내에 필요한 포도당, 아미노산, 그 외 다른 분자들의 재흡수는 능동수송(active transport)과 2차 능동수송(공동수송)에 의해 일어난다. 모든 운반체-매개 수송(carrier-mediated transport)에서처럼 매개체가 포화되었을 때 최대 수송률에 도달하게 된다(4장 참조).

근위세뇨관에서 포도당 수송체의 경우 혈액 내(나중에는 사구체 여과액에서) 혈당치가 약 180 mg/100 mL가 되는 경우 포화된다. 혈당이 이 양을 초과하게 되면, 치료를 받지 않은 당뇨병 환자에서처럼 여과액에 남아 있는 포도당은 오줌으로 배출된다. 실제로 오줌에 포도당이 존재하면 당뇨병으로 진단된다.

노폐물의 분비

이물질과 체내 특정 노폐물은 모세혈관과 신장 세뇨관 막을 통과해 여과액으로 분비된다. 이 과정은 재흡수와 비슷하지만 반대 방향으로 진행된다.

일부 분비된 분자들은 신장을 한 번 통과하는 사이에 혈액에서 빠르게 빠져나가 오줌으로 배출된다. 네프론에서 분비되는 이런 빠른 배출은 왜 매일 많은 양으로 페니실린을 반복 투여해야 하는지에 대한 설명이 된다.

독소와 과다한 이온의 배출은 항상성을 유지해준다

신장의 주된 기능은 동물이 먹고 마시는 것들 중 독성이 있는 물질들을 제거해 주는 것이다. 더욱이 44.2절에서 살펴본 것처럼 오줌에는 질소 노폐물이 있는데, 이것은 아미노산과 핵산의 이화작용에 의한 산물이다. 또한 오줌에는 과다한 K^+, H^+ 그리고 혈액으로부터 제거된 여러 이온들도 존재한다.

일반적으로 오줌의 높은 H^+ 농도(pH 5~7)로 인해 혈액의 산-염기 평형이 좁은 범위(pH 7.35~7.45)에서 유지된다. 또한 오줌에서 물의 배출은 혈액량과 혈압을 유지하는 데 기여하는데(43장 참조), 배설되는 오줌의 양이 많을수록 혈액량은 적어진다.

신장 기능의 목적은 내부 환경을 일정하게 유지해 주는 항상성의 유지이다. 질병으로 인해 신장 기능에 장애가 생기면, 혈액 내 질소 노폐물의 농도가 증가하고, 전해질과 산-염기 평형이 교란되며, 혈압 조절에 이상이 생긴다. 이러한 잠재적인 치명적 변화로 인해 인체 생리학적인 측면에서 신장의 중요성이 강조된다.

포유류의 네프론의 각 부위는 특수한 수송 기능을 수행한다

앞서 살펴본 것처럼 약 180 L의 등장성 사구체 여과액이 매일 사람 신장의 보먼주머니로 들어간다. 네프론 세뇨관을 지난 다음 여과액은 혈액으로 다시 재흡수되지 않으면 180 L의 오줌으로 배출되는데, 이는 사실상 불가능하다. 물은 오직 삼투에 의해서만 세포막을 지날 수 있으며, 삼투는 두 등장액 사이에서는 일어나지 않기 때문에, 물의 재흡수를 위해 사구체 여과액과 혈액 사이에 삼투 기울기를 형성하는 일련의 과정이 필요하다.

근위세뇨관

여과액에 있는 거의 대부분의 영양분은 근위세뇨관을 통해 다시 혈액으로 재흡수된다. 그리고 보먼주머니로 여과된 물과 NaCl의 약 2/3가 근위세뇨관 벽을 통해 바로 재흡수된다.

이 재흡수는 여과액으로부터 세뇨관주위 모세혈관으로 Na^+의 능동수송에 의해 일어난다. Cl^-는 전기적 인력에 의해 Na^+를 따라 수동적으로 이동하고, 물은 삼투압 때문에 이 둘 모두를 따라 이동한다. 여과액으로부터 NaCl과 물이 비례적으로 제거되기 때문에, 세뇨관에 남아 있는 여과액은 여전히 혈장과 등장액이 된다.

NaCl과 물의 초기 재흡수 이후 네프론 세뇨관에는 초기 여과액의 1/3만 남게 되지만 여과액은 아직도 많은 양(원래 여과액 180 L 중의 60 L)이다. 이렇게 많은 오줌을 배출하는 동물은 없으며, 따라서 남은 물의 대부분은 재흡수되어야만 하고, 주로 집합관의 벽을 통해 재흡수된다.

헨레고리

헨레고리의 기능은 피질과 수질 사이에 더 큰 삼투 기울기를 형성하는 것이다. 삼투 기울기는 집합관에서 삼투에 의해 물이 재흡수되도록 해준다. 헨레고리의 상행지와 하행지는 서로 구조적으로 다르며 이온들과 물에 대한 투과성도 다르다. 이로 인해 피질과 수질 사이에 더 큰 삼투 기울기가 만들어진다(**그림 44.12**). 헨레고리의 구조는 역류계(36장 참조)의 또 다른 예가 되는데, 이것은 조직액의 삼투농도가 증가되도록 해준다. 헨레고리의 기능을 이해하기 위해서 헨레고리의 상행지부터 살펴본다.

1. 전반적으로 상행지는 물을 통과시키지 않는다. 상행지의 두꺼운 부분은 세뇨관 밖으로 Na^+를 능동수송하고, Cl^-는 이를 따라 수동적으로 이동한다. 상행지의 얇은 부분은 Na^+와 Cl^- 모두를 통과시킨다.
2. 하행지는 얇으며 물은 통과시키지만, NaCl은 통과시키지 않는다. 상행지로부터 나온 Na^+와 Cl^- 때문에 조직액의 삼투농도는

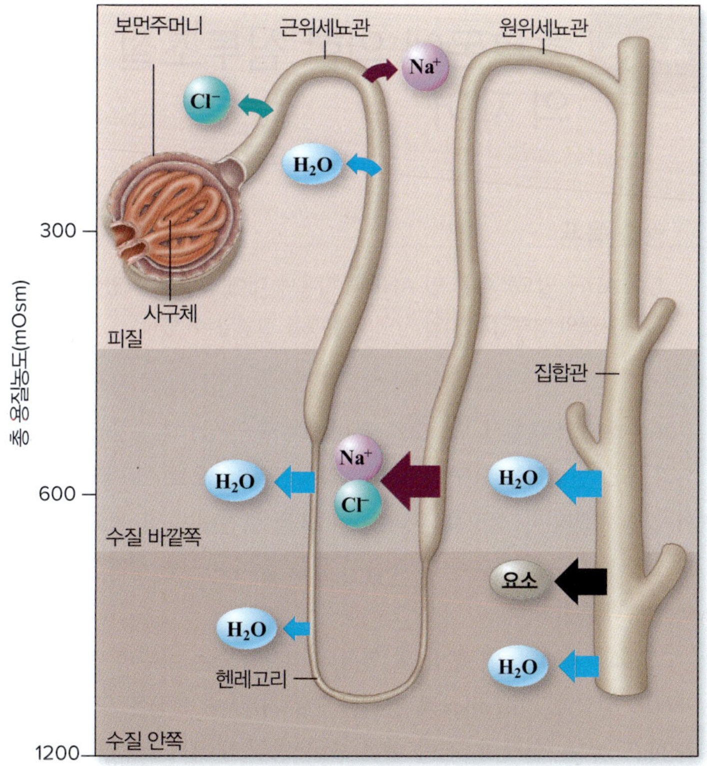

그림 44.12 포유류 신장에서 염과 물의 재흡수.
근위세뇨관의 밖으로 Na^+의 능동수송이 일어나면서 Cl^-와 물도 수동적으로 이동하게 된다. 헨레고리의 상행지에서 NaCl이 능동적으로 배출되면서 헨레고리의 하행지와 집합관에서 물의 재흡수를 위해 필요한 삼투 기울기가 만들어진다. 헨레고리의 상행지와 하행지는 삼투 기울기를 증가시키는 역류증폭계를 형성한다. 신장의 피질에서 수질까지의 삼투농도의 변화는 그림의 왼쪽에 수치로 표시하였다.

하행지 내부의 삼투농도보다 높기 때문에 물은 삼투압에 의해 하행지에서 빠져나간다. 따라서 헨레고리가 바닥을 돌아 올라오면 세뇨관 안의 삼투농도가 증가되기 때문에 상행지의 얇은 부분에서는 확산에 의해 NaCl이 빠져나간다.

3. 상행지에서 Na^+의 능동수송과 이에 따른 Cl^-의 수동 이동이 일어남으로써 주변 조직의 삼투농도가 높아지므로 하행지에서의 물의 소실이 더욱 촉진되어 하행지 내 여과액의 농도는 고리를 내려갈수록 더욱 높아진다. 헨레고리의 길이가 길면 길수록 상행지와 하행지가 서로 상호작용하는 구간은 길어지며, 결국 여과액의 농도는 더 높아진다. 사람의 신장에서 헨레고리로 들어가는 사구체액의 농도는 300 mOsm(밀리오스몰)이며, 이 농도는 신장 수질 안쪽의 헨레고리의 가장 긴 지역의 바닥 부분에서 1200 mOsm 이상으로 증가한다.
4. 헨레고리의 상행지에서 빠져나온 NaCl은 주변의 조직액에서 수질모세혈관으로 재흡수되며, 그 결과 NaCl은 수질에서 빠져나가는 혈액에서 수질로 들어오는 혈액으로 확산될 수 있다. 수질모세혈관도 역류 교환의 기능을 하는데, 이는 앞서 살펴본 바와 같이 몸체가 큰 수중 척추동물의 지느러미에서 나타나는 열 교환을 위한 혈액의 역류(36장 참조)와 산소 교환을 증가시키기 위해 아가미에서 나타나는 물과 혈액의 역류(42장 참조)와 비슷하다고 볼 수 있다. 수질모세혈관의 경우, 이러한 교환은 모세혈관을 통한 혈액의 흐름에 의해 헨레고리에 의해 형성된 삼투 기울기가 파괴되지 않도록 해주기 때문에, 선택적으로 물을 재흡수하는 집합관의 능력에 아무런 영향을 미치지 않는다.

헨레고리의 상행지와 하행지에서는 여과액이 반대 방향으로 흐르기 때문에, 고장성의 신장 수질을 형성하는 헨레고리의 작용을 역류증폭계라고 한다. 이를 통해 형성된 삼투 기울기는 세뇨관 시스템에서 밖으로 빠져나온 염의 능동수송에 의해 생성되는 것보다 더 크다. 이 시스템은 확산에 의해 삼투 기울기가 파괴되는 것을 방지하고 지속적으로 염을 수질로 보낸다.

신장 수질의 높은 염 농도는 주로 역류증폭계에 의한 NaCl 축적의 결과라고 볼 수 있지만, 요소 또한 수질의 총 삼투농도에 영향을 준다. 헨레고리의 하행지와 집합관은 둘 다 요소를 통과시킬 수 있으며, 이것은 확산에 의해 네프론에서 빠져나간다.

원위세뇨관과 집합관

NaCl이 상행지에서 빠져나오기 때문에 원위세뇨관에 도달해서 신장 피질에 있는 집합관으로 들어가는 여과액은 농도가 100 mOsm에 불과한 저장액이 되며, 이 묽은 용액이 들어 있는 집합관은 수질 안으로 빠르게 내려간다. 신장 수질의 고장성 조직액 때문에 생기는 차이가 큰 삼투 기울기에 의해서 물은 집합관에서 빠져나와 주변의 혈관으로 들어가게 된다.

삼투 기울기는 보통 일정하게 유지되지만 원위세뇨관과 집합관에서의 물의 투과성은 항이뇨호르몬(antidiuretic hormone, ADH)에 의해 조절된다(39장, 43장 참조). 동물이 물을 보전할 필요가 있을 때 뇌하수체 후엽에서 더 많은 ADH를 분비하며, 이 호르몬은 집합관의 원형질막에 존재하는 물 통로(aquaporin)의 수를 증가시켜 준다. 이는 집합관에서 물의 투과성을 높여주기 때문에, 많은 물을 재흡수시키고 적게 배출시켜 더 고장성의 오줌을 배출하게 한다.

신장은 수분의 평형 조절 이외에도 재흡수와 분비를 통해 혈액 내 전해질의 균형을 조절한다. 예를 들어, 신장은 근위세뇨관에서 K^+를 재흡수하고 원위세뇨관에서 항상성을 유지하는 데 필요한 양만큼 K^+를 분비한다(**그림 44.13**). 또한 신장은 오줌으로 H^+를 배출하고 HCO_3^-를 재흡수해서 산-염기 평형을 유지한다.

원위세뇨관과 집합관에서 NaCl의 재흡수는 우리 몸의 필요에 따라 결정되며, 이는 호르몬인 **알도스테론**(aldosterone)의 조절을 받

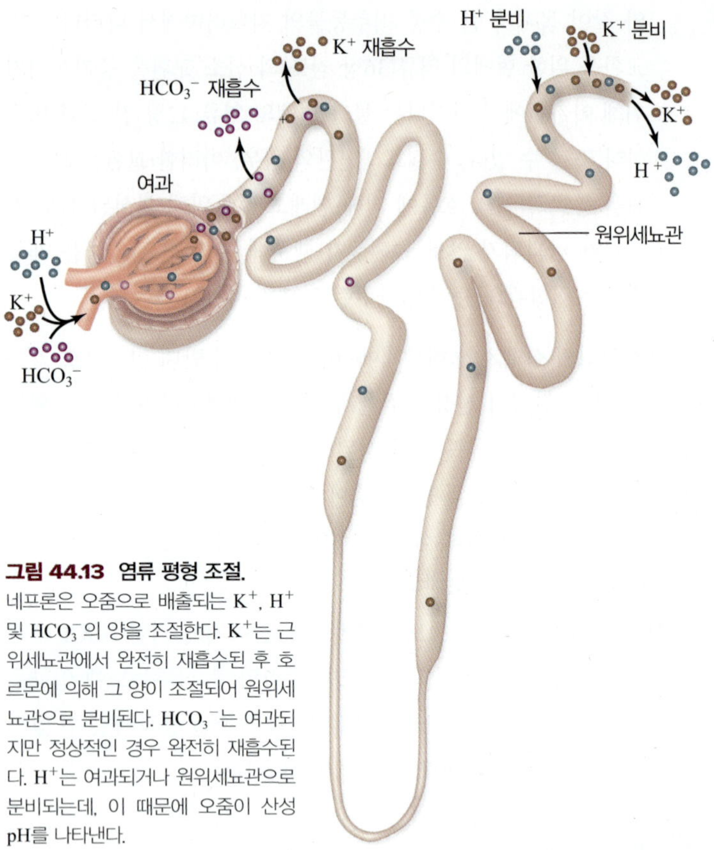

그림 44.13 염류 평형 조절. 네프론은 오줌으로 배출되는 K^+, H^+ 및 HCO_3^-의 양을 조절한다. K^+는 근위세뇨관에서 완전히 재흡수된 후 호르몬에 의해 그 양이 조절되어 원위세뇨관으로 분비된다. HCO_3^-는 여과되지만 정상적인 경우 완전히 재흡수된다. H^+는 여과되거나 원위세뇨관으로 분비되는데, 이 때문에 오줌이 산성 pH를 나타낸다.

는다. NaCl에 관해서는 알도스테론이 더 중요하지만, ADH와 알도스테론 모두 원위세뇨관과 집합관에 영향을 준다. 다음 절에서는 배설에 영향을 주는 호르몬 조절에 대해 더 자세히 알아본다.

핵심 요약 44.5

액체 성분과 일부의 염은 혈액에서 빠져나와 여과(수동) 또는 분비(수송)를 통해 신장의 세뇨관 시스템 안으로 이동한다. 이때 중요한 염분과 물은 재흡수를 통해 다시 혈액으로 되돌아간다. 포유류의 신장은 수질과 피질로 구분되며, 약 100만 개의 네프론으로 구성되어 있다. 네프론은 사구체, 보먼주머니, 근위세뇨관, 헨레고리, 원위세뇨관 및 집합관으로 구성되어 있다.

- 만니톨(mannitol)이라는 화합물은 여과는 되지만 재흡수되지는 않는다. 이것이 오줌 생성량에는 어떤 영향을 줄까?

44.6 호르몬에 의한 삼투조절 기능의 제어

학습 목표

1. ADH, 알도스테론 및 ANH의 작용에 대해 설명할 수 있다.
2. 혈액의 삼투압과 혈압 사이의 관계를 설명할 수 있다.

포유류와 조류에서 오줌으로 분비되는 물의 양, 즉 오줌의 농도는 우리 몸의 변화하는 요구에 따라 다양해진다. 앞으로 이 기작에 대해서 설명하겠지만, 신장은 우리 몸이 물을 보전해야 할 필요가 있을 때 고장성 오줌을 배출한다. 동물이 물을 많이 마시면 신장은 저장성 오줌을 배출한다.

그 결과 혈액의 양, 혈압 및 혈장의 삼투농도는 아무리 많은 물을 마셔도 신장에 의해 비교적 일정하게 유지된다. 신장은 혈장의 K^+와 Na^+ 농도, 혈액의 pH를 매우 좁은 범위 내에서 조절해준다. 신장의 이와 같은 항상성 기능은 주로 호르몬에 의해 조절된다.

항이뇨호르몬은 수분을 보전한다

항이뇨호르몬(antidiuretic hormone, ADH)은 시상하부에서 생성되어 뇌하수체 후엽에서 분비된다. 혈장의 삼투농도가 증가하면 ADH가 분비된다. 사람이 탈수 상태가 되거나 짠 음식을 먹었을 때 혈장의 삼투농도는 증가한다. 시상하부에 있는 삼투수용기는 증가된 활동전위를 통합 중추로 보냄으로써 증가한 혈액 삼투농도에 반응해, 결국 이는 갈증을 느끼게 하고 ADH의 분비를 증가시켜 준다(**그림 44.14**).

ADH는 신장의 원위세뇨관과 집합관 벽이 물을 더 잘 투과시킬 수 있도록 만든다. 아쿠아포린(aquaporin)이라는 물 수송 통로 단백질(4장 참조)은 원위세뇨관과 집합관의 상피에 있는 세포내 소낭의 막에 존재하는데, ADH는 세포외배출과 비슷하게 세포막과 소낭 막의 융합이 활발히 일어나도록 해준다. 세포막에 위치하는 아쿠아포린은 신장 수질의 고장성 상태에 반응하여 세뇨관 바깥으로 물이 빠져나가도록 해주며, 이 물은 혈액으로 재흡수된다.

ADH의 분비가 감소하면, 세포막의 아쿠아포린은 떨어져 나와 새 세포소낭을 형성한다. 이 작용에 의해 원위세뇨관과 집합관의 세포막에서 아쿠아포린은 제거되며, 이로 인해 이들의 물에 대한 투과성은 낮아지기 때문에 더 많은 물이 오줌으로 배출된다.

ADH가 최대로 분비될 때 사람은 하루에 매우 농축된 오줌 약

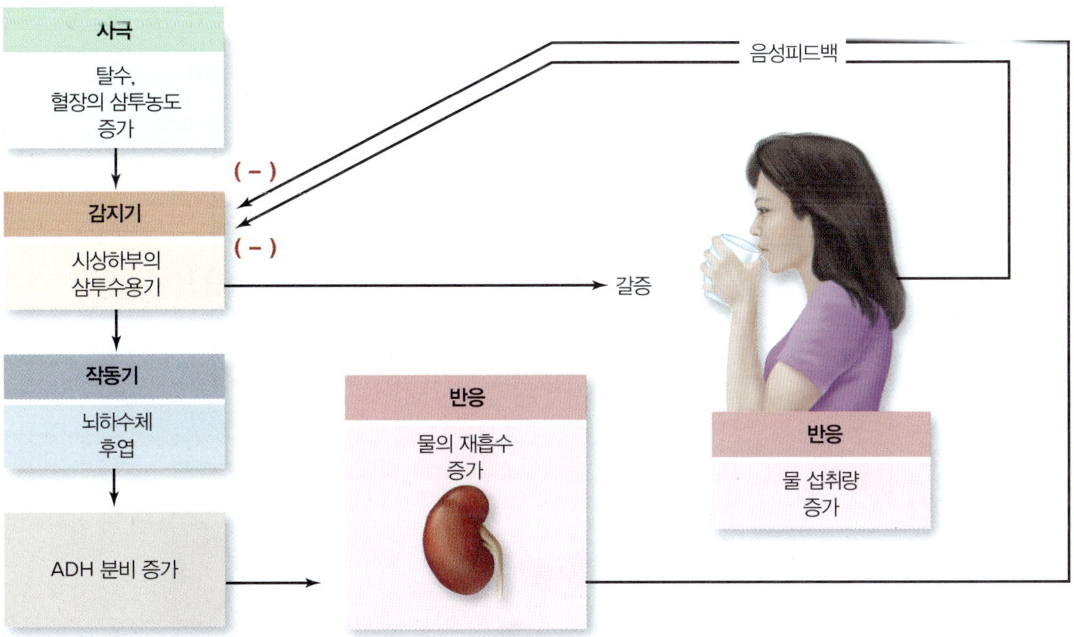

그림 44.14 항이뇨호르몬에 의한 신장에서의 물의 재흡수 촉진.
이 작용은 음성피드백 작용을 따르며, 이는 혈류량과 삼투농도의 항상성을 유지하는 데 도움을 준다.

600 mL를 배출한다. 뇌하수체의 손상으로 ADH가 부족한 사람은 **요붕증**(diabetes insipidus)을 겪으면서 매우 희석된 오줌을 다량으로 끊임없이 배출한다. 이런 사람은 매우 심각한 탈수 증세를 겪을 위험이 높으며, 혈압이 위험한 수준으로 떨어지게 된다.

ADH 작용을 통한 항상성은 ADH의 분비를 억제하는 일반적인 약물인 에탄올(ethanol)과 카페인(caffeine)에 의해서도 영향을 받는다. 이것이 과음에 의해 탈수 증세가 나타나는 이유가 된다.

알도스테론과 심방나트륨이뇨호르몬은 Na^+ 농도를 조절한다

Na^+이 혈장의 주된 용질이기 때문에, 혈중 Na^+의 농도가 낮아지면 혈액의 삼투농도 또한 낮아진다. 이와 같은 삼투농도의 감소는 ADH의 분비를 억제하여 이로 인해 집합관에 많은 물이 남게 되어 오줌으로 배출된다. 그 결과 혈액의 양과 혈압은 감소하게 된다.

세포 밖 Na^+의 감소는 삼투에 의해 세포로 더 많은 물이 이동하도록 하는데, 이것이 부분적으로 혈장 삼투농도의 감소를 상쇄시켜 주지만 혈류량과 혈압은 더 감소시킨다. Na^+가 과도하게 부족해지면 혈류량이 너무 낮아져 혈압이 생명을 유지하기에 부족한 상태가 된다. 이러한 이유로 염은 생명을 유지하는 데 중요하다. 많은 동물들은 염분 결핍을 겪고 있으며, 마치 사슴이 소금 덩어리를 찾아 핥는 것처럼 적극적으로 염분을 칮으려 한다.

혈중 Na^+ 농도의 감소는 부신 피질에서 분비되는 **알도스테론**(aldosterone)의 영향으로 신장에 의해 정상적으로 보상된다. 알도스테론은 원위세뇨관과 집합관에서 Na^+를 재흡수할 수 있도록 자극하여 오줌으로 배출되는 Na^+의 양을 감소시킨다. 실제로 알도스테론이 최대로 분비되는 상태에서는 Na^+가 오줌으로 거의 배출되지 않는다. Na^+의 재흡수에 이어 Cl^-와 물도 재흡수되기 때문에 알도스테론은 염분과 물의 유지를 촉진시키는 효과를 가진다. 이를 통해 알도스테론은 혈류량과 삼투농도, 그리고 혈압의 유지를 돕는다.

혈중 Na^+ 농도의 감소에 반응하여 발생하는 알도스테론의 분비는 간접적이다. 혈중 Na^+ 감소는 혈류량의 감소를 동반하기 때문에, 사구체인접장치(juxtaglomerular apparatus)라고 부르는 세포 집단을 지나는 혈액의 흐름도 줄어들게 된다. 사구체인접장치는 신장에서 원위세뇨관과 구심성 세동맥 사이에 위치한다(**그림 44.15**).

혈류가 감소되면 사구체인접장치는 **레닌**(renin)이라는 효소를 혈중으로 분비한다(**그림 44.16**). 레닌은 안지오텐시노겐(angiotensinogen) 단백질로부터 폴리펩타이드인 안지오텐신 I(angiotensin I)의 생성을 촉매하며, 안지오텐신 I은 다른 효소에 의해 안지오텐신 II (angiotensin II)로 바뀌는데, 이것은 혈관을 수축시키고 부신 피질로부터 알도스테론이 분비되도록 자극한다. 따라서 혈류량과 혈압의 항상성은 위와 같이 레닌-안지오텐신-알도스테론 시스템의 활성화에 의해 유지될 수 있다. 또한 알도스테론은 Na^+의 재흡수를 자극하면서, 원위세뇨관과 집합관으로의 K^+ 분비를 촉진하기도 한다. 결과적으로 알도스테론은 혈중 K^+의 농도를 감소시켜, 섭취하는 음식에 의해 변화하는 K^+의 양에 대응하여 혈중 K^+ 농도를 일정하게 유지할 수 있도록 도와준다. 알도스테론을 생성할 수 없는 사람들은 오줌을 통한 염분과 물의 과다손실과 함께 혈중 K^+의 증가 때문에 죽음에 이를 수도 있다.

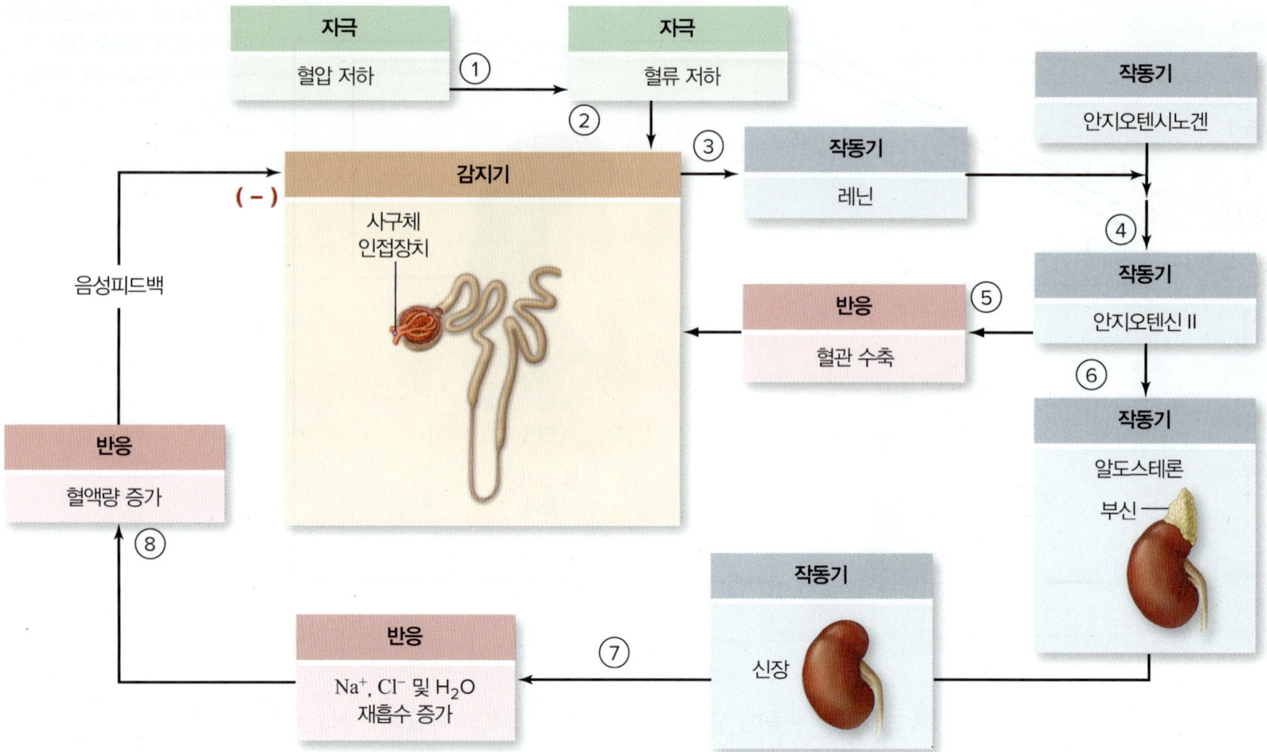

그림 44.15 **혈액량 감소에 의한 레닌-안지오텐신-알도스테론 시스템의 활성화.**
(1) 낮은 혈류량과 혈중 Na^+ 농도의 감소는 혈압을 낮추어준다. (2) 감소된 혈류는 사구체인접장치를 지나며, (3) 이는 안지오텐시노겐으로부터 안지오텐신 I으로의 생산을 촉매하는 레닌을 혈액으로 분비하도록 촉진한다. (4) 안지오텐신 I은 활성화 형태인 안지오텐신 II로 전환된다. (5) 안지노텐신 II는 혈관 수축을 촉진하며, (6) 부신 피질에서 알도스테론의 분비를 촉진한다. (7) 알도스테론은 원위세뇨관에서의 Na^+의 재흡수를 촉진시킨다. Na^+의 재흡수가 증가하면 그에 따라 Cl^-과 물의 재흡수가 일어난다. (8) 이것은 혈액량을 증가시킨다. 혈액량의 증가는 알도스테론의 분비를 억제하는 심방나트륨이뇨호르몬의 분비를 촉진한다. 위와 같은 두 시스템이 항상성을 유지하기 위해 함께 작용한다.

그림 44.16 신장으로 가는 혈류의 감소에 의한 고혈압 유발.

과학적 사고

질문: 죽상경화증(atherosclerosis)과 혈압 증가 사이에는 어떤 관계가 있을까?

가설: 신동맥 내의 경화성 혈전 축적은 신장으로 가는 혈류를 감소시키고, 그 결과 여과압이 감소할 것이다. 이 시스템은 혈압이 증가되는 반응을 할 것이다.

예측: 신동맥으로 가는 혈류가 감소하면 이것은 신동맥의 플라그의 축적과 비슷한 효과를 나타낼 것이며, 혈압의 상승을 야기할 것이다.

실험: 혈류를 제한하기 위해 신동맥을 클램프로 고정시키기 전, 클램프를 했을 때, 클램프를 제거한 뒤의 혈압을 측정한다.

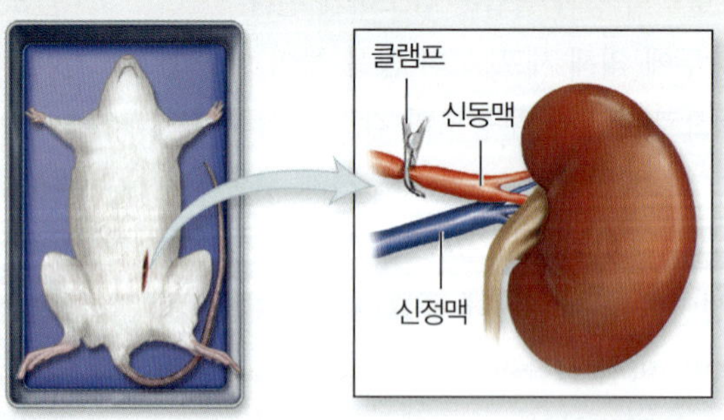

결과: 신동맥을 클램프로 고정시키면 혈압은 증가한다. 증가한 혈압은 클램프를 풀어주면 다시 낮아진다.

결론: 신장으로 가는 혈류를 제한하면 항상성 유지 반응에 따라 혈압이 증가한다.

추가 실험: 혈압의 증가가 레닌-안지오텐신 시스템과 관련이 있다면, 이 단백질들의 양과 기능적인 측면에서 어떤 변화를 예상할 수 있을까?

염과 물의 보전을 촉진하는 알도스테론은 43장에서 다루었던 다른 호르몬인 **심방나트륨이뇨호르몬**(atrial natriuretic hormone, ANH)과 반대로 작용한다. 심장의 우심방에서 분비되는 이 호르몬은 심방을 팽팽하게 만드는 혈류량의 증가에 반응하여 분비된다. 이런 상태에서는 부신 피질에서 분비되는 알도스테론은 감소하며, ANH의 분비는 증가하기 때문에 오줌을 통한 염과 물의 배출은 증가하고 혈액량은 감소하게 된다.

핵심 요약 44.6

ADH는 원위세뇨관과 집합관 세포에 아쿠아포린이 삽입될 수 있도록 자극하여 물의 투과성을 증가시켜 물의 재흡수를 증가시킨다. 알도스테론은 원위세뇨관과 집합관에 작용하여 Na^+, Cl^- 및 물의 재흡수를 촉진시키며 세뇨관으로 K^+의 분비를 증가시킨다. ANH는 Na^+와 Cl^-의 재흡수를 감소시킨다. 혈중 삼투농도가 증가하면 ADH의 분비에 의해 더 많은 물을 보전하게 되며 혈압이 증가하게 된다. 반대로 혈중 삼투농도가 감소하면 ADH 분비는 억제되고, 물의 보전도 감소하며, 혈압 역시 감소하게 된다.

■ 물 수송 통로인 아쿠아포린의 기능을 억제하는 화합물의 효과는 무엇일까?

핵심 개념 요약

44.1 삼투농도와 삼투평형

■ 삼투압은 농도 차이의 척도이다

삼투압은 삼투에 의해 물을 흡수하려는 용액의 성질이다. 삼투농도는 용액 1 L당 용질의 몰수이다. 고장액에 세포를 담그면 물을 잃고, 저장성 용액에 세포를 담그면 물을 얻는다. 등장액에서 세포는 평형을 이룬다.

■ 삼투순응자는 해양 환경에 서식한다

삼투순응자들은 주변 환경과 삼투 평형을 이루고 있다. 대부분의 해양 무척추동물은 삼투순응형 동물이다.

■ 삼투조절자는 체내 삼투압을 조절한다

담수 척추동물의 조직은 주위 환경에 비해 고장성이며 해양 척추동물의 조직은 저장성이기 때문에, 이들은 모두 삼투농도를 유지해야 한다. 육상 척추동물은 모두 삼투조절자이며 물을 보전하기 위한 적응력을 가지고 있다.

44.2 질소 노폐물: 암모니아, 요소, 요산

■ 암모니아는 독성이 있기에 빠르게 제거되어야 한다

동물이 아미노산과 핵산을 대사할 때 유독한 질소 노폐물을 만든다(**그림 44.2**). 어류와 양서류에서는 풍부한 물이 그들의 체내에서 암모니아를 빠르게 내보내며, 이들은 아가미를 통해 제거된다.

■ 요소와 요산은 독성이 적지만, 용해도에 차이가 있다

포유류는 암모니아를 독성이 적은 요소로 전환시킨다. 요소는 물을 적게 필요로 하지만, 요소로 전환시키기 위해서는 에너지가 필요하다. 조류와 육상 파충류는 암모니아를 요산으로 전환시킨다. 요산은 독성이 가장 적고 제거하는 데에 필요한 물이 가장 적지만 에너지가 가장 많이 필요하다.

44.3 삼투조절 기관

■ 무척추동물은 특수한 세포와 세관들을 이용한다

편형동물은 체내에서 물을 배출하기 위해 불꽃 세포와 연결된 관형의 원신관을 이용한다(**그림 44.3**). 다른 무척추동물은 여과와 재흡수를 위해 그들 몸의 안과 바깥쪽으로 모두 신관을 개방한다(**그림 44.4**).

■ 곤충은 독특한 삼투조절 기관을 가지고 있다

곤충은 요산과 노폐물을 말피기관을 통해 배설기관으로 분비하며, 물과 염분은 배설하기 전에 흡수한다(**그림 44.5**)

■ 척추동물의 신장은 여과와 재흡수를 한다

척추동물의 신장은 여과와 분비, 물과 중요한 염분의 선택적인 재흡수 과정을 통해 오줌을 만든다.

44.4 척추동물 신장의 진화

신장은 피질과 수질, 체액을 조절하는 네프론이라는 수천 개의 단위들로 구성되어 있다(**그림 44.6**).

■ 담수어류는 전해질은 보전하고 수분은 배출해야 한다

담수어류는 묽은 저장성의 오줌을 대량 배출하고 이온을 재흡수함으로써 고장성을 유지한다(**그림 44.7**).

■ 해수 경골어류는 전해질은 배출하고 물은 보전해야 한다

해수어류는 많은 양의 바닷물을 마시고 이온들은 아가미를 통해 능동수송함으로써 저장성을 유지한다. 그들의 오줌은 혈액과 등장성이다.

■ 연골어류는 전해질은 배출하고 요소는 보전해야 한다

연골어류는 요소를 보전하며 전해질을 능동적으로 밖으로 배출하기 때문에 주변 환경과 등장액이다. 이들은 등장성 오줌을 만든다.

■ **양서류와 파충류는 주변 환경에 삼투적응을 한다**

담수 양서류나 파충류의 신장은 담수어류의 신장처럼 작용하며, 해양 파충류의 신장은 해수 경골어류처럼 작용한다. 육상 파충류는 고장성 오줌을 만들 수 없다.

■ **포유류와 조류는 농축된 오줌을 배출하고 수분을 보전할 수 있다**

포유류와 조류는 고장성의 오줌을 배설하고 물을 보전할 수 있다. 오줌의 농도는 헨레고리의 길이에 따라 달라진다.

44.5 포유류의 신장

■ **네프론은 신장의 여과 단위이다**

혈액은 혈압에 의해 사구체의 모세혈관을 통해 여과된다. 여과액은 보먼주머니, 근위세뇨관, 헨레고리, 원위세뇨관 및 집합관을 통과한다(**그림 44.11**) 혈액은 사구체의 구심성 세동맥에서 시작해 원심성 세동맥, 세뇨관주위 모세혈관, 수질모세혈관까지 전달된다.

■ **물, 일부 영양분 및 이온은 재흡수되며 다른 분자는 분비된다**

포도당, 아미노산 및 많은 다른 분자들은 능동수송에 의해 재흡수된다. 물은 근위세뇨관과 집합관에서 삼투적으로 재흡수된다. 이물질과 일부 노폐물은 모세혈관에서 세뇨관 쪽으로 능동수송을 통해 분비된다.

■ **독소와 과다한 이온의 배출은 항상성을 유지해준다**

신장은 질소 노폐물과 과다한 이온 및 독소를 포함한 많은 해로운 물질들을 제거하기 때문에 항상성에 중요하다.

■ **포유류의 네프론의 각 부위는 특수한 수송 기능을 수행한다**

영양소와 NaCl의 재흡수는 근위세뇨관에서 일어난다. 헨레고리는 피질에서 수질로 가면서 삼투농도를 증가시켜 농도 기울기를 만든다. 농도 기울기는 집합관에서 물을 선택적으로 재흡수할 수 있도록 한다. 헨레고리가 길수록 더 농축된 오줌을 만든다(**그림 44.12**).

44.6 호르몬에 의한 삼투조절 기능의 제어

■ **항이뇨호르몬은 수분을 보전한다**

시상하부에서 생성되는 ADH는 집합관의 투과도를 증가시켜(**그림 44.14**) 물의 재흡수를 증가시킨다.

■ **알도스테론과 심방나트륨이뇨호르몬은 Na^+ 농도를 조절한다**

낮은 Na^+ 농도는 ADH 분비를 억제하고, 알도스테론은 원위세뇨관에서 Na^+의 재흡수를 촉진시킨다. ANH는 알도스테론과 반대로 작용한다.

연습문제

■ 1단계: 이해력 확인하기

1. 척추동물에서 농도가 일정하게 유지되지 않는 이온은 다음 중 무엇인가?
   a. Cl^-　b. Na^+
   c. Ca^{2+}　d. F^-
2. 말피기관의 여과 능력에 대한 실험을 진행하려고 할 때 다음 중 연구할 생물은 무엇인가?
   a. 개미　b. 조류
   c. 포유류　d. 지렁이
3. 상어의 혈액은 주위의 바닷물에 대해 등장성이다. 혈액에서 무엇이 재흡수되기 때문인가?
   a. 암모니아　b. 요산
   c. 요소　d. NaCl
4. 배설기관의 중요한 기능은 물질대사 과정에 의해 생산된 여분의 질소를 제거하는 것이다. 다음 생물 중 질소를 가장 효율적으로 배출하는 것은 무엇인가?
   a. 개구리　b. 담수어류
   c. 이구아나　d. 낙타
5. 신장의 기능은 무엇인가?
   a. 신장은 신체로부터 유해한 물질을 제거한다.
   b. 신장은 신체가 물을 이용할 수 있도록 보전한다.
   c. 신장은 혈액에서 염의 농도를 조절한다.
   d. a, b, c 모두 맞다.
6. 사람은 질소 노폐물을 어떤 형태로 배출하는가?
   a. 요산 결정체
   b. 단백질을 포함한 화합물
   c. 암모니아
   d. 요소
7. 삼투조절자는 체액의 농도를 주변 환경에 비해 어떻게 되도록 유지하는가?
   a. 등장성
   b. 고장성
   c. 저장성
   d. 고장성, 저장성 또는 등장성

■2단계: 적용력 평가하기

1. 무척추동물과 척추동물의 배설기관을 비교해 볼 때, 어떤 결론을 내릴 수 있는가?

   a. 둘 다 체액을 여과하고 물과 용질을 재흡수한다.
   b. 둘 다 여과하는 과정으로 세뇨관계를 이용한다.
   c. 둘 다 삼투 평형을 조절하기 위해 이온과 물을 재흡수한다.
   d. 척추동물만 체액을 여과하여 물과 이온을 재흡수한다.

2. 어떤 바이러스에 감염될 때, 사구체를 통해 여과된 체액으로부터 이온의 재흡수가 억제된다면, 이 바이러스는 어디에 있는 세포를 공격하겠는가?

   a. 보먼주머니 b. 사구체
   c. 세뇨관 d. 집합관

3. 이뇨제는 오줌 생산량을 증가시킴으로써 고혈압 치료에 사용되는 약물이다. 이뇨제의 신장에서의 작용 기작은 무엇이겠는가?

   a. ADH 분비를 증가시킴
   b. 헨레고리나 근위세뇨관에서 NaCl의 재흡수를 억제시킴
   c. 집합관의 투과도를 증가시킴
   d. 근위세뇨관에서 NaCl의 재흡수를 증가시킴

4. 카페인은 ADH 분비를 억제한다. 시험을 보기 전에 많은 양의 커피를 마셨다면 시험을 보는 동안 어떤 일이 일어나겠는가?

   a. 집합관에서 재흡수되는 물의 양이 증가한다.
   b. 집합관에서 재흡수되는 물의 양이 감소한다.
   c. 근위세뇨관에서 포도당의 재흡수가 증가한다.
   d. 근위세뇨관에서 포도당의 재흡수가 감소한다.

5. 혈압이 떨어질 때 Na^+의 재흡수를 조절하는 경로를 그리고자 한다. 다음의 일들이 일어난 순서로 옳은 것은 무엇인가?

   1. 알도스테론이 분비된다.
   2. 신장의 세뇨관에서 Na^+를 재흡수한다.
   3. 레닌이 분비된다.
   4. 사구체인접장치가 혈압이 떨어지는 것을 인식한다.
   5. 안지오텐신 II가 생성된다.

   a. 1, 3, 5, 2, 4 b. 4, 2, 3, 1, 5
   c. 4, 3, 5, 1, 2 d. 2, 4, 3, 1, 5

6. 아주 다른 환경에서 발견되는 서로 다른 종의 포유류에서 신장의 기능을 연구하기 위하여 사막에서 온 종과 열대환경에서 온 종을 비교하고 있다. 사막에서 온 종은 어떨 것으로 생각되는가?

   a. 열대에서 온 것보다 헨레고리가 더 짧다.
   b. 열대에서 온 것보다 헨레고리가 더 길다.
   c. 열대에서 온 것보다 근위세뇨관이 더 짧다.
   d. 열대에서 온 것보다 원위세뇨관이 더 길다.

■3단계: 사고력 함양하기

1. 다음 호르몬이 작용하는 네프론의 부위를 말하고, 그 호르몬이 언제, 어떻게 작용하는지 설명하시오.
   a. 항이뇨호르몬(antidiuretic hormone)
   b. 알도스테론(aldosterone)
   c. 심방나트륨이뇨호르몬(atrial natriuretic hormone)

2. 의사가 혈액순환 상태 때문에 어떤 환자의 신장이 제대로 작용하지 못한다고 생각한다. 의사는 신장을 통과하는 혈류량(신장 혈류 속도)이 정상범위인지 측정하고자 한다. 다음의 정보를 이용하여 정상적인 신장 혈류 속도를 계산하시오.

   환자의 체중은 90 kg이다. 정상 총혈액량은 80 mL/kg이고, 정상적인 심장은 1분당 한 번 꼴로 총 혈액을 박출한다(심박출량). 또한 정상적인 신장 혈류 속도는 심박출량의 21%라고 추정한다.

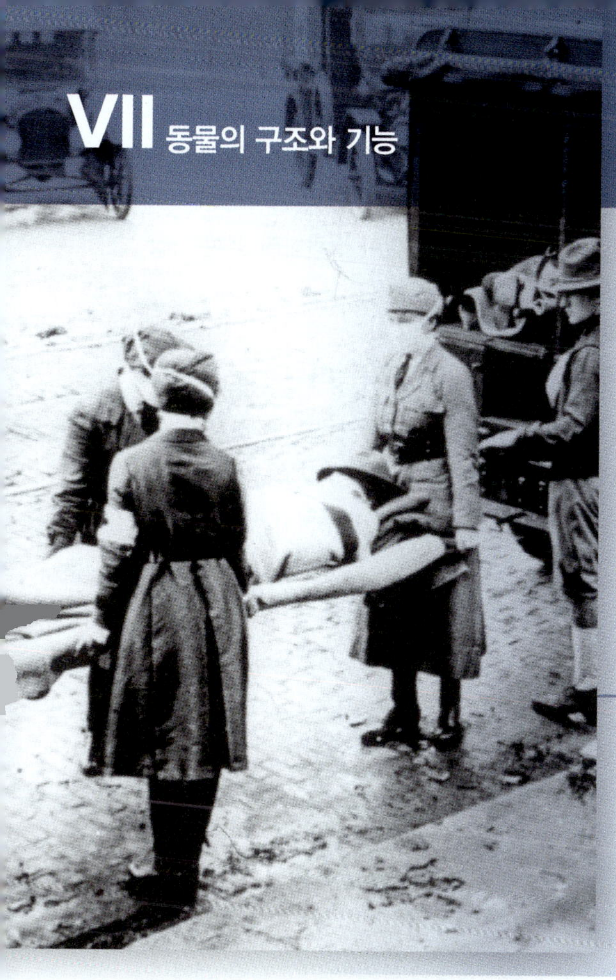

45

면역계

도입

인체는 자신의 몸에 있는 세포 수보다 10배 많은 세균을 가지고 있다. 미생물 대부분은 유익하지만, 인체가 나쁜 세균에 대항하여 자신을 지키는 것은 중요하다. 인체는 또한 환경에 존재하는 다양한 병원체로부터 끊임없이 도전을 받는다. 인체는 다양한 종류의 효과적인 방어 수단을 진화시켜 왔기 때문에 미생물이 범람하는 환경에서도 생존하고 번성할 수 있었다. 방어 수단은 또한 비정상적인 인체 세포도 통제할 수 있다. 이런 방어 수단이 작동하지 않을 때 일어나는 결과가 사진에 나와 있다. 1918년 독감의 세계적 유행(pandemic)으로 약 5000만 명 이상이 사망하였다.

45.1 선천성 면역

학습 목표

1. 선천성 면역과 적응성 면역을 구분할 수 있다.
2. 선천성 면역이 병원체를 인식하는 방법을 설명할 수 있다.
3. 염증반응을 서술할 수 있다.

오랫동안 미생물 침입에 대한 척추동물의 반응은 특이적 방어와 비특이적 방어로 구분됐다. 현재는 이러한 구분이 너무 단순할 뿐만 아니라 면역체계를 정확히 규정하지 못하는 것으로 본다. 지금은 선천성 면역과 적응성 면역의 2가지로 구성된 통합된 반응으로 본다. 면역체계 기능의 핵심은 비자기(nonself) 세포와 자기(self) 세포를 구별하는 능력이고, 두 종류의 면역이 이를 전혀 다른 방식으로 수행한다.

선천성 면역은 그람 음성(gram-negative)균의 지질다당류와 같은 특정 병원체에 보존된 특이적 분자를 인식한다. 보존된 단백질에 결합하는 수용체 단백질은 적응 면역의 유전자 재배열과 같은 방식으로 만들어지지는 않지만 침입한 병원체를 인식한다. 선천성 면역의 특징은 감염 부위로 세포를 신속히 불러들여 병원체에 맞서는 수용성 항미생물(antimicrobial) 단백질을 사용한다는 것이다.

선천성 면역은 진화적으로 오래되었으며, 몇몇 단백질은 최근 자포동물에서 발견되었다. 앞으로 설명할 보체계는 투구게(horseshoe crab)에서 발견되어 보체계가 이전에 생각한 것보다 오래되었음이 밝혀졌다. 이는 다른 선구동물에서 보체가 없는 것은 소실로 인한 것임을 암시한다. 이를 종합하면 모든 좌우대칭동물(bilaterian)의 조상은 선천성 면역을 갖추었음을 암시한다.

적응성 면역은 유전자 재배열의 특징을 갖는데, 사실상 침입하는 모든 병원체를 구별할 수 있는 다양한 분자를 만들 수 있다. 이것이 바로 침입하는 병원체에 대해 늦지만 매우 특이적인 반응을 일으키고, 2차 반응에서 신속한 반응을 일으키는 백신 접종의 기반이 된다. 이번 장에서는 선천성 면역과 적응성 면역이 어떻게 연관되었는지를 논의한다. 먼저 체내로 접근하기 위해서 병원체가 넘어야 할 장벽에 대해 알아본다.

피부는 감염에 대한 장벽이다

인체의 가장 큰 기관인 피부는 성인 몸무게의 15%를 차지한다. 피부는 거의 침투 불가능한 물리 장벽을 제공할 뿐만 아니라 화학 무기로 표면을 방어한다. 피지샘과 땀샘은 피부 표면을 pH 3~5로 만들어 많은 병원성 미생물의 생장을 저해한다. 땀에는 또한 라이소자임이라는 효소가 있어 세균의 세포벽을 분해한다. 표피세포 또한 다양한 항미생물 펩타이드를 생산한다.

피부에는 또한 많은 상재균총(normal flora), 비병원성 세균, 곰팡이가 있는데, 이들은 인체의 다양한 피부 환경에 적응해 있다. 피부에 정착하려고 하는 병원성 세균은 일반적으로 상재균총과 경쟁하지 못한다. 피부의 표피는 약 10~30개의 세포 두께로, 종이 한 장의 두께 정도이다. 바깥층 세포는 신체 활동으로 받은 마찰과 스트레스로 벗겨지고, 손상되고, 닳는다. 세포는 끊임없이 탈락하여 표피 가장 안쪽 층에서 생겨난 새로운 세포로 대체된다.

점막 상피 표면 또한 병원체의 침입을 막는다

피부 외에도 미생물과 바이러스에 의한 침투가 가능한 소화관, 호흡관, 비뇨생식관이 보호되어야 한다. 이 관들은 외부 환경에 노출되어 있다. 각각의 관들은 상피세포로 싸여 있고 피부처럼 끊임없이 교체된다.

상피세포 사이에 존재하는 특화된 세포에 의해 분비되어 형성된 점액층은 모든 상피 표면을 덮고 있다. 병원체는 점액층에 갇히고 각 관에서 독특한 메커니즘으로 제거된다.

음식에 존재하는 미생물 대부분은 침(라이소자임), 위의 높은 산성도, 창자의 소화 효소에 의해 죽는다. 더욱이 위장관에는 다양한 비병원성 상재균총이 있어 병원성 침입자의 생장을 억제한다. 비병원성 생물은 병원체를 압도할 뿐만 아니라 해로운 병원체를 제거하는 물질을 분비한다.

흡입된 공기에 포함된 미생물은 생장에 유리한 덥고 습한 폐에 도착하기 전에 작은 기관지와 기관세지에 있는 점액에 갇힌다. 이 경로를 덮고 있는 상피세포의 섬모는 끊임없이 목구멍 쪽으로 점액을 쓸어낸다. 점액이 삼켜지면 폐 밖으로 나온 침입자는 소화관으로 넘겨진다. 흡연이 해로운 이유 중 하나는 니코틴이 호흡계의 섬모를 마비시켜 호흡 경로의 자체 정화가 이루어지지 않는다는 것이다.

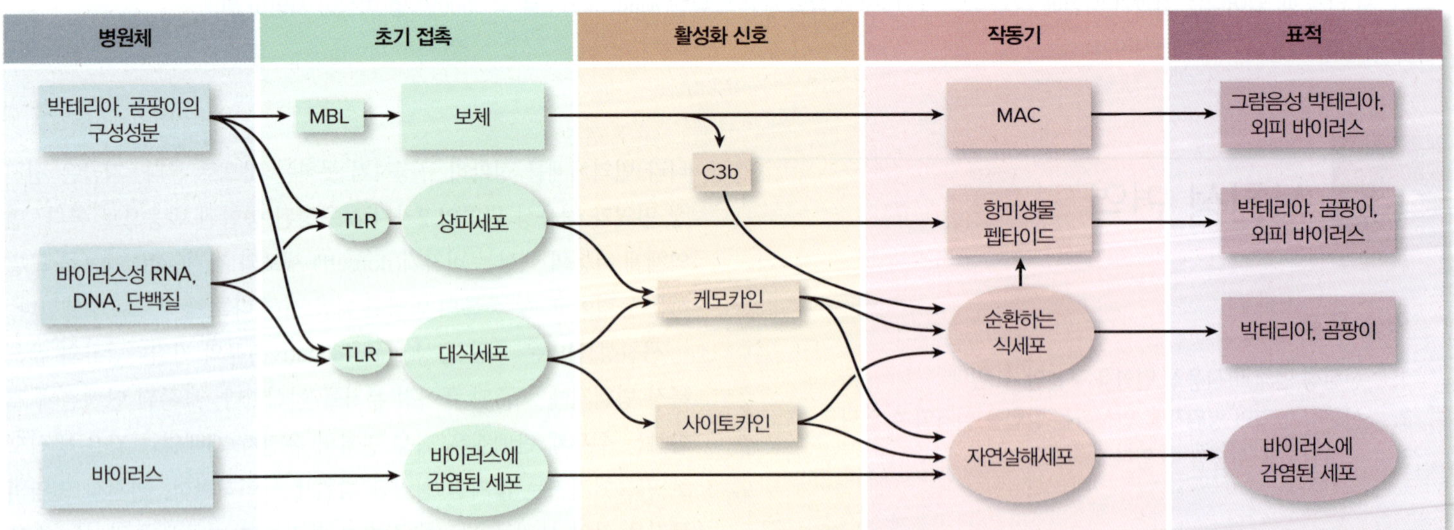

그림 45.1 선천성 면역의 개요.
병원체는 막에 결합한 Toll 유사수용체(TLR) 또는 수용성 만노스 결합 렉틴(MBL) 수용체에 결합하는 분자를 가진다. 이로 인해 식세포를 유인하는 사이토카인과 케모카인, 항미생물 펩타이드, 보체 경로의 막공격복합체(membrane attack complex, MAC)의 생산과 자연살해세포(NK 세포)의 활성화를 일으킨다.

질 분비액(vaginal secretion)은 끈적끈적한 산성으로 상재균총의 생장을 촉진하여 외부 침입을 억제한다. 남성과 여성 모두에서 산성의 오줌은 요관(urinary tract)에서 잠재적 병원체를 끊임없이 제거한다. 병원체 침입에 대한 이런 물리적, 화학적 방어체계 외에도 인체는 구토, 설사, 기침, 재채기 같은 방어 메커니즘을 이용해 잠재적 병원체를 물리친다.

선천성 면역은 병원체 유형에 따른 특징적인 분자를 인식한다

선천성 면역은 수용성 인자와 다양한 혈액 세포가 관여하는 병원체 침입에 대한 반응이다. 이 반응은 병원체에 존재하는 특징 분자에 대한 인식으로 시작한다. 이 분자는 한 그룹의 병원체에서 특징적인 병원체 연관분자패턴(pathogen-associated molecular patterns, PAMP)으로 불린다. 예로는 그람음성균 세포벽의 지질다당류(LPS), 세균 세포벽의 펩타이도글리칸, 바이러스 DNA와 RNA가 있다. 이들 분자 각각에 결합하는 여러 가지 수용체 단백질이 있다. 일부 수용체는 수용성 단백질이고, 일부 수용체는 혈액 세포 표면의 막 단백질이다.

Toll 유사수용체

척추동물의 선천성 면역에 관여하는 수용체 일부는 계통분류상 널리 분포한다. 자세히 다룰 것 중 하나는 Toll 수용체로 초파리에서 처음 발견되었다. Toll 유사수용체(Toll-like receptor, TLR)는 모든 좌우대칭동물에서 발견되며, 선구동물과 후구동물의 분기 이전에 나타났다. 초파리에서 Toll은 등–배 형성(dorsal-ventral patterning)에 관여하며, 곰팡이 감염에 대한 반응도 매개한다.

TLR의 수는 계통마다 다양하다. 후구동물 중에는 극피동물에 많은데 200개 이상이고, 척추동물에는 10개 뿐이다. 선구동물 중에는 연체동물과 선충류에서 각각 1개이고, 환형동물에서는 100개 이상이다. 몇몇 계통에서 TLR이 선택적으로 많은 이유는 명확하지 않다. 척추동물에서 TLR은 크고 통합된 면역반응 일부로 진화해 왔다.

TLR은 다양한 백혈구에서 발견되는 막 수용체로 특이적 PAMP에 결합한다. 알려진 표적으로는 그람음성 LPS, 세균 지질단백질, 세균 펩티이도글리칸 절편, 효모 세포벽 성분, 세균 DNA의 메틸화되지 않은 CpG 모티프와 바이러스 RNA가 있다. 이들은 진화의 오랜 기간 척추동물을 감염해온 여러 병원체를 포함한다.

TLR의 결합 부위는 수용체마다 다른 모양으로 접히는 류신 풍부 반복배열(leucine-rich repeat) 때문에 형성된다. 이로써 각각 다른 분자를 인식하는 다양한 결합 부위가 만들어진다. PAMP는 한 종류의 병원체에서는 공유되지만 다른 종류와는 구분되는 특성이 있어서, 수용체 하나는 한 무리의 병원체를 인식할 수 있다. 예를 들어, LPS를 인식하는 TLR은 그람음성균 대부분을 인식할 수 있다.

선천성 면역계의 수용체가 활성화되면 선천성 면역과 적응성 면역의 반응을 모두 촉진하는 신호전달체계를 작동하여 선천성 면역과 적응성 면역을 연결한다. 이런 반응에는 염증반응, 항미생물 펩타이드의 생산, 면역세포를 유인하는 사이토카인의 생산이 있다. 이 모두가 감염에 대한 선천성 면역반응을 구성한다.

과학적 사고

가설: 디펜신 펩타이드(defensin peptide)는 바이러스에 대항하는 활성을 가진다.
예상: 시험관 내에서 인간 호중구 디펜신-1(human neutrophil defensin 1, HNP-1)과 함께 배양된 바이러스는 감염력이 감소될 것이다.
실험: 여러 바이러스들을 HNP-1과 함께 배양하여 mL당 플라크 형성 단위(plaque-forming unit, PFU/mL)로 표현되는 표준 감염성 측정법을 이용하여 검증한다.

바이러스	1 mL당 PFU 평균 감소값(log_{10})		
	25 μg/mL	50 μg/mL	100 μg/mL
단순포진 바이러스-1	2	2.9	3
단순포진 바이러스-2	0.8	1.2	2
수포성구내염 바이러스	0.4	0.7	0.9
인플루엔자 바이러스	0.4	0.5	0.7
거대세포 바이러스	−0.02	0.09	0.3

결과: HNP-1은 표에 나타난 것과 같이 다양한 바이러스에 대항하는 활성을 가진다.
결론: HNP-1은 여러 외피 바이러스에서 감염을 낮추는 활성을 가지며, 효과는 바이러스마다 차이가 있다.
추가 실험: 이러한 활성의 메커니즘은 어떻게 이루어지는 것일까?

그림 45.2 바이러스에 대한 디펜신의 활성.

세포질 수용체

Toll과 TLR 단백질의 발견 이후 세포질에 존재하는 또 다른 수용체가 발견되었다. 이들 내부 수용체 또한 독특한 병원체 분자에 결합하고 식세포작용으로 세포질에 침입한 병원체를 인식한다. 이들 수용체는 또한 바이러스 RNA에 대해서도 반응한다.

수용성 수용체

수용성 수용체는 혈청에 존재하여 순환하며 특이적 병원체 분자에 반응하는데, 세균의 세포벽에서 발견되는 만노스(mannose)에 결합하는 렉틴(lectin)이 그 예이다. 만노스 결합 렉틴(mannose-binding lectin, MBL) 단백질은 나중에 살펴볼 보체계의 활성화에 중요하다.

선천성 면역은 병원체에 대해 다양한 반응을 유도한다

TLR 같은 선천성 면역 수용체가 병원체를 인식하면 조율된 반응을 유도하는 신호전달체계(8장 참조)가 작동한다. 이에는 신호 분자의 분비, 항미생물 펩타이드의 생산, 보체 활성화가 있다. **그림 45.1**에 이 반응을 간단히 표현하였다. 항미생물 펩타이드는 피부에서 일반적으로 발견되는 것과 유사하다. 작동 방식이 다른 몇 종류의 펩타이드가 존재한다. 잘 연구된 것 중 하나가 디펜신(defensin)이다. 디펜신의 시스테인은 병원체 표면의 양전하를 띤 아미노산과 상호작용하여 그람음성균의 외막에 결합하여 막을 파괴하고 식세포작용을 촉진한다. 이러한 작용들은 또한 외피를 가진 바이러스에 대해서도 효과적이다(**그림 45.2**). 이 반응으로 유도된 항미생물 효소 라이소자임도 세균의 세포벽을 분해한다.

인체 방어의 중요한 역할을 하는 선천성 면역으로 유도되는 또 다른 단백질은 **인터페론**(interferon)이다. 분비되는 인터페론은 다양한 기능을 갖는 중요한 신호 분자이다. 2종류의 인터페론(1형과 2형)은 각각 수용체가 달라 서로 다른 신호전달체계를 활성화한다. 1형 인터페론은 바이러스가 세포를 감염할 때 주변의 감염되지 않은 정상 세포를 보호하는 신호전달자로 기능한다. 바이러스는 여전히 주변 세포로 침투할 수 있지만, 인터페론은 RNA 분해를 유도하여 세포의 단백질 합성을 억제한다. 이로써 세포는 죽게 되지만, 바이러스의 합성과 전파 또한 억제된다.

2형 인터페론, 즉 사람의 감마 인터페론(IFN-γ)은 T 림프구(45.2절에서 설명)와 자연살해세포 같은 특정 백혈구에서만 생산된다. IFN-γ의 분비는 감염과 암에 대한 면역 방어의 일부이다.

비특이적 방어 분자 외에도, 선천성 면역의 활성화는 나중에 따로 설명할 정도로 중요한 2가지 반응인 염증반응의 활성화와 보체계의 활성화로 연결된다. TLR과 내부 수용체로부터의 신호는 다양한 종류의 사이토카인과 신호 조절 분자의 분비를 일으킨다. 이는 비특이적 포식세포를 유인하고, 염증을 유발하며, 적응 면역체계에 신호를 보낸다.

식세포는 선천성 면역과 관련이 있다

가장 중요한 선천성 방어에는 침입한 병원체를 비특이적으로 죽이는 세포가 있다. 이들은 일종의 백혈구로, 인체를 순환하며 조직 내 병원체를 공격한다(혈액과 혈액 세포에 대해서는 43장 참조). 3종류의 백혈구가 알려져 있으며, 각각 다른 방식으로 침입한 미생물을 죽인다.

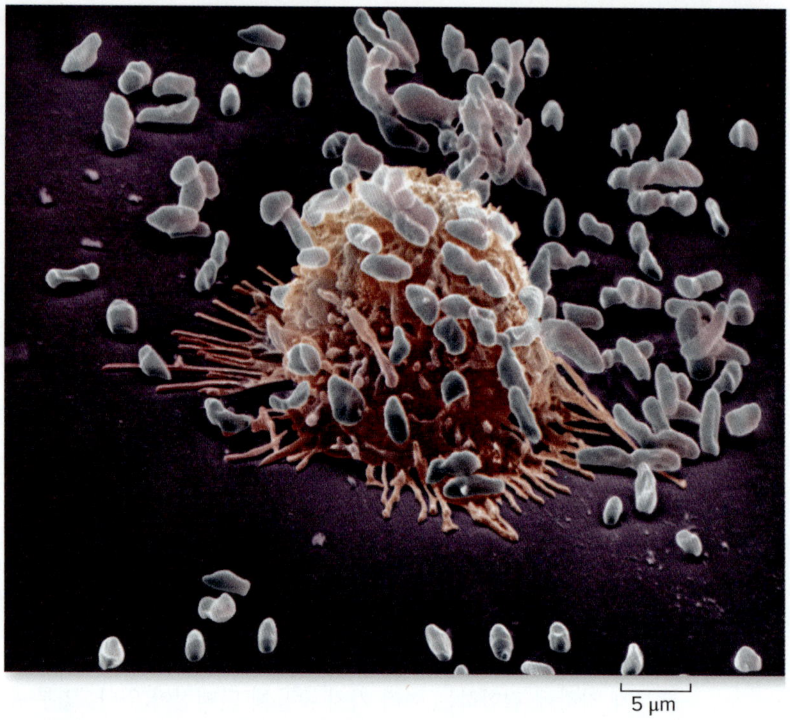

그림 45.3 대식세포의 작용.
주사전자현미경 사진은 대식세포가 길고 끈적끈적한 세포질 돌기로 "낚시"하는 것을 보여준다. 돌기와 닿은 세균이 대식세포로 끌려와 포식된다.

대식세포

대식세포(macrophage, 일명 "대식가")는 크고 불규칙한 모양을 한 세포로 식세포작용으로 미생물을 삼켜서 죽인다(**그림 45.3**). 일단 대식세포 내부로 들어오면, 막으로 싸인 포식소체(phagosome)는 라이소솜(lysosome)과 융합한다. 이로 인해 미생물을 죽이고 분해하는 라이소솜 효소가 활성화된다. 이에 더하여 대량의 **자유라디칼**(free radical)이 포식소체 안에서 생산된다. 이 자유라디칼은 반응성이 매우 높아 병원체를 파괴한다.

세균 외에도 대식세포는 바이러스, 세포 찌꺼기, 폐의 먼지 입자를 삼킨다. 대식세포는 조직을 적시고 있는 세포외액을 끊임없이 돌아다닌다. 혈액에 있는 미분화된 대식세포인 단핵구는 감염에 반응하여 모세혈관의 내피세포 사이를 빠져나와 결합조직으로 들어간다. 감염 부위에서 단핵구는 활성화되고, 포식기능이 있는 대식세포로 성숙한다.

호중구

호중구(neutrophil)는 순환하는 백혈구 중 가장 많으며, 말초혈액 백혈구의 50~70%를 차지한다. 손상되거나 감염된 조직에 첫 번째로 나타나는 세포이다. 대식세포처럼 모세혈관의 내피세포 사이를 빠져나와 감염된 조직으로 이동한 뒤 식세포작용으로 다양한 병원체

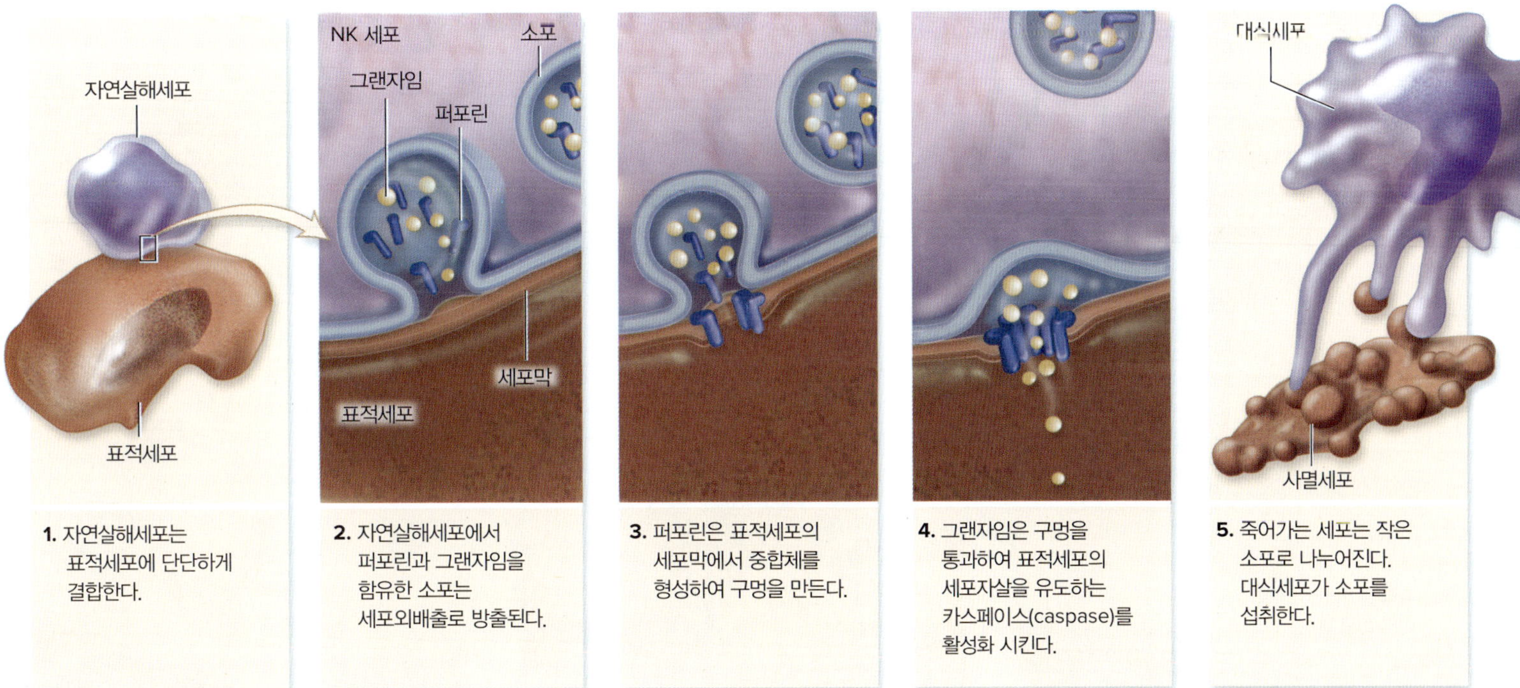

그림 45.4 자연살해세포가 표적세포를 제거하는 방법.
자연살해세포는 바이러스로 감염된 세포를 세포예정사, 즉 세포자살로 죽인다. 죽게 될 세포에 구멍을 만드는 단백질을 분비하고, 이 구멍으로 물질을 확산시켜 세포자살을 일으키게 된다.

? 탐구문제 자연살해세포가 바이러스로 감염된 세포를 단순히 터트려 세포 내용물이 조직으로 흘러나오도록 하여 죽인다면 어떤 일이 발생하는가?

를 섭취한다. 병원체를 파괴하는 메커니즘은 대식세포와 유사한데 활성산소종(reactive oxygen radical)을 더 많이 만든다. 호중구는 또한 디펜신 펩타이드를 생산한다.

자연살해세포

자연살해세포(natural killer cell, NK cell)는 침입한 미생물을 공격하지 않는다. 대신 바이러스로 감염된 인체 세포를 죽인다. 식세포 작용으로 죽이지 않고, 표적세포의 세포자살(17장 참조)을 유도한다. NK 세포로부터 분비된 퍼포린(perforin)이란 단백질은 표적세포의 막에 구멍을 만든다. 다른 NK 생산 단백질인 그랜자임(granzyme)은 이 구멍으로 들어가 표적세포에서 세포자살을 유도하는 단백질을 활성화한다(**그림 45.4**). 대식세포는 세포자살로 생성된 막으로 싸인 세포 찌꺼기를 섭취한다.

NK 세포는 종양 세포가 종양으로 감지될 정도로 분열하기도 전에 종양 세포를 공격한다. NK 세포에 의한 감시는 암에 대한 인체의 가장 강력한 방어 중 하나이다. 그래서 보통 NK 세포는 면역 감시를 맡는다고 한다.

염증반응은 감염 또는 조직 손상에 대한 비특이적 반응이다

염증반응에 인체의 몇몇 기관계가 관여하기도 하므로 염증반응은 국소적(localized) 또는 전신적(systemic)일 수 있다. 급성 반응은 일반적으로 빠르게 시작하지만, 상대적으로 짧은 기간 지속된다.

감염되거나 손상된 어떤 세포는 히스타민(histamine), 프로스타글란딘(prostaglandin), 브래디키닌(bradykinin) 같은 화학적 경고 신호를 내보낸다(39장 참조). 이들은 국소 혈관의 확장을 일으킨다. 이는 염증 부위로 혈류를 증가시켜 염증의 2가지 전형적인 증상인 발적과 발열을 일으킨다. 또한 모세혈관의 투과도를 증가시켜 염증의 3번째 증상인 감염된 조직의 부종(edema)을 일으킨다. 부종은 신경 말단을 압박하여 다른 매개체와 함께 염증의 마지막 두 증상인 통증과 잠재적 기능상실을 일으킨다.

모세혈관 투과도의 증가는 호중구가 혈액에서 조직액으로 이동하는 것을 촉진하고, 이동한 호중구는 병원체를 섭취하고 분해한다. 일부 감염과 관련된 고름은 죽이기는 병원체, 소식 세포, 호중구의 혼합물이다. 호중구는 또한 몇 시간 뒤 유인되는 단핵구에 대한 신호 분자도 분비한다. 단핵구가 대식세포로 분화하면 마찬가지로 병원체와 죽은 세포의 찌꺼기를 섭취한다(**그림 45.5**). 염증반응은 급성기 반

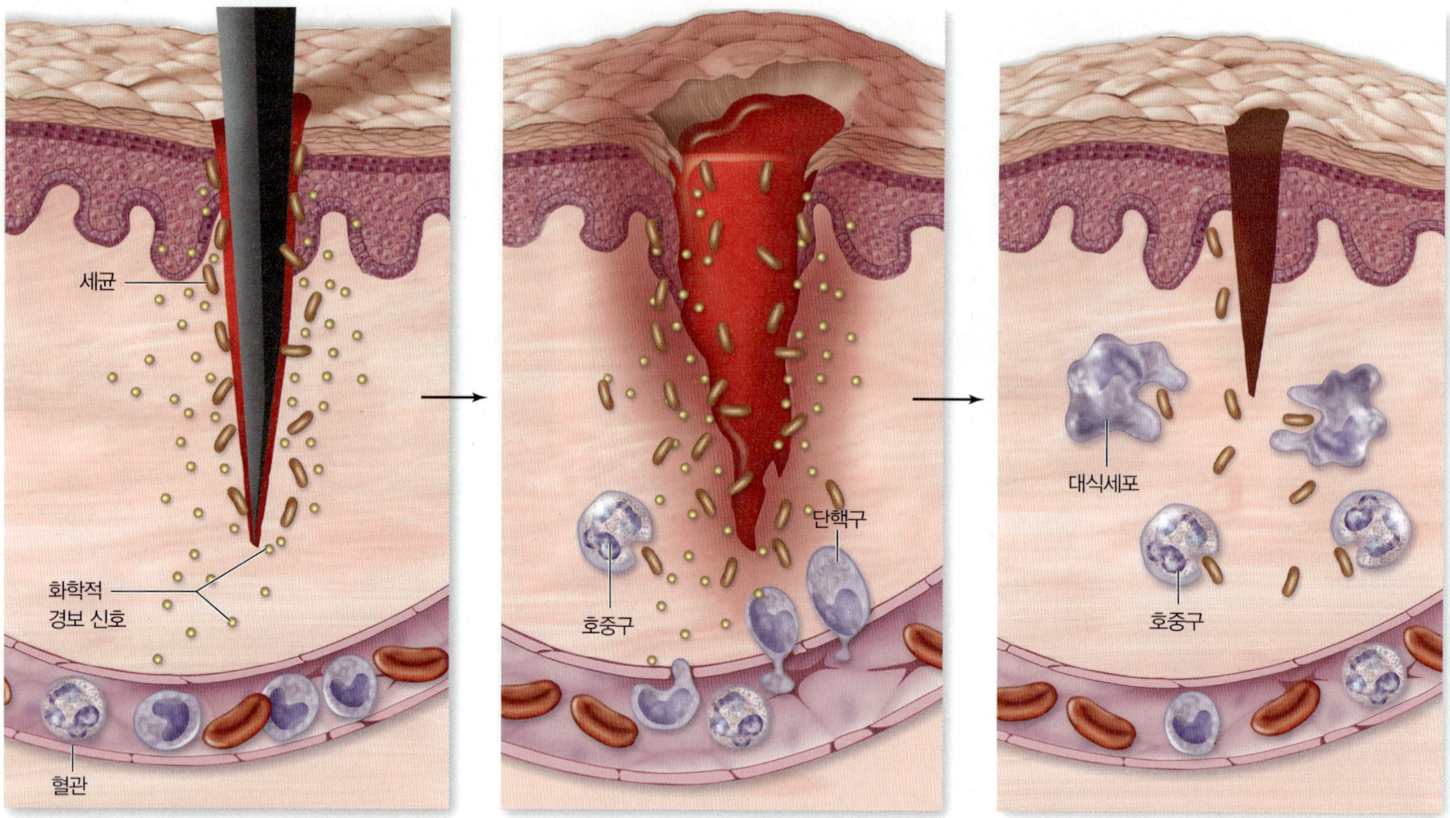

그림 45.5 국소적 염증반응.
침입한 병원체가 상피 표면을 뚫으면, 히스타민과 프로스타글란딘 같은 화학적 경고 신호가 손상된 세포로부터 발생하여 주변 혈관이 확장되고 투과도가 증가한다. 혈류의 증가로 붓고, 호중구에 이어 대식세포와 같은 식세포가 집결하여 침입한 병원체를 공격하고 포식한다.

응을 동반한다. 이 반응의 특징은 체온의 상승, 즉 발열이다(36장 참조). 표면에 TLR을 가진 대식세포가 침입한 병원체에 결합하면, **인터루킨-1**(interleukin-1, IL-1)이라는 사이토카인이 분비되어 혈액을 따라 뇌로 운반된다. IL-1은 시상하부의 신경세포가 체온을 정상 체온인 37℃보다 조금 올리도록 한다. 체온의 상승은 식세포의 활동을 촉진하고 몇몇 미생물의 생장을 저해한다.

발열은 식세포작용을 자극하고 간과 비장(spleen)이 철을 저장하도록 하여 인체 방어에 기여한다. 이로써 세균의 생장에 많은 양이 필요한 철의 혈중 농도가 감소한다. 그러나 매우 높은 열에서는 중요한 효소가 변성되기 때문에 위험하다. 일반적으로 39.4℃ 이상은 인체에 유해하며, 40.6℃ 이상은 치명적이다.

염증반응 동안 간세포에서는 급성기 단백질이 분비되는데, 때로는 정상 혈청 농도의 1000배 이상에 이르기도 한다. 이 단백질들은 여러 종류의 미생물에 결합하여 호중구와 대식세포 같은 식세포의 포식을 촉진한다.

보체는 막공격복합체를 형성한다

척추동물의 세포성 방어는 혈장에서 자유롭게 움직이는 약 30종의 단백질로 이루어진 **보체계**(complement system)라는 효과적인 화학적 방어에 의해 촉진된다. 대체로 비활성화 상태이지만 염증반응 동안에는 조직으로 이동할 수 있다. 보체는 선천성 면역의 수용성 감지자 중 하나인 만노스 결합 렉틴 단백질(MBL)에 의해 활성화되거나, 병원체 표면의 전하를 띤 물질이 관련된 일련의 반응을 통해 활성화된다.

보체계가 활성화되면 보체 단백질은 응집하여 **막공격복합체**(membrane attack complex, MAC)를 형성하는데, 이는 병원체의 원형질막 또는 외피를 갖는 바이러스의 지질막에 박혀 구멍을 형성한다. 세포외액이 이 구멍을 통해 병원체 내부로 유입되어 병원체는

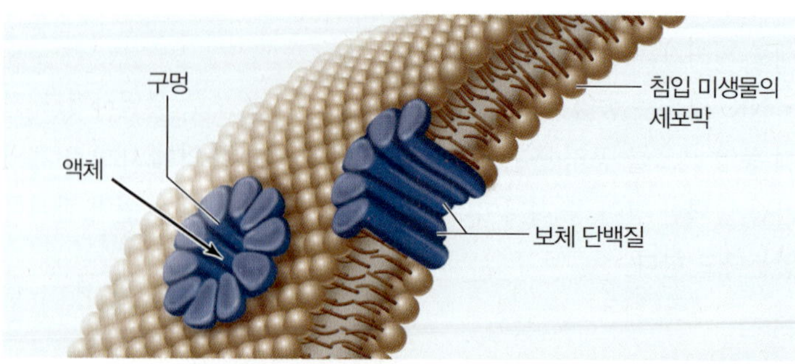

부풀어 오르고 터지게 된다. 보체 단백질의 활성화는 항체가 병원체에 결합할 때 특이적 방식으로 일어난다(45.4절 참조).

다른 보체 단백질, 특히 **C3b**는 침입한 병원체의 표면을 덮는다. 식세포작용을 하는 호중구와 대식세포는 C3b에 대한 수용체가 있어, 병원체에 결합하여 식세포작용과 파괴를 촉진한다. 이 방식은 MAC가 들어갈 외막이 없는 병원체를 제거할 때 특히 효율적이다. 일부 보체 단백질은 비만세포와 호염구로부터 히스타민과 기타 매개체를 분비하여 모세혈관을 확장하고, 투과도를 증가시킨다. 다른 보체 단백질은 투과도가 더 높은 혈관을 통해 호중구와 같은 식세포를 감염 부위로 유인한다.

핵심 요약 45.1

선천성 면역은 매우 오래되었으며 분자 패턴을 인식한다. 적응성 면역은 특이적 병원체를 공격하기 위해 유전자 재배열을 이용한다. 선천성 면역이 인식하는 분자 패턴에는 세균의 지질다당류와 펩타이도글리칸, 바이러스 RNA와 DNA가 있다. 염증반응은 히스타민 분비로 시작하며 다양한 분자와 신호를 이용해 호중구를 유인하고, 투과도를 높이며, 보체계를 활성화하고, 발열을 일으킨다.

■ 선천성 면역은 비특이적일까?

45.2 적응성 면역

학습 목표

1. 적응성 면역의 특징을 설명할 수 있다.
2. 림프구가 수용체를 획득하는 과정을 서술할 수 있다.
3. 체액성 면역과 세포성 면역을 구분할 수 있다.

감염성 질병을 겪지 않고 어린 시절을 보낸 사람은 거의 없다. 효과적인 백신이 만들어진 1991년 이전에는 대부분의 아이들이 10대가 되기 전에 수두(chicken pox)를 앓았다. 수두와 몇몇 질병은 한번 회복되면 대부분의 사람에서 다시 걸리지 않았기 때문에 유년기 질병으로 여겨졌다. 이들은 수두를 유발하는 바이러스인 수두대상포진 바이러스(*varicella-zoster* virus)에 면역이 생겼고 면역체계가 정상인 동안 면역력을 유지하였다. 유사한 방식으로 비병원성 수두 바이러스로 접종을 하면 면역이 생긴다. 이 면역력은 획득면역이라는 적응성 면역의 방어 메커니즘으로 생긴다.

면역은 오래전부터 알려졌지만, 메커니즘은 최근에 이해되기 시작했다

감염성 질병을 한 번 겪은 사람은 동일한 질병이 다시 발발할 때 종종 보호된다는 것이 2000년 이상 동안 알려져 왔다. 그러나 면역에 관한 과학적 연구는 1796년 영국의 의사 제너(Edward Jenner)가 천연두에 대한 면역 실험을 할 때 비로소 시작되었다.

제너와 천연두 바이러스

천연두 바이러스(*variola* virus)에 의해 발병하는 천연두는 1700년대 이전에는 흔하고 치명적인 질병이었다. 수두처럼 천연두를 이겨낸 사람도 천연두에 다시 걸리는 경우가 거의 없었고, 가볍게 앓고 면역력을 얻으려고 일부러 접종하는 방법이 사람들에게 알려졌다. 그러나 제너는 소의 젖을 짜는 여성들이 우두라는 가벼운 질병을 앓으면 천연두에 거의 걸리지 않는다는 점을 파악하였다.

제너는 우두가 천연두에 대한 면역을 부여한다는 아이디어를 검증하는 실험에 착수하였다. 제너는 건강한 아이에게 우두 추출액을 접종한 후 천연두 추출액으로 감염시켰다. 예상한 대로 아이는 병에 걸리지 않았다. (제너의 실험은 지금 기준으로는 비윤리적으로 보일 수도 있다.) 후에는 훨씬 더 위험이 적은 방식의 우두 접종으로 천연두를 예방하였다(**그림 45.6**).

지금은 천연두와 우두가 비슷한 표면을 가진 2종의 서로 다른 바이러스에 의해 발병함이 알려져 있다. 우두 바이러스를 접종한 제너의 환자는 이후 천연두 바이러스 감염으로부터 보호되는 효과적인 방어를 구축하였다.

그림 45.6 면역학의 탄생.
1790년대, 제너가 우두를 접종하여 천연두로부터 환자를 보호하는 모습을 그린 그림이다.

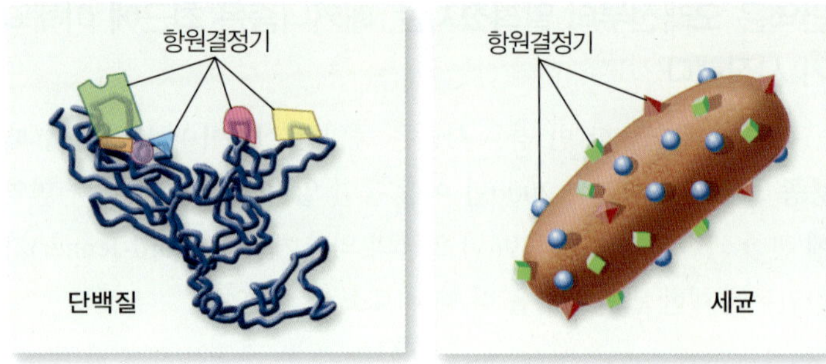

a. ***b.***

그림 45.7 **항원 하나에 여러 항원결정기가 존재한다.**
a. 결합한 탄수화물을 갖는 단백질은 항원결정기라 불리는 항원 결정부위를 여러 개 가지며, 각각은 독특한 면역반응을 일으킨다. ***b.*** 세균과 같은 병원체는 표면에 많은 단백질을 가지며, 동일한 것이 여러 개일 수 있다. 단백질과 세균이 같은 척도에서 그려져 있지 않음에 주의한다.

위험한 것에 대한 저항성을 얻기 위해 해가 없는 것을 접종하는 제너의 방법을 **백신 접종**(vaccination)이라 한다. 최근 말라리아, 헤르페스(herpes), 기타 질병에 대한 백신 개발에서도 종종 우두 바이러스와 연관되었지만 위험하지 않은 우두 바이러스(*vaccinia* virus)를 사용한다.

파스퇴르와 조류 콜레라

감염성 병원체에 대한 노출이 어떻게 질병에 저항성을 제공하는지는 오랜 시간이 흐른 뒤 알려졌다. 이 질문에 답하기 위한 중요한 진전이 반세기가 지난 후 저명한 프랑스 과학자 파스퇴르(Louis Pasteur)에 의해 만들어졌다. 파스퇴르는 조류를 감염시키는 조류 콜레라를 연구하고 있었다. 병에 걸린 닭으로부터 세균을 분리하여 배양하였는데, 이 세균을 건강한 닭에 접종하면 질병을 일으켰다.

파스퇴르는 2주간 휴가를 가기 전에 우연히 세균 배양액을 선반에 놓아두었다고 전해진다. 휴가에서 돌아와 건강한 닭에 오래된 배양액을 접종하였는데, 접종받은 닭은 가볍게 앓다가 회복된 것을 보고 세균이 약해진 것을 알았다. 그러나 놀랍게도 이 닭들은 이후 대조군 닭에서 질병을 일으키는 신선한 콜레라 세균으로 접종하여도 질병에 걸리지 않았다. 명백히, 세균이 닭을 먼저 죽이지 않는다면 세균의 어떤 물질이 면역력을 부여함을 알 수 있다. 현재는 세균 표면의 분자가 닭에서 능동면역을 유발했음이 알려져 있다.

항원은 특이적 면역반응을 유도한다

항원(antigen)은 특이적 면역반응을 일으키는 분자이다. 가장 효과적인 항원은 단백질 같이 크고 복잡한 분자이다. "이질성(foreignness)"이 클수록, 즉 숙주로부터 계통분류학적으로 거리가 멀수록, 유도되는 면역반응은 더 강하다.

표 45.1 면역계 세포

세포 유형		기능
보조 T 세포 (T_H 세포)	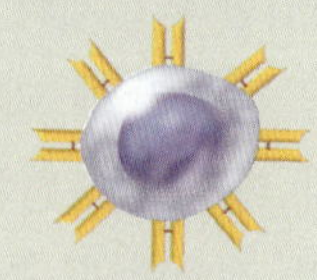	항원제시세포의 외부 펩타이드를 특이적으로 인식하여 B 세포 또는 대식세포를 활성화하는 사이토카인 분비를 유도한다.
세포독성 T 세포 (T_C 세포)	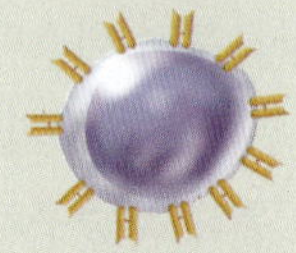	바이러스로 감염된 세포 또는 암세포와 같은 "변형된 자기" 세포를 특이적으로 인식하여 살해한다.
B 세포	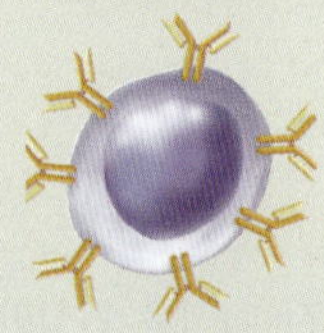	막에 결합한 항체를 이용하여 수용성 항원에 특이적으로 결합한다. T_H 세포에 대한 항원제시세포로 작용한다. 활성화되어 형질세포와 기억세포로 분화된다.
형질세포		활성화된 B 세포로부터 분화한다. 항원에 특이적인 항체를 분비하는 기능을 수행한다.
자연살해세포	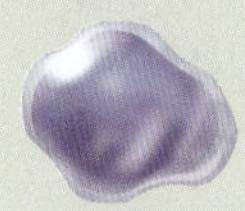	바이러스로 감염된 세포 또는 암세포를 신속히 인식하고 살해한다.
단핵구		대식세포의 전구세포로 혈액에 존재한다.
대식세포	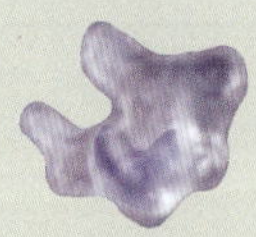	인체 방어를 담당하는 첫 번째 세포로, 조직에 존재하는 식세포이다. T_H 세포에 대한 항원제시세포로 기능한다.
호중구		인체 방어를 담당하는 첫 번째 세포로 식세포이다. 염증 조직으로 이동하기 전까지 대부분 혈액에 존재한다.
호산구	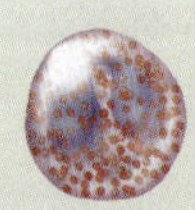	기생충 제거에 중요하며 만성 염증성 질환에 관여한다.
호염구		염증을 촉진하는 히스타민과 같은 매개물을 분비하는 순환계 세포이다.
비만세포	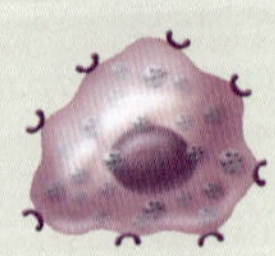	점막 표면 아래 존재하며 염증을 촉진하는 히스타민과 같은 매개물을 분비한다. 염증반응과 앨러지 반응을 모두 촉발한다.
수지상세포	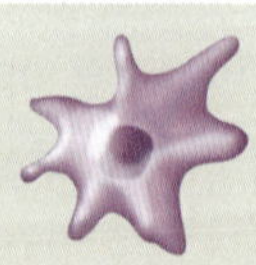	항원과 접촉한 적이 없는 T_H 세포에 대한 주요 항원제시세포이다. 항원 경험이 없는 T_C 세포의 활성을 돕는다.

항원은 미생물 또는 바이러스의 성분일 수도 있고, 수혈된 적혈구 또는 이식된 조직의 단백질이나 당단백질일 수도 있으며, 음식 또는 꽃가루의 성분일 수도 있다. 커다란 항원은 많은 **항원 결정부위**(antigenic determinant) 또는 **항원결정기**(epitope)를 가지고 있어 각각은 독특한 면역반응을 일으킬 수 있다(**그림 45.7**).

조혈작용은 면역세포를 생산한다

혈액에서 발견되는 모든 세포는 **조혈작용**(hematopoiesis), 즉 조혈모세포의 분열과 분화로 생긴다(43장 참조). 발생학적으로 조혈모세포는 난황낭(yolk sac)에서 처음 나타나며, 이후 태아의 간과 비장으로 이동하고, 최종적으로 골수로 이동한다. 줄기세포는 림프구 선조세포(lymphoid progenitor)와 골수 선조세포(myeloid progenitor)를 생성한다. 림프구 선조세포는 B 림프구, T 림프구, 자연살해세포를 생성한다. 골수 선조세포는 적혈구, 혈소판, 그 외 모든 면역계 세포를 생성한다(**그림 43.4** 참조).

림프구는 적응성 면역을 책임지고, **그림 43.4**에 그려진 나머지 백혈구는 특이적 반응에서 보조적인 역할을 하거나 선천성 면역에 관여한다. **단핵구**(monocyte)는 대식세포로 분화하여 **호중구**(neutrophil)과 함께 식세포로 작용한다. **호산구**(eosinophil)는 세포막에 삽입된 퍼포린 구멍을 통해 소화효소를 분비하거나, 식세포작용으로 기생충을 제거한다. 또한 천식(asthma)과 염증성 장 질환(inflammatory bowel disease) 같은 만성 염증 질병을 악화시킨다.

호염구(basophil)와 **비만세포**(mast cell)는 병원체를 제거하는 과정에서 보체 단백질과의 결합에 반응하여 히스타민과 프로스타글란딘 같은 염증 매개체를 분비한다. 이들 세포, 특히 비만세포는 앨러지(allergy) 반응 동안 활성화되는데, 이들이 분비한 염증 매개체가 앨러지 증상을 일으킨다.

수지상세포(dendritic cell)는 T 세포 활성화에 중요한 포식세포이다. 수지상세포는 선천성 면역과 적응성 면역을 연계한다. 수지상세포는 다양한 TLR로 병원체를 인식하고 사이토카인 분비와 염증반응을 촉진한다. 따라서 수지상세포는 항원을 제시할 뿐만 아니라 선천성 면역의 수용체를 통해 병원체 패턴도 인식한다. 이 세포들의 기능이 **표 45.1**에 요약되어 있다.

림프구는 적응 면역반응을 실행한다

적응성 면역의 특징은 다음과 같다.

1. 항원 인식의 특이성
2. 특이적으로 인식할 수 있는 항원의 다양성
3. 항원에 대해 다시 노출되었을 때 처음보다 더 빠르고 강하게 반응하도록 하는 기억
4. 자기 항원을 비자기 항원과 구별하는 능력

적응 면역반응에 관여하는 혈액 세포는 림프구 선조세포로 불리는 줄기세포에서 유래하는 백혈구이다(**그림 43.4** 참조). **림프구**(lymphocyte)는 표면에 있는 수용체 단백질로 항원의 특이적 항원결정기를 인식하여 수용성 또는 세포 표면의 항원에 대한 면역반응을 일으킨다(**그림 45.8**). 이 반응은 또한 45.1절에서 다룬 선천성 면역에서 온 신호 때문에 영향을 받는다. 선천성 면역은 새로운 병원체에 의한 감염 초기에 주로 작동하고, 적응성 면역은 감염 후기에 주로 작동한다.

림프구와 항원 인식

림프구 하나에서 수용체 단백질은 모두 동일한 항원결정기 특이성을 가지며, 또 다른 림프구가 동일한 특이성을 갖는 경우는 드물다. 이는 면역반응의 엄청난 다양성을 만들어 어떤 항원에서도 최소한 몇 개의 항원결정기는 인식된다.

항원을 한 번도 만난 적이 없는 림프구를 **항원 경험이 없는 림프구**(naive lymphocyte)라 한다. 항원 경험이 없는 림프구가 외부 항원에 결합하면, 림프구는 활성화되고 분열하여 동일한 항원 특이성을 갖는 세포 클론을 만드는데, 이 과정을 **클론선택**(clonal selection)이라 한다. 이들 세포 일부는 항원에 즉시 반응하고, 나머지는 기억세포(memory cell)가 되어 수년간 또는 남은 평생 체내에 존재한다. 동일한 항원에 다시 노출되면 기억세포는 쉽고, 빠르게 활성화된다.

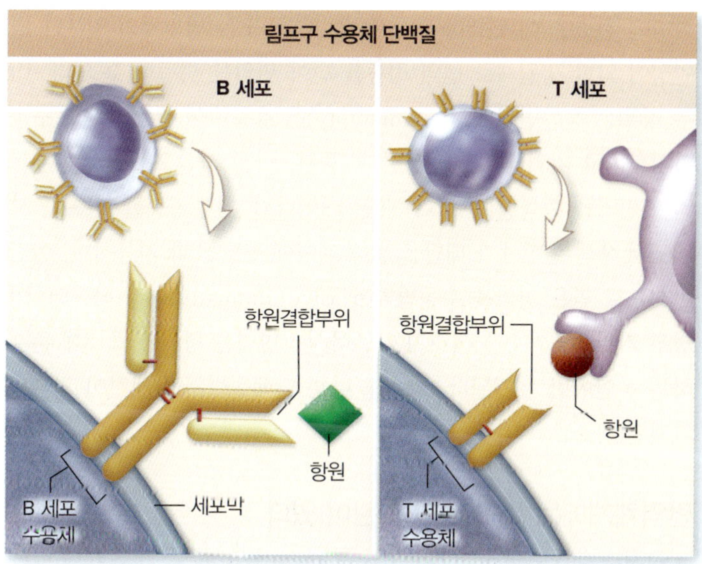

그림 45.8 B 세포 수용체와 T 세포 수용체는 항원에 결합한다.
B 세포 수용체는 특징적인 Y형 모양인 면역글로불린(Ig) 분자이다. 모든 B 세포는 표면에 한 종류의 Ig를 가지고 있어 하나의 항원 결정부위에만 결합한다. T 세포 수용체는 Ig 분자보다 단순하지만, 여전히 특이적 항원 결정부위에 결합한다. T 세포는 다른 세포에 결합한 항원에만 결합한다.

B 세포

B 림프구(B lymphocyte), 즉 **B 세포**(B cell)는 항원에 반응하여 **항체**(antibody), 즉 **면역글로불린**(immunoglobulin, Ig)이라는 단백질을 분비한다. 항원이 B 세포의 막에 있는 면역글로불린에 결합하면 항원 인식이 발생한다. 항원에 대한 결합은 45.4절에서 설명하는 다른 신호들과 함께 신호체계를 활성화하여, B 세포의 막에 있는 항체에 의해 인식된 항원결정기에 특이적인 항체를 분비하는 **형질세포**(plasma cell)를 생성한다. 항체 분비를 유도하는 B 세포 매개 반응을 **체액성 면역**(humoral immunity)이라 한다.

T 세포

T 림프구(T lymphocyte), 즉 **T 세포**(T cell)로 불리는 또 다른 림프구는 항체를 분비하지는 않지만, 대신 다른 세포의 반응을 조절하거나 특이적 항원을 가진 세포를 직접 공격한다. 이 세포들은 적응성 면역의 다른 영역인 **세포매개면역**(cell-mediated immunity)에 참여한다. 세포매개면역과 체액성 면역의 과정은 45.3절과 45.4절에서 자세히 살펴본다.

? **탐구문제** 제너는 천연두에 대한 면역반응을 유도하기 위해 우두 바이러스를 사용하였다. 이로부터 두 바이러스의 항원에 대해 알 수 있는 것은 무엇인가?

적응성 면역은 능동적이거나 수동적이다

면역은 여러 가지 방식으로 획득된다. 첫째, 병원체에 감염되어 질병에 걸렸을 때 면역을 획득할 수 있다. 또는 병원체의 일부나 병원성이 약한 병원체로 면역 접종을 받아 면역을 획득할 수 있다. 이 두 경우는 **능동면역**(active immunity)을 유도하여 특이적 림프구를 활성화하고 기억세포를 생산한다. 둘째, 다른 사람으로부터 항체를 얻어 면역을 획득할 수 있다. 이는 태어나기 전에 가능한 것으로, 모체에서 생산된 항체가 태반을 통해 태아에 전달될 때 가능하다. 이런 방식으로 얻은 면역을 **수동면역**(passive immunity)이라 하는데, 이 경우 기억세포가 만들어지지 않는다. 이 면역은 항체가 체내에 존재하는 동안에만 유지된다. 항체도 다른 단백질들처럼 시간이 지나면 파괴된다.

면역체계에는 두 종류의 기관이 있다

면역체계의 기관은 골수와 흉선의 **1차 림프기관**(primary lymphoid organ)과 림프절, 비장, 점막연관림프조직(mucosa-associated lymphoid tissue, MALT)의 **2차 림프기관**(secondary lymphoid organ)으로 구성된다(**그림 45.9**).

1차 림프기관

줄기세포가 있는 **골수**(bone marrow)는 B 세포가 성숙하는 곳이기도 하다. 조혈작용으로 가장 미성숙한 B 세포인 선조 B 세포가 만들어진 후, 이 세포는 골수에서 성숙한다. 골수에서 면역글로불린 유전자의 DNA 재배열(45.4절에서 설명)이 일어나 B 세포 각각의 특이성이 결정된다. 모든 B 세포는 표면에 항원결정기 결합의 특이성이 같

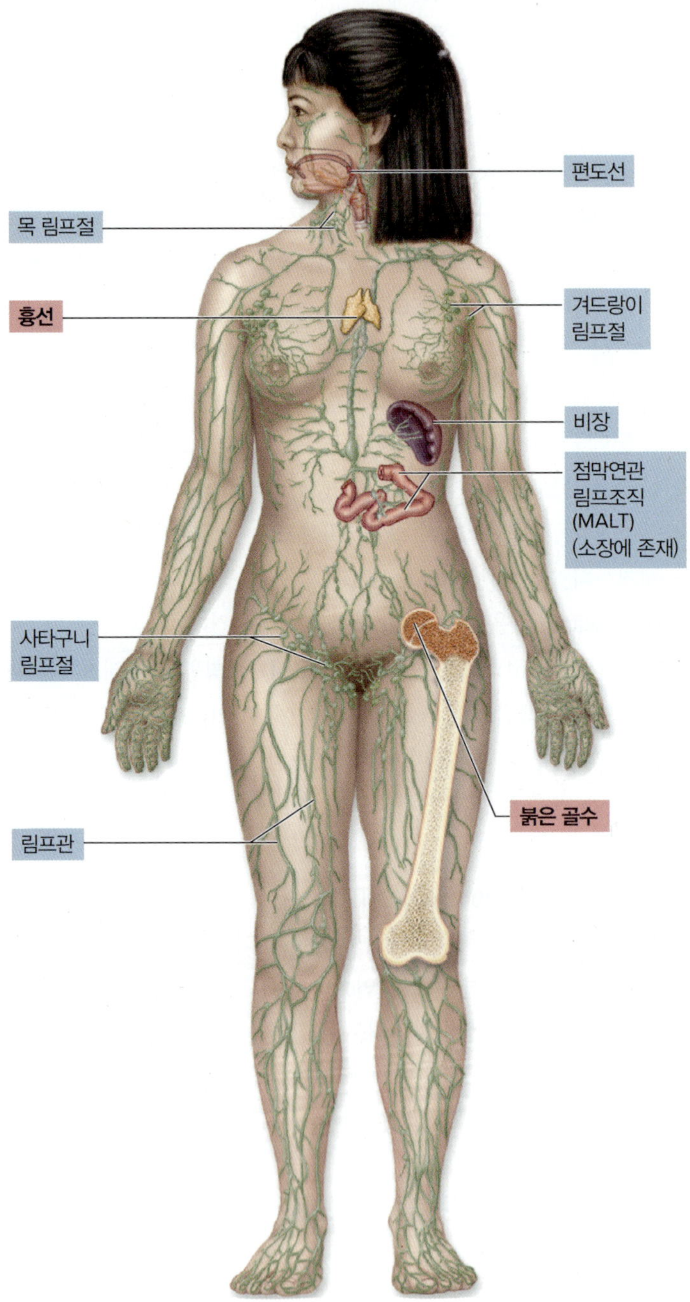

그림 45.9 특이적 면역체계의 기관.
면역체계 기관에는 2종류가 있다. 1차 림프기관(붉은색)에서는 B 림프구와 T 림프구가 성숙하여 특이적 수용체를 갖고, 2차 림프기관(파란색)에서는 항원을 수집하여 항원 경험이 없는 성숙한 림프구와 만나게 함으로써 림프구를 자극한다.

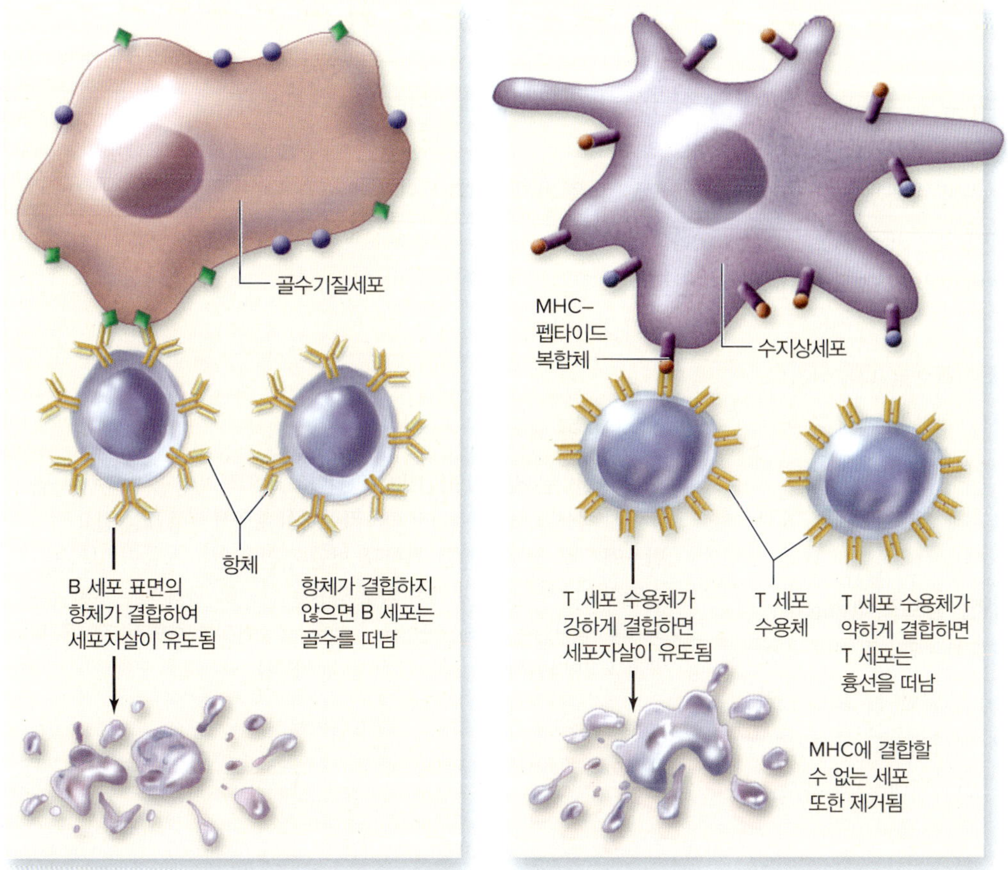

a. *b.*

그림 45.10 1차 림프기관에서 자기물질과 반응하는 림프구의 선별.
B 림프구와 T 림프구가 특이적 수용체를 획득한 후, 자기와 반응하는 세포는 세포자살에 의해 제거된다. ***a.*** 성숙 중인 B 세포 표면의 Ig가 골수기질세포의 항원결정기에 결합하면 세포는 세포자살을 하게 된다. B 세포 중 10%는 Ig가 기질세포의 항원결정기를 인식하지 못하여 골수로부터 방출된다. ***b.*** 성숙 중인 T 세포의 흉선에서 TCR이 수지상세포의 자기 MHC/자기 펩타이드 복합체와 너무 강하게 결합하면 T 세포는 세포자살을 하게 된다. MHC와 전혀 결합하지 않는 세포 또한 제거된다. 성숙 중인 T 세포의 2~5% 정도가 MHC-펩타이드 복합체와 적절한 친화도로 결합하여 흉선으로부터 방출된다. 이 세포들은 자기 MHC/외부 펩타이드 복합체와 높은 친화도로 결합한다.

은 약 10^5개의 Ig 분자를 갖는데, 이 특이성은 각 B 세포마다 다르다.

자기 항원에 결합하는 림프구는 세포자살을 하게 된다(**그림 45.10***a*). 나머지 림프구는 골수에서 나와 혈액과 림프를 순환하며 2차 림프기관을 거치는데, 여기에서 항원을 만난다.

골수에서 생성된 후, 선조 T 세포는 심장 바로 위에 있는 **흉선**(가슴샘, thymus)으로 이동한다. 신생아에서 매우 큰 흉선은 10대에 축소하기 시작하여 지속해서 작아진다.

T 세포의 항원 수용체를 **T 세포 수용체**(T-cell receptor), 즉 TCR이라 한다. TCR은 T 세포가 흉선에서 성숙할 때 선조 B 세포의 Ig 유전자에서처럼 유전자 재배열로 생산된다. T 세포는 세포 하나당 10^5개의 동일한 TCR을 갖는데, TCR은 T 세포마다 다르다.

B 세포는 온전한 항원의 항원결정기를 인식하는데, 항원결정기는 단백질일 수도 있고 아닐 수도 있다. 반면에 T 세포는 단백질의 펩타이드 절편만 인식하는데, 이 펩타이드 절편은 인체의 거의 모든 세포 표면에 존재하는 자기 단백질과 결합해 있어야 한다. 이 단백질은 **주조직적합성복합체**(major histocompatibility complex, MHC) 유전자에 암호화되어 있다. MHC는 45.3절에서 자세히 설명한다.

흉선에서 선별되는 동안 T 세포는 흉선 세포와 만나는데, 흉선 세포 표면에는 모든 자기 MHC 단백질이 발현된다. T 세포의 TCR이 자기 펩타이드와 결합한 자기 MHC 단백질 복합체에 너무 강하게 결합하면, 자기 분자를 인식하는 이 T 세포는 세포자살을 하게 된다(**그림 45.10***b*). 반대로 MHC 복합체에 결합하지 않는 T 세포도 제거된다. 흉선으로 이동한 선조 T 세포의 약 5% 정도만이 엄격한 두 단계 선별을 통과하여 세포자살을 피한다.

2차 림프기관

2차 림프기관의 위치는 인체의 모든 항원을 거르는 것을 촉진한다. 예를 들어, 피부에 박힌 가시에 부착된 세균은 조직을 적시고 있는 림프로 들어간다. 림프는 림프관을 통해 혈액으로 돌아온다(43장 참조). 이 과정 동안 림프관 연결부위에 위치한 수천 개의 림프절에서 림프가 걸러진다(**그림 45.9** 참조).

1차 림프기관을 떠나 림프절에 들어온 항원 경험이 없는 성숙한 B 림프구와 T 림프구 또는 림프절에 있던 기억세포가 항원을 만나면 활성화된다. 활성화된 B 세포와 T 세포의 클론 후손과 활성화된 B 세포에서 분비된 항체는 림프절을 떠나고, 림프가 심장 근처 혈관으로 되돌아올 때 혈액으로 돌아온다.

림프절에서 항원에 반응한 림프구는 림프절에 혈액을 제공하는 모세혈관 밖으로 나와 림프절 조직으로 들어간다. 이것이 감염에 따른 "비대한 림프절(swollen gland)"의 원인이다. 국소적인 림프절 비대는 림프구의 방대한 유입에 따른 것이다.

어떤 항원은 주로 혈액에서 발견되거나, 조직과 혈액 모두에서 나타난다. 이런 예로 치명적인 뇌수막염의 원인이 되는 세균 *Neisseria meningitidis*가 있다. 이런 항원에 대한 면역반응은 비장(spleen)에서 일어난다.

비장 동맥은 비장으로 혈액을 공급하고 소동맥으로 나누어진다. 비장의 기본조직으로 이동한 항원은 소동맥을 둘러싼 백색 수질에 있는 B 세포와 T 세포에 의해 인식된다. 림프절에서처럼 백색 수질의 림프구는 활성화된다. 항체 및 활성화된 림프구 일부는 비장 정맥을 통해 빠져나간다.

마지막으로 중요한 2차 림프기관은 **점막연관림프조직**(mucosa-associated lymphoid tissue, MALT)으로 편도선, 맹장과 점막 표면 아래의 결합조직에 있는 많은 소포(follicle)를 포함한다. 소포는 림프구(주로 B 세포이고 T 세포가 일부 있음)와 대식세포로 구성된다. 점막을 통과한 항원은 즉시 소포의 림프구와 만나 체내 깊은 곳으로의 이동이 중단된다.

침입한 생물이 점막 표면의 선천성 면역 방어와 MALT 림프구의 특이적 반응을 피해도 여전히 다른 2차 림프기관의 반응 때문에 통제될 수 있다.

두 종류의 적응성 면역이 진화했다

자기와 비자기를 구분하는 능력이 있는 적응성 면역은 척추동물에서 한 차례 진화한 것으로 보인다. 이번 장에서 설명한 적응성 면역은 약 4억 년 전 연골어류에서 처음 진화하였다(29장 참조).

상어와 가오리(ray)는 흉선, 비장, 좀 더 산재한 MALT를 갖는다. 이들은 TCR을 가진 T 세포의 세포매개면역과 Ig를 분비하는 B 세포의 체액성 면역을 갖추었다. 조혈작용이 일어나는 골수는 양서류에서 처음 나타나며, 그 기능은 종에 따라 차이가 있다. 림프절은 조류에서 처음 나타나며 포유동물과 조금 차이가 있다.

최근 또 다른 적응성 면역이 무악어류(jawless fish)에서 발견되었다. 이 시스템에서는 아미노산 류신이 풍부한 다양한 반복배열을 가진 수용체 단백질이 사용된다. 이 수용체는 B 세포의 면역글로불린처럼 기능하지만, 단백질 구조는 전혀 다르다. 가변 림프구 수용체(variable lymphocyte receptor, VLR)를 가진 세포가 무악어류의 적응면역체계를 형성한다. VLR 단백질의 수는 면역글로불린의 수와 비교할 정도이다. 그러나 VLR의 다양성은 척추동물에서 사용된 재조합 메커니즘에 의한 것이 아니다(45.4절 참조).

무악어류의 림프성 세포 한 부류는 B 세포와 관련된 첫 번째 세포이다. 처음에는 흉선이 없어서 무악어류에서는 T 세포가 없을 것으로 생각하였다. 그러나 턱이 있는 척추동물의 흉선에 해당하는 부위에서 VLR을 가진 또 다른 림프성 세포가 T 세포에서 발견되는 단백질을 발현하는 것이 확인되었다. 따라서 다양한 수용체를 만드는 방법은 독립적으로 진화하였지만, 수용체를 가진 세포는 공통조상으로부터 유래하였다.

핵심 요약 45.2

적응성 면역은 각각의 병원체를 인식하고 특이적 반응을 일으킨다. 골수에서 생성된 림프구는 1차 림프기관에서 특이적 수용체를 얻고 자기 반응에 대한 선별 과정을 거친다. 항원 경험이 없는 성숙한 림프구는 순환하며 2차 림프기관에서 외부 항원을 만난다. B 세포는 순환하는 항체를 생산한다(체액성 면역). T 세포는 병원체를 죽이거나 다른 세포를 도와 병원체에 반응한다(세포매개면역).

- 어떤 유형의 줄기세포가 면역체계에서 발견될까?

45.3 세포매개면역

학습 목표

1. 세포독성 T 세포의 기능을 서술할 수 있다.
2. 보조 T 세포의 역할을 설명할 수 있다.

T 세포는 **세포독성 T 세포**(cytotoxic T cell, T_C)와 **보조 T 세포**(helper T cell, T_H)로 구분된다. 이들은 세포 표면 표지자에 의해 식별된다. T_C 세포는 세포 표면에 CD8 단백질을 가지고 있어 $CD8^+$ 세포로 불린다. T_H 세포는 세포 표면에 CD4 단백질을 가지고 있어 $CD4^+$ 세포로 불린다.

활성화되기 위해 이들 T 세포는 반드시 MHC 단백질에 결합한 펩타이드 절편을 인식해야만 하는데, 이 두 세포는 (1) 세포에 분포한 서로 다른 종류의 MHC 단백질 인식과 (2) 활성화된 T 세포의 기능 차이에 의해 구분된다.

MHC는 자기와 비자기를 구별하는 정보를 제공한다

대부분의 척추동물 세포 표면에는 MHC에 의해 암호화되는 당단백질이 발현된다. 사람에서 MHC 복합체에 의해 암호화되는 이 단백질은 **인체 백혈구 항원**(human leukocyte antigen, HLA)이라고 한다. MHC 단백질을 암호화하는 유전자는 다형성(polymorphic, 많은 대립유전자가 존재하는)이 매우 높다. 예를 들어, HLA 단백질은 500개의 대립유전자가 존재하기도 하는 매우 다형적인 유전자에 의해 결정된다. 두 사람에서 대립유전자의 조합이 같은 경우는 매우 드물어서 HLA는 사람마다 지문처럼 차이가 있다.

조직세포의 MHC 단백질은 개인의 면역체계 특히 T 세포를 구별하는 표지자로, **자기(self)와 비자기(nonself)를 구분하는 능력**을 가지고 있다.

MHC 단백질에는 두 종류가 있다. **1형 MHC 단백질**(MHC class I protein)은 핵을 가진 모든 세포에 존재한다. 그러나 **2형 MHC 단백질**(MHC class II protein)은 항원제시세포(1형 MHC 단백질도 가지고 있음)에서만 존재한다. 이에는 대식세포, B 세포, 수지상세포가 포함된다(**표 45.2**). T_C 세포는 1형 MHC 단백질에 결합한 펩타이드에 반응하고, T_H 세포는 2형 MHC 단백질에 결합한 펩타이드에 반응한다.

대부분의 경우 MHC에 결합한 펩타이드는 자기 자신의 자기 단백질에서 유래한다. 이런 이유로 T 세포는 흉선에서 선택되는데, 자기 MHC의 자기 단백질에 강하게 결합하는 세포는 제거된다. 이런 방식으로 T 세포는 성숙하는 1차 림프기관 밖에서 바이러스 감염 또는 암처럼 자기 MHC에 외부 단백질의 펩타이드를 만났을 때 정상적으로 활성화된다.

세포독성 T 세포는 바이러스에 감염된 세포와 종양세포를 제거한다

활성화된 세포독성 T 세포는 바이러스로 감염된 세포 또는 종양세포 같은 "변형된 자기(altered-self)" 세포를 인식한다. 세포독성 T 림프구는 1형 MHC 단백질에 결합한 내부 항원의 펩타이드를 인식한다. 내부 항원의 펩타이드는 세포질(cytosol)에서 만들어져 특별한 수송 단백질에 의해 거친면 소포체로 운반되어 1형 MHC 단백질에 결합한다. 이 단백질들은 내막계(endomembrane system)를 따라 세포 표면으로 이동한다.

내부 항원은 자기 단백질, 바이러스에 감염된 세포에서 생산된 바이러스 단백질, 또는 암세포에서 생산된 비정상적인 단백질이다. T_C 세포는 자기 1형 MHC에 결합한 비정상적인 단백질의 펩타이드에만 반응한다. 45.2절에서 설명한 대로 T 세포 활성화는 2차 림프기관에서 일어난다. 예를 들어, 림프절에서 T 세포가 항원제시세포(antigen-presenting cell)를 만난다. 특히 수지상세포는 T_C 세포를 활성화하는 항원을 제시한다.

모든 바이러스가 수지상세포를 감염시키지는 않기 때문에 수지상세포는 반드시 바이러스 또는 종양 세포를 섭취하고, 교차제시(cross-presentation)란 메커니즘에 의해 바이러스 또는 종양 펩타이드를 1형 MHC 상에 제시한다. T_C 세포의 TCR과 CD8이 수지상세포에 결합하면 T_C 세포의 클론 증식(clonal expansion)을 유도하여 활성화된 T_C 세포와 기억 T_C 세포를 생산한다(**그림 45.11**). 그 뒤 활성화된 T_C 세포는 체내를 순환하며 자기 1형 MHC에 동일한 외부 펩타이드를 제시하는 표적 숙주세포에 결합한다(**그림 45.12**).

표적세포의 세포자살은 NK 세포에 의한 것과 유사한 방식으로 유도된다. T_C 세포는 퍼포린 단위체를 분비하여 표적세포의 막에 구멍을 만든다. 그랜자임이 들어가 카스페이스(caspase)를 활성화하면 표적세포의 세포자살이 일어난다.

보조 T 세포는 면역반응을 조절하는 단백질을 분비한다

활성화된 보조 T 세포(T_H 세포)는 저분자 단백질인 **사이토카인**(cytokine)을 분비한다. 많은 종류의 사이토카인이 알려져 있는데, 다수가 T_H 세포에 의해 분비된다. 사이토카인은 많은 세포(특히 면역체계의 세포)의 막에 있는 특이적 수용체에 결합함으로써 세포의 활성화와 분화를 촉진하는 신호체계가 시작된다.

사이토카인은 매우 강력하여 극소량으로 분비되어 대체로 주변 세포에만 결합한다. IL-1은 예외적으로 시상하부까지 이동하여 발열반응을 유도한다. 서로 다른 T_H 세포가 세포 수용체에 특이적인 사

표 45.2 림프구의 항원 인식

	수용성 또는 입자 항원의 항원결정기를 인식함	자기 MHC 단백질에 결합한 항원을 인식함	인식되는 MHC 단백질 유형	인식되는 MHC가 발현된 세포의 유형
B 세포	예	아니오	없음	해당 없음
T_H ($CD4^+$) 세포	아니오	예	2형	항원제시세포: 수지상세포, B 세포, 대식세포
T_C ($CD8^+$) 세포	아니오	예	1형	핵을 가진 모든 세포

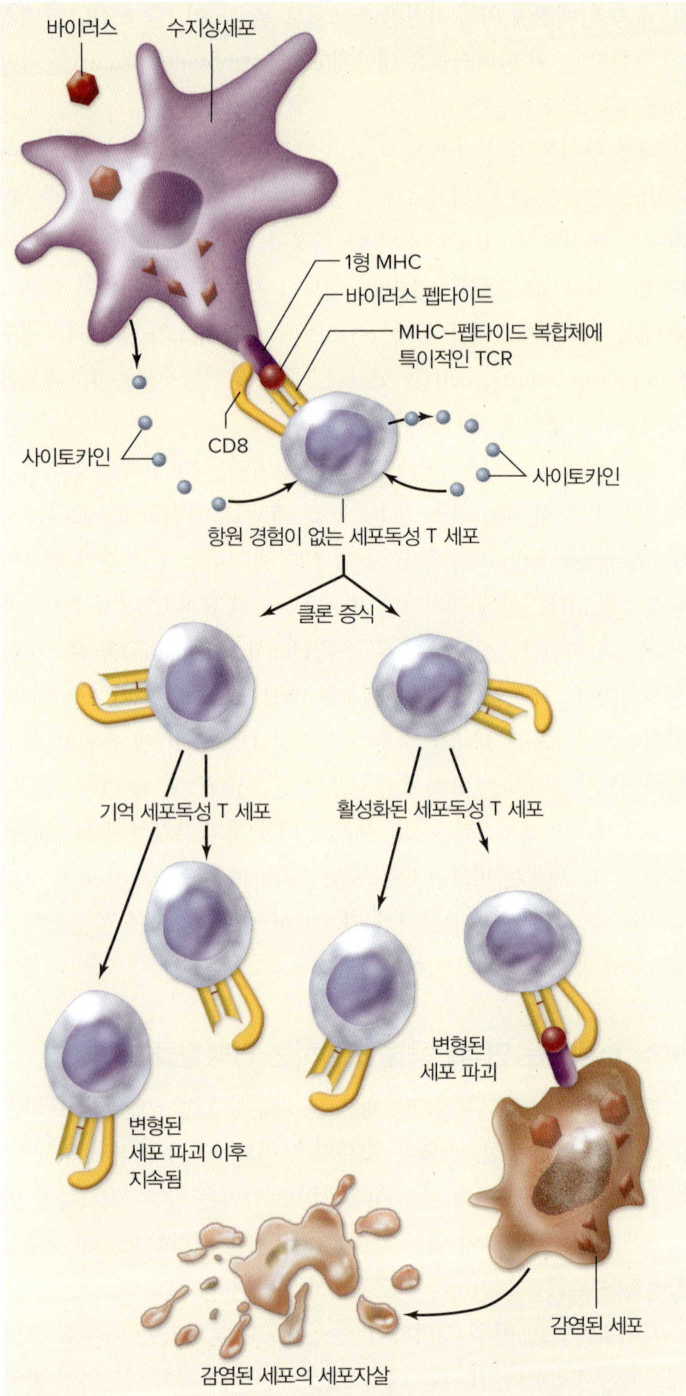

그림 45.11 세포독성 T 세포는 "변형된-자기" 세포의 세포자살을 유도한다.
항원 경험이 없는 세포독성 T 세포는 2차 림프기관의 수지상세포에서 자기 1형 MHC 단백질에 제시된 외부 항원을 인식하여 활성화된다. 이로 인해 클론은 증식하고 기억세포와 활성화된 세포로 분화한다. T_C 세포의 활성화된 후손은 동일한 자기 1형 MHC 펩타이드를 가진 (2차 림프기관 밖의) 주변의 세포 모두에서 세포자살을 유도한다. 이들은 대체로 바이러스에 감염된 세포 또는 암세포이다.

이토카인을 분비하는데, T_H 세포와 여기서 분비된 사이토카인이 면역반응의 체액성 또는 세포매개 여부를 결정한다.

T_H 세포는 항원제시세포로 들어온 외부 항원에 반응한다. 대식세포 또는 수지상세포는 식세포작용 또는 세포내섭취로, B 세포는 수용체매개 세포내섭취(receptor-mediated endocytosis)로 항원을 획득한다. 일단 세포 안으로 들어오면, 항원은 강한 산성을 지닌 엔도솜(endosome) 또는 라이소솜에서 분해된다. 항원의 펩타이드는 2형 MHC 단백질과 결합하고, 2형 MHC-펩타이드 복합체는 항원제시세포의 세포 표면으로 이동하여 제시된다. T_H 세포는 2차 림프기관에서 항원제시세포를 만나 이 복합체와 결합한다. T_H 세포의 CD4 단백질은 2형 MHC의 보존 영역에도 결합한다.

항원 경험이 없는 T_H 세포는 CD28 단백질을 발현하는데, 이 T 세포가 활성화되면 B7 단백질과 결합한다. B7은 항원제시세포에만 있는데 수지상세포에서 고농도로 존재한다. 이런 제한으로 필요할 때만 T_H 세포가 활성화된다. 이런 세밀한 조절은 분비되는 사이토카인의 강력함 때문에 필요하다.

T_C 세포처럼 활성화된 T_H 세포는 동일한 TCR 특이성을 갖는 작동(effector) T_H 세포와 기억 T_H 세포의 클론을 만든다. 대부분의 작동세포는 림프기관을 떠나 체내를 순환한다.

T 세포는 이식거부를 유발하는 주요 세포이다

T 세포가 신장과 같은 이식조직에서 제시된 비자기 MHC-펩타이드 복합체를 만나면, T 세포 대부분에서 TCR은 이 복합체에 약하게 결합한다. 이는 교차반응의 예이다. 비자기 MHC-펩타이드 복합체의 구조는 자기 MHC-외부-펩타이드 복합체의 구조와 상당히 유사하다. 결과적으로 T 세포는 외래 조직 세포에 결합한다.

TCR과 비자기 MHC-펩타이드 복합체의 결합은 상대적으로 약하지만, 모든 세포의 표면에서 MHC 단백질이 고농도로 존재하기 때문에 T 세포와 이식세포의 결합은 많이 존재한다. 이는 T 세포를 활성화해 외부 조직을 공격하기 시작한다.

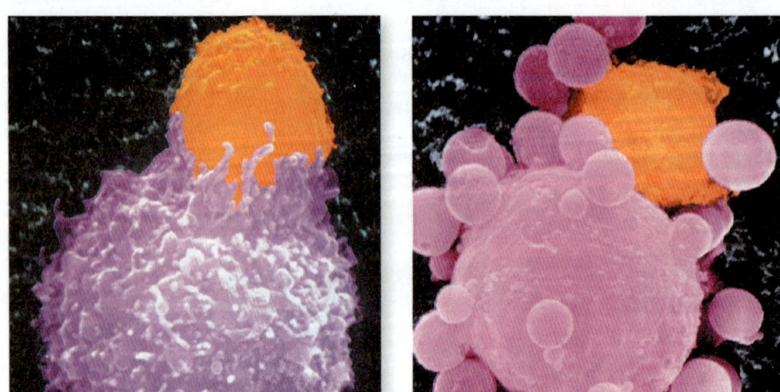

a. *b.*

그림 45.12 세포독성 T 세포는 암세포를 파괴한다.
a. 세포독성 T 세포(주황색)는 암세포(자주색)와 접촉한다. *b.* T 세포는 암세포를 "변형된 자기"로 인식하고 암세포의 세포자살을 유도한다.

MHC 단백질의 유전적 특징 때문에 두 사람의 관계가 가까울수록 MHC 단백질의 차이가 적어 이식된 조직에 대한 수용성이 높아진다. 결과적으로 장기이식을 받아야 하는 환자에 대한 공여자로 친척을 찾게 되고, 대립유전자 일치 여부를 조사하기 위한 HLA 검사를 한다.

이식의 면역거부를 억제하기 위해 다양한 약물이 사용된다. MHC가 일치하지 않는 조직을 이식 받은 사람 대부분은 남은 평생 이 약물을 복용한다. 효과적인 약물인 사이클로스포린(cyclosporin)은 림프구 활성화를 억제한다.

선천성 면역체계의 세포는 사이토카인을 분비한다

T_H 세포 외 많은 세포가 사이토카인을 잘 조절된 방식으로 분비한다. 예를 들어, 항원의 식세포작용 또는 TLR과 PAMP 분자의 결합으로 활성화된 대식세포는 인터루킨-12(IL-12)와 같은 사이토카인을 분비하는데, IL-12는 T_H 세포에 결합하여 활성화를 촉진한다. PAMP와 결합한 TLR을 가진 대식세포는 종양괴사인자-α(tumor necrosis factor-α, TNF-α)와 같은 사이토카인을 분비한다. 이 사이토카인들은 혈관에 결합하여 국소적 또는 전신적으로 혈관 투과도를 높인다. 이는 선천성 면역반응을 적응성 면역반응과 연계시킨다.

> **핵심 요약 45.3**
>
> T 세포는 자기 MHC 단백질에 제시된 외부 항원의 펩타이드에 반응한다. 활성화된 T_C 세포는 변형된 자기 세포(바이러스로 감염된 세포 또는 종양 세포)의 세포자살을 유도한다. T_H 세포는 사이토카인을 분비하여 세포매개반응 또는 체액성 면역반응을 촉진한다.
>
> ■ T 세포 수용체는 Toll 유사수용체와 어떻게 다를까?

45.4 체액성 면역과 항체 생산

> **학습 목표**
>
> 1. 항체 다양성이 생성되는 방식을 설명할 수 있다.
> 2. 5종의 면역글로불린을 열거할 수 있다.
> 3. 백신 접종이 어떻게 질병을 예방하는지 설명할 수 있다.

항원에 대한 B 세포 수용체는 원형질막에 내재한 단백질로 존재하는 면역글로불린 분자이다. 45.2절에 설명한 대로 각각의 B 세포는 항원의 특정 항원결정기에 동일한 특이성을 보이는 약 10^5개의 면역글로불린 분자를 갖는다. 항원 경험이 없는 B 세포는 2차 림프기관에서 항원을 만난다. B 세포의 면역글로불린 분자가 항원의 특이적 항원결정기에 결합하고 B 세포가 T_H 세포로부터 분비된 사이토카인 같은 추가 정보를 받으면, B 세포는 활성화되어 형질세포와 기억세포로 분화한다(**그림 45.13**).

각각의 형질 B 세포는 B 세포의 막에 결합한 항체와 동일한 특이성을 갖는 수용성 항체를 생산하는 공장이 된다. 항체는 세포외액뿐만 아니라 림프와 혈액의 순환계로 들어가 항원의 적합한 항원결정기에 결합한다. 항원은 다양한 항원결정기를 가질 수 있어 다른 B 세포가 동일한 항원의 다른 항원결정기를 인식할 수 있다.

면역글로불린이 항원을 감싸면, 다른 여러 세포와 과정이 활성화되어 항원을 제거한다. 파스퇴르가 닭에서 관찰했던 조류 콜레라에 대한 면역은 항체와 항체를 분비하는 B 세포가 지속해서 존재했기 때문이다.

면역글로불린은 가변부위와 불변부위를 가진다

각각의 면역글로불린 분자는 2개의 동일한 짧은 폴리펩타이드인 **경쇄**(light chain)와 2개의 동일한 긴 폴리펩타이드인 **중쇄**(heavy chain)로 구성된다(**그림 45.14**). 면역글로불린 분자의 4개의 사슬은 2황화결합(disulfide bond)으로 연결되어 Y 모양의 분자를 형성한다(**그림 45.14***a*). 각 분자의 가지는 Fab 부위로, 줄기는 Fc 부위로 불린다(**그림 45.14***b*). Fab와 Fc 용어는 면역글로불린 구조에 관한 초기 연구에서 유래했다. 연구자들은 단백질분해효소로 항체를 처리하여 "항원결합(antigen binding)" 부위인 Fab와 "결정화되는(crystallizable)" 부위인 Fc의 2조각으로 분해하였다("F"는 Fragment를 뜻함). 이는 기능적으로도 중요한 의미가 있는데, 동일한 유형의 항체 모두에서 Fc 부위는 사실상 같지만 Fab 부위는 각 항체마다 독특하다.

항체 특이성: 가변부위

많은 면역글로불린 분자의 아미노산 서열을 비교하여 항원결정기에 대한 면역글로불린의 특이성은 Fab 부위의 아미노 말단 절반에 위치함이 증명되었다. Fab의 아미노 말단 절반에서는 면역글로불린마다 아미노산 서열이 달라 **가변부위**(variable region)라 불린다. 경쇄와 중쇄 모두 가변부위를 갖는다.

면역글로불린의 나머지 부위는 아미노산 서열이 면역글로불린마다 상대적으로 일정하여 **불변부위**(constant region)라 불린다(**그림 45.14**). 경쇄와 중쇄 모두 불변부위를 갖는다. 포유류 면역글로불린

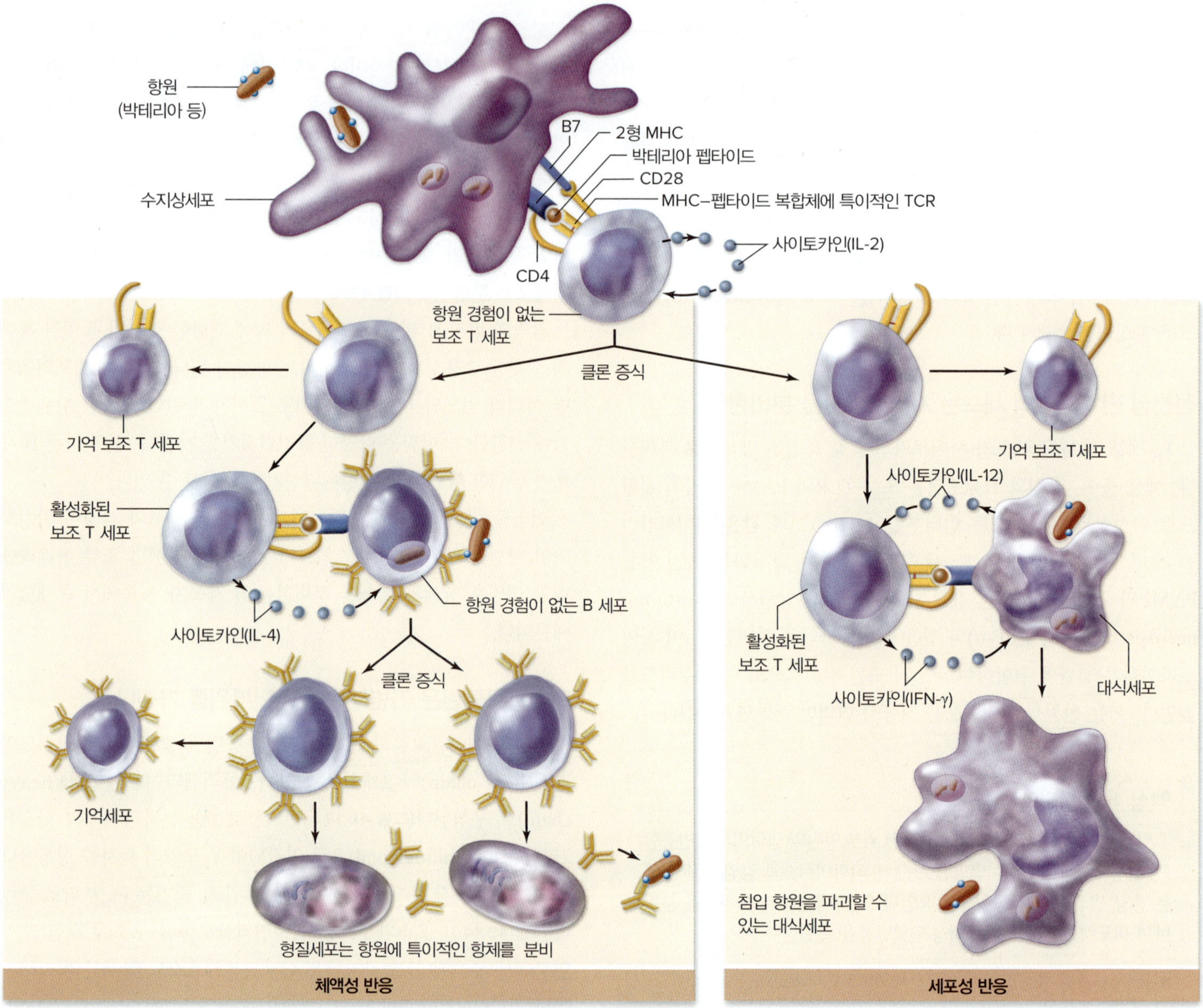

그림 45.13 보조 T 세포는 세포매개면역반응과 체액성 면역반응을 촉진하는 사이토카인을 분비한다.
항원 경험이 없는 보조 T 세포는 수지상세포의 자기 2형 MHC 단백질에 제시된 외부 펩타이드에 결합한 TCR에 의해 활성화된다. 이로 인해 클론은 증식하고 기억세포와 활성화된 세포로 분화한다. T_H 세포는 B 세포에 의해 제시된 동일한 항원을 인식하면 체액성 면역반응을 촉진한다. T_H 세포로부터 인터루킨-4(IL-4) 같은 사이토카인이 분비되면 B 세포를 자극하여 기억세포와 항원에 대해 항체를 분비하는 형질세포를 생산한다. T_H 세포는 또한 인터페론-γ(IFN-γ)를 분비하여 대식세포와 같은 세포 반응에 관여하는 세포를 자극한다. 대식세포는 다른 사이토카인을 분비하여 T_H 세포를 자극한다.

경쇄의 불변부위는 기능이 동일한 2개의 아미노산 서열 κ(카파)와 λ(람다)를 갖는다. 중쇄의 불변부위는 μ(뮤), δ(델타), γ(감마), α(알파), ε(입실론)의 5개 서열로 구성된다. 각각의 중쇄가 특정 유형의 경쇄와 결합하면 IgM, IgD, IgG, IgA, IgE와 같은 한 종류의 면역글로불린이 만들어진다.

항체와 항원의 결합

중쇄와 경쇄의 가변부위는 함께 접혀 **항원결합부위**(antigen-binding site)를 형성한다(**그림 45.14**). 항원결합부위 표면의 아미노산뿐만 아니라 그 크기와 모양이 항원의 항원결정기에 대한 면역글로불린의 특이성을 결정한다.

하나의 면역글로불린은 2개의 동일한 반쪽으로 구성되기 때문에 면역글로불린 하나는 2개의 동일한 항원결정기에 결합하지만, 공간 제약 때문에 일반적으로 하나의 항원에 2개가 동시에 결합하지는 않는다. 이는 항원 분자의 교차결합(crosslinking)을 만들어 항원-항체 복합체가 형성된다(**그림 45.15*a***).

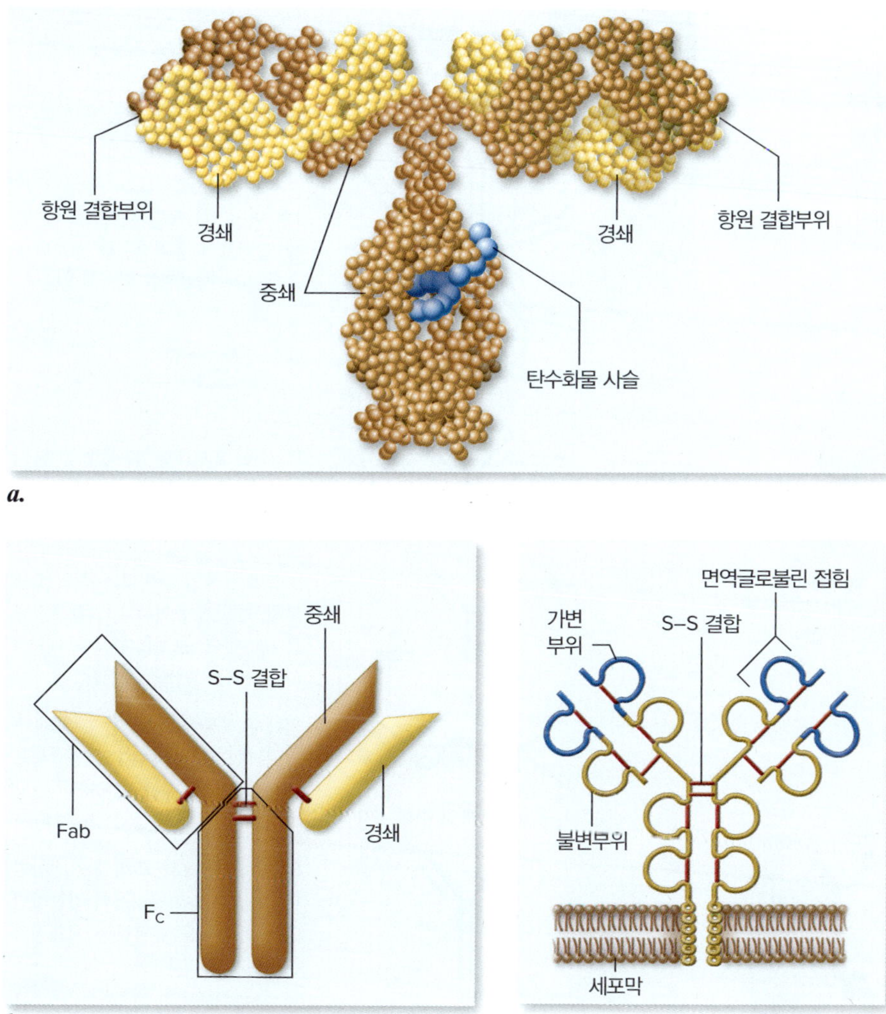

그림 45.14 면역글로불린 분자의 구조.
a. 면역글로불린(Ig) 분자의 구조에서 펩타이드 사슬의 아미노산은 작은 구로 표현된다. Ig는 2개의 중쇄(갈색)와 2개의 경쇄(노란색)로 구성된다. 4개의 사슬은 Y형을 이루는데, Y의 팔에 있는 2개의 동일한 항원결합부위, Fab 부위, Fc 부위로 구분된다. 2개의 Fab 부위는 유연한 연결부위에 의해 Fc 부위와 결합하고 있다. *b.* 좀 더 간단한 그림에서는 중쇄(갈색)와 경쇄(노란색)를 막대 모양으로 표현했다. 동일한 구조를 갖는 절반의 분자 각각은 2황화결합으로 연결되어 있고, 각 절반 부위의 중쇄와 경쇄도 2황화결합으로 연결되어 있다. *c.* 막 단백질로 나타낸 Ig 분자. 이 그림에서는 중쇄와 경쇄의 구조를 자세히 나타내었다. 각 사슬은 면역글로불린 접힘 모티프를 가진 약 110개의 아미노산으로 구성된 영역 여러 개로 이루어져 있다. 이 영역들은 구형 구조가 2황화결합으로 유지되는 루프로 표현하였다. 각 Fab의 아미노 말단 부위는 항원결정기에 결합하는 가변부위(파란색)이고, 나머지 부위는 불변부위이다.

항체의 종류별 기능: 불변부위

각 면역글로불린의 특이성은 가변부위에 의해 결정되지만, 면역글로불린의 기능은 중쇄 불변부위, 특히 Fc 부위의 불변부위에 의해 결정되는 항체의 종류에 의존한다.

많은 세포는 Fc 수용체를 가지고 있어 면역글로불린의 특정 종류에 결합한다. 그러므로 면역글로불린이 항원결합부위를 통해 항원에 결합하면 식세포와 같은 또 다른 세포가 면역글로불린의 Fc 부위에 결합하여 항원 가까이 이동한다(**그림 45.15***c*). Fc 수용체에 대한 항원-항체 복합체의 결합은 이 세포들을 활성화한다. 이런 방식으로 특이적 면역글로불린은 비특이적 세포를 항원과 결합해 항원을 제거하도록 한다.

5종류의 면역글로불린은 각각 다른 기능을 수행한다

5종류의 항체는 중쇄 불변부위의 서열과 구조에 의해 구분된다. 5종류의 항체는 개인을 보호하는 각각 다른 기능을 갖는다. 항체의 종류별 특징은 **표 45.3**에 요약하였다.

항체는 침입한 병원체를 직접 죽이지는 않는다. 대신 항체는 다른 비특이적 세포 또는 보체계를 활성화해 병원체의 파괴를 일으킨다.

IgM은 항원 경험이 없는 모든 성숙한 B 세포의 표면에 있는 수용체로, 면역반응 동안 분비되는 첫 번째 유형의 항체이다. B 세포의 막에 있는 IgM은 단위체이지만 분비되는 것은 5량체(pentamer)로 분자량은 약 900 kDa이다. 커다란 크기로 순환하는 데 제약이 있지만, 5량체이기에 커다란 항원의 응집(**그림 45.15***a*)과 수용성 항원의 침강(**그림 45.15***b*)에 효율적이다. 항원과 결합한 IgM은 또한 Fc 말단에서 보체 단백질의 결합으로 촉발된 보체 단백질 연쇄반응을 활성화한다.

IgD 또한 항원 경험이 없는 성숙한 B 세포 표면에 IgM과 함께 존재한다. 2개의 IgD 분자가 교차결합하면 B 세포는 활성화되지만, 정상 상태에서 IgD의 분비는 일어나지 않는다. B 세포가 활성화되면, IgD는 더는 세포 표면에 존재하지 않는다. IgD의 다른 기능은

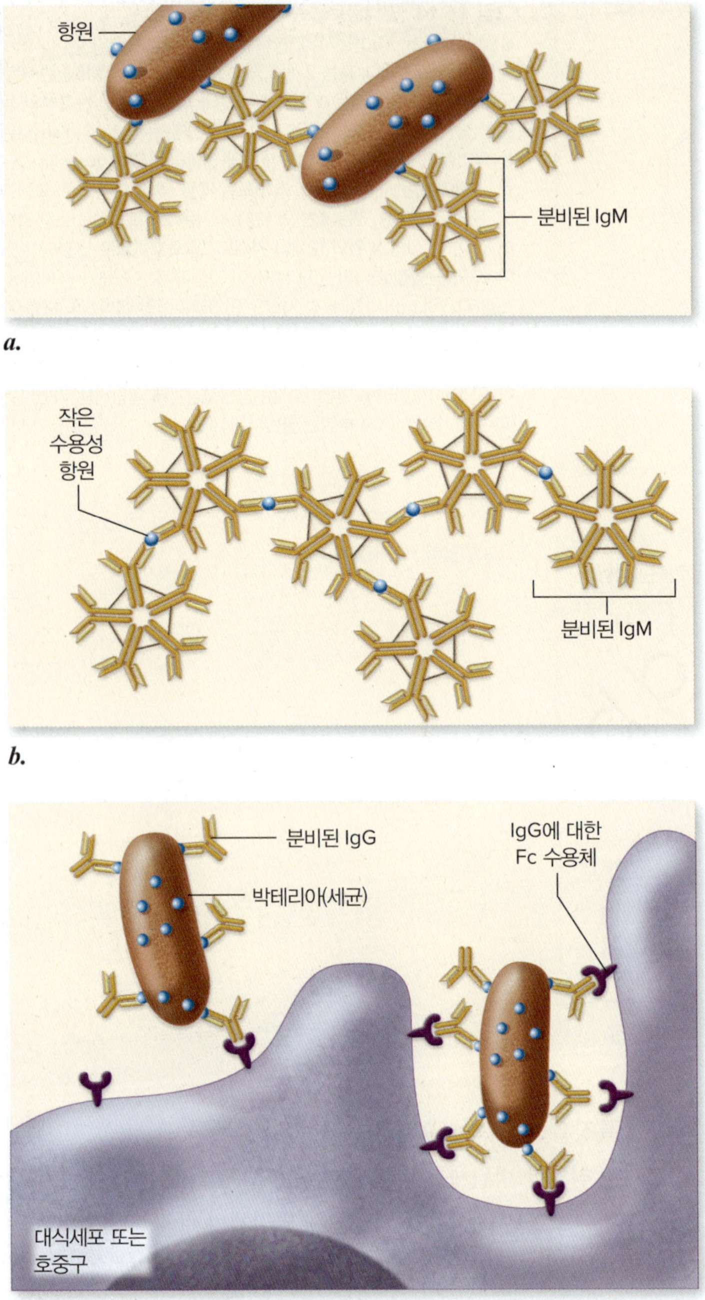

그림 45.15 **항체가 항원에 결합하면 항원의 응집, 침강, 중화가 일어난다.**
a. 분비된 IgM이 큰 입자형 항원에 결합하면 항원의 뭉침, 즉 응집이 일어난다. ***b.*** 분비된 IgM이 작은 수용성 항원에 결합하면 침강이 일어난다. 높은 농도(혈장 Ig의 75%)로 인해 분비된 IgG 또한 항원을 응집시키거나 침강시킨다. 그러나 IgG는 5량체인 IgM만큼 침강에 효율적이지는 않다. ***c.*** 분비된 IgG는 항원을 감싸, 즉 중화하여 숙주와의 결합을 방해한다. IgG에 대한 Fc 수용체(FcR)가 있는 대식세포와 호중구는 항원-항체 복합체에 결합하여 포식하고 파괴한다.

불분명하다.

IgG는 혈장의 주요한 항체로, 조직 대부분에서 혈장 항체의 약 75%를 차지한다. 2차 면역반응(항원에 대한 후속 노출로 촉발되는 반응)에서 생산되는 항체의 가장 흔한 유형이다. IgG는 바이러스, 세균, 세균 유래 독소와 같은 항원에 결합하여 항원을 중화시킴으로써 항원이 숙주에 결합하지 못하도록 한다. 대식세포와 호중구는 Fc 수용체가 있어 항원과 결합한 IgG를 인식하여 식세포작용으로 항원을 제거한다(**그림 45.15***c*). IgG는 또한 태아에게 수동면역을 제공한다. IgG는 모체로부터 태반을 통해 이동한다. 마지막으로 IgG 또한 보체를 활성화해 병원체를 제거하지만, IgM만큼 효율적이지는 않다.

표 45.3 **5종의 면역글로불린**

종류		기능
IgM	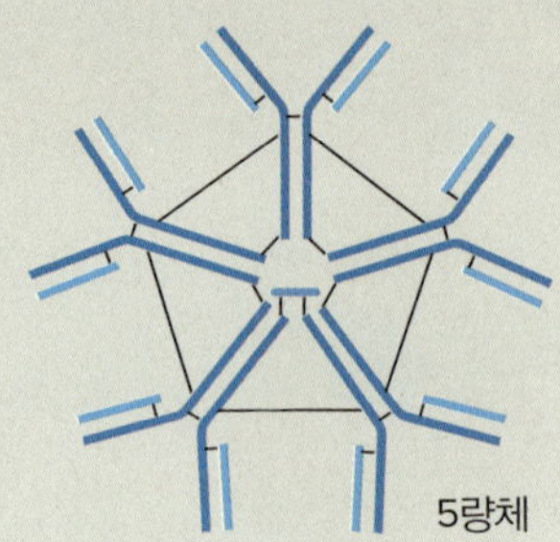 5량체	1차 면역반응 동안 분비되는 첫 번째 항체로서 응집반응과 침강반응을 촉진하고 보체를 활성화한다.
IgD	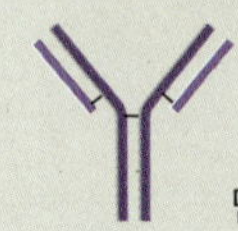 단량체	B 세포 표면에만 존재하며, 항원 수용체로 작용한다.
IgG	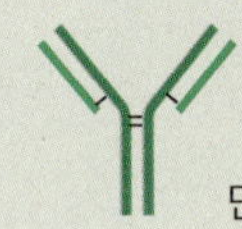 단량체	2차 반응 동안 분비되는 주요 항체로서, 항원을 중화하고, 식세포작용을 촉진하고, 보체를 활성화한다.
IgA	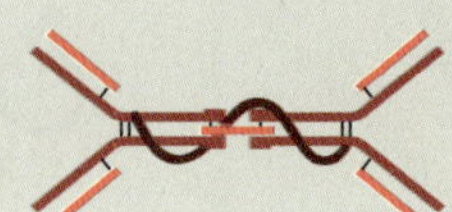 2량체	인체 분비물에 존재하는 항체의 주요 유형으로서 MALT의 형질세포에서 분비되는 주요 항체이다.
IgE	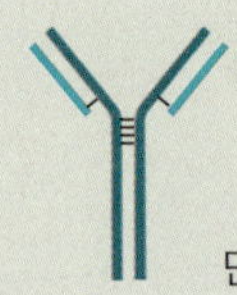 단량체	Fc는 비만세포와 호염구에 결합한다. 가변부위에 앨러젠이 결합하면 앨러지 반응을 유발하는 매개체가 분비된다.

IgA는 침, 눈물과 소화관, 기관지, 비뇨생식관을 덮고 있는 점액 같은 외부로 분비되는 분비액 속의 주요 항체이다. IgA는 주로 이들 표면을 보호하며, 보통 2량체로 분비된다. 점막 아래 위치한 MALT에 있는 많은 형질세포에서 이들 관의 상피세포를 통해 내강(lumen)으로 IgA를 분비한다. 내강에서 IgA는 항원과 결합하여 항원을 중화시킨다. 더욱이, 점막을 통과한 병원체는 점막의 소포에서 분비된 IgA와 결합하여 상피세포를 통해 내강으로 이동한다. 내강에서 병원체는 선천성 면역으로 제거된다. IgA는 또한 모체의 젖에 존재하여 신생아에게 수동면역을 제공한다.

IgE는 혈장에 매우 낮은 농도로 존재한다. 분비되면 대부분은

IgE의 Fc를 인식하는 비만세포와 호염구에 결합한다. 일반적으로 해가 없는 항원이 비만세포와 호염구의 IgE에 결합하면 콧물이 흐르거나 눈이 가려워지는 것과 같은 앨러지 증상이 나타난다(45.5절 참조). IgE는 또한 기생충 감염에 반응하여 분비된다. 이 경우 분비된 IgE는 기생충의 항원결정기에 결합하고, IgE는 호산구의 Fc 수용체에 의해 인식된다. 호산구는 기생충에 만들어진 퍼포린 구멍을 통해 소화효소를 분비하여 기생충을 죽인다.

면역글로불린의 다양성은 DNA 재배열로 만들어진다

척추동물의 면역체계는 제시된 거의 모든 비자기 분자를 외부 물질로 인식할 수 있다. 사람이나 생쥐의 B 세포는 10^{10}개 이상의 다양한 항원결합부위를 생산할 수 있다. 한 사람에서 항원의 항원결정기에 특이적인 모는 항체가 만들어지지는 않지만, 일부 항원결정기를 인식하는 항체들은 꽤 만들어지기 때문에 효과적인 면역반응이 일어난다. 척추동물은 어떻게 항원 인식의 다양성을 만드는가?

해답은 가변부위의 독특한 유전자 방식에 있다. 면역글로불린의 각 사슬에 있는 가변부위는 하나의 DNA 부위에 암호화되지 않고, 대신에 가변부위를 만들어내는 2~3개의 분리된 DNA 절편을 결합하여 합성된다. 이 과정을 DNA 재배열이라 하는데, 감수분열에서 일어나는 교차와 비슷하지만 동일한 염색체의 유전자 자리(locus)에서 일어나고, 부위 특이적(site-specific)이라는 차이가 있다.

선조 B 세포가 골수에서 성숙할 때, 중쇄와 경쇄의 가변부위는 재배열된다. 재배열된 DNA가 전사될 때, 유전자 자리에 따라 중쇄 또는 경쇄의 면역글로불린 폴리펩타이드로 번역되는 mRNA가 만들어

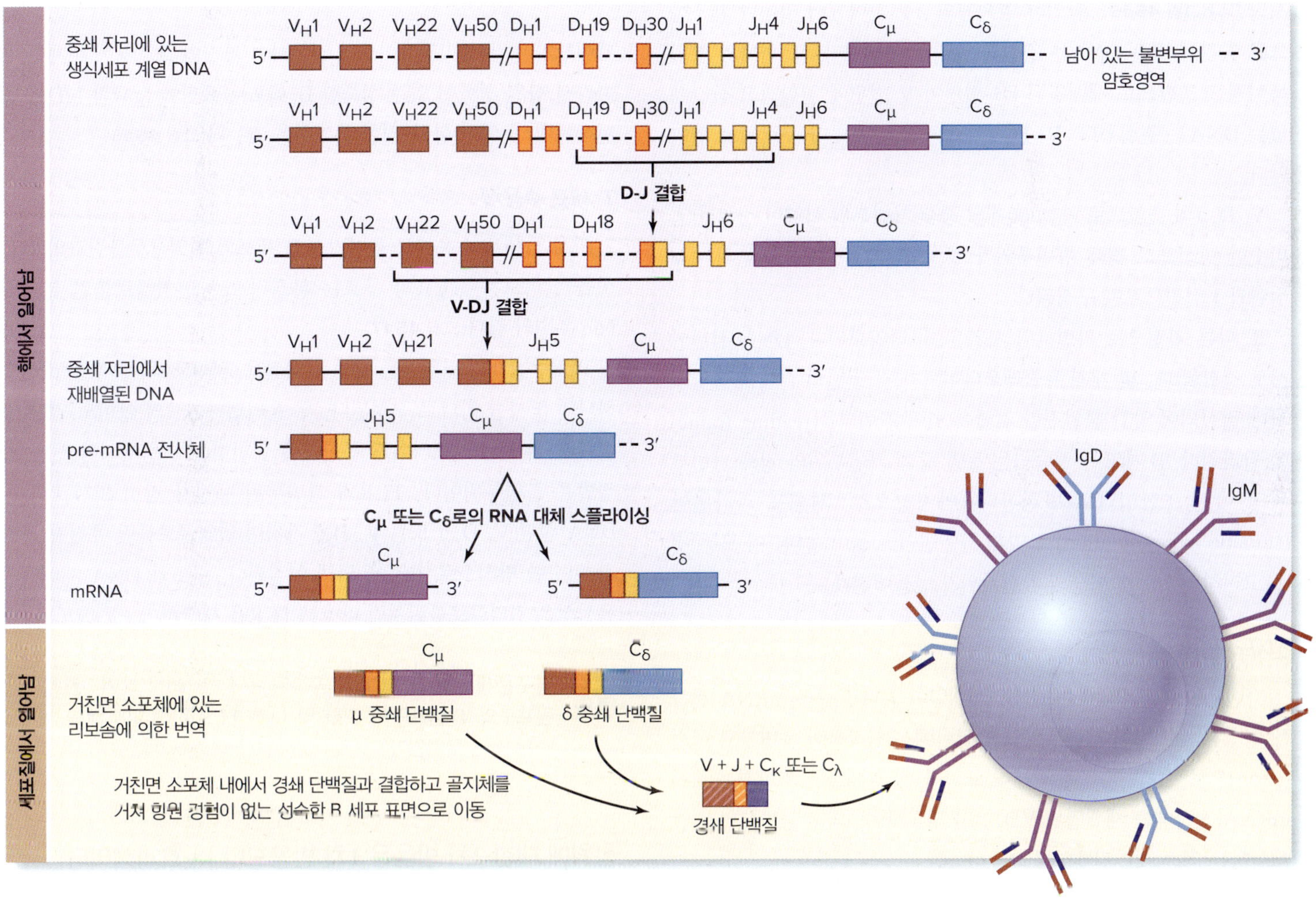

그림 45.16 면역글로불린 다양성은 DNA 절편의 재배열로 형성된다.
면역글로불린(Ig) 단백질은 DNA의 여러 절편인 V, D, J 절편과 불변부위에 의해 암호화되어 있다. 골수에서 성숙하는 동안 DNA는 정확한 순서대로 재배열되고 결합한다. 먼저 D 절편과 J 절편이 결합하고, 이후 DJ는 V 절편에 결합한다. 다른 세포는 다른 V, D, J 절편을 선택하여 Ig 다양성이 나타난다. 전사는 재배열된 VDJ에서 시작하여 불변부위까지 진행된다. Pre-mRNA 스플라이싱으로 가변부위는 μ 또는 δ 불변부위와 결합한다. 이 전사체가 RER 표면의 리보솜에 의해 번역되어 만들어진 중쇄 폴리펩타이드는 경쇄 폴리펩타이드(V, J, C로 암호화됨)와 결합한다. 형성된 단백질은 세포 표면으로 수송되어 항원 경험이 없는 성숙한 B 세포는 IgM(μ 불변부위)과 IgD(δ 불변부위)를 갖는데, 가변부위가 같아 항원 특이성도 같다.

진다. 세포는 한 쌍의 상동 염색체를 가지지만 DNA 재배열은 하나의 상동 염색체에서만 일어나며, 이를 **대립유전자 배제**(allelic exclusion)라 한다. 따라서 B 세포 하나는 하나의 특이성만 갖는 면역글로불린을 만든다.

가변부위 DNA 재배열

몇몇 사람의 면역글로불린 중쇄 유전자의 염기서열 분석으로 이 유전자에는 약 50개의 DNA 절편인 V 절편, 약 30개의 작은 절편인 D 절편, 6개의 작은 절편인 J 절편이 순서대로 있음이 확인되었다. 각각의 V 절편은 대략 같은 크기이지만, 뉴클레오타이드 서열은 모두 달라 암호화하는 아미노산은 다르다. D와 J 절편에서도 마찬가지이다.

면역글로불린 DNA 재배열은 부위 특이적 재조합(site-specific recombination)으로 D 절편 하나를 J 절편 하나와 연결하는 것으로 시작한다(**그림 45.16**). 동일한 염색체의 2곳 사이에서 일어난 재조합으로 중간에 있는 DNA는 결실되어 이후 분해된다. 또 하나의 부위 특이적 재조합으로 재배열된 DJ 절편이 V 절편에 결합하고 중간에 있는 DNA는 결실된다. V, D, J의 선택은 세포마다 무작위로 일어난다.

V, D, J의 조합으로 약 9000개의 중쇄 가변부위 서열이 생성된다. 비슷한 방식으로 경쇄 가변부위가 형성되는데, 경쇄 가변부위는 V 절편과 J 절편으로만 구성된다.

또 다른 과정으로 가변부위 서열은 더 다양화된다. DNA 절편이 서로 결합할 때, 몇 개의 뉴클레오타이드가 각 절편의 끝에서 삽입되거나 결실되어 약간 불완전한 결합이 일어나 번역틀(reading frame)이 달라진다. B 세포는 성숙하는 동안 중쇄 가변부위와 경쇄 가변부위의 어떤 조합이라도 발현한다. 마지막으로, 체세포 과다변이(somatic hypermutation)로 인해 돌연변이 비율이 높다. 이 모든 것을 고려하면 10^{10}개 이상의 가변부위가 만들어진다.

전사와 번역

가변부위를 암호화하는 DNA 재배열이 끝나면, pre-mRNA 전사체 형성은 재배열된 가변부위의 5′ 말단에서 시작하여 불변부위 엑손(exon)으로 진행된다. 더 자세히 표현하면, 경쇄를 암호화하는 pre-mRNA 전사체는 재배열된 VDJ에서 시작하여 μ와 δ 불변부위를 암호화하는 엑손으로 진행한다(**그림 45.16**).

RNA 전사체의 대체 스플라이싱(alternative splicing)으로 재배열된 VDJ의 3′에 남아 있는 불필요한 J 절편이 제거되고 δ 또는 μ 중 하나의 서열이 제거되어 VDJ 가변부위와 μ 또는 δ 중 하나의 불변부위 엑손만 있는 전사체를 만든다. 번역 후 μ 또는 δ 중쇄 폴리펩타이드가 경쇄 폴리펩타이드와 결합하여 거친면 소포체에 존재한다. 따라서 항원 경험이 없는 성숙한 B 세포는 표면에 IgM과 IgD를 발현하는데, 동일한 항원-결합 특이성을 갖는다(**그림 45.16**).

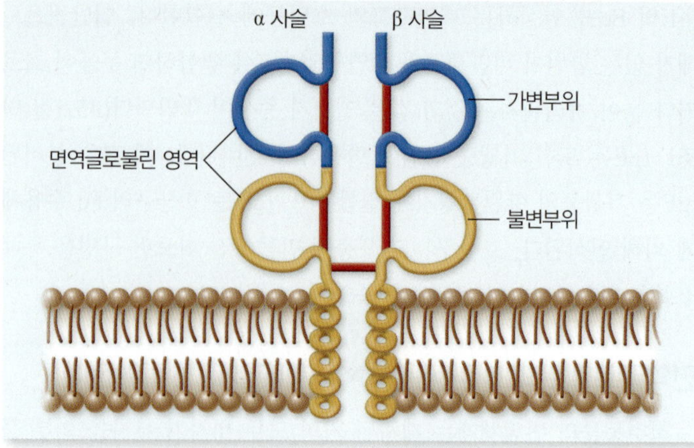

그림 45.17 면역글로불린 Fab와 유사한 TCR의 구조. TCR은 2황화결합(붉은색)으로 연결된 2개의 사슬(일반적으로 α와 β)로 구성된다. 각 사슬은 Ig Fab에서처럼 2개의 면역글로불린 영역을 갖는다. 각 사슬의 아미노 말단은 가변부위로 MHC-펩타이드 복합체에 결합하고, 막 쪽에는 불변부위가 있다. Ig와는 달리 TCR은 분비되지 않는다.

T 세포 수용체

이제 T 세포 수용체로 돌아가서 B 세포의 면역글로불린과의 유사성을 살펴보자. TCR의 구조는 본질적으로 면역글로불린 분자의 Fab 부위와 같다(**그림 45.17**).

TCR은 2개의 단위체를 갖는 단백질로, 약 95%의 TCR은 α 사슬 하나와 β 사슬 하나로 구성된다. 두 폴리펩타이드의 아미노 말단 절반이 자기 MHC-펩타이드 복합체에 결합하는 가변부위이고 막 쪽 절반은 불변부위이다. TCR의 가변부위 유전자 자리 또한 다양한 DNA 절편(V, D, J 또는 V, J)을 가지며 면역글로불린 유전자 절편과 비슷한 방식으로 효소에 의해 연결된다. 구조와 DNA 재배열의 유사성은 면역글로불린처럼 다양한 TCR을 생산한다.

? **탐구문제** **Ig와 TCR의 공통된 구조 및 생성 메커니즘이 B 림프구와 T 림프구의 진화 및 Ig와 TCR 단백질에 대해 제시하는 것은 무엇인가?**

항원에 대한 2차 반응은 1차 반응보다 더 효과적이다

특정 항원이 체내로 들어오면, 적절한 수용체를 가진 항원 경험이 없는 림프구와 우연히 만나 면역반응을 일으킨다. 병원체가 처음 침입하면 몇 개의 B 세포 또는 T 세포만이 수용체로 병원체의 항원결정기 또는 자기 MHC에 결합한 외부 펩타이드를 인식한다. 따라서

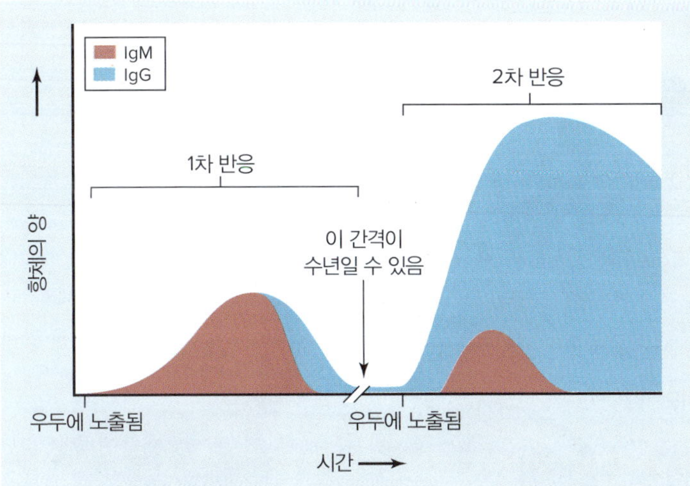

그림 45.18 능동면역의 개발.
제너의 환자에게 형성된 천연두에 대한 면역은 우두 접종으로 인해 우두뿐만 아니라 천연두 항원에도 결합하는 수용체를 가진 기억세포를 포함하는 림프구 클론이 형성되었기 때문이다. 2차 노출은 기억세포를 자극하여 동일한 특이성을 갖는 항체를 1차 면역 때보다 대량으로 빠르게 생산한다. 1차 반응 동안 생산된 첫 번째 항체는 IgM(붉은색)이지만, 1차 반응 말기에는 IgG(파란색)가 분비된다. 2차 반응 동안 분비되는 항체 대부분은 IgG이지만, MALT에서 항원 자극으로 활성화된 B 세포에서 분비되는 항체는 IgA이고, 앨러지와 같은 상황에서 분비되는 항체는 IgE이다.

단지 몇 개의 세포가 면역반응을 일으키는 첫 번째 접촉에서는 질병의 증상이 나타난다. T 세포와 B 세포의 클론 증식이 일어나고 IgM 항체가 분비되기까지 며칠이 걸린다(**그림 45.18**).

1차 반응 동안 많은 기억세포가 만들어지기 때문에 동일한 병원체가 다시 침입하면 면역체계는 준비가 되어 있다. 기억세포는 항원 경험이 없는 림프구보다 빠르게 활성화되기 때문에, 2차 면역반응은 1차 면역반응보다 빠르게 시작되고 정점에 이른다. 클론 증식이 추가로 일어나 대량의 항체가 분비되는데, 일반적으로 IgG이지만 IgA와 IgE 또한 분비될 수 있다(**그림 45.18**). 생산될 면역글로불린의 종류는 2차 반응 동안 B 세포에 결합하는 활성화된 T_H 기억세포에서 유래한 사이토카인에 의해 결정된다.

면역글로불린은 종류마다 기능이 다르므로 면역반응 동안 다른 면역글로불린이 생산되는 것은 유익하다. 동일한 항원에 대한 두 번째 노출에서 기억세포는 활성화되어 IgM 이외의 항체를 분비하지만, 다른 항원 경험이 없는 B 세포는 항원을 처음 인식하기 때문에 활성화되어 IgM을 분비한다.

기억세포는 수십 년을 생존할 수 있는데, 이것이 백신 접종 후 수두에 걸릴 경우가 드문 이유이다. 백신은 1차 반응을 유도하여 이후 병원체에 노출될 때 빠르고 강한 2차 반응을 일으켜 질병 증상이 나타나기 전에 감염을 종료시킨다. 유년기에 질병을 일으키는 바이러스는 해가 지나도 변화가 거의 없는 표면 항원을 가지기 때문에 동일한 항체가 수십 년 동안 효과적이다.

핵심 요약 45.4

항체는 가변부위로 항원을 인식하고 결합한다. 가변부위는 독특한 DNA 절편의 연결로 암호화되어 항원 인식의 다양성을 제공한다. 항체에는 또한 IgA, IgD, IgE, IgG, IgM의 5종류의 불변부위가 있어 기능을 결정한다. 백신 접종은 인공적으로 항원을 제시하여 1차 반응을 유도한다. 이후 항원을 가진 병원체와 만나면 병원체는 2차 반응으로 신속히 제거된다.

■ Ig 수용체는 TLR 수용체와 어떻게 다를까?

45.5 자가면역과 과민반응

학습 목표

1. 자가면역질환을 정의할 수 있다.
2. 앨러지 반응의 메커니즘을 설명할 수 있다.

때로 면역체계는 질병의 치료가 아닌 원인이 된다. 외부 항원에 대한 부적절한 또는 과도한 반응뿐만 아니라 자기 항원에 대한 부적절한 반응이 일어나 조직 손상을 일으킨다.

성숙한 동물의 면역체계는 정상적으로는 자기 자신의 조직에 반응하지 않는다. 자기 세포에 대한 수용성을 **면역내성**(immunological tolerance)이라 한다. 태아의 면역체계는 발달함에 따라 내성을 거쳐 자기 분자에 대한 반응 능력을 상실한다.

1차 림프기관에서 선택되는 동안 자기 반응성이 있는 모든 T 세포와 B 세포가 세포자살을 하는 것은 아니다. 건강한 정상인도 잠재적으로 자기 반응성인 성숙한 림프구를 갖는 것으로 알려져 있다. 그러나 이 세포들의 활성은 조절되고 억제되어 자기 항원에 반응하지 않는다. 이러한 조절과 억제가 무너지면, 자기 항원에 대한 체액성 또는 세포매개 면역반응이 나타나 심각하거나 때로는 치명적인 질병을 일으킨다.

또한 외부 항원에 대한 면역반응이 항원을 실제로 제거하는 것보다 더 강하게 일어나는 경우 항원에 대한 반응은 부적절해 보인다. 따라서 항원을 제거하는 국소적 염증반응 대신에, 강력한 조직 손상이 일어나 때론 죽음에 이른다.

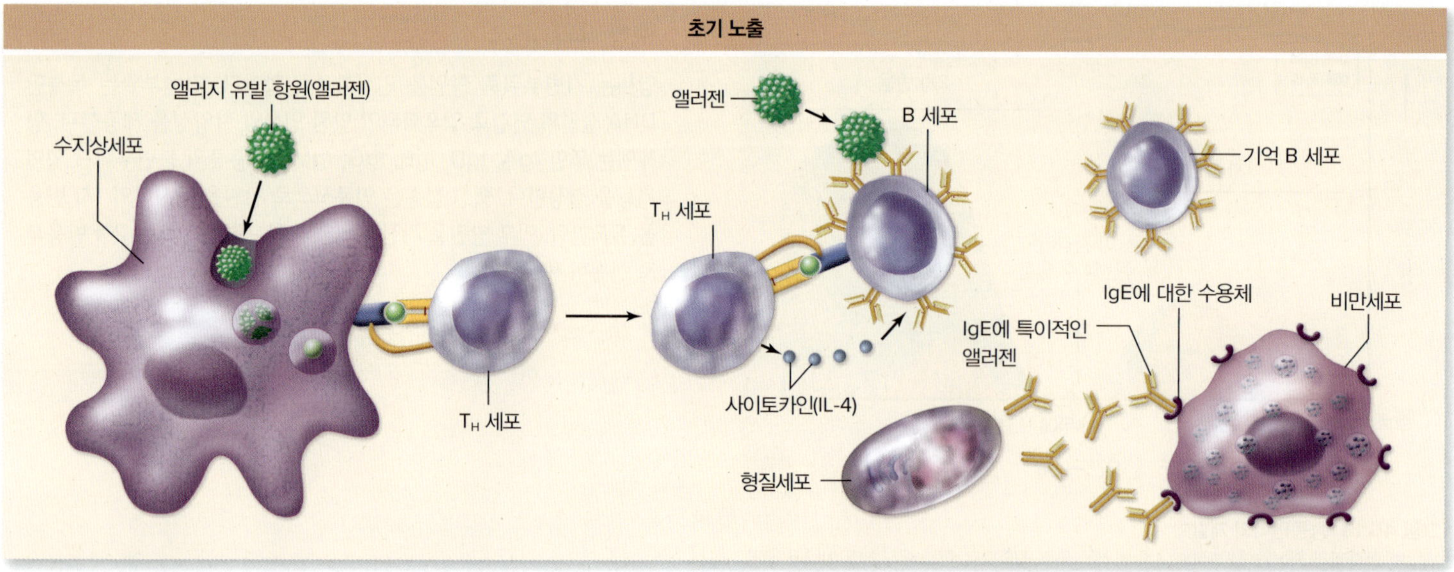

그림 45.19 앨러지 반응.
앨러젠에 대한 초기 노출에서 B 세포는 활성화하여 IgE 항체를 분비한다. 이들 항체의 혈장 농도는 매우 낮지만 비만세포 또는 호염구의 Fc 수용체에 결합한다. 앨러젠에 대한 후속 노출에서 앨러젠은 비만세포와 호염구에 있는 동일한 항원결정기 특이성을 갖는 인접한 2개의 IgE 분자의 가변부위와 교차하여 결합한다. 이로 인해 세포로부터 히스타민과 기타 염증 매개체가 분비되어 앨러지 증상이 일어난다.

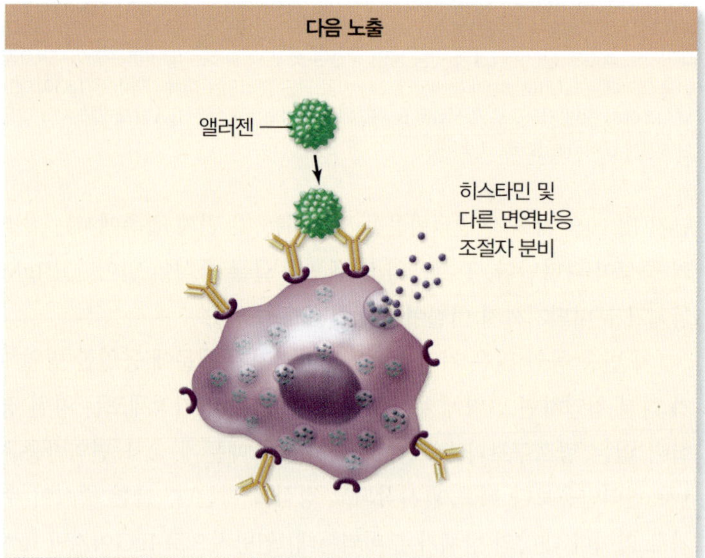

자가면역질환은 자신의 조직에 대한 면역계 공격의 결과이다

자가면역질환은 면역내성의 실패로 일어난다. 자기반응 T 세포가 활성화되면 자기반응 B 세포는 자가항체를 분비하여 염증과 장기 손상을 일으킨다. 자가면역질환으로 알려져 있거나 자가면역질환으로 의심되는 80가지 이상의 질병이 있으며, 이는 인구의 8%에 영향을 준다. 이유는 모르지만 자가면역질환자의 78%는 여성이다.

자가면역질환은 다양한 메커니즘으로 일어난다. 예를 들어, 자기 항원은 정상적으로는 면역체계로부터 숨겨져 있다. 나중에 노출되면 면역체계는 이 항원을 외부 물질로 간주한다. 예를 들어, 갑상선 소포 안에 있던 단백질은 갑상선의 자가면역 파괴를 일으킨다(하시모토 갑상선염, Hashimoto thyroiditis). 눈에서 분비되는 항원에 의해서는 교감성 안염(sympathetic ophthalmia)이 일어난다.

면역 공격은 염증을 일으키고 염증은 조직과 기관 손상을 일으키기 때문에, 자가면역질환의 증상을 완화하기 위해 면역체계는 억제되어야만 한다. 면역억제는 일반적으로 코르티코스테로이드(corticosteroid)와 아스피린 같은 비스테로이드성 항염증제를 투여하여 이루어진다.

앨러지는 항원에 대한 IgE 분비로 야기된다

가장 흔한 형태의 앨러지는 즉시형 과민반응이다. 일반적으로 앨러젠으로 불리는 항원에 반응하여 IgE가 과도하게 생산된 결과이다. 즉시형 과민반응을 일으키는 앨러젠에는 다양한 음식, 곤충의 독소, 이끼, 동물 털, 꽃가루 등이 있다. 가장 흔한 앨러지로는 꽃가루 앨러지가 있는데, 돼지풀(*Ambrosia* species) 또는 다른 식물의 꽃가루로 인해 발생한다. 앨러지는 앨러젠에 반응하여 수 초에서 수 분 내에 발생하기 때문에 "즉시형"으로 명명되었다.

앨러젠에 노출되면 첫 번째 또는 처음 몇 번 동안 앨러젠은 B 세포에 결합하고 활성화해 앨러젠 특이적 면역글로불린이 분비되기 시작한다. 활성화된 T_H 세포가 IL-4와 같은 사이토카인을 분비하여 B 세포와 결합하면 IgE 항체가 분비된다. B 세포는 IgG 분비에서 IgE 분비로 빠르게 전환한다.

IgG와 다르게 IgE는 빠르게 비만세포와 호염구에 결합한다. 동일한 앨러젠에 다시 노출되면, 앨러젠은 비만세포와 호염구에 결합한 동일한 IgE의 가변부위에 특이적으로 결합한다. 이 결합으로 세포는 히스타민(histamine), 프로스타글란딘(prostaglandin), 기타 화학적 매개물을 분비하여 앨러지 증상을 일으킨다(**그림 45.19**).

전신적 아나필락시스(systemic anaphylaxis)에서 빠른 염증반응과 화학적 매개물의 분비로 앨러지 반응은 심각하고 치명적일 수 있다. 혈압이 급격히 떨어지고, 목이 부어 기도를 막고, 기관세지가 수축하여 폐로 공기 흐름이 일어나지 않는다. 이런 증상을 종합하여 **아나필락시스 쇼크**(anaphylactic shock)라 한다. 즉각적인 의학적 치료가 없으면 20~30분 이내에 사망할 수도 있다.

다행히도 앨러지가 있는 사람 대부분은 가려운 두드러기 또는 가벼운 천식의 호흡기 수축 같은 **국소적 아나필락시스**(local anaphylaxis)만을 경험한다. 음식 앨러젠으로 인한 설사는 또 다른 형태의 국소적 아나필락시스이다.

앨러지는 전통적으로 항히스타민제로 치료되는데 수용체에 결합하여 비만세포로부터 분비되는 히스타민을 억제한다. 비만세포와 호염구의 활성화를 막아 매개체를 분비하지 못하도록 하는 다양한 약물이 개발되었다. 저과민성(hyposensitization) 치료는 또 다른 선택이다. 앨러지가 있는 사람에게 수개월 동안 농도를 높여가며 앨러젠(allergen)을 주사하는 것이다. 이 치료로 앨러지 비염(allergic rhinitis) 또는 천식이 있는 사람에서 IgE보다 IgG가 더 분비되어 앨러지 증상이 서서히 감소하였다.

지연형 과민반응은 T_H 세포와 대식세포에 의해 매개된다

지연형 과민반응은 T_H 세포와 대식세포에 의해 매개되어 항원에 대한 2차 노출 후 약 48시간 안에 증상이 나타난다. [첫 번째 노출은 훨씬 더 느린 1차 반응(45.4절에서 설명)을 일으키는데, 증상의 발현이 없는 경우가 많다.] 지연형 과민반응 중 하나가 접촉성 피부염인데, 덩굴옻나무(poison ivy), 귀금속의 니켈, 몇몇 화장품 성분과 같은 다양한 물질에 의해 야기된다. 덩굴옻나무와 접촉하면 피부로 들어온 성분이 피부 단백질과 결합하여 이 단백질을 외부 물질로 여기게 한다. 지연형 과민반응은 침입한 항원이 일반적으로 림프절인 2차 림프기관으로 이동하여, T_H 세포가 활성화되는 것을 필요로 한다. 이 활성화된 T_H 세포가 체내를 순환하며 항원을 섭취한 대식세포를 만나면, T_H 세포는 대식세포를 활성화하는 사이토카인을 분비한다. 대식세포는 또 다른 사이토카인을 분비하여, 덩굴옻나무의 경우 피부에 가려운 두드러기가 생긴다. T_H 세포의 활성화와 이후 대식세포의 활성화까지 걸리는 시간이 항원에 대한 반응이 지연된 이유이다.

핵심 요약 45.5

자가면역, 앨러지(즉시형 과민반응), 지연형 과민반응은 모두 부적절하거나 증진된 면역반응의 예이다. 자가면역은 자기 내성의 상실로 발생한다. 앨러지는 앨러젠이 비만세포의 막에 있는 IgE와 결합하였을 때 나타나는 빠른 반응과 관련 있다. 병원체 또는 덩굴옻나무와 같은 자극물에 대한 지연형 과민반응은 T_H 세포와 대식세포에 의해 매개된다.

■ 앨러지는 자가면역질환과 어떻게 다를까?

45.6 의학적 치료와 진단의 항체

학습 목표

1. ABO식 혈액형에서 항원–항체 반응을 설명할 수 있다.
2. 단일클론항체를 정의할 수 있다.
3. 진단에 사용되는 단일클론항체를 설명할 수 있다.

척추동물 면역체계는 질병의 의학적 치료에 다양한 영향을 준다. 2가지 예로 혈액형과 수혈에서의 영향, 진단과 치료에서 단일클론항체의 사용에 대해 알아본다.

혈액형은 적혈구 표면에 제시된 항원을 의미한다

혈액형은 적혈구 표면의 특정 항원에 의해 결정된다. 이 항원들은 임상적으로 중요한데, 수여자와 공여자 사이에 혈액형이 맞아야 수혈할 수 있다.

ABO식 혈액형

11장에서 **ABO식 혈액형**을 공부하였다. 적혈구 표면의 단백질-당 복합체는 항원으로 기능하는데, 존재하는(없을 때는 O형) 당에 따라 항원이 달라진다. 면역체계는 자신의 적혈구 항원에는 내성이 있지만, 다른 항원에는 항체를 만들어 응집하고 외부 적혈구를 파괴한다. 명백히 상재균총의 일부 세균 탄수화물에 반응하여 만들어지는 IgM 항체는 또한 적혈구의 단당류 차이를 인식한다. 자신의 세포에 존재하는 탄수화물 패턴에 대해서는 항체를 만들지 않는다.

Rh 인자

혈액에 존재하는 또 다른 중요한 항원은 Rh 항원, 즉 **Rh 인자**(Rh

factor)이다. 이 단백질은 적혈구 표면에 있거나(Rh 양성) 없다(Rh 음성). Rh 음성인 사람이 Rh 양성 혈액을 수혈받으면 수혈된 세포의 외부 Rh 단백질에 대한 항체를 만든다.

Rh 음성인 여성이 Rh 양성인 태아를 임신하면 신생아에서 신생아 용혈 질병(hemolytic disease of newborn, HDN)이 일어날 수 있다. 첫 번째 아이에서는 대체로 이상이 없다. 그러나 첫째 아이를 출산할 때, Rh 음성인 여성의 면역체계는 태아의 혈액에 노출된다. 결과적으로 여성은 Rh 항원에 대한 항체와 기억 B 세포를 생산한다. 다음번 임신에서 태아 혈액에 노출되면, 기억세포의 활성화로 IgG 항체가 분비되고 태반을 통과하면 태아의 적혈구 세포가 파괴된다.

혈액형 검사는 외부 혈액 항원에 대해 생산된 순환하는 IgM 항체를 이용하여 판정된다. A형 혈액을 B형 또는 O형인 사람의 혈청과 혼합하면, 혈청의 항A 항체가 A형 적혈구 세포를 응집시킨다. A형 혈액을 A형 또는 AB형의 혈청과 혼합하면 응집이 일어나지 않는다.

비슷한 방식으로 Rh 음성의 혈청을 적혈구 세포에 혼합했을 때 적혈구가 응집되면 Rh 양성 적혈구임을 의미한다. 이 경우 혈액은 수혈에 적합하지 않다.

수혈 이전의 혈액형 검사는 수혈 수여자에서 부적합 세포의 파괴를 예방할 수 있다. ABO식, Rh식을 포함하여 200가지 이상의 혈액형이 파악되었다. ABO식, Rh식 이외의 혈액형은 드문데, 부적합의 위험이 있는 사람은 수술 전에 자신의 혈액을 **자가헌혈**(autologous blood donation) 방식으로 비축할 필요가 있다.

수혈반응은 적합하지 않은 혈액을 수혈한 결과이다

20세기 초 혈액형 검사가 도입되기 이전에는 수혈반응에 따른 사망 때문에 혈액 수혈은 마지막 수단이었다. ABO식 혈액형이 부적합한 혈액을 받으면 즉각적인 수혈반응이 일어난다. 전형적으로 수혈 시작 후 5~8시간 이내에 수혈받은 적혈구 세포의 급격한 혈관 내 용혈이 일어난다. 용혈은 외부 항원에 대한 IgM의 결합과 보체계 활성의 결과이다. 이 결과로 적혈구 세포막에 막공격복합체(MAC)가 형성되고 세포의 빠른 삼투성 용해(osmotic lysis)가 일어난다.

적혈구로부터 방출된 헤모글로빈은 **빌리루빈**(bilirubin)으로 전환되는데, 세포에 독성이 있어 장기 손상, 특히 신장 손상을 일으킨다. 이 경우 주요한 치료법은 수혈을 즉시 중단하고 정맥으로 용액을 대량 투여하여 빌리루빈을 씻어내는 것이다.

단일클론항체는 진단과 치료의 중요한 도구이다

알려진 항원에 대한 항체를 얻기 위해서는 화학적으로 항원을 분리하여 실험동물(척추동물)에 주사한다. 몇 번의 면역 접종 후 주기적으로 혈액을 채취하면 항원에 대한 혈청 항체가 분리된다. 그러나 항원은 전형적으로 많은 항원결정기를 가지고 있어, 이 방식으로 얻은 항체는 **다클론**(polyclonal), 즉 다양한 특이성을 가진 B 세포에 의

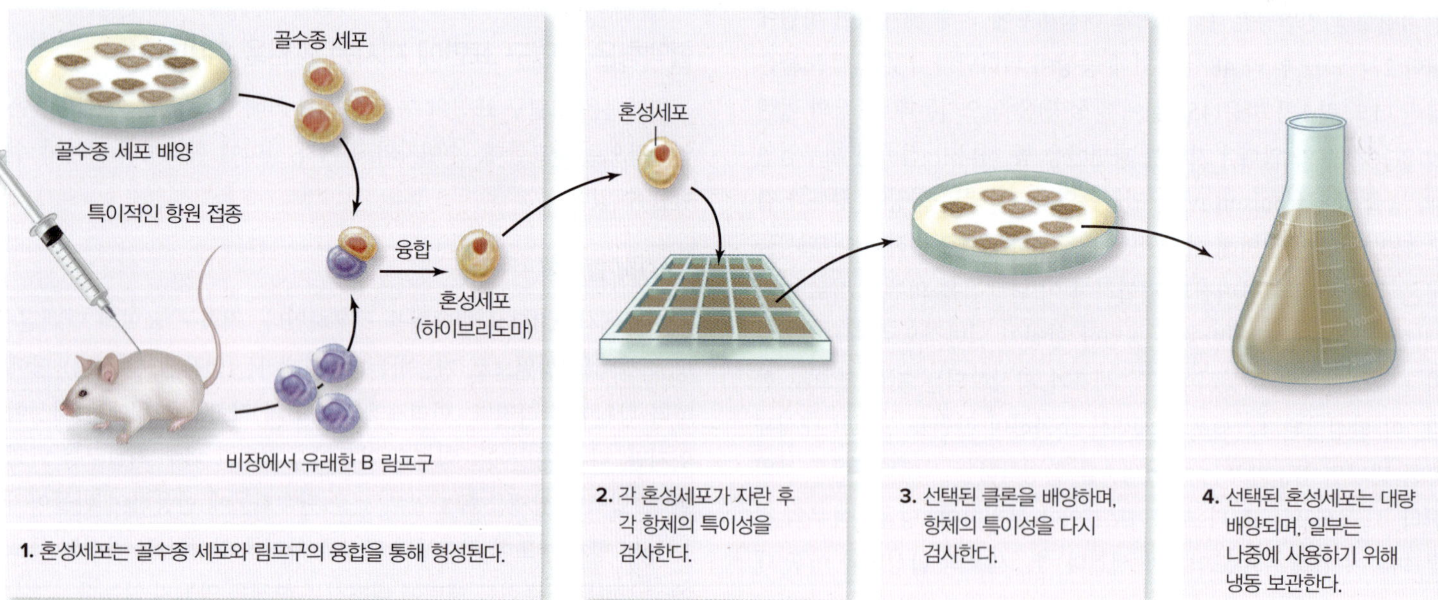

그림 45.20 단일클론항체의 생산.
이 항체는 한 종류의 특이성만 가지며 "혼성세포(하이브리도마, hybridoma)" 세포에 의해 생산된다. 이는 특정 항원 결정부위에 특이적인 B 세포와 Ig를 분비하지 않지만, 무한히 분열하는 B 세포의 종양인 골수종 세포와의 융합에 따른 결과이다. 혼성세포 생산 후, 각 혼성세포에서 생산되는 항체가 원하는 항원에 대해 특이적인지 검증한다. 선별된 혼성세포는 항체 생산을 위해 대량으로 배양되고 나중에 사용하기 위해 얼린다.

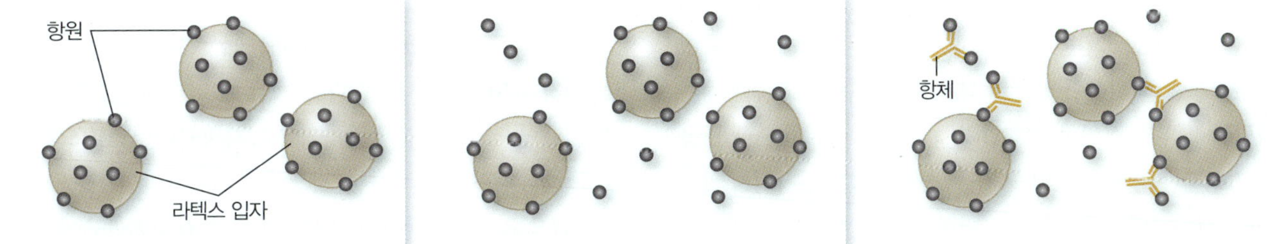

1. 특이적인 항원과 결합한 라텍스 입자를 준비한다.

2. 동일한 항원이 있는지를 확인할 시료를 첨가한다.

3. 특이적 항원에 대한 항체를 첨가한다. 시료 내 항원의 종류와 농도에 따라 입자의 응집 정도가 변화된다.

그림 45.21 항원을 검출하기 위한 단일클론항체의 사용.
임신진단검사와 같은 많은 임상 검사에서 단일클론항체를 사용한다. 특정 항원이 부착된 라텍스 입자에 이 항원에 대한 항체와 시료를 첨가한다. 시료에 추정 항원이 없으면 항체는 입자를 응집시킨다. 시료에 이 항원이 있으면 항체와 결합하여 항체에 의한 입자의 응집을 저해한다.

자료 분석 소변에 있는 고농도의 hCG는 응집 검사에서 어떻게 확인되는가?

해 분비된 항체이다. 다클론 항체는 특정 항원결정기에 대한 민감도(sensitivity)를 낮추어, 다른 항원에 있는 유사한 항원결정기와 교차반응(crossreactivity)을 일으킬 수 있다.

반면에 **단일클론항체**(monoclonal antibody)는 하나의 항원결정기에만 특이적이다. 단일클론항체를 얻기 위해서는 일반적으로 생쥐를 항원으로 몇 차례 면역 접종하고 희생시켜 항원의 항원결정기에 특이적인 B 림프구를 생쥐의 비장에서 확보한다. 이 B 세포는 배양 중 곧 죽기 때문에 1975년 처음 개발된 기술을 사용하여 다발성 골수종(myeloma) 세포와 융합시킨다. 골수종 세포는 면역글로불린 분비를 제외하고는 형질세포의 모든 특징을 갖는데, 가장 중요한 특징은 무제한 분열할 수 있다는 점이다. B 세포와 골수종 세포의 융합으로 **혼성세포**(hybridoma cell)가 만들어지는데, 무제한 분열하면서 하나의 B 세포에서 유래하는 동일한 특이성을 가진 단일클론항체를 지속해서 분비한다(**그림 45.20**).

단일클론항체와 진단검사

단일클론항체를 대량으로 얻게 되면서 좀 더 민감한 임상 시험 검사의 개발이 가능해졌다. 예를 들어, 임신진단검사에서 임신 초기 분비되는 인간융모성생식샘자극호르몬(human chorionic gonadotrophin, hCG)에 대한 단일클론항체가 사용된다. 이 검사에서 hCG로 덮인 라텍스 입자(hCG-coated latex particle)를 소변 시료와 항 hCG 항체에 넣는다. 소변에 hCG가 있으면 hCG는 항체가 hCG 입자에 결합하는 것을 막아 응집을 방해하는데, hCG의 존재로부터 임신했음이 판정된다(**그림 45.21**).

후천성면역결핍증(acquired immunodeficiency syndrome, AIDS)은 T_H 세포가 파괴되는 특징을 가지고 있다. 질병의 진행정도는 환자의 백혈구가 T_H 세포의 표지인 CD4에 대한 단일클론항체에 반응하는 것으로부터 T_H 세포 수의 감소를 추적하여 측정된다.

핵심 요약 45.6

혈장의 혈액형 항체로 인해 과거의 혈액 수혈은 위험하고 종종 치명적이었다. O형 적혈구에는 표면 항원은 없고, O형인 사람의 혈청에는 항A 항체와 항B 항체가 있다. A형인 사람은 항B 항체를, B형인 사람은 항A 항체를 생산한다. AB형 혈청에는 항A 항체와 항B 항체가 모두 없지만, 적혈구는 두 항원을 모두 가지고 있다. 단일클론항체는 하나의 항원결정기에만 특이적이다. 혼성세포 기술로 진단검사와 종양 제거에 사용할 단일클론항체를 생산한다.

■ 진단검사에서 다클론항체보다 단일클론항체를 사용하는 이유는 무엇일까?

45.7 면역체계를 회피하는 병원체

학습 목표

1. 병원체가 어떻게 항원 특이성을 바꾸는지 설명할 수 있다.
2. 면역체계가 어떻게 병원체의 진화에 영향을 주는지 서술할 수 있다.

병원체가 숙주에 정착하여 성공적으로 병원체를 재생산하는 감염을 일으키기 위해서는, 병원체는 반드시 비특이적 면역체계와 특이적 면역체계 모두를 회피하여야 한다. 병원체의 특이적 항원결정기에 대해 성립된 면역으로 인한 선택압력(selective pressure)에 반응하여, 많은 병원체는 표면 항원의 구조를 바꾸어 더는 인식되지 않도록 한다. 이는 자연선택의 한 형태로, 변형된 표면 항원을 가진 병원체가 생존하고 지속해서 감염시킬 수 있도록 한다. 일부 병원체는 단순히 파괴를 피하는 쪽으로 진화하였고, 또 다른 병원체는 면역체계 세포를 죽인다.

많은 병원체가 면역 감시를 피하고자 표면 항원을 교체한다

인플루엔자 바이러스(influenza virus)는 표면 항원을 바꾸어 면역 인식과 파괴를 피하는 가장 잘 알려진 예이다. 바이러스의 이런 특성으로 독감 바이러스에 대해 매년 예방 접종을 받는 것을 추천한다.

인플루엔자 바이러스의 두 단백질인 혈구응집소(hemagglutinin, HA)와 뉴라민가수분해효소(neuraminidase, NA)는 감염된 세포와 인플루엔자 바이러스의 외피에 발현된다. 인플루엔자 바이러스의 RNA 유전체는 교정(proofreading) 능력이 없는 바이러스 RNA 중합효소에 의해 복제된다. 결과적으로 HA와 NA 유전자의 점돌연변이를 포함하여 돌연변이가 시간에 따라 누적된다. 이를 **항원연속변이**(antigen drift)라 한다.

드물지만 더 극적인 변화인 **항원불연속변이**(antigen shift)로 새로운 종류의 인플루엔자 바이러스가 갑자기 출현하는데, 전혀 다른 HA와 NA 단백질이 발현된다. 이런 변화로 인구 집단은 감염에 특히 취약해진다. 가장 흔한 종류의 바이러스를 이용하여 매년 새로 개발된 백신으로 면역 접종을 함으로써 순환하는 바이러스에 의한 감염이 있기 전에 인구 집단의 면역력을 확보한다.

항원불연속변이와 그에 따른 면역 결핍이 조류 인플루엔자(bird flu)에 관심을 가지는 이유이다. 조류 인플루엔자를 일으키는 인플루엔자 바이러스의 한 종류가 고병원성 H5N1 변이주(variant)이다. 인류는 이 형태에 대한 면역이 전혀 없으며, 현재 H5N1 바이러스는 감염된 조류와의 접촉을 통해서만 사람에게 감염되고 사람 사이의 전파는 일어나지 않는다. H5N1 바이러스는 인체 감염에서 높은 치사율을 보여 관심을 끌고 있다. H1N1 바이러스는 돼지에서 사람으로 전파되어 높은 감염성을 보였다. 조류, 돼지, 인체를 감염하는 바이러스에서 유래한 유전자를 가진 H1N1 바이러스는 WHO가 2009년 5월 선언한 2009~2010년의 세계적 유행병을 일으켰다(22장 참조). 2015년 고병원성 조류 인플루엔자의 발발은 미국에서 닭과 칠면조 사육을 황폐화시켰다. 감염을 막기 위해 수천 마리의 조류가 살처분되었다.

많은 다른 병원체가 면역체계에 의한 공격을 피하고자 표면 항원을 변경하거나 바꾼다. 또 다른 예로 매년 대부분 5세 미만인 아프리카 어린이 약 50만 명이 말라리아로 사망한다. WEB5장에서 설명한 대로 말라리아는 원생동물 기생체인 말라리아원충(*Plasmodium*)이 원인균으로, 이에 감염된 얼룩날개모기(*Anopheles*)에 물려 발병한다. 이 원생동물은 몇 개의 생활사 단계에서 숙주의 면역체계를 피해 간세포 또는 적혈구에 숨는다. 더욱이 생활사 단계 중 발현되는 일부 단백질을 변형할 수도 있다. 어떤 항*Plasmodium* 약물의 지속적인 사용으로 다중내성(multidrug-resistant) 개체가 나타났다. 특정 생활사 단계에 효과적인 면역을 유도하여 말라리아원충을 제거하는 백신 개발이 진행 중이다.

> **?** **탐구문제** 백신을 사용하여 천연두 바이러스는 제거되었지만, 독감(인플루엔자)은 제거되지 않는 이유는 무엇인가?

면역계 공격을 피하고자 세균은 많은 메커니즘을 개발하였다

식중독의 흔한 원인균인 살모넬라균(*Salmonella typhimurium*)은 2종류의 편모 단백질을 교대로 발현하기 때문에 한 편모 단백질에 대한 항체는 다른 편모 단백질을 인식하지 못해 세균에 대한 식균작용을 촉진하지 못한다.

결핵균(*Mycobacterium tuberculosis*)은 대식세포로 포식되면 포식소체(phagosome)와 라이소솜의 융합을 억제한다. 결핵균은 대식세포 내에서도 꽤 성공적으로 증식한다.

수막염균(*Neisseria meningitidis*) 또는 임질균(*Neisseria gonorrhoeae*)과 같이 점막 표면에 침입하는 세균은 점막 표면을 보호하는 IgA 항체를 분해하는 효소를 분비한다. 많은 병원성 세균의 바깥쪽 협막은 식세포작용을 유도하는 보체 단백질 C3b의 결합을 방해하여 식세포작용을 늦춘다. 이러한 메커니즘을 사용하는 세균은 생존할 가능성이 크기 때문에, 면역반응은 이런 메커니즘의 진화를 선호하는 선택압력으로 작용한다.

HIV 감염은 T_H 세포를 죽여 면역억제를 일으킨다

척추동물 방어를 무력화하는 메커니즘 중 하나는 적응 면역체계 자체를 공격하는 것이다. $CD4^+$ T_H 세포는 면역체계의 활동에서 중요한 역할을 담당한다. 이 세포들이 분비하는 사이토카인은 직접 또는 간접적으로 면역체계의 모든 다른 세포의 활동에 영향을 준다.

인간면역결핍바이러스(human immunodeficiency virus, HIV)는 T_H 세포를 직접 공격한다(22장 참조). HIV는 T_H 세포의 CD4 단백

질에 결합하여 세포내섭취로 세포 안으로 들어간다. (단핵구도 CD4를 발현하기 때문에 HIV는 단핵구도 감염시킨다.) HIV에 감염된 세포는 죽기 전 복제된 바이러스를 방출하여 다른 $CD4^+$ 세포가 감염된다(**그림 45.22**). 시간이 지남에 따라 감염된 사람에서 T_H 세포의 수는 감소한다.

T_H 세포 수가 급격히 떨어지고 다른 질병과 함께 기회감염(opportunistic infection, 면역기능이 감소한 사람에게 증상이 나타나는 것)이 증가하면 AIDS에 걸린 것으로 본다.

HIV 감염의 진행

HIV 감염 초기에 면역체계는 바이러스에 대한 항체와 세포독성 T 세포로 감염된 세포를 제거함으로써 감염을 통제한다. 얼마 동안 혈청 내 HIV 수는 일정 수준 이상 증가하지 않고 T_H 세포의 수도 의미 있게 감소하지는 않는다. T_H 세포에서 HIV가 복제하면서 HIV는 T_H 세포 일부를 죽이지만, 항원 자극으로 다른 많은 T_H 세포가 분열한다. 그러나 결국은 T_H 세포가 증식하는 속도보다 더 빠르게 HIV가 T_H 세포를 죽인다. HIV가 암호화한 단백질에 의해 1형 MHC 발현이 감소한 감염된 세포는 T_C 세포에 의해 인식되어 죽는 경우가 줄게 된다. 마지막으로 HIV는 레트로바이러스(22장 참조)이어서, 감염된 세포의 유전체 안으로 자신을 통합시켜 잠복 형태로 숨을 수 있다. 세포가 분열하면 HIV 유전체 안으로 자손 세포로 전달되기에, 자손 세포에서는 어느 때에도 HIV를 생산할 수 있다.

HIV 감염에 의한 이런 통합된 반응의 효과로 인체 면역체계는 파괴된다. 감염에 대한 방어가 무너지면 흔한 감염도 치명적이며, 암 또한 쉽게 발병한다. 사실 AIDS는 이전에 건강했던 젊은이들이 면역억제된 사람에서 일반적으로 일어나는 폐포자충(*Pneumocystis jirovecii*)으로 유도된 폐렴 또는 드문 암인 카포시 육종(Kaposi's sarcoma)으로 죽으면서 질병으로 인식되었다.

HIV의 인체 영향

치료하지 않으면 AIDS의 사망률은 거의 100%이다. AIDS 증상을 보인 사람에서 치료 없이 몇 년 이상을 생존한 경우는 없었다. 그러나 AIDS는 감염성이 높은 것은 아니다. 사람 사이 전파는 정액과 혈액 같은 체액의 전이를 통해서 일어난다.

HIV는 최근에 발생한 인체 질병이지만, AIDS는 이미 인류 역사에서 가장 심각한 질병 중 하나이다. 2015년 WHO는 3670만 명이 HIV에 걸려 있으며, 사하라 남부 아프리카(약 2500만 명)와 동남아시아(340만 명)에서 감염자가 많다. 2015년 동안 세계적으로 180만 명이 새로 감염되었으며, 100만 명이 AIDS로 사망한 것으로 WHO는 추정하였다.

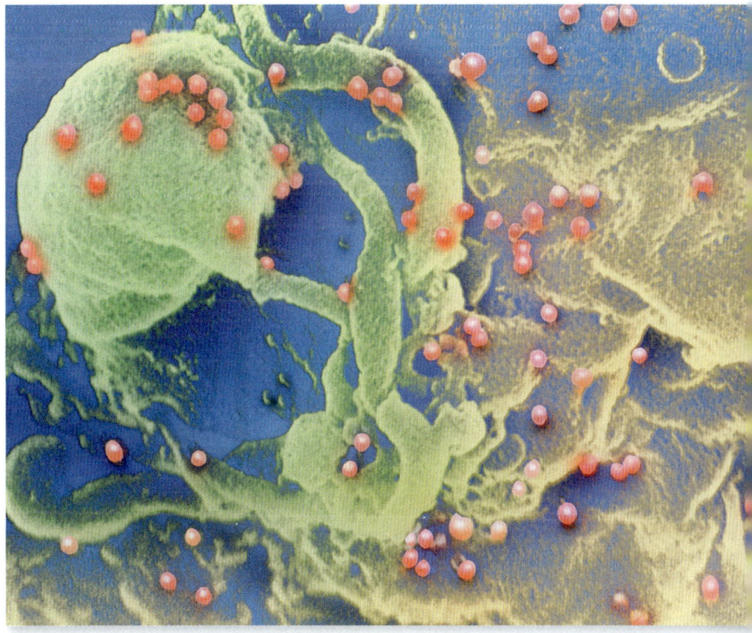

그림 45.22 AIDS를 유발하는 바이러스 HIV.
감염된 $CD4^+$ T_H 세포로부터 분비되는 바이러스는 곧 주변 T_H 세포를 차례로 감염시킨다. 주사전자현미경 사진에서 붉은색으로 보이는 각각의 바이러스는 매우 작다. 2억 개 이상의 바이러스가 이 문장 끝의 마침표에 들어간다.

이 통계에는 사실 좋은 소식도 숨겨 있다. 이 모든 수치는 2013년 자료보다 낮아진 것이다. 레트로바이러스 저해제와 복합 약물치료의 효과는 질병을 통제하여 이제는 HIV에 감염되어도 살아갈 수 있다(22장 참조). 지난 수년간 레트로바이러스 저해제를 사용하여 AIDS와 함께 사는 사람은 약 33% 정도 증가하였다(2015년 기준 1700만 명). WHO와 기타 국제기구는 치료를 위한 목표치를 설정하였고, 이는 가용성(availability)에 영향을 준 것으로 보인다. 2003년 처음 설정한 후로, 매년 AIDS 관련 사망은 약 43% 감소하였다. 이는 고무적이지만 여전히 많은 사람들이 고통받고 있으며, HIV 감염의 위험을 제거하기까지는 갈 길이 멀다.

핵심 요약 45.7

인플루엔자 바이러스는 흔히 표면의 항원결정기를 바꾸어 특이적 면역체계의 인식을 회피한다. HIV는 T_H 세포를 감염시키고 파괴하여 면역체계를 무력화시킨다. AIDS와 관련된 질병은 종종 면역체계 파괴의 결과이다.

- 소아마비(Polio)는 백신이 성공적으로 개발된 질병이나. 폴리오 바이러스가 인플루엔자 바이러스와 다른 점은 무엇일까?

핵심 개념 요약

45.1 선천성 면역

■ **피부는 감염에 대한 장벽이다**

물리적 장벽으로도 작용하는 피부는 낮은 pH, 땀으로 분비되는 라이소자임, 비병원성 생물 집단을 가지고 있어 병원체를 물리친다.

■ **점막 상피 표면 또한 병원체의 침입을 막는다**

소화관, 호흡관, 비뇨생식관의 상피는 점액을 분비하여 미생물을 잡는다.

■ **선천성 면역은 병원체 유형에 따른 특징적인 분자를 인식한다**

Toll 유사수용체는 LPS와 펩타이도글리칸과 같은 분자를 인식하는 류신 풍부 영역을 가진다.

■ **선천성 면역은 병원체에 대해 다양한 반응을 유도한다**

병원체 특이적 분자와의 결합은 항미생물 펩타이드와 사이토카인의 생산, 보체 활성화 및 기타 반응을 자극한다.

■ **식세포는 선천성 면역과 관련이 있다**

대식세포와 호중구는 식세포작용과 관련 있다(**그림 45.4**). 자연살해세포는 세포자살을 유도한다.

■ **염증반응은 감염 또는 조직 손상에 대한 비특이적 반응이다**

히스타민은 모세혈관의 혈액 흐름과 투과도를 증가시킨다(**그림 45.5**). 급성기의 열은 포식활동을 촉진하여 미생물의 생장을 저해한다.

■ **보체는 막공격복합체를 형성한다**

보체는 침입한 세포에 구멍을 형성하고, 병원체를 C3b 단백질로 덮고, 세포가 파괴되도록 인식시킨다.

45.2 적응성 면역

■ **면역은 오래전부터 알려졌지만, 메커니즘은 최근에 이해되기 시작했다**

천연두와 조류 콜레라에 대한 제너와 파스퇴르의 연구는 이전에 노출되었던 질병으로 인해 후속 감염이 방지됨을 보였다.

■ **항원은 특이적 면역반응을 유도한다**

림프구의 막 수용체는 항원을 인식하여 특이적 면역반응을 유도한다(**그림 45.8**).

■ **조혈작용은 면역세포를 생산한다(표 45.1)**

■ **림프구는 적응 면역반응을 실행한다**

항원 경험이 없는 림프구는 외부 항원에 결합한 후 분열하여 활성화된 세포 클론과 기억세포를 생산한다.

체액성 면역은 B 세포에 의한 면역글로불린의 생산이다. 세포매개면역은 다른 세포의 면역반응을 조절하거나 세포를 직접 공격하는 T 세포가 관여한다.

■ **적응성 면역은 능동적이거나 수동적이다**

■ **면역체계에는 두 종류의 기관이 있다**

면역체계의 기관에는 1차 림프기관과 2차 림프기관이 있다(**그림 45.9**).

■ **두 종류의 적응성 면역이 진화했다**

무악어류는 면역글로불린이 아닌 류신이 풍부한 반복 구조를 가진 단백질로 적응성 면역을 수행한다. 이 단백질은 B 세포 및 T 세포와 관련된 세포에서 생산된다.

45.3 세포매개면역

■ **MHC는 자기와 비자기를 구별하는 정보를 제공한다**

세포 대부분은 MHC에 의해 인식되는 당단백질을 가진다. 사람에서 이 단백질은 인체 백혈구 항원(HLA)으로 불린다. 1형 MHC 단백질은 핵이 있는 모든 세포에서 발견되며, 식세포작용으로 세포 안으로 유입된 항원을 제시한다. 2형 MHC 단백질은 항원제시세포에서만 발견된다.

■ **세포독성 T 세포는 바이러스에 감염된 세포와 종양세포를 제거한다**

T_C 세포는 바이러스에 감염된 세포와 종양세포를 인식한다. NK 세포와 유사한 방식으로 세포를 파괴한다(**그림 45.11**).

■ **보조 T 세포는 면역반응을 조절하는 단백질을 분비한다**

T_H 세포는 외부 항원에 반응하여 사이토카인을 분비하고 세포매개반응과 체액성 면역반응 모두를 촉진한다. 활성화된 T_C 세포와 T_H 세포는 그 기능을 실행하는 작동세포와 기억세포 모두를 생산한다.

■ **T 세포는 이식거부를 유발하는 주요 세포이다**

■ **선천성 면역체계의 세포는 사이토카인을 분비한다**

대식세포는 IL-12와 TNF-α를 분비한다.

45.4 체액성 면역과 항체 생산

■ **면역글로불린은 가변부위와 불변부위를 가진다**

B 세포는 항원의 특이적 항원결정기에 결합한 막 Ig 분자에 의해 활성화된다. 활성화된 B 세포는 항체를 분비하는 형질세포와 기억세포를 생산한다.

면역글로불린은 2개의 경쇄와 2개의 중쇄 폴리펩타이드로 구성되며 Fab에 결합부위가 있다(**그림 45.14**). 항체는 항원을 응집하거나, 침강하거나, 중화한다(**그림 45.15**).

■ **5종류의 면역글로불린은 각각 다른 기능을 수행한다(표 45.3)**

■ **면역글로불린의 다양성은 DNA 재배열로 만들어진다**

Ig 다양성은 DNA 재배열로 만들어진다(**그림 45.16**). T 세포 수용체(TCR)는 Ig의 Fab 하나와 유사하다. 이들 다양성 또한 DNA 재배열의 결과이다.

■ **항원에 대한 2차 반응은 1차 반응보다 더 효과적이다**

병원체에 대한 두 번째 노출에서, 신속한 2차 면역반응은 기억세포에 의한 것이다(**그림 45.18**).

45.5 자가면역과 과민반응

■ **자가면역질환은 자신의 조직에 대한 면역계 공격의 결과이다**

자기 세포에 대한 수용을 면역내성이라 한다. 자가면역은 면역내성의 실패이다.

■ **앨러지는 항원에 대한 IgE 분비로 야기된다**

즉시형 과민반응은 앨러젠과 IgE의 결합으로 인한 히스타민 분비로 일어난다(**그림 45.19**). 아나필락시스는 신속한 염증과 화학물질을 분비하는 심각한 반응이다.

■ **지연형 과민반응은 T_H 세포와 대식세포에 의해 매개된다**

증상은 2차 노출 후 48시간쯤 뒤에 나타난다.

45.6 의학적 치료와 진단의 항체

■ **혈액형은 적혈구 표면에 제시된 항원을 의미한다**

ABO식 혈액형 항원, Rh 인자 항원 등이 혈액형을 결정한다.

HLA 항원은 장기이식에서 공여자와 수여자 사이의 조직 적합성을 확인하는 데 사용된다.

■ **수혈반응은 적합하지 않은 혈액을 수혈한 결과이다**

혈액형이 알려지기 전에는 많은 사람들이 수혈로 사망하였다.

■ **단일클론항체는 진단과 치료의 중요한 도구이다**

단일클론항체는 하나의 항원결정기에 특이적이며, 진단검사에 사용되거나 면역독소 생산에 사용된다.

45.7 면역체계를 회피하는 병원체

■ **많은 병원체가 면역 감시를 피하고자 표면 항원을 교체한다**

인플루엔자 바이러스에서 나타나는 것과 같이 항원연속변이와 항원불연속변이는 면역 감시를 피하기 위한 표면 항원의 변화이다.

■ **면역계 공격을 피하고자 세균은 많은 메커니즘을 개발하였다**

일부 세균은 식균작용을 늦추거나 다른 항원을 발현하여 정상 면역체계를 저해하는 메커니즘을 개발하였다.

■ **HIV 감염은 T_H 세포를 죽여 면역억제를 일으킨다**

T_H 세포의 파괴는 감염에 맞서 싸우는 인체 능력을 낮추어 AIDS를 일으킨다.

연습문제

■1단계: 이해력 확인하기

1. 다음 중 바이러스에 감염된 인체 세포를 탐색하고 죽이는 세포는 무엇인가?
   a. 대식세포
   b. 자연살해세포
   c. 단핵구
   d. 호중구

2. 다음 중 적응 면역체계에 의해 인식되는 것은 무엇인가?
   a. 항원
   b. 인터루킨
   c. 항체
   d. 림프구

3. 다음 중 보조 T 세포에 의해 인체의 적응 면역체계를 활성화하는 신호로 쓰이는 것은 무엇인가?
   a. B 세포
   b. 인터루킨-1
   c. 보체
   d. 히스타민

4. 다음 중 세포독성 T 세포를 활성화하는 것은 무엇인가?
   a. 히스타민
   b. 인터루킨-1
   c. 인터루킨-2
   d. 인터페론

5. 다음 중 선천성 면역반응을 일으키는 수용체에 대한 설명으로 옳은 것은 무엇인가?
   a. 특이적 항원을 인식하는 항체이다.
   b. 특이적 항원을 인식하는 T 세포 수용체이다.
   c. 병원체 연관 분자 패턴을 인식한다.
   d. 전혀 특이적이지 않다.

6. 다음 중 면역체계가 자신의 MHC 단백질을 인식하지 못하는 질병은 무엇인가?
   a. 앨러지
   b. 자가면역질환
   c. 즉시형 과민반응
   d. 지연형 과민반응

7. 면역체계를 억제하는 질병이 발견되었다고 가정할 때, 보조 T 세포 또는 세포독성 T 세포가 아닌 B 세포에 특이적으로 영향을 주는 질병임을 암시하는 것은 무엇인가?
   a. IL-2의 생산 감소
   b. 인터페론의 생산 감소
   c. 형질세포 수의 감소
   d. IL-1의 생산 감소

■2단계: 적용력 평가하기

1. 새로 근무하기 시작한 연구실의 실험 안내서에 감염성 인자를 다루기 전에 손 또는 피부에 상처가 있는지 확인하라는 내용이 있었다. 이로써

알 수 있는 미생물 감염에 대항하는 표피의 기능은 무엇인가?

a. 피부 표면을 산성으로 만듦
b. 박테리아를 공격하기 위해 라이소자임을 분비함
c. 미생물을 잡기 위해 점액을 분비함
d. a, b, c 모두 맞다.

2. T 세포 수용체와 면역글로불린을 비교한 것으로 옳은 것은 무엇인가?

a. 단백질의 구조는 다르지만, 다양성은 유사한 메커니즘으로 생성됨
b. 단백질의 구조는 같지만, 다양성은 다른 메커니즘으로 생성됨
c. 단백질의 구조는 같으며, 다양성은 유사한 메커니즘으로 생성됨
d. 단백질의 구조는 다르며, 다양성은 다른 메커니즘으로 생성됨

3. 다음 중 혈액형이 AB형일 때 옳은 것은 무엇인가?

a. 항A 항체와 응집함
b. 항B 항체와 응집함
c. 항A 항체와 항B 항체 모두와 응집함
d. 항A 항체와 항B 항체 모두와 응집하지 않음

4. 공부하다가 종이에 손을 베었을 때 나타나는 현상을 순서대로 쓰시오.

a. 손상된 표피세포가 히스타민을 방출함
b. 박테리아가 손상된 피부로 침투함
c. 보조 T 세포가 활성화됨
d. 대식세포가 박테리아를 섭취함

5. 앨러지 반응을 일으키는 항체를 제거하여 앨러지를 치유하려고 할 때, 표적이 되는 항체는 무엇인가?

a. IgG
b. IgA
c. IgE
d. IgD

6. 인플루엔자 바이러스에 대해 반복적으로 면역 접종을 받아야 하는 이유는 무엇인가?

a. 보조 T 세포를 공격하여 면역체계를 억제하기 때문이다.
b. 표면 단백질을 바꾸어 면역 인식을 회피하기 때문이다.
c. 면역반응을 사실상 일으키지 않기 때문이다. 독감은 사실 염증반응이다.
d. 너무 작아서 좋은 항원으로 작용하지 못하기 때문이다.

7. 체내로 약물을 안전하게 전달하는 인공세포를 디자인할 때, 면역체계를 회피하는 데 필요한 물질은 무엇인가?

a. MHC-1
b. IL-1
c. 항원
d. 보체

3단계: 사고력 함양하기

1. 화장품 회사의 판매 부서에서 면역 증진 효과가 있는 피부 로션을 광고하려고 한다. 로션은 식물 추출물인데 수분이 많은 염기성 용액이다. 이 제품의 면역 증진 효과 가능성에 대해 설명하시오.

2. 고양이가 기숙사 친구를 할퀴었다. 친구의 피부가 붉어지고 열이 나며 만지면 아파졌다. 친구는 치명적인 감염에 걸렸다고 생각한다. 친구의 분노를 가라앉히기 위해 선천성 방어체계에 관해 설명하려고 한다. 피부에 일어나고 있는 현상에 관해 설명하시오.

3. 어떤 사람은 감기에 걸린 적이 없다고 주장한다. 세포 표면 수용체의 차이가 이유임을 증명하는 방법에 대해 설명하시오.

4. Toll 유사수용체는 다양한 생물에서 발견되는데, 선구동물, 후구동물, 자포동물이 그 예이다. 더욱이 신호체계 일부는 보체계 일부처럼 다양한 생물에서 발견된다. 선천성 면역의 진화와 관련하여 알 수 있는 사실은 무엇인가?

46

생식계

도입

봄에 들려오는 새소리나 창밖에서 들려오는 벌레들의 울음소리, 연못가에서 들리는 개구리의 울음소리, 얼어붙은 북극에서 들려오는 늑대의 울부짖는 소리 등은 진화적으로 종족을 보존하기 위한 매우 중요한 행동들이다. 몇몇 동물들에서 볼 수 있는 현란한 체색들과 마찬가지로 이런 특이한 울음소리들은 짝을 유혹하기 위한 기능을 가지고 있다. 성에 대한 것보다 더 많은 생각을 하게 되는 주제는 거의 없으며, 성충동보다 더 강한 것도 거의 없다. 이번 장에서는 사람을 포함한 척추동물의 성과 생식을 다룬다.

46.1 동물의 생식 전략

학습 목표

1. 무성생식과 유성생식의 차이점을 구별할 수 있다.
2. 자웅동체의 다양한 유형에 대해 서술할 수 있다.
3. 성을 결정하는 여러 가지 요인에 대해 설명할 수 있다.

인간을 포함한 대부분의 동물은 유성생식을 한다. 10장에서 살펴본 것처럼 유성생식(sexual reproduction)에는 완전한 한 세트의 염색체를 가진 반수체 배우자(haploid gamete)를 생성하기 위해 세포분열, 감수분열 등의 형태가 필요하다. 정자와 난자(ovum)를 포함한 이 반수체 배우자들은 수정에 의해 2배체(diploid)의 완벽한 염색체를 갖게 된다. 배우자의 수정에 의해 생성된 2배체의 수정란인 접합자(zygote)는 체세포분열을 통해 새로운 다세포 생물체로 발생한다.

생식은 무성적으로 일어날 수 있다

무성생식(asexual reproduction)은 세균, 고세균, 원생생물, 자포동물 및 피낭동물을 포함한 단세포동물뿐만 아니라 다른 여러 종의 동물에서도 중요한 생식법이다. 무성생식이란 하나의 모세포로부터 체세포분열을 통해 유전적으로 동일한 세포가 만들어지는 과정이다. 단세포생물에서 각 개체는 분열(fission)에 의해 분리되어 동일한 개체가 생성된다. 출아(budding)로 번식을 하는 자포동물은 모체의 한

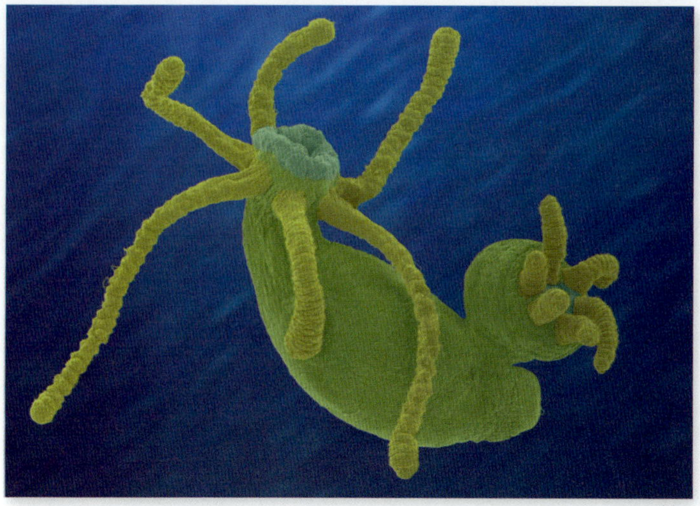

그림 46.1 자포동물의 출아.
자포동물은 출아법에 의한 무성생식을 한다. 사진의 오른쪽 아랫부분이 새로 만들어진 개체이다.

부분이 분리되어 새로운 개체로 분화한다(**그림 46.1**). 새로운 개체는 따로 떨어져 독립된 생활을 하거나 모체의 몸에 붙어 군체(colony)를 형성하기도 한다.

절지동물에서 흔하게 볼 수 있는 **단성생식**(parthenogenesis)은 암컷이 생산한 미수정란으로부터 자손이 생겨나는 방식을 일컫는다. 어떤 종은 전적으로 단성생식만을 하지만, 어떤 종은 유성생식과 단성생식을 번갈아 하면서 2배체와 반수체 자손을 만든다. 예를 들면, 꿀벌에서 여왕벌은 단 한 번의 짝짓기를 통해서 정자를 몸속에 보관하고, 정자의 방출을 조절할 수 있다. 여왕벌이 정자를 방출하지 않으면, 알은 단성생식을 해서 반수체인 수벌로 발생되지만, 정자를 방출하여 수정이 되면 수정된 알은 2배체인 암컷 일벌로 발생된다(**그림 46.2**). 그러나 수정란이 적당한 호르몬에 노출되면 여왕벌로 발생한다. 메뚜기, 귀뚜라미 및 많은 다른 곤충에서 수컷들은 하나의 성염색체만을 가지고 있는 '반접합성(hemizygous)'이다(**그림 46.3**). 모든 난자세포는 X 염색체를 가지고 있지만, 정자세포는 X 염색체를 가지고 있는 것과 없는 것의 두 종류로 나뉜다. X 염색체가 없는 정자세포가 난자와 수정하면 반접합성 수컷이 되며, X 염색체를 가진 정자세포와 수정을 하면 암컷이 된다.

1958년 러시아의 생물학자는 척추동물 중에 특이한 생식 방법으로 살아가는 동물을 발견하였다. 작은 도마뱀 종류인 *Lacerta*속에 속하는 일부 개체군에서 모든 개체가 암컷으로만 구성되어 있는 것을 확인하고, 이 관찰 결과를 통해 이 도마뱀의 알은 미수정란이지만 발생이 가능할 것이라고 생각하였다. 즉, 이 도마뱀은 정자 없이도 생식이 가능한 단성생식의 일종인 무성생식을 한 것이다. 후속 연구를 통해 도마뱀뿐만 아니라 몇몇 종의 어류와 도롱뇽도 단성생식을

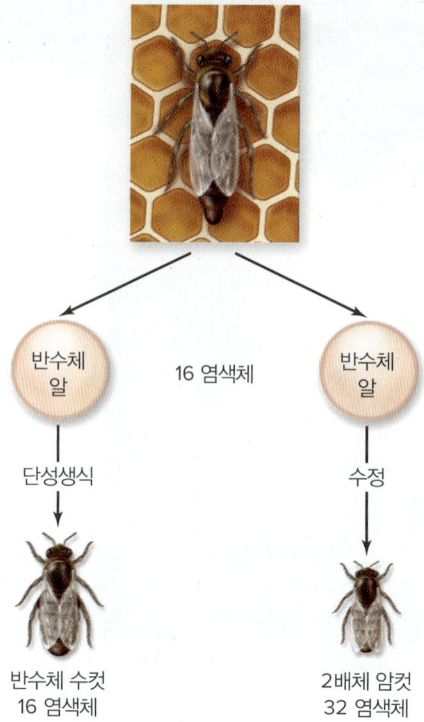

그림 46.2 반수체-2배체 체계.
많은 종의 벌과 개미는 성염색체가 없다. 수컷은 수정되지 않은 알에서 발달하여 반수체가 된다. 암컷은 수정란에서 자라기 때문에 2배체이다.

그림 46.3 반접합체 체계.
메뚜기에는 성염색체가 한 종류, 즉 X 염색체만 있다. 수컷은 X 염색체를 가진 것과 없는 것, 2종류의 정자를 만든다. 그러므로 수컷은 반접합체 동물이다. 암컷은 2개의 X 염색체를 가지고 있고, 각각의 난자는 X 염색체를 가지고 있다.

한다는 사실이 밝혀졌다. 또한 최근 연구를 통해 일부 갑각류, 상어, 뱀과 같은 동물들은 대개 유성생식을 하지만 필요에 따라 단성생식으로 번식할 수 있다는 것이 밝혀졌다.

일부 종에서는 한 개체가 암컷과 수컷 모두가 될 수 있다

생식 전략의 또 다른 유형으로는 한 개체 내에 정소와 난소를 지니고 있어 정자와 난자 모두 생산이 가능한 **자웅동체**(hermaphroditism)가 있다. 촌충은 자웅동체이기 때문에 다른 개체를 만나지 않고 자가수정이 가능하다. 그러나 대부분의 자웅동체는 생식을 위해 성이 다른 개체가 필요하다. 예를 들면, 지렁이는 생식을 위해 수컷의 역할을 하는 지렁이와 암컷의 역할을 하는 지렁이가 필요하며, 교미 후에는 각각 수정된 알을 가지고 헤어진다.

순차적 자웅동체(sequential hemaphroditism)라 부르는 성전환이 일어나는 어류도 있다. 예를 들어, 산호초 물고기 중에는 자성선숙(protogyny, 암컷으로 태어났지만 수컷으로 성전환)과 웅성선숙(protandry, 수컷으로 태어났지만 암컷으로 성전환)을 일으키는 종도 있다. 자성선숙을 하는 어류의 경우 성전환은 사회적 조절하에 일어나게 된다(**그림 46.4**). 이 어류의 경우 보통 무리 지어 생활하며, 생식은 보통 한 마리나 몇 마리의 커다란 수컷에 의해 이루어진다. 이 집단에서 수컷이 제거되면, 집단 내 가장 큰 암컷이 빠르게 우성의 수컷으로 성전환된다.

그림 46.4 자웅동체와 자성선숙.
무지개양놀래기(*Thalassoma bifasciatium*) 암컷은 때때로 수컷으로 전환하는 자성선숙 동물이다. 사진의 작은 암컷 물고기 무리 중에서 성전환 전에 암컷이었던 커다란 수컷 물고기가 보인다.

> **?** **탐구문제** 어떤 종이 암컷일 때는 작고 수컷일 때는 크기가 커지는 것에 적응한 이유는 무엇인가? 어떤 상황에서 반대 조건인 웅성선숙이 진화할 수 있겠는가?

성은 유전과 환경 요인에 의해 결정될 수 있다

한 개체의 성은 배아의 발생 과정 동안 결정되는데, 그 방법은 종에 따라 다양하다.

온도 민감성 성결정

많은 종의 어류와 파충류에서 성은 발생 과정 동안 주변 환경의 온도에 의해 결정된다. 일부 종은 차가운 온도에서는 수컷으로, 따뜻한 온도에서는 암컷으로 발생된다. 그러나 어떤 종은 차가운 온도와 따뜻한 온도에서 수컷으로 발생하고, 중간 온도에서 암컷으로 발생하기도 한다.

계통학적 분석에서 온도 민감성 성결정은 유전적으로 성이 결정되는 조상으로부터 여러 번에 걸쳐 진화되어 나온 것으로 밝혀졌다. 이들 종에서 성을 결정하는 분자적 기작이 밝혀지기는 했으나, 진화 과정에서 이런 형질이 종종 나타나는 이유는 아직 정확하게 밝혀지지 않고 있다. 한 가지 가능성은 암컷이 적절한 조건에 난자를 둠으로써 자식의 성을 결정하는 것이 유리하다는 것으로, 이 가설은 아직 논쟁 중에 있다.

유전적 성결정

모든 조류, 포유류 및 대부분의 척추동물은 유전자에 의해 성이 결정된다. 포유류와 일부 다른 동물에서 수컷은 X와 Y 염색체를, 암컷은 2개의 X 염색체를 가지고 있다. 그러나 조류의 경우에는 암컷이 이형접합(heterozygous) 염색체를 가지고 있다.

사람의 성 분화 과정

수정 후 40일까지는 여성과 남성의 생식계는 비슷하다. 이 시기 동안 앞으로 정자나 난자가 될 세포는 난황낭에서 배아의 생식소로 이동하여 여성의 경우에는 난소를, 남성의 경우에는 정소를 형성한다(**그림 46.5**). 이러한 이유로 배아의 생식소를 '미분화(indifferent)' 생식소라고 부른다.

남성으로 될 배아의 경우, Y 염색체상에 위치한 유전자가 미분화 생식소를 정소로 분화시킨다. 여성의 경우에는 Y염색체의 유전자와

과학적 사고

가설: 포유류의 성은 Y 염색체에 있는 유전자에 의해 결정된다.

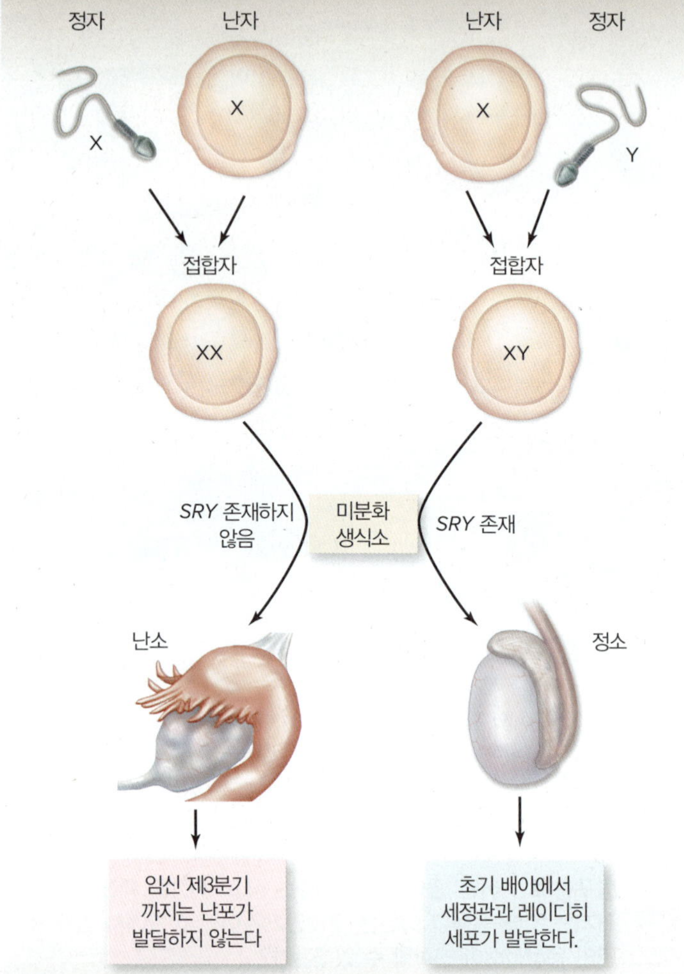

예상 1: Y 염색체가 없는 개체는 암컷으로 발생한다.
실험: 비정상적인 성염색체 조성을 가진 사람들을 비교한다.
결과: 터너 증후군은 XO(X 염색체를 1개만 가짐)형이고 여성으로 발생한다. 클라인펠터 증후군은 XXY형이고 남성으로 발생한다.
예상 2: Y 염색체의 *SRY* 유전자는 수컷 형질을 나타내는 데 중요하다.
실험: XY형이지만 *SRY* 유전자에 돌연변이가 일어난 생쥐를 조사한다.
결과: 이 생쥐는 암컷으로 발생한다.

그림 46.5 포유류의 성결정.
포유류에서 Y 염색체에 있는 성결정 부위를 *SRY*라고 부른다. Y 염색체와 *SRY*가 있으면 정소가 형성되고, 이들이 없을 때 난소가 형성된다.

그 유전자에 의해 만들어지는 단백질이 없기 때문에 생식소는 난소가 된다. 성결정에서 매우 중요한 역할을 하는 유전자는 *SRY*(sex-determining region of the Y chromosome)로 알려져 있다.

배아 시기에서 정소가 형성되면 정소는 남성의 외부 생식기와 부속 생식기관의 발달을 촉진시키는 호르몬인 테스토스테론(testosterone)과 그 외의 다른 호르몬들을 분비하기 시작한다.

SRY 유전자가 결핍된 배아는 여성의 외부 생식기와 부속 생식기관을 발달시키게 된다. 모든 포유류에서 *SRY* 유전자가 존재하지 않는 경우 배아는 암컷의 생식기관을 형성하게 된다.

핵심 요약 46.1

유성생식은 같은 종의 다른 개체에서 나온 생식세포의 융합을 말한다. 일부 종에서 무성생식은 분열, 출아, 단성생식에 의해 이루어진다. 자웅동체는 한 개체가 정소와 난소를 모두 갖는다. 순차적 자웅동체는 개체의 성이 한 성에서 다른 성으로 변할 수 있다. 성은 유전자 또는 배아 시기 때 주변 환경의 온도에 의해 결정될 수 있다.

■ 왜 자연선택은 유전에 의한 성결정을 선호할까?

46.2 척추동물의 수정과 발생

학습 목표

1. 태생, 난생 및 난태생을 구별하여 설명할 수 있다.
2. 체내수정의 장점에 대해 설명할 수 있다.

척추동물의 유성생식은 척추동물이 육지로 이주하기 전 바다에서 진화하기 시작했다. 해수 경골어류에서 대부분의 암컷은 한꺼번에 많은 알을 산란한다. 이 알들이 모여 있는 물에 수컷이 정자를 방출하게 되면 배우자(gamate)의 결합이 일어나게 되는데, 이러한 과정을 체외수정(external fertilization)이라고 한다.

바닷물이 배우자에게 나쁜 환경은 아니지만 배우자들을 빠르게 분산시키기 때문에 암컷의 산란과 수컷의 정자 방출은 거의 동시에 일어나야 한다. 그래서 해수 어류는 자신의 알이나 정자를 한정된 시기에 그리고 빠른 시간 내에 방출해야 한다. 해수 어류 중에는 1년에 한 번만 생식을 하는 종도 있고, 몇 번씩 생식하는 종도 있다. 바다에는 동시 생식을 위한 신호로 이용되는 몇몇 계절적 요인이 있는데, 그중 가장 많이 알려져 있는 신호로 달의 주기(cycle of the Moon)가 있다. 달은 한 달에 한 번씩 지구에 가깝게 접근하는데, 이때 증가하는 중력에 의해 조류가 약간 상승한다. 많은 해양 생물들이 달의 주기에 따른 조류의 차이를 생식과 연결시켜 배우자를 방출하게 된다.

척추동물이 육지로 올라와 생활하게 되면서 작고, 연약한 배우자는 견디기 어려운 건조라는 새로운 위험 요인에 노출되었다. 육지에서 배우자는 바로 건조한 환경에 의해 죽어버리기 때문에 배우자를 가까이 방출하는 것만으로는 생식이 가능하지 않게 되었다. 이러한 문제를 해결하기 위해 육상의 척추동물(일부 어류 포함)은 암컷의 생식기관으로 수컷의 배우자를 직접 주입시키는 체내수정(internal fertilization)으로 진화가 일어나도록 선택압(selective pressure)이 강하게 작용하였다. 그래서 성체는 육지 환경에 완전히 적응하였지만, 수정은 여전히 건조하지 않은 환경에서 이루어질 수 있는 것이다.

체내수정을 하는 동물은 자손의 발생을 위해 3가지 전략을 가지고 있다

체내수정을 하는 척추동물은 배아와 태아의 발생을 위해 **난생**, **난태생**, **태생**의 3가지 방법을 갖고 있다.

1. **난생(oviparity)**: 일부 경골어류, 대부분의 파충류, 일부 연골어류 및 일부 포유류와 모든 조류에서 볼 수 있는 생식 방법으로, 체내수정 후 알은 모체의 외부에 방출되어 발생한다.
2. **난태생(ovoviviparity)**: 일부 경골어류(몰리, 거피, 모기물고기 포함)와 일부 연골어류 그리고 많은 파충류의 생식 방법으로, 수정란은 모체에 남아 난황으로부터 공급되는 영양분을 이용해 발생하게 된다. 발생이 완전히 끝난 어린 새끼가 부화되어 모체로부터 나온다.
3. **태생(viviparity)**: 대부분의 연골 어류, 일부 양서류, 일부 파충류 및 거의 대부분의 포유류의 생식 방법으로(**그림 46.6**), 수정란은 어미의 몸속에서 발생을 하며, 난황 대신 모체의 혈액을 통해 직접 영양분을 공급받는다. 모체와 태아 사이에 기체교환이나 영양분을 공급받을 수 있는 구조인 태반은 포유류뿐만 아니라 일부 어류와 도마뱀에서도 진화되어 왔다.

생식계의 진화

태생과 난태생은 포유류에서는 한 번, 어류, 양서류 및 파충류에서는 각각 여러 번에 걸쳐서 진화하였다(**그림 46.7**). 출생은 한번 진화하면 시라지지 않는 한쪽 방향의 진화로 여겨진다. 암컷의 몸 안에서 이루어지는 체내수정은 양막류(파충류, 조류 및 포유류로 구성된 생물군)에서는 한 번의 진화로 이루어졌지만, 어류와 양서류에서는 여러 번의 진화에 의해 이루어졌다.

체내수정에서는 정자가 수컷에서 암컷의 체내로 전달되어야 한다. 도롱뇽은 한쪽 방향으로 진화되었나. 수컷이 정포(spermatophore)라고 부르는 젤라틴의 주머니에 정자를 넣어두면, 암컷은 총배설강을 정포 위에 위치시키고 몸을 낮춘 후 정포를 몸 안으로 집어넣는다. 다른 척추동물은 정자를 몸에 직접 삽입할 수 있도록 다양한 방식의 삽입기관(intromittent organ)이 발달되어 왔다. 연골어류에서는 변형된 배지느러미(pelvic fin), 일부 개구리와 무족 양서류에서는 변형된 총배설강(cloaca; 생식과 배설을 같이 담당하는 체내 공간), 거북, 악어, 포유류에서는 서로 다른 배아 구조로부터 유래한 음경(penises), 뱀과 도마뱀에서는 좌우에 하나씩 있는 한쌍의 반음경(hemipenises)을 갖도록 진화되었다. 삽입기관을 상실한 조류와 옛도마뱀에서는 체내수정을 위해 암컷과 수컷은 총배설강을 서로 맞대고 수컷의 정자를 암컷으로 전달한다.

그림 46.6 몸속에 살아 움직이는 새끼를 지닌 태생 어류.
어린 새끼는 어미의 몸속에서 발생을 마친 후에 작지만 성체가 될 수 있는 상태로 태어난다. 사진에서 방금 출생한 새끼 레몬상어(*Negaprion brevirostris*)가 어미와 탯줄로 연결되어 있는 것을 볼 수 있다.

대부분의 어류와 양서류는 체외수정을 한다

체내수정이 여러 번에 걸쳐 일어났지만, 대부분의 어류와 양서류는 다른 척추동물과는 달리 체외수정에 의해 생식을 한다.

어류

대부분의 경골어류는 체외수정을 하며, 알은 짧은 발생기간 동안 배아에게 필요한 양만큼의 난황을 가지고 있다. 난황이 공급하는 영양분이 고갈되면, 어린 물고기는 주위의 물로부터 먹이를 찾아야 한다. 발생은 매우 빠른 속도로 진행되며, 어린 물고기는 빠르게 성숙한다. 단 한 번의 짝짓기로 수천 개에서 수백만 개의 알이 수정되지만, 많은 수정란이나 갓 부화된 새끼들은 미생물 감염이나 포식자에 의해 죽게 되어 성체로 자라는 개체의 수는 매우 적다.

경골어류와는 대조적으로 대부분의 연골어류는 체내수정을 한다. 어린 새끼의 발생은 대체로 태생이며, 암컷은 잘 발생한 몇몇의 자손만을 출산하게 된다.

양서류

양서류의 생활사는 물과 가까운 곳에서 이루어지며, 대부분의 양

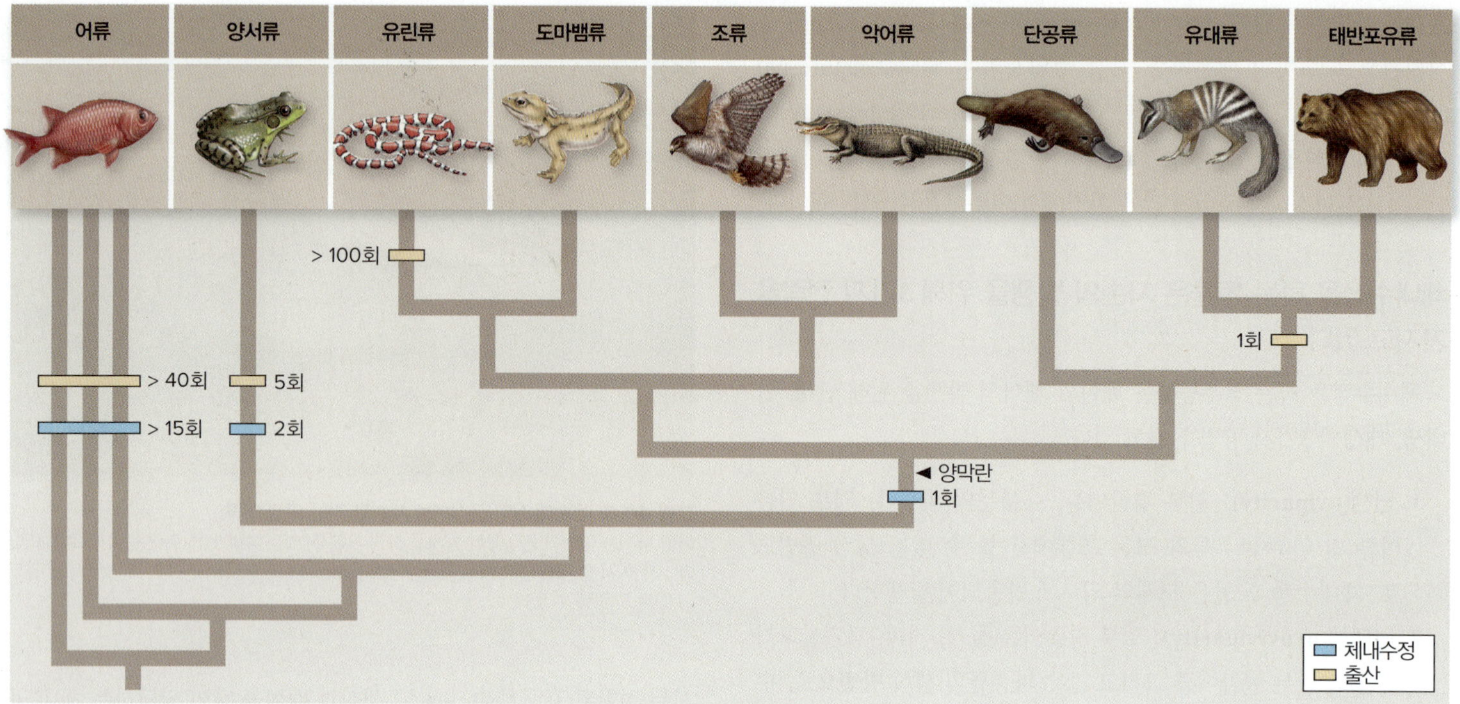

그림 46.7 **척추동물의 체내수정과 진화.**
어류와 유린류에서 새끼를 낳는 출산이 여러 번에 걸쳐 진화되었지만, 두 집단의 대부분의 종은 알을 낳는다. 출산으로부터 알을 낳는 진화의 역전 현상은 매우 드물게 일어난다. 어류와 유린류에서 나타낸 숫자는 계통학적 분석에 의한 추정치이다. 일부 집단에서는 정보가 부족해 정확한 수치로 나타내지 못했다.

? **탐구문제** 왜 새끼를 낳는 것에서 알을 낳는 것으로의 진화가 드물다고 생각하는가?

서류는 체외수정을 한다. 암컷과 수컷의 배우자는 총배설강을 통해 방출된다. 개구리와 두꺼비 중에는 수컷이 암컷의 배를 꽉 움켜잡고 알이 물속으로 방출되도록 하여 그 위에 정액을 뿌리는 종류가 있다(**그림 46.8**).

대부분 양서류의 알은 물속에서 발생을 하지만, 몇몇 종에서는 예외적인 현상을 볼 수 있다. 예를 들면, 어떤 종은 어미 개구리의 등에서 발생을 하고, 어떤 종은 수컷의 울음 주머니에 올챙이를 담고 있기도 하며, 어린 개구리가 부모 개구리의 입을 통해 빠져나오는 경우도 있다.

파충류와 조류는 체내수정을 한다

모든 조류와 파충류의 80%는 난생이다. 체내에서 수정된 알이 어미의 몸 밖으로 방출되어 발생한다. 체내수정은 양막류(조류, 파충류, 포유류)에서 한 번 일어났다. 이것은 양막란의 복잡성과 안정성에 기인한 것으로 보인다(**그림 46.7**).

파충류

대부분의 난생 파충류는 산란 후에 알을 내버려 둔 채 떠나는데, 알은 난소로부터 이어지는 암컷 생식관의 일부인 수란관을 지날 때 형성된 가죽처럼 질긴 외피로 둘러싸여 있다. 난태생인 다른 종의 파충류는 어미의 몸속에서 알이 배아로 발생되며, 일부 종은 태생이다.

조류

대부분의 수컷 조류는 음경을 가지고 있지 않지만(백조, 거위, 타조 등 몇몇 조류는 총배설강 벽이 변형되어 삽입기관 역할을 함), 모든 조류는 체내수정을 한다.

알이 수란관을 지날 때 분비선은 알부민 단백질(알의 흰자)과 석회질성의 매우 딱딱한 외피를 분비하는데, 이는 파충류의 알과 구별되는 특징이다. 현생 파충류는 외온동물(ectotherms)인데 비해 조류는 내온동물(endotherms)이다(36장 참조). 따라서 대부분의 조류는 산란 후 알을 따뜻하게 유지시키기 위해 알을 품는다(**그림 46.9**). 대부분의 조류에서 알 껍질을 깨고 나온 어린 새끼는 발생이 진행되는 과정 중이기 때문에 도움을 받지 못하면 생존할 수 없으며, 어미 새로부터 먹이를 받아먹고 보호받으면서 점차 성숙한 개체로 자란다.

파충류와 조류의 알이 외피로 싸여 있는 것은 이들이 육상에서 살아가기 위한 가장 중요한 적응 중 하나라고 할 수 있다. 29장에서 살

그림 46.8 체외수정되는 개구리의 알.
개구리는 교미할 때 수컷이 암컷을 꽉 붙들어 많은 양의 성숙한 알을 낳도록 유도하고, 그 알 위에 정자를 방출한다.

그림 46.9 남아메리카의 영국 해외보호국인 포클랜드 제도의 뉴아일랜드(New Island, Falkland Islands)의 보금자리에 있는 성체 바위뛰기 펭귄(*Eudyptes chrysocome*).

펴본 바와 같이 파충류와 조류의 알은 **양막**(amnion)으로 둘러싸인, 액체로 꽉 찬 공간 안에서 배아가 발생하기 때문에 **양막란**(amniotic eggs)이라고 한다. 양막란의 또 다른 배외막으로는 외피의 바로 안쪽에 있는 **장막**(chorion)과 **난황낭**(yolk sac) 및 **요막**(allantois)이 있다. 배외막과 함께 석회질의 딱딱한 외피는 건조한 곳에서도 알이 발생을 할 수 있도록 보호해 주는 역할을 한다. 조류와는 달리 어류와 양서류의 알은 단 1개의 배외막인 난황낭만을 가지고 있기 때문에 알은 건조로부터 보호받기 위해서 반드시 수중 환경에 있어야 한다.

사람을 포함한 태생 포유류도 배외막을 가지고 있는데, 이는 47장에서 다룬다.

포유류는 일반적으로 알을 낳지 않고 새끼를 낳는다

포유류는 1년에 한 번만 생식을 하는 계절형 번식동물이 있는 반면, 연중 여러 번의 생식주기를 갖는 동물도 있다. 후자 가운데 암컷의 경우 일반적으로 생식주기를 갖지만, 수컷은 일생 동안 거의 일정한 생식력을 갖는다

암컷의 생식주기

암컷의 생식주기는 난소에서 성숙한 난자를 주기적으로 방출하는 배란(ovulation) 과정을 포함하고 있다. 대부분의 포유류 암컷은 "교미기(in heat)"라고 부르는 배란기에만 수컷을 받아들인다. 이러한 성적 수용시기를 **발정기**(estrus)라고 하며, 이러한 생식주기를 발정주기라고 부르기도 한다. 생식주기는 임신이 될 때까지 계속된다.

대부분의 포유류에서 발정주기 중 뇌하수체 전엽에서 분비되는 난포자극호르몬(follicle-stimulating hormone, FSH)과 황체형성호르몬(luteinizing hormone, LH)의 분비 변화가 난세포 발달과 난소에서 분비되는 호르몬의 변화를 일으킨다(39장 참조). 사람과 유인원은 호르몬 분비와 배란이라는 관점에서 다른 포유류의 발정주기와 유사한 월경주기를 갖는다. 발정주기를 갖는 포유류와는 달리 사람과 유인원 암컷은 자궁내벽이 떨어져 나갈 때 출혈이 동반되는데, 이러한 과정을 **월경**(menstruation)이라고 하고 월경주기 동안에도 성교는 가능하다.

토끼와 고양이는 유도 배란을 한다는 점에서 다른 포유류와 구별된다. 이들의 암컷은 성적 활성도와 무관하게 주기적인 배란을 하는 것이 아니라 교미 직후에만 LH 분비를 일으키는 반사 자극에 의해 배란을 하게 된다.

단공류, 유대류 및 태반 포유류

가장 원시적 포유류인 **단공류**(monotremes, 오리너구리와 바늘두더지)는 진화적으로 이들보다 이전 단계인 파충류와 마찬가지로 난생이다. 단공류의 알은 둥지(**그림 46.10***a*) 혹은 특수화된 주머니에서 부화하며, 부화한 새끼는 어미의 피부에 있는 유선을 핥아서(젖꼭지가 없음) 젖을 섭취한다.

그 외의 모든 포유류는 태생이며 새끼를 양육하는 방법에 따라 크게 두 집단으로 나눌 수 있다. 주머니쥐와 캥거루가 포함된 집단인 **유대류**(marsupials)의 경우 크기가 매우 작은 불완전한 태아를 출산

그림 46.10 포유류의 생식.
a. 단공류는 둥지에 알을 낳는다. 사진은 오리너구리(*Ornithorhynchus anatinus*)가 방금 부화한 새끼와 같이 있는 모습이다. *b.* 붉은 캥거루(*Macropus rufus*)와 같은 유대류는 주머니 속에서 발생을 끝내는 작은 크기의 자손을 낳는다. *c.* 새끼 사슴에게 젖을 먹이는 점박이 암사슴(*Axis axis*) 같은 태반 포유류의 경우, 새끼는 오랜 기간 동안 어미의 자궁 내에서 자라기 때문에 좀 더 발생된 상태로 태어난다.

하며, 태아는 어미의 피부 주머니 속에서 어미의 유선이 있는 젖꼭지로부터 영양 공급을 받으면서 완전한 태아로 발생한다(**그림 46.10*b***)

태반포유류(**그림 46.10*c***)의 태아는 오랜 기간 동안 어미의 자궁 속에서 발생을 한다. 태아는 배외막(장막)과 어미의 자궁내벽에서 기원된 태반으로부터 영양분을 공급받는다. 태반에서는 태아의 혈관과 모체의 혈관이 가까이 근접해 있기 때문에 태아는 모체의 혈액으로부터 확산되는 영양분을 공급받게 된다. 태반의 기능에 대해서는 47장에서 자세히 다룬다.

핵심 요약 46.2

난생 종은 알을 낳는다. 파충류와 조류의 양막란은 배아를 건조로부터 보호한다. 난태생 종의 암컷은 그들의 체내에 수정된 알을 간직하고 알이 부화하면 완전히 발달된 새끼를 낳는다. 대부분의 포유류는 태생으로, 어미의 몸으로부터 영양을 공급받는 새끼를 낳는다. 체내수정은 배아가 어미의 체내에서 발달함으로써, 외부 환경으로부터 보호를 받는다.

■ 어떤 상황에서 발정주기가 유리할까?

46.3 남성 생식기관의 구조와 기능

학습 목표

1. 정자형성과정에 대해 설명할 수 있다.
2. 정액의 개념과 성교 과정에서 정액의 방출에 대해 서술할 수 있다.
3. 남성 생식기관의 기능을 조절하는 호르몬에 대해 설명할 수 있다.

남성의 생식계의 구조는 포유류 수컷의 전형적인 생식기관과 유사하다(**그림 46.11**). 배아에서 정소가 형성될 때 정자를 형성하는 세정관(seminiferous tubules)이 만들어지는데, 이 과정은 수정 후 43~50일 정도에 시작된다. 약 9~10주에 세정관 사이의 간질조직에 레이디히 세포(Leydig cell)가 위치하게 되고, 여기에서 남성 호르몬인 테스토스테론(또는 안드로젠)이 분비되기 시작한다. 배아 발생 동안 테스토스테론이 분비되면 미분화생식소가 **음경**(penis)과 **음낭**(scrotum)을 포함한 남성 외부 생식기로 분화되며, 이후 정소는 음낭 속으로 이동하게 된다. 테스토스테론이 분비되지 않으면 여성의 외부 생식기가 만들어진다. 테스토스테론은 남성의 2차 성징을 유도하여, 수염이 나거나 굵은 목소리, 체모를 만들게 해준다.

성인의 정소는 주로 심하게 꼬인 세정관으로 구성되어 있다(**그림 46.12**, 왼쪽). 정소는 복강에서 만들어지지만, 출산 직전 서혜관을 통해 아래로 내려와 음낭 속으로 들어가 복강 밖에 매달려 있게 된

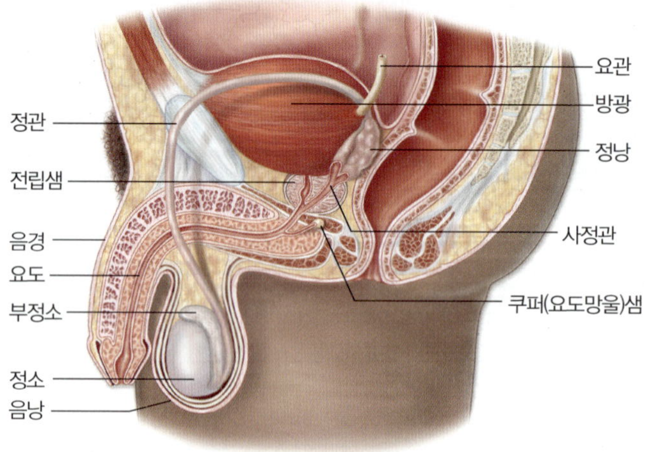

그림 46.11 남성 생식기관의 구성.
음경과 음낭은 외부 생식기이고, 정소는 생식소이다. 다른 기관은 정액의 생산과 사정을 돕는 부속 생식기관이다.

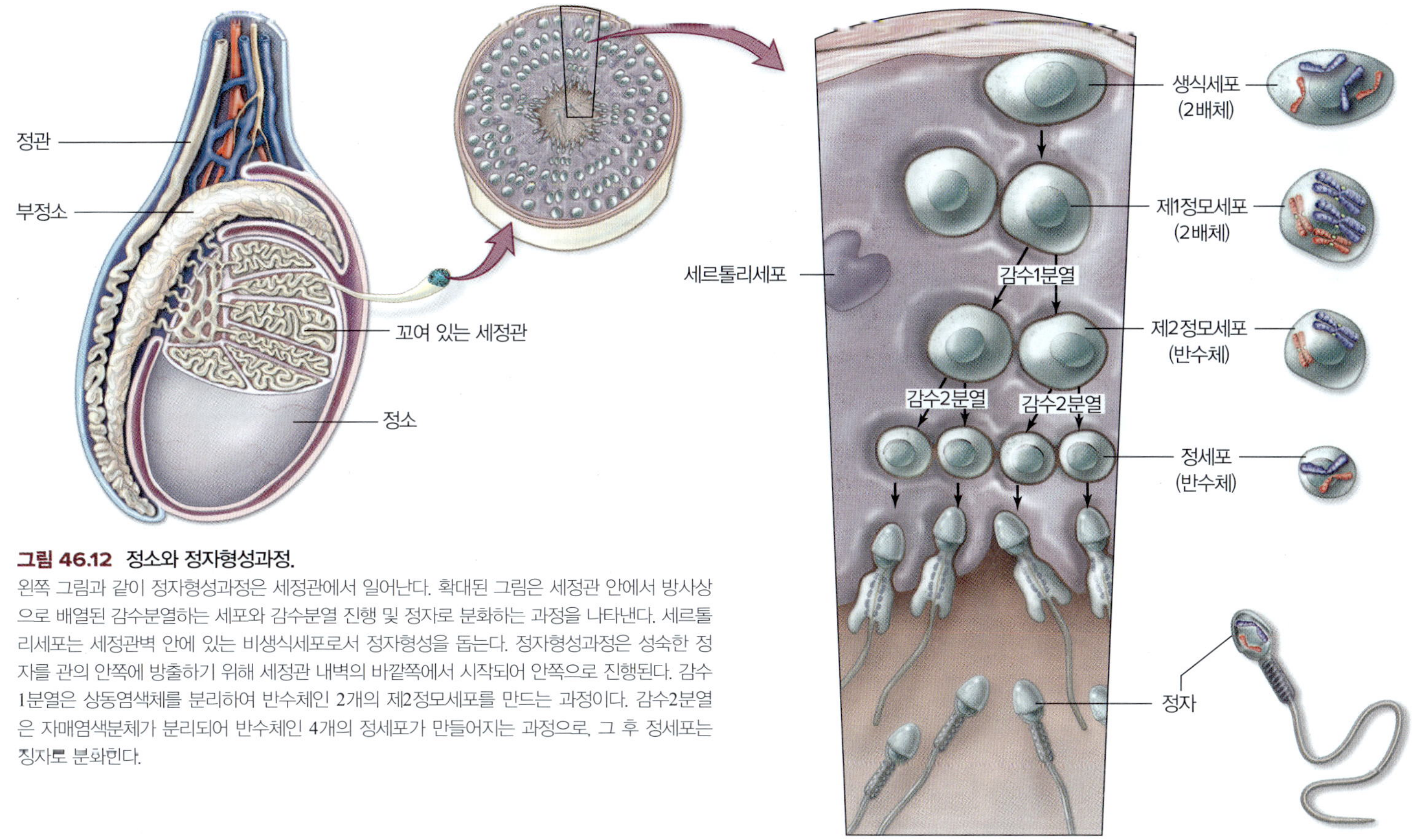

그림 46.12 정소와 정자형성과정.
왼쪽 그림과 같이 정자형성과정은 세정관에서 일어난다. 확대된 그림은 세정관 안에서 방사상으로 배열된 감수분열하는 세포와 감수분열 진행 및 정자로 분화하는 과정을 나타낸다. 세르톨리세포는 세정관벽 안에 있는 비생식세포로서 정자형성을 돕는다. 정자형성과정은 성숙한 정자를 관의 안쪽에 방출하기 위해 세정관 내벽의 바깥쪽에서 시작되어 안쪽으로 진행된다. 감수1분열은 상동염색체를 분리하여 반수체인 2개의 제2정모세포를 만드는 과정이다. 감수2분열은 자매염색분체가 분리되어 반수체인 4개의 정세포가 만들어지는 과정으로, 그 후 정세포는 정자로 분화한다.

다. 음낭은 정소의 온도를 체온인 37°C보다 낮은 34°C로 유지하도록 해주는데, 이는 정상적인 정자 형성이 낮은 온도에서 이루어지기 때문이다.

정자는 수백만 개가 생성된다

세정관의 벽에는 정원세포 혹은 **생식세포**(germ cell)와 이를 지지하는 세르톨리 세포(Sertoli cell)가 존재한다. 세정관 내벽의 바깥쪽에 있는 생식세포는 2배체인데, 이 세포는 감수분열을 통해 배우자를 형성하는 유일한 세포이다(10장 참조). 발생 중인 배우자 세포는 반수체로 세정관의 중심으로 이동한다.

세포분열을 통한 정자 형성

정원세포는 체세포분열을 통해 2개의 2배체 세포를 만든다. 2개의 세포 중 하나는 감수분열을 통해 4개의 반수체 세포가 되고, 나머지 하나는 정원세포로 남아 있는다. 이런 방식으로, 모든 정원세포가 정자를 만들기 위해 고갈되지 않는다. 성인 남성은 평균적으로 매일 1~2억 마리의 정자를 평생 동안 생성한다.

감수분열을 하는 2배체 딸세포를 제1정모세포라고 부른다. 사람의 세포에는 23쌍의 염색체(총 46개의 염색체)가 존재하는데, 각 염색체는 복제된 2개의 염색분체로 이루어져 있다. 감수1분열에서 상동염색체 쌍이 분리되면서 반수체인 제2정모세포가 2개 만들어진다. 그러나 각 염색체는 여전히 2개의 복제된 염색분체로 구성되어 있다.

각 세포는 감수2분열이 일어나면서 염색분체가 분리되어 반수체인 2개의 **정세포**(spermatids)를 형성하게 되어, 결국 제1정모세포 하나에서 총 4개의 정세포가 만들어진다(**그림 46.12**, 오른쪽). 이 세포들은 세정관의 생식세포를 구성하고 있으며, 배우자를 "발생(germinate)"시킨다.

정자형성을 돕는 지지조직

생식상피 외에도 세정관의 내벽에는 세르톨리세포 같은 비생식세포가 존재한다. 이 세포는 발생 중인 정자를 돌보고, 정자형성과정에 필요한 물질을 분비한다. 세르톨리세포는 정자가 지닌 여분의 세포질을 흡수함으로써 정세포를 **정자**(spermatozoa, sperm)로 바꾸어주는 역할을 한다.

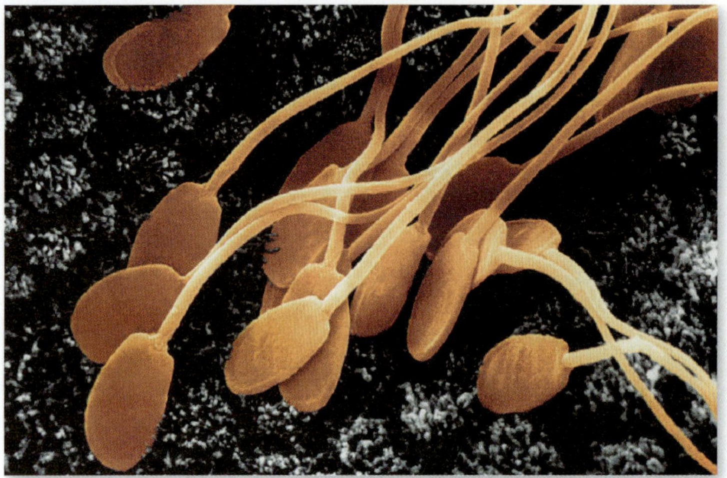

a.

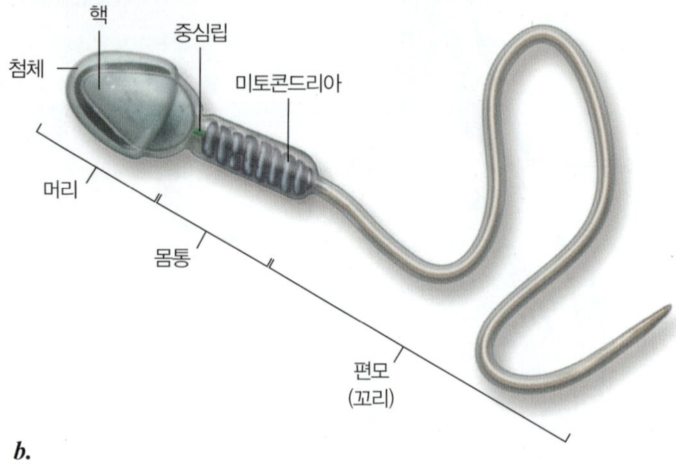

b.

그림 46.13 사람의 정자.
a. 정자(노란색)를 보여주는 주사전자현미경 사진. *b.* 정자세포의 주요 구성

정자의 구조

정자는 머리와 몸통, 편모(꼬리)로 된 비교적 단순한 세포이다(**그림 46.13**). 머리에는 핵이 들어 있으며, 골지체로부터 유래된 첨체(acrosome)가 이 부분을 덮고 있다. 첨체에는 난자를 둘러싼 보호층을 뚫기 위한 효소가 들어 있다. 몸통과 꼬리는 움직이기 위한 운동성을 제공해주는데, 꼬리에는 편모가 있고, 몸통 안에는 편모를 만드는 기저체로 작용하는 중심립과 편모운동에 에너지를 제공하는 미토콘드리아가 존재한다.

남성의 부속 생식기관은 정자의 운반을 도와준다

세정관에서 정자가 만들어진 후, 정자는 길게 꼬인 관인 **부정소**(epididymis)로 이동한다. 정자는 부정소에 도착할 때까지 운동성이 없으며, 운동성을 가지려면 적어도 18시간 동안은 부정소 내에 머물러야 한다. 부정소에서 정자는 또 하나의 긴 관인 **정관**(vas deferens)으로 이동하며, 이 관은 서혜관을 통해 복강으로 들어간다.

정액의 생성

정액은 정자와 분비액의 혼합물이다. 정소에서 뻗어 나온 정관은 정낭에서 나온 한 쌍의 관과 합쳐지며(**그림 46.11**), 정낭은 정액의 약 60%를 차지하는 과당이 풍부한 액체를 생산한다. 이 지점에서 정관은 사정관으로 연결되고, 방광의 기저부에 위치한 전립샘으로 들어간다.

사람의 경우 **전립샘**(prostate gland)은 해면조직으로 구성되어 있으며, 크기는 골프공 정도이다. 우유처럼 흰 알칼리성의 액체를 생성하며, 이 액체는 정액의 30%를 차지한다. 전립샘에서는 사정관과 방광에서 뻗어 나온 요도가 합쳐진다. 요도는 정액을 음경의 끝을 통해 체외로 배출시키는 역할을 한다. 완두콩만한 한 쌍의 쿠퍼샘은 정액의 나머지 10%를 차지하는 분비물을 생성하며, 이는 요도를 통해 분비되어 성교 전에 음경의 끝 부분을 매끄럽게 만들어 준다.

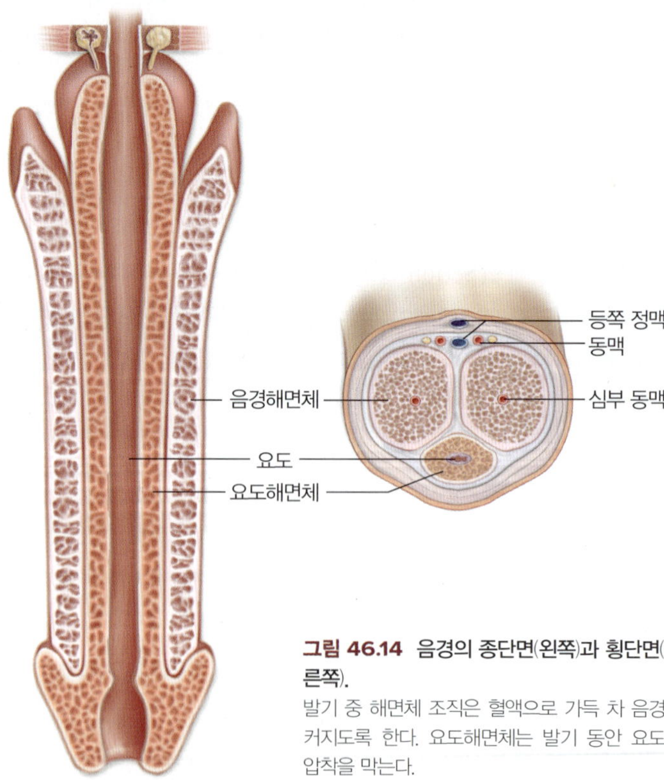

그림 46.14 음경의 종단면(왼쪽)과 횡단면(오른쪽).
발기 중 해면체 조직은 혈액으로 가득 차 음경이 커지도록 한다. 요도해면체는 발기 동안 요도의 압착을 막는다.

표 46.1	**포유류의 생식 호르몬**
	남성
난포자극호르몬(FSH)	세르톨리 세포를 통해 정자형성을 자극한다.
황체형성호르몬(LH)	레이디히 세포에 의해 테스토스테론의 분비를 자극한다.
테스토스테론	남성의 2차 성징, 부속 생식기관, 정자형성과정의 유지 및 발달을 자극한다.
	여성
난포자극호르몬(FSH)	난포의 성장과 에스트라디올의 분비를 자극한다.
황체형성호르몬(LH)	배란, 난포의 황체로의 전환, 황체에서 에스트라디올과 프로게스테론의 분비를 자극한다.
에스트라디올(에스트로젠)	여성의 2차 성징 유지와 발달을 자극하고, 매달마다 임신을 위한 자궁의 준비를 촉진한다.
프로게스테론	임신을 위한 자궁 준비를 완료하고, 여성의 2차 성징 유지를 돕는다.
옥시토신	자궁 수축과 모유 분출 반사를 자극한다.
프로락틴	모유 생산을 자극한다.

음경의 구조와 발기

요도 외에도 음경에는 등쪽 면에 위치한 발기조직인 음경 해면체 2개와 배쪽 면에 요도 해면체 1개가 있다(**그림 46.14**). 음경의 발기는 자율신경계의 부교감신경계에 의해 산화질소(NO)가 방출되면서 음경의 소동맥이 이완되어 일어난다. 발기조직은 충혈이 되어 단단해지고, 발기 조직의 압력이 증가하면 정맥을 누르게 되어, 혈액이 음경으로 들어올 수는 있으나 나가지는 못하게 된다.

대부분의 포유류의 음경에는 음경골(baculum)이라는 뼈가 있는데, 이 뼈는 발기 과정에서 음경이 딱딱해지도록 해주는 역할을 하며, 사람에는 존재하지 않는다.

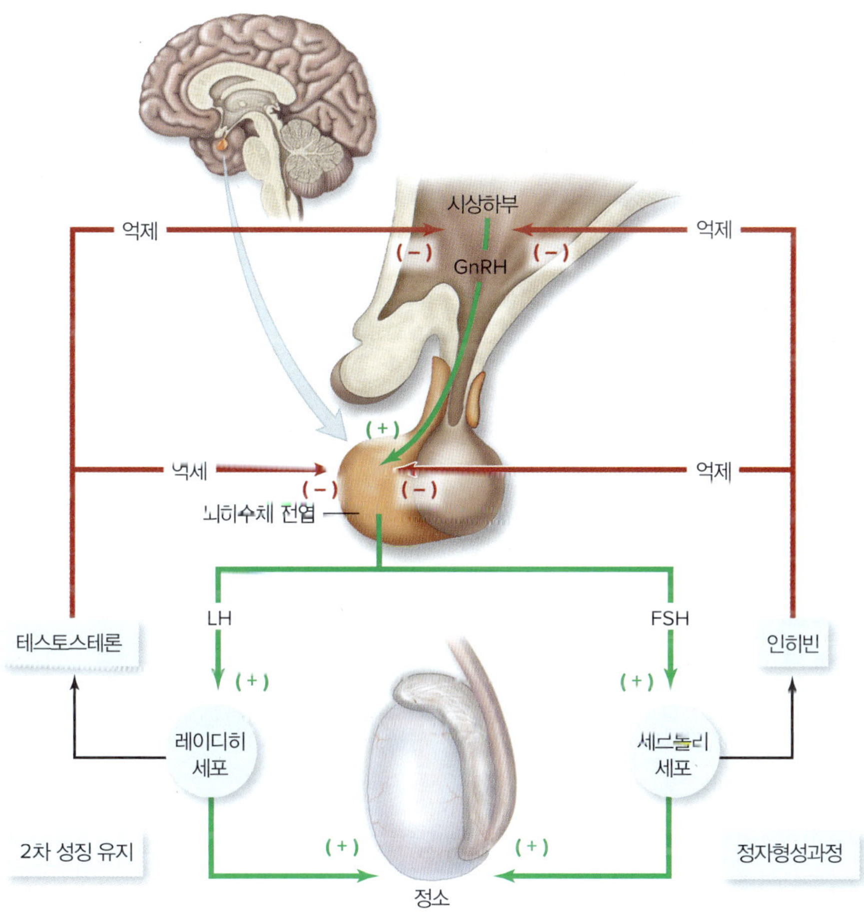

그림 46.15 성소와 뇌하수체 전엽 사이의 호르몬의 상호작용. 시상하부에서 GnRH가 분비되면 뇌하수체 전엽에서 LH와 FSH를 생산하도록 자극한다. LH는 레이디히 세포를 자극하여 테스토스테론을 분비한다. 테스토스테론은 2차 성징의 유지와 발달에 관여하고 정자형성을 자극한다. 또한 FSH는 세르톨리 세포를 자극하여 인히빈을 분비하도록 한다. 테스토스테론과 인히빈은 음성피드백 억제 기작에 의해 각각 LH와 FSH의 분비를 억제한다.

? **탐구문제** 정소가 수술로 제거(거세)되었을 때 뇌가 영향을 받는 이유는 무엇인가?

사정

발기와 지속적인 성적 자극으로 사정이 되면서 대략 3억 개의 정자가 들어 있는 2~5 mL의 정액이 방출된다. 수정을 위해서는 많은 정자가 필요한데, 이는 하나의 정자만으로는 난자로 가는 여정을 완수하여 수정할 가능성이 매우 낮고, 한 마리의 정자가 난자로 들어가기 전에 많은 정자의 첨체가 난자와 접촉해야 하기 때문이다(47장 참조). 정자의 수가 1 mL당 2천만 마리 이하인 남성은 일반적으로 불임인 것으로 알려져 있다. 많은 수의 정자지만 사정된 정액의 약 1%밖에 차지하지 않는다.

호르몬은 남성 생식기관의 기능을 조절한다

39장에서 살펴본 것처럼 뇌하수체 전엽에서는 두 종류의 생식샘자극호르몬인 난포자극호르몬(FSH)과 황체형성호르몬(LH)이 분비된다. 이 호르몬들은 여성의 몸에서 작용하는 역할에 따라 이름이 붙여진 것이지만, 남성에서도 생식기관의 기능을 조절한다(**표 46.1**). 남성에서 FSH는 세르톨리 세포를 자극하여 정자 발달을 촉진시키고, LH는 레이디히 세포에서 테스토스테론의 분비를 자극한다.

FSH와 LH의 분비 조절은 음성피드백 억제 원리를 통해 이루어진다(**그림 46.15**). 시상하부 호르몬인 생식샘자극호르몬 방출호르몬(gonadotropin-releasing hormone, GnRH)은 뇌하수체 전엽을 자극하여 FSH와 LH를 분비하도록 한다. FSH는 세르톨리 세포가 FSH의 분비를 억제하는 펩타이드 호르몬인 인히빈(inhibin)을 방출하도록 해준다. 마찬가지로 LH는 테스토스테론의 분비를 촉진하며, 테스토스테론은 뇌하수체 전엽에 직접 작용하거나, 간접적으로 시상하부에서 분비되는 GnRH의 분비를 감소시킴으로써 LH의 분비를 억제시킨다.

음성피드백 억제의 중요성은 정소를 제거함으로써 알 수 있으며, 테스토스테론과 인히빈이 분비되지 않는다면 뇌하수체 전엽에서 FSH와 LH의 분비량이 현저히 증가하게 된다.

핵심 요약 46.3

정소의 세정관 내에 있는 각각의 정원세포는 체세포분열을 한다. 2개의 딸세포 중 하나는 감수분열을 통해 반수체인 4개의 정자를 만든다. 정액은 정소에서 나오는 정자와 정낭과 전립샘에서 나오는 액체로 구성되어 있다. 성적인 자극은 음경을 발기시키는 원인이 되며, 지속적인 자극은 정액의 방출을 야기한다. 정소에서 정자의 생산과 테스토스테론의 분비는 뇌하수체 전엽의 FSH와 LH에 의해 조절된다.

- 자연선택은 더 많은 정자를 생산하는 수컷을 선호할까? 그 이유를 설명해 보자.

46.4 여성 생식기관의 구조와 기능

학습 목표

1. 난모세포의 생성과정을 서술할 수 있다.
2. 여성의 생식주기와 배란을 설명할 수 있다.
3. 여성의 생식기관 기능을 조절하는 호르몬에 대해 설명할 수 있다.

그림 46.16은 여성 생식기관의 구조를 보여준다. 정소에 비해 난소는 매우 느리게 발달한다. 테스토스테론이 없는 여성은 남성에서 음경과 음낭이 만들어지는 부분이 **음핵**(clitoris)과 대음순(labia majora)으로 발달한다. 따라서 음핵과 음경, 대음순과 음낭은 상동기관이라고 할 수 있다. 음핵은 음경과 마찬가지로 음핵해면체를 포함하고 있어 발기가 가능하다.

난소는 난포라고 부르는 미세구조를 가지며, 난포는 난자가 될 제1난모세포(primary oocyte)와 작은 **과립세포**(granulosa cell)로 구성되어 있다.

사춘기가 되면 과립세포에서 여성호르몬인 에스트라디올(또는 에스트로겐)이 분비되기 시작하면서 **초경**(menarche)이 일어나고, 월경주기가 시작된다. 에스트라디올은 유방의 발달과 음모 등 여성의 2차 성징이 일어나도록 자극한다. 또한 에스트라디올은 다른 스테로이드 호르몬인 프로게스테론과 함께 나팔관(수란관, 난관), 자궁, 질과 같은 부속 생식기관을 유지하는 데 도움을 준다.

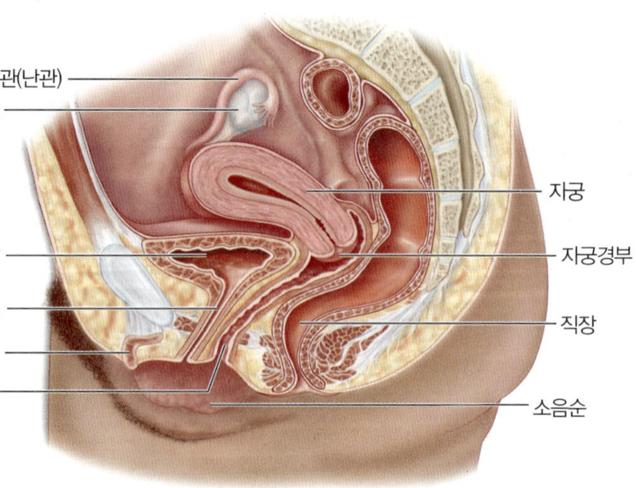

그림 46.16 여성 생식기관의 구성.
난소는 생식소이고, 나팔관은 배란된 난자를 받으며, 자궁은 수정된 난자가 배아로 발생하는 장소이다.

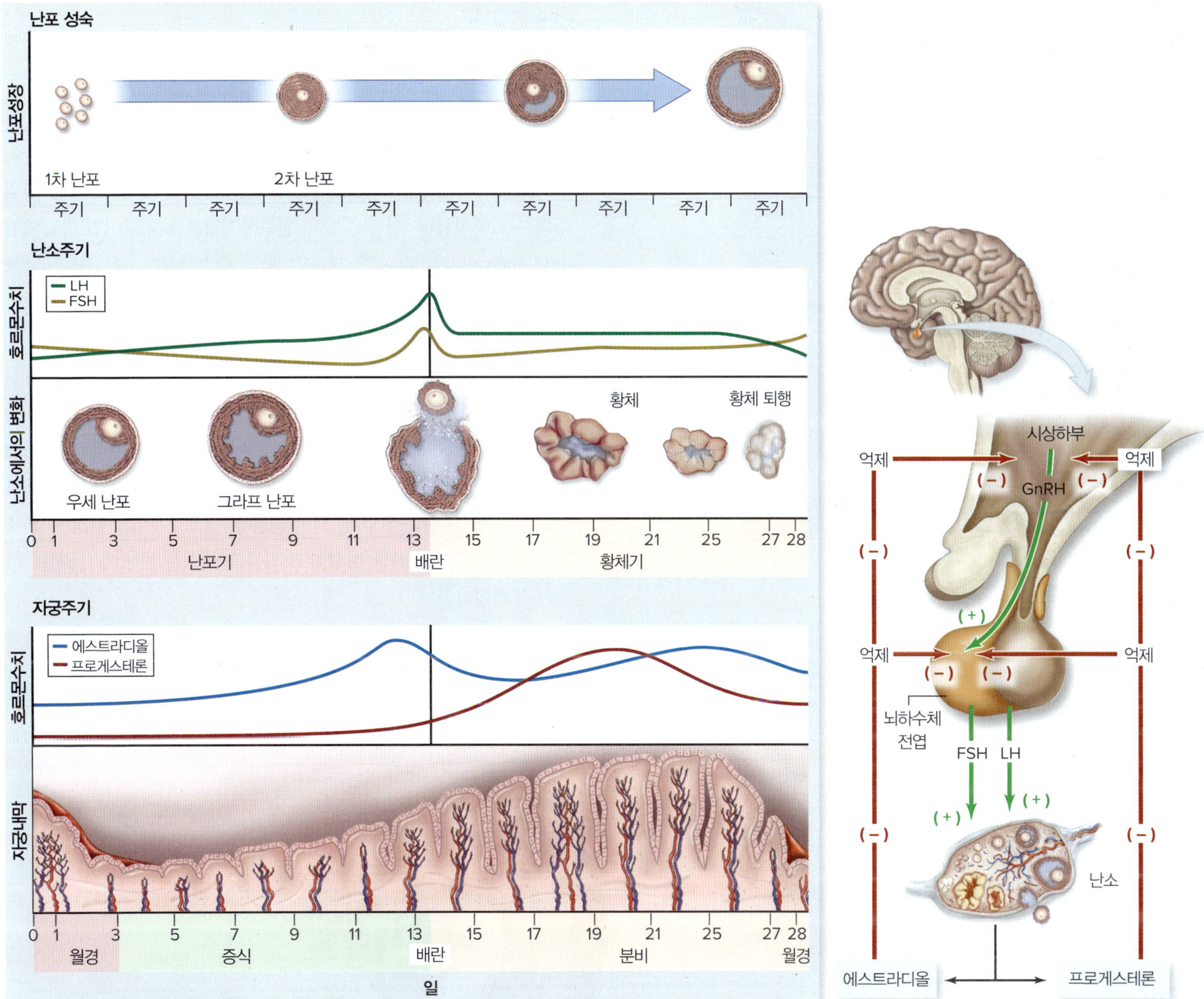

그림 46.17 사람의 월경주기.

왼쪽: 월경주기 동안 호르몬 양의 변화는 배란(중간) 및 자궁내막의 성장(아래) 및 관련이 있다. 자궁내막이 두터워지는 것은 증식기 동안의 에스트라디올에 의한 자극 때문이다. 에스트라디올과 프로게스테론은 분비기 동안에 자궁내막을 조절하고 유지한다. 이 두 호르몬 양의 감소에 의해 월경이 시작된다. 배란 준비가 되기 전까지 난포는 발달하는 데 수개월이 걸린다(위). 오른쪽: 뇌하수체 전엽에서의 에스트라디올과 프로게스테론의 생산은 음성피드백에 의해 조절된다.

자료 분석 월경주기의 어느 시점에서 FSH의 수치가 LH의 수치보다 높은가?

대개 하나의 난자가 한 번의 월경주기마다 생산된다

출생 시에 여성의 난소에는 감수1분열 전기까지 진행된 **제1난모세포**(primary oocyte)를 가진 100만 개 정도의 난포가 있다. 제1난모세포가 들어 있는 난포 가운데 일부는 매 주기마다 발달하도록 자극을 받지만, 난포의 성숙과정은 몇 달 동안 진행되므로, 특정 시기의 난소에는 여러 가지 성숙 단계의 난포가 존재한다. 여성의 월경주기는 약 한 달(평균 28일)이며, 난소의 활성도에 따라 난포기와 황체기로 구분되며, 두 시기는 배란을 기준으로 나눈다(**그림 46.17**).

각 월경주기가 시작될 때, 몇 달 전부터 발달된 그룹 내에서 1개의 우성 난포가 선택되고 발달하면서 그 그룹의 나머지 난포는 퇴화되기 시작한다.

난포기

난포기(follicular phase) 동안 1개의 우세한 난포만이 FSH의 자극에 의해 **후기 3차 난포**(late tertiary) 또는 **그라프 난포**(Graafian follicle)로서 완전하게 성숙한다. 이 난포는 난소 표면에 얇은 벽의 주머니를 형성한다. 자궁은 단순 원주상피막으로 이루어진 자궁내막(endometrium)을 지니며, 난포기 동안 에스트라디올은 자궁내막을 증식시키고, 이 시기가 자궁내막의 **증식기**(proliferative phase)이다(**그림 46.17**).

그라프 난포 안의 제1난모세포는 난포기 동안 감수1분열을 마친다. 이때 크기가 같은 2개의 딸세포가 만들어지는 대신, 큰 딸세포인 제2난모세포(secondary oocyte, **그림 46.18**)와 작은 딸세포인 **극체**(polar body)가 만들어진다. 따라서 제2난모세포는 제1난모세포의 세포질 거의 대부분을 받게 되어(불균등 세포질분열), 수정된 후에 난모세포가 초기 배아를 형성할 기회를 높여주는 반면에, 극체는 나중에 붕괴된다.

그 후 제2난모세포는 감수2분열을 시작하지만, 감수2분열 중기에 머무르게 된다. 이때 잠재적으로 난자가 될 난모세포가 배란기에 난

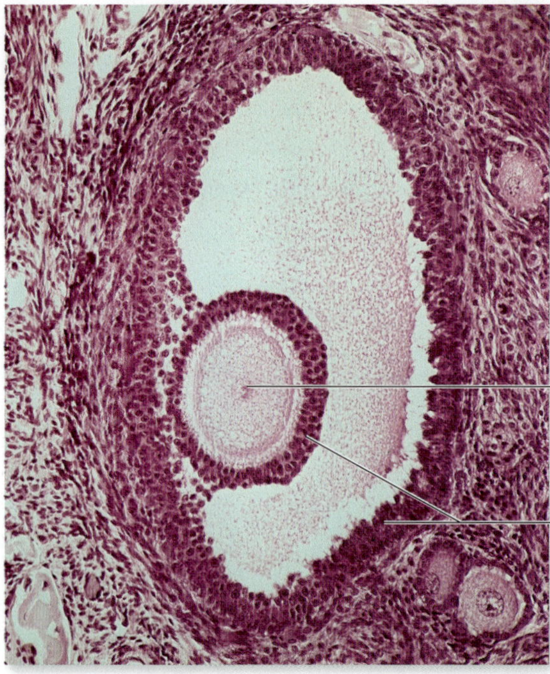

그림 46.18 고양이 난소의 성숙한 그라프 난포.
제2난모세포를 둘러싼 과립막세포를 주목하자. 이 세포는 배란 시에도 난세포를 둘러싸고 있으며, 정자가 제2난모세포의 원형질막에 도달하기 위해서는 이 세포층을 뚫고 들어가야 한다.

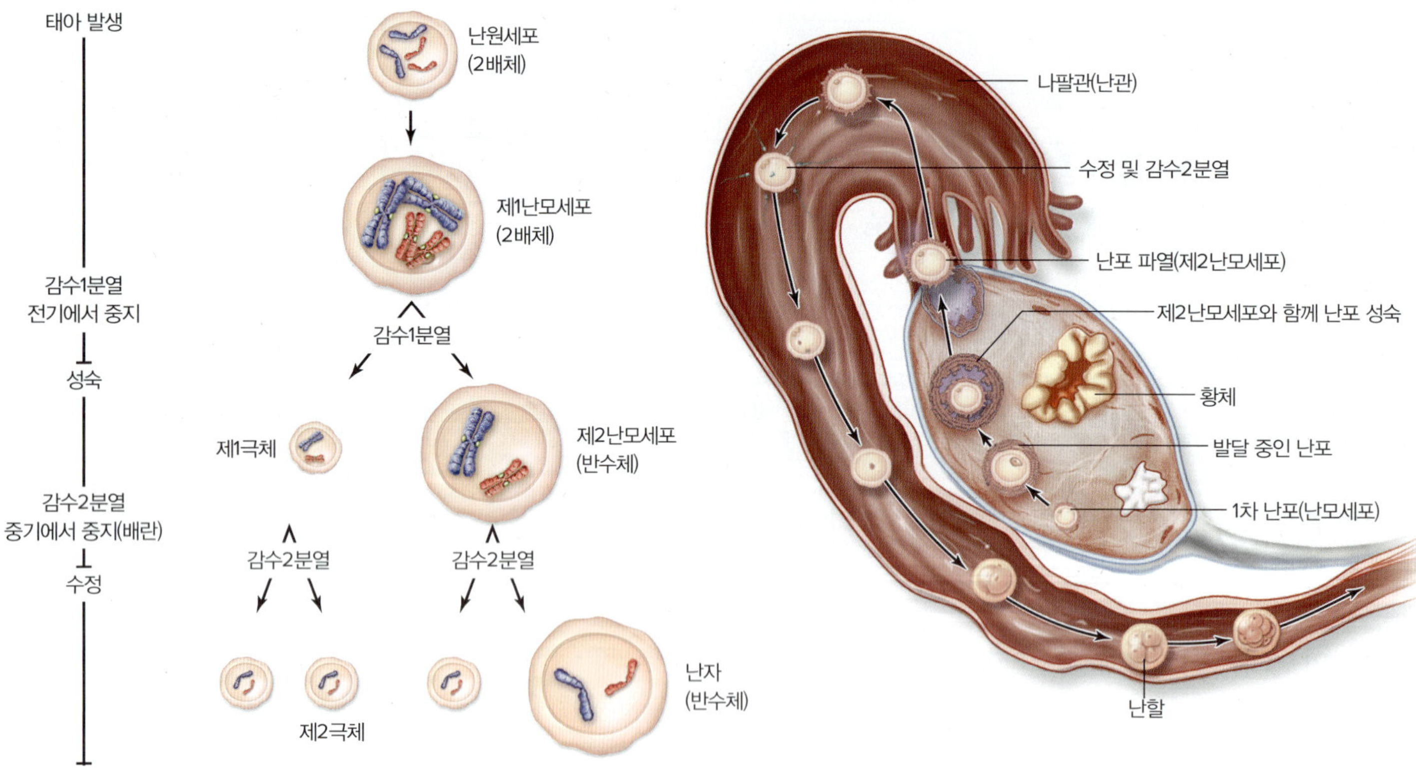

그림 46.19 사람의 난자형성과정에서의 감수분열.
제1난모세포는 2배체이다. 감수1분열이 끝나면 극체는 분해되고, 제2난모세포는 배란기에 방출된다. 제2난모세포는 수정 후에 감수2분열을 마치고, 제2극체와 반수체 알인 난자를 만든다. 반수체 난핵과 반수체 정핵은 융합하여 2배체 접합자를 만든다.

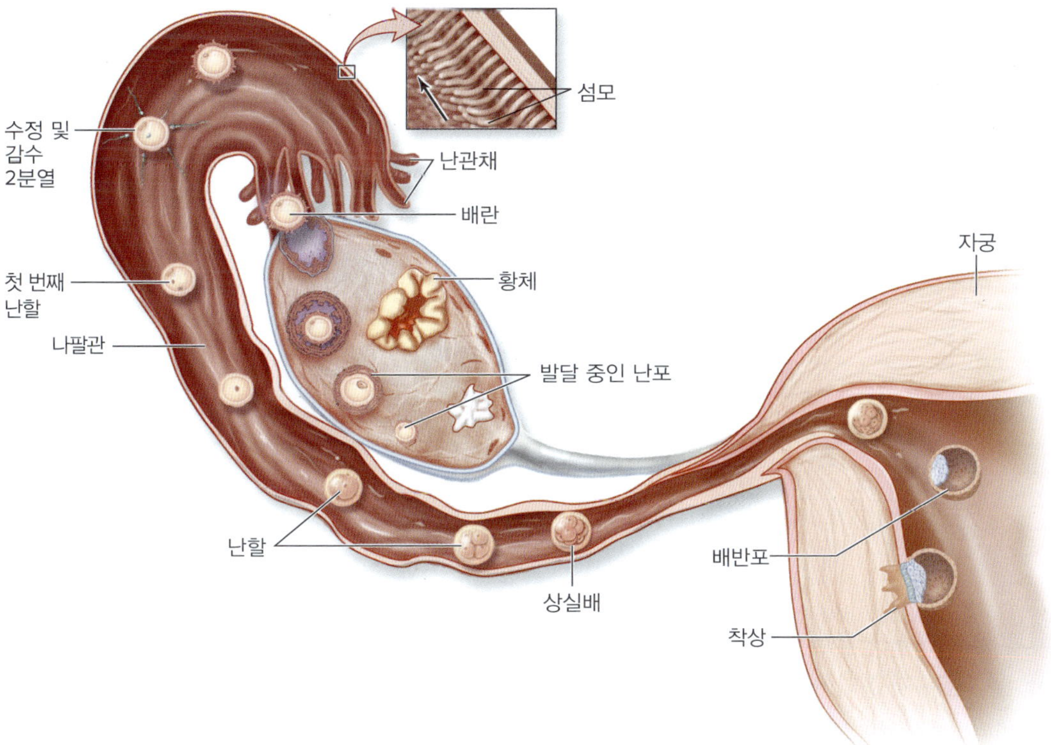

그림 46.20 난자의 이동.
난포 안에서 만들어져 배란기에 방출된 제2난모세포는 나팔관 안으로 들어가 나팔관 벽에 있는 섬모의 움직임에 의해 이동한다. 질의 위쪽으로 이동한 정자는 나팔관 안에서 제2난모세포와 융합함으로써 수정이 일어나며, 곧 감수분열이 끝나게 된다. 이렇게 만들어진 접합자는 나팔관 안에서 여러 번의 체세포분열을 한다. 자궁에 도달할 무렵 접합자는 배반포라고 부르는 속이 빈 공 모양의 세포가 된다. 배반포는 자궁벽에 착상한 후 계속 발생을 진행한다. 난자와 연속적인 발달 과정은 그림보다 훨씬 작지만 확대하여 나타냈다.

소로부터 방출되지만, 나팔관에서 수정하지 못하면 감수2분열을 마치지 못하게 된다.

배란

난포기 동안 혈중 에스트라디올의 양이 증가하면 뇌하수체 전엽에서 LH가 분비되도록 자극한다. 급격하게 분비된 LH는 배란기에 완전히 성숙한 그라프 난포를 터뜨려 제2난모세포를 방출하도록 한다.

방출된 난모세포는 나팔관 입구를 둘러싼 섬모 근처의 복강으로 들어간다. 나팔관 내벽의 섬모들은 난모세포를 나팔관을 따라 자궁으로 이동시켜 주는 역할을 한다.

수정되지 않은 난모세포는 배란 후 하루 이내에 퇴화되며, 수정이 되면 완전하게 감수2분열이 일어나면서 성숙한 난자와 제2극체가 형성된다(**그림 46.19**). 난자와 정자의 핵이 융합하여 2배체 접합자가 만들어진다. 수정은 보통 나팔관의 상단 1/3 지점을 통과하는 시점에 이루어지며, 사람의 경우 접합자는 약 3일 내에 자궁에 도착하고, 그 후 2~3일 안에 자궁내벽에 착상하게 된다(**그림 46.20**).

황체기

그라프 난포는 배란 후 LH의 자극으로 **황체**(corpus luteum)로 변하게 된다. 이런 이유로 월경주기의 후반부를 **황체기**(luteal phase)라고 한다. 황체는 에스트라디올과 또 다른 스테로이드 호르몬인 프로게스테론을 분비한다. 황체기 동안 에스트라디올과 프로게스테론의 높은 혈중 농도는 음성피드백 억제작용을 통해 뇌하수체 전엽에서 분비되는 FSH와 LH의 분비를 억제해 준다(**그림 46.17**). 황체기 동안의 억제작용은 월경주기의 중간에서 에스트라디올이 LH 분비를 자극하여 배란이 일어나게 하는 것과 대조적이다. 배란 후 에스트라디올과 프로게스테론의 억제 효과는 자연적인 피임과정으로 작용해 더 이상의 난포가 발달하는 것을 막고 배란이 지속되지 못하도록 한다.

황체기 동안 에스트라디올과 프로게스테론의 분비는 자궁내벽에서 혈관과 샘조직(glandular) 발달 및 글리코젠의 축적이 일어나도록 한다. 자궁내막의 샘조직 형성과 기능 때문에 이 시기를 **분비기**(secretory phase)라고 한다. 이런 변화는 자궁에 배아가 착상할 수 있도록 도와준다.

수정이 일어나지 않으면 황체기가 끝날 무렵에 LH와 FSH의 분비가 감소하여 황체가 퇴화한다. 황체에서 생성되는 에스트라디올과 프로게스테론은 황체 유지에 필요한 LH의 분비를 억제한다. 황체의 소멸은 황체기 말기에 에스트라디올과 프로게스테론의 혈중 농도를 급격히 감소시켜 출혈과 함께 자궁내막이 벌어져 나가도록 한다. 이 과정이 월경이며, 이 시기를 **월경기**(menstrual phase)라고 한다.

배란된 난모세포가 수정이 되면 작은 배아는 배아의 융모막에서 LH와 유사한 **인간융모성생식샘자극호르몬**(human chorionic gonadotropin, hCG)을 분비함으로써 황체의 퇴화를 막는다. 황체를 지

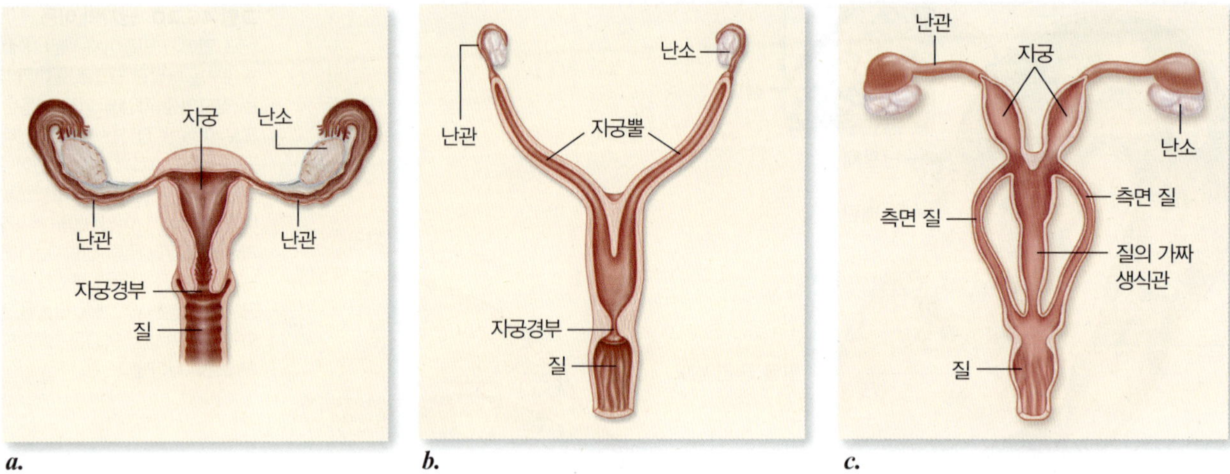

그림 46.21 포유류 자궁의 비교.
a. 사람 및 영장류. *b.* 고양이, 개, 소. *c.* 유대류.

속시킴으로써 hCG는 에스트라디올과 프로게스테론의 농도를 높게 유지하도록 하고 임신이 끝나거나 월경이 일어나는 것을 막아준다. hCG는 모체가 아닌 태아의 융모막에서 분비되므로, 모든 임신 진단에 사용되고 있다.

포유류의 발정주기

발정주기를 가지는 포유류는 월경을 하지 않는다. 이런 포유류에서는 주기적으로 자궁내막이 벗겨지지만 출혈은 일어나지 않는다. 발정주기는 발정전기, 발정기, 발정후기, 발정사이기의 4단계로 구분된다. 이는 월경주기에서 증식기, 중기(배란기), 분비기, 월경기에 해당된다.

여성의 부속 생식기관은 정자를 받아들이고, 배아에 영양분을 공급하고 보호해준다

나팔관(자궁관 또는 난관이라고도 부름)은 난자를 난소로부터 자궁까지 이동시켜 준다. 사람의 **자궁**(uterus)은 근육질이고 과일인 서양 배와 같은 모양을 하고 있으며 자궁경부를 거쳐 질로 이어진다(**그림 46.21***a*).

질의 입구는 **처녀막**(hymen)으로 덮여 있으며, 이 막은 격렬한 운동이나 성관계에 의해 파열된다. 후자의 경우 첫 경험 시에 처녀막이 파열되며 고통스러울 수도 있다.

성적 자극에 의해 소음순과 음핵 그리고 질은 남성의 발기 조직처럼 혈액이 가득 차게 된다. 음핵은 감각뉴런이 많이 분포하고 있어 매우 민감하기 때문에 여성의 성적 자극에 중요한 역할을 한다. 성적 자극이 주어지면 질 입구 부분에 있는 바르톨린선(Bartholin's gland)이 점액을 분비하여 음경의 삽입을 용이하게 해준다. 사정된 정자는 질 입구로부터 나팔관까지 멀리 거슬러 올라가 제2난모세포와 만나 수정하게 된다.

영장류를 제외한 다른 포유류의 암컷은 매우 복잡한 생식관을 가지고 있으며, 자궁은 자궁뿔의 형태로 나누어지며, 각각의 자궁뿔은 난관으로 이어진다(**그림 46.21***b*, *c*). 예를 들어 고양이, 개, 소와 같은 동물의 경우, 자궁경부는 하나지만 격벽으로 분리된 2개의 자궁뿔을 가지고 있다. 주머니쥐와 같은 유대류는 더욱 확실히 분리되어 있어 2개의 자궁뿔과 2개의 자궁경부, 2개의 질을 지니고 있다. 수컷 유대류는 갈라진 음경을 가지고 있어 2개의 질에 동시에 삽입할 수 있다.

핵심 요약 46.4

제1난모세포는 난소의 난포 안에 존재한다. 사춘기 때 일부 난모세포는 FSH에 의해 매 월경 주기 때마다 발달하도록 자극받는다. 각각의 제1난모세포에서는 불균등 세포질분열에 의해 1개의 난자와 3개의 극체를 생성한다. 난포기 동안 우세 난포는 성숙한다. 배란은 LH에 의해 유발된 이 난포 안에 존재하는 제2난모세포의 방출이다. 제2난모세포는 수정이 일어나야 분열을 완료한다. 황체기에는 추가 난모세포의 발달이 억제된다. 만약 수정이 일어나지 않으면, 자궁내막은 월경 출혈로 인해 상피세포들이 탈락한다.

- 임신당 1명 이상의 자손이 자연선택에 의해 선호될까? 어떤 조건에서 그렇게 될까?

46.5 피임과 불임치료

학습 목표

1. 여러 가지 피임법의 특징을 비교할 수 있다.
2. 불임의 원인에 대해 서술할 수 있다.

대부분의 척추동물에서 교미는 생식과 연관되어 있다. 교미 기간 동안에만 허용되는 성적 수용성(receptivity)은 암컷이 지니고 있는 본능적인 행동이다. 사람과 일부 유인원의 암컷의 경우, 생식주기 내내 성적 수용성을 가질 수 있으며, 성적 행위를 받아들이는 성적 수용성의 확대는 2차적 기능, 즉 두 개체 사이의 유대 및 정서적 관계를 강화시키는 힘을 가지게 해준다.

모든 커플이 성행위를 할 때마다 임신이 되기를 바라는 것은 아니지만, 성적 행위는 사람의 정서 생활에 있어서 반드시 필요하며 중요한 부분을 차지하고 있다. 역사적 사실을 살펴보면, 옛날부터 사람들이 성행위는 계속하면서도 임신을 조절하기 위해 다양한 시도를 했다는 것을 알 수 있다. 임신을 막는 것을 피임(contraception)이라 부른다. 생리학적으로 수정이 아닌 자궁내벽에 착상이 된 상태로 약 일주일 이상 지난 것을 임신으로 본다. 일반적으로 사용되는 피임법은 자궁내벽에 수정란이 착상되기 전에 이루어진다.

이와 반대로, 일부 커플들은 아이가 생기기를 간절히 바라지만 여러 가지 이유로 임신이 되지 않는 불임이 나타나기도 한다. 이러한 불임 부부가 아이를 가질 수 있게 하는 기술도 계속해서 발전하고 있다.

피임은 수정이나 착상 방지를 목적으로 한다

문화나 종교, 개인에 따라 장단점을 가진 다양한 피임법이 임신을 막기 위해 사용되고 있다(**표 46.2**). 경구피임약과 같은 많은 방법이 의도한 대로 사용한다면 매우 효과적일 수 있지만, 실제로 사용자는 약을 먹는 것을 잊거나, 의사와의 진료 예약을 놓치거나, 피임약을 잘못 사용하기 때문에 신뢰성이 떨어진다.

금욕

성행위를 아예 하지 않는 일명 금욕(abstinence)이 가장 믿을 만한 피임법이다. 이 방법은 수많은 피임법 가운데 가장 확실하다. 그

표 46.2 피임 방법

장치	작용	실패율*	장점	단점
경구 피임약	주로 배란을 억제하는 호르몬(프로게스테론 유사제를 단독으로 쓰거나 다른 호르몬과 복합 처방함)	유형에 따라 9%	편리, 고효율, 난소암과 자궁내막암 방지	정기적 복용, 경미한 부작용(신약은 줄어듦), 여성(특히 35세 이상의 흡연 여성)에게 부적절
콘돔	음경을 둘러싸는 얇은막, 질벽을 둘러싸는 여성용 콘돔	18%	간편, 효율, 저비용, 성병 예방	남성의 협조 필요, 성감 감퇴
피임용 격막	자궁 입구를 막는 부드러운 고무캡, 정자가 난자로 전달되는 것을 차단, 살정제 포함	12%	위험한 부작용 없음, 제대로 사용 시에는 신뢰할 수 있음, 자궁경부암과 성병 예방	착용 시 주의 필요, 삽입과 제거가 불편함, 성교 시에 빠질 가능성 있음
자궁내 피임장치(IUD)	자궁내 플라스틱 혹은 철로 된 재질 사용, 착상 방지, 일부 제품은 구리 함유 또는 호르몬 방출	1%	편리, 고효율, 반영구적	월경 시 과다출혈 및 통증 가능, 천공, 감염, 분리, 골반염, 불임의 위험이 있음, 임신을 원하는 사람에게 부적설, 임신 시 위험
경부 덮개	피임용 격막의 축소판으로 정자가 난자로 전달되는 것을 차단, 살정제 포함	피임용 격막 사용시와 유사	위험한 부작용 없음, 상당히 효과적, 피임용 격막보다 오래 착용 가능	삽입과 착용 시 문제, 크기 제한
거품, 크림, 젤리형의 질 삽입용 좌약	성교 전에 질 안으로 살정제를 삽입하여 정자가 자궁으로 들어가는 것을 방지	10~28%	알레르기 반응이 없는 사람 사용 가능, 성병 예방, 부작용 없음	비교적 신뢰도가 낮음, 때때로 지저분함, 반드시 성관계 5~10분 전에 사용해야 함
이식용 피임제	외과적으로 피하에 호르몬을 방출하는 캡슐을 이식하여 배란 방지	0.05%	매우 안전, 편리, 효과적, 오래 지속, 경구 피임약과 같은 효과	불규칙적인 기간, 삽입과 제거에 외과 수술 필요, 작은 흉터 발생
주사용 피임제	매 3개월마다 호르몬을 주사하여 배란 방지	6%	편리, 고효율, 때때로 월경 시 출혈이 심한 것 외에는 심각한 부작용 없음	때때로 월경 시 심한 출혈

* 실패율은 매년 100명의 사용자당 임신 횟수로 계산하였음.
출처; Data from American College of Obstetricians and Gynecologists: Contraception, Patient Education Pamphlet No. AP005. ACOG, Washington, D.C., 1990

러나 이 피임법은 계속 실천하기에 가장 제한적이고 어려운 방법이다. 성충동은 억제하기가 힘들어 부부가 피임법으로 금욕을 실행하다가 실패하면 원치 않는 임신이 일어날 수 있기 때문이다.

정자 전달의 차단

정자가 자궁에 도달하지 못하면 수정은 일어날 수 없다. 정자의 전달을 막는 한 가지 방법은 콘돔이라고 하는 얇은 막으로 음경을 감싸는 것이다. 일부 남성의 경우 성행위 시 쾌감이 줄어든다고 하여 콘돔을 선호하지 않는다. 이론적으로 이 피임법은 쉽게 사용할 수 있고 확실한 효과를 나타내지만, 실제적으론 정확하게 콘돔을 사용하지 않거나 불연속적으로 사용함으로써 매년 3~15% 정도의 실패율을 보인다. 그럼에도 불구하고 콘돔은 미국에서 가장 많이 사용되고 있는 피임법이다. 콘돔은 또한 AIDS의 전염이나 다른 전염성 성병(sexually transmitted diseases, STDs)을 차단하는 방법으로 널리 사용되고 있으며, 미국에서는 매년 수십억 개의 콘돔이 판매되고 있다.

정자가 자궁으로 들어오는 것을 막는 두 번째 방법은 자궁경부를 덮어씌우는 것이다. 자궁경부에 꽉 끼도록 만들어진 덮개는 한번 장착하고 나면 며칠 동안 사용할 수 있으며, 고무로 만든 반구형의 피임용 격막은 성관계를 갖기 전에 삽입시켜 사용한다. 자궁경부의 크기는 사람마다 서로 다르기 때문에 반드시 의사와 상담 후 경부 덮개 또는 피임용 격막의 크기를 결정하여 장착해야 한다. 피임용 격막을 사용하는 여성들 가운데 매년 12% 정도는 임신을 한다. 경부 덮개가 피임용 격막에 비해 낮은 실패율을 보인다.

정자 제거

세 번째 피임법은 사정 후 정자를 제거하는 방법이다. 이 방법은 성관계 직후, 즉 정자가 자궁으로 들어오기 전에 질 부분을 씻어내는 것이다. 이러한 피임법을 질세척(douche)이라고 한다. 질세척은 사정 직후 곧바로 화장실로 달려가 완전하게 씻어야 하기 때문에 쉽게 적용하기 어려우며, 실제로 질세척은 정자를 질과 자궁으로 밀어 올려서 임신을 시킬 가능성이 높기 때문에 실패율이 매우 높다(연간 40%).

질세척 대신 사용하는 방법으로 질 속으로 전달된 정자를 죽이는 젤리나 거품 형태의 살정제가 있다. 이 약품은 성관계 바로 직전에 주입하며, 실패율은 매년 10~28% 정도이다. 콘돔이나 피임용 격막과 함께 살정제를 사용하면 각각의 방법을 따로 사용하는 것보다 효과가 더 높게 나타난다.

배란 억제

1960년대 이후 미국 사회에서는 여성들이 매일 피임약을 섭취하는 경구 피임법이 증가하기 시작했다. 피임약 성분에는 프로게스테론 유사제가 포함되어 있으며, 일부 피임약에는 에스트로젠이 함께 들어 있는 경우도 있다. 앞에서 프로게스테론과 에스트라디올이 배란주기의 황체기 동안 음성피드백 작용에 의해 FSH와 LH의 분비를 억제시켜 난포의 발달과 배란이 일어나지 못하도록 차단시키는 기작에 대해 설명한 바 있다. 이 호르몬들은 자궁내벽을 두껍게 만들기도 한다. 피임약 속에 들어있는 호르몬 또한 같은 효과를 보여 배란을 차단시키기 때문에 수정될 난자가 없게 되는 것이다.

여성은 보통 3주일간 호르몬 성분의 피임약을 복용하며 4주째에는 호르몬이 포함되지 않은 피임약을 복용해 호르몬의 혈중 농도를 떨어뜨려 월경이 일어나게 한다.

경구피임약은 완벽히 사용했을 때 실패율이 매년 1%밖에 되지 않기 때문에 피임에 매우 효과적이지만, 실제로는 약 9%의 여성들이 실패한다. 다른 형태의 경구 피임법으로는 피하에 호르몬 제제의 캡슐을 삽입시키는 방법이 있다. 이 이식한 캡슐은 실패율이 1%도 되지 않는다.

피임약이나 캡슐을 사용하는 여성들 가운데 소수의 여성에게서 혈액 응고나 메스꺼움과 같은 부작용이 나타난다. 이러한 부작용은 에스트로젠의 양을 줄이거나 다른 프로게스테론 유사제가 포함되어 있는 새로운 피임약을 사용하는 것으로 줄일 수 있다. 새로운 피임약은 자궁내막암, 난소암이나 심혈관계 질환과 골다공증(나이 든 여성의 경우) 등의 발병률을 감소시키기 때문에 또 다른 이득을 가져다주기도 하지만 유방암과 자궁경부암의 발병률을 증가시킬 수 있다.

흡연 여성, 특히 35세 이상의 흡연 여성에게는 경구피임약의 위험성이 매우 높아진다. 이러한 피임법의 상대적인 장점과 단점에 대해 각자가 결정할 수 있도록 의사와 상담을 해야 하지만, 많은 여성들이 경구용 피임약의 부작용보다 장점이 많다는 데 동의하고 있다.

배아의 착상 방지

코일이나 불규칙한 형태의 물체인 자궁내 피임기구(intrauterine device, IUD)의 삽입은 배아의 착상을 막기 때문에 효과적인 피임법이다. IUD의 실패율은 단 1% 정도이며, 이렇게 높은 효과는 한번의 삽입으로 피임 효과가 지속되는 편리함 때문이다. 이 방법의 단점은 IUD를 사용하는 여성의 1/3 정도가 경련, 통증, 때로는 출혈을 경험하기 때문에 지속적으로 사용할 수 없다는 점이다. 또한 IUD의 삽입 시에 자궁내 감염이 일어날 수 있다.

착상을 막는 또 다른 방법은 일반 피임약에 비해 50배의 에스트로젠이 들어 있는 "사후피임약(morning-after pill)"을 복용하는 것이다. 이 약은 일시적으로 난자의 발달을 차단하고, 수정과 수정란의 착상을 막아주며, 실패율은 1~10%이다.

그림 46.22 불임 시술.
a. 정관절제법.
b. 난관결찰법.

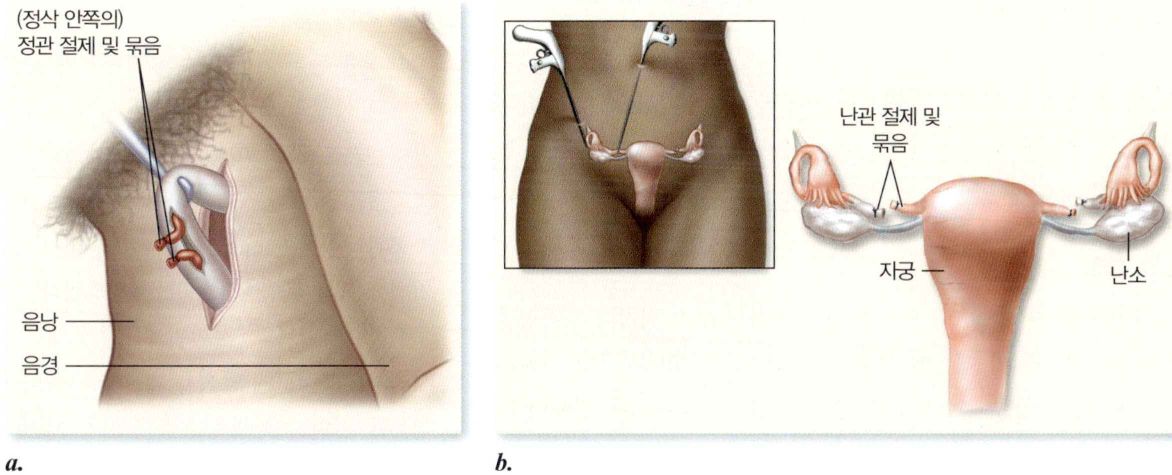

많은 여성들이 심한 부작용 때문에 고농도의 호르몬이 들어 있는 이 약의 복용을 꺼린다. 이 약은 일반적인 피임을 위해 개발된 것이 아니고, 긴급 상황에서 사용되도록 고안된 것이다.

불임 시술

불임 시술은 생식샘으로부터 생식세포가 이동하는 관의 일부를 제거하는 수술(**그림 46.22**)로 거의 100%의 피임효과를 나타낸다. 불임 시술은 남성과 여성에게 모두 적용할 수 있는 피임법으로 남성의 경우에 정자가 정액 속으로 들어가지 못하도록 차단시키고, 여성의 경우에는 배란된 난모세포가 자궁으로 들어가지 못하도록 한다.

남성에게 시술하는 정관절제술(vasectomy)은 각 정소에서 빠져나오는 정관을 자르거나 일부를 결찰하는 방법이다. 이와 비슷한 방법으로 여성이 하는 난관결찰술(tubal ligation)은 각 난관의 일부를 제거한 다음 관을 묶는 방법이다. 매우 드물긴 하지만 잘려진 관이 다시 연결되어 수정 능력을 되찾기도 한다. 이런 일은 정관절제술에서 보다 흔하게 일어나지만, 둘 다 매우 낮은 비율로 일어난다. 두 방법 모두 수술을 통해 수정 능력을 가지도록 되돌릴 수 있는데, 절제된 정관의 경우 비용이 많이 들고 실패할 가능성이 높다.

불임은 남성과 여성 모두에서 일어난다

피임을 하지 않은 상태에서 성관계를 가지는데 12개월 동안 임신이 되지 않는다면 불임으로 판정된다. 불임인 부부들 중 40%는 남성의 문제이며, 45%는 여성, 15%는 명확한 이유가 밝혀지지 않았다. 이와 같은 통계 자료는 비록 불임에 관해 많은 연구가 진행되었지만, 아직도 연구해야 할 점이 많이 남아 있음을 의미한다.

여성 불임

여성에서 불임은 난모세포의 생성 과정부터 접합자의 착상 과정까지의 단계 중 어느 한 단계에서 잘못되는 경우에 생긴다. 가장 흔한 경우는 배란이 잘못되거나, 수정이나 착상에 실패하여 불임이 일어나기도 한다.

전 세계적으로 가장 많이 나타나는 불임의 원인은 골반염(pelvic inflammatory disease, PID)이다. 이 질병은 다양한 세균의 감염에 의해 발생하여 나팔관을 차단시키며, 그로 인해 정자의 통과나 수정란의 자궁으로의 이동이 차단된다.

자궁내막조직이 비정상적인 장소에 생기는 자궁내막증(endometriosis)은 PID와 유사한 방법으로 불임을 야기한다. 신체는 자궁내막조직과 반응하여 흉터 조직을 만들어 둘러싸며, 증식된 흉터 조직은 자궁으로의 난자 이동을 막는다.

또 다른 불임의 원인으로는 여성이 나이가 들거나 조기 폐경(premature ovarian failure, POF) 때문에 나타난다. 출산력은 여성의 나이가 들어감에 따라 급격히 감소하고, 염색체 비분리 현상과 같은 유전적 이상도 증가한다(12장 참조). 40세 이전에 난자 공급이 감소된다면 POF를 의심해 볼 필요가 있다.

배란을 조절하는 호르몬의 분비가 중단되는 것도 여성 불임의 원인 중 하나이다. GnRH의 분비가 감소하면 배란이 중단되고, 저생식샘자극호르몬생식샘저하증(hypogonadotropic hypogonadism)이 발생된다. 이는 시상하부나 뇌하수체에 손상을 입게 되거나 시상하부에서 분비되는 호르몬의 균형이 깨져 일어나게 된다. 예를 들어, 당뇨병이나 갑상샘 질병, 그리고 부신에서의 과도한 안드로겐 분비는 시상하부의 호르몬 피드백 과정에 영향을 미치게 되고 정상적인 기능을 중단시키므로, 이는 바로 GnRH 분비량을 감소시켜 불임을 유도하게 된다. 과도한 운동이나 거식증(anorexia)은 GnRH 분비량을 감소시켜 불임의 원인이 될 수 있다.

호르몬의 불균형은 주로 황체기에 발생한다. 황체기 동안 프로게스테론이 제대로 분비되지 않으면 자궁벽이 비후되지 않는다. 만약 자궁벽이 준비되지 않으면 착상이 이루어지 않거나 자연유산이 될 가능성이 매우 높다.

남성 불임

남성에서 불임은 주로 사정액 내의 정자의 수가 적거나 생존성과 운동성이 떨어지기 때문에 생겨난다. 불임은 감염에서부터 호르몬 불균형까지 다양한 원인으로 생긴다. 남성에서의 분석은 정자의 수집 방법이 비외과적이기 때문에 더 용이하다. 정자의 수나 생존성, 형태 및 운동성 등은 쉽게 분석할 수 있다.

불임은 자가면역에 의해 정자의 수가 감소하거나, 정액 생성에 관여하는 생식샘의 비정상적 기능에 의해서도 일어날 수 있다. 정관이나 세정관의 손상도 불임의 원인이 된다. 정자 성숙 과정이 잘못되어도 불임이 될 수 있다.

이 모든 가능성을 배제해도 남성 불임의 5%는 원인이 밝혀지지 않은 불임이다. 다른 환경에 있는 집단에서도 비슷한 불임률을 보이는 것으로 보아, 원인이 유전적 문제일 가능성이 있다. 초파리에서 1500개의 열성유전자가 남성의 생식 능력에 영향을 주는 것으로 밝혀졌으며, 사람에서도 유사한 유전자가 불임을 일으키는지 연구 중에 있다.

불임 치료는 보조 생식기술을 포함한다

불임 치료법에는 호르몬 요법과 **보조생식기술**(assisted reproductive technology, ART)이 있다. 현재 알려져 있는 보조기법은 매우 다양하며 계속해서 발전하고 있다.

호르몬 요법

여성 불임은 배란에 문제가 생겨 나타나는 경우가 대부분이기 때문에 정상 월경주기의 한 시점에서 FSH와 LH의 농도를 높여주는 것으로 치료하게 된다. 월경주기의 호르몬 조절이 복잡하다는 점을 생각해 볼 때, 많은 방법이 존재하는 것은 놀랄 일이 아니다. 현재 가장 많이 쓰이는 약은 클로미펜(clomiphene)이 주성분인 클로미드(Clomid)로, 에스트로젠 수용체의 경쟁적 억제제이다. 이 약제는 난소에서 에스트라디올 생산을 조절하는 음성피드백 작용을 방해해서 FSH와 LH 수준을 높여준다. 만약이 방법이 성공적이지 않다면 생식샘자극호르몬(gonadotropins)을 주사해서 난소를 자극시키면 된다.

보조 생식기술

생식을 돕는 가장 단순한 기법은 인공수정이며, 이는 수정이 일어나도록 여성의 생식관 내 적절한 위치에 정자를 주입하는 기술이다. 가축에서도 널리 이용되는 인공수정은 사람에게도 이용되고 있다. 인공수정은 또한 정자와 난자를 모두 나팔관내로 주입하는 **생식세포 자궁관내이식**(gametic intrafallopian transfer, GIFT)이라고 불리는 기법에 의해 불임 치료에도 사용하였다.

1978년 최초의 "시험관 아기"가 태어나면서 생식 방법의 새로운 시대가 열렸다. 이 방법을 개발한 사람도 얼마나 다양하게 이 기술이 적용될 것인지를 예측하지 못했다. 체외수정의 기본 원리는 **시험관 수정**(in vitro fertilization, IVF)이고, 발생 중인 배아를 착상시키는 것은 **배아 이식**(embryo transfer, ET)이라고 한다. 시험관 내에서 정자가 난자와 성공적으로 수정하지 못할 경우에는 정자를 난자에 직접 삽입하는 **세포질내 정자주입**(intracytoplasmic sperm injection, ICSI) 방법을 사용한다.

보조 기법의 대표적인 부작용은 다태아(multiple births)가 생길 가능성이 있다는 것이다. 이는 최소한 하나의 배아가 제대로 착상하여 발달할 수 있도록 하기 위해서 여러 개의 수정된 배아를 산모의 자궁 속에 넣기 때문에 일어나는 현상이다. 사람의 발생에 대해 많은 연구가 이루어져서 초기 배아의 성장을 지켜볼 수 있게 되었고, 그 결과 가장 좋은 배아만을 선별하여 이식함으로써 다태아라는 문제점도 감소시킬 수 있게 되었다.

정자나 난자 심지어 인간 배아까지 냉동시켜 보관할 수 있는 기술이 가능하기 때문에 난모세포를 채취하는 등의 외과적인 방법의 횟수도 줄일 수 있게 되었다. 냉동된 정자, 난자, 배아를 사용하여 출생이 이루어질 수 있는데, 시험관 수정에서 자궁으로 이식된 하나의 배아를 제외하고 나머지는 얼린 상태로 보관한다. 만약 이식된 배아가 착상에 실패하게 되면, 보관했던 다른 배아를 녹여 이식하면 된다.

핵심 요약 46.5

임신은 금욕, 차단식 피임법, 호르몬 억제, 불임 시술 등 다양한 피임방법으로 예방할 수 있다. 일부 방법은 다른 방법들보다 사람의 실수에 더 취약하기 때문에 성공률이 더 낮다. 불임은 배란을 유도하기 위한 호르몬 요법이나 보조 생식기술의 사용에 의해 치료할 수 있다. 이러한 보조 기술에는 체외수정이나 세포질내 정자주입이 포함된다.

■ 왜 남성 피임약은 없을까?

핵심 개념 요약

46.1 동물의 생식 전략

■ 생식은 무성으로 일어날 수 있다

유성생식은 반수체 배우자(난자와 정자)를 생성하는 감수분열이 필요하다. 배우자의 수정에 의해 2배체의 접합자가 생성된다.

무성생식은 부모 개체와 같은 유전자를 가지는 자손을 생산한다.

출아는 모체의 한 부분이 분리되어 동일한 새로운 개체로 분화하는 것이다. 단성생식에서 암컷은 수정되지 않은 난자로부터 자손을 생산한다.

■ 일부 종에서는 한 개체가 암컷과 수컷 모두가 될 수 있다

자웅동체에서 개체는 정소와 난소를 동시에 가지고 있거나 성별을 바꿀 수 있다.

■ 성은 유전과 환경 요인에 의해 결정될 수 있다

일부 동물에서는 개체가 배아 시기에 경험하는 온도에 의해 성별이 결정된다. 포유류에서는 Y 염색체의 존재에 의해 유전적으로 성별이 결정된다(**그림 46.5**).

46.2 척추동물의 수정과 발생

■ 체내수정을 하는 동물은 자손의 발생을 위해 3가지 전략을 가지고 있다

체내수정을 하는 척추동물은 배아의 발생을 위해 난생, 난태생, 태생의 3가지 방법을 갖고 있다. 체내수정과 출산 모두 여러 번 진화했다.

■ 대부분의 어류와 양서류는 체외수정을 한다

대부분의 어류와 양서류는 난자와 정자를 물에 방출하고, 여기서 우연히 결합하여 접합자를 형성한다. 소수의 수정란만 자라서 성숙하게 된다.

■ 파충류와 조류는 체내수정을 한다

파충류와 조류의 배아는 양막과 배외막으로 둘러싸인, 액체로 채워진 공간 및 건조를 막기 위한 껍질 안에서 발달한다.

■ 포유류는 일반적으로 알을 낳지 않고 새끼를 낳는다

포유류도 양막류이지만 대부분의 동물은 태생이다. 대부분의 포유류는 발정주기가 있으며, 영장류는 월경주기가 있다.

46.3 남성 생식기관의 구조와 기능

■ 정자는 수백만 개가 생성된다

반수체 정자는 세르톨리 세포의 도움을 받아서 정원세포의 감수분열에 의해 생성된다(**그림 46.12**). 1개의 정원세포는 4개의 정자를 생성한다. 정자는 첨체가 있는 머리, 미토콘드리아가 있는 몸통, 편모가 있는 꼬리의 3부분으로 구분한다.

■ 남성의 부속 생식기관은 정자의 운반을 도와준다

정액은 쿠퍼샘, 전립샘, 정낭의 분비액과 정자의 복합물이다.

음경의 요도는 정자와 소변 모두를 운반하고, 발기 조직, 혈관 및 신경으로 이루어진 2개의 다발을 포함하고 있다(**그림 46.14**). 사정은 평활근의 수축에 의해 음경에서 정액을 방출하는 것이다.

■ 호르몬은 남성 생식기관의 기능을 조절한다

남성의 생식 기능은 호르몬인 FSH와 LH 및 음성피드백 작용에 의해 조절된다(**그림 46.15**, **표 46.1**).

46.4 여성 생식기관의 구조와 기능

■ 대개 하나의 난자가 한 번의 월경주기마다 생산된다

여성의 음핵 및 대음순은 음경 및 음낭과 동일한 배아의 기원을 가진다. 이것들은 테스토스테론이 없을 때 발달한다.

성인 여성은 FSH가 난포의 발달을 자극하고, 난포는 에스트로젠을 생성한다. LH는 배란과 황체의 발달을 자극하여 프로게스테론과 더 많은 에스트로젠을 생성한다. 에스트로젠과 프로게스테론은 자궁내막을 발달시키고 유지하기 위해서 필요하다(**그림 46.17**).

난소주기는 난포기, 배란기, 황체기로 구분된다. 자궁주기는 난소주기를 반영하여 월경, 증식, 분비의 3시기로 구분한다.

출생 시에 모든 제1난모세포는 감수1분열에서 정지되어 있다. 각각의 난모세포는 1개의 난자와 3개의 극체를 생성할 수 있다. 매달 1개의 난모세포는 제1감수분열을 완성한다. 제2난모세포는 감수2분열부터 시작하며 수정이 될 때까지 정지되어 있다(**그림 46.19**).

수정란, 즉 접합자는 자궁벽에 착상하여 배반포로 발달한다. 여기에서 hCG를 생성하여, 황체를 유지하고 월경을 방지한다.

수정과 착상이 일어나지 않으면 호르몬 생산량이 감소하고, 월경기간 동안, 자궁 내에 두꺼워져 있던 자궁내막이 정상으로 돌아간다.

■ 여성의 부속 생식기관은 정자를 받아들이고, 배아에 영양분을 공급하고 보호해준다

수란관은 난자를 난소에서 자궁으로 운반한다. 질은 정자를 받아들이며, 정자는 자궁경부를 통해 자궁으로 들어간다(**그림 46.21**). 다른 생식기관들은 성적 반응에 관여한다.

46.5 피임과 불임치료

■ 피임은 수정이나 착상 방지를 목적으로 한다

임신은 금욕이나, 정자가 난자에 도달하는 것을 막거나, 사정 후에 정자를 파괴하거나, 배란이나 배아의 착상을 방지하거나 불임 시술 등을 통해 예방할 수 있다. 어떤 방법은 다른 방법보다 실제로 더 성공적이다.

■ 불임은 남성과 여성 모두에서 일어난다

여성에서 불임은 난모세포의 생성과정부터 접합자의 착상 과정까지의 단계 중 어느 한 단계에서 잘못되는 경우에 생긴다. 남성의 불임은 대개 정자 수나 생존성 또는 운동성의 감소, 호르몬 불균형, 또는 정자 전달 체계의 손상 때문에 발생한다.

■ 불임 치료는 보조 생식기술을 포함한다

호르몬 요법은 배란에 이상이 있거나 정자 생산의 문제를 해결하는 데 사용할 수 있다. 보조 생식기술은 인공수정, 체외수정, 배아 이식, 세포질내 정자주입 등을 포함한다.

연습문제

■1단계: 이해력 확인하기

1. 바닷가의 조류가 있는 곳에 사는 어떤 생명체를 발견했는데, 이 생명체는 부속지가 떨어져 나와 점차 자라서 원래와 같은 완벽한 개체로 생장한다. 이것은 무엇의 예인가?

   a. 유성생식 b. 분열
   c. 출아 d. 단성생식

2. 만약 1번 문제의 생명체가 단성생식을 한다면, 이 종에 대해 알 수 있는 사실은 무엇인가?

   a. 성의 구별이 없다
   b. 모든 개체는 암컷이다.
   c. 각 개체는 미수정란으로부터 발생한다.
   d. a, b, c 모두 맞다.

3. 다음 중 2배체로서의 첫 단계를 의미하는 것은 무엇인가?

   a. 정자 b. 난자
   c. 배우자 d. 접합자

4. 정자형성이 일어나는 장소는 어디인가?

   a. 전립선 b. 쿠퍼샘
   c. 요도 d. 세정관

5. FSH와 LH가 생산되는 곳은 어디인가?

   a. 난소 b. 정소
   c. 뇌하수체 전엽 d. 부신

6. 배우자 형성은 감수2분열이 끝나야 완성되는데, 여성에서는 언제 일어나는가?

   a. 태아 발생 동안 b. 사춘기가 시작될 때
   c. 수정 후 d. 착상 후

7. 첨체에 있는 단백질에 돌연변이가 일어났다면, 다음 중 어떤 것에 영향을 주는가?

   a. 수정 b. 정자의 운동
   c. 감수분열 d. 정액 생성

8. 사람의 경우 수정은 ____________에서 일어나고, 접합자의 착상은 ____________에서 일어난다.

   a. 세정관; 자궁 b. 질; 난관
   c. 난관; 자궁 d. 요도; 자궁

9. 수컷 포유류의 정소는 음낭 안에 매달려 있다. 그 이유는 무엇인가?

   a. 정자 생성의 최적 온도가 몸 중심부의 체온보다 낮기 때문이다.
   b. 정자 생성의 최적 온도가 몸 중심부의 체온보다 높기 때문이다.
   c. 골반 내에 정소이 자리 잡을 공간이 부족하기 때문이다.
   d. 사정 시 정자를 방출하기 쉽기 때문이다.

■2단계: 적용력 평가하기

1. 발정주기와 월경주기의 큰 차이점은 무엇인가?

   a. 발정주기에서 성적 수용성은 배란기에만 일어나지만, 월경주기에서는 성적 수용성이 아무 때나 나타난다.
   b. 발정주기는 파충류에서 나타나지만, 월경주기는 포유류에서 나타난다.
   c. 발정주기는 FSH에 의해 결정되지만, 월경주기는 LH에 의해 결정된다.
   d. 발정주기는 매달마다 나타나지만, 월경주기는 비주기적으로 나타난다.

2. 다음 중 정자형성과정과 난자형성과정의 가장 큰 차이점은 무엇인가?

   a. 정자형성과정에서는 체세포분열이 일어나지만, 난자형성과정에서는 감수분열이 일어난다.
   b. 정자형성과정은 연속적이지만, 난자형성과정은 그렇지 않다.
   c. 전구세포당 만들어지는 배우자 수는 정자형성과정이 난자형성과정보다 더 적다.
   d. a, b, c 모두가 정자형성과정과 난자형성과정의 중요한 차이점이다.

3. 환경적인 요인에 의해 성별이 결정되는 종에 대한 설명으로 옳은 것은 무엇인가?

   a. 성별은 배아 발생 동안 결정된다.
   b. 환경 조건에 의해 각 개체의 성별이 결정된다.
   c. 항상 자웅동체성이다.
   d. a와 b 모두 맞다

4. 체내수정과 체외수정을 하는 종에 대한 설명으로 옳은 것은 무엇인가?

   a. 양막란을 만드는 모든 종은 체내수정을 한다.
   b. 양막란을 만들지 않는 모든 종은 체외수정을 한다.
   c. 새끼를 낳는 모든 종은 음경 혹은 다른 삽입기관을 가지고 있다.
   d. 알을 낳는 모든 종은 체외수정을 한다.

■3단계: 사고력 함양하기

1. 수컷 배아의 *SRY* 유전자에 돌연변이가 일어나서 기능성 단백질을 만들지 못한다고 가정할 때, 배아에서 어떤 변화가 일어날 것이라고 예상되는가?
2. 양서류와 대부분의 어류들은 체외수정을 하는 반면에 도마뱀, 조류, 포유류는 체내수정을 하는 이유가 무엇이라고 생각하는가?
3. 포유류의 수컷과 암컷에서 FSH 작용과 LH 작용의 유사성은 무엇인가? 또 차이점은 무엇인가?
4. hCG 수용체를 차단함으로써 피임하는 방법을 개발하려고 한다. 이것이 가능하겠는가? 가능하다고 생각하는 이유는 무엇인가?
5. 암컷에서만 단성생식이 일어나는 이유는 무엇인가?

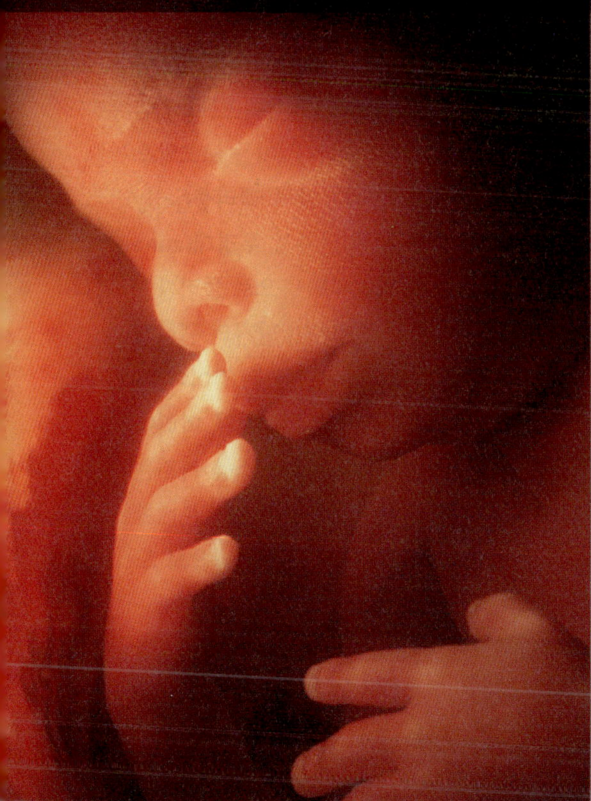

47 동물의 발생

도입

유성생식을 하는 동물은 두 반수체 배우자가 융합하여 접합자라는 단일 2배체 세포를 형성한다. 접합자는 세포분열 과정과 분화 과정을 거쳐 많은 조직과 기관으로 구성된 복잡한 다세포 생물로 발생한다(사진). 동시에 생식 계열을 이루는 한 세포군이 발생하는 개체가 성숙하였을 때 유성생식에 참여할 수 있도록 한쪽에 구축된다. 이번 장에서는 모든 체강류의 발생 과정에서 공통적으로 진행되는 단계, 즉, 수정, 난할, 낭배형성, 기관형성에 초점을 두고 살펴본다(**표 47.1**). 발생은 역동적인 과정이고, 그렇기 때문에 이들 발생 단계를 구분짓는 것은 일정 부분 인위적이다. 비록 구체적인 면에서 차이가 발견될 수 있어도, 발생에 관여하는 유전자와 세포의 발생 과정은 상당히 보존되어 있고, 이러한 보존은 다른 생명체에서 유사한 구조를 만들어 낸다.

47.1 수정

학습 목표

1. 수정에 관련된 사항들을 설명할 수 있다.
2. 다수정 방지 기작을 설명할 수 있다.

모든 유성생식 동물에서 발생의 첫 단계는 **수정**(fertilization) 과정인 자성(암) 배우자와 웅성(수) 배우자의 연합이다. 46장에서 알아보았듯이, 수정은 수생동물에서는 전형적으로 체외에서 진행되는 반면, 대부분의 육상 동물은 배우자가 건조한 환경에 노출되는 것을 방지하기 위하여 체내수정을 한다.

유성생식에 있어서 물리적 도전 중의 하나는 배우자가 서로 만나야 한다는 것이다. 이러한 문제를 잘 해결하도록 많은 정교한 전략들이 진화되었다. 예를 들면, 대부분의 해양 무척추동물은 수백만 개의 알을 산란하고 산란한 해수 주변에 정자를 사정한다. 또는 달(月) 주기를 이용하여 배우자를 내보낸다. 정성스런 구애 행동은 전형적으로 체내수정을 하는 많은 동물에서 진화되었다(46장 참조). 수정은 정자 관통과 막 융합, 난자 활성화, 핵 융합과 같은 3가지 현상으로 구성된다.

표 47.1	동물 발생 단계(포유류의 예)	
수정	반수체 수컷 생식세포와 암컷 생식세포가 융합하여 2배체 접합자인 수정란 형성	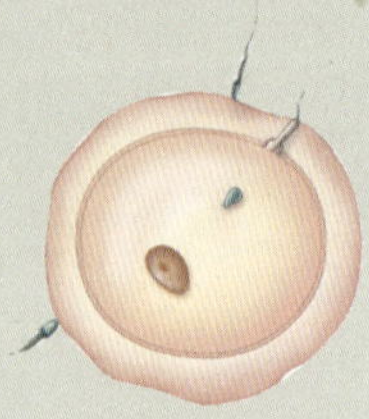
난할	수정란은 빠르게 분열하여 많은 세포를 가진 초기 배아가 되는데 전체적인 크기 변화 없이 진행된다. 대부분의 동물에서 이러한 분열은 향후 발생에 영향을 미친다. 왜냐하면 서로 다른 할구들은 수정란 세포질의 서로 다른 부분을 가지고 있어 세포질 결정인자가 다르기 때문이다. 난할은 포배(포유동물에서는 배반포라 표기함)의 형성과 함께 종결되며, 동물 종에 따라 그 구조는 다양하다.	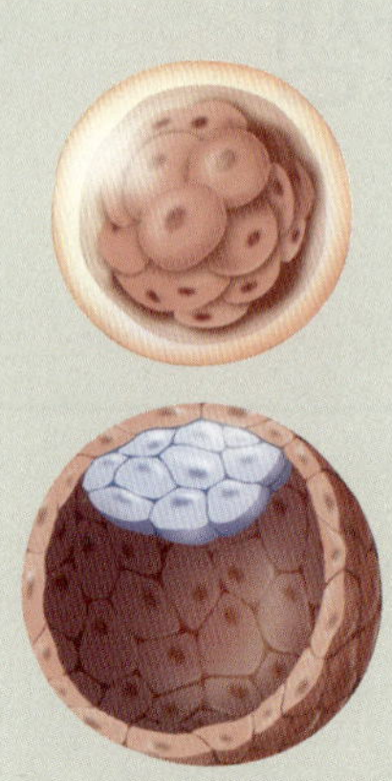
낭배형성	포배의 세포는 이동하여 3개의 기본 배엽인 외배엽, 중배엽, 내배엽을 형성한다.	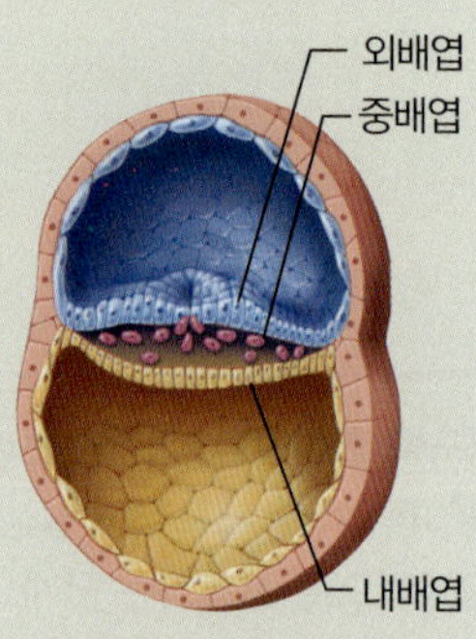
기관형성	3개의 기본 배엽을 구성하는 세포들은 서로 다양한 방법으로 상호작용하여 신체를 구성하는 기관을 형성한다. 척삭동물에서 기관형성은 척삭의 형성 및 신경형성과정에서 속이 빈 등쪽 신경삭의 형성과 함께 시작된다.	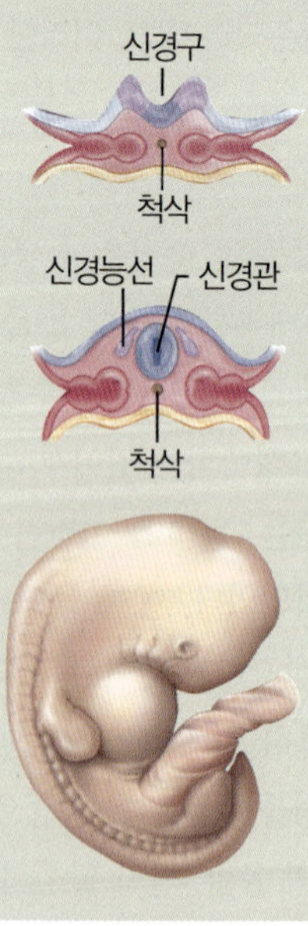

막 융합이 일어나기 위해서 정자는 난자의 원형질막을 관통해야 한다

배아의 발생은 정자와 난자의 원형질막 융합으로 시작된다. 그러나 미수정란은 하나 또는 그 이상의 보호막으로 둘러싸여 있어서 이 과정이 쉽게 진행될 수 없는 어려움에 봉착하게 한다. 이들 보호막으로는 곤충 알의 **장막**(chorion), 성게와 개구리 알의 **젤리층**(jelly layer)과 **난황막**(vitelline envelope), 포유류 난자의 **투명대**(zona pellucida)가 있다. 포유류의 난자는 또한 과립세포 층으로 둘러싸여 있다(**그림 47.1**). 따라서 수정의 첫 번째 난관은 정자가 난자의 원형질막에 도달하기 위해 이들 외부 구조 층을 관통해야만 하는 것이다.

첨체(acrosome)는 낭(sac)과 같은 세포소기관으로 정자 머리에 위치한 핵과 원형질막 사이에 위치한다. 첨체는 소화효소를 가지는데, 정자가 난자의 외부 막에 도달했을 때 세포외배출을 통해 분비한다. 이들 효소는 보호층에 구멍을 형성하여 난자의 원형질막으로 도달할 수 있는 터널 역할을 한다.

성게 정자에서는 액틴 단량체가 원형질막 바로 하부에서 세포골격섬유로 중합하여 길고 좁은 돌기인 **첨체돌기**(acrosomal process)를 형성한다. 첨체돌기는 난황막을 지나 난자의 원형질막까지 신장되며, 이때 정자핵이 첨체돌기를 지나 난자로 들어간다.

생쥐에서는 첨체돌기가 형성되지 않고, 정자 머리 전체가 투명대를 파고 들어 난자로 들어간다. 정자와 난자의 막 융합은 정자 핵이 바로 난자의 세포질로 들어가도록 한다. 대부분의 생물종에서, 정자 머리를 완전히 에워싸기 위해 정자가 진입하는 부위의 난자 세포질 부분이 불룩하게 솟아오른다(**그림 47.2**).

막 융합은 난자를 활성화시킨다

배란 후 난자의 물질대사는 불활성화 상태로 있다가 정자와 난자의 원형질 막 융합에 의해 다시 활성화되도록 유도된다. 대부분의 종에서 정자가 난자의 원형질막에 접촉한 후 바로 세포질내 자유 칼슘 이온(Ca^{2+}) 농도가 급격히 증가한다. 이러한 증가는 세포막에 접한 세포소기관에서 Ca^{2+}이 분비되기 때문인데, 정자가 들어온 부분에서 시작하여 난자 전체로 퍼진다. 과학자들은 미수정란에 자유 Ca^{2+}에 결합하여 형광을 내는 형광색소를 이용하여 수정된 후 분비되는 Ca^{2+}의 파동을 관찰하였다(**그림 47.3**). 방출된 Ca^{2+}은 난자의 세포질에서 2차전달자로 작용하여 단백질 활성 변화를 시작하게 하는 진행자 역할을 한다. 이렇게 막 융합으로부터 시작된 많은 일을 종합적으로 **난자 활성**(egg activation)이라고 한다.

추가적인 수정 방지 활동

많은 수의 정자가 산란 동안 또는 사정으로 방출된다는 것은 많은

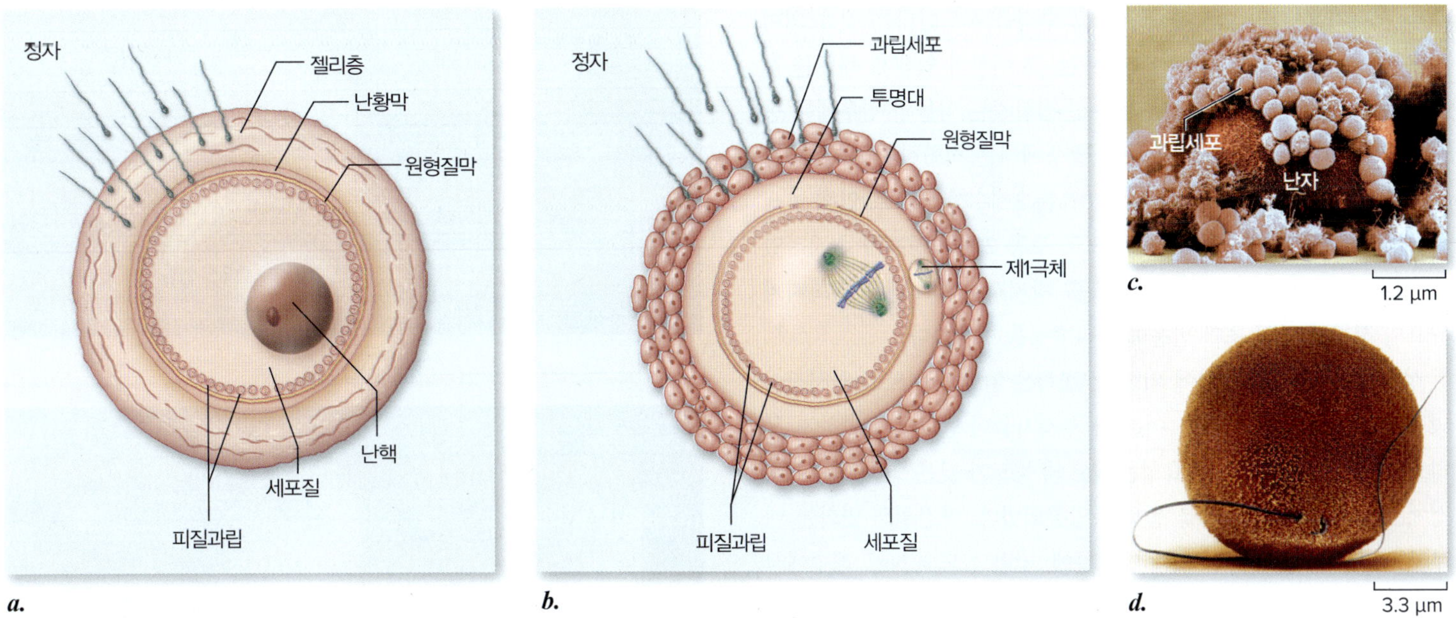

그림 47.1 동물의 생식세포.
a. 수정 당시 성게의 알(난자) 구조. 이 그림은 또한, 정자와 난자의 상대적 크기도 보여주고 있다. *b.* 포유류의 정자는 난자의 원형질막에 도달하기 전에 과립세포층과 투명대라고 불리는 당단백질층을 통과해야만 한다. 햄스터 난자 주변의 많은 과립세포(*c*)와 사람의 난자 표면의 정자(*d*)를 보여주는 주사전자현미경 사진.

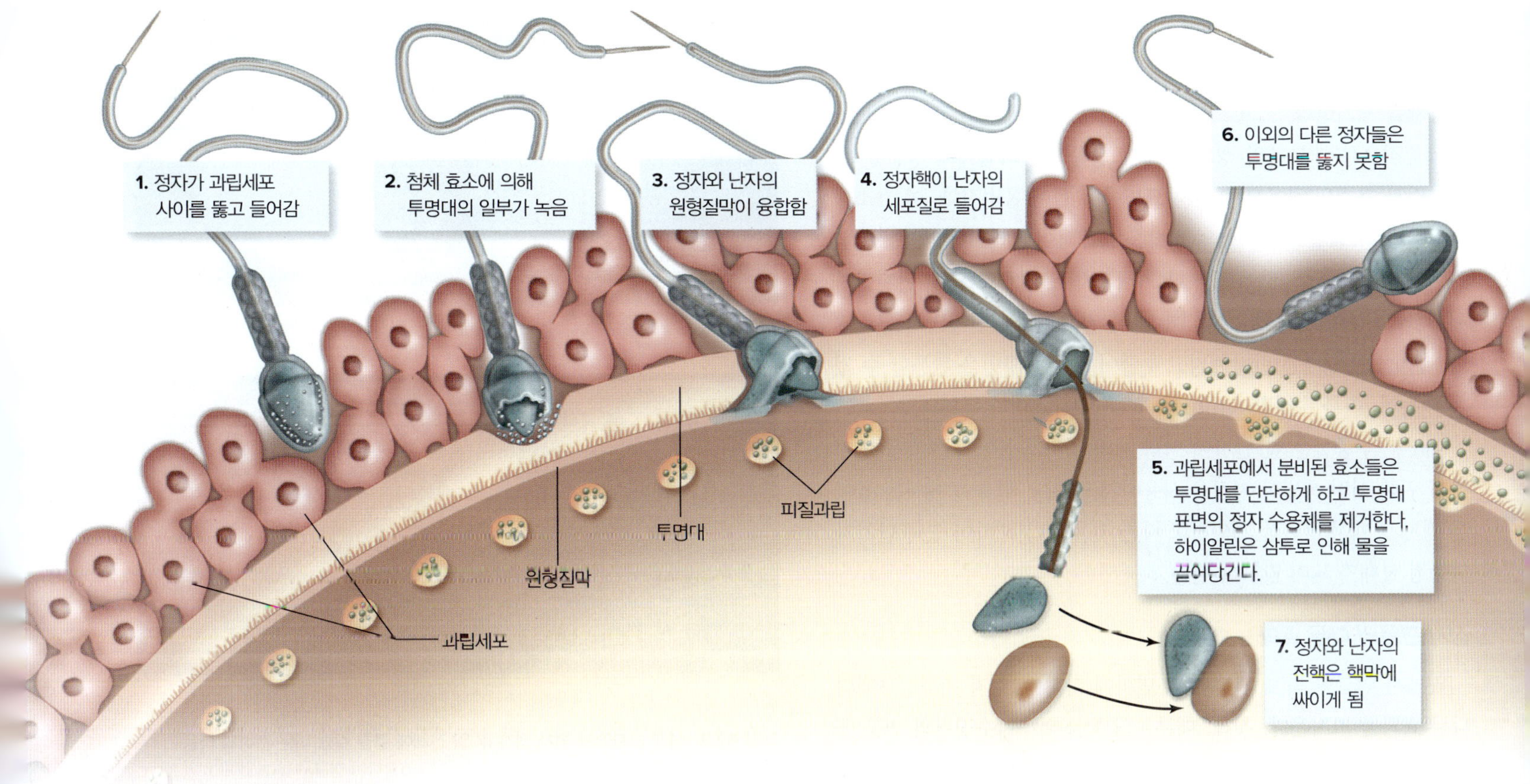

그림 47.2 정자 관통과 융합.
정자와 난자의 원형질막 융합이 진행되기 전에 정자는 난자를 둘러싸고 있는 주변 외층들을 관통해야만 한다. 원형질막 융합은 난자가 활성화되게 하고, 다수정을 방지하는 일들이 순차적으로 진행되도록 한다.

수의 정자가 하나의 난자에 근접하고 수정을 시도한다는 것을 의미한다. **다수정**(polyspermy)은 3개 또는 그 이상의 염색체 세트를 갖는 배수성 접합자를 형성한다. 배수성 접합자는 식물의 경우에는 종 분화의 한 기작일 수 있으나 동물 발생에서는 적합하지 않다(20장 참조). 사람에게서 자연유산의 약 10%는 3배수성 태아로 인해 발생하는데, 이 중 70%가 부계의존적으로 보통 2개의 정자가 수정하였기 때문이다. 대부분의 동물은 이것을 방지하는 시스템을 진화시켜 왔으며 정자 융합의 초기 반응에서 다수정을 방지한다.

성게에서 첫 번째 정자에 의한 막 접촉은 알에서 빠르고 일시적인 막전위의 변화를 야기하고, 이는 다른 정자들이 난막에 융합하지 못하도록 한다. 이 현상의 중요성은 Na^+의 농도가 낮은 인공 해수에서 성게 알을 수정시킨 실험을 통하여 입증되었다. 막전위의 변화는 대부분 Na^+의 유입에 의한 것이기 때문에, 낮은 농도의 Na^+ 해수에서는 Na^+ 유입이 충분하지 않아서 다수정이 더 자주 일어난다.

대부분의 동물은 난자의 외부 층의 구성을 영구히 변경시키는 추가적인 기작을 활용하여 다른 정자가 관통할 수 없도록 한다. 성게와 포유류에서 **피질과립**(피층과립, cortical granule)이라는 특화된 소낭이 그 내용물을 세포외배출(exocytosis) 하는데, 성게에서는 원형질막과 난황막 사이, 포유류에서는 원형질막과 투명대 사이에서 일어난다. 각각의 경우에서 피질과립 효소는 알의 외부 막에 있는 정자 수용체를 제거한다.

최종적으로 대부분의 성게 종에서 난황막은 과립에서 방출된 하이알린과 효소의 작용으로 난자 표면에서 들어 올려진다. 이 효소들은 난황막과 원형질막 사이의 결합을 분해하여 분리될 수 있게 한다. **하이알린**(hyalin)은 당이 풍부한 거대분자로, 삼투로 인해 난황막과 원형질 막 사이로 물이 유입되게 하여 결과적으로 난황막이 분리된다. 추가적인 정자는 단단해지고 부풀어 오른 난황막을 관통할 수 없게 되는데, 이를 **수정막**(fertilization envelope)이라 부른다.

대부분의 동물은 한 난자에 여러 개의 정자가 들어가는 것을 방지하기 위해 어떤 특별한 기작을 사용하지 않는다. 이들 종에서는 들어온 정자 중에서 하나를 제외하고 다른 것을 다 분해하여 결국 난자가 다수정 상태가 되지 않도록 한다.

정자 관통의 다른 효과

앞에서 언급한 난자 외부 층의 변화에 더하여, 정자 관통은 3개의 다른 효과를 가져온다. 첫째, 대부분의 동물에서 미수정란의 핵은 배란 전에 감수분열을 시작하지 않거나 완전히 마치지 않았기 때문에 아직 반수체가 아니다(**그림 47.4**). 정자 원형질막의 융합은 이후 이들 동물의 난자가 감수분열을 완전히 끝낼 수 있도록 촉발한다. 포유동물에서는 반수체 핵을 가지는 1개의 큰 난자와 1개 이상의 작은 극

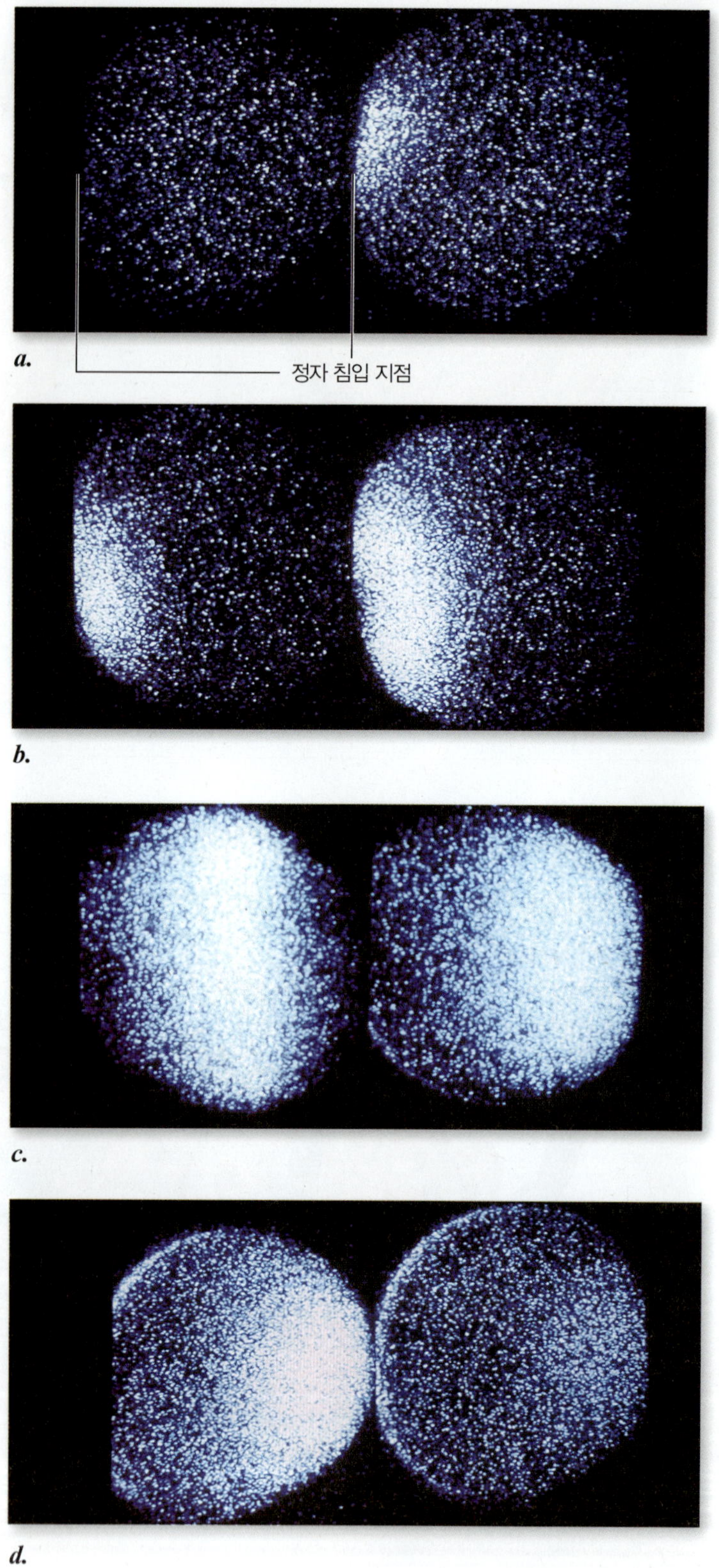

그림 47.3 성게 난자에서 정자 접촉 후 알 전체에 걸친 칼슘 이온 분비의 파동. 밝게 빛나는 하얀 점들은 염색약 분자들로, Ca^{2+}에 결합하여 형광을 발한 것이다. 이 두 난자에서 Ca^{2+} 파동은 왼쪽으로부터 오른쪽으로 이동한다(***a-d***). 오른쪽에 있는 난자는 왼쪽 것보다 몇 초 앞서서 수정된 것이다. Ca^{2+}파동은 난자 전체를 가로지르는데 약 30초가 걸린다.

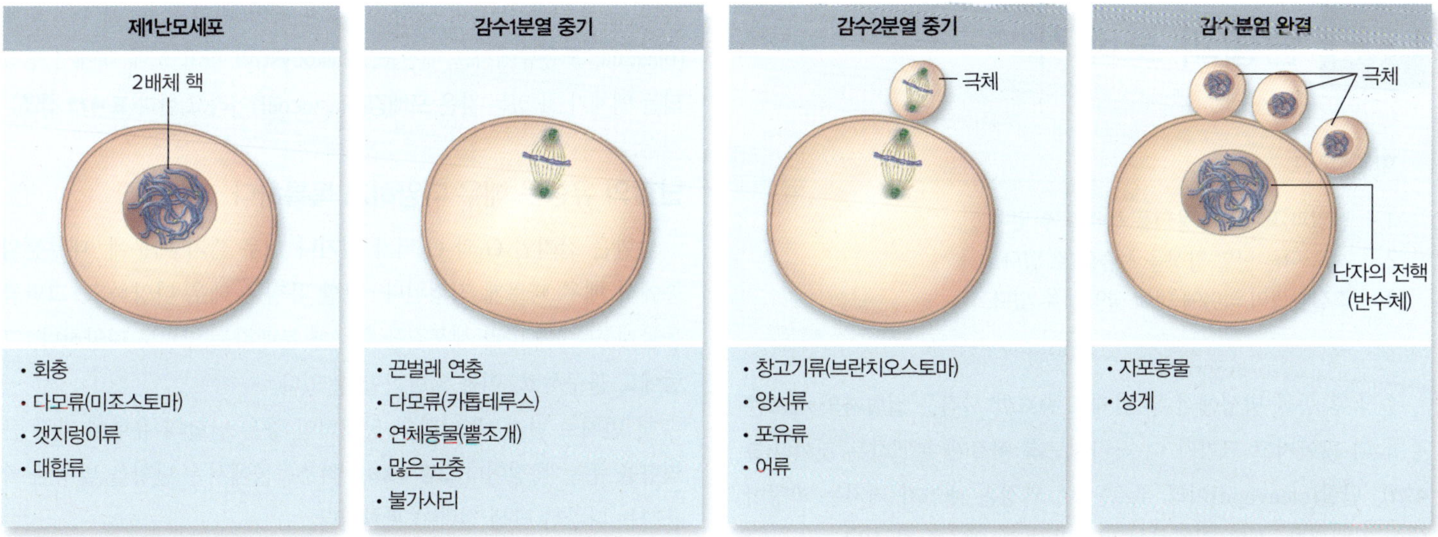

그림 47.4 대표적 동물에서 정자 결합 시 난자 성숙 단계.

체가 생성된다(46장 참조).

두 번째로, 많은 동물에서 정자의 관통은 난자 세포질 이동을 촉발힌다. 앞서 멍게류 알에서 수정 후 세포질 재배열이 진행되어, 결과적으로 근육 발생을 결정하는 색소과립이 비균등하게 분포함을 보았다(17장 참조). 양서류에서는 정자가 들어간 지점이 난자의 세포질 이동 중심이 되고 결국 발생 중인 동물의 좌우대칭을 성립하게 한다.

예를 들면, 몇몇 개구리에서는 정자 관통으로 인해 난자 세포질의 바깥쪽 피질 부분이 정자가 들어온 지점으로 회전하게 하여 정자 침입 반대쪽에 초승달 모양으로 안쪽의 회색 세포질 부분이 나타나게 된다(**그림 47.5**). 이 회색신월환(gray crescent) 위치는 첫 번째 난할의 방향을 결정한다. 정자가 들어간 지점과 회색신월환을 잇도록 그은 선이 향후 발생하는 성체의 좌우를 나누는 기준이 된다.

세 번째로, 단백질 합성의 빠른 증가 및 일반적인 물질대사 활성의 증가가 나타난다. 활성화된 난자에서 단백질 합성의 급작스런 증가를 증명하는 실험들로 인해 난자가 성장하는 동안에 축적된 mRNA를 사용한다는 것을 밝혀졌다.

일부 동물에서는 정자 관통 없이 단순히 난자막을 찔러서 인공적으로 난자가 활성화되는 것이 가능하다. 이러한 방법으로 활성화된 난자는 단성생식으로 발생한다. 46장에서 언급했듯이 양서류, 어류, 파충류의 몇 종은 자연적으로 단성생식을 한다.

핵 융합은 2배체 상태로 복귀하게 한다

수정 3~4단계에서 반수체 정자 핵은 반수체 난자 핵과 융합하여 접합자의 2배체 핵을 형성한다. 두 전핵은 성상체의 미세소관을 따라 서로를 향하여 이동한다. 정자핵과 함께 난자로 유입된 중심립은 난자의 세포질에 축적된 튜불린 단백질(tubulin protein)을 이용하여 중합시킨 미세소관의 배열을 체계화시킨다.

사람을 포함한 포유류에서는 핵이 실질적으로 융합하지 않는다. 정자와 난자의 각 전핵의 막은 새로운 2배체 핵을 만들기 전에 붕괴되고 새로운 핵막이 두 세트의 염색체 주변에 형성된다.

그림 47.5 개구리 알에서 회색신월환의 형성.
회색신월환이 알에서 정자가 들어온 지점의 반대쪽 면에서 형성된다.

핵심 요약 47.1

정자 관통에 뒤이어 정자와 난자 원형질막의 융합으로 난자활성, 다수정 방지, 세포질의 큰 재배열을 포함한 일련의 사건이 시작된다. 다수정은 막전위의 변화, 효소 분비에 의한 정자 수용체 제거, 하이알린 분비에 의한 세포막으로부터 난황막의 분리에 의하여 방지된다. 이후 난자와 정자 핵은 융합하여 2배체 접합자가 형성된다.

■ 난자 활성에서 Ca^{2+}의 역할은 무엇일까?

47.2 난할과 포배기

학습 목표

1. 난할과 포배라는 용어를 정의할 수 있다.
2. 서로 다른 난할 양상을 서술할 수 있다.
3. 조절발생의 의미에 대해 설명할 수 있다.

수정 후 동물 발생에서 두 번째로 중요한 사건은 접합자의 세포는 수가 더 많아지고 크기가 더 작아지도록 빠르게 분열하는 것이다(**표 47.1**). **난할**(cleavage)이라 부르는 이 과정은 배아가 커지는 과정이 없이 진행된다. 서로 밀착하여 덩어리진 각 세포를 **할구**(blastomere)라 한다. 많은 동물에서 난자와 배아의 두 끝, 즉 위쪽과 아래쪽 끝 부분을 전통적으로 **동물극**(animal pole)과 **식물극**(vegetal pole)이라고 불러왔다. 일반적으로 동물극 할구는 몸의 바깥 부분 조직을 형성하고 식물극의 할구는 신체 내부 구조를 형성한다.

포배는 속이 빈 세포 덩어리이다

대부분의 동물에서 난할 동안 생성된 배아의 바깥쪽 할구는 서로 밀착연접으로 연결되어 있는데, 밀착면접은 마치 이웃한 세포를 용접한 것처럼 세포를 두르고 있는 단백질 띠이다(3장 참조). 이들 밀착연접은 방수가 되는 구조로 외부 환경으로부터 내부 환경을 격리한다.

이후 내부에 있는 할구들은 Na^+을 세포질로부터 할구와 할구 사이 공간으로 펌프해 내기 시작한다. 이로 형성된 삼투 기울기는 물이 배아 중심부로 들어오게 하는 원인이 된다. 결국 하나로 합쳐져 배아 내 하나의 큰 공간을 만들어 낸다. 이렇게 속이 비어 있는 배아를 **포배**(blastula, 포유류에서는 배반포, blastocyst)라 하고 포배 내에서 형성되는 액체가 차 있는 강은 **포배강**(blastocoel)이라고 한다(**표 47.1** 참조).

난할의 유형은 매우 다양하고 독특하다

난할은 간기인 G_1과 G_2기가 없거나 매우 짧기 때문에, 대부분의 종에서 매우 빠르게 진행된다. 난할 유형은 매우 다양하고, 그만큼 동물계통(문)에 따라 세포질을 할구에 분배하는 방법도 다양하다. 그럼에도 불구하고, 이를 일반화할 수 있다.

첫 번째로 난자 내 난황의 상대적인 양은 난할의 유형에 가장 큰 영향을 주는 특징이다(**그림 47.6**). 척추동물에서는 난황을 발생에 활용하는 다양한 발생 전략이 관찰된다.

곤충에서의 난할

곤충은 난황이 풍부한 난자를 가지는데, 17장에서 알아보았듯이 세포질분열 없이 핵분열을 하는 난할을 통하여 **다핵성 배반엽**(syncytial blastoderm)을 만든다. 곤충 초기 배아의 핵은 세포막으로 서로 격리되어 있지 않기 때문에 난자의 세포질 내 **형태형성인자**(morphogen)라 불리는 단백질의 농도기울기가 배아 핵의 활성에 직접적이고도 서로 다른 영향을 주어 초기 배아의 형상이 구성될 수 있게 한다. 발생 과정에서 핵은 세포질의 가장자리로 이동한 후 각각 세포막으로 둘러싸인다. 결과적으로 곤충의 배아는 한 층의 세포가 중앙의 난황을 둘러싼 **세포성 배반엽**(cellular blastoderm)을 갖게 된다(**표 47.2**; **그림 17.12** 참조).

난황을 중간 양 또는 적게 가지는 난자의 난할

중간 양에서 적은 양의 난황을 가지는 동물의 난자는 **전할**(holobl-

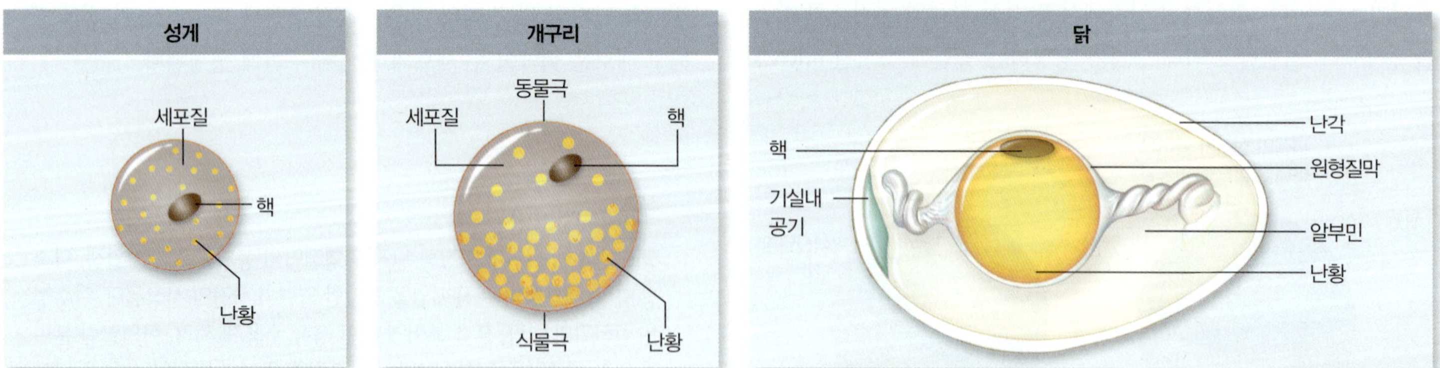

a. *b.* *c.*

그림 47.6 난황의 분포에 따른 세 종류의 난자.
a. 성게의 알은 소량의 난황이 난자의 세포질에 고루 퍼져 있고 핵이 중앙에 위치한다. *b.* 개구리의 알은 많은 난황이 있고, 핵은 한쪽 극으로 치우쳐 있다. *c.* 새의 알은 복잡한데, 상당히 많은 난황이 중심 부위에 위치하고 이들 난황 위쪽에 작은 원반 형태로 모여 있는 세포질에 핵이 위치한다.

표 47.2 동물 배아에서의 주된 난할 유형

유형	난할 과정
완전난할(전할)	
등황란(적은 양의 난황이 고루 분포)	
방사형 난할 극피동물	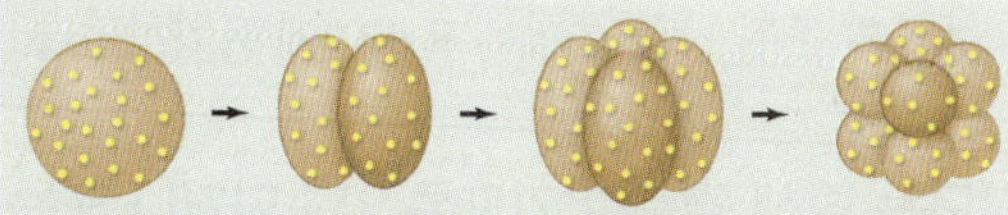
나선형 난할 환형동물 연체동물 편형동물	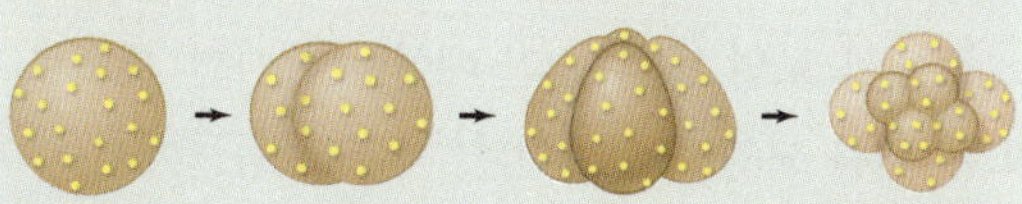
회전형 난할 포유류 선충류	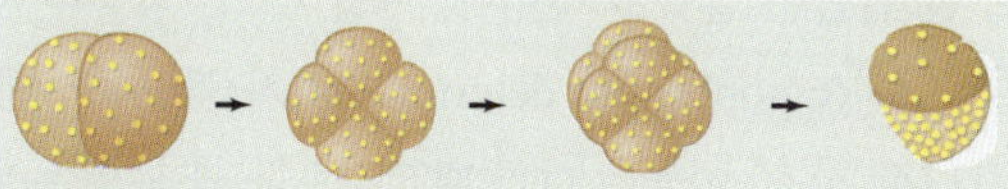
중황란(중간 정도의 난황이 식물극 쪽에 치우쳐 분포)	
불균등방사형 난할 양서류	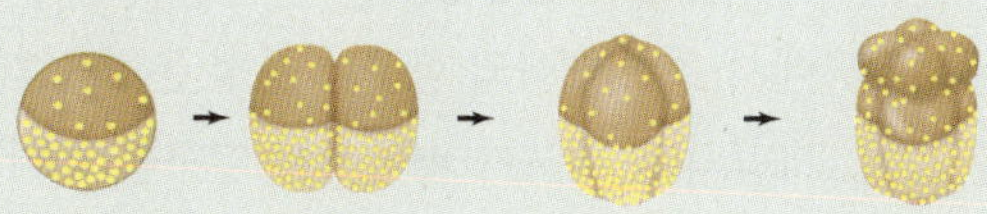
불완전난할(부분할)	
단황란(많은 양의 난황이 난자 대부분에 걸쳐 분포)	
원반형 난할 어류 파충류 조류	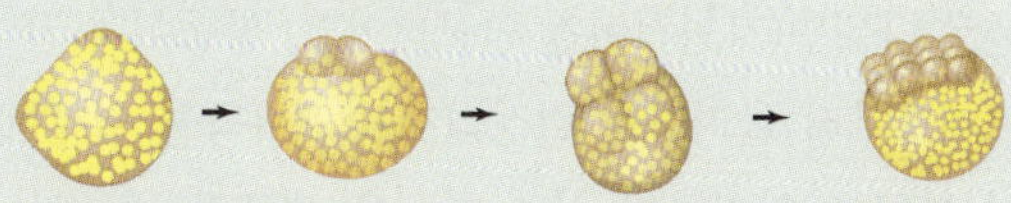
중심황란(난황이 난자 중심부에 분포)	
나선 난할 대부분의 곤충	

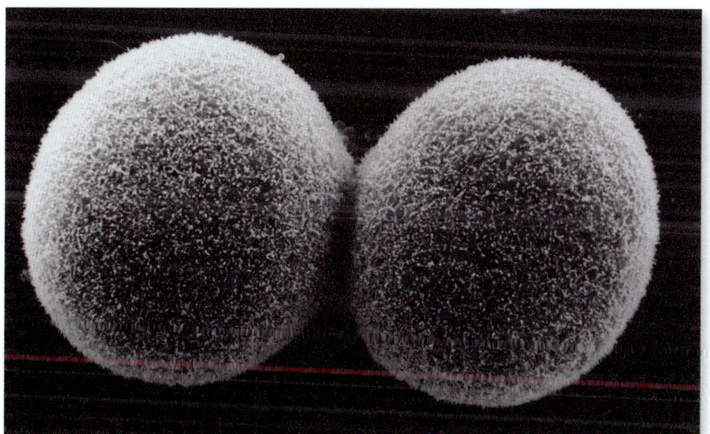

3.3 μm

그림 47.7 전할.
이 유형의 난할은 상대적으로 적은 난황을 가지는 난자에서 보이는 특징으로 세포분열이 알 전체에서 일어난다.

astic cleavage)이라는 유형의 난할, 즉 난자 전체에서 난할이 진행된다(**그림 47.7**). 이러한 난할 유형은 연체동물, 환형동물, 극피동물과 같은 무척추동물, 그리고 양서류와 포유류의 특징이다.

a. 333.3 μm

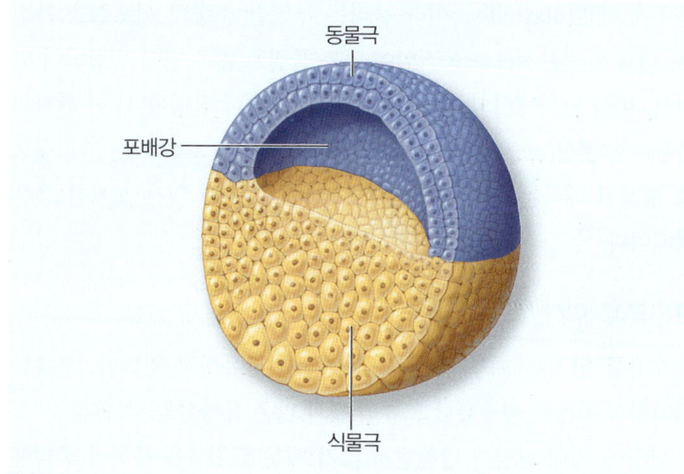

b.

그림 47.8 개구리의 난할과 포배 형성.
a. 이 사진에서 가장 가까이에 있는 세포(동물극 근처)는 식물극(동물극 밑쪽) 세포에 비해 더 빨리 분할하여 더 작다. *b.* 개구리 포배의 횡단면으로, 포배강이 한쪽으로 치우쳐 있는 것을 볼 수 있다. 식물극 쪽 세포는 난황이 많고 동물극 쪽 세포는 난황이 적어서 상대적으로 크기가 작다.

성게류에서는 전할의 결과로 구형의 포배강을 크기가 거의 같은 할구가 한 층으로 둘러싼 좌우 대칭형 포배가 형성된다. 반면, 양서류 난자는 동물반구에 비하여 식물반구에 더 많은 세포질 난황을 축적하고 있어 난황이 많이 포함된 부분일수록 그렇지 않은 부분에 비하여 더욱더 난할이 천천히 진행되어 수평 난할면이 동물극 쪽으로 치우쳐 형성된다(**그림 47.8***a*). 결국 양서류에서는 전할의 결과로 포배강이 동물반구 쪽으로 치우쳐 있는 비대칭적 포배가 형성된다. 포배는 식물극 쪽에 난황을 많이 포함하는 큰 할구를, 동물극 쪽에는 난황이 적게 포함되어 있고 더 많은 수의 할구를 가진다(**그림 47.8***b*).

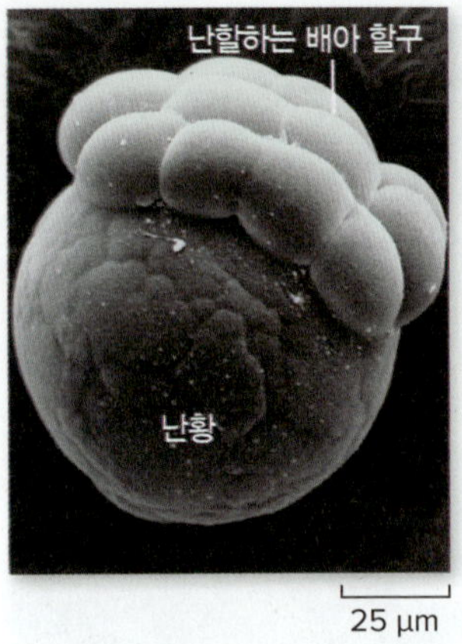

그림 47.9 부분할.
이 유형의 난할에서는 알의 일부분에서만 활발히 분할한다. 이런 유형은 상대적으로 매우 많은 난황을 가지고 있는 알에서 일어난다.

많은 양의 난황을 가지는 난자의 난할

파충류, 조류 및 일부 어류의 난자는 거의 대부분이 난황이고 한 쪽극에 **배반**(blastodisc)이라 불리는 투명한 소량의 세포질을 가진다. 난황은 근본적으로 움직임이 없는 물질로 많은 양이 밀집되어 있어서, 이들 난자에서의 난할은 배반에 국한되어 진행된다. 이 유형의 난할은 **부분할**(meroblastic cleavage)이라 한다(**그림 47.9**). 결과적으로 형성된 배아는 둥근 모양이 아니라 난황 위에 얇은 모자를 씌운 형태이다.

포유류에서의 난할

포유류 난자는 매우 적은 양의 난황을 함유하고 있으나, 포유류 배아형성 과정은 파충류나 조류의 것과 많은 유사성을 갖는다.

난황에 의해 난할이 방해받지 않기 때문에 전할을 통하여 중앙에 액체로 차 있는 포배강을 갖는 **배반포**(blastocyst)를 형성한다. 이와 함께, 포배강의 한쪽 극에 **내세포덩어리**(inner cell mass, ICM)가 위치한다(**그림 47.10**). 내세포덩어리는 파충류와 조류의 배반엽(blastodisc)과 유사한데, 발생하는 배아가 된다.

영양막(trophoblast)이라는 바깥층 세포는 파충류 알의 질긴 난각의 막을 형성하는 세포와 유사하다. 이들 세포는 진화 과정에서 매우 다른 기능을 가지도록 변화했다. 모체의 자궁내막(자궁의 표피층)으로 들어가는 영양막 부분은 태아와 모체 혈액 사이 물질 교환을 수행하는 **태반**(placenta)을 구성한다. 태반에 대한 구체적인 내용은 47.6절에서 다룬다.

그림 47.10 포유류와 조류의 배아는 예상보다 더 유사하다.
포유동물의 배반포는 포배강을 둘러싸는 영양세포층과 내세포덩어리(ICM)를 이루는 세포로 구성되어 있다(왼쪽). 조류의 포배는 매우 많은 난황 위쪽에 모자처럼 존재하는 배반엽을 이루는 세포로 구성되어 있다(오른쪽). 배반엽은 포배강이 형성될 수 있도록 위와 아래의 세포층을 형성한다.

동물의 주된 난할 유형을 **표 47.2**에 요약하였다.

할구는 발생 경로로 가도록 약속되거나 또는 되어 있지 않다

겉에서 보면 난할 중인 배아는 유사한 세포로 구성된 단순한 공 또는 원반 모양으로 보인다. 대부분 동물에서는 이러한 겉모양만으로 한 판단은 잘못된 것이다. 예를 들면, 피낭류 배아에서는 세포질 결정인자(cytoplasmic determinant)가 불균등하게 할구로 전달되므로(17장 참조) 이들은 다른 발생경로를 약속 또는 위임받게 된다.

반면, 매우 높은 **조절발생**(regulative development) 특성을 가지는 포유류에서 초기 배아의 할구는 특정 운명을 약속하지 않는다. 예를 들어, 사람의 8-세포기 배아에서 할구를 하나 제거하면(착상 전의 배아 유전진단 과정에서 진행됨), 남아 있는 7개 할구가 자궁에 착상한 후 조절발생하여 온전한 개체로 발생한다. 단순하게, 배아가 둘로 나뉘면(자연적이건 인공적이건) 쌍둥이가 된다. 따라서 난자 내 모계로부터 물려받은 결정인자가 포유동물 발생에서는 중요한 기작이 아님을 의미하며 신체 형성은 세포와 세포의 상호작용이 1차적 요인이다.

포유류 배아에서 초기 패턴형성은 포배형성을 하도록 하는 초기 배아 단계 동안에 일어난다. 8-세포기 때 바깥쪽에 위치하는 할구는 서로 접한 부분이 편평해지는 **밀착화**(compaction)가 일어나고, 이로 인해 할구는 극성을 가지게 된다. 극성을 가지게 된 할구는 이후 비대칭 난할을 한다. 포유류 세포 계보 연구에서 안쪽의 세포는 거의 모든 경우 내세포덩어리 세포가 되고, 배아 바깥쪽에 위치한 세포는 보통 영양막이 된다.

핵심 요약 47.2

난할은 수정란(접합자)을 속이 빈 세포 덩어리인 포배로 만드는 일련의 빠른 세포 분열이다. 난황의 양은 난할 유형을 결정하는 주된 요인이다. 난황을 적게 가지고 있는 난자는 전할을 하고, 많은 양의 난황을 가지는 난자는 전체적으로 분열하지 못하여 부분적으로 나누어지는 부분할을 한다. 많은 동물에서 각각의 할구는 특정 발생경로를 약속받는다. 포유류의 경우에 있어서는 할구들이 약속을 받지 않고 조절발생을 통하여 온전한 개체를 생성하는 데 필요한 것들을 형성한다.

- 만약 포유류 배아가 4-세포기에 각 할구로 나누어진다면 정상적으로 발생할까? 개구리의 배아가 4-세포기에 나누어진다면 어떠한 결과가 나올까?

47.3 낭배형성

학습 목표

1. 낭배형성 결과를 서술할 수 있다.
2. 서로 다른 동물의 낭배형성을 비교할 수 있다.
3. 양막류에서 배외막의 명칭을 이해할 수 있다.

세포 모양과 세포 이동의 복잡한 연속 과정을 통하여 포배의 세포들은 배아의 기본 몸 체제를 형성하도록 서로 재배열한다. **낭배형성**(gastrulation)이라 불리는 이 과정은 3개의 1차적인 배엽층을 형성하고, 포배를 중앙의 원시적인 장과 눈으로 확인되는 앞-뒤 축과 등-배축을 가지는 좌우대칭의 배아로 전환시킨다.

낭배형성은 3개의 배엽층을 만든다

낭배형성은 1차적인 **배엽층**(germ layers)인 내배엽, 외배엽, 중배엽을 만든다. 각 배엽을 구성하는 세포는 매우 다른 발생 운명을 갖는다. 배아 내부로 이동하여 원시 장을 형성하는 세포는 **내배엽**(endoderm)이다. 이들은 장의 안쪽을 감싸는 내벽과 그 파생물(췌장, 폐, 간 등)이 된다. 바깥쪽에 남아 있는 것은 **외배엽**(ectoderm)인데, 이들의 파생물에는 신체의 바깥쪽에 있는 표피, 신경계가 있다. 외배엽과 내배엽 사이로 이동한 세포는 **중배엽**(mesoderm)인데, 척삭, 뼈, 혈관, 결합조직, 근육 그리고 신장과 생식소와 같은 내장기관이 된다 (**표 47.3**).

표 47.3	척추동물에서 1차 배엽층의 발생운명
외배엽	피부의 표피, 신경계, 감각기관
중배엽	골격, 근육, 혈관, 심장, 혈액, 생식소, 신장, 피부의 진피
내배엽	소화관과 호흡관 내벽, 간, 췌장, 흉선, 갑상선

세포는 낭배형성 동안 이동할 때 다양한 모습을 띤다. 일부 세포는 이웃한 세포를 지나갈 때 액틴으로 가득 찬 넓게 편 돌출 형태인 **접착용 세포족**(lamellipodium)을 이용한다. 다른 세포들은 **사상위족**(filopodia)이라 불리는 얇은 돌출물을 내어 이웃한 세포 면 또는 세포외기질을 인식하며 이동한다. 일단 만족할 만한 접촉이 형성되면, 사상위족이 수축하면서 세포를 그 방향으로 이끈다. 액틴 섬유다발의 수축은 이들 세포의 모습을 변화시킨다. 데스모솜(desmosome)이나 부착연접으로 서로를 강하게 부착하고 있는 세포들은 세포판 그 자체로 이동한다.

적은 양의 난황과 속인 빈 할구 형태의 배아에서는, 포배의 식물극 쪽 세포판이 **함입**(invagination, 안쪽으로 푹 들어감)하여 원시 장관(gut tube)을 형성한다. 많은 양의 난황을 가지고 있어 이동하기 쉽지 않은 배아에서는 작은 세포로 구성된 세포판이 포배의 표면에서 **회절**(involution, 안쪽으로 말려 들어감)하여 외층을 구성하는 세포의 안쪽 기저 표면 위로 이동한다. 또 다른 세포들은 **이입**(ingression)을 통하여 세포판을 빠져 나와 개별적으로 멀리 이동한다.

조류와 포유류의 낭배는 **분층**(delamination)으로 시작하는데, 이는 세포의 한 층이 2개의 층으로 나누어지는 것이다. 이동하는 각각

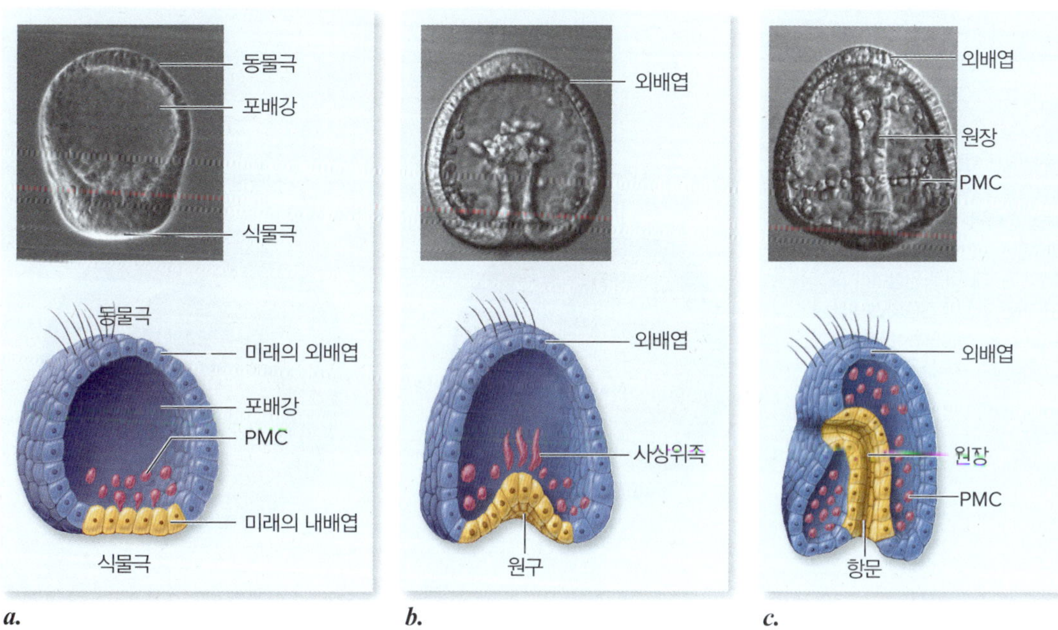

그림 47.11 성게의 낭배형성. ***a.*** 낭배형성은 식물판과 1차 간충직세포(PMC)가 포배강 내로 이입하는 것으로 시작된다. ***b.*** 이후에 나머지 식물극판 세포가 함입하면서 내배엽이 형성되고 세포성 관의 확대로 원시 장인 원장을 형성한다. ***c.*** 표면에 남아 있는 세포들은 외배엽을 형성한다.

의 세포는 특정 세포 표면 당단백질을 가지는데, 다른 세포 표면 또는 세포외기질 내 특정 분자에 부착한다. 17장에서 서술한 것처럼 세포 부착의 변화는 낭배형성에서 주요 사건이다. 세포외기질 성분 중의 하나인 피브로넥틴(fibronectin)과 이에 부합하는 세포의 인테그린(integrin) 수용체는 많은 동물의 낭배형성에서 없어서는 안 될 중요 분자이다.

낭배형성의 유형은 난황의 양에 따라 다양하다

난할 유형에서처럼 난황의 양은 낭배형성 과정 중의 세포 이동에도 영향을 준다. 여기서는 난황의 양이 서로 다른 대표적인 4개의 강(class)에 속한 동물의 낭배형성을 예로 든다.

성게의 낭배형성

성게와 같은 극피동물(echinoderms)은 난황이 비교적 적은 난자로부터 발생하여 속이 빈 대칭적 포배를 형성한다. 포배형성은 식물극 표면에 있는 세포가 평평한 **식물판**(vegetal plate)을 형성하면서 시작된다. 이입의 한 예로 식물판 옆 세포들이 포배벽을 떨어져 나와 포배강 내로 이동한다. 이들 **1차 간충직세포**(primary mesenchyme cell, PMC)는 향후 중배엽 세포가 되고, **사상위족**(filopodia)을 이용하여 포배강 안으로 이동한다(**그림 47.11**). 궁극적으로 이들 세포는 포배강의 배쪽 측면 코너 부분에 위치하고 유생의 골격을 형성한다.

식물판의 세포들은 포배강 내로 함입하여 내배엽 층을 형성하는데, 마치 찌그러진 테니스공처럼 보이는 구조가 된다. 결국 이동하면서 관을 형성하는 세포들은 낭배의 반대 면에 접촉하면서 이동을 멈춘다. 함입에 의해 형성된 속이 빈 구조를 **원장**(archenteron)이라 하며, 이는 소화관의 전신이다. 원장의 입구 부분은 나중에 항문이 되는데, 이를 **원구**(blastopore)라 한다. 2차적으로 뚫리는 부분은 원장이 낭배의 반대쪽 면에 다다른 부분에서 형성되는데, 이는 이후 입이 된다(**그림 47.11**). 항문이 먼저 형성되고 입이 나중에 형성되는 동물을 **후구동물**(deuterostomes)이라 한다(27장 참조).

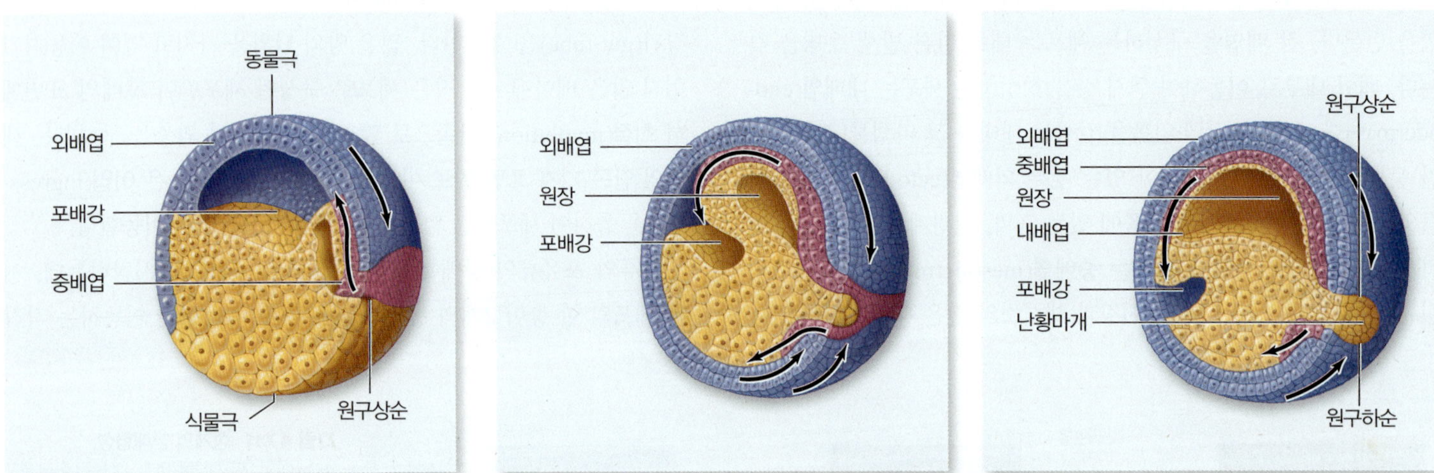

a. *b.* *c.*

그림 47.12 개구리의 낭배형성.
a. 세포층이 식물극 쪽으로 이동하여 결국 원구상순부에서 회절한다. *b.* 그리고 원구상순부 부위의 세포는 비어 있는 안쪽, 즉 포배강으로 회절하여 결국 반대쪽 벽으로 이동한다. 이로 인해 1차적인 배엽조직(외배엽, 중배엽, 내배엽)이 구분된다. 외배엽은 파란색으로, 중배엽은 붉은색으로, 내배엽은 노란색으로 나타냈다. *c.* 원구를 통한 세포의 이동은 새로운 내부 공간을 만드는 데, 이를 원장이라 하고, 이것이 포배강이 있던 공간을 대체한다. *d.* 신경관형성 과정이 진행되면서 등쪽 외배엽이 신경판을 만들면서 기관형성을 시작한다. *e.* 신경판은 신경고랑(neural groove)을 형성한 후 신경관을 형성한다. 신경외배엽 세포들은 파란색으로 표시하였다.

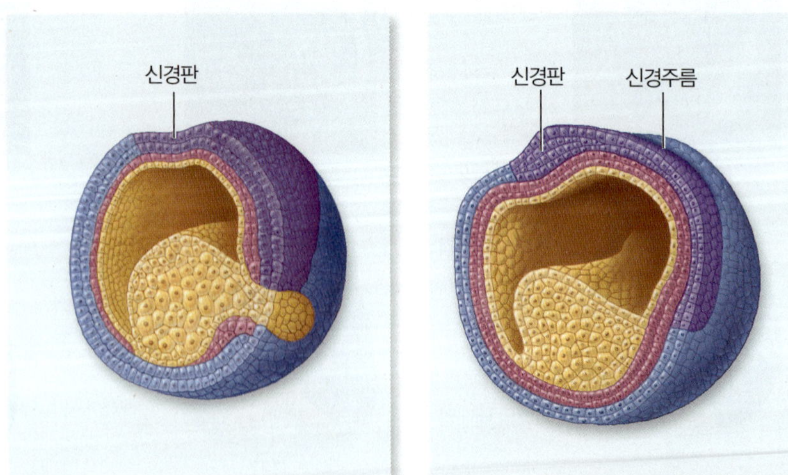

d. *e.*

양서류의 낭배형성

양서류의 포배는 난황의 분포가 비대칭적인데, 난황을 많이 가지고 있는 식물극 쪽 세포의 수는 난황을 거의 가지고 있지 않은 동물극 세포의 수에 비하여 상대적으로 적다. 결과적으로 낭배형성은 성게에 비하여 더 복잡하게 진행된다. 개구리에서 한 층의 표면 세포는 함입을 통해 원구가 형성되기 시작하는, 신월환 모양의 작은 틈새(slit)를 형성한다. 다음으로 동물극에서 오는 세포들이 원구상순부로 회절(**그림 47.12***a*)하는데, 이 부분은 수정란에서 회색신월환이 형성되었던 부위와 같은 곳에서 형성된다(**그림 47.5** 참조).

회절하는 세포층은 결국 배아 반대 면 내부 표면 쪽으로 이동하고, 이로 인해 포배강이 없어지면서 원구를 가지는 원장을 만든다. 그러나 이 경우에 있어서 원구는 난황을 많이 포함한 세포로 가득찬 **난황마개**(yolk plug)를 형성한다(**그림 47.12***b*, *c*). 이러한 이동 결과 바깥쪽 세포층은 외배엽, 안쪽 층은 내배엽이 된다. 원구상순과 원구하순(원구의 두 입술 모양의 구조는 난황마개로 나누어진다)으로 회절한 세포는 제3의 배엽층인 중배엽을 형성한다(**그림 47.12***c*~*e*).

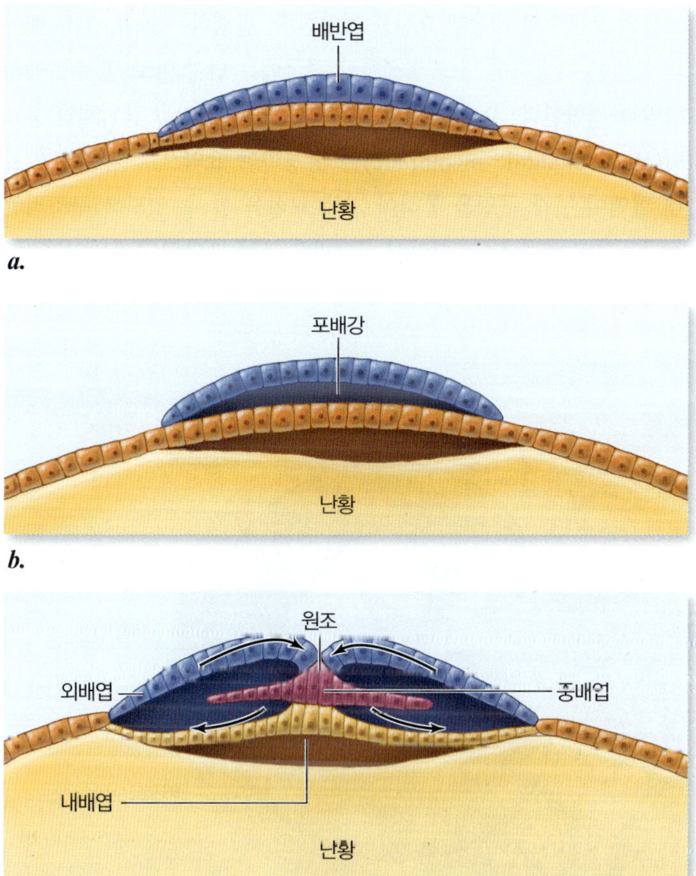

그림 47.13 조류의 낭배형성.

a. 조류의 포배는 커다란 난황덩어리 위쪽에 원반형 세포들로 구성된다. ***b.*** 낭배형성은 배반엽이 두 세포 층(위층의 상배엽과 아래층의 하배엽)으로 분층됨으로 진행된다. 3개의 모든 배엽층이 상배엽으로부터 유래한다. ***c.*** 원조를 통하여 배아 내부로 이동한 세포는 내배엽 또는 중배엽 세포가 된다. 윗 층에 남아 있는 세포는 외배엽이 된다.

조류의 낭배형성

조류와 파충류에서 난할이 끝날 때의 배아는 큰 난황덩어리의 꼭대기에 할구들이 작은 모자형으로 모인 **배반엽**(blastoderm)이다(**그림 47.13***a*). 결과적으로 낭배형성은 앞의 두 동물과 다르게 진행된다.

조류에서 배반엽은 처음에 2개의 층으로 나뉘고, 포배강이 이 두 층의 세포에 의해 형성된다(**그림 47.13***b*). 두 층의 배반엽 중 안쪽 배반엽은 배아외조직을 만들고(이 절의 끝에서 다룬다), 위쪽 배반엽 세포가 3배엽으로 된다.

표면 세포의 일부가 중앙선으로 이동하기 시작하고 이곳에서 표면층이 세포로부터 떨어져 나와 포배강의 안으로 이동한다. 장축 중앙선을 따라 형성되는 고랑은 이 이입을 보여준다(**그림 47.13***c*). 원구의 확장형과 유사한 고랑은 **원조**(primitive streak)라고 한다. 원조에서 이동하는 세포의 일부는 포배강을 지나 하배엽의 세포를 대체하여 내배엽을 형성하고, 다른 세포들은 바깥쪽과 안쪽 세포 층 사이로 이동하여 중배엽을 만든다. 안쪽으로 이동한 세포들 이외에 표면에 남아 있는 세포는 외배엽을 형성한다.

포유류에서의 낭배형성

포유류의 낭배형성은 조류의 낭배형성과 많은 부분에서 동일한 방법으로 진행된다. 이 두 동물군에서, 배아는 편평해진 세포 집단인 조류의 배반엽과 포유류의 내세포덩어리에서 발생한다. 비록 조류의 배반엽이 난황덩어리에 의한 압력으로 편평하게 되나, 포유류의 내세포덩어리는 난황덩어리 없이 편평해진다.

포유류에서 태반은 난황을 필요 없게 하는데, 배아는 모체의 자궁벽에 착상하여 필요한 영양분을 모체의 혈액으로부터 얻는다. 그러나 배아는 계속하여 난황덩어리 위에 있듯이 낭배를 형성한다.

포유류에서 원조가 형성되고, 이를 통해 세포가 이동하여 조류에서처럼 3개의 1차적인 배엽이 된다(**그림 47.14**). 유사하게, 포유류 배아는 배반엽의 하층에서 포배강 안쪽을 감싸면서 이동하는 배아외세포가 난황낭을 형성함으로써 "사라진" 난황을 둘러싼다.

배외막은 건조한 육상에서의 삶에 대한 적응이다

육지생활에 대한 적응으로 파충류, 조류, 포유류의 배아는 액체로 채워진 **양막**(amniotic membrane, amnion) 안에서 발생한다(29장 참조). 양막 및 다른 배외막은 배아세포에서 유래하나 이들은 배아 몸체 외부에 위치한다. 이러한 이유로 **배외막**(extraembryonic membrane)으로 알려지게 되었다. 배외막에는 양막, 장막, 난황낭, 요막

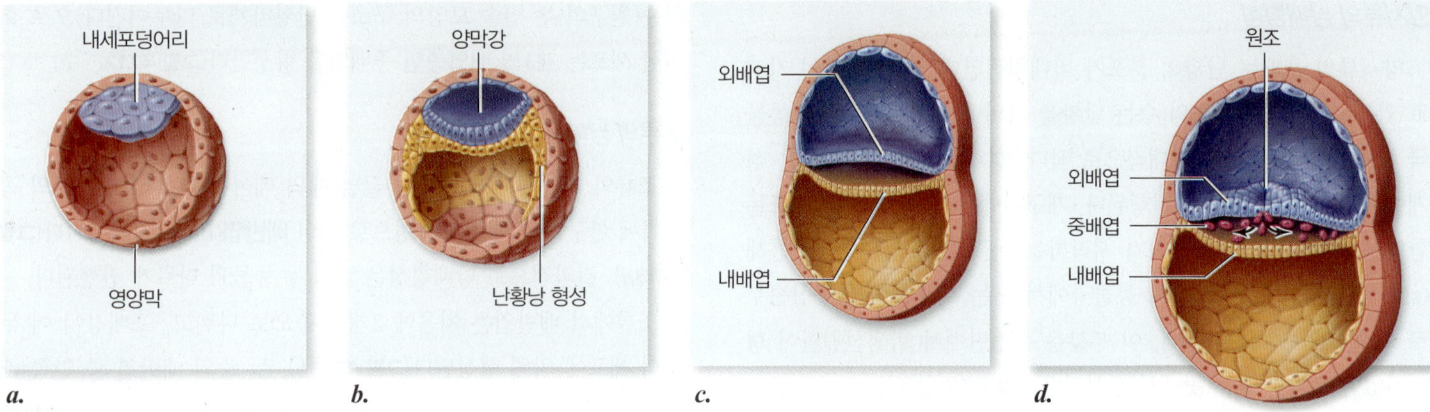

a. *b.* *c.* *d.*

그림 47.14 포유류의 낭배형성.
a. 난할이 끝난 포유동물 배반포의 단면. *b.* 양막강이 내세포덩어리와 배아의 극 사이에 형성된다. 이 시기에 내세포덩어리는 평평해지고 2개의 세포층으로 나뉘며 외배엽과 내배엽이 된다. *b*와 *c*. 하배엽(아래층) 세포들은 포배강으로 이동하여 난황낭을 형성한다. *d.* 상배엽(외배엽) 층에 원조가 형성되고 조류에서처럼 세포가 이곳을 통하여 이동하여 중배엽 또는 내배엽 세포가 된다.

이 있다.

조류에서 양막과 장막은 배아를 완전히 둘러싸면서 자라는 2개의 주름에서 발생한다(**그림 47.15***a*). 양막은 배아를 둘러싸는 안쪽에 위치한 막으로 **양수**(amniotic fluid) 내에 배아가 떠 있는 형국이 되어 어류와 양서류의 수중 환경과 유사하게 된다. 장막은 난각 바로 아래에 위치하고 **배외강**(extraembryonic coelom)이라는 공간을 통하여 다른 배외막과 분리되어 있다.

난황낭(yolk sac)은 조류와 파충류 배아에서 영양과 관련하여 절대적인 역할을 수행하는데, 비록 영양을 공급하는 기능이 없더라도 포유류에 존재한다. **요막**(allantois)은 장이 팽출하여 형성되었으며, 조류의 오줌으로 배설된 요산을 저장한다. 발생하는 동안, 조류 배아의 요막은 확장하여 낭을 형성하고 결국에는 난각 바로 밑 부분에서 장막과 결합한다. 요막과 장막의 결합은 하나의 기능 단위체인 장뇨막(chorioallantoic membrane)을 형성하여 요막으로 이동한 혈관 내 혈액이 난각 구멍을 통하여 기체 교환을 할 수 있도록 구조적인 접근을 가능하게 한다. 따라서 장뇨막은 조류 배아의 호흡막이다.

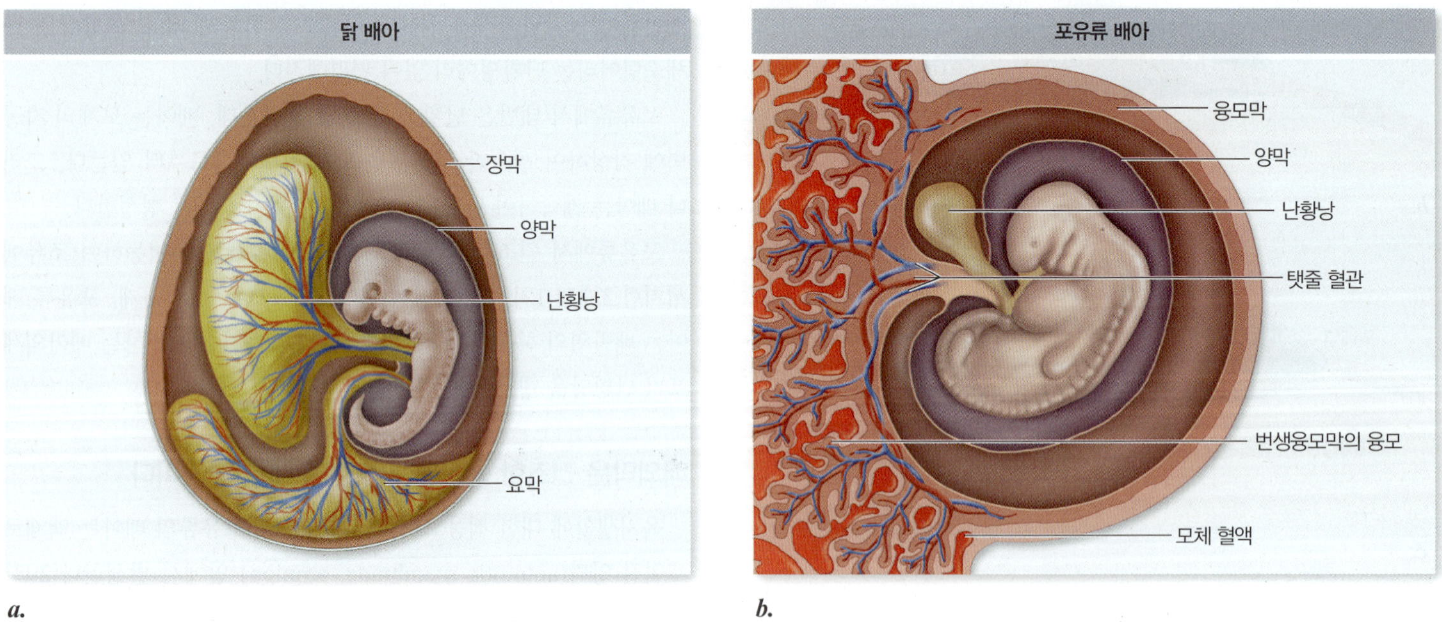

a. *b.*

그림 47.15 배아외막.
닭 배아(*a*)와 포유류 배아(*b*)의 배외막은 일부 동일한 특징을 갖는다. 닭에서는 요막이 계속 자라 난각 바로 밑에 있는 장막과 결합하여 기체 교환에 참여한다. 포유류 배아에서는 제대(탯줄) 발생에 필요한 혈관형성에 관여한다.

포유류에서 포배의 영양막이 모체 자궁의 내막으로 착상하며 융모막(조류의 장막과 상동)이 된다(**그림 47.15*b***). 자궁내막 조직과 접촉하는 융모막 부분은 태반 형성에 참여한다. 태반의 다른 부분은 47.6절에서 다루겠지만 모체 자궁내막 조직이 변경된 것이다. 포유류 요막은 탯줄이 될 구조의 혈관이 되는데, 이를 통해 태아의 혈액이 기체 교환을 위해 태반으로 이동할 수 있게 된다.

핵심 요약 47.3

낭배형성은 세포의 재배열을 필요로 하는데, 세포의 이동을 통하여 외배엽, 중배엽, 내배엽을 형성한다. 성게에서 내배엽은 포배의 함입으로 형성되고 중배엽은 다른 표면 세포로부터 형성된다. 난황의 양이 다양한 알을 가진 척추동물의 경우, 원구 또는 원조를 통하여 표면 세포가 이동한다. 포유류 낭배형성은 조류의 낭배형성과 유사하다. 양막류의 배외막은 배아 몸체 바깥쪽의 배아 세포로부터 형성되는데 난황낭, 요막, 장막, 요막이 있다.

■ 어떤 종류의 세포 행동(이동)이 낭배형성에 필요할까?

47.4 기관형성

학습 목표

1. 기관형성의 예를 설명할 수 있다.
2. 신경형성과 체절형성을 서술할 수 있다.
3. 신경능선세포의 이동과 역할에 대하여 설명할 수 있다

낭배형성을 통하여 동물 배아는 신체의 기본적인 형성 계획을 수립하고 3개의 1차적인 배엽을 만든다. 이 단계를 거치면서 3개 배엽 내의 혹은 사이의 세포간 상호작용으로 적절한 장소에서 기관이 형성되는 **기관형성**(organogenesis)을 준비한다. 따라서 기관형성은 낭배형성 이후 바로 진행되는데, 대부분 동물에서는 낭배형성이 완결되기 전에 시작된다. 이후 발생 과정을 거치면서, 조직은 기관으로 발달해서 동물의 배아는 특유의 신체 형태가 된다.

초파리에서 일부 기관의 발생은 기관형성의 좋은 예이다

초파리 배아에서 형태형성인자의 농도기울기 형성이 어떻게 앞-뒤축과 등-배축을 따라 세포의 운명을 결정하는 유전자의 발현체계를 순차적으로 진행하게 하는가를 17장에서 보였다. 이들 두 축은 초파리 배아 내 조직과 기관의 위치를 지정하는 조절 시스템을 형성한다. 여기에서는 3가지 기관, 즉 침샘, 심장, 호흡계인 기관의 발생을 알아본다.

침샘의 발생

초파리 유충은 움직이는 먹는 기계로 비유할 수 있는데 매우 왕성한 침샘을 가지고 있다. 침샘의 원기는 제3 머리 체절의 배쪽 표면에 있는 외배엽 세포가 단순 함입하여 형성된 관에서 발생한다. 침샘은 *Sex combs reduced*(*Scr*) 유전자를 발현하는 앞쪽의 한 줄로 늘어선 세포에서만 발생한다. *Scr* 결핍 배아에서는 침샘의 형성이 없고 실험적으로 *Scr*을 앞-뒤축을 따라 발현하게 하면 결과적으로 배아의 장축을 따라 부가적으로 침샘 원기가 형성된다.

Scr 유전자는 안테나페디아복합체(Antennapedia complex) 내 체절결정유전자(homeotic gene)로, 전사인자를 암호화하고 있어 그 유전자 산물은 호미오도메인을 이용하여 유전자 발현을 조절한다(17장 참조). *Scr*의 조절을 받는, 즉 하부(dowastream) 유전자 중의 하나는 *fork head*(*fkh*) 유전자로, 그 인핸서 부위에 *Scr* 결합부위를 갖는다. *fkh* 유전자는 침샘 원기에서 분비세포의 발생에 필요한데, 이 유전자는 침샘 특이 유전자의 발현을 활성화하는 전사인자를 암호화하고 있다. 따라서 *Scr* 유전자의 활성은 침샘이 형성될 배아의 앞부분 적절한 곳에서 *fkh*의 발현을 활성화한다.

등 부분에서 발현하는 유전자인 Decapentaplegic(Dpp)의 억제 활동은 침샘의 배쪽 위치를 결정한다. Dpp 신호경로의 활성은 이웃하는 세포가 침샘으로 특성화되는 것을 억제하는데, 이것은 외배엽 세포의 특정 부분에서만 침샘 원기가 발생하도록 제한한다(**그림 47.16**). Dpp나 Dpp 신호전달경로 상의 하부 단백질 중의 하나가 결여된 돌연변이 배아에서는 침샘 원기가 이 배쪽 부분에 제한되지 않고 제3 체절의 전체 외배엽으로부터 형성된다.

심장의 발생

모든 동물의 심장은 중배엽에서 유래하는 구조물이고, 배아발생 과정에서 제일 먼저 형성되는 기관이다. 등쪽 혈관은 초파리에서 심장과 같은 구조이다. 호미오박스를 갖는 *tinman* 유전자는 심장 예정 중배엽과 발생 중인 등쪽 혈관에서 발현하는데, 이 산물의 활성은 초파리에서 등쪽 혈관의 발생에 필요하다(**그림 47.17**).

등쪽 혈관의 발생은 또한 2개의 다른 전사인자(GATA, T box 인자)에 의존적이다. 진화적으로 보존된 분명한 예로, 과학자들은 초파리의 이들 세 유전자와 유사한 유전자 집단을 척추동물에서 찾아내었다. 게다가 이들 유전자 집단들은 척추동물 심장의 특성화에 중요

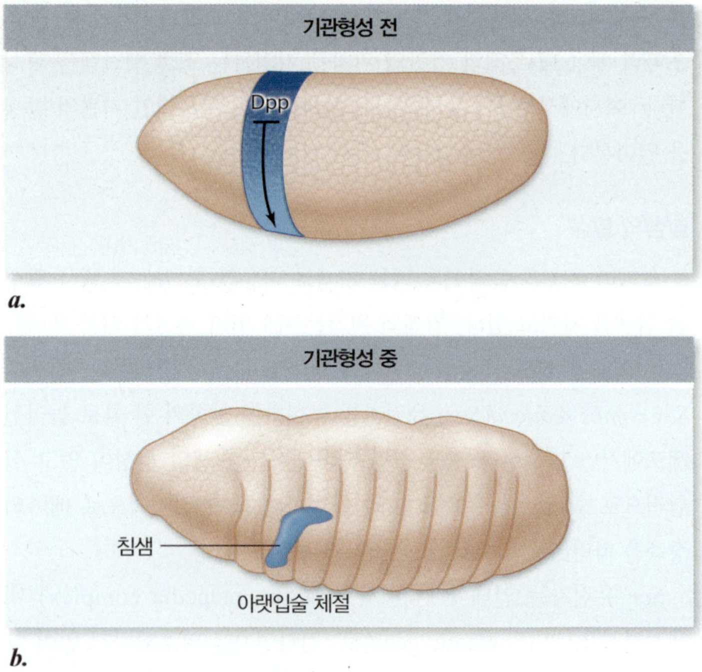

그림 47.16 초파리에서 침샘의 형성.
예정 침샘세포는 앞-뒤축과 등-배축의 교차로 결정된다. ***a.*** 기관형성 전에, *Sex combs reduced*(Scr) 유전자가 앞쪽 띠 세포(파란색 부분)에서 발현된다. 동시에, Decapentapelgic protein(Dpp)이 배아의 등쪽 세포에서 분비된다. Dpp는 등쪽 세포의 운명을 특성화하고 침샘 원기의 형성을 억제한다. ***b.*** 기관형성 동안, 침샘은 Scr이 발현되고 Dpp가 발현되지 않는 부위에서 형성된다. 각 침샘 원기는 3번째 머리 체절(labium, 아랫입술)에서 양쪽 표면 외배엽의 배쪽 부분이 함입함으로써 형성된다.

과학적 사고

가설: *tinman* 유전자는 초파리에서 등쪽 혈관의 정상적 발생에 필요하다.
예측: *tinman* 유전자는 등쪽 혈관의 전구체에서 발현할 것이다. *tinman*의 기능이 상실되면 등쪽 혈관이 결실될 것이다.
실험: 야생형(위)과 돌연변이형 배아(아래)에서 *tinman* 발현을 분석한다.

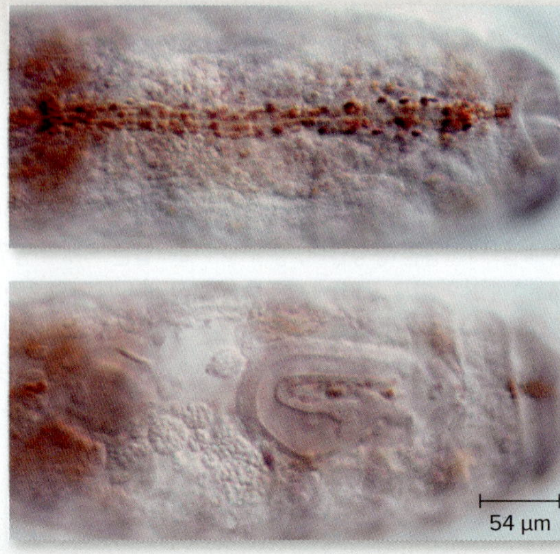

결과: 야생형 배아에서 *tinman*은 등쪽 혈관이 형성되는 한 줄의 세포들에서 발현되었다. 돌연변이 배아에서는 *tinman*이 발현되지 않았고 등쪽 혈관이 형성되지 않았다.
결론: *tinman*의 기능은 등쪽 혈관형성에 필요하다.
추가 실험: *tinman*은 호미오박스를 갖는 유전자이다. 호미오박스가 이 유전자의 기능에 어떤 것을 의미하는가? 어떻게 이것을 확인 추적할 것인가?

그림 47.17 초파리의 심장 형성에 필요한 유전자.

한 역할을 한다.

이것은 이들 유전자의 구조뿐만이 아니라 기능까지 진화적으로 보존되어 있다는 것을 의미한다. 과학자들은 심장 중배엽의 특성화가 초파리나 척추동물에서 공히 이웃한 배엽에서 유래하는 유도 신호에 의한다는 것을 밝혀냈다. 척추동물에서 심장은 내부 위치에서 발생하는데 유도 신호는 밑에 있는 앞쪽 내배엽에서 온다. 초파리에서는 등쪽 혈관이 보다 표면 근처에서 형성되는데 유도 신호는 이를 덮고 있는 외배엽에서 온다.

비록 다른 부분에서 신호가 오지만, 3개의 주된 유형의 전사인자를 발현하는 것을 조절하는 이 신호는 초파리와 척추동물에서 잘 보존되어 있다. 심장의 순환 기능이 중요하고 잘 보존된 것에 비추어 볼 때, 초파리와 척추동물에서 유사한 유전자 집단에 의해 심장 중배엽이 특성화되는 것은 아마도 놀랄 일은 아닐 것이다.

기관: 분지 형태형성

28장과 42장에서 보았던 것처럼, 곤충은 **기관세지**(tracheae)라고 하는 매우 가는 관을 통하여 기체 교환이 진행된다. 기관계를 형성하는 단순 상피세포 관의 반복적인 가지치기는 **분지 형태형성**(branching morphogenesis)의 한 예이다.

초파리에서 *branchless* 유전자의 돌연변이는 기관계가 매우 감소된 배아를 형성한다. *branchless* 유전자는 표적세포의 증식을 자극하는 타이로신카이네이스 수용체에 결합하는 **섬유아세포생장인자**(fibroblast growth factor, FGF) 집단의 유전자를 암호화하고 있다. 진화적으로 보존된 흥미로운 다른 사례로 *branchless* 유전자의 상동인 포유류의 FGF는 포유류 폐에서 폐포 통로를 형성하는 분지 형태형성에도 관여한다.

초파리와 포유류에서 FGF는 상피관의 원위 부위 근처의 성긴 간충직세포 덩어리에서 분비된다. FGF는 상피세포막에 있는 FGF 수용체에 결합하여 이들 상피세포의 증식을 자극하고 새로운 기관 원기로 성장하도록 한다.

척추동물에서 기관형성은 신경관형성 및 체절형성과 함께 시작한다

척추동물에서 기관형성 과정은 오직 척삭동물(chordates)에서만 관찰되는 **척삭**(notochord)과 등쪽의 속인 빈 **신경삭**(dorsal nerve

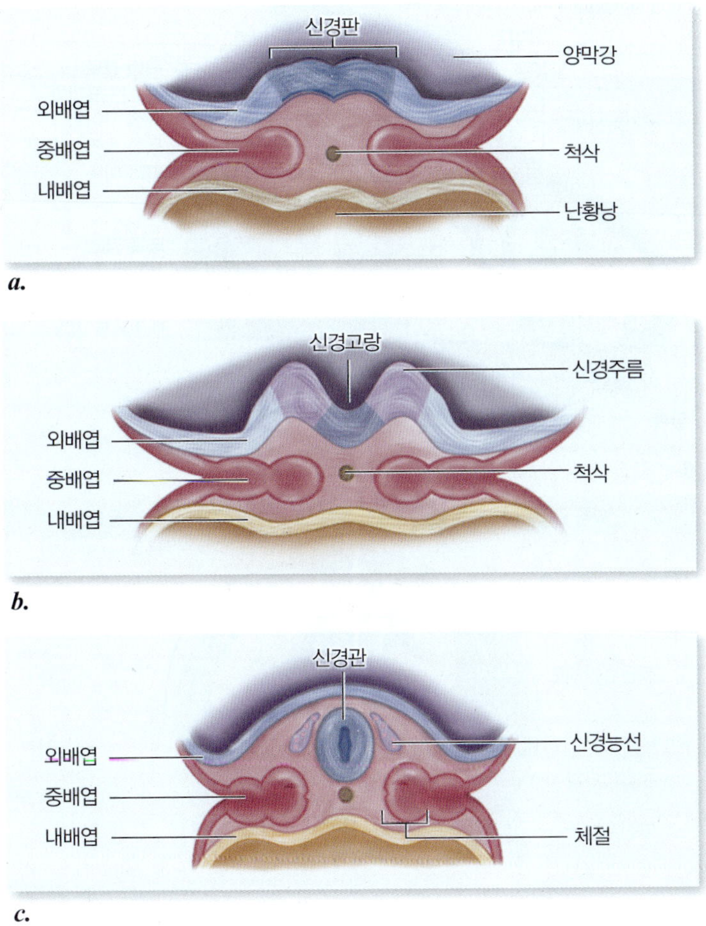

그림 47.18 포유류의 신경관 형성.
a. 신경판이 척삭 위쪽에 있는 외배엽으로부터 형성된다. *b.* 신경판의 세포들은 서로 접혀 신경고랑을 형성한다. *c.* 신경고랑이 닫히면서 속이 비어 있는 관인 신경관이 형성되며, 이는 뇌와 척삭이 된다. 신경관이 닫히면서 신경관의 등쪽 모서리에서 일부 세포가 신경능선으로 분화하고 이동하여 척추동물의 특징인 다양한 구조를 형성한다.

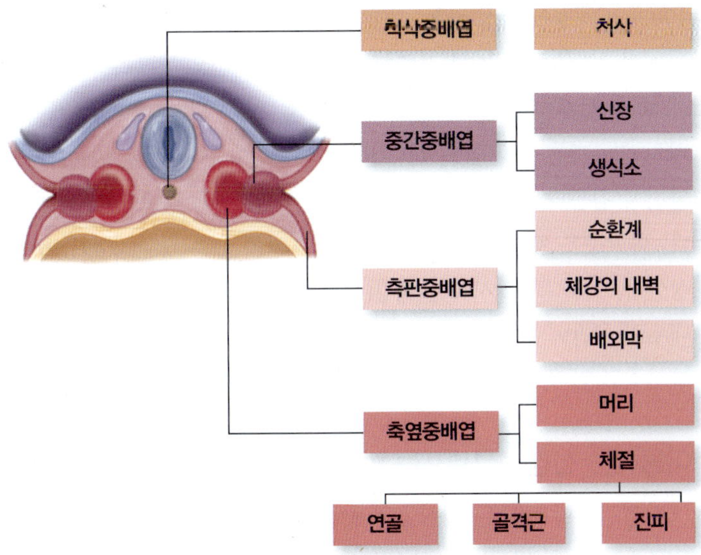

그림 47.19 조류와 포유류에서 중배엽 유래의 구조들.

cord; 29장 참조)이라는 두 가지의 형태적 특징이 형성되는 것과 함께 시작된다. 등쪽의 신경삭 발생을 **신경관형성**(neurulation)이라고 한다.

신경관의 형성

척삭은 중배엽에서 형성되는데, 낭배형성이 완결된 후 곧바로 관찰할 수 있다. 척삭은 모든 척삭동물의 배아 등쪽 정중선을 따라 위치하는 유연한 막대형으로, 척추동물에서는 지지 구조로서의 척삭 기능이 척추의 발달로 대체된다. 척삭이 형성된 이후 척삭 바로 위쪽의 외배엽 세포들은 두꺼워져 **신경판**(neural plate)을 형성한다.

신경관이 형성될 등쪽 외배엽 세포는 두꺼워지는데, 이는 세포의 신장으로 일어난다. 이후 이들 세포는 정단부위에서 액틴섬유 다발의 수축으로 쐐기 형태가 된다. 이러한 모양의 변화는 신경조직이 배아의 장축을 따라 말려들어가는 **신경고랑**(neural groove)이 형성되는 원인이 된다. 신경고랑의 양쪽 가장자리 부위는 서로 상대 쪽으로 이동하고 융합하여 속이 빈 기다란 원통인 **신경관**(neural tube)을 형성한다(**그림 47.18**). 결국 신경관은 표면을 덮고 있는 외배엽에서 분리되어 등쪽 표면 아래에 위치하게 된다. 신경관의 변화는 *Hox* 유전자 복합체의 조절하에 일어나고(17장 참조), 이후 척수와 뇌로 분화한다.

체절의 형성

신경관이 등쪽 외배엽에서 형성되는 동안, 신체의 기본적 체계는 중배엽의 변화로 재빠르게 구성된다. 발생하는 척삭의 양쪽에 있는 중배엽판은 **체절구**(somitomeres)라는 일련의 둥근 부위(초기 체절 전구체)로 나뉜다. 이후 체절구는 **체절**(somites)이라는 구획으로 나뉜다(**그림 47.18**). 머리 부분의 중배엽은 뚜렷한 체절로 나뉘지 않고 연결된 체절구로 남아 있고, 이로부터 얼굴, 턱, 목구멍의 골격근이 형성된다.

체절은 일정한 시간을 두고 주기적이고 반복적으로 진행되는 앞-뒤 파동 양식으로 형성된다. 예를 들면, 세포를 죽이지 않고 염색하는 생체염료를 이용하면 닭 배아에서 체절이 형성될 때마다 각각을 표식할 수 있다. 체절을 형성하기 전의 중배엽의 예정 체절 경계부분의 세포는 특정 시간 간격으로 앞쪽 세포가 서로 응집하고 체절로 나뉘게 한다(예를 들면, 닭 배아에서는 90분마다 진행됨). 이러한 시계는 이웃한 세포 간의 접촉-매개 세포신호에 의해 생긴다.

체절 그 자체는 배아의 일시적 구조물로 형성된 후 곧 흩어지고 서로 다른 경로로 분화하기 시작하여 골격, 골격근, 이와 관련된 결합조직을 형성한다. 형성되는 체절의 총 수는 종 특이적이다. 예를 들면, 닭에서는 50개의 체절이 형성되는 반면, 어떤 뱀 종에서는

400개의 체절이 형성된다.

신장, 부신, 생식소를 포함한 일부 신체 기관은 좌우측 체절의 열을 따라 길게 배열한 띠 형태의 중배엽에서 발생한다. 가장 배쪽에 위치하는 다른 중배엽은 내배엽 주변으로 이동하여 결국에는 이를 완전히 감싼다. 이러한 이동의 결과 중배엽은 두 층으로 나뉘게 된다. 바깥층은 체벽의 안쪽을 형성하고, 안쪽 층은 장관의 외층을 형성한다. 이들 두 층 사이는 **체강**(coelom)으로(27장 참조), 성체의 몸 내부의 공간이 된다. **그림 47.19**는 양막류 배아의 주된 중배엽 계보를 보여주고 있다.

이동하는 신경능선세포는 많은 세포 유형으로 분화한다

신경관형성은 모든 척삭동물에서 진행되는데, 척추가 아닌 척삭을 갖는 단순한 창고기의 신경관형성 과정이 사람에서의 신경관형성 과정과 매우 유사하다. 그러나 척추동물에서의 신경관형성은 추가적 단계를 가지고 있다. 신경관이 형성되기 위해 신경고랑이 닫히기 바로 전에 가장자리가 떨어져 나가 이들 세포가 모인 작은 세포 무리인 **신경능선**(neural crest)이 신경관과 표면 외배엽 사이에 형성되는 것이다(**그림 47.18***c*).

동물 발생 동안의 광범위한 세포 이동의 다른 예로는, 신경능선세포의 이동으로 신경관으로부터 나와 발생 중인 배아의 여러 다른 많은 부위로 이동하여 대량 증식한다. 신경능선의 출현은 척추동물 진화의 주된 사건인데, 그 이유는 이들 세포가 이동하는 최종 목적지에 이르러 척추동물 특이적인 다양한 구조로 발생하기 때문이다.

신경능선세포의 분화는 이들의 이동 경로와 최종 목적지에 의존적이다. 신경능선세포는 배아에서 3가지 이동 경로 중 하나를 따라 이동한다. 머리(cranial) 신경능선세포는 앞부분 세포로 머리와 목 부분으로 이동하고, 몸통 신경능선세포는 2개의 다른 이동경로로 이동한다. 신경능선세포의 각 집단은 다양한 세포 유형으로 발생한다.

머리 신경능선세포의 이동

머리 신경능선세포는 안면부의 골격과 결합조직으로 주로 발생하며 또한 신경계의 신경과 신경절, 그리고 멜라닌 생성 색소세포로 분화한다. 발생 동안 머리 신경능선세포가 이동하여 정착하는 장소의 변화는 척추동물 머리 부분의 복잡하고 다양한 진화를 유도했다.

머리 신경능선세포 이동에는 2개의 파동이 있다. 첫 번째 것은 등쪽과 배쪽 구조 모두에서 형성되고, 두 번째 것은 등쪽에서만 형성되는데 상대적으로 적은 수의 연골과 뼈를 형성한다. 이식 실험에서 이들 두 이동 파동상에 있는 세포들의 발생 능력은 동일한 것으로 밝혀졌다. 세포 운명의 차이는 세포의 운명이 미리 결정되어서 그런 것이 아니라 이동하는 세포가 맞닿는 환경에 의한 것이다.

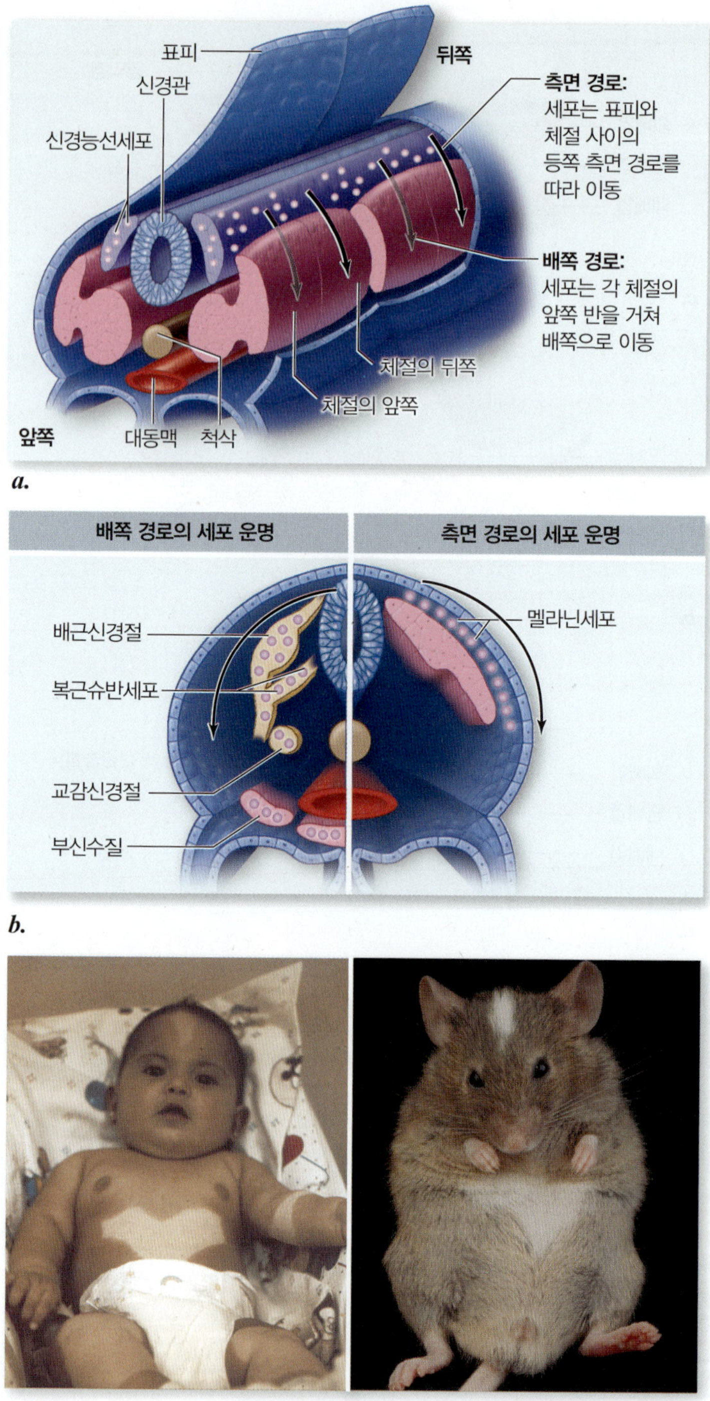

그림 47.20 몸통 신경능선세포의 이동 경로와 운명.
a. 몸통 신경능선세포의 첫 번째 그룹은 각 체절의 앞쪽 절반을 통하여 배쪽으로 이동하며, 세포의 2번째 그룹은 등쪽을 떠나 외배엽과 체절 사이 공간을 통하여 이동한다. ***b.*** 배쪽 이동 경로의 신경능선세포는 다양한 특성화된 세포 유형으로 분화하나, 측면통로의 신경능선세포는 피부의 색소세포로 발생한다. ***c.*** 포유류 신경능선세포의 생존을 촉진하는 특정 유전자의 돌연변이는 사람과 생쥐 모두에서 복부와 이마 부분에 흰색 부위가 형성되도록 한다.

자료 분석 흰색 부위는 서로 다른 두 유전자의 돌연변이 대립유전자로 인해 형성된다. 한 유전자는 신호분자를 암호화하는데, 다른 유전자 산물은 어떤 기능이 있을까?

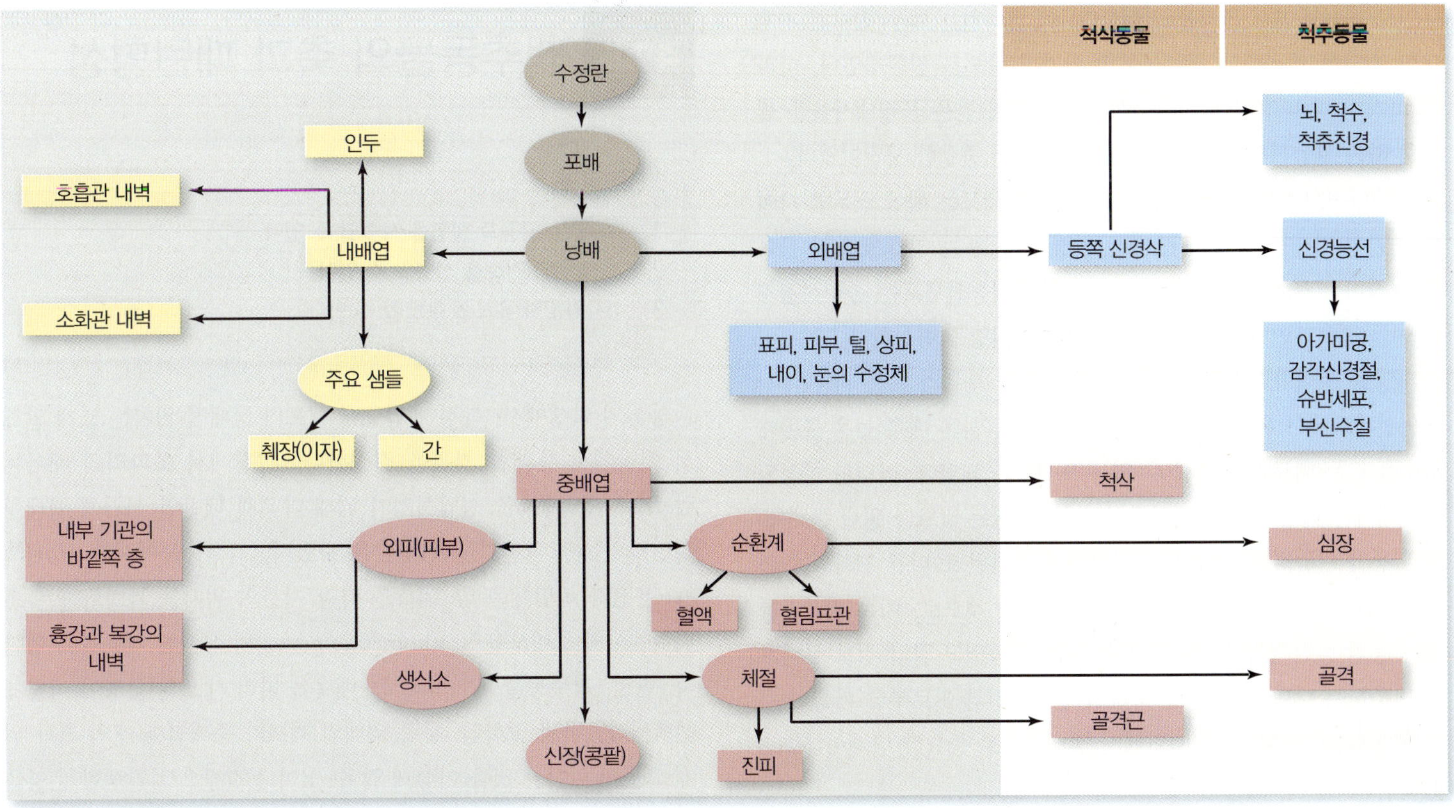

그림 47.21 동물의 배엽으로부터 유래하는 주된 조직 유형.
낭배기 동안에 형성된 3개의 배엽은 신체의 모든 기관과 조직이 되나, 외배엽 조직에서 유래한 신경능선세포는 척추동물에서 일반적인 아가미궁, 안면골과 두개골과 같은 구조를 만든다.

몸통 신경능선세포: 배쪽 이동경로

더 뒤쪽에 위치한 신경능선세포는 이들의 이동 경로에 의존적으로 다양한 다른 발생 운명을 가진다. 신경관에서 멀리 떠나가는 1차적인 몸통 신경능선세포는 각 체절의 앞쪽 반 부분을 통과하여 배쪽으로 이동한다(**그림 47.20***a*).

이 세포의 일부는 척수를 갖는 척추동물의 말단부위와 연결하는 배근신경절(dorsal root ganglion)의 감각신경을 형성한다(37장 참조). 한편 일부의 다른 세포는 말초신경을 따라 활동전위가 빠르게 이동하도록 돕는 절연 구조를 형성하는 슈반세포(Schwann cell)로 특성화된다. 또한 부신 수질의 내분비세포와 내장의 활성을 조절하는 자율신경세포를 형성한다(**그림 47.20***b*). 자율신경계의 교감신경에서 분비되는 호르몬과 유사한 화학물질인 에피네프린(epinephrine)과 신경전달물질인 노르에피네프린(norepinep- hrine)의 화학적 유사성은 신경능선에서 부신수질세포와 교감신경세포 모두가 유래하기 때문일 것이다.

몸통 신경능선세포: 측면 경로

몸통 신경능선세포의 두 번째 집단은 신경관으로부터 외배엽 바로 아래의 공간을 따라 이동한다. 이들 세포는 피부의 색소세포로 분화한다(**그림 47.20***a*, *b*). 신경능선세포의 생존과 이동에 영향을 미치는 유전자의 돌연변이는 배쪽 표면 피부에 흰 반점 형성을 유도하고, 또한 신경능선-유래 내부 기관 조직의 문제를 야기한다(**그림 47.20***c*).

신경능선세포의 운명이 이동 경로에 의해 유도되기 때문에, 많은 연구가 신경능선세포가 이동하는 경로를 조절하는 분자를 동정하고자 진행되어 왔다. 세포 표면과 세포외기질상의 세포 부착분자가 중요한 역할을 하는 것으로 예측되고 있다. 예를 들면, 예정 신경능선세포는 세포 표면에 *N*-캐드헤린의 분포를 억제하기 위해 발현을 하향조절하면 신경관으로부터 떠날 수 있게 된다. 신경관을 떠난 바로 직후 신경능선세포의 표면에 인테그린 수용체(integrin receptor)가 발현하여 이들이 이동하게 될 경로상의 세포외기질에 있는 단백질들과 상호작용할 수 있게 된다.

신경능선의 파생물은 척추동물의 진화에서 중요하다

창고기류와 같은 원시 척삭동물은 여과섭식동물로 섬모의 빠른 움직임을 통하여 물의 흐름을 입쪽으로 형성시켜 물을 유입하고 인두열로 내보내면서 음식을 섭취한다. 이 인두열은 매우 진보된 기체 교환 수단을 제공하는 척추동물의 아가미 방으로 진화하였다. 따라서 아가미 방의 진화는 여과섭식자에서 훨씬 높은 물질대사율을 필요로 하는 활동적인 포식자로 전환을 하게 된 중요한 사건이었다.

아가미 방 발생 중에 일부 머리 신경능선세포는 배아 인두열 사이에 연골성 막대를 형성한다. 다른 신경능선세포는 연골을 따라 근육을 형성하는 중배엽이 되고, 일부 다른 신경능선세포는 중추신경계와 이들 근육 사이에 신경신호를 전달하는 신경을 형성한다.

다양한 생태학적 역할에 중요한 척추동물 특유의 많은 적응은 신경능선세포에서 유래한 구조때문이다. 척추동물은 매우 높은 물질대사율을 갖는 빠르게 수영할 수 있는 포식자가 되었다. 이러한 향상된 물질대사는 더 원시적인 척삭동물이 할 수 있는 것보다 훨씬 큰 수준의 활동을 가능하게 하였다. 신경능선과 관련된 또 다른 진화적 변화는 피식자를 보다 잘 탐지할 수 있도록 하는 것으로, 이는 피식자를 잡는 동안 공간적 방향을 인지하는 능력을 높였고 감각 정보에 빠르게 반응하는 수단이 되었다. 따라서 신경능선과 이로부터 파생된 구조의 진화는 척추동물의 진화에서 절대적으로 중요한 단계이다(**그림 47.21**).

핵심 요약 47.4

기관형성의 유전적 조절은 보존된 세포신호분자 시스템과 전사인자에 의해 일어난다. 초파리와 포유류의 심장발생 조절은 동일한 단백질을 일정 부분 사용한다. 신경관형성 과정을 통해 척추동물은 기본적인 신경계를 형성한다. 체절형성은 중배엽을 체절로 나누는 것이다. 신경능선세포는 신경관에서 유래하고 여러 위치로 이동하여 다양한 세포 유형을 형성한다. 신경능선의 진화는 다양한 척추동물의 특이 적응을 이끌었다.

■ 신경능선세포는 이동 전에 운명이 결정될까?

47.5 척추동물의 축과 패턴형성

학습 목표

1. 슈페만-망골트 실험을 서술할 수 있다.
2. 형성체의 기능을 설명할 수 있다.
3. 1차와 2차 유도를 구별할 수 있다.

동물의 발생에서, 특정 배엽층내 세포의 상대적 위치는 넓게 말해서 이들에서 유래할 기관을 결정한다. 17장에서 초파리의 배아는 앞-뒤축, 등-배축을 성립시키기 위해 다핵체 배반엽 시기에 형태형성인자의 농도기울기를 형성함을 보았다. 척추동물에서는 *Hox*(혹스) 유전자 복합체는 앞-뒤축을 따라 기간의 위치를 특성화하는 초파리에서의 호미오유전자(homeotic genes)와 유사한 기능을 수행한다. 한편, 척추동물 배아에서 등-배축을 따라 세포의 운명이 어떻게 선택될까? 바꿔 말하면, 등쪽 외배엽 세포가 중배엽 유래의 척삭 위에 그들이 있다는 것을 어떻게 알 수 있어 신경관으로 발생할 운명을 갖게 될까? 이 수수께끼에 대한 해답은 실험발생학의 뛰어난 성취 중 하나이다.

슈페만 형성체는 등-배축을 결정한다

저명한 독일 생물학자 슈페만(Hans Spemann)과 그의 학생 망골트(Hilde Mangold)는 이 수수께끼를 20세기 초에 풀었다. 정상적으로, 양서류의 낭배형성 과정에 있는 원구상순부에서 유래한 세포는 척삭이 생기게 한다. 슈페만과 망골트는 한 배아의 원구상순부를 제거하고 다른 배아의 다른 부위로 이식하였다(**그림 47.22**). 이식한 부위는 향후 배가 될 부분이었다. 이들은 이식된 배아가 2개의 척삭을

그림 47.22 슈페만과 망골트의 원구상순부 이식 실험.
공여자 배아의 원구상순 조직은 수여자 배아의 배쪽이 될 부분에서 제2의 축 형성을 유도하였다.

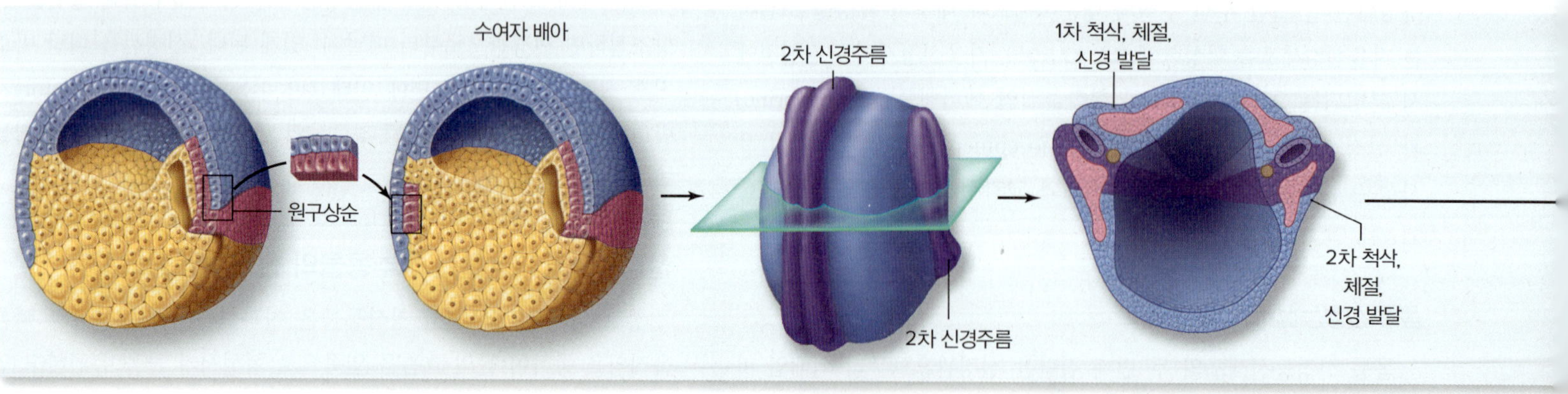

갖는 것으로 발생하는 것을 발견하였다. 하나는 정상적인 등에 있는 척삭이었고 다른 하나는 배에서 형성된 척삭이었다. 게다가, 대부분의 배아에서 등축 구조의 온전한 세트(예를 들면, 척삭, 신경관, 체절)가 이식된 배 부분에서 형성되었다.

유전적으로 서로 다른 공여자 포배와 수여자 포배를 사용한 실험에서, 슈페만과 망골트는 배아 자신의 척삭과 이식된 원구상순에서 유래한 척삭이 형성될 수 있음을 실험적으로 밝혔다. 따라서 이식된 원구상순 세포가 **형성체**(organizer)로서 활동하여 정상적으로는 피부와 배 부분 구조를 형성할 세포를 등축(dorsal axis) 구조로 발생하도록 자극한 것이다. 배쪽 세포는 분명히 등축으로 발생할 프로그램 유전적 정보를 가지고 있는 것이 분명하나, 정상적인 발생 과정에서는 발현되지 않는다. 따라서 이식된 원구상순 세포로부터의 신호가 이들 세포가 그렇게 되도록 만든 원인이라는 것은 확실하다.

형성체는 어떻게 일하는가?

형성체는 확산할 수 있는 신호분자를 분비하는 세포의 한 무리로, 이들 신호분자는 다른 세포에게 위치 정보를 바꾸게 할 수 있다. 슈페만의 이식 실험은 형성체가 어떻게 주변 세포의 발생에 엄청난 영향을 줄 수 있는가를 잘 보여주고 있다. 신호등으로서의 역할은 형성체로부터 어느 정도 떨어져 있는가에 대한 정보를 주변 세포에게 주는 것이다. 형성체에 가까이 있을수록 높은 농도의 신호분사(**형태형성인자**, morphogen)에 노출된다. 형성체와 여기에서 분비되어 확산하는 형태형성인자는 척추동물 발생 과정에서 세포의 상대적 위치와 운명을 결정하는 데 많이 사용되는 기작으로 인식되고 있다.

형태형성인자의 활동

형태형성인자의 활동은 격리한 포배의 부분을 이용하여 연구할 수 있다. 할구는 동물반구(동물극모자, animal cap)와 식물반구(식물극모자, vegital cap)로 2등분할 수 있다. 만약 동물극모자를 포배에서 떼어 내어 배양하면, 이는 외배엽 유래 상피세포만 형성될 것이다. 유사하게, 식물극모자를 분리하여 배양하면 내배엽 세포만 형성될 것이다. 그러나 만약 동물극모자와 식물극모자를 함께 배양한다면 동물극모자는 중배엽 구조를 형성한다.

이 유도와 관련된 분자들은 현재까지 잘 규정되지 않았다. TGF-β 계열의 일부가 관련된 것으로 밝혀졌다. 이것에는 액티빈(activin), 제노프스-노달-관련-단백질(*Xenopus* nodal-related protein, Xnrs)가 있다.

형성체의 기원

개구리의 원구상순 세포가 어떻게 슈페만 형성체로 되며, 등-배축을 따라 세포의 운명을 특성화하는 능력을 획득할까? 초파리에서처럼 개구리에서도 암컷의 몸안에서 난자가 만들어지는 동안 이 과정이 시작된다. 이 시기에 모계 등쪽결정인자(dorsal determinants)가 난자형성 과정 동안에 난자의 세포질에서 식물극 쪽에 축적된다. 수정 시 세포질 재배열은 이 결정인자가 미래에 등쪽이 될 부분으로 이동한다.

우선 정자가 들어온 부위로부터의 신호가 미세소관을 재배열하도록 시작하여 난자의 원형질막과 그 아래의 피층 세포질이 심층 세포질의 표면에서 회전할 수 있도록 한다. 이 물리적 회전이 모계 등쪽 결정인자가 정자가 들어온 반대 방향으로 이동하게 한다(**그림 47.23***a*, *b*). 일부 개구리에서, 47.1절에서 설명했듯이 정자가 들어온 반대 방향에 회색신월환이 형성되고, 이것은 미래의 원구상순부의 표식이다.

난할과정에서 이 부분에 형성되는 할구[동물극모자 연구를 한 뉴콥(Pieter Nieuwkoop)의 연구 이후 뉴콥센터라 불림]는 피질회전 과정에 이동한 등쪽결정인자를 갖게 된다. 등쪽결정인자는 이들 세포의 유전자 발현 변화를 야기하여 이들 위쪽의 세포가 원구상순으로 발생하도록 하는 신호분자를 생산하게 한다(**그림 47.23***c*).

모계 등쪽결정인자는 Wnt 신호를 활성화시킨다

제노프스(*Xenopus*)에서 최초 이식 실험이 실행된 후 모계 등쪽결정인자의 동정은 매우 흥미를 사아내는 일이었다. 이 물질이 세포 내 Wnt(윈트) 신호경로에 관여하는 단백질의 mRNA라는 실험적 증거가 축적되어 왔다. *Wnt* 유전자는 세포신호단백질 대집단을 암호화하고 있으며, 이들 산물들은 척추동물과 무척추동물 모두에서 수많은 구조 발생에 영향을 미친다. 뉴콥센터의 등쪽 식물극 세포의 Wnt 신호 활성화는 결국 전사인자의 활성을 유도하여 이들 전사인자가 핵으로 이동하게 하여 형성체 특성화에 필요한 유전자의 발현을 활성화한다.

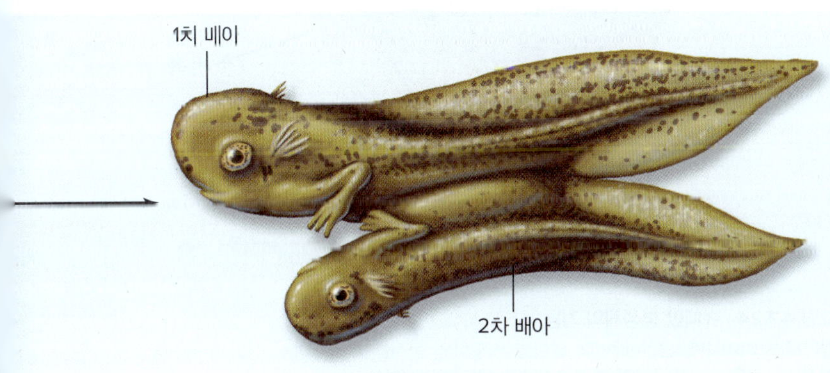

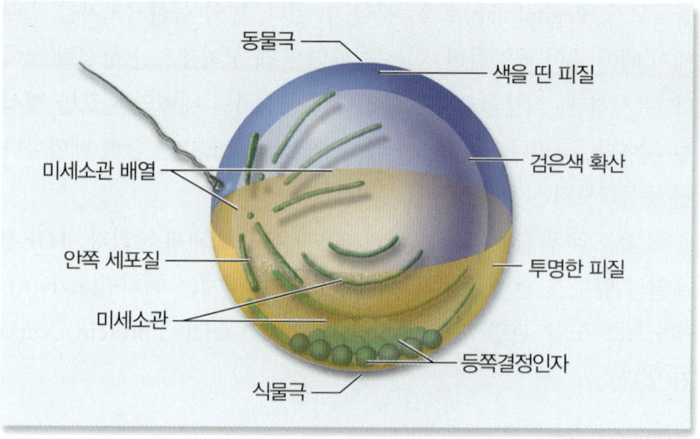

a.

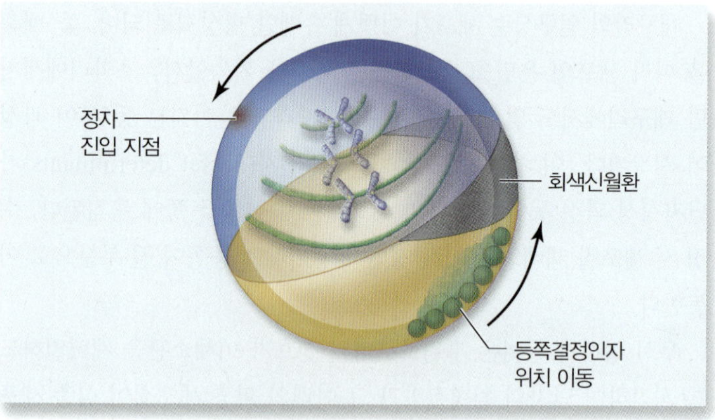

b.

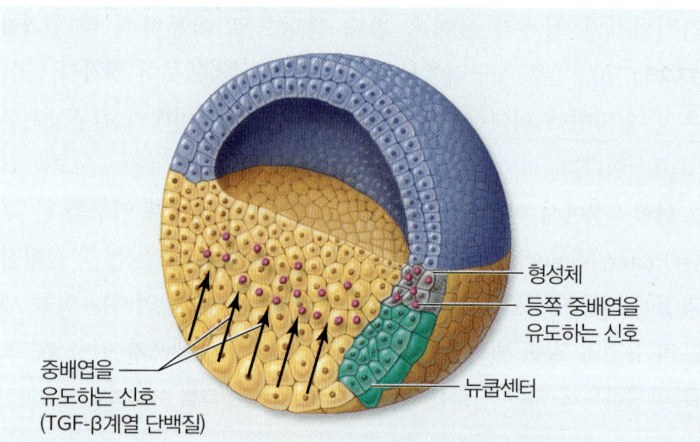

c.

그림 47.23 슈페만 형성체의 형성.
a. 등쪽결정인자가 미수정란의 식물극에 위치한다. 수정시 정자가 들어온 지점에서 미세소관 배열이 형성된다. 이들 미세소관은 난자의 식물극 부분에서 피질과 세포질 사이에 나란히 배열한다. *b.* 피질의 세포질과 등쪽결정인자가 이 평행하게 배열한 미세소관을 타고 정자가 들어온 반대 방향으로 이동한다. *c.* 이들 이동한 등쪽결정인자를 갖는 할구는 뉴큡센터를 형성하고, 뉴큡센터에서는 위쪽에 있는 세포가 형성체가 되도록 하는 신호전달 분자를 분비한다. 형성체는 수정시 세포질 재배치로 형성되는 회색신월환 부위에서 형성된다.

슈페만 형성체 유래 신호분자는 배쪽 발생을 억제한다

슈페만 형성체에서 합성되는 분자를 동정하고 기능을 알아내는 데는 긴 시간이 걸렸다. 이들 분자가 등쪽 중배엽의 운명을 직접적으로 유도할 것으로 추정되었으나, 사실 이들은 간접적으로 배쪽 발생을 억제하는 데 작용한다. 따라서 등쪽 중배엽의 발생은 배쪽 발생을 억제한 결과이다.

개구리 배아에서 모든 예정 중배엽은 **뼈형성단백질 4**(bone morphogenic protein 4, BMP4)를 발현한다. BMP4 수용체를 발현하는 세포는 중배엽 파생물로 발생하는 능력을 가지나, 이들 각각의 특정 운명은 BMP4 수용체에 결합하는 BMP4의 양에 의존한다. 보다 많은 BMP4가 결합하는 세포는 보다 배쪽 중배엽 운명으로 치우칠 것이다. 이때 형성체는 BMP4가 수용체에 결합하는 것을 경쟁적으로 억제하는 길항제를 분비하여 중배엽으로 운명이 지워지는 것을 억제한다. 슈페만 형성체에서 13개 이상의 서로 다른 단백질이 동정되었으며, 대부분이 BMP4의 길항제이다. 이들 단백질로는 노긴(Noggin), 코딘(Chordin), 딕코프(Dickkopf), 케르베루스(Cerebrus)가 속한다. 한편, Noggin과 BMP4는 발가락과 손가락 관절 형성에도 관여하여, 사람의 Noggin의 동형접합 돌연변이는 융합된 관절을 형성하게 한다.

따라서 슈페만 형성체에서 유래한 **억제자**(inhibitor)의 농도기울기는 BMP4의 기능을 감소하게 하여 배쪽에서 등쪽으로 유도한다. 형

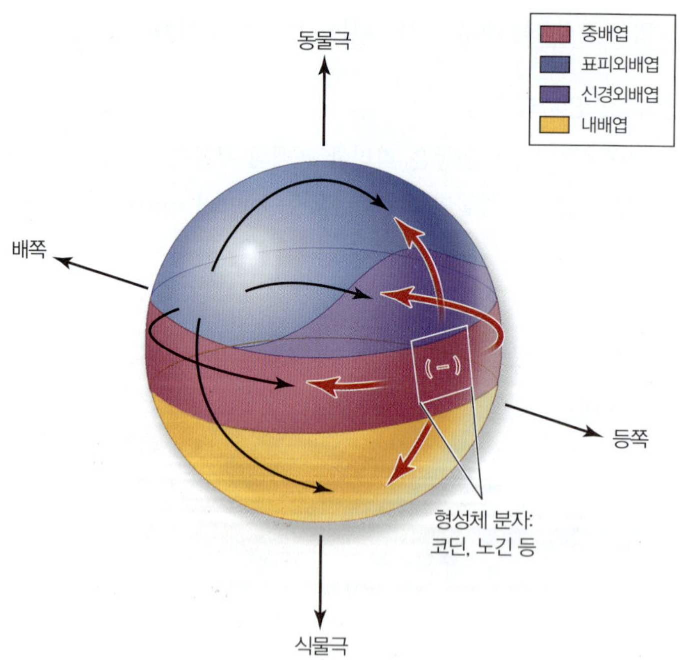

그림 47.24 슈페만 형성체의 기능.
형성체는 BMP4에 결합하여 그 활성을 억제하는 분자들을 분비하는 핵심 부위이다. BMP4는 높은 농도에서 배쪽 중배엽 세포로 운명을 결정한다.

성체에서 멀리 떨어질수록 BMP4가 높은 농도로 결합하여 혈액이나 결합조직과 같은 배쪽 중배엽 구조로 분화한다. 형성체에서 적당히 떨어져 있어 중간 정도 양의 BMP4가 결합하면, 중간중배엽으로 분화하여 신장과 생식소와 같은 기관을 형성한다. 형성체 그 자체에서는 억제자의 농도가 높아 BMP4 결합이 완전히 억제된다. 이를 통해, 이들 세포는 가장 등쪽 중배엽 운명을 갖게되고 체절로 발생한다. 또한 형성체의 영향은 외배엽에도 BMP4의 억제자로 영향을 미쳐 표피로 분화하는 대신 신경조직으로 분화하도록 유도한다(**그림 47.24**).

유도와 형성체는 패턴형성을 조절한다

3차원적 공간에서 다른 구조체와의 적절한 상대적 위치에 대한 해부학적 구조의 배열과 발생은 **패턴형성**(pattern formation)으로 알려져 있다. 척추동물의 4지 발생은 패턴형성 연구에서 오랫동안 이용되어 왔다. 특히 이들 연구에서는 닭 배아의 4지(날개와 다리)에 초점을 두었다. 이것은 3차원적 구조를 만들어 내는 3개의 해부학적 축인 앞-뒤축(2지에서 4지 방향), 등-배축(손등에서 손바닥 방향), 몸통-말단축(어깨에서 손 방향)을 쉽게 추적할 수 있는 가장 현실적인 모델이다(**그림 47.25**).

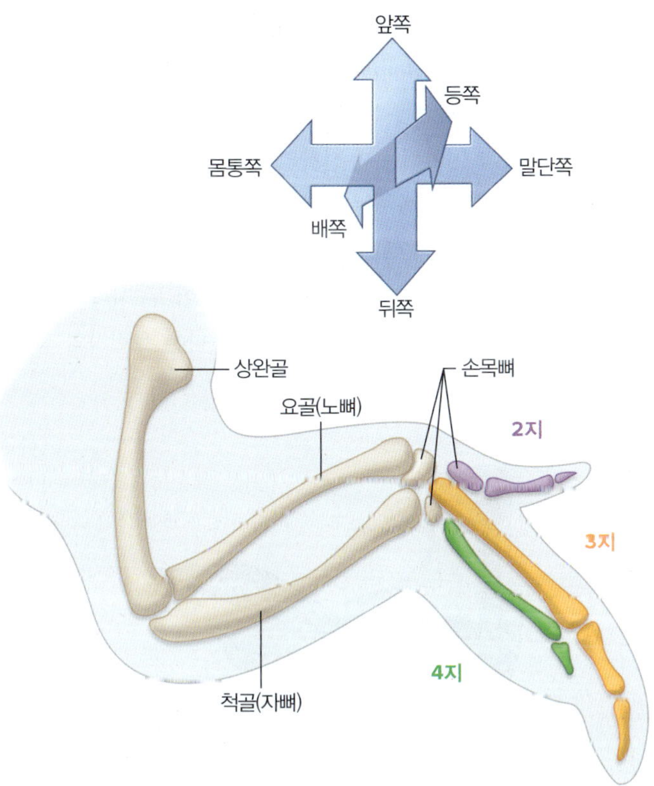

그림 47.25 닭 배아에서의 패턴형성.
4지의 모든 구조는 해부학적으로 맞아야 하고, 온전한 기능을 할 수 있도록 다른 구조와의 상대적 위치에서 발생해야만 한다. 4지는 몸통-말단축, 앞-뒤축, 등-배축을 따라 정확하게 위치하도록 발달해야 한다.

발생 중인 척추동물의 4지에서 AER과 ZPA가 패턴형성을 조절한다

발생하는 4지싹(limb bud) 내 2개의 형성부위(organizing region)는 유도작용을 통하여 적합한 패턴을 형성하는 데 절대적인 작용을 한다. 첫 번째 것은 4지싹의 끝 부분에 위치한 **정단외배엽융기**(apical ectodermal ridge, AER)이다. 실험적으로 AER을 제거한 경우 몸통-말단축을 따라 4지가 성장하지 않는 결과를 가져온다(**그림 47.26**). AER은 섬유아세포생장인자(fibroblast growth factor, FGF)라는 신호단백질 분비를 통하여 4지의 성장의 유도한다. AER을 제거하는 시기를 늦출수록 4지가 더욱 성장하는데, 이는 FGF의 활동이 전 과정 동안 필요함을 의미한다. 추가적으로 AER을 이식하면 2개의 4지가 발생한다.

다른 실험에서는 AER이 4지 중 어떤 것으로 발달할 것인지를 결정하는 역할, 즉 날개 또는 다리를 결정하는 것이다. 팔로부터 유래한 AER을 다리가 형성될 부위로 이식하면 다리가 발생한다. 이 실험의 결과는 AER이 아니라, **활성부위 진행대**(progress zone)라는

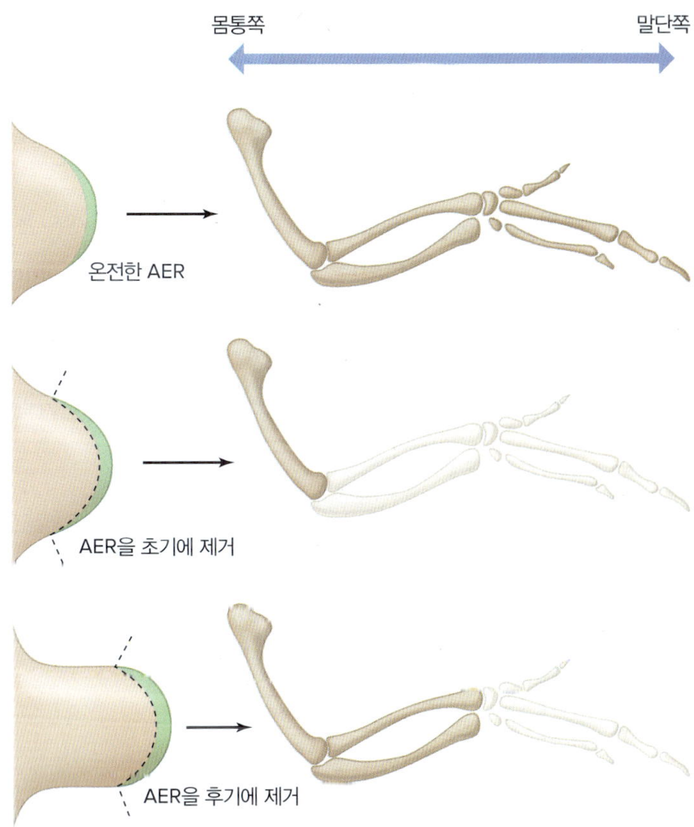

그림 47.26 AER의 기능.
정단외배엽융기(AER)는 몸통-말단축을 따라 발생하는 4지의 성장에 중요한 형성 부위이다. AER 제거 실험의 결과는 4지가 완전히 발생하지 못하였음을 보여주고 있다. AER을 나중에 제거할수록 4지 형성이 더 많이 진행되었다는 것은 AER이 전 과정에 걸쳐 필요하다는 것을 나타낸다.

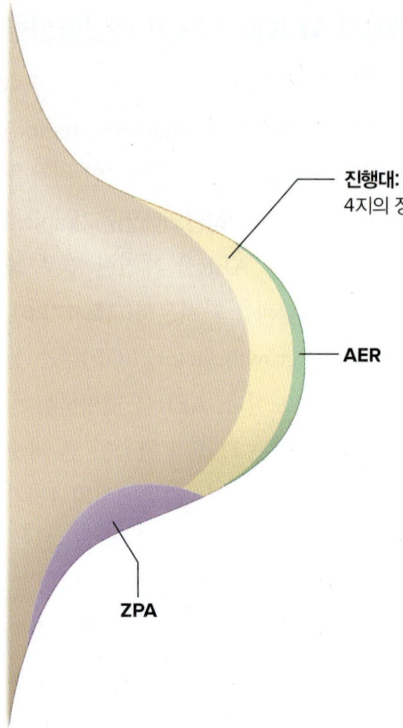

그림 47.27 진행대.
AER이 4지가 발생하는데 필요하더라도, 4지의 정체성을 지정하지는 않는다(어떤 것이 팔이 되고 어떤 것이 다리가 되는지). 4지의 정체성은 진행대라는 AER 밑쪽에 위치하는 간충직 부위에 의해 결정된다.

간충직 아래 부위에서 *Hox* 유전자의 활성에 의해 날개 또는 다리로 정체성이 지정된다는 것을 의미한다(**그림 47.27**).

극성활성부위(zone of polarizing activity, ZPA)는 4지 발생을 조절하고 유도하는 간충직 부위이다. ZPA는 소닉 헤지호그(sonic hedgehog, Shh) 신호분자를 생성한다. Shh의 농도는 앞-뒤축에 따른 4지의 발달을 조율한다. ZPA에 가까울수록 뒤쪽 손가락이 발달하고, ZPA로부터 멀어질수록 신호의 강도가 감소하여 앞쪽 손가락 형성을 유도한다. 이는 발생 중인 4지싹 부위에 다른 ZPA를 이식한 실험으로 밝혀졌는데, 이 실험의 결과는 거울상으로 손가락이 배열되었다(**그림 47.28**).

4지는 유전자 조절 활성을 통하여 다양하게 진화하였다

뱀류(진화적 용어로는 도마뱀류)를 포함한 도마뱀류는 2개 또는 그 이상의 다리를 소실하였지만, 대부분의 4지동물은 앞에 2개 뒤에 2개, 즉 총 4개의 다리를 가진다. 실질적으로 새의 날개나 사람의 팔은 앞다리이다. 이들 둘은 뚜렷하게 모양이 서로 다르지만, 공통 진화 기원을 가진다. 21장에서 배웠듯이, 이들은 **상동구조**(homologous structures)이다.

유전자 수준에서, 사람과 새 모두 앞다리의 발생에서 *Tbx5*가 발현하고 뒷다리의 발생에는 *Tbx4*가 발현한다. *Tbx5*는 T 박스 모티프(T box motif-이들 계열 내 유전자의 보존된 염기서열)를 갖는 유전자 계열의 전사인자이다. *Tbx5*가 암호화하는 단백질은 다리를 만드는데 필요한 **Fgf10**(fibroblast growth factor-10)을 발현하도록 한다. 사람에서 *Tbx5* 유전자의 돌연변이는 비정상적인 팔과 심장이 형성되는 홀트-오람 증후군(Holt-Oram syndrome)의 원인이 된다.

앞다리 발생의 시작에 필요한 *Tbx5*와 사람 심장 발생과의 연계는 4지가 없는 척삭동물인 창고기를 통하여 역추적할 수 있다. 창고기는 이 유전자와 상동인 *AmphTbx4/5* 유전자를 가지고 있는데, 이 유전자가 심장 부위에서 발현한다(**그림 47.29**).

*Tbx5*의 진화적 이야기는 유전자의 상호작용이나 중복 중의 하나이다. 2개의 전체 게놈 복제는 척추동물의 출현과 함께 동반되었고, 복제된 *AmphiTbx4/5*는 *Tbx5*와 *Tbx4*가 되어 각각 앞다리와 뒷다리의 발생에 관여하게 되었다. *Tbx5*의 진화의 이 두 시나리오는 개연성이 크다. 즉, 암호화 부위가 변형됨으로써 다른 유전자와 상호작용

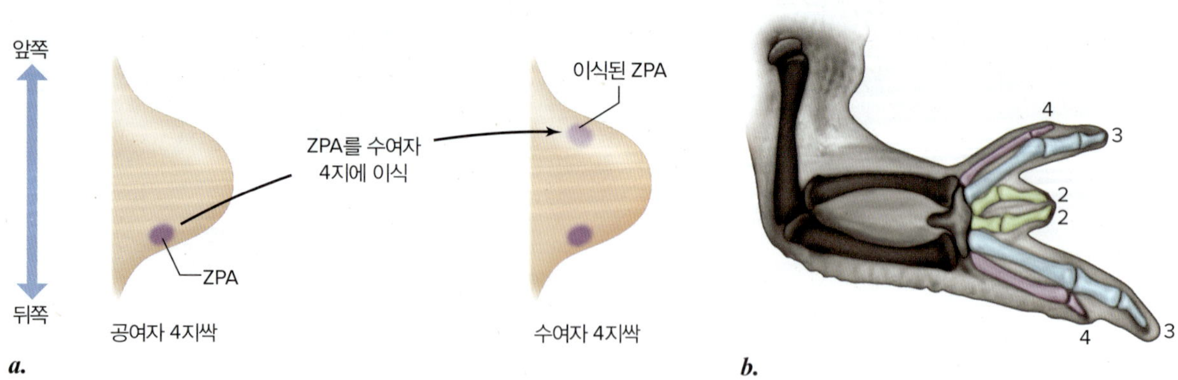

그림 47.28 ZPA.
ZPA는 앞-뒤축에 따른, 주로 손가락의 위치와 관련된 4지 발생을 조절한다. 이는 ZPA를 추가적으로 수여자 4지싹으로 이식하는 이식 실험을 통하여 밝혀졌다. 결과는 거울상으로 추가적인 손발가락이 발생하는 것이었다.

과학적 사고

배경: *AmphiTbx4/5*는 전체 유전체 중복을 통해 척추동물 *Tbx4*와 *Tbx5*로 되었다. 3개 유전자의 DNA 서열이 매우 유사하다.

가설 1: *Tbx4*와 *Tbx5*는 척추동물에서 4지 발생에 관여한다.

가설 2: *Tbx5*는 DNA 암호화 영역보다는 그 조절 부위에 변화를 가져왔다.

예측 1: *AmphiTbx4/5*는 창고기의 심장 부근에서 발현하고, 생쥐에서는 *Tbx5*와 *Tbx4*가 앞다리와 뒷다리에서 각각 발현한다.

실험 1: *AmphiTbx4/5*, *Tbx5*, *Tbx4* 프로모터를 β-갈락토시데이스(발현된다면 효소 작용으로 파랗게 염색됨) 유전자 앞에 위치하게 한 형질전환 창고기와 생쥐를 만든다.

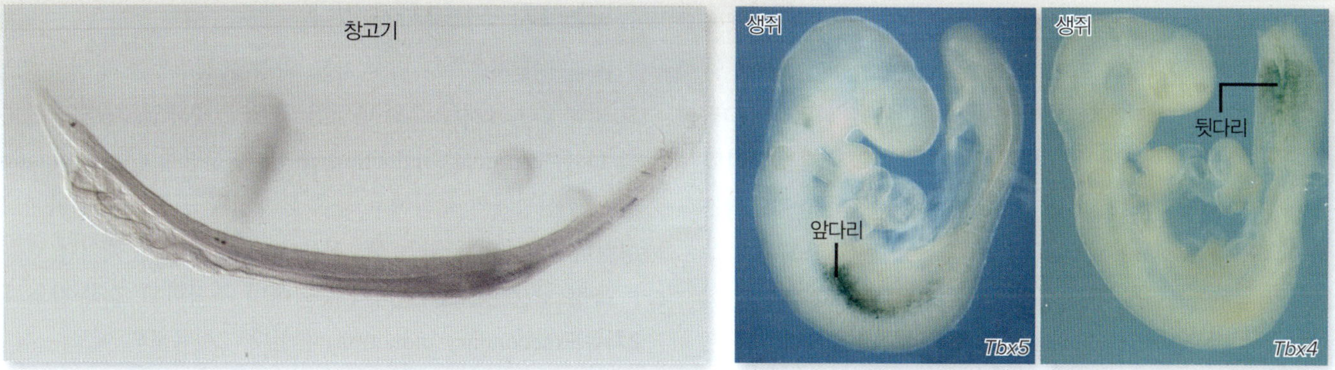

결과 1: 예상한 것처럼 발현되었다.

예측 2: 만약 *Tbx5*의 조절하에 있고 *AmphiTbx4/5*의 조절하에 있지 않다면, *Tbx5* 암호화 영역이 결실된 생쥐에서 *AmphiTbx4/5* 암호화 영역은 앞다리싹 발생을 하게 할 것이다.

실험 2: *Tbx5*의 조절 부위와 *AmphiTbx4/5* 암호화 영역만을 갖는 형질전환 생쥐(*Tbx5* 암호화 영역은 제거됨)와 *AmphiTbx4/5* 조절 부위와 암호화 영역을 갖지만 *Tbx5* 서열을 제거한 형질전환 생쥐를 만든다.

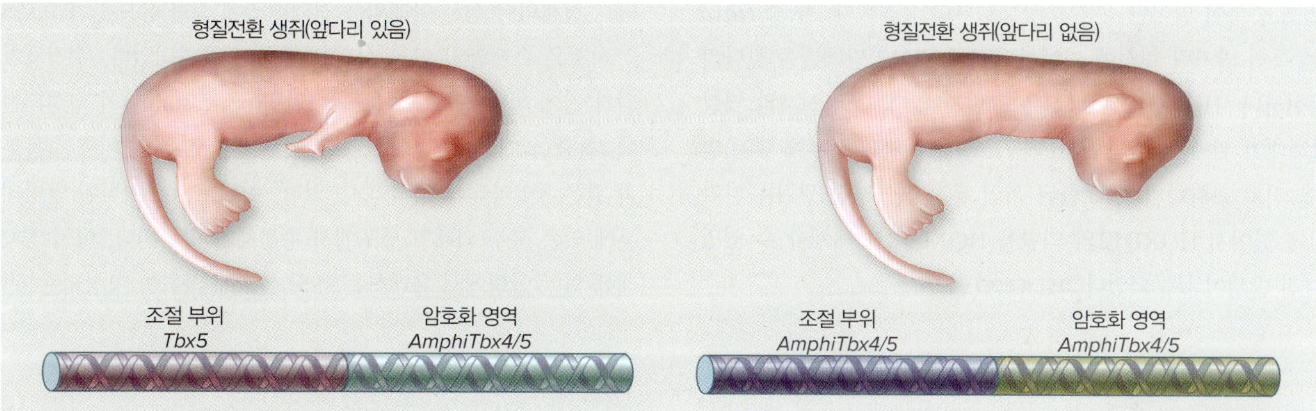

결과 2: *AmphiTbx4/5* 암호화 영역은 앞다리의 발생을 유도하였으나 *AmphiTbx4/5* 조절 부위는 아니다.

결론: *Tbx5*와 *Tbx4*를 위한 새로운 조절 부위가 4지싹의 형성을 이끈다.

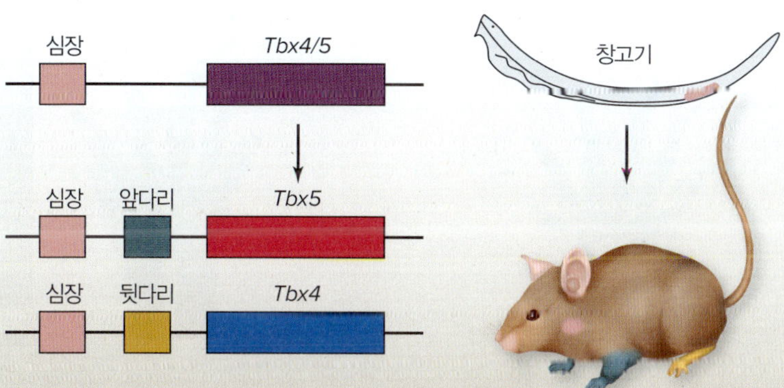

추가 실험: 앞다리 부분에서 *Tbx5* 발현 조절 부위를 동정한다면, 이들 실험을 어떻게 설계할까?

그림 47.29 창고기 심장 유전자는 척추동물에서 유전자 조절 부위의 변화를 통하여 4지 발생에 도입되었다.

하는 전사인자가 되었거나, 또는 조절 부위가 변경되었을 수도 있다. 두 가능성 중 어느 것이 참인지를 구분하기 위하여 *AmphiTbx4/5* 유전자 형질전환 생쥐(transgenic mice)를 만들어 연구하였다.

만약 단백질을 암호화하는 부위가 아닌 조절 부위 염기서열이 새로운 기능을 가지도록 진화하였다면, 창고기의 *AmphiTbx4/5* 암호화 영역과 생쥐의 *Tbx5* 암호화 영역의 교환은 생쥐의 앞다리 발생에 영향을 미치지 않을 것이다. *Tbx5*의 조절 부위와 *AmphiTbx4/5* 암호화 영역을 가지는 형질전환 생쥐에서 앞다리가 형성되었다(**그림 47.29**). 두 번째 실험은 창고기와 생쥐가 마지막으로 함께 공유하였던 공통조상 이래로 5억 2천만 년 전에 변한 조절 부위를 확인하는 것이다. 창고기의 *AmphiTbx4/5* 조절 부위가 생쥐의 *Tbx5* 조절 부위와 교환될 경우에는 앞다리가 형성되지 않았다(**그림 47.29**). 이 실험 결과는 진화상 앞다리를 발생시키는 척추동물의 중요한 혁신은 *Tbx5*의 새로운 조절 부위였음을 잘 보여주고 있다.

유전자 발현 조절 부위의 변화는 또한 다리의 발가락 형성 진화를 잘 설명한다. 초기 척추동물의 진화과정에서 2번의 전체 유전체 중복을 통해 4개의 *Hox* 유전자 집단(*a*~*d*)이 생겼는데, *Hoxc*와 *Hoxd*는 두 번째 중복이 일어난 공통 조상으로부터 유래했다. 둘 중 *Hoxd*만이 발, 특히 발가락 형성에 기여한다. HOXD12 단백질은 앞다리에서 발현하나, HOXC12 단백질은 그렇지 않다. 조절인자의 역할을 구별해내기 위해, 생쥐의 *Hoxc*와 *Hoxd* 유전자의 상부에 있는 염기서열을 서로 교환하였다. 교환된 섞인 유전자를 가진 생쥐는 발가락 형성에 있어서 HOXD12의 역할을 HOXC12가 대체할 수 있었고, 앞다리 발생이 복구되었다(**그림 47.30**).

*Tbx5*와 *Hoxd12* 모두 초기 척추동물이 지구상에 나타난 시기에 전체 유전체가 중복되어 중복된 기능을 갖는 유전자가 생산되었고, 자연선택이 작용했을 것이다. 이 두 경우에서, 암호화 영역이 부위가 아닌 조절 부위가 발 형성과 관련하여 중요한 변화를 겪었다.

유도는 1차 또는 2차가 있다

슈페만이 처음으로 밝힌 유도 과정은 척추동물 발생의 기본모드로 밝혀졌다. 3개의 주요 배엽인 외배엽, 중배엽, 내배엽 간의 유도를 **1차유도**(primary induction)라 한다. 신경배형성(neurulation) 동안 중추신경계의 분화에서 등쪽 외배엽과 등쪽 중배엽이 신경관을 형성하기 위해 수행하는 상호작용은 1차유도의 한 예이다.

특정 발생 경로를 따라가도록 이미 특성화된 조직 간의 유도를 **2차유도**(secondary induction)라 한다. 2차유도의 예로는 척추동물 눈에서 수정체(lens)의 발생이다. 눈은 전뇌의 일부분이 자루(병, stalk) 형태로 표면 외배엽과 접할 때까지 바깥쪽으로 자라는 확장으로 인해 발생한다(**그림 47.31**). 자라는 안병의 바로 윗부분에 있는 표면 외배엽은 떨어져 나와 투명한 수정체가 된다. 표면 외배엽으로부터 수정체의 형성은 아래의 신경외배엽에 의한 유도를 필요로 한다.

이것은 슈페만의 이식 실험을 통하여 증명되었다. 수정체가 형성되기 전에 바깥쪽으로 돌출하는 안병(optic stalks)이 형성되는 시기에, 돌출한 대 중의 하나를 피부로 발생할 부위의 외배엽(복부 부분과 같은 곳) 아래에 이식할 수 있다. 이럴 경우, 이식된 안병의 윗부분에 있는 복부 외배엽 세포에서 수정체가 형성된다. 이 수정체는 아래에 있는 안병에서 유래하는 유도 신호에 의하여 형성되는 것이다.

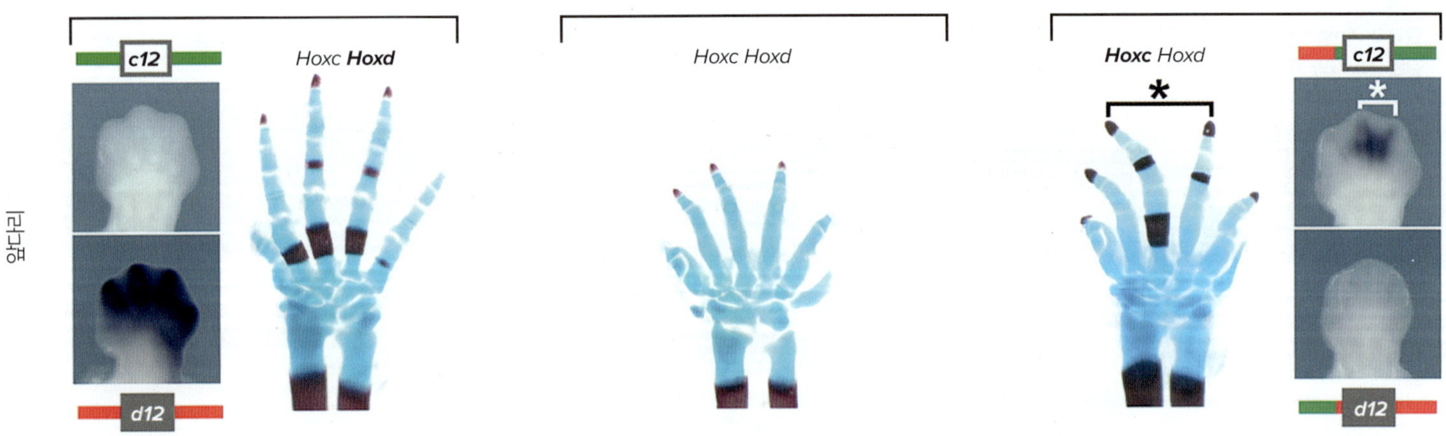

a. **야생형 생쥐**: *Hoxd12*는 앞다리의 발가락을 발생하게 하고 *Hoxc12*는 발현하지 않음

b. *Hoxc*와 *Hoxd* 유전자가 없는 생쥐는 앞다리의 발가락에 이상이 있음

c. *Hoxd*와 *Hoxc* 조절부위를 서로 바꾸면 *Hoxc12*는 *Hoxd12*의 앞다리에서의 활성을 부분적으로 복구함

그림 47.30 *Hoxc12* 조절 부위는 앞 발가락 발생에서 *Hoxd12* 조절 부위를 부분적으로 대신할 수 있다.

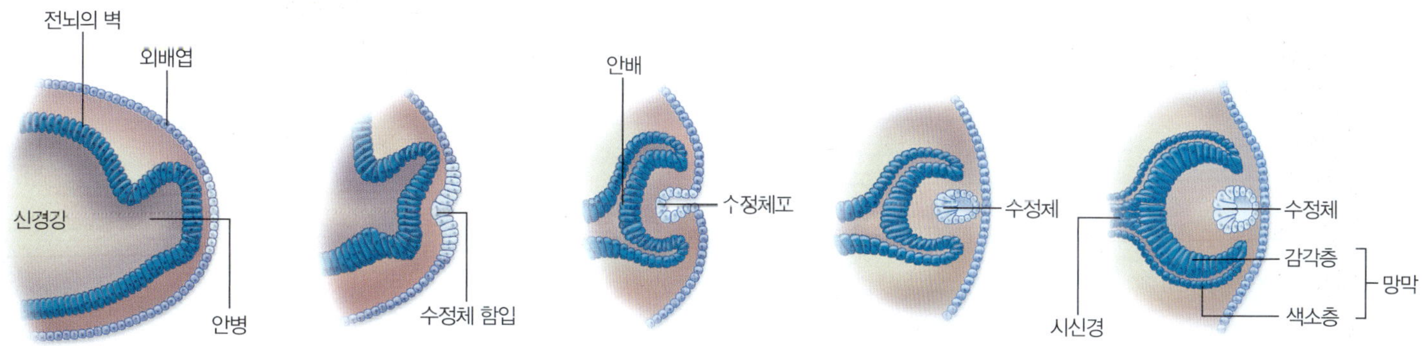

그림 47.31 유도에 의한 척추동물 눈의 발생.
확장된 안병이 표면 외배엽에 닿을 때까지 성장하고, 접촉한 부위의 외배엽이 떨어져 나와 수정체를 형성한다. 눈의 다른 구조들은 안병 및 안배 내 광수용체 형성을 유도하는 수정체 세포의 상호유도로 발생한다.

핵심 요약 47.5

슈페만-망골트 실험은 이식된 원구상순부의 세포가 척삭의 발생을 자극하는 형성체로서 작용함을 보여주었다. 척추동물에서는 헨센결절이 동등한 역할을 수행한다. 형성체는 BMP4를 억제함으로써 외배엽에서 신경조직 형성과 중배엽에서 등쪽 중배엽을 형성하도록 유도한다. 배엽 간의 1차유도는 척추동물의 신경계 발생을 유도하는 반면, 2차유도는 눈의 수정체와 같은 구조 형성의 원인이 된다.

■ 어떻게 형성체는 다른 분자의 활동을 억제함으로써 작용할까?

47.6 사람의 발생

학습 목표

1. 임신 1분기 동안 주된 발생 현상을 이해할 수 있다.
2. 태반의 기능을 설명할 수 있다.
3. 분만 과정에서 호르몬의 조절에 대해 서술할 수 있다.

사람은 수정(fertlization)에서 출생(birth)까지 평균 266일 또는 약 9개월이 소요되는데, 이 기간을 3개월씩 3개의 분기(trimesters)로 나눌 수 있다. 여기에서는 이들 분기 동안에 진행되는 배아발생을 설명한다. 후반부에서는 분만, 유아의 돌봄, 출생 후 발생 과정을 살펴본다.

임신 1분기 동안 수정란은 빠른 발생과 분화를 수행한다

수정 후 30시간에 수정란은 첫 번째 난할을 수행한다. 두 번째 난할은 이후 30시간 후에 일어난다. 배아가 자궁에 도착하는 시간은 포배(배반포)로 분화한 상태로, 수정 후 6~7일 후이다. 47.2절에서 언급하였듯이, 포배는 배아의 몸체를 구성할 1개의 내세포덩어리와 포배의 바깥쪽, 즉 둘러싼 영양막세포로 구성된다(**그림 47.10** 참조).

포배의 영양막세포는 자궁내막을 분해하여 **착상**(implantation)한다. 포배는 빠르게 성장하며 양막과 장막 형성을 시작한다.

임신 첫 달의 발생

수정 후 2주차에 발생하는 장막과 이와 접하는 모체의 자궁내막 조직은 태반을 형성하는데 활용된다(**그림 47.32**). 태반 내에서는 모체의 혈액과 배아의 혈액이 근접하게 되지만, 섞이지는 않는다. 그러나 기체 교환이 진행되며, 태반은 배아를 위한 영양분 공급, 배아의 혈액으로 이동하여 독성을 유발할 수 있는 물질의 해독, 호르몬 분비를 한다. 알코올, 마약류, 항체와 같은 특정 물질들은 태반에 의해 걸러지지 않고 모체 혈액으로부터 배아 혈액으로 전달된다.

태반에서 분비되는 호르몬 중의 하나는 46장에서 논의했던 인간융모성생식샘자극호르몬(human chorionic gonadotropin, hCG)이다. 이 호르몬은 융모막(장막)이 되기 전에 영양막세포에서 분비되며 임신검사에 사용된다. hCG는 모체의 황체를 유지하게 한다. 즉, 황체는 지속적으로 에스트라디올과 프로게스테론을 분비하여 월경과 추가적인 배란을 억제한다.

또한 수정 후 2주차에 낭배형성이 진행되어서 3개의 배엽이 형성된다. 신경배형성은 3주차에 일어난다. 근육, 척추, 결합조직이 되는 체절은 이때 최초로 형성된다. 3주차가 끝날 즈음에, 12개 이상의 체절이 분명하게 관찰되고 혈관과 장이 발생하기 시작한다. 이 시점에 배아는 약 2 mm 정도 크기가 된다.

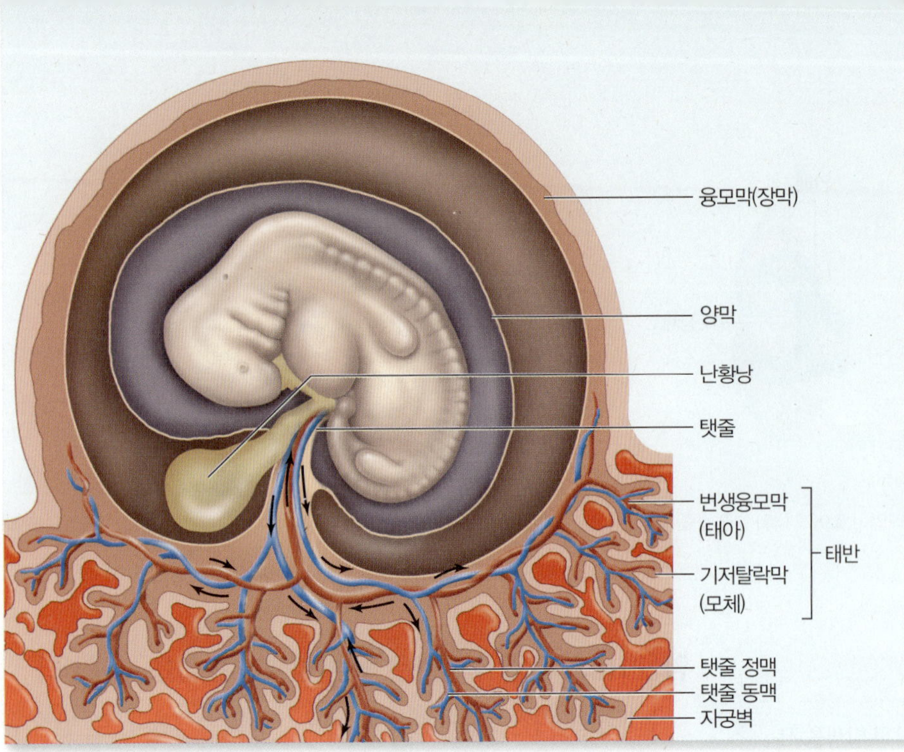

a.

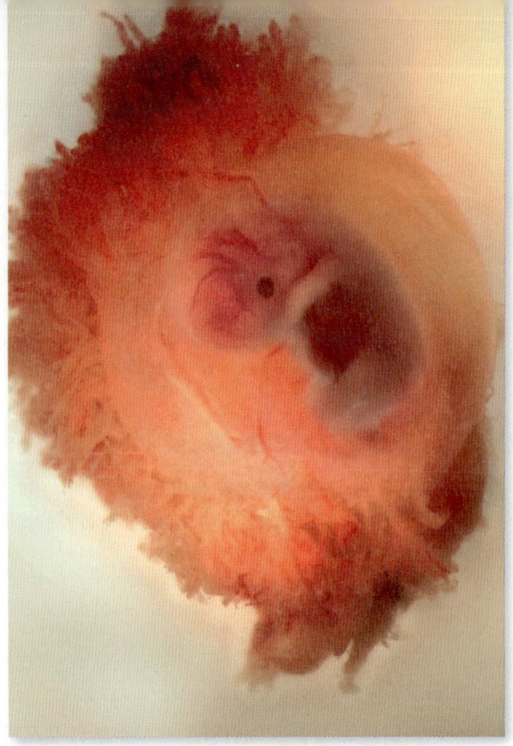

b.

그림 47.32 태반의 구조.
a. 태반은 배아 유래의 번생융모막과 모체 유래의 기저탈락막으로 구성되어 있다. 산소가 해리된 태아의 정맥혈(파란색)이 태반으로 들어와 산소와 영양분을 모체 혈액으로부터 획득한다. 산소를 획득한 태아의 혈액은 탯줄 정맥(빨간색)을 통하여 태아로 돌아간다. ***b.*** 7주된 배아는 액체로 차 있는 양막낭으로 둘러싸여 있다.

기관형성(organogenesis)은 4주차에 시작되는데(**그림 47.33***a*), 이 시기에 눈이 형성된다. 관 모양의 심장이 4개의 방을 가진 심장으로 발생하고 율동적으로 수축 이완하기 시작하며 개체가 살아 있는 동안 지속한다. 분당 70회 박동할 경우, 70년 동안 산다면 25억 회 이상 박동한다. 4주차 말에는 30쌍 이상의 체절이 명확히 관찰되고, 팔과 다리싹이 관찰된다. 배아의 크기는 5 mm로 성장한다. 비록 발생 시나리오가 많이 진행되었으나, 대부분의 여성은 이 단계에서는 임신 여부를 인식하지 못한다. 대부분의 자연낙태(유산, miscarriages)는 이 기간 동안에 결함이 있는 배아에서 종종 진행된다.

둘째 달

둘째 달 동안 기관형성이 지속된다(**그림 47.33***b*). 배아의 아주 작은 4지는 이들의 성체의 모양을 가진다. 팔, 다리, 무릎, 팔꿈치, 손가락, 발가락을 다 볼 수 있으며 또한 작은 골성 꼬리도 관찰된다. 배아의 꼬리뼈는 진화의 잔재로 후에 융합하여 미골(coccyx)이 된다.

복강 내에는 간, 췌장, 담낭을 포함한 주요 기관이 뚜렷해진다. 둘째 달 말까지 배아는 25 mm, 무게는 약 1 g이 되도록 자라고 사람처럼 보이게 된다. 9주차는 배아(embryo)에서 태아(fetus)로 일컬어지기 시작하는 때이다. 이 시기에는 신체의 모든 주된 기관이 있어야 할 장소에 위치하게 된다.

셋째 달

셋째 달 동안에 신경계가 발생하고 손과 발을 움직이기 시작한다(**그림 47.33***c*). 배아는 얼굴 표정을 보이기 시작하고 놀람반사나 빨아들임과 같은 원시적인 반사 반응을 수행한다.

약 10주경에는 태반에서 hCG 분비가 감소하고 결과적으로 황체가 퇴화한다. 그러나 태반 자체가 에스트라디올과 프로게스테론을 분비하기 때문에 월경은 일어나지 않는다(**그림 47.34**).

임신 동안 높은 혈중 에스트라디올과 프로게스테론의 수준은 지속적으로 FSH와 LH의 분비를 억제하기 때문에 배란이 억제된다. 또한 자궁의 상태를 유지하는 것을 도와 결과적으로 분만과 출산 과정에서의 자궁 수축 등에 대한 준비를 한다. 또한 출산 후 원만한 수유를 위한 젖샘의 발달을 자극한다.

두 번째 분기 동안 기본 신체 체제의 발달이 지속된다

넷째 달 동안 뼈가 왕성하게 성장하여(**그림 47.33***d*), 달 말에는 태아가 발차기 하는 것을 엄마가 느낄 수 있다. 태아의 심박동은 10주에도 감지할 수 있으나, 다섯째 달 말에는 청진기로 태아의 빠른 심박동을 들을 수 있다.

여섯 달째에 성장이 본격적으로 시작되어 이 달 말에는 태아의 몸무게가 600 g, 길이가 300 mm에 다다른다. 그러나 출생 전 성장은 지속되어야 하기에 특별한 의학적 조치 없이는 자궁 밖에서 아직 생

그림 47.33 사랑의 발생.
(a) 4주, *(b)* 5주차 말, *(c)* 3달, *(d)* 4달.

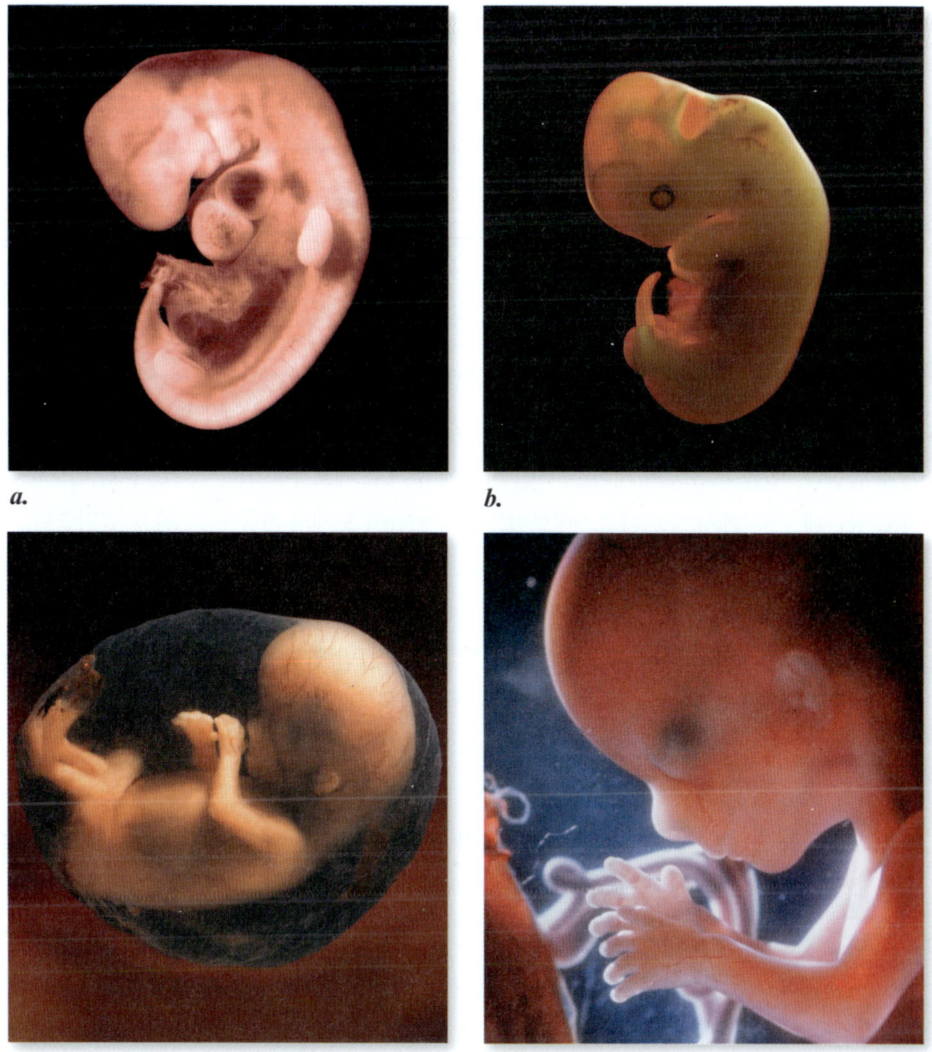

a. b. c. d.

존할 수 없다.

세 번째 분기 동안에 아기가 자궁 밖에서 생존할 수 있도록 기관이 성숙한다

임신 세 번째 분기는 대부분 기관의 성장과 성숙이 진행되는 기간이다. 태아의 무게가 몇 번에 걸쳐 두 배씩 증가되지만, 이러한 커다

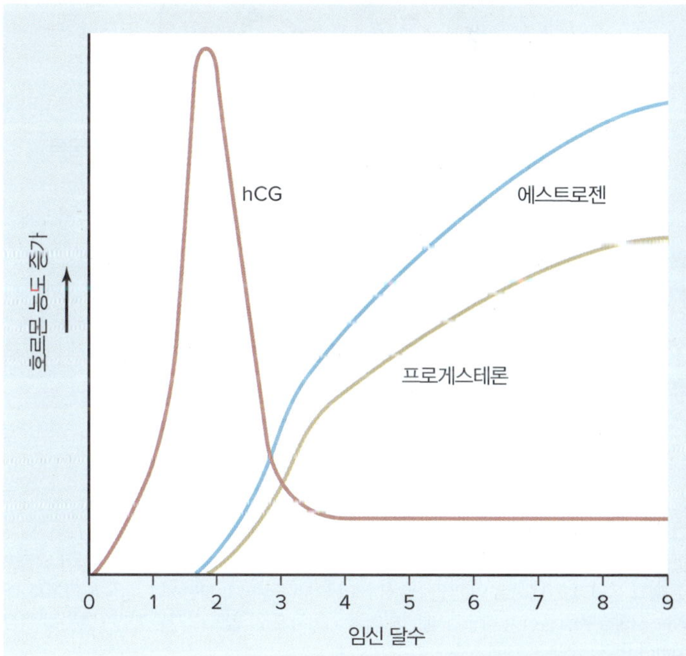

그림 47.34 태반에서의 호르몬 분비.
태반은 인간융모성생식샘자극호르몬(hCG)을 분비하는데, 이 호르몬은 임신 2개월에 정점에 이르고 이후 감소한다. 5주 후, 에스트로젠과 프로게스테론의 분비량이 증가한다.

? 탐구문제 태반에서 많은 양의 에스트라디올과 프로게스테론의 분비는 배란을 억제하여 임신 동안에 추가적인 배아 형성을 방지한다. 임신하지 않은 상태에서 이들 호르몬의 농도가 높을 때 어떤 효과를 기대할 수 있는가?

란 증가는 성장뿐만이 아니다. 뇌에 있는 대부분의 주된 신경 경로와 많은 신경세포가 이 기간 동안 만들어진다. 그러나 신경생물학적 성장은 태어날 때 완전히 다 되는 것은 아니다. 만약 태아가 신경생물학적 발생을 완성할 때까지 자궁에 있다면 골반을 통하여 안전하게 출산하기에는 너무 크게 된다. 생존율이 가장 높을 수 있을 때 아기가 태어나고, 태어난 이후 아기의 뇌는 몇 달에 걸쳐 발생하고 새로운 신경세포를 생성한다.

출산 동안 호르몬의 매우 중요한 변화가 일어난다

일부 포유류에서 발생 중인 태아의 호르몬 수준 변화는 출산 과정을 유발한다. 이들 포유류의 태아는 부신 피질에 추가로 세포층을 가지고 있는데, 여기에서 코르티코스테로이드를 분비하여 모체의 자궁으로 하여금 프로스타글란딘을 만들도록 유도한다. 프로스타글란딘은 자궁 평활근의 강력한 수축을 유발한다.

사람의 경우, 태아 코르티솔의 분비가 임신 후반기 동안에 증가하는데, 이는 태반에서 에스트라디올의 분비를 자극한다. 모체의 자궁은 태반에서 에스트라디올의 높은 수준으로의 분비 결과로 프로스타글란딘을 방출한다. 또한 에스트라디올은 옥시토신 수용체를 더 많이 생산하도록 자궁을 자극하여 결과적으로 자궁의 옥시토신에 대한 민감성이 증가한다.

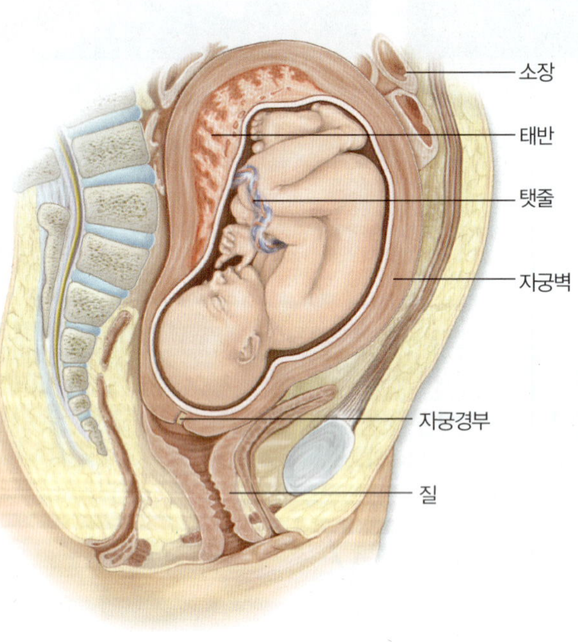

그림 47.35 출생하기 바로 전 자궁에서 태아의 위치.
발생하는 태아는 임신한 여성의 해부학적 특징의 주된 변화 요인이다. 위와 내장이 위쪽으로 밀려 올라가고, 태아로 인한 압력으로 허리 부분이 상당히 불편하다. 정상 분만에서, 태아는 자궁경부를 통하여 나오기 때문에 이를 가능하게 할 정도로 자궁경부가 충분히 확장되어야 한다.

프로스타글란딘은 자궁 수축을 시작하게 하고, 이때 자궁으로부터의 피드백은 모체의 뇌하수체 후엽에서 옥시토신의 방출을 자극한다. 옥시토신과 프로스타글란딘이 함께 일을 하게 되므로 자궁 수축을 더 자극하여 태아를 아래로 밀어내게 된다(**그림 47.35**). 이 양성피드백 기작은 출산과정에 더 가속된다. 처음에는 시간당 몇 번의 수축이 있으나, 수축이 2~3분 간격으로 진행되도록 증가한다. 마지막으로 임신부의 의지가 더해진 강한 수축으로 태아가 나오게 되는데, 이 태아는 비로소 새 생명인 아기 또는 **신생아**(neonate)가 된다.

출산 후 지속적인 자궁의 수축으로 **후산**(afterbirth)이라 불리는 태반 및 관련 막들의 배출이 진행된다. 탯줄은 계속 아기에 연결되어 있는데, 이로부터 아기를 자유롭게 하기 위하여 의사 또는 산파가 탯줄을 잘라준다. 탯줄에서의 혈액 응고와 근육 수축은 과다한 출혈을 방지한다.

갓난아기를 돌보는 것은 포유류의 독특한 특징이다

젖 생산 또는 **젖 분비**(lactation)는 뇌하수체 전엽 호르몬인 프로락틴(prolactin)에 의해 자극될 때 젖샘꽈리에서 일어난다. 젖샘꽈리에서 생성된 젖은 평활근으로 둘러싸여 있고 젖꼭지로 이어진 일련의 젖샘꽈리관으로 분비된다.

임신 동안 높은 농도의 프로게스테론은 젖샘꽈리의 발달을 자극하고, 높은 농도의 에스트라디올은 젖샘꽈리관의 발달을 자극한다. 그러나 에스트라디올은 젖샘에서 프로락틴의 활동을 억제하고, 시상하부에서 프로락틴억제호르몬 분비를 촉진한다. 이를 통해 임신 동안에는 젖샘이 준비만하고 젖 생산을 하지 못하게 된다. 또한 젖샘의 성장은 프로락틴 유사 호르몬, 태반 호르몬의 하나인 인간융모성몸젖샘자극호르몬(human chorionic somatomammotropin), 생장인자 유사 호르몬인 인간생장호르몬(human somatotropin)에 의해 자극된다.

출생 이후 태반이 떨어져 나가면 모체의 혈중 에스트라디올과 프로게스테론의 농도는 급감한다. 이러한 급감으로 뇌하수체 전엽에서 프로락틴이 분비됨으로써 젖샘꽈리에서 젖 생산을 자극하게 된다. 아기가 젖을 빠는 것과 관련된 감각 신호는 뇌하수체 후엽에서 옥시토신의 방출을 촉발한다. 옥시토신은 젖샘꽈리관을 둘러싸고 있는 평활근을 수축하도록 자극하여 유방에서 젖이 분출하게 한다. 이러한 신호 경로는 **젖분출반사**(milk let-down reflex)로 알려져 있으며, 다른 포유류에서도 발견된다. 젖 분비 동안 옥시토신의 분비는 출생 과정에서처럼 자궁 수축의 원인이 된다. 이러한 수축은 수유를 하는 산모의 자궁 근육을 원상태로 되돌려 놓는 것을 돕는다.

출생 후 처음 생산되는 젖은 노란빛을 띠는 액체인데 초유(colostrum)라 불리며 영양분과 모체 유래 항체가 풍부하다. 젖 생산은 출산 이후 약 3일째 시작되는데, 이를 '젖이 돈다'고 한다. 대부분의 산모는 1년 또는 그보다 오랫동안 젖을 먹인다. 수유를 멈추면 유방에 축적된 젖이 뇌에 신호를 보내 프로락틴의 분비가 멈추고 젖 생산이 더 이상 진행되지 않는다.

사람은 출생 후 발달이 지속된다

유아의 성장은 출생한 후에 곧바로 지속된다. 전형적으로 아기의 몸무게는 출생 후 2개월 내에 2배가 된다. 서로 다른 기관은 그 성장률과 성장이 멈추는 시기가 다르기 때문에, 유아의 신체 비율은 성체와 다르다. 예를 들면, 신생아의 머리는 불균형적으로 크지만, 태어난 이후 그 성장 속도는 다른 신체 부위보다 훨씬 느려진다. 여러 기관의 성장 속도가 서로 다른 성장 유형을 **상대성장**(allometric growth)이라 한다.

대부분의 포유류에서 뇌 성장은 주로 태아에서 급격히 진행된다. 예를 들면 침팬지에서 뇌와 두개골 성장은 출생 후 거의 일어나지 않으나, 턱뼈는 계속 성장한다. 결과적으로 성체 침팬지의 머리는 태아 또는 갓 태어난 침팬지의 것과 매우 다르게 보인다. 이와는 다르게, 갓 태어난 사람의 뇌와 두개골은 턱과 같은 비율로 성장한다. 따라서 턱-두개골 비율이 태어난 이후에도 변함이 없어 성인의 머리는 태아나 유아의 머리와 유사하게 보인다.

사람의 뇌가 태어난 후 몇 년간 지속적으로 성장한다는 사실은 적절한 영양분 공급과 안전한 환경은 이 기간 동안 사람의 지적 능력을 온전히 발달하게 함에 있어 매우 중요하다는 것을 의미한다.

핵심 요약 47.6

사람 발생의 중요 단계는 임신 1분기 동안에 일어난다. 이후 여섯 달은 성장과 성숙에 관여한다. 뇌의 성장은 태어날 때 완전히 진행된 것이 아니어서 출생 후 완성하게 된다. 모체 혈중 호르몬은 발생 중인 태아에게 영양분을 공급하는 자궁 환경을 유지하고, 호르몬 분비와 양적 수준의 변화는 출생(프로스타글란딘과 옥시토신)과 젖 분비(옥시토신과 프로락틴)를 자극한다.

- 기형유발물질(선천적 기형 원인이 되는 물질)이 임신 1분기 때 가장 위험한 이유는 무엇일까?

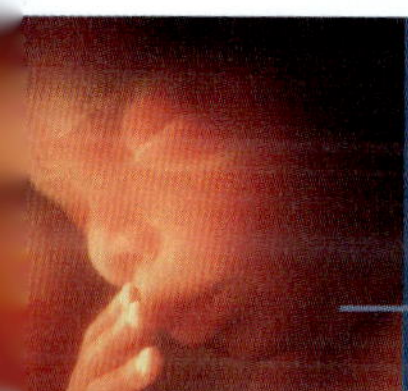

핵심 개념 요약

47.1 수정

■ 막 융합이 일어나기 위해서 정자는 난자의 원형질막을 관통해야 한다

정자의 첨체는 난자의 외막층을 뚫기 위해 소화효소를 분비한다(**그림 47.1**). 난자 원형질막과의 융합은 정핵이 난자의 세포질로 이동할 수 있도록 한다.

■ 막 융합은 난자를 활성화시킨다

막 융합은 칼슘 분비로 인해 난자 활성을 유발한다(**그림 47.2**). 다수정 방지에는 막전위의 변화와 난자 외막의 변화가 있다. 난자 활성으로 감수분열이 완결된다(**그림 47.4** 및 **47.5**).

■ 핵 융합은 2배체 상태로 복귀하게 한다

수정은 반수체 정자 핵이 반수체 난자 핵과 융합함으로써 완결된다.

47.2 난할과 포배기

■ 포배는 속이 빈 세포 덩어리이다

난할은 할구를 생성하는 일련의 빠른 세포분열로, 포배라 불리는 속이 빈 세포 덩어리를 형성한다.

■ 난할의 유형은 매우 다양하고 독특하다

난할 유형은 1차적으로 난황의 양에 영향을 받는다(**표 47.2**). 난황이 적거나 없는 경우의 난할은 전할(난자 전체가 관여)을, 보다 많은 난황이 있으면 부분할(배반만 난할에 참여)을 한다. 포유류에서의 난할은 전할이다.

■ 할구는 발생 경로로 가도록 약속되거나 또는 되어 있지 않다

대부분의 동물에서 세포질 결정인자의 불균등 분배는 각 할구가 다른 발생 경로를 가도록 예정한다. 포유류는 각 할구가 사전에 그 발생 운명이 결정되지 않은 조절발생을 한다.

47.3 낭배형성

■ 낭배형성은 3개의 배엽층을 만든다

낭배형성을 통하여 3개의 배엽층인 내배엽, 중배엽, 외배엽이 만들어진다(**표 47.3**). 세포는 낭배형성 동안 다양한 세포 모양의 변화를 거치면서 이동한다.

■ 낭배형성의 유형은 난황의 양에 따라 다양하다

난황의 양 또한 세포의 이동에 영향을 미친다. 개구리에서 한 층의 세포가 원구상순을 통하여 회절한다. 조류에서 표면의 세포가 원조를 통하여 이동한다.

포유류의 낭배형성은 조류와 유사하다.

■ **배외막은 건조한 육상에서의 삶에 대한 적응이다**

난황낭, 양막, 장막, 요막은 건조해지는 것을 방지하고, 발생 중인 배아를 보호하며 영양분을 공급한다(**그림 47.15**).

47.4 기관형성

■ **초파리에서 일부 기관의 발생은 기관형성의 좋은 예이다**

침샘, 등쪽 혈관, 기관의 발달 모두는 발생에서 유전자 발현의 작용을 입증한다.

■ **척추동물에서 기관형성은 신경관형성 및 체절형성과 함께 시작한다 (그림 47.18~47.20)**

신경관형성은 척삭 근처 외배엽으로부터 신경관이 형성되는 것이다. 체절형성은 중배엽으로부터 체절 단위를 형성하는 것이다.

■ **이동하는 신경능선세포는 많은 세포 유형으로 분화한다**

신경능선세포는 결합조직, 신경세포, 신경교세포, 색소세포, 감각신경세포, 그리고 여러 다른 세포가 된다.

■ **신경능선의 파생물은 척추동물의 진화에서 중요하다(그림 47.21)**

척추동물에 독특한 대부분의 적응은 신경능선세포에서 온 것이다.

47.5 척추동물의 축과 패턴형성

■ **슈페만 형성체는 등-배축을 결정한다**

형성체는 다른 세포에게 위치 정보를 전달하는 세포 집단으로, 확산할 수 있는 신호분자의 농도기울기를 형성 한다.

■ **모계 등쪽결정인자는 Wnt 신호를 활성화시킨다**

Wnt 신호경로가 시작되면 형성체가 활성화된다.

■ **슈페만 형성체 유래 신호분자는 배쪽 발생을 억제한다**

예정 중배엽은 배쪽 발생을 촉진하는 뼈형성단백질 4(BMP4)를 발현한다. 형성체는 BMP4를 억제하는 다양한 분자를 분비한다. 이는 배쪽에서 등쪽 방향으로 BMP4의 농도를 감소시킨다(**그림 47.24**).

■ **유도와 형성체는 패턴형성을 조절한다**

■ **발생 중인 척추동물의 4지에서 AER과 ZPA가 패턴형성을 조절한다**

4지싹 말단에 있는 AER은 몸통-말단축을 결정하나, 진행대는 4지의 정체성을 지정한다. ZPA는 앞-뒤축을 결정한다.

■ **4지는 유전자 조절 활성을 통하여 다양하게 진화하였다**

종 특이적 4지는 유전자 발현과 발현 시기에 있어 진화적 변화에 기인한다.

■ **유도는 1차 또는 2차가 있다**

1차유도는 3개의 배엽 간에 일어난다. 2차유도는 이미 결정된 조직 간에 일어난다.

47.6 사람의 발생

■ **임신 1분기 동안 수정란은 빠른 발생과 분화를 수행한다**

포배의 착상은 임신 첫 주 끝 시기에 일어난다. 2주차에 배아의 융모막과 모체의 자궁내막 조직은 태반을 형성하고, 낭배형성이 일어난다. 기관형성은 4주차에 일어난다. 8주차는 배아에서 태아로 전환되는 시기이다.

■ **두 번째 분기 동안 기본 신체 체제의 발달이 지속된다**

■ **세 번째 분기 동안에 아기가 자궁 밖에서 생존할 수 있도록 기관이 성숙한다**

■ **출산 동안 호르몬의 매우 중요한 변화가 일어난다**

출산은 태아의 부신 피질에서 자궁 수축의 원인이 되는 스테로이드 분비로 시작된다.

■ **갓난아기를 돌보는 것은 포유류의 독특한 특징이다**

유아의 돌봄은 옥시토신과 젖 분출 반응의 원인이 되는 신경내분비 반사가 관여한다.

■ **사람은 출생 후 발달이 지속된다**

출생 후 발달은 여러 기관이 서로 다른 비율로 성장하는 상대성장에 의해 지속된다.

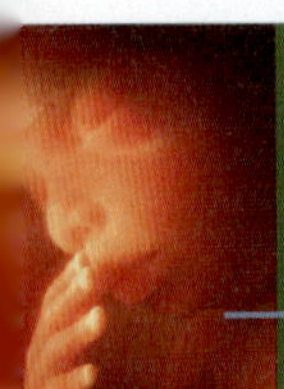

연습문제

■ 1단계: 이해력 확인하기

1. 수정 직후 일어나는 현상은 무엇인가?
   - a. 난자 활성
   - b. 다수정 방지
   - c. 세포질 변화
   - d. a, b, c 모두 일어난다.
2. 난할 동안 세포질분열이 어떻게 일어날 것인지를 결정하는 데 가장 중요한 역할을 하는 것은 무엇인가?
   - a. 염색체의 수
   - b. 난황의 양
   - c. 식물극의 방향
   - d. 접합자의 성별
3. 낭배형성은 발생 과정에서 매우 중요하다. 그 이유는 무엇인가?
   - a. 낭배형성은 속이 빈 세포들의 원형체를 좌우대칭 구조로 전환한다.
   - b. 낭배형성은 초기 소화관 형성을 야기한다.
   - c. 낭배형성은 등-배축 형성을 야기한다.
   - d. a, b, c 모두가 낭배형성 기간 동안 일어나는 중요한 일이다.
4. 포유류의 낭배형성은 어느 동물의 낭배형성과 비슷한가?
   - a. 도마뱀붙이
   - b. 참다랑어

c. 녹수리

d. 다른 종과 유사하지 않음; 포유류의 낭배형성은 독특함

5. 체절에 대한 설명으로 맞는 것은 무엇인가?

   a. 배아의 꼬리 끝 쪽에서 형성되기 시작하여 이후 파동 양상으로 앞쪽으로 이동하며 형성된다.
   b. 내배엽으로부터 유래한다.
   c. 체절당 한 종류의 조직만 발생한다.
   d. 종마다 그 수가 다양하다.

6. 다음 중 마지막으로 일어나는 것은 무엇인가?

   a. 난할
   b. 신경관형성
   c. 낭배형성
   d. 수정

7. 다음 중 2차유도인 것은 무엇인가?

   a. 신경외배엽에 의한 유도가 원인이 되어 눈의 수정체 형성
   b. 등쪽 외배엽과 중배엽에 의한 신경관형성 동안의 분화
   c. a와 b 둘 다 맞다.
   d. a와 b 둘 다 옳지 않다.

■ 2단계: 적용력 평가하기

1. 여러분의 사촌이 최근 쌍둥이를 가졌다. 사촌이 말하길 쌍둥이는 두 정자가 동일 난자에 수정되어서 일어난다고 말했다. 여러분이 취할 수 있는 대답 중 적절한 것은 무엇인가?

   a. 맞다, 그녀가 옳다. 그것은 쌍둥이가 만들어지는 가장 흔한 원인이다.
   b. 아니다. 자궁경부를 통과하여 생존한 정자는 단지 1개뿐이어서 수정 시 2개의 정자가 있을 수 없다.
   c. 아니다. 피질과립(피층과립)이 추가적인 정자 침입을 막는다.
   d. 아니다. 미수정란이 자발적으로 나뉘어져 쌍둥이가 되는 것이어서 단성생식의 특징을 갖는다.

2. 슈페만의 실험에서 원구상순이 이식되면 이식 받은 수여자 배아는 다음 중 어떤 분자들을 갖게 되는가?

   a. 배쪽 운명을 지정하는 분자
   b. 배쪽 운명을 지정하는 분자의 억제자
   c. 등쪽 운명을 지정하는 분자
   d. 등쪽 운명을 지정하는 분자의 억제자

3. 상당한 양의 전자기파가 개구리 배아의 등쪽 부분에 피폭되었다고 가정해 보자. 다음 중 가장 많이 일어날 수 있는 것은 무엇인가?

   a. 표피 또는 피부와 관련된 변화나 돌연변이
   b. 내부 장기의 전환으로 신체 중앙선을 따라 좌우 배열이 바뀜
   c. 신체 바깥쪽으로 신경계를 형성할 세포의 이동
   d. 생식계가 발생되지 않음

4. 아기 스스로 분만을 위한 자극을 만들어 낸다고 생각하는 임신부에게 해 줄 수 있는 말은 무엇인가?

   a. 포유동물 중 분만 개시는 달 주기 변화와 가장 가깝게 연계되어 있다.
   b. 분만 개시를 결정짓는 것은 산모의 활동일주기 시계이다.
   c. 몸무게가 분만 개시를 결정짓는다.
   d. 태아의 호르몬 수준의 변화는 분만 개시에 영향을 준다.

5. 약이나 술에 노출될 때 태아의 신경계 발달에 가장 심각한 영향을 주는 시기는 언제인가?

   a. 착상 전
   b. 임신 1분기
   c. 임신 2분기
   d. 임신 3분기

6. 양막류에서 축형성은 다음 중 무엇에 의해 영향을 받는가?

   a. 원구의 원구상순부 세포의 돌연변이
   b. 원조내 세포의 돌연변이
   c. a, b 모두 맞다.
   d. a, b 모두 옳지 않다.

■ 3단계: 사고력 함양하기

1. 이제껏 알려지지 않은 발생 기작을 가진 새로운 종을 찾았다고 가정하자. 세포의 운명이 어떤 단계에 결정되는가를 어떻게 결정할 수 있을까?
2. 개와 초파리의 호미오박스 유전자를 대조하고 비교해 보자.
3. 왜 여성은 임신 중에는 생리를 하지 않을까?
4. 슈페만과 망골트는 발생 동안 일부 세포가 형성체로 역할을 한다는 것을 설명할 수 있었다. 그들은 어떤 유형의 세포를 이용하였는가? 어떻게 이들 세포가 형성체임을 결정할 수 있었는가?

48

행동생물학

도입

행동에 대한 연구는 생물학의 여러 분야의 중심에 서 있다. 행동 관찰을 통하여 뇌와 신경계의 작동, 유전자와 환경의 영향, 생식을 언제 어떻게 하는가, 환경 적응을 어떻게 하는가에 대한 의미 있는 통찰을 할 수 있다. 행동은 자연선택으로 진화되었고 유전자, 호르몬, 신경전달물질, 신경회로가 관여하는 내재적 기작에 의해 조절된다. 우리는 이번 장에서 행동과 이 행동의 진화 기작을 상세히 이해하기 위하여 행동생물학이 생명과학의 여러 분야를 어떻게 통합하여 접근하고 있는가를 설명하고자 한다.

48.1 행동의 자연사

학습 목표

1. 행동의 근접원인와 궁극원인를 비교할 수 있다.
2. 주된 자극과 고정된 활동 유형 간의 상호관계를 설명할 수 있다.
3. 선천적 행동의 근간이 될 수 있는 생리적 요인을 설명할 수 있다.

동물 행동을 관찰하는 것과 관찰한 것에 대한 결론을 이끌어 내는 것은 단순한 것 같으나 심오한 것이다. 행동은 동물이 하는 그 무엇으로, 동물이 환경적 자극과 음식, 포식자, 교미와 연관된 시각적 신호를 추적함으로써 그 환경에 반응하는 가장 직접적 방법이다. 행동은 또한 생각과 인식, 사회적 환경 모니터링, 협동적으로 또는 이타적으로 행동할지를 결정하는 것이다. 행동은 동물로 하여금 생존하고 생식할 수 있게 하기 때문에 진화 과정에서 필수적이다. 행동생물학자들의 연구 결과는 인간의 정확한 행동의 의미를 포함한 동물의 행동에 대한 중요한 성찰을 제공한다.

행동은 기작과 진화적 기원이라는 용어로 분석될 수 있다

왜 동물은 그 동물 특유의 행동을 할까? 새소리 듣는 것을 생각해 보자. 우리는 '어떻게 새소리가 나고 또는 연중 가장 빈번히 지저귀어야 할 때를 결정하는가'하는 질문을 던질 수 있다. 우리는 또한 새소리의 기능, 즉 왜 지저귀는가에 대하여 질문을 던질 수 있다. 어떻게 새가 우는가에 대한 답을 하기 위해서, 호르몬과 신경세포 그리고 다른 생리학적 과정과 같은 내재적 요인을 숙고해야만 한다. 이러한 질문은 근접원인(proximate causation)에 관한 것으로 행동을 만들어 내는 기작이다. 새 지저귐의 근접원인을 분석하기 위해서, 호르몬 수준 측정 또는 신호와 관련된 신경회로와 뇌 부분의 발달에 대한 연구를 해야 한다. 예를 들면, 수컷 명금(songbird)은 스테로이드 성호르몬인 테스토스테론의 수준이 높아지는 번식기 동안 울어대는데, 이는 테스토스테론이 뇌에 있는 수용체에 결합하여 지저귐을 촉발하기 때문이다. 추가적으로, 뇌와 울대(새의 발성기관) 간의 신경 연결이 새의 지저귐이 생성될 수 있도록 발달해야 한다. 이러한 설명은 새소리의 근접원인을 묘사한다.

한 행동(예, 새의 지저귐)의 기능에 대한 질문은 왜 이 행동이 진화했는가에 대한 질문이다. 이 질문에 답하기 위해서, 우리는 새의 지저귐이 생존 또는 번식 성공에 어떠한 영향을 미쳤는가를 결정해야 한다. 한 마리의 수컷 새는 다른 수컷으로부터 자기 영역을 지키기 위하여 그리고 생식을 위해 암컷에 호감을 끌기 위해 지저귄다. 이것은 수컷의 지저귐에 대한 궁극 또는 진화적 설명(ultimate explanation, evolutionary explanation)이다. 이를 통해 궁극원인(ultimate causation) 또는 적응 가치를 이해할 수 있다. 연구자들은 종종 행동에 대하여 행동과 관련된 적절한 기작과 생태적 기능 그리고 이를 통하여 진화에서의 역할을 고찰한다. 행동은 다음과 같이 4가지 수준에서 분석할 수 있다. (1) 생리학(호르몬, 신경세포, 다른 내재적 인자에 의하여 어떻게 영향을 받는가?), (2) 개체발생(개체에서 어떻게 발생하는가?), (3) 계통학(연관된 종 그룹에서 기원은 어떻게 되는가?), (4) 적응의 중요성(생존과 적합함에서의 역할은 무엇인가?). 먼저 20세기 들어서서 행동에 대하여 연구한 행동학자들의 연구에 초점을 두어 행동 기작에 대한 역사를 추적해 보도록 하자.

행동학은 본능과 그 기원에 대한 연구를 강조하고 있다

행동학(ethology)은 동물의 본능 또는 프로그램화된 행동을 중심으로 행동에 대한 자연사(natural history)를 연구하는 것이다. 행동학자들은 대상 종 각각의 개체가 주어진 특정 자극에 반응하는 행동에서 공통적으로 보이는 유형, 즉 판에 박은 듯하게 행동하는 것을 관찰하였다. 이러한 행동은 반사(reflex)와 같아서 본능 또는 **선천적**(innate)인 것으로 받아들여진다. 행동은 신경계에 프로그램화된 것으로 여겨지고 있는데, 즉 다시 말하면 유전적으로 내재되어 경험 없이도 반응이 나타나는 것으로 인식되고 있다. 행동학자들은 거위가 알을 모으는 행위와 같은 간단한 행동 실험 및 관찰에 본능 모델을 적용하고 있다. 거위는 알을 둥지에서 품는다. 만약 알 하나가 둥지 밖으로 흘러 나가면 부리 아래로 밀어넣고 목을 좌우로 흔들어서 알을 둥지로 다시 가져온다(**그림 48.1**). 가져오는 동안 다시 굴러 가더라도 알이 둥지 밖에 있는 것을 봄으로써 프로그램이 활성화되어 알을

그림 48.1 거위에서 보이는 선천적 알 굴림 반응.
알을 둥지로 다시 가져오기 위해 거위가 하는 반복적 행동은 고정된 행동유형이다. 한번 핵심자극이 감지되면(이 경우, 알이 둥지 밖에 있음) 거위는 일련의 움직임을 수행한다. 거위는 알 쪽으로 목을 쭉 뻗고, 일어나고, 부리 밑쪽에 알이 위치하게 하고 반복적으로 좌우로 목을 움직여 알을 둥지로 굴려 가져 온다.

둥지로 가져올 때까지 동일한 행동을 계속한다.

이 예는 본능에 대한 전형적인 예로 행동학자들이 행동기작을 개념화하는 방법을 잘 보여주고 있다. 거위가 알을 되가져오는 행동은 **핵심자극**[key stimulus, 종종 신호자극(sign stimulus)이라 불림]에 의해 촉발된다. 이것은 "알이 둥지 밖에 있음"이다. 초기 행동학자들은 신경계가 **선천적 방출기작**(innate releasing mechanism), 즉 핵심자극을 인식하고 **고정된 행동유형**(fixed action pattern, 이 경우 둥지로 알을 다시 가져오는 것)인 운동 프로그램을 자극하는 신경회로를 통하여 행동을 조절한다고 여겼다. 행동학자들은 핵심자극이 행동을 유발하는 신경활동을 개시하는 환경적 신호 또는 계기라고 일반화하였다. 선천적 방출기작에는 신호를 감지하는 감각기와 고정된 유형의 활동을 만들어내는 근육 조절 신경회로가 관여된다.

핵심 요약 48.1

행동의 근접원인은 활동을 야기하는 직접적인 기작과 관련되어 있다. 궁극적 원인은 행동의 적응 가치를 의미하는 것이다. 행동학은 행동의 본성을 연구하 는 것으로 유전자, 신경세포, 호르몬과 같은 내재적 요인에 의한 행동의 조절과 경향을 강조한다. 본능적 행동은 핵심자극이 선천적인 분비기작에 영향을 줄 때 일어나서 고정된 운동 프로그램을 자극하는 것으로 생각되고 있다.

■ 행동을 계통발생학적(진화적 기원)으로 이해하는 것이 왜 중요할까?

48.2 신경세포, 신경전달물질, 호르몬, 행동

학습 목표

1. 신경회로 구조와 기능의 관계를 설명할 수 있다.
2. 행동에서 호르몬과 신경전달물질의 기능에 대해 설명할 수 있다.

비록 초기 행동학자들은 신경생물학에 대한 이해가 낮았으나, 오늘날처럼 신경계(선천적 분비기작)가 행동을 조절하는 요소라고 가정하였다. 오늘날 신경행동학자(행동을 연구하는 신경학자)는 어떻게 환경 내의 정보가 감각세포에 의해 인지되어 다른 신경세포와 근육에 전달되고 생존에 중요한 행동을 조절하는 신경회로를 형성하는지를 상세히 설명할 수 있다. 행동은 말초와 중추신경계의 조직화하고, 행동에 대한 연구는 어떻게 신경세포가 개별적으로 기능을 하는가와 회로내 다른 신경세포와 합동으로 작용하는가를 이해하는 데 도움을 준다(37장과 38장 참조).

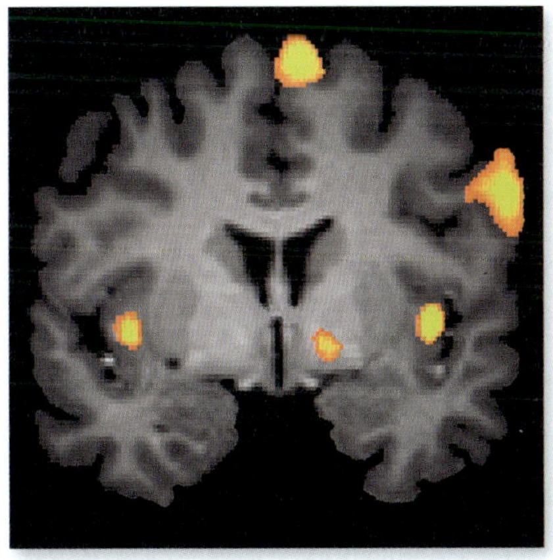

그림 48.2 기능적 자기공명 영상(fMRI).
MRI를 이용하여 뇌의 특정 부위에서의 신경 활동을 볼 수 있다.

피식자를 잡거나 포식자로부터 벗어나는 것과 같이 빨리 일어나야만 하는 행동은 이러한 기능이 가능한 신경 기작(neural mechanism)이 관여한다. 일부 나방은 박쥐의 초음파를 인식할 수 있도록 설계된 귀 같은 감각 기관을 가진다. 신경세포는 박쥐가 나방의 존재를 인식하기 이전에 나방이 피하는 행동을 시작할 수 있도록 재빠르게 활성화한다. 개구리 망막내 특화된 세포는 곤충과 같은 물체를 인식하여 적당한 피식자가 포착되면 1초보다 빠른 순식간에 혀를 내밀어 잡는다. 이와 비슷하게 포식자 개미에서는 턱 사이에 위치한 감각 털을 피식자가 자극하면 턱이 탁 닫힌다. 포식자 또는 피식자의 이러한 빠른 반응은 종종 근육으로 빠르게 신경신호를 전달할 수 있는 굵은 축삭을 갖는 신경세포가 관여한다. 집게턱 개미(trap jaw ant)의 경우, 큰 축삭을 갖는 하악 운동신경세포(현재까지 밝혀진 것 중 가장 빠름)는 33밀리초(msec) 내에 턱이 닫히도록 신경신호를 보낸다.

행동생물학자는 생식, 양육, 공격, 스트레스와 같은 행동에서 내분비의 기작을 이해하기 위해 호르몬과 행동의 상호관계를 조사한다(39장 참조). 이렇게 하여 척추동물에서 성호르몬인 에스트로젠과 테스토스테론의 효과가 알려졌다. 예를 들면, 수컷에서 테스토스테론은 세력권 행동(territorial behavior)과 구애(courtship)을 조절하고, 반면 암컷에서 에스트로젠은 교미행동을 조절한다. 글루코코르티코이드 호르몬은 스트레스와 관계되어 있다.

신경과학자는 행동과 관련되어 있는 세로토닌(serotonin) 및 도파민(dopamine)과 같은 신경전달물질을 신경계나 혈액에서 측정할 것이다(37장 참조). 이들 화학물질은 신경세포에서 분비되며, 뇌의 여러 다른 부분의 활성을 조절한다. 세로토닌은 바닷가재, 생쥐, 사람을 포함하여 매우 넓은 범주의 동물들에서 공격 성향에 영향을 미친다. 연구자들은 특정 신경전달물질을 뇌에 주사하거나 약물을 이용하여 그 수준을 조절함으로써 특정 물질이 행동에 미치는 영향을 연구할 수 있다.

신경생물학에서 사용하는 기술은 개개의 신경을 인식하여 지도화하는 것, 수지상돌기가 어떤 다른 신경세포와 연결되어 있는지, 어떻게 신경신호와 신경전달물질이 행동을 조절하는지를 포함한다. 오늘날 기능적 자기공명영상(functional magnetic resonance imaging, fMRI)과 같은 기술은 사람 뇌에서 각 부분의 특화된 기능에 대한 흥미로운 결과를 만들 수 있다. 한 가지 독특한 예가 음식에 어떻게 반응하는 하는가이다(**그림 48.2**). 예상과는 달리, 뇌 반응은 물체 인식과 관련된 시각피질에서 일어나지 않고, 일상적으로 보상 및 즐거움과 관련된 전뇌의 중격핵(nucleus accumbens)내 회로에서 반응이 일어난다.

핵심 요약 48.2

본능적 행동은 유전적으로 조절되는 것으로 보이는 신경계 내의 프로그램화된 회로가 관여한다. 신경행동학과 관련된 연구는 신경회로 조직이 행동을 통제한다는 행동에 대한 개념을 지지해준다. 호르몬 또는 신경전달물질인 세로토닌이나 도파민과 같은 화학 신호물질은 행동이 일어나는 원인이다.

■ 만약 수컷 명금에게 일반적으로 울기 시작하는 봄 시기보다 2주일 전에 테스토스테론을 주사 놓는다면 어떤 일이 일어날까?

48.3 행동의 유전

학습 목표

1. 유전자와 행동을 연관시킬 수 있는 증거를 보여주는 연구의 유형에 대해 설명할 수 있다.
2. 하나의 유전자가 어떻게 행동에 영향을 줄 수 있을지에 대해 설명할 수 있다.
3. 공격성, 양육, 짝짓기와 같은 복잡한 행동에서 유전자의 역할을 서술할 수 있다.

본능 이론(instinct theory)은 유전자가 행동에서 역할을 할 것이라고 가정하였으나, 행동학자들은 역할유전자가 행동과 관련하여 어떤 역할을 하는가를 확정적으로 설명할 수 없었다. 유전자와 행동의 관련성에 대한 연구는 매우 논란이 많았다. 행동학자들과 사회학자들은 행동이 개개의 유전자(본성, nature) 또는 학습과 경험(양육, nurture) 중 무엇에 더 영향을 받는가 등에 대한 끝없는 논란에 놓였다. 본성/양육이라는 논쟁에 있어서의 문제 중의 하나는 둘 중 하나가 영향을 준다는 틀로서 바라보기 때문에 본능과 경험 모두 유의미한 역할을 가질 수 있고 종종 복잡하게 상호작용하여 행동 유형을 만들어 낸다는 점을 놓칠 수 있다는 것이다.

행동유전학(behavioral genetics)은 유전이 행동을 만든다는 것을 다룬다. 유전 단위인 유전자는 한 세대에서 다음 세대로 전해지고 신경계의 발생을 유도함으로써 행동 반응을 조절한다는 것은 명확하다. 그러나 동물은 사회적 경험이 풍부한 환경에서 자라기에 행동이 유도되는 경험을 한다. 행동에서 본성과 양육의 중요성은 먼저 행동유전학 연구의 역사를 살펴봄으로써 알 수 있고, 경험과 발달의 중요성에 대한 실험을 통하여 알 수 있다.

인위선택, 잡종, 쌍생아 실험을 통해 유전자와 행동의 연계성을 알 수 있다

선도적 연구의 일부에서 행동적 차이가 개체의 유전적 차이에 의한 것임을 알 수 있다. 다양한 동물을 대상으로 한 연구는 잡종이 둥지를 틂과 구애와 관련된 행동이 부모의 중간 형태를 나타내는 것은 양쪽 부모에서 받은 유전자 때문으로 해석될 수 있다. 행동에서 유전자의 역할을 알아내기 위한 이러한 초창기 노력은 행동이 물려받는 요소의 하나임을 설명할 수 있었으나 관여하는 유전자를 찾아내지는 못했었다. 그러나 분자생물학이 발전하면서 분석 기술이 정교해짐에 따라 행동에서의 유전적 요인을 분석하는 데 더 많은 진전이 있었다.

학습 그 자체는 유전자의 영향을 받는다. 한 고전적 연구에서, 쥐로 하여금 출구 앞에서 보상 개념의 음식을 주는 미로(출구 1개와 막다른 골목들로 구성되어 있음)에서 길을 찾게 하였다. 어떤 쥐들은 막다른 골목으로 가는(실수) 비율이 높지 않고 빠르게 미로를 찾았으나, 다른 쥐들은 많은 실수를 거쳐 학습하면서 미로를 찾았다. 연구자들은 미로를 잘 찾는 집단을 만들기 위해 실수가 거의 없이 미로를 찾는 쥐들 간의 교배를 하였고, 미로를 못 찾는 집단을 만들기 위해 실수를 많이 하면서 미로를 찾은 쥐들 간의 교배를 하였다. 각 집단의 새끼를 대상으로 미로 학습 능력을 검사하였다. 미로를 잘 찾는 쥐집단의 새끼는 그 부모에 비해 더 적게 실수를 하는 반면, 미로를 못 찾는 쥐집단의 새끼는 그 부모에 비해 더 많은 실수를 하며 미로를 찾았다. 이러한 인위선택(artificial selection)을 몇 세대에 걸쳐 반복하면 매우 다른 미로 학습 능력을 갖는, 행동학적으로 뚜렷이 차이나는 두 집단의 쥐 유형이 나왔다(**그림 48.3**). 이러한 유형의 연구는 자연선택을 통하여 시간이 지나면서 행동이 형성될 수 있음을, 즉 더 특출난 능력을 가진 유전자를 만들 수 있음을 제안하고 있다.

유전자와 환경의 상호작용은 태어나 동일 환경에서 독립적으로 자라거나 또는 태어난 후 다른 환경에서 독립적으로 떨어져 자란 1란성 쌍생아의 행동을 비교함으로써 사람에게서도 알아볼 수 있다. 함께 또는 떨어져 자란 쌍생아 자료는 연구자들이 유전적 유사성 또는 환경적 경험에 의한 결과를 구분할 수 있도록 하였다. 쌍생아 연구는 쌍생아가 서로 다른 환경에서 자랐어도 넓은 범주에서 개인적 특성이 유사하다는 것을 잘 보여준다. 반면에, 이러한 연구는 반사회적 행동과 같은 일부 특성은 유아 시기의 경험과 유전자의 조합에 의한 결과임을 보여준다. 이러한 연구는 비록 유전 대 환경의 상대적 중요성에 대한 논쟁은 있지만, 사람의 행동에 있어서도 유전자가 역할을 한다는 것을 나타낸다.

일부 행동은 단일 유전자에 의해 조절될 수 있음을 보여준다

인위선택, 잡종, 쌍생아 연구는 행동에 있어서 유전자의 역할이 있음을 나타내지만, 앞서 발전한 분자생물학의 이점을 이용하여 보다 최신의 연구를 통하여 행동에 관련된 유전자를 동정하였다. 초파리(*Drosophila*)는 전통적으로 단일 유전자를 동정함에 있어서 효과적으로 사용할 수 있는 모델 시스템이다. 단일 유전자가 행동에 영향을 미치는 것은 생쥐에서 사람에 이르기까지 증명되고 있다.

초파리에서, 특정 유전자가 변형된 대립유전자를 가지는 개체는 유충 때 섭식 행동에 있어서 큰 차이가 있다. 한 대립유전자를 갖는 유충은 넓은 지역을 옮겨가며 섭식하지만, 변형된 대립유전자를 가지는 유충은 거의 이동 없이 섭식한다. 또 다른 유전자들의 다양한 돌연변이는 암컷과 수컷에서 구애 행동에 영향을 미친다. 예를 들면, *fru*는 그 전사 산물이 초파리 뇌의 구애 센터를 통제하는 소절유전사이다. 이 유전자는 구애 신경회로에 관련된 다른 유전자들이 발현하도록 한다. *fru*의 돌연변이가 있는 수컷은 이 회로 구성 과정이 망가져 암컷에 구애하지 않는다.

생쥐에서 밝혀진 한 유전자는 특정 기억 및 양육과 관련되어 있다. 예를 들면, 특정 돌연변이를 가지는 일부 생쥐는 어느 곳에 어떤 물체가 있음에 대한 최신 학습 정보를 기억하는 데 문제가 있다. 이러한 망각은 이들 생쥐가 학습의 중추인 해마(hippocampus)에서 중요한 역할을 하는 α-칼슘 칼모듈린 의존성 인산화효소 II(α-calcium-calmodulin-dependent kinase II)를 생성하는 능력이 없어서 나타난다.

하나의 유전자가 어미의 보살핌과 같은 복잡한 행동에서도 작용할 수 있다. 예를 들면, *fosB* 유전자는 어미의 효과적인 새끼 양육 여부를 결정한다. *fosB* 대립유전자 모두가 이상이 있는 어미는 새끼를 보호하고 방어해 주는 야생형 어미의 행동과는 완전히 다르게 출산 초기에는 새끼를 자기 것인지 살피나 이후 무시하고 보살피지 않는다(**그림 48.4**). 이러한 무관심의 원인은 하나의 연속반응 결과이다. 갓 태어난 새끼를 가진 어미의 최초의 새끼 살핌 시 청각, 후각, 촉각을 통한 감각 정보는 시상으로 전달되고, 이곳에서 *fosB* 유전자를 발현하도록 한다. *fosB* 전사체 결과물인 fosB 단백질은 시상하부의 신경회로에 영향을 주는 다른 유전자들을 발현하도록 한다. 뇌에서의 이러한 신경회로 수정은 어미 행동의 원인이 된다. 만약 *fosB* 대립유전자가 없는 어미는 이 과정이 중간 단계에서 멈춘다. 관련 단백질 합성이 없으면 관련 신경회로가 형성되지 않아 결국 어미 행동이 없게 된다. 생쥐의 어미 본능(maternal instincts)은 유전적으로 규정되는

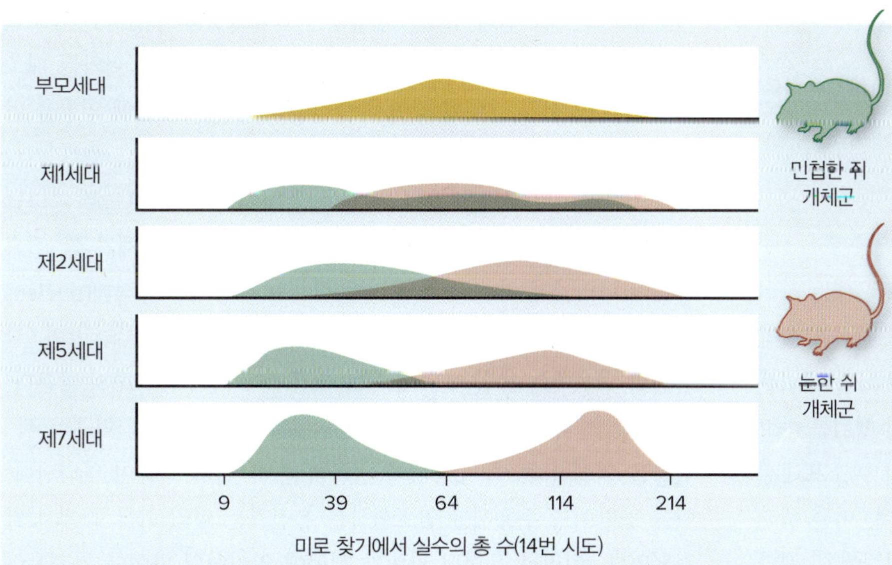

그림 48.3 학습 유전.
가장 실수 없이 미로를 찾는 쥐 간의 교배를 통하여 향상된 미로학습능력(초록색)을 가지는 쥐를 만들었고, 실수를 가장 많이 한 쥐 간의 교배를 통하여 실수가 많은 쥐(붉은색)를 만들었다.

탐구문제 7세대 이후 미로학습 능력과 관계없이 무작위로 선별하여 교배하여 새끼를 얻는다면 새끼들의 미로 찾기 행동에 어떤 일이 생기겠는가?

자료 분석 빠른 미로 찾기 능력을 갖춘 쥐들 간의 교배를 통하여 태어난 새끼의 7대 되는 자손은 대략 평균 몇 회 실수를 할 것으로 예상되는가? 이러한 결과는 어떠한 선택을 설명하는가?

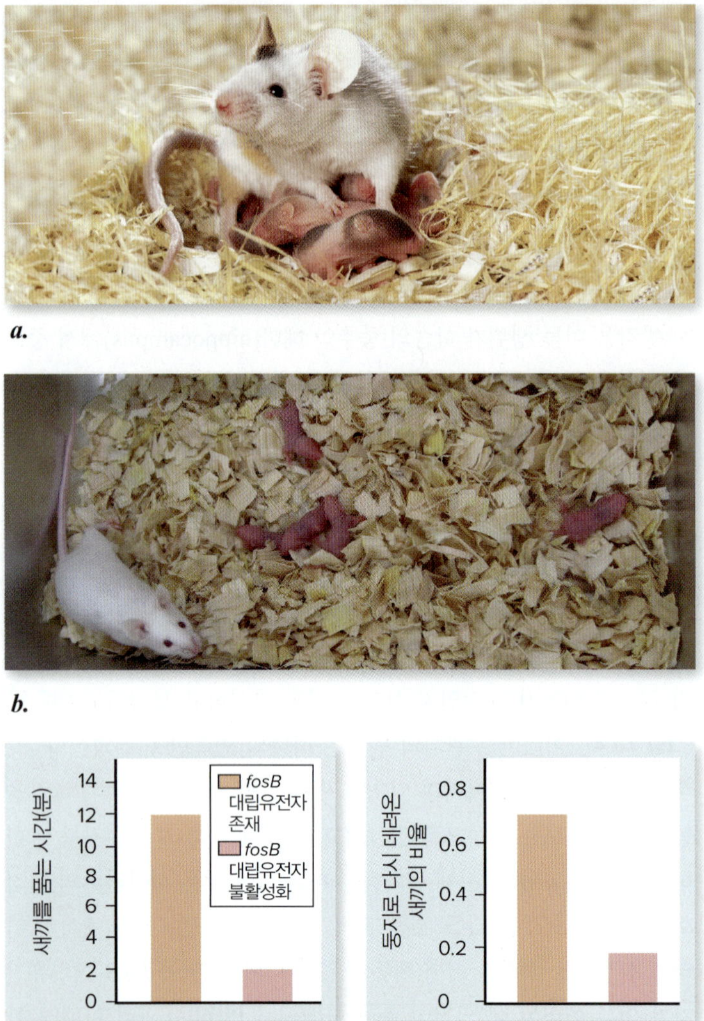

그림 48.4 **유전적으로 결함이 있는 어미의 보살핌.**
a. 정상적인 생쥐 어미는 새끼를 잘 보호하기 때문에 새끼가 움직여 동지로부터 멀어지면 다시 둥지로 데려와 품는다. ***b.*** *fosB* 대립유전자에 돌연변이가 있는 어미는 새끼가 둥지에서 멀어져도 보호를 위한 이러한 행동을 하지 않는다. ***c.*** 어미가 새끼를 보호하기 위해 품는 시간의 양. ***d.*** 실험적으로 둥지에서 이탈된 새끼를 다시 둥지로 데려온 비율.

탐구문제 **왜 *fosB* 대립유전자의 결실이 어미의 무관심을 가져오는가?**

것이다.

행동의 유전적 기반과 관련된 또 다른 대단히 흥미로운 예는 사회적 활동이 매우 다른 북아메리카 설치류 유사종인 대초원쥐와 산악쥐의 행동이다. 암수 대초원쥐는 일부일처 관계를 유지하며 새끼를 기르는 반면, 암수 산악쥐는 난잡한(여러 파트너와 교미 행위를 하고 헤어짐) 관계를 갖는다. 교미 행동은 신경펩타이드인 바소프레신(vasopressin)과 옥시토신(oxytocin)의 분비를 이끄는데, 이들 펩타이드에 대한 반응은 종에 따라 엄청나게 다르다. 대초원쥐에 이 펩타

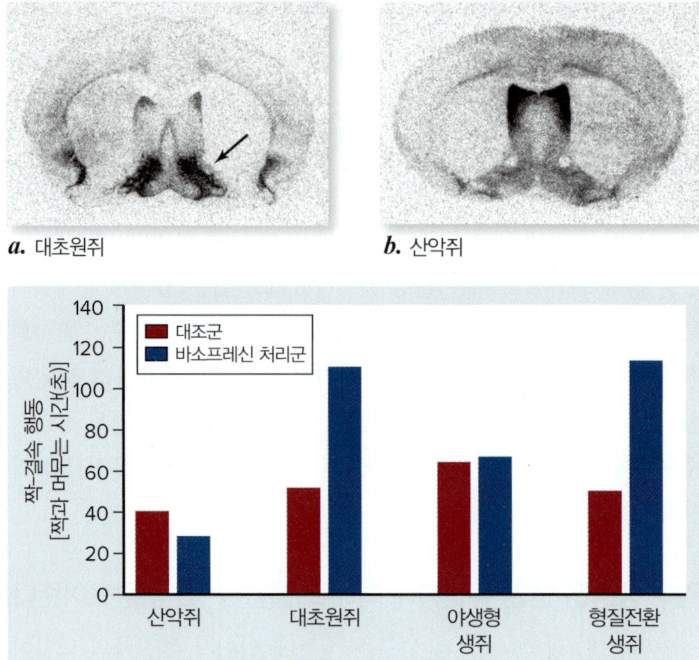

그림 48.5 **두 종의 설치류에서 짝-결속 행동 차이에 있어서 유전적 배경.**
a와 ***b.*** 대초원쥐(*Microtus ochrogaster*)와 산악쥐(*M. montanus*)는 한 종류의 바소프레신 수용체 분포가 뇌의 중격핵에서 다르게 나타난다(화살표로 표시된 검은색 부분). ***c.*** 대초원쥐는 바소프레신에 반응하여 높은 짝-결속 행동 수준이 5분 내에 나타나지만 대조군에서는 그렇지 않다. 반면, 산악쥐에서는 야생형에서처럼 주사 후에 이러한 증가가 나타나지 않았다. 그러나 대초원쥐의 바소프레신 수용체 한 종류로 형질전환된 산악쥐는 대초원쥐에서 나타나는 행동을 보였고 바소프레신 주사에 대한 반응도 보였다.

자료 분석 **정상 조건에서 어떤 집단의 생쥐가 가장 높은 짝-결속 행동을 보이겠는가? 어떤 집단이 가장 낮은 짝-결속 행동을 보이겠는가?**

이드를 주사하면 교미 없이도 짝-결속(pair-bond)의 관계가 형성된다. 역으로 이들 펩타이드를 억제하는 화학물질을 주입하면 대초원쥐가 교미 후에도 짝-결속의 관계가 형성되지 않는다. 이와는 대조적으로, 산악쥐의 경우에 있어서는 이들 펩타이드 처리에 영향을 받지 않는다.

이러한 차이는 두 종 간의 뇌 구조의 차이 때문인 것으로 나타났다(**그림 48.5**). 대초원쥐는 이들 펩타이드에 대한 수용체가 짝-결속 행동이 나타나게 하는 것과 관련된 것으로 추정되는 중격핵(nucleus accumbens)이라는 뇌의 특정 부분에 밀집하여 분포한다. 반면, 산악쥐의 경우에는 동일 부위에 이들 수용체가 거의 분포하지 않는다. 대초원쥐를 대상으로 한 실험실 연구에서, 이들 수용체 억제는 짝-결속을 억제하나, 이 수용체를 자극하면 짝-결속 행동이 나타난다. 이들 펩타이드 수용체를 암호화하는 유전자는 여러 다른 종에서 발견되었다. 이러한 유전적 차이가 행동에 있어서의 차이를 가져온다

는 가설을 증명하기 위해, 과학자들은 대초원쥐의 유전자를 갖는 형질전환 생쥐를 만들었고, 이 형질전환 생쥐에 바소프레신을 주사하면, 야생 생쥐에서는 반응이 나타나지 않음에도 불구하고, 대초원쥐에서 관찰되는 짝-결속 행동과 매우 유사한 행동이 나타난다(**그림 48.5**).

바소프레신 수용체 유전자는 영장류 종에서 그 구조가 또한 다양하며 짝-결속 정도도 서로 다양하다. 남성에서 이 유전자는 결혼 후 부부 간의 유대 관계의 세기와 결혼 만족도와 관계되는 것으로 최근 밝혀졌다.

단일 유전자 영향에 대한 다른 예는 세로토닌과 도파민을 분해하는 효소인 모노아민산화효소(monoamine oxidase, MAO)의 생성과 관련된 것이다. 모노아민산화효소 A(MAOA)가 결실된 형질전환 생쥐는 매우 공격적이다. 사람에게서 MAOA 생성 능력을 없애는 점돌연변이(single point mutation)는 반사회적 행동과 폭력을 유발한다. 또한 MAO의 이상은 사람의 감정(mood) 이상과 관련되어 있다.

핵심 요약 48.3

유전자와 행동 간의 관계는 인위선택 실험과 단일 유전자 효과 연구를 포함하여 다양한 방면으로 입증되어 왔다. 유전자는 신경계의 기능에 영향을 주는 분자 인자의 발현으로 행동을 조절할 수 있다. 이들 인자를 돌연변이 시키면 행동에 영향을 미친다.

- 만약 대초원쥐 수컷들이 교미를 위해 그들의 원래 짝이 아닌 다른 짝을 가끔 찾는 것을 알게 되었다면, 대초원쥐의 짝-결속을 유전자의 역할 측면에서 어떻게 해석할 수 있을까?

48.4 학습

학습 목표

1. 학습의 기작을 서술할 수 있다.
2. 학습 준비성을 정의할 수 있다.
3. 학습 준비성에서 본능의 영향을 설명할 수 있다.

본능은 동물의 동작(action)을 유도할 수 있지만, 행동(behavior)은 이전 경험인 **학습**(learning)으로부터 발전할 수 있다. 전통적으로 심리학자들은 실험용 설치류를 이용하여 학습의 기작을 연구해 왔지만, 오늘날의 생물학자들은 생태적인 그리고 진화적인 틀에서 학습에 대한 연구를 하고 있다.

학습 기작은 습관화와 연합 작용을 포함한다

습관화는 단순한 형태의 학습으로, 긍정적이지도 부정적이지도 않은 결과를 가져오는 반복적 자극에 대하여 민감도가 점진적으로 줄어든 반응으로 정의한다. 처음에 그 자극은 강한 반응을 일으켰으나, 이후 지속적 노출로 반응 정도가 감소한다. 예를 들면, 어린 새가 머리 위로 여러 유형의 물체가 움직이는 것을 본다. 처음에는 웅크림이나 조용한 상태로 있는 것과 같은 반응을 보인다. 그러나 떨어지는 잎이나 동종의 새가 머리 위로 날아오는 것과 같은 자주 본 물체의 경우에 있어서는 어린 새에게 긍정적이거나 부정적인 결과를 가져오지 않는다. 시간이 흐름에 따라, 어린 새는 그러한 자극에 습관화되고 반응하는 것을 멈춘다. 따라서 습관화는 자극에 반응하지 않는 것을 학습한 결과로 생각할 수 있다.

습관화가 가지는 진화적 가치 중 생태학적인 것은 피식지 방어이다. 곤충을 먹이로 하는 새는 적절한 먹잇감을 시각적으로 복잡한 환경에서 찾아야 한다. 위장한 형태를 갖는 곤충은 나뭇잎이나 잔가지처럼 보인다. 새들은 나뭇잎이나 잔가지와 같은 사물을 매우 자주 보기 때문에 그 모습들에 습관화되어 있다. 따라서 잔가지나 나뭇잎처럼 보이는 곤충은 새로 하여금 공격하도록 자극하지 않아 보호 받을 수 있기에 생존하여 번식한다.

보다 복잡한 형태의 학습은 두 자극 간 또는 자극과 반응에 관련된 행동과 관련되어 있다. 예를 들면, **연합학습**(associative learning, **그림 48.6**)에서 행동은 연상을 통하여 변형되거나 조건적이 된다. 2개의 주된 유형의 연합학습인 고전적 조건형성과 작동적 조건형성은 연상이 형성되는 방식의 차이다. **고전적 조건형성**(classical conditioning)에서, 서로 다른 두 종류의 자극이 쌍으로 있는 것은 동물에서 자극 간의 관계를 형성하는 원인이 된다. 고전적 조건형성은 러시아의 심리학자인 파블로프(Ivan Pavlov)가 이를 처음으로 발견하였기 때문에 **파블로프의 조건반사**(Pavlovian conditioning)라 불리기도 한다.

파블로프는 무조건 자극으로 고기를 개에게 주었을 때 침 흘리는 반응을 보이는 것을 주목하였다. 고기를 줄 때 종소리와 같은 상관없는 자극을 반복적으로 주면, 곧 개는 종소리만으로도 자극되어 침을 흘린다. 이 개는 서로 관련이 없는 종소리와 고기 자극 간의 관계를

a. *b.* *c.*

그림 48.6 먹을 수 있는 것에 대한 학습.
연합학습은 포식자–피식자 상호 간에도 있다. *a.* 무경험의 두꺼비에 호박벌을 먹이로 제공한다. *b.* 호박벌에 두꺼비가 쏘이고, *c.* 이후 두꺼비는 호박벌을 먹으려 하지 않으며, 검은색과 노란색의 어떤 다른 곤충도 먹으려 하지 않는다. 두꺼비는 곤충의 출현과 통증을 연상함으로써 행동을 바꾸었다.

학습한 것이다. 따라서 소리 자극에 대한 반응은 조건적인 것이 되었고, 종소리는 조건 자극이다.

작동적 조건형성(operant conditioning)은 보상 또는 처벌과 관련된 동물의 학습이다. 미국 심리학자인 스키너(B. F. Skinner)는 스키너 상자(Skinner box)라 불리는 기구에 쥐를 넣어 작동적 조건부여를 연구하였다. 상자 안에서 쥐가 우연히 레버를 누르면 먹이가 나오게 되는데, 쥐는 곧 레버를 누르는 것이(행동적 반응) 음식을 얻는 것(보상)과 관련되어 있는 것을 학습한다. 이러한 시행착오(trial-and-error) 학습 유형은 대부분의 척추동물에서 핵심적인 것이다. 학습은 행동을 환경에 맞추어 적절히 조절하는 유연성을 준다.

본능은 학습 준비성을 지배한다

한때 심리학자들은 어떤 종류든 간에 두 자극은 학습을 통하여 연계될 수 있으며, 동물은 학습한 행동의 어느 것이나 할 수 있도록 조건화되었다고 믿었다. 이러한 견해는 변하여, 오늘날 연구자들은 어떤 유형의 정보가 학습되는 지에 따라 본능이 학습을 지배한다고 믿고 있다. 동물은 어떤 것과는 특정 관계를 형성하고 다른 것과는 그렇지 않은 선천적 성향이 있는 것 같다. 예를 들어, 만약 쥐에 X선 조사와 동시에 음식을 준다면(후에 메스꺼움을 유발함), 그 쥐는 음식의 크기를 기억하는 것이 아니라 그 맛을 기억한다. 이후에 그 맛을 가진 음식을 피한다. 그러나 다른 맛을 가진 동일 크기의 음식이 주어지면 잘 먹는다. 유사하게, 비둘기는 음식을 색과 관련지어 학습을 할 수 있으나 소리와 관련지어 학습을 하지 못한다. 반대로 위험은 소리와 연관 지을 수 있으나 색과는 연관 지을 수 없다.

학습준비와 관련된 이러한 예는 동물이 무엇을 배울 수 있는지는 생물학적으로 본능임을 보여준다. 즉, 학습은 진화의 경계선 안에서만 가능하다. 학습과 관련된 선천적 프로그램은 진화한 것이다. 왜냐하면 동물은 적응 반응을 배우기 때문이다. 자연에서 쥐에 독성이 있는 음식은 특별한 맛을 갖는 것 같다. 따라서 몇 시간 있다가 아프다는 느낌과 그 맛과의 연계를 맺는 것이 가능하도록 적응한다. 유사하게, 비둘기가 먹은 씨앗은 비둘기가 볼 수 있는 구별되는 색을 가질 것이다. 그러나 색은 비둘기가 들을 수 있는 소리를 만들지 않기 때문에 아픔은 색과 연계되어 있으나 소리와는 연계되어 있지 않다는 것을 학습하는 능력이 진화했다고 보는 것은 타당하다.

핵심 요약 48.4

습관화는 긍정적이지도 부정적이지도 않은 반복적인 자극에 대해 감소하는 반응이다. 연상은 고전적 조건형성 또는 작동적 조건형성으로 일어날 수 있다. 동물은 다양한 경로의 학습을 통하여 그들의 행동을 변화시킬 수 있다. 비록 학습 기작이 종들 간에 유사하더라도, 그들의 생태에 따라 학습능력이 다르다.

- 일부 설치류에서, 수컷은 멀리까지 여행하지만, 암컷은 둥지 근처를 떠나지 않는다. 암컷 또는 수컷 중 누가 더 큰 공간 기억을 가질까? 여러분의 가설을 증명하기 위하여 어떠한 실험을 수행하여야 할까?

48.5 행동의 발달

학습 목표

1. 각인이 형성되는 필수 기간의 역할에 대해 설명할 수 있다.
2. 사회적 접촉이 성장과 발달에 미치는 영향에 대해 설명할 수 있다.
3. 노랑턱멧새의 소리 학습에 대한 연구가 본능과 학습의 상호작용을 어떻게 보여주는지 설명할 수 있다.

행동생물학자는 행동이 유전과 학습으로 구성되어 있음을 인식하고 있다. 이제까지는 유전자와 학습 각각의 영향에 대해 알아보았다. 그러나 이제 이들 두 요인은 행동을 만들어나가는 발달 과정 동안 상호작용하는 것을 알게 될 것이다.

부모-자식 간의 상호작용은 행동이 어떻게 발달하는가에 영향을 준다

동물이 성숙해 감에 따라, 다른 개체에 대한 사회적 애착이나 또는 이후의 삶 동안 행동에 영향을 줄 수 있는 것을 선호하는 것 같다. 행동 발달에서 이러한 과정은 **각인**(imprinting)이라 불린다. 각인의 형성은 특정 기간 동안에 매우 높다(예를 들면, 거위의 경우에는 부화 후 약 13~16시간 사이). 이 시간 동안 정상 발달에 필요한 정보가 획득되어야 한다. **자식의 각인**(filial imprinting)에서 사회적 애착이 부모와 자식 간에 형성된다. 예를 들면, 오리와 거위 같은 새의 새끼는 부화 후 몇 시간 내에 어미를 졸졸 따라가기 시작하고, 이들의 따라가는 반응은 어미와 새끼 간의 사회적 유대 결과이다. 어린 새의 초기 경험은 각인을 통하여 이후 삶에서 어떻게 사회적 행동이 발달하는가를 결정한다. 생태학자인 로렌츠(Konrad Lorenz)는 거위가

그림 48.7 너무 다르게 생긴 엄마.
거위 새끼들이 로렌츠를 마치 어미처럼 열심히 따라가고 있다. 로렌츠는 이들 거위 새끼들이 부화후 처음 본 대상체로, 그 자신을 각인에 활용한 것이다. 그는 1973년에 이 실험으로 노벨생리의학상을 수상하였다.

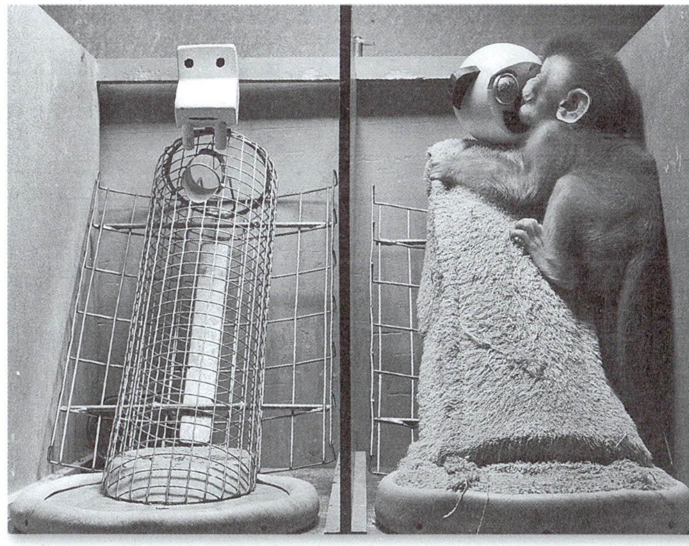

그림 48.8 어린 원숭이의 선택.
부모를 잃은 붉은털원숭이(*Macaca mulatta*) 새끼에게 왼쪽은 먹이와 함께 철사 모형을 제공하고 오른쪽은 먹이 없이 원숭이 머리와 유사한 철사 모형에 천을 입혀 제공해 선택하도록 하였다. 새끼는 먹이보다는 원숭이와 비슷한 모형을 선택하였다.

부화 후 처음 본 물체를, 그것이 어미가 아닐지라도 따라가고 그 물체에 대한 사회적 행동을 이끈다는 것을 증명하였다. 로렌츠가 거위 알을 부화시키고 자신을 각인의 모델로 제공하였을 때 거위 새끼들은 그를 부모인 것처럼 충실히 따랐다(**그림 48.7**).

부모와 자식 간의 상호작용(parent-offspring interactions)은 사회 행동의 정상적인 발달을 위해 필수적이다. 심리학자 할로(Harry Harlow)는 부모를 잃은 붉은털원숭이(rhesus monkey)의 어린 새끼를 두 대리모와 사회적 유대를 형성하도록 하였는데, 하나는 철사 모형에 부드러운 옷을 입힌 것이고, 다른 대리모는 옷을 입히지 않은 철사 모형이었다(**그림 48.8**). 새끼 원숭이는 철사 대리모와 있을 때만 먹이가 주어짐에도 불구하고 옷 입은 대리모와 시간 보내는 것을 선택하였는데, 이는 접촉 감촉과 촉각이 음식보다도 더 어린 새끼의 사회적 애착을 촉진하는 어미의 주된 자질 중의 하나임을 잘 보여준다. 만약 원숭이의 일반적인 사회적 접촉을 박탈하면 사회 행동이 비정상적으로 발달한다. 박탈 정도가 더 커지면 어린 시절과 성인 시기의 사회적 행동이 더욱더 비정상적이 된다. 고아인 사람의 유아에서 이와 유사한 결과가 나오는데, 이는 지속적인 어머니와 같은 존재(mother figure)가 정상적인 성장과 정신적 발달에 필요하다는 것을 의미한다.

생의 초기에 부모와 자식 간의 상호작용 동안 일어나는 자극은 생물학적으로 필요하다. 어미 쥐는 갓 태어난 새끼를 핥아 주는데, 이러한 핥는 자극은 정상적인 성장을 저해하는 펩타이드가 뇌에서 분비되는 것을 억제한다. 또한 정상적인 촉각 자극을 받은 새끼는 뇌에 더

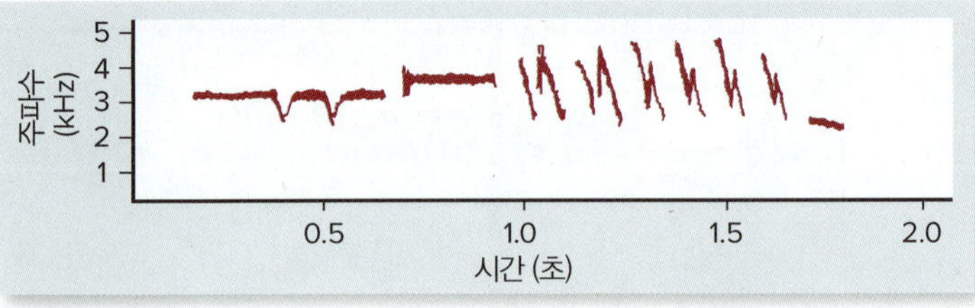

a.

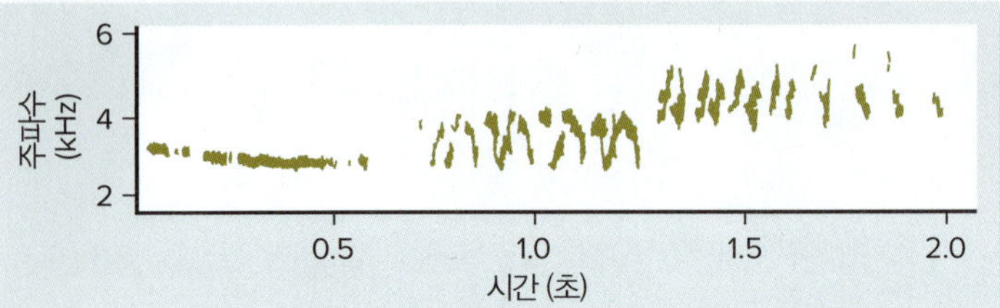

b.

그림 48.9 조류의 노래 발달.
a. 수컷 노랑턱멧새(*Zonotrichia leucophrys*) 노랫소리의 초음파 검사도. 발생하는 동안 동종의 소리에 노출되었던 노랑턱멧새의 노랫소리는 사육하는 동안 동종의 소리를 듣지 못한 수컷 노랑턱멧새의 노랫소리(***b***)와 다르다. 이러한 차이는 유전적 프로그램만으로는 정상적인 노래를 생성하기에 불충분함을 의미한다.

그림 48.10 탁란.
뻐꾸기는 다른 종의 새 둥지에 산란한다. 어린 뻐꾸기(오른쪽)는 다른 종(왼쪽, 밭종달새)에 의해 양육되기 때문에 뻐꾸기 노랫소리를 배울 기회를 얻지 못한다. 즉, 어린 뻐꾸기가 성장 후 부르는 노래는 선천적이다.

많은 글루코코르티코이드 호르몬 수용체(glucocorticoid receptor)가 발현함에 따라 스트레스에 더 큰 내성을 갖게 되고 뇌세포가 더 오래 산다. 사람의 미성숙 유아를 마사지하면 몸무게가 빨리 증가한다. 이러한 연구는 뇌에 기반하여 정상적인 사회적 상호작용에 대한 요구가 있으며, 부모와 새끼 간 접촉 시 주어지는 촉감 및 기타 다른 자극은 새끼에게서 육체적으로도 중요할 뿐만 아니라 행동 발달에도 중요함을 의미한다.

본능과 학습은 행동 발달에서 상호작용할 것이다

이번 장은 새 지저귐의 근접원인(proximate causation)과 궁극원인(ultimate causation)을 알아보면서 시작하였다. 이제 노랑턱멧새(white-crowned sparrows)에서 선천적 프로그램과 경험이 어떻게 각 행동 발달에 기여하는가를 노래 학습을 통해 연구한 신경학자인 말러(Peter Marler)의 고전적 실험에 대해 살펴보자.

성숙한 노랑턱멧새 수컷은 교미기 동안 종 특이적 구애 노래를 한다. 명쾌하게 디자인된 일련의 실험을 통하여 말러는 교미기 동안의 노래가 본능적 프로그램, 학습 또는 둘 다에 의한 것인가를 연구하였다. 말러는 방음 장치가 되어 있고 성장하면서 듣는 소리를 조절할 수 있도록 스피커와 마이크가 장착된 인큐베이터에서 수컷 새를 기르면서 이 새가 부르는 노래를 기록하였다. 성체로 발달하는 과정 내내 노래를 듣지 않은 수컷은 성체가 되었을 때 형편없는 노래를 지저귀는데(**그림 48.9**), 이러한 결과는 본능에 의해서만은 제대로 된 노래를 만들지 못함을 나타내는 것이다. 두 번째 실험에서, 수컷을 다른 종인 참새의 새소리를 들려주며 길렀다. 이들 수컷들도 역시 형편없는 노래를 지저귀었다. 이 실험은 이들 수컷이 노래를 배우기 위해 들었던 노래를 흉내내지 않는다는 것을 보여준다. 그러나 그들 동종의 노래를 듣거나 노랑턱멧새와 참새 소리를 함께 들은 수컷은 성체 노랑턱멧새 수컷의 지저귐처럼 노래가 완전히 발달하였다.

이러한 결과는 수컷이 적절한 노래를 배울 수 있도록 유도하는, 어떤 선택할 수 있는 **유전적 견본**(genetic template) 또는 선천적인 프로그램을 가지고 있음을 나타내고 있다. 발생의 특정 시기 동안, 견본은 노랑턱멧새 노래를 모델로 받아들이게 할 것이다. 따라서 노래 획득은 학습에 의존적인데 동종의 노래만이 학습되며, 유전적 견본은 새가 배우는 것을 제한한다.

그러나 학습 역시 근본적 역할을 한다. 만약 어린 수컷 새가 발생 특이 시기에 동종의 노래를 들은 후 귀머거리가 되면, 성체로서 형편없는 노래를 지저귄다. 따라서 새는 발생 시기의 정확한 때에 올바른 노래를 듣고 자신의 노래를 듣는 연습을 통하여 그의 유전적 견본이 받아들인 모델 소리에 맞추도록 해야만 한다.

노래 발달과 관련된 이러한 실험이 수년 동안 의심 없이 받아들여졌으나, 노랑턱멧새 수컷은 특정 상황에서는 다른 종의 노래를 배울 수 있다는 것이 밝혀졌다. 서인도산 방울새와 비슷한 작은 사육조(*Amandava amandava*)를 어린 수컷 노랑턱멧새 장 옆에 두면, 어린 노랑턱멧새 수컷은 작은 사육조의 노래를 배운다. 이러한 발견은 사회적 자극(이 경우에는 보고 듣고, 다른 새와 상호작용하는 것)이 테이프에 녹음된 노래보다 노래 발달을 안내하는 선천적 프로그램을 바꾸는 데 보다 효과적임을 나타낸다.

일부 종들의 수컷은 그들 자신의 종 노래를 들을 기회를 가지지 못한다. 이때 수컷은 본능적으로 그들 자신 종의 노래를 알고 있다. 예를 들면, 뻐꾸기는 **탁란**(brood parasites) 동물이다. 뻐꾸기 암컷은 다른 종의 새 둥지에 알을 낳고 새끼는 수양부모에 의해 부화되고 양육된다(**그림 48.10**). 그러나 뻐꾸기는 성체가 되었을 때 수양부모의 노래가 아닌 그들 자체 종의 노래를 지저귄다. 수컷 탁란 새는 발생 동안 대부분 수양부모 노래를 듣기 때문에 이러한 틀린 자극을 무시하도록 적응되어 있다. 그들은 자신 종의 수컷 노래를 들은 경험이 없어서 정확한 노래 모델을 얻는 것이 불가능하다. 즉, 이들 종에서는 자연선택이 완전히 유전적으로 노래를 유도하게 하였음을 알 수 있다. 일부 다른 새들도 역시 격리하여 기르더라도 동종의 노래를 할 수 있다.

? **탐구문제** 한 섬에 오직 한 종의 새가 있다고 상상해 보자. 본능, 학습 또는 이 둘 중 무엇이 노래 발달을 유도할 것으로 생각하는가?

핵심 요약 48.5

필수기간 동안, 새끼는 정상적인 행동 발달을 위해서 특정 사회적 상호작용에 참여하여야만 한다. 부모-자식 간의 접촉은 호르몬 및 뇌 호르몬 수용체와 같이 성장과 뇌 발달에 중요한 생리적 인자의 분비를 촉진한다. 노랑턱멧새에서 어린 수컷은 종 특이 노래를 정확히 지저귀기 위해서는 종 특이 노래를 들어야만 하는데, 이는 본능과 학습 모두가 노래 발달에 영향을 준다는 것을 나타낸다.

- 일부 연구자들은 사람에서 IQ와 유전자를 연계시키려 시도하여 왔다. 이러한 연구에 왜 논란이 많을까?

48.6 동물의 인지

학습 목표

1. 오늘날 행동생물학자가 종종 동물이 생각할 수 있다고 여기는 이유를 설명할 수 있다.

a.

b.

그림 48.11 동물의 사고 능력.
a. 이 침팬지는 잔가지에서 잎을 제거하고 있는데, 이 잔가지는 흰개미 집을 찾는 데 사용된다. 이러한 행동은 침팬지가 이것을 가지고 무엇을 하겠다 함에 대한 완전히 지식을 가지고 의식적으로 미래를 계획함을 강하게 나타내는 것이다. *b.* 이 바다수달은 조개를 깨서 열기 위해 돌을 모루로 이용한다. 어떤 바다수달은 마음에 드는 돌을 오랫동안 간직하는데, 이는 미래에 이것을 다시 사용한다는 확실한 생각을 갖고 있는 것처럼 여겨진다. 이와 같은 행동들은 동물이 사고할 수 있는 능력이 있다는 것을 나타낸다.

지난 수십 년간 동물 행동 연구자들은 단호하게 인간 이외의 동물도 생각할 수 있다는 생각을 거부하여 왔다. 현재에 와서는 동물의 인지 능력에 대하여 세밀한 주의가 필요하다. 동물이 **인지 행동**(cognitive behavior)을 할 수 있을 것인가 하는 핵심 질문, 즉 생각하는 형태로 정보에 대해 반응을 한다는 것이 광범위하게 지지받고 있다(**그림 48.11**).

1920년대에 진행된 일련의 고전적 실험에서, 침팬지가 닿을 수 없는 높이에 바나나를 매달아 놓은 방에 침팬지를 넣고, 방바닥에 몇 개의 상자를 놓아둘 경우 어떠한 반응을 보이는가를 알아보았다. 바나나를 잡기 위해 몇 번 뛰어오르는 행동을 하다가, 침팬지는 상자를 바나나가 매달려 있는 곳 밑에 쌓고 올라가 바나나를 획득하였다(**그림 48.12**). 야생동물 연구자들은 일본 짧은꼬리원숭이는 감자에서 모래

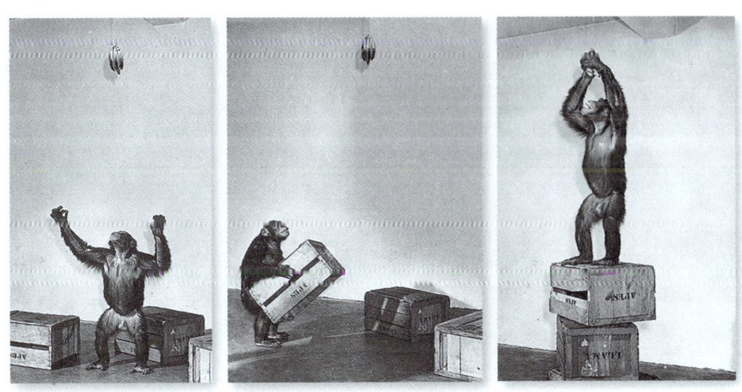

그림 48.12 침팬지의 문제 해결.
침팬지는 점프해서 잡을 수 없는 높이에 매달려 있는 바나나를 얻을 수 있는 방법을 고안해냈다.

그림 55.13 큰까마귀의 문제 해결 능력.
이전에 겪어보지 못한 문제에 부딪혔을 때, 큰까마귀는 반복적으로 조금씩 조금씩 줄을 당겨 결국에는 줄 끝에 매달려 있는 고기를 얻는 방법을 고안해 냈다.

를 털어내는 것을 배우고 모래와 곡식 낟알을 구분하기 위해 물에 띄우는 것을 배우는 것을 관찰하였다. 침팬지는 나뭇가지에서 잎을 훑어내고 이 막대를 흰개미 둥지에 넣어 흰개미를 낚시한다. 침팬지는 또한 나무 조각을 이용하여 망치와 모루처럼 사용하여 견과를 깨 먹는다. 더 놀라운 것은 새끼에게 견과를 깨는 방법을 가르친다는 것이다.

최근 연구는 침팬지를 비롯한 영장류는 인식을 한다는 증거가 될 수 있는 행동을 보인다는 것을 밝히고 있다. 예를 들면, 침팬지는 이전에 성공했음을 암시하는 방식으로 다른 침팬지들과 함께 협동작업을 한다. 인지능력(cognitive ability)은 영장류에만 국한된 것이 아니다. 큰까마귀와 동족 새들은 문어처럼 특별한 통찰력과 문제 해결 능력을 보여준다(**그림 48.13**; **그림 28.17** 참조)

핵심 요약 48.6

관련 연구는 사람 이외의 동물도 문제를 해결하고 추론을 한다는 강력한 증거를 제시하여 왔다. 한때는 사람만 인지능력이 있다고 여겼었다.

- 침팬지가 물건의 수를 셀 수 있는 능력을 갖고 있는지를 어떻게 확인할 수 있을까?

48.7 방향 정위와 이주 행동

학습 목표

1. 이주의 개념을 정의할 수 있다.
2. 방향 정위와 항법을 구분할 수 있다.
3. 항법의 여러 체계를 설명할 수 있다.

왕나비(monarch butterflies)나 많은 새는 겨울을 나기 위해 대륙을 지나 수천 km를 날아 열대 지역으로 이동한다. 이처럼 많은 동물이 둥지를 떠났다 되돌아오는 여행을 한다. 이렇게 하기 위하여, 그

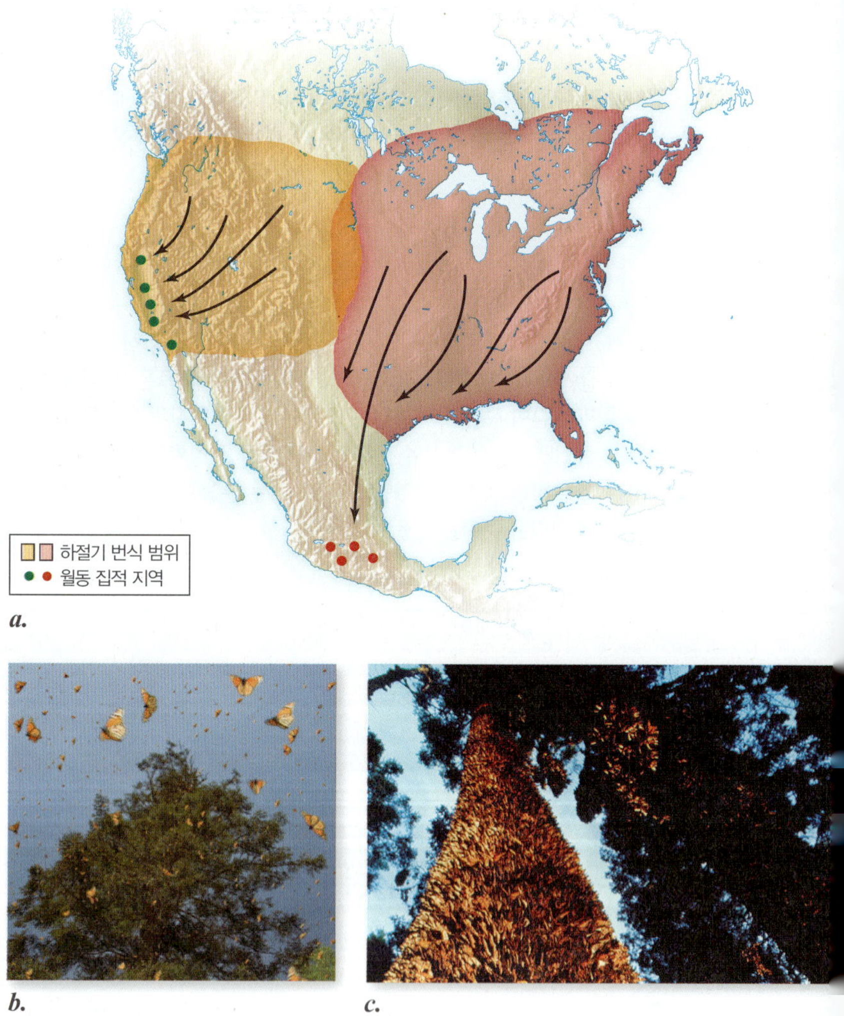

그림 48.14 왕나비(***Danaus plexippus***)의 이주.
a. 아메리카 서북지역의 왕나비는 온화한 태평양 연안에서 겨울을 난다. 한편, 아메리카 동북지역의 왕나비는 3000 km 이상을 이동하여 멕시코에서 겨울을 난다. ***b.*** 왕나비는 겨울을 지낼 멕시코 땅에 있는 숲에 도착하여 나무줄기에 집단을 이룬다(***c***).

들은 종종 방향 정위에서 놀라운 기술을 보이며 환경 신호에 끌려 이동한다. 비둘기처럼 귀향 본능이 있는 동물은 집으로 돌아오기 위하여 복잡한 환경적 특성을 인식한다. 수십 년간의 연구에도 불구하고, 동물의 방향 정위에 대한 우리의 이해는 매우 적은 편이다.

이주는 개체군들의 장거리 이동과 관련되어 있다

장거리, 양방향 이동은 이주(migration)로 알려져 있다. 가을마다 오리, 거위 등 많은 새들은 캐나다에서 미국을 가로질러 남아메리카를 향하여 가고 봄에 다시 돌아온다.

왕나비 역시 매 가을에 중앙 북아메리카와 동북 북아메리카로부터 겨울을 나기 위해 멕시코 중앙에 있는 산맥 내 몇몇 좁고 지리적으로 고립되어 있는 침엽수림 지역으로 이동한다(**그림 48.14**). 8월마다 왕나비는 남쪽으로 비행을 시작하고 겨울이 끝날 때 왕나비는 그들의 여름 번식 지역으로 되돌아 날아온다. 북쪽으로 날아가서 2~5세대를 지낸다. 따라서 가을에 멕시코 내 특정 지역으로 이동한 왕나비는 이곳에 와본 적이 없는 개체들이다.

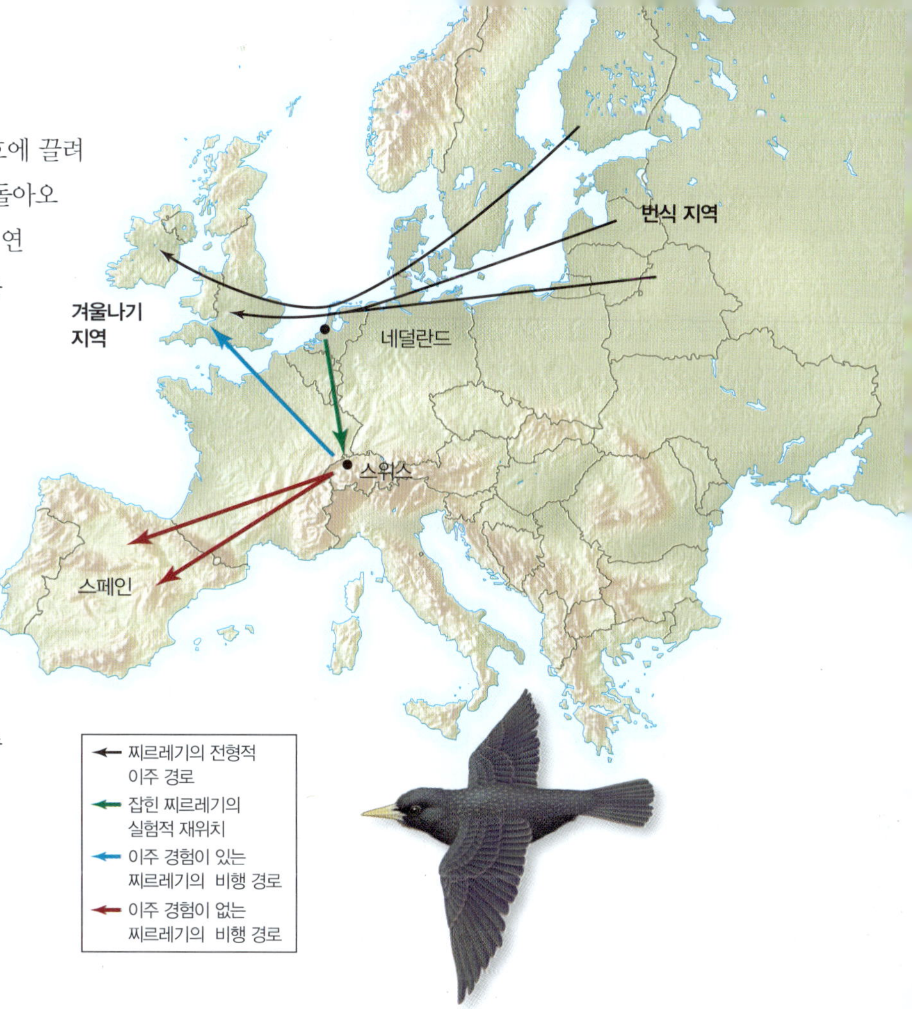

그림 48.16 찌르레기(*Sturnus vulgaris*)의 이주 행동.
이주 경험이 없는 새의 운항 능력은 그렇지 않은 새와 다르다. 찌르레기가 번식지인 발트해 지역에서 겨울 서식지인 영국제도로 이동하는 중간 지역인 네덜란드에서 사로잡혔고, 이 사로잡힌 찌르레기를 스위스에서 날려 보냈다. 겨울나기를 위한 이동 경험이 있었던 찌르레기는 이동 보정을 하여 원 겨울 서식지로 이동하였으나(파란색 화살표), 경험이 없었던 찌르레기는 잡히기 전의 이동 방향과 같게 방향을 잡아 스페인 쪽으로 날아갔다(붉은색 화살표).

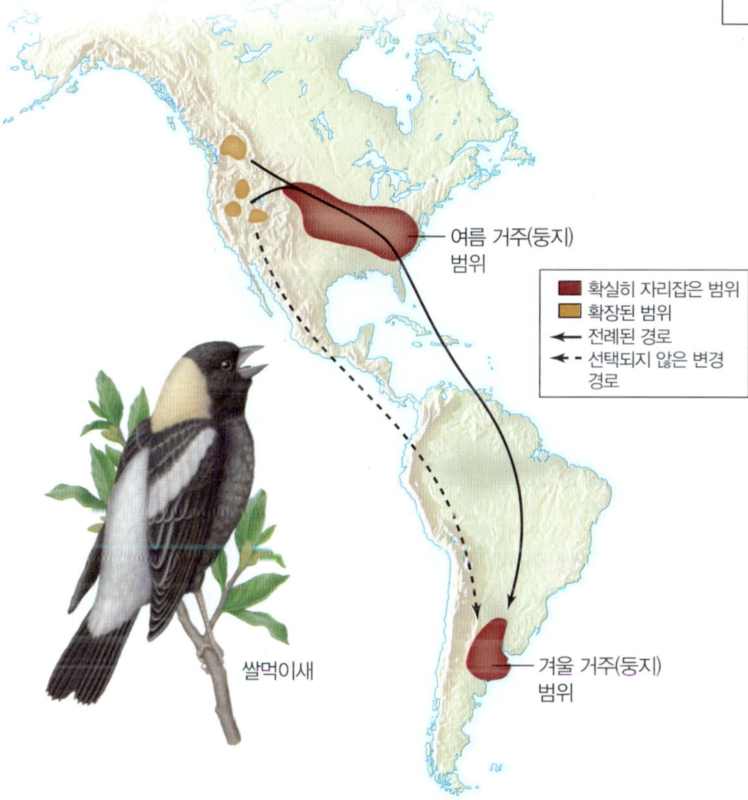

그림 48.15 새의 이동.
쌀먹이새(*Dolichonyx oryzivorus*). 여름 서식지가 최근 들어 미국 중서부에서 미국 서부 멀리까지 확장되었다. 새롭게 형성된 서식지의 개체군이 겨울을 나기 위해 남아메리카로 이동할 때 겨울 서식지로 바로 날아가지 않고 미국 중서부로 이동한 후 다시 예전 길을 이용하여 남아메리카로 날아간다. 즉, 직접 날아가는 것보다 훨씬 먼 거리를 돌아서 겨울 서식지로 가는 것이다.

최근 일부 철새에 의한 지리적인 범위의 확장은 어떻게 이주 유형이 바뀌는가를 보여주고 있다. 쌀먹이새(bobolink) 집단이 일반 범위인 미국 중서부와 동부에서 멀리 떨어진 미국 서부에서 형성되었을 때, 이들 새는 남아메리카 내 겨울 나는 장소로 바로 이동하지 않는다. 오히려 그들의 예전 지역인 동부로 이동하였다가 원 비행경로를 따라 남쪽으로 이동한다(**그림 48.15**). 원래의 이주 유형을 바꾸기보다는, 단순히 새로운 부분을 추가한다. 과학자들은 계속해서 서부 쌀먹이새가 보다 효과적으로 새로운 길을 찾을지 아니면 그들의 예전 코스를 항상 따를지에 대하여 연구를 하고 있다. 나비의 행동과 새의 행동은 이주 과정에서 사용되는 기작에 대한 궁금증을 증가시킨다.

이주하는 동물은 방향 정위와 길을 찾는 능력을 가져야 한다

새와 여러 동물들은 낮에는 해, 밤에는 별을 기준 삼아 이동한다. 유리멧새(indigo bunting)는 짧은 거리를 이동하는 야행성 철새이다. 이 새는 낮 동안에는 해를 길잡이 삼아 날아가는데 하늘의 해 이동 위치를 보정하여 하루의 시간 흐름을 인지한다. 또한 이 새는 밤하늘의 북극성 주변 별자리 위치를 나침반(compass)으로 사용한다.

많은 철새는 해와 별을 이용하여 방향을 잡을 수 없는 환경이 되었을 때 지구 자기장을 이용하여 자기 자신의 위치를 인식한다. 실내용 새장에 놓아 두어 눈으로 볼 수 있는 외부 신호물이 없게 설정하여도, 정확한 지리적 방향으로 이동하는 시도를 한다. 그러나 새장 옆에 자석을 놓아두면 이동하려고 시도하는 방향이 바뀔 수 있다. 연구자들은 자화되는 철광석인 자철석을 일부 철새의 눈과 윗부리에서 찾아내었다. 그러나 아직 이들 감각 기관의 기능은 모른다.

철새의 최초 이동은 천체의 신호(이 철새들은 주로 밤에 이동)와 지구의 자기장 둘 다에 선천적으로 인도되는 것으로 밝혀졌다. 실험적으로 이 두 신호를 상충된 방향이 되도록 조작하면 별이 주는 신호가 자기장 정보 활용을 중단시킨다. 그러나 최근 연구에 의하면 별을 이용한 정보는 대략적인 방향을, 자기장이 주는 정보는 특정 이동 경로의 정보를 준다(아마도 철새가 방향 전환하여 길을 만들어야 한다). 찌르레기를 이용한 실험에서 이주 경험이 없는 찌르레기는 운명에 따라 결정된 방향으로 이동하나, 이주 경험이 많은 나이 든 찌르레기는 이전의 경험을 통해 얻은 정보를 더하여 똑바른 길을 찾는다(**그림 48.16**).

다른 동물의 이주와 관련해서는 잘 알지 못하고 있다. 예를 들면, 녹색 바다거북은 브라질의 중간 지역에서 출발하여 대서양의 어센션섬(Ascension Island)으로 이주하고, 암컷 거북은 이곳에서 알을 낳는다. 어떻게 이 거북이 적어도 30년 동안 보지 못했던 바다 한가운데 있는 이 작은 섬을 찾을까? 이 섬에서 부화한 새끼 거북이 어떻게 브라질로 가는 길을 찾을까? 우리가 아는 것은 파도의 파동(wave action)이 부화한 새끼 거북이를 바다로 향하게 한다는 것, 일부 바다거북은 북대서양에서 위치를 유지하는 데 지구 자기장을 이용한다는 것뿐으로, 바다거북의 이주와 관련해서 많은 부분이 수수께끼로 남아 있다.

핵심 요약 48.7

이주는 개체군이 장거리 이동하는 것으로, 많은 경우 주기적으로 진행된다. 방향 정위(orientation)는 방위(나침반으로 측정되는 방향) 또는 위치 이동의 방향을 따라가는 것이고, 항법(길을 찾음)은 어떤 종류의 지도 또는 기억에 기반하여 방위나 방향을 설정하는 것이다. 많은 종들이 별자리를 이용한 길찾기인 천문항법(celestial navigation)을 사용하는데, 이러한 정보를 이용하지 못할 때에는 지구 자기장을 활용할 수 있다. 많은 종에서 동물의 이주와 관련된 정확한 것들은 수수께끼로 남아 있다.

- 나비에서 새에 이르기까지 다양한 동물들이 먼 거리를 이동하여 이주한다. 이들 동물들이 서로 다른 길찾기 시스템을 사용할 것으로 기대할 수 있을까? 왜 그럴까? 또는 왜 아닐까?

48.8 동물의 의사소통

학습 목표

1. 짝을 유혹하는 데 사용되는 신호의 특성을 설명할 수 있다.
2. 생식격리 시 구애 신호의 역할을 설명할 수 있다.
3. 꿀벌들이 새로운 먹이 공급원의 위치에 대한 정보를 어떻게 전달하는지 서술할 수 있다.

의사소통은 종족 인식과 생식격리, 그리고 사회적 행동에 필수적인 상호작용에 중요하다. 행동학과 관련된 많은 연구는 통신 신호의 특성을 분석하여 어떻게 신호를 생산하고 수신하는지를 밝히며, 그 생태학적 역할과 진화적 기원을 규명하고 있다. 의사소통은 시각, 청각, 화학, 전기 및 진동 신호를 포함한 다양한 신호 방식을 포함한다.

성공적인 번식은 적절한 신호와 반응에 달려 있다

구애하는 동안 동물들은 잠재적인 짝들과 의사소통하기 위한 신호를 만들어낸다. 때때로 자극-반응 사슬이 형성되는데, 이 사슬에서 수컷이 발산하는 행동은 암컷의 행동을 차례로 유발하여 교미를 초래한다(**그림 48.17**). 이러한 신호는 일반적으로 종 특이적이다. 의사소통에 관한 많은 연구는 동물의 시각적 외관, 소리 또는 냄새와 관련된 어떤 주요 자극이 송신자에게 정보를 전달하여 신호를 생성하게 하는지 실험했다. 한 고전적 연구는 큰가시고기의 영역 방어와 구애 통신을 분석했다(**그림 48.18**).

짝 찾기: 종족의 정체성 정보에 대한 의사소통

구애 신호는 때때로 동일 종의 구성원들 간 의사소통을 제한하며, 그렇게 함으로써 생식격리에서 중요한 기능을 수행한다(20장 참조). 반딧불이의 섬광은 종별 신호로, 암컷은 수컷을 섬광 패턴(**그림 48.19**)으로 인식하고, 수컷은 암컷을 섬광 반응으로 인식한다. 이 일련의 상호 대응은 잠재적인 짝의 종족 정체성에 대해 지속적으로 "확인"하는 것이다.

페로몬은 동종 개체들 간의 의사소통에 사용되는 화학적 전달자로서 많은 동물들에게서 성유인 물질(sex attractants)의 역할을 한다. 암컷 비단나방(*Bombyx mori*)은 생식계통과 관련되어서 봄비콜(bombykol)이라고 불리는 성 페로몬을 생산한다. 수컷의 더듬이는 수많은 민감한 감각수용체를 가지고 있으며, 신경생리학적 연구에 따르면 이들 감각수용체는 특히 봄비콜을 감지한다. 일부 나방 종에서는 수컷이 극도로 낮은 농도의 성 페로몬을 탐지하고 7 km 떨어진 곳에서 암컷을 찾을 수 있다.

많은 곤충, 양서류, 새들은 짝을 유혹하기 위해 종별 음향신호를 생성한다. 수컷 황소개구리는 아래턱 밑에 위치한 성낭에서 공기를 넣어 부풀리고 배출하는 과정에서 형성된 소리로 암컷을 부른다. 암컷은 수컷의 울음소리를 같은 서식지에서 동시에 울리는 다른 개구리들의 호출 소리로부터 구별할 수 있다. 48.1절에서 보았듯이 수컷 새들은 그들의 존재를 알리고 암컷을 유혹하기 위해 노래를 부른다. 많은 종에서, 수컷 노래의 다양성은 집단에서 개별 수컷을 식별한다. 이러한 종에서 노래는 종별은 물론 개체별로 서로 다르다.

그림 48.17 자극-반응 사슬.
근가시고기 구애는 난지의 수정으로 이어지는 일련의 행동들이 포함된다.

과학적 사고

가설: 큰가시고기 수컷의 붉은색 배는 영역유지 수컷이 공격적인 반응을 유도하는 주된 자극이다.

예상: 모형의 붉은색이 그 지역에 사는 수컷으로 하여금 공격을 시작하게 할 것이다.

실험: 플라스틱 모형을 만든다. 어떤 것은 큰가시고기와 유사한 모습으로 만들었으나 배에 붉은색이 없게 하였다. 다른 모형들은 다양한 물고기 모양이지만 배를 붉게 만들었다. 영역유지 수컷에 이들 모형을 1회에 하나씩 노출하고 공격 횟수를 기록한다.

결과: 배에 붉은색이 없는 실제 모습의 모형은 공격 반응을 유도하지 못했다. 모양이 다르나 배에 붉은색을 갖는 경우 심지어 물고기 모습이 아닌 경우에도 공격 반응을 유도했다.

결론: 수컷 큰가시고기 배의 붉은색이 공격적인 행동을 촉진하는 주 자극원일 것이다.

추가 실험: 큰가시고기 수컷의 색이 공격적 행위를 유발하였다는 것을 어떻게 확정할 수 있을까? 어떻게 소리가 중요한지, 아닌지를 알 수 있을까? 다른 자극이 더 큰 반응을 유발하는 상승 효과가 있음을 알아낼 수 있을까? 어떻게 가능할까? (**그림 48.17** 참조)

그림 48.18 큰가시고기의 주요 자극.

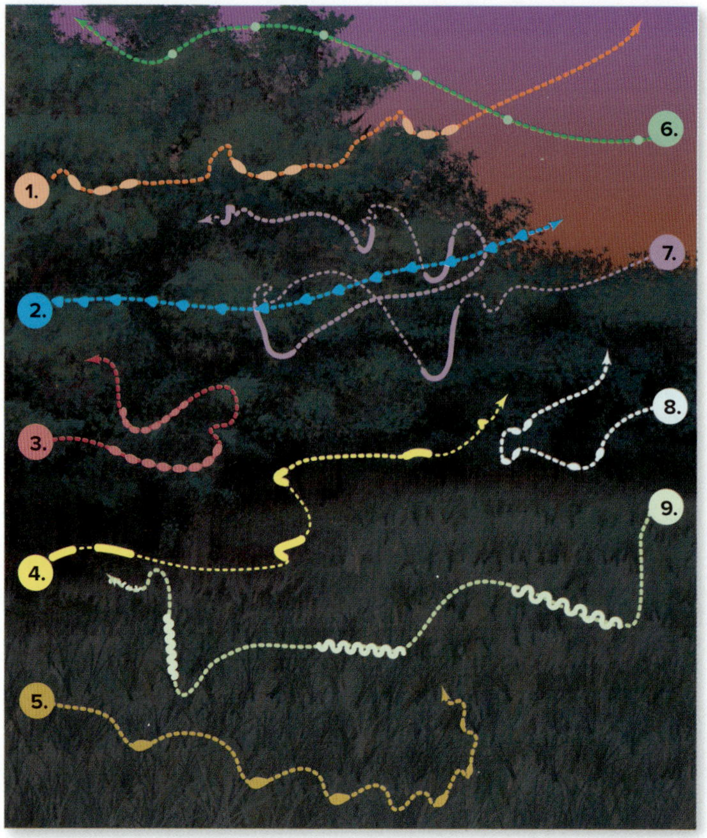

그림 48.19 반딧불이의 섬광.
이 개똥벌레과 딱정벌레의 생물 발광 표시는 종에 따라 다르며 생식격리의 행동 메커니즘으로 작용한다. 각각의 숫자는 다른 종의 수컷 섬광 패턴을 나타낸다.

진동은 소리 신호와 마찬가지로 곤충, 양서류, 그리고 다른 동물들이 사용하는 기계적인 의사소통의 한 형태이다. 예를 들어, 풀잠자리는 복부로 나뭇가지를 문질러 내는 진동 패턴을 통해 서로 다른 종과 구별한다(**그림 22.4** 참조).

의사소통은 그룹 구성원 간의 정보 교환을 가능하게 한다

많은 곤충, 물고기, 새, 포유류들은 집단 구성원들 간에 정보가 전달되는 사회적 집단에서 살고 있다. 예를 들어, 포유류 사회의 몇몇 개체는 위험을 경계하며 보초 역할을 한다. 포식자가 나타나면 경보음을 울리고, 집단 구성원은 피난처를 찾아 대응한다(**그림 48.20**). 개미와 꿀벌과 같은 사회적 곤충들은 공격 행동을 유발하는 경보 페로몬을 생성한다. 또한 개미들은 서식지 내 다른 구성원들을 먹이로 이끌기 위해 둥지와 식량원 사이 길에 페로몬을 뿌린다. 꿀벌들은 벌집 동료들을 화밀원으로 안내하는 매우 복잡한 춤 언어를 가지고 있다.

꿀벌의 춤 언어

유럽의 꿀벌은 수만의 개체들로 이루어진 집단에서 살고 있는데, 그들의 행동은 복잡하고 협력적인 사회로 통합되어 있다. 일벌들은 벌집으로부터 수 km를 찾아다니며 다양한 식물들로부터 화밀과 꽃가루를 모으고 식물 종들 사이를 오간다. 먹이원은 군락을 형성하는 경우가 많은데, 각 군락지는 한 마리의 벌이 옮기기에는 엄청나게 많은 먹이를 가지고 있다. 벌 집단은 정찰벌의 행동으로 군데군데 있는

그림 48.20 검은꼬리프레리도그(*Cynomys ludovicianus*)의 경보.
프레리도그가 포식자를 보면 뒷다리로 서서 경보음을 내는데, 이로 인해 다른 프레리도그들은 재빨리 굴로 되돌아간다.

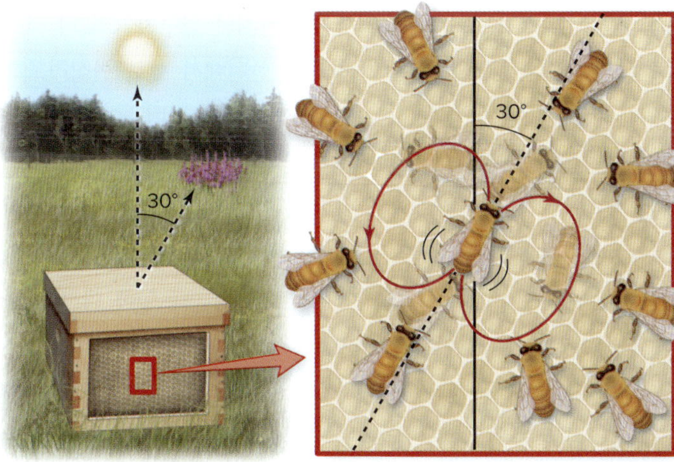

a.

b.

그림 48.21 꿀벌(*Apis mellifera*)의 흔들이 춤.
a. 먹이 공급원, 벌집, 태양 사이의 각도는 춤추는 벌이 직선으로 춤 추는 부분과 수직선 사이의 각도로 표현된다. 먹이는 태양의 오른쪽으로 30°에 있으면 벌집에서 벌이 직선으로 춤을 추는 부분은 수직에서 오른쪽으로 30°이다. *b.* 정찰벌은 벌집의 동료들 사이에서 춤을 춘다.

먹이원을 이용할 수 있는데, 정찰벌은 먹이의 위치를 춤 언어를 통해 동료들에게 전달한다. 노벨상 수상자인 폰 프리슈[Karl von Frisch, 틴버겐(Tinbergen), 로렌츠(Lorenz)와 1973년 공동 수상]는 여러 해에 걸쳐 학생 및 동료들과 함께 꿀벌의 춤 언어를 세부적으로 해석할 수 있었다.

정찰벌이 먼 거리에 있는 먹거리를 발견하고 돌아오면, 벌집 내의 어둠 속에서 6각형 벌집의 수직 방향에서 흔들기 춤(waggle dance)이라고 불리는 주목할 만한 행동을 한다. 벌의 춤은 숫자 8의 모양을 닮았다. 경로의 직선 부분(**그림 48.21**에서 점선으로 표시)에서, 벌은 소리를 내는 동안 복부를 진동(waggles)한다. 벌은 다른 벌들에게 수확한 화밀의 샘플을 주기 위해 주기적으로 멈추기도 한다. 춤을 추면서 다른 벌들이 그 뒤를 바짝 쫓아다니는데, 곧 이 벌들이 새로운 먹이 공급원에서 먹이 수집을 돕는 모습을 볼 수 있다.

폰 프리슈와 그의 동료들은 벌들이 새로운 먹이 공급원 위치 정보를 나누기 위해 흔들기 춤을 사용한다는 것을 보여주는 실험을 했다. 정찰벌은 먹이 공급원, 벌집, 태양 사이의 각도를 벌집에서 행해지는 춤으로 나타내는데, 수직으로 벗어난 각도로 먹이 공급원의 방향을 나타낸다. 따라서 만약 벌이 직선으로 위를 향하면서 춤을 춘다면, 먹이 공급원은 태양의 방향에 있을 것이다. 먹이가 태양 오른쪽으로 30° 각도에 있는 경우 직진 주행은 수직선의 오른쪽으로 30° 기울어진 위쪽으로 향한다(**그림 48.21***a*). 먹이 공급원까지의 거리는 직선 주행 지속시간으로 표시된다. 한 기발한 실험에서는 컴퓨터로 조종되는 로봇 벌을 사용하여 벌들에게 잘못된 정보를 주기도 했는데, 이는 벌들이 춤에서 코드화된 방향을 사용한다는 것을 증명한 것이다.

사람 이외의 영장류와 인간의 언어

진화생물학자들은 원숭이와 유인원의 의사소통 체계에서 인간 언어의 기원을 모색해 왔다. 인간이 아닌 영장류 중에는 한 개체가 특정 포식자의 신원을 알릴 수 있는 "단어"가 있는 것도 있다. 예를 들어 아프리카 긴꼬리원숭이의 다양한 발성은 독수리, 표범 또는 뱀과 같은 다른 위협들을 나타낸다(**그림 48.22**).

인간 언어의 복잡성은 처음에는 생물학적 설명에 반하는 것처럼

a.

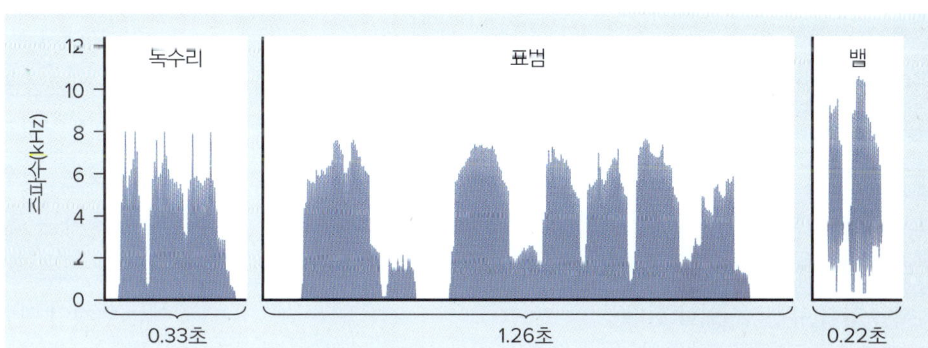

b.

그림 48.22 영장류의 의미론.
a. 긴꼬리원숭이들은 독수리, 표범, 뱀을 볼 때 다른 경보음을 낸다. *b.* 각 신호는 그 신호에 독특한 회피 행동을 유도한다.

보이지만, 자세히 살펴보면 그 차이점은 사실 피상적이라는 것을 알 수 있다. 모든 언어는 기본적인 유사성을 공유한다. 대략 3000여 개의 언어들은 모두 40여 개의 자음과 모음의 세트에서 따오는데(영어는 그중 20여 개를 사용한다), 모든 문화의 사람들이 그것을 습득하고 배울 수 있다. 연구자들은 이러한 유사성이 우리의 뇌가 추상적인 정보를 다루는 방법을 반영한다고 믿는다.

핵심 요약 48.8

동물의 의사소통은 주로 생태학적 기능을 갖는 소리, 화학 물질 또는 움직임의 형태로 신호의 생산과 수신을 수반한다. 구애 신호는 종에 따라 다르며, 생식격리의 메커니즘 역할을 한다. 꿀벌과 같은 사회적 집단의 동물들은 먹이와 포식자에 대한 정보를 교환하기 위해 복잡한 의사소통 체계를 사용할 수 있다.

- 두 종의 나방은 같은 성 페로몬을 사용하여 짝을 찾는다. 그럼에도 불구하고 어떻게 이 종들이 생식적으로 격리될 수 있는지 설명해 보자.

48.9 행동과 진화

학습 목표

1. 자연선택에 의해 진화할 수 있는 행동요건을 설명할 수 있다.
2. 계통발생론이 어떻게 행동의 진화 역사를 밝힐 수 있는지 설명할 수 있다.

다른 종류의 표현형과 마찬가지로 행동 특성은 자연선택에 의해 진화할 수 있다. 그리고 다른 유형의 특성들과 마찬가지로, 자연선택에 의한 행동 진화는 3가지 조건을 충족시킬 것을 요구한다. 다양성이 존재해야 하며(일부 개체는 다른 개체와 다르게 행동해야 한다), 이러한 차이들은 적합성의 차이를 야기해야 하며, 변화는 유전에 근거해야 한다(유전적이어야 한다).

실험실에서 인위선택 실험은 행동의 진화적인 변화를 쉽게 만들어낸다. 예를 들어, 초파리들은 미로 속에서 위로 날아오르는 것과 아래로 날아내리는 것 사이의 선택권이 주어졌을 때, 보통 어떤 식으로든 강한 선호도를 가지고 있지 않다. 하지만 연구자들이 더 자주 위로 날아오르는 경향이 있는 파리들을 선택해서 서로 번식하도록 했을 때, 15세대를 거친 후에는 모든 파리들에게 선택권이 주어졌을 때 대부분이 항상 위로 날아올랐다. 마찬가지로, 하강 비행하는 파리들에 대한 인위적 선택 실험에서는 거의 하강 선택을 하는 파리들이 빠르게 번식했다.

특히 주목할 만한 예는 시베리아에서 포획한 여우들에 대한 40년간의 연구에서 나온 것이다. 실험이 시작되었을 때, 모든 여우들은 관리인이 우리에 접근했을 때 공격적으로 반응했다. 그럼에도 불구하고, 몇몇 여우들은 다른 여우들보다 덜 공격적이었고, 이러한 행동 차이는 실험 및 유전적 근거에서 일관되게 나타났다. 새끼들은 그들의 부모의 공격성을 물려받았다. 연구자들은 매 세대 가장 공격성이 낮은 여우를 선별해 번식시킬 수 있도록 했다. 40년이 지난 지금, 다정하고 꼬리를 흔들며 얼굴을 핥는 여우는 사나운 선대보다 가정적인 개에 더 가깝다(**그림 19.8** 참조).

또한 연구자들은 자연에서 개체들 사이의 행동적 차이에 대해 작용하는 자연선택을 보고했다. 예를 들어, 어떤 큰뿔야생양은 다른 것들보다 더 대담한데, 사자의 포식 현상이 흔할 때는 더 용감한 양이 더 많이 살아남았다. 마찬가지로, 몬터규개구리매(매의 한 종류)는 둥지에 앉아 있을 때, 인간이 접근하는 것에 대한 반응에서 다르다. 어떤 매들은 계속해서 남아서 공격적으로 반응하는 반면, 어떤 매들은 날아가 버린다. 한 연구에 따르면 둥지에 남아 있던 매들이 더 많은 새끼들을 키웠는데, 이것은 한 행동적 특성을 다른 것보다 선호하는 자연선택의 또 다른 예다. 이와 같은 행동의 차이가 유전적 차이의 결과인 경우가 많기 때문에 그러한 자연선택은 진화적인 변화를 초래할 수 있다. 실제로 19년 동안 연구한 결과, 인간에게 접근하지 않고 도망친 매의 비율은 75% 이상 감소했다.

과학자들은 또한 행동 진화를 연구하기 위해 계통발생학적 방법(21장 참조)을 사용하고 있다. 한 가지 흥미로운 예는 작고, 화려하고, 중남미에서 온 독성이 강한 독침개구리다. 이 개구리는 몇 가지 흥미로운 자손돌봄(parental care) 행동을 보여준다(**그림 48.23**). 수컷이나 암컷은 알과 함께 머물며, 알들을 촉촉하게 유지하고, 회전시키고, 때로는 그 위에 앉는다. 일단 알이 부화하면, 부모들 중 하나(알을 보호하는 것과 동일한 개체일 필요는 없음)가 이 올챙이를 그들이 살고 있는 물로 가득 찬 식물의 구멍으로 운반해 준다. 어떤 경우에는 암컷이 이런 구멍을 찾아가 수정 능력이 없는 알을 낳는 경우도 있는데, 이때 올챙이는 이것을 먹는다. 두 종에서는 암컷이 양육하지만 다른 종들에서는 수컷이 하는 경우도 있다. 이러한 행동의 기원은 계통발생론에 의해 밝혀졌다. 수컷에 의한 운반과 보살핌이 먼

a.

b.

	다른 개구리	*Ameerega trivittata*	*Allobates talamancae*	*Dendrobates leucomelas*	*Dendrobates auratus*	*Oophaga granulifera*	*Oophaga pumilio*	*Oophaga histrionica*	*Oophaga speciosa*
돌봄	—	♂	♂	♂	♂	♂	♂	♀	♀
운반	—	♂	♂	♂	♂	♀	♀	♀	♀
먹이	—	—	—	—	—	♀	♀	♀	♀

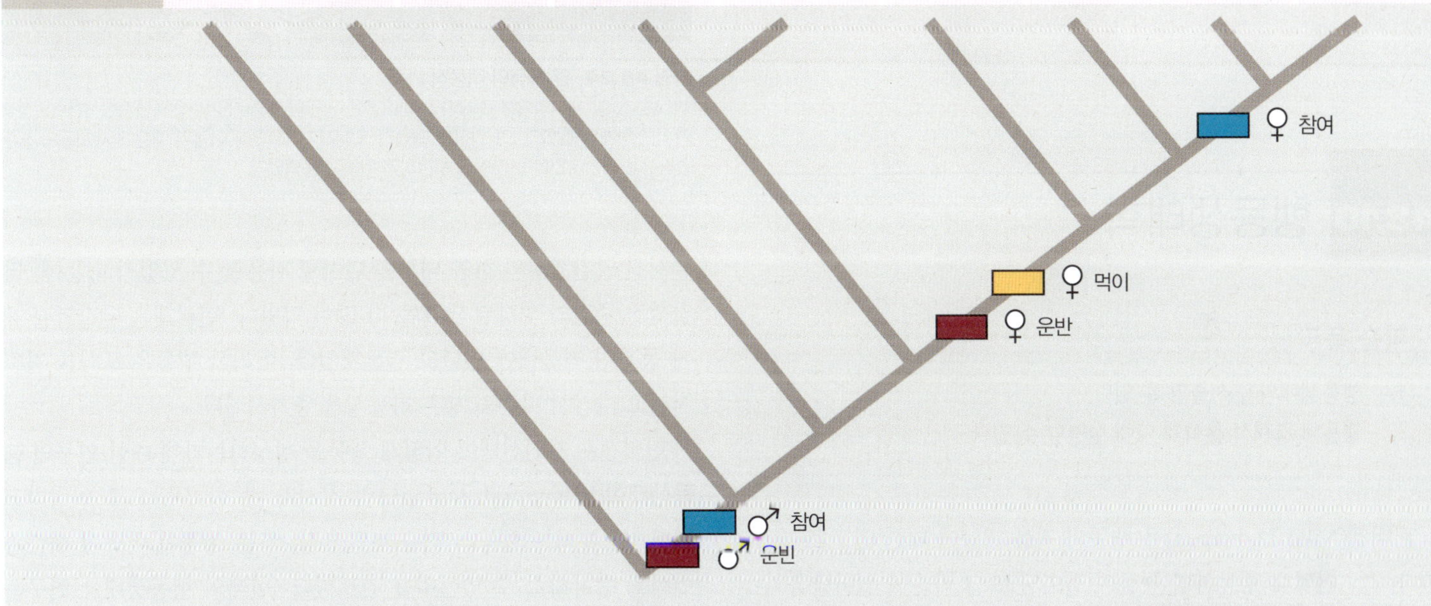

그림 48.23 독침개구리에서 부모 보살핌의 진화.
부모는 알들을 돌보는데, 물기를 머금게 회전시키고 갓 부화한 올챙이(*a*)를 물이 차 있는 식물의 웅덩이로 운반한다(*b*). 계통발생학적인 분석은 이러한 개구리들의 양육 행동의 진화적 역사를 보여준다.

저 진화했고, 몇몇 분기군에서는 점차 암컷들이 일부 임무를 인계받았다.

이러한 특징들이 여러 종에 걸쳐 분포되어 있는 것을 볼 때, 이 행동들이 어떻게 진화했는지는 분명하지 않다. 그러나 계통발생론에 따르면 수컷 이동수단이 먼저 진화했고, 그 후에 그 임무들이 암컷들에 의해 대체되었다는 것은 명백하다. 게다가 올챙이에게 먹이를 주는 것은 2번 진화했으며, 한 번은 수컷이 운반하는 조상의 종에서, 두 번째에는 암컷이 운반하는 조상에서 수렴진화했다.

핵심 요약 48.9

자연선택은 행동적 형질에 변화가 존재하고, 그 변화가 적합성에 영향을 미치며, 그 변화가 유전될 때 행동적 진화를 일으킬 수 있다. 계통발생학은 형질의 진화 역사를 재구성할 수 있다.

- 어떤 나비들은 바나나에 끌리고 어떤 나비들은 그렇지 않다. 바나나를 먹는 나비들은 더 오래 살아남고 더 많은 새끼를 낳는다. 왜 그 형질은 집단의 모든 나비들이 바나나를 좋아하도록 진화하지 않았을까?

그림 48.24 알 착색의 적응적 가치.
1973년 노벨 생리의학상 수상자인 틴버겐은 달걀을 갈매기알의 얼룩덜룩한 갈색 위장색과 비슷하게 색칠했다. 이 위장된 알들은 포식자가 찾기 더 어렵기 때문에 새끼들의 생존 가능성을 증가시킨다는 가설을 시험하기 위해 사용되었다.

48.10 행동생태학

학습 목표

1. 행동생태학을 서술할 수 있다.
2. 행동의 경제적 분석에 대해 설명할 수 있다.

틴버겐(Niko Tinbergen)은 행동의 적응 기능에 대한 연구를 개척했다. 즉, 어떻게 행동하면 동물이 살아남고 그 자손이 살아남을 수 있는가에 대한 연구이다. 예를 들어, 틴버겐은 갈매기가 부화한 후에 부모가 둥지에서 알 껍질을 제거한다는 것을 관찰했다. 그 이유를 이해하기 위해(궁극원인) 그는 달걀을 갈매기알(**그림 48.24**)처럼 색칠했는데, 갈매기알 색은 자연에서 눈에 띄지 않는 위장색이다. 그는 갈매기들이 둥지를 틀고 있는 곳에 알들을 두었고, 흰색 내부가 보이게끔 부서진 달걀껍질을 일부 알 옆에 두었다. 대조군으로서 그는 다른 위장된 알들을 달걀껍질 없이 혼자 남겨두었다. 그리고 나서 그는 달걀이 까마귀에 의해 더 쉽게 발견되는 것에 주목했다. 까마귀들은 부서진 달걀껍질의 하얀 내부를 단서로 사용할 수 있었기 때문에, 달걀껍질 주변의 위장된 달걀을 더 많이 먹었다. 틴버겐은 달걀껍질 제거 동작이 적응력에 있다고 결론지었다. 이러한 행동은 포식을 감소시키고 따라서 자손의 생존 가능성을 증가시킨다.

틴버겐은 자연선택이 어떻게 행동을 형성하는가에 대한 연구인 **행동생태학**(behavioral ecology)의 창시자 중 한 사람으로 인정받고 있다. 이 분야는 행동의 적응적 중요성, 또는 행동이 어떻게 생존과 번식을 증가시킬 수 있는지를 검토한다. 현재의 행동생태학 연구는 행동이 동물의 생식 성공이나 적합성에 어떻게 기여하는가에 초점을 맞추고 있다.

따라서 행동생태학 분야는 2가지 질문에 관련된다. 첫째, 행동은 적응력이 있는가? 비록 행동이 어떤 식으로든 환경에 대한 적응적 대응을 한다고 가정하는 것은 쉽지만, 그렇지 않을 수도 있다. 18장에서 보았듯이 형질은 자연선택 이외의 유전적 부동, 유전자 흐름, 또는 다른 형질에 대한 선택의 결과 등 여러 가지 이유로 나타날 수 있다. 더욱이 어떤 형질은 현재 더 이상 쓸모가 없는데도 과거의 적응으로 진화했기 때문에 모집단에 지속적으로 잔재할 수도 있다. 이러한 가능성은 다른 종류의 형질만큼이나 행동적 형질에도 적용된다.

만약 행동에 적응력이 있다면, 다음 질문은 "어떻게 적응이 되는가?"이다. 궁극적인 기준은 생식 성공이지만 행동생태학자들은 어떻게 행동이 생식 성공으로 이어질 수 있는지에 관심을 갖는다. 행동이 에너지 섭취를 증가시켜 생산되는 자손의 수를 증가시키는가? 그것은 짝짓기 성공을 증가시키는가? 그것이 포식할 가능성을 감소시키는가? 행동생태학자의 일은 행동적 형질(예, 효율을 추구하는 것)이 이러한 각각의 활동에 미치는 영향을 알아내고, 그 후에 적응도 증대로 이어지는지를 발견하는 것이다. 이러한 효과의 이익과 비용은 에너지 또는 자손의 측면에서 추정되며, 행동의 적응성을 분석하는 데 종종 사용된다.

먹이찾기 행동은 에너지 섭취와 개별 개체의 적응도에 직접적인 영향을 미칠 수 있다

행동생태학의 접근법을 이해하는 유용한 방법은 **먹이찾기**(foraging) 행동에 집중하는 것이다. 많은 동물들에게 먹이는 다양한 크기로 관여한다. 더 큰 먹이는 더 많은 에너지를 포함할 수 있지만 포획하기 더 어렵고 덜 풍부할 수 있다. 게다가, 동물들은 다른 종류보나 더 멀리 떨어진 어떤 종류의 먹이를 찾아다닐 수도 있다. 이러한 동물들의 경우, 먹이찾기는 식품의 에너지 함량과 그것을 얻는 비용 사이에서 절충된다. 각기 다른 크기의 먹이를 먹음으로써 얻는 순에너지[칼로리나 줄(joule)로 계산]는 단순히 먹이를 쫓고 처리하는 데 드는 에너지 비용을 뺀 것이다. **최적섭식이론**(optimal foraging theory)에 따르면, 자연선택은 가능한 한 효율적인 포획 행위를 하는 개체에게 유리하다. 즉, 동물들이 먹이를 먹는 경향은 먹이를 찾는 시간당 순에너지 섭취량을 최대화한다.

많은 연구들은 먹이를 찾는 개체들이 에너지 회수를 극대화하는 먹이를 선호한다는 것을 보여주었다. 예를 들어, 바닷가에 사는 게들은 주로 중간 크기의 홍합을 먹는 경향이 있는데, 이 홍합은 가장 큰 에너지 회수를 제공한다. 더 큰 홍합은 더 많은 에너지를 생산하지만, 조개를 열기 위해 상당히 많은 에너지를 필요로 한다(**그림 48.25**).

이러한 최적의 포획 접근방식은 에너지 비축량이 증가하여 생식 성공이 증가할 경우, 자연선택이 에너지 획득을 극대화하는 행동을 선호한다고 가정할 수 있다. 콜롬비아 땅다람쥐(*Spermophilus columbianus*)와 포획된 금화조(zebra finches)에서는 순에너지 섭취와 양육된 자손의 수 사이에 직접적인 관계가 있다. 마찬가지로, 거미줄을 치는 거미의 생식 성공은 그들이 얼마나 많은 먹이를 잡을 수 있느냐와 관련이 있다.

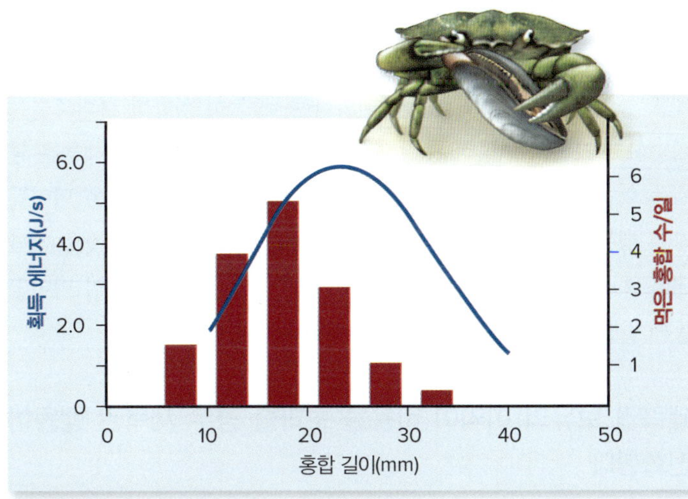

그림 48.25 최적 먹이활동.
바닷가에 사는 게는 에너지적으로 이익이 되는 먹이를 골라 먹는다. 이 곡선은 다양한 크기의 홍합을 먹음으로써 얻는 순에너지 이득(섭취한 에너지에서 소비된 에너지를 뺀 값)을 설명한다. 막대 그래프는 섭취한 각 크기의 홍합 수를 보여준다. 비록 완벽히 일치하지는 않지만, 바닷가에 사는 게들은 가장 많은 에너지를 주는 홍합을 먹는 경향이 있다.

탐구문제 최대 에너지 이득과 먹잇감 크기의 각 정점에서 약간의 차이가 나는 요인들은 무엇인가?

자료 분석 너구리가 하루에 10시간 동안 먹이를 포획한다고 가정해 보자. 너구리는 개울에서는 개구리를, 흙에서는 곤충을 찾을 수 있다. 개구리를 찾는 데는 평균 30분이 걸리지만 귀뚜라미를 찾는 데는 12분밖에 걸리지 않는다. 너구리는 개구리를 한 마리 먹으면 10 J의 에너지를 얻고 귀뚜라미를 한 마리 먹으면 2 J의 에너지를 얻는다. 너구리는 개울과 흙 중 어디에서 먹이활동을 해야 하는가?
실제로는 먹이를 잡아먹는 데 걸리는 시간과 먹이를 찾는 데 걸리는 시간도 포함시켜야 한다. 개구리를 제압하고 먹는 데 15분이 걸리는 데 비해 귀뚜라미는 3분이 걸린다고 가정하자. 그렇다면 답이 달라지는가?

그러나 동물들은 에너지 외에도 다른 욕구가 있고, 때때로 이러한 욕구들은 충돌한다. 한 가지 분명한 욕구는 포식자를 회피하는 것이다. 종종 에너지 섭취를 극대화하는 행동이 포식 위험을 최소화하지는 않는다. 이 경우, 적응도를 극대화하는 행동은 종종 먹힐 위험을 최소화하면서 가장 많은 에너지를 얻는 것과 관련된 절충을 반영한다. 실제로 많은 연구들은 다양한 동물 종들이 덜 활동적이거나, 포식자를 찾는 데 더 많은 시간을 보내거나, 포식자가 있을 때 은페처에 더 가까이 머무르는 등 그들의 먹이찾기 행동을 변화시킨다는 것을 보여준다. 따라서 이 경우 경계와 먹이를 찾는 과정에서 절충이 이루어진 것일 것이다.

최적섭식이론은 에너지 최대화 행동이 자연선택에 의해 진화되었다고 가정한다. 따라서, 그것은 유전적 근거를 가지고 있어야 한다.

예를 들어, 순에너지 섭취를 최대화하는 데 특히 성공한 금화조들은 비슷하게 자손이 번창하는 경향이 있다. 이 연구에서 어린 새들은 둥지를 떠나기 전에 어미에게서 분리되었으므로, 이 유사성은 먹이를 찾는 행동이 아마도 유전적 요소를 가지고 있을 것이라는 것을 나타낸다. 다른 동물에 대한 연구는 나이, 경험, 학습이 효율적인 먹이활동의 발달에도 중요하다는 것을 보여준다.

세력권 보유의 이익이 비용을 초과할 경우 세력권 행동이 진화한다

동물들은 종종 활동 중에 넓은 지역, 즉 행동 범위를 넘어 이동한다. 많은 종에서, 여러 개체들의 행동 범위(home range)는 시간이나 공간이 겹치지만, 각각의 개체는 행동 범위의 일부를 방어하고, 지역과 그 자원을 독점적으로 사용한다. 이러한 행동을 세력권 보호 습성, 즉 **세력권**(territoriality)이라고 한다(**그림 48.26**).

세력권 행동의 결정적인 특징은 다른 개체에 의한 침입과 자원 사용에 대한 방어이다. 세력권은 영역에 대한 선전과 노골적인 공격으로 인해 보호된다. 새는 이웃한 새에 의한 탈취를 막기 위해 세력권 내의 횃대에서 노래를 부른다. 만약 잠재적인 강탈자가 노래를 함에도 단념하지 않는다면, 세력권 소유자는 그것을 공격해서 쫓아내려고 할지도 모른다. 그러나 세력권 방어에는 비용이 든다. 노래는 에너지적으로 비싸고, 공격은 부상을 초래할 수 있다. 또한 점거를 드러내기 위해 신호(노래 또는 시각 표시장치)를 사용하면 포식자에게 새의 위치가 알려질 수 있다.

왜 동물들은 세력권 방어 비용을 부담할까? 세력권의 에너지 혜택은 자원의 독점적 이용, 짝이 될 대상에 용이한 접근, 또는 포식자로부터의 은신처 보호로 인해 음식 섭취가 증가하는 형태를 취할 수 있다. 벌새와 태양새와 같은 꿀빨이새에 대한 연구가 그 예가 된다(**그림 48.27**). 새는 꽃이 제공하는 화밀을 효율적으로 수확할 수 있기 때문에 한 지역의 꽃을 독점적으로 사용함으로써 이익을 얻는다. 독점적인 사용을 유지하기 위해 새는 그 구역을 적극적으로 방어해야 한다. 배타적 사용의 이익은 오직 특정한 조건하에서만 방어 비용을 능가한다.

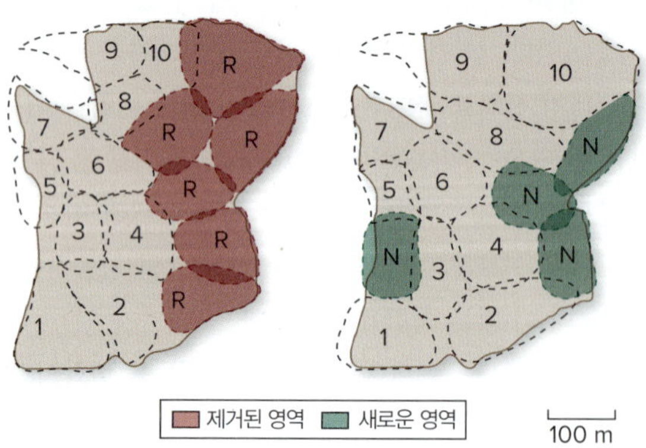

그림 48.26 세력권 경쟁.
새의 영역 크기는 경쟁자의 수에 따라 조정된다. 6쌍의 박새가 영역에서 제거되었을 때(왼쪽 그림에서 R로 표시) 그들의 영역은 그 지역의 다른 새들과 또 다른 4쌍에 의해 점령되었다(오른쪽 그림에서 N으로 표시). 전후의 새의 수는 동일하다.

그림 48.27 세력권의 혜택.
아프리카에서 발견되고 생태학적으로 신대륙 벌새와 비슷한 태양조(왼쪽)는 자기 영역의 꽃에 접근하는 다른 태양새를 공격함으로써 먹이원을 보호한다.

예를 들어, 태양조(sunbirds)는 한 지역에서 침입자를 쫓는 데 시간당 3000칼로리를 소비한다. 세력권을 방어하는 이득이 이 비용을 초과할지는 꽃 속의 화밀의 양과 새가 얼마나 효율적으로 그것을 수집할 수 있느냐에 달려 있다. 꽃이 매우 부족하거나 화밀 수치가 매우 낮을 때, 꿀빨이새는 방어에 사용되는 에너지의 균형을 맞출 수 있는 충분한 에너지를 얻지 못할 수도 있다. 이런 상태에서는 세력권을 유지하는 것이 에너지적으로 유리하지 않다. 마찬가지로 꽃이 매우 풍성할 때, 새는 영역 방어적으로 행동하지 않음으로 방어 비용을 더하지 않고도 일상의 에너지 요구 조건을 효율적으로 충족시킬 수 있다. 다시 말하지만 에너지적인 관점에서, 풍부한 자원을 보호하는 것은 비용을 들일 가치가 없다. 따라서 세력권은 방어의 이익이 비용을 초과할 때 꽃의 유용성과 화밀 생산의 적정선에서 형성된다.

많은 종에서, 수컷의 영역 크기는 암컷에 대한 접근이 먹이를 구할 수 있는 것보다 더 중요한 결정 요인이다. 예를 들어, 어떤 도마뱀은 수컷이 번식기에 엄청난 영역을 유지한다. 충분한 식량을 공급하는 데 필요한 것보다 훨씬 더 넓은 영역은 여러 마리의 암컷의 영역을 아우를 수 있기 때문에 수컷은 힘차게 방어한다. 반면 비번식 계절에는 수컷의 세력권 규모와 공격적인 세력권 행동은 급격히 줄어든다.

핵심 요약 48.10

행동생태학은 행동의 적응적 중요성, 즉 그것이 생존과 생식 성공에 어떻게 영향을 미치는가에 대한 학문이다. 경제적 접근 방식은 행동의 에너지 이익과 비용을 추정하며, 동물들이 소비하는 것보다 행동으로부터 적응도의 이점과 같이 더 많은 것을 얻는다고 가정한다. 먹이찾기 행동과 세력권 방어는 이런 식으로 분석할 수 있다. 에너지 이득 외에도 포식자를 피하는 것과 같은 고려 사항은 적응도에도 중요하다.

■ 영역권 내에 있는 화밀을 먹는 하와이의 꿀벌새는 드물게 마주치거나 또는 매우 풍부한 꽃을 방어하지 못한다. 왜일까?

48.11 생식 전략

학습 목표

1. 부모의 투자가 배우자 선택에 미치는 영향을 예측할 수 있다.
2. 짝외교미가 어떻게 수컷과 암컷의 적응도를 증가시키는지 설명할 수 있다.
3. 어떤 종은 보편적으로 일부일처제이고 어떤 종은 일부다처제인 이유를 설명할 수 있다.

번식기 동안 동물들은 어떤 짝을 선택할지, 얼마나 많은 짝을 가질지, 얼마나 많은 시간과 에너지를 양육하는 자손에게 사용할지 등과 관련하여 몇 가지 중요한 삶의 역사적 "결정"을 한다. 이러한 결정은 동물의 **생식 전략**(reproductive strategy)의 모든 측면에서 생식 성공을 극대화하기 위해 진화한 일련의 행동일 것이다. 생식 에너지 비용은 암컷과 수컷 사이의 행동 차이에 매우 중요한 역할을 한다. 생식 결정의 진화에는 질병뿐만 아니라 식량 자원, 둥지 부지, 배우자들의 공간적 분포 방식과 같은 생태학적 요인도 중요하다.

짝짓기 시스템은 부모가 자손을 돌보는 능력을 반영하고 생태계의 영향을 받는다

번식기에 동물이 교미하는 개체의 수는 종마다 다르다. 짝짓기 시스템(mating system)으로는 일부일처제(monogamy, 수컷 1마리가 암컷 1마리와 교배함), 일부다처제(polygyny, 수컷 1마리가 여러 마리의 암컷과 교배함) 및 일처다부제(polyandry, 암컷 1마리가 여러 마리의 수컷과 교배함)가 있다. 일부일처제 교배만이 (대초원 들쥐에서와 같이) 짝-결속의 관계에 포함된다. 짝 선택과 마찬가지로 짝짓기 시스템도 진화하여 암컷과 수컷이 적응도를 극대화할 수 있게 되었다.

둘 이상의 짝을 갖는 선택은 자녀 양육의 필요성에 의해 제한될 수 있다. 만약 암컷과 수컷이 새끼를 돌볼 수 있다면, 자손을 성공적으로 양육하기 위해서는 부모 양쪽의 존재가 필요할지도 모른다. 따라서 일부일처제가 선호될 수 있다. 일반적으로 새들의 경우 모든 종의 90% 이상이 일부일처제이다. 수컷은 짝과 함께 남아서 새끼를 돌보거나 짝을 떠나 다른 짝을 찾을 수 있다. 두 전략 모두 수컷의 적응도를 증진시킬 수 있다. 자연선택의 전략은 먹이를 주거나 새끼들을 포식자로부터 방어하는 데 있어 수컷의 도움이 필요한가에 달려 있다. 어떤 종(인간처럼)은 태어난 자손이 **만숙성**(altricial)이어서, 그들은 장기적이고 확대된 보살핌을 필요로 한다. 이러한 종에서, 두 부모에 의한 보살핌이 필요하기 때문에 수컷이 짝을 버리고 다른 짝을 찾는 경향을 감소시킨다. 부화 후 새끼들이 곧바로 활동할 수 있으면 **조숙성**(precocial)이어서 양육에 대한 수컷들의 필요성이 매우 낮기 때문에 일부다처제를 지향할 가능성이 더 높다. 포유류에서는 암컷만이 젖을 먹이기 때문에 수컷은 새끼에게 먹이를 먹이는 데에서 자유롭다. 그래서 대부분의 포유류는 일부다처제이다.

교배방식은 생태계의 영향을 강하게 받는다. 어떤 수컷은 두 마리 이상의 암컷이 살기에 충분한 둥지 터나 식량원을 보유한 영역을 방어할 수 있다. 영역이 자원의 질이나 양에 따라 그 크기가 다양할 때, 암컷이 고품질의 영역을 가지고 있는 수컷과 짝짓기를 한다면 암컷의 적응도는 극대화된다. 비록 수컷이 이미 짝을 가지고 있을지라도 질 낮은 영역을 차지하고 있는 수컷보다 질 좋은 영역을 가지고 있는 수컷과 함께 번식하는 것이 암컷에게 여전히 더 유리하다. 이것은 일부다처제의 진화를 뒷받침한다.

일처다부제는 비교적 드물지만, 암컷에 의한 다중 교미의 진화는 더 잘 이해되어 왔다. 일처다부제는 습지와 같은 매우 생산적인 환경에서 살고 있는 쇠도요새나 물꿩과 같은 새들이 대표적이다. 자원이 풍부하기 때문에 암컷은 한 마리 이상의 수컷과 함께 알을 품어 더 많은 새끼를 낳을 수 있다. 수컷은 알품기와 양육에 참여하고, 암컷은 두 마리 이상의 수컷과 짝짓기를 하고 알을 남긴다.

암컷은 유전적으로 자신의 새끼를 다양화하기 위해 여러 수컷과 짝짓기를 할 수 있는데, 이것은 결국 질병에 대한 저항력을 증가시킨다. 예를 들어, 여왕벌이 많은 수컷과 짝짓기를 하는 꿀벌의 경우가 이에 해당된다.

몇몇 일부일처 종에서 짝외교미가 적응도를 높인다

DNA 지문 분석(16장 참조)이 일반적으로 사용되면서 많은 조류

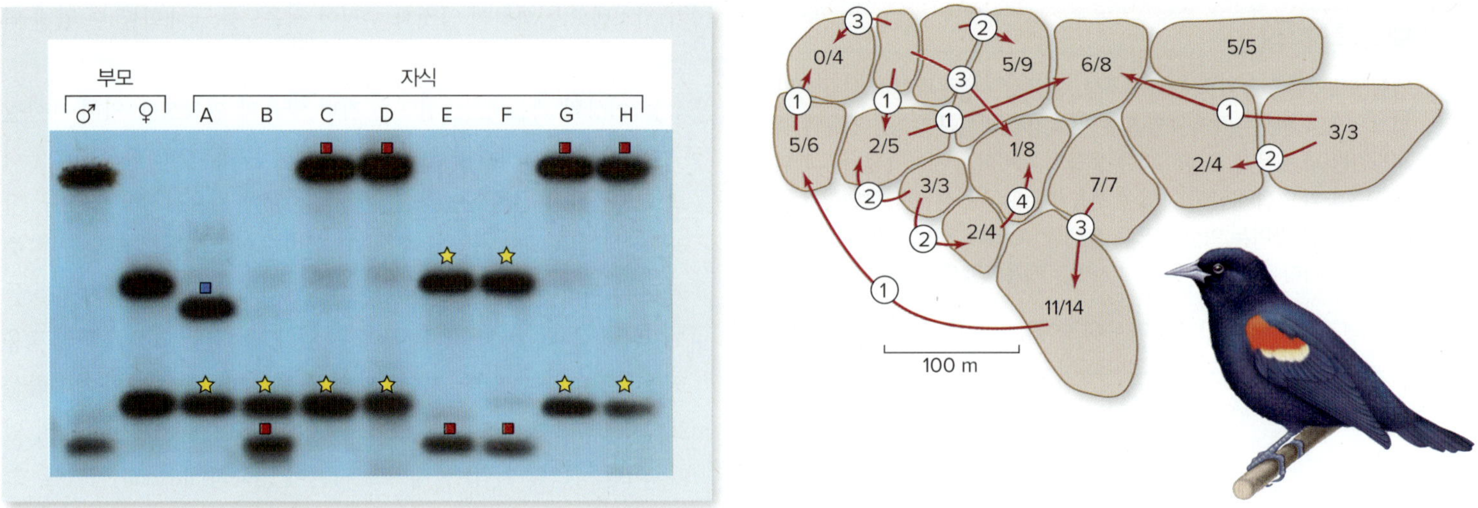

a. *b.*

그림 48.28 수컷 새끼 돌봄에 대한 연구.
a. 알락딱새(*Ficedula hypoleuca*)의 둥지에 있는 부모와 자손의 DNA 지문 분석 결과. 그림의 띠들은 서로 다른 길이의 DNA 조각을 보여준다. 알을 낳는 암컷과 짝은 모두 이형접합자이고 띠를 공유하지 않아 혈통을 감별할 수 있다. 모든 자손은 암컷의 띠 중 하나를 가지고 있는데(노란색 별), 이것은 알이 둥지에 있다는 것을 고려할 때 예상한 바와 같다. 자손 중 일곱은 수컷으로부터 온 대립유전자를 가지고 있는데(붉은색 사각형), 그중 여덟 번째인 A는 부모 중 어느 쪽에도 존재하지 않는 대립유전자를 가지고 있다(파란색 사각형). 이는 이 새가 개체군의 다른 수컷과 짝짓기의 결과였음을 보여준다. ***b.*** 붉은어깨검정새(*Agelaius phoeniceus*)의 DNA 지문 연구 결과. 분수로 표시된 숫자 중 분자는 해당 영역의 수컷이 낳은 새끼의 수를 나타내고, 분모는 그 영역의 전체 새끼 수를 나타낸다. 화살표는 각 영역 밖의 특정 수컷들로부터 얼마나 많은 새끼를 낳았는지를 나타낸다. 일부 영역의 둥지는 조사되지 않았다.

종의 일부일처제에서 친부모를 밝히고 개별 수컷의 생식 성공을 정확하게 계량화할 수 있게 되었다(**그림 48.28***a*). 연구자들은 붉은어깨검정새(red-winged blackbirds, **그림 48.28***b*)의 전체 둥지의 절반에서 영역을 소유한 수컷이 아닌 다른 수컷 새에 의해 수정되어 부화한 새끼가 적어도 한 마리씩 있음을 밝힐 수 있었다. 결론적으로, 자손의 20%는 **짝외교미**(extra-pair copulation, EPC)의 결과였다.

짝외교미의 진화적 장점은 무엇인가? 수컷의 경우, 그 대답은 명백한데, 생식 성공 증가이다. 반면에 암컷은 이미 수컷과 짝을 이루었더라도 유전적으로 우수한 개체와 교미할 수 있기 때문에, 그들의 자손에게 전달되는 유전자를 향상시킬 수 있다. 암컷은 더 많은 새끼를 낳지 않고도, 유전적으로 더 나은 양질의 자손을 낳을 수 있다. 어떤 새들과 다른 동물들에게 짝외교미는 수컷들로부터 받는 보살핌의 양을 증가시켜 암컷들이 새끼를 키우는 데 도움이 될 수 있다. 이런 경우는 바로 영국의 일반적인 새인 바위종다리(*Prunella modularis*)에서 볼 수 있다. 암컷은 영역 소유주뿐만 아니라 영역 가장자리를 맴도는 다른 수컷들과도 짝짓기를 한다. 만약 이 부차적인 수컷들과 암컷이 충분한 횟수로 교미한다면, 수컷은 새끼들 중 일부가 자신의 것인지도 모르기에 암컷이 새끼를 기르는 데 도움을 준다.

자연선택은 때때로 다른 짝짓기 전략을 선호한다

자연선택은 생식 성공을 증가시키는 많은 방법들의 진화를 가져왔다. 예를 들어, 많은 물고기 종의 수컷은 두 가지 유전적 종류가 있다. 한 집단은 크고, 짝을 얻기 위해 영역을 방어한다. 다른 그룹은 작고 완전히 다른 전략을 채택한다. 이 수컷들은 영역을 유지하지 않고, 큰 수컷들의 영역 가장자리에서 어슬렁거린다. 수컷의 구애 막바지에 암컷이 알을 낳고 세력권 수컷이 정자를 내보냈을 때, 더 작은 수컷들이 달려들어 자신의 정자를 물속에 방출하여 일부 난자를 수정시킨다. 만약 이 전략이 성공한다면, 이 2개의 서로 다른 수컷의 생식 전략은 자연선택에 의해 진화적으로 선호될 것이다.

유사한 패턴이 다른 생물체에서도 나타난다. 어떤 쇠똥구리에서 세력권 수컷은 암컷이 살고 있는 방을 보호하기 위해 큰 뿔을 가지고 있는 반면, 유전적으로 작은 수컷은 뿔이 없다. 몸집이 작은 수컷들은 더 큰 수컷들과의 일대일 경쟁에서 열세하다. 하지만 그들은 다른 전략을 가지고 있다. 몸집이 큰 수컷은 뿔의 크기 때문에 암컷의 방에 들어갈 수 없다. 이것을 이용하여, 더 작은 수컷들은 옆 터널을 파고 들어가 서식 공간에 있는 암컷과 교미를 시도한다. 유전적으로 3종류의 크기를 가진 등각류는 여기에서 한 단계 더 나아간다. 중간 크기의 수컷들은 암컷인 것처럼 큰 수컷들의 영역으로 들어간다. 가장 작은 수컷들은 너무 작아서 발견되지 않고 몰래 들어갈 수 있다.

미국 남서부의 측면얼룩도마뱀(side-blotched lizard)은 유전적으로 3가지 다른 수컷 전략을 가진 또 다른 특이한 짝짓기 시스템(**그림 48.29**)을 보여주고 있다. 수컷의 한 종류는 지배적이고 공격적이다. 이 수컷들은 많은 암컷들을 포함하는 넓은 영역을 가지고 있다. 두 번째 타입의 수컷은 비활동적이고 한곳에 오래 머무른다. 이 수컷들

그림 48.29 측면얼룩도마뱀(*Uta stansburiana*).

은 더 작은 영역을 가지고 있는데, 보통 이들은 매우 조심스럽게 오직 하나의 암컷만을 지키고 있다. 마지막으로, 어떤 수컷들은 영역이 없다. 그들은 아주 많이 돌아다니며, 다른 수컷 영역 안에 몰래 들어가 세력권 수컷의 암컷들과 짝짓기를 시도한다.

이 전략들 중 어느 것도 우월하지 않다는 것이 밝혀졌다. 지배적인 수컷들은 공격적이어서 비활동적인 수컷들보다 유리하다. 하지만 지배적인 수컷들은 매우 활동적이고 넓은 영역을 가지고 있기 때문에 몰래 잠입하는 도마뱀들에 취약하며, 몰래 영역에 들어온 수컷들은 그들의 지역에 있는 암컷들 중 일부와 교미할 수 있다. 반면 한 곳에 오래 머무르는 도마뱀은 몰래 잠입하는 도마뱀들보다 유리하다. 이 수컷들은 열심히 한 암컷을 보호하기 때문에 몰래 잠입하는 수컷이 짝짓기를 할 기회가 거의 없기 때문이다.

결과는 가위바위보라는 흔한 놀이와 비슷한 상황이다. 이 경우 비활동적인 수컷이 잠입하는 도마뱀들보다 우세하고, 잠입하는 도마뱀들은 지배적인 수컷들보다 우세하며, 지배적인 도마뱀은 비활동적인 도마뱀들보다 우세하다. 오랫동안 과학자들은 측면얼룩도마뱀의 개체수를 추적해 왔고, 3가지 유형의 빈도가 예측 가능한 방식으로 변화한다는 것을 발견했다. 지배적인 도마뱀의 빈도가 높을 때는 잠입하는 도마뱀들이 우세하고, 비활동적인 도마뱀은 열세했다. 그러나 잠입하는 도마뱀의 빈도가 높아질수록 지배적인 도마뱀은 줄고 비활동적인 도마뱀들이 늘어났다. 때맞춰 지배적 수컷이 드물어지고 비활동적 수컷이 흔해지면서 잠입하는 도마뱀은 불리해졌고 지배적 도마뱀들의 빈도가 높아지기 시작하며 주기가 반복되었다. 이것은 18장에서 논의된 부정적 밀도의존 선택 현상의 한 예로서, 수컷의 각 종류는 드물었을 때 가장 적응도가 높다.

이는 진화한 짝짓기 시스템과 짝짓기 전술의 풍부한 다양성을 엿볼 수 있게 해준다. 결론은 생식 성공을 증가시키는 방법이 있다면, 자연선택은 그들의 진화에 유리할 것이다.

핵심 요약 48.11

생식 성공은 수컷과 암컷이 일부일처로 짝짓기를 하는지 아니면 다수의 짝들과 교제를 하는지에 영향을 미친다. 일부일처제 종에서도 짝외교미가 일어나기도 해서 적응도를 증진시킨다. 또한 다양한 대체적 짝짓기 시스템이 존재한다. 만약 어떤 개체의 적응도를 높이는 행동이 존재한다면, 자연선택은 그 진화에 유리할 것이다.

- 무더기로 혹은 균일한 간격을 두고 고루 분포한 먹이 환경이 집단의 짝짓기 시스템에 어떤 영향을 미칠까?

48.12 이타주의

학습 목표

1. 이타주의와 그 이점에 대해 설명할 수 있다.
2. 혈연 선택과 포괄적응도에 대해 설명할 수 있다.
3. 반수배수성이 진사회적(eusocial) 곤충의 혈연선택에 어떤 영향을 미치는지 설명할 수 있다.

이타주의의 진화를 이해하는 것은 다윈을 포함한 진화생물학자들에게 특별한 도전이었다. 왜 어떠한 개체는 다른 개체를 돕기 위해 자신의 적응도를 줄이는가? 시간이 흐르면서 그러한 유전자의 빈도가 감소한다는 점을 감안한 때, 어떻게 이타주의를 위한 유전자가 자연선택으로 선호될 수 있었을까?

사실, 비록 이타주의가 개체의 번식을 포기하게 하거나 심지어 개체의 생명을 희생하게 한다 하더라도 이타주의가 가지는 큰 이점이 있다. 이것이 어떻게 작동하는지 살펴보자.

이타주의(altruism)는 행하는 개체가 대가를 치르고 다른 개체에게 이익을 주는 행동이다. 예로 인간은 전쟁 중에 자신을 희생하거나 자신의 아이를 돌보기 위해 위험에 처하지만, 이타주의는 다른 다양한 생물체에서도 묘사되어 왔다. 예를 들어, 많은 새 종들에는 새끼들을 기르는 데 도움을 주는 부모들 말고도 둥지에서 일하는 도우미들이 있다. 포유류와 조류 둘 다에서, 포식자를 경계하는 개체는 비록 그러한 행위가 포식자의 주의를 발신자인 자신에게 환기시킬 수 있음에도 불구하고, 그룹의 다른 구성원들에게 탈출할 수 있도록 경고하는 경보음을 제공한다. 그리고 개미와 같은 사회적 곤충에서 일개미들은 서식지의 여왕인 그들의 어미가 번식을 하는 것을 도울 뿐 번식 능력이 없다.

이타주의의 진화를 설명하기 위해 여러 가지 설명이 제시되어 왔다. 한때는 이타주의가 종족을 이롭게 하기 위해 진화했다고 생각했다. 예를 들면, 짝짓기에 실패한 개체는 이타주의적이라 부르고 짝짓기 경쟁에서 성공하지 못한 이유를 개체나 종족의 크기가 지나치게 커지는 것을 막고 자원을 고갈시키고 멸종되지 않도록 생식을 포기하려는 의지로 잘못 해석되었다. 이 집단 선택 설명(인구나 종에 작용하는 선택)은 잘못되었다. 왜냐하면 짝을 확보하지 못하고 새끼를 낳지 않는 개체는 결국 어떠한 자손도 남기지 않을 것이기 때문이다. 따라서 이들의 이타주의는 자연선택에 유리하지 않다.

이타주의에 대한 현재의 연구들은 겉보기에는 이타적인 행위들이 사실 이기적이라고 지적한다. 예를 들어, 둥지의 도우미들은 종종 기존의 부모 새들을 지원함으로써 값진 육아 경험을 얻는 어린 새들이다. 이는 그들이 번식할 때 그들에게 이점을 줄 수 있다. 더욱이 그들은 스스로 번식할 수 있는 기회가 제한되어 있을 수 있기에, 새끼를 기르는 짝 주위를 어슬렁거림으로써 부모 새들이 죽었을 때 영역을 물려받을 수도 있다.

상호주의 이론은 관련 없는 개체들 사이의 이타성을 설명한다

이타주의에 대한 한 설명은 유전적으로 관련이 없는 개체들은 이타행위의 상호교류가 모두에게 이익이 되기 때문에 "파트너십"을 형성할 수 있다고 제안한다. 파트너들은 한 번 도움을 주고, 그 선행에 대한 보답을 자신들이 어려울 수 있는 미래에 받으려고 한다. **상호 이타주의**(reciprocal altruism)에서는 보답하지 않는 "사기꾼"이 차별을 받아 향후의 원조를 받을 수 없기 때문에 파트너십은 안정적이다. 이 가설에 따르면, 이타적 행위가 상대적으로 저렴하다면 사기꾼이 보답하지 않음으로써 받는 작은 이익은 미래 원조를 받지 못하는 잠재적 비용에 비하면 훨씬 더 보잘것없다. 이러한 조건하에서 부정 행위는 선택에 의해 없어진다.

흡혈박쥐(vampire bats)는 8~12마리로 이루어진 집단으로 속이 빈 나무, 동굴, 광산에 산다(**그림 48.30**). 박쥐는 대사율이 높기 때문에 최근에 먹이를 먹지 않은 개체는 죽을 수도 있다. 숙주를 발견한 박쥐들은 많은 피를 빨아들이기 때문에, 동료가 굶지 않도록 소량의 피를 나누어 주는 것은 기증자에게 큰 에너지 비용이 되지 않는다.

그림 48.30 진실은 소설보다 더 낯설다: 흡혈박쥐(*Desmodus rotundus*)의 상호 이타주의.
흡혈박쥐는 큰 포유류의 피를 먹고 살지만, 그들은 사람으로 변신하지 않고 관에서 잠도 자지 않는다. 흡혈귀들은 무리를 지어 살며 혈액을 나누어 먹는다. 그들은 어떤 박쥐가 과거에 그들에게 피를 제공했는지 기억하며 이전에 그들과 피를 공유했던 박쥐들과 더 많이 피를 공유할 가능성이 있다. 사진 속 박쥐들은 브라질의 소에서 먹이를 취한다.

흡혈박쥐는 과거에 피를 받았던 개체와 피를 나누는데, 반드시 친척일 필요는 없다. 과거 혈액을 받은 박쥐에게 혈액을 주지 못하면 미래의 피 공유에서 제외된다. 상생은 인간을 포함한 많은 영장류에서 일상적으로 일어난다.

혈연선택 이론은 이타주의에 직접적인 유전적 이점을 준다

위대한 집단유전학자 홀데인(J. B. S. Haldane)은 한 술집에서 두 형제나 여덟 명의 사촌들을 위해 기꺼이 목숨을 내놓겠다고 열변을 토한 적이 있다.

진화적으로 볼 때, 이 희생은 말이 된다. 왜냐하면 홀데인이 그의 부모로부터 받은 각각의 대립유전자에 대해, 그의 형제들도 각각 같은 대립유전자를 받을 확률이 50%(**그림 48.31**) 있었기 때문이다. 통계적으로, 그의 형제들 중 두 명은 홀데인 자신만큼 홀데인의 특정 대립유전자를 다음 세대에 물려줄 것으로 예상된다. 마찬가지로, 홀데인과 사촌은 대립유전자의 1/8을 공유한다(**그림 48.31**). 형제자매인 그들의 부모는 각각 그들 대립유전자의 반을 공유하며, 그들의 자녀들은 그 반을 받게 되는데, 평균적으로 그중 절반은 공통될 것이다. $1/2 \times 1/2 \times 1/2 = 1/8$. 따라서 8명의 사촌들은 홀데인 자신이 다음 세대에 물려줄 만큼 대립유전자를 물려줄 것이다.

이타주의의 혈연적 기원에 대한 가장 설득력 있는 설명은 우리 시대의 가장 영향력 있는 진화생물학자들 중 한 명인 해밀턴(William D. Hamilton)에 의해 1964년에 제시되었다. 해밀턴은 홀데인의 요점을 이해했다. 자연선택은 한 개인의 대립유전자의 전파를 증가시

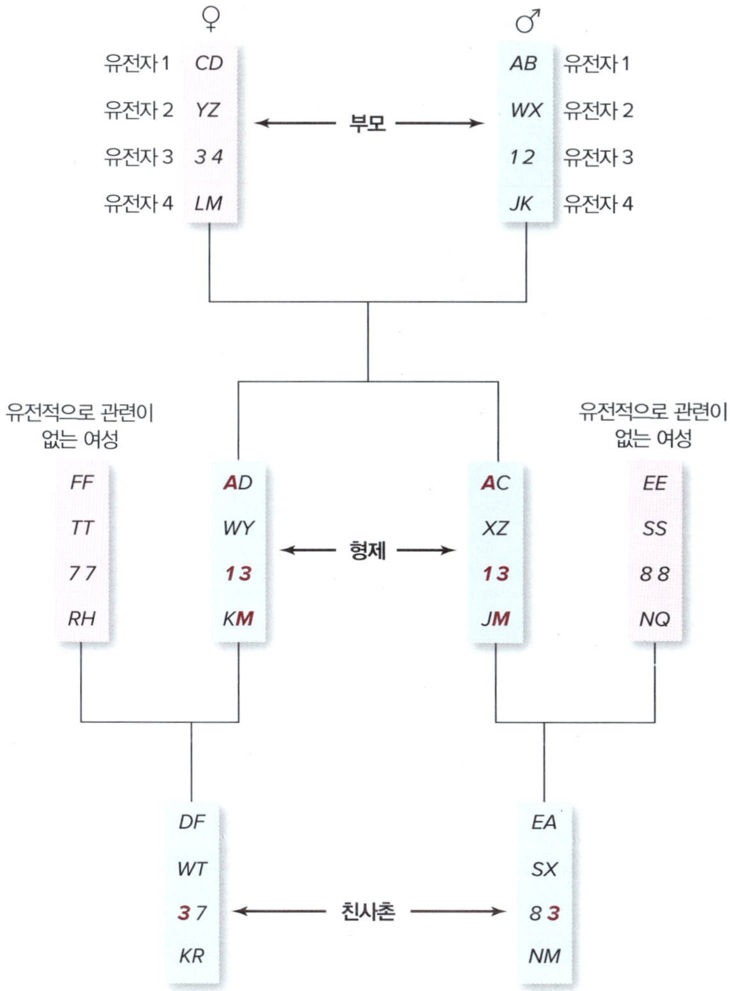

평균 유전적 관계		
부모-자식	=	1/2
모든 형제자매	=	1/2
의붓 형제자매	=	1/4
친사촌	=	1/8

그림 48.31 유전적 관계의 가설적 예시.
평균적으로, 형제자매는 그들의 대립유전자의 반을 공유한다. (이를 설명하기 위해 위 모식도에서 부모는 각각의 유전자에 대해 2개의 서로 다른 대립유전자를 가지고 있다. 예를 들어, 아버지는 유전자 1에 대해 *A*와 *B*를 가지고 있는 반면, 어머니는 *C*와 *D*를 가지고 있다) 반면, 사촌들은 평균적으로 1/8만 공유한다. 각각의 문자와 숫자는 서로 다른 대립유전자를 나타낸다.

자료 분석 평균적으로 나는 이모와 유전적으로 얼마나 닮았겠는가?

키는 어떠한 행동도 선호하므로 생명의 희생도 포함된다.

해밀턴은 가까운 유전적 친척들을 도움으로써 이타주의자는 자신의 적응도의 감소를 보상받을 수 있을 뿐만 아니라, 친척을 돕지 않고도 그 이상으로 적응도를 높일 수 있다는 것을 수학적으로 보여주었다. 이타주의자의 행동은 친척들의 대립유전자의 전파를 증가시키기 때문에, 그것은 자연선택에 의해 선호될 것이다. 친척을 향한 이타주의를 선호하는 선택을 혈연선택 이론(kin selection theory)이라고 한다. 비록 그 행동들이 이타적이지만, 그 유전자들은 사실 "이기적으로 행동"하고 있다. 왜냐하면 유전자는 친척들에게 그들 자신의 복제품들의 성공을 선호하도록 격려하기 때문이다. 즉, 개인이 이타주의를 유발하는 지배적인 대립유전자를 가지고 있다면, 그 행동이 행위자에게 해롭다고 하더라도 미래 세대에서 이 대립형질의 빈도를 높이는 어떠한 행동도 선호될 것이다.

해밀턴은 생식 성공을 새로운 개념인 **"포괄적응도(inclusive fitness)"**로 정의했다. 포괄적응도는 직접적(개인적 적응도)과 간접적(친족들의 적응도) 번식을 통한 유전자 전파를 모두 고려한다. 해밀턴의 혈연선택 모델은 이타주의가 가까운 친척들에게 향할 가능성이 높다고 예측한다. 두 개인이 밀접하게 연관되어 있을수록 잠재적 유전적 보상은 더 커지며, 포괄적응도 또한 더 커진다. 이것은 해밀턴의 법칙에 의해 설명되는데, 해밀턴은 $rb > c$일 때 이타적인 행위가 선호된다고 말한다. 이 표현에서 b와 c는 각각 이타행위의 유익성과 비용이며, r은 공통의 혈통을 통해 두 개인이 공유하는 대립유전자의 비율인 관련성의 계수다. 예를 들어, 개인은 자신의 유전자의 1/4을 공유하는 의붓형제자매($r=0.25$)가 5명 이상의 추가 자손($b=5$)을 가질 수 있는 경우, 개인은 자식($c=1$)을 한 명 덜 가질 용의가 있다고 본다.

개미, 벌, 말벌에 있어서의 반수배수성과 이타주의

유전적 관련성, 혈연 선택, 이타주의와의 관계는 사회적 곤충을 예로 들어 가장 잘 이해할 수 있다. 꿀벌의 벌집은 유일하게 새끼를 낳는 단일 여왕벌과 그 자손 수만 마리, 그리고 불임의 암컷 일벌들

그림 48.32 꿀벌의 생식관련 일의 분업.
여왕벌(중앙)만이 알을 낳는 존재이고, 그 암컷 딸들은 생식능력이 없는 일벌이다.

그림 48.33 흰머리딱새류(***Merops bullockoides***).
딱새는 아프리카에서 큰 집단을 형성해 사는 작은 식충새이다. 딱새는 종종 그 새끼들을 다른 개체들의 도움으로 기른다. 도우미들은 보통 가까운 친척들에서 선택한다.

로 구성되어 있다(**그림 48.32**). 꿀벌은 진사회적(eusocial)이다. 꿀벌의 사회는 생식 분업 노동(여왕벌만 번식), 가족(일벌들은 간호하며 청결을 유지하고 먹이를 찾는다)의 협동 관리, 그리고 세대가 겹치는 것으로 규정된다(여왕벌은 여러 세대의 자손과 함께 산다). 수벌은 한 가지 역할만 가지고 있다. 그들은 벌집을 떠나 짝짓기를 할 여왕벌을 찾고 새로운 집단을 형성하고자 한다.

다윈은 진사회성(eusociality)에 당황했다. 어떻게 자연선택이 불임인 암컷 일벌들의 진화에 유리할 수 있었을까? 해밀턴은 그의 혈연선택 모델을 이용하여 막시목의 곤충(벌, 말벌, 개미)에서의 진사회성의 기원을 설명했다. 이런 곤충에서 수컷은 반수체(무정란으로 생산)이고 암컷은 2배체이다. 이러한 성결정 체계는 **단복상**(haplodiploidy)이라고 하며, 집단 구성원들 사이에서 특이한 유전적 연관성을 초래한다. 만약 여왕벌이 수벌 한 마리에 의해 수정된다면, 모든 암컷 자손은 그들의 아버지로부터 정확히 같은 대립형질을 물려받게 될 것이다. 암컷 자손들(일벌들과 미래의 여왕벌들)도 평균적으로 어머니인 여왕벌에게서 얻은 대립유전자의 반을 자기들끼리 나눌 것이다. 결과적으로, 그들은 평균적으로 그들의 75%를 각 자매와 공유할 것이다.

이 부분을 읽는 동안 홀데인의 가족에 대한 다짐의 말을 상기해 보자. 일벌이 자기 새끼를 낳아야 한다면, 그 암컷은 자기 자식의 절반만 새끼와 나눈다(다른 절반은 수벌에게서 얻은 것이다). 그러므로 자매의 유전적 연관성 때문에, 일벌들은 어머니가 여동생을 양육하는 것을 돕고 자신의 번식을 포기함으로써 자신의 형질들을 더 많이 퍼뜨린다. 그들 중 일부는 새로운 여왕벌이 되고, 일부는 새로운 집단을 만들고, 번식을 하게 될 것이다.

이와 같이 특이한 반수배수성 체계는 진사회성의 진화를 위한 "유전자 단계"를 설정했을지도 모른다. 사실, 진사회성은 벌목에서 적어도 12번 따로 진화했다. 그러나 이 이론에서 한계는 진사회라는 체제가 다른 곤충(삽주벌레, 일부 바구미, 흰개미)과 포유류(벌거숭이 두더지쥐)에서 진화했다는 것이다. 비록 삽주벌레와 바구미도 반수배수성이지만, 흰개미와 벌거숭이 두더지쥐는 그렇지 않다. 그러므로 비록 반수배수성은 진사회성의 진화를 촉진시켰을지 몰라도, 다른 요소들도 사회 진화에 영향을 줄 수 있다.

자료 분석 벌목에서처럼 수컷이 반수체(염색체가 1개만 있고, 따라서 각 유전자에 대해 하나의 대립유전자만 있다)라고 가정하자. 만약 어머니가 자매라면 외사촌들은 서로 얼마나 밀접하게 연관될까? 반면에, 만약 아버지가 형제라면, 친사촌들은 서로 얼마나 밀접한 관계가 있을까? **그림 48.31**을 참조하면 이 질문에 대해 접근하는 데 도움이 될 수 있다.

기타 혈연선택 예시

혈연선택은 다른 동물들의 이타주의를 설명할 수 있다. 벨딩땅다람쥐(*Spermophilus beldingi*)는 코요테나 오소리 같은 포식자를 발견했을 때 경보음을 낸다. 그런 포식자들은 우는 다람쥐를 공격할 수 있기 때문에 신호를 보내면 발신자가 위험에 처하게 된다. 땅다람쥐 군락지는 암컷과 그의 딸, 자매, 이모, 그리고 조카들로 구성되어 있다. 수컷은 성숙하면 태어난 곳에서부터 먼 거리로 흩어지기 때문에, 서식지의 성숙한 수컷은 유전적으로 암컷과 관련이 없다. 모든 다람쥐의 모피에 개별 염료 무늬를 표시하고, 어떤 개체가 경보음을 울렸는지와 그들의 사회적 상황을 기록함으로써, 연구자들은 근처에 사는 친척이 없는 암컷보다 근처에 친척이 있는 암컷이 경보음을 낼 가능성이 더 높다는 것을 발견했다. 수컷들은 대부분의 집단 구성원과 관련이 없기 때문에 예상했던 대로 경보음을 훨씬 덜 내는 경향이 있다.

혈연선택의 또 다른 예는 아프리카의 강둑을 따라 100~200마리로 집단을 이루어 사는 흰머리딱새(white-fronted bee-eater)이다(**그림 48.33**). 땅다람쥐와는 대조적으로 수컷 딱새들은 대개 그들이 태어난 곳에 남아 있고, 암컷들은 새로운 집단에 합류하기 위해 흩어진다. 많은 딱새들은 자신의 새끼를 키우지 않고 대신 다른 개체를 돕는다. 대부분의 도우미들은 어린 새들이지만 둥지를 틀려고 시도하다가 실패한 나이든 새들도 도우미가 될 수 있다. 한 마리의 조력사는 평균적으로 생존하는 자손의 수를 2배로 늘린다. 다음의 두 증거는 이 종의 이타적 행동에 있어서 혈연선택이 중요하다는 생각을 뒷받침한다. 첫째, 조력자는 보통 수컷인데, 주로 서식지의 다른 새들과 관련이 있고, 관계가 없는 암컷은 제외된다. 둘째로, 새들이 다른 부모들을 도울 수 있는 선택권을 가질 때, 그들은 대부분 언제나 그들과 가장 밀접한 관계가 있는 부모를 선택한다.

핵심 요약 48.12

유전적, 생태학적 요인은 행위자에게 대가를 치르게 하고 다른 개체에게 이익을 주는 행위인 이타주의의 진화에 기여했다. 혈연 관계가 없는 개체들 간의 상호 협력작용이 있는 경우 개체는 직접적으로 이익을 얻을 수 있다. 혈연선택은 친척들을 향한 이타적인 행동이 어떻게 개인의 포괄적응도를 증가시키는지를 설명한다. 반수배수성은 유전적 연관성을 증가시킴으로써 몇몇 곤충들 사이에서 진사회성을 형성했다(척추동물에서는 찾아볼 수 없다).

- 포식자가 나타날 때 원숭이 무리에서 나이든 집단 구성원들이 새끼를 구출하는 것을 목격한다고 상상해 보자. 여러분이 관찰하고 있는 이타적인 행동이 상호주의인지 아니면 혈연선택인지 어떻게 실험할 수 있을까?

48.13 집단 생활과 동물 사회의 진화

학습 목표

1. 집단 생활의 가능한 이점에 대해 설명할 수 있다.
2. 곤충과 척추동물 사회의 성격을 대비하여 설명할 수 있다.
3. 아프리카 멋쟁이새의 사회조직과 그것이 생태에 어떤 영향을 받는지 설명할 수 있다.

자포동물과 곤충에서부터 물고기, 고래, 침팬지, 그리고 인간에 이르기까지 생물체는 사회 집단 내에서 산다. 다양한 사회현상을 포괄하기 위해, 우리는 사회를 협동적으로 조직되는 같은 종의 생물체 집단으로 폭넓게 정의할 수 있다.

왜 어떤 종에 속한 개체는 집단의 일원이 되기 위해 혼자 사는 삶을 포기했을까? 한 가지 가설은 집단의 개체는 사회생활에서 직접적으로 이익을 얻는다는 것이다. 예를 들어, 무리 속에서 새는 포식자로부터 더 잘 보호될 수 있다. 무리의 크기가 증가함에 따라 포식자의 환경을 감시할 수 있는 개체가 더 많아지기 때문에 포식자로부터 위험성이 감소한다.

집단의 일원은 다른 집단 구성원들로부터 새롭고 풍부한 먹이 공급원의 위치에 대한 정보를 얻어 먹이를 먹는 성공률도 높일 수 있다. 어떤 포식자들은 무리를 지어 사냥하는 것이 성공률을 증가시킬 수 있고, 어떤 한 개체가 홀로 사냥하기에는 너무 큰 먹이라도 무리는 사냥할 수 있다.

곤충 사회는 특화된 사회계층을 포함하는 효율적인 군집을 형성한다

앞에서 벌목(개미, 벌, 말벌)의 곤충 질서에서 진사회성의 기원에 대해 살펴보았다. 또한 모든 흰개미도 진사회적이고, 몇몇 다른 곤충과 절지동물 종도 진사회적이다. 사회적 곤충 군락은 다른 계층(caste)과 생식 능력(여왕벌 대 일벌), 크기, 형태가 서로 다른 개인 집단으로 구성되며 서로 다른 임무를 수행한다. 일꾼들은 보살피고, 둥지를 유지하고, 먹이를 찾는다. 군인들은 크고, 방어에 특화된 강력한 턱을 가지고 있다.

곤충 사회의 구조는 수백만 개체로 이루어진 집단을 형성하는 가위개미(leaf-cutter)에 의해 설명된다. 이 개미들은 잎을 잘라 땅밑에서 곰팡이 작물을 재배하는 데 사용한다. 일꾼들은 몸 크기에 따라 잎 깎기, 방어, 곰팡이 정원 덮기, 곰팡이 심기 등의 업무를 분담한다(**그림 48.34**).

그림 48.34 개미의 계층.
이 가위개미들은 서로 다른 계층의 일원이다. 큰 개미는 나뭇잎을 둥지로 옮기는 일꾼인 반면, 작은 개미는 작은 기생파리들의 공격으로부터 일꾼을 보호하고 있다.

그림 48.35 포획 및 포식자 경계.
미어캣 보초병이 당직을 맡았다. 미어캣(*Suricata suricata*)은 남아프리카의 칼라하리 사막의 반건조성 모래에 살고 있는 매우 사회적인 몽구스의 한 종이다. 이 미어캣은 이제 포식자를 감시하는 역할을 할 차례다. 경계 태세의 보안 아래, 집단의 다른 개체들은 사냥에 주의를 집중할 수 있다.

척추동물 사회의 구조는 생태계와 관련된다

고도로 구조화되고 통합된 곤충 사회와 그들의 주목할 만한 형태의 이타주의와는 대조적으로, 척추동물 사회 집단은 대개 덜 조직적이고 응집력이 약하다. 뇌가 크고 행동이 더 복잡한 척추동물이 일반적으로 곤충보다 덜 이타적이라는 것은 역설적으로 보인다(물론 사람은 예외적이다). 집단 구성원들 사이에 종종 더 많은 갈등과 공격성이 있지만, 척추동물 사회에서는 상호주의와 혈연선택 이타주의가 흔하다. 갈등은 일반적으로 먹이와 짝에 집중되어 있으며, 이는 척추동물 사회가 자신의 적응도를 개선하기 위해 노력하는 개체들로 구성되어 있기 때문이다.

척추동물의 사회적 집단은 집단의 크기, 구성원의 안정성, 번식하는 수컷과 암컷의 수, 그리고 종의 특징인 짝짓기 시스템을 가지고 있다. 먹이와 포식은 사회 집단을 형성하는 데 중요한 요소들이다. 예를 들어, 미어캣(meerkats, 남아프리카산의 작은 육식동물로 몽구스의 일종)은 번갈아 포식자를 관찰하는 동안 집단의 다른 개체들은 먹이를 찾는다(**그림 48.35**).

초목에서 둥지를 짓는 아프리카 멧새과의 멋쟁이새(weaver bird)는 생태계와 사회조직의 관계를 보여주는 훌륭한 사례를 제공한다. 대략 90여 종의 멋쟁이새는 그들이 형성하는 사회적 집단의 유형에 따라 분류될 수 있다. 한 무리의 종들은 숲에 살면서 위장된 외딴 둥지를 짓는다. 수컷과 암컷은 일부일처제이며, 곤충을 찾아 새끼들에게 먹인다. 두 번째 종의 집단은 대초원에 있는 나무에 집단으로 둥지를 튼다. 그들은 일부다처제이고 씨앗을 무리지어 먹는다.

이 두 종의 먹이활동 및 알품기 습관은 그들의 짝짓기 시스템과 관련이 있다. 숲에서는 곤충을 찾기 어렵고, 부모 모두 새끼에게 먹이를 주는 데 협력해야 한다. 위장된 둥지는 포식자가 그들의 새끼들에게 주의를 끌지 않도록 한다. 광활하고 노출된 대초원에서 숨겨진 둥지를 짓는 것은 선택 사항이 아니다. 오히려 대초원에 사는 멋쟁이새는 그다지 풍족하지 않은 나무에 둥지를 틀면서 새끼들을 포식자로부터 의무적으로 보호해야 한다. 안전한 보금자리를 만들기 위한 장소 부족은 새들이 함께 집단으로 둥지를 틀어야 한다는 것을 의미한다. 초원은 씨앗이 풍부하기 때문에, 암컷은 수컷의 도움 없이도 새끼를 기르는 데 필요한 모든 음식을 얻을 수 있다. 수컷은 양육의 의무에서 벗어나 많은 암컷에게 구애하는 데 시간을 보낸다.

척추동물 사회가 곤충의 사회처럼 조직되지 않는다는 일반적인 통칙의 한 가지 예외는 동아프리카와 그 근처에 사는 털이 없는 작은 설치류인 벌거숭이두더지쥐(*Heterocephalus glaber*)이다. 혼자 사는 다른 종류의 두더지쥐와는 달리, 벌거숭이두더지쥐는 넓은 범위의 터널과 중앙 둥지 구역을 가진 커다란 지하 무리를 형성한다. 한 집단이 80개체로 구성되는 것은 드문 일이 아니다.

벌거숭이두더지쥐는 끊임없이 땅굴을 파며 여기서 찾은 구근, 뿌리, 덩이줄기를 먹고 산다. 곤충 사회와 마찬가지로 집단 구성원들 사이에 노동 분업이 있는데, 몸의 크기에 따라 어떤 개체는 터널 일꾼으로서 일하는 반면 어떤 개체는 다른 일들을 수행한다. 큰 두더지쥐는 무리를 지키고 터널을 판다.

벌거숭이두더지쥐 군락은 보통 진사회적 곤충과 비슷한 생식 분업을 가지고 있다. 번식은 모두 암컷 한 마리, 즉 수컷 한 마리 또는 두 마리씩을 거느린 '여왕'에 의해 이루어진다. 암수 모두로 구성된 일꾼들은 터널을 깨끗하게 하고 먹이를 찾아다닌다.

핵심 요약 48.13

집단 생활의 장점은 포식자로부터의 보호와 먹이 포획의 성공률 증가 등이다. 진사회적 곤충들은 복잡하고 매우 이타적인 사회를 형성하여 집단의 적응도를 높인다. 척추동물 사회의 구성원들은 더 많은 갈등과 경쟁을 보이지만, 협력도 하고 특히 친족에 대해 이타적으로 행동한다. 아프리카 멋쟁이새는 서식지의 생태, 특히 보금자리의 안전에 따라 다른 종류의 사회를 발전시켜 왔다.

- 사회적 집단에서 사는 것과 관련된 장점과 단점은 무엇일까?
- 왜 친척을 향한 이타주의가 이기적인 행동으로 간주될 수 있을까?
- 사람의 군대는 곤충 사회와 유사할까, 아니면 척추동물의 사회와 더 유사할까?

핵심 개념 요약

48.1 행동의 자연사

■ 행동은 기작과 진화적 기원이라는 용어로 분석될 수 있다

근접원인은 행동 기작을 나타낸다. 궁극원인은 행동의 진화적 의미를 검토하는 것이다.

■ 행동학은 본능과 그 기원에 대한 연구를 강조하고 있다

선천적 또는 본능적 행동은 학습이 필요하지 않은 환경 자극 또는 촉발에 대한 반응이다(**그림 48.1**).

48.2 신경세포, 신경전달물질, 호르몬, 행동

본능적인 행동은 유전적 조절하에서 발달한 신경 회로를 통해 이루어진다. 호르몬과 신경전달물질은 행동을 조절할 수 있다.

48.3 행동의 유전

■ 인위선택, 잡종, 쌍생아 실험을 통해 유전자와 행동의 연계성을 알 수 있다

빨리 학습하는 쥐와 늦게 학습하는 쥐를 각각 몇 세대 동안 교배하면 2개의 뚜렷한 행동 차이가 있는 집단을 만들어 낼 수 있다(**그림 48.3**).

■ 일부 행동은 단일 유전자에 의해 조절될 수 있음을 보여준다

48.4 학습

■ 학습 기작은 습관화와 연합 작용을 포함한다

비연합학습(nonassociative learning)의 한 형태인 습관화는 반복적으로 주어지는, 중요하지 않은 자극에 대한 반응이 감소하는 것이다. 연합학습은 두 자극 또는 한 행동과 한 반응(조건화)의 연결에 의한 행동의 변화이다.

고전적(파블로프) 조건 형성은 두 자극이 서로 연관됨으로써 일어난다. 시행착오 학습법은 어떤 동물이 행동과 보상 또는 처벌을 연상할 때 일어난다.

■ 본능은 학습 준비성을 지배한다

동물이 학습할 수 있는 것은 생물학적으로 영향을 받은 것이다. 즉, 학습은 진화에 의해 형성된 범주에서만 가능하다.

48.5 행동의 발달

■ 부모-자식 간의 상호작용은 행동이 어떻게 발달하는가에 영향을 준다

각인으로 인해 어린 동물은 다른 개체에 애착(믿음)을 형성하거나 이후의 행동에 영향을 주는 선호도가 발달한다.

■ 본능과 학습은 행동 발달에서 상호작용할 것이다

동물은 새의 노래 발달의 경우에서처럼 아마도 선천적으로 행동 발달 과정에서 학습을 유도하는 유전적 견본을 가지고 있는 것 같다. 쌍생아에 관한 연구는 사람의 행동에서 유전자와 환경 모두의 역할이 필요함을 밝혔다.

48.6 동물의 인지

일부 동물은 인지적 행동을 보이고 새로운 자극에 대한 해결책을 찾을 수 있다(**그림 48.11**과 **48.12**).

48.7 방향 정위와 이주 행동

■ **이주는 개체군들의 장거리 이동과 관련되어 있다**

■ **이주하는 동물은 방향 정위와 길을 찾는 능력을 가져야 한다(그림 48.15)**

방향 정위는 동물이 천체 정보 또는 지구 자기장과 같은 환경 자극을 따라 이동하는 기작이다. 항법은 방향 정위와 일종의 지도에 기초한 경로를 따라가는 것이다. 동물에서 지도의 본질은 아직 밝혀지지 않았다.

48.8 동물의 의사소통

■ **성공적인 번식은 적절한 신호와 반응에 달려 있다**

구애 신호는 보통 종 특이적이고 다른 종을 인식하는 생식 격리를 가능하게 한다(**그림 48.18**).

■ **의사소통은 그룹 구성원 간의 정보 교환을 가능하게 한다(그림 48.19 및 48.20)**

48.9 행동과 진화

자연선택은 변이가 있을 때 진화적인 변화를 이끌 수 있고, 다음 세대에 물려줄 수 있으며, 적응도의 차이를 유발한다.
계통발생론은 행동의 진화적 역사를 이해하는 데 이용될 수 있다.

48.10 행동생태학

■ **먹이찾기 행동은 에너지 섭취와 개별 개체의 적응도에 직접적인 영향을 미칠 수 있다**

자연선택은 에너지 섭취의 비용을 최소화하면서 성공적 번식을 최대화 하는 최적섭식전략을 선호한다.

■ **세력권 보유의 이익이 비용을 초과할 경우 세력권 행동이 진화한다**

48.11 생식 전략

■ **짝짓기 시스템은 부모가 자손을 돌보는 능력을 반영하고 생태계의 영향을 받는다**

짝짓기 시스템은 일부일처, 일부다처, 다부일처 등이 있다. 이는 생태적 영향을 받았으며 자손이 요구하는 것에 의해 제한된다.

■ **몇몇 일부일처 종에서 짝외교미가 적응도를 높인다**

한 수컷이 여러 암컷과 교미하는 것은 큰 번식 성공을 가져온다. 암컷은 여러 수컷과 교미를 통하여 여러 측면에서 이득을 얻는 것 같다.

■ **자연선택은 때때로 다른 짝짓기 전략을 선호한다**

매우 큰 적응도를 야기하는 모든 행동은 진화한다.

48.12 이타주의

■ **상호주의 이론은 관련 없는 개체들 사이의 이타성을 설명한다**

참여자 모두는 상호 이익을 교환하는데, 이익을 공유하지 않는 참여자는 미래에 도움을 받지 못한다.

■ **혈연선택 이론은 이타주의에 직접적인 유전적 이점을 제안한다**

혈연선택은 친족 개체들의 번식 성공률을 높이고 혈연에 의해 공유된 대립유전자의 빈도를 높임으로써 개체 각각의 포괄적응도를 높일 수 있다.
개미류, 벌류, 말벌류는 반수배수성 번식을 함으로써 높은 수준의 유전자 공유가 가능하게 된다.

48.13 집단 생활과 동물 사회의 진화

사회 체계는 한 집단이 상호 협동적 방식으로 조직화된 것이다.

■ **곤충 사회는 특화된 사회계층을 포함하는 효율적인 군집을 형성한다(그림 48.34)**

사회생활을 하는 곤충의 사회는 집단을 유지하거나 번식하는 데 특화된 서로 다른 계층으로 구성되어 있다.

■ **척추동물 사회의 구조는 생태계와 관련된다**

척추동물 사회 시스템은 곤충 사회와 비교해서 엄격하게 조직화되어 있지 않고 응집력이 약한데, 먹이의 가용성과 포식 등에 영향을 받는다.

연습문제

■ 1단계: 이해력 확인하기

1. 핵심자극, 선천적 분비 기작, 고정된 행동양식은 무엇인가?
   a. 학습되는 행동과 관련된 기작이다.
   b. 본능적인 행동으로 구성된다.
   c. 궁극원인이라는 개념으로 설명될 수 있는 행동이 관여한다.
   d. 자연선택과는 무관한 행동들이 관여한다.

2. 작동적 조건형성은 무엇인가?
   a. 보상 또는 처벌을 줌으로써 동물이 특정 행동을 학습한다.
   b. 동물이 조건적 반응을 보이는 무조건 자극과 연관된다.
   c. 학습이 불필요하다.
   d. 적절한 반응에 습관화가 필요하다.

3. 새의 노래 발달 과정에 대한 연구에서 밝혀진 것은 무엇인가?
   a. 종 특이적인 노래 습득은 후천적이다.
   b. 이 행동에는 유전적 견본과 학습이 관여한다.
   c. 노래 획득은 연합학습의 한 예이다.
   d. a, b, c 모두 맞다.
4. 차를 운전하여 목적지에 갈 때 행인에게 길을 묻는 것(예를 들면, "다음 신호등에서 우회전, 4블록 가서 좌회전....")과 지도를 이용하는 것의 차이는 다음 중 무엇인가?
   a. 각각 항법과 방향 정위 간의 차이
   b. 각각 학습과 이주 간의 차이
   c. 각각 방향 정위와 항법 간의 차이
   d. 왜 새가 방향 정위를 할 수 없는가 하는 이유
5. 동물의 구애 의사소통에 대한 설명으로 옳은 것은?
   a. 신호 자체가 항상 종 특이적이다.
   b. 신호는 종의 정체성을 전달한다.
   c. 자극-반응 사슬이 관련되어 있다.
   d. 구애신호는 수컷에서만 생성된다.
6. 행동생태학은 어떤 특징을 띠는가?
   a. 모든 행동적 형질은 본능이다.
   b. 학습은 행동 결정에서 우선적인 것이다.
   c. 모든 행동적 형질은 자연선택을 받는다.
   d. 행동적 특성은 적응도에 영향을 주지 않는다.
7. 최적섭식이론의 설명으로 적절한 것은 무엇인가?
   a. 개체들은 단위 시간당 에너지 습득을 최소화한다.
   b. 최적의 먹이 선택에서 유일한 기준은 먹이의 에너지 함량이다.
   c. 최적의 먹이 선택에서 유일한 기준은 먹이를 얻는 데 걸리는 시간이다.
   d. 먹이가 높은 에너지를 가지지만 얻는 데 시간이 너무 많이 걸린다면 에너지 함량이 적은 것에 비하여 가치가 떨어진다.
8. 암컷의 입장에서 짝외교미의 영향은 무엇인가?
   a. 암컷에게는 늘 불리한 것이다.
   b. 수컷의 지원을 받는 것과 관련된 하나의 방식이 될 수 있다
   c. 난자의 수정을 드물게 유도하기 때문에 암컷의 적응도에 중요하지 않다.
   d. 짝외교미의 상대 수컷이 정교한 2차 성적 특징을 가질 때만 이득을 얻을 수 있다.
9. 반수배수체의 성결정에서 수컷은 어떠한가?
   a. 반수체
   b. 2배체
   c. 불임
   d. 벌은 단일 성 집단이어서 수컷이 없음
10. 혈연선택설에 따르면, 다음 중 누구의 목숨을 구하는 것이 여러분의 포괄적응도가 가장 적게 증가하는 것인가?
    a. 어머니 b. 형제
    c. 처제 d. 조카딸
11. 이타주의에 대한 설명으로 적절한 것은 무엇인가?
    a. 상호주의를 통해서만 기능하다.
    b. 혈연선택을 통해서만 가능하다.
    c. 집단선택에 의해서만 설명될 수 있다.
    d. 주어진 행동으로 적응도에 대한 이익이 비용에 비해 클 때만 일어난다.

■2단계: 적용력 평가하기

1. **그림 48.25**를 보자. 실제로 바닷가에 사는 게가 먹는 홍합의 크기 자료는 최적섭식이론에서 예측된 크기보다 작았다. 왜 그런지에 대한 가설을 만들어 보고, 그 가설을 검증하기 위해서 필요한 실험은 무엇인지 제안하시오.
2. **그림 48.27**을 보자. 6쌍의 새가 자신의 세력권에서 제거된 후 새로운 4쌍의 새가 날아와 자신의 세력권으로 삼았다. 이 새로운 쌍들은 어디에서 왔을까? 주변에서 자신의 영역을 그대로 유지하던 다른 새들은 자신의 영역을 다소 넓혔고, 새로 들어온 새들은 떠난 새들이 가졌던 원래의 영역보다 다소 작은 영역을 차지하게 되었다. 왜 그런지 설명해 보시오.
3. 이타적 행동은 자신이 손실을 입어도 다른 개체에게 이익을 주는 행동을 말한다. 이타적 행동이 진화될 수 있었던 이유에 대한 두 가지 가설이 있는데, 이는 '혈연선택'과 '상호주의'이다. 야생에서 관찰한 결과가 이 두 가지 중 어느 것에 해당하는지 알 수 있는 방법은 무엇인가? 자연선택 관점에서 이타적 행동은 그 행동을 하는 개체에 손실을 가져다주는 것일까?

■3단계: 사고력 함양하기

1. 침을 쏘거나 독성물질을 가지고 있는 곤충들은 종종 몸 색깔이 검은색과 노란색인 경우가 많고, 결국 많은 곤충 포식자들은 이런 색깔을 가진 곤충들을 잘 먹으려 들지 않는다. 특정 곤충을 회피하는 이러한 행동이 타고난 것인지, 아니면 학습에 의한 것인지 어떻게 결정할 수 있을까? 만약 회피가 학습되는 것이라면, 관련된 학습 기작을 어떻게 결정할 것인가? 피식자 곤충에게 검은색-노란색이 적응에서 어느 정도의 중요성을 가지는 것을 어떻게 측정할 수 있겠는가?
2. 행동유전학은 초파리와 같이 잘 알려진 실험동물들을 연구 재료로 사용하여 유전자가 어떻게 행동을 조절하는지에 관한 원리를 파악하고자 하는 목적을 지닌 분야로, 최근 급격한 발전을 이루었다. 이 모델 시스템을 이용한 접근이 가지는 장점과 단점은 무엇인가? 이러한 실험동물을 대상으로 연구해서 얻게 되는 결과들이 다른 동물에 적용될 수 있음을 어떻게 결정할 수 있겠는가?
3. 한 마리의 암컷 새가 살기 위한 장소로 어느 한 수컷의 영역을 선택했다면, 왜 이 암컷은 그 영역의 수컷 이외에 다른 수컷들과도 교미할까?

49 개체와 개체군의 생태학

도입

생태학은 생물과 생물 또는 생물과 환경의 관계를 연구하는 학문 분야로서 복잡하지만 흥미롭고 인간사회를 위해 매우 중요한 연구 분야 중 하나이다. 이번 장에서는 전반적인 생태학적 원리를 알아보기 위해 생물이 어떻게 환경에 반응하며, 이 반응이 개체군의 특성에 어떤 영향을 주어 개체군의 행태를 변화시키는지에 대해 알아본다. 다음 장에서는 다양한 생물종이 공존하고 있는 군집과 그들 사이의 상호작용을 알아보고, 전체 생태계와 생물권의 기능을 알아본 다음, 지구 전체적인 문제와 현재 인류가 당면하고 있는 과제들에 대해 알아본다.

49.1 환경의 도전

학습 목표

1. 생물체들이 서식 환경에서 직면하는 도전을 열거할 수 있다.
2. 개체들이 환경 변화에 반응하는 방식에 대해 서술할 수 있다.
3. 개체들이 환경 조건에 적응하는 방식에 대해 설명할 수 있다.

물리적 환경과 그의 특징은 특정 기후나 지역에 사는 생물들의 종류를 결정하는 요인이 되는데, 중요한 물리적 환경 요소로 다음과 같은 것들을 들 수 있다.

온도: 대부분의 생물은 좁은 온도 범위에 적응되어 있기 때문에 그 온도 범위보다 높거나 낮은 온도에서는 잘 살지 못한다. 생장기의 식물은 특히 온도에 민감하다.

물: 모든 생물의 생활에는 물이 필요하다. 많은 육상 환경은 물이 풍부하지 않기 때문에 강수량이 생물의 서식 환경을 결정하는 주요 원인이 된다.

햇빛: 거의 모든 생태계는 광합성으로 포획된 에너지에 의존하기 때문에 태양광의 유용성이 생태계가 유지할 수 있는 생물량에 영향을 줄 수 있다. 특히 해수면 아래 생태계에서는 더욱 그렇다.

토양: 토양의 물리적 안정성, pH, 질소나 인과 같은 무기질은 식물의 생장을 좌우할 수 있는 중요한 요인이다.

그림 49.1 수분 획득을 위한 노력.
서남 아프리카의 나미브(Namib) 사막에 서식하고 있는 딱정벌레의 일종인 *Onymacris unguicularis*가 복부를 위로 들어올려 주변 안개로부터 수분을 모으고 있다. 이렇게 모은 수분은 방울이 되어 몸을 타고 내려와 입으로 들어간다.

생물 개체는 다양한 환경을 접해도 체내 환경을 큰 변화 없이 일정하게 유지할 수 있는 **항상성**(homeostasis)의 능력을 가진다. 즉, 생물은 능동적으로 생리적, 형태적, 행동적 과정을 변화시켜 항상성을 유지하고 있다. 예를 들어, **그림 49.1**의 딱정벌레(beetle)는 주위 수분의 양이 급격히 변화하는 환경에서 항상성을 유지하기 위해 특이한 행동을 한다. 어떤 동물과 식물들은 주변의 온도, 염도 등 환경 변화에 스스로 자신의 몸과 생리적 기능을 적응하기만 하는데, 이런 생물들을 순응자(conformer)라고 부른다.

환경 변이에 대한 반응은 단기적일 수도 장기적일 수도 있다. 여기서 단기적이란 개체가 짧게는 몇 분에서 길게는 살아가는 동안 환경 변화에 대처하는 방식을 말한다. 장기적이란 주어진 환경에 더욱 잘 적응하는 개체가 살아남아 이들만의 개체군이 만들어지는 자연선택(natural selection)의 과정을 의미한다.

생물은 그들이 생존하는 동안 환경 변화에 반응하는 능력이 있다

생물은 하루 동안, 한 계절 동안 혹은 일생에 걸쳐 그 개체가 견딜 수 있는 범위 내의 변화에 대처하며 살아가고 있다. 생물들은 그렇게 대처할 수 있는 생리적, 형태적 그리고 행동 능력을 지니고 있는데, 이러한 능력들은 오랜 기간 특정 환경에 적응하며 정착된 자연선택의 결과이기 때문에 서식하던 환경을 떠나 다른 환경에서 사는 것은 쉽지 않다.

생리적 반응들

많은 생물들은 생리적 조절을 통해 환경의 변화에 반응할 수 있다. 예를 들어, 사람들은 더우면 땀을 흘리고, 증발되는 수분을 통해 열을 방출하여 몸을 식힌다. 아주 높은 산에 올라가는 사람은 처음에는 낮아진 기압과 산소량 때문에 가슴이 두근거리고 구역질, 고열, 두통 등으로 고생하기도 하며, 정신이 혼미해지고 심한 경우 폐수종(pulmonary edema) 등의 심각한 고산병을 경험하지만, 수일이 지나면 여러 가지 생리적 변화를 통해 차츰 괜찮아진다(**표 49.1**).

표 49.1	**높은 고도에서 생리적 변화**
호흡 속도가 증가한다.	
적혈구의 생산 증가로 혈액내 헤모글로빈의 양이 증가한다.	
헤모글로빈 결합 능력의 감소로 조직 내에서의 산소 해리 속도가 증가한다.	
미토콘드리아, 모세혈관, 근육 마이오글로빈의 밀도가 증가한다.	

일부 곤충은 겨울철에 체내 글리세롤(glycerol)을 혈액에 첨가하여 혈액이 어는 것을 방지할 수 있고, 또 다른 곤충은 저장된 체내 글리코젠을 알콜로 전환하여 세포막이 얼지 않도록 하는 능력을 가지고 있다.

형태적 능력

추운 환경에 서식하는 동물들은 일정한 체온을 유지하기 위해 에너지 소비를 최소화하도록 적응되어 있다. 포유동물의 겉 가죽은 겨울에 훨씬 두꺼워져 체온을 유지하는 단열효과를 높인다(**그림 49.2**). 늑대의 털은 여름보다 겨울에 3배는 더 두꺼워지고, 단열효과는 2배 더 높아진다.

환경조건에 반응하여 형태를 바꾸는 생물의 능력은 꽤 광범위하다. 예를 들어, 식물은 수분이 부족한 곳에서는 뿌리를 넓게 퍼트리고 그늘진 곳에서는 잎을 크게 키운다. 동물 역시 그들의 신체에 변

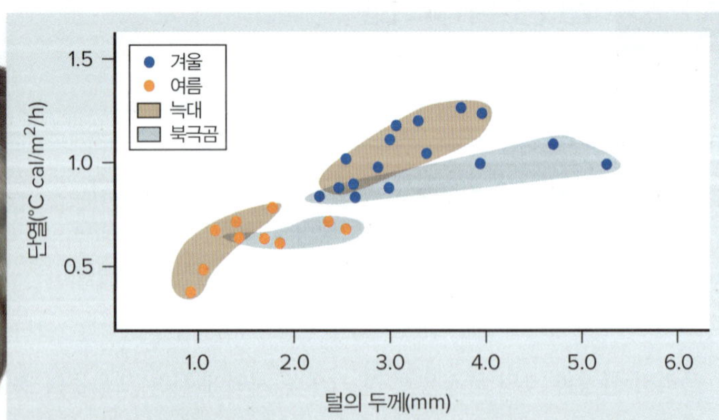

그림 49.2 형태적 적응.
북미지역 포유동물의 털 두께는 단열효과에 중요한 영향을 미친다.

화를 주기도 한다. 포식자의 출현에 반응하여(일반적으로 냄새로 발견) 달팽이는 등껍질을 두껍게 만들고 물벼룩은 뾰족한 가시를 만들고 올챙이는 헤엄을 잘 치기 위해 두꺼운 꼬리를 만든다.

동일한 유전자형이 다양한 표현형을 만들어 내는 능력을 **반응규격**(norm of reaction)이라고 한다. 반응규격의 존재는 몇 가지 중요한 결과로 이어진다. 이러한 유연한 표현형은 한 종이 다른 환경에서 발견되는 경우 매우 유용하다. 특히, 이동하거나 쉽게 움직일 수 없는 정주형 동물에게 더욱 유용하다. 하지만 이 개체 간의 표현형의 다양함이 유전적 차이에서 오는 것이 아니라는 것을 유념해야 한다. 개체들은 유전적으로는 동일하더라도 다른 환경에서 생장할 수 있다. 물론, 이러한 표현형의 차이는 유전자에 의해 전달되지 않기 때문에 다음 세대에 나타나지 않는다.

만약 이러한 표현형의 유연함이 도움이 된다면, 왜 모든 특성들이 이렇게 유연하지 않을까? 당연하게도 그러한 유연함은 비용이 들기 때문이다. 유전적으로 한 가지 종류의 표현형을 가지도록 되어 있는 개체들은 다양한 반응규격에서 오는 이점들을 상쇄할 수 있는 장점을 가진다. 이것이 최근에 활발히 연구되고 있는 분야이다.

그림 49.3 행동적 반응.
푸에르토리코의 도마뱀(*Anolis cristatellus*)은 자주 햇볕에 나가 일광욕을 하는 방법으로 체온을 높인다. 그러나 그늘진 숲에서는 이런 행동이 불가능하기 때문에 체온을 주변 온도와 비슷하게 유지시키는 행동적 반응을 나타낸다.

탐구문제 주어진 조건하에서, 도마뱀은 몸의 생리적 기능을 최적화할 수 있는 온도를 유지하기 위해 그들의 체온을 조절한다. 그렇다면 햇빛에 노출된 서식지에서의 도마뱀과 그늘진 숲에서의 도마뱀의 회피행동은 다르게 나타나겠는가?

자료 분석 그래프 내의 직선의 기울기는 도마뱀 행동에 대해서 무엇을 말해주는가?

행동적 반응

환경이 변화하면 동물들은 다른 서식지를 찾아 나섬으로써 부적절한 환경을 벗어날 수 있다. **그림 49.3**에서 볼 수 있듯이, 열대 도마뱀류는 햇볕과 그늘 사이를 오가며 체온을 유지한다. 그러나 깊은 숲에 서식하는 도마뱀은 행동으로 체온을 조절하는 데 한계가 있기 때문에 주변 환경의 온도에 체온을 맞추는 순응자로 생활하게 된다.

이러한 행동적 적응이 매우 극단적인 경우도 있다. 북아메리카의 사막에 사는 빨판두꺼비(*Scaphiophus* 속)는 매년 땅속 1 m 깊이까지 파고 들어가 9개월간 머무르며 대사율을 크게 낮춘 채 몸에 저장된 지방에 의존하여 산다. 습도가 높고 시원한 계절이 오면 땅속에서 나와서 번식을 시작한다. 새로 태어난 어린 빨판두꺼비는 신속히 성숙한 다음 다시 땅속으로 들어간다.

자연선택은 주어진 환경 조건에 진화적으로 적응하도록 이끈다

한 개체가 지닌 생리, 형태, 행동을 변화시키는 능력은 자연선택의 결과로 생긴 일종의 진화적 적응이다. 자연선택의 결과는 서로 다른 환경에서 사는 비슷한 종들을 비교하면 확인할 수 있다. 예를 들면, 이미 언급한 바와 같이 사람들은 높은 고도에 생리적으로 순응할 수 있을 뿐 아니라 몇 집단은 높은 고도에 적응하도록 진화하였다. 유전학 연구에 따르면 높은 고도에 사는 사람들은 그 환경에 더 잘 적응하기 위하여 최근까지도 유전적 변화를 통해 진화해왔다고 보고되었다. 이러한 연구들은 최근 인간 개체군(human population)에 대한 자연선택이 작용한 좋은 증거이다.

고산지대에 사는 대부분의 티베트인들의 산소흡수 관련 유전자에 2개의 특수 변형 유전자가 있다는 것을 예로 들 수 있다. 이러한 유전변이는 낮은 고도에 사는 사람들에게는 거의 나타나지 않는다. 이 결과는 자연선택이 매우 짧은 시간 동안 높은 빈도의 유전적 변이를 만들어 냈다는 것을 보여준다. 티베트인이 히말라야에 살기 시작한 것은 단 몇 천 년도 되지 않았기 때문이다. 연구자들은 최근 산소흡수와 전달에 이 개체군에서 최근 진화된 또 다른 유전적 변이를 발견하기도 했다.

한 종 내에서 개체군들뿐만 아니라, 계통적으로 가까운 종들도 그들이 서식하는 특정 환경에 매우 잘 적응하여 진화해왔다. 예를 들어, 서로 다른 기후에서 사는 동물들은 여러 가지 차이를 보인다. 그 실례로 추운 기후에 사는 포유동물은 열손실이 일어나는 표면적을 줄이기 위해 귀나 다리 등 말단 부위가 짧아지는데 이를 **"앨런의 법칙**(Allen's rule)"이라고 한다. 서로 다른 기후에 사는 도마뱀들은 온도에 대한 생리적 적응 방식이 다르다. 사막 도마뱀의 경우 북유럽

도마뱀은 도저히 살 수 없는 고온에서 아무렇지 않게 살 수 있지만, 북유럽에 사는 도마뱀은 사막 도마뱀이 절대로 다닐 수 없는 낮은 온도에서도 잘 다니면서 먹이를 잡아먹을 수 있다.

물이 거의 존재하지 않는 곳에서 완벽하게 적응한 생물종들도 있다. 잘 알려진 낙타와 같은 사막의 동물은 물을 마시지 않고도 오래 걸을 수 있다. 믿기 어려운 일이지만 사막 기후에 적응한 개구리도 있다. 대부분의 개구리는 물이 쉽게 투과할 수 있는 축축한 피부를 가지기 때문에 건조한 곳에서는 살지 못한다. 하지만 사막 개구리들은 특수 샘에서 왁스 물질을 분비하여 피부를 통한 수분 손실을 95%까지 막아내기 때문에 물의 공급 없이 건조한 기후에서 서식할 수 있다.

이런 환경에 대한 적응력은 실험으로도 확인할 수 있다. 예를 들어, 대장균 균주를 고온(42°C)에서 배양하면 시간이 지나면서 먹이를 이용하는 속도가 증가한다. 약 2000세대 뒤에 대장균들의 평균 먹이 이용 속도는 처음보다 약 30% 이상 증가한 수치가 된다.

핵심 요약 49.1

생물에게 환경적 요인은 온도, 물, 햇빛의 유용성 그리고 토양의 질 등이 있다. 환경이 변화하면 생물들은 생리적, 행태적, 행동적 반응들을 보인다. 환경 적응력은 시간에 따라 개체군에게 영향을 미치기도 한다.

■ 시간이 지날수록 따뜻해지는 환경에서는 생물들이 어떤 반응을 보일까?

49.2 개체군: 특정 지역에 존재하는 단일 종 집단

학습 목표

1. 개체군과 다개체군을 비교하여 설명할 수 있다.
2. 종의 지리적 분포 범위가 시간이 흐르며 변화하는 원인에 대해 설명할 수 있다.

모든 생물들은 같은 시간, 같은 지역에 존재하는 단일 종 개체들의 모임인 **개체군**(population)의 일원으로 살아간다. 여기에서는 개체군의 생장과 쇠퇴 그리고 그 속도에 초점을 맞추어 개체군의 특성에 대해 알아본다. 최근 몇 세기 동안 폭발적으로 증가한 인구 증가도 하나의 중요한 예가 될 것이다.

그림 49.4 악마의 구멍에 사는 송사리과 물고기(*Cyprinodon diabolis*). 이 물고기는 지구상에 존재하는 척추동물 중 가장 좁은 분포 범위를 가지고 있다.

개체군이란 좁은 의미와 넓은 의미로 정의될 수 있다. 지구의 인구, 흰개미의 소화기관에 서식하는 원생생물의 집단, 어느 숲에 사는 사슴 집단 등을 모두 개체군으로 정의할 수 있다. 또한 개체군은 산악지대, 호수에 서식하는 송어 집단처럼 경계가 분명한 경우도 있고, 이 숲과 저 숲을 쉽게 뛰어다니는 사슴처럼 경계가 불분명한 경우도 있다.

개체군 생태학에서는 (1) 개체군이 차지하는 범위, (2) 범위 내에서 개체군이 차지하는 분포 양상, (3) 개체군의 크기와 시간에 따른 변화가 중요한 3가지 특징이다.

개체군은 제한된 지리적 범위 안에 국한되어 있다

전 세계에 걸쳐 모든 서식지에 널리 분포하는 개체군은 절대로 존재할 수 없다. 대부분의 종은 제한된 지리적 범위 안에 국한되어 있으며, 어떤 종은 좁은 곳에서만 발견되기도 한다. 그 예로 **그림 49.4**에서 보는 작은 송사리과 물고기(Devil's hole pupfish)는 미국 네바다주 남쪽에 있는 어느 한 작은 샘물에서만 발견되는 종이다. 그리고 소코로 등각류(*Thermosphaeroma thermophiles*)는 뉴멕시코의 한 샘물에서 산다. 그에 비해 돌고래류 중 가장 흔한 종인 *Delphinus delphis*는 전 세계의 모든 주요 바다에서 쉽게 발견된다.

앞에서 살펴본 것처럼 생물은 사는 곳의 환경에 적응해야 한다. 북극곰은 북극의 저온에 견디도록 적응되어 있으며, 어떤 원핵생물은 옐로스톤국립공원 온천의 끓는 물에서도 살 수 있다. 각 개체군은 특정 온도, 습도, 먹이 등이 서식의 필수 조건들이며, 이러한 조건이 맞아야 번식하며 살 수 있다. 물리적 환경 요건뿐 아니라 다른 생물인 포식자(predators), 경쟁자(competitors), 기생자(parasites) 등도 개체군의 서식에 영향을 미칠 수 있다.

이러한 분포 범위는 시간이 지남에 따라 확장하기도, 축소하기도 한다

개체군의 분포 범위는 시간이 지남에 따라 변화하는데 이는 크게

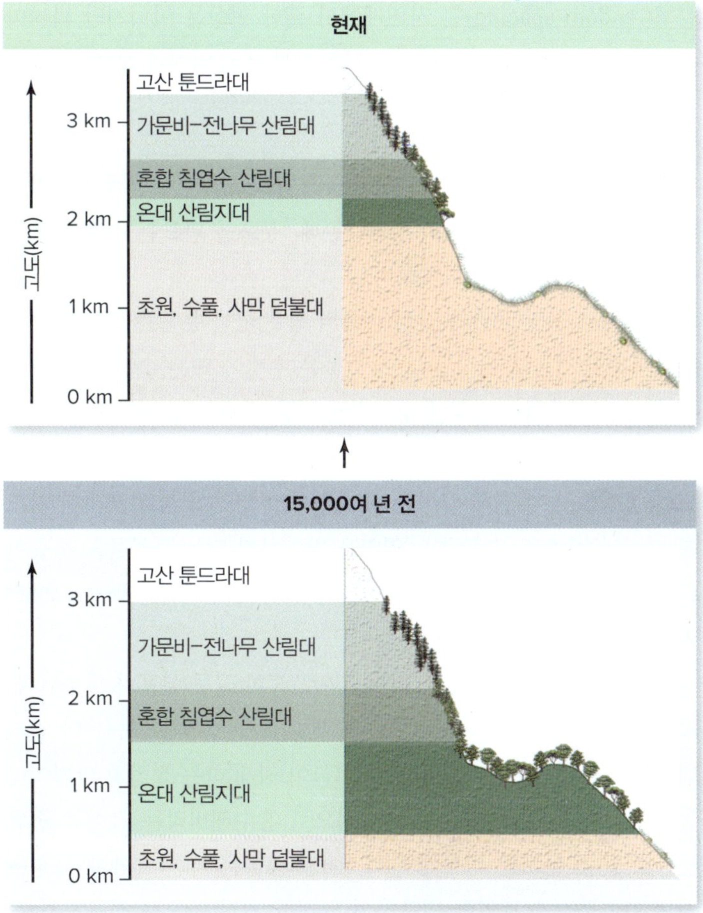

그림 49.5 북아메리카 남서부 산악지역에서 고도의 변화에 따른 개체군의 분포 범위. 15,000년 전의 빙하기는 오늘날보다 추웠다. 기후가 따뜻해지면서 추운 온도에서 잘 자라는 나무 종은 고도가 높은 곳에서만 서식할 수 있게 되었다.

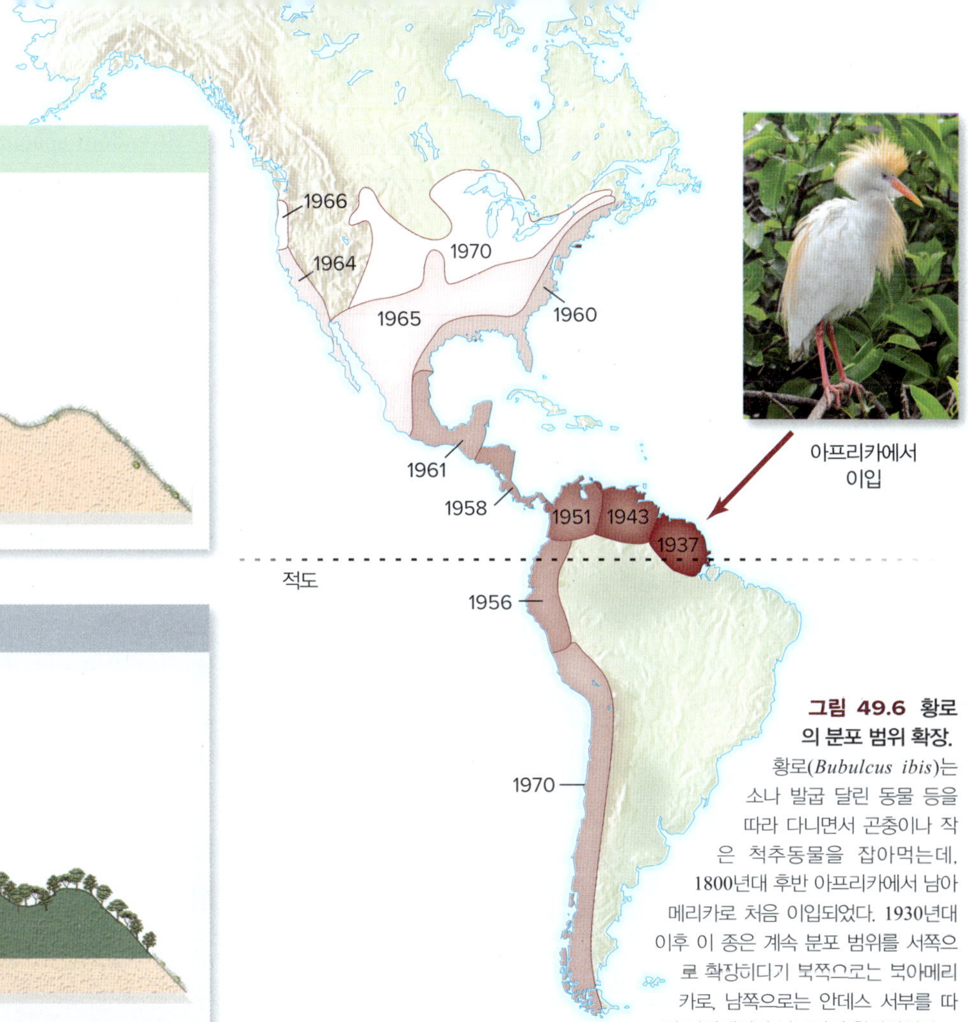

그림 49.6 황로의 분포 범위 확장. 황로(*Bubulcus ibis*)는 소나 발굽 달린 동물 등을 따라 다니면서 곤충이나 작은 척추동물을 잡아먹는데, 1800년대 후반 아프리카에서 남아메리카로 처음 이입되었다. 1930년대 이후 이 종은 계속 분포 범위를 서쪽으로 확장하다가 북쪽으로는 북아메리카로, 남쪽으로는 안데스 서부를 따라 남아메리카 남부까지 확장하였다.

2가지 이유 때문이다. 첫 번째 이유는 바로 환경 변화이다. 그 예로 약 10,000년 전 빙하기 말에 빙하가 후퇴하면서 북아메리카의 여러 식물과 동물 개체군은 북쪽으로 확장되었다. 그와 동시에 기후가 따뜻해지면서 생물의 종들은 이들이 살기 적합한 고도로 이동하였다(**그림 49.5**).

개체군이 이전에는 분포하지 않았던 지역으로 분포 범위를 확장할 수도 있다. 예를 들면, 황로(cattle egret)는 아프리카가 원래 서식지인데, 1800년대 후반에 3500 km나 되는 대서양을 횡단해 남아메리카 북부에 처음 나타났다. 황로들은 강한 바람을 타고 대서양을 건넌 것으로 추정되고 있는데, 그 후 분포 범위를 확장하여 현재는 미국 대부분의 지역에서 발견되고 있다(**그림 49.6**).

인간의 영향

인간의 활동으로 환경이 파괴되고 변화되면서 많은 종(특히 코요테 같은 종)들은 서식 영역을 그들이 원래 살지 않던 지역까지 확대해 나가고 있다. 게다가 인간은 많은 종들의 분산을 도와주는 운반체 역할을 하기도 한다. 사람들이 특정 종을 이식하거나 이식된 종이 새로운 환경에서 빠른 속도로 번식하여 우점종이 된 예도 있다(WEB7장 참조). 그 실례로 셰익스피어가 작품에서 언급한 모든 종류의 새들을 알리기 위해 1896년 뉴욕으로 100마리의 찌르레기가 도입되었다. 이 개체군은 점차적으로 확산되어, 1980년 조사 결과 이 찌르레기가 미국 전역에 분포하는 것으로 나타났다. 수 많은 동물과 식물 개체군이 인간의 손에 의해 지리 이동을 하고 그 예는 해마다 증가하고 있다. 불행하게도 이렇게 이입되는 개체군이 성공적으로 번성할수록 원래 그 지역에 있던 다른 개체군이나 군집들은 점차 쇠락해 갈 수밖에 없다.

분산의 기작

개체들이 다른 지역으로 이동하는 방식은 여러 가지가 있다. 대륙에서 멀리 떨어진 외딴 섬에 사는 도마뱀들은 어떻게 그곳에 정착하였을까? 놀랍게도 알 자체가 물에 떠서 이동했거나 떠다니는 식물체가 알들을 그 섬으로 이동시킨 예도 있다. 포유류인 박쥐들은 날아서 외딴 섬에 정착할 수 있다.

그림 49.7 식물 종자의 적응.
종자들은 여러 가지 산포 방법을 진화시켜 왔다. 일부 종자는 바람에 날려 먼 거리를 날아가 정착하며, 부착 과일이나 육질과에 들어 있는 종자는 동물에 의해 산포되기도 한다.

식물의 종자는 대부분 분산에 아주 적합한 형태를 가지고 있는데(**그림 49.7**), 바람을 타고 이동할 수 있는 종류가 있는가 하면, 동물의 가죽이나 깃털에 잘 붙어 멀리 이동하는 종류도 있고, 포유류나 조류의 먹이가 되어 소화기관을 거쳐 배설한 자리에 싹을 틔우는 경우도 있다. 겨우살이(*Arceuthobium*)의 경우 열매의 아래쪽이 터지면서 튕겨져 나가는 방식으로 분산할 수 있다. 종자가 아주 먼 지역까지 퍼지면서 새로운 곳으로 집단을 번성시킬 확률은 높지 않지만, 긴 시간을 고려한다면 이러한 방식으로 겨우 이주한 몇몇 종자들이 성공적으로 번성하여 현존하는 많은 식물의 분포를 만들었을 가능성은 충분하다.

개체군 내에서 개체들은 다양한 공간 분포 패턴을 보인다

개체군 구조의 또 다른 주요 특징은 개체들의 분포 방식으로, 그 방법은 무작위적일 수도 있고, 균등할 수도 있으며, 여러 군(clump)을 형성하며 분포할 수도 있다.

무작위적 분포

개체군 내에서 개체들 간에 또는 개체들과 환경 사이에 강한 상호작용이 없을 때 개체들은 무작위적으로 분포할 수 있는데, 무작위적 분포(random spacing)는 자연계에서 흔한 현상은 아니지만 파나마 우림지역에 사는 몇 종의 나무는 무작위적 분포 양상을 보인다.

균등 분포

개체군 내에서의 균등 분포(uniform spacing)는 일반적으로 자원 확보를 위한 경쟁의 결과로 생겨나는데, 분포를 만드는 경쟁의 종류는 생물군에 따라 매우 다양하다.

48장에서 설명한 바와 같이 동물의 경우 균등 분포는 대개 행동적 상호작용의 결과로 나타난다. 동물들은 수컷이 또는 수컷과 암컷 모두가 자신의 영역을 강하게 방어하며 다른 개체의 접근을 막는다. 영역 내에는 주로 먹이나 물, 피신처, 배우자 등이 있고, 개체들은 불필요한 경쟁을 막기 위해 일정한 거리를 두고 영역이 서로 겹치지 않도록 자신의 영역을 구축한다. 영역을 방어하지 않는 동물들도 동종이든 타종이든 다른 동물들이 자신의 영역 안에 들어오는 것을 그다지 반기지 않는다.

식물에서도 자원을 위한 경쟁 결과로 흔히 균등 분포가 나타난다. 그 예로 조밀하게 자라는 식물들은 햇빛, 양분 그리고 물을 더 얻기 위해 경쟁한다. 이때 다른 식물에 그늘이 지게 하는 직접적 방법이나 공유 지역에서 물과 양분을 경쟁적으로 흡수해버리는 간접적 방법 등으로 균등 분포를 이루게 된다. 어떤 식물은 다른 개체에 독성을 주는 화학물질을 토양에 방출하여 일정한 거리 안으로 접근하지 못하게 한다. 이 모든 방법들은 개체들이 일정한 거리를 유지하면서 공존하는 균등 분포를 가능하게 하는 기작이 된다.

군상 분포

개체들은 자원의 불균등한 분포 때문에 무리를 이루면서 분포하는 경우가 있다. 특정 토양이나 습도 등의 환경 요소를 선호하는 생물일 경우 군상 분포(clumped spacing)를 가지는 경우가 흔하다.

사회적 상호작용도 군상 분포를 유발할 수 있다. 많은 동물들은 단순히 가족이 떼를 지어 다니거나 가족끼리 모여 역할을 분담하는 등 다양한 필요성 때문에 무리를 짓는 경우가 많다. 이렇게 무리를 짓게 되면 약한 동물은 포식자의 위험에서 보호받고, 같이 이동하면서 각종 환경의 저항과 도전을 비교적 적은 에너지로 견딜 수 있으며 중요한 정보를 얻기도 편하게 된다.

개체군을 자세히 살펴보면 대부분의 개체군에서 안쪽은 밀도가 매우 높지만 바깥쪽으로 갈수록 밀도가 낮아지는 것을 볼 수 있다. 개체군의 밀도가 다른 것은 환경 조건이 달라지기 때문인데, 개체군의 중심이 선호하는 특정 환경의 중심에 있고 바깥으로 갈수록 완벽한 환경 조건에서 멀어지기 때문이다. 개체군의 끝은 더 이상 개체들이 살 수 없는 환경 조건을 가진 경우가 많기에, 개체군 분포의 변두리를 형성하게 되는 것이다.

다개체군은 각 개체들을 때때로 교환하는 여러 개의 구별되는 개체군들로 구성된다

여러 개체군들이 서로 연결되어 개체들을 교환하면서 상호작용하는 경우가 흔하다. 이러한 개체군은 **다개체군**(metapopulation)이라고 정의하는데, 적합한 서식지가 작은 섬처럼 드문드문 떨어져 분포하고, 그 사이 공간은 서식공간이 아니거나, 이동이 쉽지 않아 각 서식지가 서로 밀접하게 연결되어 있지 않은 형태를 말한다.

분산과 서식지 점유

다개체군 안에서 개체군들이 상호작용을 하는 정도는 개체의 이동을 의미하는 분산(dispersal)의 정도에 따라 다르게 나타나고 이 관계가 항상 대칭적인 것은 아니다. 일반적으로 개체군의 크기가 커지면 개체군 내의 개체들이 떠나는 경향이 많아지고, 개체군의 크기가 줄어들면 떠나는 수보다 새로 이주해 오는 개체들이 많아지게 된다.

다개체군 지역 내에서 좋은 서식지들이 모두 한꺼번에 개체들에 의해 점유되는 것은 아니다. 개체군 내의 개체들은 전염병이나 산불, 병목현상으로 유전적 다양성이 심각하게 결여된 경우 등 여러가지 원인에 의해 절멸할 수 있다(18장 참조). 그러나 비어 있는 서식지는 다른 개체군들로부터 분산하는 개체들이 다시 점유하여 서식하게 된다. 주로 다개체군에서 서식하고 있는 서식지의 숫자는 "현재 점유하고 있는 서식지의 멸종률"과 "비어 있는 서식지가 점유되는 비율"에 의해 결정된다.

공급원-수용처 다개체군

다개체군에서 어떤 서식지는 장기간 개체군이 유지되기에 손색이 없을 정도로 풍부한 조건을 제공하지만, 어떤 서식지는 환경 요인 등이 불안정하여 제대로 유지되지 못하는 경우도 있다. 이런 개체군은 **공급원-수용처 다개체군**(source-sink metapopulations)이라고 하는데, 좋은 조건(source)에 서식하는 개체군은 열악한 조건(sink)의 서식지로 개체들을 이동하게 해준다. 열악한 조건에 서식하는 개체군들이 지속적으로 개체를 공급받지 못할 경우, 그 개체군은 마이너스 생장을 기록하게 되고 이것이 심화되면 개체는 절멸하게 된다.

다개체군의 역학적 변화의 대표적인 예는 핀란드의 표범나비(Granville fritillary butterfly)에서 볼 수 있다(**그림 49.8**). 학자들은 약 1600개 지역의 서식지에서 이들 개체군을 조사한 결과, 매년 200여 서식지의 개체군이 절멸하지만, 이들 중 114개 서식지가 새로운 개체들로 점유되는 것을 발견하였다. 개체군이 절멸하는 이유는 주로 개체군의 크기가 너무 작거나, 이입자(immigrants)를 받아들이기에 너무 격리된 지역에서 서식하는 개체군이거나, 이용할 자원이 많지 않거나(예를 들어, 초원에 꽃의 수가 너무 적음), 개체군의 유전적 다양성이 너무 낮은 경우 등으로 나타났다.

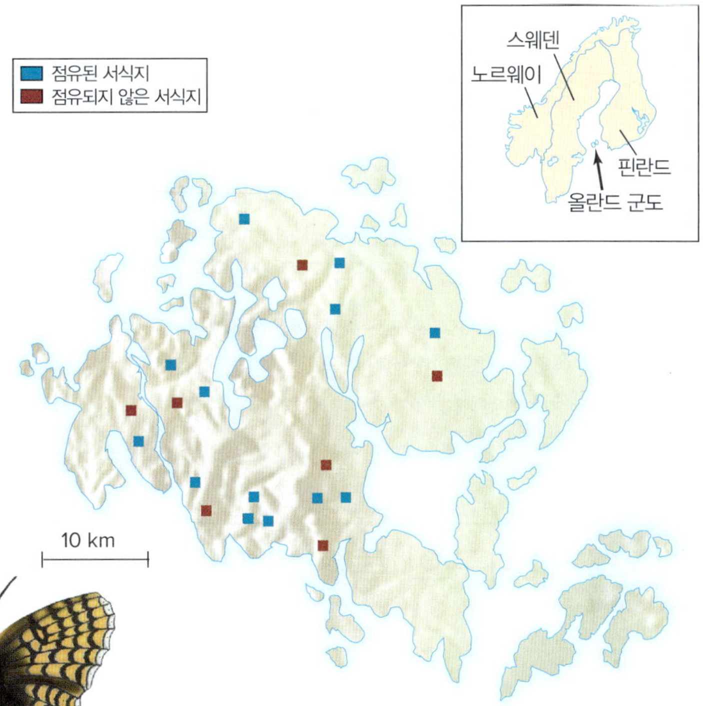

그림 49.8 나비의 다개체군.
핀란드 남서부에 있는 올란드 군도(Åland Islands)에서 표범나비(*Melitaea cinxia*)는 다개체군으로 존재한다. 아주 오랜기간을 존속할 만큼 큰 개체군은 없으나, 몇몇 개체군은 다른 개체군으로부터 개체들이 계속 이입되면서 존속할 수 있다. 또한 새로운 개체군이 계속 만들어지면서 기존 개체군의 절멸을 막아주곤 하는데, 근래에는 절멸의 빈도가 새로운 개체군 생성보다 많아지고 있다.

핀란드 표범나비를 연구한 학자들은 새로운 정착보다 절멸의 수가 많은 것은 매우 건조한 여름이 길게 이어지기 때문이라고 보았다. 스스로 존속할 수 있을 만큼 충분히 큰 개체군은 없었기 때문에, 핀란드 남서부의 종이 지속적으로 유지되기 위해서는 새로운 개체군이 계속 생기고 기존의 개체군이 이입자로 보충되는 다개체군 연결망의 지속적인 존재가 필요하다. 만약 여름처럼 좋지 못한 날씨가 지속된다면 이 핀란드 표범나비는 부분적으로 절멸할 수도 있게 된다.

다개체군은 종의 분포에 대한 2가지 중요한 의미를 가진다. 첫째, 빈 지역으로의 지속적 정착으로 절멸을 방지해 주는데, 이러한 분산이 없으면 각 개체군은 결국 사라지고 전 지역에서의 소멸이 발생한다. 두 번째, 공급원-수용처 다개체군으로 그 종은 더 넓은 지역을 점유할 수 있기 때문에, 자연서식지가 점차 작은 지역들로 파편화되어가는 요즘에 다개체군 연구는 보전생물학(conservation biology)에서 매우 중요한 분야라 할 수 있다.

> **핵심 요약 49.2**
>
> 개체군은 같은 시간, 같은 지역에 존재하는 단일 종 개체들의 모임이다. 개체군의 범위와 서식 영역은 시간이 지남에 따라 달라진다. 개체군들은 때때로 서로 연결되어 개체들을 교환하면서 상호작용하여 연결망을 구축하거나 다개체군을 이루기도 한다. 개체군 안에서 개체들의 분포 방식은 무작위적, 균등 또는 여러 군(clump)을 형성하며 분포할 수도 있다. 그리고 분포는 자원에 대한 접근성에 따라 결정되곤 한다.
>
> ■ 만약 개체군들이 서로 개체들을 교환할 수 없다면, 그 종의 지리적 분포는 어떻게 변화할까? 어떤 종류의 다개체군이 존재하는지에 따라 답은 어떻게 달라질까?

49.3 개체군의 특성과 역학

> **학습 목표**
>
> 1. 개체군통계학을 정의할 수 있다.
> 2. 한 종의 개체군통계학에 영향을 미치는 요인들에 대해 설명할 수 있다.
> 3. 생존곡선의 중요성에 대해 설명할 수 있다.

시간이 흐르면서 개체군의 역학적 특성은 여러 가지 요인에 의한 영향을 받게 된다. 그중에서 가장 중요한 원인은 성체(adults)와 어린 개체(juveniles), 그리고 젊은 개체(young)의 비율을 나타내는 연령 분포(age distribution)이다.

개체군통계학(또는 인구통계학, demography)이란 개체군의 양적인 특성과 변화에 대해 통계적인 연구를 하는 분야이다. 시간에 따른 개체군 변화 양상은 2가지 측면에서 연구가 가능하다. 하나의 개체군 전체를 포괄적 수준으로 보거나 개체군을 여러 부분으로 쪼개어 분석하는 방법이다. 포괄적 수준에서 개체군의 특성을 알아보려면, 전체 개체군이 커지는지, 작아지는지, 또는 일정한 상태로 유지되는지를 측정하는 것이 연구의 시작이 될 수 있다. 쉽게 말해, 출생자 수가 사망자 수보다 많아지면 개체군은 생장하고, 그 반대이면 줄어든다. 그러나 개체군을 여러 부분으로 쪼개어 살펴보고 싶다면 개체군을 연령별로 나누어 출생률과 사망률을 별도로 조사하는 방법을 취해야 한다.

성비와 세대기간은 개체군 생장 속도에 영향을 준다

개체군의 성비(sex ratio)는 개체군의 생장에 중요한 영향을 미친다. 한 개체군의 출생률은 보통 암컷의 수와 직접적인 관련이 있는데, 특히 하나의 수컷이 여러 암컷과 교배하는 일부다처 종의 개체군에서 출생률은 수컷의 수보다 암컷의 수가 매우 중요하게 작용한다. 많은 종들에게 수컷들은 암컷을 차지하기 위해 심한 경쟁을 하며, 수컷 무리 중 일부만이 암컷을 차지하는 특권을 누린다. 이런 끊임없는 경쟁에 의해 수컷들이 제거되기 때문에 성비는 암컷에 치우치는 경우가 많으며, 개체군의 변화에 별다른 영향을 미치지 않는다. 이와 달리 일부일처제(monogamous)의 종에서는 수컷의 수적 감소가 출

그림 49.9 몸의 크기와 세대기간 사이의 관계. 약간의 예외는 있으나 일반적으로 몸 크기가 큰 생물이 세대기간도 길다.

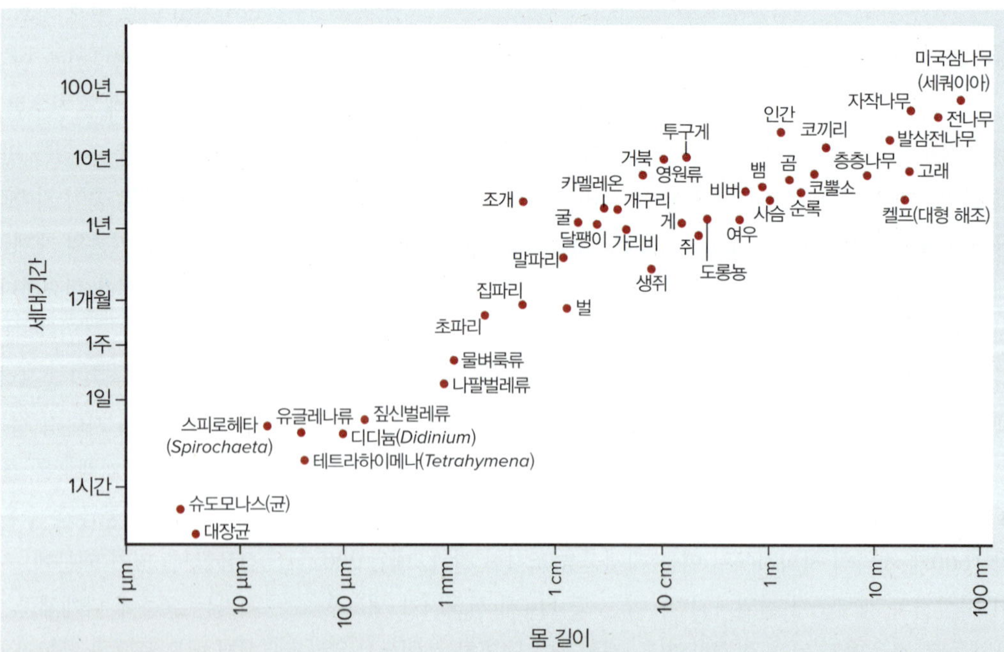

> **탐구문제**
> 만약 자원이 더 풍부해진다면, 개체군의 크기가 큰 종과 작은 종 중에서 어느 것의 개체군 크기가 더 빠르게 증가할 수 있겠는가?
>
> **자료 분석**
> 몸의 크기로 세대기간을 잘 유추할 수 있는가?

생 수 감소와 직접적인 연관이 있을 수 있다.

세대기간(generation time)은 한 개체의 출생과 그 자손의 출생 사이의 평균 간격으로 개체군 생장 속도에 중요한 영향을 준다. 종마다 세대기간은 큰 차이를 보인다. 몸의 크기 차이는 세대 간의 차이를 어느 정도 설명해 주기도 하는데, 코끼리의 한 세대는 대략 생쥐 100세대에 해당된다(**그림 49.9**). 그러나 작은 크기가 항상 짧은 세대를 뜻하는 것은 아니다. 그 예로 영원류(newts)는 생쥐보다 크기가 훨씬 작지만 세대기간은 더 길다.

일반적으로 세대가 짧은 개체군은 세대가 긴 개체군보다 크기가 증가하는 속도가 빠르다. 이와 반대로, 세대기간과 수명(life span)은 보통 밀접하게 관련되어 있으므로, 짧은 세대기간을 가지는 개체군에서 출생률이 갑자기 감소한다면 크기가 빨리 줄어들 수도 있다.

연령구조는 각 동령군의 상대적 개체수를 뜻한다

동일 연령의 개체들을 동령군(cohort)이라고 부르며, 대부분의 종에서 한 개체가 생식하거나 사망할 확률은 연령에 따라 다르게 나타난다. 그 결과 한 개체군 내에서 각 동령군은 각기 다른 출생률(birth rate)과 사망률(death rate)을 갖는다. 출생률은 **생식률**(fecundity rate)과 동일한 의미로 단위 시간 내에 생산된 자손의 수로 나타낼 수 있으며, **사망률**(mortality rate)은 이 기간에 사망한 개체 수로 나타낼 수 있다.

각 동령군의 상대적 개체 수를 개체군의 **연령구조**(age structure)라 한다. 서로 다른 동령군은 각각 다른 출생률과 사망률을 가지므로 젊은 개체의 비율이 높은 개체군은 신속히 생장하는데, 여러 개발도상국의 인구가 그 예이다. 반대로 개체군에서 늙은 개체들의 비율이 높다면 현재의 서부 유럽 국가들이나 일본과 같이 개체군의 크기는 감소하게 된다.

생명표는 출생부터 사망까지 한 동령군의 운명을 표로 나타낸 것으로 매년 생존과 번식의 가능성을 보여준다

자연계에서 개체군이 어떻게 변하는지 평가하기 위해서 생태학자들은 **생명표**(life table)를 이용한다. 생명표는 출생부터 사망까지 한 동령군의 운명을 표로 나타낸 것으로, 매년 태어나는 자손의 수와 사망하는 개체의 수를 보여준다. **표 49.2**는 초원 지역에 서식하는 초본인 새포아풀이라는 식물의 생명표를 분석한 예로, 843개체를 대상으로 얼마나 많은 개체가 정해진 기간 생존하고, 생존 개체가 얼마나 많은 자손을 낳는가를 보여주고 있다.

표 49.2에서 첫째 열은 동령군의 연령(연구 시작부터 3달 단위로 나타냄)을 나타내며, 둘째와 셋째 열은 생존 개체의 수와 아직 생존하고 있는 원래의 동령군의 비율을 나타낸다. 다섯째 열은 한 연령이 시작될 때는 생존했으나 이 연령이 끝날 때는 사망한 개체의 비율을 나타내는 **사망률**(mortality rate)을 보여준다. 일곱째 열은 각 생존 개체가 그 연령 동안 생산한 종자의 평균 수를 나타내고, 마지막 열은 원래의 동령군의 생존율에 비례해서 생산된 종자의 수를 나타낸다.

생명표를 보면 여러 가지를 알 수 있는데, 새포아풀의 경우 사망률과 생존 개체당 생산한 자손의 수는 연령 증가와 함께 계속 증가한다. 마지막 칸에 누적 수를 표시하여 원래 동령군의 개체당 생산한 총 자손의 수를 알 수 있다. 그 수는 2에 가까운데, 이는 이 동령군의 각 개체는 평균 2개체를 생산하였음을 뜻한다. 이 수가 1.0일 경우는 개체군이 커지지도 않고 줄어들지도 않음을 의미한다.

자료 분석 만약 새포아풀이 원하지 않는 잡초여서 한 나이대의 집단을 제거하기 원한다면, 개체당 가장 많은 열매를 생산하는 나이대에 집중해야 하는가? 상황에 따라 답이 달라질 수 있겠는가?

표 49.2 843개의 어린 개체로부터 시작되는 새포아풀 동령군의 생명표

나이 (3개월 간격)	각 나이가 시작되었을 때 살아 있는 개체의 수	처음 시작 개체수와 비교하여 살아 있는 개체수의 비율	각 나이대에서 죽은 개체수	각 나이대에서의 사망률	각 나이대에서 생산한 종자의 수	생존한 개체당 종자의 수(생식력)	동령군 한 개체당 생산한 종자수 (생식력×생존율)
0	843	1.000	121	0.144	0	0.00	0.00
1	722	0.856	195	0.270	303	0.42	0.36
2	527	0.625	211	0.400	622	1.18	0.74
3	316	0.375	172	0.544	430	1.36	0.51
4	144	0.171	90	0.626	210	1.46	0.25
5	54	0.064	39	0.722	60	1.11	0.07
6	15	0.018	12	0.800	30	2.00	0.04
7	3	0.004	3	1.000	10	3.33	0.01
8	0	0.000	—		총=1665		총=1.98

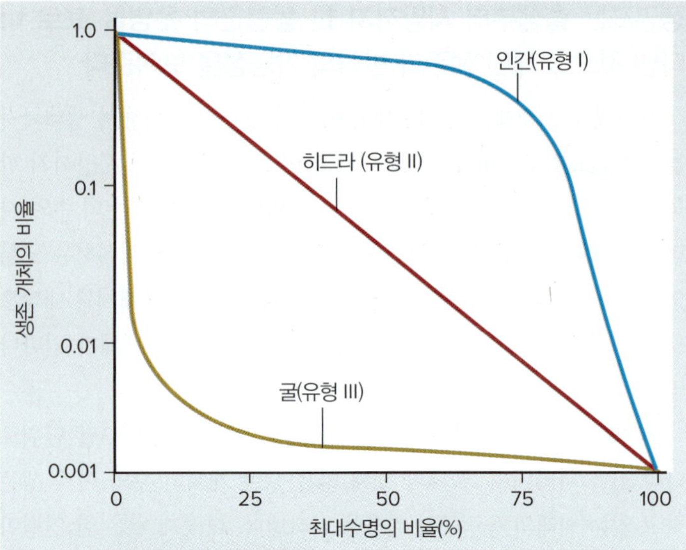

그림 49.10 생존곡선.
Y축의 생존자 빈도는 로그 값으로 표시한 것이며 이것이 일반적인 방법이다. 인간은 유형 I, 히드라는 유형 II, 굴은 유형 III의 생활 주기를 갖는다.

대개의 경우 생명표 분석은 이보다 복잡한데, 이는 수명이 짧은 생물들을 제외하고는 마지막 개체가 사망할 때까지 한 동령군의 운명을 추적하기가 어렵기 때문이다. 이런 경우 각 연령군을 대상으로 별도의 조사를 하고 이를 나중에 통합하여 분석할 수는 있지만, 세대가 긴 경우 개체군의 생장과 감소에 영향을 주는 요인이 많기 때문에 해석이 복잡한 경우가 많다.

생존곡선은 연령에 따라 생존율이 어떻게 변하는지 보여준다

원래 개체군이 주어진 연령까지 생존하는 비율을 **생존율**(survivorship)이라고 한다. 개체군의 연령 분포 양상을 나타내는 한 가지 방법은 **생존곡선**(survivorship curve)을 이용하는 것으로 **그림 49.10**에서 보는 바와 같이 히드라(hydra)는 모든 연령에서 개체들의 사망 확률이 동일하여 생존곡선이 직선으로 나타난다(II형). 굴(oyster)은 막대한 수의 자손을 낳고 이 중 소수만 살아남아 생식하기 때문에 개체가 한 번 살아남아 태어난 연령에 도달하면 사망률은 매우 낮게 나타난다(III형). 사람은 여러 동물과 원핵생물처럼 태어난 이후에 생애의 마지막에 사망률이 급격히 높게 나타난다(I형).

이들 3가지 유형은 대표적인 예에 불과하며, 많은 생물들은 이보다 더 복잡한 양상을 나타낸다. 새포아풀의 생존곡선은 II형 생존곡선과 유사하다(**그림 49.11**).

핵심 요약 49.3

개체군통계학이란 개체군의 양적인 특성과 변화에 관해 통계적인 연구를 하는 분야이다. 개체군의 연령 구조, 수명, 성비, 세대기간, 생존율과 사망률을 특징으로 들 수 있다. 특히 연령 구조와 동령군의 생존율과 사망률은 전체 개체군 크기에 영향을 미친다.

- 생존률이 높은 개체군이 생존률이 낮은 개체군보다 항상 생장률이 높을까? 설명해 보자.

49.4 생활사와 생식비용

학습 목표

1. 생물의 생활사에서 생식 절충에 대해 설명할 수 있다.
2. 자원을 생식에 할당하는 데 생기는 이득과 손실에 대해 설명할 수 있다.

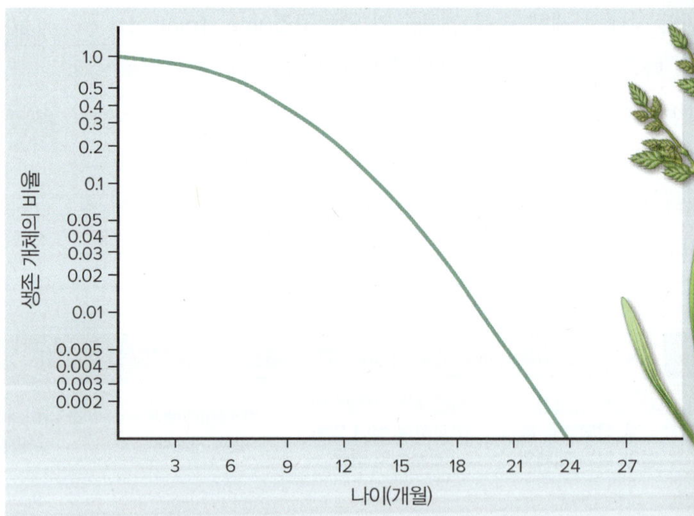

그림 49.11 새포아풀의 생존곡선.
몇 달이 지나면서 사망률은 일정 속도로 증가한다.

? **탐구문제** 여러분이 새포아풀을 관상식물로 방에서 키우고 싶다고 가정해 보자. 그리고 가능한 한 길게 사는 식물을 사기를 원한다고 가정해 보자. 몇 살의 식물을 사야 할까? 이 생존곡선의 형태가 답에 어떤 영향을 미치겠는가?

자연선택은 다음 세대에 생존하는 자손의 수를 최대화할 수 있는 형질이 선택되는 진화적 과정을 의미한다. 이는 얼마나 오랫동안 살 수 있을지와 얼마나 많은 자손을 생산할 수 있을지에 영향을 받는다.

생물들이 태어나자마자 생식하며 많은 자식을 낳고, 모든 힘을 쏟아 새끼를 돌보는 일들을 쉬지 않고 하는 것이 과연 가능할까? 그리고 쉬지 않고 포식자를 피하고, 먹이를 구하며, 다른 개체와 경쟁하는 것이 가능할까? 그에 대한 대답은 한마디로 '아니오'가 될 것이다. 왜냐하면 모든 개체들이 이렇게 하기에는 에너지로 쓸 수 있는 가용 자원이 많이 부족하기 때문이다. 따라서 모든 개체들은 가용 자원을 최대로 얻어서 이를 효과적으로 분배하여 생존과 생식에 이용하려 한다.

한 생물의 완전한 생활주기를 생활사(life history)라고 하는데, 모든 생활사에서 절충(trade-off)이라는 것이 매우 중요하다. 자원은 제한되어 있기에 현재의 생식을 증가시키기 위해 어떠한 투자가 있었다면 그 개체의 생존율과 장래의 생식은 당연히 감소될 것이다. 현재 많은 열매를 만드는 전나무는 현재의 생식은 성공적일지 몰라도 생장 속도는 느려지며, 생장 속도가 느려지는 바람에 장래에 생산할 솔방울의 수도 감소하게 된다. 이와 유사하게 매년 더 많은 자손을 생산하는 새는 그 해에 사망 가능성이 증가하며, 이듬해에 지금보다 더 적은 수의 알을 생산하게 될 가능성도 높아진다(**그림 49.12**).

목도리딱새(collared flycatcher)의 둥지에 있는 알의 수를 변화시켜 위의 이론을 증명한 실험이 있었다(**그림 49.13**). 새끼의 숫자를 인위적으로 줄였을 때, 부모 새는 이번 번식에 투자하는 노력 혹은 에너지가 줄어 이듬해에 더 많은 알과 새끼를 생산하였고, 반면에 둥지에 새끼 숫자를 늘린 경우에 이듬해 더 적은 알과 새끼를 생산하는 결과를 보였다. 생태학자들은 현재의 생식 노력 때문에 장래의 생식 잠재력이 감소하는 것을 **생식비용**(cost of reproduction)이라고 한다.

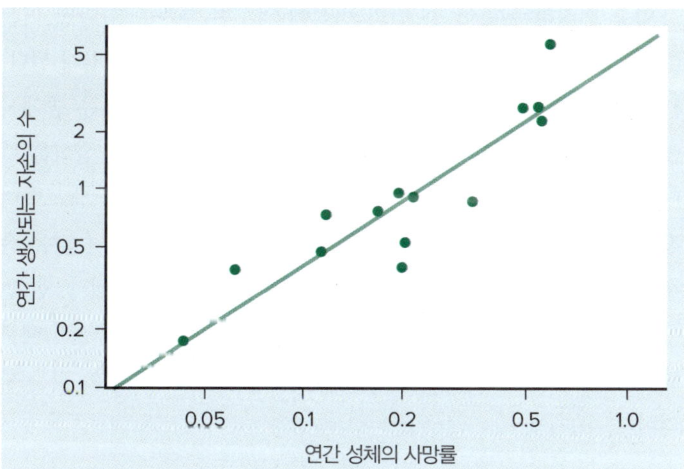

그림 49.12 생식의 대가.
많은 종의 조류에서 생식력이 높을수록 사망률은 그에 비례하여 높아진다. 이는 많은 자손을 생산하는 참새에서부터 아주 적은 수의 자손만을 가지는 알바트로스에 이르기까지 나타나는 일반적인 현상이다. 1년에 평균보다 더 많은 자손을 기르는 조류는 그 해나 이듬해에 사망할 가능성이 평균보다 높아진다.

탐구문제 이 그래프는 한 해에 더 많은 자손을 낳는 것에 에너지를 쓰는 조류들은 사망률이 높다는 관계를 보여준다. 진화적 적응에 근거하여 다른 설명이 가능하겠는가?

그림 49.13 일생 동안 생식의 횟수.
목도리딱새(*Ficedula albicollis*)의 둥지에 알을 추가시키면, 새끼를 돌보는 암컷의 생식 노력이 증가하지만 이듬해에 낳는 알의 수는 줄어든다. 이 실험으로 현재의 생식 노력과 장래의 번식성공도 사이에는 절충이 이루어진다는 것을 알 수 있다.

자료 분석 둥지에 임의로 알을 추가시키는 것과 알을 감소시키는 것 중 어느 방법이 더 큰 변화를 나타내겠는가?

자연선택이란 최고의 번식성공도를 가지는 생활사가 집단 내에서 우세해지는 진화적 과정이다. 생식비용이 낮으면 낮을수록 개체는 많은 자손을 생산할 수 있으며, 낮은 생식비용은 자원이 풍부해야 가능해진다. 전체 사망률이 높을 때에도 생식비용은 낮아진다. 다시 말해 개체들은 다음 산란 시기까지 생존할 가능성이 낮으므로 현재의 생식 노력을 최대화하려 하고 이러한 노력에 에너지를 쏟아 부어도 장래의 생존율은 크게 변하지 않는다는 것이다.

생식비용이 높을 때는 현재의 생식을 최소화하고, 생장과 생존율을 높임으로써 일생 중 후반부의 번식 성공을 높여 생애 평균 번식성공도를 높이는 것이 가장 효율적인 방법으로 많은 동물들이 취하는 전략이다. 이러한 상황은 생식비용이 개체의 생존 능력에 심각하게 영향을 주고 장래 생산될 자손의 수를 감소시킬 경우에 일어나게 된다.

절충은 자손의 수와 자손당 받게 되는 투자 사이에서 발생한다

자연선택의 관점에서 태어난 자손의 수보다는 생식할 때까지 생존하는 수가 더 중요한데, 자손에 투입할 자원이 한정되어 있기 때문

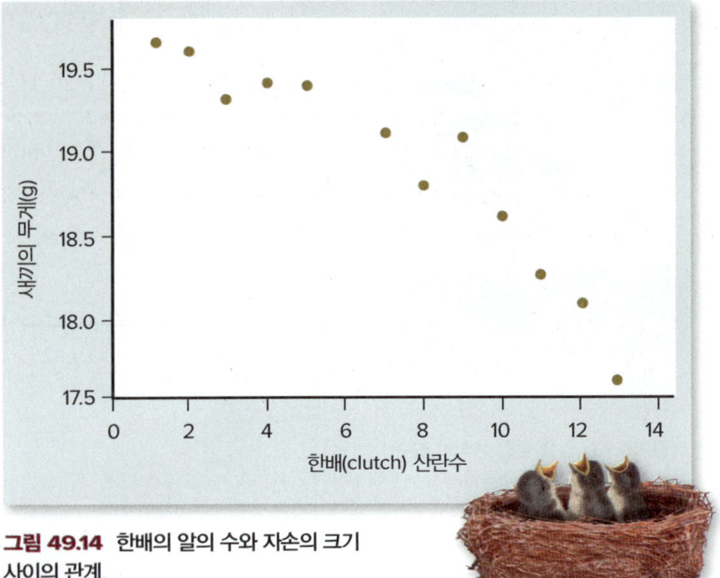

그림 49.14 한배의 알의 수와 자손의 크기 사이의 관계.
박새(*Parus major*)에게 새끼의 크기와 낳는 알의 수는 반비례한다. 먹여 길러야 할 새끼의 수가 많을수록 새끼 한 마리당 돌아가는 식량은 적어지게 된다.

자료 분석 부모에게 가장 큰 에너지를 소비하게 만드는 한배 산란수는 몇 개인가?

탐구문제 자연선택의 관점에서 몸의 크기는 작지만 많은 자손의 수를 가지는 것과 몸의 크기는 크지만 적은 수의 자손을 가지는 것 중 어느 것이 유리하겠는가?

그림 49.15 어린 도마뱀의 크기 변이.
외과적 방법으로 발생 중인 난자를 일부 제거한 암컷이 낳은 자손(가운데)은 모든 난자가 발생되도록 한 후 얻은 자손(오른쪽)보다 크다. 난황과 자손의 크기 사이의 인과적 관계는 난황의 일부를 실험적으로 제거한 후에 태어난 자손(왼쪽)으로 확인할 수 있다.

에 자손의 수와 각 자손의 크기 사이에는 어느 정도 절충(trade-off)이 있어야 한다(**그림 49.14**). 이 절충은 얼룩도마뱀(side-blotched lizards)에서 실험적으로 증명된 바 있다. 이 도마뱀은 한 번에 평균 4~5개의 알을 산란하는데, 생식주기 초기에 일부 알을 외과적으로 제거하면 암컷은 1~3개의 알만 산란하지만 이 알들의 난황은 많아져서 낳은 알과 부화되어 나온 새끼의 크기는 정상보다 커진다(**그림 49.15**).

얼룩도마뱀뿐만 아니라 다른 여러 종에서 입증된 것처럼 자손의 크기는 생존율에 결정적으로 영향을 주어 몸이 클수록 생존 가능성이 커진다. 생존 가능성이 적은 자손을 많이 낳는 것이나, 한 마리의 강한 자손만 낳는 것이나, 자연선택에서 최고의 전략으로 보기는 어렵다. 오히려 보통보다 약간 크고, 약간 적은 수의 알을 낳는 것이 생존 자손 수를 최대화하는 방법이 될 수 있다.

일생 동안의 생식 횟수는 추가적인 절충의 대상이 된다

연령과 번식력 사이의 절충은 생활사에서 중요한 역할을 한다. 일년생 식물과 대부분의 곤충은 그들의 모든 자원을 단 한 번의 번식에 집중하고 바로 죽는다. 이러한 생활사를 **1회번식**(semelparity)이라고 하고, 이와 달리 여러 계절에 걸쳐 여러 번 자손을 생산하는 것을 **반복번식**(iteroparity)이라고 한다.

연중 번식하는 종이 한 번의 번식에 과도한 투자를 한다면 이는 이 종의 생존과 미래의 번식 성공에 아주 나쁜 영향을 미치게 된다. 1회번식은 보통 수명이 짧고 생산된 자손의 생존율이 낮은 종에서 볼 수 있으며, 열악한 기후에 자라는 식물들은 대개 이런 생식을 한다. 예를 들어, 산란을 위해 태평양에서 엄청난 에너지를 소모하며 강을 거슬러 올라가는 연어들처럼 한 번의 생식에 엄청나게 많은 손실이 수반되는 종에서는 1회번식이 적합한 전략이 될 수 있다. 한 번에 최고의 생식력을 위해 투자 가능한 모든 자원을 투입하였기 때문에 이런 종에서 반복번식이나 번식 후 오랜 생존을 기대하는 것은 무리이다.

최초 생식 연령은 수명과 연관되어 있다

포유동물이나 여러 동물 중에서 수명이 긴 종은 수명이 짧은 종보다 첫 생식이 다소 늦게 이루어진다. 생식은 일생 중 어떠한 과정보다 많은 자원 손실을 요구하는 과정이기 때문에, 이런 종에서 어린 개체들은 생식을 경험하기 전에 많은 다른 경험을 할 수 있다. 즉, 수명이 긴 동물에서는 생식보다는 생존과 생장에 투자되는 에너지가 우선된다고 말할 수 있다. 그에 비해 수명이 짧은 동물에서는 시간이 관건이며, 어린 개체의 경험보다는 신속한 생식이 더 중요하기 때문에 이른 시기에 생식을 시작하게 된다.

핵심 요약 49.4

생활사는 생식비용과 생존율 사이의 절충에 밀접한 관계가 있다. 자연선택의 관점에서도 이 절충은 최대한 낳을 수 있는 알의 개수보다 적게 낳는 것부터 한 번의 번식에 모든 에너지를 쏟아붓는 전략까지 다양한 형태로 나타난다. 자연선택은 평생의 번식성공률을 최대화하는 것을 선호한다.

- 만약 한 종은 포식률이 높은 지역에서 서식하고 다른 종은 포식자가 거의 없는 곳에 서식한다면 두 종의 생활사는 어떻게 달라질까?

49.5 개체군의 생장과 환경적 제한

학습 목표

1. 지수생장에 대해 설명할 수 있다.
2. 개체군들이 영원한 지수생장을 할 수 없는 이유에 대해 설명할 수 있다.
3. 환경수용력과 이것의 변화를 일으키는 요인에 대해 설명할 수 있다.

개체군에서 아무리 많은 자손이 생겨나도 개체군은 변하지 않고 거의 일정한 크기를 유지하는 경우가 흔하다. 이는 WEB1장에서 본 것처럼 다윈의 자연선택 이론으로 어느 정도 설명될 수 있다. 이는 많은 개체들이 자손을 생산하지만, 이들 모두 생식이 가능한 연령까지 생존하는 것은 아니기 때문이다. 개체군의 특성을 보다 잘 이해하기 위해서는 일단 개체군이 어떻게 생장하며 어떤 환경적 요인들이 이를 제한하는지 살펴볼 필요가 있다.

지수적 생장 모델은 제한 없이 증가하는 개체군에 적용된다

개체군 증가 속도 r은 출생률(b)에서 사망률(d)을 뺀 값에다 순이입(i; rate of movement into the area)에서 순이출(e; rate of movement out of the area) 값을 뺀 값과 합한 것으로서 다음과 같이 나타낼 수 있다.

$$r = (b - d) + (i - e)$$

개체들의 이동은 개체군 증가 속도에 큰 영향을 주는데 20세기 말 미국에서의 인구 증가가 그 실례로, 이민자의 수가 원주민들의 출산 수보다 많은 것이 인구 증가의 실질적인 원인이 되었다.

가장 간단한 생장 모델은 개체군이 제한 없이 최대 속도로 생장하고 이입 속도와 이출 속도가 동일하다고 가정할 때이다. 이와 같은 증가 속도를 **생물적 잠재능**(biotic potential)이라고 하며, 한 종의 개체군이 제한 없이 생장하는 속도를 지칭하는데, 수학적으로는 다음과 같은 식으로 나타낸다.

$$\frac{dN}{dt} = r_i N$$

이 식에서 N은 개체군 안의 개체 수이고, dN/dt는 단위 시간당 개체 수의 변화 속도이며, r_i은 해당 개체군의 내재적 자연 증가 속도이다.

한 개체군의 생물적 잠재능은 지수적으로 나타나는데(**그림 49.16**의 붉은색 선), 증가 속도가 일정할 때에도 실제 개체 수는 개체군의 크기가 증가하면서 가속적으로 증가된다. 지수적 생장(exponential growth)의 결과는 개체군의 폭발로 나타난다.

이론적으로 세대마다 120개의 알을 낳는 파리 한 쌍은 1년에 5조 이상의 자손을 생산할 수 있으며, 10년이 지나면 이 자손들은 지구 전체의 표면을 2 m 두께로 덮을 수 있다. 그러나 실제로 이런 무제한적 생장은 개체군이 자원이 풍부한 새로운 서식지로 막 이주한 경우에서나 볼 수 있는 일이다. 자연계에서 볼 수 있는 몇몇 예로, 유럽에서 건너와 봄철 북미의 초원이나 들판 어느 곳에서나 피어나는 민들

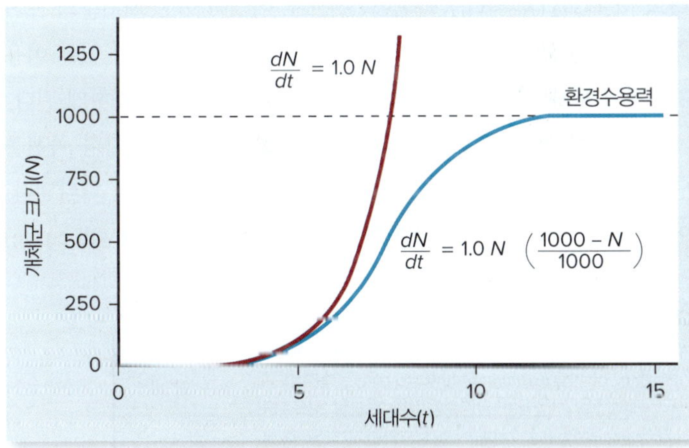

그림 49.16 개체군 생장의 2가지 모델.
붉은색 선은 생장률(r)이 1인 개체군의 지수생장 모델이다. 푸른색 선은 환경수용력이 1000, 생장률이 1인 개체군의 로지스트형 생장 모델이다.

자료 분석 생쥐의 한 개체군에서 한 쌍의 쥐는 4마리의 새끼를 낳고, 또 다른 개체군에서 한 쌍은 5마리를 낳는 경우를 생각해 보자. 만약 이 개체군 증가율이 변하지 않고 지속된다면, 10세대 이후 5마리를 낳는 개체군의 크기는 4마리를 낳는 개체군보다 얼마나 더 크겠는가?

레를 들 수 있으며, 연못에서 생기기 시작하는 조류(algae)나 전혀 포식자가 없는 섬 지역으로 고양이나 새들이 도입되는 경우에도 적용될 수 있다.

환경수용력

개체군이 아무리 빠르게 생장해도 결국은 공간, 햇빛, 수분, 양분 등의 중요한 환경요소의 결핍으로 더 이상 생장하기 어려운 한계가 생기게 된다. 결국은 일정한 서식지의 **환경수용력**(carrying capacity) 수준에서 더 이상 증가하지 않고 안정을 유지하게 된다. 환경수용력은 K로 표시하며 환경이 지탱할 수 있는 최대 개체수를 의미한다.

로지스트형 생장 모델은 환경수용력 수준에서 안정을 유지할 때 나타난다

개체군이 환경수용력에 도달하면서 새로운 개체가 이용할 수 있는 자원이 점점 부족해지기 때문에 개체군의 생장 속도는 확연히 느려진다. 이러한 개체군의 생장 곡선은 다음과 같은 로지스트형 생장 등식(logistic growth equation)으로 요약될 수 있다.

$$\frac{dN}{dt} = rN\left(\frac{K-N}{K}\right)$$

이 개체군 생장 모델에서 개체군 생장 속도(dN/dt)는 자연적 증가 속도($r \times N$, 어느 시기에 존재하는 개체 수)와 같고, 이용할 수 있는 자원의 양에 의해 조절되며, 이 조절은 아직 이용되지 않은 환경수용력의 비율, 즉 $(K-N)/K$와 rN의 곱으로 이루어진다. 개체군의 크기가 증가하여 N이 증가하게 되면, r에 곱해지는 비율(남아 있는 이용 가능한 자원)이 점점 작아지므로 개체군 증가 속도는 감소하게 된다.

시간에 따른 개체 수의 변화를 그래프로 나타내면 S자형 곡선을 얻을 수 있는데, 이 곡선은 대다수 생물 개체군의 특징을 나타낸다. 이 곡선은 S자 모양이므로 **S자형 생장곡선**(sigmoidal growth curve)이라고 부른다. 개체군의 크기가 환경수용력에서 안정화되면 생장 속도는 느려지게 되면서 결국 멈추게 된다(**그림 49.16**의 푸른색 선).

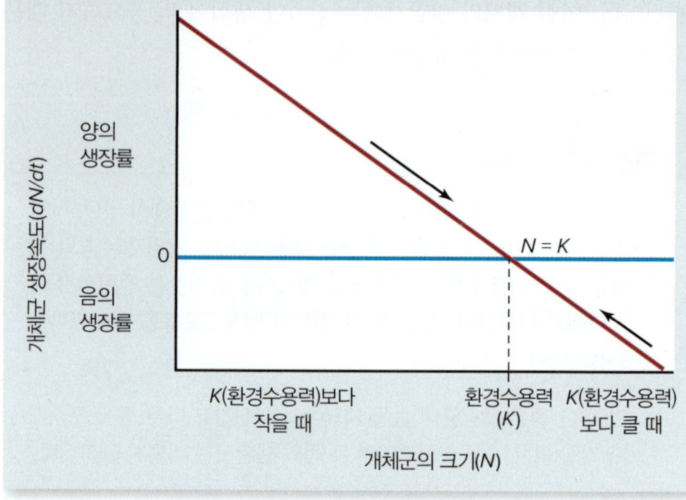

그림 49.17 개체군 생장 속도와 개체군 크기 사이의 관계. 환경수용력(K)에서 멀리 있는 개체군은 높은 생장 속도를 가질 것이다. 개체군이 K보다 크기가 작으면 양의 생장률을 보이고, K보다 크면 음의 생장률을 보인다. 개체군이 K에 근접하면 생장 속도도 0에 가까워진다.

? 탐구문제 왜 생장률은 0에 수렴하는가?

수학적 관점에서 보면 N값이 K에 근접하게 되면 개체군 생장 속도는 느려지기 시작하고 N과 K가 같으면 결국 생장률(dN/dt)은 0이 된다(**그림 49.17**). 반대로, 개체군 크기가 환경수용력을 초과하면 $K-N$가 음수가 되어 음의 생장 속도를 보인다. 개체군의 크기가 한계수용력으로 줄어들어감에 따라 이 감소율은 계속 감소하고 $N=K$일 때 0에 도달한다.

개체군은 그 초기 개체수가 환경수용력보다 크거나 작은 것에 관계없이 시간이 지남에 따라 환경수용력으로 수렴되는 경향을 보인

그림 49.18 로지스트형 생장을 보이는 개체군들. ***a.*** 알래스카의 세인트폴 섬의 물개(*Callorbinus hrsinus*) 개체군. ***b.*** 물벼룩(*Bosmina longirostris*)의 두 실험실 개체군. 개체군은 처음에는 환경수용력을 초과할 정도까지 크기가 증가하였으나, 개체군 크기가 약간 감소된 후 일정하게 유지된다.

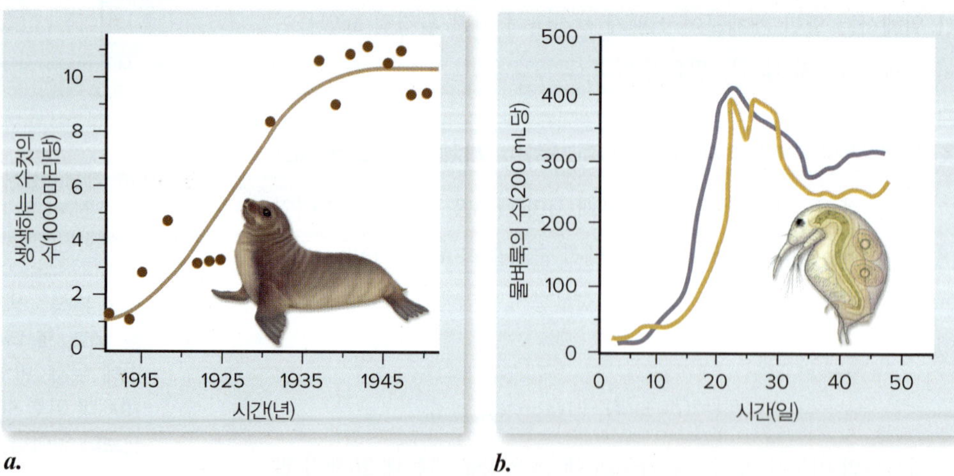

다. 이 같은 이유로 로지스트형 생장은 일정한 크기로 개체군이 돌아가려는 경향을 보인다. 이런 관점에서, 대부분의 시간 동안 개체군은 한계수용력에 가까운 수가 될 것으로 보이기 때문에 평형상태로 도달할 것이다.

많은 경우에 실제 개체군들은 실험실에서뿐만 아니라 자연계에서도 로지스트형 생장 곡선을 나타내지만(**그림 49.18***a*) 다른 양상을 나타내는 경우도 많다(**그림 49.18***b*).

핵심 요약 49.5

지수생장은 개체군에서 증가율이 일정비율로 계속 유지될 때 개체 수가 급격하게 증가하는 개체군 생장을 의미한다. 지수생장은 결국 자원 이용에 의해 제한된다. 개체군이 특정한 지점에서 안정화되는 수를 그 종의 한계수용력이라 정의할 수 있다. 개체군은 때때로 그 서식환경의 환경수용력까지 증가할 수 있다.

■ 환경수용력에 변화를 줄 수 있는 요인은 어떤 것들이 있을까? 그리고 그 개체군은 어떻게 반응할까?

49.6 개체군을 조절하는 요인들

학습 목표

1. 밀도 의존적 요인과 밀도 비의존적 요인의 차이점을 비교할 수 있다.
2. 개체군들의 크기가 주기적으로 변하는 이유에 대해 설명할 수 있다.
3. 종들의 생활사 적응이 개체군들의 환경수용력에 따라 얼마나 다르게 나타나는가에 대해 설명할 수 있다.

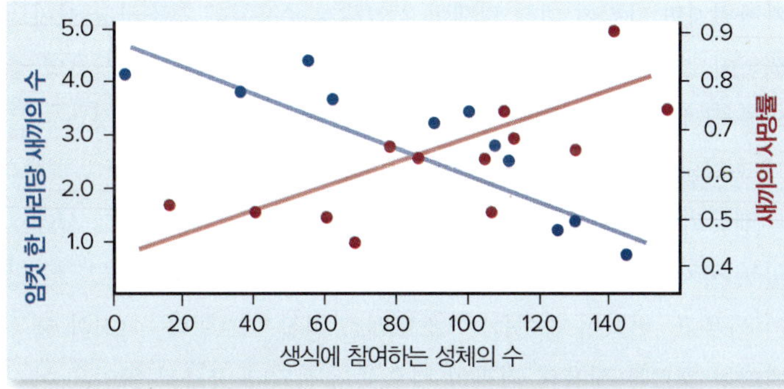

그림 49.20 만다르트섬(Mandarte Island)에 사는 멧종다리(*Melospiza melodia*)의 밀도 의존성.
개체군 크기가 증가하면서 번식성공도는 떨어지고 사망률은 증가한다.

탐구문제 만약 연구자들이 조류에게 이용 가능한 먹이를 제공하면 어떤 일이 생기겠는가?

개체군의 크기가 시간이 흐름에 따라 변화하는 데에는 많은 요인들이 영향을 준다. 몇몇 요인들은 개체군의 크기와 밀접한 관계가 있기 때문에 **밀도 의존적**이라고 하고, 천재지변 등의 요인에 의해 개체군의 크기가 변한다면 이는 **밀도 비의존적**이라고 한다. 많은 개체군의 크기는 주기적으로 증감하게 되는데 이는 밀도 의존적 또는 비의존적 요인들의 상호작용에 따른 것이다.

밀도 의존적 효과는 번식과 생존이 개체군 크기에 의해 영향을 받을 때 발생한다

개체군의 크기에 따라 생장 속도가 달라지는 것은 **밀도 의존적 효과**(density-dependent effect) 때문에 나타난다. 개체군 크기가 증가하면 생식률이 감소하거나 사망률이 증가하고, 또는 2가지 모두가 일어나는데, 이런 현상을 **음성피드백**(negative feedback)이라고 한다(**그림 49.19**).

개체군은 여러 가지 과정으로 조절되는데, 개체군이 환경수용력에

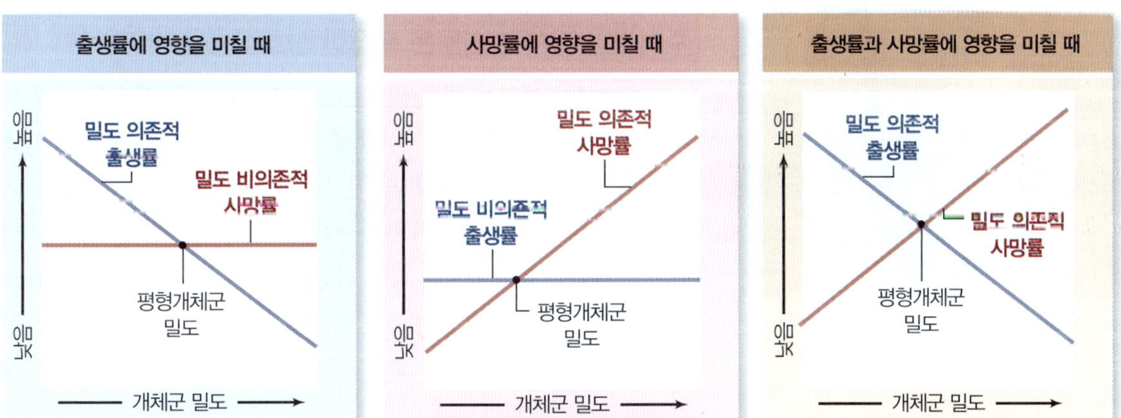

그림 49.19 밀도 의존적 개체군 조절.
밀도 의존적 요인들이 출생률이나 사망률, 또는 둘 다에 영향을 줄 수 있다.

탐구문제 왜 출생률은 밀도 의존적인 경향을 보이는지 설명하시오.

가까워지면 자원에 대한 경쟁이 치열해져 출생률이 감소하고 사망의 위험이 증가한다(**그림 49.20**). 또한 개체군이 증가하면 포식자의 주의를 끌게 되어 사망률이 증가하고, 밀도로 인해 환경에 독성 노폐물이 축적된다.

행동의 변화도 개체군 생장 속도에 영향을 미치는데, 그 실례로 일부 설치류 종에서는 개체군이 생장하면서 반사회적이 되고, 더 많이 싸우고, 번식이 줄어들며, 스트레스 현상을 보인다. 이러한 행동 변화는 호르몬 작용의 결과인 것으로 추정되나 궁극적 원인은 아직 확실하게 밝혀지지 않고 있으며, 단지 자원이 귀한 상황에서 더 많은 자원을 차지하기 위한 적응 반응으로 설명되고 있다. 또한 밀집된 개체군에서는 개체들이 더 좋은 조건을 찾아 다른 곳으로 이동하므로 개체군 생장 속도가 감소할 수도 있다(**그림 49.21**).

모든 밀도 의존적 요인들이 개체군 크기에 부정적 효과를 나타내는 것은 아니다. 어떤 경우에는 개체군 크기가 증가함에 따라 생장 속도가 증가하기도 한다. 이런 현상을 **앨리 효과**(Allee effect)라고 부르는데, **양성피드백**(positive feedback)의 한 예가 된다. 앨리 효과는 여러 가지 유형으로 나타나는데, 가장 뚜렷한 것은 보통 드문드문 분포한 개체들로 이루어진 개체군의 경우 배우자를 찾기가 무척 어렵지만, 개체군이 커지면서 이러한 문제를 어느 정도 해결할 수 있게 되는 것이다. 몇몇 종에서는 개체군이 커지면 포식자를 피하거나 생식에 유리하게 작용하는 경우들을 드물게 볼 수 있다. 앨리 효과는 서식지 파괴나 남획 등으로 급격히 그 수가 감소하고 있는 멸종위기종의 회복이 어려운 이유를 잘 설명해 준다(WEB7장 참조).

밀도 비의존적 효과는 환경 교란과 천재지변 등과 관련 있다

개체군의 생장속도는 종종 로지스트형 생장 등식에 맞지 않는 경우도 있다. 이러한 양상은 개체군 생장이 **밀도 비의존적 효과**(density-independent effects)를 따르기 때문에 나타나는 현상이다.

그림 49.21 밀도 의존적 효과.
이주성 메뚜기(*Locusta migratoria*)의 출현은 아프리카와 유라시아 지역의 끔찍한 재앙이다. 개체군 밀도가 높아지면 이들은 각 개체의 호르몬과 신체적 특성이 변화하고, 이 영향으로 떼를 지어 이주한다.

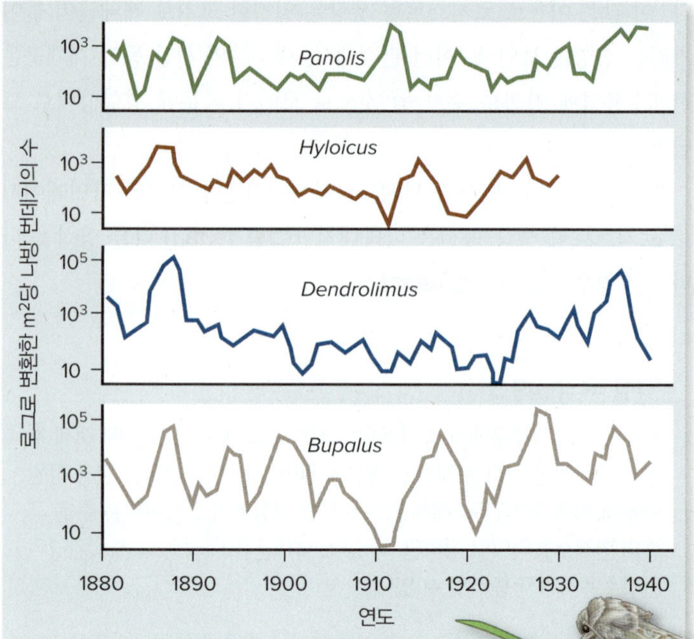

그림 49.22 독일에 서식하고 있는 4종의 나방에서 번데기 수의 변동.
개체군 변동은 밀도 비의존성 효과에 의한 조절임을 볼 수 있다. 시간에 따라 종마다 유사한 경향을 나타내는 것은 모든 종에서 동일한 요인들이 개체군 크기를 조절하고 있기 때문이다.

즉, 개체군의 생장 속도가 개체군 크기와 관련되지 않은 어떤 요인에 의해 제한될 경우 밀도 비의존적 효과가 나타난다.

밀도 비의존적 효과를 만드는 요인들은 여러 가지가 있다. 대개 극히 추운 겨울, 가뭄, 폭풍, 화산 폭발 등과 같은 외부 환경 요인들로, 개체군의 크기와 관련 없는 조건의 영향을 받는다.

이러한 현상들이 비교적 자주 나타나는 지역의 개체군은 독특한 생장 양상을 나타내는데, 환경 조건이 온화하면 개체군은 신속히 증가하고, 조건이 열악해지면 크게 감소한다(**그림 49.22**). 그리고 이러한 개체군은 로지스트형 등식의 특징인 S자형 생장 곡선을 만들지 않는다.

주기적인 개체군 변동은 복잡한 상호작용을 반영한다

어떤 개체군에서는 밀도 의존적 효과가 개체군의 생장을 평형 상태에 이르도록 하는 것이 아니라 증감이 주기적으로 나타나도록 만드는 경우도 있다. 생태학자들은 1820년대부터 눈신토끼(*Lepus americanus*) 개체군의 주기를 연구한 결과, 눈신토끼 개체군이 10여 년의 주기를 가지고 변하는 것을 발견하였다. 이 주기 내에서 개체군 크기는 대략 10~30배 변동하는 것으로 나타났는데(**그림 49.23**), 이 주기는 먹이가 되는 식물과 포식자의 출현이라는 2가지 요인에 의해 만들어지는 것이었다.

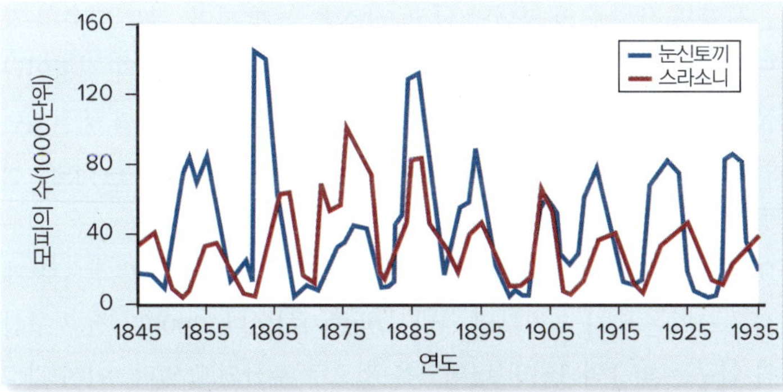

그림 49.23 눈신토끼와 스라소니의 개체군 주기.
이 자료는 캐나다 허드슨만 지역에서의 모피 생산량 기록에 기초를 둔 것이다. 스라소니 개체군 변동은 눈신토끼의 개체군 변동을 뒤따라가고 있다.

> **?** **탐구문제** 가상 실험에서 연구자들이 눈신토끼 개체를 지속적으로 많게 유지한다고 가정해 보자. 스라소니 개체군에게는 무슨 일이 일어나겠는가? 반대로 스라소니 개체군을 지속적으로 많은 상태로 유지한다고 가정하면 눈신토끼 개체군은 어떤 변화가 생기겠는가?

먹이식물: 눈신토끼가 좋아하는 먹이는 버드나무나 자작나무의 작은 가지이다. 눈신토끼 밀도가 증가하면서 나뭇가지는 감소하기에, 눈신토끼는 섬유질이 많은 열악한 먹이를 먹을 수밖에 없게 된다. 그 결과 출생률이 낮아지고 어린 개체들의 생존율이 떨어질 뿐만 아니라 개체들의 생장 속도는 느려지게 된다. 또한 먹이를 찾는 데 많은 시간을 소비해야 하기 때문에 포식자에게 더 잘 노출될 수 있다. 그 결과 눈신토끼의 수적 감소가 나타나고, 이에 반응하여 2~3년이 걸려 버드나무나 자작나무의 가지들이 다시 원상태로 무성하게 되는 것이다.

포식자: 눈신토끼의 주요 포식자는 캐나다 스라소니이다. 스라소니 개체군의 변동은 스라소니의 먹이가 되는 눈신토끼 개체군 변동 주기를 그대로 따른다(**그림 49.23**). 눈신토끼가 증가하면 스라소니도 따라서 증가하고, 눈신토끼가 감소하면 스라소니도 감소한다.

어떤 요인이 포식자-피식자(predator-prey)의 변동을 일으키는 것일까? 눈신토끼의 증가가 식물을 과하게 소비하기 때문일까(눈신토끼-식물 주기), 아니면 스라소니의 증가가 눈신토끼를 과하게 포획하기 때문일까(눈신토끼-스라소니 주기)? 1992년에 크랩스(Charles Krebs)가 캐나다의 유콘(Yukon) 지역에서 연구한 야외 실험이 그 해답을 보여 주었다.

실험 지역에서 먹이가 부족하지 않도록 먹이를 추가로 제공하고 포식자를 제거하면, 눈신토끼의 수는 10배로 증가하고 그 상태를 유지하며 주기가 없어졌다. 그러나 2가지 요인 중 한 가지만 작용하도록 할 경우, 즉 포식자는 제거하고 먹이를 추가로 제공하지 않거나, 먹이는 제공하지만 포식자가 존재하도록 하면 주기는 다시 진행되었다. 따라서 2가지 요인 모두 주기에 영향을 주는 것이다.

개체군 집단의 주기는 자연계에서 그리 흔히 볼 수 있는 현상은 아니라고 알려져 있었지만, 과학자들이 오랜 시간에 걸쳐(25년 이상) 조사한 약 700개의 연구 결과를 종합해 본 결과 이러한 주기가 그간 생각했던 것보다 꽤 자주 나타난다는 것을 알 수 있었다. 그 연구 결과 중 약 30%(포유류, 조류, 어류, 갑각류)는 앞서 제시된 스라소니의 연구에서처럼 극단적이지는 않지만 어느 정도의 주기를 가지고 있는 것으로 나타났다. 이러한 주기 변화가 밀도 의존적 요인에 관련되어 나타나는 경우가 많았지만 날씨 등 밀도 비의존적 요인으로 변화하는 경우도 상당히 많았다.

자원 이용 가능성은 생활사 적응에 영향을 준다

어떤 종은 환경수용력 부근에서 평형 상태를 이루는 개체군 크기를 그대로 유지하지만, 다른 어떤 종의 개체군 크기는 크게 변동하고 흔히 환경수용력보다 훨씬 적은 경우가 있다. 개체군에 영향을 주는 선택 요인은 종마다 크게 다르게 나타난다. 환경수용력 부근의 개체군은 제한된 자원을 얻기 위해 심한 경쟁을 하기도 하지만, 이와는 달리 환경수용력보다 훨씬 적은 개체군에게 자원은 언제나 쉽게 이

표 49.3 *r*-선택 생활사 적응과 *K*-선택 생활사 적응

적응	*r*-선택 개체군	*K*-선택 개체군
최초 생식 연령	이르다	늦다
수명	짧다	길다
성숙 시간	짧다	길다
사망률	대개 높다	대개 낮다
한 번의 생식으로 생산되는 자손의 수	많다	적다
일생 동안의 생식 횟수	적다	많다
어버이 양육	없다	대개 오래 한다
자손이나 알의 크기	작다	크다

용될 만큼 풍부하다.

앞에서 살펴본 것처럼 자원이 제한되어 있으면 생식비용은 매우 높아지게 되며, 이러한 상황에서는 효율적으로 경쟁하고 효과적으로 자원을 이용하는 개체들만이 선택될 것이고, 개체들이 전체적으로 낮은 생식률을 가지게 된다. 이러한 개체군의 개체들은 환경수용력(*K*) 부근에서 생존을 위해 심하게 경쟁하고 있다고 볼 수 있기 때문에 소위 ***K*-선택**(*K-selected*)되었다고 말할 수 있다. **표 49.3**은 대표적인 *K*-선택된 종들을 보여주는데, 코코넛야자나무, 두루미, 고래, 사람 등은 대표인 *K*-선택 종이다.

이와는 달리 환경수용력에 훨씬 못 미치는 개체군에서는 자원이 항상 풍부하다. 이 경우에는 생식비용이 낮기 때문에 많은 자손을 생산할 수 있는 개체들이 1차적으로 선택되는데, 이러한 개체군을 ***r*-선택**(*r*-selected) 개체군이라고 한다. 진딧물, 생쥐, 바퀴벌레, 민들레 등은 대표적인 *r*-선택 생활사를 보이는 생물들이다.

완전한 *r*-선택이나 완전한 *K*-선택의 특징을 나타내는 개체군은 사실상 없다고 할 수 있으며(**표 49.3**), 대부분의 자연 개체군은 2가지 선택 사이의 중간 단계의 생활사를 보인다.

핵심 요약 49.6

특히 개체군 크기가 클 때 자원의 접근성 같은 밀도 의존적 요인들이 더 큰 영향을 미치고, 천재지변 같은 밀도 비의존성 요인들은 개체군의 크기와 관계없이 작동한다. 개체군 밀도는 자원의 변화와 포식자들의 효과 같은 복잡한 상호작용 때문에 주기적으로 변한다. 밀도 의존적 조절에 영향을 받는 개체군은 종종 그들의 한계수용력에 머물게 된다. 한계수용력에 미치지 못한 개체군에서는 자원이 풍부할 경우 높은 번식률이 자연선택에서 유리하다.

■ 개체군은 동시에 밀도 의존적 양성피드백과 음성피드백 현상을 나타낼 수도 있을까?

49.7 인구 증가

학습 목표

1. 시간에 따른 인구 생장률의 변화에 대해 설명할 수 있다.
2. 인구 생장에 대한 연령 분포의 영향에 대해 서술할 수 있다.
3. 생물권과 인간 복지에 위협이 되는 급속한 인구 증가와 자원소비의 영향에 대해 설명할 수 있다.

사람은 적은 수의 자녀만 낳고, 생식을 늦게 하며, 부모 양육의 강도가 높은 점 등의 특징을 가지고 있어 *K*-선택 생활사의 전형이라 볼 수 있다. 이러한 생활사의 특징은 제한된 자원이 인구를 조절했던 인류의 초기 역사부터 진화하였다. 인류 역사에서 인구는 식량, 질병, 포식자에 의해 조절되어 왔다. 홍수, 전염병, 가뭄 등 많은 외부 요인들이 인류 개체군 생장에 크게 영향을 주었지만, 전반적으로 개체군 크기는 역사 초기부터 완만하게 증가하였다. 2000년 전 지구상의 인구는 약 1억 3천만 명이었을 것으로 추산되고 있다. 이 수가 2배로 되는데 약 1000년이 걸린 반면 다시 그 2배가 된 것은 1650년으로, 이때 인구는 5억 명 정도로 16세기 동안 인구는 굉장히 완만하게 증가하였다. 이런 점에서 볼 때 하나의 개체군으로서의 인간 집단은 전형적으로 *K*-선택인 많은 다른 종들과 크게 다르지 않다.

인구는 기하급수적으로 증가해왔다

1700년대 초부터 시작된 각종 기술의 발전으로 사람에게 식량은

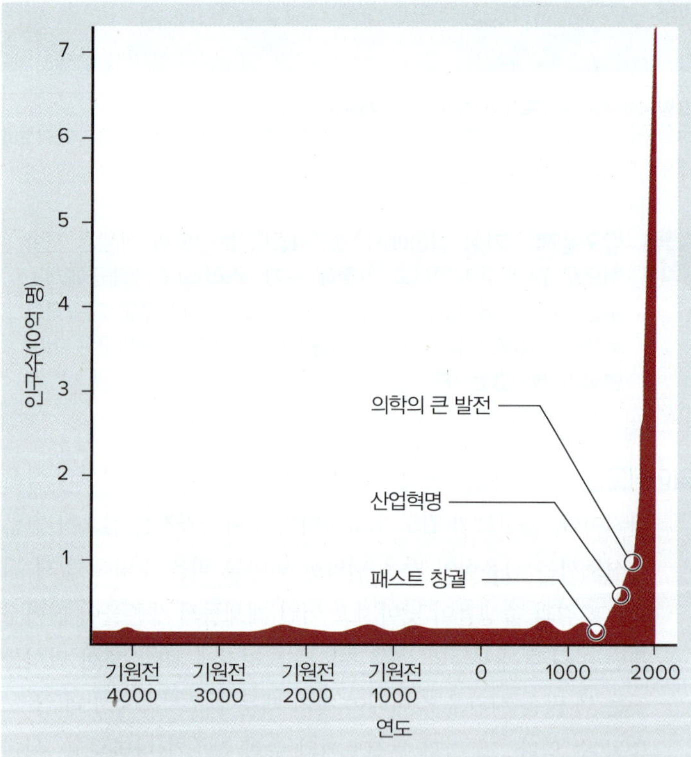

그림 49.24 인류 개체군 크기의 역사.
1300년대 창궐한 페스트에 의한 죽음처럼 일시적인 사망률의 증가는 지속적인 영향을 거의 주지 않는다. 1800년대 산업혁명으로 시작된 폭발적 인구증가로 현재의 인구는 70억 명이며, 이 속도로 가면 인구는 63년 후 약 2배가 될 것이다.

탐구문제 개체군 생장에 대해 배웠던 것에 근거하여, 인간 개체군의 크기가 어떻게 될 것이라 예상하는가?

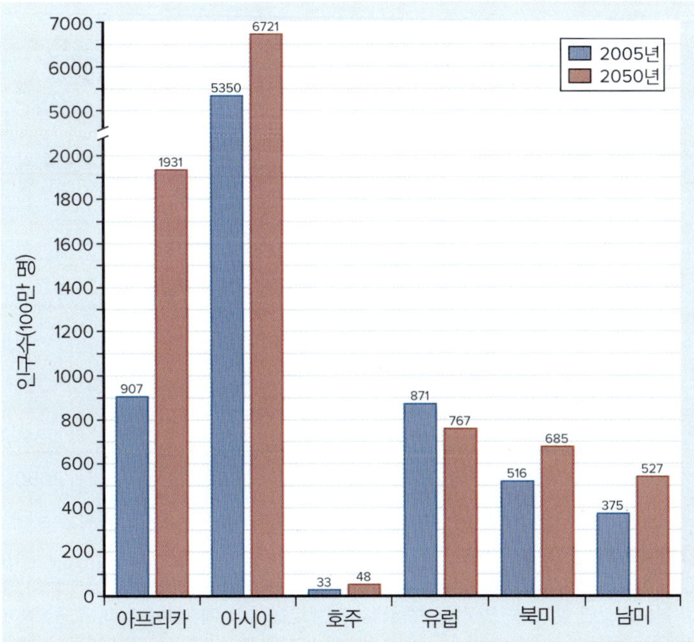

그림 49.25 2050년 예상되는 인구 생장.
대다수 선진국의 인구는 약간 증가하거나 그대로 머물 것이지만, 대부분의 미개발 국가가 지구의 인구 증가를 주도하게 될 것으로 예측된다.

너 이상 큰 문제가 되지 않게 되었고, 개발된 무기로 포식자를 제압할 수 있게 되었으며, 여러 가지 질병을 치료할 수 있는 능력도 갖추게 되었다. 동시에 주거지의 개발과 저장 능력 증진으로 기후의 불확실성까지 극복할 수 있게 되었다. 이러한 변화로 인류는 서식지의 환경수용력을 스스로 증가시켜 로지스트형 생장의 억제로부터 벗어나 S자형 생장곡선의 지수생장기(exponential phase)에 돌입하게 되었다.

인구 증가를 제한할 위협들이 없어지면서 인구는 지난 300여 년간 폭발적으로 증가하였다. 해당 기간에 출생률이 감소하였음에도 불구하고, 사망률은 더 큰 폭으로 감소하였다. 출생률과 사망률의 차이는 매년 약 2% 정도의 인구생장률을 만들어 냈다. 현재는 1.1% 정도로 많이 줄어들었다.

연간 인구 생장 속도 1.1%는 그리 크다고 볼 수 없으나 문제는 70억에 이르는 현재의 인구이다(**그림 49.24**). 현재의 생장 속도로 미루어 매년 7500만 명이 새로 추가된다고 가정할 때, 63년 내에 지구의 인구는 현재의 배가 될 것이며, 현재 인구 수준과 생장률 모두 미래에 심각한 결과를 가져올 것이다.

인구 피라미드는 출생률과 사망률의 경향을 보여준다

인구는 지금도 계속 빠르게 증가하고 있으나, 이 증가가 전 지구에서 균등하게 일어나는 것은 아니다. 아프리카나 아시아, 중남미의 인구는 엄청난 속도로 증가하지만(**그림 49.25**) 유럽의 몇몇 국가의 인구는 감소하고 있다.

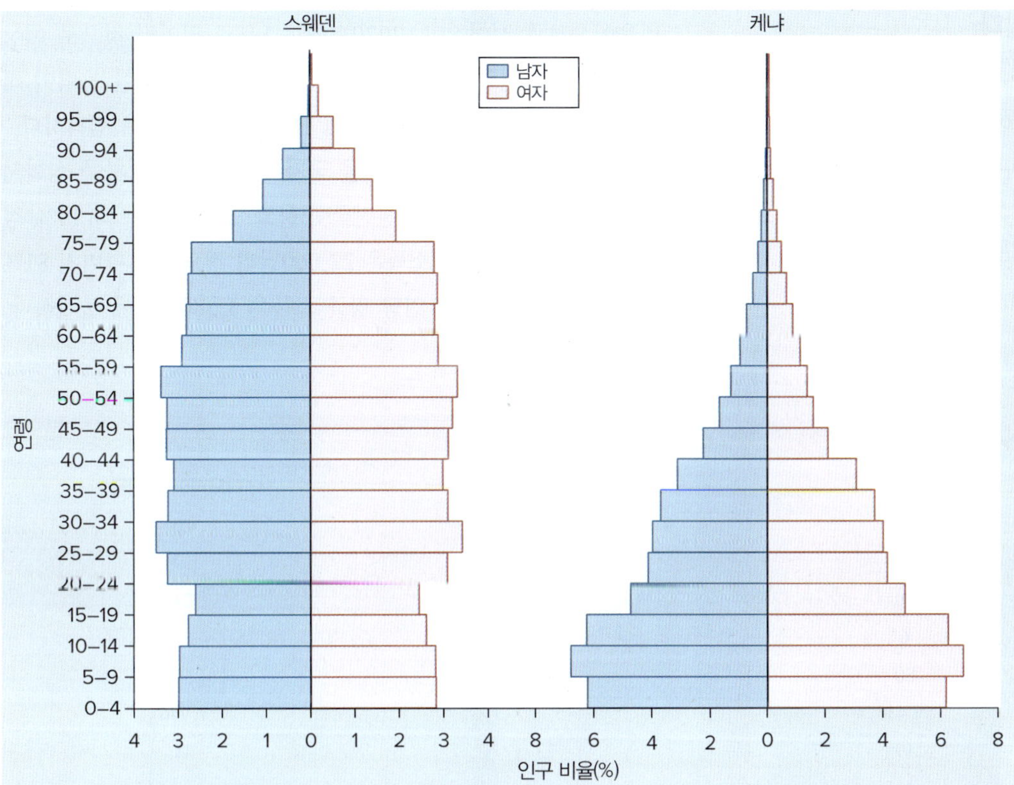

그림 49.26 2016년의 스웨덴과 케냐의 인구 피라미드 비교.
연령대에 따른 인구 피라미드로, 케냐의 피라미드는 가임 연령이 안 된 인구수가 많아 아래쪽이 넓다. 이들이 출산 시기에 이르면 인구는 빠르게 증가할 것이다. 스웨덴의 피라미드는 중간 연령대가 증가한 모습인데, 이는 20세기 중반의 "베이비붐(baby boom)"의 결과이다. 또한 수명이 길어졌기 때문에 노인층도 높은 분포를 보인다.

? 탐구문제 20년 후 연령별 인구분포를 예상해 보시오.

미래의 인구 증가 속도는 **인구 피라미드**(population pyramid)로 평가할 수 있는데, 이는 각 연령군의 인구수를 막대그래프로 나타낸 것이다(**그림 49.26**). 편의상 남자는 왼쪽, 여자는 오른쪽에 나타냈다. 인구 피라미드는 성별에 따른 인구의 연령 구성을 나타내며, 대개 여성 노인이 남성 노인보다 수가 많은데, 이는 평균적으로 여성의 수명이 남성보다 길기 때문이다.

인구 피라미드를 보면 통계적으로 출생률과 사망률의 추이를 예측해볼 수 있다. 일반적으로 직사각형 형태의 피라미드는 증가하지도 감소하지도 않는 안정된 상태를 보여준다. 삼각형 피라미드는 미래의 급격한 인구 생장을 의미하며, 역삼각형 피라미드는 출생률 감소로 빠른 인구 감소의 조짐이 있다고 말할 수 있다.

2016년의 스웨덴과 케냐의 인구 피라미드를 비교해 볼 때 두 나라에서 매우 다른 연령 분포가 나타난다(**그림 49.26**). 스웨덴은 거의 직사각형의 인구 피라미드를 보이는데, 이는 출생률이 감소하고 노인의 수명이 길어졌기 때문이다. 그에 비해 케냐는 삼각형의 인구 피라미드를 나타내며, 이는 짧은 수명과 높은 출생률로 인해 장래에 인구가 폭발적으로 증가할 것임을 예고하는 것이다. 15세 미만의 인구가 스웨덴에서는 17%에 불가하지만 케냐는 40%가 넘는다. 출산율(여성당 자손 수)의 경우 스웨덴은 1.9이지만 케냐는 4.5이다. 그 결과 케냐의 인구는 30년 이내에 배로 될 것으로 예상되는데 비해 스웨덴의 인구는 그 상태를 유지할 것으로 예상된다.

인류의 미래 생장률은 정해져 있지 않다

급격히 증가하는 지구의 인구는 아마도 우리 인간을 비롯한 지구의 모든 생물이 처한 가장 큰 도전이 될 것이다. 지구의 인구는 매년 7500만 명씩 증가하고 있는데(5일에 100만 명, 분당 150명), 특히 빠른 증가를 보이는 나라의 인구 증가는 무척 놀라운 수준이다(**표 49.4**). 인도의 인구는 2002년 10억 5천만 명 정도였는데, 2050년경에는 16억 명을 돌파할 것으로 추정되고 있다.

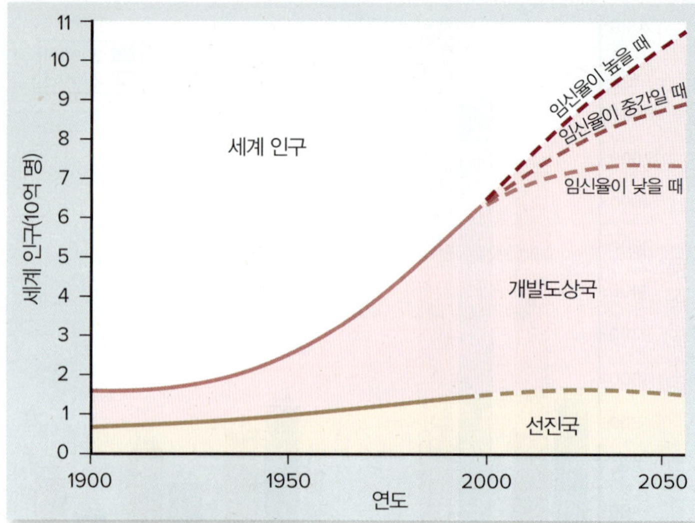

그림 49.27 인구 생장 분포.
전 세계의 인구 증가는 1950년부터 개발도상국에서 주도하기 시작하였다. 이 국가들의 연령 분포를 보면 앞으로도 인구는 꾸준히 늘어날 것임을 쉽게 예측할 수 있다. 최근 UN이 발표한 자료에 따르면 2050년 지구의 인구는 73~107억 명에 이를 것으로 예측된다. 현재 임신율에 기초하여 예측해 볼 때, 2050년 이후의 인구 증가율은 아마도 완만한 증가나 아주 느린 증가 또는 가장 바람직한 것으로 약간 감소 추세에 접어들 것으로 생각된다.

인구 증가 문제의 핵심 요소는 국가 간의 불균등 분포이다. 1990년대에 추가된 10억 명 중 90%는 개발도상국에 살고 있으며(**그림 49.27**), 선진국이 전체 인구에서 차지하는 비율은 점차 떨어졌다. 1950년대에는 세계 인구의 1/3이 선진국에 살았으나 1996년에는 그 비율이 1/4로 떨어졌고, 2020년에는 1/6로 떨어질 것으로 예상되고 있다. 세계 인구 증가의 중심은 인구 증가를 제어할 능력이 적은 국가에서 나타날 것으로 예상되기 때문에 문제가 더욱 심각하다.

개발도상국의 인구 증가는 이들 국가에서 빈부의 격차를 심화시키는 주요 요인이다. 오늘날 선진국에 살고 있는 인구는 약 19% 정도로, 이들의 1인당 국민 소득은 22,060달러 정도지만 나머지 81%의 개발도상국 사람들의 1인당 평균 소득은 3,580달러에 불과하다.

표 49.4 2016년 선진국과 개발도상국의 인구자료 비교

	미국(선진국)	브라질(개발도상국)	에티오피아(후진국)
출산율	1.8	1.8	4.3
인구 생장률	0.77	0.80	2.89
현재 속도로 2배가 되는 시간(년)	90	86	24
유아사망률(신생아 1000명당)	6	19	53
평균수명(년)	80	74	61
1인당 GDP(US 달러)*	57.436	15,242	1,946
15세 미만 인구(%)	19	23	41

* GDP(gross domestic product): 국내총생산

이들의 약 1/4 정도는 하루에 1달러 벌기도 벅찬 사람들이다. 지구에서 생산되는 에너지의 80% 정도가 선진국에서 소비된다는 사실로 미루어 보아 이는 심각한 불균형이다.

현재 70억 명 지구의 인구가 별 문제 없이 유지될 수 있을지 아무도 예상할 수 없다. 앞으로 인구가 더 증가할 것으로 생각되는데, 과연 그 많은 인구가 지구에서 버텨낼 수 있을까? 51장에서 다룰 내용이지만 지구 생태계는 많은 인구 때문에 상당한 스트레스를 받고 있다. 지구의 수용 능력(carrying capacity)은 무한정 증가될 수 없으며, 이미 그 수용 능력이 한계점에 다다른 것 같다.

현재 지구 전체 육지에서 만들어지는 생물학적 총 생산량의 45%와 전 세계 담수의 절반이 인류를 위해 사용되지만, 인류의 1/4~1/8 정도는 영양결핍 상태이다. 1798년 멜서스(Thomas Malthus)가 그의 유명한 저서 〈인구의 원리에 대한 논평(Essay on the Principle of Population)〉에서 예측하였듯이 지구의 몇몇 지역에서는 사망률이 증가하고 있다. 예를 들어, 아프리카 사하라 남쪽 지역의 인구는 AIDS의 영향으로 현재의 13억 3천만에서 2025년에는 약 10억 5천만 명 정도로 21%의 인구가 감소할 것으로 예측되고 있다. 러시아 역시 질병 때문에 사망률이 급격히 증가할 것으로 예상되는 지역이다.

사망률의 급격한 증가를 막기 위해서는 출생률을 그게 감소시키는 것 말고는 별 다른 대책이 없다. 이렇듯 개발도상국이 처한 어려운 상황을 개선하기 위해 전 세계적으로 출생률을 감소시키는 움직임이 벌어지고 있다.

현재 인구 증가율은 감소하고 있다

지구의 인구 증가율은 1965~1970년에 최고조를 이루어 2.0% 정도였는데, 2015년에는 약 1.1% 정도에 그치고 있다. 그러나 이미 지구에는 많은 인구가 살고 있기 때문에 1.1%는 적지 않은 증가율이고, 이를 인구수로 환산하면 매년 7천 500만 명 정도가 새로 태어난다고 볼 수 있다. 이는 1960년대 매년 5천 300만 명이 태어나던 시절과 비교해도 무척 많이 증가된 수치이다.

대부분의 국가들은 인구 증가 속도를 낮추는 데 관심을 가지고 있으며, 이러한 관심으로 여러 현상들이 나타나고 있다. 예를 들면, 1984년부터 2014년까지 아프리카 케냐에서는 한 부부당 8.0명에 이르던 자식의 수가 4.3명으로 크게 줄었고, 그에 따른 인구 증가율도 4.0%에서 2.6%로 크게 줄었다. 이러한 노력이 지속된다면 지구의 인구는 89억 명에서 안정기에 접어들 것으로 예측된다. 지구에서 자신들이 누릴 수 있는 삶의 질을 유지하며 살아갈 수 있는 인구의 한계는 얼마가 될까? 분명한 것은 지금의 인구는 그 한계를 넘었다는 것이다.

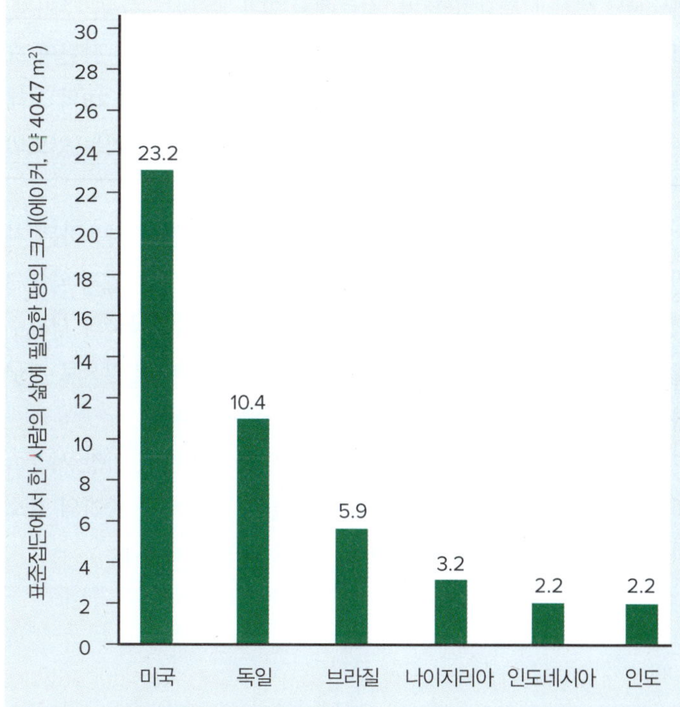

그림 49.28 국가별 생태 발자국 비교.
생태 발자국은 한 사람이 일생을 살기 위해 요구되는 식량 생산을 위한 토지면적, 숲의 생산량, 거주지, 화석 연료 연소에서 발생하는 이산화탄소, 이산화탄소를 흡수하기 위해 필요한 숲의 크기 등을 토지 면적으로 환산한 값이다.

탐구문제 만약 인도의 인구가 미국의 인구보다 약 4배쯤 많다고 가정한다면, 어떤 나라가 전반적인 생태 발자국이 더 크겠는가?

선진국에서의 소비가 자원을 더 많이 고갈시킨다

개체군의 크기는 사용 가능한 자원의 양을 결정하는 가장 중요한 요소이지만 1인당 사용량 또한 간과할 수 없는 요소이다. 이런 면에서 선진국 국민들은 인구가 많지는 않지만 지구 자원의 대부분을 소모하고 있기 때문에 자원 사용에 관한 문제에 보다 많은 관심을 기울여야 한다. 실제로 세계 인구의 20%밖에 되지 않은 선진국 사람들이 전 세계 자원의 86%를 소비하고 있으며, 세계 이산화탄소 배출량의 53%에 대한 책임이 있다. 그에 비해 전 세계 인구의 약 20% 정도인 최빈국들은 다 합쳐도 겨우 1.3%의 자원 소비량을 나타내며 약 3% 정도의 이산화탄소를 배출한다. 이는 선진국에서 태어날 아이들은 후진국에서 태어나는 아이들보다 향후 훨씬 많은 자원을 소비한다는 의미가 되기도 한다.

이러한 불균형을 수치화하는 방법은 **생태 발자국**(ecological footprint)을 측정하는 것인데, 이는 특정 인구가 그들의 표준 생활을 유지하기 위해 요구되는 생산지의 양을 의미한다. 이는 먹거리(동물과 식물) 생산에 필요한 토지, 삼림에서 얻을 수 있는 산물, 주거지, 화석 연료 때문에 방출되는 이산화탄소를 흡수할 수 있는 삼림의 크기 등을 모두 합쳐 토지 면적으로 환산한 값이다. **그림 49.28**의 그래프에서 보는 것처럼 미국 국민 1인당 생태 발자국의 크기는 인도의 1인당 수치의 10배가 넘는다.

이러한 측정법에 의거하여 많은 연구자들은 인간이 사용하는 자원의 양은 자연이 지속적으로 재생되며 공급할 수 있는 양의 약 1/3 정도 초과했다고 말하고 있다. 그에 부가하여 개발도상국의 생활수준이 향상되면 그들의 소비 역시 증가할 텐데, 그렇다면 앞으로 지구가 2개 정도는 더 있어야 된다는 계산이 나오게 된다.

지속가능한 세상을 만드는 것이 우리 인류가 직면한 가장 시급한 과제이기 때문에 우리의 후세들이 누릴 삶의 질은 인구 증가의 감소와 1인당 자원 소비량에 달려 있다고 해도 과언이 아니다.

핵심 요약 49.7

역사적으로 *K*-선택의 특징을 보이는 인간 개체군은 지속적으로 증가했다. 과거 400여 년 동안 자원을 조절하면서 인간 개체군은 기하급수적으로 증가했다. 이러한 추세라면 63년 후쯤에는 인구가 지금의 2배가 될 것이다. 인구 피라미드는 각 연령군의 인구수를 막대그래프로 나타낸 것이다. 하단이 넓은 모양의 인구 피라미드는 바닥부터 맨 위까지 비슷한 원통형 구조의 피라미드보다 더 빠른 인구 생장을 보인다. 현재 인구 증가율은 점차적으로 감소하고 있는 추세이지만, 선진국의 자원의 사용량이 높아 예의주시해야 한다.

■ 전 지구적 인구 증가율을 감소시키는 것이 중요할까? 아니면 선진국의 자원 소비를 감소시키는 것이 중요할까?

핵심 개념 요약

49.1 환경의 도전

가장 중요한 환경적 요인은 온도, 물, 햇빛, 토양 등이다. 각 개체들은 내부적 항상성을 유지하려고 한다.

■ 생물은 그들이 생존하는 동안 환경 변화에 반응하는 능력이 있다

대부분의 개체는 급작스러운 온도나 물 유용성 변화와 같은 그들의 자연 서식지의 변이에 대처할 수 있다.

■ 자연선택은 주어진 환경 조건에 진화적으로 적응하도록 이끈다

진화하는 동안 생리적, 형태적, 행동적 적응은 생물들이 그들이 살고 있는 환경에 더 잘 적합하게 진화하도록 만든다.

49.2 개체군: 특정 지역에 존재하는 단일 종 집단

■ 개체군은 제한된 지리적 범위 안에 국한되어 있다

■ 이러한 분포 범위는 시간이 지남에 따라 확장하기도, 축소하기도 한다

대부분의 개체군들은 환경이 변하면서 시간이 지남에 따라 확장하거나 축소하는 제한된 지리적 범위를 가지고 있다.

분산 기작은 몇몇 종들이 그들의 범위를 확장하거나 경계를 넘게 만들기도 한다. 인간의 활동은 해로운 영향을 주는 몇몇 종들의 분포를 확산시키기도 한다.

■ 개체군 내에서 개체들은 다양한 공간 분포 패턴을 보인다

개체군 내에서 개체들은 무작위적일 수도 있고, 균등할 수도 있으며, 여러 군(clump)을 형성하며 분포할 수도 있다. 특히 임의적이지 않은 분포는 일반적으로 자원 확보를 위한 경쟁의 결과나 자원의 분포를 반영한 결과일 수 있다.

■ 다개체군은 각 개체들을 때때로 교환하는 여러 개의 구별되는 개체군들로 구성된다

다개체군에서 개체군 간 개체들의 교환 정도는 개체군들이 크고 잘 연결되어 있을 때 더 잘 일어난다.

다개체군은 비어 있는 지역에 다시 서식하는 것을 가능하게 하면서 멸종을 줄이는 완충지역 역할을 한다.

49.3 개체군의 특성과 역학

■ 성비와 세대기간은 개체군 생장 속도에 영향을 준다

많은 수의 암컷, 짧은 세대기간, 혹은 두 요인 모두는 더 빠른 인구 생장을 이끌 수 있다.

■ 연령구조는 각 동령군의 상대적 개체수를 뜻한다

개체군 내의 서로 다른 동령군은 각각 다른 출생률과 사망률을 가지므로 연령구조는 개체군의 생장 속도에 중대한 영향을 준다.

■ 생명표는 출생부터 사망까지 한 동령군의 운명을 표로 나타낸 것으로 매년 생존과 번식의 가능성을 보여준다

■ 생존곡선은 연령에 따라 생존율이 어떻게 변하는지 보여준다(그림 49.10 및 49.11)

어떤 개체군에서는 생존율이 노년에 노달할 때까지 높은 경우도 있고, 아주 어린 개체일 때 생존율이 아주 낮은 경우도 있다.

49.4 생활사와 생식비용

자원이 제한되어 있기 때문에 번식은 비용이다. 현재의 번식에 할당된 자원은 미래의 번식과 생존을 향상시키기 위해 사용될 수 없다(**그림 49.13**).

- **절충은 자손의 수와 자손당 받게 되는 투자 사이에서 발생한다**

생식비용이 높은 경우에는 번식을 늦추거나 생존 가능성이 더 높은 큰 크기의 새끼를 적게 낳는 것이 유리하다.

- **일생 동안의 생식 횟수는 추가적인 절충의 대상이 된다**

1회번식은 단 한 번의 생식에 집중하는 것이고, 반복번식은 여러 해에 걸쳐 여러 번 자손을 생산하는 것이다.

- **최초 생식 연령은 수명과 연관되어 있다**

수명이 긴 종은 수명이 짧은 종보다 첫 생식이 다소 늦게 이루어진다.

49.5 개체군의 생장과 환경적 제한

- **지수적 생장 모델은 제한 없이 증가하는 개체군에 적용된다**

개체군 증가 속도 r은 출생률(b)에서 사망률(d)의 차이로 정의된다.
지수적 생장은 개체군이 자원이나 또는 다른 종에 의해 제한을 받지 않는 때 발생한다(**그림 49.16**).

- **로지스트형 생장 모델은 환경수용력 수준에서 안정을 유지할 때 나타난다**

로지스트형 생장은 개체군이 환경수용력에 도달하면서 개체군의 생장 속도가 현저히 느려지는 것을 뜻한다. 개체군이 환경수용력을 완전히 넘어섰다가 다시 안정되는 경우도 있다.

49.6 개체군을 조절하는 요인들

- **밀도 의존적 효과는 번식과 생존이 개체군 크기에 의해 영향을 받을 때 발생한다**

밀도 의존적 효과는 개체군 사이의 경쟁의 증가나 질병의 영향과 관계있다.
개체군 크기가 안정되려면, 출생률은 감소하고 사망률은 증가하거나 둘 다 일어나야 한다.

- **밀도 비의존적 효과는 환경 교란과 천재지변 등과 관련 있다**

밀도 비의존적 요인은 개체군 크기에는 상관없이 자연적인 환경 변화가 개체군 수를 줄이는 현상 등을 말한다.

- **주기적인 개체군 변동은 복잡한 상호작용을 반영한다**

때때로, 개체군 크기는 먹이의 양과 포식과 같은 요인들의 상호작용으로 주기적으로 증감하는 형태를 보인다(**그림 49.23**).

- **자원 이용 가능성은 생활사 적응에 영향을 준다**

환경수용력 부근에 있는 개체군은 제한된 자원을 차지하기 위한 경쟁에 적응한다. 환경수용력보다 훨씬 적은 개체군은 풍부한 자원을 쉽게 이용할 수 있어서 높은 생식력을 나타낸다.

49.7 인구 증가

- **인구는 기하급수적으로 증가해왔다**

과거 300년 동안 인간은 각종 기술의 발전으로 환경수용력을 증가시켰고, 사망률 또한 낮췄다.

- **인구 피라미드는 출생률과 사망률의 경향을 보여준다**

연령이 낮은 인구가 상대적으로 많은 개체군은 이 개체들이 번식 가능한 나이에 도달할 때 높은 인구 생장률을 갖게 될 가능성이 높다.

- **인류의 미래 생장률은 정해져 있지 않다**

인간 개체군은 고르지 않게 분포하고 있다. 개발도상국의 높은 생장률은 기난으로 이어지고, 대부분의 자원은 산업화된 나라들에 의해 사용된다.

- **현재 인구 증가율은 감소하고 있다**

낮은 생장률에도 지구의 인구는 70~100억으로 유지될 가능성이 높다.

- **선진국에서의 소비가 자원을 더 많이 고갈시킨다**

선진국에서 자원의 소비율은 매우 높다. 지속가능한 미래는 인구 생장과 개인의 자원 소비, 둘 다를 제한하는 것이 필요하다.

연습문제

1단계 · 이해력 확인하기

1. 공급원-수용처 다개체군이 다른 형태의 다개체군과 다른 점은 무엇인가?
   a. 개체들의 교환은 공급원-수용처 다개체군에서만 일어난다.
   b. 공급원-수용처 다개체군에는 음의 생장률을 가진 집단들이 있다.
   c. 공급원-수용처 다개체군에서 절멸이란 없다.
   d. 공급원-수용처 다개체군의 모든 집단들은 결국 절멸할 것이다.

2. 개체들이 사회적으로 상호작용할 수 있는 능력은 개체군 내에서 개체가 어떻게 분포할 때 최대로 발휘될 수 있는가?
   a. 서식 환경에서 무작위적으로 분포할 때
   b. 서식 환경에서 균등하게 분포할 때
   c. 서식 환경에서 군상으로 분포할 때
   d. a, b, c 모두 옳지 않다.

3. 생태학에서 생식비용이란 무엇인가?
   a. 현재 생식에 대한 투자로 인한 미래에 얻을 수 있는 생식 산물의 감소
   b. 성공적인 생식을 위한 모든 활동에 들어가는 칼로리의 양
   c. 알과 자손에 들어가는 칼로리의 양
   d. a, b, c 모두 옳지 않다.
4. 자손의 수와 몸 크기 사이의 생활사 절충이란 무엇인가?
   a. 자손의 수가 많아지면 자손의 크기도 증가한다.
   b. 자손의 수가 많아지면 자손의 크기는 감소한다.
   c. 자손의 수가 많아지면 성체의 크기도 증가한다.
   d. 자손의 수가 많아지면 성체의 크기는 감소한다.
5. 지수적 생장과 로지스트형 생장의 차이점은 무엇인가?
   a. 지수적 생장은 출생률과 사망률에 따라 달라지지만 로지스트형 생장은 그렇지 않다.
   b. 로지스트형 생장에서 이입과 이출은 별로 중요하지 않다.
   c. 둘 다 밀도의 영향을 받지만 로지스트형 생장은 아주 천천히 영향을 받는다.
   d. 로지스트형 생장만 출생과 사망이 밀도에 의해 영향을 받는다.
6. 로지스트형 개체군 생장 모형 $dN/dt = rN[(K-N)/K]$은 생장이 가능한 어떤 최고 수준이 정해져 있을 때의 개체군 생장을 예측할 수 있도록 해준다. N이 K값에 가까워질수록 일어날 수 있는 일은 무엇인가?
   a. dN/dt가 급격히 증가한다.
   b. dN/dt가 0에 가까워진다.
   c. dN/dt가 아주 느리게 증가한다.
   d. 개체군이 멸종 위기에 직면한다.
7. 다음 중 개체군 생장에 미치는 밀도 의존적 요인의 예가 되는 것은 무엇인가?
   a. 강추위
   b. 폭풍우
   c. 개체수에 비해 더위를 피할 곳이 턱없이 부족한데, 날씨가 비정상적으로 더워질 때
   d. 가뭄

2단계: 적용력 평가하기

1. 개체군의 크기가 홍수 같은 자연재해 때문에 급격히 줄어든다면 어떤 현상이 일어나는가?
   a. 집단의 크기가 환경수용력보다 훨씬 작기 때문에 집단 생장률이 증가할 것이다.
   b. 개체들이 배우자를 찾기가 어려워지므로 집단 생장률이 감소할 것이다.
   c. a와 b 현상 모두 가능하므로 집단의 생장률이 증가할지 감소할지는 예측할 수 없다.
   d. a, b, c 모두 맞다.
2. 어느 개체군의 주변에 포식자가 많아진다면 어떤 현상이 일어날까?
   a. 개체는 생존율을 최대화하기 위해 생식에 대한 투자를 줄일 것이다.
   b. 개체들은 적은 수의 새끼를 낳을 것이고 새끼에 대한 투자도 줄일 것이다.
   c. 다음 번식기까지 생존할 확률이 적기 때문에 생식에 집중 투자를 할 것이다.
   d. 개체들은 모두 생식을 중단할 것이다.
3. 어느 개체군에서 개체들이 균등 분포를 하고 있다면 다음 중 옳은 것은?
   a. 개체군의 크기가 환경 수용력에 훨씬 못 미칠 것이다
   b. 자연선택의 영향으로 자원을 확보하기 위한 경쟁에 유리한 형질이 진화할 것이다.
   c. 타 집단에서 개체들이 이주하기 때문에 개체군의 멸종을 걱정하지 않아도 된다.
   d. a, b, c 모두 옳지 않다.
4. 인간이 포식자들을 제거하면 다음 중 옳은 것은?
   a. 새로운 포식자가 그 서식지로 들어오기 전에는 피식자 개체군들이 지수적 생장을 계속할 것이다.
   b. 서식지의 환경수용력이 높아질 것이다.
   c. 피식자들이 이전에 제거된 포식자들에 의해 조절되었었다면 피식자 개체군의 크기는 증가할 것이다.
   d. 앨리 효과(Allee effect)가 생길 것이다.

3단계: 사고력 함양하기

1. **그림 49.8**을 보고 다음에 대해 답하시오. 어느 개체군이 다개체군의 일부인 경우와 다른 개체군들과 별다른 상호작용을 하지 않는 경우, 개체군 사이에 생기는 진화적 분화과정이 어떻게 달라지는가?
2. **그림 49.13**을 보고 다음에 대해 답하시오. 개체들은 현재의 생식 노력과 미래 생식 성공(생식비용)을 절충시키는데, 그렇다면 나이가 많은 개체와 어린 개체들이 할 수 있는 최적의 생식 방식이 같다고 생각할 수 있는가?
3. **그림 49.14**를 보고 다음에 대해 답하시오. 한 부모가 생산할 수 있는 자손의 수는 종종 자손의 크기와 절충이 될 수 있는 형질인데, 많은 환경에서 적절한 수 그리고 적절한 크기의 자손이 선호된다. 만약 자손의 개체 크기가 그 개체의 질적인 면(개체의 생존율)과 전혀 관계가 없다면 부모는 자손의 수를 어떻게 조절할 수 있는가? 현재의 최적 자손의 수가 늘어날 것인가 아니면 줄어들 것인가?
4. **그림 49.26**을 보고 다음에 대해 답하시오. 세대기간이 늘어난다면 개체군의 생장에 어떠한 영향을 미치는지 생각해 보자. 각각의 암컷이 일생 동안 생산할 수 있는 자손의 수를 줄이는 것과 같은 효과인가? 어느 것이 개체군 생장에 더 큰 영향을 미치게 되겠는가?

50

군집생태학

도입

한 장소에서 함께 사는 모든 생물들을 군집이라고 한다. 열대우림에 사는 많은 종들도 하나의 군집이다. 지구상의 모든 서식 가능한 장소는 각각 특정한 생물 구성을 가진다. 시간이 지나면서 각 종들은 군집 내의 생활에 복잡한 방식으로 적응하면서 함께 진화하고 군집의 특성과 안정성을 부여하는 관계를 만들어간다. 이때 경쟁과 상호부조는 중요한 역할을 한다. 이번 장에서는 이러한 현상들과 군집생태학의 다른 요인들에 대해 알아본다.

50.1 군집: 함께 사는 종

학습 목표

1. 군집에 대해 정의할 수 있다.
2. 군집의 구성이 지리적 경관에 따라 어떻게 변화될 수 있는가에 대해 설명할 수 있다.

지구상의 거의 모든 장소는 종에 의해 점유되어 있다. 아마존(Amazon)의 열대우림과 같은 지역에는 많은 종들이 분포하고 있으며, 옐로우스톤(Yellowstone)에 있는 간헐천의 끓는 물에는 몇 가지 종들만이 분포해 있다. **군집**(community)이란 어느 특정 지역에 사는 종들을 일컫는 말이다(**그림 50.1**). 군집은 그들을 구성하는 종들에 의해 또는 **종풍부도**(species richness)나 에너지의 생산량을 나타내는 **1차 생산력**(primary productivity)과 같은 특성들에 의해서 특징지어진다.

군집 구성원들 간의 상호작용으로 여러 가지 생태적, 진화적 과정이 일어난다. 포식과 상리공생 등과 같은 이러한 상호작용들은 개체군의 크기 증가나 감소와 같은 특정 종의 개체군 생물학과 생태계의 에너지와 영양분의 순환방식에 영향을 준다. 더욱이 군집의 내용은 여러 방식으로 한 종의 자연선택 양상에 영향을 주어 진화과정에 영향을 미치게 된다.

과학자들은 자세한 관찰이나 대규모의 실험과 같은 방법을 통해 생물군집을 연구한다. 어떤 경우에는 군집 전체를 조명하고, 어떤 경우에는 상호작용하는 몇몇 종들만을 주목한다.

그림 50.1 아프리카의 사바나 군집.
군집은 그 지역에 살고 있는 식물, 동물, 균류, 원생생물, 원핵생물 등의 모든 종들로 구성되어 있다.

군집은 공간과 시간에 따라 변한다

대개의 경우 종들은 환경 조건의 변화에 독립적으로 반응하는 것으로 보인다. 그 결과 군집 구성은 어떤 종이 나타나고, 어떤 종은 사라지면서 점점 변화하게 된다.

이러한 양상의 가장 유명한 예는 애리조나의 산타 카탈리나 산맥(Santa Catalina Mountains)에서의 습도 기울기에 따른 나무의 수 변화이다. **그림 50.2**는 서로 다른 종의 나무 수는 독립적으로 변화하며, 그 결과 서로 다른 지역에서의 나무 군집은 완전히 구별되지 않고 하나의 연속성을 나타낸다는 것을 보여준다.

고생물학적인 연구를 통하여 이와 유사한 양상을 시간적 차이를 두고 볼 수 있다. 그 실례로 북아메리카에서 과거 2만 년 동안에 나타난 나무와 소형 포유류에 대한 화석기록이 있다. 선사시대의 군집은 오늘날과 큰 차이를 보인다. 오늘날 함께 나타나는 여러 종들이 과거에는 함께 존재하지 않았다. 반대로 동일 군집 내에서 나타났던 종들은 오늘날에는 대개 분포 지역이 중복되지 않는다. 이러한 발견은 빙하기의 도래와 퇴조 기간 동안 기후가 변함에 따라 종들의 분포도 함께 이동하지 않고 독립적으로 분포하고 이동했음을 시사하는 것이다.

그럼에도 불구하고 어떤 경우에 한 군집 안의 종의 수는 동시적 양상으로 지리적 변화를 보인다. 이런 경우는 대개 환경이 갑작스럽게 변화하는 지역인 **추이대**(ecotone)에서 나타난다. 그 실례로 미국 서부에서는 국부적으로 사문석(serpentine) 토양이 나타나는데, 이러한 토양은 정상 토양과는 여러 가지로 차이를 나타낸다(니켈, 크롬, 철의 농도가 높거나, 구리나 칼슘의 농도가 낮다). 이렇게 서로 다른 토양에 사는 식물 종들을 비교하면 각각은 독특한 군집을 나타내며, 짧은 거리에서 갑작스런 군집의 변화를 보인다(**그림 50.3**). 육지와 수중 서식지가 접한 곳이나 숲과 초지가 만나는 지역과 같이 매우 상이한 서식지들이 만나는 곳에는 유사한 전이대(transition)가 보인다.

핵심 요약 50.1

군집은 한 지역에서 발생하는 모든 종으로 구성된다. 대부분의 경우 군집 구성원의 수는 공간과 시간에 따라 독립적으로 달라진다. 군집의 구성은 또한 매우 건조한 지역에서 매우 습한 지역까지 환경 요인에 따라 점진적으로 변한다.

- 군집에서 시간이 지남에 따라 동물 또는 식물의 풍부도에 큰 변화를 기대할 수 있을까? 있다면 그 이유는 무엇일까?

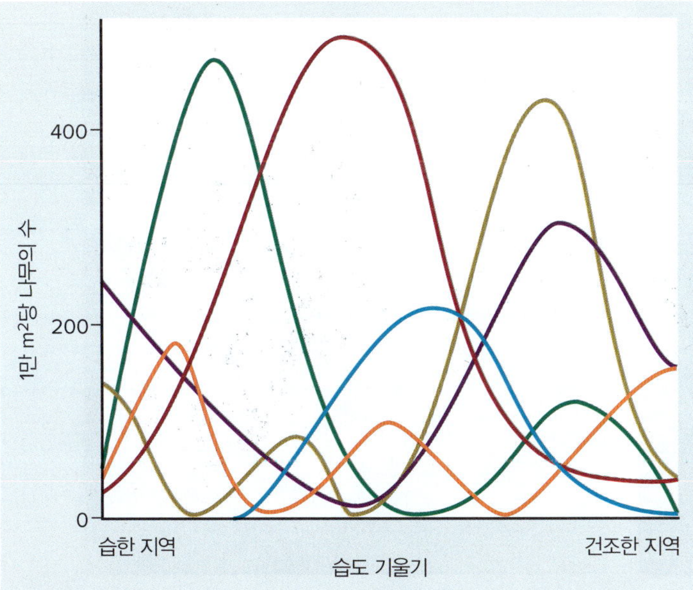

그림 50.2 애리조나 남동부 산타 카탈리나 산맥에서의 습도 기울기에 따른 나무의 수. 각각의 선은 다른 종의 나무의 풍부도를 나타낸다. 종에 따른 나무의 수는 서로 독립적으로 변화한다. 따라서 군집 구성은 습도 기울기에 따라 연속적으로 변화한다.

탐구문제 왜 종은 수분 변화에 대해 다른 반응 형태를 보이는가?

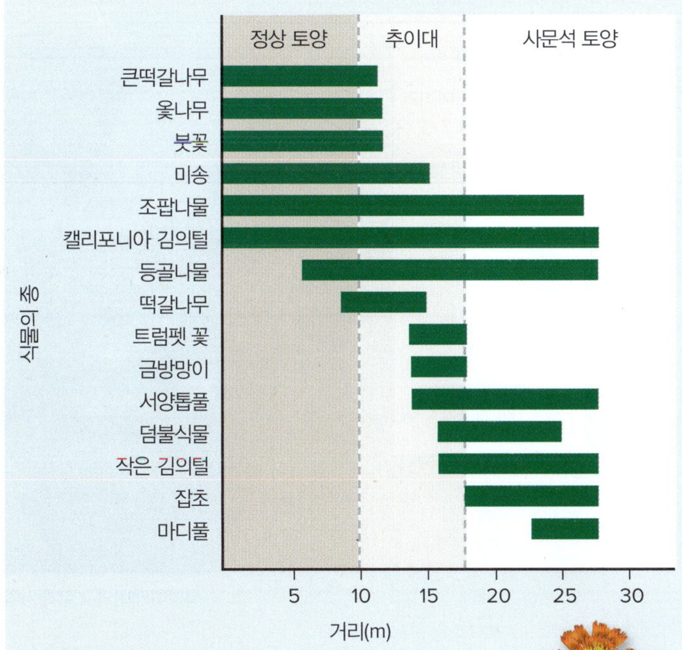

그림 50.3 추이대에서의 군집 구성의 변화. 정상 토양과 사문석 토양의 식물 군집은 큰 차이를 나타내며, 짧은 거리에서 갑작스러운 군집의 변화가 생긴다.

자료 분석 이 현장 연구에서 사문서 토양은 정상 토양에 얼마나 가까운가?

탐구문제 두 군집 유형 간에 급격한 전이대(추이대)가 있는 이유는 무엇인가?

50.2 생태적 지위

학습 목표

1. 생태적 지위의 자원 분할에 대해 정의할 수 있다.
2. 기본 생태적 지위와 실제 생태적 지위의 차이점에 대해 설명할 수 있다.
3. 다른 종의 존재가 종의 실제적 지위에 어떻게 영향을 미치는지에 대해 설명할 수 있다.

생태계 내의 모든 생물은 살아가면서 여러 가지 도전에 직면한다. 어떤 생물이 생태계에서 차지하는 **생태적 지위**(niche)는 그들이 살고 있는 환경 내의 자원을 이용하는 모든 방법의 총합이다. 한 종의 생태적 지위는 공간 이용, 먹이 소비, 온도 범위, 짝짓기를 위한 적절한 조건, 수분 요구량 등의 여러 가지 요소로 설명될 수 있다.

때때로 다른 종들이 있거나 없기 때문에 생물 종들은 그 지역의 모든 생태적 지위를 차지하지 못한다. 종들은 다양한 방법으로 다른 종들과 상호작용을 하는데, 그 방법은 긍정적일수도 있고, 부정적일 수도 있다. 일반적으로 두 종이 동일한 자원을 서로 이용하려고 시도하는 현상을 **종간 경쟁**(interspecific competition)이라고 한다. 이 경쟁은 두 종이 이용하기에 충분한 자원이 없을 때 같은 자원을 이용하기 위해 싸우는 것이다. 자원을 둘러싼 싸움을 **간섭 경쟁**(interference competition)이라고 하며, 공동 자원을 소비하는 경쟁을 **소비 경쟁**(exploitative competition)이라고 한다.

기본 생태적 지위는 잠재적이며 실제 생태적 지위는 현실적이다

생리적 내성 한계와 자원 요구에 따라 한 종이 이용할 수 있는 전

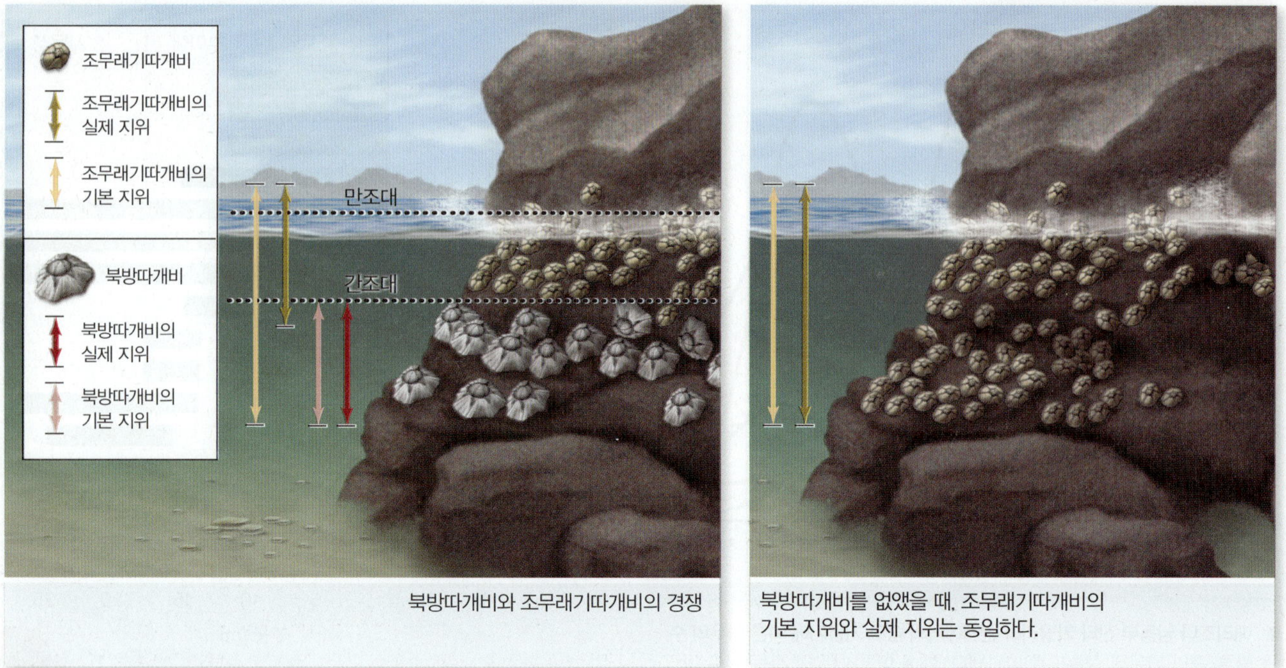

그림 50.4 따개비 두 종의 경쟁.
조무래기따개비는 얕은 곳이나 깊은 곳 모두에서 살 수 있으나, 깊은 곳에서는 북방따개비가 조무래기따개비를 몰아낸다.

체 생태적 지위를 **기본 생태적 지위**(fundamental niche)라고 하고 두 종이 실질적으로 차지할 수 있는 지위를 **실제 생태적 지위**(realized niche)라고 한다. 종간 상호작용으로 한 종의 실제 생태적 지위는 기본 생태적 지위보다 훨씬 작게 나타난다.

생태적 지위를 차지하기 위한 종간 경쟁

고전적 연구에서 스코틀랜드의 해안에 살고 있는 따개비 2종 사이에서의 종간 경쟁을 조사하였다. 2종의 따개비 중 조무래기따개비(*Chthamalus stellatus*)는 간조 시 노출되는 얕은 물에 서식하고, 북방따개비(*Semibalamus balanoides*)는 간조 시에도 거의 노출되지 않는 조하대 부위에 서식한다(**그림 50.4**). 이러한 지역에서는 살 수 있는 공간을 얻기가 매우 어렵다. 물이 깊은 부위에서는 북방따개비가 조무래기따개비를 바위에서 떨어뜨리거나 경쟁에서 항상 앞서게 되는데, 이는 간섭 경쟁에 따른 것이다.

그러나 코넬(Joseph connell)이 그 부위에서 북방따개비를 제거했더니 조무래기 따개비가 그 부위에 살기에 생리적인 문제는 없음을 알아냈다. 이와는 대조적으로 북방따개비는 조무래기따개비가 사는 수심이 얕은 부위에서는 생존하지 못한다. 왜냐하면 북방따개비는 따뜻한 장소에서 생리적 적응을 갖지 못했기에 조무래기따개비가 이 장소를 차지하게 된다. 따라서 조무래기따개비의 기본 생태적 지위는 얕은 지역과 깊은 지역 모두이지만 깊은 지역에서는 북방따개비와의 경쟁에서 밀리므로 실제 생태적 지위는 이보다 훨씬 좁게 된다. 그와 대조적으로 북방따개비의 실제 생태적 지위와 기본 지위는 일치한다.

생태적 지위를 제한하는 다른 요인

경쟁 외의 과정도 종의 실제 생태적 지위를 제한할 수 있다. 예를 들면 **서양고추나물**(*Hypericum perforatum*)이라는 식물은 캘리포니아의 방목장에 도입된 이후 딱정벌레에 의해서 조절되기 전까지는 광범위하게 퍼져나갔다. 그러나 딱정벌레가 들어오게 되면서 이 식물의 개체군 크기는 빨리 감소하였고, 지금은 딱정벌레가 살지 못하는 그늘이 있는 장소에서만 찾아볼 수 있다. 이 경우 포식자의 존재가 식물의 실제 생태적 지위를 제한한 것이다.

어떤 경우에는 다른 종의 부재가 더 작은 실제 생태적 지위로 이끌 수 있다. 많은 북아메리카 식물들은 곤충에 의한 수분에 의존하며, 미국 농업을 위한 곤충의 수분의 가치는 1년에 90억 달러 이상으로 추정되고 있다. 하지만 수분하는 개체군들은 현재 몇 계절 동안 감소하고 쇠퇴하였다. 환경보호가들은 이 곤충들이 서식지에서 사라진다면 많은 식물 종의 실제 생태적 지위가 감소하거나 전체적으로 사라질 것을 염려하고 있다. 이러한 경우에 다른 종의 부재가 비교적 작은 실제 생태적 지위의 원인이 된다.

경쟁 배타는 제한된 자원을 두고 종들이 경쟁할 때 나타난다

러시아의 생태학자 가우스(Georgii Gause)는 1934년과 1935년에

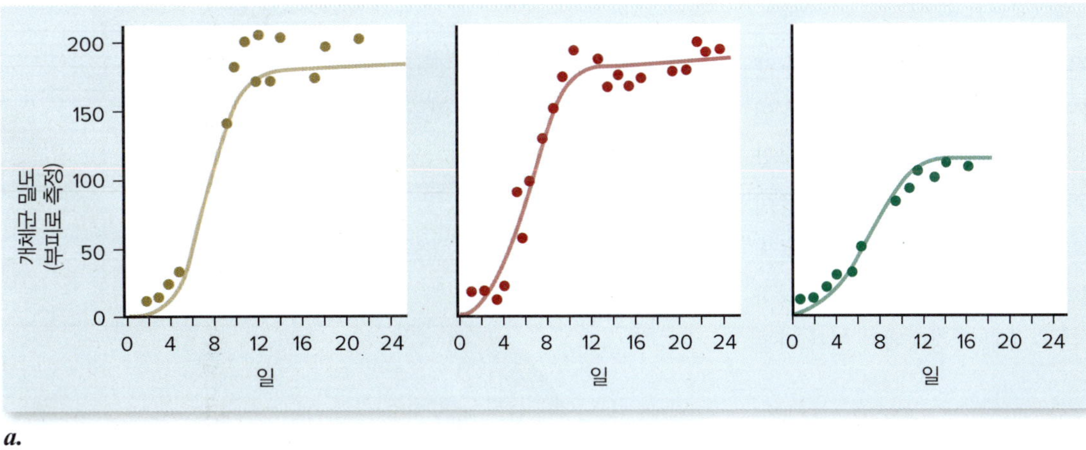

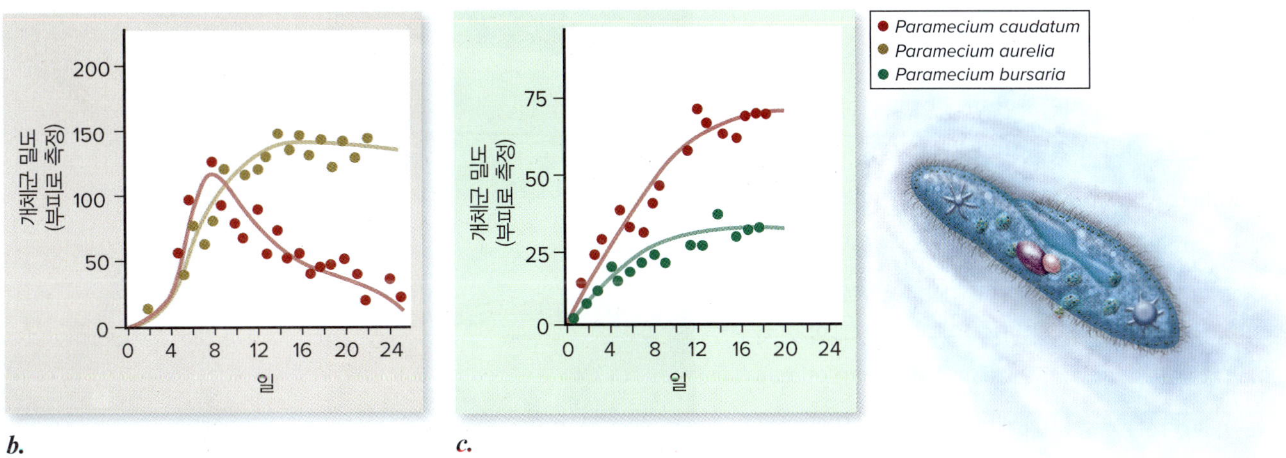

그림 50.5 짚신벌레 3종 사이의 경쟁 배타.
짚신벌레는 작은 원생생물을 잡아먹는 맹렬한 포식자이다. ***a.*** 짚신벌레 3종은 시험관 배양액 속에서 단독으로 있을 때 잘 자란다. ***b.*** 그러나 실제 생태적 지위가 동일한 *P. caudatum*과 *P. aurelia*를 함께 배양하면 먹이 자원 때문에 *P. caudatum*은 사라진다. ***c.*** *P. caudatum*과 *P. bursaria*는 실제 생태적 지위가 달라서 경쟁을 피할 수 있어 공존할 수 있다.

? **탐구문제** 이 그래프는 ***P. caudatum***과 ***P. bursaria***가 자원을 놓고 경쟁한다는 것을 의미하는가? 증거가 있다면 어떤 증거가 있는가?

3종의 짚신벌레(*Paramecium*)를 대상으로 경쟁에 대하여 연구하였다. 이 짚신벌레들은 시험관 안의 배양액 속에서 세균과 효모를 먹으며 자란다(**그림 50.5***a*). 그러나 *P. aurelia*와 *P. caudatum*을 같은 시험관에서 배양하면, 항상 *P. caudatum*은 멸종하고 *P. aurelia*만 살아남는데(**그림 50.5***b*), 그 원인은 *P. aurelia*가 경쟁자인 *P. caudatum*보다 한정된 자원을 더 잘 이용하여 6배나 더 빨리 성장하기 때문이다. 이는 소비 경쟁의 실례이다.

이러한 실험을 통해 가우스는 **경쟁 배타**(competitive exclusion)의 원리를 창안하였다. 이 원리는 만약 두 종이 한정된 자원을 두고 경쟁한다면 자원을 더 효율적으로 이용하는 종이 다른 종을 그 지역에서 제거하게 된다는 이론으로, 자원이 한정되어 있을 때는 동일한 생태적 지위를 갖는 어떤 두 종도 공존할 수 없다는 것을 보여준다.

생태적 지위의 중복과 공존

가우스는 다른 실험에서 *P. caudatum*을 제3의 종인 *P. bursaria*와 함께 배양했다. 그는 이 두 종 모두 공급이 제한된 세균을 먹기 위해 경쟁할 것이고, 그가 이전에 했던 실험에서와 마찬가지로 한 종이 이기는 결과가 나올 것으로 예측했다. 그러나 예상과는 달리 각 종은 시험관 내에서 먹이 자원을 분배하면서 살아갈 수 있었다.

종들의 공존에 대한 설명은 간단하다. 산소 농도와 세균의 밀도가 높은 시험관 위쪽에서는 세균을 먹이로 더 잘 이용하는 *P. caudatum*이 우점하지만, 산소 농도가 낮아서 효모가 번식하기에 알맞은 시험관 아래쪽에서는 효모를 먹이로 더 잘 이용하는 *P. bursaria*가 우점하였다. 두 종의 기본 생태적 지위는 시험관 전체이지만, 각각의 실제 생태적 지위는 시험관의 일부였다. 두 종은 생태적 지위가 겹치지 않기 때문에 서로 살아남을 수 있다(**그림 50.5***c*). 두 종은 경쟁자가 있을 때 자란 것보다 경쟁자 없이 생장할 때 3배나 더 높은 밀도에 도달하였다.

다듬어진 경쟁 배타 원리

가우스의 경쟁 배타의 원리는 '자원이 한정되어 있을 때 동일한 생태적 지위를 가진 두 종은 오랫동안 공존할 수 없다'로 표현할 수 있다. 그러나 분명히 어떤 종들은 같은 자원을 두고 경쟁하면서 공존할 가능성이 있거나 공존하고 있다. 이에 대해 가우스의 가설은 두 종이 오래도록 공존할 경우 자원이 한정되어 있는 것이 아니거나 그들의 생태적 지위가 한 가지 이상의 특성에서 차이를 보일 때라고 예상하고 있다. 그렇지 않을 때는 한 종이 다른 종과의 경쟁에서 이겨 다른 종은 멸종할 수밖에 없을 것이다.

경쟁은 자원을 분할한다

가우스의 경쟁 배타 원리로 매우 중요한 결론을 맺을 수 있는데, 그것은 한정된 자원에 대한 경쟁이 치열하면 한 종이 다른 종을 절멸시키거나 자연선택으로 그들 사이의 경쟁이 감소하게 된다.

생태학자 맥아더(Robert MacArthur)는 숲에서 작은 벌레를 먹고 사는 명금류인 개개비(warblers) 5종을 관찰한 결과 모두 동일한 자원을 두고 경쟁하는 것을 발견했다. 한 종은 가지 끝에서 곤충을 잡아먹고, 두 번째 종은 잎이 무성한 곳에서, 세 번째 종은 아랫부분의 가지에서, 네 번째 종은 나무의 높은 곳에서, 다섯 번째 종은 나무의 꼭대기에서 먹이를 잡는다. 따라서 각 종의 개개비는 가문비나무의 다른 부분을 활용하도록 진화했다. 그들은 서로 직접적인 경쟁을 피하기 위해 틈새 시장을 세분화했다. 이 틈새 부문을 자원 분할이라 한다.

자원 분할(resource partitioning)은 대개 같은 지리적 지역을 차지하는 유사한 종들 사이에서 나타난다. 이러한 동소종(sympatric species)들은 서식지 내 다른 구역에 살거나, 서로 다른 먹이나 다른 자원을 이용하면서 경쟁을 피한다(**그림 50.6**). 이 자원 분할 양상은 초기엔 유사했던 종들이 경쟁 압력을 줄이기 위해 자원 이용에서 분화된 자연선택 결과로 여겨진다. 이것은 20장에서 살펴본 형질 치환 과정이다. 각각의 종은 다른 종의 구성원과 경쟁할 필요가 없기 때문에 자연선택은 다른 종과 가장 다른 개체를 선호한다. 결과적으로 자연선택은 두 종 간의 차이를 유발한다.

동일한 서식지를 차지하는 두 종이 다른 서식지를 차지하는 같은 종보다 형태와 자원 이용에서 뚜렷하게 차이나는 경우가 많다. 동소종 사이에서 차이가 뚜렷하게 나타나는 **형질치환**(character displacement)은 서식지를 분할하기에 용이한 기작으로 자연선택되어 왔다고 볼 수 있고, 그 결과 경쟁이 감소된다. 핀치새 두 종은 이소적일 때 부리 크기가 서로 유사하고(**그림 50.7**), 두 종이 동소적인 섬에서는 각각의 부리 크기가 다르게 되었는데, 한 종은 큰 종자를 먹기에 적합하게, 그리고 다른 종은 작은 종자를 먹기에 적합하게 진화되었

그림 50.6 동소적 도마뱀류의 자원 분할.
카리브 섬에서 도마뱀류(*Anolis*종)를 조사한 결과 이들은 여러 방법으로 서식지에서 자원을 분할하는 것으로 나타났다. ***a.*** 어떤 종은 나무의 수관부를 이용하며, ***b.*** 어떤 종은 주변의 나뭇가지를 이용하고, ***c.*** 어떤 종은 나무줄기의 밑 부분을 이용하며, ***d.*** 어떤 종은 개활지의 초원을 이용한다. 두 종이 나무의 동일한 곳을 이용할 때는 서로 다른 크기의 곤충을 잡아먹으며, 용도에 따라 미소 서식지(microhabitat)를 나누어 생활한다. 예를 들면 한 종은 그늘에서만 살며, 다른 한 종은 햇빛이 비추는 곳에서만 살아간다.

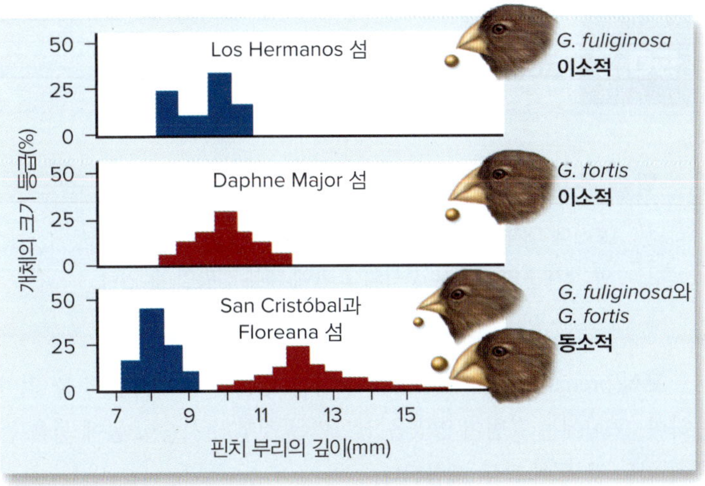

그림 50.7 핀치새의 형질치환.
두 종의 핀치새(*Geospiza*속)는 이소적인 곳에서는 부리의 크기가 비슷하고 동소적인 곳에서는 부리 크기에 차이를 보인다.

? 탐구문제 두 종이 동소종인 경우 왜 같은 크기의 부리를 가지는가?

다. 이와 같은 형질치환은 적응 방산에서 중요한 역할을 할 수 있으며, 20장에서 논의된 바와 같이 새로운 종이 다른 환경에 적응하도록 유도한다.

종간 경쟁은 알아내기 어렵다

두 종이 경쟁하는지를 알아내는 것은 쉬운 일이 아니다. 두 종이 같은 자원을 이용한다해도 공급이 충분할 경우에는 경쟁 관계인지 알기 어렵다. 만약 두 종의 개체군 크기가 한 종이 큰 개체군을 갖는 곳에서 다른 종은 작은 개체군을 갖는 식으로 서로 음성적 관계를 가지고 있다면, 이들은 동일한 한정된 자원에 대하여 경쟁한다기 보다는 동일한 환경 특징에 대하여 독립적으로 반응하는 것이다. 즉, 한 종은 따뜻한 기후에서 가장 잘 자라고 다른 종은 추운 기후에서 가장 잘 자라는 것과 같다.

경쟁에 대한 실험적 연구

경쟁의 존재에 대한 가장 명확한 증거는 현장 연구를 통해 얻어진다. 두 종이 각각 단독으로 존재하거나 함께 존재하도록 실험을 설계해서 한 종의 존재가 다른 종의 개체군에 음성적 영향을 주는지를 알아볼 수 있다.

그 실례로 북아메리카의 사막에 사는 여러 가지 종자를 먹는 설치류를 들 수 있다. 연구자들은 50 m × 50 m의 사육장을 만들고 캥거루쥐(kangaroo rats)가 종자를 먹는 설치류에 주는 영향을 조사하였다. 사육장의 절반에는 캥거루쥐를 넣지 않았고, 모든 사육장의 벽에는 적당한 크기의 구멍을 뚫어 설치류들이 드나들게 했다. 이 구멍은 너무 작아서 설치류 이외의 캥거루쥐는 들어갈 수 없었다. 캥거루쥐가 없는 곳에서 다른 설치류의 수가 굉장히 증가하였기 때문에, 이 결과는 캥거루쥐가 다른 설치류와 경쟁하여 그들의 개체군 크기를 제한한다는 것을 시사한다(**그림 50.8**).

그 외의 여러 비슷한 실험으로 동식물 종들 사이에서 종간 경쟁이 일어나는 것이 발견되었다. 경쟁의 영향은 개체군 크기 외에도 행동이나 개체의 생장 속도와 같은 개체군의 생물학적 양상에서도 볼 수 있다. 가령 카리브해의 세인트 마틴(St. Maarten) 섬에 *Anolis*속의 도마뱀 2종이 서식하는데, 이 중에서 *A. gingivinus* 한 종만을 12 m × 12 m 사육장 안에 넣어두면 지상 가까이에서 보통 발견되는 *A. pogus*와 함께 넣어두는 것보다 더 빨리 자라고 더 낮은 곳에 분포하게 된다.

과학적 사고

질문: 설치류들 사이에서는 종간 경쟁이 일어날까?
가설: 큰 캥거루쥐는 다른 종에 음성적인 영향을 미칠 것이다.
실험: 사막에 큰 사육장을 짓고, 캥거루쥐를 몇몇 사육장으로부터 제거한다.
결과: 캥거루쥐가 없을 때, 다른 설치류의 수는 캥거루쥐가 있는 사육장의 것보다 많이 남아 있었고 빠르게 증가하였다.

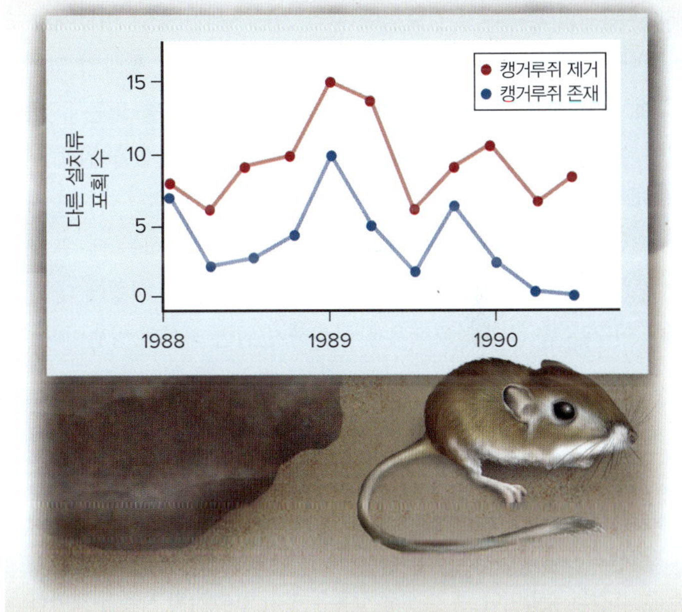

해석: 두 사육장에서 개체군 크기가 증가하거나 감소하는 이유는 무엇일까?

그림 50.8 종간 경쟁의 탐지.
이 실험은 캥거루쥐의 제거가 다른 설치류의 개체군 크기에 어떤 영향을 주는가를 알아보는 것이다. 캥거루쥐를 제거한 직후에 다른 설치류 수는 캥거루쥐가 존재하는 사육장보다 증가하였다. 개체군 크기는 두 경우가 동조를 이루며 변화하는데, 이는 기후의 변화를 반영하고 있는 것과 같다.

? 탐구문제 캥거루쥐를 제거했을 때, 왜 다른 설치류의 수는 증가했는가?

실험 연구의 한계

실험 연구는 공존하는 종 간의 상호작용을 이해하는 강력한 수단으로, 현재 상태학자가 일반적으로 수행한다. 그럼에도 불구하고 실험 연구에는 한계가 존재한다.

첫째, 현장 실험 결과를 해석할 때 주의해야 한다. 다른 종에 대한 한 종의 부정적인 영향이 경쟁이 있다는 것을 자동적으로 나타내지는 않는다. 예를 들면 많은 물고기가 비슷한 크기의 다른 물고기의 개체 수에 부정적인 영향을 미치지만, 이는 경쟁이 아니라 각 종의 성체가 다른 종의 새끼를 잡아먹기 때문이다.

또한, 한 종의 존재는 포식자나 기생충을 유인할 수 있으며, 이 또한 두 번째 종을 잡아먹는다. 이 경우 두 종이 경쟁하지 않더라도 첫 번째 종에 이끌려온 포식자나 기생충으로 인해 두 번째 종은 첫 번째 종의 존재하에 더 작은 개체군을 가질 것이다. 사실, 앞에서 기술한 캥거루쥐 배제 연구는 사육장이 매우 인접해 있어 모든 사육장에 동일한 포식자와 기생충이 존재해서 나타난 결과일 수 있다. 따라서 실험 연구는 한 종이 다른 종에 미치는 영향을 관찰하는 생태학적 메커니즘에 대한 상세한 조사와 결합할 때 가장 효과적이다.

둘째, 실험 연구가 항상 가능한 것은 아니다. 예를 들어, 코요테 개체 수는 회색 늑대가 감소함에 따라 지난 3세기 동안 미국에서 증가했다. 이런 경향이 종들이 경쟁한다는 표시일까? 동물의 크기와 각 개체가 차지하는 넓은 지리적 영역으로 인해, 한 종 또는 두 종만 있는 울타리 영역을 포함하는 조작 실험 및 통계 분석을 위해 여러 번 반복 실험을 하는 것은 가능하지 않다. 마찬가지로, 천천히 자라는 나무에 대한 연구는 성체 나무 간의 경쟁을 감지하는 데 수 세기가 필요할 수 있다. 이런 경우 각 종의 생태학적 요구 사항에 대한 자세한 연구는 종 간의 상호작용을 이해하기 위한 최선의 방법이다.

핵심 요약 50.2

생태적 지위는 종이 환경 자원을 사용하는 모든 방법의 총체이다. 기본 생태적 지위는 개입 요인이 없는 경우 종이 사용할 수 있는 전체 지위이다. 실제 생태적 지위는 안정적인 집단을 형성할 수 있는 실제 환경 조건의 총합이다. 종간 상호 작용은 종의 일부 자원 사용을 제한하기 때문에 실제 생태적 지위는 일반적으로 기본 생태적 지위보다 작다. 자원 분할을 통해 2개의 동소종이 생태적 지위를 점유할 수 있으므로 경쟁이 줄어든다.

- 어떤 상황에서 동일한 생태적 지위를 가진 두 종이 무기한 공존할 수 있을까?

50.3 포식-피식의 상호관계

학습 목표

1. 포식에 대해 정의할 수 있다.
2. 한 개체군이 가지는 포식의 효과에 대해 설명할 수 있다.

포식(predation)은 어떤 생물이 다른 생물을 소비하는 것을 의미하며, 포식에는 표범이 영양을 잡아먹는 것부터 사슴이 봄에 풀을 뜯어 먹는 것 등이 모두 포함된다.

짚신벌레(*Paramecium*)를 잡아먹는 포식자 디디늄(*Didinium*)을 실험실 조건에 놓아두면 피식자인 짚신벌레를 모두 잡아먹고 나서 먹을 것이 없게 되면 자신도 죽고 만다(**그림 50.9**). 그러나 짚신벌레를 위한 은신처를 제공하게 되면 낮은 수치이지만 멸종하지는 않는다. 낮은 수의 짚신벌레 개체군으로 인해 이를 먹이로 삼는 디디늄 포식자 개체군이 감소하는데, 이러한 일이 발생하면 피식자 개체군은 복구될 수 있다.

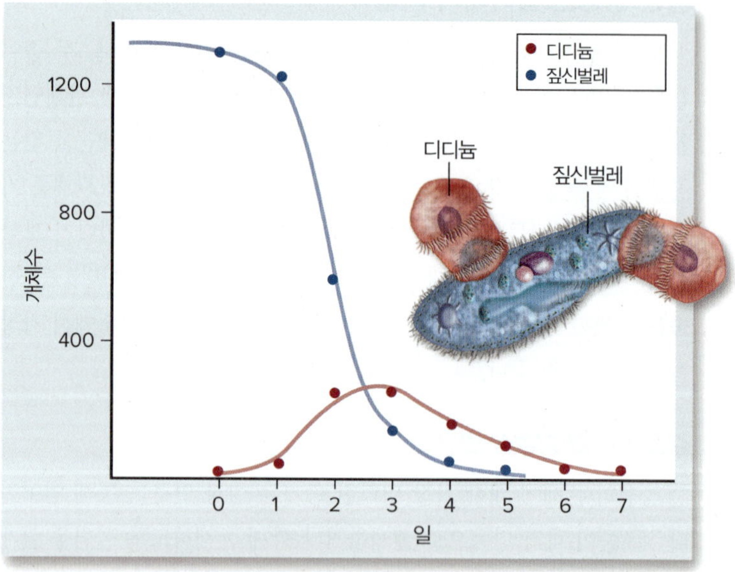

그림 50.9 시험관 안의 포식자와 피식자.
짚신벌레 개체군이 들어있는 시험관에 디디늄을 넣으면 처음에 디디늄은 증가하고 짚신벌레는 계속적으로 감소한다. 그러나 짚신벌레 개체군이 사라지고 나면 디디늄 개체군도 사라진다.

탐구문제 위 실험에서 짚신벌레 개체군의 멸종을 막으려면 어떻게 해야 할까?

포식은 피식자 개체군에 큰 영향을 미친다

자연계에서 포식자는 대개 피식자 개체군에 큰 영향을 준다. 그러나 앞의 예에서와 같이 상호작용은 2가지 방향으로 나타난다. 피식은 포식 개체군의 역동성에 영향을 미치게 되며, 이러한 상호작용의 결과는 복잡하고 다양한 요인에 따라 달라진다.

피식자 개체군의 급격한 증가와 절멸

포식자와 피식자의 상호관계에 있어 가장 극적인 예는 사람이 포식자를 한 지역에 넣어주거나 제거할 때 나타난다. 예를 들면 미국 동부에서 대형 육식동물을 제거했을 때, 흰꼬리사슴(white-tailed deer) 개체군이 폭발적으로 증가해 식생이 파괴된 적이 있다. 그와 유사하게 미국 서해안에서 해달이 멸종 수준으로 감소되었을 때, 성게 개체군이 폭발적으로 증가하였다.

그와 반대로 전 세계의 많은 섬들에 쥐, 개, 고양이가 유입되면, 토종 동물상의 파괴가 일어나는 것이 알려져 있다. 그 실례로 갈라파고스 군도의 여러 섬에 쥐, 개, 고양이를 유입시키자 거북이가 멸종 위기에 처하게 되었다. 이들이 거북의 알과 어린 새끼들을 잡아먹었기 때문이었다. 유사하게 뉴질랜드에서는 몇몇 종의 새들과 양서류가 쥐에 의해서 그 수가 감소되고 있다. 뉴질랜드 근처에 있는 스태펜(Stephens) 섬에서는 굴뚝새가 등대를 지키던 고양이 한 마리에 의해 멸종되었다.

포식의 역할에 대한 고전적인 예로는 19세기 호주의 프리클리페어 선인장(prickly pear cactus)을 들 수 있다. 포식자의 부재로 선인장은 급격하게 확산되었고, 1925년에 12만 km^2의 방목장은 빠져나갈 수 없을 정도의 가시로 인해 목장 운영이 힘들어졌다. 선인장의 개체수를 조절하기 위해, 1926년에 아르헨티나의 자연 서식지로부터 포식자인 나방(*Cactoblastis cactorum*)이 도입되었다. 1940년부터 선인장 개체군은 크게 줄었으며, 현재는 작은 개체군으로 유지되고 있다.

포식과 공진화

포식은 피식자 개체군에 강한 선택압(selective pressure)을 가하며, 잡힐 가능성을 줄여주는 형질은 강하게 선택된다. 이러한 형질의 선택은 포식자 개체군의 적응을 불러일으킨다. 이와 같은 방식으로 방어 효율을 높이는 자연선택과 포식 효율을 높이는 자연선택이 함께 **공진화**(coevolution)된다. 무기 경쟁(arms race)은 포식자와 피식자들이 지속적으로 보다 나은 방어와 이러한 방어를 피하는 좋은 공격 수단을 지속적으로 진화시키면서 공진화하게 된다.

식물의 적응은 초식동물에 대한 방어이다

식물은 초식동물로부터 자신을 방어하기 위한 여러 가지 기작을 진화시켜 왔다. 그중 가장 뚜렷한 것은 가시나 바늘 모양의 돌기 등과 같은 형태적 방어이다. 분비샘, 끈적끈적한 말단부 등을 가진 식물의 털은 초식 곤충의 접근을 막는다. 잔디 같은 식물들은 잎에 규소를 침적시켜 먹기에 너무 질기게 만듦으로써 스스로를 보호한다.

화학적 방어

형태적 적응만큼 중요한 것은 화학적 방어인데, 식물에서 널리 발생되는 화학적 방어는 훨씬 더 광범위하다. 식물은 초식동물과 싸우기 위해 놀라운 화학적 적응을 나타낸다. 그 실례로 최근의 연구에서 애벌레에 의해 공격당한 야생 담배 식물은 공기 중으로 특정 화학물질을 방출하는데, 이 물질이 애벌레를 먹이로 하는 곤충 종들을 불러들여 애벌레들을 공격하게 한다는 사실이 밝혀졌다(33장 참조).

초식동물에 저항하기 위한 식물의 화학적 방어로 가장 잘 알려져 있고, 중요한 것은 **2차 화합물**(secondary chemical compound)이다. 이는 주요 대사과정의 구성 요소인 1차 화합물(primary compound)과 구별된다. 많은 식물과 조류는 구조적으로 다양한 2차 화합물을 포함하고 있으며, 이것들은 대부분의 초식동물들에게 독성을 가지거나 곤충 유충의 정상적인 성장을 방해한다. 결과적으로 대부분의 초식동물들은 이러한 화합물을 가진 식물들을 피하는 경향이 있다.

배추과 식물(Brassicaceae)은 겨자기름(mustard oils)이라는 화학물질을 만드는데, 이 물질은 겨자, 양배추, 무, 양고추냉이 등과 같은 식물의 자극성 향과 맛을 낸다. 사람들이 즐기는 이 맛은 많은 곤충들에게는 독이 있는 화학물질의 존재를 알리는 신호가 된다. 그와 유사하게 박주가리과와 협죽도과 식물은 유액을 만들어내는데, 이 유액에는 독성이 있어서 초식동물들이 먹는 것을 막는다. 또한 이 식물들에는 척추동물의 심장에 유독한 영향을 끼치는 강심성 배당체(cardiac glycoside)가 들어있다.

공진화하는 초식동물들

일부 초식동물들은 특정 종류의 2차 화합물로 보호받는 식물군에서 산다. 이러한 초식동물들은 특정 식물을 아무 탈 없이 먹을 수 있어서 이 식물들을 독점적인 먹이원으로 이용한다.

예를 들어, 배추흰나비의 유충은 겨자기름을 함유하는 식물들을 독점적으로 먹을 수 있다(**그림 50.10**). 그와 유사하게 왕나비의 유충은 박주가리나 개정향풀 등을 먹는다. 이 동물들이 어떻게 식물의 화학적 방어를 피할 수 있으며, 그러한 전문화된 형태의 진화적 전구체와 생태학적 결과는 무엇인가?

a.

b.

그림 50.10 초식 곤충과 숙주.
a. 배추흰나비(*Pieris rapae*)의 초록색 애벌레는 은폐색을 가진다. 식물은 겨자기름으로 초식동물에 대항하지만 이 애벌레는 겨자기름을 분해할 수 있다. *b.* 배추흰나비 성체.

우리는 이러한 특정 형태의 진화에 대한 잠재적인 설명을 제공할 수 있다. 겨자기름을 생산하는 능력이 서양풍조목과 겨자과의 조상에서 진화한 후, 식물은 그 지역의 다른 식물을 먹고 있던 대부분의 또는 모든 초식동물로부터 한동안 보호받았다. 어느 시점에서 특정 곤충 그룹(예, 양배추나비)은 겨자기름을 분해하여 자신을 해치지 않으면서 이런 식물을 먹는 능력을 진화시켰다. 이러한 새로운 기능을 획득한 나비들은 다른 초식동물과 경쟁하지 않고도 새로운 자원을 사용할 수 있었다. 20장에서 보았듯이, 활용도가 낮은 자원에 노출되면 종종 진화적 다양화와 적응방산이 나타난다.

a. b.

그림 50.11 파랑어치(blue jay)는 왕나비에 독이 있다는 것을 학습한다.
a. 왕나비를 먹어본 경험이 없는 파랑어치는 왕나비를 먹는다. *b.* 왕나비를 먹은 지 몇 분이 지나면 토한다. 이러한 경험을 한 새는 다시는 주황색과 검정색을 띠는 곤충을 잡아먹으려 하지 않을 것이다.

동물의 적응은 포식자를 방어한다

2차 화합물이 풍부한 식물을 먹고 사는 동물은 다른 이익을 얻는다. 예를 들면, 왕나비 유충은 박주가리를 먹은 후 이 식물의 초식동물 방어 물질인 강심성 배당체를 분해하지 않고 이를 지방체에 농축시켜 저장한다. 유충 단계에서 축적된 이 물질은 번데기를 거쳐 성체는 물론 다음 세대의 알에게까지 전달되기 때문에 포식자로부터 보호될 수 있다.

강심성 배당체의 합체는 포식자로부터 모든 발생 단계의 왕나비를 보호해 준다. 새가 왕나비를 먹으면 곧 토하게 되며, 이런 경험을 갖게 된 새는 왕나비의 특징인 주황색과 검정색의 무늬를 가진 모든 곤충을 피하게 되는 것이다(**그림 50.11**). 어떤 종의 새는 보호하는 화학물질을 참아내는 능력이 있도록 진화하기도 한다. 이들은 왕나비를 먹는다.

화학적 방어

동물들은 방어를 위해 여러 가지 자극적 물질들을 사용한다. 벌, 말벌, 육식성 노린재류, 전갈, 거미 등의 절지동물은 자신을 방어하고 먹이를 죽이기 위해 화학물질을 사용한다. 해양 무척추동물, 개구리, 뱀, 도마뱀, 어류 등의 척추동물에서도 여러 가지 화학적 방어방법이 진화해왔다.

독을 뿜는 열대 개구리는 피부가 밝은색을 띠며, 피부 점막에는 알칼로이드(alkaloids) 독소가 들어있다(**그림 50.12**). 이 알칼로이드 독소는 개구리를 먹으려 하는 동물들에게는 혐오스럽고 치명적인 것이다. 또한 이 독소는 매우 유독하여 소량을 주사해도 사람이 죽을

그림 50.12 척추동물의 화학적 방어.
중남부 아메리카의 삼림에 많이 서식하는 독개구리과(Dendrobatidae)의 개구리는 척추동물에게 매우 유독하다. 이 개구리류는 화려한 색으로 자신이 유독하다는 사실을 알린다. 포식자는 본능과 학습으로 이러한 화려한 색깔의 개구리류를 먹지않는다.

그림 50.13 은폐색과 형태.
이 자벌레(*Menophra abruptaria*)의 유충은 나뭇가지와 구별하기 힘들다.

수 있다. 200종 이상의 알칼로이드가 이러한 개구리에서 추출되었고, 일부는 신경근 연구에 중요하게 이용되고 있다. 그와 유사하게 해양동물, 독성 있는 파충류, 조류, 현화식물들로부터 암이나 다른 질병의 치료를 위한 새로운 약물의 발견 혹은 항생물질로의 이용을 위한 연구가 진행 중이다.

보호색

박주가리를 먹는 곤충들은 대개 생태학적 전략인 밝은 경고색(warning coloration)을 띠어 독이 있음을 나타낸다.

선명한 체색은 포식자에게 독과 침이 있음을 알리는 동물의 일반적인 특징이며, 화학적 방어전략이 없는 동물은 화려한 색을 띠지 않는다. 이들은 은폐색(cryptic coloration)을 이용하여 주위 환경과 조화를 일으켜서 포식자로부터 몸을 숨긴다(**그림 50.13**, **그림 50.10** 참조). 은폐색을 가진 동물들은 대개 무리지어 살지 않는다. 이는 한 개체가 발견되면 다른 개체의 존재를 알리는 단서가 될 수 있기 때문이다.

의태를 통해 한 종은 다른 종의 방어전략을 활용할 수 있다

진화과정 동안 많은 종들은 혐오스러움을 나타내는 경고색과 닮은 것을 가지게 된다. 의태(mimic)는 혐오스러운 모델을 닮음으로써 이점을 얻게 되는데, 의태에는 베이츠 의태(Batesian mimicry)와 뮐러 의태(Müllerian mimicry)가 있다.

베이츠 의태

베이츠 의태(Batesian mimicry)는 1857년에 이를 기록한 영국의 박물학자 베이츠(Henry Bates)의 이름에서 유래한 명칭이다. 그는 남아메리카의 아마존 지역을 탐사했는데, 새에게 맛이 있는 곤충이 밝은 체색을 가진 맛이 나쁜 종을 닮아 있다는 것에 수복하였다.

이들 곤충의 포식자는 먹이를 찾기 위해 시각적 신호를 사용해야 한다. 그렇지 않으면 유사한 색상 형태는 잠재적 포식자에게 중요하지 않다. 베이츠 의태가 후각과 같은 비시각적 단서를 포함할 수 있음을 나타내는 증거 역시 늘어나고 있다.

베이츠 의태의 모델이 되는 나비들은 그 애벌레가 한 종류 혹은 몇 안되는 식물군을 먹는다. 그들이 먹는 식물군은 독성 화학물질에 의해 강력하게 보호된다. 모델 나비는 이 식물의 독성 분자를 몸에 통합한다. 반대로 의태 나비는 유충의 먹이 습관이 그렇게 제한되지 않는 그룹에 속한다. 이 나비의 유충들은 독성 화학물질에 의해 보호되지 않는 여러 다른 식물군을 먹는다. 의태에 관한 연구는 산호랑나비(tiger swallowtail, *Papilio glaucus*)에서 잘 연구되었는데, 이는 미국 동부에서 캐나다에 이르기까지 널리 분포하는 북미 나비의 한 종이다(**그림 50.14*a***). 독성이 있는 미국호랑나비(pipevine swallowtail, *Battus philenor*)가 발견되는 곳에서 암컷 산호랑나비는 다형성이며 1가지 색채 형태를 갖는데, 미국호랑나비와 매우 비슷하다.

그림 50.14 의태.
a. 베이츠 의태. 미국호랑나비는 유충 시기에 먹이로 먹은 식물에서 강심성 배당체를 얻어 몸에 축적시켜 포식자로부터 몸을 보호한다. 미국호랑나비는 자신이 유독함을 알리는 경고색을 나타낸다. 산호랑나비는 미국호랑나비의 베이츠 의태종이다. ***b.*** 뮐러 의태. *Heliconius erato*와 *H. melpomene* 그리고 *H. sapho*와 *H. cydno*는 동소종이다. 이 나비류는 모두 맛이 나쁘다. 이들 동소종들은 유사한 체색 양상을 진화시켜 포식을 최소화한다. 즉, 포식자는 한 종만 경험하여도 비슷한 모든 종을 회피하는 학습을 하게 된다.

산호랑나비의 유충은 튤립, 사시나무 체리 등 다양한 나무를 먹는데 새는 유충과 성충 모두를 싫어한다. 흥미롭게도 베이츠 의태는 유충에서는 보이지 않는다. 미국호랑나비 유충이 화려한 경고색을 띠는데 비해 산호랑나비 유충은 새의 배설물처럼 잎에 은폐되어 있다.

뮐러 의태

다른 종류의 의태로 **뮐러 의태**(Müllerian mimicry)가 있다. 뮐러 의태는 독일의 생물학자 뮐러(Fritz Müller)의 이름에서 딴 명칭으로, 뮐러는 이런 종류의 의태를 1878년에 처음 보고하였다. 뮐러 의태에서는 모델 동물과 서로 유연관계가 없는 몇 종의 동물들이 서로 유사하게 닮는다(**그림 50.14***b*). 비슷한게 닮은 이들이 모두 독이 있거나 위험하다면 포식자가 이를 회피하는 학습을 신속히 하므로 서로 이익을 얻는다. 어떤 포식자 집단은 선천적으로 이러한 종들을 회피하도록 진화가 일어나며 위험한 먹이들 다수가 비슷할수록 더 빨리 일어난다.

베이츠 의태나 뮐러 의태에서 의태종과 모델은 모양뿐만 아니라 행동도 유사해야 한다. 가령 말벌과 유사한 여러 가지 곤충들은 행동도 말벌처럼 이리저리 활발하게 날아다닌다.

핵심 요약 50.3

포식은 한 생물체가 다른 생물체에 의해 소비되는 것이다. 포식자가 많으면 먹이 개체군을 멸종시킬 수 있다. 반대로 포식자가 없으면 먹이 개체군이 폭발하여 자원을 고갈시키는 경우가 많다. 먹이 종은 맛이 없거나 유독하거나, 또는 방어적인 구조나 외부 형태와 같은 방어적 적응으로 진화할 수 있다.

- 유독하지 않은 주홍색 왕뱀은 유독한 동부 산호뱀과 비슷한 붉은색, 검은색, 노란색 띠를 가지고 있다. 이들이 보이는 의태는 어떤 것일까?

50.4 개체군 사이의 상호작용

학습 목표

1. 공생의 유형들에 대해 설명할 수 있다.
2. 상리공생 개체들 사이에 일어나는 공진화 방법에 대해 설명할 수 있다.
3. 하나의 생태적 과정의 발생이 다른 생태적 과정에 어떻게 동시에 영향을 미치는지에 대해 설명할 수 있다.

군집을 이루어 함께 사는 식물, 동물, 원생생물, 균류, 그리고 원핵생물들은 수백만 년 이상 계속 변화하고 서로 적응해 왔다. 예를 들어, 많은 현화식물의 특징은 동물에 의한 식물의 배우자 산포와 관계를 맺고 진화해 왔다(**그림 50.15**). 동물들도 마찬가지로 그들이 찾는 꽃으로부터 먹이나 다른 자원을 효율적으로 얻을 수 있는 특징을 진화시켜 왔다.

공생에는 장기적인 상호작용이 포함된다

공생(symbiosis)은 공진화의 한 유형으로, 둘 이상의 생물이 상호작용하면서 거의 영구적인 관계를 갖게 되는 경우를 일컫는다.

지의류(lichens)는 공생의 대표적인 예로, 균류(fungi)가 녹조류(green algae)나 남세균(cyanobacteria)과 연합하여 공생하고 있는 경우이다. 식물의 뿌리와 균류와의 연합인 균근(mycorrhizae)도 공생의 예이다. 균류는 식물의 특정 영양분의 흡수를 돕고, 식물은 균류에게 탄수화물을 제공한다(26장 참조). 이와 비슷하게 콩과 식물의 뿌리에 공생하여 대기 중의 질소를 고정하는 뿌리혹박테리아(root nodules)는 숙주식물이 공기 중의 질소를 이용할 수 있게 해준다. 열대 지방에서는 잎사귀개미가 너무 많아서 1년에 특정 지역의 식물

그림 50.15 박쥐에 의한 수분.
여러 가지 꽃들은 화분을 옮겨주는 다른 종들과 공진화하였다. 곤충 이외에 새, 박쥐, 주머니쥐, 도마뱀 등이 일부 식물 종들의 수분매개자 역할을 한다.

전체 잎의 1/4 이상을 없애 버린다. 그들은 이 잎을 직접 먹지 않는다. 오히려 그들은 잎을 지하 둥지로 가져가 씹은 후 특정 균류의 포자를 접종한다(**그림 26.10** 참조). 이 곰팡이는 개미에 의해 키워지고 특별히 준비된 한 상소에서 다른 상소로 옮겨져 자라며 증식한다. 그 다음에 곰팡이는 개미와 애벌레의 주요 먹이가 된다. 잎사귀개미와 이 균류의 관계는 공생의 훌륭한 예이다. DNA를 사용한 최근의 계통발생 연구와 분자 시계 추정(21장 참조)은 이러한 공생관계가 아마도 5천만 년 전에 유래했음을 시사한다.

공생의 유형은 (1) 두 종 모두 이익을 얻는 **상리공생**(mutualism), (2) 한 쪽은 이익을 얻으나 상대방은 해를 입는 **기생**(parasitism), (3) 한 종은 이익을 얻으나 상내 종은 이익이나 해가 없는 **편리공생**(commensalism)으로 구분된다.

그림 50.16 개미와 아카시아나무의 상리공생.
*Pseudomyrmex*속의 개미는 라틴아메리카 아카시아나무의 속이 빈 가시 속에서 산다. 잎의 기부에 생기는 화밀과 소엽 끝의 벨트체는 개미의 먹이가 된다. 개미는 그 대신 아카시아나무에 유기물 영양을 제공하고 다른 초식동물의 접근을 막아주며, 다른 식물이 햇빛을 가리지 않게 해준다.

상리공생은 두 종 모두에게 이익이다

상리공생(mutualism)은 종 사이의 공생관계에서 두 종 모두 이익을 얻는 것으로, 생물군집의 구조를 결정하는 데 중요한 역할을 한다.

상리공생과 공진화

상리공생의 대부분 사례들은 현화식물과 이 식물을 찾는 동물 사이에 발생하는데, 거기에는 곤충과 새, 심지어 박쥐도 포함된다. 현화식물의 진화 과정에서 꽃의 특징은 꽃 화분매개자의 특징과 연계하여 진화한다. 동시에 특정 종류의 꽃에서 음식이나 기타 물질을 얻는 것이 전문화되면서 동물의 형질도 변화하였다.

상리공생의 다른 사례는 개미와 진딧물에서 찾을 수 있다. 진딧물은 살아 있는 식물체의 체관부로부터 체액을 취하는 작은 곤충이다. 그들은 일정량의 설탕 및 다른 양분을 체액으로부터 취하는데, 많은 양을 그들의 항문을 통하여 배출한다. 어떤 개미는 이들 분비물을 취하는데, 이로 인해 진딧물을 보호하게 된다.

개미와 아카시아나무

개미와 아카시아속 식물의 한 종 사이에서 대표적인 상리공생 관계를 볼 수 있다. 이 아카시아나무는 탁엽(stipule)이라는 잎의 일부가 쌍을 이룬 가시로 변형되어 있다. *Pseudomyrmex*속의 침개미는 이 가시만을 서식처로 이용한다(**그림 50.16**). 식물의 다른 가시처럼 아카시아의 가시도 초식동물을 물리치는 데 이용된다.

아카시아의 소엽 끝에는 벨트체(Beltian body)라는 단백질이 풍부한 부위가 있다. 벨트체라는 이름은 19세기 후반의 영국 자연학자 토마스 벨트(Thomas Belt)의 이름을 따서 붙여졌다. 벨트체는 개미의 주요 먹이원이 되며(개미의 1차적 먹이로서 제공됨), 개미가 살지 않는 아카시아 종에서는 나타나지 않는다. 이에 더하여 이 식물은 잎의 기부 근처의 샘에서 화밀을 분비한다. 개미들은 이 화밀도 먹으며, 이 화밀과 벨트체를 유충에게 먹인다.

개미와 유충은 부푼가시 안에서 보호받고, 당이 풍부한 화밀과 단백질이 풍부한 벨트체를 얻는다. 그렇다면 식물은 얻는 것은 무엇일까?

초식동물이 개미가 사는 아카시아의 가지나 잎에 내려앉으면 개미는 즉시 초식동물을 공격한다. 개미는 숙주식물이 다른 식물과 경쟁하는 것을 돕는다. 또한 개미는 심지어는 저지대의 중앙아메리카의 열대우림에서도, 다른 식물의 가지를 잘라서 아카시아가 자랄 수 있게 햇빛이 들어오는 공간을 만들어준다. 실제로 아카시아나무에서 개미 집단을 제거하면 숲에서 아카시아나무는 다른 식물과 경쟁에서 살아남지 못한다. 개미는 둥지에 유기물을 운반해 오는데, 개미가 먹고 남은 이 유기물과 배설물은 아카시아나무의 훌륭한 질소원이 된다.

상리공생이 아닐 수도 있는 상리공생

아프리카에서도 개미와 아카시아의 상리공생이 발견된다. 케냐에는 여러 종의 아카시아 개미가 있으며, 하나의 나무에는 한 종의 개미만 서식한다. 그중 한 종인 *crematogaster nigriceps*는 다른 두 종과의 경쟁에서 열세인데, 이 종은 다른 종의 개미가 침입하는 것을 막기 위해 다른 나무의 가지와 접촉할 수 있는 아카시아의 가시를 잘라서 침입자가 건너오지 못하게 한다. 이 행동은 개미에게는 이익을 주지만 나무에게는 해를 입힌다. 꽃이 생산될 조직을 파괴해 나무의 생식을 방해하기 때문이다. 이 경우는 원래 상리공생의 관계로 시작된 진화가 기생의 관계로 변형된 것이라고 볼 수 있다.

그림 50.17 외부 기생.
노란색 덩굴인 현화식물 새삼은 진화 과정에서 잎과 엽록체를 잃어버린 기생식물이다. 새삼은 숙주식물로부터 영양분을 얻어서 자란다.

기생은 다른 종의 희생으로 이익을 얻는다

기생(parasitism)은 피식자에게는 해롭고, 기생생물에게는 이익이 있는 경우를 일컫는다. 많은 경우에 기생충은 숙주를 죽이기 때문에 기생의 생태적 효과는 포식과 유사하다고 볼 수 있다.

외부 기생

한 생물의 표면에서 기생하는 기생자를 외부 기생생물(ectoparasite)이라고 한다(**그림 50.17**). 외부 기생은 동물과 식물에서 모두 잘 알려져 있다. **포식 기생충**(parasitoid)은 살아 있는 숙주에 알을 낳는 곤충이다. 포식기생은 말벌(wasps)에서 흔하며, 말벌의 유충은 숙주의 몸을 먹고 자라며 종종 죽이기도 한다.

내부 기생

동물의 몸속에서 기생하는 동물은 **내부 기생생물**(endoparasite)이다. 내부 기생은 일반적으로 외부 기생보다 더 특수화된 양상을 보인다. 기생생물과 숙주의 생활이 밀접히 연관되어 있을수록 기생생물은 형태적으로나 행동적으로 더 많은 변이를 일으키며 진화하는 것으로 여겨진다. 생물의 몸속은 외부보다 훨씬 안정된 환경을 유지하는데, 그 결과 내부 기생자의 몸은 보통 단순화되어 있어 불필요한 구조가 소실되어 있다(28장 참조).

기생충과 숙주의 행동

많은 기생충은 한 가지 이상의 숙주를 거쳐야 성장하고 생식할 수 있는 복잡한 생활주기를 가진다. 최근에 기생충이 숙주의 행동을 변화시켜 다음 숙주로의 이동을 쉽게 한다는 사실이 밝혀졌다. 예를 들어, 여러 기생충은 숙주가 포식자에게 먹히기 쉽도록 만들고 숙주가 이 포식자에게 먹히면 포식자를 감염한다.

그림 50.18 기생충에 의한 숙주 행동의 조절.
기생충이 중간 숙주인 개미의 뇌로 들어가면, 이 개미는 풀의 끝으로 기어 올라가서 풀을 뜯는 초식동물에 쉽사리 먹히므로 기생충이 곤충에서 포유류의 몸으로 들어가게 된다.

가장 유명한 예의 하나가 기생성 편충류(*Dicrocoelium dendriticum*)인데, 이 기생충은 개미를 중간 숙주로 삼으며, 소나 사슴과 같은 대형 초식동물을 최종 숙주로 삼는다. 정상적으로는 소가 개미를 먹지는 않기 때문에 기생충이 개미에서 소로 전달되기는 어렵다. 그러나 이 편충류는 특별한 적응 능력을 진화시켰다. 개미가 이 편충류에 감염되면, 편충류 중 하나가 개미의 뇌로 들어가서 초식동물이 풀을 뜯는 해가 질 무렵에 식물의 꼭대기로 올라가 아래턱으로 풀잎에 몸을 고정하도록 한다(**그림 50.18**). 그 결과 개미는 풀과 함께 먹히고 이 초식동물은 감염된다.

편리공생은 한 종은 이익을 얻으나 다른 종은 이익도 해도 없다

편리공생(commensalism)은 한 종은 이익을 얻으나 상대방 종은 이익도 해도 없다. 자연계에서는 가끔 한 종이 다른 종에 달라붙는 경우를 볼 수 있다. 예를 들면, 착생식물(epiphytes)은 다른 식물의 가지에 부착하여 자란다. 이 경우 숙주식물은 해가 없는 반면, 착생식물은 이익을 얻는다. 그 실례로 스페인 이끼는 미국 남부지방에 있는 나무에 붙어 산다. 이 식물과 다른 속(파인애플과)의 식물들은 햇

그림 50.19 편리공생의 예.
스페인 이끼(*Tillandsia usneoides*)는 나무를 기질로써 이용하여 이익을 얻지만 나무에는 보통 긍정적 영향도 부정적인 영향도 주지 않는다.

그림 50.20 편리공생, 상리공생 혹은 기생?
이 새는 초식동물의 몸에 붙은 기생충을 쪼아 먹기 때문에 상리공생 관계라고 볼 수 있다. 그러나 이 새는 때로는 숙주의 피부에 생긴 딱지까지 쪼아 먹어서 피가 나오게 하므로 기생관계라고 볼 수도 있다. 만약 숙주가 기생충이나 새에 의해 해를 입지 않는다면, 이 새와 초식동물의 관계는 편리공생이라고 할 수 있다.

빛을 받기 위해 나무에 붙어 자라지만 나무에 해를 입히지는 않는다(**그림 50.19**).

그와 유사하게 따개비와 같은 해양동물들은 고래와 같은 동물에 의해 다른 장소로 운반된다. 이러한 것을 "승객(passenger)"이라고 하며, 이들은 한 장소에 정착되는 것보다 움직이는 동물에 부착하여 살 때 포식자로부터 더 많이 보호를 받고 새로운 먹이원에 도달하기 쉬워진다. 숙주의 이동으로 얻게 되는 물의 순환의 증가는 특히 승객이 여과섭식자일 때 매우 중요한 의미를 가지는데, 만약 기생종의 개체가 크게 증가하지 않는 한 숙주종은 여기에 영향을 받지 않는다.

편리공생이 아닐 수 있는 편리공생

가장 잘 알려진 편리공생의 예 중의 하나는 이번 장 첫 페이지 사진에 나오는 소형 열대어류(흰동가리)와 말미잘의 관계이다. 말미잘에 접근하는 다른 어류는 말미잘의 촉수가 쏘는 공격을 받지만 이 소형 어류는 촉수 사이에서 살 수 있도록 진화했다. 흰동가리는 말미잘이 먹다 남은 먹이 부스러기를 먹으며, 이러한 놀라운 환경에서도 다치지 않고 살아간다.

육상에서는 소나 영양 등의 초식동물과 이들의 몸에 앉는 새 사이에서 편리공생을 볼 수 있다(**그림 50.20**). 이 새들은 숙주의 몸에 있는 기생충이나 다른 곤충을 쪼아 먹으면서 산다.

공생의 경우, 숙주가 이익을 얻는지 또는 아무런 이익이 없는지를 알아내기 어려워 편리공생과 상리공생의 구분이 모호한 경우가 많다. 말미잘은 그 촉수의 먹이가 제거됨으로써 이익을 얻을 수 있는데, 이를 통해 다른 먹이원을 용이하게 붙잡을 수 있기 때문이다. 그와 유사하게 방목지 포유류와 이삭을 먹는 조류 사이에 편리공생적 관계가 성립된다고 생각하지만, 이는 실제로는 상리공생의 한 예이다. 포유류는 새들로 하여금 기생충과 다른 곤충들을 몸에서 제거하게 함으로써 이익을 얻게 된다. 그리고 조류는 안정적인 먹이원을 얻음으로써 이익을 얻게 된다.

편리공생은 쉽게 기생으로 변할 수 있다. 소등쪼기새(oxpecker)는 기생충을 먹는 것뿐만 아니라 숙주의 상처에 생긴 딱지를 떼어내기도 한다. 상처 딱지를 떼어내면 새들은 상처로부터 흘러나오는 피를 마신다. 경우에 따라 가뭄기간 동안과 같이 조건이 좋지 않을 때, 집요한 공격으로 인한 누적 효과는 초식동물을 약하게 만들 수도 있다.

생태적 과정은 상호작용의 효과를 가진다

지금까지 종들 사이의 상호관계에 대해 살펴보았다. 하지만 자연계에서는 보통 한 가지 이상의 상호작용들이 동시에 나타난다. 많은 경우 다른 상호작용이 작용할 경우 한 가지 상호작용은 수정되거나 거꾸로 작용하기도 한다.

경쟁을 줄이는 포식

자원이 제한될 때 우세한 경쟁자는 다른 종을 군집에서 제거하게 된다. 그러나 포식자는 경쟁종들의 개체수를 감소시켜 이와 같은 경쟁 배타를 막거나 크게 약화시킬 수 있다.

하나의 군집내에서 포식자는 한 종 이상의 동식물을 먹고 산다. 이때 포식자의 먹이선택은 부분적으로 피식자의 상대적인 수에 따라 달라진다. A종이 흔할 때 포식자는 A종을 먹고 살지만, A종이 희귀

과학적 사고

질문: 포식이 종간 경쟁에 영향을 미칠까?
가설: 포식자가 없다면, 피식자 개체군은 먹이원이 고갈될 때까지 증가할 것이다. 그리고 몇몇의 종들은 서로 배타적으로 경쟁하게 될 것이다.
실험: 포식자인 불가사리(*Pisaster ochraceus*)를 제거하고, 피식자 개체군을 계속 모니터링한다.

a.

b.

결과: 불가사리가 없을 때, 홍합 개체군은 폭발적으로 증가하였고 공간이 점유되면서 군집 내의 많은 종들이 제거되었다.
해석: 불가사리를 다시 실험 장소에 투입하면 어떤 일이 일어날까?

그림 50.21 포식이 경쟁을 감소시킨다.
a. 워싱턴대학의 페인(Robert Paine)이 수행한 실험에서 연안생태계의 주요 포식자인 불가사리(*Pisaster*)를 제거하였다. ***b.*** 그 결과 홍합이 폭발적으로 생장을 일으켜 7종의 토착종을 몰아내는 결과가 나타났다.

해지면 B종을 먹고 살게 된다. 그와 유사하게 주어진 피식종은 더 풍부하게 증가하는 종의 초기 먹이원이 될 것이다. 그 결과 우세 경쟁종이 다른 경쟁종보다 압도적으로 많아지지는 않게 된다.

이러한 양상은 해양의 조간대 군집에서 흔히 특징적으로 나타난다. 그 예로 불가사리는 2매패류를 선택적으로 포식함으로써 2매패류가 이 서식지에서 독점적으로 되지 못하게 한다(**그림 50.21**). 이때 불가사리를 제거하면 종 다양성은 급격하게 떨어지고 소수의 2매패류가 해져 군집에서 우점하게 된다.

포식은 자연군집내 경쟁을 줄이므로 늑대나 퓨마와 같은 포식자를 인위적으로 제거하려는 것은 잘못된 일이다. 이로 인해 군집내 생물의 다양성이 감소될 수 있다.

경쟁에 대비되는 기생

기생생물(parasites)은 동소종들에게 차별적으로 영향을 주어 종간 상호작용 결과에 영향을 준다. 한 고전적 실험은 바구미 두 종 *Tribolium castaneum*과 *T. confusum*을 대상으로 이들의 세포내 기생충과의 상호작용을 연구하였다. 기생충이 없을 때 *T. castaneum*이 우점하고 *T. confusum*은 소멸된다. 그러나 기생충이 있으면 반대로 *T. castaneum*이 소멸된다.

이와 유사한 기생충의 영향은 여러 종에서 발견되고 있다. 예를 들어, 50.2절에서 언급한 카리브해의 세인트 마틴 섬에서 *Anolis*속의 도마뱀류에서 경쟁적으로 열세인 종은 사람의 말라리아 질병과도 관련이 있는 도마뱀 말라리아에 저항성이 있으나 다른 종은 약하다. 그래서 도마뱀 말라리아 기생충이 있는 곳에서는 두 종이 공존할 수 있지만 다른 곳에서는 우세종이 열세종을 제거한다.

간접 효과

한 종이 다른 종과 직접적인 상호작용을 하지는 않지만 제3의 종과의 상호작용을 통하여 간접적으로 영향을 주는 경우도 있는데, 이러한 영향을 간접 효과(indirect effect)라고 한다.

예를 들어, 앞에서 언급한 사막의 설치류는 종자를 먹는데, 이 군집의 개미들도 종자를 먹기 때문에 양자는 경쟁할 것으로 예측할 수 있다. 그러나 사육장에서 설치류를 모두 제거하고 다시 돌아가지 못하게 하면, 개미 개체군은 처음에는 증가하다가 나중에는 감소한다(**그림 50.22**).

초기의 증가는 경쟁자 제거에 대한 예상되는 결과였다. 그렇다면 왜 반전이 되었을까? 답은 자연 생태계의 복잡성이다. 설치류는 큰 씨앗을 선호하는 반면 개미는 작은 씨앗을 선호한다. 또한 이 생태계

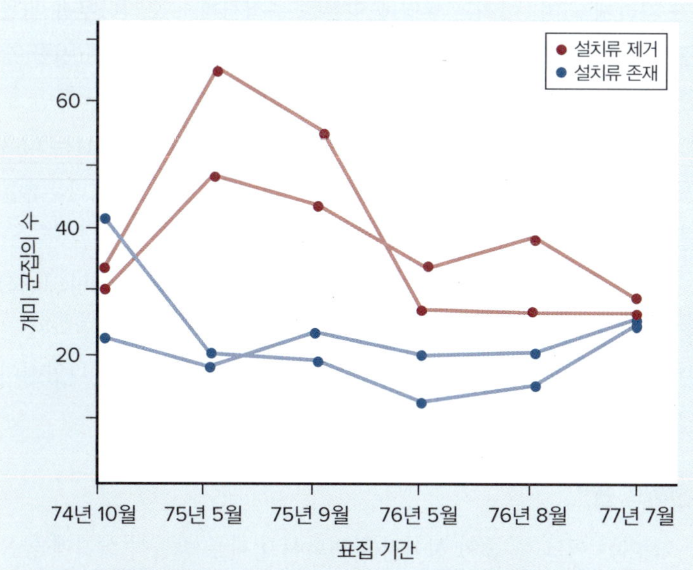

a.

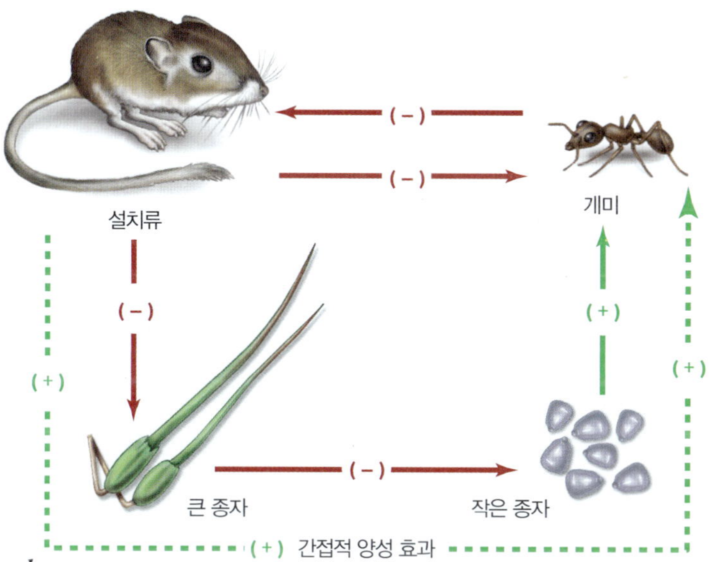

b.

그림 50.22 생태 군집에서 직접적인 영향과 간접적인 영향.
a. 설치류가 제거된 사육장의 개미는 대조군 사육장의 개미와 비교해 볼 때 처음에는 개체군이 증가하다가 나중에는 감소하였다. *b.* 설치류와 개미는 둘 다 종자를 먹기 때문에 설치류는 개미에게 영향을 줄 수 있고 또한 개미도 설치류에게 영향을 줄 수 있다. 설치류는 크기가 큰 종자에게 영향을 미치며, 대형 종자를 맺는 식물의 수는 개미가 먹는 작은 종자를 맺는 식물에 영향을 미치게 된다. 따라서 설치류의 섭식은 작은 종자의 수를 증가시키게 되며, 이는 개미 개체군에 도움을 주는 영향이 된다. 결과적으로 설치류의 존재가 간접적으로 개미 개체군에 도움이 되는 영향을 주게 된다.

자료 분석 (*b*)의 순서도를 바탕으로 설치류를 제거할 때, 개미 군집이 먼저 증가한 후 감소하는 이유가 무엇인지 설명하시오.

탐구문제 식물의 경쟁이 설치류가 개미에게 미치는 긍정적인 영향을 매개한다는 가설을 어떻게 실험하겠는가?

그림 50.23 핵심종의 예.
비버는 댐을 만들어서 연못의 흐름을 바꾸어서 다양한 식물과 동물종들을 위한 새로운 서식지를 만든다.

에서는 종자가 큰 식물이 종자가 작은 식물에 비해 경쟁력이 우수하다. 따라서 설치류를 제거하면 씨앗이 큰 식물의 수가 증가하여 개미가 먹을 수 있는 작은 씨앗의 수가 감소하기에 개미의 개체수도 감소한다. 요약하면, 설치류가 개미에 미치는 영향은 복잡한 것으로 자원 경쟁으로 직접적이고 음성적인 부정적인 효과를 일으키기도 하고, 식물과의 경쟁을 통해 간접적이면서 긍정적인 효과를 일으키기도 한다.

핵심종은 군집에 중요한 영향을 미친다

군집의 구성에 특별히 강한 영향을 주는 종을 **핵심종**(keystone species)이라고 한다. 불가사리와 같은 포식자는 한 종의 피식자가 독점하지 못하도록 하여 군집내 종 다양성을 유지시키는 핵심종의 역할을 한다.

여러 가지 다양한 종류의 핵심종이 있다. 몇몇 종들은 새로운 서식지를 만드는 방법으로 환경을 변화시킬 수 있다. 예를 들어, 비버는 흐르는 하천을 작은 저수지로 바꾸어 물의 흐름과 범람 지역을 바꾼다(**그림 50.23**). 마찬가지로 악어는 호수 바닥에 깊은 구멍을 뚫는다. 가뭄 시기에 이 구멍은 물이 남아 있는 유일한 지역이기 때문에 가뭄이 끝나고 호수가 다시 물로 채워질 때까지 수생생물이 멸종하지 않고 지속될 수 있다.

핵심 요약 50.4

공생의 유형에는 두 종이 모두 이익을 얻는 상리공생, 한쪽은 이익을 얻고 다른 쪽은 중립적으로 영향을 받는 편리공생, 다른 하나를 희생시키면서 이익을 얻는 기생이 포함된다. 상리공생 관계인 종들은 꽃의 모양과 이를 먹고 수분시키는 동물의 특징과의 관계처럼 상호간에 공진화가 일어난다. 생태적 상호작용은 군집 내의 많은 과정에 영향을 미치는데, 예를 들어 포식과 기생은 자원 경쟁을 약화시킨다.

■ 포식자의 존재가 피식자의 개체군에 어떻게 긍정적인 영향을 미칠 수 있을까?

50.5 생태적 천이, 교란, 종풍부도

학습 목표

1. 천이를 정의하고, 1차 천이와 2차 천이를 구별할 수 있다.
2. 초기 이입자들이 다른 종들의 출현에 어떻게 영향을 미치는지에 대해 서술할수 있다.
3. 교란이 종 풍부도에 어떻게 양성적이거나 음성적인 영향을 미치는지에 대해 설명할 수 있다.

한 지역의 기후가 계속 일정해도 군집은 점점 복잡해져 가는데, 이 과정을 **천이**(succession)라고 한다. 이 과정은 증가하는 종에 의해 빈터나 나무가 없는 곳이 천천히 채워지는 과정을 일컫는다.

천이는 종 구성에 변화를 준다

삼림이 벌채된 후 그대로 두면 식물은 점차 그 지역을 메워간다. 기존의 군집이 교란되었으나 토양이 남아 있는 지역에서 나타나는 이와 같은 천이를 **2차 천이**(secondary succession)라고 한다.

그에 비해 **1차 천이**(primary succession)는 바위나 생물이 없는 불모지 또는 개빙구역 등 생물체가 조금씩 그 지역으로 이동하여 그 자체의 성질이 변화되는 곳에서 시작된다. 1차 천이는 빙하의 퇴조, 해양에서 솟아오른 화산섬 등에서 시작된다(**그림 50.24**).

이전에 빙하가 있었던 지역은 1차 천이의 예가 될 수 있다(**그림 50.24**). 토양의 pH는 바위 속의 탄산염 때문에 염기성이고 질소 농도는 낮다. 이러한 조건에서 자랄 수 있는 최초의 식물은 지의류이다. 지의류(lichens)는 산을 분비하여 암석을 부수고 pH를 낮추며, 토양 입자가 생기게 만든다. 그 후 새로 생긴 토양에 이끼(mosses)가 자라게 되며, 이끼는 토양에 양분을 축적시켜서 오리나무속 관목들이 자랄 수 있는 조건을 만들어준다. 대기 중의 질소를 고정할 수 있는 공생 세균을 가지는 오리나무류는 100여 년이 지나는 동안 토양에 질소를 농축하고(23장 참조), 낙엽의 분해로 토양의 pH는 더욱 낮아진다. 결국 가문비나무가 자라면서 그늘을 만들고 오리나무류를 몰아내고 울창한 가문비나무숲을 이루게 된다.

이와 유사한 예로 영양물질이 부족한 **빈영양호**(oligotrophic lake)는 점차 유기물이 축적되면서 **부영양호**(eutrophic lake)로 변화된다. 이러한 변화와 함께 군집의 구성도 변하는데, 처음에는 종 다양성이 증가하다가 나중에는 감소한다.

천이의 원인

천이는 어느 한 종이 서식지를 변화시켜 다른 종들이 살기에 좋은 상태를 만들기 때문에 일어난다. 천이 과정에는 다음과 같은 동적 개념이 있다.

1. **정착**(establishment): 초기의 천이는 특징적으로 불모지에서 견딜 수 있는 비생물적 조건에 내성이 있는 r-선택을 하는 잡초식물이 생육한다(r-선택종 및 K-선택종, 49장 참조).
2. **촉진**(facilitation): 잡초가 많은 초기 천이 단계는 잡초가 적은 다른 종을 선호하는 서식지의 지역적 변화를 도입한다. 따라서 빙하 천이에서의 이끼의 질소는 오리나무가 잘 자랄 수 있도록 한다(**그림 50.24**). 유사하게, 오리나무에 의해 생성된 질소의 축적은 가문비나무 정착에 필요하지는 않지만 곤충의 공격에 더 잘 저항할 수 있는 더 튼튼한 가문비나무 숲을 유도한다.
3. **억제**(inhibition): 때로는 한 종에 의한 서식지의 변화가 다른 종을 선호하면서 변화를 일으킨 원래 종의 성장을 억제하기도 한다. 예를 들어, 오리나무는 산성 토양에서 이를 대체하는 가문비나무와 솔송나무만큼 잘 자라지 않는다.

천이과정을 통하여 환경이 더 우호적으로 되므로 종의 수는 증가한다. 그러나 어떤 경우에는 생태계가 성숙하면서 r-선택종(r-selection species)에서 K-선택종(K-selection species)으로 대치되고, 우세 경쟁자가 다른 종을 밀어내어 종 다양성을 감소시키기도 한다.

동물 군집의 천이

천이가 진행되면서 한 군집의 동물의 종도 변화한다. 이는 식생이 변화하고 종마다 요구하는 서식지의 종류가 다르기 때문에 생긴다.

한 가지 뚜렷한 예는 인도네시아의 크라카타우(Krakatau) 섬에서 볼 수 있는데, 이 섬은 1883년에 화산 폭발로 생물상이 완전히 파괴

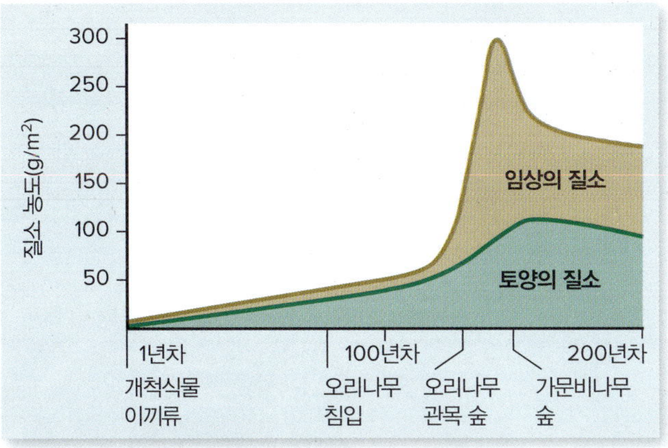

a.

그림 50.24 **알래스카의 글래시어 베이(Glacier Bay) 공원의 1차 천이.** *a.* 초기에 알래스카 빙하의 빙퇴석에는 토양 질소가 거의 없다. *b.* 이처럼 노출된 토양에 처음 진입하는 개척자는 질소를 고정하는 공생성 미생물을 가지는 이끼(지의류 등)이다. *c.* 20년 이내 에 어린 오리나무 관목들이 정착하면서 질소고정이 급격하게 이루어진다. 그리고 곧 울창한 오리나무 관목 숲을 이룬다. *d.* 가문비나무가 성숙한 오리나무들을 몰아내고 숲을 이루게 된다.

b. *c.* *d.*

되었다. 폭발 후 화산재뿐이었으나 그 후 식생이 유입되고 빠른 천이가 시작되었다. 폭발 후 이듬해에 소수의 풀이 나타났고, 15년이 지나지 않아 해안 식생이 형성되었으며, 안쪽은 조밀한 초원을 이루었다. 1930년에는 섬 전체가 숲으로 덮히게 되었다(**그림 50.25**).

크라카타우의 동물상은 식생과 함께 변화하였다. 폭발 9개월 후 발견된 동물은 거미 한 마리뿐이었으나, 1908년에는 3일 동안의 조사로 200종의 동물이 발견되었다. 대부분의 경우 최초의 동물은 초지에 사는 동물들이었지만 나무가 자리를 잡으면서 얼룩말비둘기와 긴꼬리까치(포식성 조류의 일종)와 같은 초기 개척자들 중 일부가 사라지고 과일박쥐 및 과일을 먹는 새와 같은 숲에 서식하는 종으로 대

a. *b.*

그림 50.25 **화산 폭발 후의 천이.** 1883년 크라카타우 섬의 화산 폭발로 섬의 모든 생명체가 전멸하였다. *a.* 이 사진은 그 후에 다시 일어난 소형 폭발을 찍은 것이나 *b.* 크라카타우 섬에는 다시 숲이 생기고 동물이 서식하게 되었다.

체되었다.

동물종의 천이는 식생의 천이에 의해 일어났지만 동물 군집의 구성 변화가 역으로 식물의 출현에도 영향을 주었다. 특히, 동물에 의해 퍼지는 식물종들은 그들의 수분 매개자가 정착할 때까지 크라카타우 섬에 분포할 수 없었다. 예를 들어, 과일박쥐는 크라카타우 섬을 점령하는 속도가 느려서 박쥐를 통해 수분을 전달하는 식물종은 거의 없었다.

교란은 군집 구조에서 중요한 역할을 한다

전통적으로 많은 생태학자들은 생물군집은 평형(equilibrium) 상태에 있어 사람이나 자연에 의해 교란되어도 신속히 원래의 상태로 복귀한다고 생각해 왔다. 이러한 안정성은 대개 종간 경쟁 과정 때문이라고 여겨졌다.

최근에 이러한 생각은 재고되고 있으며, 과학자들은 기후 변화(climate changes), 종의 침입(species invasions), 교란(disturbance) 등으로 군집은 계속 변한다고 인식하게 되었다. 그 결과 많은 생태학자들은 안정보다는 변화를 강조하는 비평형(nonequilibrium) 모델을 중요시하게 되었다. 특히 군집 구조의 결정에 대한 교란의 역할에 대한 연구가 집중되고 있다.

교란은 광범위하거나 국지적일 수 있다. 산림의 화재나 가뭄, 홍수 등과 같은 심각한 교란은 넓은 지역에 영향을 준다. 동물도 심한 교란을 일으킬 수 있다. 매미나방은 나뭇잎을 모두 먹어서 산림을 황폐화시킬 수 있다. 규제되지 않은 사슴 개체군은 폭발적으로 성장할 수 있으며, 과도하게 방목된 사슴들은 산림을 파괴시킬수 있다. 반면 국지적 교란은 나무가 넘어지거나, 동물이 땅을 파서 구멍을 만들고 식물을 뿌리째 뽑히게 하는 것과 같이 작은 지역에만 영향을 미칠 수 있다.

중간교란 가설

교란이 한 지역의 종 다양성을 높이는 경우도 있다. **중간교란 가설**(intermediate disturbance hypothesis)에 의하면 적당한 수준의 교란을 받은 군집은 교란이 거의 없거나 많은 군집보다 종 다양성이 높아진다는 것이다.

이러한 양상을 일으키는 요인은 2가지로 나타나는데, 첫째로 적당한 교란을 받은 군집에서는 여러 가지 천이 단계의 서식지가 존재하기 때문에 종의 다양성이 높아진다. 전체 지역 내에서 모든 범위의 종이 있기 때문에 종 다양성이 높다. 예를 들면, 가끔씩 발생하는 간헐적인 교란의 패턴은 다른 종의 침입을 허용하여 열대우림에서 간격(gaps)을 제공한다(**그림 50.26**). 결국 거주하는 종의 간격은 천이 과정을 통해 진행될 것이다. 한 나무는 다른 나무로 교체되고, 지붕처럼 우거진 나무가 다시 간격을 점유할 때까지 우점하지만 산림에서 연령의 차이가 다양하면 다양한 다른 종들이 공존할 것이다.

그림 50.26 중간교란.
파나마 열대우림 안의 쓰러진 나무 하나가 작은 공간을 만들었다. 이 공간은 우림에 높은 종 다양성을 유지하는 데 중요한 역할을 한다. 이 경우 숲의 빽빽한 나뭇가지 사이에서 햇빛을 좋아하는 식물이 발아할 수 있게 되기 때문이다.

둘째로 적당한 수준의 교란은 군집이 천이의 최종 단계에 도달하는 것을 막아서 소수의 우점종이 다른 종을 밀어내는 것을 막아주게 된다. 그러나 과도한 교란은 군집이 계속 초기 천이 단계에 머물게 해서 종의 다양성이 낮게 유지된다.

생태학자들은 많은 군집들에서 교란이 예외적인 것이 아니라 일반적이라는 것을 점점 더 깨닫고 있다. 결과적으로 군집은 예측 가능한 최종 상태 또는 "절정"에 이르는 연속적인 궤적을 따라 거침없이 움직이고, 군집은 다른 생물종을 더 이상 폭넓게 수용하지 않는다. 오히려 군집이 종종 연속적인 변화에 대응하기 때문에 미래의 군집 상태를 예측하는 것이 어려울 수 있다. 군집의 구조화에서 교란이 하는 역할을 이해하는 것은 현재적 관점의 생태학에서 중요한 영역이다.

핵심 요약 50.5

군집은 천이라는 시간의 경과를 통해 변한다. 1차 천이는 생명이 없는 황무지에서 발생한다. 2차 천이는 기존의 군집이 방해받은 곳에서 발생한다. 초기에 정착한 종은 다른 종들이 정착할 수 있는 방식으로 환경을 변화시키고 새로 도입된 종들은 이미 존재하는 종에 부정적인 영향을 미칠 수 있다.

- 군집의 관점에서 볼 때 숲을 개간하는 것이 개별 나무를 선별적으로 수확하는 것보다 더 좋을까? 좋다면 그 이유는 무엇일까?

핵심 개념 요약

50.1 군집: 함께 사는 종

군집은 주어진 생태적 지위를 차지하는 다양한 종의 그룹을 말한다.

■ 군집은 공간과 시간에 따라 변한다

종은 일반적으로 환경 조건에 독립적으로 반응하며 군집 구성은 공간과 시간에 따라 점진적으로 변한다. 하지만 조건이 빠르게 변하는 위치에서의 종 구성은 가까운 곳에서도 크게 변한다.

50.2 생태적 지위

■ 기본 생태적 지위는 잠재적이며 실제 생태적 지위는 현실적이다

생태적 지위는 종이 환경 자원을 사용하는 모든 방법의 총합이다. 기본 생태적 지위는 간섭없이 어떤 종이 사용할 수 있는 전체적인 지위이다. 실제 생태적 지위는 안정적인 집단을 형성 할 수 있는 실제의 환경 조건이다. 일부 자원에 대한 생물 종의 사용이 종간 상호 작용에 의해 제한되기 때문에 실제 생태적 지위는 대개 기본 생태적 지위보다 더 작다.

■ 경쟁 배타는 제한된 자원을 두고 종들이 경쟁할 때 나타난다

경쟁 배타의 원리는 자원이 제한적이라면 두 종이 동시에 같은 생태적 지위를 차지할 수 없다는 것으로, 오히려 한 종은 제거 된다는 것이다.

■ 경쟁은 자원을 분할한다

서로 다른 자원(분할)을 사용함으로써 동소종은 서로 경쟁하는 것을 피할 수 있고 실제 생태적 지위를 축소하여 공존할 수 있다.

■ 종간 경쟁은 알아내기 어렵다

실험을 통해 종들이 경쟁한다는 가설을 검증할 수 있지만 실제적인 한계가 있다. 종의 생태에 대한 자세한 지식은 실험 결과와 가능한 상호작용을 평가하는데 중요하다.

50.3 포식-피식의 상호관계

■ 포식은 피식자 개체군에 큰 영향을 마친다

포식은 한 생물체가 다른 생물체에 의해 소비되는 것을 말하는 것으로, 한 동물이 다른 동물을 먹이로 하는 것뿐만 아니라 동물이 식물을 먹는 것도 해당된다. 먹이종은 포식되는 것을 막기 위해 자연선택을 통해 적응해왔다. 반대로 포식자는 대항 적응을 진화시켜, 결국에는 진화론적인 "군비 경쟁"으로 이어진다.

■ 식물의 적응은 초식동물에 대한 방어이다

식물은 초식동물로부터 회피하기 위해 2차 화합물을 생산한다. 때때로 초식동물은 화합물을 섭취하는 능력을 진화시키고 자신의 방어를 위해 사용한다.

■ 동물의 적응은 포식자를 방어한다

동물의 적응에는 화학 방어 및 경고색 또는 은폐색과 같은 방어색이 포함된다.

■ 의태를 통해 한 종은 다른 종의 방어전략을 활용할 수 있다

베이츠 의태에서 무독성 종은 유독한 종과 유사한 경고색을 나타낸다. 한편, 뮐러 의태에서는 모두 독성이 있는 두 종이 유사한 경고색으로 진화하는 것을 말한다.

50.4 개체군 사이의 상호작용

■ 공생에는 장기적인 상호작용이 포함된다

많은 공생관계의 종들은 공진화하였으며 영구적인 관계를 가진다.

■ 상리공생은 두 종 모두에게 이익이다

아카시아 나무와 개미의 공생에서 나무는 개미에게 양분과 서식지를 제공하고, 개미는 초식동물로부터 나무를 보호한다.

■ 기생은 다른 종의 희생으로 이익을 얻는다

많은 생물체는 기생 방식의 생활을 가지고 있으며, 하나 이상의 숙주종 내부에 서식해 그 결과 상처나 손상 또는 질병을 유발한다.

■ 편리공생은 한 종은 이익을 얻으나 다른 종은 이익도 해도 없다

편리공생 관계의 예로는 큰 식물에서 자라는 착생식물과 바다 동물에서 자라는 따개비가 있다.

■ 생태적 과정은 상호작용의 효과를 가진다

많은 과정들이 동시에 발생할 수 있기 때문에 종은 직접적인 상호작용뿐만 아니라 군집 내 다른 종에 대해 영향을 미칠 수 있다.

■ 핵심종은 군집에 중요한 영향을 미친다

핵심종은 종 간의 경쟁을 줄이거나 새로운 서식지를 만들기 위해 환경을 변경하여 보다 다양한 군집을 유지시키는 종이다.

50.5 생태적 천이, 교란, 종풍부도

■ 천이는 종 구성에 변화를 준다

1차 천이는 생물이 없는 불모의 환경에서 시작되는 반면에, 2차 천이는 화재, 또는 기타의 사건으로 인해 기존 군집이 파괴된 후에 발생한다.

■ 교란은 군집 구조에서 중요한 역할을 한다

군집의 구성은 천이를 "재설정"하는 지역 및 전체적인 교란의 결과로서 변한다. 이러한 교란의 중간 수준은 2가지 방법으로 종풍부도를 극대화할 수 있다. 교란은 서로 다른 종을 품고 있는 서로 다른 서식지 조각들의 집합을 만들고 경쟁적으로 우월한 소수의 종만이 지배할 수 있는 천이의 마지막 단계에 도달하지 못하도록 한다.

연습문제

1단계: 이해력 확인하기

1. 생태 군집에 서식하는 종이 시 · 공간적으로 독립적으로 변화한다고 주장하는 연구에서 의미하는 것으로 옳은 것은?
   a. 생태 군집의 개별적 개념을 지지한다.
   b. 생태 군집의 총제적 개념을 지지한다.
   c. 종 상호작용은 군집에서 종들이 공존하는 단 하나의 결정요인을 제안한다.
   d . a, b, c 모두 옳지 않다.

2. 만약 두 종이 자원을 무한히 공유하고 실제 생태적 지위가 매우 유사하다면, 어떻게 될까?
   a. 두 종은 공존할 것이다.
   b. 두 종은 멸종할 것이다.
   c. 제한된 자원을 가장 능률적으로 사용하는 종은 다른 종이 멸종하도록 만든다.
   d. 두 종은 다른 종보다 더 유사해질 것이다.

3. 포식자와 피식자 간의 공진화의 개념에 따르면, 피식자 종이 포식자에 대항하여 방어법을 진화시킬 때, 이후에 진행되는 과정은?
   a. 포식자는 멸종될 것이 기대된다.
   b. 피식자 집단은 증가한다.
   c. 포식자 집단은 증가할 것이다.
   d. 포식자는 자연선택에 의해 진화할 것이다.

4. 포식으로부터 보호하는 종의 효과인 의태는 반드시, 무엇을 포함해야 하는가?
   a. 맛있는 종의 경우에는 맛 없는 종처럼 보인다.
   b. 은폐색을 가진다.
   c. 보고 따라서 행동한다.
   d. 오직 독이 있거나 위험한 종에게만 발생한다.

5. 편리공생의 예로 적절한 것은?
   a. 숙주의 위장에 사는 촌충
   b. 바다 말미잘의 촉수 사이에 사는 흰동가리
   c. 아카시아나무와 아카시아개미
   d. 꽃으로부터 꿀을 얻는 벌

6. 군집의 구성에 영향을 주는 종은 무엇이라고 하는가?
   a. 포식자　　b. 1차 천이종
   c. 2차 천이종　　d. 핵심종

7. 포식자가 서로 경쟁하는 종에서 상위의 경쟁자를 우선적으로 먹을 때, 일어나는 것은?
   a. 하위의 경쟁자는 멸종할 것이다.
   b. 상위 경쟁자는 계속될 것이다.
   c. 경쟁종의 공존은 더욱 지속될 것이다.
   d. a, b, c 모두 옳지 않다.

8. 서식지의 1차 천이를 일으키는 첫 번째 개척종의 특징으로 옳은 것은?
   a. 보통 사나운 경쟁자들이다.
   b. 그들의 서식지를 변함없이 유지하려 하고 지속된다.
   c. 다른 종의 침입을 선호하는 방식으로 그들의 서식지를 바꾸려 할 것이다.
   d. 반드시 2차 천이에 성공할 것이다.

2단계: 적용력 평가하기

1. 기본 생태적 지위보다 작은 종의 실제 생태적 지위의 원인은 무엇인가?
   a. 포식　　b. 경쟁
   c. 기생　　d. a, b, c 모두 맞다.

2. 포식종의 존재로 인해 나타나는 현상으로 옳은 것은?
   a. 항상 피식종의 멸종을 가져온다.
   b. 포식종과 경쟁하는 종에는 해로운 효과를 가짐으로써 먹이종에게는 긍정적 영향을 미칠 수 있다.
   c. 마지막 단계의 천이에 도달하는 것을 나타내는 것이다.
   d. a, b, c 모두 옳지 않다.

3. 동소종에 의한 자원 분할에 대한 설명으로 옳은 것은?
   a. 항상 종들이 동일한 생태적 지위를 가질 때 발생한다.
   b. 포식자가 존재하면 발생하지 않을 수도 있다.
   c. 기본 생태적 지위와 실제 생태적 지위가 같은 결과이다.
   d. 육식동물보다 초식동물에서 더 흔하다.

4. 기생이 포식과 다른 이유는 무엇인가?
   a. 기생은 숙주종에서 기생충의 방어적응을 위한 선택을 유도하지 않는다.
   b. 기생자와 숙주종은 진화적 "군비경쟁"을 결코 하지 않는다.
   c. 기생하는 종들은 숙주종에 강력한 영향을 주지 않기 때문이다.
   d. a, b, c 모두 옳지 않다.

5. 한 군집에서 한 종(A)의 존재가 다른 종(B)에서 이익이 될 수 있는 경우는 다음 중 어느 것인가?
   a. 편리공생의 관계가 둘 사이에 존재한다.
   b. 첫 번째 종(A)은 두 번째 종(B)의 포식자를 잡아먹는다.
   c. 첫 번째 종(A)은 두 번째 종(B)에 의해 먹히는 종과 경쟁하는 종을 잡아먹는다.
   d. a, b, c 모두 옳다.

■ 3단계: 사고력 함양하기

1. 경쟁은 전통적으로 한 종이 다른 종에 미치는 영향을 의미한다. 다소 크거나 수명이 길어 실험적 방법으로 접근하기에 어려운 생물체에 대한 경쟁의 영향을 연구하는 대안적 방법은 무엇인가?
2. **그림 50.9**를 보자. 만약 단일 피식종인 짚신벌레가 포식자의 선호도에 따라 여러 종으로 대체된다면, 그 시스템의 역학관계를 어떻게 예측할 수 있겠는가? 즉, 시스템이 소멸될 것으로 보는가?
3. **그림 50.22**에서 설명된 실험에서 설치류의 제거에 따른 개미 군체수의 증가 이후의 감소현상을 설명하는 또 다른 가설이 있는가? 만약 그렇다면, **그림 50.22**에 가정된 기작을 어떻게 시험할 수 있겠는가?
4. **그림 50.7**을 보자. 갈라파고스 군도에서 두 종의 핀치의 부리 크기 분포 유형을 검토하시오. 이 유형으로부터 도출될 수 있는 하나의 가설은 형질치환인데, 다른 가설이 있는가? 그리고 그것을 어떻게 검증할 수 있겠는가?
5. 어떤 종이 통합된 전체 군집으로서 기능을 수행하는 반면 같은 지역의 다른 종은 더 개별적인 행동을 한다는 것이 가능한가? 만약 그렇다면 어떤 요인들이 특정 종의 기능을 결정한다고 할 수 있겠는가?

51

동적 생태계

도입

지구는 물질에 대해 상대적으로 폐쇄된 시스템이지만 에너지 면에서는 개방된 체계이다. 왜냐하면 지구는 태양으로부터 에너지를 받고 적외선 형태로 열에너지를 안정적으로 우주로 내보내기 때문이다. 생태계의 생물들은 물질의 순환에 연계하여 에너지를 획득하고 소비하면서 복잡한 방식으로 상호작용한다. 인간을 포함한 모든 생물들은 생명 유지를 위한 필수적인 요소들을 얻기 위해 식물, 조류, 동물, 균류 및 원핵생물들과 같은 생물들의 특수화된 능력에 의존한다. 종간 상호작용은 물질과 에너지가 생태계를 통해 어떻게 이동하고 군집이 어떻게 구성되는지를 결정한다.

51.1 생물지구화학적 순환

학습 목표

1. 생태계를 정의할 수 있다.
2. 생물체에 중요하게 작용하는 4가지 화학물질의 순환과 상호작용에 대해 설명할 수 있다.
3. 인간의 활동에 의한 순환주기의 교란에 대해 서술할 수 있다.

생태계(ecosystem)는 특정 장소에서 상호작용하며 사는 모든 생물과 생물이 사는 무생물 환경으로 구성된다. 생태계는 본질적으로 물질과 에너지 흐름이 다양하게 나타나는 동적 체계이다. 여기에서는 생태계의 물질부터 알아본다

생태계 내 물질 순환의 원자구성

물질이 생물학적 과정을 거치는 동안 탄소, 산소와 같이 그 물질을 구성하는 원소들은 서로 결합하여 새로운 화합물을 형성하고, 그 화합물들이 분해되어 이용되는 동안 그들의 구성비를 유지한다. 지

구에는 근본적으로 생물학적으로 중요한 한정된 수의 원소들이 존재하며 이 원자들은 순환된다.

생물체는 이전에 토양, 대기, 기타 무생물적 환경요소 및 다른 생물체에 존재했던 원자로부터 그들의 몸을 구성한다. 생물체가 죽게 되면, 생물체를 구성하던 원자들은 다른 생물체에 의해 이용되거나 무생물 환경으로 돌아간다. 물질을 구성하는 원자들의 순환 때문에 당신은 살아있는 동안 한때 시저(Julius Caesar)나 클레오파트라(Cleopatra)가 지녔던 탄소나 산소 원자를 가질 수도 있다.

다양한 화학 성분의 원자들은 **생물지구화학적 순환**(biogeochemical cycles)을 통해 생태계 내에서 이동하는데, 생물지구화학적 순환에서는 화학적 성분의 순환이 생물학적 유기체뿐만 아니라 무생물적인 지질계, 그리고 그들과의 상호작용도 포함된다는 것을 강조한다. 또한 생물지구화학적 순환은 생화학 반응이 일어나는 몇 초부터 암석이 변화하는 수천 년 시간까지 다양한 시간의 규모에서 일어나는 과정을 포함한다. 생물지구화학적 순환은 생태계와 그 밖까지 포함하는 다양한 공간 규모에서 일어나는 과정을 포함하는데, 그 순환은 종종 생태계의 경계를 넘어 서로 교차되기도 한다. 그 예로 한 생태계는 다른 생태계와 연계하여 탄소를 내보내거나 받아들일 수 있다.

여기에서는 물과 함께 몇몇 주요 성분의 순환, 그리고 산림 생태계에서 일어나는 생물지구화학적 순환의 예를 살펴본다.

유기물의 기반인 탄소는 대부분의 생태계를 통해 순환한다

탄소는 생물의 주요 구성 물질이다. 왜냐하면 탄소 원자는 모든 유기 화합물의 틀을 형성하는 데 기반이 되며, 사람 몸의 무게 중 약 20% 정도를 차지하기 때문이다(2장 참고). 생태계의 일상적인 동적 변화에서 이산화탄소(CO_2)는 생물체의 환경에서 가장 중요한 탄소 화합물이다. 이산화탄소는 대기의 0.03%를 차지하고 있는데 이것은 대기가 약 7조 5천억 톤의 탄소를 포함한다는 의미이다. **수생 생태계**(aquatic ecosystem)에서 이산화탄소는 물과 반응하여 탄산수소 이온(HCO_3^-)을 형성한다.

탄소의 순환

그림 51.1에서 보는 것처럼 탄소 순환은 복잡하지 않다. 육상 생태계(terretrial ecosystem)에서 식물과 광합성 생물들은 그들을 구성하는 탄소를 포함한 유기화합물을 합성하기 위해서 이산화탄소를 활용하는데(7장 참조), 이 과정을 탄소고정(carbon fixation)이라고 한다. 고정이란 말은 기체의 구성물질을 비(非)기체 물질로 전환시키는 과정을 말한다.

동물들은 광합성 생물의 섭취를 통해 유기화합물을 흡수하여 탄소 원자를 사용함으로써 자신의 조직을 만든다. 광합성 생물과 동물

그림 51.1 탄소 순환.
식물과 조류는 광합성을 통해 탄소를 유기화합물의 형태로 획득한다. 생물의 호흡과 인간의 연료 소비에 의해 탄소는 이산화탄소(CO_2)나 탄산수소 이온(HCO_3^-) 형태로 되돌아간다. 산소가 없는 연못바닥의 진흙 속에 사는 미생물인 메테인생성균은 메테인(CH_4)가스를 생성하여 대기 중으로 방출하며, 이 메테인가스는 무생물적으로 이산화탄소로 산화된다(초록색 원으로 표시).

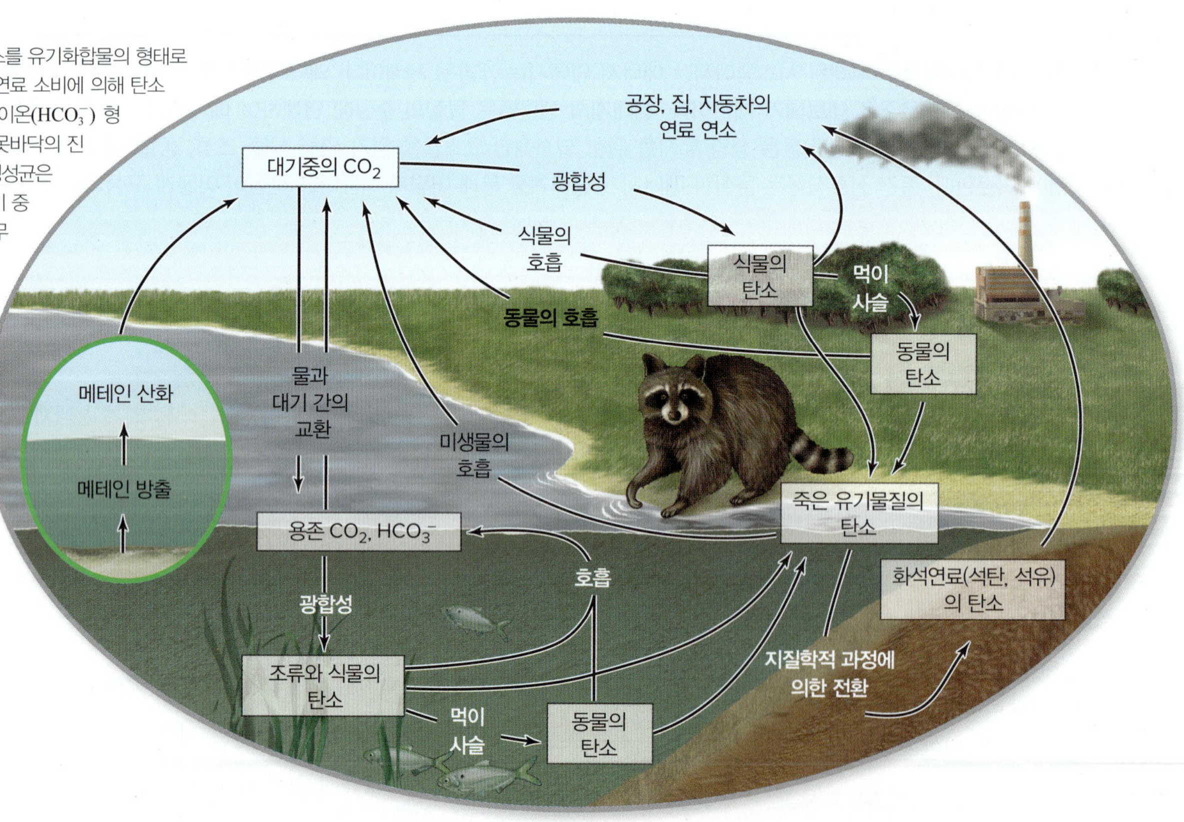

그림 51.2 물 순환.
물은 지구상의 대기로부터 지표면으로 순환하며, 그 역으로도 순환한다. 태양은 물의 증발에 필요한 많은 에너지를 제공해준다.

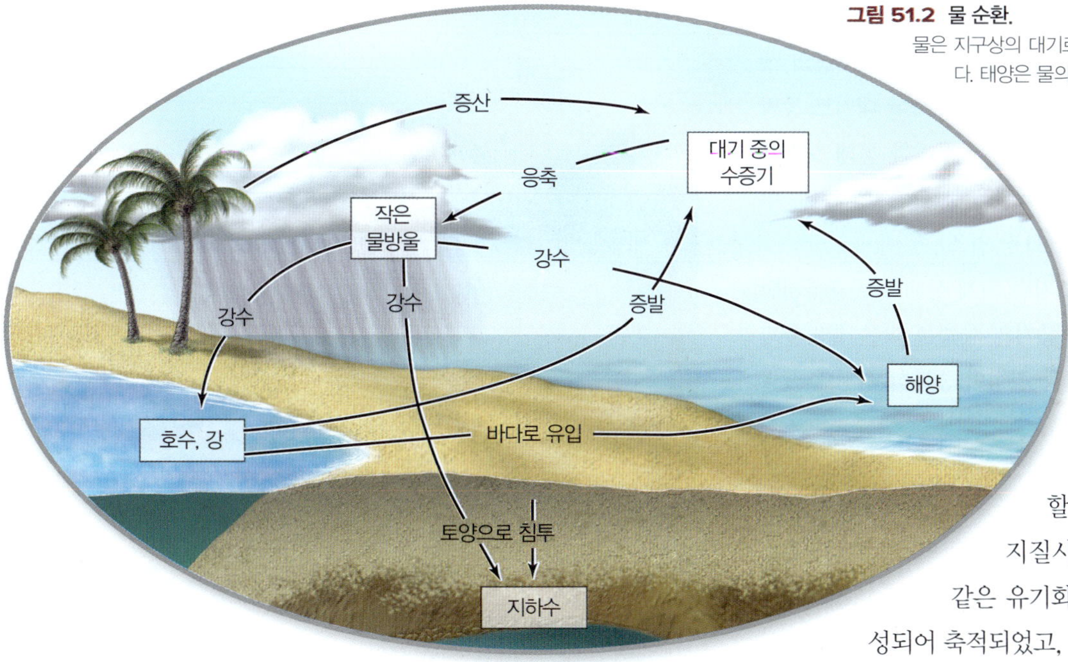

들은 사는 동안 산소 세포호흡(aerobic cellular respiration)을 통해 유기화합물을 분해함으로써 에너지를 획득하면서 CO_2를 생성한다. 부패하는 생물체들 역시 CO_2를 생성한다. CO_2 형태로 돌아간 탄소 원자는 새로운 유기화합물을 합성하기 위해 다시 광합성에 사용될 수 있다.

수생 생태계에서 탄소 순환은 기본적으로 육상과 유사하지만 무기탄소가 수중에 용존 CO_2 와 HCO_3^- 의 형태로 존재하며, 이들은 조류와 수중식물의 광합성을 위해 탄소의 원천으로 이용된다.

메테인 생산자

6장에서 본 것과 같이 무산소 세포호흡(anaerobic cellular respiration)을 통해 유기화합물을 분해하는 미생물은 전 지구적인 탄소 순환에 관여한다. 그 예로 메테인을 만드는 미생물인 **메테인생성균**(methanogens)은 CO_2 대신 메테인가스(methane, CH_4)를 생성한다. CH_4의 주요 원천은 습지 생태계(wetland ecosystem)로 메테인생성균은 습지내 산소가 없는 침전물 속에 산다. 메테인은 대기 속에 포함되는 경우 비생물적 방식으로 CO_2로 산화되지만 산소와 격리되어 있는 경우에는 장시간 동안 CH_4 상태를 유지한다.

대기 중 이산화탄소의 증가

전 지구적 탄소 순환에는 오랜 시간이 걸리는데, 일부 순환과정은 다른 과정들보다 더 빠르게 진행된다. 이러한 속도의 차이는 연간 비교 시 미미한 수준으로 한 해 동안 유기화합물에서 분해되어 나오는 CO_2의 양은 새로운 유기화합물이 합성될 때 사용되는 CO_2의 양과 거의 같다.

그러나 미미한 차이가 여러 해 동안 지속된다면 커다란 결과를 초래할 수 있다. 현재 지구의 석탄 매장량은 지질시대를 거쳐 형성되었다. 셀룰로스와 같은 유기화합물은 분해되는 것보다 더 빨리 합성되어 축적되었고, 지질학적 과정에 의해서 변형되었다. 대부분의 과학자들은 세계의 매장된 석유도 이러한 방법으로 만들어지게 된 것으로 믿고 있다.

인류에 의한 화석연료의 사용은 탄소 순환에 큰 불균형을 가져다주었다. 화석연료의 사용으로 인해 화석연료에 수백만 년에 걸쳐 축적된 탄소는 급격하게 대기로 돌아가게 되는데, 그 결과 대기 위쪽의 CO_2의 농도가 상승하고, 이는 지구온난화(global warming)의 원인이 되고 있다(WEB6장 참조).

물 이용은 육상생태계에서 중요하다

그림 51.2에서 보는 바와 같이, 물 순환은 모든 생물지구화학적 순환 중에서 가장 익숙한 순환이다. 모든 생명체들은 물에 의존하고 있으며, 성인은 몸무게의 약 60%가 물로 이루어져 있다. 생태계에서 이용 가능한 물의 양은 종종 산림과 사막의 차이처럼 그곳에 존재하는 생물체의 다양성과 양을 결정한다(WEB6장 참조).

생물지구화학적 순환 각각은 독특한 특징을 가지는데, 물 순환의 특징은 물은 원소가 아닌 화합물이기 때문에 합성되고 분해될 수 있다는 것이다. 물은 산소 세포호흡(6장 참조)이 진행되는 동안 합성되며, 광합성 동안 화학적으로 분해된다(7장 참조). 이러한 과정의 비율은 일반적으로 동일하기 때문에 결과적으로 생물체를 통해 순환되는 물의 양은 상대적으로 일정하게 유지된다.

물 순환

물 순환의 핵심은 지구 표면에서 액체 상태의 물이 대기 중으로 증발하는 것이다. 액체에서 기체로의 변화에는 열에너지가 필요한데, 이는 태양 복사열이 지구 표면에 도달할 때 급격한 증발(evaporation)이 일어나는 원인을 설명해준다.

증발은 해양, 호수, 강의 표면에서 직접 발생하지만 지구상의 생태계에서는 물의 약 90%가 식물의 증산 작용을 통하여 대기로 증발된 것이다. 교목, 초본류 그리고 다른 식물들은 뿌리를 통해 토양으로부터 물을 얻으며, 그 물은 잎과 다른 표면을 통해 증발되는데, 이 과정을 증산(transpiration)이라고 한다(31장 참조).

물은 증발되어 대기 중의 다른 가스처럼 기체 상태로 존재하지만 액체 형태로 다시 응축될 수 있다. 수증기의 응축은 작은 물방울과 결정이 되어 구름을 형성하고, 물방울과 결정이 충분히 커지면 그들은 눈이나 비로 지구 표면으로 떨어진다.

지하수

하천, 호수, 연못에서 보는 표층수 외에 눈에 잘 띄지 않는 물로 지하수가 있는데, 지하수는 **대수층**(aquifers)이라고 부르는 바위, 모래, 자갈로 이루어진 투과성의 지하층에 형성된다. 많은 지역에서 지하수는 물의 주요 저장고이다. 미국의 경우 담수의 95% 이상이 지하수이다.

지하수는 위층과 아래층의 2개 층으로 구분된다. 지하수 중 위쪽 부위는 지하수면을 이루며, 식물이 이용할 수 있는 물로 하천을 이루게 된다. 아래쪽의 갇혀 있는 물은 일반적으로 인간에 의해 끌어올려지기 전에는 지상으로 올라올 수 없다. 지하수면은 토양을 통해 침투하는 강수나 연못, 호수, 시내 등에서 아래로 스며드는 물로 보충된다. 깊은 곳에 있는 대수층의 물은 지하수면으로부터 천천히 보충된다. 지하수는 지표수에 비하여 훨씬 천천히 흐르고, 장소에 따라 하루에 수 mm~1 m 정도를 흐르는 경우도 있다.

미국에서 이용되는 물의 25%는 지하수이며, 마시는 물의 50%가 지하수이다. 지하수는 매우 천천히 흐르기 때문에 지하수가 많이 사용되면서 화학적 오염이 심각한 문제로 대두되고 있다. 살충제, 제초제, 비료 등은 지하수 오염의 주요 원인 물질이다. 지하수는 양이 많고 순환 속도가 느리며, 접근하기 어렵기 때문에 대수층으로부터 오염물질을 제거하는 것은 실제로 불가능하다.

물 순환의 변화에 따른 생태계의 변화

물은 생태계의 본질을 바꿀 수 있는 중요한 결정적 요인이다. 이러한 변화는 지구의 지질 역사 중에 수시로 일어나고 있다.

한 예로, 거대한 떼를 지어 풀을 뜯어 먹는 영양이 살고 있는 탄자니아의 세랭게티(Serengeti) 초원의 생태계를 살펴보자. 오늘날의 반건조한 목초지인 세랭게티는 2천 5백만 년 전에는 열대우림 지역이었다. 습기의 원천인 열대우림과 인도양 사이에 킬리만자로산(Mount Kilimanjaro)이 솟아오르면서 인도양에서 부는 바람을 위쪽으로 밀어내고, 이것은 공기가 열대우림에 도달하기 전에 공기를 냉각시키는 원인이 되었다. 그 결과 땅은 더 건조해지고 숲은 초원으로 변하게 되었다.

그림 51.3 산림 파괴에 따른 물 순환 교란.
열대우림의 남벌은 브라질의 아마존 지역의 심한 침식에서 보는 것처럼 생태계에 심각한 결과를 가져올 수 있다.

오늘날 인류의 활동은 물의 순환(water cycle)을 더욱 심하게 변화시켜 생태계를 완전히 바꿀 수 있다. 예로 벌채에 의한 열대우림의 변화를 살펴보면, 열대우림과 같은 밀도가 높은 산림 생태계는 비의 90% 이상이 식물에 의하여 흡수되고 다시 대기로 증발된다. 열대우림 속의 많은 식물들은 이러한 작용을 통해 자신들이 필요로 하는 비를 만드는 셈이다.

식물에서 대기로 나간 수분은 비의 상태로 다시 지표면으로 되돌아오지만, 삼림이 벌채되면 물 순환이 파괴되면서 수분은 대기로 돌아가지 않는다. 물은 구름으로 올라가서 산림으로 다시 떨어지는 대신 바다로 유출되어 버린다. 오늘날 이러한 변화가 열대우림 지역에서 많이 일어나고 있다(**그림 51.3**). 예로 20세기에 들어와 브라질의 넓은 지역에서 우거진 숲이 반건조 사막으로 변하면서 원래 서식지에 살던 고유 동식물종들이 없어졌다.

질소 순환은 미생물에 의한 질소고정에 의존한다

질소는 단백질과 핵산 등의 구성 성분으로 모든 생물체에게 필수적인 요소이며 단백질 무게의 16%를 이룬다. 많은 생태계에서 질소는 생물체가 필요로 하는 원소들 중 비교적 적게 요구되는 화학 원소지만, 대기 부피의 78%가 질소로 이루어져 있다.

질소 이용

질소는 대기 중에는 다량으로 존재하는데 어째서 생물체에서는 소량으로 사용될까? 대부분의 동식물들은 대기 중에 존재하는 질소 가스(N_2)의 형태를 직접 사용할 수 없기 때문이다.

동물에서 궁극적인 질소 원천은 식물이나 조류 혹은 다른 미생물에 의해 합성된 질소 함유 유기화합물들이다. 예를 들면, 초식동물들은 식물이나 조류를 먹고 아미노산으로 소화하여 자신에게 필요한 단백질을 합성한다.

식물과 조류는 그들의 조직과 단백질을 합성하기 위해 다수의 간단한 질소 함유 화합물을 사용한다. 그중 흔하게 이용되는 2가지 질소원은 암모니아(NH_3)와 질산 이온(NO_3^-)이다. 32장에서 살펴본 것처럼 원핵생물은 암모니아와 질산 이온을 대기에 있는 질소 분자(N_2)로부터 합성할 수 있다. 이로 인해 대기의 질소를 식물과 조류가 이용할 수 있게 된다(**그림 51.4**). 또 다른 원핵생물은 NH_3와 NO_3^-를 생물이 직접 이용할 수 없는 N_2로 전환한다. 이러한 미생물의 2가지 활동의 균형이 식물과 조류의 질소 접근 가능성을 결정해준다.

미생물의 질소고정, 질화작용 그리고 탈질화작용

N_2로부터 시작되는 질소 화합물의 합성은 **질소고정**(nitrogen fixation)으로 알려져 있다. 이 과정의 첫 번째 단계는 N_2로부터 NH_3를 합성하는 것이고, 종종 생화학자들은 질소고정이라는 용어를 이 단계를 특정지어 사용하기도 한다. NH_3가 합성된 후, 다른 원핵생물들은 그 일부를 NO_3^-로 산화시키는데, 이러한 과정을 **질화작용**(nitrification)이라고 한다.

원핵생물의 특정 속(genera)은 질소고정 효소 복합체로 알려진 효소계(*nif* 유전자 복합체; 23장 참조)를 이용해 질소고정을 하는 능력을 가지고 있다. 대부분의 미생물들은 독립적으로 생활을 하지만, 일부 종들은 콩과식물, 오리나무, 도금양 그리고 다른 식물의 뿌리와 공생관계를 갖는다.

그에 더해 박테리아와 고세균을 포함한 원핵생물들은 NO_3^-를 N_2로 전환시킬 수 있는데, 이러한 작용을 **탈질화작용**(denitrification)이라고 한다. 암모니아는 NO_3^-로 변했다가 다시 N_2로 바뀌는 과정을 통해 간접적으로 탈질화작용에 참여할 수 있다.

질소 노폐물과 비료로의 사용

대부분의 동물들은 물질대사를 통해 단백질을 분해할 때 질소를 NH_3의 형태로 배출한다. 인간 및 다른 포유류들은 질소를 요소(urea)의 형태로 오줌으로 배설하며(44장 참조), 많은 종류의 미생물들은 요소를 NH_3로 전환시킨다. 동물의 배설물로부터 만들어진 NH_3는 식물과 조류에게 필요한 질소 원천으로 재사용될 수 있다.

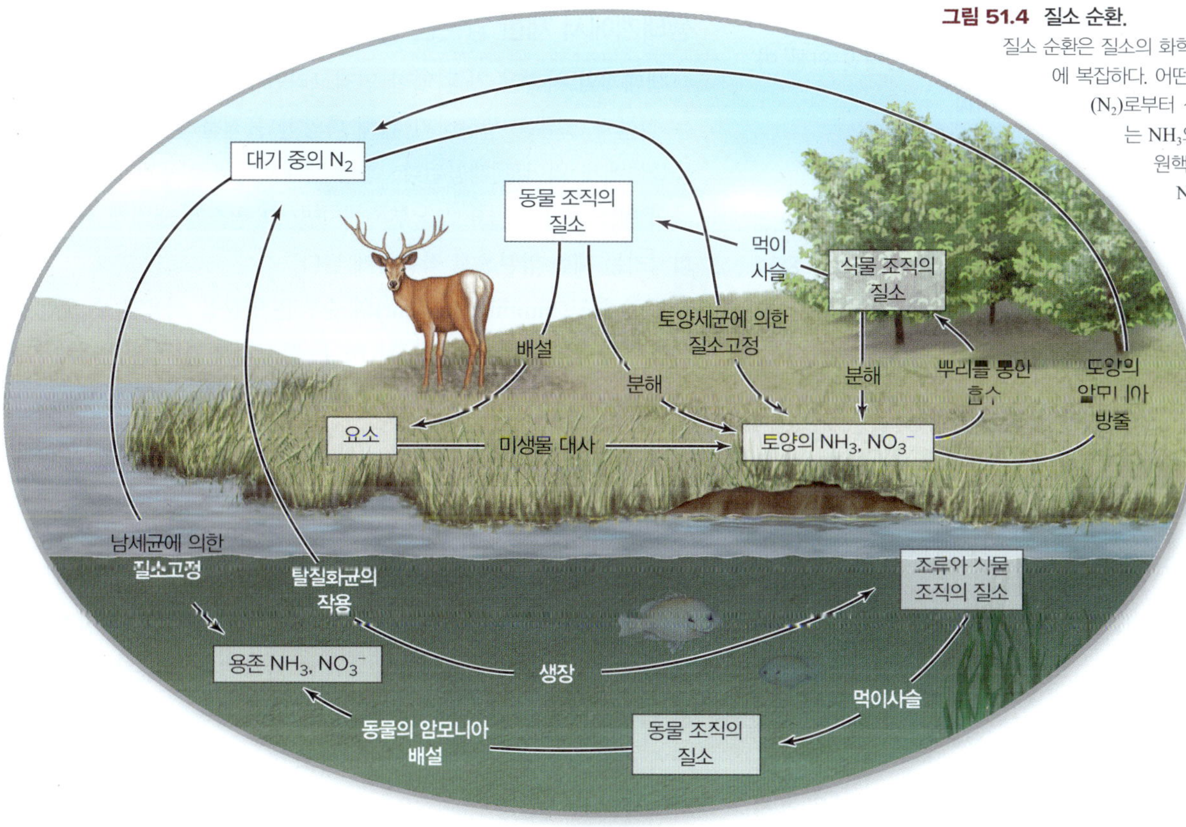

그림 51.4 질소 순환.
질소 순환은 질소의 화학적 상태가 다양하게 변하기 때문에 복잡하다. 어떤 원핵생물들은 대기에 있는 질소(N_2)로부터 식물들이나 조류가 이용할 수 있는 NH_3와 NO_3^- 형태로 전환시킨다. 다른 원핵생물들은 질소화합물인 NH_3와 NO_3^-를 분해하여 생물이 직접 이용할 수 없는 N_2로 전환한다. 암모니아 가스는 토양으로부터 직접 대기 중으로 들어갈 수도 있다.

그림 51.5 인 순환.
탄소, 물 및 질소에 비해 인은 액체와 고체 상태로만 나타나기 때문에 대기 중으로 들어갈 수 없다.

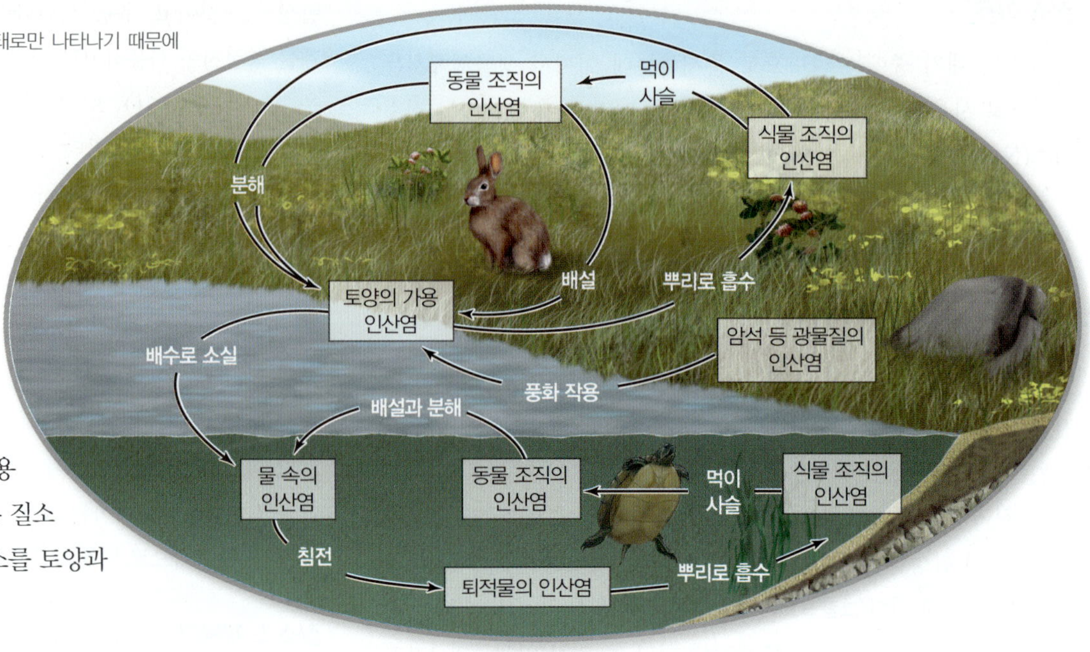

인간은 농지와 잔디에 비료를 사용함으로써 지구의 질소 순환을 빠르게 변화시키고 있다. 비료에 포함된 고정된 질소는 대기 중 질소로부터 상업적으로 만들어진 암모늄(NH_4^+)염과 같이 작물이 이용할 수 있다. 비료의 생산으로 인간은 질소 가스 양의 2배에 해당하는 양의 질소를 토양과 물로 보내고 있다.

인은 대기가 아닌 육상 및 수생 생태계를 통해 순환한다

인(phosphorus)은 모든 생물에서 많은 양이 요구되는 원소로 핵산(nucleic acid), 세포막의 인지질(phospholipids) 그리고 ATP (adenosine triphosphate)와 같은 화합물의 구성분이 된다.

인은 탄소, 물, 질소와는 달리 주요한 가스 형태를 갖지 않으며 대기를 통해 순환하지 않는다(**그림 51.5**). 이러한 점에서 인의 순환은 칼슘, 실리콘 등과 같은 무기물의 순환과 유사하다. 질소 순환과 비교해 볼 때 인 순환의 특징은 생태계에서 얻은 산화 상태인 인산 이온(phosphate, PO_4^{3-})으로만 존재한다는 점이다.

인의 이용

식물과 조류는 토양이나 물에 용해된 인산 이온(PO_4^{3-})을 사용하여 이를 유기화합물로 전환시키고, 동물들은 식물이나 조류에 있는 인산을 이용하여 자신에게 필요한 인산화합물을 만든다. 생물체가 죽게 되면, 몸의 유기화합물이 분해되는데, 이러한 과정을 인의 재무기질화(phosphate remineralization)라고 한다. 이렇게 인산 이온 이온으로 방출된 인은 식물과 조류에 의해 사용될 수 있다.

인 순환에서 화학적 및 물리적 과정은 매우 중요하다. 인산 이온은 음이온의 형태로 토양에 소량으로 존재하는데, 이는 인산염이 비교적 불용성이고 특정 종류의 암석에만 존재하기 때문이다. 토양에서 씻겨나간 인산 이온은 대부분 단일 방향으로 이동하는데, 하천을 통해 바다로 흘러나가 침전하게 된다.

비료로서의 인

작물의 대량 생산을 위한 인류의 활동이 전지구적 인 순환을 크게 변경시켰다. 전형적으로 비료는 작물에게 PO_4^{3-}를 제공하기 위해 만들어졌는데, PO_4^{3-}는 일반적으로 인산염이 풍부한 암석과 동물의 뼈로부터 얻어진다. 세탁용 세제는 생태계에 PO_4^{3-}를 추가시키는 잠재적인 요인인데, 현행법은 낮은 인산염의 세제 사용을 권고하고 있다.

생태계에서 제한 양분은 필요량보다 적게 공급된다

생태계의 사슬은 가장 약한 연결고리만큼만 강하다. 생태계에 있는 식물과 조류는 생장하기 위해 다양한 물질을 필요로 하며, 결국 동물들에게 먹이로 제공된다. 특정 생태계에서 식물과 조류에게 하나의 원소 공급이 필요보다 부족해지면, 그 원소는 생태계 사슬을 약화시키는 제한 양분으로 작용하게 된다.

제한 양분(limiting nutrient)의 순환은 양분을 이용할 수 있는 비율을 결정하기 때문에 특히 중요하다. 질소와 인의 순환에 대해 자세하게 살펴보았는데, 이는 이 성분들이 생태계에서 제한 양분이기 때문이다. 질소는 해양의 약 2/3 정도와 많은 육상 생태계에서 제한 양분이 된다.

철(Fe)은 전 세계 1/3의 해양에서 조류 집단(식물성 플랑크톤)의 제한 양분이다. 이러한 해양에서 철의 주요 원천은 바람에 의해 운반되는 토양의 먼지인 것으로 보이는데, 바람이 철분 가득한 먼지를 가지고 올 때 사용 가능한 화학적 형태를 가진 철을 이용해 조류 집단은 급증하게 된다. 이러한 방법으로 사하라 사막의 모래 폭풍은 전 세계 바람에 먼지를 증가시켜 태평양의 조류 생산을 증가시킬 수 있다(**그림 51.6**).

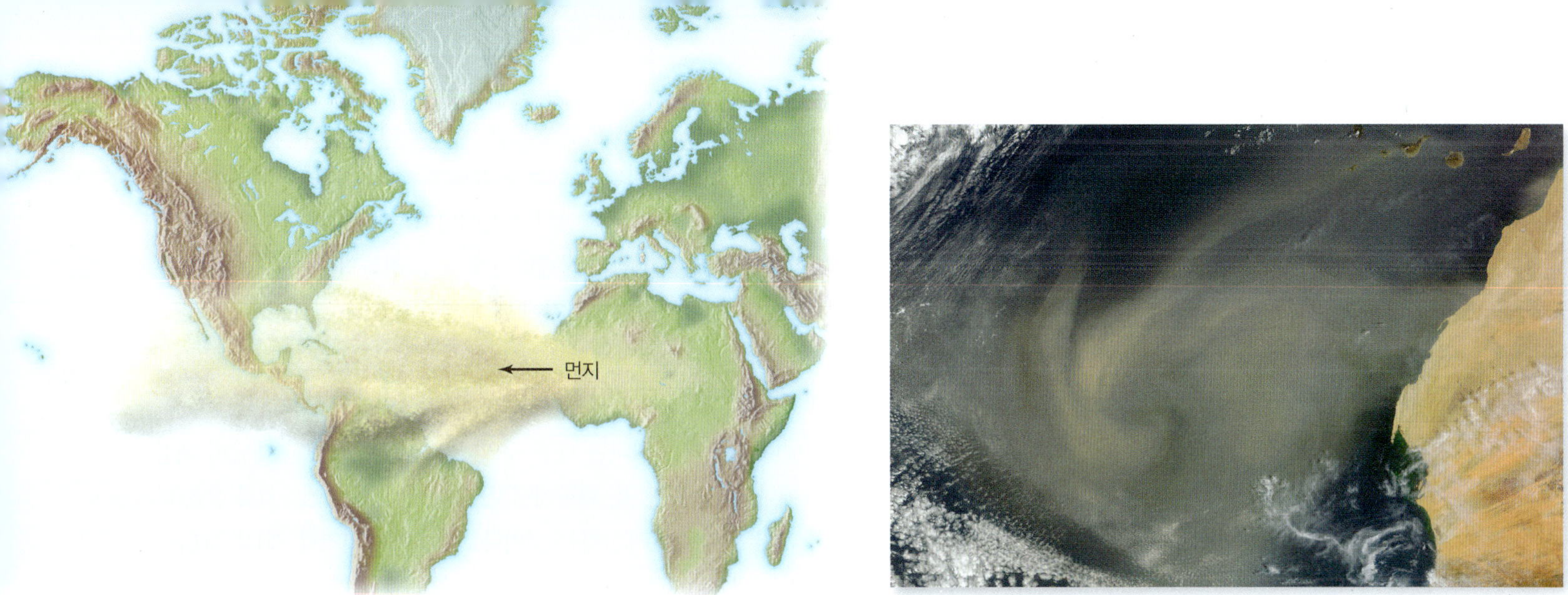

그림 51.6 세계는 하나.
매년 철을 풍부하게 함유한 먼지 수백만 톤이 사하라 사막과 근처의 사헬(Sahel) 지역으로부터 무역풍을 타고 서쪽으로 이동한다. 해양학자들은 이 먼지가 철분이 부족한 태평양을 포함하는 해양의 비료로 작용하는 것으로 추정하고 있다. 따라서 북아프리카의 사막의 크기 증가가 지구 다른 편의 생태계에 영향을 줄 수 있다.

인간에 의한 영양공급으로 증가한 생산량이 항상 좋은 것만은 아니다. 왜냐하면 그것이 한 개체의 폭증을 이끌지만, 이 종과 관련된 다른 종에게는 부정적 영향을 줄 수 있기 때문이다. WEB6장에서는 질소와 인 제한 종의 폭발적인 증가가 일어날 때 발생하는 강과 호수의 부영양화(eutrophication) 예를 살펴본다. 유사한 현상은 육상 생태계에서도 발생하는데, 캘리포니아 남부 저목 수풀지대에는 자동차 배기가스에서 발생한 질소의 증가로 이를 선호하는 외부 식물종이 원래 존재하던 식물종을 대체한 일이 있다.

숲 생태계 내의 생물지구화학적 순환은 실험적으로 연구되었다

미국 북서부 뉴햄프셔에 있는 허바드 브룩(Hubbard Brook) 시험림에서 산림 생태계에서의 양분 순환에 대한 많은 정보가 얻어졌다. 허바드 브룩은 온대 낙엽수림으로 덮힌 산맥 내 큰 유역의 중심 하천이다. 여러 지류를 통해 산비탈을 흘러 내려온 물은 계곡을 통해 허바드 브룩으로 흐른다. 처음 연구가 시작되었을 때 6개의 지류에 물의 흐름과 양분의 농도를 측정하는 장치를 설치하였다.

허바드 브룩 주변의 숲은 양분 보유에 효과적인 곳으로, 연중 소

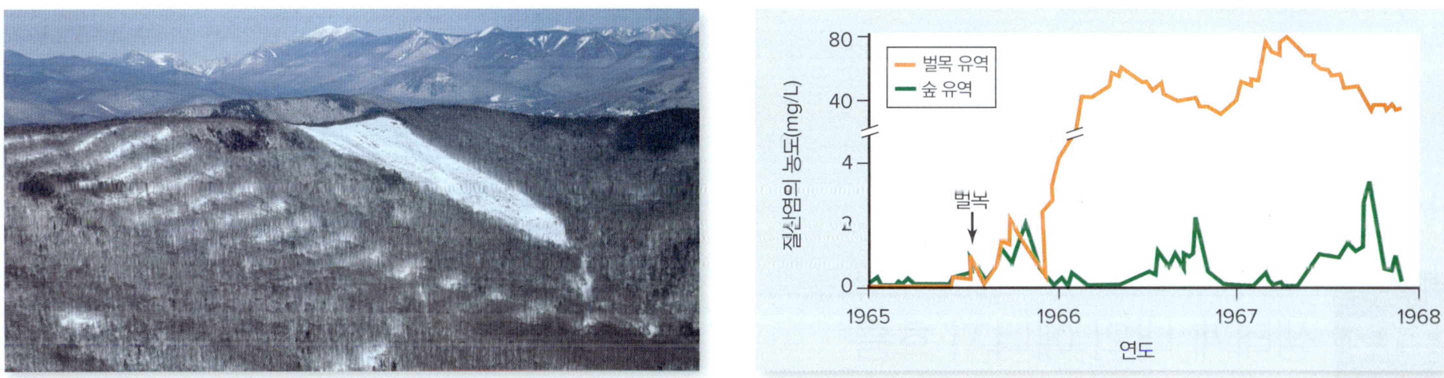

a. *b.*

그림 51.7 허바드 브룩 실험.
a. 약 15만 4천 m²에 해당하는 숲을 벌목하고, 수년에 걸쳐 유출수의 양을 조사하였다. *b.* 벌목은 흘러내리는 유출수를 통해 생태계로부터 많은 양분의 소실을 야기하였다. 주황색 곡선은 벌목된 계곡으로 흐르는 물의 질산염 농도를 보여준다. 초록색 곡선은 벌목되지 않은 계곡의 질산염 농도 변화를 보여준다.

자료 분석 주변의 교란되지 않은 지역의 유출수보다 삼림 벌채 지역의 질산염 유출수가 몇 배나 더 큰가?

량의 양분만이 강수에 의해 외부로부터 계곡 내로 유입된다. 지류에 의해 유입되는 양은 극히 적게 나타나는데, 이는 유입과 유출이 전체 양분의 규모에 비해 매우 적기 때문이다.

1965년과 1966년에 연구자들은 6개의 계곡 중 한 계곡의 모든 나무들을 베어낸 다음 재성장을 막았다(**그림 51.7***a*). 이러한 효과는 매우 극적이었으며, 계곡에서 유출되는 물의 양은 40% 증가하였다. 이는 식생에 의해 저장되고 대기로 증발되던 물이 유출된 것을 의미한다. 많은 양의 양분도 본 유역의 체계에서 벗어나 유출되었다. 예를 들어, 칼슘의 손실 비율은 9배 증가되었다. 물의 유출로 인의 손실은 증가되지 않았는데, 이는 인은 토양 내 불용성 화합물에 의해 묶여 있기 때문인 것으로 여겨진다.

질소의 농도 변화는 교란된 계곡에서 특히 두드러지게 나타났다(**그림 51.7***b*). 교란되지 않은 숲의 계곡에서는 1년에 1만 m^2당 약 5 kg의 NO_3^-가 축적되지만, 벌목된 생태계에서는 1년에 1만 m^2당 약 53 kg의 NO_3^-가 소실되어 개울에서의 NO_3^- 농도는 급격하게 증가되었다. 나무를 베어낸 계곡의 비옥도는 급격하게 감소하였고, 질산염의 방출은 하류에 거대한 녹조현상(algal blooms)과 하류의 범람 위험성을 증가시켰다.

이 실험은 전 세계적으로 산림이 벌목되고 있는 현시점에도 매우 교훈적인 실험 결과로 받아들여지고 있다(WEB6장 참고).

핵심 요약 51.1

생태계는 생물체와 특정 공간에 존재하는 무생물체로 이루어져 있다. 생물지구화학적 순환은 원소가 어떻게 이러한 구성요소들 사이를 이동하는지 설명한다. 탄소, 질소, 인의 순환 방식은 물의 순환과 마찬가지로 생태계에서 매우 중요하다. 인간은 이러한 순환을 인공비료, 숲 파괴, 물의 전환, 화석연료 사용 등을 통해 교란시킨다.

- 동물성 비료의 사용이 정제된 화학 비료에 비해 생태계에 미치는 영향이 더 적을까? 그렇지 않을까? 왜 그런지 설명해 보자.

51.2 생태계 내의 에너지 흐름

학습 목표

1. 영양단계에 대해 서술할 수 있다.
2. 에너지와 열을 구별할 수 있다.
3. 영양단계를 통한 에너지 흐름을 설명할 수 있다.

생태계의 동적 특성은 물질뿐만 아니라 에너지도 포함한다. 에너지는 물질과는 매우 다른 원리를 따르며, 결코 순환되지 않는다. 대신에 지구로 도달하는 태양의 복사에너지는 지구 생태계에 대해 한 방향으로만 진행한다. 복사에너지가 열로 전환되어 우주로 다시 돌아가기 전까지 지구는 에너지에 대해 열린계(open system)가 된다.

에너지는 생성되거나 파괴되지 않고 형태를 바꾼다

에너지는 왜 물질과는 다른 것일까? 이 질문에 대한 대답의 핵심은 에너지가 빛에너지, 화학에너지, 운동에너지, 열에너지와 같은 여러 가지 형태로 존재한다는 것이다. 에너지는 열역학 제1법칙(First Law of Thermodynamics)에 의거하여 생물권에서 파괴되거나 창조되지 않지만 형태는 자주 변한다.

두 번째 핵심으로 생물체는 열을 어떤 다른 형태의 에너지로도 전환할 수 없다는 것이다. 따라서 생물체가 만약 화학에너지나 빛에너지를 열로 전환시킨다면, 그것은 한 방향으로만 진행되며, 원래 형태의 에너지로 다시 돌아갈 수 없다.

생물체는 열을 제외한 여러 형태의 에너지를 이용한다

지구가 왜 에너지에 대해 열린계인지를 이해하기 위해서는 2가지 원리를 알아야 한다. 첫째, 생물체는 확실한 형태의 에너지만을 이용한다는 것이다. 동물들은 생존을 위해 먹이로부터 화학에너지를 얻어야 하며, 식물은 빛으로부터 에너지를 얻어야 한다. 동물과 식물 중 어느 하나도 에너지의 원천으로 열을 이용하지 않는다.

두 번째 원리로는 생물체가 화학에너지나 빛에너지를 이용할 때, 그중 일부는 열로 전환된다는 것이다. 열역학 제2법칙(Second Law of Thermodynamics; 5.2절 참조)에서 시간이 지나면서 엔트로피(entropy)는 증가하는 경향이 있으며, 일부 열로 전환되는 것은 필수적이라고 명시되어 있다. 다시 말해 동물과 식물은 삶을 유지하기 위해서 화학에너지와 빛을 필요로 하지만, 이런 형태의 에너지를 사용할 때 그 일부를 열로 전환한다는 것이다. 열을 그대로 유지할 수 없으며, 원래의 형태로 되돌릴 수도 없다.

다행스럽게도 생물체에게 지구는 에너지에 대해 열린계로 작용한다. 빛은 매일 태양으로부터 지구에 도달하며, 식물과 다른 광합성 생물들은 새롭게 도달하는 빛으로 유기물을 합성하며 살아간다. 그리고 동물은 광합성 생물을 먹고 유기화합물 형태로 이 화학에너지를 이용하여 살아간다. 빛에너지와 화학에너지는 매 단계마다 부분적으로 열로 전환되는데, 실제로 빛에너지와 화학에너지는 궁극적으로는 열로 전환된다. 이 열은 보이지 않는 공간으로 퍼져나가 지구를 떠나게 된다. 생명체가 존속하려면 항상 새로운 빛에너지가 필요하

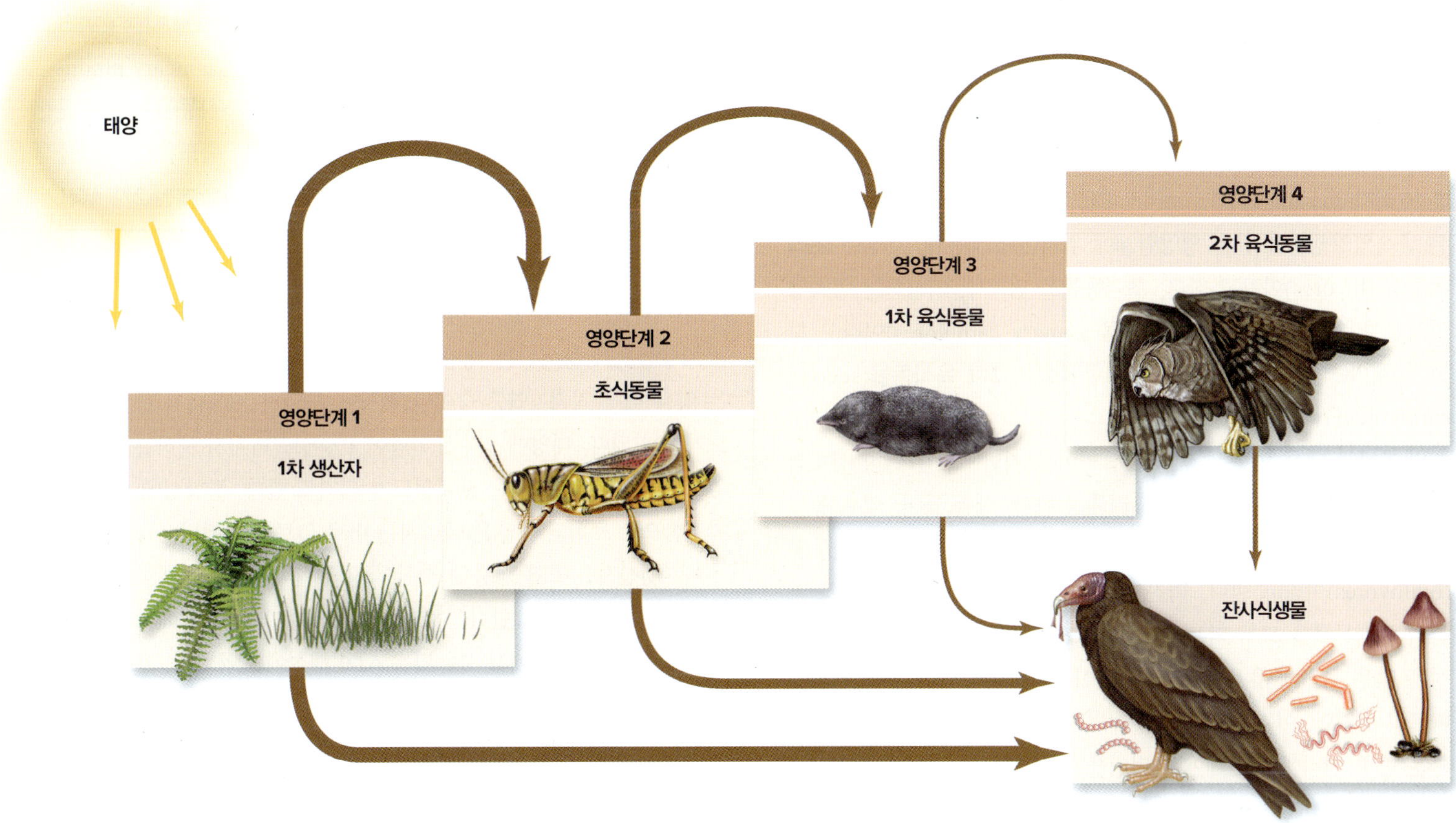

그림 51.8 **생태계 내 영양단계.**
1차 영양단계에 위치한 식물은 태양으로부터 직접 에너지를 얻는다. 메뚜기처럼 식물을 먹는 초식동물은 2차 영양단계에 속한다. 초식동물을 먹는 뾰족뒤쥐 같은 육식동물은 1차 육식동물로 3차 영양단계에 속한다. 부엉이와 같은 육식동물을 먹는 상위 육식동물은 2차 육식동물로 4차 영양단계에 속한다. 잔사식생물은 모든 영양단계 생물을 먹이로 한다.

게 된다.

지구의 복사에너지의 흐름에서 들어오는 에너지 양과 나가는 에너지 양은 같아야 한다. 그러나 인간의 활동으로 나가는 에너지의 흐름이 지연되면 대기의 조성은 바뀌게 되는데, 이러한 현상을 온실효과(greenhouse effect)라고 한다. 이렇게 열이 지구에 계속 축적된다면 지구온난화(global warming)가 야기될 것이다(WEB6장 참조).

에너지는 생태계의 영양단계를 통해 흐른다

6장에서 독립영양생물과 종속영양생물의 개념에 대해 알아보았다. **독립영양생물**(autotrophs)은 CO_2, 물, 질소(NO_3^-)와 같은 무기물을 이용하여 유기물을 합성한다. 몇몇 독립영양생물은 에너지원으로 빛을 사용하는데, **광독립영양생물**(photoautotrophs)이라고 한다. 이들은 광합성 생물체로 식물, 조류, 남세균(cyanobacteria)을 포함한다. 다른 독립영양생물로는 **화학독립영양생물**(chemoautotrophs)을 들 수 있는데, 심해의 열수구에 사는 화학독립영양생물은 황화수소를 산화하여 에너지를 얻는다(WEB6장 참조). 모든 화학독립영양생물은 원핵생물이다. 광독립영양생물들은 대부분의 생태계에서 가장 중요하다. 이번 절에서는 이들을 중심으로 에너지 흐름에 대해 알아본다.

종속영양생물(heterotrophs)은 무기물로부터 유기물을 합성하지 못하기 때문에 유기물을 먹으며 살아간다. 이들은 자신에게 유용한 유기생물을 분해하여 살아가는 데 필요한 에너지를 얻는다(6장 참조). 동물, 균류 그리고 많은 미생물들이 종속영양생물에 포함된다.

자연환경에서 살 때 종들은 서로를 먹는 순서대로 정렬이 된다. 예를 들면 곤충류는 식물을 먹고, 뾰족뒤쥐류는 곤충을 먹으며, 매는 뾰족뒤쥐류를 잡아먹는다. 이때 먹이는 식물 → 곤충 → 설치류 → 매의 순서로 4종을 통해 지나가게 되는데, 이러한 종의 순서를 먹이사슬(food chain)이라고 한다.

전체 생태계에서 많은 종들은 유사한 역할을 하는데, 전형적으로 하나의 종이 하나의 역할에만 관여하는 경우는 없다. 그 예로 한 종의 곤충이 아니라 약 30여 종의 곤충들, 그리고 약 10여 종의 포유동물들이 식물을 먹이로 섭취한다. 생태학자들은 이러한 복잡한 특징들을 체계화시켜 제한된 수의 먹이단계를 **영양단계**(trophic levels)로 나타내고 있다(**그림 51.8**).

영양단계의 정의

생태계에서의 첫 번째 영양단계는 모든 독립영양생물을 포함하고, 이들은 **1차 생산자**(primary producers)라고 하며, 종속영양생물은 **소비자**(consumers)라고 한다. 1차 생산자를 직접적으로 먹는 모든 종속영양생물은 같은 영양단계에 위치하게 되는데, 이들은 **초식동물**(herbivores)이라고 한다. 초식동물을 먹거나, 기생하는 종속영양생물들은 총괄하여 **1차 육식동물**(primary carnivores)이라고 하고, 1차 육식동물을 먹이로 하는 동물들은 **2차 육식동물**(second carnivores)이라고 한다.

생태계에 대한 연구는 생명체가 먹이를 기반으로 간단히 선형적으로 정렬되지 않는다는 점을 고려해야 한다. 예를 들어, 일부 동물은 1차 생산자와 다른 동물을 모두 먹는다. 그러한 동물을 **잡식동물**(omnivores)이라고 한다. 마찬가지로 일부 육식동물은 초식동물과 하위 육식동물을 모두 먹는다. 그럼에도 불구하고, 영양단계의 선형성은 많은 목적에 유용한 구성 원리이다. 여기서는 이 접근 방식을 따르고 있지만, 이것은 단순화된 개념이라는 점을 명심해야 한다. 동물은 종종 여러 영양단계에서 먹이를 먹기 때문에 생태계는 먹이사슬보다 먹이그물(food web)과 더 비슷하기도 하다.

소비자 단계에 추가되는 것은 **잔사식생물**(detritivores) 영양단계이다. 이들은 이미 죽은 생물체의 남은 부분을 먹는다는 점에서 다른 영양단계의 생물과 구별된다. 잔사(detritus)는 죽은 생물체를 말한다. 잔사식생물은 생태계의 폐기물을 먹고 산다. 잔사식생물의 하위 범주는 **분해자**(decomposers)이다. 분해자는 대부분이 미생물로, 죽은 생물체에서 유기물을 분해하며 살아간다.

영양단계의 개념

영양단계는 생물의 모든 개체군으로 구성되어 있다. 예를 들면, 1차 생산자 영양단계는 생태계 내의 모든 독립영양생물 종들 전체 개체군을 포함한다.

생산량(productivity)은 생물이 영양단계에서 새로운 유기물을 합성하는 속도를 나타내며, **1차 생산량**(primary productivity)은 1차 생산자의 생산량을 의미한다. 1차 생산자의 분석에서 중요한 것은 광합성에는 새로운 유기물이 합성되는 것뿐만 아니라 산소 세포호흡에 의해 유기물이 분해되면서 에너지를 방출하는 것이다(6장 참조). 이와 관련하여 1차 생산자의 **호흡**(respiration)은 유기화합물을 분해하는 비율을 나타낸다. **1차 총생산량**(gross primary productivity, GPP)은 1차 생산자가 새로운 유기물을 합성하는 총량(raw rate)이다. 그에 비해 **1차 순생산량**(net primary productivity, NPP)은 GPP에서 1차 생산자의 호흡량을 뺀 값으로, NPP는 초식동물이 먹이로 이용할 수 있는 유기물을 나타낸다.

종속영양생물 영양단계의 생산력은 **2차 생산량**(secondary productivity)이라고 한다. 예를 들어, 생태계의 모든 초식동물에서 개별 성장과 번식을 통해 새로운 유기물이 만들어지는 속도는 초식동물 영양단계의 2차 생산량이다. 각 종속영양생물 영양단계는 2차 생산량을 갖는다.

영양단계의 에너지 처리 방법

지구상으로 들어오는 태양에너지 중에서 1차 생산자에게 포획되는 양은 매우 작다. 연중 숲이나 해양에 도달하는 에너지 중 1% 정도가 포획된다. 태양에너지 포획량이 1%에도 미치지 못하는 경우도 있으며, 어떤 조건에서는 5% 정도가 되기도 한다. 광합성에 의해 화학결합으로 포획되지 않은 에너지는 바로 열로 전환된다.

1차 생산자는 호흡을 통해 자신이 지닌 화학에너지를 방출하기 위해 유기화합물을 분해한다. 이 화학에너지는 체내에서 에너지를 필요로 하는 여러 반응에서 사용되는 ATP 생성에 이용한다. 호흡에 의해 방출되는 화학에너지도 결국은 열로 전환된다.

생물은 열을 생존에 사용할 수 없다. 따라서 에너지가 열로 바뀔 때마다 생물에게 유용한 많은 에너지를 소실하게 된다. 생태계에 도달하는 태양에너지의 약 99%가 열로 전환되는데, 이는 그 에너지가 광합성에 이용되지 못하기 때문이다. 그리고 광합성에 의해 포획된 에너지의 일부도 1차 생산자의 호흡에 의해 열로 소실되기 때문에 생태계 내의 모든 종속영양생물들은 1차 생산자에 남아 있는 화학에너지에 의존해 살 수밖에 없다.

영양단계 사이의 에너지 소실의 예

한 종속영양생물의 영양단계에서 다음 단계로 넘어갈 때 화학에너지의 상당부분이 전환된다. 이러한 원리는 중요한 결과를 보이는데, 1차 육식동물이 이용할 수 있는 화학에너지 양은 초식동물들이

그림 51.9 종속영양생물의 먹이 에너지 이용: 왜 섭취한 모든 에너지가 다음 영양단계에서 사용되지 않나.
종속영양생물은 먹은 에너지의 소량만 흡수한다. 가령, 초식곤충이 섭취한 에너지 중 약 50%는 배설물 상태로 소실되고 33%는 세포호흡에 소비되어 결국 열로 전환되므로 1차 육식동물로 전달되지 못한다. 따라서 약 17%만이 곤충의 생체량으로 전환되어 다음 영양단계에서 이용되지만, 다음 단계 생물에 먹히기 전에 죽는다면 이 비율조차도 확실치 않다.

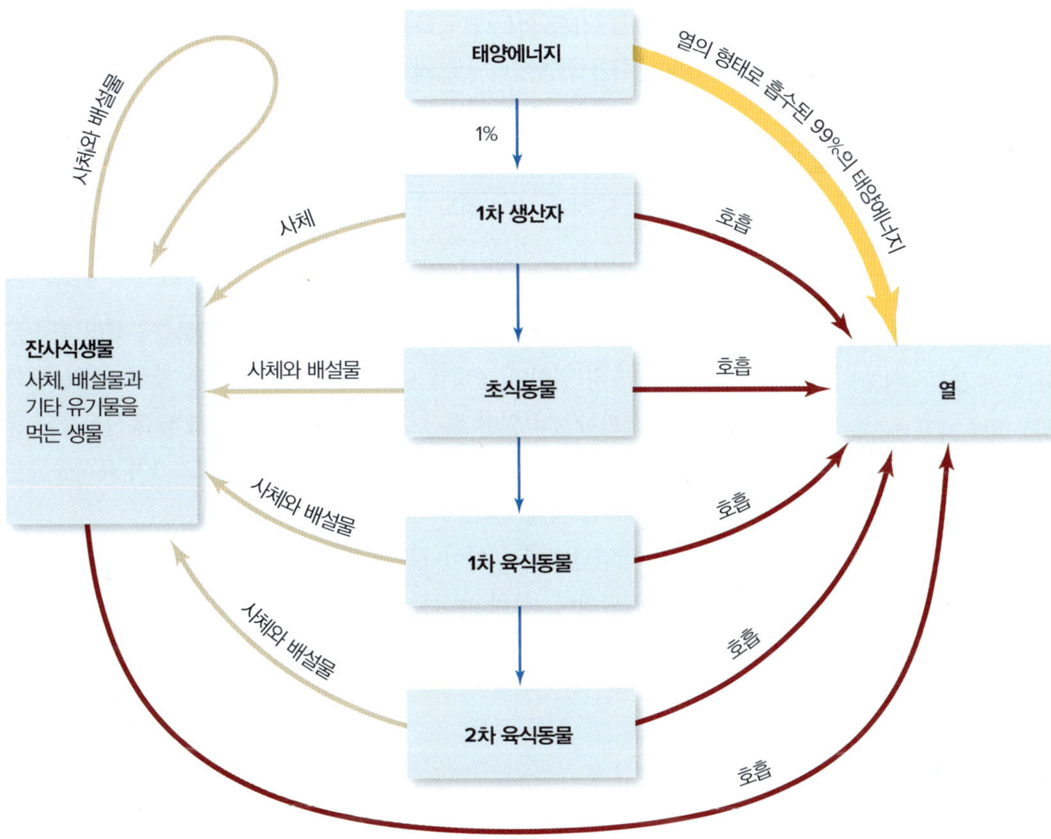

그림 51.10 생태계를 통한 에너지의 흐름. 파란색 화살표는 빛으로 생태계에 들어온 에너지의 흐름을 나타내며, 화학에너지로 연속적인 영양단계를 거친다. 각 단계의 에너지가 전환되는 것은 각 영양단계에서 사용 가능한 에너지가 그 전 단계에서 사용 가능한 에너지보다 적다는 것을 의미한다. 붉은색 화살표는 열로 전환되는 에너지를 나타낸다. 갈색 화살표는 잔사식생물에만 유용한 배설물이나 다른 유기물로의 에너지 전환을 나타낸다. 잔사식생물은 육식동물에 먹힐 수도 있기 때문에 일부 화학결합 에너지는 상위 영양단계로 되돌아간다.

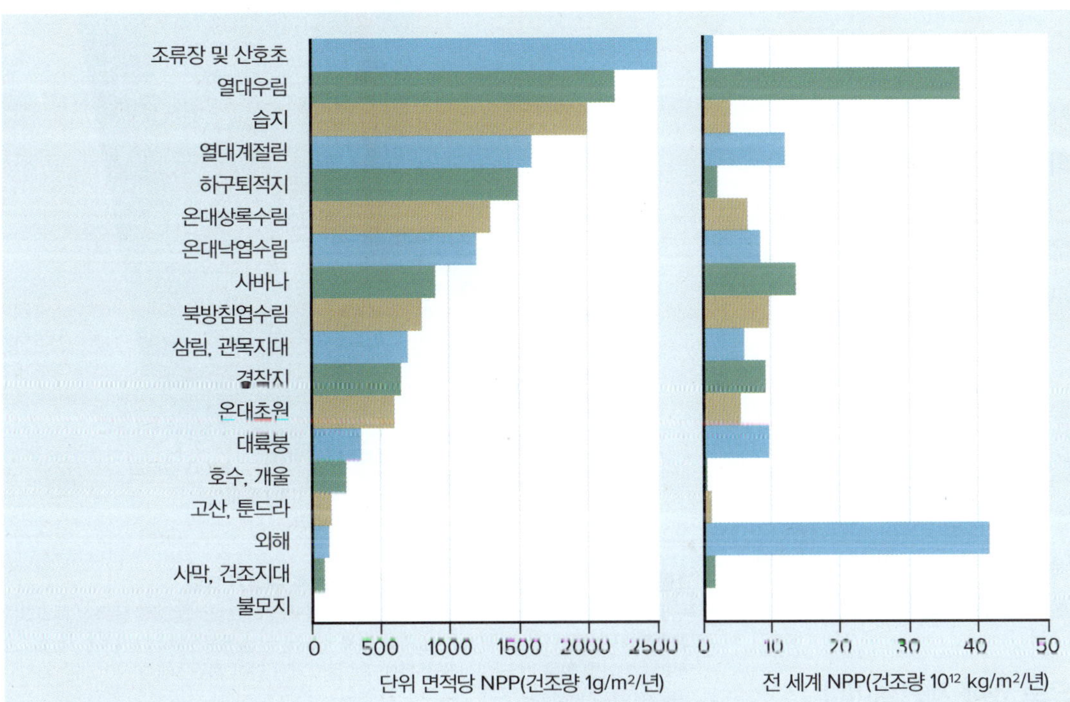

그림 51.11 생태계의 연간 생산성. 왼쪽 그래프는 생태계 유형에 따른 연간 단위 면적당 평균적인 1차 순생산량(NPP)을 나타내며, 오른쪽 그래프는 전 세계에 분포한 생태계 유형에 따른 자료량을 보여준다. 이는 각 생태계의 연간 단위 면적당 1차 순생산량(NPP)을 전 세계에 분포한 생태계의 총면적으로 곱한 것이다. 따라서 만약 습지와 같은 특별한 경우라면 m^2를 기준으로 했을 때 매우 생산적인 생태계일지라도 세계적인 생산성을 크게 증가시키지 않을 수 있다. 반면에 외해(open ocean)와 같은 매우 광범위한 생태계는 m^2당 생산성이 낮아도 세계적인 생산성을 크게 증가시킬 수 있다.

자료 분석 단위 면적당 NPP와 전 세계 NPP 사이에 서식지 유형간 관계가 있는가?

이용할 수 있는 에너지 양보다 훨씬 적고, 2차 육식동물이 이용할 수 있는 화학에너지 양은 1차 육식동물들이 이용할 수 있는 에너지 양보다 훨씬 적다는 것이다.

화학에너지의 양이 한 영양단계에서 다음 단계로 넘어갈 때 줄어드는 이유는 무엇일까? 이를 초식동물 영양단계에서의 에너지의 이용을 예로 알아본다(**그림 51.9**). 식물의 잎을 먹는 곤충과 같은 초식동물은 먹이를 섭취한 후에 배설물을 배출하며, 배설물을 구성하는 화합물에 있는 화학에너지는 1차 육식동물 영양단계를 따라 이동하지 않는다. 초식동물에 의해 동화된 음식물의 화학에너지는 손상된 조직의 복구, 몸의 움직임 및 다른 기능을 위한 세포호흡에 의해 방출된다. 이 방법으로 사용되는 에너지는 열로 전환되면서 육식동물의 영양단계에 따라 이동되지 않는다. 일부 화학에너지는 초식동물의 몸조직을 만들거나 육식동물의 먹이로 제공될 수 있다. 그러나 일부 초식동물은 육식동물에 의해 먹히기보다는 오히려 질병 또는 사고로 죽는다. 결과적으로 잎에서 획득한 초기의 화학에너지의 일부만이 초식동물의 몸조직을 만들고 이것이 1차 육식동물에 먹히게 된다. 그러나 다량의 화학에너지는 배설물이나 열 그리고 육식동물에게 먹히지 않는 초식동물의 몸체로 전환된다. 이러한 과정은 일련의 영양단계에 있는 각 단계에서 반복된다(**그림 51.10**).

생태학자들은 영양단계에 따른 화학에너지의 이용률은 약 10% 정도로 추정하고 있으며, 어떤 경우에는 그 비율이 높아 이용률이 30%에 이르는 경우도 있다.

에너지의 마지막 생성물인 열

근본적으로 생태계에서 광합성에 의해 포획된 모든 화학에너지는 여러 영양단계에서 사용되면서 열로 방출된다. 생태계에 있는 잔사식생물들도 모든 사체, 배설물 및 이용 가능한 물질을 대사 과정을 통해 다른 영양단계에서와 같이 열로 배출한다.

생태계 생산량

생태계는 매우 다양한 1차 순생산량(NPP)을 갖는다. 열대우림이나 습지는 연간 2000 g/m^2의 유기물을 생산하는 생산성이 높은 생태계이다(**그림 51.11**). 그에 비해 온대림의 생산량은 연간 1200~ 1300 g/m^2이며, 사바나는 900 g/m^2, 사막은 90 g/m^2 정도이다. 이러한 일반적인 생태계의 유형은 **생물군계**(biomes)라고 한다(WEB6장 참조).

영양단계의 수는 에너지 이용성으로 인해 제한적이다

섭취된 에너지가 화학에너지로 저장되는 비율은 생물마다 다르며, 1차 생산자로부터 초식동물 그리고 육식동물로 이동하면서 기하급수적으로 감소하게 된다. 그 예로 1차 생산자가 생태계에서 1000단위의 에너지를 얻는다면 다음 단계인 초식동물에서는 그중 10%인 100단위가 화학에너지로 저장되며, 1차 육식동물에는 10단위, 그리고 2차 육식동물에서는 같은 기간에 1단위만 저장하게 된다. 즉, 평균적으로 볼 때 한 영양단계에서 다음 영양단계로 넘어가는 유기물의 에너지 양은 10% 정도가 되는 것이다.

상위 육식동물에 대한 제한요인

영양사슬(trophic chain)에서 화학에너지의 기하급수적인 감소는 영양사슬의 길이와 생태계 내에서 유지될 수 있는 상위 육식동물의 수를 제한하는 요인이 된다. 추정 모델에 따르면 2차 육식동물은 광합성으로 포획된 에너지 중 약 1/1000을 받게 되고, 3차 육식동물은 1/10,000을 받게 된다.

각 영양단계에서 일어나는 화학에너지 소실은 상위 육식동물의 수를 제한한다. 상위 육식동물의 영양단계에서는 적은 양의 에너지만 받지만 육식동물의 몸체는 커지면서 한 개체 유지에 많은 에너지

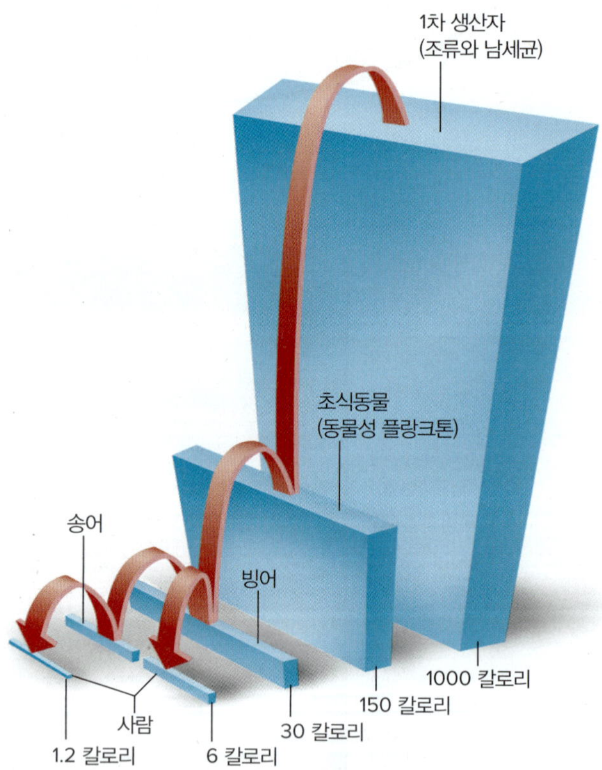

그림 51.12 카유가 호수에서의 영양단계에 따른 에너지 흐름.
독립영양 플랑크톤(조류와 남세균)은 태양에너지를 저장하고, 초식동물인 동물성 플라크톤들은 이들을 먹고산다. 이들 둘은 빙어에 의해 소비되고, 빙어는 송어에 먹힌다. 사람이 송어보다 빙어를 먹을 때 단위시간당 생산되는 물고기의 양이 최소 5배 이상이지만, 사람은 보통 송어를 선호한다.

? **탐구문제** 사람에게 도달되는 적은 열량을 위해 왜 많은 양의 조류가 필요한가?

가 요구된다. 이러한 2가지 요인에 의해 상위 포식자들의 개체군에서 그 수는 적어지게 된다.

가장 긴 영양사슬은 해양에서 볼 수 있다. 연어를 비롯한 다른 해양 포식자들은 3단계 또는 4단계의 육식동물이 될 수 있다. 그러한 긴 영양사슬을 밝히려는 연구가 진행되고 있지만 아직 확실하게 밝혀지지 못하고 있다.

소비자로서의 인간: 사례 연구

뉴욕주의 카유가 호수(Cayuga Lake)의 에너지 흐름은 영양단계에서 에너지의 흐름이 인간의 음식 공급에 어떻게 영향을 주는지 설명해준다(**그림 51.12**). 연구자들은 조류와 남세균과 같은 1차 생산자가 고정하는 에너지 1000 cal 중 약 150 cal가 소형 종속영양생물의 몸으로 전환되는 것으로 계산하였다. 이 중에서 약 30 cal는 생태계의 주요 1차 육식동물인 빙어(smelt)의 몸으로 전환되었다.

사람이 이 빙어를 먹으면 생태계에서 원래 고정한 에너지 1000 cal 중 약 6 cal를 얻게 되며, 송어가 빙어를 먹고 사람이 다시 송어를 먹게 되면 사람은 1차 생산자에 의해 고정된 에너지 중 1.2 cal만을 이용하게 된다. 사람이 동물을 먹지 않고 식물이나 다른 1차 생산자들을 먹으면 개체군에서 더 많은 에너지를 이용할 수 있다. 즉, 육식동물을 소비하는 것보다 초식동물을 소비할 때 더 많은 에너지를 이용할 수 있는 것이다.

생태 피라미드는 영양단계의 관계를 보여준다

생태계에서의 영양단계를 상자들이 쌓이는 것으로 생각해보면 피라미드 모양이다. 위쪽의 상자는 생태계의 에너지 흐름이 상위 단계로 가면서 줄어드는 불변적인 규칙에 따라 아래쪽의 상자보다 더 좁게 나타난다. 이렇게 상자들로 쌓여 있는 모양을 도표로 나타낸 것을 에너지 흐름 피라미드 또는 생산량 피라미드라고 하며, 생태 피라미드(ecological pyramid)의 예가 된다(**그림 51.13***a*).

생태 피라미드에는 여러 가지 유형이 있으며, 이 피라미드 모형은 생산량뿐만 아니라 곡물의 현존량이나 개체의 수를 나타내는 데 이용될 수 있다.

생체량 피라미드(pyramid of biomass)에서 상자의 넓이는 현존량으로 그려지는데, 낮은 생산량을 가진 영양단계는 같은 기간에 상대적으로 적은 생체량을 가지게 된다. 결국 생체량 피라미드는 수직으로 곧게 나타나며, 단계별 상자의 폭은 위로 올라갈수록 좁아지게 된다(**그림 51.13***b*). 일부 생태계에서의 생체량 피라미드는 반대되는 형태를 보이기도 하는데, 이는 한 영양단계가 그 아래의 영양단계보다

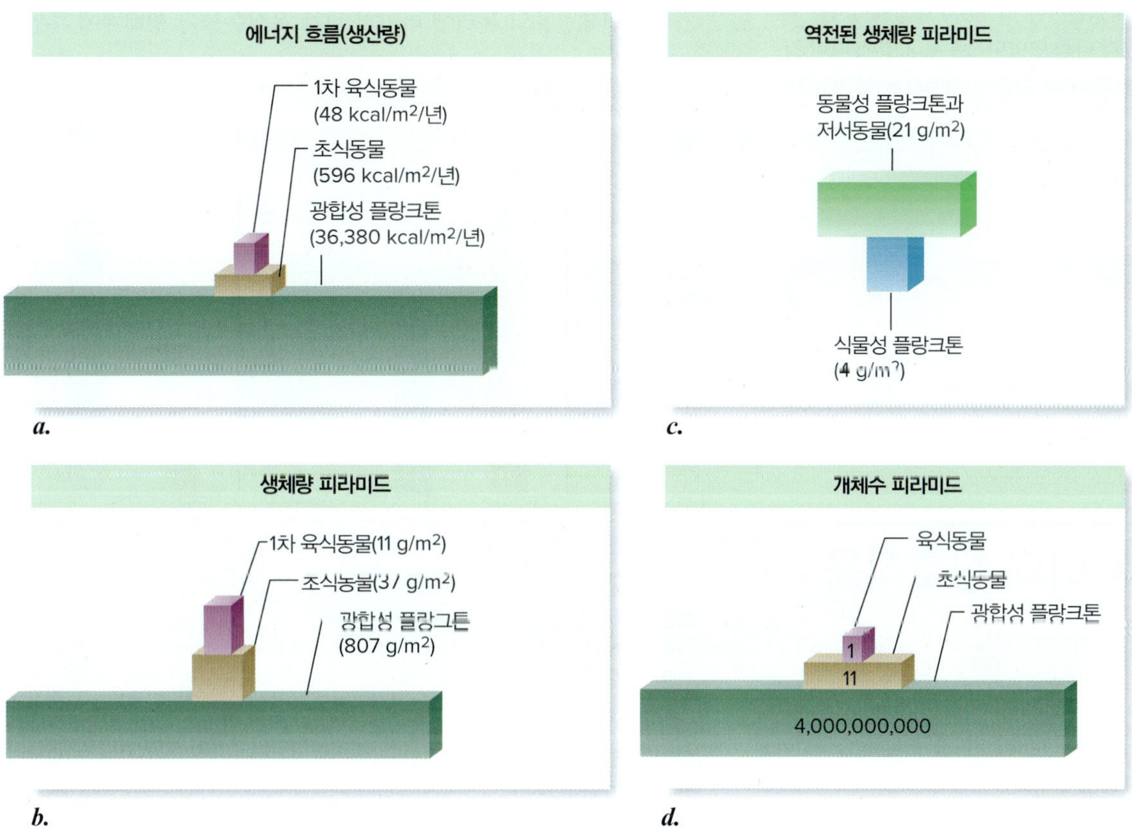

그림 51.13 생태 피라미드. 생태 피라미드에서 생태계 안의 연속적인 영양단계는 쌓여 있는 상자로 나타냈으며, 상자의 넓이는 다양한 영양단계 안에서의 생태적 특성의 규모로 나타냈다. 생태 피라미드는 몇 가지 다양한 특성들을 보일 수 있다 ***a.*** 에너지 흐름(생산량) 피라미드, ***b.*** 일반적인 형태의 생체량 피라미드, ***c.*** 역전된 생체량 피라미드, ***d.*** 개체수의 피라미드.

탐구문제
역전된 생체량 피라미드의 존재를 어떻게 설명할 수 있는가?

높은 생체량을 가지고 있음을 보여주는 것이다(**그림 51.13***c*).

어떻게 에너지 흐름과 반대되는 피라미드가 가능한 것일까? 수생 생태계에서는 가끔 역전된 생체량 피라미드가 생길 수 있다. 1차 생산자가 단세포 조류(식물성 플랑크톤)이고, 이를 먹는 초식동물이 쌀알만 한 크기의 요각류(copepods) 동물일 경우, 이런 생태계에서 조류는 매우 빠르게 증식하지만 동물이 먹는 속도도 같기 때문에 조류 세포의 개체군은 더 커질 수가 없다. 하지만 이러한 식물성 플랑크톤의 빠른 증식속도로 인해 이들보다 개체수와 생체량이 큰 종속영양생물 개체군을 지탱할 수 있게 된다. 이런 경우 생체량 피라미드는 역전된 모양이지만 에너지 피라미드는 역전될 수 없다는 사실에 유념해야 한다. 한 영양단계의 에너지 중 일부만 다음 단계의 생체량으로 전환되기 때문에 영양단계에서 에너지의 분포는 항상 피라미드형으로 나타나게 된다.

개체수의 피라미드에서 상자의 넓이는 다양한 영양단계에 존재하는 개체수에 비례하는 것이다(**그림 51.13***d*). 이러한 피라미드들은 항상은 아니지만 대개 위쪽이 좁은 모양으로 나타난다.

핵심 요약 51.2

생태계의 영양단계에는 1차 생산자, 초식동물, 1차 육식동물 및 2차 육식동물이 포함된다. 분해자는 모든 단계에서 사체를 소비한다. 에너지가 한 단계에서 다른 단계로 이동할 때 일부는 필연적으로 열로 손실되어 회수할 수 없다. 광합성 1차 생산자는 약 1%의 태양에너지를 화학에너지로 포획한다. 이 에너지가 다른 영양단계를 통과함에 따라 각 단계에서 열, 배설물 및 사체로 전환되며 다음 단계에서는 약 10%만 사용할 수 있다.

- 탄소 원자와 같은 물질과 에너지가 생태계에서 이동하는 다양한 방식을 설명해 보자.

51.3 영양단계 사이의 상호작용

학습 목표

1. 영양연쇄반응이 지닌 의미에 대해 설명할 수 있다.
2. 하향효과와 상향효과를 구별할 수 있다.

먹이사슬을 보면 서로 다른 영양단계에 있는 종들 사이에 상호작용이 있음을 알 수 있다. 1차 육식동물은 피식자들에게만 영향을 주는 것이 아니라 피식자(prey)가 먹는 식물이나 조류에도 간접적으로 영향을 준다. 한 영양단계의 영향이 위쪽과 아래쪽 영양단계에 미치는 이런 현상을 **영양연쇄반응**(trophic cascade)이라고 한다. 이 영향이 포식자로부터 하위 영양단계로 내려갈 때 이 연쇄반응은 **하향효과**(top-down effect)라고 한다.

반대로 1차 생산량의 증가는 초식동물에게 더 많은 먹이를 제공할 뿐만 아니라 간접적으로 육식동물에게도 더 많은 먹이를 제공하게 된다. 1차 생산자에서부터 더 높은 영양단계로 올라갈 때 이 연쇄반응은 **상향효과**(bottom-up effect)라고 한다.

하향효과는 상위 영양단계의 변화가 1차 생산자에게 영향을 줄 때 발생한다

하향효과는 담수 생태계에서 실험적으로 확인이 되었다. 한 계류에 망을 설치하여 구역으로 나누어 실험이 이루어졌는데, 실험 구역 중 일부 구역에는 무척추동물을 먹이로 하는 송어를 넣고 다른 구역에는 넣지 않았다. 10일 후 송어가 들어있는 구역의 무척추동물의 수는 송어를 넣지 않은 대조군의 절반으로 줄어들었으나, 이 구역의 무척추동물이 먹는 조류(algae)의 생체량은 대조군보다 5배 많게 나타났다(**그림 51.14**).

영양연쇄반응의 논리에 따라서, 2차 육식동물이 생태계에 투입되

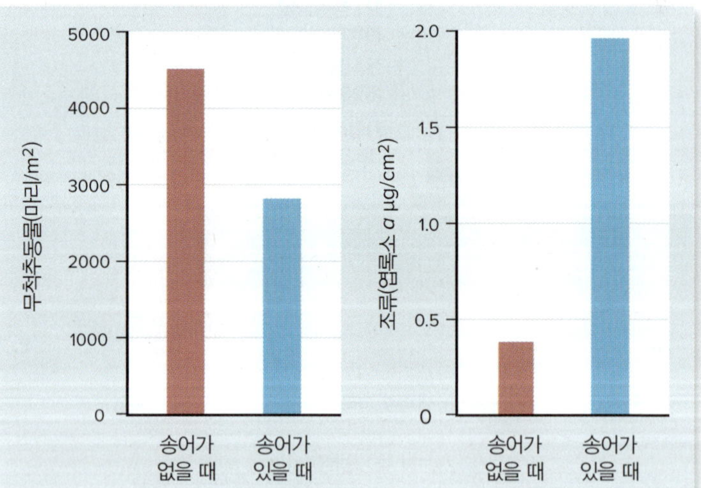

그림 51.14 단순한 영양연쇄에서의 하향효과.
뉴질랜드의 하천에서 송어가 있는 하천에는 송어가 없는 하천보다 초식성 무척추동물의 수가 적고 조류는 많다

? 탐구문제 송어가 있는 하천에 더 많은 조류가 있는 이유는 무엇인가?

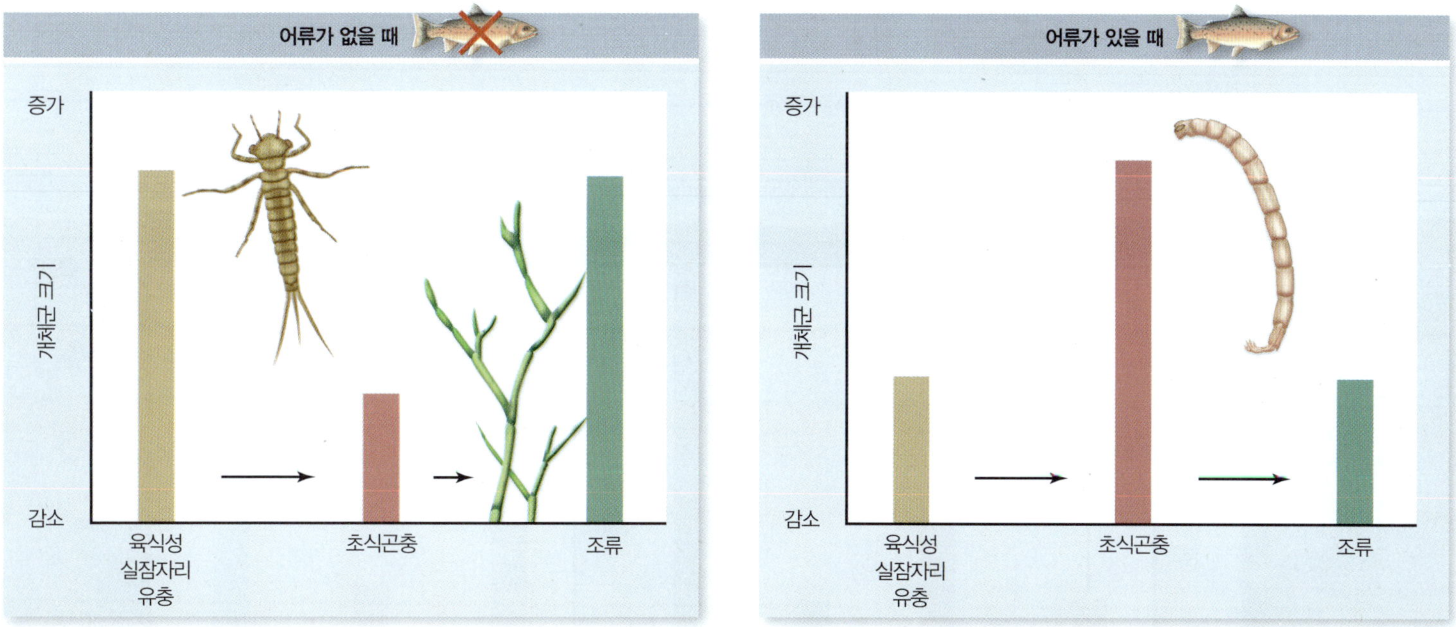

그림 51.15 4단계 영양연쇄에서의 하향효과.
대형 육식성 어류가 있는 계류에는 실잠자리 유충과 같은 1차 포식자의 수가 적고, 초식성 곤충(예: 수서곤충인 깔다구 유충)이 많으며, 조류가 적다(오른쪽 그래프).

? 탐구문제 이 실험에서는 물고기 존재가 조류를 적게 하고 **그림 51.14**에서의 실험에서는 많게 하는지 그 이유를 설명하시오. 물고기를 잡아먹는 뱀이 추가된다면 어떤 영향을 기대할 수 있겠는가?

었을 때도 영양 연쇄반응이 나타날 수 있다는 것을 알 수 있다. 이 경우 상위 포식자는 하위 포식자 개체군을 조절하고 이는 다시 초식 동물의 수를 늘려 1차 생산자의 수가 줄어들게 될 것이다.

앞에서 수행한 것과 비슷한 실험을 캘리포니아의 한 계류에서 수행한 바가 있다. 이 경우 대형 육식 어류가 들어간 구역에서는 실잠자리 유충(nymphs)과 같은 곤충을 잡아먹는 소형 포식자의 수는 크게 감소하면서 조류를 먹고 사는 곤충 같은 초식동물의 수는 증가하게 되어 조류의 생체량이 감소하게 된다(**그림 51.15**).

규모가 큰 생태계에서 일어나는 영양연쇄반응은 실험으로 확인하기 쉽지 않기 때문에 그러한 연쇄반응을 완전하게 파악할 수 없다 그럼에도 불구하고 많은 대규모 생태계에서의 연쇄반응들이 생태학자들에 의해 밝혀졌다. 극적인 예 중 하나가 북아메리카 서쪽 해안을 따라 나타나는 해달과 성게 그리고 해조류 숲(kelp forest)이다(**그림 51.16**).

해달은 성게를 먹고, 성게는 어린 해조류를 먹는다. 해달이 풍부할 때 해조류 숲은 번성하는데, 이는 성게의 수가 상대적으로 적기 때문이다. 하지만 해달의 수가 줄어들게 되면 성게의 수가 늘어나고 해조류 숲은 손상이 된다. 그림에는 범고래도 나타냈는데 지난 수년간 범고래가 해달을 잡아먹어 왔으며, 이 때문에 해달의 개체군은 줄어들었다.

인간의 육식동물 포획은 하향효과를 일으킨다

많은 생태계에서 하향효과는 인간의 행동에 의한 것이라 여겨지고 있다. 유명한 박물학자인 레오폴드(Aldo Leopold)는 그의 책 〈모래 나라 연감(Sand County Almanac)〉에서 영양연쇄반응이 과학적으로 입증되기 이전에 이러한 효과에 대해 다음과 같이 서술한 바 있다.

"나는 주(state)마다 늑대를 말살하는 것을 보아왔다. 나는 늑대가 사라진 많은 산의 모습을 관찰해 왔고, 남쪽 사면이 새로운 사슴 발자국들로 뒤덮여 있는 것을 보았다. 나는 먹이가 될 수 있는 모든 덤불과 어린 나무들이 사슴에게 뜯어 먹힌 것을 보았는데, 이 나무들은 생기를 잃고 결국 죽어갔다. 나는 먹이가 될 만한 모든 나뭇잎들이 말안장 높이까지 뜯긴 것을 보았다"

포식자의 제거가 더 낮은 영양단계에 영향을 미치는 유사한 많은 예들이 있다. 한 예로 파나마의 바로콜로라도 섬(Barro Colorado Island)에서 포식자의 부재는 결과적으로 이들보다 낮은 단계의 포식자들인 원숭이, 페커리, 붉은긴코너구리, 아르마딜로 등의 수가 더 많아지게 되는 결과를 가져오게 되었다. 낮은 단계의 포식자들이 먹을 수 있는 것들을 모두 먹어치웠기 때문에 지상에 둥지를 트는 새들은 공격에 취약해졌고, 많은 종들이 감소하였다. 그 결과 적어도 15종의 새들이 섬에서 완전히 사라지게 되었다.

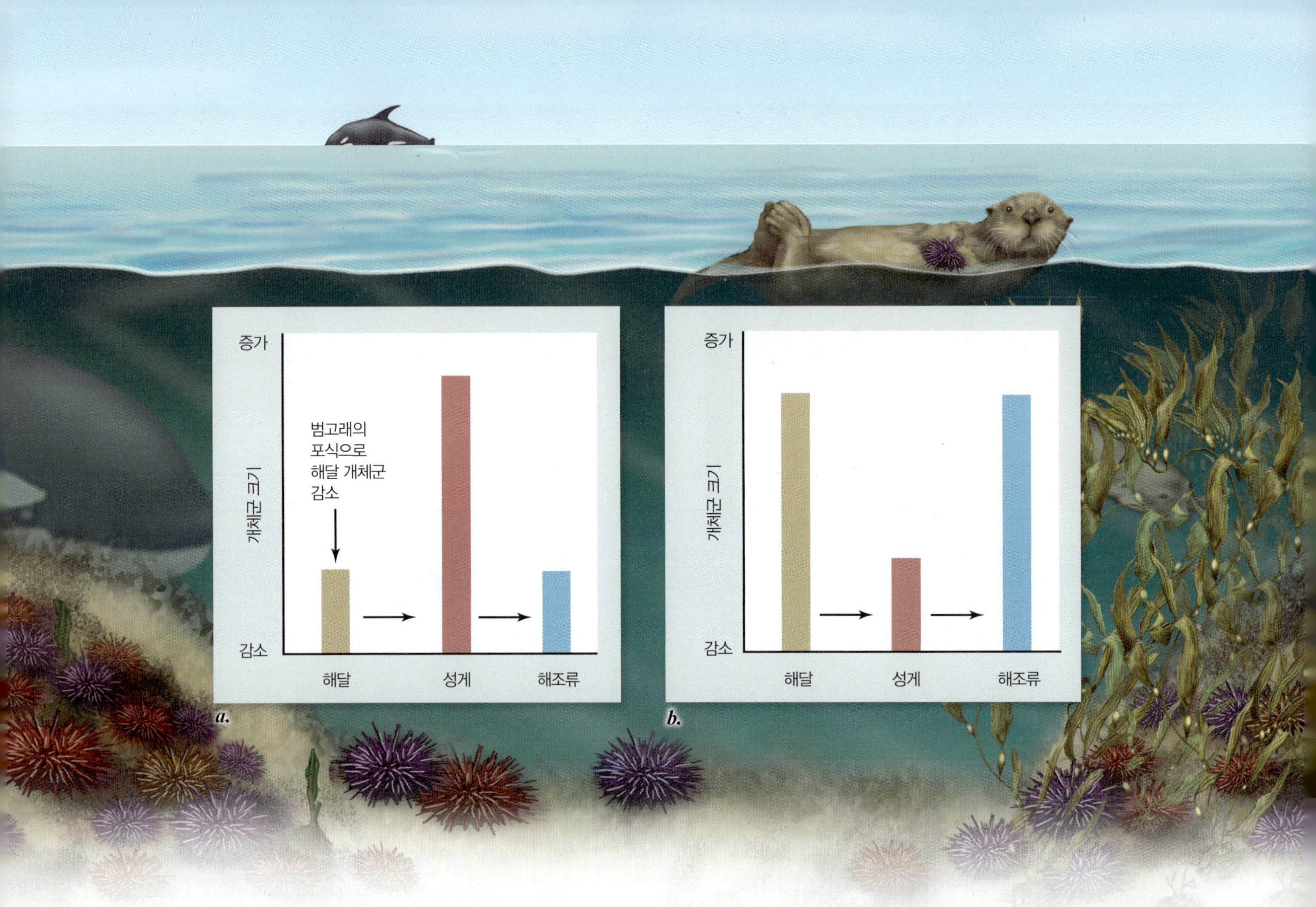

그림 51.16 대규모 생태계에서의 영양연쇄.
북미의 서쪽 해안을 따라 해달/성게/해조류의 관계가 2가지 상태로 존재한다. ***a.*** 해달의 낮은 개체군 수가 성게의 개체군 수를 높게 하고 성게는 해조류 개체군의 증가를 억제한다. ***b.*** 해달의 높은 개체군 수가 성게의 증가를 억제해서 많은 해조류가 증가한다. 최근의 가설에 따르면 다른 포유동물보다는 해달을 잡아먹는 범고래 수의 변화가 현재 생태계의 상태를 유지해주는 것으로 여겨지고 있다(*a*).

그와 유사하게 세계의 대양에서는 새치류(billfish)와 대구(cod)와 같은 거대 포식자의 과도한 포획으로 그 수가 평균 10% 감소하였고, 몇몇의 지역에서는 대구의 먹이인 새우, 게와 같은 개체군들이 더 풍부해졌다.

상향효과는 1차 생산자의 변화가 상위 영양단계에 영향을 줄 때 나타난다

상향효과는 1차 생산량이 증가하여 먹이사슬의 윗방향으로 흐를 때 나타나는데, 이는 초식동물의 먹이가 증가하는 것뿐만 아니라 이들을 잡아먹는 육식동물의 수를 증가시킨다. 상향효과를 예측하기 위해 생태학자들은 생물들의 생활사를 고려해야 한다. 다양한 생태계 유형에서의 상향효과 모델이 **그림 51.17**에 제시되어 있다.

모델에 따르면 1차 생산량이 낮으면 생산자 개체군은 중요한 초식동물 개체군을 지지할 수 없게 된다. 1차 생산량이 증가함에 따라 초식동물 개체군은 생태계의 특성을 갖추기 시작한다. 1차 생산량의 증가분은 초식동물에 의해 왕성하게 소비되면서 1차 생산자의 개체군을 유지하는 수준에서 그 규모가 커지게 된다.

1차 생산량이 계속 증가하면서 초식동물 개체군은 1차 육식동물들을 지지할 수 있을 정도로 충분히 커지게 된다. 이와 같이 1차 생산량의 지속적인 증가는 초식동물의 개체군만을 증가시키는 것이 아니라 포식자 개체군도 증가시킨다.

상향효과의 실험적 증거는 강에 둘러쳐진 울타리 안에서 실행된 연구를 통해 만든 모델에 의해 예측되었다(**그림 51.18**). 울타리가 세워진 장소에서 2차 육식동물인 큰 물고기들은 제외시킨 다음, 울타리 안의 지역별로 다양한 덮개를 덮어 그 구역에 들어오는 햇빛의 양을 다르게 조절하였다.

그 결과 덮개를 하지 않은 구역의 1차 생산량이 가장 많았고, 덮개로 어둡게 한 곳에서 1차 생산량이 가장 적게 나타났다. 조도의 증가로 인해 1차 생산량이 증가함에 따라 1차 생산자의 생체량도 증가하였으며, 육식동물의 생체량도 증가하였다. 그러나 생산자와 육식동물 사이의 영양단계에 있는 초식동물의 밀도는 **그림 51.17**의 모델에서 예측한 바와 같이 크게 증가하지 않았다(그림의 빨간색 선).

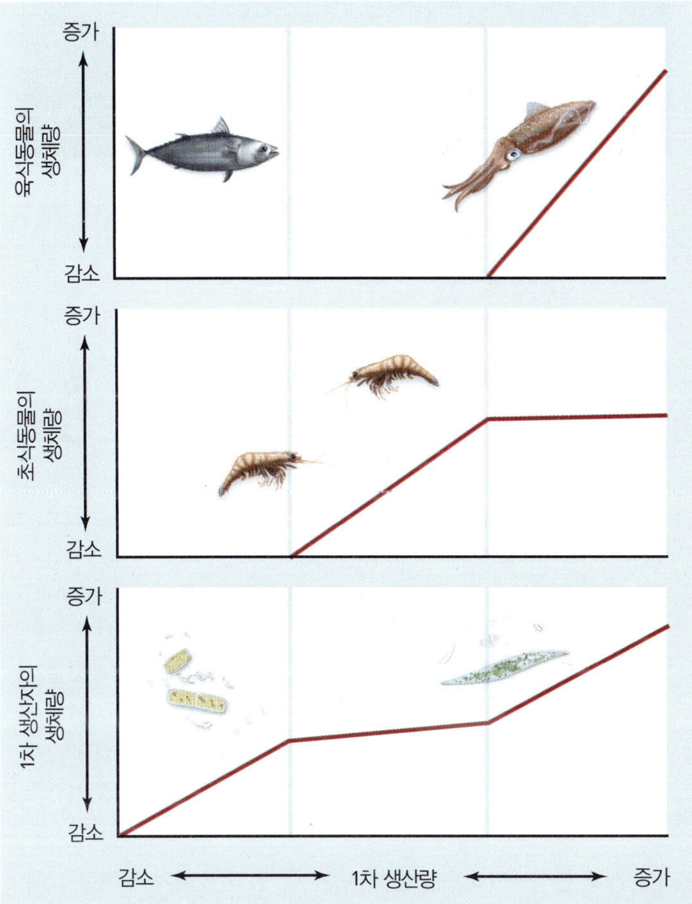

그림 51.17 상향효과 모델.
1차 생산량이 적을 때 초식동물 개체군은 개체군의 유지에 충분한 먹이를 얻을 수 없다. 그리고 초식동물이 없으면 규조류와 같은 1차 생산자의 현존량은 생산량이 증가하는 만큼 증가한다. 일부 역치(그래프의 첫 번째 수직선 참조)에서 1차 생산량의 증가는 초식동물의 개체군 수와 생체량을 증가시킨다. 1차 생산자의 생체량은 1차 생산량이 증가하는 것만큼 증가하지 않는데, 이는 증가하는 생산량이 초식동물에 의해 먹이로 이용되기 때문이다. 또 다른 역치(그래프의 두 번째 수직선 참조)에서 1차 육식동물의 개체군이 지속될 수 있다. 이 역치에서 1차 생산량이 증가함에 따라 육식동물은 초식동물의 증가된 생산량을 섭식하게 되며, 육식동물 생체량이 증가하는 동안 초식동물 개체군의 생체량은 상대적으로 일정하게 유지된다. 1차 생산자의 생체량은 더 이상 초식동물 개체군의 증가에 의해 제한되지 않고, 1차 생산량과 함께 증가한다. 이 모델을 이해하는 열쇠는 생산량과 현존 생체량 사이의 개념에 대한 차이를 아는 데 있다.

탐구문제 1차 생산자의 생체량이 1차 생산량이 증가함에 따라 어떻게 일정하게 유지될 수 있는가?

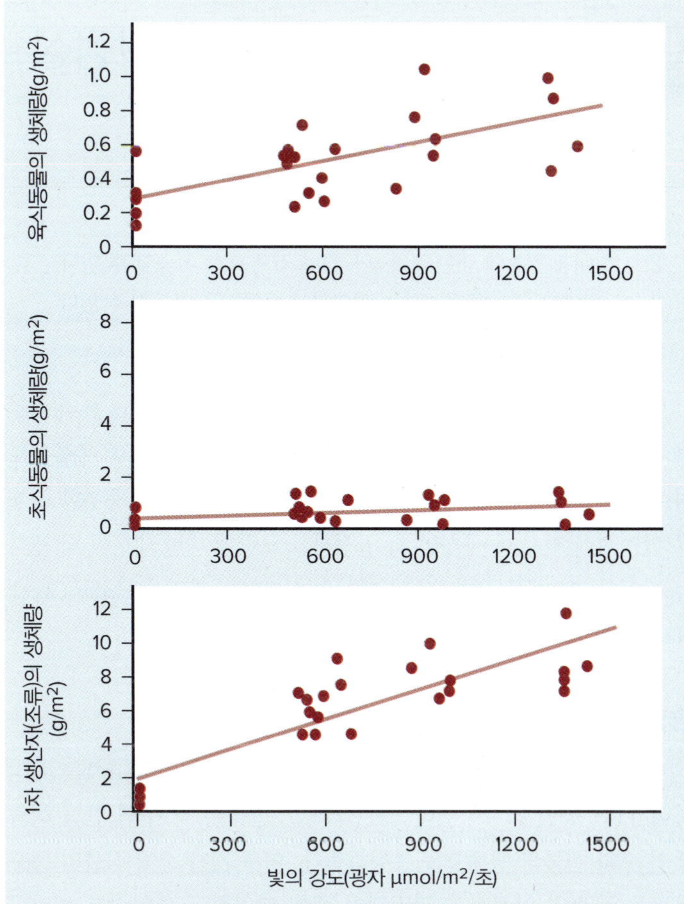

그림 51.18 하천 생태계에서 상향효과의 실험적 연구.
캘리포니아 북부 일강(Eel River)에서 연구된 생태계에서는 **그림 51.17**의 붉은색 그래프의 패턴을 보였다. 빛의 강도가 증가함에 따라 1차 생산량과 1차 생산자의 생체량이 증가하였다. 육식동물 개체군의 생체량도 증가하였다. 그러나 초식동물의 생체량은 1차 생산량이 증가한 만큼은 증가하지 않았는데, 그 이유는 초식동물 생산량이 증가한 만큼 육식동물에 의해서 소비되었기 때문이다.

자료 분석 세 그래프의 회귀선 각도는 무엇을 의미하는가?

탐구문제 이 실험 생태계에서 2차 육식동물이 모든 빛의 강도에 존재한다고 가정하자. 1차 생산자, 초식동물 및 1차 육식동물의 생체량이 빛의 강도가 높아짐에 따라 어떻게 변할 것으로 예상하는가?

핵심 요약 51.3

여러 영양단계에 있는 여러 종의 개체군은 서로 영향을 준다. 그리고 이러한 효과는 단계별로 이동한다. 하향효과는 육식동물의 변화가 하위 영양단계에 영향을 줄 때 관찰된다. 상향효과는 반대로 1차 생산자의 변화가 상위 영양단계에 영향을 줄 때 관찰된다.

■ 상향효과와 하향효과가 동시에 일어날 수 있을까?

51.4 생물다양성과 생태계 안정성

학습 목표

1. 생태계의 안정성을 정의할 수 있다.
2. 생태계 기능에 대한 종풍부도의 효과에 대해 서술할 수 있다.
3. 영양단계에서 종풍부도에 기여하는 요인들을 열거할 수 있다.

50장에서 군집 내 종의 수를 나타내는 **종풍부도**(species richness)에 대해 살펴보았다. 생태학자들은 오랫동안 군집 사이의 종풍부도 차이의 중요성에 대해 논쟁해왔다. 한 가지 이론은 종이 풍부한 군집은 안정성이 커서 종 구성이 더 일정하고 교란에 대한 내성이 더 크다는 것이다. 이 가설은 미네소타 대학의 시더크릭 자연사(Cedar Creek Natural History) 지역에서 자세히 연구되었다.

종풍부도는 안정성을 증가시킨다: 시더크릭 연구

미네소타 연구진들은 207개의 작은 토지 구역(8~16 m^2)을 설정하여 11년 동안 조사하였다(**그림 51.19***a*). 그들은 각 구역 안의 식물 종의 수와 식물의 생체량을 측정하였다. 연구 기간 중에 식물의 종풍부도는 군집의 안정성과 관련되어 종이 다양한 구역일수록 해마다 생체량 변동이 적었다. 더욱이 두 해의 가뭄에서 생체량 감소는 종풍부도와 역의 관계를 나타냈는데, 이는 분포하는 종이 더 많은 구역이 가뭄의 영향을 덜 받은 것을 보여준다.

이러한 결과는 구역 내에 여러 다른 종들의 종자를 뿌린 실험에서도 확인되었는데, 종이 풍부한 구역일수록 매해의 생체량이 10년 동안 계속 증가하는 것으로 나타났다.

이와 관련된 실험에서 다른 종의 종자를 여러 구역에 뿌려주었을 때, 이 종들이 그 구역에서 뿌리내릴 가능성은 종풍부도와 역의 관계를 나타냈는데(**그림 51.19***b*), 이는 종이 풍부한 군집일수록 새로운 종의 침입에 대한 저항성이 더 높다는 것을 보여주는 것이다.

종 다양성은 생태계의 다른 과정에도 영향을 준다. 시더크릭의 다른 연구에서는 종의 수가 다른 147개의 실험 구역을 설정하고 생장 정도와 토양으로부터의 질소 흡수량을 조사하였다. 그 결과 종이 많은 구역일수록 질소 흡수량과 생산된 총 생산량이 많았다. 생물 다양성 증가가 생산량 증가와 연결되었던 것이다.

실험실 연구에서도 이와 유사한 결과가 나오고 있다. 1 m^2인 생장실 안의 생태계에서 온도, 빛, 공기 흐름, 기체의 농도를 조절하였다. 그리고 여러 가지 식물, 곤충, 기타 동물을 넣어서 9종, 15종, 31종으로 구성된 생태계를 만들었다. 시더크릭의 연구에서와 같이, 생산된 생체량은 소비된 이산화탄소의 양과 종 다양성이 클수록 증가하였다.

그러나 건강한 생태계가 다양성에 의존한다는 결론을 모든 생태학자들이 인정하는 것은 아니다. 비평가들은 이러한 생물 다양성 연구의 타당성과 관련성에 의문을 제기하며, 구역 안에 더 많은 종을 추가할수록 한 종의 생산성이 증가할 확률이 높다고 주장한다. 생산성이 높은 특정 종의 존재가 아닌 높은 종풍부도 자체에서 높은 생산성 결과를 나타내기 위해 실험 구역들은 "과잉 생산"을 보여야 한다. 다시 말해, 실험 구역의 생산성은 가장 생산적인 단일 종이 단독으로 자랐을 때보다 커야 한다.

과학적 사고

질문: 종풍부도가 군집의 외래종 침입에 영향을 줄까?
가설: 외래종의 침입 정도는 군집 내 종풍부도가 높을수록 낮을 것이다.
실험: 식물종의 수가 다른 여러 실험 구역에 같은 수의 외래식물 종자를 뿌린다.

a.

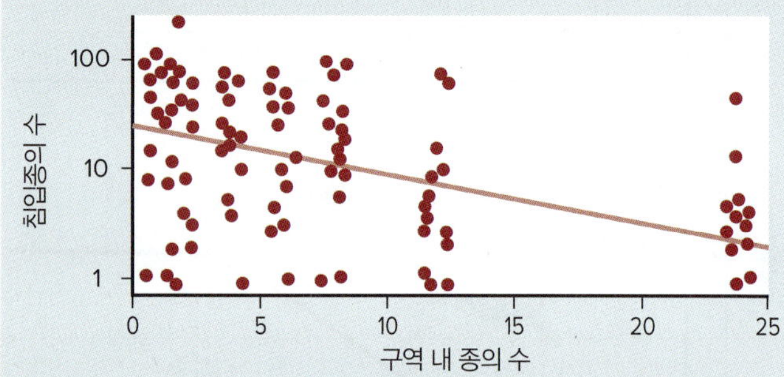

b.

결과: 침입종 수의 변동이 크긴 하지만, 종 수가 많은 구역의 침입종 수가 적다.
결론: 똑같은 종풍부도를 가진 군집에서 침입종 수의 변동이 큰 이유를 어떻게 설명하겠는가?

그림 51.19 생태계의 안정성에 대한 종풍부도의 영향. *a.* 시더크릭 실험의 구역 중 하나. *b.* 군집의 안정성은 종 침입에 대한 종 다양성의 영향을 보고 측정할 수 있다. 각각의 점은 각 실험구에서 나온 자료이다. 종이 많은 구역일수록 인접 경작지로부터의 외래종 침입을 덜 받는다.

자료 분석 그래프를 통해 구역 내 종의 숫자가 주어졌을 때 침입한 종의 수를 얼마나 잘 예측할 수 있는가?

이 점에 대해서는 여전히 논쟁의 여지가 있지만 시더크릭과 다른 곳에서의 최근 연구는 과잉 생산의 증거를 보여주며 지역 사회의 종 풍부도가 생산성과 안정성을 향상시킨다는 주장을 뒷받침하고 있다.

종풍부도는 생태계의 특성에 영향을 받는다

군집 내의 종풍부도에 영향을 미치는 많은 요인들이 밝혀지고 있으며, 계속 제안되고 있다. 50장에서 핵심종의 소실과 물리적인 교란에 대해 살펴보았다. 여기에서는 그에 더해 1차 생산량, 서식지 이질성 그리고 기후 요인 등 3가지 요인에 대해 알아본다.

1차 생산량

생태계마다 1차 생산량(primary productivity)이 다르게 나타난다(**그림 51.11**). 생산량과 종 다양성은 비례하지 않으며, 중간적인 생산량을 가진 생태계가 가장 많은 종을 가지는 경향을 보인다(**그림 51.20***a*).

그 이유는 아직 논란거리이지만, 한 가지 가능한 설명은 생산량의 크기가 포식자의 수와 관련이 있기 때문이라는 것이다. 1차 생산량이 낮으면 초식동물이 거의 없어 식물들 중 우세종이 대부분의 종을 멸종시키게 된다. 그에 비해 1차 생산량이 높으면 초식동물들이 많아지면서 포식에 내성이 강한 종만 살아남게 되어 종 다양성이 감소하게 된다. 그 결과 중간 정도의 생산량과 포식성이 공존하게 되면서 이것이 가장 높은 식물종들이 분포하게 된다는 것이다.

서식지 이질성

다양한 토양이나 지형을 가진 환경은 다양한 서식처, 기후, 은신처 등을 제공하므로 더 많은 종을 유지할 수 있다. 일반적으로 동물의 종 다양성은 식물의 종 다양성을 반영하는 경향이 있다. 또한 한 지역의 동물 풍부도는 그 지역에 분포하는 식물종의 풍부도에 영향을 받는데, 그 예는 **그림 51.20***b*에서 볼 수 있다. 그림에서 보는 것처럼 아메리카 남서부 여러 지역의 도마뱀 종의 수는 그 지역의 식물의 구조적 다양성에 따라 다르게 나타난다.

기후 요인

생태계에 대한 기후 요인의 역할은 측정하기가 더욱 어렵다. 기후에 따라 계절마다 다른 종이 서식할 것이므로, 일정한 기후보다는 계절적 기후 환경에서 더 많은 종들이 공존할 것으로 기대할 수 있다. 그러나 달리 생각하면 안정된 환경은 변동이 심한 곳에서 살지 못하는 특수한 종을 살 수 있게 한다. 북아메리카 서해안의 포유동물 종들의 수는 지역적 온도 변화와 역상관관계를 보이는데, 온도 변화가 심하면 포유동물 종의 수가 적게 나타나므로 후자의 언급을 지지한다(**그림 51.20***c*).

이유는 불명확하지만 열대지역은 높은 종 다양성을 보인다

생물학자들은 온대지방보다 열대지방에 더 다양한 동식물이 서식한다는 것을 알고 있었다. 극지방에서부터 열대로 가면서 종풍부도는 증가하는데, 이와 같은 종 다양성 기울기(species diversity gradient)는 식물, 새, 포유류, 파충류 등에서 이미 기록된 바 있다(**그림 51.21**).

열대지방에 종 다양성이 높은 이유는 불명확하나, 여러 가설들 중 다음과 같은 5가지 제안들이 일반적으로 논의되고 있다.

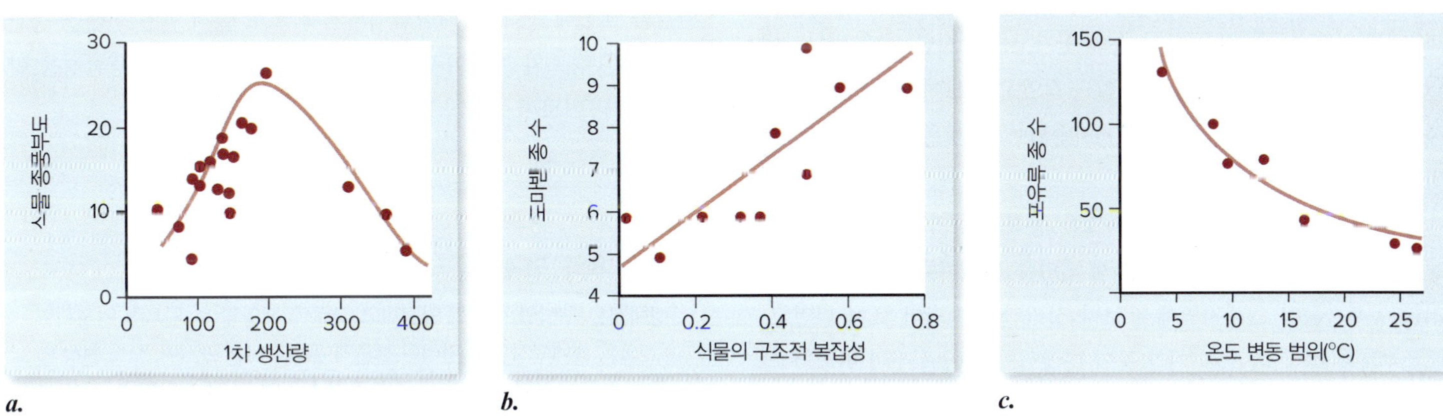

그림 51.20 종풍부도에 영향을 주는 요인들.
a. **생산량:** 남아프리카 산악지대의 식물 군집에서 종풍부도는 중간 수준의 생산량(생체량)을 나타내는 군집에서 최댓값을 보인다. *b.* **공간 이질성:** 남서아메리카 사막에서 도마뱀의 종 다양성은 식물의 구조적 복잡성(다양성)에 비례한다. *c.* **기후:** 북아메리카 서해안에서 포유동물의 종 다양성은 월 평균 온도의 변동 폭과 반비례한다.

? **탐구문제** (a) 왜 종풍부도는 중간 생산량에서 최대가 되는가? (b) 왜 구조적으로 복잡한 지역에서 더 많은 종이 존재하는가? (c) 왜 온도의 변동이 적은 지역에서 더 많은 종이 서식하는가?

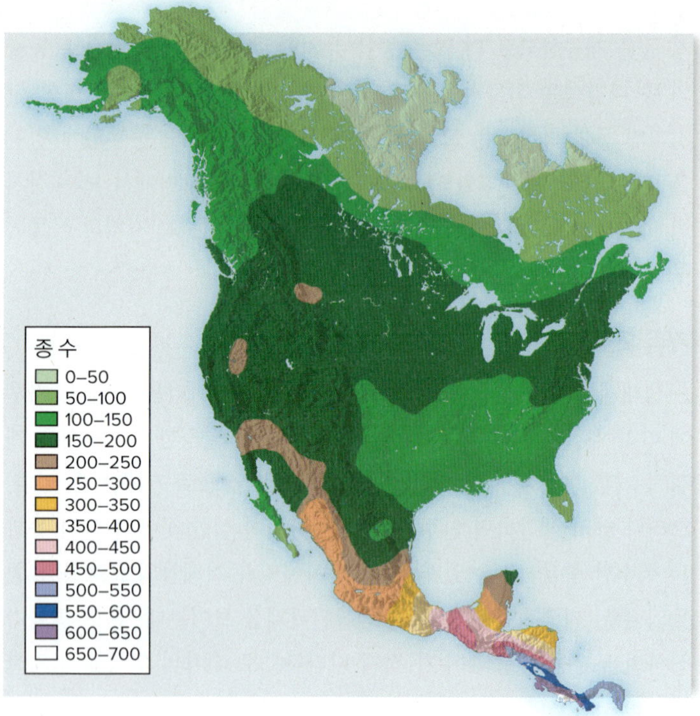

그림 51.21 **종풍부도와 위도 분포.**
북아메리카와 중앙아메리카에서 새의 종의 수는 열대지역으로 갈수록 크게 증가한다. 극지방에서 발견되는 새는 100종도 안되지만, 중앙아메리카 남부에는 600종이 넘는 새가 살고 있다.

열대지역의 진화적 연령

온대지방은 계속된 빙하작용의 영향을 받은 반면, 열대지방은 오랫동안 교란되지 않은 채 진화해왔기 때문에 종의 수가 더 많다는 제안이다. 열대지방의 군집 연령이 길수록 그 속에서 복잡한 개체군은 상호작용으로 공진화(coevolution)하며 큰 다양성을 이루게 되었다.

그러나 최근의 연구에 의하면 열대 군집의 장기간 안정성은 너무 과장되었다고 한다. 깊은 토양 속의 꽃가루를 조사한 결과 빙하기에 열대삼림은 그 규모가 지금보다 훨씬 작았음을 보여주고 있다. 따라서 열대지방의 종풍부도는 장기간 지속되어 온 것은 아닌 것으로 여겨지고 있다.

반면, 최근의 계통분류 연구는 많은 동식물이 열대지역에서 함께 진화해오다 온대지역에서 서식하게 되었음을 보여준다. 그 결과, 이러한 동식물들이 열대지역에서 보다 장기간 지속되어 오게 되었고, 종풍부도는 결국 더 오랜 기간 동안 다양화가 일어난 것이 반영된 것이라는 설명이다.

높은 생산량

두 번째로 설득력 있는 가설은 열대지역이 온대지역보다 더 많은 태양복사를 받기 때문에 열대에 더 많은 종이 있다는 것이다. 핵심은 1년 내내 성장하는 계절에 더 많은 태양에너지가 열대식물의 전반적인 광합성 활동을 크게 증가시킨다는 것이다.

열대림의 총 자원을 파이로 시각화하고 종의 생태적 지위를 파이의 조각으로 시각화하면, 큰 파이가 더 많은 조각을 만들어 내는 것을 알 수 있다. 그러나 앞에서 언급했듯이 많은 현장 연구에 따르면 종풍부도가 중간 수준의 생산량에서 가장 높다는 것이 밝혀졌다. 따라서 생산량 증가는 종풍부도를 높이지 않고 낮게 할 것으로 예상된다.

기후의 안정성과 지속성

계절 변화는 열대에도 존재하지만 일반적으로 온대지역보다는 적다. 이러한 감소된 계절성은 자원을 분할하여 경쟁을 줄이도록 생태적 지위를 세분화하는 특수화된 종의 출현을 촉진할 수 있다. 예상 결과는 열대지방에서 더 많은 수의 더 세분화된 종이 존재하는 것인데, 그것은 실제로 우리가 관찰할 수 있다. 이 가설에 대한 많은 현장 실험이 수행되었으며 거의 모든 결과가 가설을 지지한다. 즉 온대 지역보다 열대 지역에서 좁은 범위의 생태적 지위가 많이 나타나고 있다.

포식

여러 연구에서 열대지방에서 포식이 더 심한 것으로 보고되고 있다. 이론적으로 포식이 심할수록 생태적 지위의 중복이 일어나 종 풍부도가 증가하며 종간 경쟁의 중요성은 감소될 수 있다.

공간 이질성

앞에서 살펴본 바와 같이 공간적 이질성(spatial heterogeneity)은 종풍부도를 증가시킨다. 열대삼림은 구조적 복잡성으로 인해 다양한 미소 서식지(microhabitats)를 만들어 다양한 종이 서식할 수 있는 환경을 제공해 준다. 열대삼림에서 수직으로 길게 뻗은 식생을 통과하는 빛은 강도와 파장이 여러 범위로 나누어져 다양한 광환경을 만들게 된다. 이로써 종다양성이 풍부해진다.

핵심 요약 51.4

생태계는 구성이 비교적 일정하고 교란에 저항할 수 있으면 안정적이다. 모든 생태학자들이 이러한 결론에 동의하지는 않지만, 실험 현장 연구는 종이 풍부한 지역이 새로운 종의 침입에 더 잘 저항할 수 있을 뿐만 아니라 1차 영양단계에서 생체량(biomass)이 증가한다는 결론을 뒷받침한다. 종풍부도는 열대지방에서 가장 크며, 그 이유는 서식지 변화, 증가된 햇빛 및 장기적인 기후, 그리고 계절적 안정성을 들 수 있다.

■ 대기오염의 증가로 지표면에 도달하는 햇빛의 양이 줄어든다면 1차 생산자에게 어떤 영향을 줄까?

51.5 섬 생물지리학

학습 목표

1. 종과 면적의 관계에 대해 서술할 수 있다.
2. 면적과 고립도가 정착과 멸종에 미치는 영향에 대해 설명할 수 있다.

생태학적으로 명백한 사실 중 하나는 작은 섬보다 큰 섬에서 더 많은 종들이 서식한다는 점이다. 1967년에 프린스턴 대학의 맥아더(Robert MacArthur)와 하버드 대학의 윌슨(Edward O. Wilson)은 종의 수와 면적 관계(species-area relationship)에서 종의 멸종과 정착 가능성이 면적과 격리의 영향을 받아 나타나는 결과라고 제안하였다.

평형 모델은 멸종과 정착의 균형을 나타낸다

맥아더와 윌슨은 종들이 지속적으로 섬으로 분산하기 때문에 섬은 더 많은 종을 포함하는 경향을 나타낼 수 있다고 설명했다. 그러나 새로운 종이 추가되는 동시에 다른 종은 멸종되기도 한다. 섬이 수용할 수 있는 종의 수는 제한되어 있기 때문에 원래 아무 종도 없던 섬에 종의 수가 증가하면서 정착률(rate of colonization)은 감소하고 멸종률(rate of extinction)은 증가한다.

그 결과 어느 시점에서 멸종수와 정착수는 동일하게 되기에 종의 수는 일정하게 된다. 따라서 어떤 종들은 멸종하고 새로운 종들이 정착하면서 종의 구성은 변화하지만 각 섬마다 일정하게 지속되는 평형 종 수가 있다(**그림 51.22***a*).

맥아더와 윌슨의 평형 모델(equilibrium model)에 따르면 섬의 종풍부도는 정착과 멸종 사이의 동적 평형에 따라 이루어진다. 그리고 섬의 크기와 육지로부터의 거리도 섬의 종풍부도에 영향을 미친다. 작은 섬은 개체군들의 크기가 작기 때문에 멸종률이 높게 나타난다. 또한 육지로부터 거리가 먼 섬일수록 정착하는 종의 수가 적게 된다. 따라서 육지로부터 멀리 떨어지고, 크기가 작은 섬일수록 섬에 분포하는 종의 수는 적게 나타난다(**그림 51.22***b*).

이 단순한 모델이 예측하는 바는 실제로 현장에서 조사된 자료와 잘 일치한다. 그 예로 아시아 쪽 태평양의 섬에 분포하고 있는 새의 종풍부도는 섬의 크기와 양(+)의 상관관계를 보이고 육지와의 거리에 대해서는 음(−)의 상관관계를 보이는 것으로 조사되었다(**그림 51.22***c*).

검증 중인 평형 모델

대학원생이었던 윌슨과 심버로프(Dan Simberloff)는 1960년대 중반에 플로리다 키스(Florida keys)제도에 있는 작은 맹그로브 섬에서 평형 모델에 대한 연구를 수행하였다. 그들은 섬에서 생물상을 조사한 후 훈증 소독(fumigation)을 통해 동물들을 모두 제거한 다음, 동물들을 재정착시키고 정기적으로 조사를 하였다. 이들의 연구와 이와 유사한 다른 연구들이 모두 평형 모델을 지지하는 경향을 보였다.

장기간에 걸친 현장 연구는 맥아더와 윌슨이 처음 구상했던 것보다 훨씬 더 복잡한 양상을 보였다. 그들의 모델은 특정 종이 멸종하고 다른 종들이 이입하여 높은 수준의 종 순환이 일어날 것을 예측하였다. 그러나 섬에 사는 조류와 거미의 집단에서는 해가 거듭되어도 이러한 순환 현상이 거의 나타나지 않는다는 사실이 확인되었다. 게다가 섬에 이입하고 이출하는 종 중에는 높은 개체군을 형성하지 않

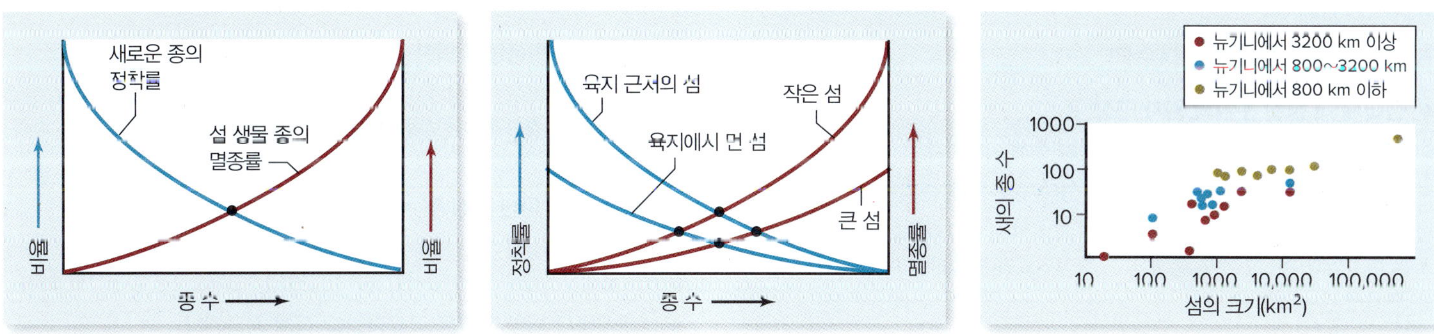

a. *b.* *c.*

그림 51.22 섬 생물지리학의 평형 모델.
a. 섬의 종풍부도는 새로운 종의 정착률과 기존 종의 멸종률이 동일할 때 평형(검은색 점)에 도달한다. *b.* 정착률, 섬의 크기, 육지로부터의 거리에 따른 평형 변화. 종풍부도는 섬의 크기가 클수록 커지며, 육지로부터 거리가 멀수록 줄어든다. 작은 섬에서는 멸종률이 높아서 평형점은 왼쪽으로 이동한다. 이와 유사하게 육지에서 떨어진 섬일수록 정착률이 낮아 평형점은 역시 왼쪽으로 치우친다. *c.* 정착종의 공급처라 할 수 있는 본토(큰 섬)로부터의 거리 영향은 뚜렷하며, 면적이 비슷할 경우 멀리 떨어진 섬일수록 종풍부도가 떨어진다.

는 종들도 포함하고 있다. 섬에 분포하고 있는 종 중 상당 비율은 많은 개체군을 유지하면서 거의 멸종하지 않는다.

이러한 연구들은 비교적 짧은 기간에 이루어졌는데, 평형 모델은 여러 세기에 걸친 섬의 종풍부도 결정에 대해 좋은 예시가 될 수 있을 것이다.

진화적인 종-면적 관계

맥아더와 윌슨의 이론은 정착화와 멸종이라는 2가지 생태적 과정 사이에 발생하는 평형에 근거한다. 그러나 많은 섬들은 적응방산(adaptive radiations)으로 유명하여 적응방산을 통해 조상종은 다양한 생태적 지위를 갖도록 적응된 후손을 낳는다(20장 참조). 어떻게 종분화가 평형이론과 관련될까?

이 주제는 최근 큰 관심이 되고 있다. 섬 면적은 멸종률(섬 크기가 증가함에 따라 멸종률이 낮음)뿐만 아니라 종의 비율에도 영향을 미친다는 것이 밝혀졌다. 즉, 큰 섬에서 종분화가 잘 일어난다. 이것이 발생하는 이유는 분명하지 않지만 아마도 2가지 요인의 영향을 받을 것으로 생각된다. 첫 번째, 섬이 클수록 개체군이 강이나 다른 장벽에 의해 둘로 나뉘어 이소적 종분화가 촉진될 가능성이 높아진다(20장 참조). 두 번째, 더 큰 섬은 생태학적으로 더 다양한 경향이 있으며, 더 많은 생태적 지위를 제공하여 종들이 공존을 허락하는 상태로 진화할 기회를 갖는다.

진화적 다양화는 고립된 섬에서 더욱 중요한데, 다시 2가지 이유가 있다. 먼저, 본토 근처의 섬에서는 본토로부터 반복적으로 정착화가 발생함으로써 유전자 흐름이 일어나 종분화를 방해하는 경향이 생긴다. 둘째, 고립된 섬이 많을수록 정착 개체수가 줄어들기 때문에 이용가능한 생태적 지위가 많아져 새로 출현한 종이 점유할 수 있는 지위가 늘어난다.

진화생물학자들은 생태학적, 진화적 요인의 상대적 중요성에 대한 이해와 이들의 상호작용 방식을 이해하여 다양한 섬에서 종의 풍부도를 결정하기 위해 지속적으로 노력하는 중이다.

핵심 요약 51.5

종-면적 관계는 더 넓은 면적의 섬이 더 많은 종을 포함한다는 것을 관찰한 것이다. 섬의 종풍부도는 정착과 멸종 사이의 역동적 균형을 통해 결정되는 것으로 보인다. 본토와의 거리는 또한 정착과 멸종률에 영향을 미치므로 본토에서 멀리 떨어진 작은 고립된 섬에서는 더 적은 종이 발견된다.

■ 크기가 큰 섬보다 작은 섬에 더 많은 종이 살기 위해서는 어떤 조건이 만족되어야 할까?

핵심 개념 요약

51.1 생물지구화학적 순환

■ 생태계 내 물질 순환의 원자 구성

화학물질의 원자는 생물지구화학적 순환을 통해 이동한다.

■ 유기물의 기반인 탄소는 대부분의 생태계를 통해 순환한다

탄소 순환은 보통 호흡과 광합성을 통해 고정되는 이산화탄소를 포함한다. 탄소는 탄산염과 메테인에도 존재한다. 화석연료가 연소하면 탄소 순환의 균형은 깨지게 된다(**그림 51.1**).

■ 물이용은 육상 생태계에서 중요하다(그림 51.2)

물은 증발과 증산을 통해 대기로 유입되어 강수로 지표면에 되돌아간다. 물은 광합성 과정에서 분해되며, 세포 호흡과정에서 생성된다. 대수층의 지하수를 포함하여 지구의 많은 물이 오염되고, 인간 활동이 생태계의 물 공급을 변화시킨다(**그림 51.3**).

■ 질소순환은 미생물에 의한 질소고정에 의존한다

질소는 대기의 78%를 구성하고 있지만, 일반적으로 공급이 가장 어려운 원소이다. 질소는 질소고정 미생물에 의해 사용 가능한 형태로 전환되어야 한다. 비료에 질산염을 사용하면 가용 질소가 2배가 된다(**그림 51.4**).

■ 인은 대기가 아닌 육상 및 수생 생태계를 통해 순환한다

또 다른 제한 원소인 인은 암석의 풍화에 의해 방출된다. 인은 대양으로 흘러들어가 심해퇴적물로 쌓인다. 사람들은 인산염을 비료로 사용한다(**그림 51.5**).

■ 생태계에서 제한 양분은 필요량보다 적게 공급된다

질소와 같은 제한 원소의 순환에 따라 양분을 사용할 수 있는 속도가 결정된다.

■ 숲 생태계 내의 생물지구화학적 순환은 실험적으로 연구되었다

진행 중인 실험에 따르면 생태계의 심각한 교란은 무기물의 고갈과 물 부족을 야기하게 된다.

51.2 생태계 내의 에너지 흐름

■ **에너지는 생성되거나 파괴되지 않고 형태를 바꾼다**

에너지는 빛, 저장된 화학결합, 운동 및 열과 같은 형태로 존재하며, 어떤 전환에서든 일부 에너지는 소실된다.

■ **생물체는 열을 제외한 여러 형태의 에너지를 이용한다**

열역학 제2법칙은 빛이나 화학에너지를 사용할 때 일부는 회수할 수 없는 열로 전환된다는 점을 설명하고 있다.

■ **에너지는 생태계의 영양단계를 통해 흐른다**

유기화합물은 독립영양생물에 의해 합성되며, 독립영양생물과 종속영양생물에 의해 사용된다. 에너지가 생물체에서 생물체로 전달되는 단계를 영양단계라고 하며, 진행성 영양단계를 통한 순서를 먹이사슬이라고 한다(**그림 51.8**).

기본 영양단계에는 1차 생산자가 포함된다. 1차 생산자를 소비하는 초식동물이 다음 단계이며, 그들은 차례로 1차 육식동물에 의해 섭취되며, 2차 육식동물이 섭취할 수 있다. 잔사식생물은 폐기물과 죽은 유기체의 잔해를 먹는다.

지구에 들어오는 태양에너지의 약 1%만이 광합성에 의해 사용된다. 에너지가 각 영양단계를 통해 이동할 때, 이전 영양단계의 에너지는 조금(10%) 남는다(**그림 51.10**).

■ **영양단계의 수는 에너지 이용성으로 인해 제한적이다**

영양단계 사이의 기하급수적인 에너지 감소는 먹이사슬의 길이와 육식동물의 수를 제한한다.

■ **생태 피라미드는 영양단계의 관계를 보여준다**

에너지 흐름, 생물체 또는 다수의 유기체를 기반으로 한 생태 피라미드는 일반적으로 위로 갈수록 좁아진다. 적어도 하나의 영양단계가 그 이하의 단계보다 큰 생물량 또는 더 많은 유기체를 갖는 경우, 역피라미드가 가능하다(**그림 51.13**).

51.3 영양단계 사이의 상호작용

■ **하향효과는 상위 영양단계의 변화가 1차 생산자에게 영향을 줄 때 발생한다**

영양연쇄반응 또는 하향식 효과는 상위 영양단계에서 가해진 변화가 하위 단계에 영향을 미칠 때 발생한다(**그림 51.15**).

■ **인간의 육식동물 포획은 하향효과를 일으킨다**

늑대나 다른 포식자 등의 육식동물을 제거하면 사슴 개체수의 증가와 같이 영양단계가 낮은 종의 개체수 증가를 초래한다.

■ **상향효과는 1차 생산자의 변화가 상위 영양단계에 영향을 줄 때 나타난다**

생산자의 증가는 초식동물의 출현 또는 증가로 이어질 수 있다. 그러나 생산자의 추가적인 증가는 초식동물의 비슷한 증가 없이 육식동물의 증가로 이어질 수 있다(**그림 51.17**).

51.4 생물다양성과 생태계 안정성

■ **종풍부도는 안정성을 증가시킨다: 시더크릭 연구**

시더크릭 연구에 따르면 종풍부도가 높을수록 생체량의 연간 변동이 적고 가뭄과 외래종 침입에 대한 내성이 커진다.

■ **종풍부도는 생태계의 특성에 영향을 받는다**

1차 생산량, 서식지 이질성, 기후 요인은 모두 생태계의 종 수에 영향을 미친다(**그림 51.20**).

■ **이유는 불명확하지만 열대지역은 높은 종 다양성을 보인다**

열대지역은 장기간의 진화, 많은 햇빛으로 인한 생산성 증가, 적은 계절변화, 경쟁을 줄이는 포식의 증가, 공간적 이질성으로 인해 종 다양성이 풍부하다(**그림 51.21**).

51.5 섬 생물지리학

종-면적 관계는 더 넓은 섬이 더 많은 종을 포함하는 것을 반영한다.

■ **평형 모델은 멸종과 정착의 균형을 나타낸다(그림 51.22).**

섬이 작을수록 멸종률이 높아 종의 수가 줄어든다. 본토 근처의 섬은 정착률이 높기 때문에 먼 섬보다 더 많은 종을 갖게 된다. 멸종률이 정착률과 균형을 이루면 평형에 도달한다.

■ **진화적인 종-면적 관계**

종의 정착과 멸종에 더해 종분화는 섬에서 평형을 이루는 종의 수를 결정한다.

연습문제

■ **1단계: 이해력 확인하기**

1. 다음 중 지하수에 대한 설명으로 틀린 것은 무엇인가?

   a. 미국에서 지하수는 인구의 50%에게 식수로 제공된다.
   b. 지하수는 재충전될 수 있는 것보다 빨리 고갈되고 있다.
   c. 지하수는 오염되고 있다.
   d. 지하수로부터 오염원의 제거는 쉽게 이루어질 수 있다.

2. 광합성 생물체에 대한 설명으로 맞는 것은 무엇인가?

   a. 이산화탄소를 고정한다.
   b. 이산화탄소를 방출한다.
   c. 산소를 고정한다.
   d. a와 b가 모두 맞다.
   e. a와 c가 모두 맞다.

3. 어떤 박테리아는 질소를 고정하는 능력이 있다. 이것이 의미하는 바는 무엇인가?

a. 그들은 암모니아를 질화물과 질산염으로 바꾼다.
b. 그들은 대기 질소가스를 생물학적으로 사용 가능한 형태의 질소로 바꾼다.
c. 그들은 질소화합물을 분해시키고 암모늄이온으로 방출시킨다.
d. 그들은 질산염을 질소가스로 바꾼다.

4. 질소는 많은 생태계에서 제한 원소이다. 그 이유는 무엇인가?

a. 공기 중에 탄소보다 질소가 적기 때문이다.
b. 질소 원소는 모든 유기생물체에서 빠르게 사용되기 때문이다.
c. 질소 접근성은 비료의 사용으로 인한 오염으로 줄어들었기 때문이다
d. 대부분의 생물체는 질소를 원소 형태로 사용하지 못하기 때문이다.

5. 다음 중 인 순환에 대해 맞는 설명은 무엇인가?

a. 인은 식물과 조류에 의해 고정된다.
b. 암석으로부터 방출된 대부분의 인은 강에 의해 바다로 이동한다.
c. 동물들은 식물과 조류를 먹음으로써 인을 얻을 수 없다.
d. 비료 사용은 전 지구적인 인의 순환에 영향을 미치지 않는다.

6. 한 영양단계로부터 위의 단계로의 에너지 이동에 얼마의 에너지가 손실되는가?

a. 1% b. 10%
c. 90% d. 50%

7. 생태계에서 역전된 생태 피라미드는 보통 다음 중 어느 것을 포함하는가?

a. 에너지 흐름(energy flow)
b. 생체량(biomass)
c. 에너지 흐름과 생체량
d. a, b, c 모두 옳지 않다.

8. 영양단계 구조에서 상향효과를 발생시키는 것은?

a. 더 높은 영양단계로의 에너지 흐름 제한
b. 더 낮은 영양단계에 대한 상위 포식자의 행동
c. 상위 소비자에 대한 기후적 교란
d. 생태계에서 잔사식생물의 안정성

9. 종 다양성에 대한 설명으로 옳은 것은?

a. 적도에서 북극으로 갈수록 증가한다.
b. 적도에서 북극으로 갈수록 감소한다.
c. 적도에서 북극까지 동일하게 유지된다.
d. 적도 북쪽으로는 증가하고 적도 남쪽으로는 감소한다.

10. 섬 생물지리학의 평형 모델이 제안하는 것과 다른 것은 무엇인가?

a. 큰 섬은 작은 섬보다 더 많은 종을 가진다.
b. 섬의 종풍부도는 정착과 멸종에 의해 결정된다.
c. 작은 섬에서는 멸종의 비율이 적다.
d. 본토와 섬이 가까울수록 정착률은 높아질 것이다.

2단계: 적용력 평가하기

1. 허바드 브룩 시험의 연구결과를 토대로 시험림 유역에서 벌목의 영향으로 예측되는 것은 무엇인가?

a. 시험림 유역에서 물과 양분의 소실 증가
b. 시험림 유역에서 물과 양분의 소실 감소
c. 인의 이용 가능성 증가
d. 질소의 이용 가능성 증가

2. 영양연쇄반응에 따르면, 생태계 내에서 육식동물의 제거는 어떤 결과를 가져올까?

a. 초식동물과 초목의 수가 줄어들 것이다.
b. 초식동물의 수는 줄고, 초목의 수는 늘어날 것이다.
c. 초식동물과 초목의 수는 늘어날 것이다.
d. 초식동물은 늘고 초목은 줄어들 것이다.

3. 시더크릭(Cedar Creek)의 실험에서 종의 다양성이 증가할 때 침입종의 수가 줄어든 것이 의미하는 것은 다음 중 무엇인가?

a. 낮은 종 다양성은 생태계의 안정성을 증가시킨다.
b. 생태계 안정성은 1차 생산량만의 기능이다.
c. 중간교란 가설은 높은 안정성의 결과를 보인다.
d. a, b, c 모두 옳지 않다.

3단계: 사고력 함양하기

1. 외온동물(ectotherms)은 높고 일정한 체온(열발생)을 유지하기 위해 섭취한 음식 에너지를 사용하지 않는다는 점을 감안할 때, 외온 초식동물과 육식동물이 지배하는 생태계의 먹이사슬이 내온 초식동물과 육식동물이 지배하는 생태계와 비교할 때 어떨 것으로 기대하는가?

2. 일반적으로 투입된 에너지는 낮은 영양단계(1차 생산자)에서 가장 높고, 영양단계를 거치면서 낮아지게 되는데, 그렇다면 어떻게 많은 호수에서 동물성 플라크톤의 현존량이 식물성 플랑크톤의 현존량보다 크게 나타날 수 있는가?

3. 생태학자들은 종종 생태계 종의 손실(환경오염, 서식지 붕괴, 인간의 간섭 등으로 인한)에 대해 염려하는데, 이는 종 자체의 손실보다 그것이 생태계에 미치는 영향 때문이다. **그림 51.17**을 참고하여 그 이유를 설명하시오.

4. 식물의 구조적 복잡성이 증가하면 도마뱀들의 큰 종풍부도를 이끌 수 있는 몇 가지 상세한 방법을 설명하였다(**그림 51.20*b***). 이러한 방법들이 실험될 수 있겠는가? 있다면 어떻게 가능한지 설명하시오.

정답

22장

핵심 요약

22.1 캡시드를 만들기 위해 단지 몇 개의 단백질만을 암호화하면 되기에 몇 종류의 유전자만 필요하다. 유전자 수가 적다는 것은 유전체가 작다는 것을 의미한다.
22.2 음성(−) RNA 바이러스는 볼티모어 그룹 V에 속한다.
22.3 숙주세포가 분열할 때 바이러스 게놈이 수직적으로 전달되는 수단을 제공한다.
22.4 인플루엔자 바이러스는 8개의 유전체 절편를 가지고 있어서 동시에 여러 종의 인플루엔자에 감염되면 유전체는 섞여 재분배될 수 있다. HIV에는 유전체 절편이 없으므로 섞일 수 없다.
22.5 정상적인 프리온 단백질을 잘못 접히게 하는 정보가 포함되어 있다.

1단계: 이해력 확인하기

1. b 2. c 3. b 4. d 5. a 6. b 7. d

2단계: 적용력 평가하기

1. d 2. b 3. c 4. a 5. b 6. c 7. a

3단계: 사고력 함양하기

1. X선으로 인해 손상된 DNA에 반응하는 일련의 유전자는 일반적으로 같은 시스템에 의해 유도된다. 이에 관련된 단백질은 DNA 복구 유전자가 발현되지 않도록 유지하는 억제자를 파괴한다. 람다는 이 시스템을 유리하게 사용하도록 진화했다.
2. 항원불연속변이는 항원연속변이보다 독성에 훨씬 더 큰 변화를 일으키고, 계절성 독감의 국지적 발생보다 통제하기 훨씬 어려운 세계적 유행병을 일으키는 원인이 된다. 스페인 독감(1918년)으로 약 5천만 명이 사망한 데 반해, 계절성 독감은 미국에서 연간 약 1~5만 명이 사망한다.
3. HIV는 빠른 속도로 돌연변이를 일으키므로 바이러스의 한 측면만을 표적으로 하는 백신은 해당 부위가 돌연변이된 후에는 비효율적일 가능성이 크다. HIV는 또한 면역반응을 일으키는 세포를 표적으로 삼는다. 인플루엔자 바이러스는 빠른 속도의 유전적 변화로 인해 유사한 문제를 나타낸다. 그러나 인플루엔자 바이러스는 백신 접종에 대한 면역반응을 유도하는 데 필요한 면역체계를 파괴하지 않기 때문에 백신의 표적이 될 수 있다.
4. 해결해야 할 두 가지 주요 과제가 있는데, (1) 조직에 대한 결합력을 변경하고 (2) 바이러스 게놈이 낭포성섬유증을 교정하기 위한 유전자로 대체되어야 한다. 첫 번째 과제는 폐 상피세포에 부착할 새로운 표면 구조를 가진 새로운 유형의 바이러스를 만드는 것이다. 두 번째 과제는 바이러스 게놈에서 질병을 유발하는 유전자를 제거하는 동시에 관심 있는 유전자를 도입하는 것이다.
5. 이러한 가정(전적으로 현실적이지 않을 수 있음)을 고려할 때, 태평양은 $10^8 \times 7 \times 10^{20}$ 바이리온(7×10^{28} 바이리온)을 가지고 있다. 이것은 $(7 \times 10^{28})/(6 \times 10^{23}) = 1.17 \times 10^5$ mol의 바이리온이다. 1 mol의 바이리온 무게는 10,000 g(10 kg)이므로, 이는 1.17×10^6 kg의 바이리온과 같다. 즉 260 마리의 아시아 코끼리 성체와 거의 같은 질량이다.

23장

핵심 요약

23.1 고세균은 인지질에서 에스터 결합 대신 에테르 결합을 가지고 있고, 세포벽은 독특한 재료로 만들어져 있다. 고세균은 세포막에 지질 단일층을 가질 수 있는데 반해, 세균은 지질 2중층을 가지고 있다. 고세균은 적대적인 환경에서 생존할 수 있는 특이한 생리 체계를 가지고 있다.
23.2 붉은색으로 나타난다. 요오드는 세포질에 첫 번째 보라색 염색약이 유지되도록 하는데, 요오드를 처리하지 않으면 첫 번째 염색약이 씻겨 나가기에, 두 번째 처리한 붉은색 염색약에 의해 염색될 것이다.
23.3 박테리아에서 유전정보는 수평적(접합, 형질전환 및 형질도입 동안) 및 수직적(세포분열 동안 부모세포에서 딸세포로)으로 전달될 수 있다. 이러한 과정에서 유전적 다양성이 생길 가능성은 별로 없다. 반면에 유성생식은 수직적 전달만을 초래하고, 배우자의 생산 과정에서 상당한 유전적 변이를 일으킨다.
23.4 세균의 발효는 산, 알코올 또는 둘 다를 생산할 수 있다. 근육의 발효는 산(젖산)만 생성한다.
23.5 질소고정세균과 공생하는 작물을 순환 경작하면 다른 식물로 인해 질소가 고갈된 토양에 질소를 되돌릴 것이다.
23.6 병원체는 독성이 약한 것으로 진화하는 경향이 있다. 병원체가 번식하고 퍼지기 전에 숙주를 죽이면 그들의 생활사는 진화론적 입장에서 막다른 골목이 된다. [역자 주: 독성이 강해 번식하기도 전에 숙주가 죽는다면, 병원균 역시 더이상 생존할 수 없다.]

탐구문제 및 자료 분석

538쪽 자료 분석: F 플라스미드의 부정확한 절제는 정상적인 플라스미드 DNA에 대장균의 DNA가 포함되어 운반하는 소위 F′ 플라스미드를 생성한다. 이것이 새로운 F^- 세포에 도입되면 F′ 플라스미드에 포함된 유전자 부분에 대해 "부분2배체"인 새로운 세포가 생성되는데, 이 세포는 유전적으로 많이 활용된다.
548쪽 탐구문제: 가장 간단한 설명은 두 성병이 서로 다른 집단에서 발생하고, 한 집단에서는 성행위 수준이 높아지고 다른 집단에서는 감소한다는 것이다. 그러나 성병 발병률의 증가는 성행위 수준 이외의 많은 매개 변수를 반영할 수 있다. 예를 들어, 질병 인자 중 하나 또는 둘 모두의 독성 또는 감염성이 변하거나, 성병에 노출된 사람에게서 이 병에 대한 민감성이 변할 수 있다. 철저한 공중보건 연구만이 이것을 구분할 수 있다.

연습문제

1단계: 이해력 확인하기

1. a 2. c 3. c 4. b 5. c 6. a 7. d

2단계: 적용력 평가하기

1. a 2. c 3. a 4. d 5. d 6. b 7. a

3단계: 사고력 함양하기

1. 매우 적은 양의 방사성 동위원소로 표지된 요소를 위장에 투입한다. 이 요

소가 암모니아와 방사성 이산화탄소로 전환될 때, 이산화탄소는 혈액을 통해 폐로 운반되어 숨을 내쉬게 된다. 이때 호흡으로 나오는 동위원소를 측정하여 *H. pylori*의 존재를 알 수 있다.

2. 열처리로 죽인 폐렴쌍구균(*Streptococcus*)의 독성 S 균주는 유전체를 환경으로 방출했다. 이 박테리아 균주는 자연적으로 형질전환 될 수 있기에, R 균주 세포 중 적어도 일부는 환경으로부터 S 균주에 있는 피막의 다당류를 만드는 유전자를 흡수했다. 이 유전자들은 재조합에 의해 R 균주의 유전체에 들어가서 발현되었다.
3. 모든 박테리아를 죽일 수 있다면 여러 항생제의 사용은 나쁘지 않다. 몇몇 끈질긴 감염병의 경우 이것은 효과적인 전략이다. 그러나 항생제 혼용은 한 박테리아 종이 다중내성을 가지도록 하는 희귀한 유전적 사건을 야기하는 매우 강력한 선택압을 제공한다. 이러한 이유로 항생제를 혼용하여 처방하는 것은 좋은 생각이 아니다. 다중내성의 선택을 받는 박테리아가 많을수록 다중내성이 발생할 가능성이 커진다. 항생제 혼용 조건에서 박테리아가 우연히 생존하여 증식할 수 있고 각 세대가 새로운 돌연변이의 기회를 제공할 수 있기 때문에, 전체 항생제를 복용하지 않는 것이 환자에게 도움을 된다. 다중내성은 또한 저항성 플라스미드를 통한 저항 유전자의 수평적 전달과 DNA의 한 부분에서 다른 부분으로 유전자를 이동할 수 있는 전이인자의 존재로 인해 복잡해진다.
4. 지구상의 대부분 종은 박테리아의 도움 없이는 질소를 고정할 수 없기에 아미노산 및 기타 화합물을 합성할 수 없다. 따라서 UV 방사선 증가로 인한 질소고정세균의 손실은 식물의 생장 능력을 감소시켜 동물의 먹이 공급원을 심각하게 제한할 것이다.

560쪽 자료 분석: 관다발식물은 육상식물이 처음 갈라지기 시작한 지 4천만 년 후에 처음 나타났고, 진정한 잎을 가진 식물이 나타나기까지 또 4천만 년이 지나갔다.

연습문제

■1단계: 이해력 확인하기

1. d 2. d 3. c 4. c 5. a 6. d

■2단계: 적용력 평가하기

1. d 2. b 3. c 4. d 5. d 6. b

■3단계: 사고력 함양하기

1. 이끼는 우세한 배우체 세대를 가지고 있는 반면에, 석송류는 우세한 포자체 세대를 가지고 있다. 아마도 두 게놈의 비교는 우세한 배우체에서 우세한 포자체로의 진화적 변화와 관련된 통찰력을 제공할 것이다.
2. 양치류의 포자체 세대가 이끼류의 포자체 세대보다 훨씬 크기 때문에, 양치류의 포자체는 식물이 더 커지기 위해 더 많은 체세포분열을 할 것으로 예상한다.
3. 이끼는 더 큰 문제에 직면할 것이다. 관다발조직이 없으면 물과 영양분을 10 m 높이까지 효율적으로 이동하기가 어려울 것이다. 고사리 배우체는 작고 땅에 있어서 정자가 난자를 수정하기 위해 짧은 거리를 이동하는 데 필요한 물을 사용할 수 있지만, 2개의 서로 다른 이끼 배우체의 꼭대기에서 난자와 정자를 모으는 것은 10 m 높이에서 어려울 것이다. [역자 주: 이끼는 꼭대기에 배우체를 가지고 있는데, 장란기와 장정기가 따로 형성된다.]

24장

핵심 요약

24.1 **#1** 시료를 얇게 자르고 현미경으로 검사하여 헛물관을 찾는다. 관다발식물만이 헛물관을 가질 것이다.
#2 식물의 배우자는 체세포분열에 의해 생성되지만, 사람의 배우자는 감수분열에 의해 생성된다.

24.2 이끼는 건조 조건에 매우 잘 버티기에 물 부족을 견딜 수 있다. 또한 이끼는 수분함량이 낮을 때 극지방의 동결 온도에서 손상을 적게 받는다.

24.3 포자체 세대는 더 크게 진화했기 때문에 물과 영양분을 더 먼 거리로 운반하는 효과적인 수단을 갖는 것이 유리하기 때문이다.

24.4 석송류 및 다른 관다발식물의 게놈을 비교하면 잎 모양 구조의 독립적인 기원을 알 수 있다. 이들 식물은 향상된 광합성 능력을 갖기 위해 잎 모양 구조를 발달시키게 되었을 것이다. 포자체 세대에서 생식적으로 성숙하는 경향은 석송류 및 다른 관다발식물에게 집단의 유전적 변이와 관련된 진화적 이점을 제공했다.

24.5 돌돌 말린 어린 잎(피들헤드)은 토양에서 나오는 미성숙한 잎이다. 여기에서 생산하는 독성 2차 화합물은 신생 식물을 보호하기 위한 방어 메커니즘일 가능성이 크다.

탐구문제 및 자료 분석

559쪽 탐구문제: 관다발식물은 관다발조직을 개발하여 효율적인 물 및 양분 전달 시스템을 가질 수 있게 되었다. 관다발조직은 관다발식물이 더 크게 성장하도록 하여 더 작은 비관다발 육상식물을 능가할 수 있게 한다. 보호 각피(큐티클)와 건조한 상태에서 닫을 수 있는 기공도 관다발식물이 잘 적응할 수 있도록 선택적인 이점을 부여했다.

25장

핵심 요약

25.1 화분관은 난자를 향해 자라며 화분관 내에서 정자를 운반한다. 따라서 수정을 위해 물이 필요하지 않다.

25.2 배주(밑씨)는 인편(변형된 잎)에 노출되어있어 바람을 통해 쉽게 접근할 수 있다.

25.3 이끼 유전자를 획득한 어떤 벡터라도 수평적 유전자전달로 현화식물에 영향을 미칠 수 있다. 바이러스와 박테리아를 포함한 병원체와 초식동물은 잠재적으로 수평적 유전자전달을 촉진할 수 있다.

25.4 휴면 상태를 예상하는데, 추운 기간이 끝나고 땅에서 일정 시간을 보내는 동안 토양의 미생물에 의해 종피가 약화되어 종자로부터 어린 식물이 빠져나갈 수 있어야 한다.

25.5 동물은 과육이 많은 열매를 먹을 가능성이 더 클 것이다. 열매의 갖가지 색깔은 서로 다른 동물을 이끄는데, 예를 들어 새는 붉은 딸기에 끌린다.

탐구문제 및 자료 분석

577쪽 탐구문제: 단일 유전자의 비교는 수평적 유전자전달의 효과를 고려하지 않기 때문에 부정확한 계통수를 생성할 수 있다. 예를 들어, 암보렐라(*Amborella trichopoda*)의 분기군은 다른 모든 현화식물의 자매분기군이지만, 수평적 유전자전달로 인해 유연관계가 먼 이끼를 포함하여 다른 육상식물로부터 온 약 2/3의 미토콘드리아 유전자가 존재한다.

577쪽 탐구문제: 이끼 유전자에 기능이 있는지 확인하려면 다양한 실험을 통해 암보렐라에서 이끼 유전자의 가능한 기능을 검사한다. 예를 들어, 이끼 유전자에 돌연변이를 생성하고 돌연변이 유전자에 대해 동형접합인 암보렐라 식물에 표현형 차이가 있는지 확인할 수 있다. 또한 이끼 유전자 프로모터를 리포터 유전자 앞에 놓고 식물에서 유전자가 어디에서 발현되는지 볼 수 있다.

580쪽 탐구문제: 배젖은 대부분의 현화식물에서 발생 중인 배아에 영양분을 제공한다. 뿌리가 발달하기 전에 배아는 토양에서 영양분을 얻을 수 없다. 따라서 배젖이 없으면 배아가 생존할 가능성이 작고 적응도는 0이 될 것이다.

580쪽 자료 분석: (640 μm − 80 μm)/(8시간 − 1시간) = 80 μm/시간. 이것은 표의 자료값과 일치한다. 차이가 있다면 그래프를 잘못 읽거나 계산을 할 때 반올림한 결과일 수 있다.

582쪽 탐구문제: 이전 포자체 세대(갈색)는 $2n$으로 표시하고, 퇴화하는 배우체 세대(보라색)는 $1n$으로 표시하고, 다음 포자체 세대(파란색)는 $2n$으로 표시해야 한다.

연습문제

▪1단계: 이해력 확인하기

1. a 2. c 3. b 4. d 5. a 6. d 7. d 8. b 9. a

▪2단계: 적용력 평가하기

1. c 2. a 3. b 4. a 5. a 6. d

▪3단계: 사고력 함양하기

1. 이 질문에 대한 답변은 다를 수 있다. 그러나 겉씨식물은 "노출된" 종자식물(나자식물)로 정의된다. 따라서 포자체 조직에 의해 완전히 보호되지 않는 배주는 겉씨식물의 특징일 것이다. 비록 일부 마황류에서 중복수정이 관찰되었지만, 속씨식물로 분류되기 위해서는 꽃 구조와 중복수정의 증거가 핵심 특징이다.
2. 수분의 목적은 유성생식을 위해 수배우자와 암배우자를 모으는 것이다. 유성생식은 종의 유전적 다양성을 증가시키기 위해 고안되었다. 식물이 자가수분을 허용하면 유전적 다양성이 줄어들겠지만, 전혀 번식하지 않는 것보다 더 나은 대안일 것이고 개체가 널리 흩어져 있는 종에서 특히 유용할 것이다.
3. 이점은 식물 종이 특정 수분매개자와의 관계를 발전시킴으로써 꽃가루가 수분을 위해 같은 종의 다른 개체에게 옮겨질 가능성을 높인다는 것이다. 일반적인 수분매개자라면 같은 종의 다른 개체로 이동하지 않을 수 있으며, 이 경우 수분이 일어나지 않는다. 단점은 수분매개자에게 어떤 일(멸종 또는 개체 수 감소)이 발생하면, 식물 종은 수분할 수단이 감소하거나 존재하지 않게 되는 것이다.
4. 발아하기 전에 씨앗은 저온처리가 필요할 수도 있기에, 냉장고에 몇 주 또는 몇 달 동안 보관한 후 다시 시도할 수 있다. 또한, 씨앗의 표면을 발아하기 전에 절개(손상)해야 할 수도 있다. 일반적으로 이것은 날씨의 영향으로 생기거나, 또는 종자가 동물의 소화 경로를 통과하는 경우 위장에서 산에 의해 종피가 약화될 때 생긴다. 발아하기 전에 씨앗을 사포에 문지르면 자연적인 상처를 대체할 수 있다. 또 다른 가능성은 씨앗을 처음 심었을 때 빛에 노출되거나 물이 충분하지 않을 때이다. 이 경우 약간의 물에 씨앗을 담근 후, 물이 흡수된 씨앗을 햇빛에 노출시키면 발아 가능성이 커질 수 있다.

26장

핵심 요약

26.1 **#1** 접합균은 측계통군인 반면, 균계의 다른 문은 단계통군이다. 이것은 접합균이 자신의 그룹에서 가장 최근 공통조상의 후손이 빠져 있거나, 다른 그룹으로 이동하여 단계통군을 만드는 것이 가장 좋은 구성원을 포함하고 있음을 의미한다.

#2 18S rDNA의 염기서열분석은 다른 균류와의 연관성을 보여주는 좋은 척도이다. 염기서열분석이 없다면, 생화학적, 현미경 및 생리학적 분석으로 다른 진균과의 유연관계에 대한 정보를 얻을 수 있다.

26.2 **#1** 균류는 흡수성 영양전략이 있는 반면, 종속영양생물은 일반적으로 먹이를 섭취한 다음 내부에서 소화한다. 세포질분열이 없는 핵분열은 진균에서 다핵 세포 또는 균사로 이어질 수 있는데, 이는 동물에서 드문 일이다.

#2 균류는 높은 표면적 대 부피 비율과 높은 수준의 소화 효소를 분비하는 능력을 가지고 있다. 높은 표면적은 영양분을 효율적으로 흡수할 수 있게 하고, 흡수된 영양소는 균사의 세포질 흐름에 의해 균사체 전체에 빠르게 퍼질 수 있다.

26.3 개미는 균의 균사체를 먹지만 균 전체를 먹지는 않는다. 따라서 이는 균에겐 해롭지만, 개미에겐 이득이 되므로, 개미가 기생한다고 주장한다.

26.4 박테리아 리보솜은 진핵세포의 리보솜과 충분히 다르므로, 테트라사이클린이 항생제를 생산하는 진균 세포의 리보솜을 방해하지 않는다.

26.5 2핵 세포는 2개의 반수체 핵을 가지며, 각각은 서로 다른 부모에서 유래한다. 2배체 세포는 두 세트의 염색체를 포함하는 단일 핵을 가지고 있으며, 각 세트는 일반적으로 다른 부모에서 유래한다.

26.6 살균제와 좋은 재배 관행이 도움이 될 수 있으며, 오염된 밭의 작업자에게 포자 여과 마스크를 제공하면 도움이 될 것이다.

26.7 식물이 수생환경에서 육상으로 진출할 때 토양은 척박한 상태였을 것이다. 식물 뿌리와 영양소 흡수의 효율성을 높이는 생물체의 결합은 식물이 영양소가 고갈된 토양에 정착할 수 있게 했을 것이다.

26.8 각 균주는 동일한 트리스포르산 전구체 분자를 방출한다. 그러나 균주는 자신의 전구체를 트리스포르산으로 전환시키는 효소를 가지고 있지 않다. 따라서 트리스포르산이 수준은 배우자낭 형성을 유발하는 데 필요한 농도에 도달하지 못할 것이다.

26.9 꽃은 포자체의 일부로서, 대포자 배우체(암)와 소포자 배우체(수)를 생산한다. 블라스토클라디아에서 이와 유사한 기능을 담당하는 구조는 포자체의 감수분열포자낭이다.

26.10 미포자충에는 말라리아원충에서 발견되는 미토콘드리아가 없다.

탐구문제 및 자료 분석

600쪽 자료 분석: 첫 번째 버섯은 1.31×10^8 포자/1.1 $cm^2 = 1.2 \times 10^8$ 포자/cm^2를 생성했고, 두 번째 버섯은 6.87×10^9 포자/8.37 $cm^2 = 8.2 \times 10^8$ 포자/cm^2를 생성했다. 따라서 두 번째 버섯은 첫 번째보다 cm^2당 포자를 6배 조금 넘게 생산했음을 알 수 있다.

연습문제

▪1단계: 이해력 확인하기

1. b 2. a 3. d 4. b 5. c 6. d 7. d

▪2단계: 적용력 평가하기

1. d 2. c 3. b 4. a 5. d 6. a

▪3단계: 사고력 함양하기

1. 동물에는 세포벽이 전혀 없는 반면에 균류는 세포벽을 가지고 있다. 그러나 이 세포벽의 구성은 식물의 구성과 다르다. 동물은 주요 특징으로 이동성을 가지고 있지만, 균류는 움직이지 않는다(병꼴균 제외). 또한 균사체는 구조적으로 다르지만 뿌리 모양을 가질 수 있다.
2. 균류는 동물처럼 탄수화물을 글리코겐으로 저장한다. 또한 균류와 일부 동물은 식물에서는 발견되지 않는 키틴이라는 분자를 생성한다. 그리고 식물과 달리, 동물과 균류는 종속영양생물이다.

3. 항생제는 원핵생물과 싸우기 위해 고안되었는데, 진균은 진핵생물이다. 또한 진균은 원핵생물과 다른 화학적 구성(키틴)을 가진 세포벽을 가지고 있다.
4. 항진균제는 병원성 균를 죽임으로써 씨앗의 발아 성공을 증가시킬 것이다. 그러나 균류와 동물 사이의 밀접한 계통발생 관계로 인해 균류에 치명적인 화합물은 인간에게도 해로울 수 있기에 손에 항진균제를 묻히고 싶지 않을 것이다. 또한 항진균제는 씨앗에서 유익한 균근 곰팡이를 죽일 수 있다.

27장

핵심 요약

27.1 최소화의 원칙은 가장 단순한 계통발생이 진정한 계통발생일 가능성이 크다고 명시하고 있다. 다세포와 단세포 모두 살아있는 생물체가 있기에 최초의 생물체는 단세포이고 다세포성이 뒤따랐다는 것은 당연하다. 동물은 또한 모두 종속영양 생물이다. 그들이 진화한 최초의 생명체였다면, 그들이 먹을 어떤 독립영양 생물도 없었을 것이기에 첫 번째로 진화할 수 없었다.

27.2 뚜렷한 머리 영역에 신경조직이 집중된 두화는 본질적으로 좌우대칭 체제의 시작과 관련이 있다. 좌우대칭은 중추신경 센터의 발달을 촉진하여 머리에 신경조직 집중화를 유발한다. 또한 두화와 좌우대칭은 방향 운동(좌우대칭)과 동물이 움직이는 방향 쪽을 향해 있는 감각기관의 존재(두화)를 결합하는 출발점이다.

27.3 이는 계통학자가 오직 파생된 형질만을 기반으로 동물을 분류할 수 있기 때문이다. 한 번만 진화한 형질을 사용한다는 것은 그 형질을 가진 종이 형질이 없는 종보다 서로 더 밀접하게 관련되어 있음을 의미한다.

27.4 군체 원생생물과 같은 진정한 군체 생물의 세포는 구조적으로나 기능적으로 모두 같다. 그러나 해면의 세포는 분화되었고, 이 세포들은 전체 생물체가 요구하는 기능을 수행하도록 조절된다. 그러나 다른 모든 동물과 달리 해면은 실제 조직으로 구성되지 않고 세포가 한 유형에서 다른 유형으로 분화할 수 있다는 점에서 군체 생물과 매우 유사하다.

27.5 두 가지 주요 형태학적 특성은 동물을 2배엽성 또는 3배엽성으로 만드는 신체 층의 수 및 대칭 유형이다. 유즐동물(빗해파리류)은 전통적으로 조상 조건인 2배엽성으로 생각되었지만, 최근 연구에 따르면 실제로 좌우대칭동물의 공동파생형질인 3배엽성 동물이다. 또한, 유즐동물은 변형된 유형의 방사형 대칭을 나타내므로, 이 형질이 자포동물문과 연결되지 않을 수 있음을 시사한다.

27.6 있다. 여러 종류의 원구동물에서 체강이 손실되었다.

탐구문제 및 자료 분석

622쪽 탐구문제: 이 형질 중 어느 것도 계통발생 관계를 완전히 신뢰할 수 있는 지표가 아니다. 체강은 단 한 번만 진화했으며 원구동물과 후구동물로 구성된 분기군의 공동파생형질이다. 따라서 체강을 가진 모든 종은 이 분기군에 속하지만, 이 분기군의 많은 구성원이 의체강으로 진화했거나 무체강이 되었다. 결과적으로 체강이 있는 일부 종은 같은 그룹의 체강이 있는 다른 종보다 의체강이거나 체강이 없는 종과 더 밀접하게 관련되어 있다. 의체강은 여러 분기군에서 수렴적으로 진화했다. 따라서 의체강의 소유는 주요 동물 계통 간의 계통발생 관계를 나타내는 지표가 아니다. 무체강은 조상 동물에서 나타났지만, 또한 좌우대칭동물 내에서도 재진화되었으므로, 이 형질상태도 신뢰할 수 있는 계통발생 형질이 아니다.

연습문제

1단계: 이해력 확인하기

1. c 2. b 3. a 4. d 5. a 6. b 7. d 8. a 9. a 10. d 11. a 12. b 13. d

2단계: 적용력 평가하기

1. d 2. b 3. 결정론적 발생은 그것이 선구동물이며 탈피를 하는 것은 탈피동물에 속한다는 사실을 의미한다. 게다가 관절 부속지가 존재하면 절지동물이다. 4. d

3단계: 사고력 함양하기

1. 계통수는 한 가지에 편형동물을 포함해야 하고, 두 번째 가지에는 선형동물이 있어야 하며, 세 번째 가지에는 환형동물과 유형동물이 있어야 한다. 이것은 그림 27.5의 정보와 일치하지 않는다. 따라서 몇몇 유형의 체강 중 일부는 여러 번 진화했으며, 체강은 계통발생 관계를 추론하기에 좋은 형질이 아니다.
2. 사용된 분류 기준에 따라 다를 수 있다. 많은 학생이 방사형 대칭으로 인해 자포동물문 근처에 극피동물을 놓거나, 환형동물에 더 가깝게 배치할 것이다.

28장

핵심 요약

28.1 탈피는 탈피동물문의 공동파생형질이며, 나선형 난할은 촉수담륜동물의 공동파생형질이다.

28.2 촌충은 숙주의 소화계에 서식하는 기생충이다. 촌충은 숙주의 소화계 벽에 부착할 수 있는 고리를 가진 머리가 있다. 촌충의 해부학적 구조가 삶의 방식과 관련되는 또 다른 방식은 등배 쪽으로 편평해진 몸을 가지고 있고, 소화계가 없다. 촌충은 먹이 속에 파묻혀서 산다. 따라서 그들은 체벽을 통해 직접 영양분을 흡수하고, 평평한 몸체는 이러한 형태의 영양분 전달을 촉진한다.

28.3 섬모는 먹이를 윤형동물의 입으로 쓸어 넣고 이동을 위한 추진력을 제공한다.

28.4 대부분의 무척추동물에서 체강의 중요한 기능은 정수압에 의한 내부 지지이다. 그러나 대부분의 연체동물에서는 패각이 이 목적을 수행하기 때문에 체강이 클 필요가 없다.

28.5 관류성 소화관에서 음식은 한 방향으로만 움직인다. 이는 관 내에서 특수화된 부분을 만들 수 있는데, 각 부분은 기계적 및 화학적 소화, 저장용, 흡수용 등으로 전문화될 수 있다. 일반적으로 특수화된 체계는 위수강 체계보다 더 큰 효율성을 제공한다.

28.6 주요 이점은 조절일 것이다. 몸 전체를 담당하는 신경계는 시스템 자체가 분할되어 있더라도 생식 및 배설과 같은 운동과 생리적 활동을 조절한다. 마찬가지로, 몸 전체의 순환계는 생물체의 각 체절의 특성에 상관없이 모든 몸의 세포에 산소 전달을 효율적으로 한다.

28.7 촉수동물은 고정된 채로 부유물을 먹는 동물이다. 그들의 몸 대부분은 또한 해저에 파묻혀져 있다. 따라서 기존의 관형 소화계라면 입이나 항문 중 하나는 물에 접근할 수 없게 된다. 즉, 동물이 먹이를 먹지 못하거나 배설물을 꽉 막힌 환경으로 보내야 한다는 의미이다. U자 모양의 장은 영양분을 획득하고 개방된 환경으로 배설물을 내보낼 수 있다.

28.8 장내 회충인 돼지회충(*Ascaris lumbricoides*)은 사람이 회충 알로 오염된 음식이나 물을 삼킬 때 감염된다. 장 회충의 확산을 예방하는 가장 효과적인 방법은 위생(특히 식품 취급)에 신경을 쓰고, 감염 과정에 대한 교육을 촉진

하고, 사람의 대변을 비료로 사용하지 않도록 해야 한다. 당연히 이러한 기생충에 의한 감염은 현대적인 배수관이 없는 지역에서 가장 흔하다.

28.9 절지동물의 특징 중 하나는 키틴질 외골격의 존재이다. 절지동물은 크기가 커짐에 따라 외골격의 두께가 비율보다 더 증가해야 근육의 힘을 지탱할 수 있다. 외골격이 커질수록 동물의 이동 능력을 방해할 것이기에, 지상 절지동물이 도달할 수 있는 최대크기는 제한적이다. 그러나 물은 공기보다 밀도가 높기에 몸의 지탱이 더 쉽다. 이런 이유로 수생 절지동물은 육상 절지동물보다 더 클 수 있다.

연습문제

■1단계: 이해력 확인하기

1. d 2. c 3. b 4. a 5. d 6. d 7. d 8. b 9. c 10. d 11. d

■2단계: 적용력 평가하기

1. d 2. b 바닷가재, 지네, 선충은 모두 탈피동물문이지만, 지네와 바닷가재는 부속지가 있는 체절을 가지고 있어 더 밀접하게 연관되어 있다. 3. a

■3단계: 사고력 함양하기

1. 조개와 가리비는 2매패류로, 먹이를 얻기 위해 몸을 통해 많은 양의 물을 빨아들이는 여과섭식자이다. 그들은 만과 하구에 대한 자연오염 제어시스템으로 작동한다. 2매패류의 손실(남획, 포식 또는 독성 화학물질)은 수생 생태계를 망쳐 놓기에 오염이 증가할 수 있다.
2. 이들은 키틴을 가진 공통적인 조상을 공유하지 않기 때문에, 키틴은 수렴진화의 한 예이다. 키틴은 극심한 스트레스(강모, 외골격, 충실 등)를 견뎌야 하는 구조물에 자주 사용된다.
3. 기생 종의 집단 크기는 매우 작기에(단지 소수의 개체), 수컷과 암컷의 생식 구조를 모두 보유하면 유성생식의 이점을 얻을 것이다.
4. 답변은 다를 수 있다. 그러나 촌충은 편형동물문의 조상 형태가 아니라는 것이 알려져 있다. 대신 장 기생충의 역할로 인해 소화관을 잃었다. 장내 기생충인 촌충은 숙주의 소화계에 의존하여 영양분을 흡수하고 사용한다.

29장

핵심 요약

29.1 극피동물은 좌우대칭동물의 일원으로, 여기에는 척삭동물과 원구동물도 포함된다(그림 27.5 참조). 좌우대칭동물의 공동파생형질은 좌우대칭의 진화이다. 모든 좌우대칭동물은 좌우대칭이기 때문에, 5방사대칭의 진화는 좌우대칭 조상으로부터 극피동물문의 분기점에서 발생했을 것이다.

29.2 척삭동물은 절지동물의 외골격과 기능적으로 유사한 극피동물의 내골격과는 달리 진정한 내골격을 가지고 있다. 극피동물은 이동을 위해 내부 수관계에 부착된 관족을 사용하는 반면, 척삭동물은 내골격에 부착된 근육을 사용한다. 마지막으로, 척삭동물문은 고유한 4가지 형질, 즉 신경삭, 척삭, 인두열 및 후항문 꼬리를 가지고 있다.

29.3 창고기류는 미성숙한 개체와 성숙한 개체의 형태가 비슷하지만, 피낭류는 올챙이 모양의 유충과 고착성이며 꽃병 모양의 성체가 현저하게 다르다. 피낭류와 창고기류는 모두 척삭동물이지만, 척추나 내부 뼈 골격이 없다는 점에서 척추동물과 다르다.

29.4 외골격의 기능에는 보호 및 이동이 포함된다. 예를 들어 절지동물 외골격은 근육이 부착되는 받침점을 제공한다. 동물이 커짐에 따라 근육의 당기는 힘이 점점 커질수록, 이에 대응하기 위해서는 외골격의 두께가 극적으로 증가해야 한다. 따라서 외골격을 가진 생물체의 크기는 제한적이다. 너무 커지면 외골격의 무게 때문에 움직일 수 없을 것이다.

29.5 총기어류(엽상 지느러미 물고기)는 지느러미를 독립적으로 움직일 수 있는 반면에, 조기어류는 지느러미를 동시에 움직여야 한다. 지느러미를 가지고 "걷는" 능력은 엽상 지느러미 물고기가 양서류의 조상임을 가장 확실하게 나타낸다.

29.6 **#1** 양서류는 육상 정착을 위해 많은 어려움을 겪었다. 첫째, 양서류는 몸무게를 지탱할 수 있어야 하고 육지에서 이동해야 했는데, 이 문제는 다리의 진화로 극복되었다. 둘째, 양서류는 대기와 산소를 교환할 수 있어야 했는데, 이것은 폐어 조상보다 더 효율적인 폐의 진화와 피부호흡으로 인해 달성되었다. 셋째, 육지에서의 움직임은 물에서의 움직임보다 더 많은 에너지가 필요하기에 양서류는 더 큰 근육을 만들기 위해 더 효율적인 산소 전달 시스템이 필요했는데, 이것은 2중 순환과 부분적으로 분할된 심장의 진화로 인해 달성되었다. 마지막으로, 최초의 양서류는 육지 환경에서 수분을 유지하는 방법을 개발해야 했는데, 이 초기 양서류는 건조를 방지하는 데 도움이 되는 가죽 같은 피부를 발달시켰다.

#2 현존하는 양서류 목(order)은 단계통이다. 그러나 파충류는 현재 멸종된 일종의 양서류에서 진화했다. 따라서 멸종 및 현존하는 모든 양서류를 포함하면 양서류는 측계통군이다. 그러나 파충류와 더 밀접한 관련이 있는 양서류 집단이 멸종되었기 때문에, 현존하는 양서류는 단계통군이다.

29.7 양서류는 생식을 위해 물에 있어야 한다. 그들의 알은 젤리와 같기에 땅에 낳으면 빨리 건조될 것이다. 반면에 파충류의 알은 양막을 가지고 있어서 방수성이며, 발생 중인 배아에 영양을 공급하는 노른자와 일련의 보호막 및 영양막 등 4개의 막을 가지고 있다.

29.8 조류(새)와 파충류는 두 가지 주요 형질을 공유한다. 첫째, 둘 다 양막알을 낳는다. 둘째, 둘 다 비늘(파충류는 몸 전체를 덮지만, 새는 다리와 발만 포함)을 가지고 있다. 새는 또한 한 그룹의 파충류(악어)와만 형질(예, 4개의 방이 있는 심장)을 공유한다.

29.9 조류와 포유류 사이의 가장 눈에 띄는 수렴진화는 체온을 내부적으로 조절하는 능력인 내온성이다. 이보다 덜 눈에 띄는 수렴진화는 비행인데, 대부분 새와 한 마리의 포유류에서 발견된다.

29.10 오직 인원류(hominids)만이 단계통군을 형성한다. 원원류, 원숭이 및 유인원은 모두 측계통군이어서, 공통조상으로부터 유래한 모든 자손을 포함하지는 않는다. 즉 원원류는 공통 원원류 조상을 공유하는 분기군에서 모든 유인원이 제외되어 있고, 원숭이는 공통 원숭이 조상을 공유하는 분기군에서 인원류를 제외하고 있으며, 유인원은 공통 유인원 조상을 공유하는 분기군에서 인류(hominins)를 제외하고 있다.

탐구문제 및 자료 분석

679쪽 탐구문제: 어류는 다른 모든 척추동물을 구성하는 분기군이 어류로부터 생겨났고 총기어류(Sarcopterygii)의 자매 분류군이기 때문에 측계통군이다. 파충류는 새들이 내부에서 생겨났고 살아있는 파충류 중에서 악어의 자매 분류군이기 때문에 측계통군이다. 멸종된 양서류를 고려한다면 일부 멸종된 양서류 분류군은 다른 양서류보다 양막류(파충류, 새, 포유류를 포함하는 분기군)와 더 밀접하게 관련되어 있기에 측계통군이다.

700쪽 탐구문제: 태반은 파충류 및 새의 알과 매우 유사하며 융모막, 양막, 난황낭 등 여러 가지 특징을 공유하며, 탯줄은 요막에서 파생된다. 그 이유는 알을 낳는 조상의 알로부터 태반 포유류의 태반이 진화한 구조이기 때문이다.

연습문제

■1단계: 이해력 확인하기

1. a 2. c 3. c 4. a 5. c 6. a 7. d 8. a 9. d

2단계: 적용력 평가하기

1. c 2. c 3. b

3단계: 사고력 함양하기

1. 새들은 단열이 증진되어 내온성을 가지게 됨으로써 외온성 종이 활동할 수 없는 시간에 활동할 수 있었을 것이다. 또한 체온이 높아 비행 근육이 더 효율적으로 작용하였을 것이다.
2. 새는 한 종류의 공룡에서 진화했다. 따라서 계통발생 측면에서 새는 공룡의 한 유형이다.
3. 현대 말의 진화와 마찬가지로, 인류의 진화는 오늘날의 호모 사피엔스에 대해 직선적으로 꾸준히 일어난 것이 아니었다. 인류 진화는 수많은 종의 초기 방산으로 시작되었다. 이 집단의 진화 추세는 말의 진화에서 볼 수 있는 것과 유사하게 크기가 증가하는 방향이었다. 그러나 말의 진화와 마찬가지로 *H. floresiensis*에서 볼 수 있듯이 몸 크기가 감소한 진화적 예가 있다. 인류 진화는 호모 네안데르탈인과 호모 사피엔스에서 볼 수 있듯이 관련 종의 공존을 보여준다. 말 진화와 마찬가지로 인류 진화는 오늘날 존재하는 사람처럼 되기 위한 직선적이고 꾸준하게 진행된 것이 아니다.

30장

핵심 요약

30.1 1기 생장은 슈트와 뿌리의 정단분열조직을 사용하여 가지뿐만 아니라 식물의 키를 증가시킨다. 2기 생장은 측면분열조직이 식물의 둘레 증가에 상당한 기여를 하며, 훨씬 더 큰 포자체를 생성한다.

30.2 물관은 물을 수송하며 목부의 일부이다. 세포는 죽었고 벽만 남아 있다. 원통형의 중첩된 물관은 물을 뿌리에서 식물의 잎으로 이동시킨다. 체관요소는 체관의 일부이며, 영양분을 운반한다. 체관요소는 살아 있지만, 핵이 없다. 그들은 몇 가지 대사 기능을 수행하기 위해 인접한 동반세포에 의존한다. 물관과 마찬가지로 체관요소도 원통형이 중첩된 모양이다.

30.3 물이 풍부하다면 뿌리털이 적은 돌연변이 식물이 생존할 수 있을 것이다.

30.4 슈트 정단이 없으면, 잎겨드랑이(엽액)에 있는 곁눈이 자랄 것이다. 이 슈트는 결국 꽃을 피우고 번식한다.

30.5 진정쌍떡잎식물의 잎과 달리 외떡잎식물의 잎은 책상조직과 해면조직으로 나뉘지 않는다. 대신 관다발조직을 둘러싼 세포는 탄소고정에 특화되어 있다. 이러한 해부학적 변화는 산소 농도가 낮은 잎의 일부분에서 탄소고정이 일어나 광합성의 효율성을 증가시킨다.

탐구문제 및 자료 분석

721쪽 탐구문제: 육상생활 방식에 적응할 수 있는 표피조직의 3가지 특성에는 공변세포, 세포모, 뿌리털이 있다. 공변세포는 기공이라고 하는 표피 개구부의 측면에 있으며, 기공의 열림과 닫힘을 조절한다. 물이 부족하면 기공이 닫혀 물을 보전한다. 세포모는 줄기, 잎 및 생식기관의 표피에서 머리카락처럼 나온 파생물이다. 세포모는 잎 표면을 식히고 기공에서 물의 증발을 줄이는 데 도움이 된다. 뿌리털은 어린뿌리에 있는 특정 세포에서 나온 것이며 물 흡수를 위한 표면적을 증가시킨다.

726쪽 자료 분석: 분열조직 세포는 분열할 때마다 하나의 딸세포가 새로운 조직에 기여하고 다른 하나는 분열조직 세포로 유지된다. 따라서 100개의 뿌리 골무세포를 교체하기 위해 각 세포는 10번 분열해야 한다.

연습문제

1단계: 이해력 확인하기

1. d 2. d 3. c 4. b 5. b 6. c 7. a 8. b 9. b 10. b 11. d

2단계: 적용력 평가하기

1. b 2. c 3. d 4. c 5. d 6. d 7. c 8. a 9. b 10. a

3단계: 사고력 함양하기

1. 뿌리에는 깊은 곳에서 나온 측면 뿌리가 있을 수 있지만, 마디의 곁눈에서 나온 잎이 없다. 관다발조직은 뿌리와 줄기에서 다른 양상을 보일 것이다. 만약 중심에 카스파리띠로 둘러싸인 내초를 가진 관다발 중심주가 있으면 뿌리를 보고 있는 것이다.
2. 피목은 가스 교환을 증가시킨다. 젖은 토양에서는 가스를 교환할 기회가 감소한다. 피목은 감소한 가스 교환을 보상할 수 있는데, 이는 진화로 적응된 것이다.
3. 이 질문의 답은 여러 가지가 있다. 뿌리 변형은 건조한 조건에서 물 흡수를 위한 표면적을 증가시킬 수 있으며, 잎 변형은 O_2 대비 CO_2 수준을 최적화하여 기공을 통한 수분 손실의 균형을 더 잘 맞출 수 있다. 슈트 변형은 영양물질 저장을 증가시킬 수 있다.
4. 물이 부족할 때마다 옥수수가 시들게 될 것이다. 큰 단면적의 물관이 없으면 식물에 물을 수송하기 위한 관이 충분하지 않다.
5. 맞춤 작물은 빠르게 성장하고, 최소한의 물을 사용하며, 최적화된 광합성을 위한 잎의 해부학과 생리학을 가지며, 인간의 먹이 공급원으로 사용할 수 있는 변형된 뿌리 또는 슈트를 가질 것이다.

31장

핵심 요약

31.1 물리적 압력에는 중력과 증산뿐만 아니라 팽창하는 세포가 세포벽을 압박하는 팽압이 포함된다. 팽압 및 기타 물리적 압력의 증가는 수분퍼텐셜의 증가와 관련이 있다. 용질 농도는 물이 삼투를 통해 세포에 유입 또는 유출되는지 여부를 결정한다. 삼투를 막기 위해 세포막에 미치는 가장 작은 압력을 만드는 데 필요한 용질 농도가 용질퍼텐셜이다. 수분퍼텐셜은 물리적 힘과 용질퍼텐셜 압력의 합이다.

31.2 아포플라스트 경로이다. 카스파리띠는 내피세포의 세포벽을 통한 물 이동을 차단한다.

31.3 증산작용의 원동력은 잎 내부의 100% 습도와 외부 습도 사이의 기울기이다. 외부 습도가 낮으면 증산 속도가 높은데, 이는 주로 뿌리를 통해 흡수할 수 있는 물의 양에 의해 제한된다. 일액현상은 증산작용이 낮을 때 발생하지만, 수분퍼텐셜 차이로 인해 이온이 계속 뿌리로 이동한다. 그다음 더 많은 물이 뿌리로 들어가 액체를 밀어 올릴 수 있다. 이 밀어 올리는 힘은 증산으로 인해 당기는 힘과 대조적이다.

31.4 모식도는 청색광으로 시작하여 양성자 수송을 유발하고 기울기를 생성하여 K^+ 채널이 열리게 된다. 이는 물의 유입, 공변세포의 팽창 증가 및 기공의 개방으로 이어진다. 온도를 높이면 건조한 상태일 때와 마찬가지로 기공의 개방을 억제할 수 있다.

31.5 가뭄 내성: 깊숙히 박혀 있는 기공은 함몰된 부위에서 수분 장력이 변하기 때문에 증산을 통한 수분 손실을 줄인다.
홍수 내성: 호흡근은 산소를 교환하는, 범람한 물 위에서 자라는 변형된 뿌리인데, 수중 뿌리에 한해서 생긴다.
염분 내성: 뿌리에서 높은 농도의 유기 분자가 생성되면 뿌리 내부의 수분퍼텐

셜을 변화시켜 염분 토양에서라도 물을 흡수하게 된다.

31.6 체관부 수송은 양방향일 수 있는 반면에, 물관부 수송은 항상 식물의 뿌리에서 슈트까지 이동한다. 물관부 수송은 증산에 의존하여 물과 용해된 미네랄을 위쪽으로 이동시킨다. 체관부 수송은 각 공급처 및 수용처에서 싣고 내리기 위해 능동수송에 의존한다.

탐구문제 및 자료 분석

747쪽 자료 분석: 평형 이전에 용질퍼텐셜은 용액에서 -0.5 MPa이고 세포에서 -0.2 MPa이다. 용액에는 세포보다 더 많은 용질이 포함되어 있기에 물은 세포가 원형질분리가 일어날 때까지 세포에서 빠져나온다. 세포의 초기 팽압(Ψ_p)$=0.5$ MPa이고, 용액의 팽압은 0 MPa이다. 평형상태에서 용액과 세포 모두 동일한 수분퍼텐셜(Ψ_w)을 갖는다. 평형에 도달하기 전 $\Psi_{세포}=-0.2$ MPa$+0.5$ MPa$=0.3$ MPa이고, 평형상태에서는 $\Psi_{세포}=\Psi_{용액}=-0.5$ MPa이므로, 세포의 $\Psi_w=-0.5$ MPa이다. 평형상태에서 원형질분리가 일어난 세포의 $\Psi_p=0$ MPa. 마지막으로 $\Psi_w=\Psi_p+\Psi_s$를 이용하면, 세포에서 $\Psi_w=-0.5$ MPa, $\Psi_p=0$ MPa, $\Psi_s=-0.5$ MPa이다.

749쪽 탐구문제: 세포를 통한 물 이동의 가장 빠른 경로는 방해가 가장 적은 심플라스트 경로이다. 어떤 물질이 세포에 들어오고 나가는지를 가장 많이 조절할 수 있는 경로는 막관통 경로이며, 따라서 무기질 영양분을 식물로 이동시키는 가장 좋은 경로이다.

751쪽 자료 분석: #1 물관(도관)이나 헛물관(가도관)을 통해 이동할 수 있는 부피는 r^4에 비례한다. 돌연변이로 인해 물관의 반지름 r이 3배 증가하면 물의 이동은 81배 증가한다($r^4=3^4=81$). 더 큰 지름의 물관을 가진 식물은 훨씬 더 많은 물을 옮길 수 있다.

#2 물관이나 헛물관을 통해 이동할 수 있는 부피는 r^4에 비례한다. 따라서 물관이 헛물관보다 $500^4/80^4=1525$배 더 빠르다. 식물의 맥락에서 온도, 습도 및 공변세포가 열려 있는지 여부는 증산 속도에 영향을 미친다. 공동현상을 포함한 구조적인 고려 사항도 증산 속도에 영향을 미칠 수 있다.

758쪽 자료 분석: 체관 내 물질은 50~100 cm/hr의 속도로 이동할 수 있다. 따라서 설탕은 15~30분 안에 25 cm를 움직일 수 있다. 즉, 25 cm/(50 cm/hr)$=$0.5시간$=$30분, 또는 25 cm/(100 cm/hr)$=$0.25시간$=$15분

연습문제

▪1단계: 이해력 확인하기

1. a 2. c 3. d 4. a 5. c 6. d 7. b 8. a 9. d 10. b

▪2단계: 적용력 평가하기

1. b 2. d 3. b 4. a 5. b

▪3단계: 사고력 함양하기

1. 뿌리세포 외부의 용질 농도가 세포 내부보다 크다. 따라서 용질퍼텐셜은 세포 외부에서 더 음수이며 물은 뿌리세포에서 토양으로 이동한다. 물이 없으면 식물이 시들게 된다.
2. 막을 가로지르는 물의 이동 속도가 아쿠아포린 돌연변이체에서 감소할 것이기 때문에 시든 식물을 찾으면 된다.
3. 막 수송 수준에서 식물과 동물은 매우 유사하다. 식물 세포벽은 세포의 파열을 방지하므로, 식물세포는 대부분의 동물세포보다 더 많은 물을 흡수한다. 표피세포 수준에서는 동물 간에 상당한 차이가 있다. 양서류는 피부를 통해 물을 교환한다. 식물은 방수 표피조직을 가지고 있지만, 기공을 통해 수분을 잃는다. 인간은 땀을 흘리지만 개는 그렇지 않다. 일부 동물은 수생 환경에 있거나 염분이 높은 환경에 적응할 수 있는데, 식물과 마찬가지이다. 관다발식물은 물관부를 통해 식물체로 엄청난 양의 물을 이동하는데, 증산작용을 이용해 수송한다. 폐쇄순환계 동물은 몸 전체로 물을 이동시킬 수 있으며, 또한 삼투 조절을 담당하는 비뇨계를 통해 과도한 물을 배설할 수 있다.
4. 증산 속도는 밤보다 낮에 더 크다. 수분 손실은 기공이 있는 잎이 더 많이 날린 나무의 윗부분에서 먼저 발생하기 때문에, 물관부의 물 감소는 윗부분에서 먼저 관찰된 후 아래쪽 부분에서 관찰된다.
5. 1년차 봄–새로운 당근 묘목은 발생 중인 잎에서 광합성을 하고 설탕은 생장하는 끝부분으로 이동한다.

   1년차 여름–발달 중인 잎은 탄수화물의 원천이며, 이제는 발달하는 뿌리와 성장하는 어린 슈트 정단으로 이동한다.

   1년차 가을–당근 뿌리는 이제 슈트에서 생산되는 모든 탄수화물의 수용처이다.

   2년차 봄–뿌리에 저장된 탄수화물이 슈트가 있는 위로 이동하기 시작한다.

   2년차 여름–슈트가 개화하고, 발달하는 꽃은 뿌리와 잎의 광합성에서 나오는 탄수화물의 주요 수용처이다.

   2년차 가을–종자가 발생 중이며, 탄수화물의 주요 수용처이다. 뿌리에 저장된 탄수화물을 사용했으며, 광합성 과정에서 남은 탄수화물은 발생 중인 종자로 운반된다.

32장

핵심 요약

32.1 뿌리 주변의 수분퍼텐셜이 감소하고 물이 더이상 뿌리로 이동하지 않는다. 증산이 멈추고 식물은 생존을 유지하기 위한 물이 부족하게 된다.

32.2 마그네슘은 엽록소 분자의 중심에서 발견된다. 마그네슘이 충분하지 않으면 엽록소 결핍으로 인해 광합성이 감소하고 면적당 생산량이 감소하게 된다.

32.3 라이조비움과 콩과식물 뿌리는 박테리아가 감염사를 통해 뿌리에 들어가서 분화하고, 탄수화물과 교환하여 식물을 위한 NH_3를 생산하는 공생 관계를 가지고 있다. 질소고정 박테리아는 일반적으로 콩과식물로 제한되지만, 관다발식물의 90% 이상이 뿌리의 표면적을 확장하고 인산염 전달을 증진시키는 균근 진균과 공생 관계를 가지고 있다. 균근 공생이 먼저 존재했으며, 이 공생의 일부 신호전달경로는 라이조비움과 콩과식물 공생에서도 발견된다.

32.4 **#1** 생물체에서 탄소에 비해 질소의 양이 감소하면 단백질이 더 적게 생성된다. 예를 들어 식물은 높은 CO_2 대기와 낮은 CO_2 대기에서 같은 크기일 수 있지만, 상대적인 단백질량은 높은 CO_2 조건에서 더 낮게 나타난다. 인간을 포함한 초식동물의 경우 더 높은 농도의 CO_2에서 낮은 농도에서와 같이 동일한 양의 단백질을 얻으려면 더 많은 식물 물질을 소비해야 한다.

#2 하나의 전략은 토양에서 사용 가능한 질소의 양을 늘리는 것이다. 이것은 화학적으로 생산된 암모니아 비료를 사용하거나, 질소고정 콩과식물로 간작(間作)하거나, 토양을 기름지게 하기 위해 질소가 풍부한 유기물을 사용함으로써 달성할 수 있다. 또한 대기 중 CO_2의 상대적인 양을 줄이기 위한 노력도 도움이 될 것이다.

32.5 동물이 먹지 않는 큰 포플러 나무를 심으면 부분적인 해결책이 될 것이다. 식물환경정화를 받고 있는 지역에 울타리를 두르는 것도 또 다른 방법이지만 모든 동물, 특히 새들의 접근을 방지하는 것은 어려울 것이다. 일부 겨자종(배추속 식물종)을 포함하여 2차 화합물로 초식동물을 자연적으로 억제하는 식물은 식물환경정화에 효과적일 수 있다.

탐구문제 및 자료 분석

768쪽 탐구문제: 나무의 대부분은 광합성 과정에서 대기 중 CO_2와 토양의 H_2O로부터 생성된 탄수화물이다. 나무 질량에서 가장 큰 비율을 차지하는 것은 대기의 CO_2에서 비롯된다.

775쪽 탐구문제: 극한의 저온 및 고온에서는 식물 호흡에 관련된 효소가 변성된다. 식물은 장기적인 온도 변화에 적응하는 경향이 있으며 호흡 속도를 조절할 수 있다. 그러나 변화가 단기적이고 더 극적일 때, 특히 온도 변화가 효소를 변성시킬 만큼 충분히 클 경우에 호흡을 늦추거나 중단될 수 있다.

연습문제

■1단계: 이해력 확인하기

1. b 2. a 3. c 4. d 5. a 6. b 7. c 8. a

■2단계: 적용력 평가하기

1. c 2. a 3. a 4. d

5. a. 1000 kg의 감자에 대한 미량 영양소 문제의 경우, 사용해야 하는 변환은 1 ppm이 1 mg/kg과 동일하다는 것이다. 구리 4 ppm은 4 mg/kg과 같다. 여기에 감자 1000 kg을 곱하면 4000 mg 또는 4 g의 구리가 최대 30,000 mg 또는 30 g이 된다.
   b. 아연 15 ppm은 15 mg/kg과 같다. 따라서 감자 1000 kg=15,000 mg 또는 15 g에 해당하고, 100 ppm은 100,000 mg 또는 100 g에 해당한다.
   c. 칼륨의 경우 1000 kg에 대한 0.5%는 5 kg이다. 6%는 60 kg에 해당한다.
   d. 철분 25 ppm은 25 mg/kg과 같다. 따라서 1000 kg의 감자=25,000 mg 또는 25 g이고, 300 ppm은 300 g에 해당한다.

■3단계: 사고력 함양하기

1. 훈증법은 장기적으론 질소고정에 중요한 세균을 파괴할 수 있다. 또한 식물에 영양분을 공급하는 다른 미생물도 파괴될 수 있다.
2. 붕소를 제외한 완전한 영양 용액과 다양한 농도의 붕소를 가진 완전한 영양 용액에서 토마토를 수경재배한다. 잎의 착색, 성장 속도(단위 시간당 새 잎의 수), 각 처리군 식물에서 생산되는 과일의 수와 크기를 비교한다. 연구가 끝날 때 각 처리군에서 식물의 건조 중량을 비교하는 것도 도움이 될 것이다.
3. 기타 입력 요인에는 다량 영양소와 미량 영양소가 모두 포함된다. 질소, 칼륨 및 인은 비료의 일반적인 다량 영양소이며, 미량 영양소와 함께 순환하는 물의 수준을 검사해야 한다. 공기 중의 CO_2 수준도 검사할 수 있다.

33장

핵심 요약

33.1 지질 기반 화합물은 잎에 물이 투과하지 못하는 층을 만드는 데 도움이 된다.

33.2 전체 식물 또는 식물 조직에서 만들어진 약물은 활성 성분 외에도 여러 가지 다른 화합물을 포함한다. 화학적으로 합성되거나 정제된 물질은 하나 이상의 알려진 물질을 알려진 양으로 조제할 수 있다.

33.3 말벌이 모든 애벌레를 죽일 것 같지는 않다. 애벌레의 공격을 받으면 식물은 말벌을 유인하는 휘발성 물질을 방출한다. 그러나 말벌은 식물이 신호를 방출할 때 신호 근처에 있어야 하기에, 결과적으로 일부 유충은 말벌의 감지를 피할 수 있을 것이다.

33.4 세포의 국소적 죽음은 병원체와 나머지 식물 사이에 장벽을 만든다.

탐구문제 및 자료 분석

787쪽 탐구문제: 리신은 번역을 제한하는 리보솜 결합 단백질로 작용한다. 암살자의 우산 끝에서 마르코프의 허벅지에 아주 소량의 리신이 주입되었는데, 세포에서 단백질이 번역되지 않으면 효소 및 기타 유전자 산물이 더이상 생산되지 않아 피해자의 물질대사가 중단되고 사망에 이르게 된다.

연습문제

■1단계: 이해력 확인하기

1. d 2. b 3. b 4. d 5. c 6. a 7. c 8. a 9. d

■2단계: 적용력 평가하기

1. c 2. d 3. d 4. b 5. c 6. a

■3단계: 사고력 함양하기

1. 인간의 빠른 학습 능력으로 인해 사람들을 병들게 하는 독소가 있는 식물은 먹거리의 중심이 될 수 없었을 것이다(의도적 배제). 만약 다른 지역에 서식하는 동일한 종이 변이로 인해 낮은 수준의 독소를 가졌다면 그 지역에서 이 식물을 계속 수확했을 것이다(우연한 현상). 재배가 계속됨에 따라 독소가 적은 식물의 씨앗을 채취하여 다음 해에 경작했을 것이다.
2. 기생충 말벌이 유충을 효과적으로 방제하려면 감염이 발생한 지역에 충분히 많은 말벌 집단을 유지해야 한다. 만약 말벌이 이 지역을 벗어나 이동하면 새로운 말벌을 도입해야 한다. 말벌의 밀도는 애벌레의 공격을 받는 식물이 휘발성 화학 신호를 방출할 때 그 근처에 말벌이 있는 것이 중요하다. 따라서 충분한 밀도를 유지하는 것은 성공의 핵심이다.
3. 식물이 개화 중이거나 열매가 자라는 경우, 시스테민은 열매나 꽃을 향해 이동하여 발생 중인 종자를 보호한다. 식물이 당근 식물과 같은 2년생 식물인 경우, 성장 첫해에 시스테민은 다음 해의 식물을 위한 저장고인 뿌리 또는 기타 저장 기관으로 향할 가능성이 크다.

34장

핵심 요약

34.1 엽록소는 광합성에 필수적이고, 피토크롬은 빛을 신호로 사용하여 식물의 생장과 발달을 조절한다. 피토크롬 매개 반응은 식물을 빛 환경과 일치시켜 광합성이 극대화되어 식물에 유리하게 작용한다.

34.2 식물은 정상적인 중력 반응을 갖지 않을 것이다. 빛을 포함한 다른 환경 신호가 식물의 성장 방향을 결정할 것이다.

34.3 잎이 접히면 식물을 건드리는 초식동물이 놀랄 것이다. 결국 초식동물이 떠나고 식물은 보호된다.

34.4 겨울에는 더운 날을 제외하고는 잎이 광합성을 멈춘다. 잠시 날씨가 따뜻해지면 물이 잎으로 이동하여 광합성이 시작된다. 그러나 불행히도 온도가 내려가는 순간 잎이 얼어 영구적으로 손상되면, 봄이 왔을 때 잎사귀가 제 기능을 하지 못하고 나무가 죽을 것이다. 따라서 겨울에 잎을 떨어뜨리고, 얼어버릴 위험이 없는 봄에 새롭게 살아있는 잎을 생성하는 것이 나무에게 이점이 될 것이다.

34.5 지베렐린과 브라시노스테로이드가 후보일 가능성이 높다. 낮은 조도에서 자란 돌연변이 식물에 브라시노스테로이드 또는 지베렐린을 처리하는 것은 좋은 초기 실험이 될 것이다. 이 식물이 야생형 식물보다 키가 커진다면 이들은 호르몬 후보가 될 것이다. 반응이 없다고 해도 돌연변이가 호르몬 수용체에 있을 수 있기에 호르몬 경로를 확인해봐야 한다. 어떤 호르몬 수용체가 돌연변

이 되었는지 결정하는 한 가지 방법은 돌연변이 식물을 지베렐린 또는 브라시노스테로이드에 대한 야생형 수용체로 형질전환시키는 것이다.

탐구문제 및 자료 분석

797쪽 탐구문제: 종자 발아, 슈트 신장 및 식물 밀집 탐지 등을 포함하여 많은 적색광 매개 반응은 피토크롬 작용에만 연결되어 있다. 유전자 발현을 유도하는 적색광 매개 반응 중 일부만이 단백질 카이네이스의 작용에 의존한다. 피토크롬이 Pfr 형태로 전환되면 단백질 카이네이스가 인산화를 촉발하고 차례로 특정 빛 조절 유전자의 번역을 촉발하는 신호전달 연쇄반응을 시작한다. 피토크롬의 단백질 카이네이스 도메인에 돌연변이가 있는 식물에서 모든 적색광 매개 반응이 중단되는 것은 아니다.
798쪽 자료 분석: 햇빛이 숲의 지붕을 통과할 때 적색광은 근적외선보다 더 빠른 속도로 잎에 흡수된다. 식물의 신호전달경로는 식물 성장과 발달을 조절하기 위해 피토크롬을 통해 적색 및 근적외선의 상대적인 양에 대한 정보를 통합한다. 예를 들어, 근적외선의 상대적인 양이 증가함에 따라 종자 발아가 억제되기에, 그늘 아래에서는 종자가 발아할 가능성이 작다. 햇빛이 감소하면 어린 식물은 광합성 감소로 인해 생존 가능성이 낮아졌을 것이다. 또는 태양광 감소에 대한 정보는 식물이 광합성을 하기 위해 태양광에 더 가까이 가도록 줄기가 빠르게 신장하는 신호를 보낼 수 있다.
801쪽 탐구문제: 옥신은 줄기와 잎이 빛을 향해 구부러지는 것을 포함하여 식물의 굴광성 성장 반응에 관여한다. 옥신은 식물세포의 가소성을 증가시켜 신장하도록 한다. 가장 높은 농도의 옥신은 태양에 최대로 노출된 줄기 끝에서 가장 많이 발생한다.
809쪽 탐구문제: 옥신 호르몬과 같은 화학물질은 줄기의 그늘진 쪽에서 세포의 신장을 유발하여 줄기가 빛을 향해 구부러지게 할 수 있다.
810쪽 자료 분석: 각도기를 사용하여 수직 또는 수평축을 기준으로 굽힘 각도를 간단히 결정할 수 있다.

연습문제

■1단계: 이해력 확인하기

1. c 2. a 3. d 4. d 5. b 6. d

■2단계: 적용력 평가하기

1. b 2. a 3. b 4. c 5. c 6. b 7. d

■3단계: 사고력 함양하기

1. 이는 황백화 현상이다. 황백화는 어둠 속에서 자라는 식물이 죽기 전에 빛에 도달하도록 돕는 에너지 절약 전략이다. 빛을 사용할 수 있을 때까지 녹색이 되지 않고 줄기의 마디사이 신장에 에너지를 사용한다. 이 전략은 감자 슈트(싹)에 유용한데, 표면에 더 빨리 도달하도록 슈트는 신장한다. 이들은 흰색으로 남아있으며, 햇빛에 노출될 때 엽록소 생성을 시작한다.
2. 굴성은 빛과 같은 환경 신호에 반응하여 생물체가 성장하는 것을 말하며, 주성은 환경 신호에 대한 생물체의 움직임을 의미한다. 식물은 움직일 수 없기에 주성을 나타내지는 않지만, 굴성은 나타낸다.
3. 옥신은 중력으로 줄기의 아래쪽에 축적되면 아래쪽의 세포가 신장할 수 있다. 따라서 옥신 또는 옥신을 포함하는 소포가 중력장에 반응하면 녹말체 없이 중력 반응을 가질 수 있다.
4. 농부는 굴촉성 반응을 일으키고 있는데, 접촉에 반응하여 어린 식물의 마디사이 지름이 증가한다. 큰 줄기는 들판으로 옮겨졌을 때 바람과 비에 더 강하기에, 따라서 어린 식물이 부러질 가능성이 작다.

35장

핵심 요약

35.1 속씨식물이 개화하지 않으면 유성생식이 불가능하고 식물의 적응도가 0이 될 것이다.
35.2 조명이 설치된 식물생장실에서 빛을 조절함으로써 개화를 촉진하는 실험을 설정할 수 있다. 그런 다음 밤 동안에 빛을 잠깐 노출하여 밤의 길이를 중단할 수 있다. 낮의 길이가 결정적인 요인일 경우 짧은 빛의 섬광은 개화에 영향을 주지 않을 것이다. 그러나 밤의 길이가 결정적인 요인일 경우 짧은 빛이 결과에 영향을 미칠 수 있다. 예를 들어, 단일식물(긴 밤이 필요한 식물)의 경우 밤을 방해하면 개화가 방지된다. 빛으로 밤을 방해하든 말든 식물이 꽃을 피우면 장일식물(짧은 밤의 식물)일 수 있다. 이 경우 밤의 길이를 증가시킨 두 번째 실험을 설정하는 것이 좋은데, 그러면 식물은 개화하지 않을 것이다.
35.3 꽃은 수분매개자를 끌어들여 번식 확률을 높일 수 있다.
35.4 감수분열에 의해 배우자가 형성될 때 새로운 대립유전자 조합이 생길 수 있다.
35.5 겉씨식물에서 암배우체는 배아의 영양 공급원이다. 대조적으로, 속씨식물은 중복수정으로 인해 배아의 영양 조직인 배젖을 생성한다.
35.6 종자가 땅에 있으면 뿌리가 확립될 때까지 어린 식물에 더 큰 안정성을 제공할 수 있다.
35.7 조건이 일정하고 식물이 이러한 조건에 잘 적응했을 때는 유전적 변이가 유리하지 않을 것이다. 오히려, 영양생식이 현재 상태에 잘 적응된 유전자형이 유지되도록 보장할 것이다.
35.8 2년 생활사는 생명체가 두 번째 시즌 동안 번식하는데 사용할 영양분을 상당량 저장할 수 있다. 이 전략의 단점은 식물이 두 번의 성장기 사이의 겨울 동안 살아남지 못할 경우, 적응도가 0으로 감소한다는 것이다.

탐구문제 및 자료 분석

832쪽 탐구문제: 꽃 생산은 최대 4개의 유전적으로 조절되는 경로를 사용한다. 이러한 경로는 식물이 성체 크기에 도달했을 때, 온도와 빛 수준이 최적일 때, 그리고 영양 상태가 개화를 지원하기에 충분할 때 꽃을 피우도록 한다. 이러한 모든 요소가 결합되었을 때 개화의 성공과 식물 종의 후속 세대 생존이 보장된다.
833쪽 탐구문제: 일단 춘화처리가 되고 영양이 최적 상태가 되면 식물이 성체 크기에 도달하지 못하더라도 꽃 억제 유전자가 없이 개화할 수 있다. 즉 개화가 정상보다 일찍 발생할 수 있다.
845쪽 자료 분석: 7번의 세포분열이 일어났다. 하나의 세포가 분열하여 2개의 세포를 생산하고, 분열 시마다 2배씩 증가하므로 7번 분열을 거쳐 총 128개를 생산한다.
846쪽 탐구문제: **#1** 모노프테로스는 뿌리 발생 유전자를 전사하는데 필요한 전사인자인데, 이 유전자의 돌연변이체는 기능적 모노프테로스 단백질을 만들지 않기에 뿌리가 발달하지 않는다.
#2 모노프테로스를 억제할 수 없다면 옥신이 있을 때마다 뿌리가 발생한다. 즉 식물의 뿌리는 예상치 못한 곳에서 자랄 수 있다.

연습문제

■1단계: 이해력 확인하기

1. a 2. c 3. a 4. d 5. d 6. c 7. d 8. c 9. a 10. d 11. a 12. c 13. c 14. a 15. b 16. c 17. a

■2단계: 적용력 평가하기

1. b 2. c 3. b 4. a 5. b 6. c 7. c 8. b 9. c

■3단계: 사고력 함양하기

1. 포인세티아는 단일식물이다. 새로운 고속도로의 자동차 조명은 긴 밤을 중단시켜서 개화를 방해할 것이다.
2. 시금치는 장일식물이며, 식물의 생식기관이 아닌 영양기관을 수확하려고 한다. 여름에는 낮이 길어지면서 시금치가 꽃을 피우지만 봄에는 잎만 나온다. 초봄에 시금치를 기르고 수확하면, 꽃이 피고 노화가 일어나기 전에 잎사귀를 수확할 수 있다.
3. 자가수분은 수분이 없는 것보다 낫고, 타가수분은 다음 세대의 유전적 다양성을 증가시킨다. 콜럼바인의 꽃 구조는 타가수분을 선호하기에, 자가수분은 일종의 백업 옵션이다. 이 백업 옵션을 사용하는 경우 다른 식물의 꽃가루관이 같은 식물의 꽃가루관보다 암술대를 통해 더 빠르게 성장할 수 있기에 타가수분이 자가수분을 중단시킬 수 있는 기회가 한 번 더 있다.
4. 종자에서 자란 감자는 덩이줄기에서 자란 감자보다 새 감자를 생산하는 데 더 오래 걸린다. 종자는 재배 기간 사이에 저장하기 쉽고 통감자보다 훨씬 적은 저장 공간을 차지한다. 종자 재배 감자는 무성으로 번식된 감자 괴경보다 유전적 다양성이 더 크다. 따라서 환경 조건이 해마다 다를 경우, 다양한 식물의 변이는 다른 환경 조건에서 이점을 가질 것이기 때문에 종자 재배 감자가 더 나은 수확량을 보일 수 있다. 반면에 괴경에서 자란 감자는 동일하다. 환경 조건이 해당 유전자형에 최적인 경우, 괴경 재배 감자가 다양한 종자 재배 감자보다 수확이 좋을 것이다. 그러나 환경 조건이 무성생식 감자에 최적이 아니면, 종자 재배 감자가 더 높은 수확량을 가질 수 있다.
5. 바닥에 푸쿠스 접합체를 놓고 빛을 위 방향 또는 아래 방향에서 비춘다. 빛이 더 중요하다면, 중력이 지시하는 반대 방향임에도 불구하고 헛뿌리는 빛을 향해 형성될 것이다. 중력이 더 중요하다면 헛뿌리는 빛의 방향에서 멀어질 것이다.

36장

핵심 요약

36.1 기관은 여러 유형의 조직으로 만들어질 수 있다. 예를 들어, 심장에는 근육조직, 결합조직 및 상피조직이 포함되어 있다.

36.2 샘조직의 상피는 분비 기능을 하지만, 장의 상피세포는 정단쪽 표면에 융모를 가지고 있어 물질을 흡수하는 면적이 증가한다.

36.3 혈액은 혈장과 같은 세포외물질(ECM)이 풍부하기 때문에 결합조직의 한 형태로 분류한다.

361.4 심장세포의 기능은 전기적으로 연결되어야 하는데, 간극연접은 세포 사이에 이온이 흐를 수 있게 한다.

36.5 뉴런의 길이는 1 m나 될 수 있지만, 이는 길이를 따라 물질을 확산시킬 수 있는 매우 가느다란 실과 같은 구조이다. 뉴런은 미세소관을 따라 세포체에서 시냅스로 단백질을 이동시키기 위해 특수한 수송체계를 가지고 있다.

36.6 기관계는 겹칠 수 있다. 예로 호흡계 및 순환계는 겹칠 수 있으며, 이러한 시스템은 상호 의존적이다.

36.7 함께 작용한다.

36.8 온도를 조절하기 위해 대사 열을 생성하는 능력을 가지고 있는지에 대한 차이가 있어야 한다. 따라서 외온성 및 내온성이란 용어가 냉혈과 온혈 대신 사용된다.

탐구문제 및 자료 분석

880쪽 탐구문제: 2분 동안 떨면 흉부 근육이 완전히 수축할 수 있을 만큼 충분히 예열된다. 예열 후 날개를 완전히 작동하도록 하는 근육 수축은 운동에너지로 활용되기 때문에 떨림으로 인해 발생하는 열에너지는 더이상 필요하지 않다.

881쪽 자료 분석: 상대적으로 더 큰 표면적을 가진 작은 포유류는 열을 쉽게 발산하므로 따뜻한 환경에서는 도움이 되지만 추운 환경에서는 해롭다. 추운 환경에서 작은 포유류는 체온을 유지하기 위해 피난처를 찾거나 단열재로 털을 사용하는 등의 적응이 필요하다. 부피가 크고 상대적으로 표면적이 작은 커다란 포유류는 체온을 잃는 데 훨씬 더 오래 걸리므로, 추운 환경에 더 잘 적응한다. 더운 환경은 같은 이유로 그들에게 더 큰 문제를 유발한다.

882쪽 자료 분석: 발열인자는 시상하부의 조절 중추를 표적으로 한다. 그들은 "설정점"을 높여서 일관되게 더 높은 체온을 유도한다.

연습문제

■1단계: 이해력 확인하기

1. c 2. c 3. d 4. a 5. d 6. b 7. b 8. b

■2단계: 적용력 평가하기

1. b 2. c 3. c 4. d 5. a 6. c

■3단계: 사고력 함양하기

1. 내장과 피부 모두 상피조직을 포함하기에 가능하다. 따라서 상피세포에 영향을 미치는 질병은 소화계와 피부 모두에 영향을 미칠 수 있다. 예를 들어, 낭포성섬유증은 상피 막의 이온 수송체계에 영향을 미치기에 폐, 장 및 땀샘에서 나타난다.
2. 신경계와 내분비계는 조절과 유지에 관여한다. 그들은 내부 및 외부 환경을 감지하는 작용을 하며 항상성을 유지하기 위해 변화에 반응하도록 신체를 조절한다. 소화계, 순환계 및 호흡계도 조절 및 유지에 관여한다. 그들은 모두 신체에 필요한 영양소를 공급하기 때문에 함께 작용한다. 소화계는 음식에서 영양분을 얻는 일을 담당하고, 호흡계는 산소를 공급하고 노폐물(이산화탄소)을 제거하며, 순환계는 영양분을 몸의 세포로 운반하고 대사성 노폐물을 제거하는 작용을 한다.
3. 굶주림은 음성피드백 자극이다. 굶주림은 개인이 먹도록 자극하여 배고픔을 제거한 후 포만감을 유발한다. 즉 굶주림은 자극이고, 식사는 자극을 제거하는 반응이다.
4. 내부 환경은 끊임없이 변화한다. 하루의 일과 중에서 근육 활동은 체온을 높이지만, 앉아서 먹거나 쉬면 체온이 내려간다. 신체는 활동이나 환경의 변화에 대해 지속적으로 조절해야 한다.

37장

핵심 요약

37.1 체성신경계는 의식적으로 통제된다.

37.2 세포 안쪽으로 향하는 양의 전류(Na^+의 유입)는 막을 탈분극하고, 바깥쪽으로 향하는 양의 전류(K^+의 유출)는 막을 재분극한다.

37.3 담배에는 복합 니코틴이 있어서 일부 아세틸콜린 수용체에 결합할 수 있다. 이것은 수용체 수 및 반응의 변화를 포함하는 근본적인 습관화를 유발하여, 고전적인 중독증상으로 이어진다.

37.4 반사 경로를 사용하면 정보가 실제로 뇌에 도착하기도 전에 손상을 입히는 자극에 빨리 반응할 수 있다.

37.5 이 두 시스템은 반대 방향으로 작동한다. 이것은 직관적이지 않은 것처럼 보일 수 있지만, 대부분 항상성의 기초이다.

탐구문제 및 자료 분석

893쪽 자료 분석: 3종류를 합산한 것이 그림에 표시되어 있다. 다른 가능한 조합별 전위 합은 다음 그래프와 같다.

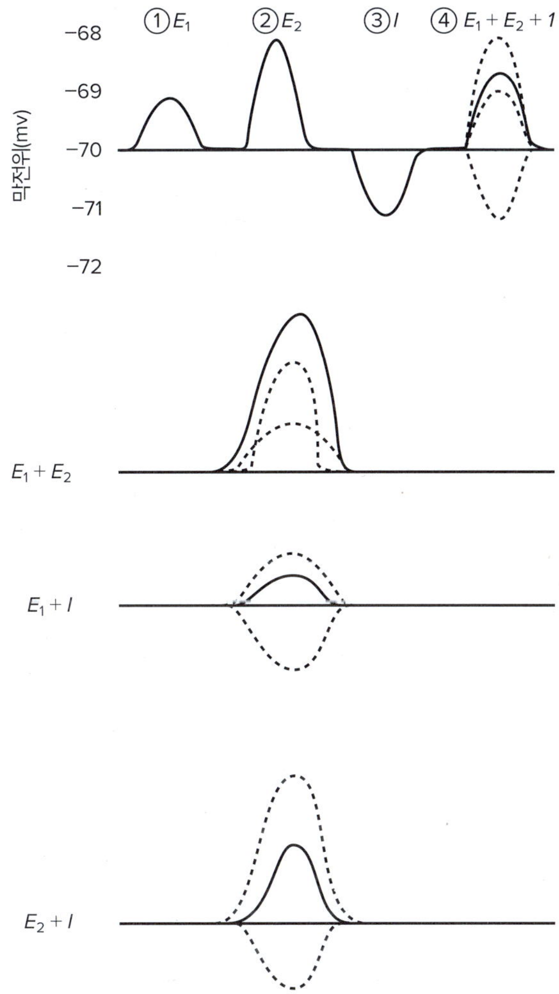

900쪽 자료 분석: 그림에 표시된 흥분성 및 억제성 전위는 합산되어 휴지막 전위에 가까운 막전위를 나타낼 것이다.

연습문제

1단계: 이해력 확인하기

1. a 2. c 3. a 4. a 5. d 6. d 7. a

2단계: 적용력 평가하기

1. d 2. b 3. c 4. a 5. a 6. c 7. d

3단계: 사고력 함양하기

1. TEA는 K^+ 통로를 차단하여 K^+가 세포 밖으로 나가지 못하도록 하여 휴지전위로 되돌아가지 못하도록 한다. 전압개폐성 Na^+ 통로는 여전히 작동하고 Na^+는 여전히 세포로 흘러 들어가지만 재분극은 일어나지 않는다. Na^+는 $+60mV$인 Na^+에 대한 전기화학적 평형에 도달할 때까지 계속해서 세포로 유입된다. 막전위가 $+60mV$에 도달한 후에는 Na^+의 순이동이 없지만 막은 휴지막 전위로 다시 재분극할 수 없기에, 뉴런은 더이상 작용할 수 없다.
   시냅스전 세포에 TEA를 처리했을 때 시냅스후 세포에 미치는 영향 역시 비슷하다. 시냅스전 세포는 탈분극되고 시냅스 소포에 저장된 신경전달물실이 소신할 때까지 계속 방출할 것이다. 결과적으로 시냅스후 세포는 시냅스전 세포의 신경전달물질의 저장소가 고갈될 때까지 지속적으로 자극될 것이다. 그러나 시냅스후 세포는 막을 재분극할 수 있기에, 휴지막 전위로 돌아갈 것이다.
2. 탈분극: Na^+ 통로 열림, K^+ 통로 닫힘
   재분극: Na^+ 비활성개폐구 닫힘, K^+ 통로 열림
   과분극: Na^+ 활성개폐구 닫힘, 비활성개폐구 열림, K^+ 통로 닫힘
3. (1) 활동전위는 축삭의 끝에 도달하고, Ca^{2+} 통로가 열린다.
   (2) Ca^{2+}는 시냅스에서 시냅스 소포가 축삭의 막과 융합되도록 한다.
   (3) 시냅스 소포는 신경전달물질을 방출한다.
   (4) 신경전달물질 분자는 시냅스틈을 통해 확산된다.
   (5) 시냅스후 수용체 단백질은 신경전달물질과 결합한다.
   (6) 시냅스후 막이 탈분극된다.
   (7) 이것이 억제성 시냅스라면 수용체 단백질과 신경전달물질은 시냅스후 막이 과분극되게 한다.
4. 자극에 반복적으로 노출된 세포는 반응 능력을 잃을 수 있다. 이것을 습관화라고 한다. 친구의 시냅스후 세포는 자극 신호가 매우 풍부하기 때문에 반응하는 수용체 단백질의 수를 줄였을 수 있다. 결과적으로 동일한 결과를 얻기 위해 더 많은 자극이 필요하게 된다.

38장

핵심 요약

38.1 자극 강도의 로그값과 활동전위의 빈도가 서로에 대해 대응하면 직선이 된다. 이를 로그 관계라고 한다.

38.2 외온성 생물체의 체온은 주변 온도와 반드시 같지는 않다. 예를 들어, 추운 날에 파충류는 햇볕을 쬐는데, 태양이 동물의 체온을 주위 온도보다 더 올려 따뜻하게 할 수 있다. 이 상황에서 예를 들어 살모사의 열을 감지하는 기관은 환경과 먹이 사이의 온도 차이를 구별할 수 있기에 사냥에 여전히 효과적일 것이다.

38.3 자기수용기는 근육의 신장을 감지하고 이후에 생물체 각 부분의 상대적인 위치와 움직임에 대한 정보를 중추신경계로 전달한다. 이 지식은 중추신경계에 매우 중요하다. 즉 적절한 근육에 신호를 보내 반응하거나 균형, 이동 조절 및 반사 반응을 하도록 함으로써 자극에 응답할 수 있어야 한다.

38.4 측선계는 생물체가 환경의 압력과 진동의 미세한 변화를 감지할 수 있도록 함으로써 어류와 양서류 유충의 청각을 보완한다. 이것은 물의 밀도에 의해 촉진되므로, 수중 환경이 아니라면 육상 양서류 성체는 더이상 이 시스템을 사용할 수 없다. 육지에서 음파는 측선계와 유사한 구조에 의해 진동 또는 압력파로 감지하는 것보다 청각으로 더 쉽게 감지된다.

38.5 집파리와 같은 많은 곤충은 발에 화학수용기를 가지고 있어 주변 환경으로 이동할 때 먹이의 존재를 감지할 수 있다. 따라서 이 곤충은 걷고 있으면서 "맛"을 볼 수 있으며, 식용 물질을 만나면 주둥이를 내려 음식을 섭취할 수 있다.

38.6 완전한 적록 색맹이 있는 사람(적색 또는 녹색 원추세포만이 부족한 사람과 달리 적색 또는 녹색 원추세포가 없는 사람)은 이러한 색을 구별하는 방법을 배울 가능성이 거의 없다. 사람이 스펙트럼의 적색-녹색 영역에서 색상

을 인식하려면 적색 및 녹색 원추세포가 모두 필요하다. 두 원추세포가 없으면 망막과 뇌 사이의 신호를 비교할 수 있는 기준점이 없게 된다. 채도 또는 물체 모양 및 크기와 같은 다른 단서가 있는 경우 색맹이 덜 심각한 사람은 이러한 색상을 구별하는 방법을 배울 수 있다. 그러나 다른 단서가 없으면 부분적인 적록 색맹인 개인도 이러한 색을 구별하기가 매우 어려울 것이다.

38.7 어둠 속에서는 눈이 필요하지 않다. 아마도 동굴 물고기는 눈이 생성되지 않았을 때 에너지를 덜 소비하기에 선택적인 이점을 제공했을 것이다. 빛이 있는 서식지에서는 기능적인 *Pax6*를 생성하는 돌연변이가 선택될 가능성이 크며, 시간이 지남에 따라 더 많은 물고기가 눈을 가질 것이다. *Pax6* 기능을 복원하는 돌연변이의 확률은 매우 낮지만, 실제 일어날 수 있는 일이다.

탐구문제 및 자료 분석

926쪽 탐구문제: 부상을 당한 물고기는 요동치면서 주위에 진동을 일으켜 수압의 급격한 변화를 일으키기에 감지된다. 물고기의 측선계는 수압의 변화에 반응하여 뇌에 신호를 보내는 감각세포로 채워진 관으로 구성된다.

933쪽 탐구문제: 미각과 후각 모두 화학수용기를 감각수용기로 사용하는데, 특정 단백질이 수용체에 결합하면 활동전위를 유발하여 감각 신호를 뇌에 전달한다. 두 시스템에서 화학물질은 검출되기 전에 먼저 세포외액에 용해되어야 한다. 두 시스템의 주요 차이점은 후각계는 신호 경로가 시상을 통해 전달되지 않는다는 것이다. 대신 활동전위는 후각피질로 직접 전달된다. 또 다른 차이점은 미각수용기는 수만 또는 수십만 개인 데 반해, 후각수용기는 수천만 개로 더 많이 생긴다는 것이다.

937쪽 자료 분석: 자외선은 그림 38.19의 청색광보다 파장이 짧기에 최대 흡수는 청색 원추세포의 최대 흡수인 420 nm 왼쪽으로 나타난다. 그림 7.4에 따르면 전자기 스펙트럼의 UV 부분은 10~400 nm 사이이며, 이는 시각 스펙트럼의 끝부분이다. 최대 흡수는 이 범위 내에서 나타나는데, 아마도 "근자외선"으로 간주되는 400 nm에 가까운 곳에 나타날 것이다.

938쪽 탐구문제: 추가적인 원추세포는 두 가지 방법으로 색각을 향상시킬 수 있다. 첫째, 일부 동물에서 자외선을 감지하는 것과 같이 다른 원추세포에 의해 감지되지 않는 색상 스펙트럼 영역에 감지할 수 있다. 또한 다른 원추세포가 민감하게 작용하는 지역에서도 색 차별을 강화할 수 있다. 가령 그림 38.19에서 노란색을 고려해보라. 사람은 3종류의 원추세포를 가지고 있으며, 각각은 약 520 nm 파장의 스펙트럼에 민감한 정도가 다양하다. 사람의 뇌는 3종류 원추세포의 반응을 통합하여 색상을 노란색으로 해석한다. 그러나 최대치의 감도가 520 nm 영역에 있는 네 번째 원추세포가 있다고 상상해보자. 그 원추세포의 출력은 다른 3종류의 원추세포가 할 수 없는 추가적인 식별을 제공하므로, 네 번째 원추세포가 없는 개인이 구별할 수 없는 색상 음영을 식별할 수 있다.

연습문제

■1단계: 이해력 확인하기

1. d 2. b 3. d 4. b 5. a 6. c 7. b 8. d 9. a 10. d

■2단계: 적용력 평가하기

1. c 2. a 3. c 4. b

■3단계: 사고력 함양하기

1. 혈액의 pH가 산성이 되면 순환계와 신경계의 화학수용기가 뇌에 알려서 호흡률을 높이도록 신체가 반응한다. 이는 폐를 통한 이산화탄소의 방출을 증가시키는데, 혈중 이산화탄소 수치가 감소하면 탄산이 감소하여 pH가 상승한다.
2. 망막에 도달하여 시신경에 활동전위를 생성하기 위해서는 빛이 먼저 신경절과 양극세포를 통과하여 양극성 세포와 시냅스를 이루는 간상세포와 원추세포에 도달해야 한다. 양극세포는 신경절 세포와 시냅스하고 있다. 이들은 차례로 활동전위를 뇌에 보낸다. 망막은 3개의 층으로 구성되어 있으며, 간상세포와 원추세포는 동공에서 가장 멀리 위치하기 때문에 빛은 가장 깊게 이동하여 반응을 시작한 후, 이 반응은 더 표면으로 이동하여 광학 신호를 생성하게 된다.
3. 이석이 모세포 쪽으로 내려가게 하는 중력이 없으면 이석 기관이 제대로 기능하지 않는다. 이석 막은 모세포에 안착하지 않으며 중력의 당김에 대해 수평 혹은 수직으로 움직이는 신체에 반응하여 이동하지 않을 것이다. 결과적으로, 모세포는 구부러지지 않아 수용체 전위를 생성하지 않을 것이다. 우주 비행사는 볼 수 있기에 움직이는 느낌을 받을 수 있다. 주변 물체와 관련하여 자신이 움직이는 것을 볼 수 있지만, 눈을 감으면 주변 환경과 관련하여 움직이는지 알 수 없을 것이다. 그들의 자기수용기는 여전히 작용할 것이기 때문에 팔이나 다리를 움직일 때 감지할 수 있겠지만, 공간을 통해 움직이는 신체의 감각을 갖지 못할 것이다.
   반고리관은 무중력의 조건에서 제대로 작동하지 않는다. 반고리관의 유체는 여전히 움직일 수 있어서 각운동의 일부 감각은 작용하겠지만, 반고리관의 완전한 기능을 위해서는 유체의 방향 이동을 돕기 위한 중력이 필요하다. 후자의 관점이 현재까지의 설명이다.
4. 많은 예가 작은 유전자 집단에서 있는데, 생물체의 주요 그룹 사이에서 표현형의 다양성을 생성하는 이 집단의 명백한 역할은 다른 유전자의 발현을 변경하는 것이다. 예로서 이미지를 형성하는 눈의 진화를 보면, 동물계에서 광범위하게 나타나는 눈이 독립적으로 여러 번 진화했다는 견해와 달리, 최근 연구에 따르면 유연관계가 매우 먼 분류군(예, 곤충과 척추동물)의 이미지 형성 눈은 *Pax6* 유전자의 공통 기원으로 거슬러 올라갈 수 있다. 이 견해가 옳다면, 주요 발생 양상을 조절하는 유전자는 변이 형태로 발현하지만, 장기간에 걸쳐 매우 잘 보존된 것처럼 보인다.

39장

핵심 요약

39.1 신경전달물질은 시냅스에서 방출되어 시냅스후 막에 작용하지만, 호르몬은 순환계로 들어가 몸 전체로 전달된다.

39.2 펩타이드 호르몬은 세포에 직접 들어가지 않는다. 그들은 신호전달경로를 시작하기 위해 막수용체와 상호작용한다. 이것은 유전자 발현에 영향을 미칠 수 있지만, 세포에 들어가 DNA와 직접 상호작용하는 스테로이드 호르몬 수용체의 방식은 아니다.

39.3 생장호르몬억제호르몬(GHIH)은 순환하는 생장호르몬(GH)의 양을 낮출 수 있지만, 치료로서 원치 않는 부작용이 있을 수 있다.

39.4 길항 효과가 있는 2가지 호르몬으로 인해 신체는 세밀하게 혈당 수준을 조절할 수 있다.

39.5 혈액량을 줄이면 혈압도 낮아진다.

탐구문제 및 자료 분석

964쪽 자료 분석: 매우 초기 올챙이에서 뇌하수체 절제를 수행하면 전체 신호전달 축이 중단되고 변태가 차단된다. 후기에 수술을 하면, TSH 신호가 이미 시작되었기 때문에 뇌하수체 호르몬이 더이상 필요하지 않아서 변태를 막을 수 없다.

968쪽 탐구문제: 살충제로 유충호르몬을 사용하는 것은 치명적이지는 않지만, 변태를 막아서 성적으로 성숙해지는 것을 차단하므로, 효과적으로 곤충이 불임이 되도록 만든다. 그러나 유충 형태가 피해를 주는 곤충의 경우, 다음 세대를 방지한다고 해서 현재 세대의 피해를 막을 수는 없으며 실제로 피해를 증가시킬 수 있다.

연습문제

▪1단계: 이해력 확인하기

1. b 2. d 3. c 4. b 5. d 6. b 7. a

▪2단계: 적용력 평가하기

1. a 2. c 3. c 4. b 5. b 6. b 7. b

▪3단계: 사고력 함양하기

1. 일반적인 호르몬이나 국소분비 조절인자의 표적세포가 암이 되면 전달자(신호 분자)에 과민 반응을 보일 수 있다. 이것은 차례로 세포를 과잉 생산하여 종양 형성을 초래할 수 있다. 해당 조직에 특이적인 호르몬(예, 유방 또는 전립선 조직의 성 스테로이드)의 생성을 차단함으로써 종양의 성장 속도를 늦추고 크기를 줄일 수 있다.
2. 호르몬에 의해 촉발된 2차 전달자는 각 세포의 다른 기능으로 인해 세포 내부에 서로 다른 표적을 가지고 있기에, 동일한 호르몬이 2개의 기관에 다른 방식으로 영향을 미칠 수 있다. 에피네프린은 물질대사를 증가시켜 심장 세포에 영향을 미치므로 수축이 더 빠르고 강해진다. 그러나 간세포는 수축하지 않으므로 간세포의 2차 전달자는 글리코젠을 포도당으로 전환한다. 그렇기에 호르몬은 신체에 매우 가치 있을 뿐만 아니라 경제적이다. 하나의 호르몬이 생성되고 하나의 수용체가 만들어지고 하나의 2차 전달자 시스템이 사용될 수 있지만, 세포 내부에는 2개의 다른 표적이 있을 수 있다.
3. 효과가 느리고 작용 범위가 더 넓은 티록신과 같은 호르몬의 경우 하나의 호르몬을 사용하는 음성피드백 시스템으로 적절히 조절할 수 있다. 그러나 범위가 매우 좁고 해당 범위 내에서 지속적으로 변하는 특정 매개 변수의 경우 상하로 조절하는 시스템이 바람직하다. 예를 들면 혈액 내 Ca^{2+} 또는 포도당이 너무 많거나 너무 적으면 신체에 치명적인 영향을 미칠 수 있으므로, 이러한 경우는 매우 좁은 범위 내에서 수준이 조절되어야 한다. 만약 음성피드백 고리에만 의존한다면 매우 좁은 범위 내에서 적정 한도를 유지하는 데 필요한 빠른 "켜짐" 및 "꺼짐" 응답이 제대로 실행되기 어렵다.

40장

핵심 요약

40.1 육상 무척추동물은 외골격으로 인해 3가지 제한이 있다. 첫째, 외골격을 가진 동물은 외골격을 탈피해야만 성장할 수 있으므로 포식에 취약하다. 둘째, 외골격에 작용하는 근육은 제한된 공간 내에 갇혀 있기 때문에, 강화 또는 성장할 수 없다. 마지막으로, 외골격은 많은 육상 무척추동물의 호흡계와 함께 이 동물이 성장할 수 있는 크기를 제한한다. 육상동물의 외골격이 강해지려면 표면적이 충분해야 하므로 동물이 커질수록 두께를 늘려야 한다. 더 두꺼운 외골격의 무게는 동물의 움직임 능력을 약하게 만들 것이다.

40.2 가벼운 역도 요법은 뼈가 힘과 스트레스에 반응하기 때문에 뼈의 침적(deposition)을 자극한다.

40.3 엉덩이와 같은 구와관절은 회전 및 비틀림 동작을 허용한다. 팔꿈치의 경첩관절은 한 평면에서 움직일 수 있다. 활주관절을 사용하면 척추처럼 뼈가 서로 지나갈 수 있다. 조합관절은 턱과 같은 넓은 범위의 움직임을 제공한다.

40.4 느린-연축섬유는 주로 힘보다는 지구력에 적합한 근육에서 발견된다. 마이오글로빈은 포도당의 분해(산소호흡)를 위해 근육에 산소를 제공하므로 무산소호흡보다 높은 ATP 수율을 느린-연축섬유에 제공한다. 미토콘드리아의 증가는 또한 세포호흡의 가용성을 증가시킴으로써 근육의 ATP 생산성을 증가시켜 느린-연축섬유에서 지속적인 호기성 활동을 가능하게 한다.

40.5 다리를 번갈아 가며 이동하려면 더 큰 신경계 조율과 균형이 필요하며, 동물은 안정성을 유지하기 위해 지속적으로 무게 중심을 탐지해야 한다. 또한, 일련의 도약은 다리를 번갈아 가며 이동하는 것보다 단위 시간당 더 많은 지면을 커버하며(빠른 속도), 에너지를 소비한다.

탐구문제 및 자료 분석

987쪽 탐구문제: 자극 빈도를 최대 속도로 높이면 근육 수축이 가중되어 최대의 증폭이 생성된다. 연속적인 수축 사이에 이완 시간이 거의 또는 전혀 생기지 않기 때문에 수축의 강도가 증가한다.

연습문제

▪1단계: 이해력 확인하기

1. d 2. b 3. d 4. a 5. c 6. a 7. b 8. d

▪2단계: 적용력 평가하기

1. c 2. b 3. d 4. b 5. d 6. b

▪3단계: 사고력 함양하기

1. 비록 유체골격이 이동의 용이성과 움직임의 유연성 측면에서 장점이 있을 수 있지만, 외골격은 아마도 내부의 섬세한 기구를 보호하는 데 더 나은 역할을 할 것이다. 이는 지구상에서 이들 골격계에 대한 관찰과 일치한다. 벌레와 해양 무척추동물은 유체골격을 사용하지만, 절지동물("딱딱한 몸체")은 외골격을 사용한다. 벌레는 매우 유연하지만, 쉽게 부서진다.
2. 근육 활동의 처음 90초는 ATP를 생성하기 위해 세포가 빠른 에너지원(크레아틴 인산, 젖산 발효)을 사용하는 무산소호흡을 한다. 그 후, 호흡계 및 순환계는 근육에 더 많은 산소를 전달하기 시작하여 포도당에서 ATP를 생성하는, 훨씬 더 효율적인 방법인 산소호흡을 사용할 수 있다.
3. 아세틸콜린에스터레이스가 억제되면 아세틸콜린은 근육 수축을 계속 자극한다. 결과적으로 근육 경련이 일어나서 마비가 발생한다. 1995년 3월, 사린 가스가 도쿄의 지하철 시스템에 방출되어 12명이 사망하고 수백 명이 부상했다.
4. 자연선택은 목표 지향적이지 않다. 즉 진화는 환경 압력을 예상하지 않으며, 자연선택에 의해 진화로 생긴 구조는 이전 세대의 환경에 가장 적합한 구조이다. 척추동물의 날개 발달은 진화과정에서 여러 번 발생했기 때문에 새, 익룡, 박쥐는 모두 날개의 진화 과정에서 서로 다른 진화 압력에 직면했을 가능성이 있다.

41장

핵심 요약

41.1 한쪽 방향 소화계의 세포와 조직은 섭취, 소화 및 제거를 담당하는 부분이 특수화되어 있어 이 작용들이 함께 일어날 수 있기에 식품 가공 및 에너지 활용을 보다 효율적으로 한다. 그러나 위수강이 있는 경우 모든 세포는 소화의 모든 면에 노출되어, 전문화되어 있지 않다.

41.2 초식동물과 잡식동물은 어금니의 평평한 표면을 사용하여 음식을 씹어 작은 크기로 분해하고 타액을 분비하여 소화과정을 시작한다. 그러나 육식동물은 날카로운 이빨(송곳니와 고기를 찢을 수 있는 작은어금니)로 고기를 뜯어내고 살덩어리를 삼켜서 입에서 소화가 일어날 시간이나 기회를 거의 제공하

지 않는다.

41.3 치킨 샌드위치에는 탄수화물(빵), 단백질(닭고기), 지방(마요네즈)이 들어 있다. 탄수화물의 분해는 입안의 타액 아밀레이스에 의해 시작되고, 단백질의 분해는 펩시노겐에 의해 위장에서 시작되고, 지방의 유화는 담즙의 유입과 함께 십이지장에서 시작된다. 따라서 닭고기는 위에서 분해되기 시작한다.

41.4 지방은 유화작용으로 인해 지방산과 모노글리세라이드로 분해되며, 둘 다 비극성 분자이다. 비극성 분자는 단순확산을 통해 상피세포에 들어갈 수 있다.

41.5 섭취한 물질 중 위험할 수 있는 화합물은 간문맥을 통해서 먼저 간에서 대사되기에 신체의 나머지 부분에 대한 위험을 줄일 수 있다.

41.6 음식물에 대한 시각, 미각 및 후각적 자극은 소화관이 소화효소와 호르몬 방출을 촉발하는 데 필요하다. 적절한 소화에 필요한 침과 위액은 후각에 의해 유발되기에 후각 장애의 영향을 받는다.

41.7 정상적인 렙틴 수준에서도 이 신호 분자에 대한 뇌의 민감도가 감소한 개인은 여전히 비만이 될 수 있다.

41.8 어떤 돌연변이가 성공하는지는 그 종이 받는 선택적인 압력에 달려 있다. 따라서 서로 다른 2종이 유사한 환경 조건에 노출된다면 동일한 돌연변이를 가질 수 있다. 이때 돌연변이는 유사하게 성공적이어야 한다. 두 종이 동일한 돌연변이를 갖지만 선택압이 다른 경우, 두 종 모두에서 돌연변이가 성공하지 못할 수도 있다.

탐구문제 및 자료 분석

998쪽 탐구문제: '열 가지 재주 있는 사람이 밥 굶는다'는 옛 속담을 생각해 보라. 잡식동물은 다양한 종류의 먹이를 잘 먹지만 특정 유형에 특화되어 있지 않아 효율성이 떨어진다. 그러나 절단과 갈기에 특화된 이빨을 가진 초식동물은 식물 재료를 먹는 데 더 효과적이며, 썰고 찢기에 특화된 이빨을 가진 육식동물은 근육조직을 더 효율적으로 먹을 수 있다. 따라서 어떤 종의 먹이가 한 가지 유형이면 그 목적에 특화된 치아를 갖는 것이 유리하다.

999쪽 탐구문제: 후두덮개가 후두와 기관을 제대로 막지 않으면 음식이 기도에 끼어 질식을 유발할 수 있다.

1000쪽 탐구문제: 소화계는 위장의 산성 분비물로부터 소화관의 섬세한 조직을 보호하는 데 도움이 되는 점액층을 분비한다.

1009쪽 탐구문제: 위억제펩타이드(GIP)와 콜레시스토키닌(CCK)은 음식을 섭취할 때 시상하부에 억제 신호를 보낸다. 시상하부 센서가 제대로 작동하지 않으면 렙틴 수치가 증가하고, 식욕을 잃게 된다.

1012쪽 자료 분석: 라이소자임의 아미노산 서열은 반추동물과 랑구르원숭이 사이에서 수렴적으로 진화했다. 따라서, 라이소자임 분자 데이터만을 사용하여 계통발생을 구성했다면, 이들 종(반추동물과 랑구르원숭이)은 계통수에서 서로 인접해 있을 것이다.

연습문제

▪1단계: 이해력 확인하기

1. b 2. c 3. c 4. b 5. d 6. a 7. c

▪2단계: 적용력 평가하기

1. d 2. b 3. c 4. b

▪3단계: 사고력 함양하기

1. 새는 주변 환경에서 얻은 먹이를 새끼에게 먹인다. 어미 새는 먹이를 모이주머니에 저장하여 둥지로 돌아왔을 때, 음식을 역류시켜 새끼들의 입으로 가져간다. 반면에 포유류는 어미의 젖샘에서 생산되는 젖을 새끼에게 먹인다. 새끼들은 어미의 젖꼭지를 물고 젖을 빨면서 먹는다. 포유류는 새끼에게 액체를 먹이기 때문에 소화계에 모이주머니가 필요하지 않다.
2. 렙틴은 지방세포에 의해 생성되며 섭식 행동에 대한 신호 역할을 한다. 낮은 혈중 렙틴 수치가 뇌에 섭식활동을 시작하라는 신호를 주기 때문에 비만 치료는 렙틴 수치를 높여 식욕을 감소시켜야 한다.
3. 간은 항상성을 유지하는 데 많은 중요한 역할을 한다. 그 두 가지 역할은 약물과 화학물질을 해독하고 혈장 단백질을 생성하는 것이다. 혈장 단백질 수치의 감소는 간 질환을 나타내며, 이는 알코올 또는 기타 약물 남용으로 인해 발생할 수 있다.
4. 집단 내에서 돌연변이된 대립유전자가 적응하도록 안내하는 선택압은 이 두 생물체 그룹에서 동일했다. 반추동물과 랑구르원숭이는 모두 장내 박테리아에 의해 분해되는 질긴 섬유질 식물을 먹는다. 이들은 박테리아를 소화시킴으로써 셀룰로스로부터 영양분을 흡수한다. 이 과정은 이러한 적응된 라이소자임을 사용함으로써 이루어진다. 침 및 기타 분비물에서 발견되는 정상적인 라이소자임은 비교적 중성 pH 환경에서 작동하지만, 이러한 장내 라이소자임은 산성 환경에 적응해야 했는데, 이는 수렴진화를 설명한다.
5. 포유류의 치열은 여러 먹이 유형을 처리하는 데 적응한 반면에, 새는 모래주머니에서 먹이 입자를 분해함으로써 여러 유형의 먹이를 처리할 수 있다. 조류 사료는 포유류 사료에 비해 상당히 다양하다. 일부 새는 육식동물이고, 다른 새는 식충동물 또는 과일을 먹으며, 또 다른 일부는 잡식동물이다.

42장

핵심 요약

42.1 피크의 법칙에 따르면 호흡 표면의 표면적을 늘리고, 호흡 가스 간의 농도 차이를 늘리고, 가스가 확산하는 거리를 줄임으로써 확산 속도(R)를 증가시킬 수 있다고 한다. 즉 $T=\frac{DA\Delta p}{d}$. 따라서 지속적으로 섬모를 움직이는 것은 농도 차이를 증가시킨다(Δp).

42.2 역류계는 Δp를 증가시켜 혈액의 산소 농도를 최대로 만든다. 따라서 전체 확산 경로에 걸쳐 혈액보다 물에서 더 높은 산소 농도를 유지해야 한다. 이 과정은 물이 혈류와 반대 방향으로만 흐르도록 함으로써 증진되는데, 물고기의 아가미 새엽에서 발견되는 얇은 막의 판(lamellae)을 통해 이를 달성한다.

42.3 새는 다른 육상 척추동물보다 더 효율적인 호흡계를 가지고 있다. 높은 고도에서 살거나 날아가는 새는 낮은 산소분압을 받기에, 폐에서 산소의 확산과 보유를 극대화할 수 있는 호흡계를 진화시켰다. 또한 효율적인 산소 교환은 비행 중에 중요하다. 즉 비행은 대부분의 이동 형태보다 더 많은 에너지를 소비하며 효율적인 산소 교환 없이 새는 짧은 거리도 안전하게 비행할 수 없다.

42.4 조류와 포유류의 호흡에는 구조적, 기능적 차이가 있다. 포유류와 조류 모두 폐가 있지만, 조류만이 공기주머니(기낭)를 가지고 있어 호흡기 안팎으로 공기를 이동시키는 데 사용하는 반면, 포유류만이 폐 안팎으로 공기를 이동시키는 데 사용되는 근육 횡격막이 있다. 포유류의 폐는 유연하며 폐의 폐포라고 하는 작은 폐쇄형 주머니 안에서 가스 교환이 발생한다. 대조적으로, 새의 폐는 딱딱하고 단방향인 측기관지에서 가스 교환이 발생한다. 또한 포유류의 공기 흐름은 양방향이기 때문에, 산소 및 탈산소화된 공기가 혼합되어 있지만, 조류의 단방향 공기 흐름은 모세혈관으로 들어가는 산소의 농도를 증가시킨다. 따라서 호흡에 있어 포유류는 조류보다 덜 효율적이다. 호흡할 때마다 조류는 포유류보다 더 많은 산소를 전달한다. 마지막으로 포유류는 1개의 호흡 주기만 가지고 있는데 반해, 조류는 2개의 완전한 주기를 가지고 있다.

42.5 대부분 산소는 헤모글로빈(산소 헤모글로빈 형성)과 결합하여 혈액으로 운반되는 반면 혈장에는 적은 비율만이 용해된다. 반면에 이산화탄소는 주

로 탄산수소 이온(HCO_3^-)으로 운반된다(먼저 물과 결합하여 탄산을 형성한 다음 탄산수소 이온과 수소 이온으로 해리됨). 이산화탄소는 또한 혈장에 용해되어 헤모글로빈과 결합한다.

탐구문제 및 자료 분석

1019쪽 자료 분석: 비율은 면적(A)에 압력 차이(Δp)를 곱한 함수이다. 따라서 둘 중 어느 쪽이든 더 많이 증가하면 확산 속도를 증가시키는 데 더 큰 영향을 미친다.

1021쪽 자료 분석: O_2 농도의 차이가 가장 클 때 가스 교환이 가장 크다. 따라서 역류 교환의 경우 농도 차이는 전체적으로 거의 동일하므로 모세관의 길이를 따라 교환은 거의 동일하게 일어날 것이다. 그러나 가장 큰 차이는 15%(100%－85%)인 상단에서 발생한다. 동류 교환에서 가장 큰 차이는 80%(90%－10%)인 하단에서 생긴다.

1029쪽 탐구문제: 피크의 확산 법칙에 따르면 용존 가스의 경우 확산 속도는 막의 두 면 사이의 압력 차이와 확산이 발생하는 면적에 정비례한다. 폐기종에서는 폐포벽이 파괴되고 폐포의 크기가 증가하여 가스 교환을 위한 표면적이 실질적으로 줄어든다. 따라서 폐기종은 가스의 확산을 감소시킨다.

1030쪽 자료 분석: 실제로는 그렇지 않다. 건강한 사람은 강렬한 운동 후에도 혈액에 상당한 산소를 보유하고 있다.

1031쪽 (그림 42.15) 자료 분석: 휴식 및 운동 중 동맥과 정맥 사이의 산소 함량 차이를 통해 조직에 얼마나 많은 산소가 배출되었는지를 알 수 있다.

1031쪽 (그림 42.16) 자료 분석: 산소헤모글로빈의 포화도는 온도가 증가함에 따라 감소한다. 따라서 주어진 P_{O_2}에 대해 산소는 높은 온도에서 더 많이 해리되어 더 낮은 포화도를 나타내고, 더 낮은 온도에서는 결합 상태를 유지하여 더 높은 포화도를 초래한다.

1031쪽 탐구문제: 증가한다. 모든 pH 또는 온도에서 압력이 증가하면 O_2 포화율이 감소한다(조직에 더 많은 O_2가 전달됨).

연습문제

■1단계: 이해력 확인하기

1. c 2. d 3. d 4. d 5. b 6. a 7. d 8. c

■2단계: 적용력 평가하기

1. d 2. c 3. a 4. c 5. a 6. c

■3단계: 사고력 함양하기

1. 어류의 아가미는 호흡 표면적을 넓힐 뿐만 아니라 역류계가 있어 전체 교환 경로에 걸쳐 산소 농도기울기를 유지하여 혈액에 산소를 공급하기 위한 가장 효율적인 시스템을 제공한다. 양서류 호흡계는 그다지 효율적이지 않은데, 그들은 양압 호흡을 한다. 조류의 폐는 표면적이 넓고 단일방향 공기 흐름이 있다는 점에서 매우 효과적이다. 반면에 포유류는 표면적이 크지만 강한 농도기울기를 유지하는 메커니즘이 없다.
2. 운동 중 세포호흡은 방출되는 이산화탄소의 양을 증가시켜 혈액의 pH를 감소시킨다. 또한 포도당 대사 중에 열이 방출되므로 세포호흡이 증가하면 온도가 상승한다. pH 감소와 온도 증가 모두 말단 조직의 산소 배출량을 약 20% 증가시킨다.
3. 단세포 원핵생물, 원생생물 및 많은 무척추동물은 주변 환경에서 직접 체표면으로 가스 교환이 발생할 수 있을 만큼 충분히 작다. 대부분 세포가 가스를 교환해야 하는 환경과 직접 접촉하지 않는 더 큰 생물체만이 가스 교환을 위한 특수 구조가 필요하다.

43장

핵심 요약

43.1 곤충의 심장이 수축하면 혈관을 통해 체강으로 혈림프를 밀어 넣는다. 심장이 이완하면 그에 따른 음압 기울기가 몸의 근육 수축과 결합하여 혈액을 심장으로 다시 끌어들인다.

43.2 혈관 손상 후 혈관 수축은 손상 부위에 혈소판이 축적되고, 그 후 혈소판 마개가 형성된다. 이것은 양성피드백 효소 연쇄반응을 유발하여 더 많은 혈소판, 응고 인자 및 기타 화학물질을 끌어들이고, 각 화학물질은 응고가 형성될 때까지 지속적으로 추가 응고 분자를 끌어당긴다. 효소 연쇄반응은 또한 혈액에서 피브리노겐을 피브린으로 만들어서 결국 혈소판 마개를 대체할 피브린 응고(혈전)를 형성하게 한다.

43.3 하나가 아닌 2개의 심실을 갖는 주요 이점은 산소화된 혈액이 탈산소화된 혈액과 분리된다는 것이다. 어류와 양서류의 경우 산소와 탈산소 혈액이 혼합되기에 몸의 세포에 전달되는 산소가 줄어들게 된다.

43.4 심방 수축 이후의 지연은 심실 수축 전에 방실판막이 닫히도록 한다. 그 지연이 없으면 심실의 수축으로 인해 혈액이 판막을 통해 심방으로 다시 올라가게 된다.

43.5 전신에서 가스 교환이 일어나는 동안 모세혈관에서 확산된 혈액의 약 90%만이 혈관으로 되돌아간다. 나머지는 림프관으로 이동한 다음 왼쪽 및 오른쪽 쇄골하정맥을 통해 순환계로 액체를 되돌린다.

탐구문제 및 자료 분석

1039쪽 탐구문제: 생물체에 따라 다른데, 포유류에서는 적혈구의 성숙 과정에서 핵이 방출되어 핵 DNA를 얻을 수 없다. 다른 척추동물에서는 이렇게 되지 않으므로 핵 DNA는 성숙한 적혈구에 존재한다.

1040쪽 탐구문제: 적혈구생성소(erythropoietin)는 골수성 줄기세포에서 적혈구 생성을 자극하는 호르몬이다. 더 많은 적혈구가 생성되면 혈액의 산소 운반 능력이 증가한다. 이것은 잠재적으로 운동 능력을 향상시킬 수 있기에 올림픽 및 기타 스포츠 경기 중에 적혈구생성소 사용을 금지하고 있다.

1050쪽 자료 분석: 이 둘의 지름은 15배(60/4) 차이가 난다. 저항은 지름의 4제곱에 반비례하여 증가하기 때문에 저항의 차이는 15의 4제곱, 즉 15^4가 되며 이는 50,625배에 해당한다.

연습문제

■1단계: 이해력 확인하기

1. a 2. b 3. c 4. a 5. c 6. d 7. a 8. a

■2단계: 적용력 평가하기

1. a 2. b 3. c 4. a

■3단계: 사고력 함양하기

1. 항이뇨호르몬(ADH)은 뇌하수체 후엽에서 분비되지만, 표적세포는 신장에 있다. ADH의 존재에 반응하여 신장은 재흡수되는 물의 양을 증가시킨다. 이 물은 결국 혈장으로 돌아가 부피가 증가하고 그에 따라 혈압이 증가하게 된다. 다른 호르몬인 알도스테론은 또한 신장이 Na^+을 유지하도록 하여 혈압을 증가시킴으로써, 물을 혈액으로 다시 끌어들이는 농도기울기를 설정한다.
2. 혈액은 혈장(주로 단백질이 용해된 물로 구성됨)과 고형 요소(적혈구, 백혈구 및 혈소판)로 이루어져 있다. 림프는 간질액으로 구성되어 있으며 림프관과 기관에서만 발견된다. 혈액과 림프는 폐쇄순환계를 가진 생물체에서

발견된다. 혈림프는 개방순환계를 가진 생물체에서 발견되는 순환액(혈액)과 간질액이다.

3. 많은 사람은 내온성의 진화가 일정한 내부 온도를 유지하기 위한 적응이라기보다는 산소가 낮은 환경에서 기능에 대한 적응이라고 주장한다. 이것이 사실이라면 4개의 방으로 된 심장의 진화는 신체 조직에서 산소 가용성을 높이고 산소가 부족한 환경에서 매우 유익한 적응일 것이고, 그리고 내온성의 진화와 관련이 있을 것이다. 즉, 이 2가지 적응은 또한 더 효율적인 심장이 내온성에 수반되는 대사 활동 증가에 필요한 산소를 제공할 수 있다는 점에서 관련이 있다고 볼 수 있다.
4. 동방결절은 자연스러운 심박조율기 역할을 하기에, 오작동하는 경우 임상적 증상으로 심방과 심실 사이에 느리거나 불규칙한 심장 박동 또는 불규칙한 심전도가 예상된다.

c. 심방나트륨이뇨호르몬(ANH)은 혈액량 증가에 대한 반응으로 심장의 우심방에서 생성되고 분비된다. ANH의 분비는 알도스테론 분비를 감소시킨다. ANH의 분비와 함께 원위세뇨관은 재흡수되는 Na^+의 양을 감소시키고, 마찬가지로 재흡수되는 Cl^-와 물의 양을 감소시킨다. 이에 대한 최종 결과는 혈액량 감소로 나타난다.

2. 환자의 신장이 순환 상태의 영향을 받지 않는 경우, 정상적인 신장 혈류 속도는 심장 박출량의 21%인 7.2 L/min × 0.21 = 1.5 L/min이다.
   계산 과정은 다음과 같다.
   무게 = 90 kg, 혈액량 = 80 mL/kg
   몸무게 90 kg인 사람의 혈액량 80 mL/kg × 90 kg = 7200 mL = 7.2 L
   1분 안에 총 혈액량을 펌핑하므로, 심장 유속은 7.2 L/min
   신장 유속은 심장의 21%인 7.2 L/min × 0.21 = 1.5 L/min

44장

핵심 요약

44.1 물은 삼투압이 높은 지역으로 이동한다.
44.2 질소 폐기물은 독성이 있기에 문제가 된다.
44.3 둘 다 수분 유지에 관여한다.
44.4 헨레고리는 포유류와 조류 계통에서 독립적으로 발생했거나, 파충류 계통에서 손실되었음을 의미한다.
44.5 만니톨은 세뇨관 시스템 내 삼투압을 증가시켜 물의 재흡수를 감소시켜 물 손실을 초래할 것이다.
44.6 아쿠아포린 통로를 차단하면 집합관에서 물이 재흡수되지 않는다.

탐구문제 및 자료 분석

1063쪽 자료 분석: 혈액 내 용질이 증가하면 재흡수되는 물의 양이 감소한다. [역자 주: 당뇨병 환자의 경우 오줌으로 빠져나가는 여과액 속의 당 성분이 많기에 집합관에서 수동적으로 이루어지는 물의 재흡수가 줄어들게 된다. 따라서 오줌을 자주 누게 되며, 갈증이 나서 물을 자주 마시게 된다.]

연습문제

▪1단계: 이해력 확인하기
1. d 2. a 3. c 4. c 5. d 6. d 7. d

▪2단계: 적용력 평가하기
1. d 2. c 3. b 4. b 5. c 6. b

▪3단계: 사고력 함양하기
1. a. 항이뇨호르몬(ADH)은 시상하부에서 생성되며 뇌하수체 후엽에서 분비된다. ADH는 네프론의 집합관을 표적으로 하고 관 벽에 있는 물의 투과성을 증가시켜 소변에서 물의 재흡수를 자극한다. ADH 분비에 대한 주요 자극은 혈액의 삼투압 증가이다.
   b. 알도스테론은 혈중 Na^+ 농도의 감소에 반응하여 부신 피질에서 생성되고 분비된다. 알도스테론은 말단의 복잡한 세뇨관을 자극하여 Na^+을 재흡수하여 소변에서 Na^+의 배설을 감소시킨다. Na^+의 재흡수는 Cl^-와 물의 재흡수로 이어지므로 알도스테론은 염분과 물을 모두 보유하는 순효과를 갖게 된다. 그러나 알도스테론 분비는 혈액 삼투압 감소로 인해 자극되는 것이 아니라 혈액량 감소로 인해 자극된다. 사구체 인접장치라고 부르는 사구체 기저에 위치한 세포군은 혈액량의 감소를 감지한 후 레닌-안지오텐신-알도스테론 시스템을 자극한다.

45장

핵심 요약

45.1 그렇지 않다. 선천면역은 병원체에 공통적인 분자의 유형에 따라 약간의 특이성을 보여준다.
45.2 조혈 줄기세포
45.3 T 세포 수용체는 재배열되어 특이적 결합 능력을 가진 다양한 수용체를 생성한다. Toll 유사수용체는 재배열되지 않으며 특정 분자가 아닌 특정 분자 집단을 인식한다.
45.4 Ig 수용체는 재배열되어 다양한 특이성을 생성한다. TLR 수용체는 재배열되지 않고 특정 분자 집단에 결합한다.
45.5 앨러지는 면역 체계가 과도하게 반응하는 경우인 반면에, 자가면역질환은 면역 체계가 손상되는 것을 포함한다.
45.6 진단 키트는 항원의 단일 특정 항원결정기에 대해 개발되기 때문에 단클론항체를 사용한다. 또한 단클론항체는 동물을 면역화하고 혈액을 추출하여 혈청에서 항체를 분리하는 복잡한 과정을 거치지 않고, 세포를 배양하여 생산하기에 더 효율적이다.
45.7 소아마비(폴리오)와 독감(인플루엔자)의 주요 차이점은 바이러스가 변하는 속도이다. 폴리오 바이러스는 단일 RNA로 구성된 게놈을 가진 RNA 바이러스이다. 바이러스 표면 단백질은 빠르게 변하지 않으므로 백신을 통한 면역이 가능하다. 인플루엔자는 돌연변이율이 높은 RNA 바이러스로, 표면 단백질이 빠르게 변한다. 인플루엔자 바이러스는 여러 RNA로 구성된 게놈을 가지고 있어 다른 균주로 감염되는 동안 다른 바이러스 RNA와 재조합이 일어날 수 있다.

탐구문제 및 자료 분석

1081쪽 탐구문제: 바이러스가 체내로 방출되어 수많은 세포를 추가로 감염시킬 수 있다.
1086쪽 탐구문제: 우두에 대한 면역이 천연두에 대해서도 작용해야 할 만큼 두 바이러스의 항원 특성은 충분히 비슷해야 한다.
1096쪽 탐구문제: B 세포 면역 글로불린(Ig)과 T 세포 수용체(TCR)의 형성에서 나타나는 일반적인 구조 및 메커니즘은 적응면역의 공통 조상형 세포로부터 오늘날 존재하는 두 세포 계통이 생겨난 것을 시사한다.
1101쪽 자료 분석: 소변 시료에 있는 고농도의 hCG는 항체가 hCG 코팅 입자에 결합하는 것을 차단하여 응집을 방지한다.
1102쪽 탐구문제: 인플루엔자는 표면 항원을 자주 변경하여 장기간 효과가 있는 백신을 생산할 수 없는 반면에, 천연두 바이러스는 훨씬 더 안정적인 구조를 가지고 있어서 백신을 사용할 수 있다.

연습문제

1단계: 이해력 확인하기

1. b 2. a 3. b 4. c 5. c 6. b 7. c

2단계: 적용력 평가하기

1. d 2. c 3. c 4. b, a, d, c 5. c 6. b 7. a

3단계: 사고력 함양하기

1. 이 로션을 면역 강화제로 광고하기는 어려울 것이다. 피부는 기름지고 산성이기 때문에 감염에 대한 장벽 역할을 하는데, 수분이 많은 알칼리성 로션을 바르면 피부 분비물의 보호 효과가 희석되어 면역 기능이 억제될 것이다. 아마도 다른 직업을 찾아야 할 듯싶다.
2. 상처가 염증 반응을 일으켰다. 일부 병원균이 피부의 상처를 통해 몸에 들어갔을 가능성이 매우 크지만 실제로는 조직 손상으로 인해 반응이 발생한다. 발적은 히스타민의 방출로 인해 혈관이 확장된 결과이다. 이것은 또한 따뜻한 혈액을 표면에 더 가깝게 보내 피부 온도를 증가시킨다. 혈관에서 액체가 누출되면 상처 부위가 부어오르고 피부의 통증 센서에 압력이 가해질 수 있다. 이 모든 것들은 방어 세포와 분자를 부상 부위로 끌어당겨 감염으로부터 방어하는 데 도움이 된다.
3. 먼저 바이러스가 결합하는 수용체를 결정해야 한다. 그런 다음 이 수용체의 구조를 민감성이 있는 개인과 없는 개인 간 비교해야 한다.
4. 이러한 자료는 선천면역이 매우 오래된 방어 기작이라는 것을 암시한다. 자포동물문에서 이러한 단백질의 존재는 이 단백질이 다세포성 생물이 진화한 직후에 발생했음을 나타낸다.

46장

핵심 요약

46.1 유전적 성 결정은 본질적으로 동등한 성비를 보장한다[역자 주: 그 유전자를 가진 쪽과 그렇지 않은 쪽으로 나누어지므로]. 성비가 같지 않을 때, 수가 많은 우세한 성에서 짝을 차지하기 위한 경쟁이 더 많이 일어나고 반대쪽 성에 의해 선택된다. 온도에 따른 성 결정은 한쪽 성이 선택되는 왜곡된 성비를 초래할 수 있다. 반면 유전적 성 결정은 집단 내에서 훨씬 더 큰 안정성을 제공할 수 있으며, 결과적으로 안정성을 제공하는 유전적 형질이 선택된다.

46.2 발정주기는 대부분의 포유류에서 일어나고, 대부분의 포유류 종은 상대적으로 복잡한 사회 조직과 짝짓기 행동을 가지고 있다. 성적 수용성 주기는 이러한 복잡한 짝짓기 시스템을 가능하게 했다. 특히, 수컷에 의한 영아살해가 위험한 사회 집단에서는 수컷이 재빨리 암컷 집단을 임신시킬 수 있는 능력을 제거할 수 있기에 암컷 간의 발정기가 일치하도록 선택되었다. 생리학적으로 발정주기는 성적인 수용성을 촉진하는 호르몬과 함께 난자의 성숙을 초래한다. [역자 주: 영아살해는 수컷이 자신의 유전자가 아닌 새끼를 죽이는 것인데, 이 경우 암컷은 수유에서 벗어나 빨리 발정기를 갖도록 함으로써 수컷이 적응도를 높이는 전략이다 이에 대한 암컷의 대응 전략 중 하나가 암컷들이 모두 특정 시기에만 발정기를 갖는 것인데, 이 경우 영아살해를 한다고 해서 교미 기회가 더 많아지는 것이 아니므로 수컷들이 얻을 수 있는 이익이 별로 없게 된다.]

46.3 수컷이 짝을 놓고 경쟁하는 짝짓기 시스템에서는 성적 선택의 한 형태인 정자 경쟁이 매우 일반적이다. 이러한 사회 집단에서 여러 수컷이 한 암컷과 짝을 이룰 수 있으므로 가장 많은 수의 정자를 생산한 개체는 생식적 이점을 갖게 된다. 즉, 자손을 낳을 가능성이 더 크다.

46.4 대답은 상황에 따라 다르다. r-선택 종, 즉 생애 이른 시기에 번식하고 종종 새끼를 돌보는 데 많은 투자를 하지 않는 종에서는 임신당 여러 자손을 낳는 것이 분명 자연선택에 의해 선호될 것이다. 반면에 새끼에 대한 투자가 매우 높은 *K*-선택 종에서는 부모의 자원이 자손 간에 나뉘지 않으면(즉 특정 자손에게 집중되면) 자손의 생존 가능성이 더 크기에 하나의 자손을 출산하는 것을 선호할 수 있다.

46.5 피임약은 여성의 배란주기를 호르몬으로 조절함으로써 작동한다. 피임약은 프로게스테론을 지속적으로 방출하여 배란을 방지한다. 배란은 주기적인 사건이며 호르몬 조절하에 있기 때문에 이 과정을 인위적으로 조절하는 것이 상대적으로 쉽다. 또한 여성 피임약은 단일 난자의 배란을 중단하기만 하면 되는 반면에, 유사한 남성 피임약은 정자 생산(남성은 매일 수백만 마리의 정자를 생산함)을 완전히 중단해야 하기에, 남성의 이러한 호르몬 격변은 불임 또는 기타 견딜 수 없는 부작용을 유발할 수 있다.

탐구문제 및 자료 분석

1109쪽 탐구문제: 모든 생물체의 궁극적인 목표는 상대적 적응도를 극대화하는 것이다. 작은 암컷은 번식할 수는 있지만 일단 매우 커지면 수컷이 됨으로써 번식 성공을 극대화할 수 있는데, 특히 몇몇 수컷이 모든 암컷과 짝짓기를 하는 경우에서 그렇다. 웅성선숙은 짝의 공급이 제한되고 상대적으로 공간이 적은 종에서 진화할 수 있다. 다른 수컷과 가까운 곳에 있는 수컷은 암컷을 기다리는 것보다 암컷이 되어 가용 수컷과 교미함으로써 번식 성공률이 더 높을 것이다.

1112쪽 탐구문제: 난생에서 태생으로의 진화는 태반 또는 유사한 구조의 발달이 필요하기에 복잡한 과정인데, 한번 복잡한 구조로 진화하면 역진화가 발생하는 경우는 드물다. 아마도 더 중요한 것은, 태생은 특히 추운 날씨(또는 포식)로 인해 난자가 죽기 쉬운 환경에서 난생보다 몇 가지 장점이 있다는 것이다. 바다뱀과 같은 수생 파충류의 경우, 태생은 암컷이 바다에 머무를 수 있게 하고 해변으로 오지 않아도 되기에 어미와 알이 포식자에게 노출되는 것을 방지할 수 있다.

1117쪽 탐구문제: 정상적인 상황에서 정소는 호르몬(테스토스테론 및 인히빈)을 생성하고, 이로 인해 뇌하수체 전엽에서 생성되고 분비되는 호르몬(황체형성호르몬 및 난포자극호르몬)을 음성피드백 기작으로 억제한다. 거세 후에는 테스토스테론과 인히빈이 더이상 생산되지 않으므로 뇌는 LH와 FSH를 과잉 생산하게 된다. 이러한 이유로 호르몬 요법은 일반적으로 거세 후에 처방된다.

1119쪽 자료 분석: 월경주기에서 FSH는 한주기가 끝날 무렵부터 다음 주기가 시작되는 초기까지의 짧은 기간만 LH 수준을 초과한다(각각 약 27~28일 및 1~2일).

연습문제

1단계: 이해력 확인하기

1. c 2. d 3. d 4. d 5. c 6. c 7. a 8. c 9. a

2단계: 적용력 평가하기

1. a 2. b 3. d 4. a

3단계: 사고력 함양하기

1. *SRY*가 작용하지 않게 만드는 돌연변이는 배아가 발생 중에 남성 구조를 형성하는 신호가 결핍됨을 의미한다. 따라서 배아는 태어날 때 여성 생식기를 가질 것이다.
2. 체외수정에 의존하는 양서류와 어류는 물에 접근할 수 있다. 그러나 육상 생활을 하는 도마뱀, 새, 포유류는 물이 적은 환경에서 번식할 수 있도록

적응하였다. 이러한 적응에는 보호 껍질이나 체내 발생 또는 둘 다를 가진 알이 포함된다.

3. FSH와 LH는 남성과 여성 모두 뇌하수체 전엽에 의해 생성된다. 두 경우 모두 성호르몬과 배우자 형성과정에 작용한다. 차이점은 FSH는 남성에서는 정자 생성 및 여성에서는 난소 생성을 자극하는 반면, LH는 남성의 테스토스테론과 여성의 에스트라디올 생성을 촉진한다.
4. 실제로 가능하다. hCG 호르몬은 월경을 방지하기 위해 접합자에 의해 생성되며, 자궁내막을 두껍게 하여 임신을 유지해 준다. 따라서 hCG 호르몬 수용체를 차단하면 착상과 임신을 막을 수 있다.
5. 단성생식 종은 2배체로 남아있는 배우자로부터 번식한다. 정자는 반수체이지만, 난자는 수정 후에도 감수분열(반수체가 되는 것)을 완료하지 못한다. 따라서 외부 출처의 DNA 없이 난자만 발생할 수 있다[역자 주: 즉, 난자만이 $2n$을 유지할 수 있기 때문인데, 가끔 극체가 다시 난자의 세포질과 합쳐져서 단성생식이 일어나기도 함]. 또한 난자만이 발생에 필요한 세포 구조 및 영양물질을 가지고 있다. 따라서 암컷만 단성생식을 할 수 있다.

47장

핵심 요약

47.1 Ca^{2+}은 2차전달자 역할을 하며, 단백질 활성의 변화를 가져와 다정자 수정을 차단하고 난자 내에서 단백질 합성 속도를 증가시킨다.

47.2 포유류에서 4-세포기의 할구는 아직 세포운명이 약속되지 않았으므로 분리해도 정상적인 발생이 가능하다. 반면에 개구리는 난황의 분포로 인해 어긋난(불균등) 난할이 발생한다. 따라서 4-세포기에서 각 할구는 정상 발생에 필요한 유전정보를 가진 핵을 포함하지 않는다. [역자 주: 4-세포기 때는 아랫부분의 식물극에 치우쳐 있는 난황으로 인해 세포질분열이 완전히 끝나지 않았기에 할구를 분리할 수 없다.]

47.3 낭배형성에 필요한 세포 행동은 생물체에 따라 다르다. 그러나 낭배형성이 일어나기 위해서는 몇 가지 과정이 필요한데, 특히 세포는 발생 중인 배아 전체에 걸쳐 재배열되고 이동해야 한다.

47.4 이동 전에 결정되지 않는다. 신경능선세포의 운명은 이동 경로에 의해 결정된다.

47.5 배쪽 및 등쪽 영역의 주변세포는 뼈형성단백질 4(BMP4)를 발현한다. 이들 세포의 운명은 BMP4에 결합하는 세포막의 수용체 수에 의해 결정되는데, 더 많은 BMP4 결합은 배쪽 중배엽 운명을 유도한다. 이전에 등쪽 발달을 유도하는 것으로 생각했던 형성체 세포는 등쪽 세포에서 BMP4 수용체를 차단하는 많은 단백질 중 하나를 분비함으로써 실제로는 배쪽 발달을 억제하는 것으로 밝혀졌다.

47.6 대부분 초기 기관 구조의 형성은 배아발생의 초기 3개월 동안 일어난다. 두 번째 및 세 번째 분기(3개월)는 실제 구조의 발달과 분화보다는 주로 성장과 기관 성숙의 시기이다. 따라서 기형발생물질은 이 빠른 기관형성 기간에 가장 강력하게 작용한다.

탐구문제 및 자료 분석

1144쪽 자료 분석: 두 돌연변이체 모두 색소 세포의 소실을 일으키는데, 하나는 신호 분자이기 때문에 다른 하나는 신호 분자의 수용체가 될 가능성이 크다. 생쥐 시스템에서 신호 분자는 Steel이라고 하고 수용체는 c-Kit이라고 한다(RTK, 자세한 내용은 8장 참조).

1155쪽 탐구문제: 임신하지 않은 상태에서도 높은 수준의 에스트라디올과 프로게스테론은 여전히 같은 방식으로 신체에 영향을 미친다. 두 호르몬의 높은 수치는 FSH와 LH의 방출을 억제하여 배란을 방지한다. 이것이 피임약이 작동하는 방식이다. 피임약에는 합성된 에스트라디올과 프로게스테론 모두, 또는 프로게스테론만이 포함되어 있다. 피임약에 포함된 이러한 호르몬 수치가 높으면 몸은 임신한 것으로 생각하여 배란이 일어나지 않는다.

연습문제

1단계: 이해력 확인하기

1. d 2. b 3. d 4. c 5. d 6. b 7. a

2단계: 적용력 평가하기

1. c 2. b 3. a 4. d 5. b 6. c

3단계: 사고력 함양하기

1. 다양한 단계에 있는 일련의 배아로부터 각 단계에서 세포를 제거했을 때, 제거로 인한 손상이 나타나는 배아(성숙 시 결실된 구조로 입증)는 약속된, 즉 그들의 운명이 결정된 후의 세포를 잃은 배아일 것이다.
2. 호미오박스는 포유류와 초파리의 발생에 중요한 역할을 하는 잘 보존된 유전자의 염기서열이다. 연구에 따르면 두 그룹 모두 기관형성 동안 동일한 전사인자를 사용한다. 그들 사이의 주요 차이점은 전사되는 표적 유전자에 있는데, 포유류의 호미오박스는 포유류 구조의 발달을 유발하는 유전자를 켜고 곤충의 호미오박스는 곤충 구조를 생성한다.
3. 수정 후 접합자는 hCG를 생성하여 월경을 억제하고 황체를 유지한다. 임신 10주에 태반은 hCG 방출을 중단하지만, 에스트라디올과 프로게스테론은 계속 방출하여 자궁내막을 유지하고 뇌하수체의 FSH 및 LH의 생성을 억제한다. FSH와 LH가 없으면 배란과 월경이 일어나지 않는다.
4. 스페만과 맨골드는 양서류 배아의 원구상순(등쪽 원구입술)에서 세포를 떼어내 다른 배아의 배쪽 부위에 이식했다. 이식된 세포는 정상적으로 피부와 배를 형성할 세포를 대신하여 등쪽 부위와 관련된 체절과 구조를 형성했다. 이 때문에, 그리고 2차 등쪽 구조에 수여자 세포와 이식된 세포가 모두 포함되어 있기 때문에, 스페만과 맨골드는 이식된 세포가 등쪽 발달을 위한 형성체 역할을 한다고 결론지었다.

48장

핵심 요약

48.1 개체의 적응도를 증가시키는 형태학적 특성과 마찬가지로 행동 특성도 개체의 생존 가능성과 번식 성공에 영향을 미칠 수 있다. 많은 행동의 진화적 기원을 이해하면 생물학자는 인간의 행동을 포함한 동물 행동에 대한 통찰력을 얻을 수 있다.

48.2 일반적인 짝짓기 시즌 이전에 테스토스테론을 주사한 수컷 멧굔은 짝짓기 시즌 이전에 노래를 시작한다. 그러나 암컷의 짝짓기 행동은 주로 호르몬(에스트로젠)에 의해 조절되기 때문에 수컷의 적응도가 증가하지 않을 가능성이 크다(암컷이 교미할 준비가 되기 전에 노래를 중단하거나, 또는 추가로 2주 동안 노래하는 데 드는 비용이 정자 생산 감소로 나타날 수 있기에 실제로 적응도가 감소했을 수 있다).

48.3 대초원들쥐의 암수 한 쌍의 결합에 대한 유전적 조절은 상당히 잘 확립되어 있다. 수컷이 때때로 다른 짝과 교미를 추구한다는 사실은 짝-결속의 형성이 유전자 조절뿐만 아니라 행동 조절하에 있음을 나타낸다.

48.4 수컷이 둥지에서 더 멀리 이동하는 종(따라서 넓은 범위를 가짐)에서는 공간 기억에 대해 상당한 성적(性的) 차이가 있어야 한다. 그러나 활동 범위에 성적 차이가 없는 종에서는 수컷과 암컷의 공간 기억에 있어 성적 차이가 나타

나지 않을 것이다. 이 가설을 검증하기 위해 활동 범위에 성적 차이가 있는 종의 수컷 및 암컷과 성별 간에 활동 범위의 차이가 없는 종에 대해 미로 테스트를 수행할 수 있다. (참고: 이러한 실험은 활동 범위와 공간 기억 사이에 유의한 상관관계가 있다는 가설을 뒷받침한다. 따라서 범위에서 성별 차이가 있는 종에서는 실제로 공간 기억에 성별 차이가 있다. CM Jones, VA Braithwaite, SD Healy. Behav Neurosci 2003;117(3): 403-411.)

48.5 비록 인간의 IQ와 유전자 사이에는 연관성이 있을 수 있지만, IQ에 대한 환경 요인은 더 확실하게 존재한다. IQ에 유전적 상관관계를 부여하는 것은 선택적 "번식"과 "맞춤형 아기"가 출현할 수 있기에 위험한 발상이 될 수 있다.

48.6 서로 다른 영장류와 조류 간의 계수 능력을 시험하기 위해 시행된 한 가지 실험은 동물에게 숫자를 제시하고 여러 바구니 중에서 그 숫자만큼 물체가 들어 있는 바구니를 고르도록 하는 것이다. 또 다른 실험에서 동물은 제시된 숫자만큼 바구니 안에 들어 있는 물체를 선택하도록 하는 것이다.

48.7 나비와 새는 해부학과 생리가 매우 다르므로 매우 다른 항법 시스템을 사용할 가능성이 크다. 새는 일반적으로 양방향으로 이동한다. 즉 북반구에서 추운 달에는 남쪽으로 이동하고 따뜻한 달에는 북쪽으로 다시 이동한다. 일반적으로 이주는 여러 세대에 걸친 사건이며, 어린 새가 이전 세대로부터 철새 경로를 배울 수 있을 것이다. 반면에 나비는 번식한 후 죽기 위해 남쪽으로 날아간다. 그 후 그들의 후손은 이전에 가본 적이 없는 북쪽으로 날아가야 한다.

48.8 화학적 생식 장벽 외에도 많은 종은 행동 및 형태적 생식 장벽을 사용하기에 암컷 나방이 다른 종의 수컷 페로몬에 끌린다고 하더라도 두 종은 행동학적 또는 해부학적으로 일치하지 않을 수 있다.

48.9 형질은 유전되지 않을 수 있다. 바나나에 대한 끌림이 전적으로 어디에 알을 낳는지에 따라 결정된다면, 이 경우 형질에 대한 자연선택은 진화적 변화로 이어지지 않을 것이다. [역자 주: 무작위로 알을 낳았는데 마침 바나나 근처라서, 유충 시기에 맛본 바나나에 대한 기억 때문에 이를 선호한다면 유전과는 상관없는 일이 될 것이다.]

48.10 세력권 행동으로 얻는 혜택은 잠재적 비용, 즉 갈등으로 인한 물리적 위험, 에너지 소비, 먹이찾기 또는 짝짓기 시간의 손실로 인해 지불하는 비용보다 커야 한다. 드물게 만나는 꽃에서 꿀벌새는 자원을 사용하여 얻을 수 있는 것보다 잃게 되는 에너지가 더 많게 된다. 다른 한편으로, 매우 풍부한 자원에 대해서는 일반적으로 경쟁 압력이 낮으므로 새는 접촉이 제한되지 않은 자원을 방어하기 위해 불필요한 에너지를 소비하지 않을 것이다.

48.11 먹이가 덩어리져 있으면 큰 수컷은 다른 수컷을 배제하고 많은 암컷에게 접근할 수 있어 일부다처체 짝짓기 시스템으로 이어질 수 있다. 먹이의 간격이 균등하면 암컷도 균등한 간격으로 배치되어 수컷이 여러 암컷을 가질 수 있을 만큼 넓은 영역을 유지하기가 더 어려워진다. 이 경우 일부일처제 시스템이 더 많이 예상된다.

48.12 일반적으로 호혜행동은 비용이 적게 드는 반면, 혈연선택으로 인한 행동은 비용이 낮거나 높을 수 있다. [역자 주: 상호이타주의 행동을 하지 않았다고 해서 당장 목숨을 위협받지는 않지만, 혈연선택의 경우 성공하면 개체의 유전적 이익이 큰 반면에 실패하면 목숨을 내놓는 셈이 되기에 비용의 편차가 크다.] 포식자로부터 새끼를 보호하는 것은 확실히 위험성이 높고 비용이 많이 드는 행동이다. 따라서 그 행동은 혈연선택 때문인 것 같다. 그러나 이 가설을 진정으로 검증하는 유일한 방법은 유전자 검사를 수행하거나, 특히 잘 연구된 집단에서 가계도를 살펴보는 것이다.

48.13 **#1** 사회 집단 생활은 비용과 혜택 모두와 관련이 있다. 주요 비용은 자원에 대한 경쟁의 증가이며, 주요 이점은 포식으로부터 보호받는 것이다.

#2 친족에 대한 이타주의는 혈연관계에 있는 개체를 돕는 것이 포괄적응도에 직접적인 영향을 미치기 때문에 이기적인 것으로 간주한다.

#3 대부분의 군대는 척추동물 사회보다 곤충 사회와 더 비슷하다. 곤충 사회는 선택된 소수의 개체를 지원하고 방어할 목적으로 모인 수많은 개체로 구성된다. 이 소수의 보호되고 존경받는 개체를 군대가 보호하는 사회로 생각할 수 있다. 인간 군대와 마찬가지로 이러한 곤충 사회는 각각 특정 작업에 "지정된" 개체들로 구성된다. 반면에 대부분의 척추동물 사회는 이타적이지 않으며, 집단 구성원 간의 경쟁과 공격성이 증가하는 것으로 나타난다. 정리하면, 척추동물 사회는 일반적으로 자신의 적응도가 주된 관심사인 개체들로 구성되는 반면, 곤충 사회는 집단 자체가 주된 관심사인 개체들로 구성된다.

탐구문제 및 자료 분석

1165쪽 탐구문제: 학습 능력에 대한 선택이 중단될 것이고, 따라서 미로 학습 능력이 세대마다 바뀔 것이다. 이는 무작위적 유전적 부동으로 인한 결과일 것이다.

1165쪽 자료 분석: 중간에 최대치를 가지고 대칭적으로 분포("정상" 곡선 또는 "종 곡선"이라고도 함)하는 집단에서 평균값은 일반적으로 곡선의 정점에 해당한다. 그러나 7세대와 같이 다소 치우친 분포에서 평균은 일반적으로 정점에서 약간 떨어진 길게 늘어지는 꼬리 쪽에 있다. 이 경우, 부모 집단의 평균은 약 64회이고 7세대의 민첩한 생쥐 집단의 평균은 약 39회이므로, 그 차이는 약 25가 될 것이다. 이는 방향 선택의 예이다(19장 참조).

1166쪽 탐구문제: 정상적인 *fosB* 대립유전자는 뇌에 영향을 주는 효소 단백질을 생성한다. 궁극적으로 이러한 효소는 모성 행동을 유발하기에, 효소가 없으면 정상적인 모성 행동이 발생하지 않는다.

1166쪽 자료 분석: 이 실험은 설치류에 신경펩타이드인 바소프레신을 주입할 때 그들의 짝-결속 행동에 미치는 영향을 검증하는 것이다. 대조군(정상)에서는 바소프레신 대신에 식염수(소금물) 용액을 주입하기에, 생리적 효과는 없지만, 주입하는 자체에 대한 효과를 통제할 수 있다. 징싱 조긴인 대조군(붉은색 막대)에서는 야생형 생쥐가 가장 높은 수준의 짝-결합 행동을 나타내고 산악쥐가 가장 낮게 나타난다.

1171쪽 탐구문제: 말러(Peter Marler)는 실험에서 이 주제를 다루었는데, 본능과 학습 모두 새의 노래 발달에 중요한 역할을 한다는 것을 확인했다.

1181쪽 탐구문제: 에너지 섭취를 극대화하려는 시도 외에도 많은 요인이 동물의 행동에 영향을 미친다. 예를 들어 포식을 피하는 것도 중요하다. 따라서 큰 먹이는 잡고 섭취하는 데 더 많은 시간이 필요하므로 게가 포식자에게 더 취약해질 수 있다. 그렇기에 게는 포식자에 대한 취약성 감소와 에너지 획득 감소를 맞바꿀 것이다. 이와 같은 유사한 설명이 많이 있을 수 있다.

1181쪽 자료 분석: 먹이를 잡거나 먹는 데 시간이 걸리지 않는다고 가정하면, 너구리는 개구리에서 시간당 20 J(30분에 1마리)과 귀뚜라미에서 시간당 10 J(12분당 1마리이니까 시간당 5마리이고 마리당 2 J을 곱함)을 얻을 수 있다. 따라서 너구리는 개울에서 개구리를 찾는 것이 유리하다.

후속 질문: 이 시나리오에서는 개구리 1마리를 찾고(30분) 먹는 데(15분) 모두 45분이 걸리므로, 이는 평균적으로 너구리가 시간당 1.33마리의 개구리를 먹을 수 있음을 의미한다. 따라서 10 J/개구리를 곱하면 평균 13.33 J/hr이 된다. 반대로 귀뚜라미 1마리를 찾아(12분) 삼키는데(3분) 모두 15분이 걸리므로 시간당 4마리를 먹을 수 있어 8 J/hr로 나타난다. 즉 너구리는 개구리를 먹는 것이 비록 이전의 계산보다 에너지가 감소하긴 했지만, 여전히 이득이 된다.

1187쪽 자료 분석: 이모는 어머니의 자매이다. 형제자매는 유전자의 1/2을 공유하므로, 이모는 유전적으로 어머니와 1/2이 관련되어 있다. 나는 또한 어머니와 1/2을 공유한다. 따라서 이모가 가지고 있는 어머니 유전자의 1/2 중에 나에게 1/2이 있을 것이다. 즉 1/2의 1/2 = 1/4.

1188쪽 자료 분석: 남성은 어머니로부터 모든 유전자를 얻는다. 어머니는 각 유전자에 대해 2개의 사본을 가지고 있기에, 평균적으로 두 형제는 1/2로 관련이 있을 것이다. 그러나 남성은 반수체이기 때문에 그의 딸은 남성의 모든 유전자를 받게 된다. 그 결과, 그들 남성 형제의 딸인 사촌들도 아버지(남성)로부터 얻은 부계 유전자의 1/2이 관련 있을 것이다. 그들(사촌)의 어머니들은 서로 혈연관계가 없기에, 그들은 모계 유전자를 공유하지 않을 것이며, 따라서 결국 혈연계수는 1/4로 관련될 것이다. 만약 사촌이 자매의 딸이라면 두 자매는 유전자의 3/4을 공유하므로[역자 주: 부계 유전자는 동일하고 모계의 1/2만 같기에], 두 사촌은 모계 유전자의 3/8을 공유할 것이다. 여기에서 부계는 아무런 유전적 관련이 없기 때문에, 결국 사촌은 3/16으로 관련이 있을 것이다.

연습문제

1단계: 이해력 확인하기

1. b 2. a 3. b 4. c 5. a 6. c 7. d 8. b 9. a 10. c 11. d

2단계: 적용력 평가하기

1. 아마도 모델은 홍합의 크기와 에너지값만을 고려한 기본만을 나타냈을 것이다. 그러나 더 큰 홍합은 해안 게가 더 높은 수준의 포식이나 더 큰 생리적 스트레스에 노출되는 장소에 있을 것이다(가설). 마찬가지로, 모델이 홍합 크기의 함수로서만 나타냈고, 시간에 대한 비용이나 에너지 수익을 과소평가했을 수 있다. 대형 홍합이 해안 게의 비용이 드는 장소(모델에서 고려하지 않은)에 있는 경우 여러 방법으로 가설을 검증할 수 있다. 첫째, 홍합의 크기는 공간에 어떻게 분포되어 있을까? 그들이 완전히 흩어져 있다면 가설이 기각되는 경향이 있을 것이다. 또는, 가설이 합리적일 정도로 홍합이 차등적으로 분포한 경우, 홍합은 실험적으로 재배치될 수 있으며(공간에서의 분포 변경), 게의 먹이활동은 모델에서 예측한 상황에 더 가깝게 일치하도록 전환될 것이다.
2. 새로 들어온 4쌍은 품질이 낮은 주변 서식지에 살았거나 번식하기에 적절한 영역이 제한된 곳에서 경쟁할 수 없는 개체들이었을 것이다. 종종 최고 품질의 영역은 가장 공격적이거나 가장 덩치가 큰 경쟁자, 그렇지 않다면 다른 최고의 경쟁자가 차지하기에, 새로 들어온 영역 보유자는 덜 치열한 경쟁자일 가능성을 의미한다. 새로운 거주자가 공격성이나 신체 크기로 보아 약한 경쟁자라면 제거되지 않고 남아있었던 새는 더 중요한 자원을 얻기 위해 영역을 확장할 수 있을 것이다.
3. 상호이타성(호혜성)과 혈연선택 모두 행동의 숨겨진 이익을 조사함으로써 이타적 행동의 진화를 설명한다. 두 경우 모두 이타주의는 실제로 그 행위를 수행하는 개체에게 적응도 효과의 측면에서 이익이 된다. 그렇지 않다면 개체의 적응도를 감소시키는 행동을 선택해야 하므로, 그러한 행동이 어떻게 유지될 수 있는지 설명하기가 매우 어려울 것이다. 행동의 정의는 행위자에게 발생하는 이익이 아니라 비용에 초점을 맞추기 때문에 겉으로는 역설적으로 보이는 것도 반영한다. [역자 주: 겉보기엔 남을 위하는 것처럼 보이는 이타주의 행동도 역설적으로 행위자에게 결국 이익이 되기 때문에 나타난다.]

3단계: 사고력 함양하기

1. 특정 색깔 패턴의 먹이 회피 여부를 결정하기 위한 최선의 실험은 포식자를 회피를 배울 기회 없이 키우고, 이후에 다른 패턴을 가진 먹이를 포식자에게 제시하는 것이다. 포식자가 예상보다 더 자주 검은색과 노란색의 착색을 피한다면 회피는 타고난 것이다. 포식자가 처음에는 선호도가 없다가, 특정 색을 가진 먹이로부터 상처를 받은 후 특정 색에 대한 선호도를 나타내기 시작하면 회피는 학습된 것일 가능성이 크다. 이 경우 학습은 조작적 조건화인데, 즉 포식자는 색깔을 고통과 연관시키는 법을 학습했으므로 그 색깔의 먹이를 피하게 된다. 검은색과 노란색 착색의 적응적 중요성을 측정하기 위해 독성(또는 침)을 가진 먹이와 독성이 없는 먹이를 착색 패턴이 있거나 없는 상태에서 포식자에게 제시할 수 있다. 포식자가 해롭거나 해롭지 않은 먹이를 모두 피한다면, 착색은 진화적으로 중요하다고 할 수 있다.
2. 많은 경우, 연구 대상인 생물체는 실험실 환경에서 사용할 수 없거나 비현실적이다. 모델 생물체를 사용하면 행동유전학자가 일반적인 패턴을 결정한 다음, 이러한 패턴과 결과를 다른 유사한 생물체에 적용하여 이 장애물을 극복할 수 있다. 물론 모델 시스템의 주요 단점은 분류군 간에 일반적으로 발견되는 엄청난 차이인데, 그러나 일반적인 원칙, 특히 유전적 행동 조절의 원칙을 적용할 때 모델 사용의 장점이 단점보다 크다. 어떤 모델 생물체를 사용할지는 계통발생 분석을 통해 연구 대상과 가장 유연관계가 가까운 모델을 결정하는 것이 가장 좋은 방법이다.
3. 영역 밖에 있는 수컷과의 짝외교미는 대체로 암컷에게 비용보다 큰 이익을 준다. 암컷은 영역 밖의 수컷과 교미함으로써 영역 소유자에게 도전하는 수컷이 암컷의 자손을 목표로 삼을 가능성을 작게 한다. 많은 종의 수컷은 영아살해를 하지만, 자신의 새끼일 수 있는 영아를 공격하지는 않을 것이다. 역사적 자료는 실제로 많은 경우에 암컷은 영아를 죽이기 전의 영역 싸움에서 이긴 영아살해 수컷에게 더 끌리는 것으로 나타났다.

49장

핵심 요약

49.1 생물 종의 유형에 따라 다를 수 있다. 순응자는 체온을 조절하고 기타 생리적 조절을 통해 환경에 적응할 수 있다. 그러나 비순응자 종의 개체는 장기간에 걸쳐 변화하는 환경에 적응하지 못할 수도 있지만, 결국 전체로서의 집단은 자연선택으로 인해 적응할 것으로 예상한다.

49.2 만약 문제의 집단이 공급처-수용처(source-sink)의 다개체군으로 구성되었는데, 수용처 집단으로의 이주를 막는 것은 결국 수용처 집단의 멸종을 초래할 것이다. 공급처 집단은 서식지의 지리적 범위를 늘릴 것이다.

49.3 그것은 개체군의 초기 크기에 달려 있다. 생존율이 높은 소규모 개체군이 생존율이 낮은 대규모 개체군보다 반드시 빠르게 성장하는 것은 아니다.

49.4 포식 수준(피식률)이 높은 종은 포식의 선택적 압력하에서 적응도를 극대화하기 위해 더 이른 나이에 첫 번식을 하며, 더 짧은 출산 간격을 보일 가능성이 있다. 반면에 포식자가 거의 없는 종은 더 성숙해질 때까지 여유롭게 번식을 기다릴 수 있으며, 조기 사망 위험이 감소하기 때문에 출산하는 간격을 늘릴 수 있다(즉 각 자손에 더 많이 투자함).

49.5 개체군의 환경수용력에 영향을 미치는 다양한 요인이 있다. 예를 들어, 비교적 작은 규모의 기후 변화라도 사용 가능한 물과 식생(植生)은 물론 식생의 계절 변화 및 분포를 변경함으로써 환경수용력에 큰 영향을 미칠 수 있다. 그러나 환경 변화의 유형에 관계없이 대부분 개체군은 환경수용력이 있는 쪽으로 이동한다. 따라서 환경수용력이 낮아지면 개체군이 감소하고 환경수용력이 증가하면 개체군이 증가해야 한다.

49.6 개체군은 밀도에 따른 긍정적인 영향과 부정적인 영향을 모두 경험할 수 있지만, 동시에 경험하진 않는다. 낮은 식량 가용성 또는 높은 포식 압력과 같은 부정적인 밀도 의존 효과는 개체군 규모를 감소시킬 것이다. 반면에 앨리 효과에서 보듯이 밀도에 따른 긍정적 효과는 개체군 규모의 급격한 증가를 가져온다. 그러나 개체군이 동시에 증가하면서 감소할 수 없기에, 두 사건이 동시에 발생할 수 없다. 집단에 대한 선택적인 압력은 양성과 음성의 연속선상에 있으며, 개체군 크기를 형성하는 힘은 강도가 다양할 뿐만 아니라 음성에서 양성으로, 또는 그 반대로 방향을 변경할 수 있다.

49.7 이 둘은 밀접하게 연결되어 있으며 인구가 지구의 환경수용력을 초과하지 않는다면 둘 다 매우 중요하다. 인구가 증가할수록 지구의 환경수용력에

다다르게 된다. 소비가 증가하면 환경수용력이 낮아지므로, 인구와 자원 소비의 증가 추세는 모두 감소해야 한다.

탐구문제 및 자료 분석

1197쪽 탐구문제: 많이 다를 것이다. 도마뱀이 얼마나 빨리 뛰는가는 체온과 연관이 있다. 연구자들은 그늘진 서식지의 도마뱀이 온도가 낮기에, 최대 달리기 속도가 느리다는 것을 보여주었다. 이러한 상황에서 도마뱀은 위협적인 포식자로부터 빠르게 도망치는 것보다는 숨기 등의 대안적인 탈출 전술을 종종 채택한다.

1197쪽 자료 분석: 기울기 값이 크면(극단적으로 1.0) 기온이 상승하면 체온도 상승한다. 이것은 도마뱀이 환경 조건에 순응하고 있음을 나타낸다. 공기가 더 뜨거워지거나 차가워지면 도마뱀의 체온도 따라서 바뀐다. 반대로 낮은 기울기(극단 값 0.0)는 도마뱀의 체온이 기온의 영향을 받지 않음을 나타낸다. 이것은 도마뱀이 그늘 안팎으로 이동하여 체온을 조절하는 데 매우 효과적일 경우 발생할 수 있다.

1202쪽 탐구문제: 더 작은 종은 한 세대의 기간이 짧기에 더 빨리 번식하는 경향이 있으므로 환경의 자원 증가에 더 빠르게 대응할 수 있다.

1202쪽 자료 분석: 일반적으로 합리적인 예측을 할 수 있는데, 동물이 클수록 수명이 길어진다. 그러나 신체 크기와 관계없이 여전히 많은 변화가 존재한다는 것을 인식하는 것이 중요하다. 이 그래프는 산술적이 아니고 로그 척도를 나타낸다. 즉, 각 간격은 이전 간격보다 더 큰 범위를 포함한다(예로 간격이 1일에서 1주, 1개월, 1년으로 이동함). 그래프를 자세히 살펴보면 일부 종은 신체 크기가 비슷하지만, 수명이 매우 다르다는 것을 알 수 있다. 예를 들어, 거의 같은 크기인 생쥐와 영원류인 도롱뇽을 비교해보면, 생쥐의 수명은 몇 달이지만 도롱뇽은 몇 년 동안 생존한다.

1203쪽 자료 분석: 표 49.2를 보면 개체당 가장 많은 종자를 생산하는 동령군은 나이가 많아서 그때까지 살아남는 개체는 거의 없기에 전체 개체군 번식에 거의 기여하지 않는다. 대신 나이 2에 속한 동령군는 생존 개체 수에 개체당 종자 수를 곱한 값이 가장 커서 번식에 크게 기여한다. 답변이 다를 수 있는 한 가지 상황은 가장 나이가 많은 개체가 개체당 엄청난 수의 종자를 생산하는 경우이다. 이 경우 오래된 개체가 몇 개밖에 되지 않더라도 여전히 개체군에 가장 중요한 기여를 할 수 있다. 이러한 현상은 일부 어류 및 기타 생물체에서 발생하는데, 가장 나이가 많은 개체가 수도 가장 많으며, 생성되는 알의 수가 신체 크기에 따라 기하급수적으로 증가한다.

1204쪽 탐구문제: 초원 풀의 생존곡선에 따르면, 식물이 오래될수록 생존 가능성이 작아진다. 따라서 관상용 식물로서 가장 오래 생존할 수 있도록 아주 어린 식물을 선택하는 것이 좋다. 대부분의 개체가 노년까지 생존하다가 죽는 I형 모양의 생존곡선은 또한 어린 식물을 선택하도록 한다. 그러나 소수의 개체만이 노년까지 생존할 수 있는 III형 생존곡선은 초기 단계에서 살아남은 중년 식물을 선택하는 것이 노년까지 생존할 가능성이 더 크기 때문에 좋다.

1205쪽 탐구문제: 아마도 환경의 일부 측면으로 인해 사망률이 높은 종에서는 미래의 번식 성공률을 낮추더라도 현재의 번식률 증가를 선호하는 쪽으로 자연선택이 작용할 것이다. 왜냐하면 내년에도 생존하리란 보장이 없기 때문이다. 반대로, 사망률이 낮은 종에서는 미래에 더 많은 번식을 하기 위해 현재 낮은 번식률을 선호하는 자연선택이 작용할 것이다

1205쪽 자료 분석: 평균 6개의 알에서 효과는 거의 같을 것이다. 알 2개를 추가하면 다음 해에 한배의 크기가 약 0.8로 줄어들고(평균 5개), 알 2개를 빼면 한배의 크기가 거의 똑같은 양으로 늘어난다(평균 7개). 그림에서 직선에서 벗어난 한 점은 알 하나를 추가할 때의 결과이다. 대부분 경우에 이것은 임의의 변동이며, 자연 상태의 개체군 연구에서 발생하는 일종의 비특이적 반응(잡음)이다. 예를 들어, 알을 추가한 둥지가 우연히 식량 공급원 근처의 나무에 있었기 때문에 알을 추가하는 효과가 다른 경우보다 크지 않을 수 있다. 이러한 종류의 자연적 변이는 자연 상태의 개체군 연구를 복잡하게 만들 수 있다.

1206쪽 자료 분석: 다양한 요소가 에너지의 양에 영향을 미칠 수 있지만 한 가지 분명한 것은 생산되는 자손의 전체수이다. 한 마리 병아리의 3/4 크기인 2마리의 병아리는 1마리만 있는 외둥이보다 더 많은 먹이가 필요하다. 이 예에서 어린 새의 평균 크기는 한배 산란 수가 증가함에 따라 감소하지만, 감소량은 상대적으로 적음을 알 수 있다. 즉 한 둥지에 있는 13마리의 새끼는 여전히 외둥이 무게의 약 90%를 차지한다. 따라서 13마리의 새끼를 키우는 부모새는 1마리의 새끼를 키우는 부모보다 훨씬 더 큰 노력을 기울였을 것이다.

1206쪽 탐구문제: 상황에 따라 다르다. 큰 개체만 번식할 가능성이 있는 경우(대형 수컷만 영역을 보유할 수 있는 일부 종의 경우), 몇 마리의 큰 자손이 선호된다. 또는 신체 크기가 생존이나 번식에 영향을 미치지 않는다면, 가능한 한 많은 자손을 생산하는 것이 다음 세대에서 개체의 유전자를 극대화할 수 있다. 대부분 경우는 자연선택에 의해 중간값이 선호된다.

1207쪽 자료 분석: 첫 번째 개체군은 세대마다 수가 2배로 증가하는 반면(성체 2마리는 4마리의 자손을 낳음), 두 번째 개체군은 세대마다 2.5배씩 증가한다. 즉 한 세대가 지나면 두 번째 개체군은 규모가 25% 더 커지고(2.5/2). 두 세대가 지나면 첫 번째 개체군은 8마리인 반면 두 번째 개체군은 12.5마리가 되어서, 4.5마리의 차이를 갖게 된다. 10세대가 지나면 두 번째 개체군의 수는 19,073마리, 첫 번째 개체군은 1024마리로, 1863%의 차이를 보인다. 기하급수적인 성장에서는 매년(세대) 복리로 계산되는 작은 비율의 차이가 전체 수에 큰 차이를 가져올 수 있다.

1208쪽 탐구문제: 개체군이 환경수용력 미만일 때 개체군의 규모는 증가하며, 환경수용력에 가까워짐에 따라 사망률 증가나 출생률 감소 또는 둘 다로 인해 생장률이 느려지다가, 환경수용력에 도달하면 0이 된다. 유사하게, 환경수용력을 훨씬 초과하는 개체군은 낮은 출생률 또는 높은 사망률로 인해 생장률이 크게 감소하며, 환경수용력에 도달함에 따라 0에 가까워진다.

1209쪽 (그림 49.19) 탐구문제: 많은 이유가 존재하는데, 한 가지 가능성은 아마도 자원이 제한되어 암컷이 많은 자손을 낳을 수 없기 때문일 것이다. 또 다른 가능성은 개체군이 클수록 공간이 제한되어 개체들이 서로 상호작용하는데 많은 시간을 보내기에, 그렇지 않다면 더 많은 새끼를 키우는 데 투자할 수 있는 에너지를 소모한다는 것이다.

1209쪽 (그림 49.20) 탐구문제: 답은 먹이가 개체군 규모를 조절하는 요인인지 여부에 달려있다. 만약 그렇다면, 주어진 개체군 규모에서 생산되는 새끼의 수는 증가하고 사망률은 감소할 것이다. 그러나 물 가용성이나 포식자와 같은 다른 요인이 개체군 규모를 제한한다면 먹이 보충은 큰 효과가 없을 수 있다.

1211쪽 탐구문제: 토끼 개체 수가 높게 유지되면 스라소니가 먹이 가용성에 반응하기 때문에 스라소니 개체 수도 높게 유지될 것으로 예상된다. 스라소니 개체 수가 높은 수준으로 유지된다면, (토끼가 번식하더라도 결국 스라소니의 먹이가 증가하기 때문에) 토끼 개체 수는 낮게 유지될 것으로 예상된다.

1212쪽 탐구문제: 인구가 밀도 의존적 요인에 의해 조절되는 경우 인구가 환경수용력에 가까워짐에 따라 출생률이 감소하거나 사망률이 증가하거나, 또는 둘 다 일어날 것이다. 인구가 밀도와 무관한 요인에 의해 조절되고 환경 조건이 변하면 출생률과 사망률 모두 감소하거나, 사망률이 증가하거나, 둘 다에 영향을 받을 것이다.

1213쪽 탐구문제: 답은 연령별 출생률과 사망률이 유지되는지 여부에 달려 있다. 그렇다면 스웨덴의 분포는 거의 동일하게 유지될 것이다. 대조적으로, 케냐의 분포는 출생률이 사망률을 훨씬 능가하기 때문에, 어린이의 출생률 급등은 이들이 청년기에 들어가 더 많은 자손을 낳기 시작함에 따라 점점 불균형이 증가할 것이다(피라미드의 아래쪽이 훨씬 더 커지게 될 것이다).

1215쪽 탐구문제: 인구 규모와 개인별 생태 발자국은 이 질문에 답하는 데 중요한 요소이다. 인도의 인구가 미국의 4배이지만 미국에서 개인의 생태 발자

국이 인도보다 10배 큰 경우, 미국은 더 큰 생태 발자국을 갖게 된다.

연습문제

▪1단계: 이해력 확인하기

1. b 2. c 3. a 4. b 5. d 6. b 7. c

▪2단계: 적용력 평가하기

1. d 2. c 3. b 4. c

▪3단계: 사고력 함양하기

1. 고립된 개체군의 유전적 구성은 진화적 변화의 기본 메커니즘, 즉, 자연선택, 돌연변이, 동류교배, 유전적 부동 등에 기초하여 시간이 지남에 따라 변할 것이다. 이러한 과정은 다개체군에서도 동일하게 유전적 구성에 영향을 주지만, 결과는 훨씬 더 복잡할 것이다. 예를 들어, 공급처와 수용처 개체군 사이의 이주가 매우 활발하면, 낮은 적응도의 대립유전자(공급처에서는 이들에 대해 자연선택이 작용하지 않음)를 보유한 공급처 개체들이 규칙적으로 수용처 개체군으로 유입되기 때문에 유전자 흐름으로 인해 수용처 개체군이 지역적인 선택에 휩쓸릴 수 있다. 일부 상황에서는 분지가 느려지거나 중지될 수도 있다. 반면에, 수용처가 반복되는 개체군 감소를 겪어서 종종 매우 적은 수의 개체를 가지게 되면, 유전적 부동으로 인해 유전적 다양성을 상당히 잃을 수 있다. 공급처 개체군으로부터의 이주가 0보다 조금 큰 경우, 이러한 작은 개체군은 부동으로 인해 다개체군의 다른 집단과 실질적으로 갈라지기 시작할 수 있다. 차이점은 다개체군에서 이러한 집단은 개체 수가 적은 데다가 주변의 공급처로부터 복구될 가능성이 없기에, 멸종되기보다는 실제로 버티면서 분기될 수 있는 것이다.
2. 동물이 내년까지 살 확률은 나이가 증가함에 따라 감소하기에(그림 49.10에서 모든 곡선은 나이에 따라 감소함), 다른 조건이 같다면 나이 든 동물의 생식 비용은 젊은 동물에 비해 낮을 것이다. 그 이유는 생식 비용은 적응도의 변화로 측정되기 때문이다. 다음번의 번식까지 살아남을 기회가 거의 없는 아주 나이 든 동물을 생각해 보자. 미래의 성공이 어쨌든 0이 될 가능성이 크기 때문에 현재의 생식에 모든 노력을 기울여야 할 것이다.
3. 자손의 크기가 자손의 질(생존율)에 영향을 주지 않는다면, 당연히 부모의 관심사는 가능한 한 많은 작은 자손을 생산하는 것이다. 그렇게 함으로써 다음 세대에 친족 개체의 수를 늘려 적응도를 극대화할 수 있을 것이다. 따라서 한배 크기가 더 큰 곡선이 X축의 오른쪽으로 이동할 것이다.
4. 평균 세대기간을 늘리고(개인이 처음 번식할 때의 나이가 증가함) 다른 모든 것을 동일하게 유지하면, 개체군 증가율이 감소할 것으로 예상할 수 있다. 이는 단순히 성인 연령대에서 자손을 생산하는 개체의 수가 줄어든다는 사실에서 비롯된다. 낮은 인구 출생률은 인구 증가율 감소로 이어질 것이다. 그러나 어느 쪽이 더 큰 영향을 미칠지는 말하기 어렵다. 세대기간의 변화(처음 번식하는 나이의 증가)가 모든 연령대에서의 번식 감소보다 개별 여성의 총 자손 수에 전체적으로 더 큰 영향을 미쳤다면, 개체군 생장률이 세대기간의 변화에 더 민감할 것이다. 그러나 다른 시나리오에서는 이 두 효과의 비교가 더 복잡해질 수 있다. 개체군 생장 조절은 한 가지 이상의 요인, 즉 번식력과 첫 번식 연령에서 올 수 있다.

50장

핵심 요약

50.1 답변은 군집의 서식지에 따라 다르다. 일부 서식지는 동물에게 더 우호적이고 다른 서식지는 식물에게 더 우호적이다. 대부분의 서식지에 있는 풍부한 식물과 동물도 밀접하게 연결되어 있다. 따라서 한 쪽의 풍부도 변화는 다른 쪽의 풍부도 변화에 영향을 미칠 것이다.

50.2 답은 기본 생태적 지위에 대해 이야기하는지, 아니면 실제 생태적 지위에 대해 이야기하는지에 달려 있다. 두 종은 확실히 같은 기본 생태적 지위를 가질 수 있고 무기한 공존할 수 있다. 왜냐하면 기본 생태적 지위 내에서 서로 다른 실제 생태적 지위를 가질 수 있기 때문이다. 동일한 실제 생태적 지위를 가진 두 종이 무기한 공존하기 위해서는 생태적 지위 내의 자원이 제한되지 않아야 한다.

50.3 이것은 베이츠 의태의 한 예로서, 무독성 종은 유독 종과 유사한 체색을 진화시킨다.

50.4 제한된 자원과 여러 먹이 종을 가진 생태계에서, 포식자가 없을 때 한 먹이 종은 우월한 경쟁을 통해 다른 먹이 종을 멸종시킬 수 있다(경쟁적 배제). 그러나 경쟁적 배제로 인해 멸종될 수 있었던 먹이 종은 특정 종을 잡아먹는 포식자가 있는 경우 군집에서 지속될 수 있다. 경쟁에서 배제될 가능성을 낮추는 포식자를 핵심 포식자로 부른다. [역자 주: 핵심 포식자는 다양한 생물종을 잡아먹기에 어떤 한 종이 경쟁에서 배제될 가능성이 작아진다.]

50.5 개별 나무의 선택적 수확은 군집의 관점에서 바람직할 것이다. 중도교란 가설에 따르면, 선택적 수확에서 발생하는 것과 같은 중간 정도의 교란은 개간과 같은 심각한 교란보다 종의 풍부함과 생물다양성을 증가시킨다.

탐구문제 및 자료 분석

1221쪽 (그림 50.2) 탐구문제: 서로 다른 토양 유형은 매우 다른 적응이 필요하므로, 각 토양 유형에 따라 서로 다른 종이 적응한다.

1221쪽 자료 분석: 일반 토양과 사문석 토양을 분리하는 영역인 추이대는 약 7~8 m 떨어져 있다.

1221쪽 (그림 50.3) 탐구문제: 2개의 서로 다른 서식지가 서로 밀접하게 접촉하기 때문에 군집 간의 급격한 전환이 발생한다.

1223쪽 탐구문제: 두 종 모두 같이 있을 때보다 홀로 있을 때 더 높은 개체군 밀도에 도달한다. 비록 다른 설명도 있겠지만 가장 가능성 있는 설명은 다른 종이 존재할 때 각각의 종은 자원을 놓고 경쟁하여 환경수용력이 제한된다는 것이다.

1225쪽 (그림 50.7) 탐구문제: 아마도 자원 분포가 두 섬에서 동일하므로, 각 종이 따로따로 섬에 있을 때 서로 유사한 중간부리 크기가 선호될 것이다.

1225쪽 (그림 50.8) 탐구문제: 캥거루쥐는 다른 모든 설치류 종과 자원을 두고 경쟁하면서 다른 설치류 개체군의 크기를 감소하게 했다. 캥거루쥐가 제거되었을 때 경쟁이 없는 상황에서 더 많은 자원을 사용할 수 있었기 때문에 다른 설치류 개체군의 크기는 증가할 수 있었다.

1226쪽 탐구문제: 이것은 다양한 방법으로 수행될 수 있다. 한 가지 방법은 일부 짚신벌레에 포식자로부터 탈출할 수 있도록 피난처를 제공하는 것이다. 또 다른 방법은 디디니움의 개체 수를 제한하도록 디디니움의 포식자를 넣어주는 것이다(51장 참조).

1235쪽 자료 분석: 설치류를 제거하면 더 많은 종자가 개미에게 제공되므로 처음에는 개미 집단에서 수가 증가한다. 그러나 시간이 지남에 따라 큰 종자가 많을수록 큰 종자를 생산하는 식물이 증가하게 되고, 이는 개미에게 더 유용한 작은 종자를 생산하는 식물의 수를 감소시킨다. 작은 종자의 수가 감소함에 따라 개미의 수가 감소한다.

1235쪽 탐구문제: 실험 사육장에서 설치류를 제거하고 식물과 개미 모두에 미치는 영향을 측정함으로써 알 수 있다. 처음에는 설치류가 없기 때문에 개미가 사용할 수 있는 작은 씨앗의 수가 증가한다. 그러나 시간이 지남에 따라 큰 종자를 생산하는 식물은 작은 종자를 생산하는 식물에 대해 우월한 경쟁을 하므로, 생산되는 작은 종자가 줄어들면서 개미 개체 수는 감소하게 된다. [역자

주: 설치류가 큰 종자를 먹어서 이 식물을 수를 줄일 수 있기에 작은 종자를 만드는 식물이 생존하게 되고 결국 설치류는 식물의 경쟁에 개입하여 개미의 생존에 도움을 준다는 것이다.]

연습문제

1단계: 이해력 확인하기

1. b 2. a 3. d 4. a 5. b 6. d 7. c 8. c

2단계: 적용력 평가하기

1. d 2. b 3. d 4. d 5. d

3단계: 사고력 함양하기

1. 생태적 제한에 대한 가설을 검증하는 데 실험은 유용한 수단이지만, 일반적으로 작은 지역에서 빠르게 번식하는 종에 국한된다. 종의 상호작용을 연구하는 대안적 방법으로 종이 상호작용하는 메커니즘에 대해 상세하게 연구하는 것이 포함되어 있다. 때로는 수명이 긴 종의 경우, 개체군 크기의 변화를 측정하는 데 매우 오래 걸리기 때문에, 대신 생장률 또는 번식률과 같은 다른 지표를 측정할 수 있다. 종간 상호작용을 평가하는 또 다른 방법은 여러 지역에서 한 종을 연구하는 것인데, 그중 일부에서만 두 번째 종이 나타난다. [역자 주: 어떤 지역에서는 A종만 있고 어떤 지역에서는 A종과 B종이 있을 때, 이 지역들을 비교 연구함으로써 A종과 B종의 상호작용을 규명할 수 있다.] 그러나 이러한 연구는 두 번째 종이 있거나 없는 차이 외에도 지역 간에 많은 중요한 차이가 있을 수 있기에 신중하게 해석되어야 한다.
2. 차별적으로 선호되는 여러 먹이 종을 추가하는 것은 단일 피식종 시스템에서 피식종를 위한 피난처를 두는 것과 같은 효과를 나타낼 수 있다. 즉 포식자가 가장 선호도가 높은 종을 먼저 먹어서 이 종이 희귀해지면, 포식자는 맛이 좋지 않거나 잡기 어려워도 덜 선호하는 종으로 먹이를 전환한다는 것이다. 이는 포식자가 매우 희귀한 선호 종을 쫓느라 비용을 지불하는 것보다 여전히 더 나은 이익을 제공하기 때문이다. 포식자가 쫓는 대상이 바뀌었으므로 선호도가 높은 종은 개체 수를 늘릴(반등할) 시간이 충분할 수 있다. 이러한 모든 역학은 포식자가 먹이의 개체 수를 줄이는 데 걸리는 시간 및 포식자의 압력이 제거된 후 먹이 개체군이 반등하는 데 걸리는 시간에 따라 달라진다.
3. 비록 이 시스템의 메커니즘이 알려져 있을 수 있지만, 생태계가 복잡하기 때문에 숨겨진 상호작용으로 인해 결과 해석이 다양하게 달라질 수 있다. 예를 들어, 큰 종자의 감소로 인해 작은 종자의 수가 증가하는 것 외에, 설치류의 다른 활동이 개미에게 긍정적인 영향을 미친다면 어떻게 될까? 이러한 특정 메커니즘을 검증하는 한 가지 방법은 설치류를 제거 또는 투입하는 것과 상관없이 실험적으로 작은 종자를 많이 넣어주고 그 결과를 분석하는 것이다. 현재의 가설이 옳다면, 설치류를 제거했을 때 개미의 수가 초기에 증가하다가 뒤이어서 감소하는 것과 달리, 개미 개체 수가 증가하고 지속될 것으로 예측한다. [역자 주: 설치류가 큰 종자를 먹이원으로 사용하기에 작은 종자를 생산하는 식물이 지속되어 결국 개미에게 도움이 된다는 현재 가설은 개미의 먹이원인 작은 종자를 계속 보급해주면 설치류가 없어도 개미 개체 수가 늘어날 것이기에 현재 가설을 지지하는 결과인 것이다.]
4. 그림 50.7에 표시된 패턴은 그 자체로 형질치환을 암시하지만, 대체 가설 또한 가능하다. 예를 들어, 한 종만 발견되는 두 섬에서 이용할 수 있는 종자의 분포가 두 종이 동소성일 때 발견되는 종자와 다른 경우 어떻게 될까? Los Hermanos 또는 Daphne Major 섬에서 크거나 작은 종자가 보이지 않고 중간 크기의 종자만 보였다면, San Cristóbal 섬에서의 부리 크기가 경쟁으로 인해 달라졌다고 결론을 내리기 어려울 것이다. 이것은 이소성과 동소성 조건에서 단지 부리 크기 분포를 비교한 형질치환 과정의 추론에서 볼 수 있는 일반적인 비판이다. 그러나 이 경우 갈라파고스 시스템은 매우 잘 연구되었기에, 사용 가능한 종자의 크기 분포가 크게 다르지 않다는 것이 확인되었다. 더욱이, 가뭄으로 인해 종자 크기가 변하면, 이에 대한 반응으로 자연선택에 의해 한 섬에 있는 새의 부리 크기가 변하는 것에서 볼 수 있듯이, 이러한 부리 패턴을 확립하고 유지하는 데 있어 경쟁의 역할은 더욱 뒷받침된다.
5. 생태계의 정의가 규모에 달려 있기 때문에 가능하다. 일부 생태계에는 그 안에서 작동하는 더 작은 생태계가 있을 수 있다. 예를 들어 열대우림 생태계에는 작은 수생 생태계, 토양 내 생태계, 개별 나무의 생태계가 있다. 연구에 따르면 대부분 종은 개별적으로 행동하지만 어떤 경우에는 종의 집단이 서로 의존하고 전체적으로 작용한다. 특히 별개의 생태계가 겹치는 추이대(전이대) 영역에서 이러한 종류의 2중 군집 구조를 기대할 수 있다.

51장

핵심 요약

51.1 그렇다. 분뇨와 같은 천연 물질을 사용한 비료는 화학 비료보다 생태계에 덜 방해가 된다. 예를 들어, 많은 화학 비료에는 분뇨보다 더 높은 수준의 인산염이 포함되어 있으므로 화학 비료는 자연적인 지구의 인 순환을 방해한다.

51.2 물질과 에너지는 모두 형태를 변화시킴으로써 생태계를 이동하지만 생성되거나 파괴될 수 없다. 즉 물질과 에너지는 모두 생태계 내의 영양단계를 통해 흐른다. 탄소 원자와 같은 물질의 흐름은 에너지 흐름보다 더 복잡하고 다단계적인데, 이는 탄소가 진정한 순환을 하기 때문이다. 탄소는 분명한 시작이나 끝이 없이 생태계를 통해 진정으로 순환한다. 탄소는 고체에서 기체 상태로 순환하고 다시 고체로 되는 과정에서 변한다. 반면에 에너지 흐름은 단일방향이다. 생태계에서 에너지의 궁극적인 원천은 태양인데, 태양에너지는 첫 번째 영양단계인 1차 생산자에 의해 포획되어 화학에너지로 변한다. 화학에너지는 저품질(실제 생물체 내에서 쓰일 수 없는) 에너지인 열만 남을 때까지 한 영양단계에서 다른 단계로 전달된다.

51.3 동시에 일어날 수 있다. 생태계에는 확실히 한 영양사슬의 상위 포식자가 낮은 영양단계에 영향을 미치고, 동일한 생태계 내에서 1차 생산자가 다른 영양사슬 내의 높은 영양단계에 영향을 미칠 수 있다.

51.4 1차 생산자가 포획한 햇빛의 양이 영향을 받았는지 여부에 따라 다르다. 현재 지구 대기의 태양에너지 중 약 1%만이 광합성을 위해 1차 생산자들에 의해 포획된다. 태양광이 지구 표면에 덜 도달하지만, 태양광 감소에 따른 에너지 포획이 증가한다면 1차 생산성은 영향을 받지 않아야 한다.

51.5 섬 생물 지리학의 평형 모델은 종풍부도와 섬 크기뿐만 아니라 본토로부터의 거리 사이의 관계를 설명한다. 본토에 더 가까운 작은 섬은 본토에서 멀리 떨어진 더 큰 섬보다 더 많은 종을 가질 것이다.

탐구문제 및 자료 분석

1249쪽 자료 분석: 교란되지 않은 지역에서 유출된 질소 농도는 1~2 mg/L인 반면에, 삼림 벌채 지역의 유출물 내 질소 농도는 약 35~80 mg/L로 다양했다. 이것은 적어도 17배(2에서 35로) 이상 증가한 것으로, 산림 벌채 이후의 최댓값을 고려하면 더 커진다. 그림에서는 그렇게 큰 변화를 반영하지 않는 것 같지만, y축이 4~40 mg/L 구간에서 끊기는 것에 유의해야 한다. 즉, 두 자료의 값이 크게 다를 때 y축 척도에 변화를 주어 공간을 절약하기 위한 것이다. 끊어진 자료는 증가 추세가 지속된 것으로 이해하면 된다.

1253쪽 자료 분석: 관계가 없다. 전 세계 NPP 총량에서 가장 높은 두 서식지는 단위 면적당 NPP가 크게 다른 서식지이다(열대우림에서 높고, 외해에서 낮음). 전체적으로 보면 서식지가 단위 면적당 NPP별로 가장 높은 곳에서부터 정렬된 것을 알 수 있는데, 세계 NPP를 보면 위에서 아래로 일반적인 경향성이 보이지 않는다.

1254쪽 탐구문제: 먹이사슬의 각 연결고리에서 한 단계의 에너지 중 극히 일부만이 다음 단계의 생체량으로 전환된다. 즉 많은 에너지가 열 또는 배설물로 소실된다.

1255쪽 탐구문제: 역피라미드에서 1차 생산자는 빠르게 번식하고 빨리 잡아먹히기 때문에 어느 시점에 종속영양 개체군에 비해 생체량이 적은 1차 생산자 집단이 존재할 수 있다.

1256쪽 탐구문제: 송어가 조류를 먹이원으로 이용하는 무척추동물을 먹기 때문이다. 이런 무척추동물이 적을수록 조류가 더 많게 된다.

1257쪽 탐구문제: 차이점은 이전 실험에서는 3단계가 있는데 이 실험에서는 4단계의 먹이사슬이 있다는 것이고, 이로 인해 조류의 수가 달라진다. 뱀은 물고기의 수를 줄여서 실잠자리가 증가하도록 하고, 그다음 깔따구의 수를 줄이고 조류(algae)를 증가시킬 수 있다. 즉, 먹이사슬의 낮은 단계에서는 "뱀과 물고기 모두 존재" 및 "뱀과 물고기 모두 부재" 조건에 대해 같은 결과가 나타난다. 두 경우 모두는 물고기만 있는 사육장에서의 결과(조류 감소)와는 다를 것이다.

1259쪽 (그림 51.17) 탐구문제: 1차 생산량이 증가하더라도 초식동물은 조류 생물량의 대부분을 소비한다. 1차 생산량의 증가는 초식동물 개체 수 증가로 이어질 수 있다. 따라서 1차 생산량이 증가한 만큼 초식동물도 증가하기에, 조류의 생체량은 일정하게 유지될 수 있다.

1259쪽 자료 분석: 선의 각도를 기울기라고 하는데, 기울기는 두 변수가 어떻게 관련되어 있는지를 나타낸다. 큰 기울기(큰 각도)는 위쪽 및 아래쪽 그림과 같이 x-변수가 증가함에 따라 y-변수도 증가함을 나타낸다. 작은 기울기(가운데 그림)는 x-변수가 증가함에도 y-변수는 거의 변하지 않기에 두 변수 간에 상관관계가 없음을 의미한다. 물론 여기에 표시되지 않은 음의 기울기는 x가 증가하고 y가 감소함을 나타낸다.

1259쪽 (그림 51.18) 탐구문제: 2차 육식동물은 1차 육식동물의 생체량을 상대적으로 일정하고 낮은 수준으로 유지하게 할 것이고, 따라서 초식동물 생체량은 빛의 증가에 따라 증가하여 1차 생산자의 생체량을 낮고 일정한 수준으로 유지하게 할 것이다. 즉, 더 높은 빛의 강도에서 증가된 생산량이 먹이사슬로 흘러갈 것이다. 이 상황은 그림 51.17에서 네 번째 먹이사슬 단계(2차 육식동물)를 추가한 확장판으로 볼 수 있다.

1260쪽 자료 분석: 그림 51.19*b*에서 알 수 있듯이 구역에 있는 종의 수와 침입하는 종의 수 사이에는 일반적인 음(−)의 관계가 있다(과학자들이 "통계적으로 유의미한" 관계라고 부름). 그럼에도 불구하고, 그림에서 알 수 있듯이 자료에는 상당히 많은 분산이 있다. 예를 들어 24종이 있는 구역들의 경우 침입종 수는 1부터 매우 많은 수까지 다양하다. 따라서 질문에 대한 답은 전체적으로 상관관계가 있지만, 변동이 너무 많기에 주어진 구역에 대해 정확히 예측하기는 어렵다고 할 수 있다. 일반적으로 더 많은 종이 있는 구역에 침입자가 있을 것이라고 예상하는 것은 정확할 수 있지만, 많은 종이 있는 구역 하나와 적은 종이 있는 구역 하나를 무작위로 선택하면 반대 결과가 생길 가능성이 매우 크다.

1261쪽 탐구문제: (*a*) 아마도 중간 수의 포식자가 우월한 경쟁자들의 수를 낮추기에 충분하기 때문일 것이다. [역자 주: 우월한 경쟁자가 있을 경우, 다른 종의 생존을 위협하기에 종풍부도가 감소할 수 있다.] (*b*) 아마도 더 많은 서식지가 이용 가능하고, 따라서 환경에서 더 다양한 생존 방법이 있기 때문일 것이다. (*c*) 한마디로 말하기는 어려운데, 아마도 더 안정적인 환경은 전문화가 더 많이 일어나도록 하여 더 많은 종의 공존이 가능하기 때문일 것이다.

연습문제

■1단계: 이해력 확인하기

1. d 2. d 3. b 4. d 5. a 6. c 7. b 8. a 9. b 10. c

■2단계: 적용력 평가하기

1. a 2. d 3. d

■3단계: 사고력 함양하기

1. 먹이사슬의 길이는 궁극적으로 생태계에 들어가는 에너지의 양 및 에너지가 각 상위 단계로 전달됨에 따라 사용 가능한 에너지의 손실(약 90%)에 의해 제한되기에, 외온성 동물이 지배하는 먹이사슬이 내온성-우세 먹이사슬보다 길 것이다. [역자 주: 내온성 동물에 비해 외온성 동물의 경우 사용하는 에너지양이 적기에 다음 영양단계로 넘어갈 수 있는 에너지의 여유분이 많게 된다.] 사실, 실제 먹이사슬에서 이에 대한 간접적 증거가 있으며 일부 생태 모델에서도 예측된다. 그러나 먹이사슬의 길이와 구조를 결정하는 모든 복잡한 요인 때문에 현실적으로 이것이 사실인지 판단하기는 어렵다. 더욱이, 자연생태계에서 실제 먹이사슬 길이를 측정하는 것은 많은 실질적인 어려움이 존재한다.
2. 이 장에서 지적한 바와 같이 생태계의 동적인 영양단계에서 에너지와 생체량 전달을 구별하는 것이 매우 중요하다. 식물성 플랑크톤의 현존량은 영양단계에 포함된 에너지를 측정하는 데 반드시 신뢰할 수 있는 척도는 아니다. 만약 식물성 플랑크톤이 생산되는 즉시 섭취된다면 엄청난 양의 에너지를 제공할 수 있지만, 이는 정적인 생체량 시료를 통해서는 직접 측정할 수 없다. 따라서 현존량을 통해 영양단계의 생산량을 측정하는 것은 불완전하다. [역자 주: 호수에서 광합성 플랑크톤이 매우 빠르게 증식하고 늘어나는 양만큼 식물성 플랑크톤이 즉시 먹이원으로 사용한다면, 식물성 플랑크톤의 생체량이 광합성 플랑크톤보다 많을 수 있다.]
3. 그림 51.17에서 알 수 있듯이 영양 구조와 역동성은 상호 연관되어 있으며 생태계 특성과 행동의 주요 결정 요소이다. 예를 들어, 특히 수가 많은 초식동물이 위협을 받으면 생태계의 1차 생산자가 만든 풍부한 에너지 중 상당량을 높은 영양단계(예, 육식동물)에서 사용할 수 없게 된다. 즉, 초식동물은 생태계를 통한 에너지 전환에 중요한 연결고리이다. 아래에서 위로, 또는 위에서 아래로 발생하는 연쇄효과는 생태계에서 에너지 전달의 특성이며, 현실은 특정 종에 미치는 영향이 해당 종 자체로 제한되지 않을 가능성이 크다.
4. 이 질문에 답하는 방법은 여러 가지가 있지만, 시작해야 할 분명한 출발점은 식물의 구조적 다양성(복잡성)이 식물을 직접 먹지 않는 동물에 잠재적으로 영향을 미치는 여러 가지 방법에 대해 생각하는 것이다. 예를 들어 식물은 은신처, 피난처, 먹이, 둥지를 위한 기질 등을 제공할 수 있다. 따라서 다양성이 증가하면 도마뱀이 서식지를 더 많은 방식으로 분할하고, 더 많은 종이 포식자로부터 탈출하거나 가혹한 물리적 요인(예, 추위 또는 더위)으로부터 피난처를 찾을 수 있으며, 잠재적인 피식자를 위한 더 큰 물질(예를 들어, 먹이원)을 제공할 수 있다. 이러한 상호관계에 대한 정확한 메커니즘을 알고 싶다면 특정 가설을 검증하기 위한 실험을 수행해야 한다. 예를 들어, 어떤 종은 특정 서식지에서 지속적으로 생존하기 위해 그 서식지가 구조적 복잡성을 가져야 한다면, 이를 검증하기 위해 서식지를 변형(식물 구조 감소)하고 원래 존재하는 종의 수가 감소했는지 또는 유지하지 못했는지 검증할 수 있다.

용어해설

ㄱ

가계도 pedigree 알비노나 혈우병과 같은 특정 유전형질에 대해 여러 세대에 걸친 교배와 자손을 나타내는 모식도.

가로무늬근(횡문근) striated muscle 골격성 수의근과 심장근육.

가수분해반응 hydrolysis reaction 물이 첨가되어 결합을 끊는 반응. 물이 제거되면서 분자가 결합하는 탈수반응의 역반응.

가중 summation 근육이 최대한 수축 상태를 유지하도록 하는 운동신경 세포의 반복적인 활성화.

각막 cornea 척추동물 눈의 투명한 외층.

각수(다리수염) pedipalps 거미류에서 발견되는 한 쌍의 특수 부속기; 수컷 거미에서는 교미기로, 전갈에서는 큰 집게로 특화됨.

각질층 stratum corneum 척추동물 몸체의 표피 외층.

각피(큐티클) cuticle 표피세포 외부 표면의 왁스 또는 지방층(큐틴이라고 불리는 물질로 형성됨).

각피질(큐틴) cutin 식물의 표피세포에 의해 생성되는 지방층. 표면에 큐티클을 형성.

간극연접 gap junction 동물세포에서 물질을 전달하는 인접한 세포 사이의 접합부.

간극유전자 gap gene 초파리의 체절형성 과정에서 배아를 큰 구획으로 나눌 수 있는 특정 유전자; *hunchback*은 간극유전자임.

간기 interphase 각 체세포분열 또는 감수분열 사이의 기간; 세포가 성장하고 DNA가 복제됨; G_1, S 및 G_2 단계를 포함.

간상세포 rod 척추동물 망막에 있는, 빛에 민감한 신경세포; 매우 희미한 빛에 민감해서 야간 시각 담당.

간충직 줄기세포 mesenchymal stem cell 결합조직을 발생시키는 줄기세포의 일종으로, 대부분 입증된 줄기세포치료에 사용됨.

감각 강모 sensory setae 곤충의 신경계에 부착된 억센 털로, 기계적 및 화학적 자극에 민감함; 더듬이와 다리에 가장 풍부함.

감각 이용 sensory exploitation 암컷에게 이미 존재하는 편향된 감각을 수컷이 이용하도록 하는 신호에 대한 진화.

감각(구심성)뉴런 sensory(afferent) neuron 감각 수용기에서 중추신경계 또는 중추신경절로 신경자극을 전달하는 뉴런.

감수1분열 meiosis I 감수분열 중 첫 번째 세포분열, 상동염색체가 분리되기 때문에 'reduction division'이라고도 불림. 딸세포는 반수체의 염색체를 가짐.

감수2분열 meiosis II 감수분열의 두 번째 단계, 감수1분열로부터 얻은 2개의 세포가 DNA 복제 없이 체세포분열과 유사한 분열을 거쳐 반수체 핵을 가진 4개의 딸세포를 생산함.

강 class 문과 목 사이의 분류학적 범주. 강은 하나 이상의 목으로 구성되며, 특정 문에 속한다.

강모 seta, pl. setae 환형동물에서 이동하는 도중 또는 굴을 뚫을 때 몸체를 고정시키는 데 도움이 되는 키틴질의 억센 털.

강모(剛毛) chaetae 각각의 체절마다 있는 키틴질의 짧고 뻣뻣한 털로서, 환형동물이 이동할 때 몸이 뒤로 밀리지 않게 지지함.

강직 tetanus 이완 없이 근육이 강력한 수축을 유지하는 상태.

강화 reinforcement 종 분화에서 두 개체군 구성원 간의 교배를 억제하는 선택으로 인해 개체군 간의 부분적인 생식 격리가 증가하여 궁극적으로 완전한 생식 격리를 일으키는 과정.

개방순환계 open circulatory system 혈액이 체강 내로 흘러 들어가서 체액과 혼합되어 다른 위치의 혈관으로 다시 들어가는 순환 시스템.

개시 tRNA initiator tRNA 번역의 시작 부분에 관여하는 tRNA 분자. 원핵생물의 개시 tRNA($tRNA^{fMet}$)는 *N*-포밀메싸이오닌으로, 진핵생물에서는 메싸이오닌으로 충전되어 있다.

개시인자 initiation factor 원핵생물의 폴리펩타이드 합성에서 개시복합체의 형성에 관여하는 여러 단백질 중 하나.

개시코돈 start codon AUG는 mRNA 번역의 시작 부위를 나타냄; 이 코돈은 또한 아미노산 메싸이오닌을 암호화함.

개체군(집단) population 같은 시기에 특정 지역을 점유하는 한 종의 개체 무리.

개체군통계학(인구통계학) demography 개체군(인구) 증가율과 연령 구조의 특성을 나타냄.

검정교배 testcross 유전자형을 모르는 우성 표현형 개체를 열성 동형접합 개체(tester)와 교배하는 것으로, 관련 유전자가 동형접합인지 또는 이형접합인지를 알아내기 위해 사용함.

겉씨식물(나자식물) gymnosperm 씨방에 싸여있지 않은 종자를 가진 식물; 침엽수는 겉씨식물.

격막연접 septate junction 동물세포에서 방수 장벽을 형성하는 밀착연접의 유형.

격벽 septum, pl. septa 2개의 공간 사이의 벽.

격벽형성 septation 원핵세포 분열에서 새로운 세포막과 세포벽이 형성되어 두 딸세포를 분리하는 격벽의 형성.

결실 deletion 염색체의 일부가 손실되는 돌연변이. 너무 많은 양이 손실될 경우 치명적임.

결절, 마디 node 1개 이상의 잎이 붙어있는 식물 줄기 부분. 절간(internode) 참조.

결정론적 발생 determinate development 각각의 배아 세포가 성체에서 어떤 종류의 조직을 형성할지 미리 운명이 결정된 동물 발생의 한 유형.

겹눈(복안) compound eye 많은 절지동물의 시각 기관으로, 홑눈(단안)이라고 하는 독립적 시각 단위가 모여서 구성됨.

경고색 aposematic coloration 밝은색을 이용하여 독성이 있음을 알리는 일부 생물체의 생태 전략.

경쟁 배타 competitive exclusion 생태학적 요구가 같은 두 종은 동일 지역에 무한정 같이 살 수 없으며, 가용한 희소 자원을 활용하는 데 있어 효율이 높은 종이 다른 종을 제외시킨다는 가설. 가우스의 원칙으로도 알려져 있음.

경쟁적 억제제 competitive inhibitor 효소에서 기질이 붙는 부위에 결합하여 기질과 경쟁하는 억제자.

곁눈(액아) axillary bud 식물에서 줄기와 잎의 엽액에서 발견되는 싹. 액아가 새로운 싹으로 발달하거나 꽃이 될 수 있음.

계 kingdom 분류 범주의 두 번째로 높은 단계.

계통분류학 systematics 진화론적 관계의 재구성과 연구.

계통수 phylogenetic tree 생물체 간의 유사점과 차이점을 분석하여 생성된 자손들의 계보 패턴. 현대 유전자 시퀀싱 기술은 개개 유전자의 진화적 이력을 나타내는 계통수를 만들어냄.

계통학(계통발생학) phylogeny 어떤 종들이 밀접하게 연관되어 있고, 어떤 순서로 관련 종들이 진화했는지를 포함한 생물체의 진화 역사; 종종 계통수의 형태로 표현됨.

계통학적 종개념 phylogenetic species concept(PSC) 계통 발생 관계에 기초하여 종을 정의하는 개념.

고대배수체 paleopolyploid 종의 게놈 진화 연구에서 배수성 분석에 사용된 고대의 배수체 생물.

고리형 AMP(cAMP) cyclic AMP(cAMP) 인산염 그룹의 원자가 고리를 형성하는 아데노신 1인산(AMP)의 한 형태. 거의 모든 생물체에서 발견되며, 다양한 종류의 대사 활동을 조절하는 세포내 2차전달자 역할을 함.

고막 tympanum 일부 곤충의 소리 수용기. 기관낭과 관련된 얇은 막으로, 복부의 양 측면에 쌍으로 존재.

고분자, 거대분자 macromolecule 매우 큰 생물학적 분자. 특히 단백질, 핵산, 다당류, 지질 및 이들의 복합체.

고세균역 Domain Archaea 분류체계의 3역에서 고도로 다양한 단세포 원핵생물인 고세균만을 포함하는 영역.

고유수용기 proprioceptor 척추동물에서 신체의 위치와 움직임을 감지하는 감각 수용체.

고장성(의) hypertonic 세포보다 높은 농도의 용질이 함유된 용액. 고장액 내의 세포는 삼투로 인해 물을 잃는 경향이 있음.

고전적 조건형성 classical conditioning 이전에는 반응과 관련이 없던 자극일지라도 반복적 제시를 통해 뇌로 하여금 자극과 반응 사이의 연관성을 형성하게 하는 경우.

고정된 행동유형 fixed action pattern 동물의 정형화된 행동 반응. 생태학자들은 프로그램화된 신경회로에 기반한 행동으로 간주함.

고착연접 anchoring junction 세포의 세포골격을 인접한 세포의 세포골격 또는 세포외기질에 기계적으로 부착시키는 세포 접합의 한 유형.

골세포 osteocyte 성숙한 조골세포.

골지체 Golgi apparatus(Golgi body) 진핵세포의 세포질에 존재. 납작한 막이 평평하게 포개진 구조로 세포에서 합성된 물질의 수집, 포장 및 분배 기능을 함.

골지힘줄기관 Golgi tendon organ 골격근에서 발견됨. 힘줄(건)에 가해지는 스트레스를 감지하는 감각 기관.

골편 ossicle 극피동물의 내골격을 구성하는 칼슘이 풍부한 판으로, 이동이 가능하거나 고정된 판.

골편 spicule 해면의 구조 성분으로서, 일부 해면의 간충질에서 만들어진 규산질 또는 탄산칼슘의 수많은 미세한 바늘.

곱셈법칙 product rule 곱의 규칙(rule of multiplication) 참조.

곱의 법칙 rule of multiplication 2개의 독립적인 사건에 대해 두 사건이 동시에 발생할 확률은 개별 확률의 곱으로 나타냄.

공동수송체 symporter 막을 가로질러 같은 방향으로 2개의 분자 또는 이온을 운반하는 세포막의 운반단백질.

공동우성 codominance 어떤 유전자에서 2개 이상의 대립유전자 각각은 서로에 대해서는 우성이 아니지만 다른 대립유전자들에 대해서는 우성인 경우. 공동우성 대립유전자에 대한 이형접합체의 표현형은 각각의 동형접합체 특징을 나타냄. 예를 들어, 사람의 혈액형에서 AA형과 BB형 사이에서는 AB형이 나옴.

공동현상 cavitation 식물과 동물에서 공기 방울에 의해 관이 막히는 현상으로, 관 속에 있는 용액의 응집을 파괴함. 동물에서 흔히 색전증이라 불림.

공변세포 guard cell 식물의 기공을 둘러싸는 소시지 모양의 세포; 공변세포는 기공을 열고 닫음.

공생 symbiosis 둘 이상의 서로 다른 생물체가 밀접하게 함께 사는 상태; 기생(생물체 중 어느 한쪽에 해로움), 편리공생(한쪽은 이익을 얻는 반면에, 다른 쪽은 영향이 없음), 상리공생(양쪽에 유익함)을 포함.

공업암화 industrial melanism 자연선택의 결과로 처음에 밝은색이었던 개체가 어두운색을 가진 개체로 되는 진화적 과정을 설명하는 용어.

공유파생형질 shared derived character 분류학에서 집단(여러 종)에 의해 공유되나 조상의 형질과 다른 형질 상태.

공진화 coevolution 서로 밀접하게 상호작용하는 2개 이상의 개체군 또는 종에서 각 집단은 다른 집단에 대해 강력한 선택압으로 작용하여 동시에 적응이 발생하는 현상.

공통서열 consensus sequence 유전체 서열분석에서, 각각의 DNA 단편 서열과 전반적으로 일치하는 서열. 서열을 비교하고 공통서열을 생성하는 데 컴퓨터 프로그램을 사용함.

공통원시형질 symplesiomorphy 분기학에서, 공통 조상의 형질에 대한 또 다른 용어.

공통파생형질 synapomorphy 계통분류학에서 분기군(clade)의 구성원이 공유하는 파생된 형질.

과 family 속 수준 이상의 유사한 종의 분류학적 체계.

과민반응 hypersensitive response 병원균에 대응하는 식물의 반응으로, 병원균의 확산을 막기 위해 자신의 세포를 선택적으로 죽임.

과분극 hyperpolarization 휴지전위보다 낮은 음전하를 띠는 막 전위 상태.

과오돌연변이 missense mutation 단일 아미노산의 변경을 초래하는 염기치환 돌연변이.

관다발조직 vascular tissue 액체를 수용하고 이동시키는 관과 관련.

관다발형성층 vascular cambium 관다발식물에서 원형의 분열조직 세포층으로, 이의 분열은 바깥쪽으로 2차적인 체관부를 생성하고 안쪽으로 2차적인 물관부를 생성함; 관다발형성층은 줄기 또는 뿌리 지름을 증가시킴.

관족 tube feet 극피동물에서 흡착을 통해 표면에 부착할 수 있는 수관계의 유연한 외부확장부.

괄약근(조임근) sphincter 척추동물에서 수축으로 인해 관 모양의 구멍을 막을 수 있는 고리 모양의 근육(예: 위와 소장 사이, 항문).

광계 photosystem 엽록소 및 다른 색소와 여기된 전자로 빛 에너지를 모으는 단백질의 조직화된 복합체. 식물은 엽록체의 틸라코이드막에 2개의 연결된 광계를 가짐. 광계 II는 NADPH로 전달된 전자를 보충하기 위해 여기된 전자를 전자전달계를 통해 광계 I으로 보냄. 광계 II에서 손실된 전자는 물의 산화로 인해 대체됨.

광비의존성 반응(암반응) light-independent reactions 광의존성 반응에서 생성된 ATP와 NADPH를 이용하여 CO_2에서 포도당과 같은 유기물을 만드는 캘빈 회로 반응. 탄소고정, 즉 무기 탄소(CO_2)에서 유기 탄소(최종적으로는 탄수화물)로의 전환을 포함.

광수용기 photoreceptor 빛에 민감한 감각세포.

광의존성 반응(명반응) light-dependent reactions 식물의 광합성에서 빛 에너지를 이용하여 ATP와 NADPH를 만들어내는 반응. 서로 연결된 2개의 광계 작용을 포함.

광자 photon 각각의 에너지양을 가진 빛의 입자. 빛의 파동 개념은 스펙트럼의 서로 다른 색깔을 설명하는 반면, 빛의 입자 개념은 광합성 동안 에너지 전달을 설명.

광전효과 photoelectric effect 빛이 전자를 여기시켜 전류를 생성하는 능력.

광주기(성) photoperiod 낮과 밤의 시간과 길이에 반응하는 생물학적 경향성; 계절을 감지하는 기작.

광형태형성 photomorphogenesis 식물의 빛에 의해 촉발되는, 방향성이 없는 발생.

광호흡 photorespiration RuBP의 산화를 촉매하는 효소인 Rubisco의 작용으로 CO_2를 방출함; 탄소고정을 되돌려 광합성을 감소시킬 수 있음.

괴사 necrosis 상해, 감염 또는 독소와 같은 세포 외부의 요인으로 인한 세포사멸로, 내재적 요인으로 인한 세포예정사(apoptosis)와는 대조적임.

교차 crossing over 감수분열 동안 상동염색체 간의 서로 상응된 염색체 분절의 교환을 의미하며, 상동염색체의 유전자 재조합을 담당함.

구과, 원뿔세포 cone (1) 식물에서 침엽수의 생식적 구조물. (2) 척추동물의 경우, 망막 내의 빛에 민감한 뉴런의 일종으로 색채 인식 및 물체의 정확한 식별과 관련되어 있음.

구부 oral surface 입이 발견되는 체표면; 방사대칭인 극피동물의 구조를 설명할 때 사용함.

구형단백질 globular protein 내부에 주로 소수성 아미노산이 있는 조밀한 3차 구조를 가진 단백질.

국소분비, 측분비 paracrine 효과가 국소적이고 짧은 시간 동안 작용하는 세포 사이의 화학적 신호전달 유형.

군집 community 공통적인 환경에 살면서 서로 상호작용하는 모든 종.

굴광성 phototropism 식물에서 빛 자극에 대한 생장 반응.

굴성 tropism 외부 자극에 대한 반응.

굴중성 gravitropism 식물에서 중력에 대한 생장 반응; 이전에는 굴지성(geotropism)이라 불렀음.

굴촉성 thigmotropism 식물체에서 물리적 접촉으로 인한 일부 구조의 불균등한 성장.

귀납적 추론 inductive reasoning 특수한 관찰들로부터 일반화를 이끌어 내는 논리적 적용. 과학에서 귀납적 추론은 검증 가능한 가설을 공식화하는데 사용함.

균근 mycorrhiza, pl. mycorrhizae 곰팡이와 식물 뿌리와의 공생체.

균독소 mycotoxin 곰팡이에 의해 생성되어 질병을 일으키는 화학 물질, 종종 단백질. 독소는 숙주를 감염시키는 곰팡이 또는 곰팡이에 오염된 식품을 섭취해서 생성될 수 있음.

균사 hypha, pl. hyphae 균류나 난균류가 가진 사상구조. 모여서 균사체를 형성.

균사체 mycelium, pl. mycelia 곰팡이에 존재하는 균사 덩어리.

그라나 granum, pl. grana 엽록체 틸라코이드막 시스템의 일부분으로, 서로 연결된 평평한 디스크(틸라코이드)가 차곡차곡 쌓인 원기둥 모양의 구조.

그람염색 Gram stain 바이올렛 염료를 유지하는지 여부에 따라 박테리아를 그람음성 또는 그람양성으로 나누는 염색기술. 착색의 차이는 세포벽 구조 때문임.

극상군락 climax vegetation 천이의 모든 단계를 거쳐 안정화된 식물의 자가 영속적 군락.

극성 polarity (1) 물과 같은 분자에서 전하 분포가 불균일한 것으로, 전체적으로 중성이지만 양전하의 영역과 음전하의 영역을 가짐. (2) 좌우대칭 동물의 발생 중인 배아에서 축 방향의 차이를 의미하며, 이로 인해 앞-뒤축과 등-배축이 형성됨.

극성공유결합 polar covalent bond 원자의 전기음성도의 차이로 인해 전자가 불균등하게 분포하는 결합. 분자는 전기적으로 중성이나, 한 원자는 부분적으로 음전하를, 다른 원자는 부분적으로 양전하를 띤다.

극성화하다 polarize 분기학에서 형질 상태가 조상형인지 파생형인지 결정하는 것.

극성활성부위 zone of polarizing activity 척추동물에서 발달하는 사지 싹의 (뒤쪽) 영역으로, 앞-뒤축을 따라 손가락이 정확하게 생기도록 지시함.

극체 polar body 척추동물의 배우자 형성을 위한 감수분열 과정에서 생성된 작고 기능이 없는 세포.

극한생물 extremophile 극한의 환경에 사는 고생물체; 서로 다른 고생물 종은 온천(호열성 생물), 염분이 많은 환경(호염성 생물), 고도의 산성 또는 염기성 환경, 또는 대양 기저의 고압하에서 살 수 있음.

근계 root system 식물을 고정하고, 무기염류와 물을 흡수하는 식물체 부분.

근방추 muscle spindle 골격 근육 내에서 수축 상태를 모니터링하는 감각기.

근섬유 muscle fiber 자극을 받으면 수축하는 수많은 근원섬유가 포함된 긴 원통형의 다핵세포.

근섬유막 sarcolemma 근육세포의 특수화된 세포막.

근소포체 sarcoplasmic reticulum 근육세포의 소포체. 각 근원섬유 주위를 감싸는 막으로 구성됨.

근위세뇨관 proximal convoluted tubule 콩팥 세뇨관의 앞쪽 부분으로, 물과 중요한 용질의 재흡수가 일어남.

근절 sarcomere 골격근 수축의 기본단위; 2개의 Z선 사이에 나타나는 액틴과 미오신의 반복되는 띠.

근필라멘트 myofilament 근육 내에서 주로 액틴과 미오신으로 구성된 수축성 미세섬유.

글루카곤 glucagon 척추동물의 호르몬으로, 췌장에서 생성됨. 글리코젠을 포도당으로 분해하는 작용을 개시함.

글리세르알데하이드 3-인산 glyceraldehyde-3-phosphate(G3P) 해당과정의 중간 산물로, 과당1,6−2인산의 분해로 생김.

글리옥시좀 glyoxysome 지방을 탄수화물로 전환하는데 필요한 효소를 포함하는 작은 세포 기관 또는 미소체.

글리코젠 glycogen 동물성 전분; 동물, 박테리아, 균류에서 양분을 저장하는 분지형 다당류.

글리포세이트 glyphosate 방향족 아미노산을 만드는 식물 효소인 EPSP 합성효소를 억제하는 생분해성 제초제. 유전공학 기술을 통해 글리포세이트에 내성을 지닌 작물을 만들어냄.

기공 stoma, pl. stomata 식물에서 잎과 줄기의 표피에 있는 공변세포로 둘러싸인 작은 개구부; 물은 주로 기공을 통해 식물 밖으로 나옴.

기관 organ 구조 및 기능 단위로 묶인, 여러 조직으로 구성된 체내 구조.

기관 trachea, pl. tracheae 호흡관; 육상 척추동물에서 후두와 기관지 사이에 공기를 운반하는 기관(폐로 이어짐); 곤충 및 기타 육상 절지동물에서는 키틴질로 된 기관 체계.

기관세지 tracheole 육상 절지동물 호흡계의 가장 작은 가지. 기관세지는 기관으로부터 공기를 전달하고, 기관은 몸의 외부에 있는 기문과 연결됨.

기관지 bronchus, pl. bronchi 기관(호흡기관)의 아래쪽 끝에서 어느 한쪽 폐로 분기하는 호흡관 한 쌍.

기능유전체학 functional genomics 단지 유전자의 서열을 확인하는 것을 넘어서서 유전자와 그 생성물의 기능에 대해 연구하는 학문.

기문 spiracle 절지동물에서 기관(氣管)의 외부 개구부.

기본 생태적 지위 fundamental niche 이론적 혹은 추정적 지위(hypothetical niche)라고도 하며, 다른 상호작용 요소(예로서 경쟁 또는 포식)가 없는 상우 한 개체가 차지하는 전체적 지위.

기본분열조직 ground meristem 식물체(표피와 관다발 조직 제외)를 형성하는 1차 분열조직 또는 분열조직.

기본조직 ground tissue 식물에서 지지, 저장, 분비 및 광합성을 비롯한 많은 기능을 수행하는 조직의 유형; 다양한 종류의 세포들로 구성됨.

기생 parasitism 어떤 생물체가 다른 종의 생물체 표면이나 체내에 살면서 영양분을 얻는 생활 형태.

기저체 basal body 편모 또는 섬모가 뻗어 나오는 세포질 소기관으로, 자가생산이 가능한 9개의 3중체로 이루어진 원통형 미세소관을 의미함.

기질 matrix 미토콘드리아에서 크리스타로 둘러싸인 내부 공간의 용액으로, 산화적 호흡반응에 관여하는 효소 및 다른 분자들을 포함함; 보다 일반적으로는 한 기관의 조직 혹은 반응이 일어나는 조직의 일부분.

기질 substrate (1) 생물체가 부착하는 토대. (2) 효소가 작용하는 분자.

기화열 heat of vaporization 물질 1g을 액체에서 기체로 바꾸는 데 필요한 에너지의 양.

긴 말단반복서열 long terminal repeat(LTR) 특정 유형의 레트로트랜스포존(RNA 유래 전이인자). 끝부분에 반복적인 염기서열을 가짐.

긴 산재전이인자 long interspersed element(LINE) 인간과 기타 영장류에서 발견되는 커다란 전이인자의 유형으로, 전이에 필요한 모든 생화학적 장치를 포함.

긴장성 tonicity 용액이 삼투로 인해 세포의 부피를 변화시키는 경향을 나타내는 척도. 용질 농도가 세포와 용액에서 동일하면 세포 부피에 변화가 없으며, 이 용액은 등장성이라고 함.

꽃받침 sepal 현화식물에서 꽃 윤생체(floral whorl)의 가장 바깥쪽 부분.

꽃밥(리보스) anther 속씨식물의 꽃에서 꽃가루를 함유한 수술의 한 부분.

꽃잎 petal 보통 눈에 띄는 색깔을 가진 꽃 부분; 화관 단위 중 하나.

ㄴ

나노스 유전자 nanos 초파리에서 배아의 앞-뒤축을 예정화하는 유전자. 앞-뒤축은 바이코이드(bicoid)와 나노스(nanos) 단백질의 서로 반대되는 농도 기울기에 의해 형성됨.

나선-꺾임-나선 모티프 helix-turn-helix motif 조절단백질에서 흔히 발견되는 DNA-결합 모티프; 2개의 α-helix가 비나선(turn) 부분으로 연결됨.

나선형 난할 spiral cleavage 배아의 극축에 대해 비스듬한 각도로 분열이 일어나는, 일부 선구 동물의 난할 패턴; 분열하는 세포를 따라서 그려진 선은 나선을 형성함.

나선형 난할동물 spiralian 무척추동물 중 연체동물, 환형동물, 편형동물 등의 많은 동물이 나선형 난할을 함.

난생 oviparity 파충류처럼 모체 밖에서 알이 발생하는 번식 유형.

난소, 씨방 ovary (1) 동물에서 알(난)이 생성되는 기관. (2) 현화식물에서 밑씨를 포함하는 심피의 확대된 기저부; 씨방은 성숙 후에 과실이 됨.

난태생 ovoviviparity 모체의 자궁에 남아 있는 알에서 부화가 되는 번식 유형.

난할(분할) cleavage 척추동물에서 수정란이 연속적으로 빠르게 분열하는 과정으로, 속이 비어 있는 포배를 형성함.

난황낭 yolk sac 알의 난황을 둘러싸는 막으로, 혈관을 통해 영양분이 풍부한 난황을 배아에 연결함.

난황마개 yolk plug 배아 발생 과정에서 원장이 형성되는 동안, 양서류의 원구에서 발생하는 마개.

남세균 cyanobacteria 광합성 박테리아 그룹으로 "청록색 조류"라고도 하는데, 식물과 조류에 가장 풍부한 엽록소뿐만 아니라 다른 색소도 포함하고 있음.

낭배 gastrula 척추동물의 배아단계로, 1개의 세포층으로 이루어진 포배가 외배엽, 중배엽 및 내배엽으로 구성된 3개의 층을 가진 배아로 변하는 시기.

낭배형성 gastrulation 포배를 내배엽, 중배엽, 외배엽의 3개의 배엽을 가진 배아로 발생시키는 과정; 속이 빈 구조를 3층의 구조로 바꾸기 위해 수많은 세포 이동이 일어남.

낱눈 ommatidium, pl. ommatidia 절지동물의 겹눈에서의 시각적 단위; 빛에 민감한 세포와 이미지를 형성할 수 있는 렌즈가 포함됨.

내강 cisternal space 막으로 둘러싸인 구조물의 내부영역. 보통 소포체의 내부를 말하며, 루멘(lumen)이라고도 함.

내강 lumen 제한된 개구부를 일컫는 용어. 예로 진핵세포 소포체의 시스터나 공간, 혈관 내 혈류 통로, 소화 과정 동안 장내 물질의 이동 경로 등.

내배엽 endoderm 척추동물 배아 초기의 3가지 배엽 중 하나로, 내부 구조의 상피조직 및 대부분 소화관과 호흡관을 형성함.

내부자극수용기 interoceptor 몸체 자체와 관련된 정보와 체내 상태 및 위치를 감지하는 수용체.

내분비샘 endocrine gland 도관 없이 세포 외부로 호르몬을 분비하는 샘으로, 호르몬은 순환계로 확산됨.

내생균 endophyte 세포 안에서 발달하는 균근.

내생포자 endospore 매우 저항력이 강한 두꺼운 벽을 가진 박테리아의 포자. 열이나 건조와 같은 가혹한 환경 스트레스를 견딜 수 있으며, 조건이 좋아지면 발아가 가능함.

내온동물 endotherm 체온을 일정하게 유지할 수 있는 동물. 항온동물 참조.

내장 덩어리 visceral mass 동물의 체강 내 내장.

내초 pericycle 관다발식물에서 뿌리의 관다발 조직을 감싸고 있는 하나 이상의 세포층. 외부로는 내피로, 내부로는 체관부에 의해 경계를 이룸.

내피 endodermis 관다발식물에서, 뿌리와 일부 줄기에서 피층의 가장 안쪽 층을 형성하는 세포층.

내호흡 internal respiration 생물체 내의 기체 수송.

네프론 nephron 척추동물 콩팥의 기능적 단위; 혈액의 여과 및 선택적 재흡수에 관여하는 다수의 관 중 하나; 각 네프론은 보먼주머니와 이에 둘러싸인 사구체 및 길게 부착된 관으로 이루어짐. 사람에서는 이 관을 세뇨관이라고 부름.

노던 블롯 Northern blot 복잡한 혼합물에서 특정 mRNA의 염기서열을 확인하는데 사용되는 블롯팅 기술. 서던 블롯 참조.

노플리우스 nauplius 갑각류의 특징적인 유생 형태.

노화 senescence 나이 든, 혹은 늙는 과정.

녹말 starch 포도당의 불용성 중합체; 식물의 주요 양분 저장 물질.

농도기울기 concentration gradient 막의 내외처럼 한 장소로부터 다른 장소까지 물질의 농도 차이.

뇌량 corpus callosum 인간 및 다른 영장류에서 2개의 뇌반구를 연결하는 신경섬유 띠.

뇌실막세포 ependymal cells 중추신경계에서 발견되는 신경교세포로, 뇌척수액을 생산함.

뇌하수체 pituitary gland 시상하부 기저부의 내분비선으로 전엽과 후엽으로 구성됨. 뇌하수체 호르몬은 척추동물에 다양한 영향을 줌.

눈(싹) bud (1) 무성생식에 의해 뻗어 나온 싹으로, 새로운 개체로 발생함. (2) 식물에서의 배아 싹으로, 종종 어린 잎에 의해 보호됨.

뉴런(신경세포) neuron 신호전달에 특화된 신경세포; 세포체, 수상돌기 및 축삭을 포함.

뉴로트로핀 neurotropin 신경계의 중요한 조절인자인 생장인자.

뉴클레오솜 nucleosome 8개의 히스톤 단백질이 중심을 이루고, 이 주위를 DNA 이중나선이 감싸 이루어진 복합체.

뉴클레오타이드 nucleotide 인산염, 5탄당(리보스 또는 디옥시리보스)과 퓨린 또는 피리미딘으로 구성된 핵산의 단위.

능동수송 active transport 저농도 영역에서 고농도 영역으로 세포막을 가로지르는 이온 또는 분자의 이동(즉, 농도기울기를 거슬러 일어남). 이 수송 과정에는 에너지가 필요함.

니코틴아미드 아데닌 디뉴클레오타이드 nicotinamide adenine dinucleotide (NAD) NADH로 환원되는 분자. 산화된 분자로부터 고에너지 전자를 운반하여 세포의 ATP 생성경로로 전달함.

ㄷ

다계통(의) polyphyletic 계통발생 분류에서 어떤 집단의 모든 구성원이 가장 최근의 공통 조상을 포함하지 않는 집단.

다년생 perennial 1년 안에 생장하고 번식한 후 죽거나, 혹은 2년의 생활주기를 갖는 것과 비교하여 해마다 생장하는 식물.

다당류 polysaccharide 많은 수의 단당류 소단위체가 긴 사슬로 연결된 탄수화물; 예를 들어, 글리코젠, 전분 및 셀룰로스가 있음.

다량원소 macronutrient 질소, 칼륨, 칼슘, 인, 마그네슘, 황 등 식물의 생장에 다량으로 필요한 무기 원소.

다른자리입체성 부위 allosteric site 활성부위에서 떨어져 있는 효소의 일부분으로, 효소의 기능을 위한 스위치 역할을 함.

다른자리입체성 억제인자 allosteric inhibitor 효소의 다른자리입체성 부위에 결합하여 효소가 활성 상태로 되는 것을 방지하는 비경쟁적 억제제.

다른자리입체성 활성인자 allosteric activator 효소의 다른자리입체성 부위에 결합하여 효소를 활성 상태로 유지하는 물질.

다면발현성 pleiotropic 개별 대립유전자가 하나 이상의 표현형을 발현하는 상태.

다분화능 multipotent 여러 종류의 서로 다른 세포를 발생시킬 수 있는 줄기세포의 특징.

다불포화지방 polyunsaturated fat 하나 이상의 지방산 사슬에서 인접한 탄소 사이에 2개 이상의 2중결합을 갖는 지방 분자.

다운증후군 Down syndrome 추가로 1개 더 존재하는 21번 염색체(3염색체성 21)에 의해 발생하는 유전 질환. 이는 또한 21번 염색체에의 전좌에 기인하기도 한다. 전좌된 21번 염색체는 정상적인 2개의 21번 염색체와 함께 3염색체성을 나타냄. 이 증후군은 성장 감소, 특이한 안면 구조, 비교적 경미한 지적 장애 등을 나타낸다.

다유전자군 multigene family 서로 관련된 유전자들의 모음으로, 하나의 염색체 또는 다른 염색체들 상에 존재함.

다이서 dicer 2중가닥 RNA를 절단하여 세포에 작은 RNA 분자를 생성하는 효소. 다이서는 miRNA와 siRNA를 생성.

다인자유전 polygenic inheritance 인간의 키와 같이, 어떤 형질에 하나 이상의 유전자가 영향을 주는 유전 방식; 다인자유전은 불연속적인 값이 아닌 연속적인 표현형 범위를 나타냄.

다중내성 균주 multidrug-resistant(MDR) strain 하나 이상의 항생제에 내성이 있는 박테리아 균주; 예를 들어, MDR 포도상구균(*Staphylococcus*) 균주는 많은 감염 사망을 초래함.

다클론항체 polyclonal antibody 항원이 항원 표면의 서로 다른 부분에 각각 맞는 여러 종류의 항체를 유도하는 항체 반응.

다핵성 배반엽 syncytial blastoderm 초파리와 같은 곤충의 배아발생 과정에서 하나의 큰 세포질에 약 4000개의 핵을 포함하는 구조.

다형성 polymorphism 새로 발생하는 돌연변이보다 높은 빈도로 하나 이상의 대립유전자가 존재하는 집단.

다효소복합체 multienzyme complex 일련의 반응에서 각 단계를 촉매하는 여러 효소로 구성된 집합체. 이를 이용하면 전체 반응속도가 빨라져 더욱 효율적임.

단계통(의) monophyletic 계통 분류에서, 어떤 집단의 가장 최근의 공통 조상과 그 모든 후손을 포함하는 그룹. 분기군은 단계통군임.

단공류(동물) monotremes 알을 낳는 포유류.

단궁류 synapsids 안와 뒤쪽의 두개골에 한 쌍의 측두창(temporal opening)이 있는 초기 파충류 종류; 이 개구부에 턱 근육이 붙어 있음. 포유류의 초기 조상이 이 종류에 속함.

단당류 monosaccharide 더 작은 당으로 분해될 수 없는 간단한 당.

단량체 monomer 중합체를 구성하는 가장 작은 화학적 소단위체. 단당류인 α-포도당은 다당류인 녹말의 단량체.

단백질 protein 펩타이드 결합으로 연결된 아미노산 사슬.

단백질 미세배열(법) protein microarray 현미경 슬라이드 또는 실리콘 칩에 있는 단백질의 미세배열. 혼합물에서 특정 단백질의 존재 여부를 분석하기 위해 항체를 비롯한 다양한 탐침에 이용됨.

단백질 카이네이스 protein kinase 단백질에 인산염을 부착시켜, 단백질 활성을 변화시키는 효소.

단백질분해효소 protease 펩타이드 결합을 파괴하여 단백질을 분해하는 효소; 단백질분해효소는 세포에서 종종 리소좀과 같은 소낭에 분리되어 있음.

단백질체 proteome 특정 게놈에 암호화된 모든 단백질.

단백질체학 proteomics 단백질체에 대해 연구하는 학문. 이것은 기능유전체학과 관련이 있는데, 단백질체가 게놈에 암호화된 기능의 대부분을 담당하기 때문.

단복상 haplodiploidy 말벌처럼 반수체(수컷)와 2배체(암컷)인 개체가 모두 발생하는 특정 생물체에서 일어나는 현상.

단복상의 haplodiplontic 생활사 중 반수체(단상)와 2배체(복상) 단계가 모두 다세포인 경우.

단성생식(단위생식) parthenogenesis 진딧물, 꿀벌, 개미 및 일부 도마뱀처럼 수정 없이 난자가 발생하는 것.

단속평형 punctuated equilibrium 진화론적 변화의 메커니즘을 제시하는 가설. 진화는 짧은 기간에 급격한 변화 후 긴 기간 동안 거의 변화가 생기지 않는다는 이론.

단일수송체, 단일운반체 uniporter 한 종류의 분자 또는 이온만을 운반하는 세포막의 운반 단백질.

단일염기다형성 single-nucleotide polymorphism(SNP) 단 하나의 염기에 의해 개인 간의 차이를 나타내는 지점으로, 적어도 집단의 1% 이상에 존재하는 부위임. 미지의 유전자나 형질을 알아내기 위한 유전적 표지자로 사용될 수 있음.

단일염기변이 single nucleotide variation(SNV) 집단에서의 DNA 변이로, DNA의 단일 지점(염기)에 영향을 줌.

단지형 uniramous 단일 분지; 곤충의 부속지를 기술.

단핵구 monocyte 조직으로 이동한 후 식세포(대식세포)가 되는 백혈구의 한 유형.

단핵성 monokaryotic 균류에서 균사의 각 구획에 1개의 핵을 포함하는 경우.

담륜자(트로코포라 유생) trochophore 촉수담륜동물의 자유 생활 유생.

담자기 basidium, pl. basidia 담자균류에서 곤봉 모양의 특수 생식세포로서, 핵융합과 감수분열이 일어남.

담즙염(쓸개즙염) bile salts 척추동물의 간에서 분비되어 담낭에 임시 저장되는 유기염의 용액. 소장에서 지방을 유화시킴.

당단백질 glycoprotein 골지 복합체 내에서 짧은 당 사슬(다당류)이 붙어 변형된 단백질 분자.

당지질 glycolipid 골지 복합체 내에서 짧은 당 사슬(다당류)이 붙어 변형된 지질 분자.

당질피질 glycocalyx 원형질막의 외층에 박혀 있는 당지질 및 당단백질 상에 다당류가 존재하여, 그 결과로 세포 표면에 "당 코팅"이 존재함.

대공 osculum 여과된 물을 체외로 내보내는 해면동물의 특수화된 큰 구멍.

대뇌 cerebrum 척추동물 뇌(전뇌)의 일부로, 두개골의 위쪽을 차지하며, 뇌량에 의해 결합된 2개의 대뇌 반구로 구성됨. 뇌의 주요 연합 센터이며, 감각 입력을 조정하고 처리하며 운동 반응을 조정함.

대뇌변연계 limbic system 시상하부와 이를 대뇌피질의 일부 영역과 연결하는 뉴런의 네트워크를 함께 일컬음. 척추동물에서 통증, 분노, 성, 식욕과 갈증, 쾌락 등 내면에 깊숙이 자리한 동기와 정서를 담당함.

대뇌피질 cerebral cortex 대뇌를 덮고 있는 뉴런과 신경교세포의 얇은 표면층. 오직 포유동물에서 잘 발달되어 있는데, 특히 인간에서 두드러짐. 대뇌피질은 의식적인 감각과 자발적인 근육 활동을 담당하는 부분.

대동맥 aorta 척추동물에서 혈액 순환의 주요 동맥. 포유류는 산소로 포화된 혈액을 심장으로부터 폐를 제외한 신체의 모든 부위까지 운반.

대립유전자 allele 2개 또는 그 이상의 변이 형태로 존재하는 유전자에서, 그 중의 하나.

대립유전자 빈도 allele frequency 집단에서 어떤 대립유전자의 출현에 대한 척도로서, 전체 집단에서의 비율로 나타냄. 예를 들어, 출현 빈도 0.84(84%).

대멸종 mass extinction 비교적 갑작스럽고 급격히 종의 수가 감소하는 것; 예를 들어 공룡과 다양한 다른 생물들이 사라진 백악기 말기의 멸종 같은 경우.

대사과정 metabolism 살아있는 세포나 생물체 내에서 발생하는 모든 화학 작용의 총합.

대수층 aquifers 물에 대해 투과성이 있고 포화상태인 암석, 모래, 자갈로 이루어진 지하층으로, 지하수의 저수지 역할을 함.

대식세포 macrophage 분해된 세포의 잔해와 침입한 박테리아를 삼키고 소화할 수 있는 거대한 세포.

대엽 megaphyll 식물에는 줄기의 관다발에 연결된 여러 개의 잎맥을 가진 잎; 대부분의 잎은 대엽을 가지고 있음.

대진화 macroevolution 새로운 종의 창조와 오래된 종의 멸종.

대체 스플라이싱 alternative splicing 진핵생물체에서 하나의 1차 전사체로부터 서로 다른 엑손을 가진 여러 종류의 mRNA를 만드는 과정.

대핵 macronucleus 섬모충류에서 발견되는 2배체의 핵. 세포의 기능을 담당하는 단백질체를 만들기 위해 전사됨.

데스모솜 desmosome 세포골격과 캐드헤린 단백질을 연결하여 인접한 세포를 결합시키는 고착연접의 한 유형.

도메인, 역 domain (1) 식별 가능한 단백질의 모듈 부분으로, DNA 결합 도메인 혹은 조절 도메인처럼 단백질의 작용에서 특정 기능을 제공함. (2) 분류학에서는 계(kingdom)보다 상위 수준의 체계로, 현재 세균역, 고세균역, 진핵생물역의 3역 체계가 있음.

도약전도 saltatory conduction 매우 빠른 형태의 신경 충격 전도. 신경 충격이 절연된 부분을 건너 결절에서 결절로 도약하며 전도됨.

독립분리 independent assortment 양성잡종 교배에서, 각각 유전자에 대한 대립유전자의 무작위적 분리를 말함. 서로 다른 염색체상의 유전자는 감수1분열 중기에 상동염색체 쌍의 무작위적인 배치로 인해 나타나고, 같은 염색체상의 유전자는 두 유전자 사이의 좌위가 충분히 멀리 떨어져 있어서 동일한 비율로 짝수나 홀수 차의 교차가 나타나기 때문임.

독립영양생물 autotroph 먹이원으로 단순한 무기 화합물만을 이용하여 필요한 모든 복잡한 유기 분자를 만들 수 있는 생물체.

독립의 법칙 Law of Independent Assortment 멘델의 두 번째 유전법칙. 비상동염색체 상의 유전자는 각각 독립적으로 조합을 이룸.

돌기 papilla 조직의 작은 돌출부. 동양혈관(洞様血管)

돌연변이 mutation 세포 DNA의 영구적인 변화; 뉴클레오타이드 서열의 변화, 유전자 위치의 변경, 유전자 손실 또는 중복 및 외래 염기서열의 삽입을 포함.

돌연변이(유발)원 mutagen DNA의 변화(돌연변이)를 유도하는 작용제; DNA를 손상시키는 물리적 제제(製劑)와 DNA의 염기를 바꾸는 화학적 제제가 포함됨.

동(洞) sinus 조직이나 뼈 안의 공간.

동계교배 inbreeding 유전적으로 연관성이 높은 식물 또는 동물끼리의 교배; 근친교배는 동질성을 증가시키는 경향이 있음.

동류교배 assortative mating 표현형이 유사한 개체가 더 자주 짝짓기를 하는 비무작위 짝짓기의 일종.

동맥원추 conus arteriosus 척추동물의 배아 심장에서 가장 앞쪽에 있는 방.

동물극 animal pole 난황이 비대칭적으로 분포하는 어류 및 수생 척추동물에서 상대적으로 난황이 적게 들어 있는 세포들로 구성된 포배기의 반구.

동반세포 companion cell 식물의 체관부에 있는 각각의 체관 세포와 연결된 특수한 유세포.

동소적 종분화 sympatric speciation 지리적으로 같은 영역 내의 개체군이 여러 종으로 분화하는 것.

동원체 centromere 염색체의 잘록한 부위로서, 특정 단백질에 결합하는 DNA 염기서열이 반복되어 있음. 이 단백질들은 세포분열 동안 미세소관이 부착하는 동원체를 구성함.

동위원소 isotope 양성자 수는 같지만 중성자 수는 다른 원소.

동정세포 choanocyte 해면동물에서 발견되는 특수한 편모 세포로서, 몸의 안쪽에 줄지어 존재함.

동질배수체 autopolyploid 같은 종의 복제된 유전체를 가지고 있는 배수체 생물로서, 감수분열의 오류로 인해 발생할 수 있음.

동핵성 homokaryotic 균류에서, 균사체 내에 동일한 유전적 구성의 핵을 갖는 것.

동형접합성 homozygous 하나의 유전자에 대해 동일한 대립유전자를 2개 갖는 경우, 대개 하나 이상의 특정 유전자 좌위에 적용됨; *W* 좌위에 대해 동형접합의 유전자형은 *W/W*, *w/w*

동형포자(의) homosporous 어떤 식물에서, 분화된 종류 대신 단 한 종류의 포자만 만들어냄. 이형포자와 비교.

동화작용 anabolism 물질대사에서 물질을 합성하는 과정으로, 생합성과 관련된 화학 반응.

두절(頭節) scolex 촌충의 앞쪽 끝에 있는, 부착 기능을 가진 기관.

두화(두부형성) cephalization 동물의 앞쪽 끝부분에 머리와 뇌 영역을 갖도록 진화한 것. 좌우대칭 체제의 결과라 간주됨.

두흉부 prosoma 거미류의 몸의 앞쪽 부분으로, 모든 부속기관이 존재함.

뒤틀림 torsion 복족류의 배아 발생 중 외투강 및 항문이 몸체의 뒤쪽에서 앞으로 이동하여 입의 위치에 더 가까워짐.

등껍질 carapace 갑각강 십각류의 두흉부를 덮고 있는 방패 같은 판. 거북의 등껍질 부분.

등장성(의) isotonic 세포와 같은 용질 농도를 갖는 용액. 등장액에 있는 세포는 동일한 양의 물을 얻거나 잃음.

디디옥시뉴클레오타이드 dideoxynucleotide 2번 및 3번 탄소 위치의 OH기가 모두 결핍된 뉴클레오타이드. DNA 염기서열결정법에서 종결자로 사용됨.

디옥시리보핵산 deoxyribonucleic acid(DNA) 모든 생물체의 유전물질로, 2개의 상보적 뉴클레오타이드 사슬이 2중나선을 형성함.

디펜신 defensin 항균성을 지닌 시스테인이 풍부한 작은 펩타이드.

땅속줄기(지하경) rhizome 관다발식물에서, 다소 수평적으로 신장하는 땅속줄기; 양분의 저장을 위해 확대되거나 식물 생식기능을 수행함.

떡잎(자엽) cotyledon 일반적으로 양분을 저장(쌍떡잎식물)하거나 양분을 흡수(외떡잎식물)하는 종자의 잎. 종자 발아 시 사용되는 양분을 공급함.

ㄹ

라스 Ras 세포의 신호전달과 관련된 광범위한 G 단백질의 일원. 이들은 막에 있는 수용체타이로신카이네이스(RTK)를 카이네이스 연쇄반응과 연결하는 스위치로서, 신호전달 체계에서 작용.

라이보자임 ribozyme 효소처럼 작용할 수 있는 RNA 분자로, 때로는 자기 자신을 조립하는 과정을 촉매(역자 주: 예로, 인트론 제거); rRNA는 단백질 합성을 위한 아미노산의 중합과정에서 리보자임으로 작용.

라이소솜 lysosome 진핵세포에서 골지체에 의해 생성된 소화효소를 함유한 막-결합 소포.

라이페이스(지질가수분해효소) lipase 지방의 가수분해를 촉매하는 효소.

락 오페론 *lac* operon 대장균에서 젖당을 분해하는 효소를 암호화하는 유전자를 포함하고 있는 오페론.

람다 파지 lambda phage 유전 연구에 널리 사용되어 왔으며, 흔히 DNA 라이브러리 벡터로 잘 알려진 박테리오파지.

랑비에결절 nodes of Ranvier 2개의 슈반세포 사이의 공백 지점으로, 축삭이 주변 조직액과 직접 접촉하는 마디를 의미함.

레디아 redia 간흡충류의 포자포낭(sporocysts)에서 생성된 두 번째 단계의 비섬모 유충.

레트로바이러스 retrovirus RNA 바이러스. 레트로바이러스가 세포에 들어가면 바이러스의 효소(역전사 효소)가 바이러스 RNA를 2중 DNA로 전사하고, 세포는 이를 마치 자신의 것처럼 복제하고 전사함.

령 instar 곤충에서 유충의 발달 단계.

루비스코(리불로스 2인산 카복실화효소/산소화효소) ribulose bisphosphate carboxylase/oxygenase(rubisco) 엽록체에서 CO_2와 RuBP를 결합시키는 탄소고정 반응을 촉매하는 효소로, 4개의 소단위로 구성됨.

류신지퍼 모티프 leucine zipper motif 서로 다른 2개의 단백질 소단위체가 연결되어 단일 DNA 결합 부위를 형성하는 조절 단백질의 모티프; 단백질은 류신('지퍼')을 포함하는 소수성 영역 사이의 연합에 의해 연결됨.

리간드 ligand 특정 수용체 단백질에 결합하여 세포에서 신호전달을 개시하는 신호분자.

리그닌(목질소) lignin 식물 세포벽을 더 단단하게 만드는 고분지형 중합체; 목재의 중요한 구성 요소.

리보솜 ribosome 단백질 합성을 수행하는 분자 기계; 세포에서 가장 복잡한 단백질의 응집체로, 3개의 rRNA 분자를 함유함.

리보솜 RNA ribosomal RNA(rRNA) 리보솜 단백질과 함께 리보솜에서 발견되는 RNA 분자; 인(nucleolus)에 있는 DNA로부터 전사.

리보솜 결합서열 ribosome-binding sequence(RBS) 원핵생물에서, mRNA의 5′말단의 잘 보존된 염기서열. 이는 작은 소단위체에 있는 rRNA의 3′말단에 상보적이며, 번역 개시 과정에서 리보솜이 부착하는 데 도움을 줌.

리보핵산(RNA) ribonucleic acid(RNA) 리보스 당 및 피리미딘 우라실의 존재를 특징으로 하는 핵산의 부류; mRNA, tRNA 및 rRNA를 포함.

리불로스-1,5-2인산 ribulose 1,5-bisphosphate(RuBP) 캘빈 회로에서 루비스코(rubisco) 효소에 의해 CO_2가 첨가되는 5탄당으로, 탄소고정이 수반됨.

리플리솜 replisome DNA 복제와 관련된 효소의 고분자 집합체. 단백질 합성에서 리보솜과 유사.

림포카인 lymphokine 림프구에 의해 분비되는 조절분자. 면역반응에서 보조 T 세포에 의해 분비된 림포카인은 세포 매개 면역반응을 개시함.

림프 lymph 동물에서 혈액으로부터 유래된 무색의 액체. 조직의 모세혈관 벽을 통한 여과로 인해 생성됨.

림프계 lymphatic system 동물에서 혈류(림프)로부터 조직 사이로 들어간 물을 회수하는 개방된 관류 시스템; 림프절, 비장, 가슴샘(흉선) 및 편도를 포함.

림프구 lymphocyte 백혈구의 한 종류로, 림프구는 면역을 담당; B 세포와 T 세포 두 부류가 있음.

ㅁ

마이오신 myosin 근원섬유의 두 단백질 구성 요소 중 하나(다른 하나는 액틴); 척추 근육의 주요 구성 요소. 힘을 발생시키기 위해 ATP 가수분해의 에너지를 사용할 수 있는 모터 단백질로서 작용함.

마이크로-RNA micro-RNA(miRNA) 유전자 발현 조절에 관여하는 매우 짧은 RNA의 부류. 이것들은 RISC의 일부로 작용. 소형간섭 RNA(siRNAs) 참조.

마이크로어레이 microarray 슬라이드글라스나 실리콘 칩에 있는 DNA 조각의 배열을 의미하며, 활성 유전자와 비활성 유전자를 구별하거나 독특한 염기서열의 존재를 확인하기 위해 표지된 mRNA 또는 DNA를 사용한 혼성 실험에 이용함.

막간 공간 intermembrane space 미토콘드리아에서 2개의 막 사이에 있는 외부 구획.

막관통영역 transmembrane domain 막에 박혀 있는 막관통단백질의 소수성 영역. 흔히 알파나선으로 이루어지지만, 원통형의 구멍을 형성하기 위해 베타 주름 병풍을 사용하는 경우도 있음.

막수용체 membrane receptor G 단백질연결수용체(GPCR), 뉴런의 리간드 개폐성 채널, 그리고 수용체타이로신카이네이스(RTK)처럼 신호 수용체는 대개 세포막에 내장된 단백질로 존재함.

막횡단경로 transmembrane route 식물 뿌리에서 세포막과 세포 내부의 액포막을 가로 지르는 물과 무기염류의 이동 경로.

말기 telophase 세포분열 단계의 하나로, 방추사가 분해되고, 각 딸세포의 핵막이 형성되며, 염색체가 풀리면서 흩어짐.

말단소체(텔로미어) telomere 전사되지 않는 염색체 양 말단 부분의 특화된 구조.

말피기관 Malpighian tubules 육상 절지동물에서 한쪽 끝은 막히고 다른 쪽은 후장 부위로 열려있는 관으로, 배설기관 기능.

망막 retina 척추동물 눈의 감광층; 신경 및 빛 수용체(간상 및 원추)의 여러 층을 포함; 수정체에 의해 형성된 이미지를 받아서 시신경을 통해 뇌로 전달됨.

망막아종 감수성 유전자 retinoblastoma susceptibility gene(Rb) 돌연변이가 일어났을 때 드문 형태의 망막 암을 형성하는 유전자; 최초로 발견된 종양 억제유전자.

맹장 cecum 척추동물에서 대장의 시작 부분에 있는 막힌 주머니.

먹이찾기 foraging 동물의 먹이 획득 방법과 먹이의 종류에 관해 영향을 주는 복잡하게 진화된 행동의 총칭.

메가파스칼 megapascal(MPa) 수분퍼텐셜의 압력에 사용되는 측정 단위.

메두사형 medusa 물 위를 떠다니는 우산 모양의 몸체. 해파리와 같은 자포동물에서 발견됨.

메테인생성균 methanogens 메테인을 생성하는 무산소성(혐기성) 고세균.

메틸화(반응) methylation DNA의 염기(주로 시토신)에 메틸기가 첨가된 것. 시토신 메틸화는 발현되지 않은 DNA와 관련이 있음.

메틸화-G-캡 methyl-G-cap 5′ 캡 참조.

멘델 비(比) Mendelian ratio 멘델이 그의 유전학 실험에서 관찰한 특징적인 우성-열성 표현형의 비율. 예를 들어 단성잡종교배에서 F_2의 생성은 3:1의 비율로 나타나고, 양성잡종교배에서는 9:3:3:1의 비율로 나타남.

멜라토닌 melatonin 송과선에 의해 분비되는 호르몬으로, 아미노산인 트립토판으로부터 합성됨.

면역글로불린 immunoglobulin 항체를 구성하는 단백질.

면역내성 immunological tolerance 면역계가 자기 항원에 반응하지 않는 것을 인식하는 과정.

면역반응 immune response 척추동물에서 이물질이나 생물체의 침입에 대한 방어 반응. 항체 또는 B 세포 참조.

모계유전 maternal inheritance 모계로부터 유전자를 물려받는 단성(uniparental) 유전의 한 형태; 예를 들어, 인간의 미토콘드리아와 그들의 게놈은 어머니로부터 물려받음.

모세혈관 capillary 가장 작은 혈관으로, 모세혈관의 매우 얇은 벽은 많은 분자에 대해 투과성이며, 혈액과 조직 사이의 교환을 담당함. 동맥과 정맥을 연결하는 혈관.

모세혈관앞조임근 precapillary sphincter 각 모세혈관 루프를 보호하는 고리 모양의 근육. 닫히면 모세혈관으로 혈액이 흐르지 않음.

모자이크발생 mosaic development 배아 발생 패턴 중 하나로, 난할에 의해 생성된 초기 세포는 난자로부터 각기 다른 발생적 신호(결정인자, determinant)를 받아서 다른 발생경로가 설정됨.

모티프 motif 기능에 관여하는 단백질의 하부구조로, 여러 단백질에서 찾을 수 있음. 예로 DNA에 결합하는 단백질에는 나선-꺾임-나선 모티프(helix-turn-helix motif)가 있음.

목 order 과(family) 수준보다 위에 있고, 강(class) 수준보다 아래에 있는 분류 범주.

몰 mole 해당 물질의 분자를 구성하는 모든 원자의 질량 총합을 그램 단위로 표시한 물질의 무게. 1몰의 화합물은 항상 6.023×10^{23}개의 분자를 포함함.

몰농도 molar concentration 순수한 물 1 L에 있는 물질의 몰수로 표시됨.

무교차 염색체분리 achiasmate segregation 감수1분열 동안 교차 없이 일어나는 상동염색체의 분리.

무기 인산 inorganic phosphate 유기 분자의 일부가 아닌 인산염 분자; 무기 인산염 그룹은 ATP의 합성과 분해 및 다른 많은 세포내 반응에서 추가되거나 제거됨.

무산소성(혐기성) anaerobic 혐기성 발효 또는 H_2S 광합성과 같이 산소 없이 일어날 수 있는 모든 과정.

무산소호흡(무기호흡) anaerobic respiration 양성자 기울기를 만들기 위한 전자전달계에서 산소가 아닌 무기물을 최종 전자 수용체로 사용하여 화학삼투를 통해 ATP를 합성하는 과정.

무성생식 asexual reproduction 부모와 유전적으로 동일한 개체를 만드는 과정으로, 개체의 모든 염색체는 단일 부모로부터 물려받고 감수분열 없이 오직 체세포분열만 일어남.

무체강동물 acoelomate 편형동물과 같이 체강이 없는 구조를 가진 동물.

무표현형 표지자 anonymous markers 검출 가능한 표현형을 유발하지 않지만, 유전체에서 분자 기법을 사용하여 검출할 수 있는 유전자 표지.

문 phylum, pl. phyla 강(class)과 계(kingdom) 사이에 있는 분류학의 주요 범주.

문강(吻腔) rhynchocoel 끈벌레(ribbonworms)의 진체강으로, 입주둥이(문초, proboscis)를 내미는 데 있어서 유체동력원으로 작용함.

물관 xylem 관다발식물에서, 길고 두꺼운 세포벽을 가진 도관세포로 구성되어 있으며, 물과 용질을 운반하는 특수화된 조직.

물관요소 vessel element 관다발식물의 물관부에서 물과 용질을 운반하는 기다란 세포. 성숙 시에 죽음.

물리지도 physical map 염색체 또는 게놈에서 DNA 내의 실제 표식을 기반으로 만든 DNA 서열 지도.

뮐러 의태 Müllerian mimicry 서로 관련이 없는 두 종이 닮아있어 일종의 집단 방어를 이루는 현상. (역자 주: 예로 독성이 있는 생물체끼리 서로 닮은 체색을 가지게 되는 뮐러 의태를 하면 포식자들은 회피 학습을 빠르게 할 수 있기에 결국 피식자들에게 이익이 된다.)

미각(尾脚) uropod 바닷가재와 대하의 복부의 끝에 있는 납작한 부속지. 빠른 속도를 내기 위한 꼬리 역할을 함.

미량영양소 micronutrient 철, 염소, 구리, 망간, 아연, 몰리브덴 및 붕소와 같이 식물 성장에 필요한 미량의 무기염류.

미생물막 biofilm 서로 다른 종으로 구성된 복잡한 세균 공동체. 치아의 치석은 미생물막임.

미세소관 microtubule 진핵세포에서 튜불린 단백질로 구성된 길고 속이 빈 원통형 단백질; 세포의 모양 유지, 세포분열 시 염색체의 이동, 섬모와 편모의 기능적 내부 구조를 제공함.

미세아교세포 microglia 중신경계에서 대식세포 역할을 하는 신경교세포.

미세융모 microvillus 상피세포의 세포질 돌출부로서, 미세융모는 소장의 표면적을 크게 증가시킴.

미소체 microbody 단일막에 싸여 있으며, 다양한 효소를 함유하는 세포소기관; 대개 소포체로부터 유래된 것으로, 퍼옥시좀 및 글리옥시좀이 포함됨.

미엘린초(수초) myelin sheath 척추동물의 말초신경계에서 운동뉴런의 긴 축삭을 둘러싼 지방층으로, 말이집이라고도 함.

미절(꼬리마디) telson 바닷가재와 대하의 꼬리 구조.

미토콘드리아 mitochondrion 세포의 발전소라고 불리는 세포소기관. 전자전달계와 ATP의 화학삼투적 합성을 담당하는 정교한 내막, 크렙스 회로의 효소를 포함하는 기질, 그리고 외막으로 구성됨.

밀착연접 tight junction 인접한 2개의 동물세포 사이에서 세포막이 실제로 융합된 것으로, 조직에서 물질이 새어 나오는 것을 방지함.

밑씨(배주) ovule 속씨식물에서 암(자성)생식세포를 생성하는 포자체(2배체) 구조.

ㅂ

바소체 Barr body 하나 이상의 X 염색체가 있는 세포의 간기 핵에서 강하게 염색된 소체로서, 응축되어 불활성화된 X 염색체를 나타냄. 초기 배아의 발생 후에 각 세포에는 오직 하나의 X 염색체만이 활성화됨.

바소프레신 vasopressin 콩팥의 수분량을 조절하는 뇌하수체 후엽 호르몬.

바이러스 virus 단백질로 둘러싸인 유전물질로 구성된 복잡한 생화학적 개체; 바이러스는 살아있는 숙주 세포에서만 증식할 수 있음.

바이러스 출현, 신형바이러스 emerging virus 한 생물체에서 발생하지만, 다른 생물체로 전달되는 모든 바이러스; 대개는 사람에게 전염된 경우를 가리킴.

바이로이드 viroid 염색체의 온전한 상태를 파괴함으로써 식물에 질병을 일으킬 수 있는 작고 나출된 RNA 분자.

바이리온 virion 단일 바이러스 입자.

바이오연료(생물연료) biofuel 지질학적 공정보다는 생물학적 공정을 통해 생산된 연료. 보통 식물재료, 농업, 상업 또는 산업폐기물로 만들어짐.

바이코이드 bicoid 초파리에서 앞-뒤축 예정화에 관여하는 유전자. 앞-뒤축은 바이코이드와 나노스(nanos) 단백질의 서로 반대인 농도기울기에 의해 형성됨.

바이타민 vitamin 특정 생물체에 의해 합성될 수는 없으나, 정상적인 대사기능을 위해 소량으로 요구되는 유기 물질.

박동원 pacemaker 심장 박동을 시작하는 척추동물 심장의 흥분성 조직.

박테리오파지 bacteriophage 박테리아 세포를 감염시키는 바이러스. 파지라고도 함.

반고리관 semicircular canal 액체로 채워진 내이의 3개의 관. 평형 유지에 도움을 줌.

반보존적 복제 semiconservative replication DNA 2중가닥의 각 가닥이 완전히 새로운 상보적 가닥을 만들기 위한 주형으로 작용하여, 원래의 2중가닥이 2개의 새로운 DNA 분자 각각에서 보존되는 DNA 복제 방식.

반사 reflex 신경계에서, 연합뉴런을 거의 필요로 하지 않는 운동 반응; 반사는 감각뉴런, 때로는 (항상은 아니지만) 연합뉴런 및 하나 이상의 운동뉴런만을 포함한 가장 단순한 신경 경로에 속함.

반사궁 reflex arc 자극으로부터 반사 작용을 이끄는 체내의 신경 경로.

반수체 haploid 2배체($2n$)와는 대조적으로 한 세트의 염색체(n)만 존재.

반수체형 haplotype 보통 재조합을 거치지 않고 온전하게 유전되는 염색체의 영역으로, SNP의 분석에 근거하여 식별됨.

반응중심 reaction center 안테나 복합체에서 에너지를 받아 수용체 분자로 전달되는 전자를 여기시키는 광계의 막관통단백질 복합체.

발아 germination 포자 또는 종자에 의한 발생과 생장의 재개.

발정기 estrus 암컷의 최대 성 수용 기간. 난자의 배란과 관련됨.

발현벡터 expression vector 삽입된 DNA의 발현을 유도하는데 필요한 염기서열을 포함한 벡터(플라스미드 또는 파지) 유형.

발효 fermentation 산소의 관여 없이 유기물에서 에너지를 추출하는 효소 촉매 추출법.

방사능 radioactivity 불안정한 원자가 보다 안정된 형태로 붕괴하는 과정에서 핵입자와 빛을 방사하는 것.

방사대칭 radial symmetry 원형 평면을 갖는 구조 대칭의 한 유형으로, 중심을 지나도록 하여 어떤 방향으로 나누어도 동일한 두 부분이 얻어짐.

방사성 동위원소 radioactive isotope 불안정하며 방사성 붕괴를 통해 에너지를 방출하는 동위원소.

방사수관 radial canal 극피동물의 수관계에서 환상 수관에 연결된 5개의 방사 수관.

방사형 난할 radial cleavage 후구동물 배아의 난할 패턴. 난할이 배아의 극축에 평행하게 그리고 직각으로 일어남.

방실결절 atrioventricular(AV) node 동방결절로부터 심장 박동 자극을 받는 가늘고 긴 심근세포로서 히스속 다발을 통해 자극을 전도함.

방적돌기 spinnerets 거미의 복부 뒤쪽의 기관. 거미줄이 될 유동성 단백질을 분비.

방추사 확인점 spindle checkpoint 모든 염색체가 방추사에 부착되는 것을 점검하는 세 번째 세포분열 확인점. 이 확인점을 통과하면 후기가 진행됨.

방추사부착점 kinetochore 체세포분열이나 감수분열 시 방추사가 부착되는 동원체 내의 디스크 모양의 단백질 구조. 동원체 참조.

방추체 spindle apparatus 세포분열 동안 염색체의 분리를 수행하는 조립체; 미세소관(방추사)으로 구성되며, 전기에 세포의 적도면에서 조립됨.

방향성 선택 directional selection 일련의 표현형 중에서 한쪽의 극단적인 형태를 제거하는 선택이 작용하는 경우.

배란 ovulation 동물의 난소에서 난자의 방출.

배반 blastodisc 조류 발생에서 커다란 난황의 표면에서 나타나며, 난할을 거쳐 배아가 되는 원반형 지역.

배반 scutellum 곡류의 변형된 떡잎(자엽).

배병(배자루) suspensor 종자식물에서, 배병(胚柄)은 접합자의 첫 번째 분열로 생긴 두 세포 중 한 개에서 발생함. 속씨식물의 배병은 모체 조직에서 배에 이르는 영양관이 되고, 겉씨식물에서는 배를 양분 저장 위치에 좀 더 가깝게 위치시킴.

배설관 nephridium, pl. nephridia 무척추동물에서, 관 모양의 배설 구조.

배수성 polyploidy 하나 이상의 전체 염색체 세트가 2배체 게놈에 추가된 상태.

배아 embryo 접합자에서 세포분열이 일어나 다세포로 발생하는 단계.

배아줄기세포 embryonic stem cell(ES cell) 초기 배아에서 생성된 줄기세포로, 여러 성체 조직으로 분화될 수 있으며, 배반포에 이식하면 성체로 발생할 수 있음.

배엽층 germ layers 낭배 형성기에 만들어지며, 향후 형성될 조직을 만드는 3개의 세포층. 바깥쪽부터 외배엽, 중배엽 내배엽이라고 함.

배우자 접합 syngamy 2개의 반수성 세포(배우자)가 융합하여 2배체 접합체를 형성하는 과정; 수정.

배우자 gamete 반수체 생식세포.

배우자낭 gametangium, pl. gametangia 생식세포가 형성되는 세포 또는 기관.

배우체 gametophyte 식물에서 단상(n)인 배우체를 생성하는 세대로, 복상($2n$)의 포자체 세대와 번갈아 나타남.

배젖(배유) endosperm 속씨식물의 종자의 특성을 나타내는 저장조직, 배낭에서 극핵과 정핵이 수정되어 형성됨. 종자의 성숙 전이나 발아 동안에 포자체가 성숙함에 따라 분해됨.

백색체 leucoplast 식물세포에서 녹말 알갱이가 저장되는 무색의 색소체; 보통 빛에 노출되지 않은 세포에서 발견됨.

백혈구 leukocyte 헤모글로빈을 함유하지 않는 혈액 세포. 식세포나 항체 생성 림프구 등을 포함함.

번데기 pupa 곤충의 발생 단계로, 먹지 않고 움직이지도 않으며 고치나 다른 캡슐에 싸여진 채로 존재; 유충과 성체 사이의 단계.

번역 translation 아미노산 순서를 지정하는 mRNA를 이용하여 리보솜에서 단백질을 조립하는 과정.

번역억제단백질 translation repressor protein 전사 개시 부분에 결합하여 리보솜 부착을 막음으로써 mRNA의 번역을 막는 단백질.

번역틀 reading frame 번역 시 아미노산을 지정하는 트리플렛 코돈에서 뉴클레오타이드의 올바른 연속체. 유전자 코드에 공백이 없기에, 서열의 첫 번째 코돈에 의해 번역틀이 확립됨.

베이츠 의태 Batesian mimicry 먹기 좋고 독성이 없는 생명체가 맛없고 독성이 있는 다른 종류의 생명체를 닮는 생존 전략. 두 종 모두 경고색을 보임.

베타 병풍 β sheet 단백질 내 2차 구조의 하나로, 펩타이드 골격에서 아미노기와 카복실기 사이의 수소결합으로 안정화된 평면구조를 형성하기 위해 한 번 이상 접힌 형태를 말함. 베타 주름 병풍이라고도 함.

베타 산화 β oxidation 지방산이 2개 탄소 단위로 분해된 후 CoA와 결합하여 아세틸-CoA를 생성하는 산소 의존적 반응으로, 그다음 단계로 시트르산 회로로 들어감. 전체 지방산이 산화될 때까지 반복적으로 일어남.

벡터 vector 분자 생물학에서 숙주 세포에 도입된 재조합 DNA의 증식을 허용하는 플라스미드, 파지 또는 인공 염색체.

벨리저(유생) veliger 연체동물에서 담륜자(트로코포라) 단계 이후의 두 번째 유생. 발, 껍질, 외투막의 초기 모습이 관찰됨.

변성 denaturation 과도한 열, 극단적인 pH, 화학물질에 의한 변형, 또는 물질 사이의 소수성 상호작용을 방해하는 용매 내의 이온 세기나 극성의 변화로 인해 단백질 또는 핵산의 구조가 파괴되는 현상으로, 대개 생물학적 활성이 상실됨.

변수 variable 과정, 결과 또는 관찰에 영향을 미치는 요인. 과학자들은 실험에서 가설을 검증하기 위해 변수를 구분하고자 함.

변태 metamorphosis 올챙이에서 개구리로 변하는 것처럼 배아 발생 이후의 발달과정 중에 형태의 두드러진 변화가 일어나는 과정.

변형균 plasmodium 점균류 생활사의 한 단계로, 막으로 둘러싸인 다핵성의 원형질 덩어리.

병목효과 bottleneck effect 집단의 크기가 급격하게 줄어들 때 발생하는 유전적 다양성의 상실.

병원체 pathogen 감염된 숙주에서 질병을 일으킬 수 있는 감염물질로, 보통 미생물.

보먼주머니 Bowman's capsule 척추동물 콩팥에서, 사구체를 둘러싼 네프론의 공 모양의 단위.

보어효과 Bohr effect CO_2 농도 증가로 인해 나타나는 헤모글로빈에서의 산소의 방출.

보조 T 세포 helper T cell 세포 매개 면역반응과 체액성 면역반응을 동시에 일으키는 백혈구의 종류; 보조 T 세포는 AIDS바이러스(HIV)의 표적임.

보조색소 accessory pigment 엽록소 *b*와 카로티노이드를 포함한 광합성에 사용되는 2차 광흡수 색소. 엽록소 *a*의 흡수 스펙트럼을 보완함.

보조인자 cofactor 효소의 작용을 위해 필요한 하나 이상의 비단백질 성분으로, 대부분의 보조인자는 금속 이온이고, 또 다른 보조인자는 유기 조효소임.

보조활성자 coactivator RNA 중합효소 II 및 일반적인 전사인자로 구성된 전사복합체와 전사 활성인자를 연결하는 단백질.

보체계 complement system 박테리아와 곰팡이의 세포벽에 의해 활성화되는 단백질 집단으로 구성된 척추동물의 화학적 방어 체계.

복제단위 replicon DNA 복제원점과 이 원점에 의해 복제가 조절되는 DNA. 원핵생물 복제에서, 염색체와 복제원점은 단일 복제단위로 구성됨; 진핵세포의 염색체는 다수의 복제단위로 구성됨.

복제분기점 replication fork 복제 중인 DNA 분자에서 점점 커지는 복제기포의 Y자형의 끝부분.

복제수 변이 copy number variation(CNV) 집단 내에서 DNA의 커다란 부분에서 일어난 변이로서, 삽입, 결실, 역위, 전좌를 포함한다.

복제평판법 replica plating 세균의 콜로니를 한 플레이트에서 다른 플레이트로 옮겨서 원래 플레이트를 복사하는 방법; 페트리 접시상에서 생장하는 콜로니를 벨벳 천에 찍어낸 후, 다른 배지, 예를 들어 영양요구주임을 확인할 수 있는 물질이 첨가된 플레이트로 옮기는 기법.

부(富)영양화 eutrophic 무기염류와 유기물이 풍부하게 존재하는 호수를 일컬음.

부등교차 unequal crossing over 시냅시스에서 작은 영역에서의 잘못 정렬된 교차로 인해 2개의 상동염색체 사이에서 길이가 다른 분절을 교환하는 과정.

부레 swim bladder 경골어류에서만 발생하는 기관으로, 식도 또는 특수한 모세혈관 망을 통해 기체량을 증가 또는 감소시켜 부력을 조절하는 데 도움을 줌.

부분2배체 partial diploid(merodiploid) 숙주 유전자를 가진 F′ 플라스미드를 운반하는 대장균 세포를 나타낼 때 씀. 이것은 F′ 플라스미드에 의해 운반되는 유전자에 대해 세포 2배체를 만듦.

부분할 meroblastic cleavage 파충류, 조류 및 일부 어류의 알에서 일어나는 난할의 한 종류. 오로지 배반에서 발생함.

부생(腐生)성 saprotrophic 소화효소를 분비하여 체외에서 먹이를 소화시키는 것을 말하며, 종속영양 생물인 대부분의 균류가 이에 해당하는 부생생물(saprobe)이다.

부수체(위성) DNA satellite DNA 독특한 염기 조성을 가진 염색체의 비전사 영역; 짧은 염기서열이 나란히 수천 번 반복됨.

부식토 humus 표토에 존재하는 일부 분해된 유기 물질.

부유성 pelagic 일반적으로 대양에서의 자유 유영.

부정근 adventitious 뿌리에서 줄기가 나거나, 줄기에서 뿌리가 나는 것과 같은 비정상적인 장소에서 발생하는 구조를 나타냄.

부정소 epididymis 정자를 저장하는 곳; 정소 근처에 있는 수정관이 꼬인 부분.

부정합수선 mismatch repair 복제 오류를 수정하는 DNA 수선의 한 형태. 오류가 없는 주형가닥은 메틸화에 의해 판단함. (역자 주: 새로 복제된 가닥은 메틸화가 아직 진행되지 않아서 주형가닥과 구별됨.)

부착 adhesion 수소 결합으로 인해 다른 극성 화합물에 물이 달라붙는 경향성.

부착연접 adherens junction (1) 한 세포의 액틴 필라멘트와 인접한 세포의 액틴 필라멘트 또는 세포외기질을 연결하는 고착연접의 한 유형. (2) 수많은 생물의 세포 사이에서 발견되는 점착성 접합으로 Ca^{2+} 의존성 접합 분자인 캐드헤린이 관여함.

분기군 clade 한 조상과 그로부터 파생된 모든 후손으로 구성된 분류학적 집단.

분단성 선택 disruptive selection 중간 유형을 제거하는 방향으로 선택이 작용하는 경우.

분류군 taxon 종, 또는 속이나 과 등의 상위 분류군.

분류학 taxonomy 생물을 분류하는 과학. 분류학자들 사이의 합의로 두 생물체는 같은 이름을 가질 수 없으며, 모든 이름은 라틴어로 표기.

분리 segregation 자손에서 부모의 각 형질이 혼합되어 나타나는 것이 아니라, 부 또는 모 형질 중 하나가 표현되는 과정.

분리의 법칙 Law of Segregation 각 대립유전자는 배우자 형성 시 서로 분리된다는 멘델의 첫 번째 유전법칙.

분생자 conidia 무성생식으로 만들어진 곰팡이 포자.

분압 partial pressure 전체 기압을 구성하는 기체에서 질소, 산소 및 이산화탄소와 같은 각 개별 기체의 압력.

분열구 cleavage furrow 주로 동물세포의 세포질분열 과정에서 1개의 세포가 2개의 딸세포로 분리될 때 형성되는 홈.

분열조직 meristem 새로운 세포가 발생하는 미분화된 식물조직.

분자시계 방법 molecular clock method 진화론에서 분자의 진화 속도가 시간에 따라 일정하다고 본 방법론.

분자클로닝 molecular cloning 특정 DNA 서열의 분리 및 증폭.

분지도 cladogram 한 무리의 종 간 또는 다른 분류군 간의 진화적 관계를 나타내는 그림.

분지론 cladistics 생명체의 진정한 계통발생 관계와 혈통을 나타내는 계층구조를 만드는 데 사용되는 분류학 기법.

분화 differentiation 비교적 덜 특화된 세포가 보다 특화된 형태나 기능을 갖도록 점진적인 변화를 겪는 발달 과정.

불꽃세포 flame cell 편형동물 체내의 관의 망상구조에서 발견되는 특화된 세포로, 노폐물의 배출과 수분 조절에 관여.

불완전우성 incomplete dominance 2개 이상의 대립유전자가 명확한 우위를 보이지 않는 경우. 이형접합의 표현형은 동형접합 표현형의 중간형임. 예를 들어 붉은색 분꽃을 흰색과 교배했을 때 F_1에서 나타나는 분홍색.

불응기 refractory period 막이 추가적인 자극에 반응할 수 없는 탈분극 이후의 회복 기간.

불포화지방 unsaturated fat 1개 이상의 지방산이 탄소와 결합할 수 있는 수소의 최대 수보다 적게 결합한 지방 분자.

비결정론적 발생 indeterminate development 동물 발생의 한 종류로, 처음 몇 개의 배아 세포는 모두 동일한 딸세포인데, 그중 어느 하나라도 분리되어 완전한 생명체로 발생 가능할 때, 그들의 운명은 비결정적이라고 말함.

비경쟁적 억제자 noncompetitive inhibitor 활성부위 이외의 위치에 결합하여 효소의 모양을 변화시킴으로써 효소가 기질에 결합할 수 없도록 하는 억제자.

비극성 nonpolar 전자를 동등하게 공유하는 공유결합이거나 비극성 공유결합으로 결합된 화합물에서 나타남.

비극한성(非極限性) 고세균 nonextreme archaea 호극성균이 아닌 오늘날 지구상의 보다 온건한 환경에 사는 고세균 그룹.

비독성 병원균 avirulent pathogen 숙주 자원을 활용하지만 심각한 피해 또는 사망을 일으키지 않는 모든 종류의 병원성 생물체 또는 바이러스.

비만세포 mast cell 염증반응을 일으키는 분자가 포함된 과립을 가진 백혈구.

비분리 nondisjunction 상동염색체 또는 자매염색분체가 체세포분열 또는 감수분열 중 분리되지 못하여 이수성의 세포 또는 배우자를 형성.

비순환적 광인산화 noncyclic photophosphorylation 식물의 2가지 광계의 광의존적 반응 체계. 여기된 전자가 2개의 광계 사이를 이동하며 양성자 기울기를 형성하고, 이는 ATP의 화학삼투적 합성에 이용된다. 전자는 NADP를 NADPH로 환원시키고, 손실된 전자는 O_2를 생성하는 물의 산화로 보충됨.

비연합학습 nonassociative learning 동물이 두 자극 사이 또는 자극과 반응 사이의 연관성을 형성할 필요가 없는 학습된 행동.

비열 specific heat 물질 1 g을 1℃ 높이거나 낮추기 위해 흡수되거나 손실되는 열의 양.

빈도의존적 선택 frequency-dependent selection 표현형이 모집단에서 얼마나 자주 또는 드물게 발생하는지에 따라 달라지는 선택 유형. (역자 주: 포식자가 흔한 표현형의 개체를 잡아먹는 경우 드문 표현형의 적응도가 높아지는 선택이 일어나기에 음성 빈도의존적 선택이라고 하고, 반대로 포식자가 드문 표현형의 개체를 잡아먹는 경우엔 흔한 표현형이 증가하므로 양성 빈도의존적 선택이라고 함.)

빗살아가미 ctenidia 연체동물의 호흡 아가미로, 혈관이 풍부한 외투막에서 돌출된 섬유로 구성되어 있음

뿌리 root 보통 지면 아래로 하강하는 식물체의 축으로, 식물체를 고정하고 물과 무기염류를 흡수함.

뿌리골무 root cap 식물의 뿌리가 토양을 통과할 때 뿌리 정단분열조직을 보호하는 뿌리 끝의 조직; 뿌리골무의 세포는 지속적으로 손실되고 교체됨.

뿌리압(근압) root pressure 식물에서 증산이 없을 때 뿌리의 용질 퍼텐셜에 대한 물의 압력; 종종 밤에 발생. 근압으로 인해 일액현상(이슬의 형태로 잎세포로 물이 나감)이 일어남.

뿌리털 root hair 식물에서 뿌리 끝 바로 뒤에 위치한 관 모양의 돌출부로, 표피세포에서 유래함; 뿌리털은 흡수 표면적을 크게 증가시킴.

뿌리혹 nodule 식물에서 질소고정세균을 가지고 있는 콩과식물의 뿌리혹과 같이, 유익한 박테리아를 둘러싸고 수용하는 특수한 조직.

ㅅ

사구체 여과액 glomerular filtrate 각 사구체의 모세혈관을 통과하여 빠져나간 액체.

사구체 glomerulus 보먼주머니에 둘러싸인 모세혈관의 덩어리.

사이클린 의존성 카이네이스(Cdk) cyclin-dependent kinase 세포주기의 진행을 조절하는 단백질 카이네이스 효소 집단으로, 사이클린과 결합할 때만 활성화됨. *cdc2* 유전자에 의해 생성된 cdc2 단백질은 최초로 발견된 Cdk 효소임.

사이클린 cyclin 세포주기에 따라 동시에 생성되는 단백질 집단으로, 세포분열 동안에 특정 시점에서 사이클린 의존성 카이네이스라 부르는 특정 단백질 카이네이스와 결합함.

사이토카인 cytokine 면역세포에 의해 분비되는 신호 분자로서, 다른 면역세포에 영향을 줌.

사이토크롬 cytochrome 광합성 및 세포호흡의 전자전달계에서 전자운반체 역할을 하는 철 함유 단백질 색소.

사이토크롬 b_6-f 복합체 cytochrome b_6-f complex 틸라코이드막에서 발견되는 양성자 펌프. 이 복합체는 스트로마에서 틸라코이드 내부로 양성자를 보내기 위해 들뜬 전자의 에너지를 사용함.

산 acid 물에서 해리되어 수소 이온(H^+) 농도를 증가시켜 pH를 낮추는 모든 물질.

산소부채 oxygen debt 운동 중 근육에서 생성된 젖산을 다시 포도당으로 전환하는데 필요한 산소량.

산소성(호기성) aerobic 자유 산소를 필요로 함. 기체 산소가 존재할 때 일어나는 생물학적 과정.

산소호흡(유기호흡) aerobic respiration 산소를 최종 전자 수용체로 사용하여 포도당을 완전히 산화시키는 과정. 산소는 ATP의 화학삼투 합성을 위한 양성자 농도기울기를 만드는 전자전달계에서 최종 전자 수용체로 작용함.

산화 oxidation 원자 또는 분자에 의한 전자의 손실; 물질대사에서 종종 산소의 획득 또는 수소의 손실과 관련됨.

산화적 인산화 oxidative phosphorylation 양성자 기울기의 에너지를 이용하여 ATP 합성효소에서 ATP를 합성. 양성자 기울기는 전자 전달로 인해 만들어지며, 산소가 필요함.

산화-환원 반응 oxidation-reduction reaction 생체 내에서는 쌍을 이루는 반응으로, 한 원자에서 잃어버린 전자(산화)가 다른 원자에서 얻어지는(환원) 반응. 줄여서 redox 반응이라고 함.

살리실산 salicylic acid 식물에서 전신획득저항성의 장거리 신호물질인 유기 분자.

삼투 osmosis 선택적으로 투과성인 막(물의 자유로운 통과는 허용하나 용질의 통과는 방지 또는 지연시키는 막)을 가로지르는 물의 확산; 압력이나 부피의 변화가 없는 상태에서 물은 저농도의 용질이 있는 쪽에서 고농도 쪽으로 이동함.

삼투농도 osmolarity 용액 1 L당 용질에 들어 있는 삼투적으로 활성화된 몰수의 측정법.

삼투순응자 osmoconformer 체액의 삼투 농도를 배지와 거의 같은 수준으로 유지하는 동물.

삼투압 osmotic pressure 선택적 투과성막에 의해 순수한 물과 분리된 용액에 의해 발생하는 압력 퍼텐셜. 용질 농도가 높을수록 용액의 삼투압이 커짐; 삼투퍼텐셜이라고도 불림.

삽입불활성화 insertional inactivation 전이인자(트랜스포존) 삽입에 의한 유전자 기능의 파괴.

상대생장 allometric growth 몸의 각 부분이 서로 다른 속도로 성장하는 패턴.

상동성, 상동염색체(의) homologous (1) 진화 기원이 동일한 유사한 구조. (2) 2배체 세포에서 같은 종류의 염색체 쌍을 나타냄.

상동염색체 homologue 2배체 세포에 있는 쌍을 이룬 염색체; 각 염색체는 각 배우자로부터 유래함.

상동이질형성 homeosis 정상적인 위치에서 발현되는 유전자를 다른 위치에서 발현시키는 공간 패턴의 변화로 인해 호미오돌연변이는 야생형 구조를 잘못된 위치에 발생시킴.

상리공생 mutualism 2개(또는 그 이상)의 생물체가 함께 살며, 모두 이익을 얻는 공생 관계.

상배축 epicotyl 떡잎이 부착된 바로 위의 영역.

상보성 complementary 유전정보에 대한 설명으로, 각각의 뉴클레오디이드 염기는 상보적인 염기와 쌍을 이룬다는 것.

상보적 DNA complementary DNA(cDNA) mRNA 전사체의 DNA 복사본으로, 역전사 효소의 작용으로 생성됨.

상사성 analogous 진화론적 기원은 다르지만, 기능 면에서는 비슷한 구조. 예로서 박쥐의 날개와 나비의 날개.

상사성 homoplasy 분류학에서 공통 조상으로부터 물려받지 않은 공유 형질; 수렴진화 또는 진화론적 반전에서 비롯됨. 예로 수렴 구조인 새의 날개와 박쥐의 날개.

상순, 윗입술 labrum 곤충과 갑각류에서 아래턱의 앞쪽 또는 윗쪽에 있는 윗입술.

상실배 morula 배아 발생 초기 단계의 공 모양의 구조. (역자 주: 난할 결과 생긴 할구들의 모습이 뽕나무 열매와 유사해서 생긴 명칭.)

상염색체 autosome 진핵생물에서 성염색체가 아닌 염색체를 말하며, 상염색체는 그 종의 수컷과 암컷 모두 같은 수와 종류로 존재함.

상위 epistasis 2개의 비대립 유전자 사이의 상호작용으로, 하나의 유전자가 다른 유전자의 표현형 발현을 변화시킴.

상처반응 wound response 식물에서 초식 동물이 잎을 뜯어 먹는 등 잎의 손상으로 인해 개시되는 신호전달경로. 초식 동물의 소화를 방해하는 단백질 분해 효소 억제제를 생성함.

상피 epithelium 동물에서 외부에 노출된 표면을 덮거나 도관 또는 빈 공간(강, cavity)을 덮는 조직의 한 형태.

상호교배 reciprocal cross 단일 형질과 관련된 유선석 교배. 부모의 성별이 바뀔 경우, 예를 들어, 흰색 꽃식물의 꽃가루가 보라색 꽃식물을 수정하는 데 사용된다면, 상호교배는 보라색 꽃식물의 꽃가루를 흰색 꽃식물을 수정하는 데 사용하는 것.

상호이타주의 reciprocal altruism 베푼 호의를 돌려받을 거라는 기대를 가지고 이타적인 행위를 하는 경우. 사회적 행동의 진화를 다루는 많은 이론

에서 핵심적이고 매우 논쟁적인 가정. 이타주의 참조.

상호재조합 reciprocal recombination 진핵생물에서만 발생하는 유전자 재조합 메커니즘으로, 2개의 염색체 사이에 서로 분절을 교환함; 감수분열 동안 상동염색체 사이의 일반적인 교환뿐만 아니라 비상동염색체에서도 일어남.

색소 pigment 빛을 흡수하는 분자.

색소체 plastid 광합성 진핵생물의 세포소기관이며, 식물과 녹조류에서는 녹말 저장소.

생물군계 biome 기후 및 토양 조건에 따른 주요 육지 생태계 중 하나. 가장 큰 생태 단위.

생물군집 biological community 한 장소에서 함께 사는 서로 다른 종의 모든 개체군. 예를 들어 산의 초원에 서식하는 모든 개체군.

생물다양성 biodiversity 한 지역에서 발견되는 종들의 수 및 각 종의 행동, 생태, 생리 및 기타 적응 범위를 나타내는 것.

생물지리학 biogeography 종의 지리적 분포에 관한 연구.

생물학적 종개념 biological species concept(BSC) 같은 그룹 내에서는 교배할 수 있으나 다른 그룹과는 생식적으로 격리된 개체의 집단으로 종을 정의하는 개념.

생식계열세포 germ-line cells 접합자(수정란)의 발생 동안 체세포로부터 분리되어 생식세포를 만들기 위해 감수분열을 하는 세포.

생식모세포 gametocytes 말라리아 포자소체 생활사에서 적합한 숙주에 침입했을 때 생식세포를 형성할 수 있는 세포.

생식적 격리 reproductively isolated 집단 내 개체가 서로 교배하지 않거나 생식 가능한 자손을 생산할 수 없는 경우.

생식적 격리 기작 reproductive isolating mechanism 종 간의 유전교환을 막는 장벽.

생장상 변화 phase change 꽃을 피우는 능력을 가진 식물에서 나타나는 발생 상의 변화.

생장인자 growth factor 막 수용체에 결합하여 세포의 생장 및 분열을 위한 세포내 신호전달 체계를 개시하는 단백질.

생체량 biomass 특정 집단, 지역 또는 기타 측정 단위 내의 살아있는 모든 생명체의 총 질량.

생태계 ecosystem 생물체와 무생물 환경을 포함하는 주요 상호작용 시스템.

생태적 지위 niche 환경 내에서 특정 종의 역할.

생태학 ecology 생물체 간의 상호작용과 물리적 환경에 관한 연구.

생태형 ecotype 지역적으로 적응이 일어난 생물의 변이체; 또 다른 생태형과 유전적으로 구별됨.

생화학적 경로 biochemical pathway 한 반응의 산물이 다음 반응의 기질이 되는 일련의 화학 반응. 크랩스 회로는 생화학적 경로임.

샤페론 단백질 chaperone protein 단백질을 정확한 방식으로 접거나, 잘못 접혔거나 변성된 단백질을 다시 접을 수 있는 효소 집단.

샷건 염기서열결정법 shotgun sequencing DNA가 무작위로 작은 조각으로 절단된 후 클로닝되어 DNA 염기서열을 결정하는 방법. 이후 컴퓨터를 사용하여 최종 서열을 조합함.

서던블롯 Southern blot DNA 단편을 겔 전기영동에 의해 분리하고, 단일가닥 DNA로 변성한 후, 한 장의 필터상에 '블롯팅(반점)'하는 기법; 특정 DNA 염기서열을 찾기 위해 이 필터에 표지된 프로브를 처리함.

서식지 habitat 생물체의 환경; 생물체가 주로 발견되는 장소.

서열표지부위 sequence-tagged site(STS) 유전체에서 고유한, 즉 하나밖에 없는 짧은 DNA 서열; 유전체 지도작성에 물리적 표지자로 사용함.

선구동물 protostome 입이 먼저 발생하고 항문이 나중에 생기는 좌우대칭 동물; 편형동물, 선형동물, 연체동물, 환형동물 및 절지동물.

선도가닥 leading strand 복제 원점으로부터 연속적으로 합성할 수 있는 DNA 가닥. 지연가닥과 비교.

선모 pilus, pl. pili 박테리아 세포에서 밖으로 길게 돌출된 부분으로, 유전물질을 한 세포에서 다른 세포로 옮기거나 기질에 부착하는 것을 가능하게 함.

선택 selection 일부 개체가 경쟁자보다 더 많은 자손을 남기는 과정으로, 그 개체의 유전적 특성은 후손을 덜 남기는 개체보다 다음 세대에 더 큰 비율로 나타나는 경향이 있음.

선택적 투과성 selectively permeable 어떤 막이 일부 물질에 대해 투과성이 있지만 다른 물질에는 투과성이 없는 경우.

섬모 cilium 진핵세포의 표면에서 뻗어 나온 짧은 돌기. 편모와 같이 내부는 미세소관의 9+2 배열로 동일한 구조를 가짐.

섬유아세포 fibroblast 평평하고 불규칙한 가지 모양의 결합조직 세포로서 구조적으로 강한 단백질을 세포 사이로 분비함.

성간 선택 intersexual selection 한쪽 성(性)의 구성원이 다른 쪽 성의 구성원을 선택하여 짝짓기하는 경우.

성내 선택 intrasexual selection 짝짓기에 성공하기 위해 한쪽 성별 내의 구성원들이 경쟁적으로 상호작용하는 경우.

성상세포 astrocytes 중추신경계에서 발견되는 신경교세포로 뇌-혈관 장벽을 유지하는 역할을 함.

성상체 aster 동물세포의 체세포분열에서 중심립으로부터 원형질막으로 방사상 형태로 확장된 미세소관 배열로, 아마도 방추사의 수축에 필요한 중심립을 지탱하는 역할을 함.

성숙대 zone of maturation 식물에서 신장대 뒤쪽에 있는 뿌리 부분; 이 영역의 세포는 특정 세포 유형으로 분화됨.

성연관(된) sex-linked Y 염색체에 없고, X 염색체상에 있는 유전자에 의해 결정되는 특성.

성염색체 sex chromosome 성에 관련된 염색체; 인간에서 성염색체는 X와 Y 염색체임.

성적 선택 sexual selection 배우자를 얻는 성공률이 가변적이어서 서로 다른 생식 결과가 나타나는 유형. (역자 주: 자손을 생산하기 위해서는 반드시 배우자를 확보해야 하기에 배우자 선택 방식이 진화에 큰 영향을 줌.)

성적이형성(性的異形性) sexual dimorphism 어떤 종의 성별에 따른 형태학적 차이.

성충판 imaginal disk 유충의 복부에 있는 다수의 세포 집단으로, 나중에 곤충 성체의 핵심부위를 형성함.

세균역 Domain Bacteria 분류체계의 3역에서, 광대한 그룹의 단세포 원핵생물인 박테리아만 포함하는 영역.

세대교번 alternation of generations 반수체(n, 배우체)가 융합하여 접합자를 형성한 후 발아하여 2배체($2n$, 포자체)를 생성하는 생식주기. 포자체로부터 감수분열에 의해 생성된 포자는 새로운 배우체를 생성함으로써 주기를 완료함.

세포골격 cytoskeleton 진핵세포의 세포질 내에 있는 단백질 미세섬유와 미세소관의 네트워크로, 세포의 모양을 유지하고, 세포소기관을 고정하며, 동물세포의 운동성에 관여함.

세포내공생 endosymbiosis 서로 다른 종류의 원핵세포 사이의 공생 과정을 통해 진핵 세포로 진화되었다는 이론.

세포내막계 endomembrane system 진핵세포에서 발견되는 연결된 막 구획 체계.

세포내섭취 endocytosis 원형질막의 함입을 통해 물질을 세포 안으로 흡수하는 것으로, 고형 물질의 경우는 식세포작용, 용해된 물질은 음세포작용이라 함.

세포독성 T 세포 cytotoxic T cell 세포매개 면역반응 동안에 활성화되는 T 세포로서, 감염된 세포를 인식하고 파괴함.

세포매개면역 cell-mediated immunity T 세포에 의해 매개되는 적응면역체계로서, 세포독성 T 세포 및 면역체계의 나머지 부분을 돕는 세포가 관여함.

세포모(毛) trichome 식물의 표피세포에서 외부로 자라는 털 모양의 구조; 분비모(glandular trichomes)는 곤충을 억제하는 기름이나 다른 물질을 분비.

세포벽 cell wall 식물, 일부 원생생물, 그리고 대부분의 박테리아 세포의 가장 바깥의 단단한 층으로, 세포벽이 원형질막을 둘러쌈.

세포분열대 zone of cell division 식물에서, 뿌리의 정단분열조직과 바로 뒷부분의 세포를 포함하는 어린뿌리의 부분; 이 부분의 세포는 12~36시간마다 분열함.

세포성 배반엽 cellular blastoderm 곤충의 배아발생에서 다핵성(합포체) 배반엽의 핵이 세포막 형성을 통해 세포로 분리되는 단계.

세포소기관 organelle 세포에서 특수화된 부분; 말 그대로 작은 세포질 기관.

세포예정사(세포자살) apoptosis 프로그래밍된 세포사멸의 과정으로, 죽어가는 세포가 오그라들고 수축함. 모든 동물세포의 발생에서 사용되며, 최종 조직에 존재하지 않을 세포를 계획적이고 질서 있게 제거함.

세포외배출 exocytosis 액포가 원형질막과 융합하여 액포의 내용물을 외부로 배출하는 용적수송의 일종.

세포운명결정 cell determination 세포가 특정한 발생 경로로 가도록 하는 분자적인 "결정" 과정. 이 과정은 분화 전에 발생하며 단계별로 진행됨.

세포주기 cell cycle 세포가 각 세대를 거칠 때마다 반복되는 성장과 분열.

세포질 cytoplasm 핵을 제외한 세포 안의 물질로 원형질이라고도 함.

세포질 cytosol 세포질의 액체 부분으로 용해된 유기분자 및 이온을 함유함.

세포질분열 cytokinesis 핵분열 후에 일어나는 세포질의 분열.

세포판 cell plate 분열 중인 식물세포와 일부 녹조류에서 말기 동안 방추사의 적도면에서 형성되는 구조.

세포 표면 수용체 cell-surface receptor 신호 분자와 결합하여 세포외 신호를 세포내 신호로 변환하는 세포 표면 단백질.

세포-표면 표지 cell-surface marker 세포막 외부 표면의 당단백질 또는 당지질로서, 식별자 역할을 함. 각 유형의 세포는 서로 다른 표지를 가지고 있음.

세포호흡 cellular respiration 물질대사 중 산화에 의한 에너지 획득과정으로, 궁극적으로 산소 분자에 의존하며, 시트르산 회로와 산화적 인산화에 의해 수행됨.

셀룰로스 cellulose 모든 녹색식물, 일부 녹조, 그리고 몇몇 다른 생물체에서 세포벽의 주요 성분. 포도당이 섬유상으로 결합된 불용성 탄수화물 복합체.

소뇌 cerebellum 척추동물의 뇌에서 중뇌(뇌간)의 위쪽과 전뇌의 뒤쪽에 위치하는 후뇌 부위. 몸의 위치와 움직임에 대한 정보를 통합하고, 근육 활동을 조정하며, 평형을 유지함.

소동맥 arteriole 동맥에서 모세혈관으로 이어지는 더 작은 동맥.

소듐-포타슘 펌프 sodium-potassium pump K^+와 Na^+을 교환하는 능동수송(ATP 이용)에 관여하는 막관통 채널로서, 두 이온은 각 농도기울기에 역행하여 이동함; 신경세포 및 기타 세포의 휴지막전위를 유지함.

소수성 hydrophobic 문자 그대로 "물을 두려워하는 것"으로, 물에 녹지 않는 비극성 물질을 말함. 물속에 있는 비극성 분자는 서로 결합하여 방울(액적)을 형성.

소수성배제 hydrophobic exclusion 비극성 분자가 물속에 있을 때 함께 응집하는 경향을 말하며, 배제는 이러한 비극성 분자들을 강제로 합치는 물의 작용을 말함.

소진화 microevolution 진화과정 그 자체를 말함. 한 종 내에서의 진화. 또한 적응이라고 함.

소포(소낭) vesicle 세포 안에 있는 작은 막으로 둘러싸인 주머니로, 물질 운반이나 저장 기능을 함.

소포체 endoplasmic reticulum(ER) 진핵세포의 세포질 내에서 그물 모양으로 배열된 통로와 내부적 연결을 형성하는 내막체계. 소포체는 거친면(조면) 소포체(RER)와 매끈면(활면) 소포체(SER)로 나누어짐.

소핵 micronucleus 모든 섬모류에서 발견되는 2배체 핵으로, 유성생식에만 사용되며 유전자는 전사되지 않음.

소형 간섭 RNA small interfering RNAs(siRNAs) 유전자 전사의 조절에 관여하고 바이러스 공격으로부터 세포를 보호하는 마이크로-RNA의 한 종류.

소형 핵RNA small nuclear RNA(snRNA) 진핵생물에서, 소형 핵리보핵산 단백질 복합체의 일부로서, 인트론의 5'말단 또는 동일한 인트론의 분지 부위와 염기쌍을 형성함으로써 인트론의 인식 및 절제를 용이하게 하는 작은 RNA 서열.

소형 핵리보핵산단백질입자 small nuclear ribonucleoprotein particles (snRNP) 진핵생물에서 snRNA와 단백질로 구성된 복합체로, 다른 snRNP와 함께 스플라이소솜을 형성하여 1차 전사체에서 인트론을 제거함.

속 genus, pl. genera 과 아래, 종 위에 있는 분류학적 집단.

속씨식물 angiosperms 종자식물의 다섯 문 중 하나인 현화식물을 의미함. 속씨식물에서는 수분 시 밑씨(배주)가 조직에 의해 완전히 둘러싸여 있음.

수 pith 줄기 또는 뿌리에서 관다발에 둘러싸인 중심부를 구성하는 기본조직.

수관계 water-vascular system 극피동물의 액체로 채워진 수압 체계; 몸을 지탱하고, 관족을 뻗음으로써 이동하는 독특한 방식을 가짐.

수동수송 passive transport 에너지 소비 없이 세포막을 가로지르는 물질의 이동방식.

수란관(난관) oviduct 척추동물에서 난자가 난소에서 자궁으로 이동하는 통로.

수렴진화 convergent evolution 직접 관련이 없는 생물체 사이에서 유사한 구조가 독립적으로 발달한 것을 의미하며, 유사한 환경에 사는 생물체에서 종종 발견됨.

수베린 suberin 식물에서 뿌리 내피의 카스파리안 대에 불투과성 장벽을 형성하는 지방산 사슬.

수분(授粉) pollination 꽃밥에서 암술머리로 꽃가루가 이동하는 것.

수분퍼텐셜 water potential 물 분자의 위치에너지. 수분퍼텐셜에 대한 원인(예를 들어, 중력, 압력, 용질 입자의 농도)과 관계없이, 물은 수분퍼텐셜이 높은 장소에서 낮은 데로 이동.

수상돌기 dendrite 자극을 전달하기 위해 뉴런의 세포체로부터 뻗어 나온 가지.

수소결합 hydrogen bond 수소와 극성 공유결합으로 형성된 약한 결합. 극성 공유결합에서 부분적으로 양전하를 띤 수소는 부분적으로 음전하를 띤 다른 원자에 끌림. 물 분자에서는 산소와 수소가 각각 서로 다른 물 분자와 수소결합 형성.

수술 stamen 꽃가루를 생산하는 꽃의 기관; 보통 꽃밥과 수술대로 이루어짐; 수술은 웅예군을 구성함.

수술군(웅예군) androecium 꽃에서 수술 전체를 일컫는 말.

수액 sap 목부 또는 체관의 수분함량.

수용체 단백질 receptor protein 리간드(신호분자)에 결합하여 신호전달경로를 시작할 수 있는 세포 단백질. 리간드의 성질에 따라 막 단백질 또는 세포내 단백질일 수 있음.

수용체-매개 세포내섭취 receptor-mediated endocytosis 특정 거대 분자가 특정 세포의 표면 수용체에 결합한 후, 클라트린으로 코딩된 홈(pit)에서 세포로 운반되는 과정.

수용체타이로신카이네이스 receptor tyrosine kinase(RTK) 활성화되었을 때 카이네이스 효소로 작용하는 막 수용체의 다양한 그룹으로, 타이로신을 인산화시킴. 이들의 활성화는 다양한 세포 반응을 유도함.

수정 fertilization 2개의 반수체 배우자 핵이 융합하여 2배체의 접합자 핵을 형성하는 과정.

수지상세포 dendritic cell 선천면역과 적응면역 사이를 연결하며, 항원제시세포로 작용하는 중요한 면역세포.

수직적 유전자전달 vertical gene transfer(VGT) 어떤 종에서, 한 세대에서 다음 세대로의 유전자 전달.

수축기 혈압 systolic pressure 심장 수축 정도 측정. 혈압 측정 중에 심실수축기에 모니터링됨.

수축포 contractile vacuole 원생동물과 일부 동물에서 액체로 채워진 투명한 주머니로서, 주기적으로 세포 내부의 물을 흡수한 후에 수축하여 구멍을 통해 외부로 방출하며, 주로 삼투 조절과 배설과정에서 작용함.

수평적 유전자전달 horizontal gene transfer(HGT) 종 간의 유전자 이동. 생명체의 역사에서 초기에 많이 일어남.

수화껍질 hydration shell 설탕 또는 Na^+ 및 Cl^- 이온과 같은 용해된 물질을 둘러싼 물 분자의 무리.

숙주범위 host range 특정 바이러스에 감염될 수 있는 생물체의 범위.

순종 true-breeding 한 세대에서 다음 세대에 걸쳐 균일하고 일관된 자손을 갖는 품종 또는 생물체. 이는 관련 형질에 대해 동형접합인 유전자형 때문.

순환계 circulatory system 체강류 동물에서 몸의 여러 부위로 체액을 운반하는 관의 망.

순환적 광인산화(반응) cyclic photophosphorylation 반응중심 엽록소에서 전자를 들뜨게 하는 빛의 흡수로부터 시작하는 반응. 들뜬 전자가 광계로 되돌아가는 과정에서 화학삼투에 의해 ATP를 생성함. 이 과정은 박테리아의 광계와 식물의 광계 I에서도 일어남.

슈도뮤레인 pseudomurein 고세균의 세포벽 구성요소; 구조와 기능면에서 펩타이도글리칸과 유사하지만 다른 성분을 포함하고 있음.

슈반세포 Schwann cell 말초신경계를 구성하는 모든 신경세포에서 뻗어 나온 축삭과 결합하여 지지하는 세포. (역자 주: 말초신경계 뉴런의 미엘린초를 형성하는 세포.)

슈트 shoot 관다발식물에서 줄기와 잎과 같은 지상 부분.

스트로마 stroma 엽록체에서 틸라코이드계를 둘러싸는 반액체형 물질. CO_2로부터 유기분자를 생성하는데 필요한 효소를 함유.

스트로마톨라이트 stromatolite 200만 년 이상 오래전에 만들어진 고대 박테리아의 화석화된 매트로, 현대의 박테리아와 비슷한 모습으로 남아 있음.

스펙트린 spectrin 원형질막 단백질을 적혈구 세포질의 액틴 필라멘트에 연결하는 단백질 지지대. 적혈구의 특징적인 오목한 양면을 만듦.

스플라이시오솜(이어맞추기복합체) spliceosome 진핵생물에서 1차 전사체를 성숙한 mRNA로 전환하기 위해 인트론의 절단 및 엑손의 결합을 담당하는 다수의 snRNP 및 다른 관련 단백질로 구성된 복합체.

스핑고지질 sphingolipid 탄화수소 세라마이드의 탄소 골격을 가진 인지질로, 대개 극성을 띠는 머리 부분 및 포화된 탄화수소 사슬 2개가 포함됨.

습관성 habituation 학습의 한 형태, 반복되는 자극에 대한 감소된 반응.

시냅스 소포 synaptic vesicle 신경의 축삭 말단에서 생성된 소포로, 신경전달물질을 담고 있음. 이 소포는 시냅스 전 뉴런의 막으로 이동하여 융합되며, 신경전달물질은 시냅스 틈으로 방출됨.

시냅스 synapse 뉴런과 다른 뉴런 또는 근육세포 사이의 연결점; 두 세포는 접촉하지 않고, 그 사이의 틈은 신경전달물질 분자에 의해 연결됨.

시냅스틈 synaptic cleft 인접한 두 뉴런 사이의 공간.

시냅시스(접합) synapsis 감수1분열 전에 상동염색체끼리 짝지어 쌍을 이루는 것; 시냅시스 형성과정 중에 교차가 일어남.

시냅시스복합체 synaptonemal complex 감수1분열의 전기에 2개의 상동염색체 사이에 형성되는 격자 모양의 단백질 복합체; 상동염색체를 서로 정확히 밀착 고정함으로써 비자매염색분체들에 있는 같은 유전자끼리 염기 사이에 쌍을 이루어 교차가 일어나도록 함.

시상(視床) thalamus 대뇌 바로 뒤쪽에 있는 척추동물 전뇌의 부분; 신경계의 다른 모든 부분에서 대뇌로 들어오는 정보의 흐름을 제어.

시상하부 hypothalamus 대뇌 반구 바로 아래, 시상 밑의 척추동물의 뇌 부위로, 신경 및 내분비 기능의 통합과 상관관계를 담당하는 자율신경계의 중추.

시스터나 cisterna 세포질을 통하여 물질을 이동시키는 수송소포를 만들기 위해 골지체의 끝부분에서 떨어져 나온 소포들의 집합체.

시스테민 systemin 식물에서 손상 또는 상처 입은 잎에 의해 생성되어 상처 반응을 일으키는 18개 아미노산으로 구성된 펩타이드.

시험관내 돌연변이유발 in vitro mutagenesis 어떤 기능에 대한 돌연변이의 영향을 알아보기 위해 복제된 유전자의 각 부위에서 돌연변이를 만들어냄.

식량안보 food security 영양실조와 굶주림을 피할 수 있도록 충분하고 안전한 식품을 확보하는 것; 전 지구적 인간의 이슈.

식물극 vegetal pole 난황이 풍부한 세포로 이루어진 접합자의 반구.

식물수용체카이네이스 plant receptor kinase 리간드 결합으로 인해 활성화될 때 카이네이스 효소 활성을 갖는 식물의 막에 있는 수용체 집단. 이 수용체는 타이로신을 인산화시키는 동물의 수용체타이로신카이네이스(RTK)와 달리 세린 또는 트레오닌을 인산화시킴.

식물에스트로젠 phytoestrogen 동물의 에스트로젠과 구조적, 기능적으로 유사한 식물의 2차 대사산물 중 하나.

식물환경정화 phytoremediation 토양이나 물의 오염 물질을 제거하기 위해 식물을 이용하는 과정.

식세포 phagocytic cell 미생물 또는 다른 입자를 삼키는 모든 세포.

식세포작용 phagocytosis 고형물의 내포작용(세포내섭취); 세포막은 입자(다른 세포 포함) 주위를 에워싸고 접힌 후 섭취하여 소낭을 형성함.

신경 nerve 신경세포를 수반하는 신경섬유(축삭돌기)의 묶음으로, 결합조직에 의해 단단히 연결됨; 말초신경계에 위치.

신경고랑 neural groove 외배엽 세포층에 의해 배아의 장축을 따라 형성되는 긴 홈.

신경관 neural tube 신경판으로부터 형성되어 뇌와 척수로 분화되는 등쪽의 관.

신경관형성(신경배) neurulation 외배엽의 등쪽 띠가 두꺼워지면서 신경관으로 발달하는 초기 배아 발생 과정.

신경교세포 neuroglia 뉴런과 밀접하게 연결되어 있으며 뉴런에 영양을 공급함; 신경 전도와 무관함.

신경근접합부 neuromuscular junction 축삭의 끝부분이 근섬유에 접촉하여 형성된 구조.

신경능선 neural crest 신경관에서 유래하여 말초신경계 및 기타 다른 구조를 만드는, 이동하는 세포 집단.

신경삭 nerve cord 척삭동물의 뚜렷한 특징으로, 배아의 등쪽 표면 바로 아래에서 길게 위치함; 척추동물에서는 뇌와 척수로 분화됨.

신경전달물질 neurotransmitter 시냅스 틈을 가로질러 이동하는 뉴런의 축삭 말단에서 방출되는 화학물질로, 멀리 떨어진 특정 수용체와 결합하고 수용체의 성질에 따라 다음 뉴런이나 근육 또는 선세포를 탈분극시키거나 과분극시킴.

신경절 ganglion, pl. ganglia 신경세포체의 집합; 무척추동물에서는 통합중추; 척추동물에서는 중추신경계 밖에 위치한 신경세포체의 집합.

신관 nephridium 담수 무척추동물의 여과 시스템으로, 물과 노폐물이 막을 통해 체내에서 수집 기관으로 이동한 후, 구멍을 통해 외부로 배출됨.

신구(腎口) nephrostome 연체동물의 배설기관인 신관으로 이어지는 깔때기 모양의 구멍.

신장(콩팥) kidney 척추동물에서 혈액을 여과하여 질소성 노폐물을 제거하고 혈장 내 물과 용질의 균형을 조절하는 기관.

신장대 zone of elongation 식물에서 세포분열대 바로 뒤에 있는 어린뿌리 부분; 이 영역의 세포가 길어지면서 뿌리가 길어짐.

신장인자 elongation factor(EF-Tu) 대장균의 단백질 합성에서 GTP 및 충

전된 tRNA와 결합하는 인자로, 리보솜의 A자리에 충전된 tRNA를 결합하는 기능을 수행함. 그 결과로 폴리펩타이드 사슬이 신장됨.

신터니 보존 conservation of synteny 유연관계가 밀접한 종에서 DNA 분절의 배열이 진화적 시간에 따라 보존된 현상.

신호서열 signal sequence 번역을 위해 mRNA를 RER(기친면소포체)로 이끄는 mRNA의 5′ 말단에 있는 염기서열. 이 서열은 막 단백질 및 ER을 표적으로 하는 단백질에서 발견됨.

신호인식입자 signal recognition particle(SRP) 진핵생물의 세포질에 있는 단백질 복합체로, 폴리펩타이드의 신호서열을 인식하고 결합한 후 소포체 막의 수용체에 부착하여 통로를 형성함. 이러한 방식으로 폴리펩타이드는 소포체의 내강으로 방출됨.

신호전달 signal transduction 수용체 단백질에 결합한 리간드의 신호를 받아 세포 안에서 일어나는 반응. 신호전달경로는 신호분자에 대한 세포 반응을 일으킴.

실제 생태적 지위 realized niche 모든 생물학적 및 비생물학적 상호작용이 고려될 때 생물체가 차지하는 실제적 지위.

실험 experiment 가설에 대한 시험으로, 상반되는 예측인 가설은 대조군과 실험군에서 하나의 변수를 변경하면서 실험적으로 검증할 수 있음.

심방 atrium 일종의 대기실로, 심장에서는 정맥혈을 받아 두꺼운 벽의 심실로 전달하는 얇은 벽의 방을 의미하고, 귀에서는 고실관을 의미함.

심방성 펩타이드 atrial peptide 고혈압과 신부전 치료에 유용한 작은 폴리펩타이드 호르몬의 그룹. 심장의 심방에 있는 세포에 의해 생성.

심실 ventricle 심장의 근육으로 된 공간으로, 심방에서 혈액을 받아 폐나 몸의 조직으로 혈액을 공급함.

심플라스트 경로 symplast route 식물 뿌리에서 세포를 연결하는 원형질연락사(plasmodesmata)를 통해 세포질 내로 물과 무기염류를 이동시키는 통로.

심피 carpel 속씨식물에서 1개 이상의 배주(胚珠)를 둘러싼 잎 모양의 기관.

십이지장 duodenum 척추동물 소장의 윗부분.

쌍궁류 diapsids 두개골에 2개의 일시적인 구멍이 있는 파충류군. 하나는 측면, 다른 하나는 등 쪽에 존재; 이 계통의 한 종류는 공룡, 현대 파충류 및 조류를 발생시킴.

쌍떡잎식물 dicot 대개 2개의 떡잎, 그물 모양의 잎맥 및 4~5개의 꽃 부분을 가진 현화식물의 한 부류. dicot는 dicotyledon의 줄임말.

쌍지배유전자 pair-rule gene 간극유전자에 의해 조절되는 초파리 발생의 특정 유전자로, 체절형성 과정에서 배아를 세분화하는 줄무늬로 나타남.

ㅇ

아가미, 균습 gill (1) 수생 동물의 호흡 기관으로, 대개 신체 표면의 일부에서 외부로 노출된 얇은 층으로 구성되고 풍부한 모세혈관을 가지고 있으며 표면적이 큼. (2) 담자균류에서 갓의 빈 부분에 있는 판.

아가미덮개 operculum 어류의 아가미방을 덮는 납작하고 뼈가 있는 외부 보호 덮개.

아데노신 3인산(ATP) adenosine triphosphate(ATP) 아데닌, 리보스, 3개의 인산염 그룹으로 구성된 뉴클레오타이드. ATP는 모든 생물체에서 세포 대사의 에너지 단위임.

아데닐산 사이클레이스 adenylyl cyclase ATP로부터 많은 양의 cAMP를 생산하는 효소. cAMP는 표적세포에서 2차전달자로 작용함.

아미노산 amino acid 단백질 구성의 단위체로서, 중심 탄소 원자에 카복실기(−COOH), 아미노기(−NH_2), 수소 및 측면사슬(R 그룹)이 결합되어 있음. 오직 측면사슬만이 아미노산 종류마다 다름.

아미노산수용고리 acceptor stem tRNA 분자의 3′ 말단으로, tRNA 충전반응 동안 아미노산이 부착되는 부분.

아미노아실-tRNA 합성효소 aminoacyl-tRNA synthetase tRNA 충전반응 동안 특정한 아미노산을 올바른 tRNA에 부착시키는 효소. 20종류의 아미노산 각각에 상응하는 효소가 있음.

아세틸 조효소 A acetyl-CoA 조효소 A에 연결된 아세틸기로 이루어진 대사 중간체. 지방산의 세포호흡과 β 산화에서 전이 반응으로 인해 생성됨.

아연집게 모티프 zinc finger motif 조절 단백질의 DNA 결합 모티프의 한 유형으로, 그 구조에 아연 원자를 포함함.

아종 subspecies 단일 종 내에서 독특한 형질을 지닌 개체군의 무리, 또는 특정 지역에 국한된 개체군.

아쿠아포린 aquaporin 물을 통과시키는 막 통로로서, 확산에 의한 것보다 더 쉽게 통과할 수 있음.

아포플라스트 경로 apoplast route 식물 뿌리에서 세포벽 및 세포 사이를 통해 물과 무기염류를 이동시키는 통로.

악(萼) calyx 꽃 윤생체의 가장 바깥쪽에 있는 모든 꽃받침.

안정화 선택 stabilizing selection 일련의 다양한 표현형에서 양 극단의 표현형을 모두 제거하는 자연선택.

안테나복합체 antenna complex 광자를 모으고 빛에너지를 반응 센터로 공급하는 광계에서 수백 개의 색소분자로 이루어진 복합체.

안티코돈 anticodon mRNA의 아미노산을 지정하는 코돈과 상보적인 염기쌍을 이루는 tRNA 분자의 끝에 있는 3개의 뉴클레오타이드 서열.

알, 난자 ovum, pl. ova 난세포; 암(자성)배우자.

알파나선 alpha(α) helix 단백질 2차 구조의 한 형태로서, 펩타이드 골격에서 아미노기와 카복실기 사이의 상호작용으로 인해 생긴 나선형 폴리펩타이드 사슬.

암 cancer 세포의 제한 없는 생장과 분열. 암은 세포분열 조절의 실패로 인해 발생함.

암술 pistil 씨방(ovary), 암술대(style), 암술머리(stigma)로 구성된 꽃의 중심기관; 암술은 하나 이상의 합쳐진 심피(carpel)로 구성되며, 기술적으로는 암술군(gynoecium)으로 더 많이 알려짐.

암술군(자예군) gynoecium 종자식물의 꽃에 있는 심피의 집합체.

암술대 style 꽃에 있는 얇고 가느다란 관모양의 조직으로, 씨방의 위쪽으로 자라며, 이곳을 통해 꽃가루관이 내려옴.

암술머리(주두), 안점 stigma (1) 현화식물에서 꽃가루가 달라붙는 심피의 부위 (2) 빛에 민감한 일부 조류(algae)의 눈.

암호가닥 coding strand DNA 2중가닥 중 유전자에 의해 암호화된 RNA 서열과 동일한 가닥으로, 주형가닥과 상보적이며, 전사에서 주형으로 사용되지 않음.

압력퍼텐셜 pressure potential 식물에서 세포벽에 대한 압력으로 인한 팽압.

압류설 pressure-flow hypothesis 식물에서 원천(source)으로부터 배출구까지 체관의 양분 이동을 설명하는 가설. 원천과 배출구의 수분퍼텐셜의 차이가 팽압을 유발시키고, 이것이 체관의 부피유동(용적수송, bulk flow)을 일으킴.

액틴 actin 근육을 구성하는 2가지 주요 단백질 중 하나. 다른 하나는 미오신.

액틴 필라멘트 actin filaments 세포 골격을 구성하는 3가지 요소 중 하나. 미세섬유라고도 함. 액틴과 미오신은 근육 섬유에서 발견됨.

액포 vacuole 세포질에 있는 막으로 둘러싸인 주머니로, 저장 또는 분해 목적으로 사용됨; 식물세포에서는 종종 물, 단백질 및 노폐물을 저장하는 큰 중심 액포를 포함.

액포막 tonoplast 물의 통로를 포함하며, 식물세포의 중심 액포를 둘러싸고 있는 막; 세포의 삼투압 균형 유지에 도움.

앱시스산(ABA) abscisic acid(ABA) 환경 스트레스에 대한 반응 및 종자나 새싹의 휴면 상태를 제어하는 식물호르몬.

야생형 wild type 유전학에서 자연환경에 있는 한 종의 대다수가 가진 표현형 또는 유전자형.

야행성 nocturnal 주로 밤에 활동하는 것.

양극성세포 bipolar cell 원추세포를 시각 시스템의 신경절 세포에 연결하는 특수한 신경세포. 양극세포는 원추세포로부터 과분극 자극을 받아 신경절 세포에 탈분극 자극을 전달.

양막 amnion 양막류 알의 배외막 중 가장 안쪽에 있는 막으로, 배아 주위에 액체가 채워진 주머니를 형성함.

양막란 amniotic egg 다소 불투명한 껍질에 의해 환경으로부터 격리되고 보호된 알로서, 발생하는 동안 외부로부터 물질 공급 없이 오직 산소만 필요로 하는 알.

양막류 amniote 양막을 포함하여 4개의 막으로 둘러싸인 알을 낳는 척추동물. 양막류에는 파충류, 조류, 포유류가 있음.

양성자펌프 proton pump 농도기울기에 역행하여 에너지를 소비하면서 양성자를 투과시키는 세포막의 단백질 통로; ATP의 화학삼투적 생성에 관여.

양성잡종 dihybrid 2개의 다른 유전자 좌위에서의 이형접합체. 예를 들어, $A/a\ B/b$.

양성잡종교배 dihybrid cross 예를 들어 꽃 색과 식물의 키와 같이, 2개의 다른 형질이 동시에 관여하는 교배

양성조절 positive control DNA에서 전사 개시의 빈도를 증가시켜 전사량을 억제하는 조절 유형; 활성자 단백질이 양성조절을 매개함.

양수검사 amniocentesis 간접적으로 태아를 검사하는 방법으로, 양수 시료에서 얻은 태아 세포를 배양하여 검사하거나 양수 자체를 검사함.

양육투자 parental investment 각각의 성이 자손 생산 및 양육에 투자하는 에너지와 시간.

양이온 cation 양전하를 띤 이온.

양적 형질 quantitative trait 하나 이상의 유전자의 영향에 의해 결정되는 형질; 대개 연속적인 변이를 나타낸다.

어댑터 단백질 adapter protein 신호전달을 위해 수용체 및 다른 단백질들 사이의 연결고리 역할을 하는 단백질의 종류.

어린 눈 plumule 2개의 어린잎을 가진 식물의 상배축.

어린뿌리 radicle 뿌리로 발달하는 식물 배아의 일부.

억제 repression 일반적으로 전사를 방지하여 유전자 발현을 조절. 특히, 대장균과 같은 세균에서는 억제인자 단백질에 의해 매개됨. 동화작용 오페론에서 억제인자는 보조억제인자가 있는 경우에 DNA에 결합하여 오페론을 억제함.

억제인자 inhibitor 효소에 결합하여 그 활성을 감소시키는 물질.

억제인자 repressor RNA 중합효소가 프로모터에 붙어서 구조 유전자를 전사하는 것을 방지함으로써 DNA로부터 전사를 조절하는 단백질. 작동유전자(operator) 참조.

에너지준위 energy level 원자 내의 전자가 가진 불연속적 에너지준위 혹은 양자(퀀텀) 에너지준위. 이를 바꾸기 위해 전자는 에너지를 흡수하거나 방출해야 함.

엑디손, 탈피호르몬 ecdysone 절지동물에서 탈피를 유발하는 호르몬.

엑손 exon RNA로 전사되고 단백질로 번역되는 DNA 분절. 인트론 참조.

엔돌핀 endorphin 척추동물의 뇌에서 생성된 작은 신경펩타이드 그룹 중 하나. 모르핀처럼 통증에 대한 지각을 조절.

엔탈피 enthalpy 화학 반응에서 분자 내 화학 결합에 포함된 에너지를 말하며, H로 나타냄. 세포 반응에서 자유에너지는 반응 분자의 엔탈피와 같음.

엔트로피 entropy 계(시스템)의 무질서도를 나타내는 척도. 계(시스템)에서 얼마나 많은 에너지가 분산(대개 고르게 퍼진 열로)되어 더이상 일을 할 수 없는지를 나타냄.

역수송체 antiporter 2개의 분자를 서로 반대 방향으로 운반하는 세포막의 운반 단백질.

역위 inversion 염색체의 한 분절에서 유전자 순서가 뒤바뀐 것; 해면의 배아 발생 단계에서 나타나는 것처럼 내부가 뒤집힌 것 또는 자포동물에서 자포의 발사.

역유전학 reverse genetics 연구자가 기능이 알려지지 않은 복제 유전자를 사용하여 돌연변이를 만든 후, 이를 다시 생물체로 도입하여 그 돌연변이의 영향을 평가하는 접근법.

역전사효소 reverse transcriptase 레트로바이러스에서 발견되는 바이러스 효소로, RNA 게놈을 DNA 사본으로 변환할 수 있음.

역치 threshold 뉴런이 탈분극하는데 필요한 최소한의 자극.

연골 cartilage 척추동물의 골격에 있는 결합조직. 연골은 배아, 매우 어린 척추동물, 그리고 상어 및 그들의 친척과 같은 일부 성체 척추동물 골격의 대부분을 형성함.

연관 비평형 linkage disequilibrium 집단 내에서 우연에 의한 것보다 더 높게 나타나는 2개 이상의 유전자 좌위에 대한 대립유전자의 연관.

연관유전자 linked genes 물리적으로 가까운 거리에 있어 함께 분리되는 경향이 있는 유전자들; 연관된 유전자들 사이에서 발생하는 재조합은 염색체에서 유전적 거리에 대한 지도를 만드는 데 사용함.

연동운동 peristalsis 동물에서 관의 길이 방향을 따라 수축 및 이완이 교대로 일어나는 근육 운동. 난관 또는 소화관과 같이 관에서 난자 또는 음식물을 통과시킴.

연속변이 continuous variation 사람의 키와 같이 연속적으로 일어나는 형질 변이를 의미하며, 하나 이상의 유전자에 의해 형질이 결정될 때 종종 발생함.

연역적 추론 deductive reasoning 구체적인 결과를 예측하기 위한 일반적인 원리의 논리적 적용. 과학에서 연역적 추론은 일반적인 아이디어의 타당성을 검증하는 데 사용.

연합뉴런 interneuron(association neuron) 감각뉴런과 운동뉴런 사이의 기능적 연결고리 역할을 하는 척수의 중간에서만 발견되는 신경 세포.

열 heat 분자의 불규칙한 운동의 척도; 열이 많을수록 운동도 많아짐. 열은 운동에너지의 한 형태.

열린번역틀 open reading frame(ORF) 번역를 내에 종결코돈이 없는, 일련의 아미노산 서열을 암호화하는 DNA 영역.

열매, 과(실) fruit 속씨식물에서 씨를 함유한 성숙한 씨방 또는 씨방군.

열발생 thermogenesis 체온 조절을 위한 내온동물의 체내 열 발생.

열성 recessive 동형접합 조건일 때만 발현되며, 이형접합 조건에서는 우성 대립유전자의 발현으로 인해 "숨겨진" 대립 유전자.

열역학 thermodynamics 에너지 변환을 연구하는 학문으로, 에너지를 측정하는 가장 편리한 방법으로 열을 사용함.

열역학 제1법칙 First Law of Thermodynamics 에너지는 생성되거나 파괴되지 않고, 오직 한 형태에서 다른 형태로 변함. 따라서 우주의 에너지의 양은 변하지 않음.

열역학 제2법칙 Second Law of Thermodynamics 퍼텐셜 에너지가 열로 변환되는 것; 우주에서 에너지 변화가 일어날 때 무질서도(엔트로피)가 계속 증가하고 있기에, 질서보다 무질서가 생길 가능성이 높음.

염기 base 수소 이온(H^+)을 흡수하기 위해 물에서 해리되는 물질로서, H^+ 농도를 낮춤으로써 pH를 상승시킴.

염기쌍 base-pair 퓨린과 피리미딘으로 구성된 상보적 관계의 뉴클레오타이드 염기쌍.

염색분체 chromatid 단일 동원체에 의해 결합되어 있으며, 복제된 염색체의 2개의 딸가닥 중 하나.

염색질 chromatin 진핵생물의 염색체를 구성하는 DNA와 단백질의 복합체. 염색질은 간기의 핵에 풀어져서 퍼져 있다가 전기에 응축하여 염색체를 형성함.

염색질재구성복합체 chromatin-remodeling complex 히스톤과 DNA를 변형

시키는 대형 단백질 복합체. 염색질의 구조를 변화시킴으로써 뉴클레오솜을 이동 또는 전달함.

염색체 chromosome 한 세대에서 다음 세대로 유전정보를 물리적으로 전달하는 운반체. 박테리아에서 염색체는 하나의 원형 DNA로 구성되나, 진핵생물에서 각 염색체는 단일 선형 DNA 분자와 관련 단백질로 구성됨.

염색체돌연변이 chromosomal mutation 염색체 구조에 영향을 미치는 모든 돌연변이.

염색체설 chromosomal theory of inheritance 유전형질이 염색체에 의해 전달된다는 이론.

염생식물 halophyte 염분에 대해 내성을 가진 식물.

염증반응 inflammatory response 감염에 대한 일반적인 비특이적 반응. 미생물로 감염된 부위 및 죽은 조직 세포를 제거하여 조직을 재생할 수 있음.

엽록소 chlorophyll 광합성에서 빛을 흡수하는 색소의 주요 유형. 엽록소 *a*는 가시광선 스펙트럼의 보라색-파란색 및 적색 범위에서 빛을 흡수함. 엽록소 *b*는 엽록소 *a*의 부속 색소로, 청색과 적색 범위 내에서 빛을 흡수함. 두 색소 모두 녹색 범위인 500~600 nm의 빛을 흡수하지 못함.

엽록체 chloroplast 조류(藻類)와 식물에 존재하는 세포 형태의 소기관. 엽록소 및 다른 색소를 함유하고 광합성을 함.

엽시원체, 잎원기 leaf primordium, pl. primordia 정단분열조직으로부터 성장하여 나중에는 잎이 되는 부분.

엽육조직 mesophyll 잎의 표피 아래에 위치한 광합성 유조직.

영양단계 trophic level 생태계를 통한 에너지 이동의 단계.

영양막(층) trophoblast 척추동물 배아에서, 배반포의 바깥 외배엽 층; 포유동물에서는 융모막의 일부로, 자궁벽에 부착.

영양요구성돌연변이 nutritional mutation 아미노산이나 바이타민과 같은 중요한 화합물의 합성경로에 영향을 미치는 돌연변이; 영양요구성돌연변이를 가진 미생물은 빠진 영양소를 공급하는 배지에서만 생장함.

영양요구주 auxotroph 생존에 필요한 생화학적 경로에 영양물질이 필요하도록 발생한 돌연변이 또는 이 돌연변이를 가지고 있는 생명체.

영장류 primate 원숭이와 유인원(인간 포함).

오비탈 orbital 전자를 포함할 확률이 높은 원자핵 주변 영역으로, 전자의 위치는 이 확률 분포에 의해서만 표현될 수 있음

오존 ozone O_3. 태양의 자외선을 걸러내는 지구 대기의 성층권에 있는 층.

오줌 urine 콩팥에 의해 혈액에서 여과된 후 요도를 통해 제거되기까지 방광에 저장되는 액체 노폐물.

오카자키 절편 Okazaki fragment 지연가닥에서 불연속 복제로 인해 생성된 짧은 DNA 조각으로, 복제기구의 이동 방향과 반대로 멀어지는 방향으로 합성됨.

오페론 operon 인접한 구조 유전자들의 집단이 한 단위로, 하나의 mRNA 분자로 전사됨.

옥시토신, 자궁수축호르몬 oxytocin 출산 중 자궁 수축에 영향을 주며, 젖분비를 자극하는 뇌하수체 후엽의 호르몬.

옥신 auxin 세포의 신장을 조절하는 식물의 호르몬.

와블 염기쌍 wobble pairing tRNA 안티코돈의 5′말단 염기와 mRNA 코돈의 3′말단 염기 사이의 쌍 형성의 유연성. 이러한 유연성은 단일 tRNA가 하나 이상의 mRNA 코돈을 읽을 수 있게 함.

와우각(달팽이관) cochlea 육상 척추동물에서, 청력에 필수적인 기관이 들어 있는 내이에서 관으로 된 공간.

완전한 소화계 complete digestive system 입과 항문을 모두 가지고 있어 섭취한 음식이 한쪽 방향으로 흐르게 되는 소화 체계.

완충제 buffer pH 변화에 저항하는 물질. 염기가 첨가되면 수소이온(H^+)을 방출하고, 산이 첨가되면 H^+을 흡수함.

외계유기물유입설 panspermia 유성 또는 우주 먼지가 지구에 상당한 양의 복잡한 유기 분자를 가져와 생명의 진화를 시작했을 것이라는 가설.

외골격 exoskeleton 절지 동물에서와 마찬가지로 몸체 바깥쪽에 있는 골격.

외교배 outcrossing 자기 자신이나 가까운 친척이 아닌 다른 개체와 교배.

외군 outgroup 연구하는 대상과 밀접한 관련이 있지만, 그 구성원이 아닌 종 또는 종 그룹.

외떡잎식물 monocot 배아는 단 하나의 떡잎만 있는 현화식물이며, 꽃 부분은 대개 3열이고, 잎은 전형적으로 평행맥. monocot는 monocotyledon의 줄임말.

외배엽 ectoderm 척추동물 배아 초기의 3가지 배엽 중 하나로, 외배엽은 신체의 외부 상피(피부, 모발, 손톱)와 감각 기관, 뇌 및 척수를 포함한 신경 조직을 형성함.

외부수용기 exteroceptor 외부 자극으로 인해 흥분되는 수용체.

외분비샘 exocrine gland 소화관이나 땀샘과 같이 관을 통해 분비물을 내보내는 유형의 샘.

외생균근 ectomycorrhizae 세포를 뚫고 들어가지 않고 외부로 발달하는 균근.

외온동물 ectotherms 파충류, 어류, 양서류 등과 같이 체온이 생물의 행동이나 주변 환경에 의해 조절되는 동물.

외투막 mantle 연체동물의 가장 바깥층에 있는 부드러운 체벽; 껍질을 분비함.

외호흡 external respiration 생물체와 환경 사이의 기체 교환.

요도 urethra 포유류에서 소변을 방광에서 외부로 운반하는 관.

요막 allantois 양막류의 알에 있는 막으로, 조류와 파충류에서 호흡과 배설 기능을 하고, 대부분 포유류에서 태반의 발달에 중요한 역할을 함.

요산 uric acid 파충류, 조류 및 곤충에서 주로 생성되는 불용성 질소성 노폐물.

요소 urea 척추동물의 간에서 형성된 유기분자; 포유류의 질소성 노폐물의 주요 형태.

용균, 분해 lysis 세포막의 파열에 의한 세포의 분해.

용균회로 lytic cycle 바이러스 복제 후에 숙주 세포가 죽어서(용해되어) 바이러스 입자를 방출하는 바이러스 주기.

용매 solvent 하나 이상의 용질이 용해된 배지.

용원성 바이러스 temperate virus 자신의 DNA를 숙주 세포의 DNA에 통합할 수 있는 바이러스로, 세포의 DNA가 복제될 때 같이 복제됨.

용원회로 lysogenic life cycle 바이러스성 DNA가 숙주 염색체에 통합되어 세포분열 중에 복제되는 바이러스 주기. 수평적 전달보다는 수직적 전달이 이뤄짐.

용적수송 가설 mass flow hypothesis 다른 말로 압류설이라고도 하며, 식물의 체관에서 물질이 이동하는 전반적인 과정.

용질 solute 일부 용액에 용해된 분자; 대개 용질은 유사한 극성의 용액에서만 용해됨; 예를 들어, 포도당(극성)은 물(극성)에 용해(수소결합을 형성)되지만, 식물성 기름(비극성)에는 용해되지 않음.

용질퍼텐셜 solute potential 물에 용해된 용질의 존재로 인해 발생하는 삼투압; 삼투현상이 멈출 때까지 반대되는 압력을 가하여 측정함.

우성 dominant 이형접합 또는 동형접합 상태에 있을 때 발현되는 대립유전자.

운동(원심성)뉴런 motor(efferent) neuron 신경자극을 중추신경계에서 반응기(근육이나 분비샘)로 전달하는 뉴런.

운동성변화, 무방향운동 kinesis 자극 강도에 의존하는 동물의 활동 수준의 변화. 운동에너지 참고.

운동에너지 kinetic energy 운동의 에너지.

운반 RNA transfer RNA(tRNA) 2개의 기능적 부위를 갖는 작은 RNA(약 80개 뉴클레오타이드로 구성)의 부류; 한 부위에서, 활성화 효소에 의해 특정 아미노산이 첨가되는 반면, 다른 부위는 그 아미노산에 특이적인 안티코돈을 갖음.

운반단백질 carrier protein 막을 통과할 수 없는 특정 분자와 결합하여 막을

통과하게 하는 막단백질.

원(原)종양유전자 proto-oncogene 돌연변이가 일어났을 때 종양유전자로 작용할 수 있는 정상 세포의 유전자.

원구 blastopore 척추동물 발생에서, 낭배기 배아의 원장과 외부를 연결하는 구멍.

원기 primordium 식물에서 정단분열조직에 의해 생성된 어린 슈트 돌출부; 원기는 잎, 다른 슈트 또는 꽃으로 분화됨.

원시형질 plesiomorphy 분기학에서 조상의 형질 상태를 나타내는 또 다른 용어.

원원류(原猿類) prosimians 유인원의 자매군인 포유류; 원원류는 '원숭이 전에'를 의미함. 여우원숭이, 로리스(늘보원숭이), 안경원숭이가 포함됨.

원위세뇨관 distal convoluted tubule 신장(콩팥) 세뇨관 시스템의 일부로, 헨레고리와 집합관 사이에 위치함.

원자 atom 해당 원소의 모든 특성을 포함하는 최소단위로, 물질의 구성 요소.

원자가전자 valence electron 원자의 최외각 에너지 단계의 전자.

원장 archenteron 척추동물 배아의 낭배기에서 형성되는 주요 공간으로, 나중에 소화관으로 발달함. 내배엽 세포로 이루어져 있고, 바깥쪽으로 열린 구멍이 있음.

원조 primitive streak 조류, 파충류, 포유류의 초기 배아에서 외배엽과 중배엽의 등쪽에 길게 생긴 줄 모양의 선. 다른 생물체에서는 원구에 해당.

원핵생물 prokaryote 막으로 둘러싸인 핵 또는 세포소기관이 없는 세포.

원형질막 plasma membrane 세포질을 둘러싸고 있는 막. 단백질이 삽입된 인지질 2중층으로 구성.

원형질분리 plasmolysis 고장액에서 식물세포가 세포벽에서 분리되며 수축하는 것.

원형질연락사 plasmodesmata 식물에서 인접 세포 간의 세포질 연결.

월경 menstruation 임신이 되지 않았을 때 혈액이 풍부한 자궁의 내막이 주기적으로 탈락하는 현상.

웨스턴 블롯 Western blot 혼합물에서 특정 단백질 서열을 확인하는 데 사용되는 블롯팅 기술. 서던 블롯 참조.

위(胃)층 gastrodermis 진정후생동물에서 내배엽으로부터 발달하는 소화조직의 층.

위상이성질체효소 topoisomerase DNA가 풀려서 생기는 비틀림을 완화하기 위해 DNA의 위상 상태를 바꿀 수 있는 효소군.

위유전자 pseudogene 전사되지 않는 유전자의 사본.

위족 pseudopod 세포체에서 일시적인 세포질 돌출부.

위치에너지(퍼텐셜에너지) potential energy 지금 사용하지는 않지만 쓸 수 있는 에너지; 잠재적으로 사용 가능한 형태의 에너지; 종종 '위치의 에너지(energy of position)'라고 불림.

유대류 marsupials 새끼가 발생 초기, 때로는 수정 후 8일 이내에 태어나 주머니 속에서 자라는 포유동물.

유도(작용) induction (1) 기질에 반응하는 효소의 생산; 유도자가 억제자에 결합함으로써 오페론의 전사가 일어나는 기작. 이화작용 오페론에서 볼 수 있으며, 유도작용의 결과로 화합물을 분해하는 효소를 생산함. (2) 배아 발생과정에서, 한 세포의 발달이 인접한 세포와의 상호작용으로 인해 영향을 받는 과정.

유도자 배제 inducer exclusion 대장균에서 포도당 억제 기작의 일부로, 포도당은 젖당이 세포 안으로 들어오지 못하게 하여 락 오페론이 활성화되지 못하도록 함.

유비퀴틴 ubiquitin 사실상 모든 진핵세포에서 분해될 단백질에 표지자로서 부착되는 76－아미노산을 가진 단백질.

유성생식 sexual reproduction 수정(2배체 세포 생성)과 염색체 수의 감소(반수체 세포 생성)를 통해 자손을 생산하는 과정.

유영각(游泳脚) swimmerets 바닷가재와 대하에서 복부 표면의 선을 따라 나타나는 부속지. 번식과 더불어 헤엄치는 데 사용됨.

유전상담 genetic counseling 자손의 유전적 결함에 대한 위험성 평가 및 태아 시기의 검사 등을 통해, 부모에게 이러한 위험과 상태에 대한 정보를 제공하는 과정.

유전자 gene 유전의 기본 단위; 단백질, tRNA 또는 rRNA 분자를 암호화하거나 그러한 서열의 전사를 조절하는 염색체상의 DNA 염기서열. 운명지어져 있음.

유전자 대 유전자 반응 gene-for-gene response 식물의 방어 기작으로, 바이러스, 박테리아 또는 곰팡이 병원균에 의해 암호화된 특정 단백질이 식물 유전자에 의한 단백질에 결합하여 식물에서 방어 반응을 일으킴.

유전자 제거 생쥐 knockout mice 재조합 DNA 및 배아줄기 세포를 사용하여 알려진 유전자를 불활성화시킨('녹아웃'된) 생쥐.

유전자 흐름 gene flow 한 개체군에서 다른 개체군으로 대립유전자가 이동하는 것.

유전자발현 gene expression 유전자형에서 표현형으로의 전환; DNA가 RNA로 전사된 후, 단백질 산물로 번역되는 과정.

유전자전환 gene conversion 세포에서 하나의 상동염색체가 오류 검출 및 복구 체계에 의해 다른 상동염색체의 염기서열과 동일하게 변화.

유전자지도 genetic map 재조합빈도에 따라 염색체상에 유전자의 상대적 위치를 나타낸 지도.

유전자풀 gene pool 한 종 내에 존재하는 모든 대립유전자.

유전자형 genotype 단일 형질 또는 집합적 형질의 바탕이 되는 유전적 구성.

유전자형 빈도 genotype frequency 전체 모집단에서 어떤 유전자형의 출현을 나타냄. 이는 전체 집단에서의 비율로 표현되는데, 예를 들면 열성 동형접합자의 출현 빈도는 0.25(25%).

유전적 부동 genetic drift 시간 경과에 따른, 우연에 의한 무작위적 대립유전자의 비율 변동.

유전적 표지 genetic marker 개인 간의 차이를 탐지하고 식별하는데 이용하는 유전적 표지.

유전좌위, (유전자)자리 locus 유전자가 존재하는 염색체의 위치.

유전체, 게놈 genome 한 생물체의 전체 DNA 서열.

유전체 각인 genomic imprinting 멘델 유전법칙의 예외로, 일부 포유류에서 어떤 대립유전자에 의한 표현형이 그 대립유전자를 부모 중 한쪽에서 받은 경우에만 나타나고 다른 쪽에서 받았을 경우에는 나타나지 않는 현상.

유전체모음 genomic library 한 개체의 전체 유전체를 나타내는 DNA 모음.

유전체학 genomics 개별 유전자가 아닌 유전체에 대한 학문.

유조직세포 parenchyma cell 식물세포의 가장 일반적인 유형; 얇은 벽, 큰 액포 및 기능성 핵의 특징을 가짐.

유주포자(遊走子) zoospores 운동성 포자.

유체골격 hydrostatic skeleton 내골격 또는 외골격이 없는 연약한 몸체를 가진 대부분의 무척추동물의 골격으로, 체내에 있는 물의 비압축성을 이용하여 골격처럼 사용함.

유충, 유생 larva 변태를 겪는 생물체에서 발견되는 성체와 닮지 않은 발생 단계. 배아는 변태 과정 동안 유충을 거쳐 성체로 발달함.

융모, 융털 villus, pl. villi 척추동물 소장에서 미세한 손가락 모양의 돌출부로, 소장의 흡수 표면적을 증가시킴.

융모막시료채취 chorionic villus sampling 태반의 융모막에서 태아 세포를 채취하는 기법. 덜 침습성인 이 기법은 양수검사보다 임신 초기에 사용될 수 있음.

음낭 scrotum 대부분의 포유동물에서 고환이 들어 있는 주머니.

음성조절 negative control DNA에서 전사 개시의 빈도를 감소시켜 전사량을 억제하는 조절 유형; 억제 단백질이 음성조절을 매개함.

음성피드백 negative feedback 어떤 물질의 양이나 활동의 증가로 인해, 증가하는 과정을 저해하는 항상성 조절 메커니즘; 되먹임억제라고도 함.

음(세포)작용 pinocytosis 세포에서 내포작용(endocytosis)으로 인한 액체 흡수 과정.

음이온 anion 음으로 하전된 이온.

의사유성생식 parasexuality 어떤 균류에서, 서로 다른 반수체 핵의 융합 및 분리로 인해 재조합된 핵을 만드는 것.

의체강 pseudocoelom 중배엽과 내배엽 사이에서 발생하는 체강으로서, 성체에서는 중배엽과 내배엽 유래 조직 사이에서 발생함.

의태 mimicry 어떤 개체가 더 강하거나 보호받는 개체(모델)의 형태, 색깔, 특정 행동을 닮는 것.

이류교배 disassortative mating 표현형이 서로 다른 개체가 더 자주 짝짓기를 하는 비무작위 짝짓기의 일종.

이성질체 isomer 원자의 구성은 동일하지만 구조와 배열이 다른 분자 그룹; 예를 들어 포도당과 과당.

이소적 종분화 allopatric speciation 지리적으로 고립된 개체군들이 서로 다르게 분화하는 것.

이수성 aneuploidy 염색체를 잃거나 얻은 세포를 가진 개체의 상태. 인간의 다운증후군은 21번 염색체가 추가되어 나타나는 이수성의 예.

이시성 heterochrony 유전적 변형으로 인한 발생 시기의 변화; 예를 들어, 식물의 개화를 지연시키는 돌연변이.

이온통로 ion channel 인지질 2중층을 통해 이온의 통과를 허용하는 막 단백질. 이들은 대개 각 이온에 대해 특이적이며, 세포막 또는 내부 막에서도 발견됨.

이온화 방사선 ionizing radiation 돌연변이 유발성이 강한 고에너지 방사선으로, DNA와 반응하는 자유라디칼을 생산함; X선 및 γ선을 포함.

이질배수체 allopolyploid 둘 이상의 다른 종의 유전체(게놈)를 포함하는 배수성 생물체.

이질염색질 heterochromatin RNA로 전사되지 않는 진핵세포 염색체 부분; 간기에도 응축된 상태로 있으며, 조직학적 기법으로 강하게 염색됨.

이타성 altruism 다른 사람의 이익을 위해 자기를 희생하는 것. 이타적인 개인의 적합도는 감소하는 반면, 받는 사람의 적합도를 증가시키는 행동.

이핵성 heterokaryotic 균류에서 같은 균사체 내에 2개 이상의 유전적으로 구별되는 유형의 핵이 존재.

이형접합(의) heterozygous 동일한 유전자에 대해 서로 다른 2개의 대립유전자를 갖는 경우, 대개 하나 이상의 특정 유전자 좌위에 적용됨; 예를 들어, *W* 좌위에 대해 이형접합의 유전자형은 *W/w*.

이형접합자 우세 heterozygote advantage 이형접합자는 동형접합자에 비해 선택적 이점이 있음. 예를 들어, 말라리아에 저항성을 가지는 이형접합 낫모양적혈구 빈혈증.

이형포자(의) heterosporous 관다발식물 중 두 종류의 포자, 즉 소포자와 내포자를 가지는 경우.

이화물질활성화단백질 catabolite activator protein(CAP) cAMP에 결합한 후 DNA에 결합하여 전사를 활성화하는 단백질. cAMP의 수치는 포도당 수치와 역관계에 있으며, 대장균의 CAP/cAMP는 락(락토스)오페론을 활성화함. cAMP 반응단백질(CRP)이라고도 함.

이화작용 catabolism 세포에서 복잡한 분자가 더 단순한 화합물로 분해되는 결과를 가져오는 물질대사 반응으로, 종종 에너지의 방출과 함께 일어남.

인 nucleolus 진핵세포에서 rRNA를 합성하는 장소; 여러 벌의 rRNA 유전자로부터 전사된 rRNA로 구성된 구형체.

인돌부틸산 indolebutyric acid(IBA) 농업에서 과일의 형성과 성숙을 조절하는데 사용되는 합성 옥신.

인돌아세트산 indoleacetic acid(IAA) 빛과 같은 환경 요인에 반응하여 식물체의 발달을 유도하는 옥신 계열의 식물호르몬.

인두 pharynx 많은 동물에서 입의 뒷부분에 놓인 근육구조; 소화관으로 음식을 밀어 넣는 데 도움이 됨.

인두낭 pharyngeal pouches 수생 및 해양 척삭동물 및 척추동물에서 인두열이 되는 배아의 한 부분으로, 육상 척추동물은 외부로 열린 개구부를 발생시키지 않음.

인두열 pharyngeal slits 척삭동물의 특징 중 하나; 인두와 식도에서 외부로 연결된 통로를 형성하는 앞쪽 부분의 양 측면에 있는 개구부.

인산가수분해효소 phosphatase 카이네이스의 반대 작용으로, 단백질로부터 인산기를 제거하는 많은 효소 중 하나.

인산디에스터결합 phosphodiester bond 핵산 분자의 골격에 있는 2개의 당 사이의 결합; 인산기는 1쌍의 에스터 결합을 통해 5탄당을 연결함.

인산화 phosphorylation 유기 분자에 인산기를 첨가하는 화학 반응. ADP의 인산화로 ATP가 생성됨. 많은 단백질은 또한 인산화에 의해 활성화되거나 불활성화됨.

인원류 hominoid 호미니드와 유인원(apes)의 총칭; 원숭이류와 인원류는 진원류(anthropoids)에 속한다.

인원류(호미니드) hominid 사람과(Hominidae)에 속하는 영장류, 호모 사피엔스만이 현존하는 대표적인 호미니드임.

인위배수체 synthetic polyploid 조상 종과 가장 밀접하게 관련된 생물들을 교배시킨 다음, 자손을 조작하여 생성된 배수체.

인위선택 artificial selection 인간의 선택적 번식으로 인한 개체군의 유전적 구조의 변화. 많은 동물 품종과 작물의 변종이 인위선택을 통해 생산됨.

인장 강도 tensile strength 물질의 응집력의 척도; 물질이 분리되는 것에 대한 저항. 식물의 좁은 물관 내의 물기둥은 인장력이 있어 끊어지지 않고 유지됨.

인지질 phospholipid 지방과 구조가 비슷하지만 글라이세롤 골격에 붙어있는 지방산이 2개이고, 골격의 나머지 부분에 인산화된 분자가 연결됨; 극성을 띠는 친수성 '머리'(인산염 그룹)와 비극성 소수성 '꼬리'(지방산)를 포함.

인지질 2중층 phospholipid bilayer 세포막의 주요 구성 요소; 인지질은 자연스럽게 2중층을 형성하는데, 소수성 지방산은 내부를 향하고 친수성 인산기는 양쪽의 바깥을 향함.

인터페론 interferon 척추동물에서, 바이러스에 감염된 세포에서 생산하는 바이러스 증식 억제 단백질.

인테그린 integrin 세포가 기질에 부착하는 데 관여하는 세포 표면의 단백질 그룹. 결합 조직과 같은 조직에서 세포외 기질을 통해 이동하는 세포에 중요함.

인트론 intron 진핵세포에서 DNA로부터 전사는 되지만 단백질로 번역되기 전에 효소에 의해 제거되는 mRNA 부분. 엑손 참조.

인핸서 enhancer 조절 단백질이 결합하는 DNA 부위로서, 프로모터로부터 떨어져 있으며 유전자의 전사를 위한 시작 부위.

일반전사인자, 보편전사인자 general transcription factor 프로모터에서 RNA 중합효소 II에 의한 개시복합체의 형성에 필요한 전사인자로, 기본 수준의 전사를 담당함.

일반형질도입 generalized transduction 원핵생물에서 유전자전달의 한 형태로, 어떠한 유전자도 세포 사이에서 전이될 수 있음. 운반체로 용균성 박테리오파지를 사용하는데, 비리온 안에 우연히 숙주 DNA가 포함되어 전달됨.

일액(溢液)현상 guttation 뿌리압으로 인해 잎에서 액체 상태의 수분이 나오는 현상. 물은 손실량이 낮음.

입수관 inhalant siphon 쌍각 조개류 연체동물에서 유입되는 물이 체내에 들어오는 관.

입체시 stereoscopic vision 각각의 눈에 의해 동시에 뇌로 전달되는 2차원의 상을 단일 3차원의 상으로 지각하는 능력.

잎겨드랑이(엽액) axil 식물에서 잎자루와 줄기 사이의 각.

잎맥, 정맥 vein (1) 식물에서 줄기와 잎의 관다발. 줄기와 잎을 지탱하고 물질을 전달하는 틀 구조. (2) 동물의 조직에서 심장으로 혈액을 운반하는 혈관.

잎새(엽신) blade 잎의 넓고 확장된 부분. 라미나(lamina)라고도 함.

잎자루(엽병) petiole 잎의 줄기.

잎차례(엽서) phyllotaxy 식물에서, 줄기의 잎 배열이 나선형인 경우 순차적으로 나는 잎은 서로 137.5°의 각을 이루는데, 이는 자연에서 발견되는 황금비율과 관련이 있음.

ㅈ

자가불화합성 self-incompatibility 자가수정을 방지하여 타가교배를 촉진하는 식물의 유전체계.

자가수정 self-fertilization 하나의 자웅동체로부터 생성된 난자와 정자의 결합.

자궁 uterus 포유류에서 임신 중에 발생하는 배아를 수용하고 양육하는 방 모양의 구조.

자궁내막 endometrium 포유류의 자궁내막; 에스트로젠과 프로게스테론의 분비에 반응하여 두꺼워지며 월경 시 제거됨.

자낭 ascus, pl. asci 자낭균류의 특성을 가진 특화된 세포로, 2개의 반수성 핵이 융합한 후 감수분열로 즉시 분열하는 접합체를 생산함. 성숙기에 자낭포자를 생성함.

자낭균류 ascomycetes 진정한 균류를 구성하는 커다란 집단. 격벽으로 분리된 균사를 가짐. 무성적으로 분생포자(conidiospore)를 생성하고 유성적으로 자낭 내에 자낭포자(ascospore)를 생성함.

자매염색분체 sister chromatid 동원체로 연결된 각 염색체의 복제 사본 중 하나로, 체세포분열 중 염색체 복제로 형성됨; 이와 유사하게, 감수분열에서 4분염색분체(2가염색체)의 각 상동염색체를 구성하는 2개의 동일한 복사본.

자연살해세포, NK세포 natural killer cell 침입하는 미생물 대신, 감염된 세포를 죽이는 세포.

자연선택 natural selection 서로 다른 비율로 유전자형을 재생산(생식)함; 환경 요인으로 인해 생기며, 진화적인 변화를 가져옴.

자웅동주 monoecious 같은 개체 내에 수꽃과 암꽃이 분리된 식물.

자웅동체 hermaphroditism 수컷과 암컷의 기능적 생식기관을 모두 가지고 있는 상태.

자웅이숙(雌雄異熟) dichogamous 꽃의 암술과 수술이 다른 시기에 성숙하는 식물.

자웅이주 dioecious 암, 수의 생식기관이 각각 다른 개체에 존재하는 경우.

자유라디칼 free radical 1개 이상의 쌍을 이루지 않은 전자를 가진 이온화된 원자. 이는 원자에서 방출된 이온화 방사선에 의해 에너지를 가진 전자로 인함. 자유라디칼은 DNA와 같은 다른 분자들과 격렬하게 반응하여 돌연변이에 의한 손상을 일으킴.

자유에너지 free energy 일을 할 수 있는 에너지.

자유에너지감소성 exergonic 반응물보다 생성물에 더 적은 자유에너지가 포함되어 있어 반응 동안에 자유에너지가 방출됨.

자유에너지증가반응 endergonic 생성물이 반응물보다 많은 에너지를 포함하는 화학 반응. 외부 에너지원으로부터 자유에너지가 유입되어야 반응이 진행됨.

자율신경계 autonomic nervous system 척추동물 말초신경계의 불수의적 신경과 신경절로서, 심장, 땀샘, 내장기관 및 평활근을 조절함.

자포 nematocyst 해파리를 포함하는 자포동물문의 자세포에서 발견되는 작살 모양의 구조; 방출된 자포는 먹이를 찌르고 잡는 것을 도움.

작동유전자 operator 전사 개시를 방지하거나 감소시키기 위해 억제자가 결합할 수 있는 DNA 상의 조절 부위.

작동적 조건형성 operant conditioning 올바른 행동 반응 후에만 보상이 따르는 학습 기작.

작용 스펙트럼 action spectrum 다양한 파장의 빛에 대한 광합성의 효율을 측정한 것. 식물에서는 엽록소의 흡수 스펙트럼에 해당함.

작용기 functional group 탄화수소에 부착된 분자 그룹으로, 화학적 성질 또는 반응성을 나타냄. 예로는 하이드록실기(−OH), 카복실기(−COOH) 및 아미노기($-NH_2$) 등이 있음.

작은 잎(소엽) microphyll 식물에서 단 하나의 잎맥으로 줄기의 관다발에 연결되는 잎; 특히 석송은 소엽을 가지고 있음.

잔기량 residual volume 최대 호기량을 내쉰 후 폐에 남아 있는 공기의 양. 항상 폐에 잔존하는 공기량.

잡종화(혼성화) hybridization 유전적 조성이 다른 부모의 교배.

장란기 archegonium 선태류 및 일부 관다발식물의 다세포성 난자 생성 기관.

장막(융모막) chorion 파충류, 조류, 포유류의 배아를 둘러싸고 있는 2중막의 외막. 태반 포유류에서는 태반의 구조를 형성함.

장애 가설 handicap hypothesis 수컷들은 생존에는 불리하지만 과장되고 부풀린 형질을 진화시키고, 암컷은 그런 큰 결함을 가진 수컷을 선택함으로써 그들의 자손이 이 우수한 유전자를 물려받는다는 것을 확신한다는 가설. (역자 주: 생존에 불리함에도 살아남았기에 우수하다고 표현함.)

장정기 antheridium 정자 생성 기관.

재분극 repolarizing 탈분극 후 신경 내의 이온이 휴지전위 때의 분포로 돌아가는 것.

재스몬산 jasmonic acid 식물의 상처 반응의 일부인 유기 분자로, 단백질 분해효소 억제자를 생산하는 신호 역할을 함.

재조합 DNA recombinant DNA 실험실에서 서로 다른 2종의 DNA 단편을 합친 단일 분자.

재조합빈도 recombination frequency 검정교배에서 재조합 자손의 수를 전체 자손으로 나눈 값. 이 값은 백분율로 변환되고 각 1%는 지도단위라고 함.

저온처리(층적화) stratified 식물 종자를 일정 기간 낮은 온도에서 (층을 쌓아) 보관하는 것; 많은 식물의 종자는 저온 상태를 지나고 난 후에 제대로 발아가 이뤄짐.

저장성(의) hypotonic 세포보다 용질 농도가 낮은 용액. 저장액 내의 세포는 삼투로 인해 물을 흡수하는 경향이 있음.

적응 adaptation 특정 환경에서 생물체가 생존하고 번식하도록 촉진하는 구조, 생리 또는 행동.

적응도 fitness 한 개체가 다음 세대에 유전적으로 기여한 것. 상대적응도란 집단 내의 다른 개체와 비교한, 한 개체의 적응도를 말함.

적응방산 adaptive radiation 분화되지 않은 형질을 가진 원시조상으로부터 파생된 다양한 형태의 진화.

적혈구 erythrocyte 붉은색의 혈액 세포, 헤모글로빈의 운반체.

적혈구생성 erythropoiesis 골수에서의 혈액 세포의 생성.

전기 prophase 응축된 염색체가 보이고 핵막이 소실되면서 끝나는 세포분열 단계. 방추사의 조립은 전기 동안 이루어짐.

전기음성도 electronegativity 원자가전자에 대한 핵의 친화도를 나타내는 성질; 전기음성도가 큰 핵은 전기음성도가 작은 핵보다 전자를 더 강하게 당김.

전능성 totipotent 완전한 유전적 잠재력을 가진 세포. (역자 주: 포유류의 경우 태반과 태아를 형성할 수 있는 포배 초기의 세포들이 이에 해당되며, 내세포덩어리(ICM)는 태반을 형성할 수 없기에 '전능한' 대신에 '전분화능' 줄기세포라고 함.)

전령 RNA messenger RNA(mRNA) 구조 유전자에서 전사된 RNA; 단백

질을 합성하기 위해 리보솜에서 번역되는 RNA 분자. DNA의 한 가닥에 대해 상보적임.

전립샘 prostate gland 포유류 수컷의 요도 기저부에 있는 분비선으로, 정자가 방출될 때 자극 효과를 주는 알칼리성 액체를 분비함.

전분체 amyloplast 식물의 색소체의 일종으로, 전분(녹말) 저장을 목적으로 함.

전분화능 pluripotent 개체를 구성하는 세포 중 어떤 것이라도 만들어낼 수 있는 세포를 일컫는 말. 대개 줄기세포의 능력을 말할 때 사용함.

전사 transcription 효소-촉매 반응으로 DNA 가닥에 상보적인 RNA 분자를 생산하는 것.

전사기포 transcription bubble RNA 중합효소, DNA 주형 및 RNA 전사물을 함유하는 지역으로, DNA의 일부가 풀어져 '기포' 모양을 형성.

전사단위 transcription unit 프로모터와 종결자 사이의 DNA 영역.

전사복합체 transcription complex RNA 중합효소II 복합체에 필수 활성자, 보조활성자, 전사인자 및 또 다른 인자들이 더해져 활발히 DNA를 전사하는 복합체.

전사인자 transcription factor RNA 중합효소가 진핵세포 프로모터 영역에 결합한 후 안정화되어 전사 과정을 시작하는데 필요한 일련의 단백질.

전사체 transcriptome 특정 시기에 세포 또는 조직에 존재하는 모든 RNA.

전사후조절 posttranscriptional control 유전자 발현을 조절하는 기작이 mRNA의 전사가 완료된 후에 작동하는 것.

전신획득저항성 systemic acquired resistance(SAR) 식물에서 며칠~몇 주까지 지속되는 병원체 또는 해충의 공격에 대한 장기적인 반응. 식물이 이후의 다양한 병원체에 의한 공격에도 신속하게 대응할 수 있음.

전압개폐성 이온통로 voltage-gated ion channel 이온의 막 투과 경로로, 세포막 내외의 전압 또는 전하 차이의 변화로 인해 열리거나 닫힘.

전이 metastasis 암세포가 원점에서 체내의 다른 위치로 이동하는 과정; 1차 종양으로부터의 이동의 결과로 2차 위치에 있는 암세포 집단.

전이 transposition 전이인자(트랜스포존)가 DNA 서열의 한 지점에서 다른 지점으로 이동하는 유전적 재조합의 유형.

전이인자 transposable elements 염색체의 한 위치에서 다른 위치로 이동할 수 있는 DNA 조각. 또한, 트랜스포존(transposon) 또는 이동성유전인자(mobile genetic element)라고도 함.

전자량 보정 dosage compensation 유성염색체 수에 상관없이 유전자의 발현이 남성과 여성에서 동일하게 유지되는 현상. 포유류에서 암컷의 X 염색체가 불활성화되는 경우는 유전자량 보정에 의해 이뤄짐.

전자전달연쇄 electron transport chain 미토콘드리아나 엽록체 막에서 막-연관 전자운반분자를 통해 양성자 펌프까지 여기된 전자의 이동 경로. 화학삼투 참조.

전정기관 vestibular apparatus 척추동물에서 머리의 균형과 방향을 제시하는 내이의 복잡한 감각기.

전좌, 전류(轉流) translocation (1) 유전학에서, 비상동염색체 사이의 염색체 분절이 상호교환되는 것. (2) 식물에서, 수용성 양분의 원거리 수송(대부분 설탕)으로, 주로 체관에서 일어남.

전중기 prometaphase 전기와 중기 사이의 과도기. 방추사가 자매염색분체의 방추사부착점(kinetochore)에 부착함.

전표피(前表皮) protoderm 피부조직을 만드는 1차 분열조직.

전할(완전난할) holoblastic cleavage 척추동물에서 배아 전체에 걸쳐 동일하게 일어나는 난할로, 그 결과 포배기에서 균일한 크기의 세포를 만듦.

전(前)형성층 procambium 관다발식물에서 1차 관다발조직을 만드는 1차 분열조직.

절간(節間) internode 식물에서 연속된 두 마디 사이의 줄기 영역.

절간분열조직 intercalary meristem 옥수수나 속새류와 같은 일부 식물 줄기에서 발생하는 분열조직의 유형; 절간의 신장을 담당.

절제수선 excision repair DNA 합성과정에서 손상을 복구하는 비특이적 기작. 손상된 부위 또는 불일치 부위를 절제한 후, DNA 중합효소에 의해 제거된 부위를 대체함.

점돌연변이 point mutation 염색체 DNA 분자에서 1개 뉴클레오타이드의 변경.

점진진화 gradualism 종의 변화는 한 세대에서 다음 세대로 지각하지 못할 정도의 매우 느린 방식으로 변하지만, 수천, 수백만 년에 걸쳐 축적되어 주요한 변화로 이어진다는 관점.

점착세포 colloblast 빗해파리류의 구성원에서 발견되는 특수 유형의 세포로, 동물 플랑크톤과 접촉하면 파열되어 먹이를 포획하는 데 도움이 되는 접착성 물질을 방출함.

접촉형태형성 thigmomorphogenesis 물리적 스트레스(예, 일정한 바람)로 인한 식물의 발달 변화.

접합 conjugation 유전물질이 한 세포에서 다른 세포로 옮겨지는 동안 2개의 단세포 생물이 일시적으로 결합하는 것으로, 박테리아, 원생생물 및 특정 해조류와 균류에서 나타남.

접합균류 zygomycetes 접합포자낭(zygosporangia)이라고 불리는 생식 구조가 주된 특징인 균류의 일종으로, 접합포자낭은 단순한 생식기관 2개가 융합되어 생김.

접합자(접합체) zygote 수컷 및 암컷 배우자의 융합(수정)으로 생긴 2배체($2n$) 세포.

접합자낭 oocyst 포자충 생활사에 있는 접합자로, 탈수 또는 다른 손상으로부터 보호하는 단단한 껍질에 싸여있음.

접합전격리기작 prezygotic isolating mechanism 접합자가 형성되기 전에 일어나는 생식적 격리의 유형; 이러한 기작은 서로 다른 서식지의 지리적 격리에서부터 접합이 불가능한 생식세포 자체에 의한 것까지 다양할 수 있음.

접합후격리기작 postzygotic isolating mechanism 접합자가 만들어지지만 생식 능력이 있는 성체로 발달할 수 없는 생식 격리 유형. 이들 기작은 접합자 또는 배아가 생존하지 못하는 것에서부터 불임의 성체에 이르기까지 다양함.

정20면체 icosahedron 20개의 정삼각형으로 구성된 구조; 바이러스에서 흔히 볼 수 있으며, 바이러스 캡시드의 한 종류를 형성.

정관 vas deferens 포유류의 정소에서 요도로 정자를 운반하는 관.

정단분열조직 apical meristem 관다발(유관속)식물에서 뿌리 또는 줄기의 끝에서 자라는 지점.

정단외배엽융기 apical ectodermal ridge 척추동물 발생에서 4지싹을 몸 축에 대해 먼 쪽으로 성장시키는 부위.

정세포 spermatid 동물에서 정모세포의 감수분열로 유래한 4개의 반수체(n) 세포; 각각의 정세포는 정자로 분화함.

정소 testis, pl. testes 포유류에서 정자를 생산하는 기관.

정액 semen 파충류와 포유류에서 정자를 포함한 액체로, 수컷의 오르가즘 동안 음경에서 방출됨.

정자 경쟁 sperm competition 암컷의 난자와 수정하는 정자 간의 경쟁.

정자 spermatozoa 수컷 생식세포; 보통 암컷 생식세포보다 작으며 운동성이 있음.

정체 stasis 진화가 거의 일어나지 않는 기간.

제자리형광혼성화 fluorescent in situ hybridization(FISH) 염색체상의 특정 DNA 염기서열을 찾아내기 위해 형광 표지된 특정 탐침을 사용하는 세포학적 방법.

제한효소 restriction enzyme 회문 구조를 가진, 혹은 그 근처의 특정 염기서열을 인식하여 DNA 2중나선을 절단하는 효소; 또한 제한효소라고도 불림.

제한효소단편길이다형성 restriction fragment length polymorphism(RFLP) 제한효소는 매우 특정한 DNA 서열을 인식함. 한 유전자에 대한 대립유전자들, 또는 그 주변의 염기서열은 염기쌍에 있어서 차이를 나타내므로, 한 대립유전자 근처의 DNA는 다른 대립유전자 근처의 DNA와 다른 길이의 단편으로 절단되기에 전기영동에서 크기에 따라 서로 다르게 분리됨.

조골세포 osteoblast 뼈를 형성하는 세포.

조류(藻類) alga, pl. algae 다세포로 된 생식기관(sex organ)이 없는 단세포 또는 단순 다세포 광합성 생물.

조류학자 phycologist 조류(藻類)를 연구하는 과학자.

조상형질 유사성 ancestral similarity 전체 그룹의 가장 최근 공통조상으로부터 유래한 종간의 유사성.

조절단백질 regulatory protein 프로모터에 결합하여 DNA 전사를 시작하는 RNA 중합효소의 활성을 조절하는 단백질 집단.

조직 tissue 구조적 및 기능적 단위로 조직화된 유사한 세포의 집단.

조직 특이적 줄기세포 tissue-specific stem cell 근육이나 상피와 같은 특정 조직의 세포로 발생할 수 있는 줄기세포; 이 세포들은 성체가 되어서도 없어지지 않고 지속됨.

조직계 tissue system 식물에서 3가지 유형의 조직; 그 조직이 뿌리와 슈트의 구석구석까지 뻗어 있기 때문에 계라고 불림.

조직친화성 tissue tropism 다세포 숙주 안의 특정 세포에 대한 바이러스의 친화성; 예를 들어, B형 간염 바이러스는 간세포를 표적으로함.

조직플라스미노겐활성인자 tissue plasminogen activator(TPA) 혈전을 분해하는 사람의 단백질; 뇌경색 3시간 이내에 TPA를 사용하면 장애를 예방할 수 있음.

조혈작용 hematopoiesis 혈액 세포가 형성되는 골수에 있는 세포.

조효소 coenzyme 효소 촉매 과정에서 보조 역할을 하는 NAD와 같은 비단백질 유기분자를 의미하며, 종종 전자공여자 또는 수용자로 작용함.

종 species, pl. species 생물체의 일종; 종은 이탤릭체로 쓴 이명법으로 표기함. (역자 주: 상호교배로 생식이 가능한 집단, 그러나 다른 집단의 구성원과는 생식적 격리가 일어남.)

종간상동유전자 orthologues 조상에서 발견된 단일 유전자가 보존되었음을 나타내는 유전자. (역자 주: 서로 다른 종에서 같은 유전자가 발견되는 경우.)

종결돌연변이 nonsense mutation 한 코돈이 종결코돈으로 변경되는 염기치환 돌연변이로, 조기 종결로 인해 끝이 잘린 짧은 단백질이 생산됨.

종결코돈 nonsense codon tRNA에 의해 인식되지 않는 3개의 코돈(UAA, UAG 및 UGA) 으로, mRNA에서 '정지' 신호로 작용하여 번역을 종료함.

종결코돈 stop codon mRNA 번역이 종결되는 시점을 나타내는 UAA, UAG 및 UGA의 3개 코돈.

종내상동유전자 paralogues 조상의 유전자가 중복되어 생긴 어떤 개체 내의 두 유전자.

종뇌 telencephalon 대뇌 및 그와 관련된 구조를 포함한 뇌의 가장 앞쪽 부분.

종분화 speciation 한 종을 다른 종으로 변화시키거나, 하나의 조상 종으로부터 2개의 종을 나눔으로써 새로운 종이 발생함.

종속영양생물 heterotroph 광합성이나 무기물을 통해 스스로 에너지를 얻을 수 없는 생물체로, 다른 식물이나 동물을 섭취하여 그 유기물 분해하여 화학 에너지를 얻음.

종양억제유전자 tumor-suppressor gene 정상적으로는 세포분열을 억제하는 기능을 가진 유전자; 돌연변이 형태는 암의 무제한적인 세포분열을 유도할 수 있지만, 유전자의 두 복제본 모두가 돌연변이일 때만 가능.

종양유전자 oncogene 생장 조절 유전자에서 돌연변이가 일어난 것을 의미하며, 그 결과 "활성화된(on)" 유전자는 무제한으로 세포 성장과 분열을 유발함.

종자은행 seed bank 어떤 지역의 토양에서 발아하지 않은 씨앗. 화재 등의 사건이 일어난 후의 식물의 재생은 종자은행의 존재 여부에 달려 있음.

종피 seed coat 식물에서 밑씨(배주)의 외층. 휴면 중인 배를 보호하고 양분을 저장하는 비교적 불투과성인 장벽.

좌우대칭 bilateral symmetry 생명체를 반으로 나눴을 때 구조적으로 서로 거울 이미지를 형성함.

주공(珠孔) micropyle 종자식물의 난세포에서 화분관이 들어가는 입구.

주석 annotation 유전체학에서 암호화 영역 및 전사 영역의 인식을 돕기 위해 DNA 서열을 표지하고 동정하는 과정.

주성 taxis, pl. taxes 단순한 생물체에서 일어나는 환경 자극에 대한 지향성 운동.

주심(珠心) nucellus 어린 밑씨의 주요 부분을 이루는 조직으로, 여기서 배낭이 발달함; 대포자낭과 같음.

주조직적합성복합체 major histocompatibility complex(MHC) 면역체계가 '자기'를 식별하기 위해 사용하는 세포막과 결합된 세포 표면 표지 단백질. 각 개인의 모든 세포는 MHC 단백질이라고 불리는 동일한 '자기' 표지를 가지고 있음.

주피 periderm 코르크 형성층에 의해 만들어진 관다발식물의 외부 보호 조직으로, 2차 생장 중에 표피가 파괴될 때 이를 기능적으로 대체함; 주피는 코르크, 코르크 형성층 및 코르크 피층을 형성.

주행성 diurnal 낮에 활동하는 것.

주형가닥 template strand 전사에서 주형으로 사용되는 DNA 가닥. 이 가닥은 상보적인 mRNA 전사물을 만들기 위해 복사됨.

주홈 major groove DNA 나선의 2개의 홈 중 큰 부분으로, 쌍을 이룬 뉴클레오타이드의 수소결합에 접근할 수 있음; 조절 단백질은 큰 홈에 있는 주홈 내의 부분을 인식하고 결합할 수 있음.

줄기세포 stem cell 비교적 미분화된 동물 조직세포. 더 분화된 세포를 생성할 수 있음.

중간섬유 intermediate filaments 섬유상의 라민 단백질로 이루어진 세포 골격 요소. 미세섬유과 미세소관 사이의 중간 크기.

중교 mesoglea 표피와 위층(gastrodermis) 사이에 있는 젤라틴 물질 층; 이 층은 대부분의 진정후생동물에서 근육을 포함.

중교(간충질) mesohyl 해면 몸체의 동정세포층과 상피층 사이에서 발견되는 젤라틴의 단백질이 풍부한 기질; 다양한 종류의 아메바 세포가 간충질에서 발생할 수 있음.

중금속 heavy metal 비소, 카드뮴, 납 등 원자 번호가 높은 금속 원소. 많은 중금속은 소량이라도 동물들에게 유독함.

중기 metaphase 미세소관이 방추사로 조직화되고, 염색체가 적도면에 배열하는 체세포분열 또는 감수분열의 단계.

중배엽 mesoderm 낭배에서 형성되는 3개의 배엽층 중 하나; 근육, 뼈 및 기타 결합조직, 복막, 순환계, 그리고 대부분의 배설과 생식계를 발생시킴.

중복 duplication 염색체 일부분이 복제되는 돌연변이로서, 복제된 부분이 유전자 내에 있지 않다면 복제는 아무런 효과가 없을 수 있음.

중복수정 double fertilization 알세포와 정핵이 수정하여 접합자인 $2n$의 수정란을 형성함과 동시에 또 다른 정핵이 극핵과 수정하여 $3n$의 배젖을 형성함. 속씨식물의 독특한 특징.

중심 액포 central vacuole 식물세포에서 발견되는 커다란 얇은 막의 주머니로 단백질, 색소 및 노폐물을 저장하고 수분 균형에 관여함.

중심립 centriole 핵막 밖에 있는 세포질 소기관으로, 기저체와 구조가 동일함. 동물세포 및 다른 그룹의 편모 세포에서 발견됨. 체세포분열과 감수분열 중 방추사를 나누고 조직함.

중심와 fovea 원추세포가 고도로 밀집되어 선명한 시각을 형성하는 망막의 작은 함몰 부위.

중심주 stele 줄기와 뿌리의 관다발의 중심부.

중엽층 middle lamella 인접한 식물세포의 1차벽을 고정시키는 펙틴 화합물이 풍부한 세포간 물질의 층.

중추신경계 central nervous system(CNS) 대부분의 신경 연합이 일어나는 신경계의 부분. 척추동물에서는 뇌와 척수로 이루어지고, 무척추동물에서는 일반적으로 하나 이상의 신경삭 및 이와 연결된 신경절로 구성됨.

중합체 polymer 비슷하거나 동일한 소단위체들로 구성된 분자; 녹말은 포도당의 중합체.

중합효소연쇄반응 polymerase chain reaction(PCR) DNA 중합효소를 사용하여 관심 있는 염기서열을 반복적으로 복사하여 다량의 사본을 만드는 과정.

증산(작용) transpiration 식물의 수증기 손실; 대부분의 증산은 기공을 통해 발생.

지도단위 map unit 2개의 유전자 자리(유전좌위) 사이의 재조합빈도; 단위는 센티모건(cM) 또는 간단히 지도단위(m.u.)로 나타냄.

지방 fat 글리세롤과 3개의 지방산 분자로 구성된 분자.

지방세포 adipose cells 느슨한 결합 조직에서 발견되는 지방세포로, 대개 지방 조직에 존재함. 각 지방세포는 지방(트라이아실글리세라이드)을 저장할 수 있음.

지연가닥 lagging strand DNA 복제에서 불연속적으로 합성되는 가닥. DNA 중합효소의 $5'-3'$ 방향성 및 DNA의 역평행성으로 인해 생김. 선도가닥 참조.

지의류 lichen 균류와 녹조류 혹은 남조류와 같은 광합성 생물 사이의 공생체.

지질 lipid 물(극성)에서는 불용성이지만 비극성 유기 용매에는 쉽게 용해되는 비극성인 소수성 유기 분자; 지방, 기름, 왁스, 스테로이드, 인지질, 카로티노이드 등이 포함됨.

지질 2중층 lipid bilayer 세포막의 구조. 인지질의 두 층이 자동적으로 정렬하여 소수성 지방산 꼬리가 막의 중앙을 향하고 친수성 머리 그룹이 물에 노출됨.

지질 방울 lipid droplet 지질을 저장하는 데 쓰이는 세포소기관. 소수성 중성 지질이 인지질로 둘러싸여 물에 용해됨.

지질다당류 lipopolysaccharide 다당류 분자가 부착된 지질; 그람음성균의 외막층에서 발견됨; 외막층은 항생물질의 공격으로부터 세포벽을 보호함.

진동 선택 oscillating selection 환경에 따라 어떤 때는 한 표현형을, 다른 때는 또 다른 표현형을 교대로 선택하는 경우로, 예를 들어 가뭄 조건일 때와 습한 조건이 번갈아 일어나는 경우.

진원류 anthropoid 원숭이, 유인원 및 인간으로 구성된 포유동물 군의 구성원.

진정염색질 euchromatin 진핵세포에서 mRNA로 전사되는 염색체 부분; 간기 동안에 응축되지 않는 활성 유전자가 포함되어 있음.

진핵생물 eukaryote 막에 둘러싸인 세포소기관, 뚜렷한 핵, 그리고 핵 속에 단백질과 결합된 DNA로 이루어진 염색체를 가진 세포, 또는 그런 세포를 가진 개체.

진핵생물역 Domain Eukarya 분류체계의 3역에서, 원생생물, 곰팡이, 식물, 동물 등 진핵생물을 포함하는 영역.

진화 evolution 생명체 집단의 유전적 변화; 대개 진화는 단순한 것에서 복잡한 것으로 점진적 변화를 가져옴.

질화작용 nitrification 질산화작용이라고도 하며, 암모니아 또는 아질산염이 산화되어 식물에 의해 흡수되는 질소의 형태인 질산염을 생산함; 일부 박테리아는 질산화가 가능.

집단유전학 population genetics 인구 집단의 유전자 특성을 연구하는 학문.

집합관 collecting duct 내부 조건에 따라 물을 선택적으로 재흡수할 수 있는 콩팥 세뇨관의 마지막 부분.

짧은 산재전이인자 short interspersed element(SINE) 인간 및 다른 영장류에서 발견되며, 전이에 필요한 생화학적 체계를 포함하지 않는 모든 유형의 레트로트랜스포손.

ㅊ

창발성 emergent properties 각각의 구성 요소가 상호작용하는 방식에서 야기되는 새로운 특성. 창발성은 종종 개별 구성 요소에 대한 지식만으로는 추론할 수 없음.

창시자효과 founder effect 희귀한 대립유전자 또는 대립유전자의 조합이 새로운 집단에서 강화되는 효과.

책상엽육조직 palisade mesophyll 식물의 잎에서 엽록체를 함유한 엽육의 유세포 조직. 울타리조직이라고도 함.

책허파(서폐) book lung 일부 거미의 호흡계로, 잎 모양의 판으로 구성된 방에서 기체를 교환하는 독특한 시스템.

척삭 notochord 척추동물에서 몸체의 종축을 따라 뻗어나간 등쪽의 연골 막대로, 모든 척삭동물의 배아에서 원시 축 골격을 형성함.

척추동물 vertebrate 척주(spinal column)를 가진 척삭동물; 척추동물에서 척삭은 척추로 발달하는데, 이 척추(vertebral column)는 등쪽 신경삭을 보호하고 둘러싸는 일련의 척추뼈로 구성됨.

천공판 madreporite 극피동물의 표면에 있는 체(sieve)처럼 생긴 판. 이를 통해 수관계로 물이 들어감.

천이 succession 생태학의 관점에서, 시간이 지남에 따라 군집 내에서 일어나는 느리고 순차적인 변화.

체강 coelom 동물에서 전적으로 중배엽에서 발생하는 액체로 가득 찬 몸의 내강.

체관부 phloem 관다발식물에서 양분을 이동하는 조직. 기본적으로 체요소와 다양한 종류의 유조직세포, 후벽섬유, 후막세포 등으로 구성됨.

체성신경계 somatic nervous system 척추동물에서 골격근을 조절하는 말초신경계의 뉴런들.

체세포 somatic cell 배우자를 형성하도록 예정된 세포(생식계열세포)를 제외한 다세포 생물의 세포.

체세포(사관세포) sieve cell 관다발식물의 체관에서 비교적 분화되지 않은 체역(sieve area) 및 체판(sieve plate)이 없고 끝이 뾰족한 세포벽을 가진 길고 가느다란 요소.

체세포 핵치환 somatic cell nuclear transfer(SCNT) 체세포의 핵을 핵이 제거된 난자 세포로 이식 후 발생을 진행하는 기법. 배아줄기세포 및 복제된 동물을 만드는 데 사용.

체세포돌연변이 somatic mutation 다세포 생물의 체세포 중 하나에서 발생하는 유전정보(돌연변이)의 변화. 다음 세대로 전달되지 않음.

체세포분열(유사분열) mitosis 체세포의 분열; 유전적으로 동일한 2개의 딸핵을 형성하기 위해 복제된 염색체가 분리되는 핵분열을 포함함.

체액성 면역 humoral immunity B 세포를 포함하는 적응면역 체계로, B 세포는 외래 항원에 특이하게 작용하는 용해성 항체를 생성함.

체절 somite 척추동물의 배아가 분화하는 동안 중배엽으로부터 나눠지는 구획이나 분절.

체절극성유전자 segment polarity gene 초파리의 체절형성과정에서 쌍지배유전자에 의해 형성된 부분을 더 세분화하여 띠 모양으로 발현되는 유전자.

체절형성유전자 segmentation gene 곤충의 체절화된 체제의 발생을 통제하는 3종류의 유전자로, 간극유전자, 쌍지배유전자, 체절극성유전자를 포함.

체절화 segmentation 발생 중인 동물체에서 반복적으로 구획된 단위; 체절은 체계가 중복되어있어, 효율적인 운동을 가능하게 함.

초나선꼬임 supercoiling 비틀림 변형(torsional strain)에 기인한 DNA 2중가닥의 공간적 꼬임. (역자 주: 2중가닥이 원래보다 더 많이 꼬이거나 덜 꼬였을 때(풀렸을 때) 축을 중심으로 발생하는 위상적 변화.)

촉매작용 catalysis 효소가 커다란 유기화합물의 소단위에 결합하여 화학 결합을 끊음으로써 작은 소단위로 분해하는 과정. 종종 에너지를 방출함.

촉수관 lophophore 나선형 동물(spiralian animals)들의 입을 둘러싸고 있는 말발굽 모양의 섬모 촉수관; 완족동물과 태형동물에서 볼 수 있음.

촉진확산 facilitated diffusion 운반단백질 또는 이온통로를 이용한 분자 또는 이온의 확산. 농도기울기가 필요하지만 에너지는 투입되지 않음.

총배설강 cloaca 몇몇 동물의 소화계, 생식계 및 비뇨기계의 산물이 공통으로 빠져나가는 공간. 다른 동물에서는 총배설강이 호흡관 역할을 할 수도 있음.

최소화 원칙 principle of parsimony 과학자들은 최소한의 가정(전제)만을 요구하는 가설을 선호해야 한다는 원칙.

추형동물 phoronids 촉수관을 가진 무척추동물 중 하나로, 이제는 완족동물로 분류됨; 부드러운 수중 바닥에 굴을 파고 키틴질 관을 분비하여 살아감; 물에 떠 있는 먹이를 먹기 위해 촉수관을 내밈.

축삭(돌기) axon 자극을 신경세포체로부터 멀리 전달하기 위해 뉴런에서 뻗어 나온 가지.

춘화처리 vernalization 식물과 종자에서 싹이 트거나 꽃을 피우는 데 필요한 저온 기간.

출수관 exhalant siphon 2매패류(쌍각연체동물)에서 몸 밖으로 물을 내보내는 수관.

충전반응 charging reaction 아미노아실-tRNA 합성효소가 ATP의 에너지를 사용하여 tRNA에 특정 아미노산을 정확히 부착시키는 반응.

측각 parapodia 환형동물 중 다모류에서 대부분의 체절마다 쌍을 이루어 붙어있는 측면 돌기.

측계통성 paraphyletic 계통 발생적 분류에서, 집단의 가장 최근의 공통 조상을 포함하지만, 그 집단의 모든 자손을 포함하지 않음.

측생분열조직 lateral meristem 관다발식물에서 2차 조직을 형성하는 분열조직; 관다발 형성층과 코르크 형성층.

측선계 lateral line system 어류의 감각계로, 측면의 선을 따라 존재하는 기계적 수용체로 인해 움직임에 민감함.

치료용 복제 therapeutic cloning 개인별 줄기세포를 생성하기 위해 체세포 핵이식 기법을 사용하는 것으로, 피부 이식과 같이 각 개인의 손상된 세포를 대체하기 위해 사용함.

치설 radula 대부분의 연체동물에서 발견된 줄 모양의 긁어내는 혀.

친수성 hydrophilic 문자 그대로 "물을 좋아하는 것"으로, 물에 용해되는 물질을 말함. 극성을 띠거나 대전된 것(이온)이어야 함.

ㅋ

카로티노이드 carotenoid 식물에서 발견되는 보조색소들로, 빛에너지를 흡수하는 것 이외에 항산화제 역할을 하여 자유라디칼에 의해 손상될 가능성을 제거함.

카스파리띠 Casparian strip 식물에서 뿌리 내피세포의 세포벽을 둘러싸는 띠. 인접 세포의 띠가 연결되어 물이 통과할 수 없는 층을 형성. 따라서 뿌리에 들어가는 모든 물은 세포막과 세포질을 통과해야 함.

카이네이스 연쇄반응 kinase cascade 연속적으로 서로 인산화하는 일련의 단백질 카이네이스; 카이네이스 연쇄반응은 신호전달 과정 중에 신호를 증폭시킬 수 있음.

카테콜아민 catecholamine 타이로신 아미노산이 변형되어 만들어지는 일련의 호르몬으로, 부신 수질에 의해 분비됨.

캐드헤린 cadherin Ca^{2+}을 매개체로 사용하여 세포 사이를 연결하는 큰 그룹의 막관통단백질. 이 단백질들은 같은 유형의 세포끼리 세포 간 접착을 담당.

캐스9(크리스퍼-연관단백질 9) Cas9(CRISPR-associated protein 9) 세균 면역의 CRISPR 시스템과 연관된 핵산분해효소. 이들은 DNA 서열을 편집하는 유전자 조작을 위해 변형됨.

캘러스(유합조직) callus 미분화된 조직. 조직 배양, 이식 및 상처치유에 사용되는 용어.

캘빈회로 Calvin cycle C_3 광합성의 암반응. 캘빈-벤슨회로라고도 함.

캠브리아 대폭발 Cambrian explosion 캠브리아기 초기에 동물의 다양성이 크게 증가함.

캡시드 capsid 바이러스의 가장 바깥쪽 단백질 덮개.

케라틴 keratin 표피조직에서 형성되는 질긴 섬유상의 단백질. 피부, 깃털, 머리카락 등으로 변형되거나, 뿔과 손톱 등 단단한 구조 형성.

코돈 codon 유전암호의 기본 단위로서, DNA 및 mRNA에서 하나의 아미노산을 암호화하는 인접한 3개의 뉴클레오타이드 서열.

코르크 형성층 cork cambium 주피(periderm)를 형성하는 측면 분열조직. 식물의 표면(바깥쪽)을 향한 코르크 조직과 안쪽을 향한 코르크 피층을 생산함.

코아세르베이트 coacervate 물에서 소수성 힘으로 인해 서로 결합된 지질 분자의 구형 응집체.

코헤신 cohesin 세포분열 동안 자매염색분체를 붙들고 있는 단백질 복합체. 동원체에서 코헤신이 분해되면 후기 때 염색체의 이동이 일어남.

콘덴신 condensin 체세포분열과 감수분열에서 염색체의 응축에 관여하는 단백질 복합체.

콘티그 contig 작은 단편들에서 서로 중복되는 염기서열을 분석하여 조립한 연속된 DNA.

퀴닌 quinine 말라리아 치료에 사용되는 기나(*Cinchona*) 나무껍질에서 발견되는 화합물.

크렙스 회로 Krebs cycle 시트르산 회로의 또 다른 이름. 트리카복실산(TCA) 회로라고도 함.

크리스타 crista 미토콘드리아의 주름지고 확장된 내막으로, 미토콘드리아에는 수많은 크리스타가 포함되어 있음.

크리스퍼 CRISPR Clustered Regular Interspersed Short Palindromic Repeats의 약자로서, 원핵생물의 DNA에서 발견되는 반복서열로 cas 효소와 함께 바이러스에 대응하는 적응면역의 기초를 형성함. 또한 분자 도구로서 유전체를 편집하는 데 사용함.

클라트린 clathrin 진핵세포 원형질막의 바로 안쪽에 있는 단백질로, 클라트린-피막홈(clathrin-coated pits)이라고 불리는 움푹 들어간 곳에 위치함.

클로닝 cloning 모든 세포가 동일한 뉴클레오타이드 서열의 복사본을 가지고 있도록 세포주 또는 배양물을 생산하는 과정으로, 유전공학의 필수 요소.

클론별 염기서열결정법 clone-by-clone sequencing 물리적 지도가 먼저 만들어진 후에 DNA 단편들의 서열을 결정하고 서로 겹치는 부분을 동정하는 유전체의 염기서열 결정법.

클론선택(법) clonal selection 항원 인식으로 인해 개시되는 면역세포 클론의 증식.

키아즈마(교차점) chiasma 감수분열 중 광학 현미경으로 볼 수 있는 X자 형태로서, 2개의 염색분체가 일부분을 교환한 교차의 증거. 교차점은 상동염색체가 분리될 때 염색체 팔의 끝부분으로 이동함.

키틴 chitin 견고하고 내성이 강한 질소 함유 다당류로서, 특정 곰팡이의 세포벽, 절지동물의 외골격 및 다른 무척추동물에서 표면 구조의 외배엽 표피를 형성함.

킬로칼로리 kilocalorie 물 1 kg의 온도를 1℃ 올리는 데 필요한 열의 양을 기술하는 단위; 때로는 1000 cal에 해당하는 Cal라고 불리기도 함.

ㅌ

타감작용 allelopathy 한 식물의 뿌리에서 방출된 물질이 근처에 있는 다른 종자의 발아를 막거나 이웃 식물의 생장을 억제하는 것.

탄소고정 carbon fixation 광합성 과정에서 CO_2가 유기화합물로 전환되는 과정. 광합성 암반응의 첫 단계로, 공기 중의 이산화탄소가 리불로오스 1,5-이인산과 결합함.

탄수화물 carbohydrate 탄소 원자에 수소와 산소 원자가 약 2:1의 비율로 결합되어 있는 선형 또는 원형의 유기화합물. 일반식으로 $(CH_2O)_n$을 갖는 화합물. 탄수화물에는 당류, 전분, 글리코겐 및 셀룰로스가 포함됨.

탈리(이층현상) abscission 관다발 식물에서 전문화된 세포(탈리대) 층 형성과 호르몬(에틸렌) 작용으로 인해 성장기의 마지막에 잎, 꽃, 과일 또는 줄기가 떨어지는 것.

탈분극 depolarization 원형질막을 통과하는 이온의 이동으로, 국소적으로 전위차를 제거함.

탈수반응 dehydration reaction 두 분자가 결합하여 하나의 큰 분자를 형성하는 동시에 물 분자를 방출하는 화학 반응의 한 유형. 한 분자는 수소 원자를, 다른 하나는 하이드록실기(−OH)를 내놓아, H 및 −OH는 결합하여 물 분자를 형성할 수 있음.

탈수소반응 dehydrogenation 수소 원자가 손실되는 화학 반응. 이것은 전자와 양성자의 손실을 동반한 산화 작용임.

탈아미노반응 deamination 아미노기를 제거하는 반응으로, 단백질이 분해되어 크렙스 회로에 사용될 수 있는 화합물로 전환됨.

탈억제 derepression 생화학적 동화작용에 필요한 효소를 암호화한 오페론에서 나타나는 현상으로, 경로의 최종 산물이 존재할 때는 억제되고 최종 산물이 없는 경우에는 억제되지 않음. 필요시에만 효소를 생산할 수 있음.

탈인산화(반응) dephosphorylation 인산기의 제거, 대개 탈인산화효소(phosphatase)에 의해 일어남. 많은 단백질은 탈인산화 반응에 의해 활성화되거나 비활성화될 수 있음.

탈피 ecdysis 곤충이나 갑각류에서 외피나, 큐티클층이 벗겨지는 허물벗기 현상

태반, 태좌 placenta, pl. placentae (1) 포유류에서 자궁 내막과 다른 막의 일부분으로부터 형성된 조직으로, 배아(나중에 태아)에 영양을 공급하거나 노폐물을 제거함. (2) 현화식물(꽃식물)에서 난세포 또는 종자가 부착되는 씨방의 벽 부분.

태반류 placentals 태반 포유류.

태생 viviparity 알이 모체 내에서 발생하고, 어린 개체가 독립생활이 가능할 정도로 자란 상태로 태어남.

턱(하악) mandibles 갑각류, 곤충, 그리고 다지류에서, 더듬이 바로 뒤에 있는 부속기관. 먹이를 붙잡거나, 쥐거나, 물고 씹는 데 사용됨.

턱잎(탁엽) stipules 일부 현화식물의 잎이나 줄기의 기저부에서 발생하는 잎 모양의 부속기.

텔로머레이스 telomerase 내부 RNA 주형을 사용하여 진핵생물 염색체에서 텔로미어를 합성하는 효소.

통기조직 aerenchyma 식물에서 커다란 공간이 있는 느슨한 유조직에 존재함. 주로 물에서 자라는 식물에 나타남.

통로단백질(이온통로) channel protein(ion channel) 친수성의 내부를 갖는 막관통단백질로서 막을 통과할 수 없는 물질이 이동할 수 있도록 수용성 통로를 제공함. 대개 K^+, Na^+ 또는 Ca^{2+}와 같은 특성 이온을 통과시킴.

통증수용기 nociceptor 통증 자극에 반응하여 수용체 역할을 하는 수상돌기.

투광층 photic zone 광합성이 일어나기에 충분한 빛이 있어서 순 1차 생산량이 양의 값을 가지는 수생 서식지 지역.

투명대 zona pellucida 포유류의 난자를 둘러싸는 외막.

튜불린 tubulin 미세소관의 실린더를 형성하는 구형 단백질의 소단위체.

트라이글리세라이드 triglyceride(triacylglycerol) 지방 분자로, 글리세롤과 3개의 지방산으로 구성됨.

트로포닌 troponin 골격근의 액틴 필라멘트를 따라 간격을 두고 위치한 구형 단백질 복합체; 근육 수축에서 칼슘-의존성 '스위치' 작용을 할 것으로 추정.

트로포마이오신 tropomyosin 가로무늬근의 액틴 필라멘트를 둘러싼 저분자량 단백질.

특수전사인자 specific transcription factor 기본 수준 이상으로 DNA 전사량을 증가시키기 위해 시간-조직 의존적 방식으로 작용하는 많은 수의 전사인자.

특수형질도입 specialized transduction 용원성(lysogenic) 박테리오파지를 운반자로 사용하여 박테리아에 몇 가지 특정 유전자를 전달하는 기법.

틀이동돌연변이 frameshift mutation DNA 염기배열에서 염기가 추가되거나 삭제되는 돌연변이. 이 변화는 돌연변이가 일어난 아래 부분의 염기로부터 해독틀을 변화시킴.

틸라코이드 thylakoid 엽록체에서 광합성의 명반응에 관여하는 광계를 포함하는, 평평한 디스크로 구성된 복잡하고 조직화된 내부 막.

ㅍ

파생형질 derived character 원시 형질로부터 유래한 형질로서, 분류학적 분석에 사용되는 형질.

파생형질 유사성 derived similarity 더 최근에 생겨난 유사성. 즉 전체 집단의 조상으로부터 물려받은 것이 아니며 단지 일부 종에 의해서만 공유됨.

파이코빌리 단백질 phycobiliprotein 남조류 및 일부 조류에서 발견되는 보조 색소. 파이코빌리 단백질의 복합체는 녹색 범위의 빛 에너지를 흡수함.

파이토알렉신 phytoalexin 식물의 감염 부위에서 생산되는 항균 화합물.

파지전환 phage conversion 숙주세포의 게놈에 통합된 바이러스의 DNA가 숙주세포의 기능을 의미심장하게 변화시키는 현상; 예를 들어 비브리오 콜레라균을 콜레라 독소를 방출하는 병원성 형태로 전환시키는 것.

파클리탁셀(택솔) paclitaxel(Taxol) 주목에서 생성된 2차 대사 산물. 미세소관에 결합하여 안정화시킴; 일부 암 치료에 사용됨.

팽대부(병낭) ampulla 극피동물에서 관족을 뻗기 위해 수축하는 관족의 기저에 있는 근육낭.

팽압 turgor pressure 식물세포 내부의 압력으로, 삼투압으로 인한 수분 흡수 때문에 생김. 세포막을 세포벽에 단단히 밀착시켜 세포를 단단하게 만듦. 정수압(hydrostatic pressure)이라고도 함.

퍼넷 사각형 Punnett square 유전 교배에서 나타날 수 있는 모든 유전자형과 표현형을 도식적으로 보여줌.

퍼옥시좀 peroxisome 카탈레이스에 의해 산화성이 높은 과산화수소의 분해에 중요한 역할을 하는 미소체.

페로몬 pheromone 같은 종에서 다른 개체의 행동 또는 생리적 과정에 영향을 미치는 한 개체에 의해 방출되는 화학물질로, 성적 유인, 길잡이, 경보의 기능을 수행함.

펩티도글리칸 peptidoglycan 세균 세포벽의 구성 요소로, 단백질 교차결합으로 연결되어 있는 탄수화물 고분자로 구성됨.

펩타이드결합 peptide bond 단백질에서 탈수반응을 통해 아미노산을 연결하는 결합 유형.

펩타이드기전달효소 peptidyl transferase 번역과정에서, 신장하는 폴리펩타이드 사슬에서 새로운 아미노산과 이전 아미노산 사이의 펩타이드 결합의 형성을 촉매하는 효소. (역자 주: rRNA가 담당함.)

편리공생 commensalism 공생의 일종으로, 한 개체가 다른 개체에 붙어살거나 가까이 있으면서 이익을 얻는 관계. 숙주는 영향을 받지 않음.

편모 flagellum 세포의 표면에서 돌출되어 운동에 사용되는 긴 실 모양의 구조물.

편모조류군체 가설 colonial flagellate hypothesis 헤켈이 처음 제기한 가설로서, 원생생물 군체로부터 후생동물이 생겨났다는 이론인데, 깃편모충과 해면동물의 유사성에 의해 뒷받침됨.

편절 proglottid 수컷과 암컷의 생식기관을 모두 가진 촌충의 반복되는 마디 부위로, 궁극적으로 알과 배아를 만들어 배설물 형태로 숙주의 몸에서 떠남.

평형 equilibrium 안정적인 상태; 화학 반응의 경우, 순방향만큼이나 역방향으로도 급속히 진행되어 생성물이나 반응물의 농도에 더이상 순 변화가 발생하지 않는 지점. 생태학에서는 변화에 저항하는 안정적인 상태를 의미하며, 인간이나 자연현상에 의해 교란될 경우 원래의 상태로 빠르게 복구됨.

평형낭 statocyst 중력과 움직임에 민감한 감각 수용체.

폐쇄순환계 closed circulatory system 혈액이 다른 체액과 물리적으로 분리된 순환계.

폐포 alveolus, pl. alveoli 세기관지의 말단에 있는 작고 얇은 벽을 가진 기낭.

폐활량 vital capacity 최대한 들이마신 후 내쉴 수 있는 최대 공기량.

포괄적응도 inclusive fitness 한 개체의 자손으로 직접 전달된 유전자의 수와 이타주의에서 비롯된 친족(자손이 아님)에 의해 간접적으로 전달된 유전자 수의 총합으로 나타냄. (역자 주: 한 개체의 유전자를 퍼뜨리는 총체적 효과를 의미함.)

포도당 glucose 일반적인 6탄당($C_6H_{12}O_6$); 대부분의 생물체에서 가장 일반적인 단당류.

포도당 억제 glucose repression 대장균에서는 다른 당류가 존재할지라도 포도당을 우선 사용함; 즉, 다른 당을 분해하는 효소를 암호화하는 mRNA의 전사는 일어나지 않음.

포도당신생과정 gluconeogenesis 단백질이나 지방 등 탄수화물이 아닌 물질로부터 포도당을 합성함.

포배 blastula 척추동물에서 액체로 채워진 공간을 가진 공 모양의 초기 배아단계. 난할 이후 낭배형성 전의 척추동물 배아를 의미함.

포배강 blastocoel 척추동물 배아의 포배기 단계에서 중앙의 비어 있는 공간.

포복경(기는줄기) stolon 지표면을 따라 가로로 자라는 줄기로, 딸기의 포복경처럼 부정근을 형성.

포자 spore 다른 세포와의 융합 없이 성체로 발달 할 수 있는, 보통 단세포인 반수체 생식세포.

포자낭 sporangium, pl. sporangia 포자가 생성되는 구조.

포자체 sporophyte 세대교번이 이루어지는 식물의 생활사에서 2배체($2n$) 시기이며, 포자를 생산함.

포화지방 saturated fat 모든 탄소 원자가 가능한 최대 수의 수소 원자를 포함하는 지방산으로 구성된 지방.

폴리펩타이드 polypeptide 많은 아미노산의 결합으로 이루어진 분자; 대개 단백질처럼 복잡하지는 않음.

폴립형 polyp 히드라와 같은 자포동물에서 발견되는 체형으로, 전형적으로 고착형이며 원통형임.

표면장력 surface tension 액체 분자의 응집에 의한 액체 표면의 팽팽함. 물은 표면장력이 매우 높음.

표면적 대 부피 비율 surface area-to-volume ratio 세포와 같은 구조물의 표면적과 체적의 관계.

표피 epidermis 가장 바깥 세포층; 식물에서 잎, 어린 줄기 및 뿌리의 외부 1차 조직; 척추동물에서 혈관이 없는 외배엽 기원의 피부의 외층; 무척추동물에서 외배엽 상피.

표피세포 epidermal cell 식물에서 1기 식물체의 가장 바깥쪽 층을 집합적으로 형성하는 세포; 세포모(trichome) 및 공변세포와 같은 전문화된 세포를 포함함.

표피조직 dermal tissue 다세포 생물체에서 바깥층을 형성하고 환경과 접촉하는 조직의 일종으로 보호 기능을 가짐.

표현형 phenotype 유전자형의 실질적 발현을 뜻하며, 형질의 물리적 외관 또는 기능적 표현을 의미함.

퓨린 purine DNA와 RNA에서 발견되는 2가지 일반적인 종류의 뉴클레오타이드 염기 중 큰 것; 아데닌 또는 구아닌과 같은 2중 고리 구조를 갖는 질소성 염기.

프라이메이스 primase DNA 중합효소의 작용에 필요한 RNA 프라이머를 합성하는 효소.

프로모터 promoter 유전자로부터 전사를 시작하기 위해 RNA 중합효소가 인식하고 부착하는 DNA 서열; 전사 개시점으로부터 위쪽(상류) 부분에 위치함.

프로스타글란딘 prostaglandins 화학적 신호전달 기능을 하는 변형된 지방산 그룹.

프로테아좀 proteasome 단백질분해효소복합체로, 유비퀴틴과 결합된 단백질을 분해하는 큰 원통형 세포소기관.

프로파지 prophage 숙주세포의 게놈에 안정적으로 통합된 바이러스 게놈.

프리온 prions 감염력이 있는 단백질성 입자.

플라눌라 planula 자포동물 중 해파리의 유생으로, 섬모를 이용하여 자유 유영을 함.

플라빈 아데닌 디뉴클레오타이드 flavin adenine dinucleotide(FAD, $FADH_2$) 수용성(막에 결합하지 않은) 전자 운반체(가역적으로 산화 및 환원될 수 있음)로 작용하는 보조인자.

플라스미드 plasmid 염색체 외 DNA의 작은 원형 단편으로, 염색체 DNA에서 유래되었을지라도 염색체 DNA와는 독립적으로 복제됨.

플라젤린 flagellin 박테리아 편모를 구성하는 단백질로, 수용성 환경에서 세포를 이동하게 함.

플랑크톤 plankton 현미경적 크기의 부유성 수생 생물.

피낭유충 metacercaria 주머니에 싸인 형태의 간흡충의 유충으로, 감염된 동물의 근육조직에서 발견됨. 이 근육을 먹게 되면 새로운 숙주의 소화관에서 이 주머니가 녹아 흡충이 방출됨.

피드백억제 feedback inhibition 어떤 분자의 농도가 증가하여 그 분자의 합성을 저해하는 조절 기작.

피루브산 pyruvate 해당과정의 최종 생성물인 3-탄소 분자; 각 포도당 분자는 2개의 피루브산을 생성함.

피리미딘 pyrimidine DNA와 RNA에서 발견되는 2가지 일반적인 종류의 뉴클레오타이드 염기 중 작은 것. 사이토신, 티민 또는 우라실과 같은 단일 고리 구조를 갖는 질소성 염기.

피막(박막) pellicle 유글레나류와 섬모류의 견고하면서 유연한 덮개.

피막, 협막 capsule 박테리아에서 세포벽을 둘러싸고 있는 젤라틴 층.

피목, 껍질눈 lenticels 줄기, 뿌리 및 다른 식물 부분의 코르크층에 있는 다공질 부분. 주피를 통해 내부조직과 대기 사이의 기체 교환 기능을 함.

피질(피층) cortex 구조물의 바깥층을 말하며, 동물에서는 기관의 외부를, 관다발식물에서는 줄기 또는 뿌리의 주요 지상 조직을 의미함.

피토크롬 phytochrome 빛의 흡수와 관련된 식물 색소; 적색~적외선 광에 대한 광수용체.

ㅎ

하디-바인베르크 평형 Hardy-Weinberg equilibrium 임의교배(무작위교배) 집단에서 근친교배, 자연선택, 혹은 다른 진화적 원동력이 없는 상태에서 대립유전자와 유전자형의 빈도는 일정하게 유지된다는 수학적 표현. 대립인자 a의 빈도가 p이고 대립인자 b의 빈도가 q라면, 한 세대의 무작위 교배 후 유전자형의 빈도는 항상 $p^2+2pq+q^2=1$.

하배축 hypocotyl 떡잎이 붙어 있는 부분 바로 아래의 영역.

하버스관 Haversian canal 뼈의 장축 방향으로 연결된 혈관과 신경 세포를 포함하는 좁은 관.

할구 blastomere 포배기의 각 세포.

합의 법칙 rule of addition 2개의 독립적인 사건에 대해 두 사건이 각각(따로따로) 발생할 확률은 개별 확률의 합으로 나타냄.

합체절 tagma, pl. tagmata 배아 시기에 2개 이상의 체절이 융합하여 생긴 절지동물의 복합 체절; 예, 머리, 흉부, 복부.

항문 anus 창자의 말단 개구부. 소화되고 남은 고체 잔류물은 항문을 통해 제거됨.

항상성 homeostasis 상대적으로 안정적인 체내 생리적 환경의 유지; 보통 피드백 조절로 인해 자가 조절됨.

항온동물 homeotherm 환경의 온도와 관계없이 안정적인 체온을 유지할 수 있는 조류 또는 포유류와 같은 개체. 내온동물 참조.

항원 antigen 면역반응을 자극하는 이물질, 대개 단백질 또는 다당류.

항원불연속변이 antigenic shift 특정 RNA 바이러스에서 나타나는 유전적 변화로, 2개의 서로 다른 바이러스 계통이 동일한 숙주를 감염시킬 때 유전체 분절을 뒤섞음으로써 나타남.

항원연속변이 antigenic drift 특정 RNA 바이러스에서 나타나는 유전적 변화로, 유전체 복제의 오류로 인한 무작위 돌연변이에 의해 야기됨.

항이뇨호르몬(ADH) antidiuretic hormone(ADH) 콩팥을 자극하여 물을 재흡수하는 뇌하수체 호르몬.

항체 antibody 림프구가 이물질(항원)에 반응한 후 생성되어 혈류로 방출되는 면역 글로불린 단백질.

해당과정 glycolysis 포도당의 혐기적 분해; 이 효소 촉매작용은 2분자의 순 ATP와 2분자의 피루브산을 생성.

해리 dissociation 단백질의 4차구조에서 3차구조를 바꾸지 않고 각 소단위체를 가역적으로 분리하는 경우, 또는 물에 이온성 화합물을 녹이는 것을 말하기도 함.

해면엽육조직 spongy mesophyll 엽록체를 가진 느슨하게 배열된 세포로 구성된 잎 조직. 책상엽육조직(울타리조직) 참조.

해면질 spongin 많은 종류의 해면동물에서 간충질 내의 구조 성분으로, 거친 단백질.

핵 nucleus 원자에서는 양전하를 띤 양성자와 전기적으로 중성인 중성자(수소 제외)를 포함한 중심핵; 진핵세포에서는 염색체 DNA를 저장하는 세포소기관; 중추신경계에서는 신경세포가 모여있는 곳.

핵 수용체 nuclear receptor 대게는 주로 세포질과 핵 모두에서 발견되는 스테로이드 호르몬을 위한 세포내 수용체를 의미함. 호르몬-수용체 복합체는 핵 안에서 유전자 발현을 조절함.

핵공 nuclear pore 핵 내외로 단백질과 핵산이 선택적으로 통과할 수 있게 하는, 작지만 복잡한 구멍.

핵막 nuclear envelope 진핵세포에서 핵의 경계선을 나타내는 구조. 인지질 2중층의 2중막 중에서 외막은 소포체와 연결됨.

핵산 nucleic acid 뉴클레오타이드 중합체를 말하며, 2중가닥인 디옥시리보핵산(DNA)과 전형적으로 단일가닥인 리보핵산(RNA)의 2종류로 구성됨.

핵산내부가수분해효소 endonuclease DNA 가닥의 안쪽에 위치한 뉴클레오타이드 사이에 포스포디에스터 결합을 끊을 수 있는 효소.

핵산말단가수분해효소 exonuclease DNA 가닥의 끝에 위치한 뉴클레오타이드 사이의 포스포디에스터 결합을 절단할 수 있는 효소. DNA 말단에서 뉴클레오타이드를 순차적으로 제거할 수 있게 함.

핵심혁신 key innovation 이전에 이용할 수 없었던 자원이나 환경의 다른 측면을 사용할 수 있도록 새롭게 진화된 특질.

핵양체 nucleoid 대개 원핵세포의 중심 부분에 존재하며, 단백질과 함께 응축된 DNA 형태의 게놈을 포함.

핵형 karyotype 광학 현미경으로 본 어떤 생물체의 염색체 형태.

행동생태학 behavioral ecology 행동이 어떻게 자연선택으로 인해 형성되는지에 대한 연구.

행동학 ethology 자연에서의 동물 행동 패턴에 대한 연구.

헛물관(가도관) tracheids 식물의 물관부에서 끝이 점점 가늘어지고 서로 겹쳐진 죽은 세포.

헤모글로빈 hemoglobin 척추동물의 적혈구에서 산소와 이산화탄소를 운반하는 구형 단백질; 무척추동물에서는 혈장에 존재.

헨레고리 loop of Henle 조류와 포유동물의 콩팥 세뇨관의 헤어핀 모양 부분. 사구체 여과액의 물과 염류가 확산으로 인해 재흡수됨.

혈소판 platelet 포유류에서 혈액 속을 순환하는 백혈구의 단편. 상처 부위에서 혈전을 형성하는 데 관여.

혈소판유래생장인자 platelet-derived growth factor(PDGF) 섬유아세포의 분열을 자극할 수 있는 신호전달분자(생장인자).

혈연선택 kin selection 친족 선택; 집단에서 친족과 관련된 개체의 빈도가 증가하여 친족집단의 구성원이 공유하는 대립유전자의 상대적 빈도가 증가함.

혈우병 hemophilia 혈액 응고와 관련된 단백질에 영향을 미치는 X염색체 연관 열성 유전 질환. 적절한 혈액 응고가 이뤄지지 않아 과다 출혈 유발.

혈장 plasma 척추동물 혈액의 액체; 대사산물, 호르몬 및 항체와 알부민 등 다양한 단백질을 포함; 혈액에서 혈구를 뺀 것.

협각, 집게발 chelicera, pl. chelicerae 말굽 게, 바다 거미 또는 거미류 같은 협각류 절지동물군의 첫 번째 부속지 쌍을 말하며, 협각류에서는 보통 집게 또는 송곳니의 형태를 취함.

형질 trait 유전학에서 여러 형태를 지닌 특성; 예를 들면, 완두 식물의 보라색 또는 흰색 꽃, 인간의 서로 다른 혈액형.

형질도입 transduction 바이러스가 유전물질을 한 박테리아 숙주에서 다른 박테리아 숙주로 옮기는 과정.

형질상태 character state 분기학에서 2개 이상의 구별 가능한 형질 중 하나. 예를 들면 양막류 척추동물에서 치아의 유무.

형질세포 plasma cell 항원과 상호작용하는 B 림프구의 증식 및 분화로 생성되는 항체 생산 세포.

형질전환 transformation 주위 환경으로부터 DNA를 직접 흡수함; 일부 세균에서는 자연적으로 일어남.

형질전환체 transgenic organism 교배에 의하지 않고, 유전공학 기법을 통해 유전자가 도입된 생물체.

형질주입 transfection 배양된 진핵세포의 형질전환(transformation) 기법.

형질치환 character displacement 다른 종에서는 사용하지 않는 자원을 사용하는 종에서 개체를 자연선택하는 과정. 이것은 사용하는 자원에 따라서 종의 차이를 가져오는 진화적 변화로 이어짐.

형태학 morphology 생물체의 형태와 구조를 연구하는 학문.

형태형성 morphogenesis 생물체의 체형, 즉 기관과 그 해부학적 특징의 발생; 세포분열, 분화, 세포 형태의 변화뿐만 아니라 세포예정사(apoptosis)까지 포함.

형태형성인자 morphogen 배아의 형성체 영역에서 생성된 신호 분자. 주변 세포에 형성체로부터 떨어진 거리에 관한 정보를 주어 발생하는 동안 세포의 상대적인 위치를 결정함.

호기예비량 expiratory reserve volume 1회 호흡량 이상으로 더 내쉴 수 있는 공기의 양.

호르몬 hormone 생물체의 한 부분에서 생산되어 멀리 떨어져 있는 표적 조직과 기관에서 특정 세포 반응을 일으키는 분자로, 대개 펩타이드 또는 스테로이드로 구성됨.

호미오박스 homeobox 호미오유전자에 있는 180개의 염기서열로, 전사인자에서 활성을 나타내는 60개의 아미노산 서열(homeodomain)을 암호화함.

호미오유전자 homeotic gene 발생 중인 배아에서 체절의 형태를 결정하는 일련의 주요 유전자 중 하나.

호분 aleurone 식물에서 종자에 있는 배젖의 바깥층으로, 호분은 발아 시에 α-아밀레이스를 생성하여 배젖의 탄수화물을 분해함으로써 배아에 영양분을 제공함.

호염구 basophil 백혈구의 일종으로, 염증 반응을 촉진하는 화학물질이 포함된 과립을 가지고 있음. 알레르기 반응에 중요함.

호중구 neutrophil 미생물 및 다른 이물질을 흡수하는 과립이 풍부한 백혈구; 호중구는 총 백혈구 수의 약 50~70%를 차지함.

혹스 유전자 hox gene 호미오박스를 포함한 유전자군으로, 발생 단계를 조절하며 대개 집단으로 구성됨. 계통 간에는 유전자 집단의 수에 변화가 있으나, 척추 및 무척추동물을 포함하는 많은 다세포 동물에서 보존되어 있음. 척추동물에는 4개의 집단으로 이루어진 유전자군이 있음.

혹위(반추위) rumen 셀룰로스의 소화가 일어나고, 부분적으로 소화된 물질을 다시 입으로 보내 되새김질하는 소 및 관련 포유류의 "여분의 위".

홑눈(단안) ocellus, pl. ocelli 대부분 무척추동물의 간단한 빛 수용체.

화관 corolla 꽃잎 전체를 말함. 눈에 띄는 색깔을 가진 꽃의 윤생체.

화분관 pollen tube 꽃가루의 발아 후 형성된 관; 수(웅성)배우체를 밑씨로 운반함.

화피(꽃덮개) perianth 현화식물에서 꽃잎과 꽃받침을 함께 이르는 말.

화학삼투 chemiosmosis 미토콘드리아와 엽록체에서 ATP가 생성되는 반응. 빛에 의해 흥분되거나(엽록체에서) 크렙스 회로(미토콘드리아에서)에 의해 산화되어 추출되는 에너지 전자는 양성자 펌프를 구동하여 양성자 농도기울기를 생성하는 데 사용됨. 양성자는 막을 가로질러 되돌아올 때 채널(ATP 합성효소)을 통과하여 ATP를 합성한다.

화학시냅스 chemical synapse 뉴런 간의 화학적 소통을 가능하게 하는 밀접한 연결. 첫 번째 뉴런에 의해 방출된 화학 신호(신경 전달 물질)는 두 번째 뉴런의 막 수용체에 결합함.

확산 diffusion 용해된 분자나 물질이 고농도 부위에서 저농도 부위로 이동하는 것.

확장기(이완기) 혈압 diastolic pressure 사람의 혈압 측정에서 심장 박동 사이의 최소 압력(심실의 재분극). 수축기 혈압 참조.

환경수용력 carrying capacity 서식지가 지원할 수 있는 최대 개체군 크기.

환원 reduction 원자가 전자 혹은 수소를 획득하는 것.

활동일주기 circadian rhythm 매일 24시간을 주기로 변하는 내인성 순환 리듬.

활동전위 action potential 막을 따라 전달되는 막전위로서 일시적이고, 가역적이며 실무율이 적용됨. 뉴런에서 활동전위는 신경 자극의 전달로부터 시작됨.

활성부위 active site 기질이 결합하는 효소 표면의 영역으로, 화학 반응에 필요한 활성화 에너지를 낮추고 이를 촉진함.

활성화 에너지 activation energy 화학 반응을 하기 위해 반응물 분자에 가해지는 에너지.

황록공생조류 zooxanthellae 산호의 조직 내에서 공생하는 광합성 원생생물.

황체 corpus luteum 난소에서 배란 후 파열된 난포에서 발생하는 구조.

황체기 luteal phase 여성 생식주기의 두 번째 단계. 성숙한 난자가 배란을 통해 나팔관으로 방출됨.

획득형질유전 inheritance of acquired characteristics 라마르크주의로도 알려짐; 개체의 일생 동안에 발달시킨 육체적 및 행동적 변화가 자손에게 유전적으로 전달된다는 이론으로, 이제는 받아들여지지 않음.

횡격막, 피임용 격막 diaphragm (1) 포유류에서 복부와 흉강을 분리하고 호흡 기능을 하는 근육조직. (2) 일시적으로 자궁 입구를 차단하여 성교 중에 정자가 들어가지 않도록 하는 피임 도구.

횡류 crosscurrent flow 조류(鳥類)의 폐에서 모세혈관은 공기의 흐름을 가로질러 90° 각도로 배열됨.

효소 enzyme 반응에 필요한 활성화 에너지를 낮추어 특정 화학 반응을 촉진하는 단백질.

효소–기질 복합체 enzyme-substrate complex 효소가 기질과 결합하여 형성된 복합체. 이 복합체는 기질과 결합되지 않은 효소와 비교하여 종종 변형된 구조를 가짐.

후각 olfaction 냄새를 맡는 기능.

후각조직세포 collenchyma cell 식물에서 후각조직이라는 지지 조직을 형성하는 세포로서, 줄기와 잎의 1기 생장 지역에서 종종 발견됨.

후구동물 deuterostome 좌우대칭 동물 중에서 항문이 먼저 생기고 입이 나중에 발생하는 동물. 극피동물과 척추동물은 후구동물임.

후기 anaphase 체세포분열과 감수2분열에서 자매염색분체가 분리되어 딸염색체가 세포의 반대편 극으로 이동하는 시기이며, 감수1분열에서는 복제된 상동염색체가 분리되는 시기.

후기촉진복합체(APC) anaphase-promoting complex(APC) 후기를 유발하는 단백질 복합체로서, 자매염색분체를 붙잡고 있는 단백질 복합체인 코헤신을 궁극적으로 파괴하는 일련의 반응을 일으킴. 자매염색분체는 방출되어 세포의 반대 극으로 이동함.

후두 larynx 울림통; 인두와 기관(氣管) 사이에 위치한 연골성 기관(器官). 척추동물에서 발성을 담당함.

후벽세포 sclereid 관다발식물에서 두껍고, 목질화된, 다공질의 2차벽을 가진 세포; 섬유처럼 길지 않음.

후벽조직세포 sclerenchyma cell 식물 조직을 강화하는 견고하고 두꺼운 벽의 세포.

후성유전 epigenetic inheritance 세포 또는 생물체 간에 DNA 염기서열의 변화를 포함하지 않은 채로 일어나는 형질의 유전. DNA 자체의 변화 없이 염색질 구조의 변화로 인해 매개됨.

후천성면역결핍증(AIDS) acquired immunodeficiency syndrome(AIDS) 보조 T 세포를 감염시키는 인간면역결핍 바이러스(HIV)에 의한 전염병.

후체구 opisthosoma 거미류의 몸의 뒤쪽 부분.

휴지막전위 resting membrane potential 휴지 상태에서 뉴런 내외의 전위 차(약 70 mV).

흔적구조 vestigial structure 현재 기능을 가지지 않고 진화적 유물로 생각되는 형태학적 특징; 예를 들어, 보아뱀에서 흔적만 남은 엉덩이뼈.

흡기예비량 inspiratory reserve volume 1회 호흡량 이상으로 흡입할 수 있는 공기의 양.

흡수 스펙트럼 absorption spectrum 색소분자에 대한 흡광도 대 파장의 관계를 나타낸 것으로, 색소에 의해 흡수되는 최대 파장을 나타냄. 예를 들어, 엽록소 *a*는 보라색 및 적색 영역에서 가장 강하게 흡수됨.

흡충섬모충 miracidium 간흡충의 섬모로 덮힌 1단계 유충. 알은 분변을 통과하며, 물속에 들어가면 숙주 달팽이에 먹혀 생활사를 계속한다.

흡침(문침) stylet 무척추동물의 일부 종에서 주로 구강 부분에 있는 찌르는 기관.

희돌기교세포(稀突起膠細胞) oligodendrocyte 중추신경계에서 미엘린를 생산하는 신경교세포.

히스톤 단백질 histone protein 전체적으로 양전하를 띤 8개의 단백질 소단위체를 말하며, 이들이 모여 복합체를 이룸. DNA 2중나선의 인산염은 음전하를 띠기에, 이 히스톤 복합체를 감싸 뉴클레오솜을 형성함.

힘줄 tendon 근육을 뼈에 연결하는 연골의 끈.

기타

1기 분열조직 primary meristem 정단분열조직에 의해 만들어진 3가지의 분열조직; 1기 분열조직은 표피, 관다발 및 기본조직을 생성.

1기 생장 primary growth 관다발식물에서 슈트와 뿌리의 정단분열조직에서 시작되는 생장; 결과적으로 길이가 증가.

1기 식물체 primary plant body 어리고 연약한 슈트와 뿌리로 구성된 식물의 일부로서, 정단분열조직으로부터 파생됨.

1기 조직 primary tissues 1기 식물체를 구성하는 조직.

1기 체관부 primary phloem 식물의 양분 공급에 관여하는 세포.

1부다처(제) polygyny 수컷이 둘 이상의 암컷과 짝을 이루는 교미 선택 방식.

1염색체성(의) monosomic 감수분열 중 상염색체 쌍의 비분리로 인해 그 염색체가 소실된 상태. 그 결과, 2배체 배아에선 그 염색체가 오직 1개만 존재함.

1차 면역반응 primary immune response 외부 항원에 대한 면역체계의 첫 번째 반응. 동일한 항원이 다시 침입하면, 1차 반응 동안에 생성된 기억세포는 보다 신속하게 반응함.

1차 배젖핵 primary endosperm nucleus 현화식물(꽃식물)에서, 정핵과 (보통) 2개의 극핵이 융합한 결과.

1차 비분리 primary nondisjunction 감수1분열 시 염색체가 제대로 분리되지 않음.

1차 생산량 primary productivity 한 군집의 광합성 생물체에 의해 생성되는 에너지의 양.

1차 세포벽 primary wall 식물에서, 세포가 생장하는 동안 형성되는 벽의 층.

1차 전사물 primary transcript RNA 중합효소에 의해 유전자로부터 복사된 초기 mRNA 분자; 유전자 전체를 복사한 것으로, 인트론 및 엑손을 포함함.

1차구조 primary structure 어떤 단백질의 특정 아미노산 서열.

1차유도 primary induction 3종류의 주요 1차 조직(내배엽, 중배엽, 외배엽) 사이의 유도.

1처다부(제) polyandry 한 암컷이 둘 이상의 수컷과 짝을 이루는 상태.

1회 호흡량 tidal volume 1회 호흡 시 흡입 및 방출되는 공기의 양.

2기 생장 secondary growth 관다발식물에서 측생분열조직의 세포분열로 인한 줄기와 뿌리의 직경이 증가함.

2기 식물체 secondary plant body 측생분열조직에서 형성된 2기 조직으로 구성된 식물체의 부분; 목본 식물의 오래된 줄기, 가지 및 뿌리.

2기 조직 secondary tissue 나무와 관목의 측생분열조직에서 형성된 조직.

2년생(식물) biennial 일생을 마치기 위해 2번의 생장기가 필요한 식물. 이 식물은 2년차에 꽃이 핌.

2당류 disaccharide 2개의 당이 공유결합으로 연결된 탄수화물.

2명법 binomial name 종을 나타내는 명명법으로, 속명과 종명으로 구성됨. 예를 들어, *Apis mellifera*(서양 꿀벌).

2배체 세대의 diplontic 오직 2배체 단계일 때만 다세포인 생활사의 한 전략.

2배체 diploid 한 쌍의 염색체($2n$)를 가지는데, 반수체(n)와는 대조적으로 동물에서의 염색체 수는 생식세포의 2배이고, 식물에서는 포자체 세대의 염색체 수임.

2분법 binary fission 하나의 세포 또는 몸을 동일하거나 거의 동일한 2개의 부분으로 나누는 무성생식

2중나선 double helix 2개의 상보적 폴리뉴클레오타이드 가닥이 공통의 나선 축 주위를 감싸는 DNA의 구조.

2중흉부복합체 bithorax complex 초파리의 뒤쪽 체절을 특성화하는 데 관여하는 호미오유전자 집단 중 하나. 이 집단의 유전자에서 호미오박스가 발견됨.

2지형 biramous 갑각류의 부속지를 묘사하는 2분지.

2차 면역반응 secondary immune response 같은 병원균의 재침입 시 신속한 몸의 반응; 기억세포의 존재로 인해 빠르게 항체-생성 형질세포가 만들어 짐.

2차 세포벽 secondary cell wall 식물에서 세포벽의 가장 안쪽 층. 2차벽은 고도로 조직된 미세섬유 구조를 가지며, 종종 리그닌이 포함됨.

2차 유도 secondary induction 이미 분화된 조직 사이의 유도.

2차구조 secondary structure 단백질에서, 1차 구조의 $-CO$와 $-NH$기 사이의 수소결합 상호작용으로 형성되는 구조.

2차대사물질 secondary metabolite 생물체의 생장, 발달 또는 번식에 직접적으로 관여하지 않는 분자; 식물의 니코틴, 카페인, 탄닌, 멘톨 등의 분자들은 초식 동물이 식물을 먹는 것을 억제할 수 있음.

2차전달자 second messenger 표적세포의 막에 있는 수용체로부터 신호를 받아 세포질로 전달하는 작은 분자 또는 이온.

2핵성 dikaryotic 균류의 경우, 각각의 세포 안에 1쌍의 핵이 있음.

3′ 폴리-A꼬리 3′ poly-A tail 진핵생물에서는 mRNA의 3′ 말단에 1~200개의 아데닌 잔기가 첨가되어있음; 분해로부터 mRNA를 보호함으로써 mRNA의 안정성을 향상 시킴.

3배체 triploid 3세트의 염색체를 보유.

3염색체성 trisomic 감수분열 중 비분리로 인해 추가 염색체가 생겨 2배체 배아에 3개의 상염색체가 있는 상태. 인간에서, 상염색체의 크기가 작으면 생존 할 수 있음. 다운증후군은 21번 염색체가 3개임.

3차구조 tertiary structure 물과의 소수성 상호작용, 상이한 아미노산의 측쇄 사이의 이온결합과 공유결합, 그리고 반데르발스 힘으로 인해 생성된 단백질의 접힌 모양; 단백질이 변성으로 인해 비활성화되기도 함.

4차구조 quaternary structure 하나 이상의 폴리펩타이드 사슬로 구성된 단백질의 구조적 수준을 나타내는 용어로, 각 폴리펩타이드 사슬은 자체적으로 3차구조를 갖고 있음; 각각의 사슬은 소단위(subunit)이라고 불림.

5′ 캡 5′ cap 진핵세포에서 mRNA의 5′말단에 5′−5′결합으로 부착된 메틸화된 GTP로 구성된 구조. 5′ 캡은 mRNA 말단이 분해되지 않도록 하며 번역의 시작에 관여함.

5방사대칭 pentaradial symmetry 극피동물 성체에서 5부분으로 된 방사형 대칭 구조.

8전자 규칙 octet rule 원소의 화학적 결합 패턴을 설명하는 규칙. 바깥 전자껍질을 완성하기 위해 총 8개의 전자가 필요함.

A 자리 A site 리보솜에서 폴리펩타이드 사슬에 추가될 다음 아미노산을 운반하는 tRNA가 아미노아실(A) 자리에 결합함.

ABO식 혈액형 ABO blood group 단일 유전자 자리에서 3개의 대립유전자의 다른 조합에 의해 형성된 4가지 표현형. 혈액형은 적혈구 표면의 항원에 따라 A, B, AB 및 O형으로 나타남.

ATP 합성효소 ATP synthase 산화적 인산화과정에 의해 ATP를 생성하는 막단백질 복합체 효소로서, 양성자의 농도기울기 에너지를 사용하여 ADP+Pi → ATP 반응을 촉매함. 원핵생물뿐만 아니라 미토콘드리아와 엽록체에서도 발견됨.

B 세포 B cell 적합한 항원을 만났을 때, 특정 항체 단백질을 분비할 수 있는 림프구 유형.

b_6-f 복합체 b_6-f complex 사이토크롬 b_6-f 복합체 참조.

C_3 광합성 C_3 photosynthesis CO_2가 리불로오스 1,5-이인산(RuBP)과 결합하여 2개의 PGA(3-carbon phosphoglycerate) 분자를 형성하는 광합성 암반응의 주요 회로.

C_4 광합성 C_4 photosynthesis CO_2 고정의 첫 번째 생성물이 4-탄소 옥살아세트산 분자인 광합성 과정.

CAM 식물 CAM plant 밤에 C_4 탄소고정을 하고, 낮 동안에 저장된 말산으로 CO_2를 생성하여 수분의 손실을 최소화하는 식물.

CAM 식물 crassulacean acid metabolism(CAM) 밤에 기공을 통해 흡수된

CO_2가 낮 동안 광합성에 사용되는 이산화탄소 고정의 한 방식. 수분의 손실을 막기 위해 낮에는 기공을 닫음.

cAMP 반응 단백질(CRP) cAMP response protein(CRP) 이화물질활성화단백질(CAP) 참조.

$CD4^+$ 세포 $CD4^+$ cell 보조 T 세포의 하위 그룹으로서, 세포 표면에 CD_4 단백질이 존재하고 AIDS를 유발하는 HIV 바이러스의 표적이 됨.

cDNA 꼬리표 expressed sequence tag(EST) cDNA를 분명하게 식별할 수 있는 cDNA의 짧은 서열

DAG(다이아실글리세롤) diacylglycerol 포스포리페이스 C가 PIP_2를 절단할 때, 이노시톨-1,4,5-삼인산(IP_3)과 함께 방출되는 2차전달자. DAG는 세포에서 단백질 카이네이스를 활성화시켜서 다양한 효과를 나타낼 수 있음.

DNA 라이브러리 DNA library 벡터 내에 삽입된 모든 DNA 집합체. 이 벡터(플라스미드, 파지, 또는 인공염색체)는 전체 게놈과 같은 복잡한 DNA 혼합물 또는 특정 세포 유형의 모든 mRNA로 만든 cDNA를 모두 포함함.

DNA 연결효소 DNA ligase DNA에서 인접한 뉴클레오타이드 사이에 포스포디에스터 결합을 형성하는 효소.

DNA 자이레이스 DNA gyrase DNA 복제에 관여하는 위상이성질체화효소로서, DNA 가닥의 풀림으로 인한 비틀림 변형을 해소함.

DNA 중합효소 DNA polymerase 주형으로부터 DNA를 합성하는 효소로, 모두 5′에서 3′ 방향으로만 합성하며, 프라이머가 필요함.

DNA 지문 DNA fingerprinting 개인 간의 DNA 차이를 식별하기 위해 다양한 분자적 기술을 이용하는 식별 기법.

DNA 풀기효소 helicase DNA 복제를 촉진하기 위해 2중 나선에서 각 DNA 가닥을 푸는 효소군.

DNA-결합 모티프 DNA-binding motif DNA의 특정 염기서열에 결합하는 조절단백질의 한 부분.

E 자리 E site 리보솜에서 폴리펩타이드 사슬을 다음 아미노산에 넘긴 후 비어 있는 tRNA가 결합하는 출구 부위.

F 플라스미드 F plasmids 특정 박테리아 종에서 성선모를 생산할 수 있는 원형 DNA 조각.

F^+ 세포 F^+ 수정 능력을 가진 플라스미드를 포함하는 박테리아 세포.

F_1 세대(잡종 제1세대) first filial(F_1) generation 부모 세대(P)의 교배로 얻어진 자손; 교배 실험에서 부모는 대개 다른 표현형을 가짐.

F_2 세대 second filial (F_2) generation 잡종 제1대(F_1)의 구성원들 간의 교배에서 나온 잡종 제2대 자손.

G 단백질 G protein 구아노신3인산(GTP)에 결합하고 세포 표면 수용체의 기능을 돕는 단백질. 수용체가 신호분자에 결합하면 G 단백질은 GTP와 결합 후 활성화되어 세포 안의 연쇄반응을 시작.

G 단백질연결수용체 G protein-coupled receptor(GPCR) 반응 단백질(effector protein, 작동기라고도 함)을 활성화하기 위해 이종3량체(3가지 요소) G 단백질을 통해 작용하는 수용체. 반응기 단백질은 cAMP나 IP_3와 같은 2차 전령을 생산하는 효소로 작용.

G_0기 G_0 phase 세포가 활발하게 분열하지 않을 때의 세포주기.

G_1/S기 확인점 G_1/S checkpoint 세포가 분열할지 여부를 “결정”하는 1차 제어 지점. 출발(START) 및 제한 지점이라고도 함.

G_1기 G_1 phase 세포질 분열 이후부터 DNA 복제 전의 세포주기로, 첫 번째 “Gap (간극)” 단계라고 불림. 주로 이 단계에서 세포가 생장함.

G_2/M기 확인점 G_2/M checkpoint DNA가 제대로 복제되지 않았거나 손상되었을 경우 세포분열을 지연할 수 있는 2차 제어 지점.

G_2기 G_2 phase DNA 복제와 체세포분열 사이의 세포주기로, 두 번째 “Gap” 단계라고 불림. 이 단계에서 세포는 체세포분열을 준비.

Hfr 세포 Hfr cell 게놈에 F 플라스미드가 통합(삽입)되어 재조합빈도가 높은 *E.coli* 세포.

IP_3(이노시톨-1,4,5-3인산) inositol-1,4,5-trisphosphate 포스파티딜 이노시톨-4,5 2인산의 분해로 인해 생성된 2차 전령.

MADS 박스 유전자 MADS box gene 식물의 주된 호미오유전자로서, 공통된 모티프를 가진 것으로 확인된 유전자 집단; 적은 수의 MADS 박스 유전자가 동물에서도 발견됨.

MAP 카이네이스 mitogen-activated protein(MAP) kinase 유전자의 발현을 변화시키는 전사인자를 활성화시키는 모든 종류의 단백질 카이네이스. 미토겐은 세포분열을 자극하는 모든 분자를 말함. MAP 카이네이스는 카이네이스 연쇄반응으로 인해 활성화된다.

mRNA 전구체 스플라이싱 pre-mRNA splicing 진핵생물에서, 성숙한 mRNA를 생성하기 위해 1차 전사물로부터 인트론이 제거되는 과정; pre-mRNA 스플라이싱은 핵에서 일어남.

M기 M phase 염색체가 분리되는 세포분열의 단계. 방추사가 형성되어 염색체에 결합하고 자매염색분체가 분리됨.

M기 촉진인자 M phase-promoting factor(MPF) G_2/M 확인점에서 활성 상태인 Cdk 효소.

NAD^+/NADH NAD^+/NADH 니코틴아미드 아데닌 디뉴클레오타이드 참조.

NADH 탈수소효소 NADH dehydrogenase 미토콘드리아 내막에 위치한 효소로, NAD^+에 의해 피루브산에서 아세틸 CoA로의 산화를 촉매함. 이 반응은 해당작용과 시트르산 회로를 연결함.

P 자리 P site 리보솜의 펩티딜 자리로서, 신장하는 폴리펩타이드 사슬이 부착된 tRNA가 결합함.

p53 유전자 p53 gene DNA 손상을 감지했을 때, DNA의 상태를 확인하고 세포분열을 중단시키는 p53 단백질을 생산하는 유전자. 수많은 유형의 암은 이 p53 유전자의 손상이나 결핍과 관련되어 있음. 존재 여부뿐만 아니라

pH 척도 pH scale 산도와 염기도를 측정하는데 사용되는 척도로, H^+ 농도의 음의 로그값으로 정의됨. 범위는 0에서 14 사이. 7은 중성이고, 7보다 작으면 산성, 7보다 크면 염기성임.

R 플라스미드 R plasmid 저항성 플라스미드; 항생제 내성 유전자를 선택하여 한 세균에서 다른 세균으로 저항성을 전달할 수 있는 접합 플라스미드.

Rh식 혈액형 Rh blood group 사람과 붉은털원숭이(Rhesus, 이 이름으로부터 유래함)의 적혈구 표면에 있는 세포 표면 표지자(항원) 세트; 여러 대립유전자가 있지만, 2가지 주요 유형, Rh(+) 및 Rh (−)으로 분류.

RNA 간섭 RNA interference mRNA 전사체가 번역되는 것을 막는 유전자 침묵(gene silencing)의 한 유형; 소형간섭 RNA(small interfering RNA, siRNA)는 mRNA에 결합하여 번역 전에 분해함.

RNA 스플라이싱 RNA splicing mRNA 1차 전사체의 인트론 서열이 제거되고 엑손끼리 연결되는 과정으로, 단백질 합성에 사용될 유전정보를 올바르게 연결하는 과정.

RNA 중합효소 RNA polymerase 주형으로 사용되는 DNA 분자에 상보적인 서열을 갖는 mRNA 분자를 만드는 효소. 전사 참조.

RNA 프라이머 RNA primer 복제과정에서 풀린 DNA에 상보적인 약 10개의 RNA 뉴클레오타이드 서열로, 복제분기점에 부착됨; DNA 중합효소는 DNA 뉴클레오타이드를 첨가하기 위한 출발점으로 RNA 프라이머를 사용함; 나중에 RNA 프라이머는 제거되고 DNA 뉴클레오타이드로 대체됨.

RNA-유도침묵복합체 RISC(RNA-induced silencing complex) 번역을 억제하거나 mRNA를 분해함으로써 유전자 발현에 영향을 줄 수 있는 단백질과 RNA의 복합체.

SARS(중증급성호흡기증후군) severe acute respiratory syndrome 코로나바이러스로 인한 사망률이 8%인 호흡기 감염.

STR(짧은염기서열반복구간) STR(short tandem repeat) 2~4개 염기가 반복된 부분으로, 서열 구성 및 반복 수가 개체 간에 서로 다른 유전적 변이의 한 형태. 이들은 유전자지도 작성 및 DNA 동정과 관련된 기술에 쓰임.

S기 S phase DNA 복제가 일어나는 세포주기.

T 세포 T cell 세포-매개 면역 및 B 세포와의 상호작용에 관여하는 림프구 유형. 'T'는 T 세포가 가슴샘(흉선, thymus)에서 생산된다는 사실을 의미.

TALE transcription activator-like effectors 특정 염기서열에 결합할 수 있는 단백질들로, 식물 병원균 산토모나스속에서 분리됨. DNA 결합 도메인과 핵산분해효소를 결합하여 DNA 편집에 사용(TALEN).

Taq 중합효소 Taq polymerase 호열성 세균인 *Thermus aquaticus*(Taq)로부터 분리된 DNA 중합효소; 이 중합효소는 고온에서 기능하며, DNA의 PCR 증폭에 사용.

TATA 박스 TATA box 진핵생물에서 전사 개시 부위의 위쪽에 위치한 서열. TATA 박스는 RNA 중합효소II를 위한 진핵세포 핵심 프로모터의 한 요소.

Ti 플라스미드 Ti(tumor-inducing) plasmid 식물 박테리아(*Agrobacterium tumefaciens*)에서 발견된 플라스미드로, 광엽 식물의 재조합 DNA를 도입하는 데 광범위하게 사용됨. 최근에는 이를 곡류 작물에 도입하는 것이 허용됨.

***trp* 오페론** *trp* operon 대장균에서 트립토판을 합성하는 효소를 암호화하는 유전자들을 포함하고 있는 오페론.

X 염색체 X chromosome 2개의 성염색체 중 하나; 포유류와 초파리에서 암컷은 2개의 X 염색체를 가짐.

X-연관 X-linked 성연관 참조.

Y 염색체 Y chromosome 2개의 성염색체 중 하나; 포유류와 초파리에서 수컷은 Y 염색체와 X 염색체를 가지고 있음; Y가 수컷을 결정함. (역자 주: 인간은 Y 염색체에 의해 성이 결정되지만, 초파리는 X 염색체와 상염색체의 비율로 인해 결정됨.)

찾아보기(한글)

ㄱ

ㄴ

ㄷ

ㄹ

ㅁ

ㅂ

ㅅ

ㅇ

ㅈ

ㅊ

ㅋ

ㅌ

ㅍ

ㅎ

기타

찾아보기(영문)

B

C

D

E

F

G

H

I

J

K

L

M

N

O

P

Q

R

S

T

U

V

W

X

Y

Z

기타

역자 소개

유시욱 영남대 생명과학과

강규호 충북대 생명과학부

고관수 성균관대 의과대학 기초의학

김명옥 경상대 생명과학부

김석준 조선대 의생명과학과

김영숙 동국대 의생명공학과

김영효 단국대 생명과학부

김정수 조선대 의생명과학과

김창섭 영남대 생명과학과

김 혁 동국대 한의약연구소

김홍자 경상대 생명과학부

문용환 부산대 분자생물학과

박동선 한국교원대 생물교육과

박선주 영남대 생명과학과

박준호 서울과기대 정밀화학과

석호영 영남대 생명과학과

송민석 영남대 생명과학과

엄안흠 한국교원대 생물교육과

이경열 전북대 치의예과

이종구 인천대 생명과학부

이진성 경기대 생명과학전공

이철상 군산대 생물학과

이혜령 경상대 생명과학부

이효정 군산대 생물학과

장갑수 영남대 생명과학과

전용필 성신여대 생명과학화학부

전정선 충북대 생명과학부

전택중 조선대 생명과학과

정효원 동국대 한의예과

진한준 단국대 생명과학부

차현철 단국대 생명과학부

최연자 동국대 생명신소재융합학부

태건식 단국대 생명과학부

피재호 단국대 생명과학부

허성운 군산대 생물학과

홍철암 영남대 생명과학과

12판

RAVEN 생명과학(하)

BIOLOGY

2020년 12월 31일 12판 1쇄 펴냄

지은이 Peter H. Raven 외 | **대표역자** 유시욱

펴낸이 류원식 | **펴낸곳** **교문사**

편집팀장 모은영 | **책임편집** 김경수 · 김보마 | **표지디자인** 신나리 | **본문편집** 다함

주소 (10881) 경기도 파주시 문발로 116(문발동 536-2)

전화 031-955-6111~4 | **팩스** 031-955-0955

등록 1968. 10. 28. 제406-2006-000035호

홈페이지 www.gyomoon.com | E-mail genie@gyomoon.com

ISBN 978-89-363-2120-8 (93470)

값 55,000원

* 잘못된 책은 바꿔 드립니다.

* 불법복사는 지적재산을 훔치는 범죄행위입니다.